小注岩土
精品打造　注册岩土工程师考试用书

注册岩土工程师专业考试案例精讲精练（下册）

小注岩土　组织编写

朱晓云　主编

许栋山　张建平　田　野　王宝松　副主编

中国建筑工业出版社

目　录

上　册

第一篇　岩土工程勘察

第三篇 深基础

第四篇 地基处理

下　册

第五篇　边坡与基坑工程

第六篇　特殊条件下的岩土工程

第七篇　公路规范专题

第八篇　铁路规范专题

第九篇　地震工程

第十篇　岩土工程检测与监测

第五篇　边坡与基坑工程

边坡与基坑工程部分主要包括：岩土压力计算、边坡稳定性分析、基坑支护结构内力计算、支挡结构设计、地下水控制等内容。

本篇内容出题较多，一般情况下，每年题量基本为9～11题，占比分值较高，是注册岩土工程师考试的重点和难点。题目难度较大、内容较复杂。本篇知识需结合《土力学》进行学习，需要扎实的土力学和力学基础，掌握精髓了，此部分内容较易拿分。

边坡与基坑工程有很多相似的地方，因此将这两部分内容放在一起，以期读者能方便学习，增强对比性，加深理解。

边坡与基坑工程历年真题情况表

类别	历年出题数量	占边坡与基坑工程比重	占历年真题比重
侧向岩土压力计算	48	23.6%	16.27%
边坡稳定性计算	70	34.5%	2002—2023 年总题目共计 1260 题，其中边坡与基坑
支护结构内力计算	33	16.3%	占 210 题（含土工材料及地下工程）。
支挡结构设计	41	20.2%	（2015 年未举行考试）
地下水控制	11	5.4%	

边坡与土工合成材料案例知识点分布表

年份	《建筑边坡工程技术规范》GB 50330—2013 专业案例知识点分布表			土工合成专业案例知识点分布表
	侧向岩土压力计算	边坡稳定性的计算	支挡结构的设计	
2016 年	3 道题：坦墙、液化、渗流	4 道题：砂土渗流直线滑动、折线滑动剩余下滑力＋弯矩、直线滑动（锚索加固）	1 道题：重力式挡土墙抗倾覆验算	—
2017 年	2 道题：水位变化、振冲密实	5～6 道题：工况锚索加固直线滑动、地震下直线滑动、水位变化直线滑动、折线滑动剩余下滑力、整体圆弧滑动	2 道题：重力式挡土墙抗滑移（反算 q）、抗倾覆验算	1 道题：土工织物极限抗拉强度
2018 年	3 道题：地震液化、规范土压力反算 q、边坡破裂角	2 道题：工况削方直线滑动、折线反算 c	2 道题：锚杆加固危岩、水中重力式挡土墙抗滑移验算	—
2019 年	3 道题：渗流、坦墙土压力、坦墙抗滑移	2 道题：赤平投影直线滑动、黏性土渗流直线滑动、折线滑动剩余下滑力	3 道题：桩板墙、重力式挡土墙抗滑移、危岩锚杆加固（抗倾覆）验算	2 道题：土工格栅的拉筋长度、土工织物选择
2020 年	1 道题：折线墙背抗滑移	3 道题：简单直线滑动、渗流下有效应力、空间图形下直线滑动	2 道题：重力式挡土墙抗滑移反算坡度、桩板墙弯矩（等值梁）	1 道题：加筋挡墙内部稳定性
2021 年	2 道题：土压力、渗流	2 道题：直线滑动、折线滑动	1 道题：锚杆锚固长度	1 道题：堤坡抗挤滑验算
2022 年	1 道题：土压力（一定宽度的超载）	5 道题：直线滑动、折线滑动（显式＋隐式）、圆弧滑动（渗流＋非渗流），其中 1 道为滑坡	—	1 道题：土工格栅边坡

年份	《建筑边坡工程技术规范》GB 50330—2013 专业案例知识点分布表			土工合成专业案例知识点分布表
	侧向岩土压力计算	边坡稳定性的计算	支挡结构的设计	
2022年补考	1道题：水土合算土压力	2道题：直线滑动、折线滑动（隐式解）	3道题：锚索锚固长度、铁路挡墙埋深、桩板挡墙地基横向承载力特征值	1道题：单筋抗拔稳定
2023年	2道题：有限范围土压力、渗流下土压力	2道题：折线滑动（显式解）、折线滑动（显式解比值反算超载）	2道题：锚杆加固危岩、锚杆水平刚度系数	1道题：单筋抗拔稳定

基坑与地下工程案例知识点分布表

年份	《建筑基坑支护技术规程》JGJ 120—2012				地下工程
	水平荷载	抗力	支护结构设计	地下水控制	公铁隧道
2016年	1道题：支护桩外侧主动土压力	1道题：支撑轴力设计值	2道题：抗隆起、抗突涌	—	公路隧道【BQ】
2017年	—	—	2道题：抗隆起、格栅式水泥土墙	1道题：降水井数量及布置（潜水完整井）	铁路浅埋隧道＋岩体规范【BQ】
2018年	—	1道题：土反力	1道题：锚杆设计	1道题：降水井数量（潜水非完整井）	铁路明洞土压力
2019年	—	—	2道题：重力式水泥土墙、地下泵房抗滑移	—	铁路超浅埋隧道围岩水平压力＋公路隧道【BQ】
2020年	2道题：主动土压力强度（放坡＋桩）、渗流下水土压力	—	1道题：内支撑受压计算长度	—	铁路偏压隧道侧压力
2021年	—	—	锚杆长度计算双排桩倾覆	突涌＋承压非完整井	公路浅埋围岩压力
2022年	—	锚杆支点反力	重力式水泥土墙抗倾覆	承压水-潜水完整井	铁路深埋隧道顶部压力
2022年补考	1道题：水泥土墙的主动土压力	1道题：土反力	1道题：抗突涌验算	—	据力学判定围岩稳定
2023年	1道题：条形荷载下土压力	—	1道题：抗倾覆稳定	—	深埋隧道垂直压力盾构铁路隧道水平压力

本篇涉及的主要规范及相关教材有：

《建筑边坡工程技术规范》GB 50330—2013

《建筑基坑支护技术规程》JGJ 120—2012

《建筑地基基础设计规范》GB 50007—2011

《岩土工程勘察规范（2009年版）》GB 50021—2001

《土力学》（第3版）（统一简称《土力学》）

《工程地质手册》（第五版）

《基础工程》（第3版）

第二十九章　岩土压力计算

第一节　土压力理论与计算

——《土力学》

一、土压力概念及分类

土压力概念：

由于土体自重、土上荷载或结构物的侧向挤压作用，挡土结构物所承受的来自墙后填土的侧向挤压力。

土压力计算包括静止土压力、主动土压力和被动土压力计算。

（1）静止土压力：挡墙的位移为 0，即 $\Delta=0$，也就是挡墙既不偏离土体也不挤压土体，此时的土压力为静止土压力 E_0。

（2）主动土压力：墙体外移，土压力逐渐减小，当土体破坏，达到极限平衡状态时所对应的土压力，称为主动土压力 E_a。

（3）被动土压力：墙体内移，土压力逐渐增大，当土体破坏，达到极限平衡状态时所对应的土压力，称为被动土压力 E_p。

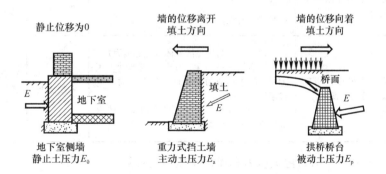

二、土压力大小比较

土压力的产生与墙体位移有关，土压力大小根据挡土墙位移大小和方向而变化，位移与土压力关系如下图所示，被动土压力 E_p＞静止土压力 E_0＞主动土压力 E_a，即：$E_p \gg E_0 > E_a$。

影响土压力最主要的因素是墙体位移条件：位移方向、位移量。

发生被动土压力需要的位移：$\Delta p=1\sim5‰H$（挡墙高度）；发生主动土压力需要的位移：$\Delta a=1\sim5‰H$（挡墙高度）；$\Delta p \gg \Delta a$。

实际工程中，不少挡土结构的位移量不一定会达到发生 E_a、E_p 所需的位移量，因而

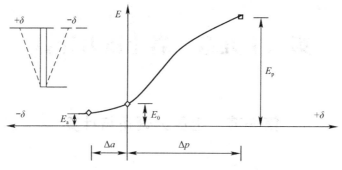

特定土压力与墙身位移关系图

作用于挡墙上的土压力 E 可能是介于 $E_a \sim E_p$ 之间的某一数值，所以在规范中，土压力往往根据实际情况进行修正后使用。

三、库伦土压力和朗肯土压力理论

经典的土压力理论包括朗肯土压力和库伦土压力理论。朗肯土压力理论是英国学者朗肯在 1857 年提出的一种经典的土压力理论。库伦土压力理论是著名的法国学者库伦（C. A. Coulomb）1773 年提出的一种计算土压力的理论。两种土压力理论都是计算极限平衡状态下作用在挡土墙上的土压力，都属于极限平衡理论。

土压力理论	原理	假设条件	适用范围	特点
朗肯土压力理论	半空间体的应力状态和土的极限平衡理论	（1）墙本身是刚性的，不考虑墙身的变形。 （2）墙后填土面水平且填土延伸到无限远处。 （3）墙背直立、光滑	无黏性土和黏性土	计算方法比较简单，计算结果比较接近实际
库伦土压力理论	墙后所形成的滑动楔体静力平衡条件	（1）墙后填土为理想散粒体（无黏聚力）。 （2）墙后填土产生主动土压力或被动土压力时，填土形成滑动楔体，且滑动面为通过墙踵的平面。 （3）滑动楔体为刚体，不考虑滑动楔体内部的应力和变形条件	无黏性土	计算简单，适用范围广泛，且计算结果接近实际

以下章节将主要介绍朗肯土压力和库伦土压力的计算。

第二节　朗肯土压力计算

——《土力学》及《建筑边坡工程技术规范》第 6 章

一、静止土压力

在半无限土体中任意深度 h 处的静止土压力强度：

$$e_0 = \gamma h K_0$$

根据土压力计算强度的公式可知，静止土压力强度沿结构墙高呈三角形分布，取挡土墙单位宽度的土压力合力则为土压力强度三角形的面积，其合力作用点距墙底 $H/3$，其计算公式为：

$$E_0 = \frac{1}{2}\gamma H^2 K_0$$

式中：γ——土体重度（kN/m³）；

H——挡土墙高度（m）；

K_0——静止土压力系数，实际可由三轴仪等试验或原位试验测得。也可用经验公式
估算：

无黏性土及正常固结黏性土：$K_0 = 1 - \sin\varphi'$

超固结黏性土：$K_0 = (OCR)^m \times (1 - \sin\varphi')$，$\varphi'$ 为土的有效内摩擦角，$m = 0.4 \sim 0.5$，塑性指数小的取大值，OCR 为超固结比。

二、主动土压力

朗肯土压力理论假设：墙背直立、光滑，墙后填土水平，且为半无限体，该理论基于单元体的应力极限平衡条件来分析。由于实际墙背是不光滑的，采用朗肯土压力理论计算的主动土压力偏大，被动土压力偏小。

主动土压力 形成过程	 破裂体内取一个单元 随着墙体逐渐向前（背离土体）变形增大→土体被水平向伸长，水平应力 σ_h 逐渐减小，竖向应力 σ_v 保持不变→墙后土体在其自身重力作用下产生的下滑趋势逐渐增大→土体内部出现一个贯通的滑动面，抗剪强度 τ 逐渐全部发挥→导致墙背土压力 E 逐渐减小至最小值→土体达到朗肯主动破坏极限平衡状态，此时墙背土压力即为朗肯主动土压力 E_a
公式来源	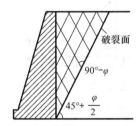 墙后破裂面示意图 由极限平衡条件得： $$\sigma_3 = \sigma_1 \tan^2\left(45° - \frac{\varphi}{2}\right) - 2c\tan\left(45° - \frac{\varphi}{2}\right)$$ 大主应力：$\sigma_v = \sigma_1$，小主应力：$\sigma_h = \sigma_3 = e_a \Rightarrow$ 令主动土压力系数 $K_a = \tan^2\left(45° - \frac{\varphi}{2}\right)$， $$e_a = \gamma h K_a - 2c\sqrt{K_a}$$
破裂角	$\theta = 45° + \frac{\varphi}{2}$（破裂面和水平面的夹角）

续表

(1) 无黏性土计算图例及公式

计算简图	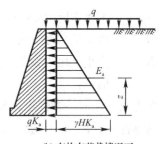 (a) 无超载下主动土压力分布	(b) 有均布荷载情况下
类别	无超载	墙顶有均布荷载
墙后某一深度 h 处，主动土压力强度 e_a（kPa）	$e_a = \gamma h K_a$	$e_a = (\gamma h + q) K_a$
主动土压力合力 E_a（kN/m）	$E_a = \dfrac{1}{2} \gamma H^2 K_a$	$E_a = \dfrac{1}{2} \gamma H^2 K_a + q H K_a$
合力分布	三角形分布	梯形分布
作用点	合力作用点在三角形形心，即作用在离墙底 $H/3$ 处	合力作用点在梯形形心，三角形部分合力为 $\dfrac{1}{2}\gamma H^2 K_a$，作用点在离墙底 $H/3$ 处，矩形部分合力为 qHK_a，作用点在离墙底 $H/2$ 处
方向	垂直于墙背，水平向外	垂直于墙背，水平向外

(2) 黏性土计算图例及公式

计算简图	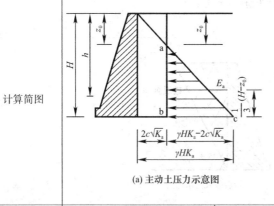 (a) 主动土压力示意图	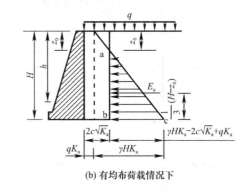 (b) 有均布荷载情况下
类别	无超载	墙顶有均布荷载
墙后某一深度 h 处，主动土压力强度 e_a（kPa）	$e_a = \gamma h K_a - 2c\sqrt{K_a}$	$e_a = (\gamma h + q) K_a - 2c\sqrt{K_a}$
	【小注】黏性土的土压力由两部分组成，第一部分为墙后填土自重 γh 产生的土压力，为正值；第二部分为黏聚力 c 产生的抵抗力，为负值，其值为常量，不随深度变化。二者叠加后，即为黏性土主动土压力	

土压力零点 z_0	$e_a = \gamma h K_a - 2c\sqrt{K_a} = 0 \Rightarrow h = z_0 = \dfrac{2c}{\gamma\sqrt{K_a}}$ 土力学习惯某一深度用 z 表示，规范用 h 表示	$e_a = (\gamma h + q)K_a - 2c\sqrt{K_a} = 0 \Rightarrow h = z_0 = \dfrac{2c}{\gamma\sqrt{K_a}} - \dfrac{q}{\gamma}$	
		$z_0 \geqslant 0 \Rightarrow q \leqslant \dfrac{2c}{\sqrt{K_a}}$	$z_0 < 0 \Rightarrow q > \dfrac{2c}{\sqrt{K_a}}$
主动土压力合力 E_a (kN/m)	$E_a = \dfrac{1}{2}\gamma(H-z_0)^2 K_a$ $= \dfrac{1}{2}\gamma H^2 K_a - 2cH\sqrt{K_a} + \dfrac{2c^2}{\gamma}$	$E_a = \dfrac{1}{2}\gamma(H-z_0)^2 K_a$	$E_a = \dfrac{1}{2}\gamma H^2 K_a + qHK_a - 2cH\sqrt{K_a}$
	建议采用求关键点的土压力强度，然后求面积，即为合力，类似以下公式： $$E_a = \dfrac{1}{2}(e_{a顶} + e_{a底})\cdot H$$		
合力分布	三角形分布	三角形分布	梯形（矩形＋三角形）分布
作用点	合力作用点在三角形形心，即作用在离墙底 $(H-z_0)/3$ 处	合力作用点在三角形形心，即作用在离墙底 $(H-z_0)/3$ 处	梯形的形心处
方向	垂直于墙背，水平向外	垂直于墙背，水平向外	

【小注】① 在求解土压力合力时，不建议采用上述的土压力合力公式，最好求解出关键位置的土压力强度，得出土压力分布图，然后通过求解面积来得到合力，这样不容易出错。因为考题中土压力情况复杂，且在后期计算墙背弯矩等都是较为方便的，此类情况，一般不建议采用公式法计算。

② 强度为一点的土压力的大小，单位为 kPa，合力为整个高度受到的力，单位为 kN/m。静止、主动、被动土压力都类似

【5-1】（2006D21）有一重力式挡土墙墙背垂直、光滑，无地下水，打算使用两种墙背填土，一种是黏土，$c = 20$kPa，$\varphi = 22°$；另一种是砂土，$c = 0$，$\varphi = 38°$，重度都是 20kN/m³。则墙高 H 等于下列（　　）项时，采用黏土填料和砂土填料的墙背总主动土压力两者基本相等。

(A) 3.0m　　　　(B) 7.8m　　　　(C) 10.7m　　　　(D) 12.4

答案：C

解答过程：

（1）采用砂土填料时：

$$E_{a1} = \frac{1}{2}\gamma H^2 K_{a1} = \frac{1}{2}\times 20\times H^2\times \tan^2\left(45° - \frac{38°}{2}\right) = 2.38H^2$$

（2）采用黏土填料时：

$$E_{a2} = \frac{1}{2}\gamma H^2 K_{a2} - 2cH\sqrt{K_{a2}} + \frac{2c^2}{\gamma}$$

$$= \frac{1}{2}\times 20\times H^2\times \tan^2\left(45° - \frac{22°}{2}\right) - 2\times 20\times H\times \tan\left(45° - \frac{22°}{2}\right) + \frac{2\times 20^2}{20}$$

$$= 4.55H^2 - 26.98H + 40$$

（3）$E_{a1} = E_{a2}$，即：$2.38H^2 = 4.55H^2 - 26.98H + 40$，解得：$H = 10.7$m

【5-2】（2011C24）某推移式均质堆积土滑坡，堆积土的内摩擦角 $\varphi = 40°$，该滑坡后缘滑裂面与水平面的夹角最可能是（　　）。

(A) 40°   (B) 60°   (C) 65°   (D) 70°

答案：C

解答过程：

牵引段的大主应力 σ_1 为土体自重应力，小主应力 σ_3 为水平压应力。

原滑动失去侧向支撑而产生主动破裂，破裂面（即滑坡壁）与水平面夹角：$\beta = 45° + \varphi/2 = 45° + 40°/2 = 65°$

【小注岩土点评】

① 推移式滑坡具有牵引段、主滑段和抗滑段三部分。

② 主滑段首先失稳而滑动，主滑段一般属于纯剪切受力。

③ 牵引段因失去侧向支撑而发生主动土压破裂，因此牵引段的大主应力 σ_1 为土体自重应力，小主应力 σ_3 为水平压应力，由于小主应力 σ_3 的减少而产生主动土压破坏，破裂面与水平面（最大主应力作用面）的夹角为 $45° + \varphi/2$（φ 为牵引段土体的内摩擦角）。

④ 抗滑段接受主滑段和牵引段的滑坡推力，因此其大主应力 σ_1 平行于主滑动滑面，小主应力 σ_3 与其垂直，因而产生被动土压破裂面，该破裂面与水平面的夹角为 $45° - \varphi/2$（φ 为抗滑段土体的内摩擦角）。

三、被动土压力

被动土压力 形成过程	 破裂体内取一个单元 随着墙体逐渐向后（挤压土体）变形增大→土体被水平向压缩，水平应力 σ_h 逐渐增大，竖向应力 σ_v 保持不变→墙后土体在墙背挤压作用下产生的上滑趋势逐渐增大→土体内部逐渐出现一个贯通的滑动面，抗剪强度 τ 逐渐全部发挥→导致墙背土压力 E 逐渐增大至最大值→土体达到朗肯被动破坏极限平衡状态，此时墙背土压力即为朗肯被动土压力 E_p
公式来源	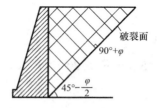 墙后破裂面示意图 由极限平衡条件得： $$\sigma_1 = \sigma_3 \tan^2\left(45° + \frac{\varphi}{2}\right) + 2c \tan\left(45° + \frac{\varphi}{2}\right)$$ 小主应力：$\sigma_v = \sigma_3$，大主应力：$\sigma_h = \sigma_1 = e_p \Rightarrow$ 令被动土压力系数 $K_p = \tan^2\left(45° + \frac{\varphi}{2}\right)$， $$e_p = \gamma h K_p + 2c \sqrt{K_p}$$
破裂角	$\theta = 45° - \dfrac{\varphi}{2}$（破裂面和水平面的夹角）

（1）无黏性土计算图例及公式

| 计算简图 | 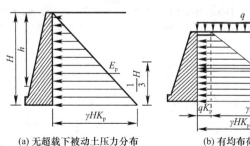（a）无超载下被动土压力分布 | （b）有均布荷载情况 |

类别	无超载	墙顶有均布荷载
墙后某一深度 h 处，被动土压力 强度 e_p（kPa）	$e_p = \gamma h K_p$	$e_p = (\gamma h + q) K_p$
被动土压力合 力 E_p（kN/m）	$E_p = \dfrac{1}{2}\gamma H^2 K_p$	$E_p = \dfrac{1}{2}\gamma H^2 K_p + qHK_p$
	【小注】被动土压力由两部分组成：一部分为均布荷载引起的，与深度无关，沿墙高矩形分布；一部分是填土自重引起的，沿墙高三角形分布	
合力分布	三角形分布	梯形分布
作用点	合力作用点在三角形形心，即作用在离墙底 $H/3$ 处	合力作用点在梯形形心，三角形部分合力为 $\dfrac{1}{2}\gamma H^2 K_p$，作用点在离墙底 $H/3$ 处，矩形部分合力为 qHK_p，作用点在离墙底 $H/2$ 处
方向	垂直于墙背，水平向外	垂直于墙背，水平向外

（2）黏性土计算图例及公式

| 计算简图 | 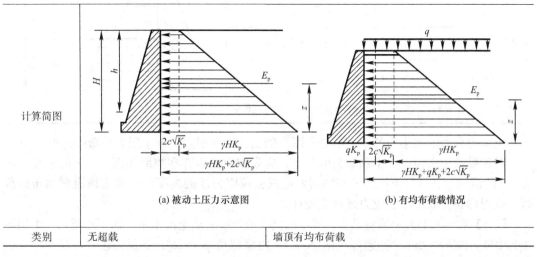（a）被动土压力示意图 | （b）有均布荷载情况 |

类别	无超载	墙顶有均布荷载

墙后某一深度 h 处，被动土压力强度 e_p（kPa）	$e_p = \gamma h K_p + 2c\sqrt{K_p}$	$e_p = \gamma h K_p + 2c\sqrt{K_p} + qK_p = (\gamma h + q)\,K_p + 2c\sqrt{K_p}$
【小注】黏性土的被动土压力由两部分组成：第一部分为土的自重产生的土压力，三角形分布；第二部分为黏聚力产生的抗力，矩形分布，不随深度变化，叠加后即为黏性土的被动土压力		
被动土压力合力 E_p（kN/m）	$E_p = \dfrac{1}{2}\gamma H^2 K_p + 2cH\sqrt{K_p}$	$E_p = \dfrac{1}{2}\gamma H^2 K_p + qHK_p + 2cH\sqrt{K_p}$
建议采用求关键点的土压力强度，然后求面积，即为合力，类似以下公式：$$E_p = \frac{1}{2}(e_{p顶} + e_{p底})\cdot H$$		
合力分布	梯形（矩形＋三角形）分布	梯形（矩形＋三角形）分布
作用点	梯形的形心处	梯形的形心处
方向	垂直于墙背，水平向外	垂直于墙背，水平向外

【小注】① 在土压力分布情况出现梯形时，一般根据土压力分布图形计算墙后土压力合力，这样不容易出错，且在后期计算墙背弯矩等都是较为方便的，此类情况，一般不建议采用公式法计算。
② 被动土压力重点理解形成机理，考试中很少涉及计算

四、成层土的土压力分布

——《建筑边坡工程技术规范》第 6.2.4 条

当墙后填土由不同性质的土层组成时，土压力将受到不同填土性质的影响，土压力分布图在不同填土交界面处发生突变。下面将根据黏性土的主动土压力计算为例来进行说明：

计算部位	计算公式	计算图例
A 点	$e_a = -2c_1\sqrt{K_{a1}} + qK_{a1}$ （当 $e_a < 0$，则需计算 $z_0 = \dfrac{2c}{\gamma\sqrt{K_a}} - \dfrac{q}{\gamma}$）	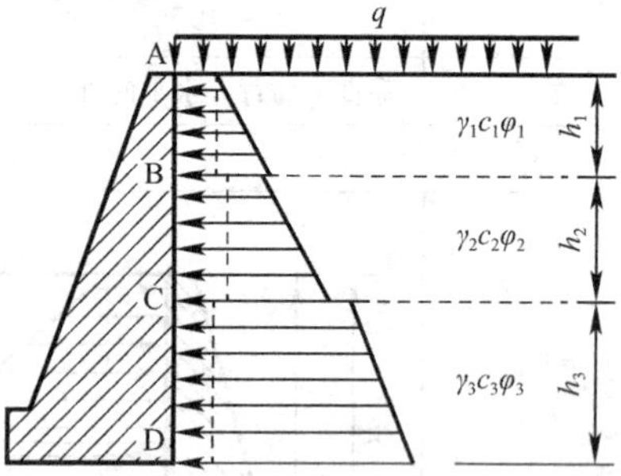
B 点上界面	$e_a = \gamma_1 h_1 K_{a1} - 2c_1\sqrt{K_{a1}} + qK_{a1}$	
B 点下界面	$e_a = \gamma_1 h_1 K_{a2} - 2c_2\sqrt{K_{a2}} + qK_{a2}$	
C 点上界面	$e_a = (\gamma_1 h_1 + \gamma_2 h_2)K_{a2} - 2c_2\sqrt{K_{a2}} + qK_{a2}$	
C 点下界面	$e_a = (\gamma_1 h_1 + \gamma_2 h_2)K_{a3} - 2c_3\sqrt{K_{a3}} + qK_{a3}$	
D 点	$e_a = (\gamma_1 h_1 + \gamma_2 h_2 + \gamma_3 h_3)K_{a3} - 2c_3\sqrt{K_{a3}} + qK_{a3}$	

土压力合力的大小为各个土层分布图形的面积，作用点位于土压力分布图的形心处。

对于黏性土来说，由于黏聚力的存在，应先判定是否存在挡墙顶面 $e_a < 0$ 的情况，即 $z_0 > 0$ 的情况，在计算土压力分布图时，应减去拉应力区的高度；当填土顶面有均布荷载时，应把均布荷载产生的应力进行叠加计算。

【5-3】（2008C17）一墙背垂直、光滑的挡土墙，墙后填土面水平，如下图所示。上层填土为中砂，厚 $h_1 = 2\text{m}$，重度 $\gamma_1 = 18\text{kN/m}^3$，内摩擦角 $\varphi_1 = 28°$；下层为粗砂，厚 $h_2 = 4\text{m}$，

重度 $\gamma_2=19kN/m^3$，内摩擦角 $\varphi_2=31°$。则下层粗砂层作用在墙背上的总主动土压力 E_{a2} 最接近（　　　）。

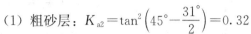
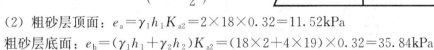

(A) 65kN/m

(B) 87kN/m

(C) 95kN/m

(D) 106kN/m

中砂，$h_1=2m$
$\gamma_1=18kN/m^3,\varphi_1=28°$

粗砂，$h_2=4m$
$\gamma_2=19kN/m^3,\varphi_2=31°$

答案：C

解答过程：

(1) 粗砂层：$K_{a2}=\tan^2\left(45°-\dfrac{31°}{2}\right)=0.32$

(2) 粗砂层顶面：$e_a=\gamma_1 h_1 K_{a2}=2\times18\times0.32=11.52kPa$

粗砂层底面：$e_b=(\gamma_1 h_1+\gamma_2 h_2)K_{a2}=(18\times2+4\times19)\times0.32=35.84kPa$

(3) $E_{a2}=\dfrac{e_a+e_b}{2}\times h_2=\dfrac{11.52+35.84}{2}\times4=94.7kN/m$

【5-4】(2009D21) 如下图所示，挡土墙墙高为 6m，墙后砂土厚度 $h=1.6m$，已知砂土的重度 $\gamma=17.5kN/m^3$，内摩擦角为 30°，黏聚力为 0，墙后黏性土的重度为 $18.15kN/m^3$，

砂土 1.6m

黏性土 6m

内摩擦角为 18°，黏聚力为 10kPa，按朗肯土压力理论计算，则作用于每延米挡墙的总主动土压力 E_a 最接近（　　　）。

(A) 82kN/m　　　　(B) 92kN/m

(C) 102kN/m　　　(D) 112kN/m

答案：C

解答过程：

根据《土力学》朗肯土压力理论计算如下：

(1) 砂土层的土压力系数：$K_{a1}=\tan^2\left(45°-\dfrac{\varphi}{2}\right)=\tan^2\left(45°-\dfrac{30°}{2}\right)=\dfrac{1}{3}$

黏性土层的土压力系数：$K_{a2}=\tan^2\left(45°-\dfrac{\varphi}{2}\right)=\tan^2\left(45°-\dfrac{18°}{2}\right)=0.528$

(2) 砂土层底面的主动土压力强度：$e_a=\gamma_1 h_1 K_{a1}=17.5\times1.6\times0.333=9.32kPa$

黏土层顶面的主动土压力强度：

$e_b=\gamma_1 h_1 K_{a2}-2c_2\sqrt{K_{a2}}=17.5\times1.6\times0.528-2\times10\times\sqrt{0.528}=0.25kPa$

黏土层底面的主动土压力强度：

$e_c=(\gamma_1 h_1+\gamma_2 h_2)K_{a2}-2c_2\sqrt{K_{a2}}=(17.5\times1.6+18.15\times4.4)\times0.528-2\times10\times\sqrt{0.528}$
$=42.42kPa$

(3) 土压力合力：

$$E_a=\dfrac{1}{2}\times e_a\times h_1+\dfrac{1}{2}\times(e_b+e_c)\times h_2$$

$$=\dfrac{1}{2}\times9.32\times1.6+\dfrac{1}{2}\times(0.25+42.42)\times4.4$$

$$=101.33kN/m$$

五、有地下水的主动土压力

土的类型及计算方法	计算图例及公式		
	计算图例		计算公式
①无黏性土——采用水土分算	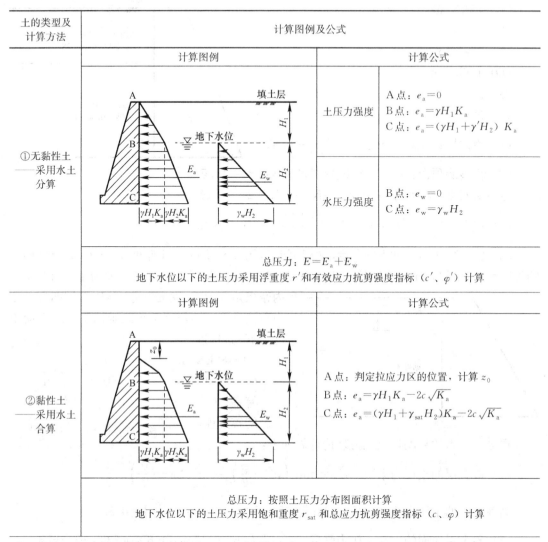	土压力强度	A点：$e_a=0$ B点：$e_a=\gamma H_1 K_a$ C点：$e_a=(\gamma H_1+\gamma' H_2)K_a$
		水压力强度	B点：$e_w=0$ C点：$e_w=\gamma_w H_2$
	总压力：$E=E_a+E_w$ 地下水位以下的土压力采用浮重度 γ' 和有效应力抗剪强度指标（c'、φ'）计算		
	计算图例		计算公式
②黏性土——采用水土合算		A点：判定拉应力区的位置，计算 z_0 B点：$e_a=\gamma H_1 K_a-2c\sqrt{K_a}$ C点：$e_a=(\gamma H_1+\gamma_{sat}H_2)K_a-2c\sqrt{K_a}$	
	总压力：按照土压力分布图面积计算 地下水位以下的土压力采用饱和重度 γ_{sat} 和总应力抗剪强度指标（c、φ）计算		

【小注】一般题目没有要求的情况下，不论什么土，均采用水土分算，除非题目明确采用水土合算，才可以采用水土合算，在2022年及2022年补考出现过两次水土合算

【5-5】（2009D18）有一分离式墙面的加筋土挡墙（如下图所示），墙面只起装饰和保护作用，墙高5m，整体式混凝土墙面距包裹式加筋墙体的水平距离为10cm，其间充填孔隙率为 $n=0.4$ 的砂土，由于排水设施失效，10cm间隙充满了水，此时作用于每延米墙面的总水压力是（　　）。

(A) 125kN/m　　　(B) 5kN/m　　　(C) 2.5kN/m　　　(D) 50kN/m

答案：A

解答过程：

$$E_w=\frac{1}{2}\gamma_w H^2=\frac{1}{2}\times 10\times 5^2=125\text{kN/m}$$

【小注岩土点评】

① 水压力的大小只和水的深度有关，与水的宽度无关。

② 也有人误认为只有孔隙部分才有水压力，即 $125 \times n = 125 \times 0.4 = 50$kN。

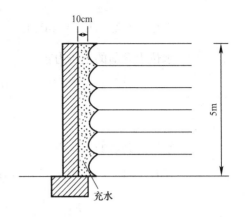

【5-6】（2012D19）如下图所示，挡墙墙背直立、光滑，填土表面水平。填土为中砂，重度 $\gamma = 18$kN/m³，饱和重度 $\gamma_{sat} = 20$kN/m³，内摩擦角 $\varphi = 32°$，地下水位距离墙顶 3m，则作用在墙上的总的水土压力（主动）接近于（　　）。

（A）180kN/m　　（B）230kN/m　　（C）270kN/m　　（D）310kN/m

答案：C

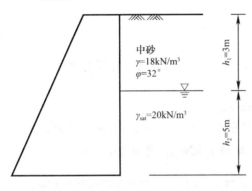

解答过程：

（1）土压力系数：$K_a = \tan^2\left(45° - \dfrac{\varphi}{2}\right) = \tan^2\left(45° - \dfrac{32°}{2}\right) = 0.31$

（2）水上部分土压力合力：$E_{a1} = \dfrac{1}{2}\gamma h_1^2 K_a = \dfrac{1}{2} \times 18 \times 3^2 \times 0.31 = 25.11$kN/m

水下部分土压力合力：

$$E_{a2} = \left(\gamma h_1 + \dfrac{1}{2}\gamma' h_2\right)K_a h_2 = \left(18 \times 3 + \dfrac{1}{2} \times 10 \times 5\right) \times 0.31 \times 5 = 122.45\text{kN/m}$$

（3）总的主动土压力：$E_a = E_{a1} + E_{a2} = 25.11 + 122.45 = 147.56$kN/m

（4）水压力合力：$E_w = \dfrac{1}{2}\gamma_w h_2^2 = \dfrac{1}{2} \times 10 \times 5^2 = 125$kN/m

（5）总的水土压力：$147.56 + 125 = 272.56$kN/m

【5-7】（2017C21）如下图所示，挡墙背直立、光滑，填土表面水平，墙高 $H = 6$m，填土为中砂，天然重度 $\gamma = 18$kN/m³，饱和重度 $\gamma_{sat} = 20$kN/m³，水上水下内摩擦角均为 $\varphi = 32°$，黏聚力 $c = 0$。挡土墙建成后如果地下水位上升到 4m 时，作用在挡墙上的压力与无水位时相比，增加的压力最接近下列哪个选项？

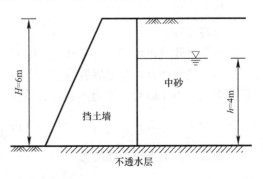

（A）10kN/m　　（B）60kN/m
（C）80kN/m　　（D）100kN/m

答案：B

解答过程：

(1) 土压力系数：$K_a = \tan^2\left(45° - \dfrac{\varphi}{2}\right) = \tan^2\left(45° - \dfrac{32°}{2}\right) = 0.307$

(2) 水位上升前的土压力：

$$e_a = \gamma h K_a = 18 \times 2 \times 0.307 = 11\text{kPa}, \quad e_b = 18 \times 6 \times 0.307 = 33\text{kPa}$$

$$E_a = \frac{1}{2} \times 4 \times (11 + 33) = 88\text{kN/m}$$

(3) 水位上升后的土压力：

$$e_a = \gamma h K_a = 18 \times 2 \times 0.307 = 11\text{kPa}, \quad e_b = (18 \times 2 + 10 \times 4) \times 0.307 = 23.3\text{kPa}$$

$$E_a = \frac{1}{2} \times 4 \times (11 + 23.3) = 68.6\text{kN/m}$$

$$E_w = \frac{1}{2} \times 10 \times 4 \times 4 = 80\text{kN/m}$$

(4) 增加的土压力：$\Delta E = 80 + 68.6 - 88 = 60.6\text{kN/m}$

【小注岩土点评】

① 无黏性土土压力强度计算时采用水土分算，黏性土土压力强度计算时可采用水土分算或者合算，需有足够的工程经验才采用合算。

② 水土分算时，主动土压力强度计算时水位以下取有效重度。

③ 本题可以用简便方法计算，两个工况下比较变化的量：增加了 4m 高度范围的水压力，减小了 4m 高度范围的土压力（土压力计算重度由 18kN/m³ 变为 10kN/m³）。

$$\Delta E = \frac{1}{2}\gamma_w h_2^2 - \frac{1}{2}\Delta\gamma h_2^2 K_a = \frac{1}{2} \times 10 \times 4^2 - \frac{1}{2} \times (18 - 10) \times 4^2 \times 0.307 = 60.4\text{kN/m}$$

【5-8】（2021C15）一边坡重力式挡墙，墙背竖直，高 5.8m，墙后为黏性土且地面水平，现为饱和状态（墙后水位在墙后地面），重度 $\gamma_{sat} = 20\text{kN/m}^3$，其不固结不排水强度 $c_u = c_0 + c_{inc}z$，其中 $c_0 = 15\text{kPa}$，$c_{inc} = 0.5\text{kPa/m}$，$z$ 为计算点至墙后地面的垂直距离。设可忽略墙背摩擦，挡土墙因墙后土水压力作用而失稳破坏时每延米挡墙墙背所受土水压力合力最接近下列哪个选项？（按水土合算分析）

(A) 90kN/m   (B) 170kN/m   (C) 290kN/m   (D) 380kN/m

答案：B

解答过程：

根据《建筑边坡工程技术规范》GB 50330—2013 第 6.2 节：

(1) 墙背竖直，忽略墙背摩擦，墙后土体水平，故可按照朗肯土压力理论计算主动土压力系数，由于墙后土体为饱和状态黏性土，故取 $\varphi = 0$，主动土压力系数：

$$K_a = \tan^2\left(45 - \frac{\varphi}{2}\right) = 1.0$$

则墙后主动土压力强度为：

$$e_{ai} = \left(\sum\gamma_j h_j + q\right) \cdot K_a - 2c_i\sqrt{K_a}$$
$$= 20 \times z \times 1 - 2 \times (15 + 0.5 \times z) \times 1 = 19z - 30$$

令 $e_a = 0$，则 $z_0 = 1.58\text{m}$

（2）每延米墙背所受主动土压力：

$$e_{a1} = 0$$
$$e_{a2} = 19 \times 5.8 - 30 = 80.2 \text{kPa}$$

$$E_a = \frac{1}{2} \cdot (e_{a1} + e_{a2}) \cdot (H - z_0) = \frac{1}{2} \times (0 + 80.2) \times (5.8 - 1.58) = 169 \text{kN/m}$$

【小注岩土点评】

① 本题出题方式比较新颖，历年考题中土体参数 c、φ 值均为常数，本题中 c 值随深度线性变化，乍一看比较难，但细心分析后，也可顺利计算出答案。

② 在平时复习时，要多注重概念和原理的理解，本题实质上是考查土压力分布图形及分布方式，本题的土压力分布认为是线性分布，因此需按照土压力分布图形和原理来计算墙背的土压力，切记不可直接套用公式计算。

六、有效应力变化下的土压力

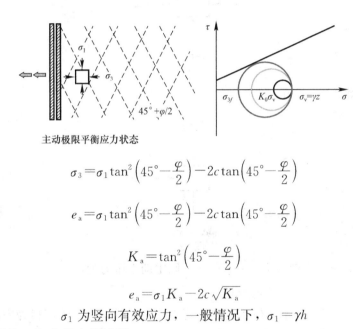

主动极限平衡应力状态

$$\sigma_3 = \sigma_1 \tan^2\left(45° - \frac{\varphi}{2}\right) - 2c \tan\left(45° - \frac{\varphi}{2}\right)$$

$$e_a = \sigma_1 \tan^2\left(45° - \frac{\varphi}{2}\right) - 2c \tan\left(45° - \frac{\varphi}{2}\right)$$

$$K_a = \tan^2\left(45° - \frac{\varphi}{2}\right)$$

$$e_a = \sigma_1 K_a - 2c \sqrt{K_a}$$

σ_1 为竖向有效应力，一般情况下，$\sigma_1 = \gamma h$

（一）超载作用下土压力的计算

填土表面水平，挡墙墙背直立、光滑。

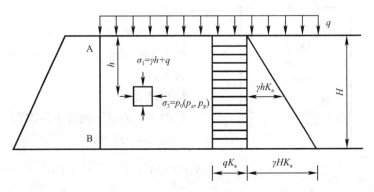

1. q 引起的静止土压力的增量

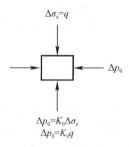

2. q 引起的主动土压力的增量

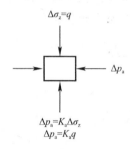

3. q 引起的被动土压力的增量

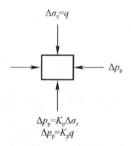

超载作用下，竖向有效应力 $\sigma_1 = \gamma h + q$，则主动土压力为：

$$e_a = (\gamma h + q)K_a - 2c\sqrt{K_a}$$

【5-9】（2012D17）如下图所示，挡墙背直立、光滑，墙后的填料为中砂和粗砂，厚度分别为 $h_1 = 3\text{m}$ 和 $h_2 = 5\text{m}$，重度和内摩擦角如下图所示。土体表面受到均匀满布荷载

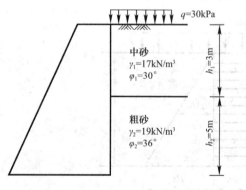

$q = 30\text{kPa}$ 的作用，则载荷 q 在挡墙上产生的主动土压力接近于（　　）。

(A) 49kN/m　　　　　(B) 59kN/m

(C) 69kN/m　　　　　(D) 79kN/m

答案：C

解答过程：

根据《土力学》朗肯土压力理论计算如下：

（1）土压力系数：

$$K_{a1} = \tan^2\left(45° - \frac{\varphi_1}{2}\right) = \tan^2\left(45° - \frac{30°}{2}\right) = 0.33$$

$$K_{a2} = \tan^2\left(45° - \frac{\varphi_2}{2}\right) = \tan^2\left(45° - \frac{36°}{2}\right) = 0.26$$

(2) 荷载 q 产生的土压力：

$$E_a = qh_1K_{a1} + qh_2K_{a2} = 30 \times 3 \times 0.33 + 30 \times 5 \times 0.26 = 69\text{kN/m}$$

【5-10】(2012C19) 有一重力式挡土墙，墙背垂直、光滑，填土面水平。地表荷载 $q = 49.4\text{kPa}$，无地下水，拟使用两种墙后填土，一种是黏土 $c_1 = 20\text{kPa}$，$\varphi_1 = 12°$，$\gamma_1 = 19\text{kN/m}^3$，另一种是砂土 $c_2 = 0$，$\varphi_2 = 30°$，$\gamma_2 = 21\text{kN/m}^3$。当采用黏土填料和砂土填料的墙总主动土压力两者基本相等时，墙高 h 最接近（　　）。

(A) 4.0m　　　(B) 6.0m　　　(C) 8.0m　　　(D) 10.0m

答案：B

解答过程：

根据《土力学》朗肯土压力理论计算如下：

(1) 采用黏性土时：

$$K_{a1} = \tan^2\left(45° - \frac{\varphi_1}{2}\right) = \tan^2\left(45° - \frac{12°}{2}\right) = 0.656$$

$$e_{a11} = qK_{a1} - 2c_1\sqrt{K_{a1}} = 49.4 \times 0.656 - 2 \times 20 \times \sqrt{0.656} = 0$$

$$e_{a12} = (q + \gamma_1 h)K_{a1} - 2c_1\sqrt{K_{a1}} = (49.4 + 19h) \times 0.656 - 2 \times 20 \times \sqrt{0.656} = 12.464h$$

$$E_{a1} = \frac{1}{2}(e_{a11} + e_{a12})h = \frac{1}{2} \times (0 + 12.464h)h = 6.232h^2$$

(2) 采用砂土时：

$$K_{a2} = \tan^2\left(45° - \frac{\varphi_2}{2}\right) = \tan^2\left(45° - \frac{30°}{2}\right) = \frac{1}{3}$$

$$e_{a21} = qK_{a2} = 49.4 \times \frac{1}{3} = 16.47$$

$$e_{a22} = (q + \gamma_2 h)K_{a2} = (49.4 + 21h) \times \frac{1}{3} = 7h + 16.47$$

$$E_{a2} = \frac{1}{2}(e_{a21} + e_{a22})h = \frac{1}{2} \times (16.47 + 7h + 16.47)h = 3.5h^2 + 16.47h$$

(3) $E_{a1} = E_{a2} \Rightarrow 6.232h^2 = 3.5h^2 + 16.47h \Rightarrow h = 6.02\text{m}$

【小注岩土点评】

对于一元二次方程的求解，采用传统求根的方法可以，也可以应用计算器解方程技巧。

(二) 渗流

边坡体中有地下水（存在水头差）形成渗流时，在水土合算时，无需单独考虑渗透，因为此时 γ_{sat} 保持不变（渗透力为内力）。在水土分算时，应计算渗透力对土压力的影响：对水"顺流减压，逆流加压"；对土"顺流增压，逆流减压"。

$E_a = \frac{1}{2}(\gamma' + j)h^2 K_a$	$E_a = \frac{1}{2}\gamma h_1^2 K_a + \gamma h_1 K_a h + \frac{1}{2}(\gamma' + j)h^2 K_a$	$E_a = \frac{1}{2}\gamma h_1^2 K_a + \gamma h_1 K_a h + \frac{1}{2}(\gamma' - j)h^2 K_a$
$E_w = \frac{1}{2}\gamma_w H^2 - \frac{1}{2}jh^2$	$E_w = \frac{1}{2}(\gamma_w - j)h^2$	$E_w = \frac{1}{2}(\gamma_w + j)h^2$

【小注】E_a、E_w 分别代表渗流作用下挡墙受到的土压力、水压力，本表公式为无黏性土推导而来。

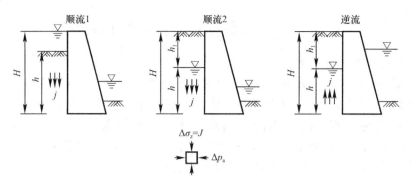

（1）渗流作用下，渗流方向向下，和自重应力方向一致，竖向有效应力 $\sigma_1 = \gamma h + J$，则土压力为：

$$e_a = (\gamma h + J)K_a - 2c\sqrt{K_a} \Rightarrow e_a = (\gamma + j)hK_a - 2c\sqrt{K_a}$$

$$J = jh = \gamma_w ih = \gamma_w \frac{\Delta h}{L}h \Rightarrow \Delta\sigma = \Delta u = jh$$

（2）渗流作用下，渗流方向向上，和自重应力方向相反，竖向有效应力 $\sigma_1 = \gamma h - J$，则土压力为：

$$e_a = (\gamma h - J)K_a - 2c\sqrt{K_a} \Rightarrow e_a = (\gamma - j)hK_a - 2c\sqrt{K_a}$$

$$J = jh = \gamma_w ih = \gamma_w \frac{\Delta h}{L}h \Rightarrow \Delta\sigma = \Delta u = jh$$

渗流段可以认为：渗流段有效重度和水重度发生变化：

顺流：$\gamma' \rightarrow \gamma' + j$，$\gamma_w \rightarrow \gamma_w - j$；逆流：$\gamma' \rightarrow \gamma' - j$，$\gamma_w \rightarrow \gamma_w + j$

渗流段土压力、水压力的变化绝对值为：$\Delta E_a = \frac{1}{2}jh^2K_a$，$\Delta E_w = \frac{1}{2}jh^2$

顺流：$\Delta E = \Delta E_a + \Delta E_w = \frac{1}{2}jh^2K_a - \frac{1}{2}jh^2 < 0$；逆流：$\Delta E = \Delta E_a + \Delta E_w = -\frac{1}{2}jh^2K_a + \frac{1}{2}jh^2 > 0$

【小注】① 渗透力 $j = \gamma_w \cdot i$，单位为 kN/m^3，与重度 γ 单位一致，可以将 j 当成一种渗透重度，与重度 γ 进行加减运算。

② 渗流过程是：渗流力是水土相互作用的力，渗流时各点的孔隙水压力和土的有效应力均发生变化，总应力保持不变，即为：$\sigma = \sigma' + u$，有效应力 σ' 和孔隙水压力 u 相互转化，总应力不变。

③ 土中水沿土层向下渗流时，向下的渗透力作用于土颗粒之上，土体重度增加，水压力减小，土压力增加。土中水沿土层向上渗流时，向上的渗透力作用于土颗粒之上，土体重度减小，水压力增加，土压力减小

【5-11】 （2016C21）如下图所示，某河流梯级挡水坝，上游水深1m，AB 高度为4.5m，坝后河床为砂土，其 $\gamma_{sat} = 21kN/m^3$，$c' = 0$，$\varphi' = 30°$，砂土中有自上而下的稳定渗流，A 到 B 的水力坡降 i 为 0.1。按朗肯土压力理论，估算作用在该挡土坝背面 AB 段

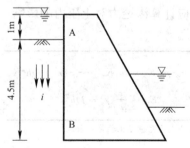

的总水平压力最接近下列哪个选项？

（A）70kN/m   （B）75kN/m

（C）176kN/m   （D）183kN/m

答案：C

解答过程：

（1）$K_a = \tan^2\left(45° - \frac{30°}{2}\right) = \frac{1}{3}$

(2) $j = \gamma_w i = 10 \times 0.1 = 1\,\mathrm{kN/m^3}$

(3) $e_a = \gamma z K_a = (11 \times 4.5 + 1 \times 4.5) \times \dfrac{1}{3} = 18$, $E_a = \dfrac{1}{2} \times 4.5 \times 18 = 40.5\,\mathrm{kN/m}$

(4) $u_a = 10\,\mathrm{kPa}$, $u_b = 1 \times 10 + 4.5 \times 10 - 0.1 \times 10 \times 4.5 = 50.5\,\mathrm{kPa}$

$$E_w = \frac{1}{2} \times (10 + 50.5) \times 4.5 = 136.1\,\mathrm{kN/m}$$

(5) $E_h = 136.1 + 40.5 = 176.6\,\mathrm{kN/m}$

【小注岩土点评】

① 渗流力是水土相互作用的力，渗流时各点的孔隙水压力和土的有效应力均发生变化，总应力保持不变。

② 土中水沿土层向下渗流时，向下的渗透力作用于土颗粒之上，土体重度增加，水压力减小，土压力增加。土中水沿土层向上渗流时，向上的渗透力作用于土颗粒之上，土体重度减小，水压力增加，土压力减小。本题属于地下水向下渗流。

【5-12】(2019C15) 如右图所示，某河堤挡土墙，墙背垂直、光滑，墙身不透水，墙后和墙底均为砾砂层。砾砂的天然与饱和重度分别为 $\gamma = 19\,\mathrm{kN/m^3}$ 和 $\gamma_{sat} = 20\,\mathrm{kN/m^3}$，内摩擦角为 $30°$。墙底宽 $B = 3\,\mathrm{m}$，墙高 $H = 6\,\mathrm{m}$，挡土墙基底埋深 $D = 1\,\mathrm{m}$。当河水位由 $h_1 = 5\,\mathrm{m}$ 降至 $h_2 = 2\,\mathrm{m}$ 后，墙后地下水位保持不变且在砾砂中产生稳定渗流时，则作用在墙背上的水平力变化值最接近下列哪个选项？(假定水头沿渗流路径均匀降落，不考虑主动土压力增大系数)

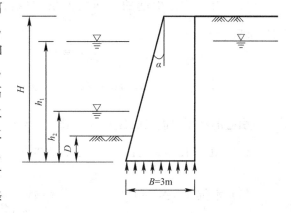

(A) 减少 $70\,\mathrm{kN/m}$ (B) 减少 $28\,\mathrm{kN/m}$

(C) 增加 $42\,\mathrm{kN/m}$ (D) 增加 $45\,\mathrm{kN/m}$

答案：B

解答过程：

解法一：

(1) 土压力系数：$K_a = \tan^2\left(45° - \dfrac{30°}{2}\right) = \dfrac{1}{3}$

(2) 水位下降前，处于静水环境中：

水压力：$e_{w1} = 10 \times 5 = 50\,\mathrm{kPa}$，$E_{w1} = \dfrac{1}{2} \times 50 \times 5 = 125\,\mathrm{kN/m}$

土压力：$e_{ak1} = 0$，$e_{ak2} = 19 \times 1 \times \dfrac{1}{3} = 6.33\,\mathrm{kPa}$，$e_{ak3} = (19 \times 1 + 10 \times 5) \times \dfrac{1}{3} = 23\,\mathrm{kPa}$

$$E_{a1} = \frac{1}{2} \times 6.33 \times 1 + \frac{1}{2} \times (6.33 + 23) \times 5 = 76.5\,\mathrm{kN/m}$$

水土压力合力：$E_{w1} + E_{a1} = 125 + 76.5 = 201.5\,\mathrm{kN/m}$

(3) 水位降低后，处于稳定渗流状态：

水压力：$i=\dfrac{\Delta h}{L}=\dfrac{5-2}{5+3+1}=\dfrac{1}{3}$，$j=\gamma_w i=\dfrac{1}{3}\times 10=3.33\text{kN/m}^3$

$$e_{w2}=10\times 5-3.33\times 5=33.35\text{kPa}, \quad E_{w2}=\dfrac{1}{2}\times 33.35\times 5=83.4\text{kN/m}$$

土压力：$e_1=0$，$e_2=6.33\text{kPa}$，$e_3=(19\times 1+10\times 5+3.33\times 5)\times \dfrac{1}{3}=28.55\text{kPa}$

$$E_{a2}=\dfrac{1}{2}\times 6.33\times 1+\dfrac{1}{2}\times(6.33+28.55)\times 5=90.37\text{kN/m}$$

水土压力合力：$E_{w2}+E_{a2}=83.4+90.37=173.77\text{kN/m}$

（4）$\Delta E=173.77-201.5=-27.73\text{kN/m}$

解法二：

（1）$i=\dfrac{\Delta h}{L}=\dfrac{5-2}{5+3+1}=\dfrac{1}{3}$，$j=\gamma_w i=\dfrac{1}{3}\times 10=3.33\text{kN/m}^3$，$K_a=\tan^2\left(45°-\dfrac{30°}{2}\right)=\dfrac{1}{3}$

（2）由于渗流引起的土压力的增加值：$\Delta E_a=\dfrac{1}{2}\Delta \gamma h^2 K_a=\dfrac{1}{2}\times 3.33\times 5^2\times \dfrac{1}{3}=$

13.88kN/m

（3）墙底处由渗流引起的水头损失：

$$\Delta h=iL=\dfrac{1}{3}\times 5=1.67\text{m}\Rightarrow 水压力损失为：1.67\times 10=16.7\text{kPa}$$

引起的水压力损失的合力为：$\Delta E_w=\dfrac{1}{2}\times 5\times 16.7=41.75\text{kN/m}$

（4）$\Delta E=13.88-41.75=-27.87\text{kN/m}$

解法三：

（1）水位处：$\Delta e=0$

（2）墙底处：$\Delta e=jhK_a-jh=\dfrac{10}{3}\times 5\times \dfrac{1}{3}-\dfrac{10}{3}\times 5=-11.11\text{kPa}$

（3）$\Delta E=\dfrac{1}{2}\times 5\times(-11.11)=-27.78\text{kN/m}$

【小注岩土点评】

① 渗流向下，引起土体的自重增加，土压力增加，根据有效应力原理，引起水头损失，水压力相应减小。

② 类似（2016C21），渗流方向与自重方向一致，引起自重应力增大，根据有效应力原理，相应的孔隙水压力减小，自重应力的增大值和孔隙水压力的减小值相等（即为：$\dfrac{1}{3}\times 10\times 5=16.67\text{kPa}$）。

③ 渗流路径为 $5+3+1$，不要落下水平方向的 3m，左侧的渗流路径不要误认为是 2m，渗流在土中引起了有效应力和孔隙水压力的变化。

（三）基坑中稳定渗流时支护结构上的水、土压力计算

当基坑内的渗透达到稳定时，渗流将对土体产生拖拽力，必然存在水头损失，存在稳定渗流时的水压力应按流网计算，也可按下列假设近似计算；由于假设不同，计算的水压力不同，渗透力也不同，从而影响土压力的大小和分布。根据《基础工程》（第 3 版）相

应内容，结合基坑规范及注册岩土工程师考试内容和特点，现将稳定渗流时支护结构上的水、土压力计算总结如下：

计算内容	计算图示	计算公式及说明
渗流沿支护结构时的水压力	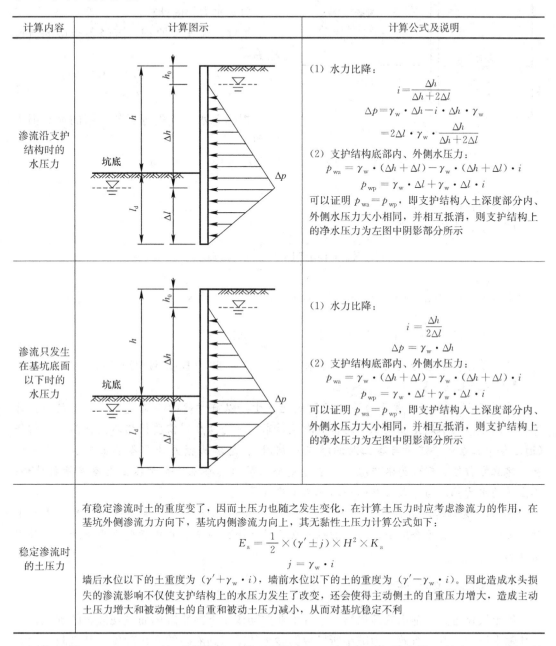	(1) 水力比降： $$i = \frac{\Delta h}{\Delta h + 2\Delta l}$$ $$\Delta p = \gamma_w \cdot \Delta h - i \cdot \Delta h \cdot \gamma_w$$ $$= 2\Delta l \cdot \gamma_w \cdot \frac{\Delta h}{\Delta h + 2\Delta l}$$ (2) 支护结构底部内、外侧水压力： $$p_{wa} = \gamma_w \cdot (\Delta h + \Delta l) - \gamma_w \cdot (\Delta h + \Delta l) \cdot i$$ $$p_{wp} = \gamma_w \cdot \Delta l + \gamma_w \cdot \Delta l \cdot i$$ 可以证明 $p_{wa} = p_{wp}$，即支护结构入土深度部分内、外侧水压力大小相同，并相互抵消，则支护结构上的净水压力为左图中阴影部分所示
渗流只发生在基坑底面以下时的水压力		(1) 水力比降： $$i = \frac{\Delta h}{2\Delta l}$$ $$\Delta p = \gamma_w \cdot \Delta h$$ (2) 支护结构底部内、外侧水压力： $$p_{wa} = \gamma_w \cdot (\Delta h + \Delta l) - \gamma_w \cdot (\Delta h + \Delta l) \cdot i$$ $$p_{wp} = \gamma_w \cdot \Delta l + \gamma_w \cdot \Delta l \cdot i$$ 可以证明 $p_{wa} = p_{wp}$，即支护结构入土深度部分内、外侧水压力大小相同，并相互抵消，则支护结构上的净水压力为左图中阴影部分所示
稳定渗流时的土压力	有稳定渗流时土的重度变了，因而土压力也随之发生变化，在计算土压力时应考虑渗流力的作用，在基坑外侧渗流力方向下，坑内侧渗流力向上，其无黏性土压力计算公式如下： $$E_a = \frac{1}{2} \times (\gamma' \pm j) \times H^2 \times K_a$$ $$j = \gamma_w \cdot i$$ 墙后水位以下的土重度为 $(\gamma' + \gamma_w \cdot i)$，墙前水位以下的土的重度为 $(\gamma' - \gamma_w \cdot i)$。因此造成水头损失的渗流影响不仅使支护结构上的水压力发生了改变，还会使得主动侧土的自重压力增大，造成主动土压力增大和被动侧土的自重和被动土压力减小，从而对基坑稳定不利	

【5-13】（2020C19）如下图所示，某基坑深 6m，拟采用桩撑支护，桩径 600mm，桩长 9m，间距 1.2m，桩间摆喷与支护桩共同形成厚 600mm 的悬挂止水帷幕。场地地表往下 6m 为粉砂层，再下为细砂层，两砂层的渗透系数以及细砂层的强度指标与重度、坑内外地下水位如下图所示，考虑渗流作用时，单根支护桩被动侧的水压力与被动土压力计算值之和最接近下列哪个选项？（水的重度取 10kN/m³）

(A) 147kN　　　(B) 165kN　　　(C) 176kN　　　(D) 206kN

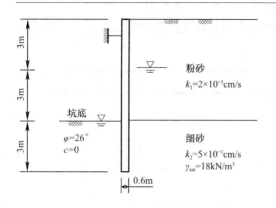

答案：A

解答过程：

（1）水力梯度计算：

根据水流连续原理，流经各土层的流速相等$\Rightarrow$

$$k_1 \cdot i_1 = k_2 \cdot i_2 \Rightarrow 2 \times 10^{-3} \times i_1 = 5 \times 10^{-3} \times i_2$$

根据总水头损失等于各土层的水头损失之和$\Rightarrow$

$$\Delta h = \Delta h_1 + \Delta h_2 \Rightarrow i_1 \times 3 + i_2 \times (3 + 3 + 0.6) = 3$$

计算得：$i_2 = 0.21$

（2）水、土压力计算：

$$K_p = \tan^2\left(45 + \frac{26}{2}\right) = 2.561$$

土压力：$E_p = \frac{1}{2} \times (8 - 10 \times 0.21) \times 3^2 \times 2.561 = 68.0 \text{kN}$

水压力：$E_w = \frac{1}{2} \times (10 + 10 \times 0.21) \times 3^2 = 54.5 \text{kN}$

（3）单根支护桩受到的水土压力之和：$E = 1.2 \times (68.0 + 54.5) = 147 \text{kN}$

【小注岩土点评】

① 本题渗流和以往考题的渗流不同之处在于：以前考题的渗流是在同一土层中，计算比较简单，而本题是多层土中的垂直渗流，求解水力梯度，需要根据不同土层流速相等（通过整个土层的渗流量与各土层的渗流量相同）、总水头损失等于各层土中水头损失之和，建立方程组。假设为水平渗流：通过整个土层的总渗流量等于各土层渗流量之总和；各土层的水力梯度与等效土层的平均水力梯度相等。

② 本题为计算渗流作用下土压力的计算，渗流作用下，会产生渗透力；渗透力向上时，土体的有效自重会减小，从而影响土压力的大小；但是水的重度会由于渗透力的作用而增加。

七、液化下的土压力

砂土液化定义：饱水的疏松粉、细砂土在振动作用下突然破坏而呈现液态的现象，由于孔隙水压力上升，有效应力减小所导致的砂土从固态到液态的变化现象。其机制是饱和的疏松粉、细砂土体在振动作用下有颗粒移动和变密的趋势，对应力的承受从砂土骨架转向水，由于粉和细砂土的渗透力不良，孔隙水压力会急剧增大，当孔隙水压力大到总应力值时，有效应力就降到0，颗粒悬浮在水中，砂土体即发生液化。

（一）液化时，土压力的计算

液化时：按照流体的压力计算（泥浆护壁类似）：$p_w = \gamma_{sat} h$，γ_{sat} 为其液化时的饱和重度。流体压力计算需把握两个关键点：

（1）流体压力（强）各个方向均有，大小只和竖直高度 h 有关系；

（2）流体压力合力的方向垂直于作用面。

【5-14】（2009C17）有一码头的挡土墙，墙高 5m，墙背垂直、光滑，墙后为充填的砂（$e=0.9$）填土表面水平，地下水与填土表面平齐，已知砂的饱和重度 $\gamma=18.7kN/m^3$，内摩擦角 $\varphi=30°$，当发生强烈地震时，饱和的松砂完全液化，如不计地震惯性力，液化时每延米墙后总水平力是（　　　）。

（A）78kN　　　　（B）161kN　　　　（C）203kN　　　　（D）234kN

答案：D

解答过程：

（1）地震液化时，砂土的内摩擦角变为0。

（2）$E_a=\dfrac{1}{2}\gamma h^2 K_a=\dfrac{1}{2}\times 18.7\times 5^2\times 1=234kN$

【小注岩土点评】

地震液化时需要注意两点：第一，砂土的重度变为饱和重度，因为此时的砂土类似于液体，直接作用于挡土墙；第二，砂土的内摩擦角变为0，因为这时土粒骨架已经不接触，土压力为0。

【5-15】（2016C19）海港码头高 5.0m 的挡土墙如下图所示。墙后填土为冲填的饱和砂土，其饱和重度为 $18kN/m^3$，$c=0$，$\varphi=30°$，墙土间摩擦角 $\delta=15°$，地震时冲填砂土发生了完全液化，不计地震惯性力，问在砂土完全液化时作用于墙后的水平总压力最接近于下面哪个选项？

（A）33kN/m　　　　　（B）75kN/m

（C）158kN/m　　　　（D）225kN/m

0.5m

5.0m　饱和冲填砂土

3.5m

答案：D

解答过程：

（1）地震液化时，内摩擦角变为0。

（2）$E_a=0.5\times 18\times 5^2=225kN/m$

【小注岩土点评】

① 砂土液化后成了液体，此时砂土对挡土墙的压力计算与墙后水对墙的压力计算方法是一致的，只是重度变为了砂土的饱和重度。

② 求水平分力，也可以直接采用以下方法：总压力：$E_a=\dfrac{1}{2}\times\sqrt{5^2+3^2}\times(18\times 5)$；

水平分力：$E_a\dfrac{5}{\sqrt{5^2+3^2}}=\dfrac{1}{2}\times\sqrt{5^2+3^2}\times(18\times 5)\times\dfrac{5}{\sqrt{5^2+3^2}}=225kN/m$

【5-16】（2008D20）在饱和软黏土地基中开槽建造地下连续墙，槽深 8.0m，槽中采用泥浆护壁，已知软黏土的饱和重度为 $16.8kN/m^3$，$c_u=12kPa$，$\varphi_u=0°$。对于下图所示的滑裂面，则保证槽壁稳定的最小泥浆密度最接近（　　　）。

（A）$1.00g/cm^3$　　（B）$1.08g/cm^3$　　（C）$1.12g/cm^3$　　（D）$1.22g/cm^3$

答案：B

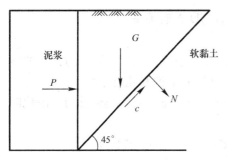

解答过程：

解法一：

（1）滑块重力：

$$W = \frac{1}{2} \times 8 \times 8 \times 16.8 = 537.6 \text{kN/m}$$

（2）根据滑裂面处于静力平衡（下滑力和抗滑力相等）：

$$W\sin 45° = cl + (W\cos 45° + P\sin 45°)\tan\varphi + P\cos 45° \Rightarrow$$

$$537.6 \times \sin 45° = 12 \times \sqrt{2} \times 8 + 0 + P\cos 45° \Rightarrow$$

$$P = 345.6 \text{kN/m}$$

（3）保证槽壁稳定，即令 $E_{泥浆} = P$，即：$\frac{1}{2}\gamma_{泥}h^2 = \frac{1}{2} \times \gamma_{泥} \times 8^2 = 345.6 \text{kN/m}$

解得：$\gamma_{泥} = 10.8 \text{kN/m}^3$，$\rho_{泥} = \dfrac{\gamma_{泥}}{10} = 1.08 \text{g/cm}^3$

解法二：

根据《建筑边坡工程技术规范》GB 50330—2013 第 6.2.8 条：

（1）$$\eta = \frac{2c}{\gamma H} = \frac{2 \times 12}{16.8 \times 8} = 0.18$$

$$K_a = \frac{\sin(\alpha + \beta)}{\sin(\alpha - \delta + \theta - \delta_R)\sin(\theta - \beta)} \times \left[\frac{\sin(\alpha + \theta)\sin(\theta - \delta_R)}{\sin^2\alpha} - \eta\frac{\cos\delta_R}{\sin\alpha}\right]$$

$$= \frac{\sin 90°}{\sin(90° - 0° + 45° - 0°)\sin(45° - 0°)} \times \left[\frac{\sin(90° + 45°)\sin(45° - 0°)}{\sin^2 90°} - 0.18 \times \frac{\cos 0°}{\sin 90°}\right]$$

$$= 0.64$$

（2）$E_a = \frac{1}{2}\gamma h^2 K_a = \frac{1}{2} \times 16.8 \times 8^2 \times 0.64 = 344.1 \text{kN/m}$

（3）$E_{泥浆} = E_a$，$\frac{1}{2}\gamma_{泥}h^2 = \frac{1}{2} \times \gamma_{泥} \times 8^2 = 344.1 \Rightarrow \gamma_{泥} = 10.8 \text{kN/m}^3$，$\rho_{泥} = \dfrac{\gamma_{泥}}{10} = 1.08 \text{g/cm}^3$

解法三：

见本书楔体式算法

$$E_a = G\tan(\theta - \varphi) - \frac{cl\cos\varphi}{\cos(\theta - \varphi)}$$

利用此公式进行计算，读者可以自行计算，结果应该是一致的。

【5-17】（2006C23）在密实砂土地基中进行地下连续墙的开槽施工，地下水位与地面齐平，砂土的饱和重度 $\gamma_{sat} = 20.2 \text{kN/m}^3$，内摩擦角 $\varphi = 38°$，黏聚力 $c = 0$，采用水下泥浆护壁施工，槽内的泥浆与地面齐平，形成一层不透水的泥皮，为了使泥浆压力能平衡地基砂土的主动土压力，使槽壁保持稳定，泥浆比重至少应达到（　　）。

(A) 1.24g/cm^3　　(B) 1.35g/cm^3　　(C) 1.45g/cm^3　　(D) 1.56g/cm^3

答案：A

解答过程：

（1）砂土侧：$K_a = \tan^2\left(45° - \dfrac{38°}{2}\right) = 0.238$

水土分算：$e_a = \gamma h K_a = (20.2 - 10) \times h \times 0.238 = 2.428h$

$$e_w = \gamma_w h = 10h$$

水土总压力：$e_a + e_w = 2.428h + 10h = 12.428h$

（2）泥浆侧：$e_泥 = \gamma_泥 h$

满足平衡时：$e_a + e_w = e_泥$

即：$12.428h = \gamma_泥 h$，解得：$\gamma_泥 = 12.428 \text{kN/m}^3$，$\rho_泥 = \dfrac{\gamma_泥}{10} = 1.24 \text{g/cm}^3$

（二）液化后，土压力的计算

液化后：按照正常土压力计算，但密实度变化（重度 γ），填土的高度 h 也会变化，重度 γ 根据质量守恒、液化前后的总质量不变求解；填土高度根据三相图解决。

（1）百变三相图：$\dfrac{h_1}{1+e_1} = \dfrac{h_2}{1+e_2} \Rightarrow h_2$（液化之后填土的高度）。

（2）质量守恒：$\gamma_{sat前} h_1 = \gamma_{sat后} h_2 + \gamma_w(h_1 - h_2) \Rightarrow \gamma_{sat后}$（液化之后填土的饱和重度）。

【5-18】（2009C18）有一码头的挡土墙，墙高 5m，墙背垂直、光滑，墙后为充填的松砂，填土表面水平，地下水与填土表面平齐，已知：砂的孔隙比为 0.9，饱和重度 $\gamma_{sat} = 18.7 \text{kN/m}^3$，内摩擦角 $\varphi = 30°$，强震使饱和松砂完全液化，震后松砂沉积变密实，孔隙比 $e = 0.65$，内摩擦角 $\varphi = 35°$，震后墙后水位不变，则墙后每延米上的主动土压力和水压力之和最接近（　　）。

（A）68kN　　　　（B）120kN　　　　（C）150kN　　　　（D）160kN

答案：C

解答过程：

（1）地震后砂土层高度：$\dfrac{h_1}{1+e_1} = \dfrac{h_2}{1+e_2} \Rightarrow \dfrac{5}{1+0.9} = \dfrac{h_2}{1+0.65} \Rightarrow h_2 = 4.34 \text{m}$

（2）地震后砂土层饱和重度：$5 \times 18.7 = 4.34\gamma + 0.66 \times 10 \Rightarrow \gamma = 20 \text{kN/m}^3$

（3）地震后砂土层的土压力系数：$K_a = \tan^2\left(45° - \dfrac{\varphi}{2}\right) = \tan^2\left(45° - \dfrac{35°}{2}\right) = 0.271$

（4）地震后水土总压力：

$$E_a = \frac{1}{2}\gamma h_2^2 K_a + \frac{1}{2}\gamma_w h^2 = \frac{1}{2} \times (20-10) \times 4.34^2 \times 0.271 + \frac{1}{2} \times 10 \times 5^2 = 150.5 \text{kN/m}$$

【小注岩土点评】

① 地震后的砂土变密实，土体厚度要变小，水土总重量不变，但土的重度要变大。

② 利用变化前后孔隙比和高度，将微观和宏观对应，即：$\dfrac{h_1}{1+e_1} = \dfrac{h_2}{1+e_2}$，应用此原理求解由于压实发生土体体积变化后的高度，很方便。

③ 地震前后，墙后砂土和水的总质量不变，来求解地震后土体的重度。

【5-19】（2017D18）某重力式挡土墙，墙高 6m，墙背垂直、光滑，墙后填土为松砂，填土表面水平，地下水与填土表面齐平，已知松砂的孔隙比 $e_1 = 0.9$，饱和重度 $\gamma_1 = 18.5 \text{kN/m}^3$，内摩擦角 $\varphi_1 = 30°$，挡土墙后饱和松砂采用不加填料振冲法加固，加固后松砂振冲变密实，孔隙比 $e_2 = 0.6$，内摩擦角 $\varphi_2 = 35°$，加固后墙后水位标高假设不变，按朗肯土压力理论，则加固前后墙后每延米上的主动土压力变化值最接近下列哪个选项？

(A) 0kN/m　　　(B) 6kN/m　　　(C) 16kN/m　　　(D) 36kN/m

答案：C

解答过程：

(1) 振冲前：$K_{a1} = \tan^2\left(45° - \dfrac{30°}{2}\right) = \dfrac{1}{3}$

$$E_{a1} = \dfrac{1}{2} \times 6 \times (18.5 - 10) \times 6 \times \dfrac{1}{3} = 153 \times \dfrac{1}{3} = 51\text{kN/m}$$

(2) 振冲后：$K_{a2} = \tan^2\left(45° - \dfrac{35°}{2}\right) = 0.27$

砂土高度：$\dfrac{1+0.9}{1+0.6} = \dfrac{6}{h_2} \Rightarrow h_2 = 5.05\text{m}$

砂土重度：$8.5 \times 6 = \gamma_2' \times 5.05 \Rightarrow \gamma_2' = 10.1$

$$E_{a2} = \dfrac{1}{2} \times 5.05 \times 10.1 \times 5.05 \times 0.27 = 34.8\text{kN/m}$$

(3) 土压力变化值：$\Delta E_a = 51 - 34.8 = 16.2\text{kN/m}$

【5-20】(2018D14) 如下图所示，位于不透水地基上重力式挡墙，高 6m，墙背垂直、光滑，墙后填土水平，墙后地下水位与墙顶面齐平，填土自上而下分别为 3m 厚细砂和

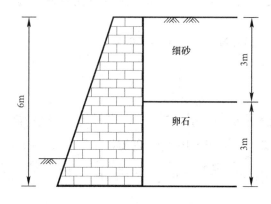

3m 厚卵石，细砂饱和重度 $\gamma_{sat1} = 19\text{kN/m}^3$，黏聚力 $c_1' = 0\text{kPa}$，内摩擦角 $\varphi_1' = 25°$。卵石饱和重度 $\gamma_{sat2} = 21\text{kN/m}^3$，黏聚力 $c_2' = 0\text{kPa}$，内摩擦角 $\varphi_2' = 30°$，地震时细砂完全液化，在不考虑地震惯性力和地震沉陷的情况下，根据《建筑边坡工程技术规范》GB 50330—2013 相关要求，计算地震液化时作用在墙背的总水平力接近于下列哪个选项？

(A) 290kN/m　　　　(B) 320kN/m

(C) 350kN/m　　　　(D) 380kN/m

答案：B

解答过程：

(1) 细砂层完全液化时，按液体压力计算：

$$E_{w1} = \dfrac{1}{2} \times 19 \times 3 \times 3 = 85.5\text{kN/m}$$

(2) 卵石层土压力：

$$K_a = \tan^2\left(45° - \dfrac{30°}{2}\right) = \dfrac{1}{3}, \quad E_a = \dfrac{1}{2} \times 11 \times 3 \times 3 \times \dfrac{1}{3} = 16.5\text{kN/m}$$

(3) 卵石层的水压力：

卵石层顶：$e_{w2顶} = 19 \times 3 = 57\text{kPa}$

卵石层底：$e_{w2底} = 19 \times 3 + 10 \times 3 = 87\text{kPa}$

$$E_{w2} = \dfrac{1}{2} \times (57 + 87) \times 3 = 216\text{kN/m}$$

（4）总水平力：

$$E = 85.5 + 16.5 \times 1.1 + 216 = 319.65 \text{kN/m}$$

【小注岩土点评】

① 地震作用下，细砂液化了，卵石未发生液化，液化时，可以将砂土认为是一种重度大于10的"液体"，液化时的侧压力按照液体压力计算。

② 砂土液化后，计算下覆土层土压力时，可把细砂层看作液体计算，不传递力给卵石层土骨架。

③ 卵石层受到的水压力分为两部分，上部液体作用引起的压力和卵石层内水引起的压力。

④ 土压力增大系数，规范中论述的实际挡墙的位移小于主动土压力所需的位移，因此土压力的实际值比经典土压力的计算值偏大，因此引入了土压力增大系数，最后与实际值趋于一致，而液体的侧压力计算值 $\gamma_w h$，就是实际值，因此无需增大，如果全部增大的话，$E = (85.5 + 16.5 + 216) \times 1.1 = 349.8 \text{kN/m}$，将选择C。

八、无限斜坡面的土压力

——《土力学》附录 Ⅳ

朗肯土压力理论也可以计算具有斜坡填土作用面时作用于竖直墙背上的土压力，推导思路与填土面水平条件的思路基本相同。

适用条件	当填土为无黏性土，且满足 $\varphi > \beta$ 和 $\beta \leqslant \delta \leqslant \varphi$	
主动土压力	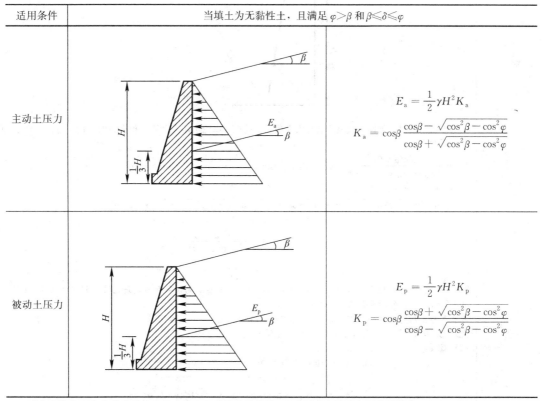	$E_a = \dfrac{1}{2}\gamma H^2 K_a$ $K_a = \cos\beta \dfrac{\cos\beta - \sqrt{\cos^2\beta - \cos^2\varphi}}{\cos\beta + \sqrt{\cos^2\beta - \cos^2\varphi}}$
被动土压力		$E_p = \dfrac{1}{2}\gamma H^2 K_p$ $K_p = \cos\beta \dfrac{\cos\beta + \sqrt{\cos^2\beta - \cos^2\varphi}}{\cos\beta - \sqrt{\cos^2\beta - \cos^2\varphi}}$

【小注】 由以上公式计算的土压力的方向平行于斜坡面；δ 为填土与墙背之间的摩擦角。

第三节　库伦土压力理论及计算

——《土力学》及《建筑边坡工程技术规范》第 6 章

库伦土压力理论是根据滑动楔体处于极限平衡状态时的静力平衡条件而求得主动或者被动土压力的。

一、主动土压力计算

一般情况下，库伦土压力的计算主要采用楔体平衡法进行计算，即计算出的土压力为总土压力，不计算某点的土压力强度，总主动土压力计算公式为：

$$E_a = \frac{1}{2} \gamma H^2 K_a$$

不同的是，在于主动土压力系数的计算不同，现分别予以说明：

计算项目	计算图例及计算公式
（1）黏性土 $c \neq 0 +$ 均布荷载 q（规范法）	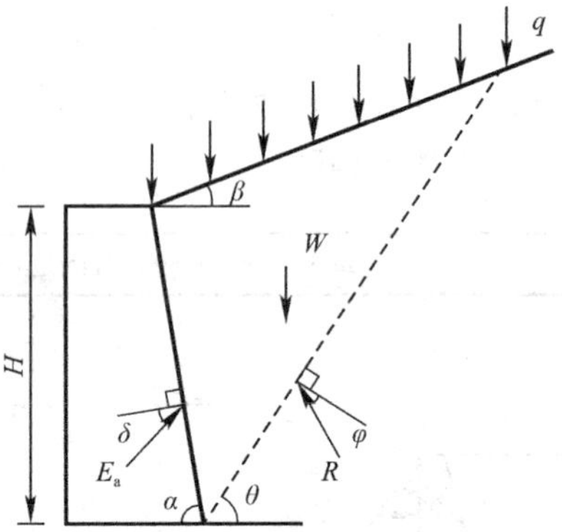 如上图所示，对于黏性土及墙背后有大面积均布荷载的库伦土压力计算，根据力的平衡，可得主动土压力系数 K_a： $$K_a = \frac{\sin(\alpha+\beta)}{\sin^2\alpha\sin^2(\alpha+\beta-\varphi-\delta)}\{K_q[\sin(\alpha+\beta)\sin(\alpha-\delta)+\sin(\varphi+\delta)\sin(\varphi-\beta)]$$ $$+2\eta\sin\alpha\cos\varphi\cos(\alpha+\beta-\varphi-\delta)$$ $$-2\sqrt{K_q\sin(\alpha+\beta)\sin(\varphi-\beta)+\eta\sin\alpha\cos\varphi}\times\sqrt{K_q\sin(\alpha-\delta)\sin(\varphi+\delta)+\eta\sin\alpha\cos\varphi}\}$$ 其中： $$K_q = 1 + \frac{2q\sin\alpha\cos\beta}{\gamma H\sin(\alpha+\beta)}$$ $$\eta = \frac{2c}{\gamma H}$$ **【小注】**（1）《建筑地基基础设计规范》GB 50007—2011 第 6.7.3 条和《建筑边坡工程技术规范》GB 50330—2013 第 6.2.3 条中的系数即为此 K_a。 此公式为土压力计算的"万能公式"，可以计算各种情况：$c \neq 0$（黏性土），$q \neq 0$，$\alpha \neq 90°$（墙背非竖直），$\beta \neq 0$（填土非水平），$\delta \neq 0$（墙背非光滑）。 （2）假设： $$A = K_q \cdot [\sin(\alpha+\beta)\cdot\sin(\alpha-\delta)+\sin(\varphi+\delta)\cdot\sin(\varphi-\beta)]$$ $$B = 2\cdot\eta\cdot\sin\alpha\cos\varphi\cdot\cos(\alpha+\beta-\varphi-\delta)$$ $$C = 2\cdot\sqrt{K_q\cdot\sin(\alpha+\beta)\cdot\sin(\varphi-\beta)+\eta\cdot\sin\alpha\cos\varphi}$$ $$D = \sqrt{K_q\cdot\sin(\alpha-\delta)\cdot\sin(\varphi+\delta)+\eta\cdot\sin\alpha\cos\varphi}$$

计算项目	计算图例及计算公式
(1) 黏性土 $c \neq 0 +$ 均布荷载 q (规范法)	则：$K_a = \dfrac{\sin(\alpha+\beta)[A+B-C \cdot D]}{\sin^2\alpha \cdot \sin^2(\alpha+\beta-\varphi-\delta)}$，可以达到快速、准确计算。 (3) 规范法是在《土力学》库伦土压力的基础上，考虑了黏聚力 c 及超载 q 进行演变，规范法比库伦理论扩大了使用范围，朗肯∈库伦∈规范法。 ① 当 $c=0$，$q=0$，规范的主动土压力系数 K_a 与《土力学》库伦土压力的系数 K_a 完全一致，《土力学》库伦公式中的 α 与规范公式中的 α 互余。 ② 当 $c=0$，$q=0$，$\alpha=90°$（墙背竖直），$\beta=\delta=0$（墙背光滑），主动土压力系数 K_a 与朗肯主动土压力系数 K_a 完全一致。 ③ 当 $c=0$，$q \neq 0$，库伦衍生超载下的计算公式：$\dfrac{1}{2}\gamma H^2 K_a + qHK_a \dfrac{\cos\alpha \cdot \cos\beta}{\cos(\alpha-\beta)}$，计算结果与《建筑边坡工程技术规范》GB 50330—2013 第 6.2.3 条公式的计算一致。 ④ 只要不是黏性土，优先采用库伦公式计算。 (4) 若同时满足以下两个条件：①挡土墙为重力式，②土压力计算指定规范法（按《建筑地基基础设计规范》GB 50007—2011 和《建筑边坡工程技术规范》GB 50330—2013）计算），则主动土压力计算公式变为： $$E_a = \dfrac{1}{2}\psi_a \gamma H^2 K_a$$ 其中，ψ_a 为重力式挡土墙土压力增大系数，其取值如下： 表格如下

墙高	增大系数
$<5\mathrm{m}$	1.0
$5\sim8\mathrm{m}$	1.1
$>8\mathrm{m}$	1.2

(2) 无黏性土 $c=0$ (库伦法)	① 对于无黏性土：$c=0$、$q=0$、$\alpha \neq 90°$（墙背非竖直）、$\beta \neq 0$（填土非水平）、$\delta \neq 0$（墙背非光滑）

计算简图	
公式原理	根据三角形力的平衡和正弦定理，有： $$\frac{E_a}{\sin(\theta-\varphi)} = \frac{W}{\sin[\pi-(\theta-\varphi+\psi)]} = \frac{W}{\sin(90°-\alpha-\delta+\theta-\varphi)} \Rightarrow$$ $$E_a = \frac{W\sin(\theta-\varphi)}{\sin(90°-\alpha-\delta+\theta-\varphi)} \Rightarrow 求所有假定滑裂面中最大值 E \Rightarrow$$ $$\frac{\mathrm{d}E_a}{\mathrm{d}\theta} = 0$$
计算公式	可推导出主动土压力系数 K_a： $$K_a = \frac{\cos^2(\varphi-\alpha)}{\cos^2\alpha \cdot \cos(\alpha+\delta)\left[1+\sqrt{\dfrac{\sin(\varphi+\delta) \cdot \sin(\varphi-\beta)}{\cos(\alpha+\delta) \cdot \cos(\alpha-\beta)}}\right]^2}$$ $$E_a = \frac{1}{2}\gamma H^2 K_a$$

计算项目	计算图例及计算公式		
	② 对于无黏性土：$c=0$、$q\neq0$（荷载 q 类似规范中竖直均布荷载）、$\alpha\neq90°$（墙背非竖直）、$\beta\neq0$（填土非水平）、$\delta\neq0$（墙背非光滑）		

(2) 无黏性土 $c=0$（库伦法）	计算简图	
	公式原理	$$\frac{E_a}{E_a'}=\frac{W+G}{W}$$可以采用三角形相似原理，具体推导过程详见《土力学》
	计算公式	$$\Delta E_a=qHK_a\frac{\cos\alpha\cdot\cos\beta}{\cos(\alpha-\beta)}$$ $$E_a=E_a'+\Delta E_a=\frac{1}{2}\gamma H^2K_a+qHK_a\frac{\cos\alpha\cdot\cos\beta}{\cos(\alpha-\beta)}$$ $$K_a=\frac{\cos^2(\varphi-\alpha)}{\cos^2\alpha\cdot\cos(\alpha+\delta)\left[1+\sqrt{\dfrac{\sin(\varphi+\delta)\cdot\sin(\varphi-\beta)}{\cos(\alpha+\delta)\cdot\cos(\alpha-\beta)}}\right]^2}$$

【小注】 ① 本公式是在填土非水平、墙背倾斜、非光滑的情况下推导出来的，有些版本《土力学》公式有误，分子应该×$\cos\beta$，计算结果与《建筑边坡工程技术规范》GB 50330—2013 第 6.2.3 条计算结果完全一致。

但其计算量较小，且库伦主动土压力系数可以查询《土力学》附录，因此只要不是黏性土，优先采用库伦法计算土压力。

② 当填土水平时，由超载产生的土压力为：$\Delta E_a=qHK_a$，类似于上述填土水平的情况。

③ 主动土压力强度沿墙高呈三角形分布，合力作用点在离墙底 $H/3$ 处，土压力的方向非水平，方向与墙背法线成 δ，与水平面成 $(\alpha+\delta)$，思考，若墙背光滑，主动土压力方向为水平。

④ 区别朗肯主动破裂角，破裂角不是 $45°+\varphi/2$。

⑤ 此主动土压力系数即为《土力学》中的库伦土压力系数，《土力学》中的 α 为墙背和竖直方向的夹角（以竖直线为基准，墙背在竖直线右侧取正，左侧取负），而规范中的 α 为墙背和水平方向的夹角。

⑥ 朗肯、库伦、规范法，三种方法的共性为：破裂角 θ 为未知

续表

计算项目	计算图例及计算公式
（3）当边坡的坡面为倾斜、坡顶水平、无超载时	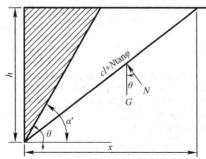 土压力的合力可按下列公式计算，边坡破坏时的平面破裂角 θ 可按下式计算： $$E_a = \frac{1}{2}\gamma h^2 K_a$$ $$K_a = (\cot\theta - \cot\alpha')\tan(\theta - \varphi) - \frac{\eta\cos\varphi}{\sin\theta\cos(\theta - \varphi)}$$ $$\theta = \arctan\left[\frac{\cos\varphi}{\sqrt{1 + \dfrac{\cot\alpha'}{\eta + \tan\varphi}} - \sin\varphi}\right]，\text{其中：} \eta = \frac{2c}{\gamma h}$$ 【小注】① 此公式为库伦的衍生公式，特点为公式中含有破裂面倾角 θ；此公式适用于路堑（挖方）拟开挖边坡，开挖之前按照拟开挖坡率计算开挖后的土压力。 ② 根据 θ 计算公式可以确定边坡的破裂角。 ③ $E_a = \frac{1}{2}\gamma h^2 K_a = \frac{1}{2}\gamma h^2 \cdot (\cot\theta - \cot\alpha')\tan(\theta - \varphi) - \frac{1}{2}\gamma h^2 \cdot \frac{\eta\cos\varphi}{\sin\theta\cos(\theta - \varphi)} \Rightarrow$ $$E_a = G\tan(\theta - \varphi) - \frac{cL\cos\varphi}{\cos(\theta - \varphi)} \Rightarrow E_a = G\tan(\theta - \varphi_s) - \frac{c_s L\cos\varphi_s}{\cos(\theta - \varphi_s)}$$ 其中：φ 替换为 φ_s，c 替换为 c_s，即为《建筑边坡工程技术规范》GB 50330—2013 第 6.3.2 条公式。 联系： ➤两者基于楔形体静力平衡推导出来的，滑动面均为平面，当破裂体为三角形（规范第 6.3.2 条适用于任何形状），理论破裂面和实际破裂面相等，计算结果一致。 ➤土压力的方向均为水平方向，非土压力的水平分力。 区别： ➤第 6.2.10 条只适用无明显破裂面的边坡，θ 为理论计算，应为最不利的，滑体应为三角形。 ➤第 6.3.2 条适用破裂面已知的边坡，如岩质边坡的软弱结构面、滑体不限于三角形（只要满足平面即可）等
（4）当边坡为二阶且竖直、坡顶水平且无超载时	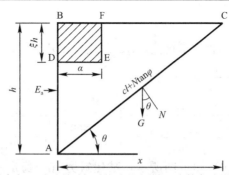 如上图所示，岩土压力的合力 E_a 和边坡破坏时的平面破裂角 θ 应符合下列规定： $$E_a = \frac{1}{2}\gamma h^2 K_a$$ $$K_a = \left(\cot\theta - \frac{2a\xi}{h}\right)\tan(\theta - \varphi) - \frac{\eta\cos\varphi}{\sin\theta\cos(\theta - \varphi)}$$

计算项目	计算图例及计算公式
(4) 当边坡为二阶且竖直、坡顶水平且无超载时	$$\theta = \arctan\left[\cfrac{\cos\varphi}{\sqrt{1+\cfrac{2a\xi}{h(\eta+\tan\varphi)}}-\sin\varphi}\right]$$ $$\eta = \frac{2c}{\gamma h}$$ 式中：θ——岩土体的临界滑动面与水平面的夹角（°）。当岩体存在外倾结构面时，可取外倾结构面的倾角，当存在多个外倾结构面时，应分别计算，取其中的最大值为设计值；当岩体中不存在外倾结构面时，可按上式计算。 【小注】此公式为库伦法的衍生公式，特点为公式中含有破裂面倾角 θ；此公式适用于路堑（挖方）拟开挖边坡，拟开挖成台阶状，开挖之前按照拟开挖坡率计算开挖后的土压力
公式参数意义	式中：E_a——主动土压力合力标准值（kN/m）； K_a——主动土压力系数； H——挡土墙高度（m）； γ——土体重度（kN/m³）； c——土的黏聚力（kPa）； φ——土的内摩擦角（°）； q——地表均布荷载标准值（kN/m²）； δ——土对挡土墙墙背的摩擦角（°），可按规范表 6.2.3 取值； β——填土表面与水平面的夹角（°）； α——支挡结构墙背与水平面的夹角（°）； θ——滑裂面与水平面的夹角（°）； a——上阶边坡的宽度（m）； ξ——上阶边坡的高度与总的边坡高度的比值； α'——边坡坡面与水平面的夹角（°）； h——边坡的垂直高度（m）

【5-21】（2018C15）如下图所示，某建筑边坡坡高 10.0m，开挖设计坡面与水平面夹角 50°，坡顶水平，无超载，坡体黏性土重度 19kN/m³，内摩擦角 12°，黏聚力 20kPa，坡体无地下水，按照《建筑边坡工程技术规范》GB 50330—2013，边坡破坏时的平面破裂角 θ 最接近下列哪个选项？

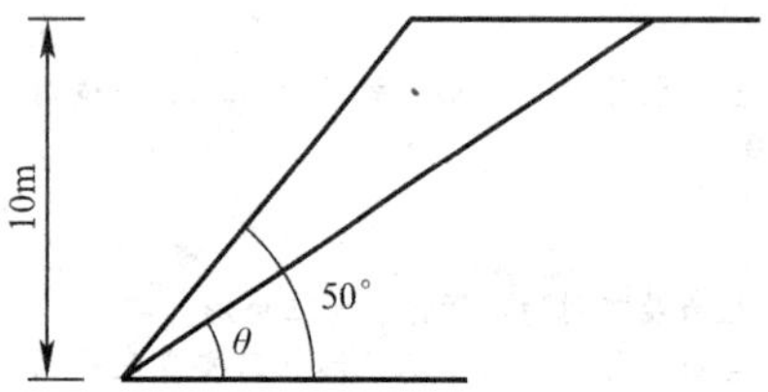

(A) 30° (B) 33°

(C) 36° (D) 39°

答案：B

解答过程：

根据《建筑边坡工程技术规范》GB 50330—2013 第 6.2.10 条：

(1) $\eta = \cfrac{2c}{\gamma h} = \cfrac{2\times20}{19\times10} = 0.2105$

(2) $\theta = \arctan\left[\cfrac{\cos\varphi}{\sqrt{1+\cfrac{\cot\alpha'}{\eta+\tan\varphi}}-\sin\varphi}\right] = \arctan\left[\cfrac{\cos12°}{\sqrt{1+\cfrac{\cot50°}{0.2105+\tan12°}}-\sin12°}\right] = 32.8°$

【5-22】（2018D16）如下图所示，某建筑旁有一稳定的岩质山坡，坡面 AE 的倾角 $\theta=50°$。依山建的挡土墙，墙高 $H=5.5$m。墙背面 AB 与填土间的摩擦角为 10°，倾角 $\alpha=75°$。墙后砂土填料重度为 20kN/m³，内摩擦角为 30°，墙体自重为 340kN/m。为确保挡墙抗滑安全系数不小于 1.3，根据《建筑边坡工程技术规范》GB 50330—2013，在水平填土面上施加的均布荷载 q 最大值接近下列哪个选项？（墙底 AD 与地基间的摩擦系数取

0.6，无地下水）提示：《建筑边坡工程技术规范》GB 50330—2013 中第 6.2.3 条中部分版式有印刷错误，请按下列公式计算：

$$K_a = \frac{\sin(\alpha+\beta)}{\sin^2\alpha\sin^2(\alpha+\beta-\varphi-\delta)}\{K_q[\sin(\alpha+\beta)\sin(\alpha-\delta)+\sin(\varphi+\delta)\sin(\varphi-\beta)]$$
$$+2\eta\sin\alpha\cos\varphi\cos(\alpha+\beta-\varphi-\delta)-2[(K_q\sin(\alpha+\beta)\sin(\varphi-\beta)$$
$$+\eta\sin\alpha\cos\varphi)(K_q\sin(\alpha-\delta)\sin(\varphi+\delta)+\eta\sin\alpha\cos\varphi)]^{1/2}\}$$

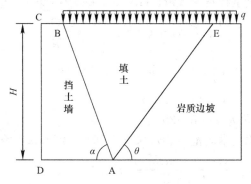

（A）30kPa　　　（B）34kPa　　　（C）38kPa　　　（D）42kPa

答案：A

解答过程：

解法一：

根据《建筑边坡工程技术规范》GB 50330—2013 第 6.2.3 条第 2 款、第 11.2.3 条计算：

(1) $\dfrac{(G_n+E_{an})\mu}{E_{at}-G_t}\geq 1.3 \Rightarrow \dfrac{(340+E_a\cos65°)\times0.6}{E_a\sin65°}\geq 1.3 \Rightarrow E_a=220.7\text{kN/m}$

$$E_a=1.1\times\frac{1}{2}\gamma H^2 K_a=1.1\times\frac{1}{2}\times20\times5.5^2 K_a=220.7\text{kN/m}\Rightarrow K_a=0.663$$

(2) $\beta=0$，$\alpha=75°$，$\varphi=30°$，$\delta=10°$，$c=0$，$H=5.5$

$$K_q=1+\frac{2q\cos0°\times\sin75°}{20\times5.5\times\sin(75°+0)}=1+0.0182q$$

$$K_a=\frac{\sin75°}{\sin^2 75°\times\sin^2(75°+0°-30°-10°)}\{K_q[\sin(75°+0°)\sin(75°-10°)$$
$$+\sin(30°+10°)\sin(30°-0°)]+0-2\times\sqrt{K_q\sin(75°+0°)\sin(30°-0°)+0}\times$$
$$\sqrt{K_q\sin(75°-10°)\sin(30°+10°)+0}\}$$
$$=\frac{1}{\sin^2 75°\times\sin^2 35°}\{K_q(\sin75°\sin65°+\sin40°\sin30°)-2$$
$$\times\sqrt{K_q\sin75°\sin30°}\times\sqrt{K_q\sin65°\sin40°}\}=0.663\Rightarrow K_q=1.5498\Rightarrow q=30.2\text{kPa}$$

解法二：

$\theta=50°<45°+\dfrac{30°}{2}=60°$，属非有限范围填土情况。

(1) $\beta=0$，$\alpha'=90-\alpha=15°$，$\varphi=30°$，$\delta=10°$，$c=0$，$H=5.5\text{m}$

由于 $c=0$，可采用《土力学》中库仑土压力公式，$E_a=\dfrac{1}{2}\gamma H^2 K_a+qHK_a\dfrac{\cos\alpha'\cos\beta}{\cos(\alpha'-\beta)}$

$$K_a = \cfrac{\cos(\varphi - \alpha')^2}{\cos\alpha'^2 \cdot \cos(\alpha' + \delta) \cdot \left[1 + \sqrt{\cfrac{\sin(\varphi + \delta) \cdot \sin(\varphi - \beta)}{\cos(\alpha' + \delta) \cdot \cos(\alpha' - \beta)}}\right]^2}$$

$$= \cfrac{\cos^2 15°}{\cos^2 15° \cdot \cos 25° \cdot \left[1 + \sqrt{\cfrac{\sin 40° \cdot \sin 30°}{\cos 25° \cdot \cos 15°}}\right]^2} = 0.428$$

（2）根据《建筑边坡工程技术规范》GB 50330—2013 第 11.2.1 条：

$$E_a = \psi_a \times \left(\frac{1}{2}\gamma H^2 K_a + qHK_a \frac{\cos\alpha' \cos\beta}{\cos(\alpha' - \beta)}\right)$$

$$= 1.1 \times \left(\frac{1}{2} \times 20 \times 5.5^2 \times 0.428 + q \times 5.5 \times 0.428\right)$$

$$= 1.1 \times (129.5 + 2.354q)$$

（3）E_a 与水平面夹角为 $\alpha' + \delta = 25°$

根据《建筑边坡工程技术规范》GB 50330—2013 第 11.2.3 条：

抗滑移安全系数：$F_s = \cfrac{(G + E_a \sin 25°)\mu}{E_a \cos 25°} \geq 1.3 \Rightarrow$

$$\frac{[340 + 1.1 \times (129.5 + 2.354q)\sin 25°] \times 0.6}{1.1 \times (129.5 + 2.354q)\cos 25°} \geq 1.3 \Rightarrow q \geq 30.2 \text{kPa}$$

解法三：

$\theta = 50° < 45° + \cfrac{30°}{2} = 60°$，属非有限范围填土情况。

（1）根据《土力学》中库伦土压力破裂角公式求出破裂角 θ：$\beta = 0$，$\alpha = 75°$，$\alpha' = 90 - \alpha = 15°$，$\varphi = 30°$，$\delta = 10°$，$c = 0$，$H = 5.5$m

由于 $c = 0$，求解过程简化如下：

$$s_q = \sqrt{\frac{\sin(\alpha - \delta)\sin(\varphi + \delta)}{\sin(\alpha + \beta)\sin(\varphi - \beta)}} = \sqrt{\frac{\sin 65° \cdot \sin 40°}{\sin 75° \cdot \sin 30°}} = 1.098$$

$$\theta = \arctan\frac{\sin\beta \cdot s_q + \sin(\alpha - \varphi - \delta)}{\cos\beta \cdot s_q - \cos(\alpha - \varphi - \delta)} = \arctan\frac{0 + \sin 35°}{1.098 - \cos 35°} = 64°$$

（2）根据《建筑边坡工程技术规范》GB 50330—2013 第 11.2.1 条：

$$E'_a = W\frac{\sin(\theta - \varphi)}{\sin(\theta - \varphi + \psi)}, \text{ 其中 } \psi = \alpha - \delta = 65°, W = G + q \times \overline{BE}$$

$$E_a = \psi_a \times E'_a = \psi_a \times \left(\gamma \times \frac{H}{2} \times \overline{BE} + q \times \overline{BE}\right) \times \frac{\sin(\theta - \varphi)}{\sin(\theta - \varphi + \psi)}$$

$$= 1.1 \times \left(\frac{5.5}{2} \times 20 + q\right) \times \left(\frac{5.5}{\tan 75°} + \frac{5.5}{\tan 64°}\right) \times \frac{\sin 34°}{\sin 99°} = 142.4 + 2.588q$$

（3）E_a 与水平面夹角为 $\alpha' + \delta = 25°$

根据《建筑边坡工程技术规范》GB 50330—2013 第 11.2.3 条：

抗滑移安全系数：$F_s = \cfrac{(G + E_a \sin 25°)\mu}{E_a \cos 25°} \geq 1.3 \Rightarrow$

$$\frac{[340 + (142.4 + 2.588q)\sin 25°] \times 0.6}{(142.4 + 2.588q)\cos 25°} \geq 1.3 \Rightarrow q \geq 30.2 \text{kPa}$$

【小注岩土点评】

（1）考查规范下土压力的计算公式，其本质和库伦土压力计算公式是一致的，计算量比较大，先根据抗滑动计算公式推算出土压力的数值，再根据土压力的计算公式推算出主动土压力系数，根据此系数反算出超载 q。

（2）此题有最大的一个坑点："土压力增大系数"，题目要求按照规范解答，且图中为重力式挡土墙，墙体高度为 5.5m＞5m，则不论单纯计算土压力还是用来计算抗滑移、抗倾覆，都需要考虑土压力增大系数。

土压力增大系数的使用条件为：规范法（《建筑边坡工程技术规范》GB 50330—2013和《建筑地基基础设计规范》GB 50007—2011）＋重力式挡土墙＋墙高度＞5m。

（3）解法一为《建筑边坡工程技术规范》GB 50330—2013 规范法，解法二为《土力学》的库伦公式法，解法三为楔形体法；三种方法的公式是一脉相承的，其本质相同。

（4）这三种方法各有特点：

① 解法一：《建筑边坡工程技术规范》GB 50330—2013 的公式（与《建筑地基基础设计规范》GB 50007—2011 中的公式是一致的）的适用性最强，对于 $c \neq 0$ 的黏性土、坡顶有超载 q 的情况都可以计算，同时计算时无需知道真正的破裂角。

② 解法二：《土力学》的库伦公式法，最初的库伦只能计算 $c=0$ 的无黏性土，坡顶有超载 q 的情况需要将破裂体的自重 w 认为是 $w+q$，按照相似三角形推导出来本题的计算公式（本公式基于 q 作用方向为竖直向下推导出来的）。

③ 解法三：楔形体法，上述两种方法都是根据楔形体静力平衡，按照正弦定理推导出来的，此方法必须带入破裂体的真实破裂角后，计算结果才与上述两种方法一致。在已知破裂角的情况下，此方法的计算量是最小的。

二、被动土压力计算

与主动状态类似，仍可以通过楔体的静力平衡条件来得到被动土压力，不同的是与主动土压力的状态相反，R 和 E 均位于滑裂面和墙背法线的上方，三个力构成一个封闭的三角形，则可推导出被动土压力的计算公式。

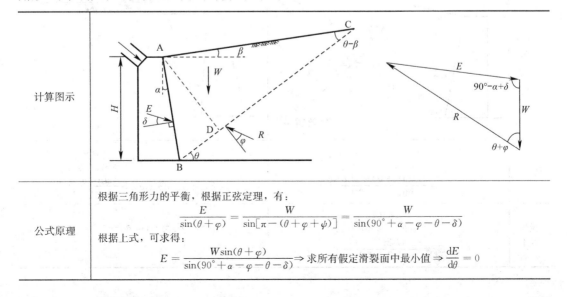

计算图示	
公式原理	根据三角形力的平衡，根据正弦定理，有： $$\frac{E}{\sin(\theta+\varphi)} = \frac{W}{\sin[\pi-(\theta+\varphi+\psi)]} = \frac{W}{\sin(90°+\alpha-\varphi-\theta-\delta)}$$ 根据上式，可求得： $$E = \frac{W\sin(\theta+\varphi)}{\sin(90°+\alpha-\varphi-\theta-\delta)} \Rightarrow 求所有假定滑裂面中最小值 \Rightarrow \frac{\mathrm{d}E}{\mathrm{d}\theta}=0$$

一般计算公式	$$K_p = \cfrac{\cos^2(\alpha+\varphi)}{\cos^2\alpha \cdot \cos(\alpha-\delta)\left[1-\sqrt{\cfrac{\sin(\varphi+\delta) \cdot \sin(\varphi+\beta)}{\cos(\alpha-\delta) \cdot \cos(\alpha-\beta)}}\right]^2}$$ $$E_p = \frac{1}{2}\gamma H^2 K_p$$

【小注】① 库伦土压力理论计算的被动土压力有时会偏大，一般作为抗力使用，也就是结果偏于危险。

② 被动土压力强度沿墙高呈三角形分布，合力作用点在离墙底 $\dfrac{H}{3}$ 处，方向与墙背法线成 δ，与水平面成 $(\delta-\alpha)$。

③ 破裂角不是 $45°-\dfrac{\varphi}{2}$。

④ 了解即可，很少考查

三、有限范围填土的主动土压力

已知破裂角 θ（按指定 θ 角滑动）或挡土墙墙后填土受限（$\theta>45°+\dfrac{\varphi}{2}$）时，这种情况下，不能发生朗肯或库伦土压力理论所确定的破裂面，这时土压力的计算不能采用常规的计算方法（朗肯或者库伦土压力理论），而应采用楔形体静力平衡法和规范法。

（一）楔形体静力平衡法（图解法）

楔形体静力平衡法即采用滑块受力分析，通过楔形体极限平衡的力三角形（多边形）计算土压力。采用楔形体算法比采用朗肯土压力、库伦土压力法计算公式更为便捷。但是，采用楔形体算法的难点在于画图进行受力分析，且在确定各个角度的过程中容易出错。

考试时，可以直接使用以下结论公式，无需推导。

	库伦楔形体公式 $\alpha \neq 90°$，$\delta \neq 0°$，$\beta \neq 0°$，$q=0$	朗肯楔形体公式 （适用"墙背直立 $\alpha=90°$，光滑 $\delta=0$"）
楔形体计算简图		
黏性土	$E_a = \dfrac{G\sin(\theta-\varphi) - cL\cos\varphi}{\sin(\alpha-\delta+\theta-\varphi)}$ $E_p = \dfrac{G\sin(\theta+\varphi) + cL\cos\varphi}{\sin(\alpha+\delta+\theta+\varphi)}$	$E_a = G\tan(\theta-\varphi) - \dfrac{cL\cos\varphi}{\cos(\theta-\varphi)}$ $E_p = G\tan(\theta+\varphi) + \dfrac{cL\cos\varphi}{\cos(\theta+\varphi)}$
无黏性土	$E_a = \dfrac{G\sin(\theta-\varphi)}{\sin(\alpha-\delta+\theta-\varphi)}$ $E_p = \dfrac{G\sin(\theta+\varphi)}{\sin(\alpha+\delta+\theta+\varphi)}$	$E_a = G\tan(\theta-\varphi)$ $E_p = G\tan(\theta+\varphi)$

续表

	库伦楔形体公式 $\alpha\neq90°$，$\delta\neq0°$，$\beta\neq0°$，$q=0°$	朗肯楔形体公式 （适用"墙背直立 $\alpha=90°$，光滑 $\delta=0°$"）
楔体自重 G	$G=\dfrac{1}{2}\gamma H^2\cdot\dfrac{\sin(\alpha+\theta)\cdot\sin(\alpha+\beta)}{\sin(\theta-\beta)\cdot\sin^2\alpha}$	$G=\dfrac{1}{2}\gamma H^2\cdot\dfrac{1}{\tan\theta}$
滑面长度 L	$L=\dfrac{H\cdot\sin(\alpha+\beta)}{\sin(\theta-\beta)\cdot\sin\alpha}$	$L=\dfrac{H}{\sin\theta}$
符号	式中：α——支挡结构墙背与水平面的夹角，当反倾时为钝角，$\alpha>90°$； 　　　δ——土对挡土墙墙背的摩擦角（°）； 　　　β——填土表面与水平面的夹角（°）； 　　　H——挡墙的竖直高度（m）； 其他各参数意义同右侧	式中：G——滑动楔形体自重（kN/m）； 　　　L——滑裂面长度（m）； 　　　θ——破裂面与水平方向的夹角（°），当符合朗肯主动土压力计算条件时，$\theta=45°+\varphi/2$，当符合朗肯被动土压力计算条件时，$\theta=45°-\varphi/2$； 　　　c——土的黏聚力（kPa）； 　　　φ——滑裂面土的内摩擦角（°），当破裂面为岩石与填土交界时，取岩石坡面与填土间摩擦角 δ_r

【小注】(1) 当已知破裂角 θ＋滑体的自重 G 比较容易求解＋直线滑面时，不论楔形体是土体还是岩体，这时采用上述楔形体公式计算土压力比较方便。

(2) 对于黏性土，当已知破裂角，且滑动面如上图所示，$z_0=0$，无自稳段，可以采用上述方法计算，即：只有当黏性土的破裂面为图示直线时，才可以用上述黏性土公式；如果破裂面是直线＋后缘的拉裂段，土压力零点 $z_0>0$，即存在自稳段，破裂面并非上述形状，那么就不是直线滑动，不能用此楔形体公式，因此，一般对于黏性土，建议用规范法计算有限范围土压力，而非楔形体。

(3) 楔形体计算公式和土力学中的库伦公式的区别与联系：

① 楔形体计算公式是基于破坏面与水平面任意夹角 θ，采用静力平衡推导出来的；用楔形体公式求出土压力最大（小）值，即为库伦主（被）动土压力公式，其对应破坏面与水平面某一特定的夹角 θ，为墙后真正的滑动面，基于极限平衡推导出来的库伦公式；

② 楔形体的假定和库伦是一致的；

③ 只有当库伦主（被）动土压力破坏的破裂角已知，带入楔形体计算公式，此时楔形体算法和库伦算法的计算结果才是一致的，楔形体计算公式包含了库伦主（被）动土压力公式，后者是前者的一个特殊情况。

(4) 有限范围情况，采用楔形体计算结果和规范提供公式是一致的。如果要用楔形体，应该知道两个滑裂面的摩擦角才可以，那么此摩擦角意味着沿滑裂面即将滑动或已经滑动。如未滑动，出现破裂面，那么是静摩擦，一般不能用摩擦角。

【5-23】（2010C20）如右图所示，重力式挡土墙和墙后岩石陡坡之间填砂土，墙高 6m，墙背倾角 60°，岩石陡坡倾角 60°，砂土 $\gamma=17\text{kN/m}^3$，$\varphi=30°$；砂土与墙背及岩坡间的摩擦角均为 15°，则该挡土墙上的主动土压力合力与 E_a（　）项最为接近。

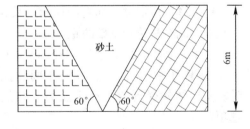

(A) 250kN/m　　　(B) 217kN/m　　　(C) 187kN/m　　　(D) 83kN/m

答案：A

解答过程：

(1) $\theta=60°=45°+\dfrac{\varphi}{2}=45°+\dfrac{30°}{2}$，且 $\delta_r<\varphi\Rightarrow$破裂面发生在岩土交界处，取楔形体为隔离体，考虑静力平衡。

(2) 砂土楔形体重：$W=\gamma V=\dfrac{1}{2}\times17\times6\times2\times6\times\tan30°=353.3\text{kN/m}$

（3）主动土压力：$E_a = \dfrac{W\sin(\theta-\varphi)}{\sin(90°-\alpha+\theta-\varphi-\delta)} = \dfrac{353.3 \times \sin(60°-15°)}{\sin(90°-30°+60°-15°-15°)} = 250\text{kN/m}$

【小注岩土点评】

① 本题刚好属于有限范围的临界点，似乎库伦和有限范围都可以的，但是 $45° + \dfrac{\varphi}{2}$ 只是粗略的判断角度，库伦的实际破裂角肯定不是这个，存在误差，而本题交界面的摩擦角远远小于土的内摩擦角，根据"哪弱就从哪里滑"原则，因此其就是破裂面，又因其为楔形体，则可以按照楔形体的计算公式计算，主要计算方法有两种：一是规范法，直接套用规范的公式；二是直接受力分析法，即为提炼出来的楔形体土压力计算公式。

② E_a、G、R 的方向的确定可参考《土力学》中库伦土压力的推导，对于主动土压力而言，当土楔形体下滑时，墙体对土楔形体的阻力是向上的（即与主动土压力互为作用力），故反力 P 必在法线的下侧。

③ 类似题目（2007D20）。

【5-24】（2007D20）如下图所示，某重力式挡土墙墙高 8m，墙背垂直光滑，填土与墙顶平，填土为砂土，$\gamma = 20\text{kN/m}^3$，内摩擦角 $\varphi = 36°$，该挡土墙建在岩石边坡前，岩石边坡脚与水平方向夹角为 70°，岩石与砂填土间摩擦角为 18°，计算作用于挡土墙上的主动土压力最接近（　　）。

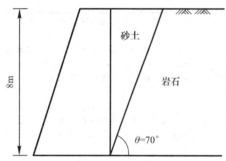

（A）166kN/m　　　　（B）298kN/m
（C）157kN/m　　　　（D）213kN/m
答案：B

解答过程：

（1）楔形体自重：$W = \gamma V = 20 \times \dfrac{8 \times 8}{2 \times \tan 70°} = 233\text{kN/m}$

（2）主动土压力：$E_a = W\tan(\theta-\varphi) = 233 \times \tan(70°-18°) = 298\text{kN/m}$

【5-25】（模拟题）如右图所示，某大型深基坑工程，与既有建筑物基础的距离 $b = 5\text{m}$，基坑深度 $H = 18\text{m}$，地基土的重度为 18kN/m³，内摩擦角为 30°，黏聚力为 0。如果假设墙土间摩擦角为 10°，计算支挡结构受到的主动土压力最接近下列哪个选项？

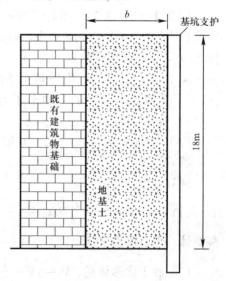

（A）500kN/m　　　　（B）600kN/m
（C）700kN/m　　　　（D）800kN/m
答案：C

解答过程：

$\theta = 90° - \tan^{-1}\dfrac{5}{18} = 74.5° > 45° + \dfrac{\varphi}{2} = 60°$

$$W=\frac{1}{2}\times 5\times 18\times 18=810\text{kN/m}$$

$$E_a=\frac{W\sin(\theta-\varphi)}{\sin(\alpha+\theta-\varphi-\delta)}=\frac{810\times\sin(74.5°-30°)}{\sin(90°+74.5°-30°-10°)}=689\text{kN/m}$$

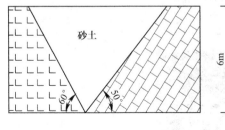

【5-26】（模拟题）如左图所示，重力式挡土墙和墙后岩石陡坡之间填砂土，墙高6m，墙背倾角60°，岩石陡坡倾角50°，砂土 $\gamma=17\text{kN/m}^3$，$\varphi=30°$；砂土与墙背及岩坡间的摩擦角均为15°，则该挡土墙上的主动土压力合力 E_a 与（ ）项最为接近。

(A) 250kN/m (B) 217kN/m (C) 187kN/m (D) 83kN/m

答案：C

解答过程：

方法一：《建筑边坡工程技术规范》GB 50330—2013

$\theta=50°<45+\dfrac{30}{2}=60°$，属非有限范围填土情况。

无堆载、无黏聚力时（$\eta=0$）：

$$K_a=\frac{\sin(\alpha+\beta)}{\sin^2\alpha\sin^2(\alpha+\beta-\varphi-\delta)}\{K_q[\sin(\alpha+\beta)\sin(\alpha-\delta)+\sin(\varphi+\delta)\sin(\varphi-\beta)]$$

$$-2\sqrt{K_q\sin(\alpha+\beta)\sin(\varphi-\beta)}\times\sqrt{K_q\sin(\alpha-\delta)\sin(\varphi+\delta)}\}$$

$$\Rightarrow\frac{\sin(\alpha+\beta)}{\sin^2\alpha\sin^2(\alpha+\beta-\varphi-\delta)}$$

$$=\frac{\sin(60°+0°)}{\sin^2 60°\sin^2(60°+0°-30°-15°)}=17.2376$$

$$\sin(\alpha+\beta)\sin(\alpha-\delta)+\sin(\varphi+\delta)\sin(\varphi-\beta)$$

$$=\sin(60°+0°)\sin(60°-15°)+\sin(30°+15°)\sin(30°-0°)=0.9659$$

$$2\sqrt{\sin(\alpha+\beta)\sin(\varphi-\beta)}\times\sqrt{\sin(\alpha-\delta)\sin(\varphi+\delta)}$$

$$=2\sqrt{\sin(60°+0°)\sin(30°-0°)}\times\sqrt{\sin(60°-15°)\sin(30°+15°)}=-0.9306$$

$$K_a=17.2376\times(0.9659-0.9306)=0.6085$$

$$E_a=\frac{1}{2}\gamma h^2 K_a=\frac{1}{2}\times 17\times 6^2\times 0.6085=186.201\text{kN/m}$$

方法二：库伦法

$$K_a=\frac{\cos^2(\varphi-\alpha)}{\cos^2\alpha\cdot\cos(\alpha+\delta)\left[1+\sqrt{\dfrac{\sin(\varphi+\delta)\cdot\sin(\varphi-\beta)}{\cos(\alpha+\delta)\cdot\cos(\alpha-\beta)}}\right]^2}$$

$$K_a = \cfrac{\cos^2(30° - 30°)}{\cos^2 30° \cdot \cos(30° + 15°)\left[1 + \sqrt{\cfrac{\sin(30° + 15°) \cdot \sin(30° - 0°)}{\cos(30° + 15°) \cdot \cos(30° - 0°)}}\right]^2} = 0.609$$

$$E_a = \frac{1}{2}\gamma h^2 K_a = \frac{1}{2} \times 17 \times 6^2 \times 0.609 = 186.354 \text{kN/m}$$

方法三：楔形体

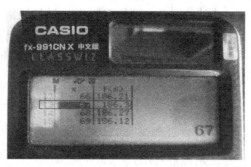

先计算破裂角，假设库伦破裂角为 θ。

$$W = [6\tan 30° + 6\tan(90° - \theta)] \times 6 \times \frac{1}{2} \times 17$$

$$E_a = \frac{W \cdot \sin(\theta - \varphi)}{\sin(\theta - \varphi + \alpha - \delta)} = \frac{[6\tan 30° + 6\tan(90° - \theta)] \times 6 \times \frac{1}{2} \times 17 \cdot \sin(\theta - 30°)}{\sin(\theta - 30° + 60° - 15°)}$$

导数得 0 的点，取极值。

$\theta = 67°$，主动土压力最大，为 186.3kN/m。

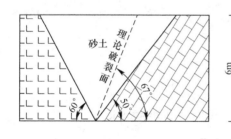

【小注岩土点评】

思考：此时答案就选择 C 选项 187kN/m 吗？

本题的 $\delta_r = 15° < \varphi = 30°$，必须要判断沿 50° 破坏的情况，因为有可能沿岩石坡面滑动 $\theta = 50°$ 破坏，楔形体计算：

$$W = \frac{1}{2} \times [6\tan(90° - 60°) + 6\tan(90° - 50°)]$$
$$\times 6 \times 17 = 433.43 \text{kN/m}$$

$$E_a = \frac{W \cdot \sin(\theta - \delta_r)}{\sin(\theta - \delta_r + \alpha - \delta)} = \frac{433.43 \cdot \sin(50° - 15°)}{\sin(50° - 15° + 60° - 15°)} = 252.44 \text{kN/m}$$

受力分析分别计算：

作用在竖直面水平向土压力：

$$E_{a水平} = G\tan(50° - \delta_r) = 6\tan 40° \times 6 \times \frac{1}{2} \times 17 \times \tan(50° - 15°) = 179.79 \text{kN/m}$$

作用在挡墙斜面的土压力：

$$E_a = \sqrt{G^2 + (E_{a水平})^2} = \sqrt{\left(6\tan 30° \times 6 \times \frac{1}{2} \times 17\right)^2 + 179.79^2} = 252.06 \text{kN/m}$$

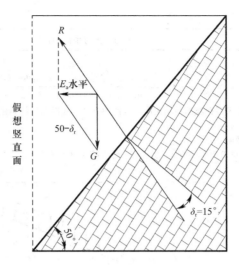

比较，土压力取较大值，故选 A。

（二）规范法

有限范围土压力楔形体公式无法求解时（比如楔形滑体自重 G 难以求解、坡顶有超载 q 等），可以采用规范法解答。

首先判断是否属于有限范围土压力：挡墙后土体破裂面以内有较陡的稳定岩石坡面，坡角 $\theta > (45° + \varphi/2)$ 时，应视为有限范围填土情况，取岩土界面为破裂面。

计算图示	计算公式
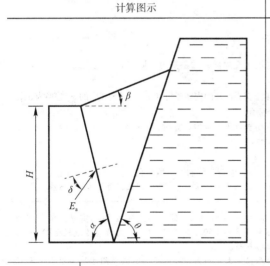	$$E_a = \frac{1}{2} \gamma H^2 K_a$$ **【小注】** 有限范围土压力不论是否题目要求按照"规范法"（《建筑边坡工程技术规范》GB 50330—2013 或者《建筑地基基础设计规范》GB 50007—2011）进行计算，笔者认为均不需要考虑土压力增大系数 ψ_a

规范	主动土压力系数的计算
《建筑边坡工程技术规范》GB 50330—2013	$$K_a = \frac{\sin(\alpha + \beta)}{\sin(\alpha - \delta + \theta - \delta_r)\sin(\theta - \beta)} \times \left[\frac{\sin(\alpha + \theta)\sin(\theta - \delta_R)}{\sin^2\alpha} - \eta \frac{\cos\delta_r}{\sin\alpha} \right], \quad \eta = \frac{2c}{\gamma H}$$ 式中：δ_r——稳定且无软弱层的岩石坡面与填土间的内摩擦角（°），宜根据试验确定。当无试验资料时，可取 $\delta_r = (0.40 \sim 0.70)\varphi$，$\varphi$ 为填土的内摩擦角。 δ——土对挡土墙墙背的摩擦角（°）。 其他参数如上图所示。 **【小注】** 本公式适用于无超载 $q = 0$ 的有限范围土压力计算

规范	主动土压力系数的计算
《建筑地基基础设计规范》GB 50007—2011	$$K_a = \frac{\sin(\alpha+\theta)\sin(\alpha+\beta)\sin(\theta-\delta_r)}{\sin^2\alpha\sin(\theta-\beta)\sin(\alpha-\delta+\theta-\delta_r)}$$ 式中：δ_r——稳定岩石坡面与填土间的摩擦角（°），宜根据试验确定。当无试验资料时，可取$\delta_r=0.33\varphi$。 其他参数如上图所示。 【小注】本公式适用于无超载$q=0$、$c=0$的有限范围土压力计算
《建筑边坡工程技术规范》GB 50330—2013	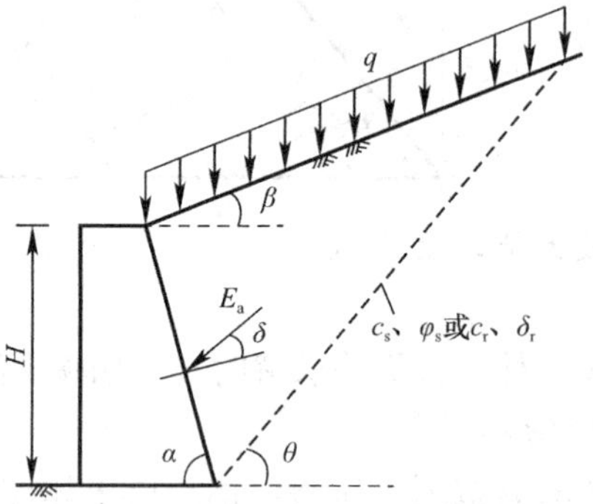 $$K_a = \frac{\sin(\alpha+\beta)}{\sin^2\alpha\sin(\alpha-\delta+\theta-\varphi_s)\sin(\theta-\beta)}\times\left[K_q\sin(\alpha+\theta)\sin(\theta-\varphi_s)-\eta\sin\alpha\cos\varphi_s\right]$$ $$K_q = 1+\frac{2q\sin\alpha\cos\beta}{\gamma H\sin(\alpha+\beta)}$$ $$\eta = \frac{2c_s}{\gamma H}$$ 式中：c_r——有限范围交界面（岩石坡面与填土交界面）的黏聚力（kPa），上述公式中的c_s替换为c_r； 　　　δ_r——有限范围交界面（岩石坡面与填土交界面）的内摩擦角（°），上述公式中的φ_s替换为δ_r； 　　　δ——有限范围土对挡土墙墙背的摩擦角（°）。 当此公式用于沿外倾结构面滑动的边坡，主动岩石压力合力计算时： 　　　c_s——边坡外倾结构面的黏聚力（kPa）； 　　　φ_s——边坡外倾结构面的内摩擦角（°）； 　　　α——支挡结构墙背与水平面的夹角（°），墙背为仰斜时，取负值。 【小注】本公式适用于超载$q\neq0$、$c\neq0$的有限范围土压力计算，为有限范围土压力计算的"万能公式"
区别与联系	【小注】(1)《建筑地基基础设计规范》GB 50007—2011（以下简称《地规》）给出有限范围的判断方法：$\theta>(45°+\varphi/2)$；《建筑边坡工程技术规范》GB 50330—2013（以下简称《边坡规范》）未具体给出判断方法，一般也可以按照此方法粗略判断。 (2)《地规》公式只适用于墙后填土$c=0$的无黏性土，而《边坡规范》公式适用于墙后填土为无黏性土和黏性土，公式中体现c，如为$c=0$无黏性土，《地规》和《边坡规范》公式一致；$c\neq0$，$q\neq0$，有限范围土压力，采用《边坡规范》第6.3.1条，其为有限范围土压力的"万能公式"。 ①《边坡规范》第6.3.1条公式适用于有限范围的各种情况，为有限范围土压力计算的"万能公式"。 ②当$q=0$，《边坡规范》第6.3.1条系数与《边坡规范》第6.2.8条有限范围公式一致；同样，当$q=0$，$c=0$，与无黏性土楔形体的计算公式、《地规》第6.7.3条第2款一致。 ③无黏性土楔形体计算公式（$q=0$，$c=0$，《地规》第6.7.3条第2款）∈任意土有限范围公式（$q=0$，《边坡规范》第6.2.8条）∈任意土+超载有限范围土压力计算公式（《边坡规范》第6.3.1条）。 (3)E_a的方向与库伦土压力（规范法一般公式）的方向一致，非水平方向，与水平方向的夹角为$90°-\alpha+\delta$，区别《土力学》和规范中α标注的位置不同。如果边坡前没有挡墙，那么方向水平。

区别与 联系	(4) 四种方法的共性为：破裂角 θ 为已知，含破裂角 θ 的库伦土压力系数 K_a。 (5) 满足以下条件：破裂角 θ 已知＋平面滑动（为直线，黏性土的折线滑动不可以的）＋楔形体自重 G 容易计算，优先采用楔形体计算有限范围土压力，若不易求解楔形体自重 G，则采用《边坡规范》第6.2.8条或《地规》第6.7.3条计算；如果为超载作用下的有限范围，那么只能用《边坡规范》第6.3.1条。 (6) 两规范提供的计算公式，和前述楔形体公式计算结果一致（见下推导）： $E_a = \dfrac{G\sin(\theta-\delta_r)}{\sin(\alpha+\theta-\delta-\delta_r)}$，$G = \dfrac{1}{2}\gamma H^2 \dfrac{\sin(\alpha+\beta)\sin(\alpha+\theta)}{\sin^2\alpha \cdot \sin(\theta-\beta)}$，将后式带入前式得 $E_a = \dfrac{1}{2}\gamma H^2 \dfrac{\sin(\alpha+\theta)\sin(\alpha+\beta)\sin(\theta-\delta_r)}{\sin^2\alpha\sin(\theta-\beta)\sin(\alpha-\delta+\theta-\delta_r)}$，即为《地规》第6.7.3条公式

【5-27】（模拟题）如下图所示，某建筑旁有一稳定的岩石山坡，坡角60°，依山拟建挡土墙，墙高6m，墙背倾角为75°，墙后填土，重度为20kN/m³，内摩擦角为30°，土与墙背间的摩擦角为15°，土与山坡间的摩擦角为30°，内聚力为5kPa，墙后填土高度为5.5m。根据《建筑边坡工程技术规范》GB 50330—2013，挡土墙墙背主动土压力为多少？

（A）100kN　　　（B）192kN　　　（C）142kN　　　（D）212kN

答案：A

解答过程：

根据《建筑边坡工程技术规范》GB 50330—2013
第6.2.8条：

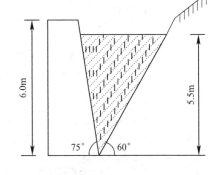

$$\eta = \frac{2c}{\gamma h} = \frac{2\times 5}{20\times 5.5} = 0.091$$

$$K_a = \frac{\sin(75°+0°)}{\sin(75°-15°+60°-30°)\sin(60°-0°)}$$

$$\times\left[\frac{\sin(75°+60°)\sin(60°-30°)}{\sin^2 75°} - 0.09\times\frac{\cos 30°}{\sin 75°}\right]$$

$$=0.332$$

$$E_a = \frac{1}{2}\gamma h^2 K_a = \frac{1}{2}\times 20\times 5.5^2 \times 0.332 = 100.4\text{kN}$$

第四节　作用在支护结构上的土压力

边坡支挡结构的土压力计算分为库伦类和朗肯计算公式两大类，基坑支挡结构的土压力计算主要采用朗肯计算公式。

《建筑边坡工程技术规范》GB 50330—2013第6.2.4～6.2.6条

规定	土中有地下水但未形成渗流时，作用于支护结构上的侧压力可按下列规定计算： (1) 对砂土和粉土按水土分算原则计算； (2) 对黏性土宜根据工程经验按水土分算或水土合算原则计算； (3) 按水土分算原则计算时，作用在支护结构土的侧压力等于土压力和静水压力之和，地下水位以下的土压力采用浮重度（γ'）和有效应力抗剪强度指标（c'、φ'）计算； (4) 按水土合算原则计算时，地下水位以下的土压力采用饱和重度（γ_{sat}）和总应力抗剪强度指标（c、φ）计算

计算公式	主动土压力公式：$e_{ai} = \left(\sum_{j=1}^{i} \gamma_j h_j + q \right) K_{ai} - 2c_i \sqrt{K_{ai}}$ 被动土压力公式：$e_{pi} = \left(\sum_{j=1}^{i} \gamma_j h_j + q \right) K_{pi} + 2c_i \sqrt{K_{pi}}$ 式中：q——坡顶均布附加荷载（kN/m^2）。 【小注】水土分算 γ_j 代入浮重度 γ'、c'、φ'，水土合算 γ_j 代入饱和重度 γ_{sat}、c、φ。
应用条件	墙背直立、光滑，土体表面水平

《建筑基坑支护技术规程》JGJ 120—2012 第 3.4.2～3.4.5 条（以下简称《基坑规程》）

规定	土、水压力的分、合算方法应符合下列规定： (1) 对地下水位以下的黏性土、黏质粉土，可采用土压力、水压力合算方法； (2) 对地下水位以下的砂质粉土、砂土和碎石土，应采用土压力、水压力分算方法
计算公式	(1) 对地下水位以上或水土合算的土层： 主动土压力公式： $$e_{ai} = p_{ak} = \left(\sum \gamma_i h_i + \sum \Delta\sigma_{k,j} \right) K_{a,i} - 2c_i \sqrt{K_{a,i}} \Rightarrow \left(\sum \gamma_{sat} h_i + \sum \Delta\sigma_{k,j} \right) K_{a,i} - 2c_i \sqrt{K_{a,i}}$$ $$K_{a,i} = \tan^2(45 - \varphi/2)$$ 被动土压力公式： $$e_{pi} = p_{pk} = \left(\sum \gamma_i h_i \right) K_{p,i} + 2c_i \sqrt{K_{p,i}} \Rightarrow \left(\sum \gamma_{sat} h_i \right) K_{p,i} + 2c_i \sqrt{K_{p,i}}$$ $$K_{p,i} = \tan^2(45 + \varphi/2)$$ (2) 对于水土分算的土层： 主动土压力公式： $e_{ai} = p_{ak} = \left(\sum \gamma_i h_i + \sum \Delta\sigma_{k,j} - \gamma_w h_{wa} \right) K_{a,i} - 2c_i \sqrt{K_{a,i}} + \gamma_w h_{wa} \Rightarrow \left(\sum \gamma'_i h_i + \sum \Delta\sigma_{k,j} \right) K_{a,i} - 2c_i$ $\sqrt{K_{a,i}} + \gamma_w h_{wa}$ 被动土压力公式： $e_{pi} = p_{pk} = \left(\sum \gamma_i h_i - \gamma_w h_{wp} \right) K_{p,i} + 2c_i \sqrt{K_{p,i}} + \gamma_w h_{wp} \Rightarrow \sum \gamma'_i h_i K_{p,i} + 2c_i \sqrt{K_{p,i}} + \gamma_w h_{wp}$ 式中：$\Delta\sigma_{k,j}$——支护结构外侧第 j 个附加荷载作用下计算点的土中附加竖向应力标准值（kPa），应根据附加荷载类型，按第五节进行计算
应用条件	无需满足：墙背直立、光滑，土体表面水平，只要是基坑问题，均可采用上述公式计算

【小注】① 关于水土分算，《基坑规程》很特殊，土压力的计算公式中包括了水压力，在具体题目中应予以注意。一般《土力学》《边坡规范》水土分算中，土压力应该理解为不包括水压力，如果要包括，一般会问总水平荷载或水土压力合力。

② 上述规范提供的公式即为朗肯土压力计算公式，边坡问题需要满足朗肯土压力公式应用条件，如不满足只能用库伦类公式计算（详见上节内容），而基坑问题无需满足任何条件，都可采用规范提供的朗肯土压力公式。

③ 除非题目明确要求采用水土合算，否则不论边坡还是基坑问题，均采用水土分算。

【5-28】(2009C23) 如下图所示，基坑深度 5m，插入深度 5m，地层为砂土，参数为 $\gamma = 20kN/m^3$，$c = 0$，$\varphi = 30°$，地下水位埋深 6m，采用排桩支护形式，桩长 10m，根据《建筑基坑支护技术规程》JGJ 120—2012，作用在每延米支护体系上的总水平荷载标准值的合力是（　　）。

(A) 210kN/m　　(B) 280kN/m　　(C) 307kN/m　　(D) 387kN/m

答案：D

解答过程：

根据《建筑基坑支护技术规程》JGJ 120—2012

第3.4.2条：

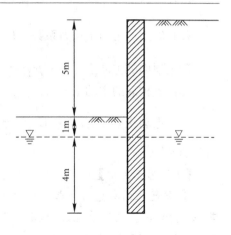

（1）土压力系数：$K_a = \tan^2\left(45° - \dfrac{\varphi}{2}\right) = \tan^2$

$\left(45° - \dfrac{30°}{2}\right) = \dfrac{1}{3}$

（2）桩顶处的主动土压力：$p_{ak1} = \gamma h K_a = 0$

水位处的主动土压力：$p_{ak2} = \gamma h_1 K_a = 20 \times 6 \times$

$\dfrac{1}{3} = 40\text{kPa}$

桩端处的主动土压力：$p_{ak3} = (\gamma h_1 + \gamma' h_2) K_a = (20 \times 6 + 10 \times 4) \times \dfrac{1}{3} = 53.3\text{kPa}$

（3）水压力：$P_w = \dfrac{1}{2} \gamma_w h_2^2 = \dfrac{1}{2} \times 10 \times 4^2 = 80\text{kN/m}$

（4）土压力：$E_a = \dfrac{1}{2} \times 40 \times 6 + \dfrac{1}{2} \times (40 + 53.3) \times 4 = 306.6\text{kN/m}$

（5）总水平荷载：$E_a + P_w = 306.6 + 80 = 386.6\text{kN/m}$

【小注岩土点评】

① 总水平荷载标准值为主动土压力和水压力之和，不包括左侧的被动土压力，其属于抗力范畴。

② 题目要求计算的是每延米支护体系的总压力，如要求计算作用在每根桩的总压力，还得在上述总压力的基础上乘以桩间距。

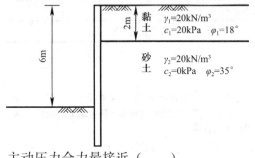

【5-29】（2013D23）某基坑的土层分布情况如左图所示，黏土层厚2m，砂土层厚15m，地下水埋深为地下20m，砂土与黏土天然重度均按20kN/m³计算，基坑深度为6m，拟采用悬臂桩支护形式，支护桩桩径800mm，桩长11m，间距1400mm，根据《建筑基坑支护技术规程》JGJ 120—2012，支护桩外侧主动压力合力最接近（　　）。

（A）248kN/m　　（B）267kN/m　　（C）316kN/m　　（D）375kN/m

答案：C

解答过程：

根据《建筑基坑支护技术规程》JGJ 120—2012第3.4.2条：

（1）黏土的主动土压力系数：$K_{a1} = \tan^2\left(45° - \dfrac{\varphi}{2}\right) = \tan^2\left(45° - \dfrac{18°}{2}\right) = 0.528$

黏土的临界深度：$z_0 = \dfrac{2c}{\gamma \sqrt{K_{a1}}} = \dfrac{2 \times 20}{20 \times \sqrt{0.528}} = 2.75\text{m} > 2.0\text{m}$，因此黏土层 $E_a = 0$

（2）砂土的主动土压力系数：$K_{a2} = \tan^2\left(45° - \dfrac{\varphi}{2}\right) = \tan^2\left(45° - \dfrac{35°}{2}\right) = 0.271$

砂土顶面的主动土压力：$p_{ak1} = \sigma_{ak}K_{a2} = 20 \times 2 \times 0.271 = 10.84\text{kPa}$

支护桩桩底的主动土压力：$p_{ak2} = \sigma_{ak}K_{a2} = 20 \times 11 \times 0.271 = 59.62\text{kPa}$

（3）主动土压力合力：$E_a = \dfrac{1}{2} \times (p_{ak1} + p_{ak2}) \times h = \dfrac{1}{2} \times (10.84 + 59.62) \times 9 =$ 317.1kN/m

【小注岩土点评】

① 命题人的本意为：求解每延米支护桩上所受到的土压力，原题的四个选项漏掉了单位"/m"，在这种情况应该指每根桩所承受的主动土压力，应该乘以桩的间距1.4m，即为：$E_a = 317.1 \times 1.4 = 443.9\text{kN}$。

② 支护桩和锚杆（索）计算其所承受的力，注意间距的问题，土压力计算值为每延米的数值。

第五节　特殊工况下的岩土压力

一、坡顶有特殊荷载作用下的侧向土压力

坡顶有特殊荷载作用下的侧向土压力分为坡顶有线性分布荷载、局部均布荷载、坡顶面非水平3种情况。

（一）边坡顶部有特殊荷载

	1. 坡顶有线性分布荷载	
规范	计算图示	计算公式及说明
《建筑边坡工程技术规范》GB 50330—2013 附录B	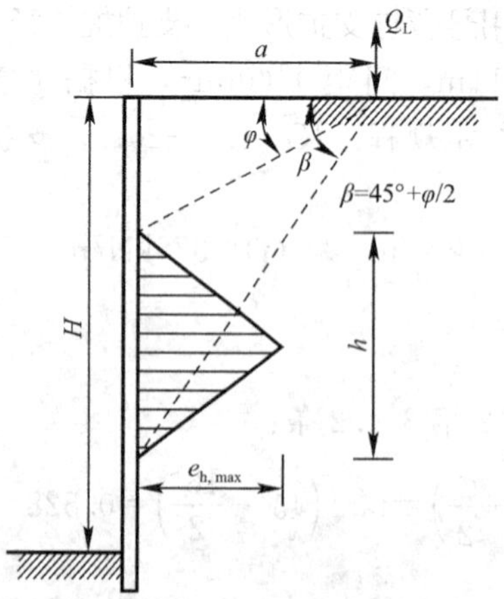	距支护结构顶端 a 处作用有线性分布的荷载 Q_L 时，附加侧向压力分布可简化为等腰三角形，最大附加侧向压力标准值可按下式计算：$$e_{h,\max} = \left(\dfrac{2Q_L}{h}\right)\sqrt{K_a}$$ $h = a(\tan\beta - \tan\varphi) \quad K_a = \tan^2(45° - \varphi/2)$ 式中：$e_{h,\max}$——最大附加侧向压力标准值（kN/m^2）； 　　　h——附加侧向压力分布范围（m）； 　　　a——线性荷载距支护结构顶端的距离（m）； 　　　Q_L——线性分布的荷载标准值（kN/m）； 　　　K_a——主动土压力系数。 【小注】线荷载引起的附加土压力分布图形面积（左图阴影）即为线荷载引起的附加土压力，与自重应力引起的土压力叠加即为总的侧向土压力

	2. 局部均布荷载	
规范	计算图示	计算公式及说明
《建筑边坡工程技术规范》GB 50330—2013 附录 B	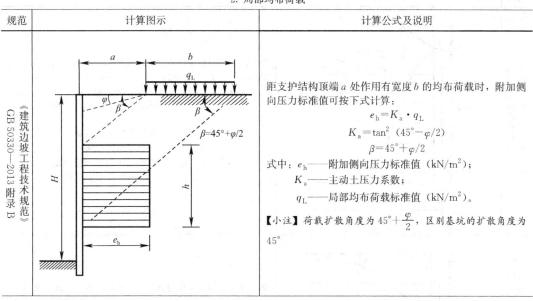	距支护结构顶端 a 处作用有宽度 b 的均布荷载时，附加侧向压力标准值可按下式计算：$$e_h = K_a \cdot q_L$$ $$K_a = \tan^2 \left(45° - \varphi/2\right)$$ $$\beta = 45° + \varphi/2$$ 式中：e_h——附加侧向压力标准值（kN/m^2）；K_a——主动土压力系数；q_L——局部均布荷载标准值（kN/m^2）。【小注】荷载扩散角度为 $45° + \dfrac{\varphi}{2}$，区别基坑的扩散角度为 $45°$

3. 坡顶面非水平

主动土压力计算采用叠加法，叠加后的阴影部分面积即为主动土压力合力，如下图：

情形 1（坡顶为无限长斜土坡计算）：

$$e_a = \gamma z \cos\beta \frac{\cos\beta - \sqrt{\cos^2\beta - \cos^2\varphi}}{\cos\beta + \sqrt{\cos^2\beta - \cos^2\varphi}}$$

情形 2（坡顶为加高无限长水平地面计算）：

$$e_a' = K_a \gamma (z+h) - 2c \sqrt{K_a}$$

情形 3（坡顶为无限长水平地面计算）：

$$e_a' = K_a \gamma z - 2c \sqrt{K_a}$$

规范	计算图示	计算公式及说明
《建筑边坡工程技术规范》GB 50330—2013 附录 B	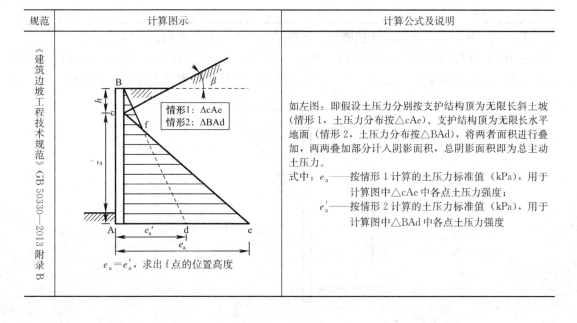	如左图：即假设土压力分别按支护结构顶为无限长斜土坡（情形 1，土压力分布按△cAe）、支护结构顶为无限长水平地面（情形 2，土压力分布按△BAd），将两者面积进行叠加，两两叠加部分计入阴影面积，总阴影面积即为总主动土压力。式中：e_a——按情形 1 计算的土压力标准值（kPa），用于计算图中△cAe 中各点土压力强度；e_a'——按情形 2 计算的土压力标准值（kPa），用于计算图中△BAd 中各点土压力强度

续表

规范	计算图示	计算公式及说明
《建筑边坡工程技术规范》GB 50330—2013 附录 B	 $e_a = e'_a$，求出 f 点的位置高度	如左图：即假设土压力分别按支护结构顶为无限长斜土坡（情形1，土压力分布按△BAe）、支护结构顶为无限长水平地面（情形2，土压力分布按△cAd），将两者面积进行叠加，两两叠加部分计入阴影面积，总阴影面积即为总主动土压力。 式中：e_a——按情形1计算的土压力标准值（kPa），用于计算图中△BAe中各点土压力强度； e'_a——按情形2计算的土压力标准值（kPa），用于计算图中△cAd中各点土压力强度
《建筑边坡工程技术规范》GB 50330—2013 附录 B	 $e_a = e'_a$，求出 h 点的位置高度 $e_a = e''_a$，求出 i 点的位置高度 规范勘误：计算 e_a 时，用 z' 替代 z 计算	如左图：即假设土压力分别按支护结构顶为无限长斜土坡（情形1，土压力分布按△dAf）、支护结构顶为加高无限长水平地面（情形2，土压力分布按△cAe）、无限长水平地面（情形3，土压力分布按△BAg），将三者面积进行叠加，两两叠加部分计入阴影面积，总阴影面积即为总主动土压力。 式中：e_a——按情形1计算的土压力标准值（kPa），用于计算图中△dAf中各点土压力强度； e'_a——按情形2计算的土压力标准值（kPa），用于计算图中△cAe中各点土压力强度； e''_a——按情形3计算的土压力标准值（kPa），用于计算图中△BAg中各点土压力强度

【5-30】（模拟题）某悬臂式挡墙如下图所示，墙背垂直、光滑，墙后填土水平，距墙顶 3m 作用线荷载 120kN/m，墙后填土重度为 20kN/m³，内摩擦角为 20°，$c = 35$kPa，按《建筑边坡工程技术规范》GB 50330—2013 计算作用于墙后坡脚以上的主动土压力。

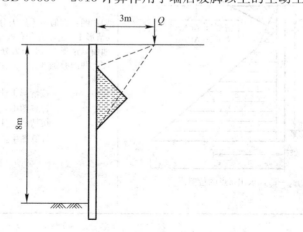

(A) 74kN/m　　　(B) 104kN/m　　　(C) 124kN/m　　　(D) 154kN/m

答案：A

解答过程：

(1) 计算线荷载作用范围：

$z_1 = 3\tan20° = 1.09m$，$z_2 = 3\tan(45°+10°) = 4.28m$，$h = 4.28-1.09 = 3.19m$

(2) $K_a = \tan^2(45°-10°) = 0.49$

(3) $e_{h.max} = \left(\dfrac{2Q_L}{h}\right)\sqrt{K_a} = \dfrac{2 \times 120}{3.19} \times \sqrt{0.49} = 52.66kPa$，$z_{max} = \dfrac{1.09+4.28}{2} = 2.685m$

$z_0 = \dfrac{2c}{\gamma\sqrt{K_a}} = \dfrac{2 \times 35}{20\sqrt{0.49}} = 5m > 4.28m$，此时 z_{max} 上下均存在土压力 0 点。

假设 z_{max} 之上距墙顶 h_1 处压力为 0，插值计算线荷载的附加压力。

$\dfrac{52.66 \times (h_1-1.09)}{2.685-1.09} + 20h_1 \times 0.49 = 2 \times 35 \times \sqrt{0.49} \Rightarrow h_1 = 1.985m$

假设 z_{max} 之下距墙顶 h_2 处压力为 0，插值计算线荷载的附加压力。

$\dfrac{52.66 \times (4.28-h_2)}{4.28-2.685} + 20h_2 \times 0.49 = 2 \times 35 \times \sqrt{0.49} \Rightarrow h_2 = 3.975m$

(4) z_{max} 处（即 2.685m 处）：$e_1 = 52.66 + 20 \times 2.685 \times 0.49 - 2 \times 35\sqrt{0.49} = 29.97kPa$

(5) $E_a = \dfrac{1}{2} \times 20 \times (8-5)^2 \times 0.49 + \dfrac{29.97}{2}(3.975-1.985) = 73.92kN/m$

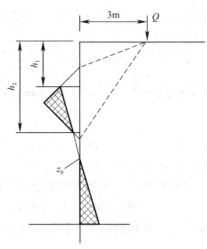

【5-31】（模拟题）如下图所示，某边坡采用重力式挡墙支护，墙背光滑、竖直，墙后填土为砂土，填土表面水平。在距墙背 3m 处填土表面作用有线性分布荷载，根据《建筑边坡工程技术规范》GB 50330—2013 计算，作用于墙背的主动土压力最接近下列哪个选项的数值？

(A) 162kN/m　　　(B) 227kN/m　　　(C) 275kN/m　　　(D) 350kN/m

答案：C

解答过程：

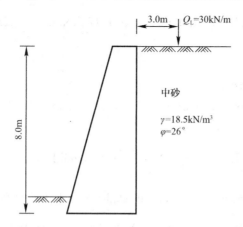

根据《建筑边坡工程技术规范》GB 50330—2013 附录第 B.0.1 条、第 6.2 节：

（1）主动土压力计算

$$K_a = \tan^2\left(45° - \frac{\varphi}{2}\right) = \tan^2\left(45° - \frac{26°}{2}\right) = 0.39$$

$$E_{a1} = \frac{1}{2}\gamma H^2 K_a = \frac{1}{2} \times 18.5 \times 8^2 \times 0.39 = 231\text{kN/m}$$

（2）附加侧向压力计算

$$\beta = 45° + \frac{\varphi}{2} = 45° + \frac{26°}{2} = 58°$$

$$h = a(\tan\beta - \tan\varphi) = 3 \times (\tan58° - \tan26°) = 3.34\text{m}$$

$$e_{h,max} = \left(\frac{2Q_L}{h}\right)\sqrt{K_a} = \frac{2 \times 30}{3.34} \times \sqrt{0.39} = 11.2\text{kPa}$$

$$E'_a = \frac{1}{2}h \cdot e_{h,max} = \frac{1}{2} \times 3.34 \times 11.2 = 18.7\text{kN/m}$$

（3）墙后主动土压力计算

$$E_a = \psi(E_{a1} + E'_a) = 1.1 \times (18.7 + 231) = 274.7\text{kN/m}$$

【5-32】（2022D15）某挡土墙高 5.5m，墙背垂直、光滑，墙后填土水平，无地下水，距离墙背 1.5m 以外填土上作用有宽度为 b 的均布荷载为 20kPa，填土重度为 20kN/m³，内摩擦角为 24°，黏聚力为 12kPa，按《建筑边坡工程技术规范》GB 50330—2013，计算 b 至少为多宽时挡土墙墙背的主动土压力达到最大，其最大主动土压力 E_a 最接近下列哪个选项？

(A) $b = 2.1\text{m}$，$E_a = 83\text{kN/m}$ 　　(B) $b = 2.1\text{m}$，$E_a = 87\text{kN/m}$

(C) $b = 3.6\text{m}$，$E_a = 83\text{kN/m}$ 　　(D) $b = 3.6\text{m}$，$E_a = 87\text{kN/m}$

答案：A

解答过程：

根据《建筑边坡工程技术规范》GB 50330—2013 附录第 B.0.2 条图 B.0.2：

（1）$K_a = \tan^2\left(45° - \frac{\varphi}{2}\right) = \tan^2\left(45° - \frac{24°}{2}\right) = 0.422$

土压力零点位置，假设为 z，则

$$\gamma z K_a - 2c\sqrt{K_a} = 0$$

$$z = \frac{2c\sqrt{K_a}}{\gamma K_a} = \frac{2\times12\sqrt{0.422}}{20\times0.422} = 1.847\text{m}$$

（2）均布荷载左边缘扩散到挡墙的高度：$1.5\tan\beta = 1.5\times\tan\left(45°+\frac{24°}{2}\right) = 2.31\text{m} >$ 1.847m，当均布荷载右边缘扩散到挡墙底部位置时，挡土墙墙背的主动土压力达到最大。

$$(1.5+b)\tan\beta = 5.5$$

$$b = \frac{5.5}{\tan\beta} - 1.5 = \frac{5.5}{\tan\left(45°+\frac{24°}{2}\right)} - 1.5 = 2.1\text{m}$$

（3）主动土压力：

$$E_a = \frac{1}{2}\gamma h^2 K_a + K_a q_L(5.5-2.31) = \frac{1}{2}\times20\times(5.5-1.847)^2\times0.422 + 0.422\times20\times$$

$(5.5-2.31) = 83.237\text{kN/m}$

【小注岩土点评】

① 墙背垂直、光滑，墙后填土水平，条件反射想到朗肯土压力计算公式。

②《建筑边坡工程技术规范》GB 50330—2013 附录第 B.0.2 条图 B.0.2 中扩散角 $\beta = 45°+\frac{\varphi}{2}$ 与《建筑基坑支护技术规程》JGJ 120—2012 第 3.4.7 条中附加荷载扩散角宜取 $\theta = 45°$ 应加以区分。

③ 分清楚土压力强度和土压力，土压力强度单位为 kN/m^2，土压力单位为 kN/m 和 kN，考试看清楚是考查单位宽度1m的土压力还是桩间距的土压力。

④ 本题不乘增大系数，因为只告诉按《边坡规范》，未明确重力式挡土墙。

【5-33】（模拟题）某挡土结构，如下图所示，墙高12m，墙背竖直，不计填土与墙背的摩擦角，墙后填土与水平面的夹角 $\beta = 15°$，填土为砂土，$\gamma = 20\text{kN/m}^3$，$\varphi = 30°$，$c = 0$，墙顶至填土转折点的水平距离为2m，试计算作用在挡土结构上的主动土压力合力最接近下列哪个选项？

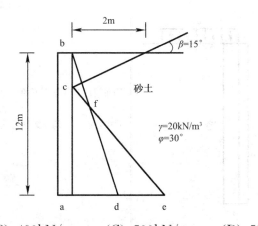

（A）480kN/m　　（B）490kN/m　　（C）500kN/m　　（D）510kN/m

答案：C

解答过程：

根据《建筑边坡工程技术规范》GB 50330—2013 附录 B：

(1) $K_a = \tan^2\left(45° - \dfrac{30°}{2}\right) = 0.333$，$bc = 2 \times \tan15° = 0.536\text{m}$

设 f 点到 c 点的数值距离为 z，以 ab 为墙背。

(2) 填土面水平时 f 点的主动土压力强度：

$$e_a = \gamma(z+h)K_a - 2c\sqrt{K_a} = 20 \times (z+0.536) \times 0.333 - 0 = 6.66z + 3.57$$

以 ac 为墙背，填土面倾斜时 f 点的主动土压力强度：

$$e_a' = \gamma z \cos\beta \frac{\cos\beta - \sqrt{\cos^2\beta - \cos^2\varphi}}{\cos\beta + \sqrt{\cos^2\beta - \cos^2\varphi}} = 20 \times z \times \cos15° \times \frac{\cos15° - \sqrt{\cos^2 15° - \cos^2 30°}}{\cos15° + \sqrt{\cos^2 15° - \cos^2 30°}} =$$

$7.46z$，$7.46z = 6.66z + 3.57$，求得 $z = 4.46\text{m}$。

(3) f 点的主动土压力强度 $e_a = 33.3\text{kPa}$，e 点的主动土压力强度 $e_a = 7.46 \times (12 - 0.536) = 85.5\text{kPa}$

(4) 主动土压力：

$$E_a = 0.5 \times (4.46 + 0.536) \times 33.3 + 0.5 \times (33.3 + 85.5) \times (12 - 4.46 - 0.536) = 499\text{kN/m}$$

（二）基坑顶部有特殊荷载

由基坑顶部特殊荷载 $\Delta\sigma_k$ 所产生的主动土压力强度为：

$$e_a = p_{ak} = \Delta\sigma_k \cdot K_a$$

主动土压力合力为：

$$e_a = p_{ak}$$

产生深度范围内的面积，即为图中所示的面积

	1. 大面积均布荷载	
规范	计算图示	计算公式及说明
根据《建筑基坑支护技术规程》第3.4.6条整理	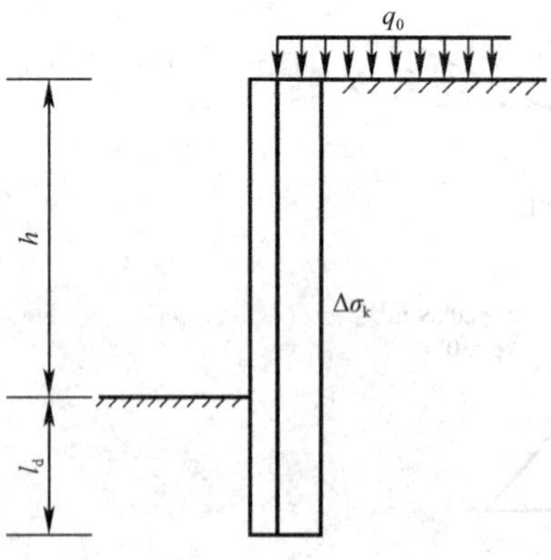	均布附加荷载作用下的土中附加竖向应力标准值 $\Delta\sigma_k$： $$\Delta\sigma_k = q_0$$ 式中：q_0——均布附加荷载标准值（kPa）

续表

2. 局部均布荷载		
规范	计算图示	计算公式及说明

<table>
<tr><td rowspan="2">根据《建筑基坑支护技术规程》第 3.4.7 条整理</td><td>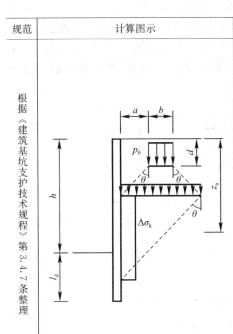</td><td>(1) 条形基础下的附加荷载 $\Delta\sigma_k$
① 当 $d+a/\tan\theta\leqslant z_a\leqslant d+(3a+b)/\tan\theta$ 时：
$$\Delta\sigma_k=\frac{p_0 b}{b+2a}$$
② 当 $z_a<d+a/\tan\theta$ 或 $z_a>d+(3a+b)/\tan\theta$ 时：
$$\Delta\sigma_k=0$$
式中：p_0——基础底面附加压力标准值（kPa）；
　　　d——基础底面埋深（m）；
　　　b——基础宽度（m）；
　　　a——支护结构外边缘至基础的水平距离（m）；
　　　θ——附加荷载的扩散角（°），宜取 45°；
　　　z_a——支护结构顶面至土中附加竖向应力计算点的竖向距离（m）。
(2) 矩形基础下的附加荷载
① 当 $d+a/\tan\theta\leqslant z_a\leqslant d+(3a+b)/\tan\theta$ 时：
$$\Delta\sigma_k=\frac{p_0 bl}{(b+2a)(l+2a)}$$
② 当 $z_a<d+a/\tan\theta$ 或 $z_a>d+(3a+b)/\tan\theta$ 时：
$$\Delta\sigma_k=0$$
式中：b——与基坑边垂直方向上的基础尺寸（m）；
　　　l——与基坑边平行方向上的基础尺寸（m）。
【小注】对作用在地面的条形、矩形附加荷载，按 1、2 款计算 $\Delta\sigma_k$ 时，取 $d=0$</td></tr>
</table>

3. 坡顶面非水平		
规范	计算图示	计算公式及说明

根据《建筑基坑支护技术规程》第 3.4.8 条整理

(1) $z_a=a$ 时：
$$\Delta\sigma_k=\frac{E_{ak1}}{K_a b_1}$$
(2) $z_a\geqslant a+b_1$ 时：
$$\Delta\sigma_k=\gamma h_1$$
(3) $a\leqslant z_a\leqslant a+b_1$ 时，$\Delta\sigma_k$ 在上述数值中线性内插：
$$\Delta\sigma_k=\frac{\gamma h_1}{b_1}(z_a-a)+\frac{E_{ak1}(a+b_1-z_a)}{K_a b_1^2}$$
$$E_{ak1}=\frac{1}{2}\gamma h_1^2 K_a-2ch_1\sqrt{K_a}+\frac{2c^2}{\gamma}$$
【小注】此公式的应用条件：$h_1\geqslant z_0$（z_0 为支护结构顶面以上黏性土的土压力临界深度），若 $h_1<z_0$，取 $E_{ak1}=0$
(4) $z_a<a$ 时：
$$\Delta\sigma_k=0$$
式中：z_a——支护结构顶面至土中附加竖向应力计算点的竖向距离（m）；
　　　a——支护结构外边缘至放坡坡脚的水平距离（m）；
　　　b_1——放坡坡面的水平尺寸（m）；
　　　θ——扩散角（°），宜取 45°；
　　　h_1——地面至支护结构顶面的竖向距离（m）；
　　　γ——支护结构顶面以上土的天然重度（kN/m³），对多层土取各层土按厚度加权的平均值；
　　　c——支护结构顶面以上土的黏聚力（kPa）；
　　　K_a——支护结构顶面以上土的主动土压力系数，对多层土取各层土按厚度加权的平均值；
　　　E_{ak1}——支护结构顶面以上土体的自重所产生的单位宽度主动土压力标准值（kN/m）

【5-34】（2016C23）某基坑开挖深度为 10m，坡顶均布荷载 $q_0=20\text{kPa}$，坑外地下水位于地表下 6m，采用桩撑支护结构、侧壁落底式止水帷幕和坑内深井降水。支护桩为 $\phi800$ 钻孔灌注桩，其长度为 15m。场地地层结构和土性指标如下图所示。假设坑内降水前后，坑外地下水位和土层的 c、φ 值均没有变化。根据《建筑基坑支护技术规程》JGJ 120—2012，计算降水后作用在支护桩上的主动侧总侧压力，该值最接近下列哪个选项（kN/m）？

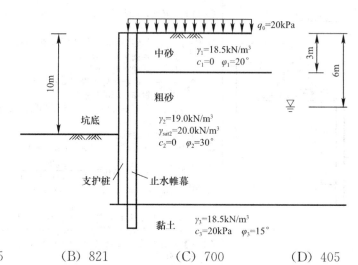

(A) 1105　　　　(B) 821　　　　(C) 700　　　　(D) 405

答案：A

解答过程：

(1) $K_{a1}=\tan^2\left(45°-\dfrac{20°}{2}\right)=0.49$，$K_{a2}=\tan^2\left(45°-\dfrac{30°}{2}\right)=0.333$

(2) 中砂顶：$p_{ak1}=20\times0.49=9.8\text{kPa}$

中砂底：$p_{ak2}=(20+18.5\times3)\times0.49=37\text{kPa}$

粗砂顶：$p_{ak3}=(20+18.5\times3)\times0.333=25.14\text{kPa}$

水位处：$p_{ak4}=(20+18.5\times3+19\times3)\times0.333=44.12\text{kPa}$

粗砂底：$p_{ak5}=(20+18.5\times3+19\times3+10\times9)\times0.333=74.09\text{kPa}$

(3) 土压力：$E_a=\dfrac{9.8+37}{2}\times3+\dfrac{25.14+44.12}{2}\times3+\dfrac{44.12+74.09}{2}\times9=706\text{kN/m}$

水压力：$E_w=\dfrac{1}{2}\times9\times90=405\text{kN/m}$

(4) 总侧压力：$E=706+405=1111\text{kN/m}$

【小注岩土点评】

① 本题属于分层下土压力强度的计算，分别计算交界面和水位分界线处的土压力，然后求面积之和，即为总的土压力。

② 需注意土层界面处上下土压力强度采用的抗剪强度指标不同，也就是黏聚力和主动土压力系数不同。

③ 注意地下水以下，应采用有效重度。土层为砂土，水、土压力计算采用水土分算。

【5-35】（2013C22）某基坑开挖深度为 6m，地层为均质一般黏性土，其重度 $\gamma=$

$18.0\mathrm{kN/m^3}$，黏聚力 $c=20\mathrm{kPa}$，内摩擦角 $\varphi=10°$。距离基坑边缘3m至5m处，坐落一条形构筑物，其基底宽度为2m、埋深为2m，基底压力为140kPa，假设附加荷载按45°应力双向扩散、基底以上土与基础平均重度为18kN/m³（如下图所示，尺寸单位为mm）。则自然地面下10m处支护结构外侧的主动土压力强度标准值最接近（　　）。

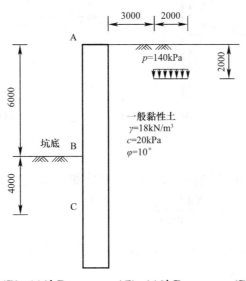

(A) 93kPa　　　　(B) 112kPa　　　　(C) 118kPa　　　　(D) 192kPa

答案：B

解答过程：

根据《建筑基坑支护技术规程》JGJ 120—2012 第3.4节：

(1) $d+a/\tan\theta=2+3/\tan45°=5.0\mathrm{m}$

$d+(3a+b)/\tan\theta=2+(3\times3+2)/\tan45°=13.0\mathrm{m}$

$d+a/\tan\theta \leqslant z_\mathrm{a} \leqslant d+(3a+b)/\tan\theta \Rightarrow 5.0\mathrm{m} \leqslant z_\mathrm{a}=10.0\mathrm{m} \leqslant 13\mathrm{m}$

则该处在坡顶超载影响范围之内，故须计入超载产生的土压力。

(2) $\Delta\sigma_\mathrm{k}=\dfrac{p_0b}{b+2a}=\dfrac{(140-18\times2)\times2}{2+2\times3}=26\mathrm{kPa}$

(3) $K_\mathrm{a}=\tan^2\left(45°-\dfrac{\varphi}{2}\right)=\tan^2\left(45°-\dfrac{10°}{2}\right)=0.704$

10m深度处的主动土压力强度标准值：

$p_\mathrm{ak}=\sigma_\mathrm{ak}K_\mathrm{a}-2c\sqrt{K_\mathrm{a}}=(18\times10+26)\times0.704-2\times20\times\sqrt{0.704}=111.5\mathrm{kPa}$

【小注岩土点评】

计算条形基础下的附加局部荷载引起的土中附加竖向应力标准值时，首先判断地表下10m处是否在坡顶超载范围内，若该处在坡顶超载影响范围之内，则计入超载产生的土压力。

【5-36】(2020C18) 某建筑基坑深10.5m，安全等级为二级，地层条件如下图所示，地下水埋深超过20m，上部2.5m填土采用退台放坡，放坡坡度45°，下部采用桩撑支护，如下图所示。则按《建筑基坑支护技术规程》JGJ 120—2012，计算填土在桩顶下4m位置的支护结构上产生的主动土压力强度标准值最接近下列哪个选项？

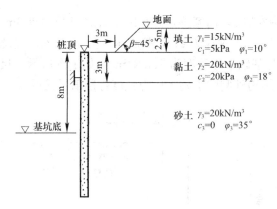

(A) 0 　　　　(B) 5.5kPa　　　(C) 8.0kPa　　　(D) 10.2kPa

答案：B

解答过程：

根据《建筑基坑支护技术规程》JGJ 120—2012 第3.4.8条：

(1) $\dfrac{3}{\tan 45°}=3\text{m}<z_a=4\text{m}<\dfrac{3+2.5}{\tan 45°}=5.5\text{m}$

桩顶以上主动土压力系数：$K_{a1}=\tan^2\left(45°-\dfrac{10°}{2}\right)=0.704$

桩顶以上主动土压力合力：

$$E_{ak1}=\dfrac{1}{2}\times 15\times 2.5^2\times 0.704-2\times 5\times 2.5\times\sqrt{0.704}+\dfrac{2\times 5^2}{15}=15.4\text{kN/m}$$

附加荷载计算：

$$\Delta\sigma_k=\dfrac{\gamma h_1}{b_1}(z_a-a)+\dfrac{E_{ak1}(a+b_1-z_a)}{K_a b_1^2}=\dfrac{15\times 2.5}{2.5}\times(4-3)+\dfrac{15.4\times(5.5-4)}{0.704\times 2.5^2}=20.3\text{kPa}$$

(2) 主动土压力强度：$e_a=\Delta\sigma_k K_a=20.3\times\tan^2\left(45°-\dfrac{35°}{2}\right)=5.5\text{kPa}$

【小注岩土点评】

① 本题为上部采用放坡或土钉墙，下部采用桩的支护结构，求解上部放坡填土对下部支护结构产生的土压力，先判断计算点属于哪个范围，代入相关数据计算即可。

② 规范提供的 E_{ak1} 的计算公式，注意应用条件：$z_0\leqslant h$，h 为放坡、土钉墙高度。

二、地震工况下的土压力计算

——《建筑边坡工程技术规范》第6.2.11条及条文说明

考虑地震作用时，作用于支护结构上的地震主动土压力系数可按下式计算：

$$K_a=\dfrac{\sin(\alpha+\beta)}{\cos\rho\sin^2\alpha\sin^2(\alpha+\beta-\varphi-\delta)}\{K_q[\sin(\alpha+\beta)\sin(\alpha-\delta-\rho)+\sin(\varphi+\delta)$$

$$\sin(\varphi-\rho-\beta)]+2\eta\sin\alpha\cos\varphi_E\cos\rho\cos(\alpha+\beta-\varphi-\delta)$$

$$-2[(K_q\sin(\alpha+\beta)\sin(\varphi-\rho-\beta)+\eta\sin\alpha\cos\varphi_E\cos\rho)$$

$$(K_q\sin(\alpha-\delta-\rho)\sin(\varphi+\delta)+\eta\sin\alpha\cos\varphi_E\cos\rho)]^{0.5}\}$$

式中：ρ——为地震角，按下表取值；$\varphi_E=\varphi-\rho$，规范中公式有误，三处 φ 应替换为 φ_E。

注：本公式来自于：$\varphi_E = \varphi - \rho$，$\delta_E = \delta + \rho$，$\gamma_E = \gamma/\cos\rho$ 分别代替规范中公式（6.2.3）中的 φ、δ、γ，化简即为规范中公式（6.2.11）。

地震角 ρ

类别	7 度		8 度		9 度
	0.10g	0.15g	0.20g	0.30g	0.40g
水　上	1.5°	2.3°	3.0°	4.5°	6.0°
水　下	2.5°	3.8°	5.0°	7.5°	10.0°

【小注】① 地震工况下的土压力计算应根据地震工况下主动土压力系数计算。应注意该计算公式与《公路工程抗震规范》JTG B02—2013 附录 A 公式的差异，做题时应注意规范的选取。

② 对于有外倾结构面角度以及开挖等计算，可参照《工程地质手册》（第五版），里面有较为详细的论述。

三、一些特殊形状挡墙土压力计算

（一）墙背设置卸荷台的土压力

——《土力学》

为了减少作用在墙背上的主动土压力，有时采用在墙背中部加设卸荷平台的办法，如下图（a）所示。此时，平台以上 H_1 高度内，可按朗肯土压力理论计算，作用在 AB 面上的土压力分布如图（b）所示。由于平台以上土重 W 已由卸荷台 BCD 承担，故平台下 C 点处土压力变为零，从而起到减少平台下 H_2 段内土压力的作用。减压范围，一般认为至滑裂面与墙背的交点 E 处为止。连接图（b）中相应的 C′ 和 E′，则图中阴影部分即为减压后的土压力分布。显然卸荷平台伸出越长，减压作用越大。

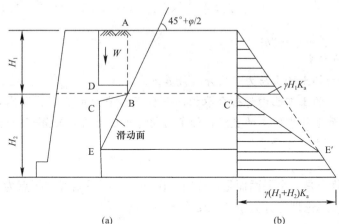

(a)　　　　　　　　　　　　　　(b)

【5-37】（2013C18）某带卸荷台的挡土墙，如右图所示，$H_1 = 2.5\text{m}$，$H_2 = 3\text{m}$，$L = 0.8\text{m}$，墙后填土的重度 $\gamma = 18\text{kN/m}^3$，$c = 0$，$\varphi = 20°$。按朗肯土压力理论计算，挡土墙墙后 BC 段上作用的主动土压力合力最接近（　　）。

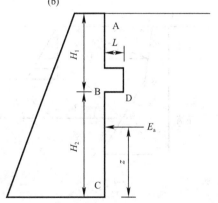

(A) 93kN/m　　　　（B) 106kN/m

(C) 121kN/m　　　　（D) 134kN/m

答案：A

解答过程：

根据《土力学》：

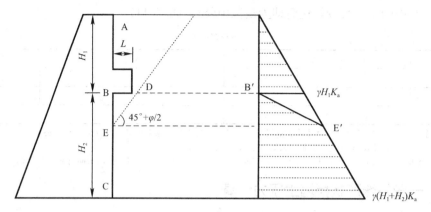

(1) 土压力系数：$K_a = \tan^2\left(45° - \dfrac{\varphi}{2}\right) = \tan^2\left(45° - \dfrac{20°}{2}\right) = 0.49$

(2) 设滑裂面与墙背交点为 E：$L_{BE} = \tan\left(45° + \dfrac{\varphi}{2}\right) \times L = \tan\left(45° + \dfrac{20°}{2}\right) \times 0.8 =$

1.14m

(3) $e_{aE} = \gamma(H_1 + BE)K_a = 18 \times (2.5 + 1.14) \times 0.49 = 32.10\text{kPa}$

　　$e_{aC} = \gamma(H_1 + H_2)K_a = 18 \times (2.5 + 3) \times 0.49 = 48.51\text{kPa}$

(4) BC 段土压力合力：

$$E_{ak} = \frac{1}{2} \times 32.10 \times 1.14 + \frac{1}{2} \times (32.10 + 48.51) \times (3 - 1.14)$$

$$= 93.26\text{kN/m}$$

【小注岩土点评】

① 带卸荷台的挡土墙土压力采用分段计算方式。

② 卸荷台以上的土重已由卸荷台承担，平台下 B 点处的土压力为零，滑裂面与墙背交点 E 处，滑裂面为通过 D 点的直线，倾角为朗肯土压力的破裂角 $45° + \varphi/2$。

（二）折线形墙背的土压力

——《土力学》

当挡土墙墙背不是一个平面而是折面时［图(a)］，可用墙背转折点为界，分成上墙与下墙，然后分别按库伦理论计算主动土压力 E_a，最后再叠加。

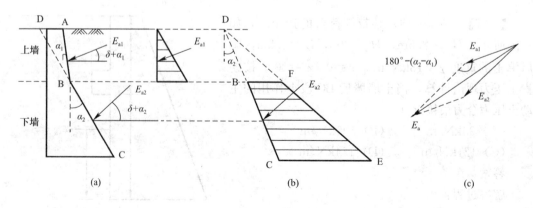

首先将上墙 AB 当作独立挡土墙，计算出主动土压力 E_{a1}，这时不考虑下墙的存在。然后计算下墙的土压力。计算时，可将下墙背 BC 向上延长交地面线于 D 点，以 DBC 作为假想墙背，算出墙背土压力分布，如图（b）中 DCE 所示。再截取与 BC 段相应的部分，即 BCEF 部分，算出其合力，即为作用于下墙 BC 段的总主动土压力 E_{a2}。

【5-38】（2020D14）如右图所示某重力式挡墙，墙背为折线形。墙后填土为无黏性土，地面倾角为 20°，填土内摩擦角为 30°，重度可近似取 20kN/m³，墙背摩擦角为 0°，水位在墙底之下，每延米墙重约 650kN，墙底与地基的摩擦系数约为 0.45，墙背 AB 段主动土压力系数为 0.44，BC 段主动土压力系数为 0.313，用延长墙背法计算该挡墙每延长米所受土压力时，该挡墙的抗滑移稳定系数最接近下列哪个选项？（不考虑主动土压力增大系数）

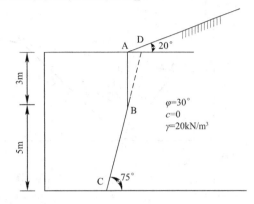

(A) 1.04　　　　(B) 1.26　　　　(C) 1.32　　　　(D) 1.52

答案：B

解答过程：

（1）上段墙土压力：$E_1 = \dfrac{1}{2} \times 20 \times 3^2 \times 0.44 = 39.6\text{kN/m}$，作用方向为：垂直于墙背 AB

（2）下段墙土压力：$H_{BD} = \dfrac{\sin(90°+20°)}{\sin(75°-20°)} \times 3 \times \sin 75° = 3.32\text{m}$

$E_2 = \dfrac{1}{2} \times 20 \times (5+3.32)^2 \times 0.313 - \dfrac{1}{2} \times 20 \times 3.32^2 \times 0.313 = 182.2\text{kN/m}$，作用方向为：垂直于墙背 BC

$E_{2x} = 182.2 \times \sin 75° = 176\text{kN/m}$，$E_{2y} = 182.2 \times \cos 75° = 47.2\text{kN/m}$

（3）墙体抗滑稳定性：$K = \dfrac{0.45 \times (650-47.2)}{39.6+176} = 1.26$

【小注岩土点评】

① 对于折线形挡土墙，其土压力计算一般采用延长墙背法分段进行计算；题干已给出主动土压力系数，AB 段墙为竖直方向，故可直接计算其土压力大小，方向为水平方向；BC 段墙，应先延长其墙背线，与地面线相交于 D 点，则 BC 段墙的土压力为 CD 段减去 BC 段的土压力，方向垂直于墙背，故求出水平、竖直方向的土压力分力，然后计算墙体的抗滑稳定性。

② 本题的关键在于计算上段墙体 AB 和下段墙体 BC 的土压力大小。

（三）坦墙的土压力

——《土力学》

一般性的挡土墙移动时，只有一个滑动面（即下图的第一滑动面 BD），破坏土楔体为 ABD。当墙背较平缓，倾角 α 较大，达到 $\alpha > \alpha_{cr}$（当填土面水平，$\beta=0$ 时，$\alpha_{cr}=45°-\varphi/2$）时，可能产生第二滑动面（即下图的滑动面 BC），此时破坏土楔体为 ABC、BCD，由于破坏土楔体一分为二，因此不能按原来方法直接计算出作用于墙背 AB 上的土压力，而应该分别对破坏土楔体 ABC、BCD 进行受力分析，取其合力（即最终作用于墙背 AB 上的土压力 E_a 就是 E'_a 与三角形土体 ABC 重力的合力）。不过此时仍可按朗肯或库伦方法计算其土压力，具体计算方法如下：

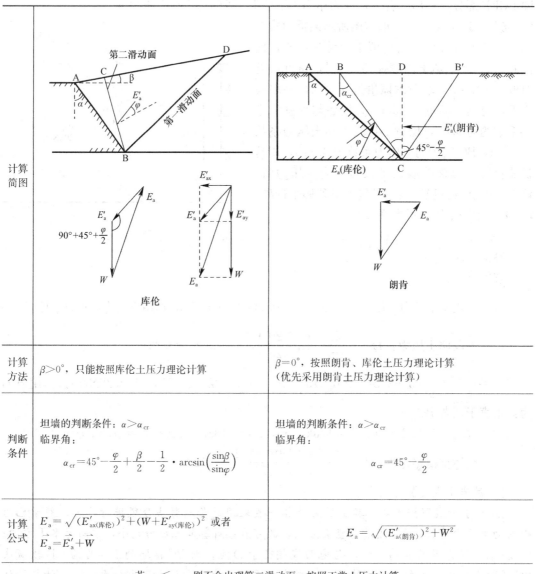

计算简图		
计算方法	$\beta > 0°$，只能按照库伦土压力理论计算	$\beta = 0°$，按照朗肯、库伦土压力理论计算（优先采用朗肯土压力理论计算）
判断条件	坦墙的判断条件：$\alpha > \alpha_{cr}$ 临界角： $$\alpha_{cr} = 45° - \frac{\varphi}{2} + \frac{\beta}{2} - \frac{1}{2} \cdot \arcsin\left(\frac{\sin\beta}{\sin\varphi}\right)$$	坦墙的判断条件：$\alpha > \alpha_{cr}$ 临界角： $$\alpha_{cr} = 45° - \frac{\varphi}{2}$$
计算公式	$E_a = \sqrt{(E'_{ax(库伦)})^2 + (W + E'_{ay(库伦)})^2}$ 或者 $\vec{E_a} = \vec{E'_a} + \vec{W}$	$E_a = \sqrt{(E'_{a(朗肯)})^2 + W^2}$

若：$\alpha \leqslant \alpha_{cr}$，则不会出现第二滑动面，按照正常土压力计算

1. 按库伦土压力理论计算

根据 $\alpha_{cr} = 45° - \varphi/2$，可知墙后滑动土楔将以过墙踵 C 点的竖直面 CD 面为对称面下滑，两个滑动面 BC 和 B'C 与 CD 的夹角都应是 $45° - \varphi/2$，从而两个滑动面位置均为已知，根据库伦理论即可求出作用于第二滑动面 BC 上的库伦土压力 E'_a 的大小和方向（与 BC 面的法线成夹角 φ）。最后作用于 AC 墙背上的土压力 E_a 就是土压力 $E'_{a(库伦)}$ 与三角形土体 ABC 的重力 W（竖向）的向量和。

2. 按朗肯土压力理论计算

由于滑动楔体 BCB′ 以垂直面 CD 为对称面，故 CD 面可视为无剪应力的光滑面，符合朗肯土压力理论的竖直、光滑的墙背条件。当填土面水平时，可按朗肯理论，求出作用于 CD 面上的朗肯主动土压力 $E'_{a(朗肯)}$（方向水平）。最后作用在 AC 墙背上的土压力 E_a 应是土压力 $E'_{a(朗肯)}$ 与三角形土体 ACD 重力 W 的向量和。

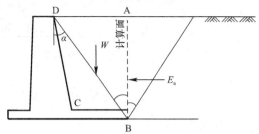

同样理由，对于工程中经常采用一种 L 形的钢筋混凝土挡土墙（如右图所示），当墙底板足够宽，使得由墙顶 D 和墙踵 B 的连线形成的倾角 α 大于 α_{cr} 时，作用在这种挡土墙上的土压力也可按坦墙方法进行计算。通常可用朗肯土压力理论求出作用在经过墙踵 B 点的竖直面 AB 上的主动土压力 E_a。在对这种挡土墙进行稳定分析时，底板以上 DCBA 范围内的土重 W，可作为墙身重量的一部分来考虑。

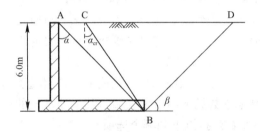

【5-39】（2016C18）如左图所示，某悬臂式挡土墙高 6.0m，墙后填砂土，并填成水平面。其 $\gamma = 20\text{kN/m}^3$，$c = 0$，$\varphi = 30°$，墙踵下缘与墙顶内缘的连线与垂直线的夹角 $\alpha = 40°$，墙与土的摩擦角 $\delta = 10°$。假定第一滑动面与水平面的夹角为 $\beta = 45°$，第二滑动面与垂直面的夹角为 $\alpha_{cr} = 30°$，问滑动土体 BCD 作用于第二滑动面的土压力合力最接近以下哪个选项？

(A) 150kN/m   (B) 180kN/m   (C) 210kN/m   (D) 260kN/m

答案：C

解答过程：

(1) CD＝6tan30°＋6×tan45°＝9.46m，$G = \dfrac{1}{2} \times 6 \times 9.46 \times 20 = 567.6\text{kN/m}$

(2) $E'_a = \dfrac{G\sin(\theta - \varphi)}{\sin(90° - \alpha + \theta - \varphi - \delta)} = \dfrac{567.6\sin(45° - 30°)}{\sin(90° - 30° + 45° - 30° - 30°)} = 207.8\text{kN/m}$

【小注岩土点评】

(1) 此题本质为错题，第一滑动面的破裂角是固定的，不能随意给出。

(2) 当填土水平时，$\alpha_{cr} = 45° - \varphi/2$（可查看《土力学》）；第一滑动面、第二滑动面与老土的摩擦角均为 φ，则第一滑动面、第二滑动面与竖直面（过 B 点的竖直线）对称，因为滑动的难易程度是一样的。

第一滑动面与水平面的夹角为 $45° + \varphi/2$（根据朗肯土压力理论也可以分析出此结论），对于本题即为 $60°$，显然题目给出的 $45°$ 是不合适的。

(3) 正确解法：

① 楔形体法：

CD＝6×tan30°＋6×tan30°＝6.928m，$G = \dfrac{1}{2} \times 6 \times 6.928 \times 20 = 415.68\text{kN/m}$

$$E'_a = \frac{G\sin(\theta - \varphi)}{\sin(90° - \alpha + \theta - \varphi - \delta)} = \frac{415.68\sin(60° - 30°)}{\sin(90° - 30° + 60° - 30° - 30°)} = 240\text{kN/m}$$

② 库伦法:

$$\delta = \varphi = 30°$$

$$K_a = \frac{\cos^2(30° - 30°)}{\cos^2 30° \cos 60° \left[1 + \sqrt{\dfrac{\sin 60° \cdot \sin 30°}{\cos 60° \cdot \cos 30°}}\right]^2} = 0.667$$

$$E_a = \frac{1}{2}K_a\gamma H^2 = 0.5 \times 0.667 \times 20 \times 6^2 = 240\text{kN/m}$$

③ 朗肯法:

过 B 点做 AC 的垂线，交于 E，第一滑动面假设为 BE，则 BE 相当于垂直、光滑的墙面，满足朗肯土压力理论: $K_a = \dfrac{1}{3}$，$E_{a1} = \dfrac{1}{2} \times 20 \times 6 \times \dfrac{1}{3} \times 6 = 120\text{kN/m}$。

三角形 BCE 处于静力平衡，对其进行受力分析:

第二滑动面的土压力合力为: $E_a = \sqrt{E_{a1}^2 + W_{BCE}^2} = \sqrt{120^2 + 207.8^2} = 240\text{kN/m}$

（4）到此验证了那句话"在主动土压力的情况下，墙体逐步离开土体时，土压力随之减小，这时，首先在土体中出现的滑动面，对应的土压力必为所有假定滑动面中对应的土压力最大的一个"，因此 210kN/m 是错误的，240kN/m 是正确的。

【5-40】（2019D14）一重力式毛石挡墙高 3m，其后填土顶面水平，无地下水，粗糙墙背与其后填土的摩擦角近似等于土的内摩擦角，其他参数见下图。设挡墙与其下地基土的摩擦系数为 0.5，那么该挡墙的抗水平滑移稳定性系数最接近下列哪个选项？

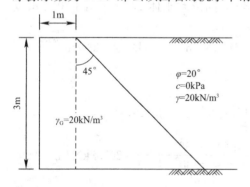

(A) 2.5　　　　　(B) 2.6

(C) 2.7　　　　　(D) 2.8

答案: C

解答过程:

1. 解法一（朗肯土压力理论）

（1）$\alpha_{cr} = 45° - \dfrac{\varphi}{2} = 45° - \dfrac{20°}{2} = 35° < \alpha = 45°$，

该挡土墙属于坦墙。

（2）假想墙背受到的土压力见示意图:

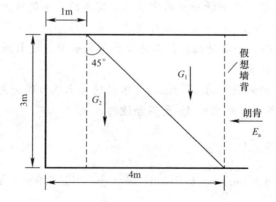

$$K_a = \tan^2\left(45° - \frac{\varphi}{2}\right) = \tan^2\left(45° - \frac{20°}{2}\right) = 0.49, \quad e = \gamma h K_a = 20 \times 3 \times 0.49 = 29.4 \text{kPa}$$

$$E_a = \frac{1}{2} \times 29.4 \times 3 = 44 \text{kN/m}$$

（3）过墙踵三角形的土体自重：$G_1 = 20 \times \frac{1}{2} \times 3 \times 3 = 90 \text{kN/m}$

挡土墙自重：$G_2 = 20 \times \frac{1}{2} \times (1+4) \times 3 = 150 \text{kN/m}$

（4）$F_s = \dfrac{(G_1 + G_2)\mu}{E_a} = \dfrac{(90 + 150) \times 0.5}{44} = 2.73$

2. 解法二（库伦土压力理论）

（1）$\alpha_{cr} = 45° - \dfrac{\varphi}{2} = 45° - \dfrac{20°}{2} = 35° < \alpha = 45°$，该挡土墙属于坦墙。

（2）第二滑动面受到的土压力见示意图：

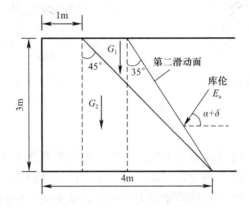

$$K_a = \frac{\cos^2(20° - 35°)}{\cos^2 35° \times \cos(35° + 20°) \times \left[1 + \sqrt{\dfrac{\sin(20° + 20°) \cdot \sin(20° - 0°)}{\cos(35° + 20°) \cdot \cos(35° - 0°)}}\right]^2} = 0.855$$

$$E_a = \frac{1}{2} K_a \gamma H^2 = 0.5 \times 0.855 \times 20 \times 3^2 = 76.95 \text{kN/m}$$

$$E_{ax} = E_a \cos(\alpha + \varphi) = 76.95 \times \cos(35° + 20°) = 44.14 \text{kN/m}$$

$$E_{ay} = E_a \sin(\alpha + \varphi) = 76.95 \times \sin(35° + 20°) = 63.03 \text{kN/m}$$

（3）$G = G_1 + G_2 = \dfrac{(4 - 3 \times \tan 35°) + 4}{2} \times 3 \times 20 = 176.98 \text{kN/m}$

（4）$F_s = \dfrac{(G_1 + G_2 + E_{ay})\mu}{E_{ax}} = \dfrac{(176.98 + 63.03) \times 0.5}{44.14} = 2.72$

【小注岩土点评】

① 本题属于坦墙土压力计算问题，过墙踵做垂线，将挡土墙和墙背上三角形土体看作一个整体，计算此整体的抗滑移系数，即为挡土墙的抗滑系数，体现整体的思想，计算简便。

② 本题若采用常规坦墙土压力的计算方法：采用朗肯或者库伦土压力理论计算出第二破裂面上的土压力，然后采用静力平衡的矢量三角形计算出作用在墙背的土压力，然后分解此土压力为水平和竖直方向，进行抗滑移计算，本题采用此方法计算比较复杂，而且还存在一个问题，墙背和土体的摩擦角若代入 $\varphi = 20°$，将得到不同的计算结果，原因为题目实际描述的状态为静止状态，此摩擦系数应代入静摩擦系数，而 $\varphi = 20°$ 为动摩擦系数。

四、埋管与地下工程的土压力

——《土力学》附录 V

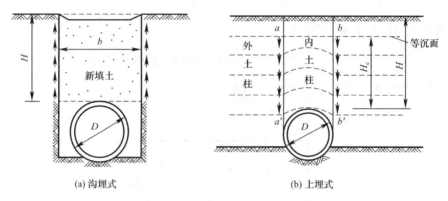

(a) 沟埋式　　　　　　　(b) 上埋式

涵管的埋置方式

1. 沟埋式

沟槽外原有的土体，可以认为不再发生变形，而沟内管顶上回填的新土，在自重等作用下会产生沉降变形。因此，槽壁将对新填土的下沉产生摩阻力，方向向上。这样，沟内回填土的一部分重量将被两旁沟壁的摩阻力所抵消，从而使得作用于管顶上的竖直土压力 σ_z，一般均小于涵管之上沟内回填土柱的重量，即：

$$\sigma_z < \gamma H$$

2. 上埋式

管道直径（或宽度）以外的填土厚度大于管顶填土厚度，且填土的压缩性又较刚性管本身的压缩性大得多，因而使得直接位于涵管上部土柱的沉降量小于涵管以外上柱的沉降量。土柱界面产生向下的摩擦力，从而使得作用于管顶上的竖直土压力 σ_z，一般大于管上回填土柱的重量，即：

$$\sigma_z > \gamma H$$

第六节　侧向岩石压力

岩质边坡按其破坏形式分为滑移型与崩塌型，大多数边坡属于滑移型破坏。滑移型破坏又分为有外倾结构面（硬性结构面与软弱结构面）和无外倾结构面（均质岩体、破碎岩体与只有内倾结构面的岩体）。

外倾结构面：倾向与边坡坡向相同，倾向与边坡坡向的夹角小于 30° 的结构面。

$$\text{侧向岩石压力}\\\text{取不利值}\begin{cases}(1) \text{ 理论计算方法：根据库伦或楔形体理论衍生推导，即为：}\\\text{规范第 6.3.1 条和第 6.3.2 条。}\\(2) \text{ 经验计算方法：即利用岩体的等效内摩擦角 }\varphi_e，\\\text{根据土压力的方法计算岩石压力，计算公式中不再出现黏聚力 }c，\\\text{破裂角的取值按照第 6.3.3 条进行选择。}\end{cases}$$

一、主动岩石压力合力计算

——《建筑边坡工程技术规范》第 6.3.1～6.3.3 条

主动岩石压力合力计算包括沿外倾结构面滑动的边坡、沿缓倾的外倾软弱结构面滑动的边坡和无外倾结构面的岩质边坡等三种情况。

边坡类型	计算
无外倾结构面的岩质边坡（经验法）	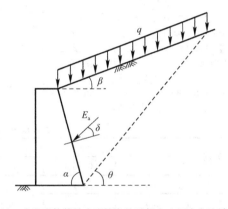 无外倾结构面的岩质边坡，应以岩体等效内摩擦角按照侧向土压力方法计算侧向岩石压力。 $$E_a = \frac{1}{2}\gamma H^2 K_a$$ $$K_a = \frac{\sin(\alpha+\beta)}{\sin^2\alpha\sin^2(\alpha+\beta-\varphi_e-\delta)}\{K_q[\sin(\alpha+\beta)\sin(\alpha-\delta)+\sin(\varphi_e+\delta)\sin(\varphi_e-\beta)]\\-2\sqrt{K_q\sin(\alpha+\beta)\sin(\varphi_e-\beta)}\times\sqrt{K_q\sin(\alpha-\delta)\sin(\varphi_e+\delta)}\}$$ 岩体等效内摩擦角是考虑黏聚力在内的假想的"内摩擦角"，也称似内摩擦角或综合内摩擦角，可按下表取值： **边坡岩体等效内摩擦角标准值** <table><tr><td>边坡岩体类型</td><td>Ⅰ</td><td>Ⅱ</td><td>Ⅲ</td><td>Ⅳ</td></tr><tr><td>等效内摩擦角 $\varphi_e(°)$</td><td>$\varphi_e>72$</td><td>$72\geqslant\varphi_e>62$</td><td>$62\geqslant\varphi_e>52$</td><td>$52\geqslant\varphi_e>42$</td></tr></table> 【小注】① 适用于高度不大于 30m 的边坡；当高度大于 30m 时，应做专门研究。 ② 边坡高度较大时宜取较小值；高度较小时宜取较大值；当边坡岩体变化较大时，应按同等高度段分别取值。 ③ 已考虑时间效应；对于Ⅱ、Ⅲ、Ⅳ类岩质临时边坡可取上限值，Ⅰ类岩质临时边坡可根据岩体强度及完整程度取大于 72° 的数值。 ④ 用于完整、较完整的岩体；破碎、较破碎的岩体可根据地方经验适当折减

边坡类型	计算
沿外倾结构面滑动的边坡（理论法）	对沿外倾结构面滑动的边坡，其主动岩石压力合力可按下式计算： $$E_a = \frac{1}{2}\gamma H^2 K_a$$ $$K_a = \frac{\sin(\alpha+\beta)}{\sin^2\alpha\sin(\alpha-\delta+\theta-\varphi_s)\sin(\theta-\beta)} \times \left[K_q\sin(\alpha+\theta)\sin(\theta-\varphi_s) - \eta\sin\alpha\cos\varphi_s\right]$$ $$K_q = 1 + \frac{2q\sin\alpha\cos\beta}{\gamma H\sin(\alpha+\beta)}$$ $$\eta = \frac{2c_s}{\gamma H}$$ 式中：α——支挡结构墙背与水平面的夹角（°）； β——岩石表面与水平面的夹角（°）； δ——岩石与挡土墙墙背的摩擦角（°），取（0.33～0.50）φ； θ——外倾结构的倾角（°）； H——挡土墙高度（m）； γ——岩体重度（kN/m³）； c_s——外倾结构面黏聚力（kPa）； φ_s——外倾结构面的内摩擦角（°）。 【小注】当有多组外倾结构面时，应计算每组结构面的主动岩石压力，并取其大值。 当考虑地震作用时，主动岩石压力系数为： $$K_a = \frac{\sin(\alpha+\beta)}{\cos\rho\sin^2\alpha\sin(\alpha-\delta+\theta-\varphi_s)\sin(\theta-\beta)} \times \left[K_q\sin(\alpha+\theta)\sin(\theta-\varphi_s+\rho) - \eta\sin\alpha\cos(\varphi_s-\rho)\right]$$ 其中 ρ 为地震角，按下表取值： 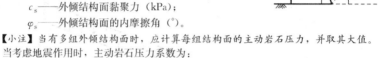 **地震角 ρ** _(表见下)_

类别	7 度		8 度		9 度
	0.10g	0.15g	0.20g	0.30g	0.40g
水上	1.5°	2.3°	3.0°	4.5°	6.0°
水下	2.5°	3.8°	5.0°	7.5°	10.0°

边坡类型	计算
沿缓倾的外倾软弱结构面滑动的边坡（理论法）	对沿缓倾的外倾软弱结构面滑动的边坡，主动土压力合力可按下式计算： $$E_a = G\tan(\theta-\varphi_s) - \frac{c_s L\cos\varphi_s}{\cos(\theta-\varphi_s)}$$ 式中：G——四边形滑裂体自重（kN/m）； L——滑裂面长度（m）； θ——缓倾的外倾软弱结构面的倾角（°）； c_s——外倾软弱结构面的黏聚力（kPa）； φ_s——外倾软弱结构面的内摩擦角（°）。

续表

边坡类型	计算
沿缓倾的外倾软弱结构面滑动的边坡（理论法）	【小注】① 按照多边体静力平衡推导出来的，注意与规范第 6.2.10 条的区别和联系；适用于 θ 已知的平面滑动，滑体形状可以是多边形，只要滑动面为平面即可，而其他的库伦衍生公式，需为破裂体三角形。 ② 当 $c_s=0$，$E_a=G\tan(\theta-\varphi)$，与无黏性土楔形体的计算公式一致。 ③ E_a 的方向为水平，为非岩石压力的水平分力

（一）岩质边坡的破裂角

——《建筑边坡工程技术规范》第 6.3.3 条

岩质边坡的侧向岩石压力计算和破裂角应符合下列规定：

（1）对无外倾结构面的岩质边坡，应以岩体等效内摩擦角按侧向土压力方法计算侧向岩石压力；等效内摩擦角、破裂角的取值见下表。

（2）当有外倾硬性结构面时，应分别以外倾硬性结构面的抗剪强度参数按本规范第 6.3.1 条的方法和以岩体等效内摩擦角按侧向土压力方法分别计算，取两种结果的较大值；破裂角取本条第 1 款和外倾结构面倾角两者中的较小值。

（3）当边坡沿外倾软弱结构面破坏时，侧向岩石压力应按本规范第 6.3.1 条和第 6.3.2 条计算，破裂角取该外倾结构面的倾角，同时应按本条第 1 款进行验算。

直立坡面

设计岩石压力
　按"侧向土压力方法"经验法计算岩石压力
　　（1）无外倾结构面：等效内摩擦角 φ_e，见规范表 4.3.4
　　　坡顶无建筑的永久边坡、坡顶有建筑的临时边坡、基坑边坡
　　　⇒破裂角取 $45°+\varphi/2$ 或 Ⅰ 类岩体边坡取 $75°$
　　　坡顶无建筑的临时边坡、基坑边坡
　　　⇒ Ⅰ 类岩体边坡取 $82°$，Ⅱ 类岩体边坡取 $72°$
　　　⇒ Ⅲ 类岩体边坡取 $62°$，Ⅳ 类岩体边坡取 $45°+\varphi/2$

　　（2）外倾硬性结构面 $E_a=$ ① 按"侧向土压力方法"采用等效内摩擦角 φ_e 计算侧向岩石压力　② 第 6.3.1 条楔形体衍生理论公式法　E_a 取大值
　　　破裂角 θ 为取上述（1）与外倾结构面倾角两者中的小值

　　（3）外倾软弱结构面 $E_a=$ ① 按"侧向土压力方法"采用等效内摩擦角 φ_e 计算侧向岩石压力　② 第 6.3.1 条楔形体衍生理论公式法　③ 第 6.3.2 条楔形体衍生理论公式法　E_a 取大值
　　　破裂角 θ 为取上述（1）与外倾结构面倾角两者中的小值

（二）等效内摩擦角

对无外倾结构面的岩质边坡，以岩体等效内摩擦角按侧向土压力方法计算侧向岩压力。岩体等效内摩擦角是考虑黏聚力在内的假想的"内摩擦角"，也称为内摩擦角或综合内摩擦角，可按下表取值：

边坡岩体等效内摩擦角标准值及无外倾结构面的岩质边坡破裂角

边坡岩体类型			Ⅰ	Ⅱ	Ⅲ	Ⅳ	备注
等效内摩擦角 φ_e (°)			$\varphi_e>72$	$72\geqslant\varphi_e>62$	$62\geqslant\varphi_e>52$	$52\geqslant\varphi_e>42$	
破裂角 θ	坡顶无建筑物荷载	永久性边坡	75°左右	$45°+\varphi/2$			此处 φ 应为岩体的内摩擦角, 非等效内摩擦角
		临时性边坡	82°	72°	62°	$45°+\varphi/2$	
		基坑边坡					
	坡顶有建筑物荷载	临时性边坡	75°左右	$45°+\varphi/2$			
		基坑边坡					

【小注】① 适用于高度不大于30m的边坡; 当高度大于30m时, 应做专门研究。

② 边坡高度较大时宜取较小值; 高度较小时宜取较大值; 当边坡岩体变化较大时, 应按同等高度段分别取值。

③ 已考虑时间效应; 对于Ⅱ、Ⅲ、Ⅳ类岩质临时边坡可取上限值, Ⅰ类岩质临时边坡可根据岩体强度及完整程度取大于72°的数值。

④ 适用于完整、较完整的岩体; 破碎、较破碎的岩体可根据地方经验适当折减。

⑤ 地震工况下, 计算岩石主动压力时应考虑地震角, 地震角的取值参考规范。

⑥ 应注意等效内摩擦角和破裂角的概念, 主要运用于岩质边坡的侧向岩石压力计算。

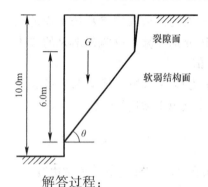

【5-41】(2013D19) 某建筑岩质边坡如左图所示, 已知软弱结构面黏聚力 $c_s=20kPa$, 内摩擦角 $\varphi_s=35°$, 与水平面夹角 $\theta=45°$, 滑裂体自重 $G=2000kN/m$, 则作用于支护结构上每延米的主动岩石压力合力标准值最接近 ( )。

(A) 212kN/m　　　　(B) 252kN/m

(C) 275kN/m　　　　(D) 326kN/m

答案: A

解答过程:

根据《建筑边坡工程技术规范》GB 50330—2013 第 6.3.2 条:

$$E_a=G\tan(\theta-\varphi_s)-\frac{c_s L\cos\varphi_s}{\cos(\theta-\varphi_s)}$$

$$=2000\times\tan(45°-35°)-\frac{20\times6\sqrt{2}\times\cos35°}{\cos(45°-35°)}=211.5kN/m$$

【5-42】(模拟题) 某Ⅲ类岩质边坡, 边坡坡高 20m, 坡面倾斜、坡顶水平、无超载, 坡面走向为 NE10°、倾向 SE, 坡角 75°, 边坡岩体的等效内摩擦角标准值为 $\varphi=53°$, 坡体内不存在外倾结构面, 试按《建筑边坡工程技术规范》GB 50330—2013 估算, 边坡坡顶滑塌边缘至坡顶边缘的距离 L 值最接近 ( )。

(A) 3.0m　　　(B) 4.5m　　　(C) 5.0m　　　(D) 6.5m

答案: B

解答过程:

根据《建筑边坡工程技术规范》GB 50330—2013 第 6.2.10 条、第 3.2.3 条:

$$\theta=\arctan\left[\frac{\cos\varphi}{\sqrt{1+\dfrac{\cot\alpha'}{\eta+\tan\varphi}}-\sin\varphi}\right]=\arctan\left[\frac{\cos53°}{\sqrt{1+\dfrac{\cot75°}{0+\tan53°}}-\sin53°}\right]=63.7°$$

$$L=\frac{20}{\tan63.7°}=9.88m\Rightarrow L'=9.88-\frac{20}{\tan75°}=4.53m$$

【5-43】（模拟题）某永久性岩体边坡，重度为 22kN/m³，有一组外倾硬性结构面通过坡脚，结构面倾角为 60°，内摩擦角为 25°，黏聚力为 20kPa，支挡结构采用重力式挡土墙，挡土墙与岩体的摩擦角为 15°，挡土墙直立，墙背岩体水平，坡顶无重要结构物，坡高 10m，按照等效内摩擦角计算的侧向岩石压力为 180kN，按《建筑边坡工程技术规范》GB 50330—2013 计算，侧向岩石压力宜取（　　）。

(A) 199kN　　　　(B) 188kN　　　　(C) 180kN　　　　(D) 153kN

答案：C

解答过程：

$$K_q = 1$$

$$\eta = \frac{2 \times 20}{22 \times 10} = 0.18$$

$$K_a = \frac{\sin(\alpha + \beta)}{\sin^2\alpha \sin(\alpha - \delta + \theta - \varphi_s)\sin(\theta - \beta)}[K_q\sin(\alpha + \theta)\sin(\theta - \varphi_s) - \eta\sin\alpha\cos\varphi_s]$$

$$= \frac{\sin(90° + 0°)}{\sin^290°\sin(90° - 15° + 60° - 25°)\sin(60° - 0°)}[\sin(90° + 60°)\sin(60° - 25°)$$

$$- 0.18\sin90°\cos25°] = 0.15$$

$$E_{a1} = \frac{1}{2} \times 22 \times 10^2 \times 0.15 = 165kN/m$$

和 180kN 比较，取大值，选 C。

【小注岩土点评】

① 边坡侧向岩石压力计算。本题根据规范破裂角需要取较小值，根据规范第 6.3.1 条计算岩石压力时，此公式中的 θ 应为结构面倾角，与第 6.3.4 条破裂角取小值无关。

$45° + \varphi/2 = 45° + 25°/2 = 57.5° < 60° \Rightarrow$ 破裂角取 57.5°，$\theta = 60° \neq 57.5°$。

② $45° + \varphi/2$，φ 应为岩体的内摩擦角，非等效内摩擦角。

二、坡顶有重要建（构）筑物的岩土压力

——《建筑边坡工程技术规范》第 7.2.3～7.2.5 条

（一）无外倾结构面

无外倾结构面的岩土质边坡坡顶有重要建（构）筑物时，可按下表确定支护结构上的侧向岩土压力。

侧向岩土压力取值

坡顶重要建（构）筑物基础位置		侧向岩土压力取值
土质边坡	$a < 0.5H$	E_0
	$0.5H \leq a \leq 1.0H$	$E'_a = \frac{1}{2}(E_0 + E_a)$
	$a > 1.0H$	E_a
岩质边坡	$a < 0.5H$	$E'_a = \beta_1 E_a$
	$a \geq 0.5H$	E_a

【小注】① E_a——主动岩土压力合力，应理解为其满足《建筑边坡工程技术规范》GB 50330—2013 第 6 章的哪一种情况，即采用其对应的方法计算。

②E'_a——修正主动岩土压力合力。

③E_0——静止土压力合力。

④β_1——主动岩石压力修正系数，可按下表取值。

⑤a——坡脚线到坡顶重要建（构）筑物基础外边缘的水平距离。

⑥对多层建筑物，当基础浅埋时 H 取边坡高度。当基础埋深较大时，若基础周边与岩石土间设置摩擦小的软性材料隔离层，能使基础垂直载传至边坡破裂面以下足够深度的稳定岩土层内且其水平荷载对边坡不造成较大影响，则 H 可从隔离层下端算至坡底；否则，H 仍取边坡高度。

⑦对高层建筑物应设置钢筋混凝土地下室，并在地下室侧墙临边坡一侧设置摩擦小的软性材料隔离层，使建筑物基础的水平荷载不传给支护结构，并将建筑物垂直荷载传至边坡破裂面以下足够深度的稳定岩土层内时，H 可从地下室标高算至坡底；否则 H 仍取边坡高度。

主动岩石压力修正系数 β_1

边坡岩体类型	Ⅰ	Ⅱ	Ⅲ	Ⅳ
主动岩石压力修正系数 β_1	1.30		1.30~1.45	1.45~1.55

【小注】① 当裂隙发育时取大值，裂隙不发育时取小值。

② 坡顶有重要既有建（构）筑物对边坡变形控制要求较高时取大值。

③ 对临时性边坡及基坑边坡取小值。

（二）有外倾结构面

坡顶有重要建（构）筑物的有外倾结构面的岩土质边坡侧压力修正应符合下列规定：

（1）对有外倾结构面的土质边坡，其侧压力修正值应按本规范第 6.2 节计算后乘以 1.30 的增大系数，应按本规范第 7.2.3 条分别计算并取两个计算结果的最大值。

（2）对有外倾结构面的岩质边坡，其侧压力修正值应按本规范第 6.3.1 条和本规范第 6.3.2 条计算并乘以 1.15 的增大系数，应按本规范第 7.2.3 条分别计算并取两个计算结果的最大值。

归纳如下：

① 外倾结构面土质边坡 $\begin{cases} 1.3E_a，E_a 根据第 6.3.1 条计算 \\ （规范有误，猜测） \\ 按第 7.2.3 条（上表） \end{cases}$ ■取不利值

② 外倾结构面岩土质边坡 $\begin{cases} 1.15E_a，E_a 根据第 6.3.1 条计算（外倾结构面） \\ 或者第 6.3.2 条计算（缓倾软弱结构面） \\ 按第 7.2.3 条（上表） \end{cases}$ ■取不利值

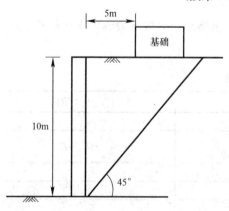

【5-44】（模拟题）如左图所示，某岩质边坡高度为 10m，岩体级别为Ⅳ类，等效内摩擦角为 46°，重度为 23kN/m³，采用直立挡墙支护，墙背岩体水平，无地面荷载，挡土墙与岩体之间的摩擦角为 14°，有一组外倾结构面通过坡脚，结构面的倾角为 45°，内摩擦角为 30°，黏聚力为 14kPa，坡顶有一个对边坡变形控制要求较高的重要建筑物，其基础外边缘到坡脚线的水平距离为 5m，根据《建筑边坡工程技术规范》GB 50330—2013，问计算修正后的侧向岩石压力最接近下列哪个选项？

（A）160kN/m　　　（B）170kN/m　　　（C）180kN/m　　　（D）190kN/m

答案：C

解答过程：

根据《建筑边坡工程技术规范》GB 50330—2013 第 7.2.3 条、第 7.2.5 条、第 7.2.7 条、第 6.3.1 条、第 6.3.2 条：

（1）按 θ 取外倾结构面的倾角计算

$$\eta = \frac{2 \times 14}{23 \times 10} = 0.122, \quad K_q = 1$$

$$K_a = \frac{\sin(90° + 0°)}{\sin^2 90° \times \sin(90° - 14° + 45° - 30°) \times \sin(45° - 0°)} \times [1 \times \sin(90° + 45°)$$
$$\times \sin(45° - 30°) - 0.122 \times \cos 30° \times \sin 90°] = 0.109$$

$$E_a = \frac{1}{2} \times 23 \times 10^2 \times 0.109 = 125.4 \text{kN/m}$$

（2）按等效内摩擦角计算

$$K_a = \frac{\cos^2 46°}{\cos 14° \times \left[1 + \dfrac{\sqrt{\sin(46° + 14°) \times \sin 46°}}{\sqrt{\cos 14°}}\right]^2} = 0.153$$

$$E_a = \frac{1}{2} \times 23 \times 10^2 \times 0.153 = 175.95 \text{kN/m}$$

（3）$a \geqslant 0.5H = 0.5 \times 10 = 5\text{m}$，$E_a' = E_a = 175.95\text{kN/m}$

（4）$E_a' = 1.15 E_a = 1.15 \times 125.4 = 144.2\text{kN/m}$

（5）取大值 $E_a' = 175.95\text{kN/m}$

第三十章　边坡稳定性分析

——《土力学》《建筑边坡工程技术规范》第5章及附录A

边坡稳定性状态分为稳定、基本稳定、欠稳定和不稳定四种状态，可根据边坡稳定系数按下表确定：

边坡稳定性状态划分

边坡稳定系数 F_s	$F_s<1.00$	$1.00\leqslant F_s<1.05$	$1.05\leqslant F_s<F_{st}$	$F_s\geqslant F_{st}$
边坡稳定性状态	不稳定	欠稳定	基本稳定	稳定

【小注】F_{st}——边坡稳定安全系数。

边坡稳定安全系数 F_{st} 应按下表确定，当边坡稳定系数 F_s 小于边坡稳定安全系数 F_{st} 时应对边坡进行处理。

边坡稳定安全系数 F_{st}

边坡类型	边坡稳定安全系数 边坡工程安全等级	一级	二级	三级
永久边坡	一般工况	1.35	1.30	1.25
	地震工况	1.15	1.10	1.05
临时边坡		1.25	1.20	1.15

【小注】① 地震工况时，安全系数仅适用于塌滑区内无重要建（构）筑物的边坡。
② 对地质条件很复杂或破坏后果极严重的边坡工程，其稳定安全系数应适当提高。
③ 受水影响的边坡工程，当建筑边坡规模较小，一般工况中的安全系数较高，不再考虑土体的雨季饱和工况；对于受雨水或地下水影响大的边坡工程，按饱和工况计算，即按饱和重度与饱和状态时的抗剪强度参数计算。

边坡工程安全等级

边坡类型		边坡高度 H(m)	破坏后果	安全等级
岩质边坡	岩体类型为 I 或 II	$H\leqslant30$	很严重	一级
			严重	二级
			不严重	三级
	岩体类型为 III 或 IV	$15<H\leqslant30$	很严重	一级
			严重	二级
		$H\leqslant15$	很严重	一级
			严重	二级
			不严重	三级
土质边坡		$10<H\leqslant15$	很严重	一级
			严重	二级
		$H\leqslant10$	很严重	一级
			严重	二级
			不严重	三级

【小注】①一个边坡工程的各段，可根据实际情况采用不同的安全等级。
②对危害性极严重、环境和地质条件复杂的边坡工程，其安全等级应根据工程情况适当提高。
③很严重：造成重大人员伤亡或财产损失；严重：可能造成人员伤亡或财产损失；不严重：可能造成财产损失。

边坡塌滑区范围估算

——《建筑边坡工程技术规范》第 3.2.3 条

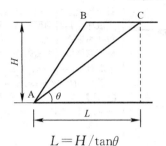

$$L = H / \tan\theta$$

式中：L——边坡坡顶塌滑区边缘至坡底边缘的水平投影距离（m）；

　　　H——边坡高度（m）；

　　　θ——坡顶无荷载时边坡的破裂角（°），可按下表确定：

类型				破裂角 θ
土坡	直立			$\theta = 45° + \varphi/2$（φ 为土体的内摩擦角）
	倾斜			$\theta = (\beta + \varphi)/2$（$\beta$ 为坡面与水平面的夹角）
岩坡	直立	无外倾结构面	坡顶无建筑荷载永久边坡	$\theta = 45° + \varphi/2$、Ⅰ 类岩体边坡可取 75°
			坡顶有建筑荷载临时边坡	
			基坑边坡	
			坡顶无建筑荷载临时边坡　Ⅰ 类岩体边坡	$\theta = 82°$
			Ⅱ 类岩体边坡	$\theta = 72°$
			基坑边坡　Ⅲ 类岩体边坡	$\theta = 62°$
			Ⅳ 类岩体边坡	$\theta = 45° + \varphi/2$
		有外倾结构面	硬性结构面	取结构面倾角和无外倾结构面中的小值
			软弱结构面	取结构面倾角
	倾斜	无外倾结构面		见规范第 6.2.10 条
		有外倾结构面		θ 可取外倾结构面的倾角

　　边坡稳定性的判别方法有不平衡推力法（折线滑动法）、平面滑动法和圆弧滑动法以及其他方法等。

　　其中折线滑动法和平面滑动法非常重要，务必掌握，为每年必考的内容。

第一节　平面滑动法

一、土力学中的平面直线滑动法

——《土力学》

<table>
<tr><td rowspan="2">无黏性土坡的稳定性</td><td>

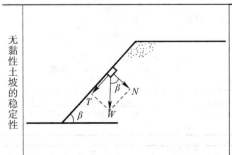

</td><td>

无黏性土特点是：$c = 0$，故无黏性土的抗剪强度（τ）就完全取决于其摩擦强度 $N \cdot \tan\varphi$。

从坡面取一个微小单元土体来分析它的稳定性。微小单元体在其重力 W 作用下，产生一个沿滑面的下滑力 $T = W \cdot \sin\beta$ 和一个垂直坡面的正应力 $N = W \cdot \cos\beta$，该正应力产生摩擦阻力，此摩擦阻力阻抗土体下滑，称为抗滑力 $R = N \cdot \tan\varphi = W \cdot \cos\beta \cdot \tan\varphi$，则该微小单元体的稳定系数为：

$$F_s = \frac{R}{T} = \frac{W \cdot \cos\beta \cdot \tan\varphi}{W \cdot \sin\beta} = \frac{\tan\varphi}{\tan\beta}$$

【小注】无黏性土坡的稳定性与坡高无关

</td></tr>
</table>

平面直线滑动边坡的稳定性	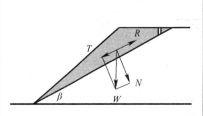 对于岩质边坡和土岩结合边坡，常沿结构面或土岩接触面直接发生破坏，其滑动面形状也近似为平面，其滑动面的抗剪强度（τ）包括黏聚强度（$c \cdot l$）和摩擦强度（$N \cdot \tan\varphi$）两个部分。 根据刚体极限平衡条件，滑动体的稳定系 F_s 为： $\left.\begin{array}{l}\text{下滑力：} T = W \cdot \sin\beta \\ \text{抗滑力：} R = W \cdot \cos\beta \cdot \tan\varphi + c \cdot l\end{array}\right\} \Rightarrow F_s = \dfrac{W \cdot \cos\beta \cdot \tan\varphi + c \cdot l}{W \cdot \sin\beta}$ 【小注】本公式为平面滑动的最基本的原理公式，《建筑边坡工程技术规范》GB 50330—2013 提供的计算公式就是在此基础上衍生而来
渗流作用下无黏性土坡的稳定性	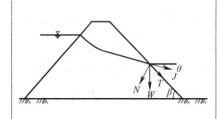 图中 J 为渗透力，$J = jV = i\gamma_w V$，J 的下滑分力和法向分力分别为：$i\gamma_w V \cos(\beta - \theta)$ 和 $i\gamma_w V \sin(\beta - \theta)$。浸水土坡采用浮重度 γ' 进行计算，从而得出无黏性土坡稳定系数为： $$F_s = \dfrac{[\gamma'\cos\beta - i\gamma_w\sin(\beta-\theta)]\tan\varphi}{\gamma'\sin\beta + i\gamma_w\cos(\beta-\theta)}$$ 式中：i——水力坡度； β——坡角； θ——渗流方向与水平面的夹角。 【小注】本公式为：稳定渗流方向任意的无黏性土边坡稳定性计算公式，满足"不忘初心"原则

（1）当渗流方向为顺坡时，$\beta = \theta$，$i = \sin\beta$：

$$F_s = \frac{\gamma'\cos\beta\tan\varphi}{\gamma'\sin\beta + \gamma_w\sin\beta} = \frac{\gamma'}{\gamma_{sat}} \cdot \frac{\tan\varphi}{\tan\beta}$$

式中：$\dfrac{\gamma'}{\gamma_{sat}} \approx \dfrac{1}{2}$，说明渗流方向为顺坡时，无黏性土坡稳定系数与干坡相比，F_s 降低 $\dfrac{1}{2}$。

（2）当渗流方向为水平方向逸出坡面时，$\theta = 0$，$i = \tan\beta$：

$$F_s = \frac{(\gamma'\cos\beta - \gamma_w\sin\beta\tan\beta)\tan\varphi}{\gamma'\sin\beta + \gamma_w\tan\beta\cos\beta} = \frac{(\gamma' - \gamma_w\tan^2\beta)}{(\gamma' + \gamma_w)} \cdot \frac{\tan\varphi}{\tan\beta}$$

式中：$\dfrac{\gamma' - \gamma_w\tan^2\beta}{\gamma' + \gamma_w} < \dfrac{1}{2}$，说明与干坡相比，$F_s$ 降低一半多

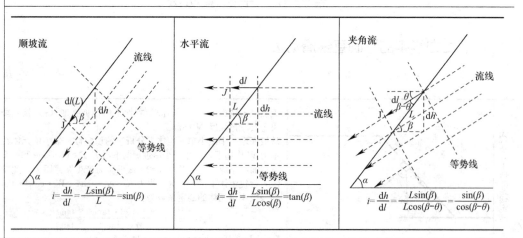

稳定渗流作用下边坡稳定性计算—总结

(1) 一般情况（任意方向渗流）：

$$F_s = \frac{[\gamma'V\cos\beta - i\gamma_w V\sin(\beta-\theta)]\tan\varphi + cl}{\gamma'V\sin\beta + i\gamma_w V\cos(\beta-\theta)}，无黏性土 c=0(少了分子 cl)；$$

(2) 无黏性土沿坡渗流（$i=\sin\beta$，$c=0$）：

$$F_s = \frac{[\gamma'V\cos\beta - i\gamma_w V\sin(\beta-\theta)]\tan\varphi + cl}{\gamma'V\sin\beta + i\gamma_w V\cos(\beta-\theta)} \Rightarrow F_s = \frac{\gamma'}{\gamma_{sat}} \cdot \frac{\tan\varphi}{\tan\beta}$$

(3) 无黏性土水平渗流（$i=\tan\beta$，$c=0$）：

$$F_s = \frac{[\gamma'V\cos\beta - i\gamma_w V\sin(\beta-\theta)]\tan\varphi + cl}{\gamma'V\sin\beta + i\gamma_w V\cos(\beta-\theta)} \Rightarrow F_s = \frac{\gamma' - \gamma_w\tan^2\beta}{\gamma_{sat}} \cdot \frac{\tan\varphi}{\tan\beta}$$

(4) 无黏性土无渗流（$i=0$，$c=0$）：

$$F_s = \frac{W\cos\beta\tan\varphi + cl}{W\sin\beta} \Rightarrow F_s = \frac{\tan\varphi}{\tan\beta}$$

土坡极限高度计算—《工程地质手册》（第五版）

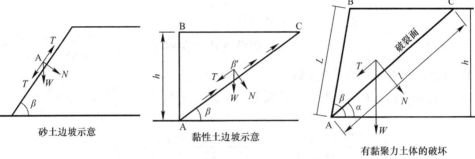

砂土边坡示意　　黏性土边坡示意　　有黏聚力土体的破坏

(1) 砂土边坡

当 $F_s = \dfrac{\tan\varphi}{\tan\beta} = 1$ 时，$\beta = \varphi$

式中：β——坡角；

　　　φ——砂土的内摩擦角。

(2) 直立黏性土边坡（$\varphi=0$）

当 $F_s = 1$ 时，$c = \dfrac{\gamma h}{4}\sin 2\beta$

当 $\beta=45°$ 时，直立边坡极限高度：$h_u = \dfrac{4c}{\gamma}$

式中：h——直立边坡高度；

　　　β——滑动面与水平面的夹角。

(3) 倾斜黏性土边坡（$c\neq 0$，$\varphi\neq 0$）

当 $F_s = 1$ 时，$h = \dfrac{2c\sin\beta\cos\varphi}{\gamma\sin^2\left(\dfrac{\beta-\varphi}{2}\right)}$

当 $\beta=90°$ 时，可得直立边坡最大高度：

$$h_{cr} = \frac{2c\cos\varphi}{\gamma\sin^2(45°-\varphi/2)}$$

式中：h——边坡高度；

　　　β——坡角

【5-45】（2011D17）现需要设计一无黏性土的简单边坡，已知边坡高度为 10m，土的内摩擦角 $\varphi=45°$，黏聚力 $c=0$，当边坡坡角 β 最接近（　　）时，其稳定安全系数 $F_s=1.3$。

（A）45°　　　　　（B）41.4°　　　　（C）37.6°　　　　（D）22.8°

答案：C

解答过程：

$$\tan\beta = \frac{\tan\varphi}{F_s} = \frac{\tan45°}{1.3} = 0.769 \Rightarrow \beta = 37.6°$$

【5-46】（2011D18）纵向很长的土坡剖面上取一条块，如下图所示，土坡坡角为30°，砂土与黏土的重度都为18kN/m³，砂土 $c_1=0$，$\varphi_1=35°$，黏土 $c_2=30$kPa，$\varphi_2=20°$，黏土与岩石界面的 $c_3=25$kPa，$\varphi_3=15°$；假设滑动面都平行于坡面，请计算论证最小安全系数滑动面位置将相应于（　　）。

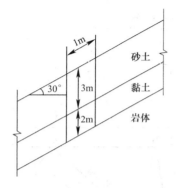

(A) 砂土层中部

(B) 砂土与黏土界面上，在砂土一侧

(C) 砂土与黏土界面上，在黏土一侧

(D) 黏土与岩石界面上

答案：D

解答过程：

(1) 假设滑动面在砂土中，$F_s = \frac{\tan\varphi}{\tan\beta} = \frac{\tan35°}{\tan30°} = 1.21$，则 A、B 选项具有相同的安全系数。

(2) 假设滑动面在砂土与黏土界面上，在黏土一侧：$V = 3 \times 1 \times \cos\beta = 3\cos\beta$

$$W = \gamma V = 18 \times 3\cos\beta = 54\cos30° = 46.8\text{kN/m}$$

$$F_s = \frac{W\cos\beta\tan\varphi + cl}{W\sin\beta} = \frac{46.8 \times \cos30°\tan20° + 30}{46.8 \times \sin30°} = 1.91$$

(3) 假设滑动面在黏土与岩体界面上：

$$W = \gamma V = 18 \times 5\cos\beta = 90\cos30° = 77.9\text{kN/m}$$

$$F_s = \frac{W\cos\beta\tan\varphi + cl}{W\sin\beta} = \frac{77.9 \times \cos30°\tan15° + 25}{77.9 \times \sin30°} = 1.11$$

【5-47】（2014C25）如下图所示某山区拟建一座尾矿堆积坝，堆积坝采用尾矿细砂分层压实而成，尾矿的内摩擦角为36°，设计坝体下游坡面坡度 $\alpha = 25°$。随着库内水位逐渐上升，坝体下游坡面下部会有水顺坡

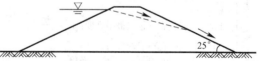

渗出，尾矿细砂的饱和重度为22kN/m³，水下内摩擦角为33°。试问坝体下游坡面渗水前后的稳定系数最接近下列哪一选项？

(A) 1.56，0.76　　(B) 1.56，1.39　　(C) 1.39，1.12　　(D) 1.12，0.76

答案：A

解答过程：

(1) 渗水前的稳定系数：$F_s = \frac{\tan\varphi}{\tan\beta} = \frac{\tan36°}{\tan25°} = 1.56$

(2) 渗水后的稳定系数：$F_s = \frac{\gamma'}{\gamma_{sat}} \cdot \frac{\tan\varphi}{\tan\beta} = \frac{22-10}{22} \times \frac{\tan33°}{\tan25°} = 0.76$

【5-48】（2019D15）如下图所示，为一倾斜角15°的岩基粗糙面上由等厚黏质粉土构成的长坡，土岩界面的有效抗剪强度指标内摩擦角为20°，黏聚力为5kPa，土的饱和重度为20kN/m³，该斜坡可看成无限长，图中 $H=1.5$m，土层内有坡面平行的渗流，则该长坡沿土岩界面的稳定系数最接近下列哪一个选项？

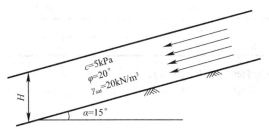

(A) 0.68 　　(B) 1.35

(C) 2.10 　　(D) 2.50

答案：B

解答过程：

解法一：取平行于坡面 1m 为计算单元：

(1) 发生平行与坡面的渗流，水力梯度：$i=\dfrac{\Delta h}{l}=\sin\alpha$

(2) 单元的体积：$V=1\times1.5\times\cos15°\times1=1.45\text{m}^3$

单元的自重：$W=\gamma'V=(20-10)\times(1\times1.5\times\cos15°\times1)=14.5\text{kN/m}$

(3) 单位长度的渗流力：$J=\gamma_\text{w}iV=10\times\sin15°\times1.45=3.75\text{kN/m}$

(4) $F_s=\dfrac{14.5\times\cos15°\times\tan20°+5\times1}{14.5\times\sin15°+3.75}=1.35$

解法二：根据《土力学》，取沿坡面 1m 宽度进行计算：

$$F_s=\frac{[r'V\cos\beta-r_\text{w}iV\sin(\beta-\theta)]\tan\varphi+cl}{r'V\sin\beta+r_\text{w}iV\cos(\beta-\theta)}$$

$$=\frac{[10\times1.5\cos15°\times1\times\cos15°-0]\times\tan20°+5\times1}{10\times1.5\cos15°\times1\times\sin15°+10\times\sin15°\times1.5\cos15°\times1}=1.35$$

【小注岩土点评】

① 解法一可以按照边坡直线滑动公式的基本原则来处理，渗流应力属于"荷载"范畴，起到滑动的作用，因此放在分母中，在基本公式基础上做调整即可。

② 解法二属于套公式的，考场上不容易出错，但是《土力学》中提供的公式是基于无黏性土的，即 $c=0$，对于 $c\neq0$ 的情况，应该在分子加上其做抗滑的作用。

二、规范中的平面直线滑动法

计算方法	计算原理：F_s＝抗滑力/滑动力	
	计算公式及说明	
规范法一——根据《建筑边坡工程技术规范》GB 50330—2013 附录 A.0.2 和第 5.2.6 条整理		$F_s=\dfrac{R}{T}$ $R=[(G+G_\text{b})\cos\theta-Q\sin\theta-V\sin\theta-U]\tan\varphi+cL$ $T=(G+G_\text{b})\sin\theta+Q\cos\theta+V\cos\theta$ $V=\dfrac{1}{2}\gamma_\text{w}h_\text{w}^2$ $U=\dfrac{1}{2}\gamma_\text{w}h_\text{w}L$

计算方法	计算原理：F_s＝抗滑力/滑动力
	计算公式及说明

式中：T——滑体单位宽度重力及其他外力引起的下滑力（kN/m）；

R——滑体单位宽度重力及其他外力引起的抗滑力（kN/m）；

c——滑面的黏聚力（kPa）；

φ——滑面的内摩擦角（°）；

L——滑面长度（m）；

G——滑体单位宽度自重（kN/m）；

G_b——滑体单位宽度竖向附加荷载（kN/m），方向指向下方时取正值，指向上方时取负值；

θ——滑面倾角（°）；

U——滑面单位宽度总水压力（kN/m）；

V——后缘陡倾裂隙面上的单位宽度总水压力（kN/m）；

Q——滑体单位宽度水平荷载（kN/m），方向指向坡外时取正值，指向坡内时取负值，常见的水平荷载为水平地震力 Q_e；

h_w——后缘陡倾裂隙充水高度（m），根据裂隙情况及汇水条件确定

对于边坡滑塌区内无重要建（构）筑物的边坡采用刚体极限平衡法和静力数值计算法计算边坡稳定性时，滑体、各条块或单元的地震作用可简化为一个作用于滑体、条块或单元重心处、指向坡外（滑动方向）的水平静力，其值应按下式计算：

$$\begin{cases} Q_e = \alpha_w \cdot G_e & 整个滑体重心处的地震水平作用力 \\ Q_{ci} = \alpha_w \cdot G_{ci} & 条块或单元体重心处的地震水平作用力 \end{cases}$$

式中：Q_e、Q_{ci}——滑体、第 i 计算条块或单元体单位宽度地震力（kN/m）；

G_e、G_{ci}——滑体、第 i 计算条块或单元体单位宽度自重〔含坡顶建（构）筑物作用〕（kN/m）；

α_w——边坡综合水平地震系数，按下表确定：

边坡综合水平地震系数 α_w

类别	地震基本烈度	7度		8度		9度
$\alpha_w = 0.25k_h$	地震峰值加速度 k_h	0.10g	0.15g	0.20g	0.30g	0.40g
	综合水平地震系数 α_w	0.025	0.038	0.050	0.075	0.100

（规范法—根据《建筑边坡工程技术规范》GB 50330—2013 附录 A.0.2 和第 5.2.6 条整理）

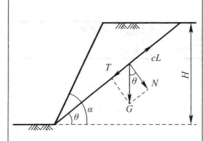

(1) 一般情况下，当不考虑水、外荷载的作用时，上述公式可以简化为：

黏性土/直线滑动岩质边坡：

$$F_s = \frac{G\cos\theta\tan\varphi + cL}{G\sin\theta} = \frac{\gamma V\cos\theta\tan\varphi + Ac}{\gamma V\sin\theta}$$

无黏性土：$F_s = \dfrac{\tan\varphi}{\tan\theta}$

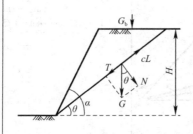

(2) 滑体上作用超载 G_b：

$$F_s = \frac{(G+G_b)\cos\theta\tan\varphi + cL}{(G+G_b)\sin\theta}$$

【小注】超载可以和自重加到一起，视为新的自重应力来看待

续表

计算方法	计算原理：F_s＝抗滑力/滑动力
	计算公式及说明

<table>
<tr><td rowspan="2">规范法—根据《建筑边坡工程技术规范》GB 50330—2013 附录 A.0.2 和第 5.2.6 条整理</td><td>

（3）仅在地震作用下，上述公式简化为：

$$F_s = \frac{(G\cos\theta - Q_e\sin\theta)\tan\varphi + cL}{G\sin\theta + Q_e\cos\theta}$$

$$Q_e = \alpha_w G$$
</td></tr>
<tr><td>

（4）仅采用锚索加固时，上述公式简化为：

$$F_s = \frac{[G\cos\theta + P_t\sin(\beta+\theta)]\tan\varphi + cL + P_t\cos(\beta+\theta)}{G\sin\theta}$$
</td></tr>
<tr><td rowspan="3">有水情况下直线滑动稳定性计算</td><td>

（5）有水情况下直线滑动稳定性计算
</td></tr>
</table>

① 情况 1（滑动面无水，坡面有水）：

$$F_s = \frac{[G\cos\theta + P_w\cos(\alpha-\theta)]\tan\varphi + cL}{G\sin\theta - P_w\sin(\alpha-\theta)}$$

$$P_w = \frac{1}{2}\gamma_w h^2 \frac{1}{\sin\alpha}$$

② 情况 2（滑动面有水，坡面无水，且坡脚无水渗出）：

$$F_s = \frac{(G\cos\theta - U)\tan\varphi + cL}{G\sin\theta}$$

$$U = \frac{1}{2}\gamma_w h_2^2 \frac{1}{\sin\theta}$$

③ 情况 3（滑动面与坡面均有水，且相互连通，形成稳定渗流）：

$$F_s = \frac{[G\cos\theta + P_w\cos(\alpha-\theta) - U]\tan\varphi + cL}{G\sin\theta - P_w\sin(\alpha-\theta)}$$

$$P_w = \frac{1}{2}\gamma_w h_1^2 \frac{1}{\sin\alpha}, \quad U = \frac{1}{2}\gamma_w h_1 \frac{h_2}{\sin\theta}$$

续表

计算方法	计算原理：F_s＝抗滑力/滑动力
	计算公式及说明
有水情况下直线滑动稳定性计算	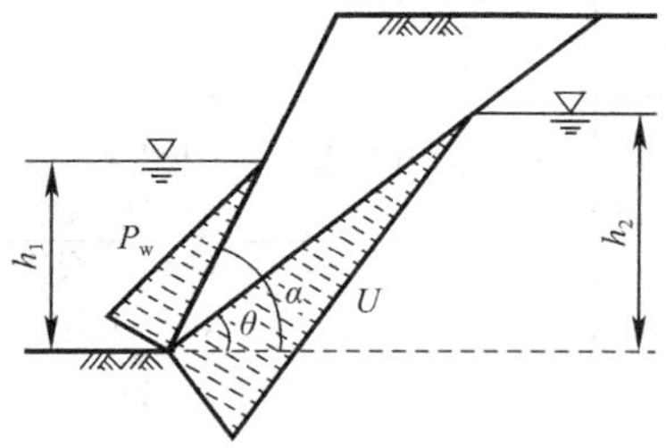 ④ 情况4（滑动面与坡面均有水，且水位不连通或水位骤降时，尚未发生渗流）：$$F_s = \frac{[G\cos\theta + P_w\cos(\alpha-\theta)-U]\tan\varphi + cL}{G\sin\theta - P_w\sin(\alpha-\theta)}$$ $$P_w = \frac{1}{2}\gamma_w h_1^2 \frac{1}{\sin\alpha}, \quad U = \frac{1}{2}\gamma_w h_2^2 \frac{1}{\sin\theta}$$
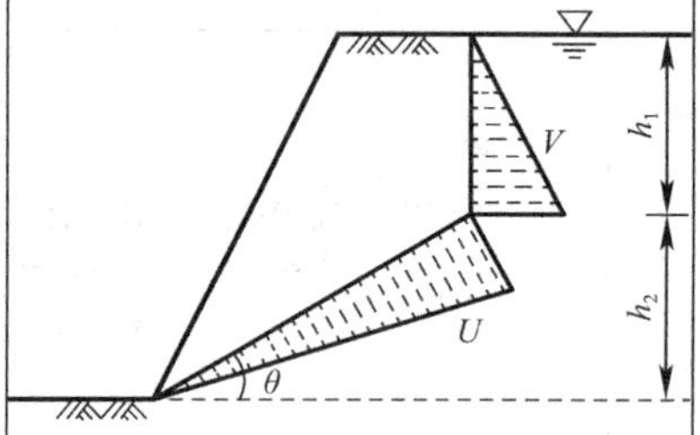	⑤ 情况5（滑动面有水，坡面无水，且坡脚有水渗出）（即为规范所示）：$$F_s = \frac{(G\cos\theta - V\sin\theta - U)\tan\varphi + cL}{G\sin\theta + V\cos\theta}$$ $$V = \frac{1}{2}\gamma_w h_1^2, \quad U = \frac{1}{2}\gamma_w h_1 \frac{h_2}{\sin\theta}$$

【小注岩土点评】

（1）《建筑边坡工程技术规范》GB 50330—2013 中为一个通用计算公式，在考试时，这些附加力不会同时出现，一般出现其中的 1～2 种情况，因此笔者对每一种附加力做了一个简化，方便读者理解每种情况，在考试中可以针对性地对号入座。

（2）直线滑动的基本公式，分子为抗滑力，分母为滑动力，"外加"的力，一般分为抗力类或者荷载类两大类。

① 抗力类一般包括锚杆（索）、内支撑、加筋土等，荷载类一般包括坡顶堆载、地震力、水的作用。

② "外加"的力法向分力放在分子 N（$G\cos\theta$）处，使得正应力增大或者减小，与 N（$G\cos\theta$）方向一致为"＋"，反之为"－"，影响摩阻力。

③ "外加"的力切向分力的处理原则："外加"的力属于抗力类的，切向分力放在分子中，使得抗滑力变化，"外加"的力属于荷载类的，切向分力放在分母中，使得下滑力变化。

（3）水的问题比较复杂，不能单纯地套规范的公式。规范提供的计算公式，是基于坡脚透水、裂隙和滑面连通的条件。否则很容易错，一定要根据题目分析。

（4）水压力计算用竖直高度，水压力的作用方向垂直于作用面；动水（渗流）下水压力不能按照静水计算。

1. 一般情况的直线滑动

【5-49】（2020C16）如下图所示，某边坡坡面倾角 $\beta=65°$，坡顶面倾角 $\theta=25°$，土的重度 $\gamma=19\text{kN/m}^3$，假设滑动面倾角 $\alpha=40°$，其参数 $c=15\text{kPa}$，$\varphi=25°$，滑动面长度 $L=65\text{m}$，图中 $h=10\text{m}$，试计算边坡的稳定安全系数最接近下列哪个选项？

(A) 0.72　　　　(B) 0.88

(C) 0.98　　　　(D) 1.08

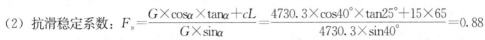

答案：B

解答过程：

根据《建筑边坡工程技术规范》GB 50330—2013 附录第 A.0.2 条：

(1) 滑坡体自重：$G = \dfrac{1}{2} \times \gamma \times L \times h \times$

$\cos\alpha = \dfrac{1}{2} \times 19 \times 65 \times 10 \times \cos40° = 4730.3\text{kN/m}$

(2) 抗滑稳定系数：$F_s = \dfrac{G \times \cos\alpha \times \tan\alpha + cL}{G \times \sin\alpha} = \dfrac{4730.3 \times \cos40° \times \tan25° + 15 \times 65}{4730.3 \times \sin40°} = 0.88$

【5-50】（2003C24）路堤剖面如下图所示，用直线滑动面法验算边坡的稳定性。已知条件：边坡高度 $H = 10\text{m}$，边坡坡率 1∶1，路堤填料重度 $\gamma = 20\text{kN/m}^3$，黏聚力 $c = 10\text{kPa}$，内摩擦角 $\varphi = 25°$。则直线滑动面的倾角 α 等于（ ）时，稳定系数 F_s 值为最小。

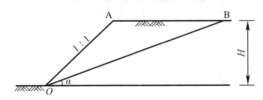

(A) 24°　　　　(B) 28°

(C) 32°　　　　(D) 36°

答案：C

解答过程：

根据《建筑边坡工程技术规范》GB 50330—2013 附录 A：

(1) $\gamma V = 20 \times \dfrac{1}{2} H^2 \times \left(\dfrac{1}{\tan\alpha} - \dfrac{1}{\tan45°} \right) = 1000 \times \left(\dfrac{1}{\tan\alpha} - 1 \right)$

$F_s = \dfrac{\gamma V \cos\alpha \tan\varphi + cA}{\gamma V \sin\alpha} = \dfrac{1000 \times \left(\dfrac{1}{\tan\alpha} - 1 \right) \times \cos\alpha \times \tan25° + 10 \times \dfrac{10}{\sin\alpha}}{1000 \times \left(\dfrac{1}{\tan\alpha} - 1 \right) \times \sin\alpha}$

(2) 采用代入法：① 当 $\alpha = 24°$ 时，$F_{s1} = 1.53$

② 当 $\alpha = 28°$ 时，$F_{s2} = 1.39$

③ 当 $\alpha = 32°$ 时，$F_{s3} = 1.34$

④ 当 $\alpha = 36°$ 时，$F_{s4} = 1.41$

【5-51】（2014C21）下图所示路堑岩石边坡，坡顶 BC 水平，已测得滑面 AC 的倾角 $\beta = 30°$，滑面内摩擦角 $\varphi = 18°$，黏聚力 $c = 10\text{kPa}$，滑体岩石重度 $\gamma = 22\text{kN/m}^3$，原设计开挖坡面 BE 的坡率为 1∶1，滑面露出点 A 距坡顶 $H = 10\text{m}$，为了增加公路路面宽度，将坡率改为 1∶0.5，试问坡率改变后边坡沿滑面 DC 的抗滑安全系数 K_2 与原设计沿滑面 AC 的抗滑安全系数 K_1 之间的关系，正确的是（ ）。

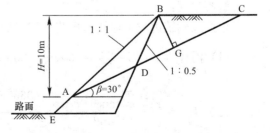

(A) $K_1 = 0.8K_2$　　　(B) $K_1 = 1.0K_2$　　　(C) $K_1 = 1.2K_2$　　　(D) $K_1 = 1.5K_2$

答案：B

解答过程：

根据《建筑边坡工程技术规范》GB 50330—2013 附录第 A.0.2 条：

(1) $F_s = \dfrac{R}{T} = \dfrac{\gamma V \cos\theta \tan\varphi + cL}{\gamma V \sin\theta} = \dfrac{0.5\gamma \cdot AC \cdot BG\cos\theta\tan\varphi + c \cdot AC}{0.5\gamma \cdot AC \cdot BG \cdot \sin\theta} = \dfrac{0.5\gamma \cdot BG\cos\theta\tan\varphi + c}{0.5\gamma \cdot BG \cdot \sin\theta}$

(2) 由上式可知，F_s 与滑面长度 AC 无关，只与垂直于滑面的高度 BG 有关，因此坡率由 1:1 改为 1:0.5，抗滑安全系数不发生变化，即 $K_1 = K_2$。

【小注岩土点评】

本题与 2012 年下午案例 24 题基本相同，作为结论来使用，只改变滑裂面的长度不影响边坡稳定系数。

2. 地震或超载作用下的直线滑动

【5-52】(2017C20) 某一滑坡体体积为 12000m³，重度为 20kN/m³，滑面倾角为 35°，内摩擦角 $\varphi = 30°$，黏聚力 $c = 0$，综合水平地震系数 $\alpha_w = 0.1$ 时，按《建筑边坡工程技术规范》GB 50330—2013 计算该滑坡体在地震作用时的稳定系数最接近下列哪个选项？

(A) 0.52　　　(B) 0.67　　　(C) 0.82　　　(D) 0.97

答案：B

解答过程：

根据《建筑边坡工程技术规范》GB 50330—2013 第 5.2.6 条：

(1) $G = \gamma V = 20 \times 12000 = 240000$ kN/m

(2) $Q_e = \alpha_w G = 0.1 \times 240000 = 24000$ kN/m

(3) $\dfrac{(G\cos\theta - Q_e\sin\theta)\tan\varphi + cL}{G\sin\theta + Q_e\cos\theta} = \dfrac{(240000 \times \cos35° - 24000 \times \sin35°)\tan30°}{240000\sin35° + 24000\cos35°} = 0.67$

3. 锚杆作用下的直线滑动

【5-53】(2011C26) 如下图所示，边坡岩体由砂岩夹薄层页岩组成，边坡岩体可能沿软弱的页岩层面发生滑动。已知页岩层面抗剪强度参数 $c = 15$kPa，$\varphi = 20°$，砂岩重度 $\gamma = 25$kN/m³。设计要求抗滑安全系数为 1.35，则每米宽度滑面上至少需增加（　　）法向压力才能满足设计要求。

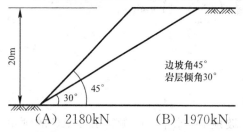

边坡角45°
岩层倾角30°

(A) 2180kN　　　(B) 1970kN　　　(C) 1880kN　　　(D) 1730kN

答案：B

解答过程：

根据《建筑边坡工程技术规范》GB 50330—2013 附录第 A.0.2 条：

(1) 滑体重量：$G = \gamma V = 25 \times \dfrac{1}{2} \times 20 \times 20 \times (\cot30° - \cot45°) = 3660$ kN

(2) $F_s = \dfrac{\gamma V \cos\theta \tan\varphi + cA}{\gamma V \sin\theta} \Rightarrow \dfrac{(3660\cos30° + F)\tan20° + 15 \times \dfrac{20}{\sin30°}}{3660\sin30°} = 1.35 \Rightarrow F = $

1969.5kN

【5-54】（2017C19）下图所示的某硬质岩石边坡结构面 BFD 的倾角 $\beta=30°$，内摩擦角 $\varphi=15°$，黏聚力 $c=16\text{kPa}$。原设计开挖坡面 ABC 的坡率为 $1:1$，块体 BCD 沿 BFD 的抗滑安全系数 $K_1=1.2$。为了增加公路路面宽度，将坡面改到 EC，坡率变为 $1:0.5$，块体 CFD 自重 $W=520\text{kN/m}$，如果要求沿结构面 FD 的抗滑安全系数 $K_2=2.0$，需增加的锚索拉力 P 最接近下列哪个选项？（锚索下倾角 $\lambda=20°$）

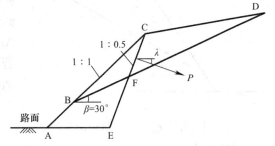

(A) 145kN/m　　　(B) 245kN/m

(C) 345kN/m　　　(D) 445kN/m

答案：B

解答过程：

解法一：根据《建筑边坡工程技术规范》GB 50330—2013 附录第 A.0.2 条

（1）工况一：

$$K_1=\frac{G\cos\theta\tan\varphi+cL}{G\sin\theta}=\frac{\gamma 0.5\times h\times BD\cos\theta\tan\varphi+c BD}{\gamma\cdot 0.5h\times BD\sin\theta}$$

$$=\frac{0.5h\gamma\cdot\cos\theta\tan\varphi+c}{0.5h\gamma\sin\theta}=1.2\Rightarrow\gamma h=87$$

（2）$G=520=0.5\times\gamma h\times FD\Rightarrow FD=12\text{m}$

（3）工况二：

$$K_2=\frac{[G\cos\theta+F\sin(\beta+\theta)]\tan\varphi+cL+F\cos(\beta+\theta)}{G\sin\theta}$$

$$=\frac{[520\times\cos30°+P\sin(20°+30°)]\tan15°+16\times12+P\cos(20°+30°)}{520\sin30°}$$

$$=2.0\Rightarrow P=244\text{kN/m}$$

解法二：根据《建筑边坡工程技术规范》GB 50330—2013 附录第 A.0.2 条

（1）坡面由 ABC 改到 EC 后，高度不变；抗滑安全系数与滑面坡长无关，与垂直于滑面的高度有关，安全系数均为 1.2。

（2）增加锚索后，安全系数由 1.2 增加到 2.0，增加 0.8 倍的抗力。

$$\frac{P\sin(30°+20°)\tan15°+P\cos(30°+20°)}{520\sin30°}=0.8\Rightarrow$$

$$P=\frac{0.8\times520\sin30°}{\sin(30°+20°)\tan15°+\cos(30°+20°)}=245\text{kN}$$

【小注岩土点评】

① 本题属于坡率改变和锚索加固的联合考查，改变坡率后抗滑安全系数不变（直线滑动边坡的稳定性系数，只和垂直于滑面的高度有关系，和滑面的长度无关），根据此可以判断出锚索提供的抗滑力使得工况二的安全系数增加了 0.8，这样可以延伸出简便计算方法二。

② 锚索对边坡直线滑动的影响，锚索的法向分力使得抗滑摩阻力增大，切向分力平行于滑动方向，且与滑动方向相反，是一个抗力，应该把其放在分子抗力一侧。

③ 题目没有指定规范作答，可以按照基本力学规律"不忘初心"解决。

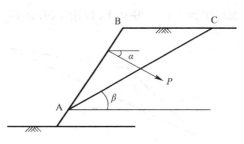

【5-55】（2016D20）左图所示的岩石边坡，开挖后发现坡体内有软弱夹层形成的滑面 AC，倾角 $\beta=42°$，滑面的内摩擦角 $\varphi=18°$，滑体 ABC 处于临界稳定状态，其自重为 450kN/m。若要使边坡的稳定安全系数达到 1.5，每延米所加锚索的拉力 P 最接近下列哪个选项？（锚索下倾角为 $\alpha=15°$）

(A) 155kN/m (B) 185kN/m (C) 220kN/m (D) 250kN/m

答案：B

解答过程：

解法一：根据《建筑边坡工程技术规范》GB 50330—2013 附录第 A.0.2 条

(1) 工况一：$F_{s1}=\dfrac{G\cos\beta\tan\varphi+cL}{G\sin\beta}=\dfrac{450\times\cos42°\tan18°+cL}{450\times\sin42°}=1\Rightarrow cL=192.5\text{kN/m}$

(2) 工况二：$F_{s2}=\dfrac{G\cos\beta\tan\varphi+cL}{G\sin\beta}\Rightarrow\dfrac{(450\times\cos42°+F\sin57°)\tan18°+192.5+F\cos57°}{450\times\sin42°}$

$$=1.5\Rightarrow F=184.2\text{kN/m}$$

解法二：根据《铁路路基支挡结构设计规范》TB 10025—2019 第 12.2.4 条或《公路路基设计规范》JTG D30—2015 第 5.5.4 条

$$F_{s2}=\frac{[450\times\cos42°+F\sin(15°+42°)]\tan18°+cL+F\cos(15°+42°)}{450\times\sin42°}$$

$$=\frac{450\times\cos42°\tan18°+cL+F\sin(15°+42°)\tan18°+F\cos(15°+42°)}{450\times\sin42°}$$

$$=1+\frac{F\sin(15°+42°)\tan18°+F\cos(15°+42°)}{450\times\sin42°}\Rightarrow$$

$$0.5=\frac{F\sin(15°+42°)\tan18°+F\cos(15°+42°)}{450\sin42°}\Rightarrow$$

$$F=\frac{0.5\times450\sin42°}{\sin(15°+42°)\tan18°+\cos(15°+42°)}=184.2\text{kN}$$

【小注岩土点评】

① 锚杆的作用是为了加固稳定边坡，锚杆沿结构面的分力应计入抗滑力，而不是作为滑动力。锚杆垂直结构面的分力使得法向力 N 发生变化，计入抗滑力。

② 属于工况题，第一工况：临界稳定状态即滑动力等于抗滑力，采用整体的思想，根据此点可求黏聚力引起的抗滑力，可以整体带入工况二。在解法二中，整体思想体现得更加淋漓尽致，把整个工况一全部约掉。

③ 初始状态为临界状态，安全系数为 1.0，现安全系数提高到 1.5，即增加的 0.5 倍的安全系数是由于增加了抗滑力，即为锚索所增加的抗滑力。

$$0.5=\frac{F\sin(15°+42°)\tan18°+F\cos(15°+42°)}{450\sin42°}$$

分子为锚索增加的抗滑力，分母为原始的下滑力。

4. 边坡内外存在地下水下的直线滑动

1）无水的情况

【5-56】（2011C18）某很长的岩质边坡的断面形状如下图所示，岩体受一组走向与边坡平行的节理面所控制，节理面的内摩擦角为 35°，黏聚力为 70kPa，岩体重度为 23kN/m³。则边坡沿节理面的抗滑稳定系数最接近（　　）。

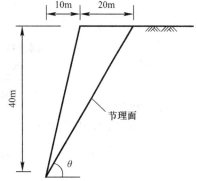

(A) 0.8　　　　　(B) 1.0

(C) 1.2　　　　　(D) 1.3

答案：B

解答过程：

根据《建筑边坡工程技术规范》GB 50330—2013附录第 A.0.2 条计算如下：

(1) 滑体重：$\gamma V=23\times\dfrac{1}{2}\times20\times40=9200\text{kN/m}$

(2) $\tan\theta=\dfrac{40}{30}=1.33$，$\theta=53.1°$

滑面的长度：$A=L=\sqrt{[(10+20)^2+40^2]}=50\text{m}^2/\text{m}$

(3) $F_s=\dfrac{\gamma V\cos\theta\tan\varphi+cL}{\gamma V\sin\theta}=\dfrac{9200\times\cos53.1°\times\tan35°+70\times50}{9200\times\sin53.1°}=1.0$

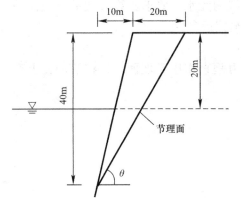

2）节理水位与坡外侧水位同高度

【5-57】某很长的岩质边坡的断面形状如左图所示，岩体受一组走向与边坡平行的节理面所控制，节理面的内摩擦角为 35°，黏聚力为 70kPa，岩体重度为 23kN/m³。但是不稳定岩体高度的一半被静水淹没（节理裂缝的一半里也充水），要求验算边坡沿节理面的抗滑稳定系数最接近多少。

解答过程：

(1) 扣除 $\dfrac{1}{4}$ 体积的浮力后滑体的自重：

$$W=\gamma V-\gamma_w\cdot\dfrac{V}{4}=23\times\dfrac{1}{2}\times20\times40-10\times\dfrac{1}{4}\times\dfrac{1}{2}\times20\times40=8200\text{kN/m}$$

(2) $F_s=\dfrac{\gamma V\cos\theta\tan\varphi+cL}{\gamma V\sin\theta}=\dfrac{8200\times0.6\times\tan35°+70\times50}{8200\times0.8}=1.06$

3）节理内有水，坡外侧无水

【5-58】某很长的岩质边坡的断面形状如下图所示，岩体受一组走向与边坡平行的节理面所控制，节理面的内摩擦角为 35°，黏聚力为 70kPa，岩体重度为 23kN/m³。但是一半节理缝内由于降雨充满静水，坡面外无水。要求验算边坡沿节理面的抗滑稳定系数最接近多少。

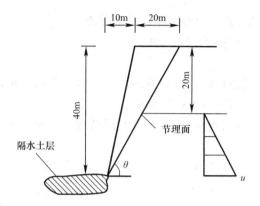

解答过程：

（1）节理裂缝中静水压力：

$$U=\frac{1}{2}\gamma_w h \cdot \frac{1}{2}L=\frac{1}{2}\times10\times20\times\frac{1}{2}\times50=2500\text{kN/m}$$

（2）$F_s=\dfrac{(\gamma V\cos\theta-U)\tan\varphi+cL}{\gamma V\sin\theta}=\dfrac{(9200\times0.6-2500)\times\tan35°+70\times50}{9200\times0.8}=0.76$

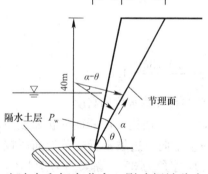

生法向和切向分力，影响坝坡稳定。

4）节理内无水，坡外侧有水

【5-59】某很长的岩质边坡的断面形状如左图所示，岩体受一组走向与边坡平行的节理面所控制，节理面的内摩擦角为$35°$，黏聚力为70kPa，岩体重度为23kN/m³。坡面外一半高度有水，而由于缝的下端被堵塞，缝内无水。要求验算边坡沿节理面的抗滑稳定系数最接近多少。

解答过程：

坡外水压力垂直作用于坡面，将在滑动面上产

坡面长：$L=\sqrt{10^2+40^2}=41.2\text{m}$

破裂角：$\tan\theta=\dfrac{40}{30}$，$\theta=53.1°$

坡角：$\tan\alpha=\dfrac{40}{10}=4$，$\alpha=76°$

（1）水压力：$P_w=\dfrac{1}{2}\times10\times20\times\dfrac{1}{2}\times41.2=2060\text{kN/m}$

水压力法向分力：$N_w=2060\times\cos(76°-53.1°)=1897.6\text{kN/m}$

水压力切向分力：$T_w=2060\times\sin(76°-53.1°)=801.6\text{kN/m}$

（2）$F_s=\dfrac{(\gamma V\cos\theta+N_w)\tan\varphi+cL}{\gamma V\sin\theta-T_w}=\dfrac{(9200\times0.6+1897.6)\times\tan35°+70\times50}{9200\times0.8-801.6}=1.33$

5）节理内有水，坡外侧有水，且存在渗流

【5-60】某很长的岩质边坡的断面形状如下图所示，岩体受一组走向与边坡平行的节理面所控制，节理面的内摩擦角为$35°$，黏聚力为70kPa，岩体重度为23kN/m³。坡面外一半高度浸水，而缝内完全充满水，并且沿节理裂缝向外稳定渗流。要求验算边坡沿节理

面的抗滑稳定系数最接近多少。

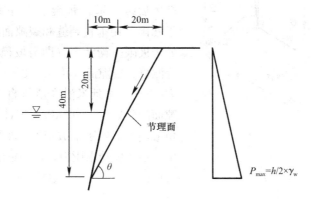

解答过程：

（1）节理裂缝中静水压力：

$$U=\frac{1}{2}\gamma_{\mathrm{w}}h\cdot\frac{1}{2}L=\frac{1}{2}\times10\times\frac{1}{2}\times40\times50=5000\mathrm{kN/m}$$

（2）$F_s=\dfrac{(\gamma V\cos\theta+N_{\mathrm{w}}-U)\tan\varphi+cL}{\gamma V\sin\theta-T_{\mathrm{w}}}=\dfrac{(9200\times0.6+1897.6-5000)\times\tan35°+70\times50}{9200\times0.8-801.6}$

$=0.79$

【小注】本题目比上题仅多考虑一个节理裂隙中的水压力问题。节理裂隙中的水压力呈直线分布，如上图所示，坡顶处水压力为0，坡脚处与坡外静水连通。

5. 其他坡后存在裂隙水的直线滑动

【5-61】（2006D26）某岩石滑坡代表性剖面如下图所示，由于暴雨使其后缘垂直张裂缝瞬间充满水，滑坡处于极限平衡状态（即滑坡稳定系数 $F_s=1.0$），经测算滑面长度

$L=52\mathrm{m}$，张裂缝深度 $d=12\mathrm{m}$，每延米滑体自重 $G=15000\mathrm{kN/m}$，滑面倾角 $\theta=28°$，滑面岩体的内摩擦角 $\varphi=25°$，则滑面岩体的黏聚力最接近（ ）。（假定滑动面未充水，水的重度可按 $10\mathrm{kN/m^3}$ 计算）

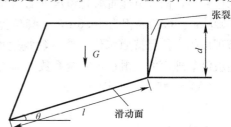

（A）24kPa　　（B）28kPa

（C）32kPa　　（D）36kPa

答案：C

解答过程：

根据《建筑边坡工程技术规范》GB 50330—2013 附录第 A.0.2 条：

（1）裂隙水压力：$V=\frac{1}{2}\gamma_{\mathrm{w}}h_{\mathrm{w}}^2=\frac{1}{2}\times10\times12^2=720\mathrm{kN/m}$

（2）$F_s=\dfrac{(W\cos\theta-U-V\sin\theta)\tan\varphi+cL}{W\sin\theta+V\cos\theta}$

即：$1=\dfrac{(15000\times\cos28°-0-720\times\sin28°)\times\tan25°+c\times52}{15000\times\sin28°+720\times\cos28°}\Rightarrow c=31.9\mathrm{kPa}$

【5-62】（2014C24）某岩石边坡代表性剖面如下图所示，边坡倾角270°，一裂隙面刚

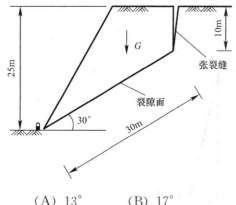

好从边坡坡脚出露，裂隙面产状为 $270°\angle30°$，坡体后缘一垂直张裂缝正好贯通至裂隙面。由于暴雨，使垂直裂缝和裂隙面瞬间充满水，边坡处于极限平衡状态（即滑坡稳定系数 $F_s=1.0$）。经测算，裂隙面长度 $L=30\text{m}$，后缘张裂隙深度 $d=10\text{m}$，每延米潜在滑体自重 $G=6450\text{kN}$，裂隙面的黏聚力 $c=65\text{kPa}$，试计算裂隙面的内摩擦角最接近下列哪个数值？（坡脚裂隙面有泉水渗出，不考虑动水压力，水的重度取 10kN/m^3）

(A) $13°$ (B) $17°$ (C) $18°$ (D) $24°$

答案：D

解答过程：

根据《建筑边坡工程技术规范》GB 50330—2013 附录第 A.0.2 条：

(1) 后缘裂隙静水压力：$V=\dfrac{1}{2}\gamma_w h_w^2=\dfrac{1}{2}\times10\times10^2=500\text{kN/m}$

(2) 裂隙面的孔隙水压力：

$$U=\frac{1}{2}\gamma_w h_w(H-Z)/\sin\theta=\frac{1}{2}\times10\times10\times30=1500\text{kN/m}$$

(3) $F_s=\dfrac{cL+(G\cos\theta-U-V\sin\theta)\tan\varphi}{G\sin\theta+V\cos\theta}=\dfrac{65\times30+(6450\times\cos30°-1500-500\times\sin30°)\tan\varphi}{6450\sin30°+500\times\cos30°}$

$=1.0\Rightarrow\varphi=24°$

【5-63】（2017D20）下图所示邻近水库岩质边坡内有一控制节理面，其水位与水库的水位齐平，假设节理面水上和水下的内摩擦角 $\varphi=30°$，黏聚力 $c=130\text{kPa}$，岩体重度 $\gamma=20\text{kN/m}^3$。坡顶高程为 40.0m，坡脚高程为 0.0m，水库水位从 30.0m 剧降到 10.0m 时，节理面的水位保持原水位，按《建筑边坡工程技术规范》GB 50330—2013 相关要求，该边坡沿节理面的抗滑稳定安全系数下降值最接近下列哪个选项？

(A) 0.45   (B) 0.60   (C) 0.75   (D) 0.90

答案：D

解答过程：

根据《建筑边坡工程技术规范》GB 50330—2013 附录第 A.0.2 条：

(1) 水库水位下降前：

$$E_{w1}=\frac{1}{2}\times(0+10\times30)\times\frac{30}{\cos30°}=$$

5196.3kN/m，作用方向垂直于坡面。

法向分力：$E_{w1n}=5196.3\cos30°=4500\text{kN/m}$

切向分力：$E_{w1t}=5196.3\sin30°=2598\text{kN/m}$

(2) 水库水位下降后：$E_{w2}=\dfrac{1}{2}\times(0+10\times10)\times\dfrac{10}{\cos30°}=577.4\text{kN/m}$，作用方向垂直于坡面。

法向分力：$E_{w2n}=577.4\cos30°=500\text{kN/m}$；切向分力：$E_{w2t}=577.4\sin30°=288.7\text{kN/m}$

（3）节理面水压力：$E_{w3}=\dfrac{1}{2}\times(0+10\times30)\times\dfrac{30}{\sin30°}=9000\text{kN/m}$，作用方向：垂直于滑动面。

（4）滑体自重：$G=\dfrac{1}{2}\times\left(\dfrac{40}{\tan30°}-\dfrac{40}{\tan60°}\right)\times40\times20=18475.2\text{kN/m}$

（5）$F_{s1}=\dfrac{(18475.2\times\cos30°+4500-9000)\times\tan30°+130\times\dfrac{40}{\sin30°}}{18475.2\times\sin30°-2598}=2.57$

$F_{s2}=\dfrac{(18475.2\times\cos30°+500-9000)\times\tan30°+130\times\dfrac{40}{\sin30°}}{18475.2\times\sin30°-288.7}=1.65$

（6）$\Delta F_s=2.57-1.65=0.92$

【小注岩土点评】

① 水压力是荷载，坡面水压力的切向分量计入分母，虽然坡面水压力切向分力是抗力，此点不同于锚杆轴力切向分量计入分子。以下计算方式错误：

$$F_{s1}=\dfrac{(18475.2\times\cos30°+5196.3\times\cos30°-9000)\times\tan30°+130\times80+5196.3\times\sin30°}{18475.2\times\sin30°}=2.1$$

$$F_{s2}=\dfrac{(18475.2\times\cos30°+577.4\times\cos30°-9000)\times\tan30°+130\times80+577.4\times\sin30°}{18475.2\times\sin30°}=1.63$$

$$\Delta F_s=2.1-1.63=0.47$$

② 降水后水库边坡稳定系数减小，这也就是说水库边坡最不利状态就是在水库水位降低的时候，而不是蓄水的时候。

【5-64】（2022C15）如右图所示，某安全等级为一级的永久性岩质边坡，坡体稳定性受外倾裂隙及垂直裂隙控制，裂隙切割的块体单位宽度自重为4400kN/m，无其他附加荷载，假设外倾裂隙闭合且不透水，倾角为20°，长度为21m，内摩擦角为15°；垂直裂隙呈张开状，垂直深度为9m，雨季裂隙充满水时边坡块体稳定系数为1.08，拟采用斜孔排水降低边坡水位，

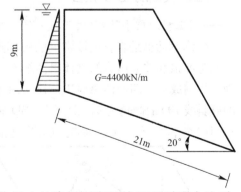

为使边坡块体稳定系数能满足《建筑边坡工程技术规范》GB 50330—2013的要求，垂直裂隙水位最小的降低深度最接近下列哪个选项？（注：$\gamma_w=10\text{kN/m}^3$，不考虑地震工况）

(A) 2.4m　　(B) 4.2m　　(C) 6.6m　　(D) 8.2m

答案：C

解答过程：

根据《建筑边坡工程技术规范》GB 50330—2013：

（1）第A.0.2条，第一种工况：

垂直裂隙水压力：$E_{w垂} = \dfrac{1}{2}\gamma_w h_w^2 = \dfrac{1}{2} \times 10 \times 9^2 = 405\text{kN/m}$

垂直于外倾裂隙：$405 \times \sin20° = 138.52\text{kN/m}$

平行于外倾裂隙：$405 \times \cos20° = 380.58\text{kN/m}$

$$F_s = 1.08 = \frac{R}{T} = \frac{(4400\cos20° - 138.52)\tan15° + c \times 21}{4400\sin20° + 380.58} \Rightarrow c = 46\text{kPa}$$

（2）第5.3.2条表5.3.2，永久边坡，安全等级为一级，查边坡稳定安全系数 $F_{st} = 1.35$

（3）假设垂直裂隙最小降水深度为 h，第二种工况：

剩余垂直裂隙水压力：$E_{w垂} = \dfrac{1}{2}\gamma_w(9-h)^2$

$$F_s = 1.35 = \frac{R}{T} = \frac{\left[4400\cos20° - \dfrac{1}{2}\gamma_w(9-h)^2\sin20°\right]\tan15° + 46 \times 21}{4400\sin20° + \dfrac{1}{2}\gamma_w(9-h)^2\cos20°},\ 解得 h = 6.51\text{m}$$

【小注岩土点评】

① 工况题，典型平面滑动稳定性分析题目且反算降水深度，计算量大，先根据第一种工况计算出未知参数，然后代入第二种工况求解计算。

② 分清楚外倾裂隙和垂直裂隙是否都充满水，坡脚是否有水渗出，当坡脚有水渗出时，坡脚处的孔隙水压力为 0，此时和《建筑边坡工程技术规范》GB 50330—2013 图 Λ.0.2 水压力强度分布图一致；当坡脚无水渗出时，坡脚处的孔隙水压力不为 0，不能按图 A.0.2 水压力强度分布图计算。

③ 垂直裂隙水压力在外倾裂隙面上的分解易搞错。

三、楔体滑动分析法

——《工程地质手册》（第五版）P1098、《建筑地基基础设计规范》第6.8.3条条文说明

楔体滑动也是岩石边坡常见的破坏形式。当两组不连续面产状组合达到一定条件时，它们与坡顶和坡面组成的楔体沿两组不连续面交线滑动。如下图所示，垂直边坡由两组节理面切割成一个四面体 ABCD。设四面体 ABCD 的重量为 Q，滑面 $\triangle ABD$ 及 $\triangle CBD$ 相交的倾斜线 BD 的倾角为 α。滑面 $\triangle ABD$ 命名为 F_1 滑面，具有抗剪强度指标 c_1 及 φ_1。滑面 $\triangle CBD$ 命名为 F_2 滑面，具有抗剪强度指标 c_2 及 φ_2。

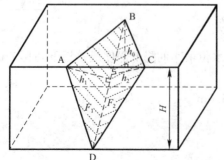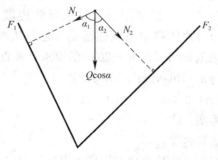

两组节理面相交切割的楔体的稳定计算

四面体的体积 V_{ABCD} 为：

$$V_{ABCD}=\frac{1}{3}S_{\triangle ABC}\cdot H;\ S_{\triangle ABC}=\frac{1}{2}\overline{AC}\cdot h_0$$

四面体的重量 Q 为：

$$Q=\frac{1}{6}\gamma\cdot H\cdot\overline{AC}\cdot h_0$$

令 $\overline{BD}=l$，两个节理面的面积为：

$$S_{\triangle ABD}=\frac{1}{2}\overline{BD}\cdot h_1=\frac{1}{2}l\cdot h_1$$

$$S_{\triangle BCD}=\frac{1}{2}\overline{BD}\cdot h_2=\frac{1}{2}l\cdot h_2$$

四面体的稳定性系数 F_s 为：

$$F_s=\frac{Q\cos\alpha(\sin\alpha_2\tan\varphi_1+\sin\alpha_1\tan\varphi_2)+(c_1 S_{\triangle ABD}+c_2 S_{\triangle BCD})\sin(\alpha_1+\alpha_2)}{Q\sin\alpha\sin(\alpha_1+\alpha_2)}\Rightarrow$$

$$F_s=\frac{\gamma\cdot H\cdot\overline{AC}\cdot h_0\cdot\cos\alpha(\sin\alpha_2\tan\varphi_1+\sin\alpha_1\tan\varphi_2)+3l(c_1 h_1+c_2 h_2)\sin(\alpha_1+\alpha_2)}{\gamma\cdot H\cdot\overline{AC}\cdot h_0\cdot\sin\alpha\sin(\alpha_1+\alpha_2)}$$

式中：α_1——两滑面交线的法线与 F_1 滑面法线之夹角（F_1 滑面倾角）；

α_2——两滑面交线的法线与 F_2 滑面法线之夹角（F_2 滑面倾角）。

【5-65】（2020D21）拟开挖形成 A-B-C 段岩质边坡（如下图所示），边坡直立，高度 BF=5m。J1 为滑动面，产状 $135°\angle 30°$，滑面泥化，抗剪强度参数 $c=12kPa$，$\varphi=10°$；J1 与 AB 边坡交于 D 点，DB=12.25m，FD 与水平面交角为 $22.2°$；J1 与 BC 边坡交于 E 点，BE=12.25m，FE 与水平面交角为 $22.2°$。拟在边坡顶部施加集中荷载 N，$N=200kN$，问 A-B-C 段边坡施加集中荷载 N 后的稳定系数最接近下列哪一项？（岩体重度 $24kN/m^3$，不计水压力作用，三棱锥体积为 $V=\frac{1}{3}\times$ 底面积 $\times$ 高）

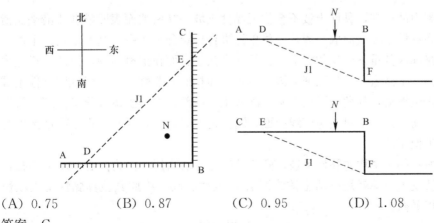

(A) 0.75　　　　(B) 0.87　　　　(C) 0.95　　　　(D) 1.08

答案：C

解答过程：

根据《建筑边坡工程技术规范》GB 50330—2013 附录第 A.0.2 条：

（1）滑动体的自重为：$G = \gamma \cdot V = 24 \times \dfrac{1}{3} \times \dfrac{1}{2} \times 12.25 \times 12.25 \times 5 = 3001.3 \text{kN}$

（2）滑动体稳定系数：$F_s = \dfrac{(3001.25+200) \times \cos 30° \times \tan 10° + 12 \times \dfrac{0.5 \times 12.25^2}{\cos 30°}}{(3001.25+200) \times \sin 30°} = 0.95$

【小注岩土点评】

① 本题的计算原理仍然是边坡平面滑动法，不同的是，一般将平面滑动按照单位长度简化为线长度进行计算，而本题的滑动平面为三角平面，需进行换算，但原理是一样的。

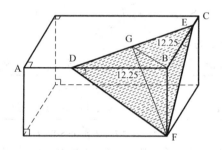

$$\dfrac{0.5 \times 12.25^2}{\cos 30°} = \dfrac{1}{2} \times DE \times \dfrac{BF}{\sin 30°}$$

② 本题计算量不大，但是要有较强的空间想象能力，才能正确计算滑动面的面积；滑动面的倾角是 30°，而非 22.2°，此处很容易出错。

第二节　圆弧滑动法

黏性土的抗剪强度（τ）由黏聚强度（$c \cdot L$）和摩擦强度（$N \cdot \tan \varphi$）两个部分组成。

由于黏聚力的存在，黏性土坡不会像无黏性土坡一样沿坡面表面滑动或沿平面滑动面滑动。我们在黏性土坡坡面取一薄片土体单元进行稳定分析，由于其厚度是一个微量而导致单元体重量和因其重量产生的滑动力也是一个微量。而在抗滑力中，虽然因正应力而产生的摩擦力是一个微量，但是黏聚力因有一定的面积而并非微量，这就说明黏性土坡不会沿边坡坡面发生滑动，其危险滑动面必定深入土体内部。根据土体极限平衡理论可以得出黏性土坡的滑动面是一个对数螺旋线曲面，断面近似于圆弧，同时工程中黏性土坡滑坡体断面形态也近似于圆弧。

如下图所示的一个均质黏性土坡，圆弧 AC 为滑动圆弧、O 为圆心、R 为半径，即认为黏性土边坡发生滑动就是滑动土体绕圆心 O 发生转动，因此其验算黏性土边坡稳定性采用的是力矩平衡：

$$F_s = \dfrac{抗滑力矩}{滑动力矩}$$

将滑动土体视为刚体，其受力条件如下：

（1）滑动体的重力 $W \Rightarrow$ 转动力矩 $M_s = W \cdot d$

（2）滑面的抗剪力 $\tau = N \cdot \tan\varphi + c \cdot L \Rightarrow$ 抗滑力矩

$$M_R = \int_A^C \sigma_n \tan\varphi R dL + c \cdot \overset{\frown}{AC} \cdot R$$

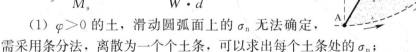

根据滑动土体的整体力矩平衡条件，可得该土坡的稳定性系数如下：

$$F_s = \frac{M_R}{M_s} = \frac{\int_A^C \sigma_n \tan\varphi R dL + c \cdot \overset{\frown}{AC} \cdot R}{W \cdot d} \Rightarrow$$

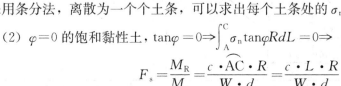

（1）$\varphi > 0$ 的土，滑动圆弧面上的 σ_n 无法确定，需采用条分法，离散为一个个土条，可以求出每个土条处的 σ_n；

（2）$\varphi = 0$ 的饱和黏性土，$\tan\varphi = 0 \Rightarrow \int_A^C \sigma_n \tan\varphi R dL = 0 \Rightarrow$

$$F_s = \frac{M_R}{M_s} = \frac{c \cdot \overset{\frown}{AC} \cdot R}{W \cdot d} = \frac{c \cdot L \cdot R}{W \cdot d}$$

一、整体圆弧滑动法—适用于 $\varphi = 0$ 饱和黏性土

类型	计算原理：$F_s = \dfrac{抗滑力矩}{滑动力矩}$
	计算公式及说明
整体圆弧滑动法（黏性土边坡 $\varphi=0$，无阻滑段）—《工程地质手册》（第五版）	对于正常固结软黏土，内摩擦角 $\varphi=0$，仅有黏聚力 c_u。如左图所示，假定滑动面形状为圆弧，则边坡安全系数为抗滑力矩与滑动力矩之比： $$F_s = \frac{c_u L R}{Wd}$$
	式中：R——滑弧半径； 　　　L——滑弧弧长； 　　　W——滑体自重； 　　　d——滑体重心距滑弧圆心的水平距离
黏性土边坡 $\varphi=0$，坡脚堆载—《工程地质手册》（第五版）	综合黏聚力，即将土层的原始黏聚力 c_1 和内摩擦角 φ_1，综合折算为一个新的黏聚力 c 和新的内摩擦角 φ，此时的黏聚力为综合黏聚力 c，内摩擦角 $\varphi=0$，此内摩擦角并不是土层的真实内摩擦角，而是将内摩擦角隐含于黏聚力中。 在滑体的稳定性验算中，可通过滑坡的极限平衡状态稳定性反算求得滑体的综合黏聚力 c，再利用综合黏聚力求得滑坡当前状态的 F_s 值

续表

计算方法	计算原理：$F_s = \dfrac{\text{抗滑力矩}}{\text{滑动力矩}}$	

<table>
<tr><td colspan="2" align="center">计算公式及说明</td></tr>
<tr>
<td rowspan="2">黏性土边坡
$\varphi=0$，
坡脚堆载——
《工程地质手册》
（第五版）</td>
<td>

O
θ
d_3
W_3
W_1
W_2
d_2 d_1

</td>
<td>

$$F_s = \frac{W_2 d_2 + W_3 d_3 + cLR}{W_1 d_1}$$

</td>
</tr>
<tr>
<td colspan="2">

式中：W_1——滑体下滑部分的重量（kN/m）；

     d_1——W_1 对于通过滑动圆弧中心的铅垂线的力臂（m）；

     W_2——滑体阻滑部分的重量（kN/m）；

     d_2——W_2 对于通过滑动圆弧中心的铅垂线的力臂（m）；

     L、R——滑动圆弧的全长及半径；

     W_3——坡脚堆载部分的重量（kN/m）；

     d_3——W_3 对于通过滑动圆弧中心的铅垂线的力臂（m）

</td>
</tr>
<tr>
<td rowspan="2">黏性土边坡
$\varphi=0$，
坡顶卸载</td>
<td>

如果下滑区卸载，则应在分母项扣除卸载力矩，如下图所示：

d_1
d
O R
卸载体 C
W_1
R
N
$\tau = c \cdot L$
W
N
A

</td>
<td>

$\begin{cases} \text{卸载前，滑动力矩：} M_s = W \cdot d \\ \text{卸载前，抗滑力矩：} M_R = c \cdot L \cdot R \end{cases}$

由于下滑区卸载 $W_1 \Rightarrow$ 导致滑动力矩减小$\Rightarrow \Delta M_s = W_1 \cdot d_1$

$\Rightarrow$ 卸载后：

$$F_s = \frac{c \cdot L \cdot R}{W \cdot d - W_1 \cdot d_1}$$

</td>
</tr>
<tr>
<td></td>
<td></td>
</tr>
<tr>
<td rowspan="2">黏性土边坡
$\varphi=0$，
锚索（杆）加固</td>
<td>

如果坡脚堆载反压或采用锚索（杆）加固（内支撑、筋带）抗力的选择遵循"不忘初心"原则，其为抵抗转动，则增加的力矩都应计入分子项，如下图所示：

d
O R
d_1
C
R
N
$\tau = c \times L$
W
N_{ak}
N
A

</td>
<td>

原滑动力矩：$M_s = W \cdot d$

原抗滑力矩：$M_R = c \cdot L \cdot R$

由于锚索支护轴力 $N_{ak} \Rightarrow$ 导致抗滑力矩增大$\Rightarrow \Delta M_R = \dfrac{N_{ak} \cdot d_1}{s_x}$

$\Rightarrow$ 堆载反压后：

$$F_s = \frac{c \cdot L \cdot R + \dfrac{N_{ak} \cdot d_1}{s_x}}{W \cdot d}$$

</td>
</tr>
<tr>
<td colspan="2">

式中：N_{ak}——为锚索拉力；

     s_x——为锚索间距

</td>
</tr>
</table>

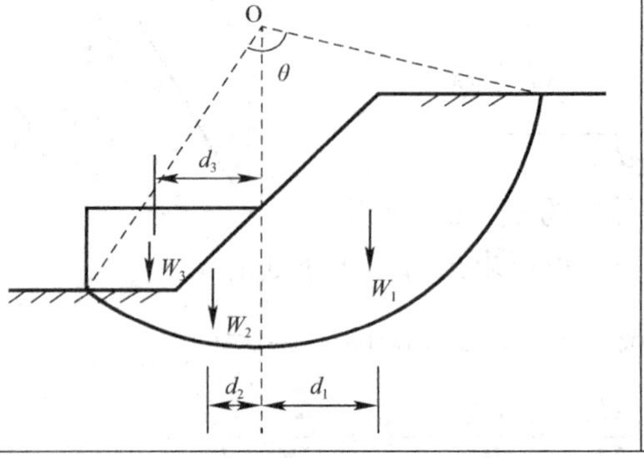

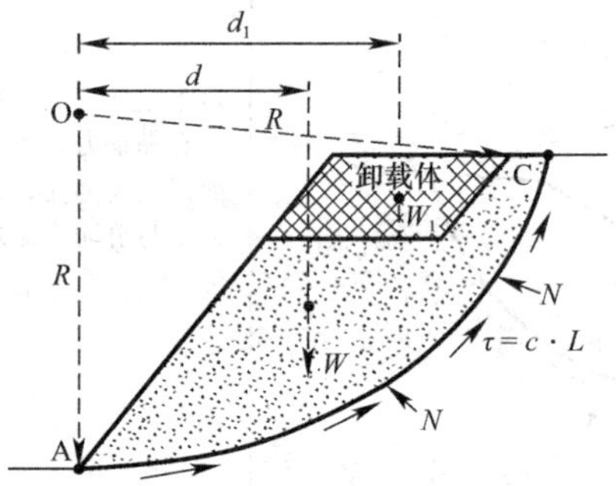

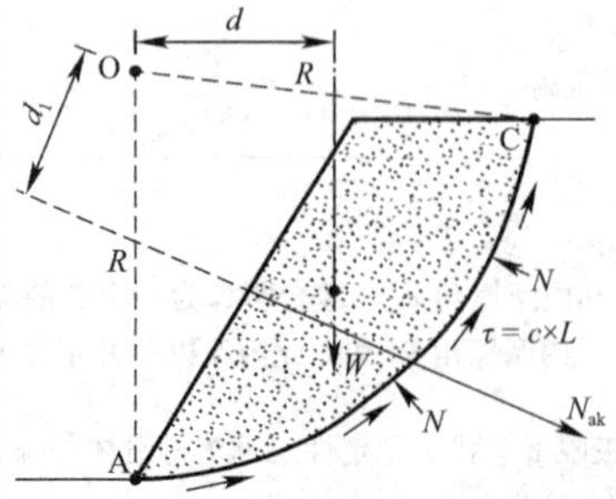

续表

计算方法	计算原理：$F_s = \dfrac{抗滑力矩}{滑动力矩}$
	计算公式及说明
黏性土边坡 $\varphi = 0$，存在裂隙水	坡顶后侧有裂缝，存在静水压力，如下图所示： 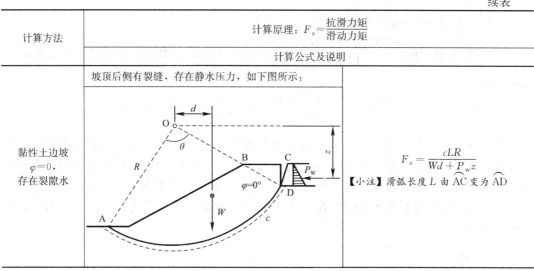 $F_s = \dfrac{cLR}{Wd + P_w z}$ 【小注】滑弧长度 L 由 $\overset{\frown}{AC}$ 变为 $\overset{\frown}{AD}$

【5-66】（2017D27）在均匀黏性土开挖一路堑，存在下图所示的圆弧形滑动面，其半径 $R = 14\text{m}$，滑动面长度 $L = 28\text{m}$。通过圆弧形滑动面圆心 O 的垂线将滑体分为两部分，坡里部分的土体重 $W_1 = 1450\text{kN/m}$，土体重心至圆心垂线距离 $d_1 = 4.5\text{m}$，坡外部分的土体重 $W_2 = 350\text{kN/m}$，土体重心至圆心垂线距离 $d_2 = 2.5\text{m}$。问在滑带土的内摩擦角 $\varphi \approx 0$ 情况下，该路堑极限平衡状态下的滑带土不排水剪切强度 c_u 最接近下列哪个选项？

(A) 12.5kPa　　　　(B) 14.4kPa

(C) 15.8kPa　　　　(D) 17.2kPa

答案：B

解答过程：

根据《工程地质手册》（第五版）

$$\frac{W_2 d_2 + cLR}{W_1 d_1} = \frac{350 \times 2.5 + c \times 28 \times 14}{1450 \times 4.5}$$

$$= 1 \Rightarrow c = 14.4\text{kPa}$$

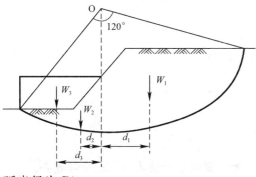

【5-67】（2009D27）如下图所示，某饱和软黏土边坡已出现明显的变形迹象，可以认为在 $\varphi_u = 0$ 的整体圆弧法计算中，其稳定性系数 $k_1 = 1.0$。假设有关参数如下：下滑部分 W_1 的截面积为 30.2m^2，力臂 $d_1 = 3.2\text{m}$，滑体平均重度为 17kN/m^3。为确保边坡安全，在坡脚进行了反压，反压体 W_3 的截面积为 9m^2，力臂 $d_3 = 3.0\text{m}$，重度为 20kN/m^3。在其他参数不变的情况下，反压后边坡的稳定系数 K_2 接近于（　　　）。（圆弧半径为 R）

(A) 1.15　　　　(B) 1.26　　　　(C) 1.33　　　　(D) 1.59

答案：C

解答过程：

根据《工程地质手册》（第五版）：

（1）反压前：$K_{s1}=\dfrac{W_2d_2+cLR}{W_1d_1}=1\Rightarrow W_2d_2+cLR=W_1d_1=30.2\times3.2\times17=$
1642.88kN/m

（2）反压后：$K_{s2}=\dfrac{W_2d_2+W_3d_3+cLR}{W_1d_1}=\dfrac{1642.88+9\times3\times20}{1642.88}=1.33$

【5-68】（2012C25）有一6m高的均匀土层边坡，$\gamma=17.5$kN/m³，根据最危险滑动圆弧计算得到的抗滑力矩为3580kN·m，滑动力矩为3705kN·m，为提高边坡的稳定性提出下图所示两种方案。卸荷土方量相同而卸荷部位不同，试计算卸荷前、卸荷方案1、卸荷方案2的边坡稳定系数（分别为K_0、K_1、K_2），判断三者关系为（　　）。（假设卸荷后抗滑力不变）

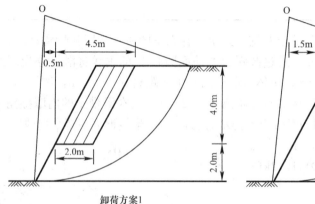

卸荷方案1　　　　　　　　　　卸荷方案2

（A）$K_0=K_1=K_2$　　　　　　　　（B）$K_0<K_1=K_2$

（C）$K_0<K_1<K_2$　　　　　　　　（D）$K_0<K_2<K_1$

答案：C

解答过程：

根据《工程地质手册》（第五版）：

（1）卸载前：$K_0=\dfrac{3580}{3705}=0.97$

（2）方案1：$K_1=\dfrac{3580}{3705-2\times4\times17.5\times2.75}=1.08$

（3）方案2：$K_2=\dfrac{3580}{3705-4\times2\times17.5\times4.25}=1.15$

（4）由上可知：$K_0<K_1<K_2$

【小注岩土点评】

（1）根据电子资源《精讲课程—边坡基坑》，卸载影响了滑动力矩，在分母减去。

（2）关键为卸载体的力臂的确定，注意卸载体的重力作用点为卸载体的重心，力臂大小等于左侧到滑动圆心的水平距离＋宽度/2。

【5-69】（2009D22）在饱和软土中基坑开挖采用地下连续墙支护，已知软土的十字板

剪切试验的抗剪强度 $\tau = 34\text{kPa}$，基坑开挖深度为 16.3m，墙底插入坑底以下深 17.3m，设 2 道水平支撑，第一道撑于地面高程，第二道撑于距坑底 3.5m，每延米长支撑的轴向力均为 2970kN，沿着如右图所示的以墙顶为圆心、以墙长为半径的圆弧整体滑动，若每米的滑动力矩为 154230kN·m，其安全系数最接近（　　）。

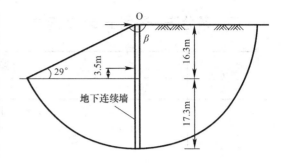

(A) 1.3　　　　　(B) 1.0

(C) 0.9　　　　　(D) 0.6

答案：C

解答过程：

(1) 弧长：$\dfrac{2\pi \times (16.3 + 17.3)}{360°} \times (61° + 90°) = 88.5\text{m}$

(2) 力矩：$M_1 = 88.5 \times 34 \times 33.6 = 101102.4\text{kN·m}$；$M_2 = 2970 \times 12.8 = 38016\text{kN·m}$

(3) 安全系数：$K = \dfrac{M_1 + M_2}{154230} = \dfrac{101102.4 + 38016}{154230} = 0.9$

【5-70】（2007C18）饱和软黏土坡度为 1：2，坡高 10m，不排水抗剪强度 $c_u = 30\text{kPa}$，土的天然重度为 18kN/m^3，水位在坡脚以上 6m，已知单位土坡长度滑坡体水位以下土体体积 $V_B = 144.11\text{m}^3/\text{m}$，与滑动圆弧的圆心距离 $d_B = 4.44\text{m}$，在滑坡体上部有 3.33m 的拉裂缝，缝中充满水，水压力为 P_w，滑坡体水位以上的体积为 $V_A = 41.92\text{m}^3/\text{m}$，圆心距为 $d_A = 13\text{m}$，用整体圆弧法计算土坡沿着该滑裂面滑动的安全系数最接近（　　）。

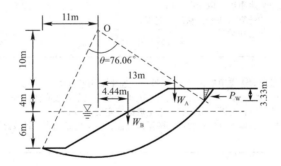

(A) 0.94　　　　(B) 1.33　　　　(C) 1.39　　　　(D) 1.5181

答案：B

解答过程：

(1) $P_w = \dfrac{1}{2}\gamma_w h_w^2 = \dfrac{1}{2} \times 10 \times 3.33^2 = 55.44\text{kN/m}$，$d_w = 10 + \dfrac{2}{3} \times 3.33 = 12.22\text{m}$

(2) $F_s = \dfrac{cLR}{W_B d_B + W_A d_A + P_w d_w} = \dfrac{30 \times \dfrac{76.06}{180} \times 3.14 \times (11^2 + 20^2)}{(18 \times 41.92 \times 13 + 8 \times 144.11 \times 4.44 + 12.22 \times 55.44)}$

　　　$= 1.33$

二、条分法—适用于 $\varphi \neq 0$ 的土

计算方法	计算原理：$F_s = \dfrac{抗滑力矩}{滑动力矩}$
	计算公式及说明

<table>
<tr>
<td rowspan="2">简化毕肖普法—
《建筑边坡工程
技术规范》
GB 50330—2013
附录 A</td>
<td>

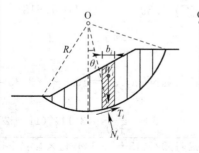

圆弧形滑面的边坡稳定性系数可按下列公式计算：

$$F_s = \frac{\sum_{i=1}^{n} \frac{1}{m_{\theta i}}[c_i l_i \cos\theta_i + (G_i + G_{bi} - U_i \cos\theta_i)\tan\varphi_i]}{\sum_{i=1}^{n}[(G_i + G_{bi})\sin\theta_i + Q_i \cos\theta_i]}$$

$$m_{\theta i} = \cos\theta_i + \frac{\tan\varphi_i \sin\theta_i}{F_s}$$

$$U_i = \frac{1}{2}\gamma_w(h_{wi} + h_{w,\,i-1})l_i$$

</td>
</tr>
<tr>
<td>

式中：F_s——边坡稳定性系数；

c_i——第 i 计算条块滑面黏聚力（kPa）；

φ_i——第 i 计算条块滑面内摩擦角（°）；

l_i——第 i 计算条块滑面长度（m）；

θ_i——第 i 计算条块滑面倾角（°），滑面倾向与滑动方向相同时取正值，滑面倾向与滑动方向相反时取负值；

U_i——第 i 计算条块滑面单位宽度总水压力（kN/m）；

G_i——第 i 计算条块单位宽度自重（kN/m）；

G_{bi}——第 i 计算条块单位宽度竖向附加荷载（kN/m），方向指向下方时取正值，指向上方时取负值；

Q_i——第 i 计算条块单位宽度水平荷载（kN/m），方向指向坡外时取正值，指向坡内时取负值；

h_{wi}，$h_{w,i-1}$——第 i 及第 $i-1$ 计算条块滑面前端水头高度（m）；

γ_w——水重度，取 10kN/m³；

i——计算条块号，从后方起编；

n——条块数量

</td>
</tr>
</table>

为了将圆弧滑动法应用于 $\varphi \neq 0$ 的黏性土，通常采用条分法。

条分法一般是将滑动土体竖直分成若干土条。把各土条当成刚体，分别求作用于各土条上的力对圆心的滑动力矩和抗滑力矩，然后求土坡的稳定安全系数。

简单条分法（瑞典条分法）假定：圆弧滑裂面；不考虑条间力，计算结果偏小 10%

一般情况下 瑞典条分法— 《土力学》	抗滑力矩：$(W_i\cos\theta_i\tan\varphi_i + c_i l_i)R$ 滑动力矩：$(W_i\sin\theta_i)R$ $F_s = \dfrac{\sum_{i=1}^{n}(W_i\cos\theta_i\tan\varphi_i + c_i l_i)}{\sum_{i=1}^{n}W_i\sin\theta_i}$

计算方法	计算原理：$F_s = \dfrac{抗滑力矩}{滑动力矩}$
	计算公式及说明

根据取隔离体的方法不同，可以分为以下两种方法：

1. 土骨架和水按照整体考虑

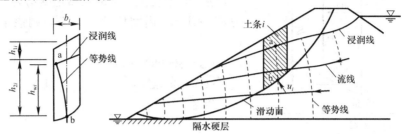

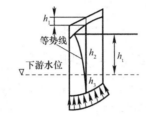

第 i 土条自重的计算 W_i：

(1) 高度 h_1 部分的自重：采用天然重度，$W_1 = \gamma b h_1$

(2) 高度 h_2 部分的自重：采用饱和重度，$W_2 = \gamma_{sat} b h_2$

(3) 高度 h_3 部分的自重：采用浮重度，$W_3 = \gamma' b h_3$

(4) 条底孔隙水压力：$u = \gamma_w l h_t$

稳定渗流下瑞典条分法——《土力学》

圆弧稳定安全系数：

$$F_s = \frac{\sum_{i=1}^{n} \left[(W_i \cos\theta_i - \gamma_w h_{ui} l_i) \tan\varphi_i' + c_i' l_i \right] \cdot R}{\sum_{i=1}^{n} W_i \sin\theta_i \cdot R}$$

2. 土骨架和水单独考虑

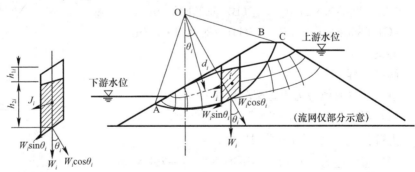

第 i 土条自重的计算 W_i：

(1) 高度 h_{1i} 部分的自重：采用天然重度，$W_{1i} = \gamma b h_{1i}$

(2) 高度 h_{2i} 部分的自重：采用浮重度，$W_{2i} = \gamma' b h_{2i}$

作用于第 i 条块的总渗透力：$J = \gamma_{wi} A$ 作用点取在渗流面积的形心处，力臂为 d_i。

圆弧稳定安全系数：

$$F_s = \frac{\sum_{i=1}^{n} \left[W_i \cos\theta_i \tan\varphi_i' + c_i' l_i \right] R}{\sum_{i=1}^{n} (W_i \sin\theta_i) R + \sum_{i=1}^{n} (J_i d_i)}$$

【小注】两种方法都有道理，计算结果略有差异，从历年真题命题来看，更多是考查方法二

【小注】① 简化毕肖甫法与严格的极限平衡分析法（如简布法），与满足全部静力平衡条件法相比，计算结果甚为接近，精度较高，得到的安全系数较瑞典条分法略高一些。

② 如要考查这部分内容，一般考查一个土条。

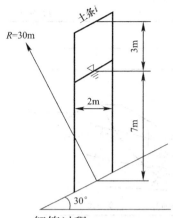

【5-71】（2009C19）如左图所示，用简单圆弧法做黏土边坡稳定性分析，滑弧的半径 $R=30\text{m}$，第 i 土条的宽度为 2m，过滑弧的中心点切线渗流水面和土条顶部与水平线的夹角均为 30°，土条的水下高度为 7m，水上高度为 3.0m，已知黏土在水位上、下的天然重度均为 $\gamma=20\text{kN/m}^3$，黏聚力 $c=22\text{kPa}$，内摩擦角 $\varphi=25°$，则该土条的抗滑力矩是（   ）。

(A) 3000kN・m   (B) 4110kN・m
(C) 4680kN・m   (D) 6360kN・m
答案：C

解答过程：

根据《土力学》计算如下：

(1) $W_i=(3\times20+7\times10)\times2=260\text{kN}$

$$\varphi_i=25°,\ c_i=22\text{kPa},\ l_i=\frac{2}{\cos30°}=2.31\text{m}$$

(2) $F=W_i\cos\theta_i\tan\varphi_i+c_il_i=260\times\tan25°\times\cos30°+22\times2.31=155.8\text{kN}$

(3) 抗滑力矩：$M=F\times30=155.8\times30=4674\text{kN}\cdot\text{m}$

【5-72】（2017D17）如右图所示，用简单圆弧条分法做黏土边坡稳定计算，滑弧的半径为 30m，第 i 土条的宽度为 2m，过滑弧底中心的切线、渗流水面和土条顶部与水平方向所成夹角都是 30°，土条水下高度为 7m，水上高度为 3m，黏土的天然重度和饱和重度 $\gamma=20\text{kN/m}^3$，问计算的第 i 土条滑动力矩最接近下列哪个选项？

(A) 4800kN・m/m   (B) 5800kN・m/m
(C) 6800kN・m/m   (D) 7800kN・m/m

答案：B

解答过程：

解法一（有效应力土骨架分析法）：

(1) $W_i=2\times3\times20+2\times7\times10=260\text{kN/m}$

力臂：$a_G=30\times\sin30°=15.0\text{m}$

(2) 总渗透力：$J=10\times\sin30°\times2\times7=70\text{kN/m}$

力臂：$a_J=R-AB=30-\dfrac{7}{2}\times\cos30°=26.97\text{m}$

(3) $M_s=260\times15+70\times26.97=5787.9\text{kN}\cdot\text{m/m}$

解法二（有效应力整体分析法）：

$$M=20\times10\times2\times30\times\sin30°=6000\text{kN}\cdot\text{m/m}$$

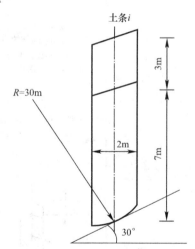

【5-73】（改编 2009C19）如下图所示，用简单圆弧法做黏土边坡稳定性分析，滑弧的半径 $R=30\text{m}$，第 i 土条的宽度为 2m，过滑弧的中心点切线渗流水面和土条顶部与水平线的夹角均为 30°，土条的水下高度为 7m，水上高度为 3.0m，已知黏土在水位上、下的天然重

度均为 $\gamma=20\mathrm{kN/m^3}$，黏聚力 $c=22\mathrm{kPa}$，内摩擦角 $\varphi=25°$，试按《建筑边坡工程技术规范》GB 50330—2013，计算该土条的边坡稳定性系数 F_{s}。

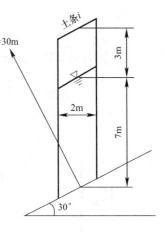

解答过程：

根据《建筑边坡工程技术规范》GB 50330—2013 附录第 A.0.1 条：

(1) $m_{\theta i}=\cos\theta_i+\dfrac{\tan\varphi_i\sin\theta_i}{F_{\mathrm{s}}}=\cos30°+\dfrac{\tan25°\sin30°}{F_{\mathrm{s}}}$

$\qquad=0.866+\dfrac{0.233}{F_{\mathrm{s}}}$

(2) $u_i=7\times\cos30°\times\cos30°\times10\times\dfrac{2}{\cos30°}=121.2\mathrm{kN/m}$

(3) $F_{\mathrm{s}}=\dfrac{\dfrac{1}{m_{\theta i}}\left[c_il_i\cos\theta_i+(G_i+G_{\mathrm{b}i}-U_i\cos\theta_i)\tan\varphi_i\right]}{(G_i+G_{\mathrm{b}i})\sin\theta_i+Q_i\cos\theta_i}$

$\qquad=\dfrac{\dfrac{1}{0.866+\dfrac{0.233}{F_{\mathrm{s}}}}\times\left[22\times\dfrac{2}{\cos30°}\times\cos30°+(10\times20\times2-121.2\times\cos30°)\tan25°\right]}{10\times20\times2\times\sin30°+0}$

解得：$F_{\mathrm{s}}=0.779$

【小注岩土点评】

错误解法：

① $u_i=7\times10\times\dfrac{2}{\cos30°}=161.66\mathrm{kN/m}$

② $F_{\mathrm{s}}=\dfrac{\dfrac{1}{m_{\theta i}}\left[c_il_i\cos\theta_i+(G_i+G_{\mathrm{b}i}-U_i\cos\theta_i)\tan\varphi_i\right]}{(G_i+G_{\mathrm{b}i})\sin\theta_i+Q_i\cos\theta_i}$

$\qquad=\dfrac{\dfrac{1}{0.866+\dfrac{0.233}{F_{\mathrm{s}}}}\times\left[22\times\dfrac{2}{\cos30°}\times\cos30°+(10\times20\times2-161.66\times\cos30°)\tan25°\right]}{10\times20\times2\times\sin30°+0}$

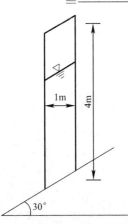

解得：$F_{\mathrm{s}}=0.685$

【5-74】（模拟题）如左图所示，某无限长粉质黏土坡与水平面夹角为 $\alpha=30°$，土的天然重度为 $18\mathrm{kN/m^3}$，饱和重度为 $19\mathrm{kN/m^3}$，已知土层垂直方向高度 $H=4\mathrm{m}$，地下水沿土坡顺坡渗流，土层与基岩的摩擦角 $\varphi_{\mathrm{s}}=20°$，黏聚力 $c=25\mathrm{kPa}$，要求土坡沿土岩交界面的抗滑移稳定系数 $F_{\mathrm{s}}=1.3$，渗流水在土坡内的高度 h 最大值与下列何项数值最为接近？

(A) 1.05　　(B) 1.15　　(C) 1.35　　(D) 1.55

答案：C

解答过程：

重力：$18 \times (4-h) + (19-10) \times h$

渗透力：$\gamma_w iV = 10\sin30° \times h$

$$F_s = \frac{抗滑力}{滑动力} = \frac{[18 \times (4-h) + 9h] \times \cos30°\tan20° + \dfrac{1}{\cos30°} \times 25}{[18 \times (4-h) + 9h] \times \sin30° + 10\sin30° \times h} = 1.3$$

$$h \leqslant 1.36\text{m}$$

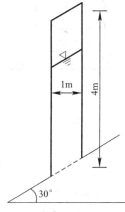

【5-75】（模拟题）如左图所示，某无线长粉质黏土坡与水平面夹角为$\alpha = 30°$，土的天然重度为18kN/m^3，饱和重度19kN/m^3，已知土层垂直方向高度$H=4\text{m}$，地下水沿土坡顺坡渗流，土层与基岩的摩擦角$\varphi_s = 20°$，黏聚力$c=25\text{kPa}$，用圆弧滑动法做黏性土边坡稳定性分析，滑弧半径$R=30\text{m}$，当抗倾覆稳定系数$F_s = 1.2$，渗流水在土坡内的高度h最大值与下列何项数值最为接近？

(A) 1.35　　　(B) 2.45　　　(C) 2.85　　　(D) 3.05

答案：B

解答过程：

(1) 方法一（按土骨架和水分开考虑）：

重力：$18 \times (4-h) + (19-10) \times h = 72-9h$

重力滑动力矩：$(72-9h) \times 30\sin30°$

重力抗滑力矩：$(72-9h)\cos30°\tan20° \times 30$

渗透力：$\gamma_w iV = 10\sin30° \times h = 5h$

渗透力滑动力矩：$5h(30-0.5h\cos30°)$

黏聚力抗滑力矩：$cLR = 25 \times \dfrac{1}{\cos30°} \times 30$

$$F_s = \frac{抗滑力矩}{滑动力矩} = \frac{(72-9h)\cos30°\tan20° \times 30 + 25 \times \dfrac{1}{\cos30°} \times 30}{(72-9h) \times 30\sin30° + 5h(30-0.5h\cos30°)} = 1.2$$

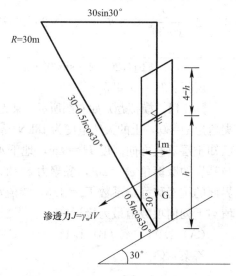

$$h \leqslant 2.604\text{m}$$

（2）方法二（按土骨架和水整体考虑）：

重力：$18 \times (4-h) + 19 \times h = 72 + h$

底部水压力：$h\cos30°\cos30° \times 10 \times \dfrac{1}{\cos30°}$

重力滑动力矩：$(72+h) \times 30\sin30°$

抗滑力矩：$\left[(72+h)\cos30° - h\cos30°\cos30° \times 10 \times \dfrac{1}{\cos30°} \right] \tan20° \times 30$

黏聚力抗滑力矩：$cLR = 25 \times \dfrac{1}{\cos30°} \times 30$

$$F_s = \dfrac{\text{抗滑力矩}}{\text{滑动力矩}}$$

$$= \dfrac{\left[(72+h)\cos30° - 10h\cos30°\cos30° \times \dfrac{1}{\cos30°} \right] \tan20° \times 30 + 25 \times \dfrac{1}{\cos30°} \times 30}{(72+h) \times 30\sin30°}$$

$$= 1.2$$

$$h \leqslant 2.433\text{m}$$

【5-76】（2022D16）如下图所示一土质边坡，土的天然重度为 19kN/m^3，饱和重度为 20kN/m^3，水上水下黏聚力均为 15kPa，内摩擦角均为 $25°$，假定坡体内渗流方向与水平面夹角为 $10°$。4 号土条宽度为 2m，水上水下高度均为 5m，土条上均布竖向荷载为 15kPa。按瑞典条分法估算 4 号土条滑动面的稳定性系数最接近下列哪个选项？

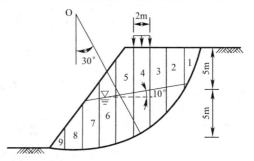

(A) 0.86　　　　(B) 0.91

(C) 0.97　　　　(D) 1.02

答案：B

解答过程：

按《土力学》第 7.3.3 节瑞典条分法计算：

（1）重力：$W_i = [19 \times 5 + (20-10) \times 5 + 15] \times 2 = 320\text{kN/m}$

（2）渗透力：$J = \gamma_w i V = 10 \times \sin10° \times 5 \times 2 = 17.36\text{kN/m}$

（3）抗滑力：

$$\left[W_i\cos30° - J\sin(30°-10°) \right]\tan\varphi + cL$$

$$= \left[320\cos30° - 17.36\sin(30°-10°) \right]\tan25° + 15 \times \dfrac{2}{\cos30°}$$

$$= 161.1\text{kN/m}$$

（4）滑动力：

$$W_i\sin30° + J\cos(30°-10°) = 320\sin30° + 17.36\cos(30°-10°) = 176.31\text{kN/m}$$

（5）抗滑稳定安全系数：$F_s = \dfrac{\text{抗滑力}}{\text{滑动力}} = \dfrac{161.1}{176.31} = 0.91$

【小注岩土点评】

① 瑞典圆弧条分法是力矩的比值，抗滑力矩/滑动力矩，本题显然缺少滑动半径 R，鉴于《土力学》及题（2017D17）的解析，认为渗流合力的作用点位置应位于该渗流体的中点处，对于本题，显然位于渗流面以下 2.5m 处，按照此推算，本题为错题。

那么可以理解为：假定渗流应力的作用点也在滑动面处，这样滑动半径 R 就约掉了，依据《铁路路基设计规范》TB 10001—2016 第 3.3.2 条：

3.3.2 黏性土边坡和较大规模的破碎结构岩质边坡宜采用圆弧滑动法按式（3.3.2-1）～式（3.3.2-4）和图 3.3.2 计算边坡稳定性系数。

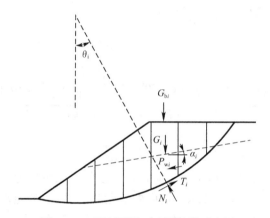

图 3.3.2 圆弧形滑面边坡计算示意图

$$K_s = \frac{\sum_{i=1}^{n} R_i}{\sum_{i=1}^{n} T_i} \tag{3.3.2-1}$$

$$R_i = N_i \tan\varphi_i + c_i l_i \tag{3.3.2-2}$$

$$T_i = (G_i + G_{bi})\sin\theta_i + P_{wi}\cos(a_i - \theta_i) \tag{3.3.2-3}$$

$$N_i = (G_i + G_{bi})\cos\theta_i + P_{wi}\sin(a_i - \theta_i) \tag{3.3.2-4}$$

式中　K_s——边坡稳定性系数；

　　　R_i——第 i 计算条块在滑动面上的抗滑力（kN/m）；

　　　T_i——第 i 计算条块在滑动面上的下滑力（kN/m）；

　　　N_i——第 i 计算条块在滑动面法线上的下反力（kN/m）；

　　　i——计算条块号；

　　　n——条块数量；

　　　φ_i——第 i 计算条块滑面内摩擦角（°）；

　　　c_i——第 i 计算条块滑面黏聚力（kPa）；

　　　l_i——第 i 计算条块滑动面长度（m）；

　　　G_i——第 i 计算条块单位宽度自重（kN/m），地下水位以下砂土和粉土采用浮重度，黏性土采用饱和重度计算自重；

　　　G_{bi}——第 i 计算条块单位宽度竖向附加荷载（kN/m）；

θ_i——第 i 计算条块滑面倾角（°），滑面倾向与滑动方向相同时取正值，滑面倾向与滑动方向相反时取负值；

P_{wi}——第 i 计算条块单位宽度的渗透力（kN/m）；

a_i——第 i 计算条块地下水位面倾角（°）。

② 渗流下瑞典圆弧滑动法，在《土力学》中介绍了两种方法，方法一为土骨架和水单独考虑，在前几年的考试中，命题人常采用此方法；方法二为土骨架和水整体考虑，此方法不需要单独考虑渗流应力。两种方法的计算结果差别并不大，都能满足实际工程的精度要求。

对于本题似乎可以采用方法二，即为如下：

按《土力学》第 7.3.3 节瑞典条分法计算（采用饱和重度，底部考虑孔隙水压力作用）：

重力：$W_i = (19 \times 5 + 20 \times 5 + 15) \times 2 = 420 \text{kN/m}$

考虑渗流底部孔隙水压力：$U_i = 5\cos^2 10° \times 10 \times \dfrac{2}{\cos 30°} = 112 \text{kN/m}$

抗滑力：

$(W_i \cos 30° - U_i)\tan\varphi + cL = (420\cos 30° - 112)\tan 25° + 15 \times \dfrac{2}{\cos 30°} = 152.02 \text{kN/m}$

滑动力：$W_i \sin 30° - 98.48\sin 20° = 420\sin 30° = 210 \text{kN/m}$

$$F_s = \dfrac{抗滑力}{滑动力} = \dfrac{152.02}{210} = 0.72$$

整体计算结果为 0.72，跟答案相差甚远，不论对错，至少不是命题人想要的结果。

③ 采用平面滑动法分析，采用浮重度，不考虑渗流力：

重力：$W_i = [19 \times 5 + (20 - 10) \times 5 + 15] \times 2 = 320 \text{kN/m}$

抗滑力：$W_i \cos 30° \tan\varphi + cL = 320\cos 30° \tan 25° + 15 \times \dfrac{2}{\cos 30°} = 163.87 \text{kN/m}$

滑动力：$W_i \sin 30° = 320\sin 30° = 160 \text{kN/m}$

$$F_s = \dfrac{抗滑力}{滑动力} = \dfrac{163.87}{160} = 1.02$$

这样选择 D，这是非瑞典条分法。

④ 采用总应力法，采用饱和重度，不考虑渗流力：

重力：$W_i = (19 \times 5 + 20 \times 5 + 15) \times 2 = 420 \text{kN/m}$

抗滑力：$W_i \cos 30° \tan\varphi + cL = 420\cos 30° \tan 25° + 15 \times \dfrac{2}{\cos 30°} = 204.25 \text{kN/m}$

滑动力：$W_i \sin 30° = 420\sin 30° = 210 \text{kN/m}$

$$F_s = \dfrac{抗滑力}{滑动力} = \dfrac{204.25}{210} = 0.97$$

《土力学》中未介绍此方法。

⑤ 按《建筑边坡工程技术规范》GB 50330—2013 附录 A 计算（考虑动水压力）：

重力：$W_i = (19 \times 5 + 20 \times 5 + 15) \times 2 = 420 \text{kN/m}$

考虑渗流底部孔隙水压力：$U_i = 5\cos^2 10° \times 10 \times \dfrac{2}{\cos 30°} = 112 \text{kN/m}$

$$m_{\theta i} = \cos\theta_i + \frac{\tan\varphi_i \sin\theta_i}{F_s} = \cos30° + \frac{\tan25°\sin30°}{F_s} = 0.866 + \frac{0.233}{F_s}$$

$$F_s = \frac{\dfrac{1}{0.866 + \dfrac{0.233}{F_s}}\left[15 \times \dfrac{2}{\cos30°} \times \cos30° + (420 - 112\cos30°)\tan25°\right]}{420\sin30°}$$

$$F_s = 0.724$$

⑥ 按《建筑边坡工程技术规范》GB 50330—2013 附录 A 计算（考虑静水压力）：

重力：$W_i = (19 \times 5 + 20 \times 5 + 15) \times 2 = 420\text{kN/m}$

静孔隙水压力：$U_i = 5 \times 10 \times \dfrac{2}{\cos30°} = 115.47\text{kN/m}$

$$m_{\theta i} = \cos\theta_i + \frac{\tan\varphi_i \sin\theta_i}{F_s} = \cos30° + \frac{\tan25°\sin30°}{F_s} = 0.866 + \frac{0.233}{F_s}$$

$$F_s = \frac{\dfrac{1}{0.866 + \dfrac{0.233}{F_s}}\left[15 \times \dfrac{2}{\cos30°} \times \cos30° + (420 - 115.47\cos30°)\tan25°\right]}{420\sin30°}$$

$$F_s = 0.716$$

综上所述，此题的实际安全系数大约在 0.7 左右，题目给出的解法由于进行了忽略力臂的计算，所以结果差异较大，如考虑力臂的影响，计算出来的结果应该是近似的。

第三节　不平衡推力法

不平衡推力法亦称传递系数法或剩余推力法，是我国工程技术人员创造的一种实用滑坡稳定分析方法。传递系数法分为传递系数显式解法和传递系数隐式解法。

基本原理：当滑动面为基底的多个坡度的折线倾斜面时，可按折线滑动面考虑，将滑动面上土体按折线段划分成若干条块，自上而下分别计算各土体的剩余下滑力（＝下滑力－抗滑力），根据最后一块土体的剩余下滑力的正负值确定整个坡体的整体稳定性。

折线形滑动面，不论采用传递系数显式解法还是传递系数隐式解法，本质都可以看作是若干个直线滑动的集合体，把每一个滑块看作是一个单独的直线滑动。

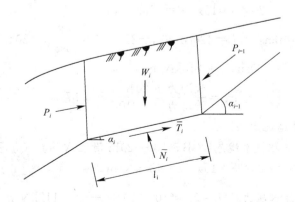

　　《建筑地基基础设计规范》GB 50007—2011、《岩土工程勘察规范（2009 年版）》GB 50021—2001 和《建筑边坡工程技术规范》GB 50330—2013 对传递系数法都有较为详细的规定：

规范	计算公式及说明
	$$F_n = F_{n-1}\psi + \gamma_t T_n - R_n \Rightarrow$$ $$F_n = F_{n-1}\psi + \gamma_t G_{nt} - G_{nn}\tan\varphi_n - c_n l_n$$ $$\psi = \cos(\beta_{n-1} - \beta_n) - \sin(\beta_{n-1} - \beta_n)\tan\varphi_n$$ 注意力的传递方向：$n-1 \rightarrow n$ 第 n 滑块下滑力： $$T_n = G_{nt} = G_n\sin\beta_n$$ 第 n 滑块抗滑力： $$R_i = G_{nn}\tan\varphi_n + c_n L_n = G_n\cos\beta_n\tan\varphi_n + c_n L_n$$

式中：F_n、F_{n-1}——第 n 块、第 $n-1$ 块滑体的剩余下滑力（kN）；
　　　　ψ——传递系数；
　　　　γ_t——滑坡推力安全系数，取值如下：

显式解：根据《建筑地基基础设计规范》GB 50007—2011 第 6.4.3 条整理

基础设计等级	γ_t
甲级	1.3
乙级	1.2
丙级	1.1

　　G_{nt}、G_{nn}——第 n 块滑体自重沿滑动面、垂直滑动面的分力（kN）；
　　　　φ_n——第 n 块滑体沿滑动面土的内摩擦角标准值（°）；
　　　　c_n——第 n 块滑体沿滑动面土的黏聚力标准值（kPa）；
　　　　l_n——第 n 块滑体沿滑动面的长度（m）。

序号	滑坡推力	传递系数	下滑力	抗滑力
①	$F_1 = \gamma_t T_1 - R_1$	0	$T_1 = G_1\sin\beta_1$	$R_1 = G_1\cos\beta_1\tan\varphi_1 + c_1 l_1$
②	$F_2 = F_1\psi_1 + \gamma_t T_2 - R_2$	$\psi_1 = \cos(\beta_1 - \beta_2) - \sin(\beta_1 - \beta_2)\tan\varphi_2$	$T_2 = G_2\sin\beta_2$	$R_2 = G_2\cos\beta_2\tan\varphi_2 + c_2 l_2$
③	$F_3 = F_2\psi_2 + \gamma_t T_3 - R_3$	$\psi_2 = \cos(\beta_2 - \beta_3) - \sin(\beta_2 - \beta_3)\tan\varphi_3$	$T_3 = G_3\sin\beta_3$	$R_3 = G_3\cos\beta_3\tan\varphi_3 + c_3 l_3$

【小注】①当 $F_n < 0$ 时，取 $F_n = 0$，即传递给下一滑块 $n+1$ 的滑坡推力为零，滑块 $n+1$ 应重新开始计算；②当 $\beta_{n-1} < \beta_n$ 时，$\beta_{n-1} - \beta_n$ 为负值计算；③滑坡推力作用点，可取在滑体厚度的 1/2 处，作用方向平行于上段滑面的底面，即本条块的剩余下滑力平行于本条块滑面的底面

规范	计算公式及说明

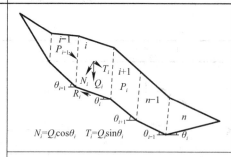

$$F_s = \frac{\sum_{i=1}^{n-1}(R_i \prod_{j=1}^{n-1} \psi_j) + R_n}{\sum_{i=1}^{n-1}(T_i \prod_{j=1}^{n-1} \psi_j) + T_n}$$

$$\psi_j = \cos\overrightarrow{(\theta_i - \theta_{i+1})} - \sin(\theta_i - \theta_{i+1})\tan\varphi_{i+1}$$

注意力的传递方向：$i \rightarrow i+1$

第 i 滑块抗滑力：

$$R_i = N_i\tan\varphi_i + c_iL_i = Q_i\cos\theta_i\tan\varphi_i + c_iL_i$$

第 i 滑块下滑力：$T_i = Q_i\sin\theta_i$

显式解：根据《岩土工程勘察规范 (2009 年版)》GB 50021—2001 第 5.2.8 条及条文说明整理

式中：F_s——稳定系数；

P_i——第 i 计算条块单位宽度剩下滑力（kN/m）；当 $P_i < 0$（$i < n$）时取 $P_i = 0$；

θ_i——第 i 块段滑动土与水平面的夹角（°）；

R_i——作用于第 i 块段的抗滑力（kN/m）；

N_i——第 i 块段滑动面的法向分力（kN/m）；

φ_i——第 i 块段土的内摩擦角（°）；

c_i——第 i 块段土的黏聚力（kPa）；

L_i——第 i 块段滑动面长度（m）；

T_i——作用于第 i 块滑动面上的滑动分力（kN/m），出现与滑动方向相反的滑动分力时，T_i 应取负值；

ψ_j——第 i 块段的剩余下滑动力传递至 $i+1$ 块段时的传递系数（$j = i$）。

常见三个滑块的计算分析

稳定系数	传递系数	抗滑力	下滑力
$F_s = \dfrac{R_1}{T_1}$	—	$R_1 = Q_1\cos\theta_1\tan\varphi_1 + c_1L_1$	$T_1 = Q_1\sin\theta_1$
$F_s = \dfrac{R_1\psi_1 + R_2}{T_1\psi_1 + T_2}$	$\psi_1 = \cos(\theta_1 - \theta_2)$ $- \sin(\theta_1 - \theta_2)\tan\varphi_2$	$R_2 = Q_2\cos\theta_2\tan\varphi_2 + c_2L_2$	$T_2 = Q_2\sin\theta_2$
$F_s = \dfrac{R_1\psi_1\psi_2 + R_2\psi_2 + R_3}{T_1\psi_1\psi_2 + T_2\psi_2 + T_3}$	$\psi_2 = \cos(\theta_2 - \theta_3)$ $- \sin(\theta_2 - \theta_3)\tan\varphi_3$	$R_3 = Q_3\cos\theta_3\tan\varphi_3 + c_3L_3$	$T_3 = Q_3\sin\theta_3$

【小注】当 $F_s = 1.0$ 时，即滑坡的最终剩余下滑力等于零，可以通过此反算滑坡滑面的强度指标：黏聚力 c 和内摩擦角 φ

隐式解：根据《建筑边坡工程技术规范》GB 50330—2013 附录 A.0.3 整理

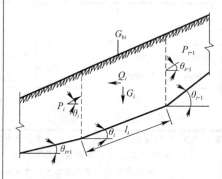

$$P_n = 0$$

$$P_i = P_{i-1}\psi_{i-1} + T_i - R_i/F_s$$

$$\psi_{i-1} = \cos\overrightarrow{(\theta_{i-1} - \theta_i)} - \sin(\theta_{i-1} - \theta_i)\tan\varphi_i/F_s$$

注意力的传递方向：$i-1 \rightarrow i$

第 i 滑块下滑力：

$$T_i = (G_i + G_{bi})\sin\theta_i + Q_i\cos\theta_i$$

第 i 滑块抗滑力：

$$R_i = [(G_i + G_{bi})\cos\theta_i - Q_i\sin\theta_i - U_i]$$
$$\tan\varphi_i + c_il_i$$

【小注】本公式延续《建筑边坡工程技术规范》GB 50330—2013 考虑了多种工况：超载、水平荷载（地震力）、裂隙水等，类似直线滑动

规范	计算公式及说明

式中：P_n——第 n 块滑体的剩余下滑力（kN）；

F_s——稳定性系数，边坡稳定安全系数 F_{st} 按下表取值；

边坡稳定安全系数 F_{st}

边坡类型		一级	二级	三级
永久边坡	一般工况	1.35	1.30	1.25
	地震工况	1.15	1.10	1.05
临时边坡		1.25	1.20	1.15

θ_i——第 i 块计算条块滑动土与水平面的夹角（°）；

R_i——作用于第 i 块计算条块的抗滑力（kN/m）；

φ_i——第 i 块计算条块的内摩擦角（°）；

c_i——第 i 块计算条块土的黏聚力（kPa）；

l_i——第 i 块计算条块滑动面长度（m）；

G_i——第 i 块计算条块单位宽度自重（kN/m）；

G_{bi}——第 i 块计算条块单位宽度竖向附加荷载（kN/m），方向指向下方时取正值，指向上方时取负值；

Q_i——第 i 块计算条块单位宽度水平荷载（kN/m），方向指向坡外时取正值，指向坡内时取负值，常见的为地震力；

U_i——第 i 块计算条块单位宽度总水压力（kN/m）

隐式解：根据《建筑边坡工程技术规范》GB 50330—2013 附录 A.0.3 整理

(1)《岩土工程勘察规范（2009 年版）》GB 50021—2001、《建筑地基基础设计规范（2009 年版）》GB 50007—2011 折线滑动的计算公式应用有两种：

应用一：直接利用公式求解剩余下滑力或者安全系数；

应用二：利用公式反算强度指标 c、φ。

(2) 边坡稳定性系数 F_s：是指边坡未进行支护，计算出来的安全系数。

边坡稳定安全系数 F_{st}：是指规范所规定的，边坡达到安全至少需要的安全系数。

(3)《建筑边坡工程技术规范》GB 50330—2013 中公式两类应用：

应用一：计算稳定性系数 F_s；$P_n=0$；$P_i=P_{i-1}\psi_{i-1}+T_i-R_i/F_{st}$

应用二：计算剩余下滑力（滑坡推力）P_n；F_s 替换为 F_{st}
$$P_i=P_{i-1}\psi_{i-1}+T_i-R_i/F_{st}$$
$$\psi_{i-1}=\cos(\theta_{i-1}-\theta_i)-\sin(\theta_{i-1}-\theta_i)\tan\varphi_i/F_{st}$$

(4)《铁路路基支挡结构设计规范》TB 10025—2019 条文说明中明确了在计算滑坡推力时，通常假定滑坡体沿滑动面均匀下滑。当滑体为砾石类土或块石类土时，下滑力采用三角形分布；当滑体为黏性土时，采用矩形分布；介于两者之间时，采用梯形分布。与《建筑边坡工程技术规范》GB 50330—2013 类似

【小注岩土点评】

① 计算时，应注意规范的选择。《建筑地基基础设计规范》GB 50007—2011 和《岩土工程勘察规范（2009 年版）》GB 50021—2001 采用的是传递系数显式解法，而《建筑边坡工程技术规范》GB 50330—2013 中的方法是传递系数隐式解法。传递系数显式解法与传递系数隐式解法相比，后者计算过程明显更复杂。但传递系数隐式解法是最新版《建筑边坡工程技术规范》GB 50330—2013 采用的方法，需掌握此方法的计算。

② 当第 $i-1$ 块计算条块与水平面的夹角与第 i 块计算条块与水平面的夹角差值为负值时，即计算传递系数公式中的 $(\theta_{i-1}-\theta_i)$ 取负值。

③ 计算过程中，若剩余下滑力小于零，则此时剩余下滑力取 0。主要因为滑动土块不能抗拉，受拉时会断开。

④ 在用传递系数显式解法计算传递系数时，不要漏乘滑坡推力安全系数 γ_t。

计算剩余下滑力的隐式法与显式法对比表

项目	传递系数隐式法	传递系数显式法
涉及的规范	《建筑边坡工程技术规范》GB 50330—2013 第 A.0.3 条、《公路路基设计规范》JTG D30—2015 第 3.6.10 条—路堤沿斜坡地基滑动	《建筑地基基础设计规范》GB 50007—2011 第 6.4.3 条、《岩土工程勘察规范（2009 年版）》GB 50021—2001 第 5.2.8 条文说明、《铁路路基支挡结构设计规范》TB 10025—2019 第 13.2.3 条、《公路路基设计规范》JTG D30—2015 第 7.2.2 条—滑坡地段路基
传递系数	$\psi_{i-1} = \cos(\theta_{i-1} - \theta_i) - \dfrac{\sin(\theta_{i-1} - \theta_i) \times \tan\varphi_i}{F_s}$	$\psi_{i-1} = \cos(\theta_{i-1} - \theta_i) - \sin(\theta_{i-1} - \theta_i) \times \tan\varphi_i$
第 i 块下滑力	$T_i = G_i \sin\theta_i$	$T_i = G_i \sin\theta_i$
第 i 块抗滑力	$R_i = c_i \cdot l_i + G_i \cdot \cos\theta_i \cdot \tan\varphi_i$	$R_i = c_i \cdot l_i + G_i \cdot \cos\theta_i \cdot \tan\varphi_i$
剩余下滑力 P_i	$P_i = P_{i-1} \cdot \psi_{i-1} + T_i - \dfrac{R_i}{F_s}$	$P_i = P_{i-1} \cdot \psi_{i-1} + F_s \cdot T_i - R_i$
不同点	通过直接减小抗滑力，以达到安全储备	通过直接增大下滑力，以达到安全储备
相同点	若安全系数为 1，显式解与隐式解两者的计算结果一样	
特点	计算量大，更科学合理	计算量相对较小

【5-77】（2004C32）某滑坡需做支挡设计，根据勘察资料，滑坡体分为 3 个条块，如下图和下表所示，已知 $c = 10\text{kPa}$，$\varphi = 10°$，滑坡推力安全系数取 1.15，则第三块滑体的下滑推力 F_3 为（　　）。提示：采用显式解解答。

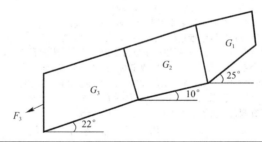

条块编号	条块重力 G（kN/m）	条块滑动面长度 L（m）
1	500	11.03
2	900	10.15
3	700	10.79

　　(A) 39.9kN/m 　　　(B) 49.3kN/m 　　　(C) 79.2kN/m 　　　(D) 109.1kN/m

答案：C

解答过程：

根据《建筑地基基础设计规范》GB 50007—2011 第 6.4.3 条：

(1) $\psi_2 = \cos(\beta_1 - \beta_2) - \sin(\beta_1 - \beta_2)\tan\varphi_2$
　　　$= \cos(25° - 10°) - \sin(25° - 10°) \times \tan10° = 0.920$

　　$\psi_3 = \cos(\beta_2 - \beta_3) - \sin(\beta_2 - \beta_3)\tan\varphi_3$
　　　$= \cos(10° - 22°) - \sin(10° - 22°) \times \tan10° = 1.015$

(2) $F_1 = \gamma_t G_{1t} - G_{1n}\tan\varphi_1 - c_1 l_1$
　　　$= 1.15 \times 500 \times \sin25° - 500 \times \cos25° \times \tan10° - 11.03 \times 10 = 52.8\text{kN/m}$

　　$F_2 = F_1\psi_2 + \gamma_t G_{2t} - G_{2n}\tan\varphi_2 - c_2 l_2$

$$=52.8 \times 0.92 + 1.15 \times 900 \times \sin 10° - 900 \times \cos 10° \times \tan 10° - 10.15 \times 10$$
$$=-29.5 \text{kN/m}$$

计算为负值，取 $F_2 = 0$

（3）$F_3 = F_2 \psi_3 + \gamma_t G_{3t} - G_{3n} \tan \varphi_3 - c_3 l_3$
$$= 0 + 1.15 \times 700 \times \sin 22° - 700 \times \cos 22° \times \tan 10° - 10.79 \times 10 = 79.2 \text{kN/m}$$

【5-78】（2005D27）根据勘察资料，某滑坡体正好处于极限平衡状态，稳定系数为 1.0，其两组具有代表性的断面数据如下图和下表所示，试用反分析法求得滑动面的黏聚力 c 和内摩擦角 φ 最接近下列（　　）组数值。（计算方法采用下滑力和抗滑力水平分力平衡法）提示：采用显式解答。

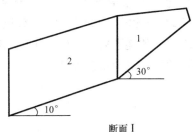
断面 I

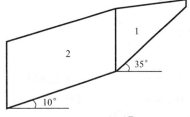
断面 II

断面号	滑块编号	滑面倾角 β	滑面长度 L（m）	滑块重 G（kN/m）
I	1	30°	11.0	696
	2	10°	13.6	950
II	1	35°	11.5	645
	2	10°	15.8	1095

（A）$c = 8.0 \text{kPa}$；$\varphi = 14°$　　　（B）$c = 8.0 \text{kPa}$；$\varphi = 11°$

（C）$c = 6.0 \text{kPa}$；$\varphi = 11°$　　　（D）$c = 6.0 \text{kPa}$；$\varphi = 14°$

答案：B

解答过程：

（1）$F_s = \dfrac{R_1 \psi_1 + R_2}{T_1 \psi_1 + T_2} = 1$，即：$R_1 \psi_1 + R_2 = T_1 \psi_1 + T_2$

（2）断面 I：

$\psi_1 = \cos(\theta_1 - \theta_2) - \sin(\theta_1 - \theta_2)\tan\varphi = \cos(30° - 10°) - \sin(30° - 10°)\tan\varphi$
$$= 0.94 - 0.34\tan\varphi$$

由 $R_1 \psi_1 + R_2 = T_1 \psi_1 + T_2$，得：

$$(G_1 \cos\theta_1 \tan\varphi_1 + c_1 l_1)\psi_1 + (G_2 \cos\theta_2 \tan\varphi + c_2 l_2) = G_1 \sin\theta_1 \psi_1 + G_2 \sin\theta_2$$
$$(696\cos 30° \tan\varphi + 11c) \times (0.94 - 0.34\tan\varphi) + (950\cos 10° \tan\varphi + 13.6c) =$$
$$696\sin 30°(0.94 - 0.34\tan\varphi) + 950\sin 10°$$
$$(602.8\tan\varphi + 11c) \times (0.94 - 0.34\tan\varphi) + 935.6\tan\varphi + 13.6c =$$
$$348 \times (0.94 - 0.34\tan\varphi) + 165$$

断面 II：

$$\psi_1 = \cos(35° - 10°) - \sin(35° - 10°)\tan\varphi = 0.91 - 0.42\tan\varphi$$

同理计算得：

$$(528.4\tan\varphi + 11.5c) \times (0.91 - 0.42\tan\varphi) + 1078.4\tan\varphi + 15.8c =$$
$$370 \times (0.91 - 0.42\tan\varphi) + 190.1$$

采用代入法试算得：$c = 8.0\text{kPa}$，$\varphi = 11°$

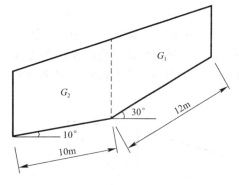

【5-79】（2010D25）根据勘察资料和变形监测结果，其滑坡体处于极限平衡状态，且可分为 2 个条块（如左图所示），每个滑块的重力、滑动面长度和倾角分别为：$G_1 = 500\text{kN/m}$，$L_1 = 12\text{m}$，$\beta_1 = 30°$；$G_2 = 800\text{kN/m}$，$L_2 = 10\text{m}$，$\beta_2 = 10°$。现假设各滑动面的内摩擦角标准值 φ 均为 $10°$，滑动稳定系数 $K_s = 1.0$，试按《建筑边坡工程技术规范》GB 50330—2013 采用传递系数法进行反分析，求滑动面的黏聚力标准值 c，其值最接近（　　）。

(A) 7.4kPa　　　　(B) 8.6kPa

(C) 10.5kPa　　　　(D) 14.5kPa

答案：A

解答过程：

根据《建筑边坡工程技术规范》GB 50330—2013 附录第 A.0.3 条：

(1) $T_1 = 500 \times \sin30° = 250\text{kN/m}$，

$$R_1 = 12c + 500 \times \cos30° \times \tan10° = 12c + 76.35$$

$T_2 = 800 \times \sin10° = 138.9\text{kN/m}$，$R_2 = 10c + 800 \times \cos10° \times \tan10° = 10c + 138.9$

$$\psi_1 = \cos(30° - 10°) - \sin(30° - 10°) \times \tan10°/1 = 0.879$$

(2) $P_1 = T_1 - R_1/F_s = 250 - (12c + 76.35)/1 = 173.65 - 12c$

$P_2 = P_1\psi_1 + T_2 - R_2/F_s = (173.65 - 12c) \times 0.879 + 138.9 - (10c + 138.9)/1$
$= 152.64 - 20.55c$

(3) $P_2 = 152.64 - 20.55c = 0 \Rightarrow c = 7.43\text{kPa}$

【5-80】（2013C25）根据勘察资料，某滑坡体可分为 2 个块段，如下图所示，每个块段的重力、滑面长度、滑面倾角及滑面抗剪强度标准值分别为：$G_1 = 700\text{kN/m}$，$L_1 = 12\text{m}$，$\beta_1 = 30°$，$\varphi_1 = 12°$，$c_1 = 10\text{kPa}$；$G_2 = 820\text{kN/m}$，$L_2 = 10\text{m}$，$\beta_2 = 10°$，$\varphi_2 = 10°$，$c_2 = 12\text{kPa}$。采用传递系数计算滑坡稳定安全系数 F_s 最接近（　　）。提示：根据《岩土工程勘察规范（2009 年版）》GB 50021—2001 作答。

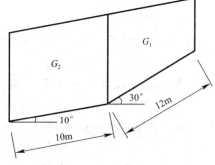

(A) 0.94　　　　(B) 1.00

(C) 1.07　　　　(D) 1.15

答案：C

解答过程：

根据《岩土工程勘察规范（2009 年版）》GB 50021—2001 第 5.2.8 条条文说明：

（1）第 1 滑块的抗滑力和下滑力：

$$R_1 = G_1 \cos\beta_1 \tan\varphi_1 + c_1 L_1 = 700 \times \cos30° \times \tan12° + 10 \times 12 = 248.86 \text{kN/m}$$
$$T_1 = G_1 \sin\beta_1 = 700 \times \sin30° = 350.000 \text{kN/m}$$

（2）第 2 滑块的抗滑力和下滑力：

$$R_2 = G_2 \cos\beta_2 \tan\varphi_2 + c_2 L_2 = 820 \times \cos10° \times \tan10° + 12 \times 10 = 262.39 \text{kN/m}$$
$$T_2 = G_2 \sin\beta_2 = 820 \times \sin10° = 142.39 \text{kN/m}$$

（3）第 1 滑块的传递系数：

$$\psi = \cos(\beta_1 - \beta_2) - \sin(\beta_1 - \beta_2)\tan\varphi_2 = \cos(30° - 10°) - \sin(30° - 10°)\tan10° = 0.879$$

（4）滑坡稳定系数：

$$F_s = \frac{R_1\psi + R_2}{T_1\psi + T_2} = \frac{248.86 \times 0.879 + 262.39}{350 \times 0.879 + 142.39} = 1.07$$

【5-81】（2016C24）某水库有一土质岸坡，主剖面及各分块面积如下图所示，潜在滑动面为土岩交界面。土的重度和抗剪强度参数如下：$\gamma_{天然} = 19 \text{kN/m}^3$，$\gamma_{饱和} = 19.5 \text{kN/m}^3$，$c_{水上} = 10 \text{kPa}$，$\varphi_{水上} = 19°$，$c_{水下} = 7 \text{kPa}$，$\varphi_{水下} = 16°$，按《岩土工程勘察规范（2009 年版）》GB 50021—2001 计算，该岸坡沿潜在滑动面计算的稳定系数最接近下列哪一个选项？（水的重度取 $\gamma = 10 \text{kN/m}^3$）

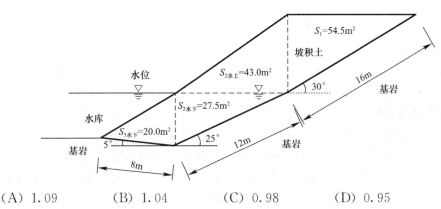

(A) 1.09　　　　(B) 1.04　　　　(C) 0.98　　　　(D) 0.95

答案：B

解答过程：

根据《岩土工程勘察规范（2009 年版）》GB 50021—2001 第 5.2.8 条条文说明：

（1）滑块一：

$$R_1 = 54.5 \times 19 \times \cos30° \times \tan19° + 10 \times 16 = 468.78 \text{kN/m}$$
$$T_1 = 54.5 \times 19 \times \sin30° = 517.75 \text{kN/m}$$
$$\psi_1 = \cos(30° - 25°) - \sin(30° - 25°)\tan16° = 0.97$$

（2）滑块二：

$$R_2 = (43 \times 19 + 9.5 \times 27.5) \times \cos25° \times \tan16° + 12 \times 7 = 364.22 \text{kN/m}$$
$$T_2 = (43 \times 19 + 9.5 \times 27.5) \times \sin25° = 455.69 \text{kN/m}$$
$$\psi_2 = \cos(25° + 5°) - \sin(25° + 5°)\tan16° = 0.72$$

（3）滑块三：

$$R_3 = 20 \times 9.5 \times \cos(-5°) \times \tan16° + 8 \times 7 = 110.27 \text{kN/m}$$

$$T_3 = 20 \times 9.5 \times \sin(-5°) = -16.56 \text{kN/m}$$

（4）$F_s = \dfrac{468.78 \times 0.97 \times 0.72 + 364.22 \times 0.72 + 110.27}{517.75 \times 0.97 \times 0.72 + 455.69 \times 0.72 - 16.56} = 1.04$

【5-82】（2018D21）某滑坡体可分为两块，且处于极限平衡状态（如下图所示），每个滑块的重力、滑动面长度和倾角分别为：$G_1 = 600 \text{kN/m}$，$L_1 = 12 \text{m}$，$\beta_1 = 35°$；$G_2 = 800 \text{kN/m}$，$L_2 = 10 \text{m}$，$\beta_2 = 20°$。现假设各滑动面的强度参数一致，其中内摩擦角 $\varphi = 15°$，滑体稳定系数 $K = 1.0$，按《建筑地基基础设计规范》GB 50007—2011，采用传递系数法进行反分析求得滑动面的黏聚力 c 最接近下列哪一选项？

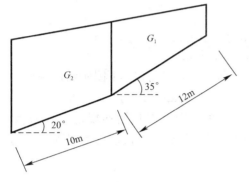

（A）7.2kPa　　　　　　（B）10.0kPa

（C）12.7kPa　　　　　　（D）15.5kPa

答案：C

解答过程：

根据《建筑地基基础设计规范》GB 50007—2011 第 6.4.2 条：

（1）滑块 1 的抗力和下滑力：

$$R_1 = N_1 \tan\varphi + cl = G_1 \cos\theta \tan\varphi + cl$$
$$= 600 \times \cos35° \times \tan15° + 12c = 131.7 + 12c$$

$$T_1 = W_1 \sin\theta = 600 \times \sin35° = 344.1$$

（2）滑块 2 的抗力和下滑力：

$$R_2 = N_2 \tan\varphi + cl = G_2 \cos\theta \tan\varphi + cl = 800 \times \cos20° \times \tan15° + 10c = 201.4 + 10c$$

$$T_2 = W_2 \sin\theta = 800 \times \sin20° = 273.6$$

（3）计算传递系数：

$$\psi_1 = \cos(35° - 20°) - \sin(35° - 20°)\tan15° = 0.9659 - 0.0694 = 0.897$$

（4）$F_1 = \gamma_t T_1 - R_1 = 1.0 \times 344.1 - (131.7 + 12c) = 212.4 - 12c$

$$F_2 = \psi_1 F_1 + \gamma_t T_2 - R_2 = 0.897 \times (212.4 - 12c) + 1.0 \times 273.6 - (201.4 + 10c) = 0 \Rightarrow$$
$$c = 12.65 \text{kPa}$$

【小注岩土点评】

本题采用令剩余下滑力 $P_2 = T_2 - R_2 + (T_1 - R_1)\psi_1 = 0$，最后的计算结果是一致的，剩余下滑力的计算公式简单移项，就可以推算出来两个滑块安全系数的计算公式：$F_s = \dfrac{R_1\psi_1 + R_2}{T_1\psi_1 + T_2}$，即为《岩土工程勘察规范（2009 年版）》GB 50021—2001 推荐的公式，若采用此式计算安全系数：$F_s = \dfrac{(131.7 + 12c) \times 0.8965 + 201.4 + 10c}{344.1 \times 0.8965 + 273.6} = 1.0 \Rightarrow c = 12.65 \text{kPa}$，结果一致。

【5-83】（2022C16）如下图所示某铁路地区滑坡体，为保证滑坡体稳定，在滑块 2 下方设置抗滑桩，桩径 1.5m，桩距 3m，滑动面以上桩长 8m。已知滑动土体重度为 18kN/m³，黏聚力为 12kPa，内摩擦角为 18°，抗滑桩受桩前滑坡体水平抗力为 1177kN/m，桩后主动土压力为 180 kN/m，桩后土体下滑参数见下表，安全系数取 1.20。按《铁路路基支挡结构设计规范》TB 10025—2019 估算单根抗滑桩应提供的支挡力最接近下列哪个选项？

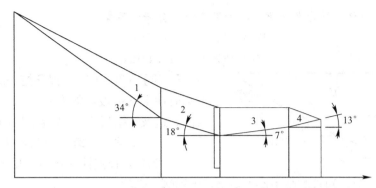

滑块编号	自重 G（kN/m）	滑面长度（m）	滑面摩擦角（°）	滑面黏聚力（kPa）
滑块1	3500	50	10	6
滑块2	1800	18	12	8

(A) 555kN　　　　(B) 885kN　　　　(C) 1115kN　　　　(D) 1355kN

答案：B

解答过程：

根据《铁路路基支挡结构设计规范》TB 10025—2019 第 13.2.3 条：

(1) 计算滑坡推力：

第 1 块：$T_1 = KW_1\sin\alpha_1 - W_1\cos\alpha_1\tan\varphi_1 - c_1l_1 \Rightarrow$

　　　　$T_1 = 1.2 \times 3500\sin34° - 3500\cos34°\tan10° - 6 \times 50 = 1536.97$kN/m

传递系数：$\psi = \cos(34° - 18°) - \sin(34° - 18°)\tan12° = 0.903$

第 2 块：$T_2 = KW_2\sin\alpha_2 + \psi T_1 - W_2\cos\alpha_2\tan\varphi_2 - c_2l_2 \Rightarrow$

　　　　$T_2 = 1.2 \times 1800\sin18° + 0.903 \times 1536.97 - 1800\cos18°\tan12° - 8 \times 18$

　　　　$= 1547.48$kN/m

(2) 根据规范第 13.2.1 条，应采用滑坡推力和土压力中的最不利荷载作为计算荷载，因此取 1547.48 和 180 二者大值进行设计计算。

(3) 抗滑桩所受水平力为：$1547.48 \times \cos18° - 1177 = 294.74$kN/m

(4) 桩间距为 3m，单根抗滑桩提供的支挡力：$294.74 \times 3 = 884.22$kN

【小注岩土点评】

①《铁路路基支挡结构设计规范》TB 10025—2019（简称《铁路支挡》）第 13.2.3 条滑坡推力的计算方法和《建筑地基基础设计规范》GB 50007—2011（简称《地规》）第 6.4.3 条第 3 款的计算方法一致，均是放大下滑力。所取安全系数略有不同，《铁路支挡》安全系数是个区间范围，一般地区可采用 1.10～1.25；《地规》安全系数和基础设计等级有关，甲级取 1.30，乙级取 1.20，丙级取 1.10。

② 第 i 个条块末端的滑坡推力 $T_i < 0$ 时，取 0 计算。

③ φ_i 取滑动面的内摩擦角，而不是滑动土体内摩擦角；c_i 取滑动面的黏聚力，而不是滑动土体黏聚力。

④ 抗滑桩锚固段以上计算荷载的选取，应取滑坡推力和土压力中的大值进行计算设计，不能同时考虑。

⑤ 审清楚选项是 kN/m 还是 kN。

⑥ 滑坡推力要换算为水平推力，如果不换算会错选答案C。

$$1547.48 - 1177 = 370.48 \text{kN/m}$$

$$370.48 \times 3 = 1111.44 \text{kN}$$

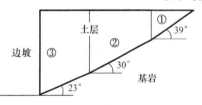

【5-84】（2017C26）拟开挖一个高度为8m的临时性土质边坡，如左图所示。由于基岩面较陡，边坡开挖后土体易沿基岩面滑动，破坏后果严重，根据《建筑边坡工程技术规范》GB 50330—2013，稳定性计算结果见下表，当按该规范的要求治理时，边坡剩余下滑力最接近下列哪一选项？

条块编号	滑面倾角 θ （°）	下滑力 T （kN/m）	抗滑力 R （kN/m）	传递系数 ψ	稳定系数 F_s
①	39.0	40.44	16.99	0.920	
②	30.0	242.62	95.68	0.940	0.450
③	23.0	277.45	138.35	—	

(A) 336kN/m　　(B) 338kN/m　　(C) 346kN/m　　(D) 362kN/m

答案：C

解答过程：

根据《建筑边坡工程技术规范》GB 50330—2013 第 A.0.3 条、第 5.3.2 条：

(1) 边坡治理前，安全系数为 0.45，反算内摩擦角：

$$\psi_1 = \cos(39° - 30°) - \frac{\sin(39° - 30°) \times \tan\varphi_2}{0.45} = 0.92 \Rightarrow \tan\varphi_2 = 0.195$$

同理：$\tan\varphi_3 = 0.194$

(2) 边坡治理后，根据规范表 3.2.1，二级边坡，$F_{st} = 1.20$

$$\psi_1 = \cos(39° - 30°) - \frac{\sin(39° - 30°) \times 0.195}{1.2} = 0.962$$

$$\psi_2 = \cos(30° - 23°) - \frac{\sin(30° - 23°) \times 0.194}{1.2} = 0.973$$

(3) $P_1 = 40.44 - \frac{16.99}{1.2} = 26.3 \text{kN/m}$，$P_2 = 26.3 \times 0.962 + 242.62 - \frac{95.68}{1.2} = 188.2 \text{kN/m}$

$$P_3 = 188.2 \times 0.973 + 277.45 - \frac{138.35}{1.2} = 345.3 \text{kN/m}$$

【5-85】（2019D20）拟开挖一个高度为12m的临时性土质边坡，边坡地层如右图所示。边坡开挖后土体易沿岩土界面滑动，破坏后果很严重。已知岩土界面抗剪强度指标 $c = 20$kPa，$\varphi = 10°$，边坡稳定性计算结果见下表。按《建筑边坡工程技术规范》GB 50330—2013 的规定，边坡剩余下滑力最接近下列哪一选项？

条块编号	滑面倾角 θ（°）	下滑力 T（kN/m）	抗滑力 R（kN/m）
①	30	398.39	396.47
②	20	887.03	729.73

（A）344kN/m　　（B）360kN/m　　（C）382kN/m　　（D）476kN/m

答案：C

解答过程：

根据《建筑边坡工程技术规范》GB 50330—2013 第 3.2.1 条、第 A.0.3 条：

（1）边坡高度 12m 的土质边坡，破坏后果很严重，查规范表 3.2.1，边坡安全等级为一级，查规范表 5.3.2，临时性边坡稳定安全系数：$F_{st}=1.25$

（2）传递系数：$\psi_1=\cos(30°-20°)-\sin(30°-20°)\tan10°/1.25=0.960$

（3）剩余下滑力：$P_1=398.39-\dfrac{396.47}{1.25}=81.21$ kN/m

$$P_2=81.21\times0.960+887.03-\frac{729.73}{1.25}=381.21\text{kN/m}$$

【小注岩土点评】

① 隐式解的应用一：计算剩余下滑力，需要将边坡稳定安全系数带入，$P_i=P_{i-1}\psi_{i-1}+T_i-R_i/F_{st}$；应用二：令剩余下滑力等于 0，反算边坡的稳定系数。

② 隐式解将抗力进行折减，更加合理。

【5-86】（2021D16）某临时建筑边坡，破坏后果严重，拟采用放坡处理，放坡后该边坡的基本情况及潜在滑动面如下图所示，潜在滑面强度参数为 $c=20$kPa，$\varphi=11°$，根据《建筑边坡工程技术规范》GB 50330—2013 判定该临时边坡放坡后的稳定状态为下列哪个选项？

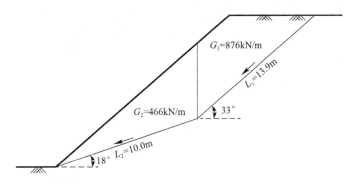

（A）不稳定　　　（B）欠稳定　　　（C）基本稳定　　　（D）稳定

答案：C

解答过程：

根据《建筑边坡工程技术规范》GB 50330—2013 第 A.0.3 条、第 5.3.1 条、第 5.3.2 条：

（1）边坡稳定系数计算

$\psi_1=\cos(\theta_1-\theta_2)-\sin(\theta_1-\theta_2)\tan\varphi_1/F_s=\cos(33°-18°)-\sin(33°-18°)\tan11°/F_s$

$=0.966-0.05/F_s$

$$P_1 = T_1 - \frac{R_1}{F_s} = G_1 \sin\theta_1 - \frac{c_1 l_1 + G_1 \cos\theta_1 \tan\varphi_1}{F_s}$$

$$= 876 \times \sin 33° - \frac{876 \times \cos 33° \times \tan 11° + 20 \times 13.9}{F_s}$$

$$= 477.1 - \frac{420.8}{F_s}$$

$$P_2 = P_1 \psi_1 + T_2 - \frac{R_2}{F_s} = \left(477.1 - \frac{420.8}{F_s}\right) \times \left(0.966 - \frac{0.05}{F_s}\right)$$

$$+ 466 \times \sin 18° - \frac{466 \times \cos 18° \times \tan 11° + 20 \times 10}{F_s}$$

令 $P_2 = 0$，计算得：$F_s = 1.15$

（2）边坡稳定性判断

破坏后果严重，查规范表 3.2.1：安全等级为二级；查规范表 5.3.2，二级临时边坡，$F_{st} = 1.2$

根据规范表 5.3.1：

$$1.05 \leqslant F_s = 1.15 < F_{st} = 1.2$$

属于基本稳定。

第三十一章　基坑支护结构内力计算

第一节　弹性支点法

弹性支点法假定支护结构为平面应变问题，将支护结构简化为竖直放在土中的弹性地基梁，土体简化为竖向的 Winkler 弹性地基，计算因基坑开挖造成支护结构内外的压力差引起的围护桩变形和内力。

《建筑基坑支护技术规程》JGJ 120—2012 采用弹性支点法计算结构支护内力。弹性支点法是弹性地基梁法中的一种方法。

弹性支点法将支护结构视作竖向放置的弹性地基梁，假定支点为弹性支点，基坑底以下按 Winkler 弹性地基梁模型，支护结构后方的土压力始终考虑为主动土压力，主动土压力按朗肯土压力计算，基坑开挖面以上的锚杆和内支撑视为弹性支座，基坑开挖面以下的土层则采用一系列弹簧进行模拟，详见下图。

其计算步骤为：

第一步，将支护结构简化为竖向的弹性地基梁，锚杆和内支撑按弹性支座考虑，计算主动土压力；

第二步，计算土反力；

第三步，根据支护结构的变形计算支座反力；

第四步，根据主动土压力、支座反力及被动区土弹簧受力，将支座反力作为外荷载，反向施加在支撑体系上。按材料力学的截面法计算围护结构的内力。

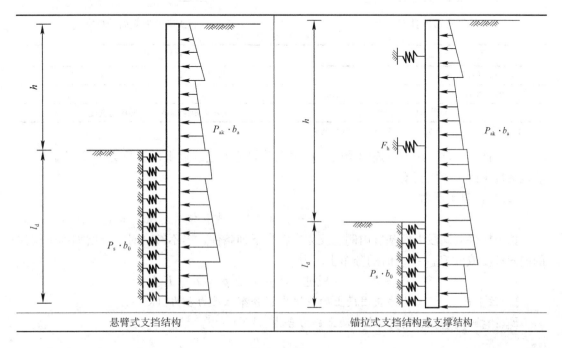

| 悬臂式支挡结构 | 锚拉式支挡结构或支撑结构 |

一、计算主动土压力

——《建筑基坑支护技术规程》第 4.1.3 条

主动土压力强度标准值可按规程有关规定确定；土压力计算宽度按下述原则确定：

（1）挡土结构采用排桩时，作用在单根支护桩上的主动土压力计算宽度 b_a 应取排桩间距。

（2）挡土构件采用地下连续墙时，作用在单幅地下连续墙上的主动土压力计算宽度 b_a 应取包括接头的单幅墙宽度。

二、计算土反力

（一）土反力的计算宽度确定

——《建筑基坑支护技术规程》第 4.1.7 条

（1）挡土结构采用排桩时，土反力计算宽度应按下列公式计算：

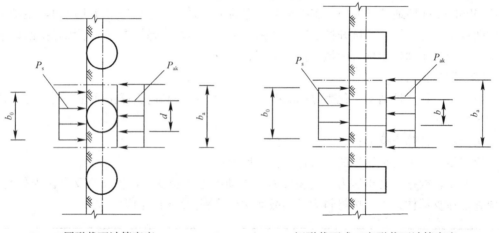

<table>
<tr><td align="center">圆形截面计算宽度</td><td align="center">矩形截面或工字形截面计算宽度</td></tr>
</table>

圆形桩		矩形桩或工字形桩	
$b_0=0.9(1.5d+0.5)$	$(d{\leqslant}1\mathrm{m})$	$b_0=1.5b+0.5$	$(b{\leqslant}1\mathrm{m})$
$b_0=0.9(d+1)$	$(d>1\mathrm{m})$	$b_0=b+1$	$(b>1\mathrm{m})$
d 为圆形桩的直径		b 为矩形桩或工字形桩的宽度	

【小注】$b_0{\leqslant}b_a$，若 $b_0>b_a$，取 $b_0=b_a$（桩间距）。

（2）挡土构件采用地下连续墙时，作用在单幅地下连续墙上的土反力计算宽度 b_0 应取包括接头的单幅墙宽度。

（二）计算土反力

——《建筑基坑支护技术规程》第 4.1.4～4.1.6 条

挡土构件嵌固段上的基坑内侧土反力应符合下列条件，当不符合时，应增加挡土构件的嵌固长度或取 $P_{sk}=E_{pk}$ 时的分布土压力。

$$P_{sk}{\leqslant}E_{pk}\Longleftarrow\text{一根桩：}P_{sk}=b_0\sum p_{si}{\leqslant}b_0\cdot E_{pk}$$

【小注】P_{sk}：挡土构件嵌固段上的基坑内侧分布土反力合力（kN）；

E_{pk}：挡土构件嵌固段上的被动土压力合力（kN）。

↑

某一计算点处分布土反力（kPa）：

$$p_{si}=k_{si}v_i+p_{s0i}$$

↑

基坑内侧土的水平反力系数（kN/m^3）：

$$k_{si}=m_i(z_i-h)$$

【小注】z_i-h＝计算点距坑底的深度。

↑

土的水平反力系数的比例系数（MN/m^4）：

$$m_i=(0.2\varphi_i^2-\varphi_i+c_i)/v_b$$

↑

初始分布土反力：

水土合算时
$$p_{s0i}=\left(\sum_{j=1}^{i}\gamma_jh_j\right)K_{a,j}$$

水土分算时
$$p_{s0i}=\left(\sum_{j=1}^{i}\gamma_jh_j-\gamma_wh_{wp}\right)K_{a,j}+\gamma_wh_{wp}=\sum_{j=1}^{i}\gamma_j'h_jK_{a,j}+\gamma_wh_{wp}$$

式中：z——计算点距地面的深度（m）；

h——计算工况下的基坑开挖深度（m）；

v_b——挡土构件在坑底处的水平位移量（mm），当 $v_b\leqslant10mm$ 时，可取 $v_b=10mm$；

v_i——挡土构件在分布土反力计算点使土体压缩的水平位移值（m）。

【5-87】（2018C18）已知某建筑基坑开挖深度 8m，采用板式结构结合一道内支撑围护，均一土层参数按 $\gamma=18kN/m^3$、$c=30kPa$、$\varphi=15°$、$m=5MN/m^4$ 考虑，不考虑地下水及地面超载作用，实测支撑架设前（开挖 1m）及开挖到坑底后围护结构侧向变形如右图所示，按弹性支点法计算围护结构在两工况（开挖至 1m 及开挖到底）间地面下 10m 处围护结构分布土反力增量绝对值最接近下列哪个选项？（假定按位移计算的嵌固段土反力标准值小于其被动土压力标准值）

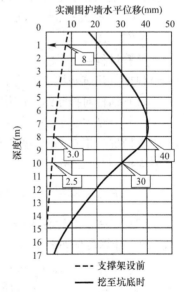

　（A）69kPa　　　　　　（B）113kPa

　（C）201kPa　　　　　　（D）1163kPa

　答案：B

　解答过程：

　根据《建筑基坑支护技术规程》JGJ 120—2012 第 4.1.4 条：

　（1）$K_a=\tan^2\left(45°-\dfrac{15°}{2}\right)=0.589$

　（2）工况一（开挖 1m）：

$$k_s=m(z-h)=5000\times(10-1)=45\times10^3kN/m^3$$

$$p_{s0}=\gamma hK_a=18\times9\times0.589=95.4kPa$$

$$p_s = k_s v + p_{s0} = 45 \times 10^3 \times 2.5 \times 10^{-3} + 95.4 = 207.9 \text{kPa}$$

（3）工况二（开挖至坑底）：

$$k_s = m(z - h) = 5000 \times (10 - 8) = 10 \times 10^3 \text{kN/m}^3$$

$$p_{s0} = \gamma h K_a = 18 \times 2 \times 0.589 = 21.2 \text{kPa}$$

$$p_s = k_s v + p_{s0} = 10 \times 10^3 \times 30 \times 10^{-3} + 21.2 = 321.2 \text{kPa}$$

（4）$\Delta p_s = 321.2 - 207.9 = 113.3 \text{kPa}$

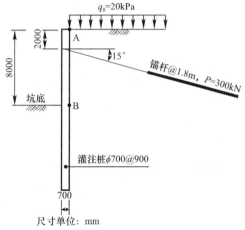

【5-88】（2022D17）某基坑开挖深度为8.0m，地面下18.0m深度内土层均为粉砂，水位位于地表下9.0m。地面均布附加荷载为20kPa，采用桩锚支护结构（如左图所示）：支护桩直径为700mm，间距为0.9m，桩长为15m；锚杆角度为15°，水平间距为1.8m，锚头位于地表下2m，锚杆预加轴向拉力值为300kN，锚杆单锚轴向刚度系数为15MN/m。基坑开挖到底时，锚头处锚杆轴向位移比锁定时增加6mm。地表处A点土压力强度为6.66kPa，坑底处B点土压力强度为57.33kPa，根据《建筑基坑支护技术规程》JGJ 120—2012，开挖到底时，坑底开挖面处灌注桩弯矩标准值最接近下列哪个选项？

（A）376kN·m　　（B）452kN·m　　（C）492kN·m　　（D）1582kN·m

答案：B

解答过程：

根据《建筑基坑支护技术规程》JGJ 120—2012第4.1.8条：

（1）锚杆对挡土结构的作用力（水平力）：

$$F_h = k_R (v_R - v_{R0}) + P_h = (15 \times 10^3 \times 6 \times 10^{-3} + 300) \times \cos15° = 376.7 \text{kN}$$

支护桩间距0.9m，锚杆水平间距1.8m，两桩一锚，因为 F_h 作用于1.8m间距，取一根支护桩0.9m分析。

$$F_{h, 0.9m} = \frac{376.7}{2} = 188.35 \text{kN}$$

（2）以一根灌注桩为研究对象，计算宽度取0.9，计算模型如图所示：

（3）锚杆力产生的弯矩：

$$188.35 \times (8 - 2) = 1130.1 \text{kN·m}$$

（4）主动土压力产生的弯矩（乘以0.9m计算宽度）：

$$\left[6.66 \times 8 \times \frac{8}{2} + (57.33 - 6.66) \times 8 \times \frac{1}{2} \times \frac{8}{3} \right]$$

$$\times 0.9 = 678.24 \text{kN·m}$$

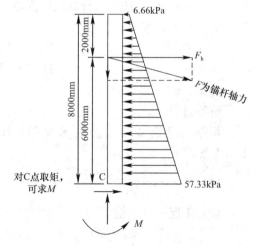

（5）灌注桩承受的弯矩：$M = 1130.1 - 678.24 = 451.86 \text{kN·m}$

【小注岩土点评】

① 设计类型题目，取挡土结构计算宽度 $b_a=0.9$m 宽度进行分析计算。此外，本题的解题关键是弹性抗力法的概念，根据弹性抗力法并结合规范第 4.1.8 条公式，计算出锚杆的轴力及水平力。

② F_h 作用于 1.8m 间距，不进行换算（未除以 2），会导致误选 D。

$$F_h \times \cos15° \times (8-2) = 390 \times \cos15° \times (8-2) = 2260.27\text{kN·m/1.8m}$$

$$\text{总弯矩} = 2260.27 - 678.24 = 1582.03\text{kN·m}$$

③ 主动土压力不换算（未乘以 0.9），会导致误选 A。

$$F_{h,0.9m} \times \cos15° \times (8-2) = 195 \times \cos15° \times (8-2) = 1130.13\text{kN·m/0.9m}$$

$$\text{总弯矩} = 1130.13 - 753.6 = 376.53\text{kN·m}$$

④ F_h 除以 2，但是忘记折算到水平方向（未乘以 $\cos15°$），会导致误选 C。

$$F_{h,0.9m} \times (8-2) = 195 \times (8-2) = 1170\text{kN·m/0.9m}$$

$$\text{总弯矩} = 1170 - 678.24 = 491.76\text{kN·m}$$

⑤ 本题解答以 C 点取距，未考虑桩宽度产生的误差，在实际工程设计中，可忽略。

⑥ 本题有条件未用上，地面超载 20kPa。根据题目条件，土压力分布，可以推出内摩擦角 $\varphi=30°$，$c=0$kPa，砂土重度 $\gamma=19$kN/m³。由于本题已属难题，计算量较大，故命题组直接给出土压力分布，假如只给土层参数及超载，本题的难度和计算量将又上一个台阶。

【5-89】（模拟题）某基坑工程（如下图所示），基坑开挖深度为 10.0m，支护桩为 $\phi800$ 钻孔灌注桩，其长度为 15m，桩中心间距为 2.0m，支撑为一道 $\phi609\times16$ 的钢管，支撑平面水平间距为 6m，采用坑内降水后，坑外地下水位位于地表下 7m，坑内地下水位位于支护桩以下，假定地下水位上、下粗砂层的 c、φ 值不变。支护桩在基坑底处的水平位移为 9mm，桩底部土体的水平位移值为 4mm，支护桩前受到的被动土压力合力为 712.5kN/m。当开挖至坑底 10m 时，计算作用于每根支护桩嵌固段的桩前土反力合力最接近（　　）。（假定桩前土反力为线性分布）

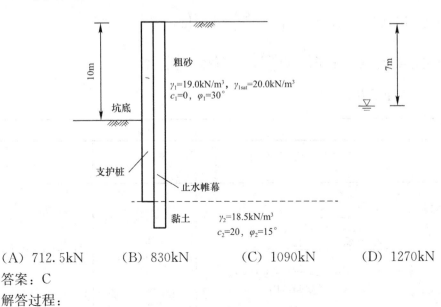

(A) 712.5kN　　　(B) 830kN　　　(C) 1090kN　　　(D) 1270kN

答案：C

解答过程：

(1) $b_0 = 0.9 \times (1.5 \times 0.8 + 0.5) = 1.53 \text{m}$

(2) $m_1 = \dfrac{0.2 \times 30^2 - 30 + 0}{10} = 15 \text{MN/m}^4 \Rightarrow k_{s1} = 15000 \times (10 - 10) = 0 \text{kN/m}^3$

$m_2 = \dfrac{0.2 \times 30^2 - 30 + 0}{10} = 15 \text{MN/m}^4 \Rightarrow k_{s2} = 15000 \times (15 - 10) = 75000 \text{kN/m}^3$

(3) $K_a = \tan^2 \left(45° - \dfrac{30°}{2}\right) = \dfrac{1}{3}$

$$p_{s01} = 19 \times 0 \times \dfrac{1}{3} = 0 \text{kPa}$$

$$p_{s02} = 19 \times 5 \times \dfrac{1}{3} = 31.7 \text{kPa}$$

(4) 坑底：$p_{s1} = 0 \times 0.009 + 0 = 0 \text{kPa}$

桩端：$p_{s2} = 75000 \times 0.004 + 31.7 = 331.7 \text{kPa}$

(5) $P_{sk} = \dfrac{1}{2} \times (0 + 331.7) \times 5 \times 1.53 = 1268.75 \text{kN/m}$

(6) $P_{sk} < E_{pk} = 712.5 \times 1.53 = 1090.1 \text{kN}$，取 $P_{sk} = 1090 \text{kN}$

【5-90】（模拟题）已知某基坑开挖深度为 5m，采用悬臂式排桩支护，桩径为 0.7m，桩间距为 1.2m，嵌固深度为 5.0m。场地土为均质黏性土 $\gamma = 18 \text{kN/m}$，$\varphi = 20$，$c = 10 \text{kPa}$，不考虑地下水与超载作用。实测基坑底面处的支护结构水平位移值为 7mm，排桩底处水平位移值为 2mm。根据《建筑基坑支护技术规程》JGJ 120—2012 弹性支点法求单根支护桩嵌固段上计算宽度内的土反力最接近（　　）。（土反力强度可近似为直线分布）

(A) 342kN　　　　(B) 359kN　　　　(C) 417kN　　　　(D) 451kN

答案：A

解答过程：

(1) 主动土压力系数：$K_a = \tan^2 \left(45 - \dfrac{\varphi}{2}\right) = \tan^2 \left(45 - \dfrac{20}{2}\right) = 0.49$

被动土压力系数：$K_p = \tan^2 \left(45 + \dfrac{\varphi}{2}\right) = \tan^2 \left(45 + \dfrac{20}{2}\right) = 2.04$

(2) 初始分布土反力 p_s：

计算位置	$k_s v$	p_{s0}	p_s
基坑底	$k_s = m(z - h) = m(5 - 5) = 0$ $k_s v = 0$	0	0
桩底	$m = \dfrac{0.2\varphi^2 - \varphi + c}{v_b}$ $= \dfrac{0.2 \times 20^2 - 20 + 10}{10} = 7 \text{MN/m}^4$ $k_s = m(z - h) = 7(10 - 5) = 35 \text{MN/m}^3$ $k_s v = 35 \times 2 = 70 \text{kPa}$	$\gamma h K_a = 18 \times 5 \times 0.49$ $= 44.1 \text{kPa}$	$70 + 44.1 = 114.1 \text{kPa}$

（3）挡土构件嵌固段上的基坑内侧土反力标准值 P_{sk}

排桩的土反力计算宽度：

$$d=0.7<1.0,\ b_0=0.9(1.5d+0.5)=0.9(1.5\times0.7+0.5)$$

$$=1.395\mathrm{m}>1.2\mathrm{m}，取 1.2\mathrm{m}$$

$$P_{sk}=\frac{1}{2}\times114.1\times5\times1.2=342.3\mathrm{kN}$$

（4）与被动土压力 E_{pk} 比较：

基坑底：$2c\sqrt{K_p}=2\times10\times\sqrt{2.04}=28.57\mathrm{kPa}$

桩底：$\gamma hK_p+2c\sqrt{K_p}=18\times5\times2.04+2\times10\times\sqrt{2.04}=212.17\mathrm{kPa}$

$$E_{pk}=\frac{28.57+212.17}{2}\times5\times1.2=722.22\mathrm{kN}$$

$$P_{sk}=342.3\mathrm{kN}<E_{pk}=722.22\mathrm{kN}$$

（三）双排桩的土反力

——《建筑基坑支护技术规程》第 4.12.2～4.12.4 条

双排桩结构可采用如下图所示的平面刚架结构模型进行计算。

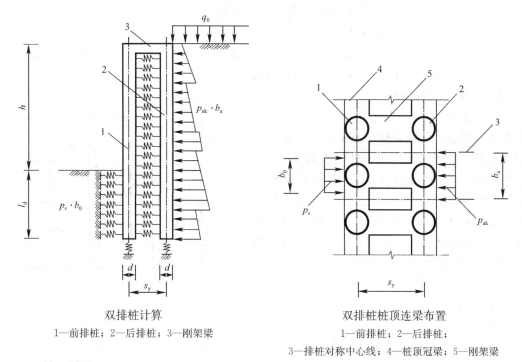

双排桩计算

1—前排桩；2—后排桩；3—刚架梁

双排桩桩顶连梁布置

1—前排桩；2—后排桩；

3—排桩对称中心线；4—桩顶冠梁；5—刚架梁

1. 前后排桩

计算宽度：作用在单根后排支护桩上的主动土压力计算宽度应取排桩间距，土反力计算宽度应按本规程第 4.1.7 条的规定取值。

力：作用在后排桩上的主动土压力应按本规程第 3.4 节的规定计算，前排桩嵌固段上的土反力应按本规程第 4.1.4 条确定，即为本书上条目（二）。

2. 前、后排桩的桩间土体对桩侧的压力

（1）前、后排桩间土的"水平刚度系数" k_{ci}

$$k_{ci} = \frac{E_{si}}{s_y - d}$$

式中：E_{si}——计算点 i 处，前、后排桩间土的压缩模量（kPa）；

s_y——双排桩的排距（m）；

d——桩的直径（m）。

（2）前、后排桩间土对桩侧的"初始"侧压力 p_{c0i}

$$p_{c0i} = (2\alpha - \alpha^2) \cdot p_{aki}$$

式中：α——计算系数，计算如下：

$$\alpha = \frac{s_y - d}{h \cdot \tan\left(45° - \dfrac{\varphi_m}{2}\right)} \quad （当计算的 \alpha \geqslant 1 时，取 \alpha = 1）$$

φ_m——基坑底面以上，各土层按厚度加权平均的等效内摩擦角（°）；

p_{aki}——基坑外侧，计算点 i 深度处的主动土压力强度标准值（kPa），如下：

$$p_{aki} = (\sum \gamma_i' \cdot h_i + \Delta \sigma_k) \cdot K_{ai} - 2 \cdot c_i \cdot \sqrt{K_{ai}} + \gamma_w \cdot h_w（水土分算）$$

$$p_{aki} = (\sum \gamma_i' \cdot h_i + \Delta \sigma_k) \cdot K_{ai} - 2 \cdot c_i \cdot \sqrt{K_{ai}}（水土合算）$$

（3）计算深度处，前、后排桩间土对桩侧的压力 p_{ci}

$$p_{ci} = k_{ci} \cdot \Delta v_i + p_{c0i}（某一点处的压力，单位为 kPa）$$

式中：Δv_i——计算点 i 处的前、后排桩的水平位移差值（m），当其相对位移减小时，Δv_i 为正值；当其相对位移增大时，取 $\Delta v_i = 0$。

【小注】后排桩位移＞前排桩位移，为挤压，Δv_i 为正值。

【5-91】（模拟题）某基坑深度为 8m，由于周边环境限制，采用双排桩支护，其支护断面图及地层参数如右图所示。桩径均为 800mm，已知前排桩（基坑内侧）水平位移为 15mm，后排桩水平位移为 26mm，试问：按照《建筑基坑支护技术规程》JGJ 120—2012 计算，桩端处桩间土对前、后排桩的侧压力最接近下列哪个选项的数值？（单位：kPa）

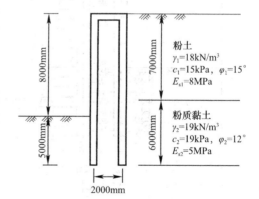

(A) 120　　(B) 106　　(C) 90　　(D) 75

答案：C

解答过程：

根据《建筑基坑支护技术规程》JGJ 120—2012 第 4.12.2～4.12.4 条：

（1）桩间土水平刚度系数计算

$$k_c = \frac{E_s}{s_y - d} = \frac{5 \times 10^3}{2 - 0.8} = 4166.7 \text{kN/m}^3$$

（2）桩间土对桩侧的初始压力计算

$$K_{a2} = \tan^2\left(45° - \frac{12°}{2}\right) = 0.656$$

$$p_{ak} = \gamma h K_{a2} - 2c\sqrt{K_{a2}} = [7 \times 18 + 6 \times 19] \times 0.656 - 2 \times 19 \times \sqrt{0.656} = 126.7 \text{kPa}$$

$$\varphi_{\mathrm{m}} = \frac{7 \times 15° + 1 \times 12°}{8} = 14.6°$$

$$\alpha = \frac{s_{\mathrm{y}} - d}{h \cdot \tan(45° - \varphi_{\mathrm{m}}/2)} = \frac{2 - 0.8}{8 \times \tan(45° - 14.6°/2)} = 0.194$$

$$p_{\mathrm{c0}} = (2\alpha - \alpha^2)p_{\mathrm{ak}} = (2 \times 0.194 - 0.194^2) \times 126.7 = 44.39\mathrm{kPa}$$

（3）桩间土对桩侧的压力计算

$$p_{\mathrm{c}} = k_{\mathrm{c}} \cdot \Delta v + p_{\mathrm{c0}} = 4166.7 \times (26 - 15) \times 10^{-3} + 44.39 = 90.2\mathrm{kPa}$$

三、根据支护结构的变形计算支座反力

（一）计算支座反力

——《建筑基坑支护技术规程》第4.1.8条

锚杆和内支撑对挡土结构的作用力应按下式确定：

$$F_{\mathrm{h}} = k_{\mathrm{R}}(v_{\mathrm{R}} - v_{\mathrm{R0}}) + P_{\mathrm{h}}$$

式中：F_{h}——挡土结构计算宽度 b_{a} 内的弹性支点水平反力（kN）；

k_{R}——挡土结构计算宽度 b_{a} 内的弹性支点刚度系数（kN/m）；

v_{R}——挡土构件在支点处的水平位移值（m）；

v_{R0}——支点处的初始水平位移值（m）；

P_{h}——挡土构件在计算宽度 b_{a} 内的法向预加力（kN）。

（二）计算法向预加力

——《建筑基坑支护技术规程》第4.1.8条

计算条件	P_{h} 取值
采用锚杆或竖向斜撑	$P_{\mathrm{h}} = P \cdot \cos\alpha \cdot b_{\mathrm{a}}/s$，$P$ 宜取 $0.75N_{\mathrm{k}} \sim 0.9N_{\mathrm{k}}$
水平对撑	$P_{\mathrm{h}} = P \cdot b_{\mathrm{a}}/s$，$P$ 宜取 $0.5N_{\mathrm{k}} \sim 0.8N_{\mathrm{k}}$
不预加轴向压力的支撑	0

式中：P——锚杆的预加轴向拉力值或支撑的预加轴向压力值。

N_{k}——锚杆轴向拉力标准值或支撑轴向压力值。

b_{a}——挡土结构计算宽度，对单根支护桩，取排桩间距；对单幅地下连续墙取包括接头的单幅墙宽度。

s——锚杆或支撑的水平间距。

（三）弹性支点刚度系数 k_{R}

——《建筑基坑支护技术规程》第4.1.9条、第4.1.10条

支护结构	取值条件	k_{R} 取值
锚杆	锚杆抗拔试验	$$k_{\mathrm{R}} = \frac{(Q_2 - Q_1)b_{\mathrm{a}}}{(s_2 - s_1)s}$$ 式中：Q_1、Q_2——锚杆循环荷或逐级加荷试验中，$Q\text{-}s$ 曲线上对应锚杆锁定值与轴向拉力标准值的荷载值（kN）；对锁定前进行预张拉的锚杆，应取循环荷载试验中在相当于预张拉荷载的加载量下卸载后的再加载曲线上的荷载值。 s_1、s_2——$Q\text{-}s$ 曲线上对应于荷载为 Q_1、Q_2 的锚头位移值（m）。 b_{a}——结构计算宽度（m）。 s——锚杆水平间距（m）

续表

支护结构	取值条件	k_R 取值
锚杆	缺少试验时	$$k_R = \frac{3E_s E_c A_p A b_a}{[3E_c A l_f + E_s A_p(l-l_f)]s}$$ $$E_c = \frac{E_s A_p + E_m(A-A_p)}{A}$$ 式中：E_s——锚杆杆体的弹性模量（kPa）； E_c——锚杆的复合弹性模量（kPa）； A_p——锚杆杆体的截面面积（m²）； A——注浆固结体的截面面积（m²）； l_f——锚杆的自由段长度（m）； l——锚杆长度（m）； E_m——注浆固结体的弹性模量（kPa）
支撑	水平对撑，当支撑腰梁或冠梁的挠度可忽略不计时	$$k_R = \frac{\alpha_R E A b_a}{\lambda l_0 s}$$ 式中：λ——支撑不动点调整系数：支撑两对边基坑的土性、深度、周边荷载等条件相近，且分层对称开挖时，取 $\lambda=0.5$；支撑两对边基坑的土性、深度、周边荷载等条件或开挖时间有差异时，对土压力较大或先开挖的一侧，取 $\lambda=0.5\sim1.0$，且差异大时取大值，反之取小值；对土压力较小或后开挖的一侧，取 $(1-\lambda)$；当基坑一侧取 $\lambda=1$ 时，基坑另一侧应按固定支座考虑；对竖向斜撑构件，取 $\lambda=1$。 α_R——支撑松弛系数，对混凝土支撑和预加轴向压力的钢支撑，取 $\alpha_R=1.0$；对不预加轴向压力的钢支撑，取 $\alpha_R=0.8\sim1.0$。 E——支撑材料的弹性模量（kPa）。 A——支撑截面面积（m²）。 l_0——受压支撑构件的长度（m）。 s——支撑水平间距（m）

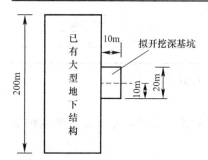

【5-92】（2014D23）紧邻某长 200m 大型地下结构中部的位置新开挖一个深 9m 的基坑，基坑长 20m、宽 10m。新开挖基坑采用地下连续墙支护，在长边的中部设支撑一层，支撑一端支于已有地下结构中板位置，支撑截面为高 0.8m、宽 0.6m，平面位置如左图虚线所示，采用 C30 钢筋混凝土，设其弹性模量 $E=30$GPa，采用弹性支点法计算连续墙的受力，取单位宽度作为计算单元，支撑的支点刚度系数最接近下列哪个选项？

（A）72MN/m　　　（B）144MN/m　　　（C）288MN/m　　　（D）360MN/m

答案：B

解答过程：

根据《建筑基坑支护技术规程》JGJ 120—2012 第 4.1.10 条：

$$k_R = \frac{\alpha_R E A b_a}{\lambda l_0 s} = \frac{1.0 \times 30 \times 10^3 \times 0.8 \times 0.6 \times 1.0}{1.0 \times 10 \times 10} = 144\text{MN/m}$$

【小注岩土点评】

① 基坑的另一侧为大型地下结构，可视为固定支座，另一侧取 $\lambda=1.0$。若两侧的条件相近，对称开挖，两侧均取 $\lambda=0.5$。

② 支撑的水平间距为 10m，支撑从无到位于基坑中点的位置，$s=10$m。

第二节　等值梁法

——《建筑边坡工程技术规范》附录 F

等值梁法的定义：属于极限平衡法，一般将主动土压力与被动土压力强度相等的点（即净土压力零点）近似看作为零弯矩点，因此可在净土压力零点的地方将桩断开，将超静定梁简化为简支梁来计算。

如图（a）所示，一端固定、一端简支的梁，受到均布荷载作用，该梁的弯矩图如图（b）所示、挠度图如图（c）所示。将梁 AD 在反弯点 C 处截断（因为 C 处弯矩为 0），并设简单支承于截断处，如图（d）所示，则梁 A'C' 的弯矩与原梁 AC 段的弯矩相同，称 A'C' 为 AC 的等值梁，将超静定梁简化为简支梁来计算。

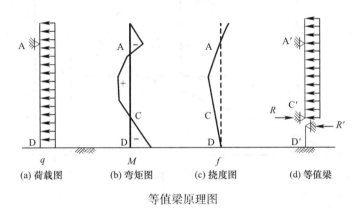

(a) 荷载图　　(b) 弯矩图　　(c) 挠度图　　(d) 等值梁

等值梁原理图

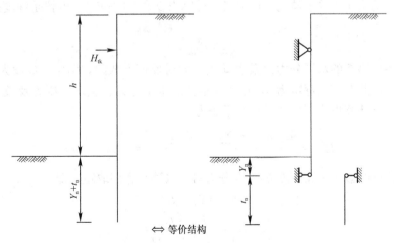

⟺ 等价结构

通过求解 A'C' 的支座反力 R，即梁 C'D' 的支座反力 R'_c，由此可以求得 C'D' 梁的其他未知量（嵌固深度）。

缺点：不能反映支护结构的变形情况，在某些情况下，尤其对于多支点结构，内力计算差别较大，因此《建筑基坑支护技术规程》JGJ 120—2012 取消了该方法，取而代之是弹性支点法，但《建筑边坡工程技术规范》GB 50330—2013 仍保留了此方法。为了相互对比，因此在这里介绍。

当立柱嵌入深度较大或岩层或坡脚土体较坚硬时，可视立柱下端为固定端，按等值梁法计算。

在边坡计算时，将锚杆处假定为不动的连杆支座（即不动的铰支座）。计算出桩（墙）两侧的土压力（主动土压力及被动土压力）、水压力及其分布后，计算作用在桩（墙）上的荷载，计算出土压力零点（近视弯矩零点，也称反弯点）距基坑底的距离，根据上述等值梁计算法的基本原理，将土压力零点视为等值梁的一个铰支点，按力矩平衡法计算支护构件各点的内力。

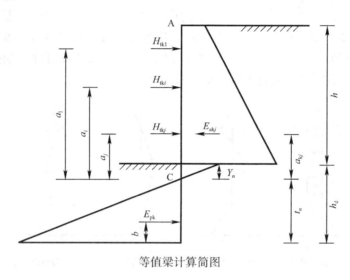

等值梁计算简图

计算步骤：

（1）当主动土压力等于被动土压力时，计算出反弯点的位置，也就是深度距基坑底的距离 Y_n。

$$e_{ak} - e_{pk} = 0$$

（2）用各层锚杆的水平分力以及主动土压力对反弯点取距，图中 AC 段为等值梁，C点为铰支点，因此在该点弯矩为 0，用各层锚杆的水平分力、主动土压力及被动土压力对反弯点取距，可计算出第 j 层的锚杆水平分力：

$$H_{tkj} = \frac{E_{akj} a_{kj} - \sum_{i=1}^{j-1} H_{tkj} a_i}{a_{aj}} (j = 1, 2, 3 \cdots, n)$$

（3）计算桩的最小嵌固深度 h_d，各分力对桩（墙）底部取距，即：

$$h_d = Y_n + t_n$$

$$t_n = \frac{E_{pk} \cdot b}{E_{ak} - \sum_{i=1}^{n} H_{tkj}}$$

需注意的是，嵌固深度 h_r 还需满足《建筑边坡工程技术规范》GB 50330—2013 中附录 F 中计算要求，即：

$$h_r = \xi h_d$$

其中，ξ 为嵌入深度增大系数，对于一、二、三级边坡，分别为 1.50、1.40 和 1.30。

计算挡墙后的侧向土压力 E_{ak} 时，土压力计算宽度

坡脚地面以上部分	取立柱间的水平距离
坡脚地面以下部分	肋柱取 $1.5b+0.5$；桩取 0.90 $(1.5d+0.50)$（b 为肋柱宽度，d 为桩径）

【小注】① 最大弯矩发生在剪力为零处，即主动土压力合力＝被动土压力合力的点（$E_{ak}=E_{pk}$）；

② 最大剪力发生在弯矩为零处，即反弯点＝等值点＝弯矩为零点，主动土压力强度＝被动土压力强度的点（$e_{ak}=e_{pk}$）。

【5-93】（2014C19）某直立黏性土边坡，采用排桩支护，坡高 6m，无地下水，土层参数 $c=10\text{kPa}$，$\varphi=20°$，重度为 18kN/m^3，地面均布荷载 $q=20\text{kPa}$，在 3m 处设置一排锚杆，根据《建筑边坡工程技术规范》GB 50330—2013 相关要求，按等值梁法计算排桩反弯点到坡脚的距离最接近下列哪个选项？

(A) 0.55m　　　(B) 0.65m　　　(C) 0.72m　　　(D) 0.93m

答案：C

解答过程：

根据《建筑边坡工程技术规范》GB 50330—2013 附录 F：

（1）主动土压力系数：$K_a=\tan^2\left(45°-\dfrac{\varphi}{2}\right)=\tan^2\left(45°-\dfrac{20°}{2}\right)=0.49$

被动土压力系数：$K_p=\tan^2\left(45°+\dfrac{\varphi}{2}\right)=\tan^2\left(45°+\dfrac{20°}{2}\right)=2.04$

（2）设反弯点到基坑底面的距离为 Y_n，反弯点处的主动土压力强度：

$$e_{ak}=\left[\gamma(Y_n+6)+q\right]K_a-2c\sqrt{K_a}$$
$$=\left[18\times(Y_n+6)+20\right]\times0.49-2\times10\times\sqrt{0.49}$$
$$=8.82Y_n+48.72$$

反弯点处的被动土压力强度：

$$e_{pk}=\gamma Y_n K_p+2c\sqrt{K_p}=18\times Y_n\times2.04+2\times10\times\sqrt{2.04}=36.72Y_n+28.57$$

（3）反弯点处：$e_{ak}=e_{pk}\Rightarrow8.82Y_n+48.72=36.72Y_n+28.57\Rightarrow Y_n=0.72\text{m}$

【5-94】（2020D16）如右图所示，某均匀无黏性土边坡高 6m，无地下水，采用悬臂式桩板墙支护，支护桩嵌固到土中 12m。已知土体重度 $\gamma=20\text{kN/m}^3$，黏聚力 $c=0$，内摩擦角 $\varphi=25°$。假定支护桩被动区嵌固反力、主动区主动土压力均采用朗肯土压力理论进行计算，且土反力、主动土压力计算宽度均取为 $b=2.5\text{m}$。试计算该桩板墙桩身最大弯矩最接近下列哪个选项？

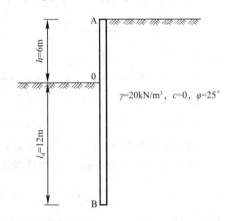

(A) 1375kN·m　　(B) 2075kN·m

(C) 2250kN·m　　(D) 2565kN·m

答案：B

解答过程：

根据《建筑边坡工程技术规范》GB 50330—2013 附录 F：

（1）剪切应力为零点的计算深度：

$$K_a = \tan^2\left(45° - \frac{25°}{2}\right) = 0.406；K_p = \tan^2\left(45° + \frac{25°}{2}\right) = 2.464$$

$$E_a = \frac{1}{2} \times 20 \times (6+z)^2 \times 0.406 = 4.06 \times (6+z)^2$$

$$E_p = \frac{1}{2} \times 20 \times z^2 \times 2.464 = 24.64 \times z^2$$

$$E_a = E_p \Rightarrow 4.06 \times (6+z)^2 = 24.64 \times z^2 \Rightarrow z = 4.1\text{m}$$

（2）最大弯矩：

$$E_a = E_p = 4.06 \times (6+4.1)^2 = 414.2\text{kN/m}$$

$$M = 414.2 \times \left(\frac{6+4.1}{3} - \frac{4.1}{3}\right) \times 2.5 = 2071\text{kN} \cdot \text{m}$$

第三节　静力平衡法

——《建筑边坡工程技术规范》附录 F

对板肋式及桩锚式挡墙，当立柱（肋柱和桩）嵌入深度较小或坡脚土体较软弱时，可视立柱下端为自由端，按静力平衡法计算。并需满足以下几个条件：

（1）采用从上到下的逆作法施工；

（2）假定上部锚杆施工后开挖下部边坡时，上部分的锚杆内力保持不变；

（3）立柱在锚杆处为不动点。

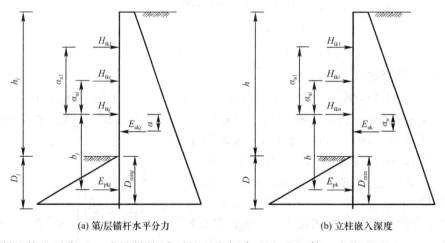

(a) 第 j 层锚杆水平分力　　　　　(b) 立柱嵌入深度

所谓的静力平衡法：支挡结构受到的左右侧合力大小相等、方向相反。

（1）锚杆水平分力可按下式计算：

即：水平向受力平衡，总锚杆拉力＝主动土压力－被动土压力。

$$H_{tkj} = E_{akj} - E_{pkj} - \sum_{i=1}^{j-1} H_{tki}\quad(j = 1,2,\cdots n)$$

式中：H_{tki}、H_{tkj}——相应于作用的标准组合时，第 i、j 层锚杆水平分力（kN）；

E_{akj}——相应于作用的标准组合时，挡墙后侧向主动土压力合力（kN）；

E_{pkj}——相应于作用的标准组合时，坡脚地面以下挡墙前侧向被动土压力合力（kN）；

n——沿边坡高度范围内设置的锚杆总层数。

（2）最小嵌入深度 D_{min} 可按下式计算确定：

即：各水平力对 H_{tkn} 位置取力矩平衡，锚杆总力矩＝主动土压力力矩－被动土压力力矩。

$$E_{pk}b - E_{ak}a_n - \sum_{i=1}^{n} H_{tki}a_{ai} = 0$$

式中：E_{ak}——相应于作用的标准组合时，挡墙后侧向主动土压力合力（kN）；

　　　E_{pk}——相应于作用的标准组合时，挡墙前侧向被动土压力合力（kN）；

　　　a_{ai}——H_{tki} 作用点到 H_{tkn} 的距离（m）；

　　　a_n——E_{ak} 作用点到 H_{tkn} 的距离（m）；

　　　b——E_{pk} 作用点到 H_{tkn} 的距离（m）。

（3）立柱设计嵌入深度 h_r 可按下式计算：

$$h_r = \xi h_{r1}$$

式中：ξ——立柱嵌入深度增大系数，对一、二、三级边坡分别为 1.50、1.40、1.30；

　　　h_r——立柱设计嵌入深度（m）；

　　　h_{r1}——挡墙最低一排锚杆设置后，开挖高度为边坡高度时立柱的最小嵌入深度（m）。

（4）立柱的内力可根据锚固力和作用于支护结构上的侧压力按常规方法计算。

【小注岩土点评】

① 静力平衡法和等值梁法可用于计算锚杆水平分力 H，当立柱入土深度较小或坡脚土体较软弱时，按静力平衡法计算；当立柱入土深度较大或岩层或坡脚土体较坚硬时，按等值梁法计算。

② 现行《建筑基坑支护技术规程》JGJ 120—2012 采用弹性支点法和静力平衡法计算，不采用等值梁法，《建筑边坡工程技术规范》GB 50330—2013 采用静力平衡法和等值梁法。

【5-95】（2016D22）如下图所示，某安全等级为一级的深基坑工程采用桩撑支护结构、侧壁落底式止水帷幕和坑内深井降水。支护桩为 $\phi800$ 钻孔灌注桩，其长度为 15m，支撑为一道 $\phi609 \times 16$ 的钢管，支撑平面水平间距为 6m，采用坑内降水后，坑外地下水位位于地表下 7m，坑内地下水位位于基坑底面处，假定地下水位上、下粗砂层的 c、φ 值不变，计算得到作用于支护桩上主动侧的总压力值为 900kN/m，根据《建筑基坑支护技术规程》JGJ 120—2012，若采用静力平衡法计算单根支撑轴力设计值，该值最接近下列哪个数值？

（A）1800kN　　　（B）2400kN　　　（C）3000kN　　　（D）3300kN

答案：D

解答过程：

根据《建筑基坑支护技术规程》JGJ 120—2012 第 3.1.7 条、第 3.4.2 条：

（1）$K_p = \tan^2\left(45° + \dfrac{30°}{2}\right) = 3$，$E_{pk} = \dfrac{1}{2} \times 10 \times 5^2 \times 3 + \dfrac{1}{2} \times 10 \times 5^2 = 500$kN/m

（2）$N_k = 6 \times (900 - 500) = 2400$kN

（3）$N = 2400 \times 1.25 \times 1.1 = 3300$kN

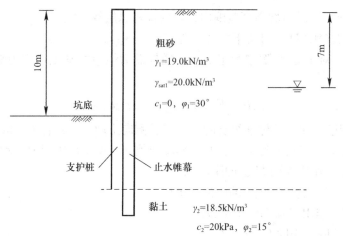

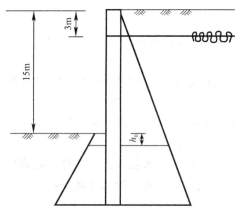

【5-96】（2008D22 改）如左图所示，在均匀砂土地基上开挖深度 15m 的边坡，采用间隔式排桩＋单排锚杆支护，桩径为 1000mm，桩距为 1.6m，一桩一锚。锚杆距地面 3m，已知该砂土的重度 $\gamma=20\text{kN/m}^3$，$\varphi=30°$，无地面荷载。按照《建筑边坡工程技术规范》GB 50330—2013 等值梁法计算的锚杆水平力标准值 T_{c1} 最接近（   ）。

(A) 450kN   (B) 500kN

(C) 550kN   (D) 600kN

答案：D

解答过程：

(1) $K_a=\tan^2\left(45°-\dfrac{30°}{2}\right)=\dfrac{1}{3}$，$K_p=\tan^2\left(45°+\dfrac{30°}{2}\right)=3$

(2) 设反弯点距基坑底 h_0，反弯点处：

则：$20\times(h+h_0)K_a=20\times h_0 K_p$

即：$20\times(15+h_0)\times\dfrac{1}{3}=20\times h_0\times3$，解得：$h_0=1.875\text{m}$

(3) 反弯点上部：

$$E_a=\frac{1}{2}\gamma h^2 K_a=\frac{1}{2}\times20\times(15+1.875)^2\times\frac{1}{3}=949.2\text{kN/m}$$

$$E_p=\frac{1}{2}\gamma h_c^2 K_p=\frac{1}{2}\times20\times1.875^2\times3=105.5\text{kN/m}$$

(4) 根据反弯点弯矩平衡：

$$T_{c1}=\frac{h_{a1}\sum E_{ac}-h_{p1}\sum E_{pc}}{h_{t1}+h_{c1}}=\frac{949.2\times\dfrac{15+1.875}{3}-105.5\times\dfrac{1.875}{3}}{15-3+1.875}=380.1\text{kN}$$

(5) $T_{c1}'=T_{c1}\times1.6=380.1\times1.6=608.16\text{kN}$

第三十二章 支挡结构设计

第一节 重力式挡墙和重力式水泥土墙

一、抗滑移稳定性

计算方法	计算原理：$F_s=$抗滑力/滑动力
	计算公式及说明
重力式挡墙（根据《建筑边坡工程技术规范》GB 50330—2013 第11.2.3条整理）	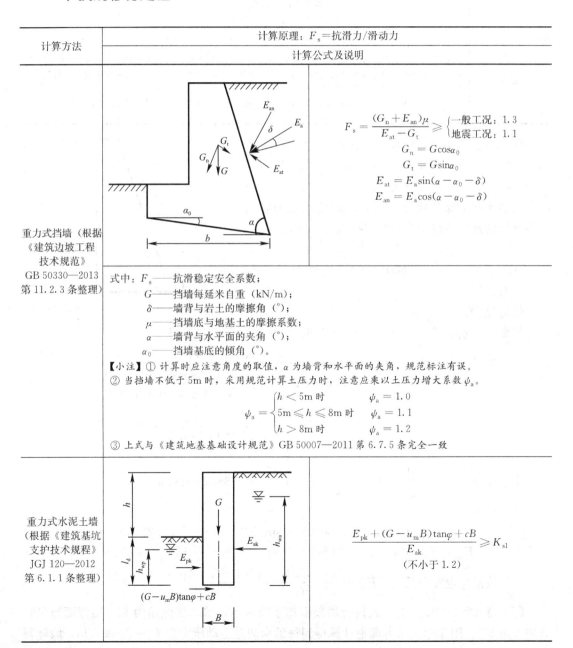 $$F_s=\frac{(G_n+E_{an})\mu}{E_{at}-G_t}\geqslant\begin{cases}一般工况：1.3\\地震工况：1.1\end{cases}$$ $$G_n=G\cos\alpha_0$$ $$G_t=G\sin\alpha_0$$ $$E_{at}=E_a\sin(\alpha-\alpha_0-\delta)$$ $$E_{an}=E_a\cos(\alpha-\alpha_0-\delta)$$

式中：F_s——抗滑稳定安全系数；

  G——挡墙每延米自重（kN/m）；

  δ——墙背与岩土的摩擦角（°）；

  μ——挡墙底与地基土的摩擦系数；

  α——墙背与水平面的夹角（°）；

  α_0——挡墙基底的倾角（°）。

【小注】① 计算时应注意角度的取值，α 为墙背和水平面的夹角，规范标注有误。

② 当挡墙不低于5m时，采用规范计算土压力时，注意应乘以土压力增大系数 ψ_a。

$$\psi_a=\begin{cases}h<5m\ 时 & \psi_a=1.0\\5m\leqslant h\leqslant 8m\ 时 & \psi_a=1.1\\h>8m\ 时 & \psi_a=1.2\end{cases}$$

③ 上式与《建筑地基基础设计规范》GB 50007—2011 第6.7.5条完全一致

重力式水泥土墙（根据《建筑基坑支护技术规程》JGJ 120—2012 第6.1.1条整理）	$$\frac{E_{pk}+(G-u_mB)\tan\varphi+cB}{E_{ak}}\geqslant K_{s1}$$ （不小于1.2）

续表

计算方法	计算原理：F_s＝抗滑力/滑动力
	计算公式及说明
重力式水泥土墙（根据《建筑基坑支护技术规程》JGJ 120—2012第6.1.1条整理）	式中：K_{sl}——抗滑移安全系数，其值不应小于1.2。 E_{ak}、E_{pk}——分别为水泥土墙上的主动土压力、被动土压力（kN/m）。 G——水泥土墙的自重（kN/m），如在地下水位以下，勿用有效重度。 u_m——水泥土墙底面上的水压力（kPa）：水泥土墙位于含水层时，可取 $u_m＝\gamma_w(h_{wa}+h_{wp})/2$；在地下水位以上时，取 $u_m＝0$。 c、φ——分别为水泥土墙底面以下土层的黏聚力（kPa）、内摩擦角（°）。 B——水泥土墙的底面宽度（m）。 h_{wa}——基坑外侧水泥土墙底处的压力水头（m）。 h_{wp}——基坑内侧水泥土墙底处的压力水头（m）
对比	【小注】① 重力式挡墙的抗滑力中未考虑黏聚力 c，区别于重力式水泥土墙，因为前者埋置深度较浅，且一般是为了获得较大的摩擦系数 μ，设计中一般都要将基底一定深度范围的土进行换填，换成摩擦系数 μ 更大的级配碎石。 ② 重力式挡墙抗滑移公式中未考虑水的问题，而重力式水泥土墙抗滑移公式中包括水

【5-97】（2010D18）某重力式挡土墙如右图所示，墙重为767kN/m，墙后填砂土，$\gamma＝17$kN/m³，$c＝0$，$\varphi＝32°$；墙底与地基间的摩擦系数 $\mu＝0.5$；墙背与砂土间的摩擦角 $\delta＝16°$，用库伦土压力理论计算此墙的抗滑稳定安全系数最接近（　　）。

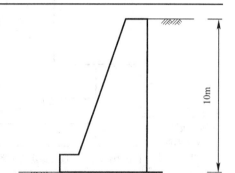

(A) 1.23　　　　　(B) 1.83

(C) 1.68　　　　　(D) 1.60

答案：B

解答过程：

根据《建筑地基基础设计规范》GB 50007—2011 第6.7.5条：

(1) 主动土压力系数：

$$K_a＝\frac{\cos^2(\varphi-a)}{\cos^2\alpha\cos(\alpha+\delta)\left[1+\sqrt{\dfrac{\sin(\varphi+\delta)\sin(\varphi-\beta)}{\cos(\alpha+\delta)\cos(\alpha-\beta)}}\right]^2}$$

$$＝\frac{\cos^2 32°}{\cos16°\left[1+\sqrt{\dfrac{\sin(32°+16°)\sin32°}{\cos16°}}\right]^2}＝0.278$$

主动土压力：$E_a＝\dfrac{1}{2}\gamma H^2 K_a＝\dfrac{1}{2}\times17\times10^2\times0.278＝236$kN/m

(2) 分力：

$$E_{at}＝E_a\sin(\alpha-\alpha_0-\delta)＝236\times\sin(90°-0°-16°)＝227\text{kN/m}$$

$$E_{an}＝E_a\cos(\alpha-\alpha_0-\delta)＝236\times\cos(90°-0°-16°)＝65\text{kN/m}$$

(3) 抗滑稳定安全系数：$F_s＝\dfrac{(G_n+E_{an})\mu}{E_{at}-G_t}＝\dfrac{(767+65)\times0.5}{227-0}＝1.83$

【5-98】（2011D19）重力式挡土墙断面如下图所示，墙基底倾角为6°，墙背面与竖直方向夹角20°。用库伦土压力理论计算得到每延米的总主动压力为 $E_a＝200$kN/m，墙体每

延米自重 300kN/m，墙底与地基土间摩擦系数为 0.33，墙背面与填土间摩擦角为 15°，则该重力式挡土墙的抗滑稳定安全系数最接近（　　）。

(A) 0.50　　　　(B) 0.66

(C) 1.10　　　　(D) 1.20

答案：D

解答过程：

(1) 自重 G 的分解：$N_1 = 300 \times \cos6° = 298kN/m$，$T_1 = 300 \times \sin6° = 31.4kN/m$

(2) 主动土压力 E_a 的分解：

$$N_2 = 200 \times \sin(15° + 20° + 6°) = 131kN/m$$

$$T_2 = 200 \times \cos(15° + 20° + 6°) = 151kN/m$$

(3) 抗滑稳定安全系数：$F_s = \dfrac{(N_1 + N_2)\mu}{T_2 - T_1} = \dfrac{(298 + 131) \times 0.33}{151 - 31.4} = 1.2$

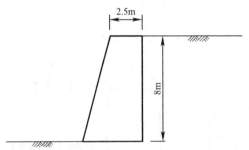

【5-99】(2020C17) 如左图所示，某填方边坡高 8m，拟采用重力式挡土墙进行支挡，墙背垂直、光滑，基底水平，墙后填土水平，内摩擦角 $\varphi_e = 30°$，黏聚力 $c = 0$，重度为 20kN/m³；地基土为黏性土，与墙底间的摩擦系数为 0.4。已知墙顶宽 2.5m，墙体重度为 24kN/m³，按《建筑边坡工程技术规范》GB 50330—2013 相关要求，计算满足抗滑稳定性所需要的挡墙面最陡坡率最接近下列哪个选项？（不考虑主动土压力增大系数）

(A) 1∶0.25　　(B) 1∶0.28　　(C) 1∶0.30　　(D) 1∶0.32

答案：B

解答过程：

根据《建筑边坡工程技术规范》GB 50330—2013 第 11.2.3 条：

(1) 主动土压力：$E_a = E_{at} = \dfrac{1}{2} \times 20 \times 8^2 \times \tan^2\left(45° - \dfrac{30°}{2}\right) = 213.3kN/m$

(2) 挡土墙自重：$G = G_n = \dfrac{1}{2} \times (2.5 + B) \times 8 \times 24 = 240 + 96B$

(3) $F_s = \dfrac{(G_n + E_{an})\mu}{E_{at} - G_t} \geqslant 1.3 \Rightarrow F_s = \dfrac{0.4 \times (240 + 96B)}{213.3} \geqslant 1.3 \Rightarrow B \geqslant 4.72m$

(4) $\tan\theta = \dfrac{8}{4.72 - 2.5} = \dfrac{1}{0.28}$

【5-100】(2017C18) 如下图所示某填土采用重力式挡墙防护，挡墙基础处于风化岩层中，墙高 $H = 6.0m$，墙体自重 $G = 260kN/m$，墙背倾角 $\alpha = 15°$，填料以建筑弃土为主，重度 $\gamma = 17kN/m³$，对墙背的摩擦角 $\delta = 7°$，土压力 $E_a = 186kN/m$，墙底倾角 $\alpha_0 = 10°$，墙底的摩擦系数 $\mu = 0.6$，为了使墙体抗滑移安全系数不小于 1.3，挡土墙建成后地面附加荷载 q 的最大值最接近下列哪个选项？

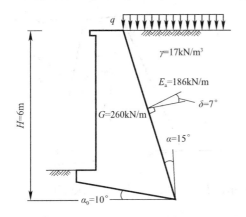

(A) 10kPa　　　　　　(B) 20kPa

(C) 30kPa　　　　　　(D) 40kPa

答案：B

解答过程：

(1) $E_a = \dfrac{1}{2}\gamma H^2 K_a = \dfrac{1}{2}\times 17\times 6^2\times K_a = 186\text{kN/m} \Rightarrow K_a = 0.608$

$$\Delta E = qK_aH = 0.608\times 6q = 3.65q$$

(2) 根据《建筑边坡工程技术规范》GB 50330—2013 第 11.2.3 条：

$G_n = G\cos\alpha_0 = 260\times\cos10° = 256\text{kN/m}$，$G_t = G\sin\alpha_0 = 260\times\sin10° = 45\text{kN/m}$

$$E_{at} = E_a\sin(\alpha-\alpha_0-\delta) = E_a\sin(90°-15°-10°-7°) = E_a\sin58°$$

同理：$E_{an} = E_a\cos58°$

(3) $\dfrac{(G_n+E_{an})\mu}{E_{at}-G_t}\geqslant 1.3 \Rightarrow \dfrac{(256+E_a\cos58°)\times0.6}{E_a\sin58°-45}\geqslant 1.3 \Rightarrow E_a\leqslant 271\text{kN/m}$

$$E_a = \dfrac{1}{2}\gamma H^2 K_a + qK_aH = 186+3.65q\leqslant 271 \Rightarrow q\leqslant 23.3\text{kPa}$$

【5-101】(2014C23) 如右图所示，某软土基坑，开挖深度 $H=5.5\text{m}$，地面超载 $q_0=20\text{kPa}$，地层为均质含砂淤泥质粉质黏土，土的重度 $\gamma=18\text{kN/m}^3$，黏聚力 $c=8\text{kPa}$，内摩擦角 $\varphi=15°$，不考虑地下水作用，拟采用水泥土墙支护结构，其嵌固深度 $l_d=6.5\text{m}$，挡墙宽度 $B=4.5\text{m}$，水泥土墙体的重度为 $\gamma=19\text{kN/m}^3$。按照《建筑基坑支护技术规程》JGJ 120—2012 计算该重力式水泥土墙抗滑移安全系数，其值最接近下列哪个选项？

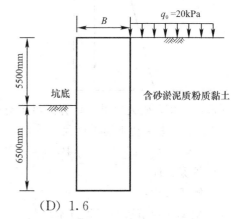

(A) 1.0　　　　(B) 1.2　　　　(C) 1.4　　　　(D) 1.6

答案：C

解答过程：

根据《建筑基坑支护技术规程》JGJ 120—2012 第 6.1.1 条：

(1) 计算单位长度水泥土墙支护结构外侧主动土压力标准值 E_{ak}：

$$K_a = \tan^2\left(45°-\dfrac{\varphi}{2}\right) = \tan^2\left(45°-\dfrac{15°}{2}\right) = 0.589$$

$$p_{ak} = \sigma_{ak}K_a - 2c\sqrt{K_a} = (\sigma_{ac}+q_0)K_a - 2c\sqrt{K_a} = (\gamma h+q_0)K_a - 2c\sqrt{K_a}$$

$$= [18\times(5.5+6.5)+20]\times0.589 - 2\times8\times\sqrt{0.589} = 126.7\text{kPa}$$

临界深度：

$$p_{ak} = \sigma_{ak}K_a - 2c\sqrt{K_a} = (\gamma z_0+q_0)K_a - 2c\sqrt{K_a} = 0$$

$$= [18z_0+20]\times0.589 - 2\times8\times\sqrt{0.589} = 0，则 z_0\approx0.047$$

$$E_{ak} = \frac{1}{2} p_{ak}(h - z_0) = \frac{1}{2} \times 126.7 \times (5.5 + 6.5 - 0.047) = 757.2 \text{kN/m}$$

（2）计算单位长度水泥土墙支护结构外侧被动土压力标准值 E_{pk}：

$$K_p = \tan^2 \left(45° + \frac{\varphi}{2}\right) = \tan^2 \left(45° + \frac{15°}{2}\right) = 1.698$$

$$p_{pk} = \sigma_{pk} K_p + 2c\sqrt{K_p} = \sigma_{pc} K_p + 2c\sqrt{K_p} = 18 \times 6.5 \times 1.698 + 2 \times 8 \times \sqrt{1.698}$$
$$= 219.5 \text{kPa}$$

$$E_{pk} = \frac{1}{2}(2c\sqrt{K_p} + p_{pk})h = \frac{1}{2} \times (2 \times 8 \times \sqrt{1.698} + 219.5) \times 6.5 = 781.1 \text{kN/m}$$

（3）计算单位长度水泥土墙的自重 G：$G = 1 \times 4.5 \times (5.5 + 6.5) \times 19 = 1026 \text{kN/m}$

（4）计算抗滑移安全系数 K_{sl}：

$$K_{sl} = \frac{E_{pk} + (G - u_m B)\tan\varphi + cB}{E_{ak}} = \frac{781.1 + (1026 - 0)\tan 15° + 8 \times 4.5}{757.2} = 1.44$$

二、抗倾覆稳定性

计算方法	计算原理：$F_t = $抗倾覆力矩/倾覆力矩
	计算公式及说明
重力式挡墙（根据《建筑边坡工程技术规范》GB 50330—2013 第 11.2.4 条整理）	$$F_t = \frac{Gx_0 + E_{az}x_f}{E_{ax}z_f} \geqslant \begin{cases} \text{一般工况：} 1.6 \\ \text{地震工况：} 1.3 \end{cases}$$ $$E_{ax} = E_a \sin(\alpha - \delta)$$ $$E_{az} = E_a \cos(\alpha - \delta)$$ $$x_f = b - z\cot\alpha$$ $$z_f = z - b\tan\alpha_0$$

式中：F_t——抗倾覆稳定安全系数；

　　　b——挡墙底面水平投影宽度（m）；

　　　x_0——挡墙中心到墙趾的水平距离（m）；

　　　z——岩土压力作用点到墙踵的竖直距离（m）。

【小注】① 计算时应注意角度的取值。

② 当挡墙不低于 5m 时，采用规范计算土压力时，注意应乘以土压力增大系数 ψ_a。

$$\psi_a = \begin{cases} h < 5\text{m 时} & \psi_a = 1.0 \\ 5\text{m} \leqslant h \leqslant 8\text{m 时} & \psi_a = 1.1 \\ h > 8\text{m 时} & \psi_a = 1.2 \end{cases}$$

③ 公式与《建筑地基基础设计规范》GB 50007—2011 第 6.7.5 条完全一致。

④ 如土压力或挡墙自重为梯形分布，应将其分解为三角形和矩形两部分，这样方便分别确定其合力作用点的位置，进而确定力臂。

计算方法	计算原理：$F_t=$抗倾覆力矩/倾覆力矩
	计算公式及说明
重力式水泥土墙（根据《建筑基坑支护技术规程》JGJ 120—2012 第6.1.2条整理）	$$\frac{E_{pk}a_p+(G-u_mB)a_G}{E_{ak}a_a}\geq K_{ov}$$ （不小于 1.3）

式中：K_{ov}——抗倾覆安全系数，其值不应小于 1.3。

a_a——水泥土墙外侧主动土压力合力作用点至墙趾的竖向距离（m）。

a_p——水泥土墙内侧被动土压力合力作用点至墙趾的竖向距离（m）。

a_G——水泥土墙自重与墙底水压力合力作用点至墙趾的水平距离（m）

对比	【小注】① 重力式挡墙的倾覆力（岩土压力）方向一般非水平，和墙背的法线夹角为 δ，区别重力式水泥土墙属于基坑范畴，其倾覆力（岩土压力）可以采用朗肯土压力理论计算，方向为水平。 ② 重力式挡墙抗倾覆未考虑被动土压力，因为其埋置深度较小，被动土压力会非常小，进而忽略不计，而重力式水泥土墙由于其埋置深度较大，考虑了墙前的被动土压力

【5-102】（2014D19）某浆砌块石挡墙高 6.0m，墙背直立，顶宽 1.0m，底宽 2.6m，墙体重度 $\gamma=24$ kN/m³，墙后主要采用砾砂回填，填土体平均重度 $\gamma=20$kN/m³，假定填砂与挡墙的摩擦角 $\delta=0°$，地面均布荷载取 15kN/m²，根据《建筑边坡工程技术规范》GB 50330—2013，问墙后填砂层内摩擦 φ 角至少达到以下哪个选项时，该挡墙才能满足规范要求的抗倾覆稳定性？

(A) 23.5°　　　　(B) 32.5°　　　　(C) 35.5°　　　　(D) 37.5°

答案：D

解答过程：

根据《建筑边坡工程技术规范》GB 50330—2013 第 11.2.4 条：

(1) 倾覆力矩：$M_T=\left(15\times6\times\dfrac{6}{2}K_a+\dfrac{1}{2}\times20\times6^2\times\dfrac{6}{3}K_a\right)\times1.1=1089K_a$

(2) 抗倾覆力矩：$M_R=1\times6\times\left(2.6-1+\dfrac{1}{2}\right)\times24+\dfrac{1}{2}\times(2.6-1)\times6\times\dfrac{2}{3}\times(2.6-1)\times24=425.3$kN·m/m

(3) $F_t=\dfrac{M_R}{M_T}=\dfrac{425.3}{1089K_a}\geq1.6\Rightarrow K_a\leq0.244$

(4) $K_a=\tan^2\left(45°-\dfrac{\varphi}{2}\right)=0.244\Rightarrow\varphi=37.4°$

【小注岩土点评】

① 重力式挡墙＋规范法需要考虑土压力增大系数："土质边坡采用重力式挡墙高度不小于5m时，主动土压力宜按本规范第6.2节计算的主动土压力值乘以增大系数确定。挡墙高度为5～8m时增大系数宜取1.1，挡墙高度大于8m时增大系数宜取1.2"。

② 倾覆、抗倾覆力矩计算时，如果土压力或者挡土墙自重为梯形分布时，应将梯形分解为矩形分布和三角形分布，以方便确定力臂。

【5-103】（2016D18）右图所示既有挡土墙的原设计为墙背直立、光滑，墙后的填料为中砂和粗砂，厚度分别为 $h_1=3m$ 和 $h_2=5m$，中砂的重度和内摩擦角分别为 $\gamma_1=18kN/m^3$ 和 $\varphi_1=30°$，粗砂的重度和内摩擦角分别为 $\gamma_2=19kN/m^3$ 和 $\varphi_2=36°$。墙体自重 $G=350kN/m$，重心至墙趾距离 $b=2.15m$，此时挡墙的抗倾覆稳定系数 $K_0=1.71$，建成后又需要在地面增加均匀满布荷载 $q=20kPa$，试问增加 q 后挡墙的抗倾覆安全系数的减少值最接近下列哪个选项？

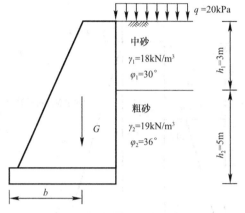

(A) 1.0　　　　(B) 0.8　　　　(C) 0.5　　　　(D) 0.4

答案：C

解答过程：

(1) $K_{a1}=\tan^2\left(45°-\dfrac{30°}{2}\right)=\dfrac{1}{3}$，$K_{a2}=\tan^2\left(45°-\dfrac{36°}{2}\right)=0.26$

(2) $E_{a1}=qHK_{a1}=20\times\dfrac{1}{3}\times3=20kN/m$，$E_{a2}=qHK_{a2}=20\times0.26\times5=26kN/m$

(3) 工况一（加载前）：$K_0=\dfrac{350\times2.15}{M}=1.71\Rightarrow M=440$

(4) 工况二（加载后）：$K_1=\dfrac{350\times2.15}{440+20\times(5+1.5)+26\times0.5\times5}=1.185$

(5) $\Delta K=1.71-1.185=0.525$

【5-104】（2017D19）某浆砌块石挡墙，墙高6.0m，顶宽1.0m，底宽2.6m，重度 $\gamma=24kN/m^3$，假设墙背直立、光滑，墙后采用砾砂回填，墙顶面以下土体平均重度 $\gamma=19kN/m^3$，综合内摩擦角 $\varphi=35°$。假定地面的附加荷载 $q=15kPa$。该挡墙的抗倾覆安全系数最接近以下哪个选项？

(A) 1.45　　　　(B) 1.55　　　　(C) 1.65　　　　(D) 1.75

答案：C

解答过程：

(1) $K_a=\tan^2\left(45°-\dfrac{\varphi}{2}\right)=\tan^2\left(45°-\dfrac{35°}{2}\right)=0.271$

超载产生的土压力：$E_{a1}=qHK_a=15\times0.271\times6=24.4kN/m$

回填土产生的土压力：$E_{a2}=\dfrac{1}{2}\times6\times19\times6\times0.271=92.7kN/m$

（2）矩形部分自重：$G_1 = 24 \times 1 \times 6 = 144 \text{kN/m}$

三角形部分自重：$G_2 = 24 \times \dfrac{1}{2} \times 1.6 \times 6 = 115.2 \text{kN/m}$

（3）$F_t = \dfrac{144 \times (1.6+0.5) + 115.2 \times 1.6 \times \dfrac{2}{3}}{24.4 \times 3 + 92.7 \times 6 \times \dfrac{1}{3}} = 1.64$

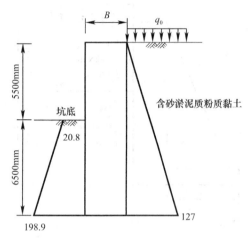

【5-105】（2013C23）某二级基坑，开挖深度 $H = 5.5\text{m}$。拟采用水泥土墙支护结构，其嵌固深度 $l_d = 6.5\text{m}$，水泥土墙体的重度为 19kN/m^3，墙体两侧主动土压力与被动土压力强度标准值分布如左图所示（单位：kPa）。按照《建筑基坑支护技术规程》JGJ 120—2012，计算该重力式水泥土墙满足倾覆稳定性要求的宽度，其值最接近（　　）。

(A) 4.2m　　　　(B) 4.5m

(C) 5.0m　　　　(D) 5.5m

答案：B

解答过程：

根据《建筑基坑支护技术规程》JGJ 120—2012 第 6.1.2 条：

（1）$E_{ak}a_a = \dfrac{1}{2} \times 12 \times 127 \times \dfrac{1}{3} \times 12 = 3048 \text{kN/m·m}$

（2）$E_{pk}a_p = \dfrac{1}{2} \times 6.5 \times (198.9 - 20.8) \times \dfrac{1}{3} \times 6.5 + 6.5 \times 20.8 \times \dfrac{1}{2} \times 6.5 = 1693.5 \text{kN/m·m}$

（3）$\dfrac{E_{pk}a_p + (G - u_m B)a_G}{E_{ak}a_a} \geqslant 1.3 \Rightarrow \dfrac{1693.5 + 12 \times B \times 19 \times 1/2 \times B}{3048} \Rightarrow B = 4.46\text{m} > 0.7 \times 5.5 = 3.85\text{m}$

【5-106】（2008D23）如右图所示，某基坑位于均匀软弱黏性土场地。土层主要参数：$\gamma = 18.5\text{kN/m}^3$，固结不排水强度指标 $c_k = 14\text{kPa}$、$\varphi_k = 10°$。基坑开挖深度为 5.0m，拟采用水泥土墙支护，水泥土重度为 20kN/m^3，挡墙宽度为 3.0m。根据《建筑基坑支护技术规程》JGJ 120—2012 计算，若水泥土墙抗倾覆安全系数为 1.5，则其最小嵌固深度最接近（　　）。

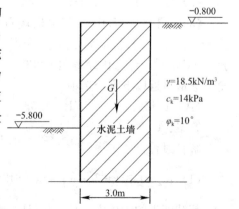

(A) 2.0m　　　　(B) 3.0m

(C) 4.0m　　　　(D) 6.0m

答案：D

解答过程：

根据《建筑基坑支护技术规程》JGJ 120—2012 第 6.1.2 条：

（1）$K_a=\tan^2\left(45°-\dfrac{10°}{2}\right)=0.704$，$K_p=\tan^2\left(45°+\dfrac{10°}{2}\right)=1.42$

（2）$z_0=\dfrac{2c}{\gamma\sqrt{K_a}}=\dfrac{2\times14}{18.5\times\sqrt{0.704}}=1.80\text{m}$

$$E_a=\dfrac{1}{2}\gamma(h+h_d-z_0)^2K_a=\dfrac{1}{2}\times18.5\times(5-1.8+h_d)^2\times0.704$$
$$=(3.2+h_d)^2\times6.51$$

$$a_a=\dfrac{3.2+h_d}{3}$$

$$E_p=\dfrac{1}{2}\gamma h_d^2K_p+2ch_d\sqrt{K_p}=\dfrac{1}{2}\times18.5\times h_d^2\times1.42+2\times14\times h_d\times\sqrt{1.42}$$
$$=13.14h_d^2+33.37h_d$$

$$E_p\cdot a_p=13.14h_d^2\times\dfrac{h_d}{3}+33.37h_d\times\dfrac{h_d}{2}=4.38h_d^3+16.69h_d^2$$

（3）水泥土墙重：
$$G=3\times(5+h_d)\times20=300+60h_d$$
$$a_G=\dfrac{b}{2}=1.5\text{m}$$

（4）$K_{ov}=\dfrac{E_{pk}a_p+(G-u_mB)a_G}{E_{ak}a_a}=\dfrac{4.38h_d^3+16.69h_d^2+(300+60h_d)\times1.5}{(3.2+h_d)^3\times6.51\times\dfrac{1}{3}}$

$$=1.5\Rightarrow h_d=6.0\text{m}$$

【5-107】（2022D18）某基坑开挖深度为5.0m，地面下16m深度内土层均为淤泥质黏土。采用重力式水泥土墙支护结构，坑底以上水泥土墙体宽度B_1为3.2m，坑底以下水泥土墙体宽度B_2为4.2m，水泥土墙体嵌固深度为6.0m，水泥土墙体的重度为19kN/m³（地下水位位于水泥土墙墙底以下）。墙体两侧主动土压力与被动土压力强度标准值分布如右图所示。根据《建筑基坑支护技术规程》JGJ 120—2012，该重力式水泥土墙抗倾覆安全系数最接近下列哪个选项？

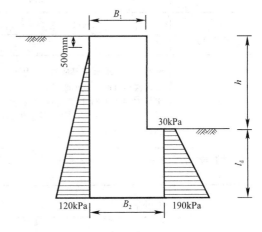

（A）1.32　　（B）1.42　　（C）1.49　　（D）1.54

答案：C

解答过程：

依据《建筑基坑支护技术规程》JGJ 120—2012第6.1.2条：

$$K_{ov}=\dfrac{被动土压力\times力臂+重力\times力臂}{主动土压力\times力臂}$$

$$K_{ov} = \frac{30 \times 6 \times \frac{6}{2} + (190 - 30) \times 6 \times \frac{1}{2} \times \frac{6}{3} + 3.2 \times 5 \times 19 \times \left(4.2 - \frac{3.2}{2}\right) + 4.2 \times 6 \times 19 \times \frac{4.2}{2}}{\frac{1}{2} \times 120 \times (5 + 6 - 0.5) \times \frac{5 + 6 - 0.5}{3}}$$

$$= 1.49$$

三、水中重力式挡墙和水中重力式水泥土墙

（一）水中抗滑移

水中重力式挡墙与基坑重力式水泥土墙抗滑移对比表

项目	水中重力式挡墙	水中基坑重力式水泥土墙
适用范围	《建筑边坡工程技术规范》GB 50330—2013、《建筑地基基础设计规范》GB 50007—2011、不写任何规范	《建筑基坑支护技术规程》JGJ 120—2012
抗滑移验算模型	包括水	
抗滑移计算公式	$F_s = \dfrac{(G_n + E_{an} - f_v)\mu}{E_{at} - G_t \pm f_h}$	$\dfrac{E_{pk} + (G - u_m B)\tan\varphi + cB}{E_{ak}} \geqslant K_{sl} = 1.2$
处理原则	竖直方向（垂直于基底）：重力与扬压力 f_v 抵消，减小自重，减小摩阻力。水平方向（平行于基底）：左右侧水压力抵消后，剩余水压力 f_h 按照不忘初心，属于荷载类，置于分母	竖直方向（垂直于基底）：扬压力抵消重力，减小自重；水平方向（平行于基底）：左侧水压力加在被动土压力中，右侧水压力加在主动土压力中

【小注】扬压力即为浮力，浮力计算有两种方式，一是直接用有效重度指标计算，二是采用上下表面的水压力差计算，即为扬压力模式

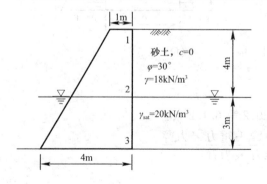

【5-108】（2008C18）透水地基上的重力式挡土墙，如左图所示。墙后砂填土 $c = 0$，$\varphi = 30°$，$\gamma = 18\text{kN/m}^3$。墙高7m，上顶宽1m，下底宽4m，混凝土重度为 25kN/m^3。墙底与地基土摩擦系数为 $f = 0.58$。当墙前后均浸水时，水位在墙底以上3m，除砂土饱和重度变为 $\gamma_{sat} = 20\text{kN/m}^3$ 外，其他参数在浸水后假定都不变。水位升高后该挡土墙的抗滑稳定安全

系数最接近（　　）。

(A) 1.08　　　　(B) 1.40　　　　(C) 1.45　　　　(D) 1.88

答案：C

解答过程：

(1) $K_a = \tan^2\left(45° - \dfrac{30°}{2}\right) = 0.333$

(2) 采用水土分算，墙前墙后水压力相抵消。

墙后土压力：$E_{a1} = \dfrac{1}{2} \times 18 \times 4^2 \times 0.333 = 48\text{kN/m}$

$$E_{a2} = \dfrac{1}{2} \times [18 \times 4 \times 0.333 + (18 \times 4 + 10 \times 3) \times 0.333] \times 3 = 87\text{kN/m}$$

$$E_a = 48 + 87 = 135\text{kN/m}$$

(3) 计算墙体重量 G，可将梯形挡墙分为水上水下两块分别计算再求和：

可通过三角形几何计算得水位处梯形挡墙厚度为 $1.714 + 1 = 2.714\text{m}$

$$G = \dfrac{1}{2} \times (1 + 2.714) \times 4 \times 25 + \dfrac{1}{2} \times (2.714 + 4) \times 3 \times (25 - 10) = 336.8\text{kN/m}$$

(4) $F_s = \dfrac{G \cdot f}{E_a} = \dfrac{336.8 \times 0.58}{135} = 1.45$

【5-109】(2006D23) 如右图所示，有一个水闸，宽度为 10m，闸室基础至上部结构的每延米不考虑浮力的总自重为 2000kN/m，上游水位 $H = 10\text{m}$，下游水位 $h = 2\text{m}$，地基土为均匀砂质粉土，闸底与地基土摩擦系数为 0.4，不计上下游土的水平土压力，验算得其抗滑稳定安全系数最接近（　　）。

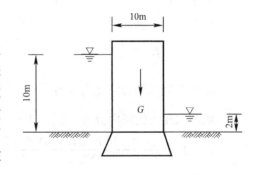

(A) 1.67　　　　(B) 1.57　　　　(C) 1.27　　　　(D) 1.17

答案：D

解答过程：

(1) 闸前水压力：$E_{w1} = \dfrac{1}{2}\gamma_w H^2 = \dfrac{1}{2} \times 10 \times 10^2 = 500\text{kN/m}$

闸后水压力：$E_{w2} = \dfrac{1}{2}\gamma_w h^2 = \dfrac{1}{2} \times 10 \times 2^2 = 20\text{kN/m}$

基底扬压力：$u_m = \dfrac{e_{w1} + e_{w2}}{2} = \dfrac{(10 + 2) \times 10}{2} = 60\text{kPa}$

(2) $F_s = \dfrac{(G - u_m B)\mu}{E_{w1} - E_{w2}} = \dfrac{(2000 - 60 \times 10) \times 0.4}{500 - 20} = 1.17$

【5-110】(2018D15) 如下图所示，某铁路河堤挡土墙，墙背光滑、垂直，墙身透水，墙后填料为中砂，墙底为节理很发育的岩石地基。中砂天然和饱和重度分别为 $\gamma = 19\text{kN/m}^3$ 和 $\gamma_{sat} = 20\text{kN/m}^3$。墙底宽 $B = 3\text{m}$，与地基的摩擦系数 $f = 0.5$，墙高 $H = 6\text{m}$，墙体重 330kN/m，墙面倾角 $\alpha = 15°$，土体主动土压力系数 $K_a = 0.32$。试问当河水位 $h = 4\text{m}$ 时，

墙体抗滑移安全系数最接近下列哪个选项？（不考虑主动土压力增大系数，不计墙前的被动土压力）

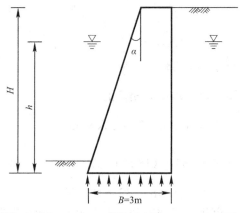

(A) 1.21　　　　(B) 1.34　　　　(C) 1.91　　　　(D) 2.03

答案：B

解答过程：

解法一：

(1) $e_1 = 0.32 \times 19 \times 2 = 12.16$kPa，$e_2 = 0.32 \times (19 \times 2 + 10 \times 4) = 24.96$kPa

$$E_a = \frac{1}{2} \times 12.16 \times 2 + \frac{1}{2} \times (12.16 + 24.96) \times 4 = 86.4 \text{kN/m}$$

(2) 左侧水压力的竖向分力：$U_{1v} = \frac{1}{2} \times 40 \times \frac{4}{\sin 75°} \times \sin 15° = 21.436$kN/m

底部水压力的竖向分力：$U_{2v} = 4 \times 10 \times 3 = 120$kN/m

(3) $F_s = \dfrac{(330 - 120 + 21.436) \times 0.5}{86.4} = 1.339$

解法二：

(1) $e_1 = 0.32 \times 19 \times 2 = 12.16$kPa，$e_2 = 0.32 \times (19 \times 2 + 10 \times 4) = 24.96$kPa

$$E_a = \frac{1}{2} \times 12.16 \times 2 + \frac{1}{2} \times (12.16 + 24.96) \times 4 = 86.4 \text{kN/m}$$

(2) 4m 处墙的宽度为：$3 - 4 \times \tan 15° = 1.928$m

水位以下墙体受到的浮力为：$F = \dfrac{1}{2} \times (1.928 + 3) \times 4 \times 10 = 98.56$kN/m

(3) $F_s = \dfrac{(330 - 98.56) \times 0.5}{86.4} = 1.339$

【小注岩土点评】

① 本题属于水中挡土墙，详见电子资源《精讲课程—水中挡土墙》，水中挡土墙的抗滑动验算，关键为水的处理，水平方向的水压力一般将左右侧取差值作为荷载项（基坑规范是个例外）；竖直的水压力一般作为扬压力（浮力），考虑减小自重。

② 扬压力即为浮力，不要重复计算，计算扬压力或者直接计算浮力。

【5-111】(2019C19) 某饱和砂层开挖 5m 深基坑，采用水泥土重力式挡墙支护，土层条件及挡墙尺寸如下图所示，挡墙重度为 20kN/m³，设计时需考虑周边地面活荷载

$q = 30$kPa，按照《建筑基坑支护技术规程》JGJ 120—2012，当进行挡墙抗滑移稳定性验算时，请在下列选项中选择最不利状况计算条件，并计算挡墙抗滑移安全系数 K_{st} 值。（不考虑渗流的影响）

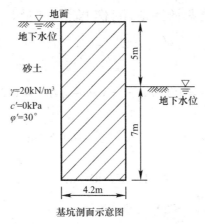

基坑剖面示意图

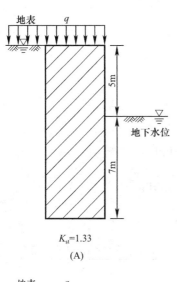

$K_{st} = 1.33$

(A)

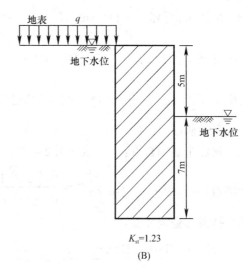

$K_{st} = 1.23$

(B)

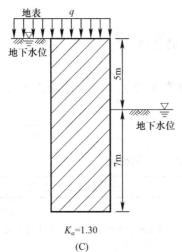

$K_{st} = 1.30$

(C)

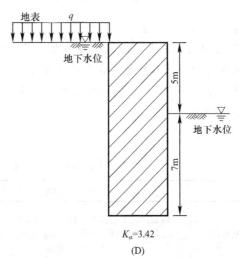

$K_{st} = 3.42$

(D)

答案：B

解答过程：

根据《建筑基坑支护技术规程》JGJ 120—2012 第 6.1.1 条：

（1）挡墙顶部无荷载，挡墙外侧有地面荷载时安全系数最小，B、D 选项的情况更为不利。

（2）$K_a = \tan^2\left(45 - \dfrac{\varphi}{2}\right) = \tan^2\left(45° - \dfrac{30°}{2}\right) = \dfrac{1}{3}$

$e_1 = (\gamma h + q)K_a = 30 \times \dfrac{1}{3} = 10\text{kPa}$，$e_2 = (\gamma h + q)K_a = (10 \times 12 + 30) \times \dfrac{1}{3} = 50\text{kPa}$

左侧主动土压力：$E_a = \dfrac{1}{2} \times (10 + 50) \times 12 = 360\text{kN/m}$

左侧水压力：$E_w = \dfrac{1}{2} \times 10 \times 12 \times 12 = 720\text{kN/m}$

左侧总的侧压力：$E = 360 + 720 = 1080\text{kN/m}$

（3）$K_p = \tan^2\left(45 + \dfrac{\varphi}{2}\right) = \tan^2\left(45 + \dfrac{30°}{2}\right) = 3$

右侧被动土压力：$E_p = \dfrac{1}{2} \times 10 \times 7 \times 3 \times 7 = 735\text{kN/m}$

右侧水压力：$E_w = \dfrac{1}{2} \times 10 \times 7 \times 7 = 245\text{kN/m}$

右侧总的侧压力：$E = 735 + 245 = 980\text{kN/m}$

（4）水泥土墙的自重：$G = 20 \times 4.2 \times 12 \times 1 = 1008\text{kN/m}$

扬压力：$u_m = (h_{wa} + h_{wp})\gamma_w / 2 = \dfrac{10 \times 12 + 10 \times 7}{2} = 95\text{kPa}$

（5）抗滑移稳定性验算：

$$K_{s1} = \dfrac{E_{pk} + (G - u_m B)\tan\varphi + cB}{E_{ak}} = \dfrac{980 + (1008 - 95 \times 4.2) \times \tan 30° + 0}{1080} = 1.23$$

【小注岩土点评】

① 重力式水泥土墙的抗滑移问题，类似建筑挡墙的抗滑移验算，主要是土压力的计算，土压力的计算本质为朗肯土压力理论。

② 在基坑中有一个特殊的地方，水压力分别考虑在主动土压力和被动土压力之中，作为其一部分。

（二）水中抗倾覆

水中重力式挡墙与基坑重力式水泥土墙抗倾覆对比表

项目	水中重力式挡墙	水中基坑重力式水泥土墙
适用范围	《建筑边坡工程技术规范》GB 50330—2013、《建筑地基基础设计规范》GB 50007—2011、不写任何规范	《建筑基坑支护技术规程》JGJ 120—2012

续表

项目	水中重力式挡墙	水中基坑重力式水泥土墙
抗倾覆验算模型	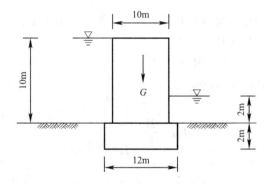 包括水	
抗倾覆计算公式	$$F_t = \dfrac{Gx_0 - f_v x_v + E_{az} x_f}{E_{ax} z_f \pm f_h x_f}$$	$$\dfrac{E_{pk} a_p + (G - u_m B) a_G}{E_{ak} a_a} \geqslant K_{ov} = 1.3$$
处理原则	竖直方向（垂直于基底）：将重力力矩与扬压力力矩 $f_v x_v$ 取差值。 水平方向（平行于基底）：左右侧水压力分别对倾覆点取力矩 $f_h x_f$，按照不忘初心，属于荷载类，置于分母	竖直方向（垂直于基底）：扬压力抵消重力，减小自重。 水平方向（平行于基底）：左侧水压力加在被动土压力中，右侧水压力加在主动土压力中

【小注】抗倾覆验算中：
(1) 水的问题（竖向的作用）是：浮力使 G 变小，而不能当作荷载按照弯矩的方向放在分母。
(2) 水的问题（水平的作用）是：
① 基坑问题：由于 E_{pk}、E_{ak} 已考虑水压力，无需单独考虑水压力；
② 非基坑问题：a. 若左右两侧水位高度一致，则抵消；b. 若高度不同，建议将两侧水压力力矩取差值，按照不忘初心原则，作为荷载类置于分母中

【5-112】（模拟题）如下图所示，有一个挡水构筑物，宽度为 10m，其基础至上部结构的平均天然重度 $\gamma_m = 16 \text{kN/m}^3$，上游水位 $H = 10\text{m}$，下游水位 $h = 2\text{m}$，地基土为均匀砂质粉土，闸底与地基土摩擦系数为 0.4，不计上下游土的水平土压力，验算得其抗倾覆稳定安全系数最接近（　　）。（提示：上部结构和基础为刚性连接，不计基础突出部分受到的向下水压力，不考虑渗流）

(A) 1.60 　　　　(B) 1.80 　　　　(C) 2.0 　　　　(D) 2.60

答案：B

解答过程：

(1) 闸前水压力：$E_{w1} = \frac{1}{2}\gamma_w H^2 = \frac{1}{2} \times 10 \times 12^2 = 720 \text{kN/m}$

闸后水压力：$E_{w2} = \frac{1}{2}\gamma_w h^2 = \frac{1}{2} \times 10 \times 4^2 = 80 \text{kN/m}$

基底扬压力：$u_m = \frac{e_{w1} + e_{w1}}{2} = \frac{(12+4) \times 10}{2} = 80 \text{kPa}$

(2) $G = 16 \times 10 \times 10 \times 1 + 16 \times 2 \times 12 \times 1 = 1984 \text{kN/m}$

(3) $F_t = \dfrac{1984 \times 6 - 40 \times 12 \times 1 \times 6 - \frac{1}{2} \times 80 \times 12 \times \frac{2}{3} \times 12}{720 \times \frac{1}{3} \times 12 - 80 \times \frac{1}{3} \times 4} = \dfrac{5184}{2773} = 1.87$

【5-113】(2007D22) 10m 厚的黏土层下为含承压水的砂土层，承压水头高 4m，拟开挖 5m 深的基坑，重要性系数 $\gamma_0 = 1.0$。使用水泥土墙支护，水泥土重度为 20kN/m³，墙总高 10m，已知每延米墙后的主动土压力为 800kN/m，作用点距墙底 4m；墙前总被动土压力为 1200kN/m，作用点距墙底 2m。如果将水泥土墙受到的扬压力在自重中扣除，计算满足抗倾覆安全系数为 1.2 条件下的水泥土墙最小墙厚最接近（　　）。

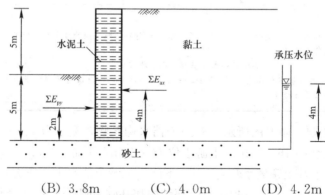

(A) 3.5m 　　　　(B) 3.8m 　　　　(C) 4.0m 　　　　(D) 4.2m

答案：D

解答过程：

根据《建筑基坑支护技术规程》JGJ 120—2012 第 6.1.2 条：

(1) 水压力：$u_m B = 40 \times B = 40B$

水泥土墙重：$G = (5+5) \times 20B = 200B$

(2) $K_{ov} = \dfrac{E_{pk}a_p + (G - u_m B)a_G}{E_{ak}a_a}$

即：$1.2 = \dfrac{1200 \times 2 + (200B - 40B) \times \dfrac{B}{2}}{800 \times 4} \Rightarrow B = 4.24 \text{m}$

四、圆弧滑动稳定性（基坑规范）

计算方法	计算公式及说明
	$$\min\{K_{s,1},K_{s,2},K_{s,3}\cdots K_{s,i}\}\geqslant K_s$$ $$K_{s,i}=\frac{\sum\{c_jl_j+[(q_jb_j+\Delta G_j)\cos\theta_j-u_jl_j]\tan\varphi_j\}}{\sum(q_jb_j+\Delta G_j)\sin\theta_j}$$
重力式水泥土墙（根据《建筑基坑支护技术规程》JGJ 120—2012 第 6.1.3 条整理）	式中：K_s——圆弧滑动稳定安全系数，其值不应小于 1.3。 　　　$K_{s,i}$——第 i 个圆弧滑动体的抗滑力矩与滑动力矩的比值；抗滑力矩及滑动力矩之比的最小值宜通过搜索不同圆心和半径的所有潜在滑动圆弧确定。 　　c_j、φ_j——分别为第 j 土条滑弧面处土的黏聚力、内摩擦角；按规范 3.1.14 条的规定取值。 　　　b_j——第 j 土条的宽度（m）。 　　　θ_j——第 j 土条滑弧面中点处的法线与垂直面的夹角。 　　　l_j——第 j 土条的滑弧长度（m）；取值为：$l_j=b_j/\cos\theta_j$。 　　　q_j——第 j 土条上的附加分布荷载标准值（kPa）。 　　ΔG_j——第 j 土条的自重（kN），按天然重度计算；分条时，水泥土墙可按土体考虑。 　　　u_j——第 j 土条滑弧面上的孔隙水压力（kPa）；对地下水位以下的砂土、碎石土、砂质粉土，当地下水是静止的或渗流水力梯度可忽略不计时， ① 在基坑外侧，可取 $u_j=\gamma_w h_{wa,j}$； ② 在基坑内侧，可取 $u_j=\gamma_w h_{wp,j}$； ③ 滑弧面在地下水位以上或对地下水位以下的黏土，取 $u_j=0$。 　　　γ_w——地下水重度（kN/m³）。 　　$h_{wa,j}$——基坑外侧第 j 土条滑弧面中点的压力水头（m）。 　　$h_{wp,j}$——基坑内侧第 j 土条滑弧面中点的压力水头（m）

【小注】① 支护桩（锚拉式、悬臂式和双排桩）、土钉墙、重力式水泥土墙的整体稳定性验算方法思路均一致，锚拉式桩、土钉墙需要考虑锚对抗转动的作用。

② 本质就是瑞典圆弧条分法。

③ 目前尚未考查过，可以考查的类型为通过工况题（比如坡顶加载前后和墙前堆载前后）运用整体的思维，具体可以学习小注岩土精讲课程

五、重力式水泥土挡墙截面承载力验算

——《建筑基坑支护技术规程》第 6.1.5 条

计算方法	计算公式及说明
重力式水泥土墙验算	**计算模型** 计算深度 z_i 处正截面 i 的弯矩设计值 M_i： $$M_i = \gamma_0 \gamma_F M_{ki}$$ $$M_{ki} = E_{aki} a_{ai} - E_{pki} a_{pi}$$
	拉应力 $$\frac{6M_i}{B^2} - \gamma_{cs} z \leqslant 0.15 f_{cs}$$ 式中：M_i——水泥土墙验算截面的弯矩设计值（kN·m/m）。 B——验算截面处水泥土墙的宽度（m）。 γ_{cs}——水泥土墙的重度（kN/m³）。 z——验算截面至水泥土墙顶的垂直距离（m）。 f_{cs}——水泥土开挖龄期时的轴心抗压强度设计值（kPa），应根据现场试验或工程经验确定。 γ_F——荷载综合分项系数，按本规程第 3.1.6 条取用
	压应力 $$\gamma_0 \gamma_F \gamma_{cs} z + \frac{6M_i}{B^2} \leqslant f_{cs}$$
	剪应力 $$\frac{E_{aki} - \mu G_i - E_{pki}}{B} \leqslant \frac{1}{6} f_{cs}$$ 式中：E_{aki}、E_{pki}——验算截面以上的主动土压力标准值、被动土压力标准值（kN·m），可按本规程第 3.4.2 条的规定计算；验算截面在基底以上时，取 $E_{pki}=0$。 G_i——验算截面以上的墙体自重（kN/m）。 μ——墙体材料的抗剪断系数，取 0.4～0.5

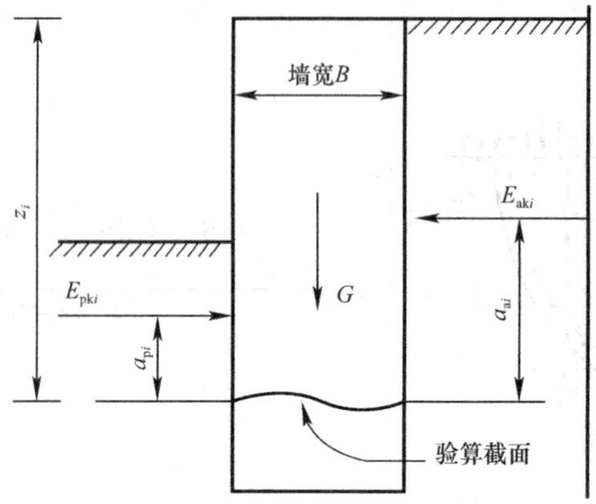

【小注】拉应力、压应力及剪应力计算属于内力验算范畴，采用的是设计值，注意标准值和设计值的转化关系。

结构重要性系数 γ_0 和综合分项系数 γ_F

基坑安全等级	结构重要性系数 γ_0	综合分项系数 γ_F
一级	1.1	
二级	1.0	≥1.25
三级	0.9	

【5-114】（模拟题）某二级基坑采用重力式水泥土墙，墙体尺寸和水位如下图所示，基坑深度 6m，场地土为均质淤泥质土，天然重度 $\gamma = 19\text{kN/m}^3$，饱和重度 $\gamma_{sat} = 21\text{kN/m}^3$，$c = 14\text{kPa}$，$\varphi = 15°$，水泥土墙体的重度为 25kN/m^3，地面均布荷载 $q = 30\text{kPa}$，按照《建

筑基坑支护技术规程》JGJ 120—2012，水泥土开挖龄期时的轴心抗压强度设计值最小值接近下列哪个选项时，可满足基坑底面处墙体的正截面应力验算要求？（墙体材料的抗剪断系数 μ 取 0.5，提示土压力计算采用水土合算）

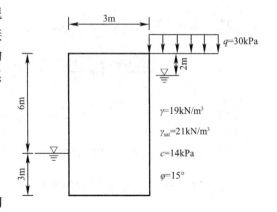

(A) 480kPa　　　(B) 500kPa

(C) 950kPa　　　(D) 970kPa

答案：C

解答过程：

根据《建筑基坑支护技术规程》JGJ 120—2012 第 6.1.5 条、第 3.1.7 条：

水土合算：

(1) $K_a = \tan^2(45° - 15°/2) = 0.589$

$$z_0 = \left(\frac{2 \times 14}{\sqrt{0.589}} - 30\right)/19 = 0.34\text{m}$$

水位处：$e_{a1} = (19 \times 2 + 30) \times 0.589 - 2 \times 14 \times \sqrt{0.589} = 18.6\text{kPa}$

坑底处：$e_{a2} = (19 \times 2 + 21 \times 4 + 30) \times 0.589 - 2 \times 14 \times \sqrt{0.589} = 68\text{kPa}$

(2) $E_{aki} = \dfrac{18.6}{2} \times (2 - 0.34) + \dfrac{18.6 + 68}{2} \times 4 = 188.6\text{kN/m}$

$$M_i = 1.0 \times 1.25 \times \left\{\frac{18.6}{2} \times (2 - 0.34) \times \left[4 + \frac{1}{3} \times (2 - 0.34)\right] + 18.6 \times 4 \times \frac{4}{2} + \right.$$

$$\left. \frac{68 - 18.6}{2} \times 4 \times \frac{4}{3}\right\} = 438.4\text{kN} \cdot \text{m/m}$$

(3) 拉应力：$\dfrac{6 \times 438.4}{3^2} - 25 \times 6 \leqslant 0.15 f_{cs} \Rightarrow f_{cs} \geqslant 948.4\text{kPa}$

(4) 压应力：$1.0 \times 1.25 \times 25 \times 6 + \dfrac{6 \times 438.4}{3^2} \leqslant f_{cs} \Rightarrow f_{cs} \geqslant 479.8\text{kPa}$

(5) $\dfrac{188.6 - 0.5 \times 25 \times 6 \times 3 - 0}{3} \leqslant \dfrac{f_{cs}}{6} \Rightarrow f_{cs} \geqslant -72.8\text{kPa}$

(6) 取大值，$f_{cs} \geqslant 948.4\text{kPa}$

水土分算：

(1) $K_a = \tan^2(45° - 15°/2) = 0.589$，$z_0 = \left(\dfrac{2 \times 14}{\sqrt{0.589}} - 30\right)/19 = 0.34\text{m}$

水位处：$e_{a1} = (19 \times 2 + 30) \times 0.589 - 2 \times 14 \times \sqrt{0.589} = 18.6\text{kPa}$

坑底处：$e_{a2} = (19 \times 2 + 11 \times 4 + 30) \times 0.589 - 2 \times 14 \times \sqrt{0.589} = 44.48\text{kPa}$

(2) $E_{aki} = \dfrac{18.6}{2} \times (2 - 0.34) + \dfrac{18.6 + 44.48}{2} \times 4 = 141.6\text{kN/m}$

$$E_w = \frac{1}{2} \times 10 \times 4^2 = 80\text{kN/m}$$

$$M_i = 1.0 \times 1.25 \times \left\{ \frac{18.6}{2} \times (2 - 0.34) \times \left[4 + \frac{1}{3} \times (2 - 0.34) \right] + 18.6 \times 4 \times \frac{4}{2} \right.$$

$$\left. + \frac{44.48 - 18.6}{2} \times 4 \times \frac{4}{3} + 80 \times \frac{4}{3} \right\} = 493.46 \text{kN} \cdot \text{m/m}$$

（3）拉应力：$\dfrac{6 \times 493.46}{3^2} - 25 \times 6 \leqslant 0.15 f_{cs} \Rightarrow f_{cs} \geqslant 1193.16 \text{kPa}$

（4）压应力：$1.0 \times 1.25 \times 25 \times 6 + \dfrac{6 \times 493.46}{3^2} \leqslant f_{cs} \Rightarrow f_{cs} \geqslant 516.47 \text{kPa}$

（5）$\dfrac{141.6 + 80 - 0.5 \times 25 \times 6 \times 3 - 0}{3} \leqslant \dfrac{f_{cs}}{6} \Rightarrow f_{cs} \geqslant -6.8 \text{kPa}$

（6）取大值，$f_{cs} \geqslant 1193.16 \text{kPa}$

重力式水泥土墙验算	格栅规定	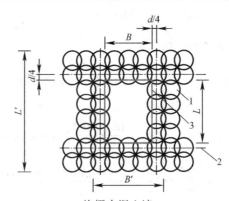 格栅水泥土墙 （1—水泥土桩；2—水泥土桩中心线；3—计算周长） （1）格栅内的土体面积： $$A \leqslant \delta \frac{cu}{\gamma_m}$$ 式中：A——格栅内的土体面积（m²）。 　　　δ——计算系数；对黏性土，取 $\delta=0.5$；对砂土、粉土，取 $\delta=0.7$。 　　　c——格栅内土的黏聚力（kPa），按本规程第3.1.14条的规定确定。 　　　u——计算周长（m），按上图计算。 　　　γ_m——格栅内土的天然重度（kN/m³）；对多层土，取水泥土墙深度范围内各层土按厚度加权的平均天然重度。 （2）格栅的面积置换率 m（一般按土的置换率，即水泥土面积与水泥土墙的总面积的比值）： ① 对淤泥质土，$m \geqslant 0.7$； ② 对淤泥，$m \geqslant 0.8$； ③ 对一般黏性土、砂土，$m \geqslant 0.6$。 （3）格栅内侧的长宽比 $L/B \leqslant 2$。 【小注】编者认为：格栅的长宽比和格栅面积 A 计算中的 L、B 应该是一致的
	整体滑动稳定性验算、抗隆起稳定验算和渗透稳定性验算均同支挡结构验算内容	
	嵌固深度 l_d 构造要求 $\begin{cases} \text{淤泥质土：} l_d \geqslant 1.2h \\ \text{淤泥：} l_d \geqslant 1.3h \end{cases}$	
	墙身宽度 B 构造要求 $\begin{cases} \text{淤泥质土：} B \geqslant 0.7h \\ \text{淤泥：} B \geqslant 0.8h \end{cases}$	

【5-115】（2017D22）已知某建筑基坑工程采用 ϕ700mm 双轴水泥土搅拌桩（桩间搭接 200mm）重力式挡土墙支护，其结构尺寸及土层条件如下图所示（尺寸单位为 m），请问下列哪个断面格栅形式最经济、合理？

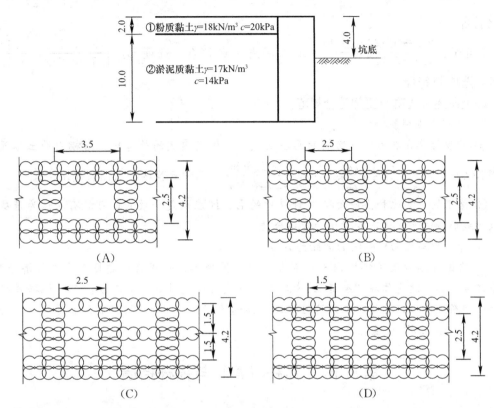

答案：D

根据《建筑基坑支护技术规程》JGJ 120—2012 第 6.2.3 条：

(1) $\bar{c} = \dfrac{20 \times 2.0 + 14 \times 10}{12} = 15$，$\bar{\gamma}_m = \dfrac{18 \times 2 + 17 \times 10}{12} = 17.2$

选项 A：$A = (3.5 - 0.7/2) \times (2.5 - 0.7/2) = 6.77 \geqslant 0.5 \times \dfrac{15 \times 2 \times (3.5 + 2.5 - 0.7)}{17.2} = 4.622$，不符合

选项 B：$A = (2.5 - 0.7/2) \times (2.5 - 0.7/2) = 4.62 \geqslant 0.5 \times \dfrac{15 \times 2 \times (2.5 + 2.5 - 0.7)}{17.2} = 3.75$，不符合

选项 C：$A = (1.5 - 0.7/2) \times (2.5 - 0.7/2) = 2.47 \leqslant 0.5 \times \dfrac{15 \times 2 \times (1.5 + 2.5 - 0.7)}{17.2} = 2.88$，符合

选项 D：$A = (2.5 - 0.7/2) \times (1.5 - 0.7/2) = 2.47 \leqslant 0.5 \times \dfrac{15 \times 2 \times (1.5 + 2.5 - 0.7)}{17.2} = 2.88$，符合

(2) 选项 C，$m = \dfrac{(2.5 + 0.5) \times 4.2 - 2 \times 2.47}{(2.5 + 0.5) \times 4.2} = 0.608$，选项 D，$m = \dfrac{(1.5 + 0.5) \times 4.2 - 2.47}{(1.5 + 0.5) \times 4.2} =$

0.706

格栅的面积置换率，淤泥质土不宜小于 0.7，所以选项 C 不符合。

（3）选项 A：$\dfrac{3.5-0.7/2}{2.5-0.7/2}=\dfrac{3.15}{2.15}=1.47$，选项 A 符合；选项 B：$\dfrac{2.5-0.7/2}{2.5-0.7/2}=1$，选项 B 符合。

选项 C：$\dfrac{2.5-0.7/2}{1.5-0.7/2}=\dfrac{2.15}{1.15}=1.87$，选项 C 符合；选项 D：$\dfrac{2.5-0.7/2}{1.5-0.7/2}=\dfrac{2.15}{1.15}=$ 1.87，选项 D 符合。

综上所述，选项 D 更加符合规范。

【小注岩土点评】

① 三步计算分别为根据格栅的面积置换率、格栅内侧的长宽比、格栅内的土体面积与周长之比，即为：$A\leqslant\delta\dfrac{cu}{\gamma_{\mathrm m}}$、$m=\dfrac{水泥土面积}{水泥土墙面积}=面积置换率$、内侧长宽比$\leqslant2$。

② 格栅的长宽比和格栅面积 A 计算中的 L、B 应该是一致的；可能有人认为是从内侧做切线形成的长宽比，笔者认为是不合适的。

③ 计算框与桩的中心线的间距为 $d/4$。

④ 格栅计算涉及了格栅内土体面积、面积置换率、长宽比，题目中要求经济合理，似乎这样计算，没有体现"经济"，出题人的意愿可能是计算到第二步即可，根据置换率的大小判断经济性，置换率小经济性好，这样选择 C，未进行"格栅的面积置换率，淤泥质土不宜小于 0.7"构造比较。

第二节　锚杆（索）与锚杆挡墙

一、锚杆（索）的设计

（一）锚杆（索）轴向拉力标准值

规范	计算公式	计算简图
根据《建筑基坑支护技术规程》JGJ 120—2012 第 4.1.8 条、第 4.7.3 条整理	$N_{\mathrm k}=\dfrac{F_{\mathrm h}s}{b_{\mathrm a}\cos\alpha}\Leftarrow\dfrac{F_{\mathrm h}/b_{\mathrm a}}{N_{\mathrm k}/s}=\cos\alpha$ $F_{\mathrm h}=k_{\mathrm R}(v_{\mathrm R}-v_{\mathrm{R0}})+P_{\mathrm h}$	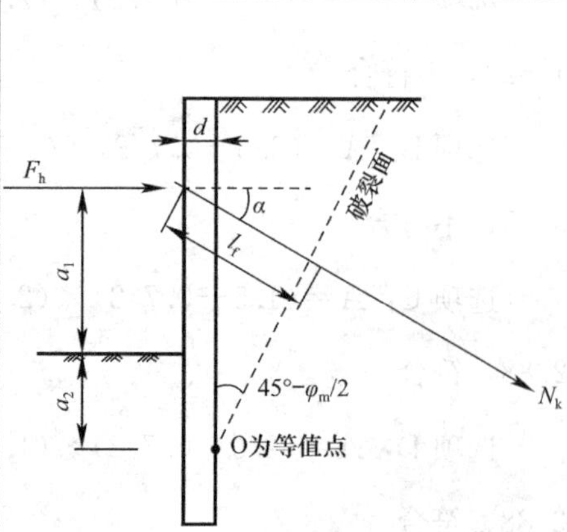

规范	计算公式	计算简图
根据《建筑基坑支护技术规程》JGJ 120—2012 第4.1.8条、第4.7.3条整理	式中：N_k——锚杆轴向拉力标准值（kN）； 　　F_h——挡土构件计算宽度内的弹性支点水平反力（kN）； 　　s——锚杆水平间距（m）； 　　b_a——挡土结构计算宽度（m），对单根支护桩，取排桩间距；对单幅地下连续墙，取包括接头的单幅墙宽度； 　　α——锚杆倾角（°）	
根据《建筑边坡工程技术规范》GB 50330—2013 第8.2.1条整理	锚杆（索）的轴向拉力标准值 N_{ak} 应按下式计算： $$N_{ak} = \dfrac{H_{tk}}{\cos\alpha}$$ $$H_{tk} = e_{ahk}s_x s_y$$	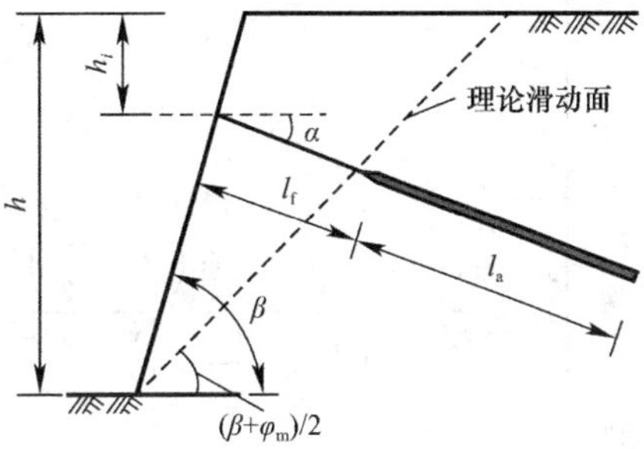 锚杆(索)长度计算示意图
	式中：N_{ak}——相应于作用的标准组合时锚杆所受轴向拉力（kN）； 　　H_{tk}——锚杆水平拉力标准值（kN）； 　　α——锚杆倾角（°）； 　　e_{ahk}——锚杆处的水平岩土压力值（kPa）； 　　s_x、s_y——锚杆的水平、竖直间距（m）	

（二）锚杆（索）抗拔出验算

锚杆总长度＝锚固段长度＋自由段长度＋外锚头长度

基坑锚杆（索）抗拔出验算

——《建筑基坑支护技术规程》第4.7.2条、第4.7.4条、第4.7.5条

锚固段长度	$\dfrac{R_k}{N_k} \geq K_t$ $R_k = \pi d \sum q_{sk,i} l_i$ $\Downarrow$ $l_i \geq \dfrac{K_t \cdot N_k}{\pi d \sum q_{sk,i}}$	构造要求： 土层中锚杆的锚固长度 l_i：$\geq 6m$ 注：土层锚杆的群锚效应： $\begin{cases}锚杆水平间距\ s=1.0m \Rightarrow 0.8R_k\\锚杆水平间距\ s=1.5m \Rightarrow R_k\\锚杆水平间距\ s=1.0\sim1.5m \Rightarrow (0.4+0.4s)R_k\end{cases}$ 基坑只需要验算锚固体和岩土体交界面的抗拔出，无需验算杆体和水泥浆交界面的抗拔出，区别边坡

基坑锚杆（索）抗拔出验算
——《建筑基坑支护技术规程》第 4.7.2 条、第 4.7.4 条、第 4.7.5 条

锚固段长度	式中：K_t——锚杆抗拔安全系数，安全等级为一级、二级、三级的支护结构，K_t 分别不应小于 1.8、1.6、1.4； R_k——锚杆极限抗拔承载力标准值（kN）； N_k——锚杆轴向拉力标准值（kN）； d——锚杆锚固体直径（m）； l_i——锚杆的锚固段在第 i 土层中的长度（m）；锚固段长度为锚杆在理论直线滑动面以外的长度，理论直线滑动面按本规程第 4.7.5 条的规定确定
非锚固段长度	$$l_f \geqslant \frac{(a_1 + a_2 - d\tan\alpha)\sin\left(45° - \dfrac{\varphi_m}{2}\right)}{\sin\left(45° + \dfrac{\varphi_m}{2} + \alpha\right)} + \frac{d}{\cos\alpha} + 1.5$$ 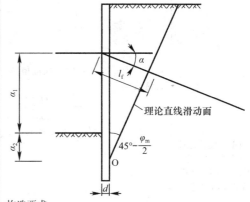 构造要求： 锚杆非锚固段长度 l_f 不应小于 5.0m，且应穿过潜在滑动面并进入稳定土层不小于 1.5m
	式中：l_f——锚杆非锚固段长度（m）； α——锚杆倾角（°）； a_1——锚杆的锚头中点至基坑底面的距离（m）； a_2——基坑底面至基坑外侧主动土压力强度 e_{ak} 与基坑内侧被动土压力强度 e_{pk} 等值点 O 的距离，对成层土，当存在多个等值点时应按其中最深的等值点计算； d——挡土构件的水平尺寸（m）； φ_m——O 点以上各土层按厚度加权的等效内摩擦角（°）

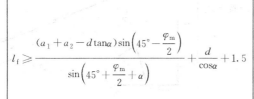

【5-116】（2010C21）某基坑侧壁安全等级为二级，垂直开挖，采用复合土钉墙支护，设一排预应力锚索，自由段长度为 5.0m，已知锚索水平拉力设计值为 250kN，水平倾角为 20°，锚孔直径为 150mm，土层与砂浆锚固体的极限摩阻力标准值 $q_{sk,i} = 46$kPa，作用基本组合的综合分项系数取 1.25。则锚索的设计长度至少应取（　　）时才能满足要求。

（A）16.0m　　　（B）18.0m　　　（C）21.0m　　　（D）24.0m

答案：C

解答过程：

根据《建筑基坑支护技术规程》JGJ 120—2012 第 3.1.6 条、第 3.1.7 条、第 4.7.2 条、第 4.7.4 条：

（1）$N = \dfrac{250}{\cos 20°} = 266$kN，$N_k = \dfrac{N}{\gamma_0 \gamma_F} = \dfrac{266}{1.0 \times 1.25} = 213$kN

（2）$R_k \geqslant K_t N_k = 1.6 \times 213 = 340.8$kN

（3）$R_k = \pi d \sum q_{sk,i} l_i \to 3.14 \times 0.15 \times 46 \times l_i \geqslant 340.8$kN $\Rightarrow l_i \geqslant 15.7$m

（4）设计总长度：$l \geqslant 5 + 15.7 = 20.7\text{m}$

【5-117】（2012C23）某基坑深 15m，支护结构安全等级为二级，采用桩锚支护形式，一桩一锚，桩径为 800mm，间距为 1m。土层 $\gamma = 20\text{kN/m}^3$，$c = 15\text{kPa}$，$\varphi = 20°$，第一道锚位于地面下 4.0m，锚固体直径为 150mm，倾角为 15°，通过平面结构弹性支点法计算得到 1m 计算宽度内弹性支点水平反力 $F_h = 200\text{kN}$，土与锚杆杆体之间极限摩阻力标准值为 50kPa。根据《建筑基坑支护技术规程》JGJ 120—2012，该层锚杆设计长度最接近（   ）。

(A) 18.0m   (B) 21.0m   (C) 22.5m   (D) 28.0m

答案：D

解答过程：

根据《建筑基坑支护技术规程》JGJ 120—2012 第 4.7.2 条、第 4.7.3 条、第 4.7.5 条：

（1）$N_k = \dfrac{F_h s}{b_a \cos\alpha} = \dfrac{200 \times 1}{1 \times \cos 15°} = 207.1\text{kN}$，$R_k = K_t \cdot N_t = 207.1 \times 1.6 = 331.4\text{kN}$

$$\Rightarrow s = 1\text{m}, \quad R_k = \dfrac{331.4}{0.8} = 441.25\text{kN}$$

（2）$l_i = \dfrac{R_k}{\pi d q_{sk,i}} = \dfrac{441.25}{3.14 \times 0.15 \times 50} = 17.6\text{m}$

（3）$K_a = \tan^2\left(45° - \dfrac{20°}{2}\right) = 0.49$，$K_p = \tan^2\left(45° + \dfrac{20°}{2}\right) = 2.04$

$20 \times (15 + a_2) \times 0.49 - 2 \times 15 \times \sqrt{0.49} = 20 \times a_2 \times 2.04 + 2 \times 15 \times \sqrt{2.04} \Rightarrow a_2 = 2.7\text{m}$

（4）$l_f \geqslant \dfrac{(11 + 2.7 - 0.8 \times \tan 15°)\sin\left(45° - \dfrac{20°}{2}\right)}{\sin\left(45° + \dfrac{20°}{2} + 15°\right)} + \dfrac{0.8}{\cos 15°} + 1.5 = 10.6\text{m} > 5\text{m}$

（5）$l \geqslant 17.6 + 10.6 = 28.2\text{m}$

【小注岩土点评】

为了用新版规范解答，题目做了修改，需要考虑群锚固效应系数。

【5-118】（2018D17）某安全等级为二级的深基坑，开挖深度为 8.0m，均质砂土地层，重度 $\gamma = 19\text{kN/m}^3$，黏聚力 $c = 0$，内摩擦角 $\varphi = 30°$，无地下水影响（如右图所示）。拟采用桩＋锚杆支护结构，支护桩直径为 800mm，锚杆设置深度为地表下 2.0m，水平倾斜角为 15°，锚固体直径 $D = 150\text{mm}$，锚杆总长度为 18m。已知按《建筑基坑支护技术规程》JGJ 120—2012 规定所做的锚杆承载力抗拔试验得到的锚杆极限抗拔承载力标准值为

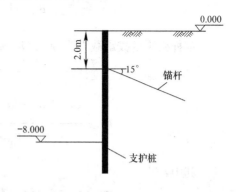

300kN，不考虑其他因素影响，计算该基坑锚杆锚固体与土层的平均极限粘结强度标准值，最接近下列哪个选项？

(A) 52.2kPa   (B) 46.2kPa   (C) 39.6kPa   (D) 35.4kPa

答案：A

解答过程：

根据《建筑基坑支护技术规程》JGJ 120—2012 第 4.7.5 条：

(1) $K_a = \tan^2\left(45° - \dfrac{30°}{2}\right) = \dfrac{1}{3}$，$K_p = \tan^2\left(45° + \dfrac{30°}{2}\right) = 3$

$$p_{ak} = p_{pk} \Rightarrow 19 \times (8 + a_2) \times \dfrac{1}{3} = 19 \times a_2 \times 3 \Rightarrow a_2 = 1\text{m}$$

(2) $l_f \geqslant \dfrac{(6 + 1 - 0.8\tan15°)\ \sin\left(45° - \dfrac{30°}{2}\right)}{\sin\left(45° + \dfrac{30°}{2} + 15°\right)} + \dfrac{0.8}{\cos15°} + 1.5 = 5.8\text{m} \geqslant 5\text{m} \Rightarrow l_i = 18 - 5.8 = 12.2\text{m}$

(3) $R_k = q_{sk,i}\pi D l_i = q_{sk,i} \times 3.14 \times 0.15 \times 12.2 = 300\text{kN} \Rightarrow q_{sk,i} = 52.2\text{kPa}$

【小注岩土点评】

通过锚杆的极限抗拔力反算锚固体与岩土层的极限侧摩阻力标准值⇒需要计算锚固段的长度⇒自由段的长度，需要按照等值梁法确定等值点。

【5-119】（2021D17）某建筑基坑工程位于深厚黏性土层中，土的重度为 19kN/m^3，$c = 25\text{kPa}$，$\varphi = 15°$，基坑深度为 15m，无地下水和地面荷载影响，拟采用桩锚支护，支护桩直径为 800mm，支护结构安全等级为一级。现场进行了锚杆基本试验，试验锚杆长度为 20m，全长未采取注浆体与周围土体的隔离措施，其极限抗拔承载力为 600kN，假定锚杆注浆体与土的侧摩阻力沿杆长均匀分布，若在地面下 5m 处设置一道倾角为 15° 的锚杆，锚杆轴向拉力标准值为 250kN，则该道锚杆的最小设计长度最接近下列哪个选项？（基坑内外土压力等值点深度位于基底下 3.06m）

(A) 19.5m   (B) 24.5m   (C) 26.0m   (D) 27.5m

答案：C

解答过程：

根据《建筑基坑支护技术规程》JGJ 120—2012 第 4.7.2 条、第 4.7.5 条：

(1) 锚固长度计算

支护结构安全等级为一级，则锚杆抗拔安全系数 $K_t = 1.8$

$$\dfrac{R_k}{N_k} \geqslant K_t = 1.8 \Rightarrow R_k \geqslant 1.8 \times 250 = 450\text{kN}$$

锚杆极限抗拔承载力为 600kN，则按比例计算的锚固段长度为：$l_a = \dfrac{450}{600} \times 20 = 15\text{m}$

(2) 非锚固段长度计算

$$l_f \geqslant \dfrac{(a_1 + a_2 - d\tan\alpha)\sin\left(45° - \dfrac{\varphi_m}{2}\right)}{\sin\left(45° + \dfrac{\varphi_m}{2} + \alpha\right)} + \dfrac{d}{\cos\alpha} + 1.5$$

其中：

$a_1 = 15 - 5 = 10\text{m}$，$a_2 = 3.06\text{m}$，代入数据得：

$$l_f \geqslant \dfrac{(10 + 3.06 - 0.8 \times \tan15°)\sin\left(45° - \dfrac{15°}{2}\right)}{\sin\left(45° + \dfrac{15°}{2} + 15°\right)} + \dfrac{0.8}{\cos15°} + 1.5$$

$$=10.8\text{m}>5\text{m}$$

（3）锚杆总长度

$$l=l_a+l_f=15+10.8=25.8\text{m}$$

边坡锚杆（索）抗拔出验算

——《建筑边坡工程技术规范》第 3.2.3 条、第 8.2.2～8.2.4 条

锚固段长度	由锚固体与岩土层间的粘结强度确定：$$l_a\geqslant\begin{cases}\dfrac{KN_{ak}}{\pi\cdot D\cdot f_{rbk}}\\[2mm]\dfrac{KN_{ak}}{n\pi d f_b}\end{cases}$$ 由杆体与锚固浆体间的粘结强度确定。 【小注】对于土层锚固段，一般只需要验算锚固体与土层间的粘结强度，岩层需两者都验算，取不利值		锚杆（索）锚固体长度 l_a 的构造要求	
		土层锚杆	岩石锚杆	预应力锚索

锚杆（索）锚固体长度 l_a 的构造要求

土层锚杆	岩石锚杆	预应力锚索
$4.0\text{m}\leqslant l_a$ $\leqslant10\text{m}$	$3.0\text{m}\leqslant l_a$ $\leqslant6.5\text{m}$ 和 $45D$	$3.0\text{m}\leqslant l_a$ $\leqslant8\text{m}$ 和 $55D$

式中：K——锚杆锚固体抗拔安全系数，按下表取值。

     l_a——锚杆锚固段长度（m），尚应满足本规范第 8.4.1 条的规定，即上表要求。

     f_{rbk}——岩土层与锚固体极限粘结强度标准值（kPa），应通过试验确定；当无试验资料时可按规范表 8.2.3-2 和表 8.2.3-3 取值。

     D——锚杆锚固段钻孔直径（m）。

     d——锚筋直径（m）。

     n——杆体（钢筋、钢绞线）根数（根）。

     f_b——钢筋与锚固砂浆间的粘结强度设计值（kPa），应由试验确定，当缺乏试验资料时可按规范表 8.2.4 取值。

锚杆锚固体抗拔安全系数 K

边坡工程安全等级	安全系数		
	临时性锚杆	永久性锚杆	抗震永久性锚杆
一级	2.0	2.6	$2.6\times0.8=2.08$
二级	1.8	2.4	$2.4\times0.8=1.92$
三级	1.6	2.2	$2.2\times0.8=1.76$

非锚固段长度

$$l_f\geqslant\frac{(h-h_i)\sin\left(\dfrac{\beta-\varphi_m}{2}\right)}{\sin\beta\cdot\sin\left(\dfrac{\beta+\varphi_m}{2}+\alpha\right)}+1.5$$

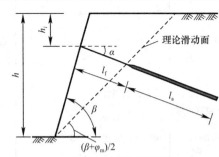

锚杆(索)长度计算示意图

预应力锚杆非锚固段长度应不小于 5.0m，且应超过潜在滑裂面 1.5m

【5-120】（2013C17）某土质边坡，安全等级为二级，采用永久锚杆支护，锚杆倾角为 15°，锚固体直径为 130mm，土体与锚固体粘结强度标准值为 50kPa，锚杆水平间距为

2m，排距为 2.2m，其主动土压力标准值的水平分量 e_{ahk} 为 18kPa。按照《建筑边坡工程技术规范》GB 50330—2013 计算，以锚固体与地层间锚固破坏为控制条件，其锚固段长度宜为（　　）。

(A) 1.0m　　　　(B) 5.0m　　　　(C) 6.8m　　　　(D) 10.0m

答案：D

解答过程：

根据《建筑边坡工程技术规范》GB 50330—2013 第 8.2.1 条、第 8.2.3 条、第 8.4.1 条：

(1) $H_{tk} = s_1 s_2 e_{ahk} = 2 \times 2.2 \times 18 = 79.2 \text{kN}$

(2) $N_{ak} = \dfrac{H_{tk}}{\cos\alpha} = \dfrac{79.2}{\cos 15°} = 82 \text{kN}$

(3) 安全等级为二级，永久性锚杆边坡，查表取 $K = 2.4$

$$l_a \geqslant \frac{K N_{ak}}{\pi \times D \times f_{rbk}} = \frac{2.4 \times 82.0}{3.14 \times 0.13 \times 50} = 9.64 \text{m}$$

(4) $4 \leqslant l_a \leqslant 10$，满足规范要求。

（三）锚杆（索）抗拉断验算（内力范畴）

规范	计算公式	公式说明
根据《建筑基坑支护技术规程》JGJ 120—2012 第 4.7.6 条整理	$N \leqslant f_{py} A_p$	式中：N——锚杆轴向拉力设计值（kN），按规范第 3.1.7 条规定，$N = \gamma_0 \gamma_F N_k$； f_{py}——锚杆杆体钢筋抗拉强度设计值（kPa），此数值可以查《混凝土结构设计规范（2015 年版）》GB 50010—2010； A_p——锚杆杆体钢筋截面面积（m^2）。 **γ_0、γ_F 取值** <table><tr><td>基坑工程安全等级</td><td>支护结构重要性系数 γ_0</td><td>基本组合综合分项系数 γ_F</td></tr><tr><td>一级</td><td>1.1</td><td rowspan=3>1.25</td></tr><tr><td>二级</td><td>1.0</td></tr><tr><td>三级</td><td>0.9</td></tr></table>
根据《建筑边坡工程技术规范》GB 50330—2013 第 8.2.2 条整理	普通钢筋锚杆： $A_s \geqslant \dfrac{K_b N_{ak}}{f_y}$ 预应力锚索锚杆： $A_s \geqslant \dfrac{K_b N_{ak}}{f_{py}}$	式中：A_s——锚杆钢筋或预应力锚索截面面积（m^2）； f_y、f_{py}——普通钢筋或预应力钢绞线抗拉强度设计值（kPa），此数值可以查《混凝土结构设计规范（2015 年版）》GB 50010—2010； K_b——锚杆杆体抗拉安全系数，应按下表取值：

锚杆杆体抗拉安全系数 K_b

边坡工程安全等级	安全系数		
	临时性锚杆	永久性锚杆	抗震永久性锚杆
一级	1.8	2.2	2.2×0.8=1.76
二级	1.6	2.0	2.0×0.8=1.60
三级	1.4	1.8	1.8×0.8=1.44

【5-121】（2014D21）某安全等级为一级的建筑基坑，采用桩锚支护形式。支护桩桩径为800mm，间距为1400mm。锚杆间距为1400mm，倾角为15°。采用平面杆系结构弹性支点法进行分析计算，得到支护桩计算宽度内的弹性支点水平反力为420kN。若锚杆施工时采用抗拉设计值为180kN的钢绞线，则每根锚杆需至少配置几根这样的钢绞线？

(A) 2根　　　　　(B) 3根　　　　　(C) 4根　　　　　(D) 5根

答案：C

解答过程：

根据《建筑基坑支护技术规程》JGJ 120—2012第3.1.6条、第3.1.7条、第4.7.3条：

(1) $N_k = \dfrac{F_h s}{b_a \cos\alpha} = \dfrac{420 \times 1.4}{1.4 \times \cos 15°} = 434.8\text{kN}$

(2) $N = \gamma_0 \gamma_F N_k = 1.1 \times 1.25 \times 434.8 = 597.9\text{kN}$

(3) $n = N/T = \dfrac{597.9}{180} = 3.3 \Rightarrow n = 4$ 根

【小注岩土点评】

① 本题属于"抗拉断验算"，注意标准值和设计值的转化。

② 一桩一锚时，锚杆水平间距 $s=$ 挡土结构计算宽度 b_a；b_a 为挡土结构计算宽度，对单根支护桩，取排桩间距，对单幅地下连续墙，取包括接头的单幅墙宽度。区别于土压力计算宽度 b_0。

二、锚杆挡墙

——《建筑边坡工程技术规范》第9.2节

坡顶有重要建（构）筑物，采用锚杆挡墙的岩土质边坡侧压力设计值应按规范第7章计算的岩土侧压力修正值和规范第9.2.2条计算的岩土侧压力修正值两者中的大值确定。

对岩质边坡以及坚硬、硬塑状黏土和密实、中密砂土类边坡，当采用逆作法施工或柔性结构的多层锚杆挡墙时，侧压力分布可近似按下图确定，图中 e'_{ah} 按下式计算：

计算图示	计算公式
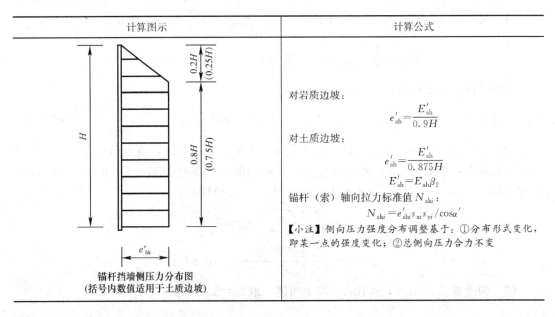 锚杆挡墙侧压力分布图 (括号内数值适用于土质边坡)	对岩质边坡： $$e'_{ah} = \dfrac{E'_{ah}}{0.9H}$$ 对土质边坡： $$e'_{ah} = \dfrac{E'_{ah}}{0.875H}$$ $$E'_{ah} = E_{ah}\beta_2$$ 锚杆（索）轴向拉力标准值 N_{aki}： $$N_{aki} = e'_{ahi} s_{xi} s_{yi} / \cos\alpha'$$ 【小注】侧向压力强度分布调整基于：①分布形式变化，即某一点的强度变化；②总侧向压力合力不变。

计算图示	计算公式

式中：e'_{ah}——侧向岩土压力水平分力修正值（kN/m^2）；

$\quad\quad E'_{ah}$——侧向岩土压力合力水平分力修正值（kN/m）；

$\quad\quad E_{ah}$——侧向岩土压力合力水平分力（kN/m）；

$\quad\quad H$——挡墙高度（m）；

$\quad\quad \beta_2$——锚杆挡墙侧向岩土压力修正系数，应根据岩土类别和锚杆类型按下表确定：

锚杆挡墙侧向岩土压力修正系数 β_2

锚杆类型 岩土类别	非预应力锚杆			预应力锚杆	
	土层锚杆	自由段为土层 的岩石锚杆	自由段为岩层 的岩石锚杆	自由段为 土层时	自由段为 岩层时
β_2	1.1～1.2	1.1～1.2	1.0	1.2～1.3	1.1

【小注】当锚杆变形计算值较小时取大值，较大时取小值

【5-122】（模拟题）某直立的硬塑黏性土永久性边坡，坡高为6m，坡顶无建筑物且不需对边坡变形进行控制，破坏后果不严重，采用板肋式锚杆挡墙支护，墙背光滑，墙后填土水平，无地下水，土层参数为：$c=25kPa$，$\varphi=18°$，重度为$20kN/m^3$，地面均布为$q=30kPa$，在1m、3m、5m各处设置一排非预应力锚杆，锚杆倾角为15°，水平间距为2m，采用逆作法施工，锚杆钻孔直径为160mm，采用单根$\phi25$螺纹钢筋，水泥砂浆采用M30，根据《建筑边坡工程技术规范》GB 50330—2013的相关要求，5m处锚杆的锚固长度最小值最接近下列哪个选项？

(A) 3.5m　　　(B) 4m　　　(C) 4.5m　　　(D) 5m

答案：D

解答过程：

根据《建筑边坡工程技术规范》GB 50330—2013第9.2.2条、第9.2.5条、第8.2.3条、第8.2.4条：

(1) $K_a=\tan^2(45°-18°/2)=0.528$，$z_0=\left(\dfrac{2\times25}{\sqrt{0.528}}-30\right)/20=1.94m$

$$E_{ah}=\frac{1}{2}\times20\times(6-1.94)^2\times0.528=87kN/m$$

土层锚杆，求最小值，$\beta_2=1.1$

$E'_{ah}=1.1\times87=95.7kN/m$，$e'_{ah}=\dfrac{95.7}{0.875\times6}=18.23kPa$，$N_{ak}=\dfrac{18.23\times2\times2}{\cos15°}=75.5kN$

(2) $H=6m<10m$，土质边坡，破坏后果不严重，三级边坡，查规范表8.2.3-1得锚固体抗拔安全系数$K=2.2$；硬塑黏性土，求最小值，查规范表8.2.3-3得$f_{rbk}=65kPa$；螺纹钢筋，水泥砂浆M30，查规范表8.2.4得$f_b=2.4MPa$。

$$l_{a1}\geqslant\frac{2.2\times75.5}{3.14\times0.16\times65}=5.09m$$

$$l_{a2}\geqslant\frac{2.2\times75.5}{3.14\times0.025\times2400}=0.88m$$

(3) 构造要求，$4m<l_a<10m$，综上所述，取$l_a=5.09m$。

三、岩石锚杆和岩石锚杆基础计算

——《建筑地基基础设计规范》第 8.6 节

《建筑地基基础设计规范》GB 50007—2011 中主要涉及岩石锚杆和岩石锚杆基础等计算。

（一）设计和构造要求

项目	岩石锚杆	岩石锚杆基础
设计和构造	（1）岩石锚杆由锚固段和非锚固段组成。锚固段嵌入基岩深度应大于 40 倍锚杆筋体直径，且不得小于 3 倍锚杆的孔径。 （2）岩石锚杆孔径不宜小于 100mm；作防护用的锚杆，其孔径可小于 100mm，但不应小于 60mm。 （3）岩石锚杆间距不应小于锚杆孔径的 6 倍；岩石锚杆与水平面的夹角宜为 $15°\sim25°$	 锚杆孔直径：取 $d_1=3d$，且须满足 $d_1 \geq d+50$； 有效锚固长度：$l>40d$； 锚杆孔深：$L=l+50$； 锚杆间距：$s \geq 6d_1$。 式中：d_1——锚杆孔直径（mm）； 　　　d——锚杆筋体直径（mm）； 　　　l——锚杆的有效锚固长度（mm）； 　　　L——锚杆孔深（mm）； 　　　s——锚杆间距（mm）。

（二）抗拔承载力计算

项目	计算公式	公式说明
岩石锚杆	岩石锚杆的抗拔承载力可按下式估算 $$R_t = \xi f u_r h_r$$	式中：R_t——锚杆抗拔承载力特征值（kN）； 　　　ξ——经验系数，对于永久性锚杆取 0.8，对于临时性锚杆取 1.0； 　　　u_r——锚杆的周长（m）； 　　　h_r——锚杆锚固段嵌入岩层中的长度（m），当长度超过 13 倍锚杆直径时，按 13 倍直径计算； 　　　f——砂浆与岩间的粘结强度特征值（kPa），可按下表取用（表中单位为 MPa）。 表格： <table><tr><td>岩石坚硬程度</td><td>软岩</td><td>较软岩</td><td>硬质岩</td></tr><tr><td>粘结强度</td><td><0.2</td><td>0.2~0.4</td><td>0.4~0.6</td></tr></table>【表注】水泥砂浆强度为 30MPa 或细石混凝土强度等级为 C30。 【小注】计算岩石锚杆挡土结构的荷载，宜取主动土压力增大系数 $\psi_a=1.1\sim1.2$（规范第 6.8.4 条）。

续表

项目	计算公式	公式说明
岩石锚杆基础	岩石锚杆基础适用于直接建在基岩上的柱基，以及承受拉力或水平力较大的建筑物基础。 单根锚杆所承受的拔力，应按下列公式验算： $N_{ti}=\dfrac{F_k+G_k}{n}-\dfrac{M_{xk}y_i}{\sum y_i^2}-\dfrac{M_{yk}x_i}{\sum x_i^2}$ $N_{tmax}\leqslant R_t$ $R_t\leqslant 0.8\pi d_1 lf$ （甲级建筑物除外）	式中：F_k——相应于作用的标准组合时，作用在基础顶面上的竖向力（kN）； G_k——基础自重及其上的土自重（kN）； M_{xk}、M_{yk}——按作用的标准组合计算作用在基础底面形心的力矩值（kN·m）； x_i、y_i——第 i 根锚杆至基础底面形心的 y、x 轴线的距离（m）； N_{ti}——相应于作用的标准组合时，第 i 根锚杆所承受的拔力值（kN）； R_t——单根锚杆抗拔承载力特征值（kN）； d_1——锚杆孔直径（m）； l——锚杆的有效锚固长度（m）； f——砂浆与岩石间的粘结强度特征值（kPa），可按下表选用（表中单位为MPa）：

岩石坚硬程度	软岩	较软岩	硬质岩
粘结强度	<0.2	$0.2\sim0.4$	$0.4\sim0.6$

【表注】水泥砂浆强度为30MPa或细石混凝土强度等级为C30

【5-123】（模拟题）拟采用岩石锚杆提高水池抗浮稳定安全度，假定，岩石锚杆的有效锚固长度 $l=1.8$m，锚杆孔径 $d_1=150$mm，砂浆与岩石间的粘结强度特征值为200kPa，要求所有抗浮锚杆提供的荷载效应标准组合下上拔力特征值为600kN。试问，满足锚固体粘结强度要求的全部锚杆最少数量（根），与下列何项数值最为接近？

提示：按《建筑地基基础设计规范》GB 50007—2011 作答。

(A) 4　　　　　　(B) 5　　　　　　(C) 6　　　　　　(D) 7

答案：B

解答过程：

根据《建筑地基基础设计规范》GB 50007—2011第8.6.3条、第6.8.6条：

$$l=1.8\text{m}<13d=1.95\text{m}，取 } l=1.8\text{m}$$
$$R_t=0.8\pi d_1 lf=0.8\times3.14\times0.15\times1.8\times200=135.6\text{kN}$$
$$600/135.6\approx5 \text{ 根}$$

第三节　岩石喷锚设计

——《建筑边坡工程技术规范》第10.2.1条

永久性岩质边坡、临时性岩质边坡均可采用锚喷支护，具体规定参看规范第10.1.1条。需要注意膨胀性岩质边坡和具有严重腐蚀性的边坡不应采用锚喷支护，有深层外倾滑动面或坡体渗水明显的岩质边坡不宜采用锚喷支护。

计算项目	计算公式
锚杆轴向拉力计算	$$N_{ak}=e'_{ah}s_{xj}s_{yj}/\cos\alpha$$ 式中：N_{ak}——锚杆所受轴向拉力（kN）； s_{xj}、s_{yj}——锚杆的水平、垂直间距（m）； e'_{ah}——相应于作用的标准组合时侧向岩石压力水平分力修正值（kN/m²）； α——锚杆倾角（°）。 【小注】侧向岩石压力水平分力修正值e'_{ah}参照前面讲的岩石锚杆挡墙侧压力计算，也即由规范第9.2.5条确定
锚杆承载力验算	 **局部锚杆加固不稳定岩石块体** 采用局部锚杆加固不稳定岩石块体时，以锚杆为分析对象（区别边坡直线滑动，是以滑动面为分析对象计算边坡稳定系数）： $$K_b(G_t-fG_n-cA)\leqslant\sum N_{akti}+f\sum N_{akni}\Leftarrow K_b=\frac{\sum N_{akti}+f\sum N_{akni}}{G_t-fG_n-cA}$$ $$G_t=G\sin\beta \qquad G_n=G\cos\beta$$ $$N_{akti}=N_{ak}\sin(90°-\alpha-\beta)=N_{ak}\cos(\alpha+\beta)$$ $$N_{akni}=N_{ak}\cos(90°-\alpha-\beta)=N_{ak}\sin(\alpha+\beta)$$ 式中：A——滑动面面积（m²）； c——滑移面的黏聚力（kPa）； f——滑动面上的摩擦系数； G_t、G_n——分别为不稳定块体自重在平行和垂直于滑面方向的分力（kN）； N_{akti}、N_{akni}——单根锚杆轴向拉力在抗滑方向和垂直于滑动面方向上的分力（kN）； K_b——锚杆钢筋抗拉安全系数，按本规范第8.2.2条取值，非边坡稳定系数。

锚杆杆体抗拉安全系数 K_b

边坡工程安全等级	安全系数	
	临时性锚杆	永久性锚杆
一级	1.8	2.2
二级	1.6	2.0
三级	1.4	1.8

【5-124】（模拟题）某25m高的均质岩石边坡，采用锚喷支护，非预应力锚杆，自由段为岩层，侧向岩石压力合力水平分力标准值（即单宽岩石侧压力）为2000kN/m，若锚杆水平间距 $s_{xj}=4.0$m，垂直间距 $s_{yj}=2.5$m，锚杆倾角为15°，试分别计算1.25m、6.25m处锚杆的轴向拉力。

解答过程：

根据《建筑边坡工程技术规范》GB 50330—2013第9.2.2条、第9.2.5条、第10.2.1条：

（1）非预应力锚杆，自由段为岩层，查规范表9.2.2知 $\beta_2=1.0$

进行侧向岩石压力修正：$E'_{ah} = E_{ah}\beta_2 = 2000 \times 1.0 = 2000\text{kN/m}$

（2）根据规范第 9.2.5 条侧压力分布图可知，侧压力转折处为：$0.2H = 0.2 \times 25 = 5\text{m}$

1.25m 处位于 5m 范围内的线性分布段，按线性内插取值：

$$e'_{ah} = \frac{1.25}{5} \times \frac{E'_{ah}}{0.9H} = \frac{1.25}{5} \times \frac{2000}{0.9 \times 25} = 22.22\text{kN/m}^2$$

6.25m 处位于 5m 范围外的均匀分布段，取值：$e'_{ah} = \frac{E'_{ah}}{0.9H} = \frac{2000}{0.9 \times 25} = 88.89\text{kN/m}^2$

（3）1.25m 处锚杆的轴向拉力：顶部、底部锚杆注意间距可能变化

$$N_{ak} = \frac{e'_{ah} s_{xj} s_{yj}}{\cos\alpha} = 22.22 \times 4.0 \times 2.5 / \cos 15° = 230.0\text{kN}$$

6.25m 处锚杆的轴向拉力：

$$N_{ak} = \frac{e'_{ah} s_{xj} s_{yj}}{\cos\alpha} = 88.89 \times 4.0 \times 2.5 / \cos 15° = 920.3\text{kN}$$

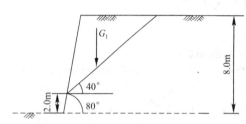

【5-125】（2018C17）如左图所示，某边坡坡高 8m，坡角 $\alpha = 80°$，其安全等级为一级，边坡局部存在一不稳定岩石块体，块体重 439kN，控制该不稳定岩石块体的外倾软弱结构面面积为 9.3m^2，倾角 $\theta_1 = 40°$，$c = 10\text{kPa}$，摩擦系数 $f = 0.20$，拟采用永久性锚杆加固该不稳定岩石块体，锚杆倾角为 15°，根据《建筑边坡工程技术规范》GB 50330—2013，所需锚杆总轴向拉力最少为下列哪个选项？

（A）300kN （B）330kN （C）365kN （D）400kN

答案：C

解答过程：

根据《建筑边坡工程技术规范》GB 50330—2013 第 10.2.4 条：

（1）查表 8.2.2，$K_b = 2.2$

$$G_t = G\sin\theta = 439 \times \sin 40° = 282.2\text{kN}$$

$$G_n = G\cos\alpha = 439 \times \cos 40° = 336.3\text{kN}$$

（2）$K_b(G_t - fG_n - cA) \leqslant \sum N_{akti} + f\sum N_{akni} \Rightarrow 2.2 \times (282.2 - 0.2 \times 336.3 - 10 \times 9.3) \leqslant N_{ak}\cos(40° + 15°) + 0.2 \times N_{ak}\sin(40° + 15°) \Rightarrow N_{ak} \geqslant 363.8\text{kN}$

第四节　桩板式挡墙

——《建筑边坡工程技术规范》第 13.2.8 条

桩板式挡墙是由钢筋混凝土桩和挡土板组成的挡墙。在桩之间用挡板挡住岩土体。按结构形式可分为悬臂式桩板挡墙、锚拉式桩板挡墙，挡板可采用现浇板或预制板，适用于开挖土石方可能危及相邻建筑物或环境安全的边坡、填方边坡的支挡以及工程滑坡治理。

地基的横向承载力特征值 f_H 计算

分类	计算
原则	抗滑桩的桩位应设在滑坡体较薄、锚固地基强度较高的地段，锚固段深度 h_2 应根据地基的横向容许承载力确定。 当桩的位移需要控制时，应考虑最大位移不超过容许值。一般情况下，桩基嵌固段顶端地面处的水平位移不宜大于 10mm。当地基强度或位移不满足要求时，应通过调整桩的埋深、截面尺寸或间距等措施进行处理
嵌固段为地基岩层	当锚固段地基为岩层时，桩的最大横向压应力 $\sigma_{\max}$ 应小于等于地基的横向容许承载力 f_H，如下所示计算 f_H： $$f_H = K_H \cdot \eta \cdot f_{rk}$$ 式中：K_H——水平向换算系数，取 $0.5 \sim 1.0$； 　　　　η——折减系数，取 $0.3 \sim 0.45$； 　　　　f_{rk}——岩石天然单轴抗压极限强度标准值（kPa）
锚固段为地基土层	当锚固段地基为土层或风化成土、砂砾状岩层时，滑动面以下或桩嵌入稳定岩土层内深度为 $h_2/3$ 和 h_2 处（滑动面以下或嵌入稳定岩土层内桩长）的横向压应力不应大于地基横向承载力特征值 f_H。 悬臂抗滑桩地基横向承载力特征值 f_H 按照以下计算
	沿滑动方向地面坡度 $i < 8°$ 时，地基 y 点的横向承载力特征值 f_H ・ $$f_H = 4\gamma_2 \cdot y \frac{\tan\varphi_0}{\cos\varphi_0} - \gamma_1 \cdot h_1 \frac{1-\sin\varphi_0}{1+\sin\varphi_0}$$
	沿滑动方向地面坡度 $i \geqslant 8°$ 且 $i \leqslant \varphi_0$ 时，地基 y 点的横向承载力特征值 f_H ・ $$f_H = 4\gamma_2 \cdot y \frac{\cos^2 i \cdot \sqrt{\cos^2 i - \cos^2 \varphi}}{\cos^2 \varphi} - \gamma_1 h_1$$ $$\cdot \cos i \frac{\cos i - \sqrt{\cos^2 i - \cos^2 \varphi}}{\cos i + \sqrt{\cos^2 i - \cos^2 \varphi}}$$
	式中：f_H——地基的横向承载力特征值（kPa）； 　　　　φ_0——滑动面以下土体的等效内摩擦角（°）； 　　　　γ_1——滑动面以上土体的重度（kN/m³）； 　　　　γ_2——滑动面以下土体的重度（kN/m³）； 　　　　φ——滑动面以下土体的内摩擦角（°）； 　　　　h_1——设桩处滑动面至地面的距离（m）； 　　　　y——滑动面至计算点的距离（m）

构造要求：臂式桩板挡墙桩长在岩质地基中嵌固深度不宜小于桩总长的 1/4，土质地基中不宜小于 1/3

【5-126】（2019D16）某建筑边坡采用悬臂式桩板挡墙支护，滑动面至坡顶面距离 $h_1 = 4$m，滑动面以下桩长 $h_2 = 6$m，滑动面以上土体的重度为 $\gamma_1 = 18$kN/m³，滑动面以下

土体的重度为 $\gamma_2 = 19\text{kN/m}^3$，滑动面以下土体的内摩擦角 $\varphi = 35°$，滑动方向地面坡度 $i = 6°$，试计算滑动面以下 6m 深度处的地基横向承载力特征值 f_H 最接近下列哪个选项？

(A) 300kPa   (B) 320kPa

(C) 340kPa   (D) 370kPa

答案：D

解答过程：

根据《建筑边坡工程技术规范》GB 50330—2013 第 13.2.8 条：

$$f_H = 4\gamma_2 y \frac{\tan\varphi_0}{\cos\varphi_0} - \gamma_1 h_1 \frac{1 - \sin\varphi_0}{1 + \sin\varphi_0}$$

$$= 4 \times 19 \times 6 \times \frac{\tan 35°}{\cos 35°} - 18 \times 4 \times \frac{1 - \sin 35°}{1 + \sin 35°}$$

$$= 370.3\text{kPa}$$

【5-127】(2022 补考 D16) 某挖方建筑边坡，高 10m 滑动面过坡脚处，采用悬臂式板挡墙支护，抗滑桩桩长 20m，桩顶以上地面坡率为 1:3，地层为全风化软质岩，其重度为 22.0kN/m³；等效内摩擦角为 46°，内摩擦角为 30°。已知坡脚以下 3.5m 处横向压应力为最大 $\sigma_{max} = 260\text{kPa}$，校核该处地基横向承载力，根据《建筑边坡工程技术规范》GB 50330—2013 相关规定，下列哪个选项的说法是正确的？

(A) 该处地基横向承载力特征值大于 σ_{max}

(B) 该处地基横向承载力特征值小于 σ_{max}

(C) 该处地基横向承载力特征值约等于 σ_{max}

(D) 无法判断该处地基横向承载力特征值与 σ_{max} 的大小关系

答案：B

解答过程：

根据《建筑边坡工程技术规范》GB 50330—2013 第 13.2.8 条：

(1) 坡度 $i = \tan^{-1}\left(\dfrac{1}{3}\right) = 18.435° \begin{array}{l} >8° \\ <\varphi_0 = 46° \end{array}$ 按规范式 (13.2.8-3) 计算。

(2) $\cos i = \cos(18.435°) = 0.949$，$\cos^2 i = 0.9$，$\cos^2\varphi = \cos^2 30° = 0.75$

(3) $f_H = 4 \times 22 \times 3.5 \times \dfrac{0.9 \times \sqrt{0.9 - 0.75}}{0.75} - 22 \times 10 \times 0.949 \times \dfrac{0.949 - \sqrt{0.9 - 0.75}}{0.949 + \sqrt{0.9 - 0.75}}$

$\qquad = 55.4\text{kPa} < 260\text{kPa}$

第五节 土 钉 墙

(1) 土钉墙、预应力锚杆复合土钉墙的坡比不宜大于 1:0.2；当基坑较深、土的抗剪强度较低时，宜取较小坡比。

(2) 土钉水平间距和竖向间距宜为 1~2m；当基坑较深、土的抗剪强度较低时，土钉间距应取小值。土钉倾角宜为 5°~20°。

(3) 成孔直径宜取 70~120mm，土钉钢筋宜取 HRB400、HRB500 钢筋，钢筋直径宜取 16~32mm。

一、土钉轴向拉力标准值

	公式	说明
根据《建筑基坑支护技术规程》JGJ 120—2012 第 5.2.2 ~5.2.4 条整理	$$N_{k,j} = \frac{1}{\cos\alpha_j}\zeta\eta_j p_{ak,j} s_{x,j} s_{z,j}$$	式中：$N_{k,j}$——第 j 层土钉的轴向拉力标准值（kN）； ζ——墙面倾斜时主动土压力折减系数； η_j——第 j 层土钉轴向拉力调整系数； $p_{ak,j}$——第 j 层土钉处的主动土压力强度标准值（kPa）； $s_{x,j}$、$s_{z,j}$——土钉的水平、垂直间距（m）； α_j——第 j 层土钉的倾角（°）
	$$\zeta = \frac{\tan\dfrac{\beta-\varphi_m}{2}\left(\dfrac{1}{\tan\dfrac{\beta+\varphi_m}{2}}-\dfrac{1}{\tan\beta}\right)}{\tan^2\left(45°-\dfrac{\varphi_m}{2}\right)}$$	式中：β——土钉墙坡面与水平面的夹角（°）； φ_m——基坑底面以上各土层按厚度加权的等效内摩擦角平均值（°）
	$$\eta_j = \eta_a - (\eta_a-\eta_b)\frac{z_j}{h}$$ $$\uparrow$$ $$\eta_a = \frac{\sum(h-\eta_b z_j)\Delta E_{aj}}{\sum(h-z_j)\Delta E_{aj}}$$ $$\uparrow$$ $$\Delta E_{aj} = p_{ak,j} s_{x,j} s_{z,j}$$	式中：ΔE_{aj}——作用在以 $s_{x,j}$、$s_{z,j}$ 为边长的面积内的主动土压力标准值（kN）； z_j——第 j 层土钉至基坑顶面的垂直距离（m）； h——基坑深度（m）； η_a——计算系数； η_b——经验系数，可取 0.6~1.0
说明	【小注】① 土压力是根据坡面竖直时计算出来的，当坡面倾斜时，土压力相应要折减，规范乘以 ζ 系数来表征土压力的折减。 墙面倾斜时，$\varphi_m \leqslant \beta \leqslant 90°$，相应的 $0 \leqslant \zeta \leqslant 1$，当墙面垂直时 $\zeta=1$。 ② 按照朗肯土压力理论，土钉墙部的土钉往往需要很长才能满足承载力要求，实际工程发现太长根本难以发挥，因此对其长度进行折减，但折减后也未发生被拔出现象。 土钉轴向拉力调整系数 η_j 是对每层土钉的轴向拉力进行调整，最上层土钉 $\eta_j \geqslant 1$，最下层土钉 $\eta_j \leqslant 1$。调整后，所有土钉轴向拉力总和是不变的，变的只是单根土钉的拉力。 ③ 每层土钉的计算系数是一样的	

【5-128】（2008C21）墙面垂直的土钉墙边坡，土钉与水平面夹角为 15°，土钉的水平与竖直间距都是 1.2m。墙后地基土的 $c=15$kPa，$\varphi=20°$，$\gamma=19$kN/m³，无地面超载。在 9.6m 深度处的每根土钉的轴向受拉荷载最接近（　　）。（取该层土钉轴向拉力调整系数 $\eta=0.8$）

(A) 81kN　　　　(B) 102kN　　　　(C) 139kN　　　　(D) 208kN

答案：A

解答过程：

根据《建筑基坑支护技术规程》JGJ 120—2012 第 5.2.2 条：

(1) $K_a = \tan^2\left(45° - \dfrac{20°}{2}\right) = 0.49$

(2) $p_{ak} = \gamma h K_a - 2c\sqrt{K_a} = 19 \times 9.6 \times 0.49 - 2 \times 15 \times \sqrt{0.49} = 68.4\text{kPa}$

(3) $N_k = \dfrac{1}{\cos\alpha}\zeta\eta p_{ak} s_x s_z = \dfrac{1}{\cos15^\circ} \times 1.0 \times 0.80 \times 68.4 \times 1.2 \times 1.2 = 81.6\text{kN}$

【5-129】（模拟题）某安全等级为二级基坑工程拟采用土钉进行支护开挖，开挖度 $h = 6.0\text{m}$（如下图所示），坡顶作用均布超载 $q_0 = 20\text{kPa}$，土钉支护范围内黏土层参数为：$\gamma_2 = 18\text{kN/m}^3$，$c_2 = 20\text{kPa}$，$\varphi_2 = 12^\circ$。坡面与水平面夹角为 $\beta = 65^\circ$，土钉倾角 $\alpha = 10^\circ$，土钉水平间距 s_x 与竖向间距 s_y 均为 1.50m。试计算 $z_i = 3.0\text{m}$ 第二排土钉的轴向拉力设计值最接近（　　）。（第二排土钉轴向拉力调整系数 $\eta_j = 1.3$）

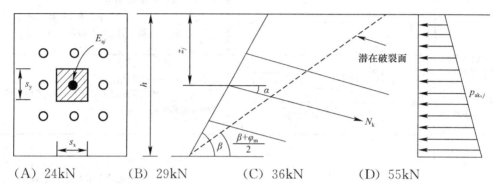

(A) 24kN　　　　(B) 29kN　　　　(C) 36kN　　　　(D) 55kN

答案：C

解答过程：

(1) $K_a = \tan^2\left(45^\circ - \dfrac{12^\circ}{2}\right) = 0.656$

$$(18 \times z_0 + 20) \times 0.656 - 2 \times 20 \times \sqrt{0.656} = 0 \Rightarrow z_0 = 1.63\text{m}$$

$$z_i > z_0 = 1.63\text{m}$$

(2) $p_{ak,2} = (18 \times 3.0 + 20) \times 0.656 - 2 \times 20 \times \sqrt{0.656} = 16.15\text{kPa}$

(3) $\zeta = \tan\left(\dfrac{65^\circ - 12^\circ}{2}\right) \times \dfrac{\left[\dfrac{1}{\tan\left(\dfrac{65^\circ + 12^\circ}{2}\right)} - \dfrac{1}{\tan65^\circ}\right]}{\tan^2\left(45^\circ - \dfrac{12^\circ}{2}\right)} = 0.601$

(4) $N_{k2} = \dfrac{0.601 \times 1.3 \times 16.15 \times 1.5 \times 1.5}{\cos10^\circ} = 28.8\text{kN}$

(5) $N_2 = 28.8 \times 1.25 \times 1.0 = 36\text{kN}$

二、土钉抗拔出计算

计算项目	根据《建筑基坑支护技术规程》JGJ 120—2012 第 5.2.1～5.2.6 条整理
锚固段长度	$l_i \geqslant \dfrac{K_t \cdot N_{k,j}}{\pi d_j \sum q_{sk,i}}$　　$\dfrac{R_{k,j}}{N_{k,j}} \geqslant K_t$ $\Leftarrow R_{k,j} = \begin{cases} \pi d_j \sum q_{sk,i} l_i \\ f_{yk} A_s \end{cases}$ 取小值

计算项目	根据《建筑基坑支护技术规程》JGJ 120—2012 第 5.2.1～5.2.6 条整理
锚固段 长度	式中：K_t——土钉抗拔安全系数，安全等级为二级、三级的土钉墙，分别不应小于 1.6、1.4； 　　　$N_{k,j}$——第 j 层土钉的轴向拉力标准值（kN）； 　　　$R_{k,j}$——第 j 层土钉的极限抗拔承载力标准值（kN）； 　　　d_j——第 j 层土钉锚固体直径；对成孔注浆土钉，按成孔直径计算，对打入钢管土钉，按钢管直径计算； 　　　$q_{sk,i}$——第 j 层土钉与第 i 土层的极限粘结强度标准值（kPa）； 　　　l_i——第 j 层土钉滑动面以外部分在第 i 层土中的长度，直线滑动面与水平角的夹角取（$\beta +$ φ_m）/2； 　　　f_{yk}——土钉杆体的抗拉强度标准值（kPa）
非锚固段 长度	根据《建筑基坑支护技术规程》JGJ 120—2012 第 5.2.5 条整理 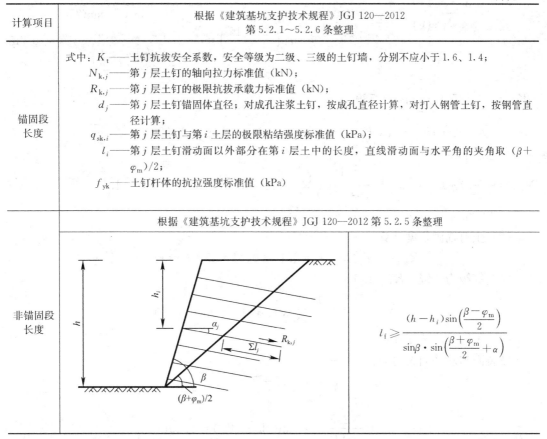 $$l_f \geqslant \frac{(h-h_i)\sin\left(\dfrac{\beta -\varphi_m}{2}\right)}{\sin\beta \cdot \sin\left(\dfrac{\beta +\varphi_m}{2}+\alpha\right)}$$

【5-130】（模拟题）某安全等级为二级的基坑工程，开挖深度 $H=6.5\mathrm{m}$，地面超载 $q=20\mathrm{kPa}$，地层为均质黏性土，土的天然重度 $\gamma =18\mathrm{kN/m^3}$，内摩擦角 $\varphi =15°$，黏聚力 $c=20\mathrm{kPa}$，无地下水，采用土钉墙进行支护，坡脚 $\beta =75°$，土钉的倾角为 15°，共布置四排土钉，土钉的水平间距为 1.5m，如右图所示（尺寸单位为 mm），土钉锚固体的直径为 110mm，土钉与孔壁的极限粘结强度标准值为 $q_{sk}=35\mathrm{kPa}$，土钉轴向拉力调整系数 $\eta_3=1.1$。按《建筑基坑支护技术规程》JGJ 120—2012，第三排土钉的总长度计算值最小为下列哪个选项？

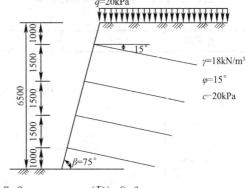

(A) 5.7m　　　(B) 6.6m　　　(C) 7.2m　　　(D) 8.6m

答案：C

解答过程：

根据《建筑基坑支护技术规程》JGJ 120—2012 第 5.2.1～5.2.5 条：

(1) 单根土钉轴向拉力标准值计算

$$\zeta = \frac{\tan\dfrac{\beta-\varphi_m}{2}\left(\dfrac{1}{\tan\dfrac{\beta+\varphi_m}{2}}-\dfrac{1}{\tan\beta}\right)}{\tan^2\left(45°-\dfrac{\varphi_m}{2}\right)} = \tan\left(\frac{75°-15°}{2}\right)\times\frac{\dfrac{1}{\tan\left(\dfrac{75°+15°}{2}\right)}-\dfrac{1}{\tan(75°)}}{\tan^2\left(45°-\dfrac{15°}{2}\right)} = 0.718$$

$$K_a = \tan^2\left(45°-\frac{15°}{2}\right) = 0.589$$

$$p_{ak} = (\gamma h + \Delta p)K_a - 2c\sqrt{K_a} = (4\times18+20)\times0.589 - 2\times20\times\sqrt{0.589}$$
$$= 23.49\text{kPa}$$

$$N_{k,j} = \frac{1}{\cos\alpha_j}\zeta\eta_j p_{ak,j}s_{x,j}s_{z,j} = \frac{1}{\cos(15°)}\times0.718\times1.1\times23.49\times1.5\times1.5$$
$$= 43.2\text{kN}$$

（2）土钉锚固长度计算

$$R_{k,j} = \pi d_j\sum q_{sk,i}l_i = 3.14\times0.11\times35\times l_a = 12.1l_a$$

安全等级为二级：$K_t \geqslant 1.6$

$$K_t = \frac{R_{k,j}}{N_{k,j}} = \frac{12.1\times l_a}{43.2} \geqslant 1.6 \Rightarrow l_a \geqslant 5.7\text{m}$$

（3）土钉自由长度计算

破裂面与水平面夹角为：

$$\frac{\varphi+\beta}{2} = \frac{15+75}{2} = 45°$$

$$l_f = \frac{2.5}{\cos(15°)}\times\tan(75°-45°) = 1.49\text{m}$$

（4）土钉的最小长度：$l = 5.7+1.49 = 7.19\text{m}$

三、土钉杆体的抗拉断验算

计算项目	计算公式	公式说明
根据《建筑基坑支护技术规程》JGJ 120—2012 第5.2.6条整理	$N_j \leqslant f_y A_s$	式中：N_j——第 j 层土钉的轴向拉力设计值（kN），按规范第3.1.7条规定，$N_j = \gamma_0\gamma_F N_{k,j}$； f_y——土钉杆体的抗拉强度设计值（kPa）； A_s——土钉杆体的截面面积（m²）。 **γ_0、γ_F 取值** <table><tr><td>基坑工程安全等级</td><td>支护结构重要性系数 γ_0</td><td>基本组合综合分项系数 γ_F</td></tr><tr><td>一级</td><td>1.1</td><td rowspan="3">1.25</td></tr><tr><td>二级</td><td>1.0</td></tr><tr><td>三级</td><td>0.9</td></tr></table>

四、土钉墙坑底隆起稳定性验算

——《建筑基坑支护技术规程》第 5.1.2 条

规范	计算图示	计算公式
根据《建筑基坑支护技术规程》JGJ 120—2012 整理	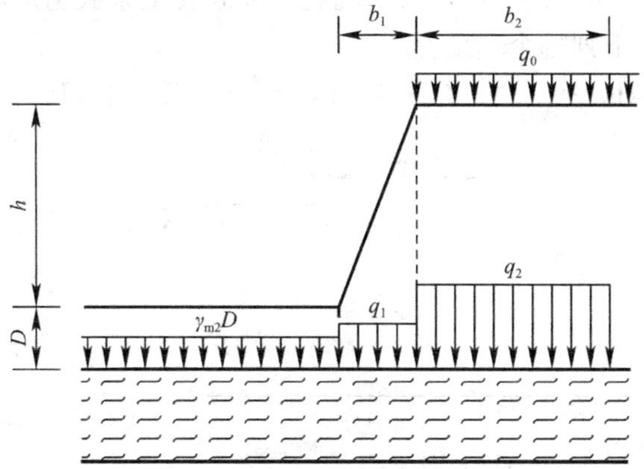	基坑底面下有软土层的土钉墙结构应进行坑底隆起稳定性验算。$$\frac{\gamma_{m2}DN_q+cN_c}{(q_1b_1+q_2b_2)/(b_1+b_2)}\geqslant K_b$$ $$N_q = \tan^2(45°+\varphi/2)e^{\pi\tan\varphi}$$ $$N_c = (N_q-1)/\tan\varphi$$ $$q_1 = 0.5\gamma_{m1}h+\gamma_{m2}D$$ $$q_2 = \gamma_{m1}h+\gamma_{m2}D+q_0$$

式中：K_b——抗隆起安全系数，安全等级为二级、三级的土钉墙，K_b 分别不应小于 1.6、1.4。

q_0——地面均布荷载（kPa）。

γ_{m1}——基坑底面以上土的天然重度（kN/m³）；对多层土，各层土按厚度加权的平均重度。

γ_{m2}——基坑底面至抗隆起计算平面之间土层的天然重度（kN/m³）；对多层土，取各层土按厚度加权的平均重度。

D——基坑底面至抗隆起计算平面之间土层的厚度（m）；当抗隆起计算平面为基底平面时，取 $D=0$。

c、φ——分别为抗隆起计算平面以下土的黏聚力（kPa）、内摩擦角（°）。

b_1——土钉墙坡面的宽度（m）；当土钉墙坡面垂直时取 $b_1=0$。

b_2——地面均布荷载的计算宽度（m），可取 $b_2=h$。

N_c、N_q——承载力系数，见下表：

φ	5	6	7	8	9	10	11	12	13	14	15	16	17
N_q	1.568	1.716	1.879	2.058	2.255	2.471	2.710	2.974	3.264	3.586	3.941	4.335	4.772
N_c	6.489	6.813	7.158	7.257	7.922	8.345	8.798	9.285	9.807	10.370	10.977	11.631	12.338
φ	18	19	20	21	22	23	24	25	26	27	28	29	30
N_q	5.258	5.798	6.399	7.071	7.821	8.661	9.603	10.662	11.854	13.199	14.720	16.443	18.401
N_c	13.104	13.934	14.835	15.815	16.833	18.049	19.324	20.721	22.254	23.942	25.803	27.860	30.140
φ	31	32	33	34	35	36	37	38	39	40	41	42	43
N_q	20.631	23.177	26.092	29.440	33.296	37.752	42.920	48.933	55.957	64.195	73.897	85.374	99.104
N_c	32.671	35.490	38.638	42.164	46.124	50.585	55.630	61.352	67.867	75.313	83.858	93.706	105.11

【小注岩土点评】

① 由于《建筑基坑支护技术规程》JGJ 120—2012 和《铁路路基支挡结构设计规范》TB 10025—2019 都涉及了土钉墙的设计计算，在做题时应选择合适的规范。虽然上表未列出整体性稳定性验算，但设计时都应该考虑确保整个边坡整体是稳定的，可采用圆弧滑动法进行稳定计算。

②《铁路路基支挡结构设计规范》TB 10025—2019 中土钉墙外部稳定性检算时，可将土钉及其加固体视为重力式挡土墙，按本规范第 6.2.4 条～第 6.2.6 条的稳定性检算方法，进行抗倾覆、抗滑动及基底承载力验算。而《建筑基坑支护技术规程》JGJ 120—2012 不需要进行这几方面的验算，永久支护和临时支护验算有差别。

【5-131】（模拟题）某二级基坑深度 4m，采用土钉墙支护，其结构如下图所示，根据《建筑基坑支护技术规程》JGJ 120—2012，要求基坑底抗隆起安全系数满足规范要求，则地面均布荷载 q_0 最大不得超过下列哪个选项？

(A) 0kPa   (B) 5kPa   (C) 10kPa   (D) 15kPa

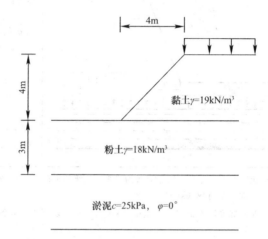

答案：B

解答过程：

根据《建筑基坑支护技术规程》JGJ 120—2012 第 5.1.2 条：

(1) $q_1 = 0.5 \times 19 \times 4 + 18 \times 3 = 92$kPa

$q_2 = 19 \times 4 + 18 \times 3 + q_0 = 130 + q_0$

(2) $\varphi = 0° \Rightarrow N_q = 1$，$N_c = 5.14$

(3) $\dfrac{18 \times 3 \times 1 + 25 \times 5.14}{[92 \times 4 + (130 + q_0) \times 4]/(4+4)} \geq 1.60 \Rightarrow q_0 \leqslant 6$kPa

【小注岩土点评】

普朗德尔-瑞斯纳极限承载力，分母 $(q_1 b_1 + q_2 b_2)/(b_1 + b_2)$ 为坑外等效平均自重，其中 b_1 为土钉墙坡面的宽度，当土钉墙垂直时取 $b_1 = 0$；b_2 为均布荷载的计算宽度，可取 $b_2 = h$。

第六节　支挡式结构稳定性验算

支挡式结构应根据具体形式与受力、变形特性等采用下列分析方法：

(1) 锚拉式支挡结构。

(2) 支撑式支挡结构。

(3) 悬臂式支挡结构、双排桩支挡结构。

前三种支挡结构宜采用平面杆系结构弹性支点法进行分析。

当有可靠经验时，可采用空间结构分析方法对支挡式结构进行整体分析或采用数值分析方法对支挡式结构与土进行整体分析。

稳定性验算主要包括抗滑移整体稳定性、抗倾覆稳定性、抗隆起稳定性和渗透稳定性。基坑支挡式结构的稳定性验算类型、验算方法以及验算内容及要求见下表。

一、抗倾覆稳定性——嵌固深度 l_d 计算

—— 《建筑基坑支护技术规程》第 4.2.1～4.2.2 条、第 4.12.5 条

计算项目	计算简图	计算公式
(1) 悬臂式支挡结构的嵌固深度 l_d	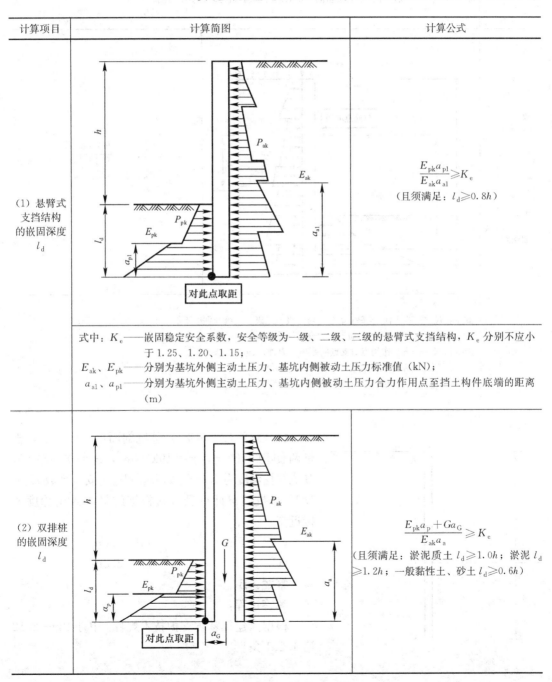	$\dfrac{E_{pk}a_{p1}}{E_{ak}a_{a1}} \geqslant K_e$ （且须满足：$l_d \geqslant 0.8h$）
式中：K_e——嵌固稳定安全系数，安全等级为一级、二级、三级的悬臂式支挡结构，K_e 分别不应小于 1.25、1.20、1.15； E_{ak}、E_{pk}——分别为基坑外侧主动土压力、基坑内侧被动土压力标准值（kN）； a_{a1}、a_{p1}——分别为基坑外侧主动土压力、基坑内侧被动土压力合力作用点至挡土构件底端的距离（m）		
(2) 双排桩的嵌固深度 l_d		$\dfrac{E_{pk}a_p + Ga_G}{E_{ak}a_a} \geqslant K_e$ （且须满足：淤泥质土 $l_d \geqslant 1.0h$；淤泥 $l_d \geqslant 1.2h$；一般黏性土、砂土 $l_d \geqslant 0.6h$）

续表

计算项目	计算简图	计算公式
（2）双排桩的嵌固深度 l_d	式中：K_e——嵌固稳定安全系数，安全等级为一级、二级、三级的双排桩，K_e 分别不应小于1.25、1.20、1.15； a_a、a_p——分别为基坑外侧主动土压力、基坑内侧被动土压力合力作用点至双排桩底端的距离（m）； G——双排桩、刚架梁和桩间土的自重之和（kN）； a_G——双排桩、刚架梁和桩间土的重心至前排桩边缘的水平距离（m）	
（3）锚拉式和支撑式支挡结构的嵌固深度 l_d	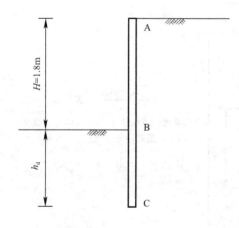	$$K_e = \frac{E_{pk} \cdot a_{p2}}{E_{ak} \cdot a_{a2}}$$ （且 $l_d \geqslant 0.3 \cdot h$）
	式中：K_e——嵌固稳定安全系数，对一级、二级、三级分别取不低于1.25、1.2、1.15； E_{ak}——基坑外侧主动土压力合力标准值（kN/m）； a_{a2}——E_{ak} 作用点对支点的距离（力臂）（m）； E_{pk}——基坑内侧被动土压力合力标准值（kN/m）； a_{p2}——E_{pk} 作用点对支点的距离（力臂）（m）	

【5-132】（2005D24）基坑剖面如左图所示，板桩两侧均为砂土，$\gamma = 19\text{kN/m}^3$，$\varphi = 30°$，$c = 0$，基坑开挖深度为1.8m，如果嵌固稳定安全系数 $K_e = 1.3$，按抗倾覆计算悬臂式板桩的最小入土深度最接近（　　）。

(A) 1.8m   (B) 2.0m

(C) 2.5m   (D) 2.8m

答案：B

解答过程：

根据《建筑基坑支护技术规程》JGJ 120—2012 第4.2.1条：

(1) $K_a = \tan^2\left(45° - \dfrac{30°}{2}\right) = 0.333$，$K_p = \tan^2\left(45° + \dfrac{30°}{2}\right) = 3$

(2) 设板桩最小入土深度为 h_d，

$$E_{ak} = \frac{1}{2}\gamma h^2 K_a = \frac{1}{2} \times 19 \times (1.8 + h_d)^2$$
$$\times 0.333 = 3.16 \times (1.8 + h_d)^2$$

$$a_{a1} = \frac{1.8 + h_d}{3}$$

$$E_{pk} = \frac{1}{2}\gamma h_d^2 K_p = \frac{1}{2} \times 19 \times h_d^2 \times 3 = 28.5 h_d^2$$

$$a_{p1} = \frac{h_d}{3}$$

(3) $\dfrac{E_{pk}a_{p1}}{E_{ak}a_{a1}} \geqslant K_e \Rightarrow \dfrac{28.5 h_d^2 \times \dfrac{h_d}{3}}{3.16 \times (1.8 + h_d)^2 \times \dfrac{1.8 + h_d}{3}} \geqslant 1.3 \Rightarrow h_d \geqslant 2.0\text{m}$

【5-133】(2021C19) 某厚砂土场地中基坑开挖深度 $h = 6$m，砂土的重度 $\gamma = 20$kN/m^3，内聚力 $c = 0$，摩擦角 $\varphi = 30°$，采用双排桩支护，桩径为 0.6m，桩间距为 0.8m，排间中心间距为 2m，桩长为 12m，支护结构顶面与地表齐平，则按《建筑基坑支护技术规程》JGJ 120—2012 确定该支护结构嵌固稳定安全系数最接近下列哪个选项？（桩、联系梁及桩间土平均重度 $\gamma = 21$kN/m^3，不考虑地下水作用及地面超载）

(A) 1.12　　　(B) 1.38　　　(C) 1.47　　　(D) 1.57

答案：D

解答过程：

根据《建筑基坑支护技术规程》JGJ 120—2012 第 4.12.5 条：

(1) 主、被动土压力计算

$$K_a = \tan^2\left(45° - \frac{\varphi}{2}\right) = \tan^2\left(45° - \frac{30°}{2}\right) = 0.333$$

$$E_{ak} = \frac{1}{2}\gamma \cdot H^2 \cdot K_a = \frac{1}{2} \times 20 \times 12^2 \times 0.333 = 479.52\text{kN/m}$$

$$K_p = \tan^2\left(45° + \frac{\varphi}{2}\right) = \tan^2\left(45° + \frac{30°}{2}\right) = 3$$

$$E_{pk} = \frac{1}{2}\gamma \cdot H^2 \cdot K_p = \frac{1}{2} \times 20 \times 6^2 \times 3 = 1080\text{kN/m}$$

(2) 抗倾覆稳定系数

$$K_e = \frac{E_{pk}a_p + Ga_G}{E_{ak}a_a}$$

其中：$G = \gamma \cdot V = 21 \times 12 \times (2 + 0.6) = 655.2$kN/m^3，$a_G = 2.6/2 = 1.3$m

代入数据得：$K_e = \dfrac{1080 \times 2 + 655.2 \times 1.3}{479.52 \times 4} = 1.57$

二、抗隆起稳定性

——《建筑基坑支护技术规程》第 4.2.4 条、《建筑地基基础设计规范》附录 V

计算项目	计算简图	计算公式
（1）锚拉式支挡结构和支撑式支挡结构的嵌固深度 l_d	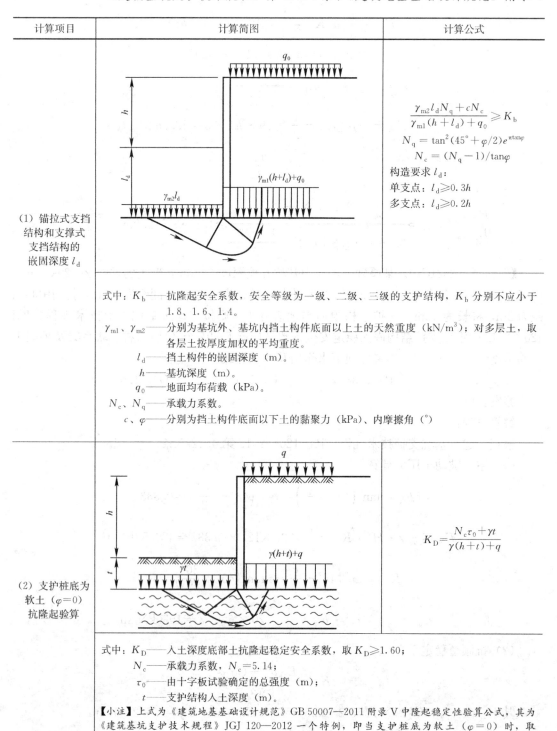	$$\dfrac{\gamma_{m2}l_d N_q + c N_c}{\gamma_{m1}(h+l_d)+q_0} \geqslant K_b$$ $$N_q = \tan^2(45°+\varphi/2)e^{\pi\tan\varphi}$$ $$N_c = (N_q-1)/\tan\varphi$$ 构造要求 l_d： 单支点：$l_d \geqslant 0.3h$ 多支点：$l_d \geqslant 0.2h$

式中：K_b——抗隆起安全系数，安全等级为一级、二级、三级的支护结构，K_b 分别不应小于 1.8、1.6、1.4。

γ_{m1}、γ_{m2}——分别为基坑外、基坑内挡土构件底面以上土的天然重度（kN/m^3）；对多层土，取各层土按厚度加权的平均重度。

l_d——挡土构件的嵌固深度（m）。

h——基坑深度（m）。

q_0——地面均布荷载（kPa）。

N_c、N_q——承载力系数。

c、φ——分别为挡土构件底面以下土的黏聚力（kPa）、内摩擦角（°）

计算项目	计算简图	计算公式
（2）支护桩底为软土（$\varphi=0$）抗隆起验算		$$K_D = \dfrac{N_c\tau_0 + \gamma t}{\gamma(h+t)+q}$$

式中：K_D——入土深度底部土抗隆起稳定性安全系数，取 $K_D \geqslant 1.60$；

N_c——承载力系数，$N_c=5.14$；

τ_0——由十字板试验确定的总强度（m）；

t——支护结构入土深度（m）。

【小注】上式为《建筑地基基础设计规范》GB 50007—2011 附录 V 中隆起稳定性验算公式，其为《建筑基坑支护技术规程》JGJ 120—2012 一个特例，即当支护桩底为软土（$\varphi=0$）时，取 $N_c=5.14$、$N_q=1$

续表

计算项目	计算简图	计算公式
（3）挡土构件底面以下软弱下卧层坑底隆起稳定性验算	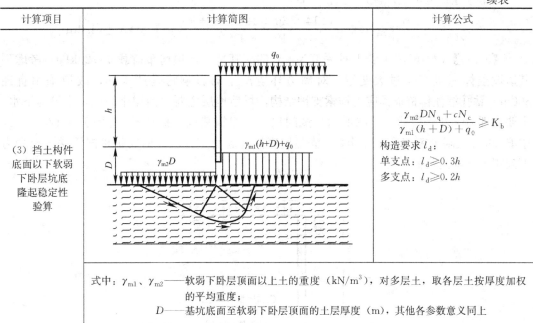	$\dfrac{\gamma_{m2}DN_q + cN_c}{\gamma_{m1}(h+D)+q_0} \geqslant K_b$ 构造要求 l_d： 单支点：$l_d \geqslant 0.3h$ 多支点：$l_d \geqslant 0.2h$

式中：γ_{m1}、γ_{m2}——软弱下卧层顶面以上土的重度（kN/m³），对多层土，取各层土按厚度加权的平均重度；

　　　　D——基坑底面至软弱下卧层顶面的土层厚度（m），其他各参数意义同上。

【小注】① 注意 γ_{m1}、γ_{m2} 为天然重度，不能单纯理解为饱和重度、浮重度，如果天然就是饱和，那么就采用饱和重度；土钉墙的抗隆起验算也是类似的。

② 悬臂式支挡结构可不进行抗隆起稳定性验算。

③ 采用软土层（验算土层）参数 c、φ 计算 N_c、N_q 及验算，其中 φ 为抗隆起计算平面以下土的内摩擦角（°）。

N_q、N_c 速查表

φ	5	6	7	8	9	10	11	12	13	14	15	16	17
N_q	1.568	1.716	1.879	2.058	2.255	2.471	2.710	2.974	3.264	3.586	3.941	4.335	4.772
N_c	6.489	6.813	7.158	7.257	7.922	8.345	8.798	9.285	9.807	10.370	10.977	11.631	12.338
φ	18	19	20	21	22	23	24	25	26	27	28	29	30
N_q	5.258	5.798	6.399	7.071	7.821	8.661	9.603	10.662	11.854	13.199	14.720	16.443	18.401
N_c	13.104	13.934	14.835	15.815	16.833	18.049	19.324	20.721	22.254	23.942	25.803	27.860	30.140
φ	31	32	33	34	35	36	37	38	39	40	41	42	43
N_q	20.631	23.177	26.092	29.440	33.296	37.752	42.920	48.933	55.957	64.195	73.897	85.374	99.104
N_c	32.671	35.490	38.638	42.164	46.124	50.585	55.630	61.352	67.867	75.313	83.858	93.706	105.11

【5-134】（2011C22）如右图所示，在饱和软黏土地基中开挖条形基坑，采用 8m 长的板桩支护，地下水位已降至板桩底部，坑边地面无荷载，地基土重度为 $\gamma = 19\text{kN/m}^3$，通过十字板现场测试得地基土的抗剪强度为 30kPa。按《建筑地基基础设计规范》GB 50007—2011 规定，为满足基坑抗隆起稳定性要求，此基坑最大开挖深度不能超过（　　）。

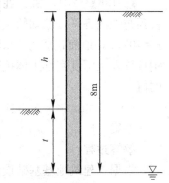

（A）1.2m　　　　（B）3.3m

（C）6.1m　　　　（D）8.5m

答案：B

解答过程：

根据《建筑地基基础设计规范》GB 50007—2011 附录 V.0.1：

$$\frac{N_c\tau_0+\gamma t}{\gamma(h+t)+q}\geq 1.6\Rightarrow\frac{5.14\times 30+19\times(8-h)}{19\times 8+0}\geq 1.6\Rightarrow h\leq 3.3\text{m}$$

【5-135】（2016D21）某开挖深度为 6m 的深基坑，坡顶均布荷载 $q=20\text{kPa}$，考虑到其边坡土体一旦产生过大变形，对周边环境产生的影响将是严重的，故拟采用直径 800mm 钻孔灌注排桩加预应力锚索支护结构，场地地层主要由两层土组成，未见地下水，主要物理力学性质指标如下图所示。试问根据《建筑基坑支护技术规程》JGJ 120—2012 中 Prandtl 极限平衡理论公式计算，满足坑底抗隆起稳定性验算的支护桩嵌固深度至少为下列哪个选项的数值？

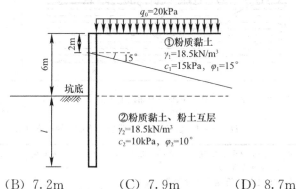

(A) 6.8m   (B) 7.2m   (C) 7.9m   (D) 8.7m

答案：C

解答过程：

根据《建筑基坑支护技术规程》JGJ 120—2012 第 4.2.4 条、第 4.2.7 条：

(1) $N_q=\tan^2\left(45°+\dfrac{\varphi}{2}\right)e^{\pi\tan\varphi}=\tan^2\left(45°+\dfrac{10°}{2}\right)e^{\pi\tan10°}=2.47$

$$N_c=\frac{(N_q-1)}{\tan\varphi}=\frac{2.47-1}{\tan10°}=8.34$$

(2) $\dfrac{\gamma_{m2}l_dN_q+cN_c}{\gamma_{m1}(h+l_d)+q_0}\geq K_b\Rightarrow\dfrac{18.5\times l_d\times 2.47+10\times 8.34}{18.5\times(6+l_d)+20}\geq 1.6\Rightarrow l_d\geq 7.8$

(3) $l_d\geq 0.3h=0.3\times 6=1.8\text{m}\Rightarrow l_d\geq 7.8\text{m}$

【5-136】（2017C22）在饱和软黏土中开挖条形基坑，采用 11m 长的悬臂钢板桩支护，桩顶与地面齐平。已知软土的饱和重度 $\gamma=17.8\text{kN/m}^3$，土的十字板剪切试验的抗剪强度 $\tau=40\text{kPa}$，地面超载为 10kPa。按照《建筑地基基础设计规范》GB 50007—2011，为满足钢板桩入土深度底部土体抗隆起稳定性要求，此基坑最大开挖深度最接近下面哪一个选项的值？

(A) 3.0m   (B) 4.0m   (C) 4.5m   (D) 5.0m

答案：B

解答过程：

根据《建筑地基基础设计规范》GB 50007—2011 附录 V.0.1：

$$K_D=\frac{N_c\tau_0+\gamma t}{\gamma(h+t)+q}=\frac{5.14\times 40+17.8\times t}{17.8\times 11+10}\geq 1.6\Rightarrow t\geq 6.9\text{m}\Rightarrow h\leq 11-6.9=4.1\text{m}$$

三、整体滑动稳定性

——《建筑基坑支护技术规程》第 4.2.3 条、第 4.2.5 条

计算项目 （一）	锚拉式、悬臂式和双排桩的整体滑动稳定性验算

计算简图	

计算公式

$$K_s = \frac{M_r}{M_s} = \frac{\sum\{c_j l_j + [(q_j b_j + \Delta G_j)\cos\theta_j - u_j l_j]\tan\varphi_j\} + \sum R'_{kk}[\cos(\theta_k + \alpha_k) + \psi_v]/s_{x,k}}{\sum(q_j b_j + \Delta G_j)\sin\theta_j}$$

式中：K_s——滑动稳定安全系数；安全等级为一、二、三级的支挡结构分别不应小于 1.35、1.3、1.25。

c_j、φ_j——分别为第 j 土条滑弧面处土的黏聚力（kPa）、内摩擦角（°）。

b_j——第 j 土条的宽度（m）。

θ_j——第 j 土条滑弧面中点处的法线与垂直面的夹角（°）。

l_j——第 j 土条滑弧长度（m），取 $l_j = b_j/\cos\theta_j$。

q_j——第 j 土条上的附加分布荷载标准值（kPa）。

ΔG_j——第 j 土条的自重（kN），按天然重度计算。

u_j——第 j 土条滑弧面上的水压力（kPa），采用落底式截水帷幕时，对地下水位以下的砂土、碎石土、砂质粉土，在基坑外侧可取 $u_j = \gamma_w h_{wa,j}$，在基坑内侧可取 $u_j = \gamma_w h_{wp,j}$；滑弧面在水位以上或对地下水位以下的黏性土，取 $u_j = 0$。

$h_{wa,j}$——基坑外侧第 j 土条滑弧中点处的压力水头（m）。

$h_{wp,j}$——基坑内侧第 j 土条滑弧中点处的压力水头（m）。

R'_{kk}——第 k 层锚杆在滑动面以外的锚固段的极限抗拔承载力标准值与锚杆杆体受拉承载力标准值（$f_{ptk}A_p$）的较小值，锚固段应取滑动面以外的长度计算，对悬臂式、双排桩支挡结构，可不考虑 $\sum R'_{kk}[\cos(\theta_k + \alpha_k) + \psi_v]/s_{x,k}$ 项。

$$R'_{kk} = \begin{cases} \pi d \sum q_{sk,i} l_i \\ f_{ptk}A_p \end{cases} 取小值$$

α_k——第 k 层锚杆的倾角（°）。

θ_k——滑弧面在第 k 层锚杆处的法线与垂直面的夹角（°）。

$s_{x,k}$——第 k 层锚杆的水平间距（m）。

ψ_v——计算系数，可按 $\psi_v = 0.5\sin(\theta_k + \alpha_k)\tan\varphi$ 取值。

φ——第 k 层锚杆与滑弧交点处土的内摩擦角（°）

【小注】本公式看似复杂，分子为两部分构成，一部分为未加锚杆时，土体提供的抗转动力矩；另一部分为锚杆提供的抗转动力矩；分母为转动力矩，可以按照工况题考查。

计算项目（二）	坑底以下为软土时，锚拉式和支撑式支挡结构的滑动稳定性验算
计算简图	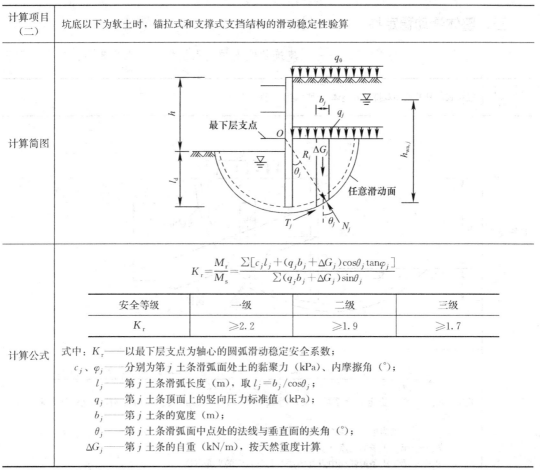

计算公式

$$K_r = \frac{M_r}{M_s} = \frac{\sum[c_j l_j + (q_j b_j + \Delta G_j)\cos\theta_j \tan\varphi_j]}{\sum(q_j b_j + \Delta G_j)\sin\theta_j}$$

安全等级	一级	二级	三级
K_r	≥2.2	≥1.9	≥1.7

式中：K_r——以最下层支点为轴心的圆弧滑动稳定安全系数；

c_j、φ_j——分别为第 j 土条滑弧面处土的黏聚力（kPa）、内摩擦角（°）；

l_j——第 j 土条滑弧长度（m），取 $l_j = b_j / \cos\theta_j$；

q_j——第 j 土条顶面上的竖向压力标准值（kPa）；

b_j——第 j 土条的宽度（m）；

θ_j——第 j 土条滑弧面中点处的法线与垂直面的夹角（°）；

ΔG_j——第 j 土条的自重（kN/m），按天然重度计算。

【小注】锚拉式支挡结构和支撑式支挡结构，当坑底以下为软土时，其嵌固深度应符合以最下层支点为轴心的圆弧滑动稳定性要求。

四、渗透稳定性

——《建筑基坑支护技术规程》附录 C.0.1～C.0.2

计算项目	计算简图	计算公式
(1) 坑底突涌稳定性		当截水帷幕底端位于隔水层中（落底式截水帷幕），应验算坑底突涌稳定性。 当坑底以下有水头高于坑底的承压水含水层，且未用截水帷幕隔断其基坑内外的水力联系时，承压水作用下的坑底突涌稳定性应符合下式规定： $$\frac{D\gamma}{h_w\gamma_w} \geq K_h$$

计算项目	计算简图	计算公式
(1) 坑底突涌稳定性	式中：K_h——突涌稳定安全系数，K_h 不应小于 1.1； D——承压水含水层顶面至坑底的土层厚度（m）； γ——承压水含水层顶面至坑底土层的天然重度（kN/m^3），对多层土，取按土层厚度加权的平均天然重度； h_w——承压含水层顶面的压力水头高度（m）； γ_w——水的重度（kN/m^3）。 【小注】① γ 为天然重度，不能单纯理解为饱和重度、浮重度，如果天然就是饱和，那么就采用饱和重度。 ② $\dfrac{D\gamma}{h_w\gamma_w} \geqslant K_h \Rightarrow \dfrac{土的自重应力}{水头压力} \geqslant 1.1$，本质为静力平衡，把向下的自重应力和向上的水头压力进行比较。 ③ 区别第一篇第九章流土的判断，$i=\Delta h/L \geqslant i_{cr}$ 这是微观的流土判断，而突涌的判断可以理解为宏观的流土	
(2) 渗流流土稳定性	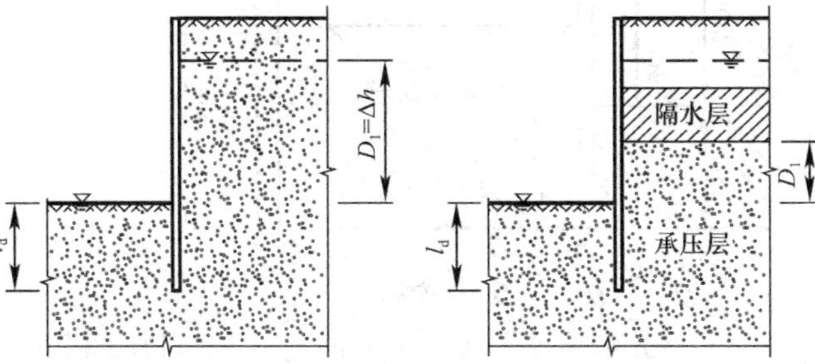 (a) 潜水　　　　　(b) 承压水	$\dfrac{\gamma'}{j} = \dfrac{\gamma'}{\dfrac{\Delta h}{2l_d+D_1}\gamma_w} \Rightarrow$ $\dfrac{(2l_d+0.8D_1)\,\gamma'}{\Delta h\gamma_w} \geqslant K_f$
	式中：K_f——流土稳定性安全系数，安全等级为一级、二级、三级的支护结构，K_f 分别不应小于 1.6、1.5、1.4； l_d——截水帷幕在坑底以下的插入深度（m）； D_1——潜水面或承压水含水层顶面至基坑底面的土层厚度（m）； γ'——土的浮重度（kN/m^3）； Δh——基坑内外的水头差（m）； γ_w——水的重度（kN/m^3）	

【小注岩土点评】

① 构件的嵌固深度除应满足规范第 4.2.1 条～第 4.2.6 条的规定外，对悬臂式结构，尚不宜小于 $0.8h$；对单支点支挡式结构，尚不宜小于 $0.3h$；对多支点支挡式结构，尚不宜小于 $0.2h$。

② 计算渗透稳定性时，除了采用规范的公式外，也可根据《土力学》渗流理论进行计算，但此时需特别注意安全系数。

【5-137】（2003D20）止水帷幕如下图所示，上游土中最高水位为 0.000m，下游地面最高水位为 -8.000m，土的天然重度 $\gamma=18kN/m^3$，安全系数为 2.0，则止水帷幕应设置的合理深度为（　　）。

(A) $h=12.0$m　　(B) $h=14.0$m　　(C) $h=16.0$m　　(D) $h=10.0$m

答案：B

解答过程：

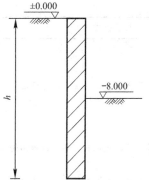

$$i=\frac{8}{2h-8}\leqslant\frac{i_{cr}}{K}=\frac{(18-10)/10}{2}=0.4,\ 解得\ h\geqslant14m$$

【5-138】（2016D23）某基坑开挖深度为6m，土层依次为人工填土、黏土和含砾粗砂，如下图所示，人工填土层，$\gamma_1=17kN/m^3$，$c_1=15kPa$，$\varphi_1=10°$；黏土层，$\gamma_2=18kN/m^3$，$c_2=20kPa$，$\varphi_2=12°$。含砾粗砂层顶面距基坑底的距离为4m，砂层中承压水头高度为9m，设计采用排桩支护结构和坑内深井降水。在开挖至基坑底部时，由于土方开挖运输作业不当，造成坑内降水井被破坏、失效。为保证基坑抗突涌稳定性、防止基坑底发生流土，拟紧急向基坑内注水。请根据《建筑基坑支护技术规程》JGJ 120—2012，基坑内注水深度至少应最接近下列哪个选项的数值？

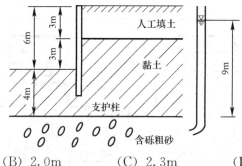

(A) 1.8m   (B) 2.0m   (C) 2.3m   (D) 2.7m

答案：D

解答过程：

根据《建筑基坑支护技术规程》JGJ 120—2012附录C：

$$\frac{D\gamma}{h_w\gamma_w}\geqslant K_h\Rightarrow\frac{4\times18+\Delta h\times10}{10\times9}\geqslant1.1\Rightarrow\Delta h=2.7m$$

【5-139】（2011D20）一个采用地下连续墙支护的基坑土层分布如下图所示，砂土与黏土天然重度均为$20kN/m^3$，砂层厚10m，黏土隔水层厚1m，在黏土隔水层以下砾石层中有承压水，承压水头8m。没有采用降水措施，为了保证抗突涌的渗透稳定安全系数不小于1.1，则该基坑的最大开挖深度 H 不能超过（　　）。

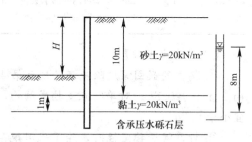

(A) 2.2m   (B) 5.6m

(C) 6.6m   (D) 7.0m

答案：C

解答过程：

根据《建筑基坑支护技术规程》JGJ 120—2012附录C：

$$\frac{D\gamma}{h_w\gamma_w}\geqslant K_h\Rightarrow\frac{20\times(10+1-H)}{8\times10}\geqslant1.1\Rightarrow H\leqslant6.6m$$

第三十三章　地下水控制

地下水控制方法包括：截水、降水、集水明排，地下水回灌不作为独立的地下水控制方法，可以和其他方法配合使用。

仅从安全、经济角度，降水可消除水压力从而降低作用在支护结构上的荷载，减少地下水渗透破坏的风险，降低支护难度。但降水后，随之带来对周边环境的影响问题，降水会引起周边建（构）筑物的沉降、开裂等。

基坑工程地下水控制可采用单一方法或组合方法，如：悬挂式截水帷幕＋坑内降水，基坑周边降水＋截水帷幕、截水或降水＋回灌等。

方法名称		土类	渗透系数（m/d）	降水深度（m）	水文地质特征
集水明排			7～20	<5	上层滞水或水量不大的潜水
降水	真空井点	填土、粉土、黏性土、砂土	0.005～20	单级<6 多级<20	上层滞水或水量不大的潜水
	喷射井点		0.005～20	<20	
	管井	粉土、砂土、碎石土	1.0～200	不限	含水丰富的潜水、承压水、裂隙水
截水		黏性土、粉土、砂土、碎石土、岩溶岩	不限	不限	—
回灌		填土、粉土、砂土、碎石土	0.1～200	不限	—

【小注】本表来自《建筑基坑支护技术规程》JGJ 120—2012 第 7.3.1 条和《深基坑工程设计施工手册》（第二版）P612。

第一节　基坑地下水的类型及基本概念

一、地下水类型

按埋藏条件不同，可分为上层滞水、潜水、承压水。

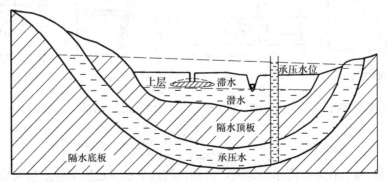

上层滞水：埋藏在离地表不深、包气带中局部隔水层之上的重力水。一般分布不广，呈季节性变化，雨季出现，干旱季节消失，其动态变化与气候、水文因素的变化密切

相关。

潜水：埋藏在地表以下、第一个稳定隔水层以上，具有自由水面的重力水。潜水在自然界中分布很广，一般埋藏在第四纪松散沉积物的孔隙及坚硬基岩风化壳的裂隙、溶洞内。

承压水：埋藏并充满两个稳定隔水层之间的含水层中的重力水。承压水受静水压；补给区与分布区不一致；动态变化不显著；承压水不具有潜水那样的自由水面，所以它的运动方式不是在重力作用下的自由流动，而是在静水压力的作用下，以水交替的形式进行运动。

二、基本概念

（1）截水帷幕：用以阻隔或减少地下水通过基坑侧壁与坑底流入基坑和防止基坑外地下水位下降的幕墙状竖向截水体。

（2）落底式帷幕：底端穿透含水层并进入下部隔水层一定深度的截水帷幕。

（3）悬挂式帷幕：底端未穿透含水层的截水帷幕。采用悬挂式帷幕时，应同时采用坑内降水，并宜根据水文地质条件结合坑外回灌措施。

（4）降水：为防止地下水通过基坑侧壁与基底流入基坑，用抽水井或渗水井降低基坑内外地下水位的方法。

（5）集水明排：用排水沟、集水井、泄水管、输水管等组成的排水系统将地表水、渗漏水排泄至基坑外的方法。

（6）穿透全部含水层，井底落在隔水层上的水井；贯穿整个含水层，在全部含水层厚度上都安装有过滤器并能全断面进水的井；并在含水层全部厚度上都进水的井叫作完整井。否则，作非完整井。

（7）降水井又有承压井与无承压井之分。凡水井布置在两层不透水层之间的充满水的含水层内，由于地下水有一定压力，该井称为承压井；若水井布置在潜水层内，此种地下水具有自由表面，这种井称为潜水井。

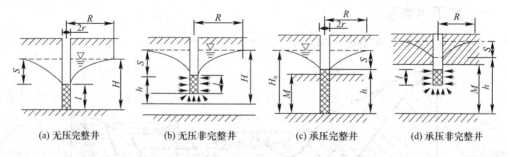

(a) 无压完整井　　(b) 无压非完整井　　(c) 承压完整井　　(d) 承压非完整井

（8）s_d 为基坑地下水位的设计降深（m）；s_w 为井水位设计降深（m）；r_0 为基坑等效半径（m），$r_0 = \sqrt{A/\pi}$。

$$s_w = s_d + i \cdot r_0$$

（9）井点回灌：在井点降水的同时，将抽出的地下水通过回灌井点持续地再灌入地基土层内，使降水井点的影响半径不超过回灌井点的范围。

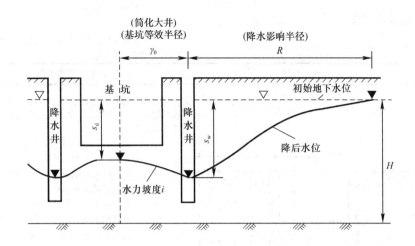

第二节 地下水的控制

一、截水

——《建筑基坑支护技术规程》第 7.2.2 条、第 7.2.3 条

（1）当坑底以下存在连续分布、埋深较浅的隔水层时，应采用落底式帷幕。落底式帷幕进入下卧隔水层的深度应满足下式要求，且不宜小于 1.5m。

$$l \geqslant 0.2\Delta h - 0.5b$$

式中：l——帷幕进入隔水层的深度（m）；

　　　Δh——基坑内外的水头差值（m）；

　　　b——帷幕的厚度（m）。

（2）当坑底以下含水层厚度大而需要采用悬挂式帷幕时，帷幕进入透水层的深度应满足渗透稳定性验算中抗渗流稳定性要求，具体计算按照渗透稳定性验算方法。

二、降水

（一）含水层影响半径 R

——《建筑基坑支护技术规程》第 7.3.11 条

以上基坑涌水量计算中，含水层的影响半径 R 宜通过试验确定。缺少试验时，可按下列公式计算并结合当地经验取值：

$$\text{潜水含水层：} R = 2s_w\sqrt{kH}$$

$$\text{承压水含水层：} R = 10s_w\sqrt{k}$$

式中：s_w——井水位降深（m）；当井水位降深小于 10m 时，取 $s_w = 10$m；在计算基坑涌水量时，可近似取基坑降深 s_d。

　　　k——含水层的渗透系数（m/d）。

　　　H——潜水含水层厚度（m）。

（二）基坑涌水量计算

——《建筑基坑支护技术规程》附录 E

降水井型	降水的示意图	计算公式及说明
潜水 完整井	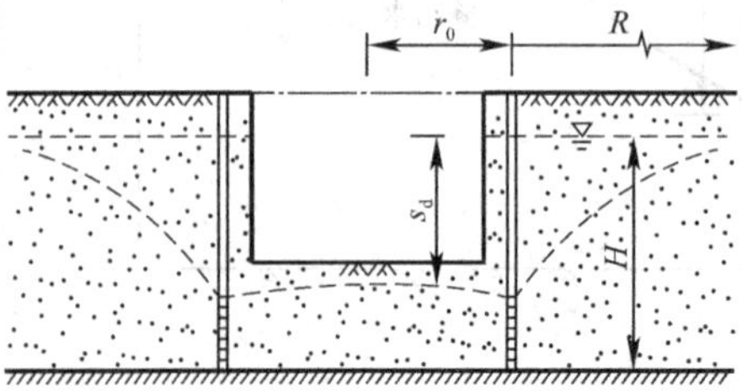	潜水完整井：基坑位于潜水含水层中，降水井打穿全部潜水层，如左图所示。群井按大井简化时，涌水量可按下式计算： $$Q = \pi k \frac{(2H - s_d) s_d}{\ln(1 + R/r_0)}$$ 式中：Q——基坑降水总涌水量（m^3/d）； k——渗透系数（m/d）； H——潜水含水层厚度（m）； s_d——基坑地下水位的设计降深（m）； R——降水影响半径（m），$R = 2s_w \sqrt{kH}$，式中 $s_w < 10m$ 时取 $s_w = 10m$； r_0——基坑等效半径（m），可按 $r_0 = \sqrt{A/\pi}$ 计算； A——基坑面积（m^2）
潜水 非完整井	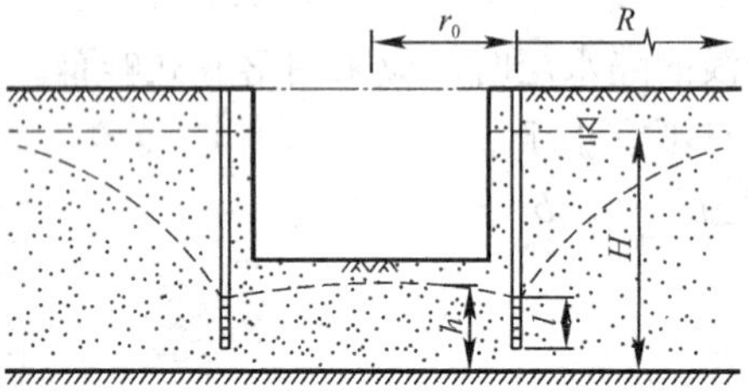	潜水非完整井：基坑位于潜水含水层中，降水井未打穿潜水层，如左图所示。群井按大井简化时，涌水量可按下式计算： $$Q = \pi k \frac{H^2 - h^2}{\ln\left(1 + \frac{R}{r_0}\right) + \frac{h_m - l}{l} \ln\left(1 + 0.2 \frac{h_m}{r_0}\right)}$$ $$h_m = \frac{H + h}{2}$$ 式中：h——降水后基坑内的水位高度（m）； l——过滤器进水部分的长度（m）； R——降水影响半径（m），$R = 2s_w \sqrt{kH}$，式中 $s_w < 10m$ 时取 $s_w = 10m$
承压 水完整井	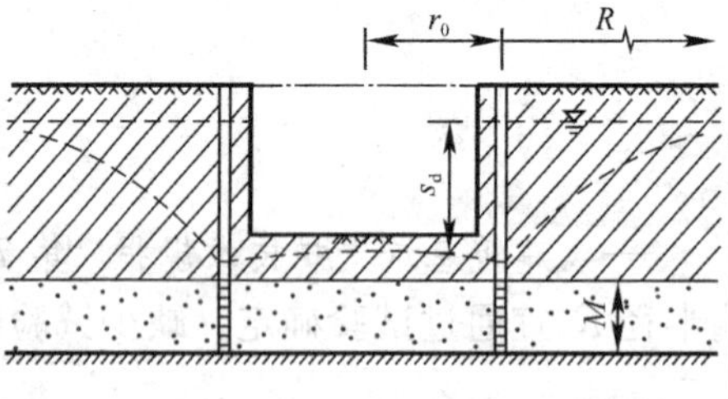	承压水完整井：基坑位于隔水层中，降水井打穿全部承压水含水层，如左图所示。群井按大井简化时，涌水量可按下式计算： $$Q = 2\pi k \frac{M s_d}{\ln(1 + R/r_0)}$$ 式中：M——承压含水层厚度（m）； R——降水影响半径（m），$R = 10 s_w \sqrt{k}$，式中 $s_w < 10m$ 时取 $s_w = 10m$
承压水 非完整井	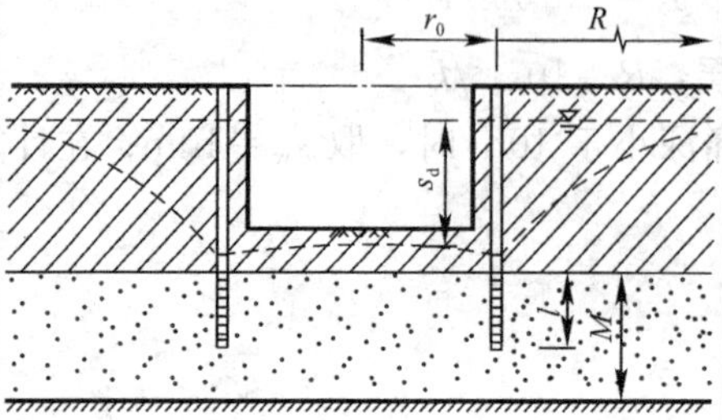	承压水非完整井：基坑位于隔水层中，降水井未打穿承压水含水层，如左图所示。群井按大井简化时，涌水量可按下式计算： $$Q = 2\pi k \frac{M s_d}{\ln\left(1 + \frac{R}{r_0}\right) + \frac{M - l}{l} \ln\left(1 + 0.2 \frac{M}{r_0}\right)}$$ 式中：R——降水影响半径（m），$R = 10 s_w \sqrt{k}$，式中 $s_w < 10m$ 时取 $s_w = 10m$

降水井型	降水的示意图	计算公式及说明
承压水-潜水完整井	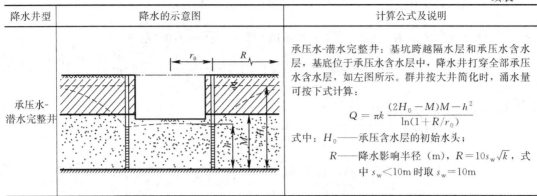	承压水-潜水完整井：基坑跨越隔水层和承压水含水层，基底位于承压水含水层中，降水井打穿全部承压水含水层，如左图所示。群井按大井简化时，涌水量可按下式计算：$$Q = \pi k \frac{(2H_0 - M)M - h^2}{\ln(1 + R/r_0)}$$式中：H_0——承压含水层的初始水头；R——降水影响半径（m），$R = 10s_w\sqrt{k}$，式中 $s_w < 10$m 时取 $s_w = 10$m

【5-140】（2011D23）某基坑开挖深度 10m，地面以下 2m 为人工填土，填土以下 18m 厚为中、细砂，含水层平均渗透系数 $k = 1.0$m/d；砂层以下为黏土层，地下水位在地表以下 2m。已知基坑的等效半径 $r_0 = 10$m，降水影响半径 $R = 76$m，要求地下水位降到基坑底面以下 0.5m，井点深为 20m，基坑远离边界，不考虑周边水体的影响，则该基坑降水的涌水量最接近（　　）。

(A) 342m³/d　　　(B) 380m³/d　　　(C) 425m³/d　　　(D) 453m³/d

答案：A

解答过程：

根据《建筑基坑支护技术规程》JGJ 120—2012 附录第 E.0.1 条：

(1) 属于潜水完整井，$s_d = 10 + 0.5 - 2 = 8.5$m

(2) $Q = \pi k \dfrac{(2H - s_d)s_d}{\ln\left(1 + \dfrac{R}{r_0}\right)} = 3.14 \times 1.0 \times \dfrac{(2 \times 18 - 8.5) \times 8.5}{\ln\left(1 + \dfrac{76}{10}\right)} = 341.1$m³/d

【5-141】（2013D22）某拟建场地远离地表水体，地层情况如下表所示，地下水埋深 6m，拟开挖一长 100m、宽 80m 的基坑，开挖深度 12m，施工中在基坑周边布置井深 22m 的管井进行降水，降水维持期间基坑内地下水水力坡度为 1/15，在维持基坑中心地下水位位于基底下 0.5m 的情况下，按照《建筑基坑支护技术规程》JGJ 120—2012 的有关规定，计算的基坑涌水量最接近（　　）。

深度	地层	渗透系数（m/d）
0~5	黏质粉土	0.2
5~30	细砂	5
30~35	黏土	—

(A) 2528m³/d　　　(B) 3527m³/d　　　(C) 2277m³/d　　　(D) 2786m³/d

答案：C

解答过程：

根据《建筑基坑支护技术规程》JGJ 120—2012 附录第 E.0.2 条：

(1) 属于潜水非完整井：

$$h_m = \frac{H + h}{2} = \frac{24 + (30 - 12.5)}{2} = 20.75\text{m}, \quad r_0 = \sqrt{A/\pi} = \sqrt{100 \times 80/3.14} = 50.5\text{m}$$

$$s_w = 12 - 6 + 0.5 + \frac{50.5}{15} = 9.87m < 10m \Rightarrow s_w = 10m$$

$$R = 2s_w\sqrt{kH} = 2 \times 10 \times \sqrt{5 \times 24} = 219.1m$$

$$l = 22 - 12 - 0.5 - ir_0 = 22 - 12.5 - \frac{50.48}{15} = 6.13m$$

(2) $Q = \pi k \dfrac{H^2 - h^2}{\ln\left(1 + \dfrac{R}{r_0}\right) + \dfrac{h_m - l}{l}\ln\left(1 + 0.2\dfrac{h_m}{r_0}\right)}$

$$= 3.14 \times 5 \times \frac{24^2 - 17.5^2}{\ln\left(1 + \dfrac{219.1}{50.48}\right) + \dfrac{20.75 - 6.13}{6.13}\ln\left(1 + 0.2 \times \dfrac{20.75}{50.48}\right)} = 2273m^3/d$$

【5-142】(2022C18) 某建筑场地地面下 8m 深度范围内为黏性土层，地面下 8m 至 18m 为砂层，以下为黏性土层，勘察时钻孔中测得地下水稳定水位埋深 4m，基坑平面尺寸为 50m×30m，开挖深度为 10m，采用管井降水将基坑内地下水位控制在基坑底以下 0.5m，降水井深度 19m，沿基坑四周布置在基坑开挖线外 1m 的位置，已知两层黏性土的渗透系数均为 0.02m/d，砂层的渗透系数为 15m/d，降水影响半径为 300m，估算的基坑涌水量最接近下列哪个选项？

(A) 1780m³/d   (B) 2210m³/d   (C) 2320m³/d   (D) 2450m³/d

答案：B

解答过程：

根据《建筑基坑支护技术规程》JGJ 120—2012 附录第 E.0.5 条：本降水井为承压水-潜水完整井。

(1) 承压水含水层的初始水头：$H_0 = 18 - 4 = 14m$

承压水含水层厚度：$M = 10m$

降水后基坑内水位高度：$h = 18 - 10 - 0.5 = 7.5m$

(2) 基坑等效半径：$r_0 = \sqrt{\dfrac{A}{\pi}} = \sqrt{\dfrac{(50+2)(30+2)}{\pi}} = 23$

(3) $Q = \pi k \dfrac{(2H_0 - M)M - h^2}{\ln\left(1 + \dfrac{R}{r_0}\right)} = \pi \times 15 \dfrac{(2 \times 14 - 10)10 - 7.5^2}{\ln\left(1 + \dfrac{300}{23}\right)} = 2206m^3/d$

【小注岩土点评】

(1) 考查画草图的能力，准确判断降水井的类型，本题属于承压水-潜水完整井。

(2) 虽然基坑等效半径 r_0 的公式中 A 仅仅指的是基坑面积，未考虑井距基坑边缘的距离，但是题干明确降水井至基坑外边缘的水平距离，计算的时候给予考虑更稳妥，如果不考虑，严格讲阅卷也不能判错。

$$r_0 = \sqrt{\frac{A}{\pi}} = \sqrt{\frac{50 \times 30}{\pi}} = 21.86$$

$$Q = \pi k \frac{(2H_0 - M)M - h^2}{\ln\left(1 + \dfrac{R}{r_0}\right)} = \pi \times 15 \frac{(2 \times 14 - 10)10 - 7.5^2}{\ln\left(1 + \dfrac{300}{21.86}\right)} = 2167.2m^3/d$$

（3）本题未明确告诉砂层属于承压水含水层，需要根据渗透系数的相关信息自行判断，充满两个隔水层之间的含水层中的地下水。

（4）如果按承压水完整井，会错选 C，设计降深 $s_d = 10 - 4 + 0.5 = 6.5\text{m}$

$$Q = 2\pi k \frac{Ms_d}{\ln\left(1 + \dfrac{R}{r_0}\right)} = 2\pi \times 15 \frac{10 \times 6.5}{\ln\left(1 + \dfrac{300}{23}\right)} = 2317.4\text{m}^3/\text{d}$$

（5）如果按潜水完整井，且计算 r_0 时不考虑井至基坑边缘的距离，会错选 D，设计降深 $s_d = 10 - 4 + 0.5 = 6.5\text{m}$

$$Q = \pi k \frac{(2H - s_d)s_d}{\ln\left(1 + \dfrac{R}{r_0}\right)} = \pi \times 15 \frac{(2 \times 14 - 6.5) \times 6.5}{\ln\left(1 + \dfrac{300}{21.86}\right)} = 2447.8\text{m}^3/\text{d}$$

第三节　降水井的设计

一、降水井单井设计流量

——《建筑基坑支护技术规程》第 7.3.15 条

$$q = 1.1\frac{Q}{n}$$

式中：q——单井设计流量（m^3/d）；

　　　Q——基坑降水总涌水量（m^3/d）；

　　　n——降水井数量。

二、管井的单井出水能力

——《建筑基坑支护技术规程》第 7.3.16 条

$$q_0 = 120\pi r_s l \cdot \sqrt[3]{k}$$

式中：q_0——单井设计流量（m^3/d）；

　　　r_s——过滤器半径（m）；

　　　l——过滤器进水部分的长度（m）；

　　　k——含水层的渗透系数（m/d）。

【5-143】（2009D23）某场地情况如下图所示，场地第②层中承压水头在地面下 6m，现需在该场地进行沉井施工，沉井直径 20m，深 13m，自地面算，拟采用设计单井出水量 $50\text{m}^3/\text{h}$ 的完整井沿沉井外侧布置，降水影响半径为 160m，将承压水水位降低至井底面下 1.0m，则合理的降水井数量最接近（　　）。

（A）4　　　　　（B）6　　　　　（C）8　　　　　（D）12

答案：A

解答过程：

根据《建筑基坑支护技术规程》JGJ 120—2012 附录第 E.0.5 条：

（1）属于承压水-潜水完整井：

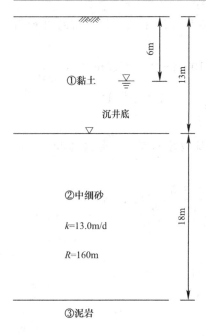

$$Q = \pi k \frac{(2H_0 - M)M - h^2}{\ln\left(1 + \dfrac{R}{r_0}\right)} = 3.14 \times 13 \times$$

$$\frac{[2 \times (18 + 13 - 6) - 18] \times 18 - (18 - 1)^2}{\ln\left(1 + \dfrac{160}{10}\right)}$$

$$= 4135.0 \, \text{m}^3/\text{d}$$

(2) $n = 1.1 \dfrac{Q}{q} = 1.1 \times \dfrac{4135.0}{50 \times 24} = 3.8 \Rightarrow n = 4$

【小注岩土点评】

① 计算涌水量时首先要判断水、井的类别。

② 承压水-潜水完整井是指基底揭露承压水，而降水井打穿全部承压水含水层，基坑范围内水位已经由承压水变为潜水，但基坑外侧的水位依然为承压水。而承压水完整井是降水后水位依然没有自由水面，属于承压水的范畴。

③ 计算承压水-潜水完整井的影响半径 R 时，应根据承压水公式计算。

【5-144】（2012D21）某基坑开挖深度为 8.0m，其基坑形状及场地土层如下图所示，基坑周边无重要建（构）筑物及管线。粉细砂层渗透系数为 1.5×10^{-2} cm/s，在水位观测孔中测得该层地下水水位埋深为 0.5m。为确保基坑开挖过程中不致发生突涌，拟采用完整井降水措施（降水井管井过滤器半径设计为 0.15m，过滤器长度与含水层厚度一致），将地下水水位降至基坑开挖面以下 0.5m，试问，根据《建筑基坑支护技术规程》JGJ 120—2012 估算本基坑降水时需要布置的降水井数量为（　　）。

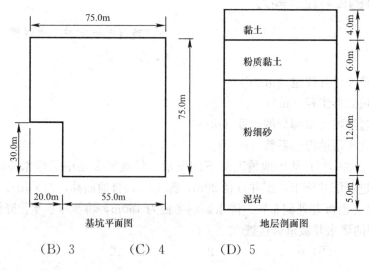

基坑平面图　　　　　地层剖面图

(A) 2　　　　　(B) 3　　　　　(C) 4　　　　　(D) 5

答案：B

解答过程：

根据《建筑基坑支护技术规程》JGJ 120—2012 第 7.3.11 条、第 7.3.15 条、第 7.3.16 条、附录第 E 0.3 条：

(1) $s_d = 8.0 + 0.5 - 0.5 = 8m$，$r_0 = \sqrt{\dfrac{A}{\pi}} = \sqrt{\dfrac{75^2 - 20 \times 30}{3.14}} = 40m$

(2) $s_w \approx s_d < 10m \Rightarrow s_w = 10m$，$R = 10s_w\sqrt{k} = 10 \times 10 \times \sqrt{12.96} = 360m$

(3) 属于承压完整井：$Q = 2\pi k \dfrac{Ms_d}{\ln\left(1 + \dfrac{R}{r_0}\right)} = 2 \times 3.14 \times 12.96 \times \dfrac{12 \times 8}{\ln\left(1 + \dfrac{360}{40}\right)} =$

$3393.3m^3/d$

(4) $q_0 = 120\pi r_s l \sqrt[3]{k} = 120 \times 3.14 \times 0.15 \times 12 \times \sqrt[3]{12.96} = 1593.1m^3/d$

(5) $q = 1.1\dfrac{Q}{n} \Rightarrow n = 1.1\dfrac{Q}{q} = 1.1 \times \dfrac{3393.3}{1593.1} = 2.34 \Rightarrow n = 3$

【5-145】（2018D18）某基坑长 96m、宽 96m，开挖深度为 12m，地面以下 2m 为人工填土，填土以下为 22m 厚的中细砂，含水层的平均渗透系数为 10m/d，砂层以下为黏土层。地下水位在地表以下 6.0m，施工时拟在基坑外周边距离坑边 2.0m 处布置井深 18m 的管井降水（全滤管不考虑沉砂管的影响），降水维持期间基坑内地下水力坡度为 1/30，管井过滤半径为 0.15m，要求将地下水位降至基坑开挖面以下 0.5m。根据《建筑基坑支护技术规程》JGJ 120—2012，估算基坑降水至少需要布置多少口降水井？

(A) 6　　　　(B) 8　　　　(C) 9　　　　(D) 10

答案：B

解答过程：

根据《建筑基坑支护技术规程》JGJ 120—2012 第 7.3.11 条、第 7.3.15 条、第 7.3.16 条、附录第 E.0.2 条：

(1) $H = 24 - 6 = 18m$，$h = 24 - 12.5 = 11.5m$，$h_m = \dfrac{18 + 11.5}{2} = 14.75m$

$$\gamma_0 = \sqrt{\dfrac{(96 + 2 + 2)^2}{3.14}} = 56.4m$$

$s_d = 12.5 - 6 = 6.5m$，$s_w = 6.5 + \dfrac{1}{30} \times 56.4 = 8.38m < 10m \Rightarrow s_w = 10m$

$l = 18 - 6 - 8.38 = 3.62m$，$R = 2 \times 10 \times \sqrt{10 \times 18} = 268.328m$

(2) 属于潜水非完整井：$Q = \dfrac{3.14 \times k(H^2 - h^2)}{\ln\left(1 + \dfrac{R}{r_0}\right) + \dfrac{h_m - l}{l}\ln\left(1 + 0.2\dfrac{h_m}{r_0}\right)}$

$$= \dfrac{3.14 \times 10 \times (18^2 - 11.5^2)}{\ln\left(1 + \dfrac{268.328}{56.4}\right) + \dfrac{14.75 - 3.62}{3.62}\ln\left(1 + 0.2 \times \dfrac{14.75}{56.4}\right)}$$

$$= 3158.9m^3/d$$

(3) $q_0 = 120 \times 3.14 \times 0.15 \times 3.62 \times 10^{\frac{1}{3}} = 440.8m^3/d$

(4) $q_0 \geqslant 1.1Q/n \Rightarrow 440.8 \geqslant 1.1 \times 3158.9/n \Rightarrow n = 7.88 \Rightarrow n = 8$

【小注岩土点评】

① 基坑降水有两类题型：一类为直接计算涌水量（需要先判断降水井的类别）；另一

类为计算需要降水井的数量（需先计算单井的降水量）。

② 关于 γ_0 的计算，$\gamma_0=\sqrt{A/\pi}$，γ_0 为沿基坑周边均匀布置的降水井群所围面积等效圆的半径（m），因此推算出 A 为降水井群连线所围的面积（m^2）。这里要灵活掌握，如果题目没有给出降水井和基坑之间的距离关系，那么 A 直接根据基坑面积计算即可。本题 A 按照基坑面积计算，也不影响计算结果的，笔者认为也不能判断为错。

【5-146】（2021C18）某建筑基坑平面为 $34m \times 34m$ 的正方形，坑底以下为 4m 厚黏土，其天然重度为 $19kN/m^3$，再下为厚 20m 承压含水层，其渗透系数为 20m/d，承压水水头高出坑底 6.5m，拟在基坑周围距坑边 2m 处布设 12 口非完整降水井抽水减压，井管过滤器进水部分长度为 6m。为满足基坑坑底抗突涌稳定要求，按《建筑基坑支护技术规程》JGJ 120—2012 的规定，平均每口井的最小单井设计流量最接近下列哪个选项？

(A) $180m^3/d$ (B) $240m^3/d$ (C) $330m^3/d$ (D) $430m^3/d$

答案：B

解答过程：

根据《建筑基坑支护技术规程》JGJ 120—2012 附录 C、附录 E：

（1）根据附录第 C.0.1 条：满足坑底抗突涌稳定要求的承压水水头高度计算（以坑底为 0-0 基准面）：

$$\frac{D \cdot \gamma}{h_w \cdot \gamma_w} \geq K_h \Rightarrow \frac{4 \times 19}{h_w \times 10} \geq K_h = 1.1$$

$$\Rightarrow h_w = 6.9m$$

则水位降深需满足：$s_d \geq 6.5 + 4 - 6.9 = 3.6m$

（2）根据附录第 E.0.4 条，基坑总涌水量为：

$$Q = 2\pi k \frac{M \cdot s_d}{\ln\left(1 + \frac{R}{r_0}\right) + \frac{M-l}{l} \cdot \ln\left(1 + 0.2\frac{M}{r_0}\right)}$$

其中，根据规范第 7.3.11 条：$R = 10s_w\sqrt{k} = 10 \times 10 \times \sqrt{20} = 447.2m$

$$r_0 = \sqrt{(34 + 2 \times 2)^2/3.14} = 21.4m$$

$$M = 20m, \quad l = 6m$$

代入数据得：

$$Q = 2 \times 3.14 \times 20 \times \frac{20 \times 3.6}{\ln\left(1 + \frac{447.2}{21.4}\right) + \frac{20-6}{6} \cdot \ln\left(1 + 0.2\frac{20}{21.4}\right)} = 2594m^3$$

（3）根据规范第 7.3.15 条，单井设计流量为：

$$q = 1.1 \times \frac{Q}{n} = 1.1 \times \frac{2594}{12} = 237.8m^3$$

三、水泵的出水量

采用深井泵或深井潜水泵抽水时，水泵的出水量应根据单井出水能力确定，水泵的出水量应大于单井出水能力的 1.2 倍。

四、基坑内任一点的地下水位降深计算

——《建筑基坑支护技术规程》第7.3.5条、第7.3.8条

由于基坑面积较大，一般降水井沿基坑周围布置。可以根据周围各降水井的出水量、各降水井与计算点的距离、渗透系数等一些参数计算出基坑内任意一点的地下水位降深。可按下列公式计算：

地下水类型	计算公式
潜水完整井	$$s_i = H - \sqrt{H^2 - \sum_{j=1}^{n} \frac{q_j}{\pi k} \ln \frac{R}{r_{ij}}}$$ 式中：s_i——基坑内任一点的地下水位降深（m）； 　　H——潜水含水层厚度（m）； 　　q_j——按干扰井群计算的第j口降水井的单井流量（m³/d）； 　　k——含水层的渗透系数（m/d）； 　　R——影响半径（m），$R = 2s_w \sqrt{kH}$； 　　r_{ij}——第j口井中心至地下水位降深计算点的距离（m）；当$r_{ij} > R$时，应取$r_{ij} = R$； 　　n——降水井数量； 　　s_w——井水位降深（m），当井水位降深小于10m时，取$s_w = 10$m
承压水完整井	$$s_i = \sum_{j=1}^{n} \frac{q_j}{2\pi Mk} \ln \frac{R}{r_{ij}}$$ 式中：M——承压含水层厚度（m）； 　　R——影响半径（m），$R = 10s_w \sqrt{k}$

【小注】应注意：当$r_{ij} > R$时，应取$r_{ij} = R$；$s_w < 10$m时取$s_w = 10$m。在计算基坑涌水量时，井水位降深s_w可近似取基坑降深s_d。

【5-147】（2006C22）某基坑潜水含水层厚度为20m，含水层渗透系数$k = 4$m/d，潜水完整井，平均单井出水量$q = 500$m³/d，井群的影响半径$R = 130$m，井群布置如右图所示。试按《建筑基坑支护技术规程》JGJ 120—2012计算该基坑中心点水位降深s最接近（　　）。

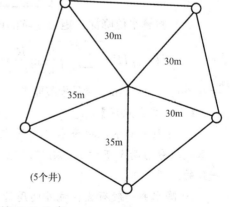

（5个井）

(A) 4.4m　　　　(B) 9.0m

(C) 5.3m　　　　(D) 1.5m

答案：B

解答过程：

根据《建筑基坑支护技术规程》JGJ 120—2012第7.3.5条：

$$s_i = H - \sqrt{H^2 - \sum_{i=1}^{n} \frac{q_j}{\pi k} \ln \frac{R}{r_{ij}}} = 20 - \sqrt{20^2 - \frac{500}{3.14 \times 4} \times \ln \frac{130^5}{30^3 \times 35^2}} = 9.03\text{m}$$

【5-148】（2017D23）某$L \times B = 32\text{m} \times 16\text{m}$矩形基坑，挖深6m，地表下为粉土层，

总厚度 9.5m，下卧隔水层，地下水为潜水，埋深 0.5m，拟采用开放式深井降水，抽水试验确定土层渗透系数 $k=0.2$m/d，影响半径 $R=30$m，潜水完整井单井出水量 $q=40$m^3/d，请问为满足坑内地下水位在坑底下不少于 0.5m，下列完整降水井数量哪个选项最为经济合理，并画出井位平面布置示意图。

　　(A) 一口　　　　(B) 两口　　　　(C) 三口　　　　(D) 四口

　　答案：B

　　解答过程：

　　根据《建筑基坑支护技术规程》JGJ 120—2012 第 7.3.5 条、第 7.3.15 条、附录第 E.0.1 条：

　　(1) $s_d=6+0.5-0.5=6$m，$H=9.5-0.5=9$m

$$\gamma_0=\sqrt{\frac{A}{\pi}}=\sqrt{\frac{32\times16}{3.14}}=12.8\text{m}$$

　　(2) 属于潜水完整井：

$$Q=\pi k\frac{(2H-s_d)s_d}{\ln\left(1+\dfrac{R}{\gamma_0}\right)}=3.14\times0.2\times\frac{(2\times9-6)\times6}{\ln\left(1+\dfrac{30}{12.8}\right)}=37.5\text{m}^3/\text{d}$$

　　(3) $q=1.1\dfrac{Q}{n}\Rightarrow n=\dfrac{1.1Q}{q}=\dfrac{1.1\times37.5}{40}=1.03\Rightarrow n=2$

　　(4) 降水井布置，如下图所示：

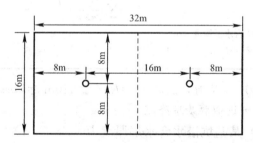

　　(5) 验算水位降深：矩形基坑的四边角点离降水井最远最不利：

$$s_i=H-\sqrt{H^2-\sum_{j=1}^{n}\frac{q_j}{\pi k}\ln\frac{R}{r_{ij}}}=9-\sqrt{9^2-\frac{40}{3.14\times0.2}\times\left(\ln\frac{30}{\sqrt{8^2+8^2}}+\ln\frac{30}{\sqrt{24^2+8^2}}\right)}$$

$=6.2$m$>s_d=6$m，满足规范要求。

　　【小注岩土点评】

　　① 开放式降水，把降水井布置在坑内部，效果比较好，基坑长边等于宽的 2 倍，可把基坑均分为两个正方形，则可以把降水井放在每个正方形的中心，对周边的降水效果是一致的。

　　② 降水井一般布置在坑外侧周边较多，施工方便，降水基本不影响内部施工。从规范附录 E 附图来看，降水井也都是在坑外，本题若布置在坑外，任意一点降深都不满足要求。

第六篇 特殊条件下的岩土工程

特殊条件下的岩土工程部分主要包括特殊土与不良地质两部分内容。

特殊土主要包括：湿陷性黄土、膨胀土、盐渍土、冻土、红黏土、软土、风化岩和残积土、污染土和混合土等内容。

不良地质主要包括：岩溶和土洞、危岩和崩塌、泥石流、采空区、地面沉降等内容。

本篇内容出题中等，一般情况下，特殊土每年3~5题、不良地质每年1~2题，涉及的规范较多，但重点都集中在核心规范（湿陷性黄土、膨胀土、盐渍土、岩土工程勘察规范）当中，部分题目数据较多，计算量相对较大，总体来说题型固定，较易得分。

特殊条件下的岩土工程历年真题情况表

类别	历年出题数量	占特殊条件下的岩土工程比重	占历年真题比重
湿陷性黄土	32	25.4%	
膨胀土	23	18.3%	
盐渍土	9	7.1%	
冻土	14	11.1%	
红黏土	1	0.8%	
软土	5	4.0%	
风化岩和残积土	2	1.6%	10.08%
污染土	2	1.6%	2002—2023年总题目共计1260题，其中特殊土及不良地质（不包括滑坡）占126题。（2015年未举行考试）
混合土	4	3.2%	
岩溶和土洞	6	4.8%	
危岩和崩塌	9	7.1%	
泥石流	10	7.9%	
采空区	3	2.4%	
地面沉降	5	4.0%	
岩爆	1	0.8%	

特殊条件下的岩土工程历年真题考点统计表

年份	汇总（道）	特殊土									不良地质作用					
		湿陷性黄土	湿陷性土	膨胀土	盐渍土	冻土	混合土	污染土	软土	残积土	滑坡	崩塌	泥石流	采空区	岩溶和土洞	地面沉降
2016年	9	湿陷性黄土地基处理厚度		(1)地基变形量；(2)膨胀等级确定边坡要素		冻土冻胀率		污染土污染等级判定			传递系数法计算稳定系数		泥石流密度和流速		土洞应力传递	承压含水层沉降变形

续表

年份	汇总(道)	特殊土									不良地质作用					
		湿陷性黄土	湿陷性土	膨胀土	盐渍土	冻土	混合土	污染土	软土	残积土	滑坡	崩塌	泥石流	采空区	岩溶和土洞	地面沉降
2017年	7		湿陷性砂土的湿陷等级	膨胀土的桩长设计	类型及溶陷等级判定	(1)多年冻土类型判定；(2)冻胀等级					(1)圆弧滑动求黏聚力；(2)剩余下滑力					
2018年	8	湿陷起始压力及湿陷程度		膨胀土-大气影响急剧层深度	溶陷系数	冻土基础最小埋深					传递系数法反算黏聚力	危岩体加固措施,锚索拉力		采空区场地评价		抽水引起沉降反算压缩模量
2019年	11	湿陷等级查找防护距离		膨胀土基础埋置深度	盐渍土溶陷量计算					路基软土总沉降计算	(1)赤平投影初判稳定性最差的结构面；(2)剩余下滑力计算；(3)边坡抗倾覆锚索		铁路泥石流流速		(1)溶洞剪切破坏的最大荷载；(2)线岩溶率判定岩溶发育等级	抽水引起的弱透水层沉降量计算
2020年	9	湿陷性黄土地基处理最小厚度		(1)膨胀土的膨胀量计算；(2)膨胀等级确定边坡要素	铁路盐渍土的盐渍化分级		混合土命名			花岗岩球状风化体的总厚度	单一结构面立体几何计算边坡稳定系数	弯矩拉裂式崩塌稳定性计算	雨洪修正法估算泥石流峰值流量			
2021年	7	(1)换土垫层方量计算；(2)路基处理厚度		填方后膨胀土地基胀缩变形量	盐胀性分类和地基的盐胀等级		混合土命名					危岩平抛确定被动防护网位置		小窑采空区地基稳定性评价		
2022年	6	湿陷性黄土修正后的地基承载力特征值		(1)建筑物两侧基础最大变形差；(2)胀缩等级判定散水宽度	公路盐渍土路堤高出地面最小高度			不排水强度标准值评价污染土强度指标变化率		花岗岩残积土状态						

续表

年份	汇总(道)	特殊土									不良地质作用					
		湿陷性黄土	湿陷性土	膨胀土	盐渍土	冻土	混合土	污染土	软土	残积土	滑坡	崩塌	泥石流	采空区	岩溶和土洞	地面沉降
2022年(补)	10	湿陷性黄土沉管挤密桩地基最小处理厚度		(1) 根据膨胀土变形量确定路基处理方案;(2) 膨胀土地基收缩变形量	盐渍土地基浸水后总溶陷量	(1) 冻土路基冻胀等级;(2) 基础底面下允许冻土层最大厚度					(1) 有水条件下直线型边坡;(2) 多结构面比较确定直线型边坡稳定系数;(3) 传递系数法算剩余下滑力		铁路泥石流堆积扇的淤积厚度			
2023年	9	(1) 湿陷系数测试压力;(2) 湿陷性黄土地基处理		胀缩变形计算		冻土基础最小埋置深度					(1) 求解剩余下滑力;(2) 求解滑坡体的荷载		泥石流分类	岩爆		抽水引起地表沉降
汇总(道)	76	9	1	13	7	7	2	2	1	2	13	3	5	3	3	4

注:表格空白处为未考查。

本篇涉及的主要规范及相关教材有:

《岩土工程勘察规范(2009年版)》GB 50021—2001

《湿陷性黄土地区建筑标准》GB 50025—2018

《膨胀土地区建筑技术规范》GB 50112—2013

《盐渍土地区建筑技术规范》GB/T 50942—2014

《铁路工程不良地质勘察规程》TB 10027—2022

《铁路工程特殊岩土勘察规程》TB 10038—2022

《土工试验方法标准》GB/T 50123—2019

《城市轨道交通岩土工程勘察规范》GB 50307—2012

《水运工程岩土勘察规范》JTS 133—2013

《公路路基设计规范》JTG D30—2015

《铁路路基设计规范》TB 10001—2016

《铁路桥涵地基和基础设计规范》TB 10093—2017

《公路桥涵地基与基础设计规范》JTG 3363—2019

《工程地质手册》(第五版)

第三十四章　特　殊　土

第一节　湿陷性黄土

湿陷性黄土，在一定压力下，受水浸湿，土结构迅速破坏，并产生显著附加下沉的黄土；非湿陷性黄土，在一定压力下，受水浸湿，无显著附加沉降的黄土。

自重湿陷性黄土，在上覆土的饱和自重压力下，受水浸湿，发生显著附加下沉的湿陷性黄土；非自重湿陷性黄土，在上覆土的饱和自重压力下，受水浸湿，不发生显著附加下沉的湿陷性黄土。

一、基本规定

1. 拟建在湿陷性黄土场地上的建筑物，根据其重要性、地基受水浸湿可能性的大小和在使用期间对不均匀沉降限制的严格程度，建筑类别划分为甲、乙、丙、丁四类。

2. 防止或减小建筑物地基浸水湿陷的设计措施分为地基基础措施、防水措施和结构措施三种。

3. 根据湿陷性黄土场地工程地质条件的复杂程度，场地类别划分为简单场地、中等复杂场地和复杂场地三类。

4. 湿陷性黄土场地采取不扰动土样，必须保持其天然的湿度、密度和结构，并应符合Ⅰ级土样质量的要求。

探井中取样，竖向间距宜为 1m，土样直径不宜小于 120mm；钻孔中取样，应严格按照规范附录 E 的要求执行。（注意土样的直径不宜小于 120mm）

取土勘探点中，应有足够数量的探井，其数量应为取土勘探点总数的 1/3~1/2，并不宜少于 3 个，探井的深度宜穿透湿陷性黄土层。

5. 新建地区的甲类建筑、乙类建筑中的重要建筑，应按《湿陷性黄土地区建筑标准》GB 50025—2018 第 4.3.7 条进行现场试坑浸水试验。

6. 场地勘探点使用完毕后，应立即用原土分层回填夯实，并不应小于该场地天然黄土的密度。

二、黄土湿陷性指标的确定

黄土湿陷性指标有湿陷系数 δ_s、自重湿陷系数 δ_{zs} 和湿陷起始压力 p_{sh} 等，测定黄土湿陷性可采用室内压缩试验、现场静载荷试验和现场试坑浸水试验三种（具体试验方法请参看《湿陷性黄土地区建筑标准》GB 50025—2018 第 4.3 节），现分别说明如下：

（一）室内压缩试验

——《湿陷性黄土地区建筑标准》第 4.3.1~4.3.4 条

黄土室内压缩试验主要测定黄土的湿陷系数 δ_s、自重湿陷系数 δ_{zs} 和湿陷起始压力 p_{sh}。

项目		内容
湿陷系数 δ_s 测定	试验简要步骤	①环刀取样⇒②试验压力下，下沉稳定⇒③浸水饱和 ⇒④试验压力下，附加下沉稳定
	计算公式	$$\delta_s = \frac{h_p - h_p'}{h_0}$$ 式中：h_p——保持天然湿度和结构试样，加至一定压力时，下沉稳定后的高度（mm）； h_p'——上述加压稳定后的试样，浸水（饱和）作用下，附加下沉稳定后的高度（mm）； h_0——试样的原始高度（mm）
	试验压力确定	测定湿陷系数 δ_s 的试验压力，应按土样深度和基底压力确定。土样深度自基础底面算起，基底标高不确定时，自地面下 1.5m 算起；试验压力按下列条件取值：

基底压力小于 300kPa 时	基底下 10m 以内应用 200kPa
	基底以下 10m 至非湿陷性黄土层顶面，应用其上覆土的饱和自重压力
基底压力不小于 300kPa 时	宜用基底实际压力，当上覆土的饱和自重压力大于基底实际压力时，应用上覆土的饱和自重压力
对压缩性较高的新近堆积黄土	基底下 5m 以内	宜用 100~150kPa 压力
	5~10m	200kPa
	10m 以下至非湿陷性黄土层顶面	上覆土的饱和自重压力

项目		内容
自重湿陷系数 δ_{zs} 测定	试验简要步骤	①环刀取样⇒②p_{cz} 压力下，下沉稳定⇒③浸水饱和 ⇒④试验压力下，附加下沉稳定
	计算公式	$$\delta_{zs} = \frac{h_z - h_z'}{h_0}$$ 式中：h_z——保持天然湿度和结构的试样，加压至该试样上覆土的饱和自重压力时，下沉稳定后的高度（mm）； h_z'——上述加压稳定后的试样，在浸水（饱和）作用下，附加下沉稳定后的高度（mm）； h_0——试样的原始高度（mm）
	试验压力确定	测定自重湿陷系数 δ_{zs} 的试验压力，应自天然地面算起（挖、填方场地应自设计地面算起），直接采用其上覆土的饱和自重压力。 上覆土的饱和自重压力 p_{cz} 计算如下： $$\rho_{sat} = \rho_d \cdot \left(1 + \frac{S_r e}{G_s}\right) = \rho_d(1+w)$$ $$p_{cz} = \sum_{i=1}^{n} \rho_{sat} \cdot g \cdot h_i$$ 式中：ρ_{sat}——上覆土的饱和密度（g/cm³）； ρ_d——上覆土的干密度（g/cm³）； e——上覆土的孔隙比； G_s——上覆土的土粒比重； S_r——土的饱和度，一般情况可取 $S_r=85\%$； w——含水率（%）； g——重力加速度（m/s²）； h_i——第 i 层土的厚度（m）

项目		内容
湿陷起始压力 p_{sh} 测定	单线法	 单线法压缩试验示意图 （1）试验简要步骤 取不少于 5 个环刀试样，均在保持天然湿度下分级加荷，分别加至 5 个不同的规定压力，各试样均下沉稳定后，对各试样进行浸水饱和，附加下沉稳定，终止试验。 （2）湿陷起始压力确定 p-δ_s 曲线上，取 $\delta_s = 0.015$ 所对应的压力即为湿陷起始压力 p_{sh}
		 双线法压缩试验示意图 （1）试验简要步骤 ① 应取 2 个环刀试样，分别对其施加相同的第一级压力，下沉稳定后应将 2 个环刀试样的百分表读数调整一致。 ② 应将上述环刀试样中的一个试样保持在天然湿度下分级加荷，加至最后一级压力，下沉稳定后，试样浸水饱和，附加下沉稳定，试验终止。 ③ 应将上述环刀试样中的另一个试样浸水饱和，附加下沉稳定后，在浸水饱和状态下分级加荷至最后一级压力，下沉稳定，试验终止。 （2）湿陷起始压力确定 p-δ_s 曲线上，取 $\delta_s = 0.015$ 所对应的压力即为湿陷起始压力 p_{sh}
	双线法	试验结果的修正： 当双线法试验结果，在天然湿度的试样，在最后一级压力下浸水饱和，附加下沉稳定后的高度"不等于"直接浸水饱和试样在最后一级压力下的下沉稳定高度，且相对差值不大于 20% 时，应以前者的结果为准，对浸水饱和试样的试验结果进行修正。修正方法如下： $$k = \frac{h_{w1} - h_2}{h_{w1} - h_{w2}} = \frac{h_{w1} - h'_p}{h_{w1} - h_{wp}}（k \text{ 的范围：} 0.8 \sim 1.2）$$ $$h'_p = h_{w1} - k(h_{w1} - h_{wp})$$ $$\delta_s = \frac{h_p - h'_p}{h_0}$$ 式中：h_0——试样的原始高度（mm）； 　　　h_{w1}——浸水饱和状态下，试样在 p_1 压力下的稳定高度（mm）； 　　　h_p——天然状态下试样在 p 压力下的稳定高度（mm）； 　　　h'_p——浸水饱和作用下，试样在 p 压力下经修正后的稳定高度（mm）； 　　　h_{wp}——浸水饱和状态下，试样在 p 压力下的稳定高度（mm）； 　　　h_2——天然状态试样在 p_2 压力下浸水后，试样的稳定高度（mm）； 　　　h_{w2}——浸水饱和状态下，试样在 p_2 压力下的稳定高度（mm）

（二）现场静载荷试验

——《湿陷性黄土地区建筑标准》第4.3.5条、第4.3.6条

项目		内容
湿陷起始压力 p_{sh}	试样方法	单线法： 在同一场地的相邻地段和相同标高，应在天然湿度的土层上设3个或3个以上静载荷试验，分级加压，分别加至各自的规定压力，下沉稳定后，向试坑内浸水至饱和，附加下沉稳定后，试验终止
		双线法： 在同一场地的相邻地段和相同标高，应设2个静载荷试验。其中一个应设在天然湿度的土层上分级加压，加至规定压力，下沉稳定后，试验终止；另1个应设在浸水饱和的土层上分级加压，加至规定压力，下沉稳定后，试验终止
	试样数据确定	根据各级压力 p 下，土体浸水饱和，产生的浸水下沉量 $S_s = h_p - h'_p$，绘制的 p-S_s 关系曲线，按如下方法确定湿陷起始压力 p_{sh}： (1) 当曲线上有明显转折点时，取其转折点所对应的压力作为 p_{sh}； (2) 当曲线上没有明显转折点时，取 $S_s/b(d) = 0.017$ 所对应的压力作为 p_{sh}

（三）现场试坑浸水试验

——《湿陷性黄土地区建筑标准》第4.3.7条

在现场采用试坑浸水法确定自重湿陷量的实测值（Δ'_{zs}）和自重湿陷下限深度应符合下列规定：

（1）试坑宜挖成圆形或方形，其直径或边长不应小于湿陷性黄土层的厚度，并不应小于10m；试坑深度宜为0.50m，最大深度不应大于0.80m。坑底宜铺100mm厚的砂砾石。

（2）试坑内的水头高度不宜小于300mm。湿陷稳定可停止浸水，其稳定标准为最后5d的平均湿陷量小于1mm/d。

（3）试坑停止浸水后，应继续观测不少于10d，且连续5d的平均下沉量不大于1mm/d，试验终止。

【6-1】（2005C26）对取自同一土样的五个环刀试样按单线法分别加压，待压缩稳定后浸水，由此测得相应的湿陷系数 δ_s 见下表，则按《湿陷性黄土地区建筑标准》GB 50025—2018求得的湿陷起始压力最接近（　　）。

试验压力（kPa）	50	100	150	200	250
湿陷系数 δ_s	0.003	0.009	0.019	0.035	0.060

（A）120kPa　　　　（B）130kPa　　　　（C）140kPa　　　　（D）155kPa

答案：B

解答过程：

根据《湿陷性黄土地区建筑标准》GB 50025—2018第4.3.4条、第4.3.5条及条文说明：

取 $\delta_s = 0.015$ 对应压力为湿陷起始压力 p_{sh}：

$$p_{sh} = 100 + (150 - 100) \times \frac{0.015 - 0.009}{0.019 - 0.009} = 130\text{kPa}$$

【6-2】（2005D02）某黄土试样进行室内双线法压缩试验，一个试样在天然湿度下压缩

至 200kPa 压力稳定后浸水饱和，另一试样在浸水饱和状态下加荷至 200kPa，试验成果数据见下表，则按此数据求得的黄土湿陷起始压力 p_{sh} 最接近（　　）。

压力 p（kPa）	0	50	100	150	200	200 浸水饱和
天然湿度下试样高度 h_p（mm）	20	19.81	19.55	19.28	19.01	18.64
浸水饱和状态下试样高度 h'_p（mm）	20	19.60	19.28	18.95	18.64	18.64

（A）75kPa　　　（B）100kPa　　　（C）125kPa　　　（D）175kPa

答案：C

解答过程：

根据《湿陷性黄土地区建筑标准》GB 50025—2018 第 4.3.5 条及条文说明：

（1）湿陷起始压力取 $\delta = 0.015$ 对应的压力：

当 $p = 100$kPa 时，

$$\delta_s = \frac{19.55 - 19.28}{20} = 0.0135$$

当 $p = 150$kPa 时，

$$\delta_s = \frac{19.28 - 18.95}{20} = 0.0165$$

（2）插值当 $\delta = 0.015$ 时，

$$p_{sh} = 100 + 50 \times \frac{0.015 - 0.0135}{0.0165 - 0.0135} = 125\text{kPa}$$

【6-3】（2008C01）某黄土试样进行室内双线法压缩试验，一个试样在天然湿度下压缩至 200kPa，压力稳定后浸水饱和，另一个试样在浸水饱和状态下加荷至 200kPa，试验数据见下表。若该土样上覆土的饱和自重压力为 150kPa，其湿陷系数及自重湿陷系数分别最接近（　　）。

压力（kPa）	0	50	100	150	200	200 浸水饱和
天然湿度下试样高度 h_p（mm）	20.00	19.79	19.50	19.21	18.92	18.50
状态下试样高度 h'_p（mm）	20.00	19.55	19.19	18.83	18.50	—

（A）0.015；0.015　（B）0.019；0.017　（C）0.021；0.019　（D）0.075；0.058

答案：C

解答过程：

根据《湿陷性黄土地区建筑标准》GB 50025—2018 第 4.3.2 条、第 4.3.3 条：

（1）湿陷系数：$\delta_s = \dfrac{h_p - h'_p}{h_0} = \dfrac{18.92 - 18.50}{20.00} = 0.021$

（2）自重湿陷系数：$\delta_{zs} = \dfrac{h_z - h'_z}{h_0} = \dfrac{19.21 - 18.83}{20.00} = 0.019$

【6-4】（2009D04）某湿陷性黄土试样取样深度 8.0m，此深度以上的天然含水率为 19.8%，天然密度为 1.57g/cm^3，土样比重为 2.70，在测定土样的自重湿陷系数时施加的最大压力最接近（　　）。

(A) 105kPa　　　　(B) 126kPa　　　　(C) 140kPa　　　　(D) 216kPa

答案：C

解答过程：

根据《湿陷性黄土地区建筑标准》GB 50025—2018 第 4.3.3 条：

(1) $\rho_d = \dfrac{\rho}{1+0.01w} = \dfrac{1.57}{1+0.198} = 1.31 \text{g/cm}^3$

(2) $e = \dfrac{G_s\rho_w}{\rho_d} - 1 = \dfrac{2.7 \times 1}{1.31} - 1 = 1.061$

(3) $\rho_{sat} = \rho_d\left(1 + \dfrac{S_r e}{G_s}\right) = 1.31 \times \left(1 + \dfrac{0.85 \times 1.061}{2.70}\right) = 1.75 \text{g/cm}^3$

(4) $p_{cz} = \rho_{sat}gh = 1.75 \times 10 \times 8 = 140 \text{kPa}$

【小注岩土点评】

《湿陷性黄土地区建筑标准》GB 50025—2018 第 4.3.3 条，注意：自重湿陷系数的测试压力，是从地表开始计算，这是和湿陷系数测试压力最大的区别。

根据第 4.3.4 条，$S_r > 0.85$ 时可认为黄土已经饱和。

【6-5】（2023C20）某湿陷性黄土场地，拟建筑基础埋深 2.0m，基底压力 $p_k = 300 \text{kPa}$，黄土天然含水量 $w = 19.0\%$，天然密度 $\rho = 1.50 \text{g/cm}^3$，土粒相对密度 $d_s = 2.70$。现场采取地面下 21m 深度处土样进行室内试验，该深度黄土湿陷系数的试验压力最接近下列哪个选项？（注：水的重度取 10kN/m^3）

(A) 200kPa　　　　(B) 300kPa　　　　(C) 340kPa　　　　(D) 450kPa

答案 C

解答过程：

(1) $e = \dfrac{G_s(1+w)\rho_w}{\rho} - 1 = \dfrac{2.7 \times (1+0.19) \times 1}{1.5} - 1 = 1.142$

(2) $S_r = 0.85$ 时：$\gamma_{sat} = \rho_d\left(1 + \dfrac{S_r e}{d_s}\right)\gamma_w = \dfrac{1.5}{1+0.19} \times \left(1 + \dfrac{0.85 \times 1.142}{2.7}\right) \times 10 = 17.14$

(3) $p_{cz} = 17.14 \times (21-2) = 326 \text{kPa} > 300 \text{kPa}$，取 326kPa

【小注岩土点评】

①《湿陷性黄土地区建筑标准》GB 50025—2018 建议饱和度可取 0.85 计算。但本题按饱和度为 1 更为接近答案，两种取法并不影响答案选取。

取 $S_r = 1.0$ 时：$\gamma_{sat} = \rho_d\left(1 + \dfrac{S_r e}{d_s}\right)\gamma_w = \dfrac{1.5}{1+0.19} \times \left(1 + \dfrac{1.0 \times 1.142}{2.7}\right) \times 10 = 17.94$

$p_{cz} = 17.94 \times (21-2) = 340.9 \text{kPa} > 300 \text{kPa}$，取 340.9kPa

② 有考生认为：饱和自重从地表开始计算。

$S_r = 0.85$ 时：$\gamma_{sat} = \rho_d\left(1 + \dfrac{S_r e}{d_s}\right)\gamma_w = \dfrac{1.5}{1+0.19} \times \left(1 + \dfrac{0.85 \times 1.142}{2.7}\right) \times 10 = 17.14$

$p_{cz} = 17.14 \times 21 = 360 \text{kPa} > 300 \text{kPa}$，取 360kPa

小注认为这样计算不妥。先暂且不论 h 取多少，就计算结果是 360kPa，但选择 340kPa，从试验角度，就是错的。从试验的时间和费用来讲，试验人员只会选择比计算结果稍大的测试压力。

三、黄土湿陷性评价

——《湿陷性黄土地区建筑标准》第 4.4 节

（一）黄土湿陷性判定

黄土的湿陷性，应按照室内浸水（饱和）压缩试验，在一定压力下测定的湿陷系数 δ_s 进行判定，并应符合下列规定：

（1）当湿陷系数 $\delta_s < 0.015$ 时，应定为非湿陷性黄土；

（2）当湿陷系数 $\delta_s \geq 0.015$ 时，应定为湿陷性黄土。

（二）湿陷性黄土的湿陷程度划分

湿陷性黄土的湿陷程度，可根据湿陷系数 δ_s 的大小分为下列三种：

（1）当 $0.015 \leq \delta_s \leq 0.03$ 时，湿陷性轻微；

（2）当 $0.03 < \delta_s \leq 0.07$ 时，湿陷性中等；

（3）当 $\delta_s > 0.07$ 时，湿陷性强烈。

（三）湿陷性黄土地基的湿陷等级

湿陷性黄土地基的湿陷等级应根据湿陷类型和湿陷量的大小进行判定，具体步骤如下：

步骤		内容			
自重湿陷量计算值 Δ_{zs}	计算公式	$$\Delta_{zs} = \beta_0 \cdot \sum_{i=1}^{n} \delta_{zsi} \cdot h_i$$			
	公式说明	式中：Δ_{zs}——湿陷性黄土场地自重湿陷量的计算值（mm）； 　　　β_0——因地区土质而异的修正系数； 　　　δ_{zsi}——第 i 层土的自重湿陷系数； 　　　h_i——第 i 层土的厚度（mm）。			
		β_0 取值			
		地区	陇西地区	陇东-陕北-晋西地区	关中地区	其他地区
		β_0	1.50	1.20	0.90	0.50
		Δ_{zs} 的计算深度			
		上界	天然地面 （挖、填方场地，应自设计地面）		自重湿陷系数 $\delta_{zsi} < 0.015$ 的土层不计算
		下界	非湿陷性黄土层的顶面，勘探点未穿透湿陷性黄土层时，应计算至控制性勘探点深度		
		【小注】为什么"挖、填方的厚度和面积较大时，应自设计地面"？原因在于开挖或填方较大的场地会造成上覆土的饱和自重应力 p_{cz} 的大幅度减小或增大，进而导致上覆土的饱和自重压力 p_{cz} 与湿陷起始压力 p_{sh} 之间关系的变化，毕竟当上覆土的饱和自重压力 p_{cz} 超过湿陷起始压力 p_{sh} 时，湿陷土变为自重湿陷土，否则，便为非自重湿陷土			
	湿陷类型	当 Δ_{zs}（或 Δ_{zs}'）≤ 70mm 时，应定为非自重湿陷性黄土场地； 当 Δ_{zs}（或 Δ_{zs}'）> 70mm 时，应定为自重湿陷性黄土场地			
湿陷量的计算值 Δ_s	计算公式	$$\Delta_s = \sum_{i=1}^{n} \alpha \cdot \beta \cdot \delta_{si} \cdot h_i$$			
	公式说明	式中：Δ_s——湿陷性黄土场地湿陷量的计算值（mm）； 　　　β——考虑基底下地基的受力状态及地区等因素的修正系数； 　　　δ_{si}——第 i 层土的湿陷系数； 　　　h_i——第 i 层土的厚度（mm）；			

步骤	内容		
湿陷量的计算值 Δ_s	公式说明	α——不同深度地基土浸水机率系数，按地区经验取值。无地区经验时可按规范表 4.4.4-2 取值。对地下水有可能上升至湿陷性土层内，或侧向浸水影响不可避免的区段，取 $\alpha=1.0$。（2018 年版本规范增加此系数）	

浸水机率系数 α

基础底面下深度 z（m）	α
$0 \leqslant z \leqslant 10$	1.0
$10 < z \leqslant 20$	0.9
$20 < z \leqslant 25$	0.6
$z > 25$	0.5

修正系数 β

位置及深度		β
基底下 0～5m		1.5
基底下 5～10m	非自重湿陷性黄土场地	1.0
	自重湿陷性黄土场地	所在地区 β_0 值且不小于 1.0
基底下 10m 以下至非湿陷性黄土层顶面或控制性勘探孔深度	非自重湿陷性黄土场地	Ⅰ、Ⅱ区取 1.0，其余地区取工程所在地区的 β_0 值
	自重湿陷性黄土场地	取工程所在地区的 β_0 值

Δ_s 的计算深度

上界	基础底面（当基底标高不确定时，取自地面下 1.5m）		湿陷系数 $\delta_{si} < 0.015$ 的土层不计算
下界	非自重湿陷性场地	基底下 10m 或地基压缩层深度	
	自重湿陷性场地	非湿陷性黄土层的顶面，控制性勘探点未穿透湿陷性黄土层时，累计至控制性勘探点深度	

【小注】为什么"基底下 10m 以下是一个分界线"？原因是一般建筑基底下 10m 内的附加压力与土的自重压力之和接近 200kPa，10m 以下附加应力很小，可以忽略不计，主要是上覆土的自重压力

湿陷性黄土地基的湿陷等级

湿陷性黄土场地的湿陷等级划分	非自重湿陷场地	自重湿陷场地	
	$\Delta_{zs} \leqslant 70mm$	$70mm < \Delta_{zs} \leqslant 350mm$	$\Delta_{zs} > 350mm$
$50 < \Delta_s \leqslant 100$	Ⅰ（轻微）	Ⅰ（轻微）	Ⅱ（中等）
$100 < \Delta_s \leqslant 300$		Ⅱ（中等）	Ⅱ（中等）
$300 < \Delta_s \leqslant 700$	Ⅱ（中等）	Ⅱ（中等）或Ⅲ（严重）	Ⅲ（严重）
$\Delta_s > 700$	Ⅱ（中等）	Ⅲ（严重）	Ⅳ（很严重）

【小注】对 $70 < \Delta_{zs} \leqslant 350$、$300 < \Delta_s \leqslant 700$ 一档的划分，当湿陷量的计算值 $\Delta_s > 600mm$、自重湿陷量的计算值 $\Delta_{zs} > 300mm$ 时，可判为Ⅲ级，其他情况可判为Ⅱ级。

注意事项：注意自重湿陷量与湿陷量计算的区别，自重湿陷量从地表开始算，湿陷量从基底开始算，如果没有基础埋深数据，则从地表下 1.5m 起算

【6-6】（2005D25）在陕北地区一自重湿陷性黄土场地上拟建一乙类建筑，基础埋置深度为 1.5m，建筑物下一代表性探井中土样的湿陷性成果见下表，其湿陷量 Δ_s 最接近（　　）。（$\alpha=1.0$）

取样深度（m）	自重湿陷系数 δ_{zs}	湿陷系数 δ_s
1	0.012	0.075
2	0.010	0.076
3	0.012	0.070
4	0.014	0.065
5	0.016	0.060
6	0.030	0.060
7	0.035	0.055
8	0.030	0.050
9	0.040	0.045
10	0.042	0.043
11	0.040	0.042
12	0.040	0.040
13	0.050	0.050
14	0.010	0.010
15	0.008	0.008

（A）656mm （B）787mm （C）732mm （D）840mm

答案：D

解答过程：

根据《湿陷性黄土地区建筑标准》GB 50025—2018 第 4.4.3 条、第 4.4.4 条：

（1）自重湿陷量：

$$\Delta_{zs} = \beta_0 \sum_{i=1}^{n} \delta_{zsi} h_i$$

$$= 1.2 \times (0.016 + 0.030 + 0.035 + 0.030 + 0.040 + 0.042 + 0.040 + 0.040 + 0.050) \times 1000$$

$$= 387.6\text{mm} > 70\text{mm}，该场地为自重湿陷性场地。}$$

（2）湿陷量：

$$\Delta_s = \sum_{i=1}^{n} \alpha \beta \delta_{si} h_i$$

$$= 1.0 \times 1.5 \times (0.076 + 0.070 + 0.065 + 0.060 + 0.060) \times 1000 + 1.0 \times (0.055 + 0.050 + 0.045 + 0.043 + 0.042) \times 1000 + 1.2 \times (0.040 + 0.050) \times 1000$$

$$= 839.5\text{mm}$$

【6-7】（2009C24）陇西地区某湿陷性黄土场地的地层情况为：0～12.5m 为湿陷性黄土，12.5m 以下为非湿陷性土。探井资料见下表，假设场地地层水平、均匀，地面标高为 ±0.000，根据《湿陷性黄土地区建筑标准》GB 50025—2018 的规定，湿陷性黄土地基的湿陷等级为（　　）。

取样深度（m）	δ_s	δ_{zs}
1	0.076	0.011
2	0.070	0.013
3	0.065	0.016
4	0.055	0.017

取样深度（m）	δ_s	δ_{zs}
5	0.050	0.018
6	0.045	0.019
7	0.043	0.020
8	0.037	0.022
9	0.011	0.010
10	0.036	0.025
11	0.018	0.027
12	0.014	0.016
13	0.016	0.010
14	0.002	0.005

(A) Ⅰ级 　　　　(B) Ⅱ级 　　　　(C) Ⅲ级 　　　　(D) Ⅳ级

答案：B

解答过程：

根据《湿陷性黄土地区建筑标准》GB 50025—2018 第 4.4.3 条、第 4.4.4 条和第 4.4.6 条：

(1) $\Delta_{zs} = \beta_0 \sum_{i=1}^n \delta_{zsi} h_i$

$\qquad = 1.5 \times (0.016 + 0.017 + 0.018 + 0.019 + 0.020 + 0.022 + 0.025 + 0.027 +$

$\qquad 0.016) \times 1000 = 270\text{mm} > 70\text{mm}$，为自重湿陷性场地。

(2) 湿陷量计算：起始计算深度为基底或地表下 1.5m。自重湿陷性场地，计算至 12.5m 处。

其中：1.5～6.5m 段：$\beta = 1.5$，$\alpha = 1.0$

6.5～11.5m 段：$\beta = \beta_0 = 1.5 > 1.0$，$\alpha = 1.0$

11.5～12.5m 段：$\beta = \beta_0 = 1.5$，$\alpha = 0.9$，但 $\delta_s < 0.015$，不计算。

$\Delta_s = \sum_{i=1}^n \alpha \beta \delta_{si} h_i$

$\qquad = 1.0 \times 1.5 \times 1000 \times (0.070 + 0.065 + 0.055 + 0.050 + 0.045) + 1.0 \times 1.5 \times$

$\qquad 1000 \times (0.043 + 0.037 + 0.036 + 0.018) + 0 = 628.5\text{mm}$

根据规范表 4.4.6，$\Delta_{zs} < 300\text{mm}$，$\Delta_s = 628.5\text{mm} > 600\text{mm}$，场地湿陷等级为Ⅱ级。

【小注岩土点评】

① 湿陷量修正系数 α、β 不是固定数的常数，根据规范表 4.4.4-1 和表 4.4.4-2 进行取值。

② 湿陷等级的计算流程：先根据自重湿陷量判定场地类型，计算自重湿陷量是从地表开始计算；然后再求湿陷量，计算湿陷量是从基底或地表下 1.5m 开始计算，最后根据两个计算量查表。

③ 注意规范表 4.4.6 的小注。

【6-8】(2018D22) 某黄土试样进行室内双线法压缩试验，一个试样在天然湿度下压缩至 200kPa，压力稳定后浸水饱和，另一个试样在浸水饱和状态下加荷至 200kPa，试验数据见下表，黄土的湿陷起始压力及湿陷程度最接近下列哪个选项？

p (kPa)	25	50	75	100	150	200	200 浸水
h_p (mm)	19.950	19.890	19.745	19.650	19.421	19.220	17.500
h_{wp} (mm)	19.805	19.457	18.956	18.390	17.555	17.025	—

(A) $p_{sh}=42$kPa；湿陷性强烈　　　　(B) $p_{sh}=108$kPa；湿陷性强烈

(C) $p_{sh}=132$kPa；湿陷性中等　　　　(D) $p_{sh}=156$kPa；湿陷性轻微

答案：A

解答过程：

根据《湿陷性黄土地区建筑标准》GB 50025—2018 第4.3.4条及条文说明：

湿陷性黄土两试样最终浸水饱和压缩后高度不一致，需要修正。

(1) $k=\dfrac{19.805-17.500}{19.805-17.025}=0.829$，范围为 1.0 ± 0.2，可修正。

饱和黄土修正：$h'_p=h_{w1}-k(h_{w1}-h_{wp})$

25kPa：$h'_{p25}=19.805-0.829\times0=19.805$

50kPa：$h'_{p50}=19.805-0.829\times(19.805-19.457)=19.517$

75kPa：$h'_{p75}=19.805-0.829\times(19.805-18.956)=19.101$

100kPa：$h'_{p100}=19.805-0.829\times(19.805-18.390)=18.632$

150kPa：$h'_{p150}=19.805-0.829\times(19.805-17.555)=17.940$

200kPa：$h'_{p200}=19.805-0.829\times(19.805-17.025)=17.500$

(2) $\delta_s=\dfrac{\Delta h}{20}=0.015$；$\Delta h=0.3$mm

对比表中数据的高度差后，湿陷起始压力为 25～50kPa。

(3) 方法一：采用筛选法，对比答案，仅 A 选项在这个压力区间，故选 A。

(4) 方法二：25kPa：$\Delta h_1=0.145$；50kPa：$\Delta h_2=0.373$；内插出湿陷起始压力：

$$p_{sh}=\frac{0.3-0.145}{0.373-0.145}\times(50-25)+25=42\text{kPa}$$

$\delta_s=\dfrac{h_p-h'_p}{h_0}=\dfrac{19.220-17.500}{20}=0.086>0.07$，湿陷性强烈。

【小注岩土点评】

① 双线法修正，考前重点强调，同时模拟题也有类似的题，模拟题是规范后的例题。

② 修正的计算量，再加上湿陷起始压力的计算和湿陷系数的计算，导致计算量大，但本题答案设置很巧妙，符合湿陷起始压力区间的仅有 A 选项。

③ 湿陷系数是200kPa的测试压力稳定后的高度和浸水饱和再压缩稳定的高度差再除以原始高度20mm。

【6-9】(2006D27) 关中地区某自重湿陷性黄土场地的探井资料如下图所示，从地面下1.0m 开始取样，取样间距均为 1.0m，假设地面标高与建筑物±0.000 标高相同，基础埋深为 2.5m，当基底下地基处理厚度为 4.0m 时，下部未处理湿陷性黄土层的剩余湿陷量最接近（　　）。

(A) 103mm　　　(B) 118mm　　　(C) 122mm　　　(D) 132mm

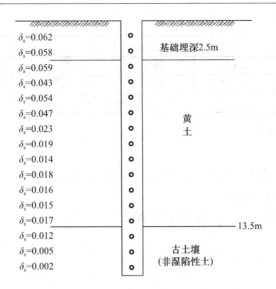

答案：B

解答过程：

根据《湿陷性黄土地区建筑标准》GB 50025—2018 第 4.4.4 条：

基底下处理厚度 4.0m，即处理到 6.5m，计算剩余湿陷量如下：

$$\Delta_s = \sum_{i=1}^{n} \alpha\beta\delta_{si}h_i = 1.0 \times 1.5 \times 23 + 1.0 \times 1.0 \times (19 + 18 + 16 + 15) + 0.9 \times 0.9 \times 17$$
$$= 116.27 \text{mm}$$

【小注岩土点评】

① 题目已知为自重湿陷场地，基底下 0～5m 采用 $\alpha = 1.0$ 和 $\beta = 1.5$，基底下 5～10m 采用 $\alpha = 1.0$ 和 $\beta = 1.0$，基底 10m 以下采用 $\alpha = 0.9$ 和 $\beta = 0.9$；

② 一定要注意计算深度是从基底起算。

【6-10】(2016D26) 关中地区黄土场地内 6 层砖混住宅楼室内地坪标高为 0.000m，基础埋深为 −2.0m，勘察时某探井土样室内试验结果见下表，探井井口标高为 −0.500m，按照《湿陷性黄土地区建筑标准》GB 50025—2018，对该建筑物进行地基处理时最小处理厚度为下列哪一选项？

(A) 2.0m   (B) 3.0mm   (C) 4.0m   (D) 5.0m

编号	取样深度（m）	e	γ (kN/m³)	δ_s	δ_{zs}	p_{sh} (kPa)
1	1.0	0.941	16.2	0.018	0.002	65
2	2.0	1.032	15.4	0.068	0.003	47
3	3.0	1.006	15.2	0.042	0.002	73
4	4.0	0.952	15.9	0.014	0.005	85
5	5.0	0.969	15.7	0.062	0.020	90
6	6.0	0.954	16.1	0.026	0.013	110
7	7.0	0.864	17.1	0.017	0.014	138
8	8.0	0.914	16.9	0.012	0.007	150
9	9.0	0.939	16.8	0.019	0.018	165
10	10.0	0.853	17.1	0.029	0.015	182

续表

编号	取样深度（m）	e	γ (kN/m³)	δ_s	δ_{zs}	p_{sh} (kPa)
11	11.0	0.860	17.1	0.016	0.005	198
12	12.0	0.817	17.7	0.014	0.014	

12m 以下为非湿陷性土层

答案：C

解答过程：

根据《湿陷性黄土地区建筑标准》GB 50025—2018 第 3.0.1 条、第 4.4.4 条、第 4.4.5 条、第 4.4.6 条和第 6.1.5 条：

（1）题干中的 6 层砖混住宅楼，为丙类建筑；关中地区，$\beta_0 = 0.9$。

$$\Delta_{zs} = \beta_0 \sum_{i=1}^{n} \delta_{zsi} h_i = 0.9 \times (0.020 + 0.018 + 0.015) \times 1000 = 47.7 \text{mm} \leqslant 70 \text{mm}，$$ 是非自重湿陷性场地。

（2）土体分层：

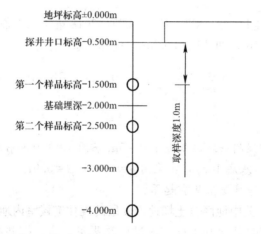

（3）基底 0～5m（−2～−7m），$\alpha = 1.0$，$\beta = 1.5$；
基底 5～10m，$\alpha = 1.0$，$\beta = 1.0$；
基底 10m 以下，$\alpha = 0.9$，$\beta = \beta_0 = 0.9$。

$$\begin{aligned}\Delta_s &= \sum_{i=1}^{n} \alpha\beta\delta_{si} h_i \\ &= 1.0 \times 1.5 \times (0.068 + 0.042 + 0.062 + 0.026) \times 1000 + 1.0 \times 1.0 \times (0.017 + 0.019 + 0.029 + 0.016) \times 1000 + 0.9 \times 0.9 \times 0 \\ &= 378 \text{mm}\end{aligned}$$

（4）场地的湿陷等级为 Ⅱ 级。

（5）根据规范第 6.1.5 条，对多层建筑，地基处理厚度不宜小于 2m，且下部未处理湿陷性黄土层的湿陷起始压力不宜小于 100kPa。

（6）井口标高为 −0.500m，井口以下 6m 的湿陷起始压力为 110kPa，该采样点高程为 −6.500m 处，即代表地下 6～7m 的土层，即地基处理只需要处理到地坪标高以下 6m 处，所以地基处理厚度为 6−2=4m。

【小注岩土点评】

① 本题有两个概念比较复杂，容易搞混。难点在于很多人混淆了地表和室内地坪标高，勘探是在地表开展工作，探井井口在－0.500m 处，也就是地表标高为－0.500m。室内地坪是干扰项，与勘探无关，它是室内的标高。本题将地表标高做了更换：一般来讲，地表标高是±0.000m，而本题的地表标高是－0.500m，再用室内地坪标高±0.000m，来做了干扰，确实也有一部分考生认为勘探时，从室内地坪标高开始，这就入坑了。实际的分层，应该从－0.500m 开始分层。

② 湿陷起始压力是非常重要的指标，是非自重湿陷性黄土场地地基处理常用指标之一。

③ 确定地基处理厚度，也就是需要判断出满足湿陷起始压力条件的采样点，而这个采样点代表的是采样点上下各 0.5m。地基处理只需要处理到采样点上面 0.5m 即可满足要求。

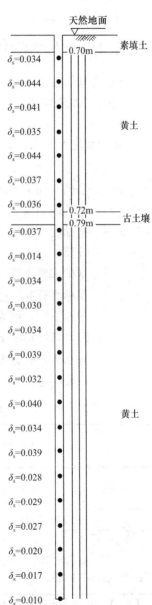

【6-11】（2020C20）关中地区湿陷性黄土场地上某拟建多层建筑，基础埋深为天然地面下 1.5m，控制性勘探点深度 23m，自地面下 1m 起每米采取土样进行湿陷性试验，经计算自重湿陷量 $\Delta_{zs}=355$mm，不同深度处的湿陷系数见右图。根据《湿陷性黄土地区建筑标准》GB 50025—2018 规定计算的基础底面下 0~5m 湿陷量（Δ_s）为 301.5mm、5~10m 湿陷量（Δ_s）为 111.4mm、10~20m 湿陷量（Δ_s）为 260.82mm、20~21m 湿陷量（Δ_s）为 9.18mm。根据规范要求，采取消除该建筑地基部分湿陷量措施，则基底下最小处理厚度为下列哪个选项？

(A) 7m　　　　　(B) 9m

(C) 10m　　　　(D) 12.5m

答案：B

解答过程：

根据《湿陷性黄土地区建筑标准》GB 50025—2018 第 4.4.4 条、第 4.4.5 条、表 4.4.6 和第 6.1.5 条：

(1) $\Delta_{zs}=355$mm，为自重湿陷性黄土场地；$\Delta_s=301.5+111.4+260.82+9.18=682.9<700$mm。

(2) 根据规范表 4.4.6，湿陷等级为三级。

(3) 多层建筑为丙类建筑，控制性钻孔表明基底下湿陷性黄土厚度大于 20m，为大厚度湿陷性黄土地基。

(4) 根据规范表 6.1.5，大厚度湿陷性黄土地基，丙类建筑，地基湿陷等级为三级，要求地基处理后的剩余湿陷量不大于 300mm。

(5) 基底 10m 以下的湿陷量 $\Delta_s=260.82+9.18=270$mm<300mm。

(6) $\Delta_{s(9-10)} = \alpha\beta\delta_s h = 1.0 \times 1.0 \times 0.030 \times 1.0 \times 1000 = 30\text{mm}$；基底 9m 以下的湿陷量 $\Delta_s = 270 + 30 = 300\text{mm}$，满足规范小于等于 300mm 的要求。

(7) 基底下最小处理厚度为 9m。

【小注岩土点评】

① 本题考点是湿陷性黄土新版规范中新增的大厚度湿陷性黄土地基的地基处理。这个考点是精讲、真题班和模拟题班均要重点讲解的地方。

② 解题思路很清晰，判断湿陷等级和建筑类型，结合丙类建筑地基处理的表格，可以发现那一列有两行，分为一般湿陷性黄土地基和大厚度湿陷性黄土地基两个分类。

③ 看到这两个分类，就想到要判断是不是大厚度湿陷性黄土地基。

④ 根据剩余湿陷量和 300mm 的关系来判断地基处理的最小厚度。

四、湿陷性黄土场地的地基与基础设计

（一）浅基础

1. 地基承载力修正

——《湿陷性黄土地区建筑标准》第 5.6.5 条

当基础宽度大于 3m 或埋置深度大于 1.50m 时，天然地基承载力特征值按下式修正：

$$f_a = f_{ak} + \eta_b \cdot \gamma \cdot (b - 3) + \eta_d \cdot \gamma_m \cdot (d - 1.5)$$

式中：γ——基础底面下土的重度（kN/m^3），地下水位以下采用有效重度。

γ_m——基础底面以上土的加权平均重度（kN/m^3），地下水位以下采用有效重度。

b——基础底面宽度（m），当基础宽度小于 3m 或大于 6m 时，可分别按 3m 和 6m 计算。

d——基础埋置深度（m），一般可自室外地面标高算起，当为填方时，可自填土地面标高算起，但填方在上部结构施工后完成时，应自天然地面标高算起；对于地下室，如果采用箱形基础或筏形基础时，基础埋深可自室外地面标高算起，其他情况下，应按室内标高算起。

η_b、η_d——分别为基础宽度和基础埋深的地基承载力修正系数，可按基底下土的类别由下表确定：

按基底下土的类别确定的修正系数 η_b、η_d

基底下土的类别	有关物理指标	承载力修正系数	
		η_b	η_d
晚更新世（Q_3）、全新世（Q_4^1）湿陷性黄土	$w \leqslant 24\%$	0.20	1.25
	$w > 24\%$	0	1.10
新近堆积（Q_4^2）黄土	—	0	1.00
饱和黄土 ① 只适用于 $I_P > 10$ 的饱和黄土； ② 饱和度 $S_r \geqslant 80\%$ 的晚更新世（Q_3）、全新世（Q_4^1）黄土	e 和 I_L 均小于 0.85	0.20	1.25
	e 或 I_L 大于等于 0.85	0	1.10
	e 和 I_L 均不小于 1.00	0	1.00

【小注】《湿陷性黄土地区建筑标准》GB 50025—2018 和《建筑地基基础设计规范》GB 50007—2011 的地基承载力修正公式中深度修正项不同，一个取 $d - 1.5$，一个取 $d - 0.5$，应注意区分。

2. 防护距离的设计

——《湿陷性黄土地区建筑标准》第 5.2.4 条

根据湿陷等级和建筑物类型，埋地管道、排水沟、雨水明沟和水池等与建筑物之间的防护距离，不宜小于下表的规定。当不能满足要求时，应采取与建筑物类别相应的防水措施。

埋地管道、排水沟、雨水明沟和水池等与建筑物之间的防护距离（单位：m）

建筑类别	地基湿陷等级			
	I	II	III	IV
甲	—	—	8~9	11~12
乙	5	6~7	8~9	10~12
丙	4	5	6~7	8~9
丁	—	5	6	7

【小注1】① 陇西地区（①区）和陇东-陕北-晋西地区（②区），当湿陷性黄土层的厚度大于12m，压力管道与各类建筑的防护距离不宜小于湿陷性黄土层的厚度；

② 当湿陷性黄土层内有碎石土、砂土夹层时，防护距离宜大于表中数值；

③ 采用基本防水措施的建筑，防护距离不得小于一般地区的规定。

【小注2】防护距离的计算，建筑物应自外墙墙皮算起；高耸结构应自基础外缘算起；水池应自池壁边缘（喷水池等应自回水坡边缘）算起；管道和排水沟应自其外壁算起。

【6-12】（2022D19）某湿陷性黄土场地，拟建建筑基础宽度4m，基础埋深5.5m，该场地黄土的工程特性指标如下：颗粒比重为2.70，含水量为18%，天然密度为1.65g/cm^3，压缩系数 $\alpha_{50-150}=0.82MPa^{-1}$，地基承载力特征值 $f_{ak}=110kPa$。深宽修正后的黄土地基承载力特征值最接近下列哪个选项？

(A) 176kPa　　　(B) 183kPa　　　(C) 193kPa　　　(D) 196kPa

答案：A

解答过程：

(1) $e=\dfrac{d_s(1+w)\rho_w}{\rho}-1=\dfrac{2.7\times(1+0.18)\times1}{1.65}-1=0.931$

(2) $R=-68.45e+10.98\alpha-7.16\gamma+1.18w=-68.45\times0.931+10.98\times0.82-7.16\times16.5+1.18\times18=-151.6>R_0=-154.8$，为新近堆积黄土

(3) 根据《湿陷性黄土地区建筑标准》GB 50025—2018 表 5.6.5，$\eta_b=0$，$\eta_d=1.0$

(4) $f_a=f_{ak}+\eta_b\gamma(b-3)+\eta_d\gamma_m(d-1.5)=110+0+1.0\times16.5\times(5.5-1.5)=176kPa$

【小注岩土点评】

① 黄土地基承载力计算，是精讲课、规范领读课和模拟题中均会反复强调的知识点，这里是多个考点的嵌套。

② 即使作为不熟悉的考生来讲，定位于《湿陷性黄土地区建筑标准》GB 50025—2018 公式（5.6.5），然后在选择深宽修正的时候，需要判断是饱和黄土、新近堆积黄土还是晚更新世黄土。考生在对比的时候可以发现，表中第一行的晚更新世、全新世黄土和第三行的饱和黄土，均有年代要求，但是题干中未给定这些基本素材，只剩下新近堆积黄土。

③ 模拟题中有压缩系数 α_{50-150} 和 α_{0-100} 的比较，历年真题也考过新近堆积黄土的判断，果断定位规范附录 D 即可。

④ 有了这样的寻找参数的思路，本题即使没有听课，即使没有经历过模拟题训练，也可以做对。

（二）桩基础（单桩竖向承载力计算）

——《湿陷性黄土地区建筑标准》第 5.7 节

1. 非自重湿陷性黄土场地

在非自重湿陷性黄土场地，计算单桩竖向承载力时，湿陷性黄土层内的桩长部分可取桩周土在饱和状态下的正侧阻力，按下式计算：

$$R_a = q_{pa} \cdot A_p + u \cdot q_{sa} \cdot l$$

式中：R_a——单桩承载力特征值（kN）；

q_{pa}——桩端土的承载力特征值（kPa）；

q_{sa}——桩周土的摩擦力特征值（kPa）；

A_p——桩端截面积（m²）；

u——桩身周长（m）；

l——桩身长度（m）。

2. 自重湿陷性黄土场地

在自重湿陷性黄土场地，除不计自重湿陷性黄土层内的桩长按饱和状态下的正侧阻力外，尚应扣除桩侧的负摩阻力（《建筑桩基技术规范》JGJ 94—2008 仅仅不计"中性点"以上侧阻力），可按下式计算：

$$R_a = q_{pa} \cdot A_p + u \cdot q_{sa} \cdot (l - z) - u \cdot \overline{q}_{sa} \cdot z$$

式中：R_a——单桩承载力特征值（kN）；

q_{pa}——桩端土的承载力特征值（kPa）；

q_{sa}——中性点深度以下土层（加权平均）桩侧摩阻力特征值（kPa）；

$\overline{q}_{sa}$——中性点深度以上黄土层的平均负摩擦力特征值（kPa），按下表取值；

A_p——桩端截面积（m²）；

u——桩身周长（m）；

l——桩身长度（m）；

z——中性点深度（m）。

桩侧平均负摩擦力特征值 $\overline{q}_{sa}$（单位：kPa）

自重湿陷量计算值 Δ_{zs}（mm）	钻、挖孔灌注桩	预制桩
70~200mm	10	15
>200mm	15	20

关于上式中的 q_{sa}、q_{pa}，对于湿陷性黄土层，一般按照饱和状态下的土性指标进行确定，其中饱和状态下的液性指数，可按下式进行计算：

$$I_L = \frac{S_r e / G_s - w_P}{w_L - w_P}$$

式中：S_r——土的饱和度，一般可取 85%；

e——土的孔隙比；

G_s——土粒比重；

w_L、w_P——土的液限和塑限含水率，用小数计算。

3. 下拉荷载计算 Q_g^n

将负摩阻力引起的下拉荷载计入附加荷载验算桩基沉降时，考虑群桩效应的单桩下拉荷载可按下列公式计算及验算：

$$Q_g^n = \begin{cases} \text{单桩：} Q_g^n = 2 \cdot u \cdot \overline{q}_{sa} \cdot z \\ \text{群桩：} Q_g^n = 2 \cdot \eta_n \cdot u \cdot \overline{q}_{sa} \cdot z \end{cases}$$

$$\begin{cases} \overline{q}_{sa} = \dfrac{\sum q_{sai} \cdot l_i}{l_n} \\ \gamma_s = \dfrac{\sum \gamma_i l_i}{l_n} \end{cases} \Rightarrow \quad \eta_n = \dfrac{s_{ax} \cdot s_{ay}}{\left[\pi d \cdot \left(\dfrac{2\overline{q}_{sa}}{\gamma_s} + \dfrac{d}{4} \right) \right]} \leqslant 1.0$$

式中：Q_g^n——考虑群桩效应的单桩下拉荷载（kN）。

　　　　η_n——负摩阻力群桩效应系数，对于单桩基础或当计算得到的群桩效应系数 $\eta_n > 1$ 时，取 $\eta_n = 1$。

　　　　u——桩身周长（m）。

　　　　l_i——中性点以上第 i 土层的厚度（m）。

　　　　$\overline{q}_{sa}$——中性点深度以上黄土层平均负摩阻力特征值（kPa）。

【小注】《建筑桩基技术规范》JGJ 94—2008 使用的是标准值，这里是特征值，计算下拉荷载极限值需要乘以 2，转化为标准值。

　　　　q_{sai}——中性点深度以上第 i 黄土层负摩阻力特征值（kPa）。

　　　　z——中性点深度（m）。

s_{ax}、s_{ay}——分别为纵、横向桩的中心距（m）。

　　　　d——桩身直径（m）。

　　　　γ_s——中性点深度以上按土层厚度加权的平均饱和重度（kN/m³），区别：《建筑桩基技术规范》JGJ 94—2008 水位以下采用的是有效重度。

【小注岩土点评】

① 《湿陷性黄土地区建筑标准》GB 50025—2018 把负摩阻力合力放在抗力中扣除，叫"特征值"，正、负摩阻力均采用对应深度范围内的平均值；

② 《湿陷性黄土地区建筑标准》GB 50025—2018、《建筑桩基技术规范》JGJ 94—2008 把负摩阻力合力（下拉荷载）加在荷载效应一方，叫"标准值"，正、负摩阻力采用上层分层，不同土层均有对应的数值，分别代入计算。

【6-13】(2010D24) 某单层湿陷黄土场地，黄土的厚度为 10m，该层黄土的自重湿陷量计算值 $\Delta_{zs} = 300$mm。在该场地上拟建建筑物，拟采用钻孔灌注桩基础，桩长 45m，桩径 1000mm，桩端土的承载力特征值为 1200kPa，黄土以下的桩周土的摩擦力特征值为 25kPa。根据《湿陷性黄土地区建筑标准》GB 50025—2018，估算该单桩竖向承载力特征值最接近（　　）。

(A) 4474.5kN　　(B) 3689.5kN　　(C) 3061.5kN　　(D) 3218.5kN

答案：D

解答过程：

根据《湿陷性黄土地区建筑标准》GB 50025—2018 第 5.7.4 条及条文说明：

(1) 自重湿陷量计算值 > 200mm，查表得平均负摩擦力特征值：$\overline{q}_{sa} = 15$kPa

(2) $R_a = q_{pa} \cdot A_p + u \cdot q_{sa} \cdot (l - z) - u \cdot \overline{q}_{sa} \cdot z$

$$=1200 \times \frac{3.14 \times 1^2}{4} + 3.14 \times 1 \times 25 \times (45-10) - 3.14 \times 1.0 \times 15 \times 10$$

$$=3218.5 \text{kN}$$

【小注岩土点评】

① 查表所得 $\overline{q}_{sa}$ 为特征值，单桩竖向承载力计算值 R_a 也为特征值，《建筑桩基技术规范》JGJ 94—2008 中单桩竖向极限承载力 Q_{uk} 为标准值，$Q_{uk}=2R_a$，这是区别。

② 自重湿陷性黄土场地和非自重湿陷性黄土场地，单桩承载力计算公式不同。

（三）湿陷性黄土地基变形验算

——《湿陷性黄土地区建筑标准》第 5.6.2 条

当湿陷性黄土地基需要进行变形验算时，其变形计算和变形允许值，应按《建筑地基基础设计规范》GB 50007—2011 的有关规定。但其中沉降计算经验系数 ψ_s 可按下表取值：

沉降计算经验系数 ψ_s

$\overline{E}_s$ (MPa)	3.30	5.00	7.50	10.00	12.50	15.00	17.50	20.00
ψ_s	1.80	1.22	0.82	0.62	0.50	0.40	0.35	0.30

五、湿陷性黄土地基处理

（一）基本规定

——《湿陷性黄土地区建筑标准》第 3.0.1 条、第 5.1.3 条、第 6.1 节

当地基的湿陷变形、压缩变形或承载力不能满足设计要求时，应针对不同土质条件和建筑物的类别，在地基压缩层内或湿陷性黄土层内采取处理措施，各类建筑的地基处理应符合下列要求：

（1）甲类建筑应采取地基处理措施或采用桩基础穿透全部湿陷性黄土层，或将基础设置在非湿陷性黄土层或岩层上。

（2）乙、丙类建筑应消除地基的部分湿陷量。

湿陷性黄土地基上的各类建筑的地基处理平面范围和消除湿陷量的处理厚度，如下表所示：

处理范围	整片	超出建筑物外墙基础外缘的宽度，每边不宜小于处理土层厚度的 1/2，并不小于 2m。确有困难时，按处理土层厚度的 1/2 计算外放宽度，非自重湿陷性黄土场地大于 4.0m 时，可采用 4.0m；自重湿陷性黄土场地，大于 5.0m 时可采用 5.0m；大厚度湿陷性黄土地基大于 6.0m 时可采用 6.0m，但应在原防水措施基础上提高等级或采取加强措施	
	局部	每边应超出基础底面宽度的 1/4，并不小于 0.5m	
甲类建筑	采取地基处理措施或将基础设置在非湿陷性土层或岩层上，或者采用桩基础穿透全部湿陷性黄土层		
	处理厚度	非自重湿陷性黄土	应将基础底面以下附加压力与上覆土的饱和自重压力之和大于湿陷起始压力的所有土层进行处理，或处理至地基压缩层的深度止
		自重湿陷性黄土	一般湿陷性黄土地基，应处理基础底面以下的全部湿陷性黄土层
		大厚度湿陷性黄土地基（基底下湿陷性黄土层下限深度≥20m）	①基础底面以下具自重湿陷性的黄土层应全部处理，且应将附加压力与上覆土饱和自重压力之和大于湿陷起始压力的非自重湿陷性黄土层一并处理；②地下水位无上升可能或上升对建筑物不产生有害影响，且按上述规定计算的地基处理厚度大于 25m 时，处理厚度可适当减小，但不得小于 25m，且应在原防水措施基础上提高等级或采取加强措施

续表

		非自重湿陷性黄土	不应小于地基压缩层的 2/3，且下部未处理湿陷性黄土层湿陷起始压力值不小于 100kPa
乙类建筑	处理厚度	自重湿陷性黄土	不应小于基底下湿陷性土层的 2/3，且下部未处理湿陷性黄土层的剩余湿陷量不应大于 150mm
		大厚度湿陷性黄土地基，基础底面以下具自重湿陷性的黄土层应全部处理，且应将附加压力与上覆土饱和自重压力之和大于湿陷起始压力的非自重湿陷性黄土层的 2/3 一并处理；处理厚度大于 20m 时，可适当减小，但不得小于 20m，并应在原防水措施基础上提高等级或采取加强措施	

丙类建筑消除地基部分湿陷量的最小处理厚度

建筑层数 \ 地基湿陷等级	Ⅰ级	Ⅱ级	Ⅲ级	Ⅳ级
总高度小于 6.0m 且长高比小于 2.5 的单层建筑	可不处理地基	非自重湿陷性场地：处理厚度≥1.0m 自重湿陷性场地：处理厚度≥2.0m	处理厚度≥2.5m，对地基浸水可能性小的建筑不宜小于 2.0m	处理厚度≥3.5m，对地基浸水可能性小的建筑不宜小于 3.0m
其他单层建筑、多层建筑	处理厚度≥1.0m，且下部未处理湿陷性黄土层的湿陷起始压力不宜小于 100kPa	非自重湿陷性场地：处理厚度≥2.0m，且下部未处理湿陷性黄土层的湿陷起始压力不宜小于 100kPa	处理厚度≥3.0m，且下部未处理湿陷性黄土层的剩余湿陷量不应大于 200mm。按剩余湿陷量计算的处理厚度大于 7.0m 时，处理厚度可适当减小，但不应小于 7.0	处理厚度≥4.0m，且下部未处理湿陷性黄土层的剩余湿陷量不应大于 200mm。按剩余湿陷量计算的处理厚度大于 8.0m 时，处理厚度可适当减小，但不应小于 8.0
		自重湿陷性场地：处理厚度≥2.5m，且下部未处理湿陷性黄土层的剩余湿陷量不应大于 200mm。按剩余湿陷量计算的处理厚度大于 6.0m 时，处理厚度可适当减小，但不应小于 6.0m	大厚度湿陷性黄土地基：处理厚度≥4.0m，且下部未处理湿陷性黄土层的剩余湿陷量不应大于 300mm。按剩余湿陷量计算的处理厚度大于 10.0m 时，处理厚度可适当减小，但不应小于 10.0m	大厚度湿陷性黄土地基：处理厚度≥5.0m，且下部未处理湿陷性黄土层的剩余湿陷量不应大于 300mm。按剩余湿陷量计算的处理厚度大于 12.0m 时，处理厚度可适当减小，但不应小于 12.0m

【6-14】（2021C14）陕西关中地区某场地拟建一丙类建筑，建筑长 20m、宽 16m、高 8m。采用独立基础，基础尺寸为 2.5m×2.5m，基础埋深 1.5m，柱网间距为 10m×8m，详见下图 1。勘察自地面向下每 1m 采取土样进行室内试验，场地地层和湿陷系数分布见下图 2。黄土场地具自重湿陷性，地基湿陷量 $\Delta_s = 425.8$mm，地基湿陷等级为 Ⅱ 级（中等）。问按《湿陷性黄土地区建筑标准》GB 50025—2018，采用换填灰土垫层法处理地基时，灰土垫层最小方量最接近下列哪个选项？（假定基坑直立开挖）

（A）1141m³　　　　（B）1490m³　　　　（C）1644m³　　　　（D）1789m³

答案：D

解答过程：

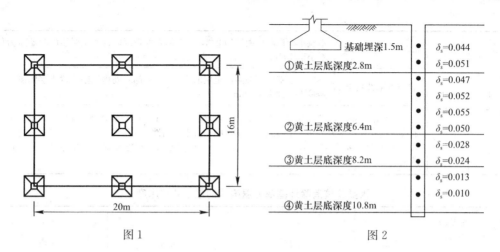

图1   图2

根据《湿陷性黄土地区建筑标准》GB 50025—2018：

（1）表6.1.5，地基湿陷等级为Ⅱ级，建筑类型为丙类其他建筑，自重湿陷性场地：处理深度≥2.5m，且下部未处理湿陷性黄土层的剩余湿陷量不应大于200mm。

（2）基底1.5m至①黄土层层底2.8m：

$$\Delta_{s1} = \alpha\beta\delta_{s1}h_1 = 1.0 \times 1.5 \times 0.051 \times (2.8 - 1.5) \times 1000 = 99.45mm$$

①黄土层层底至第三第四采样点间距的中点3.5m：

$$\Delta_{s2} = \alpha\beta\delta_{s2}h_2 = 1.0 \times 1.5 \times 0.047 \times (3.5 - 2.8) \times 1000 = 49.35mm$$

3.5m至4.5m：

$$\Delta_{s3} = \alpha\beta\delta_{s3}h_3 = 1.0 \times 1.5 \times 0.052 \times (4.5 - 3.5) \times 1000 = 78mm$$

$$\Delta_{s1} + \Delta_{s2} + \Delta_{s3} = 99.45 + 49.35 + 78 = 226.8mm$$

剩余湿陷量 $\Delta_{s剩} = 425.8 - 226.8 = 199mm < 200mm$，满足规范要求。

（3）地基处理深度范围：基底1.5m至4.5m，处理厚度3m。

（4）表6.1.6，自重湿陷性黄土场地应采用整片处理。整片处理时，平面处理范围应大于建筑物外墙基础底面。超出建筑物外墙基础外缘的宽度，不宜小于处理土层厚度的1/2，并不应小于2.0m。综合判断，建筑物外墙基础外缘的宽度为2m，具体地基基础的外扩边界见解析中的图示。

$$V = (20 + 2.5 + 2 \times 2) \times (16 + 2.5 + 2 \times 2) \times (4.5 - 1.5) = 1788.75m^3$$

【小注岩土点评】

① 本题也是历年真题的常考题型，是题（2016D26）、（2020C20）的相近题，是在题（2020C20）的基础上深化了一个步骤。

② 上课时重点强调，湿陷性黄土的地基处理，2个重点：第一是处理深度；第二是平面处理范围，需要外扩。对于处理深度而言，常考的是表6.1.5，是根据地基湿陷等级、建筑物等级、场地湿陷类型（自重还是非自重湿陷性黄土场地）、湿陷起始压力、剩余湿陷量以及是否为大厚度湿陷性黄土地基等多个参数的组合。对于平面处理范围，常考的是表6.1.6，场地湿陷类型（自重还是非自重湿陷性黄土场地）、整片处理还是局部处理。

③ 就本题而言，根据丙类建筑，建筑长20m、宽16m、高8m，它不属于总高度小于6.0m且长高比小于2.5的单层建筑，查询表6.1.5时，选择其他单层建筑。题干中明确

给出黄土场地具自重湿陷性，意味着该场地为自重湿陷性黄土场地，同时结合题干给定的地基湿陷量，判断出地基湿陷等级。

④ 最后关键因素是剩余湿陷量的计算，本题中关于剩余湿陷量的计算，主要是分层计算，是有别于历年真题的，区别在于以往真题中，一般黄土采样点代表厚度为 1m，分层的时候将采样点置于分层的中点；而本题中多了黄土的分层交界面，因此采样点的代表厚度变为两个采样点的中点到分层交界面，具体如下图所示。

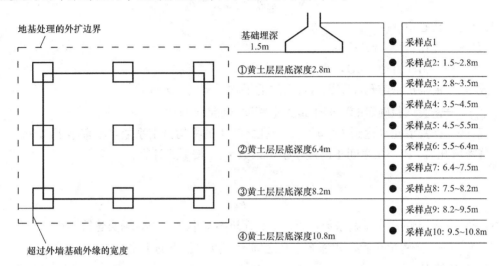

本题的解题思路图

（二）地基处理方法

　　　　　　——《湿陷性黄土地区建筑标准》第 5.1.2 条、第 6.2~6.5 节

1. 可按一般地基规定设计的湿陷性黄土地区建筑物地基（即不考虑湿陷性）

（1）丙类、丁类建筑地基湿陷量的计算值 $\Delta_s \leqslant 50mm$；

（2）非自重湿陷性黄土场地：地基内各层土的湿陷起始压力 p_{sh}，均大于其附加压力与上覆土的饱和自重压力之和。

（3）基底下湿陷性黄土层已全部挖除或已全部处理。

2. 湿陷性黄土地基常用的地基处理方法

湿陷性黄土地基的地基处理方法选择，应根据建筑物的类别和湿陷性黄土的特性，并考虑施工设备、施工进度、材料来源和当地环境等因素，经技术经济综合分析比较后确定。湿陷性黄土地基常用的处理方法，可按下表选择其中一种或多种相结合的最佳处理方法。

湿陷性黄土地基常用的处理方法

名称	适用范围	可处理的湿陷性黄土层厚度（m）
垫层法	地下水位以上	1~3
强夯法	$S_r \leqslant 60\%$ 的湿陷性黄土	3~12
挤密法	$S_r \leqslant 65\%$、$w \leqslant 22\%$ 的湿陷性黄土	5~25
预浸水法	湿陷程度中等~强烈的自重湿陷性黄土场地	地表下 6m 以下的湿陷性土层
注浆法	可灌性较好的湿陷性黄土（需经试验验证注浆效果）	现场试验确定
其他方法	经试验研究或工程实践证明行之有效	现场试验确定

（三）各类地基处理的相关计算

1. 预钻孔挤密法

——《湿陷性黄土地区建筑标准》第 6.4.3～6.4.5 条

挤密孔的孔位，宜按正三角形布置，孔心距可按下式估算：

$$s = 0.95 \sqrt{\frac{\overline{\eta}_c \cdot \rho_{dmax} \cdot D^2 - \rho_{d0} \cdot d^2}{\overline{\eta}_c \cdot \rho_{dmax} - \rho_{d0}}}$$

式中：s——孔心距（m）；

D——成孔直径（m）；

d——预钻孔直径（m），无预钻孔时取 0；

ρ_{d0}——地基挤密前孔深范围内各土层的平均干密度（g/cm³）；

ρ_{dmax}——击实试验确定的桩间土最大干密度（g/cm³）；

$\overline{\eta}_c$——挤密填孔（达到 D）后，3 个孔之间土的平均挤密系数，不宜小于 0.93。

挤密填孔后，3 个孔之间土的最小挤密系数 η_{dmin} 按下式计算：

$$\eta_{dmin} = \frac{\rho_{dc}}{\rho_{dmax}}$$

式中：η_{dmin}——土的最小挤密系数，甲、乙类建筑不宜小于 0.88，丙类建筑不宜小于 0.84；

ρ_{dc}——挤密填孔后，相邻 3 个孔之间形心点部位土的干密度（g/cm³）。

2. 组合处理

——《湿陷性黄土地区建筑标准》第 6.6 节

地基采用组合处理时，应综合考虑地基湿陷等级、处理土层的厚度、基础类型、上部结构对地基承载力和变形的要求及环境条件等因素，选择处理方法组合。

复合土层的重度计算：

$$\rho = (1 + \overline{w}_s)(1 - m)\overline{\eta}_c \rho_{dmax-s} + \sum_{i=1}^{n} m_i \overline{\rho}_{pi}$$

$$\overline{\rho}_{pi} = \overline{\lambda}_{ci} \rho_{dmax-pi}(1 + \overline{w}_{pi})$$

式中：　　　ρ——复合土层的重度（kN/m³）；

m——所有桩型面积置换率之和；

m_i——一种桩型的面积置换率；

n——桩型数量；

$\overline{\eta}_c$——桩间土平均挤密系数，宜采用实测值，初步设计时可按标准第 6.4 节的规定采用（3 个孔之间土的平均挤密系数，不宜小于 0.93）；

ρ_{dmax-s}、$\rho_{dmax-pi}$——分别为桩间土、桩体填料的最大干密度（kN/m³），按击实试验确定；

$\overline{\rho}_{pi}$——桩体填料重度（kN/m³），填料为土、灰土及水泥土时按公式计算；

$\overline{\lambda}_{ci}$——桩体平均压实系数，宜采用实测值，初步设计时可按标准第 6.4 节的规定采用；

$\overline{w}_s$——桩间土平均含水量；

$\overline{w}_{pi}$——桩体填料含水量。

3. 强夯法

——《湿陷性黄土地区建筑标准》第 6.3 节、第 7.2.7 条

强夯法适用于处理地下水位以上、含水量 10%～20% 且平均含水量低于塑限含水量 1%～3% 的湿陷性黄土地基。

拟夯实的土层内，土的天然含水量大于塑限含水量 3% 以上时，宜采用晾干、换土或其他措施降低含水量。土的天然含水量低于 10% 时，宜对其增湿至接近最优含水量。

增湿注水量公式：

$$Q = k(w_{op} - \overline{w})\overline{\rho}_d Ah$$

式中：Q——估算注水量（t）；

$\qquad w_{op}$——土的最优含水量，宜采用重型击实试验结果；

$\qquad \overline{w}$——拟增湿土层内土的天然含水量按厚度的加权平均值；

$\qquad \overline{\rho}_d$——拟增湿土层地基处理前土的平均干密度（t/m³）；

$\qquad A$——拟增湿土面积（m²）；

$\qquad h$——拟增湿土层厚度（m）；

$\qquad k$——系数，可取 0.95～1.00。

4. 单液硅化法

——《湿陷性黄土地区建筑标准》第 9.2.8 条

当采用单液硅化法进行湿陷性黄土地基加固时，加固湿陷性黄土的单孔溶液用量 $Q(t)$ 按下式计算：

$$Q = \pi r^2 h \overline{n} d_n \alpha$$

式中：Q——单孔硅酸钠溶液的设计注入量（t）；

$\qquad r$——溶液设计扩散半径（m）；

$\qquad h$——自基础底面算起的加固深度（m）；

$\qquad \overline{n}$——拟加固地基土的平均孔隙率（%），以小数形式计算；

$\qquad d_n$——硅酸钠溶液的密度（t/m³）；

$\qquad \alpha$——溶液灌注系数，由单孔或多孔灌注试验确定。无经验时，可取 0.6～0.8。

5. 碱液加固法

——《湿陷性黄土地区建筑标准》第 9.2.14 条、第 9.2.16 条

碱液加固法分单液法和双液法两种。

加固地基的厚度：

$$h = l + r - \Delta$$

式中：h——碱液法加固地基的厚度（m）；

$\qquad l$——灌注孔的长度（m）；

$\qquad r$——溶液的设计扩散半径（m），初步设计时可取 0.4～0.5m；

$\qquad \Delta$——灌浆孔顶部不能形成满足设计扩散半径部分的长度，可取 0.4～0.6m。

初步设计时，单孔碱溶液用量：

$$Q = \pi r^2 (l + r)\overline{n}\alpha$$

式中：Q——单孔氢氧化钠溶液的设计注入量（m³）；

$\qquad r$——溶液设计扩散半径（m）；

l——灌注孔的长度（m）；

$\bar{n}$——拟加固地基土的平均孔隙率（%），以小数形式计算；

α——溶液灌注系数，由单孔或多孔灌注试验确定。进行试验孔计算时可取 0.7～0.9。

【6-15】（2013D15）某场地湿陷性黄土厚度为 10～13m，平均干密度为 1.24g/cm³，设计拟采用灰土挤密桩法进行处理，要求处理后桩间土最大干密度达到 1.60g/cm³。挤密桩正三角形布置，桩长为 13m，预钻孔直径为 300mm，挤密填料孔直径为 600mm，满足设计要求的灰土桩的最大间距应取（　　）。（桩间土平均挤密系数取 0.93）

（A）1.2m　　　　　（B）1.3m　　　　　（C）1.4m　　　　　（D）1.5m

答案：A

解答过程：

根据《湿陷性黄土地区建筑标准》GB 50025—2018 第 6.4.3 条：

$$s = 0.95\sqrt{\frac{\overline{\eta}_c \rho_{dmax} D^2 - \rho_{d0} d^2}{\overline{\eta}_c \rho_{dmax} - \rho_{d0}}} = 0.95 \times \sqrt{\frac{0.93 \times 1.6 \times 0.6^2 - 1.24 \times 0.3^2}{0.93 \times 1.6 - 1.24}} = 1.24\text{m}$$

【小注岩土点评】

① 本题灰土挤密桩采用预钻孔法施工，灰土挤密桩的施工要求及相关计算对应于《建筑地基处理技术规范》JGJ 79—2012 第 7.5.2 条，但是无对应的计算公式，因此该规范公式不适用。

② 注意到题目为湿陷性黄土地基处理，注意题干中预钻孔直径等参数，可根据《湿陷性黄土地区建筑标准》GB 50025—2018 第 6.4.3 条直接进行计算，因此对于不同规范的类似知识点，都要熟悉和掌握，选择合适的规范解答。

六、新近堆积黄土的判定

——《湿陷性黄土地区建筑标准》附录 C

当现场鉴别不明确时，可按下列试验指标进行新近堆积黄土的判定：

$$R = -68.45 \cdot e + 10.98 \cdot \alpha - 7.16 \cdot \gamma + 1.18w$$

$$R_0 = -154.80$$

若 $R > R_0$ 时，可将该土判为新近堆积黄土。

式中：e——土的孔隙比；

w——土的天然含水量（%），取百分数计算，即为：去掉百分号的数值代入计算；

γ——土的重度（kN/m³）；

α——压缩系数（MPa⁻¹），宜取 50～150kPa 或 0～100kPa 压力下的大值。

【6-16】（2013C27）有四个黄土场地，经试验其上部土层的工程特性指标代表值分别见下表，根据《湿陷性黄土地区建筑标准》GB 50025—2018 判定，（　　）项黄土场地分布有新近堆积黄土。

土性指标	e	a_{50-150}（MPa⁻¹）	γ（kN/m³）	w（%）
场地一	1.120	0.62	14.3	17.6
场地二	1.090	0.62	14.3	12.0
场地三	1.051	0.51	15.2	15.5
场地四	1.120	0.51	15.2	17.6

（A）场地一　　　　（B）场地二　　　　（C）场地三　　　　（D）场地四

答案：A

解答过程：

根据《湿陷性黄土地区建筑标准》GB 50025—2018 附录D：

（1）$R=-68.45e+10.98a-7.16\gamma+1.18w$；$R_0=-154.80$

（2）场地一：$R_1=-68.45\times1.120+10.98\times0.62-7.16\times14.3+1.18\times17.6=-151.48>-154.80$

（3）场地二：$R_2=-68.45\times1.090+10.98\times0.62-7.16\times14.3+1.18\times12=-156.03<-154.80$

（4）场地三：$R_3=-68.45\times1.051+10.98\times0.51-7.16\times15.2+1.18\times15.5=-156.88<-154.80$

（5）场地四：$R_4=-68.45\times1.120+10.98\times0.51-7.16\times15.2+1.18\times17.6=-159.13<-154.80$

（6）场地一，$R>R_0$，该土为新近堆积黄土。

【小注岩土点评】

① 负数对比，绝对值越大的值越小。

② 新近堆积黄土的判定很重要，湿陷系数的室内压缩试验中，它的测试压力还有特殊的规定。

七、其他湿陷性土

——《岩土工程勘察规范（2009 年版）》第6.1 节

除黄土以外的其他湿陷性土（湿陷性碎石土、湿陷性砂土等）的湿陷性，应根据《岩土工程勘察规范（2009 年版）》GB 50021—2001 进行评价。此类土一般不能取样进行室内压缩试验，主要侧重于"现场浸水载荷试验"。

（一）湿陷性判别

根据"现场浸水载荷试验"，在 200kPa 压力下，下沉稳定后，对浸水饱和产生的附加湿陷量 ΔF_s（cm）与承压板宽度 b（cm）之比进行判定如下：

（1）$\Delta F_s/b\geqslant0.023$ 时，应判定为湿陷性土；

（2）$\Delta F_s/b<0.023$ 时，应判定为非湿陷性土。

（二）湿陷性程度分类

湿陷性程度分类

试验条件 湿陷程度	附加湿陷量 ΔF_s（cm）	
	承压板面积 $0.50m^2$	承压板面积 $0.25m^2$
轻微	$1.6cm<\Delta F_s\leqslant3.2cm$	$1.1cm<\Delta F_s\leqslant2.3cm$
中等	$3.2cm<\Delta F_s\leqslant7.4cm$	$2.3cm<\Delta F_s\leqslant5.3cm$
强烈	$\Delta F_s>7.4cm$	$\Delta F_s>5.3cm$

（三）总湿陷量 Δ_s 计算

湿陷性土地基受水浸湿至下沉稳定为止的总湿陷量 Δ_s（cm），应按下式计算：

$$\Delta_s = \sum_{i=1}^{n} \beta \cdot \Delta F_{si} \cdot h_i$$

式中：ΔF_{si}——第 i 层土浸水载荷试验的附加湿陷量（cm）；

h_i——第 i 层土的厚度（cm），从基础底面（初步勘察时自地面下 1.5m）算起，其中 $\Delta F_{si}/b < 0.023$ 的土层不计入，b 为承压板宽度（cm）；

β——修正系数（cm^{-1}），承压板面积为 0.50m^2 时，$\beta = 0.014$；承压板面积为 0.25m^2 时，$\beta = 0.020$。

（四）湿陷等级划分

湿陷性土地基的湿陷等级划分

总湿陷量 Δ_s（cm）	湿陷性土层的总厚度（基底下厚度）(m)	湿陷等级
5cm<Δ_s≤30cm	>3	Ⅰ
	≤3	Ⅱ
30cm<Δ_s≤60cm	>3	
	≤3	Ⅲ
Δ_s>60cm	>3	
	≤3	Ⅳ

【6-17】（2017C24）某湿陷性砂土上的厂房采用独立柱基础，基础尺寸为 2m×1.5m，埋深 2m，在地上采用面积为 0.25m^2 的方形承压板进行浸水荷载试验，试验结果见下表。按照《岩土工程勘察规范（2009 年版）》GB 50021—2001，该地基的湿陷等级为下列哪个选项？

深度（m）	岩土类型	附加湿陷量（cm）
0~2	砂土	8.5
2~4	砂土	7.8
4~6	砂土	5.2
6~8	砂土	1.2
8~10	砂土	0.9
>10	基岩	—

（A）Ⅰ级　　　　（B）Ⅱ级　　　　（C）Ⅲ级　　　　（D）Ⅳ级

答案：B

解答过程：

根据《岩土工程勘察规范（2009 年版）》GB 50021—2001 第 6.1.2 条、第 6.1.5 条和表 6.1.6：

（1）$\dfrac{\Delta F_s}{b} \geq 0.023$；$\Delta F_s \geq 0.023 \times \sqrt{0.25} \times 100 = 1.15\text{cm}$，0~8m 为湿陷性土，8~10m 土层附加湿陷量不满足要求，这层土不是湿陷性土。

（2）从基底算起的湿陷性土层的厚度为：8−2=6m

（3）$\Delta_s = \sum_{i=1}^{n} \beta \Delta F_{si} h_i = 0.020 \times (7.8 \times 200 + 5.2 \times 200 + 1.2 \times 200) = 56.8\text{cm}$

（4）30cm<Δ_s=56.8cm<60cm，湿陷性土层厚度>3m。因此，湿陷性砂土地基的湿陷等级为Ⅱ级。

【小注岩土点评】

① 湿陷性黄土和其他湿陷性土的适用规范不同，《湿陷性黄土地区建筑标准》GB 50025—2018 仅适用于湿陷性黄土，其他湿陷性土适用《岩土工程勘察规范（2009 年版）》GB 50021—2001。

② 湿陷等级的判定是根据总湿陷量和基底下的湿陷性土层厚度来综合判定。

③ 注意：表中的湿陷性土层厚度，是从基底下开始计算，因为只有基底下的湿陷性土层才具备计算湿陷量的条件。

第二节　膨　胀　土

一、基本规定

《膨胀土地区建筑技术规范》GB 50112—2013 中对于膨胀土的判定、建筑场地分类等规定如下：

> **4.3.2** 建筑场地的分类应符合下列要求：
> 　1 地形坡度小于 5°，或地形坡度为 5°～14°且距坡肩水平距离大于 10m 的坡顶地带，为平坦场地；
> 　2 地形坡度大于等于 5°，或地形坡度小于 5°且同一建筑物范围内局部地形高差大于 1m 的场地，应为坡地场地。
> **4.3.3** 场地具有下列工程地质特征及建筑物破坏形态，且土的自由膨胀率大于等于 40% 的黏性土，应初步判定为膨胀土：
> 　1 土的裂隙发育，常有光滑面和擦痕，有的裂隙中充填有灰白、灰绿等杂色黏土，自然条件下呈坚硬或硬塑状态；
> 　2 多出露于二级或二级以上的阶地、山前和盆地边缘的丘陵地带，地形较平缓，无明显自然陡坎；
> 　3 常见有浅层滑坡、地裂，新开挖坑（槽）壁易发生坍塌等现象；
> 　4 建筑物多呈"倒八字""X"或水平裂缝，裂缝随气候变化而张开和闭合。

二、膨胀土的工程特性指标

（一）自由膨胀率 δ_{ef}

——《膨胀土地区建筑技术规范》第 4.2.1 条

自由膨胀率：人工制备的烘干松散土样在水中膨胀稳定后，其体积增加值与原体积之比的百分率，按下式计算：

$$\delta_{ef} = \frac{v_w - v_0}{v_0} \times 100\%$$

式中：v_w——土样在水中膨胀稳定后的体积（mL）；

　　　v_0——土样的原始体积（mL）。

【小注】 根据《土工试验方法标准》GB/T 50123—2019 第 24.1.2 条：自由膨胀率应进行两次平行测定。当 $\delta_{ef} < 60\%$ 时，最大允许差值应为 $\pm 5\%$，当 $\delta_{ef} \geq 60\%$ 时，最大允许差值应为 $\pm 8\%$，取两次测得的平均值。

根据自由膨胀率可以按下表确定膨胀土的膨胀潜势。膨胀潜势为膨胀土在环境条件变化时可能产生胀缩变形或膨胀力的量度。

自由膨胀率 δ_{ef}	$40\% \leq \delta_{ef} < 65\%$	$65\% \leq \delta_{ef} < 90\%$	$\delta_{ef} \geq 90\%$
膨胀潜势	弱	中	强

（二）膨胀率 δ_{ep}

———《膨胀土地区建筑技术规范》第 4.2.2 条

膨胀土环刀土样，在一定压力下浸水膨胀稳定后，其高度增加值与原高度之比的百分率，在某级压力下的膨胀率 δ_{ep} 计算如下：

$$\delta_{ep} = \frac{h_w - h_0}{h_0} \times 100\%$$

式中：δ_{ep}——某级荷载作用下，膨胀土的膨胀率（%）；

h_w——某级荷载作用下，土样在水中膨胀稳定后的高度（mm）；

h_0——土样的原始高度（mm），试验时采用 20mm。

（三）膨胀力 p_e

———《膨胀土地区建筑技术规范》附录 E、F

膨胀力：在固结仪器中的环刀土样，在体积不变时浸水膨胀产生的最大内应力，可通过膨胀力试验进行测定。膨胀力试验可采用膨胀率（δ_{ep}）-压力（p）关系曲线法和加荷平衡法。分别介绍如下：

《膨胀土地区建筑技术规范》GB 50112—2013	以各级压力下的膨胀率 δ_{ep} 为纵坐标，压力 p 为横坐标，绘制膨胀率与压力的关系曲线，该曲线与横坐标的交点即为试样的膨胀力 p_e（亦即膨胀率 $\delta_{ep}=0$ 时的压力）	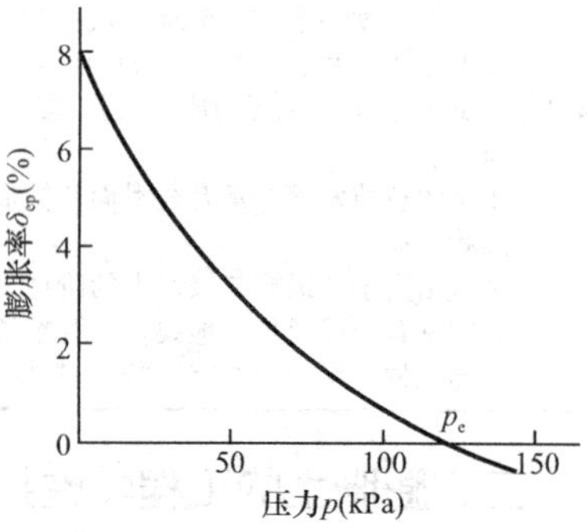
土工试验方法标准	加荷平衡法：$$p_e = k \cdot \frac{W}{A} \times 10$$ 式中：p_e——膨胀力（kPa）；W——施加在试样上的总平衡荷载（N）；A——试样截面面积（cm^2）；k——固结仪杠杆比	

（四）竖向线缩率与收缩系数

———《膨胀土地区建筑技术规范》第 4.2.4 条、附录 G

竖向线缩率：天然湿度下的环刀土样烘干或者风干后，其高度减小值与原高度之比的百分率，按下式计算：

$$\delta_{si} = \frac{z_i - z_0}{h_0} \times 100\%$$

式中：z_i——某次百分表读数（mm）；

z_0——百分表初始读数（mm）；

h_0——土样的原始高度（mm），试验时采用 20mm；

δ_{si}——与 z_i 对应的竖向线缩率（%）。

收缩系数：环刀土样在直线收缩阶段含水量每减少 1%时的竖向线缩率。以竖向线缩率 δ_{si}-含水量 w_i 为坐标系，绘制收缩曲线图。其计算公式及图示如下：

试样的含水量 w_i 计算如下：

$$w_i = \left(\frac{m_i}{m_d} - 1\right) \times 100\%$$

式中：w_i——与 m_i 对应的试样含水量（%）；

　　　m_i——某次称得的试样重量（g）；

　　　m_d——试样烘干后的重量（g）。

图示	计算公式
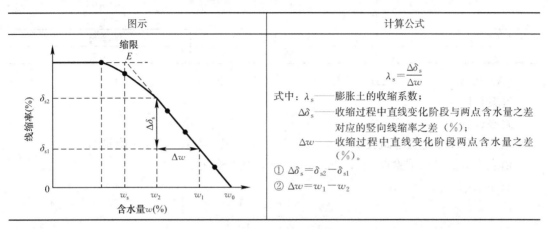	$$\lambda_s = \frac{\Delta \delta_s}{\Delta w}$$ 式中：λ_s——膨胀土的收缩系数； $\Delta \delta_s$——收缩过程中直线变化阶段与两点含水量之差 对应的竖向线缩率之差（%）； Δw——收缩过程中直线变化阶段两点含水量之差 （%）。 ① $\Delta \delta_s = \delta_{s2} - \delta_{s1}$ ② $\Delta w = w_1 - w_2$

【6-18】（2004C31）某组原状土样室内压力 p 与膨胀率 δ_{ep} 的关系见下表，按《膨胀土地区建筑技术规范》GB 50112—2013 计算，膨胀力 p_e 最接近（　　　）。（可用作图法或插入法近似求得）

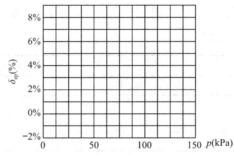

试验次序	膨胀率	垂直压力
1	8%	0
2	4.7%	25
3	1.4%	75
4	−0.6%	125

(A) 90kPa　　　　(B) 98kPa　　　　(C) 110kPa　　　　(D) 120kPa

答案：C

解答过程：

根据《膨胀土地区建筑技术规范》GB 50112—2013：

膨胀率 $\delta_{ep} = 0$ 对应压力为膨胀力 p_e，插值得：

$$p_e = 125 - \frac{0 + 0.6}{1.4 + 0.6} \times (125 - 75) = 110\text{kPa}$$

【6-19】（2008D25）某不扰动膨胀土试样在室内试验后得到含水量 w 与竖向线缩率 δ_s 的一组数据见下表，按《膨胀土地区建筑技术规范》GB 50112—2013，该试样的收缩系数 λ_s 最接近（　　　）。

试验次序	含水量 w（%）	竖向线缩率 δ_s（%）
1	7.2	6.4
2	12.0	5.8
3	16.1	5.0
4	18.6	4.0
5	22.1	2.6
6	25.1	1.4

（A）0.05　　　　（B）0.13　　　　（C）0.20　　　　（D）0.40

答案：D

解答过程：

根据《膨胀土地区建筑技术规范》GB 50112—2013 第 4.2.4 条、附录 G：

由表中数据可知试验点 3～6 处的 δ_s 与 w 呈直线变化，

收缩系数：

$$\lambda_s = \frac{\Delta\delta_s}{\Delta w} = \frac{5-1.4}{25.1-16.1} = 0.4$$

【6-20】（2013D26）膨胀土地基上的独立基础尺寸为 2m×2m，埋深为 2m，柱上荷载为 300kN，在地面以下 4m 内为膨胀土，4m 以下为非膨胀土，膨胀土的重度 $\gamma=18$kN/m^3，室内试验求得的膨胀率 δ_{ep}（%）与压力 p（kPa）的关系见下表，建筑物建成后其基底中心点下，土在平均自重压力与平均附加压力之和作用下的膨胀率 δ_{ep} 最接近（　　）。（基础的重度按 20kN/m^3 考虑）

δ_{ep}（%）	垂直压力 p（kPa）
1.0	5
6.0	60
4.0	90
2.0	120

（A）5.3%　　　　（B）5.2%　　　　（C）3.4%　　　　（D）2.9%

答案：D

解答过程：

解法一：

根据《膨胀土地区建筑技术规范》GB 50112—2013 附录 F、《建筑地基基础设计规范》GB 50007—2011 附录 K：

（1）基底附加压力：$p_0 = \frac{300}{2\times2} + 20\times2 - 18\times2 = 79$kPa

（2）假设基底下 2m 厚土层附加压力成直线分布：

$$\frac{l}{b}=1, \frac{z}{b}=2, \text{查表角点下附加应力系数：}\alpha=0.084$$

2m 处的附加压力：$p_0\times4\alpha = 79\times4\times0.084 = 26.5$kPa

平均附加压力：$\frac{26.5+79}{2} = 52.75$kPa

（3）平均自重压力：$18\times3 = 54.0$kPa

（4）平均自重压力＋平均附加压力＝54.0＋52.75＝106.75kPa

$$插值得：\frac{106.75-90}{120-90}=\frac{4-x}{4-2}\Rightarrow x=2.88，\delta_{ep}=2.88\%$$

【小注岩土点评】

① 虽然问题是求一定压力下的膨胀率，但是实质是计算基础底面下某一深度的自重压力与附加压力。

② 本题是条文说明中的例题。解答所用公式也是和条文说明保持一致，采用的是顶底面的附加应力的平均值。但是计算某一层土受到的附加压力，也可以采用平均附加压力，计算结果有一定误差，也不会影响正确答案选项。以下解答是按照平均附加压力来计算的。

解法二：

（1）基底附加压力：$p_0=\frac{300}{2\times2}+20\times2-18\times2=79$kPa

（2）假设基底下2m厚土层附加压力呈曲线分布：

$$\frac{l}{b}=1，\frac{z}{b}=2，查表角点下平均附加压力系数：\overline{\alpha}=0.1746$$

$$平均附加压力：\overline{\sigma}=79\times4\times0.1746=55.2kPa$$

（3）平均自重压力：$18\times3=54.0$kPa

（4）平均自重压力＋平均附加压力：$55.2+54.0=109.2$kPa

（5）$\frac{109.2-90}{120-90}=\frac{4-x}{4-2}\Rightarrow x=2.72，\delta_{ep}=2.72\%$

（五）膨胀土工程特性指标应用

——《公路路基设计规范》JTG D30—2015 第7.9.6条、第7.9.7条

膨胀土填方路基设计应符合下列要求：

弱、中膨胀土路堤边坡坡率应根据路堤边坡的高度、填料重塑后的性质、区域气候特点，并参照既有路基的成熟经验综合确定。边坡高度不大于10m的路堤边坡坡率和边坡平台的设置，可按下表确定。

膨胀土路堤边坡坡率及平台宽度

边坡高度（m）	边坡坡率		边坡平台宽度（m）	
	胀缩等级		胀缩等级	
	弱膨胀	中等膨胀	弱膨胀	中等膨胀
＜6	1：1.5	1.5～1：1.75	可不设	
6～10	1：1.75	1.75～1：2.0	2.0	≥2.0

膨胀土路堤边坡的防护类型可按下表确定。

膨胀土路堤边坡防护类型

边坡高度（m）	弱膨胀	中等膨胀
≤6	植物	骨架植物
＞6	植被防护，骨架植物	支撑渗沟加拱形骨架植物

膨胀土挖方路基设计应符合下列要求：

边坡设计应遵循"放缓坡率、加宽平台、加固坡脚"的原则，按下表确定边坡坡率及平台宽度。高度大于10m的边坡应结合稳定性分析计算进行设计，边坡稳定性应符合表3.7.7的规定，必要时应与隧道方案进行比较。

膨胀土边坡坡率和平台宽度

膨胀土类别	边坡高度（m）	边坡坡率	边坡平台宽度（m）	碎落台宽度（m）
弱膨胀土	＜6	1：1.5	—	1.0
	6～10	1：1.5～1：2.0	2.0	1.5～2.0
中膨胀土	＜6	1：1.5～1：1.75	—	1.0～2.0
	6～10	1：1.75～1：2.0	2.0	2.0
强膨胀土	＜6	1：1.75～1：2.0	—	2.0
	6～10	1：2.0～1：2.5	≥2.0	≥2.0

路堑边坡的防护加固类型可根据膨胀土性质、环境条件和边坡高度按下表确定，边坡开挖后应及时防护封闭。

膨胀土路堑边坡防护措施

边坡高度（m）	弱膨胀土	中等膨胀土
≤6	植物	骨架植物
＞6	骨架植物，植物防护、浆砌片石护坡	拱形骨架植物、支撑渗沟＋拱形骨架植物

膨胀土路堑边坡支挡措施

边坡高度（m）	弱膨胀土	中等膨胀土	强膨胀土
≤6	不设	坡脚墙	护墙、挡土墙
＞6	护墙、挡土墙	挡土墙、抗滑桩	桩基承台挡土墙、抗滑桩、边坡锚固

【6-21】（2016C26）某高速公路通过一膨胀土地段，该路段膨胀土的自由膨胀率试验成果见下表（假设可仅按自由膨胀率对膨胀土进行分级）。按设计方案，开挖后将形成高度约8m的永久路堑膨胀土边坡，拟采用坡率法处理，问：按《公路路基设计规范》JTG D30—2015，下列哪个选项的坡率是合理的？

试样编号	干土质量（g）	量筒编号	不同时间体积读数（mL）					
			2h	4h	6h	8h	10h	12h
SY1	9.83	1	18.2	18.6	19.0	19.2	19.3	19.3
	9.87	2	18.4	18.8	19.1	19.3	19.4	19.4

小注 量筒容积为50mL，量土杯容积为10mL。

(A) 1：1.50　　(B) 1：1.75　　(C) 1：2.25　　(D) 1：2.75

答案：C

解答过程：

根据《膨胀土地区建筑技术规范》GB 50112—2013附录D和《公路路基设计规范》JTG D30—2015第7.9.7条：

（1）编号1：$\sigma_{efl} = \dfrac{19.3 - 10}{10} \times 100\% = 93\%$

(2) 编号 2：$\sigma_{ef2} = \dfrac{19.4 - 10}{10} \times 100\% = 94\%$；且 $9.87 - 9.83 < 0.1g$

(3) $\sigma_{ef} = \dfrac{93\% + 94\%}{2} = 93.5\% > 90\%$，根据表 4.3.4，膨胀潜势为强。

(4) 开挖高度为 8m 的永久路堑膨胀土边坡，拟采用坡率法处理，边坡坡率处于 1：2.0～1：2.5，1：2.25 符合。

【6-22】（2020D19）某高速公路永久路堑膨胀土边坡高度为 5.5m，该路段膨胀土的自由膨胀率试验结果见下表，拟采用坡率法设计，试按《膨胀土地区建筑技术规范》GB 50112—2013 和《公路路基设计规范》JTG D30—2015 确定合理的碎落台宽度为下列哪个选项？

自由膨胀率试验记录表

试样编号	干土质量（g）	量筒编号	不同时间体积读数（mL）					
			2h	4h	6h	8h	10h	12h
SY1	8.84	1	18.2	18.6	19.0	19.2	19.3	19.3
	8.96	2	18.0	18.3	18.7	19.0	19.1	19.1
SY2	8.82	3	18.1	18.5	18.9	19.1	19.2	19.2
	8.83	4	18.3	18.7	19.0	19.3	19.4	19.4

【小注】量筒容积为 50mL，量土杯容积为 10mL。

(A) 1.0m   (B) 1.5m   (C) 2.0m   (D) 2.5m

答案：C

解答过程：

根据《膨胀土地区建筑技术规范》GB 50112—2013 附录 D 和《公路路基设计规范》JTG D30—2015 表 7.9.7-1：

(1) 试样 SY1：两次干土质量差 $= 8.96 - 8.84 = 0.12g > 0.1g$，不符合规范要求，舍弃。

(2) 仅 SY2 符合试验要求。

$$\delta_{ep3} = \dfrac{19.2 - 10}{10} \times 100\% = 92\%, \quad \delta_{ep4} = \dfrac{19.4 - 10}{10} \times 100\% = 94\%$$

$$\overline{\delta}_{ep} = \dfrac{92\% + 94\%}{2} = 93\%，为强膨胀土。$$

(3) 强膨胀土边坡高度为 5.5m，可知碎落台宽度为 2m。

【小注岩土点评】

本题是历年真题的改编。

三、膨胀土场地的地基基础设计

对于地基分级变形量小于 15mm 以及建造在常年地下水位较高的低洼场地上的建筑物，可按一般地基进行设计，不符合上述条件的膨胀土地基均按照膨胀土地基进行设计。

（一）大气影响深度 d_a 确定

——《膨胀土地区建筑技术规范》第 5.2.12 条

土的湿度系数 ψ_w 应根据当地 10 年以上土的含水量变化确定，无资料时，可根据当地有关气象资料按下式计算：

$$\psi_w = 1.152 - 0.726 \cdot \alpha - 0.00107 \cdot c$$

式中：α——当地 9 月至次年 2 月的月份蒸发力之和与全年蒸发力之和的比值（其中月平均气温小于 0℃的月份不参与统计）。

c——全年中干燥度大于 1.0 且月平均气温大于 0℃月份的蒸发力与降水量差值的总和（mm）；干燥度为蒸发力与降水量之比值。

大气影响深度 d_a

土的湿度系数 ψ_w	大气影响深度 d_a
0.6	5.0m
0.7	4.0m
0.8	3.5m
0.9	3.0m

【小注】大气影响急剧层深度可按表中的大气影响深度值乘以 0.45 采用；表中数值可互查。

【6-23】（2007D25）某拟建砖混结构房屋，位于平坦场地上，为膨胀土地基，根据该地区气象观测资料算得；当地膨胀土湿度系数 $\psi_w = 0.9$。当以基础埋深为主要防治措施时，一般基础埋深至少应达到（　　）。

(A) 0.50m　　　　(B) 1.15m　　　　(C) 1.35m　　　　(D) 3.00m

答案：C

解答过程：

根据《膨胀土地区建筑技术规范》GB 50112—2013 第 5.2.12 条、第 5.2.13 条：

(1) 湿度系数 $\psi_w = 0.9$，查表大气影响深度为 3.0m

(2) 大气影响急剧层深度：$d = 0.45 \times 3.0 = 1.35$m

【6-24】（2018C22）某膨胀土地区，统计近 10 年平均蒸发力和降水量值见下表，根据《膨胀土地区建筑技术规范》GB 50112—2013，该地区大气影响急剧层深度接近下列哪个选项？

项目	月份											
	3 月	4 月	5 月	6 月	7 月	8 月	9 月	10 月	11 月	12 月	次年 1 月	次年 2 月
月平均气温（℃）	10	12	15	20	31	30	28	15	5	1	−1	5
蒸发力（mm）	45.6	65.2	101.5	115.3	123.5	120.2	68.6	47.5	25.2	18.9	20.8	30.9
降水量（mm）	34.5	55.3	89.4	120.6	145.8	132.1	130.5	115.2	33.5	7.2	8.4	10.8

(A) 2.25m　　　　(B) 1.80m　　　　(C) 1.55m　　　　(D) 1.35m

答案：D

解答过程：

根据《膨胀土地区建筑技术规范》GB 50112—2013 第 5.2.11 条、第 5.2.12 条和第 5.2.13 条：

(1) $\alpha = \dfrac{68.6 + 47.5 + 25.2 + 18.9 + 30.9}{45.6 + 65.2 + 101.5 + 115.3 + 123.5 + 120.2 + 68.6 + 47.5 + 25.2 + 18.9 + 30.9}$

$=0.25$

(2) $c=(45.6-34.5)+(65.2-55.3)+(101.5-89.4)+(18.9-7.2)+(30.9-10.8)$
　　　$=64.9$

(3) $\psi_w=1.152-0.726\times0.25-0.00107\times64.9=0.9$

根据表 5.2.12，大气影响深度为 3.0m，大气影响急剧层深度为 $3.0\times0.45=1.35$m。

【小注岩土点评】

① 湿度系数在统计上是不计平均温度小于 0℃ 的数值。

② 湿度系数对应的是大气影响深度，而题干中求的是大气影响急剧层深度，两者相差 0.45 倍。

（二）浅基础埋置深度计算

——《膨胀土地区建筑技术规范》第 5.2.2～5.2.4 条

膨胀土地基上建筑物的基础埋置深度不应小于 1.0m（强制性条文）。

场地类型	处理措施	地基埋深要求
平坦场地	以基础埋深为主要防治措施时	埋深不应小于大气影响急剧层深度（$d \geq 0.45d_a$）
坡地（坡角为 5°~14°） （图）	$l_p=5\sim10$m	$d=0.45d_a+(10-l_p)\tan\beta+0.30$
	$l_p>10$m	$d \geq 0.45d_a$
	式中：d——基础埋置深度（m）； d_a——大气影响深度（m）； β——设计斜坡坡角（°）； l_p——基础外边缘至坡肩的水平距离（m）	

【6-25】（2019C21）在某膨胀土场地修建多层厂房，地形坡度 $\beta=10°$，独立基础外边缘至坡肩的水平距离 $l_p=6$m，如下图所示。该地区 30 年蒸发力和降水量月平均值见下表。按《膨胀土地区建筑技术规范》GB 50112—2013，以基础埋深为主要防治措施时，该独立基础埋置深度应不小于下列哪个选项？

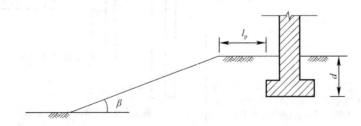

某地区 30 年蒸发力和降水量月平均值统计表（月平均气温大于 0℃）

月份	1	2	3	4	5	6	7	8	9	10	11	12
蒸发力（mm）	32.5	31.2	47.7	61.6	91.5	106.7	138.4	133.5	106.9	78.5	42.9	33.5
降水量（mm）	55.6	76.1	134	279.7	318.4	315.8	224.2	166.9	65.2	97.3	83.2	56.6

（A）3.3m　　　　（B）2.5m　　　　（C）1.5m　　　　（D）1.0m

答案：B

解答过程：

根据《膨胀土地区建筑技术规范》GB 50112—2013 第 5.2.11 条、第 5.2.12 条和第 5.2.4 条：

(1) $a = \dfrac{106.9 + 78.5 + 42.9 + 33.5 + 32.5 + 31.2}{32.5 + 31.2 + 47.7 + 61.6 + 91.5 + 106.7 + 138.4 + 133.5 + 106.9 + 78.5 + 42.9 + 33.5}$

$\qquad = \dfrac{325.5}{904.9} = 0.36$

(2) $c = 106.9 - 65.2 = 41.7$

(3) $\psi_w = 1.152 - 0.726a - 0.00107c = 1.152 - 0.726 \times 0.36 - 0.00107 \times 41.7 = 0.85$

(4) 查表插值得：$d_a = 3.25\text{m}$

(5) $\beta = 10°$，$l_p = 6\text{m}$，在 5~10m 的条件内，该场地为坡地。

$\qquad d = 0.45d_a + (10 - l_p)\tan\beta + 0.30 = 0.45 \times 3.25 + (10 - 6) \times \tan 10° + 0.3$

$\qquad = 2.5\text{m} > 1\text{m}$

（三）承载力计算

——《膨胀土地区建筑技术规范》第 5.2.6 条

修正后的膨胀土地基承载力特征值按下式计算：

$$f_a = f_{ak} + \gamma_m \cdot (d - 1.0)$$

式中：f_{ak}——地基承载力特征值（kPa）；

$\qquad \gamma_m$——基础底面以上土的加权平均重度（kN/m^3），地下水位以下采用浮重度。

（四）桩基础计算

——《膨胀土地区建筑技术规范》第 5.7.7 条

桩顶标高位于大气影响急剧层深度内的三层及三层以下的轻型建筑物，桩端进入大气影响急剧层深度以下或非膨胀土层中的长度 l_a 应符合下列规定：

膨胀变形计算	$l_a \geqslant \dfrac{v_e - Q_k}{u_p \cdot \lambda \cdot q_{sa}}$	
收缩变形计算	$l_a \geqslant \dfrac{Q_k - A_p \cdot q_{pa}}{u_p \cdot q_{sa}}$	
胀缩变形计算	l_a 应取以上两式中的较大值，且不得小于 4 倍桩径及 1 倍扩大端的直径，最小长度应大于 1.5m	膨胀土地基桩基设计长度示意

式中：l_a——桩端进入大气影响急剧层深度以下或非膨胀土层中的长度（m），$l_a =$ 总桩长 l — 大气影响急剧层深度内的桩长；

$\qquad v_e$——桩身在大气影响急剧层内桩侧土的最大胀拔力标准值（kN），$v_e = u_p \cdot \sum \overline{q}_{esk} \cdot l$，或由试验确定；

$\qquad Q_k$——对应于标准组合，最不利工况下，作用于桩顶的竖向力（包括上部结构荷载＋承台和承台上土的自重）（kN）；

u_p——桩身周长（m）；

A_p——桩端截面积（m²）；

λ——桩侧土的抗拔系数，当无此资料时，可按现行《建筑桩基技术规范》JGJ 94—2008 相关规定取值；

q_{sa}——桩侧阻力特征值（kPa）；

q_{pa}——桩端阻力特征值（kPa）；

$\bar{q}_{esk}$——桩侧土的最大胀切力平均值（kPa）。

【6-26】（2017D26）某膨胀土地基上建一栋三层房屋，采用桩基础，桩顶位于大气影响急剧层内，桩径为500mm，桩端阻力特征值为500kPa，桩侧阻力特征值为35kPa，抗拔系数为0.70，桩顶竖向力为150kN，经试验测得大气影响急剧层内桩侧土的最大胀拔力标准值为195kN。按胀缩变形计算时，桩端进入大气影响急剧层深度以下的长度应不小于下列哪个选项？

(A) 0.94m   (B) 1.17m   (C) 1.50m   (D) 2.00m

答案：D

解答过程：

根据《膨胀土地区建筑技术规范》GB 50112—2013 第 5.7.7 条：

(1) 根据第 5.7.7 条第 1 款，$l_a \geq \dfrac{v_e - Q_k}{u_p \cdot \lambda \cdot q_{sa}} = \dfrac{195 - 150}{\pi \times 0.5 \times 0.7 \times 35} = 1.17\text{m}$

(2) 根据第 5.7.7 条第 2 款，$l_a \geq \dfrac{Q_k - A_p \cdot q_{pa}}{u_p \cdot q_{sa}} = \dfrac{150 - \pi \times 0.5^2 \div 4 \times 500}{\pi \times 0.5 \times 35} = 0.94\text{m}$

(3) 根据第 5.7.7 条第 2～3 款，胀缩变形取膨胀变形和收缩变形的大值，且不得小于 $4d = 4 \times 0.5 = 2\text{m}$，最小长度应不小于 1.5m。

(4) 三者取最大值，桩端至少进入大气影响急剧层深度以下的长度不小于 2m。

四、膨胀土场地的地基变形计算

——《膨胀土地区建筑技术规范》第 5.2.8～5.2.15 条

（一）基本规定

膨胀土地基变形量，可按下列变形特征分别计算：

按膨胀变形量 s_e 计算	(1) 场地天然地表下 1m 处土的含水量等于或接近最小值。 (2) 场地地面有覆盖且无蒸发可能。 (3) 建筑物使用期间，经常有水浸湿的地基
按收缩变形量 s_s 计算	(1) 场地天然地表下 1m 处土的含水量大于 1.2 倍的塑限含水量。 (2) 直接受高温作用的地基
按胀缩变形量 s_{es} 计算	其他情况下

【小注】欲计算膨胀土地基变形量，首先必须确定其地基变形量计算类型。

膨胀土地基变形量取值，应符合下列规定：

(1) 膨胀变形量应取基础的最大膨胀上升量；

(2) 收缩变形量应取基础的最大收缩下沉量；

(3) 胀缩变形量应取基础的最大胀缩变形量；

(4) 变形差应取相邻两基础的变形量之差；

（5）局部倾斜应取砌体承重结构沿纵墙 $6\sim10\mathrm{m}$ 内基础两点的变形量之差与其距离的比值。

（二）膨胀变形量

——《膨胀土地区建筑技术规范》第5.2.8条

膨胀土地基的膨胀变形量按下式计算：

$$s_\mathrm{e} = \psi_\mathrm{e} \cdot \sum_{i=1}^{n} \delta_{\mathrm{ep}i} \cdot h_i$$

式中：s_e——地基土的膨胀变形量（mm）；

ψ_e——膨胀变形量的经验系数，无经验时，三层及三层以下建筑物可采用0.6；

h_i——基础底面至计算深度内，第 i 层土的计算厚度（mm）；

n——基础底面至计算深度内，所划分的土层数；

$\delta_{\mathrm{ep}i}$——基础底面下，第 i 层土的中点处，在 $p_\mathrm{c}+p_\mathrm{z}$ 作用下的膨胀率（用小数计）。

【小注】计算深度应根据大气影响深度 d_a 进行确定，或有浸水可能时，按浸水深度确定。

（三）地基土的收缩变形量

——《膨胀土地区建筑技术规范》第5.2.9~5.2.12条

膨胀土地基的收缩变形量按下式计算：

$$s_\mathrm{s} = \psi_\mathrm{s} \cdot \sum_{i=1}^{n} \lambda_{\mathrm{s}i} \cdot \Delta w_i \cdot h_i$$

式中：s_s——地基土的收缩变形量（mm）；

ψ_s——收缩变形量的经验系数，无经验时，三层及三层以下建筑物可采用0.8；

h_i——基础底面至计算深度内，第 i 层土的计算厚度（mm）；

n——基础底面至计算深度内，所划分的土层数；

$\lambda_{\mathrm{s}i}$——基础底面下，第 i 层土的收缩系数（用小数计）；

Δw_i——地基土收缩过程中，第 i 层土可能发生的含水量变化平均值（用小数计）。

【小注】膨胀土地基的收缩变形计算深度（m），应根据大气影响深度 d_a 进行确定；当有热源影响时，可按照热源影响深度确定；当计算深度内有稳定地下水位时，可计算至水位以上3m。

膨胀土地基收缩变形计算深度内，各土层的含水量变化值 Δw_i 计算如下：

类别	一般情况下	地表下4m深度内存在不透水基岩情况下
计算图示	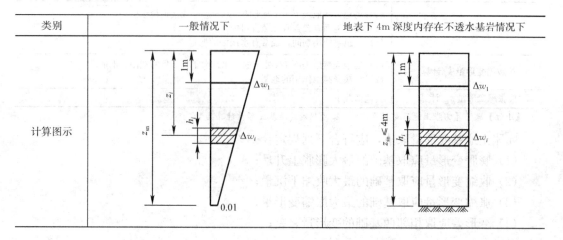	

续表

类别	一般情况下	地表下 4m 深度内存在不透水基岩情况下
计算公式	计算深度范围 z_{sn} 内，土层含水量变化值 Δw_i，随深度增大而减小，呈倒梯形分布	在计算深度范围 z_{sn} 内，土层含水量变化值 Δw_i 可直接假定为常数，不随深度变化，呈矩形分布
	$\Delta w_1 = w_1 - \psi_w \cdot w_P$ $\Delta w_i = \Delta w_1 - (\Delta w_1 - 0.01) \cdot \dfrac{z_i - 1}{z_{sn} - 1}$	$\Delta w_i = \Delta w_1 = w_1 - \psi_w \cdot w_P$
公式说明	式中：Δw_i——基础底面下，第 i 层土的含水量变化值（以小数代入）； 　　　Δw_1——地表下 1m 处土的含水量变化值（以小数代入）； 　　　w_1、w_P——为地表下 1m 处土的天然含水量和塑限（以小数代入）； 　　　ψ_w——土的湿度系数，在自然气候影响下，地表下 1m 处土含水量可能达到的最小值与其塑限之比；无资料时，可直接按照前面计算	

（四）地基土的胀缩变形量

——《膨胀土地区建筑技术规范》第 5.2.14 条

膨胀土地基的胀缩变形量按下式计算：

$$s_{es} = \psi_{es} \sum_{i=1}^{n} (\delta_{epi} + \lambda_{si} \cdot \Delta w_i) \cdot h_i$$

式中：s_{es}——地基土的胀缩变形量（mm）；

ψ_{es}——胀缩变形量的经验系数，无经验时，三层及三层以下建筑物可采用 0.7。

【6-27】（2016D25）某膨胀土场地拟建 3 层住宅，基础埋深为 1.8m，地表下 1.0m 处地基土的天然含水量为 28.9%，塑限含水量为 22.4%，土层的收缩系数为 0.2，土的湿度系数为 0.7，地表下 15m 深处为基岩层，无热源影响。计算地基变形量最接近下列哪个选项？

(A) 10mm　　　　(B) 15mm　　　　(C) 20mm　　　　(D) 25mm

答案：C

解答过程：

根据《膨胀土地区建筑技术规范》GB 50112—2013 第 5.2.7 条、第 5.2.9 条、第 5.2.10 条和第 5.2.12 条：

(1) $w > 1.2 w_P$，按收缩变形量进行计算。

(2) $\psi_w = 0.7$，查规范表 5.2.12，$d_a = 4.0$

(3) $\Delta w_1 = w_1 - \psi_w w_P = 0.289 - 0.7 \times 0.224 = 0.1322$

(4) $\Delta w_i = \Delta w_1 - (\Delta w_1 - 0.01) \dfrac{z_i - 1}{z_{sn} - 1} = 0.1322 - (0.1322 - 0.01) \times \dfrac{(1.8 + 4.0)/2 - 1}{4 - 1}$

　　$= 0.0548$

(5) $s_s = 0.8 \times 0.2 \times 0.0548 \times 2.2 = 0.0192\text{m} = 19.2\text{mm}$

【6-28】（2005C28）某单层建筑位于平坦场地上，基础埋深 $d = 1.0$m，按该场地的大气影响深度取胀缩变形的计算深度 $z_n = 3.6$m，计算所需的数据列于下表，则按《膨胀土地区建筑技术规范》GB 50112—2013 计算所得的胀缩变形量最接近（　　　）。

层号	分层深度 z_i (m)	分层厚度 h_i (mm)	膨胀率 δ_{epi}	第三层可能发生的含水量变化均值 Δw_i	收缩系数 λ_{si}
1	1.64	640	0.00075	0.0273	0.28
2	2.28	640	0.0245	0.0223	0.48
3	2.92	640	0.0195	0.0177	0.40
4	3.60	680	0.0215	0.0128	0.37

（A）20mm 　　（B）26mm 　　（C）44mm 　　（D）63mm

答案：C

解答过程：

根据《膨胀土地区建筑技术规范》GB 50112—2013 第 5.2.14 条：

$$s_{es} = \psi_{es} \sum_{i=1}^{n} (\delta_{epi} + \lambda_{si} \cdot \Delta w_i) h_i$$

$$= 0.7 \times \big[(0.00075 + 0.0273 \times 0.28) \times 640 + (0.0245 + 0.0223 \times 0.48) \times 640 + (0.0195$$

$$+ 0.0177 \times 0.4) \times 640 + (0.0215 + 0.0128 \times 0.37) \times 680 \big]$$

$$= 43.9\text{mm}$$

【6-29】（2011D26）某单层住宅楼位于一平坦场地，基础埋置深度 $d=1$m，各土层厚度及膨胀率、收缩系数见下表。已知地表下 1m 处土的天然含水量和塑限含水量分别为 $w_1 = 22\%$、$w_P = 17\%$，按此场地的大气影响深度取胀缩变形计算深度 $z_n = 3.6$m。根据《膨胀土地区建筑技术规范》GB 50112—2013 计算，地基土的胀缩变形量最接近（　　　）。

层号	分层深度 z_i (m)	分层厚度 h_i (mm)	各分层发生的含水量变化均值 Δw_i	膨胀率 δ_{epi}	收缩系数 λ_{si}
1	1.64	640	0.0285	0.0015	0.28
2	2.28	640	0.0272	0.0240	0.48
3	2.92	640	0.0179	0.0250	0.31
4	3.60	680	0.0128	0.0260	0.37

（A）16mm 　　（B）30mm 　　（C）49mm 　　（D）60mm

答案：A

解答过程：

根据《膨胀土地区建筑技术规范》GB 50112—2013 第 5.2.7 条、第 5.2.9 条：

（1）地表下 1m 处，$w = 22\% > 1.2 w_P = 20.4\%$，膨胀土地基变形量按收缩变形量计算。

（2）$\psi_s = 0.8$

$$s_s = \psi_s \sum_{i=1}^{n} \lambda_{si} \Delta w_i h_i$$

$$= 0.8 \times (0.28 \times 0.0285 \times 640 + 0.48 \times 0.0272 \times 640 + 0.31 \times 0.0179 \times 640 + 0.37 \times$$

$$0.0128 \times 680)$$

$$= 16.2\text{mm}$$

【6-30】（2014D27）某三层建筑物位于膨胀土场地，基础为浅基础，埋深为 1.2m，基础的尺寸为 $2\text{m} \times 2\text{m}$，湿度系数 $\psi_w = 0.6$，地表下 1m 处的天然含水量 $w = 26.4\%$，塑限含水量 $w_P = 20.5\%$，各深度处膨胀土的工程特性指标见下表，该地基的分级变形量最接近（　　　）。

土层深度	土性	重度 γ（kN/m³）	膨胀率 δ_{ep}	收缩系数
0～2.5m	膨胀土	18.0	0.015	0.12
2.5～3.5m	膨胀土	17.8	0.013	0.11
3.5m 以下	泥灰岩	—	—	—

（A）30mm　　　（B）34mm　　　（C）38mm　　　（D）80mm

答案：A

解答过程：

根据《膨胀土地区建筑技术规范》GB 50112—2013 第 5.2.7 条、第 5.2.9 条和第 5.2.10 条：

（1）$w > 1.2 w_P$，按收缩变形量进行计算。

（2）地表下 4m 深度处为泥灰岩，$\Delta w_i = \Delta w_1 = w_1 - \varphi_w w_p = 0.264 - 0.6 \times 0.205 = 0.141$

（3）$s_s = \psi_s \sum_{i=1}^{n} \lambda_{si} \Delta w_i h_i = 0.8 \times [0.12 \times 0.141 \times (2.5 - 1.2) + 0.11 \times 0.141 \times (3.5 - 2.5)] \times 1000 = 30\text{mm}$

【小注岩土点评】

① 判断是计算收缩变形量、膨胀变形量还是胀缩变形量。

② 确定计算深度。本题地表下 4m 存在基岩，故计算到基岩为止。

③ 划分土层，计算含水量变化值 Δw_i。

【6-31】（2020C21）某三层楼位于膨胀土地基上，大气影响深度和浸水影响深度均为 4.6m，基础埋深为 1.6m，土的重度均为 17kN/m³，经试验测得土的膨胀率与垂直压力的关系见下表，荷载准永久组合时基底中心点下的附加压力分布如下图所示（尺寸单位为 mm）。试按《膨胀土地区建筑技术规范》GB 50112—2013，计算该基础中心点下地基土的膨胀变形量最接近下列哪个选项？

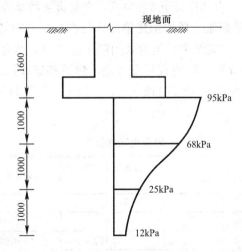

膨胀率与垂直压力关系表

试验点	垂直压力 p（kPa）	膨胀率 δ_{ep}
1	8	0.1
2	60	0.08

续表

试验点	垂直压力 p（kPa）	膨胀率 δ_{ep}
3	90	0.06
4	110	0.04
5	130	0.02

（A）87mm （B）93mm （C）145mm （D）155mm

答案：A

解答过程：

根据《膨胀土地区建筑技术规范》GB 50112—2013 第 5.2.7 条、第 5.2.8 条：

（1）计算深度：大气影响深度和浸水影响深度均为 4.6m，层底深度为 4.6m，基础埋深为 1.6m，浸水的膨胀变形计算范围为 1.6～4.6m，每米一个分层，分成 3 层计算。

（2）膨胀率计算：取每一个分层的中点的实际压力来内插膨胀率。

分层	分层中点深度（m）	自重（kPa）	地基中的附加压力（kPa）	实际压力（kPa）	膨胀率 δ_{ep}
1	1.6+0.5=2.1	17×2.1=35.7	(95+68)/2=81.5	35.7+81.5=117.2	0.0328
2	2.1+1=3.1	17×3.1=52.7	(68+25)/2=46.5	52.7+46.5=99.2	0.0508
3	3.1+1=4.1	17×4.1=69.7	(25+12)/2=18.5	69.7+18.5=88.2	0.0612

（3）计算膨胀变形：三层楼，$\psi_e=0.6$

$$s_e = \psi_e \cdot \sum_{i=1}^{n} \delta_{epi} \cdot h_i = 0.6 \times (0.0328 \times 1000 + 0.0508 \times 1000 + 0.0612 \times 1000) = 87\text{mm}$$

【小注岩土点评】

根据基底附加压力的曲线，计算每一层中点的平均附加压力，再加上该点的自重压力，就是该点的实际压力，由此根据 p-δ_{ep} 曲线，内插出实际压力下的膨胀率。

【6-32】（2021D20）某膨胀土场地拟建单层建筑物，填方前场地勘察数据见下表，地区大气影响深度为 5.0m，勘察结束后场地采用第 1 层土（天然含水量为 36%，塑限含水量为 35%）整体填方 1.0m 厚，场地有蒸发可能，建筑基础埋深为填方地面下 1.0m，根据《膨胀土地区建筑技术规范》GB 50112—2013，填方后该建筑地基胀缩变形量最接近下列哪个选项？

膨胀土勘察数据

层号	层底深度（自填方前地面起算）z_i（m）	含水量变化值 Δw_i	膨胀率 δ_{epi}	收缩系数 λ_{si}
1	1.7	0.119	−0.01	0.46
2	2.4	0.084	0.0035	0.51
3	3.2	0.056	0.01	0.57
4	4.1	0.021	0.008	0.48
5	5.0	0.050	−0.003	0.49

（A）100mm （B）121mm （C）135mm （D）150mm

答案：B

解答过程：

根据《膨胀土地区建筑技术规范》GB 50112—2013 中第 5.2.7 条、第 5.2.14 条：

（1）勘察结束后回填 1m，且基础埋深 1m，地区大气影响深度为 5.0m，因此变形计算深度为 1～5m。

（2）回填后，地下 1m 处，$w=36\% < 1.2 w_P = 1.2 \times 35\% = 42\%$，且有蒸发可能，故变形类型为胀缩变形。

（3）回填后改变了 z_i，因此含水量也发生变化，但膨胀率和收缩系数是本质属性，是不变的。

$$\Delta w_1 = w_1 - \psi_w w_P = 0.36 - 0.6 \times 0.35 = 0.15$$

原地表下 1.7m 处，即回填后 $z_i = 2.7$m，此处

$$\Delta w_{z=2.7} = \Delta w_1 - (\Delta w_1 - 0.01)\frac{z_i - 1}{z_{sn} - 1} = 0.15 - (0.15 - 0.01) \times \frac{2.7 - 1}{5 - 1} = 0.0905$$

同理，$\Delta w_{z=3.4} = 0.066$，$\Delta w_{z=4.2} = 0.038$，$\Delta w_{z=5.0} = 0.01$

层号	层底深度（回填后的地面起算）z_i（m）	层底含水量变化值	层厚（mm）	本层土中点含水量变化值 Δw_i	膨胀率 δ_{epi}	收缩系数 λ_{si}
0	1	0.15	—	—	—	—
1	2.7	0.0905	1700	$\frac{0.15 + 0.0905}{2} = 0.12$	0	0.46
2	3.4	0.066	700	$\frac{0.0905 + 0.066}{2} = 0.078$	0.0035	0.51
3	4.2	0.038	800	$\frac{0.066 + 0.038}{2} = 0.052$	0.01	0.57
4	5	0.01	800	$\frac{0.038 + 0.01}{2} = 0.024$	0.008	0.48

$$s_{es} = \psi_{es} \sum_{i=1}^{n} (\delta_{epi} + \lambda_{si} \Delta w_i) h_i$$

$$= 0.7 \times [(0 + 0.46 \times 0.12) \times 1700 + (0.0035 + 0.51 \times 0.078) \times 700 + (0.01 + 0.57 \times 0.052) \times 800 + (0.008 + 0.48 \times 0.024) \times 800]$$

$$= 120\text{mm}$$

【小注岩土点评】

① 本题的命题条件和历年真题差别很大，但本题来源于《膨胀土地区建筑技术规范》GB 50112—2013 中条文说明的案例，同时本题也是题（2011D26）的改编题。

② 本题做出的改编有 3 点：

第一，回填了 1m，大气影响深度的数值是不会因为回填而变化的，但是回填改变了计算的层位深度，即计算的层位变成回填前的原地表至原地表向下 4m 的范围。

第二，就是膨胀率是负数，意味着只有压缩，没有膨胀量。

第三，题（2011D26）给出了具体分层及各分层的含水量变化值，本题给的是层底深度和层底含水量变化值，需要换算到分层的中点匹配的数值。明确了这两点，本题迎刃而

解。相关图件如下图所示。

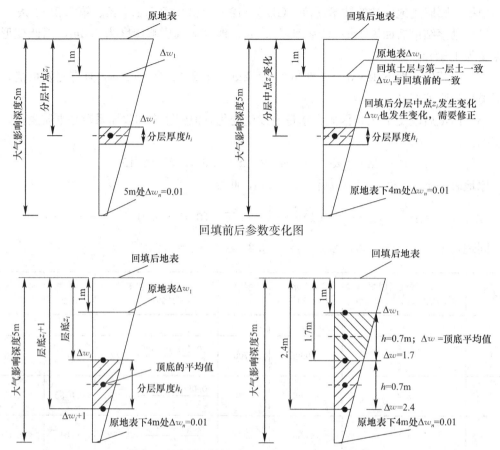

回填前后参数变化图

根据层底参数换算成分层厚度及分层中点处参数

【6-33】（2022C21）某膨胀土地基上拟建三层建筑物，采用独立基础，建筑功能要求东西两侧独立基础埋深分别为 1.5m 与 3.5m。地基土的收缩系数为 0.22，土的湿度系数为 0.6，无地下水。地表以下 1.0m 处土天然含水量为 26.7%，塑限含水量为 18.5%。根据《膨胀土地区建筑技术规范》GB 50112—2013，建筑物东西两侧基础最大变形差最接近下列哪个选项？（不考虑建筑荷载引起的沉降变形）

（A）17mm   （B）23mm   （C）28mm   （D）36mm

答案：D

解答过程：

根据《膨胀土地区建筑技术规范》GB 50112—2013 中第 5.2.7 条和第 5.2.9～5.2.12 条：

（1）地表下 1m 处地基土的天然含水量 $w=26.7\% > 1.2 \times 18.5\%$，按收缩变形计算。

（2）湿度系数 $\psi_w = 0.6$，大气影响深度为 5m。

（3）$\Delta w_1 = w_1 - \psi_w w_P = 0.267 - 0.6 \times 0.185 = 0.156$

（4）$\Delta w_{1.5} = \Delta w_1 - (\Delta w_1 - 0.01) \times \dfrac{z_i - 1}{z_{sn} - 1} = 0.156 - (0.156 - 0.01) \times \dfrac{\dfrac{1.5 + 5}{2} - 1}{5 - 1}$

$= 0.073875$

(5) $\Delta w_{3.5} = \Delta w_1 - (\Delta w_1 - 0.01) \times \dfrac{z_i - 1}{z_{sn} - 1} = 0.156 - (0.156 - 0.01) \times \dfrac{\dfrac{3.5 + 5}{2} - 1}{5 - 1}$

$= 0.037375$

(6) 东西两侧基础最大变形差：

$$\Delta s_s = \psi_s \sum_{i=1}^{n} \lambda_{si} \Delta w_i h_i$$

$= 0.8 \times 0.22 \times [0.073875 \times (5 - 1.5) - 0.037375 \times (5 - 3.5)] \times 1000 = 35.64 \text{mm}$

【小注岩土点评】

① 本题是常规的膨胀土变形量计算，较历年真题新颖之处，就是计算变形差，这点在浅基础中是常考知识点。可以理解为今后的特殊土计算变形的题，将参考浅基础中的变形差、局部倾斜等要素。

② 本题最基本的方法就是计算东西两侧基础各自的变形量，然后求出变形量之差。

③ 本题比较灵活的是另外一种方法，类比浅基础中的变形差计算方法，即计算变形差厚度范围内的变形量，厚度范围为 1.5~3.5m，需要计算该范围内的变形量。具体计算如下：

1.5~3.5m 分层的中点为 2.5m，

$$\Delta w_{2.5} = \Delta w_1 - (\Delta w_1 - 0.01) \times \dfrac{z_i - 1}{z_{sn} - 1} = 0.156 - (0.156 - 0.01) \times \dfrac{\dfrac{1.5 + 3.5}{2} - 1}{5 - 1} = 0.10125$$

$$\Delta s_s = \psi_s \sum_{i=1}^{n} \lambda_{si} \Delta w_i h_i = 0.8 \times 0.22 \times 0.10125 \times (3.5 - 1.5) \times 1000 = 35.64 \text{mm}$$

（五）地基土的胀缩等级划分

根据膨胀土地基的变形特征确定地基分级变形量类型后，直接按照《膨胀土地区建筑技术规范》GB 50112—2013 第 5.2.8~5.2.14 条中的公式计算，最终依据地基的分级变形量 s_c 进行地基的胀缩等级划分，见下表：

膨胀土地基的胀缩等级划分

地基的分级变形量 s_c	地基的胀缩等级
$15\text{mm} \leqslant s_c < 35\text{mm}$	Ⅰ
$35\text{mm} \leqslant s_c < 70\text{mm}$	Ⅱ
$s_c \geqslant 70\text{mm}$	Ⅲ

【6-34】（2022D20）某膨胀土平坦场地上拟建二层建筑，采用独立基础，基础底面尺寸为 2m×2m，基础埋深 1.5m，基础下设置 0.3m 厚碎石垫层。地表下 1m 深度处土的天然含水量为 14.7%，塑限含水量为 22.0%，该深度土在自然条件下可能达到的最小含水量为 13.2%，地面有覆盖且无蒸发可能，建筑使用期间经常有水浸湿地基。膨胀土的湿度系数为 0.6，地层工程性质指标见下表。按《膨胀土地区建筑技术规范》GB 50112—2013 规定，该建筑物周边设散水作为辅助防治措施，散水最小宽度为下列哪个选项？

(A) 1.0m　　　(B) 1.2m　　　(C) 1.5m　　　(D) 2.0m

答案：C

层号	层底深度（m）	重度 γ（kN/m³）	膨胀率 δ_{ep}	收缩系数 λ_s
1	3.5	18.0	0.035	0.30
2	6.0	18.5	0.025	0.25

解答过程：

（1）地表下1m深度处土的天然含水量接近于最小含水量，地面有覆盖且无蒸发可能，建筑使用期间经常有水浸湿地基，可据此判断为按膨胀变形计算。

（2）湿度系数 $\psi_w = 0.6$，大气影响深度为5m。

（3）$s_e = \psi_e \sum_{i=1}^{n} \delta_{epi} h_i = 0.6 \times [0.035 \times (3.5 - 1.5 - 0.3) + 0.025 \times (5 - 3.5)] \times 1000$
$= 58.2\text{mm}$

（4）根据规范表4.3.5，地基胀缩等级为Ⅱ级。

（5）根据规范表5.5.4，散水最小宽度 $L = 1.5\text{m}$。

【小注岩土点评】

① 本题需要注意的是该建筑物周边设散水作为辅助防治措施，曾经这里是知识题；模拟题是参照《膨胀土地区建筑技术规范》GB 50112—2013 的第5.5.5条，当采用宽散水作为主要防治措施。

② 本题给了收缩系数和膨胀率，但是根据题干信息判断胀缩变形，只需要计算膨胀变形，即只需要使用膨胀率。

③ 如果有备用卷，这里可以改编为胀缩变形。

第三节　盐　渍　土

根据《盐渍土地区建筑技术规范》GB/T 50942—2014 第2.1.1条，土中易溶盐含量大于或等于0.3%且小于20%，并具有溶陷、盐胀工程特性时，应判定为盐渍土。

《盐渍土地区建筑技术规范》GB/T 50942—2014 与《岩土工程勘察规范（2009年版）》GB 50021—2001 以及公路和铁路行业的岩土工程勘察规范中对于易溶盐的含量要求不同。

各行业的岩土工程勘察规范中，易溶盐含量大于0.3%，具有溶陷、盐胀、腐蚀等工程特性时，应判定为盐渍土。因此，各行业的岩土工程勘察规范中，易溶盐含量等于0.3%的土，不应判定为盐渍土。

盐渍土具有溶陷性、盐胀性、腐蚀性、吸湿性、有害毛细作用等工程特性。盐渍土地区宜选择在潮湿的季节测定含水量、选择在干旱的季节测定含盐量。

一、盐渍土的分类

（一）盐渍土的物理性质指标

——《盐渍土地区建筑技术规范》附录A

孔隙比、饱和度、干密度等其他物理性质指标均可根据测得的土粒比重、含液量和天然密度代入计算公式求得。

含液量应按下式计算

$$w_B = \frac{w \cdot (1 + B)}{1 - B \cdot w}$$

式中：w_B——含液量（％）。

B——土中水的含盐量（％），当 B 值大于某温度下的溶解度时，取等于该盐的溶解度。

w——含水量（％），用常规烘干法测出。

【6-35】（模拟题）某盐渍土原状试样进行室内试验，采用常规烘干法测得的含水量为 26％，土颗粒比重为 2.65，天然密度为 1.78g/cm³，对该试样进行易溶盐总含量试验，得到易溶盐总含量为 4.1％，按《盐渍土地区建筑技术规范》GB/T 50942—2014，该盐渍土的孔隙比最接近下列哪个选项的数值？

(A) 0.76　　　　　(B) 0.80　　　　　(C) 0.85　　　　　(D) 0.96

答案：D

解答过程：

根据《盐渍土地区建筑技术规范》GB/T 50942—2014 附录 A：

(1) 含液量计算

令土颗粒质量为 M，$m_{盐}=4.1\%M$，$m_w=26\%M$

土中水的含盐量：

$$B=\frac{m_{盐}}{m_w}=\frac{4.1\%\times M}{26\%\times M}=15.77\%$$

则含液量为：

$$w_B=\frac{w\cdot(1+B)}{1-B\cdot w}=\frac{26\%\times(1+15.77\%)}{1-15.77\%\times26\%}=31.4\%$$

(2) 土体孔隙比计算

$$e=\frac{2.65\times1.0\times(1+0.314)}{1.78}-1=0.956$$

【小注】本题需要注意的是盐渍土用的指标不是含水量，是含液量，用含液量代替含水量。

（二）按含盐化学成分分类

——《盐渍土地区建筑技术规范》第 3.0.3 条、《岩土工程勘察规范（2009 年版）》第 6.8.2 条第 1 款

盐渍土按照含盐矿物成分（易溶盐化学成分）可分为氯盐类盐渍土、硫酸盐类盐渍土、碱性盐渍土等。

易溶盐的盐分比值按下式计算：

$$D_{1计算}=\frac{\sum c(\mathrm{Cl}^-)_i\cdot h_i}{\sum 2c(\mathrm{SO}_4^{2-})_i\cdot h_i}$$

$$D_{2计算}=\frac{\sum[2c(\mathrm{CO}_3^{2-})_i\cdot h_i+c(\mathrm{HCO}_3^-)\cdot h_i]}{\sum[c(\mathrm{Cl}^-)\cdot h_i+2c(\mathrm{SO}_4^{2-})_i\cdot h_i]}$$

式中：$c(\mathrm{Cl}^-)_i$、$c(\mathrm{SO}_4^{2-})_i$、$c(\mathrm{CO}_3^{2-})_i$、$c(\mathrm{HCO}_3^-)_i$——第 i 层土中各离子在 0.1kg 土中所含毫摩尔浓度，（mmol/0.1kg）；

h_i——第 i 层土的厚度（m），实际采用第 i 个试样所代表的土层厚度。

盐渍土按含盐化学成分分类

盐渍土分类（名称）	盐分比值	
	$D_1 = \dfrac{c(\mathrm{Cl}^-)}{2c(\mathrm{SO}_4^{2-})}$	$D_2 = \dfrac{2c(\mathrm{CO}_3^{2-}) + c(\mathrm{HCO}_3^-)}{c(\mathrm{Cl}^-) + 2c(\mathrm{SO}_4^{2-})}$
氯盐渍土	$D_1 > 2.0$	—
亚氯盐渍土	$1.0 < D_1 \leqslant 2.0$	—
亚硫酸盐渍土	$0.3 < D_1 \leqslant 1.0$	—
硫酸盐渍土	$D_1 \leqslant 0.3$	—
碱性盐渍土	—	$D_2 > 0.3$

【小注】本表按照《盐渍土地区建筑技术规范》GB/T 50942—2014 进行分类。其他规范涉及的盐渍土按含盐化学成分分类的情况，应参照相应的规范进行分类。如《岩土工程勘察规范（2009 年版）》GB 50021—2001 表 6.8.2-1。

注意：需要说明的是各个勘察规范与《盐渍土地区建筑技术规范》GB/T 50942—2014 第 3.0.3 条和第 3.0.4 条，在等号的取值方面是不同的。

【6-36】（2005C05）在一盐渍土地段，地表 1.0m 深度内分层取样，化验含盐成分见下表：按《岩土工程勘察规范（2009 年版）》GB 50021—2001 计算该深度范围内取样厚度加权平均盐分比值 $D_1 = c(\mathrm{Cl}^-) / [2c(\mathrm{SO}_4^{2-})]$，并判定该盐渍土应属于（　　）。

取样深度（m）	盐分摩尔浓度 m（mol/100g）	
	$c(\mathrm{Cl}^-)$	$c(\mathrm{SO}_4^{2-})$
0~0.05	78.43	111.32
0.05~0.25	35.81	81.15
0.25~0.5	6.58	13.92
0.5~0.75	5.97	13.80
0.75~1.0	5.31	11.89

（A）氯盐渍土　　（B）亚氯盐渍土　　（C）亚硫酸盐渍土　　（D）硫酸盐渍土

答案：D

解答过程：

根据《岩土工程勘察规范（2009 年版）》GB 50021—2001 第 6.8.2 条：

$$D_1 = \sum \frac{c(\mathrm{Cl}^-) \cdot h_i}{2c(\mathrm{SO}_4^{2-}) \cdot h_i}$$

$$= \left(\frac{78.43}{2 \times 111.32} \times 0.05 + \frac{35.81}{2 \times 81.15} \times 0.20 + \frac{6.58}{2 \times 13.92} \times 0.25 + \frac{5.97}{2 \times 13.80} \times 0.25 \right.$$

$$\left. + \frac{5.31}{2 \times 11.89} \times 0.25 \right) / 1.0$$

$$= 0.23 < 0.3，属硫酸盐渍土。$$

（三）按平均含盐量 $\overline{DT}$ 进行分类

——《盐渍土地区建筑技术规范》第 3.0.4 条

易溶盐平均含盐量 $\overline{DT}$ 按下式计算：

$$\overline{DT} = \frac{\sum_{i=1}^{n} DT_i \cdot h_i}{\sum_{i=1}^{n} h_i}$$

式中：$\overline{DT}$——易溶盐平均含盐量（%）；

　　　n——分层取样的层数；

DT_i——第 i 层土的含盐量（％），实际采用第 i 个试样所代表土层的含盐量；

h_i——第 i 层土的厚度（m），实际采用第 i 个试样所代表的土层厚度。

盐渍土按含盐量分类

盐渍化程度分级 （盐渍土名称）	平均含盐量 $\overline{DT}$（％）		
	氯盐渍土和亚氯盐渍土	亚硫酸盐渍土和硫酸盐渍土	碱性盐渍土
弱盐渍土	$0.3 \leqslant \overline{DT} < 1$	—	—
中盐渍土	$1 \leqslant \overline{DT} < 5$	$0.3 \leqslant \overline{DT} < 2$	$0.3 \leqslant \overline{DT} < 1$
强盐渍土	$5 \leqslant \overline{DT} < 8$	$2 \leqslant \overline{DT} < 5$	$1 \leqslant \overline{DT} < 2$
超盐渍土	$\overline{DT} \geqslant 8$	$\overline{DT} \geqslant 5$	$\overline{DT} \geqslant 2$

（四）盐渍土场地类别

——《盐渍土地区建筑技术规范》第 3.0.6 条

盐渍土场地应根据地基土含盐量、含盐类型、水文与水文地质条件、地形、气候、环境等因素分为简单、中等复杂和复杂三类场地，见下表：

盐渍土场地类别

场地类型	条件
复杂场地	(1) 平均含盐量为强或超盐渍土； (2) 水文和水文地质条件复杂； (3) 气候条件多变，正处于积盐或褪盐期
中等复杂场地	(1) 平均含盐量为中盐渍土； (2) 水文和水文地质条件可预测； (3) 气候、环境条件单向变化
简单场地	(1) 平均含盐量为弱盐渍土； (2) 水文和水文地质条件简单； (3) 气候、环境条件稳定

【小注】场地划分应从复杂向简单推定，以最先满足的为准，每类场地满足相应的单个或者多个条件即可。

二、盐渍土的溶陷性评价

溶陷系数：单位厚度的盐渍土的溶陷量。

（一）盐渍土溶陷系数的测定

——《盐渍土地区建筑技术规范》第 4.2.4 条、附录 C、附录 D

测定盐渍土溶陷系数的方法主要有以下几种：

1. 压缩试验法

压缩试验法适用于可以取得规整形状的细粒盐渍土。盐渍土在一定压力下，变形稳定后，试样浸水溶滤变形稳定后所产生的附加变形，其溶陷系数的计算公式为：

$$\delta_{rx} = \frac{\Delta h_p}{h_0} = \frac{h_p - h_p'}{h_0}$$

式中：h_0——盐渍土不扰动土样的原始高度；

Δh_p——压力 p 作用下浸水变形稳定前后土样高度差；

h_p——压力 p 作用下变形稳定后土样高度；

h'_p——压力 p 作用下浸水溶滤变形稳定后土样高度。

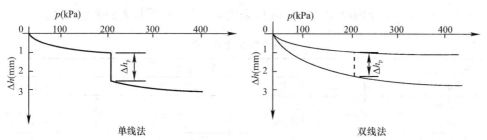

单线法   双线法

该试验分为单线法和双线法，其原理类似于湿陷性黄土的湿陷系数的测定，读者可自行学习。

2. 液体排开法（蜡封法）

液体排开法适用于测定形状不规则的原状砂土盐渍土及粉土盐渍土的溶陷系数。

试样的溶陷系数 δ_{rx} 应按下式计算：

$$\delta_{rx} = K_G \frac{\rho_{dmax} - \rho_d(1-C)}{\rho_{dmax}}$$

$$\rho_0 = \frac{m_0}{\dfrac{m_w - m'}{\rho_{wl}} - \dfrac{m_w - m_0}{\rho_w}}$$

$$\rho_d = \frac{\rho_0}{1+w}$$

$$\rho_{dmax} = \frac{m_d}{V_d}$$

式中：K_G——与土性有关的经验系数，取值为 $0.85 \sim 1.00$；

    C——试样的含盐量（%）；

    ρ_0——试样的湿密度（g/cm^3）；

    ρ_d——试样的干密度（g/cm^3）；

  ρ_{dmax}——试样的最大干密度（g/cm^3）；

    ρ_{wl}——纯水在温度 t 时的密度（g/cm^3）；

    ρ_w——蜡的密度（g/cm^3）；

    m_0——试样质量（g）；

    m_w——蜡封试样质量（g）；

    m'——蜡封试样在纯水中的质量（g）；

    w——试样的含水量（%）；

    m_d——试样质量（g）；

    V_d——试样体积（cm^3）。

【6-37】（2018D19）某土样质量为 134.0g，对土样进行蜡封，蜡封后试样的质量为 140.0g，蜡封试样沉入水中后质量为 60.0g，已知土样烘干后质量为 100g，试样含盐量为 3.5%，该土样的最大干密度为 1.5g/cm³，根据《盐渍土地区建筑技术规范》GB/T 50942—2014，其溶陷系数最接近下列哪个选项？（注：水的密度取 1.0g/cm³，蜡的密度取 0.82g/cm³，K_G 取 0.85）

(A) 0.08　　　　(B) 0.10　　　　(C) 0.14　　　　(D) 0.17

答案：B

解答过程：

根据《盐渍土地区建筑技术规范》GB/T 50942—2014 附录第 D.2.3～D.2.5 条：

(1) $K_G=0.85$，$C=3.5\%$，$\rho_{dmax}=1.5\text{g/cm}^3$

$$\rho_0=\frac{m_0}{\dfrac{m_w-m'}{\rho_{w1}}-\dfrac{m_w-m_0}{\rho_w}}=\frac{134}{\dfrac{140-60}{1.0}-\dfrac{140-134}{0.82}}=1.84\text{g/cm}^3$$

$$w=\frac{m_w}{m_s}=\frac{134-100}{100}=34\%\qquad \rho_d=\frac{1.84}{1+0.34}=1.373\text{g/cm}^3$$

(2) $\delta_{rx}=K_G\dfrac{\rho_{dmax}-\rho_d(1-C)}{\rho_{dmax}}=0.85\times\dfrac{1.5-1.373\times(1-3.5\%)}{1.5}=0.10$

【小注岩土点评】

(1) 关键词定位，公式中的参数，都是常规的参数，一步步解答即可。

(2) 再次考了蜡封法测体积和密度。

(3) 此类题目的答题步骤：①用蜡封法求原土的湿密度和干密度；②求洗盐后扰动样的最大干密度；③用经验系数 K_G 求溶陷系数。

(4) 试验无法实现在压力 p 下测定洗盐后的土体体积，故采用击实的方法确定洗盐后体积的变化，所测得的溶陷系数较大，要引入小于1的经验系数 K_G。

3. 浸水载荷试验（现场）

现场浸水载荷试验适用于现场测定盐渍土地基的溶陷量、平均溶陷系数。该试验适用于各种土质盐渍土地基，特别是粗粒土或无法取得规整不扰动土的情况。

$$\overline{\delta}_{rx}=\frac{s_{rx}}{h_{jr}}$$

式中：$\overline{\delta}_{rx}$——平均溶陷系数。

　　　s_{rx}——承压板压力为 p 时，盐渍土层浸水的总溶陷量（cm）。

　　　h_{jr}——承压板下盐渍土的浸润深度（cm），通过钻探、挖坑或瑞利波速测定，瑞利波速测定浸润深度应按本规范附录G的规定进行。

(二) 盐渍土溶陷程度判定

——《盐渍土地区建筑技术规范》第4.2.4条

当盐渍土的溶陷系数 $\delta_{rx}\geq0.01$ 时，应判定为溶陷性盐渍土。根据溶陷系数的大小，可将盐渍土的溶陷程度分为以下几类：

δ_{rx}	$\delta_{rx}<0.01$	$0.01\leq\delta_{rx}\leq0.03$	$0.03<\delta_{rx}\leq0.05$	$\delta_{rx}>0.05$
溶陷程度	非溶陷性	溶陷性轻微	溶陷性中等	溶陷性强

(三) 盐渍土总溶陷量的计算及溶陷等级判定

——《盐渍土地区建筑技术规范》第4.2.6条

(1) 盐渍土地基的总溶陷量 s_{rx} 按规范附录C（浸水载荷法）的方法直接测定。

(2) 按室内试验测定时，可按下式计算：

$$s_{rx} = \sum_{i=1}^{n} \delta_{rxi} \cdot h_i$$

式中：s_{rx}——盐渍土地基的总溶陷量计算值（mm）；

δ_{rxi}——室内试验测定的第 i 层土的溶陷系数，$\delta_{rxi} < 0.01$ 的点不参与统计；

h_i——第 i 层土的厚度（mm）；

n——基础底面以下，可能产生溶陷的土层数。

盐渍土地基的溶陷等级

溶陷等级	总溶陷量 s_{rx}
Ⅰ级弱溶陷	$70mm < s_{rx} \leqslant 150mm$
Ⅱ级中溶陷	$150mm < s_{rx} \leqslant 400mm$
Ⅲ级强溶陷	$400mm < s_{rx}$

【6-38】（2017D24）某厂房场地初勘揭露覆盖土层为厚度 13m 的黏性土，测试得出所含易溶盐为石盐（NaCl）和无水芒硝（Na_2SO_4）。测试结果见下表。当厂房基础埋深按 1.5m 考虑时，试判定盐渍土类型和溶陷等级为下列哪个选项？

取样深度（m）	盐分摩尔浓度（mmol/100g）		溶陷系数 δ_{rx}	含盐量（%）
	c（Cl^-）	c（SO_4^{2-}）		
0～1	35	80	0.040	13.408
1～2	30	65	0.035	10.985
2～3	15	45	0.030	7.268
3～4	5	20	0.025	3.133
4～5	3	5	0.020	0.886
5～7	1	2	0.015	0.343
7～9	0.5	1.5	0.008	0.242
9～11	0.5	1	0.006	0.171
11～13	0.5	1	0.005	0.171

（A）强盐渍土，Ⅰ级弱溶陷   （B）强盐渍土，Ⅱ级中溶陷

（C）超盐渍土，Ⅰ级弱溶陷   （D）超盐渍土，Ⅱ级中溶陷

答案：C

解答过程：

根据《盐渍土地区建筑技术规范》GB/T 50942—2014 第 3.0.3 条、第 3.0.4 条和第 4.2.5 条：

（1）13m 厚的黏性土中含盐量≥0.3% 的厚度为 0～7m。此范围内的黏性土为盐渍土。

（2）$\dfrac{c（Cl^-）}{2c（SO_4^{2-}）} = \dfrac{35 \times 1 + 30 \times 1 + 15 \times 1 + 5 \times 1 + 3 \times 1 + 1 \times 2}{2（80 \times 1 + 65 \times 1 + 45 \times 1 + 20 \times 1 + 5 \times 1 + 2 \times 2）} = 0.21 \leqslant 0.3$，硫酸盐渍土。

（3）$\overline{DT} = \dfrac{\sum h_i \cdot DT_i}{\sum h_i} = \dfrac{13.408 \times 1 + 10.985 \times 1 + 7.268 \times 1 + 3.133 \times 1 + 0.866 \times 1 + 0.343 \times 2}{7}$%

$= 5.19\% \geqslant 5.0\%$，超盐渍土。

（4）总溶陷量：从基底开始，盐渍土层厚度 7m，溶陷系数≥0.01。

$$s_{rx}=\sum\delta_{rxi}h_i=(0.5\times0.035+1\times0.030+0.025\times1+0.02\times1+0.015\times2)\times1000=$$

$122.5<150mm$，Ⅰ级弱溶陷。

【小注岩土点评】

① 黏性土是否为盐渍土的判断，本质还是对于易溶盐含盐量的判断。

② 易溶盐平均含盐量的计算。

③ $\delta_{rxi}\geq0.01$，纳入计算范围。

三、盐渍土的盐胀性评价

（一）盐胀系数 δ_{yz}

——《盐渍土地区建筑技术规范》附录 E

盐胀系数：单位厚度的盐渍土的盐胀量。盐胀系数测定可采用现场试验方法（附录 E）和室内试验法（附录 F），具体参看规范。

（二）总盐胀量计算

——《盐渍土地区建筑技术规范》第4.3.5条、第4.3.6条

盐渍土地基的总盐胀量除可按本规范附录 E 的方法直接测定外，也可按下式计算：

$$s_{yz}=\sum_{i=1}^{n}\delta_{yzi}h_i(i=1,\cdots,n)$$

式中：s_{yz}——盐渍土地基的总盐胀量计算值（mm）；

δ_{yzi}——室内试验测定的第 i 层土的盐胀系数，$\delta_{yzi}>0.01$ 的点参与统计；

n——基础底面以下可能产生的盐胀的土层层数。

【小注】注意计算厚度从基础底面算起。

（三）盐胀性判别

——《盐渍土地区建筑技术规范》第4.3.4条

1. 盐胀性分类

盐渍土的盐胀性可根据盐胀系数（δ_{yz}）的大小和硫酸钠含量按下表进行分类：

盐渍土的盐胀性分类

盐胀类别	非盐胀性	弱盐胀性	中盐胀性	强盐胀性
盐胀系数 δ_{yz}	$\delta_{yz}\leq0.01$	$0.01<\delta_{yz}\leq0.02$	$0.02<\delta_{yz}\leq0.04$	$\delta_{yz}>0.04$
硫酸钠含量 C_{ssn}（%）	$C_{ssn}\leq0.5$	$0.5<C_{ssn}\leq1.2$	$1.2<C_{ssn}\leq2.0$	$C_{ssn}>2.0$

【小注】当盐胀系数和硫酸钠含量两个指标判断的盐胀性不一致时，应以硫酸钠含量为主。

2. 盐渍土地基的盐胀等级

盐渍土地基的盐胀等级

盐胀等级	总盐胀量 s_{yz}（mm）
Ⅰ级弱盐胀	$30<s_{yz}\leq70$
Ⅱ级中盐胀	$70<s_{yz}\leq150$
Ⅲ级强盐胀	$s_{yz}>150$

【6-39】（2021C22）在某硫酸盐渍土建筑场地进行现场试验，该场地盐胀深度为 2.0m，试验前（10月底）测得场地地面试验点的平均高程为 587.139m，经过 5 个月（11

月至次年 3 月)测得试验点平均高程为 587.193m,根据现场试验结果确定盐渍土的盐胀性分类和地基的盐胀等级为下列哪个选项?(该场地盐胀现象发生在冬季,其他季节忽略)

(A) 弱盐胀性、Ⅰ级   (B) 中盐胀性、Ⅰ级

(C) 中盐胀性、Ⅱ级   (D) 强盐胀性、Ⅲ级

答案:B

解答过程:

根据《盐渍土地区建筑技术规范》GB 50942—2014 中表 4.3.4 和表 4.3.6 以及附录 E:

根据规范表 4.3.5 和附录 E,总盐胀量:$s_{yz} = 587.193 - 587.139 = 0.054m = 54mm$,查表 4.3.6,评价为Ⅰ级。

根据表 4.3.4,盐胀系数:$\delta_{yz} = \dfrac{s_{yz}}{h_{yz}} = \dfrac{0.054}{2} = 0.027$,中盐胀性。

【小注岩土点评】

① 本题虽然在历年真题中未出现,立意新颖,但毫无难度。可以说是 2021 年最简单的题。

② 盐渍土的盐胀性使用盐胀系数评价,盐胀系数的测试分两种,见附录 E。本题采用了附录第 E.2.4 条。

③ 从该试验可以获得盐胀量,根据第 4.3.5 条,盐渍土地基的总盐胀量可按本规范附录 E 的方法直接测得,并根据表 4.3.6 评价盐渍土地基的盐胀等级。

④ 根据附录第 E.2.4 条,计算出盐胀系数,并根据表 4.3.4 判定盐胀性。

四、盐渍土的腐蚀性评价

——《盐渍土地区建筑技术规范》第 4.4.6 条

盐渍地基土对钢结构、水和土对钢筋混凝土结构中钢筋、水和土对混凝土结构的腐蚀性评价应符合现行国家标准《岩土工程勘察规范(2009 年版)》GB 50021—2001 的规定。

氯盐主要腐蚀钢材,因此以氯盐为主的盐渍土,主要评价其对钢筋的腐蚀;硫酸盐主要对混凝土等发生物理化学反应,因此以硫酸盐为主的盐渍土,应重点评价其对混凝土的腐蚀。

(一)含盐"地下水"对砌体结构、水泥和石灰的腐蚀性评价

离子种类	埋置条件	指标范围	对砖、水泥、石灰的腐蚀
SO_4^{2-} (mg/L)	全浸	>4000	强
		>1000,≤4000	中
		>250,≤1000	弱
		≤250	微
Cl^- (mg/L)	干湿交替	>5000	中
		>500,≤5000	弱
		≤500	微
	全浸	>20000	弱
		>5000,≤20000	弱
		>500,≤5000	微
		≤500	微

续表

离子种类	埋置条件	指标范围	对砖、水泥、石灰的腐蚀
NH_4^+（mg/L）	全浸	>1000	中
		>500，≤1000	弱
		>100，≤500	微
		≤100	微
Mg^{2+}（mg/L）	全浸	>4000	强
		>2000，≤4000	中
		>1000，≤2000	弱
		≤1000	微
总矿化度（mg/L）	全浸	>50000	强
		>20000，≤50000	中
		>10000，≤20000	弱
pH 值	全浸	≤4.0	强
		>4.0，≤5.0	中
		>5.0，≤6.5	弱
		>6.5	微
侵蚀性 CO_2（mg/L）	全浸	>60	强
		>30，≤60	中
		≤30	弱

【小注】① 当氯盐和硫酸盐同时存在并作用于钢筋混凝土构件时，应以各项指标中腐蚀性最高的确定腐蚀性等级。
② 在强透水地层中，腐蚀性可提高半级至一级；在弱透水地层中，腐蚀性可降低半级至一级。
③ 基础或结构的干湿交替部位应提高防腐等级。
④ 对天然含水量小于 3% 的土可视为干燥土。
⑤ 在腐蚀性评价中，以腐蚀性等级最高的确定防腐措施。

（二）盐渍土"土"中盐离子含量及其腐蚀性

离子种类	埋置条件	指标范围	对砖、水泥、石灰的腐蚀
SO_4^{2-}（mg/kg）	干燥	>6000	强
		>4000，≤6000	中
		>2000，≤4000	弱
		≤2000	微
	潮湿	>4000	强
		>2000，≤4000	中
		>400，≤2000	弱
		≤400	微
Cl^-（mg/kg）	干燥	>20000	中
		>5000，≤20000	弱
		>2000，≤5000	微
		≤2000	微
	潮湿	>7500	中
		>1000，≤7500	弱
		>500，≤1000	微
		≤500	微

(三)"土"中盐离子含量及其腐蚀性

介质指标	离子种类	埋置条件	指标范围	对砖、水泥、石灰的腐蚀
土中总盐量 (mg/kg)	正负离子总和	有蒸发面	>10000	强
			>5000, ≤10000	中
			>3000, ≤5000	弱
			≤3000	微
		无蒸发面	>50000	强
			>20000, ≤50000	中
			>5000, ≤20000	弱
			≤5000	微
水土酸碱度 (pH值)	—	—	≤4.0	强
			>4.0, ≤5.0	中
			>5.0, ≤6.5	弱
			>6.5	微

【小注】① 在强透水性地层中,腐蚀性可提高半级~一级;在弱透水性地层中,腐蚀性可降低半级~一级。

② 对丙类建(构)筑物,当同时具备弱透水性土、无干湿交替、不冻区段三个条件时,盐渍土的腐蚀等级可降低一级。

③ 基础或结构的干湿交替部位应提高防腐等级。

【6-40】(模拟题)某盐渍土地区不冻区段的丙类拟建二层住宅楼,基础形式为柱下独立基础,基础底面尺寸为2.5m×2.5m,基础埋深为2.0m,基础埋置条件为干燥、无蒸发面,场地下伏5.0m范围内为粉质黏土盐渍土,场地下伏未揭露地下水,为确定该盐渍土地基土对砌体结构、水泥和石灰的腐蚀性,勘察时在基础埋深范围内采取土样进行土的腐蚀性试验,结果见下表:

项目	Ca^{2+}	Mg^{2+}	CO_3^{2-}	NO_3^-	SO_4^{2-}	HCO_3^-	Cl^-	$Na^+ + Ka^+$	pH值
含量 (mg/kg)	215.5	514.8	24.3	0	4350.2	246.8	2150.5	7534.5	4.5

试问:按《盐渍土地区建筑技术规范》GB/T 50942—2014确定该盐渍土地基土对砌体结构、水泥和石灰的腐蚀性等级为(　)腐蚀性?

(A)强　　　　　(B)中　　　　　(C)弱　　　　　(D)微

答案:C

解答过程:

(1) SO_4^{2-}: 4000<4350.2≤6000　⇒中腐蚀性

Cl^-: 2000<2150.5≤5000　⇒微腐蚀性

土中总含盐量:5000<15036.6≤20000　⇒弱腐蚀性

pH:4.0<4.5≤5.0　⇒中腐蚀性

综合上述:盐渍土地基土对砌体结构、水泥和石灰的腐蚀性为中腐蚀性。

(2) 丙类建筑,且同时具备弱透水层、无干湿交替、不冻区段⇒降低一级⇒弱腐蚀性

【小注】盐渍土的腐蚀性评价。盐渍土的水和土腐蚀性对象有好几类,选择的时候需要注意;另外要注意腐蚀性降低的条件。

五、毛细水强烈上升高度计算

——《盐渍土地区建筑技术规范》第4.1.8条

盐渍土地区勘察时，应确定毛细水强烈上升高度。这是因为盐渍土层中毛细水的上升可直接造成地基土或换填土吸水软化及次生盐渍化，促使溶陷、盐胀的发生，为此，盐渍土地区的勘察应查明土中毛细水强烈上升高度，为地基设计提供依据。

1. 设计等级为甲级的建（构）筑物宜实测毛细水强烈上升高度，设计等级为乙级、丙级的建（构）筑物可按下表取值：

各类土毛细水强烈上升高度经验值

土的名称	毛细水强烈上升高度（m）
含砂黏土	3.0～4.0
含黏砂土	1.9～2.5
粉砂	1.4～1.9
细砂	0.9～1.2
中砂	0.5～0.8
粗砂	0.2～0.4

2. 毛细水强烈上升高度可用下列方法测定

测定方法	图示及说明
直接观测法	在开挖试坑1～2d后，直接观测坑壁干湿变化情况，变化明显处至地下水位的距离，为毛细水强烈上升高度
暴晒法	当测点地下水位深度大于毛细水强烈上升高度与蒸发强烈影响深度之和时：分别在开挖试坑的时刻和暴晒1～2d后，沿坑壁分层（间距15～20cm）取样，测定其含水率并按右图格式绘制"含水率曲线"。 两曲线最上面的交点至地下水位的距离为毛细水强烈上升高度，两曲线最上面的交点至地面的距离为蒸发强烈影响深度 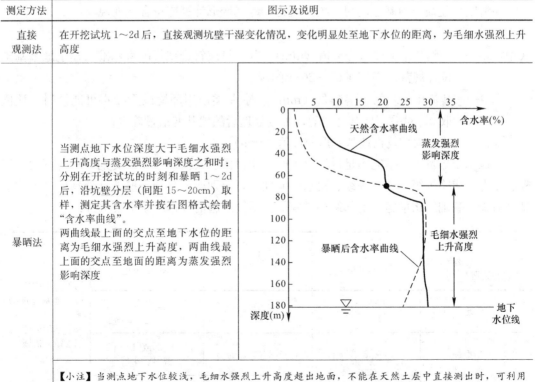
【小注】当测点地下水位较浅，毛细水强烈上升高度超出地面，不能在天然土层中直接测出时，可利用测点附近的高地、土包或土工建筑进行观测，不得已时，尚可人工夯填土堆，待土堆中含水率稳定后再进行观测	

续表

测定方法	图示及说明
塑限含水量曲线交汇法	于试坑壁每间隔15～20cm，取样做天然含水率测定，并根据土质成分，黏性土做塑限含水率、砂类土做筛分试验，并绘制天然含水率分布曲线，如右图所示。 采用竖直线段在图上标出相应土层的塑限，竖直线段与含水率曲线最上面的交点即为毛细水强烈上升高度的顶点，此点到地下水位的距离为毛细水强烈上升高度	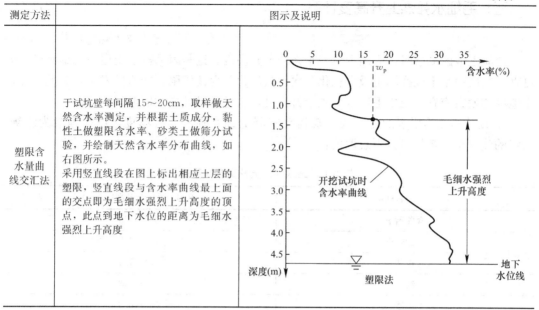

六、盐渍土地基的变形计算

——《盐渍土地区建筑技术规范》第5.1.5条

在溶陷性盐渍土地基上的建（构）筑物，地基变形计算应符合下列规定：

$$s_0 + s_{rx} \leqslant [s]$$

式中：s_0——天然状态下地基变形值（mm），其计算应符合现行国家标准《建筑地基基础设计规范》GB 50007—2011的规定；

s_{rx}——盐渍土地基的总溶陷量（mm），对A类使用环境或无浸水可能性时，该值取0，对采用地基处理的，可按处理后的地基变形量确定；

$[s]$——建（构）筑物地基变形允许值（mm）。

当地基变形量大，不能满足设计要求时，应根据建（构）筑物的类别、承受不均匀沉降的能力、溶陷等级、盐胀等级、浸水可能性等，分别或者综合采取地基处理措施、防水排水措施、基础结构措施、上部结构措施等。不同措施的选择可按下表执行：

地基基础变形等级 建筑物类别	I 70～150mm	II 150～400mm	III ≥400mm	
甲级	[1]+[2]或[1]+[3]	[1]+[2]+[3]	[1]+[2]+[3]+[4]或[1]+[3]+[4]	[1] 防水措施 [2] 地基处理措施 [3] 基础措施 [4] 结构措施
乙级	[1]或[2]或[3]	[1]+[2]或[1]+[3]	[1]+[2]或[1]+[3]或[1]+[4]	
丙级	—	[1]	[1]	

【小注】建筑物类别按照本规范第3.0.7条确定。

七、按公路相关规范的盐渍土

——《公路工程地质勘察规范》第 8.4 节

地表下 1m 深度范围内的土层，当其易溶盐的平均含量大于 0.3%，具有溶陷、盐胀等特性时，应判定为盐渍土。

根据《公路工程地质勘察规范》JTG C20—2011 第 8.4.1 条条文说明，当土的易溶盐含量大于 0.3%时，土的性质受到盐分的影响而发生改变。表层 1.0m 的土层是一般路基的主要持力层，也是受地下水毛细作用、蒸发作用盐分迁移最明显的部位，对公路基础设施有直接影响。盐渍土地区，一般盐分表聚性强，多集中在 1.0m 深度范围内，1.0m 以下含盐量急剧减少。以地表以下 1.0m 深度范围内土层中的平均含盐量作为评价盐渍土的定量标准符合盐渍土地区的工程实际。

根据《公路工程地质勘察规范》JTG C20—2011 第 8.4.7 条条文说明，勘探时，为了解盐渍土的厚度和确定可利用层的深度，当 1.00m 以下土层中的含盐量仍然很高，应加大取土深度至地下水位。通过这句话，也可以理解为盐渍土的厚度，并不仅限于 1m。或者可以表达为多数情况下盐渍土集中在 1m 深度范围内。

（一）按易溶盐的含盐化学成分（盐分比值）分类

易溶盐的盐分比值按下式计算：

$$D_{1计算} = \frac{\sum c(Cl^-)_i \cdot h_i}{\sum 2c(SO_4^{2-})_i \cdot h_i}$$

$$D_{2计算} = \frac{\sum [2c(CO_3^{2-})_i \cdot h_i + c(HCO_3^-)_i \cdot h_i]}{\sum [c(Cl^-)_i \cdot h_i + 2c(SO_4^{2-})_i \cdot h_i]}$$

式中：$c(Cl^-)_i$、$c(SO_4^{2-})_i$、$c(CO_3^{2-})_i$、$c(HCO_3^-)_i$——第 i 层土中各离子在 1kg 土中所含毫摩尔浓度，（mmol/kg）；

h_i——第 i 层土的厚度（m），实际采用第 i 个试样所代表的土层厚度。

盐渍土按含盐化学成分分类

盐渍土分类（名称）	盐分比值	
	$D_1 = \dfrac{c(Cl^-)}{2c(SO_4^{2-})}$	$D_2 = \dfrac{2c(CO_3^{2-}) + c(HCO_3^-)}{c(Cl^-) + 2c(SO_4^{2-})}$
氯盐渍土	$D_1 > 2$	—
亚氯盐渍土	$1 < D_1 \leqslant 2$	—
亚硫酸盐渍土	$0.3 \leqslant D_1 \leqslant 1$	—
硫酸盐渍土	$D_1 < 0.3$	—
碱性盐渍土	—	$D_2 > 0.3$

（二）按易溶盐的平均含盐量 $\overline{DT}$ 进行盐渍土的盐渍化程度划分

易溶盐平均含盐量 $\overline{DT}$ 按下式计算：

$$\overline{DT} = \frac{\sum_{i=1}^n DT_i \cdot h_i}{\sum_{i=1}^n h_i}$$

式中：$\overline{DT}$——易溶盐平均含盐量（%）；

   n——分层取样的层数；

   DT_i——第 i 层土的含盐量（%），实际采用第 i 个试样所代表土层的含盐量；

   h_i——第 i 层土的厚度（m），实际采用第 i 个试样所代表的土层厚度。

盐渍土按含盐量的分类（盐渍化程度分级）

盐渍土名称（盐渍化程度）	平均含盐量$\overline{DT}$（%）			
	细粒土土层的平均含盐量$\overline{DT}$（以质量的百分数计）		粗粒土通过 10mm 筛孔土的平均含盐量$\overline{DT}$（以质量的百分数计）	
	氯盐渍土、亚氯盐渍土	亚硫酸盐渍土、硫酸盐渍土	氯盐渍土、亚氯盐渍土	亚硫酸盐渍土、硫酸盐渍土
弱盐渍土	0.3～1.0	0.3～0.5	2.0～5.0	0.5～1.5
中盐渍土	1.0～5.0	0.5～2.0	5.0～8.0	1.5～3.0
强盐渍土	5.0～8.0	2.0～5.0	8.0～10.0	3.0～6.0
过盐渍土	>8.0	>5.0	>10.0	>6.0

【小注】离子含量以 100g 干土内的含盐总量计算。

【6-41】（2022D21）某一级公路通过盐渍土场地，拟采取附近料场 2m 深度内的细粒黏质氯盐渍土作为路堤填料，料场 2m 深度内含盐量测定结果见下表。根据《公路路基设计规范》JTG D30—2015 规定，不设隔断层时，路堤高出地面最小高度为下列哪个选项？

(A) 1.0m   (B) 1.3m   (C) 1.5m   (D) 2.0m

取样深度（m）	0.00～0.05	0.05～0.25	0.25～0.5	0.5～0.75	0.75～1.0	1.0～1.5	1.5～2.0
含盐量（%）	1.6	1.3	1.0	0.8	0.6	0.4	0.3

答案：C

解答过程：

(1) 在取样 2m 深度内，根据含盐量判断，符合盐渍土>0.3% 的深度范围为 0～1.5m，采取料场的盐渍土深度范围是 0～1.5m。

(2) 1.5m 范围内的平均含盐量：$\overline{DT} = \dfrac{0.05 \times 1.6 + 0.2 \times 1.3 + 0.25 \times 1 + 0.25 \times 0.8 + 0.25 \times 0.6 + 0.5 \times 0.4}{1.5}\% = 0.76\%$，根据规范表 7.11.2-2，细粒氯盐渍土为弱盐渍土。

(3) 根据《公路路基设计规范》JTG D30—2015 中表 7.11.6，弱盐渍土、黏质土，不设隔断层时，路堤高出地面最小高度为 1.0m，结合表中小注，对于一级公路，表中数值乘以系数 1.5～2.0，氯盐渍土取小值，取系数为 1.5，因此本题不设隔断层时，路堤高出地面最小高度为 1.0m×1.5＝1.5m。

【小注岩土点评】

① 盐渍土的判定。采取料场 2m 深度内的盐渍土作为路堤填料，但经过含盐量测定，1.5～2.0m 深度范围内的含盐量是 0.3%，并不符合盐渍土的定义，没有大于 0.3%，因此采土范围为 0～1.5m。

② 计算 1.5m 范围内的平均含盐量，结合细粒氯盐渍土，判断盐渍土类型是弱、中、强还是过盐渍土。

③ 结合土质类别和表格小注内容，确定不设隔断层时，盐渍土地区路堤高出地面的最小高度。

(三) 盐渍土的溶陷等级划分

盐渍土地基的分级溶陷量 Δ 按下式计算：

$$\Delta = \sum_{i=1}^{n} \delta_i \cdot h_i$$

式中：δ_i——第 i 层土的溶陷系数（%），按《工程地质手册》（第五版）确定，其中 δ_i < 0.01 的土层不计；

$\quad h_i$——第 i 层土的厚度（cm），其中 δ_i < 0.01 的土层不计；

$\quad n$——自基础底面算起（初勘自地面下 1.5m 算起）至 10m 深度范围内全部溶陷性盐渍土。

盐渍土的溶陷等级划分

溶陷等级	Ⅰ	Ⅱ	Ⅲ
分级溶陷量 Δ	7cm < Δ ≤ 15cm	15cm < Δ ≤ 40cm	Δ > 40cm

(四) 当盐渍土用作路堤填料

名义上是判断盐渍土用作路堤填料，本质上仍然是用盐渍土类型判断。

盐渍土用作路堤填料的可用性

填料的盐渍化程度		高速公路、一级公路			二级公路			三、四级公路	
		0~0.8m	0.8~1.5m	1.5m 以下	0~0.8m	0.8~1.5m	1.5m 以下	0~0.8m	0.8~1.5m
粗粒土	弱盐渍土	×	○	○	$\triangle^1$	○	○	○	○
	中盐渍土	×	×	○	$\triangle^1$	○	○	$\triangle^3$	○
	强盐渍土	×	×	$\triangle^1$	×	$\triangle^2$	$\triangle^3$	×	$\triangle^1$
	过盐渍土	×	×	×	×	×	$\triangle^2$	×	$\triangle^2$
细粒土	弱盐渍土	×	$\triangle^1$	○	$\triangle^1$	○	○	$\triangle^1$	○
	中盐渍土	×	×	$\triangle^1$	×	$\triangle^1$	○	×	$\triangle^4$
	强盐渍土	×	×	×	×	×	$\triangle^2$	×	$\triangle^2$
	过盐渍土	×	×	×	×	×	$\triangle^2$	×	×

【表注】○——可用；×——不可用；

$\triangle^1$——氯盐渍土或亚氯盐渍土可用；

$\triangle^2$——表示强烈干旱地区的氯盐渍土或亚氯盐渍土可用；

$\triangle^3$——粉土质（砂）、黏土质（砂）不可用；

$\triangle^4$——表示水文地质条件差时，硫酸盐渍土或亚硫酸盐渍土不可用。

八、按铁路相关规范的盐渍土

——《铁路工程地质勘察规范》第 6.4 节、《铁路工程特殊岩土勘察规程》第 8.1 节

易溶盐含量 > 0.3% 的易溶盐土，应判定为盐渍土；

地表下 1m 深度范围内的土层，当其平均含盐量 $\overline{DT}$ > 0.3% 时，为盐渍土场地。

（一）按易溶盐的含盐化学成分（盐分比值）分类

易溶盐的盐分比值按下式计算：

$$D_{1计算} = \frac{\sum c(Cl^-)_i \cdot h_i}{\sum 2c(SO_4^{2-})_i \cdot h_i}$$

$$D_{2计算} = \frac{\sum [2c(CO_3^{2-})_i \cdot h_i + c(HCO_3^-) \cdot h_i]}{\sum [c(Cl^-)_i \cdot h_i + 2c(SO_4^{2-})_i \cdot h_i]}$$

式中：$c(Cl^-)_i$、$c(SO_4^{2-})_i$、$c(CO_3^{2-})_i$、$c(HCO_3^-)_i$——第 i 层土中各离子物质的质量毫摩尔浓度，（mmol/kg）；

h_i——第 i 层土的厚度（m），实际采用第 i 个试样所代表的土层厚度。

盐渍土按含盐化学成分分类

盐渍土分类（名称）	盐分比值	
	$D_1 = \dfrac{c(Cl^-)}{2c(SO_4^{2-})}$	$D_2 = \dfrac{2c(CO_3^{2-}) + c(HCO_3^-)}{c(Cl^-) + 2c(SO_4^{2-})}$
氯盐渍土	$D_1 > 2$	—
亚氯盐渍土	$1 < D_1 \leqslant 2$	—
亚硫酸盐渍土	$0.3 \leqslant D_1 \leqslant 1$	—
硫酸盐渍土	$D_1 < 0.3$	—
碱性盐渍土	—	$D_2 > 0.3$

（二）按易溶盐的平均含盐量 $\overline{DT}$ 进行盐渍岩土的盐渍化程度划分

地表土层 1.0m 深度内的易溶盐平均含盐量 $\overline{DT}$ 按下式计算：

$$\overline{DT} = \frac{\sum_{i=1}^{n} DT_i \cdot h_i}{\sum_{i=1}^{n} h_i}$$

式中：$\overline{DT}$——易溶盐平均含盐量（%）；

n——分层取样的层数；

DT_i——第 i 层土的含盐量（%），实际采用第 i 个试样所代表土层的含盐量；

h_i——第 i 层土的厚度（m），实际采用第 i 个试样所代表的土层厚度。

盐渍土的盐渍化程度分级（按含盐量的分类）

盐渍化程度分级（盐渍土名称）	平均含盐量 $\overline{DT}$（%）		
	氯盐渍土和亚氯盐渍土	亚硫酸盐渍土和硫酸盐渍土	碱性盐渍土
弱盐渍土	$0.3\% < \overline{DT} \leqslant 1\%$	—	—
中盐渍土	$1\% < \overline{DT} \leqslant 5\%$	$0.3\% < \overline{DT} \leqslant 2\%$	$0.3\% < \overline{DT} \leqslant 1\%$
强盐渍土	$5\% < \overline{DT} \leqslant 8\%$	$2\% < \overline{DT} \leqslant 5\%$	$1\% < \overline{DT} \leqslant 2\%$
超盐渍土	$\overline{DT} > 8\%$	$\overline{DT} > 5\%$	$\overline{DT} > 2\%$

【6-42】（2020C22）某铁路工程通过盐渍土场地，地下水位埋深 2m。地面下 2m 深度内采取土样进行易溶盐含量测定，结果见下表。0～1m 深度土中离子含量：CO_3^{2-} 含量 6.88mmol/kg、HCO_3^- 含量 0.18mmol/kg、Cl^- 含量 25.77mmol/kg、SO_4^{2-} 含量 20.74mmol/kg；1～2m 深度土中离子含量：CO_3^{2-} 含量 0、HCO_3^- 含量 0.30mmol/kg、Cl^- 含量 5.1mmol/kg、

SO_4^{2-} 含量 12.34mmol/kg。按照《铁路工程特殊岩土勘察规程》TB 10038—2022 判定，该工程盐渍土的盐渍化程度分级为下列哪个选项？

取样深度（m）	0~0.05	0.05~0.25	0.25~0.5	0.5~0.75	0.75~1.0	1.0~1.5	1.5~2.0
易溶盐含量（%）	10.21	4.02	2.11	2.03	2.02	0.29	0.25

(A) 弱盐渍土　　　(B) 中盐渍土　　　(C) 强盐渍土　　　(D) 超盐渍土

答案：C

解答过程：

根据《铁路工程特殊岩土勘察规程》TB 10038—2022 表 8.1.3-1 和表 8.1.3-2：

(1) 易溶盐平均含盐量大于 0.3% 的厚度范围是 0~1m。

(2) $\dfrac{c(\mathrm{Cl}^-)}{2c(\mathrm{SO_4^{2-}})}=\dfrac{25.77}{2\times 20.74}=0.62$；$\dfrac{2c(\mathrm{CO_3^{2-}})+c(\mathrm{HCO_3^-})}{c(\mathrm{Cl}^-)+2c(\mathrm{SO_4^{2-}})}=\dfrac{2\times 6.88+0.18}{25.77+2\times 20.74}=0.21<0.3$

根据规范表 7.1.3-1，亚硫酸盐渍土。

(3) $\overline{DT}=\dfrac{\sum_{i=1}^{n}DT_i\cdot h_i}{\sum_{i=1}^{n}h_i}=\dfrac{0.05\times 10.21\%+0.2\times 4.02\%+0.25\times 2.11\%+0.25\times 2.03\%+0.25\times 2.02\%}{1}=2.85\%$

(4) 根据规范表 7.1.3-2，盐渍土盐渍化分类为强盐渍土。

【小注岩土点评】

① 由盐渍土的定义判断出计算的深度，这是近几年常用出题套路。考生需要有很强的反应和敏锐的洞察力。

② 盐渍土的分类，是条文说明中的案例。说明规范条文说明中的例题很重要。命题组多次考到条文说明中的例题。

③ 盐渍土的含盐化学成分分类和平均含盐量的计算，平均含盐量按深度加权平均，化学成分分类按照总量计算。

第四节　冻　　土

一、基本概念

冻土：指具有负温或者零温度并含有冰的土。按冻结持续时间分为多年冻土、季节性冻土、隔年冻土等；根据所含盐类或者有机物等的不同情况，可分为盐渍化冻土和泥炭化冻土；根据其变形特性和融沉性，冻土又分为几个亚类。

多年冻土：指持续冻结时间在 2 年或 2 年以上的土（或岩）。

季节性冻土：指地壳表层冬季冻结而在夏季又全部融化的土（或岩）。

隔年冻土：冬季冻结，而翌年夏季并不融化的那部分冻土。

二、冻土的含水量计算

——《土工试验方法标准》第 32.2.3 条、第 5.2.3 条

1. 整体状构造的冻土含水率，应按照第 5.2.3 条计算：

$$w_f = \left[\frac{m_0}{m_d} - 1 \right] \times 100$$

试验应进行两次平行测定，取其算术平均值，最大允许平行差值应符合下表：

冻土含水率测定平行差值（%）

含水率 w_f	最大允许平行差值
$w_f \leqslant 10$	± 1
$10 < w_f \leqslant 20$	± 2
$20 < w_f \leqslant 30$	± 3

2. 层状和网状冻土的含水量，应按下式计算：

$$w_f = \left[\frac{m_{f0}}{m_{fl}} (1 + 0.01 w_n) - 1 \right] \times 100$$

$$w_n = \left[\frac{m_0}{m_d} - 1 \right] \times 100$$

式中：w_f——冻土含水率（%）；

    m_{f0}——冻土试样质量（g）；

    m_{fl}——调成糊状试样质量（g）；

    w_n——平均试样的含水率（%）；

    m_0——风干土的质量（或天然湿土质量）（g）；

    m_d——干土的质量（g）。

试验应进行两次平行测定，其平行最大允许差值应为 $\pm 1\%$。

【6-43】（2011C02）取网状构造冻土试样 500g，待冻土样完全融化后，加水调成均匀的糊状，糊状土质量为 560g，经试验测得糊状土的含水率为 60%，则冻土试样的含水量最接近（　　）。

(A) 43%   (B) 48%   (C) 54%   (D) 60%

答案：A

解答过程：

根据《土工试验方法标准》GB/T 50123—2019 第 32.2.3 条中的公式（32.2.3）：

$$w_f = \left[\frac{m_{f0}}{m_{fl}} (1 + 0.01 w_n) - 1 \right] \times 100 = \left[\frac{500}{560} (1 + 0.01 \times 60) - 1 \right] \times 100 = 42.9\%$$

【小注岩土点评】

① 整体状构造的冻土含水率应按《土工试验方法标准》GB/T 50123—2019 式（5.2.3）计算，层状和网状构造的冻土应按规范式（32.2.3）计算冻土的含水率。

② 该题的目的是了解土的特殊构造以及冻土试验的一些特殊要求。对于层状和网状结构的冻土，由于结冰水在土中赋存的不均匀，测含水量时要求取较大的试样，待其完全融化后，调成均匀糊状（土太湿时，多余的水分让其自然蒸发或用吸球吸出，但不得将土粒带出；土太干时，可适当加水），测定糊状土的含水量，再换算出原状冻土的含水量。

③ 该题可以通过土的三相指标换算得出答案：设试样中土粒质量为 m（注意：试验过程中土粒质量没有变化）$m_s \times 60\% + m_s = 560$，$m_s = 350$g，原状冻土的含水量为：$(500 - 350)/350 = 42.9\%$，计算结果一致。

三、冻土的平均冻胀率和冻胀性分级

（一）季节性冻土的平均冻胀率

——《工程地质手册》（第五版）

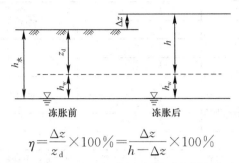

$$\eta=\frac{\Delta z}{z_d}\times100\%=\frac{\Delta z}{h-\Delta z}\times100\%$$

式中：z_d——场地设计冻结深度（mm），根据实测资料计算式为 $z_d=h-\Delta z$；

　　　Δz——最大冻深出现时场地地表的冻胀量（mm）；

　　　h——最大冻深出现时场地最大冻土层厚度（mm）。

（二）季节性冻土的冻胀性分级

——《建筑地基基础设计规范》附录 G

地基土的冻胀性分类，应根据平均冻胀率 η 等按下表进行划分：

冻土的冻胀性分类

土的名称	冻前天然含水量 w（%）	冻结期间地下水位距离冻结面的最小距离 h_w	平均冻胀率 η（%）	冻胀等级	冻胀类别
碎（卵）石、砾、粗、中砂（粒径小于 0.075mm 颗粒含量＞15%），细砂（粒径小于 0.075mm 颗粒含量＞10%）	$w\leqslant12$	$h_w＞1.0m$	$\eta\leqslant1$	I	不冻胀
		$h_w\leqslant1.0m$	$1＜\eta\leqslant3.5$	II	弱胀冻
	$12＜w\leqslant18$	$h_w＞1.0m$			
		$h_w\leqslant1.0m$	$3.5＜\eta\leqslant6$	III	胀冻
	$w＞18$	$h_w＞0.5m$			
		$h_w\leqslant0.5m$	$6＜\eta\leqslant12$	IV	弱胀冻
粉砂	$w\leqslant14$	$h_w＞1.0m$	$\eta\leqslant1$	I	不冻胀
		$h_w\leqslant1.0m$	$1＜\eta\leqslant3.5$	II	弱胀冻
	$14＜w\leqslant19$	$h_w＞1.0m$			
		$h_w\leqslant1.0m$	$3.5＜\eta\leqslant6$	III	胀冻
	$19＜w\leqslant23$	$h_w＞1.0m$			
		$h_w\leqslant1.0m$	$6＜\eta\leqslant12$	IV	强胀冻
	$w＞23$	不考虑	$\eta＞12$	V	特强胀冻
粉土	$w\leqslant19$	$h_w＞1.5m$	$\eta\leqslant1$	I	不冻胀
		$h_w\leqslant1.5m$	$1＜\eta\leqslant3.5$	II	弱胀冻
	$19＜w\leqslant22$	$h_w＞1.5m$			
		$h_w\leqslant1.5m$	$3.5＜\eta\leqslant6$	III	胀冻
	$22＜w\leqslant26$	$h_w＞1.5m$			
		$h_w\leqslant1.5m$	$6＜\eta\leqslant12$	IV	强胀冻
	$26＜w\leqslant30$	$h_w＞1.5m$			
		$h_w\leqslant1.5m$	$\eta＞12$	V	特强胀冻
	$w＞30$	不考虑			

续表

土的名称	冻前天然含水量 w（%）	冻结期间地下水位距离冻结面的最小距离 h_w	平均冻胀率 η（%）	冻胀等级	冻胀类别
黏性土	$w \leqslant w_P + 2$	$h_w > 2.0\text{m}$	$\eta \leqslant 1$	Ⅰ	不冻胀
		$h_w < 2.0\text{m}$	$1 < \eta \leqslant 3.5$	Ⅱ	弱胀冻
	$w_P + 2 < w \leqslant w_P + 5$	$h_w > 2.0\text{m}$			
		$h_w < 2.0\text{m}$	$3.5 < \eta \leqslant 6$	Ⅲ	胀冻
	$w_P + 5 < w \leqslant w_P + 9$	$h_w > 2.0\text{m}$			
		$h_w < 2.0\text{m}$	$6 < \eta \leqslant 12$	Ⅳ	强胀冻
	$w_P + 9 < w \leqslant w_P + 15$	$h_w > 2.0\text{m}$			
		$h_w < 2.0\text{m}$			
	$w > w_P + 15$	不考虑	$\eta > 12$	Ⅴ	特强胀冻

【小注】① 当其塑性指数 $I_P > 22$ 时，冻胀性降低一个等级，（如Ⅲ→Ⅱ，不要搞反了）；

② 粒径小于 0.005mm 的颗粒含量大于 60% 时，为不冻胀土；

③ 中砂至碎石土粒径小于 0.075mm 颗粒含量不大于 15%、细砂粒径小于 0.075mm 颗粒含量不大于 10% 时，为不冻胀土；

④ 碎石类土，当充填物大于全部质量的 40% 时，其冻胀性按充填物的类别判定。

（三）季节性冻土与季节融化层土的冻胀性分级

——《公路路基设计规范》表 7.19.2-2

分类情况与《建筑地基基础设计规范》GB 50007—2011 附录 G 基本一致，区别在于 h_w 的定义不同：《公路路基设计规范》表 7.19.2-2 中 h_w 为冻前地下水位距设计冻深的最小距离。

【6-44】（2013D24）某季节性冻土层为黏土层，测得地表冻胀前标高为 160.670m，土层冻前天然含水率为 30%，塑限为 22%，液限为 45%，其粒径小于 0.005mm 的颗粒含量小于 60%，当最大冻深出现时，场地最大冻土层厚度为 2.8m，地下水位埋深为 3.5m，地面标高为 160.85m，按《建筑地基基础设计规范》GB 50007—2011，该土层的冻胀类别为（　　）。

（A）弱冻胀　　　　（B）冻胀　　　　（C）强冻胀　　　　（D）特强冻胀

答案：B

解答过程：

根据《建筑地基基础设计规范》GB 50007—2011 附录 G：

（1）$\Delta z = 160.85 - 160.67 = 0.18\text{m}$

（2）$\eta = \dfrac{\Delta z}{z_d} \times 100\% = \dfrac{0.18}{2.8 - 0.18} \times 100\% = 6.9\%$

（3）根据表 G.0.1，为强冻胀。

（4）$I_P = w_L - w_P = 45 - 22 = 23 > 22$，冻胀性降低一级，为冻胀。

【小注岩土点评】

① 平均冻胀率的考查是多频考点。

② 塑性指数大于 22 时，冻胀性降低一级。

四、多年冻土的融沉系数和融沉性分级

——《岩土工程勘察规范（2009 年版）》第 6.6.2 条

（一）多年冻土平均融化下沉系数

$$\delta_0 = \frac{h_1 - h_2}{h_1} \times 100\% = \frac{e_1 - e_2}{1 + e_1} \times 100\%$$

式中：h_1——冻土试样融化前的高度（mm）；

h_2——冻土试样融化后的高度（mm）；

e_1——冻土试样融化前的孔隙比；

e_2——冻土试样融化后的孔隙比。

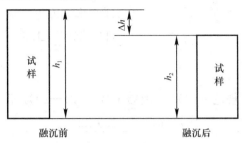

（二）多年冻土融沉性分级

《公路路基设计规范》JTG D30—2015 附录 K 中多年冻土公路工程分类，与《建筑地基基础设计规范》GB 50007—2011 基本内容一致。

多年冻土的融沉性，应根据融沉系数 δ_0 等按下表划分为不融沉、弱融沉、融沉、强融沉和融陷 5 个等级。

多年冻土的融沉性分类

土的名称	冻土总含水量 w_0（%）	平均融沉系数	融沉等级	融沉类别	冻土类型
碎石土，砾粗中砂（粒径小于 0.075mm 颗粒含量不大于 15%）	$w_0<10$	$\delta_0\leq1$	I	不融沉	少冰冻土
	$w_0\geq10$	$1<\delta_0\leq3$	II	弱融沉	多冰冻土
碎石土，砾、粗、中砂（粒径小于 0.075mm 颗粒含量大于 15%）	$w_0<12$	$\delta_0\leq1$	I	不融沉	少冰冻土
	$12\leq w_0<15$	$1<\delta_0\leq3$	II	弱融沉	多冰冻土
	$15\leq w_0<25$	$3<\delta_0\leq10$	III	融沉	富冰冻土
	$w_0\geq25$	$10<\delta_0\leq25$	IV	强融沉	饱冰冻土
粉砂、细砂	$w_0<14$	$\delta_0\leq1$	I	不融沉	少冰冻土
	$14\leq w_0<18$	$1<\delta_0\leq3$	II	弱融沉	多冰冻土
	$18\leq w_0<28$	$3<\delta_0\leq10$	III	融沉	富冰冻土
	$w_0\geq28$	$10<\delta_0\leq25$	IV	强融沉	饱冰冻土
粉土	$w_0<17$	$\delta_0\leq1$	I	不融沉	少冰冻土
	$17\leq w_0<21$	$1<\delta_0\leq3$	II	弱融沉	多冰冻土
	$21\leq w_0<32$	$3<\delta_0\leq10$	III	融沉	富冰冻土
	$w_0\geq32$	$10<\delta_0\leq25$	IV	强融沉	饱冰冻土
黏性土	$w_0<w_P$	$\delta_0\leq1$	I	不融沉	少冰冻土
	$w_P\leq w_0<w_P+4$	$1<\delta_0\leq3$	II	弱融沉	多冰冻土
	$w_P+4\leq w_0<w_P+15$	$3<\delta_0\leq10$	III	融沉	富冰冻土
	$w_P+15\leq w_0<w_P+35$	$10<\delta_0\leq25$	IV	强融沉	饱冰冻土
含土冰层	$w_0\geq w_P+35$	$\delta_0>25$	V	融陷	含土冰层

【小注】①表中仅由融沉系数即可判定融沉等级；

②总含水量 w_0 包括冰和未冻水。

【6-45】（2017D25）东北某地区多年冻土地基为粉土层，取得冻土试样后测得土粒比重为2.7，天然密度为$1.9g/cm^3$，冻土总含水量为43.8%；土样融化后测得密度为$2.0g/cm^3$，含水量为25.0%。根据《岩土工程勘察规范（2009年版）》GB 50021—2001，该多年冻土的类型为下列哪个选项？

（A）少冰冻土 　　　　　　　　　（B）多冰冻土

（C）富冰冻土 　　　　　　　　　（D）饱冰冻土

答案：D

解答过程：

根据《岩土工程勘察规范（2009年版）》GB 50021—2001第6.6.2条：

（1）$e_1 = \dfrac{G_s(1+w)\rho_w}{\rho} - 1 = \dfrac{2.7\times(1+0.438)\times1}{1.9} - 1 = 1.043$

（2）$e_2 = \dfrac{G_s(1+w)\rho_w}{\rho} - 1 = \dfrac{2.7\times(1+0.25)\times1}{2} - 1 = 0.688$

（3）$\delta_0 = \dfrac{e_1 - e_2}{1+e_1} = \dfrac{1.043 - 0.688}{1+1.043}\times100\% = 17.4\%$

（4）粉土，总含水量为43.8%，查表6.6.2，为饱冰冻土。

【小注岩土点评】

① 孔隙比的公式应熟练掌握，融化下沉系数为融沉率即体积的变化率，与《铁路工程特殊岩土勘察规程》TB 10038—2022上规定基本一致。

② 注意区分多年冻土和季节性冻土属于不同考点，注意甄别。

五、季节性冻土地基的最小基础埋深 $d_{\min}$

——《建筑地基基础设计规范》第5.1节

（一）季节性冻土场地冻结深度 z_d

$$z_d = z_0 \cdot \psi_{zs} \cdot \psi_{zw} \cdot \psi_{ze} = h - \Delta z$$

式中：Δz——最大冻深出现时场地地表的冻胀量（m）；

　　　h——最大冻深出现时场地最大冻土层厚度（m）；

　　　z_0——场地的标准冻结深度（m），按《建筑地基基础设计规范》GB 50007—2011
　　　　　　附录F查得；

　　　ψ_{zs}——土的类别对设计冻结深度的影响系数，按下表采用；

　　　ψ_{zw}——土的冻胀性对设计冻结深度的影响系数，按下表采用；

　　　ψ_{ze}——环境对冻结深度的影响系数，按下表采用。

影响系数 ψ_{zs}、ψ_{zw}、ψ_{ze}

土的类别	影响系数 ψ_{zs}	土的冻胀性	影响系数 ψ_{zw}	周围环境	影响系数 ψ_{ze}
黏性土	1.00	不冻胀	1.00	村、镇、旷野	1.00
细砂、粉砂、粉土	1.20	弱冻胀	0.95	城市近郊	0.95
中砂、粗砂、砾砂	1.30	冻胀	0.90	城市市区	0.90

续表

土的类别	影响系数 ψ_{zs}	土的冻胀性	影响系数 ψ_{zw}	周围环境	影响系数 ψ_{ze}
大块碎石土	1.40	强冻胀	0.85	—	—
—		特强冻胀	0.80	—	—

【小注】① 当城市市区人口为 20 万～50 万时，城市市区取 0.95，城市近郊（郊区和郊外）取 1.00；
② 当城市市区人口大于 50 万，小于等于 100 万时，城市市区取 0.90，城市近郊（郊区和郊外）取 1.00；
③ 当城市市区人口超过 100 万时，表中城市市区取 0.90，5km 以内的郊区近郊取 0.95，郊外取 1.00。

（二）基础最小基础埋深 d_{min}

季节性冻土地区基础埋置深度宜大于场地冻结深度。

对于深厚季节性冻土地区，当建筑基础底面土层为不冻胀土、弱冻胀土、冻胀土时，基础埋置深度可以小于场地冻结深度 z_d，其基础最小埋深 d_{min} 可按下式进行计算：

$$d_{min} = z_d - h_{max}$$

式中：z_d ——季节性冻土地基的冻结深度（m）；

h_{max} ——基础底面下允许残留的冻土层最大厚度（m），取值见下表：

基础底面下允许残留的冻土层最大厚度 h_{max}

冻胀性	基础形式	采暖情况	基底平均压力（kPa）					
			110	130	150	170	190	210
弱冻胀土	方形基础	采暖	0.90m	0.95m	1.00m	1.10m	1.15m	1.20m
		不采暖	0.70m	0.80m	0.95m	1.00m	1.05m	1.10m
	条形基础	采暖	>2.50m	>2.50m	>2.50m	>2.50m	>2.50m	>2.50m
		不采暖	2.20m	2.50m	>2.50m	>2.50m	>2.50m	>2.50m
冻胀土	方形基础	采暖	0.65m	0.70m	0.75m	0.80m	0.85m	—
		不采暖	0.55m	0.60m	0.65m	0.70m	0.75m	—
	条形基础	采暖	1.55m	1.80m	2.00m	2.20m	2.50m	—
		不采暖	1.15m	1.35m	1.55m	1.75m	1.95m	—
强冻胀土、特强冻胀土	—	—	0m					

【小注】① 本表中只计算法向冻胀力，如基础侧存在切向冻胀力，应采取防切向力措施；
② 基础宽度小于 0.60m 时，不适用，矩形基础取短边尺寸按方形基础计算；
③ 表中数据不适用于淤泥、淤泥质土和欠固结土；
④ 计算基底平均压力时，采用永久作用的标准组合值乘以 0.9，可内插；
⑤《公路桥涵地基与基础设计规范》JTG 3363—2019 中 h_{max} 有所不同（注意区别），具体如下：

冻胀土类别	弱冻胀	冻胀	强冻胀	特强冻胀	极强冻胀
h_{max}	$0.38z_0$	$0.28z_0$	$0.15z_0$	$0.08z_0$	0

【6-46A】（2007D09）位于季节性冻土地区的某城市内建设住宅楼，地基土为黏性土，标准冻深为 1.60m，冻前地基土的天然含水率 $w=21\%$，塑限含水率为 $w_P=17\%$，冻结期间地下水位埋深 $h_w=3m$，该场区的设计冻深应取（　　　）。

(A) 1.22m　　　　(B) 1.30m　　　　(C) 1.40m　　　　(D) 1.80m

答案：C

解答过程：

根据《建筑地基基础设计规范》GB 50007—2011 第 5.1.7 条及附录 G：

(1) 黏性土 $w=21\%$，$w_P=17\%$，$h_w=3m$，查表得地基土为弱冻胀性。

(2) $z_d=z_0 \cdot \psi_{zs} \cdot \psi_{zw} \cdot \psi_{ze}=1.6 \times 1.00 \times 0.95 \times 0.90=1.37m$

【6-46B】(2009D09) 某 25 万人口的城市，市区内某 4 层框架结构建筑物，有采暖，采用方形基础，基底平均压力为 130kPa，地面下 5m 范围内的黏性土为弱冻胀土，该地区的标准冻结深度为 2.2m，问在考虑冻胀的情况下，根据《建筑地基基础设计规范》GB 50007—2011，该建筑基础最小埋深最接近 (   )。

(A) 0.8m　　　　(B) 1.0m　　　　(C) 1.2m　　　　(D) 1.4m

答案：B

解答过程：

根据《建筑地基基础设计规范》GB 50007—2011：

(1) 第 5.1.7 条：设计冻深：$z_d=z_0 \cdot \psi_{zs} \cdot \psi_{zw} \cdot \psi_{ze}=2.2 \times 1.0 \times 0.95 \times 0.95=1.99m$

(2) 根据附录 G，查表 G.0.2 得基底下允许残留冻土层厚度：$h_{max}=0.95m$

(3) 第 5.1.8 条：基础最小埋深：$d_{min}=z_d-h_{max}=1.99-0.95=1.04m$

【6-47】(2018D20) 某季节性弱冻胀土地区建筑采用条形基础，无采暖要求，该地区多年实测资料表明，最大冻深出现时冻土层厚度和地表冻胀量分别为 3.2m 和 120mm，而基底所受永久作用的荷载标准组合值为 130kPa，若基底允许有一定厚度的冻土层，满足《建筑地基基础设计规范》GB 50007—2011 相关要求的基础最小埋深最接近下列哪个选项？

(A) 0.6m　　　　(B) 0.8m　　　　(C) 1.0m　　　　(B) 1.2m

答案：B

解答过程：

根据《建筑地基基础设计规范》GB 50007—2011：

(1) 附录第 G.0.2 条：按照小注 4：基底平均压力取 0.9 倍的永久作用的荷载标准组合值：

基底平均压力 $p_k=130 \times 0.9=117kPa$

内插求 $h_{max} \Rightarrow h_{max}=\dfrac{2.5-2.2}{130-110} \times (117-110)+2.2=2.305m$

(2) 第 5.1.7 条，$z_d=3.2-0.12=3.08m$

(3) 第 5.1.8 条，$d_{min}=3.08-2.305=0.775m$，取 0.8m

【小注岩土点评】

本题目考查冻土地区基础埋置深度。首先，应判别该冻胀土是否允许基底下存在冻胀土，规范规定当建筑基础底面土层为不冻胀、弱冻胀、冻胀土时，基础埋置深度可以小于场地冻结深度，也就是基底下允许存在冻胀土，本题题干明确基底下允许存在冻胀性土，可省略此步骤，在查表确定允许最大冻胀土厚度时，可以插值计算。其次，计算设计冻深，最后按照第 5.1.8 条计算最小的冻深。

六、季节性冻土的路基容许总冻胀量

——《公路路基设计规范》表 7.19.3

路基冻胀量控制标准应符合下列规定：路基总冻胀量应按下式计算，用于计算路基冻胀量的土层范围应为路基冻结深度。

$$z_j = \sum_{i=1}^{n} h_i \eta_i$$

式中：z_j——路基冻胀量（mm）；

h_i——路基冻深内不同土层厚度（mm）；

η_i——路基不同土层土的冻胀率（%）；

n——不同土层数。

路基总冻胀量应符合下表的规定。

季节性冻土地区路基容许总冻胀量

公路等级	路基容许总冻胀量（mm）	
	水泥混凝土路面	沥青混凝土路面
高速公路、一级公路	≤20	≤40
二级公路	≤30	≤50

七、季节性冻土的路基填料选择

——《公路路基设计规范》表 7.19.4

路基填料设计应根据路基高度、地表水位、地下水位、容许总冻胀量及路面结构类型等，按下表确定路基填料。

季节冻土路基填料选择表

路基形式	冰冻分区	地下水位或地表常水位距路面的距离（m）	土的冻胀等级			
			上路床	下路床	上路堤	下路堤
填方路基	重冻区	$h_w > 3$	Ⅰ	Ⅰ、Ⅱ、Ⅲ	—	—
		$h_w \leqslant 3$	Ⅰ	Ⅰ、Ⅱ	Ⅰ、Ⅱ、Ⅲ	—
	中冻区	$h_w > 3$	Ⅰ、Ⅱ	Ⅰ、Ⅱ、Ⅲ	—	—
		$h_w \leqslant 3$	Ⅰ	Ⅰ、Ⅱ		
零填方或挖方路基	重冻区	$h_w > 3$	Ⅰ	Ⅰ		
		$h_w \leqslant 3$	Ⅰ	Ⅰ		
	中冻区	$h_w > 3$	Ⅰ	Ⅰ、Ⅱ		
		$h_w \leqslant 3$	Ⅰ	Ⅰ		

第五节 红 黏 土

红黏土，颜色为棕红色或褐黄色，覆盖于碳酸盐岩系之上，是由碳酸盐岩系的岩石经红土化作用形成的高塑性黏土，红黏土分为原生红黏土和次生红黏土。其分类如下：

原生红黏土：液限大于或等于 50% 的高塑性黏土。

次生红黏土：原生红黏土经搬运、沉积后，仍保持其基本特征，且液限大于 45% 的黏土。

次生红黏土由于在搬运过程中掺杂了其他一些外来物质，成分较为复杂，固结度也较差。次生红黏土中可塑、软塑状态的比例高于原生红黏土，压缩性也高于原生红黏土。因此，在勘察中查明红黏土的成因分类及其分布是必要的。

红黏土有别于其他土类的主要特征是：上硬下软、表面收缩、裂隙发育。

红黏土具有吸水膨胀和失水收缩的特性。

一、红黏土的状态划分

（一）按《岩土工程勘察规范（2009 年版）》GB 50021—2001 第 6.2.2 条

红黏土的状态划分可采用一般黏性土的按液限指数划分法，也可采用红黏土的含水比划分法，如下：

$$a_w = \frac{w}{w_L}$$

$$I_L = \frac{w - w_P}{w_L - w_P}$$

$$a_w = 0.45 I_L + 0.55 \, [来源《工程地质手册》(第五版)]$$

式中：a_w——含水比（%）；

$\quad\quad w$——天然含水量（%）；

$\quad\quad w_L$——液限含水量（%）；

$\quad\quad I_L$——液性指数。

红黏土的状态分类

状态	坚硬	硬塑	可塑	软塑	流塑
含水比 a_w	$a_w \leqslant 0.55$	$0.55 < a_w \leqslant 0.70$	$0.7 < a_w \leqslant 0.85$	$0.85 < a_w \leqslant 1.00$	$a_w > 1.00$
液性指数 I_L	$I_L \leqslant 0$	$0 < I_L \leqslant 0.25$	$0.25 < I_L \leqslant 0.75$	$0.75 < I_L \leqslant 1.00$	$I_L > 1.00$

【小注】两种方法划分的类型不一致时，按不利情况考虑。

（二）按《铁路工程特殊岩土勘察规程》TB 10038—2022 第 5.5.3 条

红黏土塑性状态的划分，应符合表 5.5.3-1 的规定。

$$a_w = \frac{w}{w_L}$$

红黏土的状态分类

状态	含水比 a_w（%）	比贯入阻力 P_s（MPa）	经验指标
坚硬	$a_w \leqslant 0.55$	$P_s \geqslant 2.3$	土质较干、硬
硬塑	$0.55 < a_w \leqslant 0.70$	$1.3 \leqslant P_s < 2.3$	不易搓成 3mm 粗的土条
软塑	$0.7 < a_w \leqslant 1.00$	$0.2 \leqslant P_s < 1.3$	易搓成 3mm 粗的土条
流塑	$a_w > 1.00$	$P_s < 0.2$	土很湿，接近或处于流动状态

【小注】含水比为土的天然含水量与液限之比，液限采用液塑限联合测定法，液限为 17mm。

《铁路工程特殊岩土勘察规程》TB 10038—2022 明确规定了含水比公式中的液限，取液塑限联合测定法中的 17mm 液限。

二、红黏土的分类

——《岩土工程勘察规范》第 6.2.2 条

（一）按复浸水特性分类

红黏土的胀缩性主要表现为收缩，但在收缩复浸水后，不同的红黏土有不同的表现，为区分红黏土的工程特性，其复浸水特性按液塑比划分，计算公式和划分如下：

$$I_r = \frac{w_L}{w_P}$$

$$I_r' = 1.4 + 0.0066 \cdot w_L$$

式中：w_L——液限含水量（％），以百分数计算（去掉百分号的数值）；

w_P——塑限含水量（％），以百分数计算（去掉百分号的数值）；

I_r——液塑比；

I_r'——界限液塑比。

红黏土的复浸水特性分类

类别	I_r 与 I_r' 的关系	复浸水特性
Ⅰ	$I_r \geqslant I_r'$	收缩后复浸水膨胀，能恢复到原位
Ⅱ	$I_r < I_r'$	收缩后复浸水膨胀，不能恢复到原位

（二）按其他方式分类

——《岩土工程勘察规范》第6.2.2条

1. 按其结构分类

红黏土的结构分类

土体结构	致密状	巨块状	碎块状
裂隙发育特征	偶见裂隙（<1条/m）	较多裂隙（1~2条/m）	富裂隙（>5条/m）

2. 按地基均匀性分类

红黏土的地基均匀性分类

地基均匀性	均匀地基	不均匀地基
地基压缩层范围内岩土组成	全部由红黏土组成	由红黏土和岩石组成

【6-48】（2013D25）某红黏土的天然含水量为51％，塑限为35％，液限为55％，问该红黏土状态及复浸水特征类别为（　　　）。

(A) 软塑，Ⅰ类　　　　　　　　　　(B) 可塑，Ⅰ类

(C) 软塑，Ⅱ类　　　　　　　　　　(D) 可塑，Ⅱ类

答案：C

解答过程：

根据《岩土工程勘察规范（2009年版）》GB 50021—2001第6.2.2条：

(1) $a_w = \dfrac{w}{w_L} = \dfrac{51}{55} = 0.93$，软塑状态。

(2) $I_L = \dfrac{w - w_P}{w_L - w_P} = \dfrac{51 - 35}{55 - 35} = 0.8$，软塑状态

(3) 复浸水特性分类：

$$I_r = \frac{w_L}{w_P} = \frac{55}{35} = 1.57$$

$$I_r' = 1.4 + 0.0066 w_L = 1.4 + 0.0066 \times 55 = 1.76$$

$$I_r < I'_r，复浸水特性类别为 Ⅱ 类。$$

【小注岩土点评】

① 根据《岩土工程勘察规范（2009 年版）》GB 50021—2001 第 6.2.2 条，液性指数和含水比，都可以判别红黏土的状态。

② 液塑比和界限液塑比，比较大小后得出复浸水特性类别。

三、土岩组合地基

红黏土地区地基的均匀性差别很大。当地基压缩层范围内均为红黏土时，为均匀地基；当为红黏土和岩石组成土岩组合地基时，为不均匀地基。

在不均匀地基中，红黏土沿水平方向的土层厚度和状态分布都很不均匀。土层较厚地段其下部较高压缩性土往往也较厚；土层较薄地段，则往往基岩埋藏浅，与土层较厚地段的较高压缩性土层标高相当。

当为红黏土和岩石组成土岩组合地基时，为不均匀地基，若符合《建筑地基基础设计规范》GB 50007—2011 第 6.2.1 条，则为土岩组合地基。土岩组合地基的沉降计算，详见《建筑地基基础设计规范》GB 50007—2011 第 6.2.2 条。

第六节 软 土

软土主要是由含水量大、压缩性高、承载力低的以细颗粒为主的近代沉积物及少量腐殖质组成的土，软土及其类型的划分，应以天然孔隙比、天然含水量及有机质含量为主。

一、软土分类

（一）按《岩土工程勘察规范（2009 年版）》GB 50021—2001 第 6.3 节分类

天然孔隙比大于或等于 1.0，且天然含水量大于液限的细粒土应判为软土，包括淤泥、淤泥质土、泥炭和泥炭质土等，具体分类如下：

土按有机质含量分类

软土名称			有机质含量 W_u（%）	详细特征
无机土			$W_u < 5\%$	—
有机质土	淤泥质土		$5\% \leqslant W_u \leqslant 10\%$	$w > w_L$ 且 $1.0 \leqslant e < 1.5$
	淤泥			$w > w_L$ 且 $e \geqslant 1.5$
	泥炭质土	弱泥炭质土	$10\% < W_u \leqslant 60\%$	$10\% < W_u \leqslant 25\%$
		中泥炭质土		$25\% < W_u \leqslant 40\%$
		强泥炭质土		$40\% < W_u \leqslant 60\%$
	泥炭		$W_u > 60\%$	

【小注】 有机质含量按灼失量确定。

（二）按《水运工程岩土勘察规范》JTS 133—2013 分类

在静水或缓慢的流水环境中沉积、天然含水量≥36% 且天然含水量液限、天然孔隙比大于或等于 1.0 的黏性土即为淤泥性土，淤泥性土按下表进一步划分为淤泥质土、淤泥和流泥。

淤泥性土分类

指标	名称		
	淤泥质土	淤泥	流泥
孔隙比 e	$1.0 \leqslant e < 1.5$	$1.5 \leqslant e < 2.4$	$e \geqslant 2.4$
含水量 w（%）	$36\% \leqslant w < 55\%$	$55\% \leqslant w < 85\%$	$w \geqslant 85\%$

（三）按《铁路工程特殊岩土勘察规程》TB 10038—2022 第 7 章分类

根据第 7.1.1 条，对于在静水或缓慢流水的环境条件下沉积，或在地势低洼、地表积水或山腰鞍部、斜坡地下水位出露地段，具有天然含水率高、天然孔隙比大、压缩性高、强度低的黏性土、粉土时，应按软土进行工程地质勘察。

软土分类及其物理力学指标

指标		软黏性土	淤泥质土	淤泥	泥炭质土	泥炭
有机质含量 W_u	%	$W_u < 3$	$3 \leqslant W_u < 10$		$10 \leqslant W_u \leqslant 60$	$W_u > 60$
天然孔隙比 e	—	$e \geqslant 1.0$	$1.0 \leqslant e \leqslant 1.5$	$e > 1.5$	$e > 3$	$e > 10$
天然含水率 w	%	$w \geqslant w_L$			$w \gg w_L$	
渗透系数 k	cm/s	$k < 10^{-6}$			$k < 10^{-3}$	$k < 10^{-2}$
压缩系数 $a_{0.1-0.2}$	MPa^{-1}	$a_{0.1-0.2} \geqslant 0.5$			—	
不排水抗剪强度 c_u	kPa	$c_u < 30$			$c_u < 10$	
静力触探比贯入阻力 P_s	kPa	$P_s < 700$				
静力触探端阻 q_c	kPa	$q_c < 600$				
标准贯入锤击数 N	击	$N < 4$	$N < 2$			
十字板剪切强度 S_v	kPa	$\mu S_v < 30$				
土类指数 I_D	—	$I_D < 0.35$				

二、软土的重度计算

——《水运工程地基设计规范》第 4.2.16 条

饱和状态的淤泥性土的重度可按下式计算：

$$\gamma = \frac{G_s(1 + 0.01w)}{1 + 0.01w \cdot G_s} \cdot \gamma_w$$

饱和状态的淤泥性土的重度也可按其天然含水量进行估算，如下式：

$$\gamma = 32.4 - 9.07 \cdot \lg w$$

式中：γ——饱和状态的淤泥性土的重度（kN/m³）；

G_s——土粒比重；

γ_w——水的重度（kN/m³）；

w——饱和状态的淤泥性土的天然含水量（%）。代入%前边的数字，不要换成小数。

三、软土的工程特性

——《工程地质手册》（第五版）

1. 触变性

当原状土受到振动或扰动后，由于土体结构遭破坏，强度会大幅降低，可采用灵敏度 S_t 表示。软土的灵敏度一般为 $3\sim4$，最大可达 $8\sim9$，故软土属于高灵敏度或极灵敏度土。软土的结构性分类见下表：

软土的结构性分类

灵敏度	结构性分类	灵敏度	结构性分类
$2<S_t\leqslant4$	中灵敏性	$8<S_t\leqslant16$	极灵敏性
$4<S_t\leqslant8$	高灵敏性	$S_t>16$	流性

2. 流变性

软土在长期荷载作用下，除产生排水固结引起的变形外，还会发生缓慢而长期的剪切变形。这对建筑物地基沉降有较大影响，对斜坡、岸堤和地基稳定性不利。

3. 高压缩性

软土属于高压缩性，压缩系数大，故软土地基上的建筑物沉降量大。

4. 低强度

软土不排水抗剪强度一般小于 20kPa。软土地基的承载力很低，软土边坡稳定性极差。

5. 低透水性

软土的含水量虽然很高，但透水性差，特别是垂直向透水性更差，垂直向渗透系数一般在 $10^{-6}\sim10^{-8}$cm/s 之间，属于微透水或不透水层。

四、软土的场地评价

——《铁路工程特殊岩土勘察规程》第 7.5 节

软土地区的场地评价，应包括地质条件、地基稳定性、场地环境影响评价及软土震陷等地震效应分析。

软土震陷部分及砂土、粉土的震陷量计算，详见《建筑抗震设计规范（2016 年版）》GB 50011—2010 第 4.3.11 条及条文说明。

软土地基受力范围内有起伏、倾斜的基岩、硬土层或存在较厚的透镜体时，应判定地基产生滑移和不均匀变形的可能性。重点关注是否满足土岩组合地基以及硬壳层厚度分布范围。

软土地基主要受力层中有薄的砂层或软土与砂类土互层时，应根据其固结排水条件判定其对地基变形的影响。

五、软土的路基沉降变形计算

——《公路路基设计规范》第 7.7.2 条

软土路基沉降变形计算，详见本书第七篇公路规范专题。

第七节　风化岩和残积土

岩石在风化营力作用下，其结构、成分和性质已产生不同程度的变异，应定名为风化岩。对于已完全风化成土而未经搬运的，应定名为残积土。

风化岩和残积土宜在探井中采用双重管、三重管采取试样，每一风化带不应少于3组。

一、岩石的风化程度划分

——《岩土工程勘察规范（2009年版）》附录第A.0.3条

岩体按风化程度划分

风化程度	野外特征	风化程度参数指标	
		波速比 K_v	风化系数 K_f
未风化	岩质新鲜，偶见风化痕迹	0.9～1.0	0.9～1.0
微风化	结构基本未变，仅节理面有渲染或略有变色，有少量风化裂隙	0.8～0.9	0.8～0.9
中等风化	结构部分破坏，沿节理面有次生矿物、风化裂隙发育，岩体被切割成岩块。用镐难挖，岩芯钻方可钻进	0.6～0.8	0.4～0.8
强风化	结构大部分破坏，矿物成分显著变化，风化裂隙很发育，岩体破碎，用镐可挖，干钻不易钻进	0.4～0.6	<0.4
全风化	结构基本破坏，但尚可辨认，有残余结构强度，可镐挖，干钻可钻	0.2～0.4	—
残积土	结构全部破坏，已风化成土状，锹镐易挖，干钻易钻进，具可塑性	<0.2	—

【小注】① 波速比 K_v＝风化岩石压缩波速度/新鲜岩石压缩波速度；
② 风化系数 K_f＝风化岩石饱和单轴抗压强度/新鲜岩石饱和单轴抗压强度；
③ 花岗岩类岩，可采用标准贯入划分，$N \geqslant 50$ 为强风化、$50 > N \geqslant 30$ 为全风化、$N < 30$ 为残积土。

二、花岗岩残积土分类

——《岩土工程勘察规范（2009年版）》附录第A.0.3条

（一）按标贯击数划分花岗岩风化程度

花岗岩类岩石，可采用标贯试验击数划分风化程度，见下表：

按贯入击数划分花岗岩风化程度

锤击数	$N \geqslant 50$	$30 \leqslant N < 50$	$N < 30$
风化程度	强风化	全风化	残积土

【小注】表中标准贯入试验锤击数，未说明使用修正击数，意味着使用标准贯入试验的实测击数判断风化程度。

（二）花岗岩残积土的定名

花岗岩风化后残留在原地的第四纪松散堆积物，可定名为花岗岩残积土。据颗粒组成，花岗岩残积土可按下表分类：

花岗岩残积土分类

规范	土名	砾质黏性土	砂质黏性土	黏性土
公路勘察	土中大于2mm的颗粒含量（％）	≥20	<20	不含
水运勘察		>20	≥5，≤20	<5

三、花岗岩残积土细粒土液性指数

——《岩土工程勘察规范（2009年版）》第6.9.4条

由于常规试验方法所做出的天然含水量失真，计算出的液性指数都小于零，与实际情况不符。对花岗岩残积土，为求得合理的液性指数，应确定其中细粒土的含水量，试验时应筛去粒径大于 0.5mm 的粗颗粒后，再进行试验。

花岗岩残积土中细粒土（粒径小于 0.5mm）部分的天然含水量 w_f、塑性指数 I_P 和液性指数 I_L 应按下式计算：

$$w_f = \frac{w - 0.01 \cdot w_A \cdot P_{0.5}}{1 - 0.01 \cdot P_{0.5}}$$

$$I_P = w_L - w_P$$

$$I_L = \frac{w_f - w_P}{I_P} = \frac{w_f - w_P}{w_L - w_P}$$

式中：w——花岗岩残积土（包括粗粒和细粒土）的天然含水量（%）；

w_A——花岗岩残积土中，粒径大于 0.5mm 的颗粒吸着水含水量（%），可取 5%；

w_L——花岗岩残积土中，粒径小于 0.5mm 的细粒土的液限含水量（%）；

w_P——花岗岩残积土中，粒径小于 0.5mm 的细粒土的塑限含水量（%）；

$P_{0.5}$——花岗岩残积土中，粒径大于 0.5mm 的颗粒质量占总质量的百分比（%）。

【小注】以上参数数据均以百分形式代入（去掉百分号之后的数值）计算。

【6-49A】（2014C26）某民用建筑场地为花岗岩残积土场地，根据场地勘察资料表明，土的天然含水量为 18%，其中细粒土（粒径小于 0.5mm）的质量百分含量为 70%，细粒土的液限为 30%，塑限为 18%，该风化岩残积土的液性指数最接近（　　）。

（A）0　　　　　　（B）0.23　　　　　　（C）0.47　　　　　　（D）0.64

答案：C

解答过程：

根据《岩土工程勘察规范（2009 年版）》GB 50021—2001 第 6.9.4 条及条文说明：

（1）粒径大于 0.5mm 的颗粒质量占总质量的百分比 $P_{0.5} = 100\% - 70\% = 30\%$

（2）$w_f = \dfrac{w - 0.01 \cdot w_A \cdot P_{0.5}}{1 - 0.01 \cdot P_{0.5}} = \dfrac{18 - 0.01 \times 5 \times 30}{1 - 0.01 \times 30} = 23.6$

（3）$I_P = w_L - w_P = 30 - 18 = 12$

（4）$I_L = \dfrac{w_f - w_P}{I_P} = \dfrac{23.6 - 18}{12} = 0.47$

【小注岩土点评】

① 根据《岩土工程勘察规范（2009 年版）》GB 50021—2001 第 6.9.4 条条文说明，对花岗岩残积土，为求得合理的液性指数，应确定其中细粒土（粒径小于 0.5mm）的天然含水量 w_f、塑性指数 I_P、液性指数 I_L，试验应筛去粒径大于 0.5mm 的粗颗粒再做。

② 注意隐含条件：粒径大于 0.5mm 的颗粒吸着水含水量，可取 5%。

【6-49B】（2022D22）某花岗岩风化残积土的基本物理性质和颗粒组成列于下表。表中 w_P、w_L 采用粒径小于 0.5mm 的土体测试，粒径大于 0.5mm 的颗粒吸着水含水量为 5%。该残积土的状态为下列哪个选项？

（A）坚硬　　　　　（B）硬塑　　　　　（C）可塑　　　　　（D）软塑

天然重度 (kN/m³)	颗粒比重 d_s	天然含水量 w (%)	塑限 w_P (%)	液限 w_L (%)	孔隙比 e	>2	0.5 ~2	0.05~ 0.5	0.075~ 0.05	0.005~ 0.075	<0.005
20.5	2.75	25	30	45	0.645	15	20	10	10	25	20

答案：C

解答过程：

(1) $P_{0.5} = 15\% + 20\% = 35\%$

(2) $w_f = \dfrac{w - 0.01 \cdot w_A \cdot P_{0.5}}{1 - 0.01 \cdot P_{0.5}} = \dfrac{25 - 5 \times 0.35}{1 - 0.35} = 35.77$

(3) $I_L = \dfrac{w_f - w_P}{w_L - w_P} = \dfrac{35.77 - 30}{45 - 30} = 0.38$

(4) 根据《岩土工程勘察规范（2009 年版）》GB 50021—2001 表 3.3.11，为可塑。

【小注岩土点评】

本题是历年真题的改编，历年真题是直接给了大于 0.5mm 的颗粒质量占比，或者反向给了小于 0.5mm 的颗粒质量占比，本题给了颗粒级配表，需要计算；历年真题是直接要求计算残积土的液性指数，本题是向前延伸一步，根据液性指数判断软硬状态。

第八节 污 染 土

由于致污物质的侵入，使土的成分、结构和性质发生了显著变异的土，应判定为污染土。污染土的定名可在原分类名称前冠以"污染"二字即可。

污染土场地和地基可分为下列类型：已受污染的已建场地和地基；已受污染的拟建场地和地基；可能受污染的已建场地和地基；可能受污染的拟建场地和地基。不同类型场地和地基勘察应突出重点，具体详见《岩土工程勘察规范（2009 年版）》GB 50021—2001 的条文说明。

一、污染土对工程特性的影响

——《岩土工程勘察规范》第 6.10.12 条

污染土对工程特性的影响程度用工程特性指标变化率来表示，可采用强度、变形、渗透等工程特性指标进行综合评价。

$$\text{工程特性指标变化率} = \frac{\text{污染前后工程特性指标的差值}}{\text{污染前工程特性指标}} \times 100\%$$

污染对土的工程特性的影响程度

影响程度	轻微	中等	大
工程特性指标变化率（%）	<10	10~30	>30

【6-50】(2022C22) 某场地多年前测得的土体十字板不排水抗剪强度标准值为 18.4kPa，之后在其附近修建一化工厂。近期对场地进行 8 组十字板剪切试验，测得土体不排水抗剪强度分别为 14.3kPa、16.7kPa、18.9kPa、16.3kPa、21.5kPa、18.6kPa、12.4kPa、13.2kPa。根据《岩土工程勘察规范（2009 年版）》GB 50021—2001 和《土工试验方法标准》GB/T 50123—2019，判断化工厂污染对该场地土工程特性的影响程度属于下列哪个选项？

(A) 无影响　　　　(B) 轻微　　　　(C) 中等　　　　(D) 大

答案：C

解答过程：

根据《岩土工程勘察规范（2009 年版）》GB 50021—2001 第 14.2.2 条和第 6.10.12 条：

（1）平均值 $\phi_m = \dfrac{14.3 + 16.7 + 18.9 + 16.3 + 21.5 + 18.6 + 12.4 + 13.2}{8} = 16.49\text{kPa}$

（2）标准差

$$\sigma_f = \sqrt{\frac{1}{8-1} \times \left[14.3^2 + 16.7^2 + 18.9^2 + 16.3^2 + 21.5^2 + 18.6^2 + 12.4^2 + 13.2^2 - \frac{(16.49 \times 8)^2}{8}\right]}$$
$$= 3.11$$

（3）数据均在 $\phi_m \pm 3\sigma_f$ 即 16.49 ± 3.11。

（4）变异系数 $\delta = \dfrac{\sigma_f}{\phi_m} = \dfrac{3.11}{16.49} = 0.1886$

（5）统计修正系数 $\gamma_s = 1 - \left(\dfrac{1.704}{\sqrt{n}} + \dfrac{4.678}{n^2}\right)\delta = 1 - \left(\dfrac{1.704}{\sqrt{8}} + \dfrac{4.678}{8^2}\right) \times 0.1886 = 0.873$

（6）标准值 $\phi_k = 16.49 \times 0.873 = 14.4\text{kPa}$

（7）指标变化率：$\dfrac{18.4 - 14.4}{18.4} = 21.7\%$，对比表 6.10.12，影响程度为中等。选 C。

【小注岩土点评】

① 本题是将污染土的指标变化率和标准值两个考点相融合，历年真题中，曾经有岩石抗压强度标准值和抗剪强度标准值计算。历年真题各个相关知识点的融合，是今后考试的趋势。

② 数据的统计与筛选计算，是多个数据在一起的常考知识点。

③ 数据的统计计算，熟练使用计算器，有专门的课程讲解计算器的使用，提升计算速度。

④ 2022 年将知识题转化为案例题，增加了计算过程。

二、土壤内梅罗污染指数

——《岩土工程勘察规范》第 6.10.13 条及条文说明

土壤环境质量评价一般以土壤单项污染指数、土壤污染超标率等为主，也可以用内梅罗污染指数划分污染等级。

$$\text{土壤单项污染指数（}Pl\text{）} = \frac{\text{土壤污染实测值}}{\text{土壤污染物质量标准}}$$

$$\text{内梅罗污染指数（}P_N\text{）} = \sqrt{\frac{(\text{平均单项污染指数 }Pl_{均})^2 + (\text{最大单项污染指数 }Pl_{最大})^2}{2}}$$

式中：$Pl_{均}$——土壤单项污染指数的算术平均值；

$Pl_{最大}$——土壤单项污染指数的最大值。

土壤内梅罗污染指数评价标准

等级	内梅罗污染指数	污染等级
I	$P_N \leqslant 0.7$	清洁（安全）
II	$0.7 < P_N \leqslant 1.0$	尚清洁（警戒限）

续表

等级	内梅罗污染指数	污染等级
Ⅲ	$1.0 < P_N \leqslant 2.0$	轻度污染
Ⅳ	$2.0 < P_N \leqslant 3.0$	中度污染
Ⅴ	$P_N > 3.0$	重污染

【6-51】（2016C04）某污染土场地，土层中检测出的重金属及含量见下表：

重金属名称	Pb	Cd	Cu	Zn	As	Hg
含量（mg/kg）	47.56	0.54	20.51	93.56	21.95	0.23

土中重金属含量的标准值按下表取值：

重金属名称	Pb	Cd	Cu	Zn	As	Hg
含量（mg/kg）	250	0.3	50	200	30	0.3

根据《岩土工程勘察规范（2009 年版）》GB 50021—2001，按内梅罗污染指数评价，该场地的污染等级符合下列哪个选项？

(A) Ⅱ级，尚清洁   (B) Ⅲ级，轻度污染

(C) Ⅳ级，中度污染   (D) Ⅴ级，重度污染

答案：B

解答过程：

根据《岩土工程勘察规范（2009 年版）》GB 50021—2001 第 6.10.13 条及条文说明：

(1) 土壤单项污染指数 $Pl = \dfrac{土壤污染实测值}{土壤污染物质量标准}$，内梅罗污染指数 $P_N = \{[(Pl_{平均}^2) + (Pl_{最大}^2)]/2\}^{\frac{1}{2}}$

(2) Pb、Cd、Cu、Zn、As、Hg 的土壤单项污染指数分别为 0.19、1.8、0.41、0.4678、0.73、0.767，其中平均单项污染指数为：

$$Pl_{平均} = \frac{0.19 + 1.8 + 0.41 + 0.4678 + 0.73 + 0.767}{6} = 0.73,$$

$$Pl_{最大} = 1.8$$

$$P_N = \left[\frac{1}{2}(0.73^2 + 1.8^2)\right]^{\frac{1}{2}} = 1.37$$

(3) 根据条文说明表 6.3，$1.0 < P_N < 2.0$，判定该场地的污染等级为Ⅲ级，轻度污染。

第九节 混 合 土

混合土因其成分复杂多变，各种成分粒径相差悬殊，故其性质变化很大。混合土的性质主要决定于土中的粗细粒含量的比例、粗粒的大小及其相互接触关系和细粒的状态。

资料和专门研究表明：粗粒混合土的性质将随其中细粒的含量增多而变差，细粒混合土的性质常因粗粒含量增多而改善，这两种情况中，关键存在一个粗细粒含量的特征点，超过此特征点含量后，土的工程性质便会发生突然的改变。在实际工程中，黏性土一般较

难碾压密实，为改善黏性土的工程性质，便人为掺进30%左右的碎石进行碾压，这种现象便是混合土的性质。

由细粒土和粗粒土混合且缺乏中间粒径的土，应定名为混合土。混合土的定名，按下表所示进行确定：

《岩土工程勘察规范（2009年版）》GB 50021—2001 第 6.4.1 条	定名时，含量少的写在前，含量多的写在后，如含黏土角砾（以角砾为主，含部分黏土）			
	粗粒混合土	碎石土中粒径小于0.075mm的细粒土质量超过总质量的25%		
	细粒混合土	粉土或黏性土中粒径大于2mm的粗粒土质量超过总质量的25%		
《水运工程岩土勘察规范》JTS 133—2013 第4.2.6条	定名时，含量少的写在后，含量多的写在前，中间以混字连接，如淤泥混砂（以淤泥为主，含部分砂）			
	淤泥和砂的混合土	淤泥质量占总质量的比例	淤泥混砂	>30%
			砂质淤泥	>10%，≤30%
	黏性土和砂或碎石的混合土	黏性土质量占总质量的比例	黏性土混砂或碎石	>40%
			砂或碎石混黏性土	>10%，≤40%

【6-52】（2011C03）取某土试样2000g，进行颗粒分析试验，测得各级筛上质量见下表。筛底质量为560g，已知土样中的粗颗粒以棱角形为准，细颗粒为黏土，则（　　）项对该土样的定名最准确。

孔径（mm）	20	10	5	2.0	1.0	0.5	0.25	0.075
筛上质量（g）	0	100	600	400	100	50	40	150

(A) 角砾

(B) 砾砂

(C) 含黏土角砾

(D) 角砾混黏土

答案：C

解答过程：

根据《岩土工程勘察规范（2009年版）》GB 50021—2001第3.3.1条、第3.3.6条第3款及条文说明、第6.4.1条：

(1) $\dfrac{400+600+100}{2000}\times100\%=55\%>50\%$，粒径大于2mm的颗粒质量超过总质量的50%，且粒径大于20mm的颗粒含量超过总质量的为0，小于50%，且粗颗粒以棱角形为主，根据规范3.3.1条，可判定土样为角砾。

(2) 小于0.075mm的细颗粒含量：$\dfrac{560}{2000}\times100\%=28\%>25\%$，根据规范第6.4.1条，可知土样为混合土。判定土样为粗粒混合土。

(3) 根据第3.3.6条第3款及条文说明，对混合土，应冠以主要含有的土类命名。因此土样应命名为含黏土角砾。

【小注岩土点评】

① 混合土作为一种特殊土，由于其工程性质的特殊性，在勘察、测试和评价方面有着不同的要求，希望引起考生重视。

② 目前土的分类和定名主要根据颗粒级配或塑性指数。根据《岩土工程勘察规范（2009年版）》GB 50021—2001第6.4.1条，由细粒土和粗粒土混杂且缺乏中间粒径的土

应定名为混合土。当碎石土中粒径小于0.075mm的细粒土质量超过总质量的25%时，应定名为粗粒混合土；当粉土或黏性土中粒径大于2mm的粗粒土质量超过总质量的25%时，应定名为细粒混合土。

③ 对混合土的细分定名，根据规范第3.3.6条第3款规定，对混合土，应冠以主要含有的土类定名，并在条文说明中给出了定名的示例。

④ 思考：若该题是港口勘察的类型，如何命名呢？

【6-53】（2020D04）某场地拟采用弃土和花岗岩残积土按体积比3∶1均匀混合后作为填料。已知弃土天然重度为20.0kN/m³，大于5mm土粒质量占比为35%，2～5mm的为30%，小于0.075mm的为20%，颗粒多呈亚圆形；残积土天然重度为18.0kN/m³，大于2mm土粒质量占比为20%，小于0.075mm的为65%。混合后土的细粒部分用液塑限联合测定仪测得圆锥入土深度与含水率关系曲线见下图，按《岩土工程勘察规范（2009年版）》GB 50021—2001的定名原则，混合后土的定名应为以下哪种土？（请给出计算过程）

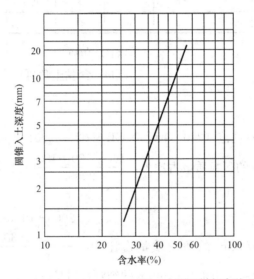

(A) 含黏土圆砾   (B) 含圆砾粉质黏土

(C) 含粉质黏土圆砾   (D) 含圆砾黏土

答案：A

解答过程：

根据《岩土工程勘察规范（2009年版）》GB 50021—2001第3.3.1条、第3.3.6条第3款及条文说明、第6.4.1条：

(1) 弃土和花岗岩残积土按体积比3∶1均匀混合后：

① 大于2mm的颗粒含量

$$\frac{(30\%+35\%)\times 3V\times 20+20\%\times V\times 18}{3V\times 20+V\times 18}=54.6\%>50\%，多呈亚圆形，为圆砾。$$

② 小于0.075mm的细颗粒含量

$$\frac{20\%\times 3V\times 20+65\%\times V\times 18}{3V\times 20+V\times 18}=30.4\%>25\%$$

(2) 细颗粒部分：$I_P=48-30=18>17$，细颗粒为黏土。

（3）符合混合土的颗粒组成，命名为含黏土圆砾。

【小注岩土点评】

① 混合土的命名，历年真题（2011C03）已考过一次，这次考的是两种土的混合后的质量占比。课程中反复强调岩土工程勘察规范与水运勘察规范在混合土命名上的区别。

② 岩土工程勘察规范中，含的是次要成分，主要成分的名词放在后面，含黏土圆砾，主要是圆砾，少量的是黏土。

③《岩土工程勘察规范（2009年版）》GB 50021—2001 第3.3.5条中，根据10mm液限计算塑性指数，判断黏性土的分类。

【6-54】（2021D02）某土样进行颗粒分析，试样风干质量共2000g，分析结果见下表，已知试样粗颗粒以亚圆形为主，细颗粒成分为黏土，根据《岩土工程勘察规范（2009年版）》GB 50021—2001，该土样确切定名为下列哪个选项？并说明理由。

孔径（mm）	20	10	5	2	1	0.5	0.25	0.1	0.075
筛上质量（g）	0	160	580	480	20	5	30	60	120

（A）圆砾
（B）角砾
（C）含黏土圆砾
（D）含黏土角砾

答案：C

解答过程：

根据《岩土工程勘察规范（2009年版）》GB 50021—2001 第6.4.1条、第3.3.2条：

（1）粒径大于2mm的颗粒质量占比为：$\dfrac{160+580+480}{2000}=61\%>50\%$，颗粒形状为亚圆形，命名为圆砾。

（2）粒径小于0.075mm的颗粒质量占比为：$\dfrac{2000-(160+580+480+20+5+30+60+120)}{2000}=$ 27.25%>25%，圆砾中粒径小于0.075mm的细颗粒质量超过25%，定名为粗粒混合土。

（3）细颗粒为黏土，为含黏土圆砾，选C。

【小注岩土点评】

① 本题基本与题（2011C03）一致，但是题干上却更完善，指定了规范，也就确定了命名的方式。2020年已经考过一次这个知识点，2021年再考，难度上比题（2020D04）要低。再次验证了真题为王。

② 作为新考生，使用关键词定位，题干中给定粗颗粒和细颗粒成分及形状，脑海中首先浮现出混合土，同时再对照看选项中是否有混合土。按照混合土的定义解答，先确定是碎石土的粗粒混合土还是细粒混合土。

扩展：《水运工程岩土勘察规范》JTS 133—2013 对于混合土的命名是不同的。

第三十五章 不良地质

不良地质作用中的滑坡，案例部分详见边坡章节。

第一节 岩溶和土洞

岩溶（又称喀斯特）：指可溶性岩石在水的溶蚀作用下，产生的各种地质作用、形态和现象的总称。可溶性岩石包括碳酸盐类岩石（石灰岩、白云岩等）、硫酸盐类岩石（石膏、芒硝等）和卤素类岩石（岩盐等）。溶解性：碳酸盐类岩石＜硫酸盐类岩石＜卤素类岩石。

土洞：指埋藏在岩溶地区的可溶性岩层的上覆土层中的空洞，土洞继续发展，易形成地表塌陷。

一、岩溶场地稳定性评价

（一）溶洞顶板坍塌自行填塞法

——《工程地质手册》（第五版）

当溶洞顶板为中厚层、薄层、裂隙发育且易风化的岩层，其顶板有坍塌的可能性（或仅知洞体高度）的溶洞时，顶板坍塌后，塌落体积增大，溶洞顶板塌落至一定高度 H 后，溶洞空间自行填满，采用"溶洞顶板坍塌自行填塞法"确定溶洞坍塌所需的塌落高度 H 如下：

计算图示	计算公式
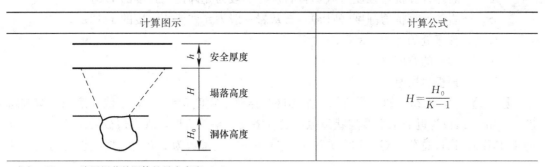	$H=\dfrac{H_0}{K-1}$

式中：H_0——溶洞塌落前洞体的最大高度（m）；

　　　K——岩土松散（胀余）系数，石灰岩可取 1.2、黏土可取 1.05

【6-55】（2009D26）某一薄层且裂隙发育的石灰岩出露的场地，在距地面 17m 深处有一溶洞，洞室 $H_0=2.0$m，按溶洞顶板坍塌自行填塞法对此溶洞进行估算，地面下不受溶洞坍塌影响的岩层安全厚度最接近（　　）。（注：石灰岩松散系数取 1.2）

(A) 5m　　　　　(B) 7m　　　　　(C) 10m　　　　　(D) 12m

答案：B

解答过程：

根据《工程地质手册》（第五版）：

$$H = \frac{H_0}{K-1} = \frac{2}{1.2-1} = 10\text{m}$$
$$h = 17 - 10 = 7\text{m}$$

（二）根据抗弯、抗剪验算结果进行评价

——《工程地质手册》（第五版）

当顶板具有一定厚度，岩体抗弯强度大于弯矩、抗剪强度大于其所受的剪力时，洞室顶板稳定。

根据溶洞顶板的"厚跨比值"，对于厚跨比不满足要求时，可采用梁板简化计算模型进行"溶洞顶板的结构力学分析"，根据溶洞顶板裂隙分布情况，通过分别验算顶板的抗弯、抗剪强度，进而确定溶洞顶板稳定的最小安全厚度计算如下：

受力弯矩计算	当梁板跨中有裂缝，顶板两端支座处岩石坚固完整时，按悬臂梁计算	$M = \dfrac{p \cdot l^2}{2}$
	当裂隙位于支座处，而顶板较完整时，按简支梁计算	$M = \dfrac{p \cdot l^2}{8}$
	当支座和顶板岩层均较完整时，按两端固定梁计算	$M = \dfrac{p \cdot l^2}{12}$
抗弯验算	$\dfrac{6M}{bH^2} \leqslant \sigma \Rightarrow H \geqslant \sqrt{\dfrac{6M}{b\sigma}}$	
抗剪验算	$\dfrac{4 \cdot f_s}{H^2} \geqslant S \Rightarrow H \geqslant \sqrt{\dfrac{4 \cdot f_s}{S}}$	

式中：p——顶板所受总荷载（kN/m），为顶板岩体自重、上覆土体自重和附加荷载之和；

l——溶洞跨度（m）；

σ——岩体计算抗弯强度（kPa），石灰岩一般为允许抗压强度的1/8；

S——岩体计算抗剪强度（kPa），石灰岩一般为允许抗压强度的1/12；

f_s——支座处的剪力（kN）；

b——梁板的宽度（m）；

H——顶板岩层厚度（m）。

【6-56】（2006C25）如下图所示，某山区公路路基宽度 $b=20$m，下伏一溶洞，溶洞跨度 $b=8$m，顶板为近似水平厚层状裂隙不发育坚硬完整的岩层，现设顶板岩体的抗弯强度为 4.2MPa，顶板总荷重 $Q=19000$kN/m，试问在安全系数为 2.0 时，按梁板受力抗弯情况（设最大弯矩为 $M=\dfrac{1}{12}Qb^2$）估算的溶洞顶板的最小安全厚度最接近（　　　）。

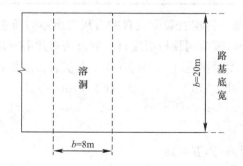

(A) 5.4m　　　　　(B) 4.5m　　　　　(C) 3.3m　　　　　(D) 2.7m

答案：A

解答过程：

根据《工程地质手册》（第五版）：

(1) $M = \frac{1}{12}Qb^2 = \frac{1}{12} \times 19000 \times 8^2 = 101333.3 \text{kN} \cdot \text{m}$

(2) $H \geqslant \sqrt{\frac{6M}{b\sigma}} \cdot K = \sqrt{\frac{6 \times 101333.3}{20 \times 4.2 \times 10^3}} \times 2 = 5.38 \text{m}$

【小注岩土点评】

① 这里的安全系数，是指厚度的安全。顶板越厚，越安全。另外，《工程地质手册》（第五版）说明：根据溶洞顶板的"厚跨比值"，对于厚跨比不满足要求时，可采用梁板简化计算模型进行"溶洞顶板的结构力学分析"，根据溶洞顶板裂隙分布情况，通过分别验算顶板的抗弯、抗剪强度，进而确定溶洞顶板稳定的最小安全厚度。根据验算的抗弯、抗剪强度确定的顶板厚度是极限安全数值，是最小值。另外，岩体采样很难估计顶板的破坏程度，因此从厚度安全的角度，更容易实现。

② 受力弯矩模型的确定。本题已经明确了弯矩的计算规则和公式，因此直接使用。若没有确定受力弯矩的模型，需要首先根据完整程度和裂缝，确定弯矩的计算模型。

(三) 根据顶板能抵抗受荷载剪切的结果进行评价

——《工程地质手册》（第五版）

按极限平衡条件的公式计算，即顶板的总抗剪力大于等于顶板所受的总荷载。

$$T \geqslant P$$
$$T = HSL$$
$$H = \frac{T}{SL} \geqslant \frac{P}{SL}$$

式中：P——洞顶所受总荷载（kN）；

T——溶洞顶板的总抗剪力（kN）；

L——溶洞平面周长（m）；

S——抗剪强度（kPa）；

H——顶板岩层厚度（m）。

【6-57】（2019C20）某溶洞在平面上的形状近似为矩形，长 5m、宽 4m，顶板岩体厚 5m，重度为 23kN/m³，岩体计算抗剪强度为 0.2MPa，顶板岩体上覆土层厚度为 5.0m，重度为 18kN/m³，为防止在地面荷载作用下该溶洞可能沿洞壁发生剪切破坏，溶洞平面范围内允许的最大地面荷载最接近下列哪个选项？（地下水位埋深 12.0m，不计上覆土层的抗剪力）

(A) 13900kN　　　(B) 15700kN　　　(C) 16200kN　　　(D) 18000kN

答案：A

解答过程：

根据《工程地质手册》（第五版）：

$$K = \frac{P + 5 \times 18 \times 4 \times 5 + 5 \times 23 \times 5 \times 4}{10^3 \times 0.2 \times 5 \times (5+4) \times 2} = 1$$

$$P = 13900\text{kN}$$

【小注岩土点评】

① 洞体顶板所有压力的计算，岩溶立体上是长方体，长方体的四个侧面提供了侧摩擦力。

② 地下水在岩溶之下，所以岩溶顶板上覆荷载不需要考虑地下水。

③ 在力学平衡作用下，可以计算出上覆荷载。

（四）厚跨比法

对溶洞顶板岩层未被节理切割或虽被切割但胶结良好的完整顶板，可将溶洞围岩视为结构自重体系，顶板视为跨越溶洞且具有一定宽度和厚度的梁板，可直接采用"厚跨比法"确定溶洞顶板的安全厚度。

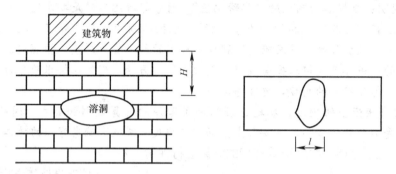

规范名称	厚跨比	要求
《岩土工程勘察规范（2009 年版）》GB 50021—2001 第 5.1.10 条	$\dfrac{H}{l} \geqslant 1.0$	（适用于洞体的基本质量等级为 I 级或 II 级）对二、三级建筑物，可不考虑岩溶稳定性的不良影响
《公路路基设计规范》JTG D30—2015 第 7.6.2 条	$\dfrac{H}{l} > 0.8$	对溶洞顶板岩层可不做处理

式中：H——溶洞顶板厚度（m）；

l——建筑物跨过溶洞的长度（m）。

（五）荷载传递线交汇

假定荷载由基础外边缘沿与竖直线成 30°～45°扩散角向下传递，当洞体位移达到荷载扩散线以外时，可认为溶洞顶板安全，否则，认为溶洞顶板不安全。

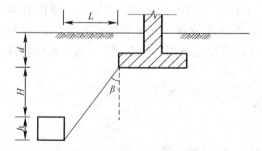

采用荷载传递线交会法，计算确定地下溶洞距路基的安全距离 L：

$$L = (H + h)/\tan\beta$$

式中：L——溶洞距路基的安全距离（m）；

  H——溶洞顶板厚度（m）；

  h——溶洞高度（m）；

  β——应力扩散角（°）。

（六）溶洞顶板坍塌线交汇

——《公路路基设计规范》第 7.6.3 条

当溶洞顶板岩层上覆存在覆盖土层时，在岩土界面处采用土体稳定坡率角（等效内摩擦角）向上延长坍塌扩散线与地面相交，路基边坡坡脚应处于距交会点不小于 5m 的范围外。

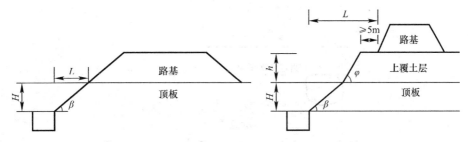

$$\textcircled{1}\ L = H\cot\beta \qquad \textcircled{2}\ L = H\cdot\cot\beta + h\cdot\cot\varphi + 5$$

$$\beta = \frac{45° + \dfrac{\varphi}{2}}{K}$$

式中：L——溶洞距路基的安全距离（m）；

  H——溶洞顶板厚度（m）；

  h——土层厚度（m）；

  β——溶洞顶板坍塌扩散角（°）；

  φ——溶洞顶板岩层上覆土体的稳定坡率或综合内摩擦角（°）；

  K——安全系数，取 1.1～1.25，高速公路、一级公路取大值。

【6-58】（2013C20）某高填方路堤公路选线时发现某段路堤附近有一溶洞（如下图所示），溶洞顶板岩层厚度为 2.5m，岩层上覆土层厚度为 3.0m，顶板岩体内摩擦角为 40°，对一级公路安全系数取为 1.25，根据《公路路基设计规范》JTG D30—2015，该路堤坡脚与溶洞间的最小安全距离 L 不小于（ ）。（覆盖土层稳定坡率为 1：1）

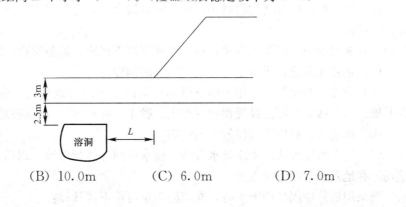

（A）9.0m   （B）10.0m   （C）6.0m   （D）7.0m

答案：B

解答过程：

根据《公路路基设计规范》JTG D30—2015 第 7.6.3 条：

(1) $\beta_1 = \dfrac{45° + \dfrac{\varphi}{2}}{K} = \dfrac{45° + \dfrac{40°}{2}}{1.25} = 52°$，$L_1 = H_1 \cot\beta_1 = 2.5 \times \cot 52° = 1.95\text{m}$

(2) $L_2 = H_2 \cot\beta_2 = 3 \times \cot 45° = 3.0\text{m}$

(3) $L = L_1 + L_2 + 5 = 1.95 + 3.0 + 5 = 9.95\text{m}$

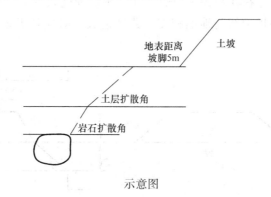

示意图

【小注岩土点评】

① 老版规范《公路路基设计规范》JTG D30—2004 第 7.5.4 条，路堤坡脚与溶洞间的最小安全距离的确定，岩层中按地下溶洞坍落时扩散角 $\beta_1 = \dfrac{45° + \varphi/2}{K}$，溶洞顶板上覆盖有土层时，土层中再按 45° 扩散角传至路堤原地面。

② 新版规范《公路路基设计规范》JTG D30—2015 第 7.6.3 条，土层中的扩散角按照综合内摩擦角或稳定坡率，不再是 45°。同时，新版增加了 5m 的安全距离。

二、岩溶地基处理措施

对于影响地基稳定性的岩溶洞隙，应根据其位置、大小、埋深、围岩稳定性和水文地质条件等综合分析，因地制宜地采取下列处理措施：

(1) 换填、镶补、嵌塞与跨盖法：用于洞口较小，挖除其中的软弱充填物，回填碎石、块石、素混凝土或灰土等，以增强地基的强度和完整性。

(2) 梁、板、拱等结构跨越法：用于洞口较大的洞隙，可采用这些跨越结构，应有可靠的支撑面。

(3) 灌浆加固、清爆填塞法：用于处理围岩不稳定、裂隙发育、风化破碎的岩体。

(4) 钻孔灌浆法：用于基础下埋藏较深的洞隙。

(5) 设置"褥垫"法：用于压缩性不均匀的土岩组合地基上，凿去局部突出的基岩，在基础与岩石接触的部位设置褥垫（灰土、砂土、碎石等），以调整地基的不均匀变形。

(6) 桩基法：适用于规模较大的洞隙。

(7) 地下水排导法：采用排水管道、排水隧洞等进行疏导，以防止水流通道堵塞，造成场地和地基季节性淹没现象。

当采用灌浆加固处理溶洞时，充填灌浆量可按下式计算：

$$V = K \cdot \pi \cdot R^2 \cdot L \cdot \mu \cdot \beta' \cdot \alpha \cdot (1 - \gamma)$$

式中：V——注浆量（m^3）；

　　　R——扩散半径（m），宜为 3～5m；

　　　L——压浆段长度（m）；

　　　μ——岩溶裂隙率（%）；

　　　β'——有效填充系数，宜取 0.8～0.9；

　　　α——超灌系数，宜取 1.2；

　　　γ——扣除稀疏填充物的孔隙率后的岩溶裂隙充填率；

　　　K——土石界面下基岩的实际充填系数，宜为 2～3，水平岩溶发育区取小值，垂直岩溶发育区取大值。

【小注】以上公式为《铁路工程地基处理技术规程》TB 10106—2023 公式（21.2.6）。公式的本质就是灌浆量的体积等于孔隙裂隙的体积。式中，$\pi \cdot R^2 \cdot h$ 为总体积，裂隙率为 μ，则裂隙的总体积为 $\pi \cdot R^2 \cdot h \cdot \mu$；岩溶裂隙填充率为 γ，则未填充部分为 $1 - \gamma$；能够充填的裂隙总体积为 $\pi \cdot R^2 \cdot h \cdot \mu \cdot (1 - \gamma)$。最后就是施工工艺中的有效填充系数和超灌系数。

第二节　危岩和崩塌

一、危岩和崩塌的产生条件

1. 地貌条件：多产生在陡峻斜坡地段，一般坡度大于 55°，高度大于 30m，坡面不平整，上陡下缓。

2. 岩性条件：坚硬岩层多组成高陡山坡，在节理裂隙发育、岩体破碎的情况下易产生崩塌。

3. 构造条件：当岩体中各种软弱结构面的组合位置处于下列最不利的情况时易发生崩塌：

（1）当岩层倾向山坡，倾角大于 45°而小于自然坡度时；

（2）当岩层发育有多组节理，且一组节理倾向山坡，倾角为 25°～65°；

（3）当两组与山坡走向斜交的节理（X 形节理），组成倾向坡脚的楔形体时；

（4）当节理面呈甄形弯曲的光滑面或上坡上方不远处有断层破碎带存在时；

（5）在岩浆岩侵入接触带附近的破碎带或变质岩中片理片麻构造发育地段，风化后形成软弱结构面。

4. 昼夜的温差、季节的温度变化，促使岩石风化，地表水冲刷，溶解和软化裂隙充填物形成软弱结构面，或渗水增加静水压力，强烈地震以及人类工程活动中的爆破等，都会导致崩塌的发生。

二、危岩和崩塌的稳定性分析

崩塌的稳定性分析可采用力学分析法，即在分析可能崩塌体及落石受力条件的基础上，用块体平衡理论计算其稳定性。计算时应考虑当地地震力、风力、爆破力、水压力以及冰冻力等的影响。其基本假定如下：

（1）将崩塌体视为整体；

（2）把崩塌体复杂的空间运动问题，简化为平面问题，取单位宽度的崩塌体进行验算；

（3）崩塌体两侧与稳定岩体之间，以及各部分崩塌体之间均无相互摩擦作用。

（一）倾倒式崩塌

——《工程地质手册》（第五版）

倾倒式崩塌的基本示意图如下所示，不稳定块体的上下各部分与稳定岩体之间均有裂隙分开，一旦发生倾倒，将绕 A 点发生转动。在雨季张开的裂隙可能为暴雨充满，应考虑静水压力 f，7 度以上震区，还应考虑水平地震作用力 F，则崩塌体的抗倾覆稳定系数 K 计算如下：

计算图示	计算公式
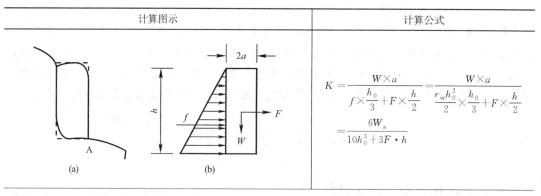	$$K = \frac{W \times a}{f \times \frac{h_0}{3} + F \times \frac{h}{2}} = \frac{W \times a}{\frac{r_w h_0^2}{2} \times \frac{h_0}{3} + F \times \frac{h}{2}}$$ $$= \frac{6W_a}{10h_0^3 + 3F \cdot h}$$

式中：f——裂隙充水后的静水压力（kN）；

$\quad h_0$——裂隙充水后的水位高度（m）；

$\quad h$——岩体高度（m）；

$\quad W$——崩塌体的重力（kN）；

$\quad F$——水平地震力（kN），$F = W \cdot \alpha_1$（α_1 为水平地震加速度）；

$\quad 2a$——崩塌体的宽度（m）；

$\quad r_w$——水的重度，一般取 10（kN/m³）

【6-59】（2013C26）岩坡顶部有一高 5m 倒梯形危岩，下底宽 2m，如下图所示。其后裂缝与水平向夹角为 $60°$，由于降雨使裂缝中充满了水。如果岩石重度为 $23kN/m^3$，在不考虑两侧阻力及底面所受水压力的情况下，该危岩的抗倾覆安全系数最接近（　　）。

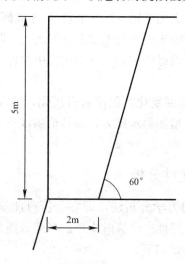

(A) 1.5　　　　(B) 1.7　　　　(C) 3.0　　　　(D) 3.5

答案：B

解答过程：

(1) 如下图所示，沿坡取宽度 1m 分析计算：$BC=\dfrac{AD}{\sin 60°}=5.77m$，$EC=\dfrac{AD}{\tan 60°}=$

$2.89m$

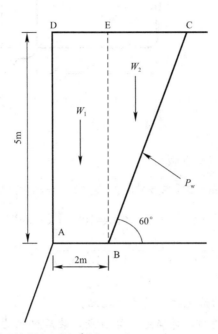

$W_1=AD\times AB\times\gamma=5\times 2\times 23=230kN$

$W_2=0.5\times BE\times EC\times\gamma=0.5\times 5\times 2.89\times 23=166.18kN$

(2) $P_w=BE\times\gamma_w\times BC\times 0.5=5\times 10\times 5.77\times 0.5=144.25kN$

$P_{w竖向}=P_w\times\cos 60°=72.13kN$，$P_{w水平}=P_w\times\sin 60°=124.92kN$

(3) $M_R=W_1\times\dfrac{AB}{2}+W_2\times\left(AB+\dfrac{EC}{3}\right)=230\times\dfrac{2}{2}+166.18\times\left(2+\dfrac{2.89}{3}\right)=722.45kN/m$

$M_s=P_{w竖向}\times\left(AB+\dfrac{EC}{3}\right)+P_{w水平}\times\dfrac{AD}{3}=72.13\times\left(2+\dfrac{2.89}{3}\right)+124.92\times\dfrac{5}{3}$

$=421.95kN/m$

(4) $K_s=\dfrac{M_R}{M_s}=\dfrac{722.45}{421.95}=1.71$

【小注岩土点评】

① 此题是一个危岩倾覆的问题，采用基本力学分析，需要计算倾覆力矩和抗倾覆力矩。

② 水压力计算采用竖直高度，方向垂直于作用面，水压力由于倾覆力臂不好确定，最好分解成水平力和竖向力，方便确定力臂。

【6-60】(2014D24) 如下图所示，有一倾倒式危岩体，高 6.5m、宽 3.2m（可视为均质刚性长方体）。危岩体的密度为 2.6g/cm³。在考虑暴雨使后缘张裂隙充满水和水平地震加速度值为 0.20g 的条件下，计算危岩体的抗倾覆稳定系数为（　　）。（重力加速度取 10m/s²）

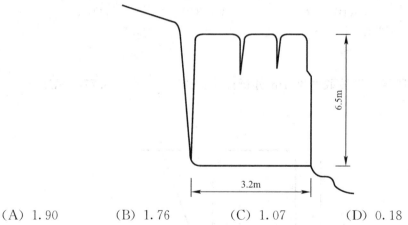

（A）1.90 　　　　（B）1.76 　　　　（C）1.07 　　　　（D）0.18

答案：C

解答过程：

根据《工程地质手册》（第五版）：

（1）$a=\dfrac{1}{2}\times 3.2=1.6\text{m}$，$W=3.2\times 6.5\times 2.6\times 10=540.8\text{kN/m}$，$h_0=6.5\text{m}$

（2）$F=Wa=3.2\times 6.5\times 2.6\times 0.20\times 10=108.16\text{kN/m}$

（3）$K=\dfrac{6Wa}{10h_0^3+3Fh}=\dfrac{6\times 540.8\times 1.6}{10\times 6.5^3+3\times 108.16\times 6.5}=1.07$

【小注岩土点评】

① 抗倾覆稳定性是抗力和主动力的力矩之比。

② 先计算出所有的相关力，再确定出倾覆点，最后根据力和倾覆点的距离，确定出力臂，最后用抗力的力矩除以主动力的力矩。

③《建筑抗震设计规范（2016 年版）》GB 50011—2010 第 5.2.1 条：$F_{Ek}=\alpha_1 G_{eq}$，α_1 为相应结构基本自振周期的水平地震影响系数值。本题没有提供水平地震影响系数值 α_1，而是直接提供水平地震加速度值为 0.20g，故可直接采用 $F_h=ma$ 计算水平地震力。

（二）拉裂式崩塌

——《工程地质手册》（第五版）

拉裂式崩塌的示意图如下所示，以悬臂梁形式突出的岩体，在 AC 面上承受最大的弯矩和剪力，岩层顶部受拉，底部受压，A 点附近的拉应力最大。

计算图示	计算公式
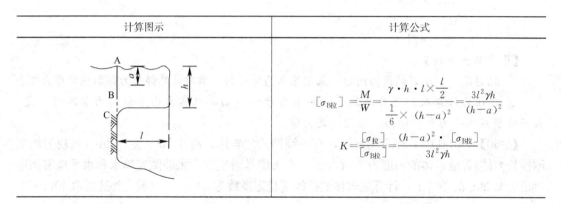	$[\sigma_{B拉}]=\dfrac{M}{W}=\dfrac{\gamma\cdot h\cdot l\times\dfrac{l}{2}}{\dfrac{1}{6}\times(h-a)^2}=\dfrac{3l^2\gamma h}{(h-a)^2}$ $K=\dfrac{[\sigma_拉]}{[\sigma_{B拉}]}=\dfrac{(h-a)^2\cdot[\sigma_{B拉}]}{3l^2\gamma h}$

计算图示	计算公式

式中：M——AC 截面上的弯矩（kN·m）；
$\quad l$——突出岩体的长度（m）；
$\quad h$——突出岩体的厚度（m）；
$\quad a$——A 点出的裂缝深度（m）；
$\quad \gamma$——岩石的重度（kN/m³）；

在长期重力和风化作用下，A 点附近的裂隙逐渐扩大，并向深处发展，拉应力将越来越集中于尚未裂开的 B 点，一旦拉应力超过该岩石的抗拉强度时，上部悬出的岩体就会发生崩塌，此类崩塌的关键就是最大弯矩截面 BC 上的拉应力是否超过了岩石的抗拉强度，故采用 B 点的拉应力 $[\sigma_{B拉}]$ 与岩石的允许抗拉强度 $[\sigma_{拉}]$ 的比值进行稳定性分析验算如下：

【6-61】（2010C25）一悬崖上突出一矩形截面的完整岩体（如下图所示），长 l 为 8m，厚（高）h 为 6m，重度 γ 为 22kN/m³，允许抗拉强度 $[\sigma_t]$ 为 1.5MPa，则该岩体拉裂崩塌的稳定系数最接近（　　）。

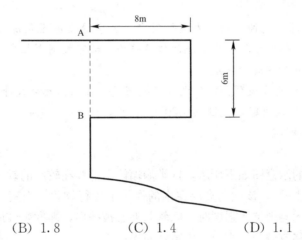

(A) 2.2　　　　(B) 1.8　　　　(C) 1.4　　　　(D) 1.1

答案：A

解答过程：

根据《工程地质手册》（第五版）：

$$K = \frac{[\sigma_{拉}]}{[\sigma_{B拉}]} = \frac{6 \times 1500}{3 \times 22 \times 8^2} = 2.13$$

【6-62】（2012D26）陡崖上悬出截面为矩形的危岩体（如下图所示），长 $L = 7m$，高 $h = 5m$，重度 $\gamma = 24$kN/m³，抗拉强度 $[\sigma_t] = 0.9$MPa，A 点处有一竖向裂隙，问危岩处于沿 ABC 截面的拉裂式破坏极限状态时，A 点处的张拉裂隙深度 a 最接近（　　）。

(A) 0.3m　　　　(B) 0.6m　　　　(C) 1.0m　　　　(D) 1.5m

答案：B

解答过程：

根据《工程地质手册》（第五版）：

$$K = \frac{(h-a)^2 \cdot [\sigma_t]}{3l^2 \gamma h} = 1$$

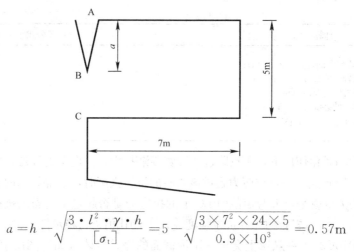

$$a = h - \sqrt{\frac{3 \cdot l^2 \cdot \gamma \cdot h}{[\sigma_t]}} = 5 - \sqrt{\frac{3 \times 7^2 \times 24 \times 5}{0.9 \times 10^3}} = 0.57\text{m}$$

【小注岩土点评】

① 危岩体以悬臂梁形式突出，在重力作用下，A点的拉应力最大，也最容易产生张拉裂缝。

② 随裂缝向深部延伸，拉应力也越集中，当裂缝发展至某深度，拉应力和岩体的抗拉强度相等时，岩体处于拉裂式崩塌的极限平衡，故可按崩塌拉裂破坏的概念及公式，反求出处于极限平衡时的裂缝深度 a。

③ 此题的工程实践模型：野外调查裂缝深度，可以据此公式计算稳定系数。

④ 此题模型的改进版，见题（2020D22）。

（三）鼓胀式崩塌

——《工程地质手册》（第五版）

鼓胀式崩塌的示意图如下所示，这类崩塌体下部存在较厚的软弱夹层（常为断层破碎带、风化岩及黄土等），该软弱夹层在水的作用下先行软化，当其上部岩体传来的压应力大于软弱夹层的无侧限抗压强度时，则软弱夹层被挤出，即发生鼓胀现象，此时上部岩体便产生下沉、滑移或倾倒，直至发生突然崩塌。

故该类崩塌体的稳定系数可以采用下部软弱夹层的无侧限抗压强度 R（雨季用饱和）与其上部岩体在结构面顶部产生的压应力 P 比值进行计算如下：

计算图示	计算公式
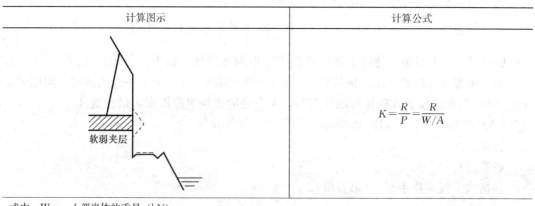	$$K = \frac{R}{P} = \frac{R}{W/A}$$

式中：W——上部岩体的重量（kN）；

　　　　A——上部岩体的底面积（m²）

（四）错断式崩塌

——《工程地质手册》（第五版）

错断式崩塌的示意图如下所示，取可能崩塌的岩体 ABCD 来分析，在不考虑水压力、地震力等附加力情况下，在岩体自重 $W=a\cdot\left(h-\dfrac{a}{2}\right)\cdot\gamma$ 作用下，与水平方向呈 45°角的 EC 面上将产生最大剪应力 $\tau_{\max}=\dfrac{1}{2}\cdot\left(h-\dfrac{a}{2}\right)\cdot\gamma$，故该类崩塌体的稳定系数 K 可采用岩石的允许抗剪强度 $[\tau]$ 与 $\tau_{\max}$ 比值来计算：

计算图示	计算公式
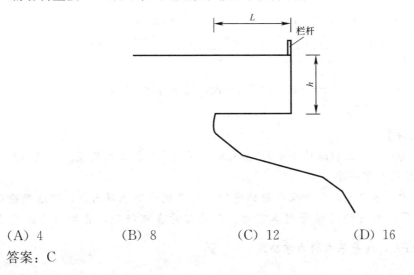	$$K=\frac{[\tau]}{\tau_{\max}}=\frac{4\cdot[\tau]}{\gamma\cdot(2h-a)}$$

式中：$[\tau]$——岩体的允许抗剪强度（kPa）；

$\tau_{\max}$——岩体最大剪应力（kPa）；

a——可能崩塌岩体的宽度（m）；

h——可能崩塌岩体的高度（m）；

γ——岩石的重度（kN/m³）。

【6-63】（2020D22）某景区自然形成悬挑岩石景观平台，由巨厚层状水平岩层组成（如下图所示），岩质坚硬且未见裂隙发育，岩体抗压强度为 60MPa、抗拉强度为 1.22MPa、重度为 25kN/m³，悬挑部分宽度 $B=4$m、长度 $L=4$m、厚度 $h=3$m。为了确保安全，需控制游客数量，问当安全系数为 3.0 时，该悬挑景观平台上最多可以容纳多少人？（游客自重按 800N/人计，人员集中靠近于栏杆观景）

（A）4　　　　　（B）8　　　　　（C）12　　　　　（D）16

答案：C

解答过程：

根据《工程地质手册》（第五版）公式（6-3-19）和（6-3-20）：

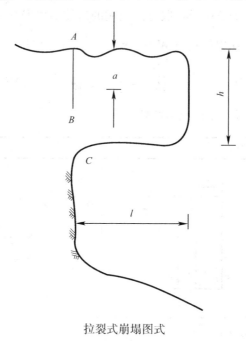

拉裂式崩塌图式

（1）手册中仅计算了自重对于截面 AC 的弯矩，本题的特点在于还需要计算游客站在栏杆处对于截面 AC 的弯矩。计算的自重和游客均布荷载的力都是单宽力。

（2）计算截面 AC 受到的弯矩：

游客在景观平台上的单宽力：$F = \dfrac{0.8n}{B}$；n 代表人数。

$$AC \text{ 截面，} M_1 = FL = \frac{0.8n}{B} \times L = \frac{0.8n}{4} \times 4 = 0.8n \ (\text{kN} \cdot \text{m/m})$$

岩体自重：单宽自重 $G = \gamma hL$；$M_2 = \gamma hL \times \dfrac{L}{2} = 25 \times 3 \times 4 \times \dfrac{4}{2} = 600 \text{kN} \cdot \text{m/m}$

AC 截面的总弯矩：$M = M_1 + M_2 = 600 + 0.8n \ (\text{kN} \cdot \text{m/m})$

（3）$\sigma_{AC拉} = \dfrac{My}{I} = \dfrac{600 + 0.8n}{h^3/12} \times \dfrac{h}{2} = \dfrac{6 \times (600 + 0.8n)}{3^2} = \dfrac{1200 + 1.6n}{3} \text{kPa}$

（4）$K = \dfrac{\sigma_拉}{\sigma_{AC拉}} = \dfrac{1.22 \times 10^3}{\dfrac{1200 + 1.6n}{3}} = 3$，$n = 12.5$ 人，最多容纳 12 人。

【小注岩土点评】

① 本题的原型基于《工程地质手册》（第五版）崩塌中的拉裂式崩塌。关键词定位到拉裂式崩塌，本题成功了一半。

② 和手册相比，多了人站在边缘引起的弯矩。只要把弯矩求解出来，这道题迎刃而解。根据剖面计算，求解的时候使用单宽力。人均布站在栏杆处，其均布力就是 $F = \dfrac{0.8n}{B}$，弯矩 $M = FL$，这是基本的力学公式。

③ 目前的出题思路是模型可以找到，但是额外增加了一些分析因子。考生还需把握原理，同时清楚如何计算。

第三节　泥　石　流

泥石流是由于降水而形成的一种夹带大量泥砂、石块等固体物质的特殊洪流。典型的泥石流流域，从上游到下游可分成三个区：形成区、流通区和堆积区。

泥石流形成条件概括起来就是：（1）陡峻的便于集水、集物的地形；（2）有丰富的松散物质；（3）短时间内有大量水的来源。

泥石流的具体形成条件详见《工程地质手册》（第五版）。

泥石流的工程分类可按《岩土工程勘察规范（2009 年版）》GB 50021—2001 的附录 C，按泥石流爆发频率划分为两类：Ⅰ 高频率泥石流沟谷和 Ⅱ 低频率泥石流沟谷，再按其破坏严重程度各分为三个亚类。

岩土工程中涉及泥石流的计算主要有泥石流的密度、流速和流量的确定，下面分别予以介绍。

一、泥石流密度 ρ_m 测定

（一）称量法

取泥石流物质加水调制，请当时目睹着鉴别，选取与当时泥石流体状态相近似的混合物测定其密度。

（二）体积比法

——《工程地质手册》（第五版）

通过调查访问，估算当时泥石流体中固体物质和水的体积比 f，在按下式计算其密度：

$$\rho_m = \frac{(d_s \cdot f + 1) \cdot \rho_w}{f + 1}$$

式中：ρ_m——泥石流体的密度（t/m^3）；

ρ_w——水的密度（t/m^3）；

d_s——泥石流体中固体颗粒的相对密度，一般取 2.4～2.7；

f——泥石流体中固体物质体积和水的体积比，以小数计算，f＝泥石流中固体体积/泥石流中水的体积。

【6-64】（2004C29）调查确定泥石流中固体占总体积比为 60%，固体密度为 $\rho = 2.7 \times 10^3 \, kg/m^3$，该泥石流的流体密度（固液混合体的密度）为（　　）。

(A) $2.0 \times 10^3 \, kg/m^3$ (B) $1.6 \times 10^3 \, kg/m^3$

(C) $1.5 \times 10^3 \, kg/m^3$ (D) $1.1 \times 10^3 \, kg/m^3$

答案：A

解答过程：

$$\rho = \frac{m}{V} = \frac{2.7 \times 10^3 \times 0.6 + 1 \times 10^3 \times 0.4}{0.6 + 0.4} = 2.02 \times 10^3 \, kg/m^3$$

或者直接使用公式：

$$\rho_m = \frac{(d_s \cdot f + 1) \cdot \rho_w}{f + 1} = \frac{2.7 \times 10^3 \times \frac{0.6}{1 - 0.6} + 1}{\frac{0.6}{1 - 0.6} + 1} \times 1.0 = 2.02 \times 10^3 \, \text{kg/m}^3$$

（三）经验公式法

——《公路工程地质勘察规范》第 7.4.10 条及条文说明

$$\rho_m = \frac{1}{1 - 0.0334 \cdot A \cdot I_c^{0.39}}$$

式中：A——塌方程度系数，按下表确定；

I_c——塌方区平均坡度（‰），按去掉千分号的数值代入计算。

塌方程度系数 A

塌方程度	塌方区岩性及边坡特征	塌方面积率（%）	I_c（‰）	A
严重的	塌方区经常处于不稳定状态，表层松散，多为残积、坡积层，第三系半胶结粉细砂岩，泥灰岩。松散堆积层厚度大于 10m，塌方集中，多滑坡，冲沟发育，沟头多为葫芦状	20～30	≥500	1.1～1.4
较严重的	山坡不很稳定，岩层破碎，残积、坡积层厚 3～10m，中等密实，表层松散，塌方区不太集中，沟岸冲刷严重，但对其上方山坡稳定性影响小	10～20	350～500	0.9～1.1
一般的	山坡为砂页岩互层，风化较严重，堆积层不厚，表土含砂量大，有小型塌方和小型冲沟，且分散	5～10	270～400	0.7～0.9
轻微的	塌方区边坡一般较缓，或上陡下缓，有趋于稳定的现象，沟岸等处堆积层趋于稳定，少部分山坡岩层风化剥落，其他多属死塌方、死滑坡	3～5	250～350	0.5～0.7

二、泥石流流速 v_m 计算

（一）弯道处近似泥石流流速计算

——《铁路工程不良地质勘察规程》第 7.3.3 条及条文说明

$$v_c = \sqrt{\frac{R_0 \cdot \sigma \cdot g}{B}} \quad \text{（现行 2022 年版已删除）}$$

式中：v_c——沟床弯道处近似泥石流流速（m/s）；

$\quad R_0$——弯道中心线曲率半径（m）；

$\quad \sigma$——沟床两岸泥位高差（m）；

$\quad g$——重力加速度（m/s^2）；

$\quad B$——泥面宽度（m）。

$$v_c = \left(\frac{1}{2} \sigma g \frac{a_2 + a_1}{a_2 a_1} \right)^{\frac{1}{2}} \quad \text{（2022 年版第 7.3.3 条条文说明公式）}$$

式中：v_c——泥石流流速（m/s）；

$\quad a_1$——凸岸曲率半径（m）；

$\quad a_2$——凹岸曲率半径（m）；

$\quad \sigma$——两岸泥位高差（m）；

g——重力加速度（m/s^2）。

该知识点习题详见第八篇铁路规范专题。

（二）稀性泥石流流速计算

——《工程地质手册》（第五版）

稀性泥石流，水的含量比较大，黏性土含量少，固体物质占 $10\%\sim40\%$，有很大的分散性，水是搬运介质，石块以滚动或者跳跃方式向前推进。下面分别是几个地区的经验公式：

地区	计算公式	公式说明
西北地区	$v_m = \dfrac{15.3}{\alpha} \cdot R_m^{2/3} \cdot I^{3/8}$	式中：v_m——泥石流断面平均流速（m/s）； I——泥石流流面纵坡比降（‰），以小数形式代入； R_m——泥石流流体水力半径（m），可近似取其泥位深度，或者 $R_m=$ 过水断面面积/过水断面宽度； α——阻力系数
西南地区	$v_m = \dfrac{1}{\alpha} \cdot \dfrac{1}{n} \cdot R_m^{2/3} \cdot I^{1/2}$ $= \dfrac{1}{\alpha} \cdot m_m \cdot R_m^{2/3} \cdot I^{1/2}$	式中：v_m——泥石流断面平均流速（m/s）； I——泥石流流面纵坡比降（‰），以小数形式代入； R_m——泥石流流体水力半径（m），可近似取其泥位深度，或者 $R_m=\dfrac{过水断面面积}{过水断面宽度}$； α——阻力系数，按下表查取； $m_m=\dfrac{1}{n}$——清水河槽粗糙系数
北京地区	$v_m = \dfrac{1}{\alpha} \cdot m_w \cdot R_m^{2/3} \cdot I^{1/10}$	式中：v_m——泥石流断面平均流速（m/s）； I——泥石流流面纵坡比降（‰），以小数形式代入； R_m——泥石流流体水力半径（m），可近似取其泥位深度，或者 $R_m=$ 过水断面面积/过水断面宽度； α——阻力系数； m_w——河床外阻力系数

阻力系数 α

d_s	泥石流体的密度 ρ_m（t/m^3）													
	1.0	1.1	1.2	1.3	1.4	1.5	1.6	1.7	1.8	1.9	2.0	2.1	2.2	2.3
2.4	1.0	1.09	1.18	1.29	1.40	1.53	1.67	1.84	2.05	2.31	2.64	3.13	3.92	5.68
2.5	1.0	1.08	1.18	1.28	1.38	1.50	1.63	1.79	1.96	2.18	2.45	2.81	3.32	4.15
2.6	1.0	1.08	1.17	1.26	1.37	1.48	1.60	1.74	1.90	2.08	2.31	2.55	2.96	3.50
2.7	1.0	1.08	1.17	1.26	1.35	1.46	1.57	1.70	1.84	2.01	2.21	2.44	2.74	3.13

泥石流粗糙系数 m_m

沟床特征	m_m		坡度
	极限值	平均值	
糙率最大的泥石流沟槽，沟槽中堆积有难以滚动的棱石或稍能滚动的大块石。沟槽被树木严重阻塞，无水生植物。沟槽呈阶梯式急剧降落	3.9～4.9	4.5	0.174～0.375
糙率较大的不平整泥石流沟槽，沟底无急剧突起，沟床内均堆积大小不等的石块，沟槽被树木所阻塞，沟槽两侧有草本植物，沟床不平整，有洼坑，沟槽呈阶梯式急剧降落	4.5～7.9	5.5	0.067～0.99

续表

沟床特征	m_m		坡度
	极限值	平均值	
较弱的泥石流沟槽，但有大的阻力。沟槽由滚动的砾石和卵石组成，沟槽常因稠密灌木丛而被严重阻塞，沟槽凹凸不平，表面因大石块而突起	5.4~7.0	6.6	0.116~0.187
流域在山区中、下游的泥石流沟槽，沟槽经过光滑的岩面；有时经过具有大小不一的阶梯跌水沟床，开阔段有树枝、砂石阻塞，无水生植物	7.7~10.0	8.8	0.112~0.220
流域在山区或近山区的河槽，河槽经过砾石、卵石河床，由能完全滚动的物质组成，河槽阻塞轻微，河岸有草本及木本植物，河底降落均匀	9.8~17.5	12.9	0.022~0.090

河床外阻力系数 m_w

沟床特征	m_w	
	$I>0.015$	$I \leqslant 0.015$
河段顺直，河床平整，断面为矩形或抛物线形，由漂石、砂卵石或黄土质组成的河床，平均粒径为 0.01~0.08m	7.5	40
河段较为顺直，由漂石、碎石组成的单式河床，大石块直径为 0.4~0.8m，平均粒径为 0.2~0.4m；或河段较弯曲不太平整的 I 类河床	6.0	32
河段较为顺直，由巨石、漂石、卵石组成的单式河床，大石块直径为 0.1~1.4m，平均粒径为 0.1~0.4m；或河段较弯曲不太平整的 II 类河床	4.8	25
河段较为顺直，河槽不平整，由巨石、漂石组成单式河床，石块直径为 1.2~2.0m，平均粒径为 0.2~0.6m；或河段较弯曲不平整的 III 类河床	3.8	20
河段严重弯曲，断面很不规则，树木、植被、巨石严重阻塞河床	2.4	12.5

【6-65】（2013C24）西南地区某沟谷中曾遭受过稀性泥石流灾害，铁路勘察时通过调查，该泥石流中固体物质比重为 2.6，泥石流流体重度为 13.8kN/m³，泥石流发生时沟谷过水断面宽为 140m，面积为 560m²，泥石流流面纵坡比降为 4.0%，粗糙系数为 4.9，则该泥石流的流速最接近（　　）。（可按公式 $v_m = \dfrac{m_m}{\alpha} R_m^{2/3} I^{1/2}$ 进行计算）

(A) 1.20m/s　　　(B) 1.52m/s　　　(C) 1.83m/s　　　(D) 2.45m/s

答案：C

解答过程：

(1) $R_m = \dfrac{A}{b} = \dfrac{560}{140} = 4.0\text{m}$

(2) $\alpha = (\phi d_s + 1)^{\frac{1}{2}} = \left(\dfrac{\rho_m - \rho_w}{d_s \times \rho_w - \rho_m} \times d_s + 1 \right)^{\frac{1}{2}} = \left(\dfrac{1.38 - 1}{2.6 - 1.38} \times 2.6 + 1 \right)^{\frac{1}{2}} = 1.35$

(3) $v_m = \dfrac{m_m}{\alpha} R_m^{2/3} I^{1/2} = \dfrac{4.9}{1.35} \times 4^{2/3} \times 0.04^{1/2} = 1.83\text{m/s}$

【小注岩土点评】

① 铁路勘察设计单位总结了相应地区的泥石流流速计算公式。

②《工程地质手册》（第五版）有各个地区泥石流相应参数的计算公式。

③ 根据泥石流沟谷过水断面的宽度和面积，可以求出泥石流水力半径。

④ 其他参数的计算，题干中都有，直接代入泥石流流速公式中即可得到答案。

（三）黏性泥石流流速计算

——《工程地质手册》（第五版）

含大量黏性土的泥石流或泥流，黏性大，固体物质约占 40%～60%，最高达 80%，水不是搬运介质而是组成物质，石块呈悬浮状态。

下面介绍云南东川泥石流改进经验公式，其余算法具体可参考《工程地质手册》（第五版）。

$$v_m = K \cdot H_m^{2/3} \cdot I_m^{1/5}$$

式中：K——黏性泥石流流速系数，用内插法由下表取值；

I_m——泥石流水力坡度，一般用沟床纵坡比降（%），以小数形式代入；

H_m——计算断面的平均泥深（m），$H_m = \dfrac{过水断面面积}{过水断面宽度}$。

黏性泥石流流速系数 K 值表

H_m (m)	<2.5	3	4	5
K	10	9	7	5

（四）泥石流中石块运动速度计算

——《工程地质手册》（第五版）

$$v_s = \alpha \cdot \sqrt{d_{max}}$$

式中：v_s——泥石流中大石块的移动速度（m/s）；

d_{max}——石流堆积物中，最大石块的粒径（m）；

α——参数，其值介于 3.5～4.5，平均为 4.0。

三、泥石流流量计算

——《工程地质手册》（第五版）

（一）泥石流断面峰值流量计算

泥石流峰值流量的计算可采用形态调查法、配方法、雨洪修正法。

形态调查法是根据沟床内发生过的泥石流痕迹，测量泥位高和过流断面面积，计算平均流速和流量，再根据其发生的日期，确定其经验频率，推算设计流量的方法。

配方法和雨洪修正法是在清水流量中配上土体含量，使其成为泥石流流量的方法。但需假定土体是在地表水体汇流过程中同步加入，即泥石流的频率和洪水的频率一致，洪水全部变成泥石流。

1. 形态调查法

$$Q_m = F_m \cdot v_m$$

式中：Q_m——泥石流断面峰值流量（m³/s）；

F_{m}——泥石流流过断面面积（m^2）；

v_{m}——泥石流断面平均流速（m/s）。

2. 配方法

按泥石流体中水和固体物质的比例，用在一定设计标准下可能出现的洪水流量加上按比例所需的固体物质体积配合而成的泥石流流量，可按下列 3 种方法之一进行计算。

适用情况	计算公式	系数	公式说明
—	$Q_{\mathrm{m}}=Q_{\mathrm{w}} \cdot (1+C)$	$C=\dfrac{1-\alpha}{\alpha-w_{\mathrm{m}}(1-\alpha)}$ $\alpha=\dfrac{G_{\mathrm{m}}-\rho_{\mathrm{m}}}{G_{\mathrm{m}}-1}$	式中：Q_{m}——设计泥石流流量（m^3/s）； Q_{w}——设计清水流量（m^3/s）； C——泥石流修正系数； w_{m}——泥石流补给区中固体物质的含水量，以小数计； α——泥石流体中水的体积含量，以小数计； G_{m}——固体物质的比重； ρ_{m}——泥石流体的密度（t/m^3）
适用于西北地区	$Q_{\mathrm{m}}=Q_{\mathrm{w}} \cdot (1+P)$	$P=\dfrac{\rho_{\mathrm{m}}-1}{\dfrac{G_{\mathrm{m}} \cdot (1+w)}{G_{\mathrm{m}} \cdot w+1}-\rho_{\mathrm{m}}}$	式中：Q_{m}——设计泥石流流量（m^3/s）； Q_{w}——设计清水流量（m^3/s）； P——考虑到土壤含水量而引进的泥石流修正系数； w——土的天然含水量，以小数计； ρ_{m}——泥石流体的密度（t/m^3）； G_{m}——固体物质的比重
—	$Q_{\mathrm{m}}=Q_{\mathrm{w}} \cdot (1+\phi)$	$\phi=\dfrac{\rho_{\mathrm{m}}-1}{G_{\mathrm{m}}-\rho_{\mathrm{m}}}$	式中：Q_{m}——设计泥石流流量（m^3/s）； Q_{w}——设计清水流量（m^3/s）； ϕ——泥石流修正系数； G_{m}——固体物质的比重； ρ_{m}——泥石流体的密度（t/m^3）

3. 雨洪修正法

云南东川经验公式：

$$Q_{\mathrm{m}}=Q_{\mathrm{w}} \cdot (1+\phi) \cdot D_{\mathrm{m}}$$

$$\phi=\frac{\rho_{\mathrm{m}}-1}{G_{\mathrm{m}}-\rho_{\mathrm{m}}}$$

式中：Q_{m}——设计泥石流流量（m^3/s）；

Q_{w}——设计清水流量（m^3/s）；

ϕ——泥石流修正系数；

G_{m}——固体物质的比重；

ρ_{m}——泥石流体的密度（t/m^3）；

D_{m}——泥石流堵塞系数，按下表取值：

泥石流堵塞系数 D_{m}

堵塞程度	最严重堵塞	较严重堵塞	一般堵塞	轻微堵塞
D_{m}	2.6～3.0	2.0～2.5	1.5～1.9	1.0～1.4

【6-66】(2020D20) 云南某黏性泥石流沟，流域面积 $10km^2$，其中形成区面积 $7.0km^2$、堆积区面积 $>2.6km^2$，形成区内固体物质平均天然（重量）含水率 15%，流域内沟道顺直、无堵塞（堵塞系数取 1.0）。泥石流重度为 $19kN/m^3$，固体物质重度为 $25kN/m^3$，所在地区 50 年一遇小时降雨量为 $100mm$，在全流域汇流条件下，采用雨洪修正法估算泥石流峰值流量，所得结果最接近下列哪一项？（注：水的重度取 $10kN/m^3$，假定小时暴雨强度不衰减，最大洪峰流量计算公式：$Q_w=0.278\times$ 降雨量 $\times$ 集水面积 $\times$ 径流系数 K，K 取 0.25）

(A) $35m^3/s$　　　　(B) $48m^3/s$　　　　(C) $121m^3/s$　　　　(D) $173m^3/s$

答案：D

解答过程：

根据《工程地质手册》（第五版）公式（6-4-16）：

(1) $Q_w=10km^2\times\dfrac{100mm}{60min}\times0.25=10\times10^6\times\dfrac{0.1}{60\times60}\times0.25=69.4m^3/s$

(2) $\phi=\dfrac{\rho_m-1}{G_m-\rho_m}=\dfrac{1.9-1}{2.5-1.9}=1.5$，$D_m=1$

(3) $Q_m=Q_w(1+\phi)D_m=69.4\times(1+1.5)\times1=173.75m^3/s$

【小注岩土点评】

① 计算全流域面积下的泥石流流量，因此集水面积使用 $10km^2$，而不是形成区的面积 $7km^2$。

② 设计清水流量 Q_w 的计算，题干给出了公式，但是公式未给单位。很多考生认为 0.278 为云南地区的经验修正系数，其实是换算的系数，各参数无需进行单位换算，直接带入数据计算。

（二）通过断面的一次泥石流过程的总量计算

$$W_m=0.26\cdot T\cdot Q_m$$

式中：W_m——通过断面的一次泥石流过程的总量（m^3）；

　　　T——泥石流历时（s）；

　　　Q_m——泥石流最大流量（m^3/s）。

（三）通过断面的一次泥石流冲出的固体物质总量计算

$$W_s=C_m\cdot W_m=\dfrac{\rho_m-\rho_w}{\rho_s-\rho_w}\cdot W_m$$

式中：W_s——通过断面的一次泥石流冲出的固体物质总量（m^3）；

　　　W_m——通过断面的一次泥石流过程的总量（m^3）；

　　　ρ_m——泥石流体的密度（t/m^3）；

　　　ρ_s——泥石流体中固体物质的密度（t/m^3）；

　　　ρ_w——泥石流体中水的密度（t/m^3）。

【6-67】(2021D22) 某沟谷发生一次黏性泥石流，勘察测得泥石流沟出口断面呈"U"形，两岸泥痕过水断面面积为 $500m^2$、宽度为 $100m$，泥石流历时 $15min$，沟床纵坡坡降 $I_m=4.0\%$，该泥石流中固体物质密度为 $2.6g/cm^3$，泥石流流体密度为 $1.7g/cm^3$，按《工程地质手册》（第五版）推荐公式估算该次泥石流冲出的固体物质总量最接近下列哪个

选项？〔泥石流断面平均流速 $v_{\mathrm{m}}=KH_{\mathrm{m}}^{2/3}I_{\mathrm{m}}^{1/5}(\mathrm{m/s})$，$H_{\mathrm{m}}$ 为泥石流断面平均泥深（m），K 取 5〕

(A) 40 万 m^3 (B) 90 万 m^3 (C) 115 万 m^3 (D) 345 万 m^3

答案：A

解答过程：

根据《工程地质手册》（第五版）中公式（6-4-18）、公式（6-4-17）和公式（6-4-12）：

$$W_{\mathrm{s}}=\frac{\rho_{\mathrm{m}}-\rho_{\mathrm{w}}}{\rho_{\mathrm{s}}-\rho_{\mathrm{w}}}\cdot W_{\mathrm{m}}$$

$$W_{\mathrm{m}}=0.26\cdot T\cdot Q_{\mathrm{m}}$$

$$Q_{\mathrm{m}}=F_{\mathrm{m}}v_{\mathrm{m}}=F_{\mathrm{m}}KH_{\mathrm{m}}^{2/3}I_{\mathrm{m}}^{1/5}$$

$$W_{\mathrm{s}}=\frac{\rho_{\mathrm{m}}-\rho_{\mathrm{w}}}{\rho_{\mathrm{s}}-\rho_{\mathrm{w}}}\times0.26TF_{\mathrm{m}}KH_{\mathrm{m}}^{2/3}I_{\mathrm{m}}^{1/5}$$

$\rho_{\mathrm{m}}=1.7,\rho_{\mathrm{w}}=1,\rho_{\mathrm{s}}=2.6,T=15\times60=900\mathrm{s},K=5,F_{\mathrm{m}}=500,H_{\mathrm{m}}=\dfrac{500}{100}=5,I_{\mathrm{m}}=0.04$

$$W_{\mathrm{s}}=\frac{1.7-1}{2.6-1}\times0.26\times900\times500\times5\times5^{2/3}\times0.04^{1/5}=39.3\text{ 万 }\mathrm{m}^3$$

【小注岩土点评】

① 本题是精讲课、规范领读课时重点反复强调的预测考点。2019 年与 2020 年都反复强调过这个公式和计算，泥石流冲出的固体物质总量是泥石流分类的关键因素，今年终于考到了。

② 根据泥石流及固体物质总量这两个关键词定位《工程地质手册》（第五版）。

③ 峰值流量的计算采用的是形态调查法，即流量＝过水断面面积乘以流速。流速的计算需要 2 个参数：平均泥位深度和沟床纵坡坡降（题目给定）。根据过水断面面积和宽度可以求出泥位深度。剩下的其他参数题干都已经给定。

扩展：关于峰值流量，考得比较多的是雨洪修正法，比如题（2020D20）。本题吸取了 2020 年的考生反馈，2021 年给定的公式中就爽快地标上了参数单位。本题推荐的黏性泥石流流速公式是东川泥石流改进公式。其中泥石流的流体水力半径，近似取为泥位深度，但实际上流体水力半径 $H_{\mathrm{m}}=\dfrac{\text{过水断面面积}}{\text{湿周}}$，湿周在水文水力学中是常考点，根据梯形、矩形等不同形态都有各自的计算公式。

第四节 采 空 区

一、采空区稳定性和场地适宜性评价

（一）评价标准

——《岩土工程勘察规范（2009 年版）》第 5.5.5 条

采空区宜根据开采情况、地表移动盆地特征和变形大小，划分为不宜作为建筑场地和相对稳定的场地，并宜符合下列规定：

不宜作为 建筑场地	(1) 在开采工程中可能出现非连续变形的地段； (2) 地表移动活跃的地段； (3) 特厚矿层和倾角大于 55°的厚矿层露头地段； (4) 由于地表移动和变形引起边坡失稳和山崖崩塌的地段； (5) 地表倾斜大于 10mm/m 或地表曲率大于 0.6mm/m² 或地表水平变形大于 6mm/m 的地段
需评价其 适宜性	(1) 采空区采深采厚比小于 30 的地段； (2) 采深小，上覆岩层极坚硬，并采用非正规开采方法的地段； (3) 地表倾斜为 3～10mm/m 或地表曲率为 0.2～0.6mm/m² 或地表水平变形为 2～6mm/m 的地段

（二）地表移动变形计算

——《工程地质手册》（第五版）

地表移动变形的主要参数包括竖向下沉值 W、水平向移动值 U、地表倾斜值 i、地表水平变形值 ε 和地表曲率 K，进行地表移动变形值计算如下：

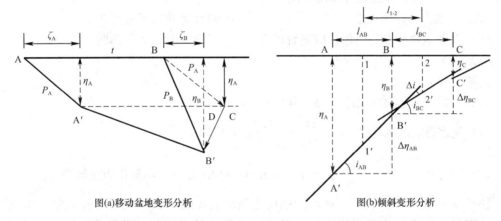

图(a)移动盆地变形分析　　　　　图(b)倾斜变形分析

假设 A、B 点为地表主断面上移动前的两点，A′、B′点为移动终止后的相应位置，l 为地表移动前 A、B 两点之间的距离 [图 (b) 中 1、2 两点分别为 AB、BC 的中点]，其地表变形计算如下：

项目	计算公式	公式说明
垂直移动	$\Delta\eta_{AB}=\eta_B-\eta_A$	
水平向移动	$\Delta\xi_{AB}=\xi_A-\xi_B$ （mm）	
倾斜	$i_{AB}=\dfrac{\Delta\eta_{AB}}{l}$ （mm/m）	式中：$\Delta\eta_{AB}$、$\Delta\xi_{AB}$——垂直和水平移动 （mm）； 　　　i_{AB}——倾斜 （mm/m）； 　　　K_B——曲率 （mm/m²）
水平变形	$\varepsilon_{AB}=\dfrac{\Delta\xi_{AB}}{l}$ （mm/m）	
曲率	AB 段的倾斜 $i_{AB}=\dfrac{\Delta\eta_{AB}}{l_{AB}}$ BC 段的倾斜 $i_{BC}=\dfrac{\Delta\eta_{BC}}{l_{BC}}$ B 点的地表曲率 $K_B=\dfrac{i_{AB}-i_{BC}}{l_{1-2}}$	

按地表移动变形确定采空区场地稳定性等级

稳定等级	评价因子				备注
	下沉速率 v_w (mm/d)	倾斜 i (mm/m)	曲率 K (mm/m²)	水平变形 ε (mm/m)	
稳定	<1.0mm/d 且连续 6 个月的累计下沉<30mm	<3	<0.2	<2	同时具备
基本稳定	<1.0mm/d 且连续 6 个月的累计下沉≥30mm	3~10	0.2~0.6	2~6	具备其一
不稳定	≥1.0mm/d	>10	>0.6	>6	具备其一

【6-68】(2007D26) 某场地属煤矿采空区范围，煤层倾角为 15°，开采深度 $H=110$m，移动角（主要影响角）$\beta=60°$，地面最大下沉值 $\eta_{max}=1250$mm，如拟作为一级建筑物建筑场地，则按《岩土工程勘察规范（2009 年版）》GB 50021—2001 判定该场地的适宜性属于下列（　　）项，并通过计算说明理由。

(A) 不宜作为建筑场地　　　　　(B) 可作为建筑场地

(C) 对建筑物采取专门保护措施后兴建　(D) 条件不足，无法判断

答案：A

解答过程：

根据《岩土工程勘察规范（2009 年版）》GB 50021—2001 第 5.5.5 条：

(1) 地表影响范围半径：$l=\dfrac{H}{\tan\beta}=\dfrac{110}{\tan 60°}=63.51$m

(2) 倾斜率：$i=\dfrac{\eta_{max}}{l}=\dfrac{1250}{63.51}=19.7$mm/m>10mm/m，不宜作为建筑场地。

【6-69】(2009D24) 某采空区场地倾向主断面上每隔 20m 间距顺序排列 A、B、C 三点，地表移动前测量的高程相同，地表移动后测量的垂直移动分量为：B 点较 A 点多 42mm，较 C 点少 30mm，水平移动分量，B 点较 A 点少 30mm，较 C 点多 20mm，据《岩土工程勘察规范（2009 年版）》GB 50021—2001 判定该场地的适宜性为（　　　　）。

(A) 不宜作为建筑场地

(B) 相对稳定的场地

(C) 作为建筑场地，应评价其适宜性

(D) 无法判定

答案：B

解答过程：

根据《岩土工程勘察规范（2009 年版）》GB 50021—2001 第 5.5.5 条、《工程地质手册》(第五版)：

(1) $i_{AB}=\dfrac{-42}{20}=-2.1$mm/m，$|i_{AB}|=2.1$mm/m<3mm/m

(2) $i_{BC}=\dfrac{-30}{20}=-1.5$mm/m，$|i_{BC}|=1.5$mm/m<3mm/m

(3) $K_B=\dfrac{-1.5-(-2.1)}{(20+20)/2}=0.03$mm/m²<0.2mm/m²

(4) $\varepsilon_{AB} = \dfrac{\xi_A - \xi_B}{l_{AB}} = \dfrac{30}{20} = 1.5 \text{mm/m} < 2 \text{mm/m}$

(5) $\varepsilon_{BC} = \dfrac{\xi_B - \xi_C}{l_{BC}} = \dfrac{20}{20} = 1.0 \text{mm/m} < 2 \text{mm/m}$

(6) 属于相对稳定的场地。

【小注岩土点评】

① 倾斜、曲率和水平变形是采空区三大评价指标。

② 只要计算结果中有一项不满足相对稳定的场地要求，就不能将其评价为相对稳定的场地。

二、地表移动变形预测法计算

——《工程地质手册》（第五版）

该知识点目前没有真题，仅做了解。其中的相关参数，比如地面主要影响半径、移动角的概念，是需要掌握的。

关于采空区地表移动变形预测计算，指的是已知某些位置的变形，推测其他位置的变形，不是时间的预测。

其简化计算公式如下：

	充分采动	$W_{cm} = M \cdot q \cdot \cos\alpha$
地表最大下沉值（垂直移动）	非充分采动	$W_{fm} = M \cdot q \cdot n \cdot \cos\alpha$ $n = \sqrt{n_1 \times n_3}$，$n_1 = K_1 \dfrac{D_1}{H_0} \leqslant 1$，$n_3 = K_3 \dfrac{D_3}{H_0} \leqslant 1$
地表最大水平位移值（水平移动）	沿煤层走向	$U_{cm} = b \cdot W_{cm}$
	沿煤层倾斜方向	$U_{cm} = (b + 0.7P_0) \cdot W_{cm}$ $P_0 = \tan\alpha - \dfrac{h}{H_0 - h}$
地面主要影响半径		$r = \dfrac{H}{\tan\beta}$
最大倾斜变形值		$i_{cm} = \dfrac{W_{cm}}{r}$
最大水平变形值		$\varepsilon_{cm} = 1.52 \cdot b \cdot \dfrac{W_{cm}}{r}$
最大曲率变形值		$K_{cm} = 1.52 \cdot \dfrac{W_{cm}}{r^2}$

式中：W_{cm}——初次充分采动条件下的地表最大下沉值（mm）；

　　　M——矿层真厚度（m）；

　　　q——下沉系数（mm/m），可由《煤矿采空区岩土工程勘察规范》GB 51044—2014附录 H 查得经验值；

　　　α——矿层倾角（°）；

　　　W_{fm}——非充分采动条件下的地表最大下沉值（mm）；

n——地表充分采动系数，n_1、n_3 大于 1 时，取 1；

K_1、K_3——与上覆岩性有关的系数，坚硬岩取 0.7，较硬岩取 0.8，软岩取 0.9；

D_1、D_3——倾向及走向工作面长度（m）；

H_0——采空区的平均采深（m）；

r——地面影响区的主要影响半径（m），一般情况采用走向主断面计算；

U_{cm}——初次充分采动条件下的地表最大水平移动值（mm）；

b——水平移动系数，可由《煤矿采空区岩土工程勘察规范》GB 51044—2014 附录 H 查得经验值；

P_0——计算系数，$P_0 = \tan\alpha - \dfrac{h}{H_0 - h}$，当 $P_0 < 0$ 时取 0；

i_{cm}——初次充分采动条件下的地表最大倾斜值（mm/m）；

K_{cm}——初次充分采动条件下的地表最大曲率值（mm/m²）；

β——主要移动（影响）角；

H——开采深度（m），即矿层开采顶面埋深，一般情况采用走向主断面的边界采深计算；

ε_{cm}——初次充分采动条件下的地表最大水平变形值（mm/m）；

h——表土层厚度（m）。

三、小窑采空区场地稳定性评价

——《工程地质手册》（第五版）

当建筑物处于影响范围以内时，可采用荷载临界深度来判定小窑巷道顶板的地基稳定性，即在建筑物基底附加压力的作用下，使采空区顶板恰好保持自然平衡时的深度即为临界深度。

设建筑物基底单位压力为 P_0，则作用在采空段顶板上的压力 Q 为：

$$Q = G + B \cdot P_0 - 2f = \gamma \cdot H \cdot \left[B - H \cdot \tan\varphi \cdot \tan^2 \left(45° - \frac{\varphi}{2} \right) \right] + B \cdot P_0$$

式中：G——巷道单位长度顶板上岩层所受的总重力（kN/m），$G = \gamma B H$；

B——巷道宽度（m）；

f——巷道单位长度侧壁的摩阻力（kN/m）；

γ——顶板以上岩层的重度（kN/m³）；

H——巷道顶板的埋藏深度（m）；

P_0——建筑物基底单位压力（kPa）；

φ——顶板以上岩层的内摩擦角（°）。

当 H 增加到一定深度，使顶板岩层恰好保持自然平衡（即 $Q = 0$），此时的 H 称为临界深度 H_0，则可按下式计算临界深度：

$$H_0 = \frac{B \cdot \gamma + \sqrt{B^2 \gamma^2 + 4 \cdot B \cdot \gamma \cdot P_0 \cdot \tan\varphi \cdot \tan^2 \left(45° - \dfrac{\varphi}{2} \right)}}{2 \cdot \gamma \cdot \tan\varphi \cdot \tan^2 \left(45° - \dfrac{\varphi}{2} \right)}$$

式中：H_0——顶板保持自然平衡状态时采空区巷道顶板临界深度（m）。

根据临界深度对采空区地基稳定性影响的评价

影响程度	地基不稳定	稳定性差	稳定
采空区顶板至基底的距离 H	$H<H_0$	$H_0 \leqslant H \leqslant 1.5H_0$	$H>1.5H_0$

【小注】H 为采空区顶板的埋藏深度，当建筑物有基础埋深时，H 应扣除基础埋深 d。

【6-70】（2012D27）建筑物位于小窑采空区，小窑巷道采煤，煤巷宽 2m，顶板至地面 27m，顶板岩体重度为 $22kN/m^3$，内摩擦角为 $34°$，建筑物横跨煤巷，基础埋深 2m，基底附加压力为 250kPa，问按顶板临界深度法近似评价，地基稳定性为（　　）。

(A) 地基稳定　　　　　　　　　(B) 地基稳定性差

(C) 地基不稳定　　　　　　　　(D) 地基极限平衡

答案：B

解答过程：

根据《工程地质手册》（第五版）：

(1) 基底压力 $P_0=250+\gamma_G d=250+20\times2=290kPa$

$$H_0=\frac{B\cdot\gamma+\sqrt{B^2\gamma^2+4\cdot B\cdot\gamma\cdot P_0\cdot\tan\varphi\cdot\tan^2\left(45°-\frac{\varphi}{2}\right)}}{2\cdot\gamma\cdot\tan\varphi\cdot\tan^2\left(45°-\frac{\varphi}{2}\right)}$$

$$=\frac{2\times22+\sqrt{2^2\times22^2+4\times2\times22\times290\times\tan34°\times\tan^2(45°-34°/2)}}{2\times22\times\tan34°\times\tan^2(45°-34°/2)}$$

$$=18.12m$$

(2) $H_0=18.12m$，$H=27-2=25m$，$1.5H_0=1.5\times18.12=27.18m$

(3) $H_0<H<1.5H_0$，地基稳定性差。

【小注岩土点评】

① 用顶板临界深度法粗略评价小窑采空区地基稳定性。

② 考生有疑惑，《工程地质手册》（第五版）中参数 P_0 是基底单位压力，求得的 H 是从基底开始计算的厚度，与《工程地质手册》（第五版）中 H_0 为巷道顶板埋藏深度（埋深是指从地表开始计算），是不一致的。具体推导示意图见题（2021C21），主要分两类：建筑物在采空区影响范围内和建筑物横跨采空区影响范围两类。对于建筑物在采空区影响范围内，岩土体发挥侧摩擦力的范围是自地表至顶板，这是《工程地质手册》（第五版）P713 给出公式的前提条件；而本题是建筑物横跨煤巷，岩土体发挥侧摩擦力的范围是基底至顶板，所以 H_0 和 H 都是从基底为计算起始面，即将顶板埋深减去基础埋深。本题中的 γ_G 并未给出，因此编者使用土和基础的混合重度 $20kN/m^3$。

③ 需要说明的是，本题给定的答案是代入基底附加应力，但是 2021 年再考的时候，已经更改为基底压力，说明命题人已认知到曾经的解答是有误的，从力学静力平衡的角度，应该使用基底压力。基底附加应力是计算沉降使用的，具体推导示意图见题（2021C21）。

【6-71】（2021C21）某既有建筑物基础正下方发现一处小窑采空区，采空区断面呈矩形，断面尺寸见下图，洞顶距地表 27m，已知：采空区上覆岩体破碎，重度为 $25kN/m^3$，等效内摩擦角为 $46°$，无地下水；建筑物宽度为 12m，基础埋深为 4m，基底单位压力为 200kPa。按

照《工程地质手册》（第五版）推荐方法，评估该建筑物地基稳定性为下列哪个选项？

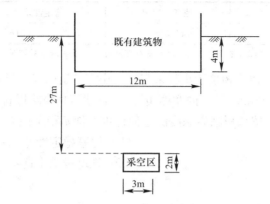

(A) 不稳定

(B) 稳定性差、顶板临界埋深＞20m

(C) 稳定性差、顶板临界埋深＜20m

(D) 稳定

答案：A

解答过程：

$$H_0 = \frac{B\gamma + \sqrt{B^2\gamma^2 + 4B\gamma P_0 \tan\varphi \tan^2\left(45° - \dfrac{\varphi}{2}\right)}}{2\gamma \tan\varphi \tan^2\left(45° - \dfrac{\varphi}{2}\right)} \Rightarrow$$

$$H_0 = \frac{3 \times 25 + \sqrt{3^2 \times 25^2 + 4 \times 3 \times 25 \times 200 \times \tan46° \times \tan^2\left(45° - \dfrac{46°}{2}\right)}}{2 \times 25 \times \tan46° \times \tan^2\left(45° - \dfrac{46°}{2}\right)} = 23.73\text{m}$$

$H = 27 - 4 = 23\text{m} < H_0$，不稳定。

【小注岩土点评】

① 本题让考生们很为难，也让各培训机构为难。

我们回顾并对比 2012 年下午卷 27 题，不难发现，按照官方的解释，本题将题干中的基底单位压力转化为基底附加应力 $P_0 = 200 - 25 \times 4 = 100\text{kPa}$，

$$H_0 = \frac{3 \times 25 + \sqrt{3^2 \times 25^2 + 4 \times 3 \times 25 \times 100 \times \tan46° \times \tan^2\left(45° - \dfrac{46°}{2}\right)}}{2 \times 25 \times \tan46° \times \tan^2\left(45° - \dfrac{46°}{2}\right)} = 21.1\text{m}$$

H_0 是临界深度，$H_0 < H = 27 - 4 = 23 < 1.5H_0$，地基稳定性差。

顶板临界埋深是从地表开始计算，为 $H_0 + d = 25.1\text{m} > 20\text{m}$，选 B。

若延续 2012 年的真题改编的思路，选 B。做房建的设计人员倾向于这种计算，即使用基底附加应力来计算，但这种计算在原理上讲，是错误的。

② 以上错误的理由如下：H_0 在推导过程中，是以顶板为研究对象，顶板所受的上覆总荷载与两侧的摩擦力形成力学平衡。据此，顶板所受的上覆荷载是基底压力，而不是顶板增加了多少荷载，即基底附加应力。很多人对这点无法理解。

举个例子：建造一栋楼，建筑物荷载为 P，开挖土体重 p_1，回填土及基础重 p_2，基

底至顶板的重量为 G，顶板的实际所承受的重量为：$G+P+p_2$，其中 $\dfrac{P+p_2}{A}=P_0$，为基底压力。然后使用整体法，做出竖向应力平衡，得出 $G+P+p_2=2F$；而不是 $G+P+(p_2-p_1)=2F$。这就是《工程地质手册》（第五版）P713 推荐方法得出的公式中使用基底压力的缘由。

③《工程地质手册》（第五版）P713，在推导该式时，有个前提条件：当建筑物已建在影响范围内，见下图（b），BD 是建筑物的平面范围，而 MN 是采空区影响范围，这个条件下，顶板的侧摩擦力是计算到地表；第二种情况：若建筑物横跨了影响范围，见下图（c），能够发挥侧摩擦力的范围是基底至顶板，H_0 和 H 都是以基底为计算起始面，即将顶板埋深减去基础埋深。

④ 另外，本题为防止考生继续使用曾经的基底附加应力，题干中已经明确按照《工程地质手册》（第五版）推荐方法，直接套用即可。

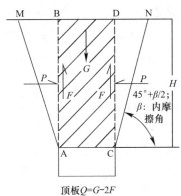

顶板 $Q=G-2F$

图(a) 整体分析计算原理示意图

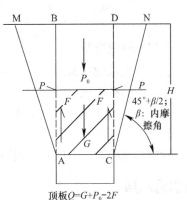

顶板 $Q=G+P_0-2F$

图(b) 建筑物在采空区影响范围内
(侧摩擦力计算至地表)

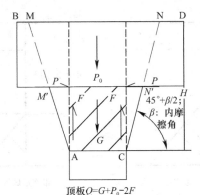

顶板 $Q=G+P_0-2F$

图(c) 建筑物横跨采空区影响范围(侧摩擦力
计算至基底)临界深度 H_0 推导原理图

第五节　地面沉降

——《工程地质手册》（第五版）

本节适用于抽吸地下水引起水位或水压下降而造成大面积地面沉降的计算。建筑物等上覆荷载引起的地面沉降计算，详见本书第二篇浅基础中第十五章地基沉降变形计算。

抽吸地下水，引起含水层的有效应力发生变化，进而产生压缩变形。根据不同的含水层，压缩变形分为潜水含水层、承压水含水层和弱透水层三种类型。

该类型的题，本质在于求出含水层顶面和底面的水压力变化，当降水前后土体重度保持不变，即总应力不变的情形下，根据有效应力原理，水压力变化即为有效应力变化，根据含水层水压力变化的线性分布，可以求出含水层的有效应力变化，进而求出压缩变形。

主要计算公式如下：

（1）黏性土及粉土按下式计算：

$$s_\infty = \frac{a}{1+e_0}\Delta PH$$

（2）砂土按下式计算：

$$s_\infty = \frac{1}{E}\Delta PH$$

式中：s_∞——土层最终沉降量（cm）；

a——土层压缩系数（MPa^{-1}）；

e_0——土层原始孔隙比；

ΔP——水位变化施加于土层上的平均附加应力（MPa）；

H——计算土层厚度（cm）；

E——砂层弹性模量（MPa），计算回弹量时用回弹模量。

一、潜水含水层

潜水含水层水位降低前后水压力分布详图如下：

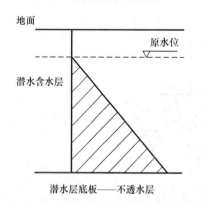 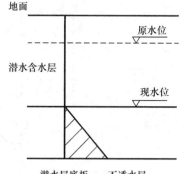

图(a) 原水位状况潜水含水层水压力分布图　　图(b) 降低水位状况潜水含水层水压力分布图

潜水含水层水压力变化：原水位与现水位之间为三角形分布，现水位至潜水层底板为等值分布或矩形分布。

【6-72】（2009D25）土层剖面及计算参数如下图所示，由于大面积抽取地下水，地下水位深度为抽水前距地面10m，以2m/年的速率逐年下降，忽略卵石层以下岩土层的沉降，则10年后地面沉降总量接近于（　　　）。

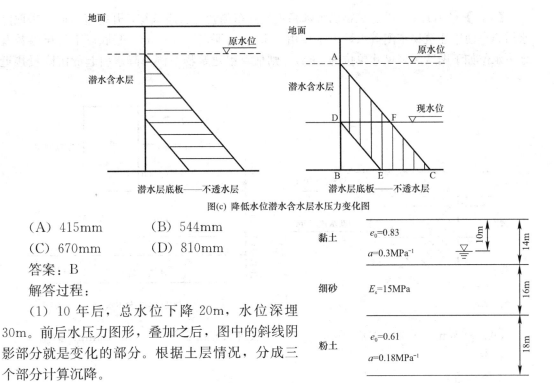

图(c) 降低水位潜水含水层水压力变化图

(A) 415mm   (B) 544mm

(C) 670mm   (D) 810mm

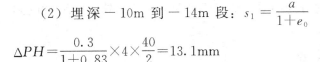

答案：B

解答过程：

(1) 10 年后，总水位下降 20m，水位深埋 30m。前后水压力图形，叠加之后，图中的斜线阴影部分就是变化的部分。根据土层情况，分成三个部分计算沉降。

(2) 埋深 $-10m$ 到 $-14m$ 段：$s_1 = \dfrac{a}{1+e_0}$

$$\Delta PH = \frac{0.3}{1+0.83} \times 4 \times \frac{40}{2} = 13.1\text{mm}$$

(3) 埋深 $-14m$ 到 $-30m$ 段：$s_2 = \dfrac{1}{E_s} \Delta PH = \dfrac{40 + \dfrac{160}{2}}{15} \times 16 = 128\text{mm}$

(4) 埋深 $-30m$ 到 $-48m$ 段：$s_3 = \dfrac{a}{1+e_0} \Delta PH = \dfrac{0.18}{1+0.61} \times 200 \times 18 = 402.5\text{mm}$

(5) $s = s_1 + s_2 + s_3 = 13.1 + 128 + 402.5 = 543.6\text{mm}$

【小注岩土点评】

① 对于单纯的抽水而言，有效应力的变化就是水压力的变化。画出降水前后的水压力图，叠加后就是水压力的变化部分。

② 降水前后的水压力图叠加，也可以用下图表示。下图中的阴影部分和上图中的阴影部分是一致的，只是对于降水后的水压力的抵扣地块不同而已。

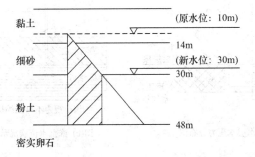

【6-73】（2011D5）甲建筑物已沉降稳定，其东侧新建乙建筑物，开挖基坑时，采取降水措施，使甲建筑物东侧潜水地下水位由－5.0m下降至－10.0m，基底以下地层参数及地下水位如下图所示（尺寸单位为mm），则估算甲建筑物东侧由降水引起的沉降量接近于（　　）。

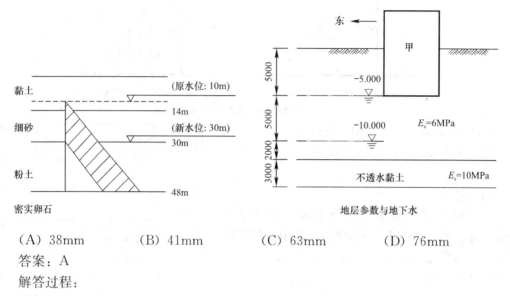

（A）38mm （B）41mm （C）63mm （D）76mm

答案：A

解答过程：

根据潜水含水层水位变化，将基底分为两层：基底埋深5m到10m处；埋深10m到12m处。

(1) 5～10m：$s_1 = \dfrac{1}{E_s}\Delta PH = \dfrac{\frac{1}{2}\times 50}{6}\times 5 = 20.8$mm

(2) 10～12m：$s_2 = \dfrac{1}{E_s}\Delta PH = \dfrac{50}{6}\times 2 = 16.7$mm

(3) $s = s_1 + s_2 = 20.8 + 16.7 = 37.5$mm

二、承压含水层

承压含水层水位降低前后水压力分布详图如下所示：

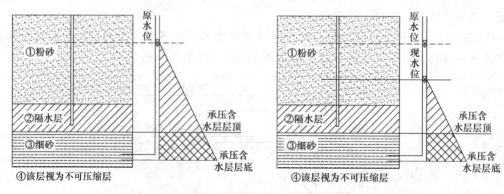

图(a) 原水位状况承压含水层水压力分布图　　图(b) 降低水位状况承压含水层水压力分布图

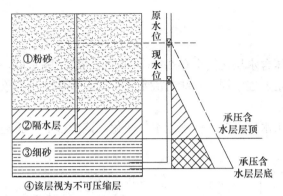

图(c) 降低水位承压含水层水压力变化图(承压
含水层水压力空白处)目标层为承压含水层,
因此只对比承压含水层顶底的水压力变化

承压含水层水压力变化：原水位与现水位之间为等值分布或矩形分布。

【6-74】(2016D05) 某场地两层地下水，第一层潜水，埋深 3m，第二层承压水，测管水位埋深 2m，该场地某基坑工程地下水控制采取截水和坑内降水，降水后承压水水位降低了 8m，潜水水位无变化，土层如下图所示（尺寸单位为 mm），计算由承压水水位降低引起的细砂层③的变形量。

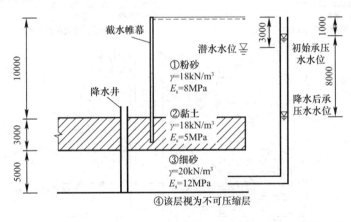

(A) 33mm　　　(B) 40mm　　　(C) 81mm　　　(D) 121mm

答案：A

解答过程：

(1) 水位下降 8m，细砂层③的有效应力增加了：$8 \times 10 = 80$kPa

(2) $s = \dfrac{80}{12} \times 5 = 33.33$mm

【小注岩土点评】

① 根据有效应力原理，孔隙水压力的减小量即为有效应力的增加量。

② 承压含水层水压力如上图所示，斜线阴影部分是原水压力图，砖的阴影部分是降水后的水压力图，两者在承压含水层细砂层的水压力差，就是只有斜线的阴影部分。

③ 总结：承压含水层的水位下降后，压力差呈矩形分布。

④ 有效应力的增量等于降水前后的压力水头差乘以水的重度。

三、弱透水层

潜水含水层与承压含水层之间会存在一个隔水层，这个隔水层，有时是不透水层，有时是弱透水层。如果是弱透水层，意味着潜水和承压水存在越流现象，弱透水层中存在水压力差。

（1）情形一：潜水水位不变，仅承压水位变化。该情形下，弱透水层的水压力分布详图如下所示：

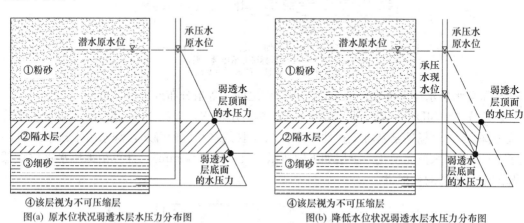

图(a) 原水位状况弱透水层水压力分布图　　　　图(b) 降低水位状况弱透水层水压力分布图

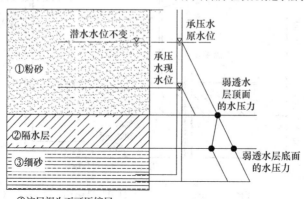

图(c) 降低水位弱透水层水压力变化图(三个黑点组成的空白三角形)

（2）情形二：潜水水位变化，承压水位也变化。该情形下，弱透水层的水压力分布详图如下所示：

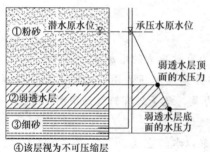

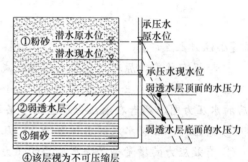

图(a) 原水位状况弱透水层水压力分布图　　　　图(b) 降低水位状况弱透水层水压力分布图

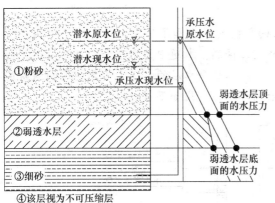

图(c)　降低水位弱透水层水压力变化图
（四个黑点组成的空白四边形）

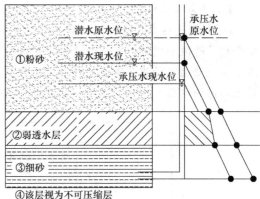

图(d)　降低水位潜水含水层、弱透水层和承压水
含水层水压力变化图(黑点组成的空白多边形)

【6-75】（2019D04）某平原区地下水源地（开采目的层为第 3 层）土层情况见下表，已知第 3 层砾砂中承压水初始水头埋深 4.0m，开采至一定时期后下降且稳定至埋深 32.0m；第 1 层砂中潜水位埋深一直稳定在 4.0m，试预测抽水引发的第 2 层最终沉降量最接近下列哪一选项？（水的重度为 $10kN/m^3$）

层号	土名	层顶埋深（m）	重度 γ（kN/m^3）	孔隙比 e_0	压缩系数 a（MPa^{-1}）
1	砂	0	19.0	0.8	
2	粉质黏土	10.0	18.0	0.85	0.30
3	砾砂	40.0	20.0	0.7	
4	基岩	50.0			

(A) 680mm　　　(B) 770mm　　　(C) 860mm　　　(D) 930mm

答案：A

解答过程：

根据《工程地质手册》（第五版），归属于弱透水层中的情形一（潜水水位不变，承压水水位下降）：

（1）抽水前：

粉质黏土层顶水位埋深 4m，水压力：$P=\gamma_w h=10\times(10-4)=60kPa$

粉质黏土层底水位高度：$40-4=36m$，水压力：$P=\gamma_w h=10\times(40-4)=360kPa$

（2）抽水后：

粉质黏土层顶水位埋深 4m，水压力：$P=\gamma_w h=10\times(10-4)=60kPa$

粉质黏土层底水位高度：$40-32=8m$，水压力：$P=\gamma_w h=10\times(40-32)=80kPa$

（3）抽水前后水压力变化：层顶为 $\Delta P=60-60=0$，层底为 $\Delta P=360-80=280kPa$，为三角形分布

（4）$\Delta h=\dfrac{a}{1+e_0}\Delta Ph=\dfrac{0.3}{1+0.85}\times\dfrac{280}{2}\times(40-10)=681mm$

【小注岩土点评】

① 本题是典型的地面沉降类型，和以往的单纯的潜水和承压含水层的沉降不同。承压含水层的隔水顶板，水压力变化不起沉降作用。区别：本题中的承压含水层的顶板是弱透水层，弱透水层意味着层内还是有水压力变化，承压含水层的水压力变化会影响到粉质黏土层内的水压力变化。承压含水层顶板前后的水压力变化如下图所示。

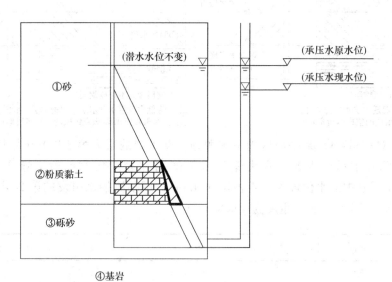

② 利用抽水引起的地面沉降是由于抽水引起的有效应力变化，而有效应力的变化与水压力变化一致。粉质黏土层是弱透水层，因此抽水时，粉质黏土层内也是存在水压力变化的，但是水压力变化都是线性的，只需要把握层顶和层底的水压力变化值，顶底用直线相连，就可以绘出水压力变化图形。

③ 本题中，潜水水位不变，粉质黏土层层顶水压力不变。承压含水层水位下降，导致粉质黏土层层底（即砾砂层）水压力下降。变化图形是图中只有斜线的阴影部分，即黑色线圈定的三角形。

【6-76】（2019D04 改编）某平原区地下水源地（开采目的层为第 1 层和第 3 层）土层情况见下表和下图，已知第 3 层砾砂中承压水初始水头埋深 4.0m，开采至一定时期后下降且稳定至埋深 32.0m；第 1 层粉砂中潜水位初始水头埋深为 4.0m，开采至一定时期后下降且稳定至埋深 8.0m；试预测抽水引发的地面最终沉降量最接近下列哪一选项？（水的重度为 $10kN/m^3$）

层号	土名	层顶埋深（m）	重度 γ（kN/m^3）	孔隙比 e_0	压缩系数 a（MPa^{-1}）	压缩模量 E_s（MPa）
1	粉砂	0	19.0	0.8	—	8
2	粉质黏土	10.0	18.0	0.85	0.30	—
3	砾砂	40.0	20.0	0.7	—	14
4	基岩	50.0	—	—	—	—

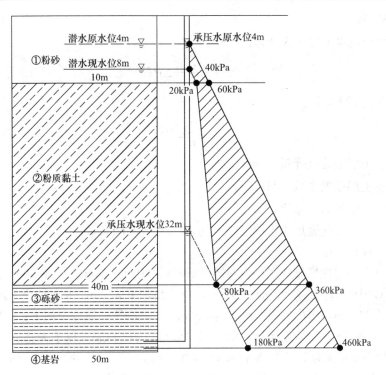

(A)　680mm　　　(B)　770mm　　　(C)　860mm　　　(D)　998mm

答案：D

解答过程：

根据《工程地质手册》（第五版）求取地表沉降，归属于弱透水层中的情形二（潜水水位变化，承压水水位也变化）：

(1) 潜水变化区：三角形与平行四边形分布。

三角形分布：$P_1 = \dfrac{1}{2}\gamma_w \Delta h = \dfrac{1}{2} \times 10 \times (8-4) = 20\text{kPa}$；$h_1 = 8-4 = 4\text{m}$

平行四边形分布：$P_2 = \gamma_w \Delta h = 10 \times (8-4) = 40\text{kPa}$；$h_2 = 10-8 = 2\text{m}$

(2) 粉质黏土层水压力变化：

粉质黏土层顶水压力变化：$\Delta P = 60 - 20 = 40\text{kPa}$

粉质黏土层底水压力变化：$\Delta P = 360 - 80 = 280\text{kPa}$

为梯形分布；$P_3 = \dfrac{1}{2}(40+280) = 160\text{kPa}$；$h_3 = 40 - 10 = 30\text{m}$

(3) 承压含水层水压力变化：$P_4 = \gamma_w \Delta h = 10 \times (32-4) = 280$，平行四边形分布。

$$h_4 = 50 - 40 = 10\text{m}$$

(4) $s = \dfrac{P_1}{E_s}h_1 + \dfrac{P_2}{E_s}h_2 + \dfrac{\alpha}{1+e_0}P_3 h_3 + \dfrac{P_4}{E_s}h_4 = \dfrac{20}{8} \times 4 + \dfrac{40}{8} \times 2 + \dfrac{0.3}{1+0.85} \times 160 \times 30 + \dfrac{280}{14} \times 10$

$= 998\text{mm}$

四、根据沉降反算土层压缩模量

根据最终沉降量公式，在已知沉降量 s_∞、水压力变化 ΔP 和层厚 H 的条件下，可以反算土层压缩模量。

（1）黏性土及粉土按下式计算：

$$s_\infty = \frac{a}{1+e_0}\Delta PH$$

（2）砂土按下式计算：

$$s_\infty = \frac{1}{E}\Delta PH$$

式中：s_∞——土层最终沉降量（cm）；

    a——土层压缩系数（MPa^{-1}）；

    e_0——土层原始孔隙比；

    ΔP——水位变化施加于土层上的平均附加应力（MPa）；

    H——计算土层厚度（cm）；

    E——砂层弹性模量（MPa），计算回弹量时用回弹模量。

【6-77】（2018C21）某建筑场地地下水位位于地面下 3.2m，经多年开采地下水后，地下水位下降了 22.6m，测得地面沉降量为 550mm。该场地土层分布如下：0 至 7.8m 为粉质黏土层，7.8 至 18.9m 为粉土层，18.9 至 39.6m 为粉砂层，以下为基岩。试计算粉砂层的变形模量平均值最接近下列哪个选项？（注：已知 $\gamma_w = 10.0\text{kN/m}^3$，粉质黏土和粉土层的沉降量合计为 220.8mm，沉降引起的地层厚度变化可忽略不计）

（A）8.7MPa   （B）10.0MPa   （C）13.5MPa   （D）53.1MPa

答案：C

解答过程：

根据《工程地质手册》（第五版）：

（1）粉砂层沉降量：$s = 550 - 220.8 = 329.2$mm

（2）$s = \dfrac{\dfrac{(18.9-3.2)+22.6}{2}\times 10}{E_s}\times(25.8-18.9) + \dfrac{22.6\times 10}{E_s}\times(39.6-25.8) = 329.2 \Rightarrow$

    $E_s = 13.5$MPa

【小注岩土点评】

① 有效应力计算地面沉降，是历年的常考知识点。

② 按照土力学地面沉降的原理，使用的是压缩模量来计算上覆荷载作用下的压缩量，压缩模量和变形模量之间有一个转换公式，对于大范围地面降水引起的砂土沉降，是不需要转化的。

③ 上述的转换公式是在侧限条件下推导出的，而大范围地面降水引起的砂土沉降是无侧限的；同时砂土的变形是可逆的，若在砂层中充水，砂土层的变形是可恢复的。砂土的变形模量就是它的弹性模量。《工程地质手册》（第五版）中使用的就是弹性模量，而非压缩模量。因此，这里不存在变形模量和压缩模量的转换。

④ 泊松比，砂土的泊松比，准确地说是一个范畴，中粗砂、粉砂的泊松比是不一样的。《岩土工程勘察规范（2009 年版）》GB 50021—2001 中载荷试验中标注的砂土的泊松比是 0.3，这只是一种近似的取值。若要换算，题干中理应给定泊松比。

五、降水前后土体重度发生变化情形下的有效应力计算

当降水前后土体重度出现变化，即总应力发生变化的情形下，根据有效应力原理，总应力变化量减去水压力变化量，$\Delta\sigma' = \Delta\sigma - \Delta u$，即为有效应力变化量。

有效应力的分布形式不变。即：潜水含水层原水位与现水位之间为三角形分布，现水位至潜水层底板为等值分布或矩形分布。承压含水层水压力变化：原水位与现水位之间为等值分布或矩形分布。

【6-78】（2023C21）某场地层及岩土参数如下表所示，其中③中砂为承压含水层。场地开采地下水前，潜水水位和承压水水头均位于地面以下 2.0m；开采地下水后，潜水水位降至地面下 8.0m，承压水水头降至地面下 10.0m，粉质黏土层内为稳定渗流。估算因地下水开采引起的地表最终沉降量最接近下列哪个选项？（沉降计算修正系数取 1.0）

(A) 240mm   (B) 270mm   (C) 300mm   (D) 325mm

土层名称	厚度（m）	压缩模量（MPa）	水位以上土的重度（kN/m³）	水位以下土的重度（kN/m³）
①细砂	10	8.0	19.0	20.0
②粉质黏土	10	5.5	—	19.1
③中砂	20	10.0	—	20.5
④基岩	—	不可压缩	—	—

答案：C

解答过程：

①细砂层为潜水含水层；②粉质黏土层为弱透水层，是潜水含水层的底板、承压含水层的顶板；③中砂层为承压含水层。

(1) 潜水含水层水位下降 1m，总应力变化量：$19 \times 1 - 20 \times 1 = -1$kPa

水压力变化量：$10 \times (-1) = -10$kPa

水位下降 1m，有效应力变化量为总应力变化量减去水压力变化量：$-1 - (-10) = 9$kPa

潜水水位处：潜水水位由地面以下 2m 降至地面以下 8m，下降了 6m，有效应力变化量为 $6 \times 9 = 54$kPa

潜水降低后的水位至弱透水层顶面，有效应力变化量均为 54kPa。

(2) 承压含水层的总应力是上覆土层的水土总和，承压含水层的总应力的减少，是因为潜水含水层水位下降 6m，总应力变化量为：$-1 \times 6 = -6$kPa

承压含水层水位变化：由地面以下 2m 降至地面以下 10m，下降了 8m，水压力变化量：$10 \times (-8) = -80$kPa

承压含水层有效应力变化量为总应力变化量减去水压力变化量：$-6 - (-80) = 74$kPa

(3) 粉质黏土层顶面的有效应力变化量为 54kPa，底面的有效应力变化量为 74kPa，土层内部的有效应力变化量呈直线分布（下图）。

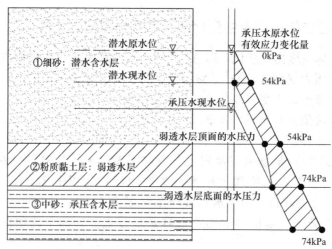

④基岩：不可压缩层

（4）最终沉降量：

$$s=\left[\frac{\frac{1}{2}\times54\times6}{8}+\frac{54\times2}{8}+\frac{\frac{1}{2}\times(54+74)\times10}{5.5}+\frac{74\times20}{10}\right]\times1.0=298mm$$

【小注岩土点评】

① 有效应力计算地面沉降，是历年的常考知识点。

② 本题的特点：潜水水位下降前后，土体重度发生了变化，导致潜水含水层和承压水含水层的总应力发生了变化。在计算有效应力变化量的时候，先计算出总应力变化量和水压力变化量，然后再用总应力变化量减去水压力变化量，就是有效应力变化量。

整体的分布形式，与前期一致，不一致的地方在于有效应力变化量。

③ 注意沉降修正系数为 1.0。

第七篇　公路规范专题

本篇内容以公路工程的三本主要规范进行编写，主要包括：公路桥涵地基与基础设计、公路路基设计、公路隧道设计等内容。公路工程涉及的规范一般为次要规范，每年考查题目为1~2题。

公路规范历年真题情况表

类别	历年出题数量	占公路规范比重	占历年真题比重
公路桥涵地基与基础	24	57.1%	3.23%
公路路基设计	9	21.4%	2002—2023年总题目共计1260题，其中公路规范占42题。
公路隧道设计	9	21.5%	（2015年未举行考试）

公路类规范历年真题考点统计

年份	考点统计
2016年	11A钻孔摩擦桩单桩极限承载力；26A膨胀土路基坡率；22A复合式衬砌
	27B土洞最小安全距离
2017年	—
	—
2018年	6A一般黏性土容许承载力；11A嵌岩桩单桩承载力；20A采空区场地适宜性
	—
2019年	—
	1B地基极限承载力
2020年	6A地基基础尺寸计算
	19B特殊土路基（膨胀土）
2021年	4A路基填土压实度评价
	18B公路隧道围岩水平压力计算；19B路堤地基处理深度计算
2022年	7A基础底面压力计算；9A公路桥梁桩基计算
	21B公路路基填料
2022年（补考）	11A桩端最小埋深；20A膨胀土（公路路基）；21A冻土（公路勘察）
	—
2023年	5A基底压力计算；18A隧道围岩均布压力计算；22A隧道岩爆等级
	9B沉井下沉系数；16B滑坡剩余下滑力计算

本篇涉及的主要规范及相关教材有：

《公路桥涵地基与基础设计规范》JTG 3363—2019

《公路路基设计规范》JTG D30—2015

《公路隧道设计规范 第一册 土建工程》JTG 3370.1—2018

《公路工程抗震规范》JTG B02—2013

《工程地质手册》（第五版）

第三十六章 公路桥涵地基与基础设计规范专题

第一节 地基岩土分类、工程特性及地基承载力

一、地基岩土分类、工程特性

地基岩土分类与工程特性可结合《岩土工程勘察规范（2009年版）》GB 50021—2001进行复习，主要为知识题，熟悉相应章节及内容，考试时能够快速找到准确位置即可。

二、地基承载力

——《公路桥涵地基与基础设计规范》第4.3节

地基承载力的验算，应以修正后的地基承载力特征值 f_a 控制。该值系在地基原位测试或本规范给出的各类岩土承载力特征值 f_{a0} 的基础上，经修正而得。案例考点主要为规范第3.0.7条、第4.3.4条、第4.3.5条，涉及修正后的地基承载力特征值 f_a 的修正、软土地基承载力 f_a 确定及抗力系数 γ_R。

（一）修正后的地基承载力特征值 f_a

——《公路桥涵地基与基础设计规范》第4.3.4条

修正公式：

$$f_a = f_{a0} + k_1\gamma_1(b-2) + k_2\gamma_2(h-3)$$

式中：f_a——修正后的地基承载力特征值（kPa）。

　　　b——基础底面的最小边宽（m）：①当 $b<2m$ 时，取 $b=2m$；②当 $b>10m$ 时，取 $b=10m$。

　　　h——基底埋置深度（m）：①无冲刷时，自天然地面起算；②当有水流冲刷时自一般冲刷线起算；③当 $h<3m$ 时，取 $h=3m$；④当 $h/b>4$ 时，取 $h=4b$。

　　　γ_1——基底持力层土的天然重度（kN/m^3）；当持力层在水面以下且为透水者，γ_1 应取浮重度。

　　　γ_2——基底以上土层的加权平均重度（kN/m^3）：①当持力层在水面以下，且不透水时，不论基底以上土的透水性如何，一律取饱和重度；②当持力层在水面以下且透水时，水中部分土层取浮重度；③有冲刷线时，应自冲刷线起算。

　　　k_1、k_2——基底宽度、深度修正系数，根据基底持力层土的类别，按下表取值：

地基承载力宽度、深度修正系数 k_1、k_2

修正系数	黏性土			粉土	砂土								碎石土			
	老黏性土	一般黏性土		新近沉积黏性土	—	粉砂		细砂		中砂		砾砂、粗砂		碎石、圆砾角砾		卵石	
		$I_L\geqslant0.5$	$I_L<0.5$		—	中密	密实	中密	密实	中密	密实	中密	密实	中密	密实	中密	密实
k_1	0	0	0	0	0	1.0	1.2	1.5	2.0	2.0	3.0	3.0	4.0	3.0	4.0	3.0	4.0
k_2	2.5	1.5	2.5	1.0	1.5	2.0	2.5	3.0	4.0	4.0	5.5	5.0	6.0	5.0	6.0	6.0	10.0

【小注】①对于稍密和松散状态的砂、碎石土，k_1、k_2 可取列表中"中密值"的50%。

②当基础位于水中不透水地层上时，f_a 按平均常水位至一般冲刷线的水深每米再增加10kPa。

③强风化和全风化的岩石，可参照所风化的相应土类取值；其他状态下的岩石不修正。

【7-1】（2012D05）天然地基上的桥梁基础，底面尺寸为 2m×5m，基础埋置深度、地层分布及相关参数如下图所示（尺寸单位为 mm），地基承载力基本特征值为 200kPa，根据《公路桥涵地基与基础设计规范》JTG 3363—2019 计算修正后的地基承载力特征值最接近（　　）。

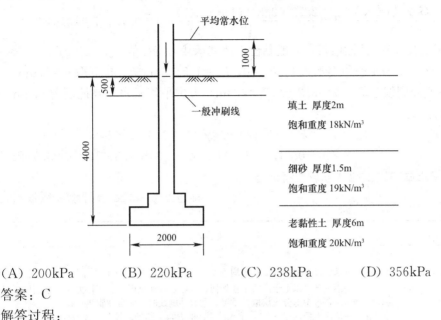

(A) 200kPa　　　　(B) 220kPa　　　　(C) 238kPa　　　　(D) 356kPa

答案：C

解答过程：

根据《公路桥涵地基与基础设计规范》JTG 3363—2019 第 4.3.4 条：

(1) h 自一般冲刷线起算，取 $h=4-0.5=3.5$m

(2) 老黏土视为不透水层，$\gamma_2=\dfrac{1.5\times18+1.5\times19+0.5\times20}{3.5}=18.71$kN/m³

(3) 老黏土层，查表 $k_1=0$，$k_2=2.5$

$f_a=f_{a0}+k_1\gamma_1(b-2)+k_2\gamma_2(h-3)=200+0+2.5\times18.71\times(3.5-3)=223.4$kPa

(4) 按平均常水位至一般冲刷线的水深每米增大 10kPa

$$f_a=223.4+10\times1.5=238.4\text{kPa}$$

【小注岩土点评】

公路桥涵与铁路桥涵的地基承载力修正，同建筑地基承载力修正，略有不同。建筑地基承载力修正，不考虑不透水层，只要在水下，均采用浮重度计算，而对于公铁地基规范，如果持力层是透水层，修正方法同地基基础规范，如果持力层为不透水层，承载力修正时，水下一律采用饱和重度，并且天然常水位至一般冲刷线的水重，也可当成超载考虑。同时，本题目解答基底以上土的加权平均重度 γ_2，建议加权范围与 h 的取值对应。

【7-2】（2018C06）桥梁墩台基础底面尺寸为 5m×6m，基础埋深为 5.2m，地面以下均为一般黏性土，按不透水考虑，天然含水量 $w=24.7\%$，天然重度 $\gamma=19.0$kN/m³，土粒比重 $G=2.72$，液性指数 $I_L=0.6$，饱和重度 $\gamma_{sat}=19.44$kN/m³，平均常水位在地面上 0.32m，一般冲刷线深度为 0.7m，水的重度 $\gamma_w=9.8$kN/m³，按《公路桥涵地基与基础设计规范》JTG 3363—2019 确定修正后的地基承载力特征值为（　　）。

(A) 275kPa　　　　(B) 285kPa　　　　(C) 294kPa　　　　(D) 303kPa

答案：D

解答过程：

根据《公路桥涵地基与基础设计规范》JTG 3363—2019：

(1) $e=\dfrac{G_s\gamma_w(1+w)}{\gamma}-1=\dfrac{2.72\times9.8\times(1+0.247)}{19}-1=0.75$，$I_L=0.6$

(2) 查表4.3.3-6并插值得：一般黏性土地基承载力特征值 $f_{a0}=250\text{kPa}$

(3) 根据第4.3.4条和表4.3.4：$k_1=0$，$k_2=1.5$，$2\text{m}<b<10\text{m}$ 取 $b=5.0\text{m}$

h 自一般冲刷线起算，$h=5.2-0.7=4.5\text{m}$，考虑平均常水位在地面上 0.3m，还须增加1m水深修正：

$$f_a=f_{a0}+k_1\gamma_1(b-2)+k_2\gamma_2(h-3)+\gamma_w\times1$$
$$=250+0+1.5\times19.44\times(4.5-3)+9.8\times1.0=303.5\text{kPa}$$

（二）修正后的软土地基承载力特征值 f_a

——《公路桥涵地基与基础设计规范》第4.3.5条

按天然含水量 确定	$$f_a=f_{a0}+\gamma_2 h$$ 式中：γ_2——基底以上土层的加权平均重度（kN/m³）：①当持力层在水面以下，且不透水时，不论基底以上土的透水性如何，一律取饱和重度；②当持力层在水面以下且透水时，水中部分土层取浮重度；③有冲刷线时，应自冲刷线起算。 h——基底埋置深度（m）：①无冲刷线时，自天然地面算起；②当有水流冲刷时自一般冲刷线起算；③当 $h<3\text{m}$ 时，取 $h=3\text{m}$；④当 $h/b>4$ 时，取 $h=4b$。 **软土地基承载力特征值 f_{a0} 与天然含水量关系对照表** <table><tr><td colspan="8">软土地基承载力特征值 f_{a0}</td></tr><tr><td>天然含水率 w（%）</td><td>36</td><td>40</td><td>45</td><td>50</td><td>55</td><td>65</td><td>75</td></tr><tr><td>f_{a0}（kPa）</td><td>100</td><td>90</td><td>80</td><td>70</td><td>60</td><td>50</td><td>40</td></tr></table>【小注】经复合地基方法处理的软土地基，其承载力特征值应通过载荷试验确定，然后按照此公式进行修正
按强度指标 确定	$$f_a=\dfrac{5.14}{m}k_p C_u+\gamma_2 h$$ $$k_p=\left(1+0.2\dfrac{b}{l}\right)\left(1-\dfrac{0.4H}{blC_u}\right)$$ 式中：m——抗力修正系数，可视软土灵敏度及基础长宽比等因素选用 1.5～2.5。 C_u——地基土不排水抗剪强度标准值（kPa）。 k_p——系数。 H——由作用（标准值）引起的水平力（kN）。 b——基础宽度（m），有偏心作用时：取 $b-2e_b$。 l——垂直于 b 边的基础长度（m），有偏心作用时：取 $l-2e_l$。 e_b、e_l——分别为沿 b 方向和 l 方向的偏心距（m）。 γ_2——基底以上土层的加权平均重度（kN/m³）：①当持力层在水面以下，且不透水时，不论基底以上土的透水性如何，一律取饱和重度；②当持力层在水面以下且透水时，水中部分土层取浮重度；③有冲刷线时，应自冲刷线起算。 h——基底埋置深度（m）：①无冲刷线时，自天然地面算起；②当有水流冲刷时自一般冲刷线起算；③当 $h<3\text{m}$ 时，取 $h=3\text{m}$；④当 $h/b>4$ 时，取 $h=4b$

（三）地基承载力特征值 f_a 应根据地基受荷阶段及受荷情况，乘以规定的抗力系数 γ_R

——《公路桥涵地基与基础设计规范》第 3.0.7 条

受荷阶段	作用组合或地基条件		f_a (kPa)	γ_R
使用阶段	频遇组合	永久作用与可变作用组合	≥150	1.25
			<150	1.00
		仅计结构重力、预加力、土的重力、土侧压力和汽车荷载、人群荷载	—	1.00
	偶然组合		≥150	1.25
			<150	1.00
	多年压实未遭破坏的非岩石旧桥基		≥150	1.5
			<150	1.25
	岩石旧桥基		—	1.00
施工阶段	不承受单向推力		—	1.25
	承受单向推力		—	1.5

【小注】表中 f_a 为修正后的值。

【7-3】（模拟题）某公路桥梁基础位于水下，基础位于常水面以下 4m，常水面至一般冲刷线水深 1.0m，基础尺寸为 3m×6m。水底土层分布：0～1m 为填土，$\gamma=19\text{kN/m}^3$；1.0～3.0m 为细砂，$\gamma=20\text{kN/m}^3$；3.0～8m 为软黏土，$\gamma=18\text{kN/m}^3$，$w=65\%$；8m 以下为卵石，$\gamma=20\text{kN/m}^3$。试按《公路桥涵地基与基础设计规范》JTG 3363—2019 计算修正后的软土地基承载力特征值为（　　）。

(A) 108kPa　　　(B) 118kPa　　　(C) 128kPa　　　(D) 138kPa

答案：B

解答过程：

根据《公路桥涵地基与基础设计规范》JTG 3363—2019 第 4.3.4 条、第 4.3.5 条：

(1) 基础持力层为软黏土，根据原状土天然含水量确定软土地基承载力特征值 f_{a0}。

软黏土，$w=65\%$，查表 4.3.5，取 $f_{a0}=50\text{kPa}$。

(2) h 自一般冲刷线算起，取 $h=4.0-1.0=3\text{m}$

软黏土视为不透水土层，$\gamma_2=\dfrac{2.0\times20+1.0\times18}{3}=19.33\text{kN/m}^3$

(3) $f_a=f_{a0}+\gamma_2 h=50+19.33\times3.0=107.99\text{kPa}$

(4) 按平均常水位至一般冲刷线的水深每米增大 10kPa。

$$f_a=107.99+1.0\times10=117.99\text{kPa}$$

【小注岩土点评】

① 题干中已经给出参考规范，可查找到对应的公式计算。

② 软黏土一般视为不透水性土，此知识点需牢记，本知识点及其他考点均有涉及。

③ 软土地基确定 f_a 后仍需根据实际情况按照平均常水位至一般冲刷线的距离进行修正。

【7-4】（模拟题）某软土地基上的桥墩基础，基础尺寸为 5m×5m，基础埋深 3m，桥墩承受偏心荷载，偏心作用在宽度和长度方向的偏心矩均为 0.5m，水平力 $H=400\text{kN}$，软土不排水抗剪强度 $C_u=18\text{kPa}$，基础埋深范围内土层平均重度 $\gamma_2=18\text{kN/m}^3$，软土持力

层视为不透水层，抗力修正系数 $m=1.5$，试按《公路桥涵地基与基础设计规范》JTG 3363—2019 计算修正后的软土地基承载力特征值为（　　）。

(A) 80kPa　　　　(B) 85kPa　　　　(C) 90kPa　　　　(D) 95kPa

答案：B

解答过程：

根据《公路桥涵地基与基础设计规范》JTG 3363—2019 第 4.3.5 条：

(1) $k_p = \left(1+0.2\dfrac{b}{l}\right)\left(1-\dfrac{0.4H}{blC_u}\right) = \left(1+0.2\times\dfrac{5-2\times0.5}{5-2\times0.5}\right)\left(1-\dfrac{0.4\times400}{(5-2\times0.5)\times(5-2\times0.5)\times18}\right)$

$\qquad =0.533$

(2) $f_a = \dfrac{5.14}{m}k_pC_u+\gamma\cdot h = \dfrac{5.14}{1.5}\times0.533\times18+18\times3=86.9\text{kPa}$

【小注岩土点评】

① 题干中已经给出参考规范，可查找到对应的公式计算。

② k_p 计算公式中的 b、l 需特别注意，有偏心矩时，并不是原值，而是 $b-2e_b$、$l-2e_l$。

第二节　基础计算与地基处理

本专题涉及公式较多，但计算难度不大，只要仔细确认清楚公式内各符号所代表的含义即可轻松答题。

一、基础埋置深度

—— 《公路桥涵地基与基础设计规范》第 5.1 节

当墩台基础设置在季节性冻胀性土层时，基底的最小埋置深度应根据公式计算。

计算公式：

$$d_{min}=z_d-h_{max}$$
$$z_d=\psi_{zs}\psi_{zw}\psi_{ze}\psi_{zg}\psi_{zf}z_0$$

式中：d_{min}——基底最小埋置深度（m）。

$\qquad z_d$——设计冻深（m）。

$\qquad z_0$——标准冻深（m）；无实测资料时，可查规范附录 E 采用。

$\qquad \psi_{zs}$——土的类别对冻深的影响系数，按下表取值：

土的类别	黏性土	细砂、粉砂、粉土	中砂、粗砂、砾砂	碎石土
ψ_{zs}	1.00	1.20	1.30	1.40

$\qquad \psi_{zw}$——土的冻胀性对冻深的影响系数，按下表取值：

冻胀性	不冻胀	弱冻胀	冻胀	强冻胀	特强冻胀	—
ψ_{zw}	1.00	0.95	0.90	0.85	0.80	—

【小注】 季节性冻胀土分类具体可参见本规范附录第 E.0.2 条。

$\qquad \psi_{ze}$——环境对冻深的影响系数，按下表取值：

周围环境	村、镇、旷野	城市近郊	城市市区
ψ_{ze}	1.00	0.95	0.90

【小注】当城市市区人口为 20 万～50 万时，城市市区取 0.95；

当城市市区人口大于 50 万而小于或等于 100 万时，城市市区取 0.90；

当城市市区人口超过 100 万时，城市市区取 0.90，5km 以内的郊区取 0.95。

ψ_{zg}——地形坡向对冻深的影响系数，按下表取值：

地形坡向	平坦	阳坡	阴坡
ψ_{zg}	1.0	0.9	1.1

ψ_{zf}——基础对冻深的影响系数，可取 1.1。

h_{max}——基础底面下容许最大冻层深度（m），按下表取值：

冻胀土类别	弱冻胀	冻胀	强冻胀	特强冻胀
h_{max}	$0.38z_0$	$0.28z_0$	$0.15z_0$	$0.08z_0$

【小注】季节性冻胀土分类见本规范附录表 E.0.2

【7-5】（模拟题）在季节性冻土地区的城市近郊修建一桥梁，桥梁基础位于阳坡，地基土为黏性土，标准冻深为 1.50m。冻前地基土的天然含水率 $w=20\%$，塑限含水率为 $w_P=17\%$，冻前地下水位埋深 $z=3m$，根据《公路桥涵地基与基础设计规范》JTG 3363—2019，该桥址区的设计冻深应取以下哪个选项的数值？

(A) 1.25m　　　(B) 1.35m　　　(C) 1.40m　　　(D) 1.60m

答案：B

解答过程：

根据《公路桥涵地基与基础设计规范》JTG 3363—2019 第 4.1.1 条、附录 H：

(1) 冻胀性判别

$$z=3.0m,\ 17\%+2\%=19\%<20\%<17\%+5\%=22\%$$

根据规范附录表 H.0.2，该地区冻土冻胀类别为弱冻胀。

(2) 标准冻深

查规范表 4.1.1-1～表 4.1.1-4，$\psi_{zs}=1.00$，$\psi_{zw}=0.95$，$\psi_{ze}=0.95$，$\psi_{zg}=0.9$，$\psi_{zf}=1.1$

$$z_d=\psi_{zs}\cdot\psi_{zw}\cdot\psi_{ze}\cdot\psi_{zg}\cdot\psi_{zf}\cdot z_0=1.0\times0.95\times0.95\times0.9\times1.1\times1.5=1.34$$

【小注岩土点评】

(1) 题干中已指定用公路桥涵地基规范解答，不可用建筑地基规范进行解答。

(2) 公路桥涵地基规范冻土地基的基础埋置深度与建筑地基规范有些不同。

① 在确定冻胀性类别时，公路桥涵地基规范用的是冻结前地下水位至地表的距离 z，建筑地基规范用的是冻结期间地下水至冻结面的距离 h_w。

② 建筑地基规范中黏性土的冻胀性根据塑性指数降级，但公路桥涵地基规范没有此项，应注意区别。

【7-6】（模拟题）某公路桥梁墩台基础位于某城市近郊，地势平坦，地基土为季节性强冻胀黏性土，标准冻深为 2m。试问墩台基础基底的最小埋置深度为（　　）。

(A) 1.0m　　　(B) 1.5m　　　(C) 2.0m　　　(D) 2.5m

答案：B

解答过程：

根据《公路桥涵地基与基础设计规范》JTG 3363—2019 第5.1.2条：

（1）地基土为黏性土，$\psi_{zs}=1.00$

城市近郊，$\psi_{zc}=0.95$

地势平坦，$\psi_{zg}=1.0$

强冻胀黏性土，$\psi_{zw}=0.85$

最大冻层厚度：$h_{max}=0.15z_0$，$\psi_{zf}=1.1$

（2）$z_d = \psi_{zs} \cdot \psi_{zw} \cdot \psi_{zc} \cdot \psi_{zg} \cdot \psi_{zf} \cdot z_0$

$\qquad = 1.00 \times 0.85 \times 0.95 \times 1.0 \times 1.1 \times 2.0 = 1.7765\text{m}$

$\qquad\qquad h_{max} = 0.15z_0 = 0.15 \times 2.0 = 0.3\text{m}$

（3）$d_{min} = z_d - h_{max} = 1.7765 - 0.3 = 1.4765\text{m}$

二、地基与基础计算

—— 《公路桥涵地基与基础设计规范》第 5.2 节

基础底面承载力应根据不同受力情况进行验算。应首先计算偏心矩大小，并与 ρ 进行比较以选择对应的承载力验算公式。

基底受力情况	偏心矩 e	承载力验算	参数和系数有关符号
轴心受压	$e_0=0$	$p=\dfrac{N}{A} \leqslant f_a$	p——基底平均压应力（kPa）； N——作用组合下基底的竖向力（kN）； A——基础底面面积
单向小偏心受压	$e_0 \leqslant \rho$	$\begin{cases} p=\dfrac{N}{A} \leqslant f_a \\ p_{max}=\dfrac{N}{A}+\dfrac{M}{W} \leqslant \gamma_R f_a \end{cases}$	p_{max}——基底最大压应力（kPa）； M——作用组合下墩台的水平力和竖向力对基底重心轴的弯矩（kN·m）； W——基础底面偏心方向面积抵抗矩（m³）； γ_R——抗力系数
单向大偏心受压	$e_0 > \rho$	$p_{max}=\dfrac{2N}{3\left(\dfrac{b}{2}-e_0\right)a} \leqslant \gamma_R f_a$	b——偏心方向基础底面边长（m）； a——垂直于 b 边基础底面的边长（m）； e_0——偏心荷载 N 作用点距截面重心的距离（m）
单向大偏心受压	基岩上矩形截面基底单向偏心受压应力重分布示意图		

续表

基底受力情况	偏心矩 e	承载力验算	参数和系数 有关符号
双向小偏心受压	$\dfrac{e_0}{\rho}=1-\dfrac{p_{\min}\cdot A}{N}\leqslant 1$	$\begin{cases} p=\dfrac{N}{A}\leqslant f_a \\ p_{\max}=\dfrac{N}{A}+\dfrac{M_x}{W_x}+\dfrac{M_y}{W_y}\leqslant\gamma_R\cdot f_a \end{cases}$	M_x、M_y——作用于墩台的水平力和竖向力分别对基底 x 轴和 y 轴的弯矩（kN·m）； W_x、W_y——基础底面偏心方向边缘对 x 轴和 y 轴的面积抵抗矩（m³）
双向大偏心受压	$\dfrac{e_0}{\rho}=1-\dfrac{p_{\min}\cdot A}{N}>1$	矩形：$p_{\max}=\lambda\dfrac{N}{A}\leqslant\gamma_R f_a$ 圆形：偏心率 $n=e/d>0.125$， $p_{\max}=\lambda\dfrac{N}{A}$	λ——作用系数，参见本规范附录 G

【小注】① $e_0=\dfrac{M}{N}$。

② 矩形抵抗矩 $W=\dfrac{lb^2}{6}$；条形基础 $W=\dfrac{b^2}{6}$；圆形基础 $W=\dfrac{\pi d^3}{32}$。

③ 单向偏心：$\rho=\dfrac{W}{A}$，矩形、条形基础 $\rho=\dfrac{b}{6}$，圆形基础 $\rho=\dfrac{d}{8}$。

④ 双向偏心：$\rho=\dfrac{e_0}{1-\dfrac{p_{\min}A}{N}}$；$p_{\min}=\dfrac{N}{A}-\dfrac{M_x}{W_x}-\dfrac{M_y}{W_y}$。

⑤ b 为力矩作用方向的边长

【7-7】（2003C5）某公路桥台基础宽度为 4.3m，作用在基底的合力的竖向力分力为 7620.87kN，对基底重心轴的弯矩为 4204.12kN·m。在验算桥台基础的合力偏心矩 e_0 并与桥台基底截面核心半径 ρ 相比较时，下列论述中（　　）项是正确的。

(A) e_0 为 0.55m，$e_0<0.75\rho$　　　　(B) e_0 为 0.55m，$0.75\rho<e_0<\rho$

(C) e_0 为 0.72m，$e_0<0.75\rho$　　　　(D) e_0 为 0.72m，$0.75\rho<e_0<\rho$

答案：B

解答过程：

根据《公路桥涵地基与基础设计规范》JTG 3363—2019 第 5.2.2 条：

(1) $e_0=\dfrac{M}{N}=\dfrac{4204.12}{7620.87}=0.55\text{m}$

(2) $\rho=\dfrac{b}{6}=\dfrac{4.3}{6}=0.717\text{m}$

(3) $0.75\rho=0.75\times0.717=0.538\text{m}$

(4) $0.75\rho<e_0<\rho$

【小注岩土点评】

① 题干中有"公路桥台基础"字眼，可直接确定规范，查找到对应的章节公式进行计算。

② 本题直接求 e_0 及 ρ，相对简单，以后出题的方向应该是依据比值大小确定大小偏向、后续的 p、$p_{\max}$ 及最终是否满足承载力需要。

【7-8】（2003C06）某公路桥台基础，基底尺寸为 4.3m×9.3m，荷载作用情况如下图

所示（尺寸单位为 mm）。已知地基土修正后的承载力特征值为 270kPa。试按《公路桥涵地基与基础设计规范》JTG 3363—2019 验算基础底面土的承载力，得到的正确结果应该是（　　）。（取 $\gamma_R = 1.25$）

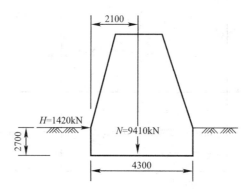

（A）基础底面平均压力小于修正后的地基承载力特征值；基础底面最大压力大于修正后的地基承载力特征值

（B）基础底面平均压力小于修正后的地基承载力特征值；基础底面最大压力小于修正后的地基承载力特征值

（C）基础底面平均压力大于修正后的地基承载力特征值；基础底面最大压力大于修正后的地基承载力特征值

（D）基础底面平均压力大于修正后的地基承载力特征值；基础底面最大压力小于修正后的地基承载力特征值

答案：A

解答过程：

根据《公路桥涵地基与基础设计规范》JTG 3363—2019 第 5.2.2 条：

（1）$M = 1420 \times 2.7 - 9410 \times \left(\dfrac{4.3}{2} - 2.1 \right) = 3363.5 \text{kN} \cdot \text{m}$

$$e_0 = \frac{M}{N} = \frac{3363.5}{9410} = 0.36\text{m} < \rho = \frac{b}{6} = \frac{4.3}{6} = 0.72\text{m}$$

确定小偏心受力状态。

（2）$p_{\max} = \dfrac{N}{A} + \dfrac{M}{W} = \dfrac{9410}{4.3 \times 9.3} + \dfrac{3363.5}{\dfrac{9.3 \times 4.3^2}{6}} = 352.7\text{kPa} \geqslant \gamma_R f_a = 1.25 \times 270 =$

337.5kPa，不满足要求。

$$p = \frac{N}{A} = \frac{9410}{4.3 \times 9.3} = 235.3\text{kPa} \leqslant f_a = 270\text{kPa}，满足要求。$$

【小注岩土点评】

① 题干中已经给出参考规范，且有"公路桥台基础"等字眼，可直接确定规范，查找到对应的基础计算与地基处理。

② 确定受力状态：由于受力来自竖向及水平向两个方向，确定此受力状态为偏心受力，需判断大偏心受力还是小偏心受力。

③ 由 $e_0 < \rho$ 选用公式，需注意基础宽度方向与受力方向的一致性。

④ 此题 N 的标注有些不准确，实际题意 N 应为桥台基础底面的作用力。由于题目未给出桥台其他信息，可直接认定 N 为总竖向受力。

【7-9】(2014D09) 公路桥涵基础建于多年压实未经破坏的旧桥基础上，基础平面尺寸为 $2m×3m$，修正后地基承载力特征值 f_a 为 160kPa，基底双向偏心受压，承受的竖向力作用位置为图中 O 点，根据《公路桥涵地基与基础设计规范》JTG 3363—2019，按基底最大压应力验算时，能承受的最大竖向力为（　　）。

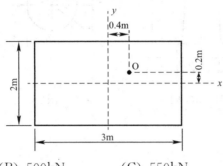

(A) 460kN　　　　(B) 500kN　　　　(C) 550kN　　　　(D) 600kN

答案：D

解答过程：

根据《公路桥涵地基与基础设计规范》JTG 3363—2019：

(1) 根据第 3.0.7 条，经多年压实未经破坏的旧桥基础，取 $\gamma_R=1.5$

(2) 根据第 5.2.5 条第 3 款：

$$p_{min}=\frac{N}{A}-\frac{M_x}{W_x}-\frac{M_y}{W_y}=\frac{N}{2×3}-\frac{N×0.4}{2×3×3/6}-\frac{N×0.2}{3×2×2/6}=-0.07N<0$$

由此判断其为双向大偏心受压。

(3) 根据附录 G，矩形截面：

$$\frac{e_x}{b}=\frac{0.4}{3}=0.133,\quad \frac{e_y}{d}=\frac{0.2}{2}=0.1，查表 G.0.2，得 \lambda=2.43$$

(4) $p_{max}=\lambda\frac{N}{A}=2.43×\frac{N}{6}\leqslant\gamma_R·f_a=1.5×160\Rightarrow N\leqslant592.6kN$

【小注岩土点评】

本题目考查矩形基础双向大偏心的基底压力计算，由于矩形基础双向大偏心，其应力重分布难以计算，故《公路桥涵地基与基础设计规范》JTG 3363—2019 给出了查表的方法确定基底最大压应力，通过基底合力点的位置，确定系数 λ，该系数本质是基底最大应力对于基底平均应力的放大倍数，由此可确定矩形基础双向大偏心的最大压应力。需要注意的是，偏心工况下，地基的承载力可进行一定的放大，放大系数为 γ_R，而轴心工况不可以放大。

【7-10】(2022C07) 某基岩上的公路桥涵墩台，基础平面为圆形。在某一种工况荷载组合下，作用于墩台上的力如下图所示。图中，$P_1=1500kN$，$P_2=1000kN$，$P_3=50kN$，$D=3.0m$，$a_1=0.4m$，$a_2=0.3m$，$a_3=12m$。计算在以上荷载作用下基础底面的最大压应力最接近下列哪个选项？（假定基底压力线性分布）

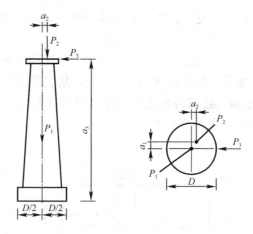

(A) 480kPa　　　　(B) 540kPa　　　　(C) 630kPa　　　　(D) 720kPa

答案：B

解答过程：

(1) 合力矩计算：

X 方向弯矩：

$$M_{p3}=50\times12=600\text{kN}\cdot\text{m}$$

$$M_{p2}=1000\times0.3=300\text{kN}\cdot\text{m}$$

$$M_x=600-300=300\text{kN}\cdot\text{m}（向左）$$

Y 方向弯矩：$M_y=1000\times0.4=400\text{kN}\cdot\text{m}（向上）$

总弯矩：$M=\sqrt{400^2+300^2}=500\text{kN}\cdot\text{m}$

(2) 偏心判定：

$$e_0=\frac{500}{1500+1000}=0.2\text{m}$$

$$e_0=0.2\text{m}<\frac{d}{8}=0.375\text{m}，小偏心$$

(3) 最大应力计算：

$$p_{k\max}=\frac{1500+1000}{\frac{\pi}{4}\times3^2}+\frac{500}{\frac{\pi\times3^3}{32}}=542.6\text{kPa}$$

【小注岩土点评】

① 合力矩的计算中，正交方向的合力矩，可以按照力的合成原则进行。

② 圆形基础的最大应力计算，小偏心可采用材料力学公式，大偏心需要根据《公路桥涵地基与基础设计规范》JTG 3363—2019 附录 G 计算。

三、基础沉降计算

——《公路桥涵地基与基础设计规范》第 5.3 节

墩台基础的最终沉降量计算公式采用分层总和法并适当考虑沉降计算经验系数确定。

公式：

$$s = \psi_s s_0 = \psi_s \sum_{i=1}^{n} \frac{p_0}{E_{si}}(z_i \bar{\alpha}_i - z_{i-1} \bar{\alpha}_{i-1})$$

$$p_0 = p - \gamma h$$

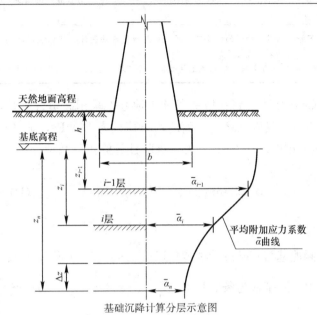

基础沉降计算分层示意图

式和图中：s——地基最终沉降量（mm）。

   s_0——按分层总和法计算的地基沉降量（mm）。

   ψ_s——沉降计算经验系数；根据地区沉降观测资料及经验确定，缺少沉降观测资料及经验数据时，可按下表取值：

$\overline{E}_s$ (MPa) 　基底附加压应力	2.5	4.0	7.0	15.0	20.0
$p_0 \geq f_{a0}$	1.4	1.3	1.0	0.4	0.2
$p_0 \leq 0.75 f_{a0}$	1.1	1.0	0.7	0.4	0.2

 【小注】$\overline{E}_s$ 为沉降计算范围内压缩模量的当量值：$\overline{E}_s = \dfrac{\sum A_i}{\sum \dfrac{A_i}{E_{si}}}$。

   n——地基沉降计算深度范围内所划分的土层数。

   p_0——对应于作用的准永久组合时的基础底面附加压应力（kPa）。

   E_{si}——基础底面下第 i 层土的压缩模量（MPa），应取土的"自重压应力"至"土的自重压应力与附加压应力之和"的压应力段计算。

   z_i、z_{i-1}——基础底面至第 i 层土、第 $i-1$ 层土底面的距离（m）。

   $\bar{\alpha}_i$、$\bar{\alpha}_{i-1}$——基础底面计算点至第 i 层土、第 $i-1$ 层土底面范围内平均附加压应力系数，可按规范附录 J.0.2 条取用，其中 l、b、z 取值均为原始长度。

   p——基底压应力（kPa），当 $\dfrac{z}{b} > 1$ 时，采用基底平均压应力；当 $\dfrac{z}{b} \leq 1$ 时，p 采用距最大压应力点 $b/3 \sim b/4$ 处的压应力（对于梯形图形前后端压应力差较大时，采用后者，反之采用前者）；b 为矩形基础宽度。

   h——基底的埋置深度（m）：①当基础受水流冲刷时，由一般冲刷线算起；②当不受水流冲刷时，由天然地面算起；③位于挖方内，则由开挖后地面算起。

   γ——h 内土的重度（kN/m³），基底为透水地基时水位以下取浮重度。

   z_n——沉降计算深度。

 ① 在 z_n 以上取 Δz 厚度，其沉降量需符合：$\Delta s_n \leq 0.025 \sum_{i=1}^{n} \Delta s_i$

基底宽度 b（m）	$b \leq 2$	$2 < b \leq 4$	$4 < b \leq 8$	$b > 8$
Δz（m）	0.3	0.6	0.8	1.0

续表

② 无相邻荷载影响，基底宽度在 $1\sim30$m 范围内时：$z_n=b$ $(2.5-0.4\ln b)$

③ 计算深度范围内存在基岩，可取至基岩表面。

④ 存在较厚的坚硬黏土层，其孔隙比小于 0.5、压缩模量大于 50MPa，或存在较厚的密实砂卵石层，其压缩模量大于 80MPa 时，可取至该土层表面

【小注】① 公路的软弱下卧层承载力验算的方法不同于《建筑地基基础设计规范》GB 50007—2011，此处采用的是"附加应力系数法"，而非"应力扩散角法"。

② 公路基底下地基土中的附加应力系数，按照规范是直接查得"基底中点"下的附加应力系数

【7-11】（2008C6）高速公路在桥头段软土地基上采用高填方路基，路基平均宽度为 30m，路基自重及路面荷载传至路基底面的均布荷载为 120kPa，地基土均匀，平均 $E_s=6$MPa，沉降计算压缩层厚度按 24m 考虑，沉降计算修正系数取 1.2。问桥头路基的最终沉降量最接近（   ）。

（A）124mm   （B）248mm   （C）206mm   （D）495mm

答案：B

解答过程：

根据《公路桥涵地基与基础设计规范》JTG 3363—2019 第 5.3 节：

（1）将公路高填方路基视为条形基础，$\dfrac{z}{b}=\dfrac{24}{30}=0.8$，$\dfrac{l}{b}\geqslant10$，查表 $\bar{\alpha}=0.860$

桥台处只有一半荷载，取 $\bar{\alpha}=\dfrac{0.860}{2}=0.430$

（2）最终沉降量

$$s=\psi_s\sum_{i=1}^{n}\frac{p_0}{E_{si}}(z_i\bar{\alpha}_i-z_{i-1}\bar{\alpha}_{i-1})=1.2\times\frac{120\times0.430\times24}{6}=247.68\text{mm}$$

【小注岩土点评】

（1）题干中有"高速公路""桥头"字眼，建议选择《公路桥涵地基与基础设计规范》JTG 3363—2019。

（2）计算时应注意两者的 l、b 取值方向及数值选择。

（3）桥台处受力与普通受力略有不同，桥台处受力只有一半荷载。

（4）另解：根据《建筑地基基础设计规范》GB 50007—2011，

① 将公路视为条形基础，$\dfrac{z}{b}=\dfrac{24}{15}=1.6$，查表 $\bar{\alpha}=0.2152\times2=0.4304$

② $s=\psi_s\sum_{i=1}^{n}\dfrac{p_0}{E_{si}}(z_i\bar{\alpha}_i-z_{i-1}\bar{\alpha}_{i-1})=1.2\times\dfrac{120\times0.4304\times24}{6}=247.9\text{mm}$

计算结果基本一致，但选用的规范不同，选用此方法需谨慎，判卷时若严格要求，可能会判错（规范选择错误）。

四、基础稳定性计算

——《公路桥涵地基与基础设计规范》第 5.4 节

桥涵墩台基础稳定性计算应考虑抗倾覆稳定及抗滑动稳定。

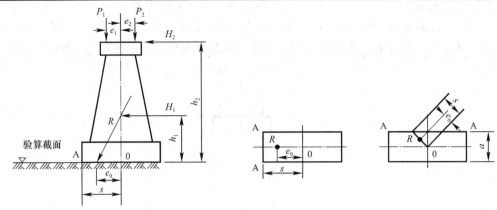

墩台基础稳定验算示意图

1. 桥涵墩台基础抗倾覆稳定

验算公式	参数符号
公式：$$k_0 = \frac{s}{e_0}$$ $$e_0 = \frac{\sum P_i \cdot e_i + \sum H_i \cdot h_i}{\sum P_i}$$	式中：k_0——墩台基础抗倾覆稳定安全系数。 s——在截面重心至合力作用点的延长线上，自截面重心至验算倾覆轴的距离（m）。 e_0——所有外力合力 R 在验算截面的作用点对基底重心轴的偏心距（m）。 P_i——不考虑其分项系数和组合系数的作用标准值组合或偶然作用标准值组合引起的竖向力（kN）。 e_i——竖向力 P_i 对验算截面重心的力臂（m）。 H_i——不考虑其分项系数和组合系数的作用标准值组合或偶然作用标准值组合引起的水平力（kN）。 h_i——水平力对验算截面的力臂（m）

【小注】① 弯矩应视其绕验算截面重心轴的不同方向取正负号；
② 对于矩形凹缺的多边形基础，其倾覆轴应取基底截面的外包线

2. 桥涵墩台基础抗滑动稳定

验算公式	参数符号
$$k_c = \frac{\mu \sum P_i + \sum H_{iP}}{\sum H_{ia}}$$	式中：k_c——桥涵墩台基础的抗滑动稳定安全系数。 $\sum P_i$——竖向力总和（kN）。 $\sum H_{iP}$——抗滑稳定水平力总和（kN）。 $\sum H_{ia}$——滑动水平力总和（kN）。 μ——基础底面与地基土之间的摩擦系数，通过试验确定；当缺少实际资料时，可参照规范表 5.4.2 采用

【小注】$\sum H_{iP}$ 和 $\sum H_{ia}$ 分别为两个相对方向的各自水平力总和，绝对值较大者为滑动水平力 $\sum H_{ia}$，另一个为抗滑稳定力 $\sum H_{iP}$；$\mu \sum P_i$ 为抗滑稳定力

抗倾覆和抗滑动的稳定性系数

作用组合		验算项目	稳定系数
使用阶段	仅计永久作用（不计混凝土收缩及徐变、浮力）和汽车、人群的标准值组合	抗倾覆	1.5
		抗滑动	1.3
	各种作用的标准值组合	抗倾覆	1.3
		抗滑动	1.2
施工阶段作用的标准值组合		抗倾覆	1.2
		抗滑动	

【7-12】（模拟题）如下图所示，某公路桥涵墩台基础，基础尺寸为 $6m \times 6m$，$P_1 =$ 150kN，$P_2 = 100kN$，$e_1 = 0.2m$，$e_2 = 0.3m$，桥墩自重 $P_3 = 120kN$。水平力 $H_1 = 150kN$，$h_1 = 2m$，$H_2 = 200kN$，$h_1 = 8m$。试验算墩台基础的抗倾覆稳定性系数为（　　）。

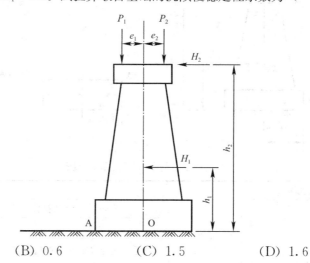

(A) 0.5 　　　　 (B) 0.6 　　　　 (C) 1.5 　　　　 (D) 1.6

答案：B

解答过程：

根据《公路桥涵地基与基础设计规范》JTG 3363—2019 第 5.4 节：

(1) $e_0 = \dfrac{\sum P_i \cdot e_i + \sum H_i \cdot h_i}{\sum P_i} = \dfrac{150 \times 0.2 - 100 \times 0.3 + 150 \times 2 + 200 \times 8}{150 + 100 + 120} = 5.14$

(2) $s = \dfrac{b}{2} = \dfrac{6}{2} = 3m$

(3) $k_0 = \dfrac{s}{e_0} = \dfrac{3}{5.14} = 0.58$

五、软土或软弱地基处理

——《公路桥涵地基与基础设计规范》第 5.2 节

基础底面下或基桩桩端下有软弱地基或软土层时，应验算软弱地基或软土层的承载力。

公式：

$$p_z = \gamma_1(h + z) + \alpha(p - \gamma_2 h) \leqslant \gamma_R f_a$$

式中：p_z——软弱地基或软土层的压应力（kPa）。

h——基底的埋置深度（m）：①当基础受水流冲刷时，由一般冲刷线算起；②当不受水流冲刷时，由天然地面算起；③位于挖方内，则由开挖后地面算起。

z——从基底或基桩桩端处到软弱地基或软土层地基顶面的距离（m）。

γ_1——深度（$h + z$）范围内，各土层的换算重度（kN/m³）。

γ_2——深度 h 范围内，各土层的换算重度（kN/m³）。

α——土中附加压应力系数，根据 l/b 和 z/b，由规范附录第 J.0.1 条直接查得基底中点下卧层附加压应力系数。

p——基底压应力（kPa），当 $\dfrac{z}{b} > 1$ 时，采用平均基底压力；当 $\dfrac{z}{b} \leqslant 1$ 时，p 采用距最大应力点 $b/4 \sim b/3$ 处的压应力（对于梯形图形前后端压应力差较大时，采用后者，反之采用前者）；b 为基础短边尺寸。

γ_R——地基承载力抗力系数。

f_a——软弱地基或软土层地基顶面处的地基承载力特征值（kPa）；按照规范第 4.3.4 条或第 4.3.5 条规定采用

延伸公式：（根据软弱下卧层的性质，一般仅进行深度修正）

一般地基土下卧层：

$$f_a = f_{a0} + k_2\gamma_1(h+z-3)$$

软土下卧层：

$$\begin{cases} f_a = f_{a0} + \gamma_1(h+z) \\ f_a = \dfrac{5.14}{m}k_p C_u + \gamma_1(h+z) \end{cases}$$

【小注】重点关注深度修正时的深度取值

【7-13】（2008D07）高速公路连接线路平均宽度为 25m，硬壳层厚 5.0m，$f_{ak}=180kPa$，$E_s=12MPa$，重度 $\gamma=19kN/m^3$，下卧淤泥质土 $f_{ak}=80kPa$，$E_s=4MPa$，路基重度 $\gamma=20kN/m^3$，在充分利用硬壳层，满足强度条件下的路基填筑最大高度最接近（　　）。

(A) 4.0m　　　　　(B) 8.7m　　　　　(C) 9.0m　　　　　(D) 11.0m

答案：A

解答过程：

解法一：

根据《公路桥涵地基与基础设计规范》JTG 3363—2019 第 4.3.5 条：

(1) $f_a = f_{a0} + \gamma_2 h = 80 + 19 \times 5 = 175kPa$

(2) $\gamma_1 H + \gamma_2 h \leqslant f_a$

$$H \leqslant \frac{175 - 19 \times 5}{20} = 4m$$

(3) 验算：$\gamma_1 H \leqslant f_{ak}$　　　$\gamma_1 H = 20 \times 4 < 180kPa$

解法二：

根据《建筑地基基础设计规范》GB50007—2011 第 5.2.7 条：

(1) $f_{az} = f_{ak} + \eta_d \gamma_m (d - 0.5) = 80 + 1.0 \times 19 \times (5.0 - 0.5) = 165.5kPa$

(2) $\dfrac{E_{s1}}{E_{s2}} = \dfrac{12}{4} = 3$，$\dfrac{z}{b} = \dfrac{5}{25} = 0.2 < 0.25$，查表 $\theta = 0°$

(3) $p_z = \dfrac{b(p_k - p_c)}{b + 2z\tan\theta} = (p_k - p_c) = 20H$

$$p_{cz} = \gamma h = 19 \times 5 = 95kPa$$

(4) $p_z + p_{cz} \leqslant f_{az}$　　　　$20H + 95 \leqslant 165.5$

$$H \leqslant 3.53m$$

【小注岩土点评】

题干中有"高速公路""路基"字眼，按理应该选用《公路桥涵地基与基础设计规范》JTG 3363—2019，可是题干中又有提及硬壳层及淤泥质层 f_{ak}、E_s，难免又让人想到《建筑地基基础设计规范》GB 50007—2011。出题质量不高，造成出现了两种解法。两种方法计算结果基本一致，但选用的规范不同，选用时需谨慎。

【7-14】（模拟题）某公路桥梁基础位于水下，基础尺寸为 2.0m×3.0m，埋深 3.5m，一般冲刷线以上水深 3.0m，基础底面的竖向力 $N=2000kN$，地层分布及参数如下图所示（尺寸单位为 mm）。根据《公路桥涵地基与基础设计规范》JTG 3363—2019，软弱下卧层

的承载力特征值最接近下列何值时才能满足施工阶段承载力验算的要求？

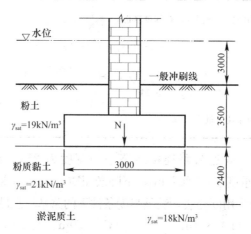

(A) 70kPa　　　　(B) 83kPa　　　　(C) 102kPa　　　　(D) 128kPa

答案：A

解答过程：

根据《公路桥涵地基与基础设计规范》JTG 3363—2019 第 5.2.6 条、第 4.3.5 条：

(1) 基底压力计算

$z/b=2.4/2=1.2>1$，取轴心情况下的基底压力计算：

$$p=\frac{N}{A}=\frac{2000}{3.0\times2.0}=333\text{kPa}$$

(2) 软弱下卧层顶面处的压应力

$z/h=2.4/2=1.2$，$L/h=3/2=1.5$，查规范附录表 M.0.1

$$\alpha=\frac{0.325+0.352}{2}=0.3385$$

$$\gamma_1=\frac{9\times3.5+11\times2.4}{5.9}=9.81\text{kN/m}^3$$

$p_z=\gamma_1(h+z)+\alpha(p-\gamma_2 h)=9.81\times(3.5+2.4)+0.3385\times(333-9\times3.5)=160\text{kPa}$

(3) 软弱下卧层顶面处的承载力基本容许值

施工阶段，抗力系数 $\gamma_R=1.25$

$$p_z=160\text{kPa}\leqslant\gamma_R f_a$$

即：

$$f_a\geqslant\frac{160}{1.25}=128$$

$f_a=f_{a0}+\gamma_1(h+z)=f_{a0}+9.81\times(3.5+2.4)=128$

解得 $f_{a0}=70.1\text{kPa}$

六、台背路基填土对桥台基底或桩端平面处的附加竖向压应力的计算

—— 《公路桥涵地基与基础设计规范》附录 F

台背路基填土或台前锥体对桥台基底或桩端平面处地基土上引起的附加压应力按下列规定计算：

（1）台背路基填土引起的附加压应力：

$$p_1 = \alpha_1 \gamma_1 H_1$$

（2）锥体填土引起的基底前边缘附加压应力：

$$p_2 = \alpha_2 \gamma_2 H_2$$

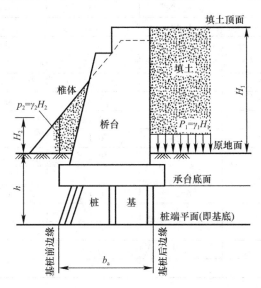

【小注】无锥体填土时，直接利用 $p_1 = \alpha_1 \gamma_1 H_1$ 计算基底前、后边缘的附加压应力，前、后边缘的系数 α_1 不同。有锥体填土时，基底前缘的附加压力为 $p = p_1 + p_2$，后缘的附加压力不变。

式中：p_1——台背路基填土产生的原地面处的土压应力（kPa）；

$\quad\quad p_2$——台前锥体产生的基底或桩端平面前边缘原地面处的土压应力（kPa）；

$\quad\quad \gamma_1$——路基填土的重度（kN/m³）；

$\quad\quad \gamma_2$——锥体填土的重度（kN/m³）；

$\quad\quad H_1$——台背路基填土的高度（m）；

$\quad\quad H_2$——基底或桩端平面处的前边缘上的锥体高度（m），取基底或桩端前边缘处的原地面向上竖向引线与溜坡相交点距离（m）；

图中：b_a——基底或桩端平面处的前、后边缘间的基础长度（m）；

$\quad\quad h$——原地面至基底或桩端平面处的深度（m），即基础埋置深度；

α_1、α_2——附加竖向压应力系数，见下表。

系数 α_1

基础埋置深度 h（m）	填土高度 H_1（m）	桥台边缘			
		后边缘	前边缘，基底平面的基础长度 b_a（m）		
			5	10	15
5	5	0.44	0.07	0.01	0
	10	0.47	0.09	0.02	0
	20	0.48	0.11	0.04	0.01

续表

基础埋置深度 h（m）	填土高度 H_1（m）	桥台边缘			
		后边缘	前边缘，基底平面的基础长度 b_a（m）		
			5	10	15
10	5	0.33	0.13	0.05	0.02
	10	0.40	0.17	0.06	0.02
	20	0.45	0.19	0.08	0.03
15	5	0.26	0.15	0.08	0.04
	10	0.33	0.19	0.10	0.05
	20	0.41	0.24	0.14	0.07
20	5	0.20	0.13	0.08	0.04
	10	0.28	0.18	0.10	0.06
	20	0.37	0.24	0.16	0.09
25	5	0.17	0.12	0.08	0.05
	10	0.24	0.17	0.12	0.08
	20	0.33	0.24	0.17	0.10
30	5	0.15	0.11	0.08	0.06
	10	0.21	0.16	0.12	0.08
	20	0.31	0.24	0.18	0.12

【小注】路堤按黏性土考虑。

系数 α_2

基础埋置深度 h（m）	台背路基填土高度 H_1（m）	
	10	20
5	0.4	0.5
10	0.3	0.4
15	0.2	0.3
20	0.1	0.2
25	0	0.1
30	0	0

【小注】当 $H_1<10$m 时，取 $H_1=10$m 对应的 α_2 值；当 $H_1>20$m 时，取 $H_1=20$m 对应的 α_2 值；10m$<H_1<$20m 时，可内插。

第三节 桩 基 础

一、一般规定

—— 《公路桥涵地基与基础设计规范》第 6.3.1 条

（1）承台底面以上的荷载假定全部由桩承受。

（2）桥台土压力自填土前的原地面起算。

二、钻（挖）孔灌注桩承载力特征值

—— 《公路桥涵地基与基础设计规范》第 6.3.3 条

钻（挖）孔灌注桩的承载力特征值：摩擦型桩

公式①：

$$q_r = m_0 \lambda [f_{a0} + k_2 \gamma_2 (h-3)]$$

公式②：

$$R_a = \frac{1}{2} u \sum_{i=1}^{n} (q_{ik} l_i) + A_p q_r$$

式中：R_a——单桩轴向受压承载力特征值（kN），桩身自重与置换土重（当自重计入浮力时，置换土重也计入浮力）的差值计入作用效应。

u——桩身周长（m）。

A_p——桩端截面面积（m²），对于扩底桩，取扩底截面面积。

n——土的层数。

l_i——承台底面或局部冲刷线以下各土层的厚度（m），扩孔部分及变截面以上 $2d$ 长度范围内不计。

q_{ik}——与 l_i 对应的各土层与桩侧的摩阻力标准值（kPa）。宜采用单桩摩阻力试验确定，当无试验条件时可按规范表 6.3.3-1 选用，扩孔部分及变截面以上 $2d$ 长度范围内不计。

q_r——修正后的桩端处土的承载力特征值（kPa），当持力层为砂土、碎石土时，若计算值超过下列值时，宜按下列值采用：粉砂 1000kPa；细砂 1150kPa；中砂、粗砂、砾砂 1450kPa；碎石土 2750kPa。

f_{a0}——桩端土的承载力特征值（kPa），按规范第 4.3.3 条确定。

h——桩端的埋置深度（m），对于有冲刷的桩基，埋深由局部冲刷线算起；对无冲刷的桩基，埋深由天然地面或实际开挖后的地面线算起，h 的计算值不大于 40m，当大于 40m 时取 40m。

k_2——承载力特征值的深度修正系数，根据桩端持力层土类按下表选用（或规范表 4.3.4）。

地基承载力特征值的深度修正系数 k_2

修正系数	黏性土			粉土	砂土								碎石土			
	老黏性土	一般黏性土		新近沉积黏性土	—	粉砂		细砂		中砂		砾砂、粗砂		碎石、圆砾、角砾		卵石	
		$I_L \geqslant 0.5$	$I_L < 0.5$			中密	密实	中密	密实	中密	密实	中密	密实	中密	密实	中密	密实
k_2	2.5	1.5	2.5	1.0	1.5	2.0	2.5	3.0	4.0	4.0	5.5	5.0	6.0	5.0	6.0	6.0	10.0

【小注】对于稍密和松散状态的砂、碎石土，k_2 可取表列中"中密值"的 50%

γ_2——桩端以上各土层的加权平均重度（kN/m³）；若持力层在水位以下且不透水时，不论桩端以上土层的透水性如何，一律取饱和重度；当持力层透水时，则水中部分土层取浮重度。

λ——修正系数，按下表取用（或规范表 6.3.3-2）。

修正系数 λ

桩端土 \ l/d	4～20	20～25	>25
透水性	0.70	0.70～0.85	0.85
不透水性土	0.65	0.65～0.72	0.72

m_0——清底系数，按下表取用（或规范表 6.3.3-3）。

t/d	0.3～0.1
m_0	0.7～1.0

【小注】① t、d 为桩端沉渣厚度和桩的直径。
② $d \leqslant 1.5$m 时，$t \leqslant 300$mm；$d > 1.5$m 时，$t \leqslant 500$mm，且 $0.1 < t/d < 0.3$

【小注】① l_i 值的确定需要仔细审题是否有局部冲刷线。有局部冲刷线则以局部冲刷线为准，无则以承台底面为准；扩孔部分不计。
② q_r 的最终确定值，在计算的基础上存在上限值（持力层土质）。
③ h 高度的确定需判断起算位置（有无冲刷线），且存在上限值（40m）。
④ γ_2 的加权平均与 h 相对应，且分析持力层透水性后，选择浮重度或饱和重度。
⑤ 可能涉及规范第 3.0.7 条，不同的受荷阶段，R_a 乘以对应的抗力系数

【7-15】（2009D11）某公路桥梁钻孔桩为摩擦桩，桩径为 1.0m，桩长为 35m，土层分布及桩侧摩阻力标准值 q_{ik}、桩端处土的承载力特征值 f_{a0} 如下图所示，桩端以上各土层的加权平均重度 $\gamma_2 = 20 \text{kN/m}^3$，桩端处土的承载力随深度修正系数 $k_2 = 5.0$，根据《公路桥涵地基与基础设计规范》JTG 3363—2019 计算，则单桩轴向受压承载力特征值最接近（　　）。（注：取修正系数 $\lambda = 0.8$，清底系数 $m_0 = 0.8$）

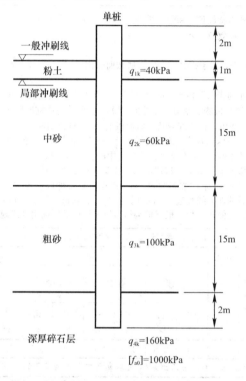

(A) 5520kN (B) 5780kN (C) 5940kN (D) 6280kN

答案：A

解答过程：

根据《公路桥涵地基与基础设计规范》JTG 3363—2019 第 6.3.3 条：

(1) $q_r = m_0 \lambda [f_{a0} + k_2 \gamma_2 (h-3)] = 0.8 \times 0.8 \times [1000 + 5 \times (20-10) \times (32-3)]$
$= 1568 \text{kPa} < 2750 \text{kPa}$

(2) $R_a = \dfrac{1}{2} u \sum\limits_{i=1}^{n} (q_{ik} l_i) + A_P q_r = \dfrac{1}{2} \times 3.14 \times 1.0 \times (60 \times 15 + 100 \times 15 + 160 \times 2) + 1568$
$\times 3.14 \times 0.5^2 = 5501.3 \text{kN}$

【小注岩土点评】

① 有冲刷的地方由局部冲刷线起算，l_i 为局部冲刷线起算的以下各土层层厚。

② γ_2 的计算范围与 h 一致。

③ q_r 超过限值时，取限值。

④ 冲刷是指水流对桩周土层的冲刷，被冲走部分土，不考虑这部分土体对桩体的作用。整个河床被冲刷下去的深度叫一般冲刷线，墩台四周冲出局部凹坑的深度叫局部冲刷线，局部冲刷线在一般冲刷线以下。

【7-16】（2016C11）某公路桥梁基础采用摩擦钻孔灌注桩，设计桩径为1.5m，勘察报告揭露的地层条件、岩土参数和基桩的入土情况如下图所示。根据《公路桥涵地基与基础设计规范》JTG 3363—2019，在施工阶段时的单桩轴向受压承载力特征值最接近哪个选项？（不考虑冲刷影响；清底系数 $m_0=1.0$；修正系数 λ 取0.85；深度修正系数 $k_1=4.0$、$k_2=6.0$；水的重度取 $10kN/m^3$）

(A) 9500kN　　　(B) 10600kN　　　(C) 11900kN　　　(D) 13700kN

答案：C

解答过程：

根据《公路桥涵地基与基础设计规范》JTG 3363—2019第6.3.3条：

(1) $\gamma_2=\dfrac{9\times4+10\times20+16\times9}{40}=9.5kN/m^3$

$$q_r=m_0\lambda[f_{a0}+k_2\gamma_2(h-3)]=1.0\times0.85\times[550+6\times9.5\times(40-3)]$$

$$=2260kPa>1450kPa\Rightarrow q_r=1450kPa$$

(2) $R_a=\dfrac{1}{2}u\sum_{i=1}^{n}(q_{ik}l_i)+A_pq_r=\dfrac{1}{2}\times1.5\times3.14\times(40\times4+60\times20+100\times16)$

$$+\dfrac{1}{4}\times3.14\times1.5^2\times1450=9531.9kN$$

(3) 施工阶段：$1.25\times9531.9=11915kN$

【小注岩土点评】

① q_r 超过限值时，取限制。

② 施工阶段时的单桩轴向受压承载力特征值需乘以1.25的增大系数，需要按照工况考虑。

③ 笔者认为 h 取40m，取41m有误，如下：

$$q_r=1.0\times0.85\times\left[550+6\times\dfrac{18\times1+9\times4+10\times20+16\times9}{41}\times(40-3)\right]=2300kPa，重度$$

γ_2 的计算范围应该和没有调整后的埋深 h 一致，h 由天然地面或实际开挖后的地面线起算，对于此题：桩顶为承台的底部，因此桩顶为实际开挖线，则重度的计算范围为40m。

【7-17】（2012C12）某公路跨河桥采用钻孔灌注桩（摩擦桩），桩径为 1.2m，桩端入土深度为 50m，桩端持力层为密实粗砂，桩周及桩端地基土的参数见下表，桩基位于水位以下，无冲刷，假定清底系数为 0.8，桩端以上土层的加权平均浮重度为 9.0kN/m³，试按《公路桥涵地基与基础设计规范》JTG 3363—2019 计算施工阶段单桩轴向抗压承载力特征值最接近（   ）。

土层	土层厚度（m）	侧摩阻力标准值 q_{ik}（kPa）	承载力特征值 f_{a0}（kPa）
①黏土	35	40	
②粉土	10	60	
③粗砂	20	120	500

(A) 6000kN　　　　(B) 7000kN　　　　(C) 8000kN　　　　(D) 9000kN

答案：C

解答过程：

根据《公路桥涵地基与基础设计规范》JTG 3363—2019 第 6.3.3 条：

（1） $\dfrac{l}{d} = \dfrac{50}{1.2} = 41.7 > 25$，查表 $\lambda = 0.85$，$k_2 = 6.0$

$q_r = 0.8 \times 0.85 \times [500 + 6.0 \times 9.0 \times (40 - 3)] = 1698.6 \text{kPa} > 1450 \text{kPa} \Rightarrow q_r = 1450 \text{kPa}$

（2） $R_a = \dfrac{1}{2} \times 3.14 \times 1.2 \times (40 \times 35 + 60 \times 10 + 120 \times 5) + 3.14 \times 0.6^2 \times 1450 = 6537.5 \text{kN}$

（3） 施工阶段：$\gamma_R R_a = 1.25 \times 6537.5 = 8171.9 \text{kN}$

三、沉桩承载力特征值

——《公路桥涵地基与基础设计规范》第 6.3.5 条

沉桩承载力特征值：预制桩

公式①：

$$q_{ik} = \beta_i \bar{q}_i$$

公式②：

$$q_{rk} = \beta_r \bar{q}_r$$

公式③：

$$R_a = \frac{1}{2} \left(u \sum_{i=1}^{n} \alpha_i l_i q_{ik} + \alpha_r \lambda_p A_p q_{rk} \right)$$

式中：$\bar{q}_i$——桩侧第 i 层土由静力触探测得的局部侧摩阻力的平均值（kPa），当 $\bar{q}_i < 5$kPa 时取 5kPa。
　　　$\bar{q}_r$——桩端（不包括桩靴）标高 $\pm 4d$（d 为桩的直径或边长）范围内静力触探端阻的平均值（kPa）；若桩端标高以上 $4d$ 范围内端阻的平均值大于桩端标高以下 $4d$ 的端阻平均值时，则取桩端以下 $4d$ 范围内端阻的平均值。
　　　$\beta_i、\beta_r$——侧摩阻和端阻的综合修正系数，按下表取值。

沉桩承载力特征值：预制桩		
参数	$\overline{q}_r > 2000\text{kPa}$ 且 $\overline{q}_i/\overline{q}_r \leq 0.014$	其他情况
β_i	$5.067\ (\overline{q}_i)^{-0.45}$	$10.045\ (\overline{q}_i)^{-0.55}$
β_r	$3.975\ (\overline{q}_r)^{-0.25}$	$12.064\ (\overline{q}_r)^{-0.35}$

【小注】此公式不适合城市杂填土条件下的短桩；用于黄土地区时，应做试桩校核。

q_{ik}——与 l_i 对应的各土层桩侧摩阻力标准值（kPa）；宜采用单桩摩阻力试验确定或通过静力触探试验确定；当无试验条件时，可按规范第 6.3.5 条第 1 款取用。

q_{rk}——桩端处土的承载力标准值（kPa）；宜采用单桩试验确定或通过静力触探试验确定；当无试验条件时，可按规范第 6.3.5 条第 2 款取用。

R_a——单桩轴向受压承载力特征值（kN），桩身自重与置换土重（当自重计入浮力时，置换土重也计入浮力）的差值计入作用效应。

u——桩身周长（m）。

n——土的层数。

l_i——承台底面或局部冲刷线以下各土层的厚度（m）。

α_i、α_r——分别为振动沉桩对各土层桩侧摩阻力和桩端承载力的影响系数，可按下表（或规范表 6.3.5-3）采用，对于锤击、静压沉桩其值均取 1.0。

桩径或边长 d（m）	土类			
	黏土	粉质黏土	粉土	砂土
$0.8 \geq d$	0.6	0.7	0.9	1.1
$2.0 \geq d > 0.8$	0.6	0.7	0.9	1.0
$d > 2.0$	0.5	0.6	0.7	0.9

λ_p——桩端土塞效应系数。对闭口桩取 1.0；对开口桩，$1.2\text{m} \leq d \leq 1.5\text{m}$ 时取 0.3～0.4，$d > 1.5\text{m}$ 时取 0.2～0.3。

【小注】案例出题易忽略关键点：可能涉及规范第 3.0.7 条，不同的受荷阶段，R_a 乘以对应的抗力系数

【7-18】（模拟题）某公路桥梁拟采用振动沉桩基础，闭口桩桩径 1.0m，桩长 20m，各土层分布如下表所示。试求振动沉桩基础的承载力特征值为（　　　）。

土层名称	土层厚度	静力触探资料	
		$\overline{q}_i$	$\overline{q}_r$
密实粉土	10m		
黏土	6m	40kPa	
粗砂	10m	120kPa	5000kPa

【小注】查表取极大值，桩端土4d 范围内静力触探的平均值相等。

(A) 3000kN　　　(B) 3300kN　　　(C) 3500kN　　　(D) 4000kN

答案：A

解答过程：

根据《公路桥涵地基与基础设计规范》JTG 3363—2019 第 6.3.5 条：

(1) 密实粉土，查表得到 $q_{ik} = 65 \sim 80\text{kPa}$，根据提示，可取 $q_{ik} = 80\text{kPa}$。

(2) 桩端以上 4d 范围内，静力触探端阻力平均值 $\overline{q}_{r上} = 5000\text{kPa}$。

桩端以下 $4d$ 范围内，静力触探端阻力平均值 $\overline{q}_{rF}=5000\text{kPa}$。

$$\overline{q}_r=5000\text{kPa}$$

（3）各土层的桩侧阻力标准值和桩端阻力标准值：

黏土：$\overline{q}_r>2000\text{kPa}$ 且 $\overline{q}_i/\overline{q}_r=40/5000=0.008\leqslant0.014$

$$\beta_i=5.067(\overline{q}_i)^{-0.45}=5.067\times(40)^{-0.45}=0.963$$

$$q_{ik}=\beta_i\overline{q}_i=0.963\times40=38.52\text{kPa}$$

粗砂：$\overline{q}_r>2000\text{kPa}$　而 $\overline{q}_i/\overline{q}_r=120/5000=0.024\geqslant0.014$

$$\beta_i=10.045(\overline{q}_i)^{-0.55}=10.045\times(120)^{-0.55}=0.722$$

$$q_{ik}=\beta_i\overline{q}_i=0.722\times120=86.64\text{kPa}$$

$$\beta_r=12.064(\overline{q}_r)^{-0.35}=12.064\times(5000)^{-0.35}=0.612$$

$$q_{rk}=\beta_r\overline{q}_r=0.612\times5000=3060\text{kPa}$$

（4）$d=1.0\text{m}$，粉土 $\alpha_1=0.9$，黏土层 $\alpha_2=0.6$，粗砂层 $\alpha_3=1.0$，$\alpha_r=1.0$

（5）$R_a=\dfrac{1}{2}\left(u\sum\limits_{i=1}^{n}\alpha_i l_i q_{ik}+\alpha_r\lambda_p A_p q_{rk}\right)$

$\qquad=\dfrac{1}{2}\times\left[3.14\times1\times(0.9\times10\times80+0.6\times6\times38.52+1.0\times1.0\times4\times86.64)+\right.$

$\qquad\left.1.0\times3.14\times0.5^2\times1.0\times3060\right]=3093.3\text{kN}$

【小注岩土点评】

① 题干中有"公路桥梁"字样，且求振动沉桩的承载力特征值，可以明确参考规范《公路桥涵地基与基础设计规范》JTG 3363—2019。

② q_{ik}、q_{rk} 的确定有三种方式，题目中若有单轴摩阻力试验数值可直接代入计算；若给出静力触探试验结果，则需要根据公式进行换算。若均无试验条件，则可以进行查表确定。

③ 本考点的计算量相对较大，需要认真仔细，以免中间环节计算错误导致耗时且最终计算结果错误。若土层超过四层且均需通过静力触探换算计算 q_{ik}、q_{rk}，可先暂时选择其他题目，待最后回头来做。

四、支撑在基岩上或嵌入基岩内的钻（挖）孔桩、沉桩的单桩轴向受压承载力特征值

——《公路桥涵地基与基础设计规范》第 6.3.7 条、第 6.3.8 条

支撑在基岩上或嵌入基岩内的钻（挖）孔桩、沉桩的单桩轴向受压承载力特征值：嵌岩桩

公式：

$$R_a=c_1 A_p f_{rk}+u\sum_{i=1}^{m}c_{2i}h_i f_{rki}+\frac{1}{2}\zeta_s u\sum_{i=1}^{n}l_i q_{ik}$$

式中：R_a——单桩轴向受压承载力特征值（kN），桩身自重与置换土重（当自重计入浮力时，置换土重也计入浮力）的差值计入作用效应。

c_1、c_{2i}——根据岩石强度、岩石破碎程度等因素而确定的端阻力发挥系数和侧阻发挥系数，按下表取用。

支撑在基岩上或嵌入基岩内的钻（挖）孔桩、沉桩的单桩轴向受压承载力特征值：嵌岩桩

岩石层情况	c_1	$c_2(c_{2i})$
完整、较完整	0.6	0.05
较破碎	0.5	0.04
破碎、极破碎	0.4	0.03

【小注】① 当入岩深度 $h \leqslant 0.5$m 时，表中 c_1 乘以 0.75 的折减系数、$c_2=0$。

② 对于钻孔桩而言，表中系数 c_1、c_2 均降低 20% 采用（即乘以 0.80 折减系数）。桩端沉渣厚度 t 应满足以下要求：$d \leqslant 1.5$m 时，$t \leqslant 50$mm；$d > 1.5$m 时，$t \leqslant 100$mm。

③ 对于中风化层为持力层的情况，系数 c_1、c_2 均乘以 0.75 折减系数。

A_p ——桩端截面面积（m^2），对于扩底桩，取扩底截面面积。

f_{rk} ——桩端岩石饱和单轴抗压强度标准值（kPa），黏土岩取天然湿度单轴抗压强度标准值，当 $f_{rk} < 2$MPa 时按支承在土层中的桩计算（摩擦桩）。

f_{rki} ——第 i 层的 f_{rk} 值。

u ——各土层或各岩层部分的桩身周长（m）。

h_i ——桩嵌入各岩层部分的厚度（m），不包括强风化层和全风化层及局部冲刷线以上基层。

m ——岩层的层数，不包括强风化层和全风化层。

ζ_s ——覆盖层土的侧阻力发挥系数，根据桩端 f_{rk} 确定，见下表（或规范表 6.3.7-2）：

f_{rk}（MPa）	2	15	30	60
ζ_s	1.0	0.8	0.5	0.2

【表注】ζ_s 可内插计算，当 $f_{rk} > 60$MPa 时，可按 $f_{rk}=60$MPa 取值。

l_i ——承台底面或局部冲刷线以下各土层的厚度（m）。

q_{ik} ——桩侧第 i 层土的侧阻力标准值（kPa），宜采用单桩摩阻力试验值，当无试验条件时，对于钻（挖）孔桩按本规范表 6.3.3-1 选用，对于沉桩按本规范表 6.3.5-1 选用，扩孔部分不计摩阻力。

n ——土层的层数，强风化和全风化岩层按土层考虑。

嵌岩桩按桩底嵌固设计，其嵌入基岩的有效深度按下式计算

圆形桩：

$$h_r = \frac{1.27H + \sqrt{3.81\beta f_{rk} d M_H + 4.84H^2}}{0.5\beta f_{rk} d} \geqslant 0.5\text{m}$$

矩形桩：

$$h_r = \frac{H + \sqrt{3\beta f_{rk} b M_H + 3H^2}}{0.5\beta f_{rk} b} \geqslant 0.5\text{m}$$

式中：M_H ——基岩顶面处的弯矩（kN·m）。

H ——基岩顶面处的水平力（kN）。

f_{rk} ——岩石饱和单轴抗压强度标准值（kPa），黏土取天然湿度单轴抗压强度标准值。

β ——系数，$\beta = 0.5 \sim 1.0$，根据岩层侧面构造确定，节理发育取小值，节理不发育取大值。

d ——桩径（m）。

b ——垂直于弯矩作用平面桩边长（m）

【小注】案例出题易忽略关键点：① 应明确此公式选用条件，审题时着重"基岩或嵌入基岩"字眼；② 可能涉及规范第 3.0.7 条，不同的受荷阶段，R_a 乘以对应的抗力系数

【7-19】（2013D10）某公路桥梁河床表层分布有 8m 厚的卵石，其下为微风化花岗岩，节理不发育，饱和单轴抗压强度标准值为 25MPa，考虑河床岩层有冲刷，设计采用嵌岩桩基础，桩直径为 1.0m，计算得到桩在基岩顶面处的弯矩设计值为 1000kN·m，问桩嵌入基岩的最小有效深度为（　　　　）。

(A) 0.69m　　　　(B) 0.78m　　　　(C) 0.98m　　　　(D) 1.10m

答案：B

解答过程：

根据《公路桥涵地基与基础设计规范》JTG 3363—2019 第6.3.8条：

(1) 节理不发育 β 取大值1.0。

(2) 最小嵌入深度为：

$$h_r = \frac{1.27H + \sqrt{3.81\beta f_{rk}dM_H + 4.84H^2}}{0.5\beta f_{rk}d} = \frac{0 + \sqrt{3.81 \times 1 \times 25 \times 1000 \times 1 \times 1000}}{0.5 \times 1 \times 25 \times 1000 \times 1}$$

$$= 0.78\text{m} \geqslant 0.5\text{m}$$

【7-20】 （2018C11）某公路桥梁拟采用钻孔灌注桩基础，桩径为1.0m，桩长为26.0m，桩顶以下地层情况如下图所示，施工控制桩端沉渣厚度不超过45mm，按《公路桥涵地基与基础设计规范》JTG 3363—2019，估算单桩轴向受压承载力特征值为（　　　）。

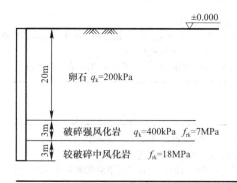

(A) 9357kN　　　　(B) 14350kN　　　　(C) 15160kN　　　　(D) 15800kN

答案：B

解答过程：

根据《公路桥涵地基与基础设计规范》JTG 3363—2019 第6.3.7条：

(1) 钻孔灌注桩，持力层为中风化岩，查表得：

$c_1 = 0.5 \times 0.8 \times 0.75 = 0.3$，$c_2 = 0.04 \times 0.8 \times 0.75 = 0.024$

(2) 查表：$f_{rk} = 18\text{MPa}$，内插 $\zeta_s = 0.74$

(3) $R_a = c_1 A_P f_{rk} + u \sum\limits_{i=1}^{m} c_{2i} h_i f_{rki} + \frac{1}{2}\zeta_s u \sum\limits_{i=1}^{n} l_i q_{ik} = 0.3 \times \frac{1}{4} \times 3.14 \times 1^2 \times 18 \times 10^3 +$

$3.14 \times 1 \times 0.024 \times 3 \times 18 \times 10^3 + \frac{1}{2} \times 0.74 \times 3.14 \times 1 \times (20 \times 200 + 400 \times 3) = 14349.8\text{kN}$

【小注岩土点评】

① 首先判断是否属于嵌岩桩，根据第5.3.4条条文说明，嵌岩桩指桩端嵌入中风化岩、微风化岩或新鲜岩，桩端岩体能取样进行单轴抗压强度的情况；若嵌入强风化岩，按摩擦桩计算。

② 嵌岩桩（不包括强风化、全风化岩）单桩承载力的计算模式为：承载力一般由非嵌岩段桩周土总侧阻力、嵌岩段总侧阻力和总端阻力三部分组成，本题嵌岩段为中风化岩，非嵌岩段为强风化岩；关于规范中嵌岩桩的计算方式对比详见电子资源《精讲课程—深基础》。

③ 钻孔桩，系数 c_1、c_2 值应降低 20%；中风化岩作为持力层，系数 c_1、c_2 值应分别乘以 0.75 的折减系数。

【7-21】（2008D11）某公路桥梁嵌岩钻孔灌注桩基础，清孔及岩石破碎等条件良好，河床岩层有冲刷，桩径 $D=1000\text{mm}$，在基岩顶面处，桩承受的弯矩 $M_H=500\text{kN}\cdot\text{m}$，基岩的饱和单轴抗压强度 $f_{rk}=40\text{MPa}$，试按《公路桥涵地基与基础设计规范》JTG 3363—2019 计算单桩轴向受压承载力特征值 R_a 为（ ）。（取 $\beta=0.6$，系数 c_1、c_2 不需考虑降低采用）

(A) 12350kN   (B) 16350kN   (C) 19350kN   (D) 22350kN

答案：D

解答过程：

根据《公路桥涵地基与基础设计规范》JTG 3363—2019 第 6.3.7 条：

(1) 河床岩层有冲刷，嵌岩钻孔灌注桩基础，确定嵌入基岩中的深度 h。

圆形桩：

$$h_r=\frac{1.27H+\sqrt{3.81\beta f_{rk}dM_H+4.84H^2}}{0.5\beta f_{rk}d}=\frac{0+\sqrt{3.81\times0.6\times40\times1000\times1.0\times500}}{0.5\times0.6\times40\times1.0\times1000}$$

$$=0.56\text{m}$$

(2) 清孔及岩石破碎等条件良好，查表：$c_1=0.6$，$c_2=0.05$，且不考虑降低采用。

(3) $R_a=c_1A_pf_{rk}+u\sum_{i=1}^m c_{2i}h_if_{rki}+\frac{1}{2}\zeta_su\sum_{i=1}^n l_iq_{ik}$

$$=0.6\times\frac{3.14\times1^2}{4}\times40\times10^3+3.14\times1\times(0.05\times0.56\times40\times10^3)$$

$$=22356.8\text{kN}$$

【小注岩土点评】

① 题干中已经明确参考规范《公路桥涵地基与基础设计规范》JTG 3363—2019。

② 系数 c_1、c_2 查表时关注表下的备注（此题不考虑）。

③ R_a 公式计算中共有三部分，本题只考虑了前两部分，最后一部分由于没有给出覆盖土层及对应的数值，可不予考虑，做其他题目时应仔细审题。

五、后注浆单桩轴向受压承载力特征值

—— 《公路桥涵地基与基础设计规范》第 6.3.4 条

后注浆单桩轴向受压承载力特征值
公式： $$R_a=\frac{1}{2}u\sum_{i=1}^n\beta_{si}q_{ik}l_i+\beta_pA_pq_r$$

式中：R_a——后压浆灌注桩的单桩轴向受压承载力特征值（kN），桩身自重与置换土重（当自重计入浮力时，置换土重也计入浮力）的差值计入作用效应。

    β_{si}——第 i 层土的侧阻力增强系数，按下表（或规范表 6.3.4）取值。

    (1) 当在饱和土层中桩端压浆时，仅对桩端以上 10.0～12.0m 范围的桩侧阻力进行增强修正；

    (2) 当在非饱和土层中桩端压浆时，仅对桩端以上 5.0～6.0m 的桩侧阻力进行增强修正；

后注浆单桩轴向受压承载力特征值

（3）在饱和土层中桩侧压浆时，仅对压浆断面以上 $10.0 \sim 12.0 \text{m}$ 范围的桩侧阻力进行增强修正；

（4）当在非饱和土层中桩侧压浆时，仅对压浆断面上下各 $5.0 \sim 6.0 \text{m}$ 的桩侧阻力进行增强修正；对非增强影响范围，$\beta_{si} = 1$。

β_p——端阻力增强系数，按下表（或规范表 6.3.4）取值。

桩端后注浆的侧阻力增强系数 β_{si} 和桩端阻力增强系数 β_p

土层名称	淤泥质土	黏土粉质黏土	粉土	粉砂	细砂	中砂	粗砂砾砂	角砾圆砾	碎石卵石	全风化岩强风化岩
β_{si}	1.2~1.3	1.3~1.4	1.4~1.5	1.5~1.6	1.6~1.7	1.7~1.9	1.8~2.0	1.6~1.8	1.8~2.0	1.2~1.4
β_p	—	1.6~1.8	1.8~2.1	1.9~2.2	2.0~2.3	2.0~2.3	2.2~2.4	2.2~2.5	2.3~2.5	1.3~1.6

【表注】稀密和松散的砂、碎石土可取较高值，对密实的砂、碎石土取较低值。

q_r、A_p、q_{ik}、l_i、u——均同本章节其他钻（挖）孔灌注桩计算公式

【小注】案例出题易忽略关键点：①应明确此公式选用条件，审题时着重"后注浆"字眼；②可能涉及规范第 3.0.7 条，不同的受荷阶段，R_a 乘以对应的抗力系数

【7-22】（模拟题）某公路桥梁拟采用后注浆技术提高泥浆护壁成孔灌注桩的承载力，桩径 $d = 1.0 \text{m}$，桩长 30m，地下水位在地面下 2m，土层及相关参数见下表，注浆孔位置在桩端处。试求单桩竖向受压承载力特征值约为（　　　）。

序号	土层名称	土层厚度（m）	q_{ik}（kPa）	q_r（kPa）
1	粉砂	5.0	20	
2	黏土	10.0	40	
3	细砂	10.0	50	
4	粗砂	20.0	70	1600

【表注】涉及的参数查表取大值。

（A）5500kN　　　　（B）5700kN　　　　（C）6000kN　　　　（D）6200kN

答案：B

解答过程：

根据《公路桥涵地基与基础设计规范》JTG 3363—2019 第 6.3.4 条：

（1）桩端持力层为粗砂，$q_r = 1600 \text{kPa} > 1450 \text{kPa}$，取 $q_r = 1450 \text{kPa}$。

（2）桩端以上 $10.0 \sim 12.0 \text{m}$ 范围内的桩侧阻力需进行增强修正（取上限值 12m）。其他 $\beta_{si} = 1.0$。

即：粉砂 0~5m，$\beta_{s1} = 1.0$；黏土 5~15m，$\beta_{s1} = 1.0$。

细砂 15~18m，$\beta_{s1} = 1.0$；细砂 18~25m，$\beta_{s1} = 1.6 \sim 1.7$（取 1.7）

粗砂 25~30m，$\beta_{s1} = 1.8 \sim 2.0$（取 2.0），$\beta_p = 2.2 \sim 2.4$（取 2.4）

（3）$R_a = \dfrac{1}{2} u \sum_{i=1}^{n} \beta_{si} q_{ik} l_i + \beta_p A_p q_r = \dfrac{1}{2} \times 3.14 \times 1.0 \times (1.0 \times 5 \times 20 + 1.0 \times 10.0 \times 40 + 1.0 \times 3 \times 50 + 1.7 \times 7 \times 50 + 2.0 \times 5 \times 70) + 2.4 \times 3.14 \times 0.5^2 \times 1450 = 5785.45 \text{kN}$

【小注岩土点评】

① 题干中有"公路桥梁""灌注桩的承载力"，可选择《公路桥涵地基与基础设计规范》JTG 3363—2019。

② 难点在于确定 β_{si}。当在饱和土层中压浆及在非饱和土层中压浆，增强修正的范围

不同。对桩端以上 10～12m 范围内的桩侧阻力进行增强修正，不是指增强范围 2m，而是自桩端以上 0～10m（0～12m）范围内均需增强修正。

③ 桩端 q_r 存在上限值及不同受荷情况拥有不同的抗力系数在这里均适用。

六、摩擦桩单桩轴向受拉承载力特征值

——《公路桥涵地基与基础设计规范》第 6.3.9 条

摩擦桩单桩轴向受拉承载力特征值

公式：

$$R_t = 0.3u\sum_{i=1}^{n}\alpha_i l_i q_{ik}$$

式中：R_t——单桩轴向受拉承载特征值（kN）。

　　u——桩身周长（m），对于等直径桩，$u=\pi d$；对于扩底桩，自桩端起算的长度 $\sum l_i \leqslant 5d$ 时，取 $u=\pi D$，其余长度均取 $u=\pi d$（其中 D 为桩的扩底直径，d 为桩身直径）。

　　α_i——振动沉桩对各土层桩侧摩阻力的影响系数，按下表（或规范表 6.3.5-3）采用，对于锤击、静压沉桩和钻孔桩，均取 1.0。

土类 桩径或边长 d（m）	黏土	粉质黏土	粉土	砂土
$0.8 \geqslant d$	0.6	0.7	0.9	1.1
$2.0 \geqslant d > 0.8$	0.6	0.7	0.9	1.0
$d > 2.0$	0.5	0.6	0.7	0.9

【小注】计算作用于承台底面由外荷载引起的轴向力时，应扣除桩身自重值

【7-23】（2014D12）某公路桥梁采用振动沉入预制桩，桩身截面尺寸为 400mm×400mm，地层条件和桩入土深度如下图所示，桩基可能承受拉力。根据《公路桥涵地基与基础设计规范》JTG 3363—2019，计算桩基受拉承载力特征值最接近（　　）。

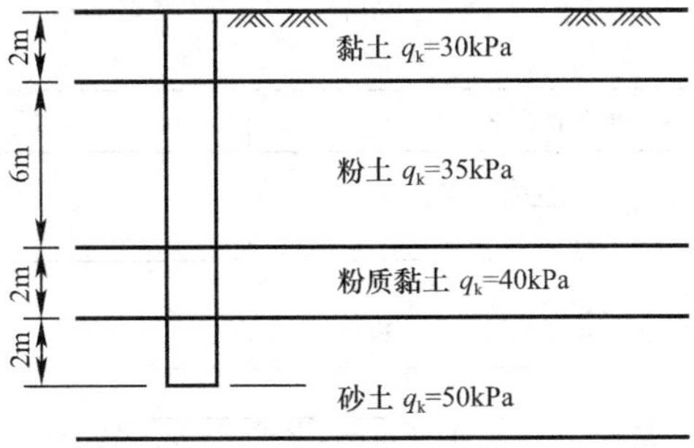

(A) 98kN　　　　(B) 138kN　　　　(C) 188kN　　　　(D) 228kN

答案：C

解答过程：

根据《公路桥涵地基与基础设计规范》JTG 3363—2019 第 6.3.9 条：

$$R_t = 0.3u\sum_{i=1}^{n}\alpha_i l_i q_{ik}$$

$$= 0.3 \times 0.4 \times 4 \times (0.6 \times 2 \times 30 + 0.9 \times 6 \times 35 + 0.7 \times 2 \times 40 + 1.1 \times 2 \times 50)$$

$$= 187.7\text{kN}$$

【小注岩土点评】

对于振动沉桩应考虑振动对桩侧摩阻力的影响，乘以影响系数 α_i，查表 6.3.5-3 确定，在 $d \leqslant 0.8m$ 时，如黏土 $\alpha_i = 0.6$，粉土 $\alpha_i = 0.9$，粉质黏土 $\alpha_i = 0.7$，砂土 $\alpha_i = 1.1$；对于"锤击、静压"沉桩时，直接取 $\alpha_i = 1.0$。

七、群桩作为整体基础验算桩端平面处土的承载力

——《公路桥涵地基与基础设计规范》第 6.3.11 条、附录 N

群桩（摩擦桩）作为整体基础时，桩基础可视为如图中的 acde 范围内的实体基础，按下列公式计算：

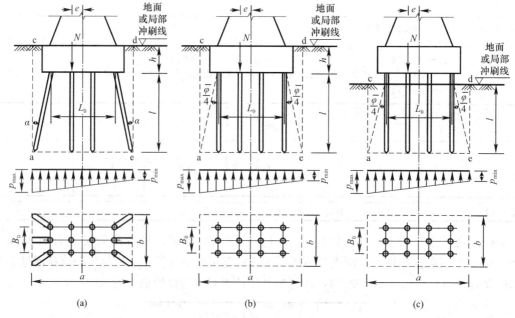

类型	桩端平面处的压力	桩端平面处地基承载力验算
轴心受压	$p = \overline{\gamma}l + \gamma h - \dfrac{BL\gamma h}{A} + \dfrac{N}{A}$	$p \leqslant f_a$
偏心受压	$p_{\max} = \overline{\gamma}l + \gamma h - \dfrac{BL\gamma h}{A} + \dfrac{N}{A}\left(1 + \dfrac{eA}{W}\right)$	$p \leqslant f_a$ $\quad$ $p_{\max} \leqslant \gamma_R f_a$
解释	$N=F+G$ 桩土总重量 $\overline{\gamma}Al$ 承台埋深范围内土重量 γAh 承台范围内土中 γBLh 承台范围内土扩散后的应力 $\gamma BLh/A$ $$p_k = \left(\dfrac{N}{A} + \overline{\gamma}l\right) + (\gamma h) - \left(\dfrac{BL\gamma h}{A}\right)$$	

续表

类型	桩端平面处的压力	桩端平面处地基承载力验算
式中：假想实体深基础面积 $A=a\times b$，偏心距 $e=\dfrac{M}{N}$，抵抗矩 $W=\dfrac{ba^2}{6}$，$\bar{\varphi}=\dfrac{\varphi_1 l_1+\varphi_2 l_2+\cdots+\varphi_n l_n}{l}$		

当桩的斜度 $\alpha\leqslant\dfrac{\bar{\varphi}}{4}$ 时	当桩的斜度 $\alpha>\dfrac{\bar{\varphi}}{4}$
$a=L_0+d+2l\tan(\bar{\varphi}/4)$ $b=B_0+d+2l\tan(\bar{\varphi}/4)$	$a=L_0+d+2l\tan\alpha$ $b=B_0+d+2l\tan\alpha$

式中：

p——桩端平面处的平均压应力（kPa）；

$p_{\max}$——桩端平面处的最大压应力（kPa）；

$\bar{\gamma}$——承台底面至桩端平面包括桩的重力在内的土的平均重度（kN/m³）；

l——桩的深度（m）；

γ——承台底面以上土的重度（kN/m³）；

L——承台长度（m）；

B——承台宽度（m）；

N——作用于承台底面合力的竖向分力（kN）；

A——假定的实体基础在桩端平面处的计算面积（m²）；

a、b——假定的实体基础在桩端平面处的计算宽度和长度（m）；

L_0——外围桩中心围成的矩形轮廓长度（m）；

B_0——外围桩中心围成的矩形轮廓宽度（m）；

d——桩的直径（m）；

W——假定的实体基础在桩端平面处的截面抵抗矩（m³）；

e——作用于承台底面合力的竖向分力对桩端平面处计算面积重心轴的偏心距（m）；

$\bar{\varphi}$——基桩所穿过土层的平均土内摩擦角（°）；

$\varphi_1 l_1$、$\varphi_2 l_2\cdots\varphi_n l_n$——各层土的内摩擦角与相应土层厚度的乘积；

f_a——桩端平面处修正后的地基承载力特征值（kPa），按本规范第 4.3.4 条、第 4.3.5 条规定采用，并应按本规范第 3.0.7 条予以提高；

γ_R——抗力系数，见本规范第 3.0.7 条。

单桩承载力抗力系数 γ_R

受荷阶段	作用效应组合		抗力系数 γ_R
使用阶段	频遇组合	永久作用与可变作用组合	1.25
		仅计结构自重、预加力、土的重力、土侧压力和汽车荷载、人群荷载	1.00
	偶然组合		1.25
施工阶段	施工荷载组合		1.25

【小注】① 本规范附录 N 与《建筑地基基础设计规范》GB 50007—2011 的区别：本规范中 B_0、L_0 是桩中心到中心的距离，《建筑地基基础设计规范》GB 50007—2011 是桩外围；本规范考虑基础范围内土的应力扩散，《建筑地基础设计规范》GB 50007—2011 不考虑。

② 《公路桥涵地基与基础设计规范》JTG 3363—2019 与《铁路桥涵地基和基础设计规范》TB 10093—2017 中群桩作为实体基础计算，主要区别在于对桩端以上土层的重力计算不同，两式中 N 所代表的竖向力也不同，注意区分（公路规范中 N 作用在承台底，而铁路规范中 N 作用在桩底）。

【7-24】（2022C09）某公路桥梁采用群桩基础，桩基布置如下图所示。设计桩径为 1.0m，桩间距为 3.0m，承台边缘与边桩（角桩）外侧的距离按规范最小要求设计。根据勘察报告统计的承台底面以上土的重度为 19.0kN/m³，桩穿过土层的平均内摩擦角为 26°。当桩基础作为整体基础计算轴心受压时，桩端平面处的平均压应力最接近下列哪个选项？（承台底面至桩端平面处包括桩的重力在内的土的重度为 22.0kN/m³，地下水位在桩端平面以下）

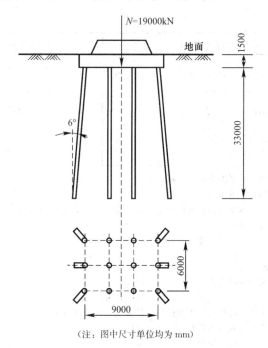

(注：图中尺寸单位均为mm)

(A) 800kPa   (B) 820kPa   (C) 840kPa   (D) 870kPa

答案：B

解答过程：

根据《公路桥涵地基与基础设计规范》JTG 3363—2019附录第N.0.2条：

(1) 斜度 $\alpha=6°<\dfrac{\overline{\varphi}}{4}=\dfrac{26°}{4}=6.5°$

$$a=L_0+d+2l\tan\dfrac{\overline{\varphi}}{4}=9+1+2\times33\tan6.5°=17.52\text{m}$$

$$b=B_0+d+2l\tan\dfrac{\overline{\varphi}}{4}=6+1+2\times33\tan6.5°=14.52\text{m}$$

(2) 根据第6.2.6条第5款：对边桩（或角桩）外侧与承台边缘的距离，桩直径（或边长）小于或等于1m时，不应小于0.5倍桩径（或边长）且不应小于250mm。

$0.5\times1>0.25\text{m}$，因此取0.5m。

承台长度：$L=9+1+0.5\times2=11\text{m}$

承台宽度：$B=6+1+0.5\times2=8\text{m}$

(3) $p=\overline{\gamma}l+\gamma h-\dfrac{BL\gamma h}{A}+\dfrac{N}{A}$

$$=22\times33+19\times1.5-\dfrac{11\times8\times19\times1.5}{17.52\times14.52}+\dfrac{19000}{17.52\times14.52}$$

$$=819.33\text{kPa}$$

【小注岩土点评】

① 在边桩倾斜的情况下，先判断桩的斜度 α 与 $\dfrac{\overline{\varphi}}{4}$ 的关系，如果 $\alpha\leqslant\dfrac{\overline{\varphi}}{4}$，附加应力的扩散按 $\dfrac{\overline{\varphi}}{4}$ 扩散；如果 $\alpha>\dfrac{\overline{\varphi}}{4}$，附加应力的扩散按 α 扩散。

② L_0、B_0 为外围桩中心围成的矩形轮廓线长度与宽度，而不是桩边围成的长度和宽度。

③ N 指的是作用于承台底面合力的竖向分力，分清楚力作用于承台顶面（不包括承台及其以上土重）和承台底面的区别。

八、挤扩支盘桩基础

——《公路桥涵地基与基础设计规范》第 9.5.4 条

挤扩支盘桩单桩轴向受压承载力特征值 R_a

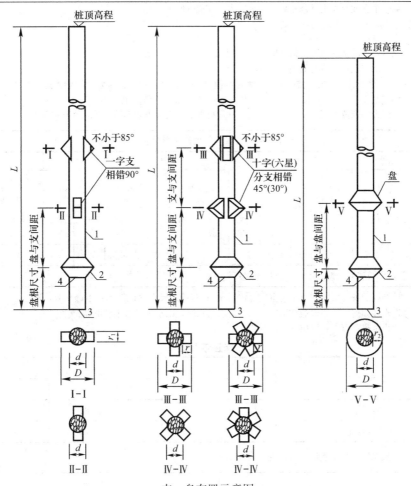

支、盘布置示意图

1—主桩；2—底盘；3—桩底；4—盘底；

d—桩径；D—支盘直径；L—桩长；r—支长；r_1—支宽；r_2—盘环宽

公式①：

$$R_a = \frac{1}{2}u\sum_{i=1}^{m}(q_{ik}l_i) + \sum_{j=1}^{n}A_{pj}q_{rj} + A_pq_r$$

$<$桩侧阻力$>$　$<$支或盘端阻力$>$　$<$主桩端阻力$>$

公式②：

$$q_{rj} = m_0\lambda[f_{aj} + k_2\gamma_2(h_j - 3)]$$

挤扩支盘桩单桩轴向受压承载力特征值 R_a

式中：R_a——单桩轴向受压承载力特征值（kN），桩身自重与置换土重（当自重计入浮力时，置换土重也计入浮力）的差值计入作用效应。

u——桩身周长（m）。

l_i——承台底面或局部冲刷线以下第 i 土层的厚度（m），当该层土内设有支、盘时，应减去每个支高和盘高的 1.5 倍。

【小注】从支或盘的中心开始，上下各减去 0.75 倍支高或盘高。

A_{pj}——第 j 个支或盘的面积（扣除主桩的面积）（m^2）。

q_{rj}——第 j 个支或盘端土（修正后）的承载力特征值（kPa）。

【小注】遵守第 6.3.3 条的相关规定。

n——支、盘的总数。

f_{aj}——支盘处土的承载力特征值（kPa），按规范第 4.3.3 条确定。

h_j——第 j 个支或盘底算起的埋深（m）。

q_{ik}——与 l_i 对应的各土层与桩侧的摩阻力标准值（kPa）。宜采用单桩摩阻力试验确定，当无试验条件时可按规范表 6.3.3-1 选用，扩孔部分及变截面以上 $2d$ 长度范围内不计。

k_2——承载力特征值的深度修正系数，根据桩端持力层土类按下表选用（或规范表 4.3.4）。

地基承载力宽度、深度修正系数 k_1、k_2

修正系数	黏性土			粉土	砂土								碎石土			
	老黏性土	一般黏性土		新近沉积黏性土	—	粉砂		细砂		中砂		砾砂、粗砂		碎石、圆砾、角砾		卵石	
		$I_L \geqslant 0.5$	$I_L < 0.5$		—	中密	密实	中密	密实	中密	密实	中密	密实	中密	密实	中密	密实
k_2	2.5	1.5	2.5	1.0	1.5	2.0	2.5	3.0	4.0	4.0	5.5	5.0	6.0	5.0	6.0	6.0	10.0

【小注】对于稍密和松散状态的砂、碎石土，k_1、k_2 可取表列中"中密值"的 50%

γ_2——桩端以上各土层的加权平均重度（kN/m^3）；若持力层在水位以下且不透水时，不论桩以上土层的透水性如何，一律取饱和重度；当持力层透水时，则水中部分土层取浮重度。

λ——修正系数，按下表取用（或规范表 6.3.3-2）。

修正系数 λ

桩端土	l/d		
	4～20	20～25	>25
透水性	0.70	0.70～0.85	0.85
不透水性土	0.65	0.65～0.72	0.72

m_0——清底系数，按下表取用（或规范表 6.3.3-3）。

t/d	0.3～0.1
m_0	0.7～1.0

【小注】① t、d 为桩端沉渣厚度和桩的直径。
② $d \leqslant 1.5$m 时，$t \leqslant 300$mm；$d > 1.5$m 时，$t \leqslant 500$mm，且 $0.1 < t/d < 0.3$

【小注】① l_i 值的确定需要仔细审题是否有局部冲刷线。有局部冲刷线则以局部冲刷线为准，无则以承台底面为准；扩孔部分不计。
② q_r 的最终确定值，在计算的基础上存在上限值（持力层土质）。
③ h 高度的确定需判断起算位置（有无冲刷线），且存在上限值（40m）。
④ γ_2 的加权平均与 h 相对应，且分析持力层透水性，选择浮重度或饱和重度。
⑤ 可能涉及规范第 3.0.7 条，不同的受荷阶段，R_a 乘以对应的抗力系数

【7-25】（模拟题）某公路桥拟采用挤扩支盘桩，桩径 600mm，桩长 24m，一盘一支，盘高 800mm，支高 600mm，承力盘、分支尺寸、位置及桩轴土层参数见下图，局部冲刷线位于一般冲刷线下 0.5m。根据《公路桥涵地基与基础设计规范》JTG 3363—2019，单桩承载力特征值最接近下列哪个选项的数值？（修正系数 $\lambda=0.85$，清底系数 $m_0=0.85$，粉质黏土按一般黏性土考虑，$I_L=0.7$）

(A) 2500kN　　　　(B) 2800kN　　　　(C) 3000kN　　　　(D) 3300kN

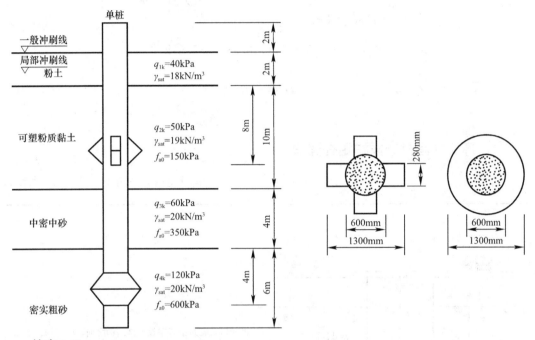

答案：B

解答过程：

(1) 支长 $=\dfrac{1.3-0.6}{2}=0.35$，支面积 $=0.35\times0.28\times4=0.392\text{m}^2$，盘面积 $=\dfrac{\pi}{4}$ $(1.3^2-0.6^2)=1.04\text{m}^2$

(2) 扣除支高 1.5 倍，$1.5\times0.6=0.9\text{m}$；扣除盘高 1.5 倍，$1.5\times0.8=1.2\text{m}$。

(3) 桩周土摩阻力：

$$\frac{1}{2}u\sum_{i=1}^{m}q_{ik}l_i=\frac{1}{2}\pi\times0.6\big[40\times1.5+50\times(10-0.9)+60\times4+120\times(6-1.2)\big]$$
$$=1254.44\text{kN}$$

(4) 支、盘的承载力 $\sum_{j=1}^{n}A_{pj}q_{rj}$：

支：$q_{rj}=m_0\lambda\big[f_{aj}+k_2\gamma_2(h_j-3)\big]=0.85\times0.85\left[150+1.5\times\dfrac{1.5\times8+(19-10)\times8}{8+1.5}\times(9.5-3)\right]$
$$=170.66\text{kPa}$$

盘：$q_{rj}=m_0\lambda\big[f_{aj}+k_2\gamma_2(h_j-3)\big]$
$$=0.85\times0.85\left[600+6.0\times\dfrac{1.5\times8+9\times10+10\times4+10\times4}{1.5+10+4+4}\times(19.5-3)\right]$$

$$=1101.09\text{kPa}$$

$$\sum_{j=1}^{n}A_{pj}q_{rj}=\text{支面积}\times\text{支端土承载力特征值}+\text{盘面积}\times\text{盘端土承载力特征值}$$

$$=0.392\times170.66+1.04\times1101.09=1212.03\text{kN}$$

（5）桩端承载力 $q_{rj}=m_0\lambda\left[f_{aj}+k_2\gamma_2(h_j-3)\right]$

$$=0.85\times0.85\left[600+6.0\times\frac{1.5\times8+9\times10+10\times4+10\times6}{1.5+10+4+6}\times(21.5-3)\right]$$

$$=1186.98\text{kPa}$$

$$A_pq_r=\frac{\pi}{4}\times0.6^2\times1186.98=335.61\text{kN}$$

（6）$R_a=\dfrac{1}{2}u\sum_{i=1}^{m}q_{ik}l_i+\sum_{j=1}^{n}A_{pj}q_{rj}+A_pq_r=1254.44+1212.03+335.61=2802.08\text{kN}$

九、冻土地基抗冻拔稳定性验算

—— 《公路桥涵地基与基础设计规范》附录 H

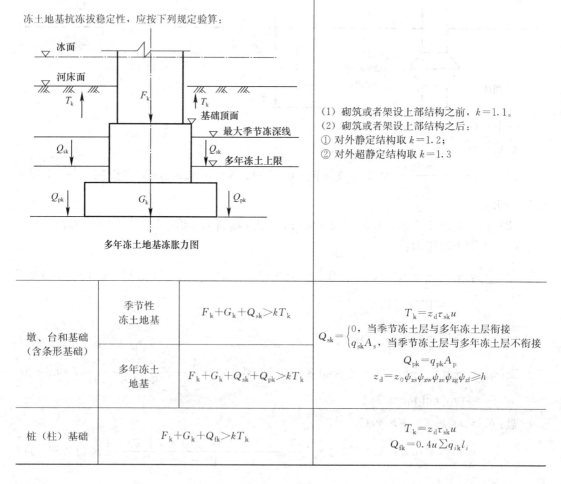

冻土地基抗冻拔稳定性，应按下列规定验算：

多年冻土地基冻胀力图

（1）砌筑或者架设上部结构之前，$k=1.1$。
（2）砌筑或者架设上部结构之后：
① 对外静定结构取 $k=1.2$；
② 对外超静定结构取 $k=1.3$

墩、台和基础 （含条形基础）	季节性 冻土地基	$F_k+G_k+Q_{sk}>kT_k$	$T_k=z_d\tau_{sk}u$ $Q_{sk}=\begin{cases}0,\text{当季节冻土层与多年冻土层衔接}\\q_{sk}A_s,\text{当季节冻土层与多年冻土层不衔接}\end{cases}$ $Q_{pk}=q_{pk}A_p$ $z_d=z_0\psi_{zs}\psi_{zw}\psi_{ze}\psi_{zg}\psi_{zl}\geqslant h$
	多年冻土 地基	$F_k+G_k+Q_{sk}+Q_{pk}>kT_k$	
桩（柱）基础		$F_k+G_k+Q_{fk}>kT_k$	$T_k=z_d\tau_{sk}u$ $Q_{fk}=0.4u\sum q_{ik}l_i$

式中：F_k——上部结构传至基础顶面或桩（柱）顶面的竖向力（kN）；

    G_k——基础自重及襟边上的土自重（kN），对桩基为桩（柱）自重，水位以下且桩底持力层透水时，取浮重度；

    Q_{sk}——基础周边融化层的摩阻力标准值（kN），对多年冻土地基，当季节性冻土层和多年冻土层衔接时（上图中为不衔接），取 $Q_{sk}=0$；

    Q_{pk}——基础周边与多年冻土的冻结力标准值（kN）；

    q_{sk}——基础侧面与融化层的摩阻力标准值（kPa）；

    q_{pk}——多年冻土与基础侧面的冻结力标准值（kPa）；

    T_k——基础或每根桩（柱）的切向冻胀力标准值（kN）；

    k——冻胀力修正系数；

    z_d——设计冻深（m），当基础埋置深度 h 小于 z_d，$z_d=h$；

    τ_{sk}——季节性冻土切向冻胀力标准值（kPa），对于表面光滑的预制桩，可取表列数值的 0.8 倍；

    u——在季节性冻土层或多年冻土层中，基础或墩身的平均周长，对桩基为桩身周长（m）；

    A_s——融化层中基础侧面面积（m²）；

    A_p——在多年冻土层内的基础侧面面积（m²）；

    Q_{fk}——桩（柱）在冻结线以下各土层的摩阻力标准值之和（kN）；

    q_{ik}——冻结线以下各层土的摩阻力标准值（kPa）；

    l_i——冻结线以下各层土的厚度（m）

【7-26】（模拟题）如下图所示（尺寸单位为 mm），某多年冻土地基上的桥梁采用墩基础，季节性冻土切向冻胀力标准值为 140kPa，基础侧面与融化层摩阻力标准值为 35kPa，多年冻土与基础周边的冻结力标准值为 65kPa，上部结构作用于基础顶面作用力 $F_k=600kN$，基础自重 $G_k=130kN$，试计算基础冻胀力修正系数最接近下列哪个选项？（设计冻深取至最大季节冻深线）

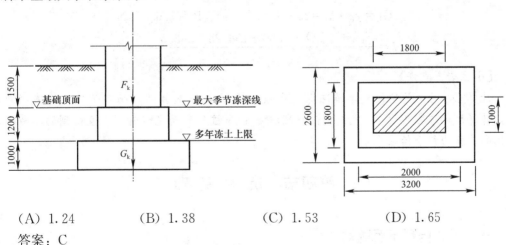

(A) 1.24   (B) 1.38   (C) 1.53   (D) 1.65

答案：C

解答过程：

根据《公路桥涵地基与基础设计规范》JTG 3363—2019 附录第 H.0.2 条：

(1) 融化层摩阻力标准值

$$A_s=2\times(1.2\times2+1.2\times1.8)=9.12\text{m}^2$$

$$Q_{sk}=q_{sk}A_s=35\times9.12=319.2\text{kN}$$

(2) 多年冻土冻结力标准值

$$A_p=2\times(1\times3.2+1\times2.6)=11.6\text{m}^2$$

$$Q_{pk}=q_{pk}A_p=65\times11.6=754kN$$

（3）季节性冻土对基础的切向冻胀力标准值

$$u=2\times(1.8+1.0)=5.6m$$

$$T_k=z_d\tau_{sk}u=1.5\times140\times5.6=1176kN$$

（4）冻胀力修正系数

$$k=\frac{F_h+G_k+Q_{sk}+Q_{pk}}{T_k}=\frac{600+130+319.2+754}{1176}=1.53$$

【7-27】（模拟题）某公路桥梁桩基建在季节性冻土地基上，桩长 10m，桩径 1000mm，场地标准冻深 1.5m，设计冻深 1.3m，地面下 10m 深度内为粉土，冻胀力标准值为 110kPa，侧摩阻力标准值为 35kPa，桩顶竖向力 $F_k=350kN$，按《公路桥涵地基与基础设计规范》JTG 3363—2019 计算，桩基冻胀力修正系数为下列哪个选项的数值？（桩身重度取 25kN/m³）

（A）1.25　　　　（B）1.86　　　　（C）2.06　　　　（D）2.25

答案：C

解答过程：

根据《公路桥涵地基与基础设计规范》JTG 3363—2019 附录第 H.0.3 条：

（1）冻结线以下土层摩阻力

$$Q_{fk}=0.4u\sum q_{ik}l_i=0.4\times3.14\times1\times35\times(10-1.3)=382.5kN$$

（2）季节性冻土对桩基的切向冻胀力

$$T_k=z_d\tau_{sk}u=1.3\times110\times3.14\times1=449.02kN$$

（3）冻胀力修正系数

$$G_k=\gamma_G\cdot V=25\times3.14\times0.5^2\times10=196.25kN$$

$$k=\frac{F_k+G_k+Q_{fk}}{T_k}=\frac{350+196.25+382.5}{449.02}=2.068$$

【小注岩土点评】

计算 Q_{fk} 时，是从最大季节冻深（或设计冻深 z_d）起算的，而不是从标准冻深处计算，计算切向冻胀力 T_k 时也是用设计冻深 z_d；当桩基表面光滑时，查表得到的季节性冻土切向冻胀力标准值应乘以 0.8 的系数。

第四节　沉 井 基 础

一、沉井自重下沉验算

——《公路桥涵地基与基础设计规范》第 7.3.2 条

沉井自重下沉验算（刃脚底面支撑反力为零）
公式①：$$R_f=u(h-2.5)q$$
公式②：$$k_{st}=\frac{G_k-F_{fw,k}}{R_f}$$

续表

沉井自重下沉验算（刃脚底面支撑反力为零）

式中：k_{st}——下沉系数，可取 $1.15\sim1.25$；

$\quad\quad G_k$——沉井自重标准值（外加助沉重量的标准值）（kN）；

$\quad F_{fw.k}$——下沉过程中水的浮托力标准值（kN）；

$\quad\quad R_f$——井壁总摩阻力标准值（kN），单位面积摩阻力沿深度按梯度分布，距离地面5m范围内按三角形分布，其下为常数；

$\quad\quad u$——沉井下端面周长（m），对阶梯形井壁，各阶梯端的 u 值可取本阶梯段的下端面周长；

$\quad\quad h$——沉井入土深度（m）；

$\quad\quad q$——井壁与土体间的摩阻力标准值按厚度的加权平均值，$q=\Sigma q_i h_i/\Sigma h_i$，$h_i$ 为各土层厚度。q 应根据实践经验或实测资料确定，当缺乏资料时，可按下表选用。

井壁与土体间的摩阻力标准值 q_i（kPa）

土的名称	q_i（kPa）	土的名称	q_i（kPa）
黏性土	$25\sim50$	砾石	$15\sim20$
砂性土	$12\sim25$	软土	$10\sim12$
卵石	$15\sim30$	泥浆套	$3\sim5$

【小注】泥浆套为灌注桩在井壁外侧的泥浆，是一种助沉材料

二、沉井下沉稳定验算

沉井下沉稳定验算（下沉系数较大或下沉过程中遇软弱土层）

公式①：
$$R_1=U\left(c+\frac{n}{2}\right)\cdot 2\cdot f_a$$

公式②：
$$R_2=2\cdot A_1\cdot f_a$$

公式③：
$$R_b=R_1+R_2$$

公式④：
$$k_{st.s}=\frac{G_k-F'_{fw.k}}{R'_f+R_b}$$

刃脚

式中：$k_{st.s}$——下沉稳定系数，一般控制在 $0.8\sim0.9$ 范围内；

$\quad\quad G_k$——沉井自重标准值（外加助沉重量的标准值）（kN）；

$\quad F'_{fw.k}$——验算状态下水的浮力标准值（kN）；

$\quad\quad R'_f$——验算状态下井壁总摩阻力标准值（kN），可按规范公式（7.3.2-2）计算；

$\quad\quad R_b$——沉井刃脚、隔墙和底梁下地基土的承载力标准值之和（kN）；

$\quad\quad R_1$——刃脚踏面及斜面下土的支撑力（kN）；

$\quad\quad U$——侧壁外围周长（m）；

$\quad\quad c$——刃脚踏面宽度（m）；

$\quad\quad f_a$——地基土的承载力特征值（kPa），当缺乏资料时可按规范第4.3节规定取值；

$\quad\quad R_2$——隔墙和底梁下土的支承反力（kN）；

$\quad\quad A_1$——隔墙和底梁的总支承面积（m^2）。

三、沉井井壁拉力

——《公路桥涵地基与基础设计规范》附录 P

<table>
<tr>
<td rowspan="4">等截面
井壁</td>
<td colspan="2">公式：$P_{max}=\dfrac{G_k}{4}$</td>
</tr>
<tr>
<td colspan="2">式中：P_{max}——最大竖向拉力（kN）；
G_k——沉井自重（kN）</td>
</tr>
<tr>
<td colspan="2">【小注】① 井壁摩阻力假定沿沉井总高按三角形分布，即在刃脚处为零，在地面处为最大。
② 最危险的截面在沉井入土深度的1/2处。</td>
</tr>
<tr>
<td colspan="2">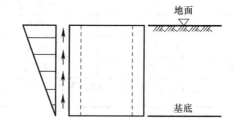</td>
</tr>
<tr>
<td rowspan="3">台阶形
截面</td>
<td colspan="2">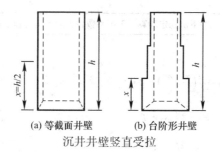
沉井井壁竖直受拉</td>
</tr>
<tr>
<td colspan="2">公式①：$q_x=\dfrac{x}{h}q_d$

公式②：$P_x=G_{xk}-\dfrac{1}{2}uq_xx$</td>
</tr>
<tr>
<td colspan="2">式中：P_x——距刃脚底面 x 变阶处的井壁拉力（kN）；
G_{xk}——x 高度范围内的沉井自重（kN）；
u——井壁周长（m）；
q_x——距刃脚底面 x 变阶处的摩阻力（kPa）；
q_d——沉井顶面摩阻力（kPa）；
h——沉井总高（m）；
x——刃脚底面至变阶处（或验算截面）的高度（m）</td>
</tr>
</table>

【7-28】（2008C12）一圆形等截面沉井排水挖土下沉过程中处于如下图所示状态，刃脚完全掏空，井体仍然悬在土中，假设井壁外侧摩阻力呈倒三角形分布，沉井自重 $G_0=1800\text{kN}$，问地表下 5m 处井壁所受拉力为（　　）。（假定沉井自重沿深度均匀分布）

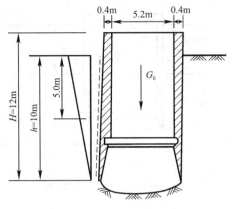

(A) 300kN　　　　(B) 450kN　　　　(C) 600kN　　　　(D) 800kN

答案：A

解答过程：

根据《公路桥涵地基与基础设计规范》JTG 3363—2019 附录 P：

设定沉井处于平衡状态，桩侧总摩阻力与沉井自重相等，且井壁外侧摩阻力呈倒三角形分布。

$$\frac{1}{2}hP_{max}=G_0 \Rightarrow \frac{1}{2}\times 10 \cdot P_{max}=1800\text{kN/m} \Rightarrow P_{max}=360\text{kN/m} \Rightarrow P_5=\frac{360}{2}=180\text{kN/m}$$

以 5m 以下沉井为研究对象：$P_x=\dfrac{h_1}{H}G_0-\dfrac{1}{2}h_1 P_5=\dfrac{5}{12}\times 1800-\dfrac{1}{2}\times 5 \times 180=300\text{kN}$

【小注岩土点评】

① 题干中未明确具体规范或提示性字眼，考生可根据受力平衡自行列方程求解。若考生熟悉此考点，可直接明晰 $P_{max}=\dfrac{G_k}{4}$。

② 本题还有其他解法，仅供参考：

直接取地表 5m 以下部分沉井段为研究对象：

拉力＝重力－侧壁摩阻力，且 $P_{max}=\dfrac{G_k}{4}$

$$P=\frac{5}{12}G_0-\frac{1}{4}G_0=\frac{1}{6}G_0=\frac{1}{6}\times 1800=300\text{kN}$$

【7-29】(2005C14) 沉井靠自重下沉，若不考虑浮力及刃脚反力作用，则下沉系数 $K=Q/T$，Q 为沉井自重，T 为沉井与土间的摩阻力［假设 $T=\pi D(H-2.5)f$］，某工程地质剖面及设计沉井尺寸如下图所示，沉井外径 $D=20\text{m}$，下沉深度为 16.5m，井身混凝土体积为 977m^3，混凝土重度为 24kN/m^3，计算沉井在下沉到图示位置时的下沉系数 K 最接近（　　）。

(A) 1.10　　　　(B) 1.20　　　　(C) 1.28　　　　(D) 1.35

答案：B

解答过程：

根据《公路桥涵地基与基础设计规范》JTG 3363—2019 第 7.3.2 条：

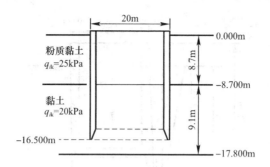

(1) $f = \dfrac{\sum_{i=1}^{n} q_{ik} h_i}{\sum_{i=1}^{n} h_i} = \dfrac{25 \times 8.7 + 20 \times 7.8}{8.7 + 7.8} = 22.64 \mathrm{kPa}$

(2) 沉井与土间的摩阻力：$T = \pi D (H - 2.5) f = 3.14 \times 20 \times (16.5 - 2.5) \times 22.64 = 19905.1 \mathrm{kN}$

(3) 沉井自重：$Q = \gamma V = 24 \times 977 = 23448 \mathrm{kN}$

(4) 下沉系数：$K = \dfrac{Q}{T} = \dfrac{23448}{19905.1} = 1.18$

【小注岩土点评】

① 题干中未明确具体规范或提示性字眼，考生可根据受力平衡自行列方程求解。

② 题干中 f 为侧摩阻力，应根据土层性质及厚度进行加权平均。

③ 应根据提示图明确沉井总长，沉井处于黏土中的长度并非 9.1m，而是 $-8.7 - (-16.5) = 7.8$m。

四、薄壁浮运沉井横向稳定性验算

——《公路桥涵地基与基础设计规范》第 7.3.7 条

薄壁浮运沉井横向稳定性验算（沉井浮体稳定倾斜角）φ
公式①：
$$\rho = \dfrac{I}{V}$$
公式②：
$$\varphi = \tan^{-1} \dfrac{M}{\gamma_w V (\rho - a)}$$
式中：φ——沉井在浮运阶段的倾斜角，不应大于 $6°$，并应满足 $(\rho - a) > 0$； M——外力矩（$\mathrm{kN \cdot m}$）； V——排水体积（m^3）； a——沉井重心至浮心的距离（m），重心在浮心之上为正，反之为负； ρ——定倾半径，即定倾中心至浮心的距离（m）； I——薄壁沉井浮体排水截面面积的惯性矩（m^4）； γ_w——水的重度，$\gamma_w = 10 \mathrm{kN/m}^3$

【7-30】（2007D13）一处于悬浮状态的浮式沉井（落入河床前），其所受外力矩 $M = 48 \mathrm{kN \cdot m}$，排水体积 $V = 40 \mathrm{m}^3$，浮体排水截面的惯性矩 $I = 50 \mathrm{m}^4$，重心至浮心的距离 $a = 0.4 \mathrm{m}$（重心在浮心之上），试按《铁路桥涵地基和基础设计规范》TB 10093—2017 或《公路

桥涵地基与基础设计规范》JTG 3363—2019 计算沉井浮体稳定的倾斜角最接近（　　）。

(A) 5° 　　　　　(B) 6° 　　　　　(C) 7° 　　　　　(D) 8°

答案：B

解答过程：

根据《公路桥涵地基与基础设计规范》JTG 3363—2019 第 7.3.7 条：

(1) 定倾半径：$\rho = \dfrac{I}{V} = \dfrac{50}{40} = 1.25 \text{m}$

(2) 倾斜角：$\varphi = \tan^{-1} \cdot \dfrac{M}{\gamma_{\mathrm{w}} V (\rho - a)} = \tan^{-1} \left[\dfrac{48}{10 \times 40 \times (1.25 - 0.4)} \right] = 8.04° > 6°$，

取 $\varphi = 6°$

【小注岩土点评】

① 题干中已经明确规范，可直接查找到具体位置，依据公式作答。

② 本题公式简单，计算量不大，现在考卷已经很难找到这等计算量的真题了。

第三十七章　公路路基设计规范专题

第一节　一般路基

一、沿河及受水浸淹的路基边缘高程

——《公路路基设计规范》第 3.1.3 条

应高出规定设计洪水频率的计算水位＋壅水高度＋波浪侵袭高度＋0.5m 的安全高度之和。

路基设计洪水频率

公路等级	高速公路	一级公路	二级公路	三级公路	四级公路
路基设计洪水频率	1/100	1/100	1/50	1/25	按具体情况确定

【小注】区域内唯一通道的公路路基设计洪水频率，可采用高一个等级公路的标准。

二、新建公路路基回弹模量设计值 E_0

——《公路路基设计规范》第 3.2.6 条

标准状态下路基动态回弹模量 M_R	① 根据《公路路基设计规范》JTG D30—2015 附录 A 通过路基土动态回弹模量标准试验确定； ② 根据《公路路基设计规范》JTG D30—2015 附录 B 由土组类别及粒料类型查表确定； ③ 初步设计阶段，由填料的 CBR 值进行如下估算： $$M_R=17.6CBR^{0.64} \quad 2<CBR\leqslant12$$ $$M_R=22.1CBR^{0.55} \quad 12<CBR<80$$		
新建路基回弹模量设计值 E_0	公式： $$E_0=K_sK_\eta M_R\geqslant [E_0]$$ 式中：M_R——标准状态下路基动态回弹模量（MPa），可由上式确定。 K_s——路基回弹模量湿度调整系数，为平衡湿度（含水率）状态下的回弹模量与标准状态下的回弹模量之比。按《公路路基设计规范》JTG D30—2015 附录 C 与 D 确定。 K_η——干湿循环或冻融循环条件下路基土模量折减系数，一般可取 0.7～0.95。		
	非冰冻地区	粉质土、黏质土失水率大于 30% 时，取 K_η 较小值	
		粉质土、黏质土失水率小于等于 30% 时，取 K_η 较大值	
		粗粒土，取 K_η 较大值	
	季节冻土地区	粉质土、黏质土冻结温度低于 −15℃ 时，冻前含水率高时，取 K_η 较小值	
		粉质土、黏质土冻结温度高于 −15℃ 时，冻前含水率不高时，取 K_η 较大值	
		粗粒土，取 K_η 较大值	

三、高路堤稳定性验算

——《公路路基设计规范》第 3.6.9 条

	公式①： $$m_{ai} = \cos\alpha_i + \frac{\sin\alpha_i \tan\varphi_i}{F_s}$$ 公式②： $$F_s = \frac{\frac{1}{m_{ai}}\sum[c_i b_i + (W_i + Q_i)\tan\varphi_i]}{\sum(W_i + Q_i)\sin\alpha_i}$$
路堤堤身稳定性、路堤和地基的整体稳定性宜采用简化 Bishop 法	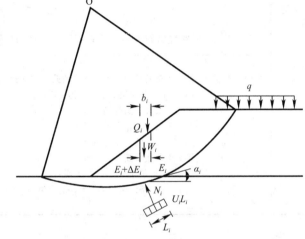 路堤堤身稳定性、路堤和地基整体稳定性计算示意图 式中：F_s——路堤稳定系数； 　　　b_i——第 i 土条宽度（m）； 　　　α_i——第 i 土条底滑面的倾角（°）； 　c_i、φ_i——第 i 土条滑弧所在土层的黏聚力和内摩擦角，依滑弧所在位置取值； 　　　m_{ai}——系数； 　　　W_i——第 i 土条重力（kN）； 　　　Q_i——第 i 土条垂直方向外力（kN）
路堤沿斜坡地基或软弱层带滑动的稳定性分析可采用不平衡推力法进行验算（隐式解）	公式①： $$E_i = E_{i-1}\psi_{i-1} + W_{Qi}\sin\alpha_i - \frac{c_i l_i + W_{Qi}\cos\alpha_i \tan\varphi_i}{F_s}$$ 公式②： $$\psi_{i-1} = \cos(\alpha_{i-1} - \alpha_i) - \frac{\sin(\alpha_{i-1} - \alpha_i) \cdot \tan\varphi_i}{F_s}$$

续表

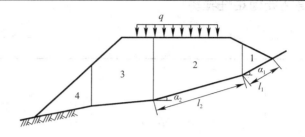

路堤沿斜坡地基或软弱层带滑动的稳定性分析可采用不平衡推力法进行验算

路堤沿斜坡地基或软弱层带滑动的稳定性分析示意图

式中：W_{Qi}——第 i 土条的重力与外加竖向荷载之和（kN）；

ψ_{i-1}——第 $i-1$ 土条对第 i 土条的传递系数；

α_i——第 i 土条底滑面的倾角（°）；

c_i——第 i 土条底的黏聚力（kPa）；

φ_i——第 i 土条底的内摩擦角（°）；

l_i——第 i 土条底滑面长度（m）；

α_{i-1}——第 $i-1$ 土条底滑面的倾角（°）；

E_{i-1}——第 $i-1$ 土条传递给第 i 土条的下滑力（kN）

第二节　特　殊　路　基

一、滑坡稳定性

——《公路路基设计规范》第 7.2.2 条

滑坡剩余下滑力可采用传递系数法（显示解）	公式①：
	$$T_i = F_s W_i \sin\alpha_i + \psi_i T_{i-1} - W_i \cos\alpha_i \tan\varphi_i - c_i L_i$$
	公式②：
	$$\psi_i = \cos\ (\alpha_{i-1} - \alpha_i)\ - \sin\ (\alpha_{i-1} - \alpha_i)\ \tan\varphi_i$$
	式中：T_i、T_{i-1}——第 i 和第 $i-1$ 滑块剩余下滑力（kN/m）；
	F_s——稳定安全系数；
	W_i——第 i 滑块的自重力（kN/m）；
	α_i、α_{i-1}——第 i 和第 $i-1$ 滑块对应滑面的倾角（°）；
	ψ_i——传递系数；
	φ_i——第 i 滑块滑面内摩擦角（°）；
	c_i——第 i 滑块滑面岩土黏聚力（kN/m）；
	L_i——第 i 滑块滑面长度（m）

续表

剩余下滑力计算图示	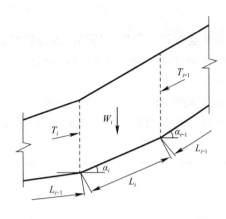

【7-31】（2014D26）某公路路堑，存在一折线形均质滑坡，计算参数如下表所示。若滑坡推力安全系数为1.20，第一块滑体剩余下滑力传递到第二块滑体的传递系数为0.85，在第三块滑体前设重力式挡墙，按《公路路基设计规范》JTG D30—2015计算作用在该挡墙上每米的作用力最接近（　　）。

滑块编号	下滑力（kN/m）	抗滑力（kN/m）	滑面倾角（°）
①	5000	2100	35
②	6500	5100	26
③	2800	3500	26

(A) 3900kN　　　　(B) 4970kN　　　　(C) 5870kN　　　　(D) 6010kN

答案：C

解答过程：

根据《公路路基设计规范》JTG D30—2015第7.2.2条：

滑块一、二、三的内摩擦角相同，即 $\varphi_1 = \varphi_2 = \varphi_3$

(1) 滑块一：$T_1 = 1.2 \times 5000 - 2100 = 3900$kN

(2) 滑块二：$\psi_1 = 0.85 = \cos(35° - 26°) - \sin(35° - 26°)\tan\varphi_2 \Rightarrow \tan\varphi_2 = 0.88$

$T_2 = 1.2 \times 6500 - 5100 + 0.85 \times 3900 = 6015$kN

(3) 滑块三：$\psi_2 = \cos(26° - 26°) - \sin(26° - 26°) \times 0.88 = 1.0$

$T_3 = 1.2 \times 2800 - 3500 + 1.0 \times 6015$

$\quad = 5875$kN

【小注岩土点评】

① 本题是路堑，不是路堤，采用的是显式传递系数法，与本规范第3.6.10条处路堤的隐式传递系数法不同，《建筑边坡工程技术规范》GB 50330—2013滑坡推力的计算也是隐式解。

② 第二和第三滑块的滑面倾角相间，可合并计算。

二、岩溶地区路基

——《公路路基设计规范》第 7.6.3 条

（1）对岩溶顶板岩层未被节理裂隙切割或虽被切割但胶结良好的完整顶板，可按厚跨比法确定溶洞顶板的安全厚度。当顶板的厚度与路基跨越溶洞的长度之比大于 0.8 时，溶洞的顶板岩层可不作处理。

（2）对位于路基两侧的溶洞，应判定其对路基的影响。对开口的溶洞，可参照自然边坡来判别其稳定性及其对路基的影响；对地下溶洞，可按坍塌时的扩散角计算确定溶洞距路基的安全距离。

坍塌扩散角计算确定溶洞距路基的安全距离	公式①：$$L = H\cot\beta = \frac{H}{\tan\beta}$$ 公式②：$$\beta = \frac{45° + \dfrac{\varphi}{2}}{K}$$
	式中：L——溶洞距路基的安全距离（m）； H——溶洞顶板厚度（m）； β——坍塌扩散角（°）； K——安全系数，取 $1.10 \sim 1.25$，高速公路、一级公路应取大值； φ——岩石内摩擦角（°）
	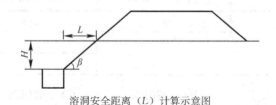 溶洞安全距离（L）计算示意图
	【小注】① 溶洞顶板岩层上有覆盖土层时，岩土界面处于土体稳定坡率（综合内摩擦角）向上延长坍塌扩散线与地面相交，路基边坡坡脚应处于距交点不小于 5m 以外范围。 ② 结合本书第三十五章学习

【7-32】（2003C30）某段铁路路基位于石灰岩地层形成的地下暗河附近，如下图所示，暗河洞顶埋深 8m，顶板基岩为节理裂隙发育的不完整的散体结构，基岩面以上覆盖层厚 2m，覆盖土层综合内摩擦角为 45°，石灰岩体内摩擦角 $\varphi = 60°$，计算安全系数取 1.25，按《公路路基设计规范》JTG D30—2015，用坍塌时扩散角进行估算，路基坡脚距暗河洞边缘的安全距离 L 最接近（　　）。

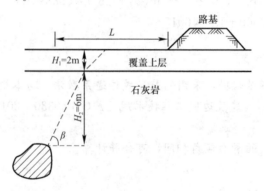

(A) 3.6m   (B) 4.6m   (C) 5.5m   (D) 10m

答案：D

解答过程：

按照《公路路基设计规范》JTG D30—2015 第 7.6.3 条：

(1) $\beta = \dfrac{45° + \dfrac{\varphi}{2}}{K} = \dfrac{45° + \dfrac{60°}{2}}{1.25} = 60°$

$$L_1 = H_1 \cot 45° = 2 \times \cot 45° = 2.0\text{m}$$

$$L_2 = H_2 \cot \beta = 6 \times \cot 60° = 3.46\text{m}$$

(2) $L = L_1 + L_2 + 5 = 2.0 + 3.46 + 5 = 10.46\text{m}$

【小注岩土点评】

① 虽然题干有"铁路路基"字样，但是已经明确要求采用《公路路基设计规范》JTG D30—2015 求解。若是没有提示，很容易引起误解。

② 本题原为 2003 年真题，现针对新版 2015 年规范进行修改，新旧规范知识点原理相同，重点区别在于新版在计算结果基础上，针对延长线与地面相交，路基边坡坡脚应处于距交点不小于 5m 以外范围，即 $L+5$。

【7-33】（2007C25）高速公路附近有一覆盖型溶洞（如下图所示），为防止溶洞坍塌危及路基，按《公路路基设计规范》JTG D30—2015，溶洞边缘距路基坡脚的安全距离应不小于（   ）。（灰岩 φ 取 37°，覆盖土层综合内摩擦角为 45°，安全系数 K 取 1.25）

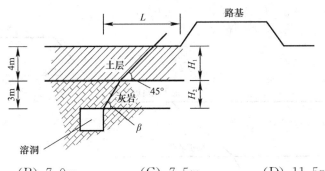

(A) 6.0m   (B) 7.0m   (C) 7.5m   (D) 11.5m

答案：D

解答过程：

按照《公路路基设计规范》JTG D30—2015 第 7.6.3 条：

(1) 顶板岩层坍塌范围：$\beta_1 = \dfrac{45° + \dfrac{\varphi}{2}}{K} = \dfrac{45° + \dfrac{37°}{2}}{1.25} = 50.8°$

$$L_2 = H_2 \cot \beta_1 = 3 \times \cot 50.8° = 2.45\text{m}$$

(2) 上覆土层采用 45°扩散角：$L_1 = H_1 \cot 45° = 4 \times \cot 45° = 4.0\text{m}$

(3) $L = L_1 + L_2 + 5 = 2.45 + 4.0 + 5 = 11.45\text{m}$

【小注岩土点评】

本真题出自 2007 年，按照《公路路基设计规范》JTG D30 旧版编写而成，不过新版与旧版原理相同。重点区别在于新版在计算结果基础上，针对延长线与地面相交，路基边坡坡脚应处于距交点不小于5m以外范围，即$L+5$。

【7-34】（2013C20）某高填方路堤公路选线时发现某段路堤附近有一溶洞（如下图所示），溶洞顶板岩层厚度为2.5m，岩层上覆土层厚度为3.0m，顶板岩体内摩擦角为40°，对一级公路安全系数取为1.25，根据《公路路基设计规范》JTG D30—2015，该路堤坡脚与溶洞间的最小安全距离L不小于（　　）。（覆盖土层的稳定坡率为1：1）

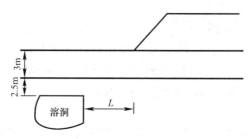

(A) 4.0m　　　(B) 5.0m　　　(C) 6.0m　　　(D) 10.0m

答案：D

解答过程：

根据《公路路基设计规范》JTG D30—2015第7.6.3条：

(1) $\beta_1 = \dfrac{45° + \dfrac{\varphi}{2}}{K} = \dfrac{45° + \dfrac{40°}{2}}{1.25} = 52°$，$L_1 = H_1 \cot\beta_1 = 2.5 \times \cot 52° = 1.95\text{m}$

(2) $L_2 = H_2 \cot\beta_2 = 3 \times \cot 45° = 3.0\text{m}$

(3) $L = L_1 + L_2 + 5 = 1.95 + 3.0 + 5 = 9.95\text{m}$

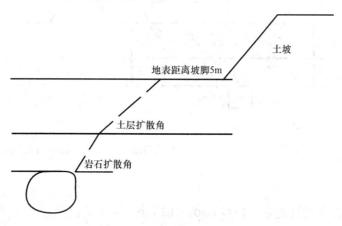

示意图

【小注岩土点评】

① 根据《公路路基设计规范》JTG D30—2015第7.5.4条路堤坡脚与溶洞间的最小安全距离确定，岩层中按地下溶洞坍落时扩散角$\beta_1 = \dfrac{45° + \varphi/2}{K}$，溶洞顶板上覆盖有土层时，土层中再按45°扩散角扩散至路堤原地面。

② 新版规范中，土层中的扩散角按照综合内摩擦角或稳定坡率计算，不再是45°。新版规范增加了5m的安全距离。

三、软土地区路基

(一) 地基沉降

——《公路路基设计规范》第 7.7.2 条

一般规定：(1) 对用于计算沉降的压缩层，其底面应在附加应力与有效自重应力之比不小于 0.15 处。(2) 行车荷载对沉降的影响，对于高路堤可忽略不计。(3) 主固结沉降 S_c 应采用分层总和法计算。

总沉降 S 宜采用沉降系数 m_s 与主固结沉降 S_c 之积计算	公式①：$$S = m_s S_c$$ 公式②：$$m_s = 0.123\gamma^{0.7}\,(\theta H^{0.2} + vH) + Y$$
	式中：m_s——沉降系数，与地基条件、荷载强度、加荷速率等因素有关，其范围为 1.1～1.7，应根据现场沉降监测资料确定，也可按照公式估算。 　　　θ——地基处理类型系数，地基用塑料排水板处理时可取 0.95～1.1，用粉体搅拌桩处理时可取 0.85，一般预压时取 0.90。 　　　H——路堤中心高度（m）。 　　　γ——填料重度（kN/m³）。 　　　v——加载速率修正系数，加载速率为 20～70mm/d 时，取 0.025；采用分期加载，速度小于 20mm/d 时取 0.005；采用快速加载，速度大于 70mm/d 时取 0.05。 　　　Y——地质因素修正系数，满足软土层不排水抗剪强度小于 25kPa、软土层的厚度大于 5m、硬壳层厚度小于 2.5m 三个条件时，$Y=0$，其他条件可取 $Y=-0.1$
总沉降可由瞬时沉降、主固结沉降及次固结沉降之和计算	公式：$$S = S_d + S_c + S_s$$
	式中：S_d——瞬时沉降； 　　　S_c——主固结沉降； 　　　S_s——次固结沉降
任意时刻沉降量，考虑主固结随时间的变化过程	公式①：$$S_t = (m_s - 1 + U_t)\,S_c$$ 公式②：$$S_t = S_d + S_c U_t + S_s$$
	式中：U_t——地基平均固结度，采用太沙基一维固结理论解计算；对于砂井、塑料排水板等竖向排水体处理的地基，固结度按巴隆给出的太沙基-伦杜立克固结理论轴对称条件固结方程在等应变条件下的解计算

【7-35】(2014D15) 某公路路堤位于软土地区，路基中心高度为 3.5m，路基填料重度为 20kN/m³，填土速率约为 0.04m/d，路线地表下 0～2.0m 为硬塑黏土，2.0～8.0m 为流塑状态软土，软土不排水抗剪强度为 18kPa，路基地基采用常规预压方法处理，用分层总和法计算的地基主固结沉降量为 20cm，如公路通车时软土固结度达到 70%，根据《公路路基设计规范》JTG D30—2015，则此时的地基沉降量最接近（　　　）。

(A) 14cm　　　(B) 17cm　　　(C) 19cm　　　(D) 20cm

答案：C

解答过程：

根据《公路路基设计规范》JTG D30—2015 第 7.7.2 条：

(1) $\theta = 0.90$，填土速率约为 0.04m/d，$v = 0.025$，$H = 3.5m$

软土不排水抗剪强度为 18kPa，软土厚度 8－2＝6m＞5m，硬塑黏土 2m＜2.5m，$\Rightarrow Y = 0$

(2) $m_s = 0.123\gamma^{0.7}(\theta H^{0.2} + vH) + Y = 0.123 \times 20^{0.7} \times (0.90 \times 3.5^{0.2} + 0.025 \times 3.5) + 0$
$= 1.246$

(3) $S_t = (m_s - 1 + U_t)S_c = (1.246 - 1 + 0.7) \times 20 = 18.92cm$

【7-36】(2019D05) 某软土层厚度，在其上用一般预压法修筑高度为 5m 的路堤，路堤填料重度为 18kN/m³，以 18mm/d 的平均速率分期加载填料，按照《公路路基设计规范》JTG D30—2015，采用分层总和法计算的软土层主固结沉降为 30cm，则采用沉降系数法估算软土层的总沉降量最接近下列何值？

(A) 30.7cm   (B) 32.4cm   (C) 34.2cm   (D) 41.6cm

答案：B

解答过程：

根据《公路路基设计规范》JTG D30—2015 第 7.7.2 条：

(1) $\theta = 0.90$，$v = 0.005$，$H = 5$，$Y = -0.1$

$m_s = 0.123\gamma^{0.7}(\theta H^{0.2} + vH) + Y = 0.123 \times 18^{0.7} \times (0.90 \times 5^{0.2} + 0.005 \times 5) - 0.1 = 1.08$

(2) $S = m_s S_c = 1.08 \times 30 = 32.35cm$

【小注岩土点评】

《公路路基设计规范》JTG D30—2015 对于总沉降的计算，采用的是与《建筑地基基础设计规范》GB 50007—2011 相似的方法，总沉降都需要考虑沉降计算经验系数，总沉降等于沉降系数 m_s 与主固结沉降的乘积。本题目属于套公式题目，只要能快速准确定位规范位置，即可快速作答，复习中，考生应熟悉非核心规范的目录，以便在考场上快速定位考查内容。

(二) 复合地基

—— 《公路路基设计规范》第 7.7.7 条

粒料桩复合地基抗剪强度	公式：
	$$\tau_{ps} = \eta\tau_p + (1-\eta)\tau_s$$
	式中：η——桩土面积置换率，等边三角形布桩：$\eta = 0.907\left(\dfrac{D}{B}\right)^2$，正方形布桩：$\eta = 0.783$ $\left(\dfrac{D}{B}\right)^2$；
	     τ_p——桩体抗剪强度 (kPa)；
	     τ_s——地基土抗剪强度 (kPa)；
	     D、B——桩的直径和桩间距

粒料桩桩长深度内地基沉降	公式①：
	$$S_z = \mu_s S$$
	公式②：
	$$\mu_s = \frac{1}{1+\eta(n-1)}$$
	式中：μ_s——桩间土应力折减系数。
	     n——桩土应力比，宜经试验工程确定；无资料时，可取 2~5；当桩底土质好，桩间土质差可取高值，否则取低值。
	     S——粒料桩桩长深度内原地基的沉降

续表

加固土桩复合压缩模量	公式： $$E_{ps}=\eta E_p+(1-\eta)E_s$$
	式中：E_p——桩体压缩模量（MPa）； E_s——土体压缩模量（MPa）

【小注】此部分内容与复合地基处理相似，可重点复习《建筑地基处理技术规范》JGJ 79—2012。

（三）膨胀土地基

——《公路路基设计规范》第 7.9.3 条

涉及膨胀土等级确定及相应公式计算主要应依据膨胀土专门规范《膨胀土地区建筑技术规范》GB 50112—2013，涉及《公路路基设计规范》JTG D30—2015，主要依据膨胀土等级确定相应的处治措施及必要的防护参数，此部分内容此书未节选，具体见规范。

基于固结试验的膨胀土地基变形量	公式： $$\rho=\sum_{i=1}^{n}\frac{C_s z_i}{(1+e_0)_i}\log\left(\frac{\sigma_f'}{\sigma_{sc}'}\right)_i$$
	式中：ρ——地基变形量（mm）； e_0——初始孔隙比； σ_{sc}'——由恒体积试验中校正的膨胀压力（kPa）； σ_f'——最后有效应力（kPa）； C_s——膨胀指数； z_i——第 i 层土的初始厚度（mm）
基于收缩试验的膨胀土地基变形量	公式①： $$\rho=\sum_{i=1}^{n}\Delta z_i=\sum_{i=1}^{n}\frac{C_w \Delta w_i}{(1+e_0)_i}z_i$$ 公式②： $$C_w=\frac{\Delta e_i}{\Delta w_i}$$
	式中：C_w——非饱和膨胀土体积收缩指数； Δe_i——第 i 层土的孔隙比的变化； Δw_i——第 i 层土的含水率变化

【7-37】（2016C26）某高速公路通过一膨胀土地段，该路段膨胀土的自由膨胀率试验结果见下表（假设可仅按自由膨胀率对膨胀土进行分级）。按设计方案，开挖后将形成高度约 8m 的永久路堑膨胀土边坡，拟采用坡率法处理，问：按《公路路基设计规范》JTG D30—2015，下列哪个选项的坡率是合理的？

自由膨胀率试验记录表

试样编号	干土质量（g）	量筒编号	不同时间（h）体积读数（mL）					
			2	4	6	8	10	12
SY1	9.83	1	18.2	18.6	19.0	19.2	19.3	19.3
	9.87	2	18.4	18.8	19.1	19.3	19.4	19.4

【小注】量筒容积为 50mL，量土杯容积为 10mL。

(A) 1∶1.50　　　(B) 1∶1.75　　　(C) 1∶2.25　　　(D) 1∶2.75

答案：C

解答过程：

根据《膨胀土地区建筑技术规范》GB 50112—2013 附录 D、《公路路基设计规范》JTG D30—2015 第 7.9.7 条：

(1) 编号 1：$\sigma_{ef1} = \dfrac{19.3 - 10}{10} \times 100\% = 93\%$

(2) 编号 2：$\sigma_{ef2} = \dfrac{19.4 - 10}{10} \times 100\% = 94\%$；且 $9.87 - 9.83 < 0.1g$

(3) $\sigma_{ef} = \dfrac{93\% + 94\%}{2} = 93.5\% > 90\%$，膨胀潜势为强。

(4) 开挖高度为 8m 的永久路堑膨胀土边坡，拟采用坡率法处理，边坡坡率处于 $1:2.0 \sim 1:2.5$，$1:2.25$ 符合。

（四）采空区地基

——《公路路基设计规范》第 7.16.3 条

采空区场地的稳定性控制标准共有三个：地表倾斜、水平变形及曲率。

采空区场地稳定性	地表倾斜： $$i_{AB} = \dfrac{\Delta\eta_{AB}}{L_{AB}}$$ 水平变形： $$\varepsilon_{AB} = \dfrac{\Delta\xi_{AB}}{L_{AB}}$$ 曲率： $$K_B = \dfrac{i_{AB} - i_{BC}}{L_{1-2}}$$
	式中： i_{AB}、i_{BC} ——A、B（B、C）两点间的地表倾斜（mm/m）； $\Delta\eta_{AB}$ ——A、B 两点间的垂直移动量之差（mm）； L_{AB} ——A、B 两点间的水平距离（m）； ε_{AB} ——A、B 两点间的水平变形（mm/m）； $\Delta\xi_{AB}$ ——A、B 两点间的水平移动量之差（mm）； K_B ——曲率（mm/m²）； L_{1-2} ——1、2 两点间的水平间距（m）1、2 两点分别为 AB、BC 的中点，详图见第三十五章

公路采空区地表变形容许值

公路等级	地表倾斜（mm/m）	水平变形（mm/m）	地表曲率（mm/m²）
高速公路、一级公路	≤3.0	≤2.0	≤0.2
二级及二级以下公路	≤6.0	≤4.0	≤0.3

【小注】采空区地表倾斜大于 10mm/m、地表曲率大于 0.6mm/m² 或地表水平变形大于 6mm/m 的地段，不宜作为公路路基建设场地。

【7-38】（2018C20）某拟建二级公路下方存在一煤矿采空区，A、B、C 依次为采空区主轴断面上的三个点（如下图所示），其中 AB＝15m，BC＝20m，采空区移动前三点在同一高程上，地表移动后 A、B、C 的垂直移动量分别为 23mm、75.5mm 和 131.5mm，水平移动量分别为 162mm、97mm 和 15mm，根据《公路路基设计规范》JTG D30—2015，试判断该场地作为公路路基建设场地的适宜性为下列哪个选项？并说明判断过程。

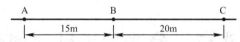

（A）不宜作为公路路基建设场地

（B）满足公路路基建设场地要求

（C）采取处治措施后可作为公路路基建设场地

（D）无法判断

答案：C

解答过程：

根据《公路路基设计规范》JTG D30—2015 第 7.16.3 条：

垂直分量依次为：23mm、75.5mm、131.5mm；水平分量依次为：162mm、97mm、15mm；$L_{AB}=15m$，$L_{BC}=20m$

（1）$i_{AB}=\dfrac{\Delta\eta_{AB}}{L_{AB}}=\dfrac{\eta_B-\eta_A}{L_{AB}}=\dfrac{75.5-23}{15}=3.5mm/m\leqslant6.0mm/m$

$i_{BC}=\dfrac{\Delta\eta_{BC}}{L_{BC}}=\dfrac{\eta_C-\eta_B}{L_{BC}}=\dfrac{131.5-75.5}{20}=2.8mm/m\leqslant6.0mm/m$

根据规范表 7.16.3，在变形允许值范围内。

（2）$\varepsilon_{AB}=\dfrac{\Delta\xi_{AB}}{L_{AB}}=\dfrac{\xi_A-\xi_B}{L_{AB}}=\dfrac{162-97}{15}=4.33mm/m$；$\varepsilon_{BC}=\dfrac{\Delta\xi_{BC}}{L_{BC}}=\dfrac{\xi_B-\xi_C}{L_{BC}}=\dfrac{97-15}{20}=$

$4.1mm/m$

根据规范表 7.16.3 和第 7.16.3 条第 2 款，$4.0mm/m\leqslant\varepsilon_{BC}(4.1mm/m)\leqslant6.0mm/m$，超过了变形允许值，但是可作为公路路基建设场地。

（3）$K_B=\dfrac{i_{AB}-i_{BC}}{\dfrac{L_{BC}+L_{AB}}{2}}=\dfrac{3.5-2.8}{\dfrac{15+20}{2}}=0.04mm/m^2\leqslant0.3mm/m^2$；根据规范表 7.16.3，

在变形允许值范围内。

（4）综上，根据三个指标的分析，应对采空区进行处治设计后可作为公路路基建设场地。

【小注岩土点评】

① 采空区场地评价的三大指标：倾斜、水平变形和曲率，为采空区案例必考知识点。

②《岩土工程勘察规范（2009 年版）》GB 50021—2001 对采空区场地适宜性评价也是采取这三个指标，区别就是《公路路基设计规范》JTG D30—2015 采用的是采空区允许变形值，这是特征指标。

第三十八章　公路隧道设计规范专题

第一节　围岩分级

一、公路隧道围岩坚硬程度分类

——《公路隧道设计规范 第一册 土建工程》附录 A

岩石坚硬程度定量指标用岩石单轴饱和抗压强度 R_c 表达。R_c 宜采用实测值，若无实测值，可采用实测的岩石点荷载强度指数 $I_{S(50)}$ 的换算值。

$$R_c = 22.82 I_{S(50)}^{0.75}$$

R_c 与岩石坚硬程度定性划分的关系

R_c(MPa)	>60	60~30	30~15	15~5	<5
坚硬程度	坚硬岩	较坚硬岩	较软岩	软岩	极软岩

岩石按坚硬程度的定性分类

坚硬程度		定性鉴定	代表性岩石
硬质岩	坚硬岩	锤击声清脆，有回弹，震手，难击碎；浸水后，大多无吸水反应	未风化~微风化的花岗岩、正长岩、闪长岩、辉绿岩、玄武岩、安山岩、片麻岩、石英片岩、硅质板岩、石英岩、硅质胶结的砾岩、石英砂岩、硅质石灰岩等
	较坚硬岩	锤击声较清脆，有轻微回弹，稍震手，较难击碎；浸水后，有轻微吸水反应	①中等（弱）风化的坚硬岩；②未风化~微风化的熔结凝灰岩、大理岩、板岩、白云岩、石灰岩、钙质胶结的砂页岩等
软质岩	较软岩	锤击声不清脆，无回弹，较易击碎；浸水后，指甲可刻出印痕	①强风化的坚硬岩；②中等（弱）风化的较坚硬岩；③未风化~微风化的凝灰岩、千枚岩、砂质泥岩、泥灰岩、泥质砂岩、粉砂岩、页岩等
	软岩	锤击声哑，无回弹，有凹痕，易击碎；浸水后，手可掰开	①强风化的坚硬岩；②中等（弱）风化~强风化的较坚硬岩；③中等（弱）风化的较软岩；④未风化的泥岩、泥质页岩、绿泥石片岩、绢云母片岩等
	极软岩	锤击声哑，无回弹，有较深凹痕，手可捏碎；浸水后，可捏成团	①全风化的各种岩石；②强风化的软岩；③各种半成岩

二、围岩完整程度分类

——《公路隧道设计规范 第一册 土建工程》附录 A

岩体完整程度的定量指标用岩体完整性系数 K_v 表达。K_v 一般用弹性波探测值，若无探测值，可用岩体体积节理数 J_v 确定对应的 K_v 值。

$$J_v 与 K_v 对照表$$

J_v（条/m³）	<3	3～10	10～20	20～35	≥35
K_v	>0.75	0.75～0.55	0.55～0.35	0.35～0.15	≤0.15

【小注】① 岩体体积节理数 J_v，应选择有代表性的露头或开挖壁面进行统计，同时除成组节理外，对延伸长度大于1m的分散节理也应进行统计，但已被硅质、铁质、钙质充填再胶结的节理不予统计。

② 每一测点的统计面积不应小于2m×5m，$J_v = S_1 + S_2 + \cdots + S_n + S_k$。式中：$S_n$——第 n 组节理每米长测线上的条数；S_k——每立方米岩体非成组节理条数（条/m³）。

K_v 与定性划分的岩体完整程度的对应关系

完整程度	完整	较完整	较破碎	破碎	极破碎
岩体完整性系数 K_v	>0.75	0.75～0.55	0.55～0.35	0.35～0.15	<0.15

【小注】$K_v = (v_{pm}/v_{pr})^2$，v_{pm}——岩体弹性纵波波速（km/s），v_{pr}——岩石弹性纵坡波速（km/s）。

岩体完整程度的定性分类

名称	结构面发育程度		主要结构面的结合程度	主要结构面类型	相应结构类型
	组数	平均间距（m）			
完整	1～2	>1.0	好或一般	节理、裂隙、层面	整体状或巨厚层
较完整	1～2	>1.0	差	节理、裂隙、层面	块状或厚层状
	2～3	1.0～0.4	好或一般		块状
较破碎	2～3	1.0～0.4	差	节理、裂隙、层面、小断层	裂隙块状或中厚层
	≥3	0.2～0.4	好		镶嵌碎裂结构
			一般		中、薄层状结构
破碎	≥3	0.2～0.4	差	各种类型结构面	裂隙块状结构
		≤0.2	一般或差		碎裂状结构
极破碎	无序	—	很差	—	散体状结构

【小注】平均间距指主要结构面（1～2组）间距的平均值。

三、围岩基本质量指标 BQ

——《公路隧道设计规范 第一册 土建工程》第3.6.2～3.6.4条、附录A

围岩基本质量指标 BQ，应根据分级因素的定量指标 R_c 和 K_v，按下式计算：

$$BQ = 100 + 3R_c + 250K_v$$

使用上式，必须遵守下列限制条件：

① 当 $R_c > 90K_v + 30$ 时，$R_c = 90K_v + 30$ 代入上式计算，否则 R_c 取原值；

② 当 $K_v > 0.04R_c + 0.4$ 时，$K_v = 0.04R_c + 0.4$ 代入上式计算，否则 K_v 取原值。

当公路隧道围岩遇到下列情况之一时：

① 有地下水；

② 围岩稳定性受软弱结构面影响且由一组起控制作用；

③ 存在高初始应力现象。

应对岩体基本质量指标 BQ 进行修正如下：

$$[BQ] = BQ - 100(K_1 + K_2 + K_3)$$

式中：K_1、K_2、K_3——分别为地下水影响修正系数、主要软弱结构面产状影响修正系数、初始应力状态影响修正系数，如无所列情况时，相应的修正系数取零即可。

地下水影响修正系数 K_1

地下水出水状态	$BQ>550$	$BQ=550\sim451$	$BQ=450\sim351$	$BQ=350\sim251$	$BQ<250$
潮湿或点滴状出水，$P\leq0.1$ 或 $Q\leq25$	0	0	$0\sim0.1$	$0.2\sim0.3$	$0.4\sim0.6$
淋雨状或涌流状出水，水压 $0.1<P<0.5$ 或单位出水量 $25<Q\leq125$	$0\sim0.1$	$0.1\sim0.2$	$0.2\sim0.3$	$0.4\sim0.6$	$0.7\sim0.9$
淋雨状或涌流状出水，水压 $P>0.5$ 或单位出水量 $Q>125$	$0.1\sim0.2$	$0.2\sim0.3$	$0.4\sim0.6$	$0.7\sim0.9$	1.0

【小注】在同一地下水状态下，岩体基本质量指标 BQ 越小，修正系数 K_1 取值越大。同一岩体，地下水、水压越大，修正系数 K_1 取值越大。2018 年版规范印刷疏漏，请按照此表进行更正。

主要软弱结构面产状影响修正系数 K_2

结构面产状及其与洞轴线的组合关系	结构面走向与洞轴线夹角<30°，结构面倾角 30°~75°	结构面走向与洞轴线夹角>60°，结构面倾角>75°	其他组合
K_2	$0.4\sim0.6$	$0\sim0.2$	$0.2\sim0.4$

【小注】① 一般情况下，结构面走向与洞轴线夹角越大，结构面倾角越大，修正系数 K_2 取值越小；结构面走向与洞轴线夹角越小，结构面倾角越小，修正系数 K_2 取值越大。

② 本表特指存在一组起控制作用结构面的情况，不适用于有两组或两组以上起控制作用结构面的情况。

初始应力状态影响修正系数 K_3

初始应力状态	$BQ\leq250$	$BQ=251\sim350$	$BQ=351\sim450$	$BQ=451\sim550$	$BQ>550$
极高应力区 $R_c/\sigma_{max}<4$	1.0	$1.0\sim1.5$	$1.0\sim1.5$	1.0	1.0
高应力区 $R_c/\sigma_{max}=4\sim7$	$0.5\sim1.0$	$0.5\sim1.0$	0.5	0.5	0.5

【小注】① σ_{max} 为垂直于洞轴线方向的最大初始应力。

② BQ 值越小，修正系数 K_3 取值越大。

四、公路隧道围岩分级

——《公路隧道设计规范 第一册 土建工程》第 3.6.4 条

根据隧道围岩的定性特征、基本质量指标 BQ 或修正的基本质量指标 $[BQ]$，土质围岩中的土体类型、密实状态等定性特征，按下表进行围岩分级如下：

公路隧道围岩分级

围岩级别	围岩岩体或土体的主要定性特征	围岩基本质量指标 BQ 或修正的围岩基本质量指标 $[BQ]$
Ⅰ	坚硬岩，岩体完整	>550
Ⅱ	坚硬岩，岩体较完整 较坚硬岩，岩体完整	$451\sim550$

续表

围岩级别	围岩岩体或土体的主要定性特征	围岩基本质量指标 BQ 或修正的围岩基本质量指标 $[BQ]$
Ⅲ	坚硬岩，岩体较破碎 较坚硬岩，岩体较完整 较软层，岩体完整，整体状或巨厚层状结构	351～450
Ⅳ	坚硬岩，岩体破碎 较坚硬岩，岩体较破碎～破碎 较软岩，岩体较完整～较破碎 软岩，岩体完整～较完整	251～350
Ⅳ	土体：①压密或成岩作用的黏性土及砂性土； ②黄土（Q_1、Q_2）； ③一般钙质、铁质胶结的碎石土、卵石土、大块石土	—
Ⅴ	较软岩，岩体破碎； 软岩，岩体较破碎～破碎； 全部极软岩和全部极破碎岩	≤250
Ⅴ	一般第四系的半干硬至硬塑的黏性土及稍湿 至潮湿的碎石土、卵石土、圆砾、角砾土及黄土（Q_3、Q_4）。 非黏性土呈松散结构，黏性土及黄土呈松软结构	—
Ⅵ	软塑状黏性土及潮湿、饱和粉细砂层、软土等	—

【小注】本表不适用于特殊条件的围岩分级，如膨胀性围岩、多年冻土等。

【7-39】（2019D17）两车道公路隧道埋深 15m，开挖高度和宽度分别为 10m 和 12m。围岩重度为 22kN/m³，岩石单轴饱和抗压强度为 30MPa，岩体和岩石的弹性纵波速度分别为 2400m/s 和 3500m/s。洞口处的仰坡设计开挖高度为 15m，根据《公路隧道设计规范 第一册 土建工程》JTG 3370.1—2018，围岩等级是哪个选项？

（A）Ⅰ级 　　　（B）Ⅱ级 　　　（C）Ⅲ级 　　　（D）Ⅳ级

答案：D

解答过程：

根据《公路隧道设计规范 第一册 土建工程》JTG 3370.1—2018 第 3.6.2 条、第 3.6.4 条：

（1） $K_v = \left(\dfrac{2400}{3500}\right)^2 = 0.47$，$R_c = 30\text{MPa}$

$90K_v + 30 = 90 \times 0.47 + 30 = 72.3 > R_c = 30$，取 $R_c = 30\text{MPa}$

$0.04R_c + 0.4 = 0.04 \times 30 + 0.4 = 1.6 > K_v = 0.47$，取 $K_v = 0.47$

（2） $BQ = 100 + 3R_c + 250K_v = 100 + 3 \times 30 + 250 \times 0.47 = 307.5$，查表 3.6.4，该隧道围岩为Ⅳ级。

【小注岩土点评】

①《公路隧道设计规范 第一册 土建工程》JTG 3370.1—2018 已将 BQ 的计算公式调整为：$BQ = 100 + 3R_c + 250K_v$，与《工程岩体分级标准》GB/T 50218—2014、《铁路隧道设计规范》TB 10003—2016 相统一。

②《公路隧道设计规范 第一册 土建工程》JTG 3370.1—2018 中已经将该知识点删除，因此本题目将最后的问答做局部调整。

第二节 荷 载 计 算

一、隧道埋深分界深度

——《公路隧道设计规范 第一册 土建工程》附录 D

浅埋和深埋隧道的分界，按荷载等效高度值，并结合地质条件、施工方法等因素综合判定。

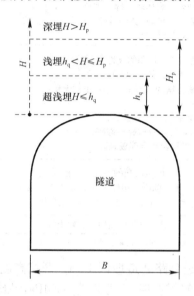

隧道埋深分界深度 H_p	公式①：$$H_p = (2 \sim 2.5)h_q$$ 公式②：$$h_q = \frac{q}{\gamma}$$ 在钻爆法或浅埋暗挖法施工的条件下： Ⅰ～Ⅲ级：$H_p = 2.0h_q$ Ⅳ～Ⅵ级：$H_p = 2.5h_q$ 深埋隧道：$H_p < H$ 浅埋隧道：$H_p \geqslant H$
	式中：H_p——浅埋隧道分界深度（m）； h_q——荷载等效高度（m）； q——深埋隧道垂直均布压力（kN/m²）； γ——围岩重度（kN/m³）

二、超浅埋隧道

——《公路隧道设计规范 第一册 土建工程》附录 D

判别条件	$H \leqslant h_q$
垂直均布围岩压力 q（kPa）	$$q_{超浅埋} = \gamma \cdot H$$ 式中：γ——隧道上覆围岩重度（kN/m³）； H——隧道埋深，隧道顶至地面的距离（m）

水平侧压力 e(kPa)	矩形均布： $$e=\gamma\left(H+\frac{1}{2}H_t\right)\cdot\tan^2\left(45°-\frac{\varphi_c}{2}\right)$$ 式中：H_t——隧道高度（m）； 　　　φ_c——围岩计算内摩擦角（°）。 上式是基于地面至隧道底部只有同一层土时推导的，如为多层土时，隧道侧墙任意一点受到的土压力应为： $$e_i=\gamma_i h_i\cdot\tan^2\left(45°-\frac{\varphi_c}{2}\right)$$ 【小注】本质依然为：朗肯土压力理论，自重应力乘以土压力系数

作用于隧道顶部的总垂直围岩压力：$Q=qB_t$；作用于隧道侧边的总水平侧压力；$E=eH_t$（侧压力为均布）

三、浅埋隧道

——《公路隧道设计规范 第一册 土建工程》附录 D

判别条件	$h_q<H\leqslant H_p=(2\sim2.5)h_q$
垂直均布围岩压力 q(kPa)	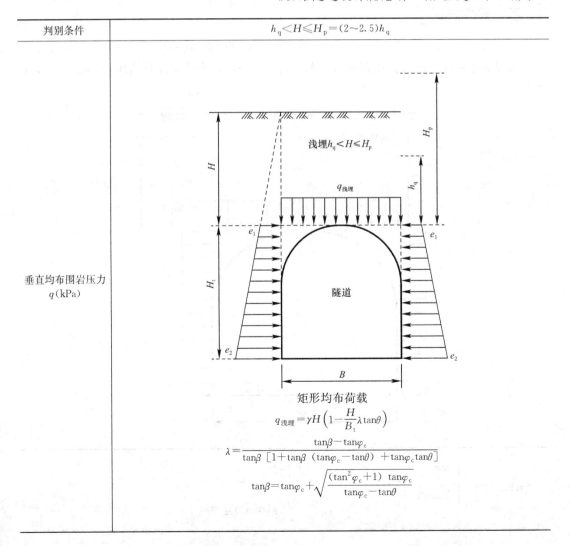 矩形均布荷载 $$q_{浅埋}=\gamma H\left(1-\frac{H}{B_t}\lambda\tan\theta\right)$$ $$\lambda=\frac{\tan\beta-\tan\varphi_c}{\tan\beta\left[1+\tan\beta\left(\tan\varphi_c-\tan\theta\right)+\tan\varphi_c\tan\theta\right]}$$ $$\tan\beta=\tan\varphi_c+\sqrt{\frac{(\tan^2\varphi_c+1)\tan\varphi_c}{\tan\varphi_c-\tan\theta}}$$

垂直均布围岩压力 $q(\text{kPa})$	式中：γ——隧道上覆围岩重度（kN/m^3）； H——隧道埋深，隧道顶至地面的距离（m）； θ——破裂面的内摩擦角（°）； B_t——隧道宽度（m）； φ_c——围岩计算内摩擦角（°）。			
	围岩级别	Ⅰ、Ⅱ、Ⅲ	Ⅳ	Ⅴ	Ⅵ
	θ	$0.9\varphi_c$	$(0.7\sim0.9)\varphi_c$	$(0.5\sim0.7)\varphi_c$	$(0.3\sim0.5)\varphi_c$

水平侧压力 $e(\text{kPa})$	① 梯形分布考虑：$\begin{cases} e_1=\gamma H\lambda \\ e_2=\gamma(H+H_t)\lambda \end{cases}$ ② 若将侧压力视为矩形均布： $$e=\frac{1}{2}(e_1+e_2)$$

作用于隧道顶部的总垂直围岩压力：$Q=qB_t$；作用于隧道侧边的总水平侧压力：$E=eH_t$

四、深埋隧道

——《公路隧道设计规范 第一册 土建工程》第 6.2.2 条

深埋隧道松散荷载垂直均布压力及水平均布压力，在不产生显著偏压及膨胀力的围岩条件下：

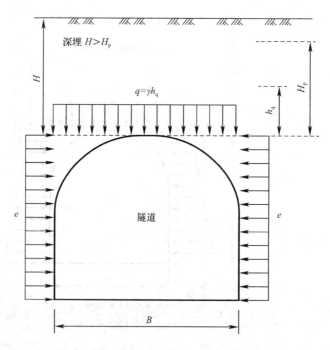

垂直均布压力	公式①： $$q=\gamma h$$
	公式②： $$h=0.45\times2^{s-1}w$$

	式中：q——垂直均布压力（kN/m^2）；				

式中：q——垂直均布压力（kN/m^2）；

γ——围岩重度（kN/m^3）；

s——围岩级别，按 1、2、3、4、5、6 整数取值；

w——宽度影响系数，$w=1+i(B-5)$；

B——隧道宽度（m）；

i——隧道宽度每增减 1m 时的围岩压力增减率，以 $B=5m$ 的围岩垂直均布压力为准，按规范表取值。

隧道宽度 B（m）	$B<5$	$5\leqslant B<14$	$14\leqslant B<25$	
围岩压力增减率 i	0.2	0.1	考虑施工过程分导洞开挖	0.07
			上下台阶法或一次性开挖	0.12

垂直均布压力

有围岩 BQ 或 $[BQ]$ 值时，S 可用 $[S]$ 代替，$[S]$ 可按下列公式计算：

$$[S]=S+\dfrac{\dfrac{[BQ]_{\text{上}}+[BQ]_{\text{下}}}{2}-[BQ]}{[BQ]_{\text{上}}-[BQ]_{\text{下}}}$$

$$\text{或}[S]=S+\dfrac{\dfrac{BQ_{\text{上}}+BQ_{\text{下}}}{2}-BQ}{BQ_{\text{上}}-BQ_{\text{下}}}$$

式中：$[S]$——围岩级别修正值（精确至小数点后一位），当 BQ 或 $[BQ]$ 值大于 800 时，取 800。

$BQ_{\text{上}}$、$[BQ]_{\text{上}}$——分别为该围岩级别的岩体基本质量指标 BQ 和岩体修正质量指标 $[BQ]$ 的上限值，按下表取值。

$BQ_{\text{下}}$、$[BQ]_{\text{下}}$——分别为围岩级别的岩体基本质量指标 BQ 和岩体修正质量指标 $[BQ]$ 的下限值，按下表取值。

岩体基本质量指标 BQ 和岩体修正质量指标 $[BQ]$ 的上、下限值

围岩级别	I	II	III	IV	V
$BQ_{\text{上}}$、$[BQ]_{\text{上}}$	800	550	450	350	250
$BQ_{\text{下}}$、$[BQ]_{\text{下}}$	550	450	350	250	0

水平均布压力

围岩级别	I、II	III	IV	V	VI
水平均布压力 e	0	$<0.15q$	$(0.15\sim0.3)q$	$(0.3\sim0.5)q$	$(0.5\sim1.0)q$

【7-40】（2012C22）某公路 IV 级围岩中的单线隧道，拟采用钻爆法开挖施工。其标准断面衬砌顶距地面距离为 13m，隧道开挖宽度为 6.4m，初砌结构高度为 6.5m，围岩重度为 $24kN/m^3$，计算摩擦角为 50°。试问：根据《公路隧道设计规范 第一册 土建工程》JTG 3370.1—2018 计算，该隧道水平围岩压力最小值为（　　）kPa。

(A) 14.8　　　　(B) 41.4　　　　(C) 46.8　　　　(D) 98.5

答案：A

解答过程：

根据《公路隧道设计规范 第一册 土建工程》JTG 3370.1—2018 第 6.2.2 条和附录 D：

(1) $w=1+0.1\times(6.4-5)=1.14$，$h=0.45\times2^{s-1}w=0.45\times2^{4-1}\times1.14=4.104$

$H_p=2.5h=2.5\times4.104=10.26<13m$，按深埋隧道计算。

(2) $q=\gamma h=24\times4.104=98.50kPa$

(3) $K_0=0.15\sim0.3$，K_0 取最小值 0.15

$$e_1=K_0q=0.15\times98.50=14.78kPa$$

【小注岩土点评】

① 首先确定隧道的深埋、浅埋类型。其次，要注意，当深埋隧道围岩压力为松散荷载时，其垂直均布压力按围岩塌方高度 $h=0.45\times2^{s-1}w$ 计算，而不是按隧道深埋深度计算。水平围岩压力按规范查取侧压系数，取小值计算即可。

② 若不加判断，按超浅埋隧道计算：$e=\gamma\left(H+\dfrac{1}{2}H_t\right)\tan^2\left(45-\dfrac{\varphi_c}{2}\right)=51.48\text{kPa}$

五、浅埋偏压隧道衬砌荷载计算

——《公路隧道设计规范 第一册 土建工程》附录 E

	浅埋偏压隧道衬砌荷载计算
计算简图	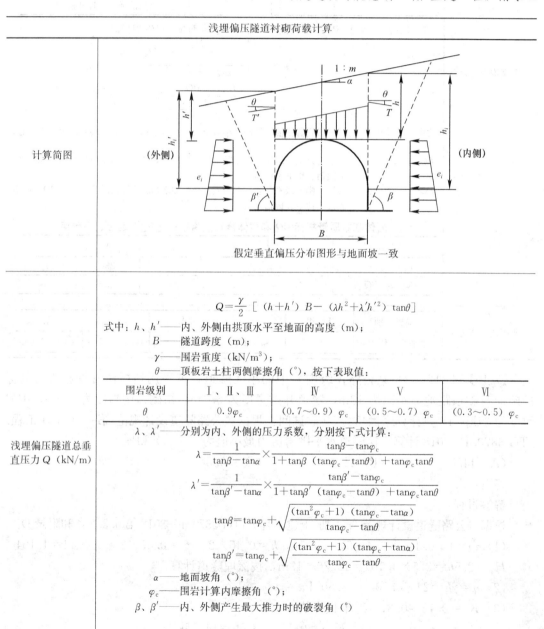 假定垂直偏压分布图形与地面坡一致
浅埋偏压隧道总垂直压力 Q（kN/m）	$$Q=\frac{\gamma}{2}\left[(h+h')B-(\lambda h^2+\lambda'h'^2)\tan\theta\right]$$ 式中：h、h'——内、外侧由拱顶水平至地面的高度（m）； 　　　B——隧道跨度（m）； 　　　γ——围岩重度（kN/m³）； 　　　θ——顶板岩土柱两侧摩擦角（°），按下表取值：

围岩级别	Ⅰ、Ⅱ、Ⅲ	Ⅳ	Ⅴ	Ⅵ
θ	$0.9\varphi_c$	$(0.7\sim0.9)\varphi_c$	$(0.5\sim0.7)\varphi_c$	$(0.3\sim0.5)\varphi_c$

λ、λ'——分别为内、外侧的压力系数，分别按下式计算：

$$\lambda=\frac{1}{\tan\beta-\tan\alpha}\times\frac{\tan\beta-\tan\varphi_c}{1+\tan\beta(\tan\varphi_c-\tan\theta)+\tan\varphi_c\tan\theta}$$

$$\lambda'=\frac{1}{\tan\beta'-\tan\alpha}\times\frac{\tan\beta'-\tan\varphi_c}{1+\tan\beta'(\tan\varphi_c-\tan\theta)+\tan\varphi_c\tan\theta}$$

$$\tan\beta=\tan\varphi_c+\sqrt{\frac{(\tan^2\varphi_c+1)(\tan\varphi_c-\tan\alpha)}{\tan\varphi_c-\tan\theta}}$$

$$\tan\beta'=\tan\varphi_c+\sqrt{\frac{(\tan^2\varphi_c+1)(\tan\varphi_c+\tan\alpha)}{\tan\varphi_c-\tan\theta}}$$

　　α——地面坡角（°）；
　　φ_c——围岩计算内摩擦角（°）；
　　β、β'——内、外侧产生最大推力时的破裂角（°）

浅埋偏压隧道衬砌荷载计算

浅埋偏压隧道 水平侧压力 e_i（kPa）	偏压隧道水平侧压力按下式计算： 　　　　$\begin{cases} 内侧：e_i = \gamma h_i \lambda \\ 外侧：e_i = \gamma h_i' \lambda' \end{cases}$ 式中：h_i、h_i'——内、外侧任意一点 i 至地面的高度（m）

六、明洞设计荷载计算

——《公路隧道设计规范　第一册　土建工程》附录 H

明洞拱圈回填土 石垂直压力 q_i（kN/m²）	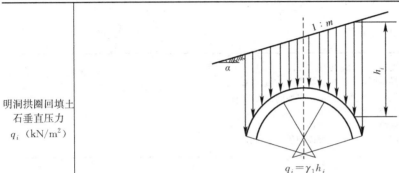 $q_i = \gamma_1 h_i$ 式中：q_i——明洞结构上任意点 i 的回填土石垂直压力（kN/m²）； 　　　γ_1——拱背回填土石重度（kN/m³）； 　　　h_i——明洞结构上任意点 i 的土柱高度（m）
明洞拱圈回填 土石侧压力 e_i（kN/m²）	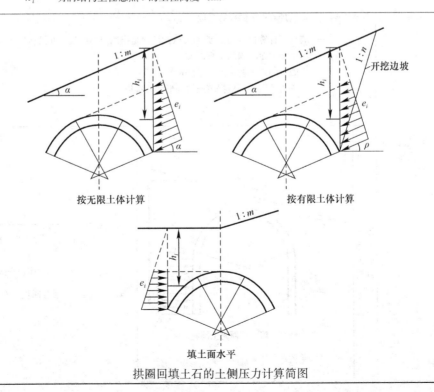 <div align="center">拱圈回填土石的土侧压力计算简图</div>

$$e_i = \gamma_1 \cdot h_i \cdot \lambda$$

式中：e_i——任意点 i 的回填土石侧压力（kN/m^2）；

γ_1——拱背回填土石重度（kN/m^3）；

h_i——明洞结构上任意点 i 的土柱高度（m）；

λ——侧压力系数，可根据填土坡面形状，按以下三种情况分别计算：

明洞拱圈回填土石侧压力 e_i（kN/m^2）	填土坡面向上倾斜	按无限土体计算	$\lambda = \cos\alpha \dfrac{\cos\alpha - \sqrt{\cos^2\alpha - \cos^2\varphi_1}}{\cos\alpha + \sqrt{\cos^2\alpha - \cos^2\varphi_1}}$
		按有限土体计算	$\lambda = \dfrac{1 - \mu n}{(\mu + n)\cos\rho + (1 - \mu n)\sin\rho} \cdot \dfrac{mn}{m - n}$
	填土坡面水平		$\lambda = \tan^2\left(45° - \dfrac{\varphi_1}{2}\right)$

式中：α——设计填土面坡度角（°）；

φ_1——拱背回填土石的计算内摩擦角（°）；

ρ——侧压力作用方向与水平面的夹角（°）；

n——开挖边坡的坡率；

m——回填土石面的坡度；

μ——回填土石与开挖坡面间的摩擦系数

$$e_i = \gamma_2 h_i'\lambda \Leftrightarrow e_i = (\gamma_1 h_1 + \gamma_2 h_i'')\lambda$$

式中：e_i——明洞边墙结构上任意计算点 i 的回填土石侧压力（kN/m^2）；

γ_2——墙背回填土石重度（kN/m^3）；

h_i'——边墙计算点 i 的换算高度（m），$h_i' = h_i'' + \dfrac{\gamma_1}{\gamma_2} h_1$；

h_i''——墙顶至计算位置的高度（m）（此墙顶是指侧墙的墙顶，非拱顶）；

h_1——填土坡面至墙顶的垂直高度（m）；

γ_1——拱圈背回填土石重度（kN/m^3）；

λ——侧压力系数，可根据填土坡面形状，按以下 3 种情况分别计算：

明洞边墙回填土石侧压力 e_i（kN/m^2）	填土坡面向上倾斜	填土坡面向上倾斜	$\lambda = \dfrac{\cos^2\varphi_2}{\left[1 + \sqrt{\dfrac{\sin\varphi_2 \sin(\varphi_2 - \alpha')}{\cos\alpha'}}\right]^2}$ $\alpha' = \arctan\left(\dfrac{\gamma_1}{\gamma_2}\tan\alpha\right)$ 式中：φ_2——墙背回填土石计算摩擦角（°）

明洞边墙回填土石侧压力 e_i（kN/m²）	填土坡面向下倾斜	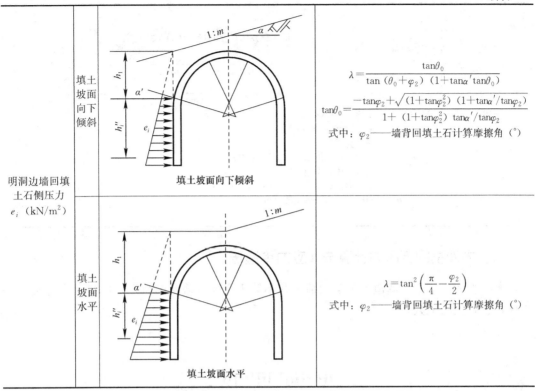 **填土坡面向下倾斜**	$\lambda=\dfrac{\tan\theta_0}{\tan(\theta_0+\varphi_2)(1+\tan\alpha'\tan\theta_0)}$ $\tan\theta_0=\dfrac{-\tan\varphi_2+\sqrt{(1+\tan^2\varphi_2)(1+\tan\alpha'/\tan\varphi_2)}}{1+(1+\tan^2\varphi_2)\tan\alpha'/\tan\varphi_2}$ 式中：φ_2——墙背回填土石计算摩擦角（°）
	填土坡面水平	**填土坡面水平**	$\lambda=\tan^2\left(\dfrac{\pi}{4}-\dfrac{\varphi_2}{2}\right)$ 式中：φ_2——墙背回填土石计算摩擦角（°）

七、洞门土压力

——《公路隧道设计规范 第一册 土建工程》附录 J

示意图	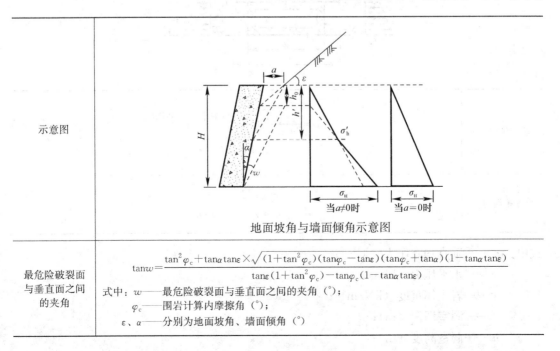 地面坡角与墙面倾角示意图
最危险破裂面与垂直面之间的夹角	$\tan w=\dfrac{\tan^2\varphi_c+\tan\alpha\tan\varepsilon\times\sqrt{(1+\tan^2\varphi_c)(\tan\varphi_c-\tan\varepsilon)(\tan\varphi_c+\tan\alpha)(1-\tan\alpha\tan\varepsilon)}}{\tan\varepsilon(1+\tan^2\varphi_c)-\tan\varphi_c(1-\tan\alpha\tan\varepsilon)}$ 式中：w——最危险破裂面与垂直面之间的夹角（°）； 　　　φ_c——围岩计算内摩擦角（°）； 　　　ε、α——分别为地面坡角、墙面倾角（°）

续表

土压力	$E=\dfrac{1}{2}\gamma\lambda\left[H^2+h_0(h'-h_0)\right]b\xi$ $\lambda=\dfrac{(\tan w-\tan\alpha)(1-\tan\alpha\tan\varepsilon)}{\tan(w+\varphi_c)(1-\tan w\tan\varepsilon)}$ $h'=\dfrac{a}{\tan w-\tan\alpha}$ 式中：E——土压力（kN）； γ——地层重度（kN/m³）； λ——侧压力系数； ε、α——分别为地面坡角、墙面倾角（°）； w——墙背土体破裂角（°）； ξ——土压力计算模式不定性系数，一般取 0.6； b——洞门墙计算条带宽度（m）

八、太沙基围岩压力计算法（应力传递法）

太沙基认为作用在隧道上的竖向荷载并不等于全部覆盖层的自重，而是一个与覆盖层岩体状态有关的函数。

计算图示：

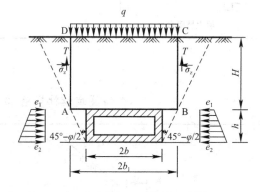

垂直均布压力	$q_v=\dfrac{b_1\gamma-c}{\lambda\tan\varphi}\left[1-e^{\frac{-\lambda\tan\varphi}{b_1}H}\right]+qe^{\frac{-\lambda\tan\varphi}{b_1}H}$ $b_1=b+h\tan(45°-\varphi/2)$
水平压力	$e_1=q_v\tan^2(45°-\varphi/2)$ $e_2=(q_v+\gamma h)\tan^2(45°-\varphi/2)$

式中：q_v——垂直均布压力（kPa）；

e——水平压力（kPa）；

γ——岩土体重度（kN/m³）；

H——洞室埋深（m）；

h——洞室高度（m）；

c、φ——岩土体黏聚力（kPa）和内摩擦角（°）；

b、b_1——洞室跨度的一半和岩（土）柱宽度的一半（m）；

λ——侧压力系数，岩体一般可取 1.0，土体可取 $\tan^2(45°-\varphi/2)$；

q——地面附加荷载（kPa）。

第三节　衬砌结构设计

公路隧道应设置衬砌，根据隧道围岩级别、施工条件和使用要求可分别采用喷锚衬砌、整体式衬砌和复合式衬砌。高速公路、一级公路、二级公路的隧道应采用复合式衬砌；三级及三级以下公路隧道洞口段，Ⅳ～Ⅵ级围岩洞身段应采用复合式衬砌或整体式衬砌，Ⅰ～Ⅲ级围岩洞身段可采用喷锚衬砌。

喷锚衬砌及整体式衬砌相对简单，案例出题将重点关注复合式衬砌。

一、复合式衬砌

——《公路隧道设计规范 第一册 土建工程》第 8.4.1 条

复合式衬砌是由初期支护和二次衬砌及中间夹防水层组合而成的衬砌形式，复合式衬砌的设计应符合下列规定：

① 初期支护应按永久支护结构设计，宜采用喷射混凝土、锚杆、钢筋网和钢架等支护单独或组合使用，并应符合本规范第 8.2 节的规定。

② 二次衬砌应采用模筑混凝土或模筑钢筋混凝土衬砌结构，并应符合规范第 8.3 节的规定。

③ 在确定开挖断面时，除应满足隧道净空和结构尺寸外，还应考虑围岩及初期支护的变形，并预留适当的变形量。预留变形量的大小可根据围岩级别、断面大小、埋置深度、施工方法和支护情况等，通过计算分析确定或采用工程类比法预测。预测值可参照下表选用，并应根据现场监控量测结果进行调整。

预留变形量（单位：mm）

围岩级别	两车道隧道	三车道隧道	围岩级别	两车道隧道	三车道隧道
Ⅰ	—	—	Ⅳ	50～80	60～120
Ⅱ	—	10～30	Ⅴ	80～120	100～150
Ⅲ	20～50	30～80	Ⅵ	现场量测确定	

【小注】围岩软弱破碎取大值；围岩完整取小值。

二、复合式衬砌设计参数

——《公路隧道设计规范 第一册 土建工程》附录 P

复合式衬砌可采用工程类比法进行设计，必要时，可通过理论分析进行验算。初期支护及二次衬砌的支护参数可参照下表选用，并根据现场围岩监控量测信息对设计支护参数进行调整。

两车道隧道复合式衬砌的设计参数

隧道围岩级别	初期支护								二次衬砌厚度（cm）	
	喷射混凝土厚度（cm）		锚杆（m）			钢筋网间距（cm）	钢架		拱、墙混凝土	仰拱混凝土
	拱部、边墙	仰拱	位置	长度	间距		间距（cm）	截面高（cm）		
I	5	—	局部	2.0～3.0	—	—	—	—	30～35	—
II	5～8	—	局部	2.0～3.0	—	—	—	—	30～35	—
III	8～12	—	拱、墙	2.0～3.0	1.0～1.2	局部 @25×25	—	—	30～35	—
IV	12～20	—	拱、墙	2.5～3.0	0.8～1.2	拱、墙 @25×25	拱、墙 0.8～1.2	0 或 14～16	35～40	0 或 35～40
V	18～28	—	拱、墙	3.0～3.5	0.6～1.0	拱、墙 @20×20	拱、墙、仰拱 0.6～1.0	14～22	35～50 钢筋混凝土	0 或 35～50 钢筋混凝土
VI	通过试验、计算确定									

【小注】① 有地下水时取大值，无地下水时可取小值。
② 采用钢架时，宜选用格栅钢架。
③ 喷射混凝土厚度小于18cm时，可不设钢架。
④ "0或—"表示可以不设，要设时，应满足最小厚度要求。

三车道隧道复合式衬砌的设计参数

隧道围岩级别	初期支护								二次衬砌厚度（cm）	
	喷射混凝土厚度（cm）		锚杆（m）			钢筋网间距（cm）	钢架		拱、墙混凝土	仰拱混凝土
	拱部、边墙	仰拱	位置	长度	间距		间距（cm）	截面高（cm）		
I	5～8	—	局部	2.5～3.5	—	—	—	—	35～40	—
II	8～12	—	局部	2.5～3.5	—	—	—	—	35～40	—
III	12～20	—	拱、墙	2.5～3.5	1.0～1.2	局部 @25×25	拱、墙 1.0～1.2	0 或 14～16	35～45	—
IV	16～24	—	拱、墙	3.0～3.5	0.8～1.2	拱、墙 @20×20	拱、墙 0.8～1.2	16～20	40～50 ■	0 或 40～50
V	20～30	—	拱、墙	3.5～4.0	0.5～1.0	拱、墙 @20×20	拱、墙、仰拱 0.5～1.0	18～22	50～60 钢筋混凝土	0 或 50～60 钢筋混凝土
VI	通过试验或计算确定									

【小注】① 有地下水时取大值，无地下水时可取小值。
② 采用钢架时，宜选用格栅钢架。
③ 喷射混凝土厚度小于18cm时，可不设钢架。
④ "0或—"表示可以不设，要设时，应满足最小厚度要求。
⑤ "■"表示可采用钢筋混凝土。

【7-41】（2013C21）两车道公路隧道采用复合式衬砌，埋深12m，开挖高度和宽度分别为6m和5m。围岩重度为22kN/m³，岩石单轴饱和抗压强度为35MPa，岩体和岩石的弹性纵波波速分别为2.8km/s和4.2km/s，问施筑初期支护时拱部和边墙喷射混凝土厚度范围宜选用（　　）。（单位：cm）

(A) 5～8　　　　　　　(B) 8～12　　　　　　(C) 12～20　　　　　　(D) 15～25

答案：C

解答过程：

根据《公路隧道设计规范 第一册 土建工程》JTG 3370.1—2018 第 3.6.2 条、第 3.6.3 条、第 3.6.4 条和附录第 P.0.1 条：

(1) $K_v = \left(\dfrac{v_{pm}}{v_{pr}}\right)^2 = \left(\dfrac{2.8}{4.2}\right)^2 = 0.44$，较破碎

(2) $R_c = 35$MPa，较坚硬岩

(3) $R_c = 35 \leqslant 90K_v + 30 = 90 \times 0.44 + 30 = 69.6$MPa，取 $R_c = 35$MPa

(4) $K_v = 0.44 \leqslant 0.04R_c + 0.4 = 0.04 \times 35 + 0.4 = 1.8$，取 $K_v = 0.44$

(5) $BQ = 100 + 3R_c + 250K_v = 100 + 3 \times 35 + 250 \times 0.44 = 315$，查规范表 3.6.4，围岩级别为Ⅳ级。

(6) 根据规范附录第 P.0.1 条中两车道隧道复合式衬砌的设计参数，可知拱部和边墙喷射混凝土厚度宜选用 12~20cm。

【小注岩土点评】

① 复合衬砌是由初期支护和二次衬砌及中间夹防水层组合而成的衬砌形式。

②《公路隧道设计规范 第一册 土建工程》JTG 3370.1—2018 规定，复合式衬砌可采用工程类别法进行设计，附录 P 给定了各类隧道衬砌的设计参数表，但是前提仍然是求出围岩等级。

③《公路隧道设计规范 第一册 土建工程》JTG 3307.1—2018 以及其他行业最新的规范都与《工程岩体分级标准》GB/T 50218—2014 中 $BQ = 100 + 3R_c + 250K_v$ 保持一致。确定了围岩级别，就可以确定支护方式，进而确定支护细节。

【7-42】(2016C22) 在岩体破碎、节理裂隙发育的砂岩岩体内修建的两车道公路隧道，拟采用复合式衬砌，岩石饱和单轴抗压强度为 30MPa，岩体和岩石的弹性纵波波速分别为 2400m/s 和 3500m/s，按工程类比法进行设计。试问满足《公路隧道设计规范 第一册 土建工程》JTG 3307.1—2018 要求时，最合理的复合式衬砌数据是下列哪个选项？

(A) 拱部和边墙喷射混凝土厚度 8cm；拱、墙二次衬砌混凝土厚 30cm

(B) 拱部和边墙喷射混凝土厚度 10cm；拱、墙二次衬砌混凝土厚 35cm

(C) 拱部和边墙喷射混凝土厚度 15cm；拱、墙二次衬砌混凝土厚 35cm

(D) 拱部和边墙喷射混凝土厚度 20cm；拱、墙二次衬砌混凝土厚 45cm

答案：C

解答过程：

根据《公路隧道设计规范 第一册 土建工程》JTG 3370.1—2018 第 3.6.2 条和第 3.6.4 条：

(1) $K_v = \left(\dfrac{2400}{3500}\right)^2 = 0.47$

(2) $90K_v + 30 = 90 \times 0.47 + 30 = 72.3MPa>30$MPa，$R_c = 30$MPa

(3) $0.04R_c + 0.4 = 0.04 \times 30 + 0.4 = 1.6 > 0.47$，$K_v = 0.47$

(4) $BQ = 100 + 3R_c + 250K_v = 100 + 3 \times 30 + 250 \times 0.47 = 307.5$

(5) 查表 3.6.4，属于Ⅳ级，查附录第 P.0.1 条，C 选项符合。

第八篇 铁路规范专题

本篇内容根据铁路工程的六本主要规范进行编写，主要包括：铁路桥涵地基与基础结构计算、铁路路基计算、铁路路基支挡结构计算、铁路隧道设计、铁路工程不良地质及特殊岩土等内容。铁路工程涉及的规范一般为次要规范，每年考查题目为2～3题。其中铁路不良地质和特殊岩土等内容在本书第六篇中已有部分介绍。

铁路规范历年真题情况表

类别	历年出题数量	占铁路规范比重	占历年真题比重
铁路桥涵地基与基础	11	20%	4.23%
铁路路基支挡	22	40%	2002—2023年总题目共计1260题，其中铁路规范占55题。
铁路路基	12	21.8%	(2015年未举行考试)
铁路隧道	10	18.2%	

本篇涉及的主要规范及相关教材有：

《铁路桥涵地基和基础设计规范》TB 10093—2017

《铁路路基设计规范》TB 10001—2016

《铁路路基支挡结构设计规范》TB 10025—2019

《铁路隧道设计规范》TB 10003—2016

《铁路工程不良地质勘察规程》TB 10027—2022

《铁路工程特殊岩土勘察规程》TB 10038—2022

《工程地质手册》（第五版）

铁路规范历年真题考点统计

年份	考点
2016年	7A抗滑动稳定系数；25A泥石流流速
	6B墩台基础地基容许承载力；24B冻胀土类别
2017年	23A围岩压力（单线非偏压隧道）
2018年	19A明洞土压力
	4B隧道涌水量；15A重力式挡墙抗滑移
2019年	9A单桩轴向受压容许承载力；16A加筋土挡墙拉筋长度（土工格栅）；18A围岩压力（超浅埋）
	1B地基极限承载力；5B公路预压沉降量；17B围岩分级（仰坡坡角）
2020年	22A铁路工程特殊土（盐渍土）；18A隧道水平侧压力计算（单向偏压隧道）
2021年	5A冻胀土切向冻胀力计算；21B冻土地基的极限承载力
2022年	16A铁路抗滑桩支挡力计算；19A铁路隧道拱顶垂直压力计算；14B铁路边坡稳定系数计算
2022年（补考）	14B铁路支挡（加筋土墙）计算；15B路堤埋深计算；20B泥石流计算
2023年	9A单桩承载力计算；18B隧道水平压力计算

第三十九章　铁路桥涵地基和基础设计规范专题

第一节　基础稳定性和基础沉降

——《铁路桥涵地基和基础设计规范》第3章

一、基础倾覆稳定和滑动稳定

——《铁路桥涵地基和基础设计规范》第3.1节

验算项目	验算方法
	公式： $$K_0 = \frac{s\sum P_i}{\sum P_i e_i + \sum T_i h_i} = \frac{s}{e}$$
抗倾覆稳定性验算	式中：e——所有外力合力 R 的作用点至截面重心的距离（m）； 　　　s——在沿截面重心与合力作用点的延长线上，自截面重心至验算倾覆轴的距离（m）； 　　K_0——基础的倾覆稳定系数； 　　P_i——各竖直力（kN）； 　　e_i——各竖直力 P_i 对检算截面重心的力臂（m）； 　　T_i——各水平力（kN）； 　　h_i——水平力 T_i 对检算截面的力臂（m）。 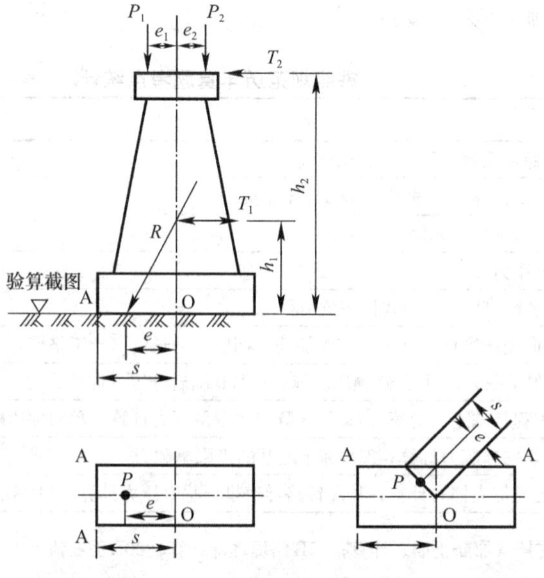 墩台基础的稳定验算示意图 O—截面重心；P—合力作用点；A-A—验算倾覆轴

验算项目	验算方法
抗滑移稳定性验算	桥墩台基础抗滑移稳定性系数： $$K_c = \frac{f\sum P_i}{\sum T_i}$$ 式中：K_c——基础滑动稳定系数； 　　　P_i——各竖直力（kN）； 　　　T_i——各水平力（kN）； 　　　f——基础底面与地基土间的摩擦系数，当缺乏实际资料时，可采用下表中的数值。 表格见下

地基土石分类	摩擦系数
软塑的黏性土	0.25
硬塑的黏性土	0.3
粉土、坚硬的黏性土	0.3～0.4
砂类土	0.4
碎石类土	0.5
软质岩	0.4～0.6
硬质岩	0.6～0.7

验算项目	验算方法
稳定系数	(1) 基础的倾覆稳定系数不得小于 1.5，施工荷载作用下不得小于 1.2。 (2) 基础的滑动稳定系数不得小于 1.3，施工荷载作用下不得小于 1.2。 (3) 拱桥桥墩基础应按施工过程中可能产生的单侧横推力进行验算，倾覆和滑动稳定系数不小于 1.2，地基容许承载力可较计算主力时的容许承载力高 40%

二、基础沉降

——《铁路桥涵地基和基础设计规范》第 3.2.2 条、附录 E、第 8.3.9 条

验算项目	验算方法
基础沉降计算示意图	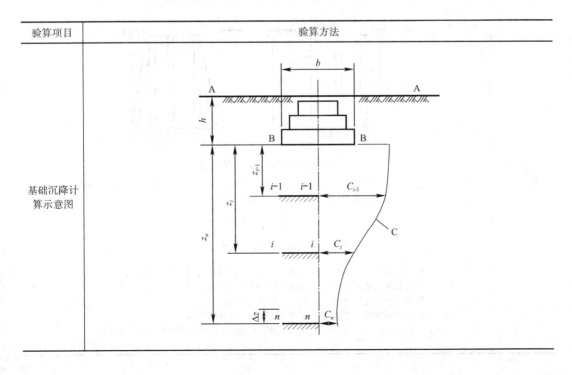

验算项目	验算方法
桥涵基础沉降计算	公式： $$S = m_s \sum_{i=1}^{n} \Delta S_i = m_s \sum_{i=1}^{n} \frac{\sigma_{z(0)}}{E_{si}} (z_i C_i - z_{i-1} C_{i-1})$$ $$\sigma_{z(0)} = \sigma_h - \gamma h$$ 式中：S——基础的总沉降量（m）。 　　n——基底以下地基沉降计算深度范围内按压缩模量划分的土层分层数目。 　$\sigma_{z(0)}$——基础底面处的附加压应力（kPa）。 　　σ_h——基底压应力（kPa）；当 $z/b>1$ 时，σ_h 采用基底平均压应力，当 $z/b\leqslant1$ 时，σ_h 采用基底压应力图形中距最大应力点 $b/4\sim b/3$ 处的压应力。 　　b——基础的宽度（m）。 　　z——基底至计算土层顶面的距离（m）。 　　γ——土的重度（kN/m³）。 　　h——基底埋置深度（m）；当基础受水流冲刷时，由一般冲刷线算起；当不受水流冲刷时，由天然地面算起，如位于挖方内，则由开挖后地面算起。 z_i、z_{i-1}——基底至第 i 和第 $i-1$ 层底面的距离（m）；地基沉降计算总深度 z_n 的确定，应符合下列规定。当计算土层下部仍有较软土层时，应继续计算。 $$\Delta S_n \leqslant 0.025 \sum_{i=1}^{n} \Delta S_i$$ 　　E_{si}——基础底面以下受压土层内第 i 层的压缩模量，根据压缩曲线按实际压力范围取值（kPa）。 C_i、C_{i-1}——基础底面至第 i 层底面范围内和至第 $i-1$ 层底面范围内的平均附加应力系数，可按本规范附录 B 查得。采用中点平均附加应力系数，非角点平均附加应力系数。 　　m_s——沉降经验修正系数，根据地区沉降观测资料及经验确定，无地区经验时可按规范表 3.2.3-2 采用，对于软土地基，m_s 不得小于 1.3

基底宽度 b（m）	$\leqslant2$	$2<b\leqslant4$	$4<b\leqslant8$	$b>8$
Δz（m）	0.3	0.6	0.8	1.0

验算项目	验算方法
摩擦桩沉降计算	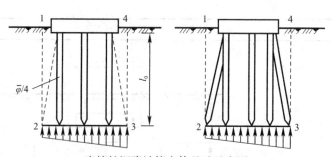 **摩擦桩沉降计算实体基础示意图** 摩擦桩基础的总沉降量计算可将桩基视为实体基础然后按照上式计算。附加压应力应取桩底平面处的附加压应力。实体基础的底面积可按附录 E 计算，将桩基视为上图 1、2、3、4 范围内的实体基础。 $$\frac{N}{A} + \frac{M}{W} \leqslant [\sigma]$$ $$\bar{\varphi} = \frac{\varphi_1 l_1 + \varphi_2 l_2 + \cdots + \varphi_n l_n}{l_0}$$ 式中：N——作用于桩基底面的竖直力（kN），其中包括土体 1、2、3、4 和桩的恒载。 　　M——外力对承台底面处桩基重心的力矩（kN·m）。 A 和 W——桩基底面的面积（m²）和截面抵抗矩（m³）。 　　$[\sigma]$——桩底处地基容许承载力（kPa），按第 4.1.3 条确定。 φ_1、φ_2，…，φ_n 为厚度 l_1、l_2，…，l_n 各土层的内摩擦角，l_0 为桩位于土中的深度

续表

验算项目	验算方法
冻土地基沉降计算	公式： $$S = \sum A_i \cdot h_i + \sum \alpha_i \cdot h_i \cdot \sigma_i + \sum \alpha_i \cdot W_i \cdot h_i$$ 式中：S——最终沉降量（m）； 　　　h_i——第 i 层冻土厚度（m）； 　　　A_i——第 i 层冻土融化系数，宜由试验确定； 　　　α_i——第 i 层冻土压缩系数（MPa^{-1}），可由试验确定； 　　　W_i——第 i 层冻土中点处的土自重压应力（MPa）； 　　　σ_i——第 i 层冻土中点处的附加压应力（MPa），恒载作用下，基底中点的压力 σ_c 和稳定融化深度界面与基础轴线交点处的压应力 $\sigma_N = K\sigma_c$ 成比例，K 值见规范表 9.3.10。 计算沉降量时，基底压缩层的厚度，可按下列原则确定： （1）当基底以下融化层厚度小于或等于基底压缩层厚度时，基底压缩层的厚度取融化层的厚度。 （2）基底以下融化层厚度大于基底压缩层的厚度时，对于土自重压力的下沉和融化的下沉，算至融化层的下限；对于附加压力的下沉，取基底压缩层的厚度

【小注】《铁路桥涵地基和基础设计规范》TB 10093—2017 变形计算与《公路桥涵地基与基础设计规范》JTG 3363—2019 变形计算部分基本一致，可参照学习。

三、后台路基填土对桥台基底附加竖向压应力计算

——《铁路桥涵地基和基础设计规范》附录 F

台背路基填土或台前锥体对桥台基底或桩端平面处地基土上引起的附加压应力按下列规定计算：

$$\sigma = \alpha \gamma H$$

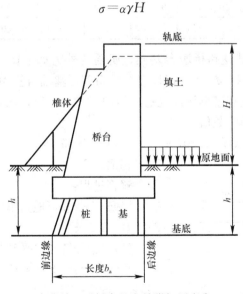

台背填土对桥台基底的附加压应力

【小注】无锥体填土时，直接利用 $\sigma = \alpha \gamma H$ 计算基底前、后边缘的附加压应力，前、后边缘的系数 α 不同。有锥体填土时，建议按《公路桥涵地基与基础设计规范》JTG 3363—2019 内容进行计算。

上式和图中：σ——台后路基填土产生的附加竖向压应力（kPa）；

γ——路基填土的重度（kN/m）；

H——台背路基填土的高度（m）；

b_a——基底或桩端平面处的前、后边缘间的基础长度（m）；

h——原地面至基底或桩端平面处的深度（m）；

α——附加竖向压应力系数，见下表。

基础前后缘	路基填土高度 H（m）	5		10			20		
	基础长度 b_a（m） 距地面深度 h(m)	5	10	5	10	15	5	10	15
前缘	5	0.100	0.020	0.250	0.040	0.010	0.360	0.230	0.120
	10	0.170	0.060	0.320	0.130	0.045	0.430	0.300	0.170
	15	0.170	0.090	0.310	0.170	0.085	0.500	0.370	0.240
	20	0.150	0.095	0.260	0.160	0.100	0.480	0.380	0.260
	25	0.140	0.090	0.240	0.160	0.110	0.440	0.350	0.260
	30	0.120	0.085	0.200	0.150	0.110	0.400	0.330	0.260
后缘	5	0.480	0.480	0.520	0.510	0.510	0.540	0.520	0.510
	10	0.380	0.380	0.510	0.490	0.490	0.580	0.550	0.540
	15	0.290	0.290	0.440	0.420	0.420	0.590	0.560	0.550
	20	0.220	0.220	0.360	0.350	0.350	0.560	0.540	0.530
	25	0.190	0.190	0.300	0.290	0.290	0.500	0.490	0.480
	30	0.150	0.150	0.250	0.250	0.250	0.450	0.440	0.430

【8-1】（2016C07）某铁路桥墩台基础，所受的外力如下图所示，其中 $P_1 = 140\text{kN}$，$P_2 = 120\text{kN}$，$F_1 = 190\text{kN}$，$T_1 = 30\text{kN}$，$T_2 = 45\text{kN}$，基础自重 $W = 150\text{kN}$，基底为砂类土，根据《铁路桥涵地基和基础设计规范》TB 10093—2017，该墩台基础的抗滑移稳定性系数最接近下列哪个选项的数值？

（A）1.25　　　（B）1.30　　　（C）1.35　　　（D）1.40

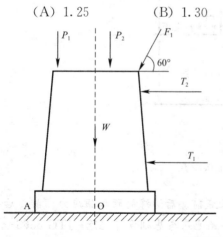

答案：C

解答过程：

根据《铁路桥涵地基和基础设计规范》TB 10093—2017 第 3.1.2 条：

（1）F_1 分解成水平和竖向力

竖向力为：$190 \times \sin 60° = 164.5\text{kN}$，水平力为：$190 \times \cos 60° = 95\text{kN}$

总的滑动力：$T = 30 + 45 + 95 = 170\text{kN}$

（2）竖向力：$P = 140 + 120 + 164.5 + 150 = 574.5\text{kN}$

（3）砂类土 $f = 0.4$，$K = \dfrac{0.4 \times 574.5}{170} = 1.35$

【8-2】（模拟题）某铁路桥台，基底埋深 $h=10m$，基底长度 $b_a=8m$，台背路基填土 $H=20m$，重度 $\gamma_1=20kN/m^3$，基底前边缘椎体高 5m，重度 $\gamma_2=18kN/m^3$，计算桥台基底前边缘总的附加压力为哪项？

(A) 55kPa　　　　(B) 65kPa　　　　(C) 85kPa　　　　(D) 140kPa

答案：D

解答过程：

根据《铁路桥涵地基和基础设计规范》TB 10093—2017 附录 F：

计算台背填土＋台前锥体对前边缘的附加压力：

$$h=10m,\ H=20m,\ b_a=8m,\ 查表插值\ \alpha_1=0.352$$

$$\sigma=\alpha_1\gamma_1 H=0.352\times20\times20=140.8kPa$$

【小注岩土点评】

① 铁路规范给出的计算公式直接计算台后路基和锥体对基底（或桩端平面）前后边缘作用的附加压力之和，公路规范给出的计算公式，需要分别计算台背路基填土、台前锥体对基底（或桩端平面）作用的附加压力，如果需要求总的附加压力，两者需要叠加。

② 本题可修改为如下：

某公路桥台，基底埋深 $h=10m$，基底长度 $b_a=8m$，台背路基填土 $H_1=20m$，重度 $\gamma_1=20kN/m^3$，基底前边缘椎体高 $H_2=5m$，重度 $\gamma_2=18kN/m^3$，计算桥台基底前边缘总的附加压力为哪项？

(A) 55kPa　　　　(B) 65kPa　　　　(C) 85kPa　　　　(D) 140kPa

答案：C

解答过程：

根据《公路桥涵地基与基础设计规范》JTG 3363—2019 附录 F：

(1) 计算台背填土对前边缘的附加压力

$$h=10m,\ H_1=20m,\ b_a=8m,\ 查表插值\ \alpha_1=0.124$$

$$p_1=\alpha_1\gamma_1 H_1=0.124\times20\times20=49.6kPa$$

(2) 计算台前锥体对前边缘的附加压力

$$h=10m,\ H_1=20m,\ 查表得\ \alpha_2=0.4$$

$$p_2=\alpha_2\gamma_2 H_2=0.4\times18\times5=36kPa$$

$$p=p_1+p_2=49.6+36=85.6kPa$$

第二节　地基承载力

一、地基承载力

——《铁路桥涵地基和基础设计规范》第 4.1.2 条

根据第 4.1.2 条规定地基基本承载力 σ_0 可根据岩土类别、状态及其物理力学特征指标按规范表 4.1.2-1～表 4.1.2-10 选用或者根据现场载荷试验和原位测试确定。

修正后的地基承载力容许值 $[\sigma]$

公式：

$$[\sigma]=\sigma_0+k_1\gamma_1(b-2)+k_2\gamma_2(h-3)$$

【小注】①当基础位于水中不透水地层上时：容许承载力 $[\sigma]$ 按平均常水位至一般冲刷线的水深每米再增大 10kPa。
②既有墩台的地基基本承载力 σ_0 可根据压密程度予以提高，但提高值不应超过 25%。

参数意义	注意事项
$[\sigma]$——地基容许承载力（kPa）； σ_0——地基基本承载力（kPa）； b——基础底面的最小边宽度（m）； γ_1——基底持力层土的天然重度（kN/m³）； h——基底埋置深度（m）； γ_2——基底以上土层的加权平均重度（kN/m³）	① $\begin{cases}\text{当 }b<2\text{m 时：取 }b=2\text{m}\\\text{当 }b>10\text{m 时：取 }b=10\text{m}\end{cases}$ 当为圆形或正多边形基础时，取 $b=\sqrt{F}$（F 为基础的底面积）。 ②当持力层在水面以下且为透水者，γ_1 应取浮重度。 ③ $\begin{cases}\text{当无水流冲刷时，}h\text{ 自天然地面算起}\\\text{当有水流冲刷时，}h\text{ 自一般冲刷线算起}\end{cases}$ ④当位于挖方内时：h 由开挖后地面算起 $\begin{cases}\text{当 }h<3\text{m 时：取 }h=3\text{m}\\\text{当 }h>4b\text{ 时：取 }h=4b\end{cases}$ ⑤当持力层在水面以下且不透水时，不论基底以上土层透水性如何，γ_2 一律取饱和重度。 ⑥当持力层在水面以下且透水时，水中部分 γ_2 取浮重度

k_1、k_2——基底宽度、深度修正系数，根据基底持力层土的类别，按下表取值：

承载力宽度、深度修正系数 k_1、k_2

修正系数	黏性土			残积土	粉土	黄土		砂土								碎石土			
	Q_3 及以前的冲、洪积土	Q_4 的冲、洪积土				新黄土	老黄土	粉砂		细砂		中砂		砾砂粗砂		碎石、圆砾、角砾		卵石	
		$I_L<0.5$	$I_L\geq0.5$					稍、中密	密实	稍、中密	密实	稍、中密	密实	稍、中密	密实	稍、中密	密实	稍、中密	密实
k_1	0	0	0	0	0	0	0	1.0	1.2	1.5	2.0	2.0	3.0	3.0	4.0	3.0	4.0	3.0	4.0
k_2	2.5	2.5	1.5	1.5	1.5	1.5	1.5	2.0	2.5	3.0	4.0	4.0	5.5	5.0	6.0	5.0	6.0	6.0	10.0

【小注】①节理不发育或较发育的岩石不做宽深修正；节理发育或很发育的岩石，可采用碎类石土的系数；对已风化成砂、土状的岩石，则按砂类土、黏性土的系数。
②稍松状态的砂类土和松散状态的碎石类土，可采用表列稍、中密值的 50%。
③冻土均取 0

二、软土地基容许承载力

——《铁路桥涵地基和基础设计规范》第 4.1.4 条

修正后的软土地基承载力容许值 $[\sigma]$ 确定

小桥和涵洞	公式： $$[\sigma]=\sigma_0+\gamma_2(h-3)$$ 【小注】①当基础位于水中不透水地层上时，容许承载力 $[\sigma]$ 按平均常水位至一般冲刷线的水深每米再增大 10kPa。 ②既有桥墩台的地基土根据压密程度，其基本承载力 σ_0 可予以提高，但提高值不应超过 25%。 式中：γ_2、h——参数意义"同上表"； 　　　$[\sigma]$——地基容许承载力（kPa）； 　　　σ_0——地基基本承载力（kPa），由下表确定：

软土地基的基本承载力 σ_0

天然含水率 w（%）	36	40	45	50	55	65	75
σ_0（kPa）	100	90	80	70	60	50	40

续表

原状土强度指标	公式： $$[\sigma]=\frac{5.14C_u}{m'}+\gamma_2 h$$ 式中：γ_2——参数意义"同上表"； 　　　m'——安全系数，可根据软土灵敏度及建筑物对变形的要求等因素选用 1.5~2.5； 　　　C_u——不排水剪切强度（kPa）； 　　　$[\sigma]$——地基允许承载力（kPa）； 　　　h——基础埋置深度（m），自天然地面或挖方后地面算起，有冲刷时自一般冲刷线起算，h 无限值

三、地基承载力的提高

——《铁路桥涵地基和基础设计规范》第 4.2 节

主力加附加力（不含长钢轨纵向力）时，地基容许承载力 $[\sigma]$ 可提高 20%，主力加特殊荷载（地震力除外）时，地基容许承载力 $[\sigma]$ 可按下表提高。

地基情况	提高系数
$\sigma_0>500\text{kPa}$ 的岩石和土	1.4
$150\text{kPa}<\sigma_0\leqslant500\text{kPa}$ 的岩石和土	1.3
$100\text{kPa}<\sigma_0\leqslant150\text{kPa}$ 的土	1.2

【小注】① 当基础位于水中不透水地层上时，容许承载力 $[\sigma]$ 按平均常水位至一般冲刷线的水深每米再增大 10kPa。
② 既有墩台的地基基本承载力 σ_0 可根据压密程度予以提高，但提高值不应超过 25%。

【8-3】（2008D10）某铁路涵洞基础位于深厚淤泥黏土地基上，基础埋置深度为 1.0m，地基土不排水抗剪强度 C_u 为 35kPa，地基土天然重度为 18kN/m³，地下水位在地面下 0.5m 处，按照《铁路桥涵地基和基础设计规范》TB 10093—2017，安全系数 m' 取 2.5，涵洞基础地基容许承载力 $[\sigma]$ 的最小值为多少？

（A）60kPa　　　　（B）70kPa　　　　（C）80kPa　　　　（D）90kPa

答案：D

解答过程：

根据《铁路桥涵地基和基础设计规范》TB 10093—2017 第 4.1.4 条：

$$[\sigma]=5.14C_u\frac{1}{m'}+\gamma_2 h=5.14\times35\times\frac{1}{2.5}+18\times1=89.96\text{kPa}$$

【8-4】（2012D04）某铁路工程地质勘察中，揭示地层如下：①粉细砂层，厚度 4m；②软黏土层，未揭穿。地下水位埋深为 2m，粉细砂层的土粒比重 $G_s=2.65$，水上部分的天然重度 $\gamma=19\text{kN/m}^3$，含水率 $w=15\%$，整个粉细砂层密实程度一致，软黏土层的不排水抗剪强度 $C_u=20\text{kPa}$，试计算软黏土层顶面的容许承载力为（　　）。（取安全系数 $k=1.5$）

（A）69kPa　　　　（B）98kPa　　　　（C）127kPa　　　　（D）147kPa

答案：D

解答过程：

根据《铁路桥涵地基和基础设计规范》TB 10093—2017 第 4.1.4 条：

（1）$e=\dfrac{G_s\gamma_w(1+w)}{\gamma}-1=\dfrac{2.65\times10\times(1+0.15)}{19.0}-1=0.604$

（2）$\gamma_{sat}=\dfrac{G_s+e}{1+e}\gamma_w=\dfrac{2.65+0.604}{1+0.604}\times10=20.29\text{kN/m}^3$

（3）软黏土视为不透水土层：$\gamma h = 2 \times 19 + 2 \times 20.29 = 78.58 \text{kPa}$

（4）$[\sigma] = \dfrac{1}{m} \times 5.14 C_u + \gamma_2 h = \dfrac{1}{1.5} \times 5.14 \times 20 + 78.58 = 147 \text{kPa}$

【小注岩土点评】

本题目考查铁路桥涵地基的承载力修正，持力层为不透水层时，水下的土层，无论透水与否，都应采用饱和重度计算。软黏土可视为不透水层，其上的超载作用包含水压力，故水位以下的砂土层，应取饱和重度，水位以上取天然重度。

【8-5】（2016D06）某铁路桥墩台为圆形，半径为2.0m，基础埋深4.5m，地下水位埋深1.5m，不受水流冲刷，地面以下相关地层及参数见下表。根据《铁路桥涵地基和基础设计规范》TB 10093—2017计算该墩台基础的地基容许承载力。

地层编号	地层岩性	层底深度（m）	天然重度（kN/m³）	饱和重度（kN/m³）
①	粉质黏土	3.0	18	20
②	稍松砾砂	7.0	19	20
③	黏质粉土	20.0	19	20

（A）270kPa   （B）280kPa   （C）300kPa   （D）340kPa

答案：A

解答过程：

根据《铁路桥涵地基和基础设计规范》TB 10093—2017第4.1.3条：

（1）持力层是稍松砂砾，所以修正系数折半取值，$k_1 = 1.5$，$k_2 = 2.5$，$\sigma_0 = 200 \text{kPa}$

（2）基础底面以上土的平均重度 $\gamma_2 = \dfrac{1.5 \times 18 + 1.5 \times 10 + 1.5 \times 10}{4.5} = 12.7 \text{kN/m}^3$

（3）$b = \sqrt{\pi d^2} = \sqrt{3.14 \times 2^2} = 3.544 \text{m}$

（4）$[\sigma] = \sigma_0 + k_1 \gamma_1 (b-2) + k_2 \gamma_2 (h-3) = 200 + 1.5 \times 10 \times (3.544 - 2) + 2.5 \times 12.7 \times (4.5 - 3) = 271 \text{kPa}$

【小注岩土点评】

本题考查铁路桥涵地基的承载力修正。需要注意的是，《铁路桥涵地基和基础设计规范》TB 10093—2017第4.1.3条有一特有规定，即圆形基础和正多边形基础，进行承载力的宽度修正时，宽度 b 可取为 $\sqrt{F}$，F 为基础面积。容易出错的点在于基础埋置深度 h，应自天然地面算起，有水流冲刷时自一般冲刷线算起；位于挖方内，由开挖后地面算起；h 小于3m时，取 $h = 3$m，h/b 大于4时，取 $h = 4b$。

第三节　明挖基础

一、一般规定

——《铁路桥涵地基和基础设计规范》第5.1节

1. 明挖基础顶面不宜高出最低水位。地面高于最低水位且不受冲刷时，基础顶面不宜高出地面。

2. 基底压应力不应大于地基的容许承载力。设置在基岩上的基底承受偏心荷载，其基底合力偏心矩超过截面核心半径时，可仅按受压区计算基底最大压应力（不考虑基底承受拉应力）。

二、计算

——《铁路桥涵地基和基础设计规范》第 5.2 节

软弱下卧土层压应力	公式：	$$\gamma\,(h+z)+\alpha\,(\sigma_h-\gamma h)\leqslant[\sigma]$$
	式中：$[\sigma]$——软弱下卧土层经深度修正后的容许承载力（kPa）。根据软弱下卧层的性质，一般仅进行深度修正：软弱地基土下卧层时：$[\sigma]=\sigma_0+k_2\gamma_2\,(h+z-3)$ 软土下卧层时：$\begin{cases}[\sigma]=\sigma_0+\gamma_2\,(h+z-3)\\[\sigma]=\dfrac{5.14}{m'}C_u+\gamma_2\,(h+z)\end{cases}$ σ_h——基底压应力（kPa）。当 $z/b>1$（或 $z/d>1$）时，σ_h 采用基底平均压应力，当 $z/b\leqslant1$（或 $z/d\leqslant1$）时，σ_h 采用基底压应力图形中距最大应力点 $b/4\sim b/3$（或 $d/4\sim d/3$）处的压应力（对于梯形图形前后端压应力差值较大时，可采用上述 $b/4$ 点处的压应力值，反之，则采用上述 $b/3$ 点处的压应力值）；其中 b 为矩形基础的短边宽度（m），d 为基础的直径（m）。γ——土的重度（kN/m³）。h——基底埋置深度（m）；当基础受水流冲刷时，由一般冲刷线算起；当不受水流冲刷时，由天然地面算起，如位于挖方内，则由开挖后地面算起。z——自基底至软弱下卧土层顶面的距离（m）。α——基础下卧土层附加应力系数，见规范附录 C。**【小注】** 内容完全同《公路桥涵地基与基础设计规范》JTG 3363—2019	
基底以上外力作用点对基底重心轴的偏心矩	公式：	$$e_0=\frac{M}{N}$$
	式中：N、M——作用于基底的竖向力和所有外力（竖向力、水平力）对基底截面重心的弯矩	
基底承受单向或双向偏心受压的基底截面核心半径	公式①：公式②：	$$\frac{e_0}{\rho}=1-\frac{\sigma_{min}}{N/A}$$ $$\sigma_{min}=\frac{N}{A}-\frac{M_y}{W_y}-\frac{M_x}{W_x}$$
	式中：A——基底面积（m²）；σ_{min}——基底最小压应力（kPa），当为负值时可表示拉应力；M_x、M_y——作用于基底的水平力和竖向力绕 x 轴、y 轴的对基底的弯矩（kN·m）；W_x、W_y——基底底面偏心方向边缘绕 x 轴、y 轴的面积抵抗矩（m³）	
墩台基底的合力偏心矩限值	合力偏心矩 e 的限值参照规范表 5.2.2	

第四节　桩　基　础

一、单桩轴向容许承载力

——《铁路桥涵地基和基础设计规范》第 6.2.2 条

公式：

$$[P] = \frac{1}{2}(U\sum a_i f_i l_i + \lambda A R a)$$

式中：$[P]$——桩的容许承载力（kN）。

U——桩身截面周长（m）。

l_i——各土层厚度（m）。

A——桩底支承面积（m^2）。

a_i、a——振动沉桩对各土层桩周摩阻力和桩底承压力的影响系数（见下表），对于打入桩其值为1.0。

土类 桩径或边宽	砂类土	粉土	粉质黏土	黏土
$d \leqslant 0.8$m	1.1	0.9	0.7	0.6
0.8m$<d \leqslant 2.0$m	1.0	0.9	0.7	0.6
$d > 2.0$m	0.9	0.7	0.6	0.5

λ——系数，见下表：

打入、振动下沉和桩尖爆扩摩擦桩的轴向受压容许承载力

桩尖爆扩体处土的种类 D_p/d	砂类土	粉土	粉质黏土 $I_L = 0.5$	黏土 $I_L = 0.5$
1.0	1.0	1.0	1.0	1.0
1.5	0.95	0.85	0.75	0.70
2.0	0.90	0.80	0.65	0.50
2.5	0.85	0.75	0.50	0.40
3.0	0.80	0.60	0.40	0.30

【表注】d 为桩身直径，D_p 为爆扩桩的爆扩体直径。

f_i——桩周土的极限摩阻力（kPa），可根据土的物理性质查规范表 6.2.2-3 确定或采用静力触探试验测定。

R——桩尖土的极限承载力（kPa），可根据土的物理性质查规范表 6.2.2-4 确定或采用静力触探试验测定。

静力触探试验测定 f_i、R

参数	当 $\overline{q}_{ci} > 2000$kPa 且 $\overline{f}_{si}/\overline{q}_{cl} \leqslant 0.014$	其他情况
$f_i = \beta_{si}\overline{f}_{si}$	$\beta_i = 5.067(\overline{f}_{si})^{-0.45}$	$\beta_i = 10.045(\overline{f}_{si})^{-0.55}$
参数	当 $\overline{q}_{c2} > 2000$kPa 且 $\overline{f}_{s2}/\overline{q}_{c2} \leqslant 0.014$	其他情况
$R = \beta\overline{q}_c$	$\beta = 3.975(\overline{q}_c)^{-0.25}$	$\beta = 12.064(\overline{q}_c)^{-0.35}$

【表注】$\overline{f}_{si}$——桩侧第 i 层土由静力触探测得的局部侧摩阻力的平均值（kPa），当 $\overline{f}_{si} < 5$kPa 时取 5kPa。

$\overline{q}_{ci}$——相应于 $\overline{f}_{si}$ 土层中桩侧触探平均端阻（kPa）。

$\overline{q}_c$——桩尖（不包括桩靴）高程以上和以下各 $4d$（d 为桩的直径或边长）范围内静力触探平均端阻力 $\overline{q}_{c1}$ 和 $\overline{q}_{c2}$ 的平均值（kPa）；当 $\overline{q}_{c1} > \overline{q}_{c2}$ 时，则 $\overline{q}_{c1}$ 取 $\overline{q}_{c2}$ 的值。

$\overline{f}_{s2}$——相应于 $\overline{q}_{c2}$ 土层中桩底触探平均侧阻

<table>
<tr><td rowspan="2">钻（挖）孔灌注摩擦桩的轴向受压容许承载力</td><td>

公式：

$$[P]=\frac{1}{2}U\sum f_i l_i + m_0 A[\sigma]$$

式中：$[P]$——桩的容许承载力（kN）。

　U——桩身截面周长（m），按设计桩径计算。

　f_i——各土层的极限摩阻力（kPa），按规范表 6.2.2-5 采用。

　l_i——各土层的厚度（m）。

　A——桩底支承面积（m^2），按设计桩径计算。

　$[\sigma]$——桩底地基土的容许承载力（kPa），按下式计算：

① 当 $h\leqslant 4d$ 时，$[\sigma]=\sigma_0+k_2\gamma_2(h-3)$；

② 当 $4d<h\leqslant 10d$ 时，$[\sigma]=\sigma_0+k_2\gamma_2(4d-3)+k_2'\gamma_2(h-4d)$；

③ 当 $h>10d$ 时，$[\sigma]=\sigma_0+k_2\gamma_2(4d-3)+k_2'\gamma_2(6d)$。

其中：d 为桩径或桩的宽度（m）；k_2 采用本规范表 4.1.3 中的数值；对于黏性土和黄土，k_2' 取 1.0；对于其他土，k_2' 为 $\dfrac{k_2}{2}$。σ_0、γ_2 和 h 的意义与本规范第 4.1.3 条相同。

　m_0——桩底支承力折减系数。钻孔灌注桩桩底支承力折减系数可按下表采用。

挖孔灌注桩桩底支承力折减系数可根据具体情况确定，一般可取 $m_0=1.0$。

土质及清底情况	m_0		
	$5d<h\leqslant 10d$	$10d<h\leqslant 25d$	$25d<h\leqslant 50d$
土质较好，不易坍塌，清底良好	0.9～0.7	0.7～0.5	0.5～0.4
土质较差，易坍塌，清底稍差	0.7～0.5	0.5～0.4	0.4～0.3
土质差，难以清底	0.5～0.4	0.4～0.3	0.3～0.1

【表注】h 为地面线或局部冲刷线以下桩长，d 为桩的直径，均以 m 计

</td></tr>
<tr><td rowspan="1">多年冻土地基钻孔桩的容许承载力</td><td>

公式：

$$[P]=\frac{1}{2}\sum \tau_i F_i m'' + m_0' A[\sigma]$$

式中：$[P]$——桩的容许承载力（kN）。

　τ_i——第 i 层冻土同桩侧表面的冻结强度（kPa），可按下表中的 S_m（附录 G）取值。

土的名称	土层月最高平均温度（℃）						
	-0.5	-1.0	-1.5	-2.0	-2.5	-3.0	-4.0
黏性土	60	90	120	150	180	220	280
砂土	80	130	170	210	250	290	380
碎石土	70	110	150	190	230	270	350

【表注】① 不融沉冻土按表列数值降低 10%～20%，与基础无明显胶结力的干土，不考虑其冻结力（即按融土摩擦力计算）；强融沉土（饱冰冻土）降低 20%；含土冰层降低 50%；当周围回填 0.05～0.1m 砂层时可按强融沉土（饱冰冻土）取值。

② 未做处理的钢结构按表列数值降低 30%。

③ 表列数值不适用于含盐量大于 0.3% 的冻土

　m''——冻结力修正系数，取 1.3～1.5。

　F_i——第 i 层冻土中桩侧表面的冻结面积（m^2）。

　m_0'——桩底支承力折减系数，可根据孔底条件采用 0.5～0.9。

　A——桩底支承面积（m^2）。

　$[\sigma]$——桩底多年冻土容许承载力（kPa），根据规范表 4.1.2-10 确定

</td></tr>
</table>

【8-6】（2019C09）某铁路桥梁位于多年少冰冻土区，自地面起土层均为不融沉多年冻土，土层的月平均最高温度为$-1.0℃$。多年冻土天然上限埋深$1.0m$，下限埋深$30m$。桥梁拟采用钻孔灌注桩基础，设计桩径$800mm$，桩顶位于现地面下$5.0m$，有效桩长$8m$（如下图所示）。根据《铁路桥涵地基和基础设计规范》TB 10093—2017，按岩土阻力计算单桩轴向受压容许承载力最接近下列哪个选项？（不融沉冻土与桩侧表面的冻结强度按多年冻土与混凝土基础表面的冻结强度S_m降低10%考虑，冻结力修正系数取1.3，桩底支承力折减系数取0.5）

（A）2000kN　　　（B）1800kN　　　（C）1640kN　　　（D）1340kN

答案：C

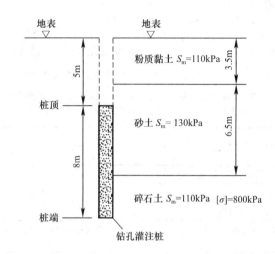

解答过程：

根据《铁路桥涵地基和基础设计规范》TB 10093—2017 第9.3.7条：

（1）砂土：$\tau=130×90\%=117kPa$，碎石土：$\tau=110×90\%=99kPa$

（2）$[P]=\dfrac{1}{2}\Sigma\tau_iF_im''+m_0'A[\sigma]$

$$=\dfrac{1}{2}×\pi×0.8×1.3×(117×5+99×3)+0.5×\dfrac{1}{4}\pi×0.8^2×800=1641kN$$

【小注岩土点评】

多年冻土地区下，桩基容许承载力计算应该根据规范第9章的相关公式计算，勿用第6章的计算公式。

【8-7】（2014C13）某铁路桥梁采用钻孔灌注桩基础，地层条件和基桩入土深度如下图所示，成孔桩径和设计桩径均为$1.0m$，桩底支承力折减系数m_0取0.7，如不考虑冲刷及地下水的影响，根据《铁路桥涵地基和基础设计规范》TB 10093—2017，计算基桩的容许承载力。

（A）1700kN　　　（B）1800kN　　　（C）1900kN　　　（D）2000kN

答案：B

解答过程：

根据《铁路桥涵地基和基础设计规范》TB 10093—2017 第6.2.2条：

（1）$h=2+3+15+4=24m>10d$

中密细砂，查表4.1.3，$k_2=3$，$k_2'=1.5$

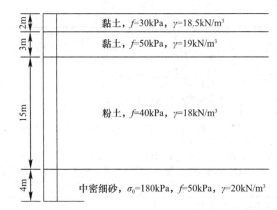

$$\gamma_2 = \frac{18.5 \times 2 + 19 \times 3 + 18 \times 15 + 20 \times 4}{24} = 18.5 \text{kN/m}^3$$

$$[\sigma] = \sigma_0 + k_2 \gamma_2 (4d - 3) + k_2' \gamma_2 (6d)$$

$$= 180 + 3 \times 18.5 \times (4 \times 1 - 3) + 1.5 \times 18.5 \times 6 \times 1 = 402 \text{kPa}$$

$$(2) \ [P] = \frac{1}{2} U \sum f_i l_i + m_0 A [\sigma]$$

$$= \frac{1}{2} \times 3.14 \times 1 \times (30 \times 2 + 50 \times 3 + 40 \times 15 + 50 \times 4) + 0.7 \times \frac{3.14 \times 1^2}{4} \times 402$$

$$= 1806.6 \text{kN}$$

【小注岩土点评】

① 截面周长 U 和桩底支承面积 A，均按设计桩径计算。

② 侧摩阻力采用极限摩阻力，除以安全系数 2 即为容许承载力（特征值）。

二、支承于岩石层上的柱桩轴向受压容许承载力

——《铁路桥涵地基和基础设计规范》第 6.2.2 条

支承于岩石层上的打入桩、振动下沉桩（包括管柱）等柱桩的轴向受压容许承载力	公式： $$[P] = CRA$$
	式中：$[P]$——桩的容许承载力（kN）。 R——岩石单轴抗压强度（kPa）。 C——系数，匀质无裂缝的岩石层采用 0.45；有严重裂缝的、风化或易软化的岩石层采用 0.30。 A——桩底面积（m²）。
支承在岩石层上与嵌入岩石层内的钻（挖）孔灌注桩、管柱等柱桩的轴向受压容许承载力	公式： $$[P] = R(C_1 A + C_2 Uh)$$
	式中：$[P]$——桩及管柱的容许承载力（kN）； R——岩石单轴抗压强度（kPa）； U——嵌入岩石层内的桩及管柱的钻孔周长（m）； A——桩底面积（m²）； h——自新鲜岩石面（平均高程）算起的嵌入深度（m）（当桩下端锚固在岩石内时，假定弯矩由锚固侧壁岩石承受，可按下式确定嵌岩深度 h_1；）

支承在岩石层上与嵌入岩石层内的钻（挖）孔灌注桩、管柱等柱桩的轴向受压容许承载力	圆形桩：$h_1 = \sqrt{\dfrac{M}{0.066K \cdot R \cdot d}} \geq 0.5\text{m}$ 矩形桩：$h_1 = \sqrt{\dfrac{M}{0.083K \cdot R \cdot b}} \geq 0.5\text{m}$ h_1——自桩下端锚固点算起的锚固深度（m）； M——桩下端锚固点处的弯矩（kN·m）； K——根据岩层构造在水平方向的岩石容许压力换算系数取 0.5～1.0； d——钻孔直径（m）； b——垂直于弯矩作用平面桩的边长（m）； R——桩尖土的极限承载力（kPa），按本规范第 6.2.2 条确定； C_1、C_2——系数，根据岩石层破碎程度和清底情况决定，按下表采用。		

岩石层及清底情况	C_1	C_2
良好	0.5	0.04
一般	0.4	0.03
较差	0.3	0.02

【表注】当入岩深度 $h \leq 0.5\text{m}$ 时，C_1 乘以 0.7 的折减系数，$C_2 = 0$

三、摩擦桩轴向受拉容许承载力

——《铁路桥涵地基和基础设计规范》第 6.2.2 条

摩擦桩轴向受拉容许承载力	公式： $$[P'] = 0.30U\sum a_i l_i f_i$$ 式中：$[P']$——摩擦桩轴向受拉的容许承载力（kN）； U——桩身截面周长（m），按设计桩径计算； f_i——各土层的极限摩阻力（kPa）； l_i——各土层的厚度（m）； a_i——振动沉桩对各土层桩周摩阻力的影响系数（见下表），对于打入桩其值为 1.0				

桩径或边宽	土类			
	砂类土	粉土	粉质黏土	黏土
$d \leq 0.8\text{m}$	1.1	0.9	0.7	0.6
$0.8\text{m} < d \leq 2.0\text{m}$	1.0	0.9	0.7	0.6
$d > 2.0\text{m}$	0.9	0.7	0.6	0.5

四、管柱振动下沉中振动荷载作用下管柱的应力和变形

——《铁路桥涵地基和基础设计规范》第 6.2.4 条

管柱振动下沉中振动荷载作用下管柱的应力和变形	公式： $$N = \eta P_{\max}$$ 式中：N——振动时作用于管柱的计算外力（kN）； $P_{\max}$——所选用的振动打桩机的额定最大振动力（kN）。 η——振动冲击系数，可按管柱振动下沉的入土深度、土质条件和施工辅助设施确定，可采用 1.5～2.0

五、桥梁桩基按实体基础的验算

—— 《铁路桥涵地基和基础设计规范》附录 E

桩基础可视为如下图中的虚线和地面线范围内的实体基础，按下列公式计算：

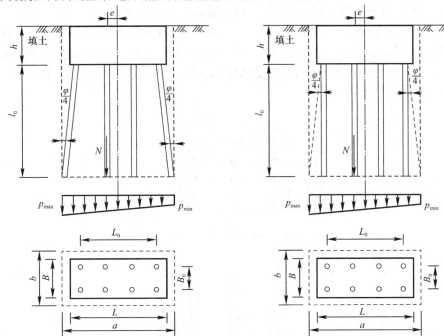

受压类型	桩端平面处的压力	桩端下地基承载力验算
轴心	$P=\dfrac{N}{A}$	$P\leqslant[\sigma]$
偏心	$P_{\max}=\dfrac{N}{A}+\dfrac{M}{W}$	$P_{\max}\leqslant[\sigma]$

$$A=a\times b,\quad W=\frac{ba^2}{6},\quad \overline{\varphi}=\frac{\varphi_1 l_1+\varphi_2 l_2+\cdots+\varphi_n l_n}{l_0}$$

$$a=L_0+d+2l_0\tan\left(\frac{\overline{\varphi}}{4}\right),\quad b=B_0+d+2l_0\tan\left(\frac{\overline{\varphi}}{4}\right)$$

式中：N——作用于假想实体基础底面的竖向力，包括实体基础范围内土重和桩自重（kN）；

　　　A——假想实体基础的底面积（m^2）；

　h、l_0——承台埋深及桩长（m）；

　L、B——承台的长度和宽度（m）；

L_0、B_0——外围桩中心围成的矩形轮廓的长度和宽度（m）；

　　　d——桩的直径（m）；

　　　M——外力对承台底面处桩基重心的力矩（kN·m）；

　　　W——假想实体深基础在桩端平面处的抵抗矩（m^3）；

　　　$\overline{\varphi}$——桩所穿过土层的内摩擦角加权平均值（°）；

　　$[\sigma]$——桩端平面处土经修正后的地基容许承载力（kPa）。

【小注】《铁路桥涵地基和基础设计规范》TB 10093—2017 的实体深基础法验算与《公路桥涵地基与基础设计规范》JTG 3363—2019 的区别在于：铁路规范假定竖向力 N 作用于假想实体基础的底面，亦即已包含了假想实体基础范围内的桩、土自重；公路规范假定竖向力 N 作用在承台底面上，未包含假想实体基础范围内的桩、土自重。

【8-8】（2008C13）某铁路桥梁桩基如下图所示，作用于承台顶面的竖向力和承台底面处的力矩分别为 6000kN 和 2000kN·m。桩长为 40m，桩径为 0.8m，承台高度为 2m，地下水位与地表齐平，桩基所穿过土层的按厚度加权平均内摩擦角为 $\bar{\varphi}=24°$，假定实体深基础范围内承台、桩和土的混合平均重度取 20kN/m³，根据《铁路桥涵地基和基础设计规范》TB 10093—2017 按实体基础验算，桩端底面处地基容许承载力至少为多少时，才能满足要求。

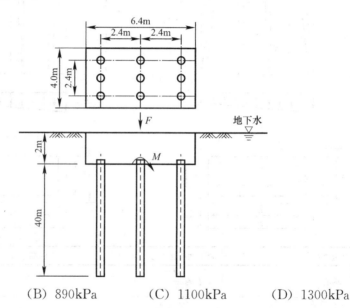

(A) 465kPa   (B) 890kPa   (C) 1100kPa   (D) 1300kPa

答案：A

解答过程：

根据《铁路桥涵地基和基础设计规范》TB 10093—2017 附录 E：

(1) 桩基底面面积：

$$A=\left(2\times2.4+0.8+2\times40\times\tan\frac{24°}{4}\right)\times\left(2.4+0.8+2\times40\times\tan\frac{24°}{4}\right)$$
$$=14.01\times11.61=162.6\text{m}^2$$

(2) $[\sigma]\geqslant\dfrac{N}{A}+\dfrac{M}{W}=\dfrac{6000}{14.01\times11.61}+(40+2)\times(20-10)+\dfrac{2000}{\dfrac{11.61\times14.01^2}{6}}=462.2\text{kPa}$

【小注岩土点评】

① 题干已经注明参考规范，可直接引用。

② 本题考点在于采用实体基础验算，计算 A 及 W 时需认真分清长宽，不是承台或桩体实际长宽。

第五节　沉 井 基 础

——《铁路桥涵地基和基础设计规范》第 7.2.6 条

铁路规范与《公路桥涵地基和基础设计规范》TB 10093—2017 沉井部分内容及计算完全相同，可参照学习。

沉井浮体稳定的倾斜角 φ

公式①：

$$\rho = \frac{I}{V}$$

公式②：

$$\varphi = \tan^{-1} \frac{M}{\gamma_{\mathrm{w}} V(\rho - a)}$$

式中：φ——倾斜角，不应大于 6°，并应满足 $(\rho - a) > 0$；

　　　M——外力矩（$kN \cdot m$）；

　　　V——排水体积（m^3）；

　　　a——沉井重心至浮心的距离（m），重心在浮心之上为正，反之为负；

　　　ρ——定倾半径，即定倾中心至浮心的距离（m）；

　　　I——浮体排水截面的惯性矩（m^4），按沉井轮廓面积和各阶段沉井入水深度计算；

　　　γ_{w}——水的重度，$\gamma_{\mathrm{w}} = 10 kN/m^3$

【8-9】(2010D13) 铁路桥梁采用钢筋混凝土沉井基础，沉井壁厚 0.4m，高度 12m，排水挖土下沉施工完成后，沉井顶和河床面平齐，假定井壁四周摩擦力分布为倒三角形（如下图所示），施工中沉井井壁截面的最大拉力为（　　）。（注：井壁重度为 25kN/m³）

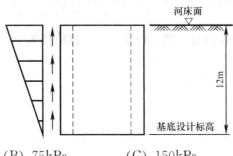

(A) 0　　　　　　(B) 75kPa　　　　　(C) 150kPa　　　　　(D) 300kPa

答案：B

解答过程：

根据《铁路桥涵地基和基础设计规范》TB 10093—2017 第 7.2.3 条及条文说明：

$$\sigma_{\max} = \frac{1}{4} \times 12 \times 25 = 75 \text{kPa}$$

【小注岩土点评】

① 在沉井入土深度中点处，单位侧摩阻力＝单位平均自重应力，此时沉井井壁拉力最大，最大值为沉井自重的 1/4。

② 沉井基础近年考查较少。

第四十章 铁路路基设计规范专题

第一节 路基填料组别分类

一、粗粒土

——《铁路路基设计规范》附录第 A.0.2 条

填料颗粒级配特征应根据土的不均匀系数 C_u 和曲率系数 C_c 确定。

$$C_u = \frac{d_{60}}{d_{10}}$$

$$C_c = \frac{d_{30}^2}{d_{60} \cdot d_{10}}$$

特点	满足条件
良好级配	$C_u \geqslant 10$ 且 $1 \leqslant C_c \leqslant 3$
均匀级配	$C_u < 10$
间断级配	$C_u \geqslant 10$ 且 $C_c < 1$ 或 $C_c > 3$

式中：d_{60}——限制粒径，颗粒大小分布曲线上的某粒径，小于该粒径的土含量占总质量的 60%；

d_{10}——有效粒径，颗粒大小分布曲线上的某粒径，小于该粒径的土含量占总质量的 10%；

d_{30}——颗粒大小分布曲线上的某粒径，小于该粒径的土含量占总质量的 30%。

二、细粒土

——《铁路路基设计规范》第 A.0.6 条

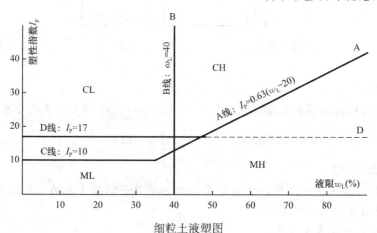

细粒土液塑图

【小注】① 液限试验含水率采用圆锥仪法，圆锥仪总质量为 76g，入土深度为 10mm。
② A 线方程中的 w_L 按去掉%符号后的数值进行计算。

细粒土填料组别分类

一级分类定名	二级分类定名		三级分类定名			填料组别
主成分	定名	液限、塑限描述	粗粒含量	粗粒成分	定名	
细粒土（粒径小于0.075mm颗粒含量≥50%）	低液限粉土（ML）	A 线以下 $I_P<10$，$w_L<40$	<30%	—	低液限粉土	C3
			30%~50%	砾	含砾的低液限粉土	C3
				砂	含砂的低液限粉土	C3
	高液限粉土（MH）	A 线以下 $I_P<10$，$w_L≥40$	<30%	—	高液限粉土	D2
			30%~50%	砾	含砾的高液限粉土	D1
				砂	含砂的高液限粉土	D1
	低液限黏土（CL）	A 线以上 $I_P≥10$，$w_L<40$	<30%	—	低液限黏土	C3
			30%~50%	砾	含砾的低液限黏土	C3
				砂	含砂的低液限黏土	C3
	高液限黏土（CH）	A 线以上 $I_P≥10$，$w_L≥40$	<30%	—	高液限黏土	D2
			30%~50%	砾	含砾的高液限黏土	D1
				砂	含砂的高液限黏土	D1
软岩土	A 线以下 $I_P<10$，$w_L<40$				低液限软岩粉土	C3
	A 线以下 $I_P<10$，$w_L≥40$				高液限软岩粉土	D2
	A 线以上 $I_P≥10$，$w_L<40$				低液限软岩黏土	C3
	A 线以上 $I_P≥10$，$w_L≥40$				高液限软岩黏土	D2

三、地基系数 K_{30}

——《铁路路基设计规范》第 2.1.13 条

通过试验测得的直径 30cm 荷载板下沉 1.25mm 时对应的荷载强度 p（MPa）与其下沉量 1.25mm 的比值。

【8-10】（2013D20）一种粗砂的粒径大于 0.5mm 颗粒的质量超过总质量的 50%，细粒含量小于 5%，级配曲线如下图所示。这种粗粒土按照铁路路基填料分组应属于（ ）。

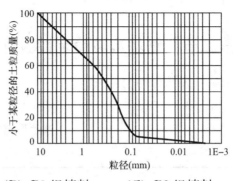

(A) B1 组填料 　　(B) B3 组填料 　　(C) B2 组填料 　　(D) B 组填料

答案：B

解答过程：

根据《铁路路基设计规范》TB 10001—2016 第 5.2.5 条及其附录第 A.0.2 条：

（1）根据题干中的级配曲线：$d_{60}=0.7\text{mm}$，$d_{30}=0.2\text{mm}$，$d_{10}=0.1\text{mm}$

$$C_u=\frac{d_{60}}{d_{10}}=\frac{0.7}{0.1}=7>5 \text{；} C_c=\frac{d_{30}^2}{d_{60}\cdot d_{10}}=\frac{0.2^2}{0.7\times0.1}=0.571<1$$

（2）$C_u<10$ 为均匀级配；判定粗砂为均匀级配粗砂。

（3）根据粗砂的粒径大于 0.5mm 颗粒的质量超过总质量的 50%，细粒含量（$d\leq0.075\text{mm}$）小于 5%，查附录表 A.0.5 可知此粗粒土为 B3 组填料。

【小注岩土点评】

① 土的粒径级配曲线是土工中很有用的资料，从该曲线可以直接了解土的粗细程度、粒径分布的均匀程度和分布连续性程度，从而判断土的级配优劣。

② 土力学中级配良好的土需要同时满足两个条件：$C_u\geq5$ 且 $C_c=1\sim3$。而在新版的《铁路路基设计规范》TB 10001—2016，级配良好的条件是 $C_u\geq10$ 且 $1\leq C_c\leq3$。

③ 颗粒级配，是基础考点，应用比较多。典型的是土的命名、渗透破坏类型定性分析、材料选择，以填料和过滤器居多。

【8-11】（2008D04）某铁路工程勘察时要求采用 K_{30} 方法测定地基系数，下表为采用直径 30cm 的荷载板进行竖向载荷试验获得的一组数据，则数据所得 K_{30} 值与（　　）项的数据最为接近。

分级	1	2	3	4	5	6	7	8	9	10
荷载强度 p（MPa）	0.01	0.02	0.03	0.04	0.05	0.06	0.07	0.08	0.09	0.10
下沉 s（mm）	0.2675	0.5450	0.8550	1.0985	1.3695	1.6500	2.0700	2.4125	2.8375	3.3125

（A）12MPa/m　　（B）36MPa/m　　（C）46MPa/m　　（D）108MPa/m

答案：B

解答过程：

根据《铁路路基设计规范》TB 10001—2016 第 2.1.13 条：

（1）$s=1.25\text{mm}$ 对应 p 值为：$p=0.04+0.01\times\dfrac{1.25-1.0985}{1.3695-1.0985}=0.0456\text{MPa}$

（2）$K_{30}=\dfrac{p}{s}=\dfrac{0.0456}{1.25\times10^{-3}}=36.48\text{MPa/m}$

第二节　路基边坡稳定性验算

一、圆弧滑动法

——《铁路路基设计规范》第 3.3.2 条

黏性土边坡和较大规模的破碎结构岩质边坡宜采用圆弧滑动法	公式①： $$K_s=\frac{\sum\limits_{i=1}^{n}R_i}{\sum\limits_{i=1}^{n}T_i}$$

续表

公式②：

$$R_i = N_i \tan\varphi_i + c_i l_i$$

公式③：

$$T_i = (G_i + G_{bi})\sin\theta_i + P_{wi}\cos(\alpha_i - \theta_i)$$

公式④：

$$N_i = (G_i + G_{bi})\cos\theta_i + P_{wi}\sin(\alpha_i - \theta_i)$$

黏性土边坡和较大规模的破碎结构岩质边坡宜采用圆弧滑动法

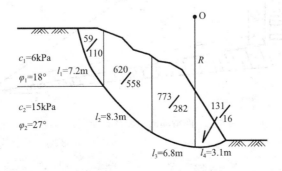

圆弧形滑动面边坡计算示意图

式中：K_s——边坡稳定性系数；

R_i——第 i 计算条块在滑动面上的抗滑力（kN/m）；

T_i——第 i 计算条块在滑动面上的下滑力（kN/m）；

N_i——第 i 计算条块在滑动面法线上的下滑力（kN/m）；

i——计算条块号；

n——条块数量；

φ_i——第 i 计算条块滑面内摩擦角（°）；

c_i——第 i 计算条块滑面黏聚力（kPa）；

l_i——第 i 计算条块滑面长度（m）；

G_i——第 i 计算条块单位宽度自重（kN/m），地下水位以下砂土和粉土采用浮重度，黏性土采用饱和重度计算自重；

G_{bi}——第 i 计算条块单位宽度竖向附加荷载（kN/m）；

θ_i——第 i 计算条块滑面倾角（°），滑面倾向与滑动方向相同时取正值，滑面倾向与滑动方向相反时取负值；

P_{wi}——第 i 计算条块单位宽度的渗透力（kN/m）；

α_i——第 i 计算条块地下水位面倾角（°）

【小注】在渗透力计算中，土力学中认为其作用在渗流面下土条的中点外，本规范抗滑验算中，没有体现力臂，认为渗透力作用在土条滑面处

【8-12】（2022D14）下图所示滑弧为某土质边坡最危险滑弧，各土条的有关数据如下图所示，图中各条斜线上、下的数字分别为作用在该滑面上的法向分力 N 和切向分力 T 的数值（单位：kN/m），l_i 为每段滑弧的长度。根据《铁路路基设计规范》TB 10001—2016，该边坡稳定系数最接近下列哪个选项？

(A) 1.15　　　　　(B) 1.19　　　　　(C) 1.22　　　　　(D) 1.25

答案：B

解答过程：

根据《铁路路基设计规范》TB 10001—2016 第 3.3.2 条：

(1) 第 1 块：下滑力 110kN/m，抗滑力 $59\tan\varphi_1+c_1l_1=59\tan18+6\times7.2=62.37$kN/m

第 2 块：下滑力 558kN/m，抗滑力 $620\tan\varphi_2+c_2l_2=620\tan27+15\times8.3=440.41$kN/m

第 3 块：下滑力 282kN/m，抗滑力 $773\tan\varphi_2+c_2l_3=773\tan27+15\times6.8=495.86$kN/m

第 4 块：下滑力 -16kN/m，抗滑力 $131\tan\varphi_2+c_2l_4=131\tan27+15\times3.1=113.25$kN/m

(2) 边坡稳定系数：

$$K_s=\frac{\sum\limits_{i=1}^{n}R_i}{\sum\limits_{i=1}^{n}T_i}=\frac{62.37+440.41+495.86+113.25}{110+558+282-16}=1.19$$

【小注岩土点评】

① 命题组开始挖掘新颖考点，对于黏性土边坡和较大规模的破碎结构岩质边坡宜采用圆弧滑动法计算边坡稳定性系数。

② 易错点，第 i 计算条块滑面倾角，当滑动倾向与滑动方向相同时取正值，滑动倾向于滑动方向相反时取负值。

③ 注意最后一滑块的倾向（图示给出箭头）与滑动方向相反，所以最下面一滑块下滑力取负值，如果取正值，会错选 A。

$$K_s=\frac{\sum\limits_{i=1}^{n}R_i}{\sum\limits_{i=1}^{n}T_i}=\frac{62.37+440.41+495.86+113.25}{110+558+282+16}=1.151$$

二、平面滑动法

——《铁路路基设计规范》第 3.3.3 条

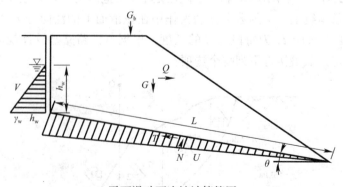

平面滑动面边坡计算简图

可能产生平面滑动的边坡宜采用平面滑动法	公式①：$$K_s = \frac{R}{T}$$ 公式②：$$R = \left[(G+G_b)\cos\theta - Q\sin\theta - V\sin\theta - U\right]\tan\varphi + cL$$ 公式③：$$T = (G+G_b)\sin\theta + Q\cos\theta + V\cos\theta$$ 公式④：$$V = \frac{1}{2}\gamma_w h_w^2$$ 公式⑤：$$U = \frac{1}{2}\gamma_w h_w L$$
	式中：R——滑体单位宽度重力及其他外力引起的抗滑力（kN/m）； T——滑体单位宽度重力及其他外力引起的下滑力（kN/m）； G——滑体单位宽度自重（kN/m），地下水位以下砂土和粉土采用浮重度，黏性土采用饱和重度计算自重； G_b——滑体单位宽度竖向附加荷载（kN/m），方向指向下方时取正值，指向上方时取负值； θ——滑面倾角（°）； Q——滑体单位宽度水平荷载（kN/m），方向指向坡外时取正值，指向坡内时取负值； V——后缘陡倾裂隙面上的单位宽度总水压力（kN/m）； U——滑面单位宽度总水压力（kN/m）； φ——滑面内摩擦角（°）； c——滑面黏聚力（kPa）； L——滑面长度（m）； γ_w——水的重度，取 10kN/m³； h_w——后缘陡倾裂隙充水高度（m），根据裂隙情况及汇水条件确定

三、折线滑动法

—— 《铁路路基设计规范》第 3.3.4 条

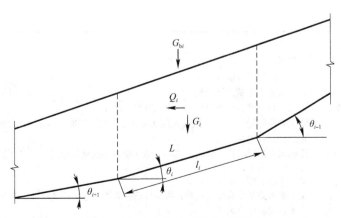

折线形滑动边坡传递系数法计算简图

可能产生折线滑动的边坡宜采用折线滑动法	公式①：	$$K_s = \dfrac{\displaystyle\sum_{i=1}^{n-1} R_i \psi_i \psi_{i+1} \cdots \psi_{n-1} + R_n}{\displaystyle\sum_{i=1}^{n-1} T_i \psi_i \psi_{i+1} \cdots \psi_{n-1} + T_n}$$
	公式②：	$$R_i = \left[(G_i + G_{bi}) \cos\theta_i - Q_i \sin\theta_i \right] \tan\varphi_i + c_i l_i$$
	公式③：	$$T_i = (G_i + G_{bi}) \sin\theta_i + Q_i \cos\theta_i$$
	公式④：	$$\psi_i = \cos(\theta_i - \theta_{i+1}) - \sin(\theta_i - \theta_{i+1}) \tan\varphi_{i+1}$$
	式中：R_i——第 i 计算条块单位宽度重力及其他外力引起的抗滑力（kN/m）； T_i——第 i 计算条块单位宽度重力及其他外力引起的下滑力（kN/m）； ψ_i——第 i 计算条块对第 $i+1$ 计算条块的传力系数	

【小注】此公式采用的是传递系数显式解，与《岩土工程勘察规范（2009 年版）》GB 50021—2001 第 5.2.8 条条文说明一致，不同于《建筑边坡工程技术规范》GB 50330—2013 的隐式解，解题时需看清楚题意或参考规范

第三节　路基沉降计算

——《铁路路基设计规范》第 3.3.6~3.3.8 条

工后沉降量	公式①：	$$S_r \leqslant C_d$$
	公式②：	$$S_r = S_{有荷} + S_D - S_T$$
	公式③：	$$S_D = CH$$
	公式④：	$$S_T = \eta S_{无荷}$$
	式中：S_r——工后沉降（m）； C_d——工后沉降控制限值（m）； $S_{有荷}$——有荷状态下地基总沉降量（m）； S_D——铺轨工程完成后路堤填料的剩余沉降量（m）； S_T——施工期沉降量（m）（一般按无荷状态计算，当采用堆载预压或超载预压措施处理时宜按相应荷载状态计算）； C——路堤填料的沉降比，应结合填料、路基填筑完成放置时间、压实设备、压实标准及地区经验综合确定； H——路堤边坡高度（m）； η——施工期沉降量完成比例系数，应结合地基条件、地基处理措施、路基填筑完成放置时间及地区经验综合确定； $S_{无荷}$——无荷状态下地基总沉降量（m）	

续表

	公式①：$$S=m_sS_j$$
排水固结法处理后地基总沉降量	公式②：$$S=S_C+S_1+S_S$$ 式中：S——地基总沉降量（m）； 　　　m_s——沉降经验修正系数，与地基条件、荷载强度、加荷速率等有关； 　　　S_j——沉降计算值（m），一般采用分层总和法计算； 　　　S_C——主固结沉降量（m），一般采用分层总和法计算； 　　　S_1——瞬时沉降量（m），可按弹性理论计算； 　　　S_S——次固结沉降量（m），可采用次固结系数计算
复合地基总沉降量	公式：$$S=m_{Js}S_1+m_{Xs}S_2$$
	式中：m_{Js}——加固区沉降经验修正系数，与地基条件、荷载强度、地基处理措施及路基填筑完成放置时间等因素有关； 　　　S_1——加固区沉降计算值（m）； 　　　m_{Xs}——下卧层沉降经验修正系数，与地基条件、荷载强度、加荷速率等有关； 　　　S_2——下卧层沉降计算值（m）

第四节　路　　堤

——《铁路路基设计规范》第 7.3.4 条

路堤边坡高度大于 15m 时，应根据填料、边坡高度等加宽路基面，其每侧加宽值应按下式计算确定：

$$\Delta b=CHm$$

式中：C——路堤填料的沉降比，应结合填料、压实设备、压实标准及地区经验综合确定；

　　　H——路堤边坡高度（m）；

　　　m——道床边坡坡率，$m=1.75$。

【8-13】（2002D25）某铁路路堤边坡高度 H 为 22m，填料为细粒土，道床边坡坡率 $m=1.75$，沉降比 C 取 0.015，按《铁路路基设计规范》TB 10001—2016，路堤每侧应加宽（　　）。

(A) 0.19m　　　　(B) 0.39m　　　　(C) 0.50m　　　　(D) 0.58m

答案：D

解答过程：

根据《铁路路基设计规范》TB 10001—2016 第 7.3.4 条：

$$\Delta b=CHm=0.015\times22\times1.75=0.58\text{m}$$

第五节　路基排水

一、常用排水设施的水力半径和过水断面面积

——《铁路路基设计规范》附录第 F.0.1 条

断面形状	断面示意图	过水断面面积	水力半径
矩形		$A = bh$	$R = \dfrac{bh}{b+2h}$
对称梯形		$A = bh + mh^2$	$R = \dfrac{bh+mh^2}{b+(2\sqrt{1+m^2})h}$
不对称梯形		$A = bh + 0.5(m_1+m_2)h^2$	$R = \dfrac{bh+0.5(m_1+m_2)h^2}{b+(\sqrt{1+m_1^2}+\sqrt{1+m_2^2})h}$
圆形		$A = \dfrac{\pi d^2}{4}$	$R = \dfrac{d}{4}$
半圆形		$A = \dfrac{\pi d^2}{8}$	$R = \dfrac{d}{4}$

【小注】① 水力半径（R）等于过水断面面积 A 除以湿周（P），$R = \dfrac{A}{P}$。

② 此表公式具有通用性，可适用于铁路、公路、建筑边坡等各行业规范的排水计算

二、水沟泄水能力

——《铁路路基设计规范》附录第 F.0.9 条

水沟泄水能力	公式①： $$Q_c = vA$$ 公式②： $$v = C\sqrt{Ri}$$ 公式③： $$C = \frac{1}{n}R^y$$ 公式④： $$y = 2.5\sqrt{n} - 0.13 - 0.75\sqrt{R}(\sqrt{n} - 0.1)$$
	式中： Q_c——泄水能力（m^3/s）； v——平均流速（m/s）； A——过水断面面积（m^2）； R——水力半径（m）； i——水力坡度，$i = \dfrac{h}{l}$（h 为水头差，l 为流水长度），一般情况可取用沟管的底坡； C——流速系数或谢才系数； n——沟管壁的粗糙系数

第四十一章　铁路路基支挡结构设计规范

第一节　基 本 规 定

——《铁路路基支挡结构设计规范》第 3.2 节、第 4.3 节

验算项目	验算方法
抗滑动稳定性	公式： $$\frac{R}{T} \geqslant K_{c}$$ 式中：K_{c}——抗滑动安全系数，按下表采用：

<table>
<tr><th>项目名称</th><th>一般及常水位工况</th><th>洪水位工况</th><th>地震工况</th><th>临时工况</th></tr>
<tr><td>抗滑动安全系数</td><td>1.3</td><td>1.2</td><td>1.1</td><td>1.1</td></tr>
<tr><td>抗倾覆安全系数</td><td>1.6</td><td>1.4</td><td>1.3</td><td>1.2</td></tr>
</table>

R——总的抗滑力（kN）；
T——总的滑动力（kN）

抗倾覆稳定性	公式： $$\frac{M_{y}}{M_{0}} \geqslant K_{0}$$ 式中：K_{0}——抗倾覆安全系数，按下表采用：

<table>
<tr><th>项目名称</th><th>一般及常水位工况</th><th>洪水位工况</th><th>地震工况</th><th>临时工况</th></tr>
<tr><td>抗滑动安全系数</td><td>1.3</td><td>1.2</td><td>1.1</td><td>1.1</td></tr>
<tr><td>抗倾覆安全系数</td><td>1.6</td><td>1.4</td><td>1.3</td><td>1.2</td></tr>
</table>

M_{y}——总的抗倾覆力矩（kN·m）；
M_{0}——总的倾覆力矩（kN·m）

基底压应力（容许应力法）	公式： $$\sigma \leqslant [\sigma]$$ 式中：σ——基础检算点的压应力（kPa）； $[\sigma]$——地基容许承载力或容许承载力调整值（kPa）
钢筋混凝土结构的承载能力极限状态设计	公式： $$S_{d} \leqslant R_{d}$$ 式中：S_{d}——结构作用效应设计值，包括弯矩、剪力、拉力、压力等； R_{d}——结构抗力设计值，包括抗弯力、抗剪力、抗拉力、抗拔力、承压力等
钢筋混凝土结构的正常使用极限状态设计	公式： $$S_{d} \leqslant C_{d}$$ 式中：S_{d}——正常使用极限状态作用组合效应的设计值，包括裂缝宽度、挠度、位移等； C_{d}——结构正常使用状态的限定值，包括最大裂缝限定值、挠度或位移限定值等
渗透力	公式： $$D = I_{0} \Omega \gamma_{w}$$

验算项目	验算方法
渗透力	式中：D——渗透动水压力（kN/m）； 　　　I_0——渗流降落曲线的平均坡度； 　　　Ω——渗流面积（m²）； 　　　γ_w——水的重度（kN/m³）。 【小注】① 滑坡地段渗透力可分块计算：$D=I_0\Omega_i\gamma_w=n_i\sin\alpha_i'\Omega_i\gamma_w$。 ② 浸水支挡结构在下列情况下应考虑渗透力：支挡结构两侧有水位差，并形成贯通渗流；墙前水位骤降，墙后出现渗流；浸水地区滑坡发生水位骤降
冻胀力	公式： $$T_\tau=\psi_e\psi_r\tau_t UZ_d$$ $$\sigma_{hs}=\alpha_d C_f\sigma_{ht}$$ $$\alpha_d=1-\sqrt{\frac{[s']}{h_d}}$$ 式中：T_τ——总切向冻胀力（kN）； 　　　ψ_e——有效冻深系数； 　　　ψ_r——冻层内桩壁糙度系数，表面平整的混凝土基础取 1.0；当不使用模板或套管浇筑，桩壁粗糙，但无凹凸面时，取 1.1～1.2； 　　　τ_t——单位面积切向冻胀力（kPa）； 　　　U——冻土层内基础横截面周长（m）； 　　　Z_d——基侧土的设计冻深（m）； 　　　σ_{hs}——最大单位面积水平冻胀力（kPa）； 　　　α_d——系数，悬臂式挡土墙可取 0.94； 　　　C_f——挡土墙背坡坡度影响系数，取 0.85～1.00，坡度较大时取大值； 　　　σ_{ht}——单位面积水平冻胀力（kPa）； 　　　$[s']$——自墙前地面（冰面）算起 1.0m 高度处的墙身水平允许变形量（mm），根据结构强度和具体工程条件确定； 　　　h_d——墙后填土的冻胀量（mm），取墙前地面（冰面）高程以上 0.5m 的填方处为计算点

第二节　重力式挡土墙

——《铁路路基支挡结构设计规范》第 6.2 节

验算项目	验算方法
土压力计算及 分布示意图	
土压力计算	墙背主动土压力可按库伦理论计算： $$E_x=\frac{W}{\tan(\theta+\varphi_0)+\tan(\delta-\alpha)}$$ $$E_y=E_x\tan(\delta-\alpha)$$

验算项目	验算方法
土压力计算	式中：E_x——墙背所承受的水平土压力（kN）； E_y——墙背所承受的竖向土压力（kN）； W——破裂棱体的重力及破裂面以内的路基面上荷载产生的重力（kN）； θ——墙背岩土内产生的破裂面与竖直面的夹角（°）； φ_0——墙背岩土综合内摩擦角（°）； δ——墙背摩擦角（°）； α——墙背倾角（°）。 【小注】①本质和楔形体计算公式一致，本公式是水平和竖向土压力的分解公式，如要求挡土墙受到的合力，计算结果和楔形体计算结果一致。 ②土体中出现第二破裂面时，应按第二破裂面计算土压力。 ③墙背为折线形时可简化为两直线段计算土压力，其下墙段的土压力，可采用多边形法或延长墙背法计算。 ④当墙背土为黏性土、地层条件复杂或墙顶边坡较高时，宜同时采用破裂圆弧法等其他方法计算土压力
抗滑动稳定	$$K_c \leqslant \frac{R}{T} = \frac{[N+(E_x'-E_p) \cdot \tan\alpha_0] \cdot f + E_p}{E_x' - N \cdot \tan\alpha_0}$$ 式中：T——总滑动力（kN）； E_x'——总水平力（kN），$E_x' = E_x + F_{hE}$； E_x——一般地区、浸水地区或地震地区，墙后主动土压力水平分力（kN）； F_{hE}——地震时，作用于墙体质心和墙背与第二破裂面间岩土质心处的水平地震力之和（kN）； α_0——基底倾斜角度（°）； R——总抗滑力（kN）； N——挡土墙上所受到的总竖向力（kN），$N = G + E_y$； G——作用于基底上的墙身重力，浸水时应扣除浸水部分墙身的浮力（kN）； E_y——一般地区、浸水地区或地震地区，墙后土压力的总竖向分力，挡土墙浸水时，应扣除部分岩土的浮力；出现第二破裂面时，含主动土压力及实际墙背与第二破裂面之间岩土的重力（kN）； f——基底与地基间的摩擦系数； E_p——被动土压力（kN）。 【小注】基底下有软弱土层时，应检算该土层的滑动稳定性
抗倾覆	公式： $$K_0 \leqslant \frac{M_y}{M_0} = \frac{GZ_w + E_y Z_y + E_p Z_p}{E_x Z_x + F_{hE} Z_{hE}}$$ 式中：M_y——稳定力矩（kN·m）； M_0——倾覆力矩（kN·m）； Z_x——墙后土压力的水平分力到墙趾的距离（m）； Z_{hE}——水平地震力到墙趾的距离（m）； Z_w——墙身自重及墙顶以上恒载自重合力重心到墙趾的距离（m）； Z_y——墙后土压力的总竖向分力到墙趾的距离（m）； Z_p——墙前被动土压力到墙趾的距离（m）； G——作用于基底上的墙身重力，浸水时应扣除浸水部分墙身的浮力（kN）； E_y——一般地区、浸水地区或地震地区，墙后土压力的总竖向分力，挡土墙浸水时，应扣除部分岩土的浮力；出现第二破裂面时，含主动土压力及实际墙背与第二破裂面之间岩土的重力（kN）

续表

验算项目	验算方法
合力偏心距及压应力示意图	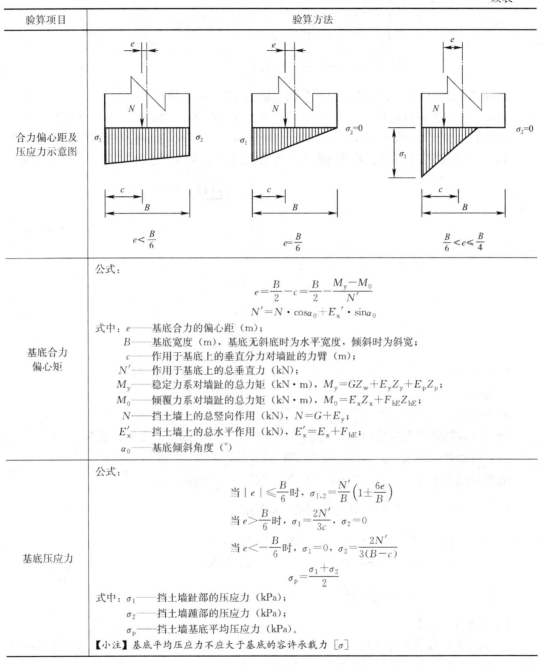

基底合力偏心矩

公式：

$$e=\frac{B}{2}-c=\frac{B}{2}-\frac{M_y-M_0}{N'}$$

$$N'=N\cdot\cos\alpha_0+E_x{}'\cdot\sin\alpha_0$$

式中：e——基底合力的偏心距（m）；

B——基底宽度（m），基底无斜底时为水平宽度，倾斜时为斜宽；

c——作用于基底上的垂直分力对墙趾的力臂（m）；

N'——作用于基底上的总垂直力（kN）；

M_y——稳定力系对墙趾的总力矩（kN·m），$M_y=GZ_w+E_yZ_y+E_pZ_p$；

M_0——倾覆力系对墙趾的总力矩（kN·m），$M_0=E_xZ_x+F_{hE}Z_{hE}$；

N——挡土墙上的总竖向作用（kN），$N=G+E_y$；

E'_x——挡土墙上的总水平作用（kN），$E'_x=E_x+F_{hE}$；

α_0——基底倾斜角度（°）

基底压应力

公式：

当 $|e|\leqslant\frac{B}{6}$ 时，$\sigma_{1,2}=\frac{N'}{B}\left(1\pm\frac{6e}{B}\right)$

当 $e>\frac{B}{6}$ 时，$\sigma_1=\frac{2N'}{3c}$，$\sigma_2=0$

当 $e<-\frac{B}{6}$ 时，$\sigma_1=0$，$\sigma_2=\frac{2N'}{3(B-c)}$

$$\sigma_p=\frac{\sigma_1+\sigma_2}{2}$$

式中：σ_1——挡土墙趾部的压应力（kPa）；

σ_2——挡土墙踵部的压应力（kPa）；

σ_p——挡土墙基底平均压应力（kPa）。

【小注】基底平均压应力不应大于基底的容许承载力 $[\sigma]$

【8-14】（2002D21）某一非浸水、基底面为水平的重力式挡土墙，作用于基底的总垂直力 N 为 192kN，墙后主动土压力总水平力 E_x 为 75kN，墙前土压力水平分力忽略不计，基底与地层间摩擦系数 f 为 0.5，按《铁路路基支挡结构设计规范》TB 10025—2019 所规定的方法计算，挡土墙沿基底的抗滑动稳定系数 K_c 最接近（　　）。

(A) 1.12　　　　　(B) 1.20　　　　　(C) 1.28　　　　　(D) 2.56

答案：C

解答过程：

根据《铁路路基支挡结构设计规范》TB 10025—2019第3.2.2条、第6.2.4条：

$$K_c \leqslant \frac{R}{T} = \frac{[N+(E_x'-E_p) \cdot \tan\alpha_0] \cdot f + E_p}{E_x' - N \cdot \tan\alpha_0}$$

$$= \frac{[192+0] \times 0.5+0}{75-0} = 1.28$$

【8-15】(2016D19) 下图所示的铁路挡土墙高 $H=6m$，墙体自重为 450 kN/m。墙后填土表面水平，作用有均布荷载 $q=20kPa$。墙背与填料间的摩擦角 $\delta=20°$，倾角 $\alpha=10°$。填料中砂的重度 $\gamma=18kN/m^3$，主动土压力系数 $K_a=0.377$，墙底与地基间的摩擦系数 $f=0.36$。试问该挡土墙沿墙底的抗滑安全系数最接近下列哪个选项？（不考虑水的影响）

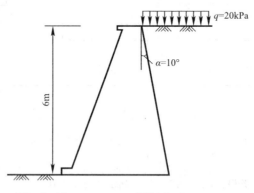

(A) 0.91   (B) 1.12   (C) 1.33   (D) 1.51

答案：C

解答过程：

根据《铁路路基支挡结构设计规范》TB 10025—2019第3.2.2条、第6.2.4条：

(1) 地面处的土压力：$p_{a1}=20 \times 0.377=7.54kPa$

墙底处的土压力：$p_{a2}=(20+18 \times 6) \times 0.377=48.3kPa$

(2) $E_a = \frac{1}{2} \times 6 \times (7.54+48.3)=167.4kN/m$

$E_x = E_{at} = 167.4 \times \sin(80°-0-20°)=145kN/m$

$E_0 = E_{an} = 167.4 \times \cos(80°-0-20°)=83.7kN/m$

(3) $K_c = \frac{R}{T} = \frac{(450+83.7) \times 0.36}{145-0} = 1.33$

【小注岩土点评】

① 抗滑或抗倾覆计算也可以不用翻规范公式，根据基本原理作答，计算结果是一致的，但是建议直接套用规范中的公式，可以节约时间。

② 抗滑安全系数等于抗滑力除以滑动力，需要把土压力分解为垂直挡墙底面和平行挡墙底面的两个分力，垂直向分力计入抗滑力，水平向分力即为滑动力。

③ 重力式挡土墙计算时，一定要注意题目给定的 α 是墙背与铅垂线的夹角，还是墙背与水平面的夹角。不同规范图示不同，公式推导也不同，要求考生平时多加留意。

【8-16】(2003D23) 一非浸水重力式挡土墙，墙体重力 W 为180kN，墙后主动土压力水平分力 E_x 为75kN，墙后主动土压力垂直分力 E_y 为12kN，墙基底宽度 B 为1.45m，

基底合力偏心矩 e 为 0.2m，地基容许承载力 $[\sigma]$ 为 290kPa，则挡土墙趾部压应力 σ 与地基容许承载力 $[\sigma]$ 的数值关系最接近（　　　）。

(A) $\sigma=0.08[\sigma]$　　(B) $\sigma=0.78[\sigma]$　　(C) $\sigma=0.83[\sigma]$　　(D) $\sigma=1.11[\sigma]$

答案：C

解答过程：

根据《铁路路基支挡结构设计规范》TB 10025—2019 第 6.2.6 条：

(1) $e=0.2\text{m}<\dfrac{b}{6}=\dfrac{1.45}{6}=0.24\text{m}$

$$\sigma_1=\frac{N'}{B}\left(1+\frac{6e}{B}\right)=\frac{180+12}{1.45}\times\left(1+\frac{6\times0.2}{1.45}\right)=242\text{kPa}$$

(2) $\dfrac{\sigma_1}{[\sigma]}=\dfrac{242}{290}=0.834$，$\sigma_1=0.834[\sigma]$

【小注岩土点评】

① 题干中只有非浸水挡土墙字样，没有明确的参考规范，不熟悉的考生很难准确查找到对应规范，不过挡土墙在《建筑边坡工程技术规范》GB 50330—2013、《公路路基设计规范》JTG D30—2015、《铁路路基支挡结构设计规范》TB 10025—2019 中均有涉及，可进一步缩小查找范围，当然根据基本力学原理也可作答。

② 本题考点中 e 与 $b/6$ 的大小关系不同，其对应求解 σ_1 的公式不同，千万别选错了。

【8-17】（模拟题）某高速铁路桥梁，桥台采用重力式挡土墙，如下图所示，墙高 10m，挡土墙高度范围内填土为砂土，无地下水，墙后潜在破裂面与水平面的夹角为 55°，墙背与破裂面构成的楔形体的自重为 300kN/m。求该挡土墙所承受的土压力最接近下列哪个选项？

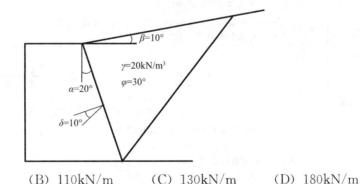

(A) 70kN/m　　　(B) 110kN/m　　　(C) 130kN/m　　　(D) 180kN/m

答案：C

解答过程：

解法一：根据《铁路路基支挡结构设计规范》TB 10025—2019 第 6.2.1 条：

$$E_x=\frac{W}{\tan(\theta+\varphi_0)+\tan(\delta-\alpha)}=\frac{300}{\tan(35°+30°)+\tan(10°+20°)}=110.2\text{kN/m}$$

$$E_y=E_x\tan(\delta-\alpha)=110.2\times\tan(10°+20°)=63.6\text{kN/m}$$

$$E_a=\sqrt{110.2^2+63.6^2}=127\text{kN/m}$$

解法二：根据楔形体计算公式：

$$E=\frac{W\sin(\theta-\varphi)}{\sin(90^{\circ}-\alpha+\theta-\varphi-\delta)}=\frac{300\times\sin(55^{\circ}-30^{\circ})}{\sin(90^{\circ}-20^{\circ}+55^{\circ}-30^{\circ}-10^{\circ})}=127\text{kN/m}$$

第三节　悬臂式挡土墙

——《铁路路基支挡结构设计规范》第 7.2 节

验算项目	验算方法
路肩墙 墙背与墙踵板 土压力分布图	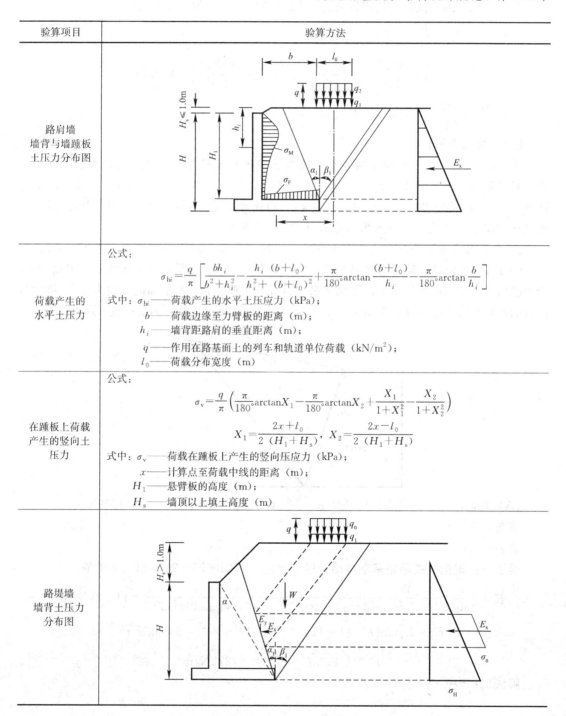
荷载产生的 水平土压力	公式： $$\sigma_{hi}=\frac{q}{\pi}\left[\frac{bh_i}{b^2+h_i^2}-\frac{h_i}{h_i^2+(b+l_0)^2}\cdot(b+l_0)+\frac{\pi}{180^{\circ}}\arctan\frac{(b+l_0)}{h_i}-\frac{\pi}{180^{\circ}}\arctan\frac{b}{h_i}\right]$$ 式中：σ_{hi}——荷载产生的水平土压应力（kPa）； 　　　b——荷载边缘至力臂板的距离（m）； 　　　h_i——墙背距路肩的垂直距离（m）； 　　　q——作用在路基面上的列车和轨道单位荷载（kN/m²）； 　　　l_0——荷载分布宽度（m）
在踵板上荷载 产生的竖向土 压力	公式： $$\sigma_v=\frac{q}{\pi}\left(\frac{\pi}{180^{\circ}}\arctan X_1-\frac{\pi}{180^{\circ}}\arctan X_2+\frac{X_1}{1+X_1^2}-\frac{X_2}{1+X_2^2}\right)$$ $$X_1=\frac{2x+l_0}{2(H_1+H_s)},\ X_2=\frac{2x-l_0}{2(H_1+H_s)}$$ 式中：σ_v——荷载在踵板上产生的竖向压应力（kPa）； 　　　x——计算点至荷载中线的距离（m）； 　　　H_1——悬臂板的高度（m）； 　　　H_s——墙顶以上填土高度（m）
路堤墙 墙背土压力 分布图	

验算项目	验算方法
路堤边坡，填料和路基面以上荷载产生的土压力	公式： $$E_x = \frac{W}{\tan(\beta_i + \varphi_0) + \tan(\delta + \alpha_i)}$$ $$E_y = E_x \tan(\delta + \alpha_i)$$ 图和式中：W——破裂棱体的重力及破裂面以内的路基面上荷载产生的重力（kN）； 　　　　E_x——土压面上所承受的水平土压力（kN）； 　　　　E_y——土压面上所承受的竖向土压力（kN）； 　　　　δ——土压面上的摩擦角（°），式中 $\delta = \varphi_0$； 　　　　α_i——土压面为第二破裂面时与竖直方向的夹角（°）； 　　　　α——当无法产生第二破裂面时，为土压面与竖直方向的夹角（°）； 　　　　β_i——第一破裂面与竖直方向的夹角（°）
结构构件设计	(1) 承载能力极限状态： $$S_d = \gamma_G S_{GK} + \gamma_Q S_{QK}$$ 式中：γ_G——永久荷载产生的作用效应分项系数，可取 1.35； 　　　S_{GK}——土压力和路基面以上恒载产生的弯矩或剪力； 　　　γ_Q——可变荷载作用效应分项系数，可采用 1.40； 　　　S_{QK}——路基面以上列车活载产生的弯矩或剪力。 (2) 正常使用极限状态： $$S_d = S_{GK} + \psi_q S_{QK}$$ 式中：ψ_q——可变作用的准永久值系数，可采用 0.6，也可根据观测资料和工程经验取用，但不宜小于 0.6

第四节　加筋土挡土墙

——《铁路路基支挡结构设计规范》第 9.2 节

验算项目	验算方法
加筋土挡土墙基底压应力	公式： $$\sigma = \frac{\sum N}{B - 2e} \leqslant \gamma'[\sigma]$$ 式中：$\sum N$——作用于基底上的总垂直力（kN）； 　　　B——加筋体基底宽度（m）； 　　　e——基底合力的偏心矩（m），$e \leqslant B/6$，$e < 0$ 时取 $e = 0$； 　　　$[\sigma]$——地基承载力容许值（kPa）； 　　　γ'——地基承载力容许值计算修正系数，可采用 1.0～1.5
内部稳定性计算时应将路堤墙加筋体上填土换算成等代均布填土荷载	公式： $$h_z = \frac{1}{m}\left(\frac{H}{2} - a\right)$$ 式中：h_z——路堤墙上填土换算荷载土柱高（m），$h_z > H_s$ 时取 $h_z = H_s$； 　　　m——路堤墙上填土边坡坡率； 　　　H——加筋土挡土墙墙高（m）； 　　　a——墙顶以上路堤坡脚至加筋面板的水平距离（m）。 【小注】当进行外部稳定性验算时，加筋挡土墙墙顶以上填土荷载应按填土几何尺寸计算

验算项目	验算方法
拉筋锚固区与非锚固区分界线	(1) 内部稳定性分析时，拉筋锚固区 L_b 和非锚固区 L_a 的分界可采用 0.3H 分界线。 (2) 路肩墙加筋体上填土厚度应计入墙高内。 (3) 拉筋长度： $$L=L_a+L_b$$ 式中：L_a——非锚固段长度，按图中几何关系进行计算； 　　　L_b——有效锚固长度。 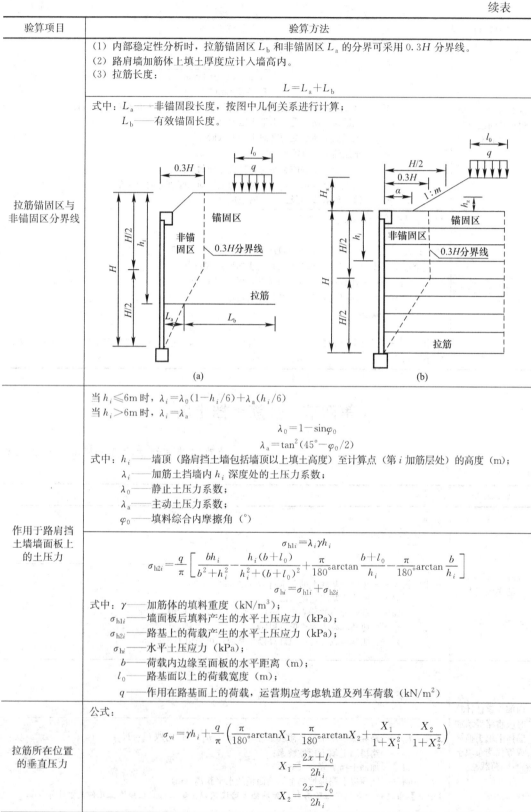 (a)　　　　　　　　　　(b)
作用于路肩挡土墙墙面板上的土压力	当 $h_i \leqslant 6\mathrm{m}$ 时，$\lambda_i = \lambda_0(1-h_i/6) + \lambda_a(h_i/6)$ 当 $h_i > 6\mathrm{m}$ 时，$\lambda_i = \lambda_a$ $$\lambda_0 = 1 - \sin\varphi_0$$ $$\lambda_a = \tan^2(45° - \varphi_0/2)$$ 式中：h_i——墙顶（路肩挡土墙包括墙顶以上填土高度）至计算点（第 i 加筋层处）的高度（m）； 　　　λ_i——加筋土挡墙内 h_i 深度处的土压力系数； 　　　λ_0——静止土压力系数； 　　　λ_a——主动土压力系数； 　　　φ_0——填料综合内摩擦角（°） $$\sigma_{\mathrm{h}1i} = \lambda_i \gamma h_i$$ $$\sigma_{\mathrm{h}2i} = \frac{q}{\pi}\left[\frac{bh_i}{b^2+h_i^2} - \frac{h_i(b+l_0)}{h_i^2+(b+l_0)^2} + \frac{\pi}{180°}\arctan\frac{b+l_0}{h_i} - \frac{\pi}{180°}\arctan\frac{b}{h_i}\right]$$ $$\sigma_{\mathrm{h}i} = \sigma_{\mathrm{h}1i} + \sigma_{\mathrm{h}2i}$$ 式中：γ——加筋体的填料重度（kN/m³）； 　　　$\sigma_{\mathrm{h}1i}$——墙面板后填料产生的水平土压应力（kPa）； 　　　$\sigma_{\mathrm{h}2i}$——路基上的荷载产生的水平土压应力（kPa）； 　　　$\sigma_{\mathrm{h}i}$——水平土压应力（kPa）； 　　　b——荷载内边缘至面板的水平距离（m）； 　　　l_0——路基面以上的荷载宽度（m）； 　　　q——作用在路基面上的荷载，运营期应考虑轨道及列车荷载（kN/m²）
拉筋所在位置的垂直压力	公式： $$\sigma_{\mathrm{v}i} = \gamma h_i + \frac{q}{\pi}\left(\frac{\pi}{180°}\arctan X_1 - \frac{\pi}{180°}\arctan X_2 + \frac{X_1}{1+X_1^2} - \frac{X_2}{1+X_2^2}\right)$$ $$X_1 = \frac{2x+l_0}{2h_i}$$ $$X_2 = \frac{2x-l_0}{2h_i}$$

续表

验算项目	验算方法
拉筋所在位置的垂直压力	式中：σ_{vi}——筋材上计算点（第 i 加筋层处）所对应拉筋上的垂直压应力（kPa）； x——计算点至荷载中线的距离（m）
拉筋拉力	公式： $$T_i = K\sigma_{hi}S_x S_y$$ 式中：T_i——第 i 层拉筋时的计算拉力（kN）； K——拉筋拉力峰值附加系数，取 $1.5\sim2.0$； S_x、S_y——拉筋之间水平及垂直间距（m），采用土工格栅拉筋时只有垂直间距 S_y，此时 $S_x = 1$
拉筋抗拔力	公式： $$S_{fi} = 2\sigma_{vi}aL_b f$$ 式中：S_{fi}——拉筋抗拔力（kN）； a——拉筋宽度（m）； L_b——拉筋的有效锚固长度（m）； f——拉筋与填料间的摩擦系数，应根据抗拔试验确定，当无试验数据时，可采用 $0.3\sim0.4$
拉筋抗拉验算	公式： $$T \leqslant [T]$$ 式中：T——由加筋材料拉伸试验测得的极限抗拉强度（kN）； $[T]$——拉筋的容许抗拉强度（kN），当拉筋采用土工合成材料时，$[T] = T/F_k$； F_k——土工合成材料抗拉强度折减系数，考虑铺设时机械损伤、材料蠕变、化学及生物破坏等因素时，应按实际经验确定，无经验时可采用 $2.5\sim5.0$，当施工条件差、材料蠕变性大时，取大值，临时性工程可取小值
拉筋抗拔稳定性（抗拔出验算）	(1) 全墙抗拔稳定： $$K_s = \frac{\sum S_{fi}}{\sum E_{xi}}$$ 式中：$\sum S_{fi}$——各层拉筋抗拔力的总和（kN）； $\sum E_{xi}$——各层拉筋承受水平土压力的总和（kN），$E_{xi} = \sigma_{hi} \cdot S_x \cdot S_y$。 【小注】全墙抗拔稳定系数不应小于 2.0。 (2) 单筋抗拔稳定系数 S_{fi}/E_{xi} 不宜小于 2.0，条件困难时可适当减小，但不得小于 1.5

【小注】凡公式中涉及 arctan，前均应乘以 $\dfrac{\pi}{180}$，由角度转化为弧度。

【8-18】（2008D21）如下图所示的加筋土挡土墙，拉筋间水平及垂直间距为 $S_x = S_y = 0.4$m，填料重度 $\gamma = 19\text{kN/m}^3$，综合内摩擦角 $\varphi_0 = 35°$，根据《铁路路基支挡结构设计规范》TB 10025—2019，计算深度 4m 处的拉筋拉力为（　　　）。（拉筋拉力峰值附加系数取 $K = 1.5$）

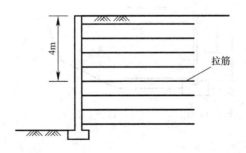

(A) 3.9kN　　　　(B) 4.9kN　　　　(C) 5.9kN　　　　(D) 6.9kN

答案：C

解答过程：

根据《铁路路基支挡结构设计规范》TB 10025—2019 第 9.2.3 条：

(1) $\lambda_0 = 1 - \sin\varphi_0 = 1 - \sin 35° = 0.426$

$\lambda_a = \tan^2(45° - \varphi_0/2) = \tan^2(45° - 35°/2) = 0.271$

$h = 4\text{m} < 6\text{m}$, $\lambda = \lambda_0\left(1 - \dfrac{h}{6}\right) + \lambda_a\dfrac{h}{6} = 0.426 \times \left(1 - \dfrac{4}{6}\right) + 0.271 \times \dfrac{4}{6} = 0.323$

(2) $\sigma_{h1} = \lambda\gamma h = 0.323 \times 19 \times 4 = 24.55\text{kPa}$

(3) $T = K\sigma_{h1}S_x S_y = 1.5 \times 24.55 \times 0.4 \times 0.4 = 5.89\text{kN}$

【8-19】(2005D23) 在加筋挡土墙中，水平布置的塑料土工格栅置于砂土中。已知单位宽度的拉拔力为 $T = 130\text{kN/m}$，作用于格栅上的垂直应力为 $\sigma_v = 155\text{kPa}$，土工格栅与砂土间摩擦系数为 $f = 0.35$，问当抗拔安全系数为 1.0 时，根据《铁路路基支挡结构设计规范》TB 10025—2019，该土工格栅的最小锚固长度最接近（　　）。

(A) 0.7m　　　　(B) 1.2m　　　　(C) 1.7m　　　　(D) 2.4m

答案：B

解答过程：

根据《铁路路基支挡结构设计规范》TB 10025—2019 第 9.2.3 条：

(1) 由 $K_s = S_{fi}/E_{xi}$ 变换得到：

$$S_{fi} = K_s \cdot E_{xi} = K_s \cdot T = 1 \times 130 = 130\text{kN/m}$$

(2) 由 $S_{fi} = 2\sigma_{vi}aL_b f$ 变换得到：

$$L_b = \frac{S_{fi}}{2\sigma_{vi}af} = \frac{130}{2 \times 155 \times 1.0 \times 0.35} = 1.2\text{m}$$

【8-20】(2012D20) 如下图所示，某场地填筑体的支挡结构采用加筋土挡墙。复合土工带拉筋间的水平间距与垂直间距分别为 0.8m 和 0.4m，土工带宽 10cm。填料重度为 18kN/m^3，综合内摩擦角为 32°。拉筋与填料间的摩擦角系数为 0.26，拉筋拉力峰值附加系数为 2.0。根据《铁路路基支挡结构设计规范》TB 10025—2019，按照内部稳定性验算，则深度 6m 处的最短拉筋长度最接近（　　）。

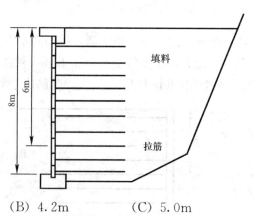

(A) 3.5m　　　　(B) 4.2m　　　　(C) 5.0m　　　　(D) 5.8m

答案：C

解答过程：

根据《铁路路基支挡结构设计规范》TB 10025—2019 第 9.2.3 条：

(1) 非锚固段长度：$L_a = \dfrac{2}{4} \times 2.4 = 1.2$m

(2) $\lambda_i = \lambda_a = \tan^2 \left(45° - \dfrac{32°}{2}\right) = 0.307$

$\sigma_{hi} = \lambda_i \gamma h_i = 0.307 \times 18 \times 6 = 33.16$kN/m^2

(3) $T_i = K \sigma_{hi} S_x S_y = 2 \times 33.16 \times 0.8 \times 0.4 = 21.22$kN

$T_i \leqslant S_{pi}$，锚固段长度：$L_b = \dfrac{T_i}{2\sigma_{vi} a f} = \dfrac{21.22}{2 \times 18 \times 6 \times 0.1 \times 0.26} = 3.78$m

(4) $L = L_a + L_b = 1.2 + 3.78 = 4.98$m，且 $L \geqslant 4$m、$L \geqslant 0.6 \times 8 = 4.8$m，满足构造要求。

【小注岩土点评】

① 拉筋长度＝非锚固段长度＋锚固段长度，非锚固段长度根据规范提供的破裂面确定，锚固段长度根据拉筋的抗拔出验算得出。

② 锚杆、土钉、筋带等的长度，计算值需与构造值比较，取不利值。

【8-21】(2019C16) 某加筋挡土墙墙高 10m，墙后加筋土的重度为 19.7kN/m^3，内摩擦角为 30°，筋材为土工格栅，其与填土的摩擦角 δ 为 18°，拉筋宽度 $a = 10$cm，设计要求拉筋的抗拔力 $S_{fi} = 28.5$kN。假设加筋土挡土墙墙顶无荷载，按照《铁路路基支挡结构设计规范》TB 10025—2019 的相关要求，距墙顶面下 7m 处土工格栅的拉筋长度最接近下列哪个选项？

(A) 4.0m   (B) 5.0m   (C) 6.0m   (D) 7.0m

答案：C

解答过程：

根据《铁路路基支挡结构设计规范》TB 10025—2019 第 9.2.3 条、第 9.3.1 条：

(1) 非锚固段长度：$L_a = 0.6(H - h_i) = 0.6 \times (10 - 7) = 1.8$m

(2) 锚固段长度：$S_{fi} = 2\sigma_{vi} a L_b f = 2 \times 19.7 \times 7 \times 0.1 \times L_b \times \tan 18° = 28.5 \Rightarrow L_b = 3.2$m

(3) $L = L_a + L_b = 1.8 + 3.2 = 5$m

土工格栅拉筋长度不应小于 $0.6 \times 10 = 6$m，且不应小于 4m，取拉筋长度为 6m。

【小注岩土点评】

① 填料与填料间的摩擦系数＝tan 内摩擦角；

② 格栅上下均有摩擦力；

③ 注意构造要求：土工格栅拉筋长度 $\geqslant 0.6$ 倍墙高。

【8-22】(模拟题) 在高度为 12m 的加筋土挡墙中，水平布置的塑料土工格栅置于砂土中，砂土的重度 $\gamma = 18$kN/m^3，综合内摩擦角为 32°，土工格栅的宽度为 0.1m，水平和竖直间距均为 1.2m。已知作用于 6m 位置的格栅上的长度为 10m，土工格栅与砂土间摩擦系数 $f = 0.35$，根据《铁路路基支挡结构设计规范》TB 10025—2019，该 6m 高度的土工格栅的抗拔稳定性系数最接近（   ）。

(A) 0.7   (B) 0.8   (C) 0.9   (D) 1.0

答案：D

解答过程：

根据《铁路路基支挡结构设计规范》TB 10025—2019 第8.2节，计算如下：

（1）自由段长度：$L_a=0.3\times12=3.6m$，锚固段长度：$L_b=10-3.6=6.4m$

（2）主动土压力系数：

$$h_1\geqslant6m,\ \lambda_1=\lambda_a=\tan^2\left(45°-\frac{\varphi_0}{2}\right)=\tan^2\left(45°-\frac{32°}{2}\right)=0.31$$

6m深处的水平土压力：$\sigma_{hi}=\lambda_1\gamma h_1=0.31\times18\times6=33.48kPa$

（3）拉筋拉力：$T_i=33.48\times1.2\times1.2=48.2kN$

（4）抗拔力：$S_{fi}=2\sigma_{vi}aL_bf=2\times18\times6\times0.1\times6.4\times0.35=48.4kN$

（5）$K_s=\dfrac{48.4}{48.2}=1.0$

【8-23】（2022补考D14）某加筋土挡墙，墙顶背后填土水平，填土表面作用一均布条形荷载，如下图所示。拉筋间的竖向与水平间距均为0.4m，拉筋宽0.1m，长6m，填料重度为19kN/m³，综合内摩擦角为30°，拉筋与填料间的摩擦系数为0.28。已知作用在墙顶下2m处拉筋上的垂直压力为81kPa，根据《铁路路基支挡结构设计规范》TB 10025—2019，按照内部稳定性验算，墙顶下2m处拉筋的单筋抗拔稳定系数最接近下列哪个选项？

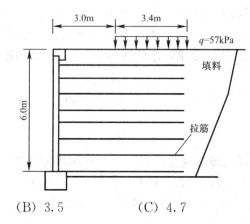

（A）2.0　　　　（B）3.5　　　　（C）4.7　　　　（D）6.7

答案：C

解答过程：

根据《铁路路基支挡结构设计规范》TB 10025—2019 第9.2.3条：

（1）$h_i=2m<0.5h=0.5\times6=3m$

$$L_a=0.3h=0.3\times6=1.8m$$
$$L_b=L-L_a=6-1.8=4.2m$$

（2）$S_{fi}=2\sigma_{vi}aL_bf=2\times81\times0.1\times4.2\times0.28=19.05kN$

（3）$h_i=2m<6m\quad\lambda_0=1-\sin\varphi=1-\sin30°=0.5\quad\lambda_a=\tan\left(45°-\frac{30°}{2}\right)^2=0.333$

$$\lambda_i=\lambda_0(1-h_i/6)+\lambda_a(h_i/6)=0.5\times\left(1-\frac{2}{6}\right)+0.333\times\frac{2}{6}=0.44$$

（4）$\sigma_{h1}=\lambda_i\gamma h_i=0.44\times19\times2=16.72kPa$

$$\sigma_{h2}=\frac{q}{\pi}\times\left[\frac{bh_i}{b^2+h_i^2}-\frac{h_i\times(b+l_0)}{h_i^2+(b+l_0)^2}+\frac{\pi}{180°}\arctan\frac{b+l_0}{h_i}-\frac{\pi}{180°}\arctan\frac{b}{h_i}\right]$$

$$\sigma_{h2}=\frac{57}{\pi}\times\left[\frac{3\times2}{3^2+2^2}-\frac{2\times(3+3.4)}{2^2+(3+3.4)^2}+\frac{\pi}{180}\times\left(\arctan\frac{3+3.4}{2}-\arctan\frac{3}{2}\right)\right]=3.21+5.17$$
$$=8.38\text{kPa}$$

$$\sigma_h=\sigma_{h1}+\sigma_{h2}=16.72+8.38=25.1\text{kPa}$$

(5) $E_x=25.1\times0.4\times0.4=4.016\text{kN}$

(6) $K_s=\dfrac{S_{fi}}{E_{xi}}=\dfrac{19.05}{4.016}=4.7$

【小注岩土点评】

①《铁路路基支挡结构设计规范》TB 10025—2019 是注册岩土工程师考试的重点规范，其中考查较多的是锚杆、加筋土挡墙，几乎每年都有该类型题目。该题为加筋土挡墙，历年真题已考过很多次，本题新增考点是计算荷载引起的水平向侧压力，该压力为直接代入公式计算，但计算量较大，考场上需注意选题。另外在计算荷载引起水平侧压力的时候，注意规范公式反三角函数计算的值为角度，应把角度转换为弧度才是公式的计算要求。本题为难题。

② 锚杆挡墙、加筋土挡墙、土钉墙三者有区别也有联系，均需计算抗拉断和抗拔出。其中抗拔出为考查重点。另外，到目前为止历年真题中还未考查过土钉墙，可作为未来潜在新知识点考查内容，应引起重视。

第五节　土　钉　墙

——《铁路路基支挡结构设计规范》第 10.2 节

验算项目	验算方法
墙背土压力分布图	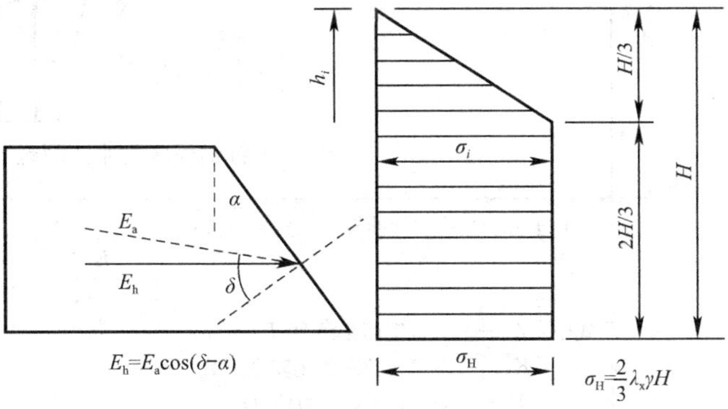 $E_h=E_a\cos(\delta-\alpha)$　　$\sigma_H=\frac{2}{3}\lambda_x\gamma H$
土钉墙墙面板土压应力（呈梯形分布）	公式： 当 $h_i\leqslant\frac{1}{3}H$ 时：$\sigma_i=2\lambda_x\gamma h_i$ 当 $h_i>\frac{1}{3}H$ 时：$\sigma_i=\frac{2}{3}\lambda_x\gamma H$ $\lambda_x=\lambda_a\cos(\delta-\alpha)$

验算项目	验算方法
土钉墙墙面板土压应力（呈梯形分布）	式中：σ_i——水平土压应力（kPa）； γ——边坡岩土体重度（kN/m³）； λ_x——水平主动土压力系数； λ_a——主动土压力系数； H——土钉墙墙高（m）； h_i——墙顶距第 i 层土钉的竖直距离（m）； α——墙背与竖直面间的夹角（°）； δ——墙背摩擦角（°）
土钉拉力	公式： $$E_i = \sigma_i S_x S_y / \cos\beta$$ 式中：E_i——第 i 层土钉的计算拉力（kN）； S_x，S_y——土钉之间水平和垂直间距（m）； β——土钉与水平面的夹角（°）
潜在破裂面距墙面的距离	公式： 当 $h_i \leqslant \dfrac{1}{2}H$ 时，$l = (0.3 \sim 0.35)H$ 当 $h_i > \dfrac{1}{2}H$ 时，$l = (0.6 \sim 0.7)(H - h_i)$ 式中：l——潜在破裂面距墙面的距离（m），当坡体渗水较严重或岩体风化破碎严重、节理发育时取大值。 土钉锚固区与非锚固区分界面
土钉墙抗拉和抗拔稳定性验算	(1) 土钉抗拉稳定性验算（抗拉断验算） $$A_s \geqslant \frac{K_1 E_i}{f_y}$$ 式中：A_s——土钉钢筋截面面积（m²）； K_1——土钉抗拉断作用安全系数，取 1.8； E_i——第 i 层土钉拉力值（kN）； f_y——钢筋抗拉强度设计值（MPa），应按本规范表 C.0.5-1 采用 (2) 土钉抗拔稳定性验算（抗拔出验算） $$l_{ei} \geqslant \frac{K_2 E_i}{\pi D f_{rb}}$$ $$l_{ei} \geqslant \frac{K_2 E_i}{\pi d f_b}$$ 式中：l_{ei}——第 i 根土钉有效锚固长度（mm）； K_2——土钉抗拔作用安全系数，取 1.45；

验算项目	验算方法
土钉墙抗拉和抗拔稳定性验算	D——钻孔直径（mm）； d——钉材直径（mm）； f_{rb}——锚孔壁与注浆体之间粘结强度设计值（MPa），设计值可按标准值的 0.8 倍采用；标准值可按规范附录表 H.0.1 采用；土钉施工前，应进行现场抗拔试验，验证设计选取参数是否合理； f_b——钉材与砂浆间的粘结强度设计值（MPa），可按规范附录表 H.0.2 采用
根据潜在破裂面进行分条分块计算稳定系数	公式： $$K \leqslant \frac{\sum_{i=1}^{m} c_i L_i S_x + \sum_{i=1}^{m} W_i \cos\alpha_i \tan\varphi_i S_x + \sum_{j=1}^{n} P_j (\cos\beta_j + \sin\beta_j \tan\varphi_i)}{\sum_{i=1}^{m} W_i \sin\alpha_i S_x}$$ 式中：K——安全系数，施工阶段 $K=1.3$，使用阶段 $K=1.5$； m——破裂棱体分条（块）总数； W_i——破裂棱体第 i 分条（块）重量（kN/m）； α_i——破裂面切线与水平面的夹角（°）； S_x——土钉水平间距（m）； c_i——岩土的黏聚力（kPa）； L_i——分条（块）i 的潜在破裂面长度（m）； φ_i——岩土的内摩擦角（°）； n——实设土钉排数； P_j——第 j 层土钉抗拔能力（kN）； β_j——土钉轴线与破裂面的夹角（°）

【8-24】（2005C19）采用土钉加固一破碎岩质边坡，其中某根土钉有效锚固长度为 4.0m，该土钉计算承受拉力为 188kN，锚孔直径 $D=108mm$，锚孔壁对砂浆的粘结强度设计值为 0.25MPa，钉材与砂浆间粘结强度设计值为 2.0MPa，钉材直径 $d=32mm$，该土钉抗拔安全系数最接近（　　）。

(A) $K=0.55$　　　(B) $K=1.80$　　　(C) $K=2.37$　　　(D) $K=4.28$

答案：B

解答过程：

根据《铁路路基支挡结构设计规范》TB 10025—2019 第 10.2.6 条：

(1) 根据锚固体与孔壁抗剪强度计算：

$$l_{ei} \geqslant \frac{K_2 E_i}{\pi D f_{rb}}$$

$$K_2 \leqslant \frac{l_{ei} \pi D f_{rb}}{E_i} = \frac{4 \times 3.14 \times 0.108 \times 250}{188} = 1.80$$

(2) 根据锚固钢材与砂浆的粘结强度计算：

$$l_{ei} \geqslant \frac{K_2 E_i}{\pi d f_b}$$

$$K_2 \leqslant \frac{l_{ei} \pi d f_b}{E_i} = \frac{4 \times 3.14 \times 0.032 \times 2 \times 10^3}{188} = 4.28$$

（3）选择小值作为有效值。

$$K = 1.80$$

【8-25】（2005D20）某风化破损严重的岩质边坡 $H = 12$m，采用土钉加固，水平与竖直方向均为每间隔 1m 打一排土钉，共 12 排，如下图所示，按《铁路路基支挡结构设计规范》TB 10025—2019 提出的潜在破裂面估算方法，则下列（　　）项土钉非锚固段长度 L 的计算有误。

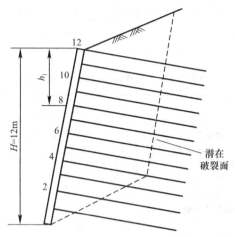

（A）第 2 排 $l_2 = 1.4$m

（B）第 4 排 $l_4 = 3.5$m

（C）第 6 排 $l_6 = 4.2$m

（D）第 8 排 $l_8 = 4.2$m

答案：B

解答过程：

根据《铁路路基支挡结构设计规范》TB 10025—2019 第 10.2.4 条：

（1）岩体风化破碎严重，l 取大值。

（2）第 2 排：$h_2 = 10$m $> \dfrac{H}{2} = \dfrac{12}{2} = 6$m，$l_2 = 0.7(H - h_i) = 0.7 \times (12 - 10) = 1.4$m

第 4 排：$h_4 = 8$m > 6m，$l_4 = 0.7(H - h_i) = 0.7 \times (12 - 8) = 2.8$m

第 6 排：$h_6 = 6$m $\leqslant 6$m，$l_6 = 0.35H = 0.35 \times 12 = 4.2$m

第 8 排：$h_8 = 4$m $\leqslant 6$m，$l_8 = 0.35H = 0.35 \times 12 = 4.2$m

【8-26】（模拟题）某铁路工程路堑岩质边坡，采用土钉墙进行支护，坡体岩体为节理发育的砂岩，重度 $\gamma = 22$kN/m³，主动土压力系数 $\lambda_a = 0.29$，坡面与水平面夹角为 70°，墙背摩擦角为 23°，土钉孔径为 120mm，水平与竖向间距为 1.5m，土钉与水平夹角为 15°（向下），浆体与锚孔壁间粘结强度设计值为 240kPa，土钉钢筋采用单根直径 25mm 的

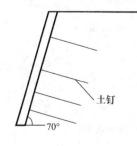

HRB400 级钢筋，浆体与钢筋粘结强度设计值为 2.6MPa，距离墙顶 6.0m 处土钉的总长度为 5m，计算该土钉的抗拔稳定安全系数最接近下列哪个选项？

（A）3.2　　（B）2.9

（C）2.6　　（D）3.5

答案：A

解答过程：

根据《铁路路基支挡结构设计规范》TB 10025—2019 第 10.2.2 条、第 10.2.4 条、第 10.2.6 条：

(1) $h_1=6.0\text{m}>\dfrac{7.5}{3}=2.5\text{m}\Rightarrow\sigma_i=\dfrac{2}{3}\times0.29\times\cos(23°-20°)\times22\times7.5=31.86\text{kPa}$

$$E_i=\frac{31.86\times1.5\times(1.5+0.75)}{\cos15°}=111.32\text{kN}$$

(2) 节理发育，$h_i=6\text{m}>7.5/2=3.75\text{m}$，非锚固段长度 $l=0.7\times(7.5-6)=1.05\text{m}$

$$F_{i1}=3.14\times0.12\times(5-1.05)\times240=357.2\text{kN}$$
$$F_{i1}=3.14\times0.025\times(5-1.05)\times2600=806.2\text{kN}$$

取小值 $F_{i1}=357.2\text{kN}$

(3) $K_2=\dfrac{357.2}{111.32}=3.2$

【8-27】（2014D17）如下图所示，某铁路边坡高 8m，岩体节理发育，重度为 22kN/m³，主动土压力系数为 0.36。采用土钉墙支护，墙面坡率为 1∶0.4，墙背摩擦角为 25°；土钉成孔直径为 90mm，其方向垂直于墙面，水平和垂直间距均为 1.5m。浆体与孔壁间粘结强度设计值为 200kPa，采用《铁路路基支挡结构设计规范》TB 10025—2019 计算距墙顶 4.5m 处 6m 长土钉 AB 的抗拔安全系数最接近（   ）。

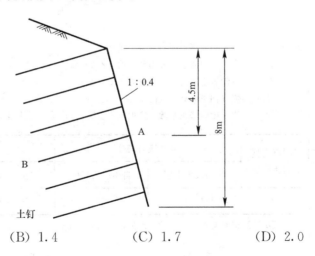

(A) 1.1　　　　(B) 1.4　　　　(C) 1.7　　　　(D) 2.0

答案：D

解答过程：

根据《铁路路基支挡结构设计规范》TB 10025—2019 第 10.2.2 条、第 10.2.4 条、第 10.2.6 条：

(1) $h_i=4.5\text{m}>\dfrac{1}{2}H=\dfrac{1}{2}\times8=4\text{m}$

$l=0.7(H-h_i)=0.7\times(8-4.5)=2.45\text{m}\Rightarrow l_{ei}=6-2.45=3.55\text{m}$

$F_i=3.14\times0.09\times3.55\times200=200.6\text{kN}$

(2) $h_i=4.5\text{m}>\dfrac{1}{3}H=\dfrac{1}{3}\times8=2.7\text{m}$

墙背与竖直面的夹角：$\alpha=\arctan\left(\dfrac{0.4}{1}\right)=21.8°$

$$\sigma_i = \frac{2}{3}\lambda_a\gamma H\cos(\delta-\alpha) = \frac{2}{3}\times0.36\times22\times8\times\cos(25°-21.8°) = 42.2\text{kPa}$$

$$E_i = \sigma_i \cdot S_x \cdot S_y/\cos\beta = 42.2\times1.5\times1.5/\cos21.8° = 102.3\text{kN}$$

（3）抗拔安全系数：

$$K_2 = \frac{F_i}{E_i} = \frac{200.6}{102.3} = 1.96$$

第六节　锚杆挡土墙

——《铁路路基支挡结构设计规范》第11.2节

验算项目	验算方法
土压力分布	岩质边坡： $$\sigma_h = \frac{E'_h}{0.9H}$$ 土质边坡： $$\sigma_h = \frac{E'_h}{0.875H}$$ $$E'_h = \gamma_x E_h$$ 式中：σ_h——岩土压力水平应力（kN/m²）； 　　　E'_h——岩土压力的水平分力修正值（kN/m）； 　　　E_h——主动岩土压力的水平分力（kN/m）； 　　　H——锚杆挡土墙高度（m）； 　　　γ_x——岩土压力修正系数，应根据岩土类别和锚杆类型按下表确定：

锚杆类型 岩土类别	非预应力锚杆		预应力锚杆	
	自由段为土层	自由段为岩层	自由段为土层	自由段为岩层
γ_x	1.1~1.2	1.0	1.2~1.3	1.1

【小注】锚杆变形值较小时取大值，较大时取小值。

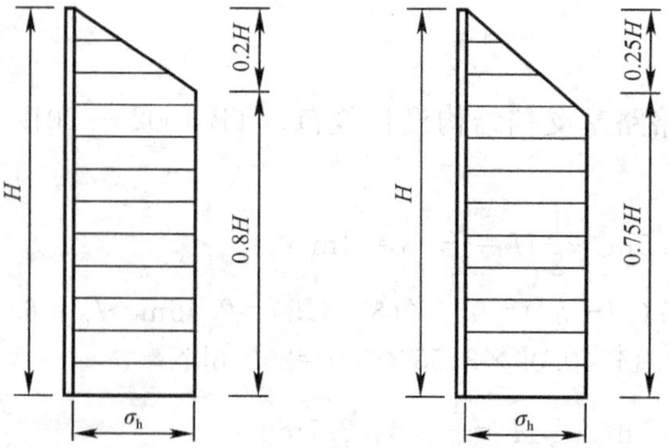

(a) 岩质边坡　　　　(b) 土质边坡

续表

验算项目	验算方法
拉力与支点反力的关系示意图	 肋柱　锚杆
锚杆内力	公式： $$N_t = \frac{R_n}{\cos(\beta - \alpha)}$$ $$R_n = \frac{\sigma_h S_{ax} S_{ay}}{\cos\alpha}$$ 式中：N_t——锚杆轴向拉力（N）； 　　　R_n——第 n 个锚杆支点反力（N）； 　　　β——锚杆与水平面的夹角（°）； S_{ax}、S_{ay}——锚杆的水平、竖直间距（m）； 　　　α——竖肋或立柱的竖向倾角（°）
锚杆抗拉稳定性验算（抗拉断验算）	预应力钢筋： $$A_s \geqslant \frac{K_1 \times N_t}{f_{py}}$$ 普通钢筋： $$A_s \geqslant \frac{K_1 \times N_t}{f_y}$$ 式中：A_s——钢筋截面面积（mm²）； 　　　N_t——锚杆轴向拉力（N）； 　　　K_1——锚杆杆体抗拉作用安全系数，可采用 2.0～2.2； 　　f_{py}——预应力螺纹钢筋抗拉强度设计值（N/mm²），应按规范附录表 C.0.5-2 取值； 　　　f_y——普通钢筋的抗拉强度设计值（N/mm²），应按规范附录表 C.0.5-1 取值
锚杆抗拔稳定性验算（抗拔出验算）	锚孔壁与锚固体间抗拔出验算： $$L_a \geqslant \frac{K_2 N_t}{\pi D f_{rb}}$$ 钢筋与锚固体间抗拔出验算： $$L_a \geqslant \frac{K_2 N_t}{n \pi d f_b}$$ 式中：L_a——锚固段长度（mm）； 　　　K_2——锚杆锚固体抗拔作用安全系数，可取 1.6～2.0； 　　　D——锚杆锚固段钻孔直径（mm）； 　　　d——单根钢筋直径（mm）； 　　　n——钢筋根数； 　　f_{rb}——锚孔壁与锚固体间粘结强度设计值，应通过试验确定，当无试验资料时，可按规范附录表 H.0.1 中 f_{rbk} 值的 0.8 倍取值； 　　　f_b——锚固体与钢筋间的粘结强度设计值，应通过试验确定，当无试验资料时，可按规范附录表 H.0.2 采用。 【小注】锚杆长度应包括非锚固长度和有效锚固长度。预应力锚杆的锚固段长度岩层中宜为 3～8m，土层中宜为 4～10m，自由段长度不应小于 5m，且穿过潜在滑裂面的长度不应小于 1.5m

【8-28】 (2005C20) 如下图所示，一锚杆挡墙肋柱的某支点处垂直于挡墙面的反力 $R_n = 250$kN，锚杆对水平方向的倾角 $\beta = 25°$，肋柱的竖直倾角 $\alpha = 15°$，锚孔直径 $D = 108$mm，砂浆与岩石孔壁间的粘结强度 $f_{rb} = 0.4$MPa，计算安全系数 $K_2 = 2.5$，当该锚杆非锚固段长度为2.0m时，则锚杆设计长度最接近（　　）。

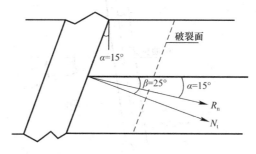

(A) $L \geqslant 1.9$m　　　(B) $L \geqslant 3.9$m　　　(C) $L \geqslant 4.7$m　　　(D) $L \geqslant 6.7$m

答案：D

解答过程：

根据《铁路路基支挡结构设计规范》TB 10025—2019 第11.2.6条：

(1) $N_t = \dfrac{R_n}{\cos(\beta - \alpha)} = \dfrac{250}{\cos(25° - 15°)} = 253.9$kN

(2) 有效锚固长度：$L_a = \dfrac{K_2 N_t}{\pi D f_{rb}} = \dfrac{2.5 \times 253.9}{3.14 \times 0.108 \times 0.4 \times 10^3} = 4.68$m，在3.0~8.0m内。

(3) 锚杆设计长度：$L = L_a + L_b = 4.68 + 2.0 = 6.68$m

【小注岩土点评】

① 题干中没有明确参考规范，只有锚杆挡墙等字样，需要考生自行选择规范。锚杆在《建筑边坡工程技术规范》GB 50330—2013、《公路路基设计规范》JTG D30—2015、《铁路路基支挡结构设计规范》TB 10025—2019 中均有涉及，但关于长度计算应重点参考《铁路路基支挡结构设计规范》TB 10025—2019。

② 计算锚杆有效锚固长度的公式有两种：一种是依据水泥砂浆与钢筋间粘结强度控制；一种是依据水泥砂浆与岩石孔壁间粘结强度控制。需根据题干中给出的参数选择合适的公式或者两种公式求解后选择较大值作为控制值。

③ 预应力锚杆的锚固段长度岩层中宜为3~8m，土层中宜为4~10m，自由段长度不应小于5m，且穿过潜在滑裂面的长度不应小于1.5m。

第七节　预应力锚索

——《铁路路基支挡结构设计规范》第12.2节

验算项目	验算方法
设计锚固力	公式： $$P_t = \dfrac{F}{[\lambda \sin(\alpha + \beta)\tan\varphi + \cos(\alpha + \beta)]}$$

验算项目	验算方法
设计锚固力	式中：P_t——锚索轴向拉力（N）； F——单孔锚索范围内下滑力（N）； φ——滑动面内摩擦角（°）； α——锚索与滑动面相交处滑动面倾角（°）； β——锚索与水平面的夹角，以下倾为宜，宜为 $10°\sim30°$； λ——折减系数，对土质边坡及松散破碎的岩质边坡应进行折减
锚索抗拉 稳定性验算 （抗拉断验算）	公式： $$A_s \geqslant \frac{K_1 P_t}{n f_{py}}$$ 式中：A_s——每束预应力钢绞线截面积（mm^2）； K_1——锚索轴向抗拉安全系数，取 $1.4\sim1.6$，腐蚀性地层中取大值； n——单孔锚索中钢绞线束数（束）； f_{py}——预应力钢绞线抗拉强度设计值（N/mm^2），应按本规范附录表 C.0.5-2 采用
锚索抗拔 稳定性验算 （抗拔出验算）	①根据锚索与孔壁的抗剪强度确定： $$L_a \geqslant \frac{K_2 P_t}{\pi D f_{rb}}$$ ②根据水泥砂浆与锚索钢材粘结强度确定： $$L_a \geqslant \frac{K_2 P_t}{\pi d_s f_b}$$ 当锚索锚固段为枣核状时： $$L_a \geqslant \frac{K_2 P_t}{n \pi d f_b}$$ 式中：L_a——锚固段长度（mm）； K_2——抗拔设计时，轴向拔出力安全系数，可采用 2.0； D——锚固体直径（mm）； f_{rb}——水泥砂浆与岩石孔壁间的粘结强度设计值（N/mm^2），应通过试验确定，当无试验资料时，可取规范附录表 H.0.1 中极限粘结强度标准值的 0.8 倍； d_s——张拉钢绞线外表直径（mm），按规范附录表 K.0.2 选用； f_b——水泥砂浆与钢绞线间的粘结强度设计值（N/mm^2），宜通过试验确定，当无试验资料时，可按规范附录表 H.0.2 选用； d——张拉钢绞线公称直径（mm），按规范附录表 K.0.3 选用
锚索下倾角	公式： $$\beta = \frac{45°}{A+1} + \frac{2A+1}{2(A+1)}\varphi - \alpha$$ 式中：A——锚索的锚固段长度与自由段长度之比； φ、α——锚索段滑动面的内摩擦角和滑动面倾角（°）
预应力锚索长度	(1) 自由段长度不应小于 5m，且伸入滑动面或潜在滑动面的长度不应小于 1.5m。 (2) 锚固段长度应满足抗拔要求，拉力型锚索的锚固段长度在岩层中锚固长度宜为 $4\sim10m$，压力分散型锚索的单元锚索锚固段长度在岩层中宜为 $2\sim3m$，风化严重的岩层中宜为 $3\sim6m$。 (3) 张拉段长度应根据张拉机具确定，锚索外露部分长度宜为 1.5m
锚索伸长量	公式： $$\Delta = \frac{(P_t - P_0)}{K_r}$$ $$K_r = \frac{A E_s}{l_f}$$

验算项目	验算方法
锚索伸长量	式中：Δ——单根锚索的伸长量（mm）； P_0——锚索的初始预应力或初始拉力（N）； K_r——锚索段为岩层时的锚索刚度系数（N/mm），应根据锚索抗拔试验确定，无试验资料时且锚固段为岩层时，自由段无粘结锚索的刚度系数可按规范式（12.2.9-2）进行计算； A——锚索索体截面积（mm²）； E_s——锚索索体的弹性模量（N/mm²）； l_f——锚索无粘结自由段长度（mm）

【8-29】（2007D19）如下图所示的铁路工程岩石边坡中，上部岩体沿着滑动面下滑，剩余下滑力为 $F=1220$kN，为了加固此岩坡，采用预应力锚索，滑动面倾角及锚索的方向如下图所示，滑动面处的摩擦角为 18°，则此锚索的最小锚固力最接近（   ）。

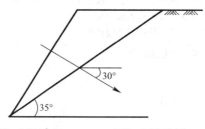

(A) 1200kN （B) 1400kN （C) 1600kN （D) 1700kN

答案：D

解答过程：

根据《铁路路基支挡结构设计规范》TB 10025—2019 第 12.2.3 条：

求最小锚固力，λ 取大值，即不折减。

$$P_t=\frac{F}{[\lambda\sin(\alpha+\beta)\tan\varphi+\cos(\alpha+\beta)]}$$

$$=\frac{1220}{1\times\sin(30°+35°)\times\tan18°+\cos(30°+35°)}=1701.3\text{kN}$$

【8-30】（2007C26）已知预应力锚索的最佳下倾角，对锚固段为 $\beta_1=\varphi-\alpha$，对自由段为 $\beta_2=45°+\dfrac{\varphi}{2}-\alpha$。某滑坡采用预应力锚索治理，其滑动面内摩擦角 $\varphi=18°$，滑动面倾角 $\alpha=27°$，方案设计中锚固段长度为自由段长度的 1/2，根据《铁路路基支挡结构设计规范》TB 10025—2019，全锚索的最佳下倾角 β 为（   ）。

(A) 9° （B) 12° （C) 15° （D) 18°

答案：C

解答过程：

根据《铁路路基支挡结构设计规范》TB 10025—2019 第 12.2.2 条条文说明：

$$\beta=\frac{45°}{A+1}+\frac{2A+1}{2(A+1)}\varphi-\alpha=\frac{45°}{0.5+1}+\frac{2\times0.5+1}{2\times(0.5+1)}\times18°-27°=15°$$

【8-31】（2010C24）有一个岩石边坡，要求垂直开挖，采用预应力锚索加固，如下图所示，已知岩体的一个最不利结构面为顺坡方向，与水平方向夹角为 55°，锚索与水平方向夹角为 20°，要求锚索自由段伸入滑动面的长度不小于1m，则在 10m 高处该锚索的自

由段总长度至少应达到（   ）。

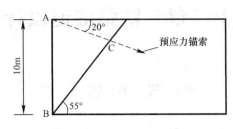

(A) 5.0m   (B) 7.5m   (C) 8.0m   (D) 10.0m

答案：B

解答过程：

(1) $l_{AC} = \dfrac{10\sin35°}{\cos15°} = 5.94\text{m}$

(2) 自由段长度：$l = 5.94 + 1.5 = 7.44\text{m}$

第八节　锚定板挡土墙

——《铁路路基支挡结构设计规范》第17.2节

验算项目	验算方法
墙面板所受的土压力	公式：$$\sigma_H = \frac{1.33E_x}{H} \cdot \gamma_{xz}$$ 式中：σ_H——水平主动土压力（kPa）； E_x——主动土压力的水平分力（kN）； H——墙高（m）（当为分级墙时，为上、下级墙高之和）； γ_{xz}——土压力修正系数，一般采用$1.2\sim1.4$。 填料产生的土压应力分布 【小注】列车荷载产生的土压力可不乘增大系数
锚定板面积	公式：$$F_A = \frac{R}{[P]}$$ 式中：F_A——锚定板面积（m²）； R——拉杆设计拉力（kN）； $[P]$——锚定板单位面积容许抗拔力（kPa）

第四十二章　铁路隧道设计规范

第一节　围岩分级

《铁路隧道设计规范》TB 10003—2016 与《公路隧道设计规范 第一册 土建工程》JTG 3370.1—2018 中有关围岩分级的规定极为相似，仅有部分参数含义及数值略有不同，可两者相互对照学习。同时做题时一定看清楚题干要求，选择适宜的参考规范作答。

一、围岩基本分级【初步分级】

——《铁路隧道设计规范》附录 B.1

岩石坚硬程度的划分

岩石类型	硬质岩		软质岩		
	极硬岩	硬岩	较软岩	软岩	极软岩
岩石饱和单轴抗压强度 R_c（MPa）	$R_c>60$	$60{\geqslant}R_c>30$	$30{\geqslant}R_c>15$	$15{\geqslant}R_c>5$	$5{\geqslant}R_c$

岩体完整程度的划分

完整程度	结构面发育程度			主要结构面结合程度	主要结构面类型	相应结构类型	岩体完整性指数 K_v	岩体体积节理数（条/m³）
	定性描述	组数	平均间距（m）					
完整	不发育	1~2	>1.0	结合好或一般	节理、裂隙、层面	整体状或巨厚层状结构	$K_v>0.75$	$J_v<3$
较完整	较发育	1~2	>1.0	结合差	节理、裂隙、层面	块状或厚层状结构	$0.75{\geqslant}K_v>0.55$	$3{\leqslant}J_v<10$
		2~3	1.0~0.4	结合好或一般		块状结构		
较破碎		2~3	1.0~0.4	结合差	节理、裂隙、劈理、层面、小断层	裂隙块状或中厚层状结构	$0.55{\geqslant}K_v>0.35$	$10{\leqslant}J_v<20$
	发育	≥3	0.4~0.2	结合好		镶嵌碎裂结构		
				结合一般		薄层状结构		
破碎		≥3	0.4~0.2	结合差	各种类型结构面	裂隙块状结构	$0.35{\geqslant}K_v>0.15$	$20{\leqslant}J_v<35$
	很发育	≥3	≤0.2	结合一般或差		碎裂结构		
极破碎	无序	—	—	结合很差		散体状结构	$0.15{\geqslant}K_v$	$J_v{\geqslant}35$

铁路隧道围岩基本分级

级别	岩体特征	土体特征	围岩基本质量指标 BQ	围岩弹性纵波波速 v_p（km/s）
I	极硬岩，岩体完整	—	>550	A：>5.3
II	极硬岩，岩体较完整；硬岩，岩体完整	—	550~451	A：4.5~5.3 B：>5.3 C：>5.0

续表

级别	岩体特征	土体特征	围岩基本质量指标 BQ	围岩弹性纵波波速 v_p (km/s)
Ⅲ	极硬岩，岩体较破碎；硬岩或较硬岩互层，岩体较完整；较软岩，岩体完整	—	450～351	A：4.0～4.5 B：4.3～5.3 C：3.5～5.0 D：>4.0
Ⅳ	极硬岩，岩体破碎；硬岩，岩体较破碎或破碎；较软岩或较硬岩互层，且以软岩为主，岩体较破碎或破碎；软岩，岩体完整或较完整	具压密或成岩作用的黏性土、粉土及砂类土；一般钙质、铁质胶结的粗角砾土、粗圆砾土、碎石土、卵石土、大块石土、黄土（Q_1Q_2）	350～251	A：3.0～4.0 B：3.3～4.3 C：3.0～3.5 D：3.0～4.0 E：2.0～3.0
Ⅴ	较软岩，岩体破碎；软岩，岩体较破碎至破碎；全部极软岩及全部极破碎岩（包括受构造影响的破碎带）	一般第四系坚硬、硬塑黏性土；稍密及以上、稍湿或潮湿的碎石土、卵石土、圆砾土、角砾土、粉土、黄土（Q_3Q_4）	≤250	A：2.0～3.0 B：2.0～3.3 C：2.0～3.0 D：1.5～3.0 E：1.0～2.0
Ⅵ	受构造影响很严重呈碎石、角砾及粉末、泥土状的富水断层带，富水破碎的绿泥石或炭质千枚岩	软塑状黏性土、饱和粉土、砂类土等，风积沙，严重湿陷性黄土	—	<1.0 （饱和状态的土 <1.5）

二、铁路隧道围岩分级修正

——《铁路隧道设计规范》附录 B.2

铁路隧道围岩级别应在基本分级的基础上，结合隧道工程的特点，考虑地下水状态、初始地应力状态、主要结构面产状状态等因素进行修正。

地下水状态的分级

地下水出水状态	渗水量（L/min・10m）
潮湿或点滴状出水	≤25
淋雨状或线流状出水	25～125
涌流状出水	>125

地下水影响的围岩级别修正

围岩基本分级 地下水 状态分级	Ⅰ	Ⅱ	Ⅲ	Ⅳ	Ⅴ
潮湿或点滴状出水	Ⅰ	Ⅱ	Ⅲ	Ⅳ	Ⅴ
淋雨状或线流状出水	Ⅰ	Ⅱ	Ⅲ或Ⅳ	Ⅴ	Ⅵ
涌流状出水	Ⅱ	Ⅲ	Ⅳ	Ⅴ	Ⅵ

【小注】围岩岩体为较完整的硬岩时定为Ⅲ，其他情况定为Ⅳ。

初始地应力场评估基准

初始地应力状态		主要特征	评估基准 R_c/σ_{max}
一般地应力	硬质岩：开挖过程中不会出现岩爆，新生裂缝较少，成洞性一般较好		>7
	软质岩：岩芯无或少有饼化现象，开挖过程中洞壁岩体有一定的位移，成洞性一般较好		
高地应力	硬质岩：在开挖过程中可能出现岩爆，洞壁岩体有剥离和掉块现象，新生裂缝较多，成洞性较差		4~7
	软质岩：岩芯时有饼化现象，开挖过程中洞壁岩体位移显著，持续时间较长，成洞性较差		
极高地应力	硬质岩：在开挖过程中时有岩爆发生，有岩块弹出，洞壁岩体发生剥离，新生裂缝多，成洞性差		<4
	软质岩：岩芯常有饼化现象，开挖过程中洞壁岩体有剥离，位移极为明显，甚至发生大位移，持续时间长，不易成洞		

【小注】R_c 为岩石饱和单轴抗压强度（MPa）；σ_{max} 为垂直洞轴线方向的最大初始地应力值（MPa）。

初始地应力影响的围岩级别修正

修正级别 \ 围岩基本分级 \ 初始地应力状态	Ⅰ	Ⅱ	Ⅲ	Ⅳ	Ⅴ
极高应力	Ⅰ	Ⅱ	Ⅲ或Ⅳ①	Ⅴ	Ⅵ
高应力	Ⅰ	Ⅱ	Ⅲ	Ⅳ或Ⅴ②	Ⅵ

【小注】① 围岩岩体为较破碎的极硬岩、较完整的硬岩时，定为Ⅲ级，其他情况定为Ⅳ级；
② 围岩岩体为破碎的极硬岩、较破碎及破碎的硬岩时，定为Ⅳ级，其他情况定为Ⅴ级；
③ 本表不适用于特殊围岩。

三、围岩基本质量指标 *BQ*

——《铁路隧道设计规范》附录第 B.2.3 条

围岩基本质量指标 BQ，应根据岩石坚硬程度、岩体完整程度分级因素的定量指标 R_c 和 K_v，按下式计算：

$$BQ = 100 + 3R_c + 250K_v$$

使用上式，必须遵守下列限制条件：

① 当 $R_c > 90K_v + 30$ 时，R_c 取 $90K_v + 30$ 代入上式计算，否则 R_c 取原值；

② 当 $K_v > 0.04R_c + 0.4$ 时，K_v 取 $0.04R_c + 0.4$ 代入上式计算，否则 K_v 取原值。

岩体基本质量指标 BQ 修正：

$$[BQ] = BQ - 100(K_1 + K_2 + K_3)$$

式中：K_1、K_2、K_3——分别为地下水影响修正系数、主要软弱结构面产状影响修正系数、初始应力状态影响修正系数，如无所列情况时，相应的修正系数取零即可。

地下水影响修正系数 K_1

地下水出水状态	$BQ>550$	$BQ=550\sim451$	$BQ=450\sim351$	$BQ=350\sim251$	$BQ\leqslant250$
潮湿或点滴状出水	0	0	$0\sim0.1$	$0.2\sim0.3$	$0.4\sim0.6$
淋雨状或线流状出水	$0\sim0.1$	$0.1\sim0.2$	$0.2\sim0.3$	$0.4\sim0.6$	$0.7\sim0.9$
涌流状出水	$0.1\sim0.2$	$0.2\sim0.3$	$0.4\sim0.6$	$0.7\sim0.9$	1.0

主要结构面产状影响修正系数 K_2

结构面产状及其与洞轴线的组合关系	结构面走向与洞轴线夹角$<30°$，结构面倾角 $30°\sim75°$	结构面走向与洞轴线夹角$>60°$，结构面倾角$>75°$	其他组合
K_2	$0.4\sim0.6$	$0\sim0.2$	$0.2\sim0.4$

初始应力状态影响修正系数 K_3

初始应力状态	$BQ\leqslant250$	$BQ=251\sim350$	$BQ=351\sim450$	$BQ=451\sim550$	$BQ>550$
极高应力区 $R_c/\sigma_{max}<4$	1.0	$1.0\sim1.5$	$1.0\sim1.5$	1.0	1.0
高应力区 $R_c/\sigma_{max}=4\sim7$	$0.5\sim1.0$	$0.5\sim1.0$	0.5	0.5	0.5

【小注】σ_{max} 为垂直于洞轴线方向的最大初始应力（MPa），R_c 为岩石单轴饱和抗压强度（MPa）。

【8-32】（模拟题）某铁路隧道南北走向，实测岩体纵波波速为 3800m/s，主要结构面产状为：倾向 NE68°，倾角 59°，岩石点荷载强度指数 $I_{s(50)}=4$MPa，岩块纵波波速为 4500m/s，垂直隧道轴线方向最大初始应力为 12MPa，出水量为 8L/min·m，问该隧道围岩等级为多少？

(A) Ⅰ级　　　　(B) Ⅱ级　　　　(C) Ⅲ级　　　　(D) Ⅳ级

答案：D

解答过程：

根据《铁路隧道设计规范》TB 10003—2016 附录第 B.2.2 条、第 B.2.3 条：

(1) $R_c=22.82\times I_{s(50)}^{0.75}=22.82\times4^{0.75}=64.5$

$$K_v=\left(\frac{3800}{4500}\right)^2=0.71$$

$$R_c=\min\{90\times0.71+30=93.9，64.5\}=64.5$$

$$K_v=\min\{0.04\times64.5+0.4=2.98，0.71\}=0.71$$

(2) $BQ=100+3\times64.5+250\times0.71=471$

$$Q=80L/min·10m\Rightarrow K_1=0.1\sim0.2$$

结构面走向与洞轴线夹角为 $90°-68°=22°<30°$，倾角 $59°\Rightarrow K_2=0.4\sim0.6$

$$R_c=\frac{64.5}{12}=5.4\Rightarrow K_3=0.5$$

(3) $[BQ]=471-100\times(0.1\sim0.2+0.4\sim0.6+0.5)=341\sim371\Rightarrow$ 查规范表 4.3.1 得Ⅳ级

【小注岩土点评】

①《铁路隧道设计规范》TB 10003—2016 和《公路隧道设计规范 第一册 土建工程》JTG 3370.1—2018 中围岩分级内容类似，建议对比学习。

② 隧道围岩等级的确定有定性和定量两种方式，选择需要根据题目给出的信息来判断。

③ 修正数值的取值，可以取区间值计算，也可以取不利值直接计算，结果是一样的，因为即使结果区间值算出来跨级别，也是按不利取值，选择最低等级，本题属于此种情况。

第二节　设 计 荷 载

一、浅埋隧道

——《铁路隧道设计规范》附录 E

当地表水平或接近水平，且隧道覆盖厚度满足下式要求时，应按浅埋隧道设计。当有不利于山体稳定的地质条件时，浅埋隧道覆盖厚度值应适当加大。

$$h_a \leqslant h < 2.5 h_a$$

式中：h——隧道拱顶以上覆盖层厚度（m）；

h_a——深埋隧道垂直荷载计算高度（m），按附录 D 计算，$h_a = h = 0.45 \times 2^{s-1} w$，s 为围岩级别，$w$ 为宽度影响系数。

垂直压力	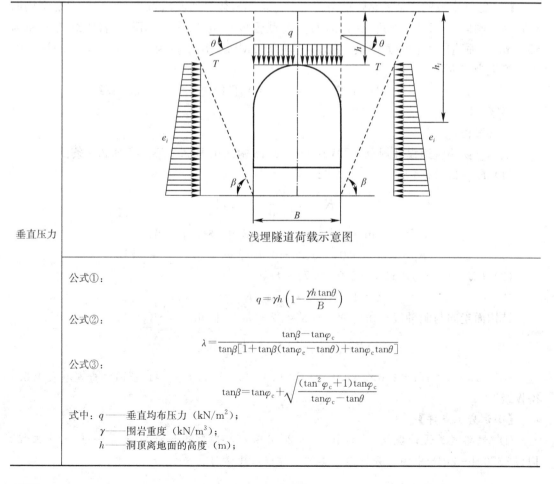
	浅埋隧道荷载示意图
公式①：	$$q = \gamma h \left(1 - \frac{\gamma h \tan\theta}{B}\right)$$
公式②：	$$\lambda = \frac{\tan\beta - \tan\varphi_c}{\tan\beta [1 + \tan\beta(\tan\varphi_c - \tan\theta) + \tan\varphi_c \tan\theta]}$$
公式③：	$$\tan\beta = \tan\varphi_c + \sqrt{\frac{(\tan^2\varphi_c + 1)\tan\varphi_c}{\tan\varphi_c - \tan\theta}}$$
	式中：q——垂直均布压力（kN/m²）； γ——围岩重度（kN/m³）； h——洞顶离地面的高度（m）；

续表

垂直压力	θ——顶板土柱两侧摩擦角（°），为经验数值；				
	围岩级别	Ⅰ、Ⅱ、Ⅲ	Ⅳ	Ⅴ	Ⅵ
	θ	$0.9\varphi_c$	$(0.7\sim0.9)\varphi_c$	$(0.5\sim0.7)\varphi_c$	$(0.3\sim0.5)\varphi_c$
	B——坑道跨度（m）； λ——侧压力系数（m）； φ_c——围岩计算摩擦角（°）； β——产生最大推力时的破裂角（°）				

水平压力	公式：$$e_i=\gamma h_i\lambda$$ 式中：h_i——内外侧任意点至地面的距离（m）

【小注】本表格公式与《公路隧道设计规范 第一册 土建工程》JTG 3370.1—2018 中有关浅埋隧道的公式一致，可相互结合复习。

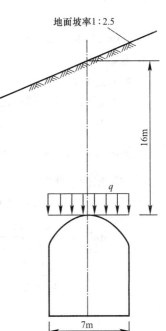

【8-33】（2017C23）如右图所示的傍山铁路单线隧道，岩体属于Ⅴ级围岩，地面坡率 1：2.5，埋深 16m，隧道跨度 $B=7$m，隧道围岩计算摩擦角 $\varphi_c=45°$，重度 $\gamma=20$kN/m³。隧道顶板土柱两侧内摩擦角 $\theta=30°$。试问作用在隧道上方的垂直压力 q 值宜选用下列哪个选项？

(A) 150kPa　　　　　　　　(B) 170kPa

(C) 190kPa　　　　　　　　(D) 220kPa

答案：D

解答过程：

根据《铁路隧道设计规范》TB 10003—2016 第 5.1.6 条、第 5.1.7 条及条文说明、附录 E：

(1) $\dfrac{16+3.5}{t+3.5}=\dfrac{\sqrt{1^2+2.5^2}}{2.5}\Rightarrow$ 覆盖层厚度 $t=14.6$m >10m，地表坡率 1：2.5，单线隧道，Ⅴ级围岩 $\Rightarrow$ 该隧道为非偏压隧道。

(2) $w=1+i(B-5)=1+0.1\times(7-5)=1.20$

$$h_a=0.45\times2^{s-1}w=0.45\times2^{5-1}\times1.20=8.64$$

$$h=16<2.5h_a=2.5\times8.64=21.6\text{m，属于浅埋隧道}$$

(3) $\tan\beta=\tan\varphi_c+\sqrt{\dfrac{(\tan^2\varphi_c+1)\tan\varphi_c}{\tan\varphi_c-\tan\theta}}=\tan45°+\sqrt{\dfrac{(\tan^245°+1)\tan45°}{\tan45°-\tan30°}}=3.175$

$$\lambda=\dfrac{\tan\beta-\tan\varphi_c}{\tan\beta[1+\tan\beta(\tan\varphi_c-\tan\theta)+\tan\varphi_c\tan\theta]}$$

$$=\dfrac{3.175-1}{3.175\times[1+3.175(1-\tan30°)+\tan30°]}=0.235$$

(4) $q=\gamma h\left(1-\dfrac{\lambda h\tan\theta}{B}\right)=20\times16\times\left(1-\dfrac{0.235\times16\times\tan30°}{7.0}\right)=220.8$kPa

【8-34】（2020D18）某铁路单线浅埋隧道，围岩等级为Ⅳ级，地面坡度为 1：2，坑道跨度为 5.5m，坑道结构高度为 9.25m，隧道外侧拱肩至地面的垂直距离为 7.0m，围岩重

度为 22.5kN/m³，计算摩擦角为 48°，顶板土柱两侧摩擦角为 0.8 倍计算摩擦角，根据《铁路隧道设计规范》TB 10003—2016，隧道内侧在荷载作用下的水平侧压力合力最接近下列哪个选项？

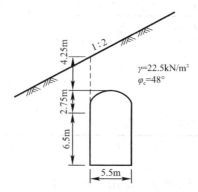

(A) 320kN/m (B) 448kN/m (C) 557kN/m (D) 646kN/m

答案：C

解答过程：

(1) 根据《铁路隧道设计规范》TB 10003—2016：

按照 IV 石，最大覆盖层厚度 $t=4$m。

实际覆盖层厚度：$t=\dfrac{4.25}{\cos[\arctan(0.5)]}=4.75m>4.0$m，判定为非偏压隧道。

(2) 根据《铁路隧道设计规范》TB 10003—2016 附录 E：

$$\tan\varphi_c=\tan48°=1.11, \ \tan\theta=\tan(0.8\times48°)=0.793$$

$$\tan\beta=\tan\varphi_c+\sqrt{\dfrac{(1+\tan^2\varphi_c)\times\tan\varphi_c}{\tan\varphi_c-\tan\theta}}=1.11+\sqrt{\dfrac{1.11\times(1+1.11^2)}{1.11-0.793}}=3.906$$

$$\lambda=\dfrac{\tan\beta-\tan\varphi_c}{\tan\beta\cdot[1+\tan\beta\cdot(\tan\varphi_c-\tan\theta)+\tan\varphi_c\cdot\tan\theta]}$$

$$=\dfrac{3.906-1.11}{3.906\times[1+3.906\times(1.11-0.793)+1.11\times0.793]}=0.23$$

(3) $e_1=22.5\times\left(4.25+\dfrac{5.5}{2}\right)\times0.23=36.23$kPa

$$e_2=22.5\times(7+2.75+6.5)\times0.23=84.1\text{kPa}$$

$$E_a=\dfrac{1}{2}\times(36.23+84.1)\times(2.75+6.5)=557\text{kN/m}$$

【小注岩土点评】

① 题干中"顶板土柱"的字眼容易让人产生误解，但根据配图中岩体的相关参数，是按照岩石来进行计算的，故按照岩石来判断为非偏压隧道；故按照非偏压隧道进行计算，若按照土来判断，则错误的判断为偏压隧道。

② 题目已知为浅埋隧道，不需要判断深浅隧道，如要判断：$h_a=0.45\times2^{s-1}\times w=0.45\times2^{4-1}\times[1+0.1\times(5.5-5)]=3.78$m，$h=4.25+\dfrac{1}{2}\times2.75=5.625$m

$h_a=3.78$m$<h=5.625$m$<2.5\times3.78=9.45$m，属于浅埋隧道。

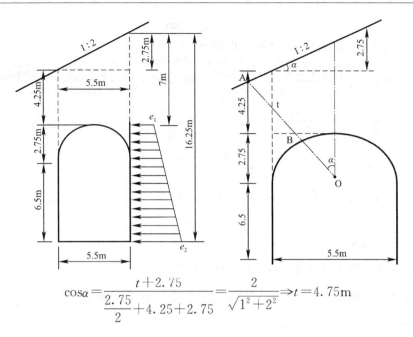

$$\cos\alpha = \frac{t+2.75}{\dfrac{2.75}{2}+4.25+2.75} = \frac{2}{\sqrt{1^2+2^2}} \Rightarrow t = 4.75\text{m}$$

二、超浅埋隧道

——《铁路隧道设计规范》附录 E

判别条件	$h < h_a$
垂直均布围岩压力 q（kPa）	$$q_{超浅埋} = \gamma \cdot h$$ 式中：γ——隧道上覆围岩重度（kN/m³）； 　　　h——隧道坑顶至地面的距离（m）
水平侧压力 e（kPa）	矩形均布：$$e = \gamma\left(h + \frac{1}{2}H_t\right) \cdot \tan^2\left(45° - \frac{\varphi_c}{2}\right)$$ 式中：H_t——隧道高度（m）； 　　　φ_c——围岩计算内摩擦角（°）。 上式是基于地面至隧道底部只有同一层土时，如为多层土时，隧道侧墙任意一点受到的土压力应为：$$e_i = \gamma_i h_i \cdot \tan^2\left(45° - \frac{\varphi_c}{2}\right)$$ 【小注】本质依然为：朗肯土压力理论，自重应力乘以土压力系数
作用于隧道顶部的总垂直围岩压力：$Q = qB_t$；作用于隧道侧边的总水平侧压力：$E = eH_t$	

【8-35】（2019C18）某铁路 V 级围岩中的单洞隧道，地表水平，拟采用矿山法开挖施工，其标准断面衬砌顶距地面的距离为 8.0m，考虑超挖影响时的隧道最大开挖宽度为 7.5m，高度为 6.0m，围岩重度为 24kN/m³，计算摩擦角为 40°。假设垂直和侧向压力按均布考虑，试问根据《铁路隧道设计规范》TB 10003—2016 计算该隧道围岩水平压力值最接近下列哪项数值？

(A) 648kN/m　　　(B) 344kN/m　　　(C) 253kN/m　　　(D) 192kN/m

答案：B

解答过程：

根据《铁路隧道设计规范》TB 10003—2016 附录 D、E：

(1) $w = 1 + i(B-5) = 1 + 0.1 \times (7.5-5) = 1.25$

$$h_a = 0.45 \times 2^{s-1}w = 0.45 \times 2^{5-1} \times 1.25 = 9\text{m}$$

所以，$h = 8\text{m} < h_a = 9\text{m} \Rightarrow$ 属于超浅埋隧道，$\theta = 0$

(2) $\tan\beta = \tan\varphi_c + \sqrt{\dfrac{(\tan^2\varphi_c + 1) \times \tan\varphi_c}{\tan\varphi_c - \tan\theta}} = \tan40° + \sqrt{\dfrac{(\tan^2 40° + 1) \times \tan40°}{\tan40° - \tan0°}} = 2.145$

$$\lambda = \frac{\tan\beta - \tan\varphi_c}{\tan\beta[1 + \tan\beta(\tan\varphi_c - \tan\theta) + \tan\varphi_c\tan\theta]}$$

$$= \frac{2.145 - \tan40°}{2.145 \times [1 + 2.145 \times (\tan40° - 0) + \tan40° \times 0]} = 0.217$$

(3) $e = \dfrac{1}{2}(e_1 + e_2) = \dfrac{\gamma}{2}\lambda(2h + H_t) = 24 \times 0.217 \times \dfrac{1}{2}(8 + 8 + 6) = 57.3\text{kPa}$

$$E = 57.3 \times 6 = 343.8\text{kN/m}$$

【小注岩土点评】

① 首先判断深埋浅埋隧道，超浅埋隧道 $\theta = 0°$。

② 由于两侧内摩擦角为 0，满足朗肯条件，土压力系数即为：$\lambda = \tan^2\left(45° - \dfrac{40°}{2}\right) = 0.217$，和规范公式计算结果一样。

三、深埋隧道

——《铁路隧道设计规范》附录 D

判别条件	$h \geqslant 2.5h_a$				
垂直均布压力	公式①：$\quad q = \gamma h$ 公式②：$\quad h = 0.45 \times 2^{s-1}w$ 式中：q——垂直均布压力（kN/m²）； $\quad\quad \gamma$——围岩重度（kN/m³）； $\quad\quad s$——围岩级别； $\quad\quad w$——宽度影响系数，$w = 1 + i(B-5)$； $\quad\quad B$——隧道宽度（m）； $\quad\quad i$——B 每增减 1m 时的围岩压力增减率，当 $B < 5$m 时，取 $i = 0.2$；$B > 5$m 时，取 $i = 0.1$					
水平均布压力	围岩级别	Ⅰ、Ⅱ	Ⅲ	Ⅳ	Ⅴ	Ⅵ
	水平均布压力 e	0	$< 0.15q$	$(0.15 \sim 0.3)\,q$	$(0.3 \sim 0.5)\,q$	$(0.5 \sim 1.0)\,q$
垂直、水平均布压力示意图					

【小注】 ① 本表格公式适用于不产生显著偏压力及膨胀力的一般围岩及采用钻爆法（或开敞式掘进机法）施工的隧道。
② 本表格公式与《公路隧道设计规范 第一册 土建工程》JTG 3370.1—2018 公式基本相同，只有个别参数含义略有变化。《公路隧道设计规范 第一册 土建工程》JTG 3370.1—2018 已经对 s 及 i 进行了新定义，而《铁路隧道设计规范》TB 10003—2016 仍然沿用老版规定

【8-36】（2022C19）某铁路隧道，跨度为 10m，拱顶埋深为 8m，位于地形较平缓的地区，围岩为较破碎的极硬岩，围岩基本质量指标 $BQ=400$，岩体重度为 23kN/m³，拱顶以上岩体的内摩擦角为 35°，围岩计算摩擦角为 50°，不考虑地下水出水状态、初始地应力状态和主要结构面产状状态等因素，则该隧道拱顶所受的垂直压力最接近下列哪个选项？

(A) 62kPa

(B) 95kPa

(C) 145kPa

(D) 160kPa

答案：A

解答过程：

(1) 根据《铁路隧道设计规范》TB 10003—2016 附录第 B.1.5 条：

岩体特征：较破碎的极硬岩，属于Ⅲ级；围岩基本质量指标 $BQ=400$，属于Ⅲ级，最终确定为Ⅲ级。

(2) 判断隧道类型

隧道跨度 10m>5m，围岩压力增减率 $i=0.1$

$$w=1+i\ (B-5)\ =1+0.1\ (10-5)\ =1.5$$

$$h_a=0.45\times2^{s-1}w=0.45\times2^{3-1}\times1.5=2.7\text{m}$$

根据第 5.1.6 条，隧道拱顶以上覆盖层厚度 $H=8>2.5h_a=2.5\times2.7=6.75\text{m}$，属于深埋隧道。

(3) $q=\gamma h=23\times2.7=62.1\text{kPa}$

【小注岩土点评】

① 围岩的判断，根据《铁路隧道设计规范》TB 10003—2016 附录第 B.1.5 条，岩体特征、土体特征、围岩基本质量指标 BQ、围岩弹性纵波速度 v_p 取不利进行确定。

② 先判断隧道类型，属于浅埋隧道还是深埋隧道。

③ 如果直接按浅埋隧道，会错选 D。

$$\theta=35°,\ \varphi_c=50$$

$$\tan\beta=\tan\varphi_c+\sqrt{\frac{(\tan^2\varphi_c+1)\ \tan\varphi_c}{\tan\varphi_c-\tan\theta}}$$

$$=\tan50°+\sqrt{\frac{(\tan^250°+1)\ \tan50°}{\tan50°-\tan35°}}=3.614$$

$$\lambda=\frac{\tan\beta-\tan\varphi_c}{\tan\beta\ [1+\tan\beta\ (\tan\varphi_c-\tan\theta)\ +\tan\varphi_c\tan\theta]}$$

$$=\frac{3.614-\tan50°}{3.614\ [1+3.614\ (\tan50°-\tan35°)\ +\tan50°\tan35°]}=0.1856$$

$$q=\gamma h\left(1-\frac{\lambda h\tan\theta}{B}\right)=23\times8\left(1-\frac{0.1856\times8\tan35°}{10}\right)=164.87\text{kPa}$$

四、偏压隧道衬砌荷载计算

——《铁路隧道设计规范》附录 F

偏压隧道荷载计算

| 计算简图 | |

假定垂直偏压分布图形与地面坡度一致

| 偏压隧道垂直压力 Q（kN/m） | $$Q=\frac{\gamma}{2}\left[(h+h')B-(\lambda h^2+\lambda'h'^2)\tan\theta\right]$$ 式中：h、h'——内、外侧由拱顶水平至地面的高度（m）； $\quad\quad B$——坑道跨度（m）； $\quad\quad \gamma$——围岩重度（kN/m³）； $\quad\quad \theta$——顶板土柱两侧摩擦角（°），按下表取值： |

围岩级别	Ⅰ、Ⅱ、Ⅲ	Ⅳ	Ⅴ	Ⅵ
θ	$0.9\varphi_c$	$(0.7\sim0.9)\ \varphi_c$	$(0.5\sim0.7)\ \varphi_c$	$(0.3\sim0.5)\ \varphi_c$

λ、λ'——分别为内、外侧的压力系数，分别按下式计算：

$$\lambda=\frac{1}{\tan\beta-\tan\alpha}\times\frac{\tan\beta-\tan\varphi_c}{1+\tan\beta\ (\tan\varphi_c-\tan\theta)\ +\tan\varphi_c\tan\theta}$$

$$\lambda'=\frac{1}{\tan\beta'+\tan\alpha}\times\frac{\tan\beta'-\tan\varphi_c}{1+\tan\beta'\ (\tan\varphi_c-\tan\theta)\ +\tan\varphi_c\tan\theta}$$

$$\tan\beta=\tan\varphi_c+\sqrt{\frac{(\tan^2\varphi_c+1)\ (\tan\varphi_c-\tan\alpha)}{\tan\varphi_c-\tan\theta}}$$

$$\tan\beta'=\tan\varphi_c+\sqrt{\frac{(\tan^2\varphi_c+1)\ (\tan\varphi_c+\tan\alpha)}{\tan\varphi_c-\tan\theta}}$$

式中：α——地面坡角（°）；
$\quad\quad \varphi_c$——围岩计算摩擦角（°）；
$\quad\quad \beta$、β'——内、外侧产生最大推力时的破裂角（°）。

| 偏压隧道水平侧压力 e_i（kPa） | 偏压隧道水平侧压力按下式计算： $$\begin{cases}内侧：e_i=\gamma h_i\lambda\\ 外侧：e_i=\gamma h_i'\lambda'\end{cases}$$ 式中：h_i、h_i'——内、外侧任意一点 i 至地面的高度（m） |

【小注】 本表格公式与《公路隧道设计规范 第一册 土建工程》JTG 3370.1——2018 保持一致

五、明洞设计荷载计算

——《铁路隧道设计规范》附录 G

明洞拱圈 回填土垂 直压力 q_i (kN/m^2)	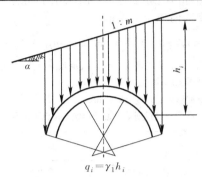 $$q_i = \gamma_1 h_i$$ 式中：q_i——明洞结构上任意点 i 的回填土石垂直压力 (kN/m^2)； 　　　γ_1——拱背回填土石重度 (kN/m^3)； 　　　h_i——明洞拱圈结构上任意点 i 的土柱高度 (m)

明洞拱圈回填土石侧压力 e_i (kN/m^2)

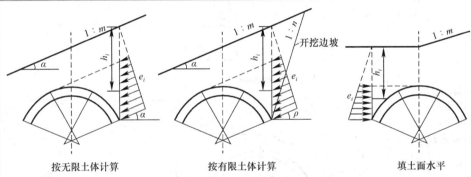

按无限土体计算　　　按有限土体计算　　　填土面水平

拱圈回填土石的土侧压力计算简图

$$e_i = \gamma_1 h_i \lambda$$

式中：e_i——明洞拱圈结构上任意点 i 的回填土石侧压力 (kN/m^2)；

　　　γ_1——拱背回填土石重度 (kN/m^3)；

　　　h_i——明洞拱圈结构上任意点 i 的土柱高度 (m)；

　　　λ——侧压力系数，可根据填土坡面形状，按以下两种情况分别计算：

	按无限土体计算	$\lambda = \cos\alpha \dfrac{\cos\alpha - \sqrt{\cos^2\alpha - \cos^2\varphi_1}}{\cos\alpha + \sqrt{\cos^2\alpha - \cos^2\varphi_1}}$
填土坡面向上倾斜	按有限土体计算	$\lambda = \dfrac{1-\mu n}{(\mu+n)\cos\rho + (1-\mu n)\sin\rho} \cdot \dfrac{mn}{m-n}$
填土坡面水平	—	$\lambda = \tan^2\left(45° - \dfrac{\varphi_1}{2}\right)$

式中：α——设计填土面坡度角（°）；

　　　φ_1——拱背回填土石的计算摩擦角（°）；

　　　ρ——侧压力作用方向与水平面的夹角（°）；

　　　n——开挖边坡的坡度；

　　　m——回填土石坡面坡度；

　　　μ——回填土石与开挖坡面间的摩擦系数

公式：

$$e_i = \gamma_2 h_i' \lambda \Leftrightarrow e_i = (\gamma_1 h_1 + \gamma_2 h_i'') \lambda$$

式中：e_i——明洞边墙结构上任意计算点 i 的回填土石侧压力（kN/m^2）；

γ_2——墙背回填土石重度（kN/m^3）；

h_i'——边墙计算点 i 的换算高度（m），$h_i' = h_i'' + \dfrac{\gamma_1}{\gamma_2} h_1$；

h_i''——墙顶至计算位置的高度（m），此墙顶是指侧墙的墙顶，非拱顶；

h_1——填土坡面至墙顶的垂直高度（m）；

γ_1——拱圈背回填土石重度（kN/m^3）；

λ——侧压力系数，可根据填土坡面形状，按以下 3 种情况分别计算：

明洞边墙回填土石侧压力 e_i（kN/m^2）	填土坡面向上倾斜 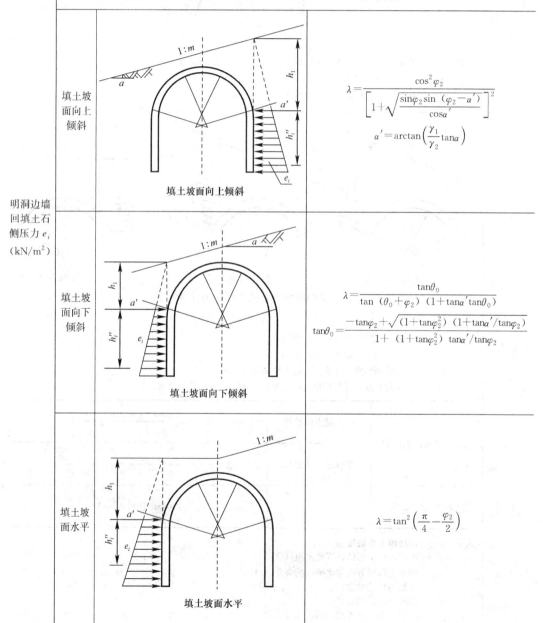 填土坡面向上倾斜	$$\lambda = \dfrac{\cos^2 \varphi_2}{\left[1 + \sqrt{\dfrac{\sin \varphi_2 \sin (\varphi_2 - \alpha')}{\cos \alpha'}}\,\right]^2}$$ $$\alpha' = \arctan\left(\dfrac{\gamma_1}{\gamma_2} \tan \alpha\right)$$
	填土坡面向下倾斜 填土坡面向下倾斜	$$\lambda = \dfrac{\tan \theta_0}{\tan (\theta_0 + \varphi_2)(1 + \tan \alpha' \tan \theta_0)}$$ $$\tan \theta_0 = \dfrac{-\tan \varphi_2 + \sqrt{(1 + \tan \varphi_2^2)(1 + \tan \alpha' / \tan \varphi_2)}}{1 + (1 + \tan \varphi_2^2) \tan \alpha' / \tan \varphi_2}$$
	填土坡面水平 填土坡面水平	$$\lambda = \tan^2\left(\dfrac{\pi}{4} - \dfrac{\varphi_2}{2}\right)$$

续表

明洞边墙回填土石侧压力 e_i (kN/m²)	式中：φ_2——边墙墙背回填土石计算内摩擦角（°）； α——设计填土面坡度角（°）； α'——换算回填坡度角（°）

【小注】①结合《公路隧道设计规范 第一册 土建工程》JTG 3370.1—2018 对比学习。

②如何区分向上、向下，向产生土压力侧的岩土体看过去，如果在此视角下，此部分岩土体表面向上，那么就是向上；反之就是向下

【8-37】（2018C19）如左图所示的单线铁路明洞，外墙高 $H=9.5\text{m}$，墙背直立。拱部填土坡率为 $1:5$，重度 $\gamma_1=18\text{kN/m}^3$，内墙高 $h=6.2\text{m}$，墙背光滑，墙后填土重度 $\gamma_2=20\text{kN/m}^3$，内摩擦角为 $40°$。试问填土作用在内墙背上的总土压力 E_a，最接近下列哪个选项？

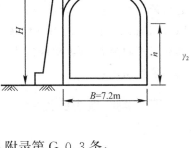

(A) 175kN/m　　　　(B) 220kN/m

(C) 265kN/m　　　　(D) 310kN/m

答案：B

解答过程：

解法一：根据《铁路隧道设计规范》TB 10003—2016 附录第 G.0.3 条：

(1) $\tan\alpha=1:5=0.2$，$\alpha'=\arctan\left(\dfrac{\gamma_1}{\gamma_2}\tan\alpha\right)=\arctan\left(\dfrac{18}{20}\times0.2\right)=10.2°$

$$\lambda=\frac{\cos^2\varphi_2}{\left[1+\sqrt{\dfrac{\sin\varphi_2\cdot\sin(\varphi_2-\alpha')}{\cos\alpha'}}\right]^2}=\frac{\cos^2 40°}{\left[1+\sqrt{\dfrac{\sin40°\cdot\sin(40°-10.2°)}{\cos10.2°}}\right]^2}=0.2382$$

$$h_1=9.5-6.2+\frac{7.2}{5}=4.74\text{m}$$

(2) 内墙顶部土压力强度：$e_{顶}=18\times4.74\times0.2382=20.3\text{kPa}$

内墙底部土压力强度：$e_{底}=(20\times6.2+18\times4.74)\times0.2382=49.86\text{kPa}$

(3) $E_a=\dfrac{1}{2}\times(20.3+49.86)\times6.2=217.5\text{kN/m}$

解法二：根据《铁路隧道设计规范》TB 10003—2016 附录第 G.0.3 条：

(1) $\tan\alpha=1:5=0.2$，$\alpha'=\arctan\left(\dfrac{\gamma_1}{\gamma_2}\tan\alpha\right)=\arctan\left(\dfrac{18}{20}\times0.2\right)=10.2°$

$$\lambda=\frac{\cos^2\varphi_2}{\left[1+\sqrt{\dfrac{\sin\varphi_2\cdot\sin(\varphi_2-\alpha')}{\cos\alpha'}}\right]^2}=\frac{\cos^2 40°}{\left[1+\sqrt{\dfrac{\sin40°\cdot\sin(40°-10.2°)}{\cos10.2°}}\right]^2}=0.2382$$

(2) $h_1=9.5-6.2+\dfrac{7.2}{5}=4.74\text{m}$

边墙顶部的换算高度：$h_i'=h_i''+\dfrac{\gamma_1}{\gamma_2}h_1=0+\dfrac{18}{20}\times4.74=4.266\text{m}$

边墙底部的换算高度：$h_i'=h_i''+\dfrac{\gamma_1}{\gamma_2}h_1=6.2+\dfrac{18}{20}\times4.74=10.466\text{m}$

(3) $e_i = r_2 h_i' \lambda$

$e_顶 = 20 \times 4.266 \times 0.2382 = 20.3 \text{kPa}$，$e_底 = 20 \times 10.466 \times 0.2382 = 49.86 \text{kPa}$

(4) $E_a = \dfrac{1}{2} \times (20.3 + 49.86) \times 6.2 = 217.5 \text{kN/m}$

【小注岩土点评】

① 解法一更加明确易懂，通过其能够理解规范的公式，其实是当拱顶部土和侧墙周围土不一样时，采用的等效换算。

② 明洞受到的土压力分为拱圈受到的土压力和边墙受到的土压力，本题目要求的为边墙受到的土压力，分别求出边墙顶部的土压力和边墙底部的土压力后求和，即为边墙受到的全部土压力。对比《公路隧道设计规范 第一册 土建工程》JTG 3370.1—2018 中明洞边墙计算公式：两本规范计算公式一致，但是《公路隧道设计规范 第一册 土建工程》JTG 3370.1—2018 的图中标注 h_1 为竖直高度，即边墙顶部做竖直线，与坡面相交点，此部分距离即为 h_1。铁路规范中，h_1 为填土坡面至墙顶的垂直高度（m），表述错误，应该也为竖直高度。

六、洞门墙土压力

——《铁路隧道设计规范》附录 H

$$\tan w = \dfrac{\tan^2\varphi + \tan\alpha\tan\varepsilon - A\dfrac{\tan\varepsilon}{1-\tan\varepsilon\tan\alpha}(1+\tan^2\varphi)}{\tan\varepsilon\left(1-A\dfrac{\tan\varepsilon}{1-\tan\varepsilon\tan\alpha}\right)(1+\tan^2\varphi)-\tan\varphi(1-\tan\alpha\tan\varepsilon)}$$

$$\dfrac{\sqrt{(1+\tan^2\varphi)(\tan\varphi-\tan\varepsilon)\left[(1-\tan\varepsilon\tan\alpha)(\tan\varphi+\tan\alpha)-A(1+\tan\varphi\tan\varepsilon)\right]}}{\tan\varepsilon\left(1-A\dfrac{\tan\varepsilon}{1-\tan\varepsilon\tan\alpha}\right)(1+\tan^2\varphi)-\tan\varphi(1-\tan\alpha\tan\varepsilon)}$$

$$A = \dfrac{h_0 a}{H^2} \qquad h_0 = \dfrac{a\tan\varepsilon}{1-\tan\varepsilon\tan\alpha}$$

式中：w——最危险破裂面与垂直面之间的夹角（°）；

φ——围岩计算摩擦角（°）；

ε、α——分别为地面坡角、墙面倾角（°）。

最危险破裂面与垂直面之间的夹角

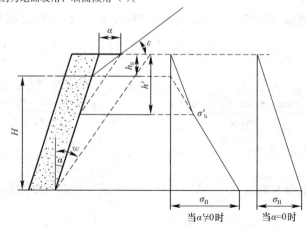

土压力	①当 $a=0$ 时：$$\sigma_H = \gamma H \lambda$$ $$E = \frac{1}{2} b \gamma H^2 \lambda$$ $$\lambda = \frac{(\tan w - \tan\alpha)(1 - \tan\alpha \tan\varepsilon)}{\tan(w+\varphi)(1 - \tan w \tan\varepsilon)}$$ 式中：λ——侧压力系数； b——洞门墙计算条带宽度（m）。 ②当 a 较小时：$$\sigma'_h = \gamma(h' - h_0)\lambda$$ $$\sigma_H = \gamma H \lambda$$ $$E = \frac{1}{2} b \gamma H^2 \lambda + \frac{1}{2} b \gamma h_0 (h' - h_0)\lambda$$ $$h' = \frac{a}{\tan w - \tan\alpha}$$ ③当 a 较大，且破裂面交于斜坡面时：$$\sigma'_h = \gamma h' \lambda', \ \sigma_{II} = \gamma H \lambda$$ $$E = \frac{1}{2} b \gamma (H - h_0)^2 \lambda''$$ $$\lambda' = \frac{\tan w - \tan\alpha}{\tan(w+\varphi)}$$ $$\lambda'' = \left[\frac{(1 + \tan\varepsilon \tan\alpha)(\tan w - \tan\alpha)}{1 - \tan\varepsilon \tan w} + A\right]\frac{1}{\tan(w+\varphi)}$$ $$A = \frac{h_0 \cdot a}{H^2}$$

【小注】 本表格公式与《公路隧道设计规范 第一册 土建工程》JTG 3370.1—2018 差异较大，考试时注意规范的选择

【8-38】（2014D22）如下图所示，某铁路隧道的端墙洞门墙高 8.5m，最危险破裂面与竖直面的夹角 $w=38°$，墙面倾角 $\alpha=10°$，仰坡倾角 $\varepsilon=34°$，墙背距仰坡坡脚 $a=2.0$m，墙后土体重度 $\gamma=22$kN/m^3，内摩擦角 $\varphi=40°$，取洞门墙体计算条带宽度为 1m，则作用在墙体上的土压力为（ ）。（墙背距仰坡坡脚距离 a 较小）

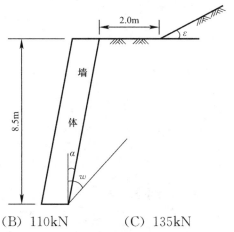

(A) 81kN　　　　(B) 110kN　　　　(C) 135kN　　　　(D) 175kN

答案：C

解答过程：

根据《铁路隧道设计规范》TB 10003—2016 附录 H 计算如下：

（1）将仰坡线伸长交于墙背，则所形成的三角形，根据正弦定理计算 h_0：

$$\frac{a}{\sin(90°-\alpha-\varepsilon)} = \frac{l_0}{\sin\varepsilon} \Rightarrow \frac{2.0}{\sin(90°-10°-34°)} = \frac{l_0}{\sin34°} \Rightarrow l_0 = 1.55\text{m}$$

$$h_0 = l_0\cos\alpha = 1.55 \times \cos10° = 1.53\text{m}, \quad H = 8.5 - 1.53 = 6.97\text{m}$$

（2）$\lambda = \dfrac{(\tan w - \tan\alpha)(1-\tan\alpha\tan\varepsilon)}{\tan(w+\varphi)(1-\tan w\tan\varepsilon)} = \dfrac{(\tan38°-\tan10°)(1-\tan10°\tan34°)}{\tan(38°+40°)(1-\tan38°\tan34°)} = 0.24$

$$h' = \frac{a}{\tan w - \tan\alpha} = \frac{2.0}{\tan38° - \tan10°} = 3.306\text{m}$$

（3）$E = \dfrac{1}{2}\gamma\lambda[H^2 + h_0(h'-h_0)]b = \dfrac{1}{2} \times 22 \times 0.24 \times [6.97^2 + 1.53 \times (3.306-1.53)] \times$

$1.0 = 135.4\text{kN}$

【小注岩土点评】

① 本题属于洞门墙土压力的计算，按照 2005 年版规范命制，为了适应新规范，题目局部做了修改。2016 年版规范附录 H 已经删除了系数 ξ。

② 2005 年版规范只有一种情况（即 2016 年版中 a 值较小的情况），2016 年版规范有三种情况，和 a 值的大小有关，选择对应的公式，规范中 a 值没有给出定量的数值，只是定性的数值，笔者认为在以后的考题中，命题人会明确采用哪种情况。

第四十三章　铁路工程不良地质勘察规程

《铁路工程不良地质勘察规程》TB 10027—2022 在整个岩土考试中属于偏门规范，历年真题较少，且主要集中在滑坡及泥石流两个考点上，其他知识点可大概了解一下即可。

第一节　滑　　坡

——《铁路工程不良地质勘察规程》附录 A

滑坡分类	体积大小：小型滑坡（$V<4\times10^4\mathrm{m}^3$） 中型滑坡（$4\times10^4\mathrm{m}^3\leqslant V<30\times10^4\mathrm{m}^3$） 大型滑坡（$30\times10^4\mathrm{m}^3\leqslant V<100\times10^4\mathrm{m}^3$） 巨型滑坡（$100\times10^4\mathrm{m}^3\leqslant V$） 埋藏深度：浅层滑坡（$H<6\mathrm{m}$） 中深层滑坡（$6\leqslant H\leqslant20\mathrm{m}$） 深层滑坡（$H>20\mathrm{m}$）
滑面呈直线	 (a) 立体面　　　　　　(b) 剖面图 公式①： $$F_s=\frac{cA+(W\cos\beta-u-v\sin\beta)\tan\varphi}{W\sin\beta+v\cos\beta}$$ 公式②： $$A=(H-Z)\csc\beta$$ 公式③： $$u=\frac{1}{2}\gamma_\mathrm{w}Z_\mathrm{w}(H-Z)\csc\beta$$ 公式④： $$v=\frac{1}{2}\gamma_\mathrm{w}Z_\mathrm{w}^2$$ 公式⑤： $$W=\frac{1}{2}\gamma H^2\left\{\left[1-\left(\frac{Z}{H}\right)^2\right]\cot\beta-\cot\alpha\right\}$$ 式中：c——滑面物质的黏聚力（kPa），用直接快剪或三轴固结不排水剪求得； 　　　A——单位滑体滑面的面积（m^2）； 　　　W——单位滑体所受的重力（kN）； 　　　u——孔隙水压力（kPa）； 　　　v——裂隙静水压力（kPa）； 　　　γ_w——水的重度（$\mathrm{kN/m}^3$）； 　　　γ——岩体的重度（$\mathrm{kN/m}^3$）；

滑面呈直线	Z_w——裂隙充水高度（m）； H——滑坡脚至坡顶的高度（m）； Z——坡顶至滑坡面的深度（m）； α——坡角（°）； β——结构面倾角（°）； φ——结构面摩擦角（°）。 【小注】本公式与《建筑边坡工程技术规范》GB 50330—2013 附录第 A.0.2 条类似，关于孔隙水压力、裂隙静水压力的计算公式仅供参考，具体计算还需要根据具体条件来判断，规范提供的计算公式，是基于坡脚透水、裂隙和孔隙连通的条件
滑面呈 折线	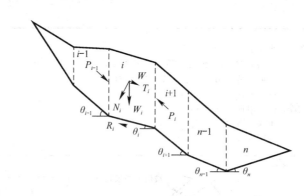 公式①： $$F_s = \frac{\sum\limits_{i=1}^{n-1}\left(R_i \prod\limits_{j=i}^{n-1}\psi_j\right) + R_n}{\sum\limits_{i=1}^{n-1}\left(T_i \prod\limits_{j=i}^{n-1}\psi_j\right) + T_n}$$ 公式②： $$\psi_j = \cos(\theta_i - \theta_{i+1}) - \sin(\theta_i - \theta_{i+1})\tan\varphi_{i+1}$$ 公式③： $$\prod_{j=i}^{n-1}\psi_j = \psi_i\psi_{i+1}\psi_{i+2}\cdots\psi_{n-1}$$ 公式④： $$R_i = N_i\tan\varphi_i + c_iL_i$$
	式中：R_i——作用于第 i 块段滑体的抗滑力（kN/m）； R_n——作用于第 n 块段滑体的抗滑力（kN/m）； N_i——作用于第 i 块段滑动面上的法向分力矢量（kN/m）； θ_i——第 i 块段滑动面的倾角，与滑动方向相反时为负值（°）； φ_i——第 i 块段滑动带土的内摩擦角（°）； c_i——第 i 块段滑动带土的黏聚力（kPa）； L_i——第 i 块段滑动面长度（m）； T_i——作用于第 i 块段滑动面上的滑动分力矢量（kN/m）； T_n——作用于第 n 块段滑动面上的滑动分力矢量（kN/m）； ψ_i——第 i 块段滑体的剩余下滑力传递至第 $i+1$ 块段滑体时的传递系数（$j=i$）

第二节　泥　石　流

一、泥石流分类与分期

——《铁路工程不良地质勘察规范》附录 C

规模分类	类别	峰值流量 Q_c（m^3/s）		固体物质一次最大冲击量 V_c（m^3）	
	小型	$Q_c<20$		$V_c<2\times10^4$	
	中型	$20\leqslant Q_c<100$		$2\times10^4\leqslant V_c<20\times10^4$	
	大型	$100\leqslant Q_c<200$		$20\times10^4\leqslant V_c<50\times10^4$	
	特大型	$Q_c\geqslant200$		$V_c\geqslant50\times10^4$	

固体物质成分分类	名称	分类标准
	泥流	固体物质为黏粒、粉粒、少量砂砾、碎石
	泥石流	固体物质为黏粒、粉粒、砂砾、砾石、碎石、块石、漂石
	水石流	固体物质为块石、碎石、砾石、少量砂粒、粉粒

频率分类	高频	中频	低频	极低频
	≥1 次/年	1 次/10 年～1 次/年	1 次/100 年～1 次/10 年	<1 次/100 年

流域形态特征分类	类别	流域面积 S（km^2）	主沟长度 L（km^2）	形态特征	沟床纵坡	不良地质现象	沟口堆积物
	沟谷型	$S>1$	$L>2$	沟谷形态明显，一般上游宽下游窄，支沟发育	一般在 15° 以下，有卡口、跌坎	沟内常发育滑坡、崩塌	呈扇形或带状，颗粒有一定磨圆
	山坡型	$S\leqslant1$	$L\leqslant2$	沟谷短、浅、陡。一般无支沟	与山坡坡度基本一致	中、上游常发生坡面侵蚀和崩塌	呈锥形，颗粒粗大，棱角明显

流体性质分类	性质	黏性		稀性		
	类别	泥流	泥石流	泥流	泥石流	水石流
	流体密度 ρ_c（kg/m^3）	$\rho_c>1.5\times10^3$	$1.6\times10^3\leqslant\rho_c\leqslant2.3\times10^3$	$1.3\times10^3\leqslant\rho_c\leqslant1.5\times10^3$	$1.2\times10^3\leqslant\rho_c\leqslant1.6\times10^3$	$\rho_c<1.2\times10^3$
	黏度 η（$Pa\cdot s$）	$\eta>0.3$	$\eta>0.3$	$\eta\leqslant0.3$	$\eta\leqslant0.3$	—

发育阶段分期	阶段		形成期（青年期）	发展期（壮年期）	衰退期（老年期）	停歇期
	扇面变幅（m）		$+0.2～+0.5$	$>+0.5$	$-0.2～+0.2$	$\leqslant0$
	沟域松散物模量（$\times10^4 m^3/km^2$）		$5～10$	>10	$1～5$	$0.5～1$
	松散物边坡	高度 H（m）	$5～30$	>30	<30	<5
		坡度 φ	$25°～32°$	$>32°$	$15°～25°$	$<15°$

二、泥石流流速

——《铁路工程不良地质勘察规程》第 7.3.3 条条文说明

$$v_c = \left(\frac{1}{2}\sigma g \frac{a_2+a_1}{a_2 a_1}\right)^{\frac{1}{2}}$$

式中：v_c——泥石流流速（m/s）；

     a_1——凸岸曲率半径（m）；

     a_2——凹岸曲率半径（m）；

     σ——两岸泥位高差（m）；

     g——重力加速度（m/s²）。

【8-39】（2004D28）在裂隙岩体中，滑面 S 倾角为 30°，已知岩体重力为 1200kN/m，当后缘垂直裂隙充水高度 $h=10$m 时，下滑力最接近（   ）。

(A) 1030kN/m   (B) 1230kN/m   (C) 1430kN/m   (D) 1630kN/m

答案：A

解答过程：

根据《铁路工程不良地质勘察规程》TB 10027—2022 附录 A：

(1) 裂隙水压力：$v = \frac{1}{2}\gamma_w Z_w^2 = \frac{1}{2} \times 10 \times 10^2 = 500$kN/m

(2) 下滑力：$T = W\sin\beta + v\cos\beta = 1200 \times \sin30° + 500 \times \cos30° = 1033$kN/m

【8-40】（2008C26）在某裂隙岩体中，存在一直线滑动面，其倾斜角为 30°。如下图所示，已知岩体重力为 1500kN/m，当后缘垂直裂隙充水高度为 8m 时，试根据《铁路工程不良地质勘察规程》TB 10027—2022 计算下滑力，其值最接近（   ）。

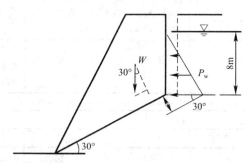

(A) 1027kN/m   (B) 1238kN/m   (C) 1330kN/m   (D) 1430kN/m

答案：A

解答过程：

根据《铁路工程不良地质勘察规程》TB 10027—2022 附录 A：

(1) 裂隙水压力：$v = \frac{1}{2}\gamma_w Z_w^2 = \frac{1}{2} \times 10 \times 8^2 = 320$kN/m

(2) 下滑力：$T = W\sin\beta + v\cos\beta = 1500 \times \sin30° + 320 \times \cos30° = 1027$kN/m

第四十四章　铁路工程特殊岩土勘察规程

《铁路工程特殊岩土勘察规程》TB 10038—2022 在整个岩土考试中属于偏门规范，历年真题较少，且主要集中在软土及冻土两个考点上，其他知识点大致了解一下即可。

第一节　软　　土

——《铁路工程特殊岩土勘察规程》第 7.1.4 条

软土的分类及其物理力学指标

指标		软黏性土	淤泥质土	淤泥	泥炭质土	泥炭
有机质含量（W_u）	%	$W_u<3$	$3{\leqslant}W_u{\leqslant}10$		$10{\leqslant}W_u{\leqslant}60$	$W_u>60$
天然孔隙比（e）	—	$e{\geqslant}1.0$	$1.0{\leqslant}e{\leqslant}1.5$	$e>1.5$	$e>3$	$e>10$
天然含水率（w）	%		$w{\geqslant}w_L$		$w{\gg}w_L$	
渗透系数（k）	cm/s		$k<10^{-6}$		$k<10^{-3}$	$k<10^{-2}$
压缩系数（$a_{0.1\sim0.2}$）	MPa^{-1}		$a_{0.1\sim0.2}{\geqslant}0.5$		—	
不排水抗剪强度（c_u）	kPa		$c_u<30$		$c_u<10$	
静力触探比贯入阻力（P_s）	kPa			$P_s<700$		
静力触探端阻（q_c）	kPa			$q_c<600$		
标准贯入试验锤击数（N）	击	$N<4$		$N<2$		
十字板剪切强度（S_v）	kPa			$\mu S_v<30$		
土类指数（I_D）	—			$I_D<0.35$		

【表注】表中 μ 为修正系数：当 $I_P{\leqslant}20$ 时，$\mu=1.0$；当 $20<I_P{\leqslant}40$ 时，$\mu=0.9$。

第二节　冻　　土

——《铁路工程特殊岩土勘察规程》第 9.5.5 条、第 D.0.1 条

一、融化下沉系数

$$\delta_0=\frac{h_1-h_2}{h_1}\times100\%$$

二、多年冻土地基的平均冻胀率

$$\eta=\frac{\Delta z}{h-\Delta z}\times100\%$$

$$Z_d=h-\Delta z$$

式中：η——冻土层的平均冻胀率；

Δz——地表冻胀量（mm）；

Z_d——设计冻深（mm）；

h——冻结土层厚度（mm）。

设计冻深 Z_d 可按下式计算：

$$Z_d = \psi_{zs} \cdot \psi_{zw} \cdot \psi_{zc} \cdot \psi_{zt0}$$

式中：ψ_{zs}、ψ_{zw}、ψ_{zc}、ψ_{zt0}——各冻深影响系数，按规范表 D.0.1 查取。

项目	1				2					3			4		
	ψ_{zs}				ψ_{zw}					ψ_{zc}			ψ_{zt0}		
	土质（岩性）影响				湿度（冻胀性）影响					周围环境影响			地形影响		
内容	黏性土	细砂、粉砂、粉土	中砂、粗砂、砾砂	碎石土	不冻胀	弱冻胀	冻胀	强冻胀	特强冻胀	村镇旷野	城市近郊	城市市区	平坦	阳坡	阴坡
ψ	1.00	1.20	1.30	1.40	1.00	0.95	0.90	0.85	0.80	1.00	0.95	0.90	1.00	0.90	1.10

【小注】① 土的"湿度（冻胀性）影响"一项，见《铁路工程地质勘察规范》TB 10012—2019 表 F.0.1 "季节冻土与季节融化层土的冻胀性分级"。

② "周围环境影响"一项，按下述取用：城市市区人口 20 万～50 万人，只考虑城市市区的影响；50 万～100 万人，应考虑 5～10km 的近郊范围；＞100 万人，尚应考虑 10～20km 的近郊范围。

三、盐渍化多年冻土的盐渍度

$$\zeta = \frac{m_g}{g_d} \times 100\%$$

式中：ζ——多年冻土的盐渍度；

m_g——冻土中含易溶盐的质量（g）；

g_d——土骨架质量（g）。

四、泥炭化多年冻土的泥炭化程度

$$\xi = \frac{m_p}{g_d} \times 100\%$$

式中：ξ——多年冻土的泥炭化程度；

m_p——冻土中含植物残渣和泥炭的质量（g）；

g_d——土骨架质量（g）。

多年冻土的含水率与融沉等级对照表

多年冻土的类型	土的名称	总含水率 w_A（%）	融化后的潮湿程度	融化下沉系数 δ_0	融沉等级	融沉类别
少冰冻土	碎石类土、砾、粗、中砂（粉黏粒质量小于 15%）	$w_A < 10$	潮湿	$\delta_0 \leq 1$	I	不融沉
	碎石类土、砾、粗、中砂（粉黏粒质量大于 15%）	$w_A < 12$	稍湿			
	细砂、粉砂	$w_A < 14$				
	粉土	$w_A < 17$				
	黏性土	$w_A < w_P$	坚硬			

续表

多年冻土的类型	土的名称	总含水率 w_A（%）	融化后的潮湿程度	融化下沉系数 δ_0	融沉等级	融沉类别
多冰冻土	碎石类土、砾、粗、中砂（粉黏粒质量小于15%）	$10 \leqslant w_A < 15$	饱和	$1 < \delta_0 \leqslant 3$	II	弱融沉
	碎石类土、砾、粗、中砂（粉黏粒质量大于15%）	$12 \leqslant w_A < 15$	潮湿			
	细砂、粉砂	$14 \leqslant w_A < 18$				
	粉土	$17 \leqslant w_A < 21$				
	黏性土	$w_P \leqslant w_A < w_P + 4$	硬塑			
富冰冻土	碎石类土、砾、粗、中砂（粉黏粒质量小于15%）	$15 \leqslant w_A < 25$	饱和出水（出水量小于10%）	$3 < \delta_0 \leqslant 10$	III	融沉
	碎石类土、砾、粗、中砂（粉黏粒质量大于15%）		饱和			
	细砂、粉砂	$18 \leqslant w_A < 28$				
	粉土	$21 \leqslant w_A < 32$				
	黏性土	$w_P + 4 \leqslant w_A < w_P + 15$	软塑			
饱冰冻土	碎石类土、砾、粗、中砂（粉黏粒质量小于15%）	$25 \leqslant w_A < 44$	饱和出水（出水量小于10%）	$10 < \delta_0 \leqslant 25$	IV	强融沉
	碎石类土、砾、粗、中砂（粉黏粒质量大于15%）		饱和			
	细砂、粉砂	$28 \leqslant w_A < 44$				
	粉土	$32 \leqslant w_A < 44$				
	黏性土	$w_P + 15 \leqslant w_A < w_P + 35$	软塑			
含土冰层	碎石土类、砂类土、粉土	$w_A \geqslant 44$	饱和出水（出水量10%~20%）	$\delta_0 > 25$	V	融陷
	黏性土	$w_A \geqslant w_P + 35$	流塑			
纯冰层	厚度大于25cm或间隔2~3cm冰层累计超过25cm					

【小注】① 总含水率包括冰和未冻水；

② 盐渍化冻土、泥炭化冻土、腐殖土、高塑性黏土不在表列；

③ w_P 为塑限含水率。

季节冻土与多年冻土季节融化土层具有夏季融化下沉、秋冬季再次冻结时体积膨胀的特性。

季节冻土与多年冻土季节融化土层的冻胀性分级划分表

土的类别	冻前天然含水率 w（%）	冻结期间地下水位距冻结面的最小距离 h_w(m)	平均冻胀率 η(%)	冻胀等级	冻胀类别
碎（卵）石、砾砂、粗砂、中砂（粒径小于0.075mm颗粒含量均不大于15%）、细砂（粒径小于0.075mm颗粒含量均不大于10%）	不饱和	不考虑	$\eta \leqslant 1$	I	不冻胀
	饱和含水	无隔水层时	$1 < \eta \leqslant 3.5$	II	弱冻胀
	饱和含水	有隔水层时	$\eta > 3.5$	III	冻胀

续表

土的类别	冻前天然含水率 w（%）	冻结期间地下水位距冻结面的最小距离 h_w(m)	平均冻胀率 η（%）	冻胀等级	冻胀类别
碎（卵）石、砾砂、粗砂、中砂（粒径小于 0.075mm 颗粒含量均大于 15%）、细砂（粒径小于 0.075mm 颗粒含量均大于 10%）	$w \leqslant 12$	>1.0	$\eta \leqslant 1$	I	不冻胀
		$\leqslant 1.0$	$1 < \eta \leqslant 3.5$	II	弱冻胀
	$12 < w \leqslant 18$	>1.0			
		$\leqslant 1.0$	$3.5 < \eta \leqslant 6$	III	冻胀
	$w > 18$	>0.5			
		$\leqslant 0.5$	$6 < \eta \leqslant 12$	IV	强冻胀
粉砂	$w \leqslant 14$	>1.0	$\eta \leqslant 1$	I	不冻胀
		$\leqslant 1.0$	$1 < \eta \leqslant 3.5$	II	弱冻胀
	$14 < w \leqslant 19$	>1.0			
		$\leqslant 1.0$	$3.5 < \eta \leqslant 6$	III	冻胀
	$19 < w \leqslant 23$	>1.0			
		$\leqslant 1.0$	$6 < \eta \leqslant 12$	IV	强冻胀
	$w > 23$	不考虑	$\eta > 12$	V	特强冻胀
粉土	$w \leqslant 19$	>1.5	$\eta \leqslant 1$	I	不冻胀
		$\leqslant 1.5$	$1 < \eta \leqslant 3.5$	II	弱冻胀
	$19 < w \leqslant 22$	>1.5			
		$\leqslant 1.5$	$3.5 < \eta \leqslant 6$	III	冻胀
	$22 < w \leqslant 26$	>1.5			
		$\leqslant 1.5$	$6 < \eta \leqslant 12$	IV	强冻胀
	$26 < w \leqslant 30$	>1.5			
		$\leqslant 1.5$	$\eta > 12$	V	特强冻胀
	$w > 30$	不考虑			
黏性土	$w \leqslant w_P + 2$	>2.0	$\eta \leqslant 1$	I	不冻胀
		$\leqslant 2.0$	$1 < \eta \leqslant 3.5$	II	弱冻胀
	$w_P + 2 < w \leqslant w_P + 5$	>2.0			
		$\leqslant 2.0$	$3.5 < \eta \leqslant 6$	III	冻胀
	$w_P + 5 < w \leqslant w_P + 9$	>2.0			
		$\leqslant 2.0$	$6 < \eta \leqslant 12$	IV	强冻胀
	$w > w_P + 9$	>2.0			
	$w \leqslant w_P + 15$	$\leqslant 2.0$	$\eta > 12$	V	特强冻胀
	$w > w_P + 15$	不考虑			

【小注】① η 为地表冻胀量与冻层厚度减地表冻胀量之比；
② w_P 为塑限含水率；w 为冻前天然含水率在冻层内的平均值（%）；
③ 盐渍化冻土不在表列；
④ $I_P > 22$ 时，冻胀性降低一级（重点关注）；
⑤ 碎石类土当充填物大于全部质量的 40% 时，其冻胀性按填充土的类别判定；
⑥ 小于 0.005mm 的粒径含量大于 60% 时，为微冻胀土；
⑦ 隔水层指季节冻结层底部及以上的隔水层。

【8-41】（2003D29）铁路路基通过多年冻土区，地基土为粉质黏土，相对密度（比重）为 2.7，质量密度 ρ 为 2.0g/cm³，冻土总含水量 w_0 为 40%，冻土起始融沉含水率 w 为

21%，塑限含水率 w_p 为 20%，根据《铁路工程特殊岩土勘察规程》TB 10038—2022，则该段多年冻土融沉系数 δ_0 及融沉等级符合（　　）。

(A) 11.4（Ⅳ）　　(B) 13.5（Ⅳ）　　(C) 14.3（Ⅳ）　　(D) 29.3（Ⅴ）

答案：B

解答过程：

根据《铁路工程特殊岩土勘察规程》TB 10038—2022 第 9.5.5 条及附录 C：

(1) $e_1 = \dfrac{G_s(1+0.01w_1)}{\rho} - 1 = \dfrac{2.7 \times (1+0.4)}{2} - 1 = 0.890$

$\qquad e_2 = \dfrac{G_s(1+0.01w_2)}{\rho} - 1 = \dfrac{2.7 \times (1+0.21)}{2} - 1 = 0.6335$

(2) $\delta_0 = \dfrac{h_1 - h_2}{h_1} \times 100\% = \dfrac{e_1 - e_2}{1 + e_1} \times 100\% = \dfrac{0.890 - 0.6335}{1 + 0.890} \times 100\% = 13.57\%$

查规范附录表 C.0.1，$10 < \delta_0 < 25$，融沉等级为Ⅳ级。

【小注岩土点评】

① 本题已经明确参考规范，可直接查找到对应位置。

② δ_0 按现行规范公式 $\delta_0 = \dfrac{h_1 - h_2}{h_1} \times 100\%$ 计算，而题干中没有明显的高度，因此需进一步转换，题干中含有 ρ、w_0、G_s，考生应很快联想到求解 e 的公式，将高度与 e 联系起来。

【8-42】（2011D25）某多年冻土地基冻土层冻后的实测厚度为 2.0m，冻前原地面标高为 195.426m，冻后实测地面标高为 195.586m，按《铁路工程特殊岩土勘察规程》TB 10038—2022 确定该土层平均冻胀率最接近（　　）。

(A) 7.1%　　(B) 8.0%　　(C) 8.7%　　(D) 9.2%

答案：C

解答过程：

根据《铁路工程特殊岩土勘察规程》TB 10038—2022 附录 D：

① $\Delta h = 195.586 - 195.426 = 0.16$ m

② $\eta = \dfrac{0.16}{2.0 - 0.16} \times 100\% = 8.7\%$

【小注岩土点评】

① 平均冻胀率是多年冻土冻胀性分级的重要指标，其值为冻胀量和冻前土层厚度的比值。

② 题目中是冻土层冻后的实测厚度，减去冻胀量，才是冻前的土层厚度。

【8-43】（2016D24）某多年冻土层为黏性土，冻结土层厚度为 2.5m，地下水埋深为 3.2m，地表标高为 194.75m，已测得地表冻涨前标高为 194.62m，土层冻前天然含水率 $w=27\%$，塑限 $w_P = 23\%$，液限 $w_L = 46\%$。根据《铁路工程特殊岩土勘察规程》TB 10038—2022，该土层的冻胀类别为下列哪个选项？

(A) 不冻胀　　(B) 弱冻胀　　(C) 冻胀　　(D) 强冻胀

答案：B

解答过程：

根据《铁路工程特殊岩土勘察规程》TB 10038—2022 附录 D：

(1) 黏性土：$w_p+2<w<w_p+5$，$h_w=3.2-2.5=0.7\mathrm{m}<2\mathrm{m}$

(2) $\eta=\dfrac{194.75-194.62}{2.5-(194.75-194.62)}\times100\%=5.5\%$，冻胀等级为Ⅲ级，冻胀类别为冻胀。

(3) $I_p=w_L-w_P=46-23=23>22$，冻胀性降低一级，调整为Ⅱ级，为弱冻胀。

【小注岩土点评】

①塑性指数大于 22 时，冻胀性降低一级。

②计算地下水位距离冻结面的距离。

第九篇 地震工程

地震工程在各行各业中均有相应的规范，有很多共同的地方，但也各有特点，本篇将主要依据《建筑抗震设计规范（2016年版）》GB 50011—2010（以下简称《抗规》）、《公路工程抗震规范》JTG B02—2013和《水电工程水工建筑物抗震设计规范》NB 35047—2015进行编写。

本篇内容涉及三本规范，内容相对较杂，由于地震理论较难理解，在学习本篇内容时主要以规范给定的结论为主。本篇内容涉及的题型相对较为固定，知识点集中，该部分每年大概有4~5题，得分较为容易。

地震工程历年真题情况表

类别	历年出题数量	占地震工程比重	占历年真题比重
场地类别划分	16	16.5%	7.25% 2002—2023年总题目共计1260题，其中地震工程占87题 （2015年未举行考试）
特征周期和地震影响系数	29	29.9%	
地震作用	11	11.3%	
液化判别	25	25.8%	
天然地基、桩基抗震承载力	16	16.5%	

地震工程历年真题考点统计表

年份	《建筑抗震设计规范（2016年版）》GB 50011—2010				公铁桥涵	《中国地震动参数区划图》GB 18306—2015及《水电工程水工建筑物抗震设计规范》NB 35047—2015	合计
	场地类别	反应谱	液化判别	地基抗震			
2016年	1	2	1道液化指数		1道反应谱		5
2017年			1道液化指数		1道反应谱		2
2018年	2	1	1道液化指数			1道反应谱	5
2019年		1				1道反应谱	2
2020年		1	1道液化指数				3
2021年	1	1	1道液化指数			1道反应谱	4
2022年		1	1道液化指数	1道地基抗震承载力		1道场地类别	4
2023年	1	1	1道液化指数		1道反应谱		4

注：表格空白处为未考查。

本篇涉及的主要规范及相关教材有：

《中国地震动参数区划图》GB 18306—2015

《建筑抗震设计规范（2016年版）》GB 50011—2010

《公路工程抗震规范》JTG B02—2013

《水电工程水工建筑物抗震设计规范》NB 35047—2015

《公路工程地质勘察规范》JTG C20—2011

《工程地质手册》（第五版）

第四十五章　建筑抗震设计规范

第一节　基本规定

1. 抗震设防烈度

按国家规定的权限批准作为一个地区抗震设防依据的地震烈度。一般情况，取50年内超越概率10%的地震烈度（基本烈度）。抗震设防烈度是一个地区的设防依据，不能随意提高或降低。（《抗规》第2.1.1条及条文说明）

2. 抗震设防标准

衡量抗震设防要求高低的尺度，由抗震设防烈度或设计地震动参数及建筑抗震设防类别确定。规范规定的设防标准是最低的要求，具体工程的设防标准可按业主要求提高。（《抗规》第2.1.2条及条文说明）

3. 抗震设防分类

建筑应根据其使用功能的重要性分为甲类、乙类、丙类、丁类四个抗震设防类别。甲类、乙类、丙类、丁类分别对应为特殊设防类、重点设防类、标准设防类、适度设防类的简称。（《抗规》第3.1.1条及条文说明）

地震分类	地震概率密度	重现期	地震烈度	设防水准
多遇地震	50年内超越概率约为63%的地震烈度	重现期50年	第一水准烈度	小震不坏
（基本）设防地震	50年内超越概率约为10%的地震烈度	重现期475年	第二水准烈度	中震可修
罕遇地震	50年内超越概率约为2%～3%的地震烈度	重现期1600～2400年	第三水准烈度	大震不倒

4. 设计基本地震加速度

50年设计基准期超越概率10%的地震加速度的设计取值。（《抗规》第2.1.6条）

抗震设防烈度和设计基本地震加速度值的对应关系

抗震设防烈度	6度	7度		8度		9度
设计基本地震加速度值	0.05g	0.10g	0.15g	0.20g	0.30g	0.40g

5. 设计特征周期

抗震设计用的地震影响系数曲线中，反映地震震级、震中距和场地类别等因素的下降段起始点对应的周期值。应根据建筑所在地的设计地震分组和场地类别确定。（《抗规》第2.1.7条、第3.2.3条）

6. 设计地震分组

根据震源机制、震级、震中距对地震进行分组，《抗规》将设计地震分为三组，为第一、二、三组。（《抗规》附录A）

7. 地震作用

抗震设计时，结构所承受的"地震力"实际上是由于地震地面运动引起的动态作用，包括地震加速度、速度和动位移的作用，按照国家标准《工程结构设计基本术语标准》GB/T 50083—2014 的规定，属于间接作用，不可称为"荷载"，应称为"地震作用"。包括水平地震作用和竖向地震作用。（《抗规》第5.1.1条及条文说明）

8. 地震影响系数

综合考虑了地震烈度、结构物自振周期以及场地土条件的影响，用于计算作用在结构物上的地震力的系数，包括水平地震影响系数和竖向地震影响系数。建筑结构的地震影响系数应根据烈度、场地类别、设计地震分组和结构自振周期以及阻尼比确定。特定建筑结构的地震影响系数可根据地震影响系数曲线计算求得。（《抗规》第5.1.4条、第5.1.5条）

9. 地震动参数区划

以地震动参数（地震动峰值加速度和地震动反应谱特征周期）为指标，将国土划分为不同抗震设防要求的区域。

10. 地基土液化

地震时，覆盖土层内孔隙水压急剧上升，一时难以消散，导致土体抗剪强度大幅度降低的现象。多发生在饱和砂土和饱和粉土中，常伴生喷水、冒砂以及构筑物沉陷、倾倒等现象。

第二节　场地类别划分

场地类别划分主要由3步进行：（1）确定覆盖层厚度；（2）计算等效剪切波速；（3）查表划分场地类别。

一、建筑场地的覆盖层厚度 d_{ov} 的确定

——《建筑抗震设计规范（2016年版）》第4.1.4条

建筑场地覆盖层厚度的确定

情况描述	计算图示
一般情况下，应按地面至剪切波速大于500m/s且其下卧各层岩土的剪切波速均不小于500m/s的土层顶面的距离确定	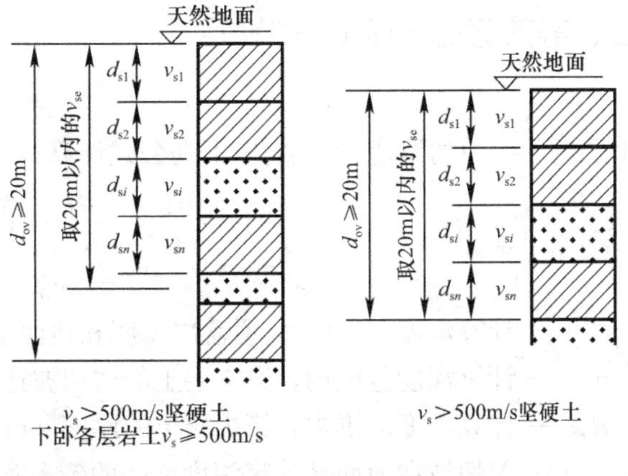

续表

情况描述	计算图示
当地面5m以下存在剪切波速大于其上部各土层剪切波速2.5倍的土层，且该层及其下卧各层岩土的剪切波速均不小于400m/s时，可按地面至该土层顶面距离确定	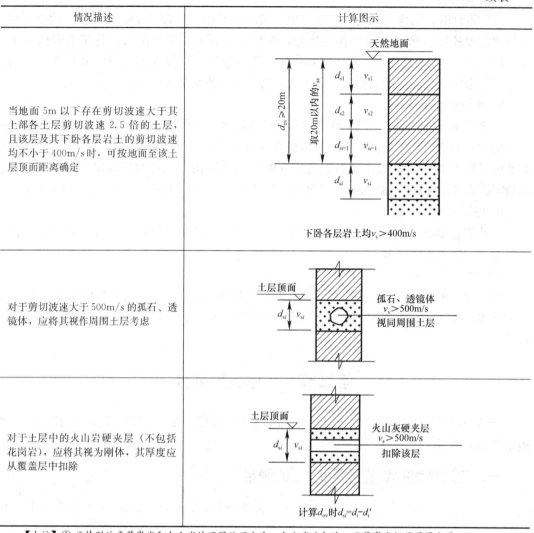
对于剪切波速大于500m/s的孤石、透镜体，应将其视作周围土层考虑	
对于土层中的火山岩硬夹层（不包括花岗岩），应将其视为刚体，其厚度应从覆盖层中扣除	

【小注】① 应特别注意花岗岩和火山岩的不同处理方法，火山岩应扣除，而花岗岩视同周围土层；
② 覆盖层厚度应从地面开始算；
③ 火山岩硬夹层，一般包括：玄武岩、珍珠岩、安山岩、流纹岩、黑曜岩等。

二、等效剪切波速 v_{se} 的确定

——《建筑抗震设计规范（2016年版）》第4.1.5条

土层的等效剪切波速 v_{se}，应按下列公式计算：

$$v_{se} = \frac{d_0}{t} = \frac{d_0}{\sum\limits_{i=1}^{n} \dfrac{d_i}{v_{si}}} \ (\text{m/s})$$

式中：d_0——计算深度（m），取覆盖层厚度和地面下20m深度二者中小值；

v_{si}——计算深度范围内，第 i 层土的剪切波速（m/s），注意孤石、透镜体处理；

d_i——计算深度范围内，第 i 层土的厚度（m），注意火山岩硬夹层需扣除；

t——剪切波在地面至计算深度之间的传播时间。

三、场地类别的划分

——《建筑抗震设计规范（2016 年版）》第 4.1.6 条

建筑场地的类别，应根据土层等效剪切波速和场地覆盖层厚度按下表进行确定：

各类建筑场地的覆盖层厚度（m）

岩石剪切波速 v_s 或土层等效剪切波速 v_{se}（m/s）	场地类别				
	I_0	I_1	II	III	IV
$v_s > 800$	0	—	—	—	—
$800 \geqslant v_s > 500$	—	0	—	—	—
$500 \geqslant v_{se} > 250$	—	<5	≥5	—	—
$250 \geqslant v_{se} > 150$	—	<3	3～50	>50	—
$v_{se} \leqslant 150$	—	<3	3～15	15～80	>80

四、根据场地类别估算剪切波速

——《建筑抗震设计规范（2016 年版）》第 4.1.3 条

对于丁类建筑及丙类建筑中层数不超过 10 层、高度不超过 24m 的多层建筑，当无实测剪切波速时，可根据岩土名称和性状，按下表划分土的类型，再利用当地经验按下表的剪切波速范围估算各土层的剪切波速。

土的类型划分和剪切波速范围

土的类型	岩土名称和性状	土层剪切波速范围（m/s）
岩石	坚硬、较坚硬且完整的岩石	$v_s > 800$
坚硬土或软质岩石	破碎和较破碎的岩石或软和较软的岩石；密实的碎石土	$800 \geqslant v_s > 500$
中硬土	中密、稍密的碎石土；密实、中密的砾、粗、中砂；$f_{ak} > 150$kPa 的黏性土和粉土；坚硬黄土	$500 \geqslant v_s > 250$
中软土	稍密的砾、粗、中砂，除松散外的细、粉砂；$f_{ak} \leqslant 150$kPa 的黏性土和粉土；$f_{ak} > 130$kPa 的填土；可塑新黄土	$250 \geqslant v_s > 150$
软弱土	淤泥和淤泥质土；松散的砂；新近沉积的黏性土和粉土；$f_{ak} \leqslant 130$kPa 的填土；流塑黄土	$v_s \leqslant 150$

【小注】① f_{ak} 为由载荷试验等方法得到的地基承载力特征值（kPa）；v_s 为岩土剪切波速。

② 剪切波速也可以根据波速试验进行计算，此部分内容，读者可参看《工程地质手册》（第五版）P305～P312 自行学习。

五、建筑场地的抗震类别

——《建筑抗震设计规范（2016 年版）》第 4.1.1 条

选择建筑场地时，应根据工程需要和地震活动情况、工程地质和地形地貌的情况，将建筑场地划分为：有利、一般、不利和危险地段。其划分见下表：

有利、一般、不利和危险地段划分

地段类别	地质、地形、地貌
有利地段	稳定基岩；坚硬土；开阔、平坦、密实、均匀的中硬土等
一般地段	不属于有利、不利和危险的地段

不利地段	软弱土；液化土；条状突出的山嘴（包括岩石和土体山嘴）、高耸孤立的山丘（包括岩石和土体山丘）、陡坡、陡坎、河岸和边坡的边缘；平面分布上成因、岩性、状态明显不均匀的土层（含古河道、疏松的断层破碎带、暗埋的塘浜沟谷和半填半挖地基）；高含水量的可塑黄土；地表存在结构性裂缝等
危险地段	地震时可能发生滑坡、崩塌、地陷、泥石流等及发震断裂带上可能发生地表位错的部位

【9-1】（2006C29）已知某建筑场地土层分布见下表，为了按《建筑抗震设计规范（2016 年版）》GB 50011—2010 划分抗震类别，测量土层剪切波速的钻孔深度应达到下列（ ），并说明理由。

层序	岩土名称和性状	层厚（m）	层底深度（m）
1	填土 $f_{ak}=150kPa$	5	5
2	粉质黏土 $f_{ak}=200kPa$	10	15
3	稍密粉细砂	15	30
4	稍密至中密圆砾	30	60
5	坚硬稳定基岩	—	—

（A）15m   （B）20m   （C）30m   （D）60m

答案：B

解答过程：

根据《建筑抗震设计规范（2016 年版）》GB 50011—2010 第 4.1.3～4.1.6 条：

场地覆盖层厚度为 60m，划分场地类别时，等效剪切波速计算深度取覆盖层厚度和 20m 两者中的较小值，因此，测试钻孔深度应达到 20m。

【9-2】（2006D05）某 10～18 层的高层建筑场地，抗震设防烈度为 7 度。地形平坦，非岸边和陡坡地段，基岩为粉砂岩和花岗岩，岩面起伏很大，土层等效剪切波速为 180m/s，勘察发现有一走向 NW 的正断层，见有微胶结的断层角砾岩，不属于全新世活动断裂，判别该场地对于建筑抗震属于（ ）类别，并简单说明判定依据。

（A）有利地段   （B）不利地段

（C）危险地段   （D）可进行建设的一般场地

答案：D

解答过程：

根据《建筑抗震设计规范（2016 年版）》GB 50011—2010 第 4.1.1 条：

（1）基岩起伏大，非稳定基岩面，不属于有利地段；

（2）地形平坦，非岸边及陡坡地段，不属于不利地段；

（3）断层角砾层有胶岩，不属于全新世活动断裂，非危险地段；综合判定，该场地为可进行建设的一般场地。

【9-3】（2008C28）某 8 层丙类建筑高 24m。已知场地地基土层的埋深及性状见下表，则该建筑的场地类别可划分为（ ）的结果，并说明理由。

层序	岩土名称	层底深度（m）	性状	f_{ak}（kPa）
①	填土	1.0	—	120
②	黄土	7.0	可塑	160
③	黄土	8.0	流塑	100
④	粉土	12.0	中密	150

续表

层序	岩土名称	层底深度（m）	性状	f_{ak}（kPa）
⑤	细砂	18.0	中密-密实	200
⑥	中砂	30.0	密实	250
⑦	卵石	40.0	密实	500
⑧	基岩	—	—	—

（A）Ⅱ类　　　　（B）Ⅲ类　　　　（C）Ⅳ类　　　　（D）无法确定

答案：A

解答过程：

根据《建筑抗震设计规范（2016 年版）》GB 50011—2010 第 4.1 节：

（1）两类建筑层数不超过 10 层、高度不超过 24m 的多层建筑，可根据经验估算各土层的剪切波速，根据经验估算各层剪切波速如下：

①层 $v_{s1}=150\text{m/s}$

②层 $v_{s2}=180\text{m/s}$

③层 $v_{s3}=100\text{m/s}$

④层 $v_{s4}=200\text{m/s}$

⑤层 $v_{s5}=250\text{m/s}$

⑥层 $v_{s6}=300\text{m/s}$

（2）场地覆盖层厚度为 30m＞20m，取计算厚度为 20m。

（3）$v_{se}=\dfrac{20}{\dfrac{1}{150}+\dfrac{6}{180}+\dfrac{1}{100}+\dfrac{4}{200}+\dfrac{6}{250}+\dfrac{2}{300}}=198.7\text{m/s}$

场地类别为Ⅱ类。

【小注岩土点评】

工程勘察中，根据 f_{ak} 估算 v_s 的方法：一般 v_s 数值比 f_{ak} 数值要大 0～50，f_{ak} 越小（土质越差），差值越小，当 $f_{ak} \geq 150\text{kPa}$ 时，可取 $v_s=f_{ak}+50$。

【9-4】（2011C28）某场地的钻孔资料和剪切波速测试结果见下表，按《建筑抗震设计规范》GB 50011—2010 确定的场地覆盖层厚度和计算得出的土层等效剪切波速 v_{se} 与（　　）最为接近。

土层序号	土层名称	层底深度（m）	剪切波速（m/s）
①	粉质黏土	2.5	160
②	粉细砂	7.0	200
③₁	残积土	10.5	260
③₂	孤石	12.0	700
③₃	残积土	15.0	420
④	强风化基岩	20.0	550
⑤	中风化基岩	—	—

（A）10.5m；200m/s　　　　（B）13.5m；225m/s

（C）15.0m；235m/s　　　　（D）15.0m；250m/s

答案：C

解答过程：

根据《建筑抗震设计规范（2016年版）》GB 50011—2010第4.1.4条、第4.1.5条：

（1）覆盖层厚度取至③₃，深度为15m。

（2）将孤石③₂视为残积土③₁，计算其剪切波速：

$$v_{se} = \frac{d_0}{\sum\limits_{i=1}^{n}\left(\dfrac{d_i}{v_{si}}\right)} = \frac{15}{\dfrac{2.5}{160} + \dfrac{4.5}{200} + \dfrac{5}{260} + \dfrac{3}{420}} = 232.6\text{m/s}$$

（3）将孤石③₂视为残积土③₃，计算其剪切波速：

$$v_{se} = \frac{d_0}{\sum\limits_{i=1}^{n}\left(\dfrac{d_i}{v_{si}}\right)} = \frac{15}{\dfrac{2.5}{160} + \dfrac{4.5}{200} + \dfrac{3.5}{260} + \dfrac{4.5}{420}} = 240.8\text{m/s}$$

【小注岩土点评】

根据《建筑抗震设计规范（2016年版）》GB 50011—2010第4.1.4条，在判断覆盖层厚度时，剪切波速大于500m/s的孤石、透镜体，应视同周围土层，题目中只有一个钻孔，无法真实反映土层分布，把孤石分别视为其上及其下两种土层，分别计算等效剪切波速，按不利考虑。

【9-5】（2013D29）某建筑场地设计基本地震加速度为0.2g，设计地震分组为第二组，土层柱状分布及实测剪切波速见下表，则该场地的特征周期最接近（　　　）。

层序	岩土名称	层厚 d_i（m）	层底深度（m）	实测剪切波速 v_{si}（m/s）
1	填土	3.0	3.0	140
2	淤泥质粉质黏土	5.0	8.0	100
3	粉质黏土	8.0	16.0	160
4	卵石	15.0	31.0	480
5	基岩	—	—	>500

（A）0.30s　　　（B）0.40s　　　（C）0.45s　　　（D）0.55s

答案：D

解答过程：

根据《建筑抗震设计规范（2016年版）》GB 50011—2010：

（1）第4.1.4条第2款，确定场地覆盖层厚度为16m。

（2）第4.1.5条，土层的等效剪切波速，$v_{se} = \dfrac{d_0}{\sum\limits_{i=1}^{n}(d_i/v_{si})} = \dfrac{16}{\dfrac{3}{140} + \dfrac{5}{100} + \dfrac{8}{160}} = 131.8\text{m/s}$

（3）第4.1.6条表4.1.6，确定场地类别为Ⅲ类。

（4）第5.1.4条表5.1.4-2，$T_g = 0.55\text{s}$。

【9-6】（2014C29）某场地地层结构如下图所示，拟采用单孔法进行剪切波速测试，激振板长2m，宽0.3m，其内侧边缘距孔口2m，触发传感器位于激振板中心；将三分量检波器放入钻孔内地面下2m深度时，实测波形图上显示剪切波初至时间为29.4ms。已知土层②～④和基岩的剪切波速如下图所示，试按《建筑抗震设计规范（2016年版）》GB 50011—2010计算土层的等效剪切波速，其值最接近下列哪项数值？

（A）109m/s　　　（B）131m/s　　　（C）142m/s　　　（D）154m/s

答案：B

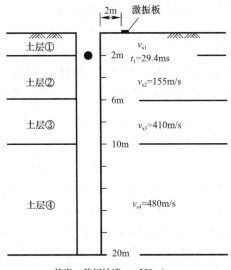

基岩，剪切波速 $v_{s5} > 550 \mathrm{m/s}$

解答过程：

（1）根据《工程地质手册》（第五版），计算第①层土的剪切波速 v_1 为：

$$v_1 = \frac{\sqrt{2^2 + (2 + 0.3 / 2)^2}}{29.4 \times 10^{-3}} = 99.88 \mathrm{m/s}$$

（2）根据《建筑抗震设计规范（2016 年版）》GB 50011—2010 第 4.1.4 条第 2 款，当地面 5m 以下存在剪切波速大于其上部各土层剪切波速 2.5 倍的土层，且该层及其下卧各层岩土的剪切波速均不小于 400m/s 时，可按地面至该土层顶面的距离确定。③层剪切波速大于其上①层、②层土的剪切波速的 2.5 倍，且其下卧第④层土基岩的剪切波速均大于 400m/s，所以覆盖层厚度取至③层顶面，即为 6m。

（3）根据《建筑抗震设计规范（2016 年版）》GB 50011—2010 第 4.1.5 条，等效剪切波速为：$v_{se} = \dfrac{6}{\dfrac{2}{99.88} + \dfrac{4}{155}} = 130.92 \mathrm{m/s}$

【小注岩土点评】

本题激发点距离孔口距离较小，因此可以直接采用斜距计算土层①的剪切波速。但是如果激发点距孔口距离较大时，测试深度又比较浅时，应根据《工程地质手册》（第五版），进行斜距修正。本题需要采用《工程地质手册》（第五版）及《建筑抗震设计规范（2016 年版）》GB 50011—2010 联合作答。

【9-7】（2016C27）某建筑场地勘察资料见下表，按照《建筑抗震设计规范（2016 年版）》GB 50011—2010 的规定，土层的等效剪切波速最接近下列哪个选项？

土层名称	层底埋深（m）	剪切波速 v_{si}（m/s）
粉质黏土①	2.5	180
粉土②	4.5	220
玄武岩③	5.5	2500
细中砂④	20	290
基岩⑤	—	＞500

(A) 250m/s (B) 260m/s (C) 270m/s (D) 280m/s

答案：B

解答过程：

根据《建筑抗震设计规范（2016 年版）》GB 50011—2010：

(1) 第 4.1.4 条第 4 款，玄武岩为火山硬夹层，需要扣除，所以覆盖层厚度取为 19m。

(2) 第 4.1.5 条，$v_{se}=\dfrac{19}{\dfrac{2.5}{180}+\dfrac{2}{220}+\dfrac{14.5}{290}}=260\text{m/s}$

【小注岩土点评】

① 根据《建筑抗震设计规范（2016 年版）》GB 50011—2010 第 4.1.4 条，硬夹层需要扣除，需要注意的是，扣除后的覆盖层厚度为 19m，在计算等效剪切波速时，分子部分 d_0 的取值，实质上是取覆盖层厚度 19m 与（20−1）m 的小值，即在计算等效剪切波速时，规范规定的覆盖层厚度与 20m 的小值，其含义为扣除硬夹层的覆盖层厚度与地下 20m 范围内扣除硬夹层厚度的小值。

② 同时需要注意的是分子与分母的土层需要对应起来，火山岩硬夹层不参与计算。

【9-8】（2018C23）某场地钻探及波速测试得到的结果见下表：

层号	岩性	层顶埋深（m）	平均剪切波速 v_s（m/s）
1	淤泥质粉质黏土	0	110
2	砾砂	9.0	180
3	粉质黏土	10.5	120
4	含黏性土碎石	14.5	415
5	强风化流纹岩	22.0	800

试按照《建筑抗震设计规范（2016 年版）》GB 50011 — 2010 计算确定场地类别为下列哪一项？

(A) Ⅰ₁ (B) Ⅱ (C) Ⅲ (D) Ⅳ

答案：C

解答过程：

根据《建筑抗震设计规范（2016 年版）》GB 50011—2010：

(1) 第 4.1.4 条，覆盖层厚度取 22m。

(2) 第 4.1.5 条，$d_0=\min(20,22)=20\text{m}$，计算等效剪切波速：

$$v_{se}=\frac{20}{\dfrac{9}{110}+\dfrac{1.5}{180}+\dfrac{4}{120}+\dfrac{5.5}{415}}=146\text{m/s}$$

(3) 第 4.1.6 条，查表 4.1.6，场地类别为 Ⅲ 类。

【小注岩土点评】

题目为常规考点，但应注意审题，题目表格中给出的是层顶埋深，应注意与层底埋深的区别，覆盖层厚度的判别应注意规范中的用语，判断时应全面考虑，本题中应先考虑《建筑抗震设计规范（2016 年版）》GB 50011—2010 第 4.1.4 条第 2 款，当地面 5m 以下存在剪切波速大于其上部各土层剪切波速 2.5 倍的土层，且该层及其下卧各层岩土的剪切波速均不小于 400m/s 时，可按地面至该土层顶面的距离确定计算厚度的取值，由于第 4 层含黏性土碎石剪切波速为 415m/s，并不大于第 2 层砾砂剪切波速 180m/s 的 2.5 倍（450m/s），故第 4 层含黏性土碎石不能取为覆盖层厚度。

【9-9】（2018D25）某地基采用强夯法处理填土，夯后填土层厚 3.5m，采用多道瞬态面波法检测处理效果，已知实测夯后填土层面波波速见下表，动泊松比均取 0.3，则根据《建筑地基检测技术规范》JGJ 340—2015，估算处理后填土层等效剪切波速最接近下列哪个选项？

深度（m）	0～1	1～2	2～3.5
面波波速（m/s）	120	90	60

（A）80m/s　　　（B）85m/s　　　（C）190m/s　　　（D）208m/s

答案：B

解答过程：

根据《建筑地基检测技术规范》JGJ 340—2015：

（1）第 14.4.3 条，$\eta_s = \dfrac{0.87+1.12\mu_d}{1+\mu_d} = \dfrac{0.87+1.12\times0.3}{1+0.3} = 0.9277$

$$v_{s1} = \frac{120}{0.9277} = 129.35\text{m/s}$$

$$v_{s2} = \frac{90}{0.9277} = 97.01\text{m/s}$$

$$v_{s3} = \frac{60}{0.9277} = 64.68\text{m/s}$$

（2）第 14.4.4 条，$t = \dfrac{1}{v_{s1}} + \dfrac{1}{v_{s2}} + \dfrac{1.5}{v_{s3}} = \dfrac{1}{129.35} + \dfrac{1}{97.01} + \dfrac{1.5}{64.68} = 0.04123\text{s}$

$$v_{se} = \frac{d_0}{t} = \frac{3.5}{0.04123} = 84.89\text{m/s}$$

【小注岩土点评】

本题目考查考生对规范的熟悉程度，计算土层剪切波速前需要先对面波波速进行换算，把面波波速换算为剪切波速，然后再进行等效剪切波速的计算。需要注意的是《建筑地基检测技术规范》JGJ 340—2015 第 14.4.3 条公式（14.4.3-2）错误，考生在复习前需要注意做好相应规范公式的勘误工作。

【9-10】（2020D23）已知某场地处于不同场地类别的分界线附近，设计地震分组为第一组，典型钻孔资料和剪切波速测试结果详见下表，试根据《建筑抗震设计规范（2016 年版）》GB 50011—2010 用插值方法确定场地特征周期 T_g 最接近下列哪个选项？

序号	岩土名称	层底深度（m）	平均剪切波速 v_s（m/s）
1	填土	2.0	135
2	新近沉积粉质黏土	5.0	170
3	粉细砂	10.0	220
4	中粗砂	21.0	340

续表

序号	岩土名称	层底深度（m）	平均剪切波速 v_s（m/s）
5	粉质黏土	29.0	260
6	粗砂	46.0	380
7	卵石	53.0	560
8	基岩	—	800

(A) 0.25s   (B) 0.34s   (C) 0.39s   (D) 0.45s

答案：C

解答过程：

根据《建筑抗震设计规范（2016 年版）》GB 50011—2010：

(1) 第 4.1.4 条，$d_{ov}=46m$，$d_0=\min(46，20)=20m$

(2) 第 4.1.5 条，$v_{se}=\dfrac{20}{\dfrac{2}{135}+\dfrac{3}{170}+\dfrac{5}{220}+\dfrac{10}{340}}=236.4m/s$

(3) 第 4.1.6 条条文说明，可看出 $T_g=0.39s$

【小注岩土点评】

对于特征周期的考查，依然沿用了以前命题的套路，通过覆盖层厚度和等效剪切波速确定场地类别，由地震分组和场地类别确定特征周期，为了挖掘新考点，该题目在特征周期的确定时，考了条文说明的内容，用插值法确定特征周期，规范中虽说是用插值法求特征周期，实质上是肉眼从图中看出来的，非计算出来的。关于用插值法求特征周期，方法很多，有兴趣的同学可以自行查阅论文，方法不同，结果也不同，但对于考试，目前只有肉眼法插值。

【9-11】（2021C24）某建筑工程场地进行了波速测试，场地地层分布特征及波速测试结果见下表，试按《建筑抗震设计规范（2016 年版）》GB 50011—2010 计算场地等效剪切波速并判断场地类别最接近下列哪个选项？

层号	地层名称	层顶深度（m）	剪切波速（m/s）
1	填土	0	110
2	淤泥质粉质黏土	3.5	130
3	粉土	5.0	150
4	含卵石粉质黏土	10.5	160
5	残积土	13.0	220
6	流纹岩	14.5	1200
7	残积土	16.0	220
8	强风化基岩	18.0	530
9	中风化基岩	22.0	—

(A) 152m/s，Ⅱ类   (B) 148m/s，Ⅱ类

(C) 152m/s，Ⅲ类   (D) 148m/s，Ⅲ类

答案：D

解答过程：

根据《建筑抗震设计规范（2016 年版）》GB 50011—2010：

（1）根据第 4.1.4 条，流纹岩属于火山岩硬夹层，覆盖层厚度应扣除流纹岩层厚 1.5m。

$$d_{ov}=18-1.5=16.5m, \quad d_0=\min(16.5, 20)=16.5m$$

（2）根据第 4.1.5 条：

$$v_{se}=\frac{16.5}{\frac{3.5}{110}+\frac{1.5}{130}+\frac{5.5}{150}+\frac{2.5}{160}+\frac{3.5}{220}}=147.9m/s$$

（3）根据第 4.1.6 条表 4.1.6，场地类别为Ⅲ类。

第三节　地震作用计算

地震作用：建筑抗震设计时，结构所承受的"地震惯性力"，实际上是由于地震时地面运动引起的动态作用，属于间接作用，不可称为"荷载"，地震作用包括水平地震作用和竖向地震作用。其计算步骤一般为：①计算地震影响系数；②地震影响系数的修正；③地震作用计算。下面分别做介绍：

一、地震影响系数

——《建筑抗震设计规范（2016 年版）》第 5.1.4 条、第 5.1.5 条

（一）特征周期

设计特征周期是抗震设计用的地震影响系数曲线中，反映地震震级、震中距和场地类别等因素的下降段起始点对应的周期值，简称特征周期。特征周期主要是根据场地类别和设计地震分组进行确定，按下表采用。

设计地震分组	场地类别				
	I_0	I_1	Ⅱ	Ⅲ	Ⅳ
第一组	0.20s	0.25s	0.35s	0.45s	0.65s
第二组	0.25s	0.30s	0.40s	0.55s	0.75s
第三组	0.30s	0.35s	0.45s	0.65s	0.90s

【小注】计算罕遇地震作用时，特征周期应增加 0.05s。

（二）地震影响系数

地震影响系数应根据烈度、场地类别、设计地震分组和结构自振周期以及阻尼比确定。水平向地震影响系数最大值按下表确定。

水平向地震影响系数最大值（α_{hmax}）

地震影响	6 度	7 度		8 度		9 度
	0.05g	0.10g	0.15g	0.20g	0.30g	0.40g
多遇地震	0.04	0.08	0.12	0.16	0.24	0.32
罕遇地震	0.28	0.50	0.72	0.90	1.20	1.40
设防地震	0.12	0.23	0.34	0.45	0.68	0.90

竖向地震影响系数最大值 α_{vmax}：

$$\alpha_{vmax} = 0.65 \times \alpha_{hmax}$$

根据地震影响系数曲线计算地震影响系数：

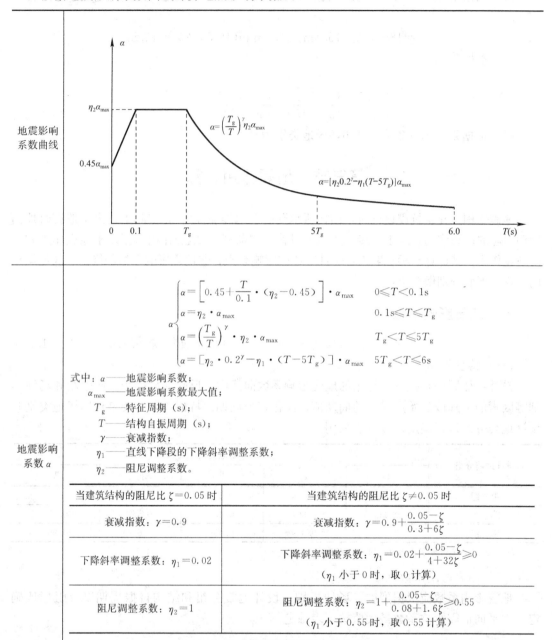

地震影响系数曲线	

式中：α——地震影响系数；

α_{max}——地震影响系数最大值；

T_g——特征周期（s）；

T——结构自振周期（s）；

γ——衰减指数；

η_1——直线下降段的下降斜率调整系数；

η_2——阻尼调整系数。

当建筑结构的阻尼比 $\zeta = 0.05$ 时	当建筑结构的阻尼比 $\zeta \neq 0.05$ 时
衰减指数：$\gamma = 0.9$	衰减指数：$\gamma = 0.9 + \dfrac{0.05 - \zeta}{0.3 + 6\zeta}$
下降斜率调整系数：$\eta_1 = 0.02$	下降斜率调整系数：$\eta_1 = 0.02 + \dfrac{0.05 - \zeta}{4 + 32\zeta} \geqslant 0$ （η_1 小于 0 时，取 0 计算）
阻尼调整系数：$\eta_2 = 1$	阻尼调整系数：$\eta_2 = 1 + \dfrac{0.05 - \zeta}{0.08 + 1.6\zeta} \geqslant 0.55$ （η_1 小于 0.55 时，取 0.55 计算）

（三）地震影响系数的修正

——《建筑抗震设计规范（2016 年版）》第 3.10.3 条、第 4.1.8 条及条文说明

（1）根据《建筑抗震设计规范（2016 年版）》GB 50011—2010 第 4.1.8 条，当需要在条状突出的山嘴、高耸孤立的山丘、非岩石和强风化岩石的陡坡、河岸和边坡边缘等不利地段建造丙类及丙类以上的建筑时，除保证其在地震作用下的稳定性外，尚应估计不利地段对设计地震动参数可能产生的放大作用，其水平地震影响系数最大值应乘以放大系数，

其值应根据不利地段的具体情况确定，在 1.1～1.6 范围内采用。

放大系数 λ 计算

计算图示	计算公式
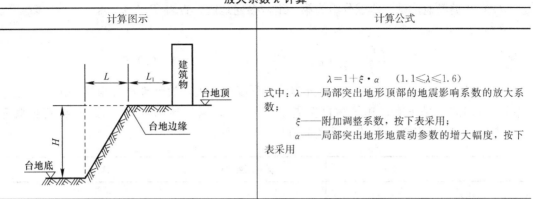	$\lambda=1+\xi\cdot\alpha$ $(1.1\leqslant\lambda\leqslant1.6)$ 式中：λ——局部突出地形顶部的地震影响系数的放大系数； ξ——附加调整系数，按下表采用； α——局部突出地形地震动参数的增大幅度，按下表采用

附加调整系数 ξ

L_1/H	$L_1/H<2.5$	$2.5\leqslant L_1/H<5$	$L_1/H\geqslant5$
ξ	$\xi=1.0$	$\xi=0.6$	$\xi=0.3$

局部突出地形地震动参数的增大幅度 α

突出地形的高度 H（m）	非岩石地层	$H<5m$	$5\leqslant H<15m$	$15\leqslant H<25m$	$H\geqslant25m$
	岩石地层	$H<20m$	$20\leqslant H<40m$	$40\leqslant H<60m$	$H\geqslant60m$
局部突出台地边缘 的侧向平均坡降 （H/L）	$H/L<0.3$	$\alpha=0$	$\alpha=0.1$	$\alpha=0.2$	$\alpha=0.3$
	$0.3\leqslant H/L<0.6$	$\alpha=0.1$	$\alpha=0.2$	$\alpha=0.3$	$\alpha=0.4$
	$0.6\leqslant H/L<1.0$	$\alpha=0.2$	$\alpha=0.3$	$\alpha=0.4$	$\alpha=0.5$
	$H/L\geqslant1.0$	$\alpha=0.3$	$\alpha=0.4$	$\alpha=0.5$	$\alpha=0.6$

经上述不利地段放大作用调整后，地震影响系数：$\alpha'=\lambda\times\alpha$

（2）根据《建筑抗震设计规范（2016 年版）》GB 50011—2010 第 3.10.3 条第 1 款，对设计使用年限 50 年的结构，可选用本规范的多遇地震、设防地震和罕遇地震的地震作用，其中，设防地震的加速度应按本规范表 3.2.2 的设计基本地震加速度采用，设防地震的地震影响系数最大值，6 度、7 度（0.10g）、7 度（0.15g）、8 度（0.20g）、8 度（0.30g）、9 度可分别采用 0.12、0.23、0.34、0.45、0.68 和 0.90。对设计使用年限超过 50 年的结构，宜考虑实际需要和可能，经专门研究后对地震作用做适当调整。对处于发震断裂两侧 10km 以内的结构，地震动参数应计入近场影响，5km 以内宜乘以增大系数 1.5，5km 以外宜乘以不小于 1.25 的增大系数。

【9-12】（2004D33）某普通多层建筑其结构自振周期 $T=0.5s$，阻尼比 $\zeta=0.05$，天然地基场地覆盖土层厚度为 30m，等效剪切波速 $v_{se}=200m/s$，抗震设防烈度为 8 度，设计基本地震加速度为 0.2g，设计地震分组为第一组，按多遇地震考虑，问水平地震影响系数 α 最接近哪项？

（A）$\alpha=0.116$ （B）$\alpha=0.131$ （C）$\alpha=0.174$ （D）$\alpha=0.196$

答案：A

解答过程：

根据《建筑抗震设计规范（2016 年版）》GB 50011—2010 第 4.1.6 条、第 5.1.4 条、第

5.1.5 条：

(1) 场地覆盖土层厚 30m，$v_{se}=200$m/s，查表判别场地类别为 Ⅱ 类。

(2) Ⅱ 类场地，设计地震分组为第一组，多遇地震，查表 $T_g=0.35$s

(3) $T=0.5$s，满足 $T_g<T<5T_g$

$$\alpha=\left(\frac{T_g}{T}\right)^\gamma \eta_2 \cdot \alpha_{max}=\left(\frac{0.35}{0.5}\right)^{0.9}\times1\times0.16=0.116$$

【9-13】(2009D28) 某建筑场地抗震设防烈度为 8 度，设计地震分组第一组，场地土层及其剪切波速见下表，建筑物自振周期为 0.40s，阻尼比为 0.05，按 50 年超越概率 63% 考虑，建筑结构的地震影响系数取值是（　　）。

层序	土层名称	层底深度（m）	剪切波速（m/s）
①	填土	1.0	120
②	淤泥	10.0	90
③	粉土	16.0	180
④	卵石	20.0	460
⑤	基岩	—	800

(A) 0.14　　　(B) 0.15　　　(C) 0.16　　　(D) 0.17

答案：C

解答过程：

根据《建筑抗震设计规范（2016 年版）》GB 50011—2010：

(1) 第 4.1.4 条，覆盖层厚度为 16m。

(2) 第 4.1.5 条和 4.1.6 条，

$$v_{se}=\frac{d_0}{\sum_{i=1}^n(d_i/v_{si})}=\frac{16}{\frac{1}{120}+\frac{9}{90}+\frac{6}{180}}=112.9\text{m/s}，场地类别为 Ⅲ 类。$$

(3) 第 5.1.4 条，Ⅲ 类场地，地震分组为第一组，多遇地震，查表得 $T_g=0.45$s，$\alpha_{max}=0.16$。

(4) 第 5.1.5 条，$T=0.40$s$<T_g=0.45$s，地震影响系数：$\alpha=\eta_2\alpha_{max}=0.16$。

【9-14】(2010D29) 已知某建筑物场地抗震设防烈度为 8 度，设计基本地震加速度为 0.30g。设计地震分组为第一组，场地覆盖层厚度为 20m，等效剪切波速为 240m/s，结构自振周期为 0.40s，阻尼比为 0.40。在计算水平地震作用时，相应于多遇地震的水平地震影响系数值最接近（　　）。

(A) 0.24　　　(B) 0.22　　　(C) 0.14　　　(D) 0.12

答案：D

解答过程：

根据《建筑抗震设计规范（2016 年版）》GB 50011—2010：

(1) 第 4.1.6 条表 4.1.6，场地覆盖层厚度为 20m，等效剪切波速为 240m/s，可知场地类别为 Ⅱ 类。

(2) 第 5.1.4 条表 5.1.4-2，场地类别为Ⅱ类，设计地震分组为第一组，可知 $T_g=0.35$s。

(3) 第5.1.5条及表5.1.5，$T=0.4$s，可知：$T_g<T<5T_g$，故 $\alpha=\left(\dfrac{T_g}{T}\right)^\gamma \eta_2 \alpha_{max}$

$$\gamma=0.9+\frac{0.05-\zeta}{0.3+6\zeta}=0.9+\frac{0.05-0.4}{0.3+6\times0.4}=0.77$$

$$\eta_2=1+\frac{0.05-\zeta}{0.08+1.6\zeta}=1+\frac{0.05-0.4}{0.08+1.6\times0.4}=0.514<0.55，取\ \eta_2=0.55$$

$$\alpha=\left(\frac{0.35}{0.4}\right)^{0.77}\times0.55\times0.24=0.119$$

【小注岩土点评】

本题目是地震作用计算的基本题型，由场地类别和地震分组确定特征周期，查阅地震影响系数最大值，确定反应谱，根据反应谱和结构自振周期确定地震影响系数，由地震影响系数利用底部剪力法确定地震作用，考生应熟练掌握该步骤。需要注意的是，在确定地震影响系数时，需要审题确定结构的阻尼比是否为0.05，如果不是，则需要根据阻尼比调整相应的系数。

【9-15】(2012C29) 某Ⅲ类场地上的建筑结构，设计基本地震加速度为0.30g，设计地震分组为第一组，按《建筑抗震设计规范（2016年版）》GB 50011—2010规定，当有必要进行罕遇地震作用下的变形验算时，算得的水平地震影响系数与下列哪个选项的数值最为接近？（已知结构自振周期$T=0.75$s，阻尼比$\zeta=0.075$）

(A) 0.55   (B) 0.62   (C) 0.74   (D) 0.83

答案：C

解答过程：

根据《建筑抗震设计规范（2016年版）》GB 50011—2010第5.1.4条、第5.1.5条：

(1) Ⅲ类场地，地震分组为第一组，确定$T_g=0.45$s，计算罕遇地震作用，T_g增加0.05s，综合确定$T_g=0.50$s，$a_{max}=1.20$。

(2) 自振周期$T=0.75$s，位于（$T_g\sim5T_g$）范围内，

$$\gamma=0.9+\frac{0.05-0.075}{0.3+6\times0.075}=0.87$$

$$\eta_2=1+\frac{0.05-0.075}{0.08+1.6\times0.075}=0.875$$

$$\alpha=\left(\frac{T_g}{T}\right)^\gamma \eta_2 \alpha_{max}=\left(\frac{0.5}{0.75}\right)^{0.87}\times0.875\times1.20=0.74$$

【小注岩土点评】

本题目也是常规题型，解答过程需要注意两点，一是对于罕遇地震作用，特征周期应较基本特征周期增加不小于0.05s；二是对于阻尼比不为0.05时，需要根据阻尼比对γ、η_2进行修正。

【9-16】(2014C28) 某建筑物场地位于建筑设防烈度8度地区，设计基本地震加速度值为0.2g，设计地震分组为第一组。根据勘察资料，地面下13m范围内为淤泥和淤泥质土，其下为波速大于500m/s的卵石，若拟建建筑的结构自振周期为3s，建筑结构的阻尼比为0.05，则计算罕遇地震作用时，建筑结构的水平地震影响系数最接近下列选项中的哪一个？

(A) 0.023   (B) 0.034   (C) 0.147   (D) 0.194

答案：D

解答过程：

根据《建筑抗震设计规范（2016年版）》GB 50011—2010：

（1）该建筑物场地位于建筑设防烈度8度地区，为罕见地震，查表5.1.4-1，得到水平地震影响系数最大值 $\alpha_{max}=0.9$。

（2）根据表4.1.3，可查得13m厚淤泥和淤泥质土，属于软弱土，剪切波速 $v_s \leqslant 150\text{m/s}$，再根据表4.1.6，可判断本场地类别属于Ⅱ类。

根据第5.1.4条及表5.1.4-2，由设计地震分组为第一组以及场地类别属于Ⅱ类，可知 $T_g=0.35+0.05=0.4\text{s}$。

（3）$6\text{s}>3\text{s}>5T_g=5\times0.4=2\text{s}$，由图5.1.5可知：属于直线下降段，$\alpha=[\eta_2 0.2^{\gamma}-\eta_1(T-5T_g)]\alpha_{max}$。

根据第5.1.5条，建筑结构的阻尼比为0.05，则：$\eta_1=0.02$，$\eta_2=1.0$，$\gamma=0.9$，带入上式得：

$$\alpha=[\eta_2 0.2^{\gamma}-\eta_1(T-5T_g)]\alpha_{max}=[0.2^{0.9}-0.02\times(3-5\times0.4)]\times0.9=0.1934$$

【9-17】（2020D24）某建筑场地覆盖层厚度为8.0m，设计基本地震加速度为0.30g，设计地震分组为第二组，若拟建建筑物自振周期为0.55s，阻尼比为0.45，按照《建筑抗震设计规范（2016年版）》GB 50011—2010，试计算罕遇地震作用时水平地震影响系数为下列哪个选项？

(A) 0.11　　　　(B) 0.47　　　　(C) 0.52　　　　(D) 0.57

答案：D

解答过程：

根据《建筑抗震设计规范（2016年版）》GB 50011—2010：

（1）由第4.1.6条表4.1.6可知，场地类别为Ⅱ类。

（2）由第5.1.4条表5.1.4-1查得，$\alpha_{max}=1.2$，由第5.1.4条表5.1.4-2查得，$T_g=0.4\text{s}$，罕遇地震，$T_g=0.4+0.05=0.45\text{s}$。

$T_g=0.45\text{s}<T=0.55\text{s}<5T_g=2.25\text{s}$，影响系数位于曲线下降段。

（3）阻尼比为0.45，根据第5.1.5条第2款，$\gamma=0.9+\dfrac{0.05-0.45}{0.3+6\times0.45}=0.767$

$\eta_2=1+\dfrac{0.05-0.45}{0.08+1.6\times0.45}=0.5<0.55$，取 $\eta_2=0.55$

（4）$\alpha=\left(\dfrac{0.45}{0.55}\right)^{0.767}\times0.55\times1.2=0.57$

【小注岩土点评】

注意特征周期和阻尼比的特殊规定。每年考试中，关于地震影响系数，一般都会有一道题目，无非考特征周期的调整以及阻尼比非0.05时的各种系数的调整，同时，附录A有关于具体地区地震分组以及设防烈度的规定，第3.10.3条有设防地震时的地震影响系数最大值。

【9-18】（2013C28）某邻近岩质边坡的建筑场地，所处地区抗震设防烈度为8度，设计基本地震加速度为0.30g，设计地震分组为第一组。岩石剪切波速及有关尺寸如下图所示。

建筑采用框架结构，抗震设防分类属丙类建筑，结构自振周期 $T=0.40$s，阻尼比 $\zeta=0.05$。按《建筑抗震设计规范（2016 年版）》GB 50011—2010 进行多遇地震作用下的截面抗震验算时，相应于结构自振周期的水平地震影响系数值最接近（　　　）。

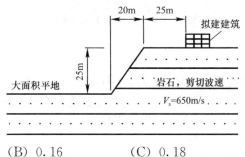

(A) 0.13　　　　　(B) 0.16　　　　　(C) 0.18　　　　　(D) 0.22

答案：D

解答过程：

根据《建筑抗震设计规范（2016 年版）》GB 50011—2010：

(1) 第 4.1.6 条，$v_s=650$m/s，查表 4.1.6，可知场地类别为 I_1 类。

场地类别为 I_1 类，设计地震分组为第一组，查表 5.1.4-2，可知 $T_g=0.25$s。

抗震设防烈度为 8 度，设计基本地震加速度为 $0.30g$，多遇地震，查表 5.1.4-1，可知 $\alpha_{max}=0.24$。

(2) 第 5.1.5 条，$T=0.40$s$>T_g=0.25$s，故 $\alpha=\left(\dfrac{T_g}{T}\right)^{\gamma}\eta_2\alpha_{max}=\left(\dfrac{0.25}{0.4}\right)^{0.9}\times1.0\times0.24=0.157$。

(3) 第 4.1.8 条及条文说明，由于拟建建筑位于边坡边缘，$\dfrac{L_1}{H}=\dfrac{25}{25}=1.0<2.5$，取 $\xi=1$；

$\dfrac{H}{L}=\dfrac{25}{20}=1.25$，查表：$\alpha=0.4$；故地震放大系数 $\lambda=1+\xi\alpha=1+1\times0.4=1.4$。

(4) 放大后的水平地震影响系数 $\alpha=1.4\times0.157=0.22$。

【9-19】（2018D24）某建筑场地抗震设防烈度为 8 度，不利地段，场地类别为 Ⅲ 类，验算罕遇地震作用，设计地震分组为第一组，建筑物 A 和 B 的自振周期分别为 0.3s 和 0.7s，阻尼比均为 0.05，按照《建筑抗震设计规范（2016 年版）》GB 50011—2010，问建筑物 A 的地震影响系数 α_A 与建筑物 B 的地震影响系数 α_B 之比 α_A/α_B 最接近下列哪个选项？

(A) 1.00　　　　　(B) 1.35　　　　　(C) 1.45　　　　　(D) 2.33

答案：B

解答过程：

根据《建筑抗震设计规范（2016 年版）》GB 50011—2010 第 5.1.4 条和第 5.1.5 条：

(1) 查表 5.1.4-2，罕遇地震，Ⅲ 类，第一组：$T_g=0.45+0.05=0.5$

(2) $T_A=0.3\in[0.1,T_g]\Rightarrow\alpha_A=\alpha_{max}\eta_2$，$T_B=0.7\in[T_g,5T_g]\Rightarrow\alpha_B=\alpha_{max}\eta_2(T_g/T)^{\gamma}$

$$\zeta=0.05\Rightarrow\eta_2=1,\ \gamma=0.9$$

(3) $\dfrac{\alpha_A}{\alpha_B}=\dfrac{1}{(T_g/T)^{\gamma}}=\dfrac{1}{(0.5/0.7)^{0.9}}=1.354$

【9-20】（2022C24）某破碎花岗岩场地设计基本加速度为 0.30g，设计地震分组为第一组，建筑物结构自振周期为 1.80s，阻尼比为 0.05，按《建筑抗震设计规范（2016 年版）》GB 50011—2010，计算 50 年超越概率为 2% 地震作用时，水平地震影响系数最接近下列哪个选项？

(A) 0.206　　　　(B) 0.239　　　　(C) 0.269　　　　(D) 0.275

答案：D

解答过程：

根据《建筑抗震设计规范（2016 年版）》GB 50011—2010：

(1) 第 4.1.3 条表 4.1.3，破碎花岗岩剪切波速为 500～800m/s。

(2) 第 4.1.6 条表 4.1.6，该场地为 I_1 类场地。

(3) 第 5.1.4 条和第 5.1.5 条：$T_g = 0.25s$。

50 年超越概率为 2% 地震作用为罕遇地震，特征周期应增加 0.05s，$T_g = 0.25 + 0.05 = 0.30s$，

查表得：

$$\alpha_{\max} = 1.2$$
$$T_1 = 1.80s > 5T_g = 1.5s$$
$$\alpha_1 = \left[1 \times 0.2^{0.9} - 0.02 \times (1.8 - 1.5)\right] \times 1.2 = 0.275$$

【小注岩土点评】

① 题目未给出场地类别，需要先确定场地类别，破碎黄岗岩的剪切波速可以从规范中查表查出，同时，对于 I 类场地分两个亚类，需要准确确定。

② 考生需要理解 50 年超越概率为 2% 的地震为罕遇地震，查取罕遇地震的地震动参数方可作答。

③ 罕遇地震的特征周期需要增加 0.05s。

二、地震作用计算

（一）水平地震作用计算

——《建筑抗震设计规范（2016 年版）》第 5.2.1 条

当采用"底部剪力法（拟静力法）"时，各楼层可仅取一个自由度，结构的水平地震作用标准值可按下式计算：

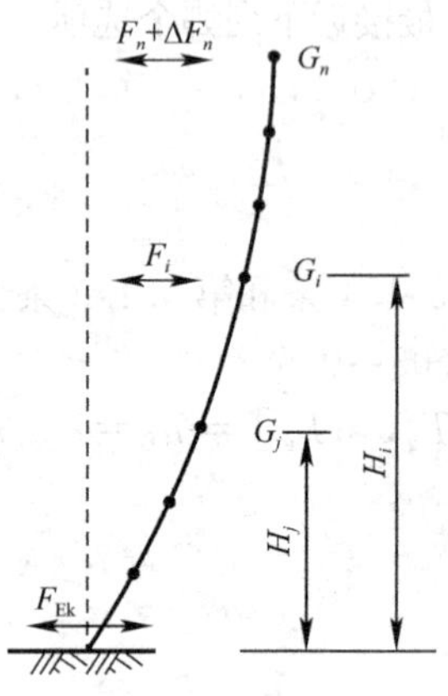	基础顶面处总水平地震作用	$F_{Ek} = \alpha_1 \times G_{eq}$
	任意质点 i 的水平地震作用	$F_i = \dfrac{G_i H_i}{\sum G_j H_j} F_{Ek}(1 - \delta_n)$
	结构顶部附加水平地震作用	$\Delta F_n = \delta_n F_{Ek}$
	结构顶部总水平地震作用	$F_n + \Delta F_n$

式中：F_{Ek}——结构总水平地震作用标准值；

$\quad\quad G_{eq}$——结构等效总重力荷载，单质点应取总重力荷载代表值，多质点可取总重力荷载代表值的 85%，单质点可理解为单层房屋，多质点可理解为多层房屋；

$\quad\quad \alpha_1$——相应于结构基本自振周期的水平地震影响系数值，多层砌体房屋、底部框架砌体房屋，宜取水平地震影响系数最大值 $\alpha_{\max}$；

$\quad\quad G_i$、G_j——分别为集中于质点 i、j 的重力荷载代表值（kN），按规范第 5.1.3 条确定；

$\quad\quad H_i$、H_j——分别为 i、j 的计算高度（m）；

$\quad\quad \delta_n$——顶部附加地震作用系数，多层钢筋混凝土和钢结构房屋按下表采用，其他房屋取 0。

顶部附加地震作用系数 δ_n

T_g	$T_1 > 1.4T_g$	$T_1 \leqslant 1.4T_g$
$T_g \leqslant 0.35s$	$0.08T_1 + 0.07$	
$0.35s < T_g \leqslant 0.55s$	$0.08T_1 + 0.01$	0
$T_g > 0.55s$	$0.08T_1 - 0.02$	

【小注】T_1 为结构基本自振周期

（二）竖向地震作用计算

——《建筑抗震设计规范（2016 年版）》第 5.3.1 条

9 度时的高层建筑，其竖向地震作用标准值应按下列公式确定；楼层的竖向地震作用效应可按各构件承受的重力荷载代表值的比例分配，并宜乘以增大系数 1.5。

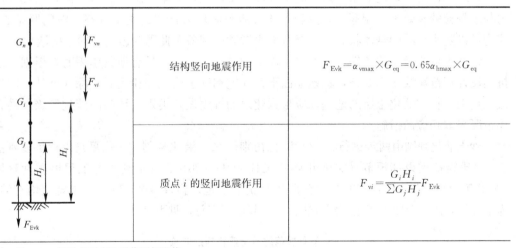

	结构竖向地震作用	$F_{Evk} = \alpha_{vmax} \times G_{eq} = 0.65\alpha_{hmax} \times G_{eq}$
	质点 i 的竖向地震作用	$F_{vi} = \dfrac{G_i H_i}{\sum G_j H_j} F_{Evk}$

式中：F_{Evk}——结构总竖向地震作用标准值；

$\quad\quad F_{vi}$——质点 i 的竖向地震作用标准值；

$\quad\quad G_{eq}$——结构等效总重力荷载，可取总重力荷载代表值的 75%；

$\quad\quad \alpha_{vmax}$——竖向地震影响系数最大值，可取水平地震影响系数最大值 α_{hmax} 的 65%

【9-21】（2010C28）某建筑场地抗震设防烈度为 7 度，设计地震分组为第一组，设计基本地震加速度为 $0.10g$，场地类别为 Ⅲ 类，拟建 10 层钢筋混凝土框架结构住宅。结构等效总重力荷载为 137062kN，结构基本自振周期为 0.90s（已考虑周期折减系数），阻尼比为 0.05。当采用底部剪力法时，基础顶面处的结构总水平地震作用标准值与（　　）最为接近。

（A）5875kN　　　（B）6375kN　　　（C）6910kN　　　（D）7500kN

答案：A

解答过程：

根据《建筑抗震设计规范（2016 年版）》GB 50011—2010 第 5.1.4 条、第 5.1.5 条、第 5.2.1 条：

（1）设计地震分组为第一组，场地类别为Ⅲ类，可知 $T_g=0.45s$

（2）$T=0.9s$，可知 $T_g<T<5T_g$，$\alpha=\left(\dfrac{T_g}{T}\right)^{\gamma}\eta_2\alpha_{\max}=\left(\dfrac{0.45}{0.9}\right)^{0.9}\times1\times0.08=0.04287$

（3）$F_{Ek}=\alpha_1 G_{eq}=0.04287\times137062=5875.8kN$

【小注岩土点评】

本题目是地震作用计算的基本题型，由场地类别和地震分组确定特征周期，查阅地震影响系数最大值，确定反应谱，根据反应谱和结构自振周期确定地震影响系数，由地震影响系数利用底部剪力法确定地震作用，考生应熟练掌握该步骤。需要注意的是，题目中给出的条件是结构等效总重力荷载，已经是对结构重力荷载代表值进行了等效处理，不必再根据重力荷载代表值进行换算。

第四节　液化等级划分

在地震作用下，地下水位以下的饱和砂土或粉土，土中孔隙水压力升高，当孔隙水压力与土颗粒的有效重力相等时，土粒处于没有粒间压力传递的失重状态，粒间联系破坏，成为可以随水流动的悬浮状态，甚至有喷水冒砂的现象，此即为砂土、粉土的液化。

地基土可能液化的条件：地下水位以下的砂土、粉土，具有地震作用时，根据《建筑抗震设计规范》第 4.3.2 条，场地地面下存在饱和砂土或饱和粉土时，除 6 度外，应进行液化判别；存在液化土层的地基，应根据建筑的抗震设防类别、地基的液化等级，结合具体情况采取相应的措施。

砂土液化判别由两步进行：（1）液化初判；（2）液化复判。液化复判以标贯复判法为主。《建筑抗震设计规范（2016 年版）》GB 50011—2010、《水利水电工程地质勘察规范（2022 年版）》GB 50487—2008、《公路工程抗震规范》JTG B02—2013 三本规范均有涉及，为了方便对比，把砂土液化判别方法放在一起进行汇总，见下表：

不同规范的砂土液化判别方法

规范	液化初判	液化复判
《建筑抗震设计规范（2016 年版）》GB 50011—2010	（1）地质年代 （2）粉土黏粒含量 （3）上覆非液化土层厚度 d_u 和地下水位深度 d_w	标贯复判法： $N_{cr}=N_0\beta\left[\ln(0.6d_s+1.5)-0.1d_w\right]\sqrt{3/\rho_c}$ N 采用标贯击数实测值
《水利水电工程地质勘察规范（2022 年版）》GB 50487—2008	（1）地质年代 （2）土的粒径小于 5mm 的含量 （3）黏粒含量 （4）地下水位 （5）剪切波速（根据土层深度计算）	（1）标贯复判法 　$N_{cr}=N_0\left[0.9+0.1(d_s-d_w)\right]\sqrt{3\%/\rho_c}$ 　$N=N'\left(\dfrac{d_s+0.9d_w+0.7}{d_s'+0.9d_w'+0.7}\right)$（标贯校正） （2）相对密度判法 （3）相对含水率或液性指数复判法

续表

规范	液化初判	液化复判
《公路工程抗震规范》JTG B02—2013	(1) 地质年代 (2) 粉土黏粒含量 (3) 上覆非液化土层厚度 d_u 和地下水位深度 d_w	标贯复判法： 地面下 15m 范围内： $N_{cr}=N_0[0.9+0.1(d_s-d_w)]\sqrt{3/\rho_c}$ 地面下 15~20m 范围内： $N_{cr}=N_0(2.4-0.1d_w)\sqrt{3/\rho_c}$

【小注】三本规范关于 $\sqrt{3\%/\rho_c}$ 和 $\sqrt{3/\rho_c}$ 表达方式不同，不论何种形式，注意理解本质，前者需要 ρ_c 带入含有%的数字，后者只需要带入%前边的数字即可，不需要带入%。

一、液化的判别

(一) 液化初判

——《建筑抗震设计规范 (2016 年版)》第 4.3.3 条

饱和砂土或粉土（不含黄土），当符合下列条件之一时，可初步判定为不液化或者不考虑液化影响：

抗震设防烈度	判别条件		判别结果
6 度	一般不考虑液化影响		不液化
7 度、8 度	地质年代为第四纪晚更新世（Q_3）及其以前		
7~9 度 (仅适用粉土)	粉土的黏粒（粒径小于 0.005mm 的颗粒）含量 ρ_c 百分率， 在 7、8 和 9 度分别不小于 10、13 和 16 时		
7~9 度	浅埋天然地基的建筑，当上覆非液化土层厚度 d_u、地下水位深度 d_w 和基础埋深 d_b 符合右侧条件之一时	$d_u>d_0+d_b-2$ $d_w>d_0+d_b-3$ $d_u+d_w>1.5\cdot d_0+2\cdot d_b-4.5$ 符合其一，便可判定	不考虑液化影响

式中：d_u——上覆非液化土层厚度（m），计算时，应将淤泥和淤泥质土层厚度扣除。

　　　d_w——地下水位深度（m），按设计基准期内年平均最高水位采用，也可按近期年内最高水位采用（当水位处于变动状态时，按不利情况考虑）（非勘察水位）。

　　　d_b——基础埋置深度（m），$d_b<2$m 时，采用 2m 计算。

　　　d_0——液化土特征深度（m），可按下表采用

【小注】d_u 的判定应符合下列两个条件：

① 如果地下水位位于砂土，粉土层，d_u 可取至该砂土、粉土层顶面。

② 如果地下水不位于砂土、粉土层，d_u 可取至地下水位以下首个砂土、粉土层。

砂(粉、黏)土 砂(粉)土 地下水位于砂(粉)土层	砂(粉)土 砂(粉)土 地下水位于砂(粉)土层	黏土 砂(粉)土 地下水不位于砂(粉)土层	砂(粉)土 黏土 砂(粉)土 地下水不位于砂(粉)土层

液化土特征深度 d_0（m）

饱和土类别	7 度	8 度	9 度
饱和粉土	6m	7m	8m
饱和砂土	7m	8m	9m

（二）液化复判（标贯法）

——《建筑抗震设计规范（2016年版）》第4.3.4条

当饱和砂土、粉土初判后认为需进一步进行液化判别时，应采用标贯法进一步判别。判别深度按下表所示：

适用情况	判别深度
一般情况下，抗震设防烈度大于6度的一般建筑	20m
地基主要受力层范围内不存在软弱黏性土层的下列建筑： （1）一般的单层厂房和单层空旷房屋； （2）砌体房屋； （3）不超过8层且高度在24m以下的一般民用框架和框架-抗震墙房屋； （4）基础荷载与上一条相当的多层框架厂房和多层混凝土抗震墙房屋。 【小注】软弱黏性土层指7度、8度和9度时，地基承载力特征值分别小于80kPa、100kPa和120kPa的土层	15m

液化判别标准贯入锤击数临界值 N_{cr} 可按下式计算：

$$N_{cr}=N_0 \cdot \beta \cdot [\ln(0.6 \cdot d_s+1.5)-0.1 \cdot d_w] \cdot \sqrt{3/\rho_c}$$

$$N>N_{cr}，不液化；N \leqslant N_{cr}，液化$$

式中：N——标准贯入锤击数实测值（未经杆长修正）。

N_0——液化判别标准贯入锤击数基准值，按下表采用：

地震烈度	7度		8度		9度
设计基本地震加速度	0.10g	0.15g	0.20g	0.30g	0.40g
N_0	7	10	12	16	19

β——调整系数，设计地震第一组取0.80、第二组取0.95、第三组取1.05。

d_s——饱和土标准贯入试验点深度（m）。

d_w——地下水位深度（m），按设计基准期内年平均最高水位采用，也可按近期年内最高水位采用。（非勘察水位）

ρ_c——黏粒含量百分率，当粉土的 $\rho_c<3$ 或者为砂土时，均直接取3计算。

【9-22】（2005D28）某建筑场地抗震设防烈度为7度，地下水位埋深为 $d_w=5m$，土层柱状分布见下表，拟采用天然地基，按照液化初判条件，建筑物基础埋置深度 d_b 最深不能超过（　　）项临界深度时方可不考虑饱和粉砂的液化影响。

层序	土层名称	层底深度（m）
1	Q_4^{al+pl} 粉质黏土	6
2	Q_4^{al} 淤泥	9
3	Q_4^{al} 粉质黏土	10
4	Q_4^{al} 粉砂	—

（A）1.0m　　　（B）2.0m　　　（C）3.0m　　　（D）4.0m

答案：C

解答过程：

根据《建筑抗震设计规范（2016年版）》GB 50011—2010第4.3.3条：

（1）$d_u=10-3=7m$，$d_w=5m$，$d_0=7m$

（2）$d_0+d_b-2<d_u$，则：$d_b<d_u-d_0+2=7-7+2=2m$

$d_0+d_b-3<d_w$，则：$d_b<d_w-d_0+3=5-7+3=1m$

$1.5d_0+2d_b-4.5<d_u+d_w$，则：$d_b<\dfrac{d_u+d_n-1.5d_0+4.5}{2}=\dfrac{7+5-1.5\times7+4.5}{2}=3m$

因此，d_b 最深不能超过 3m。

【9-23】（2009C28）在地震烈度为 8 度的场地修建采用天然地基的住宅楼，设计时需要对埋藏于非液化土层之下的厚层砂土进行液化判别，（　　）的组合条件可以初判别为不考虑液化影响。

（A）上覆非液化土层厚度 5m，地下水深 3m，基础埋深 2m

（B）上覆非液化土层厚度 5m，地下水深 5m，基础埋深 1.0m

（C）上覆非液化土层厚度 7m，地下水深 3m，基础埋深 1.5m

（D）上覆非液化土层厚度 7m，地下水深 5m，基础埋深 1.5m

答案：D

解答过程：

根据《建筑抗震设计规范（2016 年版）》GB 50011—2010 第 4.3.3 条：

初步分析 A、B、C、D 四个选项，D 选项上覆非液化土层厚度（7m）和地下水埋深（5m）均为最大，液化可能性最小，基础埋深小于 2m，取 $d_b=2m$。

$$d_u=7<d_0+d_b-2=8+2-2=8m$$
$$d_w=5<d_0+d_b-3=8+2-3=7m$$
$$d_u+d_w=7+5=12>1.5d_0+2d_b-4.5=1.5\times8+2\times2-4.5=11.5$$

据此判别为可不考虑液化影响。

【9-24】（2014C27）某乙类建筑位于建筑设防烈度 8 度地区，设计基本地震加速度值为 $0.2g$，设计地震分组为第一组，钻孔揭露的土层分布及实测的标贯锤击数见下表，近期年内最高地下水埋深 6.5m。拟建建筑物基础埋深 1.5m，根据钻孔资料，下列哪个选项的说法是正确的？

层号	岩土名称和性状	层厚（m）	标贯试验深度（m）	实测标贯锤击数
1	粉质黏土	2	—	—
2	黏土	4	—	—
3	粉砂	3.5	8	10
4	细砂	15	13	23
			16	25

（A）可不考虑液化影响　　　　　　（B）轻微液化

（C）中等液化　　　　　　　　　　（D）严重液化

答案：A

解答过程：

根据《建筑抗震设计规范（2016 年版）》GB 50011—2010：

（1）第 4.3.3 条第 3 款，$d_w=6.5m$，$d_u=6m$，$d_0=8m$，基础埋置深度 1.5m<2m，取 $d_b=2m$。

（2）第 4.3.3 条第 3 款，$d_u=6m<d_0+d_b-2=8+2-2=8m$

$$d_w = 6.5m < d_0 + d_b - 3 = 8 + 2 - 3 = 7m$$

$$d_u + d_w = 6 + 6.5 = 12.5m > 1.5d_0 + 2d_b - 4.5 = 1.5 \times 8 + 2 \times 2 - 4.5 = 11.5m$$

故可不考虑液化影响。

【小注岩土点评】

（1）本题目四个选项中，A 选项可不考虑液化影响，提示考生应进行液化初判。初判时确定为不液化或不考虑液化影响的土层，即使实测标贯值小于临界值，也按照不液化考虑。

（2）本题 d_u 的确定为难点，地下水在粉砂层中，粉砂层为液化土层，其上覆非液化土层的厚度应取至该层层顶即地面下 6m 处，而不是 6.5m 处，这种做法考虑的是液化时地下水位上升导致的细砂层整层液化。

二、液化指数计算及液化等级划分

——《建筑抗震设计规范（2016 年版）》第 4.3.5 条

（一）公式法

对存在液化砂土层、粉土层的地基，按下式计算每个钻孔的液化指数 I_{lE}：

计算图示	计算公式
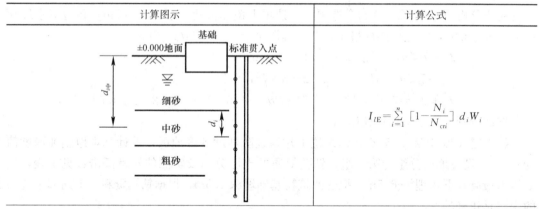	$$I_{lE} = \sum_{i=1}^{n} \left[1 - \frac{N_i}{N_{cri}}\right] d_i W_i$$

式中：N_i、N_{cri}——液化 i 点处的标贯锤击数的实测值和临界值，非液化点，不参与计算。当实测值大于临界值时，应取临界值；当只需要判别 15m 范围以内的液化时，15m 以下的实测值可按临界值采用。

$\quad\quad$ n——在判别深度范围内，钻孔中标准贯入试验点的总数。

$\quad\quad$ d_i——液化 i 点所代表的土层厚度（m），可采用与标准贯入试验点相邻的上、下两标准贯入试验点深度差的一半，但上界不高于地下水位深度，下界不深于液化深度。

$\quad\quad$ W_i——液化 i 点所代表土层厚度的层位影响权函数（m^{-1}）。

$$W_i = \begin{cases} 0 < d_{i中} \leqslant 5m, & 10 \\ 5m < d_{i中} \leqslant 20m, & \frac{2}{3} \cdot (20 - d_{i中}) \end{cases}$$

$\quad\quad$ $d_{i中}$——液化 i 点所代表土层的中点深度（m），非标贯点深度，非土层厚度

【小注】① W_i 的计算较为复杂，计算量较大，稍不注意就会出错，编者建议按下表计算各参数，保证正确率。

标贯深度	土层厚度	土层中点深度	权函数（$d_{i中} > 5m$）
H	d_i	$d_{i中} = 土层顶 + \dfrac{d_i}{2}$	$W_i = \dfrac{2}{3}(20 - d_{i中})$

② i 点代表土层的厚度 d_i 以地下水位、土层分界（不能跨层）、相邻两贯入点深度差的一半为上界或下界，同一土层的两标贯点从中心处分开。

液化 i 点所代表的土层厚度 d_i 是液化指数计算中的难点，不少考生对规范的表述难以理解，编者总结了几种常见情况下的土层厚度 d_i 的计算方法。

图示	地下水位、土层分界、相邻两贯入点深度差的一半	
	土层中有 1 个标贯点	
	$N=4$	代表土层厚度：$d_i=$ 下界 $-$ 上界 中点深度：$d_{i中}=$ 上界 $+\dfrac{d_i}{2}$
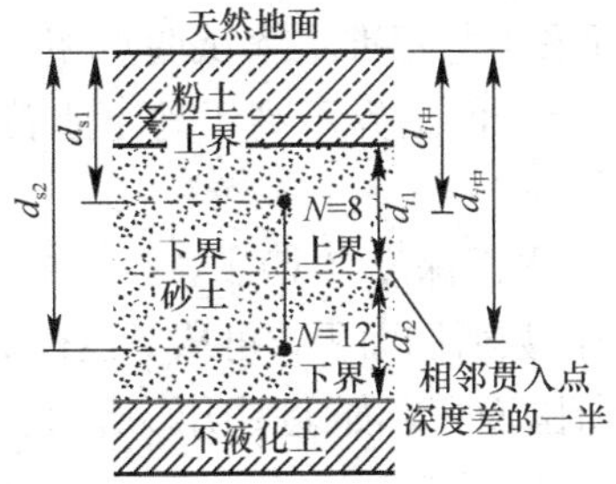	土层中有 2 个标贯点	
	$N=8$	代表土层厚度：$d_i=\dfrac{d_{s1}+d_{s2}}{2}-$ 上界 中点深度：$d_{i中}=$ 上界 $+\dfrac{d_i}{2}$
	$N=12$	代表土层厚度：$d_i=$ 下界 $-\dfrac{d_{s1}+d_{s2}}{2}$ 中点深度：$d_{i中}=$ 下界 $-\dfrac{d_i}{2}$
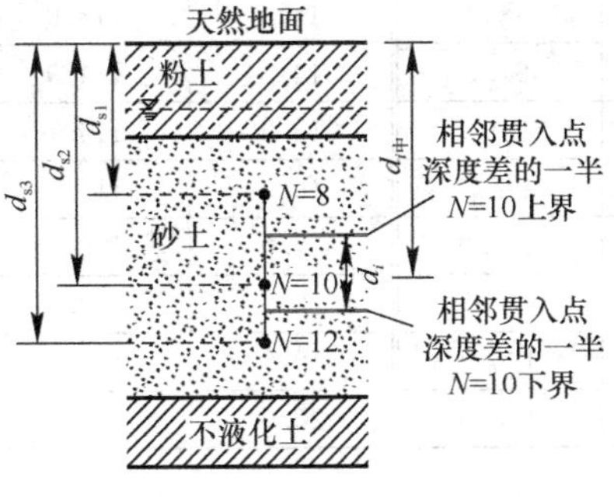	土层中有 3 个标贯点	
	$N=10$	代表土层厚度： $$d_i=\frac{d_{s2}-d_{s1}}{2}+\frac{d_{s3}-d_{s2}}{2}=\frac{d_{s3}-d_{s1}}{2}$$ 中点深度： $$d_{i中}=d_{s1}+\frac{d_{s2}-d_{s1}}{2}+\frac{d_i}{2}=\frac{d_{s1}+d_{s2}}{2}+\frac{d_i}{2}$$

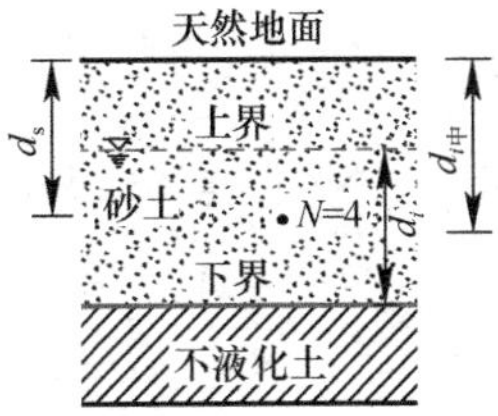

【小注】三个相似指标注意区分。d_{si}：标贯试验点 i 深度；d_i：标贯试验点 i 所代表土层厚度；$d_{i中}$：标贯试验点 i 所代表土层厚度的中点深度

（二）面积法

——《工程地质手册》（第五版）

当标贯点不是土层中点时，计算液性指数将比较麻烦，计算量较大，可采用面积法进行计算，将公式法的 d_iW_i 项作为一个整体项 A_i，查表取值，计算结果与公式法完全一致。采用查表法计算比较方便，准确率高。

计算图示	计算公式
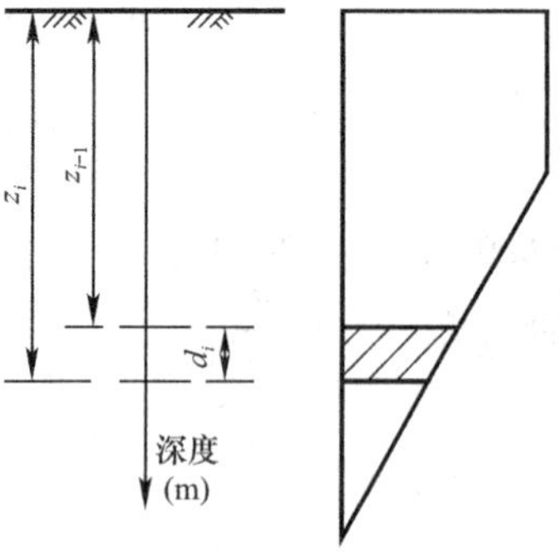	$$I_{lE} = \sum_{i=1}^{n}\left[1 - \frac{N_i}{N_{cri}}\right]A_i$$ $$A_i = A(z_i) - A(z_{i-1})$$

式中： N_i、N_{cri}——液化 i 点处的标贯锤击数的实测值和临界值，非液化点，不参与计算。

d_i——液化 i 点所代表的土层厚度（m），可采用与标准贯入试验点相邻的上、下两标准贯入试验点深度差的一半，但上界不高于地下水位深度，下界不深于液化深度。

z_i、z_{i-1}——分别表示 i 点所代表土层的下界面和上界面深度（m）。

$A(z_i)$、$A(z_{i-1})$——分别从地面算起到深度 z_i 和 z_{i-1} 的权函数所围面积，可从下表查得。

A_i—— i 点所代表土层厚度所对应的权函数所围面积，如上图阴影所示。

从地面算起的权函数所围面积 $A(z)$

z(m)	$A(z)$	z(m)	$A(z)$	z(m)	$A(z)$	z(m)	$A(z)$
0.0	0.0	4.5	45.0	9.0	84.7	13.5	110.9
0.5	5.0	5.0	50.0	9.5	88.3	14.0	113.0
1.0	10.0	5.5	54.9	10.0	91.7	14.5	114.9
1.5	15.0	6.0	59.7	10.5	94.9	15.0	116.7
2.0	20.0	6.5	64.3	11.0	98.0	16.0	119.7
2.5	25.0	7.0	68.7	11.5	100.9	17.0	122.0
3.0	30.0	7.5	72.9	12.0	103.7	18.0	123.7
3.5	35.0	8.0	77.0	12.5	106.3	19.0	124.7
4.0	40.0	8.5	80.9	13.0	108.0	20.0	125.0

【小注】当 z 为中间值时，$A(z)$ 可用插入法求得。

（三）液化等级

液化等级与液化指数的对应关系

液化等级	轻微	中等	严重
液化指数 I_{lE}	$0 < I_{lE} \leqslant 6$	$6 < I_{lE} \leqslant 18$	$I_{lE} > 18$

【9-25】（2012D29）某场地设计基本地震加速度为 $0.15g$，设计地震分组为第一组，地下水位深度 2.0m，地层分布和标准贯入点深度及锤击数见下表。按照《建筑抗震设计规范（2016 年版）》GB 50011—2010 进行液化判别得出的液化指数和液化等级最接近（　　）。

土层序号		土层名称	层底深度（m）	标贯深度 d_s（m）	标贯击数 N
①		填土	2.0	—	—
②	②₁	粉土	8.0	4.0	5
	②₂	（黏粒含量为 6%）		6.0	6
③	③₁	粉细砂	15.0	9.0	12
	③₂			12.0	18
④		中粗砂	20.0	16.0	24
⑤		卵石	—	—	—

(A) 12.0；中等　　(B) 15.0；中等　　(C) 16.5；中等　　(D) 20.0；严重

答案：C

解答过程：

根据《建筑抗震设计规范（2016 年版）》GB 50011—2010：

(1) 第 4.3.4 条，计算标准贯入锤击数临界值 $N_{cr} = N_0 \beta [\ln(0.6 d_s + 1.5) - 0.1 d_w] \sqrt{3/\rho_c}$

4m 处：$N_{cr} = 10 \times 0.8 \times [\ln(0.6 \times 4 + 1.5) - 0.1 \times 2] \times \sqrt{3/6} = 6.57 > 5$，液化；

6m 处：$N_{cr} = 10 \times 0.8 \times [\ln(0.6 \times 6 + 1.5) - 0.1 \times 2] \times \sqrt{3/6} = 8.09 > 6$，液化；

9m 处：$N_{cr} = 10 \times 0.8 \times [\ln(0.6 \times 9 + 1.5) - 0.1 \times 2] \times \sqrt{3/3} = 13.85 > 12$，液化；

12m 处：$N_{cr} = 10 \times 0.8 \times [\ln(0.6 \times 12 + 1.5) - 0.1 \times 2] \times \sqrt{3/3} = 15.71 < 18$，不液化；

16m 处：$N_{cr} = 10 \times 0.8 \times [\ln(0.6 \times 16 + 1.5) - 0.1 \times 2] \times \sqrt{3/3} = 17.66 < 24$，不液化。

(2) 第 4.3.5 条，4m、6m、9m 处为液化点，计算代表土层厚度（d_i），代表土层中点深度（$d_{i中}$），权函数（W_i），见下表：

标贯深度	代表土层厚度（d_i）	代表土层中点深度（$d_{i中}$）	权函数（W_i）
4m	$2 + 1 = 3.0$	$2 + \frac{3}{2} = 3.5$	10
6m	$2 + 1 = 3.0$	$8 - \frac{3}{2} = 6.5$	$\frac{2}{3} \times (20 - 6.5) = 9$
9m	$1 + \frac{3}{2} = 2.5$	$8 + \frac{2.5}{2} = 9.25$	$\frac{2}{3} \times (20 - 9.25) = 7.17$

$$I_{lE} = \sum_{i=1}^{n} \left[1 - \frac{N_i}{N_{cri}} \right] d_i W_i$$

$$= \left(1 - \frac{5}{6.57}\right) \times 3 \times 10 + \left(1 - \frac{6}{8.09}\right) \times 3 \times 9 + \left(1 - \frac{12}{13.85}\right) \times 2.5 \times 7.17 = 16.5$$

(3) 由第 4.3.5 条表 4.3.5，判别为中等液化。

【小注岩土点评】

① 液化判别的题目，原则上应先进行液化初判，再进行复判，本题的四个选项，没有不液化的选项，且题目不具备初判条件，可知一定是需要液化复判，再进一步计算液化指数，故可省略初判过程。

② 液化指数的计算过程，应先对标贯试验临界值进行计算，判断液化点，然后只对液化点进行液化指数的计算，通过查表确定液化等级。

③ 需要说明的是，在液化指数的计算中，分层的确定是难点，由于数据众多，需要细心对原有土层进行人工分层，分层时应考虑天然土层界面以及地下水位置，同时，考虑到权函数在5m处分段，建议5m处也进行分层。

【9-26】(2013C29) 某建筑场地设计基本地震加速度为0.30g，设计地震分组为第二组，基础埋深小于2m。某钻孔揭示地层结构如下图所示：勘察期间地下水位埋深为5.5m，近期内年最高水位埋深为4.0m；在地面下3.0m和5.0m处实测标准贯入试验锤击数均为3击，经初步判别认为需对细砂土进一步进行液化判别。若标准贯入锤击数不随土的含水率变化而变化，试按《建筑抗震设计规范（2016年版）》GB 50011—2010计算该钻孔的液化指数最接近（ ）。（只需判别15m深度范围以内的液化）

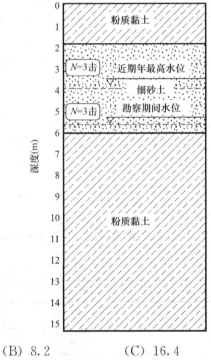

(A) 3.9　　　　(B) 8.2　　　　(C) 16.4　　　　(D) 31.5

答案：C

解答过程：

根据《建筑抗震设计规范（2016年版）》GB 50011—2010：

(1) 第4.3.4条，计算标准贯入锤击数临界值：

$$N_{cr} = N_0\beta[\ln(0.6d_s + 1.5) - 0.1d_w]\sqrt{\frac{3}{\rho_c}}$$

$$= 16 \times 0.95 \times [\ln(0.6 \times 5 + 1.5) - 0.1 \times 4] \times \sqrt{\frac{3}{3}} = 16.78 > 3$$

可判断，5m处液化。

(2) 第4.3.5条，$d_i = 2m$，$d_{i中} = d_s = 5.0m$，$W_i = 10$

$$I_{lE} = \sum_{i=1}^{n} \left[1 - \frac{N_i}{N_{cri}} \right] d_i W_i = \left(1 - \frac{3}{16.78} \right) \times 2 \times 10 = 16.4$$

【小注岩土点评】

地下水位深度，宜按设计基准期内半年平均高水位采用，也可按近期内年最高水位采用，不能采用勘察时的地下水位。复判时，只考虑地下水位以下的饱和砂土或粉土，地下水位以上的土层，不必计算液化指数，所以本题目只计算4～6m范围内砂土的液化指数。

【9-27】（2016D29）某建筑场地抗震设防烈度为7度，设计基本地震加速度为$0.15g$，设计地震分组为第三组，拟建建筑基础埋深2m。某钻孔揭示的地层结构，以及间隔2m（为方便计算所做的假设）测试得到的实测标准贯入锤击数（N）如下图所示。已知20m深度范围内地基土均为全新世冲积地层，粉土、粉砂和粉质黏土层的黏粒含量（ρ_c）分别为13％、11％和22％，近期内年最高地下水位埋深1.0m。试按《建筑抗震设计规范（2016年版）》GB 50011—2010计算该钻孔的液化指数最接近下列哪个选项？

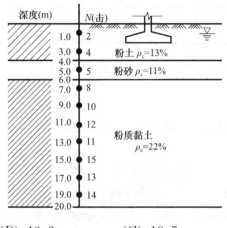

(A) 7.0　　　　　(B) 13.2　　　　　(C) 18.7　　　　　(D) 22.5

答案：B

解答过程：

根据《建筑抗震设计规范（2016年版）》GB 50011—2010：

（1）第4.3.3条，液化初判只有粉砂层是可能液化的点。

（2）第4.3.4条，查表4.3.4得：$N_0 = 10$，$\beta = 1.05$，$d_s = 5$

$$N_{cr} = N_0 \beta \left[\ln(0.6d_s + 1.5) - 0.1d_w \right] \sqrt{\frac{3}{\rho_c}}$$

$$= 10 \times 1.05 \times \left[\ln(0.6 \times 5 + 1.5) - 0.1 \times 1 \right] \times \sqrt{\frac{3}{3}} = 14.7$$

（3）第4.3.5条，粉砂层$d_i = 2$，$W_i = 10$

$$I_{lE} = \sum_{i=1}^{n} \left[1 - \frac{N_i}{N_{cri}} \right] d_i W_i = \left(1 - \frac{5}{14.7} \right) \times 2 \times 10 = 13.2$$

【小注岩土点评】

不论是液化判别还是液化指数计算，都要遵循先初判、再复判的原则，初判不液化或不考虑液化影响的土层，不用复判，也就是初判定性，复判定量，先定性后定量。本题目设计基本地震加速度为 $0.15g$，为 7 度半，粉土的黏粒含量为 13%，大于界限黏粒含量 10%，故初判不液化，只需要考虑粉砂的液化即可。

【9-28】（2020C23）某重要厂房采用天然地基，独立基础，基础埋深 1.5m，按照《建筑抗震设计规范（2016 年版）》GB 50011—2010 规定，场地抗震设防烈度为 8 度，设计基本地震加速度为 $0.20g$，设计地震分组为第一组，历史最高地下水位埋深 3.0m，地层资料见下表，试确定该钻孔液化指数最接近下列哪个选项？（注：黏粒含量采用六偏磷酸钠作分散剂测定）

土层编号	土名	层底深度（m）	标贯点深度（m）	实测标贯击数（击）	黏粒含量 ρ_c（%）
①	粉质黏土	1.5	—	—	—
②	粉砂	9.0	5.0	9	5
			7.0	10	5
③	粉土	12.0	10.0	10	14
			11.0	12	14
④	粉质黏土	18.0	17.0	15	22
⑤	粉土	22.0	19.0	12	15
			21.0	15	16

（A）1.66　　　　（B）13.56　　　　（C）14.16　　　　（D）16.89

答案：B

解答过程：

根据《建筑抗震设计规范（2016 年版）》GB 50011—2010：

（1）第 4.3.3 条

③层粉土 $\rho_c = 14 > [\rho_c] = 13$，故③层粉土不液化；

⑤层粉土 $\rho_c = 15 > [\rho_c] = 13$，故⑤层粉土不液化。

②层粉砂层：$d_u = 1.5$m，$d_0 = 8$m，$d_b = 1.5$m<2m 取 $d_b = 2$m，则

$$1.5 < 8 + 2 - 2 = 8$$
$$3 < 8 + 2 - 3 = 7$$
$$1.5 + 3 = 4.5 < 1.5 \times 8 + 2 \times 2 - 4.5 = 11.5$$

可判断只有②层粉砂层液化。

（2）第 4.3.4 条液化复判

5.0m 处：$9 < N_{cr} = 12 \times 0.8 \times \left[\ln(0.6 \times 5 + 1.5) - 0.1 \times 3\right]\sqrt{\dfrac{3}{3}} = 11.56$，液化。

7.0m 处：$10 < N_{cr} = 12 \times 0.8 \times \left[\ln(0.6 \times 7 + 1.5) - 0.1 \times 3\right]\sqrt{\dfrac{3}{3}} = 13.83$，液化。

（3）第 4.3.5 条液化指数计算

5m 测点代表 3～6m 土层，层厚 $d_i = 3$m，层中点深度 $d_{i中} = 4.5$m，权函数 $W_i = 10$；

$$\left(1 - \dfrac{9}{11.56}\right) \times 3 \times 10 = 6.64$$

7m 测点代表 6～9m 土层，层厚 $d_i = 3$m，层中点深度 $d_{i中} = 7.5$m，权函数 $W_i = \dfrac{40 - 2 \times 7.5}{3} = 8.33$；

$$\left(1-\frac{10}{13.83}\right)\times3\times8.33=6.92$$

$$I_{lE}=6.64+6.92=13.56$$

【小注岩土点评】

判断液化时，一定要先初判再复判。初判时条件较多时，由简到繁一一验证。本题目液化指数的计算采用分点计算，即分别计算液化点的液化指数，最后相加确定所有液化点的液化指数，这样做的好处是不易出错，方便检查，答题时省略了画表的繁琐，是一种值得推荐的方法。

【9-29】（2021D23）某建筑场地抗震设防烈度为 8 度，设计基本地震加速度为 0.20g，设计地震分组为第二组。钻孔揭露地层及原位测试数据如下表所示，历史最高地下水位埋深为 3.1m。已知拟建砌体房屋基础埋深为 3.0m，根据《建筑抗震设计规范（2016 年版）》GB 50011—2010 计算该钻孔的液化指数最接近下列哪个选项？

层序	土类	地质年代	层底深度（m）	黏粒含量（%）	标贯试验深度（m）	实测锤击数（击）
1	黏土	Q₄	3.5	—	—	—
2	粉质黏土	Q₄	8.0	—	—	—
3	粉土	Q₄	10.0	12.8	9.0	8
4	淤泥	Q₄	13.0	—	—	—
5	粉土	Q₄	17.0	14.0	14.0	18
				16.0	16.0	21
6	粉质黏土	Q₄	23.0	—	—	—

【表注】黏粒含量采用六偏磷酸钠作分散剂测定。

(A) 1.56　　　　(B) 2.26　　　　(C) 3.19　　　　(D) 3.81

答案：A

解答过程：

根据《建筑抗震设计规范（2016 年版）》GB 50011—2010 第 4.3.3 条、第 4.2.1 条：

（1）液化初判

粉土的黏粒（粒径小于 0.005mm 的颗粒）含量百分率，7 度、8 度和 9 度分别不小于 10%、13% 和 16% 时，可判为不液化土。只有第 3 层粉土层有液化可能。

（2）液化复判

地基的主要持力层中有淤泥层存在，淤泥的承载力一般不大于 100kPa，属于第 4.2.1 条中的软弱黏性土层，故液化判别深度为 20m。

$$N_{cr}=12\times0.95\times\left[\ln\left(0.6\times9+1.5\right)-0.1\times3.1\right]\times\sqrt{3/12.8}=8.95>8$$

判别为液化。

（3）液化指数计算

$$W=\frac{2}{3}\times(20-9)=7.33$$

$$I_{lE}=\left(1-\frac{8}{8.95}\right)\times2\times7.33=1.556$$

【小注岩土点评】

本题目考查液化指数计算。液化指数的计算历年必考，需要同学们牢固掌握，本题目计算量不大，需要注意的是一定要按照先初判再复判的顺序进行判别，逐一筛选掉不液化的点。另一个，关于第 4.2.1 条中的软弱黏性土层，这里"软弱黏性土层"是按承载力判断的土层，跟土的种类无关，需要注意。

第五节　软弱土的地基震陷性判别

一、震陷性软土的判别

——《建筑抗震设计规范（2016 年版）》第 4.3.11 条

地基中软弱黏性土层的震陷判别，可采用下列方法。

饱和粉质黏土震陷的危害和抗震陷措施应根据沉降和横向变形大小等因素综合确定，8 度（$0.3g$）和 9 度时，当塑性指数小于 15 且符合下列规定的饱和粉质黏土可判别为震陷性软土：

① $W_s \geqslant 0.9 W_L$

② $I_L = \dfrac{W_s - W_P}{W_L - W_P} \geqslant 0.75$

③ $I_P < 15$

以上三个条件同时满足，判为震陷性软土。

式中：W_s——天然含水量（%）；

　　　W_P——塑限含水量（%）；

　　　W_L——液限含水量（%），采用液、塑限联合测定法测定；

　　　I_L——液性指数；

　　　I_P——塑性指数。

二、震陷量的计算

——《建筑抗震设计规范（2016 年版）》第 4.3.6 条及条文说明

液化的危害主要来自震陷，特别是不均匀震陷。震陷量主要决定于土层的液化程度和上部结构的荷载。由于液化指数不能反映上部结构的荷载影响，因此有趋势直接采用震陷量来评价液化的危害程度。例如，对 4 层以下的民用建筑，当精细计算的平均震陷值 $S_E < 5cm$ 时，可不采取抗液化措施；当 $S_E = 5 \sim 15cm$ 时，可优先考虑采取结构和基础的构造措施；当 $S_E > 15cm$ 时需要进行地基处理，基本消除液化震陷。在同样震陷量下，乙类建筑应采取较丙类建筑更高的抗液化措施。

依据实测震陷、振动台试验以及有限元法对一系列典型液化地基计算得出的震陷变化规律，发现震陷量取决于液化土的密度（或承载力）、基底压力、基底宽度、液化层底面和顶面的位置和地震震级等因素，曾提出估计砂土与粉土液化平均震陷量的经验方法如下：

$$
\begin{cases}
砂土：S_E = \dfrac{0.44}{B} \xi S_0 (d_1^2 - d_2^2)(0.01p)^{0.6}\left(\dfrac{1 - D_r}{0.5}\right)^{1.5} \\
\qquad\qquad\qquad 0 \\
粉土：S_E = \dfrac{0.44}{B} \xi k S_0 (d_1^2 - d_2^2)(0.01p)^{0.6}
\end{cases}
$$

式中：S_E——液化震陷量平均值；液化层为多层时，先按各层次分别计算后再相加。

　　　B——基础宽度（m），对住房等密集型基础取建筑平面宽度；当 $B \leqslant 0.44d_1$ 时，取 $B = 0.44d_1$。

S_0——经验系数，对第一组，7、8、9 度分别取 0.05、0.15 及 0.3。

d_1——由地面算起的液化深度（m）（层底深度）。

d_2——由地面算起的上覆非液化土层深度（m）；液化层为持力层取 $d_2=0$（层底深度）。

p——宽度为 B 的基础底面地震作用效应标准组合的压力（kPa）。

D_r——砂土相对密度（%），可根据标贯锤击数 N，按如下公式取值：

$$D_r=\left(\frac{N}{0.23\sigma_v'+16}\right)^{0.5}$$

σ_v'——标贯深度处上覆土体的有效自重应力（kPa）。

k——与粉土承载力有关的经验系数，当承载力特征值不大于 80kPa 时，取 0.30，当不小于 300kPa 时取 0.08，其余可内插取值。

ξ——修正系数，直接位于基础下的非液化厚度满足本规范第 4.3.3 条第 3 款对上覆非液化土层厚度 d_u 的要求，$\xi=0$；无非液化层，$\xi=1$；中间情况内插确定。

第六节 地震承载力验算

一、天然地基地震承载力验算

——《建筑抗震设计规范（2016 年版）》第 4.2.3 条、第 4.2.4 条

（一）可不进行天然地基及基础的抗震承载力验算

1. 抗震设防烈度为 6 度区的乙、丙、丁类建筑。

2. 地基主要受力层范围内不存在软弱黏性土层的下列建筑：

（1）一般的单层厂房和单层空旷房屋。

（2）砌体房屋。

（3）不超过 8 层且高度在 24m 以下的一般民用框架和框架抗震墙房屋。

（4）基础荷载与（3）项相当的多层框架厂房和多层混凝土抗震墙房屋。

【小注】软弱黏性土层指 7 度、8 度和 9 度时，地基承载力特征值分别小于 80、100 和 120kPa 的土层。

（二）天然地基承载力计算

基础抗震验算时，应采用地震作用效应标准组合，且地基抗震承载力 f_{aE} 应取地基承载力特征值乘以地基抗震承载力调整系数计算，如下：

$$f_{aE}=\zeta_a\times f_a$$

式中：f_a——经深宽修正后的地基承载力特征值，应按现行《建筑地基基础设计规范》 GB 50007—2011 采用。

ζ_a——地基抗震承载力调整系数，按下表取值：

地基抗震承载力调整系数 ζ_a

地基土名称和性状	ζ_a
岩石，密实的碎石土，密实的砾、粗、中砂，$f_{ak}\geq300$kPa 的黏性土和粉土	1.5
中密、稍密的碎石土，中密和稍密的砾、粗、中砂，密实和中密的细、粉砂，150kPa$\leq f_{ak}<$300kPa 的黏性土和粉土，坚硬黄土	1.3

续表

地基土名称和性状	ζ_a
稍密的细、粉砂，100kPa≤f_{ak}<150kPa 的黏性土和粉土，可塑黄土	1.1
淤泥，淤泥质土，松散的砂，杂填土，新近堆积黄土及流塑黄土	1.0

【小注】地基抗震承载力调整系数主要考虑两个因素：①除软弱土外，地基土在有限次循环动力作用下强度一般较静强度提高；②考虑到地震作用是一种偶然作用，历时短暂，在地震作用下，结构可靠度容许有一定程度降低。因此，除软弱土外，地基土抗震承载力都较地基土静承载力高。

（三）天然地基承载力验算

验算天然地基地震作用下的竖向承载力时，按地震作用效应标准组合的基础底面平均压力和边缘最大压力应符合下列规定：

$$\begin{cases} p \leqslant f_{aE} \\ p_{max} \leqslant 1.2 \cdot f_{aE} \end{cases}$$

式中：p——地震作用效应标准组合的基础底面平均基底压力（kPa）；

p_{max}——地震作用效应标准组合的基础边缘最大压力（kPa）。

根据《建筑抗震设计规范（2016年版）》GB 50011—2010 第4.2.4条，对于建筑物基底压力总结如下：

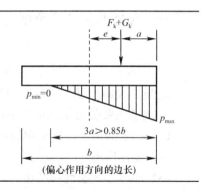

高宽比大于4的高层建筑，在地震作用下基础底面不宜出现脱离区（即零应力区）；其他建筑，基础底面与地基土之间脱离区（即零应力区）面积不应超过基础底面面积的15%。

基础底面与地基土之间存在零应力区时，基底受压情况为大偏心受压（即 $e \geqslant b/6$），此时基底边缘最大压力如下：

$$p_{max} = \frac{2(F_k + G_k)}{3la}$$

基底的受力面积（$3la$）＝基底面积（$l \times b$）－零应力区面积

偏心距：$e = \frac{M_k}{F_k + G_k} = \frac{b}{2} - a$

【9-30】（2006D29）高层建筑高 42m，基础宽 10m，深宽修正后的地基承载力特征值 $f_a=300$kPa，地基抗震承载力调整系数 $\zeta_a=1.3$，按地震作用效应标准组合进行天然地基基础抗震验算，则下列（　　）项不符合抗震承载力验算的要求，并说明理由。

（A）基础底面平均压力不大于 390kPa

（B）基础边缘最大压力不大于 468kPa

（C）基础底面不宜出现拉应力

（D）基础底面与地基土之间零应力区面积不应超过基础底面面积的 15%

答案：D

解答过程：

根据《建筑抗震设计规范（2016年版）》GB 50011—2010 第4.2.3条、第4.2.4条：

（1）$p \leqslant f_{aE} = \zeta_a f_a = 1.3 \times 300 = 390$kPa，故 A 项符合要求。

（2）$p_{max} \leqslant 1.2 f_{aE} = 1.2 \times 390 = 468$kPa，故 B 项符合要求。

（3）高宽比：$\frac{H}{B} = \frac{42}{10} = 4.2 > 4$

建筑物基底不宜出现拉应力区，故 C 项符合要求，D 项不符合要求。

【9-31】（2008D28）某 8 层建筑物高 24m，筏板基础宽 12m、长 50m，地基土为中密-密实细砂，深宽修正后的地基承载力特征值 $f_a = 250\text{kPa}$。按《建筑抗震设计规范（2016年版）》GB 50011—2010 验算天然地基抗震竖向承载力。则在容许最大偏心距（短边方向）的情况下，按地震作用效应标准组合的建筑物总竖向作用力应不大于（　　）。

(A) 76500kN　　　(B) 99450kN　　　(C) 117000kN　　　(D) 195000kN

答案：B

解答过程：

根据《建筑抗震设计规范（2016 年版）》GB 50011—2010 第 4.2.3 条、第 4.2.4 条：

(1) 建筑物高宽比：$\dfrac{H}{b} = \dfrac{24}{12} = 2 < 4$，基底零应力区面积不超过 15%

(2) $f_a = 250\text{kPa}$，$f_{aE} = \zeta_a f_a = 1.3 \times 250 = 325\text{kPa}$

(3) 偏心作用下：

$$p_{max} = \frac{2(F_k + G_k)}{3la}, \quad \diamondsuit \ p_{max} \leqslant 1.2 f_{aE}$$

$$\frac{2(F_k + G_k)}{3la} \leqslant 1.2 \times 325 \Rightarrow$$

$$F_k + G_k = 1.2 \times 325 \times 0.85 \times 12 \times 50/2 = 99450\text{kN}$$

(4) 轴心作用下：

$$p = \frac{F_k + G_k}{A} = \frac{99450}{12 \times 50} = 165.75\text{kPa} < f_{aE} = 325\text{kPa}，满足要求。$$

【9-32】（2011C29）某 8 层建筑物高 25m，筏板基础宽 12m、长 50m，地基土为中密细砂层。已知按地震作用效应标准组合传至基础底面的总竖向力（包括基础自重和基础上的土重）为 100MN。基底零压力区达到规范规定的最大限度时，该地基土经深宽修正后的地基土承载力特征值 f_a 至少不能小于（　　），才能满足《建筑抗震设计规范（2016年版）》GB 50011—2010 关于天然地基基础抗震验算的要求。

(A) 128kPa　　　(B) 167kPa　　　(C) 251kPa　　　(D) 392kPa

答案：C

解答过程：

根据《建筑抗震设计规范（2016 年版）》GB 50011—2010：

(1) 第 4.2.2 条与第 4.2.3 条，地基土为中密细砂层，$\zeta_a = 1.3$

$$p = \frac{F_k + G_k}{A} = \frac{100 \times 10^3}{12 \times 50} = 166.7\text{kPa} \Rightarrow p \leqslant f_{aE} = \zeta_a f_a \Rightarrow f_a \geqslant \frac{166.7}{1.3} = 128.2\text{kPa}$$

(2) 第 4.2.4 条，建筑物的高宽比为：$\dfrac{H}{b} = \dfrac{25}{12} = 2.1 < 4$，零应力面积最多占总面积的 15%。

$$p_{max} = \frac{2(F_k + G_k)}{3la} = \frac{2 \times (100 \times 10^3)}{0.85 \times 12 \times 50} = 392.2\text{kPa} \Rightarrow p_{max} \leqslant 1.2 f_{aE} = 1.2 \zeta_a f_a \Rightarrow$$

$$f_a \geqslant \frac{392.2}{1.2 \times 1.3} = 251.4\text{kPa}$$

(3) 两者取最大值：$f_a \geqslant 251.4\text{kPa}$

【小注岩土点评】

本题考查抗震时的地基承载力验算。本建筑高宽比小于 4，规范允许存在的零应力区最大值为 15%，故应按照 $0.85A$（A 为基础全面积）的实际受压面积计算基底压力最大值。同时，地震作用下的承载力比非地震工况下的承载力多了一个地震提高系数（不论轴心和偏心），对于计算最小承载力特征值或最小的基础宽度之类承载力验算题目，基本解题方法都是偏心和轴心工况各自验算，取大值。

二、桩基础地震承载力验算

——《建筑抗震设计规范（2016 年版）》第 4.4.2 条、第 4.4.3 条

本部分有两类题型：

类型一：求解承载力特征值，这里边有两个问法：①地震作用下，复合基桩（单桩）竖向（水平）承载力特征值，此时不需要考虑 1.25 的增大系数；②复合基桩（单桩）竖向（水平）抗震承载力特征值，那么需要乘以 1.25 的增大系数。

如果规范明确虽然是地震作用，但不论哪种情况均不需要考虑 1.25 的情况除外。

类型二：地震承载力验算，即为以下内容。

（一）按《建筑桩基技术规范》JGJ 94—2008 进行桩基地震承载力验算

1. 竖向抗震验算

根据《建筑桩基技术规范》JGJ 94—2008 第 5.2.1 条，地震作用效应标准组合下，桩基竖向抗震承载力可比非抗震设计时提高 25%，并应符合下列规定：

轴心荷载作用下：$N_{Ek} \leqslant 1.25 \cdot R$

偏心荷载作用下：$N_{Ekmax} \leqslant 1.5 \cdot R$ 且 $N_{Ek} \leqslant 1.25 \cdot R$（二者必须同时满足）

式中：N_{Ek}——地震作用效应标准组合，基桩或复合基桩的平均竖向力（kN）；

N_{Ekmax}——地震作用效应标准组合，基桩或复合基桩的最大竖向力（kN）；

R——基桩或复合基桩的竖向承载力特征值（kN）。

2. 水平抗震验算

$$H_{Ek} \leqslant 1.25 R_h \ (R_{ha})$$

式中：H_{Ek}——地震作用效应标准组合，作用于基桩桩顶处的水平力（kN）；

R_h、R_{ha}——基桩或单桩的水平承载力特征值（kN）。

【小注】 根据《建筑桩基技术规范》JGJ 94—2008 第 5.7.2 条，地震作用下，按公式 $R_h = 0.75 \cdot \dfrac{\alpha^3 EI}{v_x} \cdot \chi_{oa}$ 估算的水平承载力特征值不提高，即为不需要考虑 1.25 的增大系数。

3. 非液化土中低承台桩基的抗震验算

$$\text{竖向承载力特征值 } R \begin{cases} \text{复合基桩：} R = R_a + \dfrac{\zeta_a}{1.25} \cdot \eta_c \cdot f_{ak} \cdot A_c \\ \text{单桩：} R = R_a \end{cases}$$

$$\text{水平承载力特征值 } R_h \begin{cases} \text{复合基桩：} R_h = \eta_h R_{ha} \\ \text{单桩：} R_h = R_{ha} \end{cases}$$

【9-33】（2019C24）某高层建筑采用钢筋混凝土桩基础，桩径 0.4m，桩长 12m，桩身配筋率大于 0.65%，桩周土层为黏性土，桩端持力层为粗砂，水平抗力系数的比例系数为

$25MN/m^4$；试估算单桩抗震水平承载力特征值最接近下列哪个选项？（假设桩顶自由，$EI=32MN \cdot m^2$，桩顶允许水平位移取 10mm）

（A）85kN　　　　（B）105kN　　　　（C）110kN　　　　（D）117kN

答案：A

解答过程：

根据《建筑桩基技术规范》JGJ 94—2008 第 5.7.5 条：

（1）$d=0.4m$，$b_0=0.9(1.5d+0.5)=0.9 \times (1.5 \times 0.4+0.5)=0.99m$

（2）$\alpha=\sqrt[5]{\dfrac{mb_0}{EI}}=\sqrt[5]{\dfrac{25 \times 0.99}{32}}=0.95$

（3）$\alpha h=0.95 \times 12=11.4>4$，桩顶自由，$v_x=2.441$

（4）$R_{ha}=0.75 \dfrac{\alpha^3 EI}{v_x} \chi_{0a}=0.75 \times \dfrac{0.95^3 \times 32}{2.441} \times 10=84.29kN$

【小注岩土点评】

第 5.7.5 条第 7 款规定，对于第 6 款水平位移控制时，抗震承载力不调整，即为不乘以 1.25。与《建筑抗震设计规范（2016 年版）》GB 50011—2010 不一致：竖向、水平抗震承载力特征值均乘以 1.25 增大系数。

【9-34】（2018C09）如下图所示柱下独立承台桩基础，桩径 0.6m，桩长 15m，承台效应系数 $\eta_c=0.10$，按《建筑桩基技术规范》JGJ 94—2008 规定，地震作用下，考虑承台效应的复合基桩竖向承载力特征值最接近下列哪个选项？

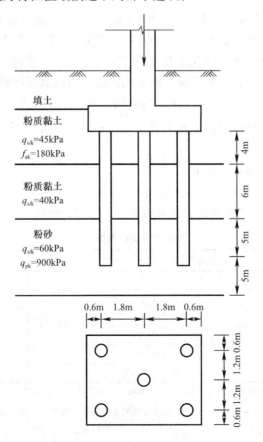

(A) 800kN　　　　(B) 860kN　　　　(C) 1130kN　　　　(D) 1600kN

答案：B

解答过程：

根据《建筑桩基技术规范》JGJ 94—2008 第5.2.5条：

(1) $Q_{uk}=0.6\times3.14\times(4\times45+6\times40+5\times60)+900\times\dfrac{1}{4}\times3.14\times0.6^2=1610.82kN$

$$R_a=\frac{1}{2}Q_{uk}=\frac{1}{2}\times1610.82=805.4kN$$

(2) $A_c=\dfrac{A-nA_{ps}}{n}=\dfrac{4.8\times3.6-5\times\dfrac{1}{4}\times3.14\times0.6^2}{5}=3.17m^2$

(3) 根据《建筑抗震设计规范（2016年版）》GB 50011—2010 表4.2.3：$\zeta_a=1.3$

$$R=R_a+\frac{\zeta_a}{1.25}\eta_c f_{ak}A_c=805.4+\frac{1.3}{1.25}\times0.1\times180\times3.17=864.7kN$$

【小注岩土点评】

如果本题问：基桩竖向抗震承载力特征值，那么需要乘以1.25的系数，本题题干中问：地震作用下，考虑承台效应的复合基桩竖向承载力特征值，就不需要考虑1.25的系数了，需要仔细甄别。

4. 液化土中低承台桩基的抗震验算

(1) 竖向抗震验算

根据《建筑桩基技术规范》JGJ 94—2008 第5.3.12条规定，对于桩身周围有液化土层的低承台桩基，当承台底面上、下分别有厚度不小于1.5m、1.0m的非液化土层或者非软弱土层时，可将桩身穿越的液化土层极限侧阻力（q_{sik}）乘以土层液化影响折减系数（ψ_l）计算单桩承载力标准值。即折减后的桩周液化土层的极限侧阻力如下：

$$q'_{sik}=\psi_l\times q_{sik}\Rightarrow$$

$$Q_{uk}=u\sum(\psi_l\times q_{sjk}l_j+q_{sik}l_i)+q_{pk}A_p\Rightarrow R_a=\frac{1}{2}Q_{uk}$$

竖向承载力特征值 $R\begin{cases}复合基桩：R=R_a+\dfrac{\zeta_a}{1.25}\cdot\eta_c\cdot f_{ak}\cdot A_c\\单桩：R=R_a\end{cases}$

式中：ψ_l——桩周液化土层的液化影响折减系数，按下表取值：

液化影响折减系数 ψ_l

$\lambda_N=N/N_{cr}$	自地面算起的液化土层深 d_L（m）	折减系数 ψ_l
$\lambda_N\leqslant0.6$	$d_L\leqslant10$	0
	$10<d_L\leqslant20$	1/3
$0.6<\lambda_N\leqslant0.8$	$d_L\leqslant10$	1/3
	$10<d_L\leqslant20$	2/3
$0.8<\lambda_N\leqslant1.0$	$d_L\leqslant10$	2/3
	$10<d_L\leqslant20$	1.0

【小注】 对于挤土桩，当桩间距不大于4d，且桩的排数不少于5排，总桩数不少于25时，土层液化影响折减系数可按表列数值提高一档取值 $\left(0\to\dfrac{1}{3}\to\dfrac{2}{3}\to1\right)$；同时当桩间土标贯击数达到 N_{cr} 时，取 $\psi_l=1.0$。

（2）水平抗震验算

根据《建筑桩基技术规范》JGJ 94—2008 第 5.7.5 条：

$$m \rightarrow \psi_l \times m \Rightarrow$$

$$\alpha = \sqrt[5]{\frac{m \cdot b_0}{EI}} \Rightarrow \alpha' = \sqrt[5]{\frac{\psi_l \times m \cdot b_0}{EI}} \Rightarrow$$

桩身强度控制：$R_{ha} = \dfrac{0.75 \cdot \alpha' \cdot \gamma_m \cdot f_t \cdot W_0}{v_M} \cdot (1.25 + 22 \cdot \rho_g) \cdot \left(1 \pm \dfrac{\xi_N \cdot N_k}{\gamma_m \cdot f_t \cdot A_n}\right)$

位移控制：$R_{ha} = 0.75 \cdot \dfrac{\alpha'^3 \cdot EI}{v_x} \cdot \chi_{0a}$

水平承载力特征值 R_h $\begin{cases} 复合基桩：R_h = \eta_h R_{ha} \\ 单桩：R_h = R_{ha} \end{cases}$

式中：α——桩的水平变形系数（1/m）。

地基土水平抗力系数的比例系数 m，宜通过单桩水平静载荷试验确定。当无静载荷试验资料时，可按下表取值：

地基土水平抗力系数的比例系数 m 值

序号	地基土类别	预制桩、钢桩		灌注桩	
		m (MN/m⁴)	相应单桩在地面处水平位移（mm）	m (MN/m⁴)	相应单桩在地面处水平位移（mm）
1	淤泥；淤泥质土；饱和湿陷性黄土	2～4.5	10	2.5～6	6～12
2	流塑（$I_L > 1$）、软塑（$0.75 < I_L \leqslant 1$）状黏性土；$e > 0.9$ 粉土；松散粉细砂；松散、稍密填土	4.5～6.0	10	6～14	4～8
3	可塑（$0.25 < I_L \leqslant 0.75$）状黏性土、湿陷性黄土；$e = 0.75 \sim 0.9$ 粉土；中密填土；稍密细砂	6.0～10	10	14～35	3～6
4	硬塑（$0 < I_L \leqslant 0.25$）、坚硬（$I_L \leqslant 0$）状黏性土、湿陷性黄土；$e < 0.75$ 粉土；中密的中粗砂；密实老填土	10～22	10	35～100	2～5
5	中密、密实的砾砂、碎石类土			100～300	1.5～3

【小注】① 当桩顶水平位移大于表列数值或灌注桩配筋率较高（$\geqslant 0.65\%$）时，m 值应适当降低；当预制桩的水平向位移小于 10mm 时，m 值可适当提高；

② 当水平荷载为长期或经常出现的荷载时，应将表列数值乘以 0.4 降低采用；

③ 当地基为可液化土层时，应将表列数值乘以相应的系数 ψ_l。

【9-35】（2012D28）8 度地区地下水位埋深 4m，某钻孔桩桩顶位于地面以下 1.5m，桩顶嵌入承台底面 0.5m，桩直径为 0.8m，桩长为 20.5m，地层资料见下表，桩全部承受地震作用，则按《建筑抗震设计规范》GB 50011—2010 的规定，单桩竖向抗震承载力特征值最接近（　　）。

土层名称	层底埋深（m）	土层厚度（m）	标准贯入锤击数 N	临界标准贯入锤击数 N_{cr}	极限侧阻力标准值（kPa）	极限端阻力标准值（kPa）
粉质黏土①	5.0	5	—	—	30	—
粉土②	15.0	10	7	10	20	—
密实中砂③	30.0	15	—	—	50	4000

(A) 1680kN　　　　　　　　　　(B) 2100kN

(C) 3110kN　　　　　　　　　　(D) 3610kN

答案：B

解答过程：

根据《建筑抗震设计规范（2016年版）》GB 50011—2010第4.4.2条、第4.4.3条：

(1) 粉土②中：$\dfrac{N}{N_{cr}}=\dfrac{7}{10}=0.7$，查折减系数表：$d_s<10\text{m}$，取$\dfrac{1}{3}$；$10\text{m}<d_s\leqslant20\text{m}$，取$\dfrac{2}{3}$。

(2) $Q_{uk}=3.14\times0.8\times\left(3\times30+\dfrac{1}{3}\times5\times20+\dfrac{2}{3}\times5\times20+7\times50\right)+3.14\times0.4^2\times4000$

$\qquad=3366\text{kN}$

(3) $R_{aE}=1.25\times\dfrac{Q_{uk}}{2}=1.25\times\dfrac{3366}{2}=2104\text{kN}$

【小注岩土点评】

① 液化折减的前提：同时满足承台上下分别有厚度不小于1.5m、1.0m的非液化土或非软弱土层，否则折减系数直接取0。

② 需要注意以下问题：《建筑抗震设计规范（2016年版）》GB 50011—2010第4.4.2条规定，单桩竖向抗震承载力特征值，可比非抗震设计时提高25%；第4.4.3条第2款规定，桩承受全部地震作用，液化土的桩周摩阻力应乘以一个折减系数，注意液化土层的厚度、桩周摩阻力的折减系数。

③ 单桩承载力特征值等于单桩极限承载力标准值的一半。

（二）按《建筑抗震设计规范（2016年版）》GB 50011—2010进行桩基地震承载力验算

根据《建筑抗震设计规范（2016年版）》GB 50011—2010第4.4.2条，单桩的竖向和水平向抗震承载力特征值，可均比非抗震设计时提高25%。

根据《建筑抗震设计规范（2016年版）》GB 50011—2010第4.4.3条，存在液化土的低承台桩基抗震验算，应符合下列规定：

(1) 承台埋深较浅时，不宜计入承台周围土的抗力或刚性地坪对水平地震作用的分担作用。

(2) 当桩承台底面上、下分别有厚度不小于1.5m、1.0m的非液化土层或非软弱土层时，可按下列两种情况进行桩的抗震验算，并按不利情况设计：

【9-36】（2019D09）某建筑场地设计基本地震加速度为0.2g，设计地震分组为第一组，采用直径800mm的钻孔灌注桩基础，承台底面埋深3.0m，承台底面以下桩长25.0m，场地地层资料见下表，地下水位埋深4.0m，按照《建筑抗震设计规范（2016年版）》GB 50011—2010的规定，地震作用按水平地震影响系数最大值的10%采用时，单桩竖向抗震承载力特征值最接近下列哪个选项？

(A) 2380kN　　　　(B) 2650kN　　　　(C) 2980kN　　　　(D) 3320kN

答案：C

解答过程：

情况分类	桩承载力	桩周土摩擦力计算	计算图示
① 桩基承受全部地震作用	比非抗震提高 25%	① 液化土层摩阻力 $q_{sik}\times$ 土层液化影响折减系数 ψ_l。 ② 其余土层摩阻力按桩基规范相关要求计算。 ③ 桩水平抗力 $R_h\times$ 土层液化影响折减系数 ψ_l	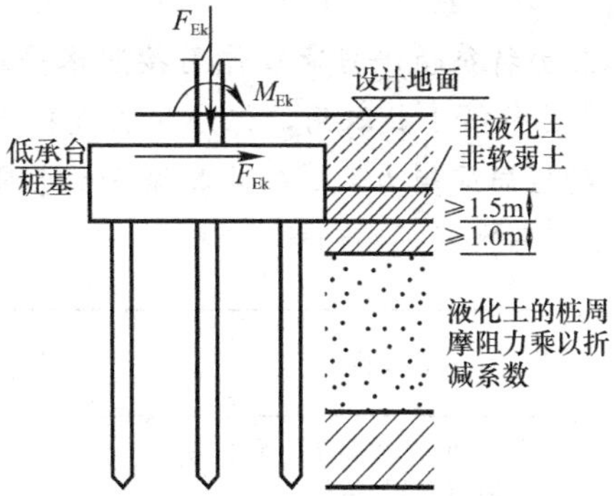
② 地震作用按水平地震影响系数最大值的 10% 采用	比非抗震提高 25%	① 液化土层摩阻力不计。 ② 承台下 2m 深度内非液化土层摩阻力不计。 ③ 其余土层摩阻力按桩基规范相关要求计算。	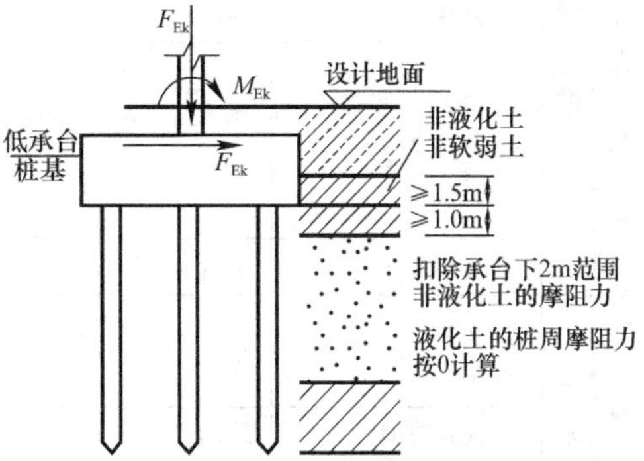

土层液化影响折减系数 ψ_l

液化抵抗系数 $\lambda_N=\dfrac{N}{N_{cr}}$	自地面算起的液化土层深度 d_L（m）	折减系数 ψ_l
$\lambda_N\leqslant 0.6$	$d_L\leqslant 10$	0
	$10<d_L\leqslant 20$	1/3
$0.6<\lambda_N\leqslant 0.8$	$d_L\leqslant 10$	1/3
	$10<d_L\leqslant 20$	2/3
$0.8<\lambda_N\leqslant 1.0$	$d_L\leqslant 10$	2/3
	$10<d_L\leqslant 20$	1.0

土层名称	层底埋深（m）	实测标准贯入锤击数 N	临界标准贯入锤击数 N_{cr}	极限侧阻力标准值（kPa）	极限端阻力标准值（kPa）
粉质黏土	5	—	—	35	—
粉土	8	9	13	40	—
密实中砂	50	—	—	70	2500

根据《建筑抗震设计规范（2016 年版）》GB 50011—2010 第 4.4.3 条第 2 款：

（1）$N=9<N_{cr}=13$，粉土层液化，承台下 2m 不计摩阻力，同时 5～8m 粉土不计摩阻力。

（2）$Q_{uk}=3.14\times 0.8\times 20\times 70+\dfrac{3.14}{4}\times 0.8^2\times 2500=4772.8\text{kN}$

（3）$R_{aE}=1.25\times\dfrac{1}{2}\times 4772.8=2983\text{kN}$

【小注岩土点评】

《建筑抗震设计规范（2016 年版）》GB 50011—2010 规定了两种方法计算桩基的抗震承载力特征值，当地震作用按照水平地震影响系数最大值 10% 采用时，桩承载力仍按第 4.4.2 条第 1 款取用，但应扣除液化土层的全部摩阻力及桩承台下 2m 深度范围内非液化土的桩周摩阻力，本题共扣除 5m 范围内的摩阻力。

（三）两规范对比

<table>
<tr><td colspan="2">对比项目</td><td>《建筑桩基技术规范》
JGJ 94—2008</td><td>《建筑抗震设计规范（2016 年版）》
GB 50011—2010</td></tr>
<tr><td rowspan="8">存在液化土层，桩基础地震承载力验算</td><td rowspan="4">竖向承载力验算</td><td>① 抗震承载力特征值大 25%</td><td>是</td><td>是</td></tr>
<tr><td>② 液化范围</td><td>地面以下 20m</td><td></td></tr>
<tr><td rowspan="2">③ 验算方式</td><td rowspan="2">侧摩阻力 q_{sik} 乘以折减系数 ψ_l，即为：
$\psi_l \cdot q_{sik}$</td><td>① 侧摩阻力 q_{sik} 乘以折减系数 ψ_l，即为：
$\psi_l \cdot q_{sik}$</td></tr>
<tr><td>② 扣除：液化土层的侧摩阻力＋承台下 2m 范围的非液化土侧摩阻力</td></tr>
<tr><td>④ 应用条件</td><td>承台上、下不低于 1.5m、1.0m 的非液化土</td><td></td></tr>
<tr><td rowspan="4">水平承载力验算</td><td>① 抗震承载力特征值大 25%</td><td>是</td><td>是，$R_{ha}=0.75 \cdot \dfrac{\alpha^3 EI}{v_x} \cdot \chi_{0a}$ 除外</td></tr>
<tr><td>② 液化范围</td><td>地面以下 $h_m=2(d+1)$</td><td>—</td></tr>
<tr><td>③ 验算方式</td><td>水平抗力系数的比例系数 m 乘以 ψ_l，即为：$\psi_l \cdot m$，再综合计算 m</td><td>桩水平抗力 $R_{ha} \cdot \psi_l$</td></tr>
<tr><td>④ 应用条件</td><td>中低承台</td><td></td></tr>
</table>

（四）打桩后标贯击数的修正

对于打入式预制桩及其他挤土桩，当平均桩距为 2.5～4 倍桩径且桩数不少于 5×5 时，可计入打桩对液化土的加密作用及桩身对液化土的变形限制的有利影响。当打桩后桩间土的标准贯入锤击数达到不液化的要求时，单桩承载力可不折减，但对桩尖持力层做强度校核时，桩群外侧的应力扩散角应取为零。打桩后桩间土的标准贯入锤击数宜由试验确定，也可按下式计算：

$$N_1 = N_p + 100 \cdot \rho \cdot (1 - e^{-0.3N_p})$$

式中：N_1——打桩后桩间土的标准贯入锤击数；

N_p——打桩前桩间土的标准贯入锤击数；

ρ——打入式预制桩的面积置换率，$\rho = A_p/A_e$。与地基处理中的面积置换率等效。

挤密后标准贯入锤击数 $N_p \rightarrow N_1$，数值提高，则有可能大于 N_{cr}，由液化 $N_p \leqslant N_{cr} \rightarrow N_1 > N_{cr}$ 不液化。

【9-37】（2004C33）某建筑场地抗震设防烈度为 7 度，地基设计基本地震加速度为 0.15g，设计地震分组为第二组，地下水位埋深 2.0m，未打桩前的液化判别等级见下表，采用打入式混凝土预制桩，桩截面为 400mm×400mm，桩长 $l=15$m，桩间距 $s=1.6$m，桩数为 20×20 根，置换率 $\rho=0.063$，打桩后液化指数由原来的 12.9 降为（   ）。

地质年代	土层名称	层底深度（m）	标准贯入试验深度（m）	实测击数	临界击数	计算厚度（m）	权函数	液化指数
新近	填土	1	—	—	—	—	—	—
Q₄	黏土	3.5	—	—	—	—	—	—
Q₄	粉砂	8.5	4	5	11	1.0	10	5.45
			5	9	12	1.0	10	2.5
			6	14	13	1.0	9.3	—
			7	6	14	1.0	8.7	4.95
Q₃	粉质黏土	20	8	16	15	1.0	8.0	—

(A) 2.7　　　　(B) 4.5　　　　(C) 6.8　　　　(D) 8.0

答案：A

解答过程：

根据《建筑抗震设计规范（2016 年版）》GB 50011—2010 第 4.4.3 条、第 4.3.5 条：

(1) 打桩后标贯锤击数：$N_1 = N_p + 100\rho\,(1 - e^{-0.3N_p})$

4m 处：$N_1 = 5 + 100 \times 0.063 \times (1 - 2.718^{-0.3\times5}) = 9.89 < 11$，液化

5m 处：$N_1 = 9 + 100 \times 0.063 \times (1 - 2.718^{-0.3\times9}) = 14.88 > 12$，不液化

7m 处：$N_1 = 6 + 100 \times 0.063 \times (1 - 2.718^{-0.3\times6}) = 11.26 < 14$，液化

(2) 4m、7m 处为液化点，计算代表土层厚度（d_i）、中点深度（$d_{i中}$）、权函数（W_i），见下表：

标贯深度	代表土层厚度（d_i）	中点深度（$d_{i中}$）	权函数（W_i）
4m	1.0	4.0	10
7m	1.0	7.0	8.7

(3) $I_{lE} = \sum_{i=1}^{n} \left[1 - \dfrac{N_i}{N_{cri}}\right] d_i W_i$

$$= \left(1 - \frac{9.89}{11}\right) \times 1 \times 10 + \left(1 - \frac{11.26}{14}\right) \times 1 \times 8.7 = 2.71$$

【9-38】（2010C29）在存在液化土层的地基中的低承台群桩基础，若打桩前该液化土层的标准贯入锤击数为 10 击，打入式预制桩的面积置换率为 3.3%，按照《建筑抗震设计规范（2016 年版）》GB 50011—2010 计算，则打桩后桩间土的标准贯入试验锤击数最接近（　　）。

(A) 10 击　　　(B) 18 击　　　(C) 13 击　　　(D) 30 击

答案：C

解答过程：

根据《建筑抗震设计规范（2016 年版）》GB 50011—2010 第 4.4.3 条：

$$N_1 = N_P + 100\rho\,(1 - e^{-0.3N_P}) = 10 + 100 \times 0.033 \times (1 - e^{-0.3\times10}) = 13.1$$

【小注岩土点评】

打入式预制桩及其他挤土桩，当打桩后桩间土的标准贯入锤击数值会提高，液化土有可能由液化变为不液化，前提条件为：平均桩距为 2.5~4 倍桩径且桩数不少于 5×5 时。

【9-39】（2017D11）某工程采用低承台打入预制实心方桩，桩的截面尺寸为 500mm×500mm，有效桩长为 18m，桩为正方形布置，距离为 1.5m×1.5m，地质条件及各层土的

极限侧阻力、极限端阻力以及桩的入土深度、布桩方式如下图所示。根据《建筑桩基技术规范》JGJ 94—2008 和《建筑抗震设计规范（2016 年版）》GB 50011—2010，在轴心竖向力作用下，进行桩基抗震验算时所取用的单桩竖向抗震承载力特征值最接近下列哪个选项？（地下水位于地表下 1m）

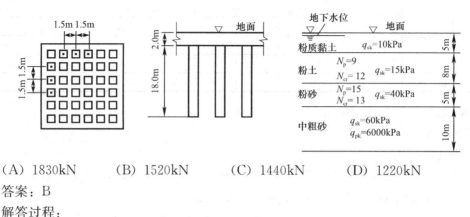

(A) 1830kN　　　(B) 1520kN　　　(C) 1440kN　　　(D) 1220kN

答案：B

解答过程：

根据《建筑桩基技术规范》JGJ 94—2008 第 5.3.12 条、《建筑抗震设计规范（2016 年版）》GB 50011—2010 第 4.4.2 条：

(1) 粉土层：$N_1 = 9 + 100 \times 0.111 \times (1 - e^{-0.3 \times 9}) = 19.36 > N_{cr} = 12$，不液化

砂土层：$N_p > N_{cr} = 13$，不液化

(2) $Q_{uk} = 0.5 \times 4 \times (3 \times 10 + 8 \times 15 + 5 \times 40 + 2 \times 60) + 0.5^2 \times 6000 = 2440\text{kN}$

(3) $R_{aE} = 1.25 \times \dfrac{2440}{2} = 1525\text{kN}$

【小注岩土点评】

当为挤土桩时，桩间距不大于 4d，且桩的数量不少于 5×5 时，粉土层打桩后的标准贯入锤击数，需要计入挤土效应对液化的有利影响。

【9-40】(2022D24) 某建筑场地抗震设防烈度为 7 度，设计基本地震加速度为 0.15g，地震分组为第二组，地下水位埋深为 1.4m，场地地质剖面如下图所示。拟建建筑为住宅楼，地上 18 层，地下 1 层，筏板基础，基础尺寸为 80m×20m，拟采用打入式预制桩方

±0.000
①素填土　　　−2.000　　−1.400
②粉土　　　　−5.700
③粉质黏土　　　　−12.400
④粉砂　↓d_s=13.15m，N=15击　　−13.900
⑤粉质黏土　　　　−20.000
⑥细砂

案，正方形布置，桩径为 0.5m，桩间距为 1.8m。按桩承受全部地震作用考虑进行桩基抗震验算时，根据《建筑抗震设计规范（2016 年版）》GB 50011—2010 确定的粉砂④层液化影响折减系数为下列哪个选项？

(A) 0   (B) 1/3   (C) 2/3   (D) 1

答案：D

解答过程：

根据《建筑抗震设计规范（2016 年版）》GB 50011—2010：

(1) 第 4.4.3 条第 3 款：

桩距验算：$2.5 \times 0.5 = 1.25\text{m} < s = 1.8\text{m} < 4 \times 0.5 = 2\text{m}$，满足

基础尺寸远远大于桩间距，故桩数也满足。

$$\rho = \frac{\frac{3.14}{4} \times 0.5^2}{1.8^2} = 0.06057$$

对标准贯入锤击数进行修正：

$$N_1 = N_p + 100\rho(1 - e^{-0.3N_p}) = 15 + 100 \times 0.06057 \times (1 - e^{-0.3 \times 15}) = 20.99$$

(2) 第 4.3.4 条：

$$N_0 = 10, \ \beta = 0.95, \ \rho_c = 3, \ d_s = 13.15, \ d_w = 1.4$$

$$N_{cr} = 10 \times 0.95 \times [\ln(0.6 \times 13.15 + 1.5) - 0.1 \times 1.4] \times \sqrt{\frac{3}{3}} = 19.95 < N_1 = 20.99$$

(3) 第 4.4.3 条表 4.4.3：

$$\frac{N_1}{N_{cr}} = 1.05 > 1, \ 10 < d_L \leqslant 20$$

折减系数取 1。

【9-41】（2014D29）某场地设计基本地震加速度为 0.15g，设计地震分组为第一组，其他地层如下：①层黏土，可塑，层厚 8m，②层粉砂，层厚 4m，稍密状，在其埋深 9.0m 处标贯击数为 7 击，场地地下水位埋深 2.0m。拟采用正方形布置，截面为 300mm×300mm，预制桩进行液化处理，根据《建筑抗震设计规范（2016 年版）》GB 50011—2010，问其桩距至少不大于下列哪一选项时才能达到不液化？

(A) 800mm   (B) 1000mm   (C) 1200mm   (D) 1400mm

答案：B

解答过程：

根据《建筑抗震设计规范规范（2016 年版）》GB 50011—2010：

(1) 第 4.3.4 条，计算标准贯入锤击数临界值，

$$N_{cr} = N_0\beta[\ln(0.6d_s + 1.5) - 0.1d_w]\sqrt{\frac{3}{\rho_c}}$$

$$= 10 \times 0.8 \times [\ln(0.6 \times 9 + 1.5) - 0.1 \times 2.0] \times \sqrt{\frac{3}{3}} = 13.85$$

(2) 为满足不液化条件，需要标准贯入锤击数大于标准贯入锤击数临界值，根据第 4.4.3 条第 2 款第 3 项，

$$N_1 = N_P + 100\rho(1 - e^{-0.3N_P}) = 7 + 100\rho(1 - e^{-0.3 \times 7}) > 13.85；解得：\rho > 0.078$$

(3) $\rho = \dfrac{b^2}{s^2} = \dfrac{0.3^2}{s^2} = 0.078 \Rightarrow s < 1074.2mm$

【小注岩土点评】

打入式预制桩及其他挤土桩，当平均桩距为 $2.5 \sim 4$ 倍桩径且桩数不少于 5×5 时，可计入打桩对土的加密作用及桩身对液化土变形限制的有利影响，要满足打桩后不液化，需要修正后的标贯锤击数大于标贯锤击数临界值即可。需要注意的是，面积置换率的计算，与《建筑地基处理技术规范》JGJ 79—2012 是一致的。

三、边坡地震稳定性验算

对于边坡地震作用分析，规范仍采用"拟静力法"计算地震作用，在《建筑边坡工程技术规范》GB 50330—2013 中，其将"水平向地震作用"和"竖向地震作用"统一考虑，采用"综合水平地震系数"简化为一个作用于重心处的水平静力考虑。

《建筑边坡工程技术规范》GB 50330—2013 第 5.2.6 条规定，边坡滑塌区内无重要建（构）筑物时，采用刚体极限平衡法和静力数值法计算边坡稳定性时，滑体、条块或单元的地震作用可直接简化为一个作用于滑体、条块或单元重心处且指向坡外（滑动方向）的水平静力 Q_e 考虑，其值可按下式计算：

$$Q_e = \alpha_w \cdot G$$
$$Q_{ei} = \alpha_w \cdot G_i$$

式中：Q_e、Q_{ei}——滑体、第 i 计算条块或单元单位宽度地震力（kN/m）；

G、G_i——滑体、第 i 计算条块或单元单位宽度自重［含坡顶建（构）筑物作用］（kN/m）；

α_w——边坡综合水平地震系数，根据所在地区地震基本烈度按下表确定：

综合水平地震系数 α_w

地震基本烈度	6 度		8 度		9 度
地震峰值加速度	0.10g	0.15g	0.20g	0.30g	0.40g
综合水平地震系数	0.025	0.038	0.050	0.075	0.100

第四十六章 公路抗震工程

第一节 场地类别划分

一、覆盖层厚度的确定

——《公路工程地质勘察规范》第 7.10.10 条

建筑场地覆盖层厚度的确定，应符合下列要求：

（1）一般情况下，应按地面至剪切波速大于 500m/s 且其下卧各层岩土的剪切波速均不小于 500m/s 的土层顶面的距离确定。

（2）当地面 5m 以下存在剪切波速大于其上部各土层剪切波速 2.5 倍的土层，且该层及其下卧各层岩土的剪切波速均不小于 400m/s 时，可按地面至该土层顶面距离确定。

（3）对于剪切波速大于 500m/s 的孤石、透镜体，应将其视作周围土层考虑。

（4）对于土层中的火山岩硬夹层（不包括花岗岩），应将其视为刚体，其厚度应从覆盖层中扣除。

二、等效剪切波速的确定

——《公路工程地质勘察规范》第 7.10.11 条

土层的平均剪切波速 v_{se}，应按下列公式计算：

$$v_{se} = \frac{d_0}{\sum \dfrac{d_i}{v_{si}}}$$

式中：d_0——计算深度（m），取覆盖层厚度和 20m 二者中小值；

v_{si}——计算深度范围内，第 i 层土的剪切波速（m/s），注意孤石、透镜体处理；

d_i——计算深度范围内，第 i 层土的厚度（m），注意火山岩硬夹层处理。

三、场地类别划分

——《公路工程抗震规范》第 4.1.3 条

平均剪切波速 v_{se}	场地类别			
	I	II	III	IV
$v_{se} > 500m/s$	0			
$500m/s \geqslant v_{se} > 250m/s$	$d_{ov} < 5$	$d_{ov} \geqslant 5$		
$250m/s \geqslant v_{se} > 140m/s$	$d_{ov} < 3$	$3 \leqslant d_{ov} \leqslant 50$	$d_{ov} > 50$	
$v_{se} \leqslant 140m/s$	$d_{ov} < 3$	$3 \leqslant d_{ov} \leqslant 15$	$15 < d_{ov} \leqslant 80$	$d_{ov} > 80$

【小注】d_{ov} 为场地覆盖土层厚度。

第二节 液化判别及等级划分

一、液化初判

—— 《公路工程抗震规范》第 4.3.2 条

一般地基地面以下 15m，桩基和基础埋深大于 5m 的天然地基地面下 20m 内有饱和砂土或饱和粉土（不含黄土），当符合下列条件之一时，可初步判定为不液化：

地震动峰值加速度	判别条件	结论
0.10（g）（0.15g）0.20（g）（0.30g）（7~8 度）	地质年代为第四纪晚更新世（Q_3）及其以前	不液化
0.10g（0.15g）（7 度）、0.20g（0.30g）（8 度）、0.40g（9 度）	粉土的黏粒（粒径小于 0.005mm 的颗粒）含量 ρ_c 分别不小于 10%、13% 和 16%	

0.10g~0.40g（7~9 度）	上覆非液化土层厚度 d_u、地下水位深度 d_w 符合下列条件之一	$\begin{cases} d_u > d_0 + d_b - 2 \\ d_w > d_0 + d_b - 3 \\ d_u + d_w > 1.5 \cdot d_0 + 2 \cdot d_b - 4.5 \end{cases}$	不考虑液化影响

式中：d_u——上覆非液化土层厚度（m），计算时，应将淤泥和淤泥质土层厚度扣除；

d_w——地下水位深度（m），按设计基准期内年平均最高水位采用，也可按近期年内最高水位采用（非勘察水位）；

d_b——基础埋置深度（m），$d_b < 2m$ 时，采用 2m 计算；

d_0——液化土特征深度（m），可按下表采用。

饱和土类别	0.10g（0.15g）7 度	0.20g（0.30g）8 度	0.40g 9 度
粉土	6m	7m	8m
砂土	7m	8m	9m

二、液化复判

—— 《公路工程抗震规范》第 4.3.3 条

当饱和砂土、粉土的初判认为需进一步进行液化判别时，应采用标贯法进行地面下 15m 内土的液化情况判别，当采用桩基础或基础埋深大于 5m 的基础，判别深度为地面下 20m。

液化判别标准贯入锤击数临界值 N_{cr} 可按下式计算：

$$\begin{cases} \text{地面下 } 0\sim15\text{m 范围内：} N_{cr} = N_0 \cdot [0.9 + 0.1 \cdot (d_s - d_w)] \cdot \sqrt{3/\rho_c} \\ \text{地面下 } 15\sim20\text{m 范围内：} N_{cr} = N_0 \cdot (2.4 - 0.1 \cdot d_w) \cdot \sqrt{3/\rho_c} \end{cases}$$

$$N \geq N_{cr}，\text{不液化}$$
$$N < N_{cr}，\text{液化}$$

式中：N——标准贯入锤击数实测值（未经杆长修正）；

N_0——液化判别标准贯入锤击数基准值，按下表采用；

d_s——饱和土标准贯入试验点深度（m）；

d_w——地下水位深度（m），按设计基准期内年平均最高水位采用，也可按近期年内最高水位采用（非勘察水位）；

ρ_c——黏粒含量百分率（%），当粉土的 $\rho_c < 3$ 或者为砂土时，均直接取 3 计算。

液化判别标准贯入锤击数基准值 N_0

区划图上的特征周期 T_g	设计基本地震动峰值加速度				
	$0.10g$	$0.15g$	$0.20g$	$0.30g$	$0.40g$
0.35s	6	8	10	13	16
0.40s、0.45s	8	10	12	15	18

三、液化指数的计算

——《公路工程抗震规范》第 4.3.4 条

对存在液化砂土层、粉土层的地基，按下式计算每个钻孔的液化指数 I_{lE}：

$$I_{lE} = \sum_{i=1}^{n} \left[1 - \frac{N_i}{N_{cri}} \right] \cdot d_i \cdot W_i$$

式中：N_i、N_{cri}——液化 i 点处的标贯锤击数的实测值和临界值，非液化点，不参与计算，当实测值大于临界值时应取临界值；

$\quad\quad n$——在判别深度范围内，钻孔中标准贯入试验点的总数；

$\quad\quad d_i$——液化 i 点所代表的土层厚度（m），可采用与标准贯入试验点相邻的上、下两标准贯入试验点深度差的一半，但上界不高于地下水位深度，下界不深于液化深度；

$\quad\quad W_i$——液化 i 点所代表土层厚度的层位影响权函数值（m^{-1}）。

判别深度	权函数 W_i
15m	$W_i = \begin{cases} 15 - d_{i中} & 5 < d_{i中} \leqslant 15m \\ 10 & d_{i中} \leqslant 5m \end{cases}$
20m	$W_i = \begin{cases} \dfrac{2}{3} \cdot (20 - d_{i中}) & 5 < d_{i中} \leqslant 20m \\ 10 & d_{i中} \leqslant 5m \end{cases}$

$d_{i中}$——标贯试验点所代表土层厚度的中点深度（m）

地基液化等级

液化等级	轻微	中等	严重
判别深度为15m 的液化指数	$0 < I_{lE} \leqslant 5$	$5 < I_{lE} \leqslant 15$	$I_{lE} > 15$
判别深度为20m 的液化指数	$0 < I_{lE} \leqslant 6$	$6 < I_{lE} \leqslant 18$	$I_{lE} > 18$

【9-42】（2007C29）高度为3m 的公路挡土墙，基础的设计埋深为1.80m，场区的抗震设防烈度为8 度，自然地面以下深度1.50m 为黏性土，深度1.50～5.00m 为一般黏性土，深度5.00～10.00m 为粉土，下卧层为砂土层。根据《公路工程抗震规范》JTG B02—2013，在地下水位埋深至少大于（　　）时，可初判不考虑场地土液化影响。

(A) 5.0m　　　　(B) 6.0m　　　　(C) 6.5m　　　　(D) 8.0m

答案：C

解答过程：

根据《公路工程抗震规范》JTG B02—2013 第 4.3.2 条：

（1）对粉土层，取 $d_u=5m$，$d_b=2m$，$d_0=7m$

$d_u=5m<d_0+d_b-2=7+2-2=7m$

$d_w>d_0+d_b-3=7+2-3=6m$

$d_u+d_w>1.5d_0+2d_b-4.5=1.5×7+2×2-4.5=10.0m⇒d_w>5m$

对粉土层，初判不考虑液化影响，最低要求为 $d_w>5m$。

（2）对砂土层，取 $d_u=5m$，$d_b=2m$，$d_0=8m$

$d_u=5m<d_0+d_b-2=8+2-2=8m$

$d_w>d_0+d_b-3=8+2-3=7m$

$d_u+d_w>1.5d_0+2d_b-4.5=1.5×8+2×2-4.5=11.5m⇒d_w>6.5m$

对砂土层，初判不考虑液化影响，最低要求为 $d_w>6.5m$。

（3）综合判别，当至少 $d_w>6.5m$ 时，可初判不考虑液化影响。

第三节 地震作用

一、桥梁设计加速度反应谱

——《公路工程抗震规范》第 5.2.1～5.2.4 条

（一）水平设计加速度反应谱最大值（S_{max}）

水平设计加速度反应谱最大值（S_{max}）按下式计算：

$$S_{max}=2.25·C_i·C_s·C_d·A_h$$

式中： A_h——水平向设计基本地震动峰值加速度；

C_i、C_s、C_d——分别为桥梁抗震重要性修正系数、场地系数、阻尼调整系数。

各项参数的规定及计算如下：

（1）桥梁抗震重要性修正系数 C_i：

桥梁抗震重要性修正系数 C_i

桥梁抗震设防类别	E1 地震作用	E2 地震作用
A类	1.0	1.7
B类	0.43（0.5）	1.3（1.7）
C类	0.34	1.0
D类	0.23	—

【小注】① 高速公路和一级公路上，单跨跨径不超过 150m 的大桥和特大桥，C_i 取 B 类括号内数值。

② E1 地震作用：重现期为 475 年的地震作用，相当于抗震规范中的设防地震作用；E2 地震作用：重现期为 2000 年的地震作用，相当于抗震规范中的罕遇地震作用。

桥梁抗震设防类别

桥梁抗震设防类别	桥梁特征
A类	单跨跨径超过 150m 的特大桥
B类	单跨跨径不超过 150m 的高速公路、一级公路上的桥梁； 单跨跨径不超过 150m 的二级公路上的特大桥、大桥
C类	二级公路上的中、小桥；单跨跨径不超过 150m 的三、四级公路上的大桥、特大桥
D类	三、四级公路上的中桥、小桥

（2）场地系数 C_s：

场地系数 C_s

场地类别	水平向设计基本地震动峰值加速度（A_h）					
	$0.05g$	$0.10g$	$0.15g$	$0.20g$	$0.30g$	$\geqslant 0.40g$
I	1.2	1.0	0.9	0.9	0.9	0.9
II	1.0	1.0	1.0	1.0	1.0	1.0
III	1.1	1.3	1.2	1.2	1.0	1.0
IV	1.2	1.4	1.3	1.3	1.0	0.9

（3）阻尼调整系数 C_d：

结构阻尼比 $\xi = 0.05$ 时	结构阻尼比 $\xi \neq 0.05$ 时
$C_d = 1.0$	$C_d = 1 + \dfrac{0.05 - \xi}{0.06 + 1.7 \cdot \xi} \geqslant 0.55$

（二）水平设计加速度反应谱值（S）

水平设计加速度反应谱值（S）按下式计算：

$$S = \begin{cases} S_{max}\,(5.5 \cdot T + 0.45) & T < 0.1\text{s} \\ S_{max} & 0.1\text{s} \leqslant T \leqslant T_g \\ S_{max} \cdot \dfrac{T_g}{T} & T > T_g \end{cases}$$

式中：T——结构自振周期（s）。

T_g——特征周期（s），根据桥梁所在地区，根据现行《中国地震动参数区划图》GB 18306—2015 上的特征周期和相应的场地类别，按下表取值：

修正后的特征周期 T_g

区划图上的特征周期	场地类别			
	I	II	III	IV
0.35s	0.25s	0.35s	0.45s	0.65s
0.40s	0.30s	0.40s	0.55s	0.75s
0.45s	0.35s	0.45s	0.65s	0.90s

（三）竖向设计加速度反应谱值（S_v）

竖向设计加速度反应谱值（S_v）按下式计算：

$$S_v = R \times S$$

式中：S——水平向设计加速度反应谱值；

R——竖向/水平向谱比函数，按下表确定：

基岩场地	$R = 0.6$
土层场地	$R = \begin{cases} 1.0 & T < 0.1\text{s} \\ 1 - 2.5 \cdot (T - 0.1) & 0.1\text{s} \leqslant T < 0.3\text{s} \\ 0.5 & T \geqslant 0.3\text{s} \end{cases}$ 式中：T——结构自振周期（s）

二、挡土墙水平地震作用力

——《公路工程抗震规范》第 7.2.3～7.2.6 条

按静力法验算时，挡土墙距离墙底 i 截面以上墙身重心处的水平地震作用 E_{ih} 可按下式计算：

$$E_{ih} = \frac{C_i \cdot C_z \cdot A_h \cdot \psi_i \cdot G_i}{g}$$

式中：A_h——水平向设计基本地震动峰值加速度；

地震基本烈度	6 度	7 度		8 度		9 度
水平向 A_h	$\geqslant 0.05g$	$0.10g$	$0.15g$	$0.20g$	$0.30g$	$\geqslant 0.40g$
竖向 A_v	0	0		$0.10g$	$0.17g$	$0.25g$

g——重力加速度；

G_i——第 i 截面以上，墙身重力（kN）；

C_z——综合影响系数，重力式挡土墙取 0.25、轻型挡土墙取 0.30；

ψ_i——水平地震作用沿墙高的分布系数，按下式计算：

$$\psi_i = \begin{cases} \dfrac{1}{3}\dfrac{h_i}{H} + 1.0 & (0 \leqslant h_i \leqslant 0.6H) \\[2mm] \dfrac{3}{2}\dfrac{h_i}{H} + 0.3 & (0.6H < h_i \leqslant H) \end{cases}$$

h_i——挡土墙墙趾至第 i 截面的高度（m）；

H——挡土墙高度（m）；

C_i——抗震重要性修正系数，见下表：

公路等级	构筑物重要程度	抗震重要性修正系数 C_i
高速公路、一级公路	抗震重点工程	1.7
	一般工程	1.3
二级公路	抗震重点工程	1.3
	一般工程	1.0
三级公路	抗震重点工程	1.0
	一般工程	0.8
四级公路	抗震重点工程	0.8

【小注】抗震重点工程指隧道和破坏后抢修困难的路基、挡土墙工程。

三、位于斜坡上的挡土墙

——《公路工程抗震规范》第 7.2.4 条

位于斜坡上的挡土墙，作用于其重心处的水平向总地震作用 E_h 可按下式计算：

岩基：

$$E_h = \frac{0.30 C_i \cdot A_h \cdot W}{g}$$

土基：

$$E_{h} = \frac{0.35 C_{i} \cdot A_{h} \cdot W}{g}$$

式中：A_{h}——水平向设计基本地震动峰值加速度；

　　　g——重力加速度；

　　　W——墙身总重力（kN）；

　　　C_{i}——抗震重要性修正系数，同前。

四、路肩挡土墙

——《公路工程抗震规范》第7.2.5条

路肩挡土墙的地震主动土压力，可按下式计算：

$$E_{ea} = \frac{1}{2}\gamma H^{2} \cdot K_{a} \cdot (1 + 0.75 C_{i} \cdot K_{h} \cdot \tan\varphi)$$

式中：E_{ea}——地震时作用于挡土墙背每延米长度上的主动土压力（kN/m），其作用点为距挡土墙底 $0.4H$ 处；

　　　γ——墙后填土的重度（kN/m³）；

　　　H——挡土墙的高度（m）；

　　　φ——墙后填土的内摩擦角（°）；

　　　K_{a}——非地震作用下，作用于挡土墙背的主动土压力系数，为：

$$K_{a} = \frac{\cos^{2}\varphi}{(1+\sin\varphi)^{2}}$$

　　　K_{h}——系数，$K_{h} = A_{h}/g$，同前节或规范第3.3.2条；

　　　C_{i}——抗震重要性修正系数，同前。

五、其他挡土墙

——《公路工程抗震规范》附录A

其他挡土墙的土压力可按照《公路工程抗震规范》JTG B02—2013 附录 A 的方法计算，适用于除路肩挡土墙的其他类型挡土墙。

计算图示	地震角 θ		
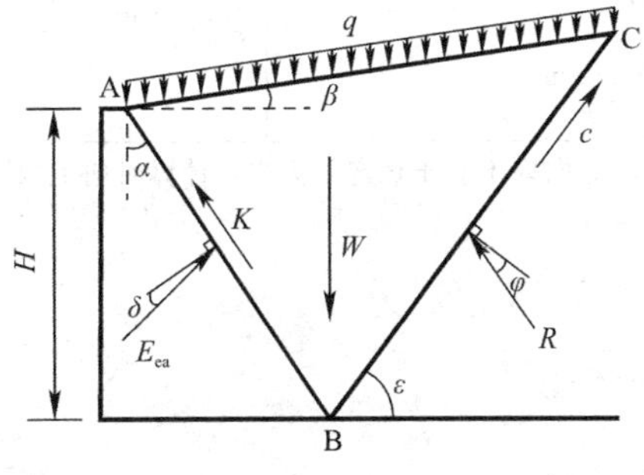	地震角 θ 按下表取值：		

设计基本地震动峰值加速度	0.10g（0.15g）	0.20g（0.30g）	0.40g
水上	$\theta=1.5°$	$\theta=3.0°$	$\theta=6.0°$
水下	$\theta=2.5°$	$\theta=5.0°$	$\theta=10.0°$

续表

主动土压力	计算公式	$E_{ea} = \left[\dfrac{1}{2}\gamma H^2 + qH \cdot \dfrac{\cos\alpha}{\cos(\alpha-\beta)} \right] \cdot K_a - 2c \cdot H \cdot K_{ca}$
	主动土压力系数：	$K_a = \dfrac{\cos^2(\varphi-\alpha-\theta)}{\cos\theta \cdot \cos^2\alpha \cdot \cos(\alpha+\delta+\theta) \cdot \left[1 + \sqrt{\dfrac{\sin(\varphi+\delta) \cdot \sin(\varphi-\beta-\theta)}{\cos(\alpha-\beta) \cdot \cos(\alpha+\delta+\theta)}} \right]^2}$
被动土压力	计算公式	$E_{ep} = \left[\dfrac{1}{2}\gamma H^2 + qH \cdot \dfrac{\cos\alpha}{\cos(\alpha-\beta)} \right] \cdot K_{psp} + 2c \cdot H \cdot K_{cp}$
	被动土压力系数：	$K_{psp} = \dfrac{\cos^2(\varphi+\alpha-\theta)}{\cos\theta \cdot \cos^2\alpha \cdot \cos(\alpha-\delta+\theta) \cdot \left[1 + \sqrt{\dfrac{\sin(\varphi+\delta) \cdot \sin(\varphi+\beta-\theta)}{\cos(\alpha-\theta) \cdot \cos(\delta+\theta-\alpha)}} \right]^2}$

式中：γ——墙后填土重度（kN/m³），水下采用浮重度；

$\quad q$——填土面的均布荷载（kN/m）；

$\quad c$——填土黏聚力（kPa）（当为砂性土时，$c=0$）；

$\quad H$——挡土墙的高度（m）；

$\quad \varphi$——墙后填土的内摩擦角（°）；

$\quad \beta$——填土面与水平面的夹角（°）；

$\quad \delta$——墙后填土与墙背的摩擦角（°）；

$\quad \alpha$——墙背与竖直线的夹角（°）；

$\quad K_{ca}$——系数，$K_{ca} = (1-\sin\varphi)/\cos\varphi$；

$\quad K_a$——地震时，主动土压力系数；

$\quad \theta$——地震角（°）；

$\quad K_{cp}$——系数，$K_{cp} = \dfrac{\sin(\varphi-\theta)+\cos\theta}{\cos\theta \cdot \cos\varphi}$；

$\quad K_{psp}$——地震时，被动土压力系数

六、路基边坡地震稳定性验算

——《公路工程抗震规范》第 8.2.6 条

公路工程路基边坡抗震验算中，采用"拟静力法"分别计算"条块"重心处的水平地震作用 E_{hsi} 和竖向地震作用 E_{vsi} 后，将其视作静力直接作用于"条块"的重心处进行整体稳定性验算。

（一）作用于各土体条块重心处的地震作用

水平地震作用		竖向地震作用
$E_{hsi} = \dfrac{C_i C_z \psi_j A_h G_{si}}{g}$	水平地震作用沿路堤边坡高度增大系数： $\psi_j = \begin{cases} 10 & H \leqslant 20m \\ 1 + \dfrac{0.6 \cdot (h_i - 20)}{H-20} & H > 20m \end{cases}$	$E_{vsi} = \dfrac{C_i C_z A_v G_{si}}{g}$

式中：A_h、A_v——水平向、竖向设计基本地震动峰值加速度，A_v 作用方向取不利于稳定的方向，计算时向上取负，向下取正，取值见前或规范第 3.3.2 条；

$\quad C_z$——综合影响系数，取 0.25；

$\quad G_{si}$——第 i 条块的重力（kN）；

$\quad C_i$——抗震重要性修正系数，同前；

$\quad h_i$——路基计算第 i 条土体的高度（m）；

$\quad H$——路基边坡高度（m）

（二）路基边坡地震整体稳定性验算

计算图示	计算公式
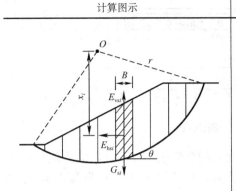	$$K_c = \frac{\sum\limits_{i=1}^{n}\left\{\frac{c \cdot B}{\cos\theta_i} + \left[(G_{si} + E_{vsi}) \cdot \cos\theta_i - E_{hsi} \cdot \sin\theta_i\right] \cdot \tan\varphi\right\}}{\sum\limits_{i=1}^{n}\left[(G_{si} + E_{vsi}) \cdot \sin\theta_i + \frac{E_{hsi} \cdot x_i}{r}\right]}$$ $$M_h = E_{hsi} \cdot x_i$$

式中和图中：θ_i——第 i 条块底面中点切线与水平线的夹角（°）；

$\qquad\quad$ B——第 i 条块的宽度（m）；

$\qquad\quad$ r——滑弧半径（m）；

$\qquad\quad$ M_h——F_h 对圆心的力矩（kN·m）；

$\qquad\quad$ F_h——作用在条块重心处的水平向地震惯性力代表值（kN/m），作用方向取不利于稳定的方向；

$\qquad\quad$ c——土石填料在地震作用下的黏聚力（kN）；

$\qquad\quad$ φ——土石填料在地震作用下的摩擦角（°）；

$\qquad\quad$ x_i——第 i 条块重心处的水平地震作用对圆心的力臂（m）。

公路类别	路基边坡高度	路基边坡抗震稳定系数
高速公路和一级、二级公路	＞20m	$K_c \geqslant 1.15$
	≤20m	$K_c \geqslant 1.10$
三级、四级公路	—	$K_c \geqslant 1.05$

【9-43】（2011D28）如下图所示，位于地震区的非浸水公路路堤挡土墙，墙高 5m，墙后填料的内摩擦角 $\varphi = 36°$，墙背摩擦角 $\delta = \varphi/2$，填料重度 $\gamma = 19\text{kN/m}^3$，抗震设防烈度为 9 度，无地下水。则作用在该墙上的地震主动土压力 E_a 与（　　　）项最接近。

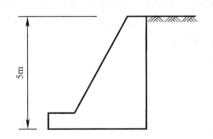

（A）180kN/m　　　（B）150kN/m　　　（C）120kN/m　　　（D）70kN/m

答案：D

解答过程：

根据《公路工程抗震规范》JTG B02—2013 附录 A：

（1）抗震设防烈度 9 度，对应基本地震动峰值加速度为 $0.4g$，非浸水挡土墙，地震角 θ 为 $6°$

（2）主动土压力系数：

$$K_a = \cfrac{\cos^2(\varphi - \alpha - \theta)}{\cos\theta \cdot \cos^2\alpha \cdot \cos(\alpha + \delta + \theta) \cdot \left[1 + \sqrt{\cfrac{\sin(\varphi + \delta) \cdot \sin(\varphi - \beta - \theta)}{\cos(\alpha - \beta) \cdot \cos(\alpha + \delta + \theta)}}\right]^2}$$

$$= \cfrac{\cos^2(36° - 0° - 6°)}{\cos6° \cdot \cos^2 0° \cdot \cos(0° + 18° + 6°) \cdot \left[1 + \sqrt{\cfrac{\sin(36° + 18°) \cdot \sin(36° - 0° - 6°)}{\cos(0° - 0°) \cdot \cos(0° + 18° + 6°)}}\right]^2} = 0.2976$$

（3）$E_{ea} = \dfrac{1}{2}K_a \gamma H^2 = \dfrac{1}{2} \times 0.2976 \times 19 \times 5^2 = 70.68 \text{kN/m}$

【9-44】（2013D27）抗震设防烈度为 8 度地区的某高速公路特大桥，结构阻尼比为 0.05，结构自振周期（T）为 0.45s，场地类型为 Ⅱ 类，特征周期（T_g）为 0.35s，水平向设计基本地震加速度峰值为 0.30g，进行 E2 地震作用下的抗震设计时，按《公路工程抗震规范》JTG B02—2013 确定竖向设计加速度反应谱最接近（　　）。

(A) 0.30g　　　　(B) 0.45g　　　　(C) 0.89g　　　　(D) 1.15g

答案：B

解答过程：

根据《公路工程抗震规范》JTG B02—2013 第 5.2 节：

（1）$S_{max} = 2.25C_iC_sC_dA_h = 2.25 \times 1.7 \times 1 \times 1 \times 0.3g = 1.15g$

（2）$T = 0.45\text{s} > T_g = 0.35\text{s}$，$S = S_{max} \cdot \dfrac{T_g}{T} = 1.15g \times \dfrac{0.35}{0.45} = 0.89g$

（3）$T = 0.45\text{s} > 0.3\text{s}$，$R = 0.5$，竖向设计加速度反应谱为：$0.5 \times 0.89g = 0.445g$

【小注岩土点评】

《公路工程抗震规范》JTG B02—2013 对于竖向反应谱的规定，是根据自振周期的不同，利用谱比函数进行描述的，与《建筑抗震设计规范（2016 年版）》GB 50011—2010 直接取 0.65 倍的影响系数最大值有所不同。

【9-45】（2016C29）某高速公路桥梁，单跨跨径 140m，其阻尼比为 0.04，场地水平向设计基本地震动峰值加速度为 0.20g，设计地震分组为第一组，场地类别为 Ⅲ 类。根据《公路工程抗震规范》JTG B02—2013，试计算在 E1 地震作用下的水平设计加速度反应谱最大值 S_{max} 最接近下列哪个选项？

(A) 0.16g　　　　(B) 0.24g　　　　(C) 0.29g　　　　(D) 0.32g

答案：C

解答过程：

根据《公路工程抗震规范》JTG B02—2013 第 3.1.1 条、第 3.1.3 条、第 5.2.1 条～第 5.2.5 条：

（1）查表 3.1.1 得：跨径 140m 为 B 类桥，取 $C_i = 0.5$，$C_s = 1.2$

$$C_d = 1 + \frac{0.05 - 0.04}{0.06 + 1.7 \times 0.04} = 1.078，A_h = 0.2g$$

（2）$S_{max} = 2.25 \times 0.5 \times 1.2 \times 1.078 \times 0.2g = 0.29g$

【9-46】（2017D29）某高速公路桥梁，单跨跨径 150m，基岩场地，区划图上的特征周期 $T_g = 0.35\text{s}$，结构自振周期 $T = 0.30\text{s}$，结构阻尼比 $\zeta = 0.05$，水平向设计基本地震动峰

值加速度 $A_h=0.30g$。进行 E1 地震作用下的抗震设计时，按《公路工程抗震规范》JTG B02—2013 确定该桥梁水平向和竖向设计加速度反应谱是下列哪个选项？

(A) $0.218g$，$0.131g$　　　　　　(B) $0.253g$，$0.152g$

(C) $0.304g$，$0.182g$　　　　　　(D) $0.355g$，$0.213g$

答案：B

解答过程：

根据《公路工程抗震规范》JTG B02—2013：

(1) 第 3.1.1 条、第 3.1.3 条桥梁抗震设防类别为 B 类，$C_i=0.5$。

(2) 第 5.2.2 条和第 5.2.4 条，$C_s=0.9$，$C_d=1.0$，$A_h=0.3g$

$$S_{max}=2.25C_iC_sC_dA_h=2.25\times0.5\times0.9\times1.0\times0.3g=0.304g$$

(3) 第 5.2.3 条，区划图上的特征周期：$T_g=0.35s$，基岩场地按 I 类场地调整，调整后 $T_g=0.25s$

(4) 第 5.2.1 条，$S=S_{max}\cdot\dfrac{T_g}{T}=0.304g\times\dfrac{0.25}{0.3}=0.253g$

(5) 第 5.2.5 条，基岩场地，取 $R=0.6$，$S_v=RS=0.6\times0.253g=0.152g$

【小注岩土点评】

本题目的难点在于特征周期的调整，题目中给出了区划图的特征周期，该特征周期为 II 类场地的特征周期，根据题目中基岩场地的要求，应进行 II 类到 I 类场地的特征周期调整，按调整后的特征周期进行反应谱的确定。

第四节　地震承载力验算

一、天然地基地震承载力验算

——《公路工程抗震规范》第 4.2.2 条、第 4.2.3 条

验算天然地基基础抗震承载力时，应采用地震作用效应标准组合，按地震作用效应标准组合验算的基础底面压应力应符合下列规定：

$$p\leqslant f_{aE}$$
$$p_{max}\leqslant1.2\cdot f_{aE}$$

式中：p——地震作用效应标准组合的基础底面平均基底压应力（kPa）；

p_{max}——地震作用效应标准组合的基础边缘最大压应力（kPa）；

f_{aE}——调整后的地基抗震承载力容许值；

$$f_{aE}=K\times f_a$$

f_a——经深宽修正后的地基承载力容许值，应按现行《公路桥涵地基与基础设计规范》JTG 3363—2019 采用；

K——地基抗震容许承载力调整系数，按下表取值：

地基抗震容许承载力调整系数 K

地基土名称和性状	K
岩石，密实的碎石土，密实的砾、粗、中砂，$f_{a0}\geqslant300kPa$ 的黏性土和粉土	1.5

地基土名称和性状	K
中密、稍密的碎石土，中密和稍密的砾、粗、中砂，密实和中密的细、粉砂，$150\text{kPa}\leqslant f_{a0}<300\text{kPa}$ 的黏性土和粉土，坚硬黄土	1.3
稍密的细、粉砂，$100\text{kPa}\leqslant f_{a0}<150\text{kPa}$ 的黏性土和粉土，可塑黄土	1.1
淤泥，淤泥质土，松散的砂，杂填土，新近堆积黄土及流塑黄土	1.0

右上角：续表

【小注】① 液化土层及其上土层的地基承载力不应按"表中数值"进行提高；在计算液化土层以下地基承载力时，应计入液化土层及其上土层重力。

② f_{a0} 为由载荷试验等方法得到的地基承载力基本容许值（kPa）。

二、桩基础地震承载力验算

——《公路工程抗震规范》第 4.4 节

（一）一般情况

根据《公路工程抗震规范》JTG B02—2013 第 4.4.1 条规定，非液化地基的桩基，进行抗震验算时，柱桩的地基抗震容许承载力调整系数可取 1.5，摩擦桩的地基抗震容许承载力调整系数可根据地基土类别按上表"地基抗震容许承载力调整系数 K"取值。

当采用载荷试验确定单桩竖向承载力时，单桩竖向承载力可提高 50%，桩基的单桩水平承载力可提高 25%。

（二）地基土液化情况

根据《公路工程抗震规范》JTG B02—2013 第 4.4.2 条，地基内存在液化土时，桩身液化土层的承载力（包括桩侧摩阻力）、土抗力（地基系数）、土体抗剪强度（黏聚力和内摩擦角）等应按下表折减。下表中，液化抵抗系数 C_e 应按下式计算：

$$C_e = \frac{N_1}{N_{cr}}$$

式中：C_e——液化抵抗系数；

N_1——液化层实际标准贯入锤击数；

N_{cr}——液化层的液化判别标准贯入锤击数临界值。

土层液化影响折减系数 α_l

液化抵抗系数 C_e	自地面算起的液化土层深度 d_s（m）	折减系数 α_l
$C_e \leqslant 0.6$	$d_s \leqslant 10$	0
	$10 < d_s \leqslant 20$	1/3
$0.6 < C_e \leqslant 0.8$	$d_s \leqslant 10$	1/3
	$10 < d_s \leqslant 20$	2/3
$0.8 < C_e \leqslant 1.0$	$d_s \leqslant 10$	2/3
	$10 < d_s \leqslant 20$	1.0

【9-47】（2006C30）在地震基本烈度为 8 度的场区修建一座桥梁，场区地下水位埋深 5m。场地土为：0～5m 为非液化黏性土；5～15m 为松散均匀的粉砂；15m 以下为密实中砂。按《公路工程抗震规范》JTG B02—2013，计算判别深度为 5～15m 的粉砂层为液化

土层，液化抵抗系数均为 0.7；若采用摩擦桩基础，深度 $5\sim15m$ 的单桩摩阻力的综合折减系数 α 应为（　　）。

(A) 1/6　　　　(B) 1/3　　　　(C) 1/2　　　　(D) 2/3

答案：C

解答过程：

根据《公路工程抗震规范》JTG B02—2013 第 4.4.2 条：

(1) 液化抵抗系数：$C_e = 0.7$，查表如下：

粉砂层：$5\sim10m$ 段，$\alpha_1 = \dfrac{1}{3}$；$10\sim15m$ 段，$\alpha_2 = \dfrac{2}{3}$

(2) 综合折减系数采用加权平均：

$$\alpha = \frac{\dfrac{1}{3} \times (10-5) + \dfrac{2}{3} \times (15-10)}{15-5} = \frac{1}{2}$$

【9-48】（2014D28）某公路桥梁采用摩擦桩基础，场地地层如下：①0~3m 为可塑状粉质黏土，②3~14m 为稍密至中密状粉砂，其实测标贯击数 $N_1 = 8$ 击。地下水位埋深为 2.0m。桩基穿过②层厚进入下部持力层。根据《公路工程抗震规范》JTG B02—2013，计算②层粉砂桩长范围内桩侧摩阻力液化影响平均折减系数最接近（　　）。（假设②土经修正的液化判别标贯击数临界值 $N_{cr} = 9.5$ 击）

(A) 1　　　　(B) 0.83　　　　(C) 0.79　　　　(D) 0.67

答案：C

解答过程：

根据《公路工程抗震规范》JTG B02—2013 第 4.4.2 条：

(1) $C_e = \dfrac{N_1}{N_{cr}} = \dfrac{8}{9.5} = 0.84$，查表：$3\sim10m$，$\alpha_1 = \dfrac{2}{3}$；$10\sim14m$，$\alpha_2 = 1$

(2) $\alpha = \dfrac{7 \times \dfrac{2}{3} + 4 \times 1}{7+4} = 0.79$

【小注岩土点评】

桩侧摩阻力液化影响平均折减系数计算，查表分段位置注意应从地面起算。

【9-49】（2017C27）某公路工程场地地面下的黏土层厚 4m，其下为细砂，层厚 12m，再下为密实的卵石层，整个细砂层在 8 度地震条件下将产生液化。已知细砂层的液化抵抗系数 $C_e = 0.7$，若采用桩基础，桩身穿过整个细砂层范围，进入其下的卵石层中。根据《公路工程抗震规范》JTG B02—2013，试求桩长范围内细砂层的桩侧阻力折减系数最接近下列哪个选项？

(A) $\dfrac{1}{4}$　　　　(B) $\dfrac{1}{3}$　　　　(C) $\dfrac{1}{2}$　　　　(D) $\dfrac{2}{3}$

答案：C

解答过程：

根据《公路工程抗震规范》JTG B02—2013 第 4.2.2 条：

(1) $C_e = 0.7$，查表：$4\sim10m$，$\alpha_1 = \dfrac{1}{3}$；$10\sim16m$，$\alpha_2 = \dfrac{2}{3}$

（2）$\alpha = \dfrac{(10-4) \times \dfrac{1}{3} + (16-10) \times \dfrac{2}{3}}{12} = \dfrac{1}{2}$

【小注岩土点评】

桩侧阻力折减系数类似《建筑桩基技术规范》JGJ 94—2008 中的液化折减系数，计算采用厚度加权平均。

第四十七章　水利水电抗震工程及地震动参数区划图

第一节　场地类别划分

——《水电工程水工建筑物抗震设计规范》第 4.1.2、4.1.3 条

一、场地覆盖层厚度

建筑场地覆盖层厚度 d_0 的确定，应符合下列要求：

（1）一般情况下，应按地面至剪切波速大于 500m/s 且其下卧各层岩土的剪切波速均不小于 500m/s 的土层顶面的距离确定。

（2）当地面 5m 以下存在剪切波速大于其上部各土层剪切波速 2.5 倍的土层，且该层及其下卧各层岩土的剪切波速均不小于 400m/s 时，可按地面至该土层顶面距离确定。

（3）对于剪切波速大于 500m/s 的孤石、透镜体，应将其视作周围土层考虑。

（4）对于土层中含有硬夹层（不包括花岗岩），应将其视为刚体，其厚度应从覆盖层中扣除。

二、等效剪切波速

土层的等效剪切波速 v_{se} 应按下列公式计算：

$$v_{se} = \frac{d_0}{\sum \left(\dfrac{d_i}{v_{si}} \right)}$$

式中：d_0——覆盖层厚度（计算深度）（m），建基面起算，见下小注；

$\quad v_{si}$——覆盖层厚度（计算深度）范围内，第 i 层土的剪切波速（m/s）；

$\quad d_i$——覆盖层厚度（计算深度）范围内，第 i 层土的厚度（m）。

【小注】① 场地覆盖层厚度的计算与《建筑抗震设计规范（2016 年版）》GB 50011—2010 完全一致。

② 等效剪切波速应从建基面起算，建基面指水工建筑物开挖面的底面，计算剪切波速时本规范没有限制计算深度小于 20m，故存在一些计算上的争议：

第一种计算方法，严格执行本规范，不考虑 20m 的限制条件，取 (d_0-d) 作为计算等效剪切波速的分子。

第二种计算方法，与《建筑抗震设计规范（2016 年版）》GB 50011—2010 保持一致，计算深度建议取 $(20-d)$ 与 (d_0-d) 的较小值，即从建基面下起算 $(20-d)$ 与 (d_0-d) 的较小值，d 为基础埋深。

对于覆盖层厚度是否从建基面计算，也存在争议。

【9-50】（2022C23）某水工建筑物基础埋深 2.5m，场地钻探揭露地层分布特征及波速

测试结果见下表。按照《水电工程水工建筑物抗震设计规范》NB 35047—2015 计算的土层等效剪切波速最接近下列哪个选项？

土层序号	土层名称	层底深度（m）	剪切波速（m/s）
1	填土	2.0	120
2	粉质黏土	6.0	145
3	粉细砂	10.5	160
4	残积土	13.0	420
5	花岗岩孤石	14.5	900
6	残积土	16.0	420
7	基岩	—	>500

(A) 145 m/s   (B) 153 m/s   (C) 187 m/s   (D) 206 m/s

答案：B

解答过程：

根据《水电工程水工建筑物抗震设计规范》NB 35047—2015 第 4.1.2 条：

(1) 确定覆盖层厚度：

第 5 层花岗岩孤石上层下层都为残积土，判断孤石位于残积土层中，视同残积土层。

残积土层剪切波速 $v_s = 420\text{m/s} > 2.5 \times 160 = 400\text{m/s}$，并且其下土层均大于 400m/s，可取残积土层顶为覆盖层厚度下限，即 $d_{ov} = 10.5\text{m}$。

(2) 计算等效剪切波速：从基底起算，故计算厚度 $d_0 = 10.5 - 2.5 = 8\text{m}$。

等效剪切波速为：

$$v_{se} = \frac{8}{\dfrac{3.5}{145} + \dfrac{4.5}{160}} = 153.07\text{m/s}$$

【小注岩土点评】

① 题目中花岗岩的孤石应视同周围土层，当勘察孔唯一时，不能确定孤石同上层土还是下层土，取不利计算，由题目表格可看出，该孤石就是在残积土层中，视同上层与视同下层是一致的。

② 不同于《建筑抗震设计规范（2016 年版）》GB 50011—2010 第 4.1.5 条，《水电工程水工建筑物抗震设计规范》NB 35047—2015 第 4.1.2 条计算等效剪切波速的范围是从基底起算的，需要引起重视。

三、场地土类型的划分

水工建筑物开挖处理后的场地土类型，宜根据土层等效剪切波速，按照下表确定：

场地土类型划分

场地土类型	岩土名称和性状	土层等效剪切波速范围
硬岩	坚硬、较坚硬且完整的岩石	$v_{se} > 800\text{m/s}$
软岩或坚硬场地土	破碎和较破碎的岩石或软和较软的岩石；密实的砂或卵石	$800\text{m/s} \geqslant v_{se} > 500\text{m/s}$

续表

场地土类型	岩土名称和性状	土层等效剪切波速范围
中硬场地土	中密、稍密的砂卵石；密实的粗、中砂；坚硬的黏性土和粉土	$500\text{m/s} \geqslant v_{se} > 250\text{m/s}$
中软场地土	稍密的砾、粗、中、细、粉砂；一般黏性土和粉土	$250\text{m/s} \geqslant v_{se} > 150\text{m/s}$
软弱场地土	淤泥和淤泥质土；松散的砂；人工杂填土	$v_{se} \leqslant 150\text{m/s}$

四、场地类型判定

场地类别应根据场地土类型和场地覆盖层厚度按下表确定：

场地类别的划分

场地土类型	从建基面算起，场地覆盖层厚度 d_0（m）						
	0	$0 < d_0 \leqslant 3$	$3 < d_0 \leqslant 5$	$5 < d_0 \leqslant 15$	$15 < d_0 \leqslant 50$	$50 < d_0 \leqslant 80$	$d_0 > 80$
硬岩	I₀	—					
软岩、坚硬场地土	I₁	—					
中硬场地土	—	I₁	II				
中软场地土	—	I₁	II			III	
软弱场地土	—	I₁	II		III		IV

第二节　土的液化判别

一、液化初判

——《水利水电工程地质勘察规范》第 P.0.3 条

饱和的无黏性土和少黏性土，当符合下列条件之一时，可初步判定为不液化：

序号	判别条件
1	地质年代为第四纪晚更新世（Q_3）及其以前的土
2	土体中粒径小于 5mm 颗粒含量的质量百分率小于或等于 30%
3	对粒径小于 5mm 颗粒含量的质量百分率大于 30% 的土，其中粒径小于 0.005mm 的颗粒含量质量百分率（ρ_c）相应于地震动峰值加速度为 $0.10g$、$0.15g$、$0.20g$、$0.30g$ 和 $0.40g$ 分别不小于 16%、17%、18%、19% 和 20% 时
4	工程正常运营后，地下水位以上的非饱和土
5	当土层的剪切波速 $V_s > V_{st}$ 时，V_{st} 为由下式计算的上限剪切波速：$$V_{st} = 291 \cdot \sqrt{K_H \cdot Z \cdot r_d}$$ 式中：V_{st}——上限剪切波速（m/s）；$\quad K_H$——地震动峰值加速度系数（地震动峰值加速度去掉 g 即可，如 $0.20g$ 取 0.20）；$\quad Z$——土层深度（m）；$\quad r_d$——深度折减系数。参数计算：①地震动峰值加速度系数 K_H

续表

序号	判别条件					
5	地震动峰值加速度	$0.10g$	$0.15g$	$0.20g$	$0.30g$	$0.40g$
	K_H	0.10	0.15	0.20	0.30	0.40
	②深度折减系数 r_d					
	$0<Z\leqslant10\text{m}$	$r_d=1-0.01 \cdot Z$				
	$10<Z\leqslant20\text{m}$	$r_d=1.1-0.02 \cdot Z$				
	$20<Z\leqslant30\text{m}$	$r_d=0.9-0.01 \cdot Z$				

二、液化复判

——《水利水电工程地质勘察规范》第 P.0.4 条

（一）标准贯入锤击数判别法

标准贯入锤击数适用于地面下 15m 以内饱和砂和少黏性土的液化判别。

1. 标准贯入锤击数实测值的修正

当标准贯入试验贯入点深度和地下水位在试验地面以下的深度，不同于工程正常运营时，实测标准贯入锤击数 N' 应按下式进行校正：

$$N=N' \cdot \left(\frac{d_s+0.9d_w+0.7}{d'_s+0.9d'_w+0.7}\right)\frac{正常运用时}{试验时}$$

式中： N'——标准贯入锤击数实测值；

d_s——工程正常运用时，标准贯入点在当时地面下的深度（m）；

d_w——工程正常运用时，地下水位在当时地面下的深度（m），当地面淹没于水面以下时，d_w 取 0 计算；

d'_s——标贯试验（勘察）时，标准贯入点在当时地面下的深度（m）；

d'_w——标贯试验（勘察）时，地下水位在当时地面下的深度（m），当地面淹没于水面以下时，d'_w 取 0 计算。

2. 标准贯入锤击数临界值 N_{cr}

$$N_{cr}=N_0 \cdot [0.9+0.1 \cdot (d_s-d_w)] \cdot \sqrt{3\%/\rho_c}$$

$$N<N_{cr} \text{ 时，应判为液化土}$$

式中： ρ_c——土的黏粒含量质量百分率（%），当 $\rho_c<3\%$ 时，取 3% 计算；

d_s——工程正常运营时，标准贯入点在当时地面下的深度（m），当 $d_s\leqslant5\text{m}$ 时，取 $d_s=5\text{m}$ 计算；

d_w——工程正常运营时，地下水位在当时地面下的深度（m），当地面淹没于水面以下时，d_w 取 0 计算；

N_0——液化判别标准贯入锤击数基准值，按下表取值：

液化判别标准贯入锤击数基准值 N_0

地震动峰值加速度	$0.10g$	$0.15g$	$0.20g$	$0.30g$	$0.40g$
近震	6	8	10	13	16
远震	8	10	12	15	18

【小注】① 当建筑物所在地区的地震设防烈度比相应的震中烈度小 2 度或 2 度以上时定为远震，否则为近震。

② 当 $d_s=3\text{m}$、$d_w=2\text{m}$、$\rho_c\leqslant3\%$ 时的标准贯入锤击数称为液化标准贯入锤击数基准值。

（二）相对密度法

该方法适用于地面下深度大于 15m 的饱和砂或砂砾。

当饱和无黏性土（包括砂和粒径大于 2mm 砂砾）的相对密度不大于液化判别临界相对密度时，判为可能液化土。

$$D_r = \frac{e_{max} - e_0}{e_{max} - e_{min}} \leqslant (D_r)_{cr}$$

地震动峰值加速度	0.05g	0.10g	0.20g	0.40g
$(D_r)_{cr}$	65%	70%	75%	85%

【小注】对应于地震峰值加速度为 0.15g 和 0.30g 的情况下，可内插取值。

（三）相对含水率或液性指数法

该方法适用于地面下深度大于 15m 的饱和少黏性土。

当饱和少黏性土的相对含水率 $W_u \geqslant 0.9$ 或者饱和液性指数 $I_L \geqslant 0.75$ 时，判为可能液化土。

$$W_u = \frac{W_s}{W_L} \geqslant 0.9$$

$$I_L = \frac{W_s - W_P}{W_L - W_P} \geqslant 0.75$$

两个条件，符合其一，即可能为液化土。

式中：W_u——相对含水率（%）；

$\quad\quad W_s$——少黏性土的饱和含水率（%）；

$\quad\quad W_L$——少黏性土的液限含水率（%）；

$\quad\quad I_L$——液性指数；

$\quad\quad W_P$——少黏性土的塑限含水率（%）。

【9-51】（2009C29）某水利工程位于 8 度地震区，抗震设计按近震考虑，勘察时地下水位在当时地面以下的深度为 2.0m，标准贯入点在当时地面以下的深度为 6m，实测砂土（黏粒含量 $\rho_c < 3\%$）标准贯入锤击数为 20 击，工程正常运行后，下列四种情况下，（　）在地震液化复判中应将该砂土判为液化土。

（A）场地普遍填方 3.0m　　　　　（B）场地普遍挖方 3.0m

（C）地下水位普遍上升 3.0m　　　（D）地下水位普遍下降 3.0m

答案：B

解答过程：

根据《水利水电工程地质勘察规范（2022 年版）》GB 50487—2008 附录第 P.0.4 条：

（1）判断选项 A：

$$d_s = 6 + 3 = 9m, \quad d_w = 3 + 2 = 5m, \quad d_s' = 6m, \quad d_w' = 2m$$

$$N = N'\left(\frac{d_s + 0.9d_w + 0.7}{d_s' + 0.9d_w' + 0.7}\right) = 20 \times \left(\frac{9 + 0.9 \times 5 + 0.7}{6 + 0.9 \times 2 + 0.7}\right) = 33.4$$

$$N_{cr} = N_0[0.9 + 0.1(d_s - d_w)]\sqrt{\frac{3\%}{\rho_c}} = 10 \times [0.9 + 0.1 \times (9 - 5)]\sqrt{\frac{3\%}{3\%}} = 13$$

$$N > N_{cr}，不液化。$$

(2) 判断选项 B：

$$d_s = 6 - 3 = 3m，d_w = 0，d'_s = 6m，d'_w = 2m$$

$$N = 20 \times \left(\frac{3 + 0.9 \times 0 + 0.7}{6 + 0.9 \times 2 + 0.7}\right) = 8.7$$

$$N_{cr} = 10 \times [0.9 + 0.1 \times (5 - 0)]\sqrt{\frac{3\%}{3\%}} = 14 \text{（注意 } d_s \text{ 小于 5m，取 5m）}$$

$$N < N_{cr}，液化。$$

(3) 判断选项 C：

$$N = 15.76 > N_{cr} = 15，不液化。$$

(4) 判断选项 D：

$$N = 26.35 > N_{cr} = 10，不液化。$$

【小注岩土点评】

《水利水电工程地质勘察规范（2022 年版）》GB 50487—2008，附录 P 提供不同于《建筑抗震设计规范（2016 年版）》GB 50011—2010 判别液化的方法，每年考试中也是频繁出现，需要掌握。本题目需要把勘察时的标准贯入锤击数 N' 转化为工程正常运用时的标准贯入锤击数 N，用 N 与标准贯入锤击数临界值 N_{cr} 进行比较，进行液化复判，计算过程中，由于参数相似，需要区分参数含义，细心作答。

【9-52】（2012C28）某水利工程场地勘察，在进行标准贯入试验时，标准贯入点在当时地面以下的深度为 5m，地下水位在当时地面以下的深度为 2m。工程正常运用时，场地已在原地面上覆盖了 3m 厚的填土。地下水位较原水位上升了 4m。已知场地地震设防烈度为 8 度，比相应的震中烈度小 2 度。现需对该场地粉砂（黏粒含量 $\rho_c = 6\%$）进行地震液化复判。按照《水利水电工程地质勘察规范（2022 年版）》GB 50487—2008，当时实测的标准贯入锤击数至少不小于（　　）时，才可将该粉砂复判为不液化土。

(A) 14　　　　　(B) 13　　　　　(C) 12　　　　　(D) 11

答案：D

解答过程：

根据《水利水电工程地质勘察规范（2022 年版）》GB 50487—2008：

(1) 附录第 P.0.4 条第 1 款第 2 项，设勘察时的标贯锤击数为 N'，修正勘察时的标准贯入锤击数，工程正常运用时，$d_s = 8.0m，d_w = 1.0m$，勘察时，$d'_s = 5.0m，d'_w = 2.0m$

$$N = N' \times \left(\frac{d_s + 0.9d_w + 0.7}{d'_s + 0.9d'_w + 0.7}\right) = N' \times \left(\frac{8 + 0.9 \times 1 + 0.7}{5 + 0.9 \times 2 + 0.7}\right) = 1.28N'$$

(2) 附录第 P.0.4 条第 1 款第 3 项，计算标贯锤击数临界值：

$$N_{cr} = N_0 \times [0.9 + 0.1 \times (d_s - d_w)] \times \sqrt{3\%/\rho_c} = 12 \times [0.9 + 0.1 \times (8 - 1)] \times \sqrt{3\%/6\%} = 13.6$$

(3) 附录第 P.0.4 条第 1 款第 1 项：

$$N = 1.28N' \geqslant N_{cr} \Rightarrow N' = \frac{13.6}{1.28} = 10.6$$

【小注岩土点评】

本题目要求满足不液化条件的标贯锤击数，采用列方程的方式求解可使思路更加清晰。可先假设满足不液化条件的标贯锤击数 N'，根据规范给出的公式列出工程运用时的

标贯数 N 与 N' 的关系表达式，再考虑 N 与 N_{cr} 的关系，求解出 N'。列方程求解是岩土考试中的常用方法，务必掌握。

【9-53】（2013D28）某水工建筑物场地地层 2m 以内为黏土，2～20m 为粉砂，地下水埋深 1.5m，场地地震动峰值加速度为 0.2g。钻孔内深度 3m、8m、12m 处实测土层剪切波速分别为 180m/s、220m/s、260m/s。请用计算说明地震液化初判结果最合理的是（　　）。

（A）3m 处可能液化，8m、12m 处不液化

（B）8m 处可能液化，3m、12m 处不液化

（C）12m 处可能液化，3m、8m 处不液化

（D）3m、8m、12m 处均可能液化

答案：D

解答过程：

根据《水利水电工程地质勘察规范（2022 年版）》GB 50487—2008 附录第 P.0.3 条第 5 款：

3m 处：$V_{st}=291\sqrt{K_H Z r_d}=291\times\sqrt{0.2\times3\times(1-0.01\times3)}=222.0>180\text{m/s}$，可能液化。

8m 处：$V_{st}=291\sqrt{K_H Z r_d}=291\times\sqrt{0.2\times8\times(1-0.01\times8)}=353.1>220\text{m/s}$，可能液化。

12m 处：$V_{st}=291\sqrt{K_H Z r_d}=291\times\sqrt{0.2\times12\times(1.1-0.02\times12)}=418.1>260\text{m/s}$，可能液化。

【小注岩土点评】

根据剪切波速进行液化初判，是《水利水电工程地质勘察规范（2022 年版）》GB 50487—2008 中特有的判别方法，其中，K_H 是地震动峰值加速度系数，简称地震系数，其值为设计地震峰值加速度与重力加速 g 的比值，比如设计地震峰值加速度 0.15g（7 度半），其地震系数为 0.15。r_d 为深度折减系数，根据《水利水电工程地质勘察规范（2022 年版）》GB 50487—2008 附录第 P.0.3 条第 7 款确定。

第三节　地震作用计算

一、标准设计反应谱的计算

——《水电工程水工建筑物抗震设计规范》第 5.3.2 条、第 5.3.5 条

（一）特征周期的调整

不同场地类别标准设计反应谱的特征周期可按照现行《中国地震动参数区划图》GB 18306—2015 中场址所在地区取值后，按下表进行调整。

场地标准设计地震动加速度反应谱特征周期 T_g

Ⅱ类场地基本地震动加速度反应谱特征周期分区值	场地类别				
	Ⅰ₀	Ⅰ₁	Ⅱ	Ⅲ	Ⅳ
0.35s	0.20s	0.25s	0.35s	0.45s	0.65s
0.40s	0.25s	0.30s	0.40s	0.55s	0.75s
0.45s	0.30s	0.35s	0.45s	0.65s	0.90s

（二）标准设计反应谱的确定

计算图示	计算公式
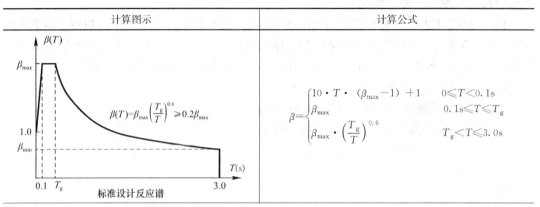	$$\beta = \begin{cases} 10 \cdot T \cdot (\beta_{\max} - 1) + 1 & 0 \leqslant T < 0.1s \\ \beta_{\max} & 0.1s \leqslant T \leqslant T_g \\ \beta_{\max} \cdot \left(\dfrac{T_g}{T}\right)^{0.6} & T_g < T \leqslant 3.0s \end{cases}$$

【小注】标准设计反应谱的最小值 $\beta_{\min}$ 不应小于最大值 $\beta_{\max}$ 的 20%，若计算得 $\beta < 0.2\beta_{\max}$ 时，取 $\beta = \beta_{\min} = 0.2\beta_{\max}$ 即可。

式中：β——标准设计反应谱代表值；

$\beta_{\max}$——标准设计反应谱最大值的代表值，按下表取值：

建筑物类型	土石坝	重力坝	拱坝	水闸、进水塔等其他建筑物及边坡
$\beta_{\max}$	1.60	2.00	2.50	2.25

T——土工建筑物的结构自振周期（s）；

T_g——场地标准设计地震动加速度反应谱特征周期（s）

【9-54】（2019C23）某土石坝场地，根据《中国地震动参数区划图》GB 18306—2015，Ⅱ类场地基本地震动峰值加速度为 $0.15g$，基本地震动加速度反应谱特征周期为 $0.40s$，土石坝建基面以下的地层及剪切波速见下表。根据《水电工程水工建筑物抗震设计规范》NB 35047—2015，该土石坝的基本自振周期为 $1.8s$ 时，标准设计反应谱 β 最接近下列哪个选项？

层序	岩土名称	底层深度（m）	剪切波速（m/s）
1	粉质黏土	1.5	220
2	粉土	3.2	270
3	黏土	4.8	310
4	花岗岩	>4.8	680

（A）0.50 　　（B）0.55 　　（C）0.60 　　（D）0.65

答案：B

解答过程：

根据《水电工程水工建筑物抗震设计规范》NB 35047—2015：

（1）第4.1.2条，覆盖层厚度：$d_{ov} = 4.8m$，等效剪切波速：$v_{se} = \dfrac{d_0}{\sum \dfrac{d_i}{v_{si}}} = \dfrac{4.8}{\dfrac{1.5}{220} + \dfrac{1.7}{270} + \dfrac{1.6}{310}} =$

$262.64m/s$，由表4.1.2查得，该场地土为中硬场地土。

（2）第4.1.3条，该场地类别为 I_1 类。

（3）第5.3.5条，按照场地类别调整特征周期：$T_g = 0.40s$，$T_g' = 0.30s$。

（4）第5.3.3条：土石坝，$\beta_{\max} = 1.6$

（5）第 5.2.2 条和第 5.3.4 条，$\beta(T) = \beta_{\max}\left(\dfrac{T_g}{T}\right)^{0.6} = 1.6 \times \left(\dfrac{0.3}{1.8}\right)^{0.6} = 0.546 >$

$0.2\beta_{\max} = 0.2 \times 1.6 = 0.32$

二、设计地震动峰值加速度代表值确定（a_h、a_v）

——《水电工程水工建筑物抗震设计规范》第 3.0.2 条、第 5.1.2 条

（一）水平向设计地震动峰值加速度代表值 a_h

《水电工程水工建筑物抗震设计规范》NB 35047—2015 第 3.0.2 条规定：

（1）对一般工程，应取《中国地震动参数区划图》GB 18306—2015 上工程场址所在地区的地震动峰值加速度分区值 $a_{\max\mathrm{II}}$，按场地类别调整后，作为设计水平向地震动峰值加速度代表值 a_h，并将与分区值 $a_{\max\mathrm{II}}$ 对应的地震基本烈度作为设计烈度。

（2）对抗震设防类别为甲类的水工建筑物，应在分区值 $a_{\max\mathrm{II}}$ 对应的基本烈度基础上提高 1 度作为设计烈度，设计水平向地震动峰值加速度代表值 a_h 相应增加 1 倍。

根据《中国地震动参数区划图》GB 18306—2015 的附录 E 和附录 G，设计水平向地震动峰值加速度代表值 a_h 和设计烈度具体确定方法如下：

一般水工建筑物：$a_h = F_a \times a_{\max\mathrm{II}}$

抗震设防类别为甲类的水工建筑物：$a_h = 2F_a \times a_{\max\mathrm{II}}$

对甲类水工建筑物，$a_{\max}$ 取值为甲类水工建筑物未提高前的地震基本烈度对应的地震动峰值加速度的分区值。

场地地震动峰值加速度调整系数 F_a

II 类场地地震动峰值加速度分区值 $a_{\max\mathrm{II}}$	场地类别				
	I_0	I_1	II	III	IV
$\leqslant 0.05g$	0.72	0.80	1.00	1.30	1.25
$0.10g$	0.74	0.82	1.00	1.25	1.20
$0.15g$	0.75	0.83	1.00	1.15	1.10
$0.20g$	0.76	0.85	1.00	1.00	1.00
$0.30g$	0.85	0.95	1.00	1.00	0.95
$\geqslant 0.40g$	0.90	1.00	1.00	1.00	0.90

II 类场地地震动峰值加速度分区值 $a_{\max\mathrm{II}}$ 与基本地震烈度对应表

II 类场地地震动峰值加速度分区值 $a_{\max\mathrm{II}}$	基本地震烈度
$0.04g \leqslant a_{\max\mathrm{II}} < 0.09g$	6 度
$0.09g \leqslant a_{\max\mathrm{II}} < 0.019g$	7 度
$0.19g \leqslant a_{\max\mathrm{II}} < 0.38g$	8 度
$0.38g \leqslant a_{\max\mathrm{II}} < 0.75g$	9 度
$a_{\max\mathrm{II}} \geqslant 0.75g$	$\geqslant 10$ 度

（二）竖向设计地震动峰值加速度代表值 a_v

《水电工程水工建筑物抗震设计规范》NB 35047—2015 第 5.1.2 条规定：

竖向设计地震动峰值加速度代表值 a_v，一般情况下，可取水平向设计地震动加速度代表值的 2/3$\left(\text{即 } a_v = \dfrac{2}{3} \cdot a_h\right)$，在近场地震时应取水平向设计地震动加速度代表值（即 $a_v = a_h$）。

【小注】近场地震，是指水工建筑物的场址距离震中不大于10km的情形。

三、水工建筑物的水平向地震惯性力代表值

——《水电工程水工建筑物抗震设计规范》第5.5.9条、第6.1.5条、第7.1.11条

当采用拟静力法计算地震作用效应时，沿建筑物高度作用于质点 i 的水平向地震惯性力代表值应按下式计算：

$$E_i = \frac{a_h \cdot \xi \cdot G_{Ei} \cdot \alpha_i}{g}$$

式中：ξ——地震作用的效应折减系数，除规范另有规定外，取 $\xi = 0.25$；

$\quad G_{Ei}$——集中在质点 i 的重力作用标准值；

$\quad g$——重力加速度；

$\quad a_h$——水平向设计地震动峰值加速度代表值，计算同前；

$\quad \alpha_i$——质点 i 的地震惯性力的动态分布系数，根据《水电工程水工建筑物抗震设计规范》NB 35047—2015，各类水工建筑物章节中的有关条文规定取值见下表：

质点 i 的地震惯性力的动态分布系数 α_i

水工建筑物类型	动态分布系数 α_i		
土石坝	坝高 $H \leqslant 40$m	坝高 $H > 40$m	坝高 $H \leqslant 40$m：$\alpha_i = 1 + \dfrac{h_i}{H}(\alpha_m - 1)$ 坝高 $H > 40$m： $\begin{cases} 0 \sim 0.6H \to \alpha_i = 1 + \dfrac{h_i}{1.8H}(\alpha_m - 1) \\ 0.6H \sim H \to \\ \alpha_i = 1 + \dfrac{\alpha_m - 1}{3} + \dfrac{h_i - 0.6H}{0.4H}\left(\alpha_m - 1 - \dfrac{\alpha_m - 1}{3}\right) \end{cases}$
	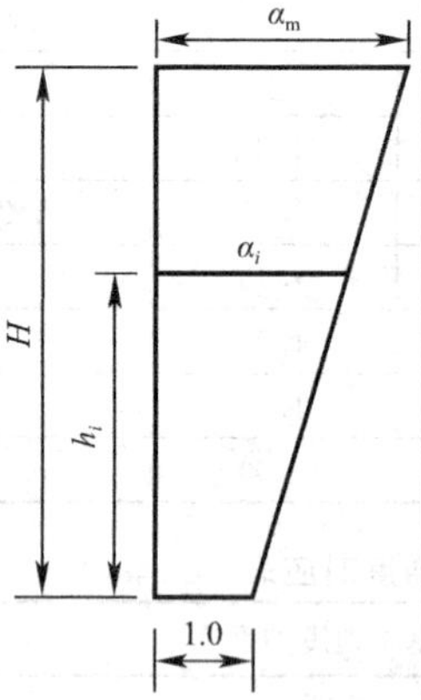	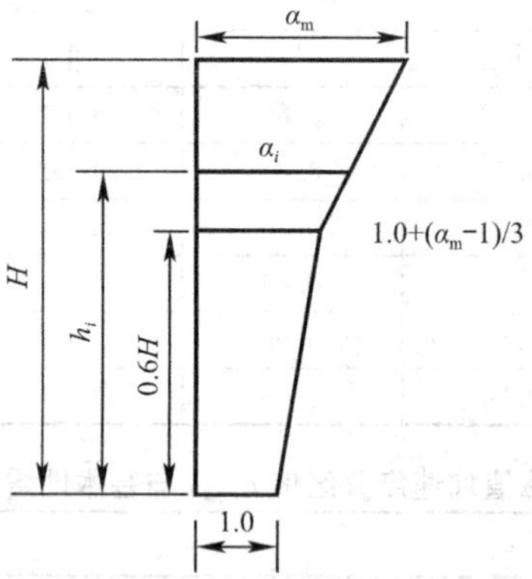	$1.0 + (\alpha_m - 1)/3$
	(1) 地震设计烈度为7、8、9度时，图中 α_m 分别取 3.0、2.5、2.0； (2) α_i 的取值只与水工建筑物的高度有关，同一高度处质点的 α_i 值相同，动态系数可按分布图线性内插取值。（规范第6.1.4条）		
重力坝	$\alpha_i = 1.4 \times \dfrac{1 + 4\left(\dfrac{h_i}{H}\right)^4}{1 + 4\sum\limits_{j=1}^{n} \dfrac{G_{Ej}}{G_E}\left(\dfrac{h_j}{H}\right)^4}$	式中：n——坝体计算质点总数； $\quad H$——坝高，溢流坝应算至闸墩顶； $\quad h_i$、h_j——分别为质点 i、j 的高度（m）； $\quad G_{Ej}$——集中在质点 j 的重量作用标准值（kN）； $\quad G_E$——产生地震惯性力的建筑物总重力作用的标准值（kN）。 （规范第7.1.11条）	

水工建筑物类型	动态分布系数 α_i	
拱坝	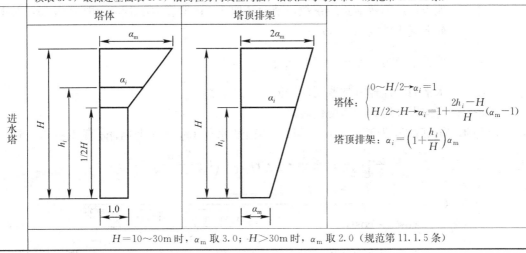	动态分布系数 α_i 在坝顶取 3.0，在建基面取 1.0，沿高程呈线性内插取值 $$\alpha_i = 1 + \frac{2h_i}{H}$$
	采用拟静力法计算拱坝地震作用效应时，各层拱圈各质点的水平向地震惯性力沿径向作用，动态分布系数坝顶取 3.0，最低建基面取 1.0，沿高程方向线性内插，沿拱圈均匀分布。（规范第 8.1.13 条）	
进水塔	塔体　　　　　　　塔顶排架	塔体：$\begin{cases} 0 \sim H/2 \to \alpha_i = 1 \\ H/2 \sim H \to \alpha_i = 1 + \dfrac{2h_i - H}{H}(\alpha_m - 1) \end{cases}$ 塔顶排架：$\alpha_i = \left(1 + \dfrac{h_i}{H}\right)\alpha_m$
	$H = 10 \sim 30m$ 时，α_m 取 3.0；$H > 30m$ 时，α_m 取 2.0（规范第 11.1.5 条）	

四、地震主动土压力

——《水电工程水工建筑物抗震设计规范》第 5.9.1 条

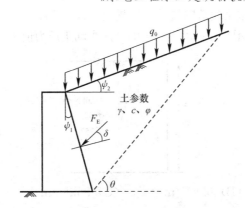

地震主动动土压力代表值 F_E 可按下式计算，并取公式中按"+""-"号计算结果中的大值。

$$F_E = \left[q_0 \frac{\cos\psi_1}{\cos(\psi_1 - \psi_2)} H + \frac{1}{2}\gamma H^2 \right] \cdot \left(1 \pm \frac{\xi \cdot a_v}{g} \right) \cdot C_e$$

$$C_e = \frac{\cos^2(\varphi - \theta_e - \psi_1)}{\cos\theta_e \cdot \cos^2\psi_1 \cdot \cos(\delta + \psi_1 + \theta_e) \cdot \left[1 + \sqrt{Z} \right]^2}$$

$$Z = \frac{\sin(\delta + \varphi) \cdot \sin(\varphi - \theta_e - \psi_2)}{\cos(\delta + \psi_1 + \theta_e) \cdot \cos(\psi_2 - \psi_1)}$$

式中：q_0——土表面单位长度的荷重（kN/m^2）；

ψ_1——墙背与竖直方向夹角（°），俯斜为正，仰斜为负；

ψ_2——土表面和水平面夹角（°）；

H——土的高度（m）；

γ——土的重度标准值（kN/m^3）；

φ——土的内摩擦角（°）；

δ——挡土墙面与土之间的摩擦角（°）；

ξ——地震作用的效应折减系数，动力法取 1.0；拟静力法时，一般取 0.25，对钢筋混凝土结构取 0.35；

θ_e——地震系数角，$\theta_e = \tan^{-1}\left(\dfrac{\xi \cdot a_h}{g \pm \xi \cdot a_v} \right)$；

a_h——水平向设计地震加速度代表值；

a_v——竖向设计地震加速度代表值。

特别的，当墙后填土为无黏土（$c = 0kPa$）、填土面水平（$\psi_2 = 0°$）且墙背垂直（$\psi_1 = 0°$）时：

$$F_E = \left[q_0 \cdot H + \frac{1}{2} \cdot \gamma \cdot H^2 \right] \cdot \left(1 \pm \frac{\xi \cdot a_v}{g} \right) \cdot C_e$$

$$C_e = \frac{\cos^2(\varphi - \theta_e)}{\cos\theta_e \cdot \cos(\delta + \theta_e) \cdot \left[1 + \sqrt{\dfrac{\sin(\delta + \varphi) \cdot \sin(\varphi - \theta_e)}{\cos(\delta + \theta_e)}} \right]^2}$$

【9-55】（2002C19）水闸下游岸墙高 5m，墙背倾斜与垂线夹角 $\psi_1 = 20°$，断面形状如下图所示，墙后填料为粗砂，填土表面水平，无超载（$q = 0$），粗砂内摩擦角 $\varphi = 32°$（静动内摩擦角差值不大，计算均用 $32°$），墙背与粗砂间的摩擦角 $\delta = 15°$。岸墙所在地区地震烈度为 8 度，试参照《水电工程水工建筑物抗震设计规范》NB 35047—2015，计算在水平地震力作用下（不计竖向地震力作用）在岸墙上产生的地震主动土压力值 F_E。（地震系数角 θ_e 取 $3°$）

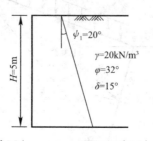

（A）28kN/m （B）62kN/m （C）85kN/m （D）120kN/m

答案：D

解答过程：

根据《水电工程水工建筑物抗震设计规范》NB 35047—2015 第 5.9.1 条：

(1) $Z = \dfrac{\sin(\delta+\varphi)\sin(\varphi-\theta_e-\psi_2)}{\cos(\delta+\psi_1+\theta_e)\cos(\psi_2-\psi_1)} = \dfrac{\sin(15°+32°)\times\sin(32°-3°-0°)}{\cos(15°+20°+3°)\times\cos(0°-20°)} = 0.48$

(2) $C_e = \dfrac{\cos^2(\varphi-\theta_e-\psi_1)}{\cos\theta_e\cos^2\psi_1\cos(\delta+\psi_1+\theta_e)(1+\sqrt{Z})^2}$

$= \dfrac{\cos^2(32°-3°-20°)}{\cos3°\cos^2 20°\cos(15°+20°+3°)\times(1+\sqrt{0.48})^2} = 0.49$

(3) $F_E = \left[q_0\dfrac{\cos\psi_1}{\cos(\psi_1-\psi_2)}H+\dfrac{1}{2}\gamma H^2\right](1\pm\xi\cdot a_v/g)\cdot C_e$

$= \dfrac{1}{2}\gamma H^2 C_e = \dfrac{1}{2}\times 20\times 5^2\times 0.49$

$= 122.5\text{kN/m}$

【9-56】（2007D29 改编题）采用拟静力法进行坝高 38m 土石坝的抗震稳定性验算。在滑动条分法的计算过程中，某滑动体条块的重力标准值为 4000kN/m。地震动峰值加速度 $\alpha_{\max\text{II}}=0.20g$。工程抗震设防烈度为甲类，$\text{I}_1$ 类场地，计算作用在该土条重心处的水平向地震惯性力代表值 E_k 最接近（　　）。

(A) 300kN/m　　　(B) 350kN/m　　　(C) 400kN/m　　　(D) 500kN/m

答案：D

解答过程：

根据《水电工程水工建筑物抗震设计规范》NB 35047—2015 中第 3.0.2 条、第 5.5.9 条、第 6.1.4 条和《中国地震动参数区划图》GB 18306—2015 附录 E、附录 G：

(1) $0.19g\leqslant\alpha_{\max\text{II}}=0.20g<0.38g$，地震基本烈度为Ⅷ，$\text{I}_1$ 类场地，$\alpha_{\max\text{II}}=0.20g$，查表得调整系数 $F_a=0.85$

地震动峰值加速度调整为：$\alpha_{\max}=F_a\cdot\alpha_{\max\text{II}}=0.85\times 0.20=0.17g$

工程抗震设防类别为甲类，设计烈度为Ⅸ，设计地震加速度：$a_h=0.17g\times 2=0.34g$

(2) 设计烈度为Ⅸ，$\alpha_m=2.0$，查表 6.1.4，坝高小于 40m，$\alpha_i=\dfrac{2.0+1}{2}=1.5$

(3) $E_i=a_h\xi G_{Ei}\alpha_i/g=0.34g\times 0.25\times 4000\times 1.5/g=510\text{kN/m}$

第四节　中国地震动参数区划图

一、基本术语

——《中国地震动参数区划图》第 3 章

地震动	地震引起的地表及近地表介质的振动
地震动参数	表征抗震设防要求的地震动物理参数，包括地震动峰值加速度和地震动加速度反应谱特征周期等
地震动参数区划	以地震动参数为指标，将国土划分为不同抗震设防要求的区域

续表

地震动峰值加速度	表征地震作用强弱程度的指标，对应于标准化地震动加速度反应谱最大值的水平加速度
地震动加速度反应谱特征周期	标准化地震动加速度反应谱曲线下降点所对应的周期值
超越概率	某场地遭遇大于或等于给定的地震动参数值的概率
基本地震动	相应于 50 年超越概率为 10% 的地震动
多遇地震动	相应于 50 年超越概率为 63% 的地震动
罕遇地震动	相应于 50 年超越概率为 2% 的地震动
极罕遇地震动	相应于年超越概率为 10^{-4} 的地震动

二、场地地震动峰值加速度 α_{max} 计算步骤

场区 α_{max} 计算步骤：

（1）查规范图 A.1、图 B.1 或附录 C 确定基本 $[\alpha_{max\,II}]$；

（2）按多遇地震动 $\geqslant 1/3$、基本地震动（不变）、罕遇地震动 $1.6 \sim 2.3$ 倍、极罕遇地震动 $2.7 \sim 3.2$ 倍调整得 $\alpha_{max\,II}$；

（3）按 $\alpha_{max\,II}$ 和场地类别用插值法得 F_a；

（4）$\alpha_{max} = F_a \cdot \alpha_{max\,II}$。

三、II 类场地地震动参数

——《中国地震动参数区划图》第 6、7 章

（一）II 类场地基本地震动

II 类场地基本地震动峰值加速度 $[\alpha_{max\,II}]$ 应按附录图 A.1 取值，其中乡镇人民政府所在地、县级以上城市的 $[\alpha_{max\,II}]$ 应按附录表 C 取值。

II 类场地基本地震动加速度反应谱特征周期 $[T_{g\,II}]$ 应按附录图 B.1 取值，其中乡镇人民政府所在地、县级以上城市的 $[T_{g\,II}]$ 应按附录表 C 取值。

附录图 A.1、图 B.1 分区界线附近的基本地震动峰值加速度 $[\alpha_{max\,II}]$ 和基本地震动加速度反应谱特征周期 $[T_{g\,II}]$ 应按就高原则确定。

（二）II 类场地多遇地震动、罕遇地震动、极罕遇地震动峰值加速度

地震动类型	峰值加速度 $\alpha_{max\,II}$
多遇地震动	$\alpha_{max\,II} \geqslant \dfrac{1}{3}[\alpha_{max\,II}]$
罕遇地震动	$\alpha_{max\,II} = 1.6 \sim 2.3[\alpha_{max\,II}]$
极罕遇地震动	$\alpha_{max\,II} = 2.7 \sim 3.2[\alpha_{max\,II}]$

（三）II 类场地地震动峰值加速度 $\alpha_{max\,II}$ 与地震烈度对照表

$\alpha_{max\,II}$	$0.04g \leqslant \alpha_{max\,II} < 0.09g$	$0.09g \leqslant \alpha_{max\,II} < 0.19g$	$0.19g \leqslant \alpha_{max\,II} < 0.38g$	$0.38g \leqslant \alpha_{max\,II} < 0.75g$	$\alpha_{max\,II} \geqslant 0.75g$
地震烈度	VI	VII	VIII	IX	$\geqslant$ X

四、场地地震动参数调整（非 Ⅱ 类场地）

——《中国地震动参数区划图》第 8 章、附录 E

（一）Ⅰ$_0$、Ⅰ$_1$、Ⅲ、Ⅳ 类场地地震动峰值加速度 $\alpha_{\max}$

可根据 Ⅱ 类场地地震动峰值加速度 $\alpha_{\max Ⅱ}$ 和场地地震动峰值加速度调整系数 F_a，按下式确定：

$$\alpha_{\max} = F_a \cdot \alpha_{\max Ⅱ}$$

式中：场地地震动峰值加速度调整系数 F_a，可按下表所给值分段线性插值确定：

场地地震动峰值加速度调整系数 F_a

Ⅱ类场地地震动峰值加速度值 $\alpha_{\max Ⅱ}$	场地类别				
	Ⅰ$_0$	Ⅰ$_1$	Ⅱ	Ⅲ	Ⅳ
$\leqslant 0.05g$	0.72	0.80		1.30	1.25
$0.10g$	0.74	0.83		1.25	1.20
$0.15g$	0.75	0.83	1.00	1.15	1.10
$0.20g$	0.76	0.85		1.00	1.00
$0.30g$	0.85	0.95		1.00	0.95
$\geqslant 0.40g$	0.90	1.00		1.00	0.90

【小注】表中 $\alpha_{\max Ⅱ}$ 为 Ⅱ 类场地按多遇、罕遇、极罕遇调整后地震动峰值加速度值（基本地震动峰值加速度 [$\alpha_{\max Ⅱ}$] 直接查表），再查表插值得 F_a 值，最后计算 $\alpha_{\max} = F_a \cdot \alpha_{\max Ⅱ}$。

（二）Ⅰ$_0$、Ⅰ$_1$、Ⅲ、Ⅳ 类场地基本地震动加速度反应谱特征周期 T_g

应根据 Ⅱ 类场地基本地震动加速度反应谱特征周期 [$T_{gⅡ}$] 按下表确定：

场地基本地震动加速度反应谱特征周期 T_g 调整表

Ⅱ类场地基本地震动加速度反应谱特征周期分区值 [$T_{gⅡ}$]	场地类别				
	Ⅰ$_0$	Ⅰ$_1$	Ⅱ	Ⅲ	Ⅳ
0.35s	0.20s	0.25s	0.35s	0.45s	0.65s
0.40s	0.25s	0.30s	0.40s	0.55s	0.75s
0.45s	0.30s	0.35s	0.45s	0.65s	0.90s

【小注】Ⅱ 类场地中：罕遇地震动加速度反应谱特征周期应大于基本地震动加速度反应谱特征周期，增加值宜不低于 0.05s，即罕遇地震动 $T_g \geqslant$ 基本地震动 $T_g + 0.05$s，多遇地震动 $T_g =$ 基本地震动 T_g。

五、地震动参数分区范围

——《中国地震动参数区划图》附录 F

（一）地震动峰值加速度 $\alpha_{\max}$

规范图 A.1 中地震动峰值加速度按阻尼比 5% 的标准化地震动加速度反应谱最大值的 1/2.5 倍确定，并按 0.05g、0.10g、0.15g、0.20g、0.30g 和 0.40g 分区，各分区地震动峰值加速度范围见下表：

地震动峰值加速度 $\alpha_{\max}$ 分区的峰值加速度 $\alpha_{\max}$ 范围

地震动峰值加速度 $\alpha_{\max}$ 分区值	地震动峰值加速度 $\alpha_{\max}$ 范围
0.05g	$0.04g \leqslant \alpha_{\max} < 0.09g$
0.10g	$0.09g \leqslant \alpha_{\max} < 0.14g$

续表

地震动峰值加速度 α_{max} 分区值	地震动峰值加速度 α_{max} 范围
0.15g	0.14$g \leqslant \alpha_{max} < 0.19g$
0.20g	0.19$g \leqslant \alpha_{max} < 0.28g$
0.30g	0.28$g \leqslant \alpha_{max} < 0.38g$
0.40g	0.38$g \leqslant \alpha_{max} < 0.75g$

（二）地震动加速度反应谱特征周期 T_g

规范图 B.1 中地震动加速度反应谱特征周期按阻尼比 5%的标准化地震动加速度反应谱确定，并按 0.35s、0.40s、0.45s 分区，各分区地震动加速度反应谱特征周期范围见下表：

地震动加速度反应谱特征周期 T_g 分区的特征周期 T_g 范围

地震动加速度反应谱特征周期 T_g 分区值	地震动加速度反应谱特征周期 T_g 范围
0.35s	$T_g \leqslant 0.40$s
0.40s	0.40s$< T_g <$0.45s
0.45s	$T_g \geqslant 0.45$s

六、场地类型划分

——《中国地震动参数区划图》附录 D

<table>
<tr><td>（1）场地覆盖层厚度 d</td><td>① 一般情况下，应按地面至剪切波速>500m/s 且其下卧各层岩土的剪切波速均≥500m/s 的土层顶面的距离确定；
② 当地面 5m 以下存在剪切波速>其上部各土层剪切波速 2.5 倍的土层，且该层及其下卧各层岩土的剪切波速均≥400m/s 时，可按地面至该土层顶面的距离确定；
③ 剪切波速>500m/s 的孤石、透镜体，应视同周围土层；
④ 土层中的火山岩硬夹层，应视为刚体，其厚度应从覆盖土层中扣除</td></tr>
<tr><td>（2）等效剪切波速 v_{se}</td><td>$$v_{se}=\frac{d_0}{\sum(\frac{d_i}{v_{si}})}$$
式中：d_0——计算深度（m），取覆盖层厚度和 20m 两者的较小值；
v_{si}——计算深度范围内，第 i 层土的剪切波速（m/s）；
d_i——计算深度范围内，第 i 层土的厚度（m）</td></tr>
<tr><td>（3）场地类别</td><td>
<table>
<tr><td colspan="8">场地类别划分表</td></tr>
<tr><td rowspan="2">场地覆盖土层等效剪切波速 v_{se}（岩石剪切波速 v_s）（m/s）</td><td colspan="7">场地覆盖土层厚度 d（m）</td></tr>
<tr><td>$d=0$</td><td>$0<d<3$</td><td>$3\leqslant d<5$</td><td>$5\leqslant d<15$</td><td>$15\leqslant d<50$</td><td>$50\leqslant d<80$</td><td>$d\geqslant 80$</td></tr>
<tr><td>$v_s>800$</td><td>Ⅰ$_0$</td><td colspan="6">—</td></tr>
<tr><td>$800\geqslant v_s>500$</td><td>Ⅰ$_1$</td><td colspan="6">—</td></tr>
<tr><td>$500\geqslant v_{se}>250$</td><td>—</td><td colspan="2">Ⅰ$_1$</td><td colspan="4">Ⅱ</td></tr>
<tr><td>$250\geqslant v_{se}>150$</td><td>—</td><td>Ⅰ$_1$</td><td colspan="3">Ⅱ</td><td colspan="2">Ⅲ</td></tr>
<tr><td>$v_{se}\leqslant 150$</td><td>—</td><td>Ⅰ$_1$</td><td colspan="2">Ⅱ</td><td colspan="2">Ⅲ</td><td>Ⅳ</td></tr>
</table>
</td></tr>
</table>

【小注】场地类别划分完全同《建筑抗震设计规范（2016 年版）》GB 50011—2010。

【9-57】（2018C24）某场地类别为Ⅳ类，查《中国地震动参数区划图》GB 18306—

2015，在Ⅱ类场地条件下的基本地震动峰值加速度为 $0.10g$，问该场地在罕遇地震时动峰值加速度最接近下列哪个选项？

(A) $0.08g$　　　　(B) $0.12g$　　　　(C) $0.25g$　　　　(D) $0.40g$

答案：C

解答过程：

根据《中国地震动参数区划图》GB 18306—2015：

(1) 第 6.2.2 条：$\alpha_{\max Ⅱ}$ 的区间为 $0.10g\times1.6\sim0.10g\times2.3$。

(2) 附录 E：按 $0.10g$，Ⅳ类场地，查表附录 E.0.1 得：$F_a=1.2$。

(3) $\alpha_{\max Ⅳ}$ 的区间为 $0.10g\times1.6\times1.2\sim0.10g\times2.3\times1.2\Rightarrow0.192g\sim0.276g$。

【小注岩土点评】

本题目考查《中国地震动参数区划图》GB 18306—2015 地震动参数的调整，峰值加速度的调整应先进行地震动水准的调整，再进行场地类别的调整，调整时应严格按照顺序进行。需要注意的是该题存在争议，另一种解答如下：

根据《中国地震动参数区划图》GB 18306—2015 第 6.2.2 条：$\alpha_{\max Ⅱ}$ 的区间为 $0.10g\times1.6\sim0.10g\times2.3$。

根据《中国地震动参数区划图》GB 18306—2015 附录 E：

按 $0.16g$，Ⅳ类场地，查表附录 E.0.1 并插值得：$F_a=1.08$

按 $0.23g$，Ⅳ类场地，查表附录 E.0.1 并插值得：$F_a=0.985$

故 $\alpha_{\max Ⅳ}$ 的区间为 $0.10g\times1.6\times1.08\sim0.10g\times2.3\times0.985$，即：$0.1728g\sim0.2266g\Rightarrow$无答案

第十篇　岩土工程检测与监测

岩土工程检测与监测部分主要包括：建筑桩基检测、地基检测、锚杆检测等内容。其中，主要以建筑桩基检测和地基检测为主。

在岩土工程师考试中，本部分题型相对固定，题目一般为每年1~2个，题目难度较低，一般为得分点。

岩土工程检测与监测历年真题情况表

类别	历年出题数量	占岩土工程检测与监测比重	占历年真题比重
桩基检测	19	63.3%	2.5% 2002—2023年总题目共计1260题，其中试验检测30题。(2015年未举行考试)
复合地基检测	11	36.7%	

岩土工程检测与监测历年真题考点统计表

名称 年份	《建筑基桩检测技术规范》JGJ 106—2014	《建筑地基基础设计规范》GB 50007—2011	《建筑地基检测技术规范》JGJ 340—2015	《建筑边坡工程技术规范》GB 50330—2013	《建筑地基处理技术规范》JGJ 79—2012
2016年	1道高应变法	1道浅层平板载荷试验；1道岩石地基载荷试验			
2017年	1道单桩水平静载试验	1道深层平板载荷试验			
2018年	1道低应变法		1道瞬态面波法		
2019年	1道桩身内力测试	1道深层平板载荷试验			
2020年			1道单桩复合地基载荷试验	1道锚杆试验	
2021年	1道高应变法				1道复合地基载荷试验
2022年	1道钻孔法，1道单桩竖向抗拔静载试验及单桩竖向抗压静载试验				
2022年补	1道水平静载试验	1道岩石锚杆抗拔试验			
2023年	1道声波透射法		1道锚杆弹性刚度系数		

注：表格空白处为未考查。

本篇涉及的主要规范及相关教材有：

《建筑基桩检测技术规范》JGJ 106—2014

《建筑地基检测技术规范》JGJ 340—2015

《建筑地基处理技术规范》JGJ 79—2012

《建筑边坡工程技术规范》GB 50330—2013

《建筑基坑支护技术规程》JGJ 120—2012

《建筑地基基础设计规范》GB 50007—2011

《工程地质手册》（第五版）

第四十八章　建筑桩基检测

第一节　基本规定

——《建筑基桩检测技术规范》第3.2.5条

基桩检测开始时间：

（1）当采用低应变法或声波透射法检测时，受检桩混凝土强度不应低于设计强度的70％，且不应低于15MPa。

（2）当采用钻芯法检测时，受检桩的混凝土龄期应达到28d，或受检桩同条件养护试件强度应达到设计强度要求。

（3）承载力检测前的休止时间，除应符合受检桩的混凝土龄期应达到28d或受检桩同条件养护试件强度应达到设计强度要求外，尚应符合下表规定的时间：

土的类别		休止时间（d）
砂土		7
粉土		10
黏性土	非饱和	15
	饱和	25

第二节　单桩竖向抗压静载试验

——《建筑基桩检测技术规范》第4章

单桩竖向抗压静载试验适用于检测单桩的竖向抗压承载力。当桩身埋设有应变、位移传感器或位移杆时，可按《建筑基桩检测技术规范》JGJ 106—2014附录A测定桩身应变或桩身截面位移，计算桩的分层侧阻力和端阻力。

一、试验加载与反力装置

（一）最大加载量的确定

1. 为设计提供依据的试验桩，应加载至桩侧与桩端的岩土阻力达到极限状态；当桩的承载力由桩身强度控制时，可按设计要求的加载量进行加载。

2. 工程桩验收检测时，加载量不应小于设计要求的单桩抗压承载力特征值的2.0倍。

（二）反力装置的要求

1. 试验加载反力装置可选择锚桩反力装置、压重平台反力装置、锚桩压重联合反力装置、地锚反力装置等。

2. 所有试验加载反力装置能够提供的反力不得小于试验加载量的1.2倍。

3. 应对锚桩反力装置的桩侧土阻力、钢筋、接头进行验算，并满足抗拔承载力要求。

4. 压重反力装置宜在检测前一次加足，并均匀稳定地放置于平台上，同时压重施加于地基的压应力不宜大于地基承载力特征值的 1.5 倍。

（三）终止加载的条件

当出现下列情况之一时，可终止加载：

1. 某级荷载作用下，桩顶沉降量大于前一级荷载作用下的沉降量的 5 倍，且桩顶总沉降量超过 40mm。

2. 某级荷载作用下，桩顶沉降量大于前一级荷载作用下的沉降量的 2 倍，且经 24h 尚未达到该级沉降相对稳定标准（每一小时内的桩顶沉降量不得超过 0.1mm，并连续出现两次）。

3. 已达到设计要求的最大加载值且桩顶沉降达到相对稳定标准。

4. 工程桩做锚桩时，锚桩上拔量已达到允许值。

5. 荷载-沉降曲线呈缓变型时，可加载至桩顶总沉降量 60～80mm；当桩端阻力尚未充分发挥时，可加载至桩顶累计沉降量超过 80mm。

二、统计值及承载力的确定

（一）单桩竖向抗压极限承载力（由抗压试验确定）

序号	试验条件		确定内容
1	沉降随荷载变化的 Q-s 曲线	陡降型	取其发生明显陡降的起始点对应值
		缓变型	$D<800mm$，取沉降 s 等于 40mm 对应的荷载值；$D\geqslant800mm$，取沉降 s 等于 $0.05D$ 对应的荷载值。当桩长大于 40m 时，沉降 s 宜考虑扣除桩身弹性压缩量（s'）：$$s'=\frac{QL}{2E_cA_{ps}}$$
2	沉降随荷载变化的 s-$\lg t$ 曲线		取曲线尾部出现明显向下弯曲的前一级荷载值
3	由终止加载条件确定		某级荷载作用下，桩顶沉降量大于前一级荷载作用下的沉降量的 2 倍，且 24h 尚未达到稳定标准，取前一级荷载值
4	不满足上述 1～3 条情况时，桩的竖向抗压极限承载力宜取最大加载值		

（二）单桩竖向抗压极限承载力（由抗压试验统计值确定）

试验桩数量大于等于 3 根	极差≤算术平均值的 30%	取算术平均值
	极差>算术平均值的 30%	分析原因，可依次剔除异常值后取平均值，直至极差满足不超过 30% 的要求为止（案例考试时，如无明显提示，按照从大到小的顺利依次剔除后再次计算）
试验桩数量小于 3 根或者桩基承台下的桩数≤3 根		取试桩结果的低值

（三）单桩承载力特征值

单桩竖向抗压承载力特征值应按单桩竖向抗压极限承载力的 50% 取值。

$$R_a=\frac{Q_{uk}}{2}$$

【10-1】（2012D30）某建筑工程基础需要采用灌注桩，桩径 $\phi600mm$，桩长 25m，低应变检测结果表明这 6 根基桩均为 I 类桩。对 6 根基桩进行单桩竖向抗压静载试验的结果

见下表，则该工程的单桩竖向抗压承载力特征值最接近（　　）。

试桩编号	1号	2号	3号	4号	5号	6号
Q_u(kN)	2880	2580	2940	3060	3530	3360

（A）1290kN　　（B）1480kN　　　　（C）1530kN　　　　（D）1680kN

答案：B

解答过程：

根据《建筑基桩检测技术规范》JGJ 106—2014 第4.4.3条：

（1）$Q_{um}=\dfrac{2880+2580+2940+3060+3530+3360}{6}=3058.3kN$

极差验算：

$$\frac{\sigma}{Q_{um}}=\frac{3530-2580}{3058.3}=0.31>0.3，不符合规范要求。$$

（2）删除最大值重新计算：

$$Q_{um}=\frac{2880+2580+2940+3060+3360}{5}=2964kN$$

极差验算：

$$\frac{\sigma}{Q_{um}}=\frac{3360-2580}{2964}=0.26<3，满足要求。$$

（3）$R_a=\dfrac{Q_{um}}{2}=\dfrac{2964}{2}=1482kN$

【小注岩土点评】

对参加算术平均的试验桩检测结果，当极差不超过平均值的30%时，可取其算术平均值为单桩竖向抗压极限承载力；当极差超过平均值的30%时，若低值承载力出现并非偶然的施工质量造成，则依次去掉高值后取平均（不利原则），直到满足。

【10-2】（2013D30）某工程采用灌注桩基础，灌注桩桩径为800mm，桩长为30m，设计要求单桩竖向抗压承载力特征值为3000kN，已知桩间土的地基承载力特征值为200kPa，按照《建筑基桩检测技术规范》JGJ 106—2014，采用压重平台反力装置对工程桩进行单桩竖向抗压承载力检测时，若压重平台的支座只能设置在桩间土上，则支座底面积不宜小于（　　）。

（A）20m² 　　（B）24m² 　　　　（C）30m² 　　　　（D）36m²

答案：B

解答过程：

（1）根据《建筑基桩检测技术规范》JGJ 106—2014 第4.1.3条、第4.2.2条第1款：

压重平台反力装置提供的反力至少为：$F_1\geq3000\times2\times1.2=7200kN$

（2）根据第4.2.2条第5款：

压重施加于地基的压应力至多为：$\sigma_2\leq1.5\times200=300kPa$

（3）支座底面积：$A\geq\dfrac{F_1}{\sigma_2}=\dfrac{7200}{300}=24m^2$

【小注岩土点评】

① 根据《建筑基桩检测技术规范》JGJ 106—2014 第4.1.3条：工程桩验收检测时，

加载量不应小于设计要求的单桩承载力特征值的 2.0 倍；第 4.2.2 条第 1 款：加载反力装置提供的反力不得小于最大加载量的 1.2 倍。得到解答步骤（1）。

② 根据第 4.2.2 条第 5 款：压重宜在检测前一次加足，并均匀稳固地放置于平台上，且压重施加于地基的压应力不宜大于地基承载力特征值的 1.5 倍。得到解答步骤（2）。

③ 本题与常规案例考试不同，不是单纯的公式计算，而是理解规范中条款的含义并转化为数学公式计算。

④ 应准确理解单桩竖向抗压承载力特征值、加载量、加载反力装置提供的反力等字词的含义及相互之间的联系。

【10-3】（2014D30）某桩基工程设计要求单桩竖向抗压承载力特征值为 7000kN，静载试验利用邻近 4 根工程桩作为锚桩，锚桩主筋直径 25mm，钢筋抗拉强度设计值为 360N/mm²。根据《建筑基桩检测技术规范》JGJ 106—2014，试计算每根锚桩提供上拔力所需的主筋根数至少为（　　）根。

(A) 18　　　　(B) 20　　　　(C) 22　　　　(D) 24

答案：D

解答过程：

（1）根据《建筑基桩检测技术规范》JGJ 106—2014 第 4.1.3 条、第 4.2.2 条第 1 款：锚桩提供的最大反力至少为

$$F = 7000 \times 1.2 \times 2 = 16800 \text{kN}$$

（2）由 4 根锚桩共同提供反力：

$$F = 16800 = 4 \times n \times \frac{3.14 \times 25^2}{4} \times 360 \times 10^{-3}$$

$$n = 23.8，取整得到：n = 24 \text{ 根}$$

【小注岩土点评】

① 本题与题（2013D30）相似，均是由规范中的条文引申出数学公式求解。

② 本题得到的钢筋数最后应取整，而且应当向上取整，假设得到 n=23.1，也应当取整为 24，因为锚桩提供的反力应大于加载量。

【10-4】（模拟题）某建筑物采用柱下承台基础，钻孔灌注桩直径为 800mm，桩顶与地面齐平，地面下土层分布为 2m 层厚粉质黏土（$\gamma = 17\text{kN/m}^3$，$q_{sk} = 16\text{kPa}$）及 10m 层厚的淤泥（$\gamma_{sat} = 17\text{kN/m}^3$，$q_{sk} = 10\text{kPa}$），再下为基岩。地下水位在自然地面下 2.00m，桩端落于基岩上。施工前对两根试桩进行了竖向抗压静载试验，试验结果见下表。

编号	极限侧阻力标准值（kPa）	极限端阻力标准值（kPa）	单桩竖向极限承载力标准值（kN）
1 号	1800	5000	6800
2 号	1700	4800	6500

工程完工后，整个建筑场地需大面积填土 2m（$\gamma = 18\text{kN/m}^3$）。荷载效应标准组合下，结构柱作用于承台顶面中心的竖向力为 7500kN。根据《建筑桩基技术规范》JGJ 94—2008 及《建筑基桩检测技术规范》JGJ 106—2014，估算柱下基础的布桩数量是（　　　）。（不考虑承台及其上部土的重量，不考虑群桩效应）

（A）3   （B）4   （C）5   （D）6

答案：B

解答过程：

（1）根据《建筑桩基技术规范》JGJ 94—2008 第 5.4 节：

下拉荷载计算：中性点深度取基岩顶面，非挤土桩，查表得到负摩阻力系数，粉质黏土 $\xi_n=0.25$，淤泥 $\xi_n=0.15$。

1 层粉质黏土：$q_s^n=0.25\times(18\times2+0.5\times17\times2)=13.25\text{kPa}<16\text{kPa}$，取 $q_s^n=13.25\text{kPa}$

2 层淤泥：$q_s^n=0.15\times(18\times2+17\times2+0.5\times7\times10)=15.75\text{kPa}>10\text{kPa}$，取 $q_s^n=10\text{kPa}$

基桩下拉荷载 $Q_g^n=3.14\times0.8\times(13.25\times2+10\times10)=317.8\text{kN}$

（2）根据《建筑基桩检测技术规范》JGJ 106—2014 第 4.4.3 条及《建筑桩基技术规范》JGJ 94—2008 第 5.4.3 条：

由于试桩数量只有 2 根，则单桩抗压极限承载力取低值。

加之本工程基桩属于端承型桩，只考虑中性点以下部分的侧阻力及端阻力，即

$$R_a=\frac{4800}{2}=2400\text{kN}$$

（3）估算桩数：

$$N_k+Q_g^n\leqslant R_a$$

$$N_k\leqslant2400-317.8=2082.2\text{kN}$$

$$n\geqslant\frac{7500}{2082.2}=3.6$$

$$取\ n=4$$

【小注岩土点评】

① 本题的考点均比较常规，重点在于将两本规范进行结合才能作答。

② 如果本题试桩数量多于 3 根，则需要进行统计分析，判断极差是否超过平均值的 30% 以确定单桩极限抗压承载力。

第三节　单桩竖向抗拔静载试验

——《建筑基桩检测技术规范》第 5 章

单桩竖向抗拔静载试验适用于检测单桩的竖向抗拔承载力。

一、试验加载与反力装置

（一）最大加载量的确定

1. 为设计提供依据的试验桩，应加载至桩侧的岩土阻力达到极限状态或桩身材料达到设计强度。

2. 工程桩验收检测时，施加的上拔荷载不应小于设计要求的单桩抗拔承载力特征值的 2.0 倍或使桩顶产生的上拔量达到设计要求的限制。

3. 当抗拔承载力受抗裂条件控制时，可按设计要求确定最大加载值。

（二）反力装置的要求

1. 试验加载反力装置宜采用反力桩提供支座反力或采用地基提供支座反力。

2. 所有试验加载反力装置能够提供的反力不得小于试验加载量的 1.2 倍。

3. 当采用地基提供反力时，施加于地基的压应力不宜超过地基承载力特征值的 1.5 倍。

（三）终止加载的条件

当出现下列情况之一时，可终止加载：

1. 某级荷载作用的桩顶上拔量大于前一级荷载作用下的上拔量的 5 倍。

2. 按桩顶上拔量控制，累计桩顶上拔量超过 100mm。

3. 按钢筋抗拉强度控制，钢筋应力达到钢筋强度设计值。

4. 对于工程桩验收检测，达到设计或抗裂要求的最大上拔量或上拔荷载值。

二、统计值及承载力的确定

（一）单桩竖向抗拔极限承载力（由抗拔试验确定）

序号	试验条件	确定内容
1	上拔量随荷载变化的 U-δ 曲线	取陡升起始点对应的荷载值
2	上拔量随时间变化的 δ-$\lg t$ 曲线	取 δ-$\lg t$ 曲线斜率明显变陡或曲线尾部出现明显弯曲的前一级荷载值
3	由终止加载条件确定	某级荷载作用下，抗拔钢筋断裂时，取前一级荷载值
4	当验收检测的受检桩在最大上拔荷载作用下，未出现上述 1～3 条情况时，单桩竖向抗拔极限承载力 Q_{uk} 应取下列情况对应的荷载取值： （1）设计要求最大上拔量控制对应的荷载； （2）施加的最大荷载； （3）钢筋应力达到设计强度值时对应的荷载	

（二）单桩竖向抗拔极限承载力（由抗拔试验统计值确定）

	极差≤算术平均值的 30%	取算术平均值
试验桩数量大于等于 3 根	极差＞算术平均值的 30%	分析原因，可依次剔除异常值后取平均值，直至极差满足不超过 30% 的要求为止（案例考试时，如无明显提示，按照从大到小的顺利依次剔除后再次计算）
试验桩数量小于 3 根或者桩基承台下的桩数小于等于 3 根	取试桩结果的低值	

（三）单桩抗拔承载力特征值

1. 单桩竖向抗拔承载力特征值应按单桩竖向抗拔极限承载力的 50% 取值。

$$R_a = \frac{Q_{uk}}{2}$$

2. 当工程桩不允许带裂缝工作时，应取桩身开裂的前一级荷载作为单桩竖向抗拔承载力特征值，并与按极限荷载 50% 取值确定的承载力特征值相比，取二者小值。

【10-5】（2022D25）某灌注桩桩径 1.0m，桩长 20m，柱身范围土层为黏性土，未见地下水，对该桩按《建筑基桩检测技术规范》JGJ 106—2014 分别进行了单桩竖向抗压静载

试验和竖向抗拔静载试验（两次试验间隔时间满足要求）。单桩竖向抗压静载试验结果见下表，抗拔试验结果见δ-lg$t$曲线。根据本场地同等条件下单桩竖向抗压静载试验统计数据，桩端阻力约占单桩抗压承载力的15%。桩身重度取25kN/m³，试计算该桩的抗拔系数最接近下列哪个选项？

单桩竖向抗压静载试验结果

每级荷载 Q（kN）	每级累计沉降 s（mm）
1000	5.76
1500	9.03
2000	12.69
2500	18.27
3000	24.30
3500	31.51
4000	40.05
4500	49.96
5000	88.12

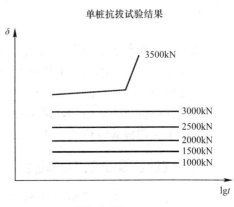

单桩抗拔试验结果

(A) 0.64   (B) 0.68   (C) 0.76   (D) 0.88

答案：B

解答过程：

根据《建筑基桩检测技术规范》JGJ 106—2014：

(1) 第4.4.2条，确定单桩竖向抗压极限承载力：

$$Q=4500\text{kN}$$

(2) 确定桩侧阻力：

$$uq_{sik}l=4500\times(1-0.15)=3825\text{kN}$$

(3) 第5.4.2条第2款，确定单桩竖向抗拔极限承载力

$$T=3000\text{kN}$$

(4) 根据《建筑桩基技术规范》JGJ 94—2008第5.4.6条第2款：

$$\lambda=(3000-25\times3.14\times0.5\times0.5\times20)/3825=0.68$$

【小注岩土点评】

① 题目要求求解抗拔系数，按照单桩竖向抗拔原理，转换公式为上拔力=抗拔力=桩身自重+λ×桩侧阻力，涉及的数值均为实测值，不考虑标准值、特征值等数值换算。

② 上拔力即单桩竖向抗拔极限承载力。按照《建筑基桩检测技术规范》JGJ 106—2014第5.4.2条第2款，取δ-lg$t$曲线尾部明显弯曲的前一级荷载值。本题δ-lg$t$曲线在3500kN时出现明显转折，在3000kN时曲线无变化，因此取单桩竖向抗拔极限承载力为3000kN。

③ 求取桩侧阻力需要借助单桩竖向抗压静载试验。单桩竖向抗压极限承载力由两部分组成，一部分是桩侧阻力，一部分是桩端阻力。按照《建筑基桩检测技术规范》JGJ 106—2014第4.4.2条，本题给出了荷载值与对应的沉降量，很容易判断出Q-s曲线为陡降段，取发生陡降的起始点对应的荷载值为单桩竖向抗压极限承载力。将单桩竖向抗压极限承载力减去桩端阻力即为桩侧阻力。

第四节　单桩水平静载试验

——《建筑基桩检测技术规范》第 6 章

单桩水平静载试验适用于在桩顶自由的试验条件下，检测单桩的水平承载力，进而推定地基土的水平抗力系数的比例系数 m。

一、试验加载及反力装置

（一）试验最大加载量

1. 为设计提供依据的试验桩，应加载至桩顶出现较大水平位移或桩身结构破坏。

2. 工程桩抽样检测时，可按设计要求的水平位移允许值控制加载。

（二）水平推力加载装置

1. 水平推力加载设备宜用卧式千斤顶，其加载能力不得小于最大试验加载量的 1.2 倍。

2. 水平推力的反力可由相邻桩提供；当专门设置反力结构时，其承载能力和刚度应大于试验桩的 1.2 倍。

二、数据分析与结果

（一）单桩水平临界荷载（H_{cr}）与单桩水平极限承载力（H_u）的确定

项目	确定条件
单桩水平临界荷载（H_{cr}）	（1）取单向多循环加载法时的水平力-时间-作用点位移（H-t-Y_0）关系曲线或慢速荷载维持法时的水平力-力作用点位移（H-Y_0）关系曲线出现拐点的前一级水平荷载值。 （2）取水平力-位移梯度（H-$Y_0/\Delta H$）关系曲线或水平力-位移对数（$\lg H$-$\lg Y_0$）关系曲线上第一拐点对应的水平荷载值。 （3）取水平力-钢筋拉应力（H-σ_s）关系曲线第一拐点对应的水平荷载值
单桩水平极限承载力（H_u）	（1）取单向多循环加载法时的水平力-时间-作用点位移（H-t-Y_0）关系曲线产生明显陡降的前一级荷载，或慢速荷载维持法时的水平力-力作用点位移（H-Y_0）关系曲线发生明显陡降的起始点对应的水平荷载值。 （2）取慢速荷载维持法时的 Y_0-$\lg t$ 曲线尾部出现明显弯曲的前一级水平荷载值。 （3）取水平力-位移梯度（H-$Y_0/\Delta H$）关系曲线或水平力-位移对数（$\lg H$-$\lg Y_0$）关系曲线上第二拐点对应的水平荷载值。 （4）取桩身折断或受拉钢筋屈服时的前一级水平荷载值

（二）试验数据统计

为设计提供依据的水平极限承载力和水平临界荷载值，可按照抗压桩的统计方法进行统计：

试验桩数量大于等于 3 根	极差≤算术平均值的 30%	取算术平均值
	极差＞算术平均值的 30%	分析原因，可依次剔除异常值后取平均值，直至极差满足不超过 30% 的要求为止（案例考试时，如无明显提示，按照从大到小的顺利依次剔除后再次计算）

试验桩数量小于 3 根或者桩基承台下的桩数小于等于 3 根	取试桩结果的最小值

（三）单桩水平承载力特征值的确定

单桩水平承载力特征值的确定应符合下列要求：

序号	确定条件	特征值的确定
1	当桩身不允许开裂或灌注桩的桩身配筋率<0.65%	取水平临界荷载的 0.75 倍，$R_{ha}=0.75H_{cr}$
2	钢筋混凝土预制桩、钢桩和桩身配筋率≥0.65% 的灌注桩	取设计桩顶标高处水平位移 χ_{oa} 所对应的荷载的 0.75 倍（$R_{ka}=0.75H_{\chi_{oa}}$），χ_{oa} 的取值如下：①对水平位移敏感的建筑取 6mm；②对水平位移不敏感的建筑取 10mm
3	取设计要求的水平允许位移所对应的荷载作为单桩水平承载力特征值，且满足桩身抗裂要求	

三、地基土的水平抗力系数的比例系数 m

当桩顶自由且水平力作用位置位于地面处时，m 值应按下式确定：

地基土的水平抗力系数的比例系数：

$$m=\frac{(v_y \cdot H)^{\frac{5}{3}}}{b_0 \cdot Y_0^{\frac{5}{3}} \cdot (EI)^{\frac{2}{3}}}$$

桩的水平变形系数：

$$\alpha=\left(\frac{m \cdot b_0}{EI}\right)^{\frac{1}{5}}$$

式中：m——地基土的水平抗力系数的比例系数（kN/m^4）；

α——桩的水平变形系数（m^{-1}）；

v_y——桩顶水平位移系数，当 $\alpha h \geqslant 4.0$ 时（h 为桩的入土深度），$v_y=2.441$；

H——作用于地面的水平力（kN），一般 $H=H_{cr}$ 或 $H_u=R_{ha}/0.75$；

Y_0——水平力作用点的水平位移（m）；

EI——桩身抗弯刚度（$kN \cdot m^2$），其中 E 为桩身材料弹性模量，I 为桩身换算截面惯性矩；

b_0——桩身计算宽度（m），具体如下：

$$\begin{cases} 圆形桩 \begin{cases} 桩径\ D \leqslant 1m\ 时：b_0=0.9 \cdot (1.5D+0.5) \\ 桩径\ D > 1m\ 时：b_0=0.9 \cdot (D+1) \end{cases} \\ 矩形桩 \begin{cases} 边宽\ B \leqslant 1m\ 时：b_0=1.5B+0.5 \\ 边宽\ B > 1m\ 时：b_0=B+1 \end{cases} \end{cases}$$

【10-6】（2006D15）某试验桩桩径为 0.4m，配筋率为 7%，水平静载试验所采取每级荷载增量值为 15kN，试桩 H_0-t-x_0 曲线明显陡降点的荷载为 120kN 时对应的水平位移为 3.2mm，其前一级荷载和后一级荷载对应的水平位移分别为 2.6mm 和 4.2mm，则由试验结果计算的地基土水平抗力系数的比例系数 m 最接近（　　）。〔为简化计算，假定

$(v_x)^{5/3}=4.425$，$(EI)^{2/3}=877$ （kN·m²）$^{2/3}$]

(A) 242MN/m⁴   (B) 228MN/m⁴   (C) 205MN/m⁴   (D) 165MN/m⁴

答案：A

解答过程：

根据《建筑基桩检测技术规范》JGJ 106—2014 第6.4.2条、第6.4.5条：

（1）桩 H_0-t-x_0 曲线明显陡降点的荷载为120kN，取前一级为单桩水平极限承载力。

$$H=120-15=105\text{kN}$$

对应的水平位移为2.6mm。

（2）桩径 $d=0.4\text{m}<1.0\text{m}$

$$b_0=0.9(1.5D+0.5)=0.9\times(1.5\times0.4+0.5)=0.99\text{m}$$

（3）$m=\dfrac{(v_x\cdot H)^{\frac{5}{3}}}{b_0Y_0^{\frac{5}{3}}(EI)^{\frac{2}{3}}}=\dfrac{105^{\frac{5}{3}}\times4.425}{0.99\times(2.6\times10^{-3})^{\frac{5}{3}}\times877}=242273\text{kN/m}^4=242.3\text{MN/m}^4$

【10-7】（2017D30）对某建筑场地钻孔灌注桩进行单桩水平静载试验，桩径为800mm，桩身抗弯刚度 $EI=600000\text{kN·m}$，桩顶自由且水平力作用于地面处，根据 H-t-Y_0（水平力时间作用点位移）曲线判定，水平临界荷载为150kN，相应于水平位移为3.5mm。根据《建筑基桩检测技术规范》JGJ 106—2014 的规定，计算对应水平临界荷载的地基土水平抗力系数的比例系数 m 最接近下列哪个选项？（$v_y=2.441$）

(A) 15.0MN/m⁴   (B) 21.3MN/m⁴   (C) 30.5MN/m⁴   (D) 40.8MN/m⁴

答案：B

解答过程：

（1）根据《建筑基桩检测技术规范》JGJ 106—2014 第6.4.2条：

对于圆形桩，$D=0.8\text{m}\leqslant1.0\text{m}$

$$b_0=0.9(1.5D+0.5)=0.9\times(1.5\times0.8+0.5)=1.53\text{m}$$

$$v_y=2.441$$

$$Y_0=3.5\text{mm}$$

$$H=150\text{kN}$$

（2）根据规范公式（6.4.2-1）：

$$m=\frac{(v_y\cdot H)^{5/3}}{b_0(Y_0)^{5/3}(EI)^{2/3}}=\frac{(2.441\times150)^{5/3}}{1.53\times(3.5\times10^{-3})^{5/3}\times600000^{2/3}}=21339\text{kN/m}^4=21.3\text{MN/m}^4$$

【小注岩土点评】

① 本题应准确理解题干中各参数含义并与公式中的参数相对应，本题中水平临界荷载对应于作用于地面的水平力，相应水平位移对应于水平力作用点的水平位移。

② 桩身计算宽度受到桩型及桩径影响，对应的计算公式不同。

第五节　低应变检测

——《建筑基桩检测技术规范》第8章

低应变法适用于检测混凝土桩的桩身完整性，判定桩身缺陷的程度及位置。

低应变法是采用低能量瞬态或稳态激振方式在桩顶激振，利用低能量的激振力产生沿桩的纵向振动或沿桩身纵向传播的波动，实测桩顶部的速度时程曲线，通过波动理论分析或频域分析，对桩身完整性进行判定的检测方法。

一、桩身波速平均值的确定

当桩长已知、桩底反射信号明确时，应在地基条件、桩型、成桩工艺相同的基桩中，选取不少于 5 根 Ⅰ 类桩的桩身波速值 c_i，按下列公式计算其平均值 c_m：

$$c_m = \frac{1}{n} \sum_{i=1}^{n} c_i$$

桩身波速值计算	计算公式	计算简图
时域信号分析	$c_i = \dfrac{2000L}{\Delta T}$	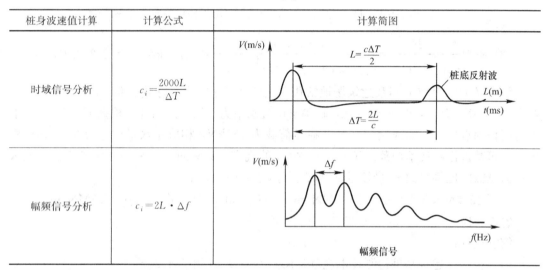
幅频信号分析	$c_i = 2L \cdot \Delta f$	

式中：c_m——桩身波速的平均值（m/s）；

$\quad c_i$——第 i 根受检桩的桩身波速值（m/s），且 $\dfrac{|c_i - c_m|}{c_m} \leqslant 5\%$；

$\quad L$——测点下的桩长（m）；

$\quad \Delta T$——速度波第一峰与桩底反射波峰的时间差（ms）；

$\quad \Delta f$——幅频曲线上，桩底相邻谐振峰间的频差（Hz）。

二、桩身缺陷位置确定

缺陷位置 x	计算公式	典型图例
时域信号分析	$x = \dfrac{1}{2000} \cdot \Delta t_x \cdot c$	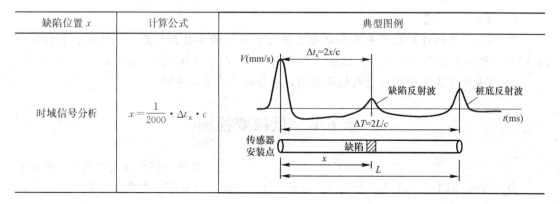

续表

缺陷位置 x	计算公式	典型图例
幅频信号分析	$x=\dfrac{1}{2}\cdot\dfrac{c}{\Delta f'}$	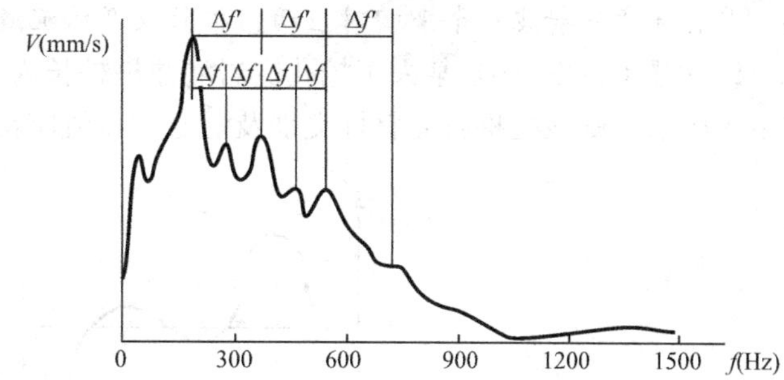

式中：x——桩身缺陷至传感器安装点的距离（m）；

　　　Δt_x——速度波第一峰与缺陷反射波峰的时间差（ms）；

　　　c——受检桩的桩身波速值（m/s），无法确定时，可采用桩身波速的平均值代替；

　　　$\Delta f'$——幅频曲线上，缺陷相邻谐振峰间的频差（Hz）。

三、桩身完整性判定

桩身完整性判定

类别	时域信号特征	幅频信号特征
I	$2L/c$ 时刻前无缺陷反射波，有桩底反射波	桩底谐振峰排列基本等间距，其相邻频差 $\Delta f\approx c/2L$
II	$2L/c$ 时刻前出现轻微缺陷反射波，有桩底反射波	桩底谐振峰排列基本等间距，其相邻频差 $\Delta f\approx c/2L$，轻微缺陷产生的谐振峰与桩底谐振峰之间的频差 $\Delta f'>c/2L$
III	有明显缺陷反射波，其他特征介于 II 与 IV 之间	
IV	$2L/c$ 时刻前出现严重缺陷反射波或周期性反射波，无桩底反射波；或因桩身浅部严重缺陷使波形呈现低频大幅度衰减振动，无桩底反射波	缺陷谐振峰排列基本等间距，相邻频差 $\Delta f'>c/2L$，无桩底谐振峰；或因桩身浅部严重缺陷而只出现单一谐振峰，无桩底谐振峰

【10-8】（2007D30）采用声波法对钻孔灌注桩孔底沉渣进行检测，桩直径为 1.2m，桩长为 35m，声波反射明显。测头从发射到接收到第一次反射波的相隔时间为 8.7ms，从发射到接收到第二次反射波的相隔时间为 9.3ms，若孔底沉渣声波波速按 1000m/s 考虑，孔底沉渣的厚度最接近（　　　）。

(A) 0.3m　　　　(B) 0.5m　　　　(C) 0.7m　　　　(D) 0.9m

答案：A

解答过程：

根据《建筑基桩检测技术规范》JGJ 106—2014 第 8.4.1 条：

沉渣厚度：

$$h=\frac{c\cdot\Delta t}{2000}=\frac{1000\times(9.3-8.7)}{2000}=0.3\text{m}$$

【小注岩土点评】

① 题干中没有明确参考规范，不过有声波法字样，广大考生应该联想到检测规范。

② 本题公式依据 $c_i=\dfrac{2000L}{\Delta T}$ 转变而成。其实也可以依据波速反射原理求解：测头从发

射到接收到第一次反射波就是反射波经过一个完整的桩长，测头从发射到接收到第二次反射波就是反射波经过一个完整的桩长＋沉渣厚度。沉渣厚度＝反射波波速×反射波时间间隔。尤其注意反射波一个来回对应两倍桩长及两倍沉渣厚度。

【10-9】（2008D30）某人工挖孔嵌岩灌注桩桩长为 8m，其低应变反射波动力测试曲线如下图所示。则该桩桩身完整性类别及桩身波速值应符合（　　）。

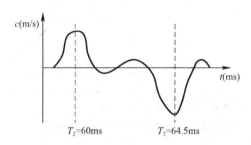

(A) Ⅰ类桩，$C=1777.8$m/s　　　　　(B) Ⅱ类桩，$C=1777.8$m/s

(C) Ⅰ类桩，$C=3555.6$m/s　　　　　(D) Ⅱ类桩，$C=3555.6$m/s

答案：C

解答过程：

根据《建筑基桩检测技术规范》JGJ 106—2014 第 8.4.1 条：

(1) $T_1=60$ms（速度波第一峰）与 $T_2=64.5$ms（桩底反射波峰）的时间差：
$$\Delta T=64.5-60=4.5\text{ms}$$

(2) $2L/c$ 时刻前无缺陷反射波，有桩底反射波，判定桩身完整性为Ⅰ类。

(3) 桩身波速值：$c_i=\dfrac{2000L}{\Delta T}=\dfrac{2000\times 8}{4.5}=3555.6$m/s

【10-10】（2009C30）某场地钻孔灌注桩桩身平均波速为 3555.6m/s，其中某根桩低应变反射波动力测试曲线如下图所示，对应图中的时间 t_1、t_2 和 t_3 的数值分别为 60、66 和 73.5ms，则在混凝土强度变化不大的情况下，该桩长为（　　）。

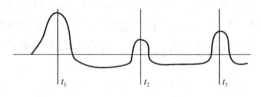

(A) 10.7m　　　　(B) 21.3m　　　　(C) 24m　　　　(D) 48m

答案：C

解答过程：

(1) 根据《建筑地基检测技术规范》JGJ 340—2015 第 12 章：
$$c_i=\frac{2000L}{\Delta t}$$

(2) 根据题目中的图示，t_2 为桩因缺陷位置而产生的反射波，t_3 为桩底反射波

(3) 求该桩长：
$$L=\frac{c_i\cdot \Delta t}{2000}=\frac{3555.6\times(73.5-60)}{2000}=24\text{m}$$

【小注岩土点评】

① 低应变法是检测混凝土桩的桩身完整性较为常见的一种方法之一，所用的检测设备及操作均较为简单，但对反射波的识别要求较高，需由经验丰富的检测人员进行识别及通过桩身完整性类别进行判定，且由于低应变法本身的检测局限性，桩长较长或实测信号复杂、无规律等时，桩身完整性判定需结合其他检测方法进行。

②《建筑基桩检测技术规范》JGJ 106—2014 第 8 章同样为低应变法试验，因此此题亦可由此规范进行解答，对应公式完全相同。

【10-11】（2018C25）某钻孔灌注桩，桩长 20m，用低应变法进行桩身完整性检测时，发现速度时域线上有三个峰值，第一、第三峰值对应时间刻度分别为 0.2ms 和 10.3ms，初步分析认为该桩存在缺陷，在速度幅频曲线上，发现正常频差为 100Hz，缺陷引起的相邻谐振峰间频差为 180Hz，计算缺陷位置为（　　　）。

(A) 7.1m　　　　(B) 10.8m　　　　(C) 11.0m　　　　(D) 12.5m

答案：C

解答过程：

(1) 根据《建筑基桩检测技术规范》JGJ 106—2014 第 8.4.2 条：

$$c_i = \frac{2000L}{\Delta T} = \frac{2000 \times 20}{10.3 - 0.2} = 3960.4 \text{m/s}$$

(2) 根据规范公式（8.4.2-2）：

$$x = \frac{1}{2} \cdot \frac{c}{\Delta f'} = \frac{1}{2} \times \frac{3960.4}{180} = 11.0 \text{m}$$

【小注岩土点评】

① 根据提示，速度时域曲线上有三个峰值，第一、第三峰值对应时间刻度分别为 0.2ms 和 10.3ms，可知第三峰值对应的反射波信号为桩底反射波信号，由此可根据公式求取桩身波速平均值，再依据缺陷引起的相邻谐振峰间频差求取桩的缺陷位置。

②《建筑基桩检测技术规范》JGJ 106—2014 第 8 章与《建筑地基检测技术规范》JGJ 340—2015 第 12 章均为低应变法，所用公式完全一致。

第六节　高应变检测

——《建筑基桩检测技术规范》第 9 章

高应变法适用于检测基桩的竖向抗压承载力和桩身完整性。

其原理是：采用重锤（锤的重量与单桩竖向抗压承载力特征值的比值不得小于 2%）自由下落锤击桩顶，使得桩土之间产生足够的相对位移（单击贯入度宜为 2～6mm），从而充分激发桩周土侧阻力和桩端支撑力，通过安装在桩顶以下桩身两侧的力和加速度传感器采集桩身截面在冲击荷载作用下的轴向应变和桩身运动的速度时程曲线，获得该截面的轴向内力 $F(t)$ 和轴向运动速度 $V(t)$。

简而言之，在桩-土产生相对位移后，使得传感器接受的应力波和速度波信号受到桩侧和桩端土阻力的影响而分离不再重合，通过观测应力波在桩身中的传播过程，运用一维波运动方程对桩身阻抗和土阻力进行分析和计算，进而判定桩的承载力和评价桩身完整性。

一、桩身波速确定

（一）由峰值-峰值计算

当桩底反射波明显时，桩身波速可根据速度波（下图中虚线波形）第一峰起升沿的起点到速度波反射峰起升或下降沿的起点之间的时差（ΔT）与已知桩长计算确定。

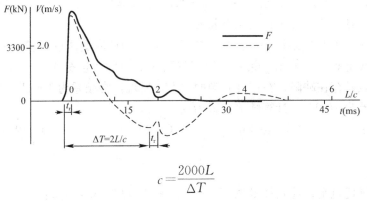

$$c = \frac{2000L}{\Delta T}$$

式中：c——桩身波速值（m/s）；

　　　L——测点下的桩长（m）；

　　ΔT——速度波第一峰与桩底反射波峰的时间差（ms）。

（二）由下行波-上行波计算

当桩底反射波峰变宽或有水平裂缝的桩，采用峰与峰间的时差方法计算误差较大，桩身波速可根据下行波起升沿的起点和上行波下降沿的起点之间的时差与已知桩长确定。

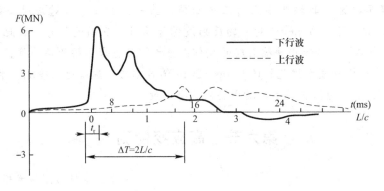

$$c = \frac{2000L}{\Delta T}$$

式中：c——桩身波速值（m/s）；

　　　L——测点下的桩长（m）；

　　ΔT——速度波下行波起升沿的起点和上行波下降沿的起点之间的时差（ms）。

二、桩顶轴力确定

高应变法可通过安装在桩顶下的桩侧表面的应变式传感器，直接量测桩身测点处的应变，根据下式计算桩顶锤击力 F：

$$F = E \cdot \varepsilon \cdot A$$

式中：F——桩顶锤击力（kN）；

　　　A——测点处的桩身截面积（m²），对空心桩，需扣除空心面积；

　　　ε——测点处的桩身材料实测应变值；

　　　E——桩身材料的弹性模量（kPa），可按下式计算：

$$E = \rho \cdot c^2$$

式中：c——桩身应力波的速度（m/s）；

　　　ρ——桩身材料的质量密度（t/m³），无实测值时，可按下表取值：

桩型	钢桩	混凝土预制桩	离心管桩	混凝土灌注桩
ρ（t/m³）	7.85	2.45～2.50	2.55～2.60	2.40

三、单桩竖向抗压承载力计算——凯司法

计算中、小直径桩的单桩竖向抗压承载力，可用凯司法确定。采用该试验方法时，应符合下列规定：

（1）桩身材质、截面尺寸应基本均匀。

（2）阻尼系数 J_c 宜根据同条件下静载试验结果校核，或应在已取得相近条件下可靠对比资料后，采用实测曲线拟合法确定 J_c 值，拟合计算的桩数不应少于检测总桩数的30%，且不应少于3根。

（3）在同一场地、地基条件相近和桩型及其截面积相同的情况下，J_c 值的极差不宜大于平均值的30%。

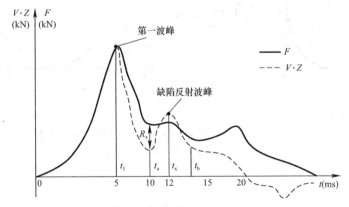

根据速度波的第一波峰对应的速度值和桩底反射速度波峰对应的速度值计算单桩竖向抗压承载力计算值 R_c 如下：

$$R_c = \frac{1}{2} \cdot (1 - J_c) \cdot \left[F(t_1) + Z \cdot V(t_1) \right] + \frac{1}{2} \cdot (1 + J_c) \cdot \left[F\left(t_1 + \frac{2L}{c}\right) - Z \cdot V\left(t_1 + \frac{2L}{c}\right) \right]$$

$$Z = \frac{E \cdot A}{c} = \rho \cdot c \cdot A$$

式中：R_c——单桩竖向抗压承载力计算值（kN）；

　　　J_c——阻尼系数；

　　　t_1——速度波的第一波峰对应的时刻（ms）；

$t_1 + \dfrac{2L}{c}$ ——桩底反射速度波峰对应的时刻（ms）；

$F(t_1)$ ——t_1 时刻的锤击力（kN）；

$F\left(t_1 + \dfrac{2L}{c}\right)$ ——$t_1 + \dfrac{2L}{c}$ 时刻的锤击力（kN）；

$V(t_1)$ ——t_1 时刻的质点运动速度（m/s）；

$V\left(t_1 + \dfrac{2L}{c}\right)$ ——$t_1 + \dfrac{2L}{c}$ 时刻的质点运动速度（m/s）；

Z ——桩身截面力学阻抗（kN·s/m）；

A ——桩身截面面积（m²），空心桩时，需扣除空心面积；

L ——测点下的桩长（m）；

ρ ——桩身材料的质量密度（t/m³）。

四、桩身完整性的判定和缺陷位置计算

对于等截面桩，且缺陷深度 x 以上部位的土阻力 R_x 未出现卸载回弹时，可按下式计算桩身完整性系数 β 和桩身缺陷位置 x：

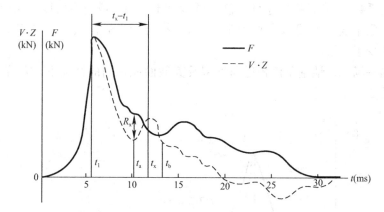

桩身完整性系数：

$$\beta = \frac{F(t_1) + F(t_x) + Z \cdot V(t_1) - Z \cdot V(t_x) - 2 \cdot R_x}{F(t_1) - F(t_x) + Z \cdot V(t_1) + Z \cdot V(t_x)}$$

桩身缺陷位置：

$$x = c \cdot \frac{t_x - t_1}{2000}$$

式中：t_1 ——速度波的第一波峰对应的时刻（ms）；

t_x ——缺陷反射波峰对应的时刻（ms）；

c ——桩身应力波的波速（m/s）；

$F(t_1)$ ——t_1 时刻的锤击力（kN）；

$F(t_x)$ ——t_x 时刻的锤击力（kN）；

$V(t_1)$ ——t_1 时刻的质点运动速度（m/s）；

$V(t_x)$ ——t_x 时刻的质点运动速度（m/s）；

Z——桩身截面力学阻抗（kN·s/m），计算同前；

R_x——缺陷以上部位桩段的土阻力的估计值（kN），等于缺陷反射波起始点的力与
速度乘以桩身截面，力学阻抗之差值。

桩身完整性判定

完整性类别	Ⅰ	Ⅱ	Ⅲ	Ⅳ
β 值	$\beta=1.0$	$0.8\leqslant\beta<1.0$	$0.6\leqslant\beta<0.8$	$\beta<0.6$

【10-12】（2011D30）某住宅楼钢筋混凝土灌注桩，桩径为 0.8m，桩长为 30m，桩身
应力波传播速度为 3800m/s。对该桩进行高应变应力测试后得到如下图所示的曲线和数
据，其中 $R_x=3$MN，试判定该桩桩身完整性类别为（ ）。

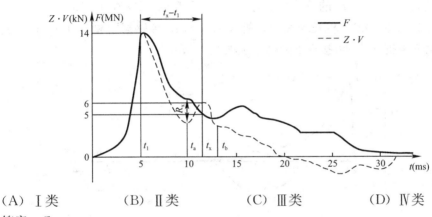

（A）Ⅰ类　　　　　（B）Ⅱ类　　　　　（C）Ⅲ类　　　　　（D）Ⅳ类

答案：C

解答过程：

（1）根据《建筑基桩检测技术规范》JGJ 106—2014 第 9.4.11 条，结合图 9.4.11，
可知

$$F(t_1)=Z\cdot V(t_1)=14\text{MN}$$
$$R_x=3\text{MN}$$
$$F(t_x)=5\text{MN}$$
$$Z\cdot V(t_x)=6\text{MN}$$

（2）根据公式（9.4.11-1）：

$$\beta=\frac{F(t_1)+F(t_x)+Z\cdot V(t_1)-Z\cdot V(t_x)-2\cdot R_x}{F(t_1)-F(t_x)+Z\cdot V(t_1)+Z\cdot V(t_x)}=\frac{14+5+14-6-2\times3}{14-5+14+6}=0.724$$

（3）查规范表 9.4.11，$0.6\leqslant\beta<0.8$，判断桩身完整性类别为Ⅲ类。

【小注岩土点评】

① 高应变法是进行桩身完整性检测的常用方法之一，同时与低应变法相比，高应变
法还可以进行基桩的竖向抗压承载力检测，但不适用于大直径扩底桩和预估 Q-s 曲线具有
缓变形特征的大直径灌注桩。

②《建筑基桩检测技术规范》JGJ 106—2014 中图 9.4.11 与常规图表不同，此图中的
纵轴为 F 与 $V\cdot Z$ 共享，因此才会出现 $F(t_1)=Z\cdot V(t_1)$ 的特殊情况。

【10-13】（2016C30）某高强混凝土管桩，外径为 500mm，壁厚为 125mm，桩身混凝

土强度等级为 C80，弹性模量为 $3.8×10^4 MPa$，进行高应变动力检测，在桩顶下 1.0m 处两侧安装应变式力传感器，落锤高 1.2m。某次锤击，由传感器测得的峰值应变为 $350\mu\varepsilon$，则作用在桩顶处的峰值锤击力最接近（　　　）。

（A）1755kN　　　　（B）1955kN　　　　（C）2155kN　　　　（D）2355kN

答案：B

解答过程：

根据《建筑基桩检测技术规范》JGJ 106—2014 第 9.3.2 条条文说明：

$$F=A\cdot E\cdot\varepsilon=\frac{3.14}{4}×(0.5^2-0.25^2)×3.8×10^7×350×10^{-6}=1957.6kN$$

【10-14】（2021C25）某混凝土灌注桩进行了高应变测试，得到的测试曲线如下图所示，由图得到 t_1、t_2、t_3、t_4 的数据分别为 6.2ms、7.5ms、18.3ms、19.4ms。已知混凝土的质量密度为 $2.40t/m^3$，桩长为 25m，桩径为 0.8m，传感器距离桩顶 1.0m。试求该桩桩身截面力学阻抗（Z）最接近下列哪个选项？

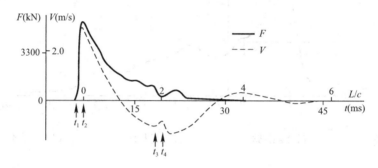

（A）4780kN·s/m　　　　　　　　（B）4860kN·s/m

（C）4980kN·s/m　　　　　　　　（D）5065kN·s/m

答案：A

解答过程：

根据《建筑基桩检测技术规范》JGJ 106—2014 第 9.4.3 条、第 9.4.8 条：

（1）桩身波速计算

$$c=\frac{2000L}{\Delta T}=\frac{2000×(25-1)}{18.3-6.2}=3966.9m/s$$

（2）桩身截面力学阻抗计算

$$Z=\frac{E\cdot A}{c}=\frac{\rho c^2\cdot A}{c}=2.4×3966.9×\frac{3.14}{4}×0.8^2=4783kN·s/m$$

【小注岩土点评】

① 本题考查桩基检测的高应变法，桩身截面力学阻抗（Z）的计算，按照规范第 9.4.3 条、第 9.4.8 条代入公式计算即可，属于较简单的题目。

② 桩身波速计算时，一是要注意本题给定的传感器距离桩顶 1m，故计算时，桩长应减去 1m；二是，桩底反射明显，桩身波速计算时的时差 ΔT 应根据速度波第一峰起升沿的起点到速度反射峰起升或者下降沿的起点之间来确定，即"峰-峰"法。

第七节　声波透射法检测

——《建筑基桩检测技术规范》第 10 章

声波透射法适用于混凝土灌注桩的桩身完整性检测，判定桩身缺陷的位置、范围和程度。对于桩径小于 0.6m 的桩，不宜采用本方法进行桩身完整性检测。

基桩混凝土浇筑前，在桩内预埋若干根声测管（一般为钢管）作为声波发射和接受换能器的通道。通过实测声波在混凝土介质中传播的声时、频率和波幅衰减等声学参数的相对变化，对桩身完整性进行判定。

一、声测管埋设

声测管应沿钢筋笼内侧呈对称形状布置，其数量应符合下列规定：

桩径 $D \leqslant 0.8m$ 时	不得少于 2 根声测管
$0.8m <$ 桩径 $D \leqslant 1.6m$ 时	不得少于 3 根声测管
桩径 $D > 1.6m$ 时	不得少于 4 根声测管
桩径 $D > 2.5m$ 时	宜增加预埋声测管数量

二、检测数据分析与判定

（一）检测前的准备工作

1. 采用率定法确定仪器系统延迟时间 t_0。

2. 计算声测管及耦合水层声时修正值 t'。

3. 在桩顶测量各声测管外壁间净距离（l 或 l'）。

4. 将各声测管内注满清水，检查声测管畅通情况；换能器应能在声测管全程范围内正常升降。

（二）数据测定

任意检测剖面 j 上各声测线的声速（v_i）计算：

计算步骤	说明及计算公式
计算图例	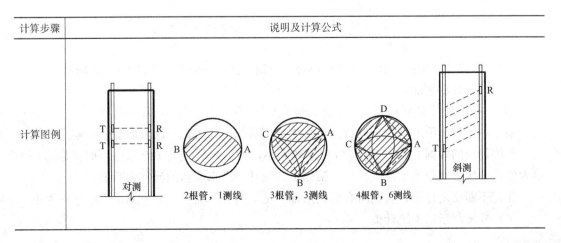

计算步骤	说明及计算公式
i 测线的声时修正值 t_{ci}	$$t_{ci}=t_i-t_0-t' \ (\mu s)$$ 式中：t'——声测管及耦合水层声时修正值：$t'=\dfrac{d_1-d_2}{v_t}+\dfrac{d_2-d'}{v_w} \ (\mu s)$； t_0——仪器系统延迟时间（μs）； i——声测线编号，应对每个检测剖面自上而下（或自下而上）连续编号； d_1——声测管外径（mm）； d_2——声测管内径（mm）； d'——换能器外径（mm）； v_t——声测管材料的声速（km/s）； v_w——管内水的声速（km/s）； t_i——i 测线的声时测量值（μs）
计算声速 v_i	$$v_i=\dfrac{l'_i}{t_{ci}} \ (km/s)$$ 式中：l'_i——i 测线的两声测管的外壁间的净距离（mm），当平测时，可取为两声测管管口的外壁净距离；当斜测时，取两声测管外壁的水平净距离与两换能器的高差计算而得

（三）声速 v_i 数据异常统计判定

受检桩身的第 j 个检测剖面上，各条测线的声速 v_i 按下列统计方法计算 j 检测剖面上的声速异常判断概率统计值 $v_0(j)$ 如下：

（1）将 j 检测剖面上的所有测线的声速 v_i 按照由大到小的顺序排列如下：

$$v_1(j)>v_2(j)>\cdots>v_i(j)>\cdots>v_n(j)$$

（2）按下列公式计算 j 检测剖面上的声速"异常大值判断值"和"异常小值判断值"如下：

算术平均值：$v_m(j)=\displaystyle\sum_{i=1}^{n}v_i(j)/n$

标准差：$s_x(j)=\sqrt{\dfrac{1}{n-k-k'-1}\cdot\displaystyle\sum_{i=1}^{n}\left[v_i(j)-v_m(j)\right]^2}$

变异系数：$C_v(j)=\dfrac{s_x(j)}{v_m(j)}$

$$\begin{cases}异常大值判断值：v_{大}(j)=v_m(j)+\lambda\cdot S_x(j)\\ 异常小值判断值：v_{小}(j)=v_m(j)-\lambda\cdot S_x(j)\end{cases}$$

式中：λ——系数，根据《建筑基桩检测技术规范》JGJ 106—2014 表 10.5.3 取值。

（3）统计数据剔除：

将 j 检测剖面上的所有测线的声速 $v_i(j)$ 与 $v_{小}(j)$ 比较大小，若不满足 $v_i(j)>v_{小}(j)$ 时，剔除一个最小值，将剩余的数据再次重复"第②步"统计一次求取新的异常判断值。

再将剩余的数据 $v_i(j)$ 与 $v_{大}(j)$ 比较大小，若不满足 $v_i(j)<v_{大}(j)$ 时，剔除一个最大值，再次将剩余数据继续重复"第②步"统计一次求取新的异常判断值。

如此不断反复计算，直到所有的数据都满足 $v_i(j)>v_{小}(j)$ 和 $v_i(j)<v_{大}(j)$ 为止。

（4）异常判断概率统计值 $v_0(j)$：

根据 j 检测剖面上最终剩余的声速数据按下列公式计算异常判断概率统计值 $v_0(j)$：

$$v_0(j) = \begin{cases} v_m(j) \cdot (1-0.015\lambda) & \text{当 } C_v(j) < 0.015 \text{ 时} \\ v_m(j) & \text{当 } 0.015 \leqslant C_v(j) \leqslant 0.045 \text{ 时} \\ v_m(j) \cdot (1-0.045\lambda) & \text{当 } C_v(j) > 0.045 \text{ 时} \end{cases}$$

（5）桩身各声测线的声速异常判断临界值 v_c：

对只有单个检测剖面的桩，其声速异常判断临界值就等于该检测剖面的声速判断概率统计值 $v_c = v_0(j)$；对具有三个及以上检测剖面的桩，其声速异常判断临界值取所有检测剖面的声速判断概率统计的平均值。

（6）桩身各测线声速异常判定：

$$v_i(j) \leqslant v_c \Rightarrow \text{测线声速异常}$$

（四）任意检测剖面 j 上各声测线的波幅（A_{pi}）计算及数据分析

1. 任意检测剖面 j 上各声测线的波幅（A_{pi}）计算

$$A_{pi} = 20 \cdot \lg \frac{a_i}{a_0} \quad \text{(dB)}$$

式中：a_i——i 测线的信号首波波幅值（V）；

a_0——零分贝信号波幅值（V）。

2. 任意检测剖面 j 上波幅异常判断临界值 $A_c(j)$

波幅异常判定的平均值：$A_m(j) = \frac{1}{n} \cdot \sum_{i=1}^{n} A_{pi}(j)$（dB）

波幅异常判定的临界值：$A_c(j) = A_m(j) - 6$（dB）

3. 任意检测剖面 j 上波幅异常判定

$$A_{pi}(j) < A_c(j) \Rightarrow \text{测线波幅异常}$$

【10-15】（2011C30）某灌注桩，桩径为 1.2m，桩长为 60m，采用声波透射法检测桩身完整性，两根钢制声测管中心间距为 0.9m，管外径为 50mm，壁厚为 2mm，声波探头外径为 28mm。水位以下某一截面平测实测声时为 0.206ms，则该截面处桩身混凝土的声速最接近（　　）。（注：声波探头位于测管中心；声波在钢材中的传播速度为 5420m/s，在水中的传播速度为 1480m/s；仪器系端延迟时间为 0s）

（A）4200m/s　　　（B）4400m/s　　　（C）4600m/s　　　（D）4800m/s

答案：B

解答过程：

根据《建筑基桩检测技术规范》JGJ 106—2014 第 10.4.1 条条文说明及第 10.5.2 条：

（1）声测管及耦合水层声时修正值：

$$t' = \frac{d_1 - d_2}{v_t} + \frac{d_2 - d'}{v_w} = \left(\frac{50-46}{5420} + \frac{46-28}{1480}\right) \times 1000 = 12.9 \mu s$$

（2）声波传播时间：

$$t_{ci} = t_i - t_0 - t' = 0.206 \times 10^3 - 0 - 12.9 = 193.1 \mu s$$

（3）该截面混凝土声速：

$$v_i = \frac{l'_i}{t_{ci}} = \frac{0.9 \times 1000 - 50}{193.1 \times 10^{-3}} = 4402 m/s$$

【小注岩土点评】

① 题干中没有明确参考规范，不过有声波透射法字样，广大考生应该联想到检测规范。

② 声测管及耦合水层声时修正值 t' 求解公式来源于条文说明，t_{ci} 及 v_i 公式来源于条文，查找规范时应前后对照。

③ 注意 d_2 的计算，应扣除 2 倍壁厚，即 $50-2\times2=46mm$。

【10-16】（模拟题）某工程灌注桩直径为 1.0m，采用三测管声波透射法检测桩身完整性，声测管按正三角形均匀布置于桩身。任意两根钢制声测管中心间距为 0.8m，声测管内充满水，管外径为 55mm，壁厚为 3mm，声波换能器外径为 30mm。采用平测法布置测线，声波发射和接受换能器始终自桩底向上同步提升（换能器始终保持位于声测管中心线移动），各检测剖面测线声速经数据剔除后，统计剩余 $n-k-k'$ 个数据，对应的统计数据见下表：

检测剖面编号	各检测剖面剩余数据个数 $n-k-k'$	$n-k-k'$ 个数据的平均值 $v_m(j)$	$n-k-k'$ 个数据的变异系数 $C_v(j)$
1号	60	4300m/s	0.013
2号	66	4350m/s	0.014
3号	68	4350m/s	0.050

注：桩身混凝土声速低限值 $v_L=3850m/s$，桩身混凝土试件的声速平均值 $v_P=4500m/s$。

其中 1 号剖面中的第 20 条测线的平测实测声时为 0.24ms，根据《建筑基桩检测技术规范》JGJ 106—2014 判断此测线的声速是否异常。（声波探头位于声测管中心；声波在钢材中的传播速度为 5400m/s，声波在水中的传播速度为 1500m/s，仪器系统延迟时间为 0μs）

(A) 异常　　　　　　　　　　　　(B) 正常

(C) 无法判断　　　　　　　　　　(D) 需重新进行数据分析后确定

答案：A

解答过程：

根据《建筑基桩检测技术规范》JGJ 106—2014 第 10.5 节：

(1) 平测时测线的声速计算如下：

$$t'=\frac{3\times2}{5.4}+\frac{(55-30-6)}{1.5}=13.8\mu s$$

$$t_{c50}(1)=240-0-13.8=226.2\mu s$$

$$l'_{20}(1)=0.8-0.055=0.745m$$

$$v_{20}(1)=\frac{0.745}{226.2\times10^{-6}}=3293.5m/s$$

(2) 桩身的声速异常判断临界值计算如下：

查规范表 10.5.3，得到剖面统计个数对应的 λ 值为：

$$\lambda_1=2.13，\lambda_2=2.17，\lambda_3=2.18$$

$$C_v(1)=0.013<0.015$$

$$v_0(1)=v_m(1)(1-0.015\lambda_1)=4300\times(1-0.015\times2.13)=4162.6m/s$$

$$C_v(2)=0.014<0.015$$

$$v_0(2)=v_m(2)(1-0.015\lambda_2)=4350\times(1-0.015\times2.17)=4208.4m/s$$

$$C_v(3)=0.050>0.045$$

$$v_0(3)=v_m(3)(1-0.045\lambda_3)=4350\times(1-0.045\times2.18)=3923.3m/s$$

判断：

$$v_L < v_0(1) < v_P$$
$$v_L < v_0(2) < v_P$$
$$v_L < v_0(3) < v_P$$

得到受检桩的声速异常判断临界值 $v_c = \dfrac{4162.6+4208.4+3923.3}{3} = 4098.1 \text{m/s}$

（3）测线声速是否异常判断如下：

$v_{20}(1) = 3293.5 \text{m/s} < v_c$，判断声速 $v_{20}(1)$ 异常。

【小注岩土点评】

① 采用声波透射法进行混凝土灌注桩的桩身完整性检测应重点理解其检测原理，规范中的各项公式看似复杂繁琐，其实理解了检测原理后就显得非常简单了，无外乎声波传递过程中的距离等于波速乘以时长。

② 声波透射法应特别注意声波传递距离及媒介。声测管中充满水，所以声波发出后穿过水，透过声测管壁（钢材），然后在混凝土中传播，达到另一个声测管时，先透过声测管壁（钢材），再在管中的水中传播，再回到接收换能器。涉及的时长分为三类，一类是系统延迟时间，做题时会给出，一类是声测管及耦合水层声时修正值，即波在水中及管壁中传播的时长，最后一类是混凝土中传播的时长，此时长才是我们最为关注的时长。

第八节 钻 芯 法

——《建筑基桩检测技术规范》第7章、《建筑地基检测技术规范》第11章

钻芯法适用于检测混凝土灌注桩的桩长、桩身混凝土强度、桩底沉渣厚度和桩身完整性，判别或者鉴定桩端持力层的岩土性状。该方法不受场地限制，特别适用于大直径混凝土灌注桩的成桩质量检测。

当采用本方法判定或鉴别桩端持力层岩土性状时，钻探深度应满足设计要求。

基桩桩身混凝土钻芯检测，应采用单动双管钻具钻取芯样，严禁使用单动单管钻具取芯样。

一、每根受检桩的钻芯孔数和钻孔位置

1. 桩径小于1.2m的桩的钻孔数量可为1~2个孔，桩径为1.2~1.6m的桩的钻孔数量宜为2个，桩径大于1.6m的桩的钻孔数量宜为3个。

2. 当钻芯孔为1个时，宜在距桩中心10~15cm的位置开孔；当钻芯孔为2个或2个以上时，开孔位置宜在距桩中心0.15~0.25D范围内均匀对称布置。

3. 对桩端持力层的钻探，每根受检桩不应小于1个孔。

4. 当选择钻芯法对桩身质量、桩底沉渣、桩端持力层进行验证检测时，受检桩的钻芯孔数可为1个。

二、芯样试件截取与加工

1. 当桩长小于10m时，每孔应截取2组芯样；当桩长为10~30m时，每孔应截取3组芯

样；当桩长大于 30m 时，每孔应截取芯样不少于 4 组；每组芯样应制作 3 个抗压试件。

2. 上部芯样位置距桩顶设计标高不宜大于 1 倍桩径或大于 2m，下部芯样位置距桩底不宜大于 1 倍桩径或超过 2m，中间芯样宜等间距截取。

3. 同一基桩的钻孔孔数大于 1 个，且某一孔在某深度存在缺陷时，应在其他孔的该深度处，截取 1 组芯样进行混凝土抗压强度试验。

三、芯样试件抗压强度试验

1. 在混凝土芯样试件抗压强度试验中，当发现试件内部混凝土粗骨料最大粒径大于 0.5 倍芯样试件平均直径，且强度值异常时，该试样的强度值不得参与统计平均。

混凝土芯样试件抗压强度应按下式计算：

$$f_{cor} = \frac{4P}{\pi d^2}$$

式中：f_{cor}——混凝土芯样试件抗压强度（MPa）；

P——芯样试件抗压试验测定的破坏荷载（N）；

d——芯样试件的平均直径（mm）。

2. 混凝土芯样试件抗压强度可根据本地区的强度折算系数进行修正。

四、检测数据分析

每根受检桩混凝土芯样试件抗压强度的确定应符合下列规定：

同一组芯样	取一组 3 块试件强度值的平均值
同一根桩同一深度	有两组或两组以上混凝土芯样试件抗压强度检测值时，取各组芯样强度检测值的平均值
同一根桩	取不同深度位置的混凝土芯样试件抗压强度检测值中的最小值

【小注】数据分析的前后顺序要正确。先是各组内部的检测值平均，再是同一深度的各组平均值的再平均，最后则是不同深度取最小值。

【10-17】（2008C30）某钻孔灌注桩，桩长 15m，采用钻芯法对桩身混凝土强度进行检测，共采取 3 组芯样，试件抗压强度（单位：MPa）分别为：第一组，45.4、44.9、46.1；第二组，42.8、43.1、41.8；第三组，40.9、41.2、42.8。则该桩身混凝土强度代表值最接近（   ）。

（A）41.6MPa　　　（B）42.6MPa　　　（C）43.2MPa　　　（D）45.5MPa

答案：A

解答过程：

根据《建筑基桩检测技术规范》JGJ 106—2014 第 7.6.1 条：

（1）第一组：

$$f_{cu1} = \frac{45.4 + 44.9 + 46.1}{3} = 45.47 \text{MPa}$$

第二组：

$$f_{cu2} = \frac{42.8 + 43.1 + 41.8}{3} = 42.57 \text{MPa}$$

第三组：

$$f_{cu3}=\frac{40.9+41.2+42.8}{3}=41.63MPa$$

（2）取小值为桩身混凝土强度代表值，为41.63MPa。

【10-18】（2022C25）某混凝土灌注桩采用钻芯法检测桩身混凝土强度，已知桩长9.5m，设钻芯孔2个，各钻取了2组芯样，芯样抗压试验结果见下表。若本地区混凝土芯样抗压强度折算系数为0.9，则折算后该桩的桩身混凝土抗压强度最接近下列哪个选项？

钻孔编号	试验编号	取样深度（m）	芯样试件抗压强度（MPa）
1	T1	1.6	40.5
			39.3
			39.6
	T2	8.2	40.3
			42.6
			41.8
2	T3	1.6	44.3
			45.0
			43.7
	T4	8.8	45.2
			44.7
			45.8

（A）37.4MPa　　　　（B）38.5MPa　　　　（C）41.6MPa　　　　（D）46.2MPa

答案：A

解答过程：

根据《建筑基桩检测技术规范》JGJ 106—2014：

（1）第7.5.4条，混凝土芯样试件抗压强度可根据本地区的强度折算系数进行修正。根据第7.6.1条第1款，分别计算每组试件强度的平均值。

$$T1编号：f_1=\frac{40.5\times0.9+39.3\times0.9+39.6\times0.9}{3}=35.8MPa$$

$$T2编号：f_2=\frac{40.3\times0.9+42.6\times0.9+41.8\times0.9}{3}=37.4MPa$$

$$T3编号：f_3=\frac{44.3\times0.9+45.0\times0.9+43.7\times0.9}{3}=39.9MPa$$

$$T4编号：f_4=\frac{45.2\times0.9+44.7\times0.9+45.8\times0.9}{3}=40.7MPa$$

（2）第7.6.1条第2款，同一受检桩同一深度部位有两组或两组以上混凝土芯样试件抗压强度检测值时，取其平均值作为该桩该深度处混凝土芯样试件抗压强度检测值。

$$f_{13}=\frac{35.8+39.9}{2}=37.9MPa$$

（3）第7.6.1条第3款，取同一受检桩不同深度位置的混凝土芯样试件抗压强度检测值中的最小值，作为该桩混凝土芯样试件抗压强度检测值。

$$f=\min(f_{13},f_2,f_4)=37.4MPa$$

【小注岩土点评】

本题采用《建筑基桩检测技术规范》JGJ 106—2014进行求解，需要用到第7.5.4条及第7.6.1条。

① 对于第7.6.1条的理解，应当是先对每一组试件求取平均值，即分别求取T1、T2、T3、T4的平均值；在此基础上对同一深度的两组试件再次求取平均值；最终则是将不同深度的平均值取小值，即按照条款1、2、3的顺序进行求解。此条文的理解相对简单，相信大部分考生都能做对。

② 对于第7.5.4条的理解则略有歧义，按照规范原文：混凝土芯样试件抗压强度可根据本地区的强度折算系数进行修正。那么是乘以折算系数还是除以折算系数呢？按照2003年版规范的公式，$f_{cu} = \xi \times \frac{4P}{\pi d^2}$，应当是直接乘以强度折算系数（一般取值为1.0），即在2014年版规范 $f_{cor} = \frac{4P}{\pi d^2}$ 的基础上直接相乘，$f_{cu} = \xi \times f_{cor}$。之所以会出现如此歧义，在于2003年版规范给出了一个特殊的强度折算系数表达方式1/0.88，乘以1/0.88，相当于除以0.88。回归真题，真题中直接给出了折算系数0.9，则按照2003年版规范的理解应当是直接乘以0.9进行折算，如果给出了1/0.9的表达方式，则应当是乘以1/0.9进行折算。2014年版规范对于此折算系数的描述偏少，按照通用做法，应是在数值的基础上直接乘以系数进行折算，例如因尺寸问题引起的混凝土强度换算系数，因此按照最原始最直接的公式进行计算相对稳妥。

③ 对于先进行数据统计再进行强度折算还是先进行强度折算再进行数据统计的理解，按照2003年版规范的公式理解，应当是强度折算系数是对芯样本身强度结果的修正；强度折算系数的引入是因为各地混凝土材料及配比、施工水平等原因引起芯样的强度与标准养护条件下的标准试件的立方体抗压强度不同，此不同针对的是试件差异而不是数据统计分析；2014年版规范第7.5.3条规定的是芯样强度计算公式，第7.5.4条是对第7.5.3条的递进说明，且第7.5.3条与第7.5.4条均同属于第7.5节芯样试件抗压强度试验，侧重于芯样本身，与第7.6节检测数据分析与评定相对独立。因此先进行芯样本身的强度折算，再进行数据统计分析较为稳妥。部分考生或培训机构为了计算方便或其他原因，采取了先进行数据统计再进行强度折算的做法，严格意义上是错误的。

第九节 桩身内力测试

——《建筑基桩检测技术规范》附录A

桩身内力测试是通过在桩身埋设测试传感器，并与桩的静载试验同步进行的桩身荷载传递性的测试，可解决如下问题：

（1）对竖向抗压静载试验桩，可得到桩侧各土层的分层抗压侧阻力和桩端支撑力。

（2）对竖向抗拔静载试验桩，可得到桩侧土的分层抗拔侧阻力。

（3）对水平静载试验桩，可得到桩身弯矩分布、最大弯矩位置等。

（4）对需要进行负摩阻力测试的试验桩，可得到桩侧各层土的负摩阻力及中性点位置。

根据桩身内力测试的目的、试验桩型及施工工艺选用不同类型的应变传感器（包括电阻应变式传感器、振弦式传感器、滑动测微计或光纤式应变传感器），测出桩身不同断面的应变值，进而根据桩身材料的弹性变形性质计算得出桩身不同断面处的桩身轴力。

一、计算原理

桩侧受力类型	桩侧有负摩阻力	桩侧全部为正摩阻力
计算简图	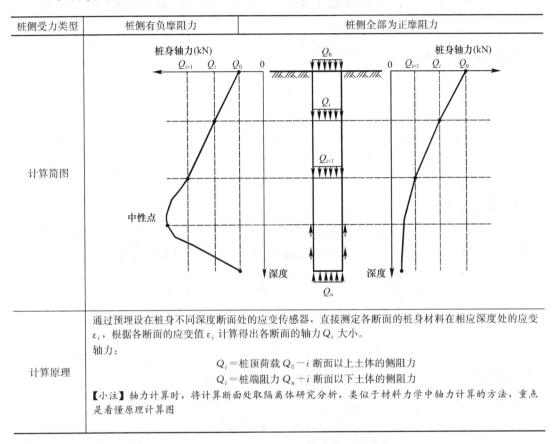	
计算原理	通过预埋设在桩身不同深度断面处的应变传感器，直接测定各断面的桩身材料在相应深度处的应变 ε_i，根据各断面的应变值 ε_i 计算得出各断面的轴力 Q_i 大小。 轴力： $\qquad Q_i =$ 桩顶荷载 $Q_0 - i$ 断面以上土体的侧阻力 $\qquad Q_i =$ 桩端阻力 $Q_n + i$ 断面以下土体的侧阻力 【小注】轴力计算时，将计算断面处取隔离体研究分析，类似于材料力学中轴力计算的方法，重点是看懂原理计算图	

二、桩身内力计算

步骤	计算内容		
（1）各断面测点的应变值（ε_i）	电阻应变式传感器	半桥测量	$\varepsilon_i = \varepsilon_i' \cdot \left(1 + \dfrac{r}{R}\right)$
		全桥测量	$\varepsilon_i = \varepsilon_i' \cdot \left(1 + \dfrac{2r}{R}\right)$ 式中：ε_i——桩身第 i 断面处修正后的桩身混凝土应变值； $\qquad \varepsilon_i'$——桩身第 i 断面处实测桩身混凝土应变值； $\qquad r$——导线电阻（Ω）； $\qquad R$——应变计电阻（Ω）
	振弦式钢筋计		根据率定系数将断面处钢筋计实测频率换算成断面处钢筋应力值 σ_{si}，再由钢筋应力值算得该断面处钢筋应变值 ε_{si} 如下： $$\varepsilon_{si} = \frac{\sigma_{si}}{E_s}$$ 式中：ε_{si}——桩身第 i 断面处的钢筋应变值； $\qquad \sigma_{si}$——桩身第 i 断面处的钢筋应力值（kPa）； $\qquad E_s$——钢筋弹性模量（kPa）

续表

步骤		计算内容
(1) 各断面测点的应变值 (ε_i)	滑动测微计	采用滑动测微计测量时，按下列公式计算桩身第 i 断面处混凝土应变值如下：$$\varepsilon_i = e - e_0$$ $$e = K\left(e' - z_0\right)$$ 式中：e——仪器读数修正值；e'——仪器读数；z_0——仪器零点；K——仪器率定系数；ε_i——桩身第 i 断面处修正后的桩身混凝土应变值；e_0——初始测试仪器读数修正值
(2) 各断面处的桩身轴力值 (Q_i)		根据桩身同一断面有效测点的应变值，求出应变平均值 $\bar{\varepsilon}_{ci}$，按下式计算该断面处的桩身轴力 Q_i 如下：$$Q_i = \bar{\varepsilon}_{ci} \cdot E_c \cdot A_i$$ 式中：Q_i——桩身第 i 断面处的桩身轴力（kN）；$\bar{\varepsilon}_{ci}$——桩身第 i 断面处混凝土的应变平均值；E_c——桩身第 i 断面处混凝土的弹性模量（kPa）；A_i——桩身第 i 断面处桩身的截面面积（m²）（当为空心桩时，取有效截面面积）
(3) 桩侧土的分层侧阻力和桩端阻力 (q_{si}、q_p)		根据各断面处的桩身轴力值 Q_i，按下式分别计算桩侧土分层侧阻力和桩端阻力如下：各层的侧阻力：$$q_{si} = \frac{Q_i - Q_{i+1}}{u \cdot l_i}$$ 桩端阻力：$$q_p = \frac{Q_n}{A_p}$$ 式中：q_{si}——桩侧第 i 断面与第 $i+1$ 断面间的土层侧阻力（kPa）；q_p——桩的端阻力（kPa）；i——桩身检测断面编号，由桩顶至下编号；u——桩身周长（m）；l_i——桩侧第 i 断面与第 $i+1$ 断面间的桩长（m）；Q_n——桩端轴力（kN）；A_p——桩端截面面积（m²），空心桩取有效面积

【10-19】（2007C30）某自重湿陷性黄土场地混凝土灌注桩径为 800mm，桩长为 34m，通过浸水载荷试验和应力测试得到桩身轴力在极限荷载下（2800kN）的数据及曲线如下图表所示，此时桩侧平均负摩阻力值最接近（　　）。

深度（m）	2	4	6	8	10	12	14	16	18	22	26	30	34
桩身轴力（kN）	2900	3000	3110	3160	3200	3265	3270	2900	2150	1220	670	140	70

(A) -10.52kPa　　(B) -12.14kPa　　(C) -13.36kPa　　(D) -14.38kPa

答案：C

解答过程：

根据《建筑基桩检测技术规范》JGJ 106—2014 附录 A：

(1) 桩身轴力由小变大段为自重湿陷性黄土分布范围，为 0～14m，即为负摩阻力作用范围。

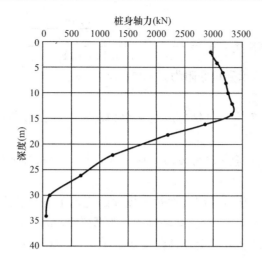

（2）平均负摩阻力：

$$q_{si} = \frac{Q_i - Q_{i+1}}{u \cdot l_i} = \frac{2800 - 3270}{3.14 \times 0.8 \times 14} = -13.36 \text{kPa}$$

【小注岩土点评】

① 题干中没有明确参考规范，不过此题考查的是关于负摩阻力值的概念，即使不用规范，依据负摩阻力值的作用原理也能作答。《建筑基桩检测技术规范》JGJ 106 新旧规范关于此考点的内容保持一致。

② 特别需要注意的是，负摩阻力计算值为负值，因此应该是 2800－3270，若是 3270－2800，则理解有误。

【10-20】（2013C30）某工程采用钻孔灌注桩基础，桩径为 800mm，桩长为 40m，桩身混凝土强度等级为 C30。钢筋笼上埋设钢弦式应力计量测桩身内力。已知地层深度 3～14m 范围内为淤泥质黏土。建筑物结构封顶后进行大面积堆土造景，测得深度 3m、14m 处钢筋应力分别为 30000kPa 和 37500kPa，则此时淤泥质黏土层平均侧摩阻力最接近（　）。（钢筋弹性模量 $E_1 = 2.0 \times 10^5 \text{N/mm}^2$，桩身材料弹性模量 $E_2 = 3.0 \times 10^4 \text{N/mm}^2$）

（A）25.0kPa　　　（B）20.5kPa　　　（C）－20.5kPa　　　（D）－25.0kPa

答案：C

解答过程：

（1）根据《建筑基桩检测技术规范》JGJ 106—2014 附录 A：

根据公式（A.0.13-8）得到钢筋应变值：

3m 处钢筋应变值：$\varepsilon_{s1} = \dfrac{\sigma_{s1}}{E_1} = \dfrac{30000}{2.0 \times 10^8} = 1.5 \times 10^{-4}$

14m 处钢筋应变值：$\varepsilon_{s2} = \dfrac{\sigma_{s2}}{E_1} = \dfrac{37500}{2.0 \times 10^8} = 1.875 \times 10^{-4}$

（2）桩身应力（桩身混凝土应变等于钢筋应变）：

3m 处桩身应力值：$\sigma_1 = E_2 \varepsilon_{c1} = 3.0 \times 10^7 \times 1.5 \times 10^{-4} = 4500 \text{kPa}$

14m 处桩身应力值：$\sigma_2 = E_2 \varepsilon_{c2} = 3.0 \times 10^7 \times 1.875 \times 10^{-4} = 5625 \text{kPa}$

（3）根据公式（A.0.13-5）及公式（A.0.13-6）结合转化：$q_{si} = \dfrac{Q_i - Q_{i+1}}{u \cdot l_i} = \dfrac{(\sigma_1 - \sigma_2) \cdot A}{u \cdot l_i}$

$3\sim14m$ 处平均侧摩阻力：$q_{si}=\dfrac{(4500-5625)\times\dfrac{3.14\times0.8^2}{4}}{11\times3.14\times0.8}=-20.5kPa$

数值为负，代表桩侧承受负摩阻力。

【小注岩土点评】

① 本题存在一隐含条件，即钢筋混凝土中钢筋与混凝土协同变形，即钢筋应变等于混凝土应变。

② 本题解答过程中应考虑作用力的方向问题，最终结果为负值，代表桩侧摩阻力为负摩阻力。

【10-21】（2019D25）某自重湿陷性黄土场地的建筑工程，灌注桩桩径为1.0m，桩长为37m，柱顶出露地面1.0m，自重湿陷性土层厚度为18m。从地面处开始每2m设置一个桩身应变量测断面，将电阻应变计粘贴在主筋上。3000kN荷载作用下，进行单桩竖向载荷试验，实测应变值如下表所示，则此时该桩在桩顶下 $9\sim11m$ 处的桩侧平均摩阻力值最接近下列哪个选项？（假定桩身变形均为弹性变形，桩身直径、弹性模量为定值）

从桩顶起算深度（m）	1	3	5	7	9	11	13
应变 ε（$\times10^{-5}$）	12.439	12.691	13.01	13.504	13.751	14.273	14.631
从桩顶起算深度（m）	17	21	25	29	33	37	
应变 ε（$\times10^{-5}$）	14.089	11.495	9.504	6.312	3.112	0.966	

(A) 15kPa (B) 20kPa (C) $-15kPa$ (D) $-20kPa$

答案：D

解答过程：

根据《建筑基桩检测技术规范》JGJ 106—2014 附录第 A.0.13 条：

(1) $\varepsilon=\dfrac{Q}{EA}\Rightarrow EA=\dfrac{Q}{\varepsilon_1}=\dfrac{3000}{12.439\times10^{-5}}$

$\Delta Q=\Delta\sigma\cdot A=E(\varepsilon_9-\varepsilon_{11})\cdot A=EA(\varepsilon_9-\varepsilon_{11})=\dfrac{3000}{12.439}\times(13.751-14.273)=-125.89kN$

(2) $q_{sik}=\dfrac{\Delta Q}{\pi d\Delta L}=\dfrac{-125.89}{\pi\times1\times(11-9)}=-20.05kPa$

第四十九章　地基处理后承载力检测

第一节　处理后地基、复合地基静载荷试验

一、处理后地基静载荷试验

——《建筑地基处理技术规范》附录 A

适用范围	换填垫层、预压地基、压实地基、夯实地基和注浆加固等处理后地基承压板应力主要影响范围内土层的承载力和变形参数
承压板面积	承压板可采用圆形或者方形，面积应按需检验土层的厚度确定，且不应小于 $1.0m^2$，对夯实地基，不宜小于 $2.0m^2$
加载量	最大加载量不应小于设计要求承载力特征值的 2 倍
终止条件	当出现下列情况之一时，即可终止加载： （1）沉降 s 急剧增大，荷载-沉降（p-s）曲线有可判定极限承载力的陡降段； （2）在某一级荷载下，24h 内沉降速度不能达到稳定标准； （3）承压板周围土体出现明显侧向挤出； （4）承压板累计沉降量已大于其宽度或者直径的 6%。 当满足前三种情况之一时，其对应的前一级荷载为极限荷载
处理后地基承载力特征值 f_{ak}	处理后的地基承载力特征值确定应符合下列规定： （1）当 p-s 曲线上存在比例界限时，取该比例界限所对应的荷载值； （2）当极限荷载 p_u 小于对应比例界限荷载 p_{cr} 的 2 倍时，取极限荷载的一半； $$f_{ak}=\min(p_{cr}, p_u/2)$$ （3）如果不能根据上述两款要求确定时，可取 $s/b=0.01$ 对应的荷载，但其值不得大于最大加载量的一半。 【小注】承压板的宽度或直径大于 2m 时，按 2m 计算
数据分析与统计	（1）同一土层参加统计的试验点不应少于 3 点，各试验实测值的极差不超过其平均值的 30% 时，应取该平均值作为处理地基的承载力特征值。 （2）当极差超过平均值的 30% 时，应分析极差过大的原因，需要时应增加试验数量并结合工程具体情况确定处理后地基的承载力特征值

二、复合地基静载荷试验

——《建筑地基处理技术规范》附录 B

适用范围	单桩复合地基静载荷试验和多桩复合地基
承压板面积	承压板可用圆形或方形。 单桩复合地基：承压板面积为一根桩承担的处理面积 多桩复合地基：承压板面积由实际桩数所承担的处理面积确定
加载量	最大加载压力不应小于设计要求承载力特征值的 2 倍
终止条件	当出现下列情况之一时，即可终止加载： （1）沉降急剧增大，土被挤出或承压板周围出现明显的隆起； （2）承压板的累计沉降量已大于其宽度或直径的 6%； （3）当达不到极限荷载，而最大加载压力已大于设计要求压力值的 2 倍

复合地基承载力特征值 f_{ak}	处理后的复合地基承载力特征值确定应符合下列规定： 1. 压力-沉降（p-s）曲线上极限荷载能确定的情况 （1）当压力-沉降曲线上极限荷载能确定，而其值不小于对应比例界限荷载的 2 倍时，可取比例界限荷载。 （2）当其值小于对应比例界限荷载的 2 倍时，可取极限荷载的一半。 2. 当压力-沉降（p-s）曲线是平缓的光滑曲线的情况 可按相对变形值确定，并应符合下列规定：		

桩型		s/b 或 s/d
①沉管砂石桩、振冲碎石桩和柱锤冲扩桩		0.01
②灰土挤密桩和土挤密桩		0.008
③水泥粉煤灰碎石桩或夯实水泥土桩	地基以卵石、圆砾、密实粗中砂为主	0.008
	地基以黏性土、粉土为主	0.01
④水泥土搅拌桩或旋喷桩		0.006～0.008（桩身强度大于 1.0MPa 且桩身质量均匀时可取高值）

【小注】①承压板的宽度或直径大于 2m 时，按 2m 计算；
②按相对变形值确定的地基承载力特征值不得大于最大加载压力的一半

数据分析与统计	（1）同一土层参加统计的试验点不应少于 3 点，各试验实测值的极差不超过其平均值的 30% 时，应取该平均值作为处理地基的承载力特征值。 （2）当极差超过平均值的 30% 时，应分析极差过大的原因，需要时应增加试验数量并结合工程具体情况确定处理后地基的承载力特征值。 （3）对应复合地基，当工程验收时，应视建筑物结构、基础形式综合评价，对于桩数少于 5 根的独立基础或桩数少于 3 排的条形基础，复合地基承载力特征值应取最低值

【10-22】（2004C05）水泥土搅拌桩复合地基，桩径为 500mm，矩形布桩，桩间距 $s_{ax} \times s_{ay} = 1200\text{mm} \times 1600\text{mm}$，做单桩复合地基静载荷试验，承压板应选用哪项？

（A）直径 $d = 1200\text{mm}$ 的圆形承压板

（B）1390mm×1390mm 的方形承压板

（C）1200mm×1200mm 的方形承压板

（D）直径为 1390mm 的圆形承压板

答案：B

解答过程：

根据《建筑地基处理技术规范》JGJ 79—2012 附录 B：

（1）承压板面积为一根桩承担的处理面积：

$$A_e = \frac{\pi d_e^2}{4} = \frac{3.14 \times (1.13 \times \sqrt{1.2 \times 1.6})^2}{4} = 1.92\text{m}^2$$

（2）A 选项承压板面积：$A = \frac{\pi d^2}{4} = \frac{3.14 \times 1.2^2}{4} = 1.13\text{m}^2$

B 选项承压板面积：$A = 1.39 \times 1.39 = 1.93\text{m}^2$

C 选项承压板面积：$A = 1.2 \times 1.2 = 1.44\text{m}^2$

D 选项承压板面积：$A = \frac{\pi d^2}{4} = \frac{3.14 \times 1.39^2}{4} = 1.52\text{m}^2$

【10-23】（2010C14）为确定水泥土搅拌桩复合地基承载力，进行多桩复合地基静载荷试验，桩径为500mm，正三角形布置，桩中心距为1.20m，则进行三桩复合地基静载荷试验的圆形承压板直径应取（　　　）。

（A）2.00m　　　　　（B）2.20m　　　　　（C）2.40m　　　　　（D）2.65m

答案：B

解答过程：

根据《建筑地基处理技术规范》JGJ 79—2012附录第 B.0.2 条：

（1）三桩处理面积

$$3A_e = 3 \times \frac{3.14 \times d_e^2}{4} = 3 \times \frac{3.14 \times (1.05 \times 1.2)^2}{4} = 3.738 \text{m}^2$$

（2）承压板面积为三桩处理面积

$$3A_e = \frac{3.14 d^2}{4} = 3.738 \Rightarrow d = 2.18 \text{m}$$

【小注岩土点评】

① 本题考查复合地基静载荷试验，主要用于测定承压板下应力主要影响范围内复合土层的承载力。

② 复合地基静载荷试验，承压板可以用方形和圆形；单桩静载荷试验，其承压板面积为一根桩承担的处理面积；多桩复合地基按照实际桩数所承担的处理面积确定。

【10-24】（2014C30）某工程采用 CFG 桩复合地基，设计选用 CFG 桩桩径为 500mm，按等边三角形布桩，面积置换率为 6.25%，设计要求复合地基承载力特征值 $f_{spk}=$ 300kPa，问单桩复合地基荷载试验最大加载压力不应小于（　　　）。

（A）2261kN　　　　（B）1884kN　　　　（C）1131kN　　　　（D）942kN

答案：B

解答过程：

（1）根据《建筑地基处理技术规范》JGJ 79—2012附录第 B.0.2 条：

$$R_a = \frac{f_{spk} \cdot A_p}{m} = \frac{300 \times \frac{3.14 \times 0.5^2}{4}}{0.0625} = 942 \text{kN}$$

（2）根据第 B.0.6 条：最大加载压力$\geqslant 2R_a = 2 \times 942 = 1884 \text{kN}$

【小注岩土点评】

① 本题的关键在于理解单桩复合地基静载荷试验的承压板面积为一根桩承担的处理面积，转化为公式 $f_{spk} = \frac{mR_a}{A_p}$。

② 根据《建筑地基检测技术规范》JGJ 340—2015 中第 5 章复合地基载荷试验同样可得以上解答。

【10-25】（2017D14）在某建筑地基上，对天然地基、复合地基进行静载荷试验，试验得出的天然地基承载力特征值为150kPa，复合地基的承载力特征值为400kPa，单桩复合地基试验承压板为边长 1.50m 的正方形，刚性桩直径为 0.4m，试验加载至 400kPa 时测得的刚性桩桩顶处轴力为550kN，求桩间土承载力发挥系数最接近下列何值？

（A）0.8　　　　　（B）0.95　　　　　（C）1.1　　　　　（D）1.25

答案：C

解答过程：

（1）根据《建筑地基处理技术规范》JGJ 79—2012 第 7.1.5 条：

$$m = \frac{A_p}{A} = \frac{\frac{\pi}{4} \times 0.4^2}{1.5^2} = 0.05585$$

刚性桩：$\lambda = 1.0$

（2）根据规范公式（7.1.5-2）：$f_{spk} = \lambda m \frac{R_a}{A_p} + \beta(1-m) f_{sk} \Rightarrow$

$$\beta = \frac{f_{spk} - \lambda m \frac{R_a}{A_p}}{(1-m) f_{sk}} = \frac{400 - 1.0 \times 0.05585 \times \frac{550}{3.14 \times 0.2^2}}{(1-0.05585) \times 150} = 1.1$$

【小注岩土点评】

① 对于单桩承载力发挥系数 λ，根据规范可按地区经验取值，第 7.1.5 条条文说明给出了一些参考数值，一般案例考试中会给出具体数值，而对于刚性桩，系数可默认为 1.0。

② 对于求取 β 的转化公式可直接标记在规范旁边，考场中可直接引用转化公式节省时间。

【10-26】（2020D25）某建筑工程，地基土为黏性土，其地基承载力特征值 $f_{ak} = 110$kPa，拟采用 CFG 桩复合地基提高地基强度，桩间距取 1.4m，按正三角形布桩，设计要求复合地基承载力特征值为 260kPa。为了给设计提供依据，采用双支墩压重平台进行单桩复合地基载荷试验，支墩置于原地基土上，根据《建筑地基检测技术规范》JGJ 340—2015，试确定单个支墩底面积最小值接近下列哪个选项？（假设支墩及反力装置刚度均满足要求）

（A）2.7m²　　　（B）3.3m²　　　（C）4.1m²　　　（D）5.4m²

答案：B

解答过程：

根据《建筑地基检测技术规范》JGJ 340—2015：

（1）第 5.2.1 条，承压板面积：$A_e = 2 \times \frac{1}{2} \times 1.4 \times \frac{0.7}{\tan 30°} = 1.7$m²

（2）第 5.1.3 条，最大加载量：$Q = 2 \times 260 \times 1.7 = 884$kN

（3）第 4.2.6 条第 1 款，反力最大值：$P = 1.2 \times 884 = 1060.8$kN

（4）第 4.2.6 条第 4 款，$\frac{P}{A} = \frac{1060.8}{A} \leq 1.5 f_{ak} = 1.5 \times 110 = 165$kPa

$$A = 6.43\text{m}^2$$

单个支墩底面积：$\frac{6.43}{2} = 3.215$m²

【10-27】（2021D25）某建筑物地基土以黏性土、粉土为主，采用独立基础，各基础下布置 4 根水泥粉煤灰碎石桩。验收检测阶段现场进行了 3 组单桩复合地基静载荷试验，方形承压板面积为 5m²，试验结果见下表。试根据《建筑地基处理技术规范》JGJ 79—2012 确定该复合地基的承载力特征值最接近下列哪个选项？

压力 P（kPa）	沉降量 s（mm）		
	T_1	T_2	T_3
100	6.02	4.01	7.52
150	9.54	7.22	10.50
200	13.44	10.80	14.22
250	17.82	14.42	18.60
300	22.68	18.92	23.60
350	28.02	23.70	29.32
400	33.90	29.02	35.60
450	40.35	34.90	42.54
500	47.33	41.40	50.02
550	55.06	48.50	58.02
600	63.51	56.24	67.22

（A）300kPa　　　（B）290kPa　　　（C）278kPa　　　（D）264kPa

答案：D

解答过程：

根据《建筑地基处理技术规范》JGJ 79—2012 第 B.0.10 条、第 B.0.11 条：

（1）复合地基承载力特征值计算：

方形承压板边长 $b=\sqrt{A}=\sqrt{5}=2.236\mathrm{m}>2\mathrm{m}$，取 $b=2.0\mathrm{m}$

根据题干试验数据，判断其 p-s 曲线为缓变形，无比例界限。

场地土以黏性土、粉土为主，故可取相对变形为 $s/b=0.01$ 所对应的压力，即 $s=0.01\times2000=20\mathrm{mm}$ 时的压力。

各试验承载力计算如下：

$$p_1=250+\frac{300-250}{22.68-17.82}\times(20-17.82)=272.4\mathrm{kPa}<\frac{600}{2}=300\mathrm{kPa}$$

$$p_2=300+\frac{350-300}{23.70-18.92}\times(20-18.92)=311.3\mathrm{kPa}>\frac{600}{2}=300\mathrm{kPa},取\ 300\ \mathrm{kPa}$$

$$p_3=250+\frac{300-250}{23.60-18.60}\times(20-18.60)=264\mathrm{kPa}<\frac{600}{2}=300\mathrm{kPa}$$

（2）该基础为桩数为 4 根的独立基础，故复合地基承载力取最低值，即 $p=264\mathrm{kPa}$。

【小注岩土点评】

① 本题考查复合地基载荷试验，按规范附录 B 的规定计算即可。

② 需要注意的是，当按照相对变形量确定复合地基承载力特征值时，承压板边长或者直径大于 2.0m 时，取 2.0m。

③ 对于桩数少于 5 根的独立基础或桩数少于 3 排的条形基础，复合地基承载力特征值应取最低值。

第二节　复合地基增强体单桩静载荷试验

——《建筑地基处理技术规范》附录 C

适用范围	复合地基中的增强体
反力装置	试验提供的反力装置可采用锚桩法或堆载法，须符合下列规定： (1) 当采用堆载法时，堆载支点施加于地基的压应力不宜超过地基承载力特征值。 (2) 堆载的支墩位置以不对试桩和基准桩的测试产生较大影响确定，无法避开时应采取有效措施。 (3) 堆载量大时，可利用工程桩作为堆载支点。 (4) 试验反力装置的承重能力应满足试验加载要求
终止条件	当出现下列情况之一时，即可终止加载。 (1) 当荷载-沉降（Q-s）曲线上有可判定极限承载力的陡降段，且桩顶总沉降量超过 40mm。 (2) $\dfrac{(\Delta s_{n+1})}{\Delta s_n} \geqslant 2$，且经 24h 沉降尚未稳定。 (3) 桩身破坏，桩顶变型急剧增大。 (4) 当桩长超过 25m，Q-s 曲线呈缓变型时，桩顶总沉降量大于 60～80mm。 (5) 验收检验时，最大加载量不应小于设计单桩承载力特征值的 2 倍。 【小注】Δs_n——第 n 级荷载的沉降增量；Δs_{n+1}——第 $n+1$ 级荷载的沉降增量
单桩竖向抗压极限承载力 Q_{uk}	单桩竖向抗压极限承载力 Q_{uk} 确定应符合下列规定： (1) 做荷载-沉降曲线（Q-s）和其他辅助分析所需的曲线。 (2) 曲线陡降段明显时，取相应于陡降段起点的荷载值。 (3) 当出现 $\dfrac{(\Delta s_{n+1})}{\Delta s_n} \geqslant 2$，且经 24h 沉降尚未稳定时，取前一级荷载值。 (4) Q-s 曲线呈缓变型时，取桩顶总沉降量 $s=40$mm 所对应的荷载值
数据分析与统计	(1) 同一土层参加统计的试验点不应少于 3 点，各试验实测值的极差不超过其平均值的 30% 时，应取该平均值作为处理地基的单桩极限承载力。 (2) 当极差超过平均值的 30% 时，应分析极差过大的原因，需要时应增加试验数量并结合工程具体情况确定处理后地基的承载力特征值。 (3) 对应复合地基，当工程验收时，应视建筑物结构、基础形式综合评价，对于桩数少于 5 根的独立基础或桩数少于 3 排的条形基础，复合地基承载力特征值应取最低值
单桩竖向抗压承载力特征值 R_a	将单桩竖向抗压极限承载力除以安全系数 2，为单桩竖向抗压承载力特征值。 $$R_a = \frac{Q_{uk}}{2}$$

【10-28】（模拟题）某工程拟采用水泥土搅拌桩进行地基处理，设计桩径为 800mm，桩长为 12m，正方形布桩，桩间距为 1.2m。要求处理后的复合地基承载力特征值达到 360kPa。施工完成后，采用堆载方式进行复合地基增强体单桩静载荷试验以验证其承载力，堆载支墩置于复合地基上。参照《建筑地基处理技术规范》JGJ 79—2012，问堆载的支墩总面积应该取下列何项数值？（单桩承载力发挥系数取 1.0，桩间土承载力发挥系数取 0.9，处理前表层土地基承载力 $f_{ak}=110$kPa）

(A) 1.6m² 　　　(B) 3.1m² 　　　(C) 2.2m² 　　　(D) 1.05m²

答案：A

解答过程：

根据《建筑地基处理技术规范》JGJ 79—2012 第 7.1.5 条、附录 C：

（1）单桩承载力特征值计算

$$f_{spk} = \lambda m \frac{R_a}{A_p} + \beta (1-m) f_{sk} = 360 \text{kPa}$$

其中：

$$m = \left(\frac{d}{d_e}\right)^2 = \left(\frac{800}{1.13 \times 1200}\right)^2 = 0.348$$

$$\Rightarrow m = \frac{f_{spk} - \beta f_{sk}}{\lambda \dfrac{R_a}{A_p} - \beta f_{sk}} = \frac{360 - 0.9 \times 110}{1.0 \times \dfrac{R_a}{\dfrac{3.14}{4} \times 0.8^2} - 0.9 \times 110} = 0.348$$

计算得：$R_a = 426.5 \text{kN}$

（2）单侧支墩面积计算

加载反力装置提供的反力最小为：$F = 2 \times 426.5 = 853 \text{kN}$

支墩的总面积为：

$$A_p = \frac{853}{1.5 \times 360} = 1.58 \text{m}^2$$

【小注岩土点评】

《建筑地基处理技术规范》JGJ 79—2012 附录第 C.0.3 条第 1 款，堆载支点施加于地基的压应力不宜超过地基承载力特征值。《建筑地基基础设计规范》GB 50007—2011 附录 Q 中的单桩竖向静载试验第 Q.0.2 条第 1 款堆载加于地基的压应力不宜超过地基承载力特征值。《建筑基桩检测技术规范》JGJ 106—2014 第 4 章单桩竖向抗压静载试验第 4.2.2 条第 1 款，压重施加于地基的压应力不宜大于地基承载力特征值的 1.5 倍。因此针对此类试验，应明确参考规范及对应的明确条款。

第五十章　边坡锚杆抗拔试验

——《建筑边坡工程技术规范》附录 C

第一节　基本试验

边坡锚杆试验包括锚杆的基本试验、验收试验，同时锚杆试验应在锚杆锚固体强度达到设计强度的 90% 后方可进行试验。

试验荷载	基本试验时最大的试验荷载（Q）不应超过杆体标准值的 0.85 倍，普通钢筋不应超过其屈服值的 0.90 倍
试验目的	基本试验主要目的是确定锚固体与岩土层间粘结强度极限标准、锚杆设计参数和施工工艺。试验锚杆的锚固段长度和锚杆根数应符合下列规定： (1) 当进行锚固体与岩土层间粘结强度极限标准值的试验时，为使锚固体与地层间首先破坏，当锚固段长度取设计锚固长度时应增加锚杆钢筋用量，或设计锚杆时应减短锚固长度，试验锚杆的锚固长度对硬质岩取设计锚固长度的 0.40 倍，对软质岩取设计锚固长度的 0.60 倍。 (2) 当进行锚固段变形参数和应力分布的试验时，锚固段长度应取设计锚固长度。 (3) 每种试验锚杆数量均不应少于 3 根
加载方式	循环加、卸荷法
终止条件	当锚杆试验中出现下列情况之一时，可视为破坏，即可终止加载。 (1) 锚头位移不收敛，锚固体从岩土层中拔出或锚杆从锚固体中拔出。 (2) 锚头总位移量超过设计允许值。 (3) 土层锚杆试验中后一级荷载下锚头位移增量，超过上一级荷载下位移增量的 2 倍。
锚杆极限承载力标准值 N_{ak}	(1) 锚杆极限承载力标准值 N_{ak} 取破坏荷载前一级的荷载值。 (2) 在最大试验荷载作用下未达到上述的破坏终止标准，锚杆极限承载力标准值 N_k 取最大荷载值
试验数据分析与统计	(1) 当锚杆试验数量为 3 根，各根极限承载力标准值的最大差值小于其平均值的 30% 时，取最小值作为锚杆极限承载力标准值。 (2) 极差超过平均值的 30% 时，应增加试验数量，按 95% 的保证概率计算锚杆极限承载力标准值
拉力型锚杆实测弹性变形要求	拉力型锚杆弹性变形在最大试验荷载 Q 作用下，所测得的弹性位移量 $\Delta l_{测}$ 应超过该荷载下杆体自由段 l_f 理论弹性伸长值的 80%，且小于杆体自由段长度 l_f 与 1/2 锚固段之和的理论弹性伸长值。 锚杆杆体理论变形量由自由段和锚固段的杆体变形量组成，按下式计算： $$\Delta l = \frac{Q\ (l_f + 0.5l_b)}{EA}$$ 式中：Δl——锚杆杆体理论变形量（mm）； 　　　l_f、l_b——分别为锚杆的自由段长度和锚固段长度（m）； 　　　E——锚杆杆体材料的弹性模量（MPa）； 　　　A——锚杆杆体材料截面面积（m²）

第二节　验 收 试 验

锚杆验收试验的目的是检验施工质量是否达到设计要求。

验收试验锚杆的数量取每种类型锚杆总数的 5%，自由段位于Ⅰ、Ⅱ、Ⅲ类岩石内时取总数的 1.5%，且均不得少于 5 根。

验收试验荷载对永久性锚杆为锚杆轴向拉力标准值 N_{ak} 的 1.50 倍；对临时锚杆为 1.20 倍。

符合下列条件时，试验的锚杆应评定为合格：

(1) 加载到试验荷载最大值后变形稳定；

(2) 符合本规范附录第 C.2.8 条的规定。

当验收锚杆不合格时，应按锚杆总数的 30% 重新抽检；重新抽检有锚杆不合格时，应全数进行检验。

【10-29】（2020C25）某建筑土质边坡采用锚杆进行支护，对锚杆进行了一组三根多循环加卸荷试验，各锚杆最后一个循环加载过程试验结果见下表，试根据《建筑边坡工程技术规范》GB 50330—2013 确定该工程锚杆的极限承载力标准值，最接近下列哪个选项？

序号	试验荷载	锚头位移（mm）		
		第一根	第二根	第三根
1	0	0.00	0.00	0.00
2	40	9.88	10.40	11.28
3	120	26.27	22.06	21.25
4	200	47.50	38.22	30.94
5	280	62.97	62.18	49.26
6	360	82.16	88.12	67.37
7	400	92.06	174.50	82.11

(A) 280kN　　　(B) 360kN　　　(C) 387kN　　　(D) 400kN

答案：B

解答过程：

根据《建筑边坡工程技术规范》GB 50030—2013 附录第 C.2.5 条：

(1) 第一根、第三根锚杆均取极限承载力为 400kN，第二根锚索在 400kN 时发生破坏，极限承载力取 360kN。

(2) 极差：$400-360=40kN<0.3\times\dfrac{400+400+360}{3}=116kN\Rightarrow N_k=360kN$

【小注岩土点评】

① 第 C.2.5 条，土层锚杆试验中后一级荷载产生的锚头位移增量，超过上一级荷载位移增量的 2 倍时可视为破坏；锚杆极限承载力标准值取破坏荷载前一级的荷载值；在最大试验荷载作用下未达到本规范附录第 C.2.5 条规定的破坏标准时，锚杆极限承载力取最大荷载值为标准值。

② 锚杆试验数量为 3 根，各根极限承载力值的最大差值小于 30%，取最小值作为锚杆的极限承载力标准值。

第五十一章　多道瞬态面波试验

——《建筑地基检测技术规范》第 14 章

多道瞬态面波试验					
适用范围	适用于天然地基及换填、预压、压实、夯实、挤密、注浆等方法处理的人工地基的波速测试。通过测试获得地基的瑞利波速度和反演剪切波速，评价地基均匀性，判别砂土地基液化，提供动弹性模量等动力参数				
剪切波波速	公式： $$V_s = V_R / \eta_s$$ $$\eta_s = (0.87 + 1.12\mu_d)/(1 + \mu_d)$$ 式中：V_s——剪切波速（m/s）； 　　　V_R——面波速度（m/s）； 　　　η_s——与泊松比有关的系数； 　　　μ_d——动泊松比				
等效剪切波速	公式： $$V_{se} = d_0 / t$$ $$t = \sum_{i=1}^{n} (d_i / V_{si})$$ 式中：V_{se}——土层等效剪切波速（m/s）； 　　　d_0——计算深度（m），一般取 2～4m； 　　　t——剪切波在计算深度范围内的传播时间（s）； 　　　d_i——计算深度范围内第 i 层土的厚度（m）； 　　　V_{si}——计算深度范围内第 i 层土的剪切波速（m/s）； 　　　n——计算深度范围内土层的分层数				
瑞利波波速与碎石土地基承载力特征值和变形模量的对应关系	V_R（m/s）	100	150	200	250	300
	f_{ak}（kPa）	110	150	200	240	280
	E_0（MPa）	5	10	20	30	45

【10-30】（2018D25）某地采用强夯法处理填土，夯后填土层厚 3.5m，采用多道瞬态波法检测处理效果，已知实测夯后填土层面波波速见下表，动泊松比均取 0.3，则根据《建筑地基检测技术规范》JGJ 340—2015，估算处理后填土层等效剪切波速最接近下列哪个选项？

深度（m）	0～1	1～2	2～3.5
面波波速（m/s）	120	90	60

（A）80m/s　　　　（B）85m/s　　　　（C）190m/s　　　　（D）208m/s

答案：B

解答过程：

根据《建筑地基检测技术规范》JGJ 340—2015 第 14.4.3 条、第 14.4.4 条：

（1）$\eta_s=(0.87+1.12\mu_d)/(1+\mu_d)=(0.87+1.12\times0.3)/(1+0.3)=0.928$

（2）0～1m深度范围内剪切波速：

$$V_{s1}=V_{R1}/\eta_s=\frac{120}{0.928}=129.31\text{m/s}$$

1～2m深度范围内剪切波速：

$$V_{s2}=V_{R2}/\eta_s=\frac{90}{0.928}=96.98\text{m/s}$$

2～3.5m深度范围内剪切波速：

$$V_{s3}=V_{R3}/\eta_s=\frac{60}{0.928}=64.66\text{m/s}$$

（3）剪切波在计算深度范围内的传播时间：

$$t=\sum_{i=1}^{n}(d_i/V_{si})=\frac{1}{129.31}+\frac{1}{96.98}+\frac{1.5}{64.66}=0.0412\text{s}$$

（4）填土层等效剪切波速：

$$V_{se}=d_0/t=\frac{3.5}{0.0412}=84.95\text{m/s}$$

【小注岩土点评】

① 《建筑地基检测技术规范》JGJ 340—2015 中的知识点较多，但大多均在其他规范中有所体现，只有多道瞬态面波试验属于此规范独有。

② 本题只需理解各公式内各个参数的含义，逐一代数求解即可。

第五十二章　基坑锚杆抗拔试验

——《建筑基坑支护技术规范》附录 A

关于锚杆抗拔试验，《建筑基坑支护技术规程》JGJ 120—2012、《建筑地基基础设计规范》GB 50007—2011、《建筑边坡工程技术规范》GB 50330—2013 均有相似论述，内容大同小异，应结合起来一起复习，案例考试时应认清题干，选择对应的规范作答。

第一节　基 本 试 验

试验荷载	确定锚杆极限抗拔承载力的试验，最大的试验荷载不应小于预估破坏荷载，且试验锚杆的截面面积应满足最大试验荷载下的锚杆杆体应力不应超过其极限强度标准值的 0.85 倍的要求。必要时，应增加试验锚杆的杆体截面面积
加载方式	宜采用多循环加荷法，也可采用单循环加荷法
终止条件	当锚杆试验中出现下列情况之一时，应终止继续加载。 (1) 从第二级加载开始，后一级荷载产生的单位荷载下的锚头位移增量大于前一级荷载产生的单位荷载下的锚杆位移增量的 5 倍。 (2) 锚头位移不收敛。 (3) 锚杆杆体破坏
锚杆极限抗拔承载力标准值	在某级试验荷载下出现上述规定的"终止继续加载情况"时，应取终止加载时的前一级荷载值。未出现时，应取终止加载时的荷载值
锚杆极限抗拔承载力标准值分析与统计	参与统计的试验锚杆，当各根极限抗拔承载力标准值的极差不超过其平均值的 30% 时，取平均值作为锚杆极限抗拔承载力标准值。 极差超过平均值的 30% 时，应增加试验数量，并应根据极差过大的原因，按实际情况重新进行统计后确定锚杆极限抗拔承载力标准值

第二节　蠕 变 试 验

锚杆蠕变试验的锚杆数量不应少于三根。

试验时，应绘制每级荷载下的锚杆的蠕变量-时间（s-$\lg t$）对数曲线。蠕变率应按下式计算：

$$k_c = \frac{s_2 - s_1}{\lg t_2 - \lg t_1}$$

式中：k_c——锚杆的蠕变率，$k_c \leqslant 2.0\text{mm}$；

$\quad s_1$——t_1 时间测得的蠕变量（mm）；

$\quad s_2$——t_2 时间测得的蠕变量（mm）。

第三节 验 收 试 验

锚杆抗拔承载力验收检测试验，最大试验荷载应不小于下表规定：

支护结构安全等级	抗拔承载力检测值与轴向拉力标准值的比值
一级	≥1.4
二级	≥1.3
三级	≥1.2

锚杆验收试验终止加载条件同"基本试验"规定。

验收检测试验中，符合下列要求的锚杆应判定为合格：

（1）在抗拔承载力检测值下，锚杆位移稳定或收敛。

（2）在抗拔承载力检测值下测得的弹性位移量应大于杆体自由段理论弹性伸长量的80%。

第五十三章 土钉抗拔试验

——《建筑基坑支护技术规程》附录 D

基本规定	(1) 应对土钉的抗拔承载力进行检测，土钉检测数量不宜少于土钉总数的 1%，且同一土层中的土钉检测数量不应少于 3 根。 (2) 对安全等级为二级、三级的土钉墙，抗拔承载力检测值分别不应小于土钉轴向拉力标准值的 1.3 倍、1.2 倍。 (3) 土钉抗拔试验应在注浆固结体强度达到 10MPa 或达到设计强度的 70% 后进行。 (4) 加载装置的额定压力必须大于最大试验压力，且试验前应进行标定。 (5) 最大试验荷载下的土钉杆体应力不应超过其屈服强度标准值。 (6) 确定土钉极限抗拔承载力的试验，最大试验荷载不应小于预估破坏荷载，且试验土钉的杆体截面面积应符合"最大试验荷载下的土钉杆体应力不应超过其屈服强度标准值"的规定。必要时，可增加试验土钉的杆体截面面积
试验终止加载条件	(1) 从第二级加载开始，后一级荷载产生的单位荷载下的土钉位移增量大于前一级荷载产生的单位荷载下的土钉位移增量的 5 倍。 (2) 土钉位移不收敛。 (3) 土钉杆体破坏
土钉极限抗拔承载力特征值	土钉极限抗拔承载力标准值，在某级试验荷载下出现上述规定的"终止继续加载标准"时，应取终止加载时的前一级荷载值；未出现时，应取终止加载时的荷载值
数据统计	参加统计的试验土钉，当满足其极差不超过平均值的 30% 时，可取其平均值。极差超过平均值的 30% 时，宜增加试验土钉数量，并应根据极差过大的原因，按实际情况重新进行统计后确定土钉极限抗拔承载力标准值
验收试验	检测试验中，在抗拔承载力检测值下，土钉位移稳定或收敛应判定土钉合格

第十一篇 偏门规范

在注册岩土工程师考试中，除了核心规范、次要规范外，还有部分偏门规范。本篇内容主要根据《土工合成材料应用技术规范》GB/T 50290—2014、《碾压式土石坝设计规范》NB/T 10872—2021等进行编写，一般偏门规范考查较少，占分比值较低，但是题目相对比较简单，从历年真题来看，基本上套用规范公式即可得分，在学习过程中，也不应忽视。

偏门规范历年真题情况表

类别	历年出题数量	占偏门规范比重	占历年真题比重
《土工合成材料应用技术规范》GB/T 50290—2014	9	57.9%	1.52% 2002—2023年总题目共计1260题，其中偏门规范占19题。 （2015年未举行考试）
《碾压式土石坝设计规范》NB/T 10872—2021	5	26.3%	
《高层建筑岩土工程勘察标准》JGJ/T 72—2017	3	15.8%	

本篇涉及的主要规范及相关教材：

《土工合成材料应用技术规范》GB/T 50290—2014

《碾压式土石坝设计规范》NB/T 10872—2021

《生活垃圾卫生填埋处理技术规范》GB 50869—2013

《高层建筑岩土工程勘察标准》JGJ/T 72—2017

《工程地质手册》（第五版）

第五十四章　碾压式土石坝设计规范

本规范包含枢纽布置和坝型选择、筑坝材料选择与填筑碾压要求、坝体结构、坝基处理、坝体与其他建筑物的连接、土石坝的计算分析、分期施工与扩建加高、安全监测设计等诸多内容，但是纵观历年案例考试，主要考点集中在土石坝的计算分析或者渗透稳定分析上。

第一节　渗透稳定性计算

——《碾压式土石坝设计规范》第 9.1.12 条、附录 C

一、渗透变形类型的判别

《碾压式土石坝设计规范》NB/T 10872—2021 附录 C 关于渗透变形类型的判别，与《水利水电工程地质勘察规范（2022 年版）》GB 50487—2008 附录 G 基本一致。两者区别在于《碾压式土石坝设计规范》NB/T 10872—2021 多了按照地基土的细粒含量 P_c 判别渗透变形类型。

（一）基本参数的计算

计算公式及说明	
土的级配不均匀系数 C_u	$C_u = \dfrac{d_{60}}{d_{10}}$
土的级配曲率系数 C_c	$C_c = \dfrac{d_{30}^2}{d_{10} \cdot d_{60}}$
粗、细粒的区分粒径	$d_f = \sqrt{d_{70} \cdot d_{10}}$
土的细粒含量 P_c 确定	级配不连续的土：级配曲线上平缓段的最大粒径和最小粒径的平均值即粗细粒的区分粒径 d_f，或以最小粒径为区分粒径 级配连续的土：粗、细粒的区分粒径 $d_f = \sqrt{d_{70} \cdot d_{10}}$ $\Rightarrow$相应于粗粒的区分粒径 d_f 的颗粒含量，即为土的细粒含量 P_c

式中：d_{10}——小于该粒径的含量占总土重 10% 的颗粒直径（mm）；
$\quad\quad d_{30}$——小于该粒径的含量占总土重 30% 的颗粒直径（mm）；
$\quad\quad d_{60}$——小于该粒径的含量占总土重 60% 的颗粒直径（mm）；
$\quad\quad d_{70}$——小于该粒径的含量占总土重 70% 的颗粒直径（mm）

（二）渗透类型的判别

土层分类			渗透变形的判别方法	类型
单一土层			较均匀的土 $C_u \leqslant 5$	流土
	不均匀的土 $C_u > 5$	级配连续 $1 \leqslant C_c \leqslant 3$	$P_c \geqslant \dfrac{1}{4 \cdot (1-n)} \times 100\%$	流土
			$P_c < \dfrac{1}{4 \cdot (1-n)} \times 100\%$	管涌
		级配不连续 $C_c \neq 1-3$	$P_c \geqslant 35\%$	流土
			$25\% \leqslant P_c < 35\%$	过渡型
			$P_c < 25\%$	管涌

续表

土层分类	渗透变形的判别方法		类型
单一土层	式中：P_c——地基土的细粒含量（%）； 　　　n——地基土的孔隙率（%）		
双层土层	对于上下两层土的不均匀系数 $C_u \leq 10$ 且符合下列条件时：（多为水平渗流） $$D_{10}/d_{10} \leq 10$$ 式中：d_{10}——为较细一层中，小于该粒径的含量占总土重 10% 的颗粒直径（mm）； 　　　D_{10}——为较粗一层中，小于该粒径的含量占总土重 10% 的颗粒直径（mm）		不会发生 接触冲刷
	在向上渗流情况下	当两层土的不均匀系数 $C_u \leq 5$ 且符合下列条件时： $$D_{15}/d_{85} \leq 5$$	不会发生 接触流失
		当两层土的不均匀系数 $C_u \leq 10$ 且符合下列条件时： $$D_{20}/d_{70} \leq 7$$	不会发生 接触流失
		式中：d_{85}——为较细一层土中，小于该粒径的含量占总土重 85% 的颗粒直径（mm）； 　　　D_{15}——为较粗一层土中，小于该粒径的含量占总土重 15% 的颗粒直径（mm）； 　　　d_{70}——为较细一层土中，小于该粒径的含量占总土重 70% 的颗粒直径（mm）； 　　　D_{20}——为较粗一层土中，小于该粒径的含量占总土重 20% 的颗粒直径（mm）	—

【11-1】（模拟题）对某一连续型级配的坝基土进行分析，孔隙率为 33%，得到的部分筛分分析结果见下表，表中数值为留筛质量，底盘内试样质量为 20g，试根据《碾压式土石坝设计规范》NB/T 10872—2021 初判此坝基土可能发生以下哪种渗透变形？

筛孔孔径（mm）	2.0	1.5	1.0	0.5	0.25	0.075
留筛质量（g）	50	100	50	150	100	30

（A）流土　　　　（B）管涌　　　　（C）过渡型　　　　（D）无法判断

答案：B

解答过程：

根据《碾压式土石坝设计规范》NB/T 10872—2021 附录 C：

（1）根据分析表可知，$d_{10}=0.25$mm，$d_{30}=0.5$mm，$d_{60}=1.0$mm，$d_{70}=1.5$mm

（2）$C_u=\dfrac{d_{60}}{d_{10}}=\dfrac{1.0}{0.25}=4$，$C_c=\dfrac{d_{30}^2}{d_{10} \cdot d_{60}}=\dfrac{0.5^2}{0.25 \times 1.0}=1$

$C_u=4<5$，$C_c=1$，需采用适合各类土的判定公式。

（3）细粒土区分粒径：

$$d_f=\sqrt{d_{70}d_{10}}=\sqrt{1.5 \times 0.25}=0.612\text{mm}$$

可小范围内（0.5～1.0mm 内线形）采用内插法求取小于 0.612mm 的颗粒质量为 183.6g，$P_c=\dfrac{183.6}{500}=0.367=36.7\%$

$P_c<\dfrac{1}{4(1-n)} \times 100\%=\dfrac{1}{4(1-0.33)} \times 100\%=37.3\%$，确定为管涌。

【小注岩土点评】

本题是碾压式土石坝中土渗透变形的考点。

① 本题为强化求取 d_x，分析结果表中采用的是留筛质量（即大于筛孔质量），计算时

应格外注意。

② C_u 及 C_c 的计算为基础知识，必须牢记，《岩土工程勘察规范（2009年版）》GB 50021—2001 中用于判断土质类别，《碾压式土石坝设计规范》NB/T 10872—2021 中可用于判断土的渗透变形。

③ 确定细颗粒含量的区分粒径，对于级配连续的土，取 $d=\sqrt{d_{70} \cdot d_{10}}$；对于级配不连续的土，取颗粒级配曲线平缓段的平均粒径或最小粒径。

④ 插值：$150+\dfrac{300-150}{1-0.5} \times (0.612-0.5)=183.6$

二、临界水力比计算

渗透类型	计算公式及说明
流土型	$J_{cr}=(G_s-1)(1-n)$
过渡型或管涌型	$J_{cr}=2.2 \cdot (G_s-1)(1-n)^2 \cdot \dfrac{d_5}{d_{20}}$
管涌型	$J_{cr}=\dfrac{42d_3}{\sqrt{k/n^3}}$

式中：G_s——土粒比重；
　　　n——土体的孔隙率；
　　　k——土体的渗透系数（cm/s）

工程中，允许水力坡降 $J_{允许}$：

$$J_{允许}=\frac{J_{cr}}{F_s}$$

式中：F_s——安全系数，一般取 1.5～2.0，当渗透稳定对水工建筑物的危害较大时，取 2.0 的安全系数；对于特别重要的工程，也可取 2.5 的安全系数。

三、排水盖重厚度计算

对于双层结构的地基，坝基表层土的渗透系数小于下层土的渗透系数（$k_1<k_2$），而且下游渗透出逸坡降又符合下式时，应设置排水盖重层或排水减压井：

$$J_{a-x}>\frac{(G_{sl}-1) \cdot (1-n_1)}{K}$$

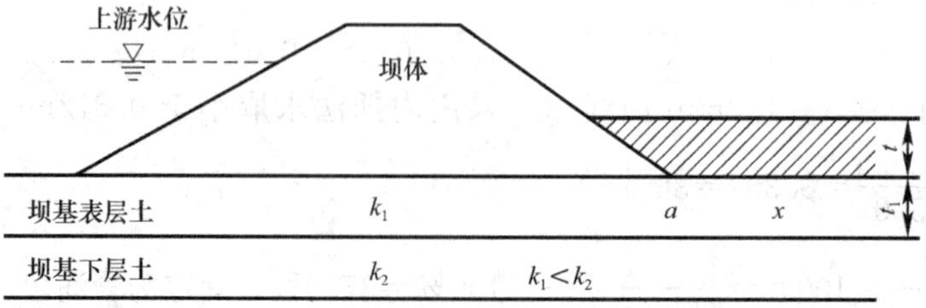

排水盖重层的厚度 t 可按下式计算：

$$t>\frac{K \cdot J_{a-x} \cdot t_1 \cdot \gamma_w-(G_{sl}-1) \cdot (1-n_1) \cdot t_1 \cdot \gamma_w}{\gamma}$$

式中：J_{a-x}——表层土在坝下游坡脚点 a 至 a 以下范围 x 点的渗透坡降，可按表层土上下表面的水头差除以表层土层厚度 t_1 得出；

$\quad\quad G_{s1}$——表层土的土粒比重；

$\quad\quad n_1$——表层土的孔隙率；

$\quad\quad K$——安全系数，取 1.5～2.0；

$\quad\quad t_1$——表层土的厚度（m）；

$\quad\quad \gamma$——排水盖重层的重度（kN/m³），水上取湿重度，水下取浮重度；

$\quad\quad \gamma_w$——水的重度（kN/m³）。

【11-2】（2013C19）如下图所示某碾压土石坝的地基为双层结构，表层土④的渗透系数 k_1 小于下层土⑤的渗透系数 k_2，表层土④厚度为 4m，饱和重度为 19kN/m³，孔隙率为 0.45；土石坝下游坡脚处表层土④的顶面水头为 2.5m，该处底板水头为 5m，安全系数取 2.0。按《碾压式土石坝设计规范》NB/T 10872—2021 计算下游坡脚排水盖重层②的厚度不小于（　　）。（盖重层②饱和重度取 19kN/m³）

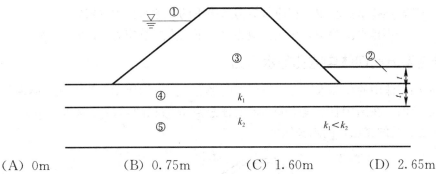

（A）0m　　　　　（B）0.75m　　　　　（C）1.60m　　　　　（D）2.65m

答案：C

解答过程：

根据《碾压式土石坝设计规范》NB/T 10872—2021 第 9.1.12 条：

（1）$e=\dfrac{n}{1-n}=\dfrac{0.45}{1-0.45}=0.818$；$\gamma_{sat}=\dfrac{G_s+e}{1+e}\gamma_w$，$G_s=\dfrac{(1+0.818)\times19}{10}-0.818=2.64$

下游渗透出逸坡降 $J_{a-x}=\dfrac{5-2.5}{4}=0.625>\dfrac{(G_{s1}-1)(1-n_1)}{K}=\dfrac{(2.64-1)\times(1-0.45)}{2}=0.451$

（2）排水盖重层厚度：

$$t>\dfrac{KJ_{a-x}t_1\gamma_w-(G_{s1}-1)(1-n_1)t_1\gamma_w}{\gamma}$$

$$=\left[2.0\times\dfrac{5-2.5}{4}\times4\times10-(2.64-1)\times(1-0.45)\times4\times10\right]/(19-10)=1.55m$$

【小注岩土点评】

① 排水盖重厚度的计算是有前提条件的，参看《碾压式土石坝设计规范》NB/T 10872—2021 第 9.1.12 条，然后根据公式中的数据，求欠缺的参数。

② 题干中给出盖层的饱和重度，也就是暗示，水位可以在盖层上方。

第二节　坝体和坝基内孔隙压力估算

——《碾压式土石坝设计规范》附录 C

一、施工期间某点的起始孔隙水压力

黏性填土或坝基土中某点在施工期的起始孔隙压力 u_0 可按下式计算：

$$u_0 = \gamma h \overline{B}$$

$$\overline{B} = \frac{u}{\sigma_1}$$

式中：u_0——起始孔隙水压力（kPa）；

γ——某点以上土的平均重度（kN/m³）；

h——某点以上的填土高度（m）；

$\overline{B}$——孔隙水压力系数；

u——三轴不排水试验中，相应剪应力水平下的孔隙水压力（kPa）；

σ_1——三轴不排水试验中，相应剪应力水平下的大主总应力（kPa）。

二、稳定渗流期坝体中的孔隙水压力

稳定渗流期坝体中的孔隙水压力应根据流网确定。如下图所示，为大坝坝体内稳定渗流期的流网示意图，在图中任一等势线 aa′上任意点 b 的孔隙水压力就等于 b 点与 a′点（该等势线与浸润线的交点）的水头压力。

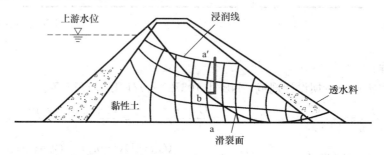

三、水位降落期上游坝体中的孔隙水压力

水库水位降落期上游坝体内的 A 点孔隙水压力可按下列方法确定：

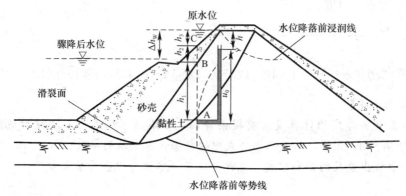

黏性土可假定孔隙水压力系数 $\bar{B}$ 为 1，近似采用以下规定计算：

水位降落位置	计算公式
当水库水位降落到 B 点以下时	$u=\gamma_{\mathrm{w}} \cdot [h_1+h_2 \cdot (1-n_{\mathrm{e}})-h']$
当水库水位降落在 B 点以上时	$u=u_0-(\Delta h_{\mathrm{w}}+\Delta h_{\mathrm{s}} \cdot n_{\mathrm{e}}) \cdot \gamma_{\mathrm{w}}$ $u_0=\gamma_{\mathrm{w}} \cdot (h_1+h_2+h_3-h')$

式中：u_0——水库降落前的孔隙水压力（kPa）；
　　　Δh_{s}——A 点土柱的坝面以上库水位降落高度（m）；
　　　Δh_{s}——A 点土柱中砂壳无黏性土区内库水位降落高度（m）；
　　　h_1——A 点上部黏性填土的土柱高度（m）；
　　　h_2——A 点上部无黏性土（砂壳）的土柱高度（m）；
　　　h_3——A 点上部坝面以上至库水位降落前水面的高度（m）；
　　　n_{e}——大坝无黏性填土（砂壳）的有效孔隙率；
　　　h'——稳定渗流期，库水位达 A 点时的水头损失值（m）

【11-3】（2014C18）某土石坝的坝体为黏性土，坝壳为砂土，其有效孔隙率 $n=40\%$，原水位（∇1）时流网如下图所示，根据《碾压式土石坝设计规范》NB/T 10872—2021，当库水位骤降至 B 点以下时，坝内 A 点的孔隙水压力最接近（　　）。（D 点到原水位线的垂直距离为 3.0m）

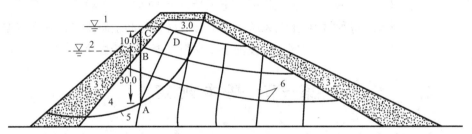

1—原水位；2—剧降后水位；3—坝壳(砂土)；4—坝体(黏性土)；5—滑裂面；6—水位降落前的流网。
注：图中尺寸单位为m；D点到原水位线的垂直距离位3.0m。

(A) 300kPa　　　　(B) 330kPa　　　　(C) 370kPa　　　　(D) 400kPa

答案：B

解答过程：

根据《碾压式土石坝设计规范》NB/T 10872—2021 附录第 C.3.4 条：

(1) $u=\gamma_{\mathrm{w}}[h_1+h_2(1-n_{\mathrm{e}})-h']$，其中：$h_1=30\mathrm{m}$，$h_2=10\mathrm{m}$，$n_{\mathrm{e}}=0.4$，$h'=3\mathrm{m}$

(2) $u=10\times[30+10\times(1-0.4)-3]=330\mathrm{kPa}$

【小注岩土点评】

当库水位骤降至 B 点以下任何位置时，孔隙水压力计算结果均相同；当库水位骤降至 B 点以上时，孔隙水压力计算结果不同。

第三节　抗滑稳定计算

——《碾压式土石坝设计规范》附录 D

该部分主要的计算方法包括附录第 D.1.1 条的圆弧滑动条分法、附录第 D.1.2 条第 2 款的滑楔法。该部分和边坡稳定性计算方法大体一致。可以详细参考边坡章节。

第五十五章 土工合成材料应用技术规范

土工合成材料主要包括：土工织物、土工膜、土工复合材料和土工特种材料等，其分类如下：

$$
土工合成材料
\begin{cases}
土工织物
\begin{cases}
有纺土工织物
\begin{cases}
机织 \\
针织
\end{cases} \\
无纺土工织物
\begin{cases}
针刺（机械）粘 \\
热粘合 \\
胶剂粘结
\end{cases}
\end{cases} \\
土工膜
\begin{cases}
吹塑挤出、压延或加涂料制造的 PE、HDPE、PVC 等膜料 \\
单一土工膜、复合土工膜
\end{cases} \\
土工复合材料
\begin{cases}
复合土工膜—膜与土工织物或其他材料复合 \\
复合防、排水材料—排水带、排水管等
\end{cases} \\
土工特种材料
\begin{cases}
土工格栅、土工带、土工网、土工模袋、 \\
土工系统、土工合成材料膨润土防渗垫、三维植被 \\
网垫、发泡土工材料、聚苯乙烯板块等
\end{cases}
\end{cases}
$$

第一节 基 本 规 定

一、土工合成材料的允许抗拉（拉伸）强度 T_a

——《土工合成材料应用技术规范》第 3.1.3 条

根据《土工合成材料应用技术规范》GB/T 50290—2014 第 3.1.3 条规定，设计应用的土工合成材料允许抗拉（拉伸）强度 T_a 应根据实测的极限抗拉强度 T，通过下列公式计算确定：

$$T_a = \frac{T}{RF}$$

$$RF = RF_{CR} \cdot RF_{iD} \cdot RF_D$$

式中：T_a——土工合成材料的允许抗拉强度（kN）；

T——土工合成材料的实测极限抗拉强度（kN）；

RF——综合强度折减系数，宜采用 2.5～5.0，施工条件差、材料蠕变性大时，应采用大值；

RF_{CR}——材料因蠕变影响的强度折减系数；

RF_{iD}——材料在施工过程中受损伤的强度折减系数；

RF_D——材料长期老化影响的强度折减系数。

蠕变影响的强度折减系数 RF_{CR}

加筋材料	折减系数 RF_{CR}
聚酯（PET）	2.5~2.0
聚丙烯（PP）	5.0~4.0
聚乙烯（PE）	5.0~2.5

施工损伤折减系数 RF_{iD}

加筋材料	填料最大粒径为102mm， 平均粒径 D_{50} 为30mm	填料最大粒径为20mm， 平均粒径 D_{50} 为0.7mm
HDPE 单向土工格栅	1.20~1.45	1.10~1.20
PP 双向土工格栅	1.20~1.45	1.10~1.20
PP、PET 有纺土工织物	1.40~2.20	1.10~1.40
PP、PET 无纺土工织物	1.40~2.20	1.10~1.40
PP 裂膜丝有纺土工织物	1.60~3.00	1.10~2.00

【小注】①用于加筋的土工织物的单位面积质量不应小于 $270g/m^2$；
②单位面积质量低、抗拉强度低的加筋材料取用列系数中的大值。

PET 加筋材料的老化折减系数 RF_D

工作环境的 pH 值	5<pH<8	3<pH<5，8<pH<9
土工织物，Mn<20000，4<CEG<50	1.60	2.00
涂面土工格栅，Mn>25000，CEG<30	1.15	1.30

【小注】①Mn 为分子量，CEG 为羧酰基；
②表中 pH 值指材料所处介质的酸碱度。

二、筋材与土的摩擦系数

——《土工合成材料应用技术规范》第3.1.5条

土工合成材料与土的抗拔摩擦系数应通过试验确定，无试验资料时，对不均匀系数大于5的透水性回填土料，筋材与土的摩擦系数可按下列规定取值：

有纺土工织物：$u = 2/3\tan\varphi$

塑料土工格栅：$u = 0.8\tan\varphi$

式中：φ——回填土料的内摩擦角（°）。

三、反滤和排水

（一）土工织物反滤和排水

——《土工合成材料应用技术规范》第4.1~4.3节

（1）反滤准则是一切排水材料应满足的条件。它保证材料在允许顺畅排水的同时，土体中的骨架颗粒不随水流流失，又在长期工作中不因土粒堵塞而失效，从而确保有水流通过的土体保持渗流稳定。

（2）用作反滤的无纺土工织物单位面积质量不应小于 $300g/m^2$，拉伸强度应能承受施工应力，其最低强度应符合下表的要求。

用作反滤的无纺土工织物的最低强度要求

强度	单位	$\varepsilon^+ < 50\%$	$\varepsilon \geqslant 50\%$
握持强度	N	1100	700
接缝强度	N	990	630
撕裂强度	N	400 *	250
穿刺强度	N	2200	1375

【小注】* 表示为有纺单丝土工织物时要求是 250N；ε 代表应变；+ 为卷材弱方向平均值。

（3）用作反滤、排水的土工织物应符合反滤准则，即应符合下列要求：

保土性	织物孔径应与被保护土粒径相匹配，防止骨架颗粒流失引起的渗透变形，即符合下列要求：$$O_{95} \leqslant Bd_{85}$$	
透水性	织物应具有足够的透水性，保证渗透水通畅排除，即符合下列要求：$$k_g \geqslant Ak_s$$	
防堵性	被保护土级配良好，水力梯度低，流态稳定时，反滤材料的等效孔径应满足右式	$O_{95} \leqslant 3d_{15}$
	被保护土易管涌，具分散性，水力梯度高，流态复杂，$k_s \geqslant 1 \times 10^{-5}$ cm/s 时，应进行淤堵试验，得到的梯度比 $GR \leqslant 3$	

式中：O_{95}——土工织物的等效孔径（mm）；

B——与被保护土的类型、级配、织物品种和状态等有关的系数，按下表采用；

d_{85}——被保护土中小于该粒径的土粒质量占土粒总质量的 85%（mm）；

k_g——土工织物的垂直渗透系数（cm/s）；

k_s——被保护土的渗透系数（cm/s）；

A——系数，按工程经验确定，不宜小于 10。来水量大、水力梯度高时，应增大 A 值；

d_{15}——土中小于该粒径的土质量占土粒总质量的 15%（mm）；

GR——淤堵试验梯度比

系数 B 的取值

被保护土的细粒（$d \leqslant 0.075$mm）含量（%）	土的不均匀系数或土工织物品种		B 值
≤50	$C_u \leqslant 2$，$C_u \geqslant 8$		1
	$2 < C_u \leqslant 4$		$0.5C_u$
	$4 < C_u < 8$		$8/C_u$
>50	有纺织物	$O_{95} \leqslant 0.3$mm	1
	无纺织物		1.8

【小注】C_u 为不均匀系数，$C_u = d_{60}/d_{10}$，d_{60}、d_{10} 为土中小于各该粒径的土质量分别占土料总质量的 60% 和 10%（mm）。

【11-4】（2019D13）某换填垫层采用无纺土工织物作为反滤材料，已知其下土层渗透系数 $k = 1 \times 10^{-4}$ cm/s，颗分曲线如下图所示，水位长期保持在地面附近，则根据《土工合成材料应用技术规范》GB/T 50290—2014 及土工织物材料参数表（下表）确定合理的产品是下列哪个选项？

产品	规格（g/m²）	厚度（mm）	握持强度（kN）	断裂伸长率 ε（%）	穿刺强度（kN）	撕裂强度（kN）	等效孔径 O_{95}（mm）	垂直渗透系数（cm/s）
产品一	300	1.6	10.0	60	1.8	0.28	0.07	1.0
产品二	250	2.2	12.5	60	2.6	0.35	0.20	2.0

产品	规格 (g/m²)	厚度 (mm)	握持强度 (kN)	断裂伸长率 ε (%)	穿刺强度 (kN)	撕裂强度 (kN)	等效孔径 O_{95}（mm）	垂直渗透 系数（cm/s）
产品三	300	2.2	15.0	40	1.0	0.42	0.20	1.0
产品四	300	2.2	17.5	40	3.0	0.49	0.20	2.0

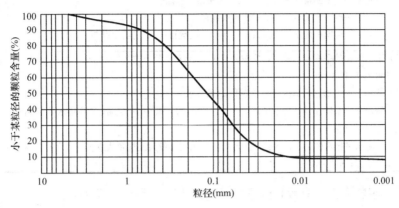

(A) 产品一　　(B) 产品二　　(C) 产品三　　(D) 产品四

答案：D

解答过程：

根据《土工合成材料应用技术规范》GB/T 50290—2014 第 4.1.5 条、第 4.2.2 条和第 4.2.4 条：

(1) 质量验算：用作反滤的无纺土工织物单位面积质量不应小于 $300 g/m^2$，产品二不符合。

(2) 强度验算：

产品三 ε＝40％＜50％，要求穿刺强度≥2.2kN，但产品三的穿刺强度为 1.0kN，不符合要求，排除产品三。

(3) 防堵性验算：$d_{15} \approx 0.03$mm，$O_{95} \geq 3d_{15} = 3 \times 0.03 = 0.09$mm，产品一不符合要求。因此选择产品四。

(二) 土石坝坝体排水

——《土工合成材料应用技术规范》第 4.4～4.6 节及条文说明

坝内排水体可采用土工织物或复合排水材料。土工织物作为坝内排水体，可分为竖式、倾斜式及水平式三种。

排水体 排水量	(1) 土工织物排水体排水量可用流网法估算，排水体流量应分段估算。 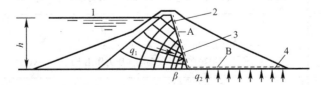 坝内排水体示意图 1—水面；2—心墙；3—倾斜式排水；4—水平式排水；A、B—土工织物或复合排水材料； q_1—来自倾斜式排水体的流量；q_2—来自水平式排水体的流量；h—坝前水深。

排水体 排水量	(2) 排水体上游的来水量： $$q_1 = k_s \frac{n_f}{n_d} \Delta H$$ 式中：k_s——坝体土的渗透系数（m/s）； ΔH——上下游水头差（m），当下游水位为地面时，取 h； n_f——流网中的流槽数，n_f = 流线数目-1，上图中取 5； n_d——流网中的水头降落数，n_d = 等势线数目-1，上图中取 7
土工织物的 平面导水 能力	(1) 土工织物的平面导水能力，应按公式 1：$\theta_a = k_h \delta$ 及公式 2：$\theta_r = q/i$，沿排水体自上而下地逐段计算导水率 θ_a 和 θ_r。 (2) 选用土工织物导水率应满足 $\theta_a \geqslant F_s \theta_r$ 的要求。 (3) 倾斜式排水体在设计排水所需导水率：$\theta_r = q/i$，其中 $i = \sin\beta$，β 为排水体的倾角（°），q 为预估单宽来水量（cm³/s）。 (4) 下游水平排水体的总排水量应为倾斜式排水底部最大流量和从地基进入水平排水体内的流量总和，演化公式为：$q_r = q_1 + q_2$

（三）土工织物允许（有效）渗透指标（透水率 ψ 和导水率 θ）

有效 渗透 指标	总折减 系数	$$RF = RF_{SCB} \cdot RF_{CR} \cdot RF_{IN} \cdot RF_{CC} \cdot RF_{BC}$$ 式中：RF_{SCB}——织物被淤堵的折减系数； RF_{CR}——蠕变导致织物孔隙减小的折减系数； RF_{IN}——相邻土料挤入织物孔隙引起的折减系数； RF_{CC}——化学淤堵折减系数； RF_{BC}——生物淤堵折减系数。				

以上各折减系数合理取值

应用情况	折减系数范围				
	RF_{SCB}①	RF_{CR}	RF_{IN}	RF_{CC}②	RF_{BC}
挡土墙滤层	2.0～4.0	1.5～2.0	1.0～1.2	1.0～1.2	1.0～1.3
地下排水滤层	5.0～10.0	1.0～1.5	1.0～1.2	1.2～1.5	2.0～4.0
防冲滤层	2.0～10.0	1.0～1.5	1.0～1.2	1.0～1.2	2.0～4.0
填土排水滤层	5.0～10.0	1.5～2.0	1.0～1.2	1.2～1.5	5.0～10.0③
重力排水	2.0～4.0	2.0～3.0	1.0～1.2	1.2～1.5	1.2～1.5
压力排水	2.0～3.0	2.0～3.0	1.0～1.2	1.1～1.3	1.1～1.3

【小注】① 织物表面盖有乱石或混凝土块时，采用上限值；
② 含高碱的地下水数值可取高些；
③ 混浊水和（或）微生物含量超过 500mg/L 的水采用更高数值

θ_a 的计算	$$\theta_a = k_h \delta$$ 式中：k_h——土工织物的平面渗透系数（cm/s）； δ——土工织物在预计现场法向压力作用下的厚度（cm）
工程要求的 导水率 θ_r	$$\theta_r = \frac{q}{i}$$ 式中：q——预计单宽来水量（cm³/s）； i——土工织物首末端间的水力梯度

（四）排水沟、管排水安全系数 F_s

排水能力 q_c	无纺土工织物包括透水粒料建成的排水沟排水能力	$$q_c=kiA$$ 式中：k——被包裹透水粒料的渗透系数（m/s），可按下表取值； 　　　i——排水沟的纵向坡度； 　　　A——排水沟断面积（m^2）。						

透水粒料渗透系数参考值

粒料粒径（mm）	k（m/s）	粒料粒径（mm）	k（m/s）	粒料粒径（mm）	k（m/s）
>50	0.80	19 单粒	0.37	6～9 级配	0.06
50 单粒	0.78	12～19 级配	0.20	6 单粒	0.05
35～50 级配	0.68	12 单粒	0.16	3～6 级配	0.02
25 单粒	0.60	9～12 级配	0.12	3 单粒	0.015
19～25 级配	0.41	9 单粒	0.10	0.5～3 级配	0.0015

排水能力 q_c ── 外包无纺土工织物带孔管的排水能力

渗入管内的水量 q_e

$$q_e=k_s i\pi d_{ef}L$$
$$d_{ef}=d\cdot\exp(-2\alpha\pi)=d\cdot e^{-2\alpha\pi}$$

式中：k_s——管周土的渗透系数（m/s）；
　　　i——沿管周围土的渗透坡降；
　　　d_{ef}——等效管径（m），即包裹土工织物的带孔管（直径为 d）虚拟为管壁完全透水的排水管的等效直径；
　　　L——管长度（m），即沿管纵向的排水出口距离；
　　　α——水流流入管内的无因次阻力系数，$\alpha=0.1\sim0.3$。外包土工织物渗透系数大时取小值

带孔管的排水能力 q_t

$$q_t=vA$$
$$A=\frac{\pi}{4}d_e^2$$

式中：v——管中水流速度（m/s）；
开孔的光滑塑料管管中水流速度应按下式计算：
$$v=198.2R^{0.714}i^{0.572}$$
波纹塑料管管中水流速度应按下式计算：
$$v=71R^{2/3}i^{1/2}$$

R——水力半径，$R=\dfrac{过水断面面积}{湿周}=\dfrac{\frac{\pi}{4}d_e^2}{\pi d_e}=\dfrac{d_e}{4}$（满管流）；

d_e——管直径（m）；
　　i——水力梯度

排水能力 q_c

$$q_c=\min[q_e\ q_t]$$

排水安全系数 F_s

$$F_s=\frac{q_c}{q_r}$$

式中：q_r——来水量（m^3/s），即要求排除的流量；
要求的安全系数应为 2.0～5.0。设计时，有清淤能力的排水管可取低值

【11-5】（模拟题）某高边坡工程采用外包无纺土工织物开孔光滑塑料管排水，带孔管管径为 200mm，管长为 15m，来水量 $q_r=0.01m^3/h$。土层的渗透系数 $k_s=3\times10^{-4}cm/s$，渗透坡降 $i=1$，水流流入管内的无因次阻力系数 $\alpha=0.2$，试根据《土工合成材料应用技

术规范》GB/T 50290—2014 计算排水安全系数最接近下列哪个数值？

(A) 1.0　　　(B) 1.5　　　(C) 2.0　　　(D) 3.0

答案：D

解答过程：

(1) 等效孔径

$$d_{ef} = d \cdot \exp(-2\alpha\pi) = 0.2 \times e^{-2\alpha\pi} = 0.2 \times e^{-2 \times 0.2\pi} = 0.057 \text{m}$$

渗入管内的水量

$$q_e = k_s i \pi d_{ef} L = 3 \times 10^{-4} \times 10^{-2} \times 3600 \times 1 \times \pi \times 0.057 \times 15 = 0.029 \text{m}^3/\text{h}$$

(2) 管的断面积

$$A = \frac{\pi d_e^2}{4} = \frac{\pi \times 0.2^2}{4} = 0.0314 \text{m}^2$$

管中水流速度

$$v = 198.2 R^{0.714} i^{0.572} = 198.2 \times \left(\frac{0.2}{4}\right)^{0.714} 1^{0.572} = 23.34 \text{m/s}$$

带孔管的排水能力

$$q_t = vA = 23.34 \times 0.0314 \times 3600 = 2638.35 \text{m}^3/\text{h}$$

排水能力取 q_e 和 q_t 二者较小值。

(3) 排水安全系数

$$F_s = \frac{\min[q_e, q_t]}{q_r} = \frac{0.029}{0.01} = 2.9$$

（五）地下埋管降水

——《土工合成材料应用技术规范》第 4.6 节

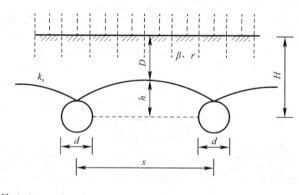

地下埋管布置

图中参数如下：

d——地下埋管直径（m）；

s——地下埋管间距（m）；

h——规定最高水位与排水管中心线高差（m）；

D——规定最高水位埋深（m）；

H——排水管中心的埋深（m）；

β——地基土的入渗系数，一般可取 0.5；

r——降水强度（m/s），按日最大降水强度计

每根排水管分配到的降水量	公式：$$q_r = \beta r s L$$ 式中：β——地基土的入渗系数，建议取 0.5； 　　s——排水管间距（m）； 　　L——地下埋管长度（m）； 　　r——降水强度（m/s），按日最大降水强度计
每根管的进水量	公式：$$q_c = \frac{2k_s h^2 L}{s}$$ 式中：k_s——地基土的渗透系数（m/s）； 　　h——规定最高地下水位与排水管中心线的高差（m）； 　　s——排水管间距（m）； 　　L——地下埋管长度（m）
埋管间距	公式：$$s = \sqrt{\frac{2k_s}{\beta r}} \cdot h$$ 注：此公式应用条件：给出 h 时，进水量等于降水分配量
管中流速	公式：$$v = \frac{q_c}{A}$$ 式中：A——埋管横截面积（m²）； 　　v——与管几何尺寸及其坡降 i 有关的流速（m/s），也可参照规范第 4.2.10 条执行：开孔的光滑塑料管：$v = 198.2R^{0.714}i^{0.572}$；波纹塑料管：$v = 71R^{2/3}i^{1/2}$
地下埋管的排水能力验算	公式：$$F_s = \frac{q_c}{q_r}$$ 式中：F_s——排水安全系数，管道的排水能力应加大，可取 2.0～5.0

（六）软基塑料排水带

——《土工合成材料应用技术规范》第 4.7 节

排水带的等效（砂）井直径	公式：$d_w = 2(b+\delta)/\pi$ 式中：b——塑料排水带的宽度（cm）； 　　δ——排水带的厚度（cm）
固结时间	公式：$$t_r = \frac{d_e^2}{8C_h}\left(\ln\frac{d_e}{d_w} - 0.75\right)\ln\frac{1}{1-U_r}$$ 式中：d_e——排水带排水范围的等效直径（cm），三角形布置时：$d_e = 1.05L$；正方形布置时：$d_e = 1.13L$。 　　L——排水带的平面间距（cm）。 　　C_h——地基土的水平固结系数（cm²/s）。 　　d_w——排水带的等效（砂）井直径（cm）。 　　U_r——设计要求的径向平均固结度

第二节　坡面防护与加筋

一、土工模袋护坡平面抗滑稳定性

——《土工合成材料应用技术规范》第6.3节及条文说明

根据《土工合成材料应用技术规范》GB/T 50290—2014 第6.3.4 条规定，采用土工模袋护坡的设计中，模袋应进行平面抗滑稳定性验算，其抗滑安全系数可按下式计算：

$$F_s = \frac{L_3 + L_2 \cdot \cos\alpha}{L_2 \cdot \sin\alpha} \cdot f_{cs}$$

式中：L_2、L_3——模袋长度（m），如下图所示；

α——坡脚（°）；

f_{cs}——模袋与坡面间界面摩擦系数，无实测资料时，可采用 0.5；

F_s——安全系数，应大于 1.5。

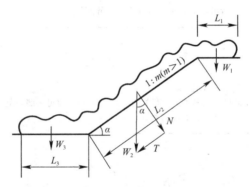

【11-6】（2021B18）根据《土工合成材料应用技术规范》GB/T 50290—2014，对如下图所示边坡采用土工模袋进行护坡，为保证模袋平面抗滑稳定性，L_3 不应小于下列哪个选项？

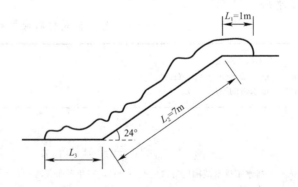

(A) 1.0m　　　　(B) 1.4m　　　　(C) 1.8m　　　　(D) 2.2m

答案：D

根据《土工合成材料应用技术规范》GB/T 50290—2014 第6.3.4 条：

$$F_s = \frac{L_3 + L_2\cos\alpha}{L_2\sin\alpha} f_{cs} = \frac{L_3 + 7\cos24°}{7\sin24°} \times 0.5 > 1.5$$

$$L_3 > 2.14\text{m}$$

二、土工模袋厚度应通过抗浮稳定分析和抗冰推移稳定分析确定

——《土工合成材料应用技术规范》第 6.3.5 条及条文说明

模袋厚度	抗漂浮 所需厚度	$$\delta \geqslant 0.07cH_{\text{w}}\sqrt[3]{\dfrac{L_{\text{w}}}{L_{\text{r}}}} \cdot \dfrac{\gamma_{\text{w}}}{\gamma_{\text{c}} - \gamma_{\text{w}}} \cdot \dfrac{\sqrt{1+m^2}}{m}$$ 式中：c——面板系数，对大块混凝土护面，c 取 1；护面上有滤水点时，c 取 1.5； 　　　H_{w}——波浪高度（m）； 　　　L_{w}——波浪长度（m）； 　　　L_{r}——垂直于水边线的护面长度（m）； 　　　m——坡角 α 的余切值； 　　　γ_{c}——砂浆或混凝土有效重度（kN/m³）； 　　　γ_{w}——水重度（kN/m³）
	抗冻胀 力厚度	$$\delta \geqslant \dfrac{\dfrac{P_i \delta_i}{\sqrt{1+m^2}}(F_s m - f_{\text{cs}}) - H_1 C_{\text{cs}}\sqrt{1+m^2}}{\gamma_c H_i (1+m f_{\text{cs}})}$$ 式中：δ——所需厚度（m）； 　　　δ_i——冰层厚度（m）； 　　　P_i——设计水平冰推力，初设值可取 150kN/m²； 　　　H_i——冰层以上护面垂直高度（m）； 　　C_{cs}——护面与坡面间黏着力，取 150kN/m²； 　　f_{cs}——护面与坡面间摩擦系数； 　　F_s——安全系数，可取 3

【11-7】（模拟题）某季节性变化浸水边坡采用大块混凝土护面（有滤水点）＋土工模袋防护，测得波浪高度为 2m，波浪长度为 3m，垂直于水边线的护面长度为 5m，坡角为 40°，冬季时测得冰层厚度为 2m，冰层以上护面垂直高度为 3m，护面与坡面间的摩擦系数为 0.4，根据《土工合成材料应用技术规范》GB/T 50290—2014 确定土工模袋所需的厚度为多少？（混凝土重度取 25kN/m³，水重度取 10kN/m³）

(A) 140mm　　　　(B) 150mm　　　　(C) 160mm　　　　(D) 180mm

答案：C

解答过程：

(1) $m = \cot\alpha = \cot 40° = 1.19$

(2) 抗漂浮验算：

$$\delta \geqslant 0.07cH_{\text{w}}\sqrt[3]{\frac{L_{\text{w}}}{L_{\text{r}}}} \cdot \frac{\gamma_{\text{w}}}{\gamma_{\text{c}} - \gamma_{\text{w}}} \cdot \frac{\sqrt{1+m^2}}{m}$$

$$= 0.07 \times 1.5 \times 2 \times \sqrt[3]{\frac{3}{5}} \times \frac{10}{25-10} \times \frac{\sqrt{1+1.19^2}}{1.19} = 0.154\text{m} = 154\text{mm}$$

(3) 抗冻验算：

$$\delta \geqslant \frac{\dfrac{P_i\delta_i}{\sqrt{1+m^2}}(F_s m - f_{cs}) - H_1 C_{cs}\sqrt{1+m^2}}{\gamma_c H_i(1+mf_{cs})}$$

$$= \frac{\dfrac{150\times2}{\sqrt{1+1.19^2}}(3\times1.19-0.4) - 3\times150\times\sqrt{1+1.19^2}}{25\times3\times(1+1.19\times0.4)} = -0.8\text{m}$$

综上取 $\delta \geqslant 154\text{mm}$

三、加筋土挡墙设计

——《土工合成材料应用技术规范》第 7.3.2～7.3.6 条

加筋土挡墙按筋材模量可分为下列两种类型：

加筋土挡墙类型	刚性筋材	用抗拉模量高、延伸率低的土工带等作为筋材，墙内填土中的潜在破裂面如下图所示： 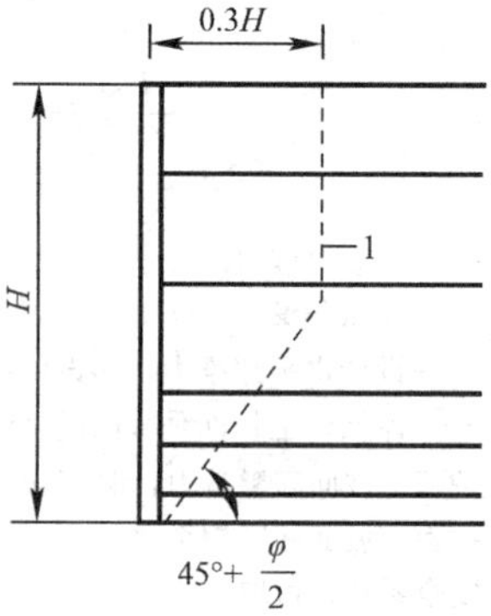 $0.3H$ H $45°+\dfrac{\varphi}{2}$
	柔性筋材	以塑料土工格栅或有纺土工织物等拉伸模量相对较低的材料作为筋材，墙内土中潜在破裂面，如朗肯破裂面如下图所示： 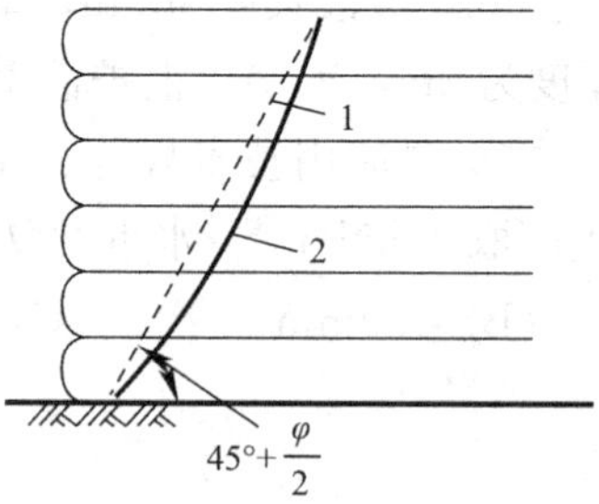 $45°+\dfrac{\varphi}{2}$

（一）外部稳定性验算

外部稳定性验算：应将整个加筋土体视为刚体，采用一般重力式挡墙的方法验算墙体的抗水平滑动稳定性、抗深层滑动稳定性和地基承载力。加筋土体可不做抗倾覆校核，但墙底面上作用合力的着力点应在底面中三分段之内。

墙背土压力应按朗肯（Rankine）土压力理论确定，如下图所示。

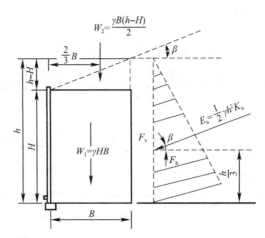

墙背垂直、填土面倾斜时的土压力计算图

【11-8】（模拟题）某加筋土挡土墙如下图所示，墙高 8m，墙后地面倾角 $\beta=12°$，加筋体及其上填土重度 $\gamma=19kN/m^3$，填土内摩擦角为 30°；原始老土重度 $\gamma=18.5kN/m^3$，内摩擦角为 25°，加筋体底面与地基土之间的摩擦系数 $f=0.45$，试问，按照《土工合成材料应用技术规范》GB/T 50290—2014 进行外部稳定性验算时，加筋土挡土墙的抗滑移稳定系数，最接近下列哪个选项的数值？（提示：筋带长度范围为填土，筋带之外为原始老土）

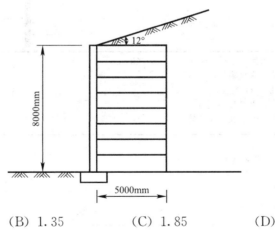

(A) 0.8 　　　　(B) 1.35 　　　　(C) 1.85 　　　　(D) 2.15

答案：B

解答过程：

根据《土工合成材料应用技术规范》GB/T 50290—2014 第 7.3.4 条：

(1) 挡土墙单位长度重力计算

$$W_1=\gamma HB=19\times8\times5=760kN$$

$$h=H+B\cdot\tan\beta=8+5\times\tan(12°)=9.06m$$

$$W_2=\frac{\gamma(h-H)B}{2}=\frac{19\times(9.06-8)\times5}{2}=50.4kN$$

$$W=W_1+W_2=760+50.4=810.4kN$$

（2）主动土压力计算

$$K_a = \tan^2\left(45° - \frac{25°}{2}\right) = 0.406$$

$$E_a = \frac{1}{2} \cdot \gamma h^2 K_a = \frac{1}{2} \times 18.5 \times 9.06^2 \times 0.406 = 308.3 \text{kN （方向同坡顶面）}$$

（3）抗滑移稳定性计算

$$k = \frac{\mu \cdot (W + E_a \cdot \sin\beta)}{E_a \cdot \cos\beta} = \frac{0.45 \times (810.4 + 308.3 \times \sin 12°)}{308.3 \times \cos 12°} = 1.31$$

（二）筋材抗拉强度及抗拔稳定性验算

计算内容	计算公式	计算简图
第 i 层筋材承受的水平拉力	$T_i = [(\sigma_{vi} + \sum\Delta\sigma_{vi}) \cdot K_i + \Delta\sigma_{hi}] \times s_{vi} \cdot s_{hi}$	
第 i 层筋材与土体的抗拔力	$T_{pi} = 2 \cdot \sigma_{vi} \cdot B \cdot L_{ei} \cdot f$	
筋材抗拉强度验算（抗拉断）	$\dfrac{T_a}{T_i} \geq 1$	
筋材抗拔稳定性验算（抗拔出）	$F_s = \dfrac{T_{pi}}{T_i} \geq 1.5$	

式中：σ_{vi}——第 i 层筋材承受其上覆土竖向自重压力（kPa）；

  $\Delta\sigma_{vi}$——坡顶超载引起垂直附加压力（kPa）；

  $\Delta\sigma_{hi}$——水平附加荷载（kPa）；

  s_{vi}、s_{hi}——筋材的竖向、水平间距（m）；

  K_i——土压力系数，按下列方法计算：

柔性筋材（土工格栅、土工织物等）	$K_i = K_a$	
刚性筋材（土工带等）	$K_i = K_0 - \dfrac{(K_0 - K_a) \cdot z_i}{6}$	$0 < z_i < 6\text{m}$
	$K_i = K_a$	$6\text{m} \leq z_i$

  K_a——朗肯主动土压力系数，$K_a = \tan^2(45° - \frac{\varphi}{2})$；

  K_0——静止土压力系数；

  T_a——筋材的允许抗拉强度（kN）；

  f——筋材与土的摩擦系数；

  L_{ei}——破裂面以外的第 i 层筋材长度（m）；

  B——筋材的宽度（m），满堂铺设取 1m；

  σ_{vi}——第 i 层筋材承受其上覆土的竖自重压力（kPa）；

  T_i——第 i 层筋材承受的水平拉力（kN）

（三）筋材总长度计算

第 i 层筋材的总长度 L_i 如下：

$$L_i = L_{0i} + L_{ei} + L_{wi}$$

式中：L_{0i}——破裂面以内第 i 层筋材长度（m）；

$\qquad L_{ei}$——第 i 层锚固段长度（m）；

$\qquad L_{wi}$——第 i 层筋材外端包裹所需长度（m），该段长度不得小于 1.2m。

L_{0i}、L_{ei} 的计算如下：

筋材类型	计算图示		计算公式
刚性筋材	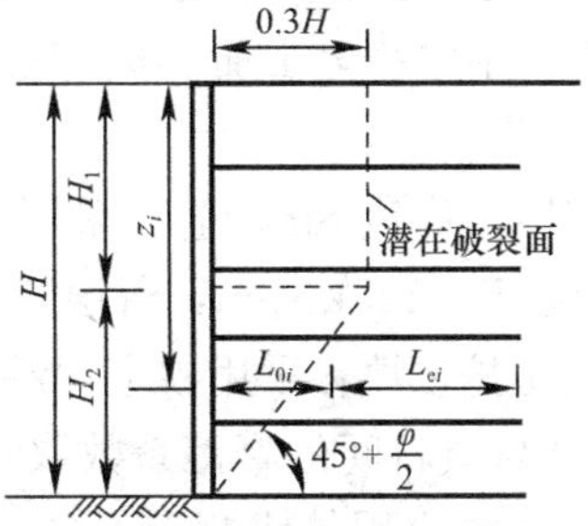	非锚固段	$L_{0i}=\begin{cases}0.3H & z_i<H_1 \\ \tan\left(45°-\dfrac{\varphi}{2}\right)(H-z_i) & H_1<z_i<H\end{cases}$ $H_1=H\left[1-0.3\tan\left(45°+\dfrac{\varphi}{2}\right)\right]$
		锚固段	$L_{ei}=\dfrac{F_sT_i}{2\sigma_{vi}Bf}\geqslant 1.0\text{m},\ F_s\geqslant 1.5$
柔性筋材	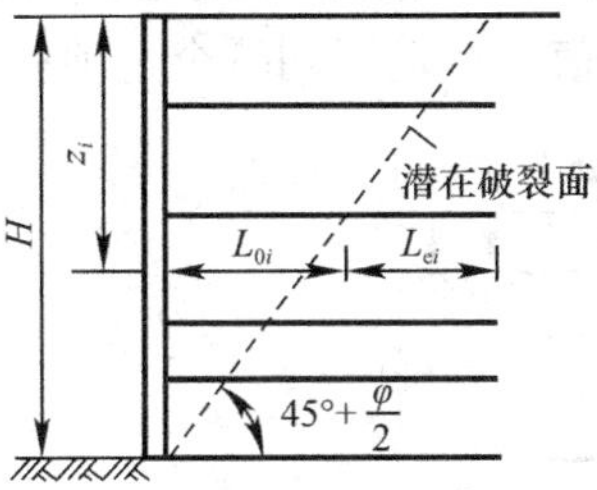	非锚固段	$L_{0i}=\tan\left(45°-\dfrac{\varphi}{2}\right)(H-z_i)$
		锚固段	$L_{ei}=\dfrac{F_sT_i}{2\sigma_{vi}Bf}\geqslant 1.0\text{m},\ F_s\geqslant 1.5$

【11-9A】（2017C14）某高填土路堤，填土高度 5m，上部等效附加荷载按 30kPa 计算，无水平附加荷载，采用满铺水平复合土工织物按 1m 厚度等间距分层加固，已知填土重度为 18kN/m³，侧压力系数 $K_a=0.6$，不考虑土工布自重，地下水位在填土以下，综合强度折减系数为 3.0，则按《土工合成材料应用技术规范》GB/T 50290—2014 选用的土工织物极限抗拉强度及铺设合理组合方式最接近下列哪个选项？

（A）上面 2m 单层 80kN/m，下面 3m 双层 80kN/m

（B）上面 3m 单层 100kN/m，下面 2m 双层 100kN/m

（C）上面 2m 单层 120kN/m，下面 3m 双层 120kN/m

（D）上面 3m 单层 120kN/m，下面 2m 双层 120kN/m

答案：C

解答过程：

根据《土工合成材料应用技术规范》GB/T 50290—2014 第 3.1.3 条、第 7.3.5 条：

$T_a\geqslant T_i\Rightarrow$ 极限抗拉强度 $T\geqslant RF\cdot T_i$

（1）第一层：$\sigma_{v1}=18\times1=18\text{kPa}$，$T_{1m}=[(18+30)\times0.6+0]\times1/1=28.8\text{kN}\Rightarrow T\geqslant 3\times28.8=86.4\text{kN}$；

（2）第二层：$\sigma_{v2}=18\times2=36\text{kPa}$，$T_{2m}=[(36+30)\times0.6+0]\times1/1=39.6\text{kN}\Rightarrow T\geqslant 3\times39.6=118.8\text{kN}$；

（3）第三层：$\sigma_{v3}=18\times3=54\text{kPa}$，$T_{3m}=[(54+30)\times0.6+0]\times1/1=50.4\text{kN}\Rightarrow T\geqslant 3\times50.4=151.2\text{kN}$；

（4）第四层：$\sigma_{v4}=18\times4=72\text{kPa}$，$T_{4m}=[(72+30)\times0.6+0]\times1/1=61.2\text{kN}\Rightarrow T\geqslant$

$3 \times 61.2 = 183.6$kN；

（5）第五层：$\sigma_{v5} = 18 \times 5 = 90$kPa，$T_{5m} = [(90+30) \times 0.6 + 0] \times 1/1 = 72$kN $\Rightarrow T \geqslant 3 \times 72 = 216$kN；

由以上计算可知：上面 2m 单层 120kN/m，下面 3m 双层 120kN/m。

【小注岩土点评】

$T_i = [(\sigma_{vi} + \sum \Delta\sigma_{vi})K_i \mid \sigma_{hi}] \times s_{vi} \cdot s_{hi}$，按照每间隔 1m 验算每层的抗拉断，也可以根据选项，仅验算第二层、第三层、第五层筋材拉力，即可确定上面 2m、3m 和下面 3m 筋材。

【11-9B】（2020C15）如下图所示某柔性加筋土挡墙，高度 8m，筋材采用土工格栅满铺，筋材竖向间距为 0.8m，材料的实测极限抗拉强度 $T = 145$kN/m，每层筋材总长度均为 7.5m，包裹长度为 1.5m，墙面采用挂网喷射混凝土防护，填料采用砂土，$\gamma = 20$kN/m³，$c = 0$，$\varphi = 30°$，筋材的综合强度折减系数取 3.0，筋材与填料间的摩擦系数取 0.25，因场地条件限制，需在挡墙顶进行堆载，根据《土工合成材料应用技术规范》GB/T 50290—2014，为满足加筋挡墙内部稳定性要求，则堆载最大值最接近下列哪个选项？

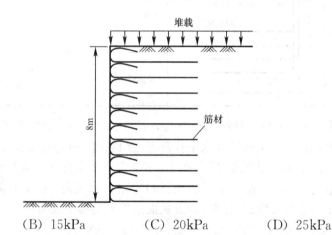

（A）10kPa　　　　（B）15kPa　　　　（C）20kPa　　　　（D）25kPa

答案：C

解答过程：

根据《土工合成材料应用技术规范》GB/T 50290—2014 第 7.3.5 条：

（1）抗拉断验算：由于最底层筋带承受的水平拉力最大，其抗拉最不容易满足要求。

$$K_i = K_a = \tan^2\left(45° - \frac{30°}{2}\right) = \frac{1}{3}$$

$$T_i = [(\sigma_{vi} + \sum \Delta\sigma_{vi})K_i + \Delta\sigma_{hi}] \times s_{vi} \cdot s_{hi}$$

$$= (20 \times 8 + q) \times \tan^2\left(45° - \frac{30°}{2}\right) \times 0.8 \times 1.0 = 42.7 + 0.27q$$

$$T_i = 42.7 + 0.27q \leqslant T_a = \frac{145}{3} = 48.3\text{kN} \Rightarrow q \leqslant 20.7\text{kPa}$$

（2）抗拔出验算：由于最上面一层筋带的锚固段最短且筋带上的竖直压力最小，抗拔最不容易满足要求。

$$L_{ei} = 7.5 - 1.5 - (8 - 0.8) \times \tan\left(45° - \frac{30°}{2}\right) = 1.84\text{m}$$

$$T_i = \left[(\sigma_{vi} + \sum \Delta\sigma_{vi})K_i + \Delta\sigma_{hi}\right] \times s_{vi} \cdot s_{hi}$$

$$= (20 \times 0.8 + q) \times \tan^2\left(45° - \frac{30°}{2}\right) \times 0.8 \times 1.0 = 4.27 + 0.27q$$

$$F_s = \frac{T_{pi}}{T_i} = \frac{2\sigma_{vi}BL_{ei}f}{4.27 + 0.27q} = \frac{2 \times (0.8 \times 20 + q) \times 1 \times 1.84 \times 0.25}{4.27 + 0.27q}$$

$$= \frac{14.72 + 0.92q}{4.27 + 0.27q} \geqslant 1.5 \ (恒满足)$$

【小注岩土点评】

① 题目需要计算堆载最大值，需同时进行筋材的抗拉断＋抗拔出验算，反算出最不利的堆载值。

② 墙底处的筋材受到水平拉力最大，其为最不利工况，因此验算墙底处筋材的允许抗拉强度是否满足要求；加筋土挡土墙采用柔性筋材时，破裂面呈直线，与竖直面夹角为 $45° - \varphi/2$，最上面一层筋带锚固段长度最小，因此只需验算最上面一层的抗拔出稳定性是否满足，最上面一层满足，其他各层恒满足。

四、软基筑堤加筋设计

——《土工合成材料应用技术规范》第 7.4.3～7.4.7 条

（一）地基承载力验算

<table>
<tr><td colspan="3" align="center">软基筑堤加筋设计</td></tr>
<tr><td>验算内容</td><td colspan="2" align="center">计算公式</td></tr>
<tr><td rowspan="4">软土地基
承载力验算</td><td colspan="2"></td></tr>
<tr><td align="center">软土地基厚度 D_s 远大于路堤底宽度 L</td><td align="center">软土地基厚度 $D_s <$ 路堤底宽度 L</td></tr>
<tr><td>软土地基承载力 q_{ult} 如下：
$$q_{ult} = C_u \cdot N_c$$</td><td>坡趾处软土抗挤出安全系数如下：
$$F_s = \frac{2C_u}{\gamma D_s \cdot \tan\theta} + \frac{4.14C_u}{\gamma H}$$</td></tr>
<tr><td colspan="2">式中：C_u——软土地基土的不排水抗剪强度（kPa）；
　　　N_c——软土上条形基础下，地基承载力系数，取 5.14；
　　　γ——路堤坡土的重度（kN/m³）；
　　　D_s——地基软土层厚度（m）；
　　　θ——路堤坡角（°）</td></tr>
</table>

（二）地基深层抗滑稳定性验算

软基筑堤加筋设计

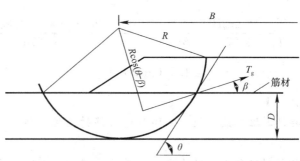

软土地基深层抗滑稳定性验算

针对未加底筋的深层软土地基及其上土堤的深层圆弧滑动稳定分析，如果算得的安全系数 $F_s \geqslant F_{sr}$，则无需铺设底筋。但是如果算得的安全系数小于 F_{sr}，则需要铺设底筋，并按下式计算底筋的抗拉强度 T_g：

$$T_g = \frac{F_{sr} \cdot M_D - M_R}{R \cdot \cos(\theta - \beta)}$$

筋材提供的抗滑力矩：

$$M'_R = T_g \cdot R \cdot \cos(\theta - \beta)$$

式中：M_D——未加筋地基滑动分析时，对应于最危险滑动面的滑动力矩（kN·m）；

M_R——未加筋地基滑动分析时，对应于最危险滑动面的抗滑力矩（kN·m）；

F_{sr}——规范要求的地基圆弧滑动稳定系数；

R——滑动半径（m）；

θ——底筋与滑弧交点处切线的仰角（°）；

β——原来水平铺放的筋材在圆弧滑动时，其方位的改变角度（°），地基软土或泥炭等可采用 $\beta = \theta$、$\beta = 0$ 为最保守情况

（三）地基浅层抗滑稳定性验算

计算图示及计算公式

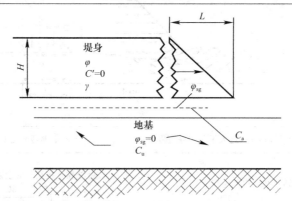

路堤底部"未加底筋"时，浅层软土地基及其上土堤进行浅层平面抗滑稳定性分析，分析计算得的安全系数 F_s	$F_s = \dfrac{L \cdot \tan\varphi_i}{K_a \cdot H}$
需要底部铺设底筋，底筋的抗拉强度 T_{1s}	$F_{sr} = \dfrac{2(L \cdot C_a + T_{1s})}{K_a \cdot \gamma \cdot H^2}$
路堤底部铺设底筋后，土堤沿底筋顶面的抗滑稳定性	$F_s = \dfrac{L \cdot \tan\varphi_{sg}}{K_a \cdot H}$

式中：φ_i——堤底与地基土间的摩擦角（°）；

　　K_a——堤身土的朗肯主动土压力系数；

　　C_a——地基土与底筋间的黏聚力（kPa），由不排水试验测定，对极软地基土和低堤可取 $C_a=0$；

　　γ——堤身土体的重度（kN/m³）；

　φ_{sg}——堤底与底筋顶面间的摩擦角（°）

（四）底筋抗拉强度的计算

经上述的软土地基深层和浅层滑动稳定验算后，取二者中底筋抗拉强度的大值作为底部筋材需要提供的拉力值 T_a，但是由抗滑稳定性验算得到的底筋强度未考虑材料本身要求的安全系数，但选材时需要筋材具有一定的强度储备，设计要求的底筋抗拉强度 T 应按下式计算：

$$T=RF \cdot \max\{T_g, T_{1s}\}$$

$$RF=RF_{CR} \cdot RF_{iD} \cdot RF_D$$

式中：T_g——由深层抗滑稳定性验算得到的底筋抗拉强度（kN/m）；

　　T_{1s}——由浅层抗滑稳定性验算得到的底筋抗拉强度（kN/m）；

　　RF——综合强度折减系数。

【11-10】（模拟题）某软土地基上的公路路堤拟采用加筋处理（如下图所示），拟采用的堤底筋材实测极限抗拉强度为 100kN/m，堤身采用卵石土碾压回填，$\gamma=21.5$kN/m³，内摩擦角为 30°。地基土为淤泥质黏土，$\gamma=17.0$kN/m³，不排水抗剪强度 $C_u=20$kPa。堤底与底筋顶面间的摩擦角为 25°，地基土与底筋间的黏聚力为 10kPa。试问，按《土工合成材料应用技术规范》GB/T 50290—2014 相关规定对路堤底部加筋处理后，进行软土路堤浅层平面滑动稳定性验算，确定该路堤底部需要铺设（　　）筋带？（提示：筋材的综合强度折减系数采用 3.5，浅层抗滑移安全系数取 1.35）

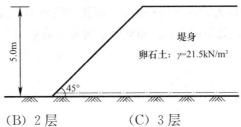

（A）1 层　　　　　（B）2 层　　　　　（C）3 层　　　　　（D）4 层

答案：C

解答过程：

根据《土工合成材料应用技术规范》GB/T 50290—2014 第 7.4.6 条第 2 款：

$$F_{sr}=\frac{2(LC_a+T_{1s})}{K_a\gamma H^2}=\frac{LC_a+T_{1s}}{\frac{1}{2}K_a\gamma H^2}$$

$$T_{1s}=\frac{1}{2}K_a\gamma H^2 \times F_{sr}-LC_a=\frac{1}{2}\times\tan^2\left(45°-\frac{30°}{2}\right)\times21.5\times5^2\times1.35-\frac{5}{\tan45°}\times10=70.9375\text{kN/m}$$

$$n=\frac{T_{1s}\times RF}{T}=\frac{70.9375\times3.5}{100}=2.48\text{（取 3 层）}$$

五、加筋土坡设计

—— 《土工合成材料应用技术规范》第 7.5.3 条及条文说明

加筋土坡设计时，应首先对未加筋土坡进行稳定性分析，求得其最小安全系数 F_{su}；并与设计要求的安全系数 F_{sr} 进行比较，当 $F_{su} < F_{sr}$ 时，应采取加筋处理。针对每一假设的潜在滑面，所需筋材的总拉力，按下式计算：

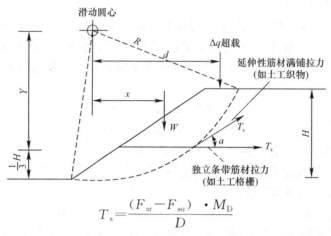

$$T_s = \frac{(F_{sr} - F_{su}) \cdot M_D}{D}$$

式中：M_D——未加筋土坡的某一滑弧对应的滑动力矩（kN·m）；

D——对应于某一滑弧的筋材总拉力 T_s 相对于圆心的力臂（m），其力臂的计算如下：

①当筋材为延性筋材满铺时，筋材总拉力 T_s 方向与圆弧相切，$D = R$；

②当筋材为独立筋材时，筋材总拉力 T_s 方向水平，其作用点为坡高的 1/3 处，如上图所示。

【11-11】（2010D19）设计一个坡高 15m 的填土坡，用圆弧条分法计算得到的最小安全系数为 0.89，对应的滑动力矩为 36000kN·m/m，圆弧半径为 37.5m，为此需要对土坡进行加筋处理，筋材为独立条带，如下图所示。如果要求的安全系数为 1.3，按照《土工合成材料应用技术规范》GB/T 50290—2014 计算，每延米填方需要的筋材总加筋力最接近（　　）。

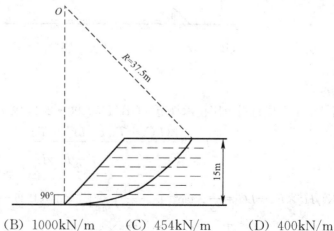

(A) 1400kN/m　　(B) 1000kN/m　　(C) 454kN/m　　(D) 400kN/m

答案：C

解答过程：

根据《土工合成材料应用技术规范》GB/T 50290—2014 第 7.5.3 条：

$$T_s = \frac{(F_{sr} - F_{su})M_0}{D} = \frac{(1.3 - 0.89) \times 36000}{37.5 - \frac{15}{3}} = 454\text{kN/m}$$

【小注岩土点评】

为了能够使用现行规范解答，本题目局部做了调整。延伸性筋材满铺 T_s 的力臂为：$D = R$，独立条带筋材 T_s 的力臂为：$D = Y = R - \frac{1}{3}H$。

【11-12】（2014C20）如下图所示，某填土边坡，高 12m，设计验算拟采用圆弧条分法分析其最小安全系数为 0.88，对应每延米的抗滑力矩为 22000kN·m，圆弧半径为 25.0m，不能满足该边坡稳定要求，拟采用加筋处理，等间距布置 10 层土工格栅，每层土工格栅的水平拉力均按 45kN/m 考虑，按照《土工合成材料应用技术规范》GB/T 50290—2014，该边坡加筋处理后的稳定安全系数最接近下列哪个选项？

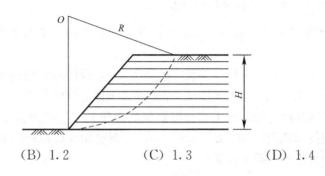

(A) 1.1　　　　　(B) 1.2　　　　　(C) 1.3　　　　　(D) 1.4

答案：C

解答过程：

根据《土工合成材料应用技术规范》GB/T 50290—2014 第 7.5.3 条：

（1）未加筋土坡对应的滑动力矩：$M_0 = \dfrac{\text{抗滑力矩}}{\text{安全系数}} = \dfrac{22000}{0.88} = 25000\text{kN·m/m}$

（2）筋材总拉力：$T_s = 45 \times 10 = 450\text{kN/m}$

（3）$T_s = (F_{sr} - F_{su})M_0/D \Rightarrow 450 = (F_{sr} - 0.88) \times 25000/25 \Rightarrow F_{sr} = 1.33$

【小注岩土点评】

《土工合成材料应用技术规范》GB/T 50290—2014 关于滑动力臂与老规范有差异：延伸性筋材满铺 T_s 的力臂为：$D = R$，独立条带筋材 T_s 的力臂为：$D = Y = R - \frac{1}{3}H$。按照新规范，本题的力臂应该为 R，如按照老规范计算滑动力臂：$D = 25 - H/3 = 25 - 12/3 = 21\text{m}$。

【11-13】（2008C19）一填方土坡相应于下图的圆弧滑裂面时，每延米滑动土体的总重量 $W = 250\text{kN/m}$，重心距滑弧圆心水平距离为 6.5m，计算的安全系数 $F_{su} = 0.8$，不能满足抗滑稳定而要采取加筋处理，要求安全系数达到 $F_{sr} = 1.3$。按照《土工合成材料应用技术规范》GB/T 50290—2014，采用设计容许抗拉强度为 19kN/m 的独立筋材土工带以等间距布置时，土工带的最少层数接近于（　　　）。

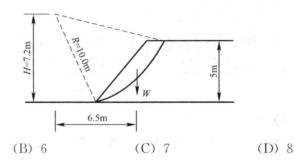

(A) 5   (B) 6   (C) 7   (D) 8

答案：D

解答过程：

根据《土工合成材料应用技术规范》GB/T 50290—2014 第 7.5.3 条：

(1) $M_0 = 250 \times 6.5 = 1625 \text{kN} \cdot \text{m/m}$

(2) $T_s = (F_{sr} - F_{su}) M_D / D = (1.3 - 0.8) \times 1625 / \left(7.2 - \dfrac{5}{3}\right) = 146.8 \text{kN/m}$

(3) $n = \dfrac{146.8}{19} = 7.7$ 层，取 $n = 8$ 层。

【小注】本题原为土工格栅，根据新规范，土工格栅一般属于延性筋材，这样的话应该取 $D = R$。

【11-14】(2022C17) 某填土边坡，坡高 5.4m，设计时采用瑞典圆弧法计算得到其最小安全系数为 0.8，圆弧半径为 15m，单位宽度土体的抗滑力矩为 8000kN·m。拟采用土工格栅加筋增强其稳定性，若土工格栅提供的总单宽水平拉力为 380kN/m。根据《土工合成材料应用技术规范》GB/T 50290—2014，假定加筋后稳定验算滑弧不变，加筋后最小安全系数最接近下列哪个选项？

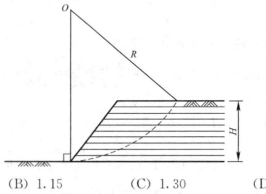

(A) 1.10   (B) 1.15   (C) 1.30   (D) 1.35

答案：D

解答过程：

根据《土工合成材料应用技术规范》GB/T 50290—2014 第 7.5.3 条第 2 款：

$$T_s = \dfrac{(F_{sr} - F_{su}) M_D}{D} \Rightarrow F_{sr} = \dfrac{T_s \times D}{M_D} + F_{su} = \dfrac{380 \times 15}{8000/0.8} + 0.8 = 1.37$$

【小注岩土点评】

① 力臂 D 的取值是解题的关键，依据《土工合成材料应用技术规范》GB/T 50290—2014 图 7.5.3-2，延伸性筋材满铺，$D = R$，独立条带筋材 $D = Y$。

② 筋材按其在受力时延伸率的大小可分为柔性材料与刚性材料。柔与刚是一个相对概念，难以定量划分。在设计中，习惯上将破坏延伸率可能达到 10% 以上的如土工格栅、土工织物等视为柔性材料；而延伸率仅为 3%～4%，如强化加筋带等，则视为刚性材料。题干中也没有相关参数准确计算延伸率，因此默认土工格栅为柔性材料计算。

③ 如果按土工格栅为刚性考虑，则错选答案 C

$$F_{sr} = \frac{T_s \times D}{M_D} + F_{su} = \frac{380 \times \left(15 - \frac{5.4}{3}\right)}{8000/0.8} + 0.8 = 1.30$$

④ 关于本题争议较大，命题人给出的答案是 C，岩土工程师考试时不时会出现争议题，或者更准确的说是错题，考生如何处理这类题目？小编给出一个原则：你的计算结果是否无限接近某一个选项，如果计算结果和选项相差甚远，至少说明不是命题人要的结果，因此本题按照柔性计算结果为 1.37 和 D 选项相差较大，而按照刚性计算结果为 1.30 和 C 选项无限接近，命题人的答案就是 C。

六、软基加筋柱网结构设计

——《土工合成材料应用技术规范》第 7.6.3 条、第 7.6.4 条及条文说明

在极软地基上按常规速度建堤，但要求消除过大的工后沉降时，可采用土工合成材料和碎石或砂砾构成的加筋网垫形式的桩网支承结构。加筋桩网基础宜用于堤高不大于 10m 的工程。桩型可采用木桩、预制混凝土桩、振动混凝土桩、水泥土搅拌桩等，桩顶应设配筋桩帽。利用桩帽上的土工合成材料传力承台和桩间土形成的拱作用，将堤身重量通过桩柱传递给桩下相对硬土层。

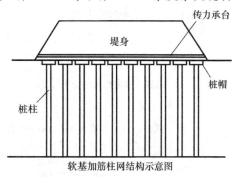

软基加筋柱网结构示意图

计算项目	计算图示及计算公式
桩的分布范围计算	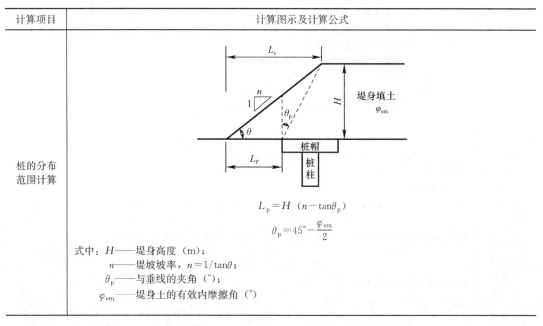 $$L_p = H\,(n - \tan\theta_p)$$ $$\theta_p = 45° - \frac{\varphi_{em}}{2}$$ 式中：H——堤身高度（m）； 　　　n——堤坡坡率，$n = 1/\tan\theta$； 　　　θ_p——与垂线的夹角（°）； 　　　φ_{em}——堤身土的有效内摩擦角（°）

续表

计算项目	计算图示及计算公式
堤坡下筋材的强度和长度计算	堤坡的稳定性验算时，坡肩处的主动土压力可能推动坡土，这就要求筋材抗拉力应不小于坡肩处的主动土压力。 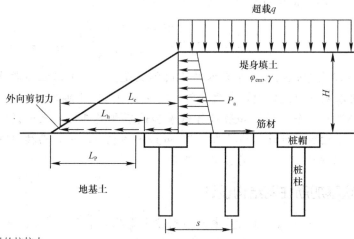 堤坡下筋材的抗拉力： $$T_{ls} \geq P_a = \frac{1}{2} K_a f_f (\gamma H + 2q) H$$ $$K_a = \tan^2 \left(45° - \frac{\varphi_{em}}{2}\right)$$ 提供抗拉力的筋材锚固长度： $$L_e = \frac{T_{ls} + T_{rp}}{0.5 \gamma H C_i \tan \varphi_{em}}$$ 式中：T_{ls}——堤坡下筋材的抗拉力（kN/m）； 　　　T_{rp}——堤轴向筋材拉力（kN/m）； 　　　P_a——坡肩处主动土压力合力（kN/m）； 　　　q——均布荷载（kPa）； 　　　K_a——主动土压力系数； 　　　f_f——荷载因数，取 1.3； 　　　γ——堤身填土的重度（kN/m³）； 　　　L_e——提供抗拉力 T_{ls} 的筋材锚固长度（m）； 　　　φ_{em}——堤身填土的内摩擦角（°）； 　　　H——堤身高度（m）； 　　　C_i——筋材与堤填土之间抗滑相互作用系数，$C_i < 1$，C_i 宜取 0.8
传力承台筋材的总设计强度	传力承台筋材的总设计强度 T，应按下列公式计算： 堤轴线方向：$T_t = T_{rp}$ 横贯堤轴线方向：$T_t = T_{ls} + T_{rp}$
堤轴向筋材单宽拉力计算	加筋网垫设计按悬索线理论法设计，堤轴向筋材的单宽拉力 T_{rp} 可按下列规定计算： $$T_{rp} = \frac{W_T(s-a)}{2a} \sqrt{1 + \frac{1}{6\varepsilon}}$$ 悬索承受的竖向荷载 W_T：

续表

计算项目	计算图示及计算公式
堤轴向筋材单宽拉力计算	$$W_T = \begin{cases} \dfrac{1.4sf_{fs}\gamma(s-a)}{s^2-a^2}\left(s^2-a^2\dfrac{p'_c}{\sigma'_v}\right) & H>1.4(s-a) \\[3mm] \dfrac{s(f_{fs}\gamma H+f_q q)}{s^2-a^2}\left(s^2-a^2\dfrac{p'_c}{\sigma'_v}\right) & 0.7(s-a)\leqslant H\leqslant1.4(s-a) \end{cases}$$ 桩顶平均垂直应力 p'_c 与堤底平均垂直应力 σ'_v 之比： $$\frac{p'_c}{\sigma'_v}=\left(\frac{C_c a}{H}\right)^2$$ $$\sigma'_v=f_{fs}\gamma H+f_q q$$ 成拱系数 C_c： 端承桩： $$C_c=1.95\frac{H}{a}-0.18$$ 摩擦桩： $$C_c=1.50\frac{H}{a}-0.07$$ 注：$s-a$ 为桩净距。 式中：s——桩柱中心距（m）； 　　　a——桩帽直径或宽度（m）； 　　　ε——筋材的应变，堤重全部传递给桩时的最大应变为6%； 　　　f_{fs}——土单位质量分项荷载因数，取1.3； 　　　f_q——超载分项荷载因数，取1.3； 　　　C_c——成拱系数； 　　　H——堤身高度（m）； 　　　γ——堤身填土的重度（kN/m^3）； 　　　q——均布荷载（kPa）

【11-15】（2021D15）某软基筑堤工程采用加筋桩网基础，如下图所示，堤高为 4.5m，坡角为 25°，堤身填料重度 $\gamma=20kN/m^3$，$\varphi_{em}=30°$；软基厚度为 15m，$\gamma=16kN/m^3$，$c=12kPa$。桩基采用预制管桩，为摩擦桩，桩径为 0.6m，桩间距为 1.8m，桩帽宽度为 0.9m。筋材锚固长度为 9.0m，筋材与堤填土之间抗滑相互作用系数 $C_i=0.8$，筋材应变 $\varepsilon=6\%$。根据《土工合成材料应用技术规范》GB/T 50290—2014 计算，在满足堤坡抗挤滑验算的前提下，堤顶面超载 q 最大值最接近下列哪个选项？

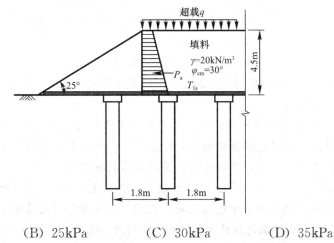

（A）20kPa　　　　（B）25kPa　　　　（C）30kPa　　　　（D）35kPa

答案：C

解答过程：

根据《土工合成材料应用技术规范》GB/T 50290—2014 第 7.6.3 条、第 7.6.4 条，题中参数取值参照规范图 7.6.3-2：

(1) 筋材单宽拉力计算

摩擦桩：

$$C_c = 1.50 \frac{H}{a} - 0.07 = 1.50 \times \frac{4.5}{0.9} - 0.07 = 7.43$$

$$\frac{p_c'}{\sigma_v'} = \left(\frac{C_c \cdot a}{H}\right)^2 = \left(\frac{7.43 \times 0.9}{4.5}\right)^2 = 2.208$$

$H = 4.5\text{m} > 1.4 \times (1.8 - 0.9) = 1.26\text{m}$，则悬索承受的竖向荷载为：

$$W_T = \frac{1.4 \cdot s \cdot f_{fs} \cdot \gamma \cdot (s-a)}{s^2 - a^2}\left(s^2 - a^2 \cdot \frac{p_c'}{\sigma_v'}\right)$$

$$= \frac{1.4 \times 1.8 \times 1.3 \times 20 \times (1.8 - 0.9)}{1.8^2 - 0.9^2} \times (1.8^2 - 0.9^2 \times 2.208) = 35.2\text{kN/m}$$

则筋材单宽拉力为：

$$T_{rp} = \frac{W_T(s-a)}{2a}\sqrt{1 + \frac{1}{6\varepsilon}} = \frac{35.2 \times (1.8 - 0.9)}{2 \times 0.9} \times \sqrt{1 + \frac{1}{6 \times 0.06}} = 34.208\text{kN/m}$$

(2) 筋材抗拉力计算

$$T_{1s} \geq P_a = \frac{1}{2} K_a f_f (\gamma H + 2q) H$$

其中：

$$K_a = \tan^2\left(45° - \frac{\varphi_{em}}{2}\right) = \tan^2\left(45° - \frac{30°}{2}\right) = 0.333，代入数据得：$$

$$T_{1s} \geq P_a = \frac{1}{2} \times 0.333 \times 1.3 \times (20 \times 4.5 + 2q) \times 4.5 = 87.75 + 1.95q$$

(3) 堤顶面超载 q 计算

根据筋材锚固长度：

$$L_e = \frac{T_{1s} + T_{rp}}{0.5\gamma H C_i \tan\varphi_{em}} = \frac{T_{1s} + 34.208}{0.5 \times 20 \times 4.5 \times 0.8 \times \tan30°} = 9.0\text{m}$$

解得：$T_{1s} = 152.9\text{kN/m} \geq P_a = 87.75 + 1.95q$

$$\Rightarrow q \leq 33.4\text{kPa}$$

因此，在满足堤坡抗挤滑验算的前提下，堤顶面超载 q 不应大于 33.4kPa，故应选择 C。

【小注岩土点评】

① 本题考查软基加筋桩网结构设计，题干图示与规范图 7.6.3-2 极为相似，套用规范公式、参照规范示意图选取合适的参数计算即可，但是本题计算量偏大，需要对规范较为熟悉且计算过程中要细心，思路清晰，否则容易混淆概念。

② 本题的坑点在于，计算出的最大值 $q = 33.4\text{kPa}$，与 D 选项的 35kPa 最为接近，但是不能选择 D 项，因为题目中已经明确：在满足抗挤滑验算要求的前提下，能容许的最大值。如果选 D 项，则不满足抗挤滑验算要求，因此，选 D 项是错误的，所以只能选 C 项。

第五十六章　生活垃圾卫生填埋处理技术规范

一、填埋库区最大承载力计算

——《生活垃圾卫生填埋处理技术规范》第 6.1.4 条及条文说明

首先将填埋单元的不规则几何形式简化成规则（矩形）底面，然后采用太沙基极限理论分析地基极限承载力，极限承载力按下式计算：

$$P'_{u} = \frac{P_{u}}{K}$$

$$P_{u} = \frac{1}{2}b\gamma N_{r} + cN_{c} + qN_{q}$$

式中：　　P'_{u}——修正地基极限承载力（kPa）；

　　　　　P_{u}——地基极限荷载（kPa）；

　　　　　γ——填埋场库底地基土的天然重度（kN/m³）；

　　　　　c——地基土的黏聚力（kPa），按固结、排水后取值；

　　　　　q——原自然地面至填埋场库底范围内土的自重压力（kPa）；

N_{r}、N_{c}、N_{q}——地基承载力系数，均为 $\tan(45° + \varphi/2)$ 的函数，其中，N_{r}、N_{q} 与垃圾填埋体的形状和埋深有关，其取值根据地勘资料确定；

　　　　　φ——地基土内摩擦角（°），按固结、排水后取值；

　　　　　b——垃圾体基础底宽（m）；

　　　　　K——安全系数，按下表取值。

各级填埋场安全系数 K 值表

重要性等级	处理规模（t/d）	K
Ⅰ级	≥900	2.5～3.0
Ⅱ级	200～900	2.0～2.5
Ⅲ级	≤200	1.5～2.0

二、最大堆高计算

——《生活垃圾卫生填埋处理技术规范》第 6.1.4 条及条文说明

根据计算出的修正极限承载力 P'_{u}，可得极限堆填高度 $H_{\max}$：

$$H_{\max} = \frac{P'_{u} - \gamma_{2}d}{\gamma_{1}}$$

式中：d——垃圾堆填高度（m）；

γ_{1}、γ_{2}——分别为垃圾堆体和被挖除土体的重度（kN/m³）。

【11-16】（模拟题）某地拟新建一处垃圾填埋场，计划处理能力为 20 万 t/年，场地地基土层分布：0～2m 为人工填土，$\gamma = 17.5kN/m^3$；2～4m 为粉质黏土，$\gamma = 18.5kN/m^3$；4～10m 为黏性土，$\gamma = 19.2kN/m^3$，$P_{u} = 550kPa$；10m 以下为岩层。拟设填埋场埋深

5.5m，垃圾堆体平均重度为9.5kN/m³，场地勘察期间未见地下水。试按《生活垃圾卫生填埋处理技术规范》GB 50869—2013确定该填埋场最大堆填高度最接近下列哪个选项？（地基承载力安全系数查表取大值）

(A) 10.0m   (B) 12.5m   (C) 16m   (D) 19m

答案：C

解答过程：

根据《生活垃圾卫生填埋处理技术规范》GB 50869—2013第6.1.4条条文说明：

处理规模：

$$\frac{200000}{365}=548t/d$$

查表安全系数取大值2.5，则：

$$P'_u=\frac{P_u}{K}=550/2.5=220kPa$$

$$H_{max}=\frac{P'_u-\gamma_2 d}{\gamma_1}=\frac{220-2\times17.8-2\times18.5-1.5\times19.2}{9.5}=12.48m$$

第五十七章　高层建筑岩土工程勘察标准

第一节　岩土工程勘察

一、高层建筑岩土工程勘察等级划分

——《高层建筑岩土工程勘察标准》第 3.0.2 条

项目	内容
勘察等级 划分依据	根据高层建筑规模和特征、场地和地基复杂程度、破坏后果的严重程度
勘察等级	高层建筑勘察等级分为特级、甲级和乙级
勘察等级： 特级	符合下列条件之一，破坏后果很严重： （1）高度超过 250m（含 250m）的超高层建筑； （2）高度超过 300m（含 300m）的高耸结构； （3）含有周边环境特别复杂或对基坑变形有特殊要求基坑的高层建筑
勘察等级： 甲级	符合下列条件之一，破坏后果很严重： （1）30 层（含 30 层）以上或高于 100m（含 100m）但低于 250m 的超高层建筑（包括住宅、综合性建筑和公共建筑）； （2）体型复杂、层数相差超过 10 层的高低层连成一体的高层建筑； （3）对地基变形有特殊要求的高层建筑； （4）高度超过 200m，但低于 300m 的高耸结构，或重要的工业高耸结构； （5）地质环境复杂的建筑边坡上、下的高层建筑； （6）属于一级（复杂）场地，或一级（复杂）地基的高层建筑； （7）对既有工程影响较大的新建高层建筑； （8）含有基坑支护结构安全等级为一级基坑工程的高层建筑
勘察等级： 乙级	符合下列条件之一，破坏后果严重： （1）不符合特级、甲级的高层建筑和高耸结构； （2）高度超过 24m、低于 100m 的综合性建筑和公共建筑； （3）位于邻近地质条件中等复杂、简单的建筑边坡上、下的高层建筑； （4）含有基坑支护结构安全等级为二级、三级基坑工程的高层建筑
注意事项	高层建筑的勘察等级只有特级、甲级和乙级，没有丙级

二、详勘阶段勘探孔深度的确定

——《高层建筑岩土工程勘察标准》第 4.2.2 条

项目	内容
控制性勘探点 深度确定原则	应超过地基变形计算深度
控制性勘探 点深度确定	对于箱形基础或筏形基础，在不具备变形深度计算条件时，可按下式计算确定： $$d_c = d + \alpha_c \beta b$$

续表

项目	内容
控制性勘探点深度确定	式中：d_c——控制性勘探点深度（m）； d——箱形基础或筏形基础埋置深度（m）； α_c——与土的压缩性有关的经验系数，根据基础下的地基主要土层按下表取值； β——与高层建筑层数或基底压力有关的经验系数，对勘察等级为甲级的高层建筑可取1.1，对乙级高层建筑可取1.0； b——箱形基础或筏形基础宽度，对圆形基础或环形基础，按最大直径考虑，对不规则形状的基础，按面积等代成方形、矩形或圆形面积的宽度或直径考虑（m）
一般性勘探点深度确定原则	应适当大于主要受力层的深度
一般性勘探点深度确定	对于箱形基础或筏形基础可按下式计算确定： $$d_g = d + \alpha_g \beta b$$ 式中：d_g——一般性勘探点的深度（m）； α_g——与土的压缩性有关的经验系数，根据基础下的地基主要土层按下表取值

经验系数 α_c、α_g 值

经验系数 α_c、α_g 值		碎石土	砂土	粉土	黏性土（含黄土）	软土
	α_c	0.5～0.7	0.7～0.8	0.8～1.0	1.0～1.5	1.5～2.0
	α_g	0.3～0.4	0.4～0.5	0.5～0.7	0.7～1.0	1.0～1.5

【小注】①表中同一范围值对同一类土中，地质年代老、密实或地下水位深度取小值，反之取大值；

②$b \geq 50$m 时取小值，$b \leq 20$m 时取大值，b 为 20～50m 时，取中间值

【11-17】（模拟题）某甲级高层建筑采用筏形基础，基础埋置深度为 20m，持力层为粉土，基础宽度为 50m，求详勘阶段控制性探孔的深度为（　　）m。

(A) 58　　　　　(B) 64　　　　　(C) 72　　　　　(D) 78

答案：B

解答过程：

根据《高层建筑岩土工程勘察标准》JGJ/T 72—2017 第 4.2.2 条：

基础宽度大于等于 50m，故经验系数 $\alpha_c = 0.8$，甲级建筑经验系数 $\beta = 1.1$。

控制性探孔深度 $d_c = d + \alpha_c \beta b = 20 + 0.8 \times 1.1 \times 50 = 64$m。

三、不均匀地基的判定

——《高层建筑岩土工程勘察标准》第 8.2.3 条

项目	内容
不均匀地基判定原则	(1) 地基持力层跨越不同地貌单元或工程地质单元，工程特性差异显著。 (2) 地基持力层虽属于同一地貌单元或工程地质单元，但存在下列情况之一： ①中-高压缩性地基，持力层底面或相邻基底高程的坡度大于 10%； ②中-高压缩性地基，持力层及其下卧层在基础宽度方向上的厚度差值大于 0.05b（b 为基础宽度）。 (3) 同一高层建筑虽处于同一地貌单元或同一工程地质单元，但各处地基土的压缩性有较大差异时，可在计算各钻孔地基变形计算深度范围内当量模量的基础上，根据当量模量最大值 $\overline{E}_{smax}$ 和当量模量最小值 $\overline{E}_{smin}$ 的比值判定地基均匀性。

不均匀地基判定原则	当 $\dfrac{\overline{E}_{smax}}{\overline{E}_{smin}}$ 大于下表中地基不均匀系数界限值 K 时，可按不均匀地基考虑。 **地基不均匀系数 K 界限值**				
	同一建筑物各钻孔压缩模量当量值 $\overline{E}_s$ 的平均值（MPa）	≤4	7.5	15	>20
	不均匀系数界限值 K	1.3	1.5	1.8	2.5
压缩模量当量值的计算	计算依据：在地基变形计算深度范围内，应根据平均附加应力系数在各层土的层位深度内积分值 A_i 和各土层压缩模量 E_{si}（按实际压力段取值）计算。 计算公式：$\overline{E}_s = \dfrac{\sum A_i}{\sum \dfrac{A_i}{E_{si}}}$ 式中：$\overline{E}_s$——压缩模量当量值； 　　　A_i——第 i 层土的层位深度内平均附加应力系数的积分值				
注意事项	实际压力段：指自重应力至自重应力与附加应力之和段。 A_i 计算公式：$A_i = z_i\overline{\alpha}_i - z_{i-1}\overline{\alpha}_{i-1}$ z_i、z_{i-1}——基础底面至第 i 层土、第 $i-1$ 层土底面的距离（m）； $\overline{\alpha}_i$、$\overline{\alpha}_{i-1}$——基础底面计算点至第 i 层土、第 $i-1$ 层土底面范围内平均附加应力系数				

【11-18】（2022 补 C2）某重要项目位于山前冲洪积平原，初步设计拟采用基础长度 4m、宽度 4m、埋深 2m，无相邻荷载影响，地下水水位较深，基础范围内实施了 3 个钻孔，揭露地层见下表。

孔号	地层编号	岩性	厚度（m）	重度 γ（kN/m³）	E_s（MPa）
1	①	黏土	8	19	8
	④	卵石	>5	21	85
2	①	黏土	1.5	19	8
	②	细砂	6.3	19.5	15
	④	卵石	>5	21	85
3	①	黏土	2	19	8
	②	细砂	4	19.5	15
	③	砾砂	2	20	25
	④	卵石	>5	21	85

根据《建筑地基基础设计规范》GB 50007—2011 及《高层建筑岩土工程勘察标准》JGJ/T 72—2017，估算该基础范围内地基压缩模量当量值的比值 $\dfrac{\overline{E}_{smax}}{\overline{E}_{smin}}$，并判断地基均匀性是以下哪个选项？

(A) 1.99，均匀地基　　　　　　　(B) 2.29，不匀均地基

(C) 1.99，不均匀地基　　　　　　(D) 2.29，均匀地基

答案：C

解答过程：

根据《高层建筑岩土工程勘察标准》JGJ/T 72—2017：

（1）地基变形计算深度 $z_n = b(2.5 - 0.4\ln b) = 4 \times (2.5 - 0.4 \times \ln 4) = 7.78$

（2）孔号1：根据《建筑地基基础设计规范》GB 50007—2011 第5.3.8条，$z_{n1} = 8 - 2 = 6m$，因此计算深度范围内是黏土，$E_1 = 8MPa$

孔号2：$z_{n2} = 6.3 + 1.5 - 2 = 5.8m$，计算深度范围内是细砂，$E_2 = 15MPa$

孔号3：$z_{n3} = 6$，计算深度范围内的土层是细砂和砾砂，需要计算加权数值。

计算平均附加应力系数：

z_i	l/b	z_i/b	平均附加应力系数 $\bar{\alpha}_i$	$z_i\bar{\alpha}_i$	差值
0	1	0	1	0	—
4	1	2	0.1746×4	2.7936	2.7936
6	1	3	0.1369×4	3.2856	0.492

（3）
$$E_3 = \frac{3.2856}{\dfrac{2.7936}{15} + \dfrac{0.492}{25}} = 16MPa$$

$$\bar{E}_{smax} = 16MPa, \quad \bar{E}_{smin} = 8MPa$$

（4）
$$\bar{E}_s = \frac{E_1 + E_2 + E_3}{3} = 13MPa, \quad K = 1.72$$

$$\frac{\bar{E}_{smax}}{\bar{E}_{smin}} = 2 > K$$

可按不均匀地基处理。

【小注岩土点评】

① 当无相邻荷载影响，基础宽度在 1~30m 范围内时基础中点的地基变形计算深度可按简化公式进行计算：$z_n = b(2.5 - 0.4\ln b)$。该公式是常考公式。

② 在计算深度范围内存在基岩时，z_n 可取至基岩表面；当存在较厚的坚硬黏性土层，其孔隙比小于 0.5、压缩模量大于 50MPa，或存在较厚的密实砂卵石层，其压缩模量大于 80MPa 时，z_n 可取至该层土表面。本题属于最后一类：计算深度范围内存在较厚的密实砂卵石层，其压缩模量大于 80MPa，z_n 可取至该层土表面。该条文在注册结构工程师考试中常考。

③ 在计算地基变形计算深度范围内当量模量的基础上，根据当量模量最大值 $\bar{E}_{smax}$ 和当量模量最小值 $\bar{E}_{smin}$ 的比值判定地基均匀性。当 $\dfrac{\bar{E}_{smax}}{\bar{E}_{smin}}$ 大于规范表 8.2.3 中地基不均匀系数界限值 K 时，可按不均匀地基考虑。

第二节　浅　基　础

一、地基承载力特征值 f_{ak} 的确定

——《高层建筑岩土工程勘察标准》第 8.2.7 条和附录 B

项目	内容
地基承载力特征值确定依据	（1）按现行国家标准《建筑地基基础设计规范》GB 50007—2011 确定； （2）也可按《高层建筑岩土工程勘察标准》JGJ/T 72—2017 附录 B 进行估算，采用估算的地基极限承载力 f_u 除以安全系数 K 确定

项目	内容
《建筑地基基础设计规范》GB 50007—2011计算方法	《建筑地基基础设计规范》GB 50007—2011第5.2.5条
《高层建筑岩土工程勘察标准》JGJ/T 72—2017附录B计算方法	（见下方内容）

天然地基极限承载力可按下式估算：

$$f_u = \frac{1}{2} N_\gamma \zeta_\gamma b\gamma + N_q \zeta_q \gamma_0 d + N_c \zeta_c \bar{c}_k$$

$$f_{ak} = f_u / K$$

式中：　　f_u——地基极限承载力（kPa）；

f_{ak}——地基承载力特征值（kPa）；

N_γ、N_q、N_c——地基承载力系数，根据地基持力层代表性内摩擦角标准值 $\bar{\varphi}_k$（°），按下表1确定；

ζ_γ、ζ_q、ζ_c——基础形状修正系数，按下表2确定。

b、l——分别为基础（包括箱形基础和筏形基础）底面的宽度与长度，当基础宽度大于6m时，取 $b=6$m；

γ_0、γ——分别为基底以上和基底组合持力层的土体平均重度（kN/m³）。位于地下水以下且不属于隔水层的土层取浮重度；当基底土层位于地下水位以下但属于隔水层时，γ 可取天然重度；如基底以上的地下水与基底高程处的地下水之间有隔水层，基底以上有土层时在计算 γ_0 时可取天然重度。

d——基础埋置深度（m）。

$\bar{c}_k$——地基持力层代表性黏聚力标准值（kPa）。

K——安全系数，应根据建筑安全等级和土性参数的可靠性在2～3范围选取。

表1　极限承载力系数表

$\bar{\varphi}_k$（°）	N_c	N_q	N_γ	$\bar{\varphi}_k$（°）	N_c	N_q	N_γ
0	5.14	1.00	0.00	26	22.25	11.85	12.54
1	5.38	1.09	0.07	27	23.94	13.20	14.47
2	5.63	1.20	0.15	28	25.80	14.72	16.72
3	5.90	1.31	0.24	29	27.86	16.44	19.34
4	6.19	1.43	0.34	30	30.14	18.40	22.40
5	6.49	1.57	0.45	31	32.67	20.63	25.99
6	6.81	1.72	0.57	32	35.49	23.18	30.22
7	7.16	1.88	0.71	33	38.64	26.09	35.19
8	7.53	2.06	0.86	34	42.16	29.44	41.06
9	7.92	2.25	1.03	35	46.12	33.30	48.03
10	8.35	2.47	1.22	36	50.59	37.75	56.31
11	8.80	2.71	1.44	37	55.63	42.92	66.19
12	9.28	2.97	1.69	38	61.35	48.93	78.03
13	9.81	3.26	1.97	39	67.87	55.96	92.25
14	10.37	3.59	2.29	40	75.31	64.20	109.41
15	10.98	3.94	2.65	41	83.86	73.90	130.22
16	11.63	4.34	3.06	42	93.71	85.38	155.55
17	12.34	4.77	3.53	43	105.11	99.02	186.54
18	13.10	5.26	4.07	44	118.37	115.31	224.64
19	13.93	5.80	4.68	45	133.88	134.88	271.76
20	14.83	6.40	5.39	46	152.10	158.51	330.35
21	15.82	7.07	6.20	47	173.64	187.21	403.67
22	16.88	7.82	7.13	48	199.26	222.31	496.01
23	18.05	8.66	8.20	49	229.93	265.51	613.16
24	19.32	9.60	9.44	50	266.89	319.07	762.86
25	20.72	10.66	10.88				

注：$N_q = e^{\Pi \tan\bar{\varphi}_k} \tan^2\left(45° + \frac{\bar{\varphi}_k}{2}\right)$，$N_c = (N_q - 1)\cot\bar{\varphi}_k$，$N_r = 2(N_q + 1)\tan\bar{\varphi}_k$

项目	内容			
《高层建筑岩土工程勘察标准》JGJ/T 72—2017附录B计算方法	表2　基础形状修正系数			
	基础形状	ζ_γ	ζ_q	ζ_c
	条形	1.00	1.00	1.00
	矩形	$1-0.4\dfrac{b}{l}$	$1+\dfrac{b}{l}\tan\overline{\varphi}_k$	$1+\dfrac{b}{l}\dfrac{N_q}{N_c}$
	圆形或方形	0.60	$1+\tan\overline{\varphi}_k$	$1+\dfrac{N_q}{N_c}$
注意事项	(1) γ_0、γ 的取值。 (2) 基础宽度 b。 (3) 基础埋置深度 d 应根据不同规定按下列规定选取： ① 一般自室外地面高程算起，对于地下室采用箱形或筏形基础时，自室外天然地面算起，采用独立柱基或条形基础时，从室内地面起算； ② 在填方整平地区，可自填土地面起算；但若填方在上部结构施工后完成时，自填方前的天然地面起算； ③ 当高层建筑周边附属建筑为超补偿基础时，宜分析周边附属建筑基底压力低于土层自重压力的影响			

【11-19】(2022C02) 某高层建筑拟采用箱形基础，基础埋深6.0m，箱形基础底面长30.0m，宽20.0m。基底以上及以下土层均为密实砾砂，其饱和重度为22.0kN/m³，天然重度为20.0kN/m³，内摩擦角标准值为30°，地下水位位于地面下1.0m。按《高层建筑岩土工程勘察标准》JGJ/T 72—2017估算地基持力层的承载力特征值，安全系数取3.0，估算值最接近下列哪个选项？

(A) 670kPa　　　　(B) 750kPa　　　　(C) 790kPa　　　　(D) 870kPa

答案：D

解答过程：

根据《高层建筑岩土工程勘察标准》JGJ/T 72—2017附录B：

(1) 内摩擦角标准值为30°，根据上表1，$N_c=30$，$N_q=18.4$，$N_\gamma=22.4$

(2) 矩形基础，$\zeta_\gamma=1-0.4\dfrac{b}{l}=1-0.4\times\dfrac{20}{30}=0.73$

$$\zeta_q=1+\frac{b}{l}\tan\overline{\varphi}_k=1+\frac{20}{30}\times\tan30°=1.38$$

$$\zeta_c=1+\frac{b}{l}\frac{N_q}{N_c}=1+\frac{20}{30}\times\frac{18.4}{30}=1.41$$

(3) $f_u=\dfrac{1}{2}N_\gamma\zeta_\gamma b\gamma+N_q\zeta_q\gamma_0 d+N_c\zeta_c\overline{c}_k=\dfrac{1}{2}\times22.4\times0.73\times6\times(22-10)+18.4\times$

$1.38\times\dfrac{20\times1+(22-10)\times(6-1)}{6}\times6+30\times1.41\times0=2620\text{kPa}$

(4) $f_{ak}=\dfrac{f_u}{K}=\dfrac{2620}{3}=873\text{kPa}$

【小注岩土点评】

① 本题是砂土，砂土的黏聚力 $c=0$，这是岩土的常识，历年真题中也常涉及该常识。因此从计算的角度，f_u 最后一项的 $N_c\zeta_c$ 可以不用计算。

② 对于规范的理解，因为基础宽度 $b=20\mathrm{m}$，大于 $6\mathrm{m}$，在计算承载力 f_u 的时候，$b=6\mathrm{m}$。

③ 如果考生认为形状修正系数中的 $\dfrac{b}{l}=\dfrac{6}{30}$，最终会选择 C 选项，即 $790\mathrm{kPa}$，这里需要注意，形状修正，是取实际的基础宽度 $20\mathrm{m}$。

④ 该公式和《土力学》地基承载力中的极限承载力公式极其相似。

【11-20】（模拟题）某 30 层办公楼，地下 2 层，采用筏板基础，本场地为填方地段，整体场地从原始自然地面的填筑高度为 $1.5\mathrm{m}$，室外地面设计高程距离筏板基础底板 $8.1\mathrm{m}$，基础尺寸为 $20\mathrm{m}\times30\mathrm{m}$，初步勘察时地下水位于地面以下 $3.5\mathrm{m}$，试验得到场地的地层岩土参数见下表：

层序	土层名称	层底深度（m）	重度 γ（$\mathrm{kN/m^3}$）	黏聚力 c_k（kPa）	内摩擦角 $\overline{\varphi}_\mathrm{k}$
①	填土	2	18.0	9	14°
②	淤泥质粉质黏土	4	17.5	8	5°
③	粉质黏土	17	18.5	22	19°
④	细砂	25	19.0	0	24°

根据《高层建筑岩土工程勘察标准》JGJ/T 72—2017，估算地基的承载力特征值的最大值最接近下列哪个选项？

(A) 554kPa　　　(B) 582kPa　　　(C) 820kPa　　　(D) 1200kPa

答案：A

解答过程：

根据《高层建筑岩土工程勘察标准》JGJ/T 72—2017 附录 B：

(1) $\overline{\varphi}_\mathrm{k}=19°$，查表：$N_\mathrm{c}=13.93$，$N_\mathrm{q}=5.80$，$N_\gamma=4.68$

(2) 矩形，$\zeta_\gamma=1-0.4\times\dfrac{20}{30}=0.733$，$\zeta_\mathrm{q}=1+\dfrac{20}{30}\times\tan19°=1.230$，$\zeta_\mathrm{c}=1+\dfrac{20\times5.80}{30\times13.93}=1.278$

(3) $\gamma_0=\dfrac{18\times2+17.5\times1.5+7.5\times0.5+8.5\times2.6}{6.6}=13.35\mathrm{kN/m^3}$

$f_\mathrm{u}=\dfrac{1}{2}\times4.68\times0.733\times6\times8.5+5.8\times1.23\times13.35\times6.6+13.93\times1.278\times22=1107.7\mathrm{kPa}$

(4) $f_\mathrm{ak}=1107.7/2=554\mathrm{kPa}$

二、利用旁压试验进行竖向地基承载力估算

——《高层建筑岩土工程勘察标准》第 8.2.8 条

项目	内容
通过旁压临塑压力估算原位测试深度处地基承载力特征值	临塑压力法： $$f_\mathrm{hak}=\lambda(p_\mathrm{f}-p_0)$$ 式中：f_hak——原位测试深度处均一土层的地基承载力特征值（kPa），在无经验地区，在原位测试深度处用浅层或深层载荷试验验证； 　　　p_0——由旁压试验曲线和经验综合确定的土的初始压力（kPa）； 　　　p_f——由旁压试验曲线确定的临塑压力（kPa）； 　　　λ——修正系数，结合地区经验取值，但不应大于 1

项目	内容
通过旁压极限压力估算原位测试深度处地基极限承载力和地基承载力特征值	极限压力法： $$f_{hu} = p_L - p_0$$ $$f_{hak} = f_{hu}/K$$ 式中：f_{hu}——原位测试深度处均一土层的地基极限承载力（kPa）； p_L——由旁压试验曲线确定的极限压力（kPa）； K——旁压极限承载力安全系数，根据地区经验在 $2\sim4$ 范围选取，且 f_{hak} 不高于临塑压力 p_f

三、变形模量估算高层建筑箱形或筏形基础及扩展基础或条形基础的地基沉降量

——《高层建筑岩土工程勘察标准》第 8.2.10 条和附录 C

项目	内容
适用范围	对不能准确取得压缩模量的地基土，包括碎石土、砂土、花岗岩残积土、全风化岩、强风化岩等，可按附录 C 求取地基沉降量
用变形模量 E_0 估算箱形或筏形基础地基最终沉降量	对筏形和箱形基础，地基的最终平均沉降量可按下式估算： $$s = \psi_s p b \eta \sum_{i=1}^{n} \left(\frac{\delta_i - \delta_{i-1}}{E_{0i}} \right)$$ 式中：s——地基最终平均沉降量（mm）； ψ_s——沉降经验系数，根据地区经验确定，对花岗岩残积土 φ_s 可取 1； p——对应于荷载效应准永久组合时的基底平均压力（kPa），地下水以下扣除水浮力； b——基础地面宽度（m）； δ_i、δ_{i-1}——沉降应力系数，与基础长宽比（l/b）和基底至第 i 层和第 $i-1$ 层（岩）土底面的距离 z 有关，可按下表 1 确定； E_{0i}——基底下第 i 层土的变形模量（MPa），可通过载荷试验或地区经验确定； η——考虑刚性下卧层影响的修正系数，可按下表 2 确定。

表 1　按 E_0 估算地基沉降应力系数 δ_i

$m=\dfrac{2z}{b}$	条形基础 $b=2r$	矩形基础 $n=l/b$						条形基础 $n\geqslant10$
		1.0	1.4	1.8	2.4	3.2	5.0	
0.0	0.000	0.000	0.000	0.000	0.000	0.000	0.000	0.000
0.4	0.067	0.100	0.100	0.100	0.100	0.100	0.100	0.104
0.8	0.163	0.200	0.200	0.200	0.200	0.200	0.200	0.208
1.2	0.262	0.299	0.300	0.300	0.300	0.300	0.300	0.311
1.6	0.346	0.380	0.394	0.397	0.397	0.397	0.397	0.412
2.0	0.411	0.446	0.472	0.482	0.486	0.486	0.486	0.511
2.4	0.461	0.499	0.538	0.556	0.565	0.567	0.567	0.605
2.8	0.501	0.542	0.592	0.618	0.635	0.640	0.640	0.687
3.2	0.532	0.577	0.637	0.671	0.696	0.707	0.709	0.763
3.6	0.558	0.606	0.676	0.717	0.750	0.768	0.772	0.831
4.0	0.579	0.630	0.708	0.756	0.796	0.802	0.830	0.892
4.4	0.596	0.650	0.735	0.789	0.837	0.867	0.883	0.949
4.8	0.611	0.668	0.759	0.819	0.873	0.908	0.932	1.001
5.2	0.624	0.683	0.780	0.884	0.904	0.948	0.977	1.050
5.6	0.635	0.697	0.798	0.867	0.933	0.981	1.018	1.095

项目	内容

续表

$m=\dfrac{2z}{b}$	条形基础 $b=2r$	矩形基础 $n=l/b$						条形基础 $n\geqslant10$
		1.0	1.4	1.8	2.4	3.2	5.0	
6.0	0.645	0.708	0.814	0.887	0.958	1.011	1.056	1.138
6.4	0.653	0.719	0.828	0.904	0.980	1.031	1.092	1.178
6.8	0.661	0.728	0.841	0.920	1.000	1.065	1.122	1.215
7.2	0.668	0.736	0.852	0.935	1.019	1.088	1.152	1.251
7.6	0.674	0.744	0.863	0.948	1.036	1.109	1.180	1.285
8.0	0.679	0.751	0.872	0.960	1.051	1.128	1.205	1.316
8.4	0.684	0.757	0.881	0.970	1.065	1.146	1.229	1.347
8.8	0.689	0.762	0.888	0.980	1.078	1.162	1.251	1.376
9.2	0.693	0.768	0.896	0.989	1.089	1.178	1.272	1.404
9.6	0.697	0.772	0.902	0.998	1.100	1.192	1.291	1.431
10.0	0.700	0.777	0.908	1.005	1.110	1.205	1.309	1.456
11.0	0.705	0.786	0.912	1.022	1.132	1.230	1.349	1.506
12.0	0.710	0.794	0.933	1.037	1.151	1.257	1.384	1.550

【小注】① l 与 b 分别为矩形基础的长度与宽度 (m)；
② z 为基础底面至该层土底面的距离 (m)；
③ r 为圆形基础的半径 (m)。

表2　修正系数 η

$m=z_n/b$	$0<m\leqslant0.5$	$0.5<m\leqslant1$	$1<m\leqslant2$	$2<m\leqslant3$	$3<m\leqslant5$	$m>5$
η	1.00	0.95	0.90	0.80	0.75	0.70

用变形模量 E_0 估算箱形或筏形基础地基最终沉降量

对扩展基础、条形基础按变形模量 E_0 预测地基沉降量

$$s=\eta\sum_{i=1}^{n}\frac{p_{0i}}{E_{0i}}h_i$$

$$p_{0i}=\alpha_i(p_k-p_c)$$

式中：s——地基最终沉降量 (mm)；

E_{0i}——基底下第 i 层土的变形模量 (MPa)；

h_i——第 i 层土的厚度 (m)；

η——沉降计算经验系数，对花岗岩类的土岩层可取 0.8；对其他土层宜根据实测资料和工程经验确定；

p_{0i}——第 i 层中点处的附加压力 (kPa)；

p_k——对应于荷载效应标准永久组合基础底面的平均压力 (kPa)；

p_c——基础底面以上土的自重压力标准值 (kPa)；

α——矩形基础和条形基础均布荷载作用下中心点竖向附加应力系数，可根据下表3确定，l、b 分别为基础底面的长度和宽度，z_i 为基础底面至第 i 层土中点的距离。

变形模量 E_0 估算扩展基础或条形基础地基最终沉降量

表3　矩形基础和条形基础均布荷载作用下中心点竖向附加应力系数 α（Boussinesq 解）

$\dfrac{2z}{b}$	l/b											条形基础
	1	1.2	1.4	1.6	1.8	2	3	4	5	6	10	
0	1.000	1.000	1.000	1.000	1.000	1.000	1.000	1.000	1.000	1.000	1.000	1.000
0.2	0.994	0.995	0.996	0.996	0.996	0.997	0.997	0.997	0.997	0.997	0.997	0.997
0.4	0.960	0.968	0.972	0.974	0.975	0.976	0.977	0.977	0.977	0.977	0.977	0.977
0.6	0.892	0.910	0.920	0.926	0.930	0.932	0.936	0.936	0.936	0.937	0.937	0.937

续表

项目	内容											

续表

| $\frac{2z}{b}$ | l/b | | | | | | | | | | | |
	1	1.2	1.4	1.6	1.8	2	3	4	5	6	10	条形基础
0.8	0.800	0.830	0.848	0.859	0.866	0.870	0.878	0.880	0.881	0.881	0.881	0.881
1.0	0.701	0.740	0.766	0.782	0.793	0.800	0.814	0.817	0.818	0.818	0.818	0.818
1.2	0.606	0.651	0.682	0.703	0.717	0.727	0.748	0.753	0.754	0.755	0.755	0.755
1.4	0.522	0.569	0.603	0.628	0.645	0.658	0.685	0.692	0.694	0.695	0.696	0.696
1.6	0.449	0.496	0.532	0.558	0.578	0.593	0.627	0.636	0.639	0.640	0.642	0.642
1.8	0.388	0.433	0.469	0.469	0.517	0.534	0.573	0.585	0.590	0.591	0.593	0.593
2.0	0.336	0.379	0.414	0.441	0.463	0.481	0.525	0.540	0.545	0.547	0.549	0.550
2.2	0.293	0.333	0.366	0.393	0.416	0.433	0.482	0.499	0.505	0.508	0.511	0.511
2.4	0.257	0.294	0.325	0.352	0.374	0.392	0.443	0.462	0.470	0.473	0.477	0.477
2.6	0.226	0.260	0.290	0.315	0.337	0.355	0.408	0.429	0.438	0.442	0.446	0.447
2.8	0.201	0.232	0.260	0.284	0.304	0.322	0.377	0.400	0.410	0.414	0.419	0.420
3.0	0.179	0.208	0.233	0.256	0.276	0.293	0.348	0.373	0.384	0.389	0.395	0.396
3.2	0.160	0.187	0.210	0.232	0.251	0.267	0.322	0.348	0.360	0.366	0.373	0.374
3.4	0.144	0.169	0.191	0.211	0.229	0.244	0.299	0.326	0.339	0.345	0.353	0.354
3.6	0.131	0.153	0.173	0.192	0.209	0.224	0.278	0.305	0.319	0.327	0.335	0.337
3.8	0.119	0.139	0.158	0.176	0.192	0.206	0.259	0.287	0.301	0.309	0.318	0.320
4.0	0.108	0.127	0.145	0.161	0.176	0.190	0.241	0.269	0.285	0.293	0.303	0.306
4.2	0.099	0.116	0.133	0.148	0.163	0.176	0.225	0.254	0.270	0.278	0.290	0.292
4.4	0.091	0.107	0.123	0.137	0.150	0.163	0.211	0.239	0.255	0.265	0.277	0.280
4.6	0.084	0.099	0.113	0.127	0.139	0.151	0.197	0.226	0.242	0.252	0.265	0.268
4.8	0.077	0.091	0.105	0.118	0.130	0.141	0.185	0.213	0.230	0.240	0.254	0.258
5.0	0.072	0.085	0.097	0.109	0.121	0.131	0.174	0.202	0.219	0.229	0.244	0.248
6.0	0.051	0.060	0.070	0.078	0.087	0.095	0.130	0.155	0.172	0.184	0.202	0.208
7.0	0.038	0.045	0.052	0.059	0.065	0.072	0.100	0.122	0.139	0.150	0.171	0.179
8.0	0.029	0.035	0.040	0.046	0.051	0.056	0.079	0.098	0.113	0.125	0.147	0.158
9.0	0.023	0.028	0.032	0.036	0.041	0.045	0.064	0.081	0.094	0.105	0.128	0.140
10.0	0.019	0.022	0.026	0.030	0.033	0.037	0.053	0.067	0.079	0.089	0.112	0.126
12.0	0.013	0.016	0.018	0.021	0.023	0.026	0.038	0.048	0.058	0.066	0.088	0.106
14.0	0.010	0.012	0.013	0.015	0.017	0.019	0.028	0.036	0.044	0.051	0.070	0.091
16.0	0.007	0.009	0.010	0.012	0.013	0.015	0.022	0.028	0.034	0.040	0.057	0.079
18.0	0.006	0.007	0.008	0.009	0.010	0.012	0.017	0.023	0.028	0.032	0.047	0.071
20.0	0.005	0.006	0.007	0.008	0.009	0.009	0.014	0.018	0.023	0.027	0.040	0.064
25.0	0.003	0.004	0.004	0.005	0.005	0.006	0.009	0.012	0.015	0.017	0.027	0.051
30.0	0.002	0.003	0.003	0.003	0.004	0.004	0.006	0.008	0.010	0.012	0.019	0.042
35.0	0.002	0.002	0.002	0.002	0.003	0.003	0.005	0.006	0.008	0.009	0.015	0.036
40.0	0.001	0.001	0.002	0.002	0.002	0.002	0.004	0.005	0.006	0.007	0.011	0.032

变形模量 E_0 估算扩展基础或条形基础地基最终沉降量

项目	内容
沉降计算深度 z_n 的确定	$$z_n = (z_m + \xi b)\,\beta$$ 式中：z_n——沉降计算深度（m）； 　　　z_m——与基础长宽比有关的经验值，按下表 4 确定； 　　　ξ——折减系数，按下表 4 确定； 　　　β——调整系数，按下表 5 确定。

表 4　z_m 值和折减系数 ξ

l/b	1	2	3	4	≥5
z_m	11.6	12.4	12.5	12.7	13.2
ξ	0.42	0.49	0.53	0.60	1.00

表 5　调整系数 β

土类	碎石土	砂土	粉土	黏性土、花岗岩残积土	软土
β	0.30	0.50	0.60	0.75	1.00

当无相邻荷载影响，基础宽度在 30m 范围内时，基础中点的地基沉降计算深度也可按下式计算：
$$z_n = b\,(2.5 - 0.4\ln b)$$

【11-21】（模拟题）某高层建筑筏形基础，尺寸为 64m×20m，埋深 5m，基础顶面作用轴心荷载 $F_k = 100$MN，勘察时从地面测得地层见下表，根据《高层建筑岩土工程勘察标准》JGJ/T 72—2017，估算该基础的最终沉降量为多少？（沉降经验系数取 1.2）

土类分层	层厚（m）	变形模量 E_0（MPa）
杂填土	3	
中砂	8	30
粉土	8	15
粉质黏土	6	10
碎石土	10	50

（A）70mm　　　　（B）95mm　　　　（C）135mm　　　　（D）150mm

答案：A

解答过程：

根据《高层建筑岩土工程勘察规范》JGJ/T 72—2017 附录 C：

（1）$l/b = 64/20 = 3.2$ 查表 $z_m = 12.54$，$\xi = 0.544$

$$z_m + \xi b = 12.54 + 0.544 \times 20 = 23.42$$

$$z_n = (z_m + \xi b)\,\beta = 0.5 \times 6 + 0.6 \times 8 + 0.75 \times 6 + 0.3 \times 3.42 = 13.3\text{m}$$

z_i（m）	$2z_i/b$	l/b	δ_i	$\delta_i - \delta_{i-1}$
6	0.6	3.2	0.15	0.15
13.3	1.33	3.2	0.3315	0.1815

$$m = z_n/b = 13.3/20 = 0.665 \text{ 查表 } \eta = 0.95$$

（2）$p_k = \dfrac{100000}{64 \times 20} + 20 \times 5 = 178\text{kPa}$

$$s = \psi_s p b \eta \sum_{i=1}^{n} \left(\frac{\delta_i - \delta_{i-1}}{E_{0i}} \right) = 1.2 \times 178 \times 20 \times 0.95 \times \left(\frac{0.15}{30} + \frac{0.1815}{15} \right) = 69.4\text{mm}$$

【11-22A】（模拟题）某高层建筑采用筏形基础，基础为圆形基础，直径为50m，基础下土层参数详见下表。准永久组合时基底平均压力为320kPa，附加压力为250kPa，沉降经验系数为0.9，则依据《高层建筑岩土工程勘察标准》JGJ/T 72—2017，地基最终沉降量最接近哪个选项？（沉降计算深度取至中风化岩层顶面）

序号	土层名称	土层厚度（m）	变形模量（MPa）
①	粉土	2.5	6
②	细砂	5	7
③	粗砂	5	8
④	中风化岩层	8	26

（A）130mm   （B）185mm   （C）220mm   （D）260mm

答案：B

解答过程：

根据《高层建筑岩土工程勘察标准》JGJ/T 72—2017 附录C：

（1）刚性下卧层影响系数

查上表2：$m = \dfrac{z_n}{b} = \dfrac{12.5}{50} = 0.25$，修正系数 $\eta = 1.0$

（2）最终沉降量计算

圆形基础，$b = 2r = 50\text{m}$，$m = \dfrac{2z}{b}$，则各土层沉降应力系数计算如下：

$$m_1 = \frac{2 \times 2.5}{50} = 0.1, \ \delta_1 = 0.017; \ m_2 = \frac{2 \times 7.5}{50} = 0.3, \ \delta_2 = 0.051$$

$$m_3 = \frac{2 \times 12.5}{50} = 0.5, \ \delta_3 = 0.091$$

$$s = \psi_s pb\eta \sum_{i=1}^{n} \left(\frac{\delta_i - \delta_{i-1}}{E_{0i}} \right)$$

$$= 0.9 \times 320 \times 50 \times 1.0 \times \left(\frac{0.017 - 0}{6} + \frac{0.051 - 0.017}{7} + \frac{0.091 - 0.051}{8} \right) = 182.7\text{mm}$$

【11-22B】（模拟题）某高层建筑采用筏形基础，基础尺寸为30m×120m，基础下土层参数详见下表。准永久组合时基底平均压力为300kPa，附加压力为250kPa。取沉降经验系数为1，根据《高层建筑岩土工程勘察标准》JGJ/T 72—2017，地基最终沉降量为（ ）mm。（沉降计算深度取至卵石层顶面）

土层名称	土层厚度（m）	变形模量（MPa）
粉土	3	6
细砂	4	7
粗砂	5	8
卵石	6	15

（A）230   （B）250   （C）270   （D）290

答案：B

解答过程：

根据《高层建筑岩土工程勘察标准》JGJ/T 72—2017 附录 C：

查表得到应力系数，计算过程见下表：

z_i (m)	l/b	$2z_i/b$	δ_i	$(\delta_i - \delta_{i-1})$	$\dfrac{(\delta_i - \delta_{i-1})}{E_{0i}}$
3		0.2	0.05	0.05	8.3×10^{-3}
7	4	0.466	0.117	0.067	9.6×10^{-3}
12		0.8	0.2	0.083	0.01

$$m = \frac{z_n}{b} = \frac{12}{30} = 0.4, \quad 0 < m \leqslant 0.5, \quad 取\ \eta = 1$$

$$s = \psi_s p b \eta \sum_{i=1}^{n} \left(\frac{\delta_i - \delta_{i-1}}{E_{0i}} \right)$$

$$= 1 \times 1 \times 300 \times 30 \times (8.3 \times 10^{-3} + 9.6 \times 10^{-3} + 0.01) = 251.1 \text{mm}$$

四、超固结土、正常固结土和欠固结土的基础沉降计算

——《高层建筑岩土工程勘察标准》第 8.2.11 条

项目	内容
适用情况	地基由饱和土层组成且次固结变形忽略不计时
土的固结状态的确定	根据超固结比（OCR）来确定土的固结状态。 超固结比（OCR）：先期固结压力 p_c 与土的有效自重压力 p_z 的比值； 当 $OCR < 1.0$ 时，为欠固结土； 当 OCR 为 $1.0 \sim 1.2$ 时，可视为正常固结土； 当 $OCR > 1.2$ 时，可视为超固结土
超固结土的固结沉降量 s_i	（1）当超固结土层中 $p_{0i} + p_{zi} \leqslant p_{ci}$ 时，该层土的固结沉降量可按下式估算： $$s_i = \frac{h_i}{1+e_{0i}} C_{ri} \log\left(\frac{p_{0i} + p_{zi}}{p_{zi}} \right)$$ 式中：s_i——第 i 层土的固结沉降量（mm）； 　　　h_i——第 i 层土的平均厚度（mm）； 　　　e_{0i}——第 i 层土初始孔隙比平均值； 　　　C_{ri}——第 i 层土的回弹再压缩指数平均值； 　　　p_{zi}——第 i 层土的有效自重压力平均值（kPa）； 　　　p_{0i}——对应于荷载效应准永久组合时，第 i 层土有效附加压力平均值（kPa）。 （2）当超固结土层中 $p_{0i} + p_{zi} > p_{ci}$ 时，该层土的固结沉降量可按下式估算： $$s_i = \frac{h_i}{1+e_{0i}} \left[C_{ri} \log\left(\frac{p_{ci}}{p_{zi}} \right) + C_{ci} \log\left(\frac{p_{0i} + p_{zi}}{p_{ci}} \right) \right]$$ 式中：p_{ci}——第 i 层土的先期固结压力平均值（kPa）； 　　　C_{ci}——第 i 层土的压缩指数平均值
正常固结土的固结沉降量 s_i	当为正常固结时，该层土的固结沉降量可按下式估算： $$s_i = \frac{h_i}{1+e_{0i}} C_{ci} \log\left(\frac{p_{0i} + p_{zi}}{p_{zi}} \right)$$
欠固结土的固结沉降量 s_i	当为欠固结土时，该层土的沉降量可按下式估算： $$s_i = \frac{h_i}{1+e_{0i}} C_{ci} \log\left(\frac{p_{0i} + p_{zi}}{p_{ci}} \right)$$
沉降计算深度	对于中、低压缩性土算至有效附加压力等于上覆土有效自重压力 20% 处； 对于高压缩性土算至有效附加压力等于上覆土有效自重压力 10% 处
总沉降量	整个沉降计算深度内的总沉降量为各土层沉降量之和

五、地基的回弹变形量、地基的回弹再压缩量

——《高层建筑岩土工程勘察标准》第 10.0.8 条和附录 A

项目	内容
适用情况	基础埋深较大时，应分析卸荷引起的地基土的回弹和回弹再压缩对工程的不利影响，分析地基土应力历史对回弹量的影响
回弹变形量的计算深度	计算深度自基坑底面算起，算到坑底以下 1.5 倍基坑开挖深度处，当在计算深度以下尚有软弱下卧土层时，应算至软弱下卧层底部
地基回弹变形量 s_r、地基的回弹再压缩量 s_{rc} 的估算	正常固结土地基回弹变形量 s_r、地基的回弹再压缩量 s_{rc} 的估算：$$s_r = \psi_r \sum_{i=1}^{n} \frac{\sigma_{zri}}{E_{ri}} h_i$$ $$s_{rc} = \psi_{rc} \sum_{i=1}^{n} \frac{\sigma_{zrci}}{E_{rci}} h_i$$ $$\sigma_{zri} = \delta_m \alpha_i p_c$$ $$\sigma_{zrci} = \delta_m \alpha_i p_{0c}$$ 式中：s_r、s_{rc}——分别为地基的回弹量（mm）、地基的回弹再压缩量（mm）； σ_{zri}——由于基坑开挖卸荷，引起基础底面处及底面以下第 i 层土中点处产生向上回弹的附加应力，相当于该处有效附加压力的减量（kPa），为负值； σ_{zrci}——基坑开挖卸荷回弹后，随着结构施工再加荷，加至卸除基坑底面以上土的有效自重压力时，基坑底面及基坑底面以下第 i 层土中点产生的附加应力的增量（kPa），为正值； ψ_r、ψ_{rc}——用回弹量计算的经验系数和用回弹再压缩量计算的经验系数，根据类似工程条件下沉降观测资料及群桩作用情况综合确定，当无经验时可取 1.0； n——地基变形计算深度范围内所划分的土层数； h_i——第 i 层土厚度（m）； δ_m——由 Boussinesq 解，换算为 Mindlin 解的应力修正系数，可按规范附录 J 确定，当 $\delta_m > 1.0$ 时取 $\delta_m = 1.0$； α_i——按 Boussinesq 解的竖向附加应力系数，根据规范附录 C 表 C.0.3 确定，l、b 分别为基础底面的长度和宽度，z_i 为基坑底面至第 i 层土中点的距离； p_c——基坑底面处有效自重压力（kPa），地下水位以下应扣除浮力； p_{0c}——基坑开挖卸荷后，随着结构施工基坑底面处新增的附加压力； E_{ri}、E_{rci}——分别为第 i 层土的回弹模量、回弹再压缩模量（MPa），按规范附录 A 回弹模量和回弹再压缩模量室内试验要点确定
回弹模量 E_{ri} 和回弹再压缩模量 E_{rci} 的确定	根据回弹曲线和回弹再压缩曲线，按下列公式计算：$$E_{ri} = (1 + e_{ai}) \frac{p_d}{e_{bi} - e_{ai}}$$ $$E_{rci} = (1 + e_{bi}) \frac{p_d}{e_{bi} - e_{ci}}$$ 式中：E_{ri}、E_{rci}——第 i 层土的回弹模量、回弹再压缩模量（MPa）； e_{bi}、e_{ai}、e_{ci}——回弹曲线和回弹再压缩曲线上，分别为 b_i、a_i、c_i 点固结压力下相对稳定后的孔隙比。 第 i 层土回弹曲线和回弹再压缩曲线示意图 1—恢复自重压力压缩曲线；2—回弹曲线；3—回弹再压缩曲线

项目	内容
考虑地基土应力历史时，地基土回弹量的计算	当需分析地基土应力历史对回弹量的影响时，可采用回弹指数 C_{si} 按下式估算地基回弹量：

$$s_r = \psi_r \sum_{i=1}^{n} \frac{C_{si} h_i}{1+e_{0i}} \lg\left(\frac{p_{czi}+\sigma_{zti}}{p_{czi}}\right)$$

$$p_{czi} = p_{ci} \delta_m$$

式中：C_{si}——坑底开挖面以下第 i 层土的回弹指数，C_{si} 可用 e-$\log p$ 曲线按应力变化范围确定；

　　　e_{0i}——第 i 层土的初始孔隙比；

　　　p_{czi}——考虑应力修正系数（δ_m）后的第 i 层土层中心点的原有土层有效附加自重压力（kPa）；

　　　p_{ci}——第 i 层土的原有有效自重压力（kPa）；

　　　δ_m——由 Boussinesq 解，换算为 Mindlin 解的应力修正系数，可按下表确定，当 $\delta_m>1.0$ 时取 $\delta_m=1.0$。

应力修正系数 δ_m

L/B ＼ h/B	0.2	0.3	0.4	0.6	0.8	1.0	1.2	1.4	1.6	1.8	2.0
1	1.000	0.954	0.899	0.814	0.750	0.702	0.663	0.633	0.608	0.588	0.570
1.1	1.000	0.960	0.905	0.819	0.756	0.707	0.669	0.638	0.613	0.593	0.575
1.2	1.000	0.965	0.911	0.825	0.762	0.713	0.674	0.643	0.618	0.597	0.580
1.3	1.000	0.970	0.916	0.830	0.767	0.718	0.680	0.649	0.623	0.602	0.585
1.4	1.000	0.975	0.921	0.836	0.772	0.723	0.685	0.653	0.628	0.607	0.589
1.5	1.000	0.979	0.925	0.840	0.777	0.728	0.689	0.658	0.633	0.611	0.594
1.6	1.000	0.983	0.929	0.845	0.782	0.733	0.694	0.663	0.637	0.616	0.598
1.7	1.000	0.987	0.933	0.849	0.786	0.737	0.699	0.667	0.642	0.620	0.602
1.8	1.000	0.990	0.937	0.854	0.791	0.742	0.703	0.672	0.646	0.624	0.606
1.9	1.000	0.993	0.941	0.857	0.795	0.746	0.707	0.676	0.650	0.629	0.610
2.0	1.000	0.996	0.944	0.861	0.799	0.750	0.711	0.680	0.654	0.632	0.614
2.2	1.000	1.000	0.950	0.868	0.806	0.758	0.719	0.688	0.662	0.640	0.622
2.4	1.000	1.000	0.954	0.874	0.813	0.765	0.726	0.695	0.669	0.647	0.629
2.6	1.000	1.000	0.959	0.879	0.818	0.771	0.733	0.701	0.675	0.654	0.635
2.8	1.000	1.000	0.962	0.884	0.824	0.776	0.738	0.707	0.682	0.660	0.641
3.0	1.000	1.000	0.965	0.888	0.828	0.782	0.744	0.713	0.687	0.665	0.647
3.2	1.000	1.000	0.967	0.891	0.832	0.786	0.749	0.718	0.692	0.671	0.652
3.4	1.000	1.000	0.969	0.894	0.836	0.790	0.753	0.722	0.697	0.675	0.657
3.6	1.000	1.000	0.970	0.897	0.839	0.794	0.757	0.727	0.701	0.680	0.661
3.8	1.000	1.000	0.971	0.899	0.842	0.797	0.761	0.730	0.705	0.684	0.666
4.0	1.000	1.000	0.972	0.900	0.845	0.800	0.764	0.734	0.709	0.687	0.669
4.2	1.000	1.000	0.972	0.902	0.847	0.803	0.767	0.737	0.712	0.691	0.673
4.4	1.000	1.000	0.973	0.903	0.849	0.805	0.769	0.740	0.715	0.694	0.676
4.6	1.000	1.000	0.973	0.904	0.850	0.807	0.772	0.742	0.718	0.697	0.679
4.8	1.000	1.000	0.972	0.905	0.851	0.809	0.774	0.744	0.720	0.699	0.681
5.0	1.000	1.000	0.972	0.905	0.853	0.810	0.775	0.746	0.722	0.701	0.683
5.2	1.000	1.000	0.972	0.906	0.854	0.811	0.777	0.748	0.724	0.703	0.686
5.4	1.000	1.000	0.971	0.906	0.854	0.813	0.778	0.750	0.726	0.705	0.687
5.6	1.000	1.000	0.971	0.906	0.855	0.814	0.780	0.751	0.727	0.707	0.689
5.8	1.000	1.000	0.970	0.906	0.856	0.815	0.781	0.753	0.729	0.708	0.691

续表

项目	内容

续表

h/B L/B	0.2	0.3	0.4	0.6	0.8	1.0	1.2	1.4	1.6	1.8	2.0
6.0	1.000	1.000	0.970	0.906	0.856	0.815	0.782	0.754	0.730	0.710	0.692
6.2	1.000	1.000	0.969	0.906	0.856	0.816	0.783	0.755	0.731	0.711	0.693
6.4	1.000	1.000	0.968	0.906	0.857	0.816	0.783	0.756	0.732	0.712	0.695
6.6	1.000	1.000	0.968	0.906	0.857	0.817	0.784	0.756	0.733	0.713	0.696
6.8	1.000	1.000	0.967	0.906	0.857	0.817	0.785	0.757	0.734	0.714	0.697
7.0	1.000	1.000	0.966	0.906	0.857	0.818	0.785	0.758	0.734	0.715	0.697
7.2	1.000	1.000	0.966	0.905	0.857	0.818	0.785	0.758	0.735	0.715	0.698
7.4	1.000	1.000	0.965	0.905	0.857	0.818	0.786	0.759	0.736	0.716	0.699
7.6	1.000	1.000	0.964	0.905	0.857	0.818	0.786	0.759	0.736	0.717	0.699
7.8	0.999	0.964	0.905	0.857	0.819	0.787	0.760	0.737	0.717	0.700	
8.0	1.000	0.998	0.963	0.904	0.857	0.819	0.787	0.760	0.737	0.718	0.701
8.2	1.000	0.998	0.963	0.904	0.857	0.819	0.787	0.760	0.737	0.718	0.701
8.4	1.000	0.997	0.962	0.904	0.857	0.819	0.787	0.761	0.738	0.718	0.701
8.6	1.000	0.996	0.962	0.904	0.857	0.819	0.787	0.761	0.738	0.719	0.702
8.8	1.000	0.996	0.961	0.903	0.857	0.819	0.788	0.761	0.739	0.719	0.702
9.0	1.000	0.995	0.961	0.903	0.857	0.819	0.788	0.761	0.739	0.719	0.702
9.2	1.000	0.994	0.960	0.903	0.857	0.819	0.788	0.761	0.739	0.720	0.703
9.4	1.000	0.994	0.960	0.903	0.857	0.819	0.788	0.762	0.739	0.720	0.703
9.6	1.000	0.993	0.959		0.857	0.819	0.788	0.762	0.739	0.720	0.703
9.8	1.000	0.993	0.959	0.902	0.857	0.819	0.788	0.762	0.739	0.720	0.704
10.0	1.000	0.993	0.959	0.902	0.857	0.819	0.788	0.762	0.740	0.720	0.704

注：L 为基坑长，B 为基坑宽，h 为挖深

考虑地基土应力历史时，地基土回弹量的计算

【11-23】（模拟题）某基坑长 60m、宽 50m，地下水位在地表以下 1.0m，地基土参数见下表，计算开挖深度为 25m 时的回弹量，回弹计算中采用的土性指标见下表：

层序	土层名称	层底深度（m）	重度 γ（kN/m³）	初始孔隙比 e_0	回弹指数 C_{si}	回弹模量 E_{ri}
①	填土	1.5	18.0			
②	粉质黏土	3.5	18.5	0.9	0.07	25
③	淤泥质粉质黏土	8	17.5	1.2	0.05	20
④	淤泥质黏土	18	16.8	1.4	0.07	12.5
⑤₁	粉质黏土	22	18.0	1.00	0.05	25
⑤₂	粉质黏土	45	18.4	0.90	0.04	30
⑤₃	粉质黏土	48	19.5	0.70	0.01	75
⑥	细砂	72	19.0	0.70	0.005	300

根据《高层建筑岩土工程勘察标准》JGJ/T 72—2017，试问：

（1）不考虑应力历史，试估算基坑的回弹量为多少？（单位：mm）

（A）120　　　　　（B）135　　　　　（C）150　　　　　（D）180

答案：A

解答过程：

根据《高层建筑岩土工程勘察标准》JGJ/T 72—2017：

（1）第 10.0.9 条，计算深度从坑底面起算，算到坑底以下 1.5 倍基坑开挖深度处：

$$z_n = 1.5 \times 25 = 37.5 \text{m}$$

$$H = 25 + 37.5 = 62.5 \text{m}$$

故从地表起算时，应算至地表下 62.5m 处。

（2）第 10.0.8 条第 1 款，基坑底面卸土应力：

$$p_c = 1 \times 18 + 0.5 \times 8 + 2 \times 8.5 + 4.5 \times 7.5 + 10 \times 6.8 + 4 \times 8 + 3 \times 8.4 = 198 \text{kPa}$$

根据附录第 J.0.2 条计算 δ_m：

$$\frac{h}{B} = \frac{25}{50} = 0.5, \quad \frac{L}{B} = \frac{60}{50} = 1.2, \quad \delta_m = \frac{0.911 + 0.825}{2} = 0.868$$

各分层计算及合计回弹量计算见下表：

层顶 (m)	层底 (m)	中点深度 (m)	z_i (mm)	$\frac{2z_i}{B}$	$\frac{L}{B}$	α_i	$\sigma_{zri} = p_0 \delta_m \alpha_i$ (kPa)	E_{ri} (MPa)	$s_r = \psi_r \sum_{i=1}^{n} \frac{\sigma_{zri}}{E_{ri}} h_i$ (mm)
25	45	35	10	0.4	1.2	0.968	166.364352	30	110.909568
45	48	46.5	21.5	0.86	1.2	0.803	138.006792	75	5.52027168
48	62.5	55.25	30.25	1.21	1.2	0.6469	111.1788216	300	5.373643044
合计									121.8034827

（2）考虑应力历史时，试估算基坑的回弹量为多少？（单位：mm）

（A）80　　　　　（B）100　　　　　（C）120　　　　　（D）135

答案：B

解答过程：

根据《高层建筑岩土工程勘察标准》JGJ/T 72—2017：

（1）第 10.0.8 条第 2 款，基坑底面卸土应力：

$$p_c = 1 \times 18 + 0.5 \times 8 + 2 \times 8.5 + 4.5 \times 7.5 + 10 \times 6.8 + 4 \times 8 + 3 \times 8.4 = 198 \text{kPa}$$

（2）根据附录第 J.0.2 条计算 δ_m：

$$\frac{h}{B} = \frac{25}{50} = 0.5, \quad \frac{L}{B} = \frac{60}{50} = 1.2, \quad \delta_m = \frac{0.911 + 0.825}{2} = 0.868$$

各分层计算及合计回弹量计算见下表：

层顶 (m)	层底 (m)	中点深度 (m)	z_i (mm)	α_i	$\sigma_{zri} = p_0 \delta_m \alpha_i$ (kPa)	中点自重应力 p_{ci} (kPa)	$p_{czi} = p_{ci} \delta_m$ (kPa)	C_{si}	e_0	$s_r = \psi_r \sum_{i=1}^{n} \frac{C_{si} h_i}{1 + e_{0i}} \lg\left(\frac{p_{czi} + \sigma_{zri}}{p_{czi}}\right)$ (mm)
25	45	35	10	0.968	166.364352	282	244.776	0.04	0.9	94.83001
45	48	46.5	21.5	0.803	138.006792	380.25	330.057	0.01	0.7	2.677343
48	62.5	55.25	30.25	0.6469	111.1788216	459.75	399.063	0.005	0.7	4.551916
合计										102.0593

第三节　深　基　础

一、单桩承载力估算

——《高层建筑岩土工程勘察标准》第 8.3.9～8.3.13 条和附录 D

项目	内容
单桩承载力估算方法	(1) 单桩承载力应通过现场静载荷试验确定，无静载荷试验时，也可进行估算。 (2) 估算单桩承载力时应结合地区的经验，采用静力触探、标准贯入试验或旁压试验等原位测试结果进行计算，并根据地质条件类似的试桩资料综合确定
单桩竖向承载力特征值 R_a 的确定	$$R_a = Q_u/K$$ 式中：R_a——单桩竖向承载力特征值（kN）； Q_u——单桩竖向极限承载力（kN）； K——安全系数，一般取 $K=2$

静力触探试验确定预制桩的单桩竖向极限承载力：
根据《建筑桩基技术规范》JGJ 94—2008 第 5.3.3 条和第 5.3.4 条相关规定来计算

$$Q_u = u\sum q_{sis}l_i + q_{ps}A_p$$

式中：q_{sis}——第 i 层土的极限侧阻力（kPa）；

　　　q_{ps}——桩端土极限端阻力（kPa）。

用标准贯入实测击数 N 测求混凝土预制桩极限侧阻力 q_{sis}

根据标准贯入试验确定单桩竖向极限承载力（规范附录 D）	土的名称	标准贯入试验实测击数 N（击）	混凝土预制桩极限侧阻力 q_{sis}（kPa）
	淤泥	$N<3$	14～20
	淤泥质土	$3<N\leqslant5$	22～30
	黏性土	流塑 $N\leqslant2$	24～40
		软塑 $2<N\leqslant4$	40～55
		可塑 $4<N\leqslant8$	55～70
		硬可塑 $8<N\leqslant15$	70～86
		硬塑 $15<N\leqslant30$	86～98
		坚硬 $N>30$	98～105
	粉土	稍密 $2<N\leqslant6$	26～46
		中密 $6<N\leqslant12$	46～66
		密实 $12<N\leqslant30$	66～88
	粉细砂	稍密 $10<N\leqslant15$	24～48
		中密 $15<N\leqslant30$	48～66
		密实 $N>30$	66～88
	中砂	中密 $15<N\leqslant30$	54～74
		密实 $N>30$	74～95
	粗砂	中密 $15<N\leqslant30$	74～95
		密实 $N>30$	95～116
	砾砂	密实 $N>30$	116～138
	全风化软质岩	$30<N\leqslant50$	100～120
	全风化硬质岩	$40<N\leqslant70^*$	140～160
	强风化软质岩	$N>50$	160～240
	强风化硬质岩	$N>70^*$	220～300

项目	内容
根据标准贯入试验确定单桩竖向极限承载力（规范附录D）	注：① 全风化、强风化软质岩和全风化、强风化硬质岩是指其母岩分别为 $f_{rk}{\leqslant}15\text{MPa}$、$f_{rk}{>}30\text{MPa}$ 的岩石； ② 桩极限承载力最终宜通过单桩静载荷试验确定； ③ 表中数据可根据地区经验做适当调整； ④ 带 * 者，主要适用于花岗岩、花岗片麻岩和火山凝灰岩硬质岩。

用标准贯入实测击数 N 测求混凝土预制桩极限端阻力 q_{ps} (kPa)

土层类别 q_{ps} (kPa) / 入土深度 (m)	强风化软质岩 $N{>}50$ 强风化硬质岩 $N{>}70^{*}$		全风化软质岩 $30{<}N{\leqslant}50$ 全风化硬质岩 $40{<}N{\leqslant}70^{*}$		$15{<}N{\leqslant}(40)$ 中密-密实 中粗、砾砂	$4{<}N{\leqslant}(40)$ 可塑-坚硬 黏性土			$6{<}N{\leqslant}30$ 中密-密实粉土	
q_{ps}(kPa) \ N（击） / 入土深度（m）	硬质岩	软质岩	硬质岩	软质岩	中密、密实 $15\sim(40)$	硬塑、坚硬 $15\sim(40)$	可塑、硬可塑 $4\sim15$		密实 $12\sim30$	中密 $6\sim12$
<9	7000~9000	6000~7500	5000~6500	4000~5000	4000~7500	2500~3800	850~2300		1500~2600	950~1700
$9\sim16$					5500~9500	3800~5500	1400~3300		2100~3000	1400~2100
$16\sim30$	9000~11000	7500~9000	6500~8000	5000~6000	6500~10000	5500~6000	1900~3600		2700~3600	1900~2700
>30					7500~11000	6000~6800	2300~4400		3600~4400	2500~3400

注：① 表中极限端阻力 q_{ps} 可根据标准贯入试验实测击数用插入法求取，表中 N 值带 （ ） 者，为插入法使用；
② 表中中密-密实的中砂、粗砂、砾砂的 q_{ps} 范围值，中砂取小值，粗砂取中值，砾砂取大值；
③ 表中数据可根据地区经验做适当调整；
④ 带 * 者，主要适用于花岗岩、花岗片麻岩和火山凝灰岩硬质岩

项目	内容
根据旁压试验确定单桩竖向极限承载力（规范第8.3.13条）	$$Q_u = u\sum q_{sis}l_i + q_{ps}A_p$$ 式中： q_{sis}——第 i 层土的极限侧阻力 (kPa)，可根据旁压试验曲线的极限压力 p_L 按下表确定； q_{ps}——桩端土极限端阻力 (kPa)，可按下列公式计算： 黏性土：$q_{ps}=2p_L$ 粉土：$q_{ps}=2.5p_L$ 砂土：$q_{ps}=3.0p_L$ 当为钻孔灌注桩时，其桩周土极限侧阻力 q_{sis} 可按预制桩的 $70\%\sim80\%$ 采用，桩的极限端阻力 q_{ps} 可按预制桩的 $30\%\sim40\%$ 采用。

预制桩的桩周极限侧阻力 q_{sis} (kPa)

q_{sis}(kPa) \ 旁压试验 p_L(kPa) / 土性	200	400	600	800	1000	1200	1400	1600	1800	2000	2200	2400	$\geqslant$2600
黏性土	10	24	36	50	64	74	80	86	90				
粉土		24	40	52	66	76	84	92	96	98	100		
砂土		24	40	54	68	84	94	100	106	110	114	118	120

注：① 表中数值可内插；
② 表中数据对无经验的地区应先进行验证

项目	内容
嵌岩灌注桩单桩极限承载力的估算（规范第8.3.12条）	对嵌入中等风化和微风化岩石中的嵌岩灌注桩，可根据岩石的坚硬程度、单轴抗压强度和岩体完整程度，按下式估算单桩极限承载力： $$Q_u = u_s \sum_1^n q_{sis} l_i + u_r \sum_1^n q_{sir} h_{ri} + q_{pr} A_p$$ 式中： Q_u——嵌入中等风化、微风化岩石中的灌注桩单桩竖向极限承载力（kN）； u_s、u_r——分别为桩身在土、全风化、强风化岩石和中等、微风化岩石中的周长（m）； q_{sis}、q_{sir}——分别为第 i 层土、岩的极限侧阻力（kPa），q_{sis} 可按《建筑桩基技术规范》JGJ 94—2008 中表 5.3.5-1、表 5.3.5-2 和表 5.3.6-1 确定，q_{sir} 可按下表经地区经验证后确定； q_{pr}——岩石极限端阻力（kPa），一般应由载荷试验确定，当无条件进行载荷试验时，可按表 8.3.12 经地区经验证后确定； h_{ri}——桩身全断面嵌入第 i 层中风化、微风化岩石内长度（m）； A_p——桩底端面积（m²）。

嵌岩灌注桩岩石极限侧阻力、极限端阻力经验值

岩石风化程度	岩石饱和单轴极限抗压强度标准值 f_{rk}（MPa）	岩体完整程度	岩石极限侧阻力 q_{sir}（kPa）	岩石极限端阻力 q_{pr}（kPa）
中等风化	软岩 $5 < f_{rk} \leqslant 15$	极破碎、破碎	300～800	3000～9000
中等风化或微风化	较软岩 $15 < f_{rk} \leqslant 30$	较破碎	800～1200	9000～16000
微风化	较硬岩 $30 < f_{rk} \leqslant 60$	较完整	1200～2000	16000～32000

注：① 表中极限侧阻力和极限端阻力适用于孔底残渣厚度为 50～100mm 的钻孔、冲孔、旋挖灌注桩；对于残渣厚度小于 50mm 的钻孔、冲孔灌注桩和无残渣挖孔桩，其极限端阻力可按表中数值乘以 1.1～1.2 取值；
② 对于扩底桩，扩大头斜面及斜面以上直桩部分 1.0～2.0m 不计侧阻力（扩大头直径大者取大值，反之取小值）；
③ 风化程度愈弱、抗压强度愈高、完整程度愈好、嵌入深度愈大，其侧阻力、端阻力可取较高值，反之较低值，也可根据 f_{rk} 值按内插法求取；
④ 对于软质岩，单轴极限抗压强度可采用天然湿度试样进行，不经饱和处理

注意	全风化、强风化岩石按土层考虑

【11-24】（2022C10）某高层建筑拟采用预制桩桩筏基础，勘察报告揭示的地层条件及每层土的旁压试验极限压力值如下图所示。筏板底面埋深为自然地面下 5.0m，预制桩为

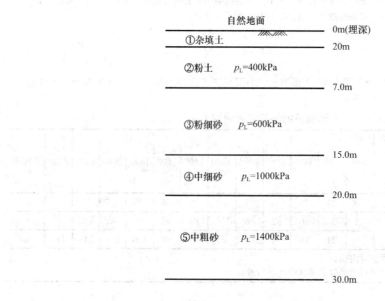

方形桩，截面尺寸为 0.5m×0.5m，桩端进入⑤层中粗砂 1.0m。根据《高层建筑岩土工程勘察标准》JGJ/T 72—2017，估算该预制桩单桩竖向抗压承载力特征值最接近下列哪个选项？

(A) 2600kN　　　(B) 2200kN　　　(C) 1300kN　　　(D) 1100kN

答案：C

解答过程：

根据《高层建筑岩土工程勘察标准》JGJ/T 72—2017：

(1) 表 8.3.13，确定各土层的极限侧阻力 q_{sis}：

②粉土，$p_{\mathrm{L}}=400\mathrm{kPa}$，桩周极限侧阻力 $q_{sis}=24\mathrm{kPa}$

③粉细砂，$p_{\mathrm{L}}=600\mathrm{kPa}$，桩周极限侧阻力 $q_{sis}=40\mathrm{kPa}$

④中细砂，$p_{\mathrm{L}}=1000\mathrm{kPa}$，桩周极限侧阻力 $q_{sis}=68\mathrm{kPa}$

⑤中粗砂，$p_{\mathrm{L}}=1400\mathrm{kPa}$，桩周极限侧阻力 $q_{sis}=94\mathrm{kPa}$

(2) 确定桩端土的极限端阻力 q_{ps}，第 8.3.13 条：

桩端土是中粗砂，$q_{ps}=3p_{\mathrm{L}}=3\times1400=4200\mathrm{kPa}$

(3) $Q_{\mathrm{u}}=4\times0.5\times(2\times24+8\times40+5\times68+1\times94)+0.5\times0.5\times4200=2654\mathrm{kN}$

(4) $R_{\mathrm{a}}=\dfrac{Q_{\mathrm{u}}}{2}=\dfrac{2654}{2}=1327\mathrm{kN}$

【小注岩土点评】

① 旁压试验曲线和预制桩的结合，通过极限压力 p_{L} 和桩周土极限侧阻力 q_{sis} 查表得出每层土的极限侧阻力；通过极限压力 p_{L} 与桩端土极限端阻力 q_{ps} 的换算关系得出桩端土极限端阻力。

② 单桩竖向承载力特征值 R_{a}＝单桩竖向极限承载力 Q_{u}÷安全系数 K。

③ 按《高层建筑岩土工程勘察标准》JGJ/T 72—2017 所列计算式估算的单桩竖向极限承载力 Q_{u} 值，安全系数均可取 $K=2$。

二、群桩基础最终沉降量

——《高层建筑岩土工程勘察标准》第 8.3.14 条和附录 F

项目	内容
规范	(1) 按现行国家标准《建筑地基基础设计规范》GB 50007—2011 计算； (2) 取得地区经验后用有关原位测试参数按《高层建筑岩土工程勘察标准》JGJ/T 72— 2017 附录 F 估算
按《建筑地基基础设计规范》GB 50007—2011 计算	请参照《建筑地基基础设计规范》GB 50007—2011 附录 R 桩基础最终沉降量计算
按《高层建筑岩土工程勘察标准》JGJ/T 72— 2017 附录 F 估算	(1) 预制桩基础最终沉降量可按下列公式估算： $$s=\eta\psi_{s1}\psi_{s2}\sum_{1}^{n}\frac{p_{0i}h_i}{E_{si}}$$ $$\eta=1-0.5p_{cz}/p_0$$ 式中：s——桩基最终沉降量（mm）； 　　　η——桩端入土深度修正系数；$\eta<0.3$ 时，取 0.3； 　　　p_{cz}——桩端处土的有效自重压力（kPa）； 　　　p_0——对应于荷载效应准永久组合时的桩端处的有效附加压力（kPa）；

项目	内容
按《高层建筑岩土工程勘察标准》JGJ/T 72—2017 附录 F 估算	ψ_{s1}——桩侧土修正系数，当桩侧土有层厚不小于 $0.3B$（B 为等效基础宽度）的硬塑状的黏性土或中密-密实砂土时，$\psi_{s1}=0.7\sim0.8$；可塑状黏性土或稍密砂土时，$\psi_{s1}=1$；流塑状淤泥质土时，$\psi_{s1}=1.2$； ψ_{s2}——桩端土修正系数，当桩端下有层厚≥$0.5B$ 的硬塑状的黏性土或中密-密实砂土时，$\psi_{s2}=0.8$；可塑状黏性土或稍密砂土时，$\psi_{s2}=1$；流塑状淤泥质土时，$\psi_{s2}=1.1$； p_{0i}——桩端下第 i 层土中的平均有效附加压力（kPa）； E_{si}——桩端下第 i 土层中的平均压缩模量（MPa），可按下表确定； h_i——桩端下第 i 土层的厚度（m）。

土的压缩模量 E_s 与原位测试参数的经验关系

原位测试方法	土性	E_s（MPa）	适用深度（m）	适用范围值
静力触探试验	一般黏性土	$E_s=3.3p_s+3.2$ $E_s=3.7q_c+3.4$	15~70	$0.8\leqslant p_s\leqslant5.0$（MPa） $0.7\leqslant q_c\leqslant4.0$（MPa）
	粉土及粉细砂	$E_s=(3\sim4)\ p_s$ $E_s=(3.4\sim4.4)\ q_c$	20~80	$3.0\leqslant p_s\leqslant25.0$（MPa） $2.6\leqslant q_c\leqslant22.0$（MPa）
标准贯入试验	粉土及粉细砂	$E_s=(1\sim1.2)\ N$	<120	$10\leqslant N\leqslant50$（击）
	中、粗砂	$E_s=(1.5\sim2)\ N$		$10\leqslant N\leqslant50$（击）
旁压试验	一般黏性土	$E_s=(0.7\sim1)\ E_m$	>10	—
	粉土	$E_s=(1.2\sim1.5)\ E_m$		
	粉细砂	$E_s=(2\sim2.5)\ E_m$		
	中、粗砂	$E_s=(3\sim4)\ E_m$		

注：表中经验公式仅适用于桩基，使用前应根据地区资料进行验证。

（2）采用静力触探试验或标准贯入试验方法估算桩基础最终沉降量，可按下列公式计算：

$$s=\psi_s\frac{p_0}{2}B\eta/(3.3\overline{p}_s)$$

$$s=\psi_s\frac{p_0}{2}B\eta/(4\overline{q}_c)$$

$$s=\psi_s\frac{p_0}{2}B\eta/(\overline{N})$$

$$B=\sqrt{A}$$

式中：s——桩基最终沉降量（mm）；

ψ_s——桩基沉降估算经验系数，应根据类似工程条件下沉降观测资料和经验确定；

B——等效基础宽度；

η——桩端入土修正系数，按 $\eta=1-0.5p_{cz}/p_0$ 计算，$\eta<0.3$ 时，取 0.3；

A——等效基础面积；

$\overline{p}_s$——取 1 倍 B 范围内静探比贯入阻力按厚度修正平均值（MPa）；

$\overline{q}_c$——取 1 倍 B 范围内静探锥尖阻力按厚度修正平均值（MPa）；

$(\overline{N})$——取 1 倍 B 范围内标准贯入试验击数按厚度修正平均值，计算方法同静力触探计算方法

【11-25】（模拟题）某高层建筑采用静力触探试验估算桩基础最终沉降量，建筑平面面积为 $500m^2$，基础埋深 2m，桩长 8m，静力触探资料见下表，桩端作用准永久组合有效附加压力为 120kPa，按《高层建筑岩土工程勘察标准》JGJ/T 72—2017 估算桩基最终沉降量最接近下列哪个选项？（取 $\psi_s=1.0$）

层序	土名	厚度（m）	p_{si}（MPa）	重度 γ（kN/m³）
1	粉质黏土	9	2	18.5
2	粉砂	4	5	19.5
3	粉土	6	0.8	19
4	黏土	20	1.1	18.8

（A）50mm　　　　（B）60mm　　　　（C）70mm　　　　（D）80mm

答案：B

解答过程：

（1）$B = \sqrt{A} = \sqrt{500} = 22.36\text{m}$

（2）$10 \sim 13\text{m}$：$I_{s1} = 1 - \dfrac{1}{22.36} \times 1.5 = 0.93$

$13 \sim 19\text{m}$：$I_{s2} = 1 - \dfrac{1}{22.36} \times 6 = 0.73$

$19 \sim 39\text{m}$：$I_{s3} = 1 - \dfrac{1}{22.36} \times 15.68 = 0.30$

（3）$\overline{p}_s = (5 \times 0.93 \times 3 + 0.8 \times 0.73 \times 6 + 1.1 \times 0.3 \times 13.36)/(0.5 \times 22.36) = 1.96$

（4）$\eta = 1 - 0.5 p_{cz}/p_0 = 1 - 0.5 \times \dfrac{18.5 \times 9 + 19.5}{120} = 0.225 < 0.3$ 取 $\eta = 0.3$

（5）$s = \psi_s \dfrac{p_0}{2} B \eta /(3.3 \overline{p}_s) = 1.0 \times \dfrac{120}{2} \times 22.36 \times 0.3/(3.3 \times 1.96) = 62.2\text{mm}$

三、抗浮桩的单桩抗拔极限承载力和抗浮锚杆的极限承载力特征值

——《高层建筑岩土工程勘察标准》第 8.6.9 条

项目	内容
单桩抗拔极限承载力	初步设计时，抗浮桩的单桩抗拔极限承载力可按下式估算： $$Q_{uk} = \sum_{1}^{n} \lambda_i q_{si} u_i l_i$$ 式中：Q_{uk}——单桩抗拔极限承载力（kN）； 　　　u_i——桩的破坏表面周长（m），对于等直径桩 $u_i = \pi d$，对于扩底桩按下表取值： **扩底桩破坏表面周长 u_i** <table><tr><td>自桩底起算的长度 l_i</td><td>$\leqslant 5d$</td><td>$> 5d$</td></tr><tr><td>u_i</td><td>πD</td><td>πd</td></tr></table> 注：D——桩的扩底直径（m）； 　　d——桩身直径（m）； 　　q_{si}——桩侧表面第 i 层岩土的抗压极限侧阻力（kPa），按《建筑桩基技术规范》JGJ 94—2008 确定； 　　λ_i——第 i 层土的抗拔系数，可按下表取值； 　　l_i——第 i 层土的桩长（m）。 **抗拔系数 λ_i** <table><tr><td>桩型</td><td colspan="2">预制桩</td><td colspan="4">泥浆护壁的冲孔、钻孔、旋挖灌注桩</td></tr><tr><td>土、岩类别</td><td>砂土</td><td>黏性土、粉土</td><td>砂土</td><td>黏性土、粉土</td><td>全风化、强风化岩</td><td>中等风化、微风化岩</td></tr><tr><td>λ_i</td><td>0.5~0.7</td><td>0.7~0.8</td><td>0.4~0.6</td><td>0.5~0.7</td><td>0.7~0.8</td><td>0.8~0.9</td></tr></table> 注：1. 桩长 l 与桩径 d 之比小于 20 时，λ_i 取较小值，反之取较大值； 　　2. 砂土、粉土密度较小、黏性土状态较软者，λ_i 取较小值，反之取较大值； 　　3. 风化程度越强取较小值，反之取较大值； 　　4. 表中 λ_i 值在有充分试验依据的条件下，可根据地区经验做适当调整

项目	内容
群桩整体破坏时，单桩的抗拔极限承载力	群桩可能发生整体破坏时，单桩的抗拔极限承载力可按下式验算： $$Q_{ul} = \frac{1}{n}\sum \lambda_i q_{si} u_l l_i$$ 式中：u_l——桩群外围周长； n——桩群内的桩数
抗浮桩抗拔承载力特征值	抗浮桩抗拔承载力特征值按下式计算： $$F_{a1} = Q_{ul}/2.0$$ 式中：F_{a1}——抗浮桩抗拔承载力特征值（kN）
抗浮锚杆承载力特征值	抗浮锚杆承载力特征值按下式计算： $$F_{a2} = \sum f_{sai} u_i l_i$$ 式中：F_{a2}——抗浮锚杆抗拔承载力特征值（kN）； u_i——锚固体周长（m），对于等直径锚杆取 $u_i = \pi d$（d 为锚固体直径）； f_{sai}——第 i 层土体与锚固体粘结强度特征值（kPa），宜按《建筑边坡工程技术规范》GB 50330—2013 计算

小注岩土
精品打造　注册岩土工程师考试用书

注册岩土工程师专业考试案例精讲精练（上册）

小注岩土　　组织编写

朱晓云　　主编

许栋山　　张建平　　田　野　　王宝松　　副主编

中国建筑工业出版社

图书在版编目（CIP）数据

注册岩土工程师专业考试案例精讲精练：上、下册 /
小注岩土组织编写；朱晓云主编；许栋山等副主编
. — 北京：中国建筑工业出版社，2024.4（2025.2 重印）
注册岩土工程师考试用书
ISBN 978-7-112-29732-0

Ⅰ.①注… Ⅱ.①小… ②朱… ③许… Ⅲ.①岩土工
程-资格考试-自学参考资料 Ⅳ.①TU4

中国国家版本馆 CIP 数据核字（2024）第 071814 号

责任编辑：李笑然　牛　松
责任校对：赵　力

注册岩土工程师考试用书

注册岩土工程师专业考试案例精讲精练

小注岩土　组织编写

朱晓云　主编

许栋山　张建平　田　野　王宝松　副主编

*

中国建筑工业出版社出版、发行（北京海淀三里河路 9 号）

各地新华书店、建筑书店经销

北京科地亚盟排版公司制版

建工社（河北）印刷有限公司印刷

*

开本：787 毫米×1092 毫米　1/16　印张：79　字数：1966 千字
2024 年 6 月第一版　2025 年 2 月第二次印刷
定价：**192.00** 元（上、下册）（含增值服务）
ISBN 978-7-112-29732-0
（44251）

前　言

小注岩土一直致力于勘察设计注册考试的培训服务工作，小注岩土专业有堪称行业培训精品的"直播课程＋微课视频＋答疑"等系列培训服务体系，为了帮助更多的考生对注册岩土工程师专业考试有更清晰的认识，提高学习效率，编写一套精良的注册岩土考试案例教程是小注岩土团队一直想做好的事情。

注册岩土工程师专业考试自 2002 年开考以来，命题风格几经变换，自 2018 年起，考题除延续其一贯的"三从一大"的特点外，计算量明显增多、考试深度和广度逐渐加大，更加贴合工程实践。

2022 年至今，命题风格和上一阶段很相近，但也有自己的一些特色：

（1）接近工程实际的题目变多了，这个实际不是指的题目本身是一个工程实际问题，而是解决这个问题，你需要是一个实际从业者。例如有的题目不难，但是如果不是从业者，是无法解决的，因为在相关规范和书籍中很难找到答案，给"非从业者"增加了门槛。

（2）接近工程实际的题目第二个含义是：题目的设置和实际从业更加贴近了，注册岩土工程师在实际工程中主要从事勘察（从业人数最多），其次是设计施工（边坡、基坑、地基处理），再次是检测。比如，深基础部分考查了一道题目来自《高层建筑岩土工程勘察标准》，估算桩的承载力，这就是勘察工程师的实际工作，而不是一味像以前考查《建筑桩基技术规范》中的沉降和内力验算。

这就要求考生在备考过程中付出更多的时间和精力，基于此，为了使考生快速、高效地通过注册岩土工程师专业考试，小注岩土团队精心编写了《注册岩土工程师专业考试案例精讲精练》，本书共由十一篇组成，即：岩土工程勘察、浅基础、深基础、地基处理、边坡与基坑工程、特殊条件下的岩土工程、公路规范专题、铁路规范专题、地震工程、岩土工程检测与监测、偏门规范。从近年的考题来看，除核心规范的考点之外，考试指定的规范内容均在可考之列，考生需认真全面系统地学习。

本书覆盖面较广，通过对规范及《工程地质手册》（第五版）、《土力学》（第 3 版）相关内容的深度挖掘，涵盖了指定考试规范的绝大部分考点。本书知识框架体系完整，结构性、逻辑性强，同时对于重点、难点内容进行表格化梳理和对比，能使考生系统、有条理地学习和理解各个考点，达到精讲目的。本书配套题目大部分为历年真题＋少部分的精编模拟题，通过练习来熟悉考点，加深对知识点的理解，达到精练目的。

本书有如下特点：

1. 知识框架更清晰

注册岩土专业考试涉及的规范近 50 本，还有《工程地质手册》（第五版）、《土力学》（第 3 版）教材等相关资料，备考时如何对以上内容进行系统学习？从哪方面开始学？是初次备考者头痛的事情，本书将规范条文及教材相关内容进行汇总、整理，梳理出各个考点，使其知识结构更加清晰、针对性更强，使得本书既完全符合现行规范、教材的要求，本身又具有完善的知识体系。需要说明的是，本书的目录就是一个详细的知识框架，建议您在学习时先单独了解目录，用于初步搭建知识框架。

2. 更加注重原理，增强对比性

就考试科目而言，规范多、内容繁杂，且同一知识点在各行各业规范均有不同的规定，计算公式及相关细节规定也有差异，因此本书对于同一知识点在不同规范中的规定均进行了表格化的梳理，增强对比性，更加贴近考试。书中的表格及图示，可帮助考生对知识细节的准确把握，让相关知识点之间的层次性变得更加明显，对于各个参数的限值也采用了重点标注，避免考试过程中掉坑。同时，注重基本原理的讲解，看透知识本质，掌握知识规律，达到能够解决"一类题"的目的。

3. 重点、难点突出，提高学习效率

通过各种方式对知识点进行总结归纳，用不同字体标注重点、难点，部分知识点详解采用表格化、步骤化进行编排，使得备考者在复习知识点的同时，对解题的步骤也有更清晰的认识，能更快速地掌握相关知识点和解题思路。

最后，编者提醒考生，本书是为了更好地理解规范知识点而编写的，但在学习过程中，仍要以规范为主，不能由其取代规范，任何时候都不能本末倒置。本书对于考生来说，能更快速地理清考试的知识体系，熟悉、理解、消化规范，但最终仍要回归到规范上面去。

本书由小注岩土资深主讲北京朱工、江西许工、北京刘工、重庆王工、北京张工、莱维、兰州朱工等编写完成；另外在此期间，众多考生和学员提供了很多有益的建议，在此一并感谢！由于编者的水平和条件有限，书中难免有疏漏和不足之处，恳请广大考生批评指正。感谢大家对本书的关注和包容，如有疑问或者发现错误等问题，可以联系微信：qq3487139024，邮箱为：3487139024@qq.com。

微信公众号　　　　　　　微信二维码

最后祝广大考生顺利通过考试。

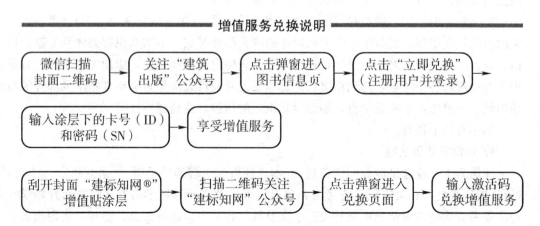

增值服务兑换说明

目　录

上　册

第一篇　岩土工程勘察

下　册

第五篇　边坡与基坑工程

第七篇　公路规范专题

第八篇　铁路规范专题

第九篇　地震工程

第十篇　岩土工程检测与监测

第十一篇　偏门规范

第一篇　岩土工程勘察

　　土力学主要包括土的物理性质、土的应力计算、土的渗透性、土的抗剪强度、土的压缩固结；近年来加大了室内土工试验的考查，故在本章中融入土力学基础知识，便于学习理解。

　　土力学是基本原理，始终贯穿整个岩土工程，浅基础、基坑、边坡均有涉及，而该部分又是岩土考试的重点，因此土力学显得尤为重要，应熟练掌握该部分内容。

　　工程勘察内容广泛，各行业都有自己的勘察规范，不尽相同。该部分内容涉及知识较多且杂，又和土力学基本原理联系密切，试验部分占很大比重。

　　工程地质基础在注册岩土工程师考试中考查较少，以岩层产状和岩层厚度为主要内容。

岩土工程勘察历年真题情况表

类别	历年出题数量	占岩土工程勘察题目比重	占历年真题比重
土的物理性质	23	14.4%	
土的渗透性	23	14.4%	
土的抗剪强度	8	5.0%	
土的压缩与固结	8	5.0%	
勘察与取样	12	7.5%	12.5%
原位测试	26	16.3%	2002—2023 年总题目共
地下水勘察	20	12.5%	1260 题，其中勘察与岩土
岩土参数选取	5	3.1%	试验占 144 题。
岩体分级与岩体试验	21	13.1%	（2015 年未举行考试）
岩层产状	7	4.4%	
岩层厚度	2	1.3%	
其他	5	3.1%	

岩土工程勘察历年真题考点统计表

年份	汇总(道)	三相	渗透系数	三轴试验	直剪试验	筛分试验	击实试验	固结压缩	含水率*	载荷试验	旁压试验	十字板剪切试验	扁铲侧胀试验	圆锥动力触探试验	波速测试	水土腐蚀性	工程岩体分级标准	岩体完整性判定	水利水电围岩分类	风化程度判定	坚硬程度	岩石基本质量等级分类	软化性能	渗透变形	达西定律	试验	勘探取样	断层	地层产状	承载力查表	其他
2016 年	10	1	1							2	1				1	1	2			1											
2017 年	11		1	1						2		1			1	1											1	1			1

---

　　*　土中水的质量与土粒的质量之比称为土的含水量，或称为含水率，是一个概念的两种说法，不同规范和教材对此说法不统一，以示说明。

续表

年份	汇总(道)	三相	土工试验 渗透系数	土工试验 三轴试验	土工试验 直剪试验	土工试验 筛分试验	土工试验 击实试验	土工试验 固结压缩	土工试验 含水率*	原位测试 载荷试验	原位测试 旁压试验	原位测试 十字板剪切试验	原位测试 扁铲侧胀试验	原位测试 圆锥动力触探试验	原位测试 波速测试	原位测试 水土腐蚀性	岩石与岩体分类分级 工程岩体分级标准	岩石与岩体分类分级 岩体完整性判定	岩石与岩体分类分级 水利水电围岩分类	岩石与岩体分类分级 风化程度判定	岩石与岩体分类分级 坚硬程度	岩石与岩体分类分级 岩石基本质量等级分类	岩石与岩体分类分级 软化性能	地下水 渗透变形	地下水 达西定律	勘探 取样	勘探 试验	地质 断层	地质 地层产状	承载力查表	其他
2018年	9								1	1						1	1	1	1				1		1						1
2019年	9			1	1	1													1						1	1				1	
2020年	7									1		1					1								1	1				1	
2021年	10	1	1											1	1		1							1	1	1				1	
2022年	9						1										1				1	1		1			1	1		1	1
2022年(补)	9		1										1				1							1		1		1	1	1	1
2023年	10	2								1	1	1	1		1							1		2	1	2		2			2
汇总(道)	90	5	3	2	1	1	3	2	2	8	2	2	2	2	8	2	8	2	1	2	1	1	4	6	3	6	1	5	3	3	3

注：表格空白处为未考查。

本篇涉及的主要规范及相关教材有：

《土工试验方法标准》GB/T 50123—2019

《岩土工程勘察规范（2009年版）》GB 50021—2001

《工程岩体分级标准》GB/T 50218—2014

《工程岩体试验方法标准》GB/T 50266—2013

《水利水电工程地质勘察规范（2022年版）》GB 50487—2008

《公路工程地质勘察规范》JTG C20—2011

《铁路工程地质勘察规范》TB 10012—2019

《碾压式土石坝设计规范》NB/T 10872—2021

《公路隧道设计规范 第一册 土建工程》JTG 3370.1—2018

《铁路隧道设计规范》TB 10003—2016

《铁路路基设计规范》TB 10001—2016

《水运工程岩土勘察规范》JTS 133—2013

《工程地质手册》（第五版）

《土力学》（第3版）（统一简称《土力学》）

---

* 土中水的质量与土粒的质量之比称为土的含水量，或称为含水率，是一个概念的两种说法，不同规范和教材对此说法不统一，以示说明。

第一章 基本土工试验

第一节 试样的制备和饱和

——《土工试验方法标准》第 4 章

试样的制备和饱和

项目	内容
试样的制备	本试验方法适用于颗粒粒径小于 60mm 的原状土和扰动土。 扰动土试样的制备视工程实际情况可分别采用击样法、击实法和压样法。 试样饱和方法视土样的透水性能，可选用浸水饱和法、毛管饱和法及真空抽气饱和法
干土质量	$$m_\mathrm{d}=\frac{m_0}{1+0.01w_0}$$ 式中：m_d——干土质量（g）； m_0——风干土质量（或天然湿土质量）（g）； w_0——风干含水率（或天然含水量）（%）
土样制备含水率所加水量	$$m_\mathrm{w}=\frac{m_0}{1+0.01w_0}\times 0.01(w'-w_0)$$ 式中：m_w——土样所需加水质量（g）； w'——土样所要求的含水率（%）
制备扰动土试样所需总土质量	$$m_0=(1+0.01w_0)\rho_\mathrm{d}V$$ 式中：ρ_d——制备试样所要求的干密度（g/cm³）； V——计算出击实土样体积或压样器所用环刀容积（cm³）
制备扰动土样应增加的水量	$$\Delta m_\mathrm{w}=0.01(w'-w_0)\rho_\mathrm{d}V$$ 式中：Δm_w——制备扰动土样应增加的水量（g）
饱和度	$$S_\mathrm{r}=\frac{(\rho-\rho_\mathrm{d})G_\mathrm{s}}{e\rho_\mathrm{d}}\times 100=\frac{wG_\mathrm{s}}{e}$$ 式中：S_r——饱和度（%）； w——饱和后的含水率（%）； ρ——饱和后的密度（g/cm³）； G_s——土粒比重； e——土的孔隙比
结果处理	试样制备的数量视试验需要而定，应多制备 1~2 个备用。 原状土样同一组试样的密度最大允许差值应在 ±0.03g/cm³，含水率最大允许差值应在 ±2%。 扰动土样制备试样密度、含水率与制备标准之间最大允许差值应分别为 ±0.02g/cm³ 与 ±1%。 扰动土平行试验或一组内各试样之间最大允许差值应分别为 ±0.02g/cm³ 与 ±1%

【小注】试样制备中的加水问题，与工程中加水浸湿问题解法一致，原理相同。

第二节 土的基本物理性质试验

一、含水率试验

——《土工试验方法标准》第 5 章

烘干法测定含水率试验：

适用对象	土的有机质含量不宜大于干土质量的5%，当土中有机含量为5%～10%时，仍允许采用本标准进行试验，但应注明有机质含量
简要步骤	(1) 取代表性试样称重 m_0。 (2) 烘干称重 m_d：试样在105～110℃下烘到恒重。烘干时间，对黏质土，不得少于8h；对砂类土，不得少于6h；对有机质含量为5%～10%的土，应将烘干温度控制在65～70℃的恒温下烘至恒量
指标计算	$$w_0 = \left(\frac{m_0}{m_d} - 1\right) \times 100$$ 式中：w_0——试样含水率（%）； 　　　m_0——湿土质量（g）； 　　　m_d——干土质量（g）
试验数据处理	本试验应进行两次平行测定，取其算术平均值，最大允许平行差值应符合《土工试验方法标准》GB/T 50123—2019 表5.2.4 的规定。 含水率测定的最大允许平行差值（%） <table><tr><td>含水率 w</td><td>最大允许平行差值</td></tr><tr><td><10</td><td>±0.5</td></tr><tr><td>10～40</td><td>±1.0</td></tr><tr><td>>40</td><td>±2.0</td></tr></table>

【1-1】（模拟题）某红黏土，体积 $v=100\text{cm}^3$，湿土重量 $m=192\text{g}$，烘干后质量 $m_s=143.0\text{g}$，$G_s=2.71$，$w_L=42\%$，$w_P=20\%$，请问该红黏土土样状态分类为什么状态？

（A）硬塑　　　　（B）可塑　　　　（C）软塑　　　　（D）流塑

答案：B

解答过程：

$$w = \frac{192-143}{143} = 34.3\%, \quad I_P = 42-20 = 22$$

$$I_L = \frac{34.3-20}{42-20} = 0.65, \quad \alpha_w = \frac{34.3}{42} = 0.82$$

查《岩土工程勘察规范（2009年版）》GB 50021—2001第6.2.2条表6.2.2-1，该土属于可塑状态。

【1-2】（模拟题）取某土样100g，当温度在65～70℃的恒温下烘至恒重为80g，当温度控制在105～110℃的恒温下烘至恒重为75g，则该土的含水率为多少？（提示：近似认为105～110℃烘干后无残留有机质）

（A）18%　　　　（B）21%　　　　（C）23%　　　　（D）25%

答案：D

解答过程：

根据《土工试验方法标准》GB/T 50123—2019第5.2.2条：

（1）第一步：根据规范，土样烘干分别在两个温度下的烘干质量为80g和75g，那么可知道损失量为5g，可以推断出有机质含量是大于5%。

（2）第二步：计算含水率

$$w = \frac{100-80}{80} \times 100\% = 25\%$$

【小注岩土点评】

① 根据原理做题，无须翻阅规范。

② 105～110℃分解有机质产生的损失可得本题有机质一定大于5%。

③ 根据有机质含量，判断烘干的温度，用该温度下烘干质量计算含水率。

二、密度试验

——《土工试验方法标准》第6章

环刀法和蜡封法为室内测定密度试验，灌水法和灌砂法为现场原位测定密度试验。

（一）环刀法测定密度试验

适用对象	细粒土		
简要步骤	（1）环刀取样V； （2）称重m_0； （3）测定含水率		
指标计算	试样湿密度ρ	$$\rho = m_0/V$$ 式中：ρ——试样的湿密度（g/cm³）； m_0——湿试样的质量（g）； V——试样的体积（cm³），可根据环刀尺寸直接计算	
	试样干密度ρ_d	$$\rho_d = \rho/(1+0.01w_0)$$ 式中：ρ_d——试样的干密度（g/cm³）； w_0——湿试样的含水率（%），取%前数字	
环刀规格	环刀类型	环刀尺寸	环刀体积
	1型	内径61.8mm，高20mm	60cm³
	2型	内径79.8mm，高20mm	100cm³
数据整理	本试验应进行两次平行测定，两次测定的最大允许平行差值应为±0.03g/cm³，取两次测值的平均值		

【1-3】（2007D02）现场取环刀试样测定土的干密度。环刀容积200cm³，测得环刀内湿土质量380g。从环刀内取出湿土32g，烘干后干土质量为28g。土的干密度最接近（　　）。

（A）1.90g/cm³　　　（B）1.85g/cm³　　　（C）1.69g/cm³　　　（D）1.66g/cm³

答案：D

解答过程：

（1）$w = \dfrac{m_w}{m_s} = \dfrac{32-28}{28} = 0.143$

（2）$\rho = \dfrac{m_0}{V} = \dfrac{380}{200} = 1.90$g/cm³

（3）$\rho_d = \dfrac{\rho}{1+0.01w_0} = \dfrac{1.90}{1+0.143} = 1.66$g/cm³

（二）蜡封法测定密度试验

蜡封法，是利用蜡封之后的物体体积减去蜡的体积，测算出土体体积。蜡封之后的物体体积，是用"浮力"测算出来的，即蜡封后的物体浸入静止流体中受到一个浮力，其大小等于该蜡封后的物体所排开的流体重量。质量和重量的换算，仅有一个常数 g，因此可以用天平称重蜡封后的物体在浸水前和浸水后的质量，这两个状态的质量差，就是用质量表达的浮力 $\Delta m = \rho_{液体} V_{蜡封后的物体}$。

适用对象	试样易破碎、难以切削
简要步骤	（1）取样称重 m_0； （2）蜡封试样并称重 m_n； （3）"浮称法"再次对蜡封试样称重 m_{nw}
指标计算	**试样湿密度 ρ** $$\rho = \dfrac{m_0}{\dfrac{m_n - m_{nw}}{\rho_{wT}} - \dfrac{m_n - m_0}{\rho_n}}$$ 式中：m_n——试样加蜡质量（g）； $\quad m_{nw}$——试样加蜡在水中的质量（g）； $\quad m_0$——试样的质量（g）； $\quad \rho_n$——蜡的密度（g/cm³），准确至 0.01g/cm³； $\quad \rho_{wT}$——纯水在 T℃时的密度（g/cm³），准确至 0.01g/cm³
	试样干密度 ρ_d $$\rho_d = \rho/(1 + 0.01w_0)$$ 式中：ρ_d——试样的干密度（g/cm³）； $\quad w_0$——湿试样的含水率（％）
数据整理	本试验应进行两次平行测定，其最大允许平行差值应为 ± 0.03g/cm³，取两次测值的平均值

【1-4】（模拟题）取出一个天然土样，测得土样质量为 170g，将其蜡封后，测得质量为 178.2g，将蜡封后的土样放入水中，测得质量为 68.2g，则该土样浸入水中的浮重度可能为哪个选项？（水的密度为 1.0g/cm³，蜡的密度为 0.82g/cm³，$g = 10$m/s²）

(A) 6.5 kN/m³   (B) 8.2 kN/m³   (C) 17.0kN/m³   (D) 19.8 kN/m³

答案：B

解答过程：

根据《土工试验方法标准》GB/T 50123—2019 第 6.3 节：

（1）用蜡封法计算体积：

$$V = \frac{178.2 - 68.2}{1} - \frac{178.2 - 170}{0.82} = 100 \text{cm}^3$$

（2）计算天然重度：

$$\gamma = \frac{170}{100} \times 10 = 17 \text{kN/m}^3$$

（3）由于饱和重度不会小于天然重度，则饱和重度大于 17kN/m³，故浮重度大于 7kN/m³，根据选项判断，选 B。

【小注岩土点评】

① 掌握蜡封法的原理——阿基米德原理。

② 掌握不同重度之间的大小关系。

（三）灌水法测定密度试验

——《土工试验方法标准》第 41 章

灌水法，是利用水的体积测算坑的体积。这和蜡封法测量土体体积的原理不同。

适用对象	细粒土、砂类土和砾类土
简要步骤	(1) 由粒径选择合适试坑尺寸，挖坑，称重 m_0； (2) 下放薄膜，然后套环； (3) 注水，记录初始和终了水位高度 H_{t1}、H_{t2}
指标计算	① 试坑体积 $$V_{sk}=(H_{t1}-H_{t2})\times A_w-V_{th}$$ 式中：V_{sk}——试坑体积（cm^3）； 　　　V_{th}——套环体积（cm^3）； 　　　A_w——储水筒断面面积（cm^2）； 　　　H_{t1}、H_{t2}——分别为储水筒初始、注水终了时水位高度（cm）。 ② 试样天然密度 $$\rho=m_0/V_{sk}$$ 式中：m_0——试坑内挖出土样的质量（g）。 ③ 试样干密度 $$\rho_d=\rho/(1+0.01W)$$

（四）灌砂法测定密度试验

——《土工试验方法标准》第 41 章

现行规范的灌砂法步骤繁琐，但原理简单，是利用砂的体积，测算坑的体积。这点和灌水法的原理一致。

适用对象	细粒土、砂类土和砾类土
简要步骤	(1) 用套环法 ① 称量盛有量砂的容器＋其内量砂的质量 m_{y1}； ② 将量砂经漏斗灌满固定好的套环内，并刮平砂面，且将刮下的量砂倒回量砂的容器，称得此时量砂的容器＋第 1 次剩余量砂的质量 m_{y2}； ③ 将套环内的量砂取出，称得从套环内取出的量砂质量 m_{y3}，并将取出的量砂倒回量砂容器（环内允许残留少量量砂）； ④ 在套环内挖试坑，将挖出的试样放入盛试样的容器内，称得容器＋试样的质量 m_{y4}（包含环内残留的少量量砂）； ⑤ 再次将量砂经漏斗灌满试坑＋套环，并刮平砂面，同时将刮下的量砂全部倒回量砂的容器，称得量砂容器＋第 2 次剩余量砂的质量 m_{y5}。 (2) 不用套环法 ① 刮平地面，挖试坑，将挖出的试样放入盛试样的容器内，称得容器＋试样的质量 m_{y4}； ② 称盛有量砂的容器＋其内量砂的质量得 m_{y1}，然后将量砂经漏斗灌满已经挖好的试坑内； ③ 刮平试坑内砂面，并将刮下的量砂倒回量砂容器，称得量砂容器＋剩余量砂的质量 m_{y7}
指标计算	(1) 湿密度 ① 用套环法： $$\rho=\frac{(m_{y4}-m_{y6})-[(m_{y1}-m_{y2})-m_{y3}]}{\dfrac{m_{y2}+m_{y3}-m_{y5}}{\rho_{1s}}-\dfrac{m_{y1}-m_{y2}}{\rho'_{1s}}}$$ ② 不用套环法： $$\rho=\frac{m_{y4}\quad m_{y6}}{\dfrac{m_{y1}-m_{y7}}{\rho_{1s}}}$$ (2) 干密度 $$\rho_d=\rho/(1+0.01w)$$ 式中：m_{y1}——量砂容器加原有量砂质量（g）； 　　　m_{y2}——量砂容器加第 1 次剩余量砂质量（g）； 　　　m_{y3}——从套环中取出的量砂质量（g）； 　　　m_{y4}——试样容器加试样质量（包括少量遗留砂质量）（g）；

指标计算	m_{y5}——量砂容器加第 2 次剩余量砂质量（g）； m_{y6}——试样容器质量（g）； m_{y7}——量砂容器加剩余量砂质量（g）； ρ_{1s}——往试坑内灌砂时量砂的平均密度（g/cm³）； ρ'_{1s}——挖试坑前，往套环内灌砂时量砂的平均密度（g/cm³），计算至 0.01g/cm³
数据整理	本试验需进行两次平行测定，取其算术平均值

【1-5】（2010D01）某工程采用灌砂法测定表层土的干密度，注满试坑用标准砂质量为 5625g。标准砂密度为 $1.55g/cm^3$。试坑采取的土的试样质量为 6898g，含水量为 17.8%，则该土层的干密度数值接近于（　　）。

(A) $1.60g/cm^3$　　　(B) $1.65g/cm^3$　　　(C) $1.70g/cm^3$　　　(D) $1.75g/cm^3$

答案：A

解答过程：

根据《土工试验方法标准》GB/T 50123—2019 第 41.2.4 条第 2 款：

(1) 试坑体积：$V = \frac{m_{标准砂}}{\rho_{标准砂}} = \frac{5625}{1.55} = 3629cm^3$

(2) 表层土 $m_s = \frac{m}{1+w} = \frac{6898}{1.178} = 5855.69g$

(3) $\rho_d = \frac{m_s}{V} = \frac{5855.69}{3629} = 1.61g/cm^3$

【1-6】（2019C01）灌砂法检测压实填土的质量。已知标准砂的密度为 $1.5g/cm^3$，试验时，试坑中挖出的填土质量为 1.75kg，其含水量为 17.4%，试坑填满标准砂的质量为 1.20kg。试验室击实试验测得压实填土的最大干密度为 $1.96g/cm^3$，试按《土工试验方法标准》GB/T 50123—2019 计算填土的压实系数最接近下列哪个值？

(A) 0.87　　　(B) 0.90　　　(C) 0.95　　　(D) 0.97

答案：C

解答过程：

根据《土工试验方法标准》GB/T 50123—2019 第 41.2.4 条第 2 款：

(1) $V = \frac{m}{\rho} = \frac{1.2}{1.5 \times 10^3} = 0.8 \times 10^{-3} m^3$

(2) $\rho_{填土} = \frac{1.75}{0.8 \times 10^{-3}} = 2.1875 \times 10^3 kg/m^3$

$\rho_d = \frac{\rho}{1+w} = \frac{2.1875}{1+17.4\%} = 1.863 \times 10^3 kg/m^3 = 1.863g/cm^3$

(3) $\eta = \frac{\rho_d}{\rho_{dmax}} = \frac{1.863}{1.96} = 0.95$

【1-7】（2005D01）现场用灌砂法测定某土层的干密度，试验成果见下表，则该土层干密度最接近（　　）。

试坑用标准砂质量 m_s(g)	标准砂密度 ρ_s(g/cm³)	试样质量 m_p(g)	试样含水量 w_1
12566.40	1.6	15315.3	14.5%

(A) 1.55g/cm³   (B) 1.70g/cm³   (C) 1.85g/cm³   (D) 1.95g/cm³

答案：B

解答过程：

根据《土工试验方法标准》GB/T 50123—2019 第 41.2.4 条第 2 款：

$$\rho_d = \frac{m_p}{1+0.01w_1} \Big/ \frac{m_s}{\rho_s} = \frac{15315.3}{1+0.01\times14.5} \Big/ \frac{12566.40}{1.6} = 1.703\text{g/cm}^3$$

【小注岩土点评】

现行版本的土工试验公式，参数多，看起来复杂，需要把握灌砂法和灌水法的本质，是用砂或者水的体积代替试坑的体积。

三、土粒比重试验

——《土工试验方法标准》第 7 章

对由粒径＜5mm 的土和粒径≥5mm 的土共同组成的土体而言，其土颗粒的平均比重，按下式计算：

$$G_s = \frac{1}{\dfrac{P_5}{G_{s1}} + \dfrac{1-P_5}{G_{s2}}}$$

式中：G_s——土颗粒的平均比重；

    G_{s1}——粒径大于等于 5mm 颗粒的比重；

    G_{s2}——粒径小于 5mm 颗粒的比重；

    P_5——粒径大于等于 5mm 的土颗粒质量占试样总质量的百分比（%），以小数代入计算，例如 P_5＝20%，取 0.2 代入公式。

（一）比重瓶法测定土粒比重试验

适用对象	粒径＜5mm 的各类土
简要步骤	（1）比重瓶的校准 ① 将比重瓶洗净、烘干、称量两次，取算术平均值。 ② 将煮沸并冷却的纯水注入比重瓶（对长颈比重瓶，注水达到刻度为止；对短颈比重瓶，注满水，塞紧瓶塞，多余水自行溢出）。 ③ 将装有纯水的比重瓶移入恒温水槽，待瓶内水温稳定后，将瓶取出并擦干瓶外壁水，称得瓶、水总质量。 ④ 将恒温水槽水温以 5℃级差调节，逐级测定不同温度下的瓶水总质量。 ⑤ 以瓶水总质量为横坐标，以温度为纵坐标，绘制瓶水总质量与温度的关系曲线。 （2）比重瓶法试验 ① 制备烘干试样 m_d。 ② 取适量烘干试样放入烘干的比重瓶，并向比重瓶内注入半瓶纯水，采用煮沸法或真空抽气法排除土内空气。 ③ 将纯水继续注入比重瓶，当采用长颈比重瓶时，注水至略低于刻度处；当采用短颈比重瓶时，应注水至注满。有恒温水槽时，可将比重瓶放入恒温水槽，待瓶内温度稳定和瓶上部悬液澄清。 ④ 当采用长颈比重瓶时，采用滴管调整瓶内液面至刻度处（以液面下缘为准），擦干瓶外壁及瓶内刻度以上水分，称得瓶＋水＋土总质量 m_{bws}；当采用短颈比重瓶时，塞好瓶塞，将多余水分溢出，擦干瓶外壁水分，称瓶＋水＋土总质量 m_{bws}，并测定此时瓶内水的温度。 ⑤ 根据测得的水温，从"（1）"绘制的瓶水总质量与温度的关系曲线查得该温度下瓶＋水总质量 m_{bw}。 ⑥ 当土粒中含有易溶盐、亲水性胶体或有机质时，测定土粒比重应采用中性液代替纯水

指标计算	纯水测定： $$G_s = \frac{m_d}{m_{bw} + m_d - m_{bws}} \cdot G_{wT}$$ 中性液测定： $$G_s = \frac{m_d}{m_{bk} + m_d - m_{bks}} \cdot G_{kT}$$ 式中：m_{bw}——比重瓶+水的总质量（g）； $\quad\quad m_{bws}$——比重瓶+水+干土总质量（g）； $\quad\quad G_{wT}$——$T℃$时纯水的比重，准确至 0.001； $\quad\quad m_d$——所取的烘干试样质量（g），一般情况下取 15g（若为 50mL 的瓶取 12g）； $\quad\quad m_{bk}$——比重瓶+中性液的总质量（g）； $\quad\quad m_{bks}$——比重瓶+中性液+干土总质量（g）； $\quad\quad G_{kT}$——$T℃$时中性液体的比重，准确至 0.001
数据整理	本试验应进行两次平行测定，取两次测值的平均值，最大允许平行差值应为±0.02

（二）浮称法测定土粒比重试验

适用对象	粒径大于等于 5mm 的各类土，且其中粒径大于 20mm 的土质量应小于总土质量的 10%
简要步骤	（1）取一定数量的试样，冲洗试样，直至颗粒表面无尘土和其他污物； （2）将试样浸入水中 24h 后取出，擦干试样表面（称之为饱和面干试样），称取饱和面干试样质量后，立即放入铁丝框中，缓缓将铁丝框+试样放入水中，并在水中摇晃，直至无气泡逸出为止，在水中称量铁丝框+试样的质量 m_{ks}； （3）取出铁丝框中试样，烘干称重 m_d； （4）单独在水中称量铁丝框质量 m_k
指标计算	土粒比重： $$G_s = \frac{m_d}{m_d - (m_{ks} - m_k)} G_{wT}$$ 干比重： $$G_s' = \frac{m_d}{m_b - (m_{ks} - m_k)} G_{wT}$$ 吸着含水率： $$w_{ab} = \left(\frac{m_b}{m_d} - 1\right) \times 100$$ 式中：m_{ks}——铁丝框+试样在水中的质量（g）； $\quad\quad G_{wT}$——$T℃$时纯水的比重； $\quad\quad m_k$——铁丝框在水中的质量（g）； $\quad\quad m_d$——所取的烘干试样质量（g）； $\quad\quad m_b$——饱和面干试样质量（g）； $\quad\quad w_{ab}$——吸着含水率（%），计算至 0.1%
数据整理	本试验应进行两次平行测定，两次测定的最大允许差值应为±0.02，试验结果取两次测值的平均值

（三）虹吸筒法测定土粒比重试验

适用对象	粒径大于等于 5mm 的各类土且其中粒径大于等于 20mm 的土质量大于等于总土质量的 10%
简要步骤	① 取样浸入水中一昼夜，取出晾干，称重 m_{ad}。 ② 将清水注入虹吸筒，至虹吸管口有水溢出时关闭管夹，而后将晾干的试样放入虹吸筒内搅拌。 ③ 打开管夹，筒内水溢出至量筒内，称量量筒＋水的质量 m_{cw}。 ④ 取出筒内试样烘干至恒重，称量烘干试样的质量 m_d
指标计算	土粒比重： $$G_s = \frac{m_d}{(m_{cw}-m_c) - (m_{ad}-m_d)} \cdot G_{wT}$$ 式中：m_c——量筒的质量（g）； $\quad\quad m_{cw}$——量筒＋排开水的质量（g）； $\quad\quad G_{wT}$——T℃时纯水的比重； $\quad\quad m_{ad}$——晾干试样的质量（g）； $\quad\quad m_d$——烘干试样的质量（g）
数据整理	本试验应进行两次平行测定，两次测定的最大允许平行差值应为 ±0.02，取两次测值的平均值

【小注】土颗粒体积的不同求法，是考查的知识点。①比重瓶法和浮称法，本质是用阿基米德原理换算土颗粒体积，$F_浮 = G_排 = \rho_液\, g V_排$，$\frac{F_浮}{g} = \Delta m_{土颗粒在浸水前后的质量差} = \rho_液 V_排$，$V_排$ 就是排开水的体积，即为土颗粒体积。比重瓶法和浮称法，在表示土颗粒在浸水前后的质量差方面，方法是不同的。②虹吸筒法，是用的饱和样体积减去饱和样中水的体积，得到了土颗粒体积。

【1-8】（模拟题）某土样经颗粒分析，粒径小于 5mm 的干土质量为 15.0g，粒径大于等于 5mm 的干土质量为 20g，最大粒径为 10mm，并分别采用比重瓶法和浮称法确定土颗粒的比重。其中比重瓶法试验中：瓶、水总质量为 133g，瓶、水和土的总质量为 142g。浮称法中：铁丝框在水中的质量为 12.2g，土和铁丝框在水中的质量为 24.3g。试计算该土样的平均比重接近下列哪个值？

(A) 2.52　　　　(B) 2.54　　　　(C) 2.62　　　　(D) 2.46

答案：A

解答过程：

(1) 粒径小于 5mm 土粒采用比重瓶法试验：$G_{s1} = \dfrac{15}{133+15-142} \times 1 = 2.50$

(2) 粒径大于等于 5mm 土粒采用浮称法试验：

$$G_{s2} = \frac{20}{20-(24.3-12.2)} \times 1 = 2.53$$

(3) 平均比重计算：

$$P_1 = \frac{15}{15+20} = 42.86\%，则 P_2 = 1-42.86\% = 57.14\%$$

$$G_{sm} = \frac{1}{\dfrac{0.4286}{2.5} + \dfrac{0.5714}{2.53}} = 2.517$$

四、颗粒分析试验

——《土工试验方法标准》第 8 章

（一）采用试验方法

土的类别	采用方法
对 0.075mm≤颗粒粒径≤60mm 的粗粒土	筛析法
对颗粒粒径＜0.075mm 的细粒土	密度计法或者移液管法

（二）筛析法取样数量

颗粒尺寸（mm）	取样数量（g）
＜2	100～300
＜10	300～1000
＜20	1000～2000
＜40	2000～4000
＜60	4000 以上

（三）粗筛和细筛的选择

分析方法	适用对象（粒径范围）
粗筛	将试样过 2mm 筛，称筛上和筛下的试样质量。当筛下的试样质量小于试样总质量的 10% 时，不做细筛分析，只进行粗筛分析
细筛	将试样过 2mm 筛，称筛上和筛下的试样质量。当筛上的试样质量小于试样总质量的 10% 时，不做粗筛分析，只做细筛分析
粗筛＋细筛	将试样过 2mm 筛，称筛上和筛下的试样质量。当筛上和筛下的试样质量均大于试样总质量的 10% 时，同时做粗筛分析和细筛分析

根据试验结果，以小于某粒径的试样质量占试样总质量的百分数为纵坐标，以颗粒粒径为横坐标，绘制土的颗粒级配曲线图如下：

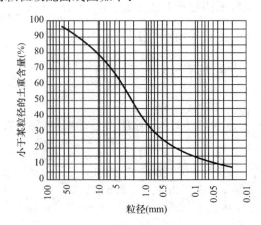

粗粒土的颗粒级配指标

指标名称	符号	单位	物理意义	计算公式
限制粒径	d_{60}	mm	小于该粒径的颗粒占总质量的 60%	由级配曲线查得
连续粒径	d_{30}	mm	小于该粒径的颗粒占总质量的 30%	
有效粒径	d_{10}	mm	小于该粒径的颗粒占总质量的 10%	
平均粒径	d_{50}	mm	小于该粒径的颗粒占总质量的 50%	
不均匀系数	C_u	—	土不均匀系数越大，表明土的粒组组成越分散	$C_u = \dfrac{d_{60}}{d_{10}}$
曲率系数	C_c	—	表示某种中间粒径的粒组是否缺失的情况	$C_c = \dfrac{d_{30}^2}{d_{10} \times d_{60}}$
成果整理			小于某粒径的试样质量占试样总质量的百分数应按下式计算：$$X = \frac{m_A}{m_B} \cdot d_x$$ 式中：X——小于某粒径的试样质量占试样总质量的百分数（%）； m_A——小于某粒径的试样质量（g）； m_B——细筛分析时或密度计法分析时为所取的试样质量，粗筛分析时为试样总质量（g）； d_x——粒径小于 2mm 或粒径小于 0.075mm 的试样质量占试样总质量的百分数（%）		
备注			当 $C_u \geqslant 5$ 且 $C_c = 1 \sim 3$ 时，级配良好；若不能同时满足二者，则级配不良（土力学及多数规范是这样规定的，但《铁路路基设计规范》TB 10001—2016 附录 A 对填料颗粒级配的规定与其他不同）		

【1-9】（2013D20）一种粗砂的粒径大于 0.5mm 颗粒的质量超过总质量的 50%，细粒含量小于 5%，级配曲线如下图所示。这种粗粒土按照铁路路基填料分组应属于（　　　）。

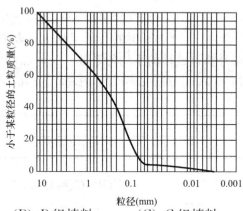

（A）A 组填料　　　　（B）B 组填料　　　　（C）C 组填料　　　　（D）D 组填料

答案：B

解答过程：

根据《铁路路基设计规范》TB 10001—2016 第 5.2.5 条及其附录 A.0.2：

（1）根据题干中的级配曲线：$d_{60} = 0.7$mm，$d_{30} = 0.2$mm，$d_{10} = 0.1$mm

$$C_u = \frac{d_{60}}{d_{10}} = \frac{0.7}{0.1} = 7 > 5 ; \quad C_c = \frac{d_{30}^2}{d_{10} \times d_{60}} = \frac{0.2^2}{0.7 \times 0.1} = 0.571 < 1$$

（2）$C_u < 10$ 为均匀级配；判定粗砂为均匀级配粗砂。

（3）根据粗砂的粒径大于 0.5mm 颗粒的质量超过总质量的 50%，细粒含量（$d \leqslant$

0.075mm）小于 5%，查附录表 A.0.5 可知此粗粒土为 B3 类填料。

【1-10】（2019C02）下图为某含水层的颗粒分析曲线，若对该层进行抽水，根据《供水水文地质勘察规范》GB 50027—2001 的要求，对填砾过滤器的滤料规格 D_{50} 取哪项最合适？

(A) 0.2mm　　　(B) 2mm　　　(C) 8mm　　　(D) 20mm

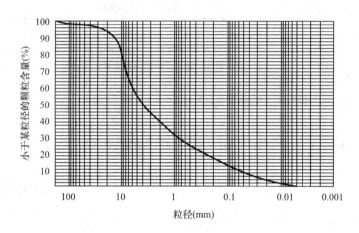

答案：B

解答过程：

根据《供水水文地质勘察规范》GB 50027—2001 第 5.3.6 条：

大于 2mm 颗粒占比：$1-38\%=62\%>50\%$，命名为碎石土。

碎石土中 $d_{20}=0.31$mm<2mm；$D_{50}=(6\sim8)d_{20}=(1.86\sim2.48)$mm

【1-11】（2007C01）下表为一土工试验颗粒分析成果表，表中数值为留筛质量，底盘内试样质量为 20g，现需要计算该试样的不均匀系数（C_u）和曲率系数（C_c），按《岩土工程勘察规范（2009 年版）》GB 50021—2001，下列选项正确的是（　　　）。

筛孔孔径（mm）	2.0	1.0	0.5	0.25	0.075
留筛质量（g）	50	150	150	100	30

(A) $C_u=4.0$；$C_c=1.0$；粗砂　　　　(B) $C_u=4.0$；$C_c=1.0$；中砂

(C) $C_u=9.3$；$C_c=1.7$；粗砂　　　　(D) $C_u=9.3$；$C_c=1.7$；中砂

答案：A

解答过程：

根据《岩土工程勘察规范（2009 年版）》GB 50021—2001 第 3.3.3 条：

(1) $d_{10}=0.25$mm，$d_{30}=0.5$mm，$d_{60}=1.0$mm

$$C_u=\frac{d_{60}}{d_{10}}=\frac{1.0}{0.25}=4.0,\quad C_c=\frac{d_{30}^2}{d_{10}\times d_{60}}=\frac{0.5^2}{0.25\times1.0}=1.0$$

(2) 定名：粒径>2mm 颗粒含量为 10%，非砾砂；粒径>0.5mm 颗粒含量为 70%，大于 50%，定名为粗砂。

五、界限含水率试验

——《土工试验方法标准》第 9 章

液塑限联合测定	适用条件	本试验适用于粒径小于 0.5mm 以及有机质含量不大于干土质量 5% 的土
	简要步骤	(1) 取天然土样 200g，用纯水调成均匀膏状，浸润 24h。 (2) 将调匀的土膏放入试样杯中，将试样杯放在联合测定仪上，圆锥在自重下沉入试样，5s 后测读圆锥下沉深度。 (3) 取出试样杯，取锥尖附近适量试样，测定第一试样含水率 w_1。将全部试样重新加水或吹干调匀，重复 (2)、(3) 步骤，分别测定第二试样含水率 w_2 和第三试样含水率 w_3。 (4) 根据测定的含水率和相应的圆锥入土深度绘制曲线图
	数据整理	在"圆锥下沉深度与含水率关系曲线"上，查得下沉深度为 17mm 所对应的含水率为液限 w_L；查得下沉深度为 2mm 所对应的塑限 w_P；查得下沉深度为 10mm 所对应的含水率为 10mm 液限，均以百分数表示。进而计算得塑性指数 I_P 和液限指数 I_L 如下： $$I_P = w_L - w_P$$ $$I_L = \frac{w_0 - w_P}{w_L - w_P}$$ 式中：I_P——塑性指数； 　　　I_L——液性指数，计算至 0.01； 　　　w_L——液限（%）； 　　　w_P——塑限（%）
碟式仪法	适用条件	适用于粒径小于 0.5mm 的土
	简要步骤	(1) 将制备好的试样充分调拌均匀，铺于铜碟前半部，用调土刀将铜碟前沿试样刮成水平，使试样中心厚度为 10mm，用开槽器将试样划开，形成 V 形槽。 (2) 以每秒两转的速度转动摇柄，使铜碟反复起落，坠击于底座上，数记击数，测定含水率。 (3) 将加不同水量的试样，重复本条 (1)、(2) 款的步骤测定槽底两边试样合拢长度为 13mm 所需要的击数及相应的含水率
	数据整理	以击次为横坐标，含水率为纵坐标，在单对数坐标纸上绘制击次与含水率关系曲线，取曲线上击次为 25 所对应的整数含水率为试样的液限
滚搓法塑限测定	适用条件	适用于粒径小于 0.5mm 的土
	简要步骤	(1) 取 0.5mm 筛下的代表性试样 100g，用纯水调匀，浸润过夜。 (2) 将试样放于手中揉捏至不黏手，捏扁，当出现裂缝时，表示其含水率接近塑限 w_P。 (3) 取 10g 步骤 (2) 中试样，滚搓成直径 3mm 的土条时，开始断裂，表示其含水率达到塑限 w_P。 (4) 取 5g 的步骤 (3) 中试样，测定含水率
	数据整理	$$w_P = \left(\frac{m_0}{m_d} - 1\right) \times 100$$ 本试验进行两次平行测定，两次测定的差值符合《土工试验方法标准》GB/T 50123—2019 第 5.2.4 条规定，取两次测值平均值。 式中：m_0——直径符合 3mm 断裂土条的质量（g）； 　　　m_d——干土的质量（g）

	适用条件	粒径小于 0.5mm 的土
缩限试验	简要步骤	(1) 取代表性的土样，用纯水制备成约为液限的试样； (2) 在收缩皿内抹一薄层凡士林，将试样分层装入收缩皿中，每次装入后将皿在试验台上拍击，直至驱尽气泡为止； (3) 收缩皿装满试样后，用直尺刮去多余试样，擦净收缩皿外部，立即称收缩皿加湿土总质量； (4) 将盛装试样的收缩皿放在室内逐渐晾干，至试样的颜色变淡时，放入烘箱中烘至恒量； (5) 称皿和干土总质量，应准确至 0.01g； (6) 用蜡封法测定干土体积
	数据整理	本试验应进行两次平行测定，两次测定的差值应符合《土工试验方法标准》GB/T 50123—2019 第 5.2.4 条的规定，取两次测值的平均值。 土的缩限，应按下式计算 $$w_s = \left(0.01 w' - \frac{V_0 - V_d}{m_d} \cdot \rho_w\right) \times 100$$ 式中：w_s——缩限（%）； w'——土样所要求的含水率（制备含水率）（%）； V_0——湿土体积（即收缩皿或环刀的容积）（cm³）； V_d——烘干后土的体积（cm³）； m_d——干土的质量（g）； ρ_w——水的密度（g/cm³）

【1-12】（2018C03）采用收缩皿法对某黏土样进行缩限含水率的平行试验，测得试样含水率为 33.2%，湿土样体积为 60cm³，将试样晾干后，经烘箱烘至恒重，冷却后测得干试样的质量为 100g，然后将其蜡封，称得质量为 105g，蜡封试样完全置入水中称得质量为 58g，试计算该土样的缩限含水率最接近下列哪项？（$\rho_{水}=1.0$g/cm³，$\rho_{蜡}=0.82$g/cm³）

(A) 14.1%   (B) 18.7%   (C) 25.5%   (D) 29.6%

答案：A

解答过程：

根据《土工试验方法标准》GB/T 50123—2019 第 9.5.3 条：

(1) $V_d = V_{蜡干} - V_{蜡} = \dfrac{105-58}{1.0} - \dfrac{105-100}{0.82} = 40.9$ cm³

(2) $w_s = w - \dfrac{v_0 - v_d}{m_d}\rho_w \times 100 = 33.2 - \dfrac{60-40.9}{100} \times 1.0 \times 100 = 14.1\%$

六、砂的相对密度试验

——《土工试验方法标准》第 12 章

方法分类	漏斗法和量筒法适用于最小干密度试验	振动锤击法适用于最大干密度试验
适用对象	土样为能自由排水的砂砾土，粒径不应大于 5mm，其中粒径为 2～5mm 的土样质量不应大于土样总质量的 15%	

简要步骤	(1) 取烘干试样 $m_d = 700g$，均匀倒入采用锥形塞堵住的漏斗中。 (2) 打开锥形塞，试样落入量筒中，拂平，读数得体积。 (3) 将量筒倒转，重复数次，取较大体积值为 V_{max} 计算最小干密度	(1) 取代表性试样 4kg 左右，按规定处理。 (2) 分三层均匀倒入容器内进行振动，每一层振击至体积不变为止。 (3) 取下护筒，刮平试样，称量量筒＋试样的质量，进而计算得烘干试样的质量 m_d
	$$\rho_{dmin} = \frac{m_d}{V_{max}}$$ $$e_{max} = \frac{\rho_w \times G_s}{\rho_{dmin}} - 1$$	$$\rho_{dmax} = \frac{m_d}{V_{min}}$$ $$e_{min} = \frac{\rho_w \times G_s}{\rho_{dmax}} - 1$$

指标计算	砂的相对密实度： $$D_r = \frac{e_{max} - e_0}{e_{max} - e_{min}} = \frac{\rho_{dmax}(\rho_d - \rho_{dmin})}{\rho_d(\rho_{dmax} - \rho_{dmin})}$$ $$D_r \leqslant \frac{1}{3}，疏松$$ $$\frac{1}{3} < D_r \leqslant \frac{2}{3}，中密$$ $$D_r > \frac{2}{3}，密实$$ 式中：V_{max}——松散状态时试验的最大体积（cm³）； 　　　V_{min}——紧密状态时试验的最小体积（cm³）； 　　　ρ_w——水的密度（g/cm³）； 　　　G_s——土粒比重（cm³）； 　　　e_0——天然孔隙比或填土的相应孔隙比； 　　　ρ_d——天然孔隙比状态下的干密度（g/cm³）
数据整理	本试验应进行两次平行测定，两次测定值的最大允许平行差值应为 $\pm 0.03 g/cm^3$，取两次测值的平均值

【小注】① 最小干密度试验，采用漏斗法和量筒法，实际关键点在于："试样缓慢且均匀地落入量筒中"，意为砂土处于极其松散的状态。

② 最大干密度试验为锤击法，砂土试样体积经敲打至体积不变时为最大干密度状态。

③ 与击实试验获得最大干密度的方法不同，击实试验由不同含水率与最大干密度的关系取峰值得到的；本试验则是直接锤击至体积不变得到。

④ 细粒土的压实性由最优含水量和最大干密度控制，粗粒土的压实性则由相对密度控制。

⑤ 抗震的砂土液化以及《碾压式土石坝设计规范》NB/T 10872—2021 中均有涉及该知识点的规范条文。

【1-13】（模拟题）某砂土密度为 $1.76 g/cm^3$，含水量为 9.5%，土粒比重为 2.65。将 0.4kg 干砂土样放入振动容器中，松散时砂样体积为 $0.33 \times 10^{-3} m^3$，振动密实后的体积为 $0.23 \times 10^{-3} m^3$，试求砂土的相对密度。

(A) 0.79　　　　(B) 0.81　　　　(C) 0.82　　　　(D) 0.83

答案：B

解答过程：

根据《土工试验方法标准》GB/T 50123—2019 第 9 节：

(1) 天然孔隙比 $e = \dfrac{G_s(1 + 0.01w)\rho_w}{\rho} - 1 = \dfrac{2.65 \times (1 + 0.095) \times 1.0}{1.76} - 1 = 0.649$

(2) 密实时，$\rho_{dmax} = \dfrac{m_{d1}}{V} = \dfrac{0.4}{0.23} = 1.74 g/cm^3$，$e_{min} = \dfrac{\rho_w \times G_s}{\rho_{dmax}} - 1 = \dfrac{2.65}{1.74} - 1 = 0.52$

(3) 松散时，$\rho_{dmin} = \dfrac{m_{d2}}{V} = \dfrac{0.4}{0.33} = 1.21 g/cm^3$，$e_{max} = \dfrac{\rho_w \times G_s}{\rho_{dmin}} - 1 = \dfrac{2.65}{1.21} - 1 = 1.19$

（4）相对密度 $D_r = \dfrac{e_{max} - e_0}{e_{max} - e_{min}} = \dfrac{1.19 - 0.649}{1.19 - 0.52} = 0.81$

【小注岩土点评】

本题是计算相对密度的数值，也可以更进一步提问：砂土的密实度是疏松、中密还是密实？参照《土力学》$D_r = 0.81 > \dfrac{2}{3}$，密实度为密实。

七、击实试验

——《土工试验方法标准》第 13 章

《土工试验方法标准》GB/T 50123—2019 中，击实试验中删除了最大干密度和最优含水率的修正。

《工程地质手册》（第五版）还保留了《土工试验方法标准》GB/T 50123—1999 中最大干密度和最优含水率的修正。考试的时候，需要注意题干的指定。

击实试验分类

试验分类	轻型击实试验	重型击实试验
适用对象	土样粒径小于 20mm	

击实试验

简要步骤	(1) 取试样 20（重型 50）kg，制备 5 组不同含水率的试样。 (2) 将 5 组试样分别倒入击实筒内，分层击实（轻型分三层，每层 25 或 56 击；重型分五层，每层 56 击，若分三层，每层 42 或 94 击）。 (3) 取下护筒，刮平筒口，称筒＋试样质量，计算得每组试样的湿密度 ρ_{0i}。 (4) 取出各组筒内试样，测定各组试样的含水率 w_i。 $$w_i = \left(\dfrac{m_0}{m_d} - 1\right) \times 100$$ 式中：m_0——试样的质量（g）； $\quad\quad m_d$——试样干土的质量（g）
指标计算	(1) 每组试样的干密度： $$\rho_{di} = \dfrac{\rho_{0i}}{(1 + 0.01 w_i)}$$ 式中：ρ_{0i}——试样的密度（g/cm³）； $\quad\quad w_i$——试样密度对应的含水率（%）。 (2) 根据试验测得 5 组数据（ρ_{di}，w_i）绘制干密度与含水率曲线如下： 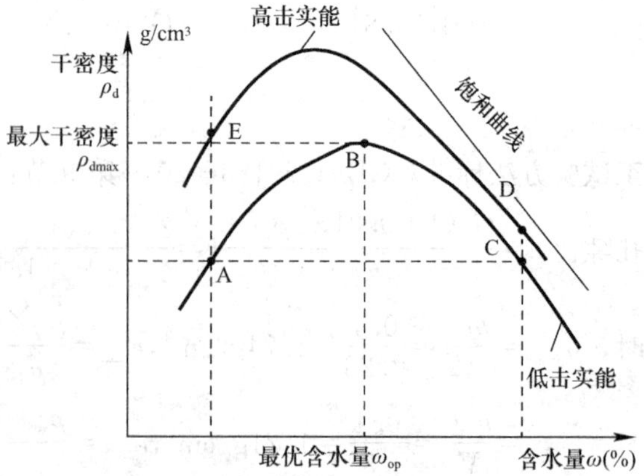

续表

指标计算	（3）根据上图曲线，取曲线峰值点相应的纵坐标为击实试验的最大干密度 $\rho_{\rm dmax}$，相应的横坐标为击实试验的最优含水率 $w_{\rm op}$。 （4）曲线不能给出峰值时，应进行补点试验。 （5）气体体积等于零（即饱和度100%）的等值线应按下式计算，并应将计算值绘于上图的关系曲线上。 $$w_{\rm sat}=\left(\frac{\rho_{\rm w}}{\rho_{\rm d}}-\frac{1}{G_{\rm s}}\right)\times100$$ 式中：$w_{\rm sat}$——试样的饱和含水率（%）； 　　　$\rho_{\rm w}$——温度4℃时水的密度（g/cm³）； 　　　$\rho_{\rm d}$——试样的干密度（g/cm³）； 　　　$G_{\rm s}$——土颗粒比重

压实度 $\lambda_{\rm c}$ （压实系数）	根据《建筑地基基础设计规范》GB 50007—2011第6.3.7条，填土压实系数控制： $$压实系数：\lambda_{\rm c}=\frac{\rho_{\rm d}}{\rho_{\rm dmax}}$$ 压实填土的质量以压实系数 $\lambda_{\rm c}$ 控制，并应根据结构类型、压实填土所在部位按下表确定：

压实填土地基压实系数 $\lambda_{\rm c}$ 控制值

结构类型	填土部位	压实系数（$\lambda_{\rm c}$）	控制含水量（%）
砌体承重及框架结构	在地基主要受力层范围内	≥0.97	$w_{\rm op}\pm2$
	在地基主要受力层范围以下	≥0.95	
排架结构	在地基主要受力层范围内	≥0.96	
	在地基主要受力层范围以下	≥0.94	

【表注】①$w_{\rm op}$ 为最优含水量；
②地坪垫层以下及基础底面标高以上的压实填土，压实系数不应小于0.94。
【小注】为了控制压实系数，应使填料达到一定的含水量，这个含水量接近最优含水量 $w_{\rm op}$

【小注岩土点评】

轻型击实试验中，当土中粒径＞5mm的粗颗粒含量≤30%时，按下式校正击实试验最大干密度和最优含水量。

$$\rho'_{\rm dmax}=\frac{1}{\dfrac{1-P_5}{\rho_{\rm dmax}}+\dfrac{P_5}{\rho_{\rm w}\times G_{\rm s2}}}\qquad w'_{\rm op}=w_{\rm op}(1-P_5)+P_5\times w_{\rm ab}$$

式中：$\rho'_{\rm dmax}$——试样校正后的最大干密度（g/cm³）。

　　　$\rho_{\rm dmax}$——击实试验的最大干密度（g/cm³）。

　　　P_5——粒径＞5mm颗粒的质量百分数，以小数带入。

　　　$G_{\rm s2}$——粒径＞5mm土粒的饱和面干比重。饱和面干比重指当土粒呈饱和面干状态时的土粒总质量与相当于土粒总体积的纯水4℃时质量的比值。

　　　$w'_{\rm op}$——试样校正后的最优含水量（%）。

　　　$w_{\rm op}$——击实试样的最优含水量（%）。

　　　$w_{\rm ab}$——粒径＞5mm的吸着含水量。

【小注】所有的含水量 w 和 P_5 均采用小数形式代入计算。

【1-14】（2010D30）某建筑地基处理采用3∶7灰土垫层换填，该3∶7灰土击实试验结果见下表。采用环刀法对刚施工完毕的第一层灰土进行施工质量检验，测得试样的湿密度为1.78g/cm³，含水率为19.3%，其压实系数最接近（　　　）。

湿密度（g/cm³）	1.59	1.76	1.85	1.79	1.63
含水率（%）	17.0	19.0	21.0	23.0	25.0

(A) 0.94　　　(B) 0.95　　　(C) 0.97　　　(D) 0.99

答案：C

解答过程：

(1) $\rho_{\mathrm{d}}=\dfrac{\rho}{1+0.01w}=\dfrac{1.78}{1+0.193}=1.49\mathrm{g/cm^3}$

(2) $\rho_{\mathrm{dmax}}=\dfrac{\rho_{\max}}{1+0.01w}=\dfrac{1.85}{1+0.21}=1.53\mathrm{g/cm^3}$

(3) $\lambda=\dfrac{\rho_{\mathrm{d}}}{\rho_{\mathrm{dmax}}}=\dfrac{1.49}{1.53}=0.974$

【1-15】(2012C30) 某住宅楼采用灰土挤密桩法处理湿陷性黄土地基，桩径为 0.4m，桩长为 6.0m，桩中心距为 0.9m，呈正三角形布桩。通过击实试验，桩间土在最优含水量 $w_{\mathrm{op}}=17\%$ 时的湿密度 $\rho=2.00\mathrm{g/cm^3}$。检测时在 A、B、C 三处分别测得的干密度 $\rho_{\mathrm{d}}(\mathrm{g/cm^3})$ 见下表，试问桩间土的平均挤密系数 η_{c} 为（　　　）。

取样深度（m）	取样位置		
	A	B	C
0.5	1.52	1.58	1.63
1.5	1.54	1.60	1.67
2.5	1.55	1.57	1.65
3.5	1.51	1.58	1.66
4.5	1.53	1.59	1.64
5.5	1.52	1.57	1.62

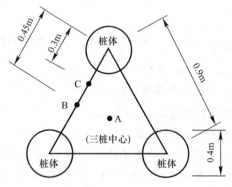

(A) 0.894　　　(B) 0.910　　　(C) 0.927　　　(D) 0.944

答案：D

解答过程：

(1) 根据《建筑地基处理技术规范》JGJ 79—2012 第 7.5.2 条及其条文说明：

$\bar{\rho}_{\mathrm{d}}=\dfrac{1.58+1.60+1.57+1.58+1.59+1.57+1.63+1.67+1.65+1.66+1.64+1.62}{12}$
$=1.613\mathrm{g/cm^3}$

(2) $\rho_{\mathrm{dmax}}=\dfrac{2.0}{1+0.01\times17}=1.709\mathrm{g/cm^3}$

$$(3) \quad \eta_c = \frac{\overline{\rho}_d}{\rho_{dmax}} = \frac{1.613}{1.709} = 0.944$$

【1-16】（2019C01）灌砂法检测压实填土的质量。已知标准砂的密度为 $1.5g/cm^3$，试验时，试坑中挖出的填土质量为 1.75kg，其含水量为 17.4%，试坑填满标准砂的质量为 1.20kg。试验室击实试验测得压实填土的最大干密度为 $1.96g/cm^3$，试按《土工试验方法标准》GB/T 50123—2019 计算填土的压实系数最接近下列哪个值？

(A) 0.87   (B) 0.90   (C) 0.95   (D) 0.97

答案：C

解答过程：

根据《土工试验方法标准》GB/T 50123—2019 第 41.2.4 条第 2 款：

$$(1) \quad V = \frac{m}{\rho} = \frac{1.2}{1.5 \times 10^3} = 0.8 \times 10^{-3} \, m^3$$

$$(2) \quad \rho_{填土} = \frac{1.75}{0.8 \times 10^{-3}} = 2.1875 \times 10^3 \, kg/m^3$$

$$\rho_d = \frac{\rho}{1+w} = \frac{2.1875}{1+17.4\%} = 1.863 \times 10^3 \, kg/m^3 = 1.863 g/cm^3$$

$$(3) \quad \eta = \frac{\rho_d}{\rho_{dmax}} = \frac{1.863}{1.96} = 0.95$$

八、承载比试验

——《土工试验方法标准》第 14 章

承载比（CBR）就是采用标准尺寸的贯入杆贯入试样中 2.5mm 时，所需要的荷载强度与相同贯入量时标准荷载强度的比值。承载比（CBR）是路基和路面材料的主要强度指标。

（一）承载比试验

适用对象	最大粒径<20mm 的土
简要步骤	(1) 制备 5 组不同含水量的试样，进行重型击实试验，测定试样的最大干密度和最优含水量。 (2) 按 w_{op} 重新制样 3 个。 (3) 将重新制备的试样在水槽中浸泡 4 个昼夜。 (4) 将浸水后的试样筒放入贯入仪中，启动电动机，使贯入仪以 1~1.25mm/min 的速度贯入试样中，试验至贯入量为 10~12.5mm 时终止。 (5) 以单位压力为横坐标，贯入量为纵坐标，绘制单位压力与贯入量关系曲线

指标计算	(1) 贯入量为 2.5mm 时：（承载比定义）
	
	$$CBR_{2.5} = \frac{p}{7000} \times 100$$
	
	式中：$CBR_{2.5}$——贯入量为 2.5mm 时的承载比（%）；
	       p——单位压力（kPa）；
	      7000——贯入量为 2.5mm 时所对应的标准压力（kPa）。
	(2) 贯入量为 5.0mm 时：（判断承载比数据是否有效）
	
	$$CBR_{5.0} = \frac{p}{10500} \times 100$$
	
	式中：$CBR_{5.0}$——贯入量为 5.0mm 时的承载比（%）；
	       p——单位压力（kPa）；
	    10500——贯入量为 5.0mm 时所对应的标准压力（kPa）

续表

数据处理	本试验应进行 3 个平行试验，3 个试样的干密度差值应为 $\pm 0.03 \text{g/cm}^3$，得到 3 组 $CBR_{2.5}$ 和 $CBR_{5.0}$ 数据，然后做如下处理： ① 判断各组 $CBR_{2.5}$ 数据的有效性如下： $\begin{cases} CBR_{2.5} \geqslant CBR_{5.0} & \text{有效，取 } CBR_{2.5} \\ CBR_{2.5} < CBR_{5.0} & \text{无效，试验应重做} \\ \text{重新试验后 } CBR_{2.5} < CBR_{5.0}, & \text{取 } CBR_{5.0} \end{cases}$ ② 根据 3 组有效 $CBR_{2.5}$ 数据求的试验数据的变异系数如下： 平均值：$\bar{x} = \dfrac{\sum_{i=1}^{n} x_i}{n}$ 标准差：$s = \sqrt{\dfrac{\sum_{i=1}^{n}(x_i - \bar{x})^2}{n-1}}$ 变异系数：$c_v = s/\bar{x}$ 若 $c_v > 12\%$，去掉一个偏离大的值，取其余 2 个数据的平均值。 若 $c_v < 12\%$，取 3 个数据的平均值即可

（二）路床填料最小承载比要求

——《公路路基设计规范》表 3.2.2

路基部位		路面底面以下深度（m）	填料最小承载比（CBR）		
			高速公路、一级公路	二级公路	三、四级公路
上路床		0～0.3	8	6	5
下路床	轻、中等及重交通	0.3～0.8	5	4	3
	特重、极重交通	0.3～1.2	5	4	—

【小注】① 该表 CBR 试验条件应符合现行《公路土工试验规程》JTG 3430—2020 的规定。

② 年平均降雨量小于 400mm 的地区，路基排水良好的非浸水路基，通过试验论证可用平衡湿度状态的含水率作为 CBR 试验条件，并应结合当地气候件和汽车荷载等级，确定路基填料 CBR 控制标准。

（三）路基填料最小承载比要求

——《公路路基设计规范》表 3.3.3

路基部位		路面底面以下深度（m）	填料最小承载比（CBR）		
			高速公路、一级公路	二级公路	三、四级公路
上路堤	轻、中等及重交通	0.8～1.5	4	3	3
	特重、极重交通	1.2～1.9	4	3	—
下路堤	轻、中等及重交通	1.5 以下	3	2	2
	特重、极重交通	1.9 以下			

【小注】① 当路基填料 CBR 值达不到表列要求时，可掺石灰或其他稳定材料处理。

② 当三、四级公路铺筑沥青混凝土和水泥混凝土路面时，应采用二级公路的规定。

【1-17】（2010C02）某公路工程，承载比（CBR）三次平行试验成果见下表：

贯入量（0.01m）		100	150	200	250	300	400	500	750
荷载强度（kPa）	试样 1	164	224	273	308	338	393	442	496
	试样 2	136	182	236	280	307	362	410	460
	试样 3	183	245	313	357	384	449	493	532

上述三次平行试验土的干密度满足规范要求，则据上述资料确定 CBR 值应为（ ）。

(A) 4.0% （B) 4.2% （C) 4.4% （D) 4.5%

答案：B

解答过程：

根据《土工试验方法标准》GB/T 50123—2019 第 14.4.1 条第 1、2 款：

(1) 计算 $CBR_{2.5}$ 和 $CBR_{5.0}$。

试件 1：$CBR_{2.5}=\dfrac{308}{7000}\times100\%=4.4\%$，$CBR_{5.0}=\dfrac{442}{10500}\times100\%=4.2\%$

试件 2：$CBR_{2.5}=\dfrac{280}{7000}\times100\%=4.0\%$，$CBR_{5.0}=\dfrac{410}{10500}\times100\%=3.9\%$

试件 3：$CBR_{2.5}=\dfrac{357}{7000}\times100\%=5.1\%$，$CBR_{5.0}=\dfrac{493}{10500}\times100\%=4.7\%$

3 次试验 $CBR_{5.0}$ 均不大于 $CBR_{2.5}$，试验数据有效，采用 $CBR_{2.5}$ 进行计算。

(2) 平均值 $\overline{CBR}_{2.5}=\dfrac{4.4\%+4.0\%+5.1\%}{3}=4.5\%$

变异系数：

$$c_{v}=\frac{\sqrt{\dfrac{1}{n-1}\sum_{i-1}^{n}(x-\bar{x})^{2}}}{\bar{x}}$$

$$=\frac{\sqrt{\dfrac{1}{3-1}\times\left[(4.4-4.5)^{2}+(4.0-4.5)^{2}+(5.1-4.5)^{2}\right]}}{4.5}=12.4\%>12\%$$

去掉一个偏离大的值，取剩余 2 个值的平均值：$\overline{CBR}_{2.5}=\dfrac{4.4\%+4.0\%}{2}=4.2\%$

九、回弹模量试验

——《土工试验方法标准》第 15 章

回弹模量试验

适用对象	土样粒径小于 20mm
简要步骤	(1) 根据工程要求选择"轻型或重型击实法"进行制备试样，并得出最优含水量和最大干密度。按最优含水量备样。 (2) 将制备的试样放于杠杆压力仪中，准备试验。 (3) 在杠杆仪上加砝码进行试样预压（含水率大于塑限的试样，预压压力为 50~100kPa；含水率小于塑限的试样，预压压力为 100~200kPa)。 (4) 将预定的试验最大压力分为 4~6 级进行分级加载，每级压力加载时间为 1min，记录千分表读数并卸压；卸载 1min 时，再次记录千分表读数并施加下一级压力。如此逐级加载、卸载循环至要求的最大试验压力。 (5) 以单位压力 P 为横坐标，回弹变形 L 为纵坐标，绘制单位压力与回弹变形曲线
指标计算	各级压力下的回弹模量 E_{e}，由下式计算： $$E_{e}=\frac{\pi pD}{4l}\cdot(1-\mu^{2})$$

指标计算	式中：E_e——回弹模量（kPa）； p——承压板上的单位压力（kPa）； l——相应于压力的回弹变形量（加压读数－卸压读数）（mm）； D——承压板直径（mm），为50mm； μ——泊松比，取0.35计算。 当采用强度仪法时，单位压力 P 由下式计算： $$P = 10 \cdot \frac{CR}{A}$$ 式中：A——承压板面积（cm^2）； C——测力计率定系数（N/0.01mm）； R——测力计读数（0.01mm）； P——单位压力（kPa）
数据处理	本试验需要进行3次平行测定，相同压力段的每次试验结果与回弹模量的均值间最大允许差值应为±5%

十、冻土密度试验

——《土工试验方法标准》第33章

不同的冻土结构，有不同的测试方法。考试时，注意根据题干中冻土的结构选择合适的公式。

（一）浮称法测定冻土密度试验

适用对象	用于表面无显著孔隙的冻土
简要步骤	（1）取样冻土，称盛液筒＋冻土试样质量 m_1。 （2）将温度接近试样温度的煤油倒入盛液筒。 （3）称取试样在煤油中的质量。 （4）从煤油中取出冻土试样，削去表面带煤油的部分，取样测定冻土的含水率
指标计算	冻土密度 ρ_f：$$\rho_f = \frac{m_{f0}}{\dfrac{m_{f0} - m_{fm}}{\rho_m}}$$ 式中：ρ_f——冻土密度（g/cm^3）； m_{f0}——冻土试样质量（g）； m_{fm}——冻土试样在煤油中的质量（g）； ρ_m——试验温度下煤油的密度（g/cm^3） 冻土干密度 ρ_{fd}：$$\rho_{fd} = \rho_f / (1 + 0.01 w_f)$$ 式中：ρ_{fd}——冻土干密度（g/cm^3）； w_f——冻土含水率（%）
数据整理	本试验应进行两次平行测定，对于整体状构造的冻土，两次测定的差值应为±0.03g/cm^3，取两次测值的平均值；对于层状和网状构造和其他富冰冻土，宜提出两次测定值

（二）联合测定法冻土密度试验

适用对象	砂质冻土和层状、网状构造的黏质冻土
简要步骤	（1）将排液筒置于台秤上，拧紧止水夹。 （2）采取1000～1500g的冻土试样，称重。 （3）将冻土试样轻轻放入排液筒中，松开水夹，使得筒中纯水流入量筒中。水流停止后，拧紧止水夹，称筒、水和冻土试样总质量，同时测读量筒中水的体积，用以校核冻土试样的体积。 （4）待冻土试样在筒中充分融化成松散状，澄清。补加纯水超过虹吸管顶。 （5）松开止水夹，排水。当水流停止后，拧紧止水夹，并称筒、水和冻土试样总质量

指标计算	冻土的含水率 w：$$w=\left[\frac{m_{f0}\cdot(G_s-1)}{(m_{tws}-m_{tw})\cdot G_s}-1\right]\times100$$ 冻土密度 ρ_f：$$\rho_f=\frac{m_{f0}}{\dfrac{m_{f0}+m_{tw}-m'_{tws}}{\rho_w}}$$ 冻土干密度 ρ_{fd}：$$\rho_{fd}=\frac{\rho_f}{1+0.01\cdot w}$$ 式中　m_{f0}——冻土试样质量（g）； 　　　m_{tws}——筒、水和冻土颗粒的总质量（g）； 　　　m_{tw}——筒加水的质量（g）； 　　　m'_{tws}——放入冻土试样后筒、水和试样总质量（g）； 　　　ρ_w——水的密度（g/cm³）； 　　　G_s——土颗粒比重
数据整理	本试验应进行二次平行测定，取两次测值的算术平均值

（三）环刀法测定冻土密度试验

适用对象	温度高于 $-3℃$ 的黏质和砂质冻土
简要步骤	（1）环刀取样；（2）称重
指标计算	冻土密度 ρ_f：$$\rho_f=\frac{m_{f0}}{V_f}$$ 式中：m_{f0}——冻土试验质量（g）； 　　　V_f——冻土试样体积（cm³）。 冻土干密度 ρ_{fd}：$$\rho_{fd}=\rho_f/(1+0.01w_f)$$ 式中：w_f——冻土含水率（%）
数据整理	本试验应进行两次平行测定，两次测定的差值应为 ±0.03g/cm³，取两次测值的平均值

（四）充砂法测定冻土密度试验

适用对象	表面有明显孔隙的冻土
简要步骤	（1）先测定测筒的容积，然后测定标准砂的密度。 （2）切取一定体积的规则冻土试样。 （3）将冻土试样放入量筒内，用标准砂充填冻土试样与筒壁之间空隙和试样顶面，然后刮平。 （4）称测筒+冻土试样+充砂的总质量
指标计算	$$V_f=V_{f0}-\frac{m_{tfs}-m_{lt}-m_{f0}}{\rho_{ls}}$$ $$\rho_{ls}=\frac{m_{ts}-m_{lt}}{V_t}$$ $$\rho_f=\frac{m_{f0}}{V_f}$$ 式中：m_{tfs}——测筒、试样和量砂的总质量（g）； 　　　m_{lt}——测筒质量（g）；

指标计算	m_{f0}——冻土试样质量（g）； m_{ts}——筒、砂总质量（g）； ρ_{ls}——量砂的密度（g）； V_t——测筒体积（cm^3）； ρ_f——冻土密度（g/cm^3）。 冻土密度试验应重复进行两次，两次测值的差值应为±0.03g/cm^3，并取两次测值的算术平均值

十一、未冻含水率试验

—— 《土工试验方法标准》第 36 章

适用性	土样应为黏土或砂质土
参数计算	$$w_{fn}=AT_f^{-B}$$ $$A=w_L T_L^B$$ $$B=\frac{\ln w_L-\ln w_P}{\ln T_P-\ln T_L}$$ 式中：w_{fn}——冻土的未冻含水率（%）； 　　　A、B——与土的性质有关的常数； 　　　T_f——试样的冻结温度（负温）绝对值（℃）； 　　　T_P——塑限试样的冻结温度绝对值（℃）； 　　　T_L——液限试样的冻结温度绝对值（℃）。 冻土的未冻含水率以两次平行试验的差值，在−3～0℃范围内最大允许误差应为±2%；低于−3℃时最大允许误差应为±1%

【1-18】（模拟题）对某冻土进行未冻含水率试验，已知液限为47%，塑限为21%。在−20℃下测得塑限、液限时的冻结温度分别为−15℃、−12℃。求该冻土的未冻含水率为（　　）。

(A) 6.5%　　　　　(B) 7.5%　　　　　(C) 8.5%　　　　　(D) 9.5%

答案：B

解答过程：

根据《土工试验方法标准》GB/T 50123—2019 第 36.4.1 条：

常数 $B=\dfrac{\ln w_L-\ln w_P}{\ln T_P-\ln T_L}=\dfrac{\ln47-\ln21}{\ln15-\ln12}=3.6$

常数 $A=w_L T_L^B=47\times12^{3.6}=360703$

未冻含水率 $w_{fn}=AT_f^{-B}=360703\times20^{-3.6}=7.5\%$

十二、渗透试验

—— 《土工试验方法标准》第 16 章

（一）试验方法

试验方法	适用土类
常水头渗透试验	粗粒土
变水头渗透试验	细粒土

本试验用水宜采用实际作用于土中的天然水。有困难时，可用纯水或经过滤的清水。以

水温 20℃为标准温度，当试验温度为非标准温度时，应按下式换算标准温度下的渗透系数：

$$k_{20} = k_T \frac{\eta_T}{\eta_{20}}$$

式中：k_{20}——标准温度（20℃）时，试样的渗透系数（cm/s）；

$\qquad k_T$——水温 T℃时，试样的渗透系数（cm/s）；

$\qquad \eta_T$——T℃时水的动力黏滞系数（1×10^{-6}kPa·s）；

$\qquad \eta_{20}$——20℃时水的动力黏滞系数（1×10^{-6}kPa·s）。

根据计算的渗透系数，应取 3~4 个在允许差值范围内的数据的平均值，作为试样在该孔隙比下的渗透系数（允许差值不大于 $\pm 2 \times 10^{-n}$cm/s）。

（二）常水头试验

试验步骤	常水头法保持试验水头不变，试样在不变的水头差下产生渗流，当渗流达到稳定后，量得时间 t 内流经试样的水量 Q，从而根据达西渗透定律计算渗透系数。试验步骤如下： (1) 取代表性风干土样，并测定风干土样含水率，将风干试样分层装入圆筒内，并从渗水孔向圆筒内充水，直至溢水孔有水溢出。 (2) 量取试样高度，供水瓶向圆筒内注水，溢水孔始终有水溢出，保持圆筒内水位不变。 (3) 当测压管水位稳定后，测记测压管中水位，计算各测压管之间的水位差，并记录量杯中的渗出水量
成果整理	常水头渗透试验的渗透系数按下式计算： $$k_T = \frac{2QL}{A(H_1+H_2)t}$$ 式中：k_T——水温为 T℃时，试样的渗透系数（cm/s）； $\qquad Q$——时间 t 秒内的渗透水量（cm³）； $\qquad L$——渗径（cm），等于两侧压孔中心间的试样高度； $\qquad A$——试样的断面积（cm²）； $\qquad H_1$、H_2——水位差（cm）； $\qquad t$——时间（s）

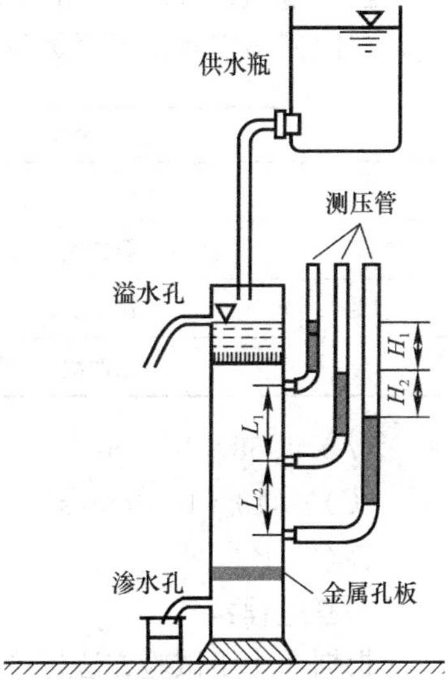

（三）变水头试验

试验步骤	当土样的渗透性较差，流经试样的水量很少，难以直接准确量测，因此采用变水头法测定渗透系数。变水头试验装置如下图所示，试样的一端与细玻璃管相连，水在压力差作用下经过试样渗流，玻璃管中的水位慢慢下降，水头是随着时间而变化的，读取两个时间 t_1 和 t_2 对应的水头高度 H_{b1} 和 H_{b2}，根据达西定律计算渗透系数。 简要试验步骤如下： (1) 将环刀试样装入渗透容器中，进行饱和处理，将渗透容器的进水口与变水头管相连，向进水管注满水，并渗入渗透容器，开排气阀，排除渗透容器中的空气，关闭进水管。 (2) 向变水头管注水，使水升至预定高度，一般不应大于 2m，水位稳定后，使水通过试样，当渗透容器出水口有水溢出时开始记录变水管中起始水头高度和起始时间，按预定时间间隔记录水头和时间变化。 (3) 将变水头管中的水位变换高度，水位稳定后再次记录水头和时间变化，重复 5~6 次。当不同开始水头下测定的渗透系数在允许差值范围内时，结束试验

成果整理	变水头试验的渗透系数按下式计算： $$k_T = 2.3 \frac{aL}{At} \lg \frac{H_{b1}}{H_{b2}}$$ 式中：a——变水头管截面积（cm^2）； 　　　L——渗径，即试样高度（cm）； 　　　A——试样的截面积（cm^2）； 　　　t——时间（s）； 　　　H_{b1}、H_{b2}——开始时和终止时水头（cm）	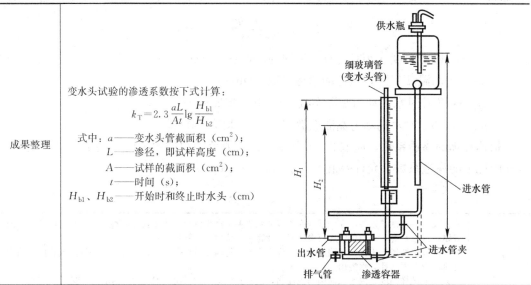

【1-19】（2016D03）某饱和黏性土试样，若在水温 15℃ 的条件下进行变水头渗透试验，四次试验实测渗透系数见下表，问土样在标准温度下的渗透系数是多少？

试验次数	渗透系数（cm/s）
第一次	3.79×10^{-5}
第二次	1.55×10^{-5}
第三次	1.47×10^{-5}
第四次	1.71×10^{-5}

(A) 1.58×10^{-6} cm/s　　　　(B) 1.79×10^{-5} cm/s

(C) 2.13×10^{-5} cm/s　　　　(D) 2.42×10^{-5} cm/s

答案：B

解答过程：

根据《土工试验方法标准》GB/T 50123—2019 第 16.1.3 条和第 16.3.3 条：

(1) 因为 15℃ 时，第一次试验：$k_1 = 3.79 \times 10^{-5}$ cm/s 大于其他三个数据 2×10^{-5} cm/s，因此该数据剔除。

(2) 第二次试验：$k_{20} = k_T \dfrac{\eta_T}{\eta_{20}} = 1.55 \times 10^{-5} \times 1.133 = 1.756 \times 10^{-5}$ cm/s

(3) 第三次试验：$k_{20} = k_T \dfrac{\eta_T}{\eta_{20}} = 1.47 \times 10^{-5} \times 1.133 = 1.666 \times 10^{-5}$ cm/s

(4) 第四次试验：$k_{20} = k_T \dfrac{\eta_T}{\eta_{20}} = 1.71 \times 10^{-5} \times 1.133 = 1.937 \times 10^{-5}$ cm/s

(5) 则土样在标准温度下的渗透系数：$k_{20} = \dfrac{(1.756 + 1.666 + 1.937)}{3} \times 10^{-5} = 1.786 \times 10^{-5}$ cm/s

【小注岩土点评】

下题（2021D04）也是同样的考点，区别在于需要根据试验过程数据求解渗透系数。

【1-20】（2021D04）某土样进行室内变水头渗透试验，环刀内径 61.8mm，高 40mm，变水头管内径 8mm，土样孔隙比 $e=0.900$，共进行 6 次试验（见下表），每次历时均为 20min，根据《土工试验方法标准》GB/T 50123—2019，该土样渗透系数最接近下列哪个选项？（不进行水温校正）

次数	初始水头 H_1(mm)	终止水头 H_2(mm)
1	1800	916
2	1700	1100
3	1600	525
4	1500	411
5	1200	383
6	1000	314

(A) 5.38×10^{-5} cm/s

(B) 6.54×10^{-5} cm/s

(C) 7.98×10^{-5} cm/s

(D) 8.63×10^{-5} cm/s

答案：B

解答过程：

根据《土工试验方法标准》GB/T 50123—2019 中第 16.3.3 条和第 16.1.3 条：

$$k_1=2.3\frac{aL}{At}\lg\frac{H_1}{H_2}=2.3\times\frac{\frac{\pi}{4}\times0.8^2\times4}{\frac{\pi}{4}\times6.18^2\times(20\times60)}\times\lg\frac{1800}{916}=3.77\times10^{-5}\,\text{cm/s}$$

$$k_2=2.43\times10^{-5}\,\text{cm/s},\ k_3=6.22\times10^{-5}\,\text{cm/s}$$

$$k_4=7.22\times10^{-5}\,\text{cm/s},\ k_5=6.37\times10^{-5}\,\text{cm/s},\ k_6=6.46\times10^{-5}\,\text{cm/s}$$

根据第 16.1.3 条，最大允许差值应为 $\pm2\times10^{-5}$ cm/s，删除 k_1 和 k_2 得：

$$k=\frac{k_3+k_4+k_5+k_6}{4}=6.57\times10^{-5}\,\text{cm/s}$$

【小注岩土点评】

① 本题是题（2016D03）的改编题。坑点一致，都是考查数据的筛选，要求最大允许差值应在 $\pm2\times10^{-n}$ cm/s 范围内。

② 区别在于本题是变水头渗透试验，而且需要计算 6 次。

③ 考场上遇到这种重复计算多次的公式，先将不变量计算出来，最后的变量只剩下 $\lg\frac{H_1}{H_2}$，也就是再摁计算器的时候，只需要计算 $\lg\frac{H_1}{H_2}$，乘以一个常数 $2.3\frac{aL}{At}$。

扩展：本题明确要求不进行水温校正，如果不加这句话，还是需要修正到标准温度的。那么，是先修正温度还是先进行数据的筛选呢？

第二章　土的三相指标换算

第一节　土的三相组成

土是由固体颗粒、水和气体三部分组成的，通常称为土的三相组成，随着三相物质的质量和体积的比例不同，土的性质也不同，土的三相物质在体积和质量上的比例关系称为三相比例指标：

土体的总体积：$V=V_a+V_w+V_s$

土中孔隙总体积：$V_v=V_a+V_w$

土体的总质量：$m=m_w+m_s$

式中：m_s——土粒的质量（g）；

　　　m_w——土中水的质量（g）；

　　　V_a——土中孔隙内的空气体积（cm³）；

　　　V_w——土中孔隙内的水的体积（cm³）；

　　　V_s——土粒的总体积（cm³）。

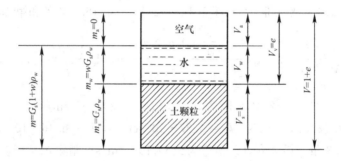

第二节　土的三相比例指标

一、土的三相比例指标

土的三相比例指标

指标名称	单位	物理意义	基本公式
直接指标： 天然重度 γ	kN/m³	天然状态下，单位体积土体的重量	$\gamma=\dfrac{m}{V}\times g$
饱和重度 γ_{sat}	kN/m³	饱和状态下，单位体积土体的重量	$\gamma_{sat}=\dfrac{m_s+\rho_w V_v}{V}\times g$
浮重度 γ'	kN/m³	饱和状态下，单位体积土体中扣除浮力后固体颗粒的重量	$\gamma'=\dfrac{m_s-\rho_w V_s}{V}\times g$

续表

指标名称	单位	物理意义	基本公式
干重度 γ_d	kN/m³	烘干状态下，单位体积土体颗粒的重量	$\gamma_d = \dfrac{m_s}{V} \times g$
直接指标：比重 G_s	—	土粒质量与同体积的4℃纯水的质量之比	$G_s = \dfrac{m_s}{\rho_w V_s}$
直接指标：含水率 w	以小数形式表示	土中水的质量与土粒质量之比	$w = \dfrac{m_w}{m_s}$
孔隙率 n	以小数形式表示	土体中孔隙总体积与土体总体积之比	$n = \dfrac{V_v}{V}$
孔隙比 e	—	土体中孔隙总体积与固体颗粒总体积之比	$e = \dfrac{V_v}{V_s}$
饱和度 S_r	以小数形式表示	土体孔隙中水的体积与孔隙总体积之比	$S_r = \dfrac{V_w}{V_v}$

二、土的三相比例指标常用换算

土的三相比例指标常用换算公式

指标名称	常用换算公式	指标名称	常用换算公式
孔隙比 e	$e = \dfrac{G_s(1+w)\rho_w}{\rho} - 1 = \dfrac{n}{1-n} = \dfrac{w \cdot G_s}{S_r}$	饱和重度 γ_{sat}	$\gamma_{sat} = \dfrac{G_s + e}{1+e}\gamma_w$
孔隙率 n	$n = \dfrac{e}{1+e} = 1 - \dfrac{\rho}{G_s(1+w)\rho_w}$	浮重度 γ'	$\gamma' = \gamma_{sat} - \gamma_w = \dfrac{G_s - 1}{1+e}\gamma_w$
干密度 ρ_d	$\rho_d = \dfrac{\rho}{1+w} = \dfrac{G_s}{1+e} \cdot \rho_w$	饱和度 S_r	$S_r = \dfrac{w \cdot G_s}{e} = \dfrac{(\rho - \rho_d)G_s}{\rho_d \cdot e}$
天然重度 γ	$\gamma = \dfrac{G_s(1+w)\gamma_w}{1+e} = (1+w)\gamma_d = \dfrac{(G_s + e \cdot S_r)\gamma_w}{1+e}$		

【小注】表中的 n、w 和 S_r 均采用小数形式参与计算；题目没有告诉具体数值时，一般取 $\rho_w = 1.0\text{g/cm}^3$、$\gamma_w = 10\text{kN/m}^3$ 计算。注意水电行业一般取 $\gamma_w = 9.81\text{kN/m}^3$。此处应注意不同行业之间取值的不同。

【1-21】（2019D01）某 Q_3 冲积黏土的含水量为30%，密度为 1.9g/cm³，土颗粒比重为2.70，在侧限压缩试验下，测得压缩系数 $a_{1-2} = 0.23\text{MPa}^{-1}$，同时测得该黏土的液限为40.5%，塑限为23.0%。按《铁路工程地质勘察规范》TB 10012—2019确定黏土的地基极限承载力值 p_u 最接近下列哪项？

(A) 240kPa   (B) 446kPa   (C) 484kPa   (D) 730kPa

答案：B

解答过程：

根据《铁路工程地质勘察规范》TB 10012—2019附录第C.0.2条第6款：

(1) $e = \dfrac{G_s(1+0.01w)\rho_w}{\rho} - 1 = \dfrac{2.7 \times (1+0.3) \times 1}{1.9} - 1 = 0.847$

(2) $E_s = \dfrac{1+e_0}{a} = \dfrac{1.847}{0.23} = 8\text{MPa} < 10\text{MPa}$

(3) $I_L = \dfrac{w - w_P}{w_L - w_P} = \dfrac{30 - 23}{40.5 - 23} = 0.4$

(4) $p_u = \dfrac{484 + 409}{2} = 446.5 \text{kPa}$

【小注岩土点评】

本题名义上是求解黏土的地基极限承载力值 p_u，实质上是根据三相换算求解表格中的参数。

【1-22】（2006C04）已知粉质黏土的土粒比重为2.73，含水量为30%，土的重度为 1.85g/cm³，浸水饱和后，该土的水下有效重度最接近（　　）。

(A) 7.5kN/m³　　　(B) 8.0kN/m³　　　(C) 8.5kN/m³　　　(D) 9.0kN/m³

答案：D

解答过程：

(1) $e = \dfrac{G_s(1 + 0.01w)\rho_w}{\rho} - 1 = \dfrac{2.73 \times 1.3 \times 1}{1.85} - 1 = 0.918$

(2) $\gamma' = \dfrac{G_s - 1}{1 + e}\gamma_w = \dfrac{2.73 - 1}{1 + 0.918} \times 10 = 9.02 \text{kN/m}^3$

三、土的三相比例指标工程应用

土的三相比例指标工程应用

工程应用	原理	原理公式	常用关系公式
填方土料用量	土颗粒质量（m_s）恒定 土体干密度（ρ_d）变化 孔隙比（e）变化	$\rho_d = \dfrac{m_s}{V} = \dfrac{G_s \times \rho_w}{1 + e}$	(1) 干密度法： $m_s = \rho_{d2} \times V_2 = \rho_{d1} \times V_1$ (2) 孔隙比法： $\dfrac{V_2}{1 + e_2} = \dfrac{V_1}{1 + e_1}$
填方压实	土颗粒质量（m_s）不变	$m_s = \rho_d V_1 = \rho_{d2} V_2$	$\dfrac{V_1}{1 + e_1} = \dfrac{V_2}{1 + e_2}$ $\dfrac{h_1}{1 + e_1} = \dfrac{h_2}{1 + e_2}$ $e_2 = e_1 - \dfrac{\Delta h}{h_1}(1 + e_1)$ $\Delta h = h_1 - h_2 = \dfrac{e_1 - e_2}{1 + e_1}h_1$ 置换率：$m = \dfrac{\Delta h}{h_1} = \dfrac{e_1 - e_2}{1 + e_1}$
填方土料加水 （黏土加水成 泥浆不适用）	土颗粒质量（m_s）不变 土体孔隙比（e）不变 土体含水率（w）变化	$w = \dfrac{m_w}{m_s}$ $m_s = \dfrac{m}{1 + w}$ $e_1 = e_2$	$\Delta m_w = \dfrac{m_1}{1 + w_1} \times (w_2 - w_1)$ $m_s = \dfrac{m_2}{1 + w_2} = \dfrac{m_1}{1 + w_1}$
土体振动密实/ 地基处理挤密	土颗粒质量（m_s）恒定 土体孔隙比（e）变化	$e = \dfrac{V_v}{V_s} = \dfrac{V - V_s}{V_s}$ $m_1 = m_2 = m_水 + m_土$	$\dfrac{V_2}{1 + e_2} = \dfrac{V_1}{1 + e_1}$ $\dfrac{h_2}{1 + e_2} = \dfrac{h_1}{1 + e_1}$

续表

工程应用	原理	原理公式	常用关系公式
泥浆配置 《工程地质手册》 （第五版）	土颗粒质量（m_s）不变	$V_{泥浆}=V_水+V_{黏土}$ $m_{泥浆}=m_水+m_{黏土}$ （该推导公式为工程应用近似解，不是按土的三相解）	黏土用量：$Q=V\rho_1\dfrac{\rho_2-\rho_3}{\rho_1-\rho_3}$ 加水量：$W=\left(V-\dfrac{Q}{\rho_1}\right)\rho_3$
水泥浆配置	土颗粒质量（m_s）不变	$V_{水泥浆}=V_水+V_{水泥}$ $m_{水泥浆}=m_水+m_{水泥}$ 水灰比 $n=m_水/m_{水泥}$	按水灰比 n 配置的水泥浆密度： $\rho_{水泥浆}=\dfrac{n+1}{n+\dfrac{1}{\rho_{水泥}}}$ 配置体积 V 的水泥浆，需要水泥质量： $m_{水泥}=\dfrac{V\rho_{水泥浆}}{1+n\rho_{水泥}/\rho_水}$

【1-23】（2009C01）某水利工程需填方，要求填土干重度为 $\gamma_d=17.8\text{kN/m}^3$，需填方量 40 万 m^3，对采料场勘察结果为：土的比重 $G_s=2.7$；含水量 $w=15.2\%$；孔隙比 $e=0.823$。问初步设计阶段，该料场储量至少要达到（　　）万 m^3 时才能满足要求。

(A) 48　　　　(B) 72　　　　(C) 96　　　　(D) 144

答案：C

解答过程：

(1) 采料场土料：$e=0.823$，体积 V_1，$G_s=2.7$，$\rho_{d1}=\dfrac{G_s\rho_w}{1+e_1}=\dfrac{2.7\times1}{1+0.823}=1.48\text{g/cm}^3$

(2) 填方体：$\rho_{d2}=1.78\text{g/cm}^3$，$V_2=40$ 万 m^3

(3) 填筑前后土颗粒质量相等：$\rho_{d1}V_1=\rho_{d2}V_2$；$1.48V_1=1.78\times40$，则 $V_1=48.1$ 万 m^3

(4) 根据《水利水电工程地质勘察规范（2022 年版）》GB 50487—2008 第 6.20.3 条，详查储量不得少于设计需要量的 2 倍，因此采料场土料实际储量应不少于：$48.1\times2=96.2$ 万 m^3。

【1-24】（2013C04）某港口工程拟利用港池航道疏浚土进行充填造陆，冲填区需填土方量为 10000m^3，疏浚土的天然含水量为 31.0%，天然重度为 18.9kN/m^3，冲填施工完成后冲填土的含水量为 62.6%，重度为 16.4kN/m^3，不考虑沉降和土颗粒流失，使用的疏浚土方量接近（　　）。

(A) 5000m^3　　(B) 6000m^3　　(C) 7000m^3　　(D) 8000m^3

答案：C

解答过程：

(1) 疏浚土参数：$\rho_1=\dfrac{\gamma_1}{g}=\dfrac{18.9\text{kN/m}^3}{10\text{N/kg}}=1890\text{kg/m}^3$，$w_1=31\%$

$\rho_{d1}=\dfrac{\rho_1}{(1+w_1)}=\dfrac{1890}{1+0.31}=1442.75\text{kg/m}^3$

(2) 充填土参数：$\rho_2=\dfrac{\gamma_2}{g}=\dfrac{16.4\text{kN/m}^3}{10\text{N/kg}}=1640\text{kg/m}^3$，$w_2=62.6\%$

$\rho_{d2}=\dfrac{\rho_2}{(1+w_2)}=\dfrac{1640}{1+0.626}=1008.61\text{kg/m}^3$，$V_2=10000\text{m}^3$

（3）$\rho_{d1}V_1=\rho_{d2}V_2$，$1442.75V_1=1008.61\times10000\Rightarrow V_1=6991\text{m}^3$

【1-25】（2018C12）某场地浅层湿陷性土厚度 6m，平均干密度 1.25t/m^3，下部为非湿陷性土层，采用沉管法灰土挤密桩处理该地基，灰土桩直径 0.4m，等边三角形布桩，桩距 0.8m，桩端达湿陷性土层底，施工完成后，场地地面平均上升 0.2m，求地基处理后桩间土的平均干密度最接近下列何值？

（A）1.56t/m^3 （B）1.61t/m^3 （C）1.68t/m^3 （D）1.73t/m^3

答案：A

解答过程：

根据土颗粒质量不变计算，取一个重复单元进行计算。

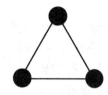

（1）$V_1=\dfrac{1}{2}\times0.8\times0.8\times\sin60°\times6=1.6628\text{m}^3$

（2）$V_2=\left(\dfrac{1}{2}\times0.8\times0.8\times\sin60°-\dfrac{1}{2}\times\dfrac{3.14}{4}\times0.4^2\right)\times6.2=1.3286\text{m}^3$

（3）$m_s=\rho_{d1}V_1=\rho_{d2}V_2\Rightarrow\rho_{d2}=\dfrac{\rho_{d1}V_1}{V_2}=\dfrac{1.25\times1.6628}{1.3286}=1.56\text{t/m}^3$

【1-26】（2020C01）某场地有一正方形土坑，边长 20m，坑深 5.0m，坑壁直立。现从周边取土进行回填，共取土 2150m^3，其土性为粉质黏土，天然含水量 $w=15\%$，土粒比重 $G_s=2.7$，天然重度 $\gamma=19.0\text{kN/m}^3$，所取土方刚好将土坑均匀压实填满。问坑内压实填土的干密度最接近下列哪个选项？（$\gamma_w=10\text{kN/m}^3$）

（A）15.4kN/m^3 （B）16.5kN/m^3 （C）17.8kN/m^3 （D）18.6kN/m^3

答案：C

解答过程：

（1）周边取土：$V_1=2150\text{m}^3$，$\gamma_{d1}=\dfrac{\gamma}{1+w}=\dfrac{19}{1+0.15}=16.5\text{kN/m}^3$

（2）坑内压实填土：$V_2=20\times20\times5=2000\text{m}^3$

（3）$\gamma_{d1}V_1=\gamma_{d2}V_2$，$\gamma_{d2}=17.8\text{kN/m}^3$

【1-27】（2020C24）某水利水电工程位于 8 度地震区，地震动峰值加速度为 $0.30g$。地基土为液化砂土，厚 8.0m，经试验得到砂土 $e_{max}=0.950$、$e_{min}=0.580$，初始孔隙比 $e_0=0.851$。拟采用不加填料振冲法对地基进行大范围处理，要求处理后地基不液化，根据《水利水电工程地质勘察规范（2022 年版）》GB 50487—2008，处理后砂土地基地表最小下沉量最接近下列哪个选项？

（A）0.57m （B）0.65m （C）0.74m （D）0.85m

答案：D

解答过程：

根据《水利水电工程地质勘察规范（2022 年版）》GB 50487—2008 附录第 P.0.4 条第 2 款表 P.0.4-2：

（1）$0.3g$ 对应临界相对密度为 80%，$\dfrac{0.95-e}{0.95-0.58}\geqslant80\%\Rightarrow e\leqslant0.654$

(2) $\dfrac{8}{1+0.851}=\dfrac{h_2}{1+0.654}\Rightarrow h_2=7.15\mathrm{m}$

(3) $\Delta h=8-7.15=0.85\mathrm{m}$

【1-28】(2012C26) 某地面沉降区，根据观测其累计沉降量为120cm，预估后期沉降量为50cm，今在其上建设某工程，场地长200m、宽100m，设计要求沉降稳定后地面标高与沉降发生前的地面标高相比高出0.8m（填土沉降忽略不计），回填要求的压实度不小于0.94，已知料场中土料天然含水量为29.6%，重度为19.6kN/m³，土粒相对密度为2.71，最大干密度为1.69g/cm³，最优含水量为20.5%，则场地回填所需土料的体积最接近（　　）。

(A) 21000m³　　　(B) 42000m³　　　(C) 52000m³　　　(D) 67000m³

答案：C

解答过程：

题意见下图，H 为土料夯实后的高度。

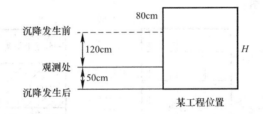

(1) 土料参数：$\rho_1=\dfrac{\gamma_1}{g}=\dfrac{19.6\mathrm{kN/m^3}}{10\mathrm{N/kg}}=1960\mathrm{kg/m^3}$，$w_1=29.6\%$

$$\rho_{\mathrm{d1}}=\dfrac{\rho_1}{(1+w_1)}=\dfrac{1960}{1+0.296}=1512.35\mathrm{kg/m^3}$$

(2) 压实土参数：$\rho_{\mathrm{d2}}=\rho_{\mathrm{dmax}}\lambda_{\mathrm{t}}=1690\times0.94=1588.6\mathrm{kg/m^3}$

压实后土的高度 $H=0.8+1.2+0.5=2.5\mathrm{m}$，$V_2=200\times100\times2.5=50000\mathrm{m^3}$

(3) $\rho_{\mathrm{d1}}V_1=\rho_{\mathrm{d2}}V_2$；$1512.35V_1=1588.6\times50000\Rightarrow V_1=52520.91\mathrm{m^3}$

【1-29】(2021C01) 某拟建场地内存在废弃人防洞室，长、宽、高分别为200m、2m、3m，顶板距地表1.5m；洞顶土层天然重度17kN/m³，天然含水量15%，最大干重度17.5kN/m³。开工前采取措施使该段人防洞室依照断面形状完全垂直塌落后，再填平并压实至原地表高度，不足部分从附近场地同一土层中取土，要求塌落土及回填土压实系数≥0.96。依据上述信息，估算所需外部取土的最少方量，最接近下列哪个选项？（不考虑人防洞室结构体积）

(A) 1220m³　　　(B) 1356m³　　　(C) 1446m³　　　(D) 1532m³

答案：C

解答过程：

$$塌落前：\gamma_{\mathrm{d1}}=\dfrac{\gamma}{1+w}=\dfrac{17}{1+15\%}=14.78\mathrm{kN/m^3}$$

$$压实后：\gamma_{\mathrm{d2}}=\lambda\gamma_{\mathrm{dmax}}=0.96\times17.5=16.8\mathrm{kN/m^3}$$

压实后的体积：$V_2=200\times2\times(3+1.5)=1800\mathrm{m^3}$

压实前的体积：$V_0 = 200 \times 2 \times 1.5 = 600 \text{m}^3$

根据压实前后土颗粒质量相等的原理：

$$\gamma_{d1} V_1 = \gamma_{d2} V_2$$

$$V_1 = \frac{\gamma_{d2} V_2}{\gamma_{d1}} = \frac{16.8 \times 1800}{14.78} = 2046 \text{m}^3$$

$$\Delta V = V_1 - V_0 = 2046 - 600 = 1446 \text{m}^3$$

【小注岩土点评】

① 历年真题（2009C01、2012C26、2013C04、2020C01）是直接计算压实前的体积或者压实后的体积。本题的特点在于坑内有原先的土体，而且外来的土体与原先土体一致，这样需要把坑内原先有的土体体积从计算的总体积中扣除。这也是本次考试中的特点，本质不变，比历年真题转个弯，多个步骤。

② 开始提炼三相中压实前后土颗粒质量不变的模型的时候，有部分人会被这里面的描述搞得晕头转向，其实就是计算体积的时候，减去原先残留的体积。

③ 提炼的模型见下图：

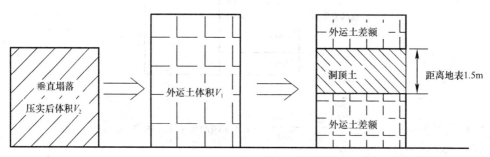

外运土差额量=外运土体积V_1-洞顶土体积

扩展：如果外来开挖土体与洞顶土体物理参数不同，又该如何解答呢？

第三章　土的强度试验

第一节　固　结　试　验

——《土工试验方法标准》第 17 章

一、标准固结试验

固结试验，又称压缩试验、压密试验。用以测定土在完全侧限条件下承受垂直压力后的压缩特性的试验。试验仪器称固结仪，有多种型号。试验时先用内径 61.8mm、高 20mm 的环刀在土样上切取试样，两端整平后连同环刀一起装入试验容器中，在完全侧限和容许竖向排水的条件下分级加压，记录压力、试样发生的压缩变形量及其相应的时间，用以计算土的压缩模量和压缩指数等表示土的压缩特性的参数；如在分级加荷后分级卸荷，即为加荷与卸荷回弹试验，可用以测定土的回弹指数。

（一）标准固结试验

试验原理	土样在有环刀侧限且上下两面排水条件下，通过逐级施加各级竖向荷载作用，测定土样的竖向变形量（Δh），计算得出土体随着各级压力作用下的孔隙比 e 变化，最终计算得到土体的各项压缩固结指标：压缩系数（a）、压缩模量（E_s）、压缩指数（C_c）、回弹指数（C_s）、固结系数（C_v）、先期固结压力（p_c）、超固结比（OCR）等
试验仪器	标准固结仪和环刀
简要步骤	（1）将切取试样后的环刀放入固结仪中。 （2）根据自重应力＋附加应力确定试验的最大加载压力后，逐级向环刀试样施加压力（Δp_i）。 （3）在试验压缩固结过程中，逐级记录试样的竖向沉降量（Δh_i）
压缩曲线	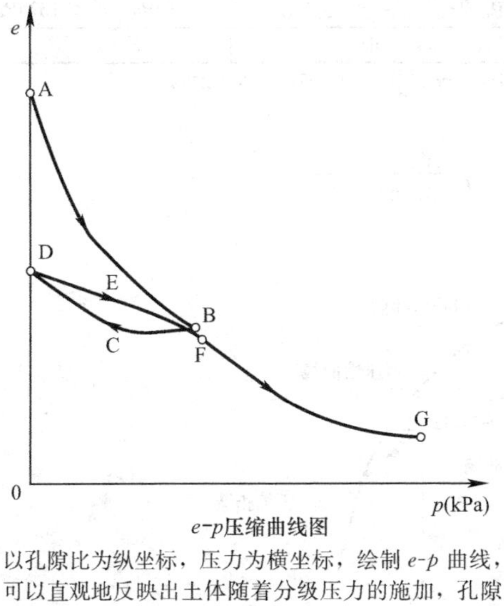 e-p 压缩曲线图 以孔隙比为纵坐标，压力为横坐标，绘制 e-p 曲线，可以直观地反映出土体随着分级压力的施加，孔隙比逐渐减小，土体不断密实的过程	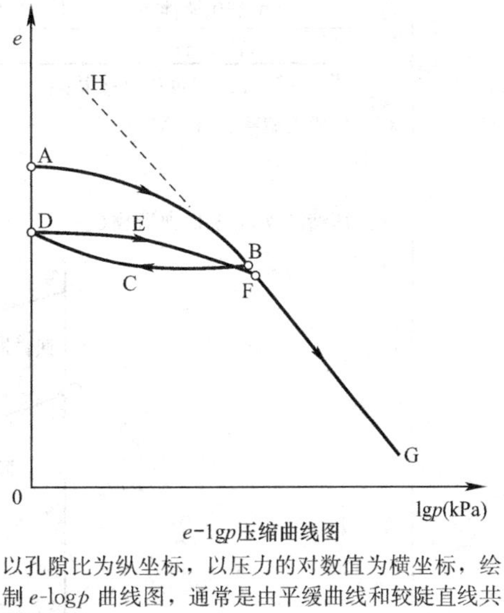 e-$\lg p$ 压缩曲线图 以孔隙比为纵坐标，以压力的对数值为横坐标，绘制 e-$\log p$ 曲线图，通常是由平缓曲线和较陡直线共同组成的

（1）初始孔隙比 e_0

物理意义：试样从原土层中取出后，在经历取样过程的卸荷回弹后，试样处于三维围压均为零应力状态下，此时试样的孔隙比为：

$$e_0 = \frac{(1+w_0)G_s\rho_w}{\rho_0} - 1$$

式中：w_0——试样的天然含水率，以小数形式代入计算；

$\quad\quad G_s$——土粒比重；

$\quad\quad \rho_0$——试样的天然密度（g/cm³）；

$\quad\quad \rho_w$——水的密度（g/cm³）。

（2）某一压力状态下，试样压缩稳定后的孔隙比 e_i

物理意义：试样从原土层中取出后，在某一级试验压力状态下（$p_i = p_{cz}$），试样压缩稳定后的孔隙比 e_0，其反映土体在承受附加应力后，产生附加压缩沉降稳定的终点状态，其孔隙比为 e_i。

$$\frac{h_0}{1+e_0} = \frac{h_i}{1+e_i} \rightarrow e_i = e_0 - \frac{1+e_0}{h_0} \times (h_0 - h_i) \rightarrow e_i = e_0 - \frac{1+e_0}{h_0} \times \Delta h_i$$

式中：h_0——试样的初始高度（mm）；

$\quad\quad \Delta h_i$——某级压力下，试样压缩稳定后的变形量（mm）；

$\quad\quad h_i$——某级压力下，试样压缩稳定后的高度（mm）；

$\quad\quad \dfrac{v_0}{1+e_0} = \dfrac{v_i}{1+e_i}$，在面积（直径）相同时，有 $\dfrac{h_0}{1+e_0} = \dfrac{h_i}{1+e_i}$。

（3）试样在天然状态（$p_i = p_{cz}$）～某一压力状态（$p_{i+1} = p_{cz} + p_0$）范围内的压缩系数 $\alpha_{i \rightarrow i+1}$（MPa⁻¹）

物理意义：e-p 曲线图中，某一压力区段的割线斜率。其反映在同一压力段内，压缩系数越大，压缩性越大。

$$\alpha_{i \rightarrow i+1} = \frac{e_i - e_{i+1}}{p_{i+1} - p_i}$$

式中：p_i、p_{i+1}——分别为与 e_i、e_{i+1} 对应的压力状态（MPa）。

此处需特别注意 α_i 和 e_i 的对应关系。

（4）试样在天然状态（$p_i = p_{cz}$）→某一压力状态（$p_{i+1} = p_{cz} + p_0$）范围内的压缩模量 $E_{s(i \rightarrow i+1)}$（MPa）

物理意义：在无侧向变形条件下，压缩时垂直压力增量与垂直应变增量的比值。其反映在同一压力段内，压缩模量越大，压缩性越小。

$$E_{s(i \sim i+1)} = \frac{1+e_0}{\alpha_{(i \sim i+1)}}$$

土的压缩性评价

压缩性评价	压缩系数	压缩模量
低压缩性土	$\alpha_{1\sim2} < 0.1\text{MPa}^{-1}$	$E_s \geq 15\text{MPa}$
中等压缩性土	$0.1\text{MPa}^{-1} \leq \alpha_{1\sim2} < 0.5\text{MPa}^{-1}$	$5\text{MPa} < E_s \leq 15\text{MPa}$
高压缩性土	$\alpha_{1\sim2} \geq 0.5\text{MPa}^{-1}$	$E_s \leq 5\text{MPa}$

【小注】$\alpha_{1\sim2}$ 表示压力段由 $p_1 = 100\text{kPa}$ 增加到 $p_2 = 200\text{kPa}$ 时的压缩系数。

（5）体积压缩系数 m_v（MPa⁻¹）

$$m_v = \frac{1}{E_{s(i \sim i+1)}} = \frac{\alpha_{i \sim i+1}}{1+e_0}$$

（6）压缩指数 C_c 和回弹指数 C_s

指标计算

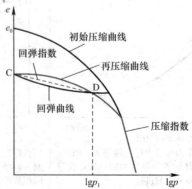

续表

压缩指数 C_c 表示 $e\text{-}\lg p$ 曲线上直线的斜率，压缩指数越大，土的压缩性越大。

回弹指数 C_s 表示 $e\text{-}\lg p$ 曲线上回弹圈中两端点连线的斜率，回弹指数越大，土的回弹变形越大。

$$C_c \text{ 或 } C_s = \frac{e_i - e_{i+1}}{\lg p_{i+1} - \lg p_i}$$

（压缩指数 C_c 是一个定量，其大小不随压力变化）

（7）先期固结压力 p_c

物理意义：先期固结压力是指某一土层在"应力历史"上，曾经承受过的上覆土层自重或者其他作用力，并在该力作用下，已经固结稳定的最大压力。

先期固结压力 p_c 确定方法如下：

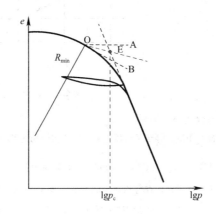

指标计算

在 $e\text{-}\lg p$ 曲线上找出最小曲率半径 R_{min} 的点 O；

过点 O 做水平直线 OA；

过点 O 做切线 OB；

过点 O 做两线夹角 $\angle AOB$ 的角平分线 OE；

延长 $e\text{-}\lg p$ 曲线上的直线段，与 OE 交于一点，该交点所对应的压力即为 p_c。

（8）超固结比 OCR

物理意义：超固结比 OCR 是指土体的先期固结压力 p_c 与目前土体承受的上覆土层有效自重应力 p_{cz} 的比值，其反映土体的应力历史状态。

$$OCR = p_c / p_{cz}$$

土的状态	p_c 与 p_{cz} 的比较	超固结比 OCR
超固结土	$p_c > p_{cz}$	$OCR > 1$
正常固结土	$p_c = p_{cz}$	$OCR = 1$
欠固结土	$p_c < p_{cz}$	$OCR < 1$

（9）固结系数 $C_v (\text{cm}^2/\text{s})$

物理意义：固结系数是表示土体的固结速度的一个特性指标，固结系数越大，在其他条件相同的情况下，土体内孔隙水排出速度也越快，土的固结速度越快。固结系数取决于土在某一压力范围内的渗透系数 k、孔隙比 e 和压缩系数 α，按下式计算：

$$C_v = \frac{k (1+e)}{\alpha \gamma_w}$$

① 时间平方根法

对某一级压力，以试样的变形为纵坐标，时间平方根为横坐标，绘制变形与时间平方根关系曲线，延长曲线开始段的直线，交纵坐标于 d_s 为理论零点，过 d_s 做另一直线，令其横坐标为前一直线横坐标的 1.15 倍，则后一直线与 $d\text{-}\sqrt{t}$ 曲线交点所对应的时间的平方即为试样固结度达到 90% 所需的时间 t_{90}，该级压力下的固结系数应按下式计算：

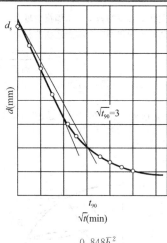

$$C_v = \frac{0.848\bar{h}^2}{t_{90}}$$

式中：C_v——固结系数（cm^2/s）；

$\bar{h}$——最大排水距离，等于某级压力下试样的初始和终了高度的平均值之半（cm）。

② 时间对数法

对某一级压力，以试样的变形为纵坐标，时间的对数为横坐标，绘制变形与时间对数关系曲线，在关系曲线的开始段，选任一时间 t_1，查得相对应的变形值 d_1，再取时间 $t_2 = \frac{t_1}{4}$，查得相对应的变形值 d_2，则 $2d_2 - d_1$ 即为 d_{01}；另取一时间依同法求得 d_{02}、d_{03}、d_{04} 等，取其平均值为理论零点 d_0，延长曲线中部的直线段和通过曲线尾部数点切线的交点即为理论终点 d_{100}，则 $d_{50} = (d_0 + d_{100})/2$，对应于 d_{50} 的时间即为试样固结度达到 50%所需时间 t_{50}，某一级压力下的固结系数应按下式计算：

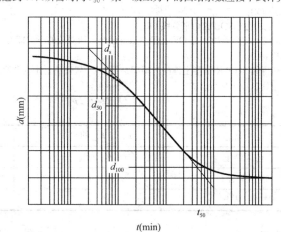

$$C_v = \frac{0.197\bar{h}^2}{t_{50}}$$

③《城市轨道交通岩土工程勘察规范》GB 50307—2012

根据孔压静探的孔压消散曲线资料，可按下式估算土的固结系数 C_v 值：

$$C_v = \frac{T_{50}}{t_{50}} r_0^2$$

式中：T_{50}——相当于 50%固结度的时间因数，当滤水器位于探头锥尖后时，T_{50} 可取为 6.87；当滤水器位于探头锥尖时，T_{50} 可取为 1.64；

t_{50}——超孔隙水压力消散达 50%时的历时时间（min）；

r_0——孔压探头的半径（cm）

【1-30】(2009C04) 用内径为 79.8mm、高为 20mm 的环刀切取未扰动饱和黏性土试样，比重 $G_s=2.70$，含水量 $w=40.3\%$，湿土质量 154g，现做侧限压缩试验，在压力 100kPa 和 200kPa 作用下，试样总压缩量分别为 $s_1=1.4mm$ 和 $s_2=2.0mm$，其压缩系数 a_{1-2} 最接近（　　）。

(A) 0.4MPa^{-1}　　(B) 0.5MPa^{-1}　　(C) 0.6MPa^{-1}　　(D) 0.7MPa^{-1}

答案：D

解答过程：

根据《土工试验方法标准》GB/T 50123—2019 第 17.2.3 条第 3 款：

(1) $\rho=\dfrac{m}{V}=\dfrac{154}{\dfrac{3.14\times7.98^2}{4}\times2}=1.54g/cm^3$

(2) $e_0=\dfrac{G_s(1+0.01w)\rho_w}{\rho}-1=\dfrac{2.7\times1.403\times1}{1.54}-1=1.460$

100kPa 压力下：$e_1=e_0-\dfrac{1+e_0}{h_0}\Delta h_i=1.460-\dfrac{1+1.460}{20}\times1.4=1.288$

200kPa 压力下：$e_2=e_0-\dfrac{1+e_0}{h_0}\Delta h_i=1.460-\dfrac{1+1.460}{20}\times2.0=1.214$

(3) $a_{1-2}=\dfrac{e_1-e_2}{p_2-p_1}=\dfrac{1.288-1.214}{(200-100)\times10^{-3}}=0.74MPa^{-1}$

【1-31】(2011D02) 用内径 8.0cm、高 2.0cm 的环刀切取饱和原状土试样，湿土质量 $m_1=183g$，进行固结试验后，湿土的质量 $m_2=171.0g$，烘干后土的质量 $m_3=131.4g$，土的比重 $G_s=2.70$，则经压缩后，土孔隙比变化量 Δe 最接近（　　）。

(A) 0.137　　　　(B) 0.250　　　　(C) 0.354　　　　(D) 0.503

答案：B

解答过程：

(1) 原样土

$$\rho=\frac{m_1}{v}=\frac{183}{\dfrac{3.14\times8^2}{4}\times2}=1.821g/cm^3$$

$$w_1=\frac{m_1-m_3}{m_3}=\frac{183-131.4}{131.4}=0.393$$

$$e_1=\frac{G_s(1+w)\rho_w}{\rho}-1=\frac{2.7\times1.393}{1.821}-1=1.065$$

(2) 固结试验后

$$w_2=\frac{m_2-m_3}{m_3}=\frac{171-131.4}{131.4}=0.301$$

固结压缩排水后土体是完全饱和的，$s_r=\dfrac{G_s w_2}{e_2}=1$，$e_2=G_s w_2=2.7\times0.301=0.813$

(3) $\Delta e=e_1-e_2=1.065-0.813=0.252$

【1-32】(2006C02) 用高度为 20mm 的试样做固结试验，各压力作用下的压缩量见下表，用时间平方根法求得固结度达到 90% 时的时间为 9min，计算 $p=200kPa$ 压力下的固结系数 C_v 为（　　）。

压力 p(kPa)	0	50	100	200	400
压缩量 d(mm)	0	0.95	1.25	1.95	2.5

(A) $0.8×10^{-3}\,cm^2/s$ (B) $1.3×10^{-3}\,cm^2/s$

(C) $1.6×10^{-3}\,cm^2/s$ (D) $2.6×10^{-3}\,cm^2/s$

答案：B

解答过程：

根据《土工试验方法标准》GB/T 50123—2019 第 17.2.6 条：

(1) $\bar{h}=\dfrac{(20-1.25)+(20-1.95)}{2×2}=9.2\,mm=0.92\,cm$

(2) $C_v=\dfrac{0.848\bar{h}^2}{t_{90}}=\dfrac{0.848×0.92^2}{9×60}=1.33×10^{-3}\,cm^2/s$

【1-33】（2004C03）某土样固结试验成果见下表，试样天然孔隙比 $e_0=0.656$，则该试样在压力 100~200kPa 的压缩系数及压缩模量为（　　　　）。

压力 p(kPa)	50	100	200
稳定校正后的变形量 Δh_i(mm)	0.155	0.263	0.565

(A) $a_{1-2}=0.15MPa^{-1}$，$E_{s_{1-2}}=11MPa$ (B) $a_{1-2}=0.25MPa^{-1}$，$E_{s_{1-2}}=6.6MPa$

(C) $a_{1-2}=0.45MPa^{-1}$，$E_{s_{1-2}}=3.7MPa$ (D) $a_{1-2}=0.55MPa^{-1}$，$E_{s_{1-2}}=3.0MPa$

答案：B

解答过程：

根据《土工试验方法标准》GB/T 50123—2019 第 17.2.3 条：

(1) $\dfrac{h_0}{1+e_0}=\dfrac{h_1}{1+e_1}=\dfrac{h_2}{1+e_2}$，即：$\dfrac{20}{1+0.656}=\dfrac{20-0.263}{1+e_1}=\dfrac{20-0.565}{1+e_2}$

解得：$e_1=0.634$，$e_2=0.609$

(2) $a_{1-2}=\dfrac{e_1-e_2}{p_2-p_1}=\dfrac{0.634-0.609}{0.2-0.1}=0.25MPa^{-1}$

$E_{s_{1-2}}=\dfrac{1+e_0}{a_{1-2}}=\dfrac{1+0.656}{0.25}=6.624MPa$

【小注岩土点评】

《土力学》压缩曲线及压缩性指标章节中，曲线中的两个点代表了任意两个压力，进而推导出公式 $E_s=\dfrac{1+e_0}{a}$，$E_{s_{1-2}}$ 或 $E_{s_{2-3}}$ 乃至其他压力段范围的 E_s，分子都是 $1+e_0$。不同的是分母压缩系数，a_{1-2} 或 a_{2-3} 乃至其他压力段范围的压缩系数。同理，体积压缩系数 $m_v=\dfrac{1}{E_s}=\dfrac{a}{1+e_0}$，即 $m_{v1-2}=\dfrac{1}{E_{s_{1-2}}}=\dfrac{a_{1-2}}{1+e_0}$。

另外，本题在计算时，若考生不知道选用 $1+e_0$ 还是 $1+e_1$，不妨采用试算的方式对比答案和选项，看哪个更接近选项。若采用 e_0：$E_{s_{1-2}}=(1+e_0)/a_{1-2}=6.624MPa$；若使用 $1+e_1$，得到的是 6.536。相比较而言，$1+e_0$ 得到的答案更接近 6.6。

【1-34】（2022C03）某场地地下水位埋深大于 40m，地面下 12.0m 深度范围内为①层粉土，重度为 17.8kN/m³；地面下 12.0~21.0m 为②层粉质黏土，重度为 19.2kN/m³。深度 16.5m 处土样的室内固结试验数据见下表，拟建建筑物在该深度处引起的附加应力

为 300kPa。地基沉降计算时，该土样压缩模量 E_s 的合理取值最接近下列哪个选项？

压力 p(kPa)	0	100	200	300	400	500	600	700	800
孔隙比 e	0.877	0.829	0.807	0.791	0.778	0.767	0.758	0.750	0.743

(A) 8.5MPa　　　(B) 9.5MPa　　　(C) 13.0MPa　　　(D) 17.0MPa

答案：D

解答过程：

根据《土工试验方法标准》GB/T 50123—2019 中第 17.2.3 条第 4 款：

(1) 试样的初始孔隙比 $e_0 = 0.877$

(2) 16.5m 处，土的自重应力：$\sigma_1 = 17.8 \times 12 + 19.2 \times (16.5 - 12) = 300$kPa，$e_1 = 0.791$

(3) 16.5m 处，土的总应力：$\sigma_2 = \sigma_1 + \sigma_{附加} = 300 + 300 = 600$kPa，$e_2 = 0.758$

(4) $E_s = \dfrac{1+e_0}{a_{v300-600}} = \dfrac{1+e_0}{\Delta e / \Delta p} = \dfrac{1+0.877}{(0.791-0.758)/(600-300)} = 17063$kPa $= 17.0$MPa

【小注岩土点评】

① 土样的压缩模量不是一个常数，随着压力的增大而增大，因此在《土力学》以及《建筑地基基础设计规范》GB 50007—2011 中判断土的压缩性，为统一标准，使用的是 a_{1-2}，即压力 100kPa 至 200kPa 的压缩模量。

② 在计算沉降时，压缩模量应根据实际压力来计算相应的参数，这是《土力学》学习中的基本原理。如果考生将这第一点和第二点搞混，将会选择 $E_s = \dfrac{1+e_0}{a_{v100-200}} = \dfrac{1+0.877}{(0.829-0.807)/(200-100)} = 8.5$MPa。

③ 土体初始孔隙比，是很难测定的，因此一般使用三相公式换算得到初始孔隙比，本题与历年真题相比，省略了三相换算的步骤，直接给定了压力为 0 时的孔隙比，这点在《土力学》中也有体现。

④ 历年真题中 2014 年上午卷第一题，跟本题基本一致。

(二) 压缩模量、变形模量、弹性模量的关系

项目	压缩模量 E_s	变形模量 E_0	弹性模量 E
测试试验	室内固结试验（侧限）	现场载荷试验（无侧限）	三轴重复压缩试验
适用沉降计算法	分层总和法、应力面积法计算最终沉降量（黏性土）	弹性理论法计算最终沉降量（黏性土、砂土）	弹性理论公式计算初始瞬时沉降量（砂土）
相互换算	$E_0 = \left(1 - \dfrac{2\mu^2}{1-\mu}\right)E_s$，$\mu = \dfrac{K_0}{1+K_0}$（$\mu$——泊松比；$K_0$——侧压力系数） 三个模量的比较：$E > E_s > E_0$		

二、应变控制连续加荷固结试验

应变控制连续加荷固结试验

适用条件	适用于饱和的细粒土
简要步骤	(1) 按《土工试验方法标准》GB/T 50123—2019 第 17.2.2 条第 1 款制备试样。 (2) 将装有试样的环刀装入护环，依次将透水板、薄型滤纸、护环置于容器底座上，关孔隙水压力阀，在试样顶部放薄型滤纸、上透水板。 (3) 根据使试验时的任何时间内试样底部产生的孔隙水压力为同时施加轴向荷重的 3%～20% 确定应变速率。 (4) 在所选的应变速率下，对试样施加轴向压力，采集数据

数据整理	(1) 任意时刻施加于试样的有效压力应按下式计算： $$\sigma_i' = \sigma_i - \frac{2}{3}u_b$$ 式中：σ_i'——任意时刻时施加于试样的有效压力（kPa）； 　　　σ_i——任意时刻时施加于试样的总压力（kPa）； 　　　u_b——任意时刻试样底部的孔隙压力（kPa）。 (2) 某一压力范围内压缩系数，应按下式计算： $$a_v = \frac{e_i - e_{i+1}}{\sigma_{i+1}' - \sigma_i'}$$ (3) 某一压力范围内的压缩指数，回弹指数应按下式计算： $$C_c\,(C_s) = \frac{e_i - e_{i+1}}{\lg\sigma_{i+1}' - \lg\sigma_i'}$$ (4) 任意时刻试样的固结系数应按下式计算： $$C_v = \frac{\Delta\sigma'}{\Delta t}\cdot\frac{h^2}{2u_b} = \frac{\Delta\varepsilon}{\Delta t}\cdot\frac{h^2}{2m_v u_b'}$$ 式中：$\Delta\varepsilon$——两读数间应变变化（%）； 　　　$\Delta\sigma'$——Δt 时段内施加于试样的有效压力增量（kPa）； 　　　Δt——两次读数之间的历时（s）； 　　　h——两读数间试样平均高度（cm）； 　　　u_b'——两次读数之间底部孔隙水压力的平均值（kPa）。 (5) 某一压力范围内试样的体积压缩系数，应按下式计算： $$m_v = \frac{\Delta e}{\Delta\sigma'}\cdot\frac{1}{1+e_0} = \frac{a_v}{1+e_0}$$ 式中：Δe——在 $\Delta\sigma'$ 作用下，试样孔隙比的变化

【1-35】（2010C04）已知某地区淤泥土标准固结试验 e-$\lg p$ 曲线直线段起点在 $50\sim100$kPa 之间，该地区某淤泥土样测得 $100\sim200$kPa 压力段压缩系数 a_{1-2} 为 1.66MPa^{-1}，则其压缩指数 C_c 值最接近（　　）。

(A) 0.40　　　　(B) 0.45　　　　(C) 0.50　　　　(D) 0.55

答案：D

解答过程：

根据《土工试验方法标准》GB/T 50123—2019 第 17.2.3 条第 3、6 款：

(1) $a_{1-2} = \dfrac{e_1 - e_2}{p_2 - p_1} = \dfrac{e_1 - e_2}{200 - 100}\times10^3 = 1.66$，$e_1 - e_2 = 0.166$

(2) $C_c = \dfrac{e_1 - e_2}{\lg p_2 - \lg p_1} = \dfrac{0.166}{\lg 200 - \lg 100} = 0.55$

【1-36】（2014C01）某饱和黏性土样，测定土粒比重为 2.70，含水量为 31.2%，湿密度为 1.85g/cm^3，用环刀切取高 20mm 的试样，进行侧限压缩试验，在压力 100kPa 和 200kPa 作用下，试样总压缩量分别为 $s_1 = 1.4$mm 和 $s_2 = 1.8$mm，其体积压缩系数 $m_{v_{1-2}}$（MPa^{-1}）最接近（　　）。

(A) 0.30　　　　(B) 0.25　　　　(C) 0.20　　　　(D) 0.15

答案：C

解答过程：

根据《土工试验方法标准》GB/T 50123—2019 第 17.2.3 条第 5 款：

(1) $e_0 = \dfrac{G_s(1+0.01w)\rho_w}{\rho} - 1 = \dfrac{2.70\times(1+0.312)}{1.85} - 1 = 0.915$

(2) $e_1 = e_0 - \dfrac{1+e_0}{h_0}\Delta h_1 = 0.915 - \dfrac{1+0.915}{20} \times 1.4 = 0.781$

$$e_2 = e_0 - \dfrac{1+e_0}{h_0}\Delta h_2 = 0.915 - \dfrac{1+0.915}{20} \times 1.8 = 0.743$$

(3) $a_v = \dfrac{e_1 - e_2}{p_2 - p_1} = \dfrac{0.781 - 0.743}{0.200 - 0.100} = 0.38$

(4) $m_{v_{1-2}} = \dfrac{a_v}{1+e_0} = \dfrac{0.38}{1+0.915} = 0.198 \approx 0.20$

第二节　土的抗剪强度试验

一、直接剪切试验

——《土工试验方法标准》第 21 章

（一）直剪试验

	适用条件	适用于细粒土
慢剪试验	简要步骤	(1) 黏性土试样、砂性土试样制备按本《土工试验方法标准》GB/T 50123—2019 第 21.3.1 条规定，同时黏性土试样满足第 4.5 节规定。 (2) 在下盒内放透水板和滤纸，将带有试样的环刀刃口向上，对准剪切盒口，在试样上放滤纸和透水板，将试样推入剪切盒内。 (3) 依次放上传压板、加压框架。 (4) 根据工程实际和土的软硬程度施加各级垂直压力，对松软试样垂直压力应分级施加，以防土样挤出。 (5) 施加垂直压力，测读垂直变形，直至试样固结变形稳定。 (6) 以小于 0.02mm/min 的剪切速度进行剪切，测记测力计和位移读数，直至测力计读数出现峰值，应继续剪切至剪切位移为 4mm 时停机，记下破坏值；当剪切过程中测力计读数无峰值时，应剪切至剪切位移为 6mm 时停机
	数据整理	剪应力应按下式计算： $$\tau = 10 \cdot \dfrac{CR}{A_0}$$ 式中：τ——试样所受剪应力（kPa）； 　　　C——测力计率定系数（N/0.01mm）； 　　　R——测力计量表读数（0.01mm）； 　　　A_0——试样初始的面积（cm²）。 以剪应力为纵坐标，剪切位移为横坐标，绘制剪应力与剪切位移关系曲线，取曲线上剪应力的峰值或稳定值为抗剪强度，无峰值时，取剪切位移 4mm 所对应的剪应力为抗剪强度。 以抗剪强度为纵坐标，垂直压力为横坐标，绘制抗剪强度与垂直压力关系曲线，直线的倾角为摩擦角，直线在纵坐标上的截距为黏聚力。

续表

慢剪试验	数据整理	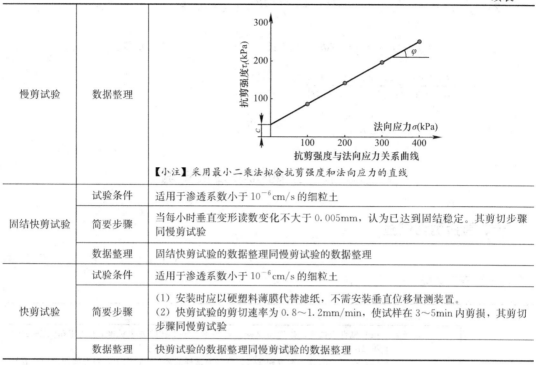 抗剪强度与法向应力关系曲线 【小注】采用最小二乘法拟合抗剪强度和法向应力的直线
固结快剪试验	试验条件	适用于渗透系数小于 10^{-6} cm/s 的细粒土
	简要步骤	当每小时垂直变形读数变化不大于 0.005mm，认为已达到固结稳定。其剪切步骤同慢剪试验
	数据整理	固结快剪试验的数据整理同慢剪试验的数据整理
快剪试验	试验条件	适用于渗透系数小于 10^{-6} cm/s 的细粒土
	简要步骤	(1) 安装时应以硬塑料薄膜代替滤纸，不需安装垂直位移量测装置。 (2) 快剪试验的剪切速率为 0.8～1.2mm/min，使试样在 3～5min 内剪损，其剪切步骤同慢剪试验
	数据整理	快剪试验的数据整理同慢剪试验的数据整理

（二）直剪试验的联系与区别

快剪	试样在施加垂直压力 P 后，立即以 0.8～1.2mm/min 的速度剪切，并在 3～5min 内完成剪损过程	试样顶底面均无滤纸和透水石	加荷速率快，排水条件差，如斜坡的稳定性、厚度很大的饱和黏土地基等
固结快剪	试样在施加垂直压力 P 后，待试样沉降变形稳定后，方可以 0.8mm/min 的速度剪切，并在 3～5min 内完成剪损过程	试样顶底面有滤纸，但无透水石	一般建筑物地基的稳定性，施工期间具有一定的固结作用
固结慢剪	试样在施加垂直压力 P 后，待试样沉降变形稳定后，方可以小于 0.02mm/min 的速度剪切，慢慢地完成剪损过程	试样顶底面均有滤纸和透水石	加荷速率慢，排水条件好，施工期长，如透水性好的低塑性土以及在软弱饱和土层的高填方分层控制填筑等

【1-37】（2019C04）某跨江大桥为悬索桥，主跨约 800m，大桥两端采用重力式锚定提供水平抗力，为测得锚定基底摩擦系数，进行了现场直剪试验，试验结果见下表：

各试件在不同正应力下接触面水平剪切应力（MPa）

试件	试件 1	试件 2	试件 3	试件 4	试件 5
正应力 σ(MPa)	0.34	0.68	1.02	1.36	1.70
剪应力 τ（峰值 MPa）	0.62	0.71	0.94	1.26	1.64

根据上述试验结果计算出的该锚定基底峰值摩擦系数最接近下面哪个值？

(A) 0.64   (B) 0.68   (C) 0.72   (D) 0.76

答案：D

解答过程：

根据《工程地质手册》(第五版)公式 (3-6-15):

(1) 正应力:

平均值:$\bar{x} = \dfrac{0.34+0.68+1.02+1.36+1.70}{5} = 1.02$

方差:$\sigma = \sqrt{\sum_{i=1}^{n} \dfrac{(x_i-\bar{x})^2}{n}}$

$\quad = \sqrt{\dfrac{(0.34-1.02)^2+(0.68-1.02)^2+(1.02-1.02)^2+(1.36-1.02)^2+(1.70-1.02)^2}{5}}$

$\quad = 0.481$

方差的误差:$m_\sigma = \dfrac{\sigma}{\sqrt{n}} = \dfrac{0.481}{\sqrt{5}} = 0.215$

$\qquad \bar{x}+3\sigma+3\,|m_\sigma| = 1.02+3\times0.481+3\times|0.215| = 3.108$

$\qquad \bar{x}-3\sigma-3\,|m_\sigma| = 1.02-3\times0.481-3\times|0.215| = -1.068$

无偏差大的数据,无需舍弃。

(2) 剪应力:

平均值:$\bar{x} = \dfrac{0.62+0.71+0.94+1.26+1.64}{5} = 1.034$

方差:$\sigma = \sqrt{\sum_{i=1}^{n} \dfrac{(x_i-\bar{x})^2}{n}}$

$\quad = \sqrt{\dfrac{(0.62-1.034)^2+(0.71-1.034)^2+(0.94-1.034)^2+(1.26-1.034)^2+(1.64-1.034)^2}{5}}$

$\quad = 0.375$

方差的误差:$m_\sigma = \dfrac{\sigma}{\sqrt{n}} = \dfrac{0.375}{\sqrt{5}} = 0.168$

$\qquad \bar{x}+3\sigma+3\,|m_\sigma| = 1.034+3\times0.375+3\times|0.168| = 2.663$

$\qquad \bar{x}-3\sigma-3\,|m_\sigma| = 1.034-3\times0.375-3\times|0.168| = -0.595$

无偏差大的数据,无需舍弃。

(3) 摩擦系数:$\sum\sigma_i = 5.1$,$\sum\tau_i = 5.17$

$f = \tan\varphi = \dfrac{n\sum\sigma_i\tau_i - \sum\sigma_i\sum\tau_i}{n\sum\sigma_i^2 - (\sum\sigma_i)^2}$

$\quad = \dfrac{5\times(0.34\times0.62+0.68\times0.71+1.02\times0.94+1.36\times1.26+1.70\times1.64)-5.1\times5.17}{5\times(0.34^2+0.68^2+1.02^2+1.36^2+1.70^2)-5.1^2}$

$\quad = 0.76$

二、室内三轴压缩试验

——《土工试验方法标准》第 19 章

(一) 一般规定

适用性	适用于细粒土和粒径小于 20mm 的粗粒土
方法分类	本试验应根据工程要求分别采用不固结不排水剪试验 (UU)、固结不排水剪试验 (CU)、固结排水剪试验 (CD)

一般要求	本试验必须制备 3 个以上性质相同的试样，在不同的周围压力下进行试验。周围压力宜根据工程实际荷重确定。对于填土，最大一级周围压力应与最大的实际荷重大致相等。 【小注】试验须在恒温条件下进行
土样制备	(1) 本试验采用的试样直径 D 分别为 39.1mm、61.8mm、101.0mm，试样高度宜为试样直径的 2～2.5 倍，试样的允许最大粒径应符合下表的规定。对于有裂缝、软弱面和构造面的试样，直径 D 宜采用 101.0mm。 **土样的粒径与试样直径的关系（mm）** （表见下） (2) 原状土试样制备应按上条的规定将土样切成圆柱形试样。 (3) 扰动土试样制备应根据预定的干密度和含水率，按第 19.3.1 条的步骤备样后，在击样器内分层击实，粉土宜为 3～5 层，黏土宜为 5～8 层，各层土料数量应相等，各层接触面应刨毛。击完最后一层，将击样器内的试样两端整平，取出试样称量。对制备好的试样，应量测其直径和高度，试样的平均直径应按下式计算： $$D_0 = \frac{D_1 + 2D_2 + D_3}{4}$$ 式中：D_1、D_2、D_3——分别为试样上、中、下部位的直径（mm）。 (4) 砂类土的试样制备应先在压力室底座上依次放上不透水板、橡皮膜和对开圆模，根据砂样的干密度及试样体积，称取所需的砂样质量，分三等分，将每份砂样填入橡皮膜内，填至该层要求的高度，依次第二层、第三层，直至膜内填满为止。当制备饱和试样时，在压力室底座上依次放透水板、橡皮膜和对开圆模，在模内注入纯水至试样高度的 1/3，将砂样分三等分，在水中煮沸待冷却后分三层，按预定的干密度填入橡皮膜内，直至膜内填满为止
试样饱和	(1) 抽气饱和；(2) 水头饱和；(3) 反压力饱和

土样的粒径与试样直径的关系（mm）

试样直径 D	最大允许粒径 d_{max}
39.1	$\frac{1}{10}D$
61.8	$\frac{1}{10}D$
101.0	$\frac{1}{5}D$

（二）试验结果计算

高度、面积、体积计算表

项目	起始	固结后		剪切时校正值
		按实测固结下沉	等应变简化式样	
试样高度（cm）	h_0	$h_c = h_0 - \Delta h_c$	$h_c = h_0 \times \left(1 - \frac{\Delta V}{V_0}\right)^{1/3}$	—
试样面积（cm²）	A_0	$A_c = \frac{V_0 - \Delta V}{h_c}$	$A_c = A_0 \times \left(1 - \frac{\Delta V}{V_0}\right)^{2/3}$	$A_a = \frac{A_0}{1 - 0.01\varepsilon_1}$ （不固结不排水剪） $A_a = \frac{A_c}{1 - 0.01\varepsilon_1}$ （固结不排水剪） $A_a = \frac{V_c - \Delta V_i}{h_c - \Delta h_i}$ （固结排水剪）
试样体积（cm³）	V_0	$V_c = h_c A_c$		—

式中：Δh_c——固结下沉量，由轴向位移计测得（cm）；

ΔV——固结排水量（实测或试验前后试样质量差换算）（cm³）；

ΔV_i——排水剪中剪切时的试样体积变化（cm³），按体变管或排水管读数求得；

ε_1——轴向应变（%）；

Δh_i——试样剪切时高度变化（cm），由轴向位移计测得

续表

数据整理	(1) 主应力差 $(\sigma_1 - \sigma_3)$ 应按下式计算： $$\sigma_1 - \sigma_3 = \frac{CR}{A_a} \cdot 10$$ 式中：$\sigma_1 - \sigma_3$——主应力差（kPa）； 　　　σ_1——大总主应力（kPa）； 　　　σ_3——小总主应力（kPa）； 　　　C——测力计率定系数（N/0.01mm）； 　　　R——测力计读数（0.01mm）； 　　　A_a——试样剪切时的面积（cm^2）。 (2) 有效主应力比 $\dfrac{\sigma_1'}{\sigma_3'}$ 按下式计算： $$\frac{\sigma_1'}{\sigma_3'} = 1 + \frac{\sigma_1 - \sigma_3}{\sigma_3'}$$ $$\sigma_1' = \sigma_1 - u$$ $$\sigma_3' = \sigma_3 - u$$ 式中：σ_1'、σ_3'——有效大、小主应力（kPa）； 　　　σ_1、σ_3——大、小主应力（kPa）； 　　　u——孔隙水压力（kPa）。 (3) 孔隙水压力系数 B、A，应按下式计算： $$B = \frac{u_0}{\sigma_3}$$ $$A = \frac{u_d}{B(\sigma_1 - \sigma_3)}$$ 式中：u_0——试样在周围压力下产生的初始孔隙压力（kPa）； 　　　u_d——试样在主应力差 $(\sigma_1 - \sigma_3)$ 下产生的孔隙压力（kPa）。 《土力学》中关于孔隙水压力系数 A、B： 土中某点孔隙水压力的增量与该点应力增量之间存在着下列关系： $$\Delta u = B[\Delta\sigma_3 + A(\Delta\sigma_1 - \Delta\sigma_3)]$$ 式中：Δu——受外荷载作用后试样孔隙水压力增量（kPa）； 　　　$\Delta\sigma_1$、$\Delta\sigma_3$——分别为对试样施加的轴向和水平向外荷载增量（kPa）； 　　　A、B——孔隙水压力系数。 $$B = \frac{\Delta u_1}{\Delta\sigma_3} \qquad A = \frac{\Delta u_2}{B(\Delta\sigma_1 - \Delta\sigma_3)}$$ 孔隙压力系数的物理意义：在不排水条件下，土试样所受到的主应力发生变化时，土中孔隙水压力也将随之发生变化。 这种变化与下列两方面的因素密切相关： ① 土的剪胀（剪缩）性：土在剪切过程中，如果体积会胀大（例如密砂），则称为剪胀，剪胀使孔隙水压力减小。如果剪切时体积会收缩（例如松砂），则称为剪缩，剪缩使孔隙水压力增加。用 A 表示这种性质的孔隙水压力系数。剪胀时 A 值为负，剪缩时 A 值为正。 ② 土的饱和度：如果土的孔隙中包含气体，由于气体的可压缩性，将会影响孔隙水压力的增长。一般用 B 表示土的这种性质的孔隙水压力系数。B 值可作为衡量土的饱和程度的标志，对完全饱和的土，$B = 1$；对非饱和土，$B = 0$。 孔隙水压力系数 B 反映土的饱和程度，孔隙水压力系数 A 反映真实土体在偏应力作用下的剪胀（剪缩）性质。当土体剪缩时，产生正的超孔隙水压力；当土体剪胀时，产生负的超孔隙水压力
库伦定律	直剪试验结果表明，土的抗剪强度不是常量，而是随着剪切面上的正应力增大而增大，库伦总结了土的破坏现象和影响因素，提出土的抗剪强度公式如下： $$\begin{cases} \tau_f = c + \sigma \cdot \tan\varphi \ （总应力法）\\ \tau_f = c' + \sigma' \cdot \tan\varphi' = c' + (\sigma - u) \cdot \tan\varphi' \ （有效应力法）\end{cases}$$ 式中：τ_f——土体剪切破坏面上的剪应力，即抗剪强度； 　　　c、φ——总应力状态下，土的黏聚力和内摩擦角； 　　　c'、φ'——有效应力状态下，土的有效黏聚力和有效内摩擦角； 　　　σ——土体剪切破坏面上的正应力；

库伦定律	σ'——土体剪切破坏面上的有效正应力； u——土中孔隙水压力。 试验表明： ① 土体的抗剪强度指标 c、φ 与剪切面上的正应力 σ 无关，主要取决于土体的固结排水条件； ② 土体只有在受到的剪应力超过其内部某一剪切面的抗剪强度时，才会发生破坏； ③ 有效应力法与总应力法的本质区别，在于孔隙水对土体抗剪强度指标的影响
库伦莫尔强度理论	(1) 土体中某一点的应力状态是客观存在的，但作用在某一个剪切面上的正应力 σ 和剪应力 τ，却是随着剪切面的转动而不断发生变化。 剪切面与小主应力 σ_3 的作用方向（大主应力 σ_1 的作用面）夹角为 2α。 在不同的应力状态作用下，土体内单元达到破坏状态（极限平衡状态）的所有点集合，组成了莫尔破坏包线，符合库伦定律 $\tau = c + \sigma \cdot \tan\varphi$。 在某一应力状态作用下，土体内过某一点 A 的所有剪切面的应力（σ，τ）的集合，组成了摩尔应力圆，圆心坐标 $\left(\dfrac{\sigma_1 + \sigma_3}{2}, 0\right)$、圆半径 $r = \dfrac{\sigma_1 - \sigma_3}{2}$。 土体在某一应力状态下（$\sigma_1$，$\sigma_3$），过某一点 A 存在无数个剪切面，而过该点的剪切破坏面有且仅有一组，该破坏剪切面为破坏包线与莫尔圆的切点。 (2) 过土体内某一点 A 的任意剪切面的应力（σ，τ）求解（所有剪切面都适用，包括破坏剪切面）： 剪切面的正应力：$\sigma = \dfrac{1}{2} \cdot (\sigma_1 + \sigma_3) + \dfrac{1}{2} \cdot (\sigma_1 - \sigma_3) \cdot \cos 2\alpha$ 剪切面的剪应力：$\tau = \dfrac{1}{2} \cdot (\sigma_1 - \sigma_3) \cdot \sin 2\alpha$ 土体中三种特殊的剪切面如下： ① 正应力最大的剪切面 $\cos 2\alpha = 1 \Rightarrow \alpha = 0°$ ② 剪应力最大的剪切面 $\sin 2\alpha = 1 \Rightarrow \alpha = 45°$ ③ 土体极限平衡状态的破裂面 $\rightarrow \alpha = \alpha_f = 45° + \dfrac{\varphi}{2}$ (3) 土体的极限平衡状态条件（仅破坏剪切面适用）： $\left. \begin{cases} \sigma_1 = \sigma_3 \cdot \tan^2\left(45° + \dfrac{\varphi}{2}\right) + 2 \cdot c \cdot \tan\left(45° + \dfrac{\varphi}{2}\right) \\ \sigma_3 = \sigma_1 \cdot \tan^2\left(45° - \dfrac{\varphi}{2}\right) - 2 \cdot c \cdot \tan\left(45° - \dfrac{\varphi}{2}\right) \\ \alpha = \alpha_f = 45° + \dfrac{\varphi}{2} \end{cases} \right\} \Rightarrow$ 大主应力过大或者小主应力过小，会破坏。 即当土体实际承受的大主应力 $\sigma_1 > \sigma_{1f}$ 或土体实际承受的小主应力 $\sigma_3 < \sigma_{3f}$ 时，表明土体已经处于破坏状态
最小二乘法	根据多组试验确定的 σ、τ，确定抗剪强度指标 c、φ，用到最小二乘法。 $$\tan\varphi = \dfrac{n \sum_{i=1}^{n} \sigma_i \tau_i - \sum_{i=1}^{n} \sigma_i \sum_{i=1}^{n} \tau_i}{n \sum_{i=1}^{n} \sigma_i^2 - \left(\sum_{i=1}^{n} \sigma_i\right)^2}$$ $$c = \dfrac{\sum_{i=1}^{n} \sigma_i^2 \sum_{i=1}^{n} \tau_i - \sum_{i=1}^{n} \sigma_i \sum_{i=1}^{n} \sigma_i \tau_i}{n \sum_{i=1}^{n} \sigma_i^2 - \left(\sum_{i=1}^{n} \sigma_i\right)^2}$$ 式中：σ_i——第 i 次试验的法向应力； τ_i——对应于 σ_i 的抗剪强度

【1-38】（2010D02）已知一砂土层中某点应力达到极限平衡时，过该点的最大剪应力平面上的法向应力和剪应力分别为 264kPa 和 132kPa，则关于该点处的大主应力 σ_1、小主应力 σ_3 及砂土内摩擦角 φ 的值为（　　）。

(A) $\sigma_1 = 396\text{kPa}$，$\sigma_3 = 132\text{kPa}$，$\varphi = 28°$　　(B) $\sigma_1 = 264\text{kPa}$，$\sigma_3 = 132\text{kPa}$，$\varphi = 30°$

(C) $\sigma_1 = 396\text{kPa}$，$\sigma_3 = 132\text{kPa}$，$\varphi = 30°$　　(D) $\sigma_1 = 396\text{kPa}$，$\sigma_3 = 264\text{kPa}$，$\varphi = 36°$

答案：C

解答过程：

（1）最大剪应力平面上：$\sigma = \dfrac{1}{2}(\sigma_1 + \sigma_3) = 264\text{kPa}$，$\tau = \dfrac{1}{2}(\sigma_1 - \sigma_3) = 132\text{kPa}$，$\sigma_1 = 396\text{kPa}$，$\sigma_3 = 132\text{kPa}$

（2）砂土处于极限平衡状态时：$\sigma_1 = \sigma_3 \tan^2\left(45° + \dfrac{\varphi}{2}\right) \Rightarrow 396 = 132\tan^2\left(45° + \dfrac{\varphi}{2}\right) \Rightarrow \varphi = 30°$

【1-39】（2005C02）某黏性土样做不同围压的常规三轴压缩试验，试验结果摩尔包线前段弯曲，后段基本水平，试问这应是（　　）项的试验结果，并简要说明理由。

（A）饱和正常固结土的不固结不排水试验　（B）未完全饱和土的不固结不排水试验

（C）超固结饱和土的固结不排水试验　　　（D）超固结土的固结排水试验

答案：B

解答过程：

未完全饱和土由于土样中含有空气，试验过程中，虽然不让试件排水，但在加载中，气体能压缩或部分溶解于水中，使土的密度有所提高，抗剪强度也随之增长，故摩尔包线的起始段为弯曲，直至土样完全饱和后才趋于水平线。

【1-40】（2004C02）某土样做固结不排水测孔压三轴试验，部分结果见下表，按有效应力法求得莫尔圆的圆心坐标及半径，结果最近于（　　）。（单位：kPa）

次序	应力		
	大主应力 σ_1（kPa）	小主应力 σ_3（kPa）	孔隙水压 u（kPa）
1	77	24	11
2	131	60	32
3	161	80	43

（A）

次序	圆心坐标	半径
1	50.5	26.5
2	95.5	35.5
3	120.5	40.5

（B）

次序	圆心坐标	半径
1	50.5	37.5
2	95.5	57.5
3	120.5	83.5

（C）

次序	圆心坐标	半径
1	45	21.0
2	79.5	19.5
3	99.0	19.0

(D)

次序	圆心坐标	半径
1	39.5	26.5
2	63.5	35.5
3	77.5	40.5

答案：D

解答过程：

试验 1：$\sigma_1' = \sigma_1 - u = 77 - 11 = 66\text{kPa}$，$\sigma_3' = \sigma_3 + u = 24 - 11 = 13\text{kPa}$

圆心坐标：$\dfrac{\sigma_1' + \sigma_3'}{2} = \dfrac{66 + 13}{2} = 39.5$，半径：$\dfrac{\sigma_1' - \sigma_3'}{2} = \dfrac{66 - 13}{2} = 26.5$

试验 2：$\sigma_1' = 131 - 32 = 99\text{kPa}$，$\sigma_3' = 60 - 32 = 28\text{kPa}$

圆心坐标：$\dfrac{\sigma_1' + \sigma_3'}{2} = \dfrac{99 + 28}{2} = 63.5$，半径：$\dfrac{\sigma_1' - \sigma_3'}{2} = \dfrac{99 - 28}{2} = 35.5$

试验 3：$\sigma_1' = 161 - 43 = 118\text{kPa}$，$\sigma_3' = 80 - 43 = 37\text{kPa}$

圆心坐标：$\dfrac{\sigma_1' + \sigma_3'}{2} = \dfrac{118 + 37}{2} = 77.5$，半径：$\dfrac{\sigma_1' - \sigma_3'}{2} = \dfrac{118 - 37}{2} = 40.5$

【1-41】（2013C03）某正常固结饱和黏性土试样进行不固结不排水试验得 $\varphi_u = 0$，$c_u = 25\text{kPa}$；对同样的土进行固结不排水试验，得到有效抗剪强度指标：$c' = 0$，$\varphi' = 30°$。问该试样在固结不排水条件下剪切破坏时的有效大主应力和有效小主应力为（　　　）。

(A) $\sigma_1' = 50\text{kPa}$，$\sigma_3' = 20\text{kPa}$　　　　(B) $\sigma_1' = 50\text{kPa}$，$\sigma_3' = 25\text{kPa}$

(C) $\sigma_1' = 75\text{kPa}$，$\sigma_3' = 20\text{kPa}$　　　　(D) $\sigma_1' = 75\text{kPa}$，$\sigma_3' = 25\text{kPa}$

答案：D

解答过程：

(1) 根据摩尔-库伦破坏准则，极限平衡状态，最大主应力和最小主应力的关系为：

$$\sigma_1 = \sigma_3 \tan^2\left(45° + \frac{\varphi}{2}\right) + 2c\tan\left(45° + \frac{\varphi}{2}\right)$$

(2) 固结不排水条件下的有效应力抗剪强度指标代入上式，$\sigma_1' = \sigma_3' \tan^2\left(45° + \dfrac{30°}{2}\right) + 2 \times 0 \times \tan\left(45° + \dfrac{30°}{2}\right)$，即 $\sigma_1' = 3\sigma_3'$。

(3) 对照四个选项，答案 D 满足条件。

【1-42】（2017C03）取某粉质黏土试样进行三轴固结不排水压缩试验，施加周围压力为 200kPa，测得初始孔隙水压力为 196kPa，待土试样固结稳定后再施加轴向压力直至试样破坏。测得土样破坏时的轴向压力为 600kPa，孔隙水压力为 90kPa，试样破坏时的孔隙水压力系数为下列哪一选项？

(A) 0.17　　　　(B) 0.23　　　　(C) 0.30　　　　(D) 0.50

答案：B

解答过程：

根据《土工试验方法标准》GB/T 50123—2019 第 19.8.1 条第 5、6 款：

（1） $B = \dfrac{u_0}{\sigma_3} = \dfrac{196}{200} = 0.98$

（2） $A = \dfrac{u_d}{B(\sigma_1 - \sigma_3)} = \dfrac{90}{0.98 \times (600 - 200)} = 0.237$

（三）三轴压缩试验方法的区别

试验方法	不固结不排水剪试验（UU）	施加围压和施加偏差应力直至剪切破坏过程中都不允许排水，土样的含水量保持不变，剪切过程中围压引起的孔隙水压力不会消散	总应力指标 （c_u，φ_u）
	固结不排水剪试验（CU）	在施加围压时，允许试样充分排水，待固结稳定后关闭排水阀，然后施加偏差应力，使试样在不排水条件下剪切破坏，由于剪切过程中不排水，试样体积没有变化，产生孔隙水压力	总应力指标 （c_{cu}，φ_{cu}） 有效应力指标 （c'，φ'）
	固结排水剪试验（CD）	在施加围压和施加偏差应力直至剪切破坏过程中都允许排水，并让试样中的孔隙水压力完全消散	有效应力指标 （c_d，φ_d）

【小注】UU、CU 试验采用应变控制式三轴剪切仪，CD 试验采用应力控制式三轴剪切仪。

（四）总应力法与有效应力法的关系

分析方法	优点	缺点
总应力法	操作简便，运用方便	不能反映地基土在实际固结情况下的抗剪强度
有效应力法	理论上比较严格，能较好地反映抗剪强度的实质，能检验土体处于不同固结情况下的稳定性	孔隙水压力的正确测定比较困难

（五）直接剪切试验与三轴剪切试验的联系

试验方法	优点	缺点
直接剪切试验	（1）仪器结构简单，操作方便； （2）剪切面固定	（1）剪切面不一定是试样抗剪能力最弱的面； （2）剪切面上的应力分布不均匀，而且受剪面面积越来越小； （3）不能严格控制排水条件，测不出剪切过程中孔隙水压力的变化
三轴剪切试验	（1）试验中能严格控制试样排水条件及测定孔隙水压力的变化； （2）剪切面不固定； （3）应力状态比较明确； （4）除抗剪强度外，尚能测定其他指标	（1）操作复杂； （2）所需试样较多； （3）主应力方向固定不变，而且是在令 $\sigma_2 = \sigma_3$ 的轴对称情况下进行的，与实际情况尚不能完全符合

三、无侧限抗压强度试验

——《土工试验方法标准》第 20 章

无侧限抗压强度试验

适用条件	适用于饱和软黏土，试样直径可为 3.5～4.0cm，试样高度宜为 8.0cm
简要步骤	（1）将试样放在下加压板上，升高下加压板，使试样与上加压板刚好接触。将轴向位移计、轴向测力读数均调至零位。 （2）下加压板宜以每分钟轴向应变为 1%～3% 的速度上升，使试验在 8～10min 内完成。

续表

简要步骤	(3) 轴向应变小于3％时，每隔0.5％应变测记轴向力和位移读数一次，轴向应变达到3％以后，每隔1％应变测记轴向位移和轴向力读数一次。 (4) 当测力计读数出现峰值或读数达到稳定时，继续进行3％～5％的轴向应变值即可停止试验；当读数无稳定值时，试验应进行到应变达20％为止	
轴向应变 ε_1	$\varepsilon_1 = \dfrac{\Delta h}{h_0}$	式中：Δh——剪切过程中，试样高度的变化（cm）； h_0——试样初始高度（cm），宜为8.0cm
试样的平均断面积 A_a	$A_a = \dfrac{A_0}{1-0.01\varepsilon_1}$	式中：A_0——试样的初始截面积（cm^2）
试样所受的轴向应力 σ	$\sigma = 10 \cdot \dfrac{CR}{A_a}$	式中：σ——轴向应力（kPa）； C——测力计率定系数（N/0.01mm）； R——测力计读数（0.01mm）； A_a——试样剪切时的面积（cm^2）
灵敏度 S_t	$S_t = \dfrac{q_u}{q_u'}$	式中：q_u——原状试样的无侧限抗压强度（kPa）； q_u'——重塑试样的无侧限抗压强度（kPa）
土的不固结不排水抗剪强度 τ_f	$\tau_f = c_u = \dfrac{q_u}{2} = \dfrac{\sigma_1 - \sigma_3}{2}$	——

【小注】以轴向应力为纵坐标，轴向应变为横坐标，绘制轴向应力与轴向应变关系曲线。取曲线上最大轴向应力作为无侧限抗压强度，当曲线上峰值不明显时，取轴向应变15％所对应的轴向应力作为无侧限抗压强度。

【1-43】(2007D01) 某饱和软黏土无侧限抗压强度试验的不排水抗剪强度 $c_u = 70\text{kPa}$，如果对同一土样进行三轴不固结不排水试验，施加围压 $\sigma_3 = 150\text{kPa}$，试样在发生破坏时的轴向应力 σ_1 最接近（　　）。

（A）140kPa　　　　（B）220kPa　　　　（C）290kPa　　　　（D）370kPa

答案：C

解答过程：

$$\sigma_1 - \sigma_3 = 2c_u$$
$$\sigma_1 = 2 \times 70 + 150 = 290\text{kPa}$$

第四章　原 位 试 验

第一节　载 荷 试 验

——《岩土工程勘察规范（2009年版）》第10.2节、《建筑地基检测技术规范》第4、5、6章、《建筑地基基础设计规范》附录C、D

一、基本规定

概述	静力载荷试验是一种广泛应用的土工原位测试方法。在拟建建筑场地开挖至预计基础埋置深度的整平坑底，放置一定面积的方形（或圆形）承压板，在其上逐级施载，测定各相应荷载作用下的地基沉降量。根据试验得到的荷载-沉降量关系曲线（p-s曲线），确定地基土的承载力，计算地基土的变形模量。 由试验求得的地基土承载力特征值和变形模量综合反映了承压板下$1.5\sim2.0$倍承压板宽度（或直径）范围内地基土的强度和变形特性。根据地基土的应力状态，p-s曲线一般可划分为三个阶段，如下图所示。 第一阶段：从p-s曲线的原点到比例界限荷载p_0，曲线呈直线关系。这一阶段受载土体中任意点处的剪应力小于土的抗剪强度，土体变形主要由土体压密引起，土粒主要是竖向变位，称为压密阶段。 第二阶段：从比例界限荷载p_0到极限荷载p_u，p-s曲线转为曲线关系，曲线斜率随压力p的增加而增大，这一阶段除土的压密外，在承压板周围的小范围土体中剪应力已达到或超过了土的抗剪强度，土体局部发生剪切破坏，土粒兼有竖向和侧向变位，称为局部剪切阶段。 第三阶段：极限荷载p_u以后，该阶段即使荷载不增加，承压板仍不断下沉，同时土中形成连续的剪切破坏滑动面，发生隆起及环状或放射状裂隙，此时滑动土体中各点的剪应力达到或超过土体的抗剪强度，土体变形主要是由土粒剪切引起的侧向变位，称为整体破坏阶段。 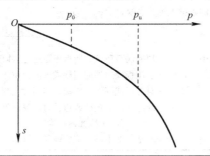
说明	(1) 根据《工程地质手册》（第五版）P249~P251，可知平板载荷试验加荷方式有沉降相对稳定法（常规慢速法）、沉降非稳定法（快速法）、等沉降速率法3种。《岩土工程勘察规范（2009年版）》GB 50021—2001、《建筑地基基础设计规范》GB 50007—2011采用的是第1种沉降相对稳定法（常规慢速法）。 (2) 承压板的面积越大越接近工程实际，但面积越大需要加载量越大，试验难度和成本也越高

二、载荷试验的分类及介绍

（一）载荷试验的分类

项目	分类	特点
试验方法	浅层平板载荷试验	(1) 承压板面积应不小于0.25m^2；对软土应不小于0.5m^2。 (2) 试坑宽度应不小于承压板直径或宽度的3倍（无边载）。 (3) 确定浅层地基土和破碎、极破碎岩石地基的承载力和变形参数

续表

项目	分类	特点
试验方法	深层平板载荷试验	(1) 承压板采用直径为 0.8m 的刚性承压板。 (2) 紧靠承压板周围外侧土层高度应不小于 0.8m（有边载）。 (3) 确定深度不小于 5m 深部地基土和大直径桩的桩端土层在承载板下主要影响范围内的承载力和变形参数
	螺旋板载荷试验	主要用于深层地基土或地下水位以下的地基土
	岩石载荷试验	(1) 承压板采用直径为 0.3m 的圆形刚性承压板。 (2) 主要用于确定较破碎、较完整、完整岩石地基承载力和变形参数

（二）浅层平板载荷试验

稳定标准	每级加载后，按间隔 10min、10min、10min、15min、15min，以后为每隔半小时测读一次沉降量，当在连续两小时内，每小时的沉降量小于 0.1mm 时，则认为已趋稳定，可加下一级荷载
试验终止加载条件	(1) 承压板周围土体出现明显侧向挤出。 (2) 沉降 s 急剧增大，荷载-沉降（p-s）曲线有可判定极限承载力的陡降段。 (3) 在某一级荷载下，24h 内沉降速度不能达到稳定。 (4) 沉降量与承压板宽度或直径之比≥0.06，满足前三款的情况之一时，其对应的前一级荷载是极限荷载
承载力特征值 f_{ak} 的确定	(1) 当 p-s 曲线上存在比例界限时，取该比例界限所对应的荷载值 p_{cr}。 (2) 当极限荷载 p_u 小于对应比例界限荷载 p_{cr} 的 2 倍时，取极限荷载的一半。 (3) 如果不能根据上述两款要求确定时，当承压板面积为 $0.25\sim0.50\text{m}^2$，可取 $s/b=0.01\sim0.015$ 对应的荷载，但其值不得大于最大加载量的一半
数据处理	同一土层参加统计的试验点不应少于 3 点，各试验点实测值的极差不得超过其平均值的 30%，取其平均值作为该土层的地基承载力特征值 f_{ak}
估算地基土的不排水抗剪强度 《工程地质手册》 （第五版）	用沉降非稳定法（快速法）载荷试验（不排水条件下）的极限荷载 p_u 可估算饱和黏性土的不排水抗剪强度 c_u（$\varphi_u=0$）； $$c_u=\frac{p_u-p_0}{N_c}$$ 式中：p_u——快速法载荷试验所得极限压力（kPa）。 p_0——承压板周边外的超载或土的自重压力（kPa）。 N_c——对方形或圆形承压板，当周边无超载时，$N_c=6.15$；当承压板埋深大于或等于四倍板径或边长时，$N_c=9.25$；当承压板埋深小于四倍板径或边长时，N_c 由线性内插确定。 c_u——地基土的不排水抗剪强度（kPa）

【1-44】（2009D08）某场地三个平板载荷试验，试验数据见下表。按《建筑地基基础设计规范》GB 50007—2011 确定的该土层的地基承载力特征值最接近（　　　）。

试验点号	①	②	③
比例界限对应的荷载值（kPa）	160	165	173
极限荷载（kPa）	300	340	330

　（A）170kPa　　　（B）165kPa　　　（C）160kPa　　　（D）150kPa

答案：C

解答过程：

（1）根据《建筑地基基础设计规范》GB 50007—2011 附录第 C.0.7 条：试验点承载力特征值的确定，取比例界限与 $\dfrac{极限荷载}{2}$ 中的小值作为承载力特征值：

① 号点：$\dfrac{300}{2}=150<160$，取 $f_{ak1}=150\text{kPa}$

② 号点：$\dfrac{340}{2}=170>165$，取 $f_{ak2}=165\text{kPa}$

③ 号点：$\dfrac{330}{2}=165<173$，取 $f_{ak3}=165\text{kPa}$

（2）根据《建筑地基基础设计规范》GB 50007—2011 附录第 C.0.8 条：最终承载力特征值的确定，承载力特征值的平均值：

$$f_{akm}=\frac{150+165+165}{3}=160\text{kPa}$$

极差 $=165-150=15\text{kPa}<0.3f_{akm}=0.3\times160=48\text{kPa}\Rightarrow f_{ak}=f_{akm}=160\text{kPa}$

【1-45】（2016C03）某建筑场地进行浅层平板载荷试验，方形承压板，面积 0.5m^2，加载至 375kPa 时，承压板周围土体明显侧向挤出，实测数据如下：

p (kPa)	25	50	75	100	125	150	175	200	225	250	275	300	325	350	375
s (mm)	0.80	1.60	2.41	3.20	4.00	4.80	5.60	6.40	7.85	9.80	12.1	16.4	21.5	26.6	43.5

根据该试验分析确定的土层承载力特征值是哪一选项？

（A）175kPa　　　（B）188kPa　　　（C）200kPa　　　（D）225kPa

答案：A

解答过程：

参见《建筑地基基础设计规范》GB 50007—2011 附录 C：

（1）根据第 C.0.5 条第 1 款，当加载至 375kPa 时，承压板周围土体明显侧向挤出，具备终止加载条件；根据第 C.0.6 条，取前一级加载量为极限荷载，则 350kPa 为极限荷载。根据第 C.0.7 条第 1 款，200kPa 为比例界限。

（2）根据第 C.0.7 条第 2 款，取比例界限 200kPa 和 $\dfrac{350}{2}=175\text{kPa}$ 两者的较小值，即 175kPa 为该土层的承载力特征值。

（三）深层平板载荷试验

稳定标准	每级加载后，第一小时内按间隔 10min、10min、10min、15min、15min，以后为每隔半小时测读一次沉降量，当在连续两小时内，每小时的沉降量小于 0.1mm 时，则认为已趋稳定，可加下一级荷载	
试验终止加载条件	（1）沉降 s 急剧增大，荷载 沉降（p-s）曲线有可判定极限承载力的陡降段，且沉降量超过 $0.04d$（d 为承压板直径）。 （2）在某一级荷载下，24h 内沉降速度不能达到稳定。 （3）本级沉降量大于前一级沉降量的 5 倍。	符合此三款的情况之一时，其对应的前一级荷载是极限荷载 p_u
	（4）当持力层土层坚硬，沉降量很小时，最大加载量不小于设计要求的 2 倍	
承载力特征值 f_{ak} 的确定	（1）当 p-s 曲线上存在比例界限时，取该比例界限所对应的荷载值 p_{cr}。 （2）满足终止加载条件前三款的条件之一时，其对应的前一级荷载定为极限荷载，当该值小于对应比例界限的荷载值的 2 倍时，取极限荷载值的一半。 （3）如果不能根据上述两款要求确定时，可取 $s/d=0.01\sim0.015$ 对应的荷载，但其值不得大于最大加载量的一半	
数据处理	同一土层参加统计的试验点不应少于 3 点，各试验点实测值的极差不得超过其平均值的 30%，取其平均值作为该土层的地基承载力特征值 f_{ak}	

按相对变形值确定天然地基及人工地基承载力时，根据土的性质的不同，取值有所不同。如下：

《城市轨道交通岩土工程勘察规范》GB 50307—2012 第 15.6.8 条第 2 款规定如下：

各类土的相对沉降值$\left(\dfrac{s}{b}$或$\dfrac{s}{d}\right)$

土名	黏性土					粉土			砂土			
状态	流塑	软塑	可塑	硬塑	坚硬	稍密	中密	密实	松散	稍密	中密	密实
$\dfrac{s}{b}$或$\dfrac{s}{d}$	0.020	0.016	0.014	0.012	0.010	0.020	0.015	0.010	0.020	0.016	0.012	0.008

【小注】对于软～极软的软质岩、强风化～全风化的风化岩，应根据工程的重要性和地基的复杂程度取$\dfrac{s}{b}$或$\dfrac{s}{d}=0.001\sim0.002$所对应的压力为地基土承载力。

《建筑地基检测技术规范》JGJ 340—2015 第 4.4.3 条第 4 款规定如下：

按相对变形值确定天然地基及人工地基承载力特征值

地基类型	地基土性质	特征值对应的变形值 s_0
天然地基	高压缩性土	0.015b
	中压缩性土	0.012b
	低压缩性土和砂性土	0.010b
人工地基	中、低压缩性土	0.010b

【小注】s_0为与承载力特征值对应的承压板的沉降量；b为承压板的边宽或直径，当b大于$2m$时，按$2m$计算。

【1-46】(2017C02) 某城市轨道工程的地基土为粉土，取样后测得土粒比重为 2.71，含水量为 35%，密度为 1.75g/cm³，在粉土地基上进行平板载荷试验，圆形承压板的面积为 0.25m²，在各级荷载作用下测得承压板的沉降量见下表，请按《城市轨道交通岩土工程勘察规范》GB 50307—2012 确定粉土层的地基承载力为下列哪项？

加载 p(kPa)	20	40	60	80	100	120	140	160	180	200	220	240	260	280
沉降量 s(mm)	1.33	2.75	4.16	5.58	7.05	8.39	9.93	11.42	12.71	14.18	15.55	17.02	18.45	20.65

(A) 121kPa   (B) 140kPa   (C) 158kPa   (D) 260kPa

答案：B

解答过程：

根据《城市轨道交通岩土工程勘察规范》GB 50307—2012 第 15.6.8 条：

表格中的数据，反映出试验 p-s 曲线为缓变曲线：

(1) $G_s=2.71$；$w=35\%$；$\rho=1.75\text{g/cm}^3$

$$e=\frac{G_s(1+w)\rho_w}{\rho}-1=\frac{2.71\times(1+0.35)\times1}{1.75}-1=1.09>0.9；查表 4.3.5-4，粉土密实$$

状态为稍密。

(2) $\dfrac{s}{d}=0.02$；$s=0.02\times\sqrt{\dfrac{4\times0.25}{\pi}}=11.3\text{mm}$；$p=158\text{kPa}$

(3) 最大加载量的一半为 $280/2=140\text{kPa}$

（4）根据第 15.6.8 条，取小值，粉土层的地基承载力为 140kPa。

（四）变形模量的计算

—— 《建筑地基检测技术规范》第 4.4.6～4.4.8 条

浅层平板载荷试验	$E_0 = I_0 \cdot (1 - \mu^2) \dfrac{pd}{s}$	压缩模量：$E_s = \dfrac{E_0}{1 - \dfrac{2\mu^2}{1 - \mu}}$
深层平板载荷试验和螺旋板载荷试验	$E_0 = w \cdot \dfrac{pd}{s}$	（此处为变形模量，非压缩模量）

<table>
<tr><td rowspan="2">参数意义</td><td colspan="2">

式中：I_0—— 刚性承压板的形状系数，圆形承压板取 0.785，方形承压板取 0.886。矩形承压板当长宽比 $\dfrac{l}{b} = 1.2$ 时，取 0.809，当 $\dfrac{l}{b} = 2$ 时，取 0.626；其余可通过 $I_0 = \dfrac{0.886}{\sqrt{\dfrac{l}{b}}}$ 计算，

但是 $\dfrac{l}{b}$ 不宜大于 2。

μ—— 土的泊松比，碎石土取 0.27、砂土取 0.3、粉土取 0.35、粉质黏土取 0.38、黏土取 0.42。

d—— 承压板的直径或者边长（m）。

p—— p-s 曲线线性段的压力（kPa）。

s—— 与 p 相对应的沉降（mm）。

w—— 与试验深度和土类有关的系数，按下表选用：

w 取值表

</td></tr>
</table>

d/z	土类				
	碎石土	砂土	粉土	粉质黏土	黏土
0.30	0.477	0.489	0.491	0.515	0.524
0.25	0.469	0.480	0.482	0.506	0.514
0.20	0.460	0.471	0.474	0.497	0.505
0.15	0.444	0.454	0.457	0.479	0.487
0.10	0.435	0.446	0.448	0.470	0.478
0.05	0.427	0.437	0.439	0.461	0.468
0.01	0.418	0.429	0.431	0.452	0.459

【小注】① d/z 为承压板直径（一般情况 $d = 0.80$m）与承压板底面深度之比。

② w 与 d/z 呈非线性关系，当 d/z 非表列数值时，宜按下式计算 w：

$$w = I_0 I_1 I_2 (1 - \mu^2)$$
$$I_1 = 0.5 + 0.23 d/z$$
$$I_2 = 1 + 2\mu^2 + 2\mu^4$$

式中：I_1—— 与承压板埋深有关的系数；

I_2—— 与土的泊松比有关的系数

【1-47】（2011C01）某建筑基槽宽 5m、长 20m，开挖深度为 6m，基底以下为粉质黏土。在基槽底面中间进行平板载荷试验，采用直径为 800mm 的圆形承压板。载荷试验结果显示，在 p-s 曲线线性段对应 100kPa 压力的沉降量为 6mm。则基底土层的变形模量 E_0 值最接近（　　）。

（A）6.3MPa　　　（B）9.0MPa　　　（C）12.3MPa　　　（D）14.1MPa

答案：B

解答过程：

（1）试验深度为6m，基槽宽度大于承压板直径3倍，属于浅层平板载荷试验。

（2）根据《岩土工程勘察规范（2009年版）》GB 50021—2001第10.2.5条：

$$E_0 = I_0(1-\mu^2)\frac{pd}{s} = 0.785 \times (1-0.38^2) \times \frac{100 \times 0.8}{6} = 8.96\text{MPa}$$

【1-48】（2019C25）某建筑工程对10m深度处砂土进行了深层平板载荷试验，试验曲线如下图所示，已知承压板直径为800mm，该砂层变形模量最接近下列哪个选项？

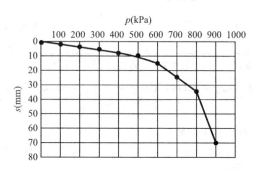

（A）5MPa　　　　（B）8MPa　　　　（C）18MPa　　　　（D）23MPa

答案：C

解答过程：

根据《岩土工程勘察规范（2009年版）》GB 50021—2001第10.2.5条：

（1）$\dfrac{d}{z} = \dfrac{0.8}{10} = 0.08$

（2）$w = 0.437 + \dfrac{0.08-0.05}{0.1-0.05} \times (0.446-0.437) = 0.4424$

（3）$E_0 = w\dfrac{pd}{s} = 0.4424 \times \dfrac{500 \times 0.8}{0.01} = 17696\text{kPa} = 17.7\text{MPa}$

【1-49】（2023C03）某圆形试井底部直径3.0m，深度8.0m，在其底面中间采用慢速加载法进行平板载荷试验。圆形刚性承载板直径800mm，试验地层为细砂，试验结果见下图。根据《岩土工程勘察规范（2009年版）》GB 50021—2001，计算细砂的变形模量E_0值最接近下列哪个选项？

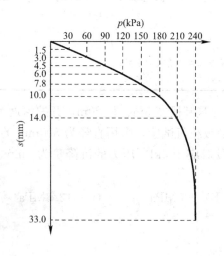

(A) 6.3MPa   (B) 7.1MPa   (C) 10.3MPa   (D) 11.4MPa

答案：D

解答过程：

根据《岩土工程勘察规范（2009 年版）》GB 50021—2001 第 10.2.3 条、第 10.2.5 条：

(1) 井底部直径 3.0m＞3d＝2.4m，为浅层载荷试验。

(2) $E_0 = I_0(1-\mu^2)\dfrac{pd}{s} = 0.785 \times (1-0.3^2)\dfrac{120 \times 0.8}{6} = 11.4\text{MPa}$

【小注岩土点评】

① 本题的核心是需要先判断深层平板载荷试验还是浅层载荷试验。

② 根据判断结果，确定变形模量的计算公式，从题干中确定公式参数。

【1-50】（模拟题）在某碎石土场地上进行平板载荷试验，采用矩形刚性承压板，承压板采用直径为 1m 的圆形承压板，试验深度为 5m，试坑宽度为 1m，加载至 350kPa 时，承压板周围土体明显侧向挤出，实测数据见下表，按《建筑地基检测技术规范》JGJ 340—2015 计算，该土层的地基变形模量与下列何项最为接近？

p (kPa)	25	50	75	100	125	150	175	200	225	250	275	300	325	350
s (mm)	0.95	1.89	2.86	3.80	4.75	5.71	6.65	7.60	8.55	9.50	10.45	11.4	12.35	33.5

(A) 10.0MPa   (B) 12.0MPa   (C) 22.5MPa   (D) 26.5MPa

答案：B

解答过程：

根据《建筑地基检测技术规范》JGJ 340—2015：

(1) 第 4.2.10 条：试坑宽度与承压板直径相等，试验深度为 5m，大于承压板直径，因此该平板载荷试验属于深层平板载荷试验。

(2) 第 4.4.7 条、第 4.4.8 条：

$$E_0 = w \cdot \frac{p \cdot d}{s}$$

其中：$\dfrac{d}{z} = \dfrac{1}{5} = 0.2$，碎石土查规范表 4.4.8 得：$w = 0.46$

代入数据得：

$$E_0 = w \cdot \frac{p \cdot d}{s} = 0.46 \times \frac{250 \times 1}{9.5} = 12.1\text{MPa}$$

【1-51A】（模拟题）某建筑工程位于抗震设防烈度为 7 度区，场地地质条件为：地下水埋深为 1.0m，地层为均匀的第四纪砂层，厚 10m，地下水位以上砂土的相对密度 $d_s = 2.65$，含水量 $w = 15\%$，天然重度 $\gamma = 19.0\text{kN/m}^3$。砂层下方为第二层土，角砾，厚 2m；再往下为第三层土，强风化花岗岩。

在均匀砂土地层进行自钻式旁压试验，试验点深度为 7.0m，地下水埋深为 1.0m，测得原位水平应力为 $\sigma_h = 93.6\text{kPa}$，并在该深度处进行了深层平板载荷试验，试验曲线如下图所示，已知承压板边长为 800mm，该砂层变形模量最接近下列哪个选项？

(A) 5MPa   (B) 8MPa   (C) 18MPa   (D) 20MPa

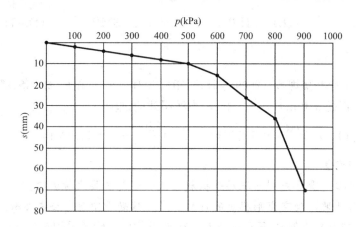

答案：D

解答过程：

(1) $e=\dfrac{G_s(1+w)\rho_w}{\rho}-1=\dfrac{2.65\times(1+0.15)\times1}{1.9}-1=0.6,\rho_{sat}=\dfrac{G_s+e}{1+e}\rho_w=\dfrac{2.65+0.6}{1+0.6}\times$

$1.0=2.031$

则深度 7m 处的有效自重应力：

$$\sigma_z=19\times1+（20.31-10）\times6=80.86\text{kPa}$$

$$\sigma'_h=93.6-6\times10=33.6\text{kPa}$$

$\sigma'_h=K_0\sigma_z$，则 $K_0=\dfrac{33.6}{80.86}=0.42$，泊松比 $\mu=\dfrac{K_0}{1+K_0}=\dfrac{0.42}{1.42}=0.296$

(2) $I_0=0.886$

$$I_1=0.5+0.23\dfrac{d}{z}=0.5+0.23\times\dfrac{0.8}{7}=0.526$$

$$I_2=1+2\mu^2+2\mu^4=1+2\times0.296^2+2\times0.296^4=1.191$$

$$E_0=I_0I_1I_2(1-\mu^2)\dfrac{pd}{s}=0.886\times0.526\times1.191\times(1-0.296^2)\times\dfrac{500\times0.8}{10}$$

$$=20.257\text{MPa}$$

【1-51B】（模拟题）某砂土层地基用 0.25m^2 方形承压板做浅层平板荷载试验，测得基准基床系数为 28500kN/m^3，则推断该土层的变形模量为（　　　）。

(A) 3.85MPa　　　(B) 5.35MPa　　　(C) 6.55MPa　　　(D) 7.35MPa

答案：D

解答过程：

承压板面积 0.25，宽度 $b=0.5\text{m}$，测量基准基床系数不是 30cm 的标准承压板尺寸，因此

$$K_v=\dfrac{4b^2}{(b+0.3)^2}\times K_{v1}=\dfrac{4\times0.5^2}{(0.5+0.3)^2}\times K_{v1}=1.5625K_{v1}$$

$$K_{v1}=\dfrac{28500}{1.5625}=18240\text{kN/m}^3$$

又 $K_{v1}=p/s$，方形承压板，$I_0=0.886$，砂土泊松比取 0.3

$$E_0=I_0\cdot(1-\mu^2)\dfrac{pd}{s}=0.886\times(1-0.3^2)\times0.5\times18240=7.35\text{MPa}$$

【1-52】（2007D03）对某高层建筑工程进行深层载荷试验，承压板直径为 0.79m，承压板底埋深 15.8m，持力层为砾砂层，泊松比为 0.3，试验结果如下图所示，根据《岩土工程勘察规范（2009 年版）》GB 50021—2001，计算该持力层的变形模量最接近（　　）。

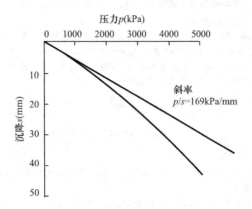

(A) 58.3MPa　　　　(B) 38.5MPa　　　　(C) 25.6MPa　　　　(D) 18.5MPa

答案：A

解答过程：

(1) $\dfrac{d}{z}=\dfrac{0.79}{15.8}=0.05$，查表：$w=0.437$

(2) $E_0=w\dfrac{pd}{s}=0.437\times169\times0.79=58.3\text{MPa}$

【1-53】（2004D02）某建筑场地在稍密砂层中进行浅层平板载荷试验，方形压板底面积为 0.5m^2，压力与累积沉降量关系见下表，则变形模量 E_0 最接近（　　）。（土的泊松比 $\mu=0.33$，形状系数为 0.89）

压力 p(kPa)	25	50	75	100	125	150	175	200	225	250	175
累积沉降量 s(mm)	0.88	1.76	2.65	3.53	4.41	5.30	6.13	7.25	8.00	10.54	15.80

(A) 9.8MPa　　　　(B) 13.3MPa　　　　(C) 15.8MPa　　　　(D) 17.7MPa

答案：C

解答过程：

根据《岩土工程勘察规范（2009 年版）》GB 50021—2001 第 10.2.5 条：

从表中数据看出，$p=175\text{kPa}$ 之前段 p-s 曲线为直线性线段，取 $p=125\text{kPa}$、$s=4.41\text{mm}$ 进行计算：

$$E_0=I_0\ (1-\mu^2)\ \dfrac{pd}{s}=0.886\times(1-0.33^2)\times\dfrac{125\times\sqrt{0.5}}{4.41}=15.8\text{MPa}$$

（五）基床系数

——《工程地质手册》（第五版）P261、P262

基床系数	(1) 基准基床系数 K_v： 当试验采用"边长为 30cm 的方形"承压板进行平板载荷试验时，可直接测定基准基床系数 K_v，按下式计算：

$$K_v = \frac{p}{s} \quad (kN/m^3)$$

式中：$\frac{p}{s}$——$p\text{-}s$ 关系曲线直线段的斜率，如 $p\text{-}s$ 关系曲线无直线段时，p 取临塑荷载的一半（kPa），s 为相应于该 p 值的沉降值（m）。

注意：在《铁路路基设计规范》TB 10001—2016 中规定地基系数 K_{30} 为试验测定直径 30cm 的承压板下沉 $s = 1.25mm$ 时的荷载强度 p（MPa）与此下沉量 $s = 1.25mm$ 的比值。

（2）当试验采用的"承压板不是标准承压板"（边长不等于 30cm 或非方形）时，按第（1）条计算得到的基床系数 K_{v1} 可按下式换算成基准基床系数 K_v：

$$\text{黏性土地基：} K_v = \frac{b}{0.3} \cdot K_{v1}$$

$$\text{砂土地基：} K_v = \frac{4b^2}{(b+0.3)^2} \cdot K_{v1}$$

式中：K_v——基准基床系数（kN/m^3）；

K_{v1}——边长不是 30cm 的承压板的静载荷试验所得到的基床系数，算法同基准基床系数。

（3）基础基床系数 K_s：

实际应用中，基础的尺寸远远大于承压板的尺寸，因此，实际基础下的基床系数可按下式求得：

$$\text{黏性土地基：} K_s = \frac{0.3}{B} \cdot K_v$$

$$\text{砂土地基：} K_s = \frac{(B+0.3)^2}{4B^2} \cdot K_v$$

式中：K_s——实际基础下的基床系数（kN/m^3）；

K_v——基准基床系数（kN/m^3）；

B——基础宽度（m）。

规范区别：《高层建筑岩土工程勘察标准》JGJ/T 72—2017 中附录第 H.0.7 条及条文说明，可不进行非标准板的修正；筏形基础和箱形大面积基础可不进行基础尺寸和基础形状的修正

【1-54A】（2013C01）某多层框架建筑位于河流阶地上，采用独立基础，基础埋深 2.0m，基础平面尺寸为 $2.5m \times 3.0m$，基础下影响深度范围内地基土均为粉砂，在基底标高进行平板载荷试验，采用 $0.3m \times 0.3m$ 的方形载荷板，各级试验荷载下的沉降数据见下表，实际基础下的基床系数最接近（　　）。

荷载 p（kPa）	40	80	120	160	200	240	280	320
沉降量 s（mm）	0.9	1.8	2.7	3.6	4.5	5.6	6.9	9.2

（A）13938kN/m^3　　（B）27484kN/m^3　　（C）44444kN/m^3　　（D）89640kN/m^3

答案：A

解答过程：

（1）基准基床系数：$K_v = \frac{p}{s} = \frac{80}{1.8} \times 1000 = 44444.44 kN/m^3$

（2）根据《工程地质手册》（第五版）P261：

建筑物基础宽度 $B = 2.5m$，基底为砂土，实际基础下的基床系数 K_s：

$$K_s = \frac{(B+0.3)^2}{4B^2} \cdot K_v = \left(\frac{2.5+0.3}{2 \times 2.5}\right)^2 \times 44444.44 = 13938 kN/m^3$$

【1-54B】（2008D04）某铁路工程勘察时要求采用 K_{30} 方法测定地基系数，下表为采用直径 30cm 的荷载板进行竖向载荷试验获得的一组数据。则试验所得 K_{30} 值与（　　）项的数据最为接近。

分级	1	2	3	4	5	6	7	8	9	10
荷载强度 p（MPa）	0.01	0.02	0.03	0.04	0.05	0.06	0.07	0.08	0.09	0.10
下沉 s（mm）	0.2675	0.5450	0.8550	1.0985	1.3695	1.6500	2.0700	2.4125	2.8375	3.3125

(A) 12MPa/m　　　(B) 36MPa/m　　　(C) 46MPa/m　　　(D) 108MPa/m

答案：B

解答过程：

根据《铁路路基设计规范》TB 10001—2016 第2.1.13条：

(1) $s=1.25$mm 对应 p 值为：$p=0.04+0.01\times\dfrac{1.25-1.0985}{1.3695-1.0985}=0.0456$MPa

(2) $K_{30}=\dfrac{p}{s}=\dfrac{0.0456}{1.25\times10^{-3}}=36.48$MPa/m

（六）岩石载荷试验与螺旋板载荷试验

——《建筑地基基础设计规范》附录 H、《工程地质手册》（第五版）

岩石载荷试验	适用条件	该试验适用于确定完整、较完整、较破碎岩石地基作为天然地基或桩基础持力层时的承载力，试验压板为直径 300mm（面积 $0.07m^2$）的圆形刚性承压板。 当岩石埋藏深度较大时，可采用钢筋混凝土桩，但桩周需采取措施以消除桩身与土之间的摩擦力
	终止加载条件	(1) 沉降量读数不断变化，在 24h 内，沉降速率有增大趋势。 (2) 压力加不上或勉强加上而不能保持稳定。 符合前两款终止加载条件的前一级荷载为极限荷载
	承载力特征值 f_{ak} 的确定	(1) 对应于 p-s 曲线起始直线段的终点为比例界限。 (2) 将极限荷载 p_u 除以 3，与比例界限荷载 p_{cr} 比较，取二者小值。 (3) 每个场地试验点数量不应少于 3 点，取最小值作为岩石地基承载力特征值 f_{ak}。 (4) 岩石地基承载力特征值不得进行深宽修正

螺旋板载荷试验

螺旋板载荷试验是将一螺旋形的承压板用人力或机械旋入地面以下的预定深度，通过传力杆向螺旋形承压板施加压力，测定承压板的沉降量。适用于深层地基土或地下水位以下的地基土，可测定地基土的承载力、压缩模量、固结系数和饱和软黏土的不排水抗剪强度等，其测试深度可达 10～15m

试验成果应用	计算公式	参数	
一维压缩模量 E_{sc}（kPa）	$m=\dfrac{s_c}{s}\cdot\dfrac{(p-p_0)D}{p_a}$ $\Downarrow$ $E_{sc}=mp_a\left(\dfrac{p}{p_a}\right)^{1-a}$	α——应力指数	超固结土 $\alpha=1$
			砂土与粉土 $\alpha=0.5$
			正常固结饱和黏土 $\alpha=0$
		p_a——标准压力	$p_a=100$kPa
		s_c——无因次沉降数	
		p、s——曲线上的荷载（kPa）及对应的沉降量（cm）	
地基土承载力特征值	计算同深层载荷板试验		
土层变形模量（kPa）	计算同深层载荷板试验		
一般黏性土不排水变形模量 E_u（kPa）	$E_u=0.33\dfrac{\Delta pD}{s}$	Δp——p-s 曲线直线段的压力增量（kPa）； D——螺旋承压板直径（cm）； s——压力增量 Δp 下固结完成后的最终沉降量（cm）	
一般黏性土排水变形模量 E'（kPa）	$E'=0.42\dfrac{\Delta pD}{s}$		

续表

不排水抗剪强度 c_u（kPa）	$c_u = \dfrac{P_L}{k\pi R^2}$	k —— 系数	软塑、流塑软黏土：$k=8.0\sim9.5$
			其他土：$k=9.0\sim11.5$
		P_L —— $p\text{-}s$ 曲线上极限荷载对应的压力（kN）	
径向固结系数 C_r（cm²/s）	$C_r = T_{90}\dfrac{R^2}{t_{90}} = 0.335\dfrac{R^2}{t_{90}}$	R —— 螺旋板半径（m）； t_{90} —— 固结度达到90%所需的时间（s）	

【1-55】（2018D03）岩石地基载荷试验结果见下表，请按《建筑地基基础设计规范》GB 50007—2011 的要求确定地基承载力特征值接近下列哪一项？

试验编号	比例界限值（kPa）	极限荷载值（kPa）
1	1200	4000
2	1400	4800
3	1280	3750

（A）1200kPa　　（B）1280kPa　　（C）1330kPa　　（D）1400kPa

答案：A

解答过程：

根据《建筑地基基础设计规范》GB 50007—2011 附录 H：

岩石地基载荷试验：将比例界限与极限荷载除以 3 做比较，取小值，三组试验取最小值。

试验组数	比例界限（kPa）	极限荷载/3（kPa）	小值（kPa）
1	1200	4000/3＝1333.3	1200
2	1400	4800/3＝1600	1400
3	1280	3750/3＝1250	1250
三组取最小值取1200kPa，选 A			

（七）循环荷载板测试

——《地基动力特性测试规范》第 8 章

循环荷载板测试是将一个刚性压板置于地基表面，在压板上反复进行加荷、卸荷试验，量测各级荷载作用下的变形和回弹量，绘制应力-地基变形滞回曲线，根据每级荷载卸荷时的回弹变形量，确定相应的弹性变形值 S_e 和地基抗压刚度系数 C_z。

准备工作	(1) 承压板应具有足够的刚度，其形状可采用正方形或圆形；承压板面积不宜小于 0.5m²；对密实土层，承压板面积可采用 0.25m²。 (2) 试坑应设置在设计基础邻近处，其土层结构宜与设计基础的土层结构相同，应保持试验土层的原状结构和天然湿度，试坑底标高宜与设计基础底标高一致。 (3) 试坑底面的宽度应大于承压板的边长或直径的 3 倍。试坑底面应保持水平面，并宜在承压板下用中、粗砂层找平，其厚度宜取 10~20mm。 (4) 荷载作用点与承压板的中心应在同一条竖直线上。 (5) 沉降观测装置的固定点应设置在变形影响区以外
测试方法	(1) 循环荷载的大小和测试次数应根据设计要求和地基性质确定。 (2) 荷载应分级施加，第一级荷载应取试坑底面土的自重，变形稳定后再施加循环荷载。 (3) 测试方法可采用单荷级循环法或多荷级循环法。每一荷级反复循环次数黏性土宜为 6~8 次，砂性土宜为 4~6 次。 (4) 每级荷载的循环时间，加荷与卸荷均宜为 5min，并应同时观测变形量。 (5) 加荷时地基变形量稳定的标准应符合下列规定：

测试方法	① 在静力荷载作用下，连续 2h 观测中，每小时变形量不应超过 0.1mm； ② 在循环荷载作用下，最后一次循环测得的弹性变形量与前一次循环测得的弹性变形量的差值不应大于 0.05mm。 (6) 每一级荷载作用下的弹性变形宜取最后一次循环卸载的弹性变形量
数据处理	(1) 地基弹性变形量应按下式计算： $$S_e = S - S_p$$ 式中：S_e——地基弹性变形量（mm）； S——加荷时地基变形量（mm）； S_p——卸荷时地基塑性变形量（mm）。 (2) 地基弹性模量可根据地基弹性变形量-应力直线图，按下式计算： $$E = \frac{Q(1-\mu^2)}{DS_{eL}}$$ 式中：E——地基弹性模量（MPa）； D——承压板直径（mm）； Q——承压板上最后一级加载后的总荷载（N）； S_{eL}——在地基弹性变形量-应力直线图上，相应于最后一级加载的地基弹性变形量（mm）。 (3) 地基抗压刚度系数按下式计算： $$C_z = \frac{P_L}{S_{eL}}$$ 式中：P_L——最后一级加载作用下，承压板底的总静应力（kPa）。 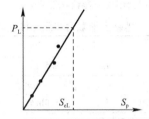

第二节 静力触探试验

——《岩土工程勘察规范（2009 年版）》第 10.3 节、《建筑地基检测技术规范》第 9 章

静力触探试验是用静力匀速将标准规格的探头压入土中，同时量测探头阻力，测定土的力学特性，具有勘探和测试双重功能；孔压静力触探试验除静力触探原有功能外，在探头上附加孔隙水压力量测装置，用于量测孔隙水压力增长与消散。

静力触探试验（一）

适用条件	静力触探试验适用于软土、一般黏性土、粉土、砂土和含少量碎石的土。其中孔压静力触探试验中土样为饱和土。静力触探可根据工程需要采用单桥探头、双桥探头或带孔水压力量测的单、双桥探头，可测定比贯入阻力（p_s）、锥尖阻力（q_c）、侧壁摩阻力（f_s）和贯入时的孔隙水压力（u）
勘察成果 应用	(1) 双桥静力触探的摩阻比计算如下： $$R_f = \frac{f_s}{q_c} \times 100\%$$ 式中：f_s——双桥探头的侧摩阻力。 (2) 带孔隙水压力测量的单、双桥触探的静探孔压系数计算如下： $$B_q = \frac{u_i - u_0}{q_t - \sigma_{v0}}$$

勘察成果应用	式中：u_0——试验深度处的静水压力（kPa），$u_0 = \gamma_w \cdot h_w$； σ_{v0}——试验深度处的总上覆压力（kPa），$\sigma_{v0} = \sum \gamma_i \cdot h_i$，水下土层取饱和重度 γ_{sat} 计算； q_t——真锥头阻力（经孔压修正）（kPa）； u_i——孔压探头贯入土中量测的孔隙水压力（即初始孔压）（kPa）

$$p_s = K_p (\varepsilon_p - \varepsilon_0)$$
$$q_c = K_q (\varepsilon_q - \varepsilon_0)$$
$$f_s = K_f (\varepsilon_f - \varepsilon_0)$$
$$\alpha = \frac{f_s}{q_c} \times 100\%$$

式中：p_s——单桥探头的比贯入阻力（kPa）；

q_c——双桥探头的锥尖阻力（kPa）；

f_s——双桥探头的侧壁摩阻力（kPa）；

α——摩阻比（%）；

K_p——单桥探头率定系数（kPa/$\mu\varepsilon$）；

K_q——双桥探头的锥尖阻力率定系数（kPa/$\mu\varepsilon$）；

K_f——双桥探头的侧壁摩阻力率定系数（kPa/$\mu\varepsilon$）；

ε_p——单桥探头的比贯入阻力应变量（$\mu\varepsilon$）；

ε_q——双桥探头的锥尖阻力应变量（$\mu\varepsilon$）；

ε_f——双桥探头的侧壁摩阻力应变量（$\mu\varepsilon$）；

ε_0——触探头的初始读数或零读数应变量（$\mu\varepsilon$）。

地基土承载力和压缩模量与比贯入阻力的关系

f_{ak} (kPa)	$E_{s0.1\sim0.2}$ (MPa)	p_s 适用范围（MPa）	适用土类
$f_{ak} = 80 p_s + 20$	$E_{s0.1\sim0.2} = 2.5\ln p_s + 4$	0.4～5.0	黏性土
$f_{ak} = 47 p_s + 40$	$E_{s0.1\sim0.2} = 2.44\ln p_s + 4$	1.0～16.0	粉土
$f_{ak} = 40 p_s + 70$	$E_{s0.1\sim0.2} = 3.6\ln p_s + 4$	3.0～30.0	砂土

【小注】当采用 q_c 值时，取 $p_s = 1.1 q_c$

（左侧标题：地基检测成果应用）

【小注岩土点评】

　　静力触探的成果应用，对于考试而言，重点体现在桩基承载力计算中，相关案例知识点详见桩基承载力章节。但是它的特征参数，比如静探孔压系数、比贯入阻力，是今后考试的出题要点。

静力触探试验（二）

——《工程地质手册》（第五版）P230

（1）计算静止孔压系数 B_q

试验位置	计算公式	参数		备注
锥肩处测得贯入孔隙压力 u_T 时	$q_t = q_c + (1 - \alpha) u_T$ $\Downarrow$ $B_q = \dfrac{\Delta u}{q_t - \sigma_{v0}} = \dfrac{u_T - u_0}{q_t - \sigma_{v0}}$	式中：q_c——双桥探头锥尖阻力（简称端阻力）； $\alpha = F_a / A$ F_a——锥尖端面有效面积（cm²），即丝扣连接部的截面积（与地下水隔离）； A——锥尖（探头）的全截面积（cm²）；	单桥Ⅰ—1 双桥Ⅱ—1	$A = 10\text{cm}^2$
			单桥Ⅰ—2 双桥Ⅱ—2	$A = 15\text{cm}^2$
锥面处测得贯入孔隙压力 u_d 时	$q_t = q_c + \beta (1 - \alpha) u_d$ $\Downarrow$ $B_q = \dfrac{\Delta u}{q_t - \sigma_{v0}} = \dfrac{u_d - u_0}{q_t - \sigma_{v0}}$	Δu——超孔压数（kPa）； u_0——试验处的静水压力（kPa）； σ_{v0}——试验深度处总上覆压力（kPa）； $\beta = u_T / u_d$ 查下表：	单桥Ⅰ—3 双桥Ⅱ—3	$A = 20\text{cm}^2$

与土质有关的 β 值						
地质状态	中砂粗砂	粉细砂		粉土	粉质黏土	黏土	重超固结黏土
		密实	松散～中密	正常固结及轻度固结			
β	1.0	<0.3	0.3～0.7	0.3～0.6	0.5～0.7	0.4～0.8	−0.1～0.4

（2）静力触探试验成果应用

①径向固结系数 C_h（cm²/s）	$C_h = \dfrac{R_t^2}{t_{50}} T_{50}$ 式中：R_t——探头圆锥底半径（cm）； 　　　t_{50}——实测孔隙消散度达 50% 的时间（s）； 　　　T_{50}——时间因数，如右所示	透水板位置	T_{50} 取值
		锥尖和锥面	3.7
		锥底	5.6
		探杆（10R）	33
②归一化消散度 $\overline{U}$（%）	$\overline{U} = \dfrac{u_t - u_0}{u_i - u_0}$ 式中：u_t——某消散历时 t 的孔压值（kPa）； 　　　u_i——孔压消散前的初值（kPa）； 　　　u_0——试验处的静水压力（kPa）	锥肩处测得贯入孔隙压力 u_T 时	$u_i = u_T$
		锥面处测得贯入孔隙压力 u_d 时	$u_i = u_d$
③固结度	$U = 1 - \overline{U}$		

【小注】更多静力触探成果应用详见《工程地质手册》（第五版）第六节。

【1-56】（模拟题）某场地勘探时采用双桥静力触探，探头采用《岩土工程勘察规范（2009 年版）》GB 50021—2001 推荐的标准探头，地下水位距地面 4m，双桥静力触探在深度 10m 处测得初始孔压（锥肩处测得）100kPa，锥尖摩阻力 q_c 为 400kPa，锥尖有效面积按 7cm² 考虑，试求静探孔压系数 B_q 为（　　）。

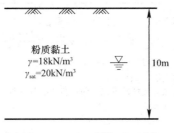

粉质黏土
$\gamma = 18\text{kN/m}^3$
$\gamma_{sat} = 20\text{kN/m}^3$
10m

（A）0.143　　　　　（B）0.168　　　　　（C）0.256　　　　　（D）0.312

答案：B

解答过程：

根据《工程地质手册》（第五版）P230：

$$u_i = 100\text{kPa}, \quad u_0 = 10 \times (10-4) = 60\text{kPa}$$

$$q_t = q_c + (1-\alpha)u_T = 400 + \left(1 - \frac{7}{10}\right) \times 100 = 430\text{kPa}$$

$$B_q = \frac{100 - 60}{430 - (18 \times 4 + 20 \times 6)} = \frac{40}{238} = 0.168$$

第三节　圆锥动力触探试验

——《岩土工程勘察规范（2009年版）》第10.4节、《建筑地基检测技术规范》第8章

一、圆锥动力触探试验分类

类型		轻型	重型	超重型
落锤	锤质量 M	10kg	63.5kg	120kg
	落距 H	0.50m	0.76m	1.00m
探头	直径	4.0cm	7.4cm	7.4cm
	锥角	60°	60°	60°
探杆直径		25mm	42mm	50～60mm
指标		贯入30cm的读数 N_{10}	贯入10cm的读数 $N_{63.5}$	贯入10cm的读数 N_{120}
主要适用岩土		浅部填土、砂土、粉土、黏性土	砂土、中密以下的碎石土、极软岩	密实和很密的碎石土、软岩、极软岩

二、成果应用

碎石土密实度判定（圆锥动力触探锤击数修正）	依据杆长修正后的数据查《岩土工程勘察规范（2009年版）》GB 50021—2001 表3.3.8确定碎石土密实度。具体杆长修正如下： 重型：$N_{63.5}=\alpha_1 \cdot N'_{63.5}$ 超重型：$N_{120}=\alpha_2 \cdot N'_{120}$ 式中：α_1、α_2——分别为重型和超重型圆锥动力触探试验的总杆长修正系数，具体取值详见《岩土工程勘察规范（2009年版）》GB 50021—2001 附录B
动贯入阻力 q_d（荷兰公式）	动贯入阻力计算如下： $$q_d=\frac{M}{M+m}\times\frac{M \cdot g \cdot H}{A \cdot e}$$ 式中：q_d——动贯入阻力（MPa）； M——落锤质量（kg）； m——圆锥探头及杆件系统（包括打头、导向杆等）的质量（kg）； H——落距（m）； A——圆锥探头截面积（cm²）； g——重力加速度，取9.81m/s²； e——贯入度，$e=D/N$，D 为规定的贯入深度（cm）、N 为规定贯入深度 D 的锤击数。 上式基于古典的牛顿非弹性碰撞理论（不考虑弹性变形量的损耗）。故限用于： (1) 贯入土中深度小于12m，贯入度2～50mm。 (2) $m/M<2$。如果实际情况与上述适用条件出入大，用上式计算应慎重。

类别	轻型	重型	超重型
落锤质量 M	10kg	63.5kg	120kg
落距 H	0.50m	0.76m	1.00m
圆锥探头截面积 A	12.56cm²	42.99cm²	42.99cm²
贯入度，$e=D/N$	$30/N_{10}$	$10/N_{62.5}$	$10/N_{120}$

续表

圆锥动力触探试验 与标贯试验的区别	(1) 两者适用的土层不一样。 (2) 圆锥动力触探采用的是实心锥进行贯入，且不取芯样；标准贯入试验采用的标贯器是空心的，取标贯芯样。 (3) 圆锥动力触探一般是连续测试，也可以间断测试；但标准贯入试验只可以间断测试
超前滞后反映	当触探头尚未达到下卧土层时，在一定深度以上，下卧土层的影响已经超前反映出来，叫作"超前反映"。而当探头已经穿过上覆土层进入下卧土层中时，在一定深度以内，上覆土层的影响仍会有一定反映，这叫作"滞后反映"。 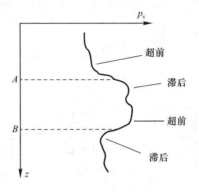
备注	地下水的影响，与土层的粒径和密度有关。一般的规律是颗粒越细、密度越小，地下水对触探击数的影响越大，而对密实的砂土或碎石土，地下水的影响就不明显。 一般认为，利用圆锥动力触探确定地基承载力时可不考虑地下水的影响；而在建立触探击数与砂土物理力学性质的关系时，应适当考虑地下水的影响

【1-57】（2021D03）某场地位于山前地段，分布有较厚的冲洪积层，定性判断第二层为碎石土层。某孔重型动力触探试验修正后锤击数随深度变化曲线如下图所示。根据《岩土工程勘察规范（2009 年版）》GB 50021—2001，判断该碎石土层分层深度及密实程度最可能是下列哪个选项？（超前滞后量范围可取规范中的小值）

（A）8.7～11.5m，稍密　　　　　　　（B）8.7～11.5m，中密

（C）8.8～11.3m，稍密　　　　　　　（D）8.8～11.3m，中密

答案：D

解答过程：

根据《岩土工程勘察规范（2009 年版）》GB 50021—2001 第 10.4.3 条条文说明及表 3.3.8-1：

（1）根据曲线可判断出，第一层和第二层土的软硬关系为：上软下硬，考虑第二层土的超前反映，超前 0.1m，8.6～8.7m 与之前的锤击数相近，8.7～8.8m 发生了突变，结合超前 0.1m，可以判断出第二层起始位置为 8.8m。

同时，考虑第一层土的滞后 0.3m，第二层土的正常击数是从 8.8+0.3＝9.1m 开始。

（2）根据曲线击数可判断出，第二层和第三层土的软硬关系为：上硬下软，并且从击数可以看出，11.4～11.5m 与之后的锤击数相近，属于相对软弱层；考虑第二层土对于第三层土的滞后 0.2m，因此作为相对软弱的第三层土的起始位置为 11.3m。

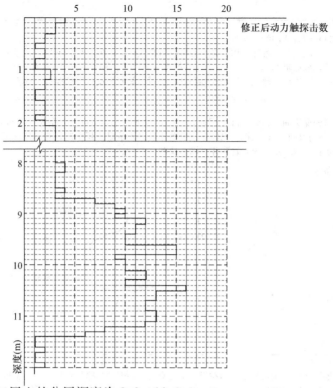

（3）因此第二层土的分层深度为 8.8～11.3m。

同时，考虑第三层土对于第二层土的超前效应 0.5m，第二层土的正常范围是结束在 11.3-0.5=10.8m。

（4）去除超前滞后的影响范围，碎石土正常击数的厚度范围是 9.1～10.8m。碎石土层的平均值在 10～15 击，对照表 3.3.8-1，密实度为中密。

【小注岩土点评】

① 本题是 2021 年最后给学员的 4 道模拟题中的一道题，基本一致。

② 本题名义上是考超前滞后，但是如果不知道如何分析，也可以从答案的设置中看出答案。对比选项，从 8.7m 开始作为第二层土，而曲线上反映 8.7～8.8m 刚开始发生了突变，因此 11.4～11.5m 与 11.5～11.6m 的锤击数相同，应判断为同一土层，为第三层土，排除了 A、B 项，再根据平均击数的范围，排除了 C 项。

③ 为简单说明该题，可以假设各个土层的动力触探击数是固定值，在不考虑超前滞后影响时，它们应该是三条直线，见下图中的加粗点划线，分别在分层处发生突变。在考虑超前滞后影响时，分层的上方应该考虑下层土对于上层土的超前反映；而分层的下方应该考虑上层土对于下层土的滞后反映，这就导致在分层处是一个曲线，见下图中的细点划线。软土层的击数，是比较容易判断出的。最后可以根据超前滞后的距离，反推出实际的分层。

另外，在判断碎石土密实度时，因为超前滞后不能够反映碎石土的正常数值。

扩展：本题是给定了修正值的曲线，如果给了杆长和击数的实测值，又该如何计算和判断呢？

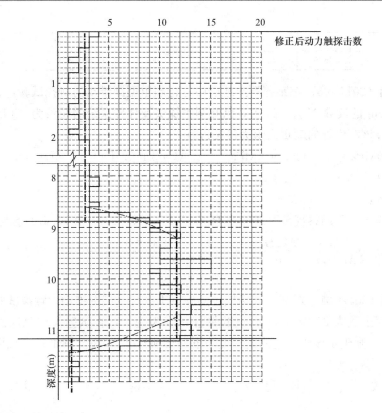

三、地基承载力推定

——《建筑地基检测技术规范》第 8.4.9 条、第 8.4.11 条

（1）初步判定地基土的承载力特征值时，可根据平均击数 N_{10} 或修正后的平均击数 $N_{63.5}$ 按下表确定：

轻型动力触探试验推定地基承载力特征值 f_{ak}（kPa）

N_{10}（击数）	5	10	15	20	25	30	35	40	45	50
一般黏性土地基	50	70	90	115	135	160	180	200	220	240
黏性素填土地基	60	80	95	110	120	130	140	150	160	170
粉土、粉细砂土地基	55	70	80	90	100	110	125	140	150	160

重型动力触探试验推定地基承载力特征值 f_{ak}（kPa）

$N_{63.5}$ 击数	2	3	4	5	6	7	8	9	10	11	12	13	14	15	16
一般黏性土	120	150	180	210	240	265	290	320	350	375	400	425	450	475	500
中砂、粗砂土	80	120	160	200	240	280	320	360	400	440	480	520	560	600	640
粉砂、细砂土	—	75	100	125	150	175	200	225	250						

（2）对冲、洪积卵石土和圆砾土地基，当贯入深度小于 12m 时，判定地基的变形模量应结合载荷试验比对试验结果和地区经验进行。初步评价时，可根据平均击数按下表进行。

卵石土、圆砾土变形模量 E_0 值（MPa）

$\bar{N}_{63.5}$	3	4	5	6	8	10	12	14	16
E_0	9.9	11.8	13.7	16.2	21.3	26.4	31.4	35.2	39.0

$\overline{N}_{63.5}$	18	20	22	24	26	28	30	35	40
E_0	42.8	46.6	50.4	53.6	56.1	58.0	59.9	62.4	64.3

【1-58A】(2014D03) 在某碎石土地层中进行超重型圆锥动力触探试验，在 8m 深度处测得贯入 10cm 的读数 $N_{120}=25$ 击，已知圆锥探头及杆件系统的质量为 150kg，请采用荷兰公式计算，该深度处的动贯入阻力最接近（　　）。

(A) 3.0MPa　　　　(B) 9.0MPa　　　　(C) 21.0MPa　　　　(D) 30.0MPa

答案：D

解答过程：

根据《岩土工程勘察规范（2009 年版）》GB 50021—2001 第 10.4.1 条及条文说明：

$$q_d = \frac{M}{M+m} \times \frac{MgH}{Ae} = \frac{120}{120+150} \times \frac{120 \times 9.81 \times 1.0}{\dfrac{3.14 \times 7.4^2}{4} \times \dfrac{10}{25}} = 30.4\text{MPa}$$

【1-58B】(2017C01) 对某工程场地中的碎石土进行重型圆锥动力触探试验，测得重型圆锥动力触探击数为 25 击/10cm，试验钻杆长度为 15m，在试验完成时地面以上的钻杆余尺为 1.8m，则确定该碎石土的密实度为下列哪项？（注：重型圆锥动力触探头长度忽略不计）

(A) 松散　　　　(B) 稍密　　　　(C) 中密　　　　(D) 密实

答案：C

解答过程：

根据《岩土工程勘察规范（2009 年版）》GB 50021—2001 附录第 B.0.1 条：

(1) $N'_{63.5}=25$；$L=15$m；$\alpha=0.595$；

(2) $N=\alpha N'_{63.5}=0.595 \times 25=14.875$ 击；

(3) 查《岩土工程勘察规范（2009 年版）》GB 50021—2001 表 3.3.8-1，密实度为中密。

第四节　标准贯入试验

——《岩土工程勘察规范（2009 年版）》第 10.5 节、《建筑地基检测技术规范》第 7 章

标准贯入试验

概述	标准贯入试验是用质量 63.5kg 的穿心锤，以 76cm 的落距，将标准规格的贯入器，自钻孔底部预打入 15cm，而后记录再打入 30cm 的锤击数，判断土的力学特性。适用于砂土、粉土和一般黏性土，不适用于软塑～流塑软土
标准贯入锤击数 N 的确定	贯入器预打入土中 15cm 后，开始记录每打入 10cm 的锤击数，累计打入 30cm 的锤击数为标准贯入锤击数 N。当锤击数已达到 50 击，而贯入深度未达到 30cm 时，可记录 50 击的实际贯入深度，按下式换算成相当于 30cm 的标准贯入锤击数 N，并终止试验。 $$N=30 \times \frac{50}{\Delta S}$$ 式中：ΔS——50 击的实际贯入深度（cm）。 【小注】标准贯入试验实际贯入 45cm，前面 15cm 为预打（由于孔底沉渣，此段击数不能反映原状土层的真实状态），不计入试验击数；只记录后 30cm 的测试击数，为标准贯入试验击数 N

锤击数的修正	应用 N 值时是否修正和如何修正，应根据建立统计关系时的具体情况确定。如抗震规范评定砂土液化时，N 不做修正；与土性参数如承载力等关系时，N 做修正。根据《建筑地基检测技术规范》JGJ 340—2015 第 7.4.4 条，修正如下： $$N'=\alpha \times N$$ 式中：N'——标准贯入试验修正锤击数；$\quad\quad\quad N$——标准贯入试验实测锤击数；$\quad\quad\quad \alpha$——触探杆长度修正系数，可按下表确定：

触探杆长度（m）	≤3	6	9	12	15	18	21	25	30
α	1.00	0.92	0.86	0.81	0.77	0.73	0.70	0.68	0.65

【小注】各个抗震规范对于砂土液化的判断公式和修正方法，是不同的

砂土密实度	使用标准贯入击数判定砂土密实度，众多勘察规范中主要分两类： 第一类：以《岩土工程勘察规范（2009 年版）》GB 50021—2001 为代表，表 3.3.9 是依据实测值进行判定的。 第二类：《水运工程岩土勘察规范》JTS 133—2013 表 4.2.11，小注中说明，对地下水位以下的中、粗砂，按实测锤击数增加 5 击计

根据修正后的锤击数确定地基承载力

（1）砂土承载力特征值 f_{ak}（kPa）

N'	10	20	30	50
中砂、粗砂	180	250	340	500
粉砂、细砂	140	180	250	340

（2）粉土承载力特征值 f_{ak}（kPa）

N'	3	4	5	6	7	8	9	10	11	12	13	14	15
f_{ak}	105	125	145	165	185	205	225	245	265	285	305	325	345

（3）黏性土承载力特征值 f_{ak}（kPa）

N'	3	5	7	9	11	13	15	17	19	21
f_{ak}	90	110	150	180	220	260	310	360	410	450

标准贯入试验仪器参数

落锤		锤的质量（kg）	63.5
		落距（cm）	76
贯入器	对开管	长度（mm）	＞500
		外径 D_w（mm）	51
		内径 D_e（mm）	35
	管靴	长度（mm）	50～76
		刃口角度（°）	18～20
		刃口单刃厚度（mm）	1.6
钻杆		直径（mm）	42
		相对弯曲	＜1/1000

【1-59】（2008D03）进行海上标贯试验时共用钻杆 9 根，其中 1 根钻长 1.20m，其余 8 根钻杆，每根长 4.1m，标贯器长 0.55m。实测水深 0.50m，标贯试验结束时水面以上钻

杆余尺 2.45m。标贯试验结果为：预击 15cm，6 击；后 30cm、10cm 击数分别为 7、8、9 击。则标贯试验段深度（从水底算起）及标贯击数应为（　　）。

(A) 20.80～21.10m，24 击　　　　(B) 20.65～21.10m，30 击

(C) 31.30～31.60m，24 击　　　　(D) 27.15～27.60m，30 击

答案：C

解答过程：

(1) 标贯底部深度为：$d = 8 \times 4.1 + 1.2 + 0.55 - 0.5 - 2.45 = 31.6$m，因此，标贯深度为 31.3～31.6m。

(2) 标贯取后 30cm 总击数为：$N_{63.5} = 7 + 8 + 9 = 24$ 击。

第五节　原位十字板剪切试验

——《岩土工程勘察规范（2009 年版）》第 10.6 节、《建筑地基检测技术规范》第 10 章

原位十字板剪切试验

概述	十字板剪切试验（VST）是用插入土中的标准十字板探头，以一定速率扭转，量测土破坏时的抵抗力矩，测定土的不排水剪的抗剪强度和残余抗剪强度。 十字板剪切试验可用于测定饱和软黏性土（$\varphi \approx 0$）的不排水抗剪强度和灵敏度，所测得的抗剪强度值，相当于试验深度处天然土层在原位压力下固结的不排水抗剪强度。十字板剪切试验不需要采取土样，避免了土样扰动及天然应力状态的改变，是一种有效的现场测定土的不排水强度试验方法
数据处理和成果应用	（1）抗剪强度计算 ① 开口钢环式十字板剪切试验［《工程地质手册》（第五版）（经常使用）］： 扭矩：$M = (R_y - R_g) \cdot C \cdot R$ 抗剪强度：$c_u = \dfrac{K \cdot M}{R} = \dfrac{2M}{\pi D^2 \left(\dfrac{D}{3} + H \right)}$ 原状土抗剪强度：$c_u = K \cdot C \cdot (R_y - R_g)$ 十字板常数：$K = \dfrac{2R}{\pi D^2 \left(\dfrac{D}{3} + H \right)}$ 重塑土抗剪强度：$c_u' = K \cdot C \cdot (R_c - R_g)$ ② 电测式十字板剪切试验［《工程地质手册》（第五版）或《土工试验方法标准》GB/T 50123—2019 第 44.2.3 条］： 原状土抗剪强度：$c_u = K \cdot \xi \cdot R_y$ 重塑土抗剪强度：$c_u' = K \cdot \xi \cdot R_c$ ③《土力学》中的扭矩公式（很少使用）： $$M = M_h + M_v = \dfrac{\pi D^3 \tau_{fh}}{6} + \dfrac{\pi D^2 H \tau_{fv}}{2}$$ 式中：C——钢环系数（kN/0.01mm）； 　　　R——转盘半径（m）； 　　　R_y——原状土剪损时，量表最大读数（0.01mm）； 　　　R_c——重塑土剪损时，量表最大读数（0.01mm）； 　　　R_g——轴杆与土摩擦时，量表最大读数（0.01mm）； 　　　K——十字板常数（m^{-2}）； 　　　D——十字板头直径（m）； 　　　H——十字板头高度（m）； 　　　M_h——十字板顶面和底面产生的扭矩（kN·m）；

数据处理和成果应用	

M_v——十字板侧壁产生的扭矩（kN·m）；

τ_{fh}——水平方向土体的抗剪强度（kPa）；

τ_{fv}——竖直方向土体的抗剪强度（kPa）。

假定土体为各向同性体，即 $\tau_{fh}=\tau_{fv}$，可求得：

$$\tau_f=\frac{2M_{max}}{\pi D^3\left(\dfrac{H}{D}+\dfrac{\alpha}{2}\right)}$$

式中：α——圆柱顶底面剪应力分布均匀时取 2/3，剪应力分布呈抛物线形时取 3/5，剪应力分布呈三角形时取 1/2。

（2）不排水抗剪强度的修正

抗剪强度修正值如下：

$$[\tau]=[c_u]=\mu\cdot c_u$$

式中：c_u——不排水抗剪强度实测值（kPa）。

曲线 1 适用于其他软黏土；曲线 2 适用于液性指数 $I_L>1.1$ 的土体。

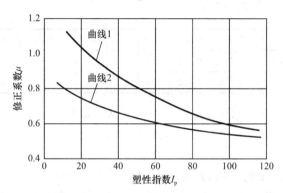

（3）地基承载力计算

$$f_{ak}=2[c_u]+\gamma\cdot h$$

式中：$[c_u]$——修正后的不排水抗剪强度（kPa）；

γ——土的重度（kN/m³）；

h——基础埋深（m）。

（4）估算桩的端阻力和侧阻力

桩端阻力：$q_p=9\cdot[c_u]$；

桩侧阻力：$q_s=\alpha\cdot[c_u]$；

单桩极限承载力：$Q_u=9\cdot[c_u]\cdot A_p+u\sum\alpha\cdot[c_{ui}]\cdot l_i$；

式中：α——与桩的类型、土类、土层顺序等有关的系数。

（5）根据 c_u-h 曲线，判定软土的固结历史

若 c_u-h 曲线大致呈一通过地面原点的直线，可判定为正常固结土。

若 c_u-h 曲线不通过地面原点，而与纵坐标轴的向上延长轴线相交，可判定为超固结土。

（6）十的灵敏度计算

灵敏度 S_t 计算及分类			
$S_t=\dfrac{q_u}{q'_u}$　$S_t=\dfrac{c_u}{c'_u}$ 式中：q_u——原状土试样的无侧限抗压强度（kPa）； q'_u——重塑土试样的无侧限抗压强度（kPa）； c_u——原状土不排水抗剪强度（kPa）； c'_u——重塑土不排水抗剪强度（kPa）		《工程地质手册》（第五版）	《土力学》
	$S_t\leqslant2$	不灵敏	不灵敏～低灵敏
	$2<S_t\leqslant4$	中灵敏性	中灵敏性
	$4<S_t\leqslant8$	高灵敏性	高灵敏性
	$8<S_t\leqslant16$	极灵敏性	超高灵敏性
	$S_t>16$	流性	流动黏土

机械式十字板规格及十字板常数

十字板规格 $D \times H$（mm）	十字板头尺寸(mm)			转动半径 R(mm)	十字板常数 K（m^{-2}）
	直径 D	高度 H	厚度 B		
50×100	50	100	2～3	200	436.78
				250	545.97
				210	458.62
75×150	75	150	2～3	200	129.41
				250	161.77
				210	135.88

【1-60】（2009C03）对于饱和软黏土进行开口钢环十字板剪切试验，十字板常数为 $129.41 m^{-2}$，钢环系数为 0.00386kN/0.01mm，某一试验点的测试钢环读数记录见下表，则该试验点处土的灵敏度最接近（　　）。

原状土读数（0.01m）	2.5	7.6	12.6	17.8	23.0	27.6	31.2	32.5	35.4	36.5	34.0	30.8	30.0
重塑土读数（0.01m）	1.0	3.6	6.2	8.7	11.2	13.5	14.5	14.8	14.6	13.8	13.2	13.0	—
轴杆读数（0.01m）	0.2	0.8	1.3	1.8	2.3	2.6	2.8	2.6	2.5	2.5	2.5	—	—

（A）2.5　　　　（B）2.8　　　　（C）3.3　　　　（D）3.8

答案：B

解答过程：

根据《工程地质手册》（第五版）P279：

由表中数据可得：$R_y = 36.5$（×0.01mm），$R_c = 14.8$（×0.01mm），$R_g = 2.8$（×0.01mm）

原状土抗剪强度：$c_u = KC(R_y - R_g) = 129.41 \times 0.00386 \times (36.5 - 2.8) = 16.83$kPa

重塑土抗剪强度：$c_u' = KC(R_c - R_g) = 129.41 \times 0.00386 \times (14.8 - 2.8) = 5.99$kPa

灵敏度：$S_t = \dfrac{c_u}{c_u'} = \dfrac{16.83}{5.99} = 2.81$

【1-61】（2017D04）某公路工程采用电阻应变式十字板剪切试验估算软土路基临界高度，测得未扰动土剪损时最大微应变值 $R_y = 300\mu\varepsilon$，传感器的率定系数 $\xi = 1.585 \times 10^{-4}$kN/$\mu\varepsilon$，十字板常数 $K = 545.97 m^{-2}$，取峰值强度的 0.7 倍作为修正后现场不排水抗剪强度。据此估算的修正后软土的不排水抗剪强度最接近下列哪个选项？

（A）12.4kPa　　　（B）15.0kPa　　　（C）18.2kPa　　　（D）26.0kPa

答案：C

解答过程：

根据《工程地质手册》（第五版）P281：

$$c_u = k\xi R_y \mu = 545.97 \times 1.585 \times 10^{-4} \times 300 \times 0.7 = 18.2 \text{kPa}$$

【1-62】（2007C02）某电测十字板试验结果记录见下表，试计算土层的灵敏度 S_t 最接近（　　）项。

原状土	顺序	1	2	3	4	5	6	7	8	9	10	11	12	13
	读数	20	41	65	89	114	178	187	192	185	173	148	135	100

扰动土	顺序	1	2	3	4	5	6	7	8	9	10	—	—	—
	读数	11	21	33	46	58	69	70	68	63	57	—	—	—

(A) 1.83　　　　　(B) 2.54　　　　　(C) 2.74　　　　　(D) 3.04

答案：C

解答过程：

根据《工程地质手册》（第五版）P172：

(1) 根据峰值强度确定十字板试验强度，原状土剪切破坏时读数为 192（0.01mm），重塑土剪切破坏时读数为 70（0.01mm）

(2) 灵敏度：$S_t = \dfrac{c_u}{c_u'} = \dfrac{K_1'\xi \cdot R_y}{K_1'\xi \cdot R_c} = \dfrac{R_y}{R_c} = \dfrac{192}{70} = 2.74$

【1-63】（2020C02）某工程采用开口钢环式十字板剪切试验估算软黏土的抗剪强度。已知十字板钢环系数为 0.0014kN/0.01mm，转盘直径为 0.6m，十字板头直径为 0.1m，高度为 0.2m；测得土体剪损时量表最大读数 $R_y = 220$（0.01mm），轴杆与土摩擦时量表最大读数 $R_g = 20$（0.01mm）；室内试验测得土的塑性指数 $I_P = 40$，液性指数 $I_L = 0.8$。试按《岩土工程勘察规范（2009 年版）》GB 50021—2001 中的 Daccal 法估算修正后的土体抗剪强度 c_u 最接近下列哪个选项？

(A) 41kPa　　　　　(B) 30kPa　　　　　(C) 23kPa　　　　　(D) 20kPa

答案：D

解答过程：

根据《岩土工程勘察规范（2009 年版）》GB 50021—2001 P288 修正系数和《工程地质手册》（第五版）P279，开口钢环式十字板剪切试验公式（3-6-29）：

(1) 开口钢环式十字板剪切试验公式：

$$c_u = K \cdot C(R_y - R_g)$$

$$K = \dfrac{2R}{\pi D^2\left(\dfrac{D}{3} + H\right)} = 81.85 \text{m}^{-2}$$

$$C = 0.0014\text{kN}/0.01\text{mm}; \quad R_y = 220(0.01\text{mm}); \quad R_g = 20(0.01\text{mm})$$
$$故 \ c_u = 22.92\text{kPa}$$

(2) $I_P = 40$，液性指数 $I_L = 0.8$，参照《岩土工程勘察规范（2009 年版）》GB 50021—2001 中 P288 图 10.1 中的曲线 1，内插得：修正系数 $\mu = 0.88$。

(3) 故按照 Daccal 法估算修正后的土体抗剪强度 $c_u = 0.88 \times 22.92 = 20\text{kPa}$。

第六节　旁　压　试　验

——《岩土工程勘察规范（2009 年版）》第 10.7 节、《工程地质手册》（第五版）P289-P295

旁　压　试　验	
概述	旁压试验是用可侧向膨胀的旁压器，对钻孔孔壁周围的土体施加径向压力，使土体产生径向变形，根据压力-径向变形的关系，计算土的模量和强度。适用于黏性土、粉土、砂土、碎石土、残积土、极软岩和软岩等。

概述	旁压试验分为预钻式（常用）、自钻式和压入式旁压试验三种。根据试验确定初始压力、临塑压力、极限压力和旁压模量，结合地区经验评定地基承载力和变形参数。同时，根据自钻式旁压试验（仅自钻具备此功能）的旁压曲线，还可测土的原位水平应力、静止侧压力系数和不排水抗剪强度等
参数确定	(1) 初始压力 p_0：将旁压试验曲线的直线段延长，与 V 轴交点为 V_0，由该点做 p 轴平行线，相交于曲线的点对应的压力即为 p_0 值。 (2) 临塑压力 p_f：旁压试验曲线中直线段的末尾点相对应的压力即为 p_f，与其对应的量测腔扩张体积即为 V_f。 (3) 极限压力 p_L：量测腔扩张体积相当于量测腔固有体积（$V_L = V_c$）（或扩张后体积相当于 2 倍固有体积）所对应的压力即为 p_L；或曲线的渐近线对应的压力即为 p_L 值。 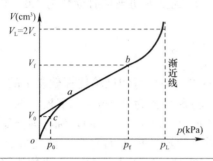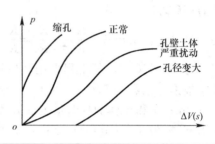

(1) 根据压力与量测腔扩张体积曲线的直线段斜率计算旁压模量 E_m、剪切模量 G_m：

	简图	《岩土工程勘察规范（2009 年版）》GB 50021—2001 第 10.7 节 《工程地质手册》（第五版）P289	《土工试验方法标准》GB/T 50123—2019 《水运工程岩土勘察规范》JTS 133—2013
成果应用	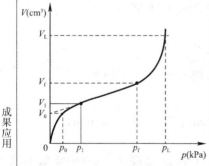	$E_m = 2(1+\mu) \times \left(V_c + \dfrac{V_0 + V_f}{2}\right)\dfrac{\Delta p}{\Delta V}$	$E_m = 2(1+\mu) \times \left(V_c + \dfrac{V_1 + V_f}{2}\right)\dfrac{\Delta p}{\Delta V}$
		$G_m = \dfrac{E_m}{2(1+\mu)}$	

式中：μ——土的泊松比，碎石土取 0.27、砂土取 0.3、粉土取 0.35、粉质黏土取 0.38、黏土取 0.42；

V_c——旁压器量测腔的初始固有体积（cm^3）；

V_0——与初始压力 p_0 对应的体积（cm^3）；

V_f——与临塑压力 p_f 对应的体积（cm^3）；

$\dfrac{\Delta p}{\Delta V}$——旁压曲线中直线段的斜率（$kPa/cm^3$）；

V_1——旁压试验曲线直线段起始点对应的体积，V_f 为直线段终点对应的体积（cm^3）。

(2) 利用旁压曲线的特征值确定地基承载力 f_{ak}：

临塑压力法：

$$f_{ak} = p_f - p_0$$

成果应用	极限压力法：$$f_{ak}=\frac{p_L-p_0}{F_s}$$ 式中：p_0、p_f、p_L——分别为初始压力、临塑压力和极限压力（kPa）； 　　　F_s——安全系数，一般取 2～3。 （3）侧压力系数 K_0 和孔隙水压力 u：$$u=\sigma_h-\sigma'_h$$ $$K_0=\frac{\sigma'_h}{\sigma'_v}$$ 式中：σ_h——试验深度处，土的原位水平应力（kPa）； 　　　σ'_h——试验深度处，土的原位水平有效应力（kPa），$\sigma'_h=\sigma_h-u$（水位以下），$\sigma'_h=\sigma_h$（水位以上）； 　　　σ'_v——试验深度处，土的原位竖向有效应力（kPa），$\sigma'_v=\sum\gamma_i\cdot h_i$（水下土层取浮重度 γ'）。 （4）不排水抗剪切强度 c_u（kPa）（《土工试验方法标准》GB/T 50123—2019 第48.4.6条）：$$c_u=p_f-p_0$$
预钻式旁压试验曲线的形态	成孔质量对预钻式旁压试验来说是非常重要的，直接影响旁压试验曲线。成孔质量对旁压试验曲线的影响如下图所示： 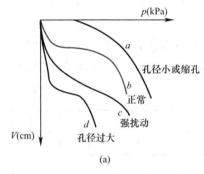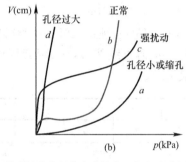 曲线 a：旁压器探头体积很小时已产生较大的初始压力，说明钻孔直径偏小或缩孔，产生了压力增加时旁压器不能膨胀的现象。 曲线 b：正常的旁压曲线。 曲线 c：旁压器探头在压力较小时已有较大的体积变形，说明钻孔直径偏大，使得较小的压力下即发生较大的变形，侧向土的约束作用很弱。 曲线 d：在体积增大到一个较大值后才逐渐移至水平段，说明土体扰动严重，不能发挥土体应有的侧向约束作用

【1-64】（2016C01）在均匀砂土地层进行自钻式旁压试验，某试验点深度为 7.0m，地下水埋深为 1.0m，测得原位水平应力为 $\sigma_h=93.6$kPa，地下水位以上砂土的相对密度 $d_s=2.65$，含水量 $w=15\%$，天然重度 $\gamma=19.0$kN/m³，请计算试验点处的侧压力系数 K_0 最接近下列哪个选项？（水的重度 $\gamma_w=10$kN/m³）

(A) 0.37　　　　(B) 0.42　　　　(C) 0.55　　　　(D) 0.59

答案：B

解答过程：

根据《工程地质手册》（第五版）P294 公式（3-7-19）：

(1) $e=\dfrac{G_s(1+w)\rho_w}{\rho}-1=\dfrac{2.65\times(1+0.15)\times1}{1.9}-1=0.6$，$\rho_{sat}=\dfrac{G_s+e}{1+e}\rho_w=\dfrac{2.65+0.6}{1+0.6}\times$

$1.0=2.031$

（2）深度 7m 处的自重应力：$\sigma_{cz}=\sigma'_v=19\times1+(20.31-10)\times6=80.86kPa$

（3）$\sigma'_h=93.6-6\times10=33.6kPa$

（4）$\sigma'_h=K_0\sigma'_v\Rightarrow K_0=\dfrac{33.6}{80.86}=0.42$

【1-65】（2004C04）粉质黏土层中旁压试验结果如下，测量腔初始固有体积 $V_c=491.0cm^3$，初始压力对应的体积为 $V_0=134.5cm^3$，临塑压力对应的体积 $V_f=217.0cm^3$，直线段压力增量 $\Delta P=0.29MPa$，泊松比 $\mu=0.38$，则旁压模量为（　　）。

（A）3.5MPa　　　　（B）6.5MPa　　　　（C）9.5MPa　　　　（D）12.5MPa

答案：B

解答过程：

根据《岩土工程勘察规范（2009 年版）》GB 50021—2001 第 10.7.4 条：

$$E_m=2(1+\mu)\left(V_c+\frac{V_0+V_f}{2}\right)\frac{\Delta p}{\Delta V}$$
$$=2\times(1+0.38)\times\left(491+\frac{134.5+217.0}{2}\right)\times\frac{0.29}{217-134.5}$$
$$=6.5MPa$$

【1-66】（2008C04）预钻式旁压试验得压力 p-V 的数据，据此绘制 p-V 曲线如下表和图所示，图中 ab 为直线线段，采用旁压试验临塑荷载法确定，该试验土层的 f_{ak} 值与（　　）项最接近。

压力 p(kPa)	30	60	90	120	150	180	210	240	270
变形 V(cm^3)	70	90	100	110	120	130	140	170	240

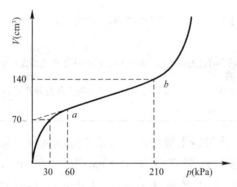

（A）120kPa　　　　（B）150kPa　　　　（C）180kPa　　　　（D）210kPa

答案：C

解答过程：

根据《岩土工程勘察规范（2009 年版）》GB 50021—2001 第 10.7.4 条、第 10.7.5 条及其条文说明，从 p-V 曲线图可知：

初始压力 $p_0=30kPa$，临塑压力 $p_f=210kPa$，极限压力 p_L 不能确定，因此采用临塑压力法：

$$f_{ak}=p_f-p_0=210-30=180kPa$$

【1-67】(2006C03) 下图是一组不同成孔质量的预钻式旁压试验曲线，请分析（　　）条曲线是正常的旁压曲线，并分别说明其他几条曲线不正常的原因。

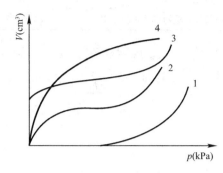

(A) 1 线　　　　　(B) 2 线　　　　　(C) 3 线　　　　　(D) 4 线

答案：B

解答过程：

(1) 曲线 1 反映孔径太小或有缩孔现象，旁压探头强行压入钻孔，初始压力增加，旁压器不膨胀，曲线前段消失。

(2) 曲线 2 为正常旁压曲线。

(3) 曲线 3 反映钻孔孔径大于旁压器探头直径，使得压力较小时产生较大变形值，曲线前段消失。

(4) 曲线 4 反映孔壁严重扰动，前段压力增加时变形增加快。

第七节　扁铲侧胀试验

——《岩土工程勘察规范（2009 年版）》第 10.8 节、《建筑地基检测技术规范》第 13 章

扁铲侧胀试验

概述	扁铲侧胀试验是将带有膜片的扁铲压入土中预定深度，充气使膜片向孔壁中侧向扩张，根据压力与变形关系，测定土的模量及其他指标。能比较准确地反映小应变的应力-应变关系，测试的重复性较好。适用于软土、一般黏性土、粉土、黄土和松散～中密的砂土。根据扁铲侧胀试验指标和地区经验，可判别土类，确定黏性土的状态、静止侧压力系数和水平基床系数等
简要步骤	(1) 每孔试验前后均应进行探头率定，取试验前后的平均值为修正值，膜片的合格标准为： 率定时膨胀至 0.05mm 的气压实测值 $\Delta A = 5 \sim 25 \text{kPa}$； 率定时膨胀至 1.10mm 的气压实测值 $\Delta B = 10 \sim 110 \text{kPa}$。 (2) 试验时，应以静力匀速将探头贯入土中，贯入速率宜为 2cm/s，试验点间距可取 20～50cm。 (3) 探头达到预定深度后，应匀速加压和减压测定膜片膨胀至 0.05mm、1.10mm 和回到 0.05mm 的压力 A、B、C 值。 ΔA、ΔB——率定时膨胀至 0.05mm 和 1.10mm 时的气压值（kPa）
数据处理	膜片向土中膨胀之前的接触压力（kPa）： $$p_0 = 1.05 \cdot (A - z_m + \Delta A) - 0.05 \cdot (B - z_m - \Delta B)$$ 膜片膨胀至 1.10mm 时的压力（kPa）： $$p_1 = B - z_m - \Delta B$$ 膜片卸压回至 0.05mm 时的终止压力（kPa）： $$p_2 = C - z_m + \Delta A$$ 式中：z_m——调零前，压力表初读数（kPa）。 在 DMT-W1 型扁铲侧胀仪中，由于仪表本身有调零装置，故不考虑 z_m 值的影响，取 z_m 值为零。

数据处理	使用上式计算时，应先校核是否满足下列前提条件：$$B-A>\Delta A+\Delta B$$ 若不满足该条件，则应检查仪器，或对膜片重新测定
成果应用	侧胀模量（kPa）：$$E_D=34.7(p_1-p_0)$$ 侧胀水平应力指数：$$K_D=\frac{(p_0-u_0)}{\sigma_{v0}}$$ 侧胀土性指数：$$I_D=\frac{(p_1-p_0)}{(p_0-u_0)}$$ 侧胀孔压指数：$$U_D=\frac{(p_2-u_0)}{(p_0-u_0)}$$ 式中：u_0——试验深度处的静水压力（kPa），$u_0=\gamma_w \cdot h_w$；σ_{v0}——试验深度处的有效上覆压力（kPa）；$\sigma_{v0}=\sum\gamma_i \cdot h_i$（水下土层取浮重度 γ'）。压缩模量：根据扁铲侧胀试验确定的相关指标，根据工程经验计算土的压缩模量如下（《工程地质手册》（第五版）P300）：$$E_s=R_m E_D$$ 式中：R_m——与水平应力指数 K_D 有关的函数，具体计算如下：$I_D \leqslant 0.6$ 时：$$R_m=0.14+2.36 \cdot \lg K_D$$ $0.6<I_D<3.0$ 时：$$R_m=0.15 I_D+0.05+(2.45-0.15 I_D) \cdot \lg K_D$$ $3.0 \leqslant I_D \leqslant 10.0$ 时：$$R_m=0.5+2 \cdot \lg K_D$$ $I_D>10.0$ 时：$$R_m=0.32+2.18 \cdot \lg K_D$$ 一般情况，$R_m \geqslant 0.85$；若计算得 $R_m<0.85$，取 $R_m=0.85$

【1-68】（2014C02）在地面下 7m 处进行扁铲侧胀试验，地下水埋深 1.0m，试验前率定时膨胀至 0.05mm 及 1.1mm 的气压实测值分别为 10kPa 和 80kPa，试验时膜片膨胀至 0.05mm、1.10mm 和回到 0.05mm 的压力值分别为 100kPa、260kPa 和 90kPa，调零前压力表初始读数为 8kPa，请计算该试验点的侧胀孔压指数为（　　）。

(A) 0.16　　　　　(B) 0.48　　　　　(C) 0.65　　　　　(D) 0.83

答案：D

解答过程：

根据《岩土工程勘察规范（2009 年版）》GB 50021—2001 第 10.8.3 条：

(1) 对试验的实测数据进行膜片刚度修正：

$$p_0=1.05\times(A-z_m+\Delta A)-0.05\times(B-z_m-\Delta B)$$
$$=1.05\times(100-8+10)-0.05\times(260-8-80)=98.5\text{kPa}$$
$$p_2=C-z_m+\Delta A=90-8+10=92\text{kPa}$$

(2) $u_0=10\times(7-1)=60\text{kPa}$

(3) $U_D=\dfrac{p_2-u_0}{p_0-u_0}=\dfrac{92-60}{98.5-60}=0.83$

【1-69】（2008D01）在地面下 8.0m 处进行扁铲侧胀试验，地下水位 2.0m，水位以上土的重度为 18.5kN/m²。试验前率定时膨胀至 0.05mm 及 1.10mm 的气压实测值分别为 $\Delta A = 10$kPa 及 $\Delta B = 65$kPa，试验时膜片膨胀至 0.05mm 及 1.10mm 和回到 0.05mm 的压力分别为 $A = 70$kPa 及 $B = 220$kPa 和 $C = 65$kPa。压力表初读数 $z_m = 5$kPa，计算该试验点的侧胀水平应力指数与（　　）项最为接近。

(A) 0.07　　　　　(B) 0.09　　　　　(C) 0.11　　　　　(D) 0.13

答案：D

解答过程：

根据《岩土工程勘察规范（2009 版）》GB 50021—2001 第 10.8.3 条：

(1) $p_0 = 1.05 \times (A - z_m + \Delta A) - 0.05 \times (B - z_m - \Delta B)$

$\quad\quad = 1.05 \times (70 - 5 + 10) - 0.05 \times (220 - 5 - 65)$

$\quad\quad = 71.25$kPa

(2) $u_0 = \gamma_w h_w = 10 \times 6 = 60$kPa

$\quad\quad \sigma_{v0} = \sum \gamma_i h_i = 2 \times 18.5 + (18.5 - 10) \times 6 = 88$kPa

(3) $K_D = (p_0 - u_0)/\sigma_{v0} = (71.25 - 60)/88 = 0.128$

【1-70】（模拟题）某土层采用扁铲侧胀试验，已知膜片膨胀至 1.10mm 时的压力为 40kPa，膜片膨胀至 0.05mm 时的压力为 20kPa，试验深度处的静水压力为 10kPa，上覆有效土压力为 80kPa，求该土层的压缩模量为（　　）kPa。

(A) 500　　　　　(B) 580　　　　　(C) 1000　　　　　(D) 1200

答案：B

解答过程：

根据《工程地质手册》（第五版）P298/P300，

侧胀模量（kPa）：$E_D = 34.7 \times (p_1 - p_0) = 34.7 \times (40 - 20) = 694$kPa

侧胀土性指数：$I_D = (p_1 - p_0)/(p_0 - u_0) = \dfrac{40 - 20}{20 - 10} = 2$，$0.6 < I_D < 3$

侧胀水平应力指数：$K_D = (p_0 - u_0)/\sigma_{v0} = \dfrac{20 - 10}{80} = 0.125$

与水平应力指数有关的函数：

$\quad\quad R_{m0} = 0.14 + 0.15(I_D - 0.6) = 0.14 + 0.15 \times (2 - 0.6) = 0.35$

$R_m = R_{m0} + (2.5 - R_{m0}) \cdot \lg K_D = 0.35 + (2.5 - 0.35) \times \lg 0.125 = -1.59 < 0.85$

取 $R_m = 0.85$，压缩模量 $E_s = R_m \cdot E_D = 0.85 \times 694 = 589.9$kPa

【小注岩土点评】

扁铲侧胀试验测量土层的压缩模量，其内容在《岩土工程勘察规范（2009 年版）》GB 50021—2001、《工程地质手册》（第五版）、《建筑地基检测技术规范》JGJ 340—2015 三本书中均有涉及，内容不尽相同，要求熟练掌握。

【1-71】（模拟题）对某地基进行扁铲侧胀试验，已知膜片膨胀至 1.10mm 时的压力为 60kPa，膜片向土中膨胀之前的接触压力为 20kPa，测点深度处的静水压力为 15kPa，有效上覆土压力为 60kPa。测试点深度为 6m，常年地下水位埋深平均值为 1.5m，场地抗震设防烈度为 7 度，加速度为 0.1g。试判别该土层是否液化？

（A）液化　　　　（B）非液化　　　　（C）可能液化　　　　（D）无法判断

答案：A

解答过程：

根据《工程地质手册》（第五版）第 302 页：

扁胀指数 $I_D = \dfrac{(p_1 - p_0)}{(p_0 - u_0)} = \dfrac{(60 - 20)}{(20 - 15)} = 8$

水平应力指数 $K_D = \dfrac{p_0 - u_0}{\sigma_{v0}} = \dfrac{20 - 15}{60} = 0.083$，液化临界水平应力指数基准值 $K_{D0} = 2.5$

$d_w = 1.5$，查表得系数 $a = 2.8$；$I_D = 8 > 2.7$，取 $I_D = 2.7$

临界水平应力指数：

$$K_{Dcr} = K_{D0}\left[0.8 - 0.04\,(d_s - d_w) + \frac{d_s - d_w}{a + 0.9\,(d_s - d_w)}\right]\left(\frac{3}{14 - 4I_D}\right)^{0.5}$$

$$= 2.5 \times \left[0.8 - 0.04 \times (6 - 1.5) + \frac{6 - 1.5}{2.8 + 0.9 \times (6 - 1.5)}\right] \times \left(\frac{3}{14 - 4 \times 2.7}\right)^{0.5} = 3.1$$

$K_D = 0.083 < K_{Dcr} = 3.1$，该土层为液化土。

【小注岩土点评】

《工程地质手册》（第五版）扁铲侧胀试验对液化的判定中，水压力计算为：$10 \times (6 - 1.5) = 45\,kPa$，这是不对的，注意常年地下水位和测试时的水位可能不一致，直接用题目给出的水压力值即可。

第八节　波速试验

——《岩土工程勘察规范（2009 年版）》第 10.10 节、《地基动力特性测试规范》第 7 章、《工程岩体试验方法标准》第 5.1.8 条、《工程地质手册》（第五版）P303～P310

波速测试

概述	土是散粒体颗粒材料，从力学建模上来说属于黏弹塑性综合体，但是如果在小应力作用所产生的小应变范围下，也可将其近似看成是弹性介质。在外界动荷载的作用下，其内部质点会在某平衡位置附近产生弹性振动，再带动周围质点的振动，并在一定范围内造成振动传播，形成弹性波。当动荷载在地基土表面作用引起振动时，将从震源产生并传递出去两种类型弹性波体波和面波。 弹性波 { 体波 { 纵波（压缩波）　横波（剪切波）　面波 { 瑞利波　勒夫波 } } } 体波是由震源沿着半球形波前向四周传播的，其振幅与传播距离 r 成反比。根据质点振动方向与波的传播方向的关系，体波又可分为纵波（又称压缩波，简称 P 波，波速记为 v_p）和横波（又称剪切波，简称 S 波，波速记为 v_s）。 纵波的质点振动方向与波的传递方向一致，而横波的质点振动方向与波的传递方向垂直。从波的基本特征上看，纵波的波速快于横波，且纵波振幅小而频率大，横波相对来说振幅大但频率低。 面波，包括瑞利波（简称 R 波，波速记为 v_R）和勒夫波（简称 L 波），其中瑞利波是面波的主要成分，质点的振动轨迹为椭圆，其长轴垂直于地面，而旋转方向则与波的传播方向相反。面波是体波在地表附近相互干涉所生成的次生波，沿着地表传播。 正反向敲击，根据不同波的初至和波形特征予以区别压缩波和剪切波： （1）压缩波（纵波）速度比剪切波（横波）快，压缩波为初至波。 （2）敲击木板正反向两端时，剪切波波形相位差 180°，而压缩波不变

成果应用	根据波速试验数据可以计算土的动剪切模量、动弹性模量和土的动泊松比如下： 动剪切模量（kPa）： $$G_d = \rho \cdot v_s^2$$ 动弹性模量（kPa）： $$E_d = 2\rho \cdot v_s^2(1+\mu_d) = 2G_d(1+\mu_d) = \frac{\rho \cdot v_s^2 \cdot (3v_p^2 - 4v_s^2)}{v_p^2 - v_s^2} = \frac{\rho \cdot v_p^2(1+\mu_d)(1-2\mu_d)}{(1-\mu_d)}$$ 动泊松比： $$\mu_d = \frac{v_p^2 - 2v_s^2}{2(v_p^2 - v_s^2)}$$ 式中：G_d——土体（岩体）动剪切模量（kPa）； 　　　E_d——土体（岩体）动弹性模量（kPa）； 　　　v_p、v_s——分别为土体（岩体）的压缩波速和剪切波速（m/s）； 　　　ρ——土体的质量密度（kg/m³）。 瑞利波波速 v_R（m/s）按下列公式计算： $$v_R = \frac{2\pi f \Delta l}{\varphi}$$ 地基的剪切波速 v_s（m/s）按下列公式计算： $$v_s = \frac{v_R}{\eta_\mu}$$ $$\eta_\mu = \frac{0.87 + 1.12\mu}{1+\mu}$$ 式中：φ——两台传感器接收到的振动波之间的相位差（rad）； 　　　Δl——两台传感器之间的水平距离（m）； 　　　f——振源的频率（Hz）； 　　　η_μ——与泊松比有关的系数； 　　　μ——地基的泊松比。 场地卓越周期的计算： $$T_C = \frac{4h}{V_s}$$ 式中：T_C——地基卓越周期（s）； 　　　h——计算厚度（m），相当于《建筑抗震设计规范（2016年版）》GB 50011—2010 的覆盖层厚度 d_0； 　　　V_s——实测的剪切波波速（m/s）
单孔法	（1）根据震源的不同，分为两种测试方法： ① 地面敲击法。在地面激振，检波器在一个垂直钻孔中接收，自上而下（或自下而上）按地层划分逐层进行检测，计算每一地层的 P 波或 SH 波速，称为单孔法。该法按激振方式不同可以检测地层的压缩波波速或剪切波波速。 ② 孔中自激自收法。震源和检波器为一体，在垂直钻孔中自上而下（或自下而上）逐层进行检测，计算每一地层的 P 波或 SV 波波速。 （2）单一土层法： $$v_s(v_p) = \frac{h}{t'} = \frac{\sqrt{x^2+h^2}}{t}$$ 式中：t'——垂直距离旅行时； 　　　t——实测旅行时； 　　　x——激发点距孔口的距离； 　　　h——孔中检波器距孔口地面的距离。 （3）多层土时： $$v_{si} = \frac{h_i - h_{i-1}}{t_i\cos\theta_i - \sum\frac{h_j - h_{j-1}}{v_{si}}}$$ 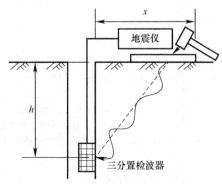

单孔法	剪切波到达点 1 所需的时间： $$t_1 = \frac{1}{\cos\theta_1} \frac{h_1}{V_{s1}}$$ 剪切波到达点 2 所需的时间： $$t_2 = \frac{1}{\cos\theta_2} \left(\frac{h_1}{V_{s1}} + \frac{h_2 - h_1}{v_{s2}} \right)$$ 剪切波到达点 i 所需的时间： $$t_i = \frac{1}{\cos\theta_i} \left(\frac{h_1}{v_{s1}} + \frac{h_2 - h_1}{v_{s2}} + \cdots + \sum \frac{h_j - h_{j-1}}{v_{sj}} \right)$$ 多层土计算的时候，先计算 h_1 厚度的波速，然后再推算 $h_2 - h_1$ 范围内的波速，以此类推。 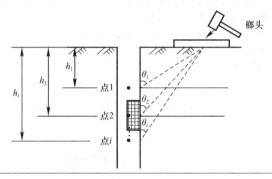
跨孔法	在两个以上垂直钻孔内，自上而下（或自下而上），按地层划分，在同一地层的水平方向上一孔激发，另外钻孔中接收，逐层进行检测地层的直达 SV 波，称为跨孔法。跨孔法宜在一条直线上布置三个孔，一孔为振源激发孔，另外两个孔为信号接收孔。 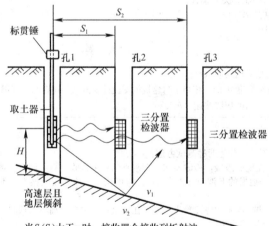 当 $S_1(S_2)$ 大于 x_c 时，接收器会接收到折射波 $$v_p = \frac{\Delta S}{T_{P2} - T_{P1}}$$ $$v_s = \frac{\Delta S}{T_{S1} - T_{S2}}$$ 式中：T_{P1}、T_{P2}——压缩波到达第一、第二个接收孔测点的时间（s）； $\quad\quad T_{S1}$、T_{S2}——剪切波到达第一、第二个接收孔测点的时间（s）； $\quad\quad S_1$、S_2——由振源到达第一、第二个接收孔测点的距离（m）； $\quad\quad \Delta S$——由振源到达两接收孔测点的距离之差（m），$\Delta S = S_2 - S_1$。 当测试地层附近不均匀，存在高速层且有地层倾斜时，分析是否接收到折射波。可根据下式计算： $$x_c = \frac{2\cos i \cos\phi}{1 - \sin(i+\phi)} H$$ 式中：i——临界角；

跨孔法	$i = \sin^{-1}\dfrac{v_1}{v_2} = \sin^{-1}\dfrac{\text{倾斜界面上层土层对应波速}}{\text{倾斜界面下层土层对应波速}}$ ϕ——地层倾角，以顺时针为正，逆时针为负； H——振源点到地层界面的厚度

【1-72】（2018D25）某地基采用强夯法处理填土，夯后填土层厚 3.5m，采用多道瞬态面波法检测处理效果，已知实测夯后填土层面波波速见下表，动泊松比均取 0.3，则根据《建筑地基检测技术规范》JGJ 340—2015，估算处理后填土层等效剪切波速最接近下列哪个选项？

深度（m）	0~1	1~2	2~3.5
面波波速（m/s）	120	90	60

（A）80m/s　　　　（B）85m/s　　　　（C）190m/s　　　　（D）208m/s

答案：B

解答过程：

根据《建筑地基检测技术规范》JGJ 340—2015：

（1）第 14.4.3 条：$\eta_s = \dfrac{0.87 + 1.12\mu_d}{1 + \mu_d} = \dfrac{0.87 + 1.12 \times 0.3}{1 + 0.3} = 0.9277$

$$V_{s1} = \frac{120}{0.9277} = 129.35 \text{m/s}$$

$$V_{s2} = \frac{90}{0.9277} = 97.01 \text{m/s}$$

$$V_{s3} = \frac{60}{0.9277} = 64.68 \text{m/s}$$

（2）第 14.4.4 条：$t = \dfrac{1}{V_{s1}} + \dfrac{1}{V_{s2}} + \dfrac{1.5}{V_{s3}} = \dfrac{1}{129.35} + \dfrac{1}{97.01} + \dfrac{1.5}{64.68} = 0.04123\text{s}$

$$V_{se} = \frac{d_0}{t} = \frac{3.5}{0.04123} = 84.89 \text{m/s}$$

第九节　土的动三轴试验

—— 《工程地质手册》（第五版）P349~P353

土的动三轴试验

概述	动三轴试验是从静三轴试验发展而来的，它利用与静三轴试验相似的轴向应力条件，通过对试样施加模拟的动主应力，同时测得试样在承受施加的动荷载作用下所表现的动态反应，这种反应是多方面的，最基本和最主要的是动应力（或动主应力比）与相应的动应变的关系 $\dfrac{\sigma_1}{\sigma_3} \sim \varepsilon_d$，动应力与相应的孔隙压力的变化关系（$\sigma_d \sim \Delta u$）。根据这几方面的指标相对关系，可以推求出岩土的各项动弹性参数及黏弹性参数，以及试样在模拟某种实际振动的动应力作用下表现的性状，例如饱和砂土的振动液化等

模量计算	动三轴试验测定的是动弹性压缩模量 E_d，动剪切模量 G_d 可以通过它与 E_d 之间的关系换算得出。试验表明，具有一定黏滞性或塑性的岩土试样，其动弹性模量 E_d 是随着许多因素而变化的，最主要的影响因素是主应力量级、主应力比和预固结应力条件及固结度等，动弹性模量的含义及测求过程远较静弹性模量复杂。 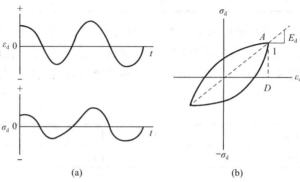 图 (a) 反映了某一级动应力幅 σ_d 作用下，土试样相应的动应力幅与动轴应变幅的关系。如果试样是理想的弹性体，则动应力幅（σ_d）与动轴应变幅（ε_d）的两条波形线必然在时间上是同步对应的。但对于土样，实际上并非理想弹性体，因此，它的动应力幅 σ_d 与相应的动轴应变幅（ε_d）波形并不在时间上同步，而是动轴应变幅波形线较动应力幅波形线有一定的时间滞后。 如果把每一周期的振动波形按照同一时刻的 σ_d 与 ε_d 值一一对应地描绘到 σ_d-ε_d 坐标上，则可得到图 (b) 所示的滞回曲线。 定义此滞回环的平均斜率为动弹性模量 E_d，即：$E_d = \sigma_d / \varepsilon_d$。 与动弹性模量 E_d 相应的动剪切模量 G_d 可按下式计算 $$G_d = \frac{E_d}{2(1 + \mu_d)}$$ 式中：μ_d——为泊松比，饱和砂土可取 0.5
阻尼比计算	图 (b) 的滞回曲线已说明土的黏滞性对应力、应变关系的影响。这种影响的大小可以从滞回环的形状来衡量，如果黏滞性愈大，环的形状就愈趋于宽厚，反之则趋于扁薄。这种黏滞性实质上是一种阻尼作用，试验证明，其大小与动力作用的速率成正比。因此它又可以说是一种速度阻尼。 阻尼作用可用等效滞回阻尼比来表征，其值可从滞回曲线求得： $$\xi_z = \frac{A_s}{\pi A_t}$$ 式中：ξ_z——试样轴向振动阻尼比（%）； 　　　A_s——轴向动应力-动应变滞回圈的面积（图中阴影部分所示，kPa）； 　　　A_t——轴向动应力-动应变滞回曲线图中直角三角形面积（图中所示 abc 的面积）。 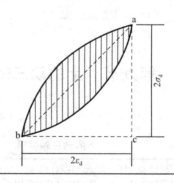

【1-73】（2019D24）运用振动三轴仪测试土的动模量。试样原始直径 39.1mm，原始高度 81.6mm，在 200kPa 围压下等向固结后的试样高度为 80.0mm，随后轴向施加 100kPa 动应力，得到动应力-动变形滞回曲线如下图所示，若土的泊松比为 0.35，试问试

验条件下土试样的动剪切模量最接近下列哪个选项？

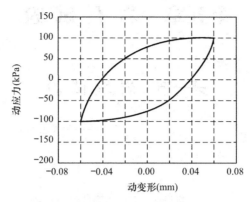

(A) 25MPa　　　　(B) 50MPa　　　　(C) 62MPa　　　　(D) 74Mpa

答案：B

解答过程：

根据《工程地质手册》（第五版）P352：

(1) 滞回环两端的应变为：$\varepsilon_{d1} = \dfrac{0.06}{80} = 7.5 \times 10^{-4}$；$\varepsilon_{d2} = \dfrac{-0.06}{80} = -7.5 \times 10^{-4}$

(2) $E_d = \dfrac{\sigma_d}{\varepsilon_d} = \dfrac{0.1 - (-0.1)}{7.5 \times 10^{-4} - (-7.5 \times 10^{-4})} = 133.3 \text{MPa}$

(3) $G_d = \dfrac{E_d}{2(1 + \mu_d)} = \dfrac{133.3}{2 \times (1 + 0.35)} = 49.4 \text{MPa}$

第五章 岩石试验

第一节 岩块试验

——《工程岩体试验方法标准》第 2 章

一、含水率试验

烘干法测定含水率试验

项目	内容
适用项目	各类岩石
试件要求	每组试验试件的数量应为 5 个
简要步骤	(1) 取样称重（m_0） (2) 烘干称重（m_s）
指标计算	$$w_0 = \frac{m_0 - m_s}{m_s} \times 100$$ 式中：w_0——岩石含水率（%）； m_0——烘干前的试件质量（g）； m_s——烘干后的试件质量（g）

二、岩石颗粒密度（比重）试验

岩石颗粒密度（比重）试验

项目	内容	
试验方法	比重瓶法	水中称量法
适用对象	各类岩石	凡遇水不崩解、不溶解和不干缩膨胀的岩石
简要步骤	(1) 将岩石粉碎成粉、过筛。 (2) 烘干岩粉。 (3) 取适量烘干岩粉（m_s）放入烘干的比重瓶，并向比重瓶内注入半瓶试液，采用煮沸法或真空抽气法排气。 (4) 将煮沸＋抽气后的比重瓶注满试液，称瓶＋试液＋岩粉的质量（m_2）。 (5) 将另一比重瓶内同样注满排气后的纯水后，称瓶＋水的质量（m_1）	(1) 将岩石试件烘干后称重（m_s）。 (2) 采用煮沸法或者真空抽气法，在水中强制饱和岩石试件，并对强制饱和试件直接称重（m_p）。 (3) 采用水中称量装置，再次称得强制饱和试件在水中的质量（m_w）
指标计算	$$\rho_s = \frac{m_s}{m_1 + m_s - m_2} \times \rho_{WT}$$ 式中：ρ_s——岩石颗粒密度（g/cm³）； m_2——比重瓶＋试液＋岩粉的质量（g）； m_1——比重瓶＋试液的质量（g）； m_s——所取的烘干岩粉质量（g），一般情况下取 15g； ρ_{WT}——与试验温度同温度的试液密度（g/cm³）	$$\rho_s = \frac{m_s}{m_s - m_w} \times \rho_w$$ 式中：ρ_s——岩石颗粒密度（g/cm³）； m_w——强制饱和试件在水中的质量（g）； m_s——烘干岩石试件质量（g）； ρ_w——水的密度（g/cm³）
数据整理	本试验应进行两次平行测定，两次测定的差值不得大于 0.02，取两次测值的平均值	

三、块体密度试验

岩块密度试验

项目	内容		
试验方法	量积法	水中称量法	蜡封法
适用对象	凡能制备成规则试件的各类岩石	凡遇水不崩解、不溶解和不干缩湿胀的岩石	不能采用量积法和水中称量法的岩石
试件要求	测定湿密度每组试件数量应为5个；测定干密度每组试件数量应为3个		
简要步骤	(1) 量测试件的直径（边长）和高度，计算体积（AH）。 (2) 烘干试件并称重（m_s）	(1) 将岩石试件烘干后称重（m_s）。 (2) 采用煮沸法或者真空抽气法，在水中强制饱和岩石试件，并对强制饱和试件直接称重（m_p）。 (3) 采用水中称量装置，再次称得强制饱和试件在水中的质量（m_w）	(1) 直接对试件称重（m）或将岩石试件烘干后称重（m_s）。 (2) 绳系试件进行蜡封后，称得蜡封试件质量（m_1）。 (3) 将蜡封试件放入水中，称得蜡封试件在水中的质量（m_2）
指标计算	$$\rho_d = \frac{m_s}{A \cdot H}$$ 式中：H——试件高度（cm）； A——试件截面积（cm^2）； m_s——烘干试件质量（g）； ρ_d——块体干密度（g/cm^3）	$$\rho_d = \frac{m_s}{m_p - m_w} \times \rho_w$$ 式中：m_w——强制饱和试件在水中的质量（g）； m_s——烘干岩石试件质量（g）； m_p——强制饱和试件质量（g）； ρ_w——水的密度（g/cm^3）	$$\rho_d = \frac{m_s}{\frac{m_1 - m_2}{\rho_w} - \frac{m_1 - m_s}{\rho_p}}$$ $$\rho = \frac{m}{\frac{m_1 - m_2}{\rho_w} - \frac{m_1 - m}{\rho_p}}$$ 式中：m——湿试件质量（g）； m_1——蜡封试件质量（g）； m_2——蜡封试件在水中的质量（g）； m_s——烘干岩石试件质量（g）； ρ_p——蜡的密度（g/cm^3）
	岩块干密度和湿密度的换算关系：$\rho_d = \dfrac{\rho}{1 + 0.01w}$		

【1-74】（2014D02）某天然岩块质量为134.00g，在105～110℃温度下烘干24h后，质量变为128.00g，再对岩块进行蜡封，蜡封后的质量为135.00g，蜡封试件沉入水中后的质量为80.00g。试计算该岩块的干密度最接近（　　）。（注：水的密度取1.0g/cm^3，蜡的密度取0.85g/cm^3）

(A) 2.33g/cm^3　　　(B) 2.52g/cm^3　　　(C) 2.74g/cm^3　　　(D) 2.87g/cm^3

答案：C

解答过程：

依据《工程岩体试验方法标准》GB/T 50266—2013第2.3.9条第2款：

$$\rho_d = \frac{m_s}{\frac{m_1 - m_2}{\rho_w} - \frac{m_1 - m_s}{\rho_p}} = \frac{128}{\frac{135 - 80}{1.0} - \frac{135 - 128}{0.85}} = 2.74 g/cm^3$$

四、岩石吸水性试验

岩石吸水性试验

项目	内容
适用对象	凡遇水不崩解、不溶解和不干缩膨胀的岩石
试验要求	(1) 每组试验试件的数量应为 3 个。 (2) 岩石吸水率应采用自由浸水法测定。 (3) 岩石饱和吸水率应采用煮沸法或真空抽气法强制饱和后测定，同时岩石饱和吸水率应在岩石吸水率测定后进行
简要步骤	(1) 将岩石试件烘干后称重（m_s）。 (2) 采用自由浸水法对试件进行浸泡，并称重（m_0）。 (3) 采用煮沸法或者真空抽气法，在水中强制饱和岩石试件，并对强制饱和试件直接称重（m_p）
指标计算	$$w_a = \frac{m_0 - m_s}{m_s} \times 100$$ $$w_{sa} = \left(\frac{m_p - m_s}{m_s}\right) \times 100$$ $$K_W = \frac{w_a}{w_{sa}}$$ 式中：w_a——岩石吸水率（%）； 　　　w_{sa}——岩石饱和吸水率（%）； 　　　m_s——烘干后的试件质量（g）； 　　　m_p——强制饱和试件质量（g）； 　　　K_W——饱和系数； 　　　m_0——试件浸水 48h 后质量（g）

五、膨胀性试验及膨胀岩判定分级

膨胀性试验

① 轴向自由膨胀率（%）	$V_H = \dfrac{\Delta H}{H} \times 100$	式中：ΔH——试件轴向变形值（mm）； 　　　H——试件高度（mm）
② 径向自由膨胀率（%）	$V_D = \dfrac{\Delta D}{D} \times 100$	式中：ΔD——试件径向平均变形值（mm）； 　　　D——试件直径或边长（mm）
③ 侧向约束膨胀率（%）	$V_{HP} = \dfrac{\Delta H_1}{H} \times 100$	式中：ΔH_1——有侧向约束试件的轴向变形值（mm）
④ 膨胀压力（MPa）	$p_c = \dfrac{F}{A}$	式中：F——轴向荷载（N）； 　　　A——试件截面积（mm²）

膨胀岩判定分级

——《铁路工程特殊岩土勘察规程》第 6 章

膨胀岩判定

试验项目		判定指标
不易崩解的岩石	膨胀率 V（%），$V = \max(V_H, V_D)$	$V \geqslant 3$
易崩解的岩石	自由膨胀率 F_s（%）	$F_s \geqslant 30$
膨胀力 P_p（kPa）		$P_p \geqslant 100$
饱和吸水率 w_{sa}（%）		$w_{sa} \geqslant 10$

【小注】当有 2 项及以上满足，可判定为膨胀岩。

膨胀岩的膨胀潜势分级

分级指标	弱膨胀	中等膨胀	强膨胀
干燥后饱和吸水率 w_{sa}（%）	$10 \leqslant w_{sa} < 30$	$30 \leqslant w_{sa} < 50$	$w_{sa} > 50$

膨胀岩的膨胀性分类

类别	膨胀率 V（%）	膨胀力 P_p（kPa）	饱和吸水率 w_{sa}（%）	自由膨胀率 F_s（%）
非膨胀岩	<3	<100	<10	<30
弱膨胀岩	3～15	100～300	10～30	30～50
中膨胀岩	15～30	300～500	30～50	50～70
强膨胀岩	>30	>500	>50	>70

六、耐崩解试验

测定参数	计算公式	参数
岩石二次循环耐崩解性指数 I_{d2}（%）	$I_{d2} = \dfrac{m_r}{m_s} \times 100$	式中：m_s——原试件烘干质量（g）； m_r——残留试件烘干质量（g）

七、岩石单轴抗压强度试验

岩石单轴抗压强度试验

项目	内容
适用对象	能制成圆柱体试件的各类岩石
试件要求	（1）同一含水状态和同一加载方向下，每组试验试件的数量应为 3 个。 （2）圆柱体试件直径宜为 48～54mm，试件高度与直径之比宜为 2.0～2.5
简要步骤	（1）将试件放于试验机承压板上。 （2）开机以每秒 0.5～1.0MPa 的速度加载直到试件破坏，测得 P
试件指标计算	岩石单轴抗压强度：$R = P/A$（MPa） 标准试件岩石的软化系数：$\eta = \bar{R}_w / \bar{R}_d$ 式中：P——破坏荷载（N）； 　　　A——试件截面积（mm²）； 　　　$\bar{R}_w$——（标准试件）岩石饱和单轴抗压强度平均值（MPa）； 　　　$\bar{R}_d$——（标准试件）岩石干燥单轴抗压强度平均值（MPa）。 **岩石按软化程度分类——《岩土工程勘察规范（2009 年版）》GB 50021—2001 第 3.2.4 条** {软化表} 当试件的高径比为非标准试件时，需对试验结果（R'）进行如下修正： $$R = \frac{8R'}{7 + \dfrac{2D}{H}}$$ 式中：R——标准高径比试件的抗压强度（MPa）； 　　　R'——非标准高径比试件的抗压强度（MPa）； 　　　D——非标准高径比试件的直径（mm）； 　　　H——非标准高径比试件的高度（mm）

岩石软化程度划分	软化岩石	不软化岩石
软化系数 η	$\eta \leqslant 0.75$	$\eta > 0.75$

【1-75】（2018C04）对某岩石进行单轴抗压强度试验，试件直径均为72mm，高度均为95mm，测得其在饱和状态下岩石单轴抗压强度分别为62.7MPa、56.5MPa、67.4MPa，在干燥状态下标准试件单轴抗压强度平均值为82.1MPa，请按《工程岩体试验方法标准》GB/T 50266—2013求该岩石的软化系数与下列哪项最接近？

(A) 0.69　　　(B) 0.71　　　(C) 0.74　　　(D) 0.76

答案：B

解答过程：

根据《工程岩体试验方法标准》GB/T 50266—2013第2.7.10条：

(1) $D=72\text{mm}$，$H=95\text{mm}$，$\dfrac{H}{D}=\dfrac{95}{72}=1.32$，不符合2.0～2.5之间，是非标准尺寸试件。

(2) $\bar{R}_{w1}=\dfrac{8\times62.7}{7+2\times\dfrac{72}{95}}=58.9\text{MPa}$，$\bar{R}_{w2}=\dfrac{8\times56.5}{7+2\times\dfrac{72}{95}}=53.08\text{MPa}$，$\bar{R}_{w3}=\dfrac{8\times67.4}{7+2\times\dfrac{72}{95}}=63.32\text{MPa}$

(3) $\bar{R}_w=\dfrac{58.9+53.08+63.32}{3}=58.43\text{MPa}$

(4) $\eta=\dfrac{\bar{R}_w}{\bar{R}_d}=\dfrac{58.43}{82.1}=0.71$

八、岩石冻融试验

岩石冻融试验

项目	内容
适用对象	采用直接冻融法，适用于能制成圆柱体试件的各类岩石
试件要求	(1) 同一加载方向下，每组试验试件的数量应为6个。 (2) 圆柱体试件直径宜为48～54mm，试件高度与直径之比宜为2.0～2.5
简要步骤	(1) 将6个试件烘干后，称重得试件烘干质量m_s；再将所有试件进行强制饱和后，称重得强制饱和试件质量m_p。取3个经强制饱和的试件进行冻融前的单轴抗压强度试验$\bar{R}_w$。 (2) 将另外3个经强制饱和试件放入（-20 ± 2）℃的冰箱中冻4h，然后取出放入（20 ± 2）℃的水中融解4h，该过程即为一个冻融循环。 (3) 冻融循环次数一般为25次，根据需要可采用50次或100次。 (4) 冻融循环结束后，从水中取出试件，沾干水分称得冻融后试件质量m_{fm}，并进行冻融后的单轴抗压强度试验得$\bar{R}_{fm}$
指标计算	岩石的冻融质量损失率： $$M=\frac{m_p-m_{fm}}{m_s}\times100\%$$ 岩石的冻融系数： $$K_{fm}=\frac{\bar{R}_{fm}}{\bar{R}_w}$$ 岩石冻融单轴抗压强度： $$R_{fm}=\frac{P}{A}$$ 式中：m_p——冻融前，饱和试件质量（g）； 　　　m_s——试验前，烘干试件质量（g）； 　　　m_{fm}——冻融后，试件质量（g）； 　　　$\bar{R}_{fm}$——冻融后，岩石饱和单轴抗压强度平均值（MPa）； 　　　$\bar{R}_w$——岩石饱和单轴抗压强度平均值（MPa）

【小注岩土点评】

冻融试验中的各个特征参数，本质上仍然是考查岩石单轴抗压强度。这里是常规考点，是单轴抗压强度新的命题点。

九、岩石单轴压缩变形试验

岩石单轴压缩变形试验

项目	内容	
适用对象	采用电阻应变片法或千分表法，适用于能制成圆柱体试件的各类岩石	
试件要求	(1) 同一含水状态和同一加载方向下，每组试验试件的数量应为 3 个。 (2) 试件高度与直径之比宜为 2.0～2.5。 (3) 圆柱体试件直径宜为 48～54mm	
试验方法	电阻应变片法	千分表法
简要步骤	(1) 在试件的轴向和径向粘贴应变片。 (2) 开机加载，以每秒 0.5～1.0MPa 的速度施加轴向荷载，逐级测读载荷 P 和各应变片应变值 ξ，直到试件破坏，并记录破坏荷载 P	(1) 在试件的轴向和径向安装千分表。 (2) 开机加载，以每秒 0.5～1.0MPa 的速度施加轴向荷载，逐级测读载荷 P 和各千分表变形值 Δ，直到试件破坏，并记录破坏荷载 P
指标计算	(1) 岩石的单轴抗压强度 R 计算如下： $$R = P/A$$ 式中：R——岩石单轴抗压强度（MPa）； 　　　P——试件破坏荷载（N）； 　　　A——试件截面积（mm^2）。 (2) 岩石各级应力 σ_i 计算如下： $$\sigma_i = P_i/A$$ 式中：σ_i——与所测各组应变值相应的各级应力值（MPa）； 　　　P_i——与所测各组应变值相应的荷载（N）； 　　　A——试件截面积（mm^2）。 (3) 千分表各级荷载的轴向应变值 ε_l 和径向应变值 ε_d 计算如下： $$\varepsilon_l = \Delta L/L \quad （轴向应变）$$ $$\varepsilon_d = \Delta D/D \quad （径向应变）$$ 式中：ΔL——各级荷载下的试件轴向变形平均值（mm）； 　　　L——轴向测量标距或试件轴向高度（mm）； 　　　ΔD——与 ΔL 同荷载下径向变形平均值（mm）； 　　　D——试件直径（mm）。 (4) 岩石平均弹性模量 E_{av} 和岩石平均泊松比 μ_{av} 如下： $$E_{av} = \frac{\sigma_b - \sigma_a}{\varepsilon_{lb} - \varepsilon_{la}} = \frac{轴向应力}{轴向应变} \quad （直线段）$$ $$\mu_{av} = \frac{\varepsilon_{db} - \varepsilon_{da}}{\varepsilon_{lb} - \varepsilon_{la}} = \frac{径向应变}{轴向应变} \quad （直线段）$$ 式中：E_{av}——岩石平均弹性模量（MPa）； 　　　μ_{av}——岩石平均泊松比； 　　　σ_a——应力与轴向应变曲线上直线段起始点的应力值（MPa）； 　　　σ_b——应力与轴向应变曲线上直线段终止点的应力值（MPa）； 　　　ε_{la}——应力为 σ_a 时的轴向应变值； 　　　ε_{lb}——应力为 σ_b 时的轴向应变值； 　　　ε_{da}——应力为 σ_a 时的径向应变值； 　　　ε_{db}——应力为 σ_b 时的径向应变值	

十、岩石三轴压缩强度试验（抗剪强度试验）

岩石三轴压缩强度试验

项目	内容
适用对象	采用等侧向压力，能制成圆柱体试件的各类岩石
试件要求	(1) 同一含水状态和同一加载方向下，每组试验试件的数量应为 5 个。 (2) 试件高度与直径之比宜为 2.0～2.5。 (3) 圆柱体试件直径宜为 48～54mm
简要步骤	(1) 将试件放入三轴压缩仪中，开机以每秒 0.05MPa 的加载速度同步施加侧向压力和轴向压力至预定的侧压力值。 (2) 保持侧向压力为常数，同时继续以每秒 0.5～1.0MPa 的速度施加轴向荷载，直到试件破坏，并记录破坏荷载 P。 (3) 按照步骤 (1)、(2)，对其余试件在不同侧压力下进行试验，进而得到多组岩石破坏时的应力状态 (σ_1, σ_3)
指标计算	(1) 不同侧压条件下，岩石试件破坏时的最大主应力 σ_1 计算如下： $$\sigma_1 = P/A$$ 式中：σ_1——不同侧压条件下的最大主应力（MPa）； 　　　P——不同侧压条件下的试件轴向破坏荷载（N）； 　　　A——试件截面积（mm²）。 (2) 根据多组岩石破坏时的应力状态 (σ_1, σ_3)，在 τ-σ 坐标图上绘制摩尔应力圆，然后根据库伦摩尔准则求得岩石的抗剪强度参数 (c, φ)、圆心坐标 $\left(\dfrac{\sigma_1+\sigma_3}{2}, 0\right)$、半径 $r=\dfrac{\sigma_1-\sigma_3}{2}$ (3) 根据多组岩石破坏时的应力状态 (σ_1, σ_3)，直接绘制 σ_3-σ_1 曲线，并建立如下线性方程式： $$\sigma_1 = F \cdot \sigma_3 + R$$ 式中：F——σ_1-σ_3 关系曲线的斜率； 　　　R——σ_3-σ_1 关系曲线在纵坐标轴 σ_1 上的截距，等同于试件的单轴抗压强度（MPa）。 (4) 根据求解的参数 F、R，按如下公式计算抗剪强度参数： 摩擦系数：$f = \dfrac{F-1}{2\sqrt{F}}$ 黏聚力：$c = \dfrac{R}{2\sqrt{F}}$ （MPa）

【小注岩土点评】

指标计算中第（3）和第（4）条线性关系式，是命题的一大喜好。

十一、岩石抗拉强度试验

劈裂法测岩石抗拉强度试验

项目	内容
适用对象	采用劈裂法，能制成规则试件的各类岩石
试件要求	(1) 同一加载方向下，每组试验试件的数量应为 3 个。 (2) 圆柱体试件直径宜为 48～54mm，试件厚度宜为直径的 0.5～1.0 倍
简要步骤	(1) 根据要求的劈裂方向，过直径的两端，沿轴向画两条平行的加载基线，同时将两根垫条沿加载基线固定于试件两侧。 (2) 将试件放于试验机中，以每秒 0.3～0.5MPa 的速度加载至破坏
指标计算	$$\sigma_t = \frac{2P}{\pi \cdot D \cdot h}$$ 式中：σ_t——岩石抗拉强度（MPa）； 　　　P——试件破坏荷载（N）； 　　　D——试件直径（mm）； 　　　h——试件厚度（mm）

十二、直剪试验

岩块直剪试验

项目	内容
采用方法	平推法
一般要求	(1) 岩石直剪试验试件的直径或边长不得小于 50mm，试件高度应与直径或边长相等。 (2) 岩石结构面直剪试验试件的直径或边长不得小于 50mm，试件高度宜与直径或边长相等。结构面应位于试件中部。 (3) 混凝土与岩石接触面直剪试验试件宜为正方体，其边长不宜小于 150mm；接触面应位于试件中部
成果整理	(1) 各法向荷载作用下，作用于剪切面上的法向应力和剪应力分别按下列公式计算： $$\sigma = \frac{P}{A}, \quad \tau = \frac{Q}{A}$$ 式中：σ——作用于剪切面上的法向应力（MPa）； 　　　τ——作用于剪切面上的剪应力（MPa）； 　　　P——作用于剪切面上的法向荷载（N）； 　　　Q——作用于剪切面上的剪切荷载（N）； 　　　A——有效剪切面积（mm²）。 (2) 应绘制各法向应力下的剪应力与剪切位移及法向位移关系曲线，应根据曲线确定各剪切阶段特征点的剪应力。 (3) 应将各剪切阶段特征点的剪应力和法向应力点绘在坐标图上，绘制剪应力与法向应力关系曲线，并应按库伦-奈维表达式确定相应的岩石强度参数（f，c）： $$f = \tan\varphi = \frac{\tau_n - \tau_1}{\sigma_n - \sigma_1}$$ $$c = \tau_n - \sigma_n f$$

十三、岩石点载荷试验

岩石点载荷试验

项目	内容
适用对象	各类岩石
试件要求	(1) 同一含水状态和同一加载方向下，岩芯试件每组试验试件的数量宜为 5~10 个，方块或不规则块体试件每组试验试件的数量宜为 15~20 个。 (2) 作为径向试验的岩芯试件的长径比应大于 1.0，作为轴向试验的岩芯试件的长径比宜为 0.3~1.0；方块体或不规则块体试件，其尺寸宜为（50±35）mm，加载点间距与加载处平均宽度之比宜为 0.3~1.0
简要步骤	(1) 试件放入点载荷仪器中。 (2) 稳定加载，使得试件在 10~60s 内破坏，并记录破坏荷载 P

指 标 计 算

(1) 计算等价岩芯直径 D_e（mm）

简图	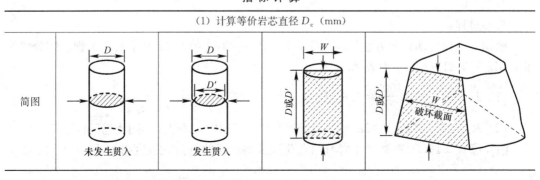

续表

试验方式	径向试验		轴向试验
计算式	$D_e = D$	$D_e = \sqrt{D \cdot D'}$	$D_e = \sqrt{\dfrac{4WD}{\pi}}$ 或 $D_e = \sqrt{\dfrac{4WD'}{\pi}}$

其中：D 或 D' 为两加载点间距离，即连线长度，无贯入时取 D，有贯入时取 D'。
W 为以两贯入点连线为轴的所有截面之中，最小截面的宽度或平均宽度

（2）计算等价岩心直径 500mm 岩石点荷载强度指数 $I_{s(50)}$ （mm）

$D_e = 50\text{mm}$ 时	$I_s = \dfrac{P}{D_e^2} \Rightarrow I_{s(50)} = I_s$	式中：I_s ——未经修正的岩石点荷载强度（MPa）； P ——试件破坏荷载（N）； P_{50} ——根据 D_e^2-P 关系曲线求得 D_e^2 为 2500mm² 时对应的 P 值（N）； F ——修正系数； m ——修正指数，①可取 $0.40 \sim 0.45$，②由 $\log P$-$\log D_e^2$ 关系曲线的斜率 n 求得，$m = 2(1-n)$
$D_e \neq 50\text{mm}$ 且数据较多时	$I_{s(50)} = \dfrac{P_{50}}{2500}$	
$D_e \neq 50\text{mm}$ 且数据较少时	$F = \left(\dfrac{D_e}{50}\right)^m \Rightarrow I_{s(50)} = F \cdot I_s$	

（3）数据处理

《工程岩体试验方法标准》GB/T 50266——2013	一组有效试验数据≤10 个时：舍去最大和最小值，取剩余平均值
	一组有效试验数据＞10 个时：舍去 2 个最大和 2 个最小值，取剩余平均值
《工程岩体分级标准》GB/T 50218—2014	试样数量应≥10 个时，舍去最大和最小值，取剩余平均值

（4）计算岩石饱和单轴抗压强度 R_c、岩石点荷载强度各向异性指数 $I_{a(50)}$

$R_c = 22.82 I_{s(50)}^{0.75}$	当岩芯太破碎，无法进行饱和单轴抗压强度试验时，可进行点荷载试验，将点荷载强度换算成饱和单轴抗压强度，换算公式如左侧所示
	式中：$I_{s(50)}$ ——等价岩芯直径为 50mm 的岩石点荷载强度指数（MPa）
$I_{a(50)} = \dfrac{I'_{s(50)}}{I''_{s(50)}}$	式中：$I'_{s(50)}$ ——垂直于弱面的岩石点荷载强度指数（MPa）； $I''_{s(50)}$ ——平行于弱面的岩石点荷载强度指数（MPa）

（5）岩石按坚硬程度分类

坚硬程度	坚硬岩	较硬岩	较软岩	软岩	极软岩
饱和单轴抗压强度 R_c	$R_c > 60$	$30 < R_c \leqslant 60$	$15 < R_c \leqslant 30$	$5 < R_c \leqslant 15$	$R_c \leqslant 5$

【1-76】（2009D03）直径为 50mm、长为 70mm 的标准岩石试件，进行径向点荷载强度试验，测得破坏时极限荷载为 4000N，破坏瞬间加荷点未发生贯入现象，试分析判断该岩石的坚硬程度属于（　　）。

（A）软岩　　　　　（B）较软岩　　　　（C）较坚硬岩　　　（D）坚硬岩

答案：C

解答过程：

根据《工程岩体试验方法标准》GB/T 50266—2013 第 2.12.9 条及《工程岩体分级标准》GB/T 50218—2014 附表 A.0.2：

（1）$I_{s(50)} = \dfrac{P}{D_e^2} = \dfrac{4000}{50^2} = 1.6\text{MPa}$

（2）$R_c = 22.82 I_{s(50)}^{0.75} = 22.82 \times (1.6)^{0.75} = 32.5\text{MPa}$，查表：属于较坚硬岩。

【1-77】（2016C02）某风化岩石用点荷载试验求得的点荷载强度指数 $I_{s(50)} = 1.28\text{MPa}$，

其新鲜岩石的单轴饱和抗压强度 f_r＝42.8MPa。试根据给定条件判定该岩石的风化程度为下列哪一项？

（A）未风化　　　　　（B）微风化　　　　　（C）中等风化　　　　　（D）强风化

答案：C

解答过程：

（1）根据《工程岩体分级标准》GB/T 50218—2014 第3.3.1条：
$$R_c=22.82I_{s(50)}^{0.75}=22.82\times1.28^{0.75}=27.46\text{MPa}$$

（2）根据《岩土工程勘察规范（2009年版）》GB 50021—2001 附录A.0.3：

风化系数 $K_f=\dfrac{27.46}{42.8}=0.64$，风化系数 K_f 为0.4~0.8，岩石按风化程度属于中等风化。

【1-78】（2022D03）对直径30mm、高度42mm的某岩石饱和试样进行径向点载荷试验，测得岩石破坏时极限荷载1300N，锥端发生贯入破坏，试件破坏瞬间加荷点间距26mm，试按《工程岩体试验方法标准》GB/T 50266—2013、《工程岩体分级标准》GB/T 50218—2014判定，该岩石的坚硬程度是下列哪个选项？（修正系数取0.45）

（A）坚硬岩　　　　（B）较坚硬岩　　　　（C）较软岩　　　　（D）软岩

答案：C

解答过程：

（1）径向点载荷试验，D＝30mm，试件破坏瞬间，D'＝26mm

（2）$D_e^2=30\times26=780\text{mm}^2$，$D_e=28\text{mm}$

（3）$I_s=\dfrac{P}{D_e^2}=\dfrac{1300}{780}=1.67\text{MPa}$

（4）$I_{s(50)}=FI_s=0.45\times1.67=0.75\text{MPa}$

（5）$R_c=22.82I_{s(50)}^{0.75}=22.82\times0.75^{0.75}=18.4\text{MPa}$，为较软岩。

【小注岩土点评】

① 本题为常规考点，径向点载荷试验。

② 本题和模拟题不同的是：$F=\left(\dfrac{D_e}{50}\right)^m$，式中 F 为修正系数，m 为修正指数。模拟题给定的是修正指数0.45，本题给定的是修正系数0.45。

③ 若将修正指数带入0.45，修正系数 $F=\left(\dfrac{D_e}{50}\right)^m=\left(\dfrac{28}{50}\right)^{0.45}=0.77$，也许是命题组利用大家的固定思维混淆修正系数和修正指数，就是考查大家读题是否认真。

④ 切记：考试的时候，摒弃杂念，严格对照题干数据和表述。

第二节　岩体试验

一、承压板法试验

——《工程岩体试验方法标准》第3.1节

承压板法试验按承压板性质，分为刚性承压板法试验和柔性承压板法试验。各类岩体均可采用刚性承压板法试验，对于完整和较完整岩体也可采用柔性承压板法试验。

岩体变形试验

测定弹性模量 E 试验方法		计算公式	参数
承压板法	刚性承压板	岩体弹性模量（MPa）： 圆形板：$E=0.785\times\dfrac{(1-\mu^2)\ pD}{W_e}$ 方形板：$E=0.886\times\dfrac{(1-\mu^2)\ pb}{W_e}$ 岩体变形模量（MPa）： 圆形板：$E_0=0.785\times\dfrac{(1-\mu^2)\ pD}{W_0}$ 方形板：$E_0=0.886\times\dfrac{(1-\mu^2)\ pb}{W_0}$	式中：W_e——岩体弹性变形（cm）； W_0——岩体总变形（cm）； p——按承压板面积计算的压力（MPa），试验加载压力 N/承压板面积（mm^2）； D——承压板直径（cm）； b——承压板边长（cm）； μ——岩体泊松比
	柔性承压板测表面变形	$E=\dfrac{(1-\mu^2)\ p}{W}\times 2\ (r_1-r_2)$	式中：W——柔性承压板中心岩体表面变形（cm）； r_1——环形承压板有效外半径（cm）； r_2——环形承压板有效内半径（cm）
	柔性承压板测深部变形	$$E=\dfrac{p}{W_z}K_z$$ $\Uparrow$ $K_z=2\ (1-\mu^2)\ \left(\sqrt{r_1^2+Z^2}-\sqrt{r_2^2+Z^2}\right)-(1+\mu)\ \left(\dfrac{Z^2}{\sqrt{r_1^2+Z^2}}-\dfrac{Z^2}{\sqrt{r_2^2+Z^2}}\right)$ 式中：W_z——深度为 Z 处岩体变形（cm）； Z——测点深度（cm）	
	柔性承压板测不同深度两点变形	$E=\dfrac{p\ (K_{z1}-K_{z2})}{W_{z1}-W_{z2}}$	式中：K_{z1}、K_{z2}——上式算出 Z_1、Z_2 处的系数（cm）； W_{z1}、W_{z2}——深度 Z_1、Z_2 处岩体变形（cm）
钻孔径向加压法	采用钻孔膨胀计	岩体弹性模量（MPa）： $E=p\ (1+\mu)\ \dfrac{d}{\Delta d_t}$ 岩体变形模量（MPa）： $E_0=p\ (1+\mu)\ \dfrac{d}{\Delta d_e}$	式中：p——试验压力与初始压力差（MPa）； d——实测钻孔直径（cm）； Δd_t——岩体径向总变形（cm）； Δd_e——岩体径向弹性变形（cm）
	采用钻孔弹模计	$E=Kp\ (1+\mu)\ \dfrac{d}{\Delta d}$	式中：K——系数，由率定确定
当方形刚性承压板边长为 30cm 时，基准基床系数 K_v： $K_v=\dfrac{p}{W}$			式中：K_v——基准基床系数（kN/m^3）； p——按方形刚性承压板计算的压力（kN/m^2）； W——岩体变形（m）

二、混凝土与岩体接触面直剪试验

——《工程岩体试验方法标准》第 4.1 节

混凝土与岩体接触面直剪试验

项目	内容
采用方法	平推法或斜推法
荷载施加方法	采用斜推法分级施加载荷时,为保持法向应力始终为一常数,应同步降低因施加斜向剪切载荷而产生的法向分量的增量,作用于剪切面上的总法向载荷应按下式计算: $$P = P_0 - Q\sin\alpha$$ 式中:P——作用于剪切面上的总法向载荷(N); 　　　P_0——试验开始时作用于剪切面上的总法向载荷(N); 　　　Q——试验时的各级总斜向剪切载荷(N); 　　　α——斜向剪切载荷施力方向与剪切面的夹角(°)
试验成果整理	(1) 采用平推法,各法向荷载下的法向应力和剪应力应分别按下列公式计算: $$\sigma = \frac{P}{A}, \ \tau = \frac{Q}{A}$$ 式中:σ——作用于剪切面上的法向应力(MPa); 　　　τ——作用于剪切面上的剪应力(MPa); 　　　P——作用于剪切面上的总法向荷载(N); 　　　Q——作用于剪切面上的总剪切荷载(N); 　　　A——剪切面面积(mm²)。 (2) 采用斜推法,各法向荷载下的法向应力和剪应力应分别按下列公式计算: $$\sigma = \frac{P}{A} + \frac{Q}{A}\sin\alpha$$ $$\tau = \frac{Q}{A}\cos\alpha$$ 式中:Q——作用于剪切面上的总斜向剪切载荷(N); 　　　α——斜向载荷施力方向与剪切面的夹角(°)

【1-79】(模拟题)在水利水电地下工程稳定性分析中,地下工程基础为混凝土基础,地下工程地基为花岗岩,为测得混凝土基础与花岗岩岩体接触面的抗剪强度,在现场进行了斜推法直剪试验,剪切面积 3000cm²,斜向推力中心线与剪切面的夹角为 16°,如下图所示,试验时施加的法向荷载 P 及斜向剪切力 Q 见下表,根据《工程岩体试验方法标准》GB/T 50266—2013,试计算剪切面的摩擦系数为下列哪个选项?

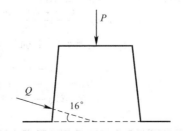

总法向荷载 P(kN)	100	200
斜向剪切力 Q(kN)	750	930

（A）0.8　　　　　（B）0.95　　　　　（C）1.1　　　　　（D）1.15

答案：D

解答过程：

$$\sigma_1 = \frac{100 + 750 \times \sin 16°}{0.3} = 1022 \text{kPa}$$

$$\tau_1 = \frac{750 \times \cos 16°}{0.3} = 2403 \text{kPa}$$

$$\sigma_2 = \frac{200 + 930 \times \sin 16°}{0.3} = 1521 \text{kPa}$$

$$\tau_2 = \frac{930 \times \cos 16°}{0.3} = 2980 \text{kPa}$$

$$\tau = c + \sigma f$$

$$2403 = c + 1022 f$$

$$2980 = c + 1521 f$$

$$f = 1.16$$

三、岩石声波测试

——《工程岩体试验方法标准》第 5 章

岩石声波测试

项目	内容
岩块声波波速测试	（1）岩石纵波波速、横波波速应分别按下列公式计算： $$v_p = \frac{L}{t_p - t_0} = \frac{L_2 - L_1}{t_{p2} - t_{p1}}$$ $$v_s = \frac{L}{t_s - t_0} = \frac{L_2 - L_1}{t_{s2} - t_{s1}}$$ 式中：v_p——纵波速度（m/s）； 　　　v_s——横波速度（m/s）； 　　　L——发射、接收换能器中心间的距离（m）； 　　　t_p——直透法纵波的传播时间（s）； 　　　t_s——直透法横波的传播时间（s）； 　　　t_0——仪器系统的零延时（s）； 　L_1、L_2——平透法发射换能器至第一（二）个接收换能器两中心的距离（m）； 　t_{p1}、t_{s1}——平透法发射换能器至第一个接收换能器纵（横）波的传播时间（s）； 　t_{p2}、t_{s2}——平透法发射换能器至第二个接收换能器纵（横）波的传播时间（s）。 （2）岩石各种动弹性参数应分别按下列公式计算： $$E_d = \rho v_p^2 \frac{(1 + \mu_d)(1 - 2\mu_d)}{1 - \mu_d} \cdot 10^{-3}$$ $$E_d = 2(1 + \mu_d)\rho v_s^2 \cdot 10^{-3}$$ $$\mu_d = \frac{\left(\dfrac{v_p}{v_s}\right)^2 - 2}{2\left[\left(\dfrac{v_p}{v_s}\right)^2 - 1\right]}$$

项目	内容
岩块声波波速测试	$$G_d = \rho v_s^2 \cdot 10^{-3}$$ $$\lambda_d = \rho(v_p^2 - 2v_s^2) \cdot 10^{-3}$$ $$K_d = \rho \frac{3v_p^2 - 4v_s^2}{3} \cdot 10^{-3}$$ 式中：E_d——岩石动弹性模量（MPa）（量纲与原位测试中波速测试 E_d 是一致的）； μ_d——岩石动泊松比； G_d——岩石动刚性模量或动剪切模量（MPa）； λ_d——岩石动拉梅系数（MPa）； K_d——岩石动体积模量（MPa）； ρ——岩石密度（g/cm³）。 （3）岩体完整性指数按下式计算： $$k_v = \left(\frac{v_{pm}}{v_{pr}}\right)^2$$ 式中：k_v——岩体完整性指数，精确至 0.01； v_{pm}——岩体纵波波速（m/s）； v_{pr}——岩块纵波波速（m/s）

四、岩体应力测试

——《工程岩体试验方法标准》第 6 章

岩体应力测试

项目	内容
水压致裂法测试	（1）完整和较完整岩体可采用水压致裂法测试。 （2）测试成果整理，岩体钻孔横截面上岩体平面最小主应力分别按下列公式计算： $$S_h = p_s$$ $$S_H = 3S_h - p_b - p_0 + \sigma_t$$ $$S_H = 3p_s - p_r - p_0$$ 式中：S_h——钻孔横截面上岩体平面最小主应力（MPa）； S_H——钻孔横截面上岩体平面最大主应力（MPa）； σ_t——岩体抗拉强度（MPa）； p_s——瞬时关闭压力（MPa）； p_r——重张压力（MPa）； p_b——破裂压力（MPa）； p_0——岩体孔隙水压力（MPa）

第六章 勘 察 取 样

第一节 勘 探 深 度

——《岩土工程勘察规范（2009 年版）》第 4.1 节

房屋建筑初步勘察勘探线、勘探点间距（m）

地基复杂程度	勘探线间距	勘探点间距
一级（复杂）	50～100	30～50
二级（中等复杂）	75～150	40～100
三级（简单）	150～300	75～200

【小注】① 表中间距不适用于地球物理勘探。
② 控制性勘探点宜占勘探点总数的 1/5～1/3，且每个地貌单元均应有控制性勘探点。

房屋建筑初步勘察勘探孔深度（m）

工程重要性等级	一般性勘探孔	控制性勘探孔
一级（重要工程）	≥15	≥30
二级（一般工程）	10～15	15～30
三级（次要工程）	6～10	10～20

【小注】① 勘探孔包括钻孔、探井和原位测试孔。
② 特殊用途的钻孔除外。

房屋建筑详细勘察勘探点的间距（m）

地基复杂程度	勘探点间距
一级（复杂）	10～15
二级（中等复杂）	15～30
三级（简单）	30～50

详勘探孔深度详表

一般要求	(1) 勘探孔深度应能控制地基主要受力层，当基础底面宽度不大于 5m 时，勘探孔的深度对条形基础不应小于基础底面宽度的 3 倍，对单独柱基不应小于 1.5 倍，且不应小于 5m。 (2) 对高层建筑和须作变形验算的地基，控制性勘探孔的深度应超过地基变形计算深度；高层建筑的一般性勘探孔应达到基底下 0.5～1.0 倍的基础宽度，并深入稳定分布的地层。 (3) 对仅有地下室的建筑或高层建筑的裙房，当不能满足抗浮设计要求，需设置抗浮桩或锚杆时，勘探孔深度应满足抗拔承载力评价的要求。 (4) 当有大面积地面堆载或软弱下卧层时，应适当加深控制性勘探孔的深度。 (5) 在上述规定深度内遇基岩或厚层碎石土等稳定地层时，勘探孔深度可适当调整
特殊规定	(1) 地基变形计算深度，对中、低压缩性土可取附加压力等于上覆土层有效自重压力 20% 的深度；对高压缩性土层可取附加压力等于上覆土层有效自重压力 10% 的深度。（应力比法） (2) 建筑总平面内的裙房或仅有地下室部分（或当基底附加压力 $p_0 \leqslant 0$ 时）的控制性勘探孔的深度可适当减少，但应深入稳定分布地层，且根据荷载和土质条件不宜小于基底下 0.5～1.0 倍的基础宽度。

特殊规定	(3) 当需要进行地基整体稳定性验算时，控制性勘探孔深度应根据具体条件满足验算要求。 (4) 当需确定场地抗震类别而邻近无可靠的覆盖层厚度资料时，应布置波速测试孔，其深度应满足确定覆盖层厚度的要求。 (5) 大型设备基础勘探孔深度不宜小于基础底面宽度的2倍。 (6) 当需要进行地基处理时，勘探孔的深度应满足地基处理设计与施工要求；当采用桩基时，勘探孔的深度应满足《岩土工程勘察规范（2009年版）》GB 50021—2001 第4.9节的要求
桩基勘探孔的深度	(1) 一般性勘探孔的深度应达到预计桩长以下3~5d（d为桩径），且不得小于3m；对大直径桩，不得小于5m。 (2) 控制性勘探孔深度应满足下卧层验算要求；对需验算沉降的桩基，应超过地基变形计算深度。 (3) 钻至预计深度遇软弱层时，应予加深；在预计勘探孔深度内遇稳定坚实岩土时，可适当减小。 (4) 对嵌岩桩，应钻入预计嵌岩面以下3~5d，并穿过溶洞破碎带，到达稳定地层。 (5) 对可能有多种桩长方案时，应根据最长桩方案确定
一般性探孔与控制性探孔的联系与区别	一般性钻探孔：一般指深度能够控制地基主要受力层，并进入稳定地层一定深度（或者穿过主要压缩层）；能够满足地基处理或桩基设计要求（即地基处理深度或满足桩端持力层选择）。 控制性钻探孔指除了满足一般性钻探孔深度要求，还应该满足：沉降计算、结构验算、整体稳定性验算要求等。 由此可见，一般来说控制性孔深度要大于一般孔深度。岩土工程勘察除了钻探孔位置数量、深度要满足规范要求，地基土各层物理力学指标统计（或样本个数）也要满足规范要求，因此要在钻探孔（探井或探坑）中完成取土、取水、各种原位测试等，也就是平时说的技术孔，所以控制性钻探孔都应是技术孔，且采取水、土和原位测试，钻探孔数量还应满足规范要求

【1-80】（2012C04）某高层建筑拟采用天然地基，基础埋深10m，基底附加压力280kPa，基础中心点下附加应力系数见下表，初勘探明地下水位埋深3.0m，地基土为中、低压缩性粉土和粉质黏土，平均天然重度 $\gamma = 19\text{kN/m}^3$，孔隙比 $e = 0.7$，土粒比重 $G_s = 2.70$，详细勘察时，钻孔深度至少达到（　　）才能满足变形计算要求。（$\gamma_w = 10\text{kN/m}^3$）

基础中心点下深 z(m)	8	12	16	20	24	28	32	36	40
附加应力系数 α_i	0.80	0.61	0.45	0.33	0.26	0.20	0.16	0.13	0.11

(A) 24m　　　　(B) 28m　　　　(C) 34m　　　　(D) 40m

答案：C

解答过程：

(1) 根据《岩土工程勘察规范（2009年版）》GB 50021—2001 第4.1.18条、第4.1.19条：

详细勘察的勘探深度从基础底面算起。

地基变形深度，中、低压缩性土，取附加压力等于上覆土层有效自重压力20%的深度。

采用试算法，假设钻孔深度34m，距基底深度 $z = 34 - 10 = 24\text{m}$。

(2) $\gamma' = \dfrac{G_s - 1}{1 + e}\gamma_w = \dfrac{2.7 - 1}{1 + 0.7} \times 10 = 10\text{kN/m}^3$

34m处土层自重压力 $\sigma_{cz} = 3 \times 19 + (34 - 3) \times 10 = 367\text{kPa}$

$z = 24\text{m}$，$\alpha_i = 0.26$，附加压力 $\sigma_z = p_0\alpha_i = 280 \times 0.26 = 72.8\text{kPa}$

(3) $\dfrac{\sigma_z}{\sigma_{cz}} = \dfrac{72.8}{367} = 0.198 < 20\%$，符合规范要求，因此选C。

第二节 取 样

——《岩土工程勘察规范（2009 年版）》第 4.1 节、附录 F

房屋建筑取样要求

一般要求	详细勘察采取岩土试样或进行原位测试时应满足岩土工程评价的要求，并符合下列规定： (1) 采取土试样和进行原位测试的勘探孔数量，应根据地层结构、地基土的均匀性和工程特点确定，且不应少于勘探孔总数的 1/2，钻探取土试样孔的数量不应少于勘探孔总数的 1/3。 (2) 每个场地每一主要土层的原状土试样或原位测试数据不应少于 6 件（组），当采用连续记录的静力触探或动力触探为主要勘察手段时，每个场地不应少于 3 个孔。 (3) 在地基主要受力层内，对厚度大于 0.5m 的夹层或透镜体，应采取土试样或进行原位测试。 (4) 当土层性质不均匀时，应增加取土试样或原位测试数量

取土器技术参数

取土器参数	厚壁取土器	薄壁取土器		
		敞口自由活塞	水压固定活塞	固定活塞
面积比$=\dfrac{D_w^2-D_e^2}{D_e^2}\times100$（%）	13～20	≤10	10～13	
内间隙比$=\dfrac{D_s-D_e}{D_e}\times100$（%）	0.5～1.5	0	0.5～1.0	
外间隙比$=\dfrac{D_w-D_t}{D_t}\times100$（%）	0～2.0	0		
刃口角度（°）	<10	5～10		
外径 D_t(mm)	75～89，108	75，100		
长度 L(mm)	400，550	对砂土：$(5～10)D_e$ 对黏性土：$(10～15)D_e$		
衬管	整圆或半合管，塑料、酚醛层压纸或镀锌铁皮制成	无衬管，束节式取土器衬管同左		

一般情况下，取土器面积比越小，则土试样所受的扰动程度就越小，要使得面积比小，关键是减少取土器的壁厚

【小注】① D_e——取土器刃口内径（mm）；

D_s——取样管内径，加衬管时为衬管内径（mm）；

D_t——取样管外径（mm）；

D_w——取土器管靴外径，对薄壁管 $D_w=D_t$（mm）。

② 取样管及衬管内壁必须光滑圆整；在特殊情况下取土器直径可增大至 150～250mm。

【1-81】（2004D01）原状取土器外径 $D_w=75$mm，内径 $D_s=71.3$mm，刃口内径 $D_e=70.6$mm，取土器具有延伸至地面的活塞杆，按《岩土工程勘察规范（2009 年版）》GB 50021—2001 规定，该取土器为（　　）。

（A）面积比为 12.9、内间隙比为 0.52 的厚壁取土器

（B）面积比为 12.9、内间隙比为 0.99 的固定活塞厚壁取土器

（C）面积比为 10.6、内间隙比为 0.99 的固定活塞薄壁取土器

（D）面积比为 12.9、内间隙比为 0.99 的固定活塞薄壁取土器

答案：D

解答过程：

根据《岩土工程勘察规范（2009 年版）》GB 50021—2001 附录 F：

（1）面积比：$\dfrac{D_w^2 - D_e^2}{D_e^2} \times 100 = \dfrac{75^2 - 70.6^2}{70.6^2} \times 100 = 12.9$（％）

内间隙比：$\dfrac{D_s - D_e}{D_e} \times 100 = \dfrac{71.3 - 70.6}{70.6} \times 100 = 0.99$（％）

（2）查表，面积比为 10～13，内间隙比为 0.5～1.0，为固定活塞薄壁取土器。

【1-82】（2019D02）现场检验敞口自由活塞薄壁取土器，测得取土器规格如左图所示：根据检定数据，该取土器的鉴定结果符合下列哪个选项？（请给出计算过程）

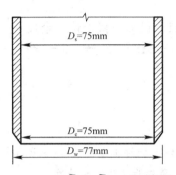

（A）取土器的内间隙比、面积比都符合要求

（B）取土器的内间隙比、面积比都不符合要求

（C）取土器的内间隙比符合要求，面积比不符合要求

（D）取土器的内间隙比不符合要求，面积比符合要求

答案：A

解答过程：

根据《岩土工程勘察规范（2009 年版）》GB 50021—2001 附录 F：

（1）$\dfrac{D_s - D_e}{D_e} = \dfrac{75 - 75}{75} = 0$，符合要求。

（2）$\dfrac{D_w^2 - D_e^2}{D_e^2} = \dfrac{77^2 - 75^2}{75^2} = 5.4\% < 10\%$，符合要求。

钻孔实际孔深及孔深误差计算

取样器包含岩芯管及钻头，机上余尺也称机上残尺。

机上钻杆一般分为三部分长度，余尺＋机高＋地面下剩余部分，仅地面下剩余部分长度为孔深的一部分。

实际孔深＝取样器长＋钻杆总长（含机上钻杆）－机高－余尺

钻进过程中钻孔的记录累计深度往往与实际深度之间存在着一定的误差，钻孔的实际深度（L_s）与记录深度（L_J）的差值叫作孔深误差（ΔL），即

$$\Delta L = \pm \ (L_s - L_J)$$

$L_s > L_J$ 时，取（＋）号，称为盈尺；

$L_s < L_J$ 时，取（－）号，称为亏尺

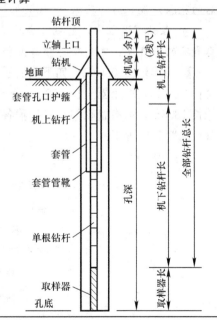

【1-83A】（2022C01）某场地钻孔设计孔深 50m，采用 XY-1 型钻机施工，钻探班报表中记录终孔深度 50.80m。为校正孔深偏差，实测钻具长度见下表，则终孔时孔深偏差最接近哪一选项？

实测钻具长度表

名称/编号	岩芯管及钻头	机上钻杆	钻杆1	钻杆2	钻杆3	钻杆4	钻杆5	钻杆6
实测长度（cm）	240	480	424	411	413	419	414	409
名称/编号	钻杆7	钻杆8	钻杆9	钻杆10	钻杆11	机高	机上钻杆余尺	—
实测长度（cm）	424	408	423	418	420	110	130	—

　　（A）17cm　　　　（B）37cm　　　　（C）63cm　　　　（D）80cm

　　答案：A

　　解答过程：

　　（1）实际测量孔深＝岩芯管＋机上钻杆＋钻杆1至钻杆11－机高－机上钻杆余尺＝240＋480＋424＋411＋413＋419＋414＋409＋424＋408＋423＋418＋420－110－130＝5063cm

　　（2）记录终孔深度为50.80m，即5080cm

　　（3）孔深偏差为5080－5063＝17cm

【小注岩土点评】

　　① 钻孔的实际测量孔深，实际测量孔深＝岩芯管＋机上钻杆＋钻杆1至钻杆11－机高－机上钻杆余尺，2005年上午卷第1题，以及标准贯入深度的真题都涉及孔深的计算。

　　② 孔深偏差，如果不是从事钻探工作的考生，可能会和设计孔深比较。但是命题组为了规避这种问题，在题干中使用了"校正孔深偏差"，意思是为了校正记录的孔深，使其与实际孔深保持一致。

　　③ 拓展：在实际钻探报表中，还有一个参数：孔深误差率＝[（校正前的孔深－校正后的孔深）/校正后的孔深]×1000‰＝（50.80－50.63）/50.63＝3.38‰

　　④ 在钻探过程中，前期考查较多的是岩芯采取率和RQD的计算；另外，钻探中还有垂直孔的垂直度、定向孔的倾斜角和方位角计算。

【1-83B】（2005C01）如下图所示，钻机立轴升至最高时其上口为1.5m，取样用钻杆总长21.0m，取土器全长1.0m，下至孔底后机上残尺为1.10m，钻孔用套管护壁，套管总长18.5m。另有管靴与孔口护箍各高0.15m，套管口露出地面0.4m，问取样位置至套管口的距离应等于（　　　）。

　　（A）0.6m　　　　（B）1.0m　　　　（C）1.3m　　　　（D）2.5m

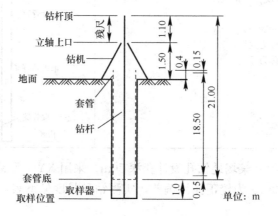

答案：B

解答过程：

取土样位置至套管口的距离为：

$$l=[(21+1.0)-(1.5+1.1)]-[(18.5+0.15+0.15)-0.4]=1.0\text{m}$$

钻孔泥浆配制[《工程地质手册》（第五版）]

泥浆作用	在岩土层中钻进时，除能保持孔壁稳定的黏性土层和完整岩层之外，均应采取护壁措施，泥浆作为钻探的一种冲洗液，除起护壁作用外，还具有携带、悬浮与排除岩粉、冷却钻头、润滑钻具、堵漏等功能
用量计算	制造泥浆时黏土用量 Q 和水的用量 W 可按下式计算：$$Q=V\rho_1\frac{\rho_2-\rho_3}{\rho_1-\rho_3}$$ $$W=\left(V-\frac{Q}{\rho_1}\right)\rho_3$$ 式中：Q、W——制造泥浆所需黏土质量和水的质量（t）； 　　　V——欲制造泥浆的体积（m^3）； 　　　ρ_1、ρ_2、ρ_3——分别为黏土、欲制泥浆和水的密度（t/m^3）
公式推导	黏土密度：ρ_1；黏土体积：V_1 水密度：ρ_3；水的体积：V_3 泥浆密度：ρ_2；泥浆体积：$V=V_1+V_3$ 泥浆质量：$m=\rho_1V_1+\rho_3V_3=\rho_2V=\rho_2(V_1+V_3)\Rightarrow$ $\quad\rho_1V_1+\rho_3V_3=\rho_2V_1+\rho_2V_3\Rightarrow(\rho_1-\rho_2)V_1=(\rho_2-\rho_3)V_3\Rightarrow$ $$V_1=\frac{\rho_2-\rho_3}{\rho_1-\rho_2}V_3$$ $$V=V_1+V_3=\frac{\rho_2-\rho_3}{\rho_1-\rho_2}V_3+V_3=\frac{\rho_1-\rho_3}{\rho_1-\rho_2}V_3\Rightarrow V_3=\frac{\rho_1-\rho_2}{\rho_1-\rho_3}V$$ $$V_1=\frac{\rho_2-\rho_3}{\rho_1-\rho_3}V$$ 黏土质量：$Q=\rho_1V_1=\rho_1\cdot\dfrac{\rho_2-\rho_3}{\rho_1-\rho_3}V$ 水的体积：$V_3=V-V_1=V-\dfrac{Q}{\rho_1}$ 加水量：$W=\rho_3V_3=\left(V-\dfrac{Q}{\rho_1}\right)\cdot\rho_3$ 其中，$V_3=\left(1-\dfrac{\rho_2-\rho_3}{\rho_1-\rho_3}\right)\cdot V=\dfrac{\rho_1-\rho_2}{\rho_1-\rho_3}\cdot V$ 得 $W=\rho_3\cdot\dfrac{\rho_1-\rho_2}{\rho_1-\rho_3}\cdot V$

【小注】① 黏土用量 Q 计算公式为近似解，非三相图的求解，区别在于：在三相图中，土颗粒质量＋水的质量＝泥浆质量；黏土中包括了黏土的水分和土颗粒质量；体积上，水的体积＝泥浆体积－土颗粒体积（对比，工程上减去的是黏土体积）。

② 黏土体积≠土颗粒体积；黏土质量≠土颗粒质量。

【1-84A】（2019D11）某地基采用注浆法加固，地基土的土粒比重为 2.7，天然含水量为 12%，天然重度为 15kN/m^3。注浆采用水泥浆，水灰比（质量比）为 1.5，水泥比重为 2.8。若要求平均孔隙充填率（浆液体积与原土体孔隙体积之比）为 30%，求每立方米土体平均水泥用量最接近下列何值？（重力加速度 g 取 10m/s^2）

　　（A）82kg　　　　（B）95kg　　　　（C）100kg　　　　（D）110kg

答案：A

解答过程：

（1）假设每 $1m^3$ 的水泥浆，含水泥的质量为 m_s，含有水的质量为 m_w，则根据其配比：

$$\frac{m_s}{2.8} + \frac{m_w}{1} = 1.0$$

$$\Rightarrow m_s = 0.5385t$$

$$\frac{m_w}{m_s} = 1.5$$

（2）$e = \frac{G_s(1+w)r_w}{r} - 1 = \frac{2.7 \times (1+0.12) \times 10}{15} - 1 = 1.016$，$n = \frac{e}{1+e} = \frac{1.016}{1+1.016} = 0.504$

（3）单位体积土体所用水泥量：$m_{s1} = 0.504 \times 1 \times 0.3 \times 0.5385 \times 10^3 = 81.4kg$

【1-84B】（2016D02）取黏土试样测得：质量密度 $\rho = 1.80g/cm^3$，土粒比重 $G_s = 2.70$，含水量 $w = 30\%$。拟使用该黏土制造比重为 1.2 的泥浆，问制造 $1m^3$ 泥浆所需的黏土质量为下列哪个选项？

(A) 0.41t   (B) 0.67t   (C) 0.75t   (D) 0.90t

答案：A

解答过程：

（1）黏土试样参数：$e_1 = \frac{G_s(1+w)\rho_w}{\rho} - 1 = \frac{2.7 \times (1+0.3) \times 1}{1.8} - 1 = 0.95$，$\rho_{d1} = \frac{2.7}{1+0.95} = 1.38g/cm^3$

（2）黏土制造成泥浆后，饱和密度为 1.2：$\rho_{sat} = 1.2 = \frac{G_s + e_2}{1+e_2}\rho_w = \frac{2.7 + e_2}{1+e_2} \times 1.0 \Rightarrow e_2 = 7.5$

（3）$\rho_{d2} = \frac{2.7}{1+7.5} = 0.318$，$V_2 = 1m^3$

（4）$\rho_{d1}V_1 = \rho_{d2}V_2$，$1.38 \times V_1 = 0.318 \times 1 \Rightarrow V_1 = 0.23m^3$

（5）制备制造 $1m^3$ 泥浆所需的黏土质量：$m = 0.23m^3 \times 1.8 \times 10^3 kg/m^3 = 0.41t$

【小注岩土点评】

① 本题为土力学基本原理的应用，考查了三相图的应用、加水问题（加水前后固体颗粒质量不变）等重要考点。

② 泥浆的比重类比于土粒比重，是指泥浆的密度除以水的密度，换言之，泥浆的密度是 $1.2g/cm^3$。只是这个密度是天然密度还是饱和密度呢？泥浆自然是饱和密度了。

③ 本题还可以使用质量和体积的两个公式，即 $m = m_s + m_w$ 和 $V = V_s + V_w$，读者可参看下列解答。根据题干，泥浆体积 $V = 1m^3 = V_s + V_w$；泥浆质量 $m = 1.2 \times 1.0 \times 10^3 kg/m^3 \times 1m^3 = 1.2t$。同时 $m_s = \rho_w G_s V_s$；$V_w = \frac{m_w}{\rho_w} = m_w$。联合求解即可得到答案。

【1-85】（2022D08）某深厚饱和黏性土地基，颗粒比重 2.72，饱和度 100%，密度 $2.0g/cm^3$。在该地基上进行灌注桩施工时拟采用泥浆护壁成孔，泥浆为原土自造浆，要求泥浆密度 $1.2g/cm^3$。问平均每立方米原土形成的泥浆量最接近下列哪个选项？

(A) $3m^3$ (B) $4m^3$ (C) $5m^3$ (D) $6m^3$

答案：C

解答过程：

（1）计算原土干密度：

$$\rho_{sat} = \frac{d_s + e}{1 + e} = \frac{2.72 + e}{1 + e} = 2 \rightarrow e = 0.72$$

$$w = \frac{S_r e}{d_s} = \frac{1 \times 0.72}{2.72} = 0.2647$$

$$\rho_d = \frac{2}{1 + 0.2647} = 1.581 \text{g/cm}^3$$

（2）计算需要加水量：

1m^3 原土质量：$m_s = 1.581 \times 1 = 1.581$t

形成 1.2g/cm^3 的泥浆，需要加水 m_w

$$\frac{1.581 + m_w}{\frac{1.581}{2.72} + m_w} = 1.2 \rightarrow m_w = 4.419 \text{t}$$

（3）总体积为：$\frac{1.581}{2.72} + 4.419 = 5.0 \text{m}^3$

第三节　土试样质量

——《岩土工程勘察规范（2009 年版）》第 9.4.1 条及条文说明

土试样质量等级

级别	扰动程度	试验内容
Ⅰ	不扰动	土类定名、含水率、密度、强度试验、固结试验
Ⅱ	轻微扰动	土类定名、含水率、密度
Ⅲ	显著扰动	土类定名、含水率
Ⅳ	完全扰动	土类定名

【小注】① 不扰动是指原位应力状态虽已改变，但土的结构、密度和含水量变化很小，能满足室内试验各项要求。

② 除地基基础设计等级为甲级的工程外，在工程技术要求允许的情况下，可用Ⅱ级土试样进行强度和固结试验，但宜先对土试样受扰动程度做抽样鉴定，判断用于试验的适用性，并结合地区经验使用试验成果。

土样扰动程度鉴定

鉴定方法	内容
现场外观检查	观察土样是否完整，有无缺陷，取样管或衬管是否挤扁、弯曲、卷折等
测定土试样的回收率	土试样的回收率 $= \dfrac{L}{H}$ 式中：L——土样长度（m），可取土试样的毛长度，而不必是净长，即可从土试样顶端算至取土器刃口，下部如有脱落可不扣除； 　　　H——取样时取土器贯入孔底以下土层的深度（m）。 一般情况下：回收率等于 0.98 左右是最理想的，大于 1.0 或小于 0.95 是土试样受扰动的标志
X 射线检测	可发现裂纹、空洞、粗粒包裹体等

鉴定方法	内容
室内试验	(1) 根据应力-应变关系评定 随着土试样扰动程度增加，破坏应变 ε_f 增加，峰值应力降低，应力-应变关系曲线线形趋缓。如果测得的破坏应变值大于特征值，该土样即可认为是受扰动的。 (2) 根据压缩曲线特征评定 定义扰动指数： $$I_D = \frac{\Delta e_0}{\Delta e_m}$$ 式中：Δe_0——原位孔隙比与原土样在先期固结压力处孔隙比的差值； 　　　Δe_m——原位孔隙比与重塑土样在先期固结压力处孔隙比的差值。 (3) 如果先期固结压力未能确定，可用体积应变 ε_v 作为评定指标 $$\varepsilon_v = \frac{\Delta V}{V} = \frac{\Delta e}{1+e_0}$$ 式中：e_0——土试样的初始孔隙比； 　　　Δe——加荷至自重压力时的孔隙比变化量

评价土试样扰动程度的参考标准值

指标名称	几乎未扰动	少量扰动	中等扰动	很大扰动	严重扰动
扰动指数 I_D	<0.15	0.15~0.30	0.30~0.50	0.50~0.75	>0.75
体积应变比 ε_v	<1%	1%~2%	2%~4%	4%~10%	>10%

【1-86】（2017D02）取土试样进行压缩试验，测得土样初始孔隙比为 0.85，加荷至自重压力时孔隙比为 0.80，根据《岩土工程勘察规范（2009 年版）》GB 50021—2001 相关说明，用体积应变评价该土样的扰动程度为下列哪一选项？

（A）几乎未扰动　（B）少量扰动　　（C）中等扰动　　（D）很大扰动

答案：C

解答过程：

根据《岩土工程勘察规范（2009 年版）》GB 50021—2001 第 9.4.1 条和条文说明表 9.1：

$$\varepsilon_v = \frac{\Delta e}{1+e_0} = \frac{0.85 - 0.80}{(1+0.85)} \times 100\% = 2.7\%$$

属于中等扰动。

【小注岩土点评】

① 本题很简单，关键词定位即可解决，公式中的参数都已给定，直接套公式即可。

② 但是需要大家额外知道的是土样的扰动程度的评判方法和指标。

③ 历年真题中的知识题近几年考得很频繁，看知识题即可。再次验证，真题为王。

第七章　土的物理性质与分类

第一节　土的物理状态指标

——《土力学》《岩土工程勘察规范（2009年版）》第6.9.4条及条文说明

粗粒土的相对密实度

计算公式	$$D_r = \frac{e_{max} - e}{e_{max} - e_{min}} = \frac{\rho_{dmax}(\rho_d - \rho_{dmin})}{\rho_d(\rho_{dmax} - \rho_{dmin})}$$ 式中：e——粗粒土的孔隙比； e_{max}——该土的最大孔隙比； e_{min}——该土的最小孔隙比； ρ_d——相对于孔隙比为 e 时的干密度； ρ_{dmax}——相对于孔隙比为 e_{min} 时的最大干密度； ρ_{dmin}——相对于孔隙比为 e_{max} 时的最小干密度
指标应用	$D_r \leqslant \frac{1}{3}$，疏松；$\frac{1}{3} < D_r \leqslant \frac{2}{3}$，中密；$D_r > \frac{2}{3}$，密实

黏性土的可塑性指标

指标名称	符号	单位	物理意义	计算公式
液限	w_L	%	土体由可塑状态进入流塑状态的界限含水率	由试验直接确定
塑限	w_P	%	土体由可塑状态进入半固体状态的界限含水率	
塑性指数	I_P	—	土呈可塑状态时，含水率变化范围，代表土的可塑程度	$I_P = w_L - w_P$
液性指数	I_L	—	直接判定土的软硬程度，反映天然土体所处的状态	$I_L = \dfrac{w - w_P}{w_L - w_P}$
含水比	u	—	土的天然含水量与液限含水量之比	$u = \dfrac{w}{w_L}$

花岗岩残积土的塑性指标

概述	对花岗岩残积土，为求得合理的液性指数，应确定其中细粒土（粒径小于0.5mm）的天然含水量 w_f、塑性指数 I_P、液性指数 I_L，试验应筛去粒径大于0.5mm的粗颗粒后再做。而常规试验方法所做出的天然含水量失真，计算出的液性指数都小于零，与实际情况不符
参数计算	细粒土的天然含水量可以实测，也可用下式计算：$$w_f = \frac{w - w_A 0.01 P_{0.5}}{1 - 0.01 P_{0.5}}$$ $$I_P = w_L - w_P$$ $$I_L = \frac{w_f - w_P}{I_P}$$ 式中：w——花岗岩残积土（包括粗、细粒土）的天然含水量（%）； w_A——粒径大于0.5mm颗粒吸着水含水量（%），可取5%； $P_{0.5}$——粒径大于0.5mm颗粒质量占总质量的百分比（%）； w_L——粒径小于0.5mm颗粒的液限含水量（%）； w_P——粒径小于0.5mm颗粒的塑限含水量（%）

【1-87】 （2006D02）已知花岗岩残积土土样的天然含水量 $w=30.6\%$，粒径小于 0.5mm，细粒土的液限 $w_L=50\%$，塑限 $w_P=30\%$，粒径大于 0.5mm 的颗粒质量占总质量的百分比 $P_{0.5}=40\%$，则该土样的液性指数 I_L 最接近（　　）。

(A) 0.03　　　　　(B) 0.04　　　　　(C) 0.88　　　　　(D) 1.00

答案：C

解答过程：

根据《岩土工程勘察规范（2009 年版）》GB 50021—2001 第 6.9.4 条及条文说明：

(1) $w_f=\dfrac{w-0.01w_A P_{0.5}}{1-0.01P_{0.5}}=\dfrac{30.6-0.01\times5\times40}{1-0.01\times40}=47.7$

(2) $I_L=\dfrac{w_f-w_P}{w_L-w_P}=\dfrac{47.7-30}{50-30}=0.885$

第二节　土的压实性指标

—— 《建筑地基基础设计规范》第 6.3.7 条、第 6.3.8 条

压实填土地基压实系数控制值

结构类型	填土部位	压实系数	控制含水量（%）
砌体承重及框架结构	在地基主要受力层范围内	≥0.97	$w_{op}\pm2$
	在地基主要受力层范围以下	≥0.95	
排架结构	在地基主要受力层范围内	≥0.96	
	在地基主要受力层范围以下	≥0.94	

【小注】 ① 压实系数（λ_c）为填土的实际干密度（ρ_d）与最大干密度（ρ_{dmax}）之比；w_{op} 为最优含水量。

② 地坪垫层以下及基础地面标高以上的压实填土，压实系数不应小于 0.94。

土的压实性指标

指标名称	符号	单位	物理意义	计算公式
最优含水量	w_{op}	%	在一定击实功下，能使填土达到最大干密度所需的含水量	由击实试验测定
最大干密度	ρ_{dmax}	t/m³	与最优含水量相对应的干密度	
压实系数	λ_c	—	压实填土的实际干密度与最大干密度的比值	$\lambda_c=\dfrac{\rho_d}{\rho_{dmax}}$

【小注】 ① 根据工程经验，对碎石、卵石或者岩石碎屑填土而言，可取 $\rho_{dmax}=2.1\sim2.2\mathrm{t/m^3}$。

② 根据工程经验，对黏性土或者粉土填土而言，$\rho_{dmax}=\eta\cdot\dfrac{\rho_w\times G_s}{1+w_{op}\cdot G_s}$（$\eta$ 为经验系数，黏性土取 0.96，粉土取 0.97），w_{op} 采用小数形式计算。

③ 压实系数定义不同于挤密系数。压实系数度量的是当前密度状态与最大干密度的比值，是当前压实效果的指标；挤密系数度量的是地基处理（挤密）前后状态干密度的比值。

④ 本知识点在知识题中可以独立命题；在案例中，一般结合土的三相指标共同命题，详见第二章——土的三相指标换算。

第三节　土的工程分类

一、依据《岩土工程勘察规范（2009 年版）》GB 50021—2001 的工程分类

土按颗粒级配和塑性指数可分为碎石土、砂土、粉土和黏性土。

（一）碎石土

碎石土即为粒径大于 2mm 的颗粒质量超过总质量的 50% 的土。

碎石土分类

土的名称	颗粒形状	颗粒级配
漂石	圆形及亚圆形为主	粒径大于 200mm 的颗粒质量超过总质量的 50%
块石	棱角形为主	
卵石	圆形及亚圆形为主	粒径大于 20mm 的颗粒质量超过总质量的 50%
碎石	棱角形为主	
圆砾	圆形及亚圆形为主	粒径大于 2mm 的颗粒质量超过总质量的 50%
角砾	棱角形为主	

【小注】定名时，应根据颗粒级配，由大到小最优先符合者确定。

碎石土的密实度可根据经杆长修正后的圆锥动力触探锤击数平均值按下表（一）和（二）划分。

碎石土密实度的分类（一）

重型圆锥动力触探锤击数 $N_{63.5}$	$N_{63.5} \leqslant 5$	$5 < N_{63.5} \leqslant 10$	$10 < N_{63.5} \leqslant 20$	$N_{63.5} > 20$
密实度	松散	稍密	中密	密实

【小注】本表适用于平均粒径等于或小于 50mm，且最大粒径小于 100mm 的碎石土。

碎石土密实度的分类（二）

超重型圆锥动力触探锤击数 N_{120}	$N_{120} \leqslant 3$	$3 < N_{120} \leqslant 6$	$6 < N_{120} \leqslant 11$	$11 < N_{120} \leqslant 14$	$N_{120} > 14$
密实度	松散	稍密	中密	密实	很密

【小注】本表适用于平均粒径大于 50mm，或者最大粒径大于 100mm 的碎石土。

$N_{63.5}$ 为杆长修正后的重型动力触探锤击数，$N_{63.5} = \alpha_1 \cdot N'_{63.5}$；$N_{120}$ 为杆长修正后的超重型动力触探锤击数，$N_{120} = \alpha_2 \cdot N'_{120}$；其中：$N'_{63.5}$、$N'_{120}$ 为实测值，α_1、α_2 为杆长修正系数，查下列表：

重型圆锥动力触探锤击数修正系数 α_1

钻杆总长 L（m） ＼ $N'_{63.5}$	5	10	15	20	25	30	35	40	$\geqslant 50$
2	1.00	1.00	1.00	1.00	1.00	1.00	1.00	1.00	
4	0.96	0.95	0.93	0.92	0.90	0.89	0.87	0.86	0.84
6	0.93	0.90	0.88	0.85	0.83	0.81	0.79	0.78	0.75
8	0.90	0.86	0.83	0.80	0.77	0.75	0.73	0.71	0.67
10	0.88	0.83	0.79	0.75	0.72	0.69	0.67	0.64	0.61
12	0.85	0.79	0.75	0.70	0.67	0.64	0.61	0.59	0.55
14	0.82	0.76	0.71	0.66	0.62	0.58	0.56	0.53	0.50
16	0.79	0.73	0.67	0.62	0.57	0.54	0.51	0.48	0.45
18	0.77	0.70	0.63	0.57	0.53	0.49	0.46	0.43	0.40
20	0.75	0.67	0.59	0.53	0.48	0.44	0.41	0.39	0.36

超重型圆锥动力触探锤击数修正系数 α_2

N'_{120} 钻杆 总长 L (m)	1	3	5	7	9	10	15	20	25	30	35	40
1	1.00	1.00	1.00	1.00	1.00	1.00	1.00	1.00	1.00	1.00	1.00	1.00
2	0.96	0.92	0.91	0.90	0.90	0.90	0.90	0.89	0.89	0.88	0.88	0.88
3	0.94	0.88	0.86	0.85	0.84	0.84	0.84	0.83	0.82	0.82	0.81	0.81
5	0.92	0.82	0.79	0.78	0.77	0.77	0.76	0.75	0.74	0.73	0.72	0.72
7	0.90	0.78	0.75	0.74	0.73	0.72	0.71	0.70	0.68	0.68	0.67	0.66
9	0.88	0.75	0.72	0.70	0.69	0.68	0.67	0.66	0.64	0.63	0.62	0.62
11	0.87	0.73	0.69	0.67	0.66	0.66	0.64	0.62	0.61	0.60	0.59	0.58
13	0.86	0.71	0.67	0.65	0.64	0.63	0.61	0.60	0.58	0.57	0.56	0.55
15	0.86	0.69	0.65	0.63	0.62	0.61	0.59	0.58	0.56	0.55	0.54	0.53
17	0.85	0.68	0.63	0.61	0.60	0.60	0.57	0.56	0.54	0.53	0.52	0.50
19	0.84	0.66	0.62	0.60	0.58	0.58	0.56	0.54	0.52	0.51	0.50	0.48

（二）砂土

砂土即为粒径大于 2mm 的颗粒质量不超过总质量的 50%，而粒径大于 0.075mm 的颗粒质量超过总质量的 50% 的土。

砂土分类

土的名称	颗粒级配
砾砂	粒径大于 2mm 的颗粒质量占总质量的 25%～50%
粗砂	粒径大于 0.5mm 的颗粒质量超过总质量的 50%
中砂	粒径大于 0.25mm 的颗粒质量超过总质量的 50%
细砂	粒径大于 0.075mm 的颗粒质量超过总质量的 85%
粉砂	粒径大于 0.075mm 的颗粒质量超过总质量的 50%

【小注】定名时，应根据颗粒级配，由大到小最优先符合者确定。

砂土的密实度可根据标准贯入试验实测锤击数的平均值按下表进行划分。

标准贯入锤击数 N（实测值，无需修正）			备注
《岩土工程勘察规范（2009 年版）》 GB 50021—2001 表 3.3.9 《建筑地基检测技术规范》 JGJ 340—2015 表 7.4.7-1	《水运工程岩土勘察规范》 JTS 133—2013 表 4.2.11		贯入器打入土中 15cm 后，开始记录每打入 10cm 锤击数，累计锤击数为 N'，继续打入深度 ΔS。 情况①：$\Delta S=30cm$，累计锤击数 $N'\leqslant 50$，此时 $N=N'$ 情况②：$\Delta S<30cm$，累计锤击数 $N'=50$，此时 $N=30\times\dfrac{50}{\Delta S}$
$N\leqslant 10$	松散	$N\leqslant 10$	松散
$10<N\leqslant 15$	稍密	$10<N\leqslant 15$	稍密
$15<N\leqslant 30$	中密	$15<N\leqslant 30$	中密
$N>30$	密实	$30<N\leqslant 50$	密实
		$N>50$	极密实

【小注】《水运工程岩土勘察规范》JTS 133—2013 中对地下水位以下的中、粗砂，实测值为 $N+5$ 以后按上表查取（三个条件均需满足）。

（三）粉土

粉土即为粒径大于 0.075mm 的颗粒质量不超过总质量的 50%，且塑性指数 $I_P\leqslant 10$ 的土。

粉土的密实度可根据孔隙比 e 按下表进行划分（《建筑地基检测技术规范》JGJ 340 2015 第 7.4.7 条）。

粉土密实度的分类

孔隙比 e	$e<0.75$	$0.75\leqslant e\leqslant 0.9$	$e>0.9$	—
标贯实测锤击数（标准值）	$N_k>15$	$10<N_k\leqslant 15$	$5<N_k\leqslant 10$	$N_k\leqslant 5$
密实度	密实	中密	稍密	松散

粉土的湿度可根据含水率 w 按下表进行划分。

粉土湿度的分类

含水率 w（%）	$w<20$	$20\leqslant w\leqslant 30$	$w>30$
湿度	稍湿	湿	很湿

（四）黏性土

黏性土即为塑性指数 $I_P>10$ 的土。

黏性土分类

土的名称	粉质黏土	黏土
塑性指数	$10<I_P\leqslant 17$	$I_P>17$

【小注】塑性指数 I_P 应由 76g 的圆锥仪沉入土中 10mm 时测定的液限计算而得。

黏性土状态分类

液性指数 I_L	$I_L>1$	$1\geqslant I_L>0.75$	$0.75\geqslant I_L>0.25$	$0.25\geqslant I_L>0$	$0\geqslant I_L$
状态	流塑	软塑	可塑	硬塑	坚硬

（五）土按有机质含量分类

土按有机质含量分类

土的名称	有机质含量 W_u(%)	现场鉴别特征	说明
无机土	$W_u<5\%$	—	—
有机质土	$5\%\leqslant W_u\leqslant 10\%$	深灰色，有光泽，味臭，除腐殖质外含少量未完全分解的动植物体，浸水后水面出现气泡，干燥后体积收缩	当 $w>w_L$ 且 $1.0\leqslant e<1.5$ 时称淤泥质土； 当 $w>w_L$ 且 $e\geqslant 1.5$ 时称淤泥
泥炭质土	$10\%<W_u\leqslant 60\%$	深灰或黑色，有腥臭味，能看到未完全分解的植物结构，浸水体胀，易崩解，有植物残渣浮于水中，干缩明显	当 $10\%<W_u\leqslant 25\%$ 时称弱泥炭质土 当 $25\%<W_u\leqslant 40\%$ 时称中泥炭质土 当 $40\%<W_u\leqslant 60\%$ 时称强泥炭质土
泥炭	$W_u>60\%$	除有泥炭质土的特征外，结构松散，土质很轻，暗无光泽，干缩极为明显	—

【1-88】（2008D02）下表为某建筑地基中细粒土层的部分物理性质指标，据此请对该层土进行定名和状态描述，并指出（　　）项是正确的。

密度 ρ(g/cm³)	相对密度 d_s（比重）	含水量 w(%)	液限 w_L(%)	塑限 w_P(%)
1.95	2.70	23	21	12

（A）粉质黏土，流塑 　　　　　（B）粉质黏土，硬塑

（C）粉土，稍湿，中密 　　　　（D）粉土，湿，密实

答案：D

解答过程：

根据《岩土工程勘察规范（2009 年版）》GB 50021—2001 第 3.3.4 条、第 3.3.10 条：

（1）$I_P=w_L-w_P=21-12=9<10$，为粉土。

$20<w=23<30$，湿度为湿。

（2）$e=\dfrac{d_s(1+0.01w)\rho_w}{\rho}-1=\dfrac{2.7\times(1+0.23)\times1}{1.95}-1=0.703<0.75$，密实。

【1-89】（2010D04）在某建筑地基中存在一细粒土层，该土层的天然含水量为 24.0%。经液、塑限联合测定法试验求得：对应圆锥下沉深度 2mm、10mm、17mm 时的含水量分别为 16.0%、27.0%、34.0%。请分析判断，根据《岩土工程勘察规范（2009 年版）》GB 50021—2001 对本层土的定名和状态描述，（　　）项是正确的。

（A）粉土，湿 　　　　　　　　（B）粉质黏土，可塑

（C）粉质黏土，软塑 　　　　　（D）黏土，可塑

答案：B

解答过程：

根据《岩土工程勘察规范（2009 年版）》GB 50021—2001 第 3.3.5 条、第 3.3.11 条和《土工试验方法标准》GB/T 50123—2019 第 8.1.6 条及条文说明：

（1）$w_P=16\%$，$w_L=27\%$

（2）$I_P=w_L-w_P=27-16=11$，此细粒土定名为粉质黏土。

（3）$I_L=\dfrac{w-w_P}{w_L-w_P}=\dfrac{24-16}{11}=0.73$，粉质黏土处于可塑状态。

【小注岩土点评】

①《土工试验方法标准》GB/T 50123—2019 中第 9.2.4 条及条文说明：本标准将 76g 锥下沉深度 17mm 时的含水率作为液限标准。适用于不同目的，当确定土的液限值用于了解土的物理性质及塑性土分类时，应采用蝶式仪法或 17mm 时的含水率确定液限；现行国家标准《建筑地基基础设计规范》GB 50007—2011 确定黏性土承载力标准值时，按 10mm 液限计算塑性指数和液性指数，是配套的专门规定。

②圆锥下沉 2mm 对应的含水率为塑限，有 10mm 液限和 17mm 液限。

③《岩土工程勘察规范（2009 年版）》GB 50021—2001 第 3.3.5 条：塑性指数应由相应于 76g 圆锥仪沉入土中深度 10mm 时测定的液限计算而得。

④计算时应根据题目给定的规范去判别塑性指数。

（六）土的综合定名

除按颗粒级配或塑性指数定名外，土的综合定名应符合下列规定：

（1）对特殊成因和年代的土类应结合其成因和年代特征定名。

（2）对特殊性土，应结合颗粒级配或塑性指数定名。

（3）对混合土，应冠以主要含有的土类定名。

（4）对同一土层中相间呈韵律沉积，当薄层与厚层的厚度比大于 1/3 时，宜定为"互

层"；厚度比为 1/10～1/3 时，宜定为"夹层"；厚度比小于 1/10 的土层，且多次出现时，宜定为"夹薄层"。

（5）当土层厚度大于 0.5m 时，宜单独分层。

二、依据《水运工程岩土勘察规范》JTS 133—2013 的工程分类

（一）碎石土

碎石土的定义、分类和密实度划分完全与《岩土工程勘察规范（2009 年版）》GB 50021—2001 一致。

（二）砂土

砂土的定义、分类划分完全同《岩土工程勘察规范（2009 年版）》GB 50021—2001 一致，但密实度的划分有其特殊的规定。

砂土的密实度可根据标准贯入试验实测锤击数的平均值按下表进行划分。

砂土密实度的分类

标准贯入锤击数 N	$N \leqslant 10$	$10 < N \leqslant 15$	$15 < N \leqslant 30$	$30 < N \leqslant 50$	$N > 50$
密实度	松散	稍密	中密	密实	极密实

【小注】对于位于地下水位以下的中砂、粗砂，其 N 值宜按实测值锤击数增加 5 击。

（三）粉土

粉土的定义、密实度和湿度划分完全与《岩土工程勘察规范（2009 年版）》GB 50021—2001 一致。

（四）黏性土

黏性土即为塑性指数 $I_P > 10$ 的土。

黏性土分类

土的名称	粉质黏土	黏土
塑性指数	$10 < I_P \leqslant 17$	$I_P > 17$

【小注】塑性指数 I_P 应由 76g 的圆锥仪沉入土中 10mm 时测定的液限计算而得。

根据液性指数确定黏性土的状态

液性指数 I_L	$I_L > 1$	$1 \geqslant I_L > 0.75$	$0.75 \geqslant I_L > 0.25$	$0.25 \geqslant I_L > 0$	$0 \geqslant I_L$
状态	流塑	软塑	可塑	硬塑	坚硬

根据标准贯入试验确定黏性土的天然状态

标准贯入锤击数 N	$N < 2$	$2 \leqslant N < 4$	$4 \leqslant N < 8$	$8 \leqslant N < 15$	$N \geqslant 15$
天然状态	很软	软	中等	硬	坚硬

根据锥沉量确定黏性土的天然状态

锥沉量 h（mm）	$h \geqslant 7$	$7 > h \geqslant 5$	$5 > h \geqslant 3$	$3 > h \geqslant 2$	$h < 2$
天然状态	很软	软	中等	硬	坚硬

【小注】锥沉量为 76g 圆锥仪沉入土中的毫米数。

（五）淤泥性土

淤泥性土即为在静水或缓慢的流水环境中沉积、天然含水量 ≥36% 且大于液限、天然

孔隙比大于或等于 1.0 的黏性土。

淤泥性土的分类

指标			定名		
$1.0 \leqslant e < 1.5$	$36 \leqslant w < 55$	淤泥质土	淤泥性土	$10 \leqslant I_p \leqslant 17$	淤泥质粉质黏土
$1.5 \leqslant e < 2.4$	$55 \leqslant w < 85$	淤泥			
$e \geqslant 2.4$	$w \geqslant 85$	流泥		$I_p > 17$	淤泥质黏土

（六）土的分类

土根据沉积时代分类

老沉积土	第四纪晚更新世（Q_3）及其以前沉积的土，一般具有较高的强度和较低的压缩性
一般沉积土	第四纪全新世（Q_4）文化期以前沉积的土，一般为正常固结的土
新近沉积土	第四纪全新世（Q_4）文化期以后沉积的土，其中黏性土一般为欠固结的土，且具有强度较低和压缩性较高的特征

（七）其他规定

其他规定

粗细混合土分类	由粗细两类土呈混合状态存在，具有颗粒级配不连续、中间粒组颗粒含量极少、级配曲线中间段极为平缓等特征的土应定名为混合土。定名时应将主要土类列在名称前部，次要土类列在名称后部，中间以"混"字连接。 混合土按不同土类的含量可分为淤泥和砂的混合土、黏性土和砂或碎石的混合土，其分类方法应符合下列规定。 （1）淤泥和砂的混合土可分为淤泥混砂或砂混淤泥，并应满足下列要求： ① 淤泥质量超过总质量的 30% 时为淤泥混砂。 ② 淤泥质量超过总质量的 10% 且小于或等于总质量的 30% 时为砂混淤泥。 （2）黏性土和砂或碎石的混合土可分为黏性土混砂或碎石、砂或碎石混黏性土，并应满足下列要求： ① 黏性土质量超过总质量的 40% 时定名为黏性土混砂或碎石。 ② 黏性土的质量大于 10% 且小于或等于总质量的 40% 时定名为砂或碎石混黏性土
层状构造土的定名	层状构造土定名时应将厚层土列在名称前部，薄层土列在名称后部，根据两类土层的厚度比可分为下列三类： （1）互层土，具互层构造，两类土层厚度相差不大，厚度比一般大于 1:3。 （2）夹层土，具夹层构造，两类土层厚度相差较大，厚度比为 1:3～1:10。 （3）间层土，常呈黏性土间夹薄层粉砂的特点，厚度比小于 1:10
花岗岩残积土	花岗岩残积土应为花岗岩风化的最终产物，并残留原地未经搬运，除石英外其他矿物均已变为土状的土，根据大于 2m 的颗粒含量分类如下： | 名称	黏性土	砂质黏性土	砾质黏性土
---	---	---	---
粒径大于 2mm 颗粒含量百分量 X（%）	$X < 5$	$5 \leqslant X \leqslant 20$	$X > 20$	
填土	填土应为由人类活动堆积的土，根据其物质组成和堆填方式可分为下列三类： （1）冲填土，由水力冲填的淤泥性土、砂土或粉土。 （2）素填土，由碎石类土、砂土、粉土、黏性土等堆积的填土。 （3）杂填土，含有建筑垃圾、工业废料或生活垃圾的填土

第八章 岩体的性质与分类

第一节 岩层的构造

——《工程地质手册》（第五版）P1100、P1101

一、岩层的产状

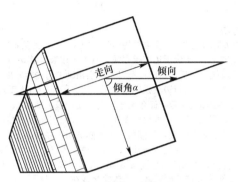

岩层产状要素表

要素	内容
走向	倾斜岩层面与水平面的交线两端延伸的方向，一条走向线两端的方位相差 180°。一般用 NE 或 NW 向的方位来表示
倾向	倾斜岩层面上与走向线相垂直的倾向线在水平面上的投影所指的方向，倾向与走向相差 90°
倾角	为倾斜岩层面上的倾向线与其在水平面上的投影线之间的夹角 α

岩层产状表示方法

方位角法	倾向∠倾角。如：60°∠30°，即倾向 60°，倾角 30°，走向为 150°或−30°。产状一般常用方位角法表示，少见用象限角法
象限角法	走向∠倾向、倾角。如：N60E°∠NW30°，即走向北偏东 60°，倾向北西，倾角 30°
符号表示法	⟋ 30°：长线代表走向，短线代表倾向，数字为倾角； ┼：岩层水平（0°～5°）； ↓：岩层直立（箭头指向较新岩层）； ↓30°：岩层倒转（箭头指向倒转后的倾向，即指向老岩层，数字是倾角）
赤平极射投影图	赤平极射投影法是岩质边坡稳定性分析中的一个重要的方法，它既可以确定边坡上的结构面和边坡临空面的空间组合关系，确定边坡上可能不稳定楔形结构体的几何形态、规模大小，以及它们的空间位置和分布，也可以确定不稳定结构体的可能变形位移方向，直观、初步做出边坡稳定性状态评价。 （1）只有一组结构面时的分析： ① 当结构面走向与边坡的走向一致而倾向相反（图 a），边坡 M 与结构面 J_1 投影弧相对，属于稳定结构。 ② 当结构面与边坡的走向、倾向均相同，但其倾角小于坡角（图 b），结构面 J_2 的投影弧位于边坡 M 的投影弧之外，属于不稳定结构。 ③ 当结构面与边坡的走向、倾向均相同，但其倾角大于坡角（图 c），结构面 J_3 的投影弧位于边坡 M 的投影弧之内，属于稳定结构

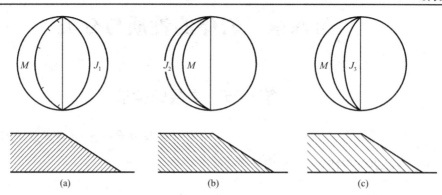

(a)　　　　　　　　　　(b)　　　　　　　　　　(c)

（2）两组结构面的分析：

从两组结构面控制的边坡的稳定性、主要结构面组合交线与边坡的关系进行分析，一般有以下五种情况：

① 两结构面 J_1、J_2 的交点 M 位于边坡投影弧 cs（人工边坡）及 ns（天然边坡）的对侧（图 a），说明组合交线的倾向与边坡倾向相反，所以没有发生顺层滑动的可能性，属于最稳定结构。

② 两结构面 J_1、J_2 的交点 M 与边坡投影弧在同一侧，但在 cs（人工边坡）的内侧（图 b），说明结构面组合交线的倾向与坡面倾向一致，倾角大于坡角，属于稳定结构。

③ 两结构面 J_1、J_2 的交点 M 与边坡投影弧在同一侧，但在 ns（天然边坡）的外侧（图 c），说明结构面组合交线的倾向与坡面倾向一致，但倾角小于天然坡角，在坡顶无出露点，属于较稳定结构。

④ 两结构面 J_1、J_2 的交点 M 与边坡投影弧在同一侧，但在 ns（天然边坡）和 cs（人工边坡）之间（图 d），说明结构面组合交线的倾向与坡面倾向一致，但倾角小于开挖坡角而大于天然坡角，在坡顶有出露点，但出露点 c_0 距离开挖坡面较远，结构面交线在开挖坡面上没有出露，而插于坡角以下，对结构体具有一定的支撑作用，属于较不稳定结构。

⑤ 与图 d 类似，结构面组合交线的倾向与坡面倾向一致，但倾角小于开挖坡角而大于天然坡角，结构面交线在两种坡面都有出露（图 e），属于不稳定结构。

赤平极射
投影图

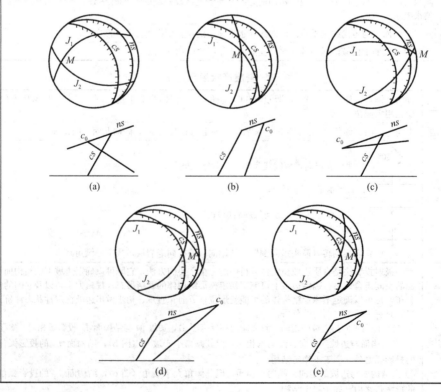

(a)　　　　　　　　　　(b)　　　　　　　　　　(c)

(d)　　　　　　　　　　(e)

二、工程应用

（一）真倾角与视倾角

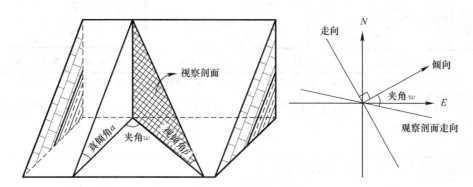

工程中，观察剖面与倾斜岩层面的交线为视倾向线，视倾向线与其在水平面上的投影线之间形成视倾角 β，视倾角小于等于真倾角，二者关系如下：

$$\tan\beta = \tan\alpha \times \cos w \times n$$

式中：w——岩层倾向与观察剖面走向的夹角，取锐角计算；

　　　n——观察剖面的垂直比例尺与水平比例尺之比；比如：纵向比例尺 $1:m_1$，横向比例尺 $1:m_2$，则 $n = m_2/m_1$。

（二）真厚度与视厚度

岩层的厚度包括以下几种：

① 真厚度 h：岩层顶面和底面之间的垂直距离 BD，真厚度小于等于视厚度；

② 铅直厚度 H：岩层顶面和底面之间沿竖直方向的距离 AD；

③ 水平厚度：岩层顶面和底面之间的水平距离 CD；

④ 视厚度 h'：在与岩层走向斜交的剖面上，岩层顶面与底面之间的距离（铅直厚度与水平厚度均为视厚度）。

真厚度与视厚度：

真厚度：$h = H \times \cos\alpha = L \times \sin(\alpha + \theta)$

视厚度：$h' = H \times \cos\beta = L \times \sin(\beta + \theta)$

真厚度与视厚度转化：$h = \dfrac{h'}{\cos\beta} \times \cos\alpha$

式中：α——真倾角；

　　　β——视倾角；

　　　θ——坡角

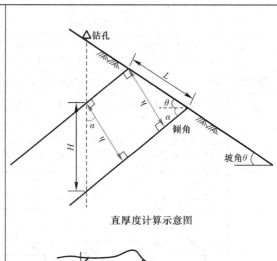

直厚度计算示意图

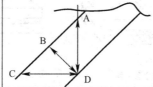

【小注】剖面不垂直岩层走向时，图中用 β 替换 α，h' 替换 h；剖面不垂直边坡走向时，用视坡角 θ' 替换坡角 θ

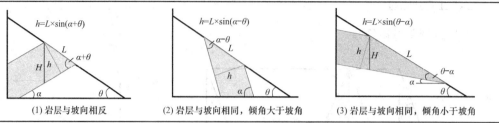

(1) 岩层与坡向相反   (2) 岩层与坡向相同，倾角大于坡角   (3) 岩层与坡向相同，倾角小于坡角

【小注】① 视倾角总是小于真倾角，视倾角的余弦值总是大于真倾角的余弦值，所以视厚度 h' 总是大于真厚度 h。倾斜岩层的铅直厚度 H 总是大于真厚度 h。

② 产状水平，即真倾角等于 0 时，铅直厚度 H 等于真厚度 h；当岩层产状不变（α 不变）时，在任意方向的剖面上量得的铅直厚度 H 都相等。

（三）断层

断裂两侧的岩石沿断裂面发生明显位移者称为断层

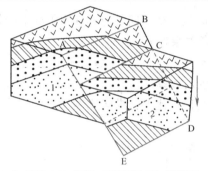

1—下盘；2—上盘；ABCDEA 面—断层面
AB 线—断层走向线；AE 线—断层倾向线

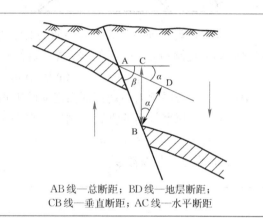

AB 线—总断距；BD 线—地层断距；
CB 线—垂直断距；AC 线—水平断距

断层面	岩层发生位移的破裂面，它可以是平面或曲面，断层面的产状可用走向、倾向及倾角来表示。有时断层面并不是一个简单的破裂面，而是常形成一个较大的断层破碎带
断层线	断层面与地面的交线。它反映断层地表的延伸方向，可以是直线或曲线
断盘	断层面两侧相对位移的岩块称为断盘。在断层面上部的岩块称为上盘，下部的岩块称为下盘。若断层面直立则无上下盘之分
断距	断层两盘相对错开的距离，分为总断距、地层断距、垂直断距、水平断距。 总断距：断层面上地层间发生的相对位移。（AB 线） 地层断距：同一地层被断层错开的垂直距离。（DB 线） 垂直断距：断层两盘上对应层之间的铅垂距离。（CB 线） 水平断距：断层两盘上对应层之间的水平距离。（AC 线）
分类	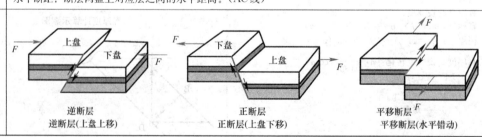 逆断层（上盘上移）　　　正断层（上盘下移）　　　平移断层（水平错动）

【1-90】（2017C04）某公路隧道走向 80°，其围岩产状 50°∠30°，现需绘制沿隧道走向的地质剖面（水平与垂直比例尺一致），问剖面图上地层视倾角取值最接近下列哪个选项？

(A) 11.2°   (B) 16.1°   (C) 26.6°   (D) 30°

答案：C

解答过程：

$$\tan\beta = \tan\alpha\cos w；\quad \alpha = 30°；\quad w = 80° - 50° = 30°$$
$$\tan\beta = \tan30° \times \cos30° = 0.5 \Rightarrow \beta = 26.6°$$

【小注岩土点评】

① 本题考查的是常规公式，视倾角转化公式 $\tan\beta = \tan\alpha \cdot \cos w$，其中 w 是剖面方向与真倾向的夹角，α 是真倾角。

② 各个角度关系见下图。

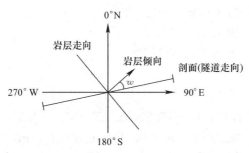

【1-91】（2008C02）下图为某地质图的一部分，图中虚线为地形等高线，粗实线为一倾斜岩面的出露界线。a、b、c、d 为岩面界线和等高线的交点，直线 ab 平行于 cd，和正北方向的夹角为 15°，两线在水平面上的投影距离为 100m。下列关于岩面产状的选项正确的是（　　）。

(A) NE75°，$\angle$27°
(B) NE75°，$\angle$63°
(C) SW75°，$\angle$27°
(D) SW75°，$\angle$63°

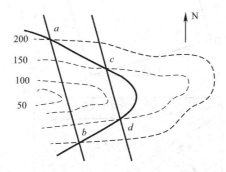

答案：A

解答过程：

(1) 走向为 NW345°，倾向为 NE75°。

(2) 设倾角为 α，$\tan\alpha = \dfrac{200 - 150}{100} = 0.5$，$\alpha = 26.6° \approx 27°$

【1-92】（2007C04）在某单斜构造地区，剖面方向与岩层走向垂直，煤层倾向与地面坡向相同，剖面上煤层露头的出露宽度为 16.5m，煤层倾角为 45°，地面坡角为 30°，在煤层露头下方不远处的钻孔中，煤层岩芯的长度为 6.04m（假设岩芯采取率为 100%），下列（　　）项中的说法最符合露头与钻孔中煤层实际厚度的变化情况。

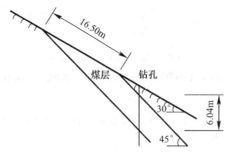

（A）煤层厚度不同，分别为 14.29m 和 4.27m

（B）煤层厚度相同，为 3.02m

（C）煤层厚度相同，为 4.27m

（D）煤层厚度不同，为 4.27m 和 1.56m

答案：C

解答过程：

（1）按露头计算煤层厚度：$h_1 = 16.5 \times \sin(45° - 30°) = 4.27$m

（2）按钻孔揭露计算煤层厚度：$h_2 = 6.04 \times \sin 45° = 4.27$m，两者相同。

【1-93】（2022D04）某场地位于城区，上部被填土覆盖，下部岩层层序正常。矩形基坑开挖后揭露的两侧地质剖面如下图所示，则岩层产状最接近下列哪个选项？

（A）40°∠33.5°　　　（B）80°∠35°　　　（C）120°∠33.5°　　　（D）130°∠35°

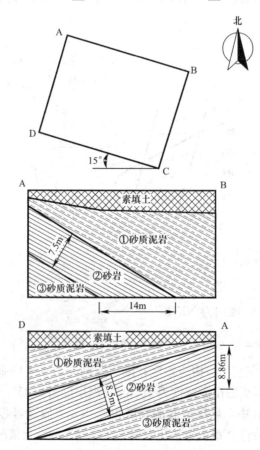

答案：D

解答过程：

（1）初判倾向的方向：沿着倾向方向，岩层越来越低。

AB 剖面，A→B，为视倾向方向。

AD 剖面，A→D，为视倾向方向。根据合成方向，真倾向方向为 AB 和 AD 之间。

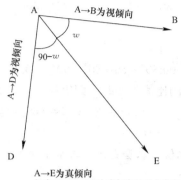

A→E为真倾向
相当于AB、AD为真倾向的分力方向

（2）AB 剖面：剖面中的视倾角和真倾角关系：$\tan\beta_{AB}=\tan\alpha \cdot \cos w$；$\beta_{AB}$ 为视倾角，α 为真倾角，w 为剖面方向与真倾向的夹角。

AD 剖面：剖面中的视倾角和真倾角的关系：$\tan\beta_{AD}=\tan\alpha \cdot \cos(90-w)=\tan\alpha \cdot \sin w$

根据 AB 剖面图和 AD 剖面图，②层砂岩的厚度和斜长，$\tan\beta_{AD}=0.294$，$\tan\beta_{AB}=0.6345$

（3）$\dfrac{\tan\beta_{AD}}{\tan\beta_{AB}}=\dfrac{0.294}{0.6345}=0.4633=\dfrac{\tan\alpha \cdot \sin w}{\tan\alpha \cdot \cos w}=\tan w$

（4）$w=24.9°$，真倾向 $\beta=90°+15°+w\approx130°$

（5）$\tan\alpha=0.7$，真倾角 $\alpha=35°$，岩层产状为 $130°\angle35°$

【小注岩土点评】

① 本题是考点视倾角的翻新，通过两个剖面的视倾角换算出岩层的产状。

② 根据题干提供的信息，考生只能获取两个不同剖面的视倾角，结合视倾角的换算公式，就缺 w，首先要判断出真倾向的方向。

③ 考试过程中，需要观察选项。在无法判断的时候，可以先看看选项，如果真倾向如选项 A 和 B 所示，示意图如下，那么 AD 剖面图中 D 点的岩层高度应该比 A 点高，可

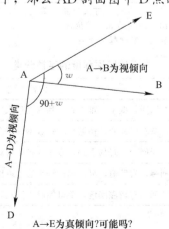

A→E为真倾向?可能吗?

是剖面图中并不是这样反映。这样排除了 A 和 B，就回归到解答过程中的倾向示意图。

④ 再根据两个剖面图中的视倾角和 w 的关系，联立方程求解出真倾角 α 和夹角 w，进而可以得到产状。

【1-94】（2014C03）某公路隧道走向 $80°$，其围岩产状 $50°\angle30°$，欲作沿隧道走向的工程地质剖面（垂直比例与水平比例的比值为 2），问在剖面图上地层倾角取值最接近（　　）。

（A）$27°$　　　　（B）$30°$　　　　（C）$38°$　　　　（D）$45°$

答案：D

解答过程：

（1）$\tan\beta_1 = \tan\alpha \cdot \cos w = \tan30° \times \cos(80°-50°) = 0.5$

（2）垂直比例与水平比例的比值为 2 时（即纵横比例尺为 $2:1$），比例转化：

$$\tan\beta_2 = 2\tan\beta_1 = 2\times0.5 = 1 \Rightarrow \beta = 45°$$

【小注岩土点评】

① $\tan\beta$ 是垂直与水平的比值，取垂直比例与水平比例的比值为 2，即将垂直走向增大一倍，所以 $\tan\beta$ 的值也增大一倍。

② 本题也可以直接应用视倾角转化公式 $\tan\beta = \tan\alpha \cdot \cos w \cdot n$，$n$ 是纵横比例尺之比。w 是剖面方向与真倾向的夹角，α 是真倾角。

③ 本题要注意的是纵横比例尺、定义中的剖面方向即为题干中的隧道走向、剖面方向与真倾向（不是走向）的夹角。

第二节　岩石的工程分类

一、根据《工程岩体分级标准》GB/T 50218—2014、《岩土工程勘察规范（2009 年版）》GB 50021—2001 分级

（一）基本规定

岩石按坚硬程度的定量分类

坚硬程度	坚硬岩	较硬岩	较软岩	软岩	极软岩
饱和单轴抗压强度标准值 f_{rk}（MPa）	$f_{rk}>60$	$60\geqslant f_{rk}>30$	$30\geqslant f_{rk}>15$	$15\geqslant f_{rk}>5$	$f_{rk}\leqslant5$

【小注】① 当无法取得饱和单轴抗压强度数据时，可采用点载荷试验强度换算 $f_r = 22.82 \cdot I_{s(50)}^{0.75}$，点载荷试验数据按照《工程岩体分级标准》GB/T 50218—2014 第 3.3 节执行。

② 当岩体完整程度为极破碎时，可不进行坚硬程度分类。

岩石按坚硬程度的定性分类

坚硬程度		定性鉴定
硬质岩	坚硬岩	锤击声清脆，有回弹，振手，难击碎，基本无吸水反应
	较硬岩	锤击声较清脆，有轻微回弹，稍振手，较难击碎，有轻微吸水反应
软质岩	较软岩	锤击声不清脆，无回弹，轻易击碎，浸水后指甲可刻出印痕
	软岩	锤击声哑，无回弹，有凹痕，易击碎，浸水后手可掰开
极软岩		锤击声哑，无回弹，有较深凹痕，手可捏碎，浸水后可捏成团

岩体完整程度的定量分类

完整程度	完整	较完整	较破碎	破碎	极破碎
岩体完整性指数 K_v	>0.75	0.75~0.55	0.55~0.35	0.35~0.15	≤0.15

【小注】$K_v=\left(\dfrac{v_{pm}}{v_{pr}}\right)^2$，$v_{pm}$——风化岩体压缩波波速（km/s）、$v_{pr}$——风化岩块压缩波波速（km/s）。

J_v 与 K_v 对照表

J_v（条/m³）	<3	3~10	10~20	20~35	≥35
K_v	>0.75	0.75~0.55	0.55~0.35	0.35~0.15	≤0.15

【小注】① 岩体体积节理数 J_v，应选择有代表性的露头或开挖壁面进行统计，同时除成组节理外，对迹线长度大于1m的分散节理也应进行统计，但已被硅质、铁质、钙质充填胶结的节理不予统计。

② $J_v=S_1+S_2+\cdots+S_n+S_k$

式中：S_n——第 n 组结构面沿法向每米长结构面的条数；

S_k——每立方米岩体非成组节理条数；

n——统计区域内结构面组数。

岩体完整程度的定性分类

完整程度	结构面发育程度		主要结构面的结合程度	主要结构面类型	岩体结构类型
	组数	平均间距（m）			
完整	1~2	>1.0	结合好或结合一般	节理、裂隙、层面	整体状或巨厚层状
较完整	1~2	>1.0	结合差	节理、裂隙、层面	块状或厚层状
	2~3	1.0~0.4	结合好或结合一般		块状结构
较破碎	2~3	1.0~0.4	结合差	节理、裂隙、层面、劈理、小断层	裂隙块状或中厚层状
	≥3	0.4~0.2	结合好		镶嵌碎裂结构
			结合一般		薄层状结构
破碎	≥3	0.4~0.2	结合差	各种类型结构面	裂隙块状结构
		≤0.2	结合一般或结合差		碎裂结构
极破碎	无序		结合很差	—	散体状结构

【小注】平均间距指主要结构面间距的平均值。

岩石质量指标分级表

岩石质量指标（RQD）	RQD>90	90≥RQD>75	75≥RQD>50	50≥RQD>25	RQD≤25
岩石工程性质好坏	好的	较好的	较差的	差的	极差的

【小注】岩石质量指标（RQD）即采用直径为75mm的金刚石钻头和双层岩芯管在岩石中钻进，连续取芯，回次钻进所取岩芯中，长度大于10cm的岩芯段长度之和与该回次进尺的比值，以百分数表示。

岩体的基本质量等级分类

坚硬程度	完整程度				
	完整	较完整	较破碎	破碎	极破碎
坚硬岩	Ⅰ	Ⅱ	Ⅲ	Ⅳ	Ⅴ
较硬岩	Ⅱ	Ⅲ	Ⅳ	Ⅳ	Ⅴ
较软岩	Ⅲ	Ⅳ	Ⅳ	Ⅴ	Ⅴ
软岩	Ⅳ	Ⅳ	Ⅴ	Ⅴ	Ⅴ
极软岩	Ⅴ	Ⅴ	Ⅴ	Ⅴ	Ⅴ

（二）岩体的基本质量分级和工程岩体质量分级

1. 岩体的基本质量指标 BQ 计算

岩体的基本质量指标 BQ，应根据岩石的饱和单轴抗压强度 R_c 和岩体完整性指数 K_v，按下式计算：

$$BQ = 100 + 3 \cdot R_c + 250 \cdot K_v$$

使用上式，必须遵守下列限制条件：

（1）当 $R_c > 90K_v + 30$ 时，应以 $R_c = 90K_v + 30$ 和 K_v 代入计算 BQ 值。

（2）当 $K_v > 0.04R_c + 0.4$ 时，应以 $K_v = 0.04R_c + 0.4$ 和 R_c 代入计算 BQ 值。

2. 岩体的基本质量等级分类

岩体基本质量等级分类

基本质量等级	岩体基本质量的定性特征	基本质量指标 BQ
Ⅰ	坚硬岩，岩体完整	>550
Ⅱ	坚硬岩，岩体较完整；较坚硬岩，岩体完整	550～451
Ⅲ	坚硬岩，岩体较破碎；较坚硬岩，岩体较完整；较软岩，岩体完整	450～351
Ⅳ	坚硬岩，岩体破碎；较坚硬岩，岩体较破碎～破碎；较软岩，岩体较完整～较破碎；软岩，岩体完整～较完整	350～251
Ⅴ	较软岩，岩体破碎；软岩，岩体较破碎～破碎；全部极软岩及全部极破碎岩	≤250

3. 工程岩体质量分级修正

（1）地下工程岩体质量分级

对岩体基本质量指标 BQ 进行修正如下：

$$[BQ] = BQ - 100(K_1 + K_2 + K_3)$$

式中：K_1、K_2、K_3——分别为地下工程地下水影响修正系数、主要软弱结构面产状影响修正系数、初始应力状态影响修正系数，如无所列情况时，相应的修正系数取零即可。

【小注】题目中没有给定系数的具体值时，系数应取范围值，不取平均值。

地下工程地下水影响修正系数 K_1

地下水出水状态	BQ				
	≤250	251～350	351～450	451～550	>550
潮湿或点滴状出水，$P \leq 0.1$ 或 $Q \leq 25$	0.4～0.6	0.2～0.3	0～0.1	0	0
淋雨状或线流状出水，$0.1 < P \leq 0.5$ 或 $25 < Q \leq 125$	0.7～0.9	0.4～0.6	0.2～0.3	0.1～0.2	0～0.1
涌流状出水，$0.5 < P$ 或 $125 < Q$	1.0	0.7～0.9	0.4～0.6	0.2～0.3	0.1～0.2

【小注】P——地下工程围岩裂隙水压（MPa）；Q——每10m洞长出水量 L/(min·10m)。

地下工程主要软弱结构面产状影响修正系数 K_2

结构面产状及其与洞轴线的组合关系	结构面走向与洞轴线夹角<30°，结构面倾角 30°～75°	结构面走向与洞轴线夹角>60°，结构面倾角>75°	其他组合
K_2	0.4～0.6	0～0.2	0.2～0.4

地下工程岩体初始应力状态影响修正系数 K_3

围岩强度应力比（R_c/σ_{max}）	BQ				
	≤250	251～350	351～450	451～550	>550
极高应力区<4	1.0	1.0～1.5	1.0～1.5	1.0	1.0
高应力区4～7	0.5～1.0	0.5～1.0	0.5	0.5	0.5

【小注】σ_{max} 为垂直于洞轴线方向的最大初始应力。根据以上经过修正的地下工程岩体质量指标 $[BQ]$ 进行地下工程岩体质量分级。

（2）边坡工程岩体质量分级

对岩体基本质量指标 BQ 进行修正如下：

$$[BQ] = BQ - 100(K_4 + \lambda K_5)$$

$$K_5 = F_1 \times F_2 \times F_3$$

式中：λ——边坡工程主要结构面类型与延伸性修正系数；

K_4——边坡工程地下水影响修正系数；

K_5——边坡工程主要结构面产状修正系数；

F_1——反映主要结构面倾向与边坡倾向间关系的影响系数；

F_2——反映主要结构面倾角的影响系数；

F_3——反映边坡倾角与主要结构面倾角间关系的影响系数。

边坡工程主要结构面类型与延伸性修正系数 λ

结构面类型与延伸性	修正系数 λ
断层、夹泥层	1.0
层面、贯通性较好的节理和裂隙	0.9～0.8
断续节理和裂隙	0.7～0.6

边坡工程地下水影响修正系数 K_4

边坡地下水发育程度	BQ				
	≤250	251～350	351～450	451～550	>550
潮湿或点滴状出水，$p_w<0.2H$	0.4～0.6	0.2～0.3	0～0.1	0	0
线流状出水，$0.2H<p_w≤0.5H$	0.7～0.9	0.4～0.6	0.2～0.3	0.1～0.2	0～0.1
涌流状出水，$p_w>0.5H$	1.0	0.7～0.9	0.4～0.6	0.2～0.3	0.1～0.2

【小注】p_w——边坡坡内潜水或承压水水头（m）；H——边坡坡高（m）。

边坡工程主要结构面产状影响修正系数（F_1、F_2、F_3）

序号	条件与修正系数	影响程度划分				
		轻微	较小	中等	显著	很显著
1	结构面倾向与边坡坡面倾向间夹角	>30°	30°～20°	20°～10°	10°～5°	≤5°
	F_1	0.15	0.40	0.70	0.85	1.0
2	结构面倾角	<20°	20°～30°	30°～35°	35°～45°	≥45°
	F_2	0.15	0.40	0.70	0.85	1.0
3	结构面倾角与边坡坡面倾角之差（前-后）	>10°	10°～0°	0°	0°～-10°	≤-10°
	F_3	0	0.2	0.8	2.0	2.5

【小注】表中"负值"表示结构面倾角小于坡面倾角，在坡面出露。根据以上经过修正的边坡工程岩体质量指标 $[BQ]$ 进行边坡工程岩体质量分级。

（3）地基工程岩体质量分级

地基工程岩体质量分级可按照岩体基本质量指标 BQ 直接划分岩体级别，不必修正，见上表，地基工程各级别岩体基岩承载力基本值见下表。

基岩承载力基本值 f_0

岩体级别	I	II	III	IV	V
f_0（MPa）	＞7.0	7.0～4.0	4.0～2.0	2.0～0.5	≤0.5

岩体按风化程度分类

风化程度	野外特征	风化程度参数指标	
		波速比 K_v	风化系数 K_f
未风化	岩质新鲜，偶见风化痕迹	0.9～1.0	0.9～1.0
微风化	结构基本未变，仅节理面有渲染或略有变色，有少量风化裂隙	0.8～0.9	0.8～0.9
中等风化	结构部分破坏，沿节理面有次生矿物、风化裂隙发育，岩体被切割成岩块。用镐难挖，岩芯钻方可钻进	0.6～0.8	0.4～0.8
强风化	结构大部分破坏，矿物成分显著变化，风化裂隙很发育，岩体破碎，用镐可挖，干钻不易钻进	0.4～0.6	＜0.4
全风化	结构基本破坏，但尚可辨认，有残余结构强度，可镐挖，干钻可钻进	0.2～0.4	—
残积土	组织结构全部破坏，已风化成土状，锹镐易挖掘，干钻易钻进，具可塑性	＜0.2	—

【小注】① 波速比 K_v＝风化岩石压缩波速度/新鲜岩石压缩波速度；
② 风化系数 K_f＝风化岩石饱和单轴抗压强度/新鲜岩石饱和单轴抗压强度；
③ 花岗类岩石，可采用标准贯入划分，$N≥50$ 为强风化、$50＞N≥30$ 为全风化、$N＜30$ 为残积土；
④ 泥岩和半成岩可不进行分化程度划分。

岩体按软化程度分类

岩石软化类别	软化岩石	不软化岩石
软化系数	≤0.75	＞0.75

【小注】软化系数＝饱和岩石单轴抗压强度/干燥岩石单轴抗压强度。

【1-95】（2006D01）在钻孔内做波速测试，测得中等风化花岗岩，岩体的压缩波速度 $V_p=2777$m/s，剪切波速度 $V_s=1410$m/s，已知相应岩石的压缩波速度 $V_p=5067$m/s，剪切波速度 $V_s=2251$m/s，质量密度 $\rho=2.23$g/cm³，饱和单轴抗压强度 $R_c=40$MPa，该岩体基本质量指标（BQ）最接近（   ）。

(A) 285　　　(B) 336　　　(C) 710　　　(D) 761

答案：A

解答过程：

根据《工程岩体分级标准》GB 50218—2014 第4.2.2条及附录B：

（1）$K_v=\left(\dfrac{2777}{5067}\right)^2=0.3$

（2）$90K_v+30=57＞R_c=40$，取 $R_c=40$MPa

$0.04R_c+0.4=2.0＞K_v=0.3$，取 $K_v=0.3$

（3）$BQ = 100 + 3R_c + 250K_v = 100 + 3 \times 40 + 250 \times 0.3 = 295$

【1-96】（2010C03）某工程测得中等风化岩体压缩波波速 $V_{pm} = 3185\text{m/s}$，剪切速率 $V_s = 1603\text{m/s}$，相应岩块的压缩波波速 $V_{pr} = 5067\text{m/s}$，剪切波波速 $V_s = 2438\text{m/s}$；岩石质量密度 $\rho = 2.64\text{g/cm}^3$，饱和单轴抗压强度 $R_c = 40\text{MPa}$，则该岩体基本质量指标 BQ 最接近（　　）。

(A) 255　　　　　(B) 310　　　　　(C) 491　　　　　(D) 714

答案：B

解答过程：

根据《工程岩体分级标准》GB/T 50218—2014 第 4.2.2 条及附录 A：

（1）$K_v = \left(\dfrac{V_{pm}}{V_{Pr}}\right)^2 = \left(\dfrac{3185}{5067}\right)^2 = 0.395$

（2）$90K_v + 30 = 90 \times 0.395 + 30 = 65.6\text{MPa} > R_c = 40\text{MPa}$，取 $R_c = 40\text{MPa}$

$0.04R_c + 0.4 = 0.04 \times 40 + 0.4 = 2 > K_v = 0.395$，取 $K_v = 0.395$

（3）$BQ = 100 + 3R_c + 250K_v = 100 + 3 \times 40 + 250 \times 0.395 = 318.8$

【小注岩土点评】

① 计算岩体完整性指数采用弹性纵波波速（也称压缩波波速），而非剪切波速。

② 本题需要注意的是：两个判别式中带入的 K_v 和 R_c 是原始值，而不是经过比较之后的小值。但计算 BQ 采用的 K_v 和 R_c 是需要经过判别比较之后的小值，带入式子 $BQ = 100 + 3R_c + 250K_v$。

③ 简单点说：判别的两个式子中的 K_v 和 R_c 是原始值，但是计算的 BQ 采用的 K_v 和 R_c 是需要经过筛选比较后的小值。

【1-97】（2016D04）某洞室轴线走向为南北向，其中某工程段岩体实测弹性纵波波速为 3800m/s，主要软弱结构面产状为：倾向 NE68°，倾角 59°；岩石单轴饱和抗压强度为 $R_c = 72\text{MPa}$，岩块弹性纵波波速为 4500m/s，垂直洞室轴线方向的最大初始应力为 12MPa，洞室地下水成淋雨状，出水量为 8L/min·m，根据《工程岩体分级标准》GB/T 50218—2014，该工程岩体的级别可确定为下列哪个选项？

(A) Ⅰ级　　　　　(B) Ⅱ级　　　　　(C) Ⅲ级　　　　　(D) Ⅳ级

答案：C

解答过程：

根据《工程岩体分级标准》GB/T 50218—2014 第 4.2 节和第 5.2 节：

（1）$K_v = \left(\dfrac{V_{pm}}{V_{pr}}\right)^2 = \left(\dfrac{3800}{4500}\right)^2 = 0.71$

（2）$90K_v + 30 = 90 \times 0.71 + 30 = 93.9 > R_c = 72$，$0.04R_c + 0.4 = 0.04 \times 72 + 0.4 = 3.28 > K_v = 0.71$

（3）$BQ = 100 + 3 \times 72 + 250 \times 0.71 = 493.5$，查表可知：岩体基本质量分为 Ⅱ 类。

（4）岩体基本质量指标的修正：

① 地下水影响修正系数：出水量：8L/(min·m) = 80L/(min·10m) 在 25～125 之间，和 $BQ = 493.5 > 450$，查表插值为：

$$K_1 = 0.1 + (0.2 - 0.1) \times \frac{(80 - 25)}{(125 - 25)} = 0.155$$

② 主要结构面产状影响修正系数：主要结构面走向与洞轴线夹角为：$90°-68°=22°$，倾角 $59°$，取 $K_2=0.4\sim0.6$。

③ 初始应力状态影响修正系数：$\dfrac{R_c}{\sigma_{\max}}=\dfrac{72}{12}=6$，为高应力区，$K_3=0.5$。

④ 岩体基本质量指标修正值：

$$[BQ]=BQ-100(K_1+K_2+K_3)$$
$$=493.5-100\times[0.155+(0.4\sim0.6)+0.5]=368\sim388$$

（5）该岩体质量等级为Ⅲ级。

【小注岩土点评】

① 岩体的基本分级根据岩石的坚硬程度和岩体的完整程度确定，岩石的坚硬程度取决于饱和单轴抗压强度，岩体的完整程度由岩石的纵波波速和岩体的纵波波速决定。围岩定级综合考虑地下水情况、初始地应力状态等因素对基本分级进行修正。

② 解惑：很多学员问：怎么不按照 BQ 或者 BQ 与水量双向插值呢？BQ 是岩体完整性和坚硬程度的综合指标，比如同样都是三级，即可以是坚硬较破碎或较软岩完整，但是水量相关的更直接的反映在完整性程度上，因此我们优先选择水量来插值，而不选用 BQ 插值。当然对 BQ 也是有影响的，只是地下水的修正，更主要是看水量或者完整性。

【1-98】（2018D02）某边坡高度为 $55m$，坡面倾角为 $65°$，倾向为 NE59°，测得岩体的纵波波速为 $3500m/s$，相应岩块的纵波波速为 $5000m/s$，岩石的饱和单轴抗压强度 $R_c=45MPa$，岩层结构面的倾角为 $69°$，倾向为 NE75°，边坡结构面类型与延伸性修正系数为 0.7，地下水影响系数为 0.5，按照《工程岩体分级标准》GB/T 50218—2014，用计算的岩体基本质量指标确定该边坡的岩体质量等级为下列哪项？

（A）Ⅴ　　　　　（B）Ⅳ　　　　　（C）Ⅲ　　　　　（D）Ⅱ

答案：B

解答过程：

根据《工程岩体分级标准》GB/T 50218—2014 第 5.3 节：

（1）$V_{pm}=3500m/s$；$V_{pr}=5000m/s$；$K_v=0.49$；$R_c=45MPa$；$R_c=45<90K_v+30=74.1$；则 $R_c=45$

（2）$K_v=0.49<0.04R_c+0.4=2.2$；则 $K_v=0.49$

（3）$BQ=100+3R_c+250K_v=100+3\times45+250\times0.49=357.5$

（4）$[BQ]=BQ-100(k_4+\lambda k_5)$；$k_4=0.5$；$\lambda=0.7$

（5）$k_5=F_1\times F_2\times F_3$

结构面倾向与坡面倾向的夹角为 $75°-59°=16°$，则 $F_1=0.7$

结构面倾角为 $69°$，$F_2=1.0$

结构面倾角与坡面倾角之差为 $69°-65°=4°$，则 $F_3=0.2$

（6）$[BQ]=BQ-100(k_4+\lambda k_5)=357.5-100\times(0.5+0.7\times0.7\times1\times0.2)=297.7$

（7）查规范表 4.1.1，为Ⅳ级。

【1-99】（2018C02）在近似水平的测面上沿正北方向布置 $6m$ 长测线测定结构面的分布情况，沿测线方向共发育了 3 组结构面和 2 条非成组节理，测量结果见下表：

编号	产状（倾向/倾角）	实测间距（m）/条数	延伸长度（m）	结构面特征
1	0°/30°	0.4～0.6/12	>5	平直，泥质胶结
2	30°/45°	0.7～0.9/8	>5	平直，无充填
3	315°/60°	0.3～0.5/15	>5	平直，无充填
4	120°/76°	—	>3	钙质胶结
5	165°/64°	—	3	张开度小于1mm，粗糙

按《工程岩体分级标准》GB/T 50218—2014要求判定该处岩体的完整性为下列哪个选项并说明依据（假定没有平行于测面的结构面分布）。

(A) 较完整　　　　(B) 较破碎　　　　(C) 破碎　　　　(D) 极破碎

答案：B

解答过程：

(1) 定性分析：

根据《工程岩体分级标准》GB/T 50218—2014表3.2.3，从定性角度分析。

3组成组节理，根据间距范围可知：平均间距分别为0.5m、0.8m和0.4m，故平均间距为0.4～1.0m。

根据三组成组结构面特征可知结构面的结合程度：泥质胶结，表示结构面的结合程度为结合差。

根据表3.2.3，结构面的发育程度和结合程度，可定性分析岩体完整程度为较破碎。

(2) 定量分析：

根据《工程岩体分级标准》GB/T 50218—2014附录B，从定量角度分析。

$$J_v = \sum_{i=1}^{3} S_i$$

① 测线1，测线倾向与节理倾向一致，则在结构面的法线投影长为$L \times \sin\alpha$，α为法线与竖直线的夹角，数值上等于倾角。测线1有12条节理。$S_1 = \dfrac{1}{\dfrac{6 \times \sin30°}{12}} = \dfrac{12}{6 \times \sin30°}$

② 测线2，测线与倾向不一致，先把长度投影到倾向方向$L \times \cos\beta$，β为测线与倾向的夹角，然后再投影到法线方向。$S_2 = \dfrac{1}{\dfrac{6 \times \cos30° \sin45°}{8}} = \dfrac{8}{6 \times \cos30° \sin45°}$

③ 同理，$S_3 = \dfrac{15}{6 \times \cos45° \times \sin60°}$

④ 成组的只有3组，非成组的有2条，但第四条是钙质充填，不计入S_0中，所以$S_0 = \dfrac{1}{6} = 0.17$。

⑤ 从式子$J_v = S_1 + S_2 + S_3 + S_0 = 4 + 2.2 + 4.1 + 0.17 = 10.47$，查表3.3.2和表3.3.4，岩体完整性指数的对应关系为较破碎。

(3) 定性分析和定量分析相结合，为较破碎，因此选B。

【小注岩土点评】

① 乍一眼看，看到成组节理和非成组节理，想到体积节理数。但是翻开规范附录B体积节理数的符号单位可知：体积节理数最基本的参数是体积，整个题干中没有说明体积是多少，那么公式中的 S_0 就无法得出答案。6m长的测线代表了多大的体积？不知道，只能假设一个体积 $6m^3$。

② 节理的定性分析和体积节理数的间接测定，都是基于节理调查的测线法。

③ 现场测定是很难知道岩体体积的，多数采用定性分析。若采用定量，一般假定为单位体积。数值模拟时模拟节理裂隙的发育，用假定体积的较多。

④ 本题题目欠缺的一点就是未给定6m的测线所测量代表的体积数，因此只能假设一个代表的体积数。

⑤ 要说明的是：真题题目中未指定体积，但根据体积节理数中的成组的节理 $J_v = \sum_{i=1}^{3} S_i = 4 + 2.2 + 4.1 = 10.3$，就达到了10，所以不管统计时的体积多大，体积节理数都达到了较破碎的程度。

⑥ 本题关键：将测线上的视间距转化为真间距，通过将测线上结构面间距投影为水平面内结构面间"垂直"距离，再投影得到竖直面内结构面真间距（如下图所示）。

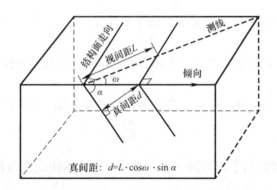

真间距：$d = L \cdot \cos\omega \cdot \sin\alpha$

【1-100】（2021C03）某隧道呈南北走向，勘察时在隧道两侧各布置1个钻孔，隧道位置及断面、钻孔深度、孔口高程及揭露的地层见下图（单位：m）。场地基岩为泥岩、砂岩，岩层产状 $270°\angle 45°$，层面属软弱结构面，其他构造不发育，场地属低地应力区（可不进行初始应力状态修正）。经抽水试验，孔内地下水位无法恢复。室内试验和现场测试所得结果见下表。依据《工程岩体分级标准》GB/T 50218—2014，隧道围岩分级为下列哪个选项？

岩性	岩石单轴抗压强度（MPa）		岩体完整性系数	压水试验流量 $L/(min \cdot m)$
	天然	饱和		
砂岩	62	55	0.75	11.5
泥岩	21	15	0.72	4.5

（A）Ⅱ级 　　　　（B）Ⅲ级 　　　　（C）Ⅳ级 　　　　（D）Ⅴ级

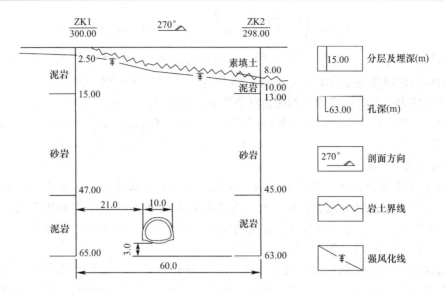

答案：B

解答过程：

根据剖面方向和岩层产状，剖面图中的岩层视倾角就是真倾角 45°，完善钻孔柱状图形成的剖面图，可知隧道位于砂岩层中。具体见下图。

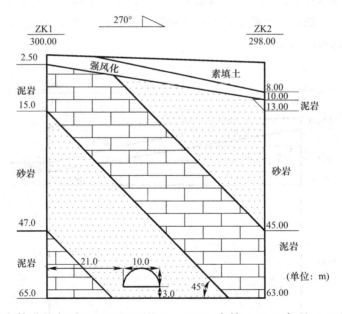

根据《工程岩体分级标准》GB/T 50218—2014 中第 4.2.2 条及 5.2 节：

$R_c = 55\text{MPa} < 90 \times 0.75 + 30$；取 $R_c = 55\text{MPa}$

$K_v = 0.75 < 0.04 \times 55 + 0.4$；取 $K_v = 0.75$

$BQ = 100 + 3R_c + 250K_v = 100 + 3 \times 55 + 250 \times 0.75 = 452.5$，为 Ⅱ 类岩体。

10m 洞长出水量，经抽水试验，孔内地下水位无法恢复，意味水量补给不足，但根据表中给出的压水试验的流量，可以根据压水试验流量 115L/(min·10m) 近似处理。

$$K_1 = \frac{115-25}{125-25} \times (0.2-0.1) + 0.1 = 0.19$$

隧道呈南北走向，层面属软弱结构面，其他构造不发育，岩层层面产状 270°∠45°，结构面走向与洞轴线夹角为 0°，结构面的倾角为 45°，在 30°～75° 之间，$K_2 = 0.4 \sim 0.6$，场地属低地应力区，可不进行初始应力状态修正，$K_3 = 0$。

$[BQ] = BQ - 100(K_1 + K_2 + K_3) = 452.5 - 100 \times (0.19 + 0.4 \sim 0.6 + 0) = 393.5 \sim 373.5$，Ⅲ级。

【小注岩土点评】

① 本题剖面方向 270°，为东西走向，和隧道延伸的南北走向相互垂直。而岩层产状 270°∠45°，所作剖面为垂直于岩层走向（或沿着岩层倾向方向），在剖面图上显示倾角为真倾角。如果单纯地考这个沿着任意方向切剖面，剖面上显示的视倾角，都会做对，历年真题（2014C03）和（2017C04）都考过这个知识点。

② 很坦诚地说，拿到了这个题后考生也想着画出视倾角，但是工作中画土的剖面太多了，导致看到这个图，虽然心里想着要用视倾角，但是还是不自觉地像画土层那样，将相同土性连线。心里总觉得哪里不对劲，因为一般都会将隧道设置在砂岩中，这道题怎么不按常理出题。

③ 在进行地下水修正的时候，地下水相关的描述：本题和以往的区别在于没有直接给定出水量，经抽水试验，孔内地下水位无法恢复，意味着水量补给不足，表中给了压水试验的流量，隧道下理应承受的水压力，只是渗透性不强，可近似采用压水试验的流量作为后期施工中可能的渗漏量。

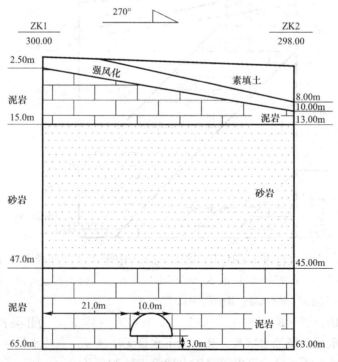

错误的想法（部分人会这么看）

④ 本题有个让人纠结的地方：地下工程中，围岩一般是指6倍隧道半径的范围。根据这个范围，本题的工程岩体应该是砂岩与泥岩的综合体。从不利性角度，选择泥岩作为判断依据；但是题干中给定的砂岩强度和完整性系数的数值都很高，从工程实际上来讲还是优良的，因此可以直接选用砂岩作为判断依据。

【1-101】（2022C04）某建筑地基勘察，钻孔揭露的基岩特征如下：褐红色，岩芯破碎，多呈薄片状；岩石为变质岩类，表面可见丝绢光泽，主要矿物成分为绢云母、绿泥石，粒度较细，遇水易软化、泥化，有膨胀性，工程性质差；测试结果：岩体纵波波速848m/s，岩块纵波波速1357m/s，岩石饱和单轴抗压强度10.84MPa。根据上述描述，该岩石定名和岩体基本质量等级为下列哪个选项？

（A）千枚岩，Ⅳ级　　　　　　　　（B）片麻岩，Ⅳ级

（C）千枚岩，Ⅴ级　　　　　　　　（D）片麻岩，Ⅴ级

答案：C

解答过程：

（1）根据《工程地质手册》（第五版）P18，丝绢光泽，薄片状，可以定名为千枚岩。

（2）完整性系数 $K_v = \left(\dfrac{848}{1357}\right)^2 = 0.39$，为较破碎。

（3）$R_c = 10.84\text{MPa}$，为软岩。

（4）综合 K_v 和 R_c 的分类，根据《岩土工程勘察规范（2009年版）》GB 50021—2001表3.2.2-3岩体基本质量等级分类表，以定性角度划分岩体基本质量等级为Ⅴ级。

（5）根据《工程岩体分级标准》GB/T 50218—2014第4.2.2条：

$$R_c < 90K_v + 30,\ R_c = 10.84,\ K_v < 0.04R_c + 0.4,\ K_v = 0.39$$

$BQ = 100 + 3R_c + 250K_v = 100 + 3 \times 10.84 + 250 \times 0.39 = 230$，根据《工程岩体分级标准》GB/T 50218—2014第4.1.1条，从定量角度划分岩体基本质量分级也为Ⅴ级。

【小注岩土点评】

① 本题是结合了勘察的特点，根据岩石的外观特征命名，对于非地质人员，一般优先选择从《工程地质手册》（第五版）中获取相关信息。

② 本题可以从定性角度分类，同时也可以从定量角度分类。从题干勘察的角度，根据《岩土工程勘察规范（2009年版）》GB 50021—2001，从定性角度分类即可。

③ 历年真题中，根据 K_v 和 R_c，从定量角度分类，也是常考的知识点。

二、水利水电工程围岩工程地质分类

——《水利水电工程地质勘察规范（2022年版）》GB 50487—2008附录N、V

（一）地下洞室围岩工程地质"初步"分类

岩质类型划分

岩质类型	硬质岩		软质岩		
	坚硬岩	中硬岩	较软岩	软岩	极软岩
岩石饱和单轴抗压强度 R_b（MPa）	$R_b > 60$	$60 \geqslant R_b > 30$	$30 \geqslant R_b > 15$	$15 \geqslant R_b > 5$	$5 \geqslant R_b$

岩体完整程度划分

结构面间距	结构面组数			
	1～2	2～3	3～5	>5 或无序
>100cm	完整	完整	较完整	较完整
50～100cm	完整	较完整	较完整	差
30～50cm	较完整	较完整	差	较破碎
10～30cm	较完整	差	较破碎	破碎
<10cm	差	较破碎	破碎	破碎

围岩工程地质初步分类

围岩类别	岩质类型	岩体完整程度	岩体结构类型	围岩分类说明
Ⅰ、Ⅱ	硬质岩	完整	整体或巨厚层状结构	坚硬岩定Ⅰ类；中硬岩定Ⅱ类
Ⅱ、Ⅲ		较完整	块状或次块状结构	坚硬岩定Ⅱ类；中硬岩定Ⅲ类；薄层状结构定Ⅲ类
Ⅱ、Ⅲ			厚层或中厚层状结构、层面结合牢固的薄层状结构	
Ⅲ、Ⅳ			互层状结构	洞轴线与岩层走向夹角小于30°时，定Ⅳ类
Ⅲ、Ⅳ		完整性较差	薄层状结构	岩质均一且无软弱夹层时，定Ⅲ类
Ⅲ			镶嵌结构	—
Ⅳ、Ⅴ		较破碎	碎裂结构	有地下水活动时，定Ⅴ类
Ⅴ		破碎	碎块或碎屑状散体结构	—
Ⅲ、Ⅳ	软质岩	完整	整体或巨厚层状结构	较软岩定Ⅲ类；软岩定Ⅳ类
		较完整	块状或次块状结构	较软岩定Ⅳ类；软岩定Ⅴ类
Ⅳ、Ⅴ			厚层、中厚层或互层状结构	
		完整性差	薄层状结构	较软岩无夹层时，可定Ⅳ类
		较破碎	碎裂结构	较软岩定Ⅳ类
		破碎	碎块或碎屑状散体结构	—

【小注】对深埋洞室，当可能发生岩爆或塑性变形时，由表中确定的围岩类别宜降低一级。

围岩稳定性评价

围岩类型	围岩稳定性评价	支护类型
Ⅰ	稳定。围岩可长期稳定，一般无不稳定块体	不支护或局部锚杆或喷薄层混凝土。大跨度时，喷混凝土，系统锚杆加钢筋网
Ⅱ	基本稳定。围岩整体稳定，不会产生塑性变形，局部可能产生掉块	
Ⅲ	局部稳定性差。围岩强度不足，局部会产生塑性变形，不支护可能产生塌方或变形破坏。完整的较软岩，可能暂时稳定	喷混凝土，系统锚杆加钢筋网。采用TBM掘进时，需及时支护。跨度>20m时，宜采用锚杆或刚性支护
Ⅳ	不稳定。围岩自稳时间很短，规模较大的各种变形和破坏都可能发生	喷混凝土，系统锚杆加钢筋网，刚性支护，并浇筑混凝土衬砌。不适宜于开敞式TBM施工
Ⅴ	极不稳定。围岩不能自稳，变形破坏严重	

（二）地下洞室围岩工程地质"详细"分类

1. 围岩强度应力比 S 计算

$$S = \frac{R_b \cdot K_v}{\sigma_m}$$

式中：R_b——岩石饱和单轴抗压强度（MPa）；

K_v——岩体完整性指数，$K_v = (v_{pm}/v_{pr})^2$；

σ_m——围岩的最大主应力（MPa），当无实测资料时，可采用自重应力代替。

2. 围岩总评分 T 计算（以下各项评分及总评分省略单位）

$$T = A + B + C + D + E$$

岩石强度评分 A（插值）

岩质类型	硬质岩		软质岩		极软岩
	坚硬岩	中硬岩	较软岩	软岩	
饱和单轴抗压强度 R_b	$R_b > 100$	$100 \geqslant R_b > 60$	$60 \geqslant R_b > 30$	$30 \geqslant R_b > 15$	$15 \geqslant R_b > 5$	$5 \geqslant R_b$
岩石强度评分 A	30	30~20	20~10	10~5	5~0	0

岩体完整程度评分 B（插值）

岩体完整程度		完整	较完整	完整性差	较破碎	破碎
岩体完整性指数 K_v		$K_v > 0.75$	$0.75 \geqslant K_v > 0.55$	$0.55 \geqslant K_v > 0.35$	$0.35 \geqslant K_v > 0.15$	$0.15 \geqslant K_v$
岩体完整程度评分 B	硬质岩	40~30	30~22	22~14	14~6	<6
	软质岩	25~19	19~14	14~9	9~4	<4

【小注】① 当 $R_b \leqslant 5$MPa 时，直接取 $B+C=0$ 分；

② 当 15MPa$\geqslant R_b > 5$MPa 时，若 $B+C > 40$ 分，取 $B+C = 40$ 分计算；

③ 当 30MPa$\geqslant R_b > 15$MPa 时，若 $B+C > 55$ 分，取 $B+C = 55$ 分计算；

④ 当 60MPa$\geqslant R_b > 30$MPa 时，若 $B+C > 65$ 分，取 $B+C = 65$ 分计算。

结构面状态评分 C（不插值）

结构面状态	宽度 W(mm)	$W < 0.5$		$0.5 \leqslant W < 5$								$W \geqslant 5.0$		
	填充物	—		无填充			岩屑			泥质		岩屑	泥质	无填充
	起伏粗糙状态	起伏粗糙	平直光滑	起伏粗糙	起伏光滑或平直粗糙	平直光滑	起伏粗糙	起伏光滑或平直粗糙	平直光滑	起伏粗糙	起伏光滑或平直粗糙	平直光滑	—	—	—
结构面状态评分 C	硬质岩	27	21	24	21	15	21	17	12	15	12	9	12	6	0~3
	软质岩	27	21	24	21	15	21	17	12	15	12	9	12	6	
	软岩	18	14	17	14	8	14	11	8	10	8	6	8	4	0~2

【小注】① 结构面的延伸长度小于 3m 时，硬质岩和较软岩的结构面状态评分另加 3 分，软岩另加 2 分；

② 结构面的延伸长度大于 10m 时，硬质岩和较软岩的结构面状态评分另减 3 分，软岩另减 2 分；

③ 结构面状态评分 C 最低分为 0 分。

地下水评分 D（主要以水量作为插值依据）

活动状态	渗水到滴水	线状流水	涌水
水量 Q [L/min·10m 洞长] 或压力水头 H(m)	$Q \leqslant 25$ 或 $H \leqslant 10$	$125 \geqslant Q > 25$ 或 $100 \geqslant H > 10$	$Q > 125$ 或 $H > 100$

续表

活动状态		渗水到滴水	线状流水	涌水
基本因素评分 $T'=A+B+C$	$T'>85$	地下水评分 D	0	$0\sim-2$	$-2\sim-6$
	$85\geqslant T'>65$		$0\sim-2$	$-2\sim-6$	$-6\sim-10$
	$65\geqslant T'>45$		$-2\sim-6$	$-6\sim-10$	$-10\sim-14$
	$45\geqslant T'>25$		$-6\sim-10$	$-10\sim-14$	$-14\sim-18$
	$T'\leqslant25$		$-10\sim-14$	$-14\sim-18$	$-18\sim-20$

【小注】干燥状态时，地下水评分 $D=0$ 分。

主要结构面产状评分 E（不插值）

结构面走向与洞轴线夹角 β		$90°\geqslant\beta\geqslant60°$				$60°>\beta\geqslant30°$				$30°>\beta$			
结构面倾角 α		$\alpha>70°$	$70°\geqslant\alpha>45°$	$45°\geqslant\alpha>20°$	$\alpha\leqslant20°$	$\alpha>70°$	$70°\geqslant\alpha>45°$	$45°\geqslant\alpha>20°$	$\alpha\leqslant20°$	$\alpha>70°$	$70°\geqslant\alpha>45°$	$45°\geqslant\alpha>20°$	$\alpha\leqslant20°$
结构面状评分 E	洞顶	0	-2	-5	-10	-2	-5	-10	-12	-5	-10	-12	-12
	边墙	-2	-5	-2	0	-5	-10	-2	0	-10	-12	-5	0

【小注】当围岩按岩体完整程度分级定为完整性差、较破碎和破碎时，主要结构面产状评分 $E=0$ 分。

根据上述求得围岩强度应力比 S 和围岩总评分 T，按下表进行地下洞室围岩工程地质详细分类：

地下洞室围岩工程地质详细分类

围岩类别	围岩总评分 T	围岩强度应力比 S
Ⅰ	$T>85$	>4
Ⅱ	$85\geqslant T>65$	>4
Ⅲ	$65\geqslant T>45$	>2
Ⅳ	$45\geqslant T>25$	>2
Ⅴ	$25\geqslant T$	—

【小注】对于Ⅱ、Ⅲ、Ⅳ类围岩而言，当围岩强度应力比 S 小于本表中相应规定值时，围岩类别应降低一级。

【1-102】（2010C18）水电站的地下厂房围岩为白云质灰岩，饱和单轴抗压强度为 50MPa，围岩岩体完整性系数 $K_v=0.50$，结构面宽度 3mm，充填物为岩屑，裂隙面平直光滑，结构面延伸长度 7m，岩壁渗水。围岩的最大主应力为 8MPa。根据《水利水电工程地质勘察规范（2022 年版）》GB 50487—2008，该厂房围岩的工程地质类别应为（　　）。

（A）Ⅰ类　　　　（B）Ⅱ类　　　　（C）Ⅲ类　　　　（D）Ⅳ类

答案：C

解答过程：

根据《水利水电工程地质勘察规范（2022 年版）》GB 50487—2008 附录 N：

（1）$R_b=50$MPa，$A=16.7$，$K_v=0.50$，$B=20$，$W=3.00$mm，$C=12$

（2）$T'=A+B+C=48.7$

（3）岩壁渗水，根据地下水状态评分，$D=-2$

（4）$K_v=0.50$，岩体完整性差，不进行结构面产状评分。

（5）$T=A+B+C+D=48.7-2=46.7$，围岩类别为Ⅲ类。

（6）$S=\dfrac{R_bK_v}{\sigma_m}=\dfrac{50\times0.5}{8}=3.1>2$，不修正，围岩类别为Ⅲ类。

【小注岩土点评】

① 注意评分 D 的判别，采用插值法，渗水量 Q 越大，扣分越多。

② 本题中没有定量的水量或者水压力，所以只能根据定性的渗水来确定数值。

③ 若题干中给定水量，则可以根据水量来插值。

④ 岩体完整性差，不进行结构面产状评分。

【1-103】（2010D22）某洞段围岩，由厚层砂岩组成。围岩总评分 T 为80，岩石的饱和单轴抗压强度 R_b 为 55MPa，围岩的最大主应力 σ_m 为 9MPa，岩体的纵波波速为 3000m/s，岩石的纵波波速为 4000m/s。按照《水利水电工程地质勘察规范（2022 年版）》GB 50487—2008，该洞段围岩的类别是（　　）。

（A）Ⅰ类围岩　　　　（B）Ⅱ类围岩　　　　（C）Ⅲ类围岩　　　　（D）Ⅳ类围岩

答案：C

解答过程：

根据《水利水电工程地质勘察规范（2022 年版）》GB 50487—2008 附录 N：

（1）$T=80$，初判围岩类别为Ⅱ类。

（2）$K_v=\left(\dfrac{3000}{4000}\right)^2=0.5625$，$S=\dfrac{R_b\cdot K_v}{\sigma_m}=\dfrac{55\times0.5625}{9}=3.44<4$，查表，围岩类别应降低一级。

（3）围岩类别综合判定为Ⅲ类。

【1-104】（2011D22）某电站引水隧洞，围岩为流纹斑岩，其各项评分见下表，实测岩体纵波波速平均值为 3320m/s，岩块的纵波波速为 4176m/s。岩石饱和单轴抗压强度 $R_b=$ 55.8MPa，围岩最大主应力 $\sigma_m=11.5$MPa，试按《水利水电工程地质勘察规范（2022 年版）》GB 50487—2008 的要求进行围岩分类，则是下列（　　）项。

岩石各项评分表

项目	岩石强度	岩土完整程度	结构面状态	地下水状态	主要结构面产状
评分	20分	28分	24分	—3分	—2分

（A）Ⅰ类　　　　（B）Ⅱ类　　　　（C）Ⅲ类　　　　（D）Ⅳ类

答案：C

解答过程：

根据《水利水电工程地质勘察规范（2022 年版）》GB 50487—2008 附录 N：

（1）$T=20+28+24-3-2=67$，$65<T=67\leqslant85$，为Ⅱ类围岩。

（2）$K_v=\left(\dfrac{3320}{4176}\right)^2=0.632$，$S=\dfrac{R_b\cdot K_v}{\sigma_m}=\dfrac{55.8\times0.632}{11.5}=3.07<4$

（3）查表，围岩级别降低一级，为Ⅲ类围岩。

【1-105】（2014C22）某水利建筑物洞室由厚层砂岩组成，其岩石的饱和单轴抗压强度 R_b 为 30MPa，围岩的最大主应力 σ_m 为 9MPa。岩体的纵波波速为 2800m/s，岩石的纵波

波速为 3500m/s，结构面状态评分为 25，地下水评分为−2，主要结构面产状评分为−5，根据《水利水电工程地质勘察规范（2022 年版）》GB 50487—2008，该洞室围岩的类别是（　　）。

(A) Ⅰ类围岩　　　　(B) Ⅱ类围岩　　　　(C) Ⅲ类围岩　　　　(D) Ⅳ类围岩

答案：D

解答过程：

根据《水利水电工程地质勘察规范（2022 年版）》GB 50487—2008 附录 N：

(1) $R_b=30$MPa，$A=10$，属于软质岩。

(2) $K_v=\left(\dfrac{2800}{3500}\right)^2=0.64$，$B=16.25$。

(3) $C=25$，$D=-2$，$E=-5$，$A+B+C+D+E=10+16.25+25-2-5=44.25$。

(4) $S=\dfrac{R_b \cdot K_v}{\sigma_m}=\dfrac{30\times 0.64}{9}=2.13>2$，不修正，查表围岩类别为Ⅳ类。

【小注岩土点评】

① $R_b=30$MPa 属于软质岩石，查表 B 应按软岩并插值。

② 注意围岩强度应力比对围岩等级的修正，满足要求则不修正，不满足要求则围岩等级降低一级。

【1-106】（2020D03）某水电工程的地下洞室，轴线走向 NE40°，跨度 10m，进洞后 20～120m 段，围岩为巨厚层石英砂岩，岩层产状 NE50°/SE∠20°，层面紧密起伏粗糙，其他结构面不发育。测得岩石和岩体弹性波纵波波速分别为 4000m/s、3500m/s，岩石饱和单轴抗压强度为 101MPa。洞内有地下水渗出，测得该段范围内总出水量约为 200L/min；洞室所在地段，区域最大主应力为 22MPa。根据《水利水电工程地质勘察规范（2022 年版）》GB 50487—2008，该段洞室围岩详细分类和岩爆分级应为下列哪个选项？并说明理由。

(A) 围岩Ⅰ类、岩爆Ⅰ级　　　　　　(B) 围岩Ⅱ类、岩爆Ⅱ级

(C) 围岩Ⅲ类、岩爆Ⅰ级　　　　　　(D) 围岩Ⅲ类、岩爆Ⅱ级

答案：C

解答过程：

根据《水利水电工程地质勘察规范（2022 年版）》GB 50487—2008 附录 N 和附录 Q：

(1) $R_c=101$MPa>100MPa，$A=30$，为硬质岩。

(2) $K_v=\left(\dfrac{3500}{4000}\right)^2=0.766$，$B=30.6$，岩体完整。

(3) 围岩为巨厚层石英砂岩，洞室跨度 10m，题干中围岩产状走向为 NE50°，洞轴线方向为 NE40°，夹角为 10°，近似可以说明洞的延伸长度为 100m，就是层面的延伸长度，可据此判断层面的延伸长度大于 10m。$C=27-3=24$。

(4) 题干中 20～120m 这 100m 的洞长范围，$Q=200$L/min，故按照表 10m 长隧洞渗水：$Q=20$L/(min·10m)，$T'=A+B+C=84.6<85$，$D=-1.6$。

(5) 石英砂岩岩层走向 NE50°，洞室轴向 NE40°，两者夹角 $\beta=10°<30°$，岩层层面倾角 $\alpha=20°$，洞顶 $E=-12$，边墙 $E=0$。作为围岩，既要考虑洞顶，也要考虑边墙，两

者取不利，$E = -12$。

（6）$T = A + B + C + D + E = 71.2$，为Ⅱ级。

（7）围岩强度应力比 $S = \dfrac{R_b \cdot K_v}{\sigma_m} = \dfrac{101 \times 0.766}{22} = 3.5 < 4$，降一级，为Ⅲ类。

（8）岩爆分级：岩石强度应力比 $\dfrac{R_b}{\sigma_m} = \dfrac{101}{22} = 4.6$，为Ⅰ级。

【小注岩土点评】

本题属于常规题，但是也设置了一些表小注和坑点。

① 饱和单轴抗压强度大于 100MPa，岩石强度评分是 30。

② 地下水渗流量题干中使用的是 100m 的长度，按照表的要求换算到 10m 洞长的渗水量。

③ 结构面的延伸长度，作为巨厚层石英砂岩，仅有层面是结构面，其他结构面不发育，而层面的延伸长度确实在题干中未说明，但是题干给了信息洞室跨度 10m，意味着地质人员可确定的是在这跨度 10m 的范围内是延伸的，但是并不能确定具体延伸了多长。结合规范表小注，延伸长度应该大于洞室跨度 10m。

④ 题干中没有指定洞顶还是边墙，围岩等级的判断即要考虑洞顶又要考虑边墙，两者取不利。

⑤ 围岩强度应力比和岩石强度应力比，两个公式不一样，有一些考友习惯性地使用了一样的公式，从而错失 2 分。

（三）坝基岩体工程地质分类

坝基岩体工程地质分类（一）

岩体类别	A 坚硬岩（$R_b > 60$MPa）		
	岩体特征	岩体工程性质评价	岩体主要特征值
Ⅰ	$A_Ⅰ$：岩体呈整体状或块状、巨厚层状、厚层状结构；结构面不发育～轻度发育，延展性差，多闭合；岩体力学特性各方向的差异性不显著	岩体完整，强度高，抗滑、抗变形性能强，不需做专门性地基处理，属优良高混凝土坝地基	$R_b > 90$MPa $V_p > 5000$m/s $RQD > 85\%$ $K_v > 0.85$
Ⅱ	$A_Ⅱ$：岩体呈块状或次块状、厚层结构；结构面中等发育，软弱结构面局部分布，不成为控制性结构面，不存在影响坝基或坝肩稳定的大型楔体或棱体	岩体较完整，强度高，软弱结构面不控制岩体稳定，抗滑、抗变形性能较高，专门性地基处理工程量不大，属良好高混凝土坝地基	$R_b > 60$MPa $V_p > 4500$m/s $RQD > 70\%$ $K_v > 0.75$
Ⅲ	$A_{Ⅲ1}$：岩体呈次块状、中厚层状结构或焊接为牢固的薄层结构。结构面中等发育，岩体中分布有缓倾角或陡倾角（坝肩）的软弱结构面，存在影响局部坝基或坝肩稳定的楔体或棱体	岩体较完整，局部完整性差，强度较高，抗滑、抗变形性能在一定程度上受结构面控制。对影响岩体变形和稳定的结构面应做局部专门处理	$R_b > 60$MPa $V_p = 4000 \sim 4500$m/s $RQD = 40\% \sim 70\%$ $K_v = 0.55 \sim 0.75$
	$A_{Ⅲ2}$：岩体呈互层状、镶嵌状结构，层面为硅质或钙质胶结薄层状结构。结构面发育，但延展性差，多闭合，岩块间嵌合力较好	岩体强度较高，但完整性差，抗滑、抗变形性能受结构面发育程度、岩块间嵌合能力，以及岩体整体强度特性控制，基础处理以提高岩体整体性为重点	$R_b > 60$MPa $V_p = 3000 \sim 4500$m/s $RQD = 20\% \sim 40\%$ $K_v = 0.35 \sim 0.55$

岩体类别	A 坚硬岩（$R_b>60$MPa）		
	岩体特征	岩体工程性质评价	岩体主要特征值
IV	A_{IV1}：岩体呈互层状或薄层状结构，层间结合较差，结构面较发育～发育，明显存在不利于坝基及坝肩稳定的软弱结构面、较大的楔体或棱体	岩体完整性差，抗滑、抗变形性能明显受结构面控制。能否作为高混凝土坝地基，视处理难度和效果而定	$R_b>60$MPa $V_p=2500\sim3500$m/s $RQD=20\%\sim40\%$ $K_v=0.35\sim0.55$
	A_{IV2}：岩体呈镶嵌或碎裂结构，结构面很发育，且多张开或夹碎屑和泥，岩块嵌合能力弱	岩体较破碎，抗滑、抗变形性能差，一般不宜作高混凝土坝地基。当坝基局部存在该类岩体时，需做专门处理	$R_b>60$MPa $V_p<2500$m/s $RQD<20\%$ $K_v<0.35$
V	A_V：岩体呈散体结构，由岩块夹泥或泥包岩块组成，具有散体连续介质特征	岩体破碎，不能作为高混凝土坝地基，当坝基局部地段分布该类岩体时，需做专门处理	—

坝基岩体工程地质分类（二）

岩体类别	B 中硬岩（$R_b=30\sim60$MPa）		
	岩体特征	岩体工程性质评价	岩体主要特征值
I	—	—	—
II	B_{II}：岩体呈整体状或块状、巨厚层状、厚层状结构；结构面不发育～轻度发育，延展性差，多闭合；岩体力学特性各方向的差异性不显著	岩体完整，强度较高，抗滑、抗变形性能较强，专门性地基处理工程量不大，属良好高混凝土坝地基	$R_b=40\sim60$MPa $V_p=4000\sim4500$m/s $RQD>70\%$ $K_v>0.75$
III	B_{III1}：岩体呈块状或次块状、厚层结构；结构面中等发育，软弱结构面局部分布，不成为控制性结构面，不存在影响坝基或坝肩稳定的大型楔体或棱体	岩体较完整，有一定强度，抗滑、抗变形性能在一定程度受结构面和岩石强度控制，影响岩体变形和稳定的结构面应做局部专门处理	$R_b=40\sim60$MPa $V_p=3500\sim4000$m/s $RQD=40\%\sim70\%$ $K_v=0.55\sim0.75$
	B_{III2}：岩体呈次块或中厚层状结构，或硅质、钙质胶结的薄层结构，结构面中等发育，多闭合，岩块间嵌合力较好，贯穿性结构面不多见	岩体较完整，局部完整性差，抗滑、抗变形性能受结构面和岩石强度控制	$R_b=40\sim60$MPa $V_p=3000\sim3500$m/s $RQD=20\%\sim40\%$ $K_v=0.35\sim0.55$
IV	B_{IV1}：岩体呈互层状或薄层状，层间结合较差，存在不利于坝基（肩）稳定的软弱结构面、较大楔体或棱体	岩体完整性差，抗滑、抗变形性能明显受结构面控制。能否作为高混凝土坝地基，视处理难度和效果而定	$R_b=30\sim60$MPa $V_p=2000\sim3000$m/s $RQD=20\%\sim40\%$ $K_v<0.35$
	B_{IV2}：岩体呈薄层状或碎裂状，结构面发育～很发育，多张开，岩块间嵌合力差	岩体较破碎，抗滑、抗变形性能差，一般不宜作为高混凝土坝地基。当坝基局部存在该类岩体时，需做专门处理	$R_b=30\sim60$MPa $V_p<2000$m/s $RQD<20\%$ $K_v<0.35$
V	B_V：岩体呈散体结构，由岩块夹泥或泥包岩块组成，具有散体连续介质特征	岩体破碎，不能作为高混凝土坝地基。当坝基局部地段分布该类岩体时，需做专门处理	—

坝基岩体工程地质分类（三）

岩体类别	C 软质岩（$R_b < 30$MPa）		
	岩体特征	岩体工程性质评价	岩体主要特征值
Ⅰ			
Ⅱ			
Ⅲ	$C_Ⅲ$：岩石强度为 15～30MPa，岩体呈整体状或巨厚层状结构，结构面不发育～中等发育，岩体力学特性各方向的差异性不显著	岩体完整，抗滑、抗变形性能受岩石强度控制	$R_b < 30$MPa $V_p = 2500 \sim 3500$m/s $RQD > 50\%$ $K_v > 0.55$
	—	—	—
Ⅳ	$C_Ⅳ$：岩石强度大于 15MPa，但结构面较发育；或岩石强度小于 15MPa，结构面中等发育	岩体较完整，强度低，抗滑、抗变形性能差，不宜作为高混凝土坝地基，当坝基局部存在该类岩体时，需做专门处理	$R_b < 30$MPa $V_p < 2500$m/s $RQD < 50\%$ $K_v < 0.55$
	—	—	—
Ⅴ	$C_Ⅴ$：岩体呈散体结构，由岩块夹泥或泥包岩块组成，具有散体连续介质特征	岩体破碎，不能作为高混凝土坝地基。当坝基局部地段分布该类岩体时，需做专门处理	—

【小注】本分类适用于高度大于 70m 的混凝土坝，R_b 为饱和单轴抗压强度，V_p 为岩体声波纵波波速，RQD 为岩石质量指标，K_v 为岩体完整性系数。

【1-107】（2014D04）某大型水电站坝基位于花岗岩上，其饱和单轴抗压强度为 50MPa，岩石和岩体纵波波速分别为 4800m/s 和 4200m/s，$RQD = 80\%$。坝基岩体结构面平直且闭合，不发育，未见地下水。根据《水利水电工程地质勘察规范（2022 年版）》GB 50487—2008，该坝基岩体的工程地质类别应为（　　）。

(A) Ⅰ类　　　　　　(B) Ⅱ类　　　　　　(C) Ⅲ类　　　　　　(D) Ⅳ类

答案：B

解答过程：

根据《水利水电工程地质勘察规范（2022 年版）》GB 50487—2008 附录 V：

(1) $R_b = 50$MPa，中硬岩。

(2) $K_v = \left(\dfrac{4200}{4800}\right)^2 = 0.766 > 0.75$，岩体完整。

(3) $RQD = 80\% > 70\%$

(4) 查表附录 V，坝基岩体工程地质分类为 Ⅱ类。

【小注岩土点评】

① 本题为坝基岩体分类，要找准规范条文，为附录 V，不是附录 N。

② 因本书篇幅有限，对于其他更多判别方法，均相似但不相同，考生可多阅读规范了解学习，近年考试风格标新立异，考试范围广，考生要多注意对规范的阅读。

三、铁路隧道围岩分级

——《铁路隧道设计规范》附录 B

（一）铁路隧道围岩基本分级

1. 岩石坚硬程度和完整程度的划分

岩石坚硬程度的划分

岩石类别		岩石饱和单轴抗压强度 R_c（MPa）	定性鉴定	代表性岩石
硬质岩	极硬岩	$R_c>60$	锤击声清脆，有回弹，振手，难击碎。浸水后，大多无吸水反应	未风化～微风化的 A 类岩石
	硬岩	$30<R_c\leqslant60$	锤击声较清脆，有轻微回弹，稍振手，较难击碎。浸水后，有轻微吸水反应	微风化的 A 类岩石。未风化～微风化的 B、C 类岩石
软质岩	较软岩	$15<R_c\leqslant30$	锤击声不清脆，无回弹，较易击碎。浸水后，指甲可刻出印痕	强风化的 A 类岩石。弱风化的 B、C 类岩石。未风化～微风化的 D 类岩石
	软岩	$5<R_c\leqslant15$	锤击声哑，无回弹，有凹痕，易击碎。浸水后，手可掰开	强风化的 A 类岩石。弱风化～强风化的 B、C 类岩石。弱风化的 D 类岩石。未风化～微风化的 E 类岩石
	极软岩	$R_c\leqslant5$	锤击声哑，无回弹，有较深凹痕，手可捏碎。浸水后，可捏成团	全风化的各类岩石和成岩作用差的岩石

岩性类型的划分

岩性类型	代表岩性
A	岩浆岩（花岗岩、闪长岩、正长岩、辉绿岩、安山岩、玄武岩、石英粗面岩、石英斑岩等）； 变质岩（片麻岩、石英岩、片岩、蛇纹岩等）； 沉积岩（熔结凝灰岩、硅质砾岩、硅质石灰岩等）
B	沉积岩（石灰岩、白云岩等碳酸岩类）
C	变质岩（大理岩、板岩等）； 沉积岩（钙质砂岩、铁质胶结的砾岩及砂岩等）
D	第三纪沉积岩类（页岩、砂岩、砾岩、砂质泥岩、凝灰岩等）； 变质岩（云母片岩、千枚岩等），且岩石的饱和单轴抗压强度 $R_c>15$MPa
E	晚第三纪～第四纪沉积岩类（泥岩、页岩、砂岩、砾岩、凝灰岩等），且岩石的饱和单轴抗压强度 $R_c\leqslant15$MPa

岩石风化程度的划分

名称	风化特征
未风化	岩石结构构造未变，岩质新鲜
微风化	岩石结构构造、矿物成分和色泽基本未变，部分裂隙面有铁锰质渲染或略有变色
弱风化	岩石结构构造部分破坏，矿物成分和色泽较明显变化，裂隙面风化较剧烈
强风化	岩石结构构造大部分破坏，矿物成分和色泽明显变化，长石、云母和铁镁矿物已风化蚀变
全风化	岩石结构构造完全破坏，已崩解和分解成松散土状或砂状，矿物全部变色，光泽消失，除石英颗粒外的矿物大部分风化蚀变为次生矿物

岩体完整程度的划分

完整程度	结构面发育程度			主要结构面结合程度	主要结构面类型	相应结构类型	岩体完整性指数 K_v	岩体体积节理数（条/m³）
	定性描述	组数	平均间距（m）					
完整	不发育	1～2	＞1.0	结合好或一般	节理、裂隙、层面	整体状或巨厚层状结构	K_v＞0.75	J_v＜3
较完整	不发育	1～2	＞1.0	结合差	节理、裂隙、层面	块状或厚层状结构	0.75≥K_v＞0.55	3≤J_v＜10
较完整	较发育	2～3	1～0.4	结合好或一般	节理、裂隙、层面	块状结构	0.75≥K_v＞0.55	3≤J_v＜10
较破碎	较发育	2～3	1～0.4	结合差	节理、裂隙、层面、劈理、小断层	裂隙块状或中厚层状结构	0.55≥K_v＞0.35	10≤J_v＜20
较破碎	发育	≥3	0.4～0.2	结合好	节理、裂隙、层面、劈理、小断层	镶嵌碎裂结构	0.55≥K_v＞0.35	10≤J_v＜20
较破碎	发育	≥3	0.4～0.2	结合一般	节理、裂隙、层面、劈理、小断层	薄层状结构	0.55≥K_v＞0.35	10≤J_v＜20
破碎	发育	≥3	0.4～0.2	结合差	各种类型结构面	裂隙块状结构	0.35≥K_v＞0.15	20≤J_v＜35
破碎	很发育	≥3	≤0.2	结合一般或差	各种类型结构面	碎裂结构	0.35≥K_v＞0.15	20≤J_v＜35
极破碎	无序	—	—	结合很差	—	散体结构	0.15≥K_v	35≤J_v

结构面结合程度的划分

结合程度	结构面特征
结合好	张开度小于1mm，为硅质、铁质或钙质胶结，或结构面粗糙，无充填物； 张开度1～3mm，为硅质或铁质胶结； 张开度大于3mm，结构面粗糙，为硅质胶结
结合一般	张开度小于1mm，结构面平直，钙泥质胶结或无充填物； 张开度1～3mm，为钙质胶结； 张开度大于3mm，结构面粗糙，为铁质或钙质胶结
结合差	张开度1～3mm，结构面平直，为泥质胶结或钙泥质胶结； 张开度大于3mm，多为泥质或岩屑充填
结合很差	泥质充填或泥加岩屑充填，充填物厚度大于起伏差

层状岩层厚度的划分

层状岩层厚度	单层厚度
巨厚层	大于1m
厚层	大于0.5m，且小于等于1m
中厚层	大于0.1m，且小于等于0.5m
薄层	小于等于0.1m

2. 岩石基本质量指标 BQ

$$BQ = 100 + 3R_c + 250K_v$$

注：使用上式，必须遵守下列限制条件：

（1）当 $R_c > 90K_v + 30$ 时，应以 $R_c = 90K_v + 30$ 和 K_v 代入计算 BQ 值。

（2）当 $K_v > 0.04R_c + 0.4$ 时，应以 $K_v = 0.04R_c + 0.4$ 和 R_c 代入计算 BQ 值。

3. 围岩基本分级

围岩基本分级

级别	岩体特征	土体特征	围岩基本质量指标 BQ	围岩弹性纵波速度 v_p（km/s）
Ⅰ	极硬岩，岩体完整	—	>550	A：>5.3
Ⅱ	极硬岩，岩体较完整； 硬岩，岩体完整	—	550~451	A：4.5~5.3 B：>5.3 C：>5.0
Ⅲ	极硬岩，岩体较破碎； 硬岩或软硬岩互层，岩体较完整； 较软岩，岩体完整	—	450~351	A：4.0~4.5 B：4.3~5.3 C：3.5~5.0 D：>4.0
Ⅳ	极硬岩，岩体破碎； 硬岩，岩体较破碎或破碎； 较软岩或软硬岩互层，且以软岩为主，岩体较完整或较破碎； 软岩，岩体完整或较完整	具有压密或成岩作用的黏性土、粉土及砂类土，一般钙质、铁质胶结的粗角砾土、粗圆砾土、碎石土、卵石土、大块石土、黄土（Q_1、Q_2）	350~251	A：3.0~4.0 B：3.3~4.3 C：3.0~3.5 D：3.0~4.0 E：2.0~3.0
Ⅴ	较软岩，岩体破碎； 软岩，岩体较破碎至破碎；全部极软岩及全部极破碎岩（包括受构造影响严重的破碎带）	一般第四系坚硬、硬塑黏性土，稍密及以上、稍湿或潮湿的碎石土、卵石土、圆砾土、角砾土、粉土及黄土（Q_3、Q_4）	≤250	A：2.0~3.0 B：2.0~3.3 C：2.0~3.0 D：1.5~3.0 E：1.0~2.0
Ⅵ	受构造影响严重呈碎石、角砾及粉末、泥土状的富水断层带，富水破碎的绿泥石或炭质千枚岩	软塑状黏性土，饱和的粉土、砂类土等，风积沙，严重湿陷性黄土	—	<1.0（饱和状态的土<1.5）

（二）铁路隧道围岩分级的定性修正

地下水状态的分级

地下水出水状态	渗水量 [L/(min·10m)]
潮湿或点滴状出水	≤25
淋雨状或线流状出水	25~125
涌流状出水	>125

地下水影响的修正

地下水出水状态	围岩级别				
	Ⅰ	Ⅱ	Ⅲ	Ⅳ	Ⅴ
潮湿或点滴状出水	Ⅰ	Ⅱ	Ⅲ	Ⅳ	Ⅴ
淋雨状或线流状出水	Ⅰ	Ⅱ	Ⅲ或Ⅳ（注）	Ⅴ	Ⅵ
涌流状出水	Ⅱ	Ⅲ	Ⅳ	Ⅴ	Ⅵ

【小注】围岩岩体为较完整的硬岩时定位Ⅲ级，其他情况定位Ⅳ级。

初始地应力状态评估基准

初始地应力状态	主要现象		评估基准 $\left(\frac{R_c}{\sigma_{max}}\right)$
一般地应力	硬质岩：开挖过程中不会出现岩爆，新生裂缝较少，成洞性一般较好		>7
	软质岩：岩芯无或少有饼化现象，开挖过程中洞壁岩体有一定的位移，成洞性一般较好		
高地应力	硬质岩：开挖过程中可能出现岩爆，洞壁岩体有剥离和掉块现象，新生裂缝较多，成洞性较差		4~7
	软质岩：岩芯时有饼化现象，开挖过程中洞壁岩体位移显著，持续时间较长，成洞性差		
极高地应力	硬质岩：开挖过程中有岩爆发生，有岩块弹出，洞壁岩体发生剥离，新生裂缝多，成洞性差		<4
	软质岩：岩芯常有饼化现象，开挖过程中洞壁岩体有剥离，位移极为显著，甚至发生大位移，持续时间长，不易成洞		

【小注】R_c——岩石单轴饱和抗压强度（MPa）；

σ_{max}——垂直洞轴线方向的最大初始地应力值（MPa）。

初始地应力影响的修正

初始地应力	围岩级别				
	I	II	III	IV	V
极高应力	I	II	III 或 IV（注1）	V	VI
高应力	I	II	III	IV 或 V（注2）	VI

【小注】① 围岩岩体为较破碎的极硬岩、较完整的硬岩时定为III级，其他情况定为IV级。
② 围岩岩体为破碎的极硬岩、较破碎及破碎的硬岩时定为IV级，其他情况定为V级。
③ 本表不适用于特殊围岩。

（三）铁路隧道围岩分级的定量修正

$$[BQ] = BQ - 100(K_1 + K_2 + K_3)$$

式中：$[BQ]$——围岩基本质量指标修正值；

BQ——围岩基本质量指标值；

K_1——地下水影响修正系数；

K_2——主要软弱结构面产状修正系数；

K_3——初始地应力状态修正系数。

地下水影响修正系数 K_1

地下水出水状态	基本质量指标 BQ				
	>550	550~451	450~351	350~251	≤250
潮湿或点滴状出水 $Q \leq 25L/(min \cdot 10m)$	0	0	0~0.1	0.2~0.3	0.4~0.6
淋雨状或线流状出水 $25 < Q \leq 125L/(min \cdot 10m)$	0~0.1	0.1~0.2	0.2~0.3	0.4~0.6	0.7~0.9
涌流状出水 $Q > 125L/(min \cdot 10m)$	0.1~0.2	0.2~0.3	0.4~0.6	0.7~0.9	1.0

【小注】Q 为每10m洞长出水量，L/(min·10m)。

主要结构面产状影响修正系数 K_2

结构面产状及其与洞轴线的组合关系	结构面走向与洞轴线夹角<30° 结构面倾角 30°~75°	结构面走向与洞轴线夹角>60° 结构面倾角>75°	其他组合
K_2	0.4~0.6	0~0.2	0.2~0.4

初始地应力状态影响修正系数 K_3

初始地应力状态	基本质量指标 BQ				
	>550	550~451	450~351	350~251	≤250
极高应力区	1	1	1.0~1.5	1.0~1.5	1
高应力区	0.5	0.5	0.5	0.5~1.0	0.5~1.0

【1-108】(2011D04) 某新建铁路隧道埋深较大，其围岩的勘察资料如下：①岩石饱和单轴抗压强度 R_c=55MPa，岩体纵波波速 3800m/s，岩石纵波波速 4200m/s；②围岩中地下水水量较大；③围岩的应力状态为极高应力。则其围岩的级别为（ ）。

(A) Ⅰ级　　　　(B) Ⅱ级　　　　(C) Ⅲ级　　　　(D) Ⅳ级

答案：B

解答过程：

根据《铁路隧道设计规范》TB 10003—2016 附录第 B.2.2 条（以下解答为按照老规范的定性分级）：

(1) 基本分级

R_c=55MPa，属于硬质岩，$K_v=\left(\dfrac{3800}{4200}\right)^2=0.82>0.75$，属于完整岩石。

岩体纵波波速为 3800m/s，所以围岩基本分级为Ⅱ级。

$R_c \leqslant 90K_v+30=90\times0.82+30=103.8$，故 $R_c=55$

$K_v \leqslant 0.04R_c+0.4=0.04\times55+0.4=2.6$，故 $K_v=0.82$

$BQ=100+3R_c+250K_v=100+3\times55+250\times0.82=470$，级别属于Ⅱ级。

(2) 围岩分级修正

① 地下水修正，根据规范附录 B.2.2-2，地下水水量较大，但是根据《铁路隧道设计规范》TB 10003—2016，地下水较大，需要更改为线流状出水，围岩Ⅱ级，修正后还是Ⅱ级。

② 应力状态为极高应力，根据规范附录 B.2.2-4，Ⅱ级修正后还是Ⅱ级。

③ 综合修正为Ⅱ级。

【小注岩土点评】

① 岩体的基本分级根据岩石的坚硬程度和岩体的完整程度确定，岩石的坚硬程度取决于饱和单轴抗压强度，岩体的完整程度由岩石的纵波波速和岩体的纵波波速决定。

② 围岩定级应综合考虑地下水情况、初始地应力状态等因素对基本分级进行修正。

③ 铁路隧道围岩等级的修正和其他规范不同，它是分别进行修正，后续的地下水、应力状态的修正都是在原始分类的基础上进行的，然后在分别修正的基础上选择最低等级。

④ 本题中的地下水修正，是在基本分级为Ⅱ级基础上修正。应力状态也是在基本分级为Ⅱ级基础上修正。然后再比较这两个修正值，取最不利值。

⑤ 课件中修改了题干，题目的修改及答案详见课件。

四、铁路隧道围岩亚分级

——《铁路隧道设计规范》附录 C

（一）铁路隧道围岩亚分级

围岩亚分级

围岩级别		围岩主要工程地质条件		围岩基本质量指标 BQ
级别	亚级	主要工程地质特征	结构特征和完整状态	
III	III₁	极硬岩（$R_c>60$MPa），岩体较破碎，结构面较发育、结合差	裂隙块状或中厚层状结构	450～391
		硬岩（$R_c=30\sim60$MPa）或软硬岩互层以硬岩为主，岩体较完整，结构面不发育、结合差	块状或厚层状结构	
	III₂	极硬岩（$R_c>60$MPa），岩体较破碎，结构面发育、结合良好	镶嵌碎裂状或薄层状结构	390～351
		硬岩（$R_c=30\sim60$MPa）或软硬岩互层以硬岩为主，岩体较完整，结构面较发育、结合良好	块状结构	
		较软岩（$R_c=15\sim30$MPa），岩体完整，结构面不发育、结合良好	整体状或巨厚层状结构	
IV	IV₁	极硬岩（$R_c>60$MPa），岩体破碎，结构面发育、结合差	裂隙块状结构	350～311
		硬岩（$R_c=30\sim60$MPa），岩体较破碎，结构面较发育、结合差或结构面发育、结合良好	裂隙块状或镶嵌碎裂状结构	
		较软岩（$R_c=15\sim30$MPa）或软硬岩互层以软岩为主，岩体较完整，结构面较发育、结合良好	块状结构	
		软岩（$R_c=5\sim15$MPa），岩体完整，结构面不发育、结合良好	整体状或巨厚层状结构	
	IV₂	极硬岩（$R_c>60$MPa），岩体破碎，结构面很发育、结合差	碎裂结构	310～251
		硬岩（$R_c=30\sim60$MPa），岩体破碎，结构面发育或很发育、结合差	裂隙块状或碎裂状结构	
		较软岩（$R_c=15\sim30$MPa）或软硬岩互层以软岩为主，岩体较破碎，结构面发育、结合良好	镶嵌碎裂状或薄层状结构	
		软岩（$R_c=5\sim15$MPa），岩体较完整，结构面较发育、结合良好	块状结构	
		土体：1. 具有压密或成岩作用的黏性土、粉土及砂类土；2. 黄土（Q_1、Q_2）；3. 一般钙质、铁质胶结的碎石土、卵石土、大块石土	1 和 2 呈大块状压密结构，3 呈巨块状整体结构	
V	V₁	较软岩（$R_c=5\sim30$MPa），岩体破碎，结构面发育或很发育	裂隙块状或碎裂结构	250～211
		软岩（$R_c=5\sim15$MPa），岩体较破碎，结构面较发育、结合差或结构面发育、结合良好	裂隙块状或镶嵌碎裂结构	
		一般坚硬黏质土、较大天然密度硬塑状黏质土及一般硬塑状黏质土；压密状态稍湿至潮湿或胶结程度较好的砂类土；稍湿或潮湿的碎石土、卵石土、圆砾、角砾土及黄土（Q_3、Q_4）	非黏性土呈松散结构，黏性土及黄土呈软软结构	
	V₂	软岩、岩体破碎；全部极软岩及全部极破碎岩（包括受构造影响严重的破碎带）	呈角砾状松散结构	≤210
		一般硬塑状黏土及可塑状黏质土；密实以下但胶结程度较好的砂类土；稍湿或潮湿且较松散的碎石土、卵石土、圆砾、角砾土；一般或坚硬松散结构的新黄土	非黏性土呈松散结构，黏性土及黄土呈软软结构	

（二）铁路隧道围岩亚分级的定性修正

地下水影响的修正

地下水出水状态	围岩级别					
	Ⅲ		Ⅳ		Ⅴ	
	Ⅲ₁	Ⅲ₂	Ⅳ₁	Ⅳ₂	Ⅴ₁	Ⅴ₂
潮湿或点滴状出水	Ⅲ₁	Ⅲ₂	Ⅳ₁	Ⅳ₂	Ⅴ₁	Ⅴ₂
淋雨状或线流状出水	Ⅲ₂	Ⅳ₁	Ⅴ₁	Ⅴ₂	Ⅵ	Ⅵ
涌流状出水	Ⅳ₁	Ⅳ₂	Ⅴ₁	Ⅴ₂	Ⅵ	Ⅵ

初始地应力状态影响的修正

应力状态	围岩级别					
	Ⅲ		Ⅳ		Ⅴ	
	Ⅲ₁	Ⅲ₂	Ⅳ₁	Ⅳ₂	Ⅴ₁	Ⅴ₂
极高应力	Ⅲ₂	Ⅳ₁	Ⅴ₁	Ⅴ₂	Ⅵ	Ⅵ
高应力	Ⅲ₁	Ⅲ₂	Ⅳ₂	Ⅴ₁	Ⅵ	Ⅵ

【小注】本表不适合特殊围岩。

（三）铁路隧道围岩亚分级的定量修正

围岩级别分级定量修正应采用围岩基本质量指标修正值 $[BQ]$，其值可按铁路隧道围岩分级的定量修正条件计算确定，并根据修正后的围岩基本质量指标 $[BQ]$ 重新确定围岩级别。

五、公路隧道围岩分级

——《公路隧道设计规范 第一册 土建工程》第 3.6 节

（一）一般规定

一 般 规 定

饱和单轴抗压强度	岩石坚硬程度定量指标用岩石单轴饱和抗压强度（R_c）表达，宜采用实测值；若无实测值时，可采用实测的岩石点荷载强度指数 $I_{s(50)}$ 的换算值，即下式计算： $$R_c = 22.82I_{s(50)}^{0.75}$$
岩体完整性指数	岩体完整性指标 K_v 测试和计算方法，应针对不同的工程地质岩组或岩性段，选择有代表性的点、段，测试岩体弹性纵波速度，并应在同一岩体取样测定岩石纵波速度，并按下式计算： $$K_v = \left(\frac{v_{pm}}{v_{pr}}\right)^2$$ 式中：v_{pm}——岩体弹性纵波速度（km/s）； v_{pr}——岩石弹性纵波速度（km/s）
岩体体积节理数	岩体体积节理数 J_v（条/m³）测试和计算方法，应针对不同的工程地质岩组或岩性段，选择有代表性的露头或开挖壁面进行节理（结构面）统计。除成组节理外，对延伸长度大于 1m 的分散节理亦应予以统计。已为硅质、铁质、钙质充填再胶结的节理，可不予统计。每一测点的统计面积不应小于 $2 \times 5 m^2$。 岩体 J_v 值应根据节理统计结果，按下式计算： $$J_v = S_1 + S_2 + \cdots + S_n + S_k$$ 式中：S_n——第 n 组节理每米长测线上的条数； S_k——每立方米岩体非成组节理条数（条/m³）。 **J_v 与 K_v 对照表** <table><tr><td>J_v（条/m³）</td><td><3</td><td>3～10</td><td>10～20</td><td>20～35</td><td>≥35</td></tr><tr><td>K_v</td><td>>0.75</td><td>0.75～0.55</td><td>0.55～0.35</td><td>0.35～0.15</td><td>≤0.15</td></tr></table>

（二）岩质围岩基本质量指标 *BQ*

$$BQ = 100 + 3R_c + 250K_v$$

注：使用上式，必须遵守下列限制条件：

（1）当 $R_c > 90K_v + 30$ 时，应以 $R_c = 90K_v + 30$ 和 K_v 代入计算 *BQ* 值；

（2）当 $K_v > 0.04R_c + 0.4$ 时，应以 $K_v = 0.04R_c + 0.4$ 和 R_c 代入计算 *BQ* 值。

$$[BQ] = BQ - 100(K_1 + K_2 + K_3)$$

式中：$[BQ]$——围岩基本质量指标修正值；

　　　BQ——围岩基本质量指标值；

　　　K_1——地下水影响修正系数；

　　　K_2——主要软弱结构面产状修正系数；

　　　K_3——初始地应力状态修正系数。

地下水影响修正系数 K_1

地下水出水状态	BQ				
	>550	550~451	450~351	350~251	≤250
潮湿或点滴状出水 $p \leq 0.1$ 或 $Q \leq 25$	0	0	0~0.2	0.2~0.3	0.4~0.6
淋雨状或涌流状出水 $0.1 < p \leq 0.5$ 或 $25 < Q \leq 125$	0~0.1	0.1~0.2	0.2~0.4	0.4~0.6	0.7~0.9
淋雨状或涌流状出水 $p > 0.5$ 或 $Q > 125$	0.1~0.2	0.2~0.3	0.3~0.6	0.7~0.9	1.0

【小注】在同一地下水状态下，岩体基本质量指标 *BQ* 越小，修正系数 K_1 取值越大；同一岩体，地下水量、水压越大，修正系数 K_1 取值越大。p 为地下工程围岩裂隙水压（MPa），Q 为每 10m 洞长出水量，L/(min·10m)。

主要软弱结构面产状影响修正系数 K_2

结构面产状及其与洞轴线的组合关系	结构面走向与洞轴线夹角<30° 结构面倾角 30°~75°	结构面走向与洞轴线夹角>60° 结构面倾角>75°	其他组合
K_2	0.4~0.6	0~0.2	0.2~0.4

【小注】① 一般情况下，结构面走向与洞轴线夹角越大，结构面倾角越大，修正系数 K_2 取值越小；结构面走向与洞轴线夹角越小，结构面倾角越小，修正系数 K_2 取值越大。

② 本表特指存在一组起控制作用结构面的情况，不适用于有两组或两组以上起控制作用结构面的情况。

初始地应力状态影响修正系数 K_3

初始地应力状态	BQ				
	>550	550~451	450~351	350~251	≤250
极高应力区	1	1	1.0~1.5	1.0~1.5	1
高应力区	0.5	0.5	0.5	0.5~1.0	0.5~1.0

【小注】*BQ* 值越小，修正系数 K_3 取值越大。

高初始应力地区围岩在开挖过程中的主要现象

应力情况	主要现象	$\dfrac{R_c}{\sigma_{max}}$
极高应力	（1）硬质岩：开挖过程中有岩爆发生，有岩块弹出，洞壁岩体发生剥离，新生裂缝多，成洞性差。 （2）软质岩：岩芯常有饼化现象，开挖过程中洞壁岩体有剥离，位移极为显著，甚至发生大位移，持续时间长，不易成洞	<4

续表

应力情况	主要现象	$\dfrac{R_c}{\sigma_{max}}$
高应力	(1) 硬质岩：开挖过程中可能出现岩爆，洞壁岩体有剥离和掉块现象，新生裂缝较多，成洞性差。 (2) 软质岩：岩芯时有饼化现象，开挖过程中洞壁岩体位移显著，持续时间较长，成洞性差	4～7

【小注】R_c——岩石单轴饱和抗压强度（MPa）；

σ_{max}——垂直洞轴线方向的最大初始地应力值（MPa）。

岩石坚硬程度的定性划分

名称		定型鉴定	代表性岩石
硬质岩	坚硬岩	锤击声清脆，有回弹，振手，难击碎，浸水后，大多无吸水反应	未风化～微风化的花岗岩、正长岩、闪长岩、辉绿岩、玄武岩、安山岩、片麻岩、石英片岩、硅质板岩、石英岩、硅质胶结的砾岩、石英砂岩、硅质石灰岩等
	较坚硬岩	锤击声较清脆，有轻微回弹，稍振手，较难击碎，浸水后，有轻微吸水反应	(1) 中等（弱）风化的坚硬岩。 (2) 未风化～微风化的熔结凝灰岩、大理岩、板岩、白云岩、石灰岩、钙质胶结的砂岩等
软质岩	较软岩	锤击声不清脆，无回弹，较易击碎，浸水后，指甲可刻出印痕	(1) 强风化的坚硬岩。 (2) 中等（弱）风化的较坚硬岩。 (3) 未风化～微风化的凝灰岩、千枚岩、砂质泥岩、泥灰岩、泥质砂岩、粉砂岩、页岩等
	软岩	锤击声哑，无回弹，有凹痕，易击碎，浸水后，手可掰开	(1) 强风化的坚硬岩。 (2) 中等（弱）风化～强风化的较坚硬岩。 (3) 中等（弱）风化的较软岩。 (4) 未风化的泥岩、泥质页岩、绿泥石片岩、绢云母片岩等
	极软岩	锤击声哑，无回弹，有较深凹痕，手可捏碎，浸水后，可捏成团	(1) 全风化的各种岩石。 (2) 强风化的软岩。 (3) 各种半成岩

岩石风化程度的划分

名称	野外特征	风化程度参数指标	
		波速比	风化系数
未风化	岩石结构构造未变，岩质新鲜	0.9～1	0.9～1.0
微风化	岩石结构构造、矿物成分和色泽基本未变，部分裂隙面有铁锰质渲染或略有变色	0.8～0.9	0.8～0.9
中等（弱）风化	岩石结构构造大部分破坏，矿物成分和色泽已明显变化，长石、云母和铁镁矿物已风化蚀变	0.6～0.8	0.4～0.8
强风化	岩石结构构造大部分破坏，矿物成分和色泽已明显变化，长石、云母和铁镁矿物已风化蚀变	0.4～0.6	<0.4
全风化	岩石结构构造完全破坏，已崩解和分解成松散土状或砂状，矿物全部变色，光泽消失，除石英颗粒外的矿物大部分风化蚀变为次生矿物	0.2～0.4	—

【小注】波速比为风化岩石弹性纵波速度与新鲜岩石弹性纵波速度之比；风化系数为风化岩石与新鲜岩石单轴饱和抗压强度之比。

岩体节理发育程度的划分

节理间距 d（mm）	$d>400$	$200<d\leqslant400$	$20<d\leqslant200$	$d\leqslant20$
节理发育程度	不发育	发育	很发育	极发育

岩石按坚硬程度的定性划分的关系

R_c (MPa)	＞60	60～30	30～15	15～5	＜5
坚硬程度	坚硬岩	较硬岩	较软岩	软岩	极软岩

岩石完整程度的定性划分

名称	结构面发育程度		主要结构面的结合程度	主要结构面类型	相应结构类型
	组数	平均间距（m）			
完整	1～2	＞1.0	好或一般	节理、裂隙、层面	整体状或巨厚层结构
较完整	1～2	＞1.0	差	节理、裂隙、层面	块状或厚层状结构
	2～3	1.0～0.4	好或一般	节理、裂隙、层面	块状结构
较破碎	2～3	1.0～0.4	差	节理、裂隙、层面、小断层	隙块状或中厚层结构
	≥3	0.2～0.4	好		镶嵌碎裂结构
			一般		中、薄层状结构
破碎	≥3	0.2～0.4	差	各种类型结构面	裂隙块状结构
		≤0.2	一般或差		碎裂状结构
极破碎	无序	—	很差	—	散体状结构

结构面结合程度的划分

结合程度	结构面特征
好	张开度小于1mm，为硅质、铁质或钙质胶结，或结构面粗糙，无填充物； 张开度为1～3mm，为硅质或铁质胶结； 张开度大于3mm，结构面粗糙，为硅质胶结
一般	张开度小于1mm，结构面平直，钙泥质胶结或无填充物； 张开度为1～3mm，为钙质胶结； 张开度大于3mm，结构面粗糙，为铁质或钙质胶结
差	张开度为1～3mm，结构面平直，为泥质胶结或钙泥质胶结； 张开度大于3mm，多为泥质或岩屑胶结
很差	泥质充填或泥夹岩屑充填，充填物厚度大于起伏差

岩层厚度分类

单层厚度 h（m）	$h＞1.0$	$0.5＜h≤1.0$	$0.1＜h≤0.5$	$h≤0.1$
岩层厚度分类	巨厚层	厚层	中厚层	薄层

岩体完整程度的定性划分

K_v	＞0.75	0.75～0.55	0.55～0.35	0.35～0.15	＜0.15
完整程度	完整	较完整	较破碎	破碎	极破碎

公路隧道围岩级别

围岩级别	围岩岩体或土体主要定性特征	岩体基本质量指标 BQ 或岩体修正质量指标 $[BQ]$
I	坚硬岩，岩体完整	＞550
II	坚硬岩，岩体较完整； 较坚硬岩，岩体完整	550～451

围岩级别	围岩岩体或土体主要定性特征	岩体基本质量指标 BQ 或岩体修正质量指标 $[BQ]$
III	坚硬岩，岩体较破碎； 较坚硬岩，岩体较完整； 较软岩，岩体完整，整体状或巨厚层状结构	450~351
IV	坚硬岩，岩体破碎； 较坚硬岩，岩体较破碎~破碎； 较软岩，岩体较完整~较破碎； 软岩，岩体完整~较完整	350~251
IV	土体：1. 压密或成岩作用的黏性土及砂性土； 2. 黄土（Q_1、Q_2）； 3. 一般钙质、铁质胶结的碎石土、卵石土、大块石土	350~251
V	较软岩，岩体破碎； 软岩，岩体较破碎~破碎； 全部极软岩和全部极破碎岩	<250
V	一般第四系的半干硬至硬塑的黏性土及稍湿至潮湿的碎石土、卵石土、圆砾、角砾土及黄土（Q_3、Q_4）。非黏性土呈松散结构，黏性土及黄土呈松软结构	<250
VI	软塑状黏性土及潮湿、饱和粉细砂层、软土等	—

【小注】本表不适用于特殊条件的围岩分级，如膨胀性围岩、多年冻土等。

隧道各级围岩自稳能力判断

围岩级别	自稳能力
I	跨度≤20m，可长稳定，偶有掉块，无塌方
II	跨度 10~20m，可基本稳定，局部可发生掉块或小塌方； 跨度<10m，可长期稳定，偶有掉块
III	跨度 10~20m，可稳定数日至1月，可发生小~中塌方； 跨度 5~10m，可稳定数月，可发生局部块体位移及小~中塌方； 跨度<5m，可基本稳定
IV	跨度>5m，一般无自稳能力，数日至数月内可发生松动变形、小塌方，进而发展为中~大塌方。埋深小时，以拱部松动破坏为主；埋深大时，有明显塑性流动变形和挤压破坏。 跨度≤5m，可稳定数日至1月
V	无自稳能力，跨度 5m 或更小时，可稳定数日
VI	无自稳能力

【小注】① 小塌方：塌方高度<3m，或塌方体积<30m³；
② 中塌方：塌方高度为 3~6m，或塌方体积为 30~100m³；
③ 大塌方：塌方高度>6m，或塌方体积>100m³。

（三）公路隧道围岩分级 BQ 的作用

（1）计算深埋隧道松散荷载垂直均布压力和水平均布压力。详见《公路隧道设计规范 第一册 土建工程》JTG 3370.1—2018 第 6.2.2 条。

（2）确定围岩物理力学性质参数。详见《公路隧道设计规范 第一册 土建工程》JTG 3370.1—2018 附录 A.0.7

（3）计算浅埋隧道围岩压力。详见《公路隧道设计规范 第一册 土建工程》JTG

3370.1—2018 附录 D。

（4）浅埋小净距隧道围岩压力。详见《公路隧道设计规范 第一册 土建工程》JTG 3370.1—2018 附录 F.0.4。

（5）复合式衬砌设计。详见《公路隧道设计规范 第一册 土建工程》JTG 3370.1—2018 第 8.4.1 条及附录 P。

【1-109】（2013C21）两车道公路隧道采用复合式衬砌，埋深 12m，开挖高度和宽度分别为 6m 和 5m。围岩重度为 22kN/m³，岩石单轴饱和抗压强度为 35MPa，岩体和岩石的弹性纵波速度分别为 2.8km/s 和 4.2km/s。问施筑初期支护时拱部和边墙喷射混凝土厚度范围宜选用（　　）。（单位：cm）

(A) 5～8 (B) 8～12 (C) 12～15 (D) 15～25

答案：C

解答过程：

根据《公路隧道设计规范》JTG 3370.1—2018 第 3.6.2 条、第 3.6.3 条、第 3.6.4 条和附录 P.0.1：

（1）$K_v=\left(\dfrac{V_{pm}}{V_{pr}}\right)^2=\left(\dfrac{2.8}{4.2}\right)^2=0.44$，较破碎。

（2）$R_c=35$，较坚硬岩。

（3）$R_c=35\leqslant90K_v+30=90\times0.44+30=69.6$，取 $R_c=35\mathrm{MPa}$。

（4）$K_v=0.44\leqslant0.04R_c+0.4=0.04\times35+0.4=1.8$，取 $K_v=0.44$。

（5）$BQ=100+3R_c+250K_v=100+3\times35+250\times0.44=315$，查规范表 3.6.4，围岩级别为 Ⅳ 级。

（6）复合衬砌可采用工程类别法进行设计，初期支护参数根据规范附录 P.0.1 "两车道隧道复合式衬砌的设计参数"，可知拱部和边墙喷射混凝土厚度宜选用 12～20cm。

【1-110】（2016C22）在岩体破碎、节理裂隙发育的砂岩岩体内修建的两车道公路隧道，拟采用复合式衬砌。岩石饱和单轴抗压强度为 30MPa。岩体和岩石的弹性纵波波速分别为 2400m/s 和 3500m/s，按工程类比法进行设计。试问满足《公路隧道设计规范》JTG 3370.1—2018 要求时，最合理的复合式衬砌设计数据是下列哪个选项？

(A) 拱部和边墙喷射混凝土厚度 8cm；拱、墙二次衬砌混凝土厚 30cm

(B) 拱部和边墙喷射混凝土厚度 10cm；拱、墙二次衬砌混凝土厚 35cm

(C) 拱部和边墙喷射混凝土厚度 15cm；拱、墙二次衬砌混凝土厚 35cm

(D) 拱部和边墙喷射混凝土厚度 20cm；拱、墙二次衬砌混凝土厚 45cm

答案：C

解答过程：

根据《公路隧道设计规范》JTG 3370.1—2018 第 3.6.2 条和第 3.6.4 条：

（1）$K_v=\left(\dfrac{2400}{3500}\right)^2=0.47$

（2）$90K_v+30=90\times0.47+30=72.3>30$，$R_c=30\mathrm{MPa}$

（3）$0.04R_c+0.4=0.04\times30+0.4=1.6>0.47$，$K_v=0.47$

（4）$BQ=100+3R_c+250K_v=100+3\times30+250\times0.47=307.5$

（5）查规范表 3.6.4，属于 Ⅳ 级，查规范附录第 P.0.1 条，C 选项符合。

【小注岩土点评】

① 先根据岩石单轴饱和抗压强度和岩石完整性指数确定围岩级别，再结合支护类型查表确定支护位置和支护结构的构造细节。

② 岩石分级在不同的行业标准的划分不尽相同，要求考生对比学习，熟练掌握。

③ 根据《公路隧道设计规范 第一册 土建工程》JTG 3370.1—2018 第 3.6.2 条规定，$BQ=100+3R_c+250K_v$，新版规范有调整，已不再是旧版规范 $BQ=90+3R_c+250K_v$。

第九章　地下水的勘察与评价

第一节　土体的渗透定律（达西定律）

——《土力学》

渗流中的总水头与水力坡降

总水头	根据伯努利方程，流场中单位重量的水体所具有的能量可用水头来表示，包括以下 3 个部分： (1) 位置水头 z：水体到基准面的竖直距离，代表单位重量的水体从基准算起所具有的位置势能。 (2) 压力水头 $\dfrac{u}{r_w}$：水压力所能引起的自由水面的升高，表示单位重量水体所具有的压力势能。 (3) 流速水头 $\dfrac{v^2}{2g}$：表示单位重量水体所具有的动能。因此，水流中一点单位重量水体所具有的总水头 h 为： $$h = z + \dfrac{u}{r_w} + \dfrac{v^2}{2g}$$ 实际应用中将 $z + \dfrac{u}{r_w}$ 称为测管水头，由于土体中渗流阻力大，故渗流流速 v 在一般情况下都很小，因而形成的流速水头 $\dfrac{v^2}{2g}$ 一般很小，可忽略不计。故渗流中任一点的总水头就可近似用测管水头来代替，故上式可简化为： $$h = z + \dfrac{u}{r_w} \Leftrightarrow 总水头 = 位置水头 + 压力水头$$
水力坡降	饱和土体中两点间是否发生渗流，完全由总水头差（Δh）决定，只有当两点间的总水头差 $\Delta h > 0$ 时，孔隙水才会发生从总水头高的点向总水头低的点的流动。 $$h_A = z_A + \dfrac{u_A}{\gamma_w}$$ $$h_B = z_B + \dfrac{u_B}{\gamma_w}$$ $$\Delta h = h_A - h_B$$ 式中：h_A、h_B——分别为土体中 A、B 两点的总水头（m）； 　　　z_A、z_B——分别为土体中 A、B 两点相对于基准面的位置水头（m）； 　　　u_A、u_B——分别为土体中 A、B 两点的水压力，土力学中称为孔隙水压力，包括静止孔隙水压力和超静孔隙水压力（kPa）； 　　　Δh——A 点和 B 点间的总水头差，表示单位重量液体从 A 点到 B 点流动时，为克服土骨架阻力而损失的能量。 在稳定渗流中，将 A、B 两点的测压管水头连接起来，可得到测压管水头线，该线称为"水力坡降线"。由于渗流过程中存在能量损失，测压管水头线沿渗流方向逐步下降。 根据 A、B 两点间的水头损失，可定义水力坡降 i： $$i = \dfrac{\Delta h}{L}$$ 式中：i——水力坡降，其物理意义为单位渗流长度上的水头损失； 　　　Δh——土体内水流由 A 点到 B 点的总水头损失； 　　　L——土体内 A 点到 B 点的渗流路径，也就是使水头损失为 Δh 的渗流长度。

水力坡降	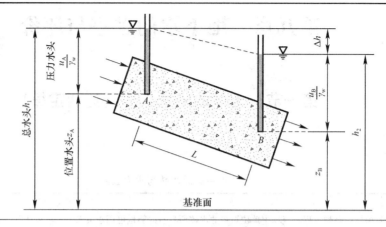
达西定律	达西定律：在稳定层流中，渗出水量 Q 与过水断面面积 A 和水力坡降 i 成正比，且与土体的透水性质有关。其适用于稳定层流，不适用于粗大颗粒的粗粒和黏性很强的细粒土内的紊流。 过水断面的渗出水量 Q： $$Q = k \cdot A \cdot i = k \cdot A \cdot \frac{\Delta h}{L}$$ 过水断面的平均渗透速度 v： $$v = \frac{Q}{A} = k \cdot i = k \cdot \frac{\Delta h}{L}$$ 式中：v——断面平均渗透速度（mm/s 或 m/d）； 　　　k——土体的渗透系数（mm/s 或 m/d）。 达西定律表明：在层流状态的渗流中，渗透速度 v 与水力坡降 i 的一次方成正比，并与土体的性质有关
层状地基的等效渗透系数	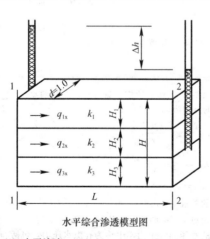 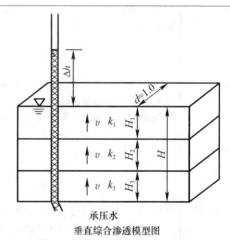 水平综合渗透模型图　　承压水 垂直综合渗透模型图 （1）水平渗流 水平渗流的特点： ① 各层土中的水力坡降 $i = \frac{\Delta h}{L}$ 与等效土层的平均水力坡降 i 相同； ② 通过等效土层的总渗流量 q_x 等于通过各层土渗流量之和，即： $$q = q_1 + q_2 + \cdots + q_n = \sum_{j=1}^{n} q_j$$ 水平方向的等效渗透系数 k_x： $$k_x = \frac{1}{H} \sum_{j=1}^{n} k_j H_j$$

层状地基的等效渗透系数	（2）垂直渗流 垂直渗流情况的特点： ① 根据水流连续原理，流经各土层的流速与流经等效土层的流速相同，即： $$v_1 = v_2 = v_3 = \cdots = v_n$$ ② 流经等效土层 H 的总水头损失 Δh 等于各层土的水头损失之和，即： $$\Delta h = \Delta h_1 + \Delta h_2 + \cdots + \Delta h_n = \sum_{j=1}^{n} \Delta h_j$$ 垂直方向的等效渗透系数 k_z： $$k_z = \frac{H}{\sum_{j=1}^{n} \dfrac{H_j}{k_j}}$$ 【小注】① 水平向等效渗透系数的大小主要由渗透系数最大层控制； ② 竖向等效渗透系数的大小主要由渗透系数最小层控制； ③ 最好把这个换算关系记住：$1\text{cm/s} = 864\text{m/d}$

【1-111】（2013D21）如下图所示，河堤由黏性土填筑而成，河道内侧正常水深 3.0m，河底为粗砂层，河堤下卧两层粉质黏土层，其下为与河底相通的粗砂层，其中粉质黏土层①的饱和重度为 19.5kN/m³，渗透系数为 2.1×10^{-5} cm/s；粉质黏土层②的饱和重度为 19.8kN/m³，渗透系数为 3.5×10^{-5} cm/s，试问河内水位上涨深度 H 的最小值接近（ ）时，粉质黏土层①将发生渗流破坏。

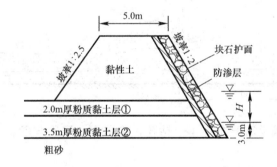

(A) 4.46m　　　　(B) 5.83m　　　　(C) 6.40m　　　　(D) 7.83m

答案：C

解答过程：

根据《土力学》：

（1）假设粉质黏土层①的水力梯度 i_1 达成临界值 i_{cr}，即 $i_{cr} = i_{cr1} = \dfrac{\gamma_{1sat} - \gamma_w}{\gamma_w} = \dfrac{19.5 - 10}{10} = 0.95$；粉质黏土层②的临界水力梯度为 $i_{cr2} = \dfrac{\gamma_{2sat} - \gamma_w}{\gamma_w} = \dfrac{19.8 - 10}{10} = 0.98$。

（2）在土层①和②中流速相等，即 $v = k_1 i_1 = k_2 i_2$，$i_2 = \dfrac{k_1 i_1}{k_2} = \dfrac{2.1 \times 10^{-5} \times 0.95}{3.5 \times 10^{-5}} = 0.57 < i_{cr2}$，即粉质黏土层①发生渗流破坏时，粉质黏土层②不会发生渗流破坏。

（3）水头损失：$\Delta h = i_1 h_1 + i_2 h_2 = 0.95 \times 2.0 + 0.57 \times 3.5 = 3.895\text{m}$

河水上涨深度 H 的最小值为：$H = (2.0 + 3.5) + \Delta h - 3.0 = 2.5 + 3.895 = 6.40\text{m}$

【小注岩土点评】

（1）关键点是粉质黏土层①发生渗流的破坏条件是水力梯度应到临界值，由此计算出两层渗流时的水头损失即可给出正确答案。

（2）分层情况下，求水力梯度，一般都需要用连续性方程。

（3）河水上涨，水头差增大，当增大到刚好使得粉质黏土层①发生渗流破坏，就是最小的上涨深度。而粉质黏土层①刚好发生渗流破坏，就是水力梯度达到它的临界值。

（4）本题比较巧妙的是粉质黏土层①发生渗流破坏的时候，粉质黏土层②不会发生渗流破坏。

（5）思考：若粉质黏土层②先发生渗流破坏，而那时候粉质黏土层①没有发生渗流破坏，上涨深度又该是多少呢？

【1-112】（2019D03）某河流发育三级阶地，其剖面示意如下图所示。三级阶地均为砂层，各自颗粒组成不同，含水层之间界线未知。Ⅲ级阶地上有两个相距50m的钻孔，测得孔内潜水水位高度分别为20m、15m，含水砂层①的渗透系数 $k=20\text{m/d}$。假定沿河方向各级阶地长度、厚度稳定；地下水除稳定的侧向径流外，无其他汇源项，含水层接触处未见地下水出露。拟在Ⅰ级阶地上修建工程，如需估算流入含水层③的地下水单宽流量，则下列哪个选项是正确的？

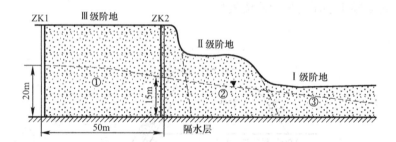

（A）不能估算，最少需要布置4个钻孔，确定含水层①与②、②与③界线和含水层②、③的渗透系数

（B）不能估算，最少需要布置3个钻孔，确定含水层②与③界线和含水层②、③的渗透系数

（C）可以估算流入含水层③的地下水单宽流量，估算值为 $35\text{m}^3/\text{d}$

（D）可以估算流入含水层③的地下水单宽流量，估算值为 $30\text{m}^3/\text{d}$

答案：C

解答过程：

地层稳定且仅有侧向径流，无汇源项，无地下水出露，故流量连续，满足连续性方程，可根据①地层流量估算③层流量：

$$q=\frac{h_1+h_2}{2}\times K\times\frac{h_1-h_2}{L}\times b=\frac{20+15}{2}\times 20\times\frac{20-15}{50}\times 1=35\text{m}^3/\text{d}$$

【1-113】（2009D02）某常水头试验装置如下图所示，土样Ⅰ的渗透系数 $k_1=0.7\text{cm/s}$，土样Ⅱ的渗透系数 $k_2=0.1\text{cm/s}$，土样横截面积 $A=200\text{cm}^2$，如果保持图中的水位恒定，则该试验的流量 Q，应保持在（　　）。

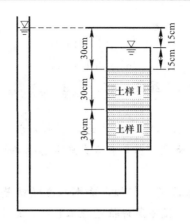

(A) 3.00cm³/s　　(B) 5.75cm³/s　　(C) 8.75cm³/s　　(D) 12.00cm³/s

答案：C

解答过程：

（1）水力梯度：$i = \dfrac{\Delta h}{L} = \dfrac{15}{30+30} = 0.25$

（2）平均渗透系数：$k = \dfrac{H}{\dfrac{H_1}{k_1} + \dfrac{H_2}{k_2}} = \dfrac{60}{\dfrac{30}{0.7} + \dfrac{30}{0.1}} = 0.175\text{cm/s}$

（3）流量：$q = ikA = 0.25 \times 0.175 \times 200 = 8.75\text{cm}^3/\text{s}$

【1-114】（2018D04）某拟建公路隧道工程穿越碎屑岩地层，平面上位于地表及地下水分水岭以南 1.6km，长为 4.3km，埋深约 240m，年平均降水量为 1245mm，按大气降水入渗法估算大气降水引起的拟建隧道日平均涌水量接近下列哪个值？（该地层降水影响半径 $R = 1780$m，大气降水入渗系数 $\lambda = 0.10$，汇水面积近似取水平投影面积且不计隧道两端入渗范围）

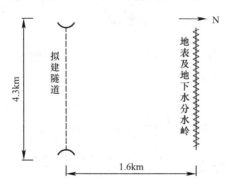

(A) 4600m³/d　　(B) 4960m³/d　　(C) 5220m³/d　　(D) 5450m³/d

答案：B

解答过程：

根据《供水水文地质勘察规范》GB 50027—2001 第 9.2.4 条第 1 款：

降水影响半径：隧道左侧的降水影响半径为 1780m，但右侧有分水岭，所以右侧的降水影响半径为 1600m。入渗系数和降雨量均已知，所以日涌水量分左右两侧分别计算。

（1）$Q=\lambda qA$

$Q_{右侧}=0.1\times1.245\times4300\times1600/365=2347m^3/d$

$Q_{左侧}=0.1\times1.245\times4300\times1780/365=2611m^3/d$

（2）$Q=Q_{左侧}+Q_{右侧}=2347+2611=4958m^3/d$

【小注岩土点评】

① 降水影响半径与地下水分水岭的关系为地下水分水岭两侧水流分别向相反的方向流动。分左侧和右侧，右侧因为地下水分水岭在降水影响半径内，所以右侧只能用地下水分水岭至隧道的距离来计算。

② 此题和隧道两侧计算渗流量很相似，降水入渗量就是降水量×汇水面积×入渗系数。如果是学习水文地质或者做泥石流评价治理工作的，这个题是轻而易举的。

③ 求的是日平均涌水量，参数给的是年平均降水量，要换算。

④ 思考：若地下水分水岭至隧道的距离大于降水影响半径呢？

【1-115】（2011C04）下图为一工程地质剖面图，图中虚线为潜水水位线。已知 $h_1=15m$，$h_2=10m$，$M=5m$，$l=50m$，第①层土渗透系数 $k_1=5m/d$，第②层土渗透系数 $k_2=50m/d$，其下为不透水层，则通过 1、2 断面之间的单宽（每米）平均水平渗流流量最接近（   ）。

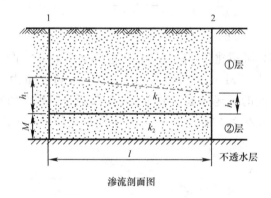

渗流剖面图

（A）$6.25m^3/d$　　　（B）$15.25m^3/d$　　　（C）$25.00m^3/d$　　　（D）$31.25m^3/d$

答案：D

解答过程：

（1）1、2 两断面间的水力梯度 $i=\dfrac{15-10}{50}=0.1$

（2）第 1 层土的单宽渗流流量：$q_1=\dfrac{k_1 i(h_1+h_2)}{2\times1}=\dfrac{5\times0.1\times(15+10)}{2\times1}=6.25m^3/d$

第 2 层土的单宽渗流流量：$q_2=k_2 iM\times1=50\times0.1\times5\times1=25m^3/d$

（3）整个断面的渗流流量：$q=q_1+q_2=6.25+25=31.25m^3/d$

【小注岩土点评】

① 题中图片所给出的为一典型的冲积层二元结构，通常下部为河床相沉积，颗粒较粗；上部为河漫滩相沉积，颗粒较细。地下水为潜水，稳定层流运动，符合达西定律：$q=kiA$。依照达西定律，分层按平均断面计算即可得出正确答案。

② 本题也可以按照等效渗透系数计算：取中间断面，按流量相等的条件计算的水平向等效渗透系数为：

$$\bar{k}_h = \frac{k_1(h_1+h_2)/2+k_2M}{\dfrac{h_1+h_2}{2}+M} = 17.86\text{m/d}$$

$$q = \bar{k}_h i\left(\frac{h_1+h_2}{2}+M\right)\times 1 = 17.86\times 0.1\times 17.5 = 31.26\text{m}^3/\text{d}$$

【1-116】(2020C04) 某河流相沉积地层剖面及地下水位等信息如下图所示，①层细砂渗透系数 $k_1=10\text{m/d}$，②层粗砂层厚 5m，之下为不透水层。若两孔之间中点断面的潜水层单宽总流量为 $q=30.6\text{m}^3/\text{d}$，试计算②层土的渗透系数最接近下列何值？

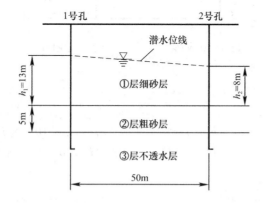

（A）12.5m/d　　　（B）19.7m/d　　　（C）29.5m/d　　　（D）40.2m/d

答案：D

解答过程：

（1）潜水层的水力梯度均相同：$i_1=i_2=\dfrac{(13+5)-(8+5)}{50}=0.1$

（2）①层土的单宽 $A_1=\dfrac{13+8}{2}\times 1=10.5\text{m}^2$；②层土的单宽 $A_2=5\times 1=5\text{m}^2$

（3）$k_2=40.2\text{m/d}$，根据达西定律：$q=k_1i_1A_1+k_2i_2A_2\Rightarrow k_1=10\text{m/d}$，$k_2=40.2\text{m/d}$

【小注岩土点评】

① 本题是历年真题的改编。

② 渗流的流量计算，潜水下各点的水力梯度相等。

③ 计算水力梯度中渗流路径 L，是 50m，这点有不少学员觉得看着像沿着水位线斜着向下流动，其实不是这样。就潜水而言，每一条竖线都是等势线，流线和等势线垂直，流线就是水平线，即水流是水平流动的。

【1-117】(2020D15) 某边坡工程，地层中存在稳定渗流，其测压管测试结果、土层分布如下图所示，土层参数如下：①层天然重度 $\gamma_1=17\text{kN/m}^3$；②层天然重度 $\gamma_2=16\text{kN/m}^3$，饱和重度 $\gamma_{2\text{sat}}=19\text{kN/m}^3$；③层饱和重度 $\gamma_{3\text{sat}}=20\text{kN/m}^3$，渗透系数 $k_3=5\times 10^{-5}\text{m/s}$；④层饱和重度 $\gamma_{4\text{sat}}=20\text{kN/m}^3$，渗透系数 $k_4=1\times 10^{-4}\text{m/s}$，③层顶上部存在 1m 的饱和

毛细水。试计算图中③层层底 D 点处土的竖向有效应力最接近下列哪个选项（　　）。（$\gamma_w = 10\text{kN/m}^3$）

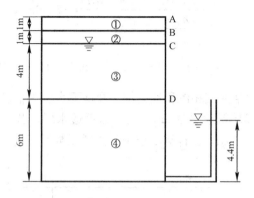

(A) 76kPa (B) 105kPa (C) 108kPa (D) 120kPa

答案：C

解答过程：

（1）水力梯度计算：

$$k_3 \cdot i_3 = k_4 \cdot i_4 \Rightarrow 5 \times 10^{-5} \times i_3 = 1 \times 10^{-4} \times i_4$$

$$i_3 \times H_3 + i_4 \times H_4 = \Delta H \Rightarrow i_3 \times 3 + i_4 \times 6 = 10 - 4.4 = 5.6$$

计算得：$i_3 = 0.8$

（2）D 点处有效应力计算：

$$\sigma'_D = 17 \times 1 + 19 \times 1 + (10 + 10 \times 0.8) \times 4 = 108\text{kPa}$$

【小注岩土点评】

① 根据达西定律，在土层分界处，渗出水量相同，相同断面积下，渗透速度相同；各土层的水头损失之和等于总水头损失，根据以上条件可计算出水力梯度。

② 渗流条件下，单位土体内土颗粒所受到的渗流作用力为渗透力，渗透力是一种体积力，渗透力的大小和水力坡降成正比，其方向与渗流方向一致；向下渗流时，渗透力会使得有效应力增大。

③ 关于毛细水，见《土力学》P16：自由水位以下，土骨架受到浮力，减小了颗粒间的压力，计算自重应力采用有效重度；自由水位以上，毛细区域内颗粒骨架承受水的张拉作用而使颗粒间受压，计算自重应力采用饱和重度。

【1-118】(2022D02) 拟在某河段建造水闸，水闸上下游水位及河床下地层如下图所示。勘察揭露①层为密实中细砂，层厚3m，渗透系数为 $1.15 \times 10^{-3}\text{cm/s}$；②层为密实含砾中粗砂，层厚4m，渗透系数为 $2.3 \times 10^{-3}\text{cm/s}$；③层为密实卵砾石，层厚5m，渗透系数为 $1.15 \times 10^{-2}\text{cm/s}$。估算水闸下游剖面 A 处每日单宽渗漏量最接近下列哪个选项？

(A) 17.0m³/d (B) 31.0m³/d (C) 36.4m³/d (D) 48.2m³/d

答案：C

解答过程：

根据《土力学》中达西定律：

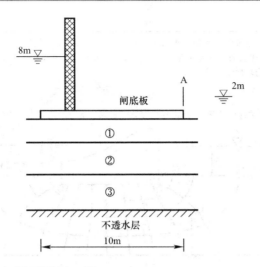

（1）水的流动方向与层面平行，即：

$$k_{//}=\frac{\sum k_i h_i}{H}=\frac{3\times1.15\times10^{-3}+4\times2.3\times10^{-3}+5\times1.15\times10^{-2}}{3+4+5}=5.846\times10^{-3}\,cm/s$$

（2）$i=\dfrac{8-2}{10}=0.6$

（3）$Q=k_{//}iA=5.846\times10^{-3}\times0.6\times(3+4+5)\times1\times(24\times60\times60)\times10^{-2}=36.4\,m^3/d$

第二节 流 网

——《土力学》P60

流网的特点及应用

流网的 特点	① 等势线是渗流场中势能或测管水头的等值线，如下图中标有号码1～11共11条势线，10个等势线间隔，即$N=10$；沿同一等势线不同点处，如图中a、b两点安放测压管时，则管中水位将升至相同的高度，土体各点测压管水头（总水头）相等（$h_a=h_b$），同时任意两条相邻等势线间的水头损失Δh相等。 ② 流线上某一点的切线方向即为该点的流速方向，流线表示水流的渗透方向（水质点的运动路线）。 ③ 等势线与流线始终相互垂直。 ④ 一般流网中每一个网格的边长比保持为常数，每一个网格均为曲边正方形，即l/s保持为常数。 ⑤ 相邻两条流线之间区域称为流槽，流网中各流槽的单位宽度流量Δq相等；相邻两流线间流量相等，如图中标有①～⑤共5条流线，4个流槽，即$M=4$
流函数 的特点	(1) 不同的流线互不相交，在同一条流线上，流函数的值为一常数。 (2) 两条流线上流函数的差值等于穿过该两条流线间的渗流量
流网的 应用	(1) 相邻两条等势线之间的水头损失Δh计算 总水头损失：$\Delta H=H_{上游}-H_{下游}$（可直接根据两个等势线边界条件求得） 网格水头损失：$\Delta h=\dfrac{\Delta H}{n-1}$ 式中：n——流网中等势线的总条数，注意不要忽略两个等势线边界条件确定的等势线。 (2) 任意点的测压管水头（总水头）h_a计算 $$h_a=H_{上游}-x\cdot\Delta h$$ 式中：x——计算点与上游起始等势线间的等势线间隔数目。 (3) 任意点的孔隙水压力u计算 定义：任意点的孔隙水压力u等于该点测压水柱的高度（压力水头）$\times\gamma_w$。

压力水头 h_{wa}＝测压管水头 h_a－位置水头 z_a，$u_a = h_{wa} \cdot \gamma_w = (h_a - z_a) \cdot \gamma_w$。

【小注】同一根等势线上的各点测压管水头（总水头）相等，但是各点的孔隙水压力并不相等。

（4）任意网格的水力坡降 i 计算

$$i = \frac{\Delta h}{l}$$

规律：流网中，流线越短，网格越密，其水力坡降越大，水流流速越大，土体越易破坏。

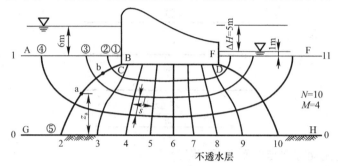

流网的应用	

上图中，下游坝址水流渗出地面处（图中 E 点）的水力坡降最大，该处的坡降称为逸出坡降，是地基渗透稳定的控制坡降。

（5）流速 i 计算

$$v = k \cdot i$$

（6）流网中任意两相邻流线间的单位宽度流量 Δq 计算

$$\Delta q = v \cdot \Delta A = k \cdot i \cdot s \cdot 1 = k \frac{\Delta h}{l} s \Leftarrow s = l$$

$$\Downarrow$$

$$\Delta q = k \cdot \Delta h \quad \Delta h \text{ 为常数} \quad \Delta q \text{ 也为常数}$$

（7）坝下渗流区的总单宽流量 q 计算

$$q = (m-1) \cdot k \cdot i \cdot s \cdot 1 = k \cdot \Delta H \cdot \frac{m-1}{n-1} \cdot \frac{s}{l} = \sum \Delta q = M \cdot \Delta q = M \cdot k \cdot \Delta h$$

式中：m——流网中流线的总条数，注意不要忽略两个流线边界条件确定的流线；

s——流网中网格沿等势线的边长（m）；

l——流网中网格沿流线的边长（m）。

（8）坝下渗流区的总流量 Q 计算

$$Q = q \cdot B = k \cdot \Delta H \cdot \frac{m-1}{n-1} \cdot \frac{s}{l} \times B = M \cdot k \cdot 4h \cdot B$$

式中：B——大坝坝基渗流面沿坝轴方向的总长度（m）

【1-119】（2009C22）均匀砂土地基基坑，地下水位与地面齐平，开挖深度 12m，采用坑内排水，渗流流网如下图所示，各相邻等势线之间的水头损失 Δh 相等，则基坑底处的最大平均水力梯度最接近（　　）。

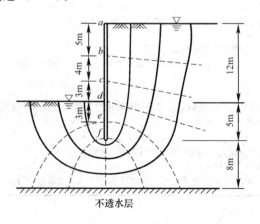

不透水层

(A) 0.44　　　　(B) 0.55　　　　(C) 0.80　　　　(D) 1.00

答案：A

解答过程：

最大平均水力梯度为坑底流线最短处：$i=\dfrac{\Delta h}{\Delta l(m-1)}=\dfrac{12}{3\times(10-1)}=0.44$

【小注岩土点评】

① 网格越密、流线越短的位置，水力梯度越大。

② 本题很多人不理解为什么采用 $\Delta l=3m$ 而不采用 $\Delta l=5-3=2m$ 进行计算，这是没有理解题意，也没有理解计算这个水力梯度的意义何在，题中要求计算的是基坑底处的水力梯度，基坑底处土层才是首先发生流土的破坏区，对于本题，基坑底处最短网格流线长3m。

【1-120】(2009D19) 小型均质土坝的蓄水高度为 16m，渗流流网如下图所示，流网中水头梯度等势线数 $M=22$，从下游算起等势线编号见下图，土坝中 G 点处于第 20 条等势线上，其位置在地面以上 11.5m，则 G 点的孔隙水压力接近于（　　）。

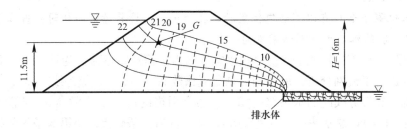

(A) 30kPa　　　(B) 45kPa　　　(C) 115kPa　　　(D) 145kPa

答案：A

解答过程：

(1) 土坝上、下游的水头差：$\Delta H=16m$

(2) 流网中水力梯度等势线条数为 $m=22$，每两条等势线之间的水头差：

$$\Delta h=\frac{\Delta H}{m-1}=\frac{16}{22-1}=0.762$$

(3) G 点处于从上游往下第 3 条等势线上，则 G 点的总水头：$H=16-2\times0.762=14.476m$

(4) 总水头＝压力水头＋位置水头，G 点的位置水头为 11.5m

(5) 压力水头＝$14.476-11.5=2.976m$，孔隙水压力＝$2.976\times10=29.76kPa$

【小注岩土点评】

① 总水头＝压力水头＋位置水头。

② 流网的应用，参考《土力学》P66。根据流网的性质，先求得所在等势线的水头损失，进而求得所在等势线的总水头，最后再减去位置水头，就是压力水头。

【1-121】(2014C18) 某土石坝的坝体为黏性土，坝壳为砂土，其有效孔隙率 $n=$ 40%，原水位（▽1）渗流流网如下图所示，根据《碾压式土石坝设计规范》NB/T 10872—2021，当库水位骤降至 B 点以下时，坝内 A 点的孔隙水压力最接近（　　）。（D

点到原水位线的垂直距离为 3.0m)

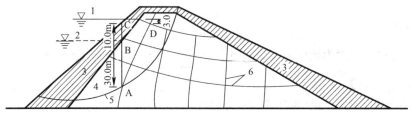

1-原水位；2-剧降后水位；3-坝壳(砂土)；4-坝体(黏性土)；5-滑裂面；6-水位降落前的流网

(A) 300kPa　　　　(B) 330kPa　　　　(C) 370kPa　　　　(D) 400kPa

答案：B

解答过程：

根据《碾压式土石坝设计规范》NB/T 10872—2021 附录第 C.3.4 条：

(1) $u=\gamma_w[h_1+h_2(1-n_e)-h']$，其中：$h_1=30m$，$h_2=10m$，$n_e=0.4$，$h'=3m$

(2) $u=10\times[30+10\times(1-0.4)-3.0]=330kPa$

【小注岩土点评】

当库水位骤降至 B 点以下任何位置时，孔隙水压力计算结果均相同；当库水位骤降至 B 点以上时，孔隙水压力计算结果不同。

【1-122】(2005C04) 地下水绕过隔水帷幕向集水构筑物渗流，为计算流量和不同部位的水力梯度进行了流网分析，取某剖面划分流槽数 $N_1=12$ 个，等势线间隔数 $N_D=15$ 个，各流槽的流量和等势线间的水头差均相等，两个网格的流线平均距离 b_i 与等势线平均距离 l_i 的比值均为 1，总水头差 $\Delta H=5.0m$，某段自第 3 条等势线至第 6 条等势线的流线长 10m，交于 4 条等势线，则计算得该段流线上的平均水力梯度将最接近（　　）。

(A) 1.0　　　　(B) 0.13　　　　(C) 0.1　　　　(D) 0.01

答案：C

解答过程：

(1) 相邻两条等势线间的水头差：$\Delta h=\dfrac{\Delta H}{N_D}=\dfrac{5}{15}=\dfrac{1}{3}m$

(2) 第 3 条至第 6 条等势线间的水头差：$\Delta h'=(6-3)\times\Delta h=3\times\dfrac{1}{3}=1m$

(3) 平均水力梯度：$i=\dfrac{\Delta h'}{\Delta l}=\dfrac{1}{10}=0.1$

【1-123】(2021C16) 某混凝土溢流坝段上下游水位、地层分布以及透水层内渗流流网如下图所示。透水层厚18m，渗透系数为 $2\times10^{-6}m/s$，坝底埋深2m、宽20m。据此曲边正方形流网，坝基中最大水力梯度、图中点6的水压以及上游向下游的流量最接近下列哪个选项？

(A) 0.25，35kPa，0.346m³/(m·d)

(B) 0.25，215kPa，0.346m³/(m·d)

(C) 0.25，215kPa，3.6m³/(m·d)

(D) 0.10，215kPa，0.175m³/(m·d)

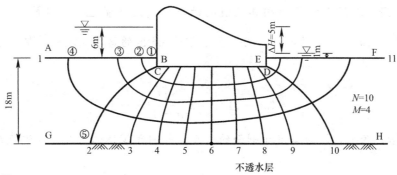

答案：B

解答过程：

根据《土力学》第 2.3 节：

（1）流网中水力梯度为：

$$i = \frac{\Delta h}{l}$$

网格流线越密，则水力梯度越大，网格的最小长度 $l=2\text{m}$（图中 DE 段）；流网总水力坡降 $\Delta H = 6-1 = 5\text{m}$，则 DE 段水力坡降为：$\Delta h = \dfrac{\Delta H}{n-1} = \dfrac{5}{11-1} = 0.5\text{m}$（$n$ 为等势线数量），代入数据得：

$$i = \frac{0.5}{2} = 0.25$$

（2）图中 6 点水压力：

总水头压力：$U_6 = \gamma_w \cdot h_w = 10 \times (6+18) = 240\text{kPa}$

由于渗流损失的水头压力：$\Delta u = \gamma_w \cdot \sum \Delta h = 10 \times (5 \times 0.5) = 25\text{kPa}$

$$\text{故 } u_6 = U_6 - \Delta u = 240 - 25 = 215\text{kPa}$$

（3）流量计算：

$$q = m \cdot k \cdot \Delta h = 4 \times 2 \times 10^{-6} \times 0.5 \times 24 \times 3600 = 0.346\text{m}^3/(\text{m} \cdot \text{d})$$

【小注岩土点评】

① 本题是完整的土力学的题目，是基础题，而且是三问的题，很容易判断出自己的解答是否正确。2021 年的考题再次表明土力学是基础。

② 第一问，部分学员会使用最大平均水力梯度来计算，最短的渗流路径是整个流线①的长度 $2+20+2=24\text{m}$，$i_{cr} = \dfrac{\Delta h}{L_{min}} = \dfrac{\Delta H}{L_{min}} = \dfrac{6-1}{24} = 0.208$。本题是流网，由一个个网格组成，每个单元网格的水头差相同（两条相邻等势线），不同的是单元网格的流线不同，导致每个单元网格的水力梯度都不同。

③ 坝基中最大水力梯度，找单元网格中流线最短的网格，即下游坝趾水流渗出地面处（图中 E 点）的水力坡降最大，该处的坡降称为逸出坡降。流线最短的是 DE 段。

④ 第二问，任意相邻两条等势线的水头损失相等。第 n 条等势线的测管水头＝（上下游水位差）减去第 n 条等势线的水头损失。压力水头＝测管水头（总水头）减去位置水头。

⑤ 第三问，流网中任意两相邻流线间的单位宽度流量 Δq 是相等的，$\Delta q = vA = k\dfrac{\Delta h}{l}s = k\Delta h$。上游向下游的流量，也是通过坝下渗流区的总单宽流量，即 m 条流线的总流量计算：

$$q = (m-1)\Delta q = k\frac{\Delta H}{n-1}(m-1)$$

若坝基长度为 B，B 为垂直于剖面的长度，等同于坝体的长度，通过坝底的总渗流量为：

$$Q = q \times B$$

这是《土力学》中的推导，部分考生没有理解流网计算渗流量的推导过程，出现计算错误。

第三节 土体的渗透变形评价

一、渗透力

——《土力学》P68

渗透力的概念

渗透力	在渗流过程中，作用在土样上的总渗透力 J 为： $$J = \gamma_{\mathrm{w}} \cdot \Delta H = jV$$ 因此，每单位体积土体内，土颗粒所受的渗透力 j 为： $$j = \gamma_{\mathrm{w}} \cdot i$$ 综合上述：渗透力 j 是一种体积力，其大小和水力坡降 i 成正比，作用方向也同渗流场的水力坡降方向一致，渗透力计算的关键就是渗流场中水力坡降的计算。 规律：土体内向上的渗流作用，会使得土颗粒受到向上的渗透力而发生渗透变形；土体内向下的渗透作用，会使得土颗粒受到向下的渗透力而发生压密现象
临界水力坡降	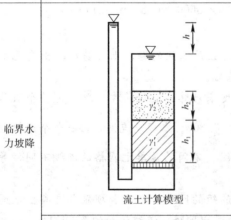 流土计算模型 工程上，为防止流土，可降低水力坡降，以减小渗流力，也可以做一层盖重以增加有效重量，所谓盖重就是渗透系数远远大于下面土层的，压在土层上面，由于渗透系数相差很大，盖重部分不受渗流力
	在土体中存在向上的渗流现象时，随着土体中水头差 Δh 不断增大，向上的渗透力便不断地增大，当向上的渗透力 j 克服了土颗粒的有效重力 γ' 后，土颗粒便处于悬浮状态或随渗流移动，此种现象称为"流土"。

续表

临界水力坡降	当把土层及盖重的土骨架作为分析对象时，抵抗流土的安全系数 K 可以用土层及盖重的有效重量与总渗流力之比来表示（类似基坑中的突涌受力分析）： $$K=\frac{\gamma_1'Ah_1+\gamma_2'Ah_2}{jAh_1}=\frac{\gamma_1'h_1+\gamma_2'h_2}{jh_1}$$ 式中：γ_1'、h_1——土层的浮重度与厚度； 　　　γ_2'、h_2——盖重的浮重度与厚度； 　　　A——土柱截面面积。 当无盖重的情况（$h_2=0$），当发生"流土"现象时，$K=1$，则表示为流土的临界状态⟹ $$K=\frac{\gamma_1'h_1}{jh_1}=\frac{\gamma_1'}{j}=1\Rightarrow\gamma_1'=j=\gamma_w\cdot i\Rightarrow$$ $$i_{cr}=\frac{\gamma'}{\gamma_w}$$ （发生流土的条件即为：$i=\Delta h/L\geqslant i_{cr}$） 上式中 i_{cr} 称为临界水力坡降，它是土体开始发生渗透变形破坏时的水力坡降。 $$i_{cr}=\frac{\gamma'}{\gamma_w}=\frac{G_s-1}{1+e}$$ 式中：G_s——土粒比重； 　　　e——初始孔隙比。

【1-124】　（2009C02）某场地地下水位如下图所示，已知黏土层饱和重度 $\gamma_{sat}=19.2\mathrm{kN/m^3}$，砂层中承压水头 $h_w=15\mathrm{m}$（由砂层顶面起算），$h_1=4\mathrm{m}$，$h_2=8\mathrm{m}$，砂层顶面有效应力及黏土层中的单位渗流力最接近（　　）。

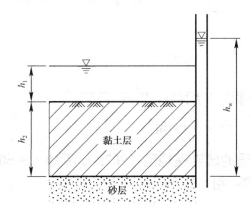

(A) 43.6kPa；3.75kN/m³ 　　　(B) 88.2kPa；7.6kN/m³

(C) 150kPa；10.1kN/m³ 　　　(D) 193.6kPa；15.5kN/m³

答案：A

解答过程：

(1) 砂层顶面的总应力：$\sigma=\gamma_w h_1+\gamma_{sat}h_2=10\times4+19.2\times8=193.6\mathrm{kPa}$

(2) 砂层顶面的孔隙水压力：$u=\gamma_w h=10\times15=150\mathrm{kPa}$

(3) 砂层顶面的有效应力：$\sigma'=\sigma-u=193.6-150=43.6\mathrm{kPa}$

(4) 单位渗透力：$j=\gamma_w i=10\times\dfrac{15-(8+4)}{8}=3.75\mathrm{kN/m^3}$

【小注岩土点评】

① 计算水力梯度时的水头差不是渗流路径起点的压力水头与终点水头之差，而是总水头之差。

② 本题黏土层顶面的位置水头为 8m，压力水头为 4m，总水头为 12m；黏土层底面的位置水头为 0，压力水头为 15m，则两者水头差为 15－12＝3m，该值为水头损失。

【1-125】（2005D03）某岸边工程场地细砂含水层的流线上 A、B 两点，A 点水位标高 2.5m，B 点水位标高 3.0m，两点间流线长度为 10m，则两点间的平均渗透力最接近（ ）。

(A) 1.25kN/m³　　(B) 0.83kN/m³　　(C) 0.50kN/m³　　(D) 0.20kN/m³

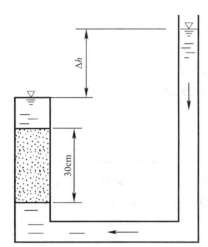

答案：C

解答过程：

（1）水力梯度：$i = \dfrac{\Delta h}{\Delta l} = \dfrac{3-2.5}{10} = 0.05$

（2）平均渗透力：$j = i\gamma_w = 0.05 \times 10 = 0.5 \text{kN/m}^3$

【1-126】（2011D01）某砂土试样高度 $H = 30\text{cm}$，初始孔隙比 $e = 0.803$，比重 $G_s = 2.71$，进行渗透试验（如左图所示）。渗透水力梯度达到流土的临界水力梯度时，总水头差 Δh 应为（ ）。

(A) 13.7cm　　　　(B) 19.4cm

(C) 28.5cm　　　　(D) 37.6cm

答案：C

解答过程：

（1）$i_{cr} = \dfrac{G_s - 1}{1 + e} = \dfrac{2.71 - 1}{1 + 0.803} = 0.95$

（2）渗透水力梯度＝临界水力梯度，$\dfrac{\Delta h}{H} = 0.95$

（3）$\Delta h = 0.95H = 0.95 \times 30 = 28.5\text{cm}$

二、《水利水电工程地质勘察规范（2022 年版）》GB 50487—2008 附录 G 对渗透变形的判别

渗 透 变 形

渗透变形的类型	根据土体的颗粒组成、密度和结构状态等，土体的渗透变形类型分为：流土、管涌、接触冲刷和接触流失四种。 对于单一土层来说，渗透变形主要是流土和管涌两种。黏性土的渗透变形主要是流土和接触流失两种。 流土：在向上的渗流作用下，表层土体的土颗粒发生悬浮和移动的现象。任何土体，只要水力坡度超过其临界水力坡降后，都会发生流土破坏。 管涌：在渗流作用下，一定级配的无黏性土中的细小颗粒，通过较大颗粒所形成的孔隙发生移动，最终在土体中形成于地表贯通的渗流管道的现象
渗透变形的判别	(1) 土的渗透变形判别内容 第一步：判别土的渗透变形类型； 第二步：确定流土、管涌的临界水力坡降； 第三步：确定土的允许水力坡降。 土的不均匀系数：　　　　　　　　$C_u = d_{60}/d_{10}$ 式中：d_{60}——小于该粒径的含量占总土重 60% 的颗粒直径（mm）； 　　　d_{10}——小于该粒径的含量占总土重 10% 的颗粒直径（mm）。

渗透变形的判别	(2) 土的细粒含量 P 的确定方法 土的细粒含量 P 即为土体中小于粗、细粒的区分粒径 d 的颗粒含量。 对于级配不连续的土：颗粒级配曲线上平缓段的最大粒径和最小粒径的平均值即粗细粒的区分粒径 d。 对于级配连续的土：粗、细粒的区分粒径 $d = \sqrt{d_{70} \cdot d_{10}}$。

无黏性土渗透变形的判别

不均匀系数 $C_u \leqslant 5$	流土型		
不均匀系数 $C_u > 5$	流土型	过渡型	管涌型
	$P \geqslant 35\%$	$25\% \leqslant P < 25\%$	$P < 25\%$

(3) 接触冲刷判别

对双层结构的地基，当两层土的不均匀系数同时小于等于 10，且 $D_{10}/d_{10} \leqslant 10$ 时，该地基土不发生接触冲刷。式中，D_{10}、d_{10} 分别代表较粗一层土和较细一层土的颗粒粒径（mm），小于该粒径的土重占总土重 10%。

(4) 接触流失判别

对于渗流向上的情况，符合下列条件将不会发生接触流失：

① 不均匀系数小于等于 5 且 $D_{15}/d_{85} \leqslant 5$

式中：D_{15}、d_{85}——分别代表较粗一层土和较细一层土的颗粒粒径（mm），小于该粒径的含量占总土重 15% 和 85%。

② 不均匀系数同时小于等于 10 且 $D_{20}/d_{70} \leqslant 7$

式中：D_{20}、d_{70}——分别代表较粗一层土和较细一层土的颗粒粒径（mm），小于该粒径的含量占总土重 20% 和 70%

水力坡降	(1) 流土型临界水力坡降： $$J_{cr} = (G_s - 1)(1 - n)$$ (2) 过渡型或管涌型临界水力坡降： $$J_{cr} = 2.2 \cdot (G_s - 1)(1 - n)^2 \cdot \frac{d_5}{d_{20}}$$ (3) 管涌型临界水力坡降： $$J_{cr} = \frac{42 d_3}{\sqrt{K/n^3}}$$ (4) 允许水力坡降： $$J_{允许} = J_{cr}/F_s$$

式中：　　F_s——安全系数，一般取 1.5～2.0，当渗透稳定对水工建筑物的危害较大时，取 2.0 的安全系数；对于特别重要的工程也可用 2.5 的安全系数。

G_s——土粒比重。

n——土体的孔隙率。

K——土体的渗透系数（cm/s）。

d_3、d_5、d_{20}——小于该粒径的含量占总土重的 3%、5% 和 20% 的颗粒粒径（mm）

流土与管涌的联系与区别

项目	流土	管涌
现象	土体局部范围的颗粒同时发生移动	土体内细颗粒通过粗粒形成的孔隙通道移动
位置	只发生在水流渗出的表层	可发生于土体内部和渗流溢出处
土类	只要渗透力足够大，可发生在任何土	一般发生在特定级配的无黏性土或分散性土中
历时	破坏过程短	破坏过程相对较长
后果	导致下游坡面产生局部滑动	导致结构发生塌陷或溃口

【小注】两者的共同点，土体损失导致土体（及结构）变形。

岩土体渗透性分级

渗透性分级	标准	
	渗透系数 K (cm/s)	透水率 q (Lu)
极微透水	$K<10^{-6}$	$q<0.1$
微透水	$10^{-6}\leqslant K<10^{-5}$	$0.1\leqslant q<1$
弱透水	$10^{-5}\leqslant K<10^{-4}$	$1\leqslant q<10$
中等透水	$10^{-4}\leqslant K<10^{-2}$	$10\leqslant q<100$
强透水	$10^{-2}\leqslant K<1$	$q\geqslant 100$
极强透水	$K\geqslant 1$	

【1-127】(2014D01) 某小型土石坝坝基土的颗粒分析成果如下表所示，该土属于级配连续的土，孔隙率为 33%，土粒比重为 2.66，根据区分粒径确定的细颗粒含量为 32%。试根据《水利水电工程地质勘察规范（2022 年版）》GB 50487—2008 确定坝基渗透变形类型及估算最大允许水力坡降值为（　　　）。（安全系数取 1.5）

土粒直径（mm）	0.025	0.038	0.07	0.31	0.4	0.7
小于某粒径的土质量百分比（%）	5	10	20	60	70	100

(A) 流土型，0.74　　(B) 管涌型，0.58　　(C) 过渡型，0.58　　(D) 过渡型，0.39

答案：D

解答过程：

粒径大于 0.075mm 的颗粒质量占总质量的比例约为 80%，粒径大于 0.25mm 的颗粒质量占总质量的比例约为 40%，该土至少为粉砂，属于无黏性土。

(1) $C_u=\dfrac{d_{60}}{d_{10}}=\dfrac{0.31}{0.038}=8.16>5$，$25\%\leqslant p=32\%<35\%$，过渡型。

(2) $J_{cr}=2.2(G_s-1)(1-n)^2\dfrac{d_5}{d_{20}}=2.2\times(2.66-1)\times(1-0.33)^2\times\dfrac{0.025}{0.07}=0.585$

(3) $J_{允许}=\dfrac{J_{cr}}{F_s}=\dfrac{0.585}{1.5}=0.39$

【1-128】(2011D03) 某土层颗粒级配曲线如下图所示，根据《水利水电工程地质勘察规范（2022 年版）》GB 50487—2008，判断其渗透变形，最有可能的是（　　　）。

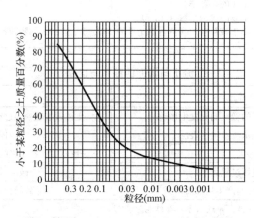

(A) 流土　　　　(B) 管涌　　　　(C) 接触冲刷　　　　(D) 接触流失

答案：B

解答过程：

根据《水利水电工程地质勘察规范（2022 年版）》GB 50487—2008 附录 G：

(1) $d_{10}=0.002$，$d_{60}=0.2$，$d_{70}=0.3$

(2) 不均匀系数：$C_u=\dfrac{d_{60}}{d_{10}}=\dfrac{0.2}{0.002}=100>5$，则须求细粒含量 P。

(3) 图示曲线为级配连续的土，粉砂，无黏性土，其粗、细颗粒的区分粒径 d 为：

$$d=\sqrt{d_{70}d_{10}}=\sqrt{0.3\times0.002}=0.024$$

(4) 根据细颗粒含量，从曲线中求取 $P<25\%$，故判别为管涌。

【1-129】（2021C02）某水利排水基槽试验，槽底为砂土；地下水由下往上流动，水头差 70cm，渗流长度 50cm，砂土颗粒比重 $G_s=2.65$，孔隙比 $e=0.42$，饱和重度 $\gamma_{sat}=21.6\mathrm{kN/m^3}$，不均匀系数 $C_u=4$。根据《水利水电工程地质勘察规范（2022 年版）》GB 50487—2008，对砂土渗透破坏的判断，下列哪个选项说法最合理？

(A) 会发生管涌　　　　　　　　　　(B) 会发生流土

(C) 会发生接触冲刷　　　　　　　　(D) 不会发生渗透变形

答案：B

解答过程：

根据《水利水电工程地质勘察规范（2022 年版）》GB 50487—2008 附录 G：

(1) 地下水由下向上流动，可能发生渗透变形。对于无黏性土，砂土属于无黏性土，不均匀系数 $C_u=4<5$，判断为可发生流土。

(2) 临界水力梯度 $J_{cr}=\dfrac{\gamma'}{\gamma_w}=\dfrac{21.6-10}{10}=1.16$ 或者 $J_{cr}=(G_s-1)(1-n)=\dfrac{G_s-1}{1+e}=\dfrac{2.65-1}{1+0.42}=1.16$

(3) 实际水力梯度 $i_{实际}=\dfrac{\Delta h}{L}=\dfrac{70}{50}=1.4>J_{cr}$；会发生流土，因此选 B。

【小注岩土点评】

① 本题是渗透变形的判断，是历年真题（2014D01）的改编题，很相近，按照规范作答即可。

② 对于渗流方向自下而上，才可能出现流土或管涌。如果本题中文字或者图形表达的渗流方向自上而下，那么答案就是 D。

③ 该规范附录 G.0.5，前提是土质为无黏性土，无黏性土渗透变形，主要是流土和管涌。

④ 根据不均匀系数 C_u 判断渗透变形的类型。

⑤ 计算临界水力梯度，本题中参数给的比较多，既可以按照附录 G.0.6 中的公式计算，也可以按照《土力学》中的临界水力梯度公式计算。计算结果是一致的，毕竟是通过三相转化公式转化得到的。

扩展：本题的变化形式是接触流失和接触冲刷，他们的土质要求是粗细双层土，当看到题干中有粗细双层土，需要注意可能发生接触流失或接触冲刷。对于粗细双层土的每一层土，还是有可能发生流土或管涌的，这需要逐一判断。

三、《碾压式土石坝设计规范》NB/T 10872—2021 附录 C 渗透变形的判别

岩土体渗透性分级

土的渗透变形判别	(1) 流土和管涌应根据土的细粒含量，采用下列方法判别： 流土： $$P_c \geqslant \frac{1}{4(1-n)} \times 100$$ 管涌： $$P_c < \frac{1}{4(1-n)} \times 100$$ 式中：P_c——土的细粒颗粒含量，以质量百分率计（%）； 　　　n——土的孔隙率（以小数计）。 (2) 土的细粒含量可按下列方法确定： 不连续级配的土，级配曲线中至少有一个以上的粒径级的颗粒含量小于或等于 3% 的平缓段，粗细粒的区分粒径 d_f 以平缓段粒径级的最大和最小粒径的平均粒径区分，或以最小粒径为区分粒径，相应于此粒径的含量为细颗粒含量。 连续级配的土，区分粗粒和细粒粒径的界限粒径 d_f 按下式计算： $$d_f = \sqrt{d_{70} d_{10}}$$ 式中：d_f——粗细粒的区分粒径（mm）； 　　　d_{70}——小于该粒径的含量占总土重 70% 的颗粒粒径（mm）； 　　　d_{10}——小于该粒径的含量占总土重 10% 的颗粒粒径（mm）。 (3) 对于不均匀系数大于 5 的不连续级配土可采用下列方法判别： 流土： $$P_c \geqslant 35\%$$ 过渡型取决于土的密度、粒级、形状：$25\% \leqslant P_c < 35\%$ 管涌： $$P_c < 25\%$$ 土的不均匀系数可采用下式计算： $$C_u = \frac{d_{60}}{d_{10}}$$ 式中：C_u——土的不均匀系数； 　　　d_{60}——占总土重 60% 的土粒粒径（mm）； 　　　d_{10}——占总土重 10% 的土粒粒径（mm）。 (4) 接触冲刷宜采用下列方法判别： 对双层结构的地基，当两层土的不均匀系数均等于或小于 10，且符合下式的条件时，不会发生接触冲刷。 $$\frac{D_{10}}{d_{10}} \leqslant 10$$ 式中：D_{10}、d_{10}——分别代表较粗和较细一层土的土粒粒径（mm），小于该粒径的土重占总土重的 10%。 (5) 接触流失宜采用下列方法判别： 对于渗流向上的情况，符合下列条件将不会发生接触流失。 ① 不均匀系数 $\leqslant 5$ 的土层： $$\frac{D_{15}}{d_{85}} \leqslant 5$$ 式中：D_{15}——较粗一层土的土粒粒径（mm），小于该粒径的土重占总土重的 15%； 　　　d_{85}——较细一层土的土粒粒径（mm），小于该粒径的土重占总土重的 85%。 ② 不均匀系数 $\leqslant 10$ 的土层： $$\frac{D_{20}}{d_{70}} \leqslant 7$$ 式中：D_{20}——较粗一层土的土粒粒径（mm），小于该粒径的土重占总土重的 20%； 　　　d_{70}——较细一层土的土粒粒径（mm），小于该粒径的土重占总土重的 70%。 (6) 流土与管涌的临界水力降： 流土型宜采用下式计算： $$J_{cr} = (G_s - 1)(1-n)$$ 式中：J_{cr}——土的临界水力坡降； 　　　G_s——土粒密度与水的密度之比； 　　　n——土的孔隙率，以小数计。

土的渗透 变形判别	管涌型或过渡型宜采用下式计算： $$J_{cr} = 2.2(G_s - 1)(1 - n)^2 \frac{d_5}{d_{20}}$$ 式中：d_5、d_{20}——分别占总土重的 5% 和 20% 的土粒粒径（mm）。 管涌型也可采用下式计算： $$J_{cr} = \frac{42d_3}{\sqrt{k/n^3}}$$ 式中：d_3——占总土重 3% 的土粒粒径（mm）。 　　　k——土的渗透系数（cm/s）；土的渗透系数应通过渗透试验测定。若无渗透系数试验资料，可根据下式计算近似值： $$k = 6.3 \frac{C_u^{-\frac{3}{8}}}{d_{20}^2}$$ 式中：d_{20}——占总土重 20% 的土粒粒径（mm）。 （7）允许水力坡降： 以土的临界水力坡降除以 1.5～2.0 的安全系数，对水工建筑物的危害较大，取 2 的安全系数，对于特别重要的工程也可用 2.5 的安全系数

【1-130】（2005D05）四个坝基土样的孔隙率 n 和细颗粒含量 P_c（以质量百分率计）如下，按《碾压式土石坝设计规范》NB/T 10872—2021 计算判别可得，则（　　）项的土的渗透变形的破坏形式属于管涌。

(A) $n_1 = 20.3\%$；$P_{c1} = 38.1\%$　　　　　(B) $n_2 = 25.8\%$；$P_{c2} = 37.5\%$

(C) $n_3 = 31.2\%$；$P_{c3} = 38.5\%$　　　　　(D) $n_4 = 35.5\%$；$P_{c4} = 38.0\%$

答案：D

解答过程：

根据《碾压式土石坝设计规范》NB/T 10872—2021 附录 C：

流土：$P_c \geqslant \dfrac{1}{4(1-n)} \times 100\%$

管涌：$P_c < \dfrac{1}{4(1-n)} \times 100\%$

逐个选项判别：

A 项：$\dfrac{1}{4 \times (1-0.203)} \times 100\% = 31.4\% < P_{c1} = 38.1\%$，属于流土；

B 项：$\dfrac{1}{4 \times (1-0.258)} \times 100\% = 33.7\% < P_{c2} = 37.5\%$，属于流土；

C 项：$\dfrac{1}{4 \times (1-0.312)} \times 100\% = 36.3\% < P_{c3} = 38.5\%$，属于流土；

D 项：$\dfrac{1}{4 \times (1-0.355)} \times 100\% = 38.8\% > P_{c4} = 38.0\%$，属于管涌。

【1-131】（模拟题）某一特别重要的土石坝，坝基土的颗粒分析成果见下表，该土属于级配不连续的土，孔隙率为 30%，根据区分粒径确定的细颗粒含量为 24%。试根据《碾压式土石坝设计规范》NB/T 10872—2021 估算最大允许水力坡降值为（　　）。

土粒直径（mm）	0.075	0.25	0.5	1.0	2.0
小于某粒径的土质量百分比（%）	3	10	20	50	60

(A) 0.200   (B) 0.150   (C) 0.100   (D) 0.060

答案：D

解答过程：

根据《碾压式土石坝设计规范》NB/T 10872—2021 附录 C：

（1）应首先判定渗透变形类别

$C_u = \dfrac{d_{60}}{d_{10}} = \dfrac{2.0}{0.25} = 8 > 5$，且题干中明确为级配不连续土。

$P_c = 24\% < 25\%$，属管涌型。

（2）依据类别选择对应公式

$$k = \frac{6.3 C_u^{-3/8}}{d_{20}^2} = \frac{6.3 \times 8^{-3/8}}{0.5^2} = 11.55$$

$$J_{cr} = \frac{42 d_3}{\sqrt{k/n^3}} = \frac{42 \times 0.075}{\sqrt{\dfrac{11.55}{0.3^3}}} = 0.152$$

（3）估算最大允许水力坡降

$$J_{允许} = J_{cr}/2.5 = 0.152/2.5 = 0.061$$

【小注岩土点评】

① 对于连续级配采用 $d = \sqrt{d_{70} \cdot d_{10}}$ 初判渗透变形类别。

② 本题求取管涌型的临界水力坡降有两个公式：$J_{cr} = 2.2(G_s - 1)(1-n)^2 \cdot \dfrac{d_5}{d_{20}}$ 及 $J_{cr} = \dfrac{42 d_3}{\sqrt{k/n^3}}$，由于本题目未给定 G_s，因此需采用第二公式，而题目中未给定渗透系数 k，因此又需要先利用筛分结果求取 k。

③ 临界水力坡降与允许水力坡降之间存在一个安全系数的差别。常规工程的安全系数为 1.5~2.0，对水工建筑物的危害较大，可取 2.0；对于特别重要的工程可取 2.5。

④《土力学》、《工程地质手册》（第五版）和《水利水电工程地质勘察规范（2022 年版）》GB 50487—2008 描述为"d_{10}：小于某粒径的土质量百分比"，而《碾压式土石坝设计规范》NB/T 10872—2021 描述为"某粒径占总质量百分比"，作者认为后者描述有误。

第四节　水文地质参数的测定

——《岩土工程勘察规范（2009 年版）》附录 E、《工程地质手册》（第五版）P1230~P1232

一、水文地质参数测定方法

水文地质参数测定方法

参数类型	测定方法
地下水位	钻孔、探井或测压管观测
渗透系数、导水系数	抽水试验、注水试验、压水试验、室内渗透试验
给水度、释水系数	单孔抽水试验、非稳定流抽水试验、地下水位长期观测、室内试验

续表

参数类型	测定方法
越流系数、越流因数	多孔抽水试验（稳定流或非稳定流）
单位吸水率	注水试验、压水试验
毛细水上升高度	试坑观测、室内试验

二、地下水流向、流速的测定

地下水流向、流速的测定

地下水流向、流速的测定	地下水的流向可用三点法测定。沿等边三角形（或近似的等边三角形）的顶点布置钻孔，以其水位高程编绘等水位线图。垂直等水位线并向水位降低的方向为地下水流向，三点间孔距一般取 50~150m。地下水流向的测定，也可用人工放射性同位素单井法来测定。其原理是用放射性示踪溶液标记井孔水柱，让井中的水流入含水层，然后用一个定向探测器测定钻孔各方向含水层中示踪剂的分布，在一个井中确定地下水流向，这种测定可在用同位素单井法测定流速的井孔内完成。 （1）根据几何法绘制的"地下水等水位线图"，在地下水的流向上，求得相邻两等水位线的水力坡降 i，而后按下式求解地下水流速： $$v = k \cdot i = k \cdot \frac{\Delta h}{l}$$ 式中：v——地下水流速（m/d）； 　　　k——土体渗透系数（m/d）； 　　　i——相邻两等水位线的水力坡降； 　　　l——相邻两等水位线的距离（m）； 　　　Δh——相邻两等水位线的水头损失（m）。 （2）地下水流速也可采用指示剂法测定。 利用指示剂或示踪剂来现场测定流速，要求被测量的钻孔能代表所要查明的含水层，钻孔附近的地下水流为稳定流，呈层流运动。 根据已有等水位线图或三点孔资料，确定地下水流动方向后，在上、下游设置投剂孔和观测孔来实测地下水流速。为了防止指示剂（示踪剂）绕过观测孔，可在其两侧 0.5~1.0m 处各布一辅助观测孔。投剂孔与观测孔的间距决定于岩石（土）的透水性。 $$v' = L/t$$ 式中：v'　地下水实际流速（m/d）； 　　　L——指示剂投放孔与观测孔的距离（m）； 　　　t——观察孔内浓度峰值出现所需的时间（d）。 渗透速度 $v = n \cdot v'$（n 为孔隙度）

【1-132】（2013C02）某场地冲积砂层内需测定地下水的流向和流速，呈等边三角形布置 3 个钻孔。钻孔孔距为 60.0m，测得 A、B、C 三孔的地下水位标高分别为 28.0m、24.0m、24.0m，地层的渗透系数为 1.8×10^{-3} cm/s，则地下水的流速接近于（　　　）。

(A) 1.20×10^{-4} cm/s　　　　　　　(B) 1.40×10^{-4} cm/s

(C) 1.60×10^{-4} cm/s　　　　　　　(D) 1.80×10^{-4} cm/s

答案：B

解答过程：

（1）确定地下水流向。如下图所示，B、C 两点具有相同地下水位，所以等水位线平行于 BC 连线，流向则垂直于 BC 线。

（2）计算水力坡度：

A、D 之间的距离 $h = 60 \times \sin 60° = 51.96$m

水力坡度 $i = \dfrac{28.0 - 24.0}{h} = \dfrac{4}{51.96} = 0.077$

（3）地层渗透系数 $k = 1.8 \times 10^{-3}$ cm/s，根据达西定律，地下水流速为：

$$v = ki = 1.8 \times 10^{-3} \times 0.077 = 1.39 \times 10^{-4} \text{cm/s}$$

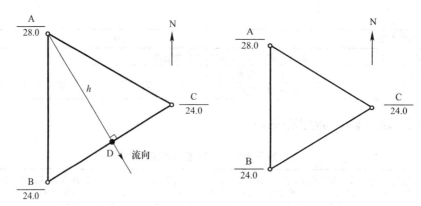

【小注岩土点评】

① 本题考查根据 3 个测孔确定地下水流向的方法。注意的是：要找的是等水头线。一般情况：通过最高和最低两个点内插中间的那个水位值，两个相同的水位连线就是等水位线，最后做平行线。本题中恰巧直接给定了两个相同的水位线，直接做垂线，从高水位指向低水位，两条等水位线的高差除以两线之间的垂直距离就是水力梯度。

② 地下水渗流的达西定律。

【1-133】（2012D02）某勘察场地地下水为潜水，布置 k_1、k_2、k_3 三个水位观测孔，同时观测稳定水位埋深分别为 2.70m、3.10m、2.30m，观测孔坐标和高程数据见下表。地下水流向正确的是（   ）。（选项中流向角度是指由正北方向顺时针旋转的角度）

观测孔号	坐标		孔口高程(m)
	x(m)	y(m)	
k_1	25818.00	29705.00	12.70
k_2	25818.00	29755.00	15.60
k_3	25868.00	29705.00	9.80

（A）45° 　（B）135° 　（C）225° 　（D）315°

答案：D

解答过程：

（1）计算三个观测孔的稳定水位高程：

k_1 孔为 12.70－2.70＝10.00m，k_2 孔为 15.60－3.10＝12.50m，k_3 孔为 9.80－2.30＝7.50m。

（2）根据观测孔坐标画出示意图：k_1、k_2、k_3 三点构成一个直角三角形，k_1 孔为直角角点，直角边 k_1k_2 为 EW 方向，k_1k_3 为 SN 方向，边长均为 50m。

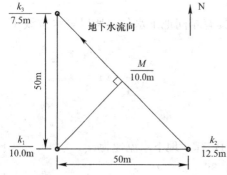

（3）求 k_2、k_3 孔斜边上稳定水位高程为 10m 的点，由于 $\dfrac{12.50＋7.50}{2}＝10.00$m，$k_2$、$k_3$ 孔斜边中点稳定水位高程为 10m。

（4）地下水流向判断：10m 等水位线通过 k_1 和 k_2、k_3 孔斜边中点，走向 45°－225°，地下水流向为 225°＋90°＝315°

【小注岩土点评】

① 该题考查点在于利用钻孔稳定水位确定潜水流向，潜水具有稳定的自由水面，其流向垂直于潜水等水位线，为由高向低的方向。

② 测量学中使用的平面直角坐标系统包括高斯平面直角坐标系和独立平面直角坐标系。两种坐标系统均以纵轴为 x 轴，横轴为 y 轴，x 轴向北方向为正，y 轴向东方向为正。

③ 注意的是：要找的是等水头线。一般情况：通过最高和最低两个点内插中间的那个水位值，两个相同的水位连线就是等水位线，最后做平行线。做垂线，从高水位指向低水位，即为流向。

第五节　现场渗透试验

一、抽水试验

——《工程地质手册》（第五版）P1233～P1240

（一）抽水试验的规定

抽水试验的规定

试验目的	抽水试验通常为查明建筑场地的地层渗透性和富水性，测定有关水文地质参数
试验方法	完整井抽水试验（潜水和承压水完整井）和非完整井抽水试验（潜水和承压水非完整井）
试验要求	(1) 抽水孔：半径 $r \geqslant 0.01M$（M 为含水层厚度）。或者利用适宜半径的工程地质钻孔。 (2) 观测孔：一般布置在与地下水流向垂直的方向上，与抽水孔的距离以 1～2 倍含水层厚度为宜，孔深一般要求进入抽水孔试验段厚度之半。 (3) 抽水水位降深：一般采用三次降深，每次降深的差值宜大于 1m，最大降深应接近工程设计所需要的地下水位标高。 (4) 稳定标准：在稳定时间段内，涌水量波动值不超过正常流量的 5%，主孔水位波动值不超过水位降低值的 1%，观测孔水位波动值不超过 2～3cm。 (5) 恢复水位观测：一般地区在抽水试验结束后或中途因故障停抽时，均应进行水位观测，直至水位完全恢复为止。水位逐渐恢复后，观测时间间隔可适当延长。
注意事项	(1) 为测定水文地质参数（渗透系数、给水度等）的抽水试验，应在单一含水层中进行，并应采取措施，避免其他含水层的干扰。试验地点和层位应有代表性，地质条件应与计算分析方法一致。 (2) 单孔抽水试验时，宜在主孔过滤器外设置水位观测管，不设置观测管时，应估计过滤器阻力的影响。 (3) 承压水完整井抽水试验时，主孔降深不宜超过含水层顶板，超过顶板时，计算渗透系数应采用相应的公式。 (4) 潜水完整井抽水试验时，主孔降深不宜过大，不得超过含水层厚度的三分之一。 (5) 降落漏斗水平投影应近似圆形，对椭圆形漏斗宜同时在长轴方向和短轴方向上布置观测孔；对傍河抽水试验和有不透水边界的抽水试验，应选择适宜的公式计算

（二）渗透系数的测定

潜水完整井渗透系数计算（有多层土时，应分层止水做抽水试验）	(1) 单井抽水（裘布依公式） $$k = \frac{0.732 \cdot Q}{(2H-s)s} \cdot \lg \frac{R}{r}$$
	(2) 有一个观测孔 $$k = \frac{0.732 \cdot Q}{(2H-s-s_1)(s-s_1)} \cdot \lg \frac{r_1}{r}$$
	(3) 有两个观测孔 $$k = \frac{0.732 \cdot Q}{(2H-s_1-s_2)(s_1-s_2)} \cdot \lg \frac{r_2}{r_1}$$

潜水完整井渗透系数计算（有多层土时，应分层止水做抽水试验）	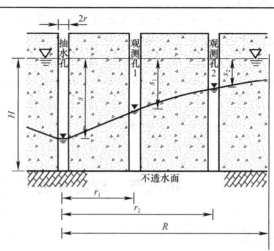

式中：Q——抽水井的抽水量（m^3/d）；

$\qquad H$——潜水含水层厚度（m）；

$\qquad R$——抽水影响半径（m），对于潜水单孔抽水时 $R = 2s\sqrt{Hk}$；对于承压水单孔抽水时

$\qquad\qquad R = 10s\sqrt{k}$；

$\qquad s$——水位降深（m）；

$\qquad s_1$、s_2——观测孔水位降深（m）；

$\qquad r$——抽水孔的半径（m）；

$\qquad r_1$、r_2——观测孔至抽水孔的距离（m）

承压水完整井渗透系数计算（有多层土时，应分层止水做抽水试验）	（1）单井抽水（裘布依公式） $$k = \frac{0.366 \cdot Q}{M \cdot s} \cdot \lg \frac{R}{r}$$ （2）有一个观测孔 $$k = \frac{0.366 \cdot Q}{M \cdot (s - s_1)} \cdot \lg \frac{r_1}{r}$$ （3）有两个观测孔 $$k = \frac{0.366 \cdot Q}{M \cdot (s_1 - s_2)} \cdot \lg \frac{r_2}{r_1}$$ 式中：k——渗透系数（m/d）； $\qquad M$——承压水含水层厚度（m）。 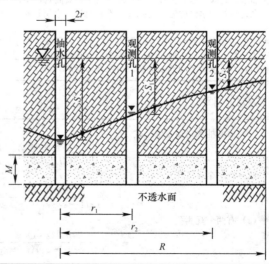

续表

根据水位恢复速度计算渗透系数	(1) 承压水层的大口径平底井 $$k=\frac{1.57r_{\mathrm{w}}(h_2-h_1)}{t(s_1+s_2)}$$ (2) 承压水层的大口径半球状井底 $$k=\frac{r_{\mathrm{w}}(h_2-h_1)}{t(s_1+s_2)}$$ (3) 潜水完整井 $$k=\frac{3.5r_{\mathrm{w}}^2}{(H+2r_{\mathrm{w}})t}\ln\frac{s_1}{s_2}$$ 式中：k——渗透系数（m/d）； H——潜水含水层厚度（m）； t——水位恢复时间（d），$t=t_2-t_1$。 (4) 井底进水而井壁不进水的潜水非完整井 $$k=\frac{\pi r_{\mathrm{w}}}{4t}\ln\frac{H-h_1}{H-h_2}$$ 【说明】 求得一系列与水位恢复时间有关的数值 k 后，则可做 $k=f(t)$ 的曲线。 根据此曲线，可确定近似于常数的渗透系数，如下图所示： 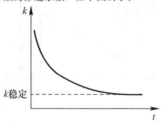 规律：由上图可知，水位恢复时间 t 越长，所求的渗透系数 k 越稳定精确

【1-134】（2006C05）某工程场地有一厚 11.5m 砂土含水层，其下为基岩，为了测砂土的渗透系数，打一钻孔到基岩顶面，并以 $1.5\times10^3\,\mathrm{cm}^3/\mathrm{s}$ 的流量从孔中抽水，距抽水孔 4.5m 和 10.0m 处各打一观测孔，当抽水孔水位降深为 3.0m 时，测得观测孔的降深分别为 0.75m 和 0.45m，用潜水完整井公式计算砂土层渗透系数 k 值最接近（　　）。

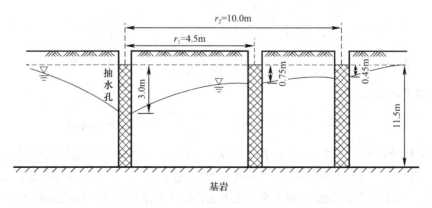

(A) 7m/d　　　　(B) 6m/d　　　　(C) 5m/d　　　　(D) 4m/d

答案：C

解答过程：

$$k = \frac{0.732Q}{(2H - s_1 - s_2)(s_1 - s_2)}\lg\frac{r_2}{r_1} = \frac{0.732 \times 1.5 \times 10^3 \times 10^{-6} \times 24 \times 3600}{(2 \times 11.5 - 0.75 - 0.45) \times (0.75 - 0.45)} \times \lg\frac{10}{4.5}$$
$$= 5.03\text{m/d}$$

【1-135】（2008C03）为求取有关水文地质参数，带两个观察孔的潜水完整井，进行 3 次降深抽水试验，其地层和井壁结构如下图所示，已知 $H = 15.8\text{m}$，$r_1 = 10.6\text{m}$，$r_2 = 20.5\text{m}$；抽水试验成果见下表，则渗透系数 k 最接近（   ）。

水位降深 s(m)	涌水量 Q(m³/d)	观 1 水位降深 s_1(m)	观 2 水位降深 s_2(m)
5.6	1490	2.2	1.8
4.1	1218	1.8	1.5
2.0	817	0.9	0.7

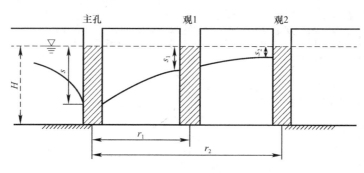

(A) 25.6m/d   (B) 28.9m/d   (C) 31.7m/d   (D) 35.2m/d

答案：B

解答过程：

（1）
$$k = \frac{0.732Q}{(2H - s_1 - s_2)(s_1 - s_2)}\lg\frac{r_2}{r_1}$$

$$k_1 = \frac{0.732 \times 1490}{(2 \times 15.8 - 2.2 - 1.8) \times (2.2 - 1.8)} \times \lg\frac{20.5}{10.6} = 28.3\text{m/d}$$

$$k_2 = \frac{0.732 \times 1218}{(2 \times 15.8 - 1.8 - 1.5) \times (1.8 - 1.5)} \times \lg\frac{20.5}{10.6} = 30.1\text{m/d}$$

$$k_3 = \frac{0.732 \times 817}{(2 \times 15.8 - 0.9 - 0.7) \times (0.9 - 0.7)} \times \lg\frac{20.5}{10.6} = 28.6\text{m/d}$$

（2）取平均值：
$$\overline{k} = \frac{k_1 + k_2 + k_3}{3} = \frac{28.3 + 30.1 + 28.6}{3} = 29.0\text{m/d}$$

【1-136】（2012C03）某工程进行现场水文地质试验，已知潜水含水层底板埋深为 9.0m，设置潜水完整井，井径 $D = 200\text{mm}$，实测地下水位埋深 1.0m，抽水至水位埋深 7.0m 后让水位自由恢复，不同恢复时间测得地下水位见下表，则估算地层渗透系数最接近（   ）。

测试时间（min）	1	5	10	30	60
水位深度（cm）	603	412	332	190	118.5

(A) 1.3×10^{-3} cm/s   (B) 1.8×10^{-4} cm/s

(C) 4.0×10^{-4} cm/s   (D) 5.2×10^{-4} cm/s

答案：C

解答过程：

（1）地下水位以下的有效含水层厚度为：$H = 900 - 100 = 800$cm；初始地下水降深 $s_1 = 700 - 100 = 600$cm，时间 t 在 60s、300s、600s、1800s、3600s 时的水位降深分别为 503.0cm、312.0cm、232.0cm、90.0cm、18.5cm；抽水井 $r_w = \dfrac{D}{2} = 10$cm

（2）依据题意，渗透系数求解采用潜水完整井水位恢复速度法，计算公式为《工程地质手册》（第五版）P1238 第 9.3.6 条中的公式：$k = \dfrac{3.5 r_w^2}{(H + 2r_w)t} \ln \dfrac{s_1}{s_2}$

计算不同恢复时间的 k 值如下：

$$t = 60\text{s}, \quad k = \frac{3.5 \times 10^2}{(800 + 2 \times 10) \times 60} \ln \frac{600}{503.0} = 1.25 \times 10^{-3} \text{cm/s}$$

$$t = 300\text{s}, \quad k = \frac{3.5 \times 10^2}{(800 + 2 \times 10) \times 300} \ln \frac{600}{312.0} = 9.3 \times 10^{-4} \text{cm/s}$$

$$t = 600\text{s}, \quad k = \frac{3.5 \times 10^2}{(800 + 2 \times 10) \times 600} \ln \frac{600}{232.0} = 6.8 \times 10^{-4} \text{cm/s}$$

$$t = 1800\text{s}, \quad k = \frac{3.5 \times 10^2}{(800 + 2 \times 10) \times 1800} \ln \frac{600}{90.0} = 4.5 \times 10^{-4} \text{cm/s}$$

$$t = 3600\text{s}, \quad k = \frac{3.5 \times 10^2}{(800 + 2 \times 10) \times 3600} \ln \frac{600}{18.5} = 4.1 \times 10^{-4} \text{cm/s}$$

（3）绘制 k-t 曲线图：由图得出水层渗透系数最接近答案 C。

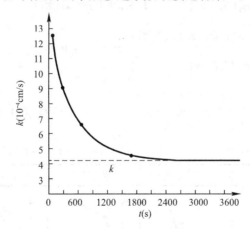

【小注岩土点评】

① 利用水位恢复资料确定渗透系数的方法在工程中经常用到，计算方法和公式在很多书册上均可以查到。

② 从 k-t 曲线上可看出，随着恢复时间的加长，渗透系数越来越趋于稳定，并接近于实际值。

③ 可以据此规律只计算最后一个恢复时间的渗透系数值，再选取最接近的答案即可。

④ 本题解答中，可省略最后一个步骤，不作图，直接从数据变化推断出答案。

二、压水试验

——《工程地质手册》（第五版）P1240～P1247

压水试验的规定

试验目的	钻孔压水试验主要探查天然岩土层的渗透性和裂隙性，以获得单位吸水量等参数
试验要求	(1) 稳定标准：控制某一设计压力值呈稳定后，每隔 $1\sim2\text{min}$ 测读一次流量，当流量无持续增大趋势，且连续5次读数，其最大值与最小值之差小于最终值的10%，或最大值与最小值之差小于 1L/min，本阶段试验即可结束，取最终值作为压入稳定耗水量 Q。 (2) 压水试验采用三级压力（P_1、P_2、P_3）、五个阶段（$P_1 \rightarrow P_2 \rightarrow P_3 \rightarrow P_4 = P_2 \rightarrow P_5 = P_1$），其中 P_1、P_2、P_3 宜分别采用 0.3MPa、0.6MPa、1.0MPa
水柱压力 $P_z(\text{MPa})$ 计算	自压力表中心至计算零线（0-0）的铅直距离的水柱压力 P_z 计算如下： $$P_z = (\text{水柱高度 } H \times 10)/1000 \ (\text{MPa})$$ 压力计算零线（0-0）按如下确定： (1) 地下水位位于试验段之下时，以通过试验段 1/2 处的水平线作为压力零线。 (2) 地下水位位于试验段之内时，以通过地下水位以上试验段 1/2 处的水平线作为压力零线。 (3) 地下水位位于试验段之上时，且试验段在该含水层中，以地下水位作为压力零线。 地下水位位于试验段之下　　地下水位位于试验段之内　　地下水位位于试验段之上
试验段压力 $P_i(\text{MPa})$	当压力表安装在与试验段连通的测压管上时： $$P_i = P_p + P_z$$ 当压力表安装在进水管上时： $$P_i = P_p + P_z - P_s$$ 式中：P_p——压力表指示压力（MPa）； 　　　P_z——自压力表中心至计算零线（0-0）的"铅直距离"的水柱压力（MPa）； 　　　P_s——管路压力损失（MPa）
绘制 P-Q 曲线	根据升压阶段和降压阶段的压力值 P 与相应阶段的压入流量 Q 绘制 P-Q 曲线如下：

	A型（层）	B型（紊流）	C型（扩张）	D型（冲蚀）	E型（充填）
绘制 P-Q 曲线	升压曲线为通过原点的直线；降压曲线与升压曲线重合	升压曲线凸向 Q 轴；降压曲线与升压曲线重合	升压曲线凸向 P 轴；降压曲线与升压曲线重合	升压曲线凸向 P 轴；降压曲线与升压曲线不重合，呈顺时针环状	升压曲线凸向 Q 轴；降压曲线与升压曲线不重合，呈逆时针环状

透水率 q(Lu)	透水率 q：当试验压力为 1MPa 时每米试验段的压入水流量（L/min）。试验段透水率采用第三阶段的压力值（P_3）和流量值（Q_3）按下式计算： $$q=\frac{Q_3}{L \cdot P_3}$$ 式中：q——透水率（Lu）； L——试验段长度（m）； P_3——第三阶段的试验压力（MPa）； Q_3——第三阶段的计算流量（注意：单位为 L/min）。 单位吸水量 w 的物理意义：在 0.01MPa（1m 水柱高度）作用下每米试验段每分钟压入 1L 水量为一个单位吸水量。 $$w=\frac{Q}{PL}$$ 因此，透水率和单位吸水量存在下列换算关系： $$w=100q$$
渗透系数 k	情况一：当试验段位于地下水位以下、透水率 $q<10$Lu、$P\text{-}Q$ 曲线为 A 型（层流）时，可按下式计算岩体渗透系数（采用第三阶段的压力值 P_3 和流量值 Q_3 计算）： $$k=\frac{Q_3}{2\pi H_3 \cdot L}\ln\frac{L}{r_0}$$ 情况二：当试验段位于地下水位以下、透水率 $q<10$Lu、$P\text{-}Q$ 曲线为 B 型（紊流）时，可按下式计算岩体渗透系数（采用第一阶段的压力值 P_1 和流量值 Q_1 计算）： $$k=\frac{Q_1}{2\pi H_1 \cdot L}\ln\frac{L}{r_0}$$ 式中：k——岩体渗透系数（m/d）； Q——压入流量（注意此处单位：m^3/d），一般换算 L/min$=1.44m^3/d$； H——试验水头（m），通过把阶段压力 P 转化水柱高度而得，即为 $H_3=P_3/10$、$H_1=P_1/10$（P_3、P_1 单位为 kPa），无实测数据时，$P_1=300$kPa，$P_3=1000$kPa； r_0——钻孔半径（m）； L——试验段长度（m）

【1-137】（2004D03）某钻孔进行压水试验，试验段位于水位以下，采用安设在与试验段连通的测压管上的压力表测得水压力为 0.75MPa，压力表中心至压力计算零线的水柱压力为 0.25MPa，试验段长度为 5.0m，试验时渗漏量为 50L/min，则透水率为（　　）。

(A) 5Lu 　　　　 (B) 10Lu 　　　　 (C) 15Lu 　　　　 (D) 20Lu

答案：B

解答过程：

根据《工程地质手册》（第五版）P1241～P1246：

(1) 试验段压力：$P_3=P_p+P_z=0.75+0.25=1.00$MPa

(2) 透水率：$q=\dfrac{Q}{LP_3}=\dfrac{50}{5\times1.00}=10$Lu

【1-138】（2005C03）压水试验段位于地下水位以下，地下水位埋藏深度为 50m，试验段长 5.0m，压水试验结果见下表，则计算上述试验段的透水率（Lu）最接近（　　）。

压力 P(MPa)	0.3	0.6	1.0
水量 Q(L/min)	30	60	100

(A) 10Lu 　　　　 (B) 20Lu 　　　　 (C) 30Lu 　　　　 (D) 40Lu

答案：B

解答过程：

根据《工程地质手册》（第五版）P1246：

透水率采用第三阶段的压力值（p_3）和流量值（Q_3）计算：

$$q = \frac{Q_3}{LP_3} = \frac{100}{5 \times 1.0} = 20 \text{Lu}$$

【1-139】（2010C01）某压水试验地面进水管的压力表读数 $P_p = 0.90$MPa，压力表中心高于孔口 0.5m，压入流量 $Q = 80$L/min，试验段长度 $L = 5.1$m，钻杆及接头的压力总损失为 0.04MPa，钻孔为斜孔，其倾角 $\alpha = 60°$，地下水位位于试验段之上，自孔口至地下水位段钻孔的实际长度 $h = 24.8$m，则试验段地层的透水率（Lu）最接近（   ）。

(A) 14.0   (B) 14.5   (C) 15.6   (D) 16.1

答案：B

解答过程：

参见《工程地质手册》（第五版）P1241、P1246：

水柱压力：$P_z = (0.5 + 24.8 \times \sin 60°) \times 10/1000 = 0.22$MPa

试验段压力：$P_3 = P_p + P_z - P_s = 0.9 + 0.22 - 0.04 = 1.08$MPa

$$q = \frac{Q_3}{LP_3} = \frac{80}{5.1 \times 1.08} = 14.5 \text{Lu}$$

【小注岩土点评】

① 注意地下水分别在试验段上、中、下时，压力计算零线的三种计算方法。

② 压水试验一般采用三级压力、五个阶段（$P_1 - P_2 - P_3 - P_4 = P_2 - P_5 = P_1$），$P_1$、$P_2$、$P_3$ 三级压力宜分别为 0.3MPa、0.6MPa、1MPa。根据试验资料整理的 $P\text{-}Q$ 曲线，前三个阶段为升压曲线，后两个阶段为降压曲线，根据 P-Q 曲线的特点又分为 A 型（层流）、B 型（紊流）、C 型（扩张）、D 型（冲蚀）、E 型（充填）五个类型。

③ 压水试验的参数计算和成果应用，因类型的不同而不同，应注意分析选择。

④ 手册中该考点处明确说明了 L 为倾斜的斜长。P_3 是指试验段的压力，而不是题干中的压力表的读数，压力表至试验段之间还有一段水柱压力。

【1-140】（2013D02）在某花岗岩岩体中进行钻孔压水试验，钻孔孔径为 110mm，地下水位以下试段长度为 5.0m。资料整理显示，该压水试验 $P\text{-}Q$ 曲线为 A（层流）型，第三（最大）压力阶段试验段压力为 1.0MPa，压入流量为 7.5L/min。则该岩体的渗透系数最接近（   ）。

(A) 1.4×10^{-5} cm/s   (B) 1.8×10^{-5} cm/s

(C) 2.2×10^{-5} cm/s   (D) 2.6×10^{-5} cm/s

答案：B

解答过程：

根据《工程地质手册》（第五版）P1246：

(1) $q = \dfrac{Q_3}{LP_3} = \dfrac{7.5}{5.0 \times 1.0} = 1.50 \text{Lu}$

(2) $Q_3 = 7.5$L/min $= 1.25 \times 10^{-4}$ m³/s，$H_3 = \dfrac{P_3}{\gamma_w} = \dfrac{1 \times 10^3}{10} = 100$m，$L = 5$m，$r_0 = 0.055$m

（3）$k = \dfrac{Q_3}{2\pi H_3 L}\ln\dfrac{L}{r_0} = \dfrac{1.25\times10^{-4}}{2\pi\times100\times5}\ln\dfrac{5}{0.055} = 1.79\times10^{-7}\,\text{m/s} = 1.79\times10^{-5}\,\text{cm/s}$

【小注岩土点评】

① 压水试验直接成果是根据试验段压力和流量的关系式得出透水率。但本题问的却不是透水率而是渗透系数，在做题的时候，应本能地反应出透水率和渗透系数应该存在某种关联。

② 压水试验的参数计算和成果应用，因类型的不同而不同，应注意分析选择。

③ 根据 $P\text{-}Q$ 曲线的特点又分为 A 型（层流）、B 型（紊流）、C 型（扩张）、D 型（冲蚀）、E 型（充填）五个类型。应结合曲线类型特点和题干中的数据和表述，判断出本题的考查类型。

④ 本题考查的是试验段位于地下水位以下，压水试验 $P\text{-}Q$ 曲线为 A 型（层流）、透水性较小（$q<10\text{Lu}$）的情况。

【1-141】（2018D01）在某地层中进行钻孔压水试验，钻孔直径为 0.10m，试验段长度为 5.0m，位于地下水位以下，测得该地层的 $P\text{-}Q$ 曲线如下图所示，试计算该地层的渗透系数与下列哪项最接近？（1m 水柱压力为 9.8kPa）

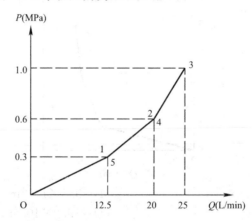

（A）0.052m/d　　　（B）0.069m/d　　　（C）0.073m/d　　　（D）0.086m/d

答案：D

解答过程：

根据《工程地质手册》（第五版）P1246：

（1）压水试验曲线类型为 B 类型。试验段位于地下水位以下，$q = \dfrac{25}{1.0\times5} = 5\text{Lu} < 10\text{Lu}$，透水率较小。

（2）$P = P_1 = 0.3\text{MPa}$，$H' = \dfrac{P_1}{9.8} = \dfrac{300}{9.8} = 30.6\text{m}$

（3）$Q = Q_1 = 12.5\text{L/min} = 18\text{m}^3/\text{d}$，$L = 5\text{m}$，$r_0 = D/2 = 0.05\text{m}$

（4）$k = \dfrac{Q'}{2\pi H' L}\ln\dfrac{L}{r_0} = \dfrac{18}{2\times3.14\times30.6\times5}\times\ln\dfrac{5}{0.05} = 0.086\text{m/d}$

【小注岩土点评】

（1）压水试验为 B 型，和题（2013D02）属于一类题型。

（2）之所以本考点很重要，因为它的坑点较多。

① 首先是曲线类型，历年真题考过了 A 型，本次是考 B 型。

② 其次是压力和流量的选择，不再是第三阶段，而是取值为第一阶段，同时需要转化数据。

③ 再次是压力水头的换算，也就是 g 的选择，重点提醒大家是取 9.8 还是取 10，按照题目要求进行。

④ 单位统一。

（3）思考：若不给你图形，只给你数据，又该怎么做呢？

【1-142】（2021D01）某场地岩体较完整、渗透性弱，地下水位埋深 10m，钻孔压水试验数据见下表，试验段深度范围为 15.0～20.0m，试验曲线如下图所示，已知压力表距地表高度 0.5m，管路压力损失 0.05MPa，钻孔直径 150mm，估算岩体渗透系数最接近下列哪一项？（1m 水柱压力取 10kPa）

压力表读数 P(MPa)	0	0.1	0.3	0.5	0.3	0.1
流量 Q(L/min)	0	10	12	12.7	12	10

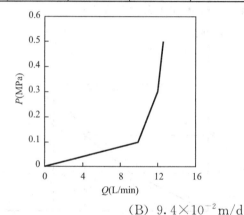

(A) 9.4×10^{-3} m/d

(B) 9.4×10^{-2} m/d

(C) 12.4×10^{-2} m/d

(D) 19.2×10^{-2} m/d

答案：C

解答过程：

根据《工程地质手册》P1246：

（1）根据 P-Q 曲线特征，判断为 B 型。

$$q = \frac{Q_3}{LP_3} \frac{12.7}{(20-15) \times \left(0.5 + \frac{10+0.5}{1000} \times 10 - 0.05\right)} = 4.6\text{Lu} < 10\text{Lu}$$

（2）试验段在地下水位以下，透水性较小，P-Q 曲线为 B 型，用第一阶段 Q_1 和 P_1 近似计算渗透系数。

$$Q_1 = 10\text{L/min} = 14.4\text{m}^3/\text{d}$$

$$P_1 = \frac{(0.1-0.05) \times 1000}{10} + 10 + 0.5 = 15.5\text{m}$$

$$k = \frac{Q_1}{2\pi H_1 L} \ln \frac{L}{r_0} = \frac{14.4}{2\pi \times 15.5 \times (20-15)} \times \ln \frac{(20-15)}{\frac{0.15}{2}} = 0.124\text{m/d}$$

【小注岩土点评】

本题是题（2010C01）与题（2018D01）的组合。本题需要注意以下几点：

① 根据试验曲线判断是层流 A 型还是紊流 B 型。

② 判断出曲线类型 B 型之后，近似计算渗透系数需要满足试验段在地下水位以下，透水性较小（$q<10Lu$）。

③ 计算透水率，与题（2010C01）步骤一致，试验段压力＝压力表指示压力 P_p＋压力表中心至计算零线的水柱压力 P_z－管路压力损失 P_s；本题如果加上"压力表是安设在进水管上的"说明，就更完美了。一部分学员会糊涂：$P\text{-}Q$ 曲线中的 P 是指试验段所受的实际压力，而干表的数据是压力表的读数，计算 $P_3=P_{p3}+P_z-P_s$ 或者 $P_1=P_{p1}+P_z-P_s$，P_{p3}、P_{p1} 查题干的表。

④ 近似计算渗透系数的公式中参数的单位换算，Q_1 的量纲为 m^3/d，P_1 的量纲为 m。

⑤ 最后牢记，压水试验使用的是试验段的压力。

扩展：本题再复杂一些，直接给表，不给图形，这怎么办？本题是直接给定压力损失，当工作管内径一致，且内壁粗糙度变化不大时，压力损失如何计算？若试验段 5m 是倾角 $60°$ 的倾斜度，计算 q 时 L 取值多少？

三、注水（渗水）试验

——《工程地质手册》（第五版）P1247～P1253

（一）注水试验的分类

注水试验的分类

试验分类			适用对象	试验目的
钻孔注水试验	钻孔常水头试验	仅孔底进水	（1）地下水位埋藏较深，而不便于进行抽水试验。 （2）干的透水岩土层	野外测定岩土层渗透性的一种简易方法
		孔底和孔壁同时进水		
	钻孔变水头试验	升水头法		
		降水头法		
试坑注水试验	试坑法		野外测定包气带非饱和岩土层渗透性的简易方法	
	单环法			
	双环法			

（二）注水钻孔试验

注水钻孔试验

一般规定	钻孔注水试验通常用于： （1）地下水位埋藏较深，而不便于进行抽水试验。 （2）在干的透水岩（土）层，常使用注水试验获得渗透性资料。 钻孔注水试验包括常水头法渗透试验和变水头法渗透试验，常水头法适用于砂、砾石、卵石等强透水地层；变水头法适用于粉砂、粉土、黏性土等弱透水地层
钻孔常水头法注水试验（适用于粗粒土）	假定试验土层均质，土体中渗流为层流，由达西定律得出，土体渗透系数计算公式如下： $$k=\frac{Q}{F\cdot H}$$ 式中：k——试验土层的渗透系数（cm/min）； Q——注入流量（cm^3/min）； H——试验水头（cm）； F——形状系数（cm），根据钻孔和水流边界条件确定

（三）形状系数 F

形状系数 F

试验条件	简图	形状系数 F	备注
① 潜水层； ② 试验段位于地下水位以下； ③ 仅孔底进水条件	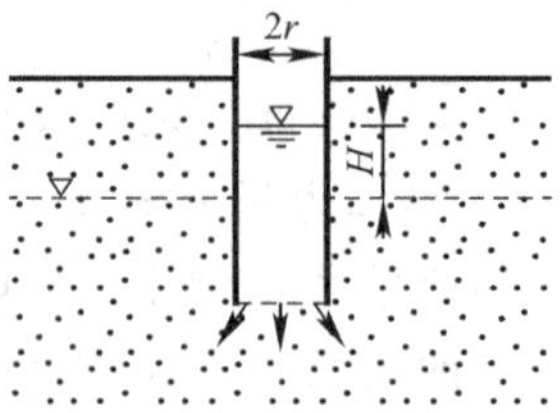	$F = 5.5r \,(cm)$	—
① 承压水层； ② 试验段位于地下水位以下； ③ 仅孔底进水条件； ④ 钻孔套管下至孔底，试验土层顶板为不透水层	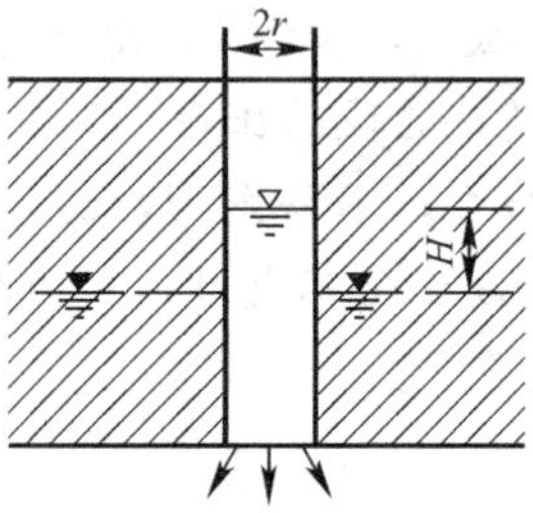	$F = 4r \,(cm)$	—
① 潜水层； ② 试验段位于地下水位以下； ③ 孔内不下套管或部分下套管； ④ 试验段裸露或下花管； ⑤ 孔壁与孔底进水	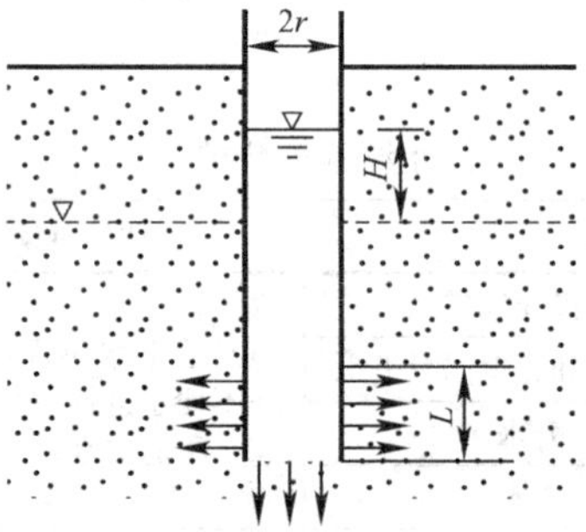	$F = \dfrac{2\pi \cdot L}{\ln \dfrac{mL}{r}} \,(cm)$	$\dfrac{mL}{r} > 10$ $m = \sqrt{k_h/k_v}$，无试验资料时，m 可估计。k_h、k_v 分别为试验土层的水平、垂直渗透系数
① 承压水层； ② 试验段位于地下水位以下； ③ 孔壁和孔底同时进水； ④ 孔内不下套管或部分下套管； ⑤ 试验段裸露或下花管，试验土层顶板为不透水层	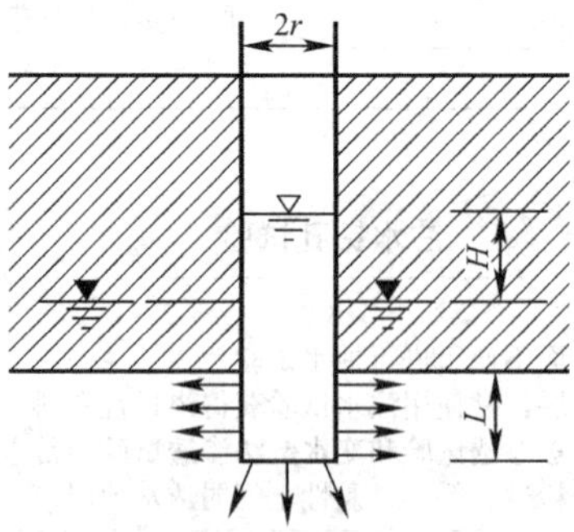	$F = \dfrac{2\pi \cdot L}{\ln \dfrac{2mL}{r}} \,(cm)$	$\dfrac{2mL}{r} > 10$ $m = \sqrt{k_h/k_v}$，无试验资料时，m 可估计。k_h、k_v 分别为试验土层的水平、垂直渗透系数

【小注岩土点评】

注水试验，目前基本不考。但是从知识点的角度，形状系数 F 是水平渗透系数与垂直渗透系数比值 m 的函数，存在命题的意义，值得重视。若在考场上遇到注水试验，详见《土工试验方法标准》GB/T 50123—2019 第 42 章和《工程地质手册》（第五版）P1247。

第六节　水和土的腐蚀性评价

一、地下水的矿化度和地下水的类型

——《工程地质手册》（第五版）P1215～P1217

（一）地下水的矿化度

地下水含离子、分子与化合物的总量称为矿化度（或总矿化度），矿化度包括了全部的溶解组分和胶体物质，但不包括游离气体。通常以可滤性蒸发残渣（溶解性固体）来表示，也可按水分析所得的全部阴阳离子含量的总和（计算时 HCO_3^- 含量只取半数）表示理论上的可滤性蒸发残渣量。矿化度单位一般以 g/L、mg/L 表示。

地下水按矿化度分类

类别	淡水	低矿化度水（微咸水）	中矿化度水（咸水）	高矿化度水（盐水）	卤水
矿化度（g/L）	<1	1～3	3～10	10～50	>50

（二）地下水的化学类型

库尔洛夫式按阴阳离子毫克当量百分数表示水化学类型，其表达式如下：

$$微量元素\left(\frac{g}{L}\right) 气体成分\left(\frac{g}{L}\right) 矿化度\left(\frac{g}{L}\right) \cdot \frac{阴离子(me\% > 10\ 者列入)}{阳离子(me\% > 10\ 者列入)} \cdot 温度(℃)$$

"毫克当量百分数"是一种离子毫克当量百分浓度的表示方法：

$$离子毫克当量百分数(\%) = \frac{该离子毫克当量数}{阴(阳)离子毫克当量总数} \times 100\%$$

以离子当量含量（$me/L\%$）>25% 作为水化学类型定名界限值，大于 25% 的离子选入名称，按当量含量的由高到低，阴阳离子分别排序，阴离子在前，阳离子在后。

【1-143】（2009D01）某工程水质分析试验结果见下表，则其总矿化度最接近（　　　）。

成分	Na^+	K^+	Ca^{2+}	Mg^{2+}	NH_4^+	Cl^-	SO_4^{2-}	HCO_3^-	游离 CO_2	侵蚀性 CO_2
矿化度（mg/L）	51.39	28.78	75.43	20.23	10.80	83.47	27.19	366.00	22.75	1.48

（A）480mg/L　　　（B）585mg/L　　　（C）660mg/L　　　（D）690mg/L

答案：A

解答过程：

根据《工程地质手册》（第五版）P1216：

（1）计算总矿化度不计侵蚀性 CO_2 及游离 CO_2，HCO_3^- 含量按 50% 计。

（2）总矿化度=51.39＋28.78＋75.43＋20.23＋10.80＋83.47＋27.19＋0.5×366.00=480mg/L

【小注岩土点评】

① 计算总矿化度不计侵蚀性 CO_2 及游离 CO_2，HCO_3^- 含量按 50% 计。

② 矿化度的计算，不乘电荷数，比如计算 Ca^{2+} 的矿化度，不是 75.43×2，此处有考生搞错。

二、水和土的腐蚀性评价

——《岩土工程勘察规范（2009 年版）》附录 G、第 12.2 节

（一）一般规定

一 般 规 定

一般规定	当有足够经验或充分资料，认定工程场地及其附近的土或水（包括地下水和地表水）对建筑材料为微腐蚀性时，可不取样进行腐蚀性评价。否则，应取水试样或土试样进行试验，并按本节内容评定其对建筑材料的腐蚀性，同时土对钢结构腐蚀性的评价可根据任务要求进行
取样规定	采取水试样和土试样应符合下列规定： （1）混凝土结构处于地下水位以上时，应取土试样做土的腐蚀性测试。 （2）混凝土结构处于地下水或地表水中时，应取水试样做水的腐蚀性测试。 （3）混凝土结构部分处于地下水以上、部分处于地下水位以下时，应分别取土试样和水试样做腐蚀性测试。 （4）水试样和土试样应在混凝土结构所在的深度采取，每个场地不应少于 2 件。当土中盐类成分和含量分布不均匀时，应分区、分层取样，每区、每层不应少于 2 件

（二）场地环境类型划分

场地环境类型划分

环境类型	场地环境类型地质条件
Ⅰ	高寒区、干旱区直接临水；高寒区、干旱区强透水层中的地下水
Ⅱ	高寒区、干旱区弱透水层中的地下水；各气候区湿、很湿的弱透水层；湿润区直接临水；湿润区强透水层中的地下水
Ⅲ	各气候区稍湿的弱透水层；各气候区地下水位以上的强透水层

【小注】① 高寒区是指海拔高度等于或大于 3000m 的地区；干旱区是指海拔高度小于 3000m、干燥度指数 K 值等于或大于 1.5 的地区；湿润区是指干燥度指数 K 值小于 1.5 的地区。

② 强透水层是指碎石土和砂土；弱透水层是指粉土和黏性土。

③ 含水率小于 3% 的土层，可视为干燥土层，不具有腐蚀环境条件。

④ 当混凝土结构一边接触地面水或地下水、一边暴露在大气中，水可以通过渗透或毛细作用在暴露大气中的一边蒸发时，环境类型应定为Ⅰ类。

（三）水的腐蚀性评价

1. 水对混凝土结构的腐蚀性评价

按环境类型考虑，水对混凝土结构的腐蚀性评价

腐蚀等级	腐蚀介质	环境类型		
		Ⅰ	Ⅱ	Ⅲ
微	硫酸盐含量 SO_4^{2-} (mg/L)	<200	<300	<500
弱		200～500	300～1500	500～3000
中		500～1500	1500～3000	3000～6000
强		>1500	>3000	>6000
微	镁盐含量 Mg^{2+} (mg/L)	<1000	<2000	<3000
弱		1000～2000	2000～3000	3000～4000
中		2000～3000	3000～4000	4000～5000
强		>3000	>4000	>5000

腐蚀等级	腐蚀介质	环境类型		
		Ⅰ	Ⅱ	Ⅲ
微	铵盐含量 NH_4^+ (mg/L)	<100	<500	<800
弱		100~500	500~800	800~1000
中		500~800	800~1000	1000~1500
强		>800	>1000	>1500
微	苛性碱含量 OH^- (mg/L)	<35000	<43000	<57000
弱		35000~43000	43000~57000	57000~70000
中		43000~57000	57000~70000	70000~100000
强		>57000	>70000	>100000
微	总矿化度 (mg/L)	<10000	<20000	<50000
弱		10000~20000	20000~50000	50000~60000
中		20000~50000	50000~60000	60000~70000
强		>50000	>60000	>70000

【小注】① 表中数值适用于有干湿交替作用的情况；当为Ⅰ、Ⅱ类腐蚀环境的无干湿交替作用的情况，表中硫酸盐含量数值应乘以 1.3 的系数。

② 表中苛性碱 OH^- 含量应为 NaOH 和 KOH 中的 OH^- 含量。

按地层渗透性考虑，水对混凝土结构的腐蚀性评价

腐蚀等级	pH 值		侵蚀性 CO_2 (mg/L)		HCO_3^- (mmol/L)
	A	B	A	B	A
微	>6.5	>5.0	<15	<30	>1.0
弱	6.5~5.0	5.0~4.0	15~30	30~60	1.0~0.5
中	5.0~4.0	4.0~3.5	30~60	60~100	<0.5
强	<4.0	<3.5	>60	—	—

【小注】① 表中 A 是指直接临水或强透水层中的地下水；B 是指弱透水层中的地下水。强透水层是指碎石土和砂土；弱透水层是指粉土和黏性土。

② HCO_3^- 含量是指水的矿化度低于 0.1g/L 软水时，该类水质中 HCO_3^- 的腐蚀性。

综上所述，分别按"环境类型"和"地层渗透性"考虑水对混凝土结构的腐蚀性评价结果，综合评定水对混凝土结构的腐蚀性等级如下：

（1）腐蚀等级中，只出现弱腐蚀，无中等腐蚀或强腐蚀时，应综合评定为弱腐蚀。

（2）腐蚀等级中，无强腐蚀，最高为中等腐蚀时，应综合评定为中等腐蚀。

（3）腐蚀等级中，有一个或一个以上为强腐蚀时，应综合评定为强腐蚀。

2. 水对钢筋混凝土结构中钢筋的腐蚀性评价

水对钢筋混凝土结构中钢筋的腐蚀性评价

腐蚀等级	水中 Cl^- 含量（mg/L）	
	长期浸水	干湿交替
微	<10000	<100
弱	10000~20000	100~500

续表

腐蚀等级	水中 Cl⁻ 含量（mg/L）	
	长期浸水	干湿交替
中	—	500～5000
强	—	>5000

（四）土的腐蚀性评价

1. 土对混凝土结构的腐蚀性评价

按环境类型考虑，土对混凝土结构的腐蚀性评价

腐蚀性等级	腐蚀介质	环境类型		
		Ⅰ	Ⅱ	Ⅲ
微	硫酸盐含量 SO_4^{2-}（mg/kg）	<300	<450	<750
弱		300～750	450～2250	750～4500
中		750～2250	2250～4500	4500～9000
强		>2250	>4500	>9000
微	镁盐含量 Mg^{2+}（mg/kg）	<1500	<3000	<4500
弱		1500～3000	3000～4500	4500～6000
中		3000～4500	4500～6000	6000～7500
强		>4500	>6000	>7500
微	铵盐含量 NH_4^+（mg/kg）	<150	<750	<1200
弱		150～750	750～1200	1200～1500
中		750～1200	1200～1500	1500～2250
强		>1200	>1500	>2250
微	苛性碱含量 OH^-（mg/kg）	<52500	<64500	<85500
弱		52500～64500	64500～85500	85500～105000
中		64500～85500	85500～105000	105000～150000
强		>85500	>105000	>150000
微	总矿化度（mg/kg）	<15000	<30000	<75000
弱		15000～30000	30000～75000	75000～90000
中		30000～75000	75000～90000	90000～105000
强		>75000	>90000	>105000

【小注】① 表中数值适用于有干湿交替作用的情况；当为Ⅰ、Ⅱ类腐蚀环境的无干湿交替作用的情况，表中硫酸盐含量数值应乘以 1.3 的系数。

② 表中苛性碱 OH^- 含量应为 NaOH 和 KOH 中的 OH^- 含量。

按地层渗透性考虑，土对混凝土结构的腐蚀性评价

腐蚀等级	pH 值	
	A	B
微	>6.5	>5.0
弱	6.5～5.0	5.0～4.0

腐蚀等级	pH 值	
	A	B
中	5.0～4.0	4.0～3.5
强	<4.0	<3.5

【小注】表中 A 是指强透水层；B 是指弱透水层。强透水层是指碎石土和砂土；弱透水层是指粉土和黏性土。

综上所述，分别按"环境类型"和"地层渗透性"考虑土对混凝土结构的腐蚀性评价结果，综合评定土对混凝土结构的腐蚀性等级如下：

（1）腐蚀等级中，只出现弱腐蚀，无中等腐蚀或强腐蚀时，应综合评定为弱腐蚀。

（2）腐蚀等级中，无强腐蚀，最高为中等腐蚀时，应综合评定为中等腐蚀。

（3）腐蚀等级中，有一个或一个以上为强腐蚀时，应综合评定为强腐蚀。

2. 土对钢筋混凝土结构中钢筋的腐蚀性评价

土对钢筋混凝土结构中钢筋的腐蚀性评价

腐蚀等级	土中 Cl^- 含量（mg/kg）	
	A	B
微	<400	<250
弱	400～750	250～500
中	750～7500	500～5000
强	>7500	>5000

【小注】A 是指地下水位以上的碎石土、砂土，稍湿的粉土，坚硬、硬塑的黏性土；B 是指湿、很湿的粉土，可塑、软塑、流塑的黏性土。

3. 土对钢结构的腐蚀性评价

土对钢结构的腐蚀性评价

腐蚀等级	pH 值	氧化还原电位（mV）	视电阻率（Ω·m）	极化电流密度（mA/cm²）	质量损失（g）
微	>5.5	>400	>100	<0.02	<1
弱	5.5～4.5	400～200	100～50	0.02～0.05	1～2
中	4.5～3.5	200～100	50～20	0.05～0.20	2～3
强	<3.5	<100	<20	>0.20	>3

【小注】土对钢结构的腐蚀评价，取各指标中腐蚀等级最高者。

【1-144】（2007C03）某建筑场地位于湿润区，基础埋深 2.5m，地基持力层为黏性土，含水量为 31%，地下水位埋深 1.5m，年变幅 1.0m，取地下水样进行化学分析，结果见下表，据《岩土工程勘察规范（2009 年版）》GB 50021—2001，地下水对基础混凝土的腐蚀性符合（　　）。

离子	Cl^-	SO_4^{2-}	pH	侵蚀性 CO_2	Mg^{2+}	NH_4^+	OH^-	总矿化度
含量（mg/L）	85	1600	5.5	12	530	510	3000	15000

（A）强腐蚀性　　　（B）中等腐蚀性　　　（C）弱腐蚀性　　　（D）无腐蚀性

答案：B

解答过程：

根据《岩土工程勘察规范（2009 年版）》GB 50021—2001 第 12.2 节：

（1）场地位于 II 类环境，具干湿交替作用。

（2）SO_4^{2-} 含量为 1600mg/L，1500＜SO_4^{2-}＜3000，属中等腐蚀性。

（3）NH_4^+ 含量为 510mg/L，500＜NH_4^+＜800，属弱腐蚀性。

（4）持力层为黏性土，属弱透水层，pH 值＝5.5＞5.0，属微腐蚀性。

（5）同理判别：按 Mg^{2+} 为微腐蚀性，按 OH^- 为微腐蚀性，按总矿化度为微腐蚀性，按侵蚀性 CO_2 为微腐蚀性。

综合判别为中等腐蚀性。

【1-145】（2013D01）某工程勘察场地地下水位埋藏较深，基础埋深范围为砂土，取砂土样进行腐蚀性测试，其中一个土样的测试结果见下表，按 II 类环境、无干湿交替考虑，此土样对基础混凝土结构腐蚀性正确的是（　　）。

腐蚀介质	SO_4^{2-}	Mg^{2+}	NH_4^+	OH^-	总矿化度	pH 值
含量（mg/kg）	4551	3183	16	42	20152	6.85

（A）微腐蚀性　　　（B）弱腐蚀性　　　（C）中等腐蚀性　　　（D）强腐蚀性

答案：C

解答过程：

根据《岩土工程勘察规范（2009 年版）》GB 50021—2001 第 12.2.1 条、第 12.2.2 条和第 12.2.3 条：

（1）按环境类型评价：II 类环境，无干湿交替，规范表 12.2.1 中 SO_4^{2-} 数值乘以 1.3 系数。对土评价，规范表 12.2.1 中各介质数值乘以 1.5 系数。

① SO_4^{2-} 含量：1500×1.3×1.5＜4551＜3000×1.3×1.5，中等腐蚀性；

② Mg^{2+} 含量：2000×1.5＜3183＜3000×1.5，弱腐蚀性；

③ NH_4^+ 含量：16＜500×1.5，微腐蚀性；

④ OH^- 含量：42＜43000×1.5，微腐蚀性；

⑤ 总矿化度：20152＜20000×1.5，微腐蚀性。

（2）按地层渗透性评价：砂土为强透水土层，pH 值＝6.85，微腐蚀性。

（3）综合评价为中等腐蚀性。

【1-146】（2018C01）湿润平原区圆砾地层中修建钢筋混凝土挡墙，墙后地下水位埋深 0.5m，无干湿交替作用，地下水试样测试结果见下表，按《岩土工程勘察规范（2009 年版）》GB 50021—2001 要求判定地下水对混凝土结构的腐蚀性为下列哪项？

分析项目		$\rho_B^{Z\pm}$ (mg/L)	$C(1/ZB^{Z\pm})$ (mmol/L)	$X(1/ZB^{Z\pm})$（%）
阳离子	K^++Na^+	97.87	4.255	32.53
	Ca^{2+}	102.5	5.115	39.10
	Mg^{2+}	45.12	3.711	28.37
	NH_4^+	0.00	0.00	0.00
合计		245.49	13.081	100

续表

分析项目		$\rho_B^{Z\pm}$ (mg/L)	$C(1/ZB^{Z\pm})$(mmol/L)	$X(1/ZB^{Z\pm})$(%)
阴离子	Cl^-	108.79	3.069	23.46
	SO_4^{2-}	210.75	4.388	33.54
	HCO_3^-	343.18	5.624	43.00
	CO_3^{2-}	0.00	0.00	0.00
	OH^-	0.00	0.00	0.00
合计		662.72	13.081	100.00

分析项目	$C(1/ZB^{Z\pm})$(mmol/L)	分析项目	$\rho_B^{Z\pm}$ (mg/L)	
总硬度	441.70	游离 CO_2	4.79	pH值：6.3
暂时硬度	281.46	侵蚀性 CO_2	4.15	
永久硬度	160.24	固形物（矿化度）	736.62	

（A）微腐蚀性 （B）弱腐蚀性 （C）中腐蚀性 （D）强腐蚀性

答案：B

解答过程：

根据《岩土工程勘察规范（2009 年版）》GB 50021—2001 附录第 G.0.1 条，湿润平原区圆砾地层，属于Ⅱ类环境。

根据规范表 12.2.1 和表 12.2.2，判别地下水对钢筋混凝土中混凝土腐蚀性评价。地下水埋深 0.5m，无干湿交替，故 SO_4^{2-} 表中数据应乘以 1.3。

（1）环境类型：

序号	分析项目	腐蚀性介质含量比较（mg/L）	腐蚀等级
1	SO_4^{2-}	$210.75 < 1.3 \times 300$	微腐蚀
2	Mg^{2+}	$45.12 < 2000$	微腐蚀
3	NH_4^+	$0.00 < 500$	微腐蚀
4	OH^-	$0.00 < 43000$	微腐蚀
5	总矿化度	$736.62 < 20000$	微腐蚀

则水对混凝土结构的腐蚀性评价为微腐蚀性。

（2）地层渗透性：

圆砾地层属于强透水层，应选规范表 12.2.2 中 A 这列。

① pH 值＝6.3，判定为弱腐蚀性；

② 侵蚀性 CO_2：$4.15 < 15mg/L$，判定为微腐蚀性；

③ HCO_3^-：此指标不需纳入评价，因该指标是指水的矿化度小于 0.1g/L（100mg/L）的腐蚀性，但本题中矿化度为 736.62mg/L，不符合条件，因此不需纳入评价。

则水对混凝土结构腐蚀性评价为弱腐蚀性。

（3）综上，水对混凝土的腐蚀性评价为弱腐蚀性。

【小注岩土点评】

（1）腐蚀性评价就两点，环境类型评价和地层渗透性评价，两者取不利。评价所用的就是指标，所以不管题干中是多么长的表，考生只需要记住两点评价核对指标值即可。

（2）一些考生由于不知道第一张表的第三列是什么，担心有坑，没敢做，其实只需要看下合计就知道了。

（3）环境类型评价主要注意三点：分别是环境类型是几类、是否干湿交替、评价对象是水还是土。

① 本题争议的焦点在于环境类型是Ⅰ类还是Ⅱ类。对比规范附录 G 小注 3A 和题干，很多人看到了题干的钢筋混凝土确实是有一边接触地下水，一边暴露在大气中，毫不犹豫地选择了Ⅰ类。这里要特别注意，3A 条款，除了位置条件（一边接触地下水一边暴露大气），还有一个很重要的条件：水可以通过渗透或者毛细作用在暴露的大气中的一边蒸发，必须要发生水蒸发这个条件才可以判定为Ⅰ类。但是题干中没有这个关键条件，因为水可以通过渗透或毛细作用暴露在大气中的一边蒸发，也可以不发生蒸发。如果不发生蒸发，那么就不是Ⅰ类。从这个角度看，建议选用Ⅱ类。当然就本题而言，选择Ⅰ类或者Ⅱ类，不影响最终结果。

② 无干湿交替，硫酸根离子浓度要乘以 1.3 倍，土需要做 1.5 倍转化。

③ 本题还需要注意一点：题干中给出了 mmol/L 和 mg/L 两个单位的数据，因此注意按照单位来取值，不要取错了单位。

（4）HCO_3^- 的含量适用于评价水的矿化度低于 0.1g/L（100mg/L）的腐蚀性，而本题中含量超标，不符合。

（5）若本题中地下水位改为基底下 0.5m，无干湿交替，又该如何呢？

三、《铁路工程地质勘察规范》TB 10012—2019 附录 E 对腐蚀性的规定

环境水、土对混凝土侵蚀类型和侵蚀程度的判定

环境作用等级	环境条件					
	水中 SO_4^{2-} (mg/L)	强透水性土中 SO_4^{2-}（水溶值，mg/kg）	弱透水性土中 SO_4^{2-}（水溶值，mg/kg）	酸性水（pH 值）	水中侵蚀性 CO_2 (mg/L)	水中 Mg^{2+} (mg/L)
H1	$200 \leqslant SO_4^{2-} \leqslant 1000$	$300 \leqslant SO_4^{2-} \leqslant 1500$	$1500 < SO_4^{2-} \leqslant 6000$	$5.5 \leqslant pH \leqslant 6.5$	$15 \leqslant CO_2 \leqslant 40$	$300 \leqslant Mg^{2+} \leqslant 1000$
H2	$1000 < SO_4^{2-} \leqslant 4000$	$1500 < SO_4^{2-} \leqslant 6000$	$6000 < SO_4^{2-} \leqslant 15000$	$4.5 \leqslant pH < 5.5$	$40 < CO_2 \leqslant 100$	$1000 < Mg^{2+} \leqslant 3000$
H3	$4000 < SO_4^{2-} \leqslant 10000$	$6000 < SO_4^{2-} \leqslant 15000$	$SO_4^{2-} > 15000$	$4.0 \leqslant pH < 4.5$	$CO_2 > 100$	$Mg^{2+} > 3000$
H4	$10000 < SO_4^{2-} \leqslant 20000$	$15000 < SO_4^{2-} \leqslant 30000$	—	—	—	—

【小注】 ① 强透水性土是指碎石土和砂土，弱透水性土是指粉土和黏性土。

② 当混凝土结构处于高硫酸盐含量（水中 SO_4^{2-} 含量大于 20000mg/kg、土中 SO_4^{2-} 含量大于 30000mg/kg）的环境时，其耐久性技术措施应进行专门研究和论证。

③ 当环境中存在酸雨时，按酸性水侵蚀考虑，但相应作用等级可降一级。

④水和土中侵蚀性离子浓度的测定方法应符合现行行业标准《铁路工程水质分析规程》TB 10104—2003 和《铁路工程岩土化学分析规程》TB 10103—2008 的规定。

四、《公路工程地质勘察规范》JTG C20—2011 附录 K 对腐蚀性的判定

相 关 规 定

一般规定	当有足够经验或充分资料，认定工程场地及其附近的土或水（地下水或地表水）对建筑材料不具腐蚀性时，可不取样进行腐蚀性评价。否则，应取水试样或土试样进行试验，并按本条评定其对建筑材料的腐蚀性，同时土对钢结构腐蚀性的评价可根据任务要求进行
取样规定	采取的水试样和土试样应符合下列规定： (1) 混凝土结构处于地下水位以上时，应取土试样做土的腐蚀性测试。 (2) 混凝土结构处于地下水或地表水中时，应取水试样做水的腐蚀性测试。 (3) 混凝土结构部分处于地下水以上、部分处于地下水位以下时，应分别取土试样和水试样做腐蚀性测试。 (4) 水试样和土试样应在混凝土结构所在的深度采取，每个场地不应少于 2 件。当土中盐类成分和含量分布不均匀时，应分区、分层取样，每区、每层不应少于 2 件

测试项目部分：

(1) 水对混凝土结构腐蚀性的测试项目包括：pH 值、Ca^{2+}、Mg^{2+}、Cl^-、SO_4^{2-}、HCO_3^-、CO_3^{2-}、侵蚀性 CO_2、游离 CO_2、NH_4^+、OH^-、总矿化度。

(2) 土对混凝土结构腐蚀性的测试项目包括：pH 值、Ca^{2+}、Mg^{2+}、Cl^-、SO_4^{2-}、HCO_3^-、CO_3^{2-} 的易溶盐（土水比 1∶5）的分析。

(3) 土对钢结构腐蚀性的测试项目包括：pH 值、氧化还原电位、极化电流密度、电阻率、质量损失。

(4) 腐蚀性测试项目的试验方法应符合下表的规定：

测试项目	试验方法	测试项目	试验方法	测试项目	试验方法
pH 值	电位法或锥形电极法	CO_3^{2-}	酸滴定法	氧化还原电位	铂电极法
Ca^{2+}	EDTA 容量法	侵蚀性 CO_2	盖耶尔法	极化电流密	原位极化法
Mg^{2+}	EDTA 容量法	游离 CO_2	碱滴定法	电阻率	四极法
Cl^-	摩尔法	NH_4^+	纳氏试剂比色法	质量损失	管罐法
SO_4^{2-}	EDTA 容量法或质量法	OH^-	酸滴定法		
HCO_3^-	酸滴定法	总矿化度	计算法		

按环境类型考虑，水和土对混凝土结构的腐蚀性评价

腐蚀性等级	腐蚀介质	环境类型		
		Ⅰ	Ⅱ	Ⅲ
微	硫酸盐含量 SO_4^{2-} (mg/L)	<200	<300	<500
弱		200～500	300～1500	500～3000
中		500～1500	1500～3000	3000～6000
强		>1500	>3000	>6000
微	镁盐含量 Mg^{2+} (mg/L)	<1000	<2000	<3000
弱		1000～2000	2000～3000	3000～4000
中		2000～3000	3000～4000	4000～5000
强		>3000	>4000	>5000
微	铵盐含量 NH_4^+ (mg/L)	<100	<500	<800
弱		100～500	500～800	800～1000
中		500～800	800～1000	1000～1500
强		>800	>1000	>1500

续表

腐蚀性等级	腐蚀介质	环境类型		
		Ⅰ	Ⅱ	Ⅲ
微	苛性碱含量OH⁻（mg/L）	<35000	<43000	<57000
弱		35000~43000	43000~57000	57000~70000
中		43000~57000	57000~70000	70000~100000
强		>57000	>70000	>100000
微	总矿化度（mg/L）	<10000	<20000	<50000
弱		10000~20000	20000~50000	50000~60000
中		20000~50000	50000~60000	60000~70000
强		>50000	>60000	>70000

【小注】① 表中数值适用于有干湿交替作用的情况；当为Ⅰ、Ⅱ类腐蚀环境无干湿交替作用的情况，表中硫酸盐含量数值应乘以1.3的系数。

② 表中数值适用于水的腐蚀性评价；对土的腐蚀性评价，应乘以1.5的系数，单位以mg/kg表示。

③ 表中苛性碱（OH⁻）含量（mg/L）应为NaOH和KOH中的OH⁻的含量（mg/L）。

按地层渗透性考虑，土对混凝土结构的腐蚀性评价

腐蚀等级	pH值		侵蚀性CO_2（mg/L）		HCO_3^-（mg/L）
	A	B	A	B	A
微	>6.5	>5.0	<15	<30	>1.0
弱	6.5~5.0	5.0~4.0	15~30	30~60	1.0~0.5
中	5.0~4.0	4.0~3.5	30~60	60~100	<0.5
强	<4.0	<3.5	>60	—	—

【小注】① 表中A是指直接临水或强透水层中的地下水；B是指弱透水层中的地下水；强透水层是指碎石土和砂土；弱透水层是粉土和黏性土。

② HCO_3^-含量是指水的矿化度低于0.1g/L的软水时，该类水质HCO_3^-的腐蚀性。

③ 土的腐蚀性评价只考虑pH值指标；评价其腐蚀性时，A是指强透水土层，B是指弱透水土层。

综上所述，分别按"环境类型"和"地层渗透性"考虑土对混凝土结构的腐蚀性评价结果，综合评定土对混凝土结构的腐蚀性等级如下：

（1）腐蚀等级中，只出现弱腐蚀，无中等腐蚀或强腐蚀时，应综合评定为弱腐蚀。

（2）腐蚀等级中，无强腐蚀，最高为中等腐蚀时，应综合评定为中等腐蚀。

（3）腐蚀等级中，有一个或一个以上为强腐蚀时，应综合评定为强腐蚀。

水和土对钢筋混凝土结构中钢筋的腐蚀性评价

腐蚀等级	水中Cl⁻含量（mg/L）		土中Cl⁻含量（mg/kg）	
	长期浸水	干湿交替	A	B
微	<10000	<100	<400	<250
弱	10000~20000	100~500	400~750	250~500
中	—	500~5000	750~7500	500~5000
强	—	>5000	>7500	>5000

【小注】A是指地下水位以上的碎石土、砂土，坚硬、硬塑的黏性土；B是指湿、很湿的粉土，可塑、软塑、流塑的黏性土。

土对钢结构的腐蚀性评价

腐蚀等级	pH	氧化还原电位（mV）	视电阻率（Ω·m）	极化电流密度（mA/cm²）	质量损失（g）
微	＞5.5	＞400	＞100	＜0.02	＜1
弱	5.5～4.5	400～200	100～50	0.02～0.05	1～2
中	4.5～3.5	200～100	50～20	0.05～0.20	2～3
强	＜3.5	＜100	＜20	＞0.20	＞3

【小注】土对钢结构的腐蚀评价，取各指标中腐蚀等级最高者。

场地环境类型划分

环境类型	场地环境类型地质条件
Ⅰ	高寒区、干旱区直接临水；高寒区、干旱区强透水层中的地下水
Ⅱ	高寒区、干旱区弱透水层中的地下水；各气候区湿、很湿的弱透水层；湿润区直接临水；湿润区强透水层中的地下水
Ⅲ	各气候区稍湿的弱透水层；各气候区地下水位以上的强透水层

【小注】① 高寒区是指海拔高度等于或大于3000m的地区；干旱区是指海拔高度小于3000m、干燥度指数 K 值等于或大于1.5的地区；湿润区是指干燥度指数 K 值小于1.5的地区。

② 强透水层是指碎石土和砂土；弱透水层是指粉土和黏性土。

③ 含水率小于3%的土层，可视为干燥土层，不具有腐蚀环境条件。

④ 当混凝土结构一边接触地面水或地下水、一边暴露在大气中，水可以通过渗透或毛细作用在暴露大气中的一边蒸发时，环境类型应定为Ⅰ类。

五、《水利水电工程地质勘察规范（2022年版）》GB 50487—2008 附录 L 对腐蚀性的评价

环境水对混凝土腐蚀性判别标准

腐蚀性类型	腐蚀性判定依据	腐蚀程度	界限指标
一般酸性型	pH 值	无腐蚀	pH＞6.5
		弱腐蚀	6.5≥pH＞6.0
		中等腐蚀	6.0≥pH＞5.5
		强腐蚀	pH≤5.5
碳酸型	侵蚀性 CO_2（mg/L）	无腐蚀	CO_2＜15
		弱腐蚀	15≤CO_2＜30
		中等腐蚀	30≤CO_2＜60
		强腐蚀	CO_2≥60
重碳酸型	HCO_3^-（mmol/L）	无腐蚀	HCO_3^-＞1.07
		弱腐蚀	1.07≥HCO_3^-＞0.70
		中等腐蚀	HCO_3^-≤0.70
		强腐蚀	—
镁离子型	Mg^{2+} 含量（mg/L）	无腐蚀	Mg^{2+}＜1000
		弱腐蚀	1000≤Mg^{2+}＜1500
		中等腐蚀	1500≤Mg^{2+}＜2000
		强腐蚀	Mg^{2+}≥2000

续表

腐蚀性类型	腐蚀性判定依据	腐蚀程度	界限指标
硫酸盐型	SO_4^{2-} 含量（mg/L）	无腐蚀	$SO_4^{2-}<250$
		弱腐蚀	$250\leqslant SO_4^{2-}<400$
		中等腐蚀	$400\leqslant SO_4^{2-}<500$
		强腐蚀	$SO_4^{2-}\geqslant 500$

【小注】① 本表规定的判别标准所属场地应是不具有干湿交替作用或冻融交替作用的地区和具有干湿交替或冻融交替作用的半湿润、湿润地区。当所属场地为具有干湿交替或冻融交替作用的干旱、半干旱地区以及高程 3000m 以上的高寒地区时，应进行专门论证。

② 混凝土建筑物不应直接接触污染源。有关污染源对混凝土的直接腐蚀作用应专门研究。

环境水对钢筋混凝土结构中钢筋的腐蚀性判别标准

腐蚀性判定依据	腐蚀程度	界限指标
Cl^- 含量（mg/L）	弱腐蚀	100～500
	中等腐蚀	500～5000
	强腐蚀	＞5000

【小注】① 表中是指干湿交替作用的环境条件。

② 当环境水中同时存在氯化物和硫酸盐时，表中的 Cl^- 含量是指氯化物中的 Cl^- 与硫酸盐折算后的 Cl^- 之和，即 Cl^- 含量 $=Cl^-+SO_4^{2-}\times 0.25$，单位为 mg/L。

环境水对钢结构腐蚀性判别标准

腐蚀性判定依据	腐蚀程度	界限指标
pH 值、$(Cl^-+SO_4^{2-})$ 含量（mg/L）	弱腐蚀	pH 值为 3～11，$(Cl^-+SO_4^{2-})<500$
	中等腐蚀	pH 值为 3～11，$(Cl^-+SO_4^{2-})\geqslant 500$
	强腐蚀	pH 值<3，$(Cl^-+SO_4^{2-})$ 任何浓度

【小注】① 表中是指氧能自由溶入的环境水。

② 本表亦适用于钢管道。

③ 如环境水的沉淀物中有褐色絮状物沉淀（铁），悬浮物中有褐色生物膜、绿色丛块，或有硫化氢臭味，应做铁细菌、硫酸盐还原细菌的检查，查明有无细菌腐蚀。

第七节　孔隙水压力测定

一、孔隙水压力测定方法

——《岩土工程勘察规范（2009 年版）》附录 E

孔隙水压力测定方法

仪器类型		适用条件	测定方法	优缺点
测压计式	立管式测压计	渗透系数大于 10^{-4}cm/s 的均匀孔隙含水层	将带有过滤器的测压管打入土层，直接在管内量测	安装简单，并可测定土的渗透性；过滤器易堵塞，影响精度，反应时间慢
	水压式测压计	渗透系数低的土层，量测由潮汐涨落、挖方引起的压力变化	用装在孔壁的小型测压计探头，地下水压力通过塑料管传导至水银压力计测定	反应快，可同时测定渗透性，宜用于浅埋，有时也用于在钻孔中量测大的孔隙水压力；因装置埋设在土层，施工时易受损坏

续表

仪器类型		适用条件	测定方法	优缺点
测压计式	电测式测压计（电阻应变式、钢弦应变式）	各种土层	孔压通过透水石传导至膜片，引起挠度变化，诱发电阻片（或钢弦）变化，用接收仪测定	性能稳定、灵敏度高，不受电线长短影响；安装技术要求高，安装后不能检验，透水探头不能排气，电阻应变片不能保持长期稳定
	气动测压计	各种土层	利用两根排气管使压力为常数，传来的孔压在透水元件中的水压阀产生压差测定	价格低廉，安装方便，反应快；透水探头不能排气，不能测渗透性
孔压静力触探仪		各种土层	在探头上装有多孔透水过滤器、压力传感器，在贯入过程中测定	操作简便，可现场直接得到超静孔隙水压力曲线，同时测出土层的锥尖阻力

【1-147】（2017-A-8）需测定软黏土中的孔隙水压力时，不宜采用下列哪种测压计？

（A）气动测压计　　　　　　　　（B）立管式测压计

（C）水压式测压计　　　　　　　（D）电测式测压计

答案：B

解答过程：

根据《岩土工程勘察规范（2009 年版）》GB 50021—2001 附录第 E.0.2 条，立管式测压计适用于渗透系数大于 10^{-4} cm/s（土力学中的细砂、粉砂的数量级）的土层，软黏土的渗透系数小于它，不适用。

二、孔隙水压力测定

——《工程地质手册》（第五版）P1201～P1202

孔隙水压力测定

仪器名称	孔隙水压力计算	参数意义
液压式孔隙水压力计	$u = p + \gamma_w \cdot h$	u——土中孔隙水压力（kPa）； p——压力表读数（kPa）； h——测点至压力表基准面高度（m）； γ_w——水的重度（kN/m³）
气压式孔隙水压力计	$u = c + \alpha \cdot p_a$	u——土中孔隙水压力（kPa）； c、α——压力表标定常数； p_a——压力表读数（kPa）
刚弦应变式孔隙水压力计	$u = k \cdot (f_0^2 - f^2)$ u 小于零时，表明地下水位上升，频率升高。u 大于零时，表明地下水位下降，频率降低	u——土中孔隙水压力（kPa）； k——测头的灵敏度系数（kPa/Hz²）； f_0——测头零压时的频率（Hz）； f——测头受压后的频率（Hz）
电阻应变式孔隙水压力计	$u = k \cdot (\varepsilon_1 - \varepsilon_0)$	u——土中孔隙水压力（kPa）； k——测头的灵敏度系数（kPa/με）； ε_1——受力后的测读数（με）； ε_0——未受力的测读数（με）

【1-148】（2016A40）某水井采用固定振弦式孔隙水压力计观测水位，压力计初始频率

f_0＝3000Hz，当日实测频率 f_1＝3050Hz，已知其压力计的标定系数 k＝5.25×10^{-5}kPa/Hz^2，若不考虑温度变化影响，则当日测得水位累计变化值为下列哪个选项？

（A）水位下降 1.6m 　　　　　　（B）水位上升 1.6m

（C）水位下降 1.3m 　　　　　　（D）水位上升 1.3m

答案：B

解答过程：

根据《工程地质手册》（第五版）P1202，u＝$k(f_0^2 - f^2)$＝5.25×10^{-5}×(3000^2－3050^2)＝－15.88kPa。

原理：对于振弦式，弦长增加了（相当于拉紧原有的弦），频率增大。水压力增大，才会拉紧弦长。水压力减小，弦长松弛，频率降低。题干中频率增加，意味着水压力增大，水位上升了 1.6m，选 B。

第十章　地球物理勘探

第一节　关于物探方法的规定

——《工程地质手册》（第五版）P77

利用地球物理的方法来探测地层、岩性、构造等地质问题，称为地球物理勘探，简称物探。几种主要物探方法的应用范围和适用条件，为基本考查知识题。具体表格详见《工程地质手册》（第五版）P77 及《水利水电工程地质勘察规范（2022 年版）》GB 50487—2008 附录 B。

第二节　具备命题点的勘探方法

在自然界中，由于岩土的种类、成分、结构、湿度和温度等因素的不同，而具有不同的电学性质。电法勘探是以这种电性差异为基础，利用仪器观测天然或人工的电场变化或岩土体的电性差异，来解决某些地质问题的物探方法。

一、电阻率法

——《工程地质手册》（第五版）P79

电 阻 率 法

基本原理	不同岩层或同一岩层由于成分和结构等因素的不同，而具有不同的电阻率。通过接地电极将直流电供入地下，建立稳定的人工电场，在地表观测某点垂直方向或某剖面的水平方向的电阻率变化，从而了解岩层的分布或地质构造特点
工程分类	(1) 电阻率剖面法：测量电极和供电电极的固定排列装置不变，而测点沿测线移动，来探测深度范围内岩层的视电阻率 ρ_s 水平变化的方法。 (2) 电阻率电测深法：在地表以某一点（即测深点）为中心，用不同供电极距测量不同深度岩层的视电阻率 ρ_s，以获得该点地质断面的方法。 (3) 高密度电阻率法：高密度电阻率法的原理与普通电阻率法相同，只是在测定方法、仪器设备及资料处理方面有了改进。它集中了电阻率剖面法和电阻率电测深法的特点，不仅可以提供地下一定深度范围内的横向电性的变化情况，而且还可提供垂直方向电性的变化特征
指标计算	AB 为供电电极，MN 为测量电极，当 AB 供电时用仪器测出供电电流 I 和 MN 处的电位差 ΔV，则岩层的电阻率 ρ_s 按下式计算： 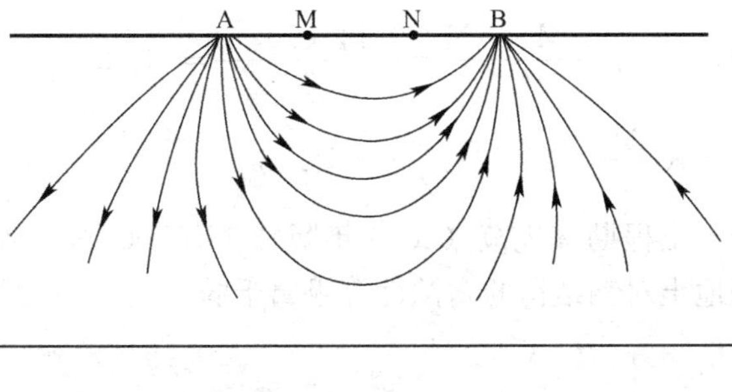

指标计算	$$\rho_s = K \cdot \dfrac{\Delta V}{I}(\Omega \cdot m)$$ 式中：I——供电回路的电流强度（mA）； 　　　ΔV——测量电极间的电位差（mV）； 　　　K——装置系数（m），与供电和测量电极距离有关，按下式确定： （1）对称测深、对称剖面： $$K = \pi \cdot \frac{AM \cdot AN}{MN}$$ （2）三极测深、三极剖面、联合剖面： $$K = 2\pi \cdot \frac{AM \cdot AN}{MN}$$ （3）轴向偶极测深、偶极剖面： $$K = \frac{2\pi \cdot AM \cdot AN \cdot BM \cdot BN}{MN \cdot (AM \cdot AN - BM \cdot BN)}$$ ① 双电极剖面： $$K = 2\pi \cdot AM$$ ② 中间梯度： $$K = \frac{2\pi \cdot AM \cdot AN \cdot BM \cdot BN}{MN \cdot (AM \cdot AN + BM \cdot BN)}$$ ③ 赤道偶极测深： $$K = \frac{AM \cdot AN}{AN - AM}$$

【1-149】（2016D01）在某场地采用对称四极剖面法进行电阻率测试，四个电极的布置如下图所示，两个供电电极 A、B 之间的距离为 20m，两个测量电极 M、N 之间的距离为 6m。在一次测试中，供电回路的电流强度为 240mA，测量电极间的电位差为 360mV。请根据本次测试的视电阻率值，按《岩土工程勘察规范（2009 年版）》GB 50021—2001，判断场地土对钢结构的腐蚀性等级属于下列哪个选项？

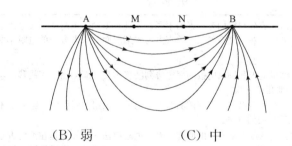

（A）微　　　　　　（B）弱　　　　　　（C）中　　　　　　（D）强

答案：B

解答过程：

根据《工程地质手册》（第五版）P79：

（1）AM＝7m、AN＝13m、MN＝6m

（2）装置系数：$K = \pi \dfrac{AM \cdot AN}{MN} = \dfrac{3.14 \times 7 \times 13}{6} = 47.62$

（3）电阻率 $\rho_s = K \dfrac{\Delta V}{I} = 47.62 \times \dfrac{360}{240} = 71.43$

（4）根据《岩土工程勘察规范（2009 年版）》GB 50021—2001 第 12.2.5 条，根据电阻率的大小判定场地土对钢结构的腐蚀性等级属于弱。

【小注岩土点评】

① 地球物理勘探是用物理的方法勘测地层分布、地质构造和地下水埋藏深度等的一种勘探方法。

② 不同的岩土层具有不同的物理性质，例如导电性、密度、波速和放射性等，所以，可以用专门的仪器测量地基内不同部位物理性质的差别，从而判断、解释地下的地质情况，并测定某些参数。

③ 电法勘探属于地球物理勘探。地球物理勘探在 2016 年之前的考试中主要考查专业知识，2016 年的案例考试中加了一道案例，挖掘相关联的潜在的知识点和关联点，是今后的命题方向之一。

二、充电法

—— 《工程地质手册》（第五版）P85

充 电 法

基本原理	充电法是将一供电电极接于良导性的地质体上，另一极置于足够远处接地，以使该远极产生的电场对观测电场不产生影响，根据地面观测的电场分布性质（等位线的形状），分析出良导地质体的形状、大小和位置
观测方式	(1) 电位法：将一测量电极 N 固定在离充电体足够远的正常场处，另一测量电极 M 沿测线逐点移动，观测其相对于 N 极的电位差 ΔV，同时观测供电电流 I，计算 $\Delta V/I$。 (2) 电位梯度法：测量电极 M、N 保持一定距离沿测线同时移动，观测其电位差 ΔV 和供电电流 I，计算 $\Delta V/(MN \cdot I)$。 (3) 追索等位线法：在测区内直接追索充电电场的等位线，主要用于确定地下水的水位、流速和流向
工程应用	利用充电法测定地下水的流速和流向： (1) 将供电电极 A 放到井下含水层的位置，B 极放到距井口足够远（一般为 A 至井口距离的 20～50 倍）的任意方向上，N 极大致在地下水上游方向固定，其距井口的距离等于 A 极到地表的距离（井有套管时为 A 极到地表距离的 2～3 倍）。 (2) 供电后，地下水充电，地下水周围的岩层中就分布着电场，以井口为中心呈放射状，移动 M 极测量相同各点的电位，并连成等位线，此时的等位线大致为圆形。 (3) 然后向井中注入食盐水，再测量等位线，则等位线在水流方向由原来的圆形变为椭圆形，此时等电位线的移动方向即为地下水流向，中心点的移动速度为地下水流速之半。 地下水流速按下式计算： $$v = \frac{2x}{t}(\text{m/h})$$ 式中：t——加盐后到测量时的时间间隔（h）； 　　　x——等电位线中心点的移动距离（m）

三、声波探测

—— 《工程地质手册》（第五版）P99

声 波 探 测

基本探测方法	指标计算
岩样表面测试	在岩样的某一点激发（发射）声波，在另一点进行接受，测出声波自发射点到达接受点的间隔时间（t），根据发射点和接受两点间的距离（l），按下式计算岩样的波速 v： 纵波速度：$v_p = l/t_p$ 横波速度：$v_s = l/t_s$

基本探测 方法	指标计算
跨孔声波 测试（孔 中测试）	跨孔声波测试是发射和接受分别在两个钻孔中进行，两孔孔径和深度应大致相同，两孔间距根据仪器性能、地层岩性和岩石完整性等因素确定。 第一步：孔距校正 根据钻孔孔口标高、两孔间距、钻孔倾角和钻孔方位角，按下式计算测点的孔距（D_H）： $$D_H = \left[(x_A - x_B)^2 + (y_A - y_B)^2 + (z_A - z_B)^2\right]^{1/2}$$ A 孔计算坐标： $$x_A = H\sin\alpha_A\cos(360° - \beta_A)$$ $$y_A = H\sin\alpha_A\sin(360° - \beta_A)$$ $$z_A = H\cos\alpha_A$$ B 孔计算坐标： $$x_B = H\sin\alpha_B\cos(360° - \beta_B) + D\cos(360° - \beta_B)$$ $$y_B = H\sin\alpha_B\sin(360° - \beta_B) + D\sin(360° - \beta_B)$$ $$z_B = H\cos\alpha_B$$ 第二步：按下式计算岩体的波速 v 纵波速度：$v_p = D_H/t_p \, (\text{m/s})$ 横波速度：$v_s = D_H/t_s \, (\text{m/s})$ 式中：　H——测点孔深（m）； 　　　D_H——两孔间孔口水平距离（m）； 　x_A、y_A、z_A——A 孔测点坐标（m）； 　x_B、y_B、z_B——B 孔测点坐标（m）； 　α_A、α_B——A 孔、B 孔的倾角（°）； 　β_A、β_B——A 孔、B 孔的方位角（°）； 　t_p、t_s——纵、横波的传播时间（s）。

四、综合测井法

——《工程地质手册》（第五版）P107

综合测井法

一般规定	电测井是以研究钻孔地质剖面上岩层的电性和电化学活动性为基础的一类测井方法，包括视电阻率测井、侧向测井、自然电位测井。 声波测井是以声波在岩石中传播的速度、岩石对声波能量的吸收以及岩石对声波的折射和反射等性质为基础，来评价地层、划分岩性、计算孔隙度的一种测井方法，可分为声速测井和声幅测井
视电阻率 测井	利用电极 A、B 供电，量测电极 M、N 间的电位差，按下式计算岩层的视电阻率 ρ_s： $$\rho_s = K \cdot \frac{\Delta V_{MN}}{I}(\Omega \cdot m)$$ $$K = \frac{4\pi \cdot AM \cdot AN}{MN}$$ 式中：ΔV_{MN}——测量电极 MN 间的电位差（mV）； 　　　I——供电电流（mA）； 　　　K——装置系数。

视电阻率测井	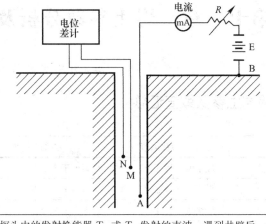
声速测井	将探头置于钻孔内，探头中的发射换能器 T_1 或 T_2 发射的声波，遇到井壁后，形成直达波、反射波和侧面波，侧面波最先到达接受换能器。 若侧面波到达接受换能器 R_1 和 R_2 的声时分别为 t_1 和 t_2，R_1 和 R_2 之间的距离为 Δl，则岩体的纵波波速 v_p 如下： $$v_p = \frac{\Delta l}{t_2 - t_1}$$ 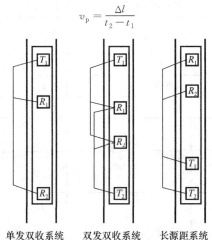 单发双收系统　　　双发双收系统　　　长源距系统
侧向测井	侧向测井又称聚焦测井，它是在普通电阻率测井的供电电极上下各增加一个屏蔽电极，接通与供电电流极性相同的屏蔽电流，致使供电电流几乎呈圆盘状，沿垂直井轴方向全部流入岩石，从而实现对岩石电阻率的测量。按下式计算岩石的视电阻率： $$\rho = K \frac{\Delta V}{I_0}$$ 式中：K——侧向测井电极系数； 　　　I_0——主电极供电电流强度（mA）； 　　　ΔV——电极表面的电位（mV）

第十一章 岩土参数分析及选定

——《岩土工程勘察规范（2009 年版）》第 14.2 节

一、各类试验岩土参数取值汇总

类别	测试名称	参数取值	点数/个数	备注
原位测试	岩石地基载荷试验	最小值（特征值）	不少于 3 个点	—
	浅层平板载荷试验	平均值（特征值）	不少于 3 个点	极差不超过平均值的 30%
	深层平板载荷试验	平均值（特征值）	不少于 3 个点	极差不超过平均值的 30%
	圆锥动力触探试验	用于评价取平均值；用于力学计算取标准值	土层连续贯入	剔除异常数据，进行杆长修正
	标准贯入试验	用于评价取平均值；用于力学计算取标准值	一般垂直间距为 1～1.5m 一个测点	剔除异常数据，不进行杆长修正
	十字板剪切试验	峰值强度	单点或多点	长期强度为峰值强度的 60%～70%
	抽水试验	平均值	一般采用 3 个降深	剔除异常数据
室内试验	单轴抗压强度试验	标准值	不少于 6 个	剔除异常数据
	击实试验	最大干密度	不少于 5 个	—
	含水量试验	平均值	2 个平行试验	测定的差值：当 $w < 10\%$ 时为 $\pm 0.5\%$；当 $10\% \leqslant w \leqslant 40\%$ 时为 $\pm 1.0\%$；当 $w > 40\%$ 时为 $\pm 2.0\%$
	承载比试验	平均值	3 个平行试验	变异系数大于 12%，去掉偏离大值后取平均值；变异系数小于 12%，直接去平均值
	其他室内试验	① 力学指标采用标准值，因为力学指标计算的结果都有一个可靠度的问题，例如：抗剪强度指标 c_k、φ_k； ② 评价指标采用平均值，因为评价指标不参与计算，只作评价用，例如：含水率 w，标贯击数 N； ③ 沉降计算采用的压缩性指标用平均值，例如孔隙比 e、压缩系数 α_v、压缩模量 E_s		
工程检测	单桩竖向抗压、抗拔静载试验	3 根以上取平均值；3 根或 3 根以下取小值	多点	极差不超过平均值的 30%
	单桩水平载荷试验	平均值	多点	极差不超过平均值的 30%
	钻芯法检测桩	每组取平均值；每孔取小值	每孔取多组，每组取 3 块	—
	土钉、锚杆的抗拔试验	平均值（特征值）	3 根以上	极差不超过平均值的 30%

【表注】具体各类试验的取值标准详见各章节中。

二、岩土参数统计

一般情况下，岩土工程勘察报告中，应提供岩土参数的平均值、标准差、变异系数、数据的分布范围和数据的数量；对于承载力极限状态计算的指标还需提供标准值。

岩土参数统计公式如下：

岩土参数统计公式表

常用公式	(1) 平均值： $$\phi_{\mathrm{m}} = \frac{\sum_{i=1}^{n} \phi_i}{n}$$ (2) 标准差： $$\sigma_{\mathrm{f}} = \sqrt{\frac{\sum_{i=1}^{n} \phi_i^2 - n \cdot \phi_{\mathrm{m}}^2}{n-1}}$$ $$\sigma_{\mathrm{f}} = \sqrt{\frac{1}{n-1}\left[\sum_{i=1}^{n} \phi_i^2 - \frac{\left(\sum_{i=1}^{n} \phi_i\right)^2}{n}\right]}$$ (3) 变异系数： $$\delta = \frac{\sigma_{\mathrm{f}}}{\phi_{\mathrm{m}}}（相关系数，对非相关型 \gamma = 0）$$ (4) 修正系数： $$\gamma_{\mathrm{s}} = 1 \pm \left(\frac{1.704}{\sqrt{n}} + \frac{4.678}{n^2}\right) \times \delta$$ （"±" 按工程不利组合考虑） (5) 标准值： $$\phi_{\mathrm{k}} = \gamma_{\mathrm{s}} \cdot \phi_{\mathrm{m}}$$ 岩土参数按照变化特点划分为相关型参数（$\gamma \neq 0$）和非相关型参数（$\gamma = 0$），对于相关型参数（$\gamma \neq 0$）应结合岩土参数与深度的关系，按下式确定剩余标准差，并采用剩余标准差计算变异系数。 $$\sigma_{\mathrm{r}} = \sigma_{\mathrm{f}} \cdot \sqrt{1-r^2}$$ $$\delta = \sigma_{\mathrm{r}}/\phi_{\mathrm{m}}$$

【1-150】（2007C06）某山区工程，场地地面以下 2m 深度内为岩性相同、风化程度一致的基岩，现场实测该岩体纵波速度值为 2700m/s，室内测试该层基岩岩块纵波速度值为 4300m/s，对现场采取的 6 块岩样进行室内饱和单轴抗压强度试验，得出饱和单轴抗压强度平均值为 13.6MPa，标准差为 5.59MPa，根据《建筑地基基础设计规范》GB 50007—2011，2m 深度内的岩石地基承载力特征值的范围最接近（　　）项。

(A) 0.64～1.27MPa   (B) 0.83～1.66MPa

(C) 0.9～1.8MPa   (D) 1.03～2.19MPa

答案：C

解答过程：

根据《建筑地基基础设计规范》GB 50007—2011 第 5.2.6 条及附录 E：

(1) $K_{\mathrm{v}} = \left(\dfrac{2700}{4300}\right)^2 = 0.394$，岩体完整性为较破碎，$\psi_{\mathrm{r}} = 0.1 \sim 0.2$

(2) $f_{\mathrm{rk}} = \left[1 - \left(\dfrac{1.704}{\sqrt{6}} + \dfrac{4.678}{36}\right) \times \dfrac{5.59}{13.6}\right] \times 13.6 = 9.0\mathrm{MPa}$

(3) $f_{\mathrm{a}} = (0.1 \sim 0.2) \times 9.0 = 0.9 \sim 1.8\mathrm{MPa}$

【1-151】（2022C22）某场地多年前测得的土体十字板不排水抗剪强度标准值为18.4kPa，之后在其附近修建一化工厂。近期对场地进行8组十字板剪切试验，测得土体不排水抗剪强度分别为14.3kPa、16.7kPa、18.9kPa、16.3kPa、21.5kPa、18.6kPa、12.4kPa、13.2kPa。根据《岩土工程勘察规范（2009年版）》GB 50021—2001和《土工试验方法标准》GB/T 50123—2019，判断化工厂污染对该场地土工程特性的影响程度属于下列哪个选项？

(A) 无影响   (B) 轻微   (C) 中等   (D) 大

答案：C

解答过程：

根据《岩土工程勘察规范（2009年版）》GB 50021—2001第14.2.2条和第6.10.12条：

(1) 平均值 $\phi_m = \dfrac{14.3+16.7+18.9+16.3+21.5+18.6+12.4+13.2}{8} = 16.49\text{kPa}$

(2) 标准差

$$\sigma_f = \sqrt{\frac{1}{8-1} \times \left[14.3^2+16.7^2+18.9^2+16.3^2+21.5^2+18.6^2+12.4^2+13.2^2 - \frac{(16.49\times 8)^2}{8}\right]}$$
$$= 3.11$$

(3) 数据均在 $\phi_m \pm 3\sigma_f$ 即 16.49 ± 3.11 之间。

(4) 变异系数 $\delta = \dfrac{\sigma_f}{\phi_m} = \dfrac{3.11}{16.49} = 0.1886$

(5) 统计修正系数 $\gamma_s = 1 - \left(\dfrac{1.704}{\sqrt{n}} + \dfrac{4.678}{n^2}\right) \times \delta = 1 - \left(\dfrac{1.704}{\sqrt{8}} + \dfrac{4.678}{8^2}\right) \times 0.1886 = 0.873$

(6) 标准值 $\phi_k = 16.49 \times 0.873 = 14.4\text{kPa}$

(7) 指标变化率：$\dfrac{18.4-14.4}{18.4} = 21.7\%$，对比规范表6.10.12，影响程度为中等。

三、最小二乘法

——《工程地质手册》（第五版）P270

最小二乘法（又称最小平方法），通过最小化误差的平方和寻找数据的最佳函数匹配。如下图所示，在各点间找出一条估计曲线，使各点到该曲线的距离的平方和为最小。利用最小二乘法可以简便地求得未知的数据，并使得这些求得的数据与实际数据之间误差的平方和为最小。

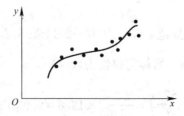

1. 主要用于抗剪强度试验，将试验所得数对 (σ_i, τ_i) 按最小二乘原理计算 φ 和 c。

$$\tan\varphi = \frac{n \cdot \sum_{i=1}^{n} \sigma_i \cdot \tau_i - \sum_{i=1}^{n} \sigma_i \cdot \sum_{i=1}^{n} \tau_i}{n \cdot \sum_{i=1}^{n} \sigma_i^2 - \left(\sum_{i=1}^{n} \sigma_i\right)^2}$$

$$c = \frac{\sum_{i=1}^{n} \sigma_i^2 \cdot \sum_{i=1}^{n} \tau_i - \sum_{i=1}^{n} \sigma_i \cdot \sum_{i=1}^{n} \sigma_i \cdot \tau_i}{n \cdot \sum_{i=1}^{n} \sigma_i^2 - \left(\sum_{i=1}^{n} \sigma_i\right)^2}$$

式中：φ——摩擦角（°），摩擦系数为摩擦角的正切值；

c——黏聚力（MPa）；

σ_i、τ_i——相应于 i 次试验的垂直压应力（MPa）和剪应力（MPa）；

n——试验所得数对（σ_i，τ_i）的个数。

2. 为求得接近实际的强度参数，在计算 $\tan\varphi$、c 之前，宜按下式舍弃某些误差偏大的测值：

$$\bar{x} + 3\sigma + 3|m_\sigma| < x \text{ 或 } x < \bar{x} - 3\sigma - 3|m_\sigma|$$

式中：x——应予舍弃的测值。

3. 计算 σ_i、τ_i 的算数平均值、方根差和方根差的误差。

$$\bar{x} = \frac{x_1 + x_2 + \cdots x_n}{n}$$

$$\sigma = \sqrt{\sum_1^n (x_i - \bar{x})^2 / n}$$

$$m_\sigma = \sigma / \sqrt{n}$$

式中：$\bar{x}$——测值 σ_i 或 τ_i 的算数平均值；

σ——测值的方根差；

m_σ——方根差的误差。

【1-152】（2019C04）某跨江大桥为悬索桥，主跨约 800m，大桥两端采用重力式锚定提供水平抗力，为测得锚定基底摩擦系数，进行了现场直剪试验，试验结果见下表：

各试件在不同正应力下接触面水平剪切应力（MPa）

试件	试件 1	试件 2	试件 3	试件 4	试件 5
正应力 σ（MPa）	0.34	0.68	1.02	1.36	1.70
剪应力峰值 τ（MPa）	0.62	0.71	0.94	1.26	1.64

根据上述试验结果计算出的该锚定基底峰值摩擦系数最接近下面哪个值？

（A）0.64　　　　（B）0.68　　　　（C）0.72　　　　（D）0.76

答案：D

解答过程：

根据《工程地质手册》（第五版）P270：

（1）正应力：

平均值：$\bar{x} = \dfrac{0.34 + 0.68 + 1.02 + 1.36 + 1.70}{5} = 1.02$

方差：$\sigma = \sqrt{\sum_{i=1}^{n} \dfrac{(x_i - \bar{x})^2}{n}}$

$$= \sqrt{\frac{(0.34-1.02)^2+(0.68-1.02)^2+(1.02-1.02)^2+(1.36-1.02)^2+(1.70-1.02)^2}{5}}$$

$$=0.481$$

方差的误差：$m_\sigma = \dfrac{\sigma}{\sqrt{n}} = \dfrac{0.481}{\sqrt{5}} = 0.215$

$\bar{x}+3\sigma+3|m_\sigma| = 1.02+3\times0.481+3\times|0.215| = 3.108$

$\bar{x}-3\sigma-3|m_\sigma| = 1.02-3\times0.481-3\times|0.215| = -1.068$

无偏差大的数据，无需舍弃。

（2）剪应力：

平均值：$\bar{x} = \dfrac{0.62+0.71+0.94+1.26+1.64}{5} = 1.034$

方差：

$$\sigma = \sqrt{\sum_{i=1}^{n}\frac{(x_i-\bar{x})^2}{n}}$$

$$= \sqrt{\frac{(0.62-1.034)^2+(0.71-1.034)^2+(0.94-1.034)^2+(1.26-1.034)^2+(1.64-1.034)^2}{5}}$$

$$=0.375$$

方差的误差：$m_\sigma = \dfrac{\sigma}{\sqrt{n}} = \dfrac{0.375}{\sqrt{5}} = 0.168$

$\bar{x}+3\sigma+3|m_\sigma| = 1.034+3\times0.375+3\times|0.168| = 2.663$

$\bar{x}-3\sigma-3|m_\sigma| = 1.034-3\times0.375-3\times|0.168| = -0.595$

无偏差大的数据，无需舍弃。

（3）摩擦系数：$\sum\sigma_i = 5.1$，$\sum\tau_i = 5.17$

$$f = \tan\varphi = \frac{n\sum_{i=1}^{n}\sigma_i\tau_i - \sum_{i=1}^{n}\sigma_i\sum_{i=1}^{n}\tau_i}{n\sum_{i=1}^{n}\sigma_i^2 - \left(\sum_{i=1}^{n}\sigma_i\right)^2}$$

$$= \frac{5\times(0.34\times0.62+0.68\times0.71+1.02\times0.94+1.36\times1.26+1.70\times1.64)-5.1\times5.17}{5\times(0.34^2+0.68^2+1.02^2+1.36^2+1.70^2)-5.1^2}$$

$$=0.76$$

【小注岩土点评】

① 最小二乘法的计算公式可以在《工程地质手册》（第五版）中找到，计算比较复杂。

② 关于平均值、方差的计算详见计算器使用相关课程，可以简化计算，节约时间。

第二篇　浅　基　础

　　浅基础部分主要包括：基底压力计算、地基承载力计算、地基承载力验算及应用、地基沉降变形计算、地基稳定性计算、无筋扩展基础及扩展基础计算等内容。

　　本篇内容出题较多，一般情况下，每年题量在 8 题左右，占比分值较高，但涉及规范较少，建议读者掌握好基本原理，以应对近年来灵活多变的命题风格。

浅基础历年真题情况表

类别	历年出题数量	占浅基础比重	占历年真题比重
地基承载力计算	100	48.3%	
地基中应力计算	15	7.2%	17.3%
地基变形计算	49	23.7%	2002—2023 年总题目共计 1260 题，
地基稳定性计算	13	6.3%	其中浅基础占 208 题。
扩展基础计算	30	14.5%	（2015 年未举行考试）

浅基础历年真题考点统计表

年份	《建筑地基基础设计规范》GB 50007—2011			公铁桥涵	合计
	地基承载力计算及稳定验算	地基变形计算	基础内力计算		
2016 年	2 道载荷试验；1 道基底压力计算；2 道地基承载力	2 道沉降；1 道回弹	1 道抗冲切；1 道抗弯	1 道地基承载力；1 道稳定验算	12
2017 年	2 道载荷试验；2 道基底压力；5 道地基承载力；1 道稳定性	2 道沉降	1 道冲切	—	13
2018 年	1 道软弱下卧层；1 道载荷试验；2 道地基承载力；2 道最小埋深	1 道沉降；1 道回弹	1 道无筋扩展基础	1 道地基承载力	10
2019 年	2 道基底压力；2 道地基承载力	1 道沉降；1 道回弹	1 道冲切	1 道沉降	8
2020 年	1 道基底压力；2 道地基承载力	1 道沉降；1 道回弹	1 道冲切	1 道基底压力	7
2021 年	1 道基底压力；2 道地基承载力；1 道抗浮	1 道回弹	1 道冲切；1 道叠合面剪切	1 道冻胀力	8
2022 年	1 道基底压力；2 道地基承载力	3 道沉降	—	1 道基底压力	7
2022 年补考	1 道基底压力；2 道稳定性；1 道地基承载力	2 道变形	1 道基床系数	1 道地基承载力	8
2023 年	2 道地基承载力	3 道沉降	1 道冲切；1 道钢筋锚固长度	1 道地基承载力；1 道沉井	9

　　本篇涉及的主要规范及相关教材有：

《建筑地基基础设计规范》GB 50007—2011

《土力学》（第 3 版）（统一简称《土力学》）

《基础工程》（第 3 版）

第十二章 基底压力计算

基础的主要作用为扩散上部结构传递下来的荷载以及承受自身重力，故基底压力由两部分组成，一是上部结构作用 F_k，二是基础自重和基础上部的土重 G_k，岩土工程师考试中，上部结构作用 F_k 不在考察范围，故考生只需掌握 G_k 的计算。

第一节 基础自重和基础上的土重 G_k

$$G_k = \gamma_G A d = \gamma_G \cdot (b \times l) \cdot d$$

式中：γ_G——基础及其上覆土体的平均重度（kN/m^3），水下采用浮重度，工程中一般采用 $20kN/m^3$；

　　　d——基础埋置深度（m），一般起算标高为"室外标高"，但对于建筑物边柱，室内标高和室外标高不一致时（即基础两侧土压重不同），可按二者平均值计算；

　　　A——基础底面面积（m^2），$A=$ 长 $l \times$ 宽 b。

第二节 基底压力 p_k

——《建筑地基基础设计规范》第 5.2.2 条

基底压力的分布规律主要取决于基础的刚度和地基的变形条件，是二者共同作用的结果。基底压力的分布比较复杂，但在浅基础设计及计算中，通常采用简化的计算方法，假设基底压力为线性分布，根据材料力学公式计算基底最大或最小压应力。现将基底压力的分布情况归纳如下：

受力类型	计算图示	计算公式
轴心荷载作用（$e=0$）	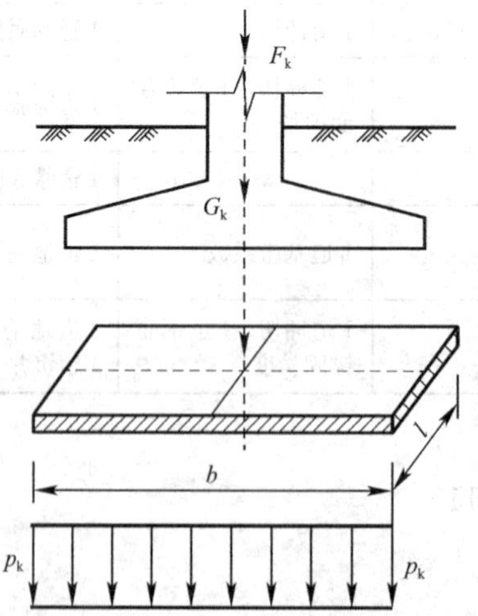	$p_k = \dfrac{F_k + G_k}{A}$

续表

受力类型	计算图示	计算公式
小偏心荷载作用 $(e \leqslant \frac{b}{6})$	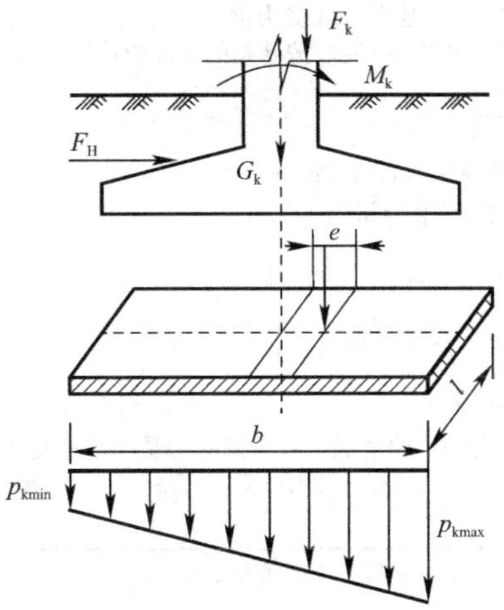	$p_{kmax}^{kmin}=\frac{F_k+G_k}{A}\pm\frac{M_k}{W}=\frac{F_k+G_k}{A}\left(1\pm\frac{6e}{b}\right)$
大偏心荷载作用 $(e > \frac{b}{6})$	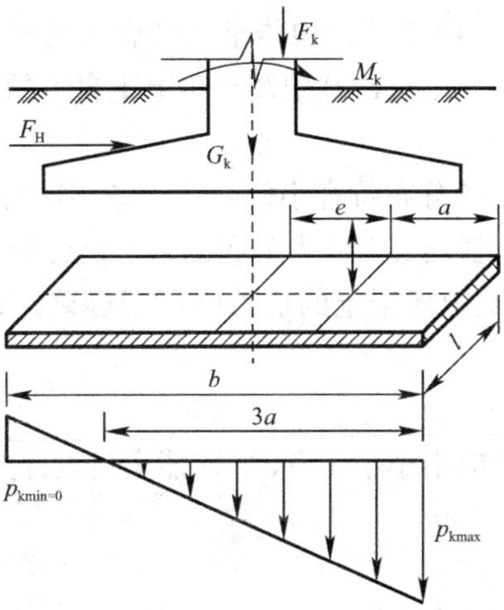	$p_{kmax}=\frac{2\cdot(F_k+G_k)}{3\cdot l\cdot a}$

说明

(1) 计算基底压力时应先计算偏心距情况，判断基底受力类型，再套用相应公式计算。需要明确的是，图示偏心距验算中的界限偏心距$\frac{b}{6}$，仅适用于矩形基础，对于圆形基础，其界限偏心距为$\frac{d}{8}$。

圆形基础用 e 与$\frac{W}{A}=\frac{d}{8}$比较判断偏心情况，若为小偏心：

$$p_{kmax}^{kmin}=\frac{F_k+G_k}{A}\pm\frac{M_k}{W}-\frac{F_k+G_k}{A}\left(1\pm\frac{8e}{d}\right)$$

(2) 偏心距 $e=\frac{M_k}{F_k+G_k}=\frac{b}{2}-a$（m），等于基础底面的总弯矩与基础底面的总竖向力比值；对于矩形基础，合力作用点至基础底面最大压力边缘的距离 $a=\frac{b}{2}-e$。

(3) W——基础底面的抵抗矩，分为如下三种类型：

$$矩形基础时：W=\frac{l\cdot b^2}{6}$$

$$条形基础时：W=\frac{b^2}{6}$$

$$圆形基础时：W=\frac{\pi\cdot d^3}{32}$$

续表

说明

(4) 对于矩形基础，在计算大偏心受压时，因基底一部分脱空，基底实际受力面积为 $3la$，$3la$（受力面积）$=lb$（基底面积）—脱空面积（零应力区面积），但在计算基底平均压力 p_k 时应按基础的全面积计算：

$$p_k = \frac{F_k + G_k}{A}$$

式中：F_k——相应于作用的标准组合时，上部结构传至基础顶面的竖向力值（kN）；

$\quad\quad M_k$——相应于作用的标准组合时，作用于基础底面的力矩值（kN·m）；

$\quad\quad G_k$——基础自重和基础上的土重（kN）；

$\quad\quad A$——基础底面面积（m²），A＝长 l×宽 b；

$\quad\quad e$——偏心距（m）；

$\quad\quad l$——垂直于力矩作用方向的基础边长（m）；

$\quad\quad b$——沿力矩作用方向的基础边长（m）。

(5)《建筑地基基础设计规范》GB 50007—2011 中不涉及双向偏心的情况，双向偏心的受力比较复杂，在岩土专业考试中，双向偏心的考查在《公路桥涵地基与基础设计规范》JTG 3363—2019 及《铁路桥涵地基和基础设计规范》TB 10093—2017 中相应章节，本章将不做介绍

【小注】基底压力求解的关键：①先判断偏心距 e 的大小；②划分基础受力类型。

【2-1】（2005D06）条形基础宽度为 3.0m，由上部结构传至基础底面的最大边缘压力为 80kPa，最小边缘压力为 0，基础埋置深度为 2.0m，基础及台阶上土自重的平均重度为 20kN/m³，则（ ）项的论述是错误的。

(A) 计算基础结构内力时，基础底面压力的分布符合小偏心（$e \leqslant b/6$）的规定

(B) 按地基承载力验算基础底面尺寸时，基础底面压力分布的偏心已经超过了《建筑地基基础设计规范》GB 50007－2011 中根据土的抗剪强度指标确定地基承载力特征值的规定

(C) 作用于基础底面上的合力为 240kN/m

(D) 考虑偏心荷载时，地基承载力特征值应不小于 120kPa 才能满足设计要求

答案：D

解答过程：

根据《建筑地基基础设计规范》GB 50007—2011 第 5.2.1 条、第 5.2.2 条：

(1) $G_k = bld\gamma_G = 3 \times 1 \times 2 \times 20 = 120$kN/m

$$A = lb = 1 \times 3 = 3\text{m}^2, \quad W = \frac{lb^2}{6} = \frac{1 \times 3^2}{6} = 1.5\text{m}^3$$

$$\frac{F_k}{A} + \frac{M_k}{W} = \frac{F_k}{3} + \frac{M_k}{1.5} = 80$$

$$\frac{F_k}{A} - \frac{M_k}{W} = \frac{F_k}{3} - \frac{M_k}{1.5} = 0$$

解得：$F_k = 120$kN/m，$M_k = 60$kN·m/m

(2) $e = \dfrac{M_k}{F_k + G_k} = \dfrac{60}{120 + 120} = 0.25\text{m} < \dfrac{b}{6} = 0.5\text{m}$，故 A 项正确。

(3) $e = 0.25\text{m} > 0.033b = 0.099\text{m}$，故 B 项正确。

(4) 基底合力：$F_k + G_k = 120 + 120 = 240$kN/m，故 C 项正确。

(5) $p_{k\max} = \dfrac{F_k + G_k}{A} + \dfrac{M_k}{W} = \dfrac{120 + 120}{3} + \dfrac{60}{1.5} = 120$kPa

$f_a \geqslant \dfrac{p_{kmax}}{1.2} = \dfrac{120}{1.2} = 100\text{kPa}$，故 D 项错误。

【2-2】（2004C12）柱下独立基础底面尺寸为 $3\text{m} \times 5\text{m}$，$F_1 = 300\text{kN}$，$F_2 = 1500\text{kN}$，$M = 900\text{kN} \cdot \text{m}$，$F_H = 200\text{kN}$，如下图所示，基础埋深 $d = 1.5\text{m}$，承台及填土平均重度 $\gamma = 20\text{kN/m}^3$，则基础底面偏心距最接近（　　）。

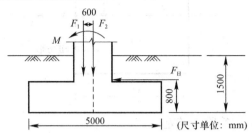

(A) 23cm　　　　　(B) 47cm　　　　　(C) 55cm　　　　　(D) 83cm

答案：C

解答过程：

(1) $M_k = 900 + 200 \times 0.8 + 300 \times 0.6 = 1240\text{kN} \cdot \text{m}$

$$F_k = F_1 + F_2 = 300 + 1500 = 1800\text{kN}$$

$$G_k = \gamma \cdot d \cdot A = 20 \times 1.5 \times 3 \times 5 = 450\text{kN}$$

(2) $e = \dfrac{M_k}{F_k + G_k} = \dfrac{1240}{1800 + 450} = 0.55\text{m} = 55\text{cm}$

【2-3】（2005C06）条形基础的宽度为 3.0m，已知偏心距为 0.7m，最大边缘压力等于 140kPa，则作用于基础底面的合力最接近（　　）。

(A) 360kN/m　　　(B) 240kN/m　　　(C) 190kN/m　　　(D) 168kN/m

答案：D

解答过程：

根据《建筑地基基础设计规范》GB 50007—2011 第 5.2.2 条：

(1) $e = 0.7\text{m} > \dfrac{b}{6} = 0.5\text{m}$，大偏心

(2) $p_{kmax} = \dfrac{2(F_k + G_k)}{3la}$，即：$140 = \dfrac{2 \times (F_k + G_k)}{3 \times 1 \times \left(\dfrac{3}{2} - 0.7\right)}$，解得：$F_k + G_k = 168\text{kN/m}$

【2-4】（2006D08）如下图所示，边长为 3m 的正方形基础，其荷载作用点由基础形心沿 x 轴向右偏心 0.6m，则基础底面的基底压力分布面积最接近（　　）。

(A) 9.0m^2　　　　(B) 8.1m^2　　　　(C) 7.5m^2　　　　(D) 6.8m^2

答案：B

解答过程：

(1) $e = 0.6\text{m} > \dfrac{b}{6} = \dfrac{3}{6} = 0.5\text{m}$，大偏心

(2) $a = \dfrac{b}{2} - e = 1.5 - 0.6 = 0.9\text{m}$

（3）$A = 3al = 3 \times 0.9 \times 3 = 8.1 \text{m}^2$

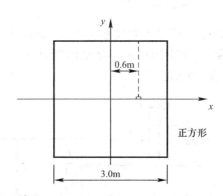

正方形

【2-5】（2010C10）某构筑物，其基础底面尺寸为 3m×4m，埋深为 3m，基础及其上土的平均重度为 20kN/m³，构筑物传至基础顶面的偏心荷载 $F_k = 1200$kN，距基底中心 1.2m，水平荷载 $H_k = 200$kN，作用位置如下图所示。则基础底面边缘的最大压力值 $p_{k\max}$ 与（　　）最为接近。

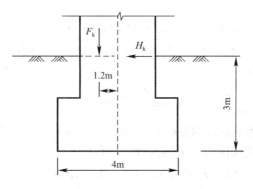

(A) 265kPa　　　　(B) 341kPa　　　　(C) 415kPa　　　　(D) 454kPa

答案：D

解答过程：

根据《建筑地基基础设计规范》GB 50007—2011 第 5.2.2 条：

（1）$M_k = 1200 \times 1.2 + 200 \times 3 = 2040 \text{kN} \cdot \text{m}$

$$e = \frac{M_k}{F_k + G_k} = \frac{2040}{1200 + 3 \times 3 \times 4 \times 20} = 1.06\text{m} > \frac{b}{6} = \frac{4}{6} = 0.67\text{m}，大偏心。$$

（2）$$p_{k\max} = \frac{2(F_k + G_k)}{3la} = \frac{2 \times (1200 + 3 \times 3 \times 4 \times 20)}{3 \times 3 \times \left(\dfrac{4}{2} - 1.06\right)} = 454\text{kPa}$$

【小注岩土点评】

本题目需要注意 F_k 的偏心距与总竖向力偏心距的区别，判断大小偏心时，是按照基础底面的总竖向力的偏心距来判断的，并不是用某个分力的偏心距，同时，力矩的作用也会对总竖向力的作用点产生影响，所以，我们定义的总竖向力偏心距是对基底形心的合力矩与总竖向力的比值，不能简单地认为 1.2m 就是总竖向力偏心距。

【2-6】（2012C05）如下图所示，柱下钢筋混凝土独立基础，底面尺寸为 2.5m×

2.0m，基础埋深为2.0m，F 为700kN，基础及其上土的平均重度为20kN/m³，作用于基础底面的力矩 $M=260$kN·m，距基底1m处作用水平荷载 $H=190$kN，则基础最大应力为（　　）。

(A) 400kPa　　　　(B) 396kPa　　　　(C) 213kPa　　　　(D) 180kPa

答案：A

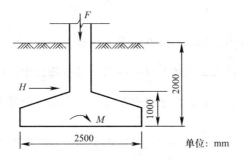

单位：mm

解答过程：

根据《建筑地基基础设计规范》GB 50007—2011第5.2.2条：

(1) $e=\dfrac{M_k}{F_k+G_k}=\dfrac{260+190\times1}{700+2.5\times2\times2\times20}=0.5\text{m}>\dfrac{b}{6}=\dfrac{2.5}{6}=0.42\text{m}$，大偏心

(2) $p_{kmax}=\dfrac{2(F_k+G_k)}{3la}=\dfrac{2\times(700+200)}{3\times2.0\times\left(\dfrac{2.5}{2}-0.5\right)}=400\text{kPa}$

【小注岩土点评】

本题目考查矩形基础底面压力计算，先判断偏心距，然后采用相应公式计算即可，偏心距采用合力矩与竖向合力的比值计算。需要说明的是，本题目中的 F，从图示上可以看出，是作用于基础顶面的，并不包括基础自重，所以，基础自重需要自行计算，合力矩的计算，除了有 H 产生的力矩外，还有基础底面本身所受力矩 M，不要遗忘。

【2-7】(2011D06) 从基础底面算起的风力发电塔高30m，圆形平板基础直径 $d=6$m，侧向风压的合力为15kN，合力作用点位于基础底面以上10m处，当基础底面的平均压力为150kPa时，基础边缘的最大与最小压力之比最接近（　　）。$\left(\text{圆形板的抵抗矩}W=\dfrac{\pi d^3}{32}\right)$

(A) 1.10　　　　(B) 1.15　　　　(C) 1.20　　　　(D) 1.25

答案：A

解答过程：

(1) 由于合力作用点位于基础底面以上10m处，该合力对于基底的力矩为：

$$M_k=F_h\cdot h=15\times10=150\text{kN}\cdot\text{m}，\quad F_k+G_k=150\times\dfrac{3.14\times6^2}{4}=4239\text{kN}$$

$$e=\dfrac{M_k}{F_k+G_k}=\dfrac{150}{4239}=0.035\text{m}\leqslant\dfrac{d}{8}=0.75\text{m}，\text{为小偏心受压。}$$

(2) 根据《建筑地基基础设计规范》GB 50007—2011第5.2.2条第2款：

$$p_{kmax}=\dfrac{F_k+G_k}{A}+\dfrac{M_k}{W}=150+\dfrac{150}{\dfrac{3.14\times6^3}{32}}=157.1\text{kPa}$$

$$p_{kmin} = \frac{F_k + G_k}{A} - \frac{M_k}{W} = 150 - \frac{150}{\frac{3.14 \times 6^3}{32}} = 142.9 kPa$$

（3）最大压应力与最小压应力之比：$\frac{p_{kmax}}{p_{kmin}} = \frac{157.1}{142.9} = 1.1$

【小注岩土点评】

本题目考查圆形基础的基底压力计算，首先，核心半径 ρ 的计算，应采用公式 $\rho = \frac{W}{A}$，任何形状的基础，都可以按此公式计算核心半径，偏心距大于核心半径时，为大偏心，偏心距小于核心半径时，为小偏心，对于圆形基础，按照此式计算的核心半径为 $\frac{d}{8}$，故本题中，大小偏心的界限偏心距为 $\frac{d}{8}$。其次，判断为小偏心后，即可根据《建筑地基基础设计规范》GB 50007—2011 第 5.2.2 条第 2 款计算基底压力。

【2-8】（2013C06）如下图所示双柱基础（图中尺寸单位为 mm），相应于作用的标准组合时，Z_1 的柱底轴力为 1680kN，Z_2 的柱底轴力为 4800kN，假设基础底面压力线性分布，则基础底面边缘 A 的压力值最接近（　　）。（基础及其上土平均重度取 $20kN/m^3$）

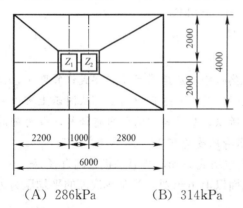

（A）286kPa　　　　（B）314kPa　　　　（C）330kPa　　　　（D）346kPa

答案：D

解答过程：

根据《建筑地基基础设计规范》GB 50007—2011 第 5.2.2 条第 2 款：

（1）偏心荷载作用时，偏心距 $e = \frac{M_k}{F_k + G_k} = \frac{1680 \times 0.8 - 4800 \times 0.2}{1680 + 4800 + 20 \times 6 \times 4 \times 3} = 0.0485m < b/6 = 1m$

（2）基础底面边缘 A 的压力：

$$p_{kmax} = \frac{F_k + G_k}{A} + \frac{M_k}{W} = \frac{1680 + 4800 + 20 \times 6 \times 4 \times 3}{4 \times 6} + \frac{1680 \times 0.8 - 4800 \times 0.2}{\frac{4 \times 6^2}{6}} = 346kPa$$

【小注岩土点评】

本题考查双柱联合基础的基底压力计算，概念上同一般独立基础。在计算多柱联合基础时，确定合力矩为难点，实际工程中，每根柱会把自身的水平力、竖向力以及力矩传递给基础，所以，确定合力矩需要考虑每根柱竖向力对基底形心的力矩，每根柱作用于基础顶面的水平力对基底形心的力矩以及每根柱本身的力矩，对这些力矩按效应求和即可得到合力矩。对于本题来说，双柱只有竖向力，故合力矩只考虑柱子的竖向力对基底形心的力矩即可。

【2-9】(2016C05) 某高度 60m 的结构物，采用方形基础，基础边长 15m，埋深 3m。作用在基础底面中心的竖向力为 24000kN。结构物上作用的水平荷载呈梯形分布，顶部荷载分布值为 50kN/m，地表处荷载分布值为 20kN/m，如下图所示。求基础底面边缘的最大压力最接近下列哪个选项的数值？（不考虑土压力的作用）

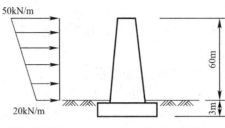

(A) 219kPa　　　　(B) 237kPa　　　　(C) 246kPa　　　　(D) 252kPa

答案：D

解答过程：

(1) 梯形荷载分成一个矩形和一个三角形：

总弯矩为：$M_k = M_1 + M_2 = 20 \times 60 \times 33 + 0.5 \times 30 \times 60 \times \left(60 \times \dfrac{2}{3} + 3\right) = 78300 \text{kN} \cdot \text{m}$

偏心距 $e = \dfrac{M_k}{F_k} = \dfrac{78300}{24000} = 3.2625\text{m} > \dfrac{b}{6} = 2.5\text{m}$，大偏心。

(2) 基础底面最大压力为：$p_{k\max} = \dfrac{2F_k}{3la} = \dfrac{2 \times 24000}{(7.5 - 3.2625) \times 15 \times 3} = 252\text{kPa}$

【小注岩土点评】

本题目中需要对水平梯形分布荷载求矩计算。在计算过程中，为方便转换分布荷载为集中荷载，并且方便确定集中荷载的作用点（目的是对基底求矩），故梯形荷载转换为矩形和三角形，当然，若熟悉梯形荷载的形心位置，也可以不转换。

【2-10】(2014C08) 某高层建筑，平面、立面轮廓如下图所示。相应于作用标准组合时，地上建筑物平均荷载为 15kPa/层，地下建筑物平均荷载（含基础）为 40kPa/层。假定基底压力线性分布，问基础底面右边缘的压力值最接近下列哪个选项的数值？

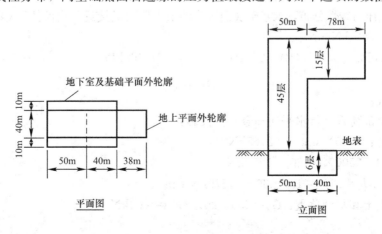

平面图　　　　　　　　　　立面图

(A) 319kPa   (B) 668kPa   (C) 692kPa   (D) 882kPa

答案：B

解答过程：

(1) 地下 6 层的自重为：$G_k = (6 \times 40) \times (90 \times 60) = 1296000$kN

(2) 地上建筑物可分为两部分：

一部分截面面积是 50m×40m，45 层，其荷载为：$F_1 = (45 \times 15) \times (50 \times 40) = 1350000$kN，产生偏心压力。

另一部分截面面积是 78m×40m，15 层，其荷载为：$F_2 = (15 \times 15) \times (78 \times 40) = 702000$kN，产生偏心压力。

(3) 计算地上部分建筑物荷载产生的偏心距 e：

$$e = \frac{M_k}{F_k + G_k} = \frac{M_k}{F_1 + F_2 + G_k} = \frac{F_2 \times (78/2 + 5) - F_1 \times (90/2 - 50/2)}{F_1 + F_2 + G_k}$$

$$= \frac{702000 \times (78/2 + 5) - 1350000 \times (90/2 - 50/2)}{1350000 + 702000 + 1296000} = 1.16\text{m}$$

$e = 1.16\text{m} < \dfrac{b}{6} = \dfrac{90}{6} = 15\text{m}$，属于小偏心。

(4) 根据《建筑地基基础设计规范》GB 50007—2011 第 5.2.2 条第 2 款：

$$p_{kmax} = \frac{F_k + G_k}{A}\left(1 + \frac{6e}{b}\right) = \frac{1350000 + 702000 + 1296000}{60 \times 90} \times \left(1 + \frac{6 \times 1.16}{90}\right) = 668\text{kPa}$$

【小注岩土点评】

本题目考查基底压力的计算，难点在于计算偏心距。偏心距采用合力矩比总竖向合力的方法计算，由于建筑的体型较为特殊，计算合力矩需要分段计算。首先，地下 6 层竖向无突变，其重心与基底形心在竖直投影上重合，其自重不会产生对基底形心的力矩。其次，地上 45 层部分，其重心与基底重心在竖直投影上不重合，需要考虑其自重对基底的力矩，偏心距为 90/2−50/2，悬挑的 15 层，其重心与基底重心在竖直投影上也不重合，偏心距为 78/2+5，需要注意力矩方向，进行求和，最后按照常规独立基础计算基底压力即可。

【2-11】(2017D07) 某 3m×4m 矩形独立基础如图（图中尺寸单位为 mm），基础埋深 2.5m，无地下水，已知上部结构传递至基础顶面中心的力为 $F = 2500$kN，力矩为 300kN·m，假设基础底面压力线性分布，求基础底面边缘的最大压力最接近下列何值？（基础及其上土体的平均重度为 20kN/m³）

(A) 407kPa   (B) 427kPa   (C) 465kPa   (D) 506kPa

答案：B

解答过程：

(1) 将上部荷载进行水平向和竖直向投影：

竖直方向：$2500 \times \sin 60° = 2165$kN

水平方向：$2500 \times \cos 60° = 1250$kN

总弯矩：$M_k = 1250 \times 1.5 - 300 = 1575$kN·m

基底以上土和基础总重：$G_k = 2.5 \times 20 \times 3 \times 4 = 600$kN

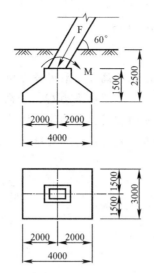

（2）偏心距：$e = \dfrac{M_k}{F_k + G_k} = \dfrac{1575}{2165 + 600} = 0.57\text{m} < \dfrac{4}{6} = 0.67\text{m}$，小偏心。

（3）$p_{kmax} = \dfrac{F_k + G_k}{A} \times \left(1 + \dfrac{6e}{b}\right) = \dfrac{2165 + 600}{4 \times 3} \times \left(1 + \dfrac{6 \times 0.57}{4}\right) = 427.4\text{kPa}$

【小注岩土点评】

本题目考查斜柱基础的基底压力计算，计算原理同一般柱并无区别，一般情况下，上部结构传至基础顶面的作用效应，就包括竖向力、水平力和弯矩，本题目把竖向力和水平力合成为一斜向力，我们在求解合力矩时，为方便求解，把该斜向力分解为水平力和竖向力，分别对基底形心求矩即可。需要注意的是，在求解合力矩时，柱底水平力也是作用在基础顶面的，其对基底的力矩为水平力乘以基础高度。

【2-12】（2020C08）如下图所示车间的柱基础，底面宽度 $b = 2.6\text{m}$，长度 $l = 5.2\text{m}$，在图示所有荷载（$F = 1800\text{kN}$，$P = 220\text{kN}$，$Q = 180\text{kN}$，$M = 950\text{kN·m}$）作用下，基底偏心距接近于下列何值？（基础及其上土的平均重度 $\gamma = 20\text{kN/m}^3$）

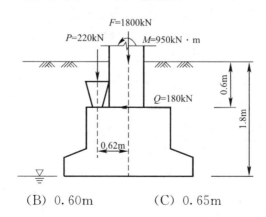

(A) 0.52m (B) 0.60m (C) 0.65m (D) 0.70m

答案：A

解答过程：

（1）竖向力合力：$F_{合} = 1800 + 220 + 2.6 \times 5.2 \times 1.8 \times 20 = 2506.72\text{kN}$

（2）基底合力矩：$M_{合} = 950 + 180 \times 1.2 + 220 \times 0.62 = 1302.4\text{kN·m}$

（3）偏心距：$e = \dfrac{1302.4}{2506.72} = 0.519\text{m}$

【小注岩土点评】

本题考查基底偏心距的计算，基底偏心距采用合力矩比竖向合力计算。在计算合力矩的过程中，一定要注意力矩的方向，本题水平力 Q、竖向力 P 以及弯矩 M 对基底形心轴的效应都是逆时针旋转，故三者方向相同。需要注意的是，题目给出的条件没有包含基础自重，在计算偏心距时，竖向合力不要忘记计算基础及其上土的自重。

第十三章　地基承载力计算

第一节　地基承载力特征值计算方法

由于土为大变形材料，当荷载增加时，随着地基变形的相应增长，地基承载力也在逐渐加大，很难界定出一个真正的"极限值"；另一方面，建筑物的使用有一个功能要求，常常是地基承载力还有潜力可挖，而变形已达到或超过正常使用的限值。因此，地基设计是采用正常使用极限状态这一原则，所选定的地基承载力是在地基土的压力变形曲线线性变形段内相应于不超过比例界限点的地基压力值，即允许承载力。本节主要介绍《建筑地基基础设计规范》GB 50007—2011 中地基承载力特征值的确定方法

一、岩石地基承载力

根据《建筑地基基础设计规范》GB 50007—2011 第 5.2.6 条，岩石地基承载力的计算有如下几种方法：

破碎、极破碎岩石	平板载荷试验确定
完整、较完整、较破碎岩石	岩石地基载荷试验确定
	饱和单轴抗压强度确定

对于完整、较完整、较破碎岩石的地基承载力特征值，根据室内饱和单轴抗压强度确定时，可按下式计算：

$$f_a = \psi_r \cdot f_{rk}$$

式中：f_a——岩石地基承载力特征值（kPa）；

f_{rk}——岩石饱和单轴抗压强度标准值（kPa）；

ψ_r——折减系数。根据岩体完整程度以及结构面的间距、宽度、产状和组合，由地方经验确定。无经验时，对完整岩体可取 0.5；对较完整岩体可取 0.2～0.5；对较破碎岩体可取 0.1～0.2。

【小注】① 根据本规范 5.2.4 条小注 1，本条不考虑深宽修正。

② 饱和单轴抗压强度的试验，可参考本规范附录 J。

③ 饱和单轴抗压强度也可以按照《工程岩体分级标准》GB/T 50218—2014 第 3.3.1 条通过岩石点荷载强度指数确定，点荷载强度指数可按照《工程岩体试验方法标准》GB/T 50266—2013 第 2.13 节确定。

④ 平板载荷试验，可参考本规范附录 C、D。

⑤ 附录 H 为岩石地基载荷试验方法。

⑥ 岩体完整性的划分可根据附录 A.0.2 按本规范 4.1.4 条划分。

【2-13】(2005C09) 某场地作为地基的岩体结构面组数为 2 组，控制性结构面平均间距为 1.5m，室内 9 个饱和单轴抗压强度的平均值为 26.5MPa，变异系数为 0.2，按《建筑地基基础设计规范》GB 50007—2011，上述数据确定的岩石地基承载力特征值最接近（　　）。

(A) 13.6MPa　　　(B) 12.6MPa　　　(C) 11.6MPa　　　(D) 10.6MPa

答案：C

解答过程：

根据《建筑地基基础设计规范》GB 50007—2011 第 5.2.6 条、附录第 A.0.2 条及附录 E：

(1) 统计修正系数：$\gamma_s = 1 - \left(\dfrac{1.704}{\sqrt{n}} + \dfrac{4.678}{n^2} \right) \delta = 1 - \left(\dfrac{1.704}{\sqrt{9}} + \dfrac{4.678}{9^2} \right) \times 0.2 = 0.875$

(2) $f_{rk} = \gamma_s \cdot f_m = 0.875 \times 26.5 = 23.19\text{MPa}$

(3) 据已知条件判定岩体完整性为完整，取 $\psi_r = 0.5$
$$f_a = \psi_r \cdot f_{rk} = 0.5 \times 23.19 = 11.6\text{MPa}$$

【2-14】（2006D11）对强风化较破碎的砂岩采取岩块进行了室内饱和单轴抗压强度试验，其试验值为 9MPa、11MPa、13MPa、10MPa、15MPa、7MPa，据《建筑地基基础设计规范》GB 50007—2011 确定的岩石地基承载力特征值的最大取值，最接近（　　）。

(A) 0.7MPa　　　(B) 1.2MPa　　　(C) 1.7MPa　　　(D) 2.1MPa

答案：C

解答过程：

根据《建筑地基基础设计规范》GB 50007—2011 第 5.2.6 条及附录 J：

(1) 平均值：$f_{rm} = \dfrac{9 + 11 + 13 + 10 + 15 + 7}{6} = 10.83\text{MPa}$

(2) 标准差：$\sigma_f = \sqrt{\dfrac{1}{n-1} \times \left[\sum_{i=1}^{n} f_{ri}^2 - \dfrac{\left(\sum_{i=1}^{n} f_{ri} \right)^2}{n} \right]}$

$= \sqrt{\dfrac{1}{6-1} \times \left[(9^2 + 11^2 + 13^2 + 10^2 + 15^2 + 7^2) - \dfrac{(6 \times 10.83)^2}{6} \right]}$

$= 2.87$

(3) 变异系数：$\delta = \dfrac{\sigma_f}{f_{rm}} = \dfrac{2.87}{10.83} = 0.265$

(4) 统计修正系数：$\gamma_s = 1 - \left(\dfrac{1.704}{\sqrt{n}} + \dfrac{4.678}{n^2} \right) \delta = 1 - \left(\dfrac{1.704}{\sqrt{6}} + \dfrac{4.678}{6^2} \right) \times 0.265 = 0.781$

(5) 岩石饱和单轴抗压强度标准值：$f_{rk} = \gamma_s \cdot f_m = 0.781 \times 10.83 = 8.46\text{MPa}$

(6) 岩体较破碎，ψ_r 最大取 0.2，则：$f_a = \psi_r \cdot f_{rk} = 0.2 \times 8.46 = 1.7\text{MPa}$

【2-15】（2007C06）某山区工程，场地地面以下 2m 深度内为岩性相同、风化程度一致的基岩，现场实测该岩体纵波速度值为 2700m/s，室内测试该层基岩岩块纵波速度值为 4300m/s，对现场采取的 6 块岩样进行室内饱和单轴抗压强度试验，得出饱和单轴抗压强度平均值为 13.6MPa，标准差为 5.59，据《建筑地基基础设计规范》GB 50007—2011，2m 深度内的岩石地基承载力特征值的范围最接近（　　）。

(A) 0.64～1.27MPa　　　　　　(B) 0.83～1.66MPa

(C) 0.9～1.8MPa　　　　　　　(D) 1.03～2.19MPa

答案：C

解答过程：

根据《建筑地基基础设计规范》GB 50007—2011 第 5.2.6 条及附录 E：

(1) $K_v = \left(\dfrac{2700}{4300}\right)^2 = 0.394$，岩体完整性为较破碎，$\psi_r = 0.1 \sim 0.2$

(2) $f_{rk} = \left[1 - \left(\dfrac{1.704}{\sqrt{6}} + \dfrac{4.678}{36}\right) \times \dfrac{5.59}{13.6}\right] \times 13.6 = 9.0 \text{MPa}$

(3) $f_a = (0.1 \sim 0.2) \times 9.0 = 0.9 \sim 1.8 \text{MPa}$

二、根据抗剪强度指标计算

——《建筑地基基础设计规范》第 5.2.5 条

(一) 计算公式

当偏心距 e 小于或等于 0.033 倍基础底面宽度时$\left(\text{即 } e \leqslant 0.033b = \dfrac{b}{30}\right)$，根据土的抗剪强度指标确定的地基承载力特征值可按下式计算：

$$f_a = M_b \gamma b + M_d \gamma_m d + M_c c_k$$

式中：f_a——由土的抗剪强度指标确定的地基承载力特征值 (kPa)；

$\quad\;\; \gamma$——基础底面以下土的重度，水位以下取浮重度 (kN/m³)；

$\quad\;\; \gamma_m$——基础底面以上土的加权平均重度，水位以下取浮重度 (kN/m³)；

$\quad\;\; c_k$——基础底面以下一倍短边宽度的深度范围内的土的黏聚力标准值 (kPa)；

$\quad\;\; b$——基础底面宽度 (m)，大于 6m 时按 6m 取值；对于砂土，小于 3m 时取 3m；

$\quad\;\; d$——基础埋置深度 (m)，见下表：

一般自室外地面标高算起		
填方整平区	先期填土（填土在上部结构施工前完成）→自填土地面标高算起	
	后期填土（填土在上部结构施工后完成）→自天然地面标高算起	
有地下室的情况	采用箱形基础或者筏形基础→自室外地面标高算起	
	采用独立基础或条形基础→自室内地面标高算起	

承载力系数 M_b、M_d、M_c

φ_k	0°	2°	4°	6°	8°	10°	12°	14°	16°	18°	20°
M_b	0	0.03	0.06	0.10	0.14	0.18	0.23	0.29	0.36	0.43	0.51
M_d	1.00	1.12	1.25	1.39	1.55	1.73	1.94	2.17	2.43	2.72	3.06
M_c	3.14	3.32	3.51	3.71	3.93	4.17	4.42	4.69	5.00	5.31	5.66
φ_k	22°	24°	26°	28°	30°	32°	34°	36°	38°	40°	
M_b	0.61	0.80	1.10	1.40	1.90	2.60	3.40	4.20	5.00	5.80	
M_d	3.44	3.87	4.37	4.93	5.59	6.35	7.21	8.25	9.44	10.84	
M_c	6.04	6.45	6.90	7.40	7.95	8.55	9.22	9.97	10.80	11.73	

【表注】φ_k——基础底面下一倍短边宽度的深度范围内土的内摩擦角标准值 (°)。

【小注 1】基础埋置深度 d 取值的理解：

① d 取值原则涉及地基承载力理论及地基破坏模式，埋深 d 的增加对基底承载力特征值是有利的，承载力确定时应偏保守取不利工况，即当基础两侧埋深不一致时，应取小值。

② 在填方整平区（上部结构施工前填土），d 取至回填土地面标高（此时填土算入承载力修正，不管填土算上去多长时间，只要填上即算）。

③ 在上部结构施工完成后再填土，此时地基承载力已经发挥作用，该变形已经变形，该破坏已经破坏，再修正填土荷载对承载力影响意义不大，故此时的 d 值应从填土前地面起算。

【小注 2】本条正文中的"基础底面宽度"和规范第 5.2.5 条公式中的 b 值含义并不完全一样，正文中的"基础底面宽度"指的是偏心方向的基础宽度，而规范第 5.2.5 条公式中的 b 值指的是基础短边宽度。

【小注 3】本条计算出的 f_a，本身已考虑过基础深宽的影响，不必再按规范第 5.2.4 条修正。

（二）公式的理解

（1）规范公式实质上是经过修正的临界荷载公式，是条形基础在均布荷载条件下推导出来的，假定地基土为弹性体，基础两端出现的塑性区开展深度为基础宽度的1/4，这样既可以使地基有足够的安全度，又能充分发挥地基土的承载力，或者说采用该公式计算的地基承载力特征值即地基土的临界荷载 $p_{1/4}$。但受到较大的水平荷载而使得合力的偏心距过大时，地基反力分布很不均匀，因此，该公式适用于偏心距 e 不大的情况，规范规定，偏心距 $e \leqslant 0.033b$。

（2）规范公式是经修正的临界荷载公式，根据临界荷载的推导公式可知，该公式的承载力已经包含了基础宽度和深度的影响，因此由该公式计算的地基承载力是不需要再根据规范第5.2.4条进行深宽修正的。

【2-16】（2007C05）已知载荷试验的荷载板尺寸为 1.0m×1.0m，试验坑的剖面如下图所示，在均匀的黏性土层中，试验坑的深度为 2.0m，黏性土层的抗剪强度指标的标准值为黏聚力 $c_k = 40$kPa，内摩擦角 $\varphi_k = 20°$，土的重度为 18kN/m³，据《建筑地基基础设计规范》GB 50007—2011 计算地基承载力特征值，其结果最接近（　　）。

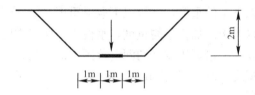

（A）345.8kPa　　　　（B）235.6kPa　　　　（C）210.5kPa　　　　（D）180.6kPa

答案：B

解答过程：

根据《建筑地基基础设计规范》GB 50007—2011 第5.2.5条和附录C：

（1）试验基坑宽度等于承压板宽度的3倍，为浅层平板载荷试验，埋深 $d = 0$

（2）$\varphi_k = 20°$，查表 $M_b = 0.51$，$M_d = 3.06$，$M_c = 5.66$

$$f_a = M_b \gamma b + M_d \gamma_m d + M_c c_k = 0.51 \times 18 \times 1 + 3.06 \times 18 \times 0 + 5.66 \times 40$$
$$= 235.6 \text{kPa}$$

【2-17】（2004D05）某建筑物基础宽 $b = 3.0$m，基础埋深 $d = 1.5$m，建于 $\varphi = 0$ 的软土层上，土层无侧限抗压强度标准值 $q_u = 6.6$kPa，基础底面上上下的软土重度均为 18kN/m³，按《建筑地基基础设计规范》GB 50007—2011 中计算承载力特征值的公式计算，承载力特征值为（　　）。

（A）10.4kPa　　　　（B）20.7kPa　　　　（C）37.4kPa　　　　（D）47.7kPa

答案：C

解答过程：

根据《建筑地基基础设计规范》GB 50007—2011 第5.2.5条：

（1）$\varphi = 0$ 时，$c_k = \dfrac{1}{2} q_u = \dfrac{1}{2} \times 6.6 = 3.3$kPa

（2）$f_a = M_b \gamma b + M_d \gamma_m d + M_c c_k = 0 \times 18 \times 3 + 1 \times 18 \times 1.5 + 3.14 \times 3.3 = 37.4$kPa

【2-18】（2007D05）某条形基础宽度 2.50m，埋深 2.00m。场区地面以下为厚度

1.50m 的填土，$\gamma=17kN/m^3$；填土层以下为厚度 6.00m 的细砂层，$\gamma=19kN/m^3$，$c_k=0$，$\varphi_k=30°$。地下水位埋深 1.0m。根据土的抗剪强度指标计算的地基承载特征值最接近（　　）。

(A) 160kPa　　　　(B) 170kPa　　　　(C) 180kPa　　　　(D) 190kPa

答案：D

解答过程：

根据《建筑地基基础设计规范》GB 50007—2011 第 5.2.5 条：

(1) $\gamma_m=\dfrac{1\times17+7\times0.5+0.5\times9}{2}=12.5kN/m^3$

(2) $f_a=M_b\gamma b+M_d\gamma_m d+M_c c_k=1.90\times9\times3+5.59\times12.5\times2+7.95\times0$
　　$=191.05kPa$

【2-19】（2016C06）某建筑采用条形基础，其中条形基础 A 的底面宽度为 2.6m，其他参数及场地工程地质条件如下图所示。按《建筑地基基础设计规范》GB 50007—2011，根据土的抗剪强度指标确定基础 A 地基持力层承载力特征值，其值最接近以下哪个选项？

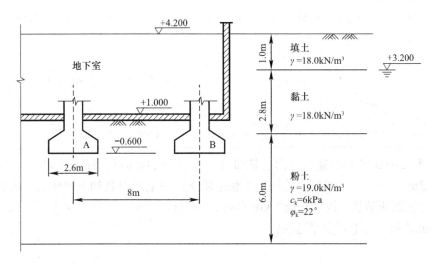

(A) 69kPa　　　　(B) 98kPa　　　　(C) 161kPa　　　　(D) 220Pa

答案：B

解答过程：

根据《建筑地基基础设计规范》GB 50007—2011 第 5.2.4 条：

(1) 当采用独立基础或条形基础时，基础埋置深度自室内地面标高算起。对于基础 A 的埋深 $d=1.6m$

(2) $\varphi_k=22°$，查表得到 $M_b=0.61$，$M_d=3.44$，$M_c=6.04$

$$\gamma_m=\frac{8\times0.6+9\times1.0}{1.6}=8.625kN/m^3$$

(3) $f_a=0.61\times9\times2.6+3.44\times8.625\times1.6+6.04\times6=98kPa$

【小注岩土点评】

本题目考查承载力修正时基础埋深的确定。在利用公式计算承载力的过程中，确定基

础埋深所用的 d 值，应根据规范 5.2.4 条关于 d 的解释，该基础为带地下室的条形基础，基础埋深从室内地面标高算起，A 基础的埋深为：$1.0+0.6=1.6$m。需要注意的是，本题目默认满足规范 5.2.5 条利用抗剪强度确定地基承载力特征值的偏心距要求。

【2-20】(2004D09) 偏心距 $e<0.1$m 的条形基础底面宽 $b=3$m，基础埋深 $d=1.5$m，土层为粉质黏土，基础底面以上土层加权平均重度 $\gamma_m=18.5$kN/m³，基础底面以下土层重度 $\gamma=19$kN/m³，饱和重度 $\gamma_{sat}=20$kN/m³，内摩擦角标准值 $\varphi_k=20°$，黏聚力标准值 $c_k=10$kPa，当地下水位从基底下很深处上升至基底面时（同时不考虑地下水位对抗剪强度参数的影响）地基 (　　)。($M_b=0.51$，$M_d=3.06$，$M_d=5.66$)

(A) 承载力特征值下降 8%　　　　　　(B) 承载力特征值下降 4%

(C) 承载力特征值无变化　　　　　　(D) 承载力特征值上升 3%

答案：A

解答过程：

根据《建筑地基基础设计规范》GB 50007—2011 第 5.2.5 条：

(1) $e<0.1$m$\approx0.033b$

地下水上升前：

$f_{a1}=M_b\gamma b+M_d\gamma_m d+M_c c_k=0.51\times19\times3+3.06\times18.5\times1.5+5.66\times10$
$=170.6$kPa

地下水上升后：

$$f_{a2}=0.51\times(20-10)\times3+3.06\times18.5\times1.5+5.66\times10$$
$$=156.8\text{kPa}$$

(2) $\dfrac{f_{a2}-f_{a1}}{f_{a2}}\times100\%=\dfrac{170.6-156.8}{170.6}\times100\%=8.1\%$

【2-21】(2021C07) 某建筑室内柱基础 A 为承受轴心竖向荷载的矩形基础，基础底面尺寸为 3.2m×2.4m，勘察揭露的场地工程地质条件和土层参数如下图所示，勘探孔深度 15m。按《建筑地基基础设计规范》GB 50007—2011，根据土的抗剪强度指标确定的地基承载力特征值最接近下列哪个选项？

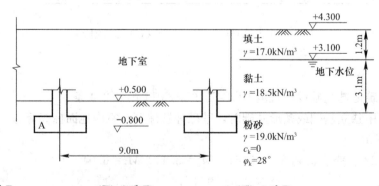

(A) 73kPa　　　　(B) 86kPa　　　　(C) 94kPa　　　　(D) 303kPa

答案：C

解答过程：

根据《建筑地基基础设计规范》GB 50007—2011 第 5.2.5 条及表 5.2.5：

$M_b=1.4$，$M_d=4.93$，基础埋深为：$d=0.5+0.8=1.3\text{m}$

根据规范式（5.2.5）：

$$f_a=1.4\times(19-10)\times3+4.93\times\frac{8.5\times0.5+9\times0.8}{1.3}\times1.3=94.24\text{kPa}$$

【小注岩土点评】

本题目考查根据土的抗剪强度指标确定地基承载力，属于常规题目。本题需要注意三点，第一是埋深修正时，埋深应从室内地面起算，第二是对于砂土，基础宽度小于 3 时，按 3 取值，第三是砂土的黏聚力为零。

【2-22】（2018C05）某独立基础底面尺寸 2.5m×3.5m，埋深 2.0m，场地地下水埋深 1.2m，厂区土层分布及主要物理力学指标见下表，水的重度 $\gamma_w=9.8\text{kN/m}^3$，按《建筑地基基础设计规范》GB 50007—2011 计算持力层地基承载力特征值，其值最接近以下哪个选项。

层序	土名	层底深度(m)	天然重度 γ(kN/m³)	饱和重度 γ_{sat}(kN/m³)	黏聚力 c_k(kPa)	内摩擦角 φ_k(°)
①	素填土	1.00	17.5	—	—	—
②	粉砂	4.60	18.5	20	0	29°
③	粉质黏土	6.50	18.8	20	20	18°

(A) 191kPa　　　　(B) 196kPa　　　　(C) 205kPa　　　　(D) 225kPa

答案：C

解答过程：

根据《建筑地基基础设计规范》GB 50007—2011 第 5.2.5 条：

(1) $\varphi=29°$ 查表：$M_b=1.65$，$M_d=5.26$，$M_c=7.675$

(2) $f_a=M_b\gamma b+M_d\gamma_m d+M_c c_k$

$\quad=1.65\times(20-9.8)\times3+5.26\times(17.5\times1.0+18.5\times0.2+10.2\times0.8)+7.675\times0$

$\quad=205\text{kPa}$

三、地基承载力特征值的修正

——《建筑地基基础设计规范》第 5.2.4 条

当基础宽度大于 3m 或埋置深度大于 0.5m 时，从载荷试验或其他原位测试、经验值等方法确定的地基承载力特征值，尚应按下式修正：

$$f_a=f_{ak}+\eta_b\gamma(b-3)+\eta_b\gamma_m(d-0.5)$$

式中：f_a——修正后的地基承载力特征值（kPa）；

$\quad f_{ak}$——地基承载力特征值（kPa）；

$\quad \gamma$——基础底面以下土的重度，地下水位以下取浮重度（kN/m³）；

$\quad \gamma_m$——基础底面以上土的加权平均重度，地下水位以下取浮重度（kN/m³）；

$\quad b$——基础底面短边宽度（m），小于 3m 时按 3m 取值，大于 6m 时按 6m 取值；

$\quad d$——基础埋置深度（m），见下表：

一般自室外地面标高算起		
填方整平区	先期填土（填土在上部结构施工前完成）→自填土地面标高算起	
	后期填土（填土在上部结构施工后完成）→自天然地面标高算起	
有地下室的情况	采用箱形基础或者筏形基础→自室外地面标高算起	
	采用独立基础或条形基础→自室内地面标高算起	

现将浅基础中涉及埋深 d 取值的情况总结如下：

计算项	埋深 d 取值	基础两侧标高不同
基础及上覆土自重 G_k	基础底面至设计地面标高的距离	取平均值
承载力特征值 f_a 确定	基础底面至不利地面标高的距离	取小值（取不利）
附加压力 p_0 确定	基础底面至天然地面标高的距离	—

承载力修正系数 η_b、η_d

土的类别		η_b	η_d
淤泥和淤泥质土		0	1.0
人工填土 e 或 I_L 大于等于 0.85 的黏性土		0	1.0
红黏土	含水比 $\alpha_w > 0.8$	0	1.2
	含水比 $\alpha_w \leqslant 0.8$	0.15	1.4
大面积压实填土	压实系数大于 0.95，黏粒含量 $\rho_c \geqslant 10\%$ 的粉土	0	1.5
	最大干密度大于 $2100kg/m^3$ 的级配砂石	0	2.0
粉土	黏粒含量 $\rho_c \geqslant 10\%$ 的粉土	0.3	1.5
	黏粒含量 $\rho_c < 10\%$ 的粉土	0.5	2.0
e 及 I_L 小于 0.85 的黏性土		0.3	1.6
粉砂、细砂（不包括很湿与饱和时的稍密状态）		2.0	3.0
中砂、粗砂、砾砂和碎石土		3.0	4.4

【小注】① 强风化和全风化的岩石，可参照所风化成的相应土类取值，其他状态下的岩石不修正；
② 地基承载力特征值按深层平板载荷试验确定时，η_d 取 0；
③ 含水比 α_w 是指土的含水量与液限的比值；
④ 大面积压实填土是指填土范围大于两倍基础宽度的填土。

规范公式的理解：

由于浅层载荷试验没有边载，埋置深度为零，所测定的承载力没有包含深度的影响；同时，由于载荷试验的载荷板尺寸比实际基础的尺寸小得多，因此将载荷试验的结果用于实际工程时，必须按实际基础的宽度与埋深进行深宽修正。

此外用土的物理指标查地基承载力、用原位测试成果查地基承载力，这些承载力都是建立在载荷试验资料统计的基础上的，用于实际工程时也必须按照基础的实际宽度、埋深进行修正。

常见的几种地基承载力修正情况

序号	常见情况	深宽修正	计算参数	依据规范
1	岩石地基承载力特征值 f_a	除全风化和强风化外，不做深宽修正	—	《建筑地基基础设计规范》GB 50007—2011
2	按土体抗剪强度指标计算 f_a	不做深宽修正	—	

续表

序号	常见情况	深宽修正	计算参数	依据规范
3	浅层平板载荷试验确定的 f_{ak}	需同时进行深度和宽度修正	查表 5.2.4	《建筑地基基础设计规范》GB 50007—2011
4	深层平板载荷试验确定的 f_{ak}	仅需进行宽度修正	η_b 查表 5.2.4，$\eta_d = 0$	
5	主群楼一体建筑的承载力修正	将群楼超载换算为等效基础埋深后，再进行深宽修正	查表 5.2.4	
6	软弱下卧层的承载力修正 f_{az}	仅需进行深度修正	$\eta_b = 0$，$\eta_d = 1$	
7	复合地基承载力修正 f_{spk}	仅需进行深度修正	$\eta_b = 0$，$\eta_d = 1$	《建筑地基处理技术规范》JGJ 79—2012
8	湿陷性黄土地基承载力修正	需同时进行深度和宽度修正	第 5.6.5 条	《湿陷性黄土地区建筑标准》GB 50025—2018
9	膨胀土地基承载力修正	仅需进行深度修正	第 5.2.6 条	《膨胀土地区建筑技术规范》GB 50112—2013

常见几种情况确定的地基承载力特征值 f_{ak} 的深宽修正的理解：

（1）地基承载力深度修正的本质是基础侧面土体或者建筑物的等代重力作用。《建筑地基基础设计规范》GB 50007—2011 附录 C 中规定：浅层平板载荷试验的承压板的面积不应小于 0.25m^2，且试坑的宽度不应小于承压板直径或宽度的 3 倍，表明浅层平板载荷试验过程中，承压板周围并无超载作用且承压板的尺寸远远小于实际基础尺寸，说明浅层平板载荷试验承压板的宽度、试验深度与实际基础尺寸、埋深不一致，故试验所得 f_{ak} 需根据实际基础情况进行深度和宽度修正。

（2）《建筑地基基础设计规范》GB 50007—2011 附录 D 中规定：深层平板载荷试验的承压板的直径为 0.8m 且紧靠承压板周围外侧的土层高度应不小于 800mm，表明深层平板载荷试验过程中，承压板周围存在超载作用但承压板的尺寸却远远小于实际基础尺寸，说明深层平板载荷试验承压板的宽度与实际基础尺寸不一致，但试验深度若同实际基础埋深一致时，通过试验所得 f_{ak} 仅需根据实际基础尺寸进行宽度修正，此外深层平板载荷试验深度与建筑物的基础埋深不一致时，需根据实际基础情况进行深度和宽度修正。

（3）《建筑地基基础设计规范》GB 50007—2011 的表 5.2.4 和附录 H 规定：强风化和全风化的岩石承载力可参照岩石所风化成的相应土类进行深宽修正，但是对于其他状态下的岩石承载力特征值（包括岩石地基载荷试验和饱和单轴抗压强度试验确定的承载力特征值）不需进行深度和宽度修正。

（4）《建筑地基基础设计规范》GB 50007—2011 的第 5.2.4 条的条文说明规定：对于主群楼一体结构，对于主体结构地基承载力的深度修正问题，宜将基础底面以上范围内的荷载，按基础两侧的超载作用考虑，当超载宽度大于基础宽度两倍时，可将超载作用折算成土层厚度（按照主楼基础埋深范围内的土层加权平均重度 γ_m 折算而得）作为基础埋深，基础两侧埋深不一致时，取小值。

（5）《膨胀土地区建筑技术规范》GB 50112—2013 规定：考虑到膨胀土地基在受水影响后的土体抗剪强度会大幅度变化，故膨胀土地基承载力特征值仅需考虑深度修正且深度修正系数取 1.0，不必考虑宽度修正。

（6）因为软弱下卧层多为淤泥或淤泥质土，故而在软弱下卧层承载力验算过程中，其承载力深度修正系数多采用 $\eta_d = 1.0$ 计算；但是并非所有的"下卧层承载力验算"中的下卧层承载力深度修正系数均取 $\eta_d = 1.0$，因为实际工程中，当持力层与下卧层的压缩模量之比大于 3 时，就应该进行"下卧层承载力验算"，此时下卧层便不一定就是淤泥或淤泥质土，相应下卧层承载力深度修正系数 η_d 的取值，完全根据下卧层的性质按《建筑地基基础设计规范》GB 50007—2011 表 5.2.4 取值，切记"不能认为所有下卧层的承载力深度修正系数 η_d 都取 1.0"。同理，地基处理中下卧层承载力验算、桩端软弱下卧层承载力验算亦是如此。

【2-23】（2004D13）某厂房采用柱下独立基础，基础尺寸 4m×6m，基础埋深 2.0m，地下水位埋深 1.0m，持力层为粉质黏土（天然孔隙比为 0.8，液性指数为 0.75，天然重度为 18kN/m³）。在该土层上进行三个静载荷试验，实测承载力特征值分别为 130kPa、110kPa 和 135kPa。按《建筑地基基础设计规范》GB 50007—2011 做深宽修正后的地基承载力特征值最接近（　　）。

(A) 110kPa　　　　(B) 125kPa　　　　(C) 140kPa　　　　(D) 160kPa

答案：D

解答过程：

根据《建筑地基基础设计规范》GB 50007—2011 第 5.2.4 条及附录 C：

(1) 平均值：$f_{am} = \dfrac{1}{3} \times (130 + 110 + 135) = 125$kPa

极差为：$135 - 110 = 25$kPa $< 125 \times 0.3 = 37.5$kPa，满足要求。

所以，取 $f_{ak} = 125$kPa

(2) $f_a = f_{ak} + \eta_b \gamma (b - 3) + \eta_d \gamma_m (d - 0.5)$

$\qquad = 125 + 0.3 \times (18 - 10) \times (4 - 3) + 1.6 \times \dfrac{18 \times 1 + 8 \times 1}{2} \times (2 - 0.5)$

$\qquad = 158.6$kPa

【2-24】（2005C10）某积水低洼场地进行地面排水后在天然土层上回填厚度 5.0m 的压实粉土，以此时的回填面标高为准下挖 2.0m，利用压实粉土作为独立方形基础的持力层，方形基础边长 4.5m，在完成基础及地上结构施工后，在室外地面上再回填 2.0m 厚的压实粉土，达到室外设计地坪标高，回填材料为粉土，载荷试验得到压实粉土的承载力特征值为 150kPa，若基础施工完成时地下水位已恢复到室外设计地坪下 3.0m（如下图所示），地下水位上下土的重度分别为 18.5kN/m³ 和 20.5kN/m³，请按《建筑地基基础设

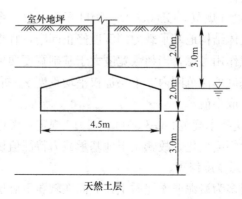

天然土层

计规范》GB 50007—2011 得出深度修正后地基承载力的特征值最接近（　　）。（承载力宽度修正系数 $\eta_b=0$，深度修正系数 $\eta_d=1.5$）

(A) 198kPa　　　　(B) 193kPa　　　　(C) 188kPa　　　　(D) 183kPa

答案：D

解答过程：

根据《建筑地基基础设计规范》GB 50007—2011 第 5.2.4 条：

(1) 基础埋深应取基础及地上结构施工完成时的埋深，$d=2.0m$

(2) $\gamma_m=\dfrac{1\times18.5+1\times(20.5-10)}{2}=14.5kN/m^3$

(3) $f_a=f_{ak}+\eta_b\gamma(b-3)+\eta_d\gamma_m(d-0.5)=150+0+1.5\times14.5\times(2.0-0.5)=182.6kPa$

【2-25】(2004D08) 某住宅采用墙下条形基础，建于粉质黏土地基上，未见地下水，由载荷试验确定的承载力特征值为 220kPa，基础埋深 $d=1.0m$，基础底面以上土的加权平均重度 $\gamma_m=18kN/m^3$，天然孔隙比 $e=0.70$，液性指数 $I_L=0.80$，基础底面以下土的平均重度 $\gamma=18.5kN/m^3$，基底荷载标准值 $F_k=300kN/m$，修正后的地基承载力最接近（　　）。（承载力修正系数 $\eta_b=0.3$，$\eta_d=1.6$）

(A) 224kPa　　　　(B) 228kPa　　　　(C) 234kPa　　　　(D) 240kPa

答案：C

解答过程：

根据《建筑地基基础设计规范》GB 50007—2011 第 5.2.4 条：

(1) 假设 $b<3.0m$：

$$f_a=f_{ak}+\eta_b\gamma(b-3)+\eta_d\gamma_m(d-0.5)$$
$$=220+0.3\times18.5\times(3-3)+1.6\times18\times(1.0-0.5)$$
$$=234.4kPa$$

(2) 验算：$b=\dfrac{F_k}{f_a}=\dfrac{300}{234.4}=1.28m<3.0m$，与假设相符。

【2-26】(2009D05) 筏板基础宽 10m，埋置深度 5m，地基下为厚层粉土层，地下水位在地面下 20m 处，在基底标高上用深层平板载荷试验得到的地基承载力特征值 f_{ak} 为 200kPa，地基土的重度为 $19kN/m^3$，查表可得地基承载力修正系数 $\eta_b=0.3$、$\eta_d=1.5$，则筏板基础基底均布压力为（　　）时，刚好满足地基承载力的设计要求。

(A) 345kPa　　　　(B) 284kPa　　　　(C) 217kPa　　　　(D) 167kPa

答案：C

解答过程：

根据《建筑地基基础设计规范》GB 50007—2011 第 5.2.4 条：

(1) 深层平板载荷试验测得的 f_{ak}，不需要再进行深度修正：

$$f_a=f_{ak}+\eta_b\gamma_m(b-3)=200+0.3\times19\times(6-3)=217.1kPa$$

(2) $p_k=f_a=217.1kPa$，正好满足设计要求。

【2-27】(2017C06) 在地下水位很深的场地上，均质厚层细砂地基的平板载荷试验结果见下表，正方形边长为 $b=0.7m$，土的重度 $\gamma=19kN/m^3$，细砂的承载力修正系数 $\eta_b=2.0$、$\eta_d=3.0$。在进行边长 2.5m、埋置深度 $d=1.5m$ 的方形柱基础设计时，根据载荷试

验结果按 $s/b=0.015$ 确定且按《建筑地基基础设计规范》GB 50007—2011 的要求进行修正的地基承载力特征值最接近下列何值？

P(kPa)	25	50	75	100	125	150	175	200	250	300
s(mm)	2.17	4.20	6.44	8.61	10.57	14.07	17.50	21.07	31.64	49.91

(A) 150kPa   (B) 180kPa   (C) 200kPa   (D) 220kPa

答案：B

解答过程：

根据《建筑地基基础设计规范》GB 50007—2011：

(1) 附录第 C.0.7 条，按承压板尺寸要求确定承载力特征值：

$\dfrac{s}{b}=0.015$，得 $s=0.015b=0.015\times700=10.5$mm，得 $P_{\frac{s}{b}=0.015}=125$kPa（见题中表）

(2) $f_{ak}=\min\left(P_{\frac{s}{b}=0.015},\dfrac{P_u}{2}\right)=\min\left(125,\dfrac{300}{2}\right)=125$kPa

(3) $f_a=f_{ak}+\eta_d\gamma_m(d-0.5)=125+3\times19\times(1.5-0.5)=182$kPa

四、主裙楼一体结构

——《建筑地基基础设计规范》第 5.2.4 条及条文说明

主裙楼一体结构，对主体结构地基承载力的深度修正，宜将基础底面以上范围内的荷载，按基础两侧的超载考虑，当超载宽度大于主体结构基础宽度的两倍时，可将超载折算成土层厚度作为基础埋深，基础两侧超载不相等时，取小值，即：$d=\min\left\{\dfrac{p_1}{\gamma_m},\dfrac{p_2}{\gamma_m}\right\}$，其中 γ_m 为主楼基底至地面范围内土层的加权重度。

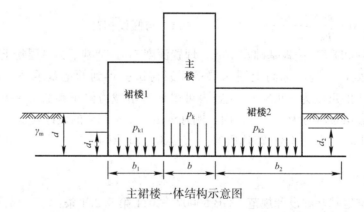

主裙楼一体结构示意图

(1) 地基承载力的深度修正，就是为了考虑基础两侧基底标高以上的超载 q 对基础两侧滑动土体向上滑动的抵抗作用。这个超载可以直观地理解为作用在滑动土体表面的压重，见下图。超载 q 可以是土自重 $q=\gamma_m d$，也可以是裙房产生的连续均布压力。无论是用土的天然埋深，还是将裙房等其他连续均匀压重折算为土厚进行地基承载力的深度修正，其实质都是基础两侧超载抵抗滑动土体向上运动的体现。结合地基土体的破坏机理，破坏点往往发生在最薄弱的部位，因此，规范规定取两侧超载的小值。

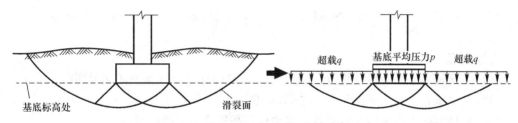

基础两侧基底标高以上的超载作用示意图

（2）此外，对于裙楼宽度小于主楼宽度 2 倍的情况，规范没有明确说明，编者建议：对于裙楼超载折算深度大于主楼埋深的情况，按照主楼埋深进行地基承载力修正；对于裙楼折算埋深小于主楼埋深的情况，按折算深度进行修正。

（3）另外，对于裙楼基底标高位于主楼基底之上时（见下图），根据规范规定："将基础底面以上范围内的荷载，按基础两侧的超载考虑"进行处理，编者建议：将裙楼基底压力 p 和裙楼基底至主楼基底范围土体均当做主楼侧的超载，然后折算为主楼埋深，即：$d = \min\left\{\dfrac{p_1 + \gamma_{m1} \cdot d_1}{\gamma_m}, \dfrac{p_2 + \gamma_{m2} \cdot d_2}{\gamma_m}\right\}$，其中 γ_m 为主楼基底至地面范围内土层的加权重度。

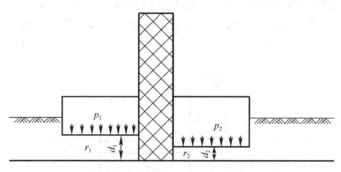

裙楼基底标高位于主楼基底之上

【2-28】（2005D09）如下图所示，某高层筏板式住宅楼的一侧设有地下车库，两部分地下结构相互连接，均采用筏基，基础埋深在室外地面以下 10m，住宅楼基底平均压力 p_k 为 260kN/m²，地下车库基底平均压力 p_k 为 60kN/m²，场区地下水位埋深在室外地面以下 3.0m，为解决基础抗浮问题，在地下车库底板以上再回填厚度约 0.5m、重度为 35kN/m³ 的钢渣，场区土层的重度均按 20kN/m³ 考虑，地下水重度按 10kN/m³ 取值，根据《建筑地基基础设计规范》GB 50007—2011 计算，住宅楼地基承载力特征值 f_a 最接近（　　）。

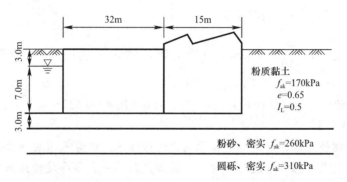

(A) 285kPa　　　　(B) 293kPa　　　　(C) 300kPa　　　　(D) 308kPa

答案：B

解答过程：

根据《建筑地基基础设计规范》GB 50007—2011 第 5.2.4 条及条文说明：

（1）基底压力：$p = 60 + 35 \times 0.5 = 77.5$ kPa

（2）裙楼宽度大于主楼 2 倍宽度，将裙楼荷载折算为主楼埋深：

$$\gamma_m = \frac{3 \times 20 + 7 \times 10}{3 + 7} = 13 \text{kN/m}^3$$

折算土层厚度：$d = \dfrac{77.5}{13} = 5.96$ m

（3）$f_a = f_{ak} + \eta_b \gamma (b - 3) + \eta_d \gamma_m (d - 0.5)$
$\qquad = 170 + 0.3 \times (20 - 10) \times (6 - 3) + 1.6 \times 13 \times (5.96 - 0.5)$
$\qquad = 292.6$ kPa

【2-29】（2012C08）某高层住宅楼与裙楼的地下结构相互连接，均采用筏板基础，基底埋深为室外地面下 10.0m。主楼住宅楼基底平均压力 $p_{k1} = 260$ kPa，裙楼基底平均压力为 $p_{k2} = 90$ kPa，土的重度为 18kN/m³，地下水位埋深 8.0m，住宅楼与裙楼长度方向为 50m，其余指标如下图所示，试计算修正后住宅楼地基承载力特征值最接近（　　　）。

(A) 299kPa　　　　(B) 307kPa　　　　(C) 319kPa　　　　(D) 410kPa

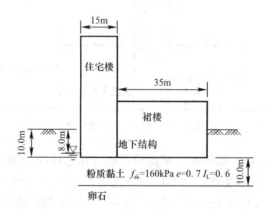

答案：A

解答过程：

根据《建筑地基基础设计规范》GB 50007—2011 第 5.2.4 条及条文说明：

（1）$\gamma_m = \dfrac{8 \times 18 + 8 \times 2}{10} = 16 \text{kN/m}^3$

折算土层厚度：$d = \dfrac{90}{16} = 5.625$ m < 10 m，取 5.625m 作为埋深修正取值。

（2）$f_a = f_{ak} + \eta_b \gamma (b - 3) + \eta_d \gamma_m (d - 0.5)$
$\qquad = 160 + 0.3 \times (18 - 10) \times (6 - 3) + 1.6 \times 16 \times (5.625 - 0.5) = 298.4$ kPa

【小注岩土点评】

本题目考查裙楼可作为超载对主楼承载力进行修正。该考点需要注意三点：一是应用条件，当超载宽度大于基础宽度两倍时，可将超载折算成土层厚度作为基础埋深，基础两侧超载不等时，取小值。若不满足，则不能进行深度修正。二是计算等效埋深时，加权平均重度的计算需要按照主楼基底的埋深计算。三是不能直接按照等效埋深进行深度修正，需要和主楼的埋深 d 比较，取小值进行承载力修正。

第二节 不同行业规范的承载力计算公式及修正的比较

对于不同行业规范的承载力计算，可参看下面的汇总表进行对比学习理解，对于公路、铁路、港口等其他行业规范的承载力计算，在本书后面章节进行讲解，可参考学习。

不同行业规范的计算公式比较

内容	规范名称	计算公式
由强度指标计算地基承载力	《建筑地基基础设计规范》GB 50007—2011 第5.2.5条	地基承载力特征值：$f_a = M_b \gamma b + M_d \gamma_m d + M_c c_k$
地基承载力的深宽修正	《建筑地基基础设计规范》GB 50007—2011 第5.2.4条	$f_a = f_{ak} + \eta_b \gamma (b-3) + \eta_d \gamma_m (d-0.5)$
	《湿陷性黄土地区建筑标准》GB 50025—2018 第5.6.5条	$f_a = f_{ak} + \eta_b \gamma (b-3) + \eta_d \gamma_m (d-1.5)$
	《膨胀土地区建筑技术规范》GB 50112—2013 第5.2.6条	$f_a = f_{ak} + \gamma_m (d-1.0)$
	《公路桥涵地基与基础设计规范》JTG 3363—2019 第4.3.4条、第4.3.5条	非软土地基：$f_a = f_{a0} + k_1 \gamma_1 (b-2) + k_2 \gamma_2 (h-3)$ 软土地基修正后的地基承载力特征值： (1) $f_a = f_{a0} + \gamma_2 h$ (2) $f_a = \dfrac{5.14}{m} k_p c_u + \gamma_2 h$
	《铁路桥涵地基和基础设计规范》TB 10093—2017 第4.1.3条、第4.1.4条	非软土地基：$[\sigma] = \sigma_0 + k_1 \gamma_1 (b-2) + k_2 \gamma_2 (h-3)$ 软土地基： (1) 修正后的容许承载力：$[\sigma] = 5.14 C_u \dfrac{1}{m} + \gamma_2 h$ (2) 小桥和涵洞基础修正后的容许承载力：$[\sigma] = \sigma_0 + \gamma_2 (h-3)$
地基承载力的提高	《铁路桥涵地基和基础设计规范》TB 10093—2017 第4.2节	(1) 主力加附加力（不含长钢轨纵向力）时，地基容许承载力 $[\sigma]$ 可提高20%。 (2) 主力加特殊荷载（地震作用除外）时，地基容许承载力 $[\sigma]$ 可按下表提高。 (3) 既有墩台地基基本承载力可根据压密程度予以提高，但提高值不应超过25%。 (4) 基础位于水中不透水地层上时，常水位高出一般冲刷线每高1m，容许承载力可增加10kPa

表中第（2）条附表：

地基情况	提高系数
$\sigma_0 > 500$kPa 的岩石和土	1.4
150kPa $< \sigma_0 \leqslant 500$kPa 的岩石和土	1.3
100kPa $< \sigma_0 \leqslant 150$kPa 的土	1.2

地基承载力修正总结

序号	规范	修正情况	深宽修正 宽度	深宽修正 深度	计算公式	b、d(h) 取值
1		浅层平板载荷试验	修正	修正	$f_a = f_{ak} + \eta_b\gamma(b-3) + \eta_d\gamma_m(d-0.5)$	b为基础底面宽度，小于3m按3m算，大于6m算6m；d自室外地面标高起算，填土后完成，筏箱基础室外地面标高，独立条基室内地面标高计算
2		深层平板载荷试验	修正	不修正	$f_a = f_{ak} + \eta_d\gamma(b-3)$	
3		岩石地基载荷试验	不修正	不修正	极限值除以3和比例界限取小值，统计取最小值	
4	地基	软弱下卧层承载力修正	不修正	修正	$f_a = f_{az} + \eta_d\gamma_m(d-0.5)$	
5		抗剪强度指标确定地基承载力	不修正	不修正	$f_a = \gamma b M_b + \gamma_m d M_d + c M_c$ 见下表	b大于6m算6m，砂土小于3m按3m。γ为基础底面以下土的重度，水位以下取浮重度。γ_m为基础底面以上土的加权重度，水位以下取浮重度
6	地基处理	复合地基承载力	不修正	修正	$f_a = f_{ak} + \eta_d\gamma_m(d-0.5)$	压实系数大于0.95，黏粒含量不小于10%的粉土，深度修正系数取1.5，最大干密度大于2.1t/m³的级配砂石η_d取2.0
7	黄土	湿陷性黄土地基承载力	修正	修正	$f_a = f_{ak} + \eta_b\gamma(b-3) + \eta_d\gamma_m(d-1.5)$	取值同《建筑地基基础设计规范》GB 50007—2011，修正系数查规范表5.6.5
8	膨胀土	膨胀土地基承载力	不修正	修正	$f_a = f_{ak} + \gamma_m(d-1.0)$	实际深度修正系数为1，γ值同《建筑地基基础设计规范》GB 50007—2011
9		天然含水量确定软土承载力	不修正	修正	$[f_a] = [f_{a0}] + \gamma_2 h$	h自一般冲刷线起算，$h/b > 4b$时，取$h=4b$
10	公路地基（容许值乘抗力系数γ_R）	原状土强度指标确定软土承载力	不修正	修正	$[f_a] = \dfrac{5.14}{m}k_p C_u + \gamma_2 h$	持力层不透水，取饱和重度；透水时，水中部分取浮重度

序号5 计算公式系数表：

φ_k	0°	16°	18°	20°	22°	24°	26°
M_b	0	0.36	0.43	0.51	0.61	0.80	1.10
M_d	1.00	2.43	2.72	3.06	3.44	3.87	4.37
M_c	3.14	5.00	5.31	5.66	6.04	6.45	6.90

γ值 — 承载力修正系数 η_b、η_d：

土的类别	η_b	η_d
淤泥和淤泥质土、人工填土，e 和 I_L 大于等于0.85的黏性土	0	1
e 和 I_L 大于等于0.85的黏性土	0	1
红黏土 含水比大于0.8	0	1.2
红黏土 含水比不大于0.8	0.15	1.4
粉土 黏粒含量不小于10%	0.3	1.5
粉土 黏粒含量小于10%	0.5	2.0
e 和 I_L 小于0.85的黏性土	0.3	1.6
粉砂、细砂（不包括很湿和饱和时的稍密状态）	2	3.0
中砂、粗砂、砾砂、碎石土	3	4.4

序号10 补充：

$$k_p = \frac{\left(1 + 0.2\dfrac{b}{l}\right)}{\left(1 - \dfrac{0.4H}{blC_u}\right)}$$

偏心时，取 $b = b - 2e_b$，$l = l - 2e_1$

续表

序号	规范	修正情况	深宽修正 宽度	深宽修正 深度	计算公式	b、d (h) 取值	γ 取值
11	公路地基（容许值乘抗力系数 γ_R）	载荷试验或查表得到的地基承载力	修正	修正	$[f_a] = [f_{a0}] + k_1\gamma_1(b-2) + k_2\gamma_2(h-3)$	b 大于 10m 算 10m，h 自天然地面起算。有水流冲刷自一般冲刷线起算，$h/b>4$ 时，取 $h=4b$	持力层不透水，取饱和重度，且按平均增大 10kPa；持水位至一般冲刷线每米再增大浮重度；持力层透水时，水中部分取浮重度
12	铁路地基（容许值提高系数） 软土容许承载力	修正后	不修正	修正	$[\sigma] = [\sigma_0] + \gamma_2(h-3)$	h 由一般冲刷线起算，没有冲刷，天然地面算起。位于挖方内，由开挖后地面起算	
13		小桥和涵洞	不修正	修正	$[\sigma] = 5.14C_u\dfrac{1}{m'} + \gamma_2 h$	m' 为安全系数，视软土灵敏度及建筑物对变形的要求等因素选 1.5~2.5	C_u 为地基土不排水抗剪强度
14		载荷试验或查表得到的地基承载力	修正	修正	$[\sigma] = [\sigma_0] + k_1\gamma_1(b-2) + k_2\gamma_2(h-3)$	h 位于挖方内，由开挖后地面算起，$h/b>4$ 时，取 $h=4b$，b 大于 10m 时，按 10m 算	持力层不透水，取饱和重度，且按平均增大 10kPa；持水位至一般冲刷线每米再增大浮重度；持力层透水时，水中部分取浮重度
15	水运地基	查表得到的地基承载力	修正	修正	$f_d' = f_d + m_B\gamma_1(B_e'-3) + m_D\gamma_2(D-1.5)$	基础有效宽度 B_e 大于 8m 时取 8m，$B_e' = B_1 + 2d - 2e'$	水下用浮重度。修正系数查规范附录 G

第十四章 地基承载力验算及应用

第一节 地基承载力验算

一、持力层承载力验算

根据《建筑地基基础设计规范》GB 50007—2011 第 5.2.1 条，基底压力应满足下列规定：

轴心荷载	$p_k \leqslant f_a$
偏心荷载	$p_k \leqslant f_a$ 且 $p_{kmax} \leqslant 1.2 f_a$

式中：p_k——相应于作用的标准组合时，基础底面处的平均压力（kPa）；

f_a——修正后的地基承载力特征值。

【2-30】（2006C06）条形基础宽度为 3.6m，合力偏心距为 0.8m，基础自重和基础上的土重为 100kN/m，相应于荷载效应标准组合时上部结构传至基础顶面的竖向力值为 260kN/m，修正后的地基承载力特征值至少要达到（　　）时，才能满足承载力验算要求。

(A) 120kPa　　　　(B) 200kPa　　　　(C) 240kPa　　　　(D) 288kPa

答案：B

解答过程：

根据《建筑地基基础设计规范》GB 50007—2011 第 5.2.1 条、第 5.2.2 条：

(1) $p_k = \dfrac{F_k + G_k}{A} = \dfrac{100 + 260}{3.6 \times 1} = 100 \text{kPa}$

$M_k = (F_k + G_k) \cdot e = (100 + 260) \times 0.8 = 288 \text{kN} \cdot \text{m/m}$

(2) $e = 0.8\text{m} > \dfrac{b}{6} = 0.6\text{m}$，大偏心。

$$p_{kmax} = \dfrac{2(F_k + G_k)}{3la} = \dfrac{2 \times (100 + 260)}{3 \times 1 \times \left(\dfrac{3.6}{2} - 0.8 \right)} = 240 \text{kPa}$$

(3) $p_{kmax} \leqslant 1.2 f_a$，即：$f_a \geqslant \dfrac{p_{kmax}}{1.2} = \dfrac{240}{1.2} = 200 \text{kPa}$

$p_k \leqslant f_a$，即：$f_a \geqslant p_k = 100 \text{kPa}$

取大值，$f_a \geqslant 200 \text{kPa}$

【2-31】（2009C10）条形基础宽度为 3m，基础埋深 2.0m。基础底面作用有偏心荷载，偏心距 0.6m，已知深宽修正后的地基承载力特征值为 200kPa，传至基础底面的最大允许

总竖向压力最接近（　　）。

(A) 200kN/m　　(B) 270kN/m　　(C) 324kN/m　　(D) 600kN/m

答案：C

解答过程：

根据《建筑地基基础设计规范》GB 50007—2011 第 5.2.1 条、第 5.2.2 条：

(1) $e=0.6\text{m}>\dfrac{b}{6}=0.5\text{m}$，大偏心。

$$p_{k\max}=\frac{2(F_k+G_k)}{3la}=\frac{2N_k}{3\times1\times\left(\dfrac{3}{2}-0.6\right)}=0.74N_k$$

$$p_k=\frac{F_k+G_k}{A}=\frac{N_k}{3\times1}=\frac{N_k}{3}$$

(2) $p_{k\max}\leqslant1.2f_a\Rightarrow0.74N_k\leqslant1.2\times200\Rightarrow N_k\leqslant324.3\text{kN/m}$

$$p_k<f_a\Rightarrow\frac{N_k}{3}\leqslant200\Rightarrow N_k\leqslant600\text{kN/m}$$

(3) 取小值 $N_k\leqslant324.3\text{kN/m}$

【2-32】（2006C09）有一工业塔高 30m，正方形基础，边长 4.2m，埋置深度 2.0m。在工业塔自身的恒载和可变荷载作用下，基础底面均布压力为 200kPa。在离地面高 18m 处有一根与相邻构筑物连接的杆件，连接处为铰接支点。在相邻建筑物施加的水平力作用下，不计基础埋置范围内的水平土压力，为保持基底面压力分布不出现负值，该水平力最大不能超过（　　）。

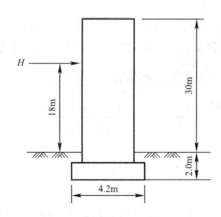

(A) 100kN　　(B) 112kN　　(C) 123kN　　(D) 136kN

答案：C

解答过程：

根据《建筑地基基础设计规范》GB 50007—2011 第 5.2.2 条：

(1) 要保持基底压力不出现负值，需满足 $e\leqslant\dfrac{b}{6}$，取 $e=\dfrac{b}{6}=\dfrac{4.2}{6}=0.7\text{m}$

(2) $e=\dfrac{M_k}{F_k+G_k}$，即：$\dfrac{F_h\times(18+2)}{200\times4.2^2}=0.7$，解得：$F_h=123.5\text{kN}$

【2-33】(2010D07) 条形基础宽度为 3.6m，基础自重和基础上的土重为 $G_k = 100\text{kN/m}$，上部结构传至基础顶面的竖向力值为 $F_k = 200\text{kN/m}$。$F_k + G_k$ 合力的偏心距为 0.4m，修正后的地基承载力特征值至少要达到（　　）时才能满足承载力验算要求。

(A) 68kPa　　　　(B) 83kPa　　　　(C) 116kPa　　　　(D) 139kPa

答案：C

解答过程：

根据《建筑地基基础设计规范》GB 50007—2011 第 5.2.1 条、第 5.2.2 条：

(1) $e = 0.4\text{m} < \dfrac{b}{6} = 0.6\text{m}$，小偏心。

(2) $p_{k\max} = \dfrac{F_k + G_k}{A} + \dfrac{M_k}{W} = \dfrac{200 + 100}{3.6} + \dfrac{(200 + 100) \times 0.4}{\dfrac{1 \times 3.6^2}{6}} = 138.9\text{kPa}$

$$p_k = \dfrac{F_k + G_k}{A} = \dfrac{200 + 100}{3.6} = 83.3\text{kPa}$$

(3) $p_k \leqslant 1.2 f_a \Rightarrow f_a \geqslant \dfrac{138.9}{1.2} = 115.8\text{kPa}$，$p_k \leqslant f_a \Rightarrow f_a \geqslant 83.3\text{kPa}$

综上，$f_a \geqslant 115.8\text{kPa}$

【2-34】(2010D08) 作用于高层建筑基础底面的总的竖向力 $F_k + G_k = 120\text{MN}$，基础底面积 30m×10m，荷载重心与基础底面形心在短边方向的偏心距为 1.0m，试问修正后的地基承载力特征值 f_a 至少应不小于（　　）才能符合地基承载力验算的要求。

(A) 250kPa　　　　(B) 350kPa　　　　(C) 460kPa　　　　(D) 540kPa

答案：D

解答过程：

根据《建筑地基基础设计规范》GB 50007—2011 第 5.2.1 条、第 5.2.2 条：

(1) $e = 1.0\text{m} < \dfrac{b}{6} = \dfrac{10}{6} = 1.67\text{m}$，小偏心

(2) $p_{k\max} = \dfrac{F_k + G_k}{A} + \dfrac{M_k}{W} = \dfrac{120 \times 10^3}{30 \times 10} + \dfrac{120 \times 10^3 \times 1}{\dfrac{30 \times 10^2}{6}} = 640\text{kPa}$

$$p_k = \dfrac{F_k + G_k}{A} = \dfrac{120 \times 10^3}{30 \times 10} = 400\text{kPa}$$

(3) $p_{k\max} \leqslant 1.2 f_a \Rightarrow f_a \geqslant \dfrac{640}{1.2} = 533.3\text{kPa}$，$p_k \leqslant f_a \Rightarrow f_a \geqslant 400\text{kPa}$

综上，$f_a \geqslant 533.3\text{kPa}$

【2-35】(2012D09) 如下图所示，某建筑采用条形基础，基础埋深 2m，基础宽度 5m，作用于每延米基础底面的竖向力为 F，力矩 M 为 300kN·m/m，基础下地基反力无零应力区。地基土为粉土，地下水位埋深 1.0m，水位以上土的重度为 18kN/m^3，水位以下土的饱和重度为 20kN/m^3，黏聚力为 25kPa，内摩擦角为 20°。问该基础作用于每延米基础底面的竖向力 F 最大值接近于（　　）。

(A) 253kN/m　　　　(B) 1157kN/m　　　　(C) 1265kN/m　　　　(D) 1518kN/m

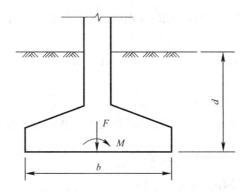

答案：B

解答过程：

根据《建筑地基基础设计规范》GB 50007—2011 第 5.2.1 条、第 5.2.2 条、第 5.2.5 条：

(1) $f_a = M_b\gamma b + M_d\gamma_m d + M_c c_k$

$$= 0.51 \times (20-10) \times 5 + 3.06 \times \frac{18+10}{2} \times 2 + 5.66 \times 25 = 252.7\text{kPa}$$

(2) 地基反力无零应力区，按小偏心最大边缘压力控制：

$$p_{max} = 1.2f_a = 1.2 \times 252.7 = 303.2\text{kPa}$$

$$\Rightarrow \frac{F}{5} + \frac{300}{\frac{1\times5^2}{6}} = 303.2 \Rightarrow F = 1156.0\text{kN/m}$$

按轴心压力控制：$F = 5 \times 1 \times 252.7 = 1263.5\text{kN/m}$

(3) 两者取小值：$F = 1156.0\text{kN/m}$

【小注岩土点评】

本题目要求满足地基承载力要求的最大竖向力，这类求解最大效应问题，分工况验算时，都要取小值。对于本题目，应分别验算轴心受压条件和偏心受压条件，一般情况下，承载力的验算，基本都是偏心控制，但为了解题和思路的完整性，推荐考生轴心与偏心都验算。需要注意的是，《建筑地基基础设计规范》GB 50007—2011 第 5.2.5 条用土的抗剪强度确定地基承载力，其适用条件是偏心距小于 0.033 倍的基础边长，但通过计算出的最大 F，发现该题目的偏心距不满足该适用条件。

【2-36】（2013D06）柱下独立基础底面尺寸 2m×3m，持力层为粉质黏土，重度 $\gamma = 18.5\text{kN/m}^3$，$c_k = 20\text{kPa}$，$\varphi_k = 16°$，基础埋深位于天然地面下 1.2m，上部结构施工结束后进行大面积回填土，回填土厚度 1.0m，重度 $\gamma = 17.5\text{kN/m}^3$。地下水位位于基底平面处。作用的标准组合下传至基础顶面（与回填土顶面齐平）的柱荷载 $F_k = 650\text{kN}$、$M_k =$

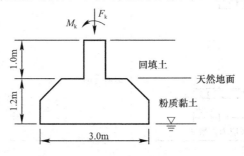

$70kN \cdot m$，按《建筑地基基础设计规范》GB 50007—2011 计算，基底边缘最大压力 p_{max} 与持力层地基承载力特征值 f_a 的比值 K 最接近（　　）。

(A) 0.85　　　　　(B) 1.0　　　　　(C) 1.1　　　　　(D) 1.2

答案：C

解答过程：

根据《建筑地基基础设计规范》GB 50007—2011 第 5.2.2 条、第 5.2.5 条：

(1) $e = \dfrac{M_k}{F_k + G_k} = \dfrac{70}{650 + 2 \times 3 \times 2.2 \times 20} = \dfrac{70}{914} = 0.08m < \dfrac{b}{6} = 0.5m$ 满足小偏心受压条件

(2) $p_{kmax} = \dfrac{F_k + G_k}{A} + \dfrac{M_k}{W} = \dfrac{914}{2 \times 3} + \dfrac{70}{\dfrac{2 \times 3^2}{6}} = 175.7kPa$

(3) $e = 0.08m < \dfrac{b}{30} = 0.1m$

查表 5.2.5，$M_b = 0.36$，$M_d = 2.43$，$M_c = 5.00$

$f_a = M_b \gamma b + M_d \gamma_m d + M_c c_k = 0.36 \times 8.5 \times 2 + 2.43 \times 18.5 \times 1.2 + 5 \times 20$
$= 160.1kPa$

(4) $K = \dfrac{p_{kmax}}{f_a} = \dfrac{175.7}{160.1} = 1.1$

【小注岩土点评】

本题目需要特别注意公式的应用条件，保证解题的严谨性，利用小偏心公式计算基底压力需要满足小偏心公式 $e \leqslant b/6$ 的计算条件，按抗剪强度确定地基承载力特征值，需要满足 $e \leqslant 0.033b$ 的条件，在列公式之前，需要首先验算是否满足条件。

二、软弱下卧层承载力验算

——《建筑地基基础设计规范》第 5.2.7 条

当地基受力层范围内有软弱下卧层时，还必须对软弱下卧层进行验算。要求作用在软弱下卧层顶面处的附加应力与自重应力之和不超过软弱下卧层经深度修正后的承载力特征值，验算方法为应力扩散法。

验算简图	验算要求
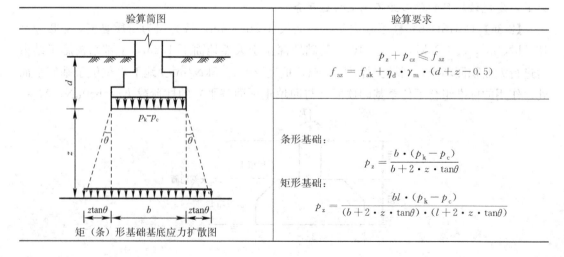 矩（条）形基础基底应力扩散图	$p_z + p_{cz} \leqslant f_{az}$ $f_{az} = f_{ak} + \eta_d \cdot \gamma_m \cdot (d + z - 0.5)$ 条形基础： $p_z = \dfrac{b \cdot (p_k - p_c)}{b + 2 \cdot z \cdot \tan\theta}$ 矩形基础： $p_z = \dfrac{bl \cdot (p_k - p_c)}{(b + 2 \cdot z \cdot \tan\theta) \cdot (l + 2 \cdot z \cdot \tan\theta)}$

验算简图	验算要求
 圆形基础基底应力扩散图	圆形基础： $$p_z = \dfrac{\pi r^2 (p_k - p_c)}{\pi (r + z\tan\theta)^2}$$
 环形基础下卧层顶面附加应力计算 扩散后为圆环：$r - z\tan\theta > 0$ 时	$$p_z = \dfrac{(R^2 - r^2)(p_k - p_c)}{(R + z\tan\theta)^2 - (r - z\tan\theta)^2}$$
 环形基础下卧层顶面附加应力计算 扩散后为圆形：$r - z\tan\theta \leqslant 0$ 时	$$p_z = \dfrac{(R^2 - r^2)(p_k - p_c)}{(R + z\tan\theta)^2}$$

验算步骤	软弱下卧层承载力修正 f_{az}	$f_{az} = f_{ak} + \eta_d \cdot \gamma_m \cdot (d + z - 0.5)$			η_d 根据"下卧层的性质"，按照规范表 5.2.4 确定

验算步骤	标准组合下，软弱下卧层顶面处的附加应力 p_z
	(1) 基础底面处，土体自重压力：$p_c = \sum \gamma_i \cdot h_i$（$h_i$ 一般自天然地面起算）。

(2) 标准组合下，基础底面的平均基底压力：$p_k = \dfrac{(F_k + G_k)}{A}$

(3) 应力扩散角 θ：

E_{s1}/E_{s2}	$z/b < 0.25$	$z/b = 0.25$	$z/b \geqslant 0.50$	【小注】z/b 在 0.25 与 0.50 之间可内插使用；b 为短边
3		$\theta = 6°$	$\theta = 23°$	
5	$\theta = 0°$	$\theta = 10°$	$\theta = 25°$	
0		$\theta = 20°$	$\theta = 30°$	

(4) 标准组合下，软弱下卧层顶面处的附加应力 p_z 根据前述验算简图计算

软弱下卧层顶面处土体自重压力 p_{cz}	$p_{cz} = \sum \gamma_i \cdot h_i$	h_i 一般自天然地面起算
验算	$p_z + p_{cz} \leqslant f_{az}$	

式中：p_z——相应于作用的标准组合时，软弱下卧层顶面处的附加压力值（kPa）；

$\quad\quad p_{cz}$——软弱下卧层顶面处土的自重压力值（kPa）；

$\quad\quad f_{az}$——软弱下卧层顶面处经深度修正后的地基承载力特征值（kPa）；

$\quad\quad b$——矩形基础或条形基础底边的宽度（m）；

$\quad\quad l$——矩形基础底边的长度（m）；

$\quad\quad p_c$——基础底面处土的自重压力值（kPa）；

$\quad\quad p_k$——基础底面处平均压力（kPa）；

$\quad\quad z$——基础底面至软弱下卧层顶面的距离（m）；

$\quad\quad \theta$——地基压力扩散线与垂直线的夹角（°），可按表5.2.7采用；

$\quad\quad r$——圆形基础的半径（圆环基础内径）（m）；

$\quad\quad R$——圆环基础外径。

【规范公式的理解】软弱下卧层顶面处附加压力的计算采用压力扩散角法，假定基底附加应力合力不变的条件下，将弹性理论应力的计算结果均匀分布在不断扩大的虚拟面积上，即 $p_0 A = p_z A'$。深度越深，扩散角越大，则虚拟面积就越大，土中应力就越小。刚度比（E_{s1}/E_{s2}）越大，应力的扩散作用也就越强，扩散角越大，土中应力就越小。

【2-37】(2010C07) 某条形基础，上部结构传至基础顶面的竖向荷载 $F_k = 320\text{kN/m}$，基础宽度 $b = 4\text{m}$，基础埋置深度 $d = 2\text{m}$，基础底面以上土层的天然重度 $\gamma = 18\text{kN/m}^3$，基础及其上土的平均重度为 20kN/m^3，基础底面至软弱下卧层顶面距离 $z = 2\text{m}$，已知扩散角 $\theta = 25°$，则扩散到软弱下卧层顶面处的附加压力最接近（　　　）。

(A) 35kPa　　　　(B) 45kPa　　　　(C) 57kPa　　　　(D) 66kPa

答案：C

解答过程：

根据《建筑地基基础设计规范》GB 50007—2011 第5.2.2条、第5.2.7条：

(1) $p_k = \dfrac{F_k + G_k}{A} = \dfrac{320 + 2 \times 4 \times 20}{4} = 120\text{kPa}$

(2) $p_c = 2 \times 18 = 36\text{kPa}$

(3) $p_z = \dfrac{b(p_k - p_c)}{b + 2z\tan\theta} = \dfrac{4 \times (120 - 36)}{4 + 2 \times 2 \times \tan 25°} = 57.3\text{kPa}$

【2-38】(2004C06) 某厂房柱基础如下图所示（尺寸单位为mm），$b \times l = 2\text{m} \times 3\text{m}$，受力层范围内有淤泥质土层③，该层修正后的地基承载力特征值为135kPa，荷载效应标准组合时基底平均压力 $p_k = 202\text{kPa}$。则淤泥质土层顶面处自重应力与附加应力的和为（　　　）。

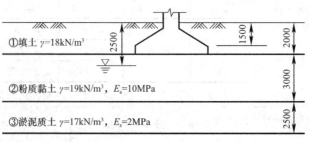

(A) $p_{cz}+p_z=99\text{kPa}$　　　　　　(B) $p_{cz}+p_z=103\text{kPa}$

(C) $p_{cz}+p_z=108\text{kPa}$　　　　　(D) $p_{cz}+p_z=113\text{kPa}$

答案：B

解答过程：

根据《建筑地基基础设计规范》GB 50007—2011 第 5.2.7 条：

(1) $p_k=202\text{kPa}$，$p_c=2\times18=36\text{kPa}$

$\dfrac{E_{s1}}{E_{s2}}=\dfrac{10}{2}=5$，$\dfrac{z}{b}=\dfrac{3}{2}=1.5$，查表得 $\theta=25°$

(2) $p_z=\dfrac{bl(p_k-p_c)}{(b+2z\tan\theta)(l+2z\tan\theta)}=\dfrac{2\times3\times(202-36)}{(2+2\times3\times\tan25°)\times(3+2\times3\times\tan25°)}=35.8\text{kPa}$

$p_{cz}=2\times18+0.5\times19+2.5\times9=68\text{kPa}$

$p_z+p_{cz}=35.8+68=103.8\text{kPa}$

【2-39】（2005C08）某厂房柱基础建于如下图所示的地基上，基础底面尺寸为 $l=2.5\text{m}$、$b=5.0\text{m}$，基础埋深为室外地坪下 1.4m，相应荷载效应标准组合时，基础底面平均压力 $p_k=145\text{kPa}$，对软弱下卧层②进行验算，其结果应符合（　　　）。

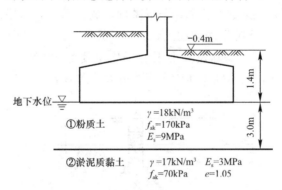

(A) $p_z+p_{cz}=89\text{kPa}>f_{az}=81\text{kPa}$　　(B) $p_z+p_{cz}=89\text{kPa}<f_{az}=114\text{kPa}$

(C) $p_z+p_{cz}=112\text{kPa}>f_{az}=92\text{kPa}$　(D) $p_z+p_{cz}=112\text{kPa}<f_{az}=114\text{kPa}$

答案：B

解答过程：

根据《建筑地基基础设计规范》GB 50007—2011 第 5.2.7 条：

(1) $p_k=145\text{kPa}$，$p_c=1.4\times18=25.2\text{kPa}$

$\dfrac{E_{s1}}{E_{s2}}=\dfrac{9}{3}=3$，$\dfrac{z}{b}=\dfrac{3}{2.5}=1.2$，查表 $\theta=23°$

(2) $p_z=\dfrac{bl(p_k-p_c)}{(b+2z\tan\theta)(l+2z\tan\theta)}=\dfrac{5.0\times2.5\times(145-25.2)}{(5.0+2\times3\times\tan23°)\times(2.5+2\times3\times\tan23°)}=39.3\text{kPa}$

$p_{cz}=25.2+3\times(18-10)=49.2\text{kPa}$

$p_z+p_{cz}=39.3+49.2=88.5\text{kPa}$

(3) $\gamma_m=\dfrac{49.2}{3+1.4}=11.2\text{kN/m}^3$

$f_{az}=f_{ak}+\eta_d\gamma_m(d-0.5)=70+1\times11.2\times(4.4-0.5)=113.7\text{kPa}$

因此，$p_z+p_{cz}=88.5\text{kPa}<f_{az}=113.7\text{kPa}$

【2-40】(2009D06) 某柱下独立基础底面尺寸为 $3m \times 4m$，传至基础底面的平均压力为 300kPa，基础埋深 3.0m，地下水埋深 4.0m，地基的天然重度 $20kN/m^3$，压缩模量 $E_{s1}=15MPa$，软弱下卧层顶面埋深 6m，压缩模量 $E_{s2}=5MPa$，在验算下卧层强度时，软弱下卧层顶面处附加应力与自重应力之和最接近（　　）。

(A) 199kPa　　　(B) 179kPa　　　(C) 159kPa　　　(D) 79kPa

答案：B

解答过程：

根据《建筑地基基础设计规范》GB 50007—2011 第 5.2.7 条：

(1) $p_k=300kPa$，$p_c=20 \times 3=60kPa$

$\dfrac{E_{s1}}{E_{s2}}=\dfrac{15}{5}=3$，$\dfrac{z}{b}=\dfrac{3}{3}=1$，查表得 $\theta=23°$

$$p_z=\frac{bl(p_k-p_c)}{(b+2z\tan\theta)(l+2z\tan\theta)}=\frac{3 \times 4 \times (300-60)}{(3+2 \times 3 \times \tan 23°)(4+2 \times 3 \times \tan 23°)}=79.3kPa$$

(2) $p_{cz}=60+20 \times 1+10 \times 2=100kPa$

(3) $p_z+p_{cz}=79.3+100=179.3kPa$

【2-41】(2010D06) 某老建筑物采用条形基础，宽度 2.0m，埋深 2.5m，拟增层改造，探明基底以下 2.0m 深处下卧淤泥质粉土，$f_{ak}=90kPa$，$E_s=3MPa$。如下图所示，已知上层土的重度为 $18kN/m^3$，基础及其上土的平均重度为 $20kN/m^3$，地基承载力特征值 $f_{ak}=160kPa$，无地下水，则基础顶面所允许的最大竖向力 F_k 与（　　）最为接近。

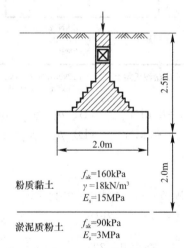

粉质黏土　　$f_{ak}=160kPa$
　　　　　　$\gamma=18kN/m^3$
　　　　　　$E_s=15MPa$

淤泥质粉土　$f_{ak}=90kPa$
　　　　　　$E_s=3MPa$

(A) 180kN/m　　　(B) 300kN/m　　　(C) 320kN/m　　　(D) 340kN/m

答案：B

解答过程：

根据《建筑地基基础设计规范》GB 50007—2011 第 5.2.4 条、第 5.2.7 条：

(1) $f_{az}=f_{ak}+\eta_d \gamma_m(d-0.5)=90+1.0 \times 18 \times (4.5-0.5)=162kPa$

(2) $p_c=18 \times 2.5=45kPa$，$\dfrac{E_{s1}}{E_{s2}}=\dfrac{15}{3}=5$，$\dfrac{z}{b}=\dfrac{2}{2}=1$，查表 5.2.7，$\theta=25°$

$$p_z=\frac{b(p_k-p_c)}{b+2z\tan\theta}=\frac{2 \times (p_k-45)}{2+2 \times 2 \times \tan 25°}=0.52p_k-23.28$$

$$p_{cz} = 45 + 2 \times 18 = 81 \text{kPa}$$

(3) $p_z + p_{cz} \leqslant f_{az} \Rightarrow 0.52 p_k - 23.28 + 81 \leqslant 162 \Rightarrow p_k \leqslant 200.5 \text{kPa}$

(4) $p_k = \dfrac{F_k + G_k}{A} = 0.5 F_k + 50 \leqslant 200.5 \Rightarrow F_k \leqslant 301 \text{kN/m}$

【小注岩土点评】

本题目考查软弱下卧层承载力验算。本题目命题有一些瑕疵，没有给出持力层的具体参数来验算持力层的承载力，只验算软弱下卧层又显得有些单薄，这种情况，我们能不能判断持力层的承载力是否满足要求呢？答案是肯定的。软弱下卧层确定的最大的 F_k 为 301kN，那么基底压应力为 $\dfrac{301}{2} + 20 \times 2.5 = 200.5 \text{kPa}$。我们发现《建筑地基基础设计规范》GB 50007—2011 第 5.2.4 条中的表 5.2.4 中，深度修正系数最小也是 1，就取 1 作为深度修正系数，修正后的地基承载力为 $f_a = 160 + 1 \times 18 \times (2.5 - 0.5) = 196 \text{kPa}$，与基底压应力的误差在 5% 以内，工程实际中也是允许的。

【2-42】（2016D07）某建筑场地天然地面下的地层参数见下表，无地下水。拟建建筑基础埋深 2.0m，筏板基础，平面尺寸 20m×60m，采用天然地基，根据《建筑地基基础设计规范》GB 50007—2011，满足下卧层②层强度要求的情况下，相应于作用的标准组合时，该建筑基础底面处平均压力最大值接近下列哪个选项？

序号	名称	层底深度（m）	重度（kN/m³）	地基承载力特征值（kPa）	压缩模量（MPa）
①	粉质黏土	12	19	280	21
②	粉土，黏粒含量为 12%	15	18	100	7

(A) 330kPa　　　(B) 360kPa　　　(C) 470kPa　　　(D) 600kPa

答案：B

解答过程：

根据《建筑地基基础设计规范》GB 50007—2011：

(1) 查表 5.2.4 得 $\rho = 12\%$，$\eta_d = 1.5$

$$f_{az} = f_{ak} + \eta_d \gamma_m (d - 0.5) = 100 + 1.5 \times 19 \times (12 - 0.5) = 428 \text{kPa}$$

(2) 第 5.2.7 条，$p_{cz} = 12 \times 19 = 228 \text{kPa}$，$p_c = 2 \times 19 = 38 \text{kPa}$

$$\frac{E_{s1}}{E_{s2}} = \frac{21}{7} = 3, \quad \frac{z}{b} = \frac{10}{20} = 0.5 \Rightarrow \theta = 23°$$

(3) $p_z = \dfrac{bl(p_k - p_c)}{(b + 2z\tan\theta)(l + 2z\tan\theta)} = \dfrac{60 \times 20 \times (p_k - 2 \times 19)}{(20 + 2 \times 10 \times \tan 23°) \times (60 + 2 \times 10 \times \tan 23°)}$

$\qquad = 0.615(p_k - 38)$

(4) $p_z + p_{cz} = 0.615 \times (p_k - 38) + 12 \times 19 \leqslant f_{az} = 428 \Rightarrow p_k \leqslant 363.2 \text{kPa}$

【小注岩土点评】

本题目考查软弱下卧层的承载力验算。需要注意三点，一是软弱下卧层的承载力修正，只用进行深度项的修正，不考虑宽度项的修正，所以规范中给出的参数为 f_{az}；二是题目明确了满足下卧层②层强度要求的情况下，求解基底平均压力最大值，不必验算持力层的承载力；三是深度修正时，有些考生认为既然为软弱下卧层，深度修正系数就取 1，其实不然，规范中的计算假定为双层土模型，不特指为软弱土，故下卧层按照实际土类别确定深度修正系数。

【2-43】（2017C07）条形基础宽 2m，基础埋深 1.5m，地下水位在地面下 1.5m，地面下土层厚度及有关的试验指标见下表，相应于荷载效应标准组合时，基底处平均压力为 160kPa，按《建筑地基基础设计规范》GB 50007—2011 对软弱下卧层②进行验算，其结果符合下列哪个选项？

层号	土的类别	土层厚度 (m)	天然重度 (kN/m³)	饱和重度 (kN/m³)	压缩模量 (MPa)	地基承载力特征值 f_{ak} (kPa)
①	粉砂	3	20	20	12	160
②	黏粒含量大于 10%的粉土	5	17	17	3	70

(A) 软弱下卧层顶面处附加压力为 78kPa，软弱下卧层承载力满足要求

(B) 软弱下卧层顶面处附加压力为 78kPa，软弱下卧层承载力不满足要求

(C) 软弱下卧层顶面处附加压力为 87kPa，软弱下卧层承载力满足要求

(D) 软弱下卧层顶面处附加压力为 87kPa，软弱下卧层承载力不满足要求

答案：A

解答过程：

根据《建筑地基基础设计规范》GB 50007—2011 第 5.2.7 条：

(1) $p_c = 20 \times 1.5 = 30$kPa

软弱下卧层顶到基底厚度 $z = 1.5$m，$\dfrac{z}{b} = \dfrac{1.5}{2} = 0.75$，$\dfrac{E_{s1}}{E_{s2}} = \dfrac{12}{3} = 4$，查表 5.2.7 $\Rightarrow \theta = \dfrac{23+25}{2} = 24°$

软弱下卧层顶面附加压力：$p_z = \dfrac{b(p_k - p_c)}{b + 2z\tan\theta} = \dfrac{2 \times (160 - 30)}{2 + 2 \times 1.5 \times \tan 24°} = 78$kPa

(2) 软弱土顶自重压力：$p_{cz} = 30 + 1.5 \times 10 = 45$kPa

$$p_z + p_{cz} = 78 + 45 = 123\text{kPa}$$

(3) $\gamma_m = \dfrac{1.5 \times 20 + 1.5 \times 10}{3} = 15$kN/m³

$$f_{az} = f_{ak} + \eta_d \gamma_m (d - 0.5) = 70 + 1.5 \times 15 \times (3 - 0.5) = 126.25\text{kPa}$$

(4) $p_z + p_{cz} = 123$kPa $< f_{az} = 126.25$kPa，满足承载力要求。

【小注岩土点评】

近年来，软弱下卧层题目均是在基本题目类型的基础上，对概念进行了延伸，需注意。此题为基本题目，结合深度修正系数，对于不同的下卧层，取不同的深度修正系数，不要以为下卧层的修正系数不论什么土均取 1。

【2-44】（2018D06）圆形基础上作用于地面处的竖向力 $N_k = 1200$kN，基础直径 3m，基础埋深 2.5m，地下水位埋深 4.5m，基底以下的土层依次为：厚度 4m 的可塑性黏性土、厚度 5m 的淤泥质黏土，基底以上土层的天然重度为 17kN/m³，基础及其上土的平均重度为 20kN/m³，已知可塑黏性土的地基压力扩散线与垂直线夹角为 23°，则淤泥质黏土层顶面处的附加压力最接近于下列何值？

(A) 20kPa　　　　(B) 39kPa　　　　(C) 63kPa　　　　(D) 88kPa

答案：B

解答过程：

根据《建筑地基基础设计规范》GB 50007—2011 第 5.2.7 条：

(1) 对于圆形基础，其基底面积：$A = \dfrac{\pi}{4} \times 3^2 = 7.065 \text{m}^2$

扩散后淤泥质黏土层顶面处的应力面积：$A_0 = \dfrac{\pi}{4} \times (3 + 2 \times 4 \times \tan 23)^2$

(2) 基底处的附加压力为：$p_0 = \dfrac{1200}{7.065} + 20 \times 2.5 - 17 \times 2.5 = 177.35 \text{kPa}$

(3) 淤泥质黏土层顶面处的附加压力为：$p_{cz} = \dfrac{177.35 \times 7.065}{\dfrac{3.14}{4} \times (3 + 2 \times 4 \times \tan 23°)^2} = 39 \text{kPa}$

【小注岩土点评】

　　圆形基础的软弱下卧层附加压力计算，规范中并未给出计算公式，但是我们可以通过原理，自行推导出圆形基础下卧层的附加压力。规范中的公式，计算模型为双层土的应力扩散模型，扩散前与扩散后其总附加压力不变，故只要考虑圆形基础扩散至下卧层顶面的扩散面积，用总附加压力除以扩散后的面积，即可得出下卧层顶的附加压力。

【2-45】(2019D06) 某条形基础埋深 2m，地下水埋深 4m，相应于作用标准组合时，上部结构传至基础顶面的轴心荷载为 480kN/m，土层分布及参数如下图所示，软弱下卧层顶面埋深 6m，地基承载力特征值为 85kPa，地基压力扩散角为 23°，根据《建筑地基基础设计规范》GB 50007—2011，满足软弱下卧层承载力要求的最小基础宽度最接近下列哪个选项？（基础及其上土的平均重度取 20kN/m³，水的重度 $\gamma_w = 10 \text{kN/m}^3$）

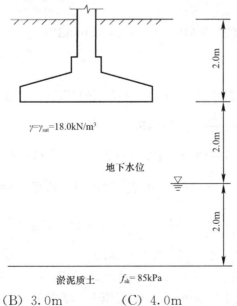

(A) 2.0m　　　　(B) 3.0m　　　　(C) 4.0m　　　　(D) 5.0m

答案：B

解答过程：

根据《建筑地基基础设计规范》GB 50007—2011 第 5.2.7 条：

(1) $p_k = \dfrac{480}{b} + 20 \times 2 = \dfrac{480}{b} + 40$

(2) $p_0 = \dfrac{480}{b} + 40 - 18 \times 2 = \dfrac{480}{b} + 4$

(3) $f_{az} = 85 + 1 \times \dfrac{18 \times 4 + 8 \times 2}{6} \times (6 - 0.5) = 165.67\text{kPa}$

(4) $\dfrac{\left(\dfrac{480}{b} + 4\right) \times b}{b + 2 \times 4 \times \tan 23°} + 18 \times 4 + 8 \times 2 \leqslant 165.67 \Rightarrow b \geqslant 2.94\text{m}$

【2-46】(2020C07) 柱下单独基础底面尺寸为 2.5m×3.0m，埋深 2.0m，相应于荷载效应标准组合时作用于基础底面的竖向合力 $F = 870$kN。地基土条件如下图所示，地下水位埋深 1.2m，为满足《建筑地基基础设计规范》GB 50007—2011 的要求，软弱下卧层顶面修正后地基承载力特征值最小应为下列何值？

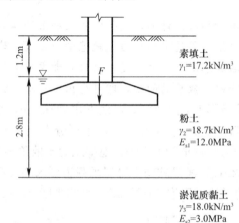

(A) 60kPa   (B) 80kPa   (C) 100kPa   (D) 120kPa

答案：B

解答过程：

根据《建筑地基基础设计规范》GB 50007—2011 第 5.2.7 条：

(1) $p_k = \dfrac{F_k + G_k}{A} = \dfrac{870}{2.5 \times 3.0} = 116\text{kPa}$

$p_0 = p_k - p_c = 116 - [1.2 \times 17.2 + (2 - 1.2) \times (18.7 - 10)] = 88.4\text{kPa}$

(2) $\dfrac{E_{s1}}{E_{s2}} = \dfrac{12}{3} = 4$；$\dfrac{z}{b} = \dfrac{2}{2.5} = 0.8$，查表 5.2.7 并插值得：$\theta = 24°$

(3) $p_z = \dfrac{2.5 \times 3 \times 88.4}{(2.5 + 2 \times 2\tan 24°)(3 + 2 \times 2\tan 24°)} = 32.4\text{kPa}$

(4) $p_{cz} = \gamma d = 17.2 \times 1.2 + 8.7 \times 2.8 = 45\text{kPa}$

$p_{cz} + p_z = 32.4 + 45 = 77.4\text{kPa} \leqslant [f_{az}]$

【2-47】(2022D12) 某工程场地表层为①层填土，厚度 5.5m，天然重度 17kN/m³；①层填土以下为②层黏性土，厚度 5.0m。拟建工程采用圆环形基础，基础埋深 2.5m，圆环形基础外径 4.0m，内径 2.0m。采用换填垫层法处理填土地基，垫层厚度 3.0m。上部结构传至

基础顶面的竖向力 1200kN，基础及其上土的平均重度为 $20kN/m^3$。已知换填垫层的地基压力扩散线与垂直线的夹角为 $23°$。根据《建筑地基处理技术规范》JGJ 79—2012，基底附加压力扩散到②层黏性土层顶面处的压力最接近下列哪个选项？（假定地基压力均匀分布）

(A) 18kPa　　　　(B) 38kPa　　　　(C) 58kPa　　　　(D) 98kPa

答案：B

解答过程：

根据《建筑地基处理技术规范》JGJ 79—2012 第 4.2.2 条：

(1) 扩散前的基底附加压力计算：

$$A = \frac{3.14}{4} \times (4^2 - 2^2) = 9.42 m^2$$

$$p_0 = \frac{1200}{9.42} + (20 - 17) \times 2.5 = 134.89 kPa$$

(2) 扩散后的面积：

圆环的扩散是外边缘向外侧扩散，内边缘向内侧扩散，需要验算内边缘向内侧扩散是否会成为一个圆形。

扩散后的外径为：$D = 4 + 2 \times 3 \times \tan 23° = 6.5468 m$

扩散后的内径为：$d = 2 - 2 \times 3 \times \tan 23° = -0.5468 m$，可见，扩散后为一圆形。

(3) 计算下卧层顶的附加压力：$p_z = \dfrac{134.89 \times 9.42}{\frac{\pi}{4} \times 6.5468^2} = 37.8 kPa$

【小注岩土点评】

①《建筑地基处理技术规范》JGJ 79—2012 第 4.2.2 条下卧层附加压力的计算原理是扩散前的总附加压力等于扩散后的总附加压力。

② 需要注意的是，圆环的扩散，内边缘向内，外边缘向外，需要验算扩散后的形状是圆形还是圆环，据此计算扩散后的面积。

第二节　地基承载力在浅基础设计中的应用

——《建筑地基基础设计规范》第 5.2.2～5.2.7 条

一、基础尺寸的计算

在基础类型确定以后，一般采用地基承载力特征值来计算基础底面尺寸，如持力层下存在软弱下卧层，基础尺寸还应满足软弱下卧层的验算要求，解题基本步骤与前述类似，只是将基础尺寸作为一个未知变量，进行反算，现汇总如下：

（一）判别依据

验算内容		地基承载力	软弱下卧层承载力
验算公式	轴心荷载	$p_k \leqslant f_a$	$p_z + p_{cz} \leqslant f_{az}$
	小偏心荷载	$p_k \leqslant f_a$ 且 $p_{kmax} \leqslant 1.2 \cdot f_a$	【小注】软弱下卧层承载力验算统一仅考虑轴心荷载作用情况
	大偏心荷载	$p_{kmax} \leqslant 1.2 \cdot f_a$	

（二）计算公式及计算步骤（一般要求最小基础宽度或最小基础埋深）

基础类型	条形基础	矩形基础
轴心受压	$b \geqslant \dfrac{F_k}{f_a - \gamma_G d}$	$A = b \times l \geqslant \dfrac{F_k}{f_a - \gamma_G d}$
偏心受压	先按大偏心受压考虑，验算 $p_{kmax}(b, d) \leqslant 1.2 f_a(b, d)$ 再复核大偏心受压条件： $$矩形：e \geqslant \frac{b}{6} 或圆形：e \geqslant \frac{d}{8}$$ 如果不满足前提假设，则再按照小偏心受压考虑，计算最小基础宽度或最小基础埋深，同样需要考虑小偏心受压条件： $$矩形：e < \frac{b}{6} 或圆形：e < \frac{d}{8}$$ 需要说明的是： ① 求最小基础宽度或最小基础埋深，从大偏心开始验算更符合逻辑，因为随着基础宽度增大或基础埋深增大，基础的受力情况为从大偏心向小偏心转变。 ② 验算过程中：p_{kmax} 和 f_a 都是关于基础宽度 b 和基础埋深 d 的函数，故不等式左右两边要都包含 b 和 d。 ③ 在 p_{kmax} 计算过程中，涉及偏心，所以本身就有 e 和 b 的关系，f_a 计算时，根据 b 和 3 的关系，决定是否考虑宽度修正项，这些都可以作为复核前提条件的假设，综合利用	

【2-48】（2017C05）某墙下条形基础，作用于基础底面中心的竖向力为每延米 300kN，弯矩为每延米 150kN·m，拟控制基底反力作用有效宽度不小于基础宽度的 0.8 倍，满足此要求的基础宽度最小值最接近下列哪个选项？

(A) 1.85m   (B) 2.15m   (C) 2.55m   (D) 3.05m

答案：B

解答过程：

(1) 反力有效宽度 $\geqslant 0.8b$，$3al = 0.8bl$

(2) 将 $a = \dfrac{b}{2} - e$，代入上式 $\Rightarrow 3\left(\dfrac{b}{2} - e\right) = 0.8b$

(3) 偏心距 $e = \dfrac{M_k}{F_k + G_k} = \dfrac{150}{300} = 0.5$

(4) $b \geqslant 2.14$m

【小注岩土点评】

本题目考查基底反力的分布规律。很多考生对有效宽度不理解，题干中"有效宽度"本质是基础的实际受压区宽度，受压宽度小于基础宽度，说明存在应力重分布，偏心距肯定大于核心半径，故结合大偏心计算公式，实际受压区为 $3al = 0.8A$，即可解答。

【2-49】（2014C07）某拟建建筑物采用墙下条形基础，建筑物外墙厚 0.4m，作用于基础顶面的竖向力为 300kN/m，力矩为 100kN·m/m，由于场地限制，力矩作用方向一侧的基础外边缘到外墙皮的距离为 2m，保证基底压力均布时，估算基础宽度最接近下列哪个选项？

(A) 1.98m   (B) 2.52m   (C) 3.74m   (D) 4.45m

答案：C

解答过程：

(1) 为保证基底压力均布，即对基底形心的合力矩取为零。

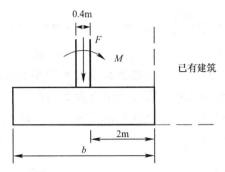

（2）设 F 的作用点到基底的形心轴的力臂为 L，$L=2+\dfrac{0.4}{2}-\dfrac{b}{2}$，则有：

$$FL=M\Rightarrow300\times\left(2+\frac{0.4}{2}-\frac{b}{2}\right)=100\Rightarrow b=3.73\mathrm{m}$$

【2-50】（2007D10）某条形基础的原设计基础宽度为 2m，上部结构传至基础顶面的竖向力 F_{k} 为 320kN/m，后发现在持力层以下有厚度 2m 的淤泥质土层，地下水水位埋深在室外地面以下 2m，淤泥质土层顶面处的地基压力扩散角为 23°，根据软弱下卧层验算结果重新调整后的基础宽度最接近（　　）时，才能满足要求。（基础结构及土的重度都按 19kN/m³ 考虑）

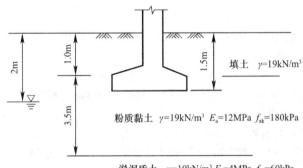

（A）2.0m　　　　　（B）2.5m　　　　　（C）3.5m　　　　　（D）4.0m

答案：C

解答过程：

根据《建筑地基基础设计规范》GB 50007—2011 第 5.2.4 条、第 5.2.7 条：

（1）$\gamma_{\mathrm{m}}=\dfrac{2\times19+2.5\times9}{4.5}=13.44\mathrm{kN/m^3}$

$$f_{\mathrm{az}}=f_{\mathrm{ak}}+\eta_{\mathrm{d}}\gamma_{\mathrm{m}}(d-0.5)=60+1\times13.44\times(4.5-0.5)=113.8\mathrm{kPa}$$

（2）$p_{\mathrm{k}}=\dfrac{F_{\mathrm{k}}+G_{\mathrm{k}}}{A}=\dfrac{320+1.5\times19b}{b}=\dfrac{320}{b}+28.5$

$$p_{\mathrm{c}}=1.5\times19=28.5\mathrm{kPa}$$

$$p_{\mathrm{z}}=\frac{b(p_{\mathrm{k}}-p_{\mathrm{c}})}{b+2z\tan\theta}=\frac{b\times\left(\dfrac{320}{b}+28.5-28.5\right)}{b+2\times3\times\tan23°}=\frac{320}{b+6\tan23°}$$

$$p_{\mathrm{cz}}=2\times19+2.5\times9=60.5\mathrm{kPa}$$

(3) $p_z + p_{cz} \leqslant f_{az}$，即：$\dfrac{320}{b + 6\tan 23°} + 60.5 \leqslant 113.8\text{kPa}$，解得：$b \geqslant 3.46\text{m}$。

【2-51】（2008C05）如下图所示，其砖混住宅条形基础，地层为黏粒含量小于 10% 的均质粉土，重度 19kN/m^3，施工前用深层载荷试验实测基底标高处的地基承载力特征值为 350kPa，已知上部结构传至基础顶面的竖向力为 260kN/m，基底和台阶上土平均重度为 20kN/m^3，按《建筑地基基础设计规范》GB 50007—2011 要求，基础宽度的设计结果最接近（　　　）。

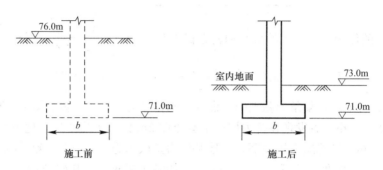

(A) 0.84m　　　　(B) 1.04m　　　　(C) 1.33m　　　　(D) 2.17m

答案：C

解答过程：

根据《建筑地基基础设计规范》GB 50007—2011 第 5.2.1～5.2.4 条及附录 D：

(1) 深层载荷试验时：
$$f_{az} = f_{ak} + \eta_d \gamma_m (d - 0.5)$$
$$350 = f_{ak} + 2 \times 19 \times (5 - 0.5) \Rightarrow f_{ak} = 179\text{kPa}$$

(2) 施工后，设 $b < 3$：
$$f_a = f_{ak} + \eta_b \gamma (b - 3) + \eta_d \gamma_m (d - 0.5)$$
$$= 179 + 0.5 \times 19 \times (3 - 3) + 2 \times 19 \times (2 - 0.5) = 236\text{kPa}$$

(3) $b = \dfrac{F_k}{f_a - \gamma_G d} = \dfrac{260}{236 - 20 \times 2} = 1.33\text{m}$

【2-52】（2014C09）条形基础埋深 3.0m，相应于作用的标准组合时，上部结构传至基础顶面竖向力 $F_k = 200\text{kN/m}$，为偏心荷载。修正后的地基承载力特征值为 200kPa，基础及其上土的平均重度取 20kN/m^3。按地基承载力计算条形基础宽度时，使基础底面边缘处的最小压力恰好为零，且无零应力区，问基础宽度的最小值接近下列何值？

(A) 1.5m　　　　(B) 2.3m　　　　(C) 3.4m　　　　(D) 4.1m

答案：C

解答过程：

根据《建筑地基基础设计规范》GB 50007—2011：

(1) 第 5.2.2 条：偏心距 $e = \dfrac{b}{6}$
$$p_{kmin} = 0, \quad p_{kmax} = \dfrac{F_k + G_k}{A}\left(1 + \dfrac{6e}{b \times 1}\right) = 2\,\dfrac{(F_k + G_k)}{b \times 1} = 2\left(\dfrac{F_k}{b} + \gamma_G d\right)$$

(2) 第 5.2.1 条：

当轴心荷载作用时：$p_k \leqslant f_a \Rightarrow \dfrac{F_k}{b} + \gamma_G d \leqslant f_a \Rightarrow \dfrac{200}{b} + 20 \times 3 \leqslant 200 \Rightarrow b \approx 1.43\text{m}$

当偏心荷载作用时：$p_{kmax} \leqslant 1.2 f_a \Rightarrow 2\left(\dfrac{F_k}{b} + \gamma_G d\right) \leqslant 1.2 f_a \Rightarrow 2 \times \left(\dfrac{200}{b} + 20 \times 3\right) \leqslant 1.2 \times 200 \Rightarrow b = 3.33\text{m}$

（3）二者取最大值，取 $b = 3.33\text{m}$

【2-53】（2012C07）如下图所示的多层建筑物（尺寸单位为 mm），其条形基础的基础宽度为 1.0m，埋深 2.0m。拟增层改造，荷载增加后，相应于荷载效应标准组合时，上部结构传至基础顶面的竖向力为 160kN/m，采用加深、加宽基础方式托换，基础加深 2.0m，基底持力层土质为粉砂，考虑深宽修正后持力层地基承载力特征值为 200kPa，无地下水，基础及其上土的平均重度取 22kN/m³，荷载增加后设计选择的合理的基础宽度为（　　）。

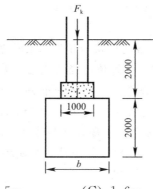

(A) 1.4m　　　　(B) 1.5m　　　　(C) 1.6m　　　　(D) 1.7m

答案：B

解答过程：

根据《建筑地基基础设计规范》GB 50007—2011 第 5.2.2 条：

$$b \geqslant \dfrac{F_k}{f_a - \gamma_G d} = \dfrac{160}{200 - 22 \times 4} = 1.43\text{m}$$

【2-54】（2014D07）某房屋，条形基础，天然地基。基础持力层为中密粉砂，承载力特征值 150kPa。基础宽度 3m，埋深 2m，地下水埋深 8m。该基础承受轴心荷载，地基承载力刚好满足要求。现拟对该房屋进行加层改造，相应于作用的标准组合时基础顶面轴心荷载增加 240kN/m。若采用增加基础宽度的方法满足地基承载力的要求。问：根据《建筑地基基础设计规范》GB 50007—2011，基础宽度的最小增加量最接近下列哪个选项的数值？（基础及基础以上的土体的平均重度取 20kN/m³）

(A) 0.63m　　　　(B) 0.7m　　　　(C) 1.0m　　　　(D) 1.2m

答案：B

解答过程：

根据《建筑地基基础设计规范》GB 50007—2011 第 5.2.2 条、第 5.2.4 条：

加层前：

(1) $f_a = f_{ak} + \eta_b \gamma (b-3) + \eta_d \gamma_m (d-0.5)$

　　　$= 150 + 2.0 \times 20 \times (3-3) + 3.0 \times 20 \times (2-0.5) = 240\text{kPa}$

（2）$p_k = \dfrac{F_k+G_k}{A} = \dfrac{F_k+G_k}{b} = f_a \Rightarrow F_k+G_k = b \cdot f_a = 3 \times 240 = 720 \text{kN}$

加层后：

（1）承载力修正值：

$f_a = f_{ak} + \eta_b \gamma (b'-3) + \eta_d \gamma_m (d-0.5) = 150 + 2.0 \times 20 \times (b'-3) + 3.0 \times 20 \times (2-0.5)$
$= 40b' + 120$

（2）基础底面的总竖向力：

$$p_k = \frac{(F_k+G_k) + [\Delta F + (b'-3) \times 2 \times 20]}{b'} = \frac{840}{b'} + 40 \leqslant f'_a$$

$$= 40b' + 120 \Rightarrow (b')^2 + 2(b')^2 - 21 = 0 \Rightarrow b' = \frac{-2 + \sqrt{2^2 - 4 \times 1 \times (-21)}}{2 \times 1} = 3.69 \text{m}$$

（3）增加的宽度为：$b'-3 = 3.69-3 = 0.69 \text{m}$

【小注岩土点评】

"地基承载力刚好满足要求"该题干暗示了修正后地基承载力的值（按改造前基础深宽修正后的承载力），可以计算出 f_{ak} 的值，经改造后，基础宽度发生变化，故修正后的 f_a 也发生变化，按照承载力验算公式，该式是一个关于 b 的一元二次方程，解出 b 值即可。注意，由于承载力修正公式是关于 b 是否大于 3m 的分段函数，故在列方程的过程中，先假设 b 值也是常用的计算方法。本题目有些许瑕疵，即题目给出的是"基础及基础以上的土体平均重度"，并未给出 γ_m 的计算条件，只能按照 $\gamma_m =$ 基础及基础以上的土体平均重度 $= 20 \text{kN/m}^3$ 计算。

【2-55】（2018D05）作用于某厂房柱对称轴平面的荷载（相应于作用的标准组合）如下图所示。$F_1 = 880 \text{kN}$，$M_1 = 50 \text{kN} \cdot \text{m}$，$F_2 = 450 \text{kN}$，$M_2 = 120 \text{kN} \cdot \text{m}$，忽略柱子自重。该柱子基础拟采用正方形，基底埋深 1.5m，基础及其上土的平均重度为 20 kN/m^3，持力层经修正后的地基承载力特征值 $f_a = 300 \text{kPa}$，地下水位在基底以下，若要求相应于作用的标准组合时基础底面不出现零应力区，且地基承载力满足要求，则基础边长的最小值接近下列何值？

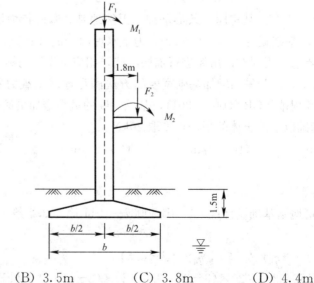

(A) 3.2m　　　　(B) 3.5m　　　　(C) 3.8m　　　　(D) 4.4m

答案：B

解答过程：

根据《建筑地基基础设计规范》GB 50007—2011 第 5.2.2 条：

（1）对基底形心总力矩：$M = 450 \times 1.8 + 50 + 120 = 980 \text{kN} \cdot \text{m}$

总竖向力：$F_k + G_k = 880 + 450 + 1.5 \times 20 \times b^2$

（2）基础底面不出现零应力区，其总偏心距不超过 $\dfrac{b}{6} \Rightarrow$

$$\frac{980}{880 + 450 + 1.5 \times 20 \times b^2} \leqslant \frac{b}{6} \Rightarrow b \geqslant 3.475 \text{m}$$

（3）当 b 取 3.5m 时，验算承载力：

轴心受压：$p_k = \dfrac{F_k + G_k}{A} = \dfrac{880 + 450 + 1.5 \times 20 \times 3.5 \times 3.5}{3.5 \times 3.5} = 138.57 \text{kPa} \leqslant 300 \text{kPa}$

偏心受压：$p_{k\max} = 2p_k = 277.14 \text{kPa} \leqslant 1.2 \times 300 = 360 \text{kPa}$

【小注岩土点评】

本题目考查基底反力分布规律。对偏心距的理解，矩形和方形基础，当 $e > \dfrac{b}{6}$ 时，基底出现零应力区，本题目要求不出现零应力区，即是小偏心受压，$e \leqslant \dfrac{b}{6}$。需要注意的是，本题目求解的基础边长，应满足小偏心受压和承载力两项要求，所以选定基础底边长后，还应进行承载力的验算。

【2-56】（2020D07）某轻钢结构广告牌，结构自重忽略不计。作用在该结构上的最大力矩为 200kN·m，该构筑物拟采用正方形的钢筋混凝土独立基础，基础高度 1.6m，基础埋深 1.6m。基底持力层土深宽修正后的地基承载力特征值为 60kPa。若不允许基础的基底出现零应力区，且地基承载力满足规范要求，根据《建筑地基基础设计规范》GB 50007—2011，基础边长的最小值应取下列何值？（钢筋混凝土重度 25kN/m³）

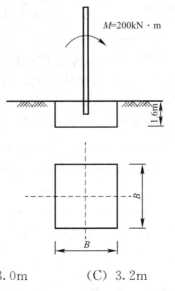

（A）2.7m 　　（B）3.0m 　　（C）3.2m 　　（D）3.4m

答案：D

解答过程：

设基础边长为 b，根据《建筑地基基础设计规范》GB 50007—2011 第 5.2.2 条：

（1）基础自重：$G_k = 1.6 \times 25 \times b^2 = 40b^2$

（2）不允许出现零应力区，对矩形基础，偏心距应小于 $\dfrac{b}{6} \Rightarrow \dfrac{200}{40b^2} \leqslant \dfrac{b}{6} \Rightarrow b \geqslant 3.1\text{m}$

（3）承载力验算：轴心作用下恒满足；偏心荷载作用下：$1.6 \times 25 + \dfrac{200 \times 6}{b^3} \leqslant 1.2 \times 60 \Rightarrow b \geqslant 3.35\text{m}$

（4）对 b 取大值，$b \geqslant 3.35\text{m}$

【小注岩土点评】

本题目需要明确区分上部结构自重与基础自重的概念，做到精确解答，很多考生习惯于计算 $F_k + G_k$，而本题目结构自重忽略不计，不用考虑 F_k。由于基础范围全为钢筋混凝土，故不能采用土与混凝土的经验重度 20kN/m^3 来计算，而应采用钢筋混凝土的重度 25kN/m^3 来计算基础自重。

二、基础埋深计算

基础埋深应综合多种因素的影响，基础埋深计算的几种常见情形如下：

序号	基础埋深计算的几种常见情形	计算方法
1	按季节性冻土地基的场地冻结深度计算最小基础埋深 d_{min}	见本书第六篇"特殊条件下的岩土工程"
2	按膨胀土地区的场地类型计算基础埋深	见本书第六篇"特殊条件下的岩土工程"
3	按稳定土坡坡顶建筑的安全距离计算基础埋深	见本书第二篇"浅基础"第十六章
4	按无筋扩展基础高度设计计算基础埋深	见本书第二篇"浅基础"第十七章
5	按地基承载力验算反算基础埋深	按地基承载力验算和按软弱下卧层承载力验算两种情况进行反算，解题步骤基本同上述两种情况的步骤，只是简单地将未知的基础埋深直接假设为一个变量即可

【2-57】（2013C09）某多层建筑，设计拟选用条形基础，天然地基，基础宽度 2.0m，地层参数见下表。地下水位埋深 10m，原设计基础埋深 2m，恰好满足承载力要求。因设计变更，预估荷载将增加 50kN/m，保持基础宽度不变，根据《建筑地基基础设计规范》GB 50007—2011，估算变更后满足承载力要求的基础埋深最接近（　　　）。

层号	层底埋深（m）	天然重度（kN/m³）	土的类别
①	2.0	18	填土
②	10.0	18	粉土（黏粒含量为 8%）

（A）2.3m　　　　（B）2.5m　　　　（C）2.7m　　　　（D）3.4m

答案：C

解答过程：

根据《建筑地基基础设计规范》GB 50007—2011：

（1）根据第 5.2.1 条：当轴心荷载作用时，$p_k \leqslant f_a \Rightarrow p_k = \dfrac{F_k + G_k}{A} \leqslant f_a$

（2）根据第 5.2.4 条，承载力的深宽修正：$f_a = f_{ak} + \eta_b \gamma(b-3) + \eta_d \gamma_m(d-0.5)$

原设计基础，$f_{ak} + 2.0 \times 18 \times (2-0.5) = \dfrac{F_k + G_k}{2}$

改变埋深后，$f_{ak} + 2.0 \times 18 \times (d-0.5) = \dfrac{F_k + G_k + 50}{2}$

联立两式：$36d - 72 = \dfrac{50}{2} \Rightarrow d = 2.69\text{m}$

【小注岩土点评】

本题目考查满足承载力要求的最小基础埋深。题目中未给定 50kN/m 的增量荷载是作用在基底还是基础顶部，属于命题不严谨，若 50kN/m 的增量荷载作用在基础顶部，由于基础埋深的增加，造成基础自重的增加，基底的压力值还要增加，需要计入承载力验算内容。按照当年的真题解析，反推该题目含义，增加的 50kN/m 的荷载应理解为作用在基础底部，即包含了基础自重。

【2-58】（2017D05）均匀深厚地基上，宽度为 2m 的条形基础，埋深 1m，受轴向荷载作用。经验算地基承载力不满足设计要求，基底平均压力比地基承载力特征值大了 20kPa，已知地下水位在地面下 8m，地基承载力的深度修正系数为 1.60，水位以上土的平均重度为 19kN/m³，基础及台阶上土的平均重度为 20kN/m³。如采取加深基础埋置深度的方法以提高地基承载力，将埋置深度至少增大到下列哪个选项时才能满足设计要求？

(A) 2.0m　　　(B) 2.5m　　　(C) 3.0m　　　(D) 3.5m

答案：C

解答过程：

根据《建筑地基基础设计规范》GB 50007—2011 第 5.2.1 条和第 5.2.4 条：

（1）设没有增层之前，基底压力为：
$$p_k = f_{ak} + 1.6 \times 19 \times (1-0.5) + 20 = f_{ak} + 35.2$$

（2）假设埋深增加后变为 d，则
$$p_k + 20 \times (d-1) \geqslant f_{ak} + 1.6 \times 19 \times (d-0.5)$$

（3）结合两式，得 $d \geqslant 2.92\text{m}$

【小注岩土点评】

① 本题为争议题，"基底平均压力比地基承载力特征值大了 20kPa"，没有表达清楚基底压力 p_k 是比"地基承载力特征值 f_{ak}"，还是比"修正后地基承载力特征值 f_a"大 20kPa，命题人的初衷应该是后者，在题目明确了"经验算地基承载力不满足设计要求"，而设计验算是通过 p_k 与 f_a 进行比较的，没有直接和 f_{ak} 比较。p_k 与 f_{ak} 比较没有意义，因为经过深宽修正后的 f_a 有可能弥补这 20kPa，所以不可能是跟 f_{ak} 来比较。

② 本题目考查满足承载力要求的最小基础埋深，基底压力应小于深宽修正后的地基承载力。该类题目经常需要根据基础深度或宽度的变化，结合承载力修正公式，列方程求解。列方程的过程中，应注意深度和宽度的变化，其对应于基底压力和承载力的变化，反映到方程中即可正确做答。

【2-59】（2017D09）位于均质黏性土地基上的钢筋混凝土条形基础，基础宽度为 2.4m，上部结构传至基础顶面相应于荷载效应标准组合时的竖向力为 300kN/m，该力偏心距为 0.1m，黏性土地基天然重度为 18.0kN/m³，孔隙比为 0.83，液性指数为 0.76，地下水位埋藏很深。由载荷试验确定的地基承载力特征值 $f_{ak}=130\text{kPa}$。基础及基础上覆土的加权平均重度取 20.0kN/m³。根据《建筑地基基础设计规范》GB 50007—2011 验算，经济合理的基础埋深最接近下列哪个选项的数值？

(A) 1.1m （B) 1.2m （C) 1.8m （D) 1.9m

答案：B

解答过程：

根据四个选项，首先判断该基础是小偏心受压。

$$G_k = 20 \times d \times 2.4 = 48d \text{（}d\text{ 代表埋深）}, \quad M_k = 300 \times 0.1 = 30\text{kN} \cdot \text{m}$$

(1) $e = \dfrac{M_k}{F_k + G_k} = \dfrac{30}{300 + 48d}$

(2) 深宽修正承载力：$f_a = 130 + 1.6 \times 18 \times (d - 0.5) = 28.8d + 115.6$

(3) 根据《建筑地基基础设计规范》GB 50007—2011 第 5.2.1 条第 1、2 款：

$$\frac{F_k + G_k}{A} \leqslant f_a \Rightarrow \frac{300 + 48d}{2.4} \leqslant 28.8d + 115.6 \Rightarrow d \geqslant 1.07$$

$$\frac{F_k + G_k}{A}\left(1 + \frac{6e}{b}\right) \leqslant 1.2 f_a \Rightarrow \frac{300 + 48d}{2.4} \times \left[1 + \frac{6 \times \left(\dfrac{30}{300 + 48d}\right)}{2.4}\right]$$

$$\leqslant 1.2(28.8d + 115.6) \Rightarrow d \geqslant 1.2\text{m}$$

(4) d 取大值 1.2m。

【小注岩土点评】

本题目考查满足承载力要求的最小基础埋深。本题目判断大小偏心的方法是根据答案选项，判断出大小偏心，是一种讨巧的做法，更好的做法是通过分析得出，基础顶部的竖向力为 300kN/m，偏心距为 0.1m，基础不受弯矩与剪力作用，按照合力矩比竖向合力，竖向合力除了 300kN/m，还要增加基础及其上土自重，其合力偏心距必然比 0.1m 小，偏心距 0.1m 已经小于 $\dfrac{b}{6} = 0.4$m，故该基础一定是小偏心受压。

【2-60】（2021C06）某建筑场地 20m 深度范围内地基土参数见下表，20m 以下为厚层密实卵石，地下潜水位位于地表；场地设计基本地震加速度值为 0.30g，设计地震分组为第一组，场地类别为Ⅱ类。拟建建筑高 60m，拟采用天然地基，筏板基础，底面尺寸为 35m×15m，荷载标准组合下基底压力为 450kPa。若地基变形能满足要求，按《建筑地基基础设计规范》GB 50007—2011，该建筑基础最小埋置深度为下列哪个选项？（水的重度取 10kN/m³）

地层层号	层底深度(m)	饱和重度(kN/m³)	颗粒组成（%）					标准贯入试验锤击数 N（击）	承载力特征值 f_{ak}（kPa）
			>1.0 (mm)	0.5~1 (mm)	0.25~0.50 (mm)	0.075~0.25 (mm)	≤0.075 (mm)		
①	4.0	20.3	0	4.1	32.1	24.0	39.8	20	160
②	20.0	20.3	7.0	5.0	42.5	32.6	12.9	23	180

（表中"颗粒组成"项下百分比的含义为此范围的颗粒质量与总质量的比值）

(A) 3.5m　　　　(B) 4.0m　　　　(C) 4.5m　　　　(D) 7.5m

答案：C

解答过程：

根据《建筑地基基础设计规范》GB 50007—2011 第 4.1.7 条、表 4.1.7、第 4.1.8 条、第 5.1.4 条及第 5.2.4 条：

(1) 在抗震设防区，除岩石地基外，天然地基上的箱形和筏形基础其埋置深度不宜小于建筑物高度的 1/15，因 $\frac{60}{15}=4$m，故设基础埋深位于②层土中。

(2) 大于 0.25mm 粒径：$\dfrac{7.0+5.0+42.5}{7.0+5.0+42.5+32.6+12.9}=54.5\%>50\%\Rightarrow$ 中砂

(3) $15<N=23<30\Rightarrow$ 中密 $\Rightarrow\eta_b=3$，$\eta_d=4.4$

(4) $450\leqslant180+3\times(20.3-10)\times(6-3)+4.4\times(20.3-10)\times(d-0.5)$

解得：$d=4.41$m，符合假定。

【小注岩土点评】

本题目考查满足承载力的基础埋深设计。此类题目作为常规考点，已经被考生所熟悉，故此题目增加了关于持力层土类判别的内容，相应加大了计算量，但仍是一道简单题目。但不知命题人是否有意为之，此题目的条件并不够明确。首先，基底压力的 450kPa，是否需要考虑地下水修正，因地下水在地面，不同的埋深，基底压力是会变化的。其次，该 450kPa 题目说明是标准组合，但并未明确是否考虑了地震效应，如果考虑了地震效应，则承载力还要考虑地震承载力放大系数。所以，考场上的试错成本较大，对考生选题来讲，性价比不高。

第十五章　地基沉降变形计算

第一节　土体中应力的计算

一、土的自重应力

——《土力学》

土中自重应力（自重压力）*，指由土体重力引起的应力，它随深度增大而增大。工程中，主要研究的两点处土体自重压力，分别为基础底面处的土体自重压力（p_c）和地基中的土体自重压力（p_{cz}），土体的自重应力起算点为天然地面标高。现汇总如下：

计算项目	典型图例	计算公式	说明
基础底面处土体自重应力 p_c		$p_c = \sum_{i=1}^{n} \gamma_i \cdot h_i$	范围：天然地面～基础底面范围内土体。 式中：γ_i——第 i 层土体的重度（kN/m^3），水下取浮重度； h_i——第 i 层土体的厚度（m）
地基中的土体自重应力 p_{cz}		$p_{cz} = \sum_{i=1}^{n} \gamma_i \cdot h_i$	范围：天然地面～计算深度 z 范围内土体。 式中：γ_i——第 i 层土体的重度（kN/m^3），水下取浮重度； h_i——第 i 层土体的厚度（m）

【小注】① 地基土往往是成层的，计算出各层自重的总和，即为成层土的自重应力（自重压力）；计算自重应力时，地下水位面应作为分层界面，地下水位升降均会引起土中自重应力变化。

② 当地下水位以下存在不透水层时，不透水层顶面及层面以下的自重应力应按上覆土层的水土总重（采用饱和重度）计算。

二、基底平均附加压力

——《土力学》

由于建筑物荷载的作用，在土中产生的超过原土重的应力增量，称为附加压力（附加应力）*。一般浅基础总是埋置在天然地面下一定深度内，该处原有的自重应力由于开挖基

---

* 自重应力和自重压力以及附加压力和附加应力是一个概念的两种说法，不同规范和教材对此说法不统一，但本质是一样的，都是行业内现行使用的术语。

坑而卸除，因此，从基底压力中扣除基底标高处原始自重应力后，才是基底平面处新增加的应力，称为基底附加压力。基底平均附加压力 p_0 值按下式计算：

$$p_0 = p_k - p_c = p_k - \sum_{i=1}^n \gamma_i h_i$$

$$p_0 = p_k - p_c = p_k - \gamma_m d$$

$$\gamma_m = \frac{\sum_{i=1}^n \gamma_i h_i}{\sum_{i=1}^n h_i} = \frac{\gamma_1 h_1 + \gamma_2 h_2 + \cdots + \gamma_n h_n}{h_1 + h_2 + \cdots + h_n}$$

式中：γ_m——基础底面标高以上天然土层的加权平均重度，对地下水位以下的土层取浮重度（kN/m^3）；

　　　　d——基础埋深（m），从开挖前的天然地面算起，对于新填土场地应从老天然地面算起。

【小注】① 基底附加压力计算是沉降变形计算和承载力验算的第一步和最关键的一步，容易出错，计算要特别细心。

② 当基底附加压力等于 0 时，称为补偿基础。

与基底相关的几种压力的比较归类

名称	定义	计算公式	使用范围
基底压力 p	建筑物上部结构荷载和基础自重通过基础传递给地基，作用于基础底面上的单位面积压力，计算软弱下卧层时，用标准组合，计算变形时，用准永久组合	$p_k = \dfrac{F_k + G_k}{A}$	承载力验算、基础面积计算
基底附加压力 p_0	基底压力扣除基底标高以上原有土体的自重应力，计算软弱下卧层时，用标准组合，计算变形时，用准永久组合	$p_0 = p_k - \gamma_m d$	沉降计算
基底净反力 p_j	扣除基础及其上覆土层自重后地基土单位面积的压力，净反力一般用于基础设计，采用基本组合	$p_j = \dfrac{F}{A}$	计算内力、验算截面强度、配筋等

三、地基中的附加压力 p_z

——《土力学》《建筑地基基础设计规范》附录 K.0.1～附录 K.0.4

由于基础范围有限，作用于地基上的荷载为局部荷载，基底附加应力向更深层地基传递，传递过程中发生应力扩散现象，随着深度的不断增加，附加应力逐渐变小。

根据荷载作用类型和分布形式的不同，以及基础形状的区别，地基中的附加应力的计算难易程度也不同。在《建筑地基基础设计规范》GB 50007—2011 中，主要介绍了按照应力扩散法和角点法计算地基土中的附加应力，应力扩散法主要用于地基中软弱下卧层承载力的验算；角点法主要用于地基沉降变形计算。

此处主要介绍角点法计算地基中附加应力的几种情况。

（一）矩形面积均布荷载

对于矩形面积均布荷载，基底以下地基土中任意深度处的附加应力，可采用如下公式进行计算：

$$p_z = \alpha \cdot p_0$$

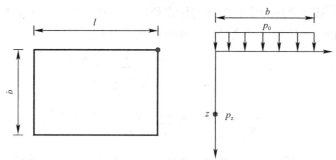

式中：p_0——基础底面处的附加应力（kPa）；

α——角点附加应力系数，根据 l/b 和 z/b 按《建筑地基基础设计规范》GB 50007—2011 附录 K.0.1-1 表格查得；

l——基础长度（m），一般是基础的长边；

b——基础宽度（m），一般是基础的短边；

z——计算点离基础底面垂直距离（m）。

在利用角点法计算地基中的附加应力时，对于平面任意点 o 以下某一深度的附加应力计算，可采用矩形分块法分别计算出交点处的附加应力系数，然后进行叠加，从而计算出任意点的附加应力系数，有典型的三种情况：

o 点平面位置	图例	计算公式
o 点在荷载边缘		$p_z = (\alpha_1 + \alpha_2) \cdot p_0$
o 点在荷载面内		$p_z = (\alpha_1 + \alpha_2 + \alpha_3 + \alpha_4) \cdot p_0$
o 点在荷载面边缘外侧点		$p_z = (\alpha_{kbfh} + \alpha_{gcfh} - \alpha_{kaeh} - \alpha_{gdeh}) \cdot p_0$
o 点在荷载面外		$p_z = (\alpha_{ohce} + \alpha_{ogaf} - \alpha_{ogde} - \alpha_{ohbf}) \cdot p_0$

【小注】① 矩形分块后，在查表计算相应的附加应力系数时，注意小矩形的长边 l 和短边 b 分别为多少，否则容易出错。

② 条形基础，查表时取 $l/b = 10$ 即可。

（二）矩形面积三角形分布荷载

矩形面积三角形分布荷载尖端（点 1）及尾端（点 2）下任意深度 z 处的附加应力 p_z，可按下式计算：

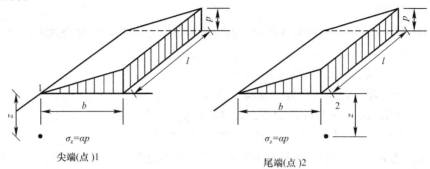

尖端(点)1　　　　　　　　　　　　尾端(点)2

$$p_z = \alpha \cdot p$$

式中：α——角点的应力系数，可根据 l/b 和 z/b 查《建筑地基基础设计规范》GB 50007—2011 附录 K.0.2 表格采用。

l——垂直于三角形荷载变化方向的矩形基础边长（m），不一定是基础长边。

b——沿三角形荷载变化方向的矩形基础边长（m），不一定是基础短边。

z——计算点距离基础底面的垂直距离（m）。

（三）圆形面积均布荷载

圆形面积上有均布荷载 p，圆心点下任意深度处地基中土的附加应力按下式计算：

$$p_z = \alpha \cdot p_0$$

式中：p_0——基础底面处的附加应力（kPa）；

α——圆形面积均布荷载作用下中点的附加应力系数，按《建筑地基基础设计规范》GB 50007—2011 附录 K.0.3 表格查得。

【小注】在查规范附录 K.0.3 时，R 为圆形基础的半径，z 为计算点离基础底面垂直距离。

（四）圆形面积三角形分布荷载

圆形面积上分布有三角形荷载时，边点（点 1）及（点 2）下任意深度 z 处的附加应力 p_z，可按下式计算：

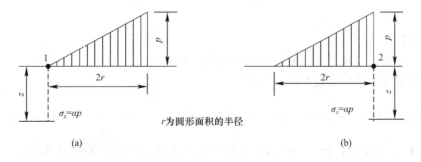

r为圆形面积的半径

(a)　　　　　　　　　　　　　　(b)

$$p_z = \alpha \cdot p_0$$

式中：p_0——基础底面处的附加应力（kPa）；

α——圆形面积三角形荷载作用下边点的附加应力系数，按《建筑地基基础设计规

范》GB 50007—2011 附录 K.0.4 表格查得。（1 点为尖端，2 点为尾端）

扩展：圆形面积均布荷载边点下的附加应力系数可由三角形荷载下 1 点和 2 点的附加应力系数叠加得到。

（五）条形面积均布荷载

条形均布荷载与矩形均布荷载作用下的应力计算方法相同，计算公式为：

$$p_z = \alpha \cdot p_0$$

式中：p_0——基础底面处的附加应力（kPa）；

α——角点附加应力系数，根据 $l/b > 10$ 和 z/b 按《建筑地基基础设计规范》GB 50007—2011 附录 K.0.1-1，根据 $l/b > 10$ 和 z/b 查取。

（六）大面积均布荷载作用下，地基土中的附加应力

大面积均布荷载作用下，地基土中的附加应力和前述所讲的局部荷载作用下地基中的附加应力不同，在面积或者荷载分布无穷大时，地基中的附加应力与深度无关，即大面积荷载作用下，地基中任意点的附加应力与均布荷载相同。

$$p_z = p_0$$

四、附加应力系数 α 和平均附加应力系数 $\bar{\alpha}$ 的区别

附加应力系数 α：指基底下某一深度 z 处的附加应力系数，用于计算地基中某一点的附加应力，工程中常应用于软弱下卧层承载力验算和附加应力简化为直线分布法的沉降估算（分层总和法沉降计算）。

平均附加应力系数 $\bar{\alpha}$：指基底至地基深度 z 范围内附加应力系数的平均值，用于计算地基土中某一厚度范围内的平均附加应力，故平均附加应力系数不单个使用，而应成对使用，详见下节应力面积法。工程中常应用于地基中附加应力呈曲线分布法的沉降计算（规范法沉降计算）。

【2-61】（2003D05）某建筑物基础尺寸为 16m×32m，从天然地面算起的基础底面埋深为 3.4m，地下水稳定水位埋深为 1.0m。基础底面以上填土的天然重度平均值为 19kN/m³。作用于基础底面相应于荷载效应准永久组合和标准组合的竖向荷载值分别是 122880kN 和 153600kN。根据设计要求，室外地面将在上部结构施工后普遍提高 1.0m。问计算地基变形用的基底附加压力最接近（　　）。

(A) 175MPa　　　　(B) 184MPa　　　　(C) 199kPa　　　　(D) 210kPa

答案：C

解答过程：

根据《建筑地基基础设计规范》GB 50007—2011 第 5.3.5 条：

计算地基变形采用准永久组合荷载：

$$p_0 = p_k - p_c = \frac{F_k + G_k}{A} - \gamma h = \frac{122880}{16 \times 32} - [19 \times 1 + 9 \times (3.4 - 1)] = 199.4 \text{kPa}$$

【2-62】（2007D08）如下图所示，某高低层一体的办公楼，采用整体筏形基础，基础埋深 7.0m，高层部分的基础尺寸为 40m×40m，基底总压力 $p_k = 430$kPa，多层部分的基础尺寸为 40m×16m，场区土层的重度为 20kN/m³，地下水位埋深 3m。高层部分的荷载在多层建筑基底中心点以下深度 12m 处所引起的附加压力最接近（　　）。

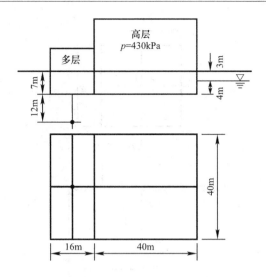

(A) 48kPa　　　　(B) 65kPa　　　　(C) 80kPa　　　　(D) 95kPa

答案：A

解答过程：

(1) $p_0 = p_k - p_c = 430 - (3 \times 20 + 10 \times 4) = 330$kPa

(2) 矩形1：$\dfrac{l}{b} = \dfrac{48}{20} = 2.4$，$\dfrac{z}{b} = \dfrac{12}{20} = 0.6$，$\alpha_1 = 2 \times 0.2334 = 0.4668$

矩形2：$\dfrac{l}{b} = \dfrac{20}{8} = 2.5$，$\dfrac{z}{b} = \dfrac{12}{8} = 1.5$，$\alpha_2 = 2 \times 0.16 = 0.32$

(3) 高层建筑引起的附加压力：$p_0' = p_0 \times (\alpha_1 - \alpha_2) = 330 \times (0.4668 - 0.32) = 48.4$kPa

【2-63】（2005D10）某办公楼基础尺寸 42m×30m，采用箱形基础，基础埋深在室外地面以下 8m，基底平均压力为 425kN/m²，场区土层的重度为 20kN/m³，地下水水位埋深在室外地面以下 5.0m，地下水的重度为 10kN/m³，计算得出的基础底面中心点以下深度 18m 处的附加应力与土的有效自重应力的比值最接近（　　）。

(A) 0.55　　　　(B) 0.60　　　　(C) 0.65　　　　(D) 0.70

答案：C

解答过程：

(1) 基底附加压力：$p_0 = 425 - (5 \times 20 + 3 \times 10) = 295$kPa

(2) 基底 18m 处：

$\dfrac{l}{b} = \dfrac{42/2}{30/2} = 1.4$，$\dfrac{z}{b} = \dfrac{18}{15} = 1.2$，查表 $\alpha = 0.171$

$$p_z = 4\alpha \cdot p_0 = 4 \times 0.171 \times 295 = 201.78\text{kPa}$$

$$p_{cz} = 5 \times 20 + 3 \times 10 + 18 \times 10 = 310\text{kPa}$$

(3) $\dfrac{p_z}{p_{cz}} = \dfrac{201.78}{310} = 0.65$

【2-64】（2011C05）在地面作用矩形均布荷载 $p = 400$kPa，承载面积为 4m×4m，如下图所示。则承载面积中心 O 点下 4m 深处的附加应力与角点 C 下 8m 深处的附加应力比值最接近（　　）。（矩形均布荷载中心点下竖向附加应力系数 α_0 可由下表查得）

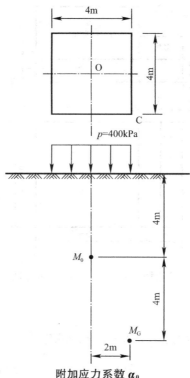

附加应力系数 α_0

z/b	l/b	
	1.0	2.0
0.0	1.000	1.000
0.5	0.701	0.800
1.0	0.336	0.481

(A) 1/2　　　　(B) 1　　　　(C) 2　　　　(D) 4

答案：D

解答过程：

（1）中心点 O 点 4m 深度的附加应力系数为：$\dfrac{l}{b}=1$，$\dfrac{z}{b}=1$，故 $\alpha_0=0.336$。角点 C 点 8m 深度的附加应力系数为：取 8m×8m 矩形，$\dfrac{l}{b}=1$，$\dfrac{z}{b}=1$，查表得 $\alpha_0=0.336$。

（2）4m×4m 矩形，$\alpha_0=\dfrac{0.336}{4}$

（3）$\dfrac{\sigma_{zo}}{\sigma_{zc}}=\dfrac{0.336}{\dfrac{0.336}{4}}=4$

第二节　地基沉降变形计算

地基在附加应力的作用下，会产生变形。大面积堆载、建筑物荷载、地下水位下降等均会引起附加应力。根据《土力学》和相关规范，地基沉降变形计算主要有以下几种方法。

一、分层总和法（土力学法）

——《土力学》

分层总和法计算地基土的变形，主要基于一维压缩试验及土体三相关系，土体一维压缩试验中，外荷载由 p_1 增加至 p_2，相应试样的孔隙比由 e_1 减小至 e_2，侧限条件下土样高度变化与孔隙比的关系如下图所示：

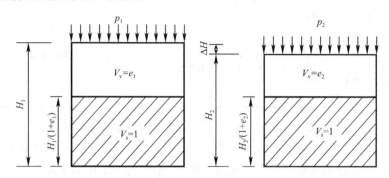

根据固结压缩试验原理及土体三相关系，很容易推导出 $s = H_2 - H_1 = \dfrac{e_1 - e_2}{1 + e_1} \cdot H_1 = \dfrac{\Delta p}{E_s} H_1$。

根据土体压缩试验结果，对于多层土的沉降量计算，采用如下假设：

（1）根据基底压力线形分布，采用弹性理论通过计算基底中心点下地基附加应力来计算各分层土的竖向压缩量。

（2）地基只有竖向变形，没有侧向变形，平均沉降量为各土层的压缩量总和。

（3）只计算主固结沉降。因此，基于以上假设，将地基土分为若干层，计算出每一层的沉降量，汇总后即为地基的压缩沉降量。

沉降计算深度采用应力比法确定，一般取地基附加应力与自重应力比值为 0.2 的深度，软黏土取比值为 0.1，作为沉降计算深度。

其计算图示及计算步骤如下：

计算图示	计算公式
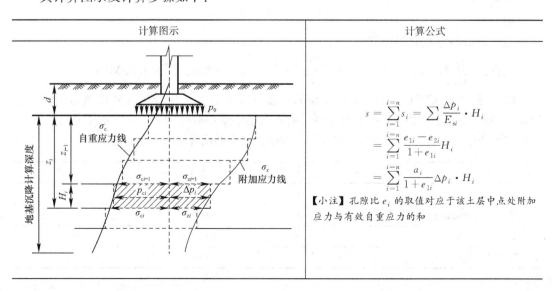	$$s = \sum_{i=1}^{i=n} s_i = \sum \frac{\Delta p_i}{E_{si}} \cdot H_i$$ $$= \sum_{i=1}^{i=n} \frac{e_{1i} - e_{2i}}{1 + e_{1i}} H_i$$ $$= \sum_{i=1}^{i=n} \frac{a_i}{1 + e_{1i}} \Delta p_i \cdot H_i$$ 【小注】孔隙比 e_i 的取值对应于该土层中点处附加应力与有效自重应力的和

续表

公式说明	式中：s_i——第 i 层土的沉降量； s——地基总沉降量； e_{1i}——对应于第 i 分层土中点处的自重应力的平均值对应的孔隙比； e_{2i}——对应于第 i 分层土中点处的自重应力平均值和附加应力平均值之和对应的孔隙比； E_{si}——第 i 层上的压缩模量； a_i——第 i 层土的压缩系数； Δp_i——第 i 层土中点处的平均附加应力； H_i——第 i 层土的厚度
计算步骤	(1) 确定沉降深度。 (2) 划分地基土层，天然土层界限及地下水位处均应分层，分层越薄，计算结果越精确。 (3) 计算各分层中点处的平均自重应力和平均附加应力。 (4) 确定各分层的压缩模量。 (5) 计算各分层的压缩量以及计算总压缩量

【2-65】（2004D10）如下图所示，某直径为 10.0m 的油罐基底附加压力为 100kPa，油罐轴线上罐底面以下 10m 处附加应力系数 $\alpha = 0.285$，由观测得到油罐中心的底板沉降为 200mm，深度 10m 处的深层沉降为 40mm，则 10m 范围内土层的平均反算压缩模量最接近（   ）。

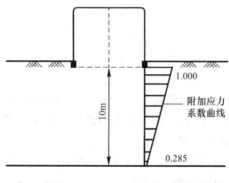

（A）2MPa　　　　（B）3MPa　　　　（C）4MPa　　　　（D）5MPa

答案：C

解答过程：

(1) 10m 厚土层自身沉降：$s = 200 - 40 = 160$mm

(2) $s = \dfrac{\Delta p}{E_s} H$，即：$160 = \dfrac{(1 + 0.285) \times 100}{2E_s} \times 10$，解得：$E_s = 4.02$MPa

【2-66】（2005C07）大面积堆载试验时，在堆载中心点下用分层沉降仪测得的各土层顶面的最终沉降量和用孔隙水压力计测得的各土层中部加载时的起始孔隙水压力值见下表，根据实测数据可以反算各土层的平均模量，则第③层土的反算平均模量最接近（   ）。

土层编号	土层名称	层顶深度（m）	土层厚度（m）	实测层顶沉降（mm）	起始孔隙水压力值（kPa）
①	填土	—	2	—	—
②	粉质黏土	2	3	460	380
③	黏土	5	10	400	240
④	黏质粉土	15	5	100	140

（A）8.0MPa　　　（B）7.0MPa　　　（C）6.0MPa　　　（D）4.0MPa

答案：A

解答过程：

$$s = \frac{\Delta p}{E_s} H \rightarrow 400 - 100 = \frac{240}{E_s} \times 10 \rightarrow E_s = 8\text{MPa}$$

【2-67】（2005D04）如下图所示，某滞洪区滞洪后沉积泥砂层厚 3.0m，地下水位由原地面下 1.0m 升至现地面下 1.0m，原地面下有厚 5.0m 可压缩层，平均压缩模量为 0.5MPa，滞洪之前沉降已经完成，为简化计算，所有土层的天然重度都以 18kN/m³ 计，则由滞洪引起的原地面下沉值最接近（　　）。

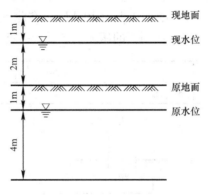

（A）51cm　　　（B）31cm　　　（C）25cm　　　（D）21cm

答案：C

解答过程：

（1）原地面处有效应力增量：$\Delta p_1 = 1 \times 18 + 2 \times 8 = 34\text{kPa}$

原水位处及以下有效应力增量：$\Delta p_2 = 1 \times 18 + 3 \times 8 - 18 = 24\text{kPa}$

（2）沉降量：$s = \sum \frac{\Delta p_i}{E_{si}} H_i = \frac{34 + 24}{2 \times 0.5} \times 1 + \frac{24}{0.5} \times 4 = 250\text{mm} = 25\text{cm}$

【2-68】（2006C26）存在大面积地面沉降的某市其地下水位下降平均速率为 1m/年，现地下水位在地面下 5m 处，主要地层结构及参数见下表，试用分层总和法估算，今后 15 年内地面总沉降量最接近（　　）。

层号	地层名称	层厚 h(m)	层底埋深	压缩模量 E_s(MPa)
1	粉质黏土	8	8	5.2
2	粉土	7	15	6.7
3	细砂	18	33	12
4	不透水岩石	—	—	—

（A）613mm　　　（B）469mm　　　（C）320mm　　　（D）291mm

答案：D

解答过程：

（1）15 年水位下降 15m，水位埋深降至 −20m 处。

（2）分年计算沉降量：

$$-5m\sim-8m\ \text{段}:s_1=\frac{30/2}{5.2}\times3=8.65\text{mm}$$

$$-8m\sim-15m\ \text{段}:s_2=\frac{30+70/2}{6.7}\times7=67.91\text{mm}$$

$$-15m\sim-20m\ \text{段}:s_3=\frac{100+50/2}{12}\times5=52.08\text{mm}$$

$$-20m\sim-33m\ \text{段}:s_4=\frac{150}{12}\times13=162.5\text{mm}$$

（3）总沉降量：$s=s_1+s_2+s_3+s_4=8.65+67.91+52.08+162.5=291.14\text{mm}$

【2-69】（2007C08）在条形基础持力层以下有厚度为 2m 的正常固结黏土层，已知该黏土层中部的自重应力为 50kPa，附加压力为 100kPa，在此下卧层中取土做固结试验的数据见下表。则该黏土层在附加压力作用下的压缩变形量最接近（　　）。

p(kPa)	0	50	100	200	300
e	1.04	1.00	0.97	0.93	0.90

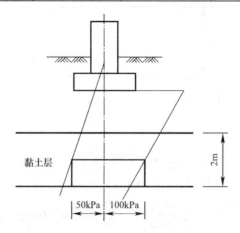

（A）35mm　　　　（B）40mm　　　　（C）45mm　　　　（D）50mm

答案：D

解答过程：

（1）在土的自重压力 $p_1=50$kPa 时，$e_1=1.00$

在自重压力＋附加压力 $p_2=150$kPa 时，$e_2=0.95$

（2）压缩变形量：$s=\dfrac{e_1-e_2}{1+e_1}H=\dfrac{1.00-0.95}{1+1.00}\times2000=50\text{mm}$

【2-70】（2009C08）建筑物长度 50m、宽 10m，比较筏板基础和 1.5m 的条形基础两种方案，已分别求得筏板基础和条形基础中轴线上、变形计算深度范围内（为简化计算，假定两种基础的变形计算深度相同）附加压力随深度分布的曲线（近似为折线），如下图所示。已知持力层的压缩模量 $E_s=4$MPa，下卧层的压缩模量 $E_s=2$MPa，这两层土的压缩变形引起的筏板基础沉降 s_1 与条形基础沉降 s_2 之比最接近（　　）。

（A）1.23　　　　（B）1.44　　　　（C）1.65　　　　（D）1.86

答案：A

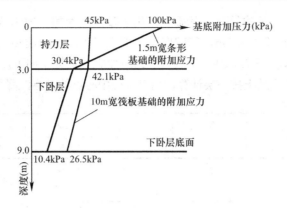

解答过程：

（1）筏基沉降：$s_1 = \sum_{i=1}^{n} \dfrac{p_i}{E_{si}} H_i = \dfrac{45 + 42.1}{2 \times 4} \times 3 + \dfrac{42.1 + 26.5}{2 \times 2} \times 6 = 135.6 \text{mm}$

（2）条基沉降：$s_2 = \dfrac{100 + 30.4}{2 \times 4} \times 3 + \dfrac{30.4 + 10.4}{2 \times 2} \times 6 = 110.1 \text{mm}$

（3）$\dfrac{s_1}{s_2} = \dfrac{135.6}{110.1} = 1.23$

【2-71】（2009C20）某填方高度为 8m 的公路路基垂直通过一作废的混凝土预制场，在地面高程原建有 30 个钢筋混凝土地梁，梁下有 53m 深灌注桩，为了避免路面不均匀沉降，在地梁上铺设聚苯乙烯（泡沫）板块（EPS），路基填土重度为 18.4kN/m³，据计算，在地基土 8m 填方的荷载下，沉降量为 15cm，忽略地梁本身的沉降，EPS 的平均压缩模量为 $E_s = 500 \text{kPa}$，为消除地基不均匀沉降，在地梁上铺设聚苯乙烯的厚度为（　　）。

（A）150mm　　　　（B）350mm　　　　（C）550mm　　　　（D）750mm

答案：C

解答过程：

（1）EPS 板厚度为 h。

（2）$s = \dfrac{\Delta p}{E_s} h \Rightarrow 15 \times 10 = \dfrac{(8 - h) \times 18.4}{0.5} \times h \Rightarrow h = 547 \text{mm}$

【小注岩土点评】

本题不少考生没理解题目意思，本题就是用 EPS 的厚度来抵消地表下降量，最终的总高度就是铺设 EPS 和没有铺设 EPS 两边的路基高度一致，都是 8m。铺设了 EPS 的厚度为 h，作用在 EPS 上的填土高度就是 $8 - h$，计算这部分的荷载对于 EPS 的压缩量为 15cm。

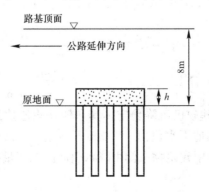

【2-72】（2010C08）某建筑方形基础，作用于基础底面的竖向力为9200kN，基础底面尺寸为6m×6m，基础埋深2.5m，基础底面上下土层为均质粉质黏土，重度为19kN/m³，综合 e-p 关系试验数据见下表，基础中心点下的附加应力系数 α 如下图所示，已知沉降计算经验系数为0.4，将粉质黏土按一层计算，则该基础中心点的最终沉降量最接近（　　）。

压力 p_i (kPa)	0	50	100	200	300	400
孔隙比 e	0.544	0.534	0.526	0.512	0.508	0.506

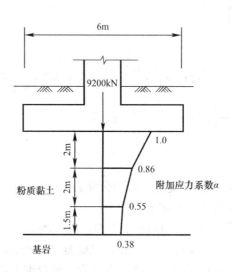

(A) 10mm　　　　(B) 23mm　　　　(C) 35mm　　　　(D) 57mm

答案：B

解答过程：

（1）基底附加压力：$p_z = \dfrac{9200}{6 \times 6} - 2.5 \times 19 = 208\text{kPa}$

（2）平均附加应力系数：

$$\bar{\alpha} = \frac{\dfrac{1+0.86}{2} \times 2 + \dfrac{0.86+0.55}{2} \times 2 + \dfrac{0.55+0.38}{2} \times 1.5}{2+2+1.5} = 0.721$$

平均附加压力：$\bar{p}_z = 0.721 \times 208 = 150\text{kPa}$

（3）平均自重压力：$\bar{p}_{cz} = 2.5 \times 19 + \dfrac{5.5}{2} \times 19 = 100\text{kPa}$，对应 $e_1 = 0.526$

（4）$\bar{p}_z + \bar{p}_{cz} = 150 + 100 = 250\text{kPa}$，对应 $e_2 = \dfrac{0.512+0.508}{2} = 0.51$

（5）最终沉降量：$s = \zeta \sum\limits_{i=1}^{n} \dfrac{e_1 - e_2}{1+e_1} H_i = 0.4 \times \dfrac{0.526-0.51}{1+0.526} \times 5.5 \times 1000 = 23\text{mm}$

【2-73】（2011D05）甲建筑已沉降稳定，其东侧新建乙建筑，开挖基坑时，采取降水措施，使甲建筑物东侧潜水地下水位由 -5.0m 下降至 -10.0m，基底以下地层参数及地下水位如下图所示，则估算甲建筑物东侧由降水引起的沉降量接近于（　　）。

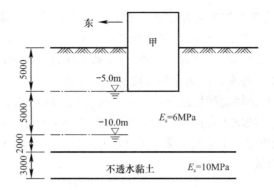

(A) 38mm   (B) 41mm   (C) 63mm   (D) 76mm

答案：A

解答过程：

根据水位变化，将基底分为两层：基底埋深5m到10m处；埋深10m到12m处。

(1) $5\sim10\text{m}$: $s_1 = \dfrac{\Delta p_1}{E_s}H_1 = \dfrac{\frac{1}{2}\times50}{6}\times5 = 20.8\text{mm}$

(2) $10\sim12\text{m}$: $s_2 = \dfrac{\Delta p_2}{E_s}H_2 = \dfrac{50}{6}\times2 = 16.7\text{mm}$

(3) $s = s_1 + s_2 = 20.8 + 16.7 = 37.5\text{mm}$

【2-74】(2018C21) 某建筑场地地下水位位于地面下3.2m，经多年开采地下水后，地下水位下降了22.6m，测得地面沉降量为550mm。该场地土层分布如下：0至7.8m为粉质黏土层，7.8至18.9m为粉土层，18.9至39.6m为粉砂层，以下为基岩。试计算粉砂层的变形模量平均值最接近下列哪个选项？（注：已知$\gamma_w = 10.0\text{kN/m}^3$，粉质黏土和粉土层的沉降量合计为220.8mm，沉降引起的地层厚度变化可忽略不计）

(A) 8.7MPa   (B) 10.0MPa   (C) 13.5MPa   (D) 53.1MPa

答案：C

解答过程：

根据《工程地质手册》（第五版）P719：

(1) 粉砂层沉降量：$s = 550 - 220.8 = 329.2\text{mm}$

(2) $s = \dfrac{\frac{(18.9-3.2)+22.6}{2}\times10}{E_s}\times(25.8-18.9) + \dfrac{22.6\times10}{E_s}\times(39.6-25.8) = 329.2$

(3) $E_s = 13.5\text{MPa}$

【小注岩土点评】

① 有效应力计算地面沉降，是历年的常考知识点。

② 按照土力学地面沉降的原理，使用的是压缩模量来计算上覆荷载作用下的压缩量，压缩模量和变形模量之间有一个转换公式，对于大范围地面降水引起的砂土沉降，是不需要转化的。

③ 上述的转换公式是在侧限条件下推导出的，而大范围地面降水引起的砂土沉降是无侧限的；同时砂土的变形是可逆的，若在砂层中充水，砂土层的变形是可恢复的。砂土的变形模量就是它的弹性模量。《工程地质手册》（第五版）中使用的就是弹性模量，而非压缩模量。因此，这里不存在变形模量和压缩模量的转换。

【2-75】（2016D05）某场地两层地下水，第一层潜水，埋深 3m，第二层承压水，测管水位埋深 2m，该场地某基坑工程地下水控制采取截水和坑内降水，降水后承压水水位降低了 8m，潜水水位无变化，土层如下图所示（尺寸单位为 mm），计算由承压水水位降低引起的细砂层③的变形量。

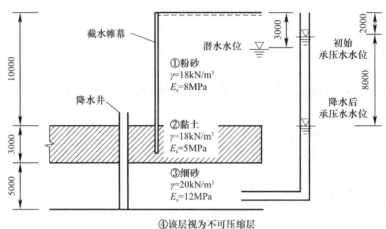

④该层视为不可压缩层

（A）33mm （B）40mm （C）81mm （D）121mm

答案：A

解答过程：

（1）水位下降 8m，细砂层③ 的有效应力增加了：$8 \times 10 = 80$kPa

（2）变形量：$s = \dfrac{80}{12} \times 5 = 33.33$mm

【2-76】（2020D08）某变形已稳定的既有建筑，矩形基础底面尺寸为 4m×6m，基础埋深 2.0m，原建筑作用于基础底面的竖向合力为 3100kN（含基础及其上土重），因增层改造增加荷载 1950kN。地基土分布如下图所示，粉质黏土层综合 e-p 试验数据见下表，地下水位埋藏很深。已知沉降计算经验系数为 0.6，不计密实砂层的压缩量，按照《建筑地基基础设计规范》GB 50007—2011 规定计算，因建筑改造，该基础中心点增加的沉降量最接近下列哪个选项？

压力 p（kPa）	0	50	100	200	300	400	600
孔隙比 e	0.768	0.751	0.740	0.725	0.710	0.705	0.689

（A）16mm （B）25mm （C）50mm （D）65mm

答案：A

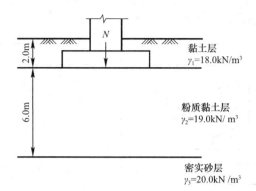

解答过程：

根据《建筑地基基础设计规范》GB 50007—2011 第5.3.5条：

$$\frac{l}{b}=\frac{6}{4}=1.5,\ \frac{z}{b}=\frac{6}{2}=3,\ \bar{\alpha}=0.1533$$

（1）增层前粉质黏土层的有效应力

$$p_1=18\times2+19\times3+\left(\frac{3100}{4\times6}-18\times2\right)\times4\times0.1533=150.1\rightarrow e_1=0.7325$$

（2）增层后粉质黏土层的有效应力

$$p_2=18\times2+19\times3+\left(\frac{3100+1950}{4\times6}-18\times2\right)\times4\times0.1533=200\rightarrow e_2=0.725$$

（3）增加的变形量

$$s=0.6\times\frac{0.7325-0.725}{1+0.7325}\times6=15.6\text{mm}$$

【2-77】（2008C24）以厚层黏性土组成的冲积相地层，由于大量抽汲地下水引起大面积地面沉降。经20年观测，地面总沉降量达1250mm，从地面下深度65m处以下沉降观测未发生沉降，在此期间，地下水位深度由5m下降到35m。则该黏性土层的平均压缩模量最接近（　　　）。

(A) 10.8MPa　　　(B) 12.5MPa　　　(C) 15.8MPa　　　(D) 18.1MPa

答案：A

解答过程：

（1）埋深−5～−35m段：$s_1=\dfrac{\Delta p_1}{E_s}H_1=\dfrac{300}{2E_s}\times30=\dfrac{4500}{E_s}$

埋深−35～−65m段：$s_2=\dfrac{\Delta p_2}{E_s}H_2=\dfrac{300}{E_s}\times30=\dfrac{9000}{E_s}$

（2）$s=s_1+s_2=\dfrac{4500}{E_s}+\dfrac{9000}{E_s}=1250$，解得：$E_s=10.8$MPa

二、应力面积法（规范法）

——《建筑地基基础设计规范》第5.3.5～5.3.8条

（一）地基最终沉降量计算

计算地基变形时，基础底面以下地层中的应力分布，可采用各向同性均质线性变形体理论，最终沉降量计算如下：

计算图示	计算公式
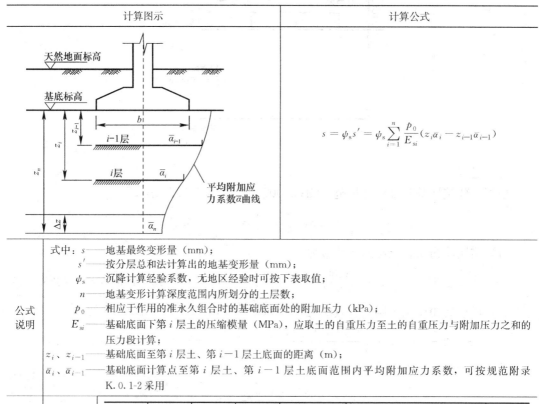	$$s = \psi_s s' = \psi_s \sum_{i=1}^{n} \frac{p_0}{E_{si}}(z_i\bar{\alpha}_i - z_{i-1}\bar{\alpha}_{i-1})$$

公式 说明	式中：s——地基最终变形量（mm）； s'——按分层总和法计算出的地基变形量（mm）； ψ_s——沉降计算经验系数，无地区经验时可按下表取值； n——地基变形计算深度范围内所划分的土层数； p_0——相应于作用的准永久组合时的基础底面处的附加压力（kPa）； E_{si}——基础底面下第 i 层土的压缩模量（MPa），应取土的自重压力至土的自重压力与附加压力之和的压力段计算； z_i、z_{i-1}——基础底面至第 i 层、第 $i-1$ 层土底面的距离（m）； $\bar{\alpha}_i$、$\bar{\alpha}_{i-1}$——基础底面计算点至第 i 层土、第 $i-1$ 层土底面范围内平均附加应力系数，可按规范附录 K.0.1-2 采用

平均附加应 力系数 $\bar{\alpha}_i$	z_i	l/b	z_i/b	$\bar{\alpha}_i$	$4 \cdot \bar{\alpha}_i \cdot z_i$	$4 \cdot \bar{\alpha}_i \cdot z_i - 4 \cdot \bar{\alpha}_{i-1} \cdot z_{i-1}$		E_{si}
	基底下土层的平均附加应力计算表格如上表所示，l、b 分别为分块矩形的长、宽							

计算 步骤	**压缩模量当量值：** $$\bar{E}_s = \frac{\sum A_i}{\sum \dfrac{A_i}{E_{si}}}$$ $$A_i = p_0(\bar{\alpha}_i \cdot z_i - \bar{\alpha}_{i-1} \cdot z_{i-1})$$ **地基压缩沉降经验系数 ψ_s**

沉降经验系数 ψ_s

地基压缩沉降经验系数 ψ_s

基底附加压力	$\bar{E}_s$				
	2.5MPa	4.0MPa	7.0MPa	15.0MPa	20.0MPa
$p_0 \geqslant f_{ak}$	1.4	1.3	1.0	0.4	0.2
$p_0 \leqslant 0.75 \cdot f_{ak}$	1.1	1.0	0.7	0.4	0.2

地基最终沉降量 s

$$s = \psi_s s' = \psi_s \sum_{i=1}^{n} \frac{p_0}{E_{si}}(z_i\bar{\alpha}_i - z_{i-1}\bar{\alpha}_{i-1})$$

按上述公式计算最终沉降量

【2-78】（2005D11）某独立柱基尺寸为 $4m \times 4m$，基础底面处的附加压力为 130kPa，地基承载力特征值 $f_{ak} = 180$kPa，根据表中所提供的数据，采用分层总和法计算独立柱基

的地基最终变形量，变形计算深度为基础底面下 6.0m，沉降计算经验系数取 $\psi = 0.4$，根据以上条件计算得出的地基最终变形量最接近（　　）。

第 i 土层	基底至第 i 土层底面距离 z_i (m)	E_{si} (MPa)
1	1.6	16
2	3.2	11
3	6.0	25
4	30	60

(A) 17mm　　　　(B) 15mm　　　　(C) 13mm　　　　(D) 11mm

答案：D

解答过程：

根据《建筑地基基础设计规范》GB 50007—2011 第 5.3.5 条：

z_i	l/b	z/b	$\bar{\alpha}_i$	$4z_i\bar{\alpha}_i$	$4(z_i\bar{\alpha}_i - z_{i-1}\bar{\alpha}_{i-1})$	E_{si} (MPa)
0	—	—	—	—	—	—
1.6	1	0.8	0.2346	1.5014	1.5014	16
3.2	1	1.6	0.1939	2.4819	0.9805	11
6.0	1	3	0.1369	3.2856	0.8037	25

$$s = \psi_s \sum_{i=1}^{n} \frac{p_0}{E_{si}}(z_i\bar{\alpha}_i - z_{i-1}\bar{\alpha}_{i-1}) = 0.4 \times 130 \times \left(\frac{1.5014}{16} + \frac{0.9805}{11} + \frac{0.8037}{25}\right) = 11.2\text{mm}$$

【2-79】(2008D08) 某住宅楼采用长宽 40m×40m 的筏形基础，埋深 10m。基础底面平均总压力值为 300kPa。室外地面以下土层重度 γ 为 20kN/m³，地下水位在室外地面以下 4m。根据下表数据计算基底下深度 7~8m 土层的变形值 $\Delta s'_{7\text{-}8}$ 最接近（　　）。

第 i 土层	基底至第 i 土层底面距离 z_i	E_{sl} (MPa)
1	4.0m	20
2	8.0m	16

(A) 7.0mm　　　　(B) 8.0mm　　　　(C) 9.0mm　　　　(D) 10.0mm

答案：D

解答过程：

根据《建筑地基基础设计规范》GB 50007—2011 第 5.3.5 条：

(1) $p_0 = p_k - p_c = 300 - (4 \times 20 + 6 \times 10) = 160\text{kPa}$

(2)

z_i	l/b	z_i/b	$\bar{\alpha}_i$	$4z_i\bar{\alpha}_i$	$4(z_i\bar{\alpha}_i - z_{i-1}\bar{\alpha}_{i-1})$	E_{si} (MPa)
0	—	—	—	—	—	—
7	1	0.35	0.2480	6.944	6.944	16
8	1	0.40	0.2474	7.9168	0.9728	16

$$\Delta s'_{7-8} = \frac{p_0}{E_{si}}(z_i \bar{\alpha}_i - z_{i-1}\bar{\alpha}_{i-1}) = \frac{160}{16} \times 0.9728 = 9.73\text{mm}$$

【2-80】（2009C07）某建筑筏形基础，宽度 15m，埋深 10m，基底压力 400kPa，地基土层性质见下表，按《建筑地基基础设计规范》GB 50007—2011 的规定，则该建筑地基的压缩模量当量值最接近（   ）。

序号	岩土名称	层底深度（m）	压缩模量（MPa）	基底至该层底的平均附加应力系数 $\bar{\alpha}$（基础中心点）
1	粉质黏土	10	12.0	—
2	粉土	20	15.0	0.8974
3	粉土	30	20.0	0.7281
4	基岩	—	—	—

（A）15MPa   （B）16.6MPa   （C）17.5MPa   （D）20MPa

答案：B

解答过程：

根据《建筑地基基础设计规范》GB 50007—2011 第 5.3.6 条：

$$\bar{E}_s = \frac{\sum A_i}{\sum \dfrac{A_i}{E_{si}}} = \frac{0.7281 \times (30-10)}{\dfrac{0.8974 \times 10}{15} + \dfrac{0.7281 \times (30-10) - 0.8974 \times 10}{20}} = 16.6\text{MPa}$$

【2-81】（2013C05）某建筑基础为柱下独立基础，基础平面尺寸为 5m×5m，基础埋深 2m，室外地面以下土层参数见下表，假定变形计算深度为卵石层顶面。问计算基础中点沉降时，沉降计算深度范围内的压缩模量当量值最接近（   ）。

土层名称	土层层底埋深（m）	重度（kN/m³）	压缩模量 E_s(MPa)
粉质黏土	2.0	19	10
粉土	5.0	18	12
细砂	8.0	18	18
密实卵石	15.0	18	90

（A）12.6MPa   （B）13.4MPa   （C）15.0MPa   （D）18.0MPa

答案：B

解答过程：

根据《建筑地基基础设计规范》第 5.3.6 条：$A_i = p_0(z_i\bar{\alpha}_i - z_{i-1}\bar{\alpha}_{i-1})$

z_i	l/b	z_i/b	$\bar{\alpha}_i$	$4(z_i\bar{\alpha}_i - z_{i-1}\bar{\alpha}_{i-1})$	A_i
0	—	—	—	—	—
3	1	1.2	0.2149	2.5788	$2.5788p_0$
6	1	2.4	0.1578	1.2084	$1.2084p_0$

$$\overline{E}_s = \frac{\sum A_i}{\sum \dfrac{A_i}{E_i}} = \frac{2.5788+1.2084}{\dfrac{2.5788}{12}+\dfrac{1.2084}{18}} = 13.4\text{MPa}$$

【2-82】（2012D06）某高层建筑筏板基础，平面尺寸为 20m×40m，埋深 8m，基底压力的准永久组合值为 607kPa，地面以下 25m 范围内为山前冲洪积粉土、粉质黏土，平均重度为 19kN/m³，其下为密实卵石，基底下 20m 深度内的压缩模量当量值为 18MPa。实测筏板基础中心点最终沉降量为 80mm，问由该工程实测资料推出的沉降经验系数最接近（　　）。

(A) 0.15　　　　(B) 0.20　　　　(C) 0.66　　　　(D) 0.80

答案：B

解答过程：

根据《建筑地基基础设计规范》GB 50007—2011 第 5.3.5 条：

(1) 基底附加压力：$p_0 = p_k - \gamma_m d = 607 - 19 \times 8 = 455\text{kPa}$

$$\frac{l}{b} = \frac{20}{10} = 2, \ \frac{z}{b} = \frac{20}{10} = 2, \ \text{查表得角点下} \ \overline{\alpha} = 0.1958$$

(2) 理论沉降量：$s = 4 \times \dfrac{p_0}{\overline{E}_s} \times \overline{\alpha} z = 4 \times \dfrac{455}{18} \times 0.1958 \times 20 = 396\text{mm}$

(3) 沉降经验系数：$\dfrac{80}{396} = 0.20$

【2-83】（2014D05）某既有建筑基础为条形基础，基础宽度 $b = 3.0\text{m}$，埋深 $d = 2.0\text{m}$，剖面如下图所示。由于房屋改建，拟增加一层，导致基础底面压力由原来的 65kPa 增加至 85kPa，沉降计算的经验系数 $\psi_s = 1.0$。计算由于房屋改建使淤泥质黏土层产生的附加沉降量最接近下列何值？

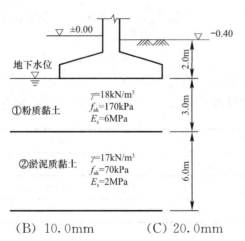

(A) 9.0mm　　　　(B) 10.0mm　　　　(C) 20.0mm　　　　(D) 35.0mm

答案：C

解答过程：

根据《建筑地基基础设计规范》GB 50007—2011 第 5.3.5 条：

采用对角法和分层总和法计算，可划分 4 个矩形方块来计算，条形基础根据 $\dfrac{l}{b} = 10$ 和

$\dfrac{z_i}{b}$ 的值，分层计算求出 α_i，计算过程如下表所示：

z_i	l/b	z_i/b	$\bar{\alpha}_i$	$4z_i\bar{\alpha}_i$	$4(z_i\bar{\alpha}_i - z_{i-1}\bar{\alpha}_{i-1})$	E_{si}(MPa)
0	10	0	—	—	—	—
3	10	3/1.5=2	0.2018	2.4216	2.4216	6
9	10	9/1.5=6	0.1216	4.3776	1.956	2

附加沉降量为：

$$s = \psi_s s' = \psi_s \sum_{i=1}^{n} \frac{p_0}{E_{si}}(z_i\bar{\alpha}_i - z_{i-1}\bar{\alpha}_{i-1}) = 1.0 \times \frac{85-65}{2} \times 1.956 = 19.56\text{mm}$$

【2-84】（2017D08）某矩形基础，底面尺寸为 2.5m×4.0m，基底附加压力 $p_0 =$ 200kPa，基础中心点下地基附加压力曲线如下图所示，问：基底中心点下深度 1.0～4.5m 范围内附加压力曲线与坐标轴围成的面积 A（图中阴影部分）最接近下列何值？（图中尺寸单位为 mm）

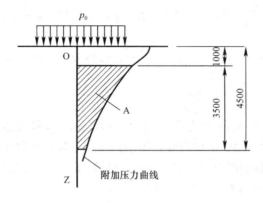

（A）274kN/m　　（B）308kN/m　　（C）368kN/m　　（D）506kN/m

答案：B

解答过程：

（1）中心点处 $l=2$，$b=1.25$，$l/b=1.6$

查《建筑地基基础设计规范》GB 50007—2011 中平均附加应力系数表：

z_i	z_i/b	l/b	$\bar{\alpha}_i$	$4z_i\bar{\alpha}_i$	$4(z_i\bar{\alpha}_i - z_{i-1}\bar{\alpha}_{i-1})$
0	0	1.6	—	—	—
1	0.8	1.6	0.2395	0.958	0.958
4.5	3.6	1.6	0.1389	2.5	1.542

（2）$A = p_0 \times 4(z_i\bar{\alpha}_i - z_{i-1}\bar{\alpha}_{i-1}) = 200 \times 1.542 = 308\text{kN/m}$

【2-85】（2017C09）某筏板基础，平面尺寸为 12m×20m，其地质资料如下图所示，地下水位在地面处。相应于作用效应准永久组合时基础底面的竖向合力 $F = 18000$kN，力矩 $M = 8200$kN·m，基底压力按线性分布计算。按照《建筑地基基础设计规范》GB 50007—2011 规定的方法，计算筏板基础长边两端 A 点与 B 点之间的沉降差值（沉降计算经验系数取 $\psi_s = 1.0$），其值最接近以下哪个数值？

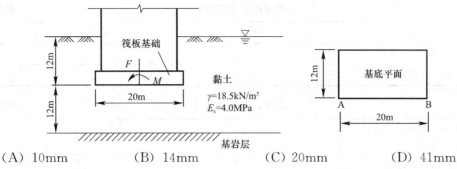

(A) 10mm　　　　　(B) 14mm　　　　　(C) 20mm　　　　　(D) 41mm

答案：A

解答过程：

(1) $e=\dfrac{8200}{18000}=0.46\text{m}<\dfrac{b}{6}$，属于小偏心。

(2) 基底压力分布如下：

$$\Delta p=p_{\max}-p_{\min}=\frac{M}{\frac{1}{2}W}=\frac{2\times8200}{\frac{1}{6}\times12\times20^2}=20.5\text{kPa}$$

(3) 对于图（1）可以抵消，A、B 两点的沉降差由图（2）引起。

对于图（2），$l/b=12/20=0.6$，$z/b=12/20=0.6$，对三角形荷载，查《建筑地基基础设计规范》GB 50007—2011：

$$\bar{\alpha}_{\text{A}}=0.1966,\ \bar{\alpha}_{\text{B}}=0.0355$$

(4) $\Delta s=\psi_{\text{s}}\cdot\dfrac{\Delta p}{E_{\text{s}}}\cdot z\cdot(\bar{\alpha}_{\text{A}}-\bar{\alpha}_{\text{B}})=1\times\dfrac{20.5\times12}{4}\times(0.1966-0.0355)=9.91\text{mm}$

【小注岩土点评】

本题目值得细细品味，可以看到，解题方法中并没有采用基底附加压力来计算沉降，而是应用的压力差，这是因为，土体按弹性体考虑，土体中的应力，小于固有应力（自重应力或者前期固结应力）会发生回弹，大于固有应力（自重应力或者前期固结应力）会发生沉降，故该题目的变形差值，其实是应力差，所以没有按照基底附加压力来计算，当然，该题目默认条件是土层的回弹模量和压缩模量相等。

【2-86】（2019C05）某矩形基础，荷载作用下基础中心点下不同深度处的附加应力系数见表1，基底以下土层参数见表2。基底附加压力为 200kPa，地基变形计算深度取 5m，沉降计算经验系数见表3。按照《建筑地基基础设计规范》GB 50007—2011，该基础中心点的最终沉降量最接近下列何值？

(A) 40mm　　　　　(B) 50mm　　　　　(C) 60m　　　　　(D) 70mm

基础中心点下不同深度处的附加应力系数　　　　　　　　　　　　　　　表1

计算点至基底的垂直距离（m）	1.0	2.0	3.0	4.0	5.0
附加应力系数	0.674	0.32	0.171	0.103	0.069

基底以下土层参数		表 2
名称	厚度（m）	压缩模量（MPa）
①黏性土	3	6
②细砂	10	15

沉降计算经验系数					表 3
变形计算深度范围内压缩模量的当量值（MPa）	2.5	4.0	7.0	15.0	20.0
沉降计算经验系数	1.4	1.3	1.0	0.4	0.2

答案：C

解答过程：

按照沉降计算原理，取 1m 分层，按分层总和法计算沉降量。

（1）黏性土总应力：$A_1 = 200 \times \left(\dfrac{1+0.674}{2} + \dfrac{0.674+0.32}{2} + \dfrac{0.32+0.171}{2} \right) = 315.9 \text{kPa}$

细砂总应力：$A_2 = 200 \times \left(\dfrac{0.171+0.103}{2} + \dfrac{0.103+0.069}{2} \right) = 44.6 \text{kPa}$

（2）计算沉降量：$s' = \sum \dfrac{A}{E} = \dfrac{315.9}{6} + \dfrac{44.6}{15} = 55.62 \text{mm}$

（3）压缩模量当量值：$\bar{E} = \dfrac{\sum A}{\sum \dfrac{A}{E}} = \dfrac{315.9+44.6}{55.62} = 6.48 \text{MPa}$

沉降计算经验系数：$\psi_s = 1.3 + \dfrac{6.48-4}{7-4} \times (1-1.3) = 1.052$

（4）修正后沉降量：$s = \psi_s \times s' = 1.052 \times 55.62 = 58.51 \text{mm}$

【2-87】（2022C05）圆形基础底面直径 10m，均布基底附加压力 $p_0 = 80 \text{kPa}$，土层参数如下图所示。沉降观测获得图中四个测点 1、2、3、4 的沉降量分别为 130mm、70mm、40mm、10mm。根据《建筑地基基础设计规范》GB 50007—2011 的地基变形计算方法，

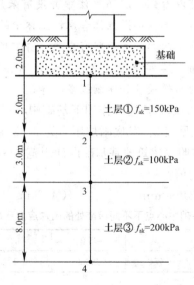

求土层①～土层③土体压缩模量的当量值 $\bar{E}_s$ 最接近下列哪个选项？

(A) 3.0MPa   (B) 4.8MPa   (C) 5.2MPa   (D) 7.5MPa

答案：B

解答过程：

根据《建筑地基基础设计规范》GB 50007—2011 第5.3.5条：

(1) ①～③层沉降：$s=130-10=120$mm

(2) 16m处：$\dfrac{z}{r}=\dfrac{16}{5}=3.2$，$\bar{\alpha}=0.484$

考虑沉降计算经验系数，需要先假定压缩模量当量值的取值。

$p_0=80$kPa $\leqslant 0.75 f_{ak}=0.75\times150=112.5$kPa；假设 4MPa$\leqslant \bar{E}_s \leqslant 7$MPa

则 $\psi_s=1+\dfrac{\bar{E}_s-4}{7-4}(0.7-1.0)=1-0.1(\bar{E}_s-4)$

(3) 代入公式得：$s=[1-0.1(\bar{E}_s-4)]\dfrac{A}{E_s}$，其中，$A=p_0 z\bar{\alpha}=80\times16\times0.484=$
619.52kPa/m

$s=[1-0.1(\bar{E}_s-4)]\dfrac{619.52}{\bar{E}_s}=120$；解得 $\bar{E}_s=4.76$MPa，满足假设。

【小注岩土点评】

① 某层的沉降实测值等于总沉降实测值减去其余各层的沉降实测值，对于本题而言，1测点是总沉降实测值，4测点是4测点以下各层的实测值，故要计算①～③层沉降等于1测点实测值减去4测点实测值。

② 考虑到计算值和实测值差一个经验系数，经验系数又跟压缩模量当量值有关，故只能先假设当量值取值，再验算是否满足假设。

③ 经验系数是根据当量值插值求得，故需要列出当量值插值计算出的沉降计算经验系数，代入公式计算。

(二) 地基压缩沉降变形计算深度 z_n

地基压缩沉降变形计算 z_n，按下列方法确定，当计算深度下部仍有较软土层时，应继续计算：

(1) 当无相邻荷载影响，基础宽度在 $1\sim30$m 范围内时，基础中点的地基变形计算深度也可由下列简化公式计算：

$$z_n=b\cdot(2.5-0.4\cdot\ln b)$$

式中：b——基础宽度（m）。

(2) 沉降比法

$$\Delta s'_n \leqslant 0.025\cdot\sum_{i=1}^{n}\Delta s'_i$$

式中：$\Delta s'_i$——在计算深度范围内，第 i 层土的压缩沉降变形计算值（mm），$\Delta s'_i=\dfrac{p_0}{E_{si}}\cdot$
$(\bar{\alpha}_i z_i-\bar{\alpha}_{i-1} z_{i-1})$；

$\Delta s'_n$——在由计算深度处向上取厚度为 Δz 的土层计算压缩沉降变形值（mm），Δz

按下表取值：

$$\Delta z_n$$

基础宽度 b（m）	$b \leqslant 2$	$2 < b \leqslant 4$	$4 < b \leqslant 8$	$b > 8$
Δz_n（m）	0.3	0.6	0.8	1.0

（三）当存在相邻荷载时，应计算相邻荷载引起的地基变形，其值可按应力叠加原理，采用角点法计算

【2-88】（2011D08）既有基础平面尺寸为 $4m \times 4m$，埋深 2m，底面压力 150kPa，如下图所示，新建基础紧贴既有基础修建，基础平面尺寸 $4m \times 2m$，埋深 2m，底面压力 100kPa，已知基础下地基土为均质粉土，重度 $\gamma = 20kN/m^3$，压缩模量 $E_s = 10MPa$，层底埋深 8m，下卧基岩，则新建基础的荷载引起的既有基础中心点的沉降量最接近（　　）。（沉降修正系数取 1.0）

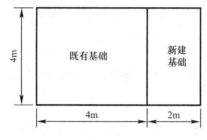

（A）1.8mm　　　（B）3.0mm　　　（C）3.3mm　　　（D）4.5mm

答案：A

解答过程：

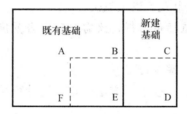

如上图取矩形 ACDF，其中 AB＝BC＝CD＝2m。

（1）对于矩形 ACDF，$\frac{l}{b} = \frac{4}{2} = 2$，$\frac{z}{b} = \frac{6}{2} = 3$，角点 $\bar{\alpha}_1 = 0.1619$

对于矩形 ABEF，$\frac{l}{b} = \frac{2}{2} = 1$，$\frac{z}{b} = \frac{6}{2} = 3$，角点 $\bar{\alpha}_2 = 0.1369$

（2）矩形 BCDE 对于 A 点的平均附加应力系数 $\bar{\alpha} = 0.1619 - 0.1369 = 0.025$

（3）沉降量为：

$$s = 2s_1 = 2 \cdot \psi_s \cdot \sum_{i=1}^{n} \frac{p_0}{E_{si}}(z_i \bar{\alpha}_i - z_{i-1}\bar{\alpha}_{i-1}) = 2 \times 1.0 \times \frac{100 - 2 \times 20}{10} \times 6 \times 0.025 = 1.8mm$$

【2-89】（2013D07）如下图所示甲、乙两相邻基础，其埋深和基底平面尺寸均相同，埋深 $d = 1.0m$，底面尺寸均为 $2m \times 4m$，地基土为黏土，压缩模量 $E_s = 3.2MPa$。作用的

准永久组合下基础底面处的附加压力分别为 $p_{0甲}=120\text{kPa}$，$p_{0乙}=60\text{kPa}$，沉降计算经验系数取 $\psi_s=1.0$，根据《建筑地基基础设计规范》GB 50007—2011 计算，甲基础荷载引起的乙基础中点的附加沉降量最接近（　　）。

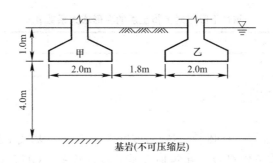

(A) 1.6mm　　　　(B) 3.2mm　　　　(C) 4.8mm　　　　(D) 40.8mm

答案：B

解答过程：

根据《建筑地基基础设计规范》GB 50007—2011 第 5.3.5 条：

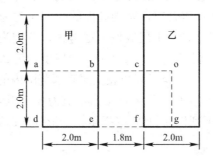

(1) 在矩形 aogd 中，$l/b=4.8/2=2.4$，$z/b=4/2=2$，查表 K.0.1−2，$\bar{\alpha}=0.1982$

在矩形 boge 中，$l/b=2.8/2=1.4$，$z/b=4/2=2$，查表 K.0.1−2，$\bar{\alpha}=0.1875$

综合 $\bar{\alpha}=2\times0.1982-2\times0.1875=0.0214$

(2) $s=\psi_s s'=\psi_s \sum\limits_{i=1}^{n}\dfrac{p_0}{E_{si}}(z_i\bar{\alpha}_i-z_{i-1}\bar{\alpha}_{i-1})=1.0\times\dfrac{120}{3.2}\times(4\times0.0214-0)=3.21\text{mm}$

(四) 地基变形计算深度范围内，存在刚性下卧层造成地基变形的增大效应

《建筑地基基础设计规范》GB 50007—2011 第 5.3.8 条规定，当地基压缩沉降变形计算深度 z_n 范围内存在下列情况时：

(1) 当 z_n 内存在基岩时，z_n 可取至基岩表面。

(2) 当 z_n 内存在较厚坚硬黏土层，其孔隙比小于 0.5、压缩模量大于 50MPa 时，z_n 可取至其表面。

(3) 当 z_n 内存在较厚密实砂卵石层，其压缩模量大于 80MPa 时，z_n 可取至其表面。

此时，地基土附加压力分布应考虑相对硬层存在的影响，其地基压缩沉降变形应考虑刚性下卧层对地基变形造成的增大效应，并按规范式（6.2.2）（第 6.2.2 条，即直接增大，不用判别）计算地基最终压缩沉降变形量：

$$s_{gz}=\beta_{gz}\cdot s_z$$

式中：s_{gz}——基底下存在刚性下卧层时，地基土的变形值（mm）；

s_z——变形计算深度相当于实际土层厚度计算确定的地基最终压缩沉降变形量（mm）；

β_{gz}——刚性下卧层对上覆土层的变形增大系数，按下表采用：

刚性下卧层对上覆土层的变形增大系数 β_{gz}

h/b	0.5	1.0	1.5	2.0	2.5
β_{gz}	1.26	1.17	1.12	1.09	1.00

式中：h——基底下土层厚度（m）；

b——基础宽度（m）。

当地基中下卧基岩面为单向倾斜、岩面坡度大于 10%、基底下的土层厚度大于 1.5m 时，其结构类型和地质条件符合《建筑地基基础设计规范》GB 50007—2011 第 6.2.2 条第 1 款规定时，可不做地基变形验算。

【小注】注意理解什么是应力扩散、应力集中。上硬下软，应力扩散，上软下硬，应力集中。刚性下卧层会导致应力集中，实际变形比计算更大。

【2-90】（模拟题）假定，黏土层的地基承载力特征值 $f_{ak}=140\text{kPa}$，基础宽度为 2.5m，对应于荷载效应准永久组合时，基础底面的附加压力为 100kPa。采用分层总和法计算基础底面中点 A 的沉降量，总土层数按两层考虑，分别为基底以下的黏土层（$E_s=6.0\text{MPa}$）及其下的淤泥质土层（$E_s=2.0\text{MPa}$），层厚度均为 2.5m，A 点至黏土层底部范围内的平均附加应力系数为 0.8，至淤泥质黏土层底部范围内的平均附加应力系数为 0.6，基岩以上变形计算深度范围内土层的压缩模量当量值为 3.5MPa，试问，基础中点 A 的最终沉降量（mm）最接近于下列何项数值？（提示：变形计算深度取至基岩表面）

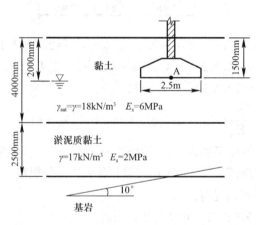

(A) 75　　　　(B) 86　　　　(C) 94　　　　(D) 105

答案：C

解答过程：

根据《建筑地基基础设计规范》GB 50007—2011 第 6.2.2 条：

由于岩面坡度 $\tan 10°=0.176>10\%$，基底下土层厚度大于 1.5m，且 f_{ak} 不满足规范表 6.2.2-1 的要求，因此，应考虑刚性下卧层的影响，按下式计算地基的变形：$s_{gz}=\beta_{gz}s_z$。

(1) $h/b=5/2.5=2$，查表得 $\beta_{gz}=1.09$

(2) 由于 $\bar{E}_s=3.5\mathrm{MPa}$，$p_0=100\mathrm{kPa}<0.75f_{ak}=0.75\times140=105\mathrm{kPa}$，查表 5.3.5，

$$\psi_s=1.1-\frac{1.1-1.0}{4.0-2.5}\times(3.5-2.5)=1.033$$

(3) $s_z=1.033\times100\times\left(\dfrac{2.5\times0.8}{6}+\dfrac{5\times0.6-2.5\times0.8}{2}\right)=86\mathrm{mm}$

(4) $s_{gz}=1.09\times86=94\mathrm{mm}$

三、原位压缩曲线法（e-$\lg p$ 曲线法）

根据土的压缩试验曲线，当考虑土体的应力历史时，可用 e-$\lg p$ 曲线法计算地基沉降，其基本方法和单向压缩分层总和法类似。但是考虑到土层的不同应力历史，需要用不同的方法进行计算，即正常固结、欠固结、超固结土的计算，现分别总结如下：

（一）正常固结土

$$s=\sum_{i=1}^{i=n}C_{ci}\frac{H_i}{1+e_{0i}}\cdot\lg\frac{\sigma_{szi}+\sigma_{zi}}{\sigma_{szi}}$$

式中：e_{0i}——第 i 层土的初始孔隙比；

$\quad\ \ C_{ci}$——第 i 层土的压缩指数；

$\quad\ \ \sigma_{szi}$——第 i 层土的中点处的平均自重应力（kPa）；

$\quad\ \ \sigma_{zi}$——第 i 层土的平均附加应力（kPa）；

$\quad\ \ H_i$——第 i 层土的厚度（m）。

（二）超固结土

当 $\sigma_{szi}+\sigma_{zi}\leqslant p_{ci}$ 时，

$$s=\sum_{i=1}^{i=n}C_{ei}\frac{H_i}{1+e_{0i}}\cdot\lg\frac{\sigma_{szi}+\sigma_{zi}}{\sigma_{szi}}$$

当 $\sigma_{szi}+\sigma_{zi}> p_{ci}$ 时，

$$s=\sum_{i=1}^{i=n}\left(C_{ei}\frac{H_i}{1+e_{0i}}\cdot\lg\frac{p_{ci}}{\sigma_{szi}}+C_{ci}\frac{H_i}{1+e_{0i}}\cdot\lg\frac{\sigma_{szi}+\sigma_{zi}}{p_{ci}}\right)$$

式中：p_{ci}——第 i 层土的先期固结压力（kPa）；

$\quad\ \ C_{ei}$——第 i 层土的回弹指数或回弹再压缩指数。

（三）欠固结土

$$s=\sum_{i=1}^{i=n}C_{ci}\frac{H_i}{1+e_{0i}}\cdot\lg\frac{\sigma_{szi}+\sigma_{zi}}{p_{ci}}$$

第三节　其他情况下地基的变形计算

一、地基土回弹变形计算

——《建筑地基基础设计规范》第 5.3.10 条

当建筑物地下室基础埋置深度较深，基坑开挖后，且闲置时间较长时，基底土会发生

向上的回弹，此时应考虑坑底地基土的回弹，地基土的回弹变形量可按下式计算：

$$s_c = \psi_c \cdot \sum_{i=1}^{n} \frac{p_c}{E_{ci}} (\bar{\alpha}_i \cdot z_i - \bar{\alpha}_{i-1} \cdot z_{i-1})$$

式中：s_c——地基的回弹变形量（mm）；

  ψ_c——回弹量计算的经验系数，无地区经验时可取 1.0；

  n——地基沉降变形计算深度范围内，所划分的土层数；

  p_c——基底以上土体的自重压力（kPa），一般自天然地面起算；

  E_{ci}——基础底面下，第 i 层土的回弹模量（MPa），基坑开挖完毕后，自基底起算的基底下 i 层土中点处自重应力～自重应力＋基底以上土体的自重压力段的回弹模量；

z_{i-1}、z_i——自基础底面到第 $i-1$ 层土、第 i 层土的土层底面的距离（m）；

$\bar{\alpha}_{i-1}$、$\bar{\alpha}_i$——自基础底面计算点到第 $i-1$ 层土、第 i 层土的土层底面范围内的平均附加应力系数，可按规范附录 K 查取采用。

【小注岩土点评】

进行深基坑开挖以后的卸荷回弹变形计算时，以基坑坑底为起算面，基坑底面处的附加应力，其方向是向上的，为负值，大小等于坑底以上土层的自重应力，然后基坑底面以下土体为研究对象，用计算附加应力相同的方法计算卸荷引起的应力随深度的变化，基底下某一深度处的回弹模量根据开挖前的荷载和开挖后的荷载确定压力段，采用应力面积法或者分层总和法计算回弹变形量。

【2-91】（2005D7）某采用筏基的高层建筑，地下室 2 层，按分层总和法计算出的地基变形量为 160mm，沉降计算经验系数取 1.2，计算得地基回弹变形量为 18mm，地基变形允许值为 200mm，则下列地基变形计算值中（ ）项是正确的。

(A) 178mm   (B) 192mm   (C) 210mm   (D) 214mm

答案：C

解答过程：

$$总变形量＝压缩变形量＋回弹变形量$$
$$即：s = 1.2 \times 160 + 18 = 210mm$$

【2-92】（2010D10）建筑物埋深 10m，基底附加压力为 300kPa，基底以下压缩层范围内各土层的压缩模量、回弹模量及建筑物中心点附加应力系数 α 分布如下图所示，地面以下所有土的重度均为 20kN/m³，无地下水，沉降修正系数 $\psi_s = 0.8$，回弹沉降修正系数 $\psi_c = 1.0$。回弹变形的计算深度为 11m。则该建筑物中心点的总沉降量最接近（ ）。

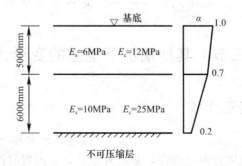

不可压缩层

(A) 142mm　　　　(B) 161mm　　　　(C) 327mm　　　　(D) 373mm

答案：C

解答过程：

(1) 计算压缩沉降：

$$s_1 = \psi_s \sum_{i=1}^{n} \frac{\Delta p_i}{E_{si}} H_i = 0.8 \times \left[\frac{300 \times (1+0.7)}{2 \times 6} \times 5 + \frac{300 \times (0.7+0.2)}{2 \times 10} \times 6 \right] = 234.8 \text{mm}$$

(2) 计算回弹沉降：

$$s_2 = \psi_c \sum_{i=1}^{n} \frac{\Delta p_c}{E_{ci}} H_i = 1.0 \times \left[\frac{200 \times (1+0.7)}{2 \times 12} \times 5 + \frac{200 \times (0.7+0.2)}{2 \times 25} \times 6 \right] = 92.4 \text{mm}$$

(3) 回弹再压缩总沉降：$s = s_1 + s_2 = 234.8 + 92.4 = 327.2 \text{mm}$

【2-93】（2016D09）某建筑采用筏板基础，基坑开挖深度 10m，平面尺寸 20m×100m，自然地面以下土层为粉质黏土，厚度 20m，再往下是基岩，土层参数见下表，无地下水，根据《建筑地基基础设计规范》GB 50007—2011，基坑中心点的开挖回弹量接近下面哪个选项？（其中回弹计算经验系数取 1.0）

土层	层底深度 (m)	重度 (kN/m³)	回弹模量（MPa）				
			$E_{0-0.025}$	$E_{0.025-0.05}$	$E_{0.05-0.1}$	$E_{0.1-0.2}$	$E_{0.2-0.3}$
粉质黏土	20	20	12	14	20	240	300
基岩	—	22	—				

(A) 5.2mm　　　　(B) 7.0mm　　　　(C) 8.7mm　　　　(D) 9.4mm

答案：B

解答过程：

根据《建筑地基基础设计规范》GB 50007—2011 第 5.3.10 条：

(1) $l/b = 50/10 = 5$，$z/b = 10/10 = 1$，查平均附加应力表得：$\bar{\alpha} = 0.2353$

(2) 卸荷前该土层没有附加应力，只有自重应力，$p_{c1} = 20 \times 15 = 300 \text{kPa}$

卸荷后该土层的总应力 $p_{c2} = 20 \times 15 - 20 \times 10 \times 0.2353 \times 4 = 112 \text{kPa}$

(3) 回弹的逆过程为 $p_{c2} \sim p_{c1}$，按此过程计算，并考虑分段压缩模量得：

$$s = \psi \times s_c = 1 \times \left(\frac{200-112}{240} + \frac{300-200}{300} \right) \times 10 = 7.0 \text{mm}$$

【小注岩土点评】

本题目考查回弹量计算。本题目的解法很灵活，但是概念性很强，有考生认为卸荷后的土层总应力应为 $p_2 - 20 \times 5 = 100 \text{kPa}$，这是不准确的，因为该题目非大规模挖填，是有限面积的开挖。基底下 10m 范围内的附加应力，有两种计算方法，采用附加应力系数取中点计算和采用平均附加应力系数，按照 $\dfrac{p_0(z_i \bar{\alpha}_i - z_{i-1} \bar{\alpha}_{i-1})}{\Delta z}$ 计算，很明显，对于沉降计算，第二种方法更合适。

【2-94】（2021D08）某建筑基坑开挖深度 6m，平面尺寸为 20m×80m，场地无地下水，地基土层分布及参数见下表。根据《建筑地基基础设计规范》GB 50007—2011，按分层总和法计算基坑中心点的开挖回弹量，分层厚度为 2m，请计算坑底下第 3 分层（坑底以下 4~6m）的回弹变形量，其值最接近下列哪个选项？（回弹量计算经验系数取 1）

土层	层底深度（m）	重度（kN/m³）	回弹模量（MPa）				
			$E_{0-0.025}$	$E_{0.025-0.5}$	$E_{0.05-0.1}$	$E_{0.1-0.2}$	$E_{0.2-0.3}$
黏土	6.0	17.5	7.5	10.0	17.0	75.0	130.0
粉质黏土	16.0	19.0	12.0	15.0	30.0	100.0	180.0

（A）1mm　　　　　（B）2mm　　　　　（C）7mm　　　　　（D）13mm

答案：C

解答过程：

（1）把回弹看成压缩的逆过程：

$$p_{cz}=6\times17.5+5\times19=200\text{kPa}$$

$$p_0=6\times17.5=105\text{kPa}$$

（2）基底 4m 处：$z/b=4/10=0.4$，$l/b=40/10=4$，$\bar{\alpha}=0.2485$

基底 6m 处：$z/b=6/10=0.6$，$l/b=40/10=4$，$\bar{\alpha}=0.2455$

$$\bar{p}_z=\frac{4\times105\times(6\times0.2455-4\times0.2485)}{2}=100.59\text{kPa}$$

应力变化区间：$(200-100.59)\rightarrow200$，取粉质黏土的 $E_{0.1-0.2}=100\text{MPa}$ 代入计算。

（3）回弹量计算：$s=\dfrac{100.59}{100\times10^3}\times2000=2\text{mm}$

二、地基土回弹再压缩变形

——《建筑地基基础设计规范》第 5.3.11 条

回弹再压缩是指基坑开挖后，经回弹变形后，再加载至不超过原卸载土重时的压缩变形，根据土的固结回弹再压缩试验或平板载荷试验的卸荷再加荷试验结果，地基土回弹再压缩曲线在再压缩比率与再加荷比关系中可用两段线性关系模拟。

其计算公式如下：

计算图例	计算公式	适用条件
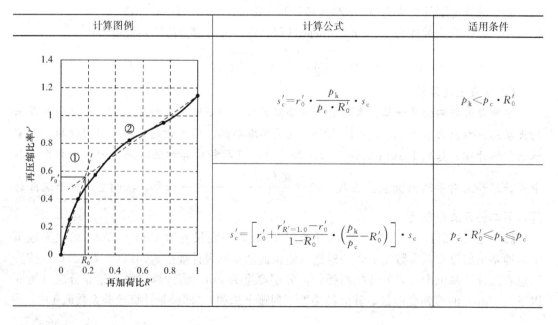	$s'_c=r'_0\cdot\dfrac{p_k}{p_c\cdot R'_0}\cdot s_c$	$p_k<p_c\cdot R'_0$
	$s'_c=\left[r'_0+\dfrac{r'_{R'=1.0}-r'_0}{1-R'_0}\cdot\left(\dfrac{p_k}{p_c}-R'_0\right)\right]\cdot s_c$	$p_c\cdot R'_0\leqslant p_k\leqslant p_c$

续表

公式说明	式中：s'_c——地基土的回弹再压缩变形量（mm）； s_c——地基的回弹变形量（mm），由前节计算； p_c——基底以上土体的自重压力（kPa），一般自天然地面起算； p_k——再加荷的基底压力（kPa）； r'_0——临界再压缩比率，相应于再压缩比率与再加荷比关系曲线上两线性段的交点对应的再压缩比率； R'_0——临界再加荷比，相应于再压缩比率与再加荷比关系曲线上两线性段的交点对应的再加荷比； $r'_{R'=1.0}$——对应于再加荷比 $R'=1.0$ 时的再压缩比率，其值等于回弹再压缩变形增大系数

【小注岩土点评】

r'（再压缩比率）和 R'（再加荷比）：

① 基坑开挖→造成地基土被卸荷 p_c→地基土产生卸荷回弹变形 s_c；

② 建筑物施工→造成地基土被再加荷 p_k→地基土产生回弹再压缩变形 Δs_{cri}。

在上述卸荷、再加荷过程中，地基土产生的回弹再压缩变形与卸荷回弹变形的比值，便称为再压缩比率，即 $r'=\Delta s_{cri}/s_c$。

在上述卸荷、再加荷过程中，地基土再加荷量与卸荷量的比值，便称为再加荷比，即 $R'=p_k/p_c$。

试验表明：再压缩比率 r'——再加荷比 R' 关系曲线上，存在两个线性段，这两个线性段的交点⇒临界再压缩比率 r'_0 和临界再加荷比 R'_0。具体可参看《建筑地基基础设规范》GB 50007—2011 第 5.3.11 条条文说明。

【2-95】（2020D05）某大面积地下建筑工程，基坑开挖前基底平面处地基土的自重应力为 400kPa，由土的固结试验获得基底下地基土的回弹再压缩参数，并确定其再压缩比率与再加荷比关系曲线如下图所示。已知基坑开挖完成后基底中心点的地基回弹变形量为 50mm，工程建成后的基底压力为 100kPa，按照《建筑地基基础设计规范》GB 50007—2011 计算工程建成后基底中心点的地基沉降变形量，其值最接近下列哪个选项？

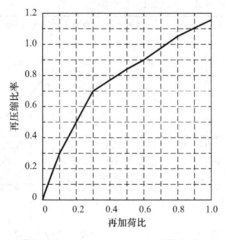

(A) 12mm　　　　(B) 15mm　　　　(C) 30mm　　　　(D) 45mm

答案：C

解答过程：

根据《建筑地基基础设计规范》GB 50007—2011 第 5.3.11 条：

(1) 由图可知：$r'_0=0.7$，$R'_0=0.3$

$$p_k = 100\text{kPa} < R'_0 \times p_c = 0.3 \times 400 = 120\text{kPa}$$

(2) $s'_c = r'_0 s_c \dfrac{p_k}{p_c R'_0} = 0.7 \times 50 \times \dfrac{100}{400 \times 0.3} = 29.2\text{mm}$

三、大面积地面荷载引起的柱基沉降计算

——《建筑地基基础设计规范》附录 N

在建筑范围内有地面荷载的单层工业厂房、露天车间和单层仓库的设计，应考虑由于地面荷载所产生的地基不均匀变形及其对上部结构的不利影响。

由地面荷载引起柱基内侧边缘中点的地基附加沉降计算可以按照以下方法进行：

(1) 地面荷载计算范围：横向取 5 倍基础宽度（$5b$）、纵向为实际堆载长度（a）。

(2) 当实际荷载范围横向宽度超过 5 倍基础宽度时，按 5 倍基础宽度计算；当小于 5 倍基础宽度或荷载不均匀时，应换算成宽度为 5 倍基础宽度的等效均布地面荷载计算。

(3) 换算时，将柱基两侧 $5b$ 范围内的地面荷载按每区段 $0.5b$ 分成 10 个区段，按下式计算等效地面荷载：

$$q_{eq} = 0.8 \cdot \left[\sum_{i=0}^{10} \beta_i \cdot q_i - \sum_{i=0}^{10} \beta_i \cdot p_i \right]$$

式中：q_{eq}——等效均布地面荷载（kPa），上式计算为正值时说明柱基将发生内倾、负值时将发生外倾；

q_i——柱内侧第 i 区段内的平均地面荷载（kPa）；

p_i——柱外侧第 i 区段内的平均地面荷载（kPa）；

β_i——柱内、外侧第 i 区段的地面荷载换算系数，按下表取值：

区段系数	β_0	β_1	β_2	β_3	β_4	β_5	β_6	β_7	β_8	β_9	β_{10}
$\dfrac{a}{5b} \geq 1$	0.30	0.29	0.22	0.15	0.10	0.08	0.06	0.04	0.03	0.02	0.01
$\dfrac{a}{5b} < 1$	0.52	0.40	0.30	0.13	0.08	0.05	0.02	0.01	0.01	—	—

【小注】a——地面荷载的纵向长度（m）；b——车间跨度方向的基础宽度（m）。

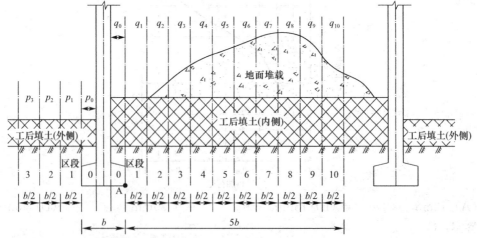

参与计算的地面荷载包括地面堆载和基础完工后的填土，地面荷载应按均布荷载考虑，载荷作用面在基底平面处。

【小注】① 上述方法可以简单地理解为：将原矩形荷载作用面积，折算成长度为 a、

宽度为 $5b$ 的矩形荷载面积，并将荷载也等效作用在该面积内。

② 表格中 $1\sim10$ 区段换算系数相加为 1.0，不含 0 区段，0 区段为特殊区段（0 区段直接作用于基础上）。

（4）由地面荷载引起柱基内侧边缘中点的地基附加沉降变形可按分层总和法计算，计算公式如下：

$$s'_g = \sum_{i=1}^{n} \frac{q_{eq}}{E_{si}} \cdot (\bar{\alpha}_i \cdot z_i - \bar{\alpha}_{i-1} \cdot z_{i-1}) \leqslant [s'_g]$$

式中：$[s'_g]$——地面荷载引起柱基内侧边缘中点的地基附加沉降变形允许值（mm），按规范表 7.5.5 取值；

$\bar{\alpha}_i$、$\bar{\alpha}_{i-1}$——地基土的平均附加应力系数，按 $l = \dfrac{a}{2}$、$b' = \dfrac{5b}{2}$，查附录 K 取值，注意边界点需乘 2。

【2-96】（2016C08）柱基 A 宽度 $b = 2m$，柱宽度为 0.4m，柱基内外侧回填土及地面堆载的纵向长度均为 20m。柱基内、外侧回填土厚度分别为 2.0m、1.5m，回填土的重度为 $18kN/m^3$，内侧地面堆载为 30kPa，回填土及堆载范围见下图。根据《建筑地基基础设计规范》GB 50007—2011，计算回填土及地面堆载作用下柱基 A 内侧边缘中点的地基附加沉降量时，其等效均布地面荷载最接近下列哪个选项的数值？

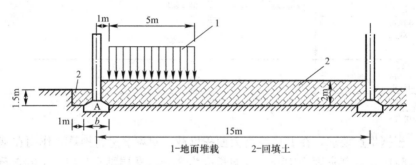

1-地面堆载　　2-回填土

(A) 40kPa　　　　(B) 45kPa　　　　(C) 50kPa　　　　(D) 55kPa

答案：B

解答过程：

根据《建筑地基基础设计规范》GB 50007—2011 附录 N：

（1）堆载的宽度都大于 5 倍基础宽度，按照 5 倍宽度计算。

查表得 β_i 为：0.3、0.29、0.22、0.15、0.1、0.08、0.06、0.04、0.03、0.02、0.01。

根据题干，一共有三个荷载分别是 5m 宽大面积堆载、柱内侧 2m 厚填土、柱外侧 1.5m 厚填土。它们分别产生的等效荷载值为：

A：
$$0.8 \times (0.29 + 0.22 + 0.15 + 0.1 + 0.08) \times 30 = 20.2 \text{kPa}$$

B：
$$0.8 \times (0.3 + 0.29 + 0.22 + 0.15 + 0.1 + 0.08 + 0.06 + 0.04 + 0.03 + 0.02 + 0.01) \times 2 \times 18 = 37.4 \text{kPa}$$

C：
$$0.8 \times (0.3 + 0.29) \times 1.5 \times 18 = 12.7 \text{kPa}$$

（2）总等效荷载值为：A＋B－C＝20.2＋37.4－12.7＝44.9kPa

【小注岩土点评】

本题目考查大面积地面荷载作用引起柱基沉降的计算。该类题目解答需要注意三点：一是计算面积取值：横向取 5 倍基础宽度，纵向为实际堆载长度；二是荷载计算起算面在基底平面处；三是荷载的换算方法，按照换算系数分区值，对计算面积上的荷载进行换算。该题目解法可参阅《建筑地基基础设计规范》GB 50007—2011 第 7.5 节条文说明，参照理解。

【2-97】（模拟题）某三跨单层工业厂房，采用柱顶铰接的排架结构，纵向柱距为 12m，厂房每跨均设有桥式吊车，且在使用期间轨道没有条件调整。在初步设计阶段，基底拟采用浅基础，场地地下水位为－1.5m。厂房的横剖面、场地土分层如下图所示（尺寸单位为 mm）。

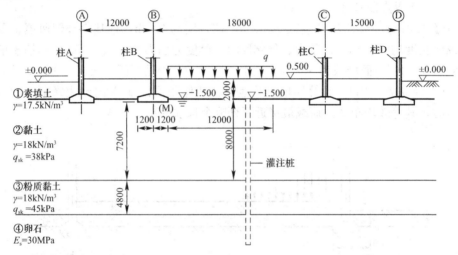

假定，根据生产要求，在 B-C 跨有大面积堆载。对堆载进行换算，作用在基础底面标高的 q_{eq}＝45kPa，堆载宽度为 12m，纵向长度为 24m。②层黏土相应于土的自重压力至土的自重压力与附加压力之和的压力段的压缩模量 E_s＝4.8MPa，③层粉质黏土相应于土的自重压力至土的自重压力与附加压力之和的压力段的压缩模量 E_s＝7.5MPa。试问，当沉降计算经验系数 ψ_s＝1.0，对②及③层土，大面积堆载对柱 B 基底内侧中心 M 的附加沉降 s_M（mm）最接近下列何项数值？

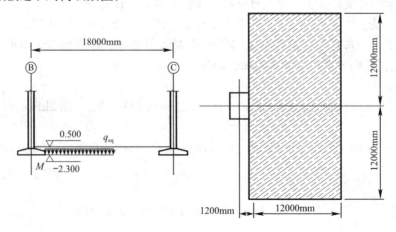

(A) 25 (B) 35 (C) 45 (D) 60

答案：C

解答过程：

根据《建筑地基基础设计规范》GB 50007—2011 附录 K，表 K.0.1-2 矩形面积上均布荷载作用下角点的平均附加应力系数 $\bar{\alpha}$ 可看成 12×12 的两个矩形，进行沉降量分析：

z(m)	l/b	z_i/b	$\bar{\alpha}_i$	$2z_i\bar{\alpha}_i$	$2(z_i\bar{\alpha}_i - z_{i-1}\bar{\alpha}_{i-1})$	E_{si}(MPa)
7.2	1	0.6	0.2423	3.4891	3.4891	4.8
12	1	1	0.2252	5.4048	1.9157	7.5

根据《建筑地基基础设计规范》GB 50007—2011 第 5.3.5 条：

$$s = \psi_s s' = \psi_s \sum_{i=1}^{n} \frac{p_0}{E_{si}}(z_i\bar{\alpha}_i - z_{i-1}\bar{\alpha}_{i-1}) = 1.0 \times \left(\frac{45}{4.8} \times 3.4891 + \frac{45}{7.5} \times 1.9157\right) = 44.2\text{mm}$$

第十六章　地基稳定性计算

第一节　坡顶建筑物的地基稳定性计算

——《建筑地基基础设计规范》第 5.4.2 条

位于稳定土坡坡顶上的建筑，当垂直于坡顶边缘的基础底面边长小于或等于 3m 时，其基础底面外边缘线至坡顶的水平距离 a 应符合下列要求：

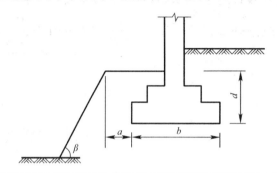

条形基础	矩形基础
$a \geqslant 3.5 \cdot b - \dfrac{d}{\tan\beta}$	$a \geqslant 2.5 \cdot b - \dfrac{d}{\tan\beta}$
同时，还须 $a \geqslant 2.5\text{m}$	

式中：a——基础底面外边缘距离坡顶的水平距离（m）；

　　　b——垂直于坡顶边缘线的基础底面宽度（m）；

　　　d——基础埋置深度（m）；

　　　β——边坡坡角（°）。

【小注】① 当 a 不满足要求时，可根据基底平均压力按照规范第 5.4.1 条确定基础距坡顶边缘的距离和基础埋深；当边坡坡脚大于 45°、坡高大于 8m 时，应按照规范第 5.4.1 条验算地基整体稳定性。

② 根据《建筑抗震设计规范（2016 年版）》GB 50011—2010 第 3.3.5 条，验算抗震条件下有关山区建筑距边坡边缘的距离，可按此计算公式进行计算，但其边坡坡脚需按地震烈度的大小进行修正，计算公式为：

条形基础	矩形基础
$a \geqslant 3.5 \cdot b - \dfrac{d}{\tan\beta_E}$	$a \geqslant 2.5 \cdot b - \dfrac{d}{\tan\beta_E}$

其中：$\beta_E = \beta - \rho$，ρ 为地震角，按下表取值：

类别	7 度		8 度		9 度
	0.1g	0.15g	0.2g	0.3g	0.4g
水上	1.5°	2.3°	3°	4.5°	6°
水下	2.5°	3.8°	5°	7.5°	10°

【2-98】（2007D06）如下图所示，某天然稳定土坡，坡角 35°，坡高 5m，坡体土质均匀，无地下水，土层的孔隙比 e 和液性指数 I_L 均小于 0.85，$\gamma = 20\text{kN/m}^3$，$f_{ak} = 160\text{kPa}$，坡顶部位拟建工业厂房，采用条形基础，上部结构传至基础顶面的竖向力 F_k 为 350kN/m，基础宽度为 2m。按照厂区整体规划，基础底面边缘距离坡顶为 4m。条形基础的埋深至少应达到（   ）埋深值才能满足要求。（基础结构及其上土的平均重度按 20kN/m^3 考虑）

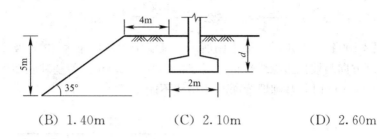

(A) 0.80m   (B) 1.40m   (C) 2.10m   (D) 2.60m

答案：D

解答过程：

根据《建筑地基基础设计规范》GB 50007—2011 第 5.2.1~5.2.4 条、第 5.4.2 条：

(1) $a \geqslant 3.5b - \dfrac{d}{\tan\beta}$，即：$4 \geqslant 3.5 \times 2 - \dfrac{d}{\tan 35°}$，解得：$d \geqslant 2.10\text{m}$

(2) $p_k = \dfrac{F_k + G_k}{A} = \dfrac{350}{2} + 20d = 175 + 20d$

$f_a = f_{ak} + \eta_b \gamma (b - 3) + \eta_d \gamma_m (d - 0.5) = 160 + 0 + 1.6 \times 20 \times (d - 0.5) = 144 + 32d$

(3) $p_k \leqslant f_a$，即：$175 + 20d \leqslant 144 + 32d$，解得：$d \geqslant 2.58\text{m}$

取大值，$d \geqslant 2.58\text{m}$

【2-99】（2005C11）如下图所示，某稳定土坡的坡角为 30°，坡高 3.5m，现拟在坡顶部建一幢办公楼，该办公楼拟采用墙下钢筋混凝土条形基础，上部结构传至基础顶面的竖向力 $F_k = 300\text{kN/m}$，基础砌置深度在室外地面以下 1.8m，地基土为粉土，其黏粒含量 $\rho_c = 11.5\%$，重度 $\gamma = 20\text{kN/m}^3$，$f_{ak} = 150\text{kPa}$，场区无地下水，根据以上条件，为确保地基基础的稳定性，基础底面外缘线距离坡顶的最小水平距离 a 应满足（   ）。（注：为简化计算，基础结构的重度按地基土的重度取值）

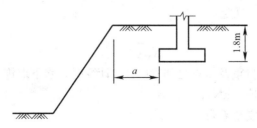

(A) 大于等于 4.2m   (B) 大于等于 3.9m
(C) 大于等于 3.5m   (D) 大于等于 3.3m

答案：B

解答过程：

根据《建筑地基基础设计规范》GB 50007—2011 第 5.2.1~5.2.4 条、第 5.4.2 条：

(1) 设 $b < 3\text{m}$，取 $\eta_b = 0.3$，$\eta_d = 1.5$

$$f_a = f_{ak} + \eta_b \gamma (b - 3) + \eta_d \gamma_m (d - 0.5)$$
$$= 150 + 0.3 \times 20 \times (3 - 3) + 1.5 \times 20 \times (1.8 - 0.5)$$
$$= 189\text{kPa}$$

(2) $b \geqslant \dfrac{F_k}{f_a - \gamma_G d} = \dfrac{300}{189 - 20 \times 1.8} = 1.96\text{m}$，取 $b = 2.0\text{m} < 3\text{m}$，满足要求。

(3) $a \geqslant 3.5b - \dfrac{d}{\tan\beta} = 3.5 \times 2.0 - \dfrac{1.8}{\tan 30°} = 3.88\text{m}$

【2-100】（2006C08）如下图所示，某稳定边坡坡角为 $30°$，坡高 H 为 7.8m，条形基础长度方向与坡顶边缘线平行，基础宽度 B 为 2.4m。若基础底面外缘线距坡顶的水平距离 a 为 4.0m 时，基础埋置深度 d 最浅不能小于（　　）。

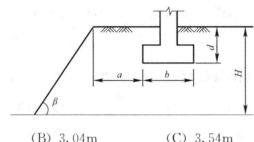

(A) 2.54m　　　　(B) 3.04m　　　　(C) 3.54m　　　　(D) 4.04m

答案：A

解答过程：

根据《建筑地基基础设计规范》GB 50007—2011 第 5.4.2 条：

$a \geqslant 3.5b - \dfrac{d}{\tan\beta}$，即：$4 \geqslant 3.5 \times 2.4 - \dfrac{d}{\tan 30°}$，解得：$d \geqslant 2.54\text{m}$

第二节　基础抗浮稳定性验算

——《建筑地基基础设计规范》第 5.4.3 条

建筑物基础存在浮力作用时，应进行抗浮稳定性计算，对于简单的浮力作用情况，基础抗浮稳定性应符合下列规定：

$$\frac{G_k}{N_{w,k}} \geqslant K_w$$

式中：G_k——建筑物的自重及压重之和（kN），计算时，水下取饱和重度；

$\quad\quad N_{w,k}$——浮力作用值（kN）；

$\quad\quad K_w$——抗浮稳定安全系数，一般取 1.05。

【2-101】（2004C09）某地下车库位于公共活动区，平面面积为 4000m^2，顶板上覆土层厚 1.0m，重度 $\gamma = 18\text{kN/m}^3$，公共活动区可变荷载为 10kPa，顶板厚度为 30cm，顶板顶面标高与地面标高相等，底板厚度为 50cm，混凝土重度为 25kN/m^3，侧墙及梁柱总重 10MN，车库净空为 4.0m，抗浮计算水位为 1.0m，土体不固结不排水抗剪强度为 35kPa，下列对设计工作的判断中不正确的是（　　）。

（A）抗浮验算不满足要求，应设抗浮桩

(B) 不设抗浮桩，但在覆土以前不应停止降水

(C) 按使用期的荷载条件不需设抗浮桩

(D) 不需验算地基承载力及最终沉降量

答案：A

解答过程：

(1) 浮力：$F_k=4000\times(4+0.3+0.5-1)\times10=152000kN$

(2) 车库自重：$G_1=10\times10^3+4000\times(0.3+0.5)\times25=90000kN$

上覆土压重：$G_2=18\times4000\times1=72000kN$

不计可变荷载，$G_k=G_1+G_2=90000+72000=162000kN$

(3) 判别如下：

① $G_k>F_k$，抗浮验算满足要求，不需设抗浮桩，A 项不正确、C 项正确。

② 覆土前 $G_k=G_1=90000kN<F_k$，不满足抗浮要求，因此不能停止降水，B 项正确。

③ 覆土后基底压力：$p_k=\dfrac{G_k-F_k}{A}=\dfrac{162000-152000}{4000}=2.5kPa$

压力很小，可不进行承载力及变形验算，D 项正确。

【2-102】（2009C05）如下图所示，箱涵的外部尺寸为宽 6m、高 8m，四周壁厚均为 0.4m，顶面距原地面 1.0m，抗浮设计地下水位埋深 1.0m，混凝土重度 25kN/m³，地基土及填土的重度均为 18kN/m³，若要满足抗浮安全系数 1.05 的要求，地面以上覆土的最小厚度应接近（　　）。

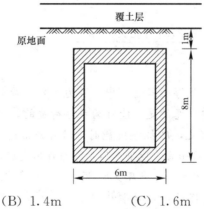

(A) 1.2m　　　　　(B) 1.4m　　　　　(C) 1.6m　　　　　(D) 1.8m

答案：A

解答过程：

根据《建筑地基基础设计规范》GB 50007—2011 第 5.4.3 条：

(1) 浮力：$N_{w,k}=\rho gV=10\times6\times8=480kN/m$

箱涵自重：$G_1=[6\times8-(6-0.4\times2)\times(8-0.4\times2)]\times25=264kN/m$

顶板上填土重：$G_2=\gamma V=18\times1\times6=108kN/m$

(2) 上覆土最小厚度：$h=\dfrac{K_wN_{w,k}-G_1-G_2}{\gamma A}=\dfrac{1.05\times480-264-108}{18\times6}=1.22m$

【2-103】（2012D07）如下图所示，某地下车库采用筏板基础，基础宽 35m、长 50m，地下车库自重作用于基底的平均压力 $p_k=70kPa$，埋深 10.0m，地面下 15m 范围内土的重

度为18kN/m³（回填前后相同），抗浮设计地下水位埋深1.0m。若要满足抗浮安全系数1.05的要求，需用钢渣替换地下车库顶面一定厚度的覆土，则钢渣的最小厚度接近于（   ）。

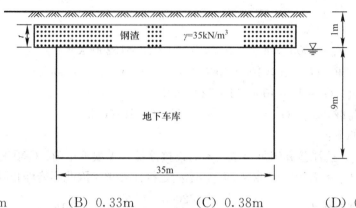

(A) 0.22m   (B) 0.33m   (C) 0.38m   (D) 0.70m

答案：C

解答过程：

根据《建筑地基基础设计规范》GB 50007—2011第5.4.3条：

(1) 浮力：$N_{w,k} = \rho g V = 10 \times 35 \times 50 \times 9 = 157500$kN/m

(2) 建筑物自重及压重：$G_k = K_w \times N_{w,k} = 1.05 \times 157500 = 165375$kN/m

车库自重：$G_1 = 70 \times 35 \times 50 = 122500$kN/m

上覆土重：$G_2 = 18 \times 1 \times 35 \times 50 = 31500$kN/m

(3) 钢渣最小厚度：$h = \dfrac{165375 - 122500 - 31500}{35 \times 50 \times (35 - 18)} = 0.38$m

【小注岩土点评】

本题目考查抗浮验算。在抗浮验算过程中，浮力和自重应分开计算，自重计算时，土体不要采用浮重度计算。需要注意的是，能作为抗浮荷载的，只能是结构自重以及上覆土重，抗浮的计算有个隐含的假定，即抗浮失稳时，破坏是沿着结构边界进行的，不计土与结构侧面的摩擦力。对于本题目而言，地下车库受浮力作用失稳，是沿着35m宽度范围失稳的，即使图示上部的钢渣宽度大于地下车库宽度35m，起抗浮作用的钢渣也是35m宽度。

【2-104】(2013C08) 如下图所示，某钢筋混凝土地下构筑物，结构物、基础底板及上覆土体的自重传至基底的压力值为70kN/m²，现场通过向下加厚结构物基础底板厚度的方法增加其抗浮稳定性及减小底板内力。忽略结构物四周土体约束对抗浮的有利作用，按照《建筑地基基础设计规范》GB 50007—2011，筏板厚度增加量最接近（   ）。（混凝土的重度取25kN/m³）

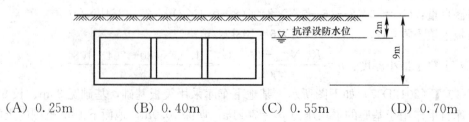

(A) 0.25m   (B) 0.40m   (C) 0.55m   (D) 0.70m

答案：A

解答过程：

根据《建筑地基基础设计规范》GB 50007—2011 第 5.4.3 条：

$$\frac{G_k}{N_{w,k}} \geqslant K_w \Rightarrow \frac{70+25h}{10 \times (9-2+h)} = 1.05 \Rightarrow h = 0.24\text{m}$$

【2-105】（2021D07）位于砂土地基上平面为圆形的钢筋混凝土地下结构，基础筏板自外墙挑出 1.5m，结构顶板上覆土 2m，基坑侧壁与地下结构外墙之间填土，如下图所示。已知地下结构自重为 11000kN，填土、覆土的饱和重度均为 19kN/m³，忽略基坑侧壁与填土之间的摩擦力，当地下水位在地表时，该地下结构的抗浮稳定系数最接近下列哪个选项？

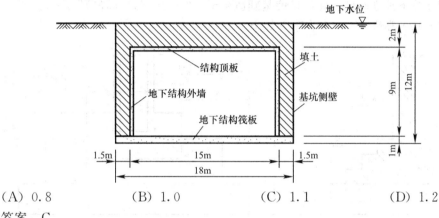

(A) 0.8   (B) 1.0   (C) 1.1   (D) 1.2

答案：C

解答过程：

(1) $A_{内} = \frac{3.14}{4} \times 15^2 = 176.625\text{m}^2$，$A_{外} = \frac{3.14}{4} \times 18^2 = 254.34\text{m}^2$，$A_{环} = 77.715\text{m}^2$

(2) $G_k = 11000 + 77.715 \times 11 \times 19 + 176.625 \times 2 \times 19 = 33954.185\text{kN}$

$$N_{w,k} = 254.34 \times 10 \times 12 = 30520.8\text{kN}$$

(3) $K_w = \frac{33954.185}{30520.8} = 1.11$

【小注岩土点评】

① 本题目考查基础抗浮安全系数的计算。抗浮计算时，需要注意两点：首先是计算假定，不考虑土和构筑物侧面的摩擦力，土体压重面为构筑物水中的最大轮廓面向上投影；其次是重力和浮力的计算，上述解答按照在水中的物体和土统一计算浮力、统一计算重力，得到的安全系数为 1.11。

② 也有考生认为只考虑构筑物的浮力效应，水下的土应按照浮重度计入抗力，计算过程如下：

$$G_k = (19-10) \times [(254.34-176.625) \times 9 + 254.34 \times 2] + 11000 = 21873\text{kN}$$

$$N_{w,k} = 10 \times (254.34 \times 1 + 176.625 \times 9) = 18439.65\text{kN}$$

$$K_w = \frac{21873}{18439.65} = 1.19，选择 D$$

笔者认为第一种解答更合理。

第十七章　无筋扩展基础计算

第一节　无筋扩展基础高度验算（基底压力 $p_k \leqslant 300\text{kPa}$）

——《建筑地基基础设计规范》第 8.1.1 条

无筋扩展基础是指由砖、毛石、混凝土或毛石混凝土、灰土和三合土等材料组成的墙下条形基础或柱下独立基础。无筋扩展基础适用于多层民用建筑和轻型厂房。

无筋扩展基础高度 H_0 应符合下列规定：

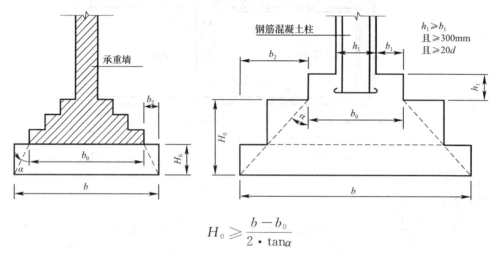

$$H_0 \geqslant \frac{b - b_0}{2 \cdot \tan\alpha}$$

式中：H_0——基础高度（m），H_0 不一定为基础埋深 d，一般来说，d 应大于 H_0；

　　　b——基础底面宽度（m）；

　　　b_0——基础顶面的墙脚或柱脚宽度（m）；

　　$\tan\alpha$——基础台阶宽高比，即 $\tan\alpha = b_2/H_0$，其允许值可按下表选用：

基础材料	质量要求	台阶宽高比 $\tan\alpha$ 的允许值		
		$p_k \leqslant 100\text{kPa}$	$100\text{kPa} < p_k \leqslant 200\text{kPa}$	$200\text{kPa} < p_k \leqslant 300\text{kPa}$
混凝土基础	C15 混凝土	1：1.00	1：1.00	1：1.25
毛石混凝土基础	C15 混凝土	1：1.00	1：1.25	1：1.50
砖基础	砖不低于 MU10、砂浆不低于 M5	1：1.50	1：1.50	1：1.50
毛石基础	砂浆不低于 M5	1：1.25	1：1.50	—
灰土基础	三七或二八灰土	1：1.25	1：1.50	—
三合土基础	体积比 1：2：4～1：3：6（石灰：砂：骨料），每层约虚铺 220mm，夯至 150mm	1.1.50	1：2.00	

【小注】p_k——相应于作用的标准组合时，基础底面的平均基底压力（kPa）。

【2-106】（2007C07）某宿舍楼采用墙下 C15 混凝土条形基础，基础顶面的墙体宽度为 0.38m，基底平均压力为 250kPa，基础底面宽度为 1.5m，基础的最小高度应符合哪项的要求？

(A) 0.70m   (B) 1.00m   (C) 1.20m   (D) 1.40m

答案：A

解答过程：

根据《建筑地基基础设计规范》GB 50007—2011 第 8.1.1 条：

(1) 由 $p_k = 250\text{kPa}$，C15 混凝土条形基础，查表：台阶宽高比为 1：1.25。

(2) $H_0 \geqslant \dfrac{b - b_0}{2\tan\alpha} = \dfrac{1.5 - 0.38}{2 \times \dfrac{1}{1.25}} = 0.7\text{m}$

【2-107】（2008C10）柱下素混凝土方形基础顶面的竖向力 F_k 为 570kN，基础宽度取为 2.0m，柱脚宽度为 0.40m。室内地面以下 6m 深度内为均质粉土层，$\gamma = \gamma_m = 20\text{kN/m}^3$，$f_{ak} = 150\text{kPa}$，黏粒含量 $\rho_c = 7\%$。根据以上条件和《建筑地基基础设计规范》GB 50007—2011，柱基础埋深应不小于（　　）。（基础与基础上土的平均重度 $\gamma = 20\text{kN/m}^3$）

(A) 0.50m   (B) 0.70m   (C) 0.80m   (D) 1.00m

答案：C

解答过程：

根据《建筑地基基础设计规范》GB 50007—2011 第 5.2.2 条、第 5.2.4 条、第 8.1.1 条：

(1) 素混凝土基础，假设 $p_k \leqslant 200\text{kPa}$，则 $\tan\alpha = 1$：1

$$H_0 \geqslant \frac{b - b_0}{2\tan\alpha} = \frac{2 - 0.4}{2 \times 1} = 0.8\text{m}$$

$$p_k = \frac{F_k + G_k}{A} = \frac{570 + 2 \times 2 \times 0.8 \times 20}{2 \times 2} = 158.5\text{kPa} < 200\text{kPa}，成立。$$

(2) 考虑承载力要求：

$$p_k = \frac{F_k + G_k}{A} = \frac{570 + 2 \times 2 \times 20d}{2 \times 2} = 142.5 + 20d$$

$$f_a = f_{ak} + \eta_d \gamma_m (d - 0.5) = 150 + 2 \times 20 \times (d - 0.5) = 130 + 40d$$

令 $p_k \leqslant f_a$，即：$142.5 + 20d \leqslant 130 + 40d$，解得：$d \geqslant 0.625\text{m}$。

(3) 取大值 $d \geqslant 0.8\text{m}$。

【2-108】（2008D06）某仓库外墙采用条形砖基础，墙厚 240mm，基础埋深 2.0m，已知作用于基础顶面标高处的上部结构荷载标准组合值为 240kN/m，地基为人工压实填土，承载力特征值为 160kPa，重度为 19kN/m³。按照《建筑地基基础设计规范》GB 50007—2011，基础最小高度最接近（　　）。

(A) 0.5m   (B) 0.6m   (C) 0.7m   (D) 1.1m

答案：D

解答过程：

根据《建筑地基基础设计规范》GB 50007—2011 第 5.2.1 条、第 5.2.4 条、第 8.1.1 条：

(1) $f_a = f_{ak} + \eta_b \gamma (b-3) + \eta_d \gamma_m (d-0.5) = 160 + 0 + 1 \times 19 \times (2-0.5) = 188.5 \text{kPa}$

(2) $b \geqslant \dfrac{F_k}{f_a - \gamma_G d} = \dfrac{240}{188.5 - 20 \times 2} = 1.62 \text{m}$，取 $b = 1.62 \text{m}$

(3) 砖基础宽高比查表为 $1:1.5$，$H_0 \geqslant \dfrac{b-b_0}{2\tan\alpha} = \dfrac{1.62-0.24}{2 \times \dfrac{1}{1.5}} = 1.04 \text{m}$

【2-109】（2014C06）柱下方形基础采用 C15 素混凝土建造，柱脚截面尺寸为 $0.6\text{m} \times 0.6\text{m}$，基础高度 $H = 0.7\text{m}$，基础埋深 $d = 1.5\text{m}$，场地地基土为均质黏土，重度 $\gamma = 19.0 \text{kN/m}^3$，孔隙比 $e = 0.9$，地基承载力特征值 $f_{ak} = 180 \text{kPa}$，地下水位埋藏很深，基础顶面的竖向力为 580kN，根据《建筑地基基础设计规范》GB 50007—2011 的设计要求，满足设计要求的最小基础宽度为哪个选项？（基础和基础之上土的平均重度取 20kN/m^3）

(A) 1.8m   (B) 1.9m   (C) 2.0m   (D) 2.1m

答案：B

解答过程：

根据《建筑地基基础设计规范》GB 50007—2011 第 5.2.4 条：

(1) 均质黏土，孔隙比 $e = 0.9$，查表 5.2.4 可知，$\eta_b = 0$，$\eta_d = 1.0$

$$f_a = f_{ak} + \eta_d \gamma_m (d-0.5) = 180 + 0 + 1.0 \times 19.0 \times (1.5-0.5) = 199 \text{kPa}$$

$$p_k = \frac{F_k + G_k}{A} = \frac{F_k}{b^2} + \gamma_G d = \frac{580}{b^2} + 30$$

根据规范公式（5.2.1-1）得：$p_k \leqslant f_a \Rightarrow \dfrac{580}{b^2} + 30 \leqslant 199 \Rightarrow b \geqslant 1.9\text{m}$

(2) 根据第 8.1.1 条，$p_k = \dfrac{580}{1.9^2} + 30 = 190.7 \text{kPa}$，由表 8.1.1：$\tan\alpha = 1:1.00$，

$$H_0 \geqslant \frac{b-b_0}{2\tan\alpha} \Rightarrow b \leqslant b_0 + 2H_0\tan\alpha = 0.6 + 2 \times 0.7 \times 1 = 2.0\text{m}$$

(3) $1.9\text{m} \leqslant b \leqslant 2.0\text{m}$，取最小宽度，故基础宽度 $b = 1.9\text{m}$。

第二节 无筋扩展基础受剪承载力验算（基底压力 $p_k > 300\text{kPa}$）

——《建筑地基基础设计规范》第 8.1.1 条条文说明

当混凝土单侧扩展范围内，基础底面处的平均压力值 $p_k > 300\text{kPa}$ 时，应按下式验算墙（柱）边缘或变阶处的受剪承载力，如下：

$$V_s \leqslant 0.366 \cdot f_t \cdot A \left(\text{同时验算：} H_0 \geqslant \frac{b-b_0}{2 \cdot \tan\alpha} \right)$$

式中：V_s——相应于作用的基本组合时，基底土平均净反力沿剪切面的剪力设计值（kN），$V_s = \bar{p}_j \cdot A_l$。

f_t——混凝土轴心抗拉强度设计值（kPa）。

A——沿墙（柱）边缘或变阶处基础的垂直截面面积（m²）。当验算截面为阶形时其截面折算宽度按附录 U 计算。

$\bar{p}_{\mathrm{j}}$——相应于作用的基本组合时的地基净反力（kPa），$\bar{p}_{\mathrm{j}}=F/A$ 或 $\bar{p}_{\mathrm{j}}=1.35F_{\mathrm{k}}/A$。

A_l——受剪切验算时取用的部分基础底面积（m^2）。

【小注】上式是根据材料力学、素混凝土抗拉强度设计值以及在基底反力为直线分布的条件下确定的，适用于除岩石以外的地基。

第十八章　扩展基础计算

第一节　基本概念及基本规定

扩展基础的内力计算全部采用相应于作用的基本组合，根据《建筑地基基础设计规范》GB 50007—2011 第 3.0.6 条第 4 款条文规定，对由永久作用控制的基本组合，也可采用简化规则，基本组合的效应设计值：$S_d = 1.35S_k$，即：基本组合＝标准组合×1.35，需要注意的是，本式应用时的前提条件是永久作用控制的基本组合（历年真题中从没考虑过该前提条件）。其设计实质就是通过冲切或剪切验算确定基础高度和混凝土强度，通过基础底板抗弯验算确定基础底板配筋。

一、基本概念

1. 冲切

基础在柱下集中或局部荷载作用下，出现沿应力扩散角（45°）破裂的现象。多发生于"双向受力"状态下的独立基础中（一般基础长短边较为接近），形成四个剪切斜面组成的四面锥体（上小下大，由四个剪切斜截面组成）。冲切破坏实质上就是多面剪切。

2. 剪切

基础在柱下集中或局部荷载作用下，沿最不利斜截面发生受剪破坏的现象。多发生于"单向受力"状态下的独立基础（一般基础长短边尺寸相差较大）或条形基础中。

3. 基础底板抗弯

钢筋混凝土基础在剪力作用下，发生的柔性弯曲变形的现象。基础底板抗弯能力的大小取决于基础底板的配筋率的大小。配筋时要注意弯矩和配筋的方向一致，弯矩方向和配筋在同一个平面内，一般通过计算柱边最大弯矩，配置基础纵向主筋。

冲切、剪切属于脆性破坏，一般情况下，通过提高基础高度或提高基础混凝土强度，以达到提高基础的抗冲切或剪切的能力，配置钢筋对基础抗冲切和抗剪切是有利的，但基础设计中，通常并不考虑该有利作用。

弯曲变形属于柔性破坏，一般情况下，通过提高基础底板配筋率，以达到提高基础底板的抗弯能力。

二、基本规定

根据《建筑地基基础设计规范》GB 50007—2011 第 8.2.7 条规定扩展基础的计算应符合下列规定：

1. 对柱下独立基础，当冲切破坏锥体落在基础底面以内时，应验算柱与基础交接处以及基础变阶处的受冲切承载力。

2. 对基础底面短边尺寸小于或等于柱宽加两倍基础有效高度的柱下独立基础，以及墙下条形基础，应验算柱（墙）与基础交接处的基础受剪切承载力（不用验算冲切承载力）。

3. 基础底板的配筋，应按抗弯计算确定。

4. 当基础的混凝土强度等级小于柱的混凝土强度等级时，尚应验算柱下基础顶面的局部受压承载力。

第二节　受冲切承载力验算

——《建筑地基基础设计规范》第 8.2.8 条

对柱下独立基础，当冲切破坏锥体落在基础底面以内时，应按下式验算柱与基础交接处以及基础变阶处的受冲切承载力：

计算图例		计算公式
柱与基础交接处	基础变阶处	

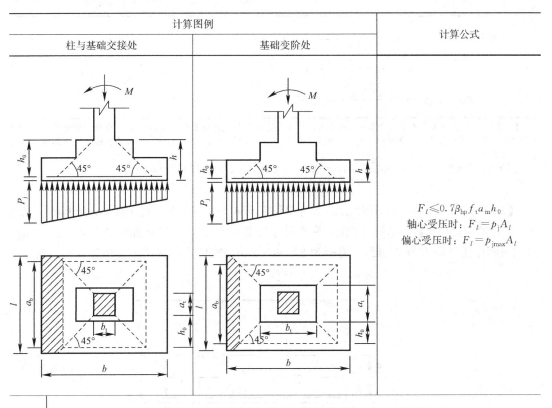

$$F_l \leqslant 0.7\beta_{hp} f_t a_m h_0$$
轴心受压时：$F_l = p_j A_l$
偏心受压时：$F_l = p_{jmax} A_l$

| 符号说明 | 式中：　F_l——相应于作用的基本组合时作用在基础底面上的地基土净反力设计值（kN）。
　　　　$0.7\beta_{hp} f_t a_m h_0$——受冲切承载力（kN）。
　　　　f_t——混凝土轴心抗拉强度设计值（kPa）。
　　　　a_m——冲切破坏锥体最不利一侧计算长度（m）。
　　　　h_0——基础冲切破坏锥体的有效高度（m）。
　　　　A_l——冲切验算时取用的部分基底面积，即图中阴影部分的面积（m²）。
　　　　p_j——轴心受压时，扣除基础自重及其上土重后相应于作用的基本组合时的地基土单位面积净反力（kPa）。
　　　　p_{jmax}——偏心受压时，基础边缘处最大地基土单位面积净反力（kPa）。
图中：　a_t——冲切破坏锥体最不利一侧斜截面的边长（m），当计算柱与基础交接处的受冲切承载力时，取柱宽；当计算基础变阶处的受冲切承载力时，取上阶宽。
　　　　a_b——冲切破坏锥体最不利一侧斜截面在基础底面积范围内的下边长（m），$a_b = a_t + 2h_0$。 |

受冲切承载力	基础受冲切承载力 $=0.7 \cdot \beta_{hp} \cdot f_t \cdot a_m \cdot h_0$ $$a_m = (a_t + a_b)/2 = a_t + h_0 (h_0 \text{——基础净高度 m})$$ 基础高度（h）影响系数： $$\beta_{hp} = 1 - \frac{h - 0.8}{12}$$ （$h \leqslant 0.8m$ 时取 $h = 0.8m$；$h \geqslant 2m$ 时取 $h = 2m$）		
冲切力设计值	作用于 A_l 上的冲切力设计值 F_l：		
	轴心受压	$F_l = p_j \cdot A_l$；$p_j = \dfrac{F}{A} = \dfrac{1.35 \cdot F_k}{A} = 1.35 \cdot \left(p_k - \dfrac{G_k}{A}\right)$	
	小偏心受压	$F_l = p_{jmax} \cdot A_l$；$p_{jmax} = \dfrac{F}{A} + \dfrac{M}{W} = 1.35 \cdot \left(\dfrac{F_k}{A} + \dfrac{M_k}{W}\right)$	
	矩形基础：$b \geqslant l$（常用）$A_l = \left(\dfrac{b}{2} - \dfrac{b_t}{2} - h_0\right) \cdot l - \left(\dfrac{l}{2} - \dfrac{a_t}{2} - h_0\right)^2$ $b < l$（少见）$A_l = \left(\dfrac{b}{2} - \dfrac{b_t}{2} - h_0\right)^2 + \left(\dfrac{b}{2} - \dfrac{b_t}{2} - h_0\right)(a_t + 2h_0)$ 方形基础：$A_l = \dfrac{[a^2 - (a_t + 2h_0)^2]}{4}$（$a$ 为边长）		

【小注】① 基底净反力不等同于基底附加压力，净反力是上部荷载通过基础传递到地基上的力，即基础从无外荷载作用到有外荷载作用过程中净增加的反力；计算净反力 p_j 一定要扣除土及基础自重，如果不扣除，则计算出来的是基底压力。

② 该验算采用基本组合，如果题目给的标准组合，一定要记得乘以分项系数 1.35。

③ 计算 β_{hp} 采用的是基础全高 h，不是有效高度 h_0。

【2-110】（2011C08）如下图所示（尺寸单位为 mm），某建筑采用柱下独立方形基础，拟采用 C20 钢筋混凝土材料，基础分二阶，底面尺寸为 2.4m×2.4m，柱截面尺寸为 0.4m×0.4m。基础顶面作用竖向力为 700kN，力矩为 87.5kN·m，则柱边的冲切力最接近（　　　）。

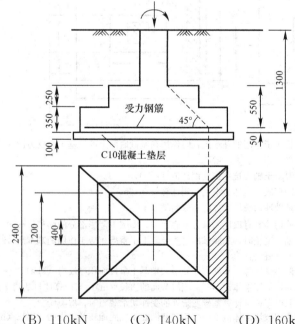

（A）95kN　　　　（B）110kN　　　　（C）140kN　　　　（D）160kN

答案：C

解答过程：

(1) 偏心距 $e=\dfrac{M}{F}=\dfrac{87.5}{700}=0.125<\dfrac{b}{6}=\dfrac{2.4}{6}=0.4\mathrm{m}$，小偏心。

(2) 基底最大净反力：$p_{j\max}=\dfrac{F}{b^2}\left(1+\dfrac{6e}{b}\right)=\dfrac{700}{2.4^2}\times\left(1+\dfrac{6\times0.125}{2.4}\right)=159.5\mathrm{kPa}$

(3) 阴影处的面积：$A_l=\dfrac{[a^2-(a_t+2h_0)^2]}{4}=\dfrac{[2.4^2-(0.4+2\times0.55)^2]}{4}=0.878\mathrm{m}^2$

(4) 冲切力：$p_{j\max}\times A_j=159.5\times0.878=140\mathrm{kN}$

【2-111】(2014D06) 柱下独立方形基础底面尺寸为 2.0m×2.0m，高 0.5m，有效高度 0.45m，混凝土强度等级为 C20（轴心抗拉强度设计值 $f_t=1.1\mathrm{MPa}$）。柱截面尺寸为 0.4m×0.4m。基础顶面作用竖向力 F，偏心距为 0.12m。根据《建筑地基基础设计规范》GB 50007—2011，满足柱与基础交接处受冲切承载力的验算要求时，基础顶面可承受的最大竖向力 F（相应于作用的基本组合设计值）最接近下列哪个选项？

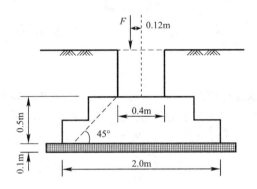

(A) 980kN　　　　(B) 1080kN　　　　(C) 1280kN　　　　(D) 1480kN

答案：D

解答过程：

根据《建筑地基基础设计规范》GB 50007—2011 第 8.2.8 条：

(1) 基础底部受冲切承载力：

$$0.7\beta_{hp}f_t\alpha_m h_0=0.7\times1.0\times1.1\times10^3\times\left[\dfrac{0.4+(0.4+2\times0.45)}{2}\right]\times0.45=294.525\mathrm{kN}$$

(2) 地基土净反力：

$$F_l=p_{j\max}A_l=\dfrac{F}{A}\left(1+\dfrac{6e}{b}\right)A_l$$

$$=\dfrac{F}{2\times2}\times\left(1+\dfrac{6\times0.12}{2}\right)\times\dfrac{2\times2-(0.4+2\times0.45)^2}{4}=0.19635F$$

(3) $F_l\leqslant0.7\beta_{hp}f_t\alpha_m h_0\Rightarrow0.19635F\leqslant294.525\Rightarrow F\leqslant1500\mathrm{kN}$

【2-112】(2017C08) 某承受轴心荷载的柱下独立基础如下图所示（尺寸单位为 mm），基础混凝土强度等级为 C30，根据《建筑地基基础设计规范》GB 50007—2011，该基础可承受的最大冲切力设计值最接近下列何值？（C30 混凝土轴心抗拉强度设计值为 1.43N/mm²，基础主筋的保护层为 50mm）

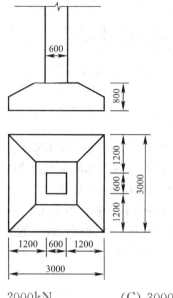

(A) 1000kN　　　　　(B) 2000kN　　　　　(C) 3000kN　　　　　(D) 4000kN

答案：D

解答过程：

根据《建筑地基基础设计规范》GB 50007—2011 第 8.2.8 条第 1 款：

$\beta_{hp}=1$，$h_0=0.8-0.05=0.75\text{mm}$，$a_m=a_t+h_0=0.6+0.75=1.35\text{mm}$

冲切力：$4\times0.7\beta_{hp}\times f_t\times a_m\times h_0=4\times0.7\times1\times1.43\times10^3\times1.35\times0.75=4054\text{kN}$

【小注岩土点评】

(1) 错误解法：

① 根据题干和《建筑地基基础设计规范》GB 50007—2011 公式（8.2.8-1），得知：

$\beta_{hp}=1$、$h_0=0.8-0.05=0.75\text{mm}$、$a_m=a_t+h_0=0.6+0.75=1.35\text{mm}$

② 冲切力：$0.7\beta_{hp}\times f_t\times a_m\times h_0=0.7\times1\times1.43\times10^3\times1.35\times0.75=1014\text{kN}$，选 A。

(2) 关于 F_l 这个参数，在《建筑地基基础设计规范》GB 50007—2011 第 8.2.8 条中，并未明确 F_l 就是冲切力，按照规范的理解，冲切力破坏面应为连续多面，剪切力破坏面为单面，故第 8.2.8 条中并未明确定义冲切力，只是按照冲切的计算原理计算单面，来控制基础的最小高度。而第 8.4.7 条中，规范考虑到破坏面为连续面，才正式定义 F_l 为冲切力，应注意区别。

(3) 浅基础的冲切验算，在上述解答结果的基础上乘以 4 即为正确解法，根据冲切破坏锥体的 4 个面进行计算。此解法错误认为：《建筑地基基础设计规范》GB 50007—2011 中"基础冲切承载力的验算"是通过采用冲切破坏锥体的"最不利一侧冲切斜截面"的冲切验算来控制的，毕竟最不利一侧冲切斜截面的冲切承载力满足了，其余三面的冲切承载力也就自然满足了，进而达到基础冲切承载力的验算目的。

【2-113】（2020D06）某地下结构抗浮采用预应力锚杆，基础的钢筋混凝土抗水板厚度为 300m，混凝土强度等级为 C35，其上设置的抗浮预应力锚杆拉力设计值为 320kN。锚杆与抗水板的连接如下图所示。图中锚垫板为正方形钢板，为满足《建筑地基基础设计规范》GB 50007—2011 的要求，该钢板的边长至少为下列何值？（C35 混凝土抗压强度设计

值为 $16.7N/mm^2$，抗拉强度设计值为 $1.57N/mm^2$，抗水板钢筋的混凝土保护层厚度为 50mm，钢板厚度满足要求）

(A) 100mm　　　　(B) 150mm　　　　(C) 200mm　　　　(D) 250mm

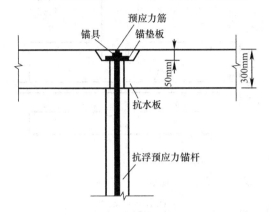

答案：C

解答过程：

根据《建筑地基基础设计规范》GB 50007—2011 第 8.2.8 条、第 8.4.7 条：

(1) 预应力锚杆受拉时，防水板受到锚垫板向下的作用力，防水板应能承受锚垫板的冲切力，按抗冲切验算；

(2) $h_0 = 300 - 50 - 50 = 200mm$，$h = 300 - 50 = 250mm < 800mm \Rightarrow \beta_{hp} = 1.0$

$$a_m \geqslant \frac{F_l}{4 \times 0.7 \beta_{hp} f_t h_0} = \frac{320 \times 10^3}{4 \times 0.7 \times 1 \times 1.57 \times 200} = 364mm$$

$$a_m = a_t + h_0 \Rightarrow a_t \geqslant a_m - h_0 - 364 - 200 = 164mm$$

【小注岩土点评】

本题目考查筏板基础的冲切验算。题目的设置特别接近工程实际，考生如果没有相应的工程经验，容易读不懂题目，当抗水板受到浮力作用时，整个抗水板有向上的移动趋势，与地基脱离，不再受到向上的地基反力，地基反力逐步由浮力取代，抗水板只受到两个力，向上的浮力与向下的锚杆拉力，为保证抗水板能够承担锚杆的拉力，需要验算抗水板局部的冲切力。特别说明，本题目除了冲切验算外，还应进行局部受压的验算，但题目中没有给出局部受压的验算条件，故只进行冲切验算。

【2-114】（2021C08）圆形柱截面直径为 0.5m，柱下方形基础底面边长为 2.5m，高度为 0.6m。基础混凝土强度等级为 C25，轴心抗拉强度设计值 $f_t = 1.27MPa$。基底下设厚度 100mm 的 C10 素混凝土垫层，基础钢筋保护层厚度取 40mm。按照《建筑地基基础设计规范》GB 50007—2011 规定的柱与基础交接处受冲切承载力的验算要求，柱下基础顶面可承受的最大竖向力设计值 F 最接近下列哪个选项？

(A) 990kN　　　　(B) 1660kN　　　　(C) 2370kN　　　　(D) 3640kN

答案：C

解答过程：

根据《建筑地基基础设计规范》GB 50007—2011 第 8.2.8 条：

(1) 取 $h_0 = 0.6 - 0.04 = 0.56m$

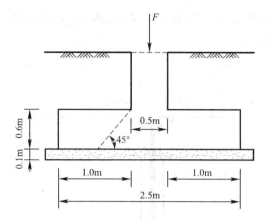

冲切圆锥顶面直径：$d_t = 0.5\text{m}$

冲切圆锥底面直径：$d_b = 0.5 + 2 \times 0.56 = 1.62\text{m}$

冲切圆锥中高处的截面直径：$d_m = \dfrac{0.5 + 1.62}{2} = 1.06\text{m}$

（2）根据力的平衡：$F - \dfrac{F}{2.5^2} \times \dfrac{\pi}{4} \times 1.62^2 \leqslant \pi \times 1.06 \times 0.56 \times 0.7 \times \beta_{hp} \times 1.27 \times 10^3$

其中：$h = 0.6\text{m} < 0.8\text{m}$，$\beta_{hp} = 1.0$

解得：$F = 2472\text{kN}$

第三节　受剪切承载力验算

——《建筑地基基础设计规范》第 8.2.9 条

对基础底面短边尺寸小于或等于柱宽加两倍基础有效高度的柱下独立基础（即：$b_{短} \leqslant b_c + 2h_0$），以及墙下条形基础，应验算柱（墙）与基础交接处的基础受剪切承载力（不用验算冲切承载力），按下式计算：

计算图例		
基础变阶处	阶形基础柱与基础交接处	锥形基础柱与基础交接处

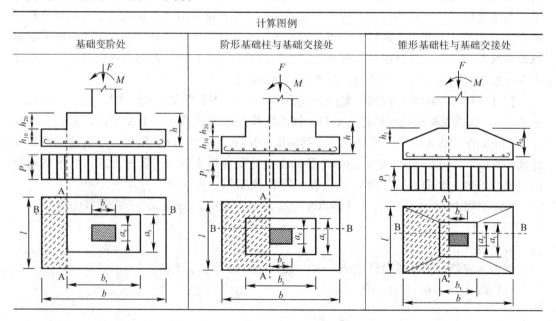

续表

验算公式	$$V_s \leqslant 0.7\beta_{hs}f_t A_0$$ $$V_s = \bar{p}_j A_l$$ $$\bar{p}_j = \frac{F}{A} = \frac{1.35F_k}{A}$$

公式说明

式中：　V_s——相应于作用的基本组合时，柱与基础交接处的剪力设计值。即图中的阴影面积乘以基底平均净反力（kN）。

$0.7\beta_{hs}f_t A_0$——受剪切承载力（kN）。

β_{hs}——受剪切承载力截面高度影响系数。

f_t——混凝土轴心抗拉强度设计值（kPa）。

A_0——验算部位受剪切截面的面积（m²）。

A_l——冲切验算时取用的部分基底面积，即图中阴影部分的面积（m²）。

$\bar{p}_j$——扣除基础自重及其上土重后相应于作用的基本组合时的地基土单位面积净反力，规范在这里有歧义，即采用全基底平均净反力还是阴影部分的平均净反力，需要考生在考场上灵活处理

受剪切承载力

基础受剪切承载力 $= 0.7 \cdot \beta_{hs} \cdot f_t \cdot A_0$

高度（h_0）影响系数：$\beta_{hs} = \left(\dfrac{0.8}{h_0}\right)^{1/4}$

（$h_0 \leqslant 0.8$ 时取 $h_0 = 0.8$m；$h_0 \geqslant 2$m 时取 $h_0 = 2$m）

剖面	基础变阶处	阶形基础柱与基础交接处	锥形基础柱与基础交接处
A 剖	$A_0 = l \cdot h_{10}$	$A_0 = l \cdot h_{10} + a_t \cdot h_{20}$	$A_0 = l \cdot h_0 \left[1 - \dfrac{1}{2} \cdot \dfrac{h_1}{h_0} \cdot \left(1 - \dfrac{a_t}{l}\right)\right]$
B 剖	$A_0 = b \cdot h_{10}$	$A_0 = b \cdot h_{10} + b_t \cdot h_{20}$	$A_0 = b \cdot h_0 \left[1 - \dfrac{1}{2} \cdot \dfrac{h_1}{h_0} \cdot \left(1 - \dfrac{b_t}{b}\right)\right]$

剪切力设计值

作用于 A_l 上的剪力设计值：$\qquad V_s = \bar{p}_j \cdot A_l$

如果采用全基底平均净反力：$\quad \bar{p}_j = \dfrac{F}{A} - \dfrac{1.35 \cdot F_k}{A} = 1.35 \cdot \left(p_k - \dfrac{G_k}{A}\right)$

如果采用阴影部分基底平均净反力，需要计算出剪切面处的基底净反力，进而对阴影部分两端的净反力求平均。

剖面	基础变阶处	阶形基础柱与基础交接处	锥形基础柱与基础交接处
A 剖	$A_l = \left(\dfrac{b-b_t}{2}\right) \cdot l$	$A_l = \left(\dfrac{b-b_c}{2}\right) \cdot l$	$A_l = \left(\dfrac{b-b_c}{2}\right) \cdot l$
B 剖	$A_l = \left(\dfrac{l-a_t}{2}\right) \cdot b$	$A_l = \left(\dfrac{l-a_c}{2}\right) \cdot b$	$A_l = \left(\dfrac{l-a_c}{2}\right) \cdot b$

【2-115】（2013D08）已知柱下独立基础底面尺寸为 $2.0\text{m}\times3.5\text{m}$，相应于作用效应标准组合时传至基础顶面±0.00 处的竖向力和力矩为 $F_k=800\text{kN}$、$M_k=50\text{kN}\cdot\text{m}$。基础高度 1.0m，埋深 1.5m，如下图所示。根据《建筑地基基础设计规范》GB 50007—2011 验算柱与基础交接处的截面受剪承载力时，其剪力设计值最接近（　　　）。

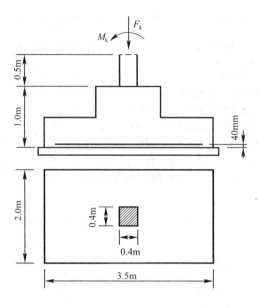

(A) 220kN　　　　(B) 350kN　　　　(C) 480kN　　　　(D) 550kN

答案：C

解答过程：

根据《建筑地基基础设计规范》GB 50007—2011 第 8.2.9 条：

（1）阴影面积：$A_l=2\times\dfrac{3.5-0.4}{2}=3.1\text{m}^2$

（2）基底平均净反力：$p_j=\dfrac{1.35\times F_k}{A}=\dfrac{1.35\times800}{2\times3.5}=154.3\text{kPa}$

（3）柱与基础交接处的剪力设计值：$V_s=p_j\times A_l=154.3\times3.1=478.3\text{kN}$

第四节　受弯承载力验算

——《建筑地基基础设计规范》第 8.2.11 条

一、基础底板弯矩计算

在轴心荷载或单向偏心荷载作用下，当台阶的宽高比小于或等于 2.5 且偏心距小于或等于 1/6 基础宽度时［即：$(b-b_c)/2h\leqslant2.5$ 且 $e\leqslant b/6$，b_c 为柱宽］，柱下矩形独立基础和墙下条形基础的弯矩可按下列简化方法计算：

基础形式	计算图示	计算公式（截面弯矩 M）
条形基础	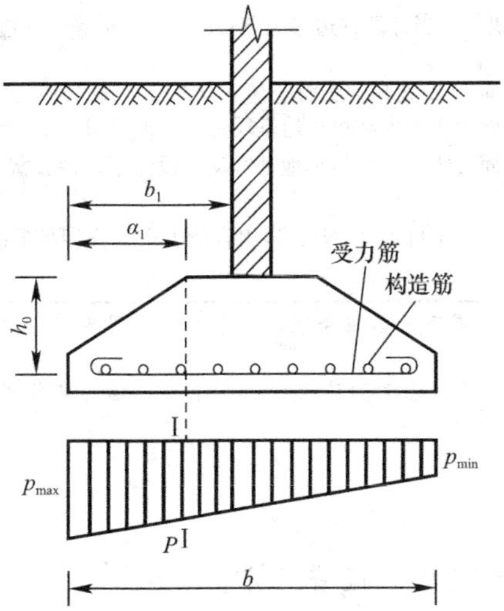	$$M_{\mathrm{I}} = \frac{1}{6} a_1^2 \left(2p_{\max} + p - \frac{3G}{A} \right)$$ $$M_{\mathrm{I}} = \frac{1}{6} a_1^2 (2p_{\mathrm{jmax}} + p_{\mathrm{j}})$$ 一般考查最大弯矩截面位置（柱或墙边）。 （1）当墙体材料为混凝土时，取 $a_1=b_1$； （2）当为砖墙基础，放脚不大于 1/4 砖长时，取 $a_1=b_1+\frac{1}{4}$砖长
矩形基础	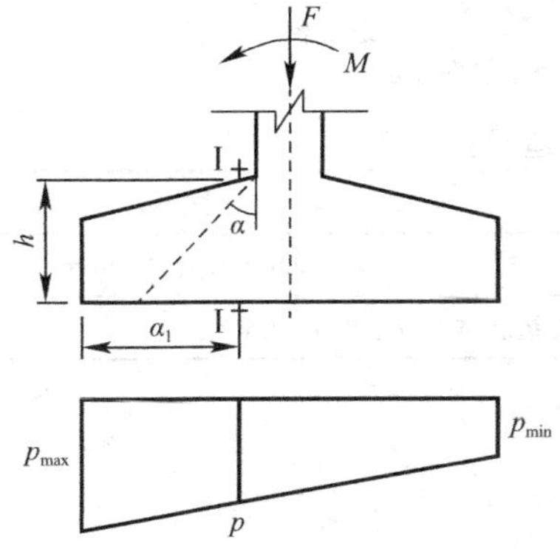 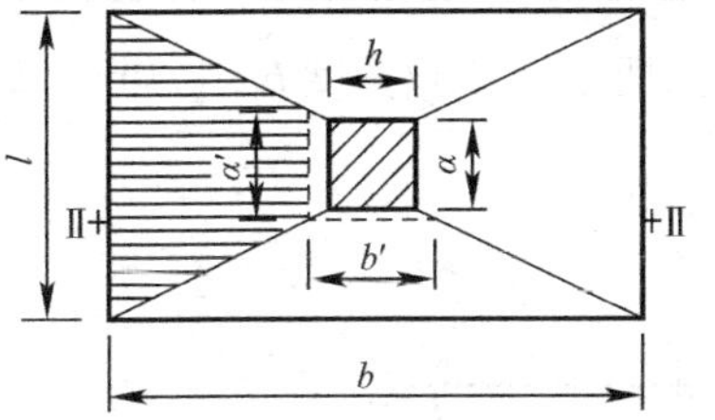	垂直于力矩作用方向 I-I： $$M_{\mathrm{I}} = \frac{1}{12} \cdot a_1^2 \cdot \left[(2l+a')\left(p_{\max}+p-\frac{2G}{A} \right) + (p_{\max}-p) \cdot l \right]$$ （基底反力法）或 $$M_{\mathrm{I}} = \frac{1}{12} \cdot a_1^2 \cdot \left[(2l+a')(p_{\mathrm{jmax}}+p_{\mathrm{j}}) + (p_{\mathrm{jmax}}-p_{\mathrm{j}}) \cdot l \right]$$ （基底净反力法） 平行于力矩作用方向 II-II： $$M_{\mathrm{II}} = \frac{1}{48} \cdot (l-a')^2 \cdot (2b+b') \left(p_{\max}+p_{\min}-\frac{2G}{A} \right)$$ （基底反力法）或 $$M_{\mathrm{II}} = \frac{1}{48} \cdot (l-a')^2 \cdot (2b+b') (p_{\mathrm{jmax}}+p_{\mathrm{jmin}})$$ （基底净反力法）
基底反力	$$p = \frac{(p_{\max}-p_{\min}) \cdot (b-a_1)}{b} + p_{\min}$$ $$p_{\min}^{\max} = \frac{F+G}{A} \pm \frac{M}{W} = 1.35 \cdot \left(\frac{F_{\mathrm{k}}+G_{\mathrm{k}}}{A} \pm \frac{M_{\mathrm{k}}}{W} \right)$$ $$p_{\mathrm{j}} = \frac{(p_{\mathrm{jmax}}-p_{\mathrm{jmin}}) \cdot (b-a_1)}{b} + p_{\mathrm{jmin}}$$ $$p_{\mathrm{jmin}}^{\max} = \frac{F}{A} \pm \frac{M}{W} = 1.35 \cdot \left(\frac{F_{\mathrm{k}}}{A} \pm \frac{M_{\mathrm{k}}}{W} \right)$$	

公式说明	式中：M_I、M_{II}——任意截面 I-I、II-II 处相应于作用的基本组合时的弯矩设计值（kN·m）； a_1——任意截面 I-I 至基底边缘最大反力处的距离（m）； a'、b'——截面 I-I、II-II 与基础上表面交线长，当计算柱边最大弯矩时，a'、b' 等于柱边长； l、b——基础底面的边长（m）； p——相应于作用的基本组合时在任意截面 I-I 处基础底面地基反力设计值（kPa）； p_{max}、p_{min}——相应于作用的基本组合时的基础底面边缘最大和最小地基反力设计值（kPa）； p_{jmax}、p_{jmin}、p_j——相应于作用的基本组合时，基础底面边缘最大、最小地基净反力设计值，计算截面处的地基净反力设计值（kPa）； G——考虑作用分项系数的基础自重及其上的土自重（kN）；当组合值由永久作用控制时，作用分项系数可取 1.35

【小注】① 如果题目提供的 p 为基本组合值，但是土重 G 未提供基本组合值，计算时 p 不用再乘以分项系数 1.35，而 G 要乘以分项系数 1.35。

② 注意区分图中 l、b 的方向，图中 l 为短边（垂直于力矩作用方向的边长），b 为长边（沿力矩作用方向的边长）。

二、基础配筋计算

根据《建筑地基基础设计规范》第 8.2.1 条和第 8.2.12 条规定：

钢筋面积计算	$A_s = \begin{cases} \dfrac{M}{0.9 f_y h_0} \times 1000 & \text{按受弯计算} \\ 0.15\% \times A_0 & \text{按照最小配筋率确定} \end{cases}$ 取二者的较大值

钢筋构造要求

受力钢筋	直径 d	间距 s
	$d \geq 10\text{mm}$	$100\text{mm} \leq s \leq 200\text{mm}$
当有垫层时钢筋保护层厚度不应小于 40mm，当无垫层时不应小于 70mm		

式中：A_s——基础底板配筋面积（mm²）；

M——计算截面的弯矩（kN·m）；

f_y——钢筋抗拉强度设计值（N/mm²＝MPa）；

h_0——计算截面的有效高度（m）；

A_0——计算截面处基础的有效截面面积，可按受剪计算中的 A_0 计算

【2-116】（2006D09）墙下条形基础的剖面如下图所示，基础宽度 $b = 3.0$m，基础底面

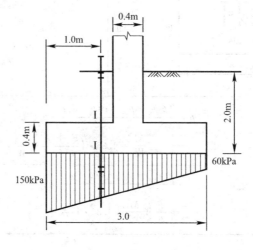

净压力分布为梯形，最大边缘压力设计值 $p_{max}=150$kPa，最小边缘压力设计值 $p_{min}=60$kPa，已知验算截面Ⅰ-Ⅰ距最大边缘压力端的距离 $a_1=1.0$m，则截面Ⅰ-Ⅰ处的弯矩设计值为（　　）。

(A) 70kN·m　　　(B) 80kN·m　　　(C) 90kN·m　　　(D) 100kN·m

答案：A

解答过程：

根据《建筑地基基础设计规范》GB 50007—2011 第 8.2.14 条：

(1) $p_j=(p_{jmax}-p_{jmin})(b-a_1)/b+p_{jmin}=\dfrac{(150-60)\times(3-1)}{3}+60=120$kPa

(2) $M_{I}=\dfrac{1}{6}a_1^2\left(2p_{jmax}+p-\dfrac{3G}{A}\right)=\dfrac{1}{6}\times1^2\times(2\times150+120)=70$kN·m

【2-117】(2011D07) 某条形基础宽度 2m，埋深 1m，地下水埋深 0.5m。承重墙位于基础中轴，宽度 0.37m，作用于基础顶面荷载为 235kN/m，基础材料采用钢筋混凝土。验算基础底板配筋时的弯矩最接近（　　）。

(A) 35kN·m　　　(B) 40kN·m　　　(C) 55kN·m　　　(D) 60kN·m

答案：B

解答过程：

(1) 基础底面的净反力为：$p_{jmax}=p_j=\dfrac{F}{A}=\dfrac{235}{2}=117.5$kPa

(2) 任意每延米的弯矩为：$M=\dfrac{1}{6}a_1^2\left(2p_{max}+p-\dfrac{3G}{A}\right)=\dfrac{1}{6}\times0.815^2\times3\times117.5=39$kN·m

【2-118】(2010C05) 如下图所示（尺寸单位为 mm），某建筑采用柱下独立方形基础，基础底面尺寸为 $2.4m\times2.4m$，柱截面尺寸为 $0.4m\times0.4m$，基础顶面中心处作用的柱轴竖向力为 $F=700$kN，力矩 $M=0$，根据《建筑地基基础设计规范》GB 50007—2011，则基础的柱边截面处的弯矩设计值最接近（　　）。

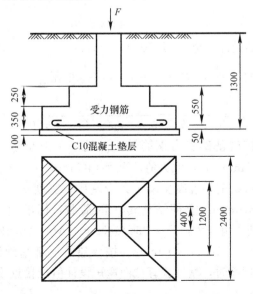

(A) 105kN・m　　　(B) 145kN・m　　　(C) 185kN・m　　　(D) 225kN・m

答案：A

解答过程：

根据《建筑地基基础设计规范》GB 50007—2011 第 8.2.11 条：

(1) $p_j = \dfrac{F}{A} = \dfrac{700}{2.4^2} = 121.5$ kPa

(2) $M_1 = \dfrac{1}{12} a_1^2 \left[(2l + a')\left(p_{max} + p - \dfrac{2G}{A}\right) + (p_{max} - p)l \right]$

$\qquad = \dfrac{1}{12} \times \left(\dfrac{2.4 - 0.4}{2}\right)^2 \left[(2 \times 2.4 + 0.4) \times (121.5 \times 2) + 0 \right] = 105.3$ kN・m

【2-119】(2013C07) 某墙下钢筋混凝土条形基础如下图所示（尺寸单位为 mm），墙体及基础的混凝土强度等级均为 C30，基础受力钢筋的抗拉强度设计值 f_y 为 300N/mm²，保护层厚度为 50mm，该条形基础承受轴心荷载，假定地基反力线性分布，相应于作用的基本组合时基础底面地基净反力设计值为 200kPa。按照《建筑地基基础设计规范》GB 50007—2011，满足该规范规定且经济合理的受力主筋面积为（　　）。

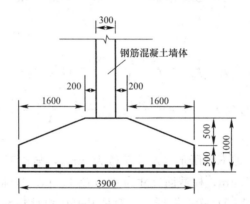

(A) 1263mm²/m　　　(B) 1425mm²/m　　　(C) 1695mm²/m　　　(D) 1520mm²/m

答案：B

解答过程：

根据《建筑地基基础设计规范》GB 50007—2011：

(1) 第 8.2.14 条：$M_1 = \dfrac{1}{6} a_1^2 (2p_{jmax} + p_j) = \dfrac{1}{6} \times 1.8^2 \times (2 \times 200 + 200) = 324$ kN・m/m

(2) 第 8.2.12 条：$A_s = \dfrac{M}{0.9 f_y h_0} = \dfrac{324 \times 10^6}{0.9 \times 300 \times (1000 - 50)} = 1263.2$ mm²/m

(3) 第 8.2.1 条：扩展基础受力钢筋最小配筋率不应小于 0.15%，$A_s = 0.15\% \times 1000 \times (1000 - 50) = 1425$ mm²/m，取大值，$A_s = 1425$ mm²/m

【2-120】(2016C09) 某钢筋混凝土墙下条形基础，宽度 $b = 2.8$m，高度 $h = 0.35$m，埋深 $d = 1.0$m，墙厚 370mm。上部结构传来的荷载：标准组合为 $F_1 = 288.0$kN/m，$M_1 = 16.5$kN・m/m；基本组合为：$F_2 = 360.0$kN/m，$M_2 = 20.6$kN・m/m；准永久组合为：$F_3 = 250.4$kN/m，$M_3 = 14.3$kN・m/m。按《建筑地基基础设计规范》GB 50007—2011 规定计算基础底板配筋时，基础验算截面弯矩设计值最接近下列哪个选项？（基础及

其上土的平均重度为 $20kN/m^3$ ）

(A) $72kN \cdot m/m$　　(B) $83kN \cdot m/m$　　(C) $103kN \cdot m/m$　　(D) $116kN \cdot m/m$

答案：C

解答过程：

根据《建筑地基基础设计规范》第 3.0.5 条第 4 款、第 8.2.14 条：

(1) $e = \dfrac{M}{F} = \dfrac{20.6}{360} = 0.06\text{m} < \dfrac{b}{6} = \dfrac{2.8}{6} = 0.47\text{m}$，属于小偏心。

(2) $p_{jmax} = \dfrac{F}{A} + \dfrac{M}{\dfrac{B \times B}{6}} = \dfrac{360}{2.8} + \dfrac{20.6}{\dfrac{2.8 \times 2.8}{6}} = 144.3\text{kPa}$，$p_{jmin} = \dfrac{360}{2.8} - \dfrac{20.6}{\dfrac{2.8 \times 2.8}{6}} =$

112.8kPa

(3) 计算截面处基底反力：

$$a_1 = \frac{2.8 - 0.37}{2} = 1.215\text{m}$$

$$p = \frac{(p_{jmax} - p_{jmin})(b - a_1)}{b} + p_{jmin} = \frac{(144.3 - 112.8)(2.8 - 1.215)}{2.8} + 112.8 = 130.6\text{kPa}$$

(4) $M = \dfrac{1}{6}a_1^2(2p_{jmax} + p_j) = \dfrac{1}{6} \times 1.215^2 \times (2 \times 144.3 + 130.6) = 103kN \cdot m/m$

【小注岩土点评】

本题目考查墙下条形基础的抗弯验算。计算基础配筋时，所用的设计组合应为基本组合下的净反力，故在计算净反力时，不用考虑基础自重。需要注意的是，偏心距的计算为合力矩除以基底竖向合力，本题并没有采用竖向合力来判断偏心距，理由如下：在 F 作用下判断为小偏心，在 $F+G$ 作用下更为小偏心，故可以直接用小偏心公式计算基底压力。考虑到净反力不含基础自重，故采用了不含基础自重的小偏心计算公式。

【2-121】（2014D08）某墙下钢筋混凝土筏形基础，厚度为 1.2m，混凝土强度等级为 C30，受力钢筋拟采用 HRB400 钢筋，主筋保护层厚度为 40mm。已知该筏板的弯矩图（相应于作用的基本组合时的弯矩设计值）如下图所示。问：按照《建筑地基基础设计规范》GB 50007—2011，满足该规范规定且经济合理的筏板顶部受力主筋配置为下列哪个选项？（注：C30 混凝土抗压强度设计值为 $14.3N/mm^2$，HRB400 钢筋抗拉强度设计值为 $360N/mm^2$）

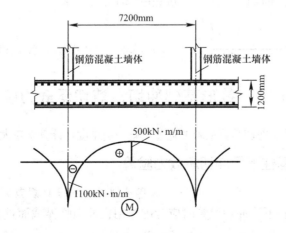

公称直径 （mm）	不同模数钢筋的公称截面面积（mm²）								
	1	2	3	4	5	6	7	8	9
6	28.3	57	85	113	142	170	198	226	255
8	50.3	101	151	201	252	302	352	402	453
10	78.5	157	236	314	393	471	550	628	707
12	113.1	226	339	452	565	678	791	904	1017
14	153.9	308	461	615	769	923	1077	1231	1385
16	201.1	402	603	804	1005	1206	1407	1608	1809
18	254.5	509	763	1017	1272	1527	1781	2036	2290
20	314.2	628	942	1256	1570	1884	2199	2513	2827
22	380.1	760	1140	1520	1900	2281	2661	3041	3421
25	490.9	982	1473	1964	2454	2945	3436	3927	4418
28	615.8	1232	1847	2463	3079	3695	4310	4926	5542
32	804.2	1609	2413	3217	4021	4826	5630	6434	7238
35	1017.9	2036	3054	4072	5089	6107	7125	8143	9161
40	1256.6	2513	3770	5027	6283	7540	8790	10053	11310
50	1963.5	3928	5892	7856	9820	11784	13748	15712	17676

(A) Φ18@200　　　　(B) Φ20@200　　　　(C) Φ22@200　　　　(D) Φ25@200

答案：C

解答过程：

设钢筋之间的间距为200mm，则每米钢筋根数：$\dfrac{1000}{200}=5$ 根。

（1）每米基础顶板配置的钢筋面积是：

$$A_s=\frac{M}{0.9f_yh_0}=\frac{500}{0.9\times360\times10^3\times(1.2-0.04)}\approx1.33035\times10^{-3}\,\text{m}^2=1330.35\,\text{mm}^2$$

（2）钢筋直径：$5\times\pi\times\left(\dfrac{d}{2}\right)^2=1330.35$，得：$d\approx18.41\,\text{mm}$

（3）$A_s=1272\,\text{mm}^2<1330.35\,\text{mm}^2$，故 A 不满足要求。

选用直径为20mm的钢筋，$A_s=1570\,\text{mm}^2>1330.35\,\text{mm}^2$，验算最小配筋率：

$$\rho=\frac{5\times3.14\times\left(\dfrac{20}{2}\right)^2}{1000\times(1200-40)}\approx0.1353\%<0.15\%，不满足最小配筋率要求。故 A、B 错误。$$

选用直径为22mm的钢筋，$A_s=1900\,\text{mm}^2>1330.35\,\text{mm}^2$

最小配筋率：$\rho=\dfrac{5\times3.14\times\left(\dfrac{22}{2}\right)^2}{1000\times(1200-40)}\approx0.1638\%>0.15\%$，满足最小配筋率要求。

第五节　筏形基础冲切、剪切承载力验算

平板式筏基受冲切、剪切验算从未考查过，有一定难度，计算量较大，考试时注意选题。

一、平板式筏基柱下受冲切承载力验算

——《建筑地基基础设计规范》第8.4.7条、附录P

进行平板式筏基柱下受冲切验算时应考虑作用在冲切临界截面重心上的不平衡弯矩产

生的附加剪力。对基础边柱和角柱进行受冲切验算时，其冲切力 F_l 应分别乘以 1.1 和 1.2 的增大系数，距柱边 $h_0/2$ 处冲切临界截面的最大剪力 $\tau_{\max}$ 应按下式计算，并按下式验算筏基柱下受冲切承载力。板的最小厚度不应小于 $500\mathrm{mm}$。

类别	计算图例	计算公式
	步骤①：计算柱的冲切临界截面周长和冲切力	
内柱冲切		$$F_l = N - \bar{p}_j(h_c + 2h_0)(b_c + 2h_0)$$ $$u_m = 2c_1 + 2c_2$$ $$I_s = \frac{c_1 h_0^3}{6} + \frac{c_1^3 h_0}{6} + \frac{c_2 h_0 c_1^2}{2}$$ $$c_1 = h_c + h_0,\ c_2 = b_c + h_0,\ c_{AB} = \frac{c_1}{2}$$
边柱冲切		$$F_l = 1.1 \times [N - \bar{p}_j c_1 c_2]$$ $$u_m = 2c_1 + c_2$$ $$I_s = \frac{c_1 h_0^3}{6} + \frac{c_1^3 h_0}{6} + 2h_0 c_1 \left(\frac{c_1}{2} - \bar{X}\right) + c_2 h_0 \bar{X}^2$$ $$c_1 = h_c + \frac{h_0}{2},\ c_2 = b_c + h_0,\ c_{AB} = c_1 - \bar{X}$$ $$\bar{X} = \frac{c_1^2}{2c_1 + c_2}$$
角柱冲切		$$F_l = 1.2 \times [N - \bar{p}_j c_1 c_2]$$ $$u_m = c_1 + c_2$$ $$I_s = \frac{c_1 h_0^3}{12} + \frac{c_1^3 h_0}{12} + c_1 h_0 \left(\frac{c_1}{2} - \bar{X}\right)^2 + c_2 h_0 \bar{X}^2$$ $$c_1 = h_c + \frac{h_0}{2},\ c_2 = b_c + \frac{h_0}{2},\ c_{AB} = c_1 - \bar{X}$$ $$\bar{X} = \frac{c_1^2}{2c_1 + 2c_2}$$

参数说明	式中：F_l——相应于作用的基本组合时的冲切力（kN），对内柱取轴力设计值减去筏板冲切破坏锥体内的基底净反力设计值；对边柱和角柱，取轴力设计值减去筏板冲切临界截面范围内的基底净反力设计值；对基础边柱和角柱冲切验算时，其冲切力应分别乘以 1.1 和 1.2 的增大系数。 u_m——距柱边缘不小于 $h_0/2$ 处冲切临界截面的最小周长（m）。 h_0——筏板的有效高度（m）。 I_s——冲切临界截面对其重心的极惯性矩（m^4）。 c_1——与弯矩作用方向一致的冲切临界截面的边长（m）。 c_2——垂直于 c_1 的冲切临界截面上的边长（m）。 h_c——与弯矩作用方向一致的柱截面的边长。 b_c——垂直于 h_c 的柱截面边长（m）。 $\overline{p}_j$——基底平均净反力（kPa）

【小注】当柱边外侧的悬挑长度小于等于 $h_0 + 0.5b_c$ 时，冲切临界截面可计算值垂直于自由边的板端，此项要求只适用于边柱、角柱的情况

步骤②：计算最大剪应力

计算公式	$$\tau_{max} = \frac{F_l}{u_m h_0} + \alpha_s \frac{M_{unb} c_{AB}}{I_s}$$
公式说明	式中：u_m——距柱边缘不小于 $h_0/2$ 处冲切临界截面的最小周长，由步骤①计算； α_s——不平衡弯矩通过冲切临界截面上的偏心剪力来传递的分配系数，按下式计算： $$\alpha_s = 1 - \frac{1}{1 + \frac{2}{3}\sqrt{\left(\frac{c_1}{c_2}\right)}}$$ M_{unb}——作用在冲切临界截面重心上的不平衡弯矩设计值（kN·m），见条文说明； c_{AB}——沿弯矩作用方向，冲切临界截面重心至冲切临界截面最大剪应力点的距离（m），由步骤①计算

步骤③：验算最大剪应力

计算公式	$$\tau_{max} \leqslant 0.7(0.4 + 1.2/\beta_s)\beta_{hp} f_t$$ 其中：$\beta_s = \dfrac{柱截面长边}{柱截面短边} = \begin{cases} 2, & \beta_s < 2 \\ \beta_s & \\ 4, & \beta_s > 4 \end{cases}$

式中：β_s——柱截面长边与短边的比值；

β_{hp}——受冲切承载力截面高度影响系数；

f_t——混凝土轴心抗拉强度设计值（kPa）。

混凝土轴心抗拉强度设计值（N/mm²）

混凝土	C15	C20	C25	C30	C35	C40	C45	C50	C55	C60
f_t	0.91	1.1	1.27	1.43	1.57	1.71	1.8	1.89	1.96	2.04

受冲切承载力截面高度影响系数

	$h \leqslant 800$	$800 < h < 2000$	$h \geqslant 2000$
β_{hp}	1.0	$\beta_{hp} = 1 - \dfrac{h - 800}{12000}$	0.9

二、平板式筏基内筒下受冲切承载力验算

——《建筑地基基础设计规范》第8.4.8条

计算图例		计算公式
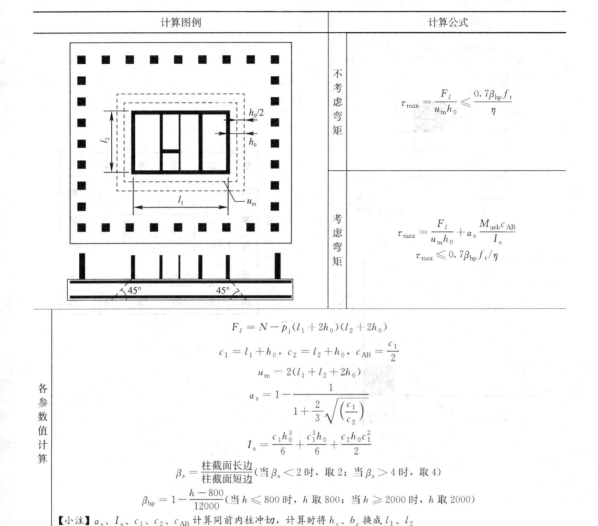	不考虑弯矩	$$\tau_{max} = \frac{F_l}{u_m h_0} \leqslant \frac{0.7\beta_{hp}f_t}{\eta}$$
	考虑弯矩	$$\tau_{max} = \frac{F_l}{u_m h_0} + \alpha_s \frac{M_{unb}c_{AB}}{I_s}$$ $$\tau_{max} \leqslant 0.7\beta_{hp}f_t/\eta$$

各参数值计算

$$F_l = N - \bar{p}_j(l_1 + 2h_0)(l_2 + 2h_0)$$

$$c_1 = l_1 + h_0, \quad c_2 = l_2 + h_0, \quad c_{AB} = \frac{c_1}{2}$$

$$u_m = 2(l_1 + l_2 + 2h_0)$$

$$\alpha_s = 1 - \frac{1}{1 + \dfrac{2}{3}\sqrt{\left(\dfrac{c_1}{c_2}\right)}}$$

$$I_s = \frac{c_1 h_0^3}{6} + \frac{c_1^3 h_0}{6} + \frac{c_2 h_0 c_1^2}{2}$$

$$\beta_s = \frac{\text{柱截面长边}}{\text{柱截面短边}}(\text{当}\beta_s < 2 \text{时，取}2;\text{当}\beta_s > 4\text{时，取}4)$$

$$\beta_{hp} = 1 - \frac{h - 800}{12000}(\text{当}h \leqslant 800\text{时，}h\text{取}800;\text{当}h \geqslant 2000\text{时，}h\text{取}2000)$$

【小注】α_s、I_s、c_1、c_2、c_{AB} 计算同前内柱冲切，计算时将 h_c、b_c 换成 l_1、l_2

公式说明

式中：F_l——相应于作用的基本组合时，内筒所承受的轴力设计值减去内筒下筏板冲切破坏锥体内的基底净反力设计值（kN）；

u_m——距内筒外表面 $h_0/2$ 处冲切临界截面的周长（m）；

h_0——距内筒外表面 $h_0/2$ 处筏板的截面有效高度（m）；

η——内筒冲切临界截面周长影响系数，取1.25。

其余参数同上

三、平板式筏基柱边和内筒边受剪切承载力验算

——《建筑地基基础设计规范》第8.4.9条、第8.4.10条及条文说明

平板式筏基应验算距内筒和柱边缘 h_0 处截面的受剪承载力。当筏板变厚度时，尚应验算变厚度处筏板的受剪承载力。按下式计算：

计算图例

柱边受剪	内筒受剪

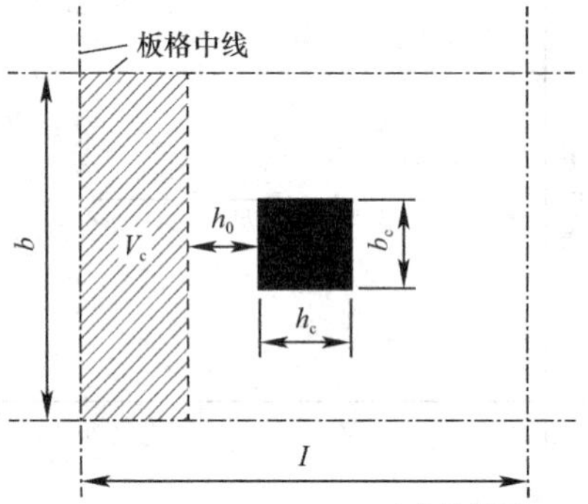

内柱边筒图

$$V_s = \frac{\bar{p}_j A_l}{b}$$

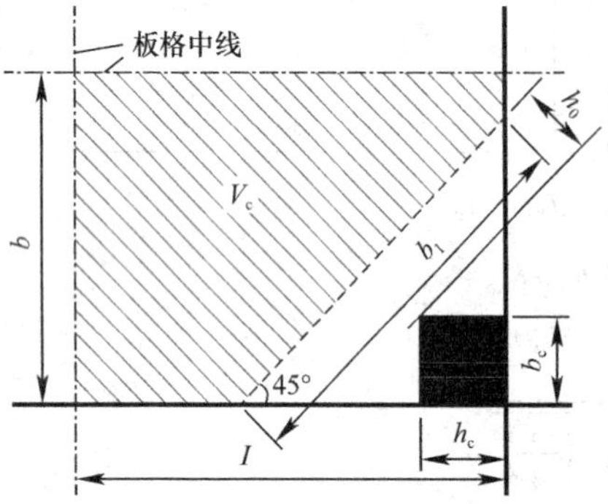

角柱边筒图

$$V_s = \frac{1.2 \bar{p}_j A_l}{b_1}$$

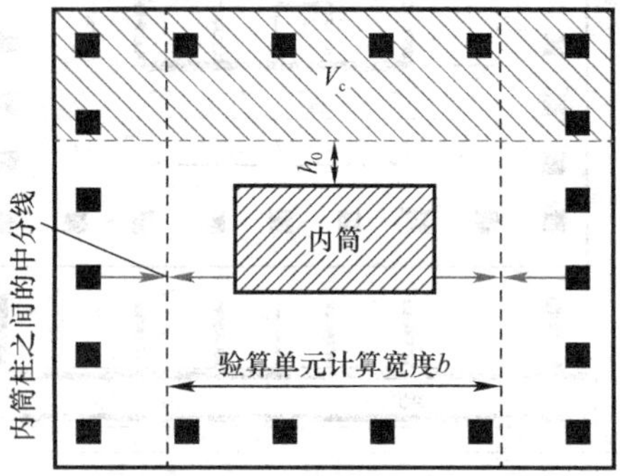

内筒边筒图

$$V_s = \frac{\bar{p}_j A_l - n N_{边}}{b}$$

式中：A_l——图中阴影部分面积（m^2）；

n——阴影面积内边柱的数量；

$N_{边}$——边柱轴力设计值（kN）；

$\bar{p}_j$——相应于作用的基本组合时，阴影部分的平均净反力设计值（kPa）

计算公式	$V_s \leqslant 0.7 \beta_{hs} f_t b_w h_0$
各参数计算	$\beta_{hs} = (800/h_0)^{1/4}$（当 $h_0 \leqslant 800$ 时，h_0 取 800；当 $h_0 \geqslant 2000$ 时，h_0 取 2000）
公式说明	式中：V_s——相应于作用的基本组合时，基底净反力平均值产生的距内筒或柱边缘 h_0 处筏板单位宽度的剪力设计值（kN）； b_w——筏板计算截面单位宽度（m），即 $b_w=1.0$； h_0——距内筒或柱边缘处筏板的截面有效高度（m）

四、梁板式筏基底板受冲切承载力验算

——《建筑地基基础设计规范》第 8.4.11 条、第 8.4.12 条

计算图例	计算公式
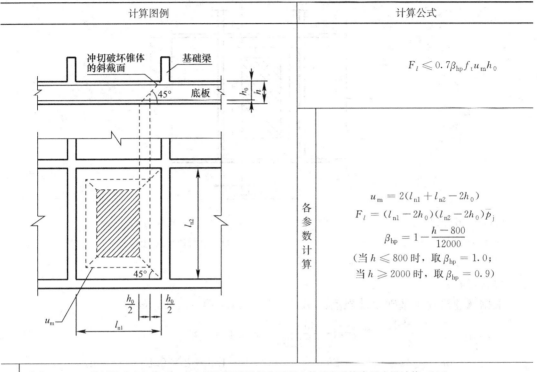	$F_l \leqslant 0.7\beta_{hp}f_t u_m h_0$
	各参数计算

各参数计算：

$$u_m = 2(l_{n1} + l_{n2} - 2h_0)$$
$$F_l = (l_{n1} - 2h_0)(l_{n2} - 2h_0)\bar{p}_j$$
$$\beta_{hp} = 1 - \frac{h - 800}{12000}$$

（当 $h \leqslant 800$ 时，取 $\beta_{hp} = 1.0$；
当 $h \geqslant 2000$ 时，取 $\beta_{hp} = 0.9$）

公式说明

式中：F_l——作用的基本组合时，在上图矩形阴影部分面积上的基底平均净反力设计值（kN）；

u_m——距基础梁边 $h_0/2$ 处冲切临界截面的周长（m）；

l_{n1}、l_{n2}——计算板格的短边和长边的净长度（m），净长度＝板格中心线间距－梁宽；

h_0——板的有效高度（m）；

f_t——混凝土轴心抗拉强度设计值（kPa）；

$\bar{p}_j$——扣除底板及其上填土自重后，相应于作用的基本组合时的基底平均净反力设计值（kPa）

当底板区隔为矩形双向板时，底板受冲切所需的厚度 h_0 按下式计算，其底板厚度与最大双向板格的短边净跨之比不应小于 $l/14$，且板厚不应小于 400mm。

$$h_0 = \frac{(l_{n1} + l_{n2}) - \sqrt{(l_{n1} + l_{n2})^2 - \dfrac{4p_n l_{n1} l_{n2}}{p_n + 0.7\beta_{hp}f_t}}}{4}$$

$$(h = h_0 + a_s \geqslant l_{n1}/14 \text{ 且 } h \geqslant 400\text{mm})$$

式中：p_n——扣除底板及其上填土自重后，相应于作用的基本组合时的基底平均净反力设计值（kPa）。

【小注】本式即由上述受冲切承载力验算公式推导而来的，仅适用于双向底板。

【2-122】（2010D05）某筏基底板梁板如下图所示，筏板混凝土强度等级为 C35（$f_t = 1.57\text{N/mm}^2$），根据《建筑地基基础设计规范》GB 50007—2011 计算，该底板受冲切承载力最接近（　　）。（筏板保护层厚度为 50mm）

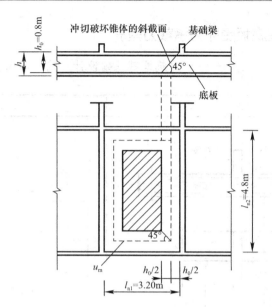

(A) $5.60 \times 10^3 \text{kN}$ (B) $11.25 \times 10^3 \text{kN}$

(C) $16.08 \times 10^3 \text{kN}$ (D) $19.70 \times 10^3 \text{kN}$

答案：B

解答过程：

根据《建筑地基基础设计规范》GB 50007—2011 第 8.4.12 条：

(1) $\beta_{hp} = 1 - \dfrac{h - 800}{1200} \times 0.1 = 1 - \dfrac{850 - 800}{1200} \times 0.1 = 0.996$

$$u_m = 2(l_{n1} + l_{n2} - 2h_0) = 2 \times (3.2 + 4.8 - 2 \times 0.8) = 12.8 \text{m}$$

(2) 受冲切承载力：$0.7 \beta_{hp} f_t u_m h_0 = 0.7 \times 0.996 \times 1.57 \times 10^3 \times 12.8 \times 0.8 = 11208.7 \text{kN}$

【小注岩土点评】

本题目考查梁板式筏基底板受冲切验算。梁板式筏基的冲切计算，采用基底净反力向上冲切的验算规则，同独立基础计算略有区别，计算时，要分清楚冲切破坏锥体范围线和冲切临界截面范围线。需要说明的是，本题目缺少 h 的关键信息，属于命题不严谨，只能依靠经验取 850mm 计算冲切影响系数。

【2-123】（2016D08）某高层建筑为梁板式基础，底板区格为矩形双向板，柱网尺寸为 8.7m×8.7m，梁宽为 450mm，荷载基本组合地基净反力设计值为 540kPa，底板混凝土轴心抗拉强度设计值为 1570kPa，按《建筑地基基础设计规范》GB 50007—2011，验算底板受冲切所需要的有效厚度最接近下列哪个选项？

(A) 0.825m   (B) 0.747m   (C) 0.658m   (D) 0.558m

答案：B

解答过程：

(1) $l_{n1} = l_{n2} = 8.7 - 0.45 = 8.25 \text{m}$，假设 $h < 800 \text{mm}$，则 $\beta_{hp} = 1.0$

(2) $h_0 = \dfrac{(8.25 + 8.25) - \sqrt{(8.25 \times 2)^2 - \dfrac{4 \times 540 \times 8.25 \times 8.25}{540 + 0.7 \times 1 \times 1570}}}{4} = 0.747 \text{m}$，$h = 747 +$

50＝797mm＜800mm，假设成立。

（3）底板厚度与最大双向板格的短边净跨之比不应小于 $\frac{1}{14}$，即 $8.25 \times \frac{1}{14} = 0.589$，$h = 0.797 > h_0 = 0.747\text{m} > 0.589$，满足。

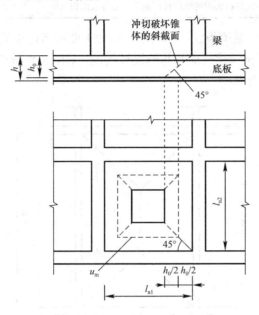

【小注岩土点评】

本题目考查梁板式筏基冲切计算。由于题目要求筏板厚度为 h，需要先假设 h 值，进行冲切影响系数 β_{hp} 的计算，才能套规范公式，同时，本题缺少钢筋合力作用点到混凝土受压区边缘距离 a_s 这个条件，只能根据经验按照 $a_s = 50\text{mm}$ 取值。

五、梁板式筏基底板斜截面受剪切承载力验算

——《建筑地基基础设计规范》第 8.4.11 条、第 8.4.12 条

计算图例		计算公式
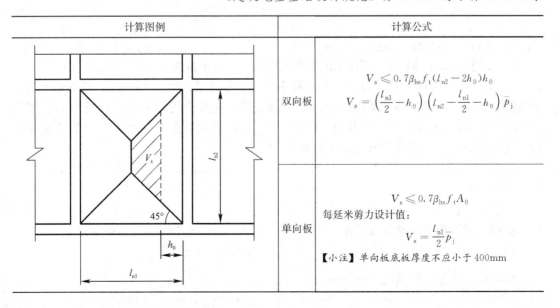	双向板	$V_s \leqslant 0.7\beta_{hs} f_t (l_{n2} - 2h_0) h_0$ $$V_s = \left(\frac{l_{n1}}{2} - h_0 \right) \left(l_{n2} - \frac{l_{n1}}{2} - h_0 \right) \overline{p}_j$$
	单向板	$$V_s \leqslant 0.7\beta_{hs} f_t A_0$$ 每延米剪力设计值： $$V_s = \frac{l_{n1}}{2} \overline{p}_j$$ **【小注】** 单向板底板厚度不应小于400mm

公式说明	式中：V_s——距梁边缘 h_0 处，作用在图中阴影部分面积上的基底平均净反力产生的剪力设计值（kN）； l_{n1}、l_{n2}——计算板格的短边和长边的净长度（m）； $\bar{p}_j$——扣除底板及其上填土自重后，相应于作用的基本组合时的基底平均净反力设计值（kPa）； A_0——验算截面处基础底板的单位长度垂直截面有效面积（m^2）

【2-124】（2011C09）某梁板式筏基底板区格如下图所示，筏板混凝土强度等级为 C35（$f_t=1.57N/mm^2$），根据《建筑地基基础设计规范》GB 50007—2011 计算，该区格底板斜截面受剪承载力最接近（　　）。

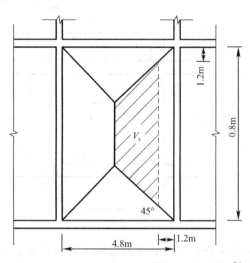

(A) 5.60×10^3kN

(B) 6.65×10^3kN

(C) 15.08×10^3kN

(D) 119.70×10^3kN

答案：B

解答过程：

根据《建筑地基基础设计规范》GB 50007—2011 第 8.4.11 条：

$$\beta_{hs}=\left(\frac{800}{h_0}\right)^{\frac{1}{4}}=\left(\frac{800}{1200}\right)^{\frac{1}{4}}=0.904$$

$0.7\beta_{hs}f_t(l_{n2}-2h_0)h_0=0.7\times0.904\times1.57\times10^3\times(8-2\times1.2)\times1.2=6676.3kN$

【2-125】（2012C09）如下图所示的梁板式筏基（尺寸单位为 mm），柱网尺寸为 8.7m×8.7m，柱横截面为 1450mm×1450mm，柱下为交叉基础梁，梁宽 450mm，荷载基本组合地基净反力为 400kPa，底板厚 1000mm，双排钢筋，钢筋合力点至板截面近边的距离取 70mm，按《建筑地基基础设计规范》GB 5000—2011 计算，距基础边缘 h_0（板的有效厚度）处底板斜截面所承受的剪力设计值为（　　）。

(A) 4100kN　　　(B) 5500kN　　　(C) 6200kN　　　(D) 6500kN

答案：A

解答过程：

根据《建筑地基基础设计规范》GB 50007—2011 第 8.4.12 条：

(1) $l_{n1}=l_{n2}=8.7-0.45=8.25m$，$h_0=1-0.07=0.93m$

(2) $V_s=\left(\frac{l_{n1}}{2}-h_0\right)\left(l_{n2}-\frac{l_{n1}}{2}-h_0\right)\bar{p}_j$

$$=\left(\frac{8.25}{2}-0.93\right)\times\left(8.25-\frac{8.25}{2}-0.93\right)\times400=4083.2\text{kN}$$

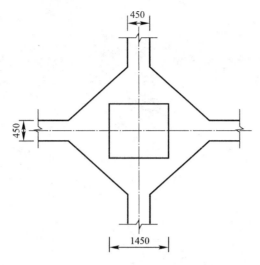

【小注岩土点评】

本题目考查梁板式筏基抗剪计算。该题目对于岩土专业考生不够友好，对于结构专业考生，相对较容易，题目中并未给出全模型示意，只给了一个柱的局部示意，可以把柱网示意补齐，画出另外的三根柱子和基础梁，补齐后的图示类似规范第8.4.12条第3款图示，只是网格为8.7m的正方形，正方形网格的剪切验算，阴影部分不再是梯形，而是三角形，只需计算出阴影三角形的面积，再乘以基底平均净反力即可。

第三篇　深基础

深基础部分主要包括：桩基竖向承载力计算、桩基水平承载力计算、桩基沉降变形计算、桩身及承台承载力计算等内容。

本篇内容属于高频考点，一般情况下，每年题量基本在5~6题，占比分值较高，本篇主要以《建筑桩基技术规范》JGJ 94—2008为主进行编写，对于公路、铁路涉及的桩基内容每年基本考一道题，将单独设置篇章进行说明。

桩基涉及的题型较为固定，但是题目涉及的参数较多，计算量较大，需多加练习以夯实计算功底，在考试中避免计算错误的情况。

深基础历年真题情况表

类别	历年出题数量	占深基础比重	占历年真题比重
桩基竖向承载力计算	66	51.9%	10.36% 2002—2023年总题目共计1260题，其中深基础占126题。（2015年未举行考试）
桩基水平承载力和位移计算	17	13.4%	
桩基沉降计算	17	13.4%	
桩身及承台承载力计算	27	21.3%	

深基础专业案例知识分布详情

年份	《建筑桩基技术规范》JGJ 94—2008			公铁桥涵	高层岩土勘察	合计
	桩基承载力计算	桩基沉降计算	承台内力计算			
2016年	1道后注浆；1道液化；1道正截面受压承载力；1道偏门压曲失稳	1道地规沉降；1道单桩沉降	—	1道	—	7道
2017年	1道双偏心外力验算；1道混凝土空心桩；1道液化；1道抗拔整体验算；1道偏门水平变形系数	1道疏桩沉降	1道剪切验算	—	—	7道
2018年	1道复合基桩验算；1道经验法；1道液化；1道单桩水平承载力	—	—	1道	—	5道
2019年	1道液化；1道内力外力验算结合；1道内力验算	1道密桩沉降深度	—	1道	—	5道
2020年	1道下拉荷载；1道上拔外力验算；1道整体上拔验算；1道内力验算	—	1道受弯验算	—	—	5道
2021年	1道液化；1道内力验算；1道整体和单桩上拔验算；1道软弱下卧层验算；1道下拉荷载	—	—	—	—	5道
2022年	1道负摩阻力；1道嵌岩桩承载力	—	1道承台剪切	1（桩端平均压应力）	1（估算预制桩承载力）	5道

续表

| 年份 | 《建筑桩基技术规范》JGJ 94—2008 | | | 公铁桥涵 | 高层岩土勘察 | 合计 |
	桩基承载力计算	桩基沉降计算	承台内力计算			
2022年补考	1道钢管桩；1道抗拔桩非整体破坏；1道下拉荷载	1道减沉复合疏桩基础承台底地基土产生的沉降	—	1道钻孔灌注桩基承载力	—	5道
2023年	1道软弱下卧层验算；1道单桩水平承载力特征值；1道大直径桩承载力计算	—	—	1道预制桩受压容许承载力；1道沉井下沉系数	—	5道

本篇涉及的主要规范及相关教材有：

《建筑桩基技术规范》JGJ 94—2008

《湿陷性黄土地区建筑标准》GB 50025—2018

《膨胀土地区建筑技术规范》GB 50112—2013

《工程地质手册》（第五版）

《基础工程》（第3版）

第十九章　桩基竖向承载力计算

第一节　单桩竖向承载力计算

一、静力触探法估算单桩竖向极限承载力

（一）单桥静力触探法

——《建筑桩基技术规范》第 5.3.3 条

当根据单桥探头静力触探资料确定混凝土预制桩单桩竖向极限承载力标准值时，主要是测定各土层"比贯入阻力 p_s"进行计算，如无当地经验，可按下式计算：

计算公式	$Q_{uk} = Q_{sk} + Q_{pk} = u \sum q_{sik} l_i + \alpha p_{sk} A_p$		
公式参数及说明	当 $p_{sk1} \leqslant p_{sk2}$ 时：　　　$p_{sk} = \dfrac{1}{2} (p_{sk1} + \beta \cdot p_{sk2})$ 当 $p_{sk1} > p_{sk2}$ 时：　　　$p_{sk} = p_{sk2}$ 式中：Q_{sk}、Q_{pk}——总极限侧阻力标准值和总极限端阻力标准值（kN）； 　　　u——桩身周长（m）； 　　　q_{sik}——用静力触探比贯入阻力值估算的桩周第 i 层土的极限侧阻力（kPa）； 　　　l_i——桩周第 i 层土的厚度（m）； 　　　α——桩端阻力修正系数，可按下表取值； 　　　p_{sk}——桩端附近的静力触探比贯入阻力标准值（平均值）（kPa）； 　　　A_p——桩端面积（m²）； 　　　p_{sk1}——桩端全截面以上 8 倍桩径范围内的比贯入阻力平均值（kPa）； 　　　p_{sk2}——桩端全截面以下 4 倍桩径范围内的比贯入阻力平均值（kPa），如桩端持力层为密实的砂土层，其比贯入阻力平均值 p_{sk2} 超过 20MPa 时，则需将 p_{sk2} 乘以下表中系数 C 予以折减后，再按上式计算 p_{sk}； 　　　β——折减系数		
		直线Ⓐ	适用于地表下 6m 范围土层
		折线Ⓑ	适用于粉土及砂土土层以上（或无粉土及砂土土层地区）的黏性土
		折线Ⓒ	适用于粉土及砂土土层以下的黏性土
		折线Ⓓ	适用于粉土、粉砂、细砂及中砂
	p_s——该土层由试验得到的比贯入阻力平均值（kPa）		

计算步骤	（1）桩端阻力修正系数 α	桩端阻力修正系数按下表计算：			
		桩长 l (m)	$l<15$	$15m \leqslant l \leqslant 30m$	$30m<l \leqslant 60m$
		桩端阻力修正系数 α	0.75	$0.75+0.01 \cdot (l-15)$	0.90

【小注】桩长＝总桩长 L 一桩尖高（以后所有计算都如此）

（2）桩端静力触探比贯入阻力标准值 p_{sk} (kPa)

① 桩端全截面以上 $8d$ 范围内的比贯入阻力平均值：
$$p_{sk1} = (\sum p_{si} \cdot h_i)/8d$$
② 桩端全截面以下 $4d$ 范围内的比贯入阻力平均值：
$$p_{sk2} = (\sum p_{si} \cdot h_i)/4d$$

【小注】当桩端持力层为密实的砂土层且其比贯入阻力平均值超过 20MPa，则需对上述计算的 p_{sk2} 进行折减：

桩端密实砂土层 p_{sk2}	20～30MPa	35MPa	>40MPa
折减系数 C	5/6	2/3	1/2

③ 桩端静力触探比贯入阻力标准值 p_{sk} 计算如下：
当 $p_{sk1} \leqslant p_{sk2}$ 时： $p_{sk}=0.5 \cdot (p_{sk1}+\beta \cdot p_{sk2})$
当 $p_{sk1} > p_{sk2}$ 时： $p_{sk}=p_{sk2}$

p_{sk2}/p_{sk1}	$\leqslant 5$	7.5	12.5	$\geqslant 15$	可内插
折减系数 β	1	5/6	2/3	1/2	

（3）桩周各土层极限侧阻力 q_{sik} (kPa)

采用查表方式计算桩侧土的极限摩阻力比较繁琐，可按下表进行计算：

曲线	p_s 平均值范围 (kPa)	q_{sik} (kPa)
Ⓐ	地表下 6m 范围	15
Ⓑ	0～1000	$0.05p_s$
	1000～4000	$0.025p_s+25$
	>4000	125
Ⓒ	0～600	$0.05p_s$
	600～5000	$0.016p_s+20.45$
	>5000	100
Ⓓ	0～5000	$0.02p_s$
	>5000	100

当桩端穿过粉土、粉砂、细砂及中砂层底面时，折线①估算的 q_{sik} 需乘以系数 η_s

η_s	$\dfrac{\text{粉土或砂土层的 } p_s}{\text{其下卧软土层的 } p_{sl}}$	$\leqslant 5$	7.5	$\geqslant 10$
	η_s	1.00	0.50	0.33

（4）Q_{uk} (kN)

单桩竖向极限承载力标准值 Q_{uk}：
$$Q_{uk}=u \cdot \sum q_{sik} \cdot l_i + \alpha \cdot p_{sk} \cdot A_p$$

【小注】本部分内容历年真题中考查过 2～3 次，常见的考查形式为：已知桩周第 i 层土的极限侧阻力，主要比较求解桩端静力触探比贯入阻力标准值，进而求解单桩竖向极限承载力标准值。

【3-1】（2014C12）某桩基工程，采用 PHC600 管桩，有效桩长 28m，送桩 2m，桩端闭塞，桩端选用密实粉细砂作持力层，桩侧土层分布见下表，根据单桥静力触探资料，桩端全截面以上 8 倍桩径范围内的比贯入阻力平均值为 4.8MPa，桩端全截面以下 4 倍桩径范围内的比贯入阻力平均值为 10.0MPa，桩端阻力修正系数 $\alpha=0.8$，根据《建筑桩基技术规范》JGJ 94—2008，单桩承载力标准值最接近下列何值？

层号	土名	层底埋深（m）	静力触探 p_s（MPa）	q_{sik}（kPa）
1	填土	6.0	0.7	15
2	淤泥质黏土	10.0	0.56	28
3	淤泥质粉质黏土	20.0	0.7	35
4	粉质黏土	28.0	1.1	52.5
5	粉细砂	35.0	10.0	100

(A) 3820kN　　　(B) 3920kN　　　(C) 4300kN　　　(D) 4410kN

答案：A

解答过程：

根据《建筑桩基技术规范》JGJ 94—2008 第 5.3.3 条：

(1) $p_{sk1} = 4.8\text{MPa} \leqslant p_{sk2} = 10.0\text{MPa} \Rightarrow p_{sk2}/p_{sk1} = \dfrac{10}{4.8} = 2.1 < 5 \Rightarrow \beta = 1$

(2) $p_{sk} = \dfrac{1}{2}(p_{sk1} + \beta p_{sk2}) = \dfrac{1}{2} \times (4.8 + 1.0 \times 10) = 7.4\text{MPa}$

(3) $Q_{uk} = u\sum q_{sik}l_i + \alpha p_{sk}A_p$

$= 3.14 \times 0.6 \times (15 \times 4 + 28 \times 4 + 35 \times 10 + 52.5 \times 8 + 100 \times 2) + 0.8 \times$

$7400 \times \dfrac{3.14 \times 0.6^2}{4} = 3824.5\text{kN}$

【小注岩土点评】

① 桩长 28m，送桩 2m，即桩顶打入地面下 2m，桩底埋深 30m。

② 侧摩阻力一般题目都会已知，不涉及查规范中的图形，否则计算量比较大，不符合出题原则。

【3-2】（2011D10）某混凝土预制柱，桩径 $d = 0.5\text{m}$，长 18m，地基土性与单桥静力触探资料如下图所示，按《建筑桩基技术规范》JGJ 94—2008 计算，单桩竖向极限承载力标准值最接近（　　）。（桩端阻力修正系数 α 取为 0.8）

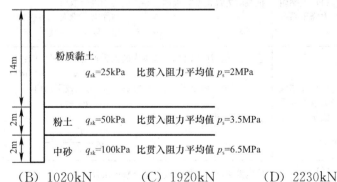

(A) 900kN　　　(B) 1020kN　　　(C) 1920kN　　　(D) 2230kN

答案：C

解答过程：

根据《建筑桩基技术规范》JGJ 94—2008 第 5.3.3 条：

(1) $p_{sk1} = \dfrac{3.5 \times 2 + 6.5 \times 2}{4} = 5\text{MPa} < p_{sk2} = 6.5\text{MPa}$

$$\frac{p_{sk2}}{p_{sk1}}=\frac{6.5}{5}=1.3<5,\text{查表得}\beta=1$$

$$p_{sk}=\frac{1}{2}(p_{sk1}+\beta p_{sk2})=\frac{1}{2}\times(5+6.5)=5750\text{kPa}$$

(2) $Q_{uk}=Q_{sk}+Q_{pk}=u\sum q_{sik}l_i+\alpha p_{sk}A_p$

$$=3.14\times0.5\times(14\times25+2\times50+2\times100)+0.8\times5750\times0.25\times3.14\times0.5^2$$

$$=1923.3\text{kN}$$

【小注岩土点评】

① 利用静力触探原位测试指标确定预制桩的承载力,静力触探原位测试包括单桥静力触探和双桥静力触探。

② 注意区分 p_{sk1}、p_{sk2} 的计算,p_{sk2} 如需折减(如桩端持力层为密实的砂土层,其比贯入阻力平均值超过 20MPa 时,则乘以折减系数后,再计算 p_{sk}),则应采用折减后的数值作为新的 p_{sk2},重新和 p_{sk1} 进行比较,再进行计算。

(二) 双桥静力触探法

——《建筑桩基技术规范》第 5.3.4 条

当根据双桥探头静力触探资料确定混凝土预制桩单桩竖向极限承载力标准值时,主要是根据测定的各土层"探头平均侧阻力 f_{si}"和"探头阻力 q_{ci}"进行计算,对于黏性土、粉土和砂土,如无当地经验时可按下式计算:

计算公式		$Q_{uk}=u\cdot\sum\beta_i\cdot f_{si}\cdot l_i+\alpha\cdot q_c\cdot A_p$
公式参数及说明		式中:f_{si}——第 i 层土的探头平均侧阻力 (kPa); q_c——桩端平面上、下探头阻力,取桩端平面以上 $4d$(d 为桩的直径或边长)范围内按土层厚度的探头阻力加权平均值 (kPa),然后再和桩端平面以下 $(1.0\times d)$ 范围内的探头阻力进行平均; α——桩端阻力修正系数,对于黏性土、粉土取 2/3,饱和砂土取 1/2; β_i——第 i 层土桩侧阻力综合修正系数,按下式计算: 黏性土、粉土:$\beta_i=10.04\,(f_{si})^{-0.55}$;砂土:$\beta_i=5.05\,(f_{si})^{-0.45}$
计算步骤	(1) 桩端阻力修正系数 α	桩端阻力修正系数根据桩端土的类别进行取值: 黏性土、粉土:$\alpha=2/3$ 饱和砂土:$\alpha=1/2$
	(2) 桩端探头阻力标准值 q_c (kPa)	① 桩端全截面以上 $4d$ 范围内的探头阻力加权平均值: $q_{c1}=(\sum q_{ci}\cdot h_i)\,/4d$ ② 桩端全截面以下 d 范围内的探头阻力加权平均值: $q_{c2}=q_{ci}$ ③ 桩端探头阻力标准值 q_c $q_c=\dfrac{(q_{c1}+q_{c2})}{2}$
	(3) 桩侧各土层极限侧阻力综合修正系数 β_i	桩侧第 i 层土,桩侧阻力综合修正系数 β_{si}: 黏性土、粉土:$\beta_i=10.04\cdot(f_{si})^{-0.55}$ 砂土:$\beta_i=5.05\cdot(f_{si})^{-0.45}$
	(4) Q_{uk} (kN)	单桩竖向极限承载力标准值 Q_{uk}: $Q_{uk}=u\cdot\sum\beta_i\cdot f_{si}\cdot l_i+\alpha\cdot q_c\cdot A_p$

【小注】双桥静力触探法近年历年真题尚未考查过。

【3-3】(2004C17) 某工程双桥静探资料见下表,拟采用3层粉砂做持力层,采用混凝土方桩,桩断面尺寸为 400×400mm,桩长 $l = 13$m,承台埋深为 2.0m,桩端进入粉砂层 2.0m,按《建筑桩基技术规范》JGJ 94—2008 计算,单桩竖向极限承载力标准值最接近( )。

层序	土名	层底深度	探头平均侧阻力 f_{si} (kPa)	桩端探头阻力标准值 q_c (kPa)	桩侧阻力综合修正系数 β_i
1	填土	1.5	—	—	—
2	淤泥质黏土	13	12	600	2.56
3	饱和粉砂	20	110	12000	0.61

(A) 1220kN   (B) 1580kN   (C) 1715kN   (D) 1900kN

答案:C

解答过程:

根据《建筑桩基技术规范》JGJ 94—2008 第5.3.4条:

(1) 持力层为粉砂,α 取 1/2,$4d = 1.6$m <2.0m,取 $q_c = 12000$kPa

(2) $Q_{uk} = u\sum l_i \beta_i f_{si} + \alpha \cdot q_c \cdot A_p$

$$= 4 \times 0.4 \times (11 \times 2.56 \times 12 + 2 \times 0.61 \times 110) + \frac{1}{2} \times 12000 \times 0.4^2 = 1715.4\text{kN}$$

二、经验参数法估算单桩竖向极限承载力

——《建筑桩基技术规范》第5.3.5条、第5.3.6条

根据"土的物理指标"与承载力参数(q_{sik}、q_{pk})之间的经验关系,直接计算单桩竖向极限承载力 Q_{uk},其核心公式为:$Q_{uk} = Q_{sk} + Q_{pk}$,当桩径大于 800mm 时,需考虑"尺寸增大效应"。

桩径类型		计算方法
中、小直径桩($d<800$mm)	计算公式	$Q_{uk} = Q_{sk} + Q_{pk} = u \cdot \sum q_{sik} \cdot l_i + q_{pk} \cdot A_p$
	公式说明	式中:q_{sik}——桩侧第 i 层土的极限侧阻力标准值(kPa); q_{pk}——桩端持力层的极限端阻力标准值(kPa); u——桩身周长(m); A_p——桩端截面面积(m²); l_i——桩身位于第 i 层土的长度(m)
大直径桩($d \geqslant 800$mm)	计算公式	$Q_{uk} = Q_{sk} + Q_{pk} = u \cdot \sum \psi_{si} \cdot q_{sik} \cdot l_i + \psi_p \cdot q_{pk} \cdot A_p$
	公式说明	式中:q_{sik}——桩侧第 i 层土的极限侧阻力标准值(kPa),对于"扩底桩"而言,斜面及变截面以上 $2d$ 长度范围内,不计侧阻力(下图中 $h+2d$); ψ_{si}——桩侧第 i 层土的侧阻力尺寸效应系数; ψ_p——桩端持力层的端阻力尺寸效应系数; A_p——桩端截面面积,当为扩底桩时,取扩底桩的面积(m²)

桩径类型	计算方法		
大直径桩 ($d \geqslant 800mm$)	公式说明	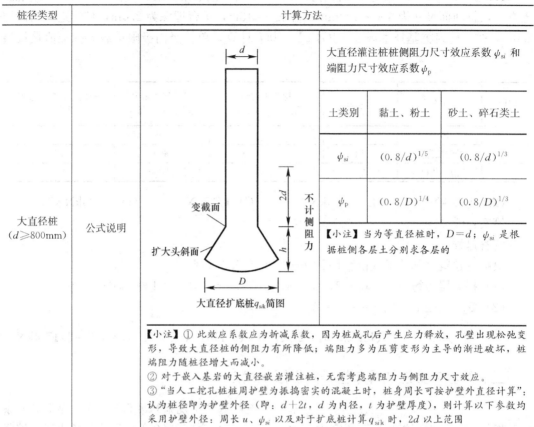 大直径扩底桩q_{sk}简图	大直径灌注桩桩侧阻力尺寸效应系数 ψ_{si} 和端阻力尺寸效应系数 ψ_p | 土类别	黏土、粉土	砂土、碎石类土
---	---	---
ψ_{si}	$(0.8/d)^{1/5}$	$(0.8/d)^{1/3}$
ψ_p	$(0.8/D)^{1/4}$	$(0.8/D)^{1/3}$	 【小注】当为等直径桩时，$D=d$；ψ_{si} 是根据桩侧各层土分别求各层的

【小注】① 此效应系数应为折减系数，因为桩成孔后产生应力释放，孔壁出现松弛变形，导致大直径桩的侧阻力有所降低；端阻力多为压剪变形为主导的渐进破坏，桩端阻力随桩径增大而减小。
② 对于嵌入基岩的大直径嵌岩灌注桩，无需考虑端阻力与侧阻力尺寸效应。
③ "当人工挖孔桩桩周护壁为振捣密实的混凝土时，桩身周长可按护壁外直径计算"：认为桩径即为护壁外径（即：$d+2t$，d 为内径，t 为护壁厚度），则计算以下参数均采用护壁外径：周长 u、ψ_{si} 以及对于扩底桩计算 q_{sik} 时，2d 以上范围

【3-4】（2003C12）某工程桩基的单桩极限承载力标准值要求达到 $Q_{uk}=30000kN$，桩直径 $d=1.4m$，桩的总极限侧阻力经尺寸效应修正后为 $Q_{sk}=12000kN$，桩端持力层为密实砂土，极限端阻力 $q_{pk}=3000kPa$。拟采用扩底，由于扩底导致总极限侧阻力损失 $\Delta Q_{sk}=2000kN$。为了要达到设计要求的单桩极限承载力，其扩底直径应接近于（ ）。

(A) 3.0m　　　(B) 3.5m　　　(C) 3.8m　　　(D) 4.0m

答案：C

解答过程：

根据《建筑桩基技术规范》JGJ 94—2008 第 5.3.6 条：

（1）扩底后要求达到的端阻力：

$$Q_{pk}=Q_{uk}-(Q_{sk}-\Delta Q_{sk})=30000-(12000-2000)=20000kN$$

（2）$Q_{pk}=\psi_p \cdot q_{pk}A_p$

即：$20000=\left(\dfrac{0.8}{D}\right)^{\frac{1}{3}}\times 3000\times \dfrac{3.14\times D^2}{4}$，解得：$D=3.77m$

【3-5】（模拟题）某框架结构，拟采用一柱一桩人工挖孔桩基础，桩身内径 $d=1.0m$，护壁采用振捣密实的混凝土，厚度为 150mm，以⑤层硬质状黏土为桩端持力层，基础剖面及土层相关参数如下图所示（尺寸单位为 mm）。试问，根据土的物理指标与承载力参数之间的经验关系，确定单桩极限承载力标准值时，该人工挖孔桩能提供的极限桩侧阻力

标准值（kN），与下述何项数值最为接近（　　）。提示：根据《建筑桩基技术规范》JGJ 94—2008 作答；粉质黏土可按黏土考虑。

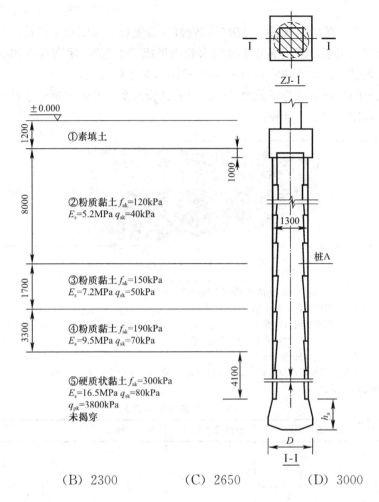

(A) 2050　　　　　(B) 2300　　　　　(C) 2650　　　　　(D) 3000

答案：C

解答过程：

根据《建筑桩基技术规范》JGJ 94—2008 第5.3.6条：

$$d = 1.0 + 2 \times 0.15 = 1.3\text{m}$$

$$\psi_{si} = (0.8/1.3)^{1/5} = 0.907$$

$$
\begin{aligned}
Q_{sk} &= u \sum \psi_{si} q_{sik} l_i \\
&= 3.14 \times 1.3 \times 0.907 \times [40 \times 7 + 50 \times 1.7 + 70 \times 3.3 + 80 \times (4.1 - 2 \times 1.3)] \\
&= 2650.9\text{kN}
\end{aligned}
$$

【小注岩土点评】

① 当人工挖孔桩护壁混凝土振捣密实时，计算侧阻承载力的桩身直径应计算护壁；

② 当桩身直径大于800mm时，应考虑侧阻力尺寸效应系数；

③ 对于设置扩大头的人工挖孔桩，扩大头高度范围及扩大头起扩点以上2d高度范围内的侧阻贡献不予考虑。

三、钢管桩

——《建筑桩基技术规范》第 5.3.7 条

钢管桩分为：敞口钢管桩、半敞口钢管桩（带隔板）和闭口钢管桩三类。敞口钢管桩由于桩端未完全闭塞，桩端部分土将涌入管内形成"土塞"，闭塞程度和桩端隔板分割数有关，分隔数越多，土塞效应系数 λ_p 越大；闭口时达到最大，$\lambda_p = 1$。

当根据土的物理指标与承载力参数之间的经验关系，确定钢管桩单桩竖向极限承载力标准值时，可按下列公式计算：

实物	 （壁厚小，可忽略）			
计算公式	$Q_{uk} = Q_{sk} + Q_{pk} = u \cdot \sum q_{sik} \cdot l_i + \lambda_p \cdot q_{pk} \cdot A_p$			

式中：q_{sik}——桩侧第 i 层土的极限侧阻力标准值（kPa）；

q_{pk}——极限端阻力标准值（kPa）；

A_p——钢管桩桩底面积（m²），$A_p = \pi d^2/4$，d 不能用有效直径 d_e 代替，见下表；

λ_p——桩端土塞效应系数，按下表取值；

d——钢管桩外径（m）。

对于带隔板的半敞口钢管桩，应以等效直径 d_e 代替 d 确定 λ_p。$d_e = d/\sqrt{n}$，其中 n 为桩端隔板分割数，按下表取值计算：

土塞效应系数 λ_p

桩型	土塞效应系数 λ_p	桩端截面积 A_p	等效直径 d_e	示意图
完全敞口	$h_b/d < 5$ 时：$\lambda_p = 0.16 h_b/d$ $h_b/d \geqslant 5$ 时：$\lambda_p = 0.8$		d	
半敞口	$h_b/d_e < 5$ 时：$\lambda_p = 0.16 h_b/d_e$ $h_b/d_e \geqslant 5$ 时：$\lambda_p = 0.8$	$A_p = \dfrac{\pi \cdot d^2}{4}$	$d_e = \dfrac{d}{\sqrt{n}}$	 $n=2$ $n=4$ $n=9$
完全闭口	$\lambda_p = 1.0$		d	

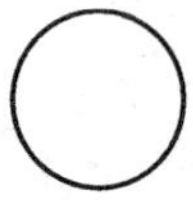

【小注】只有在确定 λ_p 时，才用等效直径 d_e 替代 d；计算桩底面积时，仍然用 d，而非 d_e。

【3-6】（2007D11）某钢管桩外径为 0.90m，壁厚为 20mm，桩端进入密实中砂持力层 2.5m，桩端开口时单桩竖向极限承载力标值为 $Q_{uk} = 8000$kN（其中桩端总极限阻力占 30%），如为进一步发挥桩端承载力，在桩端加设十字形钢板，按《建筑桩基技术规范》

JGJ 94—2008 计算，下列（　　）项最接近其桩端改变后的单桩竖向极限承载力标准值。

(A) 9920kN　　　　(B) 12090kN　　　　(C) 13700kN　　　　(D) 14500kN

答案：A

解答过程：

根据《建筑桩基技术规范》JGJ 94—2008 第 5.3.7 条：

(1) 开口时：

$$Q_{sk} = (1-0.3) \times 8000 = 5600\text{kN}, \quad Q_{pk} = 0.3 \times 8000 = 2400\text{kN}$$

即：$Q_{pk} = \lambda_p \cdot q_{pk} \cdot A_p = 0.16 \times \dfrac{2.5}{0.9} q_{pk} \cdot A_p = 2400$，解得：$q_{pk} A_p = 5400\text{kN}$

(2) 设十字形钢板时：

$$d_e = \frac{d}{\sqrt{n}} = \frac{0.9}{\sqrt{4}} = 0.45\text{m}, \quad \frac{h_b}{d_e} = \frac{2.5}{0.45} = 5.56 > 5, \quad 取 \lambda_p = 0.8$$

$$Q_{uk} = Q_{sk} + Q_{pk} = u \sum q_{sik} l_i + \lambda_p q_{pk} A_p = 5600 + 0.8 \times 5400 = 9920\text{kN}$$

【3-7】(2003C11) 某工程钢管桩外径 $d_s = 0.8\text{m}$，桩端进入中砂层 2m，桩端闭口时其单桩竖向极限承载力标准值 $Q_{uk} = 7000\text{kN}$，其中总极限侧阻力 $Q_{sk} = 5000\text{kN}$，总极限端阻力 $Q_{pk} = 2000\text{kN}$。由于沉桩困难，改为敞口，加一隔板（如下图所示）。按《建筑桩基技术规范》JGJ 94—2008 规定，改变后该桩竖向极限承载力标准值接近于（　　）。

(A) 5600kN　　　　(B) 5900kN　　　　(C) 6100kN　　　　(D) 6400kN

答案：C

解答过程：

根据《建筑桩基技术规范》JGJ 94—2008 第 5.3.7 条：

(1) 闭口时：侧阻力 $Q_{sk} = Q_{uk} - Q_{pk} = 7000 - 2000 = 5000\text{kN}$

端阻力 $Q_{pk1} = q_{pk} A_p = 2000\text{kN}$

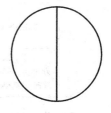

隔板

(2) 敞口时：$d_e = \dfrac{d}{\sqrt{2}} = 0.566\text{m}, \quad \dfrac{h_b}{d_e} = \dfrac{2}{0.566} = 3.53 < 5$

取 $\lambda_p = 0.16 h_b / d_e = 0.16 \times 3.53 = 0.565$

端阻力：$Q_{pk2} = \lambda_p \cdot q_{pk} \cdot A_p = 0.565 \times 2000 = 1130\text{kN}$

单桩竖向极限承载力：$Q_{uk} = Q_{sk} + Q_{pk2} = 5000 + 1130 = 6130\text{kN}$

四、混凝土空心桩

——《建筑桩基技术规范》第 5.3.8 条

当根据土的物理指标与承载力参数之间的经验关系，确定敞口预应力混凝土空心桩单桩竖向极限承载力标准值时，可按下列公式计算：

实物	 （壁厚大，不可忽略）

【小注】混凝土空心桩常见的有：预应力混凝土管桩（PC桩）和预应力高强度混凝土管桩（PHC桩）

计算公式	$Q_{uk}=Q_{sk}+Q_{pk}=u\sum q_{sik}l_i+q_{pk}(A_j+\lambda_p A_{pl})$

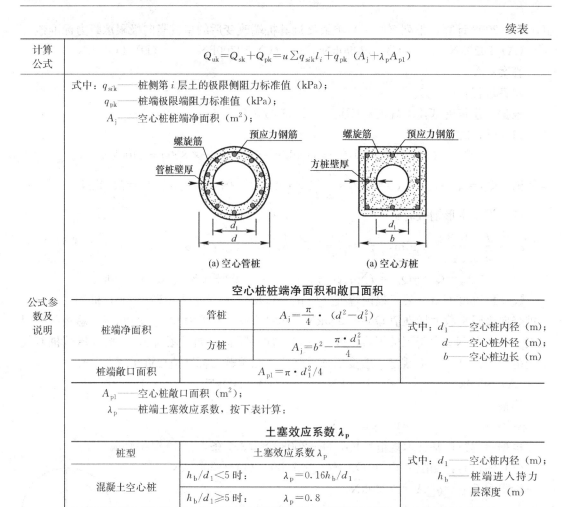

式中：q_{sik}——桩侧第 i 层土的极限侧阻力标准值（kPa）；

q_{pk}——桩端极限端阻力标准值（kPa）；

A_j——空心桩桩端净面积（m²）；

空心桩桩端净面积和敞口面积

桩端净面积	管桩	$A_j=\dfrac{\pi}{4}\cdot(d^2-d_1^2)$	式中：d_1——空心桩内径（m）； d——空心桩外径（m）； b——空心桩边长（m）
	方桩	$A_j=b^2-\dfrac{\pi\cdot d_1^2}{4}$	
桩端敞口面积		$A_{pl}=\pi\cdot d_1^2/4$	

A_{pl}——空心桩敞口面积（m²）；

λ_p——桩端土塞效应系数，按下表计算：

土塞效应系数 λ_p

桩型	土塞效应系数 λ_p		式中：d_1——空心桩内径（m）； h_b——桩端进入持力层深度（m）
混凝土空心桩	$h_b/d_1<5$ 时：	$\lambda_p=0.16h_b/d_1$	
	$h_b/d_1\geq5$ 时：	$\lambda_p=0.8$	

【小注】预应力混凝土管桩的单桩竖向极限承载力的计算，其端阻力可以等效为：敞口钢管桩桩端阻力＋实心部分的端阻力，由于预应力混凝土管桩的壁厚较钢管桩大得多，计算端阻力时，不能忽略实心管壁端部提供的端阻力

【3-8】（2017D10）某工程地层条件如下图所示，拟采用敞口 PHC 管桩，承台底面位于自然地面下 1.5m，桩端进入中粗砂持力层 4m，桩外径 600mm，壁厚 110mm，根据《建筑桩基技术规范》JGJ 94—2008，根据土层参数估算得到单桩竖向极限承载力标准值最接近下列哪个选项？

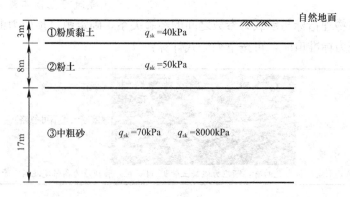

(A) 3656kN　　　　(B) 3474kN　　　　(C) 3205kN　　　　(D) 2749kN

答案：B

解答过程：

根据《建筑桩基技术规范》JGJ 94—2008 第 5.3.8 条：

(1) $h_b/d_1 = 4/0.38 = 10.5 \geqslant 5 \Rightarrow \lambda_p = 0.8$

(2) $A_j = \dfrac{\pi}{4} \times (0.6^2 - 0.38^2) = 0.169\text{m}^2$

(3) $A_{p1} = \dfrac{1}{4} \times 3.14 \times 0.38^2 = 0.113\text{m}^2$

(4) $Q_{uk} = u\sum q_{sik}l_i + q_{pk}(A_j + \lambda_p A_{p1}) = 3.14 \times 0.6 \times (1.5 \times 40 + 8 \times 50 + 4 \times 70) + 8000 \times$ $(0.169 + 0.8 \times 0.113) = 3469\text{kN}$

【小注岩土点评】

PHC 桩、PC 桩，分别为预应力高强度混凝土管桩、预应力混凝土管桩，属于混凝土预制桩的范畴，非钢管桩，部分考生误认为是钢管桩。

五、嵌岩桩

——《建筑桩基技术规范》第 5.3.9 条

桩端置于完整、较完整基岩（参考公路桥涵规范：中等风化、微风化或未风化）的嵌岩桩单桩竖向极限承载力，由桩周土总极限侧阻力和嵌岩段总极限阻力组成。当根据岩石单轴抗压强度确定单桩竖向极限承载力标准值时，可按下式计算：

计算公式	泥浆护壁成桩	$Q_{uk} = Q_{sk} + Q_{rk} = u\sum q_{sik}l_i + \zeta_r f_{rk} A_p$
	干作业成桩(清底干净)和泥浆护壁成桩后注浆	$Q_{uk} = Q_{sk} + Q_{rk} = u\sum q_{sik}l_i + 1.2\zeta_r f_{rk} A_p$

式中：Q_{sk}、Q_{rk}——土的总极限侧阻力标准值、嵌岩段总极限阻力标准值（kN）；

　　　q_{sik}——桩周第 i 层土的极限侧阻力（kPa）；

　　　f_{rk}——岩石饱和单轴抗压强度标准值，黏土岩取天然湿度单轴抗压强度标准值（kPa）；

　　　ζ_r——嵌岩段侧阻和端阻综合系数，与嵌岩深径比、岩石软硬程度和成桩工艺有关，可按下表采用：

嵌岩段侧阻和端阻综合系数

嵌岩深径比 h_r/d	0	0.5	1.0	2.0	3.0	4.0	5.0	6.0	7.0	8.0
极软岩、软岩（$f_{rk} \leqslant 15\text{MPa}$）	0.60	0.80	0.95	1.18	1.35	1.48	1.57	1.63	1.66	1.70
较硬岩、坚硬岩（$f_{rk} > 30\text{MPa}$）	0.45	0.65	0.81	0.90	1.00	1.04	—	—	—	—

【表注】① 表中数值适用于泥浆护壁成桩，对于干作业成桩（清底干净）和泥浆护壁成桩后注浆，ζ_r 应取表列数值的 1.2 倍；

② 岩石分类介于软岩和硬岩之间时，可内插取值；

③ h_r 为桩身嵌岩深度，当岩面倾斜时，以坡下方嵌岩深度为准；当 h_r/d 为非表列值时，ζ_r 可内插取值。

【小注1】嵌岩桩承载力计算部分，《建筑桩基技术规范》JGJ 94—2008 与《公路桥涵地基与基础设计规范》JTG 3363—2019、《铁路桥涵地基和基础设计规范》TB 10093—2017 差别较大：

①《建筑桩基技术规范》JGJ 94—2008 将嵌岩部分的侧阻和端阻合算；

②《公路桥涵地基与基础设计规范》JTG 3363—2019 将嵌岩部分的侧阻和端阻分算；

③《铁路桥涵地基和基础设计规范》TB 10093—2017 将嵌岩部分的侧阻和端阻分算，且不计土层的侧阻力。

公式参数及说明	【小注2】①《建筑地基基础设计规范》GB 50007—2011 中嵌岩桩承载力计算方法不同，按第 8.5.6 条第 5 款计算； ②桩端嵌入完整及较完整的硬质岩中，当桩长较短且入岩较浅时，估算单桩竖向承载力，只计入端阻，不考虑侧阻，计算公式为：$R_a = q_{pa}A_p$

【3-9】（2009C11）某工程采用泥浆护壁钻孔灌注桩，桩径 1200mm，桩端进入中等风化岩 1.0m，岩体较完整，岩块饱和单轴抗压强度标准值为 41.5MPa，桩顶以下土层参数依次列表如下，按《建筑桩基技术规范》JGJ 94—2008 估算，单桩极限承载力最接近（ ）。（取桩基嵌岩段侧阻和端阻综合系数为 0.76）

岩土层编号	岩土层名称	桩顶以下岩土层厚度（m）	q_{sik}（kPa）	q_{pik}（kPa）
1	黏土	13.7	32	—
2	粉质黏土	2.3	40	—
3	粗砂	2.00	75	2500
4	强风化岩	8.85	180	—
5	中等风化岩	8.00	—	—

(A) 32200kN　　　(B) 36800kN　　　(C) 40800kN　　　(D) 44200kN

答案：D

解答过程：

根据《建筑桩基技术规范》JGJ 94—2008 第 5.3.9 条：

$$Q_{uk} = u\sum q_{sik}l_i + \zeta_r f_{rk}A_p$$
$$= 3.14 \times 1.2 \times (13.7 \times 32 + 2.3 \times 40 + 2 \times 75 + 8.85 \times 180) + 0.76 \times 41.5 \times$$
$$10^3 \times \frac{3.14 \times 1.2^2}{4} = 44219\text{kN}$$

【小注岩土点评】

① 嵌岩＋大直径，只需要按照嵌岩桩对应的公式计算，无需单独考虑大直径问题，工程中设计嵌岩桩一般是端承桩，桩端为岩，应力松弛很小，尺寸效应可以忽略；考虑到地层一般不会变化太快，桩端嵌岩，那么桩侧的岩土层的强度一般也比较大，开挖后的应力松弛也不大。另外，桩端的阻力提供大部分的承载力，桩侧摩阻力提供的承载力占比较小，这两个原因造成嵌岩桩的侧摩阻力也不考虑大直径的尺寸效应系数。

② 嵌岩桩是指桩端进入中等风化或微风化基岩中的桩，其极限承载力由两部分构成，一部分为非嵌岩段的侧摩阻力，另一部分为嵌岩段的极限总阻力（同时考虑了嵌岩段的侧阻力和端阻力），公式中 l_i 的取值为非嵌岩段的长度。

【3-10】（2022D10）某建筑拟采用干作业钻孔灌注桩基础，施工清底干净，设计桩径为 1.0m；桩端持力层为较完整岩，其干燥状态单轴抗压强度标准值为 20MPa，软化系数为 0.75。根据《建筑桩基技术规范》JGJ 94—2008，当桩端嵌入岩层 2.0m 时，其嵌岩段总极限阻力标准值最接近下列哪个选项？

(A) 13890kN　　　(B) 16670kN　　　(C) 22230kN　　　(D) 29680kN

答案：B

解答过程：

（1）依据《工程岩体试验方法标准》GB/T 50266—2013 第 2.7.10 条第 1 款：
岩石饱和单轴抗压强度标准值：
$$f_{rk} = 软化系数 \eta \times 干燥状态单轴抗压强度标准值 = 0.75 \times 20 = 15 \text{MPa}$$

（2）依据《建筑桩基技术规范》JGJ 94—2008 第 5.3.9 条表 5.3.9，$f_{rk} = 15$MPa，属于极软岩、软岩，干作业成孔（清底干净），综合系数 ζ_r 应取表列数值的 1.2 倍。
$$\frac{h_r}{d} = \frac{2000}{1000} = 2, \quad \zeta_r = 1.2 \times 1.18 = 1.416$$

（3）嵌岩段总极限阻力标准值：
$$Q_{rk} = \zeta_r f_{rk} A_p = 1.416 \times 15000 \times \frac{\pi}{4} \times 1^2 = 16673.4 \text{kN}$$

【小注岩土点评】

① 看到干作业成孔（清底干净）和泥浆护壁成桩后注浆，就要警觉，是否要乘放大系数，根据《建筑桩基技术规范》JGJ 94—2008 第 5.3.9 条，对以上两种情况，桩嵌岩段侧阻和端阻综合系数 ζ_r 应放大 1.2 倍。

② 岩石饱和单轴抗压强度标准值 f_{rk} 与干燥状态单轴抗压强度标准值的换算关系，依据《工程岩体试验方法标准》GB/T 50266—2013 第 2.7.10 条第 1 款：
$$软化系数 \eta = \frac{岩石饱和单轴抗压强度平均值 \overline{R}_w}{岩石烘干单轴抗压强度平均值 \overline{R}_d}$$

③ 如果综合系数 ζ_r 未放大，会误选 A。
$$\zeta_r = 1.18$$
$$Q_{rk} = \zeta_r f_{rk} A_p = 1.18 \times 15000 \times \frac{\pi}{4} \times 1^2 = 13894.5 \text{kN}$$

六、后注浆灌注桩

（一）后注浆灌注桩单桩极限承载力

——《建筑桩基技术规范》第 5.3.10 条

在灌注桩施工完成后，通过设置于桩端或桩身的后注浆口进行压力注浆，以增强桩身侧阻力或桩端阻力，进而实现提高单桩竖向极限承载力的目的，计算的关键在于"后注浆竖向增强段 l_{gi}"的准确划分。

计算公式	$d < 800$mm	$Q_{uk} = Q_{sk} + Q_{gsk} + Q_{gpk} = u\sum q_{sjk}l_j + u\sum \beta_{si}q_{sik}l_{gi} + \beta_p q_{pk}A_p$
	$d \geqslant 800$mm（大直径）	$Q_{uk} = \psi_{si} \cdot u\sum q_{sjk}l_j + \psi_{si} \cdot u\sum \beta_{si}q_{sik}l_{gi} + \psi_p \cdot \beta_p q_{pk}A_p$
公式参数及说明	式中：	Q_{sk}——后注浆非竖向增强段的总极限侧阻力标准值（kN）； Q_{gsk}——后注浆竖向增强段的总极限侧阻力标准值（kN）； Q_{gpk}——后注浆总极限端阻力标准值（kN）； u——桩身周长（m）； l_j——后注浆非竖向增强段第 j 层土厚度（m）； l_{gi}——后注浆竖向增强段内第 i 层土厚度（m）； q_{sik}、q_{sjk}、q_{pk}——分别为后注浆竖向增强段第 i 土层初始极限侧阻力标准值、非竖向增强段第 j 土层初始极限侧阻力标准值、初始极限端阻力标准值（kPa）； β_{si}、β_p——分别为后注浆侧阻力、端阻力增强系数

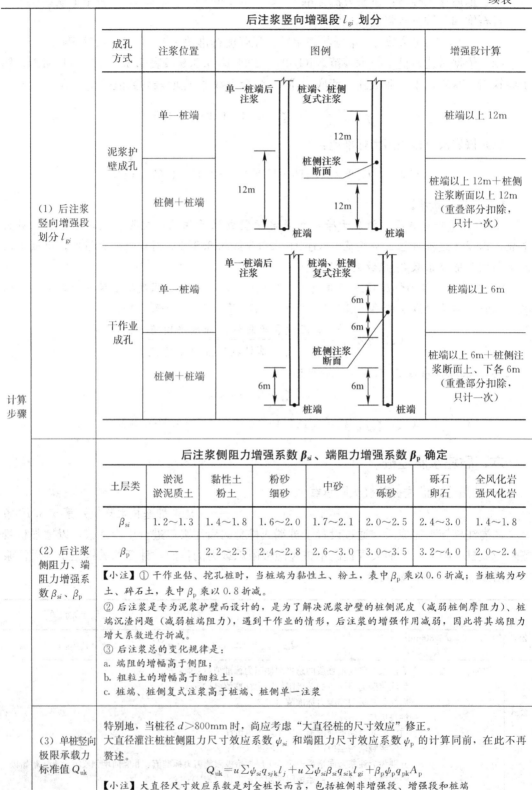

计算步骤	(1) 后注浆竖向增强段划分 l_{gi}				

后注浆竖向增强段 l_{gi} 划分

成孔方式	注浆位置	图例		增强段计算
泥浆护壁成孔	单一桩端	单一桩端后注浆 12m	桩端、桩侧复式注浆 12m 桩侧注浆断面 桩端	桩端以上 12m
	桩侧＋桩端		12m 桩端	桩端以上 12m＋桩侧注浆断面以上 12m（重叠部分扣除，只计一次）
干作业成孔	单一桩端	单一桩端后注浆 6m 桩端	桩端、桩侧复式注浆 6m 6m 桩侧注浆断面	桩端以上 6m
	桩侧＋桩端		6m 桩端	桩端以上 6m＋桩侧注浆断面上、下各 6m（重叠部分扣除，只计一次）

(2) 后注浆侧阻力、端阻力增强系数 β_{si}、β_p

后注浆侧阻力增强系数 β_{si}、端阻力增强系数 β_p 确定

土层类	淤泥淤泥质土	黏性土粉土	粉砂细砂	中砂	粗砂砾砂	砾石卵石	全风化岩强风化岩
β_{si}	1.2～1.3	1.4～1.8	1.6～2.0	1.7～2.1	2.0～2.5	2.4～3.0	1.4～1.8
β_p	—	2.2～2.5	2.4～2.8	2.6～3.0	3.0～3.5	3.2～4.0	2.0～2.4

【小注】① 干作业钻、挖孔桩时，当桩端为黏性土、粉土，表中 β_p 乘以 0.6 折减；当桩端为砂土、碎石土，表中 β_p 乘以 0.8 折减。

② 后注浆是专为泥浆护壁而设计的，是为了解决泥浆护壁的桩侧泥皮（减弱桩侧摩阻力）、桩端沉渣问题（减弱桩端阻力），遇到干作业的情形，后注浆的增强作用减弱，因此将其端阻力增大系数进行折减。

③ 后注浆总的变化规律是：

a. 端阻的增幅高于侧阻；

b. 粗粒土的增幅高于细粒土；

c. 桩端、桩侧复式注浆高于桩端、桩侧单一注浆

(3) 单桩竖向极限承载力标准值 Q_{uk}

特别地，当桩径 $d>800mm$ 时，尚应考虑"大直径桩的尺寸效应"修正。大直径灌注桩侧阻力尺寸效应系数 ψ_{si} 和端阻力尺寸效应系数 ψ_p 的计算同前，在此不再赘述。

$$Q_{uk}=u\sum\psi_{si}q_{sjk}l_j+u\sum\psi_{si}\beta_{si}q_{sik}l_{gi}+\beta_p\psi_p q_{pk}A_p$$

【小注】大直径尺寸效应系数是对全桩长而言，包括桩侧非增强段、增强段和桩端

【3-11】（2010D12）某泥浆护壁灌注桩，桩径为800mm，桩长24m，采用桩端桩侧联合后注浆，桩侧注浆断面位于桩顶下12m，桩周土性及后注浆侧阻力与端阻力增强系数如右图所示。按《建筑桩基技术规范》JGJ 94—2008 估算的单桩极限承载力最接近（　　　）。

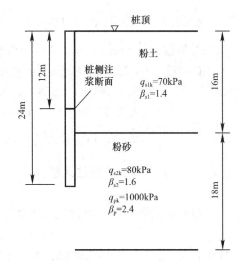

(A) 5620kN (B) 6460kN

(C) 7420kN (D) 7700kN

答案：D

解答过程：

根据《建筑桩基技术规范》JGJ 94—2008 第5.3.10条：

(1) 增强段长度为24m。

(2) $Q_{uk} = u\sum q_{sjk}l_j + u\sum \beta_{si}q_{sik}l_{gi} + \beta_p q_{pk}A_p$

$$= 3.14 \times 0.8 \times (1.4 \times 70 \times 16 + 1.6 \times 80 \times 8) + 2.4 \times 1000 \times \frac{3.14 \times 0.8^2}{4}$$

$$= 7716.9\text{kN}$$

【小注岩土点评】

① 后注浆灌注桩极限承载力计算：首先需要确定后注浆增强段的范围（最好通过作图表示更直观）→确定增强段侧阻力、端阻力增大系数→计算单桩竖向极限承载力标准值。

② 若为桩径大于800mm的大直径桩，应按照规范进行侧阻力和端阻力的折减。

③ 桩的很多问题都是基于泥浆护壁的，一旦题目给出干作业等，注意修正问题。对于干作业钻、挖孔桩，β_p 应考虑折减，当桩端持力层为黏性土或粉土时，折减系数取0.6，为砂土或碎石土时，取0.8。

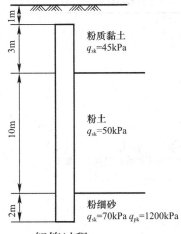

【3-12】（2016C12）某工程勘察报告揭示的地层条件以及桩的极限侧阻力和极限端阻力标准值如左图所示，拟采用干作业钻孔灌注桩基础，桩设计直径为1.0m，设计桩顶位于地面下1.0m，桩端进入粉细砂层2.0m。采用单一桩端后注浆，根据《建筑桩基技术规范》JGJ 94—2008，计算单桩竖向极限承载力标准值最接近下列哪个选项？（后注浆桩侧阻力和端阻力的增强系数均取规范表中的低值）

(A) 4400kN (B) 4800kN

(C) 5100kN (D) 5500kN

答案：A

解答过程：

根据《建筑桩基技术规范》JGJ 94—2008 第5.3.6条、第5.3.10条：

(1) 干作业增强段取桩端以上6m。

(2) $d = 1.0\text{m} > 800\text{mm}$，属于大直径桩。

粉质黏土、粉土：$\psi_{si}=(0.8/1)^{1/5}=0.956$，$\beta_{si}=1.4$

粉细砂：$\varphi_{si}=\varphi_p=(0.8/1)^{\frac{1}{3}}=0.928$，$\beta_{si}=1.6$，$\beta_p=0.8\times2.4=1.92$

（3）$Q_{uk}=u\sum\varphi_{si}q_{sjk}l_j+u\sum\varphi_{si}\beta_{si}q_{sik}l_{gi}+\beta_p\varphi_p q_{pk}A_p$

$=3.14\times1\times(0.956\times45\times3+0.956\times50\times6)+3.14\times1\times(1.4\times$

$0.956\times50\times4+1.6\times0.928\times70\times2)+2.4\times0.8\times0.928\times1200\times$

$\dfrac{1}{4}\times3.14\times1^2=4477\text{kN}$

（二）后注浆灌注桩注浆量计算

——《建筑桩基技术规范》JGJ 94—2008 第6.7.4条

灌注桩后注浆的单桩注浆量按如下估算：

$$G_c=\alpha_p\cdot d+\alpha_s\cdot n\cdot d$$

式中：α_p、α_s——分别为桩端、桩侧注浆量经验系数，$a_p=1.5\sim1.8$，$a_s=0.5\sim0.7$，对卵、砾石、中粗砂取较高值；

n——桩侧注浆断面数；

G_c——注浆量（t）。

【小注】对独立单桩、桩距大于 $6d$ 的群桩和群桩初始注浆的数根基桩的注浆量 G_c 应乘以 1.2 的增大系数。

七、液化效应下桩基承载力计算

——《建筑桩基技术规范》第5.3.12条

对于桩身周围有液化土层的低承台桩基，当承台底面上、下分别有厚度不小于 1.5m、1.0m 的非液化土层或者非软弱土层时，可将桩身穿越的液化土层极限侧阻力（q_{sik}）乘以土层液化影响折减系数（ψ_l）后计算单桩极限承载力标准值。

计算图示	计算公式
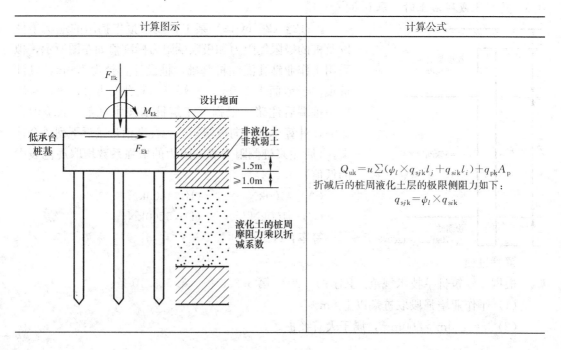	$Q_{uk}=u\sum(\psi_l\times q_{sjk}l_j+q_{sik}l_i)+q_{pk}A_p$ 折减后的桩周液化土层的极限侧阻力如下： $q_{sjk}=\psi_l\times q_{sik}$

公式参数及说明	式中：u——桩身周长（m）； 　　　ψ_l——桩周液化土层的液化影响折减系数，按下表取值； 　　　q_{sik}——桩侧第 i 层土的极限侧阻力标准值（kPa）； 　　　q_{pk}——桩端极限端阻力标准值（kPa）； 　　　l_i——桩周第 i 层非液化土层的厚度（m）； 　　　l_j——桩周第 j 层液化土层的厚度（m）； 　　　A_p——桩端截面面积（m²）。

液化影响折减系数 ψ_l

$\lambda_N = N/N_{cr}$	自地面算起的液化土层深度 d_L(m)	折减系数 ψ_l
$\lambda_N \leq 0.6$	$d_L \leq 10$m	0
	$10 < d_L \leq 20$m	1/3
$0.6 < \lambda_N \leq 0.8$	$d_L \leq 10$m	1/3
	$10 < d_L \leq 20$m	2/3
$0.8 < \lambda_N \leq 1.0$	$d_L \leq 10$m	2/3
	$10 < d_L \leq 20$m	1.0

即：$0 \to \dfrac{1}{3} \to \dfrac{2}{3} \to 1$

说明	【小注】① 对于挤土桩，当桩间距不大于 $4d$，且桩的排数不少于 5 排，总桩数不少于 25 时，土层液化影响折减系数可按表中列值提高一档取值（即 ψ_l 取大值）；同时当桩间土标贯击数达到 N_{cr} 时，取 $\psi_l = 1.0$。 ② 当承台地面上、下非液化土层或非软弱土层厚度小于上述规定时，直接取 $\psi_l = 0$

【3-13】（2016D11）某基桩采用混凝土预制实心方桩，桩长 16m，边长 0.45m，土层分布及极限侧阻力标准值、极限端阻力标准值如下图所示，按《建筑桩基技术规范》JGJ 94—2008 确定的单桩竖向极限承载力标准值最接近下列哪个选项？（不考虑沉桩挤土效应对液化的影响）

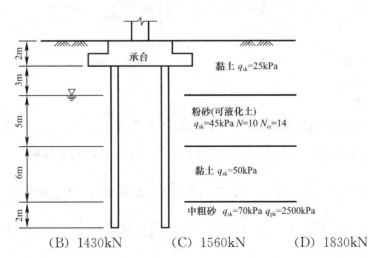

（A）780kN　　　（B）1430kN　　　（C）1560kN　　　（D）1830kN

答案：C

解答过程：

根据《建筑桩基技术规范》JGJ 94—2008 第 5.3.12 条：

(1) $\lambda = \dfrac{N}{N_{cr}} = \dfrac{10}{14} = 0.714$，$d_L \leqslant 10$，$\varphi_l = \dfrac{1}{3}$

(2) $Q_{uk} = 0.45 \times 4 \times \left[25 \times 3 + 45 \times 5 \times \dfrac{1}{3} + 50 \times 6 + 70 \times 2 \right] + 2500 \times 0.45^2 = 1568kN$

【小注岩土点评】

① 液化土的判别方法，饱和砂土和粉土是液化的必要条件，充分条件具体详见《建筑抗震设计规范（2016年版）》GB 50011—2010。

② 当满足：承台底面上下分别有厚度不小于1.5m、1.0m的非液化土或非软弱土层，液化下将侧摩阻力进行折减。

③ 液化折减系数是按照深度区分，10m为界限，非按照土层的类别区分。

【3-14】（2013D13）某承台埋深1.5m，承台下为钢筋混凝土预制方桩，断面0.3m×0.3m，有效桩长12m，地层分布如下图所示（尺寸单位为mm），地下水位于地面下1m。在粉细砂和中粗砂层进行了标准贯入试验，结果如下图所示。根据《建筑桩基技术规范》JGJ 94—2008，计算的单桩极限承载力最接近下列哪个选项？

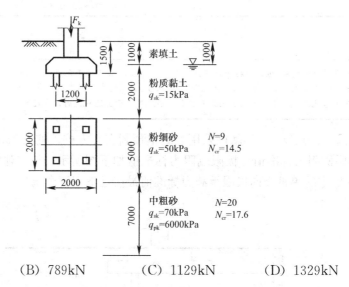

(A) 589kN　　　　(B) 789kN　　　　(C) 1129kN　　　　(D) 1329kN

答案：C

解答过程：

根据《建筑桩基技术规范》JGJ 94—2008第5.3.5条、第5.3.12条：

(1) 粉细砂层：$\lambda_N = \dfrac{N}{N_{cr}} = \dfrac{9}{14.5} = 0.62$，$d_L \leqslant 10m$，$\Rightarrow$ 折减系数 $\psi_l = \dfrac{1}{3}$

中粗砂：$\lambda_N = \dfrac{N}{N_{cr}} = \dfrac{20}{17.6} > 1$，为不液化土，桩侧摩阻力不需要折减。

(2) $Q_{uk} = u \sum q_{sik} l_i + q_{pk} A_p = 0.3 \times 4 \times \left(15 \times 1.5 + \dfrac{1}{3} \times 50 \times 5 + 70 \times 5.5 \right) + 6000 \times 0.3^2 = 1129kN$

【小注岩土点评】

① 对于桩身周围有液化土层的低承台桩基，当承台底面上、下分别有厚度不小于1.5m、1.0m的非液化或非软弱土时，可将液化土层的极限侧阻力乘以土层液化影响折减

系数来计算桩基的极限承载力。

② 需要对是否属于液化土进行判断，液化土只针对饱和砂土和饱和粉土，具体见《建筑抗震设计规范（2016 年版）》GB 50011—2010。

③ 土层液化影响折减系数 ψ_l，工程含义如下图所示。

ψ_l \ λ_N		≤0.6	(0.6,0.8]	(0.8,1.0]
d_L	10m	0	1/3	2/3
	10m	1/3	2/3	1.0

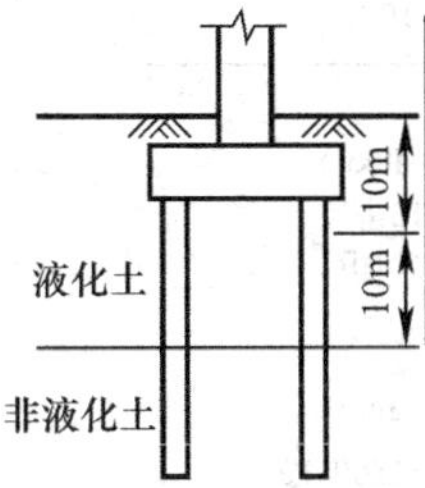

【3-15】（2018D09）某建筑采用灌注桩基础，桩径 0.8m，承台底深埋 4.0m，地下水位深埋 1.5m，拟建场地地层条件见下表，按照《建筑桩基技术规范》JGJ 94—2008 规定，如需单桩竖向承载力特征值达到 2300kN，考虑液化效应时，估算最短桩长与下列哪个值最接近？

地层	层底深埋（m）	$\frac{N}{N_{cr}}$	桩的极限侧阻力标准值（kPa）	桩的极限端阻力标准值（kPa）
黏土	1.0	—	30	—
粉土	4.0	0.6	30	—
细砂	12.0	0.8	40	—
中粗砂	20.0	1.5	80	1800
卵石	35.0	—	150	3000

（A）16m　　（B）20m　　（C）23m　　（D）26m

答案：B

解答过程：

根据《建筑桩基技术规范》JGJ 94—2008 第 5.3.4 条、第 5.3.12 条：

（1）粉土和细砂液化，中粗砂不液化，承台埋深 4.0m⇒桩侧所有液化土层的液化影响折减系数 $\psi_l=0$。

（2）假设桩端持力层为卵石时，桩长为 l。

$$Q_{uk}=3.14\times0.8\times[40\times8\times0+80\times8+150\times(l-8-8)]+3000\times1/4\times3.14\times0.8^2$$
$$=2300\times2=4600\text{kN}\Rightarrow l=19.94\text{m}$$

【小注岩土点评】

本题考查液化下基桩的极限承载力计算，液化土层的侧摩阻力乘以折减系数 ψ_l 来考虑液化的影响，此折减系数的应用是有前提条件的："当承台底面以上 1.5m 和以下 1.0m 范围内的土层是非液化土层"，当不满足此条件时，$\psi_l=0$。

【3-16】（2021D09）某建筑位于 8 度设防区，勘察揭露的地层条件如下图所示。拟采用钻孔灌注桩桩筏基础，筏板底埋深 2.0m。设计桩径为 800mm，要求单桩竖向抗压承载力特征值不低于 950kN，下列哪个选项是符合《建筑桩基技术规范》JGJ 94—2008 相关要求的合理设计桩长？

（A）16.0m　　（B）17.5m　　（C）18.5m　　（D）19.5m

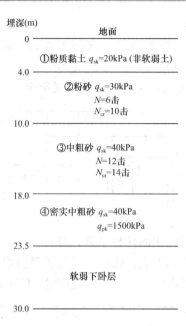

答案：C

解答过程：

根据《建筑桩基技术规范》JGJ 94—2008 第 5.3.5 条、第 5.3.12 条：

（1）土层液化折减系数计算

粉砂层：$\lambda_N = \dfrac{N}{N_{cr}} = \dfrac{6}{10} = 0.6$，$d_L \leqslant 10\text{m}$，则取 $\psi_l = 0$

中粗砂层：$\lambda_N = \dfrac{N}{N_{cr}} = \dfrac{12}{14} = 0.86$，$d_L > 10\text{m}$，则取 $\psi_l = 1.0$

（2）桩长计算（持力层为密实中粗砂层）

$$Q_{uk} = u \sum q_{sik} l_i + q_{pk} A_p \geqslant 2R_a = 2 \times 950 = 1900\text{kN}$$

$$3.14 \times 0.8 \times [2 \times 20 + 0 \times 30 \times 6 + 1.0 \times 40 \times 8 + (l - 16) \times 60] + 1500 \times \frac{1}{4}\pi \times 0.8^2 \geqslant 1900$$

$$\Rightarrow l \geqslant 17.6\text{m}$$

（3）桩长的构造要求

① 根据第 3.3.3 条：桩端进入持力层的深度，对于砂土不小于 $1.5d$，即：

桩长 $l \geqslant 8 + 6 + 2 + 1.5 \times 0.8 = 17.2\text{m}$

② 根据第 3.4.6 条：抗震设防区，桩端进入液化土层以下的深度不应小于 $(2\sim3)d$，即：

桩长 $l \geqslant 8 + 6 + 2 + (2\sim3) \times 0.8 = (17.6\sim18.4)\text{m}$

③ 根据第 3.3.3 条：土层存在软弱土层，桩端以下硬持力层的厚度不小于 $3d$，即：

桩长 $l < 8 + 6 + 2 + 5.5 - 3 \times 0.8 = 19.1\text{m}$

综合以上因素，桩长 l 取 18.5m 较为合理。

【小注岩土点评】

① 本题考查液化条件下桩基承载力及桩长的计算，首先，需根据桩基承载力要求计算桩长；然后，需按照液化地基及软弱地基等特殊条件下桩基长度的构造规定计算，本题综合性较强，总体来说有一定难度。

② 构造要求是本题容易忽略的部分，因此，在以后的复习过程中，除了注重计算外，也要注意各类构造要求的规定。

第二节 桩基竖向承载力计算

一、基桩或复合基桩竖向承载力特征值

（一）单桩竖向承载力特征值 R_a

——《建筑桩基技术规范》第 5.2.2 条

单桩竖向承载力特征值 R_a 即为单桩竖向极限承载力标准值除以安全系数的承载力值，如下：

$$R_a = \frac{Q_{uk}}{2}$$

式中：Q_{uk}——单桩竖向极限承载力标准值（kN）。

（二）基桩或复合基桩竖向承载力特征值 R

——《建筑桩基技术规范》第 5.2.5 条

由于桩基位于承台之下，在上部荷载效应作用下，桩土产生相对位移，造成桩间土对承台产生一定竖向抗力，成为桩基竖向承载力的一部分而起到增强作用，称为"承台效应"。

（1）对于端承型桩基、桩数少于 4 根的摩擦型柱下独立桩基，或由于地层土性、使用条件等因素不宜考虑承台效应时，基桩竖向承载力特征值取单桩竖向承载力特征值，$R = R_a$。

（2）对于摩擦型桩基，当满足规范第 5.2.4 条规定考虑承台效应的情形时，复合基桩竖向承载力特征值 R 应按下列公式确定：

计算公式	不考虑地震作用时	$R = R_a + \eta_c \cdot f_{ak} \cdot A_c$
	考虑地震作用时	$R = R_a + \dfrac{\xi_a}{1.25} \cdot \eta_c \cdot f_{ak} \cdot A_c$
	$A_c = (A - n \cdot A_{ps})/n$	
	【小注】 ① 考虑地震作用时，计算基桩的承载力特征值 R，则不乘以 1.25； ② 计算基桩的抗震承载力特征值 R，需要乘以 1.25，注意题目的问法	
公式参数及说明	式中：R_a——单桩竖向承载力特征值（kN）； 　　　A_{ps}——桩身截面面积（m^2）； 　　　f_{ak}——承台下 1/2 承台宽度且不超过 5m 深度范围内，各土层的地基承载力特征值按厚度加权平均； 　　　A_c——计算基桩所对应的承台底净面积（m^2）； 　　　A——承台计算域面积（m^2），对于柱下独立桩基，A 为承台总面积；对于桩筏基础，A 为柱、墙筏板的 1/2 跨距和悬臂边 2.5 倍筏板厚度所围成的面积； 　　　ξ_a——地基抗震承载力调整系数，按现行国家标准《建筑抗震设计规范（2016 年版）》GB 50011—2010 采用（按承台底直接接触的那层土进行调整）； 　　　η_c——承台效应系数。 <div align="center">**地基抗震承载力调整系数 ξ_a**</div>	

地基土名称和性状	ξ_a
岩石，密实的碎石土，密实的砾、粗、中砂，$f_{ak} \geqslant 300\text{kPa}$ 的黏性土和粉土	1.5
中密、稍密的碎石土，中密和稍密的砾、粗、中砂，密实和中密的细、粉砂，$150\text{kPa} \leqslant f_{ak} < 300\text{kPa}$ 的黏性土和粉土，坚硬黄土	1.3

公式参数及说明	续表	
	地基土名称和性状	ξ_a
	稍密的细、粉砂，$100\text{kPa} \leq f_{ak} < 150\text{kPa}$ 的黏性土和粉土，可塑黄土	1.1
	淤泥，淤泥质土，松散的砂，杂填土，新近堆积黄土及流塑黄土	1.0

承台效应系数 η_c 计算

(1) 当承台底为可液化土、湿陷性土、高灵敏度软土、欠固结土、新填土，沉桩过程中可引起超静孔隙水压力和土体隆起时，不考虑承台效应，直接取 $\eta_c = 0$。

(2) 若无上述情况，根据"距径比 s_a/d"和"承台宽度与桩长之比 B_c/l"共同确定，计算方法如下：

① 距径比 s_a/d 的计算：

$$\text{正方形布桩} \Rightarrow s_a = \text{桩中心距}$$
$$\text{非正方形布桩} \Rightarrow s_a = \sqrt{A/n}$$

式中：A——承台计算域面积；n——总桩数。

② 承台宽度与桩长之比 B_c/l。

③ 根据计算结果，按下表确定承台效应系数 η_c。

B_c/l \\ s_a/d	3	4	5	6	>6
≤0.4	0.06～0.08	0.14～0.17	0.22～0.26	0.32～0.38	0.50～0.80
0.4～0.8	0.08～0.10	0.17～0.20	0.26～0.30	0.38～0.44	
>0.8	0.10～0.12	0.20～0.22	0.30～0.34	0.44～0.50	
单排桩条形承台	0.15～0.18	0.25～0.30	0.38～0.45	0.50～0.60	

【小注】① 对于桩集中布置于墙下的箱、筏承台，η_c 可按单排桩条形承台计算；
② 对于单排桩条形承台，当承台宽度小于 $1.5d$ 时，η_c 按非条形承台取值；
③ 对于采用"后注浆灌注桩"的承台，η_c 宜取低值；
④ 对于饱和黏性土中的挤土桩基、软土地基上的桩基承台，η_c 宜取表中低值的 0.8 倍

【3-17】（2005D15）某桩基工程的桩型平面布置、剖面和地层分布如下图所示（尺寸单位为 mm），土层及桩基设计参数见图中注，承台底面以下存在高灵敏度淤泥质黏土，$f_a = 70\text{kPa}$，请按《建筑桩基技术规范》JGJ 94—2008 计算复合基桩竖向承载力特征值，其计算结果最接近（　　）。

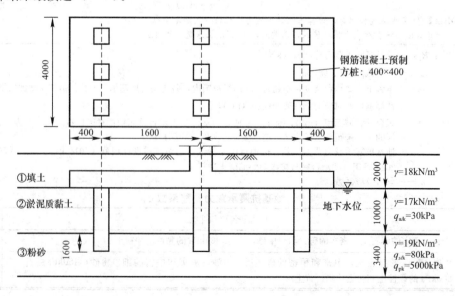

(A) 742kN (B) 907kN (C) 1028kN (D) 1286kN

答案：A

解答过程：

根据《建筑桩基技术规范》JGJ 94—2008 第 5.2.5 条、第 5.3.5 条：

(1) $Q_{uk} = u \sum q_{sik} l_i + q_{pk} A_p = 4 \times 0.4 \times (10 \times 30 + 1.6 \times 80) + 0.4^2 \times 5000 = 1484.8\text{kN}$

(2) $R_a = \dfrac{Q_{uk}}{2} = \dfrac{1484.8}{2} = 742.4$

(3) 承台底存在高灵敏度淤泥质黏土，取 $\eta_c = 0$

$$R = R_a + \eta_c f_{ak} A_c = 742.4 + 0 = 742.4\text{kN}$$

【3-18】(2009D13) 某柱下 6 桩独立基础，承台埋深 3.0m，承台尺寸为 2.4m×4m，采用直径 0.4m 的灌注桩，桩长 12m，桩径 $s_a/d=4$，桩顶以下土层参数见下表，根据《建筑桩基技术规范》JGJ 94—2008，考虑承台效应（取承台效应系数 $\eta_c=0.14$），试确定考虑地震作用时，复合基桩竖向承载力特征值与单桩承载力特征值之比最接近（ ）。（注：取地基抗震承载力调整系数 $\xi_a=1.5$；②层粉质黏土的地基承载力特征值 $f_{ak}=300\text{kPa}$）

层序	土名	层底埋深（m）	q_{sk} (kPa)	q_{pk} (kPa)
①	填土	3	—	—
②	粉质黏土	13	25	—
③	粉砂	17	100	6000
④	粉土	25	45	800

(A) 1.05 (B) 1.11 (C) 1.16 (D) 1.26

答案：B

解答过程：

根据《建筑桩基技术规范》JGJ 94—2008 第 5.2.2 条、第 5.2.5 条、第 5.3.5 条：

(1) $Q_{uk} = 3.14 \times 0.4 \times (10 \times 25 + 100 \times 2) + 6000 \times 3.14 \times 0.2^2 = 1318.8\text{kN}$

(2) $R_a = \dfrac{1}{2} Q_{uk} = \dfrac{1}{2} \times 1318.8 = 659.4\text{kN}$

(3) $R = R_a + \dfrac{\xi_a}{1.25} \eta_c f_{ak} A_c = 659.4 + \dfrac{1.5}{1.25} \times 0.14 \times 300 \times \dfrac{(2.4 \times 4 - 6 \times 3.14 \times 0.2^2)}{6}$

$= 733.7\text{kN}$

(4) $\dfrac{R}{R_a} = \dfrac{733.7}{659.4} = 1.11$

【小注岩土点评】

考虑承台效应的复合基桩竖向承载力特征值的计算，承台底为可液化土、湿陷性土、高灵敏度软土、欠固结土、新填土时，不考虑承台效应，此时 $R = R_a$。

【3-19】(2006D12) 某桩基工程桩型平面布置、剖面和地层分布如下图所示（尺寸单位为 mm），②层粉质黏土 $f_{ak}=180\text{kPa}$，按《建筑桩基技术规范》JGJ 94—2008 计算，复合基桩的竖向承载力特征值，其计算结果最接近（ ）。（承台效应系数取表中小值）

(A) 960kN (B) 1050kN (C) 1264kN (D) 1420kN

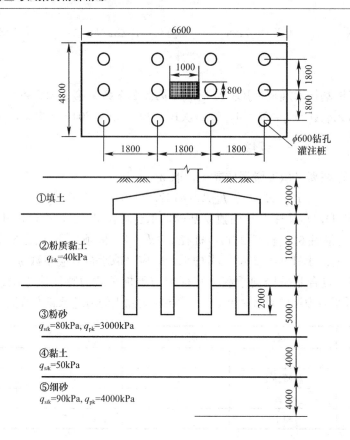

答案：A

解答过程：

根据《建筑桩基技术规范》JGJ 94—2008 第 5.2.5 条、第 5.3.5 条：

(1) 正方形布桩为规则布桩，$s_a/d=1.8/0.6=3$

$$\frac{B_c}{l}=\frac{4.8}{12}=0.4，查表 \eta_c=0.06\sim0.08，近似取 \eta_c=0.06$$

(2) $Q_{uk}=u\sum q_{sik}l_i+q_{pk}A_p=3.14\times0.6\times(10\times40+2\times80)+\frac{3.14\times0.6^2}{4}\times3000$

$$=1902.8kN$$

$$R_a=\frac{Q_{uk}}{2}=\frac{1902.8}{2}=951.4kN$$

(3) $A_c=(A-nA_{ps})/n=\left(4.8\times6.6-12\times\frac{3.14\times0.6^2}{4}\right)/12=2.36m^2$

(4) $R=R_a+\eta_c f_{ak}A_c=951.4+0.06\times180\times2.36=976.9kN$

二、桩基竖向承载力验算

(一) 桩顶竖向力计算

——《建筑桩基技术规范》第 5.3.3 条

基于按承台为刚性板和反力呈线性分布的假定。

（1）轴心竖向力作用下：

$$N_k = \frac{F_k + G_k}{n}$$

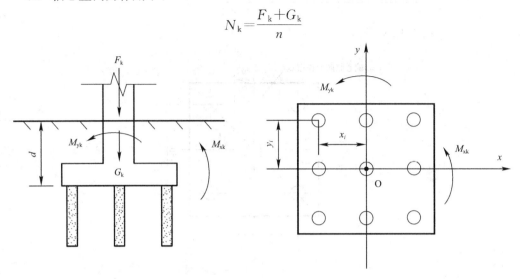

（2）偏心竖向力作用下：

$$N_{ik} = \frac{F_k + G_k}{n} \pm \frac{M_{xk} y_i}{\sum y_j^2} \pm \frac{M_{yk} x_i}{\sum x_j^2}$$

式中：　　F_k——荷载效应标准组合下，作用于承台顶面的竖向力（kN）；

　　　　　G_k——桩基承台和承台上土自重标准值（kN），对稳定的地下水位以下部分应扣除水的浮力；

　　　　　N_k——荷载效应标准组合轴心竖向力作用下，基桩或复合基桩的平均竖向力（kN）；

　　　　　N_{ik}——荷载效应标准组合偏心竖向力作用下，第 i 基桩或复合基桩的竖向力（kN）；

　M_{xk}、M_{yk}——荷载效应标准组合下，作用于承台底面，绕通过桩群形心的主轴的力矩（kN·m）；

x_i、x_j、y_i、y_j——第 i、j 基桩或复合基桩至 y、x 轴的距离（m）。

【小注】M_{xk}、M_{yk} 代表此方向的总弯矩，包括外弯矩、偏心轴力、水平力等对弯矩的贡献值，弯矩应作用在承台底。

【3-20】（2017C12）某建筑桩基，作用于承台顶面的荷载效应标准组合偏心竖向力为 5000kN，承台及其上土自重的标准值为 500kN，桩的平面布置和偏心竖向力作用点位置如下图所示。问承台下基桩最大竖向力最接近下列哪个选项？（不考虑地下水的影响，图中尺寸单位为 mm）

（A）1270kN　　　　（B）1820kN　　　　（C）2010kN　　　　（D）2210kN

答案：D

解答过程：

根据《建筑桩基技术规范》JGJ 94—2008 第 5.1.1 条：

（1）$M_x = M_y = 5000 \times 0.4 = 2000 \text{kN·m}$

（2）$N_{kmax} = \frac{F_k + G_k}{n} \pm \frac{M_{xk,max} y_{max}}{\sum y_j^2} \pm \frac{M_{yk,max} x_{max}}{\sum x_j^2}$

$$= \frac{5000+500}{5} + \frac{2000 \times 0.9}{0.9^2 \times 4} + \frac{2000 \times 0.9}{0.9^2 \times 4}$$

$$= 2211 \text{kN}$$

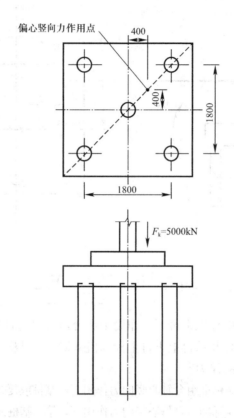

【小注岩土点评】

本题目属于双向偏心情况下，计算基桩最大竖向力，求最大或者最小时后两项相加或者相减，根据弯矩方向，即可确定弯矩对竖向力的正负。

【3-21】（2020C10）杆塔桩基础布置和受力如下图所示，承台底面尺寸为 3.2m×4.0m，埋深 2.0m，无地下水。已知上部结构传至基础顶面中心的力为 $F_k = 400$kN，力矩为 $M_k = 1800$kN·m。根据《建筑桩基技术规范》JGJ 94—2008 计算，基桩承受的最大上拔力最接近下列何值？（基础及其上土的平均重度为 20kN/m³）

(A) 80kN   (B) 180kN   (C) 250kN   (D) 420kN

答案：A

解答过程：

(1) $G_k = 3.2 \times 4 \times 2 \times 20 = 512$kN

(2) $F_k = 400 \times \sin 60° = 346.4$kN，$M_{xk} = 1800 - 400 \times \cos 60° \times 1.5 = 1500$kN·m

(3) $N_k = \frac{F_k + G_k}{n} - \frac{M_{yk} \cdot x_i}{\sum x_j^2} \Rightarrow N_k = \frac{346.4 + 512}{5} - \frac{1500 \times 1.5}{4 \times 1.5^2} = -78.32$kN，负值表示上拔力。

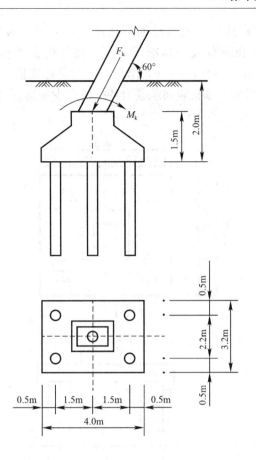

【小注岩土点评】

在偏心竖向力条件下，计算桩基的竖向力；弯矩的计算是对承台底取矩，力臂的长度为桩中心至承台中心线的距离。

（二）桩基竖向承载力验算

——《建筑桩基技术规范》第 5.2.1 条

（1）荷载效应标准组合

轴心竖向力作用下：$N_k \leqslant R$

偏心竖向力作用下：$N_{kmax} \leqslant 1.2R$ 且 $N_k \leqslant R$（须同时满足）

（2）地震作用效应和荷载效应标准组合

轴心竖向力作用下：$N_{Ek} \leqslant 1.25R$

偏心竖向力作用下：$N_{Ekmax} \leqslant 1.5R$ 且 $N_{Ek} \leqslant 1.25R$（须同时满足）

式中：N_k——荷载效应标准组合轴心竖向力作用下，基桩或复合基桩的平均竖向力（kN）；

N_{kmax}——荷载效应标准组合偏心竖向力作用下，桩顶最大竖向力（kN）；

N_{Ek}——地震作用效应和荷载效应标准组合下，基桩或复合基桩的平均竖向力（kN）；

N_{Ekmax}——地震作用效应和荷载效应标准组合下，基桩或复合基桩的最大竖向力（kN）；

R——基桩或复合基桩竖向承载力特征值（kN）。

【3-22】 (2011D11) 某柱下桩基础如下图所示，采用 5 根相同的基桩，桩径 $d =$ 800mm，地震作用效应和荷载效应标准组合下，柱作用在承台顶面处的竖向力 $F_k =$ 10000kN，弯矩设计值 $M_{yk} = 480$kN·m，承台与土自重标准值 $G_k = 500$kN，据《建筑桩基技术规范》JGJ 94—2008，基桩竖向承载力特征值至少要达到（　　）时，该柱下桩基才能满足承载力要求。

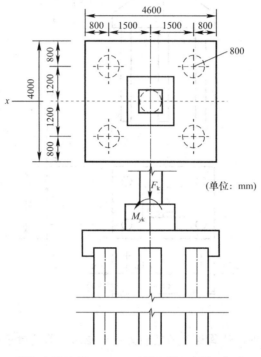

(单位：mm)

(A) 1460kN　　　　(B) 1680kN　　　　(C) 2100kN　　　　(D) 2180kN

答案：B

解答过程：

根据《建筑桩基技术规范》JGJ 94—2008 第 5.1.1 条、第 5.2.1 条：

(1) $N_{Ekmax} = \dfrac{10000+500}{5} + \dfrac{480 \times 1.5}{4 \times 1.5^2} = 2180$kN

$N_{Ek} = \dfrac{10000+500}{5} = 2100$kN

(2) $N_{Ek} \leqslant 1.25R \Rightarrow R \geqslant \dfrac{N_{Ek}}{1.25} = \dfrac{2100}{1.25} = 1680$kN

(3) $N_{Ekmax} \leqslant 1.5R \Rightarrow R \geqslant \dfrac{N_{Ekmax}}{1.5} = \dfrac{2180}{1.5} = 1453$kN

两者取大值，1680kN

【小注岩土点评】

① 桩基的承载力计算采用荷载效应的标准组合，而桩身自身承载力的验算和内力计算均采用荷载效应的基本组合。

② x_i、y_i 分别为基桩的桩中心至 y、x 轴的距离。

③地震作用下，单桩的竖向和水平抗震承载力特征值，可均比非抗震设计时提高25%。

【3-23】（2012D11）如下图所示，假设某工程中上部结构传至承台顶面处相应于荷载效应标准组合下的竖向力 $F_k=10000kN$、弯矩 $M_k=500kN \cdot m$、水平力 $H_k=100kN$，设计承台尺寸为 1.6m×2.6m，厚度为 1.0m，承台及其上土平均重度为 $20kN/m^3$，桩数为5根。根据《建筑桩基技术规范》JGJ 94—2008，单桩竖向极限承载力标准值最小应为（　　）。

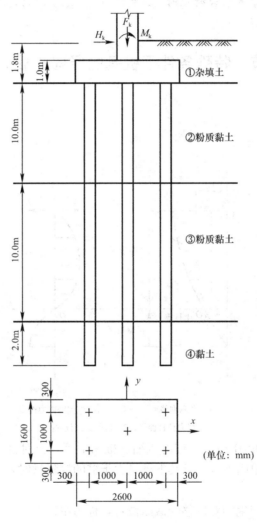

(A) 1690kN　　　　(B) 2030kN　　　　(C) 4060kN　　　　(D) 4800kN

答案：C

解答过程：

根据《建筑桩基技术规范》JGJ 94—2008 第 5.1.1 条、第 5.2.1 条：

(1) $G_k=20 \times 1.6 \times 2.6 \times 1.8=150kN$

(2) $N_k=\dfrac{F_k+G_k}{n}=\dfrac{10000+150}{5}=2030kN$

(3) $N_{kmax}=\dfrac{F_k+G_k}{n}+\dfrac{M_{yk}x_i}{\sum x_j^2}=2030+\dfrac{(500+100\times1.8)\times1.0}{4\times1.0^2}=2200\text{kN}$

(4) $N_k\leqslant R\Rightarrow R\geqslant2030\text{kN}$；$N_{kmax}\leqslant1.2R\Rightarrow R\geqslant1833.3\text{kN}\Rightarrow$取最大值$R\geqslant2030\text{kN}$

(5) $Q_{uk}=2R=2\times2030=4060\text{kN}$

【小注岩土点评】

① 注意区分竖向承载力特征值和竖向极限承载力标准值，即$Q_{uk}=2R_a$。

② R、R_a分别指复合基桩竖向承载力特征值、单桩竖向承载力特征值，如不考虑承台效应时：$R=R_a$，若考虑承台效应时：$R=R_a+\eta_c f_{ak}A_c$，此题没有给出承台效应相关信息，按照不考虑来理解。

第三节　特殊条件下桩基的竖向承载力验算

一、负摩阻力

（一）负摩阻力的概念

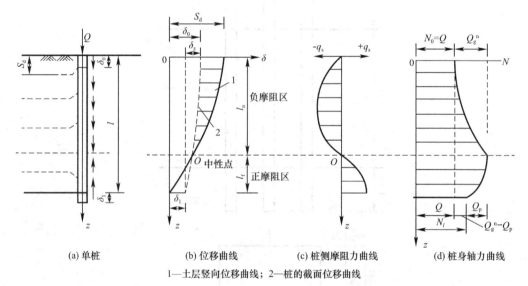

(a) 单桩　　(b) 位移曲线　　(c) 桩侧摩阻力曲线　　(d) 桩身轴力曲线

1—土层竖向位移曲线；2—桩的截面位移曲线

（1）在桩顶竖向力Q作用下，桩身压缩、桩端下沉，土对桩产生向上的（正）摩阻力，当桩侧土由于某种原因下沉，且其下沉量大于桩的沉降量时，土对桩产生向下作用的摩阻力，称为负摩阻力。

（2）桩、土之间不产生相对位移的截面位置，称为中性点。

由上图可知，中性点之上，土层产生相对于桩身向下的位移（土层沉降比桩的沉降大），出现负摩阻力，在此范围之内桩身轴力随深度递增；中性点之下，土层产生相对于桩身向上的位移（土层沉降比桩的沉降小），在桩侧产生（正）摩阻力，桩身轴力随深度递减，在中性点处桩身轴力达到最大值$Q+Q_g^n$，桩底的轴力N_l等于$Q+(Q_g^n-Q_p)$，Q_p为中性点至桩底的正摩阻力累计值。

可见，桩侧负摩阻力的发生，将使桩侧土的部分重力和地面荷载通过负摩阻力传递给桩，因此桩的负摩阻力非但不能成为桩承载力的一部分，反而相当于施加于桩上的外荷载，这就必然导致桩的承载力相对降低，沉降增大。

（3）中性点有三大性质：①桩土之间相对位移为零；②既没有负摩阻力，又没有正摩阻力；③截面桩身轴力最大。

（4）符合下列条件之一的桩基，当桩周土层产生的沉降超过基桩的沉降时，在计算基桩承载力时应计入桩侧负摩阻力：

① 桩穿越较厚松散填土、自重湿陷性黄土、欠固结土、液化土层进入相对较硬土层时。

② 桩周存在软弱土层，邻近桩侧地面承受局部较大的长期荷载，或地面大面积堆载（包括填土）时。

③ 由于降低地下水位，使桩周土有效应力增大，并产生显著压缩沉降时。

（二）中性点深度确定

——《建筑桩基技术规范》第 5.4.4 条

中性点深度 l_n 应按桩周土层沉降与桩沉降相等的条件计算确定，也可按下表确定：

自桩顶算起的中性点深度 l_n

持力层性质	黏性土、粉土	中密以上砂	砾石、卵石	基岩
中性点深度比 l_n/l_0	0.5～0.6	0.7～0.8	0.9	1.0

【小注】① l_n、l_0——分别为自桩顶算起的中性点深度和桩周软弱土层下限深度。
② 桩穿过自重湿陷性黄土层时，l_n 可按表列值增大 10%（持力层为基岩除外）。
③ 当桩周土层固结与桩基沉降同时完成时，取 $l_n=0$。
④ 当桩周土层计算沉降量小于 20mm 时，l_n 应按表列值乘以 0.4～0.8 折减。
⑤ 高承台桩基从地面算起，低承台桩基从承台底算起，不是一味地从桩顶算起。

（三）基桩下拉荷载 Q_g^n 的计算

——《建筑桩基技术规范》第 5.4.4 条

计算公式	$$Q_g^n = \eta_n \cdot u \cdot \sum_{i=1}^{n} q_{si}^n \cdot l_i$$ 群桩效应系数：$$\eta_n = \frac{s_{ax} \cdot s_{ay}}{\pi \cdot d \cdot \left(\dfrac{q_s^n}{\gamma_m} + \dfrac{d}{4} \right)} \leqslant 1.0$$ （注：对于方桩，边长为 b，分母可以分别用其周长 $4b$ 和面积 b^2 分别代替 πd、$\frac{1}{4}\pi d^2$）
公式参数及说明	式中：η_n——负摩阻力群桩效应系数，对单桩基础或当计算值 $\eta_n > 1$ 时取 1； 　　　u——桩的周长（m）； 　　　n——中性点以上土层数； 　　　l_i——中性点以上第 i 土层的厚度（m）； 　　　q_s^n——中性点以上桩周土层厚度加权平均负摩阻力标准值（kPa）； 　　　q_{si}^n——第 i 层土桩侧负摩阻力标准值，当计算值大于正摩阻力标准值时，取正摩阻力标准值（kPa）； 　s_{ax}、s_{ay}——分别为纵、横向桩的中心距（m）； 　　　γ_m——中性点以上桩周土层厚度加权平均重度（地下水位以下取浮重度）（kN/m³）。
计算步骤	(1) 计算桩长 l_0 —— 桩顶至桩周软土的下限深度，不一定是桩长
	(2) 计算 l_n —— 按中性点的确定方法进行计算

| 计算
步骤 | （3）各土层平均
有效应力 σ_i' | 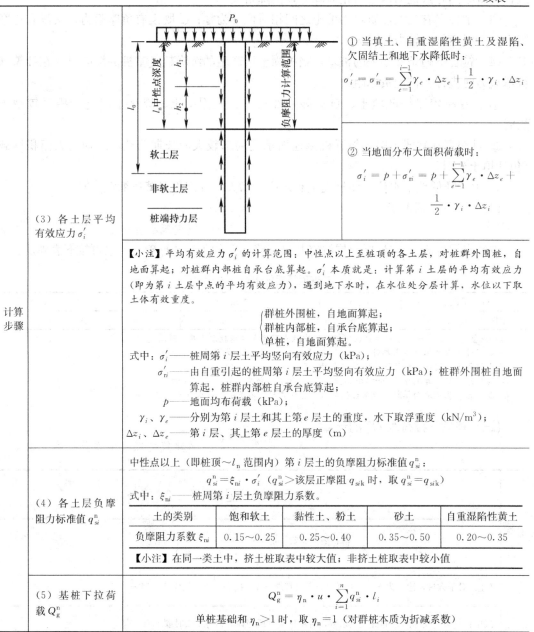① 当填土、自重湿陷性黄土及湿陷、欠固结土和地下水降低时：

$$\sigma_i' = \sigma_{ri}' = \sum_{e=1}^{i-1} \gamma_e \cdot \Delta z_e + \frac{1}{2} \cdot \gamma_i \cdot \Delta z_i$$

② 当地面分布大面积荷载时：

$$\sigma_i' = p + \sigma_{ri}' = p + \sum_{e=1}^{i-1} \gamma_e \cdot \Delta z_e + \frac{1}{2} \cdot \gamma_i \cdot \Delta z_i$$ |

图中标注：P_0、中性点深度 l_n、h_1、h_2、l_0、负摩阻力计算范围、软土层、非软土层、桩端持力层

【小注】平均有效应力 σ_i' 的计算范围：中性点以上至桩顶的各土层，对桩群外围桩，自地面算起；对桩群内部桩自承台底算起。σ_i' 本质就是：计算第 i 土层的平均有效应力（即为第 i 土层中点的平均有效应力），遇到地下水时，在水位处分层计算，水位以下取土体有效重度。

$$\begin{cases} \text{群桩外围桩，自地面算起；} \\ \text{群桩内部桩，自承台底算起；} \\ \text{单桩，自地面算起。} \end{cases}$$

式中：σ_i'——桩周第 i 层土平均竖向有效应力（kPa）；
　　　σ_{ri}'——由自重引起的桩周第 i 层土平均竖向有效应力（kPa）；桩群外围桩自地面算起，桩群内部桩自承台底算起；
　　　p——地面均布荷载（kPa）；
　　　γ_i、γ_e——分别为第 i 层土第 e 层土的重度，水下取浮重度（kN/m³）；
　　　Δz_i、Δz_e——第 i 层、其上第 e 层土的厚度（m）

（4）各土层负摩阻力标准值 q_{si}^n

中性点以上（即桩顶～l_n 范围内）第 i 层土的负摩阻力标准值 q_{si}^n：

$$q_{si}^n = \xi_{ni} \cdot \sigma_i' \quad (q_{si}^n > \text{该层正摩阻 } q_{sik} \text{ 时，取 } q_{si}^n = q_{sik})$$

式中：ξ_{ni}——桩周第 i 层土负摩阻力系数。

土的类别	饱和软土	黏性土、粉土	砂土	自重湿陷性黄土
负摩阻力系数 ξ_{ni}	0.15～0.25	0.25～0.40	0.35～0.50	0.20～0.35

【小注】在同一类土中，挤土桩取表中较大值；非挤土桩取表中较小值

（5）基桩下拉荷载 Q_g^n

$$Q_g^n = \eta_n \cdot u \cdot \sum_{i=1}^n q_{si}^n \cdot l_i$$

单桩基础和 $\eta_n > 1$ 时，取 $\eta_n = 1$（对群桩本质为折减系数）

（四）负摩阻力桩基承载力验算

——《建筑桩基技术规范》第 5.4.3 条

（1）对于摩擦型基桩，可取桩身计算中性点以上侧阻力为零，并可按下式验算基桩承载力：

$$N_k \leqslant R_a$$

式中：R_a——基桩的竖向承载力特征值，只计中性点以下部分侧阻值及端阻值（kN）。

（2）对于端承型基桩，除应满足上式要求外，尚应考虑负摩阻力引起的基桩的下拉荷载 Q_g^n 并可按下式验算基桩承载力：

$$N_k + Q_g^n \leqslant R_a$$

$$R_a = \frac{Q_{uk}}{2} = \frac{1}{2} \times (Q_{sk}^{中性点以下} + Q_{pk})$$

（3）当土层不均匀或建筑物对不均匀沉降较敏感时，尚应将负摩阻力引起的下拉荷载计入附加荷载验算桩基沉降。

【小注】① 摩擦桩不计下拉荷载的影响；

② 应熟悉负摩阻力与桩身轴力的关系，掌握验算方法。

③ 不考虑大直径桩尺寸效应修正。

【3-24】（2004D14）某端承型单桩基础，桩入土深度 12m，桩径 $d = 0.8m$，桩顶荷载 $Q_0 = 500kN$，由于地表进行大面积堆载而产生了负摩阻力，负摩阻力平均值为 $q_s^n = 20kPa$，中性点位于桩顶下 6m，求桩身最大轴力最接近（　　）。

(A) 500kN　　　　(B) 650kN　　　　(C) 800kN　　　　(D) 900kN

答案：C

解答过程：

根据《建筑桩基技术规范》JGJ 94—2008 第 5.4.4 条：

(1) $Q_g^n = \eta_n \cdot u \sum_{i=1}^{n} q_{si}^n l_i = 1 \times 3.14 \times 0.8 \times 20 \times 6 = 301.4kN$

(2) 轴力最大点位于中性点处：$Q = Q_0 + Q_g^n = 500 + 301.4 = 801.4kN$

【3-25】（2004D15）一穿过自重湿陷性黄土端承于含卵石的极密砂层的高承台基桩，有关土性系数及深度值如下图所示。当地基严重浸水时，按《建筑桩基技术规范》JGJ 94—2008 计算，负摩阻力 Q_g^n 最接近（　　）。（计算时取 $\xi_n = 0.3$、$\eta_n = 1.0$，饱和度为 80% 时的有效重度平均值为 $18kN/m^3$，桩周长 $u = 1.884m$，下拉荷载累计至层底 10m 处）

(A) 178kN　　　　(B) 366kN　　　　(C) 509kN　　　　(D) 610kN

答案：C

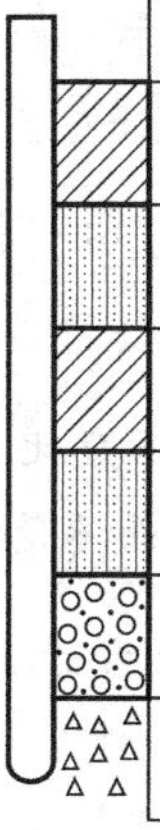

	层底深度 (m)	层厚 (m)	自重湿陷 系数 δ_{s2}	桩侧正摩 阻力(kPa)
	2	2	0.003	15
	5	3	0.065	30
	7	2	0.003	40
	10	3	0.075	50
	13	3		80

解答过程：

根据《建筑桩基技术规范》JGJ 94—2008 第 5.4.4 条：

(1) $\sigma_i' = p + \sum_{e=1}^{i-1} \gamma_e \cdot \Delta z_e + \frac{1}{2} \gamma_i \Delta z_i$，$q_{si}^n = \xi_{ni} \sigma_i'$

埋深 0~2m 段：$\sigma'_1 = \dfrac{1}{2} \times 18 \times 2 = 18\text{kPa}$

$$q^n_{s1} = 0.3 \times 18 = 5.4\text{kPa}$$

埋深 2~5m 段：$\sigma'_2 = 18 \times 2 + \dfrac{1}{2} \times 18 \times 3 = 63\text{kPa}$

$$q^n_{s2} = 0.3 \times 63 = 18.9\text{kPa}$$

埋深 5~7m 段：$\sigma'_3 = 18 \times 2 + 18 \times 3 + \dfrac{1}{2} \times 18 \times 2 = 108\text{kPa}$

$$q^n_{s3} = 0.3 \times 108 = 32.4\text{kPa}$$

埋深 7~10m 段：$\sigma'_4 = 18 \times 2 + 18 \times 3 + 18 \times 2 + \dfrac{1}{2} \times 3 \times 18 = 153\text{kPa}$

$$q^n_{s4} = 0.3 \times 153 = 45.9\text{kPa}$$

（2）下拉荷载：

$$Q^n_g = \eta_n \cdot u \sum_{i=1}^{n} q^n_{si} l_i = 1 \times 1.884 \times (5.4 \times 2 + 18.9 \times 3 + 32.4 \times 2 + 45.9 \times 3) = 508.7\text{kN}$$

【3-26】（2012D10）某正方形承台下布端承型灌注桩 9 根，桩身直径为 700mm，纵、横桩间距均为 2.5m，地下水位埋深为 0m，桩端持力层为卵石，桩周土 0~5m 为均匀的新填土，以下为正常固结土层，假定填土重度为 18.5kN/m³，桩侧极限负摩阻力标准值为 30kPa，按《建筑桩基技术规范》JGJ 94—2008 考虑群桩效应时，计算基桩下拉荷载最接近（　　）。

（A）180kN　　　　（B）230kN　　　　（C）280kN　　　　（D）330kN

答案：B

解答过程：

根据《建筑桩基技术规范》JGJ 94—2008 第 5.4.4 条：

（1）$\dfrac{l_n}{l_0} = 0.9 \Rightarrow l_n = 0.9 \times 5 = 4.5\text{m}$

（2）$\eta_n = \dfrac{s_{ax} \times s_{ay}}{\left[\pi d \left(\dfrac{q^n_s}{\gamma_m} + \dfrac{d}{4} \right) \right]} = \dfrac{2.5 \times 2.5}{\left[3.14 \times 0.7 \times \left(\dfrac{30}{8.5} + \dfrac{0.7}{4} \right) \right]} = 0.768 < 1$

（3）$Q^n_g = \eta_n \times u \sum_{i=1}^{n} q^n_{si} l_i = 0.768 \times 3.14 \times 0.7 \times 30 \times 4.5 = 227.9\text{kN}$

【小注岩土点评】

① 计算下拉荷载，首先应根据桩端持力层土性确定中性点深度比，从而确定中性点的深度，同时应注意 n_i、l_i 分别为中性点以上土层数和土层厚度，而不是新填土层的总厚度。

② 根据公式 $\sigma'_i = \sum_{e=1}^{i-1} \gamma_e \cdot \Delta z_e + \dfrac{1}{2} \cdot \gamma_i \cdot \Delta z_i$ 计算桩侧摩阻力标准值，Δz_e、Δz_i 为其上第 e 层、第 i 层土的厚度，此厚度同样不应超过中性点深度。

【3-27】（2014C11）某钻孔灌注桩单桩基础，桩径 1.2m，桩长 16m，土层条件如下图所示，地下水在桩顶平面处，若桩顶平面处作用大面积堆载 $p = 50\text{kPa}$，根据《建筑桩基技术规范》JGJ 94—2008，桩侧负摩阻力引起的下拉荷载 Q^n_g 最接近下列何值？（忽略密实砂层的压缩量）

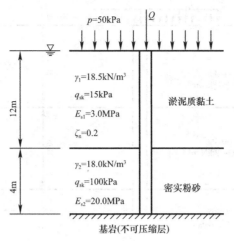

(A) 240kN (B) 680kN (C) 910kN (D) 1220kN

答案：B

解答过程：

根据《建筑桩基技术规范》JGJ 94—2008 第 5.4.2 条：

(1) 持力层为基岩，$l_n/l_0 = 1.0 \Rightarrow l_n = 12m$

(2) $\sigma'_{ri} = \sum_{e=1}^{i-1} \gamma_e \Delta z_e + \frac{1}{2} \gamma_i \Delta z_i = \frac{1}{2} \times (18.5 - 10) \times 12 = 51kPa$

$\sigma'_i = p + \sigma'_{ri} = 50 + 51 = 101kPa$

(3) $q^n_{si} = \xi_{ni} \sigma'_i = 0.2 \times 101 = 20.2kPa > q_{sk} = 15kPa \Rightarrow q^n_{si} = 15kPa$

(4) $Q^n_g = \eta_n u \sum_{i=1}^{n} q^n_{si} l_i = 1.0 \times 3.14 \times 1.2 \times 15 \times 12 = 678.24kN$

【小注岩土点评】

① 计算下拉荷载首先确定中性点的深度 l_n，切勿直接取全桩长进行计算。

② l_n、l_0 的确定应自桩顶算起，而非从地表面算起。

③ 当负摩阻力 q^n_{si} 的计算值大于正摩阻力标准值时，取正摩阻力标准值进行计算。

④ 计算平均竖向有效应力 σ'_i 时：当桩顶在地面以下时，应将桩顶上部土层自重计入地面均布荷载 p 中；水位处要进行分层，水位以下取浮重度。

⑤ 负摩阻力群桩效应系数 η_n，对于单桩基础或者按照公式计算出来的群桩效应系数 $\eta_n > 1$ 时，取 $\eta_n = 1$；基桩的负摩阻力因群桩效应（分担作用）而降低，此系数应为折减系数 $\eta_n \leqslant 1$。

⑥ 桩周软弱土层下限深度 l_0 的确定：a. 对于新填土，取填土厚度；当新填土下有软弱下卧层时，应算至软弱面底面（欠固结土层类似）。b. 对于自重湿陷性黄土和冻土融层，取自重湿陷土层和冻融层厚度。c. 对地下水下降和大面积堆载，取桩顶自桩侧竖硬土层（竖硬夹层除外）顶部的厚度。

【3-28】（2005C13）某端承灌注桩桩径 1.0m，桩长 22m，桩周土性参数如下图所示，地面大面积堆载 $p = 60kPa$，桩周沉降变形土层下限深度 20m，试按《建筑桩基技术规范》JGJ 94—2008 计算下拉荷载标准值，其值最接近（　）。（已知中性点深度 $l_n/l_0 = 0.8$，黏土负摩阻力系数 $\xi_n = 0.3$，粉质黏土负摩阻力系数 $\xi_n = 0.4$，负摩阻力群桩效应系数 $\eta_n = 1.0$）

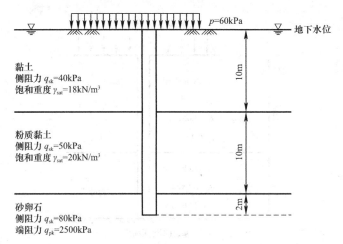

(A) 1880kN　　　(B) 2200kN　　　(C) 2510kN　　　(D) 3140kN

答案：A

解答过程：

根据《建筑桩基技术规范》JGJ 94—2008 第5.4.4条：

(1) $l_n = 0.8 l_0 = 0.8 \times 20 = 16\text{m}$

(2) $0 \sim -10\text{m}$ 段：

$$\sigma'_1 = p + \sum_{e=1}^{i-1} \gamma_e \Delta z_e + \frac{1}{2} \gamma_i \Delta z_i = 60 + \frac{1}{2} \times (18-10) \times 10 = 100\text{kPa}$$

$$q_{s1}^n = \xi_{n1} \sigma'_1 = 0.3 \times 100 = 30\text{kPa} < q_{sk} = 40\text{kPa}, \text{ 取 } q_{s1}^n = 30\text{kPa}$$

$-10\text{m} \sim -16\text{m}$ 段：

$$\sigma'_2 = p + \sum_{e=1}^{i-1} \gamma_e \Delta z_e + \frac{1}{2} \gamma_i \Delta z_i = 60 + (18-10) \times 10 + \frac{1}{2} \times (20-10) \times 6 = 170\text{kPa}$$

$$q_{s2}^n = \xi_{n2} \sigma'_2 = 0.4 \times 170 = 68\text{kPa} > q_{sk} = 50\text{kPa}, \text{ 取 } q_{s2}^n = 50\text{kPa}$$

(3) $Q_g^n = \eta_n \cdot u \sum_{i=1}^{n} q_{si}^n l_i = 1.0 \times 3.14 \times 1 \times (10 \times 30 + 6 \times 50) = 1884\text{kN}$

【3-29】（2020C09）某建筑场地地表以下10m范围内为新近松散填土，其重度为18kN/m³，填土以下为基岩，无地下水。拟建建筑物采用桩筏基础，筏板底埋深5m，按间距3m×3m正方形布桩，桩径800mm，桩端入岩，填土的正摩阻力标准值为20kPa，填土层负摩阻力系数取0.35，根据《建筑桩基技术规范》JGJ 94—2008，考虑群桩效应时，筏板中心点处基桩下拉荷载最接近下列哪个选项？

(A) 200kN　　　(B) 500kN　　　(C) 590kN　　　(D) 660kN

答案：A

解答过程：

根据《建筑桩基技术规范》JGJ 94—2008 第5.4.4条：

(1) 桩端为基岩，$\dfrac{l_n}{l_0} = 1.0 \Rightarrow l_n = 5.0\text{m}$

(2) $\sigma'_i = p + \sum_{e=1}^{i-1} \gamma_e \Delta z_e + \frac{1}{2} \gamma_i \Delta z_i = 0 + 0 + \frac{1}{2} \times 18 \times 5 = 45\text{kPa}$

$q_{si}^n = \xi_{ni}\sigma_i' = 45 \times 0.35 = 15.75\text{kPa} < 20\text{kPa} \Rightarrow q_{si}^n = 15.75\text{kPa}$

(3) $\eta_n = \dfrac{s_{ax} \cdot s_{ay}}{\pi d\left(\dfrac{q_s^n}{\gamma_m} + \dfrac{d}{4}\right)} = \dfrac{3 \times 3}{3.14 \times 0.8 \times \left(\dfrac{15.75}{18} + \dfrac{0.8}{4}\right)} = 3.31 > 1 \Rightarrow \eta_n = 1.0$

(4) $Q_g^n = \eta_n \cdot u \cdot \sum\limits_{i=1}^{n} q_{si}^n \cdot l_i = 1.0 \times 3.14 \times 0.8 \times 15.75 \times 5 = 197.8\text{kN}$

【小注岩土点评】

筏板中心点处属于桩群内部桩，则平均竖向有效应力计算时按照承台底标高算起，边缘桩平均竖向有效应力从地面标高算起。

【3-30】（2011C13）如下图所示，某端承桩单桩基础桩身直径 $d=600\text{mm}$，桩端嵌入基岩，桩顶以下 10m 为欠固结的淤泥质土，该土有效重度为 8.0kN/m^3，桩侧土的抗压极限侧阻力标准值为 20kPa，负摩阻力系数 ξ_n 为 0.25，按《建筑桩基技术规范》JGJ 94—2008 计算，桩侧负摩阻力引起的下拉荷载最接近（　　）。

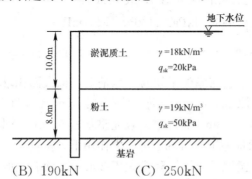

(A) 150kN　　　(B) 190kN　　　(C) 250kN　　　(D) 300kN

答案：B

解答过程：

根据《建筑桩基技术规范》JGJ 94—2008 第 5.4.4 条：

(1) 桩端嵌入基岩，查表 5.4.4-2，$\dfrac{l_n}{l_0}=1$，$l_n=l_0=10\text{m}$

(2) $\sigma_{r1}' = \dfrac{0+8\times10}{2} = 40.0\text{kPa}$

(3) $q_{s1}^n = \xi_{n1}\sigma_1' = \xi_{n1}\sigma_{r1}' = 0.25\times40 = 10.0\text{kPa} < 20\text{kPa}$，取 $q_{s1}^n = 10.0\text{kPa}$

(4) $Q_g^n = u\sum\limits_{i=1}^{n}q_{si}^n l_i = 3.14 \times 0.6 \times 10 \times 10 = 188.4\text{kN}$

【小注岩土点评】

① 中性点深度 l_n 和 l_0 均自桩顶起算，下限深度 l_0 为桩周软弱土下限深度。

② 下拉荷载的计算步骤：计算中性点的深度 $\Rightarrow$ 计算桩周软弱土层的平均竖向有效应力 $\Rightarrow$ 再乘以该土层负摩阻力系数，即为桩侧负摩阻力标准值 $\Rightarrow Q_g^n = u\sum\limits_{i=1}^{n}q_{si}^n l_i$。

【3-31】（模拟题）某单桩基础，桩顶位于地面以下 2.5m，桩顶嵌入承台 0.5m，桩直径 $d=1.2\text{m}$，桩长 12.5m，地层资料见下表，按《建筑桩基技术规范》JGJ 94—2008 的规定，外围桩的负摩阻力引起的下拉荷载最接近（　　）。（负摩阻力系数均按 0.3 考虑）

(A) 884kN　　　(B) 487kN　　　(C) 534kN　　　(D) 922kN

土层名称	层底埋深（m）	极限侧阻力标准值（kPa）	天然重度（kN/m³）
粉质黏土①	5.0	30	18
自重湿陷性黄土②	10.0	20	16
卵石③	20.0	100	21

答案：C

解答过程：

(1) $\dfrac{l_n}{l_0}=\dfrac{l_n}{7}=0.9\times1.1\Rightarrow l_n=6.93m$

(2) $\sigma'_1=18\times3+18\times2\times\dfrac{1}{2}=72kPa$

$\sigma'_2=18\times5+16\times(6.93-2)\times\dfrac{1}{2}=129.44kPa$

(3) $q^n_{s1}=0.3\times72=21.6kPa<30kPa$，取 $21.6kPa$

$q^n_{s2}=0.3\times129.44=38.8kPa>20kPa$，取 $20kPa$

(4) $Q^n_g=u\sum\limits_{i=1}^{n}q^n_{si}l_i=3.14\times1.2\times(21.6\times2+4.93\times20)=534.3kN$

【3-32】（2021D10）某仓储库建于软弱土地基上，拟大面积堆积物资，勘察揭露地层如下图所示，地下水埋深 0.8m。仓储库为柱下独立承台多桩基础，桩顶位于地面下 0.8m，正方形布桩，桩径 0.8m，桩端进入较完整基岩 3.2m。根据《建筑桩基技术规范》JGJ 94—2008，在荷载效应标准组合轴心竖向力作用下，基桩可承受的最大柱下竖向荷载最接近下列哪个选项？（淤泥质土层沉降量大于 20mm，软弱土的负摩阻力标准值按正摩阻力标准值取值进行设计，考虑群桩效应）

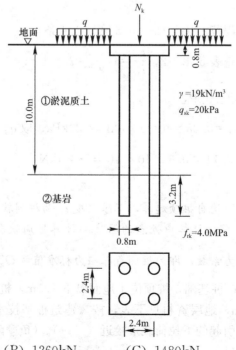

(A) 1040kN   (B) 1260kN   (C) 1480kN   (D) 1700kN

答案：A

解答过程：

根据《建筑桩基技术规范》JGJ 94—2008 第 5.4.3 条、第 5.4.4 条、第 5.3.9 条：

（1）由负摩阻力产生的下拉荷载计算

群桩效应系数：

$$\eta_n = \frac{s_{ax} \cdot s_{ay}}{\pi \cdot d \cdot \left(\dfrac{q_s^n}{\gamma_m} + \dfrac{d}{4} \right)} = \frac{2.4 \times 2.4}{3.14 \times 0.8 \times \left(\dfrac{20}{9} + \dfrac{0.8}{4} \right)} = 0.947$$

根据表 5.4.4-2，中性点深度位于基岩表面（$l_n / l_0 = 1.0$），因此，下拉荷载计算如下：

$$Q_g^n = \eta_n u \cdot \sum_{i=1}^{n} q_{si}^n \cdot l_i = 0.947 \times 3.14 \times 0.8 \times 20 \times (10 - 0.8) = 437.7 \text{kN}$$

（2）嵌岩桩承载力计算

$f_{rk} = 4\text{MPa} < 15\text{MPa}$，属于极软岩；$\dfrac{h_r}{d} = \dfrac{3.2}{0.8} = 4$，查表 5.3.9：$\xi_r = 1.48$

$$Q_{uk} = \xi_r f_{rk} A_p = 1.48 \times 4000 \times \frac{3.14}{4} \times 0.8^2 = 2974.2 \text{kN}$$

（3）根据 5.4.3 条，单桩承载力计算

$$N_k \leqslant R_a - Q_g^n = \frac{2974.2}{2} - 437.7 = 1049.4 \text{kN}$$

【3-33】（2022C11）某工业厂房柱基础采用一柱一桩方案，承台底面埋深 1.5m，设计桩径 800mm，桩距 15m。场地地质条件如下图所示，地面下 10m 内为淤泥质土，其下为厚层的砾石层。投入使用后地面将均布堆放重物，荷载为 80kPa。按照《建筑桩基技术规范》JGJ 94—2008 的相关规定，计算的基桩竖向承载力特征值最接近下列哪个选项？

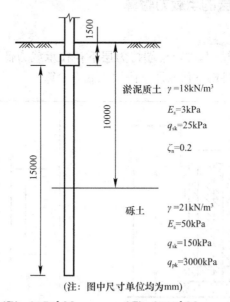

（注：图中尺寸单位均为mm）

（A）1330kN 　　　（B）1970kN 　　　（C）2000kN 　　　（D）2240kN

答案：C

解答过程：

根据《建筑桩基技术规范》JGJ 94—2008 表 5.4.4-2：

（1）计算中性点深度，桩端持力层为砾石，则：

$$\frac{l_n}{l_0} = 0.9, \quad l_n = 0.9 \times (10 - 1.5) = 7.65 \text{m}$$

（2）$Q_{uk} = \pi \times 0.8 \times [(10 - 1.5 - 7.65) \times 25 + 6.5 \times 150] + \frac{\pi}{4} \times 0.8^2 \times 3000$

$$= 4009.8 \text{kN}$$

（3）$R_a = \dfrac{Q_{uk}}{2} = \dfrac{4009.8}{2} = 2004.9 \text{kN}$

【小注岩土点评】

① 看到淤泥质土和地面堆放重物，首先应该想到负摩阻力和下拉荷载 Q_g^n 的考查。

② 负摩阻力最关键的一个计算参数，就是中性点的深度的确定，中性点的深度比 l_n/l_0，l_0 为自桩顶算起的桩周软弱土层下限深度。

③ 摩擦型基桩验算公式：$N_k \leqslant R_a$；端承型基桩验算公式：$N_k + Q_g^n \leqslant R_a$，公式中 R_a 只计算中性点以下部分侧阻值及端阻值。

④ 负摩阻力引起的下拉荷载 Q_g^n 的计算

桩周土平均竖向有效应力：$\sigma_i' = p + \sigma_{\gamma i}' = 80 + 18 \times 1.5 + 18 \times \dfrac{7.65}{2} = 175.85 \text{kPa}$

负摩阻力标准值：$q_{si}^n = \xi_{ni} \sigma_i' = 0.2 \times 175.85 = 35.17 \text{kPa} >$ 正摩阻力标准值 25kPa，取 25kPa 单桩基础，负摩阻力群桩效应系数：$\eta_n = 1.0$

$$Q_g^n = \eta_n \cdot u \sum_{i=1}^{n} q_{si}^n l_i = 1.0 \times 3.14 \times 0.8 \times 25 \times 7.65 = 480.4 \text{kN}$$

二、桩端软弱下卧层的承载力验算

——《建筑桩基技术规范》第 5.4.1 条

对于桩距 $s_a \leqslant 6d$ 的群桩基础，桩端持力层下存在承载力低于桩端持力层承载力 1/3 的软弱下卧层时，应进行桩端下伏软弱下卧层承载力验算。

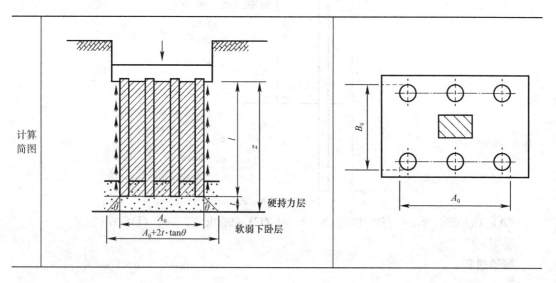

续表

计算公式	$$\sigma_z + \gamma_m z \leqslant f_{az}$$ $$\sigma_z = \frac{(F_k + G_k) - 3/2(A_0 + B_0)\sum q_{sik} l_i}{(A_0 + 2t \cdot \tan\theta)(B_0 + 2t \cdot \tan\theta)}$$ $$f_{az} = f_{ak} + \eta_d \gamma_m (d - 0.5)，其中 d = z，\eta_d = 1.0$$

| 公式说明 | 式中：σ_z——作用于软弱下卧层顶面的附加应力（kPa）；
　　　γ_m——软弱层顶面以上各土层重度（地下水位以下取浮重度）的厚度加权平均值（kN/m³）；
　　　f_{az}——软弱下卧层经深度 z 修正的地基承载力特征值（kPa）；
　　　F_k——荷载效应标准组合下，作用于承台顶面的竖向力（kN）；
　　　G_k——桩基承台和承台上土自重标准值，对稳定的地下水位以下部分应扣除水的浮力（kN）；
　A_0、B_0——桩群外缘矩形底面的长、短边边长（m）；
　　　t——硬持力层厚度（m）；
　　　q_{sik}——桩周第 i 层土的极限侧阻力标准值（kPa）；
　　　θ——桩端硬持力层压力扩散角。
【小注岩土点评】
① 传递至桩端平面的荷载，把桩群所包围的部分看成实体基础，扣除实体基础外表面总极限侧阻力的 3/4，就得到规范的表达式：
$$\frac{3}{4} \times 2(A_0 + B_0)\sum q_{sik} l_i = 3/2(A_0 + B_0)\sum q_{sik} l_i$$
② 桩端荷载的扩散角取值和《建筑地基基础设计规范》GB 50007—2011 验算软弱下卧层扩散角的数值是一致的。
③ γ_m、f_{az} 的计算及修正的计算深度为 z 范围内，z 为软弱下卧层顶面以上至承台底面的距离，$z=$ 桩长 l＋硬持力层厚度 t。
④ f_{az} 仅进行深度修正，不做宽度修正，这是因为下卧层受压区应力分布并非均匀，呈内大外小，不应做宽度修正；规律：软弱下卧层的地基承载力只做深度修正，不做宽度修正，《建筑地基基础设计规范》GB 50007—2011、《建筑地基处理技术规范》JGJ 79—2012 也是如此。
⑤ 考虑到承台底面以上土已挖除且可能和土体脱空，因此修正深度从承台底部计算至软弱下卧层顶面。
⑥ 既然是软弱下卧层，即多为软弱黏性土，故深度修正系数取 1.0。
⑦ A_0、B_0 的取值为桩群的外缘的长、短边长，非承台的长、宽 |

计算步骤	(1) 基础等效尺寸 A_0、B_0	根据群桩外边缘所包围的矩形底面的长边 A_0、短边 B_0 即为所求尺寸

| | (2) 软弱下卧层顶面附加应力 σ_z | $$\sigma_z = \frac{(F_k + G_k) - \frac{3}{2} \cdot (A_0 + B_0) \cdot \sum q_{sk} \cdot l_i}{(A_0 + 2 \cdot t \cdot \tan\theta) \cdot (B_0 + 2 \cdot t \cdot \tan\theta)}$$ |

桩端硬持力层的压力扩散角 θ

E_{s1}/E_{s2}	$t/B_0 < 0.25$	$t/B_0 = 0.25$	$t/B_0 \geqslant 0.5$	
1		4°	12°	$0.25 < t/B_0 < 0.5$ 时，可内插值
3	0°	6°	23°	
5		10°	25°	
10		20°	30°	

	(3) 软弱下卧层顶面上覆土体自重 σ_{cz}	软弱下卧层顶面上覆土体自重应力：（基底至软弱层顶面之间） $$\sigma_{cz} = \gamma_m \cdot z$$ 式中：γ_m——基底至软弱层顶面之间，土体按土厚加权平均重度。 $$\gamma_m = \frac{\sum \gamma_i \cdot h_i}{z}$$
	(4) 软弱下卧层承载力修正 f_{az}	软弱下卧层承载力的深度修正： $$f_{az} = f_{ak} + \eta_d \cdot \gamma_m \cdot (z - 0.5)$$
	(5) 验算	$$\sigma_z + \sigma_{cz} \leqslant f_{az}$$

【3-34】（2011D12）某构筑物柱下桩基础采用 16 根钢筋混凝土预制桩，桩径 $d=0.5\text{m}$，桩长 20m，承台埋深 5m，其平面布置、剖面、地层如下图所示。荷载效应标准组合下，作用于承台顶面的竖向荷载 $F_k=27000\text{kN}$，承台及其上土重 $G_k=1000\text{kN}$，桩端以上各土层的 $q_{sik}=60\text{kPa}$，软弱层顶面以上土的平均重度 $\gamma_m=18\text{kN/m}^3$，按《建筑桩基技术规范》JGJ 94—2008 验算，软弱下卧层承载力特征值至少应接近（　　）才能满足要求。（取 $\eta_d=1.0$，$\theta=15°$）

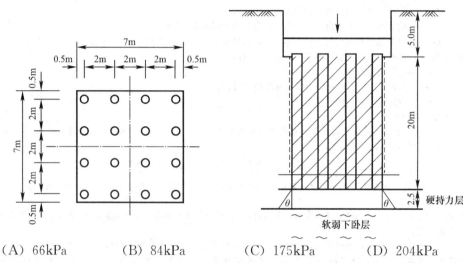

(A) 66kPa 　　　(B) 84kPa 　　　(C) 175kPa 　　　(D) 204kPa

答案：B

解答过程：

根据《建筑桩基技术规范》JGJ 94—2008 第 5.4.1 条：

(1) $A_0=B_0=(2\times3+0.5)=6.5\text{m}$，$t=2.5\text{m}$

(2)

$$\sigma_z=\frac{(F_k+G_k)-\dfrac{3}{2}(A_0+B_0)\sum q_{sik}l_i}{(A_0+2t\tan\theta)(B_0+2t\tan\theta)}$$

$$=\frac{(27000+1000)-\dfrac{3}{2}\times(6.5+6.5)\times60\times20}{(6.5+2\times2.5\times\tan15°)^2}=74.8\text{kPa}$$

(3) $f_{az}\geqslant\sigma_z+\gamma_m z\Rightarrow f_{ak}+\eta_d\gamma_m(d-0.5)=f_{ak}+1.0\times18\times(22.5-0.5)\geqslant74.8+18\times(20+2.5)\Rightarrow f_{ak}\geqslant83.84\text{kPa}$

【小注岩土点评】

① t 为桩端以下硬持力层的厚度。

② γ_m、f_{az} 的计算及修正的计算深度为 z 范围内，z 为软弱下卧层顶面以上至承台底面的距离，$z=$桩长 l+硬持力层厚度 t。

③ f_{az} 仅进行深度修正，不做宽度修正。

④ 考虑到承台底面以上土已挖除且可能和土体脱空，因此修正深度从承台底部计算至软弱下卧层顶面。

⑤ 既然是软弱下卧层，即多为软弱黏性土，故修正系数取 1.0。

⑥ $(F_k+G_k)-\dfrac{3}{2}(A_0+B_0)\sum q_{sik}l_i$，传递至桩端平面的荷载，按扣除实体基础外表面

总极限侧阻力的 3/4 而非 1/2 总极限侧阻力，A_0、B_0 的取值为桩群的外缘的长、短边边长，非承台的长、宽。

【3-35】(2014C10) 某桩基础采用钻孔灌注桩，桩径 0.6m，桩长 10.0m，承台底面尺寸及布桩如下图所示，承台顶面荷载效应标准组合下的竖向力 $F_k = 6300kN$。土层条件及桩基计算参数如下图和表所示。根据《建筑桩基技术规范》JGJ 94—2008 计算，作用于软弱下卧层④层顶面的附加应力 σ_z 最接近下列何值？（承台及上覆土重度取 $20kN/m^3$）

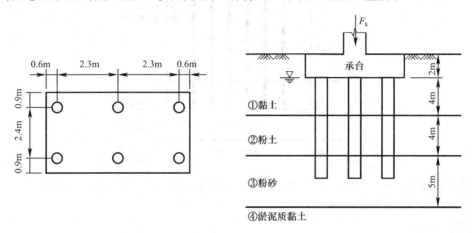

层序	土名	天然重度 γ (kN/m³)	极限侧阻力标准值 q_{sik}(kPa)	极限端阻力标准值 q_{pk}(kPa)	压缩模量 E_s(MPa)
①	黏土	18.0	35		
②	粉土	17.5	55	2100	10
③	粉砂	18.0	60	3000	16
④	淤泥质黏土	18.5	30		3.2

(A) 8.5kPa (B) 18kPa (C) 30kPa (D) 40kPa

答案：C

解答过程：

根据《建筑桩基技术规范》JGJ 94—2008 第 5.4.1 条：

(1) $A_0 = 2.3 + 2.3 + 0.6 = 5.2m$，$B_0 = 2.4 + 0.6 = 3m$

(2) $t = 3m > 0.5B_0 = 0.5 \times 3 = 1.5m$，$E_{s1}/E_{s2} = 16/3.2 = 5.0$，查表 $\theta = 25°$

(3) $\sigma_z = \dfrac{(F_k + G_k) - \dfrac{3}{2}(A_0 + B_0)\sum q_{sik}l_i}{(A_0 + 2t\tan\theta)(B_0 + 2t\tan\theta)}$

$= \dfrac{(6300 + 20 \times 5.8 \times 4.2 \times 2) - \dfrac{3}{2} \times (5.2 + 3) \times (35 \times 4 + 55 \times 4 + 60 \times 2)}{(5.2 + 2 \times 3 \times \tan25°) \times (3.0 + 2 \times 3 \times \tan25°)}$

$= 29.55kPa$

【3-36】(2021C11) 某建筑采用桩筏基础，筏板尺寸为 41m×17m，正方形满堂布桩，桩径 600mm，桩间距 3m，桩长 20m，基底埋深 5m，荷载效应标准组合下传至筏板顶面的平均荷载为 400kPa，地下水位埋深 5m，地层条件及相关参数如下图所示，满足《建筑

桩基技术规范》JGJ 94—2008 相关规定所需的最小软弱下卧层承载力特征值（经深度修正后的值）最接近下列哪个选项？（图中尺寸单位为 mm）

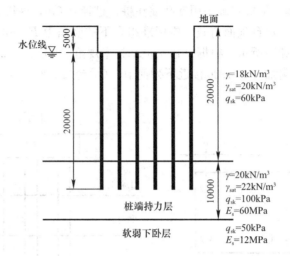

(A) 190kPa   (B) 215kPa   (C) 270kPa   (D) 485kPa

答案：D

解答过程：

根据《建筑桩基技术规范》JGJ 94—2008 第 5.4.1 条：

(1) 桩群外边缘尺寸计算

基础长边方向桩数计算：桩间距 $n=\dfrac{41}{3}=13.7$，布置桩数为 14 根。

基础短边方向桩数按照图示为 6 根。

$$B_0=3\times5+0.6=15.6\text{m}$$
$$A_0=3\times13+0.6=39.6\text{m}$$

(2) 软弱下卧层顶面附加应力计算

$$\sigma_z=\frac{(F_k+G_k)-\frac{3}{2}(A_0+B_0)\sum q_{sik}l_i}{(A_0+2t\tan\theta)(B_0+2t\tan\theta)}$$

其中：

$$\frac{E_{s1}}{E_{s2}}=\frac{60}{12}=5,\ t=5\text{m}>0.25\times B_0=0.25\times15.6=3.9\text{m}\ \text{且}<0.5\times B_0=7.8\text{m}$$

查表 5.4.1：$\theta=10+\dfrac{25-10}{7.8-3.9}\times(5-3.9)=14.23°$

带入数据得：

$$\sigma_z=\frac{400\times41\times17-\frac{3}{2}\times(39.6+15.6)\times(60\times15+100\times5)}{[39.6+2\times5\times\tan(14.23°)]\times[15.6+2\times5\times\tan(14.23°)]}=213.2\text{kPa}$$

(3) 修正后的软弱下卧层承载力

$$f_{az}\geq213.2+(20-10)\times15+(22-10)\times10=483.2\text{kPa}$$

【小注岩土点评】

① 本题考查桩基础下软弱下卧层的承载力计算，属于中等难度的题目。

② 本题在考试过程中容易纠结的是桩的布置数量和布置方式以及桩体外边缘尺寸的准确计算，这也是本题的易错点和难点，属于题目较为新颖的地方。

③ 软弱下卧层顶面的附加应力，修正后软弱下卧层的承载力等计算都属于比较常规的考点，准确运用公式，代入数据计算即可。

④ "传至筏板顶面的荷载"表述不是很严谨，按照此，应该还需要添加 G_k，而本题给出的解答，可能也是命题人的解答，题干应表述为"传至筏板底面的荷载"。

三、桩基抗拔承载力验算

（一）一般抗拔桩基抗拔承载力验算

——《建筑桩基技术规范》第5.4.6条

承受拔力的桩基，应同时验算群桩基础呈整体破坏和呈非整体破坏时基桩的抗拔承载力。

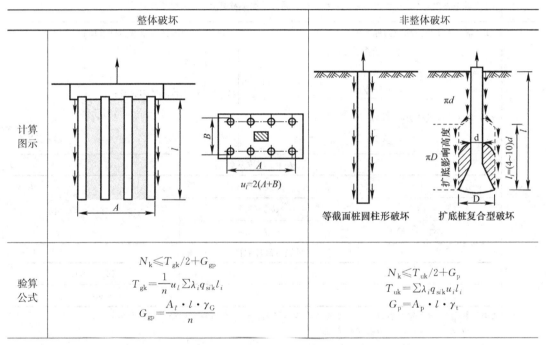

	整体破坏	非整体破坏
计算图示	$u_l=2(A+B)$	等截面桩圆柱形破坏　扩底桩复合型破坏
验算公式	$N_k \leqslant T_{gk}/2+G_{gp}$ $T_{gk}=\dfrac{1}{n}u_l\sum\lambda_i q_{sik}l_i$ $G_{gp}=\dfrac{A_l \cdot l \cdot \gamma_G}{n}$	$N_k \leqslant T_{uk}/2+G_p$ $T_{uk}=\sum\lambda_i q_{sik}u_i l_i$ $G_p=A_p \cdot l \cdot \gamma_t$

【小注】① 整体破坏：群桩中基桩的抗拔承载力计算是把桩群作为一个实体基础，上拔破坏时的破坏面为实体基础的外表面。

② 区别抗拔力（$T_{gk}/2+G_{gp}$、$T_{uk}/2+G_p$）和抗拔极限承载力 T_{gk}、T_{uk}，设计等级为甲、乙级的桩基应通过现场单桩上拔静载荷试验确定，设计等级为丙级的桩基可通过上式计算确定

公式参数	式中：N_k——按荷载效应标准组合计算的基桩拔力（kN）；
	T_{gk}——群桩呈整体性破坏时基桩的抗拔极限承载力标准值（kN）；
	T_{uk}——群桩呈非整体性破坏时基桩的抗拔极限承载力标准值（kN）；
	G_{gp}——群桩基础所包围体积的桩土总自重除以总桩数，地下水位以下取浮重度（kN）；
	G_p——基桩自重，地下水位以下取浮重度（kN），对于扩底桩应按下表2确定桩、土柱体周长，计算桩、土自重；

公式参数	λ_i——抗拔系数,可按下表 1 取值; q_{sik}——桩侧表面第 i 层土的抗压极限侧阻力标准值（kPa）; u_i——桩身周长（m），对于等直径桩取 $u=\pi d$，对于扩底桩按下表 2 取值; u_l——桩群外围周长（m）; A_p——单桩桩身截面积（m^2）; A_l——群桩基础桩土总面积（m^2）; γ_G——群桩基础桩土平均重度，水位以下取浮重度（kN/m^3）; γ_t——单桩桩身混凝土重度，水位以下取浮重度（kN/m^3）; l——桩长（m）; n——总桩数。 【小注】① T_{gk}、T_{uk} 为极限抗拔承载力的标准值，$T_{gk}/2$、$T_{uk}/2$ 为抗拔承载力的特征值，公式验算类似: $N_k \leqslant R$，$R=\dfrac{1}{2}Q_{uk}$，只是在抗力部分加入了自重；不论整体、非整体破坏，只针对基桩验算。 ② 抗拔系数 λ_i：抗拔极限承载力/抗压极限侧阻力，由于抗拔桩的极限侧阻力＜抗压桩的极限侧阻力，可知抗拔系数 λ_i 均小于 1。 ③ u_l 桩群外围周长，非承台外围尺寸。 ④ 对于抗浮桩，就算题目没有给定水位，计算桩土自重也采用浮重度。 ⑤ 整体验算时，l 应理解为承台底到桩端的距离；非整体破坏时，l 应理解为桩长

计算步骤	（1）基桩极限抗拔承载力标准值: $$T_{gk}=\frac{u_l \cdot \sum \lambda_i \cdot q_{sik} \cdot l_i}{n}$$ （2）群桩基础所包围的桩土总自重: $$G_{gp}=\frac{A_l \cdot l \cdot \gamma_G}{n}，\quad A_l = AB$$ （3）基桩抗拔承载力验算: $$N_k \leqslant \frac{T_{gk}}{2}+G_{gp}$$	（1）基桩极限抗拔承载力标准值: $$T_{uk}=\sum \lambda_i \cdot q_{sik} \cdot l_i \cdot u_i$$ （2）桩体自重: $$G_p=A_p \cdot l \cdot \gamma_t$$ （3）基桩抗拔承载力验算: $$N_k \leqslant \frac{T_{uk}}{2}+G_p$$

表 1　抗拔系数 λ_i

土类	抗拔系数 λ_i	
砂土	0.5～0.7	$\dfrac{l}{d} \leqslant 20$ 时：λ_i 取小值
黏性土、粉土	0.7～0.8	

表 2　扩底桩破坏表面周长 u_i 按表

自桩底起算的长度 l_i	$\leqslant (4 \sim 10)d$	$> (4 \sim 10)d$
u_i	πD	πd

【小注】① l_i 对于软土取低值，对于卵石、砾石取高值；l_i 取值按内摩擦角增大而增加。

② d 为桩身直径，D 为桩端扩底直径

【3-37】（2004D18）如下图所示，某泵房按二级桩基考虑，为抗浮设置抗拔桩，上拔力标准值为 600kN，桩型采用钻孔灌注桩，桩径 $d=550mm$，桩长 $l=16m$，桩群边缘尺寸为 20m×10m，桩数为 50 根，按《建筑桩基技术规范》JGJ 94—2008 计算群桩基础及基桩的抗拔承载力，则（　　）。（抗拔系数 λ_i：对黏性土取 0.7，对砂土取 0.6，桩身材料重度 $\gamma=25kN/m^3$；群桩基础平均重度 $\gamma=20kN/m^3$）

（A）群桩和基桩都满足要求

（B）群桩满足要求，基桩不满足要求

（C）群桩不满足要求，基桩满足要求

（D）群桩和基桩都不满足要求

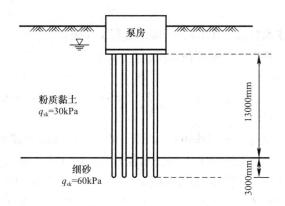

答案：B

解答过程：

根据《建筑桩基技术规范》JGJ 94—2008 第 5.4.5 条：

（1）群桩基础呈整体破坏时：

$$T_{gk}=\frac{u_l\sum\lambda_iq_{sik}l_i}{n}=\frac{1}{50}\times2\times(20+10)\times(0.7\times30\times13+0.6\times60\times3)=457.2kN$$

$$G_{gp}=\frac{1}{50}\times20\times10\times16\times(20-10)=640kN$$

抗拔力：$\dfrac{T_{gk}}{2}+G_{gp}=\dfrac{457.2}{2}+640=868.6kN>N_k=600kN$，满足要求。

（2）基桩呈非整体破坏时：

$$T_{uk}=\sum\lambda_iq_{sik}u_il_i=3.14\times0.55\times(0.7\times30\times13+0.6\times60\times3)=658.0kN$$

$$G_p=\frac{3.14\times0.55^2}{4}\times16\times(25-10)=57.0kN$$

抗拔力：$\dfrac{T_{uk}}{2}+G_p=\dfrac{658.0}{2}+57.0=386kN<N_k=600kN$，不满足要求。

【3-38】（2005D13）某二级建筑物扩底抗拔灌注桩桩径 $d=1.0m$，桩长 12m，扩底直径 $D=1.8m$，扩底段高度 $h_c=1.2m$，桩周土性参数如下图所示，受扩底影响的破坏柱体长度 $l_i=5d$，按《建筑桩基技术规范》JGJ 94—2008 计算，基桩的抗拔极限承载力标准值最接近（　　）。（抗拔系数：粉质黏土为 $\lambda=0.7$；砂土 $\lambda=0.5$）

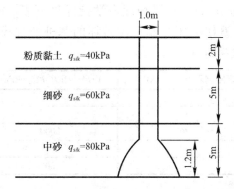

(A) 1380kN　　　　(B) 1780kN　　　　(C) 2080kN　　　　(D) 2580kN

答案：B

解答过程：

根据《建筑桩基技术规范》JGJ 94—2008 第 5.4.6 条：

(1) 如上图所示，取扩底桩破坏段长度：$l_i = 5m$

(2) $T_{uk} = \sum \lambda_i q_{sik} u_i l_i$

$\qquad = 3.14 \times 1 \times (0.7 \times 2 \times 40 + 0.5 \times 5 \times 60) + 3.14 \times 1.8 \times 0.5 \times 5 \times 80$

$\qquad = 1777.2kN$

【3-39】(2009C12) 某地下车库作用有 141MN 的浮力，基础上部结构和土重为 108MN，拟设置直径 600mm、长 10m 的抗浮桩，桩身重度为 $25kN/m^3$，水重度为 $10kN/m^3$，基础底面以下 10m 内为粉质黏土，其桩侧极限摩阻力为 36kPa，车库结构侧面与土的摩擦力忽略不计，按《建筑桩基技术规范》JGJ 94—2008，按群桩呈非整体破坏估算，需要设置抗拔桩的数量至少应大于（　　）。

(A) 83 根　　　　(B) 89 根　　　　(C) 108 根　　　　(D) 118 根

答案：D

解答过程：

根据《建筑桩基技术规范》JGJ 94—2008 第 5.4.5 条、第 5.4.6 条：

(1) $l/d = 10/0.6 = 16.7 < 20$，粉质黏土，λ 取小值为 0.7

(2) $T_{uk} = \sum \lambda_i q_{sik} u_i l_i = 3.14 \times 0.6 \times 0.7 \times 10 \times 36 = 474.8kN$

(3) $G_P = \gamma_G' V = (25 - 10) \times \dfrac{3.14 \times 0.6^2}{4} \times 10 = 42.4kN$

(4) $\dfrac{T_{uk}}{2} + G_P = \dfrac{474.8}{2} + 42.4 = 279.8kN$

(5) $n = \dfrac{F_{浮力} - G}{\dfrac{T_{uk}}{2} + G_P} = \dfrac{(141 - 108) \times 10^3}{279.8} = 118$ 根

【小注岩土点评】

① 对于抗浮桩，一般认为都在地下水以下，桩身的重力计算应采用浮重度。

② 抗拔力、抗压承载力计算公式几乎一样，只是抗拔力计算公式有抗拔系数 λ，桩抗拔时的侧阻力小于抗压时的侧阻力，$\lambda \leqslant 1$。

【3-40】(2006C12) 某桩基工程安全等级为乙级，其桩型平面布置、剖面及地层分布如下图所示（尺寸单位为 mm），土层物理力学指标见下表，按《建筑桩基技术规范》JGJ 94—2008 计算群桩呈整体破坏与非整体破坏的基桩的抗拔极限承载力标准值比值（T_{gk}/T_{uk}），其计算结果最接近（　　）。

土层名称	极限侧阻力 q_{sik} (kPa)	极限端阻力 q_{pik} (kPa)	抗拔系数 λ
①填土	—	—	—
②粉质黏土	40	—	0.7
③粉砂	80	3000	0.6
④黏土	50	—	—
⑤细砂	90	4000	—

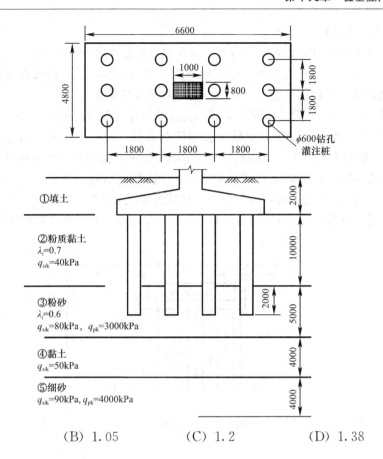

(A) 0.9   (B) 1.05   (C) 1.2   (D) 1.38

答案：A

解答过程：

根据《建筑桩基技术规范》JGJ 94—2008 第 5.4.6 条：

$$\frac{T_{gk}}{T_{uk}}=\frac{\dfrac{1}{n}u_l\sum\lambda_iq_{sik}l_i}{\sum\lambda_iq_{sik}u_il_i}=\frac{\dfrac{1}{n}u_l}{u_i}=\frac{\dfrac{1}{12}\times2\times(1.8\times2+0.6+1.8\times3+0.6)}{3.14\times0.6}=0.902$$

【3-41】（2011C12）某抗拔基桩桩顶拔力为 800kN，地基土为单一的黏土，桩侧土的抗压极限侧阻力标准值为 50kPa，抗拔系数 λ 取为 0.8，桩身直径为 0.5m，桩顶位于地下水位以下，桩身混凝土重度为 25kN/m³，按《建筑桩基技术规范》JGJ 94—2008 计算，群桩基础呈非整体破坏的情况下，基桩桩长至少不小于（ ）。

(A) 15m   (B) 18m   (C) 21m   (D) 24m

答案：D

解答过程：

根据《建筑桩基技术规范》JGJ 94—2008 第 5.4.5 条：

(1) $G_p=\dfrac{\gamma_tl\pi d^2}{4}=\dfrac{15l\times3.14\times0.5^2}{4}=2.94l$

(2) $T_{uk}=\sum\lambda_iq_{sik}u_il_i=0.8\times50\times3.14\times0.5l=62.8l$

(3) $N_k\leqslant\dfrac{T_{uk}}{2}+G_P\Rightarrow800\leqslant\dfrac{62.8l}{2}+2.94l\Rightarrow l\geqslant23.3\text{m}$

【小注岩土点评】

计算抗拔承载力时应计入桩身自重，位于水下的桩身部分应扣除浮力，抗拔桩又称为抗浮桩，其主要作用为抵抗浮力，桩一般都是位于地下水之下，因此在计算基桩自重 G_p 和桩群所包围体积的桩土总重 G_{gp} 时，一般都要采用浮重度。

【3-42】（2017D12）某地下结构采用钻孔灌注桩作抗浮桩，桩径 0.6m，桩长 15m，承台平面尺寸为 27.6m×37.2m，纵横向按等间距布桩，桩中心距 2.4m，边桩中心距承台边缘 0.6m，桩数为 12×16＝192 根，土层分布及桩侧土的极限摩阻力标准值如下图所示。粉砂抗拔系数取 0.7，细砂抗拔系数取 0.6，群桩基础所包围体积内的桩土平均重度取 18.8kN/m³，水的重度取 10kN/m³。根据《建筑桩基技术规范》JGJ 94—2008 计算，当群桩呈整体破坏时，按荷载效应标准组合计算基桩能承受的最大上拔力接近下列何值？

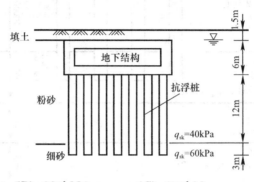

(A) 145kN   (B) 820kN   (C) 850kN   (D) 1600kN

答案：B

解答过程：

根据《建筑桩基技术规范》JGJ 94—2008 第 5.4.5 条：

(1) $u_l = [(27.6-0.3\times2)+(37.2-0.3\times2)]\times2 = 127.2$m

(2) $T_{gk} = \dfrac{1}{192}\times127.2\times(0.7\times40\times12+0.6\times60\times3) = 294$kN

(3) $G_{gp} = (27.6-0.3\times2)\times(37.2-0.3\times2)\times15\times(18.8-10)\times\dfrac{1}{192} = 679$kN

(4) $N_k \leqslant \dfrac{T_{gk}}{2}+G_{gp} = \dfrac{294}{2}+679 = 826$kN

【小注岩土点评】

① 注意区分基桩拔力还是抗拔极限承载力。

② u_l 为桩群外围周长，不是承台周长。

③ G_{gp} 为群桩包络线范围以内的桩土总自重，不是承台范围内的桩土总自重，地下水以下取有效重度。

【3-43】（2020D09）建筑地基土为细中砂，饱和重度为 20kN/m³，采用 38m×20m 的筏板基础，为满足抗浮要求，按间距 1.2m×1.2m 满堂布置直径 400mm、长 10m 的抗拔桩，桩身混凝土重度为 25kN/m³，桩侧土的抗压极限侧阻力标准值为 60kPa，抗拔系数 λ＝0.6，根据《建筑桩基技术规范》JGJ 94—2008，验算群桩基础抗浮呈整体破坏时，基桩所承受的最大上拔力 N_k 最接近于下列哪个选项？

(A) 180kN   (B) 220kN   (C) 320kN   (D) 350kN

答案：A

解答过程：

根据《建筑桩基技术规范》JGJ 94—2008 第 5.4.5 条、第 5.4.6 条：

(1) $\dfrac{38}{1.2}$=31.7，布置 32 根桩，桩外边缘长度为：$31 \times 1.2 + 0.4 = 37.6$m

$\dfrac{20}{1.2}$=16.7，布置 17 根桩，桩外边缘宽度为：$16 \times 1.2 + 0.4 = 19.6$m

(2) $T_{gk} = \dfrac{1}{32 \times 17} \times (37.6 + 19.6) \times 2 \times 0.6 \times 10 \times 60 = 75.7$kN

$$G_{gp} = \dfrac{(37.6 \times 19.6 - 32 \times 17 \times 3.14 \times 0.2^2) \times 10 \times 10 + 32 \times 17 \times 3.14 \times 0.2^2 \times 10 \times 15}{32 \times 17}$$

$\qquad = 142$kN

(3) $N_k \leqslant \dfrac{T_{gk}}{2} + G_{gp} = \dfrac{75.7}{2} + 142 = 179.9$kN

【小注岩土点评】

① 首先要计算出筏板下桩的布置数量，间距数量＋1 为桩的数量。

② 群桩抗拔呈整体破坏时，周长为桩群外围边缘的长度。

【3-44】(2021C10) 某独立承台 PHC 管桩基础，管桩外径 800mm，壁厚 110mm，桩端敞口，承台底面以下桩长 22.0m，桩的布置及土层分布情况如下图所示，地表水与地下水联系紧密。桩身混凝土重度为 24.0kN/m³，群桩基础所包围体积内的桩土平均重度取 18.8kN/m³（忽略自由段桩身自重），水的重度取 10kN/m³。按《建筑桩基技术规范》JGJ 94—2008 验算，荷载标准组合下基桩可承受的最大上拔力最接近下列哪个选项？（不考虑桩端土塞效应，不受桩身强度控制）

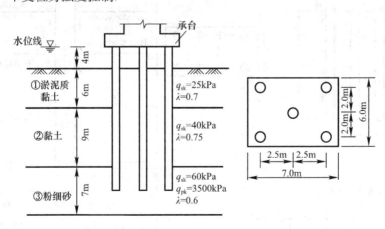

(A) 660kN   (B) 1270kN   (C) 1900kN   (D) 2900kN

答案：A

解答过程：

根据《建筑桩基技术规范》JGJ 94—2008 第 5.4.5 条、第 5.4.6 条：

(1) 按群桩整体破坏

$$G_{gp} = \frac{A_l \cdot l \cdot \gamma_G}{n} = \frac{(5+0.8) \times (4+0.8) \times (22-4) \times (18.8-10)}{5} = 881.97 \text{kN}$$

$$T_{gk} = \frac{u_l \sum \lambda_i q_{sik} l_i}{n}$$

$$= \frac{1}{5} \times (5.8+4.8) \times 2 \times (0.7 \times 25 \times 6 + 0.75 \times 40 \times 9 + 0.6 \times 60 \times 3) = 2048 \text{kN}$$

$$N_k \leqslant \frac{T_{gk}}{2} + G_{gp} = \frac{2048}{2} + 881.97 = 1906 \text{kN}$$

（2）按群桩非整体破坏

$$G_p = \frac{A_p \cdot l \cdot \gamma_t}{4} = \frac{3.14 \times [0.8^2 - (0.8 - 0.11 \times 2)^2]}{4} \times (22-4) \times (24-10) = 60 \text{kN}$$

$$T_{uk} = \sum \lambda_i q_{sik} u_i l_i$$

$$= 3.14 \times 0.8 \times (0.7 \times 25 \times 6 + 0.75 \times 40 \times 9 + 0.6 \times 60 \times 3) = 1213.3 \text{kN}$$

$$N_k \leqslant \frac{T_{uk}}{2} + G_p = \frac{1213.3}{2} + 60 = 666.7 \text{kN}$$

两者取小值，故选 A。

（二）季节性冻土抗拔稳定性验算

——《建筑桩基技术规范》第 5.4.7 条

季节性冻土上轻型建筑物的短桩基础，应验算其抗冻拔稳定性。

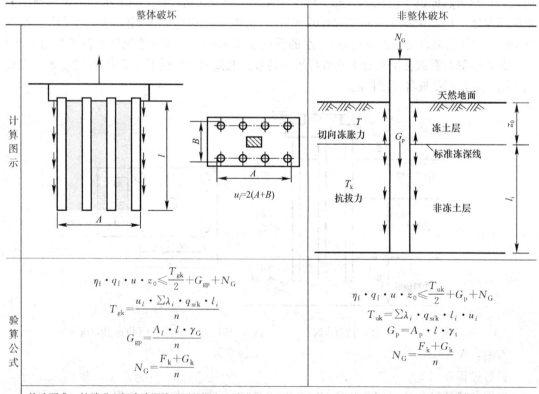

	整体破坏	非整体破坏
计算图示	（计算图示略）	（计算图示略）
验算公式	$\eta_f \cdot q_f \cdot u \cdot z_0 \leqslant \dfrac{T_{gk}}{2} + G_{gp} + N_G$ $T_{gk} = \dfrac{u_l \cdot \sum \lambda_i \cdot q_{sik} \cdot l_i}{n}$ $G_{gp} = \dfrac{A_l \cdot l \cdot \gamma_G}{n}$ $N_G = \dfrac{F_k + G_k}{n}$	$\eta_f \cdot q_f \cdot u \cdot z_0 \leqslant \dfrac{T_{uk}}{2} + G_p + N_G$ $T_{uk} = \sum \lambda_i \cdot q_{sik} \cdot l_i \cdot u_i$ $G_p = A_p \cdot l \cdot \gamma_t$ $N_G = \dfrac{F_k + G_k}{n}$
构造要求：桩端进入标准冻深线以下的深度，除满足上述抗拔稳定性验算要求，还应不得小于 4 倍桩径及 1 倍扩大端直径，最小深度应大于 1.5m		

<table>
<tr><td rowspan="3">公式参数</td><td colspan="2">

式中：η_f——冻深影响系数，按下表 1 采用；

$\quad\quad q_f$——切向冻胀力，按下表 2 采用；

$\quad\quad z_0$——季节性冻土的标准冻深（低承台从承台底算起，高承台从地面算起）；

$\quad\quad T_{gk}$——标准冻深线以下群桩呈整体性破坏时基桩抗拔极限承载力标准值（kN）；

$\quad\quad T_{uk}$——标准冻深线以下单桩抗拔极限承载力标准值（kN）；

$\quad\quad N_G$——基桩承受的桩承台底面以上建筑物自重、承台及其上土重标准值（kN）；

$\quad\quad l_i$——标准冻深线以下桩周第 i 层土的厚度（m）；

其他字母含义同一般抗拔桩。

【小注】① 上述不等式验算中，在进行 T_{gk}、T_{uk} 计算时：只计算标准冻深线以下的抗拔力，即计算长度 l_i＝桩长 l－标准冻深 z_0，非桩长 l。

② 不论整体、非整体破坏，只针对基桩验算

</td></tr>
</table>

计算步骤		

(1) 基桩极限抗拔承载力标准值（标准冻深线以下）：

$$T_{gk}=\frac{u_l \cdot \sum \lambda_i \cdot q_{sik} \cdot l_i}{n}$$

(2) 群桩基础所包围的桩土总自重（全桩长范围）：

$$G_{gp}=\frac{A_l \cdot l \cdot \gamma_G}{n}$$

(3) 基桩承受的上部结构重量、承台及其上覆土重：

$$N_G=\frac{F_k+G_k}{n}$$

(4) 基桩的冻胀拔力：$\eta_f \cdot q_f \cdot u \cdot z_0$

(5) 基桩抗拔承载力验算：

$$\eta_f \cdot q_f \cdot u \cdot z_0 \leqslant \frac{T_{gk}}{2}+G_{gp}+N_G$$

---

(1) 基桩极限抗拔承载力标准值（标准冻深线以下）：

$$T_{uk}=\sum \lambda_i \cdot q_{sik} \cdot l_i \cdot u_i$$

(2) 基桩自重（全桩长范围）：

$$G_p=A_p \cdot l \cdot \gamma_t$$

(3) 基桩承受的上部结构重量、承台及其上覆土重：

$$N_G=\frac{F_k+G_k}{n}$$

(4) 基桩的冻胀拔力：$\eta_f \cdot q_f \cdot u \cdot z_0$

(5) 基桩抗拔承载力验算

$$\eta_f \cdot q_f \cdot u \cdot z_0 \leqslant \frac{T_{uk}}{2}+G_p+N_G$$

冻深影响系数 η_f 值　　　　　　　　　　　表 1

标准冻深 (m)	$z_0 \leqslant 2.0$	$2.0 < z_0 \leqslant 3.0$	$z_0 > 3.0$
η_f	1.0	0.9	0.8

切向冻胀力 q_f (kPa) 值　　　　　　　　　　表 2

土类＼冻胀性分类	弱冻胀	冻胀	强冻胀	特强冻胀
黏性土、粉土	30～60	60～80	80～120	120～150
砂土、砾（碎）石（黏、粉粒含量＞15％）	＜10	20～30	40～80	90～200

【小注】① 表面粗糙的灌注桩，表中数值应乘以系数 1.1～1.3。

② 本表不适用于含盐量大于 0.5％ 的冻土

【3-45】（2014D11）某位于季节性冻土地基上的轻型建筑采用短桩基础，场地标准冻深为 2.5m。地面以下 20m 深度内为粉土。土中含盐量不大于 0.5％，属冻胀土。抗压极限桩侧阻力标准值为 30kPa，桩型为直径 0.6m 的钻孔灌注桩，表面粗糙。当群桩呈非整体破坏时，根据《建筑桩基技术规范》JGJ 94—2008 自地面算起，满足抗冻拔稳定要求的最短桩长最接近下列何值？（N_G＝180kN，桩身重度取 25kN/m³，抗拔系数取 0.5，切向冻胀力及相关系数取规范表中相应的最小值）

(A) 4.7m　　　　(B) 6.0m　　　　(C) 7.2m　　　　(D) 8.3m

答案：C

解答过程：

根据《建筑桩基技术规范》JGJ 94—2008 第 5.4.7 条：

(1) $T_{uk}=0.5\times30\times3.14\times0.6l=28.26l$，$G_P=\dfrac{3.14\times0.6^2}{4}l\times25=7.065l$

(2) $z_0=2.5\mathrm{m}$，查表 $\eta_f=0.9$，粉土，冻胀土，查表 $q_f=60\mathrm{kPa}$

表面粗糙的灌注桩，取小值 1.1，$q_f=60\times1.1=66\mathrm{kPa}$

(3) $\eta_f q_f u z_0=0.9\times66\times3.14\times0.6\times2.5=279.8\mathrm{kPa}$

(4) $\eta_f q_f u z_0\leqslant T_{uk}/2+N_G+G_P\Rightarrow279.8\leqslant28.26l/2+180+7.065l\Rightarrow l\geqslant4.7\mathrm{m}$

(5) 自地面算起的桩长：$4.7+2.5=7.2\mathrm{m}$

【小注岩土点评】

① 本解答过程为官方给出的，此题为错题，计算基桩自重 G_P 时应采用的桩长为 $l_i+2.5$，计算就无正确答案。

② 在计算桩长时，应自地面算起的桩长加 2.5m。

③ 计算切向冻胀力 q_f，对于表面粗糙的灌注桩，规范表 5.4.7-2 中的数值应乘以增大系数（1.1～1.3）。

（三）膨胀土抗拔稳定性验算

——《建筑桩基技术规范》第 5.4.8 条

膨胀土上轻型建筑物的短桩基础，应验算群桩基础呈整体破坏和非整体破坏的抗拔稳定性。

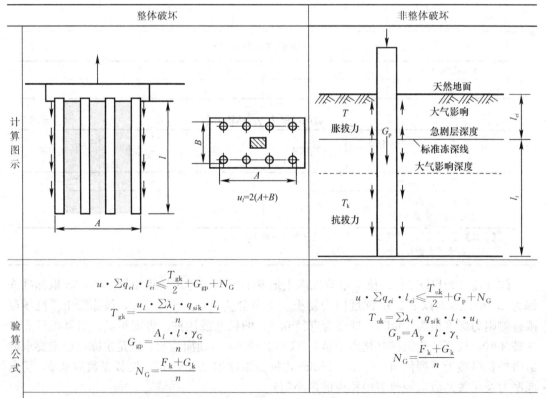

	整体破坏	非整体破坏
计算图示	$u_j=2(A+B)$	天然地面 T 胀拔力 大气影响 急剧层深度 G_p 标准冻深线 大气影响深度 T_k 抗拔力
验算公式	$u\cdot\sum q_{ei}\cdot l_{ei}\leqslant\dfrac{T_{gk}}{2}+G_{gp}+N_G$ $T_{gk}=\dfrac{u_l\cdot\sum\lambda_i\cdot q_{sik}\cdot l_i}{n}$ $G_{gp}=\dfrac{A_l\cdot l\cdot\gamma_G}{n}$ $N_G=\dfrac{F_k+G_k}{n}$	$u\cdot\sum q_{ei}\cdot l_{ei}\leqslant\dfrac{T_{uk}}{2}+G_p+N_G$ $T_{uk}=\sum\lambda_i\cdot q_{sik}\cdot l_i\cdot u_i$ $G_p=A_p\cdot l\cdot\gamma_t$ $N_G=\dfrac{F_k+G_k}{n}$
构造要求：桩端进入大气影响急剧层以下的深度，除满足上述抗拔稳定性验算要求，还应不得小于 4 倍桩径及 1 倍扩大端直径，最小深度应大于 1.5m		

<table>
<tr><td rowspan="2">公式参数</td><td colspan="2">式中：T_{gk}——群桩呈整体破坏时，大气影响急剧层下稳定土层中基桩的抗拔极限承载力标准值（kN）；

　　　　T_{uk}——群桩呈非整体破坏时，大气影响急剧层下稳定土层中基桩的抗拔极限承载力标准值（kN）；

　　　　q_{ei}——大气影响急剧层中第 i 层土的极限胀切力（kPa），由现场浸水试验确定；

　　　　l_{ei}——大气影响急剧层中第 i 层土的厚度（m）（低承台从承台底算起，高承台从地面算起）；

　　　　λ_i——抗拔系数，同前。</td></tr>
<tr><td colspan="2">【小注】① 上述不等式验算中，右侧抗拔力 T_{gk}、T_{uk} 计算时，只计算大气急剧层深度以下的胀拔力，即计算长度＝桩长 l－大气急剧层深度 l_{ei}，非桩长 l。
② 不论整体、非整体破坏，只针对基桩验算</td></tr>
</table>

<table>
<tr><td rowspan="10">计算步骤</td><td>（1）基桩极限抗拔承载力标准值（大气急剧层以下）：
$$T_{gk}=\frac{u_l \cdot \sum \lambda_i \cdot q_{sik} \cdot l_i}{n}$$</td><td>（1）基桩极限抗拔承载力标准值（大气急剧层以下）：
$$T_{uk}=\sum \lambda_i \cdot q_{sik} \cdot l_{ei} \cdot u_i$$</td></tr>
<tr><td>（2）群桩基础所包围的桩土总自重：
$$G_{gp}=\frac{A_l \cdot l \cdot \gamma_G}{n}$$</td><td>（2）基桩自重（全桩长范围）：
$$G_p=A_p \cdot l \cdot \gamma_t$$</td></tr>
<tr><td>（3）基桩承受的上部结构重量、承台及其上覆土重：
$$N_G=\frac{F_k+G_k}{n}$$</td><td>（3）基桩承受的上部结构重量、承台及其上覆土重：
$$N_G=\frac{F_k+G_k}{n}$$</td></tr>
<tr><td>（4）由膨胀土引起的上拔力：$u \cdot \sum q_{ei} \cdot l_{ei}$</td><td>（4）由膨胀土引起的上拔力：$u \cdot \sum q_{ei} \cdot l_{ei}$</td></tr>
<tr><td>（5）基桩抗拔承载力验算：
$$u \cdot \sum q_{ei} \cdot l_{ei} \leqslant \frac{T_{gk}}{2}+G_{gp}+N_G$$</td><td>（5）基桩抗拔承载力验算：
$$u \cdot \sum q_{ei} \cdot l_{ei} \leqslant \frac{T_{uk}}{2}+G_p+N_G$$</td></tr>
<tr><td colspan="2" align="center">**大气影响急剧层深度**</td></tr>
<tr><td>土的湿度系数 ψ_w</td><td>大气影响深度（m）</td><td>大气影响急剧层深度（m）</td></tr>
</table>

大气影响急剧层深度

土的湿度系数 ψ_w	大气影响深度（m）	大气影响急剧层深度（m）
0.6	5.0	2.25
0.7	4.0	1.8
0.8	3.5	1.575
0.9	3.0	1.35

【小注】大气影响急剧层深度等于大气影响深度值乘以 0.45

【3-46】（模拟题）某膨胀土上的轻型建筑采用直径 400mm、长 6m 的桩基础，该地大气影响急剧层深 3.5m，承台埋深 2.0m，桩侧土的极限胀切力标准值为 55kPa，作用于单桩上的上拔力为多少？

解答过程：

上拔力：$T=u\sum q_{ei}l_{ei}=3.14\times0.4\times55\times(3.5-2)=103.62$kN

【小注岩土点评】

计算深度应将大气影响急剧层深度 3.5m，减去承台埋深 2m。

（四）比较

抗拔桩验算对比

对比	对比项	抗浮桩	冻拔桩	膨胀土抗拔桩
相同点	（1）只对基桩进行验算。（2）需同时验算整体破坏和单桩破坏			
不同点	外力（上拔力、冻拔力、胀切力）	$N_k=N_{k总}/n$	$\eta_f q_f u z_0$	$u\sum q_{ei}l_{ei}$

续表

对比		对比项	抗浮桩	冻拔桩	膨胀土抗拔桩
不同点	抗力	组成不同	$T_{uk}/2+G_p$ 抗拔侧阻力＋基桩自重	$T_{uk}/2+N_G+G_P$ 抗拔侧阻力＋基桩自重＋承台以上自重	$T_{uk}/2+N_G+G_{gp}$ 抗拔侧阻力＋基桩自重＋承台以上自重
		抗拔侧阻力 计算范围不同	l	$l-(z_0-d)$	$l-(l_e-d)$
		水位下基桩自重 G_p不同	γ应采用浮重度	z_0之上γ应采用天然重度，之下采用浮重度	γ应采用浮重度

第二十章 桩基水平承载力计算

第一节 单桩水平承载力

一、单桩水平承载力特征值计算（位移控制）

——《建筑桩基技术规范》第 5.7.2 条

单桩水平承载力可根据单桩水平静载试验确定，当缺少水平静载试验资料时，可按经验公式进行估算。对于钢筋混凝土预制桩、钢桩、桩身配筋率≥0.65%的灌注桩，可以按以下两种方式确定单桩水平承载力特征值：

确定方法		计算方法
单桩水平静载荷试验法		取地面处水平位移为 10mm（对于水平位移敏感的建筑物取水平位移 6mm）所对应的荷载的 75% 作为 R_{ha}
经验公式法	计算公式	$$R_{ha}=0.75 \cdot \frac{\alpha^3 EI}{v_x} \cdot \chi_{0a}$$
	公式说明	式中：R_{ha}——单桩水平承载力特征值； 　　　χ_{0a}——桩顶允许水平位移（m），一般情况，χ_{0a} 可取 0.01m，对水平位移敏感时，χ_{0a} 可取 0.006m； 　　　α——桩的水平变形系数（m^{-1}）； 　　　v_x——桩顶水平位移系数，按下表取值； 　　　EI——桩身抗弯刚度（$kN \cdot m^2$）
	计算步骤	（1）相关参数计算

计算步骤中的参数表：

参数	圆桩（桩径 d）	方桩（桩截面宽度 b）
桩身换算截面受拉边缘的截面模量 W_0（m^3）	$W_0=\frac{\pi \cdot d}{32} \cdot [d^2+2 \cdot (\alpha_E-1) \cdot \rho_g \cdot d_0^2]$	$W_0=\frac{b}{6} \cdot [b^2+2 \cdot (\alpha_E-1) \cdot \rho_g \cdot b_0^2]$
桩身换算截面的惯性矩 I_0（m^4）	$I_0=\frac{W_0 \cdot d_0}{2}$	$I_0=\frac{W_0 \cdot b_0}{2}$
桩身抗弯刚度 EI（$kN \cdot m^2$）	$EI=0.85 \cdot E_c \cdot I_0$（$E_c$ 为混凝土弹性模量 kPa）	
桩的水平变形系数 α（m^{-1}）	$\alpha=\sqrt[5]{\frac{m \cdot b_0}{EI}}$ （m 为桩侧土体水平抗力系数的比例系数，单位为 kN/m^4）	
桩身计算宽度 b_0（m） （仅用作水平变形系数 α 的计算）	当桩径 $d \leqslant 1m$ 时： $b_0=0.9 (1.5d+0.5)$ 当桩径 $d>1m$ 时： $b_0=0.9 (d+1)$	当桩宽 $b \leqslant 1m$ 时： $b_0=1.5b+0.5$ 当桩宽 $b>1m$ 时： $b_0=b+1$

续表

确定方法		计算方法						
经验公式法	计算步骤	(2) 根据桩的换算埋深（ah）按下表确定桩顶水平位移系数 v_x						

	桩的换算埋深（ah）	≥4.0	3.5	3.0	2.8	2.6	2.4
v_x	桩顶铰接、自由	2.441	2.502	2.727	2.905	3.163	3.526
	桩顶固接	0.940	0.970	1.028	1.055	1.079	1.095

a——桩的水平变形系数（m^{-1}）；　h——桩身入土深度（m）

(3) 根据桩顶允许水平位移 χ_{0a} 及其他相关参数，按照公式计算单桩水平承载力特征值

式中：b_0——桩身计算宽度（m）；

E——混凝土弹性模量（kPa）；

I——桩身换算截面惯性矩（m^4）；

W_0——桩身换算截面受拉边缘的截面模量（m^3）；

d_0——扣除保护层厚度的桩直径（m）；

b_0——计算 I_0、W_0 时的 b_0 为扣除保护层厚度的桩边长，计算 a 时的 b_0 为桩身计算宽度（m）；

h——桩的入土长度（m）

【3-47】（2002D08）一高填方挡土墙基础下，设置单排打入式钢筋混凝土阻滑桩，桩横截面尺寸为 400mm×400mm，桩长 5.5m，桩距 1.2m，地基土水平抗力系数的比例系数 m 为 10^4 kN/m^4，桩顶约束条件按自由端考虑，试按《建筑桩基技术规范》JGJ 94—2008 计算当控制桩顶水平位移 χ_{0a}=10mm 时，每根阻滑桩能对每延米挡土墙提供的水平阻滑力（桩身抗弯刚度 EI=5.08×10^4 kN·m^2）最接近（　　）。

(A) 80kN/m　　　(B) 90kN/m　　　(C) 70kN/m　　　(D) 50kN/m

答案：D

解答过程：

根据《建筑桩基技术规范》JGJ 94—2008 第 5.7.2 条：

(1) $b_0 = 1.5b + 0.5 = 1.5 \times 0.4 + 0.5 = 1.1$m

$$\alpha = \sqrt[5]{\frac{mb_0}{EI}} = \sqrt[5]{\frac{10^4 \times 1.1}{5.08 \times 10^4}} = 0.736$$

$ah = 0.736 \times 5.5 = 4.05 > 4.0$，查表得 $v_x = 2.441$

(2) $R_{ha} = \dfrac{0.75\alpha^3 EI}{v_x}\chi_{0a} = \dfrac{0.75 \times 0.736^3 \times 5.08 \times 10^4}{2.441} \times 0.01 = 62.2$kN

(3) 每米挡土墙阻滑力为：$F = \dfrac{R_{ha}}{1.2} = \dfrac{62.2}{1.2} = 51.8$kN/m

【3-48】（2013C11）某承受水平力的灌注桩，直径为 800mm，保护层厚度为 50mm，配筋率为 0.65%，桩长 30m，桩的水平变形系数为 0.360（1/m），桩身抗弯刚度为 6.75×10^{11} kN·mm^2，桩顶固接且容许水平位移为 4mm，按《建筑桩基技术规范》JGJ 94—2008 估算，由水平位移控制的单桩水平承载力特征值接近于（　　）。

(A) 50kN　　　(B) 100kN　　　(C) 150kN　　　(D) 200kN

答案：B

解答过程：

根据《建筑桩基技术规范》JGJ 94—2008 第 5.7.2 条第 6 款：

(1) $\alpha h = 0.36 \times 30 = 10.8 > 4 \Rightarrow \alpha h = 4.0$，桩顶固接，$v_x = 0.940$

(2) $R_{ha} = 0.75 \dfrac{\alpha^3 EI}{v_x} \chi_{0a} = 0.75 \times \dfrac{0.36^3 \times 6.75 \times 10^{11} \times 10^{-6}}{0.940} \times 4 \times 10^{-3} = 100.5 \text{kN}$

【3-49】（2017C10）某构筑物基础拟采用摩擦型钻孔灌注桩承受竖向压力荷载和水平荷载，设计桩长 10.0m，桩径 800mm，当考虑桩基承受水平荷载时，下列桩身配筋长度符合《建筑桩基技术规范》JGJ 94—2008 的最小值是哪项？（不考虑承台锚固筋长度及地震作用与负摩阻力，桩、土的相关参数：$EI = 4.0 \times 10^5 \text{kN} \cdot \text{m}^2$，$m = 10 \text{MN/m}^4$）

(A) 10.0m   (B) 9.0m   (C) 8.0m   (D) 7.0m

答案：C

解答过程：

根据《建筑桩基技术规范》JGJ 94—2008 第 4.1.1 条第 2 款、第 5.7.5 条：

(1) $l \geqslant \dfrac{2}{3} \times 10 = 6.7 \text{m}$

(2) $d = 0.8 \text{m} < 1 \text{m}$，$b_0 = 0.9(1.5d + 0.5) = 0.9(1.5 \times 0.8 + 0.5) = 1.53 \text{m}$

(3) $\alpha = \sqrt[5]{\dfrac{mb_0}{EI}} = \sqrt[5]{\dfrac{10 \times 10^3 \times 1.53}{4.0 \times 10^5}} = 0.521$

(4) $l \geqslant \dfrac{4.0}{\alpha} = \dfrac{4.0}{0.521} = 7.7 \text{m} \Rightarrow l \geqslant 7.7 \text{m}$

二、单桩水平承载力特征值计算（强度控制）

——《建筑桩基技术规范》第 5.7.2 条

对于桩身配筋率<0.65%的灌注桩，可以按以下两种方式确定单桩水平承载力特征值：

确定方法		计算方法
单桩水平静载荷试验法		取单桩水平静载荷试验的临界荷载 H_{cr} 的 75% 作为 R_{ha}： $R_{ha} = 75\% \cdot H_{cr}$
经验公式法	计算公式	$R_{ha} = \dfrac{0.75 \cdot \alpha \cdot \gamma_m \cdot f_t \cdot W_0}{v_M} \cdot (1.25 + 22 \cdot \rho_g) \cdot \left(1 \pm \dfrac{\xi_N \cdot N_k}{\gamma_m \cdot f_t \cdot A_n}\right)$
	公式说明	式中：R_{ha}——单桩水平承载力特征值，桩顶作用压力时取"+"，拉力时取"—"（kN）； α——桩的水平变形系数； W_0——桩身换算截面受拉边缘的截面模量（m^3）； ρ_g——桩身配筋率； ξ_N——桩顶竖向力影响系数，竖向压力取 0.5，竖向拉力取 1.0； N_k——在荷载效应标准组合下桩顶的竖向力（kN）； γ_m——桩截面模量塑性系数，对圆形截面 $\gamma_m = 2$，对矩形截面 $\gamma_m = 1.75$； f_t——桩身混凝土抗拉强度设计值（kPa）； A_n——桩身换算截面积（m^2）； v_M——桩身最大弯矩系数，按下表取值

确定方法	计算方法		
经验公式法	计算步骤	(1) 相关参数计算	

（1）相关参数计算

参数	圆桩（桩径 d）	方桩（桩截面宽度 b）
α_E	α_E＝钢筋弹性模量/混凝土弹性模量	
桩身换算截面受拉边缘的截面模量 W_0（m^3）	$W_0=\dfrac{\pi \cdot d}{32} \cdot [d^2+2 \cdot (\alpha_E-1) \cdot \rho_g \cdot d_0^2]$	$W_0=\dfrac{b}{6} \cdot [b^2+2 \cdot (\alpha_E-1) \cdot \rho_g \cdot b_0^2]$
桩身换算截面的惯性矩 I_0（m^4）	$I_0=\dfrac{W_0 \cdot d_0}{2}$	$I_0=\dfrac{W_0 \cdot b_0}{2}$
桩身抗弯刚度 EI（$kN \cdot m^2$）	$EI=0.85 \cdot E_c \cdot I_0$（$E_c$ 为混凝土弹性模量，kPa）	
桩的水平变形系数 α（m^{-1}）	$\alpha=\sqrt[5]{\dfrac{m \cdot b_0}{EI}}$	
桩身计算宽度 b_0（m）（仅用作水平变形系数 α 的计算）	当桩径 $d \leqslant 1m$ 时：$b_0=0.9(1.5d+0.5)$ 当桩径 $d>1m$ 时：$b_0=0.9(d+1)$	当桩宽 $b \leqslant 1m$ 时：$b_0=1.5b+0.5$ 当桩宽 $b>1m$ 时：$b_0=b+1$
桩身换算截面积 A_n（m^2）	$A_n=\dfrac{\pi \cdot d^2}{4} \cdot [1+ (\alpha_E-1) \cdot \rho_g]$	$A_n=b^2 \cdot [1+ (\alpha_E-1) \cdot \rho_g]$
桩截面模量塑性系数 γ_m	$\gamma_m=2$	$\gamma_m=1.75$
桩顶竖向力影响系数 ξ_N	竖向压力：$\xi_N=0.5$；竖向拉力：$\xi_N=1.0$	

式中：m——桩侧土水平抗力系数的比例系数（kN/m^4）；

EI——桩身抗弯刚度（$kN \cdot m^2$）；

E_c——混凝土弹性模量（kPa）；

I_0——桩身换算截面惯性矩（m^4）；

d——圆形桩直径（m）；

b——方形桩边长（m）；

d_0——扣除保护层厚度的桩直径（m）；

b_0——计算 I_0、W_0 时的 b_0 为扣除保护层厚度的桩边长，计算 α 时的 b_0 为桩身计算宽度（m）；

α_E——钢筋弹性模量与混凝土弹性模量的比值。

（2）根据桩的换算埋深（αh）按下表确定桩身最大弯矩系数 v_m

桩的换算埋深（αh）		$\geqslant 4.0$	3.5	3.0	2.8	2.6	2.4
v_m	桩顶铰接、自由	0.768	0.750	0.703	0.675	0.639	0.601
	桩顶固接	0.926	0.934	0.967	0.990	1.018	1.045

α—桩的水平变形系数（m^{-1}）；h—桩身入土深度（m）

（3）按照公式计算单桩水平承载力特征值

【小注】① 特别注意桩身抗弯刚度 EI、比例系数 m 的单位换算；

② 桩计算直径 $d_0=d-2$ 倍保护层厚度，桩计算边长 $b_0=b-2$ 倍保护层厚度；

③ 确定 m 值计算深度 $h_m=2(d+1)$ 时，如果是方桩，要将方桩边长 c 换算成桩直径 d，取 $d=1.129c$，多层土时，m 换算见规范附录C。

【3-50】（2005C12）某受压灌注桩桩径为 1.2m，桩端入土深度为 20m，桩身配筋率为 0.6%，桩顶铰接，桩顶竖向压力标准值 N_k＝5000kN，桩的水平变形系数 a＝0.301m^{-1}。桩身换算截面积 A_n＝1.2m^2，换算截面受拉边缘的截面模量 W_0＝0.2m^2，桩身混凝土抗

拉强度设计值 $f_t = 1.5 \text{N/mm}^2$，试按《建筑桩基技术规范》JGJ 94—2008 计算单桩水平承载力特征值最接近（　　）。

(A) 400kN　　　　(B) 450kN　　　　(C) 500kN　　　　(D) 550kN

答案：A

解答过程：

根据《建筑桩基技术规范》JGJ 94—2008 第 5.7.2 条：

(1) $\alpha h = 0.301 \times 20 = 6.02 > 4.0$，查表得 $v_M = 0.768$

(2) $R_{ha} = \dfrac{0.75 \cdot \alpha \cdot \gamma_m \cdot f_t \cdot W_0}{v_M} \cdot (1.25 + 22 \cdot \rho_g) \cdot \left(1 + \dfrac{\xi_N \cdot N_k}{\gamma_m \cdot f_t \cdot A_n}\right)$

$= \dfrac{0.75 \times 0.301 \times 2 \times 1.5 \times 10^3 \times 0.2}{0.768} \times (1.25 + 22 \times 0.006) \times \left(1 + \dfrac{0.5 \times 5000}{2 \times 1.5 \times 10^3 \times 1.2}\right)$

$= 413 \text{kN}$

【小注岩土点评】

规范公式（5.7.2-1）用竖向力标准值 N_k，有些书籍介绍应为竖向力设计值 N，对应分母为桩身混凝土抗拉强度设计值。笔者建议灵活把握。

三、单桩水平承载力验算

——《建筑桩基技术规范》第 5.7.1 条

$$H_{ik} \leq R_h$$
$$H_{ik} = H_k / n$$

式中：H_{ik}——荷载效应标准组合下，作用于基桩 i 桩顶处的水平力（kN）；

H_k——荷载效应标准组合下，作用于基桩承台底面的水平力（kN）；

R_h——单桩基础或群桩中基桩的水平承载力特征值，对于单桩基础，可取单桩的水平承载力特征值 R_{ha}（kN）；

n——桩基中的桩数。

根据《建筑桩基技术规范》JGJ 94—2008 第 5.7.2 条第 7 款规定：验算永久荷载控制的桩基水平承载力和地震作用的桩基水平承载力时，应将前述计算确定的单桩水平承载力特征值 R_{ha} 进行调整使用，具体调整如下：

类型	计算方法	标准组合作用	永久荷载控制	地震作用
桩身强度控制	单桩水平静载荷试验法	取单桩水平静载荷试验的临界荷载的 75% 作为 R_{ha}	需将"标准组合"下计算得 R_{ha} 乘以调整系数 0.80 后使用。$(R_{ha})_{永久荷载控制} = 0.8 \cdot R_{ha}$	需将"标准组合"下计算得 R_{ha} 乘以调整系数 1.25 后使用。$(R_{ha})_{地震作用} = 1.25 \cdot R_{ha}$
	经验公式法	$R_{ha} = \dfrac{0.75 \cdot \alpha \cdot \gamma_m \cdot f_t \cdot W_0}{v_M} \cdot$ $(1.25 + 22 \cdot \rho_g) \cdot \left(1 \pm \dfrac{\xi_N \cdot N_k}{\gamma_m \cdot f_t \cdot A_n}\right)$		
水平位移控制	单桩水平静载荷试验法	取地面处水平位移为 10mm（对于水平位移敏感的建筑物取水平位移 6mm）所对应的荷载的 75% 作为 R_{ha}		
	经验公式法	$R_{ha} = 0.75 \cdot \dfrac{\alpha^3 \cdot EI}{v_x} \cdot \chi_{0a}$	不需调整，直接使用	

四、桩顶水平位移计算

——《建筑桩基技术规范》第 5.7.3 条

桩顶水平位移允许值 χ_{0a} 可按如下估算确定：

位移控制：

一般情况下 χ_{0a} 可取 0.01m，对水平位移敏感的建（构）筑物，可取 0.006m。

强度控制：

$$\chi_{0a} = \frac{R_{ha} \cdot v_x}{\alpha^3 \cdot EI}$$

【小注】位移控制时，给出承载力特征值计算其位移值，需要乘以 0.75（即为反算计算位移即可），如果题目给出某一力作用下，求其位移值，即按照上述强度控制给出的位移公式计算。

【3-51】（2007C13）某灌注桩基础，桩入土深度为 $h = 20$m，桩径 $d = 1000$mm，配筋率 $\rho = 0.68\%$，桩顶铰接，要求水平承载力特征值 $R_a = 1000$kN，桩侧土的水平抗力系数的比例系数 $m = 20$MN/m^4，抗弯刚度 $EI = 5 \times 10^6$kN·m^2，按《建筑桩基技术规范》JGJ 94—2008，满足水平承载力要求的相应桩顶容许水平位移至少要接近于（　　）。

(A) 7.4mm　　　　(B) 8.4mm　　　　(C) 9.4mm　　　　(D) 12.4mm

答案：D

解答过程：

根据《建筑桩基技术规范》JGJ 94—2008 第 5.7.3 条：

(1) $b_0 = 0.9 \times (1.5d + 0.5) = 0.9 \times (1.5 \times 1.0 + 0.5) = 1.8$m

$$\alpha = \sqrt[5]{\frac{mb_0}{EI}} = \sqrt[5]{\frac{20 \times 10^3 \times 1.8}{5 \times 10^6}} = 0.373$$

$\alpha h = 0.373 \times 20 = 7.46 > 4$，查表 $v_x = 2.441$

(2) $\chi_{0a} = \dfrac{R_{ha} v_x}{0.75 \times \alpha^3 EI} = \dfrac{1000 \times 2.441}{0.75 \times 0.373^3 \times 5 \times 10^6} = 12.5$mm

【3-52】（2010C12）群桩基础中的某灌注桩基桩，桩身直径 700mm，入土深度 25m，配筋率为 0.60%，桩身抗弯刚度 EI 为 2.83×10^5kN·m^2，桩侧土水平抗力系数的比例系数 m 为 2.5MN/m^4，桩顶为铰接，按《建筑桩基技术规范》JGJ 94—2008，当桩顶水平荷载为 50kN 时，其水平位移值最接近（　　）。

(A) 6mm　　　　(B) 9mm　　　　(C) 12mm　　　　(D) 15mm

答案：A

解答过程：

根据《建筑桩基技术规范》JGJ 94—2008 第 5.7.3 条、第 5.7.5 条：

(1) $d < 1$m，$b_0 = 0.9(1.5d + 0.5) = 0.9 \times (1.5 \times 0.7 + 0.5) = 1.395$m

(2) $\alpha = \sqrt[5]{\dfrac{mb_0}{EI}} = \sqrt[5]{\dfrac{2.5 \times 10^3 \times 1.395}{2.83 \times 10^5}} = 0.415$

$\alpha h = 0.415 \times 25 = 10.4 > 4$m，桩顶铰接，$v_x = 2.441$

(3) $\chi_{0a}=\dfrac{R_{ha}v_x}{a^3EI}=\dfrac{50\times2.441}{0.415^3\times2.83\times10^5}=6.0\text{mm}$

五、桩侧土水平抗力比例系数 m 值的计算

(一) 查表法

——《建筑桩基技术规范》第5.7.5条

地基土水平抗力系数的比例系数 m，宜通过单桩水平静载荷试验确定。当无静载试验资料时，可按下表取值。

地基土水平抗力系数的比例系数 m 值

序号	地基土类别	预制桩、钢桩		灌注桩	
		m (MN/m⁴)	相应单桩在地面处水平位移 (mm)	m (MN/m⁴)	相应单桩在地面处水平位移 (mm)
1	淤泥；淤泥质土；饱和湿陷性黄土	2～4.5	10	2.5～6	6～12
2	流塑 ($I_L>1$)、软塑 ($0.75<I_L\leqslant1$) 状黏性土；$e>0.9$ 粉土；松散粉细砂；松散、稍密填土	4.5～6.0	10	6～14	4～8
3	可塑 ($0.25<I_L\leqslant0.75$) 状黏性土、湿陷性黄土；$e=0.75\sim0.9$ 粉土；中密填土；稍密细砂	6.0～10	10	14～35	3～6
4	硬塑 ($0<I_L\leqslant0.25$)、坚硬 ($I_L\leqslant0$) 状黏性土、湿陷性黄土；$e<0.75$ 粉土；中密的中粗砂；密实老填土	10～22	10	35～100	2～5
5	中密、密实的砾砂、碎石类土	—	—	100～300	1.5～3

【小注】① 当桩顶水平位移大于表列数值或灌注桩配筋率较高（≥0.65%）时，m 值应适当降低；当预制桩的水平向位移小于10mm时，m 值可适当提高。

② 当水平荷载为长期或经常出现的荷载时，应将表列数值乘以0.4降低采用。

③ 当地基为可液化土层时，应将表列数值乘以本规范表5.3.12中相应的系数 ψ_l。

(二) 单桩水平静载试验法

通过单桩水平静载试验确定桩侧土水平抗力系数的比例系数 m。

《建筑桩基技术规范》JGJ 94—2008第5.7.5条条文说明	配筋率<0.65%的低配筋率的桩	取临界荷载 H_{cr} 及对应的位移 χ_{cr} $$m=\dfrac{\left(\dfrac{H_{cr}}{\chi_{cr}}v_x\right)^{\frac{5}{3}}}{b_0\,(EI)^{\frac{2}{3}}}$$
	配筋率高的预制桩和钢桩	取允许位移及对应的荷载，按上式计算
《建筑基桩检测技术规范》JGJ 106—2014第6.4节	当桩顶自由且水平力作用位置位于地面处	$$m=\dfrac{(v_y\cdot H)^{\frac{5}{3}}}{b_0\,(Y_0)^{\frac{5}{3}}\,(EI)^{\frac{2}{3}}}$$

式中：m——地基土的水平抗力系数的比例系数（kN/m⁴）。

v_x——桩顶水平位移系数。

v_y——桩顶水平位移系数，$ah \geqslant 4.0$ 时（h 为桩的入土深度），$v_y = 2.441$。

H——作用于地面的水平力（kN），一般 $H = R_{ha}/0.75$。

Y_0——水平力作用点的水平位移（m）。

χ_{cr}——水平力作用点的水平位移（m）。

EI——桩身抗弯刚度（$kN \cdot m^2$），其中 E 为桩身材料弹性模量，I 为桩身换算截面惯性矩。

b_0——桩身计算宽度（m），其取值如下：

$$b_0 = \begin{cases} 圆形桩 \begin{cases} 桩径\ D \leqslant 1m\ 时，b_0 = 0.9(1.5D + 0.5) \\ 桩径\ D > 1m\ 时，b_0 = 0.9(D + 1) \end{cases} \\ 矩形桩 \begin{cases} 边宽\ B \leqslant 1m\ 时，b_0 = 1.5B + 0.5 \\ 桩径\ B > 1m\ 时，b_0 = B + 1 \end{cases} \end{cases}$$

R_{ha}——单桩水平承载力特征值（kN），桩身强度控制时：取单桩水平静载荷试验的临界荷载 H_{cr} 的 75% 作为 $R_{ha} = 75\% \cdot H_{cr}$；水平位移控制时：取地面处水平位移为 10mm（对于水平位移敏感的建筑物取水平位移 6mm）所对应的荷载的 75% 作为 R_{ha}。

H_{cr}——单桩水平临界荷载（kN），H_{cr} 应按《建筑地基基础设计规范》GB 50007—2011 附录 S 或《建筑基桩检测技术规范》JGJ 106—2014 第 6.4.4 条确定：

（1）取单向多循环加载法时的 H-t-Y_0（水平力-时间-水平位移）曲线或慢速维持荷载法时的 H-Y_0 曲线出现拐点的前一级水平荷载值作为临界荷载；

（2）取 H-$\Delta Y_0/\Delta H$ 曲线或 $\lg H$-$\lg Y_0$ 曲线上第一拐点对应的水平荷载值作为临界荷载；

（3）取 H-σ_s 曲线第一拐点对应的水平荷载值作为临界荷载。

（三）多层土的 m 值计算

——《建筑桩基技术规范》附录 C

当基桩侧面为几种土层组成时，应求得主要影响深度 $h_m = 2(d + 1)$ 范围内的 m 值作为计算值。

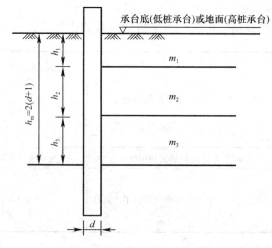

分层 m 值计算示意图

（1）当 h_m 深度内存在两层不同土时：

$$m = \frac{m_1 h_1^2 + m_2(2h_1 + h_2)h_2}{h_m^2}$$

（2）当 h_m 深度内存在三层不同土时：

$$m = \frac{m_1 h_1^2 + m_2(2h_1 + h_2)h_2 + m_3(2h_1 + 2h_2 + h_3)h_3}{h_m^2}$$

当桩顶下 $h_m = 2(d+1)$ 深度范围内有液化夹层时，其水平抗力系数的比例系数综合计算值，应将液化夹层的 m 值进行折减后（$\psi_l \cdot m$）带入上式计算。

液化影响折减系数 ψ_l

$\lambda_N = N/N_{cr}$	自地面算起的液化土层深度 d_L （m）	折减系数 ψ_l
$\lambda_N \leqslant 0.6$	$d_L \leqslant 10m$	0
	$10m < d_L \leqslant 20m$	1/3
$0.6 < \lambda_N \leqslant 0.8$	$d_L \leqslant 10m$	1/3
	$10m < d_L \leqslant 20m$	2/3
$0.8 < \lambda_N \leqslant 1.0$	$d_L \leqslant 10m$	2/3
	$10m < d_L \leqslant 20m$	1.0

【小注】① 对于挤土桩，当桩间距不大于 $4d$，且桩的排数不少于 5 排，总桩数不少于 25 时，土层液化影响折减系数可按表中列值提高一档取值（即 ψ_l 取大值）；同时当桩间土标贯击数达到 N_{cr} 时，取 $\psi_l = 1.0$。
② 当承台地面上、下非液化土层或非软弱土层厚度小于上述规定时，直接取 $\psi_l = 0$。

【3-53】（2006D15）某试验桩桩径 0.4m，配筋率 7%，水平静载试验所采取每级荷载增量值为 15kN，试桩 H_0-t-Y_0 曲线明显陡降点的荷载为 120kN 时对应的水平位移为 3.2mm，其前一级荷载和后一级荷载对应的水平位移分别为 2.6mm 和 4.2mm，则由试验结果计算的地基土水平抗力系数的比例系数 m 最接近（　　）。［为简化计算，假定 $(v_y)^{5/3} = 4.425$，$(EI)^{2/3} = 877$ （kN·m²）²ᐟ³］

（A）242MN/m⁴　　（B）228MN/m⁴　　（C）205MN/m⁴　　（D）165MN/m⁴

答案：A

解答过程：

根据《建筑基桩检测技术规范》JGJ 106—2014 第 6.4.1 条、第 6.4.4 条：

（1）取单桩水平极限承载力为陡降前一级荷载值：$H = 120 - 15 = 105$kN

（2）$b_0 = 0.9(1.5d + 0.5) = 0.9 \times (1.5 \times 0.4 + 0.5) = 0.99$m

（3）$m = \dfrac{(v_y \cdot H)^{\frac{5}{3}}}{b_0 Y_0^{\frac{5}{3}}(EI)^{\frac{2}{3}}} = \dfrac{105^{\frac{5}{3}} \times 4.425}{0.99 \times (2.6 \times 10^{-3})^{\frac{5}{3}} \times 877} = 242264$kN/m⁴ $= 242.3$MN/m⁴

【3-54】（2017D30）对某建筑场地钻孔灌注桩进行单桩水平静载试验，桩径 800mm，桩身抗弯刚度 EI 为 600000kN·m²，桩顶自由且水平力作用于地面处。根据 H-t-Y_0（水平力-时间-作用点位移）曲线判定，水平临界荷载为 150kN，相应水平位移为 3.5mm，根据《建筑基桩检测技术规范》JGJ 106—2014 的规定，计算对应水平临界荷载的地基土水平抗力系数的比例系数 m 值最接近下列哪个选项？（桩顶水平位移系数 $v_y = 2.441$）

（A）15.0MN/m⁴　　　　　　　　（B）21.3MN/m⁴

（C）30.5MN/m⁴　　　　　　　　（D）40.8MN/m⁴

答案：B

解答过程：

（1）根据《建筑基桩检测技术规范》JGJ 106—2014 第 6.4.2 条：

对于圆形桩，$D=0.8\text{m}\leqslant 1.0\text{m}$

$$b_0=0.9(1.5D+0.5)=0.9\times(1.5\times0.8+0.5)=1.53\text{m}$$

$$v_y=2.441$$

$$Y_0=3.5\text{mm}$$

$$H=150\text{kN}$$

（2）$m=\dfrac{(v_y\cdot H)^{5/3}}{b_0(Y_0)^{5/3}(EI)^{2/3}}=\dfrac{(2.441\times150)^{5/3}}{1.53\times(3.5\times10^{-3})^{5/3}\times600000^{2/3}}=21340\text{kN/m}^4$

$\qquad=21.3\text{MN/m}^4$

【小注岩土点评】

① 本题应准确理解题干中各参数含义并与公式中的参数相对应，本题中水平临界荷载对应于作用于地面的水平力；相应水平位移对应水平力作用点的水平位移。

② 桩身计算宽度受到桩型及桩径影响，对应计算公式不同。

第二节　群桩水平承载力

——《建筑桩基技术规范》第 5.7.3 条

群桩基础（不含水平力垂直于单排桩基纵向轴线和力矩较大的情况）的基桩水平承载力特征值应考虑由承台、桩群、土相互作用产生的群桩效应，群桩效应的综合效应系数应包含：桩的相互影响效应、桩顶约束效应、承台侧向土水平抗力效应、承台底摩阻效应等，其承载力按下式计算：

$$R_h=\eta_h\cdot R_{ha}$$

当考虑地震作用且 $s_a/d\leqslant6$ 时：$\eta_h=\eta_i\cdot\eta_r+\eta_l$（两条件必须同时满足）

其他情况时：$\qquad\eta_h=\eta_i\cdot\eta_r+\eta_l+\eta_b$

桩相互影响系数 η_i	$\eta_i=\dfrac{(s_a/d)^{0.015\cdot n_2+0.45}}{0.15\cdot n_1+0.1\cdot n_2+1.9}$					
桩顶约束系数 η_r	换算深度 αh	2.4	2.6	2.8	3.0	3.5	≥4.0
	位移控制	2.58	2.34	2.20	2.13	2.07	2.05
	强度控制	1.44	1.57	1.71	1.82	2.00	2.07
	【小注】α—桩的水平变形系数（m^{-1}），$\alpha=\sqrt[5]{\dfrac{m\cdot b_0}{EI}}$；$h$—桩身入土深度（m）						
承台侧向土体水平抗力系数 η_l	$\eta_l=\dfrac{m\cdot\chi_{0a}\cdot B_c'\cdot h_c^2}{2\cdot n_1\cdot n_2\cdot R_{ha}}$ $\chi_{0a}=\dfrac{R_{ha}\cdot v_x}{\alpha^3\cdot EI}$ $B_c'=B_c+1$ 【小注】当承台侧回填土为松散土或者承台高于地面时，$\eta_l=0$						

承台底摩阻系数 η_b	$$\eta_b = \frac{\mu \cdot P_c}{n_1 \cdot n_2 \cdot R_{ha}}$$ $$P_c = \eta_c f_{ak}(A - nA_{ps})$$ 【小注】当承台高于地面或承台底为液化土、湿陷土、高灵敏度软土、新填土、欠固结土等时，$\eta_b = 0$

式中：R_h——群桩基础的基桩水平承载力特征值（kN）；

R_{ha}——单桩水平承载力特征值（kN）；

η_h——群桩效应综合系数；

s_a/d——沿水平荷载方向的距径比；

n_1、n_2——分别为沿水平荷载方向与垂直水平荷载方向每排桩中的桩数，即 n_1 为平行于荷载方向的桩数，n_2 为垂直于荷载方向的桩数；

m——承台侧向土水平抗力系数的比例系数（kN/m^4）；

χ_{0a}——桩顶的水平位移允许值［当以位移控制时，可取 $\chi_{0a}=10$mm（对水平位移敏感的结构取 $\chi_{0a}=6$mm），当以桩身强度控制（低配筋率灌注桩）时，可近似按上公式取值（m）］；

B_c'——承台受侧向土抗力一边的计算宽度（m）；

B_c——承台宽度（m）；

μ——承台底与地基土间的摩擦系数，按下表计算；

P_c——承台底地基土分担的竖向总荷载标准值（kN）；

A、A_{ps}——承台总面积、桩身截面面积（m^2）；

v_x——桩顶水平位移系数；

f_{ak}——承台下 1/2 承台宽度且不超过 5m 深度范围内各层土的地基承载力特征值按厚度加权的平均值（kPa）；

η_b——承台底摩阻效应系数；

η_c——承台效应系数，当承台底为可液化土、湿陷性土、高灵敏度软土、欠固结土、新填土时，沉桩引起超孔隙水压力和土体隆起时，不考虑承台效应，取 $\eta_c=0$；

n——总桩数。

承台底与地基土间的摩擦系数 μ

土的类别		摩擦系数 μ
黏性土	可塑	0.25～0.30
	硬塑	0.30～0.35
	坚硬	0.35～0.45
粉土	密实、中密（稍湿）	0.30～0.40
中砂、粗砂、砾砂		0.40～0.50
碎石土		0.40～0.60
软岩、软质岩		0.40～0.60
表面粗糙的较硬岩、坚硬岩		0.65～0.75

【3-55】（2004C14）群桩基础，桩径 $d=0.6$m，桩的换算埋深 $\alpha h \geq 4.0$，单桩水平承载力特征值 $R_{ha}=50$kN（位移控制），沿水平荷载方向布桩排数 $n_1=3$ 排，每排桩数 $n_2=4$ 根，距径比 $s_a/d=3$，承台底位于地面上 50mm，按《建筑桩基技术规范》JGJ 94—2008 计算，群桩中复合基桩水平承载力特征值最接近（　　）。

(A) 45kN　　　　(B) 50kN　　　　(C) 55kN　　　　(D) 65kN

答案：D

解答过程：

根据《建筑桩基技术规范》JGJ 94—2008 第 5.7.3 条：

(1) 承台底位于地面上，取 $\eta_l=0$，$\eta_b=0$，

$\alpha h \geq 4.0$，位移控制，查表 $\eta_r=2.05$

$$\eta_i=\frac{(s_a/d)^{0.015n_2+0.45}}{0.15n_1+0.1n_2+1.9}=\frac{3^{(0.015\times 4+0.45)}}{0.15\times 3+0.1\times 4+1.9}=0.637$$

$\eta_h=\eta_i\eta_r+\eta_l+\eta_b=0.637\times 2.05+0+0=1.306$

(2) $R_h=\eta_h \cdot R_{ha}=1.306\times 50=65.3$kN

【3-56】（2006C13）某桩基工程桩型平面布置、剖面及地层分布如下图所示（尺寸单位为mm），已知单桩水平承载力特征值为100kN，按《建筑桩基技术规范》JGJ 94—2008 计算水平向群桩基础的复合基桩水平承载力特征值，其结果最接近（　　）。

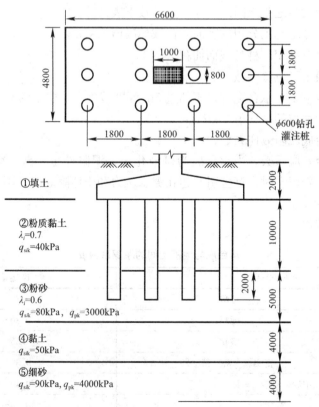

（水平荷载沿承台长边方向：$\eta_r=2.05$；$\eta_l=0.3$；$\eta_b=0.2$）

(A) 108kN　　　　(B) 135kN　　　　(C) 156kN　　　　(D) 176kN

答案：D

解答过程：

根据《建筑桩基技术规范》JGJ 94—2008 第 5.7.3 条：

(1) $\eta_i = \dfrac{(s_a/d)^{0.015n_2+0.45}}{0.15n_1+0.1n_2+1.9} = \dfrac{(1.8/0.6)^{0.015\times3+0.45}}{0.15\times4+0.1\times3+1.9} = 0.615$

(2) $\eta_h = \eta_i\eta_r + \eta_l + \eta_b = 0.615\times2.05+0.3+0.2 = 1.761$

(3) $R_h = \eta_h \cdot R_{ha} = 1.761\times100 = 176.1\text{kN}$

【3-57】(2012C13) 某钻孔灌注桩群桩基础，桩径为 0.8m，单桩水平承载力特征值为 $R_{ha}=100\text{kN}$（位移控制），沿水平荷载方向布桩排数 $n_1=3$，垂直水平荷载方向每排桩数 $n_2=4$，距径比 $s_a/d=4$，承台位于松散填土中，埋深 0.5m，桩的换算深度 $ah=3.0$m，考虑地震作用，按《建筑桩基技术规范》JGJ 94—2008 计算群桩中复合基桩水平承载力特征值最接近（　　）。

(A) 134kN　　　　(B) 154kN　　　　(C) 157kN　　　　(D) 177kN

答案：C

解答过程：

根据《建筑桩基技术规范》JGJ 94—2008 第 5.7.3 条：

(1) 考虑地震作用，且 $s_a/d=4<6$，$\eta_h = \eta_i \cdot \eta_r + \eta_l + \eta_b$

$$\eta_i = \dfrac{(s_a/d)^{0.015n_2+0.45}}{0.15n_1+0.1n_2+1.9} = \dfrac{4^{0.015\times4+0.45}}{0.15\times3+0.1\times4+1.9} = 0.737$$

$ah=3.0$，位移控制，$\eta_r=2.13$，承台位于松散填土中，$\eta_l=0$

$$\eta_h = 0.737\times2.13+0+0 = 1.57$$

(2) $R_h = \eta_h R_{ha} = 1.57\times100 = 157\text{kN}$

【小注岩土点评】

① 如果桩基为高承台桩基，即承台位于地面以上，$\eta_l=0$，$\eta_b=0$。

② 本题注意区别：求考虑地震作用基桩水平承载力特征值 R_h，求基桩水平抗震承载力特征值 R_{hE}，后者需要乘以 1.25 的系数，前者不需要，注意区别。

【3-58】(模拟题) 某建筑物基础采用边长为 400mm 预制方桩，$s_a=2000$mm，该建筑物属于对水平位移不敏感的建筑，单桩水平静载试验表明，地面处水平位移为 10mm 所对应的水平荷载为 32kN。假定，承台顶面的弯矩较小，承台侧面土水平抗力效应系数 $\eta_l=1.27$，桩顶约束效应系数 $\eta_r=2.05$。试问，当验算地震作用桩基的水平承载力时，沿承台长方向，群桩基础的基桩水平抗震承载力特征值 R_h（kN）最接近下列何项？（提示：按《建筑桩基技术规范》JGJ 94—2008 作答；s_a/d 计算中，d 可取方桩边长；$n_1=3$，$n_2=2$）

(A) 60　　　　(B) 75　　　　(C) 90　　　　(D) 105

答案：C

解答过程：

根据《建筑桩基技术规范》JGJ 94—2008：

(1) 根据式（5.7.3-3）：

$$\eta_i = \dfrac{(s_a/d)^{0.015n_2+0.45}}{0.15n_1+0.1n_2+1.9} = \dfrac{(2/0.4)^{0.015\times2+0.45}}{0.15\times3+0.1\times2+1.9} = 0.849$$

根据式 (5.7.3-2)：$\eta_h = \eta_i \eta_r + \eta_l + \eta_b = 0.849 \times 2.05 + 1.27 + 0 = 3.01$

根据式 (5.7.3-1)：$R_h = \eta_h R_{ha}$

（2）根据5.7.2条第2款，对水平位移不敏感的建筑物取地面处水平位移为10mm所对应的荷载的75%为单桩水平承载力特征值。

根据5.7.2条第7款，验算地震作用桩基的水平承载力时，应将单桩水平承载力特征值乘以调整系数1.25。

$$R_h = \eta_h R_{ha} = 3.01 \times 1.25 \times 75\% \times 32 = 90.3 \text{kN}$$

第二十一章　桩基沉降变形计算

第一节　$s_a \leqslant 6d$ 的群桩基础沉降计算

一、等效作用分层总和法

——《建筑桩基技术规范》第 5.5.6～5.5.11 条

对于桩中心距不大于 6 倍桩径的桩基（$s_a/d \leqslant 6$），其最终沉降量计算可采用"等效作用分层总和法"：等效作用面位于"桩端平面"，等效作用面积为"桩承台投影面积"，等效作用附加压力近似采用"承台底平均附加压力"。

等效作用面以下的应力分布采用各向同性均质直线变形体理论，即桩基任意点最终沉降量计算可采用"角点法"。然后经修正后，即为群桩基础的最终沉降量。

计算简图	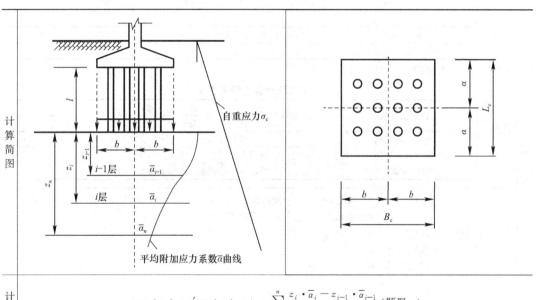
计算公式	$s = \psi \cdot \psi_e \cdot s' = \psi \cdot \psi_e \cdot p_0 \cdot \sum_{i=1}^{n} \dfrac{z_i \cdot \overline{\alpha}_i - z_{i-1} \cdot \overline{\alpha}_{i-1}}{E_{st}}$ （题型一） $\Leftrightarrow \psi \cdot \psi_e \cdot \sum_{i=1}^{n} \left(\dfrac{\Delta p}{E_s} \Delta h = \dfrac{e_0 - e_1}{1 + e_0} \Delta h = \dfrac{\alpha}{1 + e_0} \Delta p \cdot \Delta h \right)$ （括号内代表每层土层相应的参数）（题型二）
公式参数说明	式中：ψ——桩基沉降计算经验系数，可按下表查得； 　　　ψ_e——桩基等效沉降系数，可按下式计算； 　　　p_0——在荷载效应准永久组合下承台底的平均附加压力（kPa）； 　　　$\overline{\alpha}_i$、$\overline{\alpha}_{i-1}$——角点平均附加应力系数，按规范附录 D 查表选用。 【小注】① 等效作用面：桩端平面； ② 等效作用面积：桩承台投影面积（非桩外侧，区别软弱下卧层范围、整体抗拔桩破坏范围）； ③ 等效作用面附加压力：近似取承台底平均附加压力；

| 公式参数说明 | ④ 等效作用面以下的应力分布采用各向同性均质直线变形体理论；
⑤ 将更加适合均质土中群桩沉降的 Mindlin 解与均布荷载下矩形基础沉降的 Boussinesq 解之比值用以修正假想实体深基础的基底附加压力，然后按一般分层总和法计算群桩沉降。
Mindlin 沉降量=附加应力采用布辛奈斯克（Boussinesq）法计算沉降×等效沉降系数 ψ_e
沉降经验系数 ψ=实测沉降量与计算沉降量之比

承台宽度 $B_c \Rightarrow b=B_c/2$
承台长度 $L_c \Rightarrow a=L_c/2$ $\Rightarrow$ 长宽比：a/b，深宽比：z_i/b $\xrightarrow{\text{查规范附录 D}}$ 平均附加应力系数 $\bar{\alpha}_i$
由桩端起算，i 层底埋深 z_i |

| 计算步骤 | 用"角点法"计算桩端以下土层的沉降量 s' | 层底埋深 z_i / a/b / z_i/b / $\bar{\alpha}_i$ / $4\bar{\alpha}_i z_i$ / $4\bar{\alpha}_i z_i - 4\bar{\alpha}_{i-1}z_{i-1}$ / E_{si} ... （下详）|

用"角点法"计算桩端以下土层的沉降量 s'：

层底埋深 z_i	a/b	z_i/b	$\bar{\alpha}_i$	$4\bar{\alpha}_i z_i$	$4\bar{\alpha}_i z_i - 4\bar{\alpha}_{i-1}z_{i-1}$	E_{si}
z_i						
...						

桩端平均附加应力：$p_0 = p_k - p_c = \dfrac{F_k + G_k}{A} - \gamma_m d$

注意：荷载效应为准永久组合

沉降经验系数 ψ

根据第一步计算的平均附加应力系数，可以计算沉降计算深度内的压缩模量当量值，根据压缩模量当量值，查表取沉降计算经验系数 ψ。

$$\overline{E}_s = \frac{\sum A_i}{\sum \left(\dfrac{A_i}{E_{si}}\right)} = \frac{\sum (4 \cdot z_i \cdot \bar{\alpha}_i - 4 \cdot z_{i-1} \cdot \bar{\alpha}_{i-1})}{\sum \left(\dfrac{4 \cdot z_i \cdot \bar{\alpha}_i - 4 \cdot z_{i-1} \cdot \bar{\alpha}_{i-1}}{E_{si}}\right)}$$

$\overline{E}_s$（MPa）	≤10MPa	15MPa	20MPa	35MPa	≥50MPa
沉降计算经验系数 ψ	1.2	0.9	0.65	0.50	0.40

【表注】ψ 可根据 $\overline{E}_s$ 内插取值。

桩基沉降计算经验系数 ψ 的修正

后注浆灌注桩	桩端持力层	砂、砾、卵石	0.7ψ
		黏性土、粉土	0.8ψ
饱和土中预制桩 （不含复打、复压、引孔沉桩）	乘以 1.3~1.8 的挤土效应系数	渗透性高、桩距大、桩数少、沉降速度慢	1.3ψ
		渗透性低、桩距小、桩数多、沉降速度快	1.8ψ

桩基等效沉降系数 ψ_e

(1) 短边布桩数 n_b：矩形布桩 $\Rightarrow$ n_b＝短边数量
非矩形布桩 $\Rightarrow$ $n_b = \sqrt{n \cdot B_c/L_c}$

(2) 群桩距径比 s_a/d，桩体长径比 l/d，承台长宽比 L_c/B_c $\xrightarrow[\text{附录 E}]{\text{查规范}}$ C_0，C_1，C_2

(3) $\psi_e = C_0 + \dfrac{n_b - 1}{C_1(n_b - 1) + C_2}$

当布桩不规则时，等效距径比按下式计算：

圆形桩：$s_a/d = \sqrt{A}/(\sqrt{n} \cdot d)$

方形桩：$s_a/d = 0.886\sqrt{A}/(\sqrt{n} \cdot b)$

规则布桩：正方形布桩（四根桩围成的图形是正方形）

式中：n_b——矩形布桩时的短边布桩数，当布桩不规则时可按上式计算；

C_0、C_1、C_2——根据群桩距径比 s_a/d、长径比 l/d 及基础长宽比 L_c/B_c 按规范附录 E 查表确定；

L_c、B_c、n——分别为矩形承台的长、宽及总桩数；

A——桩基承台总面积（m^2）；

b——方形桩截面边长（m）

最终沉降量计算

$$s = \psi \cdot \psi_e \cdot s'$$

桩基沉降计算深度 z_n（自桩端起算）应按"应力比法"确定，即计算深度处的附加应力 σ_z 与该深度处土的自重应力 σ_c 应符合下列公式：

$$\sigma_z \leqslant 0.2 \cdot \sigma_c$$
$$\sigma_z = \sum \alpha_j \cdot p_{0j}$$

式中：σ_z——土层自重应力（kPa），从地面开始算，如上图所示。

α_j——附加应力系数，可根据"角点法"划分的矩形长宽比和深宽比按规范附录 D 选用。

【3-59】（2005D14）某桩基工程的桩型平面布置、剖面及地层分布如下图所示（尺寸单位为 mm），土层及桩基设计参数见图中注，作用于桩端平面处的有效附加压力为 400kPa（长期效应组合），其中心点的附加压力曲线如下图所示（假定为直线分布），沉降经验系数 $\psi=1$，地基沉降计算深度至基岩面，按《建筑桩基技术规范》JGJ 94—2008 验算桩基最终沉降量，其计算结果最接近（　　）。

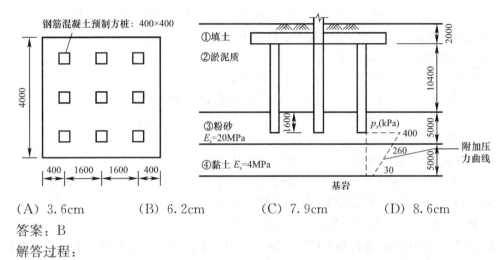

(A) 3.6cm　　　　(B) 6.2cm　　　　(C) 7.9cm　　　　(D) 8.6cm

答案：B

解答过程：

根据《建筑桩基技术规范》JGJ 94—2008 第 5.5.6 条、第 5.5.9 条：

(1) $s_a/d = 1.6/0.4 = 4 < 6$，$l/d = (10.4+1.6)/0.4 = 30$，$L_c/B_c = 1$，

查表：$C_0 = 0.055$，$C_1 = 1.477$，$C_2 = 6.843$

$$\psi_e = C_0 + \frac{n_b - 1}{C_1(n_b - 1) + C_2} = 0.055 + \frac{3-1}{1.477 \times (3-1) + 6.843} = 0.259$$

(2) $s = \psi \cdot \psi_e \cdot p_0 \sum_{i=1}^{n} \dfrac{z_i \bar{\alpha}_i - z_{i-1} \bar{\alpha}_{i-1}}{E_{si}}$

$= 1 \times 0.259 \times \left[\dfrac{400 + 260}{2 \times 20} \times (5.0 - 1.6) + \dfrac{260 + 30}{2 \times 4} \times 5 \right]$

$= 61.5\text{mm} = 6.15\text{cm}$

【3-60】（2019C11）某建筑采用桩筏基础，满堂均匀布桩，桩径 800mm，桩间距 2500mm，基底埋深 5m，桩端位于深厚中粗砂层中，荷载效应准永久组合下基底压力为 400kPa，筏板尺寸为 32m×16m，地下水位埋深 5m，桩长 20m，地层条件及相关参数如下图所示（图中尺寸单位为 mm），按照《建筑桩基技术规范》JGJ 94—2008，自地面起算的桩筏基础中心点沉降计算深度最小值接近下列哪个选项？

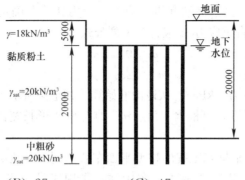

(A) 22m 　　　　(B) 27m 　　　　(C) 47m 　　　　(D) 52m

答案：C

解答过程：

根据《建筑桩基技术规范》JGJ 94—2008 第 5.5.8 条：

(1) $s_a = 2.5 < 6d = 6 \times 0.8 = 4.8$m，属密桩，$p_{0j} = 400 - 18 \times 5 = 310$kPa

桩端位于地面下 25m 处，则 B、C、D 三个选项符合要求。

(2) 试算地面下 27m：

$\sigma_c = 18 \times 5 + 10 \times 15 + 10 \times 5 + 10 \times 2 = 310$kPa

$a/b = 16/8 = 2$，$z/b = (27-25)/8 = 0.25$，查附录 D 知：$\alpha = 0.248$

$\sigma_z = 4 \times 0.248 \times 310 = 307.52$kPa $> 0.2 \times 310 = 62$kPa，不满足。

(3) 试算地面下 47m：

$\sigma_c = 18 \times 5 + 10 \times 15 + 10 \times 5 + 10 \times 22 = 510$kPa

$a/b = 16/8 = 2$，$z/b = (47-25)/8 = 2.75$，查附录 D 知：$\alpha = 0.08$

$\sigma_z = 4 \times 0.08 \times 310 = 99.2$kPa $< 0.2 \times 510 = 102$kPa

满足：$\sigma_z \leqslant 0.2\sigma_c$，符合规范要求的计算深度。

【3-61】(2004D19) 某群桩基础的平面、剖面如下图所示，已知作用于桩端平面处长期效应组合的附加压力为 300kPa，沉降计算经验系数 $\psi = 0.7$，其他系数见附表，按《建筑桩基技术规范》JGJ 94—2008 估算群桩基础的沉降量，其值最接近（　　）。桩端平面下平均附加应力系数 $\bar{\alpha}$（$a = b = 2.0$m）

如下表所示：

z_i(m)	a/b	z_i/b	$\bar{\alpha}_i$	$4\bar{\alpha}_i$	$4z_i\bar{\alpha}_i$	$4(z_i\bar{\alpha}_i - z_{i-1}\bar{\alpha}_{i-1})$
0	1	0	0.25	1.0	0	—
2.5	1	1.25	0.2148	0.8592	2.1480	2.1480
8.5	1	4.25	0.1072	0.4288	3.6448	1.4968

(A) 2.5cm 　　　　(B) 3.0cm 　　　　(C) 3.5cm 　　　　(D) 4.0cm

答案：B

解答过程：

根据《建筑桩基技术规范》JGJ 94—2008 第 5.5.7 条、第 5.5.9 条：

(1) $s_a/d = \dfrac{1.6}{0.4} = 4 < 6$，$l/d = \dfrac{11+1}{0.4} = 30$，$L_c/B_c = 1$

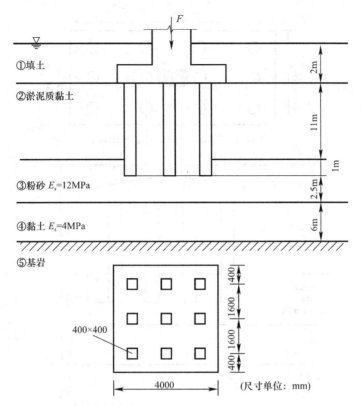

①填土

②淤泥质黏土

③粉砂 $E_s=12MPa$

④黏土 $E_s=4MPa$

⑤基岩

400×400

4000

(尺寸单位: mm)

查表：$C_0=0.055$，$C_1=1.477$，$C_2=6.843$

$$\psi_e=C_0+\frac{n_b-1}{C_1(n_b-1)+C_2}=0.055+\frac{3-1}{1.477\times(3-1)+6.843}=0.259$$

(2) $s=\psi\cdot\psi_e\cdot p_0\sum_{i=1}^{n}\frac{z_i\bar{\alpha}_i-z_{i-1}\bar{\alpha}_{i-1}}{E_{si}}$

$$=0.7\times0.259\times300\times\left(\frac{2.1480}{12}+\frac{1.4968}{4}\right)$$

$$=30.1\text{mm}=3.01\text{cm}$$

【小注岩土点评】

为方便计算，本题计算距径比未将方桩化为圆桩，旧规范出题为方便计算省略了换算，实际应当进行换算。关于规范几处涉及距径比是否需要换算，一直是考生们争论的话题，详细可参考本书上册案例考点分析。

【3-62】（2006C14）某桩基工程桩型平面布置、剖面及地层分布如下图所示（尺寸单位为 mm），土层物理力学指标及有关计算数据见下表。已知作用于桩端平面处的平均有效附加压力为 420kPa，沉降计算经验系数 $\psi=1.1$，地基沉降计算深度至第⑤层顶面，按《建筑桩基技术规范》JGJ 94—2008 验算桩基中心点处最终沉降量，其计算结果最接近（　　）。（$C_0=0.09$；$C_1=1.5$；$C_2=6.6$）

(A) 9mm　　　　(B) 35mm　　　　(C) 52mm　　　　(D) 78mm

答案：B

解答过程：

根据《建筑桩基技术规范》JGJ 94—2008 第5.5.7条、第5.5.9条、第5.5.10条：

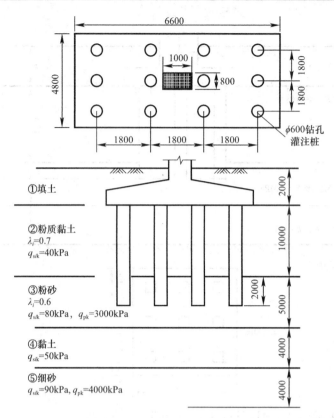

土层名称	重度 γ (kN/m³)	压缩模量 E_s (MPa)	z_i (m)	z_i/b	a_i	$z_i\bar{a}_i$	$z_i\bar{a}_i - z_{i-1}\bar{a}_{i-1}$	E_{si} (MPa)
①填土	18							
②粉质黏土	18							
③粉砂	19	30	0	0	0.25	0		
④黏土	18	10	3	1.25	0.22	0.660		
⑤细砂	19	60	7	2.92	0.154	1.078		

(1) $\psi_e = C_0 + \dfrac{n_b - 1}{C_1(n_b - 1) + C_2} = 0.09 + \dfrac{3-1}{1.5 \times (3-1) + 6.6} = 0.298$

(2) $s = 4 \cdot \psi \cdot \psi_e \cdot p_0 \sum\limits_{i=1}^{n} \dfrac{z_i\bar{a}_i - z_{i-1}\bar{a}_{i-1}}{E_{si}}$

$= 4 \times 1.1 \times 0.298 \times 420 \times \left(\dfrac{0.66-0}{30} + \dfrac{1.078-0.66}{10}\right) = 35.13\text{mm}$

二、实体深基础荷载扩散法

——《建筑地基基础设计规范》附录 R

实体深基础法，是把桩端以上的桩长范围内的桩周土、桩体、承台当成一个实体深基础，上部荷载沿着桩群外侧扩散到桩端平面，不考虑地面到桩端的压缩变形，用布辛耐斯克解计算桩端以下各点的附加应力，再用单向压缩分层总和法计算沉降。

计 算 简 图	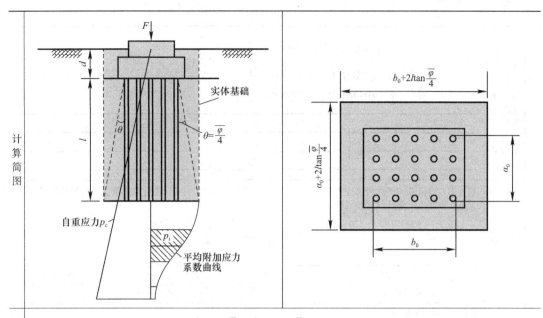

计算公式

(1) $s = \psi_{ps} \cdot s' = \psi_{ps} \cdot p_0 \cdot \sum_{i=1}^{n} \dfrac{4 \cdot z_i \cdot \overline{\alpha}_i - 4 \cdot z_{i-1} \cdot \overline{\alpha}_{i-1}}{E_{si}}$

(2) $s = \psi_{ps} \sum_{i=1}^{n} \dfrac{\Delta p_{zi}}{E_{si}} \Delta z_i$

公式参数说明

式中：s——桩基最终计算沉降量（mm）；

　　　n——桩端平面以下压缩层范围内土层总数；

　　　E_{si}——桩端平面下第 i 层土在自重应力至自重应力加附加应力作用段的压缩模量（MPa）；

　　　ψ_{ps}——桩基沉降计算经验系数；

z_i、z_{i-1}——桩端平面至第 i、第 $i-1$ 层土底面的距离（m）；

　　Δp_{zi}——第 i 层土的平均附加应力（kPa）；

　　Δz_i——第 i 层土的厚度（kPa）。

其他参数见图示。

【小注】① 此方法与《建筑桩基技术规范》JGJ 94—2008 中沉降计算方法的相同点：基于实体深基础，同天然地基上的浅基础一样工作，按照浅基础的沉降计算方法进行计算，计算时将浅基础的沉降计算经验系数改为实体深基础的桩基沉降计算经验系数；

② 此方法与《建筑桩基技术规范》JGJ 94—2008 中沉降计算方法的不同点：前者为考虑应力扩散的实体深基础，即为：墩侧剪应力按 $\overline{\varphi}/4$ 角扩散，扩散线与墩底水平面相交的面积为等代墩基底面积；后者为不考虑应力扩散的实体深基础

计算步骤 (1) 桩端平面处附加压力 p_0

$$p_0 = \frac{F + G_T}{\left(a_0 + 2l \cdot \tan\dfrac{\overline{\varphi}}{4}\right) \times \left(b_0 + 2l \cdot \tan\dfrac{\overline{\varphi}}{4}\right)} - \sum \gamma_i \cdot h_i$$

式中：a_0、b_0——桩群外边缘包围面积的边长（m）；

　　　l——承台底面下的桩长（m）；

　　　$\overline{\varphi}$——桩长范围内各土层的内摩擦角的加权平均值（°）；

　　　G_T——在扩散面积上，从桩端平面到设计地面间的承台、桩和土的总重量（kN），$G_T = \gamma_m \cdot (d+l)$，水下应采用浮重度；

　　　F——承台顶的竖向力（kN）；

　　　d——承台埋深（m）；

　　　γ_i——桩端平面以上各土层的重度（kN/m³）；

　　　h_i——桩端平面以上各土层的厚度（m）

计算步骤	(2) 用"角点法"计算桩端以下土层的平均附加应力系数 $\bar{\alpha}_i$						

桩底等效宽度 $a=a_0+2l\cdot\tan\dfrac{\varphi}{4}$
桩底等效长度 $b=b_0+2l\cdot\tan\dfrac{\varphi}{4}$
由桩端起算，i 层底埋深 z_i

长宽比：a/b
深宽比：z_i/b ⟶ 查规范附录D ⟶ $\bar{\alpha}_i$

层底埋深 z_i	a/b	z_i/b	$\bar{\alpha}_i$	$4\bar{\alpha}_i z_i$	$4\bar{\alpha}_i z_i - 4\bar{\alpha}_{i-1}z_{i-1}$	E_{si}
z_i						
...						

(3) 沉降计算经验系数 ψ_{ps}

根据第二步计算的平均附加应力系数，可以计算沉降计算深度内的压缩模量当量值，根据压缩模量当量值，查表取沉降计算经验系数 ψ

$$\bar{E}_s=\frac{\sum A_i}{\sum\left(\dfrac{A_i}{E_{si}}\right)}=\frac{\sum\left(4\cdot z_i\cdot\bar{\alpha}_i-4\cdot z_{i-1}\cdot\bar{\alpha}_{i-1}\right)}{\sum\left(\dfrac{4\cdot z_i\cdot\bar{\alpha}_i-4\cdot z_{i-1}\cdot\bar{\alpha}_{i-1}}{E_{si}}\right)}$$

$\bar{E}_s$ (MPa)	≤15MPa	25MPa	35MPa	≥45MPa
沉降经验系数 ψ_{ps}	0.5	0.4	0.35	0.25

【表注】表内数值可以内插

(4) 最终沉降量计算

$$s=\psi_{ps}\cdot s'$$

【3-63】（2016C13）某均匀布置的群桩基础，尺寸及土层条件见下图。已知相应于作用准永久组合时，作用在承台底面的竖向力为 668000kN，当按《建筑地基基础设计规范》GB 50007—2011 考虑土层应力扩散，按实体深基础方法估算桩基最终沉降量时，桩基沉降计算的平均附加压力最接近下列哪个选项？（地下水位在地面以下 1m）

(A) 185kPa   (B) 215kPa   (C) 245kPa   (D) 300kPa

答案：B

解答过程：

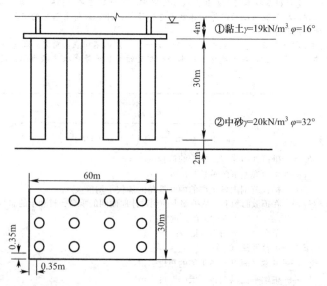

根据《建筑地基基础设计规范》GB 50007—2011 附录 R 及第 8.5.15 条：

(1) $b = b_0 + 2l\tan\dfrac{\overline{\varphi}}{4} = 60 - 0.35 \times 2 + 2 \times 30 \times \tan8° = 67.7\text{m}$

$a = a_0 + 2l\tan\dfrac{\overline{\varphi}}{4} = 30 - 0.35 \times 2 + 2 \times 30 \times \tan8° = 37.7\text{m}$

(2) $p_0 = \dfrac{668000 + 10 \times 30 \times 67.7 \times 37.7}{67.7 \times 37.7} - (19 \times 1 + 9 \times 3 + 10 \times 30) = 215.7\text{kPa}$

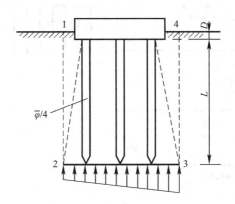

【小注岩土点评】

所谓实体深基础法，就是把桩端以上桩长范围内的扩散后的桩周土、桩体、承台当成一个整体基础，上部荷载沿着桩群外侧扩散到桩端平面，不考虑地面到桩端的压缩变形，用布辛奈斯克解计算桩端以下某点的附加压力，再用与浅基础沉降计算一样的单向压缩分层总和法计算沉降。

应力扩散面积以群桩外缘的边长开始扩散算起，而不是以承台的边长计算。

【3-64】（模拟题）某高层建筑采用的满堂布桩的钢筋混凝土桩筏基础及地基的分层如下图所示（尺寸单位为 mm）。桩为摩擦桩，桩距为 4d（d 为桩的直径）。由上部荷载（不包括筏板自重）产生的筏板底面处相应于作用的准永久组合时的平均压力值为 600kPa；不计其他相邻荷载的影响。筏板基础宽度 $B = 28.8\text{m}$，长度 $A = 51.2\text{m}$；群桩外缘尺寸的宽度 $b_0 = 28\text{m}$，长度 $a_0 = 50.4\text{m}$，钢筋混凝土桩有效长度取 36m，即按桩端计算平面在筏板底面下 36m 处。筏板厚 800mm，按《建筑地基基础设计规范》GB 50007—2011 考虑土层应力扩散，采用实体深基础计算桩基最终沉降时，桩底平面处相应于作用的准永久组合时的附加压力（kPa），应与下列何项数值最为接近？

提示：在实体基础的支承面积范围内，筏板桩、土的平均重度，可近似取 20kN/m³。

(A) 460　　　　　(B) 530　　　　　(C) 580　　　　　(D) 700

答案：B

解答过程：

$$b = b_0 + 2l\tan\frac{\varphi}{4} = 28 + 2 \times 36 \times \tan\frac{20°}{4} = 34.3\text{m}$$

$$l = a_0 + 2l\tan\frac{\varphi}{4} = 50.4 + 2 \times 36 \times \tan\frac{20°}{4} = 56.7\text{m}$$

$$S = 34.3 \times 56.7 = 1944.8\text{m}^2$$

$$p=\frac{F+G}{A}=\frac{600\times28.8\times51.2+1944.8\times20\times(36+0.8)}{1944.8}=1190.9\text{kPa}$$

$$p_c=18\times(36+0.8)=662.4\text{kPa}$$

$$p_0=1190.9-662.4=528.5\text{kPa}$$

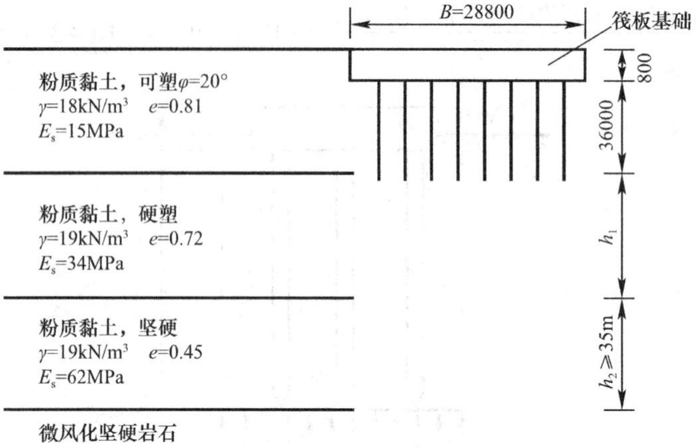

第二节 单桩、疏桩（$s_a>6d$）基础沉降计算

单桩、单排桩、疏桩基础（$s_a>6d$）的沉降计算包括两部分：桩身压缩量和桩端土的沉降量。

$$\left.\begin{array}{l}\text{在桩顶附加荷载作用下，桩身产生压缩量 }s_e\\ \left.\begin{array}{l}\text{由基桩荷载引起的桩端土内的附加应力}\\ \text{由承台底土压力引起的桩端土内的附加应力}\end{array}\right\}\Rightarrow\text{桩端地基土沉降压缩}\end{array}\right\}\text{两者相加即为：最终沉降}$$

一、承台底地基土不分担荷载的桩基（明德林解）

——《建筑桩基技术规范》第 5.5.14 条

（一）桩身压缩量 s_e 计算

计算公式	$s_e=\xi_e\cdot\dfrac{Q_j\cdot l_j}{E_c\cdot A_{ps}}$			
公式参数说明	式中：l_j——第 j 根桩桩长（m）； A_{ps}——桩身截面面积（m^2）； E_c——桩身混凝土的弹性模量（MPa）； Q_j——准永久作用下，桩顶附加荷载（kN），$Q_j=(F_k+G_k-\gamma_m\cdot d\cdot A)/n$。			
	系数	端承桩	摩擦桩	
			$l/d\leqslant30$	$30<l/d<50$	$l/d\geqslant50$
	桩身压缩系数 ξ_e	1.0	2/3	内插：$\dfrac{1}{2}+\dfrac{1}{120}\left(50-\dfrac{l}{d}\right)$	1/2
	【小注】本公式的本质是基本的力学公式，即为：应变＝变形量/原始长度＝应力/弹性模量；此原理在锚杆的张拉变形计算中也有所涉及				

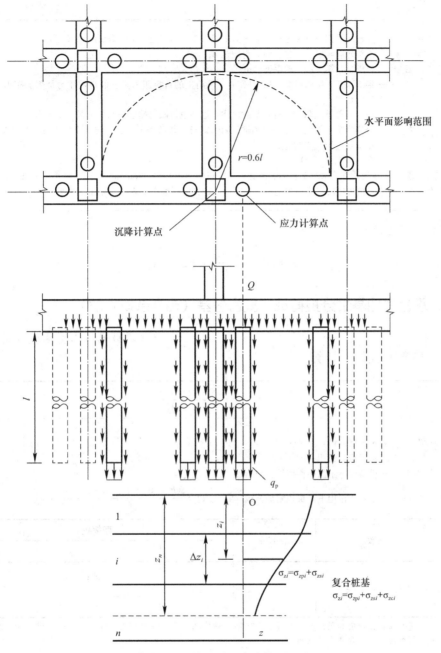

水平面影响范围

$r=0.6l$

沉降计算点　　　应力计算点

Q

l

q_p

O

1

z_i

i　z_n　Δz_i

$\sigma_{zi}=\sigma_{zpi}+\sigma_{zsi}$

复合桩基

$\sigma_{zi}=\sigma_{zpi}+\sigma_{zsi}+\sigma_{zci}$

n　　　z

单排桩、疏桩基础沉降计算原理图

（二）桩端沉降量计算

计算公式	$$s' = \psi \cdot \sum_{i=1}^{n} \frac{\sigma_{zi}}{E_{si}} \cdot \Delta z_i$$ $$\sigma_{zi} = \sum_{j=1}^{m} \frac{Q_j}{l_j^2} \cdot \left[\alpha_j \cdot I_{p,ij} + (1-\alpha_j) \cdot I_{s,ij} \right]（基桩引起的附加应力）$$

公式参数说明	式中：σ_{zi}——在桩端平面下地基土内，基桩对 i 层土 $1/2$ 厚度处产生的附加应力（kPa）； ψ——沉降经验系数，无经验时，可取 1.0； Δz_i——桩端下，第 i 层土的厚度（m）； E_{si}——第 i 计算土层的压缩模量（MPa），采用土的自重压力至土的自重压力加附加压力作用时的压缩模量； α_j——第 j 桩总桩端阻力与桩顶荷载之比，近似取极限总端阻力与单桩极限承载力之比； $I_{p,ij}$、$I_{s,ij}$——分别为第 j 桩的桩端阻力和桩侧阻力对计算轴线第 i 计算土层 $1/2$ 厚度处的应力影响系数，按本规范附录 F 确定； l_j——第 j 桩桩长（m）。 【小注】本沉降计算公式依然是基本沉降公式，所谓的明德林解（mindlin 解）为计算附加应力 σ_{zi} 时采用的方法，即不采用传统的布辛奈斯克解（Boussinesq 解）计算某土层的平均附加压力

（三）总沉降量

$$s = \psi \cdot \sum_{i=1}^{n} \frac{\sigma_{zi}}{E_{si}} \cdot \Delta z_i + s_e$$

二、承台底地基土分担荷载的复合桩基（布辛奈斯克解）

——《建筑桩基技术规范》第 5.5.14 条

（一）桩身压缩量 s_e 计算

计算公式	$$s_e = \xi_e \cdot \frac{Q_j \cdot l_j}{E_c \cdot A_{ps}}$$			
公式参数说明	式中：l_j——第 j 根桩桩长（m）； A_{ps}——桩身截面面积（m²）； E_c——桩身混凝土的弹性模量（MPa）； Q_j——准永久作用下，桩顶附加荷载（kN）：$Q_j = \dfrac{(F_k + G_k - \gamma_m \cdot d \cdot A)}{n} - \eta_c \cdot f_{ak} \cdot A_c$			
	系数	端承桩	摩擦桩		
			$l/d \leqslant 30$	$30 < l/d < 50$	$l/d \geqslant 50$
	桩身压缩系数 ξ_e	1.0	2/3	内插：$\dfrac{1}{2} + \dfrac{1}{120}\left(50 - \dfrac{l}{d}\right)$	1.2
	【小注】桩顶附加荷载的计算区别上述第一种情况，第一种情况认为外荷载全部由桩承担；本公式认为外荷载由桩和承台底土共同承担				

（二）桩端沉降量计算

计算公式	$$s' = \psi \cdot \sum_{i=1}^{n} \frac{\sigma_{zi} + \sigma_{zci}}{E_{si}} \cdot \Delta z_i$$ $\sigma_{zi} = \sum_{j=1}^{m} \dfrac{Q_j}{l_j^2} \cdot \left[\alpha_j \cdot I_{p,ij} + (1-\alpha_j) \cdot I_{s,ij}\right]$（基桩引起的附加应力） $\sigma_{zci} = \sum_{k=1}^{u} \alpha_{ki} \cdot p_{c,k}$（承台底压力引起的附加应力）

公式参数说明	式中：σ_{zi}——在桩端平面下地基土内，基桩对 i 层土 1/2 厚度处产生的附加应力（kPa）； ψ——沉降经验系数，无经验时，可取 1.0； Δz_i——桩端下，第 i 层土的厚度（m）； E_{si}——第 i 计算土层的压缩模量（MPa），采用土的自重压力至土的自重压力加附加压力作用时的压缩模量； α_j——第 j 桩总桩端阻力与桩顶荷载之比，近似取极限总端阻力与单桩极限承载力之比； $I_{p,ij}$、$I_{s,ij}$——分别为第 j 桩的桩端阻力和桩侧阻力对计算轴线第 i 计算土层 1/2 厚度处的应力影响系数，按本规范附录 F 确定； l_j——第 j 桩桩长（m）； $p_{c,k}$——第 k 块承台底均布压力（kPa），可按 $p_{c,k}=\eta_{c,k}f_{ak}$ 取值，其中 $\eta_{c,k}$ 为第 k 块承台底板的承台效应系数，按本规范表 5.2.5 确定，f_{ak} 为承台底地基承载力特征值； α_{ki}——第 k 块承台底角点处，桩平面以下第 i 计算土层 1/2 厚度处的附加应力系数，可按本规范附录 D 确定。 【小注】桩端以下土层的沉降量即为桩的沉降量，加上桩的自身弹性压缩量即为总沉降量，求解桩端以下土层的沉降量，关键为求出土层的附加应力，此附加应力等于桩顶传递过来的附加应力 σ_{zi}（mindlin 求解）+承台底土传递过来的附加应力 σ_{zci}（Boussinesq 求解）

（三）总沉降量

$$s=\psi \cdot \sum_{i=1}^{n} \frac{\sigma_{zi}+\sigma_{zci}}{E_{si}} \cdot \Delta z_i + s_e$$

三、沉降计算深度

对于单桩、单排桩、疏桩复合桩基础的最终沉降计算深度 z_n，可按应力比法按下式确定：

$$\sigma_z+\sigma_{zc}=0.2\sigma_c$$

式中：σ_z——由桩引起的附加应力；

σ_{zc}——由承台土压力引起的附加应力；

σ_c——土的自重应力。

【3-65】（2009D12）某柱下单桩独立基础采用混凝土灌注桩，桩径 800mm，桩长 30m，在荷载效应永久组合作用下，作用在桩顶的附加荷载 $Q=6000$kN，桩身混凝土弹性模量 $E_c=3.15\times10^4\,N/mm^2$，在该桩桩端以下的附加应力假定按分段线性分布，土层压缩模量如下图所示，不考虑承台分担荷载作用，根据《建筑桩基技术规范》JGJ 94—2008 计算，该单桩最终沉降量接近于（　　）。（取沉降计算经验系数 $\psi=1.0$，桩身压缩系数 $\xi_e=0.6$）

(A) 55mm　　　(B) 60mm　　　(C) 67mm　　　(D) 72mm

答案：C

解答过程：

根据《建筑桩基技术规范》JGJ 94—2008 第 5.5.14 条：

(1) $s_e=\xi_e \dfrac{Q_j l_j}{E_c A_{ps}}=0.6\times\dfrac{6000\times30}{3.15\times10^4\times3.14\times0.4^2}=6.8$mm

(2) $s'=\psi\sum_{i=1}^{n}\dfrac{\sigma_{zi}}{E_{si}}\Delta z_i=1.0\times\left(\dfrac{120+80}{2\times20}\times4+\dfrac{80+20}{2\times5}\times4\right)=60$mm

(3) $s=s_e+s'=6.8+60=66.8$mm

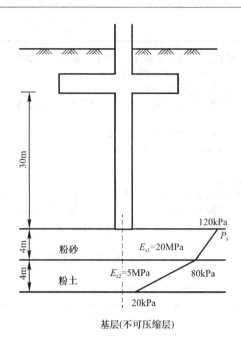

基层(不可压缩层)

【小注岩土点评】

① 单桩、疏桩沉降计算分两种情况，一种情况不考虑承台底地基土的分担作用；另一种情况是考虑承台底地基土的分担作用。

② 单桩/疏桩的沉降＝桩端以下土层的压缩＋桩身压缩，桩端以下土层的压缩为：$s' = \psi \sum_{i=1}^{n} \frac{\sigma_{zi}}{E_{si}} \Delta z_i$，附加应力 σ_{zi} 为：各桩侧阻力和端阻力对桩端以下计算点轴线上某土层处产生的竖向附加应力＋承台底土对其产生的附加应力之和，前者为明德林解，后者为布辛奈斯克解。

【3-66】（2011C11）钻孔灌注桩单桩基础，桩长 24m，桩径 $d=600mm$，桩顶以下 30m 范围内均为粉质黏土，在荷载效应准永久组合作用下，桩顶的附加荷载为 1200kN，桩身混凝土的弹性模量为 $3.0×10^4 MPa$，根据《建筑桩基技术规范》JGJ 94—2008 计算，桩身压缩变形最接近（　　）。

(A) 2.0mm (B) 2.5mm (C) 3.0mm (D) 3.5mm

答案：A

解答过程：

根据《建筑桩基技术规范》JGJ 94—2008 第 5.5.14 条：

(1) $\frac{l}{d} = \frac{24}{0.6} = 40$，内插 $\xi_e = \dfrac{\frac{2}{3}+\frac{1}{2}}{2} = 0.5833$，$A_{ps} = 0.3^2 × 3.14 = 0.2826m^2$

(2) $s_e = \xi_e \dfrac{Q_j l_j}{E_c A_{ps}} = 0.5833 × \dfrac{1200 × 24}{3.0 × 10^4 × 0.2826} = 1.98mm$

【小注】 规范公式的来源：$\varepsilon = \dfrac{s}{l} = \dfrac{\sigma}{E_c} = \dfrac{Q/A}{E_c}$

【3-67】（2016D10）某四桩承台基础，准永久组合作用在每根基桩桩顶的附加荷载均

为1000kN，沉降计算深度范围内分为两计算土层，土层参数如下图所示，各基桩对承台中心计算轴线的应力影响系数相同，各土层1/2厚度处的应力影响系数见图示，不考虑承台底地基土分担荷载及桩身压缩。根据《建筑桩基技术规范》JGJ 94—2008，应用明德林（Mindlin）解计算桩基沉降量最接近下列哪个选项？（取各基桩总端阻力与桩顶荷载之比 $\alpha=0.2$，沉降经验系数 $\psi_P=0.8$）

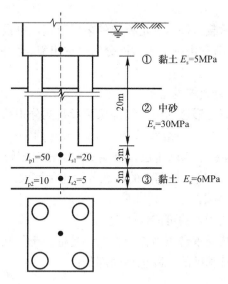

(A) 15mm　　　(B) 20mm　　　(C) 60mm　　　(D) 75mm

答案：C

解答过程：

根据《建筑桩基技术规范》JGJ 94—2008 第5.5.14 条：

(1) $\sigma_{z1}=4\times\dfrac{1000}{20^2}[0.2\times50+(1-0.2)\times20]=260\text{kPa}$

$$s_1=\frac{260}{30}\times3=26\text{mm}$$

(2) $\sigma_{z2}=4\times\dfrac{1000}{20^2}[0.2\times10+(1-0.2)\times5]=60\text{kPa}$

$$s_2=\frac{60}{6}\times5=50\text{mm}$$

(3) $s=0.8\times(26+50)=60.8\text{mm}$

【小注岩土点评】

① 所有涉及沉降计算的问题，基本公式都是采用：$s=\dfrac{\sigma_{zi}}{E_{si}}\Delta z_i$，所谓的明德林解、布辛奈斯克解为计算附加应力 σ_{zi} 的方法。

② 明德林解在此题之前从未考查过，计算范围即为对沉降计算点的附加应力有影响的范围：以沉降点为圆心，0.6倍桩长为半径面影响范围内的基桩数，本题有 4 个桩对沉降（附加应力）有影响，明德林解的附加应力计算本质是分解为桩侧摩阻力、桩端阻力对桩端土层产生的附加应力。

第三节 软土中减沉复合疏桩基础沉降计算

一、基本原理

（一）概念

软土地区，对于地基承载力基本满足要求的多层建筑，可设置少量摩擦型桩，以减少沉降（突出减沉的目的），荷载由桩、土共同分担（突出复合的概念），称为减沉复合疏桩基础。

（二）软土地基减沉复合疏桩基础的设计原则

（1）桩和桩间土在受荷变形过程中始终确保两者共同分担荷载，因此单桩承载力宜控制在较小范围，桩的横截面尺寸一般宜选择 $\phi200\text{mm}\sim\phi400\text{mm}$（或 $200\text{mm}\times200\text{mm}\sim300\text{mm}\times300\text{mm}$），桩应穿越上部软土层，桩端支承于相对较硬土层。

（2）桩距 $s_a>5\sim6d$，以确保桩间土的荷载分担比足够大。

（三）沉降特点及计算原则

（1）桩的沉降发生塑性刺入的可能性较大。

（2）桩间土体压缩固结受承台压力作用为主，受桩、土相互影响居次。

软土地基减沉复合疏桩基础的沉降包括两部分：

（1）承台底土的沉降（s_s）

承台底土承担的荷载引起地基土产生附加应力，使得地基土产生压缩变形沉降（s_s）。此部分沉降计算可直接按布辛奈斯克解计算的附加应力，采用分层总和法求解（基本同浅基础的沉降计算）。

（2）桩土相互作用产生的地基沉降（s_{sp}）

桩土相互作用产生的地基沉降 s_{sp} $\begin{cases}\text{桩侧阻力引起桩周土体的沉降}\\\text{桩端阻力引起持力层土体的沉降（比例很小，可以忽略）}\end{cases}$

二、承台面积及桩数计算

——《建筑桩基技术规范》第 5.6.1 条

当软土地基上的多层建筑，地基承载力基本满足要求（以地层平面面积计算）时，可设置穿过软土层进入相对较好土层的疏布摩擦型桩，由桩和桩间土共同分担荷载。这种软土地基上的减沉复合疏桩基础，可按下列公式确定承台面积和桩数如下：

$$A_c = \xi \cdot \frac{F_k + G_k}{f_{ak}}$$

$$n \geqslant \frac{F_k + G_k - \eta_c \cdot f_{ak} \cdot A_c}{R_a}$$

式中：A_c——桩基承台总净面积（m^2），如果总桩数 n 已知时，$A_c = A - n \cdot A_{ps}$；

f_{ak}——承台底地基土承载力特征值（kPa）；

n——基桩总数；

ξ——承台面积控制系数，一般 $\xi \geqslant 0.60$；

R_a——单桩竖向承载力特征值（kN）；

η_c——桩基承台效应系数，按规范表5.2.5取值，取表5.2.5中低值的0.8倍（即前面"复合基桩承载力特征值"的承台效应系数）。

【小注】① 对于此处的软土地基，承台效应系数 η_c 应取规范表5.2.5中低值的0.8倍；② 可以应用此公式反算单桩竖向承载力特征值。

三、中点沉降量计算

——《建筑桩基技术规范》第5.6.2条

软土地基减沉复合疏桩基础中点沉降可按下列公式计算：

$$s = \psi \cdot (s_s + s_{sp})$$

式中：s——软土地基减沉复合疏桩基础中点沉降量（mm）；

s_s——由承台底地基土附加应力作用产生的中点沉降量（mm）（由地基土承担的部分荷载引起的）；

s_{sp}——由桩土相互作用产生的沉降量（mm）（由于桩侧阻力影响造成的地基土沉降）；

ψ——沉降经验系数，无地区经验时，可取1.0。

计算公式	由承台底地基土附加压力引起	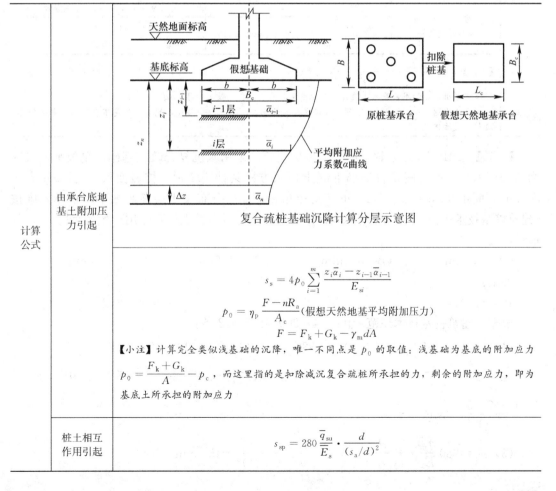 复合疏桩基础沉降计算分层示意图
		$$s_s = 4p_0 \sum_{i=1}^{m} \frac{z_i \overline{\alpha}_i - z_{i-1} \overline{\alpha}_{i-1}}{E_{si}}$$ $$p_0 = \eta_p \frac{F - nR_a}{A_c}\text{（假想天然地基平均附加压力）}$$ $$F = F_k + G_k - \gamma_m dA$$ 【小注】计算完全类似浅基础的沉降，唯一不同点为 p_0 的取值：浅基础为基底的附加应力 $p_0 = \frac{F_k + G_k}{A} - p_c$，而这里指的是扣除减沉复合疏桩所承担的力，剩余的附加应力，即为基底土所承担的附加应力
	桩土相互作用引起	$$s_{sp} = 280 \frac{\overline{q}_{su}}{E_s} \cdot \frac{d}{(s_a/d)^2}$$

435

	式中：s_s——由承台底地基土附加压力作用下产生的中点沉降（mm）。
	s_{sp}——由桩土相互作用产生的沉降（mm）。
	p_0——按荷载效应准永久值组合计算的假想天然地基平均附加压力（kPa）。
	E_{si}——承台底以下第 i 层土的压缩模量，应取自重压力至自重压力与附加压力段的模量值（MPa）。
	m——地基沉降计算深度范围内的土层数；沉降计算深度按 $\sigma_z = 0.1\sigma_c$ 确定。
	$\overline{q}_{su}$、$\overline{E}_s$——桩身范围内按厚度加权的平均桩侧极限摩阻力（kPa）、平均压缩模量（MPa）。
	d——桩身直径，当为方形桩时，$d = 1.27b$（方桩须转化为圆桩，等周长换算）。
	s_a/d——等效距径比。
	z_i、z_{i-1}——承台底至第 i 层、第 $i-1$ 层土底面的距离。
公式 参数 说明	$\overline{\alpha}_i$、$\overline{\alpha}_{i-1}$——承台底至第 i 层、第 $i-1$ 层土层底范围内的角点平均附加应力系数；根据承台等效面积的计算分块矩形长宽比 a/b 及深宽比 $z_i/b = 2z_i/B_c$，其中承台等效宽度 $B_c = B\sqrt{A_c}/L$，$L_c = \dfrac{L\sqrt{A_c}}{B}$，即 $a = \dfrac{L_c}{2}$，$b = \dfrac{B_c}{2}$，B、L 为建筑物基础外缘平面的宽度和长度。
	F——荷载效应准永久组合下，作用于承台底的总附加载（kN）。
	η_p——基桩刺入变形影响系数；按桩端持力层质确定，砂土为 1.0，粉土为 1.15，黏性土为 1.30。
	在计算 s_{sp} 时，等效距径比 s_a/d 的计算如下：

布桩形式	桩形	桩径/边长	等效距径比
正方形布桩 （规则布桩）	圆桩	d	s_a/d 不换算
	方桩	$d = 1.27b$（周长等效）	$s_a/d = s_a/(1.129 \cdot b)$ 面积等效
非正方形布桩 （不规则布桩）	圆桩	d	$s_a/d = \sqrt{A}/(\sqrt{n} \cdot d)$ 面积等效
	方桩	$d = 1.27b$（周长等效）	$s_a/d = 0.886 \cdot \sqrt{A}/(\sqrt{n} \cdot b)$ 面积等效

【小注】$s_{sp} = 280 \dfrac{\overline{q}_{su}}{\overline{E}_s} \cdot \dfrac{d}{(s_a/d)^2}$，如果是规则或不规则布桩，方桩情况下，分子 d 应按照周长等效，因为涉及侧摩阻力，和周长关系比较大，其他情形都采用面积等效，分母 $s_a/d = s_a/(1.129 \cdot b)$ 面积等效，但是官方给出题（2010C13）的解答，分母也是周长等效，即：$d = 1.27b$，笔者认为是不合理的，考生作答过程应灵活把握

【3-68】（2010C13）某软土地基上多层建筑，采用减沉复合疏桩基础，筏板平面尺寸为 35m×10m，承台底设置钢筋混凝土预制方桩共计 102 根，桩截面尺寸为 200mm×200mm，间距 2m，桩长 15m，正三角形布置，地层分布及土层参数如下图所示，则按《建筑桩基技术规范》JGJ 94—2008 计算的基础中心点由桩土相互作用产生的沉降 s_{sp}，其值最接近（　　）。

(A) 6.4mm　　　　(B) 8.4mm　　　　(C) 11.9mm　　　　(D) 15.8mm

答案：D

解答过程：

根据《建筑桩基技术规范》JGJ 94—2008 第 5.6.2 条：

(1) $s_a/d = 0.886\sqrt{A}/(\sqrt{n}b) = 0.886 \times \sqrt{35 \times 10}/(\sqrt{102} \times 0.2) = 8.21$

(2) $d = 1.27b = 1.27 \times 0.2 = 0.254\text{m}$，$\overline{q}_{su} = \dfrac{40 \times 10 + 5 \times 55}{15} = 45\text{kPa}$，$\overline{E}_s = \dfrac{1 \times 10 + 7 \times 5}{15} = 3\text{MPa}$

(3) $s_{sp} = 280 \dfrac{\overline{q}_{su}}{\overline{E}_s} \cdot \dfrac{d}{(s_a/d)^2} = 280 \times \dfrac{45}{3} \times \dfrac{0.254}{(8.21)^2} = 15.8\text{mm}$

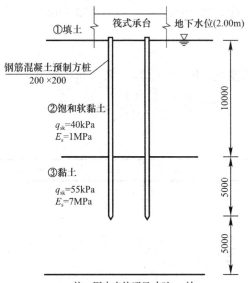

注：图中未注明尺寸以mm计。

【3-69】（2012D12）某多层住宅框架结构，采用独立基础，荷载效应准永久值组合下作用于承台底的总附加荷载 $F_k = 360\text{kN}$，基础埋深 1m，方形承台，边长 2m，土层分布如下图所示（尺寸单位为 mm）。为减少基础沉降，基础下疏布 4 根摩擦桩，钢筋混凝土预制方桩截面尺寸为 0.2m×0.2m，桩长 10m，单桩承载力特征值 $R_a = 80\text{kN}$，地下水水位在地面下 0.5m，根据《建筑桩基技术规范》JGJ 94—2008 计算，由承台底地基土附加压力作用下产生的承台中点沉降量为（　　）。（沉降计算深度取承台底面下 3.0m）

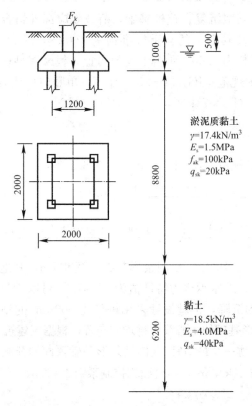

(A) 14.8mm   (B) 20.9mm   (C) 39.7mm   (D) 53.9mm

答案：A

解答过程：

根据《建筑桩基技术规范》JGJ 94—2008 第5.6.2条：

(1) $p_0 = \eta_p \dfrac{F - nR_a}{A_c} = 1.3 \times \dfrac{360 - 4 \times 80}{2^2 - 4 \times 0.2^2} = 13.54 \text{kPa}$

(2)

z_i(m)	a/b	z/b	$\bar{\alpha}_i$	$z_i\bar{\alpha}_i$	$z_i\bar{\alpha}_i - z_{i-1}\bar{\alpha}_{i-1}$	E_{si}(MPa)	Δs_i
0	—	—	—	—	—	—	—
3	1	3	0.1369	0.4107	0.4107	1.5	14.83

(3) $s_s = 4p_0 \sum_{i=1}^{m} \dfrac{z_i\bar{\alpha}_i - z_{i-1}\bar{\alpha}_{i-1}}{E_{si}} = \dfrac{4 \times 0.4107 \times 13.54}{1.5} = 14.83 \text{mm}$

【小注岩土点评】

① 此计算公式与《建筑地基基础设计规范》GB 50007—2011 提供的浅基础沉降计算公式是一致的。

② A_c 桩基承台总净面积＝承台总面积－桩所占面积。

③ $z_i/b = 2z_i/B_c$，注意 B_c 为承台等效宽度，非承台宽度。此题官方答案 $B_c = 2\text{m}$，

实际 $B_c = \dfrac{B\sqrt{A_c}}{L} = \dfrac{2 \times \sqrt{2^2 - 4 \times 0.2^2}}{2} = 1.96\text{m}$，即承台的等效宽度，$A_c$ 为承台总净面积，B、L 为建筑物基础外缘平面的宽度和长度。

【3-70】(2013D11) 某减沉复合疏桩基础，荷载效应标准组合下，作用与承台顶面的竖向力为1200kN，承台及其上土的自重标准值为400kN，承台底地基承载力特征值为80kPa，承台面积控制系数为0.60，承台下均匀布置3根摩擦型桩，基桩承台效应系数为0.40，按《建筑桩基技术规范》JGJ 94—2008计算，单竖向承载力特征值最接近（　　）。

(A) 350kN   (B) 375kN   (C) 390kN   (D) 405kN

答案：D

解答过程：

根据《建筑桩基技术规范》JGJ 94—2008 第5.6.1条：

(1) $A_c = \xi \dfrac{F_k + G_k}{f_{ak}} = 0.6 \times \dfrac{1200 + 400}{80} = 12\text{m}^2$

(2) $n \geqslant \dfrac{F_k + G_k - \eta_c f_{ak} A_c}{R_a} \Rightarrow R_a \geqslant \dfrac{1200 + 400 - 0.4 \times 80 \times 12}{3} = 405.3\text{kN}$

【3-71】(2017C11) 某多层建筑采用条形基础，宽度 1m，其地质条件如下图所示，基础底面埋深为地面下 2m，地基承载力特征值为120kPa，可以满足承载力要求，拟采用减沉复合疏桩基础减小基础沉降，桩基设计采用桩径为600mm的钻孔灌注桩，桩端进入第②层土 2m。如果桩沿条形基础的中心线单排均匀布置，根据《建筑桩基技术规范》JGJ 94—2008，下列桩间距选项中哪一个最适宜？（传至条形基础顶面的荷载 $F_k = 120\text{kN/m}$，基础底面以上土和承台的重度取 20kN/m³，承台面积控制系数 $\xi = 0.6$，承台效应系数 $\eta_c = 0.6$）

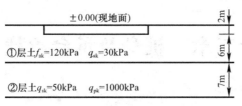

±0.00(现地面)　2m

①层土$f_{ak}=120$kPa　$q_{sk}=30$kPa　6m

②层土$q_{sk}=50$kPa　$q_{pk}=1000$kPa　7m

(A) 4.2m　　　(B) 3.6m　　　(C) 3.0m　　　(D) 2.4m

答案：B

解答过程：

根据《建筑桩基技术规范》JGJ 94—2008 第5.6.1条：

(1) $A_c = \xi \dfrac{F_k + G_k}{f_{ak}} = 0.6 \times \dfrac{120 + 20 \times 2 \times 1 \times 1}{120} = 0.8 \text{m}^2$

(2) $Q_u = \pi \times 0.6 \times (6 \times 30 + 2 \times 50) + \dfrac{\pi}{4} \times 0.6^2 \times 1000 = 810 \text{kN}$

$$R_a = \frac{1}{2} Q_u = \frac{810}{2} = 405 \text{kN}$$

(3) $n \geqslant \dfrac{F_k + G_k - \eta_c f_{ak} A_c}{R_a} = \dfrac{120 + 20 \times 2 \times 1 \times 1 - 0.6 \times 120 \times 0.8}{405} = 0.25$

$$\text{每延米 } 0.25 \text{ 根} \Rightarrow s \leqslant \frac{1}{0.25} = 4 \text{m}$$

【小注岩土点评】

① 软土地基减沉复合疏桩基础，由桩和桩间土共同分担荷载。其中桩间土承担的荷载为 $\xi(F_k + G_k)$，设桩间土地基承载力特征值为 f_{ak}，则桩基承台总净面积 $A_c = \xi \dfrac{F_k + G_k}{f_{ak}}$。桩承担的荷载为 $F_k + G_k - \eta_c f_{ak} A_c$，单桩承载力特征值为 R_a，则桩数 $n \geqslant \dfrac{F_k + G_k - \eta_c f_{ak} A_c}{R_a}$。

② 条形基础，取单位长度，单位长度内桩的数量的倒数即为桩间距。

第二十二章　桩身及承台承载力计算

第一节　桩身承载力验算

一、轴心受压桩正截面受压承载力

——《建筑桩基技术规范》第 5.8.2 条

受压桩正截面受压承载力由混凝土抗压强度和钢筋抗压强度两部分组成。当桩身配筋满足要求时，则两部分均发挥作用；当桩身配筋不满足要求时，则只有混凝土抗压强度发挥作用，具体验算分别如下：

(1) 当桩顶以下 $5d$ 范围的桩身螺旋式箍筋间距≤100mm，且满足规范第 4.1.1 条规定时：

$$N \leqslant \varphi \cdot (\psi_c f_c A_{ps} + 0.9 f'_y A'_s)$$

(2) 当桩身配筋不符合上述规定时：

$$N \leqslant \varphi \cdot \psi_c f_c A_{ps}$$

式中：N——荷载效应基本组合下的桩顶轴向压力设计值（kN）；$N = 1.35 N_k$，N_k 的计算见规范第 5.1.1 条；

$\quad\quad f_c$——混凝土轴心抗压强度设计值（kPa）；

$\quad\quad f'_y$——纵向主筋抗压强度设计值（kPa）；

A_{ps}、A'_s——桩截面面积和纵向主筋截面面积（m^2）；

$\quad\quad \psi_c$——基桩成桩工艺系数，按下表 1 取值；

$\quad\quad \varphi$——桩身稳定系数（也称压屈稳定系数）；对于轴心受压混凝土桩一般取 $\varphi = 1.0$；对于高承台基桩、桩身穿越可液化土或不排水抗剪强度小于 10kPa（地基承载力特征值小于 25kPa）的软弱土层的基桩，应考虑压屈影响，此时 $\varphi \leqslant 1.0$，具体可根据下表 2 确定。

【小注】注意核对规范公式，本公式中桩身稳定系数 φ 为编者加入，目的是提醒大家别忘了乘这个系数。

成桩工艺系数 ψ_c　　　　　　　　　　　　　　　　　　　　　　　　表 1

成桩工艺	ψ_c
混凝土预制桩、预应力混凝土空心桩	0.85
干作业非挤土灌注桩	0.90
泥浆护壁和套管护壁非挤土灌注桩、部分挤土灌注桩、挤土灌注桩	0.7~0.8
软土地区挤土灌注桩	0.6

桩身稳定系数 φ　　　　　　　　　　　　　　　　　　　　　　　　表 2

l_c/d	≤7	8.5	10.5	12	14	15.5	17	19	21	22.5	24
l_c/b	≤8	10	12	14	16	18	20	22	24	26	28

续表

φ	1.00	0.98	0.95	0.92	0.87	0.81	0.75	0.70	0.65	0.60	0.56
l_c/d	26	28	29.5	31	33	34.5	36.5	38	40	41.5	43
l_c/b	30	32	34	36	38	40	42	44	46	48	50
φ	0.52	0.48	0.44	0.40	0.36	0.32	0.29	0.26	0.23	0.21	0.19

【表注】b 为矩形桩短边尺寸，d 为桩直径。

桩身压屈计算长度 l_c

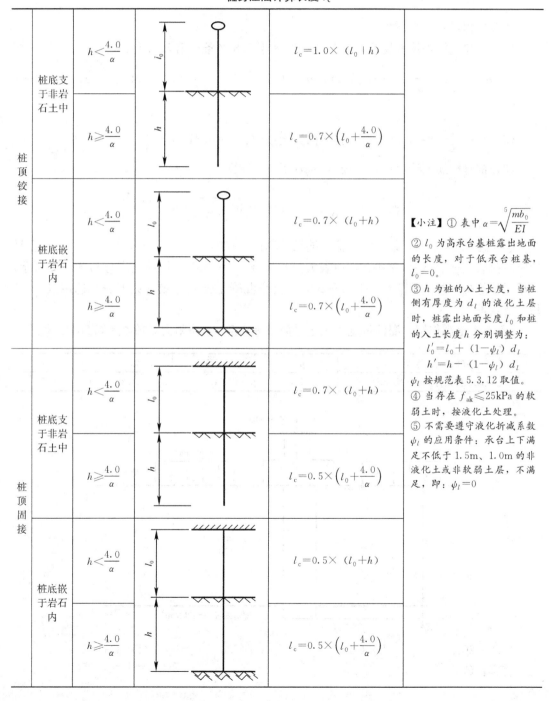

【小注】① 表中 $\alpha = \sqrt[5]{\dfrac{mb_0}{EI}}$

② l_0 为高承台基桩露出地面的长度，对于低承台桩基，$l_0=0$。

③ h 为桩的入土长度，当桩侧有厚度为 d_l 的液化土层时，桩露出地面长度 l_0 和桩的入土长度 h 分别调整为：

$$l_0' = l_0 + (1-\psi_l) d_l$$
$$h' = h - (1-\psi_l) d_l$$

ψ_l 按规范表 5.3.12 取值。

④ 当存在 $f_{ak} \leqslant 25\text{kPa}$ 的软弱土时，按液化土处理。

⑤ 不需要遵守液化折减系数 ψ_l 的应用条件：承台上下满足不低于 1.5m、1.0m 的非液化土或非软弱土层，不满足，即：$\psi_l = 0$

【3-72】（2010C11）某灌注桩直径为800mm，桩身露出地面的长度为10m，桩入土长度为20m，桩端嵌入较完整的坚硬岩石，桩的水平变形系数 a 为 0.520m^{-1}，桩顶铰接，桩顶以下5m范围内箍筋间距为200mm，该桩轴心受压，桩顶轴向压力设计值为6800kN，成桩工艺系数 ψ_c 取0.8，按《建筑桩基技术规范》JGJ 94—2008，则桩身混凝土轴心抗压强度设计值应不小于（　　）。

(A) 15MPa　　　　(B) 17MPa　　　　(C) 19MPa　　　　(D) 21MPa

答案：D

解答过程：

根据《建筑桩基技术规范》JGJ 94—2008第5.8.2条～第5.8.4条：

(1) $h = 20\text{m} > \dfrac{4}{a} = \dfrac{4}{0.52} = 7.7\text{m} \Rightarrow l_c = 0.7 \times \left(l_0 + \dfrac{4}{a}\right) = 0.7 \times \left(10 + \dfrac{4}{0.52}\right) = 12.38\text{m}$

(2) $\dfrac{l_c}{d} = \dfrac{12.38}{0.8} = 15.5$，查表得压曲稳定系数：$\varphi = 0.81$

(3) 桩身配筋不符合规定，按 $N \leqslant \varphi \psi_c f_c A_{ps}$ 计算：

$$\Rightarrow f_c \geqslant \frac{N}{\psi_c A_{ps} \varphi} = \frac{6800}{0.8 \times \dfrac{3.14 \times 0.8^2}{4} \times 0.81} = 20.9\text{MPa}$$

【3-73】（2008D13）某一柱一桩（端承灌注桩）基础，桩径1.0m，桩长20m，承受轴向竖向荷载设计值 $N = 5000\text{kN}$，地表大面积堆载 $p = 60\text{kPa}$，桩周土层分布如下图所示，根据《建筑桩基技术规范》JGJ 94—2008，桩身混凝土强度等级（见下表）选用（　　）最经济合理。

（不考虑地震作用，灌注桩施工工艺系数 $\psi_c = 0.7$，负摩阻力系数 $\xi_n = 0.20$）

混凝土强度等级	C20	C25	C30	C35
轴心抗压强度设计值 f_c(N/mm²)	9.6	11.9	14.3	16.7

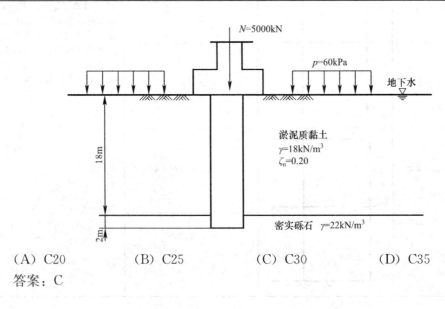

(A) C20　　　　(B) C25　　　　(C) C30　　　　(D) C35

答案：C

解答过程：

根据《建筑桩基技术规范》JGJ 94—2008 第 5.4.4 条、第 5.8.2 条：

(1) 持力层为卵石，$\dfrac{l_n}{l_0}=0.9$，$l_n=0.9\times18=16.2\mathrm{m}$

(2) $\sigma'_i = p + \sum\limits_{e=1}^{i-1}\gamma_e\Delta z_e + \dfrac{1}{2}\gamma_i\Delta z_i = 16.2\times\dfrac{1}{2}\times(18-10)+60=124.8\mathrm{kPa}$

$$q_{si}^n = \xi_{ni}\sigma'_i = 0.2\times124.8 = 24.96\mathrm{kPa}$$

$$Q_g^n = u\sum\limits_{i=1}^{n}q_{si}^n l_i = 3.14\times1\times24.96\times16.2 = 1269.67\mathrm{kN}$$

(3) 受压桩正截面荷载：$N' = N + Q_g^n\times1.35 = 5000 + 1269.67\times1.35 = 6714.05\mathrm{kN}$

(4) 取稳定系数 $\varphi=1.0$，$N'\leqslant\varphi\psi_c f_c A_{ps}$

即：$6714.05\leqslant0.7\times f_c\times\dfrac{3.14\times1^2}{4}\times1.0$，解得：$f_c=12.2\mathrm{MPa}$

查表对应强度等级为 C30。

【3-74】（2013D12）某框架柱采用 6 桩独立基础，桩基承台埋深 2.0m，承台截面尺寸为 3.0m×4.0m，采用边长 0.2m 钢筋混凝土预制实心方桩，桩长 12m。承台顶部标准组合下轴心竖向力为 F_k，桩身混凝土强度等级为 C25，抗压强度设计值 $f_c=11.9\mathrm{MPa}$，箍筋间距 150mm，根据《建筑桩基技术规范》JGJ 94—2008，若按桩身承载力验算，该桩基础能够承受的最大竖向力 F_k 最接近（　　）。（承台与其上土的重量取 20kN/m³，上部结构荷载效应基本组合按标准组合的 1.35 倍取用）

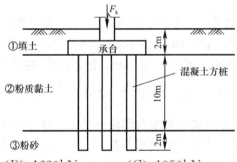

(A) 1320kN　　　　(B) 1630kN　　　　(C) 1950kN　　　　(D) 2270kN

答案：A

解答过程：

根据《建筑桩基技术规范》JGJ 94—2008 第 5.8.2 条：

(1) 箍筋间距 150mm＞100mm，混凝土预制桩成桩工艺系数：$\psi_c=0.85$

$$N\leqslant\psi_c f_c A_{ps} = 0.85\times11.9\times10^3\times0.2^2 = 404.6\mathrm{kN}$$

(2) $N_k = \dfrac{N}{1.35} = \dfrac{404.6}{1.35} = 299.7\mathrm{kN}$

(3) $N_k = \dfrac{F_k + G_k}{n} \Rightarrow F_k = 299.7\times6 - 3\times4\times2\times20 = 1318.2\mathrm{kN}$

【小注岩土点评】

桩身承载力验算属于内力验算范畴，基本组合和标准组合的转化关系为：$N=1.35N_k$。

【3-75】（2016D12）竖向受压高承台桩基础，采用钻孔灌注桩，设计桩径1.2m，桩身露出地面的自由长度l_0为3.2m，入土长度h为15.4m，桩的换算埋深$\alpha h < 4.0$，桩身混凝土强度等级为C30，桩顶6m范围内的箍筋间距为150mm，桩与承台连接按铰接考虑，土层条件及桩基计算参数如下图所示。按照《建筑桩基技术规范》JGJ 94—2008计算基桩的桩身正截面受压承载力设计值最接近下列哪个选项？（成桩工艺系数取$\psi_c = 0.75$，C30混凝土轴心抗压强度设计值$f_c = 14.3\text{N/mm}^2$，纵向主筋截面积$A_s' = 5024\text{mm}^2$，抗压强度设计值$f_y' = 210\text{N/mm}^2$）

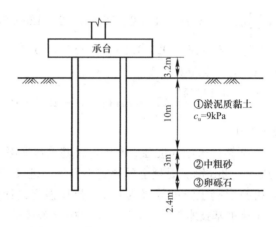

(A) 9820kN   (B) 12100kN   (C) 16160kN   (D) 10580kN

答案：A

解答过程：

根据《建筑桩基技术规范》JGJ 94—2008第5.8.2条～第5.8.4条：

(1) $l_c = 1.0 \times (3.2 + 15.4) = 18.6\text{m}$，$l_c/d = 18.6/1.2 = 15.5$，$\varphi = 0.81$

(2) 桩顶6m范围内的箍筋间距为150mm，则不考虑纵向钢筋的作用。

$$N \leqslant \varphi \psi_c f_c A_{ps} = 0.81 \times 0.75 \times 14.3 \times 10^3 \times \frac{1}{4} \times 3.14 \times 1.2^2 = 9820\text{kN}$$

【3-76】（2019D10）某轴向受压高承台灌注桩基础，桩径800m，桩长24m。桩身露出地面的自由长度$l_0 = 3.8$m，桩的水平变形系数$\alpha = 0.403\text{m}^{-1}$，地层参数如下图所示，桩与承台连接按铰接考虑。未考虑压屈影响的基桩桩身正截面受压承载力计算值为6800kN。按照《建筑桩基技术规范》JGJ 94—2008，考虑压屈影响的基桩正截面受压承载力计算值最接近下列哪个选项？（淤泥层影响折减系数ψ_l取0.3，桩露出地面l_0和桩的入土长度h分别调整为$l_0' = l_0 + (1 - \psi_l)d_l$，$h' = h - (1 - \psi_l)d_l$，$d_l$为软弱土层厚度）

(A) 3400kN   (B) 4590kN   (C) 6220kN   (D) 6800kN

答案：B

解答过程：

根据《建筑桩基技术规范》JGJ 94—2008第5.8.4条：

(1) $c_u = 9\text{kPa} < 10\text{kPa}$，$f_{ak} = 20\text{kPa} < 25\text{kPa}$，需考虑压屈影响。

$$l_0' = l_0 + (1 - \psi_l)d_l = 3.8 + (1 - 0.3) \times 13 = 12.9\text{m}$$
$$h' = h - (1 - \psi_l)d_l = (24 - 3.8) - (1 - 0.3) \times 13 = 11.1\text{m}$$

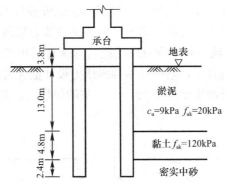

（2）桩顶铰接，桩底至于非岩石中：$\dfrac{4.0}{\alpha}=\dfrac{4.0}{0.403}=9.93<h'=11.1\text{m}$

$$l_c=0.7\times\left(l_0+\dfrac{4.0}{\alpha}\right)=0.7\times(12.9+9.93)=15.98\text{m}$$

$$\Rightarrow\dfrac{l_c}{d}=\dfrac{15.98}{0.8}=19.98\approx 20，查表 5.8.4-2\Rightarrow\varphi=\dfrac{0.7+0.65}{2}=0.675$$

（3）$N=\varphi\cdot N_k=0.675\times 6800=4590\text{kN}$

【小注岩土点评】

（1）考虑压屈影响（即稳定系数 φ）有两种情况：①高承台基桩；②桩身穿越可液化土或软弱土（$c_u<10\text{kPa}$，$f_{ak}<25\text{kPa}$）。

（2）本题属于新考点，根据规范表 5.8.4-1，当桩侧存在厚度为 d_l 的液化土时，桩的外露长度 l_0 和桩的入土长度 h 应分别调整为 l_0' 和 h'，$l_0'=l_0+(1-\psi_l)d_l$，$h'=h-(1-\psi_l)d_l$，①此公式中 ψ_l 的取值按照表 5.3.12，不需要满足：承台上下分别有厚度不小于 1.5m、1.0m 的非液化土或者非软弱土的条件，如不给出此系数，应该取 $\psi_l=0$；②表 5.8.4-1 涉及 l_0 和 h 均需分别替换为 l_0' 和 h'。

（3）液化土：一种为题目直接告知，另一种为 $f_{ak}<25\text{kPa}$ 的软弱土，也按照液化土处理。

【3-77】（2014D10）某钢筋混凝土预制方桩，边长 400mm，混凝土强度等级为 C40，主筋为 HRB335，12Φ18，桩顶以下 2m 范围内箍筋间距 100mm，考虑纵向主筋抗压承载力，根据《建筑桩基技术规范》JGJ 94—2008，桩身轴心受压时正截面受压承载力设计值最接近下列何值？（C40 混凝土 $f_c=19.1\text{N/mm}^2$，HRB335 钢筋 $f_y'=300\text{N/mm}^2$）

（A）3960kN （B）3420kN （C）3050kN （D）2600kN

答案：B

解答过程：

根据《建筑桩基技术规范》JGJ 94—2008 第 5.8.2 条：

$$N\leqslant\varphi_c f_c A_{ps}+0.9f_y'A_s'=0.85\times 19.1\times 10^3\times 0.4^2+0.9\times 300\times 10^3\times 12\times\dfrac{3.14\times 0.018^2}{4}$$

$$=3421.7\text{kN}$$

【3-78】（2019C10）某既有建筑为钻孔灌注桩基础，桩身混凝土强度等级为 C40（轴心抗压强度设计值取 19.1MPa），桩身直径 800mm，桩身螺旋箍筋均匀配筋，间距 150mm，桩身完整。既有建筑在荷载效应标准组合下，作用于承台顶面的轴心竖向力为 20000kN。

现拟进行增层改造，岩土参数如下图所示，根据《建筑桩基技术规范》JGJ 94—2008，原桩基础在荷载效应标准组合下，允许作用于承台顶面的轴心竖向力最大增加值最接近下列哪个选项？（不考虑偏心、地震和承台效应，既有建筑桩基承载力随时间的变化，无地下水，增层后荷载效应基本组合下，基桩桩顶轴向压力设计值为荷载效应标准组合下的1.35倍，承台及承台底部以上土的重度为 $20kN/m^3$，桩的成桩工艺系数取 0.9，桩嵌岩段侧阻与端阻综合系数取 0.7）

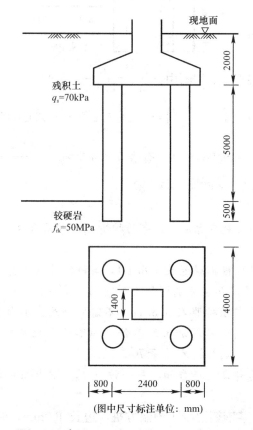

（图中尺寸标注单位：mm）

(A) 4940kN   (B) 8140kN   (C) 13900kN   (D) 16280kN

答案：A

解答过程：

根据《建筑桩基技术规范》JGJ 94—2008 第 5.8.2 条、第 5.3.9 条、第 5.2.1 条：

（1）不考虑纵向钢筋作用，$N \leqslant \varphi_c f_c A_{ps} = 0.9 \times 19.1 \times 10^3 \times \frac{1}{4}\pi \times 0.8^2 = 8636.3kN$

$$N_k \leqslant \frac{8636.3}{1.35} = 6397.3kN$$

（2）$Q_{uk} = 3.14 \times 0.8 \times 70 \times 5 + 0.7 \times 50 \times 10^3 \times \frac{1}{4}\pi \times 0.8^2 = 18463.2kN$

（3）$N_k \leqslant R = R_a = \frac{1}{2} \times 18463.2 \Rightarrow N_k \leqslant 9231.6kN$

（4）取较小值：$N_k \leqslant 6397.3kN$

(5) $\dfrac{20000+20\times2\times4\times4+F_{k}}{4}\leqslant6397.3\Rightarrow F_{k}\leqslant4949\text{kN}$

【3-79】(2020C11) 某高层建筑，拟采用钻孔灌注桩桩筏基础，筏板底埋深为地面下 5.0m。地层条件如表 1 所示。设计桩径 0.8m，经计算桩端需进入碎石土层 1.0m。在永久作用控制的基本组合条件下，桩基轴心受压。根据《建筑地基基础设计规范》GB 50007—2011 设计，基桩竖向抗压承载力不受桩身强度控制及满足规范要求的桩身混凝土强度等级最低为下列哪个选项？（工作条件系数取 0.6，混凝土轴心抗压强度设计值见表 2）

表 1

层号	土体名称	层底埋深（m）	q_{sa}（kPa）	q_{pa}（kPa）
①	粉土	10.0	15	—
②	中细砂	18.0	25	—
③	中粗砂	20.0	70	—
④	碎石土	>30.0	75	1500

表 2

混凝土强度等级	C15	C20	C25	C30	C35
轴心抗压强度设计值（N/mm²）	7.2	9.6	11.9	14.3	16.7

(A) C20   (B) C25   (C) C30   (D) C35

答案：B

解答过程：

根据《建筑地基基础设计规范》GB 50007—2011 第 8.5.3 条、第 8.5.6 条、第 8.5.11 条：

(1) $R_{a}=3.14\times0.8\times(5\times15+8\times25+2\times70+1\times75)+1500\times3.14\times0.4^{2}=$ 1984.5kN

(2) $Q_{k}\leqslant R_{a}=1984.5\text{kN}$

(3) $Q\leqslant\psi_{c}f_{c}A_{p}\Rightarrow f_{c}\geqslant\dfrac{Q}{\psi_{c}A_{p}}=\dfrac{1.35\times1984.5\times1000}{0.6\times\dfrac{3.14}{4}\times800^{2}}=8.9\text{MPa}$，取 C20 混凝土。

(4) 灌注桩混凝土强度等级不应低于 C25，桩身混凝土强度取 C25。

【小注岩土点评】

本题不要惯性地根据《建筑桩基技术规范》JGJ 94—2008 第 5.3.5 条和第 5.8.2 条直接套公式 $Q_{uk}=u\sum q_{sik}l_{i}+q_{pk}A_{p}$，$q_{sik}$、$q_{pk}$ 为标准值，题目要求根据《建筑地基基础设计规范》GB 50007—2011，题目中已知 q_{sa}、q_{pa} 为特征值，两者的本质是一致的。

【3-80】(2021C09) 某预制混凝土实心方桩基础，高桩承台，方桩边长为 500mm，桩身露出地面的长度为 6m，桩入土长度为 20m，桩端持力层为粉砂层，桩的水平变形系数 α 为 0.483（1/m），桩顶铰接，桩顶以下 3m 范围内箍筋间距为 150mm，纵向主筋截面面积 $A_{s}'=2826\text{mm}^{2}$，主筋抗压强度设计值 $f_{y}'=360\text{N/mm}^{2}$。桩身混凝土强度等级为 C30，轴心抗压强度设计值 $f_{c}=14.3\text{N/mm}^{2}$。按照《建筑桩基技术规范》JGJ 94—2008 规定的轴心受压桩正截面受压承载力验算要求，该基桩能承受的最大桩顶轴向压力设计值最接近

下列哪个选项？（不考虑桩侧土性对桩出露地面和入土长度的影响）

(A) 1820kN   (B) 2270kN   (C) 3040kN   (D) 3190kN

答案：B

解答过程：

根据《建筑桩基技术规范》JGJ 94—2008 第 5.8.2 条、第 5.8.3 条：

(1) 桩身压屈计算长度 l_c

$$h = 20\text{m} > \frac{4.0}{0.483} = 8.28$$

桩顶铰接、桩端持力层为粉砂层，查表 5.8.4-1：

$$l_c = 0.7 \times \left(l_0 + \frac{4.0}{\alpha}\right) = 0.7 \times (6 + 8.28) = 10\text{m}$$

(2) 桩身承载力计算

$$\frac{l_c}{b} = \frac{10}{0.5} = 20，查表 5.8.4-2：\varphi = 0.75$$

混凝土桩，根据第 5.8.3 条：$\psi_c = 0.85$

桩顶以下 $5d$ 范围箍筋间距为 150mm > 100mm，故其桩身承载力计算为：

$$N \leqslant \varphi \cdot \psi_c \cdot f_c \cdot A_{ps} = 0.75 \times 0.85 \times 14.3 \times 500^2 = 2279\text{kN}$$

二、打入式钢管桩局部受压承载力

——《建筑桩基技术规范》第 5.8.6 条

对于打入式钢管桩，可按以下规定验算桩身局部压屈：

(1) 当 $t/d = \frac{1}{50} \sim \frac{1}{80}$，$d \leqslant 600$mm，最大锤击压应力小于钢材强度设计值时，可不进行局部压屈验算；

(2) 当 $d > 600$mm，可按下式计算：

$$t/d \geqslant f_y'/(0.388E)$$

(3) 当 $d \geqslant 900$mm，除按上式验算外，尚应按下式验算：

$$t/d \geqslant \sqrt{f_y'/(14.5E)}$$

式中：t、d——钢管桩壁厚、外径（mm）；

    E、f_y'——钢材弹性模量、抗压强度设计值（MPa）。

【3-81】（2016C10）某打入式钢管桩，外径 900mm。如果按桩身局部压屈控制，根据《建筑桩基技术规范》JGJ 94—2008，所需钢管桩的最小壁厚接近下列哪个选项？（钢管桩所用钢材的弹性模量 $E = 2.1 \times 10^5$ N/mm²，抗压强度设计值 $f_y' = 350$ N/mm²）

(A) 3mm   (B) 4mm   (C) 8mm   (D) 10mm

答案：D

解答过程：

根据《建筑桩基技术规范》JGJ 94—2008 第 5.8.6 条：

(1) 当 $d \geqslant 900$mm，$t/d \geqslant f_y'/(0.388E) \Rightarrow t/900 \geqslant \dfrac{350}{0.388 \times 2.1 \times 10^5} \Rightarrow t \geqslant 3.87$mm

(2) $t/d \geqslant \sqrt{f'_y/(14.5E)} \Rightarrow t/900 \geqslant \sqrt{350/(14.5 \times 2.1 \times 10^5)} \Rightarrow t \geqslant 9.65\text{mm}$

(3) 取大值：$t \geqslant 9.65\text{mm}$

三、抗拔桩正截面受拉承载力

——《建筑桩基技术规范》第 5.8.7 条

钢筋混凝土轴心抗拔桩的正截面受拉承载力应符合下式规定：

$$N \leqslant f_y A_s + f_{py} A_{py}$$

式中：N——荷载效应基本组合下桩顶轴向拉力设计值（kN）；

f_y、f_{py}——普通钢筋、预应力钢筋的抗拉强度设计值（kPa）；

A_s、A_{py}——普通钢筋、预应力钢筋的截面面积（m^2）。

【3-82】（2012C11）某地下箱形构筑物，基础长 50m、宽 40m，顶面高程－3m，底面高程为－11m，构筑物自重（含上覆土重）总计 $1.2 \times 10^5\text{kN}$，其下设置 100 根 $\phi600$ 抗浮灌注桩，桩轴向配筋抗拉强度设计值为 300N/mm^2，抗浮设防水位为－2m，假定不考虑构筑物与土的侧摩阻力，按《建筑桩基技术规范》JGJ 94—2008 计算，桩顶截面配筋率至少是（　　）。（分项系数取 1.35，不考虑裂缝验算，抗浮稳定系数取 1.0）

(A) 0.40%　　　　(B) 0.50%　　　　(C) 0.65%　　　　(D) 0.96%

答案：C

解答过程：

根据《建筑桩基技术规范》JGJ 94—2008 第 5.8.7 条：

(1) $F_浮 = \rho g V = 10 \times 50 \times 40 \times (11-3) = 1.6 \times 10^5\text{kN}$

(2) $N = \dfrac{1.35(F_浮 - G)}{n} = \dfrac{1.35 \times (1.6 \times 10^5 - 1.2 \times 10^5)}{100} = 540\text{kN}$

(3) $N \leqslant f_y A_s \Rightarrow 540 \times 10^3 \leqslant 300 \times A_s \Rightarrow A_s \geqslant 1800\text{mm}^2$

(4) $\rho_g \geqslant \dfrac{1800}{3.14 \times 300^2} \times 100\% = 0.637\%$

【小注岩土点评】

① 注意计算浮力时，始终牢记为排开水的体积乘以 γ_w，不能从－2m 开始计算浮力，－2～－3m 对箱子不产生浮力。

② 区分标准组合和基本组合，基本组合＝1.35×标准组合。

③ 题目稍微有瑕疵，构筑物自重（含上覆土重）是否考虑了浮力题目没有交代，改为有效自重就没问题了。

桩基承台的设计包括确定承台的材料、底面标高、平面形状及尺寸、剖面形状及尺寸，以及进行受弯、受剪、受冲切和局部受压承载力计算，并应符合构造要求。

桩基承台的受力十分复杂，作为上部结构墙、柱和下部桩群之间的力的转换结构，承台可能因承受弯矩作用而破坏，也可能因承受冲切或剪切作用而破坏。因此，承台计算包括受弯计算、受冲剪计算和受剪计算三种验算。当承台的混凝土强度等级低于柱子的强度等级时，还要验算承台的局部受压承载力。

根据受弯计算的结果进行承台的钢筋配置；根据受冲切和受剪计算确定承台的厚度。

(1) 桩基承台计算为内力计算，因此其荷载均采用基本组合；

（2）弯矩、剪力及冲切力的外力计算都是采用净反力，即不考虑承台及其上土重。

第二节　承台受弯承载力验算

一、矩（条）形承台受弯计算

——《建筑桩基技术规范》第 5.9.2 条

矩（条）形承台和多桩矩形承台弯矩计算截面取在柱边和承台变截面处。

计算图示	截面弯矩计算公式
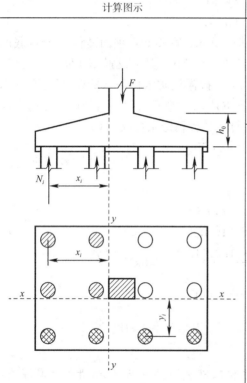	x-x 截面弯矩 M_x： $$M_x = \sum N_i \cdot y_i$$ y-y 截面弯矩 M_y： $$M_y = \sum N_i \cdot x_i$$ 圆柱时应进行圆方转化，$c = 0.8d$（d 为圆柱直径），因为其会影响力臂的大小 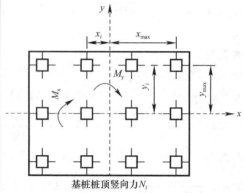 **基桩桩顶竖向力 N_i** 基本组合下，基桩 i 的竖向净反力设计值 N_i： $$N_i = \frac{F}{n} \pm \frac{M_x \cdot y_i}{\sum y_i^2} \pm \frac{M_y \cdot x_i}{\sum x_i^2}$$ 【小注】① M_x、M_y 为作用于承台底的力矩； ② x_i、y_i 为各桩中心至通过桩群形心的 x、y 主轴的距离

式中：M_x、M_y——分别为绕 x 轴和绕 y 轴方向计算截面处的弯矩设计值（$kN \cdot m$）；

x_i、y_i——垂直 y 轴和 x 轴方向自桩轴线到相应计算截面的距离（m）；

N_i——不计承台及其上土重，在荷载效应基本组合下的第 i 基桩或复合基桩竖向反力设计值（kN）

公式说明

【小注】① $M_y = \sum N_i x_i$ 可理解为：如上图所示，自柱边 y-y 截面截断，y-y 截面处弯矩即为截面左侧 6 根桩的弯矩之和，每根桩的弯矩＝每根桩的反力×桩到计算截面的距离。

计算弯矩时选择未包括柱子一侧截面计算，比如上图：y-y 截面，勿选择 y-y 截面右侧桩取矩，因为 y-y 截面右侧包括了柱子 F 的力矩，此数值为负值，需要一并考虑，计算就复杂了。

② M_x、M_y 为基本组合弯矩设计值，如提供的计算参数是标准值 N_k，则应乘分项系数 1.35 转换成基本组合值 N，再计算弯矩设计值。

③ 基桩竖向反力设计值 N 不包含承台及土重。

④ M_x、M_y 分别为绕 x 轴和绕 y 轴方向的弯矩；x_i、y_i 为桩轴线到计算截面的距离，而不是桩轴线到柱轴线的距离，容易混用。

相应计算截面的承台底板配筋面积（计算值）：

$$A_s = \frac{M}{0.9 \cdot f_y \cdot h_0} \times 1000$$

式中：f_y——钢筋抗拉强度设计值（N/mm² = MPa）；

h_0——计算截面的有效高度（m）

【3-83】（2011C10）桩基承台如下图所示（尺寸单位为 mm），已知柱轴力 $F = 12000$kN，力矩 $M = 1500$kN·m，水平力 $H = 600$kN（F、M 和 H 均对应荷载效应基本组合），承台及其上填土的平均重度为 20kN/m³。试按《建筑桩基技术规范》JGJ 94—2008 计算，图示虚线截面处的弯矩设计值最接近（　　）。

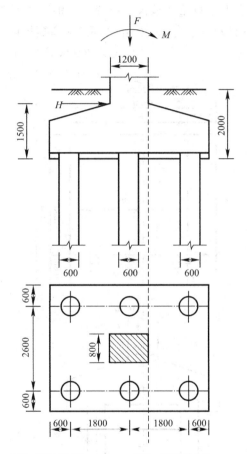

(A) 4800kN·m　　(B) 5300kN·m　　(C) 5600kN·m　　(D) 5900kN·m

答案：C

解答过程：

根据《建筑桩基技术规范》JGJ 94—2008 第 5.9.1 条、第 5.9.2 条：

(1) $N_右 = \dfrac{F}{n} + \dfrac{M_y x_i}{\sum x_i^2} = \dfrac{12000}{6} + \dfrac{(1500 + 600 \times 1.5) \times 1.8}{4 \times 1.8^2} = 2333$kN

(2) $M_y = \sum N_i x_i = 2 \times 2333 \times (1.8 - 0.6) = 5599$kN·m

【小注岩土点评】

① 柱下独立桩基承台的正截面弯矩计算值：$M_y = \sum N_i x_i$，在荷载基本组合下的竖向反力设计值，如题目告知标准组合，则应转化：基本组合＝1.35×标准组合，凡是涉及内力（弯矩，剪力，冲切，正截面受拉、受压承载力等）计算，都是采用内力的基本组合。

② N_i 为不计承台及其土重，因为由承台及其上填土的自重引起的基桩和基底反力对验算截面产生的弯矩大小相等，方向相反，故可不必计算。

③ N_i 的计算采用第5.1.1条公式，$N_i = \dfrac{F}{n} + \dfrac{M_y x_i}{\sum x_i^2}$，此式 x_i 为基桩的桩中心至 y 轴的距离；而 $M_y = \sum N_i x_i$，x_i 为桩轴线到计算截面的距离，而非桩轴线到柱子轴线的距离。

【3-84】(2008C11) 作用于桩基承台顶面的竖向力设计值为5000kN，x 方向的偏心距为0.1m，不计承台及承台上土自重，承台下布置4根桩，如下图所示，根据《建筑桩基技术规范》JGJ 94—2008计算，承台承受的正截面最大弯矩最接近（　　）。

(A) 1999.8kN·m   (B) 2166.4kN·m

(C) 2999.8kN·m   (D) 3179.8kN·m

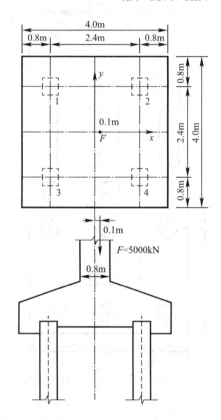

答案：B

解答过程：

根据《建筑桩基技术规范》JGJ 94—2008 第5.1.1条、第5.9.2条：

(1) $N_{\max} = \dfrac{F}{n} + \dfrac{M_y x_i}{\sum x_i^2} = \dfrac{5000}{4} + \dfrac{5000 \times 0.1 \times 1.2}{4 \times 1.2^2} = 1354.2$kN

(2) $M_y = \sum N_i x_i = 2 \times 1354.2 \times (1.2 - 0.4) = 2166.7$kN·m

二、三角形（三桩）承台受弯计算

——《建筑桩基技术规范》第 5.9.2 条

	等边三桩承台（圆柱须转方柱）	等腰三桩承台（圆柱须转方柱）
计算图示	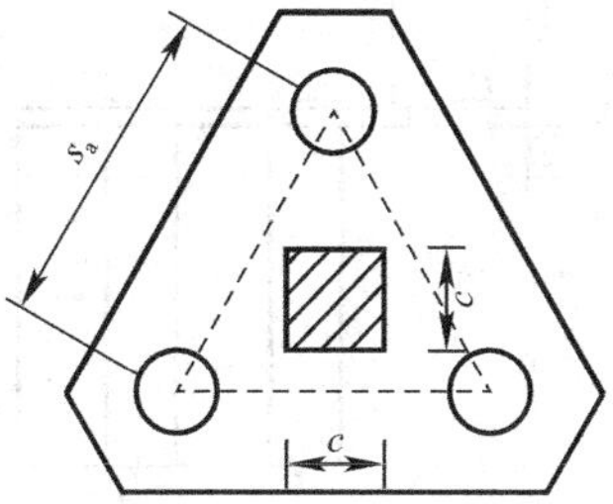	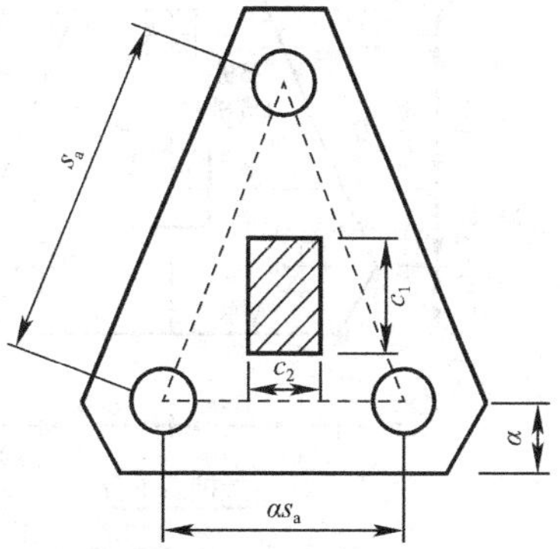
截面弯矩计算公式	过承台形心至各边正交截面的弯矩设计值 M： $$M = \frac{N_{max}}{3} \cdot \left(s_a - \frac{\sqrt{3}}{4}c\right)$$	过承台形心至腰边正交截面的弯矩设计值 M_1： $$M_1 = \frac{N_{max}}{3} \cdot \left(s_a - \frac{0.75}{\sqrt{4-a^2}}c_1\right)$$ 过承台形心至底边正交截面的弯矩设计值 M_2： $$M_2 = \frac{N_{max}}{3} \cdot \left(as_a - \frac{0.75}{\sqrt{4-a^2}}c_2\right)$$
公式说明	式中：M——通过承台形心至各边边缘正交截面范围内板带的弯矩设计值（kN·m）； N_{max}——不计承台及其上土重，在荷载效应基本组合下三桩中最大基桩或复合基桩竖向反力设计值（kN）； s_a——桩中心距（m）； c——方柱边长（m），圆柱时 $c=0.8d$（d 为圆柱直径）。 【小注】根据《建筑地基基础设计规范》GB 50007—2011：圆柱时 $c=0.886d$	式中：M_1、M_2——分别为通过承台形心至两腰边缘和底边边缘正交截面范围内板带的弯矩设计值（kN·m）； s_a——长向桩中心距（m）； a——短向桩中心距与长向桩中心距之比，当 a 小于 0.5 时，应按变截面的二桩承台设计； c_1、c_2——分别垂直于、平行于承台底边的柱截面边长（m）
基桩竖向净反力设计值 N_i	$$N_i = \frac{F}{n} \pm \frac{M_x \cdot y_i}{\sum y_i^2} \pm \frac{M_y \cdot x_i}{\sum x_i^2} = 1.35 \cdot \left(\frac{F_k}{n} \pm \frac{M_{xk} \cdot y_i}{\sum y_i^2} \pm \frac{M_{yk} \cdot x_i}{\sum x_i^2}\right)$$ 【小注】① M_x、M_y 为作用于承台底的力矩； ② x_i、y_i 为各桩中心至通过桩群形心的 x、y 主轴的距离	

【3-85】（模拟题）某工程采用打入式钢筋混凝土预制方桩，桩截面边长为 400mm。某柱下原设计布置 A、B、C 三桩，工程桩施工完毕后，检测发现 B 桩有严重缺陷，按废桩处理（桩顶与承台始终保持脱开状态），需要补打 D 桩，补桩后的桩基承台如下图所示（尺寸单位为 mm）。柱截面尺寸为 600mm×600mm。

假定补桩后，在荷载效应基本组合下，不计承台及其上土重，A 桩和 C 桩承担的竖向反力设计值均为 1100kN，D 桩承担的竖向反力设计值为 900kN。根据《建筑桩基技术规范》JGJ 94—2008，通过承台形心至两腰边缘正交截面范围内板带的弯矩设计值 M（kN·m），与下列何项数值最为接近？

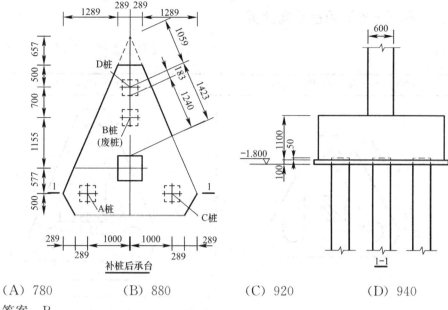

补桩后承台

  (A) 780   (B) 880   (C) 920   (D) 940

答案：B

解答过程：

根据《建筑桩基技术规范》JGJ 94—2008 第 5.9.2 条：

$$N_{\max} = 1100\text{kN}, \quad s_a = \sqrt{(1000^2 + 2432^2)} = 2629.6\text{mm}$$

$$c_1 = 600\text{mm}, \quad a = 2000/2629.6 = 0.761$$

$$M_1 = \frac{1100}{3} \times \left(2629.6 - \frac{0.75}{\sqrt{4 - 0.761^2}} \times 600\right) = 874976\text{kN} \cdot \text{mm} = 875\text{kN} \cdot \text{m}$$

【3-86】(2020D10) 某厂房基础，采用柱下独立等边三桩承台基础，桩径 0.8m，地层及勘察揭露如下图所示。计算得到通过承台形心至各边边缘正交截面范围内板带的弯矩设计值为 1500kN·m，根据《建筑桩基技术规范》JGJ 94—2008，满足受力和规范要求的最小桩长不宜小于下列哪个选项？（取荷载效应基本组合为标准组合的 1.35 倍；不考虑承台及其上土重等其他荷载效应）

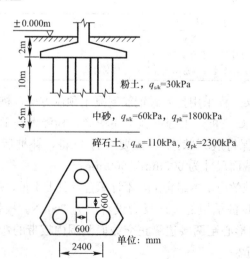

单位：mm

(A) 14.0m　　　　(B) 15.0m　　　　(C) 15.5m　　　　(D) 16.5m

答案：D

解答过程：

根据《建筑桩基技术规范》JGJ 94—2008 第 5.9.2 条、第 5.3.5 条：

(1) $M = \dfrac{N_{\max}}{3} \times \left(s_a - \dfrac{\sqrt{3}}{4} \cdot c\right) \Rightarrow N_{\max} = \dfrac{3 \times 1500}{2.4 - \dfrac{\sqrt{3}}{4} \times 0.6} = 2102.6\text{kN}$

(2) $Q_{uk} = u \cdot \sum q_{sik} \cdot l_i + q_{pk} \cdot A_p \geqslant 2 \cdot N_k \Rightarrow$

$3.14 \times 0.8 \times (10 \times 30 + 4.5 \times 60 + \Delta l \times 110) + 3.14 \times 0.4^2 \times 2300 \geqslant 2 \times \dfrac{2102.6}{1.35} \rightarrow \Delta l = 1.9\text{m}$

(3) $l = 10 + 4.5 + 1.9 = 16.4\text{m}$

【小注岩土点评】

① 如果认为是偏心作用计算出来的 $N_{\max}$，那么需要验算 $N_{\max} \leqslant 1.2R$，则会得到 C 选项，各边的弯矩设计值均相等，那么认为是轴心受压的，如果是偏心受压，弯矩值是不等的。

② 桩基最大竖向反力设计与标准值的换算，不要忘记分项系数 1.35。

第三节　承台受冲切计算

此部分内容近年很少考查，建议不要作为复习重点。

一、基本概念及原理

（一）冲切破坏锥体定义

冲切破坏锥体应采用自柱（墙）边或承台变阶处至相应桩顶边缘连线所构成的锥体，锥体与承台底面之夹角不应小于 45°（附图参见下面矩形承台受冲切承载力计算配图）。

【小注】注意理解这个角度 45° 的规定就与下面要讲的冲跨比的范围限制有关。

（二）冲切力 F_l

$$F_l = F - \sum Q_i$$

式中：F_l——不计承台及其上土重，在荷载效应基本组合下作用于冲切破坏锥体上的冲切力设计值（kN）；

F——不计承台及其上土重，在荷载效应基本组合下作用于柱（墙）底的竖向荷载设计值（kN）；

$\sum Q_i$——不计承台及其上土重，在荷载效应基本组合下冲切破坏锥体内各基桩或复合基桩的反力设计值之和（kN）。

【小注】① 注意本节讲的所有承台计算都要采用基本组合值，标准组合值要乘分项系数 1.35，如 $F = 1.35F_k$。

② $Q_i = N_i = \dfrac{F}{n} \pm \dfrac{M_x \cdot y_i}{\sum y_i^2} \pm \dfrac{M_y \cdot x_i}{\sum x_i^2} = 1.35 \cdot \left(\dfrac{F_k}{n} \pm \dfrac{M_{xk} \cdot y_i}{\sum y_i^2} \pm \dfrac{M_{yk} \cdot x_i}{\sum x_i^2}\right)$

（三）受冲切承载力验算基本公式

$$F_l \leqslant \beta_{hp}\beta_0 u_m f_t h_0$$

式中： F_l——冲切力设计值；

u_m——承台冲切破坏锥体一半有效高度处的周长；

$\beta_{hp}\beta_0 u_m f_t h_0$——受冲切承载力。

【小注】本公式为冲切计算的总公式。

（四）冲切系数 β_0 和冲跨比 λ

$$\beta_0 = \frac{0.84}{\lambda + 0.2}$$

$$\lambda = \frac{a_0}{h_0}(0.25 \leqslant \lambda \leqslant 1)$$

式中： a_0——柱边或承台变阶处到桩边的水平距离；

h_0——承台破坏锥体的有效高度。

二、柱（墙）对承台的冲切承载力计算

——《建筑桩基技术规范》第5.9.7条

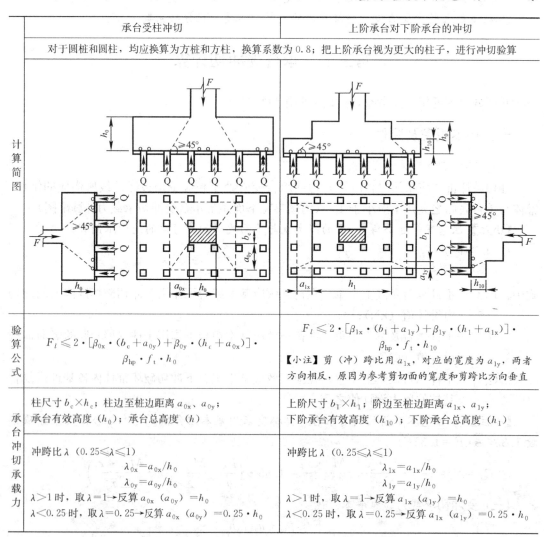

	承台受柱冲切	上阶承台对下阶承台的冲切
	对于圆桩和圆柱，均应换算为方桩和方柱，换算系数为0.8；把上阶承台视为更大的柱子，进行冲切验算	
计算简图		
验算公式	$F_l \leqslant 2 \cdot [\beta_{0x} \cdot (b_c + a_{0y}) + \beta_{0y} \cdot (h_c + a_{0x})] \cdot \beta_{hp} \cdot f_t \cdot h_0$	$F_l \leqslant 2 \cdot [\beta_{1x} \cdot (b_1 + a_{1y}) + \beta_{1y} \cdot (h_1 + a_{1x})] \cdot \beta_{hp} \cdot f_t \cdot h_{10}$ 【小注】剪（冲）跨比用 a_{1x}，对应的宽度为 a_{1y}，两者方向相反，原因为参考剪切面的宽度和剪跨比方向垂直
承台冲切承载力	柱尺寸 $b_c \times h_c$；柱边至桩边距离 a_{0x}、a_{0y}；承台有效高度（h_0）；承台总高度（h）	上阶尺寸 $b_1 \times h_1$；阶边至桩边距离 a_{1x}、a_{1y}；下阶承台有效高度（h_{10}）；下阶承台总高度（h_1）
	冲跨比 λ （$0.25 \leqslant \lambda \leqslant 1$） $\lambda_{0x} = a_{0x}/h_0$ $\lambda_{0y} = a_{0y}/h_0$ $\lambda > 1$ 时，取 $\lambda = 1 \rightarrow$ 反算 a_{0x} $(a_{0y}) = h_0$ $\lambda < 0.25$ 时，取 $\lambda = 0.25 \rightarrow$ 反算 a_{0x} $(a_{0y}) = 0.25 \cdot h_0$	冲跨比 λ （$0.25 \leqslant \lambda \leqslant 1$） $\lambda_{1x} = a_{1x}/h_0$ $\lambda_{1y} = a_{1y}/h_0$ $\lambda > 1$ 时，取 $\lambda = 1 \rightarrow$ 反算 a_{1x} $(a_{1y}) = h_0$ $\lambda < 0.25$ 时，取 $\lambda = 0.25 \rightarrow$ 反算 a_{1x} $(a_{1y}) = 0.25 \cdot h_0$

续表

承台冲切承载力	冲切系数 β_0 $\qquad\qquad \beta_{0x}=0.84/(\lambda_{0x}+0.2)$ $\qquad\qquad \beta_{0y}=0.84/(\lambda_{0y}+0.2)$	冲切系数 β_1 $\qquad\qquad \beta_{1x}=0.84/(\lambda_{1x}+0.2)$ $\qquad\qquad \beta_{1y}=0.84/(\lambda_{1y}+0.2)$
	承台受冲切承载力截面高度影响系数： $\beta_{hp}=1-\dfrac{h-0.8}{12}$（$h\leqslant0.8m$时，取$h=0.8m$；$h\geqslant2.0m$时，取$h=2.0m$）	
	承台抗冲切承载力： $=2\cdot[\beta_{0x}\cdot(b_c+a_{0y})+\beta_{0y}\cdot(h_c+a_{0x})]\cdot\beta_{hp}\cdot f_t\cdot h_0$	承台抗冲切承载力： $=2\cdot[\beta_{1x}\cdot(b_1+a_{1y})+\beta_{1y}\cdot(h_1+a_{1x})]\cdot\beta_{hp}\cdot f_t\cdot h_{10}$

柱墙冲切力	冲切力： $$F_l=F-\sum Q_i$$ （$\sum Q_i$—冲切锥体内的基桩竖向净反力设计值之和，如上左侧图所示，冲切破坏锥体范围内有 4 根桩）基本组合下各基桩竖向净反力设计值： $$Q_i=N_i=\frac{F}{n}\pm\frac{M_x\cdot y_i}{\sum y_i^2}\pm\frac{M_y\cdot x_i}{\sum x_i^2}=1.35\cdot\left(\frac{F_k}{n}\pm\frac{M_{xk}\cdot y_i}{\sum y_i^2}\pm\frac{M_{yk}\cdot x_i}{\sum x_i^2}\right)$$

【3-87】（2004D16）某柱下桩基如下图所示，柱宽 $h_c=0.6m$，承台总高度 $h=1.0m$，有效高度 $h_0=0.95m$，承台混凝土抗拉强度设计值 $f_t=1.71MPa$，作用于承台顶面的竖向力设计值 $F=7500kN$，按《建筑桩基技术规范》JGJ 94—2008 验算柱冲切承载力时，正确的是（　　）。

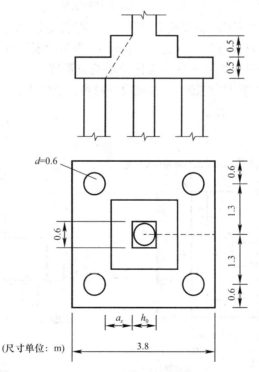

（尺寸单位：m）

(A) 受冲切承载力比冲切力小 800kN　　(B) 受冲切承载力与冲切力相等

(C) 受冲切承载力比冲切力大 810kN　　(D) 受冲切承载力比冲切力大 1297kN

答案：D

解答过程：

根据《建筑桩基技术规范》JGJ 94—2008 第 5.9.7 条：

（1）冲切力：

$$F_l = F - \sum Q_i = 7500 - \frac{1}{5} \times 7500 = 6000\text{kN}$$

（2）圆桩化方桩：

$$b = 0.8d = 0.8 \times 0.6 = 0.48\text{m}$$

$$a_{0x} = a_{0y} = 1.3 - \frac{0.48}{2} - \frac{0.6}{2} = 0.76\text{m}$$

$$\lambda_{0x} = \lambda_{0y} = \frac{a_{0x}}{h_0} = \frac{0.76}{0.95} = 0.8$$

$$\beta_{0x} = \beta_{0y} = \frac{0.84}{\lambda_{0x} + 0.2} = \frac{0.84}{0.8 + 0.2} = 0.84$$

$$\beta_{hp} = 1 - \frac{h - 800}{12000} = 1 - \frac{1000 - 800}{12000} = 0.983$$

受冲切承载力：

$2[\beta_{0x}(b_c + a_{0y}) + \beta_{0y}(h_c + a_{0x})]\beta_{hp} \cdot f_t \cdot h_0$

$= 2 \times [0.84 \times (0.6 + 0.76) + 0.84 \times (0.6 + 0.76)] \times 0.983 \times 1.71 \times 10^3 \times 0.95$

$= 7297\text{kN}$

（3）受冲切承载力－冲切力＝7297－6000＝1297kN

【3-88】（模拟题）某多层框架结构办公楼，上部结构划分为两个独立的结构单元进行设计计算，防震缝处采用双柱方案，缝宽150mm，缝两侧的框架柱截面尺寸均为 600mm×600mm，图为防震缝处某条轴线上的框架柱及基础布置情况。上部结构柱 KZ1 和 KZ2 作用于基础顶部的水平力和弯矩均较小，基础设计时可以忽略不计。提示：本题按《建筑桩基技术规范》JGJ 94—2008 作答。

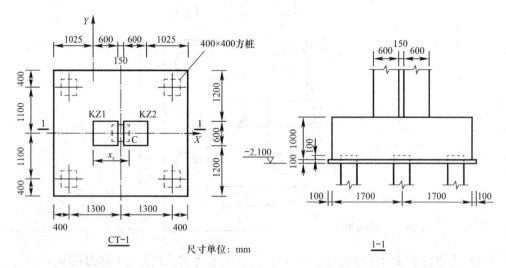

CT-1

尺寸单位：mm

1-1

柱 KZ1 和 KZ2 采用柱下联合承台，承台下设 100mm 厚素混凝土垫层，垫层的混凝土强度等级为 C10；承台混凝土强度等级为 C30（$f_{tk} = 2.01\text{N/mm}^2$，$f_t = 1.43\text{N/mm}^2$），厚度为 1000mm，$h_0 = 900\text{mm}$，桩顶嵌入承台内100mm，假设两柱作用于基础顶部的竖向力大小相同。试问，承台抵抗双柱冲切的承载力设计值（kN）与下列何项数值最为接近？

(A) 7750　　　　　(B) 7850　　　　　(C) 8150　　　　　(D) 10900

答案：C

解答过程：

根据《建筑桩基技术规范》JGJ 94—2008 第 5.9.7 条：

(1) $F_{l\max}=2[\beta_{0x}(b_c+a_{0y})+\beta_{0y}(h_c+a_{0x})]\beta_{hp}f_t h_0$

(2) $h_0=900\text{mm}$，$\beta_{hp}=1-\dfrac{0.1}{6}=0.9833$，$b_c=600\text{mm}$，$h_c=1350\text{mm}$

$a_{0y}=1100-\dfrac{400}{2}-\dfrac{600}{2}=600\text{mm}$，$a_{0x}=1300-600-\dfrac{400}{2}-\dfrac{150}{2}=425\text{mm}$

$$\lambda_{0x}=\frac{a_{0x}}{h_0}=0.472,\quad \lambda_{0y}=\frac{a_{0y}}{h_0}=0.667$$

$$\beta_{0x}=\frac{0.84}{0.472+0.2}=1.25,\quad \beta_{0y}=\frac{0.84}{0.667+0.2}=0.969$$

(3) 将上述数值代入 (1) 得：

$F_{l\max}=2\times[1.25\times(600+600)+0.969\times(1350+425)]\times0.9833\times1.43\times900\times10^{-3}$

$\qquad\;=8149.8\text{kN}$

三、四桩及以上承台受角桩冲切承载力

——《建筑桩基技术规范》第 5.9.8 条

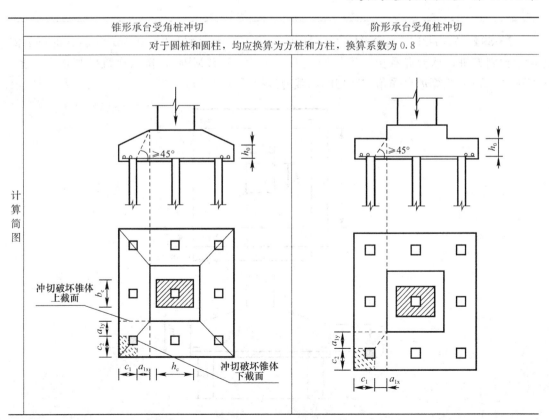

锥形承台受角桩冲切	阶形承台受角桩冲切
对于圆桩和圆柱，均应换算为方桩和方柱，换算系数为 0.8	

计算简图

续表

验算公式	$N_l \leqslant [\beta_{1x}(c_2 + a_{1y}/2) + \beta_{1y}(c_1 + a_{1x}/2)]\beta_{hp}f_t h_0$		
承台冲切承载力	边至边的距离：c_1、c_2、a_{1x}、a_{1y}；验算截面有效高度（h_0）；验算截面总高度（h）		
	冲跨比 λ（$0.25 \leqslant \lambda \leqslant 1$） $$\lambda_{1x} = a_{1x}/h_0$$ $$\lambda_{1y} = a_{1y}/h_0$$		
	$\lambda > 1$ 时，直接取 $\lambda = 1 \Rightarrow$ 同时反算 $a_{1x}(a_{1y}) = h_0$ $\lambda < 0.25$ 时，直接取 $\lambda = 0.25 \Rightarrow$ 同时反算 $a_{1x}(a_{1y}) = 0.25 \cdot h_0$		
	冲切系数 β_0 $$\beta_{1x} = 0.56/(\lambda_{1x} + 0.2)$$ $$\beta_{1y} = 0.56/(\lambda_{1y} + 0.2)$$		
	承台受冲切承载力截面高度影响系数： $$\beta_{hp} = 1 - \frac{h - 0.8}{12}$$（$h \leqslant 0.8$m 时，取 $h = 0.8$m；$h \geqslant 2.0$m 时，取 $h = 2.0$m） 【小注】笔者认为 h 为上图中 h_0 所对应的高度，即对于变截面非承台根部所对应的高度		
	承台抗冲切承载力 $= \left[\beta_{1x} \cdot \left(c_2 + \dfrac{a_{1y}}{2}\right) + \beta_{1y} \cdot \left(c_1 + \dfrac{a_{1x}}{2}\right)\right] \cdot \beta_{hp} \cdot f_t \cdot h_0$		
角桩冲切力	不计承台及其上土重，在基本组合作用下，角桩净反力设计值 N_l： $$N_l = F/n \text{（轴心作用情况）}; \quad N_l = \frac{F}{n} + \frac{M_x \cdot y_i}{\sum y_i^2} + \frac{M_y \cdot x_i}{\sum x_i^2} \text{（偏心作用情况）}$$		

【3-89】（2007D12）如下图所示，四桩承台，采用截面尺寸为 $0.4m \times 0.4m$ 的钢筋混凝土预制方桩，承台混凝土强度等级为 C35（$f_t = 1.57$MPa），按《建筑桩基技术规范》JGJ 94—2008 验算承台受角桩冲切的承载力最接近（　　）。

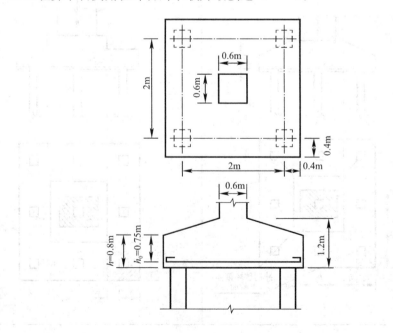

(A) 780kN　　　　(B) 900kN　　　　(C) 1100kN　　　　(D) 1290kN

答案：D

解答过程：

根据《建筑桩基技术规范》JGJ 94—2008 第 5.9.8 条：

(1) $a_{1x} = \dfrac{2}{2} - \dfrac{0.6}{2} - \dfrac{0.4}{2} = 0.5\text{m}$

$$\lambda_{1x} = \frac{a_{1x}}{h_0} = \frac{0.5}{0.75} = 0.667, \quad \beta_{1x} = \frac{0.56}{\lambda_{1x} + 0.2} = \frac{0.56}{0.667 + 0.2} = 0.646$$

$$h \leqslant 800, \quad \beta_{hp} = 1.0$$

(2) $\left[\beta_{1x} \left(c_2 + \dfrac{a_{1y}}{2} \right) + \beta_{1y} \left(c_1 + \dfrac{a_{1x}}{2} \right) \right] \beta_{hp} f_t h_0$

$$= \left[0.646 \times \left(0.6 + \frac{0.5}{2} \right) \right] \times 2 \times 1.0 \times 1570 \times 0.75 = 1293\text{kN}$$

【小注岩土点评】

β_{hp} 如取根部高度 1200mm，则计算结果如下：

$$\beta_{hp} = 1 - \frac{h - 800}{12000} = 1 - \frac{1200 - 800}{12000} = 0.967$$

$$\left[\beta_{1x} \left(c_2 + \frac{a_{1y}}{2} \right) + \beta_{1y} \left(c_1 + \frac{a_{1x}}{2} \right) \right] \beta_{hp} f_t h_0 = \left[0.646 \times \left(0.6 + \frac{0.5}{2} \right) \right] \times 2 \times 0.967 \times 1570 \times 0.75$$

$$= 1250.5\text{kN}$$

四、三桩三角形承台受角桩冲切验算

——《建筑桩基技术规范》第 5.9.8 条

计算简图	对于圆桩和圆柱，均应换算为方桩和方柱，换算系数为 0.8
	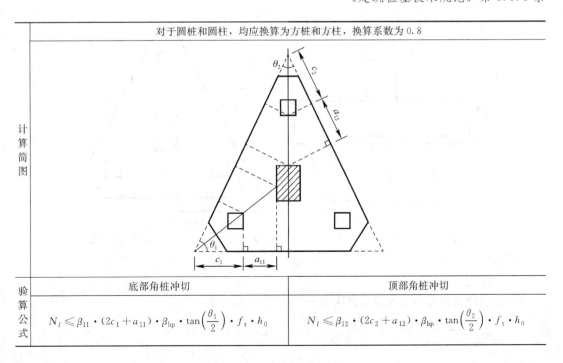

	底部角桩冲切	顶部角桩冲切
验算公式	$N_l \leqslant \beta_{11} \cdot (2c_1 + a_{11}) \cdot \beta_{hp} \cdot \tan\left(\dfrac{\theta_1}{2}\right) \cdot f_t \cdot h_0$	$N_l \leqslant \beta_{12} \cdot (2c_2 + a_{12}) \cdot \beta_{hp} \cdot \tan\left(\dfrac{\theta_2}{2}\right) \cdot f_t \cdot h_0$

	c_1、a_{11} 验算截面有效高度（h_0） 验算截面总高度（h）	c_2、a_{12} 验算截面有效高度（h_0） 验算截面总高度（h）
承台冲切承载力	冲跨比 λ（$0.25 \leqslant \lambda \leqslant 1$） $$\lambda_{11}=a_{11}/h_0$$ $$\lambda_{12}=a_{12}/h_0$$ $\lambda>1$ 时，直接取 $\lambda=1 \Rightarrow$ 同时反算 a_{11}（a_{12}）$=h_0$ $\lambda<0.25$ 时，直接取 $\lambda=0.25 \Rightarrow$ 同时反算 a_{11}（a_{12}）$=0.25 \cdot h_0$ 【小注】a_{11} 和 a_{12} 同样不能超过 h_0，应包括两种情况，规范中示意图仅为其中一种情况，还有一种情况 a_{11}、a_{12} 的交线位于柱子的左侧。不要一味地套规范，容易产生误解 冲切系数 $$\beta_{11}=0.56/(\lambda_{11}+0.2)$$ $$\beta_{12}=0.56/(\lambda_{12}+0.2)$$ 承台受冲切承载力截面高度影响系数： $\beta_{hp}=1-\dfrac{h-0.8}{12}$（$h\leqslant0.8$m 时，取 $h=0.8$m；$h\geqslant2.0$m 时，取 $h=2.0$m）	
	承台抗底部角桩冲切承载力： $=\beta_{11} \cdot (2c_1+a_{11}) \cdot \beta_{hp} \cdot \tan\left(\dfrac{\theta_1}{2}\right) \cdot f_t \cdot h_0$	承台抗顶部角桩冲切承载力： $=\beta_{12} \cdot (2c_2+a_{12}) \cdot \beta_{hp} \cdot \tan\left(\dfrac{\theta_2}{2}\right) \cdot f_t \cdot h_0$
角桩冲切力	不计承台及其上土重，在基本组合作用下，角桩净反力设计值 N_l： $$N_l=F/n \text{（轴心作用情况）}; \quad N_l=\dfrac{F}{n}+\dfrac{M_x \cdot y_i}{\sum y_i^2}+\dfrac{M_y \cdot x_i}{\sum x_i^2} \text{（偏心作用情况）}$$	

【3-90】（2005D12）某桩基三角形承台如下图所示，承台厚度为 1.1m，钢筋保护层厚度为 0.1m，承台混凝土抗拉强度设计值 $f_t=1.7\text{N/mm}^2$，试按《建筑桩基技术规范》JGJ 94—2008 计算承台受底部角桩冲切的承载力，其值最接近（　　）。

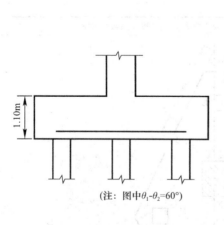

（注：图中 $\theta_1-\theta_2=60°$）

(A) 1500kN　　　(B) 2010kN　　　(C) 2430kN　　　(D) 2640kN

答案：C

解答过程：

根据《建筑桩基技术规范》JGJ 94—2008 第 5.9.8 条：

(1) $\beta_{hp}=1-\dfrac{h-800}{12000}=1-\dfrac{1100-800}{12000}=0.975$

$$\lambda_{11}=\frac{a_{11}}{h_0}=\frac{1.8}{1.1-0.1}=1.8>1,\ 取\ \lambda_{11}=1,\ a_{11}=\lambda_{11}\times1.0=1m$$

$$\beta_{11}=\frac{0.56}{\lambda_{11}+0.2}=\frac{0.56}{1+0.2}=0.467$$

（2） $\beta_{11}(2c_1+a_{11})\beta_{hp}\tan\dfrac{\theta_1}{2}f_t h_0$

$$=0.467\times(2\times2.2+1)\times0.975\times\tan\frac{60°}{2}\times1.7\times10^3\times1.0$$

$$=2413.3kN$$

【3-91】（模拟题）某工程采用打入式钢筋混凝土预制方桩，桩截面边长为400mm。某柱下原设计布置 A、B、C 三桩，工程桩施工完毕后，检测发现 B 桩有严重缺陷，按废桩处理（桩顶与承台始终保持脱开状态），需要补打 D 桩，补桩后的桩基承台如下图所示（尺寸单位为 mm）。承台高度为1100mm，混凝土强度等级为 C35（$f_t=1.57N/mm^2$），柱截面尺寸为600mm×600mm。试问，补桩后承台在 D 桩处的受角桩冲切的承载力设计值（kN）与下列何项数值最为接近？

提示：按《建筑桩基技术规范》JGJ 94—2008 作答，承台的有效高度 h_0 按1050mm取用。

(A) 1150 　　　(B) 1300 　　　(C) 1400 　　　(D) 1500

补桩后承台

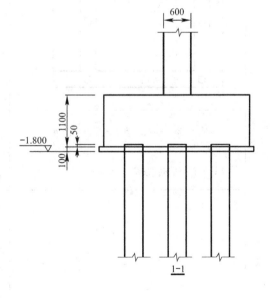

1-1

答案：A

解答过程：

根据《建筑桩基技术规范》JGJ 94—2008：

（1）$\alpha_{12}=1240mm$，由于须满足 $0.25\leqslant\lambda_{12}\leqslant1$，所以 $\alpha_{12}=1050mm$

$h_0=1050mm$，$\lambda_{12}=1$，$c_2=1059+183=1242mm$

$\tan\dfrac{\theta}{2}=289/657=0.44$，$\beta_{12}=\dfrac{0.56}{1+0.2}=0.467$

$\beta_{hp}=0.9+(2-1.1)\times0.1/(2-0.8)=0.975$

(2)$N_l \leqslant 0.467 \times (2 \times 1.242 + 1.05) \times 0.975 \times 0.44 \times 1570 \times 1.05 = 1167$kN

五、箱形、筏形承台受内部基桩冲切承载力验算

——《建筑桩基技术规范》第5.9.8条

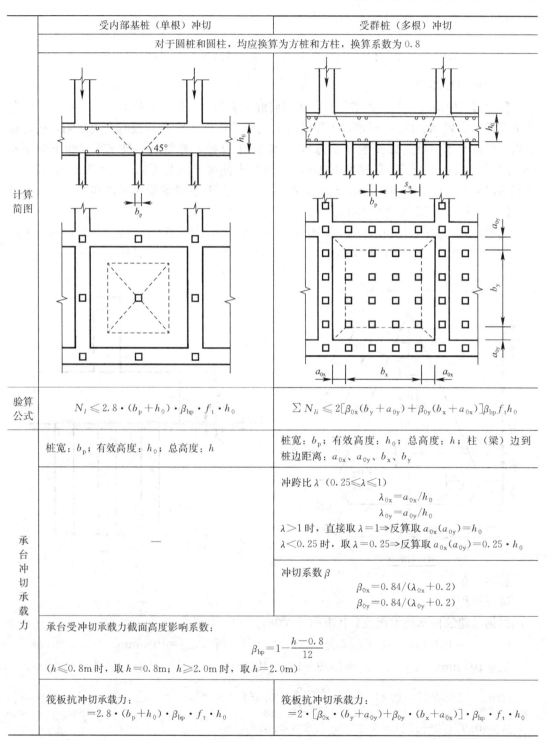

	受内部基桩（单根）冲切	受群桩（多根）冲切
	对于圆桩和圆柱，均应换算为方桩和方柱，换算系数为0.8	
计算简图		
验算公式	$N_l \leqslant 2.8 \cdot (b_p + h_0) \cdot \beta_{hp} \cdot f_t \cdot h_0$	$\sum N_{li} \leqslant 2[\beta_{0x}(b_y + a_{0y}) + \beta_{0y}(b_x + a_{0x})]\beta_{hp}f_t h_0$
承台冲切承载力	桩宽：b_p；有效高度：h_0；总高度：h	桩宽：b_p；有效高度：h_0；总高度：h；柱（梁）边到桩边距离：a_{0x}、a_{0y}、b_x、b_y
	—	冲跨比 λ （$0.25 \leqslant \lambda \leqslant 1$） $\lambda_{0x} = a_{0x}/h_0$ $\lambda_{0y} = a_{0y}/h_0$ $\lambda > 1$时，直接取$\lambda = 1 \Rightarrow$反算取$a_{0x}(a_{0y}) = h_0$ $\lambda < 0.25$时，取$\lambda = 0.25 \Rightarrow$反算取$a_{0x}(a_{0y}) = 0.25 \cdot h_0$
		冲切系数β $\beta_{0x} = 0.84/(\lambda_{0x} + 0.2)$ $\beta_{0y} = 0.84/(\lambda_{0y} + 0.2)$
	承台受冲切承载力截面高度影响系数： $$\beta_{hp} = 1 - \frac{h - 0.8}{12}$$ （$h \leqslant 0.8$m时，取$h = 0.8$m；$h \geqslant 2.0$m时，取$h = 2.0$m）	
	筏板抗冲切承载力： $= 2.8 \cdot (b_p + h_0) \cdot \beta_{hp} \cdot f_t \cdot h_0$	筏板抗冲切承载力： $= 2 \cdot [\beta_{0x} \cdot (b_y + a_{0y}) + \beta_{0y} \cdot (b_x + a_{0x})] \cdot \beta_{hp} \cdot f_t \cdot h_0$

角桩冲切力	不计承台及其上土重，在基本组合作用下，每根基桩净反力设计值为 $N_l = F/n$（轴心作用），偏心作用公式同前。
	不计承台及其上土重，在基本组合作用下，冲切破坏锥体内所有基桩净反力设计值之和为 $\sum N_{li}$。
	【小注】注意箱形、筏形承台的冲切力 $\sum N_{li}$ 的计算，不同于前面讲的矩形承台冲切力 F_l，$\sum N_{li}$ 为锥体内桩的反力和（如上右侧图，冲切破坏锥体内 16 根桩的反力和），F_l 为锥体外桩的反力和

第四节　承台受剪切计算

一、基本概念及原理

（一）基本规定

柱（墙）下桩基承台，应分别对柱（墙）边、变阶处和柱边连线形成的贯通承台的斜截面的受剪承载力进行验算。当承台悬挑边有多排基桩形成多个斜截面时，应对每个斜截面的受剪承载力进行验算。

（二）剪力 V

$$轴心受压：V = n_1 \times \frac{F}{n}$$

$$偏心受压：V = \frac{F}{n} \pm \frac{M_x y_i}{\sum y_i^2} \pm \frac{M_y x_i}{\sum x_i^2}$$

式中：V——不计承台及其上土自重，在荷载效应基本组合下，斜截面的最大剪力设计值（kN）；

F——不计承台及其上土自重，在荷载效应基本组合下柱（墙）底的竖向荷载设计值（kN）；

n——承台下总桩数；

n_1——剪切面外侧的桩数。

其他字母含义同前。

【小注】注意本章节讲的承台设计计算（冲切、剪切、受弯）都要采用基本组合值，凡涉及标准组合值要乘分项系数 1.35，如 $F = 1.35F_k$。

（三）受剪承载力验算基本公式

$$V \leqslant \beta_{hs} \alpha f_t b_0 h_0$$

式中：　V——剪力设计值（kN）；

$\beta_{hs} \alpha f_t b_0 h_0$——受剪承载力（kN）。

（四）剪切系数 α 和剪跨比 λ

$$\alpha = \frac{1.75}{\lambda + 1}$$

$$\lambda = \frac{a}{h_0}$$

$$(0.25 \leqslant \lambda \leqslant 3)$$

式中：a——柱边（墙边）或承台变阶处至计算第一排桩的桩边的水平距离。

【小注】剪跨比 λ 的范围值：当 $\lambda < 0.25$ 时，取 $\lambda = 0.25$；当 $\lambda > 3$ 时，取 $\lambda = 3$。此处

不涉及对 a 的反算。

二、一阶矩形承台柱边受剪切承载力

——《建筑桩基技术规范》第 5.9.10 条

计算简图	对于圆桩和圆柱，均应换算为方桩和方柱，换算系数为 0.8

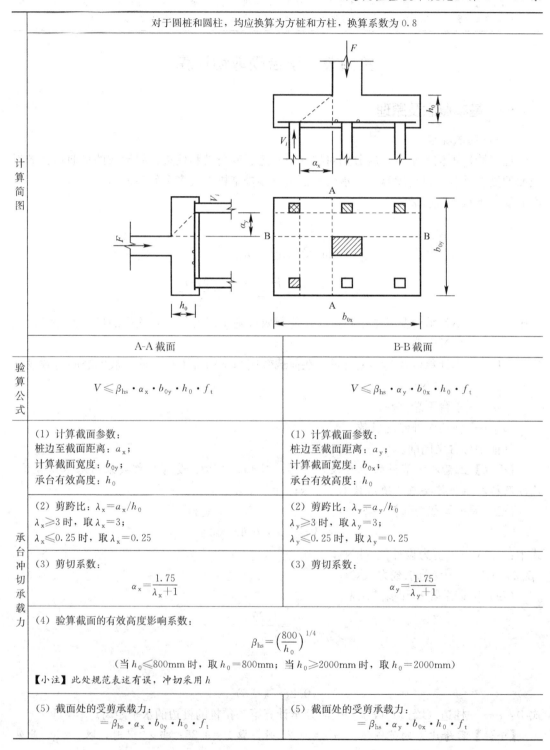

	A-A 截面	B-B 截面
验算公式	$V \leqslant \beta_{hs} \cdot \alpha_x \cdot b_{0y} \cdot h_0 \cdot f_t$	$V \leqslant \beta_{hs} \cdot \alpha_y \cdot b_{0x} \cdot h_0 \cdot f_t$
承台冲切承载力	(1) 计算截面参数： 桩边至截面距离：a_x； 计算截面宽度：b_{0y}； 承台有效高度：h_0	(1) 计算截面参数： 桩边至截面距离：a_y； 计算截面宽度：b_{0x}； 承台有效高度：h_0
	(2) 剪跨比：$\lambda_x = a_x / h_0$ $\lambda_x \geqslant 3$ 时，取 $\lambda_x = 3$； $\lambda_x \leqslant 0.25$ 时，取 $\lambda_x = 0.25$	(2) 剪跨比：$\lambda_y = a_y / h_0$ $\lambda_y \geqslant 3$ 时，取 $\lambda_y = 3$； $\lambda_y \leqslant 0.25$ 时，取 $\lambda_y = 0.25$
	(3) 剪切系数： $$\alpha_x = \frac{1.75}{\lambda_x + 1}$$	(3) 剪切系数： $$\alpha_y = \frac{1.75}{\lambda_y + 1}$$
	(4) 验算截面的有效高度影响系数： $$\beta_{hs} = \left(\frac{800}{h_0} \right)^{1/4}$$ （当 $h_0 \leqslant 800 \text{mm}$ 时，取 $h_0 = 800 \text{mm}$；当 $h_0 \geqslant 2000 \text{mm}$ 时，取 $h_0 = 2000 \text{mm}$） 【小注】此处规范表述有误，冲切采用 h	
	(5) 截面处的受剪承载力： $= \beta_{hs} \cdot \alpha_x \cdot b_{0y} \cdot h_0 \cdot f_t$	(5) 截面处的受剪承载力： $= \beta_{hs} \cdot \alpha_y \cdot b_{0x} \cdot h_0 \cdot f_t$

续表

剪切力	不计承台及其上土重，在基本组合作用下，验算斜截面的最大剪力设计值 V 如下： 轴心作用条件：$V = n_1 \times \dfrac{F}{n}$（$F$——基本组合作用下，作用于承台顶部的竖向力设计值） 偏心作用条件：$V = \sum N_i$（$\sum N_i$——验算截面外侧的所有基桩的竖向净反力之和） 【小注】如上图所示，A-A 截面外侧有 2 根桩，B-B 截面外侧有 3 根桩

【3-92】（2004C15）如下图所示柱下桩基，承台混凝土抗拉强度 $f_t = 1.71\text{MPa}$；按《建筑桩基技术规范》JGJ 94—2008 计算，承台长边受剪承载力最接近（　　）。

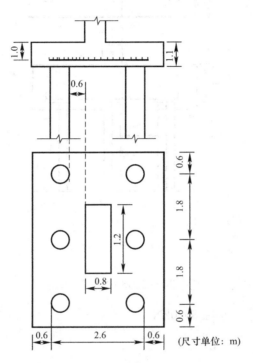

(尺寸单位：m)

（A）6.2MN　　　　（B）8.2MN　　　　（C）10.2MN　　　　（D）12.2MN

答案：B

解答过程：

根据《建筑桩基技术规范》JGJ 94—2008 第 5.9.10 条：

（1）$\lambda_x = \dfrac{a_x}{h_0} = \dfrac{0.6}{1.0} = 0.6$

$$\alpha_x = \frac{1.75}{\lambda_x + 1} = \frac{1.75}{0.6 + 1} = 1.094$$

$$\beta_{hs} = \left(\frac{800}{1000}\right)^{\frac{1}{4}} = 0.946$$

（2）受剪承载力：$\beta_{hs} \cdot \alpha \cdot f_t \cdot b_0 \cdot h_0 = 0.946 \times 1.094 \times 1.71 \times 4.8 \times 1.0 = 8.49\text{MN}$

【3-93】（2008D12）如下图所示，竖向荷载设计值 $F = 24000\text{kN}$，承台混凝土为 C40（$f_t = 1.71\text{MPa}$），按《建筑桩基设计规范》JGJ 94—2008 验算柱边 A-A 至桩边连线形成的斜截面的抗剪承载力与剪切力之比（抗力/V）最接近（　　）。

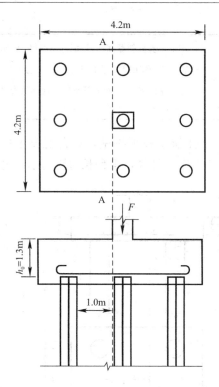

(A) 1.0 　　　　 (B) 1.2 　　　　 (C) 1.3 　　　　 (D) 1.4

答案：A

解答过程：

根据《建筑桩基技术规范》JGJ 94—2008 第 5.9.10 条：

(1) $V=\dfrac{F}{n}\times 3=\dfrac{24000}{9}\times 3=8000\text{kN}$

(2) $a_x=1.0\text{m}$，$h_0=1.3\text{m}$

$$\lambda_x=\frac{a_x}{h_0}=\frac{1}{1.3}=0.769$$

$$\alpha_x=\frac{1.75}{\lambda_x+1}=\frac{1.75}{0.769+1}=0.989$$

$$\beta_{hs}=\left(\frac{800}{h_0}\right)^{\frac{1}{4}}=\left(\frac{800}{1300}\right)^{\frac{1}{4}}=0.8857$$

$\beta_{hs}\cdot\alpha_x\cdot f_t\cdot b_{0y}\cdot b_0=0.8857\times 0.989\times 1.71\times 10^3\times 4.2\times 1.3=8178.5\text{kN}$

(3)

$$\frac{\beta_{hs}\cdot\alpha_x\cdot f_t\cdot b_{0y}\cdot b_0}{V}=\frac{8178.5}{8000}=1.02$$

【3-94】（2022D09）某建筑柱下独立桩基如下图所示，承台混凝土强度等级为 C50，若要求承台长边斜截面的受剪承载力不小于 10MN，按《建筑桩基技术规范》JGJ 94—2008 计算，承台截面的最小有效高度最接近下列哪个选项？（C50 混凝土的轴心抗拉强度设计值 $f_t=1.89\text{N/mm}^2$）

（A）1000mm　　　（B）1100mm

（C）1200mm　　　（D）1300mm

答案：B

解答过程：

依据《建筑桩基技术规范》JGJ 94—2008 第 5.9.10 条第 1
款：假设承台计算截面处有效高度为 h_0。

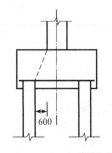

（1）承台剪切系数：$\alpha = \dfrac{1.75}{\lambda_x + 1} = \dfrac{1.75}{\dfrac{600}{h_0} + 1}$

（2）$V = 10 \times 10^6 \leqslant \beta_{hs}\alpha f_t b_0 h_0 = \left(\dfrac{800}{h_0}\right)^{\frac{1}{4}} \times \dfrac{1.75}{\dfrac{600}{h_0} + 1} \times 1.89 \times$

$4800 h_0 \Rightarrow h_0 \geqslant 1058.48\text{mm}$

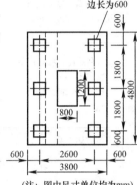

边长为600

（注：图中尺寸单位均为mm）

（3）$\lambda_x = \dfrac{a_x}{h_0} = \dfrac{600}{h_0} = \dfrac{600}{1058.48} = 0.567 > 0.25$，$< 3$ 满足
限值。

三、二阶矩形承台柱边和变阶处受剪承载力验算

——《建筑桩基技术规范》第 5.9.10 条

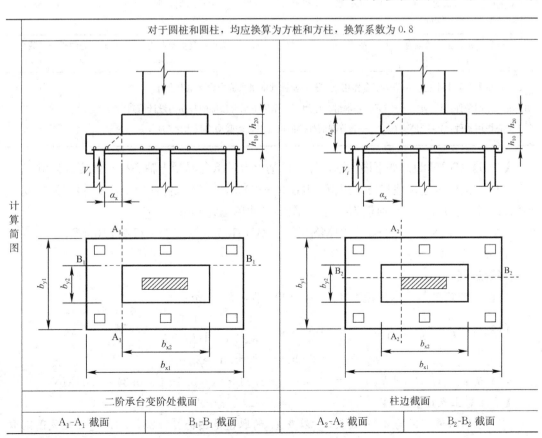

计算简图	对于圆桩和圆柱，均应换算为方桩和方柱，换算系数为 0.8			
	二阶承台变阶处截面		柱边截面	
	A₁-A₁ 截面	B₁-B₁ 截面	A₂-A₂ 截面	B₂-B₂ 截面

验算公式	$V \leqslant \beta_{hs} \alpha_x f_t b_{y1} h_{10}$	$V \leqslant \beta_{hs} \alpha_y f_t b_{x1} h_{10}$	$V \leqslant \beta_{hs} \alpha_x f_t (b_{y1} h_{10} + b_{y2} h_{20})$	$V \leqslant \beta_{hs} \alpha_y f_t (b_{x1} h_{10} + b_{x2} h_{20})$
承台冲切承载力	(1) 计算截面参数： 桩边至变阶截面距离：a_x； 计算截面宽度：b_{y1}； 承台有效高度：h_{10}	(1) 计算截面参数： 桩边至变阶截面距离：a_y； 计算截面宽度：b_{x1}； 承台有效高度：h_{10}	(1) 计算截面参数： 桩边至柱截面距离：a_x； 计算截面宽度：$b_{y0} = \dfrac{b_{y1} h_{10} + b_{y2} h_{20}}{h_{10} + h_{20}}$； 承台有效高度：$h_{10} + h_{20}$	(1) 计算截面参数： 桩边至柱边截面距离：a_x； 计算截面宽度：$b_{x0} = \dfrac{b_{x1} h_{10} + b_{x2} h_{20}}{h_{10} + h_{20}}$； 承台有效高度：$h_{10} + h_{20}$
	(2) 剪跨比：$\lambda_x = a_x / h_{10}$ $\lambda_x \geqslant 3$ 时，取 $\lambda_x = 3$； $\lambda_x \leqslant 0.25$ 时，取 $\lambda_x = 0.25$	(2) 剪跨比：$\lambda_y = a_y / h_{10}$ $\lambda_y \geqslant 3$ 时，取 $\lambda_y = 3$； $\lambda_y \leqslant 0.25$ 时，取 $\lambda_y = 0.25$	(2) 剪跨比：$\lambda_x = a_x / h_0$ $\lambda_x \geqslant 3$ 时，取 $\lambda_x = 3$； $\lambda_x \leqslant 0.25$ 时，取 $\lambda_x = 0.25$ $h_0 = h_{10} + h_{20}$	(2) 剪跨比：$\lambda_y = a_y / h_0$ $\lambda_y \geqslant 3$ 时，取 $\lambda_y = 3$ $\lambda_y \leqslant 0.25$ 时，取 $\lambda_y = 0.25$ $h_0 = h_{10} + h_{20}$
	(3) 剪切系数： $\alpha_x = \dfrac{1.75}{\lambda_x + 1}$	(3) 剪切系数： $\alpha_y = \dfrac{1.75}{\lambda_y + 1}$	(3) 剪切系数： $\alpha_x = \dfrac{1.75}{\lambda_x + 1}$	(3) 剪切系数： $\alpha_y = \dfrac{1.75}{\lambda_y + 1}$
	(4) 验算截面的有效高度影响系数： $\beta_{hs} = \left(\dfrac{800}{h_{10}}\right)^{1/4}$ （当 $h_{10} \leqslant 800mm$ 时，取 $h_{10} = 800mm$；当 $h_{10} \geqslant 2000mm$ 时，取 $h_{10} = 2000mm$）		(4) 验算截面的有效高度影响系数： $\beta_{hs} = \left(\dfrac{800}{h_0}\right)^{1/4}$，$h_0 = h_{10} + h_{20}$ （当 $h_0 \leqslant 800mm$ 时，取 $h_0 = 800mm$；当 $h_0 \geqslant 2000mm$ 时，取 $h_0 = 2000mm$）	
	(5) 截面处的受剪承载力 $= \beta_{hs} \alpha_x f_t b_{y1} h_{10}$	(5) 截面处的受剪承载力 $= \beta_{hs} \alpha_y f_t b_{x1} h_{10}$	(5) 截面处的受剪承载力 $= \beta_{hs} \alpha_x f_t (b_{y1} h_{10} + b_{y2} h_{20})$	(5) 截面处的受剪承载力 $= \beta_{hs} \alpha_y f_t (b_{x1} h_{10} + b_{x2} h_{20})$
剪切力	不计承台及其上土重，在基本组合作用下，验算斜截面的最大剪力设计值 V 如下： 轴心作用条件：$V = n_1 \times \dfrac{F}{n}$（$F$—基本组合作用下，作用于承台顶部的竖向力设计值） 偏心作用条件：$V = \sum N_i$（$\sum N_i$—验算截面外侧的所有基桩的竖向净反力之和）			

【3-95】（2010D11）如下图所示，柱下桩基承台，承台混凝土轴心抗拉强度设计值 $f_t = 1.71$MPa，试按《建筑桩基技术规范》JGJ 94—2008，计算承台柱边 A_1-A_1 斜截面的受剪承载力，其值与（　　）项最为接近。（图中尺寸单位为 mm）

(A) 1.00MN　　　(B) 1.21MN　　　(C) 1.53MN　　　(D) 2.04MN

答案：A

解答过程：

根据《建筑桩基技术规范》JGJ 94—2008 第 5.9.10 条：

(1) $\lambda_x = \dfrac{a_x}{h_{10} + h_{20}} = \dfrac{1}{0.3 + 0.3} = 1.67$，$\alpha_x = \dfrac{1.75}{\lambda_x + 1} = \dfrac{1.75}{1.67 + 1} = 0.655$

$h_{10} + h_{20} = 600mm < 800mm \Rightarrow \beta_{hs} = 1$

(2) $\beta_{hs} \alpha_x f_t (b_{y1} h_{10} + b_{y2} h_{20}) = 1 \times 0.655 \times 1.71 \times (1 \times 0.3 + 2 \times 0.3) = 1.01$MN

【小注岩土点评】

① β_{hs} 的取值范围为 $[0.8，2.0]$ 以及 λ_x 的取值范围为 $[0.25，3]$，超出此范围则取

临界值。

② 阶梯形承台，有效高度和截面计算宽度的换算，有效高度为 $h_{10}+h_{20}$ 作为最终的 h_0 计算 β_{hs}。

③ 当柱或桩为圆形时，均需要圆化方 $c=0.8d$。

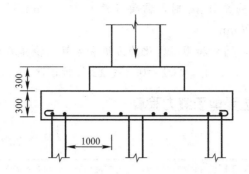

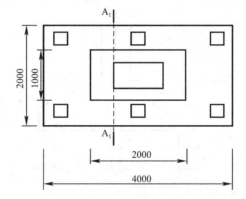

【3-96】（2017C13）某柱下阶梯形承台如下图所示，方桩截面为 $0.3m\times0.3m$，承台混凝土强度等级为 C40（$f_c=19.1MPa$，$f_t=1.71MPa$），根据《建筑桩基技术规范》JGJ 94—2008，计算所得变阶处斜截面 $A_1\text{-}A_1$ 的抗剪承载力设计值最接近下列哪一项？（图中尺寸单位为 mm）

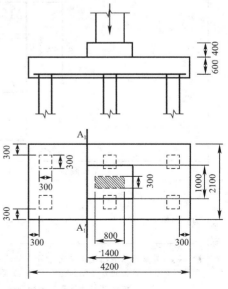

(A) 1500kN   (B) 1640kN

(C) 1730kN   (D) 3500kN

答案：B

解答过程：

根据《建筑桩基技术规范》JGJ 94—2008 第5.9.10 条：

(1) $\lambda=\dfrac{a_x}{h_0}=\dfrac{\dfrac{4200}{2}-300-300-\dfrac{1400}{2}}{600}=$

1.3, $\alpha=\dfrac{1.75}{\lambda+1}=\dfrac{1.75}{1.3+1}=0.76$

$h_0 < 800\text{mm}$，取 $h_0 = 800\text{mm}$，$\beta_{hs} = \left(\dfrac{800}{h_0}\right)^{1/4} = \left(\dfrac{800}{800}\right)^{1/4} = 1$

（2）$\beta_{hs} \alpha f_t b_0 h_0 = 1 \times 0.76 \times 1.71 \times 2.1 \times 0.6 = 1.64\text{MN} = 1640\text{kN}$

【小注岩土点评】

① 计算截面高度影响系数 β_{hs} 时，需要注意 $h_0 < 800\text{mm}$ 时，取 $h_0 = 800\text{mm}$；$h_0 > 2000\text{mm}$ 时，取 $h_0 = 2000\text{mm}$。

② 承台抗剪计算时，圆桩和圆柱需化为方桩和方柱，换算关系为 $c = 0.8d$。

③ $0.25 \leqslant \lambda \leqslant 3$，$\lambda < 0.25$ 时，取 $\lambda = 0.25$；$\lambda > 3$ 时，取 $\lambda = 3$。

四、锥形承台柱边受剪承载力验算

——《建筑桩基技术规范》第 5.9.10 条

计算简图	对于圆桩和圆柱，均应换算为方桩和方柱，换算系数为 0.8 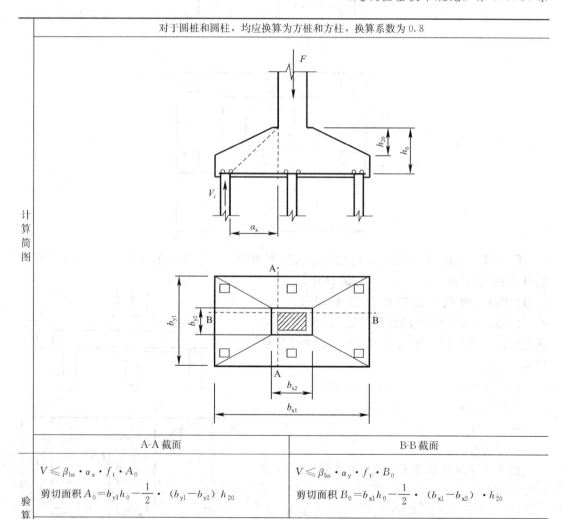

A-A 截面	B-B 截面
$V \leqslant \beta_{hs} \cdot \alpha_x \cdot f_t \cdot A_0$ 剪切面积 $A_0 = b_{y1} h_0 - \dfrac{1}{2} \cdot (b_{y1} - b_{y2}) h_{20}$	$V \leqslant \beta_{hs} \cdot \alpha_y \cdot f_t \cdot B_0$ 剪切面积 $B_0 = b_{x1} h_0 - \dfrac{1}{2} \cdot (b_{x1} - b_{x2}) \cdot h_{20}$

验算公式

【小注】《建筑地基基础设计规范》GB 50007—2011 附录 U 和《建筑桩基技术规范》JGJ 94—2008 采用的都是面积等效，但是截面的 b_{y1}（b_{x1}）、b_{y2}（b_{x2}）取值有差异，处理原则：选择的计算截面（变阶处或柱边）应和计算宽度相对应，但也有书籍对此处进行勘误，小注提示不要进行勘误，这么多年的注册岩土、结构考试都是按照此原则处理的，没有勘误过

承台冲切承载力	(1) 计算截面参数： 桩边至截面距离：a_x； 计算截面宽度：$b_{y0}=\left[1-0.5\dfrac{h_{20}}{h_{10}}\left(1-\dfrac{b_{y2}}{b_{y1}}\right)\right]b_{y1}$； 承台有效高度：$h_0$	(1) 计算截面参数： 桩边至截面距离：a_y； 计算截面宽度：$b_{x0}=\left[1-0.5\dfrac{h_{20}}{h_{10}}\left(1-\dfrac{b_{x2}}{b_{x1}}\right)\right]b_{x1}$； 承台有效高度：$h_0$
	(2) 剪跨比： $$\lambda_x=a_x/h_0$$ $\lambda_x\geqslant3$ 时，取 $\lambda_x=3$； $\lambda_x\leqslant0.25$ 时，取 $\lambda_x=0.25$	(2) 剪跨比： $$\lambda_y=a_y/h_0$$ $\lambda_y\geqslant3$ 时，取 $\lambda_y=3$； $\lambda_y\leqslant0.25$ 时，取 $\lambda_y=0.25$
	(3) 剪切系数： $$\alpha_x=\dfrac{1.75}{\lambda_x+1}$$	(3) 剪切系数： $$\alpha_y=\dfrac{1.75}{\lambda_y+1}$$
	(4) 验算截面的有效高度影响系数： $$\beta_{hs}=\left(\dfrac{800}{h_0}\right)^{1/4}$$ （当 $h_0\leqslant800$mm 时，取 $h_0=800$mm；当 $h_0\geqslant2000$mm 时，取 $h_0=2000$mm）	
	(5) 剪切面面积： $$A_0=b_{y1}h_0-\dfrac{1}{2}\cdot(b_{y1}-b_{y2})h_{20}$$	(5) 剪切面面积： $$B_0=b_{x1}h_0-\dfrac{1}{2}\cdot(b_{x1}-b_{x2})\cdot h_{20}$$
	(6) 截面处的受剪承载力 $=\beta_{hs}\cdot\alpha_x\cdot f_t\cdot A_0$	(6) 截面处的受剪承载力 $=\beta_{hs}\cdot\alpha_y\cdot f_t\cdot B_0$
剪切力	不计承台及其上土重，在基本组合作用下，验算斜截面的最大剪力设计值 V 如下： 轴心作用条件：$V=n_1\times\dfrac{F}{n}$（F—基本组合作用下，作用于承台顶部的竖向力设计值） 偏心作用条件：$V=\sum N_i$（$\sum N_i$—验算截面外侧的所有基桩的竖向净反力之和）	

【3-97】（模拟题）某地基基础设计等级为乙级的柱下桩基础，承台下布置有 5 根边长为 400mm 的钢筋混凝土预制方桩，框架柱截面尺寸为 600mm×800mm，承台及其以上土的加权平均重度 $\gamma_G=20$kN/m³，承台平面尺寸、桩位布置等如下图所示（尺寸单位为 mm）。假定承台混凝土强度等级为 C30（$f_t=1.43$N/mm²），承台计算截面的有效高度 $h_0=1500$mm。试问，按《建筑桩基技术规范》JGJ 94—2008 计算时，图中柱边 A-A 截面承台的斜截面受剪承载力设计值（kN），与下列何项数值最为接近？

(A) 3700　　　　(B) 3900　　　　(C) 4600　　　　(D) 5000

答案：A

根据《建筑桩基技术规范》JGJ 94—2008 第 5.9.10 条：

$$\beta_{hs}=\left(\frac{800}{h_0}\right)^{1/4}=\left(\frac{800}{1500}\right)^{1/4}=0.855$$

$$b_0=\left[1-0.5\times\frac{0.75}{1.5}\times\left(1-\frac{0.6}{2.8}\right)\right]\times2.8=2.25\text{m}；$$

$$0.25<\lambda=\frac{2-0.4-0.2}{1.5}=0.933<3$$

$$a=\frac{1.75}{\lambda+1}=\frac{1.75}{0.933+1}=0.905$$

$$\beta_{hs}af_tb_0h_0=0.855\times0.905\times1.43\times2.25\times1500=3734kN$$

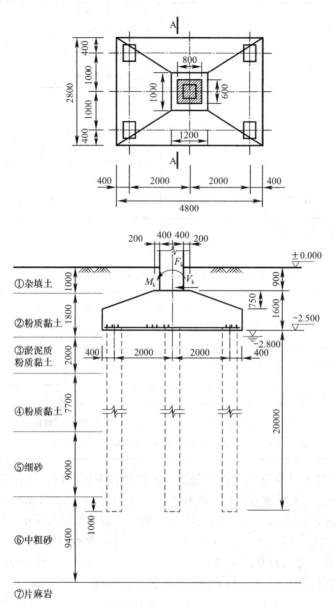

第四篇　地基处理

地基处理部分主要包括：换填垫层、预压地基、压实地基和夯实地基、复合地基、注浆加固等内容。

本篇内容出题较多，一般情况下，每年题量基本为 6～7 题，占比分值较高，涉及的题型较为固定，往年是比较容易得分的内容，但是近年来，地基处理的题目比较灵活多变，更加注重原理且更加结合实际施工情况，计算量增大，得分不再容易，因此，在平时学习中应对概念和原理有更清晰的认识。

地基处理历年真题情况表

类别	历年出题数量	占地基处理比重	占历年真题比重
换填垫层	6	4.0%	12.58%
预压地基	40	26.5%	2002—2023 年总题目共计 1260 题，其中地基处理占 151 题。
压实地基与夯实地基	10	6.6%	
复合地基	86	57.0%	（2015 年未举行考试）
注浆加固及其他	9	5.9%	

地基处理历年真题考点统计表

年份	《建筑地基处理技术规范》JGJ 79—2012							合计
	换填垫层	预压地基	散体材料桩	刚性桩	注浆法	多桩型	其他处理	
2016 年	—	1 道	2 道	3 道水泥土搅拌桩	—	1 道	—	7 道
2017 年	—	1 道	2 道	1 道 CFG 桩；1 道搅拌桩	1 道	—	—	6 道
2018 年	—	1 道	1 道	1 道夯实水泥土桩；2 道搅拌桩	—	—	—	5 道
2019 年	—	—	2 道	1 道搅拌桩；1 道预制桩	1 道	—	—	5 道
2020 年	1 道	2 道	1 道	2 道搅拌桩	—	1 道	—	7 道
2021 年	—	1 道	1 道	1 道搅拌桩；1 道 CFG 桩	1 道	—	—	5 道
2022 年	1 道	1 道	2 道	2 道搅拌桩	—	—	1 道增湿处理	7 道
2022 年补考	—	1 道	3 道	—	—	1 道	—	4 道
2023 年	1 道	2 道	1 道	1 道夯实水泥土桩	1 道	—	—	6 道

本篇涉及的主要规范及相关教材有：

《建筑地基处理技术规范》JGJ 79—2012

《建筑地基基础设计规范》GB 50007—2011

《湿陷性黄土地区建筑标准》GB 50025—2018

《土力学》（第 3 版）（统一简称《土力学》）

《工程地质手册》（第五版）

《基础工程》（第 3 版）

第二十三章 总体规定

《建筑地基处理技术规范》JGJ 79—2012 中对于地基处理设计的一般规定，主要是第 3.0.4 条和第 3.0.5 条，其规定如下：

3.0.4 经处理后的地基，当按地基承载力确定基础底面积及埋深而需要对本规范确定的地基承载力特征值进行修正时，应符合下列规定：

1 大面积压实填土地基，基础宽度的地基承载力修正系数应取零；基础埋深的地基承载力修正系数，对于压实系数大于 0.95、黏粒含量 $\rho_c \geqslant 10\%$ 的粉土，可取 1.5，对于干密度大于 2.1t/m³ 的级配砂石可取 2.0。

2 其他处理地基，基础宽度的地基承载力修正系数应取零，基础埋深的地基承载力修正系数应取 1.0。

3.0.5 处理后的地基应满足建筑物地基承载力、变形和稳定性要求，地基处理的设计尚应符合下列规定：

1 经处理后的地基，当在受力层范围内仍存在软弱下卧层时，应进行软弱下卧层地基承载力验算。

2 按地基变形设计或应做变形验算且需进行地基处理的建筑物或构筑物，应对处理后的地基进行变形验算。

3 对建造在处理后的地基上受较大水平荷载或位于斜坡上的建筑物及构筑物，应进行地基稳定性验算。

根据上述第 3.0.4 条可知，处理后地基承载力修正如下：

$$f_a = f_{ak} + \eta_d \cdot \gamma_m \cdot (d - 0.5)$$

地基处理方式		η_b	η_d
大面积压实填土地基 （处理宽度＞2倍基础宽度）	压实系数大于 0.95、黏粒含量 $\rho_c \geqslant 10\%$ 的粉土	0	1.5
	干密度大于 2.1t/m³ 的级配砂石	0	2.0
其他处理地基（换填垫层、预压地基、复合地基等）		0	1.0

【小注岩土点评】

① 地基处理后的宽度修正系数：永远取零；地基处理后的深度修正系数：除大面积压实填土可按《建筑地基基础设计规范》GB 50007—2011 取值外，其余全部取 1.0。

② 天然地基的性质，在水平方向是均匀的、无限延伸的。而处理的地基是局部的，处理的宽度比基础的宽度稍稍宽一点，在基础宽度以外的土层没有经过加固处理。地基承载力由三个分量构成，第一项分量是由土的黏聚力在滑动面上形成的抗力；第二项分量是侧向超载（即埋置深度范围内的土体重力）在滑动面上形成的摩阻力所形成的抗力；第三项分量是由滑动土体的体积力在滑动面上的摩阻力所形成的抗力。构成地基承载力的这三个分量都需要通过滑动面来发挥，如果滑动土体中只加固了基础底面以下很小的一部分，而极大部分没有得到加固，根据加固了的这部分地基的性质来确定修正系数，偏于危险，所以，充其量，最多是根据处理前的地基性质来选取修正系数。但既然需要加固，天然土层必然是软弱的，即使按天然土层取值，也会得到宽度系数为 0、深度系数为 1.0 的结果。因此，《建筑地基处理技术规范》JGJ 79—2012 就将其明确规定了。

【4-1】（2014C05）柱下独立基础及地基土层如下图所示，基础的底面尺寸 3.0m× 3.6m，持力层压力扩散角 $\theta=23°$，地下水位埋深 1.2m。按照软弱下卧层承载力的设计要求，基础可承受的竖向作用力 F_k 最大值与下列哪个选项最接近？（基础和基础之上土的平均重度取 20kN/m³）

(A) 1180kN   (B) 1440kN   (C) 1890kN   (D) 2090kN

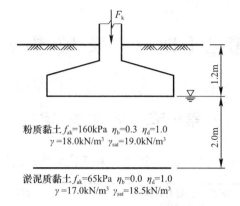

粉质黏土 $f_{ak}=160kPa$ $\eta_b=0.3$ $\eta_d=1.0$
$\gamma=18.0kN/m^3$ $\gamma_{sat}=19.0kN/m^3$

淤泥质黏土 $f_{ak}=65kPa$ $\eta_b=0.0$ $\eta_d=1.0$
$\gamma=17.0kN/m^3$ $\gamma_{sat}=18.5kN/m^3$

答案：B

解答过程：

根据《建筑地基基础设计规范》GB 50007—2011：

（1）第 5.2.4 条：

$$f_{az}=f_{ak}+\eta_d\gamma_m(d-0.5)$$
$$=65+1.0\times\frac{1.2\times18.0+2.0\times(19.0-10.0)}{1.2+2.0}$$
$$\times[(1.2+2.0)-0.5]=98.41kPa$$

（2）第 5.2.7 条：

$$p_z=\frac{lb(p_k-p_c)}{(b+2z\tan\theta)(l+2z\tan\theta)}$$
$$=\frac{3.0\times3.6\times(p_k-1.2\times18)}{(3.0+2\times2.0\times\tan23°)\times(3.6+2\times2.0\times\tan23°)}$$
$$=\frac{10.8p_k-233.28}{24.89}=\frac{10.8p_k}{24.89}-9.37(kPa)$$

$$p_{cz}=1.2\times18+2.0\times(19.0-10.0)=39.6kPa$$

$$p_z+p_{cz}\leqslant f_{az}\Rightarrow\left(\frac{10.8p_k}{24.89}-9.37\right)+39.6\leqslant98.41\Rightarrow p_k\leqslant157.13kPa$$

（3）第 5.2.2 条第 1 款：

$$p_k=\frac{F_k+G_k}{A}=\frac{F_k+3.0\times3.6\times1.2\times20}{3.0\times3.6}=\frac{F_k}{10.8}+24\leqslant157.13\Rightarrow F_k\leqslant1438kN$$

【小注岩土点评】

存在软弱下卧层的基础竖向力最大值，需要验算两个工况，持力层地基承载力验算和软弱下卧层地基承载力验算，两种工况取小值。但是本题目明确指出，按照软弱下卧层承载力的设计要求验算 F_k 的最大值，故不需要再验算持力层的承载力。需要注意的是，软弱下卧层只对深度进行修正，修正时的 d 值取至软弱层顶。

第二十四章 换 填 垫 层

第一节 总 体 规 定

《建筑地基处理技术规范》JGJ 79—2012 中对于换填垫层的相关规定如下：

定义	2.1.4 挖除基础底面下一定范围内的软弱土层或不均匀土层，回填其他性能稳定、无侵蚀性、强度较高的材料，并夯压密实形成的垫层
适用范围	4.1.1 换填垫层适用于浅层软弱土层或不均匀土层的地基处理
垫层材料的选用	4.2.1 垫层材料的选用应符合下列要求： 1. 砂石。宜选用碎石、卵石、角砾、圆砾、砾砂、粗砂、中砂或石屑，并应级配良好，不含植物残体、垃圾等杂质。当使用粉细砂或石粉时，应掺入不少于总重量30%的碎石或卵石。砂石的最大粒径不宜大于50mm。对湿陷性黄土或膨胀土地基，不得选用砂石等透水性材料。 2. 粉质黏土。土料中有机质含量不得超过5%，且不得含有冻土或膨胀土。当含有碎石时，其最大粒径不宜大于50mm。用于湿陷性黄土或膨胀土地基的粉质黏土垫层，土料中不得夹有砖、瓦或石块等。 3. 灰土。体积配合比宜为2∶8或3∶7。石灰宜选用新鲜的消石灰，其最大粒径不得大于5mm。土料宜选用粉质黏土，不宜使用块状黏土，且不得含有松软杂质，土料应过筛且最大粒径不得大于15mm。 4. 粉煤灰。选用的粉煤灰应满足相关标准对腐蚀性和放射性的要求。粉煤灰垫层上宜覆土0.3～0.5m。粉煤灰垫层中采用掺加剂时，应通过试验确定其性能及适用条件。粉煤灰垫层中的金属构件、管网应采取防腐措施。大量填筑粉煤灰时，应经场地地下水和土壤环境的不良影响评价合格后，方可使用。 5. 矿渣。宜选用分级矿渣、混合矿渣及原状矿渣等高炉重矿渣。矿渣的松散重度不应小于11kN/m³，有机质及含泥总量不得超过5%。垫层设计、施工前应对所选用的矿渣进行试验，确认性能稳定并满足腐蚀性和放射性安全要求。对易受酸、碱影响的基础或地下管网不得采用矿渣垫层。大量填筑矿渣时，应经场地地下水和土壤环境的不良影响评价合格后，方可使用。 6. 其他工业废渣。在有充分依据或成功经验时，可采用质地坚硬、性能稳定、透水性强、无腐蚀性和无放射性危害的其他工业废渣材料，但应经过现场试验证明其经济技术效果良好且施工措施完善后方可使用。 7. 土工合成材料加筋垫层所选用土工合成材料的品种与性能及填料，应根据工程特性和地基土质条件，按照现行国家标准《土工合成材料应用技术规范》GB/T 50290—2014 的要求，通过设计计算并进行现场试验后确定。土工合成材料应采用抗拉强度较高、耐久性好、抗腐蚀的土工带、土工格栅、土工格室、土工垫或土工织物等土工合成材料。垫层填料宜用碎石、角砾、砾砂、粗砂、中砂等材料，且不宜含氯化钙、碳酸钠、硫化物等化学物质。当工程要求垫层具有排水功能时，垫层材料应具有良好的透水性。在软土地基上使用加筋垫层时，应保证建筑物稳定并满足允许变形的要求

第二节 垫 层 设 计

——《建筑地基处理技术规范》第 4.2.2～4.2.7 条

一、设计原理

将软弱土或不良土开挖一定深度后，换填强度大、压缩性小的土体，并分层夯实（碾压）形成双层地基，同时通过垫层有效扩散基底压力，进而降低下卧层顶的压力，以满足设计的强度和变形要求。

适用范围：浅层且厚度不大的软弱土层或不均匀土层。

二、设计计算

根据《建筑地基处理技术规范》JGJ 79—2012 第 4.2.2 条条文说明（部分）：

> 垫层设计应满足建筑地基的承载力和变形要求。首先，垫层能换除基础下直接承受建筑荷载的软弱土层，代之以能满足承载力要求的垫层；其次，荷载通过垫层的应力扩散，使下卧层顶面受到的压力满足小于或等于下卧层承载能力的条件

由以上规定可以看出，垫层的设计要使得垫层本身、下卧层的承载力和变形符合相关规定的要求。

验算项目	验算方法和相关规定
验算 示意图	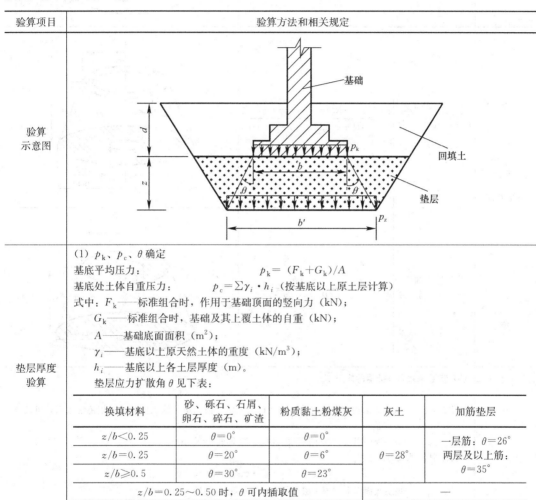

垫层厚度验算

(1) p_k、p_c、θ 确定

基底平均压力：　　　　　　　　　　　$p_k = (F_k + G_k)/A$

基底处土体自重压力：　　　　$p_c = \sum \gamma_i \cdot h_i$（按基底以上原土层计算）

式中：F_k——标准组合时，作用于基础顶面的竖向力（kN）；

　　　G_k——标准组合时，基础及其上覆土体的自重（kN）；

　　　A——基础底面面积（m²）；

　　　γ_i——基底以上原天然土体的重度（kN/m³）；

　　　h_i——基底以上各土层厚度（m）。

垫层应力扩散角 θ 见下表：

换填材料	砂、砾石、石屑、卵石、碎石、矿渣	粉质黏土粉煤灰	灰土	加筋垫层
$z/b < 0.25$	$\theta = 0°$	$\theta = 0°$	$\theta = 28°$	一层筋：$\theta = 26°$ 两层及以上筋：$\theta = 35°$
$z/b = 0.25$	$\theta = 20°$	$\theta = 6°$		
$z/b \geq 0.5$	$\theta = 30°$	$\theta = 23°$		
$z/b = 0.25 \sim 0.50$ 时，θ 可内插取值				—

(2) 计算垫层底面处的附加应力 p_z

基础形式	计算公式	计算图例
条形基础	$p_z = \dfrac{b \cdot (p_k - p_c)}{b + 2 \cdot z \cdot \tan\theta}$	
矩形基础	$p_z = \dfrac{b \cdot l \cdot (p_k - p_c)}{(b + 2 \cdot z \cdot \tan\theta) \cdot (l + 2 \cdot z \cdot \tan\theta)}$	

基础形式	计算公式	计算图例
圆形基础	$p_z = \dfrac{\pi r^2 \cdot (p_k - p_c)}{\pi (r + z \cdot \tan\theta)^2}$	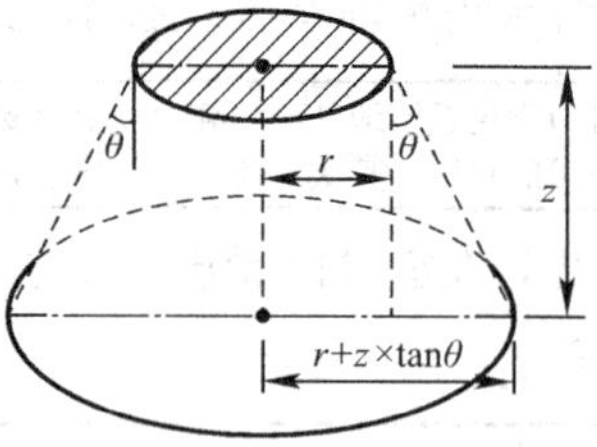
环形基础	扩散后为圆环 $r - z\tan\theta > 0$ 时 $p_z = \dfrac{(R^2 - r^2)(p_k - p_c)}{(R + z\tan\theta)^2 - (r - z\tan\theta)^2}$	
	扩散后为圆形 $r - z\tan\theta \leqslant 0$ 时 $p_z = \dfrac{(R^2 - r^2)(p_k - p_c)}{(R + z\tan\theta)^2}$	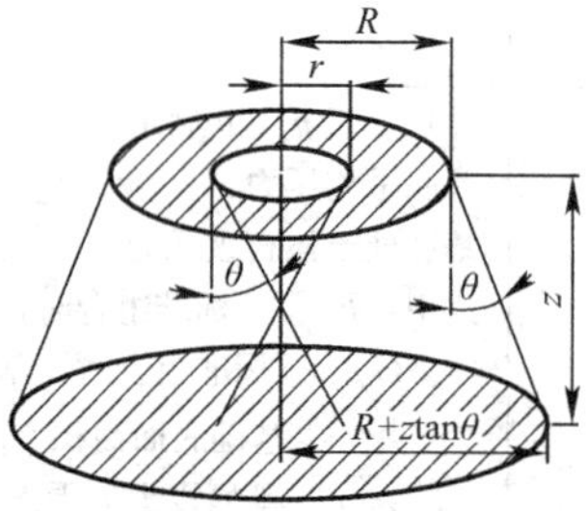

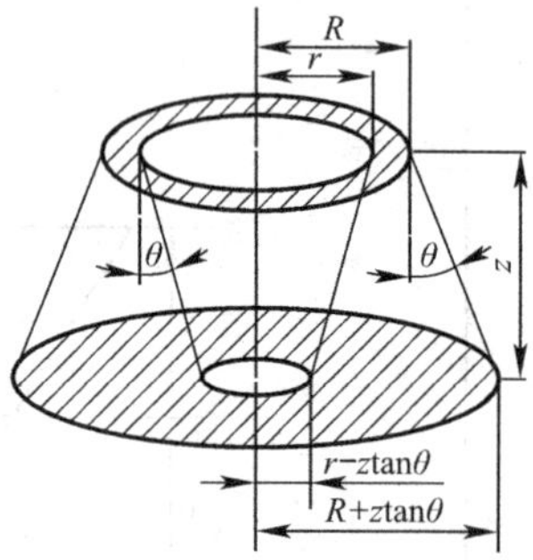

垫层厚度验算

(3) 垫层承载力特征值的修正 f_a

$$f_a = f_{ak} + \gamma_m \cdot (d - 0.5)$$

式中：f_{ak}——垫层承载力特征值可采用载荷试验测定，或当垫层施工质量达到规范要求后，可按下表取值；

γ_m——垫层顶面以上"原土层"的加权平均重度（kN/m^3）。

(4) 下卧层承载力修正 f_{az}

$$f_{az} = f_{ak} + \eta_d \cdot \gamma_m \cdot (d + z - 0.5)$$

式中：γ_m——垫层底面以上"原土层"的加权平均重度（kN/m^3）；

η_d——根据下卧层土层类型确定的承载力深度修正系数。

(5) 经地基处理后，下卧层顶面处的土体自重压力 p_{cz}

$$p_{cz} = \sum \gamma_i \cdot h_i$$

式中：γ_i——在垫层段时，取垫层段的材料重度；其他段仍采用原土层重度。

(6) 承载力验算

垫　层：$p_k \leqslant f_a$

下卧层：$p_z + p_{cz} \leqslant f_{az}$

一般情况下，垫层的厚度根据垫层底面处土的自重应力与附加应力之和不大于同一标高处下卧层经深度修正后的承载力确定，即：垫层的厚度以满足下卧层承载力为准，需要注意的是，《建筑地基处理技术规范》JGJ 79—2012 第 4.1.4 条规定，垫层的厚度宜为 0.5～3.0m，小于 0.5m 垫层起不到持力层效果，大于 3.0m 则不够经济

续表

基础形式	计算公式	计算图例

垫层宽度验算

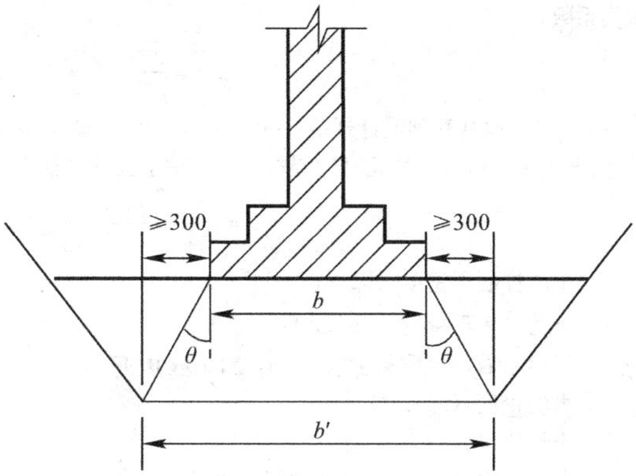

垫层底面宽度 b' 计算如下：

$$b' \geqslant b + 2 \cdot z \cdot \tan\theta$$

式中：θ——垫层应力扩散角，取值如下：（与上表略有不同，在于 $z/b<0.25$ 时 $\theta \neq 0$）

换填材料	砂、砾石、石屑、卵石、碎石、矿渣	粉质黏土粉煤灰	灰土	加筋垫层
$z/b<0.25$	$\theta=20°$	$\theta=6°$	$\theta=28°$	一层筋：$\theta=26°$ 两层及以上筋：$\theta=35°$
$z/b\geqslant0.5$	$\theta=30°$	$\theta=23°$		
$z/b=0.25\sim0.50$ 时，θ 可内插值			—	

【小注】垫层顶面每边超出基础底面边缘不应小于300mm

垫层压实度的相关计算

当垫层施工质量达到规范要求后，可按下表经验取值：
（《建筑地基处理技术规范》JGJ 79—2012 条文说明第4.2.5条）

换填材料类别	承载力特征值 f_{ak}（kPa）	压实系数 λ_c	
		轻型击实试数	重型击实试验
卵石、卵石	200～300	$\lambda_c\geqslant0.97$	$\lambda_c\geqslant0.97$
砂夹石	200～250		
土夹石	150～200		
中砂～角砾	150～200		
石屑	120～150		
粉质黏土	130～180	$\lambda_c\geqslant0.97$	$\lambda_c\geqslant0.94$
灰土	200～250	$\lambda_c\geqslant0.95$	
粉煤灰	120～150	$\lambda_c\geqslant0.95$	
矿渣	200～300		最后两遍压陷差≤2mm

【小注】① 压实系数 λ_c 为土的控制干密度 ρ_d 与最大干密度 ρ_{dmax} 的比值；土的最大干密度宜采用击实试验确定；碎石或者卵石的最大干密度可按照经验取2.1～2.2t/m^3。

② 压实系数小的垫层，承载力特征值取低值；原状矿渣垫层取低值，分级矿渣或混合矿渣垫层取高值。

续表

基础形式	计算公式	计算图例
垫层压实度的相关计算	垫层的压实系数： $$\lambda_c = \frac{\rho_d}{\rho_{dmax}}$$ ① ρ_{dmax} 根据《建筑地基基础设计规范》GB 50007—2011 第 6.3.8 条计算； ② 对于黏性土或粉土填料，当无试验资料时，可按下式计算最大干密度： $$\rho_{dmax} = \eta \frac{\rho_w d_s}{1 + 0.01 w_{op} d_s}$$ 式中：ρ_d——土的控制干密度（kg/m³）； $\quad\quad\rho_{dmax}$——土的最大干密度（kg/m³）； $\quad\quad\eta$——经验系数，粉质黏土取 0.96，粉土取 0.97； $\quad\quad\rho_w$——水的密度（kg/m³）； $\quad\quad d_s$——土粒比重； $\quad\quad w_{op}$——最优含水量（%），可取塑限含水量±2	
变形验算	一般情况下，换填垫层地基沉降变形由"垫层变形量"和"下卧层变形量"两部组成。《建筑地基处理技术规范》JGJ 79—2012 第 4.2.7 条规定：当垫层施工质量满足规范要求时，可仅考虑下卧层变形量即可；当地基沉降要求严格时，应计算垫层变形量＋下卧层变形量。垫层地基沉降变形计算方法：将垫层视为地基土的一部分地层，完全按《建筑地基基础设计规范》GB 50007—2011 进行计算即可。 在《建筑地基处理技术规范》JGJ 79—2012 第 4.2.7 条条文说明里面给出了各种材料垫层的压缩模量经验值	

【4-2】（2006C17）某建筑基础采用独立基础，尺寸为 6m×6m，埋深 1.5m，基础顶面的轴心荷载 $F_k = 6000$kN，基础和基础上土重 $G_k = 1200$kN，场地地层为粉质黏土，$f_{ak} = 120$kPa，$\gamma = 18$kN/m³，由于承载力不能满足要求，拟采用灰土换填垫层处理。当垫层厚度为 2.0m 时，采用《建筑地基处理技术规范》JGJ 79—2012 计算，垫层底面处的附加压力最接近（　　）。

（A）27kPa　　　　（B）63kPa　　　　（C）78kPa　　　　（D）94kPa

答案：D

解答过程：

根据《建筑地基处理技术规范》JGJ 79—2012 第 4.2.2 条：

（1）$p_k = \dfrac{F_k + G_k}{A} = \dfrac{6000 + 1200}{6 \times 6} = 200$kPa，$p_c = \gamma h = 1.5 \times 18 = 27$kPa

（2）灰土换填，取 $\theta = 28°$

$$p_z = \frac{bl(p_k - p_c)}{(b + 2z\tan\theta)(l + 2z\tan\theta)}$$

$$= \frac{6 \times 6 \times (200 - 27)}{(6 + 2 \times 2\tan28°)(6 + 2 \times 2\tan28°)} = 94.3\text{kPa}$$

【4-3】（2005D17）某钢筋混凝土条形基础埋深 $d = 1.5$m，基础宽 $b = 1.2$m，传至基础底面的竖向荷载 $F_k + G_k = 180$kN/m（荷载效应标准组合），土层分布如下图所示，用砂夹石将地基中淤泥土全部换填，按《建筑地基处理技术规范》JGJ 79—2012 验算下卧层承载力属于下述（　　）项的情况？（垫层材料重度 $\gamma = 19$kN/m³）

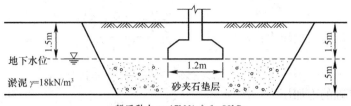

(A) $p_z + p_{cz} < f_{az}$　　　　　(B) $p_z + p_{cz} > f_{az}$

(C) $p_z + p_{cz} = f_{az}$　　　　　(D) $p_k + p_{cz} < f_{az}$

答案：A

解答过程：

根据《建筑地基处理技术规范》JGJ 79—2012第4.2.2条：

(1) $p_k = \dfrac{F_k + G_k}{A} = \dfrac{180}{1.2} = 150\text{kPa}$，$p_c = 1.5 \times 18 = 27\text{kPa}$

$$\frac{z}{b} = \frac{1.5}{1.2} = 1.25 > 0.5, \quad 取\ \theta = 30°$$

(2) $p_z = \dfrac{b(p_k - p_c)}{(b + 2z\tan\theta)} = \dfrac{1.2 \times (150 - 27)}{1.2 + 2 \times 1.5 \times \tan 30°} = 50.3\text{kPa}$

$$p_{cz} = 27 + 1.5 \times (19 - 10) = 40.5\text{kPa}$$

$$p_z + p_{cz} = 50.3 + 40.5 = 90.8\text{kPa}$$

(3) $\gamma_m = \dfrac{1.5 \times 18 + 1.5 \times 8}{3} = 13\text{kN/m}$

$$f_{az} = f_{ak} + \eta_d \gamma_m (d - 0.5) = 80 + 1 \times 13 \times (3 - 0.5) = 112.5\text{kPa}$$

(4) $p_z + p_{cz} = 90.8\text{kPa} < f_{az} = 112.5\text{kPa}$

【4-4】（2020D11）某换填垫层地基上建造条形基础和圆形独立基础平面布置如右图所示，基础埋深均为1.5m，地下水位很深，基底以上土层的天然重度为17kN/m³，基底下换填垫层厚度为2.2m，重度为20kN/m³，条形基础荷载（作用于基础底面处）为500kN/m，圆形基础荷载（作用于基础底面处）为1400kN。换填垫层的压力扩散角为30°时，求换填垫层底面处的自重压力和附加压力之和的最大值最接近下列哪个选项？

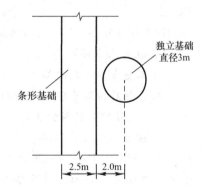

(A) 120kPa　　　　　(B) 155kPa

(C) 190kPa　　　　　(D) 205kPa

答案：D

解答过程：

解法一：根据《建筑地基基础设计规范》GB 50007—2011第5.2.7条：

(1) $2z\tan\theta = 2 \times 2.2 \times \tan 30° = 2.54\text{m} > 2 - \dfrac{3}{2} = 0.5\text{m}$

应力范围有重叠，应力将产生叠加。

（2）条形基础的附加压力：$p_{z1} = \dfrac{2.5 \times \left(\dfrac{500}{2.5} - 17 \times 1.5\right)}{2.5 + 2 \times 2.2 \times \tan(30°)} = 86.6\text{kPa}$

（3）圆形基础的附加压力：$p_{z2} = \dfrac{3 \times 3 \times \left(\dfrac{1400}{3.14 \times 1.5^2} - 17 \times 1.5\right)}{[3 + 2 \times 2.2 \times \tan(30°)]^2} = 50.6\text{kPa}$

（4）自重压力：$p_{cz} = 17 \times 1.5 + 20 \times 2.2 = 69.5\text{kPa}$

（5）$p_{z1} + p_{z2} + p_{cz} = 86.6 + 50.6 + 69.5 = 206.7\text{kPa}$

解法二：根据《建筑地基处理技术规范》JGJ 79—2012 第 4.2.2 条：

（1）$2z\tan\theta = 2 \times 2.2 \times \tan 30° = 2.54\text{m} > 2 - \dfrac{3}{2} = 0.5\text{m}$，故应力范围有重叠，应力将产生叠加。

（2）基底自重压力：$p_c = 1.5 \times 17 = 25.5\text{kPa}$，条形基础基底压力：$p_{k1} = \dfrac{500}{2.5 \times 1} = 200\text{kPa}$，圆形基础基底压力：$p_{k2} = \dfrac{1400}{\dfrac{\pi}{4} \times 3^2} = 198.2\text{kPa}$

（3）条形基础垫层底面处的附加压力：$p_{z1} = \dfrac{b_1(p_{k1} - p_c)}{b_1 + 2z\tan\theta} = \dfrac{2.5 \times (200 - 25.5)}{2.5 + 2 \times 2.2 \times \tan 30°} = 86.55\text{kPa}$

圆形基础垫层底面处的附加压力：$p_{z2} = \dfrac{\dfrac{\pi}{4} \times 3^2 \times (p_{k2} - p_c)}{\dfrac{\pi}{4} \times (3 + 2z\tan\theta)^2} = \dfrac{9 \times (198.2 - 25.5)}{(3 + 2 \times 2.2 \times \tan 30°)^2} = 50.60\text{kPa}$

（4）$p_z + p_{cz} = 25.5 + 2.2 \times 20 + 86.55 + 50.60 = 206.65\text{kPa}$

【小注岩土点评】

① 本题考查基底附加压力计算，其计算原理为：基底压力扩散法。即先计算出基底压力 p_k，然后按照基底土或者换填垫层材料的不同，选择不同的压力扩散角，从而计算出某一深度处的基底附加压力。

② 该方法在《建筑地基基础设计规范》GB 50007—2011 第 5.2.7 条及《建筑地基处理技术规范》JGJ 79—2012 第 4.2.2 条均有相关计算规定，两种方法均可以计算。对于是否考虑应力叠加，应遵循以下原则：两个基础下的附加压力需要考虑叠加问题，比如本题；同一个基础下的附加压力当有重叠区时，不考虑应力叠加，比如圆环基础，当 $r - z\tan\theta < 0$ 时，并不对应力进行叠加。

③ 注意换填后在换填范围内土体的自重压力应采用换填材料的重度。

第二十五章 预压地基

预压法（排水固结法）：指直接在天然地基或者在设置有袋装砂井、塑料排水带等竖向排水体的地基上，利用建筑物本身重量或者在建筑物建造之前在场地先行加载预压，使土体中孔隙水排出，提前完成土体固结沉降，逐步增加地基强度的一种方法。

预压法的物理模型主要由加压系统和排水系统两部分组成。

排水系统：通过改变地基原有的排水边界条件，增加孔隙水排出的途径，缩短排水距离，使得地基在预压期间尽快完成设计要求的沉降量，并及时提高地基土的强度。

加压系统：通过预先对地基施加荷载，使地基中的孔隙水产生压力差，从饱和地基中自然排出，进而使土体固结。

第一节 一维渗流固结理论（太沙基渗透固结理论）

——《土力学》

一、基本原理

根据有效应力原理，在外荷载作用下，饱和土体所受的附加应力由土骨架和孔隙水共同承担，即土骨架上产生有效应力增量和孔隙水内产生超静孔隙水压力。随着土体内超静孔隙水压力逐渐消散，孔隙水逐渐排出，有效应力逐渐增加，土体体积随之逐渐发生压缩变形，此过程即为"渗流固结"现象。

饱和土体的渗流固结沉降，很容易采用分层总和法计算求得，然而工程设计中，有时还需要研究土体的压缩沉降随时间的变化规律，即变形与时间的关系。

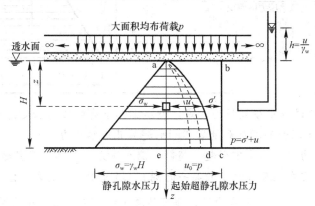

太沙基一维渗流固结理论示意图

在厚度为 H 的饱和土体上，施加无限范围的均布荷载 p_0，土体中的附加应力 p_0 是不随深度变化的，土体中的孔隙水只能沿竖向渗流排出，土体仅能产生竖向压缩，此便称为"一维单向渗流固结"过程。

下面研究下"一维单向渗流固结"的三个特殊时间点的土体内部应力变化：

（1）如图所示，原土层中某点静孔隙水压力为 $\gamma_w z$，堆载 p_0 加载的瞬间，饱和土体未来得及发生渗流固结变形，此时堆载 p_0 全部由孔隙水承担，产生超静孔隙水压力，$u_0 = p_0$。

（2）在堆载 p_0 作用下，饱和土体中的超静孔隙水压力逐渐消散，孔隙水沿竖向渗流排出，土体逐渐压缩变形，有效应力 σ' 逐渐增大，堆载 p_0 由土骨架和孔隙水共同承担。

$$p_0（恒定）= \sigma' \uparrow + u \downarrow$$

（3）在堆载 p_0 作用下，土体的渗流固结完成后，此时超静孔隙水压力已经完全消散，堆载 p_0 完全由土骨架承担，$p_0 = \sigma'$。

综上所述，饱和土体的渗流固结本质上就是土体内的超静孔隙水压力消散的过程，该过程的快慢取决于土体的渗透性、渗流路径等因素。

二、土层中某点的竖向固结度 U_{zt}

t 时刻，对某一深度 z 处，有效应力 σ' 与起始超静水压力 u_0（堆载 p_0）的比值：

$$U_{zt} = \frac{起始超静孔隙水压力消散部分}{起始超静孔隙水压力} = \frac{\sigma'}{p_0} = \frac{p_0 - u}{p_0} = \frac{u_0 - u}{u_0}$$

三、土层的平均固结度 $\bar{U}_{zt}$

t 时刻，整个土层的平均固结度 $\bar{U}_{zt}$，土骨架已经承担的有效应力面积（abcd）与全部附加应力面积的比值（abce），如下：

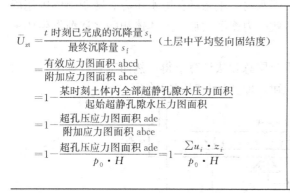

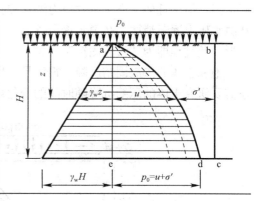

【小注】① 整个过程中堆载压力恒定，预压土体中有效压力和超静孔隙水压力之和始终恒定，超静孔隙水压力的增加和消散不影响超静孔隙水压力。

② 静孔隙水压力由水的自重引起，超静孔隙水压力由外部荷载引起。

③ 工程中，经常在预压过程中的某一时刻 t，通过测定该时刻土层中各深度处的超静孔隙水压力 u_i，绘制 $u_i - z_i$ 关系曲线，便可估算出该时刻土层的平均固结度 $\bar{U}_{zt}$。

【4-5】（2007C15）某正常固结软黏土地基，软黏土厚度为 8.0m，其下为密实砂层，地下水位与地面齐平，软黏土的压缩指数 $C_c = 0.50$，天然孔隙比 $e_0 = 1.30$，重度 $\gamma = 18 \text{kN/m}^3$，采用大面积堆载预压法进行处理，预压荷载为 120kPa，当平均固结度达到 0.85 时，该地基固结沉降量将最接近（　　）。

(A) 0.90m 　　 (B) 1.00m 　　 (C) 1.10m 　　 (D) 1.20m

答案：B

解答过程：

（1）最终固结沉降量：

$$s = \sum_{i=1}^{n} \frac{h_i}{1+e_{0i}} \left[C_{ci} \log\left(\frac{p_{cz}+p_z}{p_{cz}}\right)_i \right] = \frac{8}{1+1.3} \times \left(0.5 \times \log\frac{4 \times 8 + 120}{4 \times 8}\right) = 1.18\text{m}$$

（2）固结度达 85% 时沉降量：

$$s_{0.85} = 0.85 \times 1.18 = 1.00\text{m}$$

【4-6】（2012C14）某厚度 6m 的饱和软土层，采用大面积堆载预压处理，堆载压力 $p_0 = 100\text{kPa}$，在某时刻测得超孔隙水压力沿深度分布曲线如右图所示（尺寸单位为 mm），土层的 $E_s = 2.5\text{MPa}$，$k = 5.0 \times 10^{-8}\text{cm/s}$，则此时刻饱和软土的压缩量最接近（　　）。（总压缩量计算经验系数值取 1.0）

（A）92mm　　　　　（B）118mm

（C）148mm　　　　　（D）240mm

答案：C

解答过程：

根据《土力学》第 4.4.1 节：

（1）某一时刻地基土的平均固结度

$$U_t = 1 - \frac{\text{某时刻超孔隙水压力图面积}}{\text{起始超孔隙水压力图面积}}$$

$$= 1 - \frac{0.5 \times 40 \times 2 + 0.5 \times (40+60) \times 2 + 0.5 \times (60+30) \times 2}{100 \times 6} = 0.617$$

（2）地基土最终压缩量：$s = \dfrac{p_0}{E_s}h = \dfrac{100}{2.5} \times 6 = 240\text{mm}$

（3）饱和软土压缩量：$s_t = s \cdot U_t = 240 \times 0.617 = 148\text{mm}$

【4-7】（2020C05）厚度为 4m 的黏土层上瞬时大面积均匀加载 100kPa，若干时间后，测得土层中 A、B 点处的孔隙水压力分别为 72kPa、115kPa，估算该黏土层此时的平均固结度最接近下列何值？

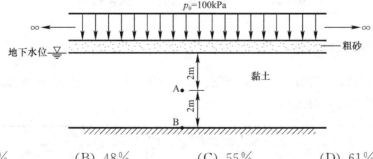

（A）41%　　　　（B）48%　　　　（C）55%　　　　（D）61%

答案：C

解答过程：

根据《土力学》第 3.6.1 节、第 4.4.1 节：

（1）A 点超静孔隙水压力：$u_A = 72 - 2 \times 10 = 52$kPa

B 点超静孔隙水压力：$u_B = 115 - 4 \times 10 = 75$kPa

（2）超静孔隙水压力面积：$s_t = 0.5 \times 2 \times 52 + 0.5 \times (52 + 75) \times 2 = 179$kPa·m

固结度：$U_t = 1 - \dfrac{s_t}{s} = 1 - \dfrac{179}{100 \times 4} = 55.25\%$

【小注岩土点评】

（1）本题考查超孔压与固结度的关系，属于对太沙基一维渗流固结原理的考查，本部分内容是《土力学》基本原理，属于必须掌握的内容。

（2）根据《土力学》第 4.4.1 节的图 4-25，将土层中某点的固结度和土层的平均固结度总结如下：

① 土中某点的固结度

$$U_{zt} = \frac{\text{起始超静孔隙水压力消散部分（竖向有效应力）}}{\text{起始超静孔隙水压力}} = \frac{\sigma'}{p_0}$$

② 土层的平均固结度

$$U_t = \frac{\text{有效应力面积}}{\text{起始超静孔隙水压力面积}} = 1 - \frac{t \text{ 时刻超静孔隙水压力面积}}{\text{起始超静孔隙水压力面积}}$$

《土力学》基本原理贯穿于整个注册岩土工程师考试中，考生应对《土力学》基本原理有很好的掌握。

（3）本题考查竖向固结度与沉降计算，总体计算思路根据《建筑地基处理技术规范》JGJ 79—2012 第 5.2.7 条进行计算，但是土的竖向排水固结系数 c_v、时间因数 T_v 等需根据《土力学》第 4.4.1 节进行计算，这就要求考生在平时复习过程中，将规范中的一些计算参数、公式进行补充和完善，加快考试时的速度。

（4）某时刻的沉降量及固结度的关系，属于必考的知识点，根据有效应力原理，土的变形只取决于有效应力，因此对于大面积堆载预压，土层的平均固结度与沉降量的关系为：

$U_t = \dfrac{s_t}{s_\infty} = \dfrac{\text{某时刻 } t \text{ 的固结沉降量}}{\text{地基最终的固结沉降量}}$，在平时复习过程中要注意总结和积累。

（5）本题属于基本题，需灵活应用《土力学》原理及规范条文，快速解答。

第二节　预压法的分类和对比

一、按加载系统分类

预压法按照加载系统分为：堆载预压、真空预压、堆载真空联合预压等。最常考的是堆载预压和真空预压，对比如下：

堆载预压和真空预压对比		
	堆载预压	真空预压
适用条件	适用于淤泥、淤泥质土、冲填土等饱和黏性土地基	所加固的土层范围内不能出现有足够水源补给的透水层（如夹砂层），透水层的存在会影响密封效果

续表

堆载预压和真空预压对比		
	堆载预压	真空预压
作用机理	总应力增加，超孔隙水压力消散而使有效应力增加	总应力不变，孔隙水压力减小而使有效应力增加
预压过程	土体强度提高的同时剪应力也在增大，当剪应力达到土的抗剪强度时，土体破坏。非等向应力增量下固结而获得强度增长	有效应力增量是各向相等，剪应力不增加，不会引起土体剪切破坏。等向应力增量下固结而使土的强度增长
加载速率	需控制加载速率	不必控制加载速率，可连续抽真空至最大真空度，故可缩短预压时间
变形方向	预压区周围土产生向外的侧向变形	预压区周围土产生指向预压区的侧向变形
有效影响深度	较大，取决于附加应力的大小和分布	真空度往下传递有一定衰减［实测真空度沿深度的衰减每延米（0.8~2.0）kPa］
优势	深厚软土优势明显，成本低	大面积软土有一定优势，处理效果明显，施工周期较堆载短
劣势	施工周期较长	步骤较堆载预压繁琐，受供电及场地环境影响

二、按加载条件分类

预压法按加载条件分类		
加载条件		分析方法
瞬时加载条件	单级瞬时加载预压法	太沙基渗透固结理论
	多级瞬时加载预压法	
等速加载条件	单级等速加载预压法	高木俊介法（规范法）
	多级等速加载预压法	

三、按排水系统分类

——《建筑地基处理技术规范》第5.2节

预压法的排水系统分为两大类：水平排水系统和竖向排水系统。

分类	竖向排水系统			水平排水系统
构造	普通砂井	袋装砂井	塑料排水带	砂垫层
尺寸	砂井直径 d_w=300~500mm	砂井直径 d_w=70~120mm	换算当量砂井直径 $d_p=\dfrac{2\cdot(b+\delta)}{\pi}$ 式中：b——排水带宽度（m）；δ——排水带厚度（m）	堆载预压时：砂垫层厚度≥500mm；真空预压时：砂垫层厚度为100~300mm
竖井布置	竖井的等效直径 d_e 与竖井间距 l 的关系如下： 等边三角形布置：d_e=1.05·l 正方形布置：d_e=1.13·l			—
竖井深度	排水竖井的深度应符合下列规定： ① 根据建筑物对地基的稳定性、变形要求和工期确定； ② 对以地基抗滑稳定性控制的工程，竖井深度应大于最危险滑动面以下2.0m； ③ 对以变形控制的建筑工程，竖井深度应根据限定的预压时间内需完成的变形量确定；竖井宜穿透受压土层			

续表

分类	竖向排水系统		水平排水系统
竖井间距	竖井间距可按"井径比 n"确定： $$n = \frac{d_e}{d_w}$$ $$\left[\text{塑料排水带时，} d_w = d_p = \frac{2 \cdot (b+\delta)}{\pi}\right]$$		—
布置范围	竖井布置范围一般比基础外轮廓线外扩 2～4m 或更大		

【4-8】（模拟题）某软土地基采用塑料排水带进行排水固结处理，排水板厚度 $\delta = 4$mm、排水板宽度 $b = 100$mm，正三角形布置，间距 $l = 1.2$m。该竖向排水系统的井径比 n 为（　　）。

(A) 15　　　　　(B) 17　　　　　(C) 19　　　　　(D) 22

答案：C

解答过程：

按照《建筑地基处理技术规范》JGJ 79—2012 第 5.2 节计算：

$$d_w = d_p = \frac{2 \cdot (b + \delta)}{\pi} = \frac{2 \times (0.1 + 0.004)}{\pi} = 0.066\text{m}$$

$$d_e = 1.05 \cdot l = 1.05 \times 1.2 = 1.26\text{m}$$

$$n = d_e / d_w = 1.26 / 0.066 = 19.1$$

第三节　平均固结度计算

不同条件下的预压地基平均固结度计算方法不同，地基固结度的计算包括瞬时加载和逐级加荷条件，同时又根据排水条件的不同，分别计算其竖向、径向、竖向＋径向排水条件下的固结度，分为如下几类：

加荷条件		分析方法
瞬时加荷	单级瞬时加载	太沙基单向固结法
	多级瞬时加载	水运（港口）地基规范法
等速加荷	单级等速加载	高木俊介法（规范法）
	多级等速加载	

下面逐一介绍各种情况下的固结度求解方法，计算较为简单，但需注意单位换算，计算量较大。

一、单级瞬时加载条件（砂井打穿＋不考虑井阻和涂抹影响）

——《建筑地基处理技术规范》第 5.2.1 条及条文说明

固结度通用计算公式为：$\bar{U} = 1 - \alpha \cdot e^{-\beta \cdot t} = 1 - (1 - \bar{U}_r) \cdot (1 - \bar{U}_z)$

式中：$\bar{U}$——地基土的平均总固结度，根据排水条件的不同而分为下列三种情况（遇到题目必须首先判别）：

排水条件	固结度计算
① 竖向排水固结条件	竖向排水固结度 $\bar{U}_z$
② 径向排水固结条件	径向排水固结度 $\bar{U}_r$
③ 竖向＋径向排水固结条件	平均总固结度 $\bar{U}_{rz}$

t——排水固结时间（d）。

α、β——参数，根据"地基土排水固结条件"按下表计算：

条件	平均固结度计算公式	α	β
普遍表达式	$\bar{U}=1-\alpha e^{-\beta t}$	—	—
平均竖向固结度（竖向排水）	$\bar{U}_z=1-\dfrac{8}{\pi^2}e^{\frac{\pi^2}{4}\cdot\frac{c_v}{H^2}t}$	$\dfrac{8}{\pi^2}$	$\dfrac{\pi^2}{4}\cdot\dfrac{c_v}{H^2}$
平均径向固结度（径向排水）	$\bar{U}_r=1-e^{\frac{8c_h}{F_n\cdot d_e^2}t}$	1	$\dfrac{8c_h}{F_n\cdot d_e^2}$
平均总固结度（径向＋竖向排水）	$\bar{U}_{rz}=(1-\bar{U}_r)(1-\bar{U}_z)$ $=1-\dfrac{8}{\pi^2}e^{-\left(\frac{8c_h}{F_n\cdot d_e^2}+\frac{\pi^2}{4}\cdot\frac{c_v}{H^2}\right)t}$	$\dfrac{8}{\pi^2}$	$\dfrac{8c_h}{F_n\cdot d_e^2}+\dfrac{\pi^2}{4}\cdot\dfrac{c_v}{H^2}$

说明

竖向排水固结相关参数：

（1）竖向固结系数 c_v（单位：$\mathrm{m^2/d}$）

$$c_v=\frac{k_v\cdot E_s}{\gamma_w}=\frac{k_v\cdot(1+e_0)}{a\cdot\gamma_w}$$

式中：k_v——竖向渗透系数（m/d）；

E_s——压缩模量（kPa）；

a——压缩系数（$\mathrm{kPa^{-1}}$）；

e_0——初始孔隙比。

（2）排水距离 H（单位：m）

单面排水：$H=$层厚

双面排水：$H=$层厚/2

径向排水固结相关参数：

（1）径向固结系数 c_h（单位：$\mathrm{m^2/d}$）

$$c_h=\frac{k_h\cdot E_s}{\gamma_w}=\frac{k_h\cdot(1+e_0)}{a\cdot\gamma_w}$$

式中：k_h——水平渗透系数（m/d）；

E_s——压缩模量（kPa）；

a——压缩系数（$\mathrm{kPa^{-1}}$）；

γ_w——水的重度（$\mathrm{kN/m^3}$）；

e_0——初始孔隙比。

$d_e=\begin{cases}1.05\cdot l & 等边三角形\\1.13\cdot l & 正方形\end{cases}$	式中：d_e——竖井有效排水直径（m）；l——竖井间距（m）；
（2）井径比 $n=d_e/d_w$ $d_w=\begin{cases}d_w & 砂井\\\dfrac{2(b+\delta)}{\pi} & 塑料排水带\end{cases}$	式中：d_w——竖井直径（m）；b——塑料排水带宽度（m）；δ——塑料排水带厚度（m）
$F_n=\dfrac{n^2}{n^2-1}\cdot\ln(n)-\dfrac{3\cdot n^2-1}{4\cdot n^2}$	当 $n\geqslant15$ 时，可估算 $F_n=\ln(n)-0.75$

注意常用单位换算：

$\mathrm{cm^2/s}=8.64\mathrm{m^2/d}$；$\mathrm{m^2/s}=86400\mathrm{m^2/d}$；$\mathrm{d}=86400\mathrm{s}$；$\mathrm{cm/s}=864\mathrm{m/d}$

【4-9】（2020C12）某大面积场地，原状地层从上到下依次为：①层细砂，厚度 1.0m，重度 $18\mathrm{kN/m^3}$；②层饱和淤泥质土，厚度 10m，重度 $16\mathrm{kN/m^3}$；③层中砂，厚度 8m，重度 $19.5\mathrm{kN/m^3}$。场地采用堆载预压进行处理，场地表面的均布堆载为 100kPa。②层饱和淤泥质土的孔隙比为 1.2，压缩系数为 $0.6\mathrm{MPa^{-1}}$，渗透系数为 0.1m/年。问堆载 9 个月后，②层土的压缩量最接近下列何值？

(A) 162mm   (B) 195mm   (C) 230mm   (D) 258mm

答案：D

解答过程：

根据《建筑地基处理技术规范》JGJ 79—2012 第 5.2.7 条及《土力学》第 4.4.1 节：

(1) $c_v = \dfrac{k_v \cdot (1 + e_0)}{\alpha \cdot r_w} = \dfrac{0.1 \times (1 + 1.2)}{0.6 \times 10^{-3} \times 10} = 36.67 \text{m}^2/\text{年}$ ， $T_v = \dfrac{c_v \cdot t}{H^2} = \dfrac{36.67 \times 9/12}{5^2} = 1.1$

(2) $\bar{U}_z = 1 - \dfrac{8}{\pi^2} e^{-\frac{\pi^2}{4} T_v} = 1 - \dfrac{8}{\pi^2} e^{-\frac{\pi^2}{4} \times 1.1} = 0.946$

(3) $s_\infty = \dfrac{\Delta p}{E_s} h = \dfrac{0.6 \times 10^{-3}}{1 + 1.2} \times 100 \times 10 = 272.73 \text{mm}$

(4) 9 个月时的沉降： $s_t = \bar{U}_z \times s_\infty = 0.946 \times 272.73 = 258 \text{mm}$

【4-10】（2003D16）某建筑场地采用预压排水固结法加固软土地基。软土厚度 10m，软土层面以上和层底以下都是砂层，未设置排水竖井。为简化计算，假定预压是一次瞬时施加的。已知该软土层孔隙比为 1.60，压缩系数为 0.8MPa^{-1}，竖向渗透系数 $k_v = 5.8 \times 10^{-7}$cm/s。则预压时间要达到（   ）d 时，软土地基固结度达到 0.80。

(A) 78   (B) 87   (C) 98   (D) 105

答案：B

解答过程：

根据《建筑地基处理技术规范》JGJ 79—2012 第 5.2.1 条条文说明：

(1) $c_v = \dfrac{k_v(1 + e)}{a \cdot \gamma_w} = \dfrac{5.8 \times 10^{-7} \times 10^{-2} \times 24 \times 3600 \times (1 + 1.6)}{0.8 \times 10^{-3} \times 10} = 0.163 \text{m}^2/\text{d}$

(2) $\alpha = \dfrac{8}{\pi^2} = 0.811$ ， $\beta = \dfrac{\pi^2 c_v}{4H^2} = \dfrac{3.14^2 \times 0.163}{4 \times \left(\dfrac{10}{2}\right)^2} = 0.0161/\text{d}$

(3) $\bar{U}_t = 1 - \alpha \cdot e^{-\beta t}$ ，即：$0.8 = 1 - 0.811 \times e^{-0.0161t}$ ，解得：$t = 87 \text{d}$

【4-11】（2005C17）某工程场地为饱和软土地基，并采用堆载预压法处理，以砂井作为竖向排水体，砂井直径 $d_w = 0.3$m，砂井长 $h = 15$m，井距 $s = 3.0$m，按等边三角形布置，该地基土水平向固结系数 $c_h = 2.6 \times 10^{-2}$ m^2/d，在瞬时加荷下，径向固结度达到 85% 所需的时间最接近（   ）。

（由题意给出的条件得到有效排水直径为 $d_e = 3.15$m，$n = 10.5$，$F_n = 1.6248$）

(A) 125d   (B) 136d   (C) 147d   (D) 158d

答案：C

解答过程：

根据《建筑地基处理技术规范》JGJ 79—2012 第 5.2.8 条：

$$\bar{U}_r = 1 - e^{-\frac{8c_h}{F_n \cdot d_e^2} t}$$

即：$0.85 = 1 - e^{-\frac{8 \times 0.026}{1.6248 \times 3.15^2} t} \Rightarrow t = 147 \text{d}$

【4-12】（2006D17）某地基软黏土层厚 18m，其下为砂层，土的水平向固结系数为

$c_h = 3.0 \times 10^{-3} \, cm^2/s$，现采用预压法固结，砂井作为竖向排水通道打穿至砂层，砂井直径为 $d_w = 0.3m$，井距 2.8m，等边三角形布置，预压荷载为 120kPa，在大面积预压荷载作用下按《建筑地基处理技术规范》JGJ 79—2012 计算，预压 150d 时地基达到的固结度（为简化计算，不计竖向固结度）最接近（ ）。

(A) 0.95　　　　(B) 0.90　　　　(C) 0.85　　　　(D) 0.80

答案：B

解答过程：

根据《建筑地基处理技术规范》JGJ 79—2012 第 5.2.8 条：

(1) $n = \dfrac{d_e}{d_w} = \dfrac{1.05 \times 2.8}{0.3} = 9.8$

$$F = F_n = \frac{n^2}{n^2-1}\ln(n) - \frac{3n^2-1}{4n^2} = \frac{9.8^2}{9.8^2-1} \times \ln 9.8 - \frac{3 \times 9.8^2-1}{4 \times 9.8^2} = 1.56$$

(2) $\beta = \dfrac{8c_h}{F_n \cdot d_e^2} = \dfrac{8 \times 3 \times 10^{-3} \times 10^{-4} \times 24 \times 3600}{1.56 \times (1.05 \times 2.8)^2} = 0.0154/d$

(3) $\bar{U}_r = 1 - e^{-\frac{8c_h}{F_n \cdot d_e^2}t} = 1 - e^{-0.0154 \times 150} = 0.901$

【4-13】（2007D07）在 100kPa 大面积荷载的作用下，3m 厚的饱和软土层排水固结，排水条件如右图所示，从此土层中取样进行常规固结试验，测读试样变形与时间的关系，已知在 100kPa 试验压力下，达到固结度为 90% 的时间为 0.5h，预估 3m 厚的土层达到 90% 固结度的时间最接近（ ）。

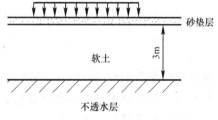

(A) 1.3 年　　　(B) 2.6 年
(C) 5.2 年　　　(D) 6.5 年

答案：C

解答过程：

$$\bar{U}_z = 1 - \frac{8}{\pi^2} e^{\frac{\pi^2}{4} \cdot \frac{c_v}{H^2} t}$$

$\bar{U}_{z1} = \bar{U}_{z2}$，即：$\dfrac{t_1}{H_1^2} = \dfrac{t_2}{H_2^2} \Rightarrow t_2 = \dfrac{H_2^2 t_1}{H_1^2} = \dfrac{3000^2 \times 0.5}{10^2} = 45000h = 5.137$ 年

【4-14】（2018C14）某建筑场地上部分布有 12m 厚的饱和软黏土，其下为中粗砂层，拟采用砂井预压固结法加固地基，设计砂井直径 $d_w = 400mm$，井距 2.4m，正三角形布置，砂井穿透软黏土层。若饱和软黏土的竖向固结系数 $c_v = 0.01m^2/d$，水平固结系数 c_h 为 c_v 的 2 倍，预压荷载一次施压，加载后 20d，竖向固结度与径向固结度之比最接近下列哪个选项？（不考虑涂抹和井阻影响）

(A) 0.20　　　　(B) 0.30　　　　(C) 0.42　　　　(D) 0.56

答案：A

解答过程：

根据《土力学》P157、《建筑地基处理技术规范》JGJ 79—2012 第 5.2.5 条、第

5.2.7 条：

(1) $T_v = \dfrac{c_v t}{H^2} = \dfrac{0.01 \times 20}{6^2} = 0.00556$

$$T_v = \frac{\pi}{4} \bar{U}_z^2 = 0.00556 \quad \Rightarrow \quad \bar{U}_z = \sqrt{\frac{0.00556 \times 4}{3.14}} = 0.084$$

(2) $d_e = 1.05s = 1.05 \times 2.4 = 2.52\text{m}$, $n = d_e / d_w = 2.52/0.4 = 6.3$

(3) $F_n = \dfrac{n^2}{n^2-1} \ln(n) - \dfrac{3n^2-1}{4n^2} = \dfrac{6.3^2}{6.3^2-1} \ln(6.3) - \dfrac{3 \times 6.3^2 - 1}{4 \times 6.3^2} = 1.144$

$$T_h = \frac{c_h t}{d_e^2} = \frac{0.01 \times 2 \times 20}{2.52^2} = \frac{0.4}{2.52^2}, \quad \bar{U}_r = 1 - e^{-\frac{8T_h}{F_n}} = 1 - e^{-\frac{8 \times \frac{0.4}{2.52^2}}{1.14442}} = 0.356$$

(4) $\dfrac{\bar{U}_z}{\bar{U}_r} = \dfrac{0.084}{0.356} = 0.236$

【小注岩土点评】

(1) 本题按规范公式计算出来的结果是 $U_z = 0.2 < 30\%$，《建筑地基处理技术规范》JGJ 79—2012 表 5.2.7 中也指出了竖向固结度简化计算的前提条件是固结度大于 30%，因此，在计算竖向固结度时，规范公式不适用，须采用《土力学》中 U_z-T_v 关系曲线求解，实际解答是 0.084 左右，二者误差相差非常大，因此要特别注意规范公式的适用条件。

(2) 本题主要考查太沙基一维固结理论，竖向固结度的计算公式是一个级数解 $U_t = 1 - \dfrac{8}{\pi^2}\left(e^{-\frac{\pi^2}{4}T_v} + \dfrac{1}{9}e^{-9\frac{\pi^2}{4}T_v} + \dfrac{1}{25}e^{-25\frac{\pi^2}{4}T_v} + \cdots\right)$，只有在 $T_v > 0.06$ 时才可取第一项进行简化计算（这时相当于 $U_t \geqslant 30\%$），因此，《建筑地基处理技术规范》JGJ 79—2012 表 5.2.7 中也指出了规范公式中各参数计算的适用条件。

(3) 错误解法：

根据《建筑地基处理技术规范》JGJ 79—2012 第 5.2.4 条、第 5.2.7 条以及《土力学》P155：

① $d_e = 1.05s = 1.05 \times 2.4 = 2.52\text{m}$, $n = d_e / d_w = 2.52/0.4 = 6.3$

② $T_v = \dfrac{c_v t}{H^2} = \dfrac{0.01 \times 20}{6^2} = 0.00556$, $\bar{U}_z = 1 - \dfrac{8}{\pi^2} e^{-\frac{\pi^2}{4}T_v} = 1 - \dfrac{8}{\pi^2} e^{-\frac{\pi^2}{4} \times 0.00556} = 0.2$

③ $F_n = \dfrac{n^2}{n^2-1} \ln(n) - \dfrac{3n^2-1}{4n^2} = \dfrac{6.3^2}{6.3^2-1} \ln(6.3) - \dfrac{3 \times 6.3^2 - 1}{4 \times 6.3^2} = 1.144$

$T_h = \dfrac{c_h t}{d_e^2} = \dfrac{0.01 \times 2 \times 20}{2.52^2} = \dfrac{0.4}{2.52^2} = 0.063$, $\bar{U}_r = 1 - e^{\frac{8T_h}{F_n}} = 1 - e^{-\frac{8 \times 0.063}{1.144}} = 0.356$

④ $\dfrac{\bar{U}_z}{\bar{U}_r} = \dfrac{0.2}{0.356} = 0.562$

【4-15】(2022D11) 某场地采用大面积堆载预压法处理地基，假设荷载一次瞬时施加，地基土为饱和粉质黏土，厚度 10m，天然重度为 16.8kN/m³，压缩模量为 5.0MPa，下部地层为基岩，水位在粉质黏土顶面。堆载预压前先在地面铺设 1m 厚的砂垫层，地层情况如下图所示。前期试验堆载时，测得第 10 天、第 40 天粉质黏土层中点处孔隙水压力分别

为 110kPa、80kPa。现要求堆载 50d 时，粉质黏土层顶面沉降量不小于 230mm，砂垫层顶面的最小堆载压力最接近下列哪个选项？（沉降计算经验系数取 1.0，假定孔隙水压力沿深度呈直线分布，忽略粉质黏土自重固结沉降）

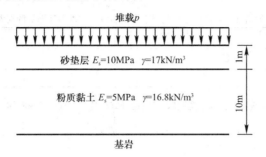

(A) 200kPa　　　　(B) 155kPa　　　　(C) 140kPa　　　　(D) 90kPa

答案：C

解答过程：

(1) 计算超静孔隙水压力：

$$t=10\text{d 时：}u=110-5\times10=60\text{kPa}$$

$$t=40\text{d 时：}u=80-5\times10=30\text{kPa}$$

(2) 根据《建筑地基处理技术规范》JGJ 79—2012 第 5.4.1 条条文说明：

$$\frac{60}{30}=e^{\beta(40-10)}\Rightarrow\beta=0.0231/\text{d}$$

$$\bar{U}_z=1-\frac{8}{\pi^2}e^{-0.0231\times50}=0.74436$$

$$s_f=\frac{230}{0.74436}=309\text{mm}$$

$$\frac{p+17\times1}{5}\times10=309\text{mm}\Rightarrow p=137.5\text{kPa}$$

二、多级瞬时加载条件（砂井打穿＋不考虑井阻和涂抹影响）

——《水运工程地基设计规范》第 8.5.10 条

根据固结度的通用计算公式 $U=1-\alpha e^{-\beta t}$ 可知，瞬时加载条件的固结度 U 与堆载 p_0 大小无关，固结度 U 仅取决于地基土的排水固结条件（α、β）和固结时间（t）。

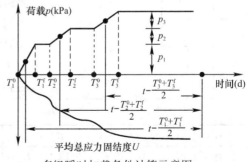

因此，在排水固结条件一定的情况下，多级瞬时加载预压过程中，各级荷载下的地基土固结度仅取决于该级荷载的预压时间长短，与该级的加载量大小并无关系。

多级瞬时加载条件计算示意图

多级瞬时加载条件下，地基固结度计算如下：

$$U=\sum U_{i\left(t-\frac{T_i^0+T_i^f}{2}\right)}\cdot\frac{p_i}{\sum p_i}$$

步骤	多级瞬时加载条件下，地基固结度计算
(1)	按"单级瞬时加载条件"考虑，计算"不同预压固结时间 t"下，对应的地基土固结度： $$U_t = 1 - \alpha \cdot e^{-\beta \cdot t}$$ 并列出下表：(一般情况下，此种题目题干中会给出该表，否则计算量特别大) 见下表

固结时间 t	t_1	t_2	t_3	...	t_n
固结度 U_t	U_1	U_2	U_3	...	U_n

步骤	
(2)	根据"多级瞬时加载条件计算示意图"，可直接计算得各级加载的预压时间： $$\Delta t_i = t - \frac{1}{2} \cdot (T_i^0 + T_i^f)$$ 式中：T_i^0——第 i 级加载的起始时间（s）； T_i^f——第 i 级加载的终止时间（s），当计算加荷期间的应力固结度时，T_i^f 应改为 t
(3)	根据各级加载预压时间 $\Delta t_i = t - \frac{1}{2} \cdot (T_i^0 + T_i^f)$，按照"第（1）步"中表格可直接查得各级加载预压条件下的固结度：$U_{i\left(t - \frac{T_i^0 + T_i^f}{2}\right)}$
(4)	根据求解多级瞬时加载条件下的地基土平均固结度公式计算其固结度： $$U = \sum U_{i\left(t - \frac{T_i^0 + T_i^f}{2}\right)} \cdot \frac{p_i}{\sum p_i}$$ 式中：U——分级加荷条件下，砂井地基对应于总荷载在 t 时间的平均总应力固结度； $U_{i\left(t - \frac{T_i^0 + T_i^f}{2}\right)}$——瞬时加荷条件下，对应于第 i 级荷载 t 时刻的平均应力固结度，其对应的瞬时加荷固结时间为：$t - \frac{1}{2} \cdot (T_i^0 + T_i^f)$； t——对应第 i 级分级加荷起点计算的分级加荷固结时间（s）； p_i——第 i 级预压荷载（kPa），当计算加荷期间的应力固结度时，式中 p_i 应改为 Δp_i，Δp_i 为对应于第 i 级荷载加荷期间 t 时刻的荷载增量； $\sum p_i$——预压总加载量（kPa），注意始终是设计总加载量，其与加载预压时间无关

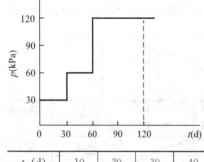

【4-16】（2007D15）某软黏土地基采用预压排水固结法处理，根据设计，瞬时加载条件下不同时间的平均固结度见下表。加载计划如下：第一次加载量为 30kPa，预压 30d 后第二次再加载 30kPa，再预压 30d 后第三次再加载 60kPa。如左图所示，自第一次加载后到 120d 时的平均固结度最接近（　　）。

t (d)	10	20	30	40	50	60	70	80	90	100	110	120
U (%)	37.7	51.5	62.2	70.6	77.1	82.1	86.1	89.2	91.6	93.4	94.9	96.0

(A) 0.800　　　　(B) 0.840　　　　(C) 0.880　　　　(D) 0.920

答案：C

解答过程：

根据《水运工程地基设计规范》JTS 147—2017 第 8.5.10 条：

$$U_{rz} = \sum_{i=1}^{m} U_{rzi\left(t-\frac{T_i^0+T_i^f}{2}\right)} \frac{p_i}{\sum p_i}$$

$$= \frac{30}{120}U_{120} + \frac{30}{120}U_{90} + \frac{60}{120}U_{60}$$

$$= \frac{30}{120}\times 0.96 + \frac{30}{120}\times 0.916 + \frac{60}{120}\times 0.821 = 0.880$$

【4-17】(2003C20) 某港陆域工程区为冲填土地基，土质很软，采用砂井预压加固，分期加荷：

第一级荷重 40kPa，加荷 14d，间歇 20d 后加第二级荷重；

第二级荷重 30kPa，加荷 6d，间歇 25d 后加第三级荷重；

第三级荷重 20kPa，加荷 4d，间歇 26d 后加第四级荷重；

第四级荷重 20kPa，加荷 4d，间歇 28d 后加第五级荷重；

第五级荷重 10kPa，瞬时加上。

则第五级荷重施加时，土体总固度已达到（　　　）。（加荷等级和时间关系如下图和下表所示）

加荷顺序	荷重 p_i (kPa)	加荷日期 (d)	竖向固结度 U_z	径向固结度 U_r
1	40	120	17%	88%
2	30	90	15%	79%
3	20	60	11%	67%
4	20	30	7%	46%
5	10	0	0	0

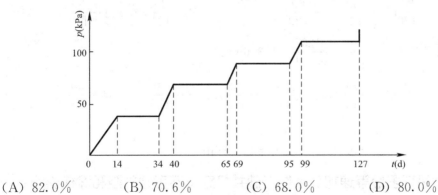

(A) 82.0%　　　　(B) 70.6%　　　　(C) 68.0%　　　　(D) 80.0%

答案：B

解答过程：

根据《水运工程地基设计规范》JTS 147—2017 第 8.5.10 条、《工程地质手册》（第五版）P1138：

(1) $U_{rzi} = 1 - (1-U_{zi})(1-U_{ri})$

$U_{rz1} = 1 - (1-0.17)\times(1-0.88) = 0.900$

$U_{rz2} = 1 - (1-0.15)\times(1-0.79) = 0.822$

$$U_{rz3}=1-(1-0.11)\times(1-0.67)=0.706$$

$$U_{rz4}=1-(1-0.07)\times(1-0.46)=0.498$$

$$U_{rz5}=0$$

(2) $U_{rz}=\sum_{i-1}^{m}U_{rzi\left(t-\frac{T_i^0+T_i^f}{2}\right)}\cdot\dfrac{p_i}{\sum p_i}$

$$=\frac{40}{120}\times0.900+\frac{30}{120}\times0.822+\frac{20}{120}\times0.706+\frac{20}{120}\times0.498+\frac{10}{120}\times0$$

$$=0.706$$

【4-18】(2008C14) 某软黏土地基采用排水固结法处理，根据设计，瞬时加载条件下加载后不同时间的平均固结度见下表（表中数据可内插）。加载计划如下：第一次加载（可视为瞬时加载，下同）量为30kPa，预压20d后第二次再加载30kPa，再预压20d后第三次再加载60kPa，第一次加载后到80d时观测到沉降量为120cm。则120d时，沉降量最接近（   ）。

t (d)	10	20	30	40	50	60	70	80	90	100	110	120
U (%)	37.7	51.5	62.2	70.6	77.1	82.1	86.1	89.2	91.6	93.4	94.9	96.0

(A) 130cm   (B) 140cm   (C) 150cm   (D) 160cm

答案：B

解答过程：

根据《水运工程地基设计规范》JTS 147—2017 第8.5.10条：

$$U_{rz}=\sum_{i=1}^{m}U_{rzi\left(t-\frac{T_i^0+T_i^f}{2}\right)}\frac{p_i}{\sum p_i}$$

(1) $\bar{U}_{80}=\dfrac{30}{120}U_{80}+\dfrac{30}{120}U_{60}+\dfrac{60}{120}U_{40}=\dfrac{30}{120}\times0.892+\dfrac{30}{120}\times0.821+\dfrac{60}{120}\times0.706=0.781$

(2) 总沉降量：$s=\dfrac{s_{80}}{\bar{U}_{80}}=\dfrac{120}{0.781}=153.6mm$

(3) $\bar{U}_{120}=\dfrac{30}{120}U_{120}+\dfrac{30}{120}U_{100}+\dfrac{60}{120}U_{80}=\dfrac{30}{120}\times0.96+\dfrac{30}{120}\times0.934+\dfrac{60}{120}\times0.892=0.920$

(4) $s_{120}=\bar{U}_{120}\times s=0.920\times153.6=141.3mm$

三、一级或多级等速加载条件（砂井打穿＋不考虑井阻和涂抹影响）

《建筑地基处理技术规范》JGJ 79—2012 中对于一级或多级等速加荷条件下固结度计算的规定，主要是第5.2.7条条文说明，其规定如下：

第5.2.7条条文说明 对逐渐加载条件下竖井地基平均固结度的计算，本规范采用的是改进的高木俊介法，其理由是该公式理论上是精确解，而且无需先计算瞬时加载条件下的固结度，再根据逐渐加载条件进行修正，而是两者合并计算出修正后的平均固结度，而且公式适用于多种排水条件，可应用于考虑井阻及涂抹作用的径向平均固结度计算。

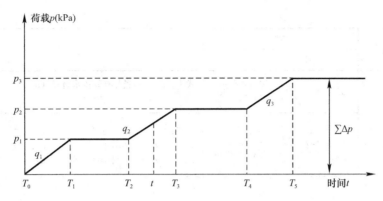

一级或多级等速加载条件示意图

$$\bar{U}_t = \sum_{i=1}^{n} \frac{\bar{q}_i}{\sum \Delta p_i} \left[(T_i - T_{i-1}) - \frac{\alpha}{\beta} \cdot e^{-\beta \cdot t} \cdot (e^{\beta \cdot T_i} - e^{\beta \cdot T_{i-1}}) \right]$$

式中：$\bar{U}_t$——t 时刻，地基土的平均固结度；

$\sum \Delta p_i$——各级荷载的累加值（kPa）（总加载量）；

$\bar{q}_i$——第 i 级加载的"加荷速率"（kPa/d），如下计算：

$$\bar{q}_i = \Delta p_i / (T_i - T_{i-1})$$

T_{i-1}、T_i——第 i 级加载的起始和终止时间（从零点起算）（d），当计算第 i 级荷载加载过程中某时间 t 的固结度时，T_i 改为 t；

t——预压排水固结时间（d），注意单位换算为：$s = \frac{1}{86400} d$，当 t 位于 i 级加载过程中时，取 $T_i = t$；

α、β——参数，根据地基土排水固结条件按下表取值，对竖井地基，表中数据 β 为不考虑涂抹和井阻影响的参数值。

排水条件	参数		说明
	α	β	
竖向排水 $\bar{U}_z$ ($\bar{U}_z > 30\%$)	$\frac{8}{\pi^2}$	$\frac{\pi^2}{4} \cdot \frac{c_v}{H^2}$	竖向固结系数 c_v（cm²/s） $c_v = \frac{k_v \cdot E_s}{\gamma_w} = \frac{k_v \cdot (1+e_0)}{a \cdot \gamma_w}$（参数含义见前）
径向排水 $\bar{U}_r$	1	$\frac{8c_h}{F_n \cdot d_e^2}$	径向固结系数 c_h（cm²/s） $c_h = \frac{k_h \cdot E_s}{\gamma_w} = \frac{k_h \cdot (1+e_0)}{a \cdot \gamma_w}$（参数含义见前）
径向+竖向排水 $\bar{U}_{rz}$ （竖井穿透受压土层）	$\frac{8}{\pi^2}$	$\frac{8c_h}{F_n \cdot d_e^2} + \frac{\pi^2}{4} \cdot \frac{c_v}{H^2}$	排水距离 H（cm） 单面排水：$H =$ 层厚 双面排水：$H =$ 层厚/2

注意常用单位换算：cm²/s=8.64m²/d；m²/s=86400m²/d；d=86400s；cm/s=864m/d

排水条件	参数		说明
	α	β	
① 井径比 $n=d_e/d_w$	$d_e=\begin{cases}1.05 \cdot l & \text{等边三角形}\\ 1.13 \cdot l & \text{正方形}\end{cases}$		式中：d_e——竖井有效排水直径（m）； l——竖井间距（m）
	$d_w=\begin{cases}d_w & \text{砂井}\\ \dfrac{2(b+\delta)}{\pi} & \text{塑料排水带}\end{cases}$		式中：d_w——竖井直径（m）； b——塑料排水带宽度（m）； δ——塑料排水带厚度（m）

② 计算 F_n

$$F_n=\begin{cases}n<15 \text{ 时}: F_n=\dfrac{n^2}{n^2-1} \cdot \ln(n)-\dfrac{3 \cdot n^2-1}{4 \cdot n^2}\\ n\geqslant15 \text{ 时}: F_n=\ln(n)-0.75\end{cases}$$

③ 在仅计算竖向固结度时，计算结果 $\bar{U}_z$ 必须大于 0.3，否则应按下式计算 $\bar{U}_z$: $\bar{U}_z=\sqrt{\dfrac{4T_v}{\pi}}$，其中，$T_v=\dfrac{c_v}{H^2}t$

规范提供的高木俊介法看似复杂，实际针对考试总结为以下几种情形，套入公式即可。

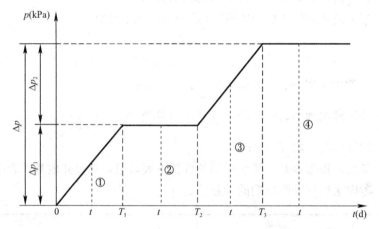

① $0<t\leqslant T_1$:

$$\bar{U}_t=\frac{\Delta p_1/T_1}{\Delta p}\left[t-\frac{\alpha}{\beta}(1-e^{-\beta t})\right]$$

② $T_1<t\leqslant T_2$:

$$\bar{U}_t=\frac{\Delta p_1/T_1}{\Delta p}\left[T_1-\frac{\alpha}{\beta}e^{-\beta t}(e^{\beta T_1}-1)\right]$$

③ $T_2<t\leqslant T_3$:

$$\bar{U}_t=\frac{\Delta p_1/T_1}{\Delta p}\left[T_1-\frac{\alpha}{\beta}e^{-\beta t}(e^{\beta T_1}-1)\right]+\frac{\Delta p_2/(T_3-T_2)}{\Delta p}\left[(t-T_2)-\frac{\alpha}{\beta}(1-e^{-\beta(t-T_2)})\right]$$

④ $t>T_3$:

$$\bar{U}_t=\frac{\Delta p_1/T_1}{\Delta p}\left[T_1-\frac{\alpha}{\beta}e^{-\beta t}(e^{\beta T_1}-1)\right]+\frac{\Delta p_2/(T_3-T_2)}{\Delta p}\left[(T_3-T_2)-\frac{\alpha}{\beta}e^{-\beta t}(e^{\beta T_3}-e^{\beta T_2})\right]$$

化简为 $\bar{U}_t=1-\dfrac{\alpha e^{-\beta t}}{\beta \times \Delta p}\left[\dfrac{\Delta p_1}{T_1}(e^{\beta T_1}-1)+\dfrac{\Delta p_2}{T_3-T_2}(e^{\beta T_3}-e^{\beta T_2})\right]$

【4-19】(2004D20) 如下图所示，某场地中淤泥质黏土厚 15m，下为不透水土层，该淤泥质黏土层固结系数 $c_h = c_v = 2.0 \times 10^{-3}\,\text{cm}^2/\text{s}$，拟采用大面积堆载预压法加固，采用袋装砂井排水，井径为 $d_w = 70\,\text{mm}$，砂井按等边三角形布置，井距 $s = 1.4\,\text{m}$，井深度 15m，预压荷载 $p = 60\,\text{kPa}$；一次匀速施加，时间为 12d，开始加荷后 100d，试按《建筑地基处理技术规范》JGJ 79—2012 计算，平均固结度接近哪项？

(A) 0.80　　　(B) 0.85　　　(C) 0.90　　　(D) 0.95

答案：D

解答过程：

根据《建筑地基处理技术规范》JGJ 79—2012 第 5.2.7 条：

(1) $n = \dfrac{d_e}{d_w} = \dfrac{1.05 \times 1400}{70} = 21$

$$F_n = \frac{n^2}{n^2 - 1}\ln(n) - \frac{3n^2 - 1}{4n^2} = \frac{21^2}{21^2 - 1}\ln(21) - \frac{3 \times 21^2 - 1}{4 \times 21^2} = 2.3$$

(2) $\alpha = \dfrac{8}{\pi^2} = 0.811$

$$\beta = \frac{\pi^2 c_v}{4H^2} + \frac{8c_h}{Fd_e^2}$$
$$= \left[\frac{3.14^2}{4 \times 15^2} + \frac{8}{2.3 \times (1.05 \times 1.4)^2}\right] \times 2 \times 10^{-3} \times 10^{-4} \times 24 \times 3600$$
$$= 0.028/\text{d}$$

(3) $\bar{U}_t = \sum_{i=1}^{n} \dfrac{q_i}{\sum \Delta p}\left[(T_i - T_{i-1}) - \dfrac{\alpha}{\beta}e^{-\beta t}(e^{\beta T_i} - e^{\beta T_{i-1}})\right]$

$$= \frac{60/12}{60} \times \left[(12 - 0) - \frac{0.811}{0.028} \times e^{-0.028 \times 100} \times (e^{0.028 \times 12} - e^{0.028 \times 0})\right] = 0.94$$

四、考虑井阻和涂抹影响条件下，地基平均固结度

——《建筑地基处理技术规范》第 5.2.8 条

当竖井采用挤土方式施工时，由于井壁涂抹对周围土的扰动而使土的渗透系数降低，因而影响土层固结速率，此即为涂抹影响。涂抹对土层固结速率的影响大小取决于涂抹区的直径（d_s）和涂抹区的水平向渗透系数（k_s）与天然土层水平向渗透系数（k_h）的比值。当竖井的纵向通水量 q_w 与天然土层水平向渗透系数 k_h 的比值较小且长度较长时，尚应考虑井阻影响。

在考虑涂抹影响和井阻影响时，竖井地基平均固结度按以下算式计算：

瞬时加荷条件	$\bar{U} = 1 - \alpha \cdot e^{-\beta \cdot t} = 1 - (1 - \bar{U}_r) \cdot (1 - \bar{U}_z)$
一级或多级等速加荷条件	$\bar{U}_t = \displaystyle\sum_{i=1}^{n} \frac{\bar{q}_i}{\sum \Delta p_i}\left[(T_i - T_{i-1}) - \frac{\alpha}{\beta} \cdot e^{-\beta \cdot t} \cdot (e^{\beta \cdot T_i} - e^{\beta \cdot T_{i-1}})\right]$

α、β 取值见下表：

排水条件	参数	
	α	β
竖向排水 $\bar{U}_z$（$\bar{U}_z>30\%$）	$\dfrac{8}{\pi^2}$	$\dfrac{\pi^2}{4}\cdot\dfrac{c_v}{H^2}$
径向排水 $\bar{U}_r$	1	$\dfrac{8c_h}{F\cdot d_e^2}$
径向+竖向排水 $\bar{U}_{rz}$（竖井穿透受压土层）	$\dfrac{8}{\pi^2}$	$\dfrac{8c_h}{F\cdot d_e^2}+\dfrac{\pi^2}{4}\cdot\dfrac{c_v}{H^2}$

对比以上未考虑涂抹影响的计算公式，发现只有综合影响系数 F 值不同，下面主要介绍综合影响系数 F 的计算：

综合系数取值（F）			
综合影响系数	仅涂抹影响	仅井阻影响	涂抹+井阻影响
F	$F=F_n+F_s$	$F=F_n+F_r$	$F=F_n+F_s+F_r$

$$F_n=\frac{n^2}{n^2-1}\cdot\ln(n)-\frac{3\cdot n^2-1}{4\cdot n^2}\quad[\text{当 }n\geqslant15\text{ 时，}F_n=\ln(n)-0.75,\ n\text{—井径比，计算见前}]$$

说明	(1) 涂抹影响系数（F_s） $$F_s=\left(\frac{k_h}{k_s}-1\right)\cdot\ln s$$ 式中：k_h——天然土层水平向渗透系数（m/d），cm/s=864m/d； 　　　k_s——涂抹区土水平向渗透系数（m/d），cm/s=864m/d； 　　　s——涂抹区直径 d_s 与竖井直径 d_w 比值，$s=d_s/d_w=2.0\sim3.0$，中灵敏度黏土取低值，高灵敏度黏土取高值。 (2) 井阻影响系数（F_r） $$F_r=\frac{\pi^2\cdot L^2}{4}\cdot\frac{k_h}{q_w}=\frac{\pi\cdot L^2\cdot k_h}{d_w^2\cdot k_w}$$ 式中：L——竖井深度（m）； 　　　k_h——地基土的水平渗透系数（m/d），cm/s=864m/d； 　　　k_w——竖井内填料渗透系数（m/d），cm/s=864m/d； 　　　q_w——竖井纵向通水量（m³/d）； 　　　d_w——竖井的直径（m）

【小注】考虑井阻和涂抹影响时，仅需要将"各加载条件下"固结度计算中系数 β 中的 F_n 替换成 F 即可

【4-20】（2014D14）拟对某淤泥质土地基采用预压加固，已知淤泥的固结系数 $c_h=c_v=2.0\times10^{-3}\,\text{cm}^2/\text{s}$，$k_h=1.2\times10^{-7}\,\text{cm/s}$，淤泥层厚度为 10m，在淤泥层中打袋装砂井，砂井直径 $d_w=70\text{mm}$，间距 1.5m，等边三角形排列，砂料渗透系数 $k_w=2\times10^{-2}\,\text{cm/s}$，长度打穿淤泥层，涂抹区的渗透系数 $k_s=0.3\times10^{-7}\,\text{cm/s}$。如果取涂抹区直径为砂井直径的 2.0 倍，按照《建筑地基处理技术规范》JGJ 79—2012 有关规定，在瞬时加载条件下，考虑涂抹井阻影响时，地基径向固结度达到 90% 时，预压时间最接近（　　）。

（A）120d　　　　（B）150d　　　　（C）180d　　　　（D）200d

答案：D

解答过程：

根据《建筑地基处理技术规范》JGJ 79—2012 第 5.2.4 条、第 5.2.5 条、第 5.2.8 条及条文说明：

(1) $d_e = 1.05l = 1.05 \times 1.50 = 1.575$m，$n = \dfrac{d_e}{d_w} = \dfrac{1.575}{0.070} = 22.5$

$$q_w = k_w \cdot \frac{1}{4}\pi d_w^2 = 2 \times 10^{-2} \times \frac{1}{4} \times 3.14 \times 7^2 = 0.769 \text{cm}^3/\text{s}$$

(2) $F_n = \ln(n) - \dfrac{3}{4} = \ln 22.5 - 0.75 = 2.36$，$F_r = \dfrac{\pi^2 L^2}{4} \cdot \dfrac{k_h}{q_w} = \dfrac{3.14^2 \times 1000^2}{4} \times$

$\dfrac{1.2 \times 10^{-7}}{0.769} = 0.385$

$$F_s = \left(\frac{k_h}{k_s} - 1\right)\ln s = \left(\frac{1.2 \times 10^{-7}}{0.3 \times 10^{-7}} - 1\right) \times \ln 2 = 2.079$$

$$F = F_n + F_r + F_s = 2.36 + 0.385 + 2.079 = 4.824$$

(3) $\beta = \dfrac{8c_h}{Fd_e^2} = \dfrac{8 \times 2 \times 10^{-3} \times 8.64}{4.824 \times 1.575^2} = 0.01155/\text{d} \Rightarrow U = 1 - e^{-\frac{8c_h}{Fd_e^2} \cdot t} = 0.9 \Rightarrow t = 199.4\text{d}$

【小注岩土点评】

① 本题为考虑涂抹和井阻影响时候的固结度计算，且已知固结度，反算固结时间，计算较为复杂，且计算量较大，但属于历年常考题型，需要重点掌握。

② 对于竖井纵向通水量 q_w 的计算，规范正文并未给出，但在条文说明中给出了相应的计算公式，$q_w = k_w \cdot \dfrac{1}{4}\pi d_w^2$，因此在复习过程中，要注重对条文说明的学习。

③ 对于此类题目，一般要先进行固结系数单位的换算，把 cm^2/s 换算为 m^2/d，具体为：$1\text{cm}^2/\text{s} = 1 \times 10^{-4} \times 3600 \text{m}^2/\text{d} = 8.64\text{m}^2/\text{d}$；同时，等效排水直径 d_e 和砂井直径 d_w 的单位统一换算为 m，这样可以快速地进行参数 β 的计算，从而方便计算固结度，且不易在单位换算中出错。

五、砂井未打穿条件下，地基平均固结度

—— 《工程地质手册》（第五版）

对竖井未穿透受压层的地基，当竖井底面以下受压土层较厚时，竖井范围内土层平均固结度与竖井底面以下土层的平均固结度相差较大，预压期间所完成的固结沉降量也主要产生于竖井范围内的土层中，如果将固结度按整个受压层平均，则与实际固结度沿深度分布不符，且掩盖了竖井底面以下土层固结缓慢的情况。在建筑使用后，剩余允许沉降主要发生于竖井底面以下土层中，导致剩余沉降持续时间变长等情况。《工程地质手册》（第五版）提供了近似的计算公式：

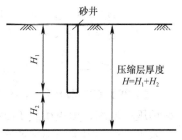

$$\bar{U} = Q \cdot \bar{U}_{rz} + (1 - Q) \cdot \bar{U}_z$$

$$Q = \frac{H_1}{H_1 + H_2}$$

式中：$\bar{U}$——砂井未穿透时，地基土的平均总固结度；

$\bar{U}_{rz}$——竖井深度部分（H_1）的土层地基平均总固结度（一般同时发生水平和竖向固结）；

$\bar{U}_z$——竖井以下部分（H_2）的土层地基平均总固结度（一般仅发生竖向固结）；

Q——砂井未穿透修正系数。

【小注】该内容在具体计算细节上尚有争议，了解即可。

第四节　预压地基的抗剪强度和变形计算

一、抗剪强度 τ_{ft}

——《建筑地基处理技术规范》第 5.2.11 条

对于正常固结饱和黏性土地基，某点某一时刻 t 的抗剪强度可按下式计算：

$$\tau_{ft} = \tau_{f0} + \Delta\sigma_z \cdot U_t \cdot \tan\varphi_{cu}$$

式中：τ_{ft}——t 时刻，该点地基土的抗剪强度（kPa）；

τ_{f0}——地基土的天然抗剪强度（kPa）；

$\Delta\sigma_z$——预压荷载引起的该点的附加竖向应力（kPa）；

U_t——t 时刻，该点地基土的固结度；

φ_{cu}——三轴固结不排水压缩试验求得的地基土的内摩擦角（°）。

【4-21】（2010D17）拟对厚度为 10.0m 的淤泥层进行预压法加固。已知淤泥面上铺设 1.0m 厚中粗砂垫层，再上覆厚 2.0m 的压实填土，地下水位与砂层顶面齐平，淤泥三轴固结不排水试验得到的黏聚力 $c_{cu} = 10.0$kPa，内摩擦角 $\varphi_{cu} = 9.5°$，淤泥面处的天然抗剪强度 $\tau_0 = 12.3$kPa，中粗砂重度为 20kN/m³，填土重度为 18kN/m³，按《建筑地基处理技术规范》JGJ 79—2012 计算，如果要使淤泥面处抗剪强度值提高 50%，则要求该处的固结度至少应达到（　　）。

(A) 60%　　　　(B) 70%　　　　(C) 80%　　　　(D) 90%

答案：C

解答过程：

根据《建筑地基处理技术规范》JGJ 79—2012 第 5.2.11 条：

(1) $\Delta\sigma = (20-10) \times 1 + 18 \times 2 = 46$kPa

(2) $\Delta\tau = 12.3 \times 0.5 = 6.15$kPa

(3) $\Delta\tau = \Delta\sigma \cdot U_t \cdot \tan\varphi_{cu} \Rightarrow U_t = \dfrac{\Delta\tau}{\Delta\sigma \cdot \tan\varphi_{cu}} = \dfrac{6.15}{46 \times \tan 9.5°} = 0.80$

【4-22】（2011D16）某大型油罐群位于滨海均质正常固结软土地基上，采用大面积堆载预压法加固，预压荷载 140kPa，处理前测得土层的十字板剪切强度为 18kPa，由三轴固结不排水剪测得土的内摩擦角 $\varphi_{cu} = 16°$。堆载预压至 90d 时，某点土层固结度为 68%，则此时该点土体由固结作用增加的强度最接近（　　）。

(A) 45kPa　　　　(B) 40kPa　　　　(C) 27kPa　　　　(D) 25kPa

答案：C

解答过程：

根据《建筑地基处理技术规范》JGJ 79—2012 第 5.2.11 条：

$$\tau_{ft}=\tau_{f0}+\Delta\sigma_z \cdot U_t \tan\varphi_{cu} \Rightarrow \Delta\tau=\Delta\sigma_z \cdot U_t \tan\varphi_{cu}=140\times0.68\times\tan16°=27.3\text{kPa}$$

【4-23】（2013D17）某厚度 6m 饱和软土，现场十字板抗剪强度为 20kPa，三轴固结不排水试验 $c_{cu}=13\text{kPa}$，$\varphi_{cu}=12°$，$E_s=2.5\text{MPa}$。现采用大面积堆载预压处理，堆载压力 $p_0=100\text{kPa}$，经过一段时间后软土层沉降 150mm，问该时刻饱和软土的抗剪强度最接近（　　）。

(A) 13kPa　　　　(B) 21kPa　　　　(C) 33kPa　　　　(D) 41kPa

答案：C

解答过程：

根据《建筑地基处理技术规范》JGJ 79—2012 第 4.2.7 条、第 5.2.11 条：

(1) $s=\dfrac{\Delta p}{E_s} \cdot h=\dfrac{100}{2.5\times1000}\times6000=240\text{mm}$

(2) $U_t=\dfrac{s_t}{s_\infty}=\dfrac{150}{240}=0.625$

(3) $\tau_{ft}=\tau_{f0}+\Delta\sigma_z \cdot U_t \tan\varphi_{cu}=20+100\times0.625\times\tan12°=33\text{kPa}$

【小注岩土点评】

根据有效应力原理，土的变形只取决于有效应力，因此对于大面积堆载预压，土层的平均固结度可按下式求解：$U_t=\dfrac{s_t}{s_\infty}=\dfrac{\text{某时刻 } t \text{ 的固结沉降量}}{\text{地基最终的固结沉降量}}$。

二、预压地基，沉降 s_f 计算

——《建筑地基处理技术规范》第 5.2.12 条

(一) 分层总和法

预压荷载下地基最终竖向变形量的计算深度可取"附加应力与土有效自重应力的比值为 0.1 的深度"作为压缩层的计算深度，其地基最终竖向总沉降可按下式计算：

$$s_f=\xi \cdot \sum_{i=1}^{n}\frac{e_{0i}-e_{1i}}{1+e_{0i}} \cdot h_i=\xi \cdot \sum_{i=1}^{n}\frac{p_{zi}}{E_{si}} \cdot h_i$$

式中：s_f——地基最终总压缩沉降量（mm）；

　　　e_{0i}——第 i 层中点处，土在上覆土层自重应力下对应的孔隙比，水下采用浮重度计算；

　　　e_{1i}——第 i 层中点处，土在上覆土层自重应力＋附加应力作用下对应的孔隙比，水下采用浮重度计算；

　　　h_i——第 i 层地基土的厚度（mm）；

　　　p_{zi}——第 i 层中点处的附加应力（kPa）；

　　　E_{si}——第 i 层中点处，土在上覆土层自重应力～自重应力＋附加应力压力段的压缩模量（kPa）；

　　　ξ——经验系数，堆载预压时可取 $\xi=1.1\sim1.4$、真空预压时可取 $\xi=1.0\sim1.3$，地基软弱土层厚度大时取大值。

预压过程中，t 时刻地基土层的沉降量 s_t 计算如下：

$$s_t = U_t \cdot s_f$$

（二）预压地基变形推算（规范法）

根据《建筑地基处理技术规范》JGJ 79—2012 第 5.4 节条文说明，在预压过程中，规定应及时进行地基的竖向变形（s）、孔隙水压力（u）等项目监测。工程上往往利用实测变形与时间关系曲线按以下公式推算最终竖向变形量 s_f 和参数 β 值：

相关参数	计算公式	备注说明
地基的最终变形量 s_f	$s_f = \dfrac{s_3 \cdot (s_2 - s_1) - s_2 \cdot (s_3 - s_2)}{(s_2 - s_1) - (s_3 - s_2)}$	式中：s_1、s_2、s_3——分别为"加载停止后"时间 t_1、t_2、t_3 相对应的竖向变形观测量（mm）；同时规定 $t_2 - t_1 = t_3 - t_2$。
参数 β	$\beta = \dfrac{1}{t_2 - t_1} \cdot \ln \dfrac{s_2 - s_1}{s_3 - s_2}$	此 β 值反映土层的平均固结速率，可用于计算平均固结系数和任意时间的平均固结度
	$\dfrac{u_1}{u_2} = e^{\beta \cdot (t_2 - t_1)}$	根据加载停荷后的 u-t 推算，式中：u_1、u_2 分别为"加载停止后"时间 t_1、t_2 相对应的实测超孔隙水压力值（kPa）。此 β 值反映测点附近土体的固结速率

【小注1】β 值主要反映土体的固结速率，主要用于计算土体的固结度。采用不同时间段的整体沉降值计算的 β 值，反映土体的平均固结速率；而采用不同时刻的测点附近的超孔隙水压力计算的 β 值，反映了测点部位的土体固结速率，可用于计算在当时情况下测点附近土体的固结度。

【小注2】这里着重介绍一个概念，建筑物地基某时间的总沉降 s_t 可表示为：

$$s_t = s_d + s_c + s_s$$

式中：s_d——瞬时沉降量；

s_c——主固结沉降量；

s_s——次固结沉降量。

瞬时沉降是在荷载施加后立即发生的那部分沉降量，它是由剪切变形引起的。相对于土层厚度，建筑物的荷载面积一般都是有限的，当荷载加上后，地基中就会产生剪切变形。主固结沉降指的是那部分主要由于主固结而引起的沉降量，在主固结过程中，沉降速率是由水从孔隙中排出的速率所控制的，而次固结沉降是土骨架在持续荷载下发生蠕变所引起的。

次固结大小和土的性质有关。泥炭土、有机质土或高塑性黏土土层，次固结沉降占很可观的部分，而其他土则所占比例不大。

在建筑物使用年限内，次固结沉降经判断可以忽略的话，则最终总沉降 s_f 可按下式计算：

$$s_f = s_d + s_c$$

从实测的沉降-时间（即 s-t）曲线上选择荷载停止后任意三个时间 t_1、t_2 和 t_3，并使 $t_3 - t_2 = t_2 - t_1$，根据固结度普遍表达式：

$$\overline{U}_1 = 1 - \alpha e^{-\beta t_1}$$

$$\bar{U}_2 = 1 - \alpha e^{-\beta t_2}$$

$$\bar{U}_3 = 1 - \alpha e^{-\beta t_3}$$

等式变换：

$$\frac{1-\bar{U}_1}{1-\bar{U}_2} = e^{\beta(t_2-t_1)}$$

$$\frac{1-\bar{U}_2}{1-\bar{U}_3} = e^{\beta(t_3-t_2)}$$

这里延伸一下，$\dfrac{1-\bar{U}_1}{1-\bar{U}_2} = \dfrac{\bar{u}_1}{\bar{u}_2} = e^{\beta(t_2-t_1)}$，$\bar{u}$ 代表土层的平均超静水压力，这个式子正是规范条文说明中的式（8）。

再根据

$$s_f = s_d + s_c$$

我们得到：

$$\bar{U} = \frac{s_t - s_d}{s_f - s_d}$$

其中 s_t 是 t 时刻的总沉降，由于三个检测时间的间隔相同，故得到：

$$e^{\beta(t_2-t_1)} = e^{\beta(t_3-t_2)} = e^{\beta\Delta t} = \frac{1-\bar{U}_1}{1-\bar{U}_2} = \frac{1-\bar{U}_2}{1-\bar{U}_3}$$

把 $\bar{U} = \dfrac{s_t - s_d}{s_f - s_d}$ 代入 $\dfrac{1-\bar{U}_1}{1-\bar{U}_2} = \dfrac{1-\bar{U}_2}{1-\bar{U}_3}$ 得到：

$$\frac{1 - \dfrac{s_1 - s_d}{s_f - s_d}}{1 - \dfrac{s_2 - s_d}{s_f - s_d}} = \frac{1 - \dfrac{s_2 - s_d}{s_f - s_d}}{1 - \dfrac{s_3 - s_d}{s_f - s_d}}$$

$$\frac{\dfrac{s_f - s_d - s_1 + s_d}{s_f - s_d}}{\dfrac{s_f - s_d - s_2 + s_d}{s_f - s_d}} = \frac{\dfrac{s_f - s_d - s_2 + s_d}{s_f - s_d}}{\dfrac{s_f - s_d - s_3 + s_d}{s_f - s_d}}$$

化简得一重要公式：

$$\frac{s_f - s_1}{s_f - s_2} = \frac{s_f - s_2}{s_f - s_3}$$

把这个式子再化简可得到 s_f 关于 s_1、s_2、s_3 的表达式：

$$s_f = \frac{s_3(s_2 - s_1) - s_2(s_3 - s_2)}{(s_2 - s_1) - (s_3 - s_2)}$$

这个式子就是规范条文说明中的式（6）。

设

$$\frac{s_f - s_1}{s_f - s_2} = \frac{s_f - s_2}{s_f - s_3} = k$$

$$\frac{(s_\mathrm{f}-s_1)-(s_\mathrm{f}-s_2)}{(s_\mathrm{f}-s_2)-(s_\mathrm{f}-s_3)}=\frac{k(s_\mathrm{f}-s_2)-k(s_\mathrm{f}-s_3)}{(s_\mathrm{f}-s_2)-(s_\mathrm{f}-s_3)}=k=\frac{s_2-s_1}{s_3-s_2}$$

得到：

$$\frac{s_\mathrm{f}-s_1}{s_\mathrm{f}-s_2}=\frac{s_\mathrm{f}-s_2}{s_\mathrm{f}-s_3}=\frac{s_2-s_1}{s_3-s_2}$$

由于

$$e^{\beta(t_2-t_1)}=\frac{1-\bar{U}_1}{1-\bar{U}_2}=\frac{s_\mathrm{f}-s_1}{s_\mathrm{f}-s_2}=\frac{s_2-s_1}{s_3-s_2}$$

即

$$e^{\beta(t_2-t_1)}=\frac{s_2-s_1}{s_3-s_2}\Rightarrow\beta=\frac{1}{t_2-t_1}\ln\frac{s_2-s_1}{s_3-s_2}$$

这个式子就是规范条文说明中的式（7）。

这里大家需要改变一下认知，由于历年考试中，关于固结度和沉降的关系，命题组并没有区分出瞬时沉降和主固结沉降，认为总沉降就是主固结沉降，这是不正确的，未来考试一定会纠正，本章所说的排水固结法计算变形，所研究的阶段仅仅是主固结沉降阶段；从公式推导过程来看，时间间隔相同的三时间点公式不仅适用于以前普遍认为的"总沉降＝主固结沉降"，也适用于"总沉降＝瞬时沉降＋主固结沉降"。

【4-24】（2008C15）在一正常固结软黏土地基上建设堆场。软黏土层厚 10.0m，其下为密实砂层。采用堆载预压法加固，砂井长 10.0m，直径为 0.30m，预压荷载为 120kPa，固结度达 0.80 时卸除堆载。堆载预压过程中地基沉降 1.20m，卸载后回弹 0.12m。堆场面层结构荷载为 20kPa，堆料荷载为 100kPa。预计该堆场工后沉降最大值将最接近（　　）。（不计次固结沉降）

(A) 20cm　　　　(B) 30cm　　　　(C) 40cm　　　　(D) 50cm

答案：C

解答过程：

（1）堆载时，最终沉降量：$s_1=\dfrac{1.2}{0.8}=1.5\mathrm{m}$

（2）卸载时，工后沉降量：$s_2=1.5-(1.2-0.12)=0.42\mathrm{m}=42\mathrm{cm}$

【4-25】（2008D15）场地为饱和淤泥质黏性土，厚 5.0m，压缩模量 E_s 为 2.0MPa，重度为 17kN/m³，淤泥质黏性土下为良好的地基土，地下水位埋深 0.50m。现拟打设塑料排水板至淤泥质黏性土层底，然后分层铺设砂垫层，砂垫层厚度为 0.80m，重度为 20kN/m³，采用 80kPa 大面积真空预压 3 个月（预压时地下水位不变），则固结度达 85% 时的沉降量最接近（　　）。

(A) 15cm　　　　(B) 20cm　　　　(C) 25cm　　　　(D) 10cm

答案：B

解答过程：

（1）最终沉降量：$s_\mathrm{f}=\dfrac{\Delta p}{E_\mathrm{s}}h=\dfrac{80+0.8\times20}{2}\times5=240\mathrm{mm}=24\mathrm{cm}$

（2）固结度 85% 时沉降量：$s=0.85\times24=20.4\mathrm{cm}$

【4-26】（2010D16）某填海造地工程对软土地基拟采用堆载预压法进行加固，已知海水深1.0m，下卧淤泥层厚度10.0m，天然密度$\rho=1.5g/cm^3$，室内固结试验测得各级压力下的孔隙比见下表。如果淤泥上覆填土的附加压力p取125kPa，按《建筑地基处理技术规范》JGJ 79—2012计算该淤泥的最终沉降量，取经验修正系数为1.2，将10m厚的淤泥层按一层计算，则最终沉降量最接近（　　）。

p (kPa)	0	12.5	25.0	50	100	200	300
e	2.325	2.215	2.102	1.926	1.710	1.475	1.325

(A) 1.46m　　　　(B) 1.82m　　　　(C) 1.96m　　　　(D) 2.64m

答案：C

解答过程：

根据《建筑地基处理技术规范》JGJ 79—2012第5.2.12条：

（1）孔隙比计算

淤泥层平均自重压力：

$$\sigma_{z1}=\frac{1}{2}\times10\times(1.5\times10-10)=25kPa，查表得 e_1=2.102$$

淤泥层平均自重压力与附加压力的和：

$$\sigma_{z2}=25+125=150kPa$$

利用插入法查表得：

$$e_2=\frac{1.710+1.475}{2}=1.593$$

（2）最终沉降量

$$s_f=\xi\cdot\sum_{i=1}^{n}\frac{e_{0i}-e_{1i}}{1+e_{0i}}h_i=1.2\times\frac{2.102-1.593}{1+2.102}\times10=1.969m$$

【小注岩土点评】

① 采用地基土处理前后孔隙比的变化，来计算沉降量，同时根据题干中给出的应力与孔隙率的对应关系，准确计算出孔隙比是解题的关键。

② 根据有效应力原理，引起变形的只有有效应力，海水并不能引起淤泥土层的变形，因此在计算附加应力的时候不能计入1m海水的自重。

【4-27】（2013D05）某正常固结的饱和黏性土层，厚度4m，饱和重度为20kN/m³，黏土的压缩试验结果见下表。采用在该黏性土层上直接大面积堆载的方式对该层上进行处理，经堆载处理后土层的厚度为3.9m，估算的堆载量最接近（　　）。

p (kPa)	0	20	40	60	80	100	120	140
e	0.900	0.865	0.840	0.825	0.810	0.800	0.794	0.783

(A) 50kPa　　　　(B) 80kPa　　　　(C) 100kPa　　　　(D) 120kPa

答案：A

解答过程：

根据《建筑地基处理技术规范》JGJ 79—2012第5.2.12条：

(1) 土层平均自重压力：$p_{cz}=2\times10=20\text{kPa}$，对应初始孔隙比 e_1 为 0.865

(2) $\dfrac{4}{1+0.865}=\dfrac{3.9}{1+e_2}\Rightarrow e_2=0.818\Rightarrow p_{cz}+p_z=69.3\text{kPa}$

(3) 堆载量：$p=69.3-20=49.3\text{kPa}$

【小注岩土点评】

(1) 本题目命题灵活，需要有岩土工程师的思维，土层厚度的变化实质上就是沉降值，土体沉降表示土中孔隙减小，与土的孔隙比息息相关，可以由沉降值推出孔隙比的变化，再由孔隙比的变化推出大面积堆载的荷载量，考场上需要快速理清思路。

(2) 孔隙比 e_2 的求解用到了"百变三相图"，应熟练掌握。

(3) 原真题为错题，解答用的是饱和重度计算自重压力，应该有有效重度。官方给出的解答如下：

① 土层平均自重压力：$p_{cz}=2\times20=40\text{kPa}$，对应初始孔隙比 e_1 为 0.840

② $\dfrac{4}{1+0.840}=\dfrac{3.9}{1+e_2}\Rightarrow e_2=0.793\Rightarrow p_{cz}+p_z=120\text{kPa}$

③ 堆载量：$p=120-40=80\text{kPa}$

【4-28】（2014D13）某大面积软土场地，表层淤泥顶面绝对标高为 3m，厚度为 15m，压缩模量 1.2MPa。其下为黏性土，地下水为潜水，稳定水位绝对标高为 1.5m。现拟对其进行真空和堆载联合预压处理，淤泥表面铺 1m 厚砂垫层（重度为 18kN/m³），真空预压加载 80kPa，真空膜上修筑水池储水，水深 2m。问当淤泥层的固结度达到 80% 时，其固结沉降量最接近（   ）。（沉降计算经验系数取 1.1）

(A) 1.00m　　　(B) 1.10m　　　(C) 1.20m　　　(D) 1.30m

答案：D

解答过程：

根据《建筑地基处理技术规范》JGJ 79—2012 第 5.2.12 条：

(1) 总沉降量

$$s_\infty=\xi\cdot\dfrac{\Delta p}{E_s}\cdot h=1.1\times\dfrac{80+1\times18+2\times10}{1.2}\times15=1622.5\text{mm}$$

(2) 80% 固结度时的沉降量

$$s_t=U_t\cdot s_\infty=0.8\times1622.5=1298\text{mm}$$

【小注岩土点评】

① 土力学中单向压缩分层总和法的分层界限是以地下水位和土层界面为界限的，而采用真空—堆载联合预压法的时候，由于水位线上下的加固机理不完全相同，因此，为便于计算，一般不考虑地下水位，按整个软土层为一层进行计算。

② 对于真空—堆载联合预压法的预压力，应根据题干中的描述，计算出相应的附加压力，避免因漏项而造成计算错误。

【4-29】（2016D13）已知某场地地层条件及孔隙比 e 随压力变化拟合函数见下表，②层以下为不可压缩层，地下水位在地面处，在该场地上进行大面积填土，当堆土荷载为 30kPa 时，估算填土荷载产生的沉降最接近下列哪个选项？（沉降经验系数 ξ 按 1.0，变形计算深度至应力比为 0.1 处）

土层名称	层底埋深（m）	饱和重度 $\gamma(kN/m^3)$	$e-\lg p$ 关系式
①粉砂	10	20.0	$e=1-0.05\lg p$
②淤泥质粉质黏土	40	18.0	$e=1.6-0.2\lg p$

(A) 50mm   (B) 200mm   (C) 230mm   (D) 300mm

答案：B

解答过程：

(1) 计算深度：应力比为 0.1 处，土自重应力达到 30/0.1＝300kPa，

粉砂层底自重应力：10×(20－10)＝100kPa

淤泥质粉质黏土沉降计算深度点在该层土顶以下位置：(300－100)/(18－10)＝25m

计算深度：$H=10+25=35$m

(2) ①粉砂层：$p_0=10\times10\times0.5=50$kPa；$e_0=1-0.05\times\lg50=0.915$

$p_1=50+30=80$kPa；$e_1=1-0.05\times\lg80=0.905$

②淤泥质粉质黏土层：$p_0=10\times10+8\times25/2=200$kPa；$e_0=1.6-0.2\lg200=1.14$；

$p_1=200+30=230$kPa；$e_1=1.6-0.2\lg230=1.128$

(3) 根据《建筑地基处理技术规范》JGJ 79—2012 第 5.2.12 条：

$$s=\xi\sum\frac{e_0-e_1}{1+e_0}h_i$$
$$=1\times\frac{0.915-0.905}{1+0.915}\times10\times10^3+1\times\frac{1.14-1.128}{1+1.14}\times25\times10^3$$
$$=192\text{mm}$$

【4-30A】(2016C17) 某工程软土地基采用堆载预压加固（单级瞬时加载），实测不同时刻 t 及竣工时（$t=150$d）地基沉降量 s 见下表，假定荷载位置不变，按固结理论，竣工后 200d 时的工后沉降最接近下列哪个选项？

时刻 t(d)	50	100	150（竣工）
沉降 s(mm)	100	200	250

(A) 25mm   (B) 47mm   (C) 275mm   (D) 297mm

答案：B

解答过程：

根据《建筑地基处理技术规范》JGJ 79—2012 第 5.4.1 条条文说明：

(1) $s_f=\dfrac{s_2^2-s_1s_3}{2s_2-s_1-s_3}=\dfrac{200^2-100\times250}{2\times200-100-250}=300$mm

(2) $\beta=\dfrac{1}{t_2-t_1}\ln\dfrac{s_2-s_1}{s_3-s_2}=\dfrac{1}{100-50}\times\ln\dfrac{200-100}{250-200}=0.01386$/d

$$U_{100}=\frac{200}{300}=1-\alpha e^{-0.01386\times100}\Rightarrow\alpha=1.33$$

$$s_{350}=s_f\times(1-1.33\times e^{-0.01386\times350})=300\times0.9896=297\text{mm}$$

(3) $\Delta s=297-250=47$mm

【小注岩土点评】

① 本题考查工后沉降计算，工后沉降指的是竣工以后才产生的沉降量（不包括竣工前的沉降量），计算公式在《建筑地基处理技术规范》JGJ 79—2012 第 5.4.1 条条文说明中，平时复习时应注重规范条文说明的学习，特别是有公式的条文说明，这是近几年考试的一个趋势。

② 地基沉降量的推算应该有完整的实测沉降变形和时间关系曲线，采用"三点法"计算最终的地基沉降量 s 和参数 β 值，从而可以按照平均固结度的相关概念和计算公式，计算出任意时刻的固结度及地基沉降量，"三点法"的取值须满足在加荷停止后，$t_2-t_1 = t_3-t_2 = \Delta t$ 的条件。

【4-30B】（2023C12）某淤泥地基打设排水板后采用堆载预压处理，堆载至 2020 年 7 月 16 日后，某原地表测点的实测沉降值见下表。现用双曲线法预测后期沉降，使用线性函数回归的 $\dfrac{t-t_0}{s_t-s_0}$ 与 $(t-t_0)$ 关系曲线见下图。计算 2020 年 12 月 31 日该位置处的固结度最接近下列哪个选项？（s_0 为 $t=t_0$ 时间对应的初期沉降量，s_t 为任意 t 时间对应的沉降量，t_0 为所选取初始沉降对应的时间）

沉降观测日期	累计沉降量（mm）	$t-t_0$ (d)	s_t-s_0 (mm)	$(t-t_0)/(s_t-s_0)$ (d/mm)
2020-7-16	512.6	0	0	—
2020-9-24	1336.9	70	824.3	0.0849
2020-10-3	1352.1	79	839.6	0.0941
2020-10-6	1359.3	82	846.8	0.0968
2020-10-9	1364.5	85	851.9	0.0998
2020-10-12	1368.1	88	855.5	0.1029
2020-10-15	1371.4	91	858.8	0.1060
2020-10-18	1374.4	94	861.8	0.1091
2020-10-24	1378.1	100	865.5	0.1155
2020-10-27	1380.1	103	867.5	0.1187
2020-10-30	1382.7	106	870.1	0.1218
2020-12-31	?	168	—	—

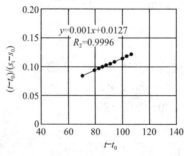

（A）80%　　　　（B）85%　　　　（C）90%　　　　（D）95%

答案：D

解答过程：

（1）由题目条件知：$\dfrac{t-t_0}{s_t-s_0}$ 与 $(t-t_0)$ 的函数即：$y=0.001x+0.0127$

把 $y=\dfrac{t-t_0}{s_t-s_0}$, $x=t-t_0$ 代入: $\dfrac{t-t_0}{s_t-s_0}=0.001\times(t-t_0)+0.0127$

等式变换: $s_t-s_0=\dfrac{(t-t_0)}{0.001(t-t_0)+0.0127}$

(2) 计算 12 月 31 日时的沉降量:

当 $(t-t_0)=168$ 时,

$s_t-s_0=\dfrac{168}{0.001\times168+0.0127}=929.72\text{mm}\Rightarrow s_t=929.72+512.6=1442.32\text{mm}$

(3) 计算最终沉降量:

$\lim\limits_{(t-t_0)\to\infty}\dfrac{(t-t_0)}{0.001(t-t_0)+0.0127}=\dfrac{1}{0.001}=1000\text{mm}$

即 $s_f-s_0=1000\Rightarrow s_f=1000+512.6=1512.6\text{mm}$

(4) 12 月 31 日的固结度为: $\overline{U}_t=\dfrac{s_t}{s_f}=\dfrac{1442.32}{1512.6}=95.35\%$

【小注岩土点评】

① 本题目考查双曲线法,考生基本没有相关知识,建议直接放弃,但本题实际是可以通过数学方法求解的,对考生也是公平的,即不需要知道双曲线推算沉降的方法,也是可以做出来题目的。

② 简单介绍下双曲线法推算沉降,双曲线法是假定荷载恒定后的沉降平均速度以双曲线形式逐渐减少的经验推导法。利用实测曲线,在恒定荷载条件下某一时刻 t_0 的沉降量为 s_0,则以后任意时刻 t 的沉降量 s_t 可由下式求得: $s_t=s_0+\dfrac{t-t_0}{a+b(t-t_0)}$。式中: t_0、s_0 为拟合计算起始参考点的观测时间和沉降值; t、s_t 为拟合曲线上任意点的时间与对应的沉降值; a、b 为根据实测值求出的参数,化为直线时分别表示直线的截距和斜率,对上式进行等式变换: $\dfrac{t-t_0}{s_t-s_0}=a+b(t-t_0)$

用 t_0 后现场实测的沉降相关资料,绘制 $\dfrac{t-t_0}{s_t-s_0}$ 与 $(t-t_0)$ 的关系图,并进行线性拟合,如下图所示:

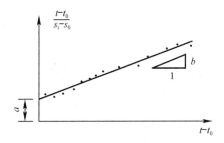

从图中可知,a、b 即是该直线的截距和斜率,将求得的 a、b 代入式中,即可求得任意时刻 t 的沉降量 s_t,当 $t\to\infty$ 时,可用下式求得最终沉降量 s_f:

$$s_f=s_0+\dfrac{1}{b}$$

荷载恒定后并经过时间 t 后的残余沉降量 Δs 为：

$$\Delta s = s_f - s_t$$

用双曲线法推算 t 时刻的沉降量，要求实测沉降时间较长，最好在半年以上。在分析过程中还应该剔除比较反常的数据，否则将对预估沉降量产生较大偏差。

③ 本题属于较难题目。

第二十六章　压实地基和夯实地基

压实地基适用于处理大面积填土地基，应注意和换填垫层法区别开来，换填垫层法主要用于局部不均匀地基的换填处理。夯实地基分为强夯和强夯置换地基两类。

第一节　压实地基和夯实地基

——《建筑地基处理技术规范》第 6.2.2 条

《建筑地基处理技术规范》JGJ 79—2012 第 6.2.2 条，压实填土的质量以压实系数 λ_c 控制，并应根据结构类型和压实填土所在部位按下表要求进行控制：

压实填土的质量控制

结构类型	填土部位	压实系数 $\lambda_c = \dfrac{\rho_d}{\rho_{dmax}}$	控制含水量（%）
砌体承重结构和框架结构	在地基主要受力层范围以内	$\lambda_c \geqslant 0.97$	最优含水量 $w_{op} \pm 2$
	在地基主要受力层范围以下	$\lambda_c \geqslant 0.95$	
排架结构	在地基主要受力层范围以内	$\lambda_c \geqslant 0.96$	
	在地基主要受力层范围以下	$\lambda_c \geqslant 0.94$	

【小注】地坪垫层以下及基础底面标高以上的压实填土，压实系数不应小于 0.94。

压实填土的最大干密度和最优含水量，宜采用击实试验确定，当无试验资料时，可按下式计算最大干密度：

$$\rho_{dmax} = \eta \frac{\rho_w d_s}{1 + 0.01 w_{op} d_s}$$

式中：ρ_{dmax}——土的最大干密度（t/m^3）；

η——经验系数，粉质黏土取 0.96，粉土取 0.97；

ρ_w——水的密度（t/m^3）；

d_s——土粒比重；

w_{op}——最优含水量（%）。

第二节　强夯的有效加固深度

——《建筑地基处理技术规范》第 6.3.3 条及条文说明

一、规范查表法

强夯的有效加固深度，应根据现场试夯或地区经验确定。在缺少试验资料或经验时，可按下表进行预估。

强夯的有效加固深度（m）

单击夯击能 E(kN·m)	碎石土、砂土等粗颗粒土	粉土、粉质黏土、湿陷性黄土等细颗粒土
1000	4.0～5.0	3.0～4.0

续表

单击夯击能 $E(\mathrm{kN \cdot m})$	碎石土、砂土等粗颗粒土	粉土、粉质黏土、湿陷性黄土等细颗粒土
2000	5.0~6.0	4.0~5.0
3000	6.0~7.0	5.0~6.0
4000	7.0~8.0	6.0~7.0
5000	8.0~8.5	7.0~7.5
6000	8.5~9.0	7.5~8.0
8000	9.0~9.5	8.0~8.5
10000	9.5~10.0	8.5~9.0
12000	10.0~11.0	9.0~10.0

【小注】强夯法的有效加固深度应从最初起夯面算起，而《湿陷性黄土地区建筑标准》GB 50025—2018 中消除湿陷性黄土层的有效深度，从起夯面算起，这一点两本规范的规定不同，要区分开来。

二、梅那公式法

强夯法的有效加固深度既是反映处理效果的重要参数，又是选择地基处理方案的重要依据。强夯法创始人梅那（Menard）曾提出下式来估算影响深度 $H(\mathrm{m})$：

$$H \approx \alpha \sqrt{Mh}$$

式中：H——强夯的有效加固深度（m）；

α——修正系数（0.34~0.80）；

M——夯锤质量（t）；

h——夯锤的落距（m）。

【4-31】（2003D31）某地湿陷性黄土地基采用强夯法处理，拟采用圆底夯锤，质量 10t，落距 10m。已知梅那公式的修正系数为 0.5，估算此强夯处理加固深度最接近（   ）。

(A) 3.0m   (B) 3.5m   (C) 4.0m   (D) 5.0m

答案：D

解答过程：

根据《建筑地基处理技术规范》JGJ 79—2012 第 6.3.3 条及条文说明：

$$H = \alpha \sqrt{Mh} = 0.5 \times \sqrt{10 \times 10} = 5.0 \mathrm{m}$$

第三节 强夯置换地基处理

——《建筑地基处理技术规范》第 6.3.5 条及条文说明

强夯置换适用于高饱和度的粉土和软塑~流塑的黏性土地基，且对地基变形要求不严的工程。在冲击能量的作用下，将砂、碎石等填料挤入软土中，置换软土，形成置换墩。

强夯置换的加固原理为下列三者之和：

强夯置换＝强夯(加密)＋碎石墩＋特大直径排水井

因此，墩间和墩下的粉土或黏性土通过排水与加密，其密度及状态可以改善。由此可知，强夯置换的加固深度由两部分组成，即置换墩长度和墩下加密范围。

强夯置换后的地基承载力，对粉土中的置换地基按复合地基考虑，对淤泥或流塑的黏性土地基，不考虑墩间土的承载力，按单墩静载荷试验的承载力除以单墩加固面积，取为加固后的地基承载力。

$$淤泥和流塑的黏性土：f_{spk}=\frac{R_a}{A_c}=m\frac{R_a}{A_p}=mf_{pk}$$

$$粉土：f_{spk}=(1-m)f_{sk}+mf_{pk}$$

式中：f_{spk}——强夯置换复合地基承载力特征值（kPa）；

　　　R_a——置换墩单墩静载荷试验承载力特征值（kN）；

　　　f_{sk}——处理后墩间土的地基承载力特征值（kPa）；

　　　f_{pk}——单墩体（桩体）的承载力特征值（kPa）；

　　　A_c——单墩承担的加固面积（m^2）；

　　　A_p——单墩面积（m^2）；

　　　m——置换率（计算见下章）。

【4-32】（2006D18）某软黏土地基天然含水量 $w=50\%$，液限 $w_L=45\%$，采用强夯置换法进行地基处理，夯点采用正三角形布置，间距 2.5m，成墩直径为 1.2m，根据检测结果，单墩承载力特征值为 $P_k=800$kN，按《建筑地基处理技术规范》JGJ 79—2012 计算，处理后该地基的承载力特征值最接近（　　　）。

（A）128kPa　　　　　（B）138kPa　　　　　（C）148kPa　　　　　（D）158kPa

答案：C

解答过程：

根据《建筑地基处理技术规范》JGJ 79—2012 第 6.3.5 条：

(1) $f_{pk}=\dfrac{P_k}{A_p}=\dfrac{800}{\dfrac{3.14\times1.2^2}{4}}=707.7$kPa

(2) $m=\dfrac{d^2}{d_e^2}=\dfrac{1.2^2}{(1.05\times2.5)^2}=0.209$

(3) $f_{spk}=mf_{pk}=0.209\times707.7=147.9$kPa

第二十七章 复合地基

第一节 面积置换率 m 的计算

——《建筑地基处理技术规范》第 7.1.5 条及条文说明

置换率（m）就是指地基处理过程中，单桩桩身截面积 A_{p} 与该桩所承担的处理地基等效面积 A_{e} 之比。

$$m=\frac{A_{\mathrm{p}}}{A_{\mathrm{e}}}=\frac{d^2}{d_{\mathrm{e}}^2}$$

规范中把单桩承担处理面积等效为圆形，其直径为 d_{e}，故 m 也写作：$m=\dfrac{A_{\mathrm{p}}}{A_{\mathrm{e}}}=\dfrac{\frac{\pi}{4}d^2}{\frac{\pi}{4}d_{\mathrm{e}}^2}=\dfrac{d^2}{d_{\mathrm{e}}^2}$

置换率（m）计算情况分类：

处理面积	处理情况	置换率（m）计算
无限大面积	整片处理或筏板基础	$m=\dfrac{\text{单元体内，全部桩截面积}}{\text{单元体面积}}$
半无限大面积	条形基础	
有限面积	独立基础	$m=\dfrac{\text{基础范围内，全部桩截面积}}{\text{基础底面积}}$

一、无限大面积复合地基

布桩方式	本质	公式	简图
等边三角形	一个三角形内，内含 3 个 $\frac{1}{6}$ 桩，即总共含 $3\times\frac{1}{6}=\frac{1}{2}$ 根桩，即 1 根桩承担 2 个三角形面积	圆桩（直径 d）： $m=\dfrac{\frac{1}{2}A_{\mathrm{p}}}{s_{\triangle}}=\dfrac{\frac{1}{2}\times\frac{\pi}{4}d^2}{\frac{1}{2}s^2\sin60^{\circ}}=\dfrac{d^2}{\left[\sqrt{\frac{4\sin60^{\circ}}{\pi}}s\right]^2}$ $\Rightarrow d_{\mathrm{e}}=\sqrt{\dfrac{4\sin60^{\circ}}{\pi}}s=1.05s\Rightarrow$ $m=\dfrac{d^2}{d_{\mathrm{e}}^2}=\dfrac{d^2}{(1.05s)^2}$ 方桩（边长 b）：$m=\dfrac{\frac{1}{2}\times b^2}{\frac{\sqrt{3}}{4}s^2}=\dfrac{b^2}{\frac{\sqrt{3}}{2}s^2}$	

续表

布桩方式	本质	公式	简图
正方形	一个四边形内，内含 4 个 $\frac{1}{4}$ 桩，即总共含 $4 \times \frac{1}{4} = 1$ 根桩，即 1 根桩承担 1 个四边形面积	圆桩（直径 d）： $m = \dfrac{A_p}{s} = \dfrac{\frac{\pi}{4}d^2}{s^2} = \dfrac{d^2}{\left[\sqrt{\frac{4}{\pi}}s\right]^2} \Rightarrow d_e =$ $\sqrt{\dfrac{4}{\pi}}s = 1.13s$ $\Rightarrow m = \dfrac{d^2}{d_e^2} = \dfrac{d^2}{(1.13s)^2}$ 方桩（边长 b）：$m = \dfrac{b^2}{s^2}$	
矩形（等腰三角形/平行四边形）		圆桩（直径 d）： $m = \dfrac{A_p}{s} = \dfrac{\frac{\pi}{4}d^2}{s_1 s_2} = \dfrac{d^2}{\left[\sqrt{\frac{4s_1 s_2}{\pi}}\right]^2} \Rightarrow d_e =$ $1.13\sqrt{s_1 s_2}$ $\Rightarrow m = \dfrac{d^2}{d_e^2} = \dfrac{d^2}{(1.13\sqrt{s_1 s_2})^2}$	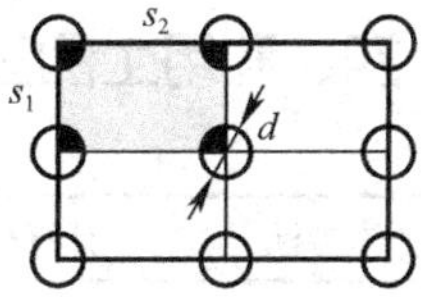
		方桩（边长 b）：$m = \dfrac{b^2}{s_1 s_2}$	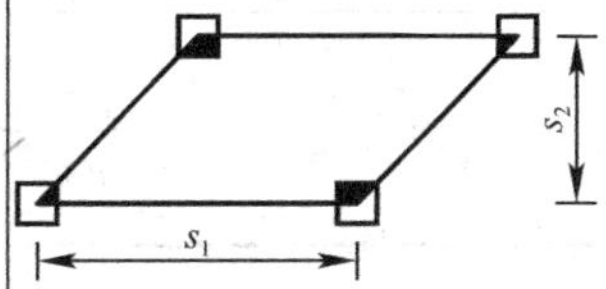
不规则布桩	一个重复单元体内，包含 n 根桩	$m = \dfrac{n \cdot A_p}{可重复单元体面积}$ （右图中，$n=2$）	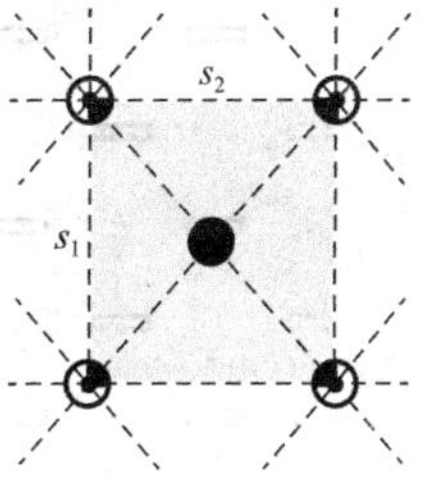

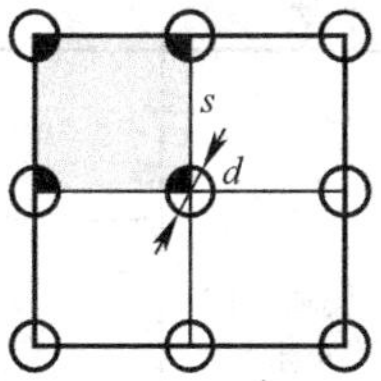

二、半无限大面积复合地基（条形基础）

半无限大面积复合地基取下图中阴影部分重复单元体进行分析可知：

本质	计算公式	简图
一个单元体内部包含有 n 根桩	$m = \dfrac{n \cdot A_p}{可重复单元体面积\ (s_1 \times b)}$ （右图中，$n=2$）	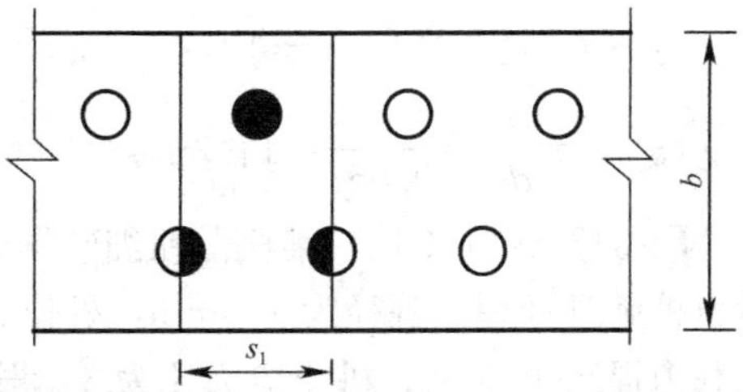

三、有限面积复合地基

直接取整个基础作为研究对象进行分析可知：

本质	计算公式		简图
一个基础下伏共计 n 根桩	单一桩布置	$m = \dfrac{n \cdot A_p}{\text{基础面积}(A)}$	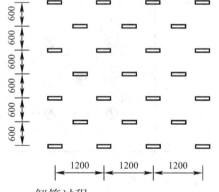
	多桩型布置	$m_1 = \dfrac{n_1 \cdot A_{p1}}{A}$, $m_2 = \dfrac{n_2 \cdot A_{p2}}{A}$	
		处理原则为"各算各的"，即在有限面积内或在单元体内，分别计算每一种桩型的置换率，详见本章第四节	

四、利用土的三相关系进行计算（仅适用于地面高程不变的情况）

土体指标	计算公式	适用范围	备注说明
孔隙比	$m = \dfrac{e_0 - e_1}{1 + e_0}$	振冲碎石桩、沉管砂石桩	e_0——处理前土的孔隙比 e_1——处理后土的孔隙比
干密度	$m = \dfrac{\bar{\rho}_{d1} - \bar{\rho}_{d0}}{\bar{\rho}_{d1}}$	灰土挤密桩、土挤密桩	$\bar{\rho}_{d1} = \bar{\eta}_c \cdot \rho_{dmax}$ $\bar{\rho}_{d0}$——挤密前土的干密度； $\bar{\rho}_{d1}$——挤密后桩间土的干密度

【4-33】 （2017D13）某深厚软黏土地基，采用堆载预压法处理，塑料排水带宽度 100mm，厚度 5mm，平面布置如左图所示（尺寸单位为 mm）。按照《建筑地基处理技术规范》JGJ 79—2012，求塑料排水带竖井的井径比 n 最接近下列何值？（图中尺寸单位为 mm）

(A) 13.5　　　　(B) 14.3

(C) 15.2　　　　(D) 16.1

答案：B

解答过程：

根据《建筑地基处理技术规范》JGJ 79—2012 第 5.2.3 条、第 5.2.5 条、第 7.1.5 条：

(1) $d_p = \dfrac{2(a+b)}{\pi} = \dfrac{2 \times (0.1+0.005)}{\pi} = 0.067\text{m}$

(2) $d_e = 1.13\sqrt{s_1 s_2} = 1.13 \times \sqrt{0.6 \times 1.2} = 0.959\text{m}$

(3) $n = \dfrac{d_e}{d_w} = \dfrac{0.959}{0.067} = 14.3$

【4-34】 （2014C16）某松散粉细砂场地，地基处理前承载力特征值为 100kPa，现采用砂石桩满堂处理，桩径为 400mm，桩位如下图所示（尺寸单位为 mm）。处理后桩间土的承载力提高了 20%，桩土应力比为 3。根据《建筑地基处理技术规范》JGJ 79—2012 估算

的该砂石桩复合地基的承载力特征值最接近（　　）。

(A) 135kPa　　　(B) 150kPa　　　(C) 170kPa　　　(D) 185kPa

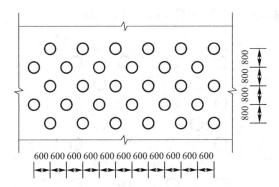

答案：B

解答过程：

根据《建筑地基处理技术规范》JGJ 79—2012 第 7.1.5 条：

(1) 面积置换率计算

根据题干图示，桩布置方式为梅花形布置，取图示单元体 $2\times600\times2\times800$，布桩为 2 根（1 根＋4×1/4 根）。

$$m=\frac{桩的面积}{重复单元面积}=\frac{2\times\dfrac{3.14\times0.4^2}{4}}{2\times0.6\times2\times0.8}=0.131$$

(2) 复合地基承载力特征值的计算

$$f_{sk}=100\times(1+0.2)=120\text{kPa}$$

$$f_{spk}=[1+m(n-1)]f_{sk}=[1+0.131\times(3-1)]\times120=151.4\text{kPa}$$

【小注岩土点评】

① 本题考查置换率计算，根据图示情况及置换率的概念，采用置换率通用计算公式，即：$m=\dfrac{桩的面积}{重复（处理）单元面积}$，需要注意的是，尽量选取合适的计算单元体，见右图（尺寸单位为 mm）。

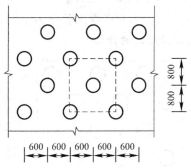

② 散体材料桩复合地基承载力特征值计算，直接按照规范公式代入参数计算即可。

③ 属于常规简单题目。

【4-35】（2016C14）某场地为细砂层，孔隙比 0.9，地基处理采用沉管砂石桩，桩径 0.5m，桩位如下图所示（尺寸单位为 mm），假设处理后地基土的密度均匀，场地标高不变，问处理后细砂的孔隙比最接近下列哪个选项？

(A) 0.667　　　(B) 0.673　　　(C) 0.710　　　(D) 0.714

答案：A

解答过程：

根据《建筑地基处理技术规范》JGJ 79—2012 第 7.1.5 条：

(1) 选取如图所示矩形为重复单元体（2000×2×800），深度方向单位长度 1m，则根

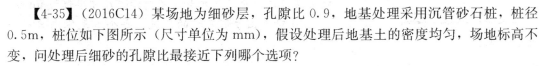

据土力学三相关系，

处理前地基土的体积：$V_0 = V_s \cdot (1 + e_0) = s_1 \times s_2 \times 1$

处理后地基土的体积：$V_1 = V_s \cdot (1 + e_1) = V_0 - \Delta V$

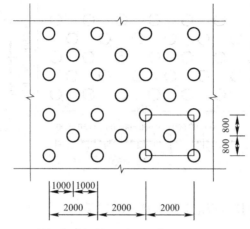

（2）地基加固前后，土颗粒质量保持不变，则：

$$\frac{V_0}{V_1} = \frac{1 + e_0}{1 + e_1} \Rightarrow \Delta V = V_0 \times \frac{e_0 - e_1}{1 + e_0}$$

重复单元体内有 2 根桩（1 根 + 4×1/4 根），ΔV 即为桩体的体积，即：

$$2 \times \frac{\pi}{4} \times d^2 \times 1 = s_1 \times s_2 \times 1 \times \frac{e_0 - e_1}{1 + e_0}$$

$$\Rightarrow 2 \times \frac{\pi}{4} \times 0.5^2 \times 1 = 2 \times 1.6 \times 1 \times \frac{0.9 - e_1}{1 + 0.9} \Rightarrow e_1 = 0.667$$

【小注岩土点评】

① 本题考查沉管砂石桩的孔隙比计算，需根据题干及图示，选取合适的研究对象，方便后面的计算。

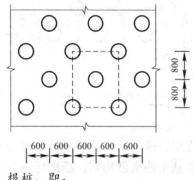

② 本题的核心考点为：处理前后砂土体的土颗粒质量不变。碎石桩处理前该重复单元体内细砂的初始孔隙比为 e_0，处理后该重复单元体内细砂的孔隙比为 e_1，处理后一部分细砂所占的体积被置换成了碎石桩，因此重复单元体内的细砂体积被压缩了，孔隙比减小了，砂土体相对密实度将增大，因此，土力学基本公式要能做到灵活应用，重复单元如左图所示（尺寸单位为 mm）。

③ 对于正方形布桩的情况，每个单元体内只有一根桩，即：

$$m = \frac{\text{一根桩面积}}{\text{正方形面积}} = \frac{\frac{\pi}{4} \cdot d^2}{s^2}, \qquad \text{而} \quad s = 0.89 \cdot d \cdot \sqrt{\frac{1 + e_0}{e_0 - e_1}}$$

由以上公式，可以推导出碎石桩的另外一个比较有用的公式：$m = \frac{e_0 - e_1}{1 + e_0}$

因此，本题也可以按照推导公式进行求解，具体如下：

$$m = \frac{2\text{根桩面积}}{\text{单元体面积}} = \frac{2 \times \frac{\pi}{4} \times d^2}{s_1 \times s_2} = \frac{1.57 \times 0.5^2}{2 \times 1.6} = 0.123$$

$$m = \frac{e_0 - e_1}{1 + e_0} = \frac{0.9 - e_1}{1 + 0.9} = 0.123$$

从而解得 $e_1 = 0.666$

【4-36】（2018C12）某场地浅层湿陷性土厚度 6m，平均干密度 1.25t/m^3，下部为非湿陷性土层，采用沉管法灰土挤密桩处理该地基，灰土桩直径 0.4m，等边三角形布桩，桩距 0.8m，桩端达湿陷性土层底，施工完成后，场地地面平均上升 0.2m，求地基处理后桩间土的平均干密度最接近下列何值？

(A) 1.56t/m^3　　　(B) 1.61t/m^3　　　(C) 1.68t/m^3　　　(D) 1.73t/m^3

答案：A

解答过程：

根据土颗粒质量不变计算，取一个重复单元进行计算。

(1) $V_1 = \frac{1}{2} \times 0.8 \times 0.8 \times \sin 60° \times 6 = 1.663\text{m}^3$

(2) $V_2 = \left(\frac{1}{2} \times 0.8 \times 0.8 \times \sin 60° - \frac{1}{2} \times \frac{3.14}{4} \times 0.4^2 \right) \times 6.2 = 1.329\text{m}^3$

(3) $m_s = \rho_{d1} V_1 = \rho_{d2} V_2 \Rightarrow \rho_{d2} = \frac{\rho_{d1} V_1}{V_2} = \frac{1.25 \times 1.663}{1.329} = 1.56\text{t/m}^3$

【小注岩土点评】

① 常规题，土力学基本三相原理的理解与应用。

② 挤密桩打入土体后，土体被挤密，原来的正三角形（取的一个重复单元体），其中有三个 $60°$ 的扇形桩体（也就是半根桩）占据，也就是说原来的正三角形的土体被半根桩挤占，剩余的体积和原来的三角形的体积中土体颗粒质量不变。被挤压的土体面积减小，但竖向高度上升了 0.2m。理解了这个过程，题目迎刃而解。

③ 本题出在地基处理的位置，很多人会优先选择面积置换率，但是请切记，面积置换率是假定高度不变而得到的面积的关系。

【4-37】（2022D13）某湿陷性黄土场地，湿陷性黄土层厚度 10m，干密度 1.31g/cm^3，颗粒比重 2.72，液限 28%，采用灰土挤密桩和 PHC 桩进行满堂地基处理。等边三角形布桩，间距如右图所示。灰土桩直径 400mm，桩长 11m，静压成孔。PHC 桩外径 400mm，壁厚 95mm，桩长 15m，静压成桩（桩端闭口），单桩竖向承载力特征值为 950kN。已知桩间土承载力特征值与 w_L/e（液限与孔隙比之比）的关系见下表。灰土桩复合地基桩土应力比为 2.5，PHC 桩单桩承载力发挥系数为

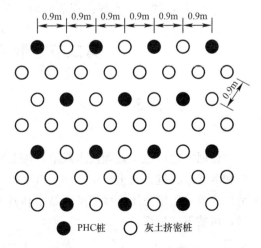

● PHC桩　　○ 灰土挤密桩

0.8，灰土桩复合地基承载力发挥系数为 1.0，假定地基处理前后地面标高不变。根据《建筑地基处理技术规范》JGJ 79—2012 计算复合地基承载力特征值最接近下列哪个选项？

$w_\mathrm{L}/e(\%)$	25	30	35	40	45
$f_\mathrm{sk}(\mathrm{kPa})$	145	160	175	190	210

(A) 390kPa   (B) 440kPa   (C) 490kPa   (D) 540kPa

答案：C

解答过程：

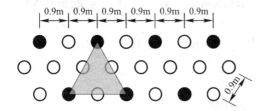

(1) 取如左图所示单元体：

$$A = \frac{1}{2} \times 1.8 \times 1.8 \times \sin 60° = 1.403\mathrm{m}^2$$

$$A_\mathrm{phc} = \frac{1}{2} \times \pi \times 0.2^2 = 0.0628\mathrm{m}^2$$

$$A_\mathrm{ht} = 1.5 \times \pi \times 0.2^2 = 0.1884\mathrm{m}^2$$

(2)根据 m_s 相等：$1.31 \times 1.403 = \rho_\mathrm{dl} \times (1.403 - 0.0628 - 0.1884) \Rightarrow \rho_\mathrm{dl} = 1.596\mathrm{g/cm}^3$

$$e_1 = \frac{2.72}{1.596} - 1 = 0.704$$

$$\frac{w_\mathrm{L}}{e_1} = \frac{0.28}{0.704} = 0.3977 \Rightarrow f_\mathrm{sk} = 190\mathrm{kPa}$$

(3) 根据《建筑地基处理技术规范》JGJ 79—2012 第 7.9.6 条第 2 款：

$$f_\mathrm{spk} = \frac{0.0628}{1.403} \times 0.8 \times \frac{950}{\pi \times 0.2^2} + 1.0 \times \left[1 - \frac{0.0628}{1.403} + \frac{0.1884}{1.403}(2.5-1)\right] \times 190$$

$$= 490.61\mathrm{kPa}$$

【小注岩土点评】

① PHC 桩采用闭口桩，静压法施工，也兼具挤土效应，不要忽略。

② 计算面积置换率时，要尽量选用适宜的单元体计算，提高计算速度，对于本题，也可以采用矩形作为单元体计算。

③ 切记，对于挤土桩，可采用 m_s 相等的概念，计算孔隙比或干密度。

第二节　散体材料桩复合地基

一、总体规定

——《建筑地基处理技术规范》第 7.1.5 条

根据《建筑地基处理技术规范》JGJ 79—2012 第 7.1 节，散体材料桩主要指振冲碎石桩和沉管砂石桩、灰土挤密桩和土挤密桩，其复合地基承载力特征值应通过复合地基静载荷试验或采用增强体静载荷试验结果和其桩周土的承载力特征值结合经验确定，初步设计时，可按下式估算：

$$f_\mathrm{spk} = [1 + m \cdot (n-1)] \cdot f_\mathrm{sk}$$

$$n = \frac{f_{pk}}{f_{sk}}$$

式中：f_{spk}——复合地基承载力特征值（kPa）；

f_{pk}——散体材料桩体竖向抗压承载力特征值（kPa）；

f_{sk}——处理后桩间土承载力特征值（kPa）；

m——面积置换率，$m = A_p/A_e = d^2/d_e^2$；

n——复合地基桩土应力比，可根据单桩静载试验实测值确定。

经处理后的地基，当按照地基承载力确定基础底面积及埋深而需要对处理后的地基承载力特征值进行修正时，应按下式计算：

$$f_{spa} = f_{spk} + \eta_d \gamma_m (d - 0.5)$$

式中：f_{spa}——经修正后的复合地基承载力特征值（kPa）；

f_{spk}——复合地基承载力特征值（kPa）；

γ_m——基础底面以上土的加权平均重度，地下水位以下取浮重度（kN/m³）；

d——基础埋置深度（m），在填方整平区，可自填土面标高算起，但填土在上部结构施工完成后进行时，应从天然地面算起；

η_d——深度修正系数，可按下表进行取值：

地基处理类型		η_d
大面积压实填土地基	压实系数 $\lambda_c > 0.95$、黏粒含量 $\rho_c \geq 10\%$ 的粉土	1.5
	干密度大于 2.1t/m³ 的级配砂石	2.0
其他处理地基	—	1.0

二、挤密原理

挤密处理的分析出发点：所分析土体的土颗粒在挤密前后质量（不含水）和体积（纯固体）不变。

计算步骤：①选取分析土体，常选取未挤密前的单元体体积为分析土体；②利用质量守恒列式计算，常用的恒等式为 $\frac{V_0}{1+e_0} = \frac{V_1}{1+e_1}$ 和 $\rho_{d0}V_0 = \rho_{d1}V_1$，两式分别用来计算孔隙比与干密度的变化。

（1）无预钻孔：挤密前为实心土体，挤密后桩体直径 d：

普通挤密桩在挤密过程中，取原始单元体为分析土体，经挤土桩挤密后（挤密过程桩体和土体完全分离，桩体中不含任何原始土体），体积变小，孔隙比减小，干密度增大。大面积布桩举例如下：

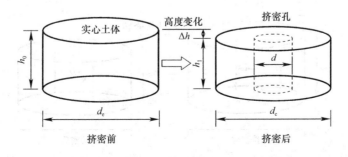

所选取的分析土体为原始土体单元体，其体积：$V_0 = \dfrac{\pi}{4} d_e^2 h_0$

挤密后桩土分离，分析土体体积变小，其体积：$V_1 = \dfrac{\pi}{4}(d_e^2 - d^2) h_1$

式中：h_0、h_1——处理前、处理后的土体厚度；

$\quad\quad e_0$、e_1——处理前、处理后的土体孔隙比；

$\quad\quad \rho_{d0}$、ρ_{d1}——处理前、处理后的土体干密度；

$\quad\quad d$——钻孔直径。

根据以上分析可得出如下结论：

① 挤密前后高度变化	$\dfrac{\frac{\pi}{4}d_e^2 h_0}{1+e_0} = \dfrac{\frac{\pi}{4}(d_e^2 - d^2)h_1}{1+e_1}$
	$\rho_{d0}\dfrac{\pi}{4}d_e^2 h_0 = \rho_{d1}\dfrac{\pi}{4}(d_e^2 - d^2)h_1$
② 挤密前后高度不变 $h_0 = h_1$	$\dfrac{d_e^2}{1+e_0} = \dfrac{d_e^2 - d^2}{1+e_1} \Rightarrow \dfrac{d_e^2 - d^2}{d_e^2} = \dfrac{1+e_0}{1+e_1} \Rightarrow 1-m = \dfrac{1+e_0}{1+e_1} \Rightarrow m = \dfrac{e_0 - e_1}{1+e_0}$
	$\rho_{d0}d_e^2 = \rho_{d1}(d_e^2 - d^2) \Rightarrow \dfrac{d_e^2 - d^2}{d_e^2} = \dfrac{\rho_{d0}}{\rho_{d1}} \Rightarrow 1-m = \dfrac{\rho_{d0}}{\rho_{d1}} \Rightarrow m = \dfrac{\bar\rho_{d1} - \bar\rho_{d0}}{\bar\rho_{d1}}$
	灰土和土挤密桩（规范第7.5.2条）： 等边三角形布桩：$s = 0.95d\sqrt{\dfrac{\bar\eta_c \cdot \rho_{dmax}}{\bar\eta_c \cdot \rho_{dmax} - \bar\rho_d}} = 0.95d\sqrt{\dfrac{\bar\rho_{d1}}{\bar\rho_{d1} - \bar\rho_{d0}}} = 0.95d\sqrt{\dfrac{1}{m}}$ 正方形布桩：$s = 0.89d\sqrt{\dfrac{\bar\eta_c \cdot \rho_{dmax}}{\bar\eta_c \cdot \rho_{dmax} - \bar\rho_d}} = 0.89d\sqrt{\dfrac{\bar\rho_{d1}}{\bar\rho_{d1} - \bar\rho_{d0}}} = 0.89d\sqrt{\dfrac{1}{m}}$
	振冲碎石桩和沉管砂石桩（考虑高度变化，振动下沉系数 ξ，规范第7.2.2条） 等边三角形布桩：$s = 0.95\xi d\sqrt{\dfrac{1+e_0}{e_0 - e_1}} = 0.95\xi d\sqrt{\dfrac{1}{m}}$ 正方形布桩：$s = 0.89\xi d\sqrt{\dfrac{1+e_0}{e_0 - e_1}} = 0.89d\sqrt{\dfrac{1}{m}}$

（2）有预钻孔：挤密前预钻孔直径 d，挤密后桩体直径 D：

预钻孔挤密桩与普通挤密桩有很大的不同，预钻孔内的土体是要随着预钻过程排出的，所以在选取分析土体的过程中，要扣除预钻孔内的土体，在填料挤密过程中，预钻孔又会扩孔，所以分析过程比普通挤密桩复杂一些。

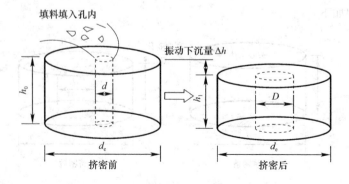

大面积布桩举例如下：

所选取的分析土体为扣除预钻孔后的原始土体，其体积：$V_0 = \dfrac{\pi}{4}(d_e^2 - d^2)h_0$

挤密时预钻孔扩孔，分析土体体积变小，其体积：$V_1 = \dfrac{\pi}{4}(d_e^2 - D^2)h_1$

式中：d——预钻孔直径；

　　　D——预钻孔扩孔后直径。

根据以上分析可得出如下结论：

① 挤密前后高度变化	$$\dfrac{\dfrac{\pi}{4}(d_e^2 - d^2)h_0}{1+e_0} = \dfrac{\dfrac{\pi}{4}(d_e^2 - D^2)h_1}{1+e_1}$$ $$\rho_{d0}\dfrac{\pi}{4}(d_e^2 - d^2)h_0 = \rho_{d1}\dfrac{\pi}{4}(d_e^2 - D^2)h_1$$
② 挤密前后高度不变 $h_0 = h_1$	$$\dfrac{\dfrac{\pi}{4}(d_e^2 - d^2)}{1+e_0} = \dfrac{\dfrac{\pi}{4}(d_e^2 - D^2)}{1+e_1} \rightarrow d_e = \sqrt{\dfrac{(1+e_0)D^2 - (1+e_1)d^2}{e_0 - e_1}}$$ $$\rho_{d0}\left(\dfrac{\pi}{4}d_e^2 - \dfrac{\pi}{4}d^2\right) = \rho_{d1}\left(\dfrac{\pi}{4}d_e^2 - \dfrac{\pi}{4}D^2\right) \rightarrow d_e = \sqrt{\dfrac{\rho_{d1}D^2 - \rho_{d0}d^2}{\rho_{d1} - \rho_{d0}}}$$ 正三角形布桩：$d_e = 1.05s$，正方形布桩：$d_e = 1.13s$ 代入上式： 正三角形布桩：$s = 0.95\sqrt{\dfrac{(1+e_0)D^2 - (1+e_1)d^2}{e_0 - e_1}}$ 或 $s = 0.95\sqrt{\dfrac{\rho_{d1}D^2 - \rho_{d0}d^2}{\rho_{d1} - \rho_{d0}}}$ 正方形布桩：$s = 0.89\sqrt{\dfrac{(1+e_0)D^2 - (1+e_1)d^2}{e_0 - e_1}}$ 或 $s = 0.89\sqrt{\dfrac{\rho_{d1}D^2 - \rho_{d0}d^2}{\rho_{d1} - \rho_{d0}}}$ 其中：$s = 0.95\sqrt{\dfrac{\rho_{d1}D^2 - \rho_{d0}d^2}{\rho_{d1} - \rho_{d0}}}$ （《湿陷性黄土地区建筑标准》GB 50025—2018 第6.4.3条）

【小注】只有挤土桩才可以用上述结论，对于有限面积的挤土处理地基，可根据原理写出挤密前后的表达式计算其挤密前后的孔隙比或干密度，这里不再赘述。

三、振冲碎石桩和沉管砂石桩

——《建筑地基处理技术规范》第7.2.1条、第7.2.2条

原理及适用范围：将碎石、砂或砂石混合料挤压入已成孔中，形成密实砂石竖向增强体的复合地基。适用于挤密处理松散砂土、粉土、粉质黏土、素填土、杂填土等地基，以及可液化地基处理等。其计算项目主要归纳如下：

项目	计算方法	
复合地基承载力特征值 f_{spk}	$f_{spk} = [1 + m \cdot (n-1)] \cdot f_{sk}$ 式中：f_{sk}——处理后，桩间土承载力特征值（kPa），若无地区经验，可按下表取值：	
	黏性土地基	$f_{sk} = f_{ak}$
	砂土、粉土地基	$f_{sk} = (1.2 \sim 1.5) \cdot f_{ak}$

项目	计算方法
复合地基承载力特征值 f_{spk}	f_{ak}——原天然地基承载力特征值（kPa）。 n——复合地基桩土应力比，可根据单桩静载试验实测值确定 $n-f_{pk}/f_{sk}$，若尤实测值时，可按下表取值： 表格： 黏性土地基 —— $n=2.0\sim4.0$ 砂土、粉土地基 —— $n=1.5\sim3.0$ f_{pk}——桩体（增强率）地基承载力特征值（kPa）。 m——面积置换率，$m=A_p/A_e=d^2/d_e^2$，可直接按照"第一节"求解
桩间距 s	沉管砂石桩的桩间距，不宜大于砂石桩直径的4.5倍；初步设计时，对松散砂和粉土地基，应根据挤密后要求达到的孔隙比按下式估算： $$s=\begin{cases} 0.95\cdot\xi\cdot d\cdot\sqrt{\dfrac{1+e_0}{e_0-e_1}} & \text{等边三角形布置} \\ 0.89\cdot\xi\cdot d\cdot\sqrt{\dfrac{1+e_0}{e_0-e_1}} & \text{正方形布置} \end{cases}$$ 式中：s——砂石桩间距（m）。 d——砂石桩直径（m）。 ξ——修正系数，当考虑振动下沉密实作用时，可取 $\xi=1.1\sim1.2$；当不考虑振动密实作用时，可取 $\xi=1.0$。 e_0——处理前，砂土地基的孔隙比。 e_1——地基挤密处理后，砂土地基要求达到的孔隙比，按如下估算： $$e_1=e_{max}-D_{r1}\cdot(e_{max}-e_{min})$$ D_{r1}——地基挤密处理后，要求砂土达到的相对密实度，可取 $D_{r1}=0.7\sim0.85$
处理面积 A	一般地基：在基础外缘扩大1~3排桩； 液化地基：在基础外缘扩大宽度不应小于基底下伏可液化土层厚度的1/2，且不小于5m。 $$A=(b+2\cdot x)\cdot(l+2\cdot x)\Rightarrow\text{总桩数}n=A/A_e$$ $x=\max(0.5t，5m)$，t 为液化土层厚度（m）
桩长 l	当相对硬土层埋深较浅时，可按相对硬土层埋深确定；（硬层法） 当相对硬土层埋深较大时，应按建筑物地基变形允许值确定；（沉降法） 当按地基稳定性控制的工程，桩长应不小于最危险滑动面以下2m深度；（稳定性） 对可液化地基，桩长应按要求处理的液化深度确定 $l\geqslant4m$
每根桩每米长度的填料量计算	根据之前的推导：每米长度砂石桩加固前后土体体积变化量： $$\Delta V=V_0\frac{e_0-e_1}{1+e_0}=\frac{e_0-e_1}{1+e_0}\times A_e\times1$$ 则每根桩每米长度应填入孔隙比为 e_1 的砂石填料 Q（m^3）可按下式估算： $$Q=\beta\times\frac{e_0-e_1}{1+e_0}\times A_e\times1$$ 式中：β——充盈系数，取 1.2~1.4； A_e——1根砂石桩承担的处理面积（m^2）

【4-38】（2004C21）某天然地基 $f_{ak}=100kPa$，采用振冲碎石桩复合地基，桩长 $l=10m$，桩径 $d=1.2m$，按正方形布桩，桩间距 $s=1.8m$，单桩承载力特征值 $f_{pk}=450kPa$，桩设置后，桩间土承载力提高20%，则复合地基承载力特征值最接近（　　）。

（A）248kPa　　（B）235kPa　　（C）222kPa　　（D）209kPa

答案：B

解答过程：

根据《建筑地基处理技术规范》JGJ 79—2012 第 7.2.2 条：

(1) $m = \dfrac{d^2}{d_e^2} = \dfrac{1.2^2}{(1.13 \times 1.8)^2} = 0.348$，$n = \dfrac{f_{pk}}{f_{sk}} = \dfrac{450}{1.2 \times 100} = 3.75$

(2) $f_{spk} = [1 + m(n-1)]f_{sk} = [1 + 0.348 \times (3.75 - 1)] \times 100 \times 1.2 = 234.8\text{kPa}$

【4-39】(2005C18) 某建筑场地为松砂，天然地基承载力特征值为 100kPa，孔隙比为 0.78，要求采用振冲法处理后孔隙比为 0.68，初步设计考虑采用桩径为 0.5m、桩体承载力特征值为 500kPa 的砂石桩处理，按正方形布桩，不考虑振动下沉密实作用，处理后桩间土承载力特征值为原天然地基承载力特征值的 1.2 倍，据此估计初步设计的桩距和此方案处理后的复合地基承载力特征值分别最接近（　　）。

(A) 1.6m；140kPa
(B) 1.9m；140kPa
(C) 1.9m；120kPa
(D) 2.2m；110kPa

答案：B

解答过程：

根据《建筑地基处理技术规范》JGJ 79—2012 第 7.2.2 条：

(1) $s = 0.89\xi d \sqrt{\dfrac{1 + e_0}{e_0 - e_1}} = 0.89 \times 1.0 \times 0.5 \times \sqrt{\dfrac{1 + 0.78}{0.78 - 0.68}} = 1.88\text{m}$，取 $s = 1.9\text{m}$

(2) $m = \dfrac{d^2}{d_e^2} = \dfrac{0.5^2}{(1.13 \times 1.9)^2} = 0.054$，$n = \dfrac{f_{pk}}{f_{sk}} = \dfrac{500}{1.2 \times 100} = 4.17$

$f_{spk} = [1 + m(n-1)]f_{sk} = [1 + 0.054 \times (4.17 - 1)] \times 1.2 \times 100 = 140.5\text{kPa}$

【4-40】(2006C16) 某松散砂土地基 $e_0 = 0.85$，$e_{max} = 0.90$，$e_{min} = 0.55$；采用沉管砂石桩加固，砂桩采用正三角形布置，间距 $s = 1.6\text{m}$，孔径 $d = 0.6\text{m}$，桩孔内填料就地取材，填料相对密实度和挤密后场地砂土的相对密实度相同，不考虑振动下沉密实和填料充盈系数，则每根桩孔内需填入松散砂（　　）。($e_0 = 0.85$)。

(A) 0.28m³
(B) 0.32m³
(C) 0.36m³
(D) 0.4m³

答案：B

解答过程：

根据《建筑地基处理技术规范》JGJ 79—2012 第 7.2.2 条：

(1) $s = 0.95\xi d \sqrt{\dfrac{1 + e_0}{e_0 - e_1}}$，即：$1.6 = 0.95 \times 1 \times 0.6 \times \sqrt{\dfrac{1 + 0.85}{0.85 - e_1}}$，解得：$e_1 = 0.615$

(2) $V_1 = \dfrac{3.14 \times (1.05 \times 1.6)^2}{4} = 2.22\text{m}^3$

$\dfrac{V_0}{1 + e_0} = \dfrac{V_1}{1 + e_1}$，解得：$V_0 = \dfrac{(1 + e_0)V_1}{1 + e_1} = \dfrac{(1 + 0.85) \times 2.22}{1 + 0.615} = 2.54\text{m}^3$

(3) $\Delta V = V_0 - V_1 = 2.54 - 2.22 = 0.32\text{m}^3$

【4-41】(2010D14) 某松散砂土地基，砂土初始孔隙比 $e_0 = 0.850$，最大孔隙比 $e_{max} = 0.900$，最小孔隙比 $e_{min} = 0.550$；采用不加填土料振冲振密处理，处理深度为 8.00m，振密处理后地面平均下沉 0.80m，此时处理范围内砂土的相对密实度 D_r 最接近（　　）。

(A) 0.76
(B) 0.72
(C) 0.66
(D) 0.62

答案：C

解答过程：

根据《土工试验方法标准》GB/T 50123—2019 第 12.3.5 条以及《土力学》第 4.1 节：

（1）挤密处理后

$$\frac{h_1}{1+e_1}=\frac{h_0}{1+e_0} \Rightarrow \frac{8-0.8}{1+e_1}=\frac{8}{1+0.85} \Rightarrow e_1=0.665$$

（2）相对密实度计算

$$D_r=\frac{e_{max}-e_1}{e_{max}-e_{min}}=\frac{0.9-0.665}{0.9-0.55}=0.67$$

【4-42】（2011C17）砂土地基，天然孔隙比 $e_0=0.892$，最大孔隙比 $e_{max}=0.988$，最小孔隙比 $e_{min}=0.742$，该地基拟采用挤密碎石桩加固，按等边三角形布桩，碎石桩直径为 0.50m，处理后要求砂土相对密度 $D_{r1}=0.886$，则满足要求的碎石桩桩距（修正系数 ξ 取 1.0）最接近（　　）。

（A）1.4m　　　　（B）1.6m　　　　（C）1.8m　　　　（D）2.0m

答案：C

解答过程：

根据《建筑地基处理技术规范》JGJ 79—2012 第 7.2.2 条：

（1）处理后地基土孔隙比计算

$$e_1=e_{max}-D_{r1}(e_{max}-e_{min})=0.988-0.886\times(0.988-0.742)=0.77$$

（2）桩间距计算

$$s=0.95 \cdot \xi \cdot d \cdot \sqrt{\frac{1+e_0}{e_0-e_1}}=0.95\times1\times0.5\times\sqrt{\frac{1+0.892}{0.892-0.77}}=1.87m$$

【4-43】（2017C16）某工程要求地基处理后的承载力特征值达到 200kPa，初步设计采用振冲碎石桩复合地基，桩径取 0.8m，桩长取 10m，正三角形布桩，桩间距 1.8m，经现场试验测得单桩承载力特征值为 200kN，复合地基承载力特征值为 170kPa，未能达到设计要求。若其他条件不变，只通过调整桩间距使复合地基承载力满足设计要求，请估算合适的桩间距最接近下列哪个选项？

（A）1.0m　　　　（B）1.2m　　　　（C）1.4m　　　　（D）1.6m

答案：C

解答过程：

根据《建筑地基处理技术规范》JGJ 79—2012 第 7.1.5 条：

（1）桩间土地基承载力反算

调整前：

$$m=\frac{d^2}{d_e^2}=\frac{0.8^2}{(1.05\times1.8)^2}=0.1792, \quad f_{pk}=\frac{200}{\frac{\pi}{4}\times0.8^2}=398.1kPa$$

$$f_{spk}=[1+m(n-1)]f_{sk}=mf_{pk}+(1-m)f_{sk}$$

$$\Rightarrow 170=0.1792\times398.1+(1-0.1792)f_{sk} \Rightarrow f_{sk}=120kPa$$

（2）调整后桩间距计算

当 $f_{spk} = 200kPa$ 时，$m = \dfrac{f_{spk} - f_{sk}}{f_{pk} - f_{sk}} = \dfrac{200 - 120}{398.1 - 120} = 0.2877$

$$s \leqslant \sqrt{\frac{d^2}{1.05^2 m}} = \sqrt{\frac{0.8^2}{1.05^2 \times 0.2877}} = 1.42m$$

【小注岩土点评】

① 此题按规范找不到直接可以用的公式，但是根据散体桩复合地基公式，$f_{spk} = [1 + m(n-1)]f_{sk} = m \cdot n \cdot f_{sk} + (1-m)f_{sk}$，其中：$n \cdot f_{sk}$ 可以等效为桩体的应力强度，即 $n \cdot f_{sk} = f_{pk}$，则可将问题简化。

② 根据此前推导的公式，即 $f_{spk} = mf_{pk} + (1-m)f_{sk}$，可以反算出置换率的计算公式：$m = \dfrac{f_{spk} - f_{sk}}{f_{pk} - f_{sk}}$，然后反算桩间距，这个公式根据原理推导，可以直接使用。

③ 目前的注册岩土工程师专业考试，越来越注重对概念、原理的考查，不仅要会套用公式，对概念及原理性质的公式，还要做到灵活应用，以应对目前灵活多变的考题。

【4-44】（2017D15）某砂土场地，试验得到砂土的最大、最小孔隙比为 0.92、0.60。地基处理前，砂土的天然重度为 $15.8kN/m^3$，天然含水量为 12%，土粒相对密度为 2.68。该场地经振冲挤密法（不加填料）处理后，场地地面下沉量为 0.7m，振冲挤密法有效加固深度为 6.0m（从处理前地面算起），求挤密处理后砂土的相对密实度最接近下列何值？（忽略侧向变形）

(A) 0.76　　　　(B) 0.72　　　　(C) 0.66　　　　(D) 0.62

答案：A

解答过程：

根据《土工试验方法标准》GB/T 50123—2019 第 12.3 节：

（1）初始孔隙比

$$e_0 = \frac{(1 + w_0)G_s\gamma_w}{\gamma} - 1 = \frac{(1 + 12\%) \times 2.68 \times 10}{15.8} - 1 = 0.9$$

（2）振冲挤密后孔隙比

$$\frac{h_0}{1 + e_0} = \frac{h_1}{1 + e_1} \Rightarrow \frac{6}{1 + 0.9} = \frac{6 - 0.7}{1 + e_1} \Rightarrow e_1 = 0.6783$$

（3）砂土的相对密实度

$$D_r = \frac{e_{max} - e_1}{e_{max} - e_{min}} = \frac{0.92 - 0.6783}{0.92 - 0.6} = 0.76$$

【4-45】（2020C13）某场地为细砂地基，天然孔隙比 $e_0 = 0.95$，最大孔隙比 $e_{max} = 1.10$，最小孔隙比 $e_{min} = 0.60$。拟采用沉管砂石桩处理，等边三角形布桩，桩长 10m，沉管外径 600mm，桩距 1.75m。要求砂石桩挤密处理后细砂孔隙比不大于 0.75 且相对密实度不小于 0.80，根据《建筑地基处理技术规范》JGJ 79—2012，则每根砂石桩体积最接近下列哪个选项？（不考虑振动下沉密实作用，处理前后场地标高不变）

(A) $2.5m^3$　　　　(B) $2.8m^3$　　　　(C) $3.1m^3$　　　　(D) $3.4m^3$

答案：D

解答过程：

根据《建筑地基处理技术规范》JGJ 79—2012 第 7.2.2 条：

（1）孔隙比计算：

$$D_r = \frac{e_{max} - e_1}{e_{max} - e_{min}} = \frac{1.1 - e_1}{1.1 - 0.6} \geqslant 0.8 \Rightarrow e_1 \leqslant 0.7, \ \text{且} \ e_1 \leqslant 0.75;$$

二者取小值，所以取 $e_1 = 0.7$

（2）计算桩间距：

$$s = 0.95 \cdot \xi \cdot d \cdot \sqrt{\frac{1 + e_0}{e_0 - e_1}} = 0.95 \times 1 \times d \times \sqrt{\frac{1 + 0.95}{0.95 - 0.70}} = 1.75 \Rightarrow d = 0.66\text{m}$$

（3）每根砂石桩的体积：

$$V_1 = \frac{\pi}{4} d_1^2 H = \frac{\pi}{4} \times 0.66^2 \times 10 = 3.4\text{m}^3$$

四、灰土挤密桩和土挤密桩

——《建筑地基处理技术规范》第 7.5.2 条

适用范围：适用于地下水位以上的粉土、黏性土、素填土、杂填土和湿陷性黄土等地基，处理地基厚度宜为 3～15m。

项目	计算方法
复合地基承载力特征值 f_{spk}	$$f_{spk} = [1 + m \cdot (n - 1)] \cdot f_{sk}$$ 式中：f_{sk}——处理后，桩间土承载力特征值（kPa）； n——复合地基桩土应力比，可根据单桩静载试验实测值确定 $n = f_{pk}/f_{sk}$； m——面积置换率，$m = A_p/A_e = d^2/d_e^2$，可按照"第一节"求解
桩间距 s	桩孔宜按等边三角形布置，桩心间距可为 $(2.0 \sim 3.0)d$，桩间距也可按下式估算： 等边三角形布桩：$s = 0.95 \cdot d \cdot \sqrt{\dfrac{\overline{\eta}_c \cdot \rho_{dmax}}{\overline{\eta}_c \cdot \rho_{dmax} - \overline{\rho}_d}} = 0.95 \cdot d \cdot \sqrt{\dfrac{\overline{\rho}_{d1}}{\overline{\rho}_{d1} - \overline{\rho}_d}}$（需要地面标高不变） 正方形布桩：$s = 0.89 \cdot d \cdot \sqrt{\dfrac{\overline{\eta}_c \cdot \rho_{dmax}}{\overline{\eta}_c \cdot \rho_{dmax} - \overline{\rho}_d}} = 0.89 \cdot d \cdot \sqrt{\dfrac{\overline{\rho}_{d1}}{\overline{\rho}_{d1} - \overline{\rho}_d}}$（需要地面标高不变） 式中：$s$——挤密桩间距（m）； d——挤密桩孔直径（m）； ρ_{dmax}——桩间土的最大干密度（t/m³）； $\overline{\rho}_d$——地基处理前，地基土的平均干密度（t/m³），$\overline{\rho}_d = \overline{\rho}/(1 + w_0)$； $\overline{\eta}_c$——桩间土经成孔挤密后的平均挤密系数，$\overline{\eta}_c = \overline{\rho}_{d1}/\rho_{dmax}$； $\overline{\rho}_{d1}$——在成孔挤密深度内，挤密后桩间土的平均干密度（t/m³）
地基土增湿加水量 Q	当地基土的含水量 $\overline{w} < 12\%$ 时，宜对地基土进行增湿，其增湿加水量 Q 计算如下： $$Q = v \cdot \overline{\rho}_d \cdot (w_{op} - \overline{w}) \cdot k$$ 式中：$\overline{\rho}_d$——地基处理前，地基土的平均干密度（t/m³）； k——损失系数，取 1.05～1.1； $\overline{w}$——处理前，地基土的平均含水量（%）； w_{op}——地基土的最优含水量（%）； v——拟加固土的体积（m³），$v = A \times h$（注意外扩范围，且 h 为桩长范围）
处理面积 A	整片处理：在基础外缘扩大宽度不应小于处理土层厚度的 1/2，且不小于 2m。 局部处理：对非自重湿陷黄土、填土等地基，在基础外缘扩大宽度不应小于基础宽度的 25%，且不小于 0.5m；对自重湿陷黄土地基，在基础外缘扩大宽度不应小于基础宽度的 75%，且不小于 1.0m。（处理土层厚度起算标高一般为基底标高） $$A = (b + 2x) \cdot (l + 2x) \Rightarrow \text{总桩数} \ n = A/A_e$$

【4-46】（2005C16）拟对某湿陷性黄土地基采用灰土挤密桩加固，采用等边三角形布桩，桩心距 1.0m，桩长 6.0m，加固前地基土平均干密度 $\bar{\rho}_d=1.32t/m^3$，平均含水量 $\bar{w}=9.0\%$，为达到较好的挤密效果，让地基土接近最优含水量，拟在三角形形心处挖孔预渗水增湿，场地地基土最优含水量 $w_{op}=15.6\%$，渗水损耗系数 k 可取 1.1，每个浸水孔需加水量最接近（　　）。

(A) 0.25m³　　　　(B) 0.5m³　　　　(C) 0.75m³　　　　(D) 1.0m³

答案：A

解答过程：

根据《建筑地基处理技术规范》JGJ 79—2012 第 7.5.3 条：

(1) 在三角形形心处挖孔浸水，总浸水孔数是灰土挤密桩桩数的 2 倍。由于总处理面积不变，则每个浸水孔承担的浸水面积为挤密桩等效处理面积的一半，每个浸水孔加湿土体体积为：$v=0.5A_e \cdot l=0.5 \times \dfrac{3.14 \times (1.05 \times 1)^2}{4} \times 6=2.60m^3$

(2) 加水量：$Q=v\bar{\rho}_d(w_{op}-\bar{w})k=2.60 \times 1.32 \times (0.156-0.09) \times 1.1=0.25m^3$

【4-47】（2012D14）拟对非自重湿陷性黄土地基采用灰土挤密桩加固处理，处理面积为 22m×36m，采用正三角形满堂布桩，桩距 1.0m，桩长 6.0m，加固前地基土平均干密度 $\bar{\rho}_d=1.4t/m^3$，平均含水量 $\bar{w}=10\%$，最优含水量 $w_{op}=16.5\%$，为了优化地基土挤密效果，成孔前拟在三角形布桩形心处挖孔预渗水增湿，损耗系数 $k=1.1$，则完成该场地增湿施工需加水量接近于（　　）。

(A) 289t　　　　(B) 318t　　　　(C) 410t　　　　(D) 476t

答案：D

解答过程：

根据《建筑地基处理技术规范》JGJ 79—2012 第 7.5.2 条、第 7.5.3 条：

(1) 整片处理，处理面积

$$A=22 \times 36=792m^2$$

(2) 总加水量

$$Q=v \cdot \bar{\rho}_d \cdot (w_{op}-\bar{w}) \cdot k=792 \times 6 \times 1.4 \times (0.165-0.1) \times 1.1=476t$$

【4-48】（2013D15）某场地湿陷性黄土厚度为 10～13m，平均干密度为 1.24g/cm³，设计拟采用灰土挤密桩法进行处理，要求处理后桩间土最大干密度达到 1.60g/cm³。挤密桩为正三角形布置，桩长为 13m，预钻孔直径为 300mm，挤密填料孔直径为 600mm，满足设计要求的灰土桩的最大间距应取（　　）。（桩间土平均挤密系数取 0.93）

(A) 1.2m　　　　(B) 1.3m　　　　(C) 1.4m　　　　(D) 1.5m

答案：A

解答过程：

根据《湿陷性黄土地区建筑标准》GB 50025—2018 第 6.4.3 条：

$$s=0.95\sqrt{\dfrac{\bar{\eta}_c\rho_{dmax}D^2-\rho_{d0}d^2}{\bar{\eta}_c\rho_{dmax}-\rho_{d0}}}=0.95 \times \sqrt{\dfrac{0.93 \times 1.6 \times 0.6^2-1.24 \times 0.3^2}{0.93 \times 1.6-1.24}}=1.24m$$

【4-49】（2019D12）某地采用挤密法石灰桩加固，石灰桩直径 300mm，桩间距 1m，正方形布桩，地基土天然重度 $\gamma=16.8kN/m^3$，孔隙比 $e=1.40$，含水量 $w=50\%$。石灰

桩吸水后体积膨胀率为 1.3（按均匀侧胀考虑），地基土失水并挤密后重度 $\gamma = 17.2 \text{kN/m}^3$，承载力与含水量经验关系式 $f_{ak} = 110 - 100w$（单位为 kPa），处理后地面标高未变化。假定桩土应力比为 4，求处理后复合地基承载力特征值最接近下列哪个选项？（重力加速 g 取 10m/s^2）

(A) 70kPa   (B) 80kPa   (C) 90kPa   (D) 100kPa

答案：C

解答过程：

根据《建筑地基处理技术规范》JGJ 79—2012 第 7.1.5 条：

(1) 面积置换率（吸水膨胀后）

$$m = \frac{1.3 \times \frac{1}{4} \times 3.14 \times 0.3^2}{1 \times 1} = 0.092$$

(2) 膨胀后孔隙比计算

$$m = \frac{e_0 - e_1}{1 + e_0} = \frac{1.4 - e_1}{1 + 1.4} = 0.092 \Rightarrow e_1 = 1.18$$

(3) 膨胀后含水率

$$G_s = \frac{(1 + e_0)\gamma}{(1 + w)r_w} = \frac{(1 + 1.4) \times 16.8}{(1 + 0.5) \times 10} = 2.688$$

$$w = \frac{\rho(1 + e)}{G_s \rho_w} - 1 = \frac{1.72 \times (1 + 1.180)}{2.688 \times 1.0} - 1 = 0.395$$

(4) 膨胀后地基承载力

$$f_{sk} = 110 - 100 \times 0.395 = 70.5 \text{kPa}$$

$$f_{spk} = [1 + m(n - 1)] \times f_{sk} = [1 + 0.092 \times (4 - 1)] \times 70.5 = 90.0 \text{kPa}$$

【小注岩土点评】

① 石灰桩复合地基处理后，地面标高无变化。

② 石灰桩吸水膨胀后的体积为原先的 1.3 倍，可以等效为石灰桩面积变大为吸水前的 1.3 倍，不能简单地理解为直径扩大 1.3 倍。

【4-50】(2019C12) 某非自重湿陷性黄土场地上的甲类建筑物采用整片筏板基础，基础长度为 30m，宽度为 12.5m，基础埋深为 4.5m，湿陷性黄土下限深度为 13.5m。拟在整体开挖后采用挤密桩复合地基，桩径 $d = 0.40$m，等边三角形布桩，地基处理前地基土平均干密度 $\rho_d = 1.35 \text{g/cm}^3$，最大干密度 $\rho_{dmax} = 1.73 \text{g/cm}^3$，要求挤密桩处理后桩间土平均挤密系数不小于 0.93，最少理论布桩数最接近下列哪一个选项？

(A) 480 根   (B) 720 根   (C) 1100 根   (D) 1460 根

答案：C

解答过程：

根据《建筑地基处理技术规范》JGJ 79—2012 第 7.5.2 条：

(1) 桩孔间距

$$s = 0.95d \sqrt{\frac{\bar{\eta}_c \rho_{dmax}}{\bar{\eta}_c \rho_{dmax} - \bar{\rho}_d}} = 0.95 \times 0.4 \times \sqrt{\frac{0.93 \times 1.73}{0.93 \times 1.73 - 1.35}} = 0.95 \text{m}$$

（2）处理范围

甲类建筑，故基础以下需全部处理，每边超出基础的宽度为：

$b_0 = \max\left\{\dfrac{1}{2} \times 9, \ 2\right\} = 4.5\text{m}$，处理面积为：$A = (30 + 4.5 \times 2) \times (12.5 + 4.5 \times 2) = 838.5\text{m}^2$

（3）桩数计算

单桩处理面积：$A_e = \dfrac{\sqrt{3}}{2}s^2 = \dfrac{\sqrt{3}}{2} \times 0.95^2 = 0.7816\text{m}^2$

所需桩的根数为：$n = \dfrac{A}{A_e} = \dfrac{838.5}{0.7816} = 1072.8$ 根，取 $n = 1100$ 根

【小注岩土点评】

① 本题考查的是挤密桩的应用和计算。首先，由于是筏板基础，因此需按照整片处理来选取超出基础外边缘的宽度；其次，为甲类建筑，故基础以下软弱层厚度均需处理，处理面积外扩时，取大值。

② 根据挤密原理，处理前后，土层厚度无变化。

③ 结合上面的解题思路，考生应加深理解单桩处理面积 A_e 的定义。

五、柱锤冲扩桩

——《建筑地基处理技术规范》第 7.8.4 条及条文说明

适用范围：适用于地下水位以上的粉土、黏性土、素填土、杂填土和黄土等地基。

项目	计算方法							
复合地基承载力特征值 f_{spk}	$f_{spk} = [1 + m \cdot (n-1)] \cdot f_{sk}$							
	地基土类别	f_{sk} 取值						
	$f_{ak} \geqslant 80\text{kPa}$	$f_{sk} = f_{ak}$						
	对于新填土等松软土层	$N_{63.5}$	2	3	4	5	6	7
		f_{sk} (kPa)	80	110	130	140	150	160
		【小注】① 计算 $\overline{N}_{63.5}$ 时，应去掉 10% 的极大值和极小值。同时触探深度大于 4m 时，$\overline{N}_{63.5}$ 应乘以 0.9 的折减系数。 ② 杂填土、饱和松软土，表中数值 f_{sk} 应乘以 0.9 的折减系数。 ③ 表中 $\overline{N}_{63.5}$ 为现场试验后测得重型动力触探平均击数						
	式中：f_{sk}——处理后，桩间土承载力特征值（kPa），取值见上表； 　　　n——复合地基桩土应力比，宜取 2~4； 　　　m——面积置换率，$m = d^2/d_e^2$，宜取 0.2~0.5，直接按照"第一节"求解							
桩孔布置	桩径宜为 500~800mm，桩孔按正方形或等边三角形布置，桩距宜为 1.2~2.5m 或（2.0~3.0）d							
处理面积 A	一般地基：在基础外缘扩大 1~3 排桩，且外扩宽度不应小于处理层厚度的 1/2； 液化地基：在基础外缘扩大宽度不应小于基底下伏可液化土层厚度的 1/2，且不小于 5m。 $A = (b + 2 \cdot x) \cdot (l + 2 \cdot x) \Rightarrow$ 总桩数 $n = A/A_e$							

六、挤密后桩间土和桩体的质量检测

——《建筑地基处理技术规范》第 7.5.2 条条文说明

灰土挤密桩、土挤密桩复合地基的设计要达到相应的标准，以满足设计要求。现归纳如下：

	控制标准	相关要求	图示
桩间土	平均挤密系数 $\overline{\eta}_c$	平均挤密系数是在成孔深度内，通过取土样测定桩间土的平均干密度与其最大干密度的比值而获得。平均干密度的取样自桩顶向下 0.5m 起，每 1m 不应少于 2 点（1组）。即：桩孔外 100mm 处 1 点（a点）、桩孔之间的中点处 1 点（b点）；桩长大于 6m 时，全部深度内取样点应不少于 12 点（6组），桩长小于 6m 时，全部深度内的取样点不应少于 10 点（5组）	
桩体	平均压实系数 $\overline{\lambda}_c$	桩体的夯实质量一般通过测定全部深度内土的干密度确定，然后将其换算为平均压实系数进行评定。桩体土的干密度取样：自桩顶向下 0.5m 起，每 1m 不应少于 2 点（1组），即桩孔内距桩孔边缘 50mm 处 1 点（b点），桩孔中心（即 1/2）处 1 点（a点）。当桩长大于 6m 时，全部深度内的取样点不应少于 12 点（6组），当桩长不足 6m 时，全部深度内的取样点不应少于 10 点（5组）。桩体土的平均压实系数 $\overline{\lambda}_c$，是根据桩孔全部深度内的平均干密度与室内击实试验求得填料（素土或灰土）在最优含水量状态下的最大干密度的比值，即 $\overline{\lambda}_c = \overline{\rho}_{d0}/\rho_{dmax}$，式中：$\overline{\rho}_{d0}$——桩孔全部深度内的填料（素土或灰土），经分层夯实的平均干密度；ρ_{dmax}——桩孔内的填料（素土或灰土），通过击实试验求得最优含水量状态下的最大干密度	

【4-51】（2012C30）某住宅楼采用灰土挤密桩法处理湿陷性黄土地基，桩径为 0.4m，桩长为 6.0m，桩中心距为 0.9m，呈正三角形布桩，如下图所示。通过击实试验，桩间土在最优含水量 $w_{op} = 17\%$ 时的湿密度 $\rho = 2.00\text{g/cm}^3$。检测时在 A、B、C 三处分别测得的干密度 ρ_d（g/cm³）见下表，试问桩间土的平均挤密系数 η_c 为（　　）。

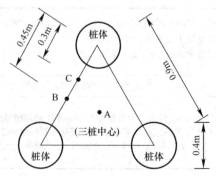

（三桩中心）

取样深度（m）	取样位置		
	A	B	C
0.5	1.52	1.58	1.63
1.5	1.54	1.60	1.67
2.5	1.55	1.57	1.65
3.5	1.51	1.58	1.66
4.5	1.53	1.59	1.64
5.5	1.52	1.57	1.62

(A) 0.894　　　　　　　　　　　　(B) 0.910

(C) 0.927　　　　　　　　　　　　(D) 0.944

答案：D

解答过程：

(1) 根据《建筑地基处理技术规范》JGJ 79—2012 第 7.5.2 条及其条文说明：

$$\bar{\rho}_\mathrm{d} = \frac{1.58+1.60+1.57+1.58+1.59+1.57+1.63+1.67+1.65+1.66+1.64+1.62}{12}$$

$$= 1.613\mathrm{g/cm^3}$$

(2) $\rho_\mathrm{dmax} = \dfrac{2.0}{1+0.01\times17} = 1.709\mathrm{g/cm^3}$

(3) $\eta_\mathrm{c} = \dfrac{\bar{\rho}_\mathrm{d}}{\rho_\mathrm{dmax}} = \dfrac{1.613}{1.709} = 0.944$

【小注岩土点评】

① 根据《建筑地基处理技术规范》JGJ 79—2012 第 7.5.2 条条文说明：一般取桩孔外 100mm 处 1 点，桩孔之间的中心距（1/2 处）1 点，即取图中 B、C 两处土样干密度计算平均值。当桩长大于 6m 时，全部深度内取样点不应少于 12 点（6 组）。本题核心在于数据的取舍，理解了 7.5.2 条文说明中桩孔外 100mm 处 1 点（即 C 点），桩孔之间的中心距（1/2 处）1 点（即 B 点）的意思，即可做对本题。

② 平均挤密系数与压实系数的公式一样，只是名词表达不同。

③ 本题在于是选择地基处理规范还是选择湿陷性黄土技术规范，这就需要考生快速翻阅规范以及熟悉规范，用灰土挤密桩的关键词定位即可。

第三节　有粘结强度的桩复合地基

一、总体规定

——《建筑地基处理技术规范》第 7.1.5 条、第 7.1.6 条

有粘结强度的桩其桩身有一定强度，呈现桩体效应，因此，其复合地基承载力取单元面积的单桩承载力和桩间土的天然地基承载力按一定的折减系数叠加后计算。

一般情况下，常见的有粘结强度的桩，其特点和适用范围归纳如下：

桩型	水泥土搅拌桩	旋喷桩	夯实水泥土桩	CFG 桩（素混凝土桩）
原理	以水泥作为主要固化剂，通过搅拌机械，将固化剂和地基土强制搅拌形成竖向增强体	通过钻杆旋喷、提升，高压水泥浆由喷嘴射出，切割土体并与土体拌合形成竖向增强体	将水泥和土按设计配比制成，放入孔内，分层夯实而成竖向增强体	由水泥、碎石、粉煤灰等加水拌合后，灌入孔中而成竖向增强体
适用范围	淤泥、淤泥质土、黏性土（软塑～可塑）、粉土（稍密～中密）、粉细砂（松散、中密）、中粗砂（松散、稍密）、饱和黄土等	淤泥、淤泥质土、黏性土（流塑～可塑）、粉土、砂土、黄土、素填土和碎石土等	水位以上的粉土、黏性土、素填土和杂填土等	黏性土、粉土、砂土、自重固结已完成的素填土等
f_{cu} 取值	f_{cu} 采用按设计水泥掺入比制成边长为 70.7mm 的立方体，在标准养护条件下，90d 龄期的立方体抗压强度平均值	f_{cu} 采用桩体试块（边长 150mm 的立方体），标准养护 28d 的立方体抗压强度平均值		
	【小注】当桩身抗压强度在桩长范围内不同地层的抗压强度 f_{cu} 不同时，在计算单桩承载力特征值时，f_{cu} 取桩长范围内最小值来计算其承载力特征值			
处理面积	基础范围内布桩即可			

初步设计时，可按下式计算：

$$f_{spk} = \lambda m \frac{R_a}{A_p} + \beta(1-m) \cdot f_{sk}$$

$$R_a = \begin{cases} u_p \cdot \sum q_{si} \cdot l_{pi} + \alpha_p \cdot q_p \cdot A_p & \text{由桩周土和桩端土抗力确定} \\ \eta \cdot f_{cu} \cdot A_p & \text{由桩身材料强度确定（以搅拌桩为例）} \end{cases}$$（二者取小值）

式中：f_{spk}——复合地基承载力特征值（kPa）；

f_{sk}——处理后桩间土承载力特征值（kPa）；

λ——单桩承载力发挥系数；

R_a——单桩竖向承载力特征值（kN）；

β——桩间土承载力发挥系数；

A_p——单桩的截面面积（m²）；

m——面积置换率，$m = A_p/A_e = d^2/d_e^2$。

相关计算参数的取值范围

增强体类型	λ	β	f_{sk}
水泥土搅拌桩	1.0	对淤泥土和流塑状软土等可取 0.1～0.4；其他土层可取 0.4～0.8	取 f_{ak}
旋喷桩	1.0	由试验确定	—

续表

增强体类型	λ	β	f_{sk}
CFG 桩	0.8～0.9	0.9～1.0	非挤土成桩取 f_{ak}； 挤土成桩时，黏性土取 f_{ak}； 松散砂土、粉土取 (1.2～1.5) f_{ak}
夯实水泥土桩	1.0	0.9～1.0	—

二、桩体竖向承载力特征值 R_a

——《建筑地基处理技术规范》第 7.1.5 条、第 7.1.6 条

抗力来源	桩体类型	单桩竖向承载力特征值	参数取值
土对桩体阻力计算 R_a	水泥土搅拌桩	$R_a = u_p \cdot \sum q_{si} \cdot l_{pi} + \alpha_p \cdot q_p \cdot A_p$ 式中：u_p——桩身周长（m）； 　　　A_p——桩端截面面积（m²）； 　　　q_{si}——桩周第 i 层土侧阻力特征值（kPa）； 　　　q_p——桩端阻力特征值（kPa）； 　　　α_p——桩端阻力发挥系数	$q_p = f_{ak}$（桩端土） $\alpha_p = 0.4～0.6$
	旋喷桩		$q_p = f_{ak}$（桩端土） $\alpha_p = 1.0$
	夯实水泥土桩		
	CFG 桩 （素混凝土桩）		q_p 按地区经验取值 $\alpha_p = 1.0$
桩身材料强度计算 R_a	水泥土搅拌桩	$R_a \leqslant \eta \cdot f_{cu} \cdot A_p$	干法：$\eta = 0.2～0.25$ 湿法：$\eta = 0.25$
	旋喷桩 夯实水泥土桩 CFG 桩 素混凝土桩	$f_{cu} \geqslant \dfrac{4 \cdot \lambda \cdot R_a}{A_p}$ 或 $f_{cu} \geqslant \dfrac{4 \cdot \lambda \cdot R_a}{A_p} \cdot \left[1 + \dfrac{\gamma_m \cdot (d-0.5)}{f_{spa}}\right]$	旋喷桩、夯实水泥土桩：$\lambda = 1.0$ CFG 桩、素混凝土桩：$\lambda = 0.8～0.9$

【小注】同时根据"桩周土＋桩端土抗力"和"桩身材料"计算 R_a，二者计算结果取小值。

三、常用反算公式

置换率	桩间距	单桩承载力特征值
$m = \dfrac{f_{spk} - \beta f_{sk}}{\lambda \dfrac{R_a}{A_p} - \beta f_{sk}}$	三角形布桩：$s = \dfrac{d}{1.05\sqrt{m}}$ 正方形布桩：$s = \dfrac{d}{1.13\sqrt{m}}$	$R_a = \dfrac{[f_{spk} - \beta(1-m)f_{sk}] A_p}{\lambda m}$

四、应力比的概念与应用

对比《建筑地基处理技术规范》JGJ 79—2012 第 7.1.5 条公式（7.1.5-1）和公式（7.1.5-2），发现在计算散体材料桩复合地基承载力公式中，参数 n 称为桩土应力比，而关于有粘结强度桩的复合地基承载力公式中，却没有该参数，实际上桩土应力比的概念不仅适用于散体材料桩，也适用于有粘结强度的桩型，下面对桩土应力做深入说明。

如下图所示，复合地基中用桩土应力比 n 或荷载分担比 N 来定性地反映复合地基的工作状况。在荷载作用下，假设桩顶应力为 σ_p，桩间土表面应力为 σ_s，则桩土应力比 n 为：

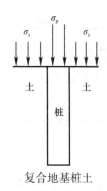

复合地基桩土
受力状态

$$n=\frac{\sigma_{p}}{\sigma_{s}}$$

桩体承担的荷载 P_p 与桩间土承担的荷载 P_s 之比称为桩土荷载分担比，用 N 表示：

$$N=\frac{P_{p}}{P_{s}}=\frac{\sum A_{pi}\times\sigma_{p}}{(A-\sum A_{pi})\times\sigma_{s}}=\frac{mA\times\sigma_{p}}{(1-m)A\times\sigma_{s}}=\frac{mn}{1-m}$$

因基础是刚性的，在轴心荷载下基础底面处的桩体与桩间土的沉降将是相同的，但由于桩体的刚性较大，因此荷载将向桩体集中，基础底面处桩顶应力 σ_p 将大于基础底面处桩间土表面应力 σ_s。

在实际工程中，即便是单一桩型的复合地基，由于桩体在基础下的部位不同或桩距不同，桩土应力比 n 也不同，将基础下桩体的平均桩顶应力与桩间土平均应力之比定义为平均桩土应力比。

基础下的平均桩土应力比是反映桩土荷载分担的一个参数，当其他参数相同时，桩土应力比越大，桩体承担的荷载占总荷载的百分比就越大。此外，桩土应力比对某些桩型（例如碎石桩）是复合地基的设计参数。一般情况下，桩土应力比与桩体材料、桩长、面积置换率有关。其他条件相同时，桩体材料刚度越大，桩土应力比就越大；桩越长，桩土应力比就越大；面积置换率越小，桩土应力比就越大。

对散体桩（振冲桩、砂石桩）复合地基，浅基础直接安放在复合地基上，可以通过改变面积置换率来调整桩土应力比。

对半刚性桩（CFG 桩）复合地基，桩体与浅基础之间通过褥垫层过渡，独立桩体顶部与基础不连接，改变褥垫层参数可调节桩土应力比。

规范公式（7.1.5-1）实质上是采用应力比法计算地基承载力，根据力的平衡：

向上的承载力为：$N_r=\sigma_s A_s+\sigma_p A_p$

以地基承载力表示上式：$\sigma_{sp}A=\sigma_s A_s+\sigma_p A_p$

将桩土应力比 $n=\dfrac{\sigma_p}{\sigma_s}$、$m=\dfrac{A_p}{A}$ 代入：

$$\sigma_{sp}=\frac{m(n-1)+1}{n}\sigma_p \text{ 或 } \sigma_{sp}=[m(n-1)+1]\sigma_s$$

由散体材料形成的散体桩复合地基，在桩土间应变协调的条件下，当桩体和桩间土的承载力同时发挥时，桩土应力比就是桩和土的承载力比值，即 $n=\dfrac{f_{pk}}{f_{sk}}$，将这一概念代入，得

$$f_{spk}=\frac{m(n-1)+1}{n}f_{pk}$$

$$f_{spk}=[m(n-1)+1]f_{sk}$$

式中：f_{spk}——复合地基承载力特征值（kPa）；

f_{pk}——散体桩体承载力特征值（kPa）；

f_{sk}——处理后桩间土承载力特征值（kPa）。

同样把应力比的概念用于有粘结强度桩，因有粘结强度桩和土的承载力难以同时发挥，故计算其复合地基承载

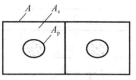

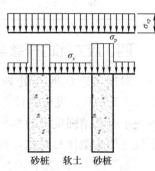

散体材料桩受力状态

力时，对于不同的桩型和桩间土，其承载力都需要进行一定的折减，折减系数分别为单桩承载力发挥系数 λ 与桩间土承载力发挥系数 β，桩与土的承载力同时发挥时，桩土应力比为：

$$n = \frac{\lambda \dfrac{R_a}{A_p}}{\beta f_{sk}} = \frac{\sigma_{pk}}{\sigma_{sk}}$$

规范公式（7.1.5-2）变形为：

$$f_{spk} = \lambda m \frac{R_a}{A_p} + \beta(1-m) f_{sk} = m\sigma_{pk} + (1-m)\sigma_{sk}$$

$$f_{spk} = \frac{m(n-1)+1}{n} \sigma_{pk}$$

$$f_{spk} = [m(n-1)+1] \sigma_{sk}$$

由此可以看出：散体材料桩复合地基是桩土承载力发挥系数均为 1 的特殊情况。

【4-52】（2011C16）某独立基础底面尺寸为 $2.0m \times 4.0m$，埋深 2.0m，相应荷载效应标准组合时，基础底面处平均压力 $p_k = 150kPa$；软土地基承载力特征值 $f_{ak} = 70kPa$，天然重度 $\gamma = 18kN/m^3$，地下水位埋深 1.0m；采用水泥土搅拌桩处理，桩径 $\phi500mm$，桩长 10.0m；单桩承载力发挥系数 $\lambda = 1.0$，桩间土承载力发挥系数 $\beta = 0.5$；经试桩，单桩承载力特征值 $R_a = 110kN$，则基础下布桩量为（　　）根。

(A) 6　　　　　　(B) 8　　　　　　(C) 10　　　　　　(D) 12

答案：B

解答过程：

根据《建筑地基处理技术规范》JGJ 79—2012 第 7.1.5 条、第 7.1.6 条：

（1）复合地基承载力特征值计算

$$f_{spa} = f_{spk} + \eta_d \gamma_m (d - 0.5) = f_{spk} + 1 \times \frac{1 \times 18 + 8}{2} \times (2 - 0.5) \geqslant 150kPa$$

$$\Rightarrow f_{spk} \geqslant 150 - 19.5 = 130.5kPa$$

（2）置换率计算

$$f_{spk} = \lambda m \frac{R_a}{A_p} + \beta(1-m) f_{sk} \Rightarrow m = \frac{f_{spk} - \beta f_{sk}}{\lambda \dfrac{R_a}{A_p} - \beta f_{sk}} = \frac{130.5 - 0.5 \times 70}{\dfrac{110}{3.14 \times 0.25^2} - 0.5 \times 70} = 0.181$$

（3）桩数计算

$$n = \frac{m \cdot A}{A_p} = \frac{0.181 \times 2 \times 4}{3.14 \times 0.25^2} \geqslant 7.38，取 n = 8 根$$

【4-53】（2011D15）某软土场地，淤泥质土承载力特征值 $f_{ak} = 75kPa$；初步设计采用水泥土搅拌桩复合地基加固，等边三角形布桩，桩间距 1.2m，桩径 500mm，桩长 10.0m，单桩承载力发挥系数 $\lambda = 1.0$，桩间土承载力发挥系数 β 取 0.75，设计要求加固后复合地基承载力特征值达到 160kPa。经载荷试验，复合地基承载力特征值 $f_{spk} = 145kPa$，若其他设计条件不变，调整桩间距，（　　）满足设计要求的最适宜桩距。

(A) 0.90m　　　　(B) 1.00m　　　　(C) 1.10m　　　　(D) 1.20m

答案：C

解答过程：

根据《建筑地基处理技术规范》JGJ 79—2012第7.1.5条、第7.1.6条：

（1）原设计置换率计算

$$m_1 = \frac{d^2}{d_e^2} = \frac{0.5^2}{(1.05 \times 1.2)^2} = 0.157$$

（2）单桩承载力特征值反算

$$f_{spk} = \lambda m \frac{R_a}{A_p} + \beta(1-m)f_{sk}, \quad A_p = \pi \times 0.5^2 = 0.196\text{m}^2$$

$$\Rightarrow 145 = 1 \times 0.157 \times \frac{R_a}{0.196} + 0.75 \times (1-0.157) \times 75 \Rightarrow R_a = 121.8\text{kN}$$

（3）调整后桩间距计算

令$f_{spk} = 160$kPa，则调整后置换率为：

$$m_2 = \frac{f_{spk} - \beta f_{sk}}{\lambda \frac{R_a}{A_p} - \beta f_{sk}} = \frac{160 - 0.75 \times 75}{1 \times \frac{121.8}{0.196} - 0.75 \times 75} = 0.1835$$

$$s = \sqrt{\frac{d^2}{1.05^2 m}} = \sqrt{\frac{0.5^2}{1.05^2 \times 0.1835}} = 1.11\text{m}$$

【小注岩土点评】

① 本题为已知复合地基承载力，反算单桩承载力特征值，从而根据调整后地基承载力特征值计算调整后桩间距。

② 注意题目中忽略了f_{sk}的变化，理论上调整桩间距，会对f_{sk}有一定的影响，为了方便计算，题中忽略了该影响。

【4-54】（2006C18）采用水泥土搅拌桩加固地基，桩径取$d=0.5$m，等边三角形布置，复合地基置换率$m=0.18$，单桩承载力发挥系数$\lambda=1.0$，桩间土承载力特征值$f_{ak}=70$kPa，桩间土承载力发挥系数$\beta=0.50$，现要求复合地基承载力特征值达到160kPa，则水泥土抗压强度平均值f_{cu}（90d龄期的折减系数$\eta=0.25$）达到（　　）时，才能满足要求。

（A）2.03MPa　　　（B）2.23MPa　　　（C）2.43MPa　　　（D）2.92MPa

答案：D

解答过程：

根据《建筑地基处理技术规范》JGJ 79—2012第7.3.3条：

（1）$R_a = \eta f_{cu} A_p$，即$\frac{R_a}{A_p} = \eta f_{cu} = 0.25 f_{cu}$

（2）$f_{spk} = \lambda m \frac{R_a}{A_p} + \beta(1-m)f_{sk} \Rightarrow$

$160 = 1.0 \times 0.18 \times 0.25 f_{cu} + 0.5 \times (1-0.18) \times 70 \Rightarrow f_{cu} = 2917.8\text{kPa} = 2.92\text{MPa}$

【4-55】（2013C15）某建筑场地浅层有6.0m厚淤泥，设计拟采用喷浆的水泥搅拌桩法进行加固，桩径取600mm，室内配比试验得出了不同水泥掺入量时水泥土90d龄期抗

压强度值，如下图所示，如果单桩承载力由桩身强度控制且要求达到 70kN，桩身强度折减系数取 0.25，则水泥掺入量至少应选择（ ）。

(A) 15%　　　　(B) 20%

(C) 25%　　　　(D) 30%

答案：C

解答过程：

根据《建筑地基处理技术规范》JGJ 79—2012 第 7.3.3 条：

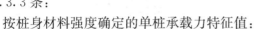

按桩身材料强度确定的单桩承载力特征值：

$$R_a = \eta f_{cu} A_p = 0.25 \times f_{cu} \times 3.14 \times 0.3^2 = 70 \Rightarrow f_{cu} = 0.99 \text{MPa}$$

查图表得水泥掺入量接近 25%。

【4-56】（2013C16）已知独立基础采用水泥搅拌桩复合地基（如下图所示），承台尺寸为 2.0m × 4.0m，布置 8 根桩，桩直径 φ600mm，桩长 7.0m，如果桩身抗压强度取 0.8MPa，桩身强度折减系数为 0.3，单桩承载力发挥系数 λ=1.0，桩间土和桩端土承载力发挥系数均为 0.4，不考虑深度修正，充分发挥复合地基承载力，则基础承台底最大荷载（荷载效应标准组合）最接近（ ）。

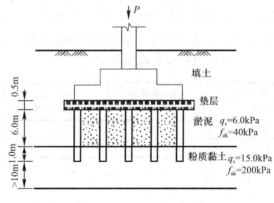

(A) 475kN　　　(B) 630kN　　　(C) 710kN　　　(D) 950kN

答案：B

解答过程：

根据《建筑地基处理技术规范》JGJ 79—2012 第 7.1.5 条、第 7.1.6 条、第 7.3.3 条：

(1) 单桩承载力特征值计算

根据外部条件确定：

$$R_a = u_p \sum_{i=1}^{n} q_{sik} l_i + \alpha_p q_p A_p$$

$$= 3.14 \times 0.6 \times (6 \times 6 + 15 \times 1) + 0.4 \times 200 \times 3.14 \times 0.3^2 = 118.7 \text{kN}$$

根据桩身强度确定：

$$R_a = \eta f_{cu} A_p = 0.3 \times 800 \times 3.14 \times 0.3^2 = 67.8 \text{kN}$$

两者取小值：$R_a = 67.8 \text{kN}$

（2）复合地基承载力计算

$$m = \frac{8 \times \pi r^2}{A} = \frac{8 \times 3.14 \times 0.3^2}{2 \times 4} = 0.2826$$

$$f_{spk} = \lambda m \frac{R_a}{A_p} + \beta(1-m)f_{sk}$$

$$= 1 \times 0.2826 \times \frac{67.8}{3.14 \times 0.3^2} + 0.4 \times (1-0.2826) \times 40 = 79.3 \text{kPa}$$

（3）承台底最大荷载

$$N_{max} = f_{spk} \cdot A = 79.3 \times 2 \times 4 = 634.4 \text{kN}$$

【小注岩土点评】

① 本题为独立承台，因此在计算面积置换率时，不能按照通用公式 $m = \frac{d^2}{d_e^2}$ 进行计算，需按照面积置换率的定义进行计算。

② 在计算单桩承载力特征值时，水泥搅拌桩桩端土的承载力发挥系数 $\alpha_p = 0.4$，计算时需注意。

③ 基底压力的计算，根据基底压力最大不能超过该承载力特征值计算所能承受的最大荷载来确定。

【4-57】（2016C15）某搅拌桩复合地基，搅拌桩桩长 10m，桩径 0.6m，桩距 1.5m，正方形布置。搅拌桩湿法施工，从桩顶标高处向下的土层参数见下表。按照《建筑地基处理技术规范》JGJ 79—2012 估算，复合地基承载力特征值最接近下列哪个选项？（桩间土承载力发挥系数取 0.8，单桩承载力发挥系数取 1.0）

编号	厚度 (m)	地基承载力特征值 f_{ak}(kPa)	侧阻力特征值 (kPa)	桩端端阻力发挥系数	水泥土 90d 龄期立方体抗压强度 f_{cu}(MPa)
①	3	100	15	0.4	1.5
②	15	150	30	0.6	2.0

(A) 117kPa   (B) 126kPa   (C) 133kPa   (D) 150kPa

答案：A

解答过程：

根据《建筑地基处理技术规范》JGJ 79—2012 第 7.1.5 条、第 7.3.3 条：

（1）单桩承载力特征值计算

按桩周土与桩端土计算承载力：

$$R_a = 3.14 \times 0.6 \times (3 \times 15 + 7 \times 30) + 0.6 \times 3.14 \times \frac{1}{4} \times 0.6^2 \times 150 = 505.854 \text{kN}$$

按桩身强度计算承载力：

由于①土层内立方体抗压强度小于②土层内强度，同一桩取小值，$f_{cu} = 1.5 \text{MPa}$。

本题采用湿法施工，$\eta = 0.25$

$$R_a = 0.25 \times 1500 \times 3.14 \times 0.3^2 = 105.975 \text{kN}$$

两者取小值，$R_a = 105.975 \text{kN}$

（2）面积置换率计算

$$m = \frac{0.6^2}{(1.13 \times 1.5)^2} = 0.1253$$

（3）复合地基承载力特征值计算

$$f_{spk} = \lambda m \frac{R_a}{A_p} + \beta(1-m)f_{sk}$$

$$= 1 \times 0.1253 \times \frac{105.975}{3.14 \times 0.3^2} + 0.8 \times (1 - 0.1253) \times 100 = 116.96 \text{kPa}$$

【4-58】（2008C16）某工业厂房场地浅表为耕植土，厚 0.50m；其下为淤泥质粉质黏土，厚约 18.0m，承载力特征值 $f_{ak} = 70$kPa，水泥搅拌桩侧阻力特征值取 9kPa。下伏厚层密实粉细砂层。采用水泥搅拌桩加固，要求复合地基承载力特征值达 150kPa。假设有效桩长 12.00m，桩径 $\phi500$，桩身强度折减系数 η 取 0.25，桩端天然地基土承载力发挥系数 α 取 0.50，水泥加固土试块 90d 龄期立方体抗压强度平均值为 2.0MPa，单桩承载力发挥系数 $\lambda = 1.0$，桩间土承载力发挥系数 β 取 0.75。则初步设计复合地基面积置换率将最接近（　　）。

(A) 13%　　　　(B) 18%　　　　(C) 21%　　　　(D) 25%

答案：C

解答过程：

根据《建筑地基处理技术规范》JGJ 79—2012 第 7.3.3 条：

（1）按桩身强度计算 R_a：

$$R_a = \eta f_{cu} A_p = 0.25 \times 2 \times 10^3 \times 3.14 \times 0.25^2 = 98.1 \text{kN}$$

按土对桩的承载力计算 R_a：

$$R_a = u_p \sum q_{si} l_{pi} + \alpha_p q_p A_p = 3.14 \times 0.5 \times 9 \times 12 + 0.5 \times 70 \times 3.14 \times 0.25^2$$

$$= 176.4 \text{kN}$$

取小值，$R_a = 98.1$kN

（2）$m = \dfrac{f_{spk} - \beta f_{sk}}{\lambda \dfrac{R_a}{A_p} - \beta f_{sk}} = \dfrac{150 - 0.75 \times 70}{1.0 \times \dfrac{98.1}{\pi \times 0.25^2} - 0.75 \times 70} = 0.218$

【4-59】（2017C17）有一个大型设备基础，基础尺寸为 15m×12m，地基土为软塑状态的黏性土，承载力特征值为 80kPa，拟采用水泥土搅拌桩复合地基，以桩身强度控制单桩承载力，单桩承载力发挥系数取 1.0，桩间土承载力发挥系数取 0.5，按照配比试验结果，桩身材料立方体抗压强度平均值为 2.0MPa，桩身强度折减系数取 0.25，采用桩径 $d = 0.5$m，设计要求复合地基承载力特征值达到 180kPa，请估算理论布桩数最接近下列哪个选项？（只考虑基础范围内布桩）

(A) 180 根　　　(B) 280 根　　　(C) 380 根　　　(D) 480 根

答案：B

解答过程：

根据《建筑地基处理技术规范》JGJ 79—2012 第 7.1.5 条、第 7.3.3 条：

（1）置换率计算

$$A_p = \frac{\pi}{4} \times 0.5^2 = 0.196 \text{m}^2$$

$$R_a = \eta f_{cu} A_p = 0.25 \times 2000 \times 0.196 = 98\text{kN}$$

（2） $f_{spk} = \lambda m \dfrac{R_a}{A_p} + \beta(1-m)f_{sk}$

$$\Rightarrow m = \dfrac{f_{spk} - \beta f_{sk}}{\lambda \dfrac{R_a}{A_p} - \beta f_{sk}} = \dfrac{180 - 0.5 \times 80}{1 \times \dfrac{98}{0.196} - 0.5 \times 80} = 0.304$$

（3）布桩数量计算

$$n = \dfrac{mA}{A_p} = \dfrac{0.304 \times 15 \times 12}{0.196} = 279.2 \text{ 根，取 } n = 280 \text{ 根}$$

【4-60】（2016D14）某筏板基础采用双轴水泥土搅拌桩复合地基，已知上部结构荷载标准值 $F_k = 140\text{kPa}$，基础埋深 1.5m，地下水位在基底以下，原持力层承载力特征值 $f_{ak} = 60\text{kPa}$，双轴搅拌桩面积 $A = 0.71\text{m}^2$，桩间不搭接，湿法施工，根据地基承载力计算单桩承载力特征值（双轴）$R_a = 240\text{kN}$，水泥土单轴抗压强度平均值 $f_{cu} = 1.0\text{MPa}$，问下列搅拌桩平面图中（尺寸单位为 mm），为满足承载力要求，最经济合理的是哪个选项？（桩间土承载力发挥系数 $\beta = 1.0$，单桩承载力发挥系数 $\lambda = 1.0$，基础及以上土的平均重度 $\gamma = 20\text{kN/m}^3$，基底以上土体重度平均值 $\gamma_m = 18\text{kN/m}^3$）

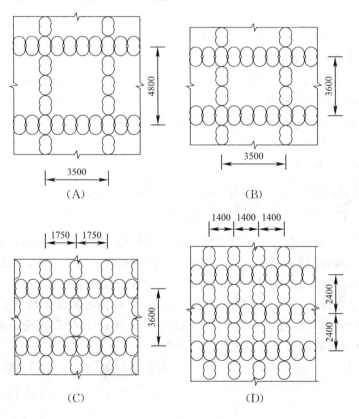

答案：C

解答过程：

根据《建筑地基处理技术规范》JGJ 79—2012 第 4.2.2 条：

（1）单桩承载力特征值计算

按地基承载力计算：$R_a = 240kN$

按桩身材料强度计算：

$$R_a = \eta f_{cu} A_p = 0.25 \times 1 \times 10^3 \times 0.71 = 177.5kN$$

两者取小值：取 $R_a = 177.5kN$

（2）复合地基承载力特征值及修正值

$$f_{spk} = \lambda m \frac{R_a}{A_p} + \beta(1-m)f_{sk} = 1 \times m \times \frac{177.5}{0.71} + 1 \times (1-m) \times 60 = 190m + 60$$

$$f_{spa} = f_{spk} + \eta_a \gamma_m (d - 0.5) = 190m + 60 + 1 \times 18 \times (1.5 - 0.5) = 190m + 78$$

（3）置换率计算

$$p_k = 140 + 1.5 \times 20 = 170kPa \leqslant f_{spa} = 190m + 78 \Rightarrow m \geqslant 0.484$$

（4）依次计算各选项图中的面积置换率：

A 选项单元体内有 8 个双轴搅拌桩：$m_A = \dfrac{8 \times 0.71}{3.5 \times 4.8} = 0.338$

B 选项单元体内有 7 个双轴搅拌桩：$m_B = \dfrac{7 \times 0.71}{3.5 \times 3.6} = 0.394$

C 选项单元体内有 9 个双轴搅拌桩：$m_C = \dfrac{9 \times 0.71}{3.6 \times 2 \times 1.75} = 0.507$

D 选项单元体内有 18 个双轴搅拌桩：$m_D = \dfrac{18 \times 0.71}{2.4 \times 2 \times 1.4 \times 3} = 0.634$

【小注岩土点评】

① 本题为综合考题，首先根据《建筑地基处理技术规范》JGJ 79—2012 第 7.1.5 条、第 7.3.3 条计算出水泥土搅拌桩复合地基的承载力特征值，题目中未说明不考虑修正，因此，求出的复合地基承载力特征值仍然需要根据《建筑地基处理技术规范》JGJ 79—2012 第 3.0.4 条进行深度修正，根据基底压力最大不能超过修正后的承载力特征值计算所需要最小的面积置换率，进而与各选项的面积置换率进行比较。

② 本题另一方面也考查了考生的读图识图能力，即在给出的图中确定基本单元体（或者重复单元体），并正确计算出各自的置换率，此类题目与工程实际结合较为密切，将是以后的出题方向。

③ 本题计算量较大，对考生的计算能力要求较高，综合性强，难度较大。

【4-61】（2018D11）某建筑采用夯实水泥土桩进行地基处理，条形基础及桩平面布置见右图。根据试桩结果，复合地基承载力特征值为 180kPa，桩间土承载力特征值为 130kPa，桩间土承载力发挥系数取 0.9。现设计要求地基处理后复合地基承载力特征值达到 200kPa，假定其他参数均不变，若仅调整基础纵向桩间距 s 值，试算最经济的桩间距最接近下列哪个选项？

（A）1.1m　　（B）1.2m　　（C）1.3m　　（D）1.4m

答案：B

解答过程：

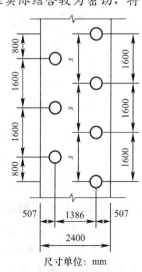

尺寸单位：mm

根据《建筑地基处理技术规范》JGJ 79—2012 第7.1.5条第2款：

(1) 桩间距调整前后的置换率计算

$$m_1 = \frac{f_{spk} - \beta f_{sk}}{\lambda \dfrac{R_a}{A_p} - \beta f_{sk}} = \frac{180 - 130 \times 0.9}{\lambda \dfrac{R_a}{A_p} - 130 \times 0.9} = \frac{63}{\lambda \dfrac{R_a}{A_p} - 117}$$

$$m_2 = \frac{f_{spk} - \beta f_{sk}}{\lambda \dfrac{R_a}{A_p} - \beta f_{sk}} = \frac{200 - 130 \times 0.9}{\lambda \dfrac{R_a}{A_p} - 130 \times 0.9} = \frac{83}{\lambda \dfrac{R_a}{A_p} - 117}$$

$$\Rightarrow \frac{m_1}{m_2} = \frac{63}{83}$$

(2) 计算的桩间距调整前后的面积置换率

$$m_1 = \frac{2A_p}{2.4 \times 1.6}; \quad m_2 = \frac{2A_p}{2.4 \times s_1} \Rightarrow \frac{m_1}{m_2} = \frac{s_1}{1.6}$$

(3) 调整后桩间距计算

$$\frac{m_1}{m_2} = \frac{s_1}{1.6} = \frac{63}{83} \Rightarrow s_1 = 1.21\text{m}$$

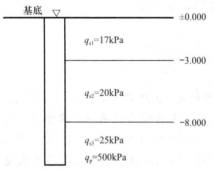

【4-62】（2009C16）某工程采用旋喷桩复合地基，桩长 10m，桩径 600mm，桩身 28d 强度为 3MPa，桩身强度折减系数为 0.33，单桩承载力发挥系数 $\lambda = 1.0$，端阻力发挥系数 $a_p = 1.0$，基底以下相关地层埋深及桩侧阻力特征值、桩端阻力特征值如左图所示，单桩竖向承载力特征值最接近（　　）。

(A) 210kN　　　　　　(B) 280kN

(C) 378kN　　　　　　(D) 520kN

答案：A

解答过程：

根据《建筑地基处理技术规范》JGJ 79—2012 第7.1.5条、第7.1.6条：

(1) 按桩周土及桩端土承载力计算

$$R_a = u \sum_{i=1}^{n} q_{si} l_i + \alpha_p q_p A_p$$

$$= 3.14 \times 0.6 \times (17 \times 3 + 20 \times 5 + 2 \times 25) + 1 \times 3.14 \times 0.3^2 \times 500 = 520\text{kN}$$

(2) 按桩身材料强度计算

$$R_a \leq \frac{f_{cu} A_p}{4\lambda} = \frac{3 \times 10^3 \times 3.14 \times 0.3^2}{4 \times 1} = 211.95\text{kN}$$

比较上述计算结果取小值，$R_a = 211.95$kN。

【4-63】（2004C19）某工程场地为软土地基，采用 CFG 桩复合地基处理，桩径 $d = 0.5$m，按正三角形布桩，桩距 $s = 1.1$m，桩长 $l = 15$m，要求复合地基承载力特征值 $f_{spk} = 180$kPa，单桩承载力特征值 R_a 及加固土试块立方体抗压强度平均值 f_{cu} 应为（　　）。（取置换率 $m = 0.2$，处理后桩间土承载力特征值 $f_{sk} = 80$kPa，发挥系数 $\beta = 0.4$，单桩承载力发挥系数 $\lambda = 0.9$）

(A) $R_a=151\text{kPa}$, $f_{cu}=3210\text{kPa}$ (B) $R_a=155\text{kPa}$, $f_{cu}=2370\text{kPa}$

(C) $R_a=159\text{kPa}$, $f_{cu}=2430\text{kPa}$ (D) $R_a=168\text{kPa}$, $f_{cu}=3080\text{kPa}$

答案：D

解答过程：

根据《建筑地基处理技术规范》JGJ 79—2012 第 7.7.2 条：

(1) $f_{spk}=\lambda m \dfrac{R_a}{A_p}+\beta(1-m)f_{sk}$

$\Rightarrow 180=0.9\times0.2\times\dfrac{R_a}{3.14\times0.25^2}+0.4\times(1-0.2)\times80\Rightarrow R_a=168.3\text{kN}$

(2) $f_{cu}\geq4\dfrac{\lambda R_a}{A_p}=4\times\dfrac{0.9\times168.3}{3.14\times0.25^2}=3087.3\text{kPa}$

【4-64】（2009C14）某高层住宅筏形基础，基底埋深 7m，基底以上土的天然重度 20kN/m^3，采用水泥粉煤灰碎石桩（CFG）复合地基，现场测得单桩承载力特征值为 600kN，正方形布桩，桩径 400mm，桩间距为 $1.5\text{m}\times1.5\text{m}$，单桩承载力发挥系数 $\lambda=1.0$，处理后桩间土承载力特征值 $f_{sk}=180\text{kPa}$，桩间土承载力发挥系数 β 取 0.95，则该建筑物基底压力不应超过（ ）。

(A) 428kPa   (B) 558kPa   (C) 623kPa   (D) 641kPa

答案：B

解答过程：

根据《建筑地基处理技术规范》JGJ 79—2012 第 7.1.5 条、第 7.1.6 条：

(1) 复合地基承载力特征值计算

$$m=\frac{A_p}{A}=\frac{d^2}{d_e^2}=\frac{0.4^2}{(1.13\times1.5)^2}=0.0557$$

$$f_{spk}=\lambda m \frac{R_a}{A_p}+\beta(1-m)f_{sk}=1\times0.0557\times\frac{600}{\pi\times0.2^2}+0.95\times(1-0.0557)\times180$$

$$=427.56\text{kPa}$$

(2) 复合地基承载力修正值计算

$$f_{spa}=f_{spk}+\eta_d\gamma_m(d-0.5)=427.56+1\times20\times(7-0.5)=557.6\text{kPa}$$

(3) 基底压力验算

$$p_k\leq f_{spa}=557.6\text{kPa}$$

【4-65】（2009D15）某建筑场地剖面如右图所示，拟采用水泥粉煤灰碎石桩（CFG）进行加固，已知基础埋深 2.0m，CFG 桩长 14m，桩径 500mm，桩身强度 $f_{cu}=20\text{MPa}$，单桩承载力发挥系数 $\lambda=0.8$，桩端端阻力发挥系数 $\alpha_p=1.0$，桩间土承载力发挥系数 $\beta=0.8$，按《建筑地基处理技术规范》JGJ 79—2012 计算，如复合地基承载力特征值要求达到 180kPa，则 CFG 桩面积置换率 m 应为（ ）。

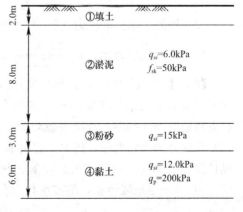

(A) 10%　　　　(B) 12%　　　　(C) 15%　　　　(D) 18%

答案：C

解答过程：

根据《建筑地基处理技术规范》JGJ 79—2012 第 7.1.5 条、第 7.1.6 条：

（1）单桩承载力特征值计算

按桩周土及桩端土承载力计算：

$$R_a = u_p \sum_{i=1}^{n} q_{si} l_i + \alpha_p q_p A_p$$

$$= 3.14 \times 0.5 \times (6 \times 8 + 15 \times 3 + 12 \times 3) + 1.0 \times 200 \times 3.14 \times 0.25^2$$

$$= 241.78 \text{kN}$$

按桩身材料强度计算：

$$R_a \leq \frac{f_{cu} A_p}{4\lambda} = \frac{20 \times 10^3 \times 3.14 \times 0.25^2}{4 \times 0.8} = 1226.56 \text{kN}$$

两者取小值 $R_a = 241.78$kN

（2）面积置换率计算

$$m = \frac{f_{spk} - \beta f_{sk}}{\lambda \frac{R_a}{A_p} - \beta f_{sk}} = \frac{180 - 0.8 \times 50}{0.8 \times \frac{241.78}{3.14 \times 0.25^2} - 0.8 \times 50} = 0.148$$

【4-66】（2013D14）某建筑地基采用 CFG 桩进行地基处理，桩径 400mm，正方形布置，桩距 1.5m，CFG 桩施工完成后，进行了 CFG 桩单桩静载试验和桩间土静载试验，试验得到：CFG 桩单桩承载力特征值为 600kN，桩间土承载力特征值为 150kPa。该地区的工程经验为：单桩承载力的发挥系数取 0.9，桩间土承载力的发挥系数取 0.8。则该复合地基的荷载等于复合地基承载力特征值时，桩土应力比最接近下列（　　）项的数值。

(A) 28　　　　(B) 32　　　　(C) 36　　　　(D) 40

答案：C

解答过程：

根据《建筑地基处理技术规范》JGJ 79—2012 第 7.1.5 条、第 7.1.6 条：

（1）CFG 桩承担的应力 $= \lambda \cdot \frac{R_a}{A_p} = \frac{0.9 \times 600}{3.14 \times 0.2^2} = 4299.4$kPa

（2）桩间土承担的应力 $= \beta \cdot f_{sk} = 0.8 \times 150 = 120$kPa

（3）桩、土应力比：$n = \frac{4299.4}{120} = 35.8$

【4-67】（2013D16）某框架柱采用独立基础、素混凝土桩复合地基，基础尺寸、布桩如下图所示（尺寸单位为 mm）。桩径为 500mm，桩长为 12m。现场静载试验得到单桩承载力特征值为 500kN，浅层平板载荷试验得到桩间土承载力特征值为 100kPa。充分发挥该复合地基的承载力时，依据《建筑地基处理技术规范》JGJ 79—2012、《建筑地基基础设计规范》GB 50007—2011 计算，该柱的柱底轴力（荷载效应标准组合）最接近（　　）。（根据地区经验，单桩承载力发挥系数 $\lambda = 1.0$，桩间土承载力发挥系数 β 取 0.8，

地基土的重度取 18kN/m³，基础及其上土的平均重度取 20kN/m³）

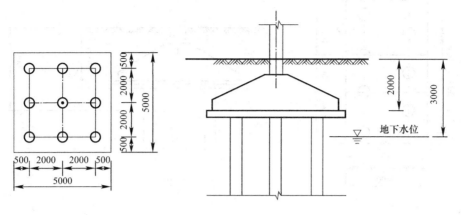

(A) 7108kN　　　(B) 6358kN　　　(C) 6025kN　　　(D) 5778kN

答案：C

解答过程：

根据《建筑地基处理技术规范》JGJ 79—2012 第 7.1.5 条、第 7.1.6 条：

(1) 面积置换率计算

有限基础范围内共计有 9 根桩，即：

$$m = \frac{9 \times \pi r^2}{A} = \frac{9 \times 3.14 \times \left(\frac{0.5}{2}\right)^2}{5 \times 5} = 0.071$$

(2) 复合地基承载力计算

$$f_{spk} = \lambda m \frac{R_a}{A_p} + \beta(1-m) f_{sk} = 1 \times 0.071 \times \frac{500}{3.14 \times \frac{0.5^2}{4}} + 0.8 \times (1 - 0.071) \times 100$$

$$= 255.2 \text{kPa}$$

(3) 复合地基承载力修正

$$f_{spa} = f_{ak} + \eta_d \gamma_m (d - 0.5)$$

$$= 255.2 + 1 \times 18 \times (2 - 0.5) = 282.2 \text{kPa}$$

(4) 基底压力验算

$$p_k = \frac{F_k + G_k}{A} = \frac{F_k + 5 \times 5 \times 2 \times 20}{5 \times 5} \leqslant f_{spa} = 282.2 \text{kPa} \Rightarrow F_k \leqslant 6055 \text{kN}$$

【4-68】(2014C14) 某承受轴心荷载的钢筋混凝土条形基础，采用素混凝土桩复合地基，基础宽度、布桩如下图所示（尺寸单位为 mm），桩径 400mm，桩长 15m。现场静载试验得出的单桩承载力特征值为 400kN，桩间土承载力特征值为 150kPa。充分发挥该复合地基的承载力时，根据《建筑地基处理技术规范》JGJ 79—2012 计算，该条基顶面的竖向荷载（荷载效应标准组合）最接近于（　　）。（土的重度取 18kN/m³，基础和上覆土平均重度取 20kN/m³，单桩承载力发挥系数取 0.9，桩间土承载力发挥系数取 1）

(A) 700kN/m　　(B) 755kN/m　　(C) 790kN/m　　(D) 850kN/m

答案：B

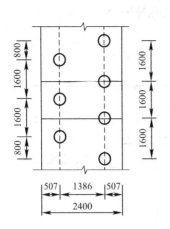
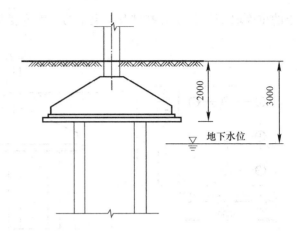

解答过程：

根据《建筑地基处理技术规范》JGJ 79—2012 第 7.1.5 条、第 7.1.6 条：

（1）面积置换率计算

选取计算单元 1.6m×2.4m，布桩为 2 根（1 根＋2×1/2 根）

$$m = \frac{\text{桩的面积}}{\text{单元面积}} = \frac{2 \times \dfrac{3.14 \times 0.4^2}{4}}{2.4 \times 1.6} = 0.065$$

（2）复合地基承载力特征值计算及深度修正

$$f_{spk} = \lambda m \frac{R_a}{A_p} + \beta(1-m)f_{sk} = 0.9 \times 0.065 \times \frac{400}{\dfrac{3.14 \times 0.4^2}{4}} + 1 \times (1-0.065) \times 150$$

$$= 326.6\text{kPa}$$

$$f_{spa} = 326.6 + 1.0 \times 18 \times (2.0 - 0.5) = 353.6\text{kPa}$$

（3）基底压力验算

$$\frac{F_k + G_k}{A} \leqslant f_{spa} \Rightarrow F_k \leqslant f_{spa} \cdot A - G_k = 353.6 \times 2.4 - 2 \times 20 \times 2.4 = 752.6\text{kN/m}$$

【4-69】（2019C13）某建筑物基础埋深 6m，荷载标准组合的基底均布压力为 400kPa。地基处理采用预制混凝土方桩复合地基，方桩边长为 400mm，正三角形布桩，有效桩长为 10m。场地自地表向下的土层参数见下表，地下水位很深。按照《建筑地基处理技术规范》JGJ 79—2012 估算，地基承载力满足要求时的最大桩距应取下列何值？（忽略褥垫层厚度，桩间土承载力发挥系数 β 取 1，单桩承载力发挥系数 λ 取 0.8，桩端阻力发挥系数 α_p 取 1）

层号	名称	厚度	重度 (kN/m^3)	承载力特征值 $f_{ak}(\text{kPa})$	桩侧阻力特征值 $q_{sa}(\text{kPa})$	桩端阻力特征值 $q_{pa}(\text{kPa})$
①	粉土	4	18.5	130	30	800
②	粉质黏土	10	17	100	25	500
③	细砂	8	21	200	40	1600

（A）1.6m （B）1.7m （C）1.9m （D）2.5m

答案：B

解答过程：

根据《建筑地基处理技术规范》JGJ 79—2012第7.1.5条、第3.0.4条：

（1）单桩承载力计算

$$R_a = u_p \sum_{i=1}^{n} q_{si} l_{pi} + \alpha_p q_p A_p$$

$$= 4 \times 0.4 \times (8 \times 25 + 2 \times 40) + 1 \times 1600 \times 0.4^2 = 704\text{kN}$$

（2）复合地基承载力计算及修正

$$f_{spk} = \lambda m \frac{R_a}{A_p} + \beta(1-m)f_{sk} = 0.8m \frac{704}{0.4^2} + 1 \times (1-m) \times 100 = 3420m + 100$$

$$f_{spa} = f_{spk} + \eta_d \gamma_m (d-0.5) = 3420m + 100 + 1 \times 18 \times (6-0.5) = 3420m + 199$$

（3）承载力验算

$$p_k = 400\text{kPa} \leqslant f_{spa} \Rightarrow 3420m + 199 \geqslant 400 \Rightarrow m \geqslant 0.0588$$

（4）桩间距计算

$$m = \frac{0.5 \times 0.4^2}{\frac{\sqrt{3}}{4} \times s^2} \geqslant 0.0588 \Rightarrow s \leqslant 1.77\text{m}$$

【4-70】（2021D11）某建筑物采用矩形独立基础，作用在独立基础上荷载（包括基础及上覆土重）标准值为1500kN。基础埋深、地层厚度和工程特性指标见右图，拟采用湿法水泥土搅拌桩处理地基，正方形布桩，桩径600mm，桩长8m，面积置换率为0.2826。桩身水泥土立方体抗压强度取2MPa，单桩承载力发挥系数为1.0，桩间土承载力发挥系数和桩端端阻力发挥系数均为0.5，场地无地下水，按《建筑地基处理技术规范》JGJ 79—2012初步设计时，矩形独立基础底面积最小值最接近下列哪个选项？

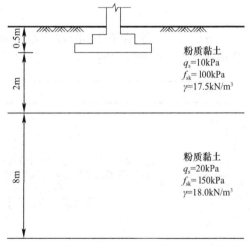

（A）9m² （B）8m² （C）7m² （D）5m²

答案：A

解答过程：

（1）根据《建筑地基处理技术规范》JGJ 79—2012第7.3.3条：

$$A_p = \frac{3.14}{4} \times 0.6^2 = 0.283\text{m}^2, \quad u_p = 3.14 \times 0.6 = 1.884\text{m}$$

桩身强度验算：$R_{a1} = 0.25 \times 2 \times 10^3 \times 0.283 = 141.5\text{kN}$

桩承载力验算：$R_{a2} = 1.884 \times (2 \times 10 + 6 \times 20) + 0.5 \times 150 \times 0.283 = 285\text{kN}$

两者取低值：$R_{a1} = 141.5\text{kN}$

（2）根据《建筑地基处理技术规范》JGJ 79—2012第7.1.5条第2款：

$$f_{spk} = 1 \times 0.283 \times \frac{141.5}{0.283} + 0.5 \times (1-0.283) \times 100 = 177.4\text{kPa}$$

（3）根据《建筑地基处理技术规范》JGJ 79—2012 第 3.0.4 条：

$$f_{spa} = 177.4 \text{kPa}$$

（4）$A \geqslant \dfrac{1500}{177.4} = 8.5 \text{m}^2$

第四节　多桩型复合地基

多桩型复合地基，是指采用两种或两种以上不同材料增强体，或采用同一材料、不同长度增强体加固形成的复合地基。

适用范围：

（1）地基土中，不同深度存在相对硬层的正常固结土；

（2）浅部存在欠固结土时，采用预压、压实或挤密处理后，再配合刚性长桩处理；

（3）浅部存在湿陷性黄土时，采用夯实或挤密处理后，再配合刚性长桩处理；

（4）浅部存在液化地基时，采用振冲碎石桩处理后，再配合刚性长桩处理。

一、多桩型复合地基的置换率计算

——《建筑地基处理技术规范》第 7.9.7 条

多桩型复合地基置换率的计算原则为："各算各的"，即在有限面积内或在单元体内，分别计算各自桩型的置换率，下面分别予以介绍：

处理面积	计算方法	简图
有限面积（独立基础）	直接取整个基础作为研究对象进行分析可知：一个基础下伏的某 i 型桩共计 n 根。 $m = \dfrac{n \cdot A_{pi}}{\text{基础面积} A (B \times L)}$	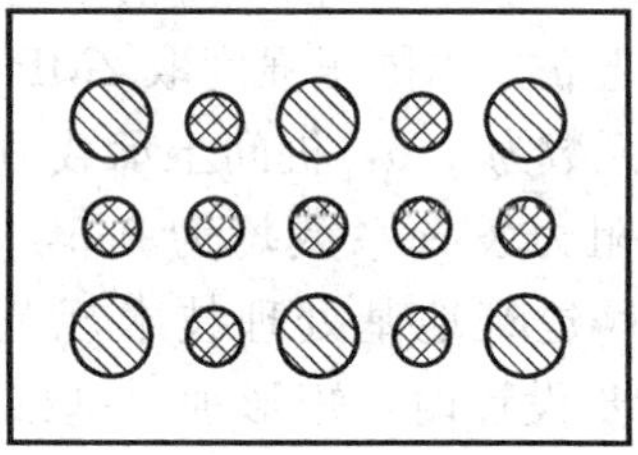
大面积处理（筏板基础）	三角形布桩（梅花状布桩）： 直接取阴影部分重复单元体作为研究对象，进行分析可知：一个重复单元体内的某 i 型桩共计 2 根。 $m = \dfrac{A_{pi}}{s_1 \times s_2}$ 右图桩 1 面积置换率：$m_1 = \dfrac{A_{p1}}{s_1 s_2}$ 右图桩 2 面积置换率：$m_2 = \dfrac{A_{p2}}{s_1 s_2}$	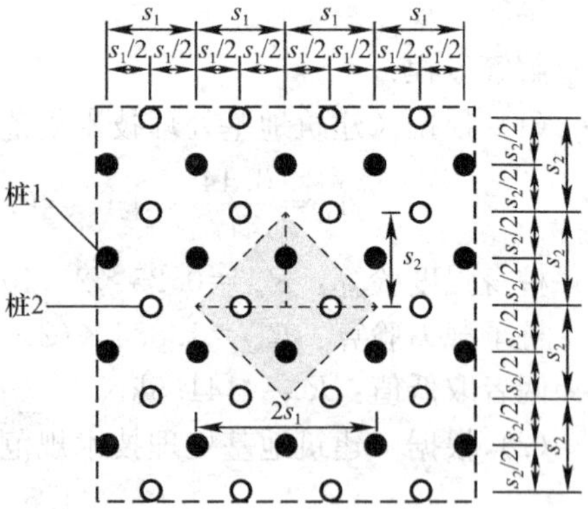

续表

处理面积	计算方法	简图
大面积处理 （筏板基础）	矩形布桩： 直接取阴影部分重复单元体作为研究对象，进行分析可知：一个重复单元体内的某 i 型桩共计 2 根。 $$m = \frac{A_{pi}}{2s_1 \times 2s_2}$$ 右图桩 1 面积置换率：$m_1 = \dfrac{A_{p1}}{2s_1 s_2}$ 右图桩 2 面积置换率：$m_2 = \dfrac{A_{p2}}{2s_1 s_2}$	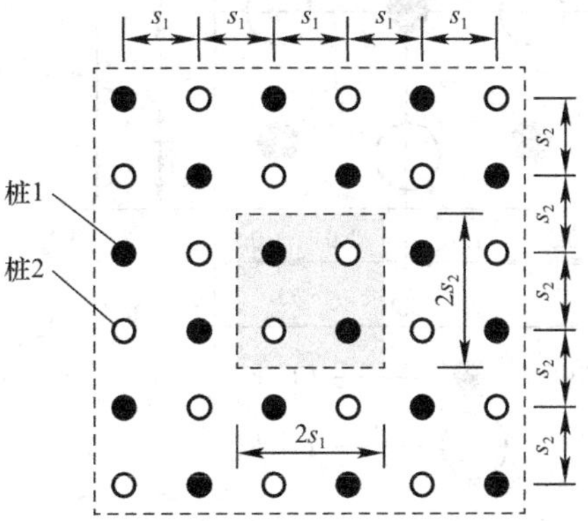

二、多桩型复合地基的承载力特征值

——《建筑地基处理技术规范》第 7.9.6 条

组合形式	计算公式
刚性桩 1＋刚性桩 2	$$f_{spk} = m_1 \cdot \frac{\lambda_1 \cdot R_{a1}}{A_{p1}} + m_2 \cdot \frac{\lambda_2 \cdot R_{a2}}{A_{p2}} + \beta \cdot (1 - m_1 - m_2) \cdot f_{sk}$$ 式中：m_1、m_2——分别为桩 1、桩 2 的置换率； λ_1、λ_2——分别为桩 1、桩 2 的单桩承载力发挥系数； R_{a1}、R_{a2}——分别为桩 1、桩 2 的单桩承载力特征值（kN）； A_{p1}、A_{p2}——分别为桩 1、桩 2 的桩端截面积（m²）； β——桩间土承载力发挥系数，可取 0.9～1.0； f_{sk}——处理后复合地基桩间土承载力特征值（kPa）
刚性桩 1＋散体桩 2	$$f_{spk} = m_1 \cdot \frac{\lambda_1 \cdot R_{a1}}{A_{p1}} + \beta \cdot [1 - m_1 + m_2(n-1)] \cdot f_{sk}$$ 式中：m_1、m_2——为桩 1、桩 2 的置换率； λ_1——刚性桩的单桩承载力发挥系数； R_{a1}——刚性桩的单桩承载力特征值（kN）； A_{p1}——刚性桩的桩端截面积（m²）； β——仅由散体材料桩加固处理后形成的复合地基承载力发挥系数； n——仅由散体材料桩加固处理后形成的复合地基桩土应力比； f_{sk}——仅由散体材料桩加固处理后，桩间土承载力特征值（kPa）。 【小注】f_{spk} 计算时，需要考虑"散体短桩"的有利影响；但是在计算仅长桩加固区的 f_{spk1} 则不考虑"散体短桩"的有利影响

【4-71】（2014C17）某住宅楼基底以下土层主要为：①中砂-砾砂，厚度为 8.0m，承载力

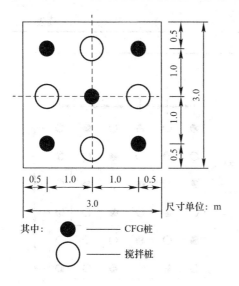

其中：
- ● —— CFG桩
- ○ —— 搅拌桩

尺寸单位：m

特征值为200kPa，桩侧阻力特征值为25kPa；②含砂粉质黏土，厚度为16.0m，承载力特征值250kPa，桩侧阻力特征值为30kPa，其下卧为微风化大理岩。拟采用CFG桩＋水泥土搅拌桩复合地基（如左图所示），承台尺寸为3.0m×3.0m；CFG桩桩径为450mm，桩长为20m，单桩抗压承载力特征值为850kN；水泥土搅拌桩桩径为600mm，桩长为10m，桩身强度为2.0MPa，桩身强度折减系数$\eta=0.25$，桩端阻力发挥系数$\alpha_p=0.5$。根据《建筑地基处理技术规范》JGJ 79—2012，该承台可承受的上部荷载（标准组合）最接近（　　）。（单桩承载力发挥系数取$\lambda_1=\lambda_2=1.0$，桩间土承载力发挥系数$\beta=0.90$，复合地基承载不考虑深度修正）

(A) 4400kN　　　(B) 5200kN　　　(C) 6080kN　　　(D) 7760kN

答案：C

解答过程：

根据《建筑地基处理技术规范》JGJ 79—2012第7.9.6条、第7.9.7条：

(1) 置换率计算

$$\text{CFG桩：} \quad m_1 = \frac{A_{p1}}{s^2} = \frac{5 \times \dfrac{3.14 \times 0.45^2}{4}}{3^2} = 0.0883$$

$$\text{搅拌桩：} \quad m_2 = \frac{A_{p2}}{s^2} = \frac{4 \times \dfrac{3.14 \times 0.6^2}{4}}{3^2} = 0.1256$$

(2) 水泥土搅拌桩单桩承载力计算

按桩周土及桩端土承载力：

$$R_{a1} = u \sum q_{sik} l_{pi} + \alpha_p q_p A_p$$
$$= 3.14 \times 0.6 \times (8 \times 25 + 2 \times 30) + 0.5 \times 250 \times 3.14 \times (0.6/2)^2$$
$$= 525.2 \text{kN}$$

按桩身材料强度：

$$R_{a1} = \eta f_{cu} A_p = 0.25 \times 2.0 \times 1000 \times 3.14 \times (0.6/2)^2 = 141.3 \text{kN}$$

两者取较小值：$R_{a1} = 141.3$kN

(3) 复合地基承载力计算

$$f_{spk} = m_1 \frac{\lambda_1 R_{a1}}{A_{p1}} + m_2 \frac{\lambda_2 R_{a2}}{A_{p2}} + \beta(1 - m_1 - m_2)f_{sk}$$

$$= 0.0883 \times \frac{1.0 \times 850}{3.14 \times (0.45/2)^2} + 0.1256 \times \frac{1.0 \times 141.3}{3.14 \times (0.6/2)^2} + 0.9$$

$$\times (1 - 0.1256 - 0.0883) \times 200 = 676.45 \text{kPa}$$

(4) 最大上部荷载

$$F_k \leqslant f_{spk} \cdot A = 676.45 \times (3.0 \times 3.0) = 6088.05\text{kN}$$

【小注岩土点评】

① 多桩型复合地基承载力计算，此类题目计算量较大，首先应根据基础下布桩数量，计算各自桩型的面积置换率，然后根据桩型选择正确的计算公式，复合桩型通常分为：柔性桩＋刚性桩，刚性桩＋刚性桩复合地基，不同的组合形式，采用不同的计算公式，这一点要分清楚。

② 一般情况下，在计算上部荷载时，复合地基承载力需要按深度进行修正，题目中明确说明不考虑修正，根据基底压力最大不能超过复合地基承载力特征值计算出最大荷载。

【4-72】（2016D15）某松散砂土地基拟采用碎石桩和 CFG 桩联合加固，已知柱下独立承台平面尺寸为 $2.0\text{m} \times 3.0\text{m}$，共布设 6 根 CFG 桩和 9 根碎石桩（如右图所示）。其中 CFG 桩直径为 400mm，单桩竖向承载力特征值 $R_a = 600\text{kN}$；碎石桩直径为 300mm，与砂土的桩土应力比取 2.0；砂土天然状态地基承载力特征值 $f_{ak} = 100\text{kPa}$，加固后砂土地基承载力 $f_{sk} = 120\text{kPa}$。如果 CFG 桩单桩承载力发挥系数 $\lambda_1 = 0.9$，桩间土承载力发挥系数 $\beta = 1.0$，问该复合地基压缩模量提高系数最接近下列哪个选项？

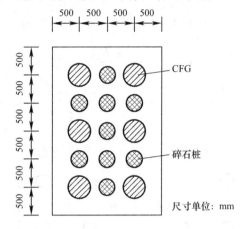

(A) 5.0　　　(B) 5.6　　　(C) 6.0　　　(D) 6.6

答案：D

解答过程：

根据《建筑地基处理技术规范》JGJ 79—2012 第 7.9.6 条、第 7.9.8 条：

（1）面积置换率计算

CFG 桩：$m_1 = \dfrac{\dfrac{3.14}{4} \times 0.4^2 \times 6}{2 \times 3} = 0.1256$

碎石桩：$m_2 = \dfrac{\dfrac{3.14}{4} \times 0.3^2 \times 9}{2 \times 3} = 0.106$

（2）复合地基承载力特征值计算

$$f_{spk} = m_1 \cdot \frac{\lambda_1 R_{a1}}{A_{p1}} + \beta \cdot [1 - m_1 - m_2(n-1)] \cdot f_{sk}$$

$$= 0.1256 \times \frac{0.9 \times 600}{\dfrac{3.14}{4} \times 0.4^2} + 1 \times [1 - 0.1256 + 0.106 \times (2-1)] \times 120$$

$$= 657.648\text{kPa}$$

（3）压缩模量提高系数

$$\xi_1 = \frac{f_{spk}}{f_{ak}} = \frac{657.648}{100} = 6.576$$

【4-73】（2018D12）某工程采用直径 800mm 碎石桩和直径 400mmCFG 桩多桩型复合地基处理，碎石桩置换率为 0.087，桩土应力比为 5.0，处理后桩间土承载力特征值为 120kPa，桩间土承载力发挥系数为 0.95，CFG 桩置换率为 0.023，CFG 桩单桩承载力特征值 R_a = 275kN，单桩承载力发挥系数为 0.90，处理后复合地基承载力特征值最接近下面哪个选项？

(A) 168kPa   (B) 196kPa   (C) 237kPa   (D) 286kPa

答案：B

解答过程：

根据《建筑地基处理技术规范》JGJ 79—2012 第 7.9.6 条：

(1) $A_{p1} = \dfrac{3.14}{4} \times 0.4^2 = 0.1256 \text{m}^2$

(2) $f_{spk} = m_1 \dfrac{\lambda_1 R_{a1}}{A_{p1}} + \beta[1 - m_1 + m_2(n-1)] f_{sk}$

$= 0.023 \times \dfrac{0.9 \times 275}{0.1256} + 0.95 \times [1 - 0.023 + 0.087 \times (5-1)] \times 120$

$= 196.4 \text{kPa}$

【4-74】（2020D13）某堆场地层为深厚黏土，承载力特征值 f_{ak} = 90kPa，拟采用碎石桩和CFG 桩多桩型复合地基进行处理，要求处理后地基承载力 $f_{spk} \geqslant 300$kPa。其中碎石桩桩径为 800mm，桩土应力比为 2，CFG 桩桩径为 450mm，单桩承载力特征值为 850kN。若按正方形均匀布桩（如左图所示），则合适的 s 最接近下面哪个选项？（按《建筑地基处理技术规范》JGJ 79—2012 计算，单桩承载力发挥系数 $\lambda_1 = \lambda_2 = 1.0$，桩间土承载力发挥系数为 0.9，复合地基承载力不考虑深度修正，处理后桩间土承载力提高 30%）

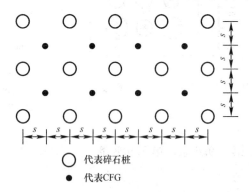

○ 代表碎石桩
● 代表CFG

(A) 1.0m   (B) 1.3m   (C) 1.5m   (D) 1.8m

答案：A

解答过程：

根据《建筑地基处理技术规范》JGJ 79—2012 第 7.9.6 条、第 7.9.7 条：

(1) 面积置换率计算

CFG 桩：$m_1 = \dfrac{A_{p1}}{2s \times 2s} = \dfrac{\frac{\pi}{4} \times 0.45^2}{4s^2} = \dfrac{0.0397}{s^2}$

碎石桩：$m_2 = \dfrac{A_{p2}}{2s \times 2s} = \dfrac{\frac{\pi}{4} \times 0.8^2}{4s^2} = \dfrac{0.1256}{s^2}$

(2) 多桩型复合地基承载力

$$f_{spk} = m_1 \dfrac{\lambda_1 R_{a1}}{A_{p1}} + \beta_2 [1 - m_1 + m_2(n-1)] f_{sk}$$

$$= \frac{0.0397}{s^2} \times \frac{1 \times 850}{\frac{\pi}{4} \times 0.45^2} + 0.9 \times \left[1 - \frac{0.0397}{s^2} + \frac{0.1256}{s^2} \right] \times 90 \times (1+0.3)$$

$$= \frac{212.3}{s^2} + 105.3 \times \left(1 + \frac{0.0859}{s^2} \right)$$

（3）桩间距计算

$$f_{spk} \geqslant 300kPa \Rightarrow \frac{212.3}{s^2} + 105.3 \times \left(1 + \frac{0.0859}{s^2} \right) \geqslant 300kPa \Rightarrow s$$

$$\leqslant \sqrt{\frac{221.3}{194.7}} = 1.07m$$

第五节　复合地基沉降计算

——《建筑地基处理技术规范》第7.1.7条、第7.1.8条

复合地基变形计算深度应大于复合土层的深度，复合土层的分层与天然地基相同，现将复合地基变形量计算总结如下：

项目	计算方法
复合地基沉降计算	复合地基沉降计算原则：对复合加固区内各土层的压缩模量 E_{si} 统一增大 ξ 倍后，即变为如下浅基础计算模型：加固区的压缩模量 E_{spi} 变为：ξE_{si}，基底位置不变，则按照《建筑地基基础设计规范》GB 50007—2011 中浅基础的分层总和法直接计算，计算示意图及计算步骤如下： 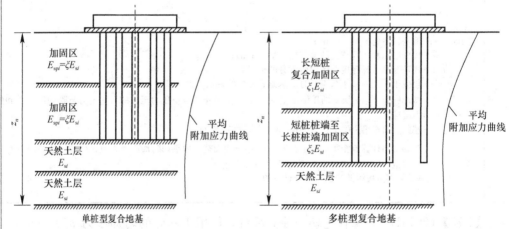

① 复合土层的分层与天然地基相同，复合加固区各土层的压缩模量等于该层天然地基压缩模量的 ξ 倍：

复合地基类别		加固区压缩模量 $E_{spi} = \xi_i \cdot E_{si}$	
单桩型复合地基		$E_{spi} = \xi \cdot E_{si} \Leftarrow \xi = \frac{f_{spk}}{f_{ak}}$	
多桩型复合地基	桩型	长短桩复合加固区	短桩桩端至长桩桩端加固区
	有粘结强度的长短桩复合	$\xi_1 = \frac{f_{spk}}{f_{ak}}$	$\xi_2 = \frac{f_{spk1}}{f_{ak}}$
	有粘结强度的桩和散体材料桩复合	$\xi_1 = \frac{f_{spk}}{f_{spk2}}[1+m(n-1)]\alpha = \frac{f_{spk}}{f_{ak}}$	

续表

项目	计算方法

式中：f_{ak}——基础底面下第一层土天然地基承载力特征值（kPa）；

f_{spk}——（长短桩）复合加固后土层的承载力特征值（kPa）；

f_{spk1}——仅由长桩处理形成的复合地基承载力特征值（kPa）；

f_{spk2}——仅由散体材料桩加固处理后复合地基承载力特征值（kPa）；

E_{si}——某土层天然地基压缩模量（MPa）；

α——处理后桩间土地基承载力的调整系数，$\alpha = \dfrac{f_{sk}}{f_{ak}}$；

f_{sk}——处理后桩间土承载力特征值（kPa）。

② 根据基础尺寸（$B \times L$）和各土层层底深度 z_i，按照《建筑地基基础设计规范》GB 50007—2011 求解各土层底面处的平均附加应力系数 $\bar{\alpha}_i$。（l/b、$z_i/b \Rightarrow \bar{\alpha}_i$ 列表）

③ 压缩模量当量值求解：

$$\overline{E}_s = \frac{\sum A_i + \sum A_j}{\sum A_i / E_{spi} + \sum A_i / E_{sj}}$$

式中：A_i——加固土层下第 i 层土附加应力系数沿土层厚度的积分值；

A_j——加固土层下第 j 层土附加应力系数沿土层厚度的积分值。

④ 沉降经验系数 ψ_s

复合地基沉降计算

沉降经验系数 ψ_s				
$\overline{E}_s$ (MPa)	4.0	7.0	15.0	20.0	35.0
ψ_s	1.0	0.7	0.4	0.25	0.2

⑤ 沉降计算

$$s = \psi_s \cdot s' = \psi_s \cdot \sum_{i=1}^{n} \frac{p_0}{E_{si}} \cdot (z_i \cdot \bar{\alpha}_i - z_{i-1} \cdot \bar{\alpha}_{i-1})$$

式中：s——地基最终变形量（mm）；

s'——按分层总和法计算出的地基变形量（mm）；

n——地基变形计算深度范围内所划分的土层数；

p_0——相应于作用的准永久组合时的基础底面处的附加压力（kPa）；

E_{si}——基础底面下第 i 层土的压缩模量（MPa），应取土的自重压力至土的自重压力与附加压力之和的压力段计算；

z_i、z_{i-1}——基础底面至第 i 层土、第 $i-1$ 层土底面的距离（m）；

$\bar{\alpha}_i$、$\bar{\alpha}_{i-1}$——基础底面计算点至第 i 层土、第 $i-1$ 层土底面范围内平均附加应力系数，可按《建筑地基基础设计规范》GB 50007—2011 附录 K.0.1-2 采用。

所有复合地基基本都是按照此法进行沉降计算的

【4-75】（2014D16）某住宅楼一独立承台，作用于基底的附加压力 $p_0 = 600$kPa，基底以下土层主要为：①中砂～砾砂，厚度为 8.0m，承载力特征值为 200kPa，压缩模量为 10.0MPa；②含砂粉质黏土，厚度为 16.0m，压缩模量为 8.0MPa，下卧层为微风化大理岩。拟采用 CFG 桩＋水泥土搅拌桩复合地基，承台尺寸为 3.0m×3.0m，布桩如下图所示，CFG 桩桩径为 450mm，桩长为 20m，设计单桩竖向抗压承载力特征值 $R_a = 700$kN；水泥土搅拌桩桩径为 600mm，桩长为 10m，设计单桩竖向受压承载力特征值 $R_a = 300$kN，假定复合地基的沉降计算地区经验系数 $\psi_s = 0.4$。根据《建筑地基处理技术规范》JGJ 79—2012，问该独立承台复合地基在中砂～砾砂层中的沉降量最接近下列哪个选项？（单桩承载力发挥系数：CFG 桩 $\lambda_1 = 0.8$，水泥搅拌桩 $\lambda_2 = 1.0$，桩间土发挥系数 $\beta = 1.0$）

(A) 68.0mm　　(B) 45.0mm

(C) 34.0mm　　(D) 23.0mm

答案：D

解答过程：

根据《建筑地基处理技术规范》JGJ 79—2012

第7.9.6条：

(1) 置换率计算

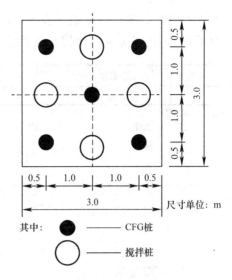

其中：● —— CFG桩

○ —— 搅拌桩

尺寸单位：m

CFG桩：$m_1 = \dfrac{A_{p1}}{s^2} = \dfrac{5 \times \dfrac{3.14 \times 0.45^2}{4}}{3^2} = 0.0883$

搅拌桩：$m_2 = \dfrac{A_{p2}}{s^2} = \dfrac{4 \times \dfrac{3.14 \times 0.6^2}{4}}{3^2} = 0.1256$

(2) 复合地基承载力计算

$$f_{spk} = m_1 \frac{\lambda_1 R_{a1}}{A_{p1}} + m_2 \frac{\lambda_2 R_{a2}}{A_{p2}} + \beta(1 - m_1 - m_2) f_{sk}$$

$$= 0.0883 \times \frac{0.8 \times 700}{3.14 \times \left(\dfrac{0.45}{2}\right)^2} + 0.1256 \times \frac{1.0 \times 300}{3.14 \times \left(\dfrac{0.6}{2}\right)^2} + 1.0$$

$$\times (1 - 0.1256 - 0.0883) \times 200 = 601.6 \text{kPa}$$

(3) 压缩模量计算

压缩模量提高系数：$\xi = \dfrac{f_{spk}}{f_{ak}} = \dfrac{601.6}{200} = 3.01$

处理后压缩模量：$E'_s = 3.01 \times 10 = 30.1 \text{MPa}$

(4) 沉降量计算

$\dfrac{z}{b} = \dfrac{8}{3/2} = 5.33$，$\dfrac{l}{b} = 1$，查表得 $\bar{\alpha} = 0.0888$

$$s = \varphi_s \sum_{i=1}^{n} \frac{p_0}{E_{si}} (z_i \bar{\alpha}_i - z_{i-1} \bar{\alpha}_{i-1}) = 0.4 \times \frac{600}{30.1} \times 4 \times 8 \times 0.0888 = 22.7 \text{mm}$$

【小注岩土点评】

① 本题为综合考题，首先计算出多桩型复合地基的承载力特征值，再根据规范第7.9.8条计算复合地基土层压缩模量提高系数，最后计算沉降。

② 本题为有限面积（矩形基础）下的沉降计算，应按照应力面积法（规范法）计算沉降，而不应采用大面积沉降计算公式 $s = \dfrac{\Delta p}{E_s} \cdot h$，同时应注意不要漏乘沉降计算经验系数 $\varphi_s = 0.4$。

③ 多桩型复合地基承载力计算与沉降计算知识点叠加，此类题目计算量较大，难度较大。

【4-76】（2017C15）某高层建筑采用CFG桩复合地基加固，桩长12m，复合地基承载力特征值 $f_{spk} = 500 \text{kPa}$，已知基础尺寸为 48m×12m，基底埋深 $d = 3$m，基底附加压力

$p_0 = 450\text{kPa}$，地质条件如下表所示，请问按《建筑地基处理技术规范》JGJ 79—2012 估算板底地基中心点最终沉降最接近以下哪个选项？（算至①层底）

层序	土层名称	层底埋深（m）	压缩模量 E_s(MPa)	承载力特征值 f_{ak}(kPa)
①	粉质黏土	27	12	200

(A) 65mm   (B) 80mm   (C) 90mm   (D) 275mm

答案：B

解答过程：

根据《建筑地基处理技术规范》JGJ 79—2012 第 7.1.7 条、第 7.1.8 条：

(1) 复合土层压缩模量计算：

$$\xi = \frac{f_{spk}}{f_{ak}} = \frac{500}{200} = 2.5, \quad E_{sp} = \xi \cdot E_s = 2.5 \times 12 = 30\text{MPa}$$

(2) 沉降变形计算：

$$\frac{l}{b} = \frac{24}{6} = 4; \quad z_i = 0, 12, 24; \quad \frac{z_i}{b} = 0, 2, 4$$

《建筑地基基础设计规范》GB 50007—2011 表 K.0.1-2

z_i	l/b	z_i/b	$\bar{\alpha}_i$	$4z_i\bar{\alpha}_i$	$4(z_i\bar{\alpha}_i - z_{i-1}\bar{\alpha}_{i-1})$	E_s
0	4	0	0.25	0	0	
12	4	2	0.2012	9.6576	9.6576	30
24	4	4	0.1485	14.256	4.5984	12

压缩量当量值：$\bar{E}_s = \dfrac{\sum_{i=1}^{n} A_i + \sum_{j=1}^{n} A_j}{\sum_{i=1}^{n} \dfrac{A_i}{E_{spi}} + \sum_{j=1}^{n} \dfrac{A_j}{E_{si}}} = \dfrac{14.256}{\dfrac{9.6576}{30} + \dfrac{4.5984}{12}} = 20.2 \approx 20\text{MPa}$

查表 7.1.8：$\psi_s = 0.25$

(3) 根据《建筑地基基础设计规范》GB 50007—2011 第 5.3.5 条：

$$s = \psi_s \sum_{i=1}^{n} \frac{p_0}{E_{spi}}(z_i\bar{\alpha}_i - z_{i-1}\bar{\alpha}_{i-1}) = 0.25 \times 450 \times \left(\frac{9.6576}{30} + \frac{4.5984}{12}\right)$$
$$= 79.3\text{mm}$$

【小注岩土点评】

① 本题考查复合地基沉降量的计算，属于历年多次考查的内容。

② 复合地基沉降量的计算，其计算公式仍是按照《建筑地基基础设计规范》GB 50007—2011 第 5.3.5 条给出的公式计算，但是需注意的有以下几点：一是沉降深度的确定；二是对于处理过的土层，压缩模量根据《建筑地基处理技术规范》JGJ 79—2012 第 7.1.7 条进行增大，未处理过的不变；三是根据第 7.1.8 条计算沉降深度范围内压缩模量当量值，然后查表确定沉降计算经验系数。

③ 沉降量计算的题目计算量相对较大，需注意计算的准确性。

【4-77】（2018C13）某储油罐采用刚性桩复合地基，基础为直径 20m 圆形，埋深 2m，准永久组合时基底附加力为 200kPa，基础下天然土层的承载力特征值为 100kPa，复合地

基承载力特征值为 300kPa，刚性桩桩长为 18m。地面以下土层参数、沉降计算经验系数见下表。不考虑褥垫层厚度及压缩量，按照《建筑地基处理技术规范》JGJ 79—2012 及《建筑地基基础设计规范》GB 50007—2011 的规定，该基础中心点的沉降计算值最接近下列何值？（变形计算深度取至②层底）

土层序号	土层层底埋深（m）	土层压缩模量（MPa）
①	17	4
②	26	8
③	32	30

$\bar{E}_s$（MPa）	4.0	7.0	15.0	20.0	35.0
ψ_s	1.0	0.7	0.4	0.25	0.2

(A) 100mm   (B) 115mm   (C) 125mm   (D) 140mm

答案：C

解答过程：

根据《建筑地基处理技术规范》JGJ 79—2012 第 7.1.7 条、第 7.1.8 条：

（1）复合土层压缩模量

$$\xi = \frac{f_{spk}}{f_{ak}} = \frac{300}{100} = 3，\ E_{sp1} = \xi \cdot E_{s1} = 4 \times 3 = 12\text{MPa}，\ E_{sp2} = \xi \cdot E_{s2} = 8 \times 3 = 24\text{MPa}$$

（2）沉降变形计算

变形计算深度 $z = 26 - 2 = 24\text{m}$，计算半径 $r = 10\text{m}$

z_i	z_i/γ	$\bar{\alpha}_i$	$z_i\bar{\alpha}_i$	$z_i\bar{\alpha}_i - z_{i-1}\bar{\alpha}_{i-1}$	E_{si}
0	0	1.0	0	0	
15	1.5	0.762	11.43	11.43	12
18	1.8	0.697	12.546	1.116	24
24	2.4	0.59	14.16	1.614	8

压缩模量当量值：$\bar{E}_s = \dfrac{\sum_{i=1}^{n} A_i + \sum_{j=1}^{n} A_j}{\sum_{i=1}^{n} \dfrac{A_i}{E_{spi}} + \sum_{j=1}^{n} \dfrac{A_j}{E_{si}}} = \dfrac{14.16}{\dfrac{11.43}{12} + \dfrac{1.116}{24} + \dfrac{1.614}{8}} = 11.793\text{MPa}$

查表 7.1.8：$\psi_s = 0.4 + \dfrac{15 - 11.793}{15 - 7} \times (0.7 - 0.4) = 0.5203$

根据《建筑地基基础设计规范》GB 50007—2011 第 5.3.5 条：

$$s = \psi_s \sum_{i=1}^{n} \frac{p_0}{E_{spi}}(z_i\bar{\alpha}_i - z_{i-1}\bar{\alpha}_{i-1}) = 0.5203 \times 200 \times \left(\frac{11.43}{12} + \frac{1.116}{24} + \frac{1.614}{8}\right) = 125\text{mm}$$

【4-78】（2020D12）某建筑物采用水泥土搅拌桩处理地基，场地地面以下各土层的厚度、承载力和压缩模量见下表。基础埋深为地面下 2m，桩长 6m。搅拌桩施工完成后进行了复合地基载荷试验，测得复合地基承载力 $f_{spk} = 220\text{kPa}$。基础底面以下压缩层范围内的地基附加应力系数如下图所示。计算压缩层的压缩模量当量值最接近下列哪个选项？（忽

略褥垫层厚度）

层序	层厚（m）	天然地基承载力特征值 f_{ak}(kPa)	天然地基压缩模量 E_s(MPa)
①	4	110	10
②	2	100	8
③	6	200	20

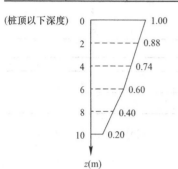

（桩顶以下深度）

（A）17MPa　　　（B）19MPa

（C）21MPa　　　（D）24MPa

答案：C

解答过程：

根据《建筑地基处理技术规范》JGJ 79—2012 第 7.1.7 条、第 7.1.8 条：

（1）压缩模量提高系数：$\xi = \dfrac{f_{spk}}{f_{ak}} = \dfrac{220}{110} = 2$

（2）基底下复合地基土层的压缩模量、附加应力计算：

基底下 0～2m：$E_{s1} = 10 \times 2 = 20$；$A_1 = (1 + 0.88) \times 2 \div 2 = 1.88$

基底下 2～4m：$E_{s2} = 8 \times 2 = 16$；$A_2 = (0.88 + 0.74) \times 2 \div 2 = 1.62$

基底下 4～6m：$E_{s3} = 20 \times 2 = 40$；$A_3 = (0.74 + 0.6) \times 2 \div 2 = 1.34$

基底下 6～10m：$E_{s4} = 20$；$A_4 = (0.6 + 0.4 + 0.4 + 0.2) \times 2 \div 2 = 1.6$

（3）压缩模量当量值计算：

$$\bar{E}_s = \frac{\sum A_i}{\sum \dfrac{A_i}{E_{si}}} = \frac{1.88 + 1.62 + 1.34 + 1.6}{\dfrac{1.88}{20} + \dfrac{1.62}{16} + \dfrac{1.34}{40} + \dfrac{1.6}{20}} = 20.86\text{MPa}$$

【4-79】（2021D12）某场地地层条件如右图所示，拟进行大面积地面堆载，荷载 $P = 120$kPa。采用水泥粉煤灰碎石桩（CFG 桩）处理地基，等边三角形布桩，桩径 500mm，桩长 10m。单桩承载力发挥系数和桩间土承载力发挥系数均为 0.8，桩端端阻力发挥系数为 1.0。要求处理后堆载地面最大沉降量不大于 150mm，问按《建筑地基处理技术规范》JGJ 79—2012 计算，CFG 桩最大桩间距最接近下列哪个选项？（沉降计算经验系数 $\psi_s = 1.0$，沉降计算至②层底）

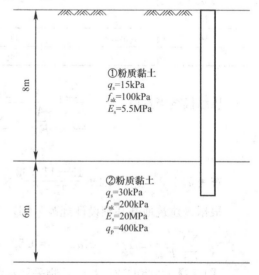

①粉质黏土
$q_s = 15$kPa
$f_{ak} = 100$kPa
$E_s = 5.5$MPa

②粉质黏土
$q_s = 30$kPa
$f_{ak} = 200$kPa
$E_s = 20$MPa
$q_p = 400$kPa

（A）1.2m　　　（B）1.5m

（C）1.8m　　　（D）2.1m

答案：D

解答过程：

（1）根据《建筑地基处理技术规范》JGJ 79—2012 第 7.1.7 条：

处理后沉降：$s = 1.0 \times \left(\dfrac{120}{5.5\xi} \times 8 + \dfrac{120}{20\xi} \times 2 + \dfrac{120}{20} \times 4 \right) \leqslant 150\text{mm}$，解得：$\xi \geqslant 1.48$

（2）根据《建筑地基处理技术规范》JGJ 79—2012 第 7.1.5 条第 3 款：

$$R_a = 3.14 \times 0.5 \times (15 \times 8 + 30 \times 2) + 1 \times \dfrac{3.14}{4} \times 0.5^2 \times 400 = 361\text{kN}$$

（3）根据《建筑地基处理技术规范》JGJ 79—2012 第 7.1.5 条第 2 款：

$$f_{spk} = 0.8 \times \left(\dfrac{0.5}{1.05s} \right)^2 \times \dfrac{361}{0.196} + 0.8 \times \left[1 - \left(\dfrac{0.5}{1.05s} \right)^2 \right] \times 100 \geqslant 1.48 \times 100 = 148\text{kPa}$$

解得：$s \leqslant 2.156\text{m}$

第二十八章 注浆加固

注浆加固法是通过注浆浆液使得地基在深度和平面连成一体，满足土体渗透性、地基强度和变形的设计要求，多用于地基的局部加固处理。

注浆方法（按加固方法）
- ① 充填或裂隙注浆：构造断裂带、岩土层面、裂隙等
- ② 渗透注浆：充填土的孔隙和岩石裂隙，不改变原土结构和体积，适用于中砂以上和有裂隙岩石
- ③ 压密注浆：压密周围土体，使土体产生塑性变形，但不产生劈裂破坏
- ④ 劈裂注浆：先压密土体，当压力达到一定程度，浆液流动使地层产生劈裂。用于土体加固、裂隙岩体防渗和补强
- ⑤ 电动化学注浆：黏土地基中靠直流电将浆液注入土中

注浆方法（按加固主剂）
- ① 水泥为主剂的注浆加固
- ② 硅化浆液注浆加固：用水玻璃（$Na_2O \cdot nSiO_2$）和氯化钙（$CaCl_2$）压入土中，生成 SiO_2
- ③ 碱液注浆加固

第一节 水泥浆加固法

水泥为主剂的浆液主要包括水泥浆、水泥砂浆和水泥水玻璃浆。对软弱地基土处理，可选用以水泥为主剂的浆液及水泥和水玻璃的双液型混合溶液，对地下水流动的软弱地基，不应采用单液水泥浆液。

水泥浆配制

基本概念	水灰比 $n = \dfrac{水的质量}{水泥质量}$ 水泥掺量 $= \dfrac{水泥质量}{土的质量}$（水泥土搅拌桩）
水泥浆的密度	$\rho_2 = \rho_{水泥浆} = \dfrac{n+1}{n+\dfrac{1}{\rho_1}}$ 式中：n——水灰比； ρ_1、ρ_2——分别为水泥、水泥浆的密度（t/m³）
制造水泥浆的水泥用量	$Q = V\rho_1 \dfrac{\rho_2 - \rho_3}{\rho_1 - \rho_3}$（近似解） $Q = \dfrac{V\rho_1}{1 + n\rho_1/\rho_3}$（精确解） 式中：$Q$——制造水泥浆所需水泥的质量（t）； V——欲制造水泥浆的体积（m³）； ρ_1、ρ_2、ρ_3——分别为水泥、水泥浆和水的密度（t/m³）

续表

制造水泥浆的水用量	$w=\left(V-\dfrac{Q}{\rho_1}\right)\rho_3$ （近似解） $w=n\cdot\rho_1$ （精确解） 式中：w——制造泥浆所需水的质量（t）
水泥土搅拌桩中土的重量	$M_{土}=\dfrac{水泥质量}{水泥掺量}=\dfrac{Q}{水泥掺量}$

【小注】推导过程参考泥浆的配比。

【4-80】（2016D16）某直径 600mm 水泥土搅拌桩桩长 12m，水泥掺量（重量）为 15%，水灰比（重量比）为 0.55，假定土的重度 $\gamma=18kN/m^3$，水泥比重 3.0，请问完成一根桩施工需要配制水泥浆的体积最接近下列哪个选项？（$g=10m/s^2$）

(A) $0.63m^3$　　　(B) $0.81m^3$　　　(C) $1.15m^3$　　　(D) $1.50m^3$

答案：B

解答过程：

(1) 水泥用量计算

按土体质量的 15% 计算

$$m_{水泥}=\rho\cdot\gamma A\cdot H=0.15\times18\times\frac{3.14\times0.6^2}{4}\times12=0.916t$$

(2) 水泥浆用量计算

水灰比为 0.55，即：$\dfrac{m_w}{m_s}=\dfrac{0.55}{1}$

$$V=\frac{m_s}{\rho_s}+\frac{m_w}{\rho_w}=\frac{0.916}{3}+\frac{0.916\times0.55}{1}=0.81m^3$$

【小注岩土点评】

① 本题为新题型，近年来案例中有考查施工方面知识点的趋势。准确理解比重的概念，水泥土比重就是水泥土的密度与 4℃时水密度的比值。平时应注重相关施工知识点的积累、水泥土搅拌桩施工配制知识。

② 本题中需要注意的是：水泥掺量=水泥质量/原土的质量，水灰比=水的质量/水泥质量，需灵活应用于水泥浆配比的计算中。

【4-81】（2021C12）某填土地基，平均干密度为 $1.3t/m^3$。现采用注浆法加固，平均每立方米土体中注入水泥浆 $0.2m^3$，水泥浆水灰比为 0.8（质量比），假定水泥在土体中发生水化反应需水量为水泥重量的 24%，加固后该地基土的平均干密度最接近下列哪个选项？（水泥比重取 3.0，水的重度取 $10kN/m^3$，加固前后地面标高无变化）

(A) $1.44t/m^3$　　　(B) $1.48t/m^3$　　　(C) $1.52t/m^3$　　　(D) $1.56t/m^3$

答案：C

解答过程：

(1) 取 $1m^3$ 土体进行分析，其中原土固体颗粒质量为 1.3t。

(2) 设水泥灰的质量为 m，根据水灰比 0.8，计算水泥浆密度：

$$\frac{m+0.8m}{\dfrac{m}{3}+\dfrac{0.8m}{1}}=1.5882t/m^3$$

水泥质量为：$m=1.5882\times0.2\times\dfrac{1}{1+0.8}=0.17647t$

水化反应后，水泥与新生成固体质量为：$1.24\times0.17647=0.2188t$

（3）总的干密度：$\bar{\rho}_d=\dfrac{1.3+0.2188}{1}=1.5188t/m^3$。

【小注岩土点评】

本题目考查水泥土桩的地基处理问题。近年来，考查水灰比的相关题目越来越多，反映了命题的新思路，本题并不困难，根据水灰比求密度已经成为常规考点，本题的新考点在于水泥在土体中的水化反应，反应后生成新的固体，考虑此部分固体增加后土体的干密度计算自然要考虑该部分质量。

第二节　硅化液注浆加固法

——《建筑地基处理技术规范》第8.2.2条

硅化浆液主要包括硅酸钠（水玻璃）单液注浆和硅酸钠—氯化钙双液硅化注浆，砂土、黏性土宜采用双液硅化注浆，湿陷性黄土可采用单液硅化注浆。

计算内容	计算方法
注浆孔布置	(1) 灌注孔间距： 压力灌注宜为 0.8～1.2m；无压自渗灌注宜为 0.4～0.6m。 (2) 注浆处理范围：<table><tr><td>新建建（构）筑物</td><td>在基底下等边三角形满堂布桩，超出基础底面外缘每边的宽度，每边不得小于 1.0m ⇒注浆处理面积 $A=(B+2)\times(L+2)$</td></tr><tr><td>既有建（构）筑物</td><td>应沿基础侧向布孔，每侧不宜少于 2 排</td></tr><tr><td>基础底面宽度>3m</td><td>除应在基础下每侧布置两排孔外，可在基础两侧布置斜向基础底面中心以下的灌注孔或在其台阶上布置穿透基础的灌注孔</td></tr></table>
单液硅化液注浆溶液用量	(1) 硅酸钠溶液浓度大于加固湿陷性黄土所要求的浓度时，应进行稀释，稀释加水量 Q' 可按下式计算： $$Q'=\frac{d_N-d_{N1}}{d_{N1}-1}\times\frac{q}{d_N}$$ 式中：Q'——硅酸钠溶液稀释，所需的加水量（t）； 　　　d_N——加水稀释前，硅酸钠溶液的相对密度； 　　　d_{N1}——灌注时，硅酸钠溶液的相对密度； 　　　q——加水稀释前，拟稀释硅酸钠溶液的质量（t）。 (2) 硅酸钠溶液稀释后，溶液的总质量：$Q=Q'+q$ (3) 拟加固湿陷性黄土的硅酸钠溶液总用量： $$Q=V\cdot\bar{n}\cdot d_{N1}\cdot\alpha$$ 式中：Q——硅酸钠溶液总用量（t）；

计算内容	计算方法
单液硅化液注浆溶液用量	$\bar{n}$——加固前，地基土的平均孔隙率（注意是孔隙率，而非孔隙比）； α——溶液填充孔隙的系数，可取 0.6~0.8； V——拟加固湿陷性黄土地基的体积（m^3），$V=A \cdot h=(B+2)(L+2)h$；［新建建（构）筑物和设备基础］ h——自基础底面算起，拟注浆加固处理土层的厚度（m）。 (4) 拟加固湿陷性黄土的单孔硅酸钠溶液用量 Q 按下式计算： ——《湿陷性黄土地区建筑标准》GB 50025—2018 第 9.2.8 条 $$Q = \pi \cdot r^2 \cdot h \cdot \bar{n} \cdot d_n \cdot \alpha$$ 式中：Q——单孔硅酸钠溶液用量（t）； 　　　r——溶液的设计扩散半径（m）； 　　　h——自基础底面算起，拟注浆加固处理土层的厚度（m）； 　　　$\bar{n}$——加固前，地基土的平均孔隙率； 　　　d_n——灌注时，硅酸钠溶液的相对密度（t/m^3）； 　　　α——溶液灌注系数，可取 0.6~0.8

【小注】规范中提供的公式（8.2.2-2）有误，正确的为：$Q' = \dfrac{d_N - d_{N1}}{d_{N1} - 1} \times \dfrac{q}{d_N}$

推导过程采用质量守恒定律，并假定稀释后溶液体积 $V_后$ 等于稀释前水的体积 V_w 和浓溶液的体积 $V_前$ 之和，即不考虑稀释后的体积变化。

$$V_后 = V_前 + V_w \Rightarrow Q' + q = \left(\frac{Q'}{\rho_w} + \frac{q}{\rho_w d_N}\right) \times \rho_w d_{N1} \Rightarrow Q' = \frac{d_N - d_{N1}}{d_{N1} - 1} \times \frac{q}{d_N}$$

【4-82】（2008D14）采用单液硅化法加固拟建设备基础的地基，设备基础的平面尺寸为 3m×4m，需加固的自重湿陷性黄土层厚 6m，土体初始孔隙比为 1.0，假设硅酸钠溶液的相对密度为 1.00，溶液的填充系数为 0.70，则所需硅酸钠溶液用量（t）最接近（　　）。

(A) 30　　　　　(B) 50　　　　　(C) 65　　　　　(D) 100

答案：C

解答过程：

根据《建筑地基处理技术规范》JGJ 79—2012 第 8.2.1 条：

(1) 拟建基础，每边处理宽度增加不小于 1.0m

拟加固湿限性黄土体积：$V = (B+2)(L+2)h = (3+2)(4+2) \times 6 = 180m^3$

(2) 孔隙率：$\bar{n} = \dfrac{e}{1+e} = \dfrac{1}{1+1} = 0.5$

(3) $Q = V \cdot \bar{n} \cdot d_{N1} \cdot \alpha = 180 \times 0.5 \times 1.00 \times 0.70 = 63t$

第三节　碱液注浆加固法

——《建筑地基处理技术规范》第 8.2.3 条

将加热后的碱液（即氢氧化钠溶液），以无压自流入方式注入土中，使土粒表面溶合和胶结，形成难溶于水的，具有高强度的钙、铝硅酸盐络合物，从而消除黄土湿陷性，提高地基承载力。

碱液注浆加固适用于处理地下水位以上渗透系数为 (0.1~2.0) m/d 的湿陷性黄土地基，对自重湿陷性黄土地基的适应性应通过试验确定。

计算内容	计算方法
注浆孔布置	(1) 灌注孔间距 当采用碱液加固既有建（构）筑物地基时，灌注孔的平面布置，可沿条形基础两侧或单独基础周边各布置一排灌注孔。当地基湿陷性较严重时，孔距宜为 0.7～0.9m；当地基湿陷较轻时，孔距宜为 1.2～2.5m。 (2) 加固深度 碱液加固地基的加固深度宜为 2～5m。 对非自重湿陷性黄土地基，加固深度可为基础宽度的 (1.5～2.0) 倍；对 Ⅱ 级自重湿陷性黄土地基，加固深度可为基础宽度的 (2.0～3.0) 倍
碱液注浆溶液用量	(1) 碱液配置 碱液配置时，应先放水，而后徐徐放入碱块或浓碱液。溶液加碱量可按下列公式计算： ① 采用固体烧碱配制"每 1m^3 浓度为 M 的碱液"时，每 1m^3 碱液中固体烧碱加入量 G_s 按下式计算： $$每 1m^3 液的固体烧碱加入量：G_s = \frac{1000 \cdot M}{P} \quad (g)$$ 式中：M——要求配制碱液的浓度（g/L）； $\quad\quad P$——固体烧碱中，NaOH 含量的百分数（%），以小数代入。 ② 采用液体烧碱配制"每 1m^3 浓度为 M 的碱液"时，每 1m^3 的碱液中，投入的液体烧碱体积 V_1 和加水量 V_2 按下式计算： $$配制 1m^3 碱液，所需液体烧碱体积：V_1 = \frac{M}{d_N \cdot N} \quad (L)$$ $$配制 1m^3 碱液，所需加水量体积：V_2 = 1000 - \frac{M}{d_N \cdot N} \quad (L)$$ 式中：d_N——液体烧碱的相对密度； $\quad\quad N$——液体烧碱的质量分数（以小数代入计算）。 【小注】对比固体和液体、液体和液体的混合体积计算，可发现，固体和液体的混合，没有考虑固体的体积，即混合后的体积同液体体积，而液体和液体的混合，混合后的体积等于两液体体积的和，在三相关系推算中，这个结论很重要。 (2) 碱液加固土层的厚度 h 计算 $$h = l + r \quad (m)$$ 式中：l——灌注孔长度（m），从注液管底部至灌注孔底部的距离； $\quad\quad r$——有效加固半径（m），当无试验条件或工程量较小时，可取 0.4～0.5m，一般有效加固半径根据现场试验确定，按下式计算： $$r = 0.6\sqrt{\frac{V}{n \cdot l}}$$ $\quad\quad V$——每孔碱液灌入量（L），现场试验确定或按下式估算； $\quad\quad n$——加固前，地基土的天然孔隙率。 (3) 每孔碱液灌注量 V 计算 $$V = \alpha\beta\pi r^2(l + r)n \quad (m^3)$$ 式中：r——有效加固半径（m），当无试验条件或工程量较小时，可取 0.4～0.5m； $\quad\quad \alpha$——碱液充填系数，可取 0.6～0.8； $\quad\quad \beta$——碱液流失系数，可取 1.1； $\quad\quad l$——灌注孔长度（m），从注液管底部至灌注孔底部的距离

【4-83】（2007C17）某湿陷性黄土地基采用碱液法加固，已知灌注孔长度为 10m，有效加固半径为 0.4m，黄土天然孔隙率为 50%，固体烧碱中 NaOH 含量为 85%，要求配置的碱液浓度为 100g/L，设充填系数 $\alpha = 0.68$，工作条件系数 β 取 1.1，则每孔应灌注固体烧碱量取（　　）最合适。

(A) 150kg　　　　(B) 230kg　　　　(C) 350kg　　　　(D) 400kg

答案：B

解答过程：

根据《建筑地基处理技术规范》JGJ 79—2012 第 8.2.3 条、第 8.3.3 条：

（1）每孔碱液灌注量：

$$V=\alpha\beta\pi r^2(l+r)n=0.68\times1.1\times3.14\times0.4^2\times(10+0.4)\times0.5=1.95\text{m}^3$$

（2）每1m³灌注固体烧碱量：$G_s=\dfrac{1000M}{P}=\dfrac{1000\times100}{0.85}=117.6\times10^3\text{g}=117.6\text{kg}$

（3）每孔需灌注固体烧碱量：$G_s\cdot V=117.6\times1.95=229.3\text{kg}$

【4-84】（2011D13）某黄土地基采用碱液法处理，其土体天然孔隙比为1.1，灌注孔成孔深度为4.8m，注液管底部距地表1.4m，若单孔碱液灌注量 V 为960L，按《建筑地基处理技术规范》JGJ 79—2012，则其加固土层的厚度最接近（　　）。

(A) 4.8m　　　(B) 3.8m　　　(C) 3.4m　　　(D) 2.9m

答案：B

解答过程：

根据《建筑地基处理技术规范》JGJ 79—2012第8.2.3条：

（1）$n=\dfrac{e}{1+e}=\dfrac{1.1}{1+1.1}=0.524$

（2）$r=0.6\times\sqrt{\dfrac{V}{nl\times10^3}}=0.6\times\sqrt{\dfrac{960}{0.524\times(4.8-1.4)\times10^3}}=0.44\text{m}$

（3）$h=l+r=4.8-1.4+0.44=3.84\text{m}$

【小注岩土点评】

① 本题考查的是《建筑地基处理技术规范》JGJ 79—2012第8.2.3条中碱液法加固土层厚度的计算，注意规范中各参数含义，l 为注液管底部到灌注孔底部的距离。

② 土的三项指标换算，属于常规简单题目。

【4-85】（2017D16）碱液法加固地基，拟加固土层的天然孔隙比为0.82，灌注孔成孔深度6m，注液管底部在孔口以下4m，碱液充填系数取0.64，试验测得加固地基半径为0.5m，则按《建筑地基处理技术规范》JGJ 79—2012估算单孔碱液灌注量最接近下列哪个选项？

(A) 0.32m³　　　(B) 0.37m³　　　(C) 0.62m³　　　(D) 1.1m³

答案：C

解答过程：

根据《建筑地基处理技术规范》JGJ 79—2012第8.2.3条：

（1）$n=\dfrac{e_0}{1+e_0}=\dfrac{0.82}{1+0.82}=0.45$

（2）$\alpha=0.64$；$\beta=1.1$；$r=0.5$；$l=6-4=2\text{m}$

$$V=\alpha\cdot\beta\cdot\pi r^2\cdot(l+r)\cdot n=0.64\times1.1\times3.14\times0.5^2\times(2+0.5)\times0.45=0.62\text{m}^3$$

第四节　注浆孔布置

注浆加固常用于防渗，通过注浆形成防渗的屏障，此时，如何布孔获得最经济的防渗厚度是设计的重点。

对于单排孔，假定浆液扩散半径已知，浆液呈圆球状扩散，则两圆必须相交才能形成

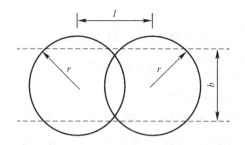

一定厚度 b，如左图所示，图中 l 为灌浆孔距，当 r 为已知时，灌浆体厚度 b 取决于 l 的大小：

$$b = 2\sqrt{r^2 - \left[(l-r) + \frac{r-(l-r)}{2}\right]^2}$$

$$= 2\sqrt{r^2 - \frac{l^2}{4}}$$

从上式可以看出，l 越小，b 值越大，而当 $l=0$ 时，$b=2r$，这是 b 的最大值，但 $l=0$ 的情况没有意义；反之 l 越大，b 值越小，当 $l=2r$ 时，两圆相切，b 为零。因此，孔距 l 必须在 $r \sim 2r$ 之间选择。

设灌浆体的设计厚度为 T，则灌浆孔距可按下式计算：

$$l = 2 \cdot \sqrt{r^2 - \frac{T^2}{4}}$$

在按上式进行孔距设计时，可能出现下述几种情况：

（1）当 l 值接近零，b 值仍不能满足设计厚度（即 $b < T$）时，应考虑采用多排灌浆孔。

（2）虽然单排孔能满足设计要求，但若孔距太小，钻孔数太多，就应进行两排孔的方案比较。如施工场地允许钻两排孔，且钻孔数反而比单排少，则采用两排孔较为有利。

（3）当 l 值较大而设计 T 值较小时，对减少钻孔数是有利的，但因 l 值越大，可能造成的浆液浪费也越大，故设计时应对钻孔费和浆液费用进行比较。

对于多排孔：是要充分发挥灌浆孔的潜力，以获得最大的灌浆体厚度，然而不同的设计方法，将得出不同的结果，如下图所示：

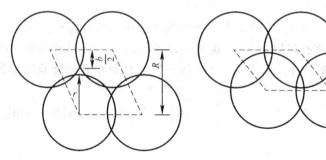

（1）排距 R 大于 $\left(r + \dfrac{b}{2}\right)$。两排孔不能紧密搭接，将在灌浆体中留下"窗口"。

（2）排距 R 小于 $\left(r + \dfrac{b}{2}\right)$。两排孔搭接过多，将造成一定浪费。

（3）排距 R 等于 $\left(r + \dfrac{b}{2}\right)$。两排孔正好紧密搭接，最大限度发挥了各灌浆孔的作用，是一种最优的设计，如右图所示。

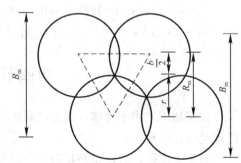

综上所述：可得出多排孔的最优排距为：

$$R_m = r + \frac{b}{2} = r + \sqrt{r^2 - \frac{l^2}{4}}$$

最优厚度

奇数排：$B_m = (n-1)\left[r + \dfrac{(n+1)}{(n-1)} \cdot \dfrac{b}{2}\right] = (n-1)\left[r + \dfrac{(n+1)}{(n-1)} \cdot \sqrt{r^2 - \dfrac{l^2}{4}}\right]$

偶数排：$B_m = n\left(r + \dfrac{b}{2}\right) = n\left(r + \sqrt{r^2 - \dfrac{l^2}{4}}\right)$

式中：n 为灌浆孔排数。

设计工作中，常遇到 n 排孔厚度不够，但（$n+1$）排孔厚度又偏大的情况，如有必要，可用放大孔距的办法来调整，但也应对钻孔费和浆材费进行比较，以确定合理的孔距。